模拟电路设计手册

晋级应用指南

Analog Circuit Design Volume 2

Immersion in the Black Art of Analog Design

[美] Bob Dobkin Jim Williams 编著 /张徐亮 朱万经 于永斌 译

人民邮电出版社
北京

图书在版编目（CIP）数据

模拟电路设计手册 ：晋级应用指南 /（美）鲍勃·道柏金（Bob Dobkin），（美）吉姆·威廉姆斯（Jim Williams）编著 ；张徐亮，朱万经，于永斌译. -- 北京 ：人民邮电出版社，2017.1
ISBN 978-7-115-42050-3

Ⅰ. ①模… Ⅱ. ①鲍… ②吉… ③张… ④朱… ⑤于… Ⅲ. ①模拟电路－电路设计－技术手册 Ⅳ. ①TN710.02-62

中国版本图书馆CIP数据核字(2016)第135754号

内 容 提 要

本书是一本综合性很强的参考书目，在凌力尔特应用指南的基础上进行了拓展，包括了海量电路设计方案和设计技巧，可用于解决绝大多数模拟电路相关问题。另外，本书详细剖析了各种应用实例，为工程师展示了其中的设计细节、设计理论、高水平解决方案等，是成功设计电路的重要参考。适用于所有对模拟电路设计感兴趣的人。

◆ 编　　著　[美] Bob Dobkin　Jim Williams
　译　　　　张徐亮　朱万经　于永斌
　责任编辑　紫　镜
　执行编辑　魏勇俊
　责任印制　周昇亮
◆ 人民邮电出版社出版发行　　北京市丰台区成寿寺路 11 号
　邮编　100164　　电子邮件　315@ptpress.com.cn
　网址　https://www.ptpress.com.cn
　涿州市般润文化传播有限公司印刷
◆ 开本：880×1230　1/16
　印张：65.75　　　　2017 年 1 月第 1 版
　字数：2 552 千字　　2024 年 12 月河北第 23 次印刷

著作权合同登记号　图字：01-2013-7013 号

定价：298.00 元

读者服务热线：(010) 53913866　印装质量热线：(010) 81055316
反盗版热线：(010) 81055315
广告经营许可证：京东市监广登字 20170147 号

感谢Jerrold R. Zacharias，是他给了我太阳、月亮和星星。

感谢Siu，他就是我的太阳、月亮和星星。

纪念Jim Williams，他用电子撰写了动人诗篇。

应用指南

本书是根据凌力尔特（Linear Technology）公司出品的应用指南汇编成册的。

这些应用指南经重命名形成了各章。贯穿全文有很多不同应用指南的交叉引用，不过并不是所有的应用指南都融入了本书。下面给出了章节与应用指南的对照表以待读者参考。

章　号	应用指南
1	2
2	104
3	133
4	29
5	44
6	32
7	118
8	65
9	95
10	107
11	15
12	74
13	132
14	4
15	5
16	10
17	13
18	14
19	16
20	18
21	21

章　号	应用指南
22	27A
23	38
24	79
25	123
26	128
27	131
28	85
29	91
30	129
31	12
32	45
33	52
34	57
35	61
36	67
37	75
38	87
39	98
40	105
41	113

商标

这些商标全部属于凌力尔特(Linear Technology)公司。我们将它们罗列在此是为了避免在正文中不断地重复引用。商标确认和保护在任何情况下都适用。如有疏漏，敬请原谅。

Linear Express, Linear Technology, LT, LTC, LTM, Burst Mode, Dust Networks, FilterCAD, LTspice, OPTILOOP, Over-The-Top, PolyPhase, SwitcherCAD, TimerBlox, μModule和Linear logo都是凌力尔特（Linear Technology）公司的注册商标。Adaptive Power, Bat-Track, BodeCAD, C-Load, Direct Flux Limit, DirectSense, Dust, Easy Drive, Eterna EZSync, FilterView, Hot Swap, isoSPI, LDO+, LinearView, LTBiCMOS, LTCMOS, LTPoE++, LTpowerCAD, LTpowerPlanner, LTpowerPlay, MicropowerSwitcherCAD, Mote-on-Chip, Multimode Dimming, No Latency ΔΣ, No Latency Delta-Sigma, No RSENSE, Operational Filter, PanelProtect, PLLWizard, PowerPath, PowerSOT, PScope, QuikEval, RH DICE Inside, RH MILDICE Inside, SafeSlot, SmartMesh, SmartMesh IP, SmartStart, SNEAK-A-BIT, SoftSpan, Stage Shedding, Super Burst, SWITCHER+, ThinSOT, Triple Mode, True Color PWM, UltraFast, Virtual Remote Sense, Virtual Remote Sensing, VLDO以及VRS 都是凌力尔特(Linear Technology)公司的商标。其他商标都属于各自拥有者的专有财产。

致谢

在《模拟电路设计手册：应用设计指南》发行之后，经过我们专业团队一年的努力，《模拟电路设计手册：晋级应用指南》终于成功问世。本书的撰写历尽艰辛，不过大家都任劳任怨，为Jim Williams以及凌力尔特公司众多同人后期编写永恒经典的应用指南提供了基础。首先要感谢所有的作者，他们勇挑重担——在实验室勤奋地工作，同时深入透彻地进行撰写。同时，也要感谢专业的图片和编辑团队，通过他们的努力促使应用指南图片清晰、内容一致，他们是Gary Alexander和Susan Dale。我们也要感谢Elsevier/Newnes专业团队的努力，包括出版人Jonathan Simpson，以及Pauline Wilkinson和Fiona Geraghty的辛苦制作。最后，我们要感谢Bob Dobkin，感谢他对本书的透彻分析、长期坚定的信念与支持。

John Hamburger

凌力尔特公司

概述

为何要撰写本书

1980年初，我们期望未来的用户能知道我们公司的名字以及我们能做什么。其中最主要的问题是如何卓有成效地利用产品面市之前的假死期。读者期望看到系列可靠、图文并茂，并配有大量可用电路的技术文章。

我纠结了几周才找到解决方案。与其坐等产品研发成功，不如走进实验室进行应用开发，然后再撰写文章。其中的关键是利用现有的IC和分立元件，在面包板上搭建目标产品的简易等效电路。这样就能开发出功能应用，并完成本书大部分内容的撰写工作。随后，我们将书稿与面包板束之高阁。当产品最终开发成功时，我们将之插入面包板，并进行相应的调整。完成这项工作之后，我们可以将示波器的图片以及相关描述填入正文补齐空缺，微做调整后打包提交。该方法可以使应用指南的发布提早一年，而且文中内容能够与实际产品完美匹配。

一开始，整个方案让人觉得荒诞不经，不太可行，存在大量技术和编辑空白需要填补。开展工作的难度远远超过我的想象。为未成型的IC进行硬件综合是一项非常棘手的工作；我的方法笨拙无比、跌跌撞撞。用面包板来构建应用不但辛苦，速度也慢，当然主要的原因是因为我自己也无法确定未来IC的性能及其精度究竟能达到什么水准。写作也同样辛苦。正文始终是断断续续的，无法连贯，需要用实际产品的实测结果进行完善。另外，我还必须多加备注，以便在实际产品最终插入面包板时，能提醒我完成相应空白处的填补。

第一篇文章的撰写耗时近两个月，随后才慢慢变得容易起来。随着实验技巧的不断积累，我找到了更有效的写作方法，从而使书稿充分适应了功能的增加和修改。很快，基本上每两周左右我就能完成一篇书稿，在肾上腺素、焊锡、铅笔、纸张和比萨饼的支持下，干劲十足。

在随后的一年中，生活基本变成每周七天没日没夜不停地奔波于公司和家庭实验室之间，不断重复着面包板实验和书稿撰写。我的日常饮食对于心脏病专家来说简直就是噩梦。我不记得在家里吃过晚餐。冰箱中没有食物，存放的都是用于示波器照相机的精选宝丽来胶卷。如此疯狂的工作撕毁了正常社会生活的任何伪装。在旧金山的晚宴上，表面上倾听着女伴对其工作难度的抱怨，心里却在默算复合放大器中的最佳斩波器-通道分频点。这种疯狂生活一直持续了一年左右，取得的成果就是从1983年6月到1987年11月撰写的35篇长篇文章。

现在我仍然在写作，不过远没有当初那么疯狂。如今，当实验室的年轻人向我抱怨不太会写技术文章时，我努力表现成并没有慢慢变成吝啬鬼的样子。我想几近25年前的疯狂泪水是造成如今缺乏感情的主要原因。现代的年轻人，手握完整的产品目录，却不明白他们究竟拥有些什么。

Jim Williams

科技研究员

凌力尔特公司

注：该随笔最初发表于EDN杂志。

前言

我们非常感谢读者对于《模拟电路设计：应用设计指南》一书的热烈反响。该书的广为接受突出了市场对于优秀电路设计应用的广泛需求。这些文章填补了空白，因为大多数应用指南以及杂志文章都无法深入讲授模拟设计。

在我学习模拟设计的时候，不存在任何一款模拟IC。电路都由晶体管（也可能有些电子管）组成的，杂志以及书籍中对电路的说明相比现在要详细得多。那时，设备使用手册包含了原理图以便进行维修。本人有幸加入了一家大公司，在其巨大的设备校准实验室工作。我花费了大量的午餐时间在模拟系统校准和维修手册之上。感谢 HP、Tektronix以及其他许多公司提供的模拟电路设计教程，使我能在校准实验室里进行全面的学习。有一件趣事值得一提，Jim Williams早年在MIT时常花费大量的时间维修损坏的电子测试设备。现在的用户手册要简略很多。

的确很难找到完整的模拟设计资料用来学习。很多书本中也许包含了模拟设计，不过都不包含测试结果，很不完整。同样，很多应用指南中详细介绍了各自产品，但却缺乏模拟世界广泛所需的信息。

我很欣慰这个图书系列成为模拟应用的教学手册。一个应用应该具有可用性，可以使用多年，而且容易复制。而优秀应用指南应对此应用进行描述，并讨论它能用于何处。应用指南应该包含充足的附加信息，比如温度范围、电源系统、生存期以及以基本原理为关注点的教科书中未包含的关键数据。应用模块图也应该解释清楚，使读者能够理解解决方案所采用的具体方法。除非你知道你将要去何方，否则你就很难理解你是如何到达那里的。

用于应用的电路需要充分研究，并提供元器件类型信息和组装信息。解决方案可能包括专用部件，这就要求读者知道它们的功能以及一些特殊属性。所以，指南中必须给出具体电路，必须对它的各个组成部分的特性和功能进行详细描述，使读者可以得到有用信息，用之进行新的设计。

“面包板”一词的出现可以追溯于使用实际面包切割板来将测试所用电路组装起来的时期。各元件用螺丝固定在板子上，并用法耐斯托克线夹(Fahnestock clip)将它们连接起来，该线夹如下图所示。

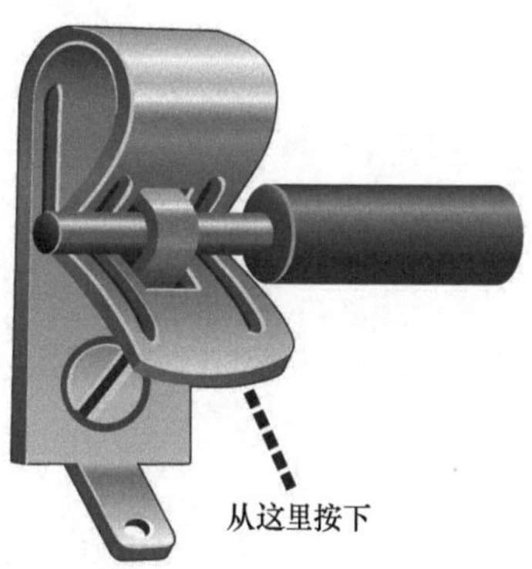

很多模拟电路对布局都很敏感，如果布局不当，电路可能无法工作。我见过很多电路受制于该问题。

最后，设计人员需要电路测试的各种详细结果。这些结果说明电路正常工作时的情形，为设计人员仿照设计提供了参照。没有这些测试结果，指南中给出的应用只能沦为教学系统的一部分。

模拟设计很具挑战性。有很多途径可以实现从输入到输出的转换，处于其中的电路可以导致各种各样的结果。模拟设计与学习语言很相似。当你初学一门语言时，首先从词汇表开始，随后会着手分析用这门语言所撰写的著作，遇到生词时会查字典一个一个解决。同样，在模拟设计中，你将先学习电路的基本原理，学习不同设备的基本功能。你可以写出节点方程，通过分析研究各个电路可以确定电路究竟能做什么。

在模拟电路设计中，最终你将用到你曾经学到的基本电路结构——差分放大器、晶体管、场效应管、电阻以及以前学过的电路——以得到最终的电路。正如学习一门语言，学会写诗得花好几年的时间，模拟电路设计也是如此。

当今的系统用户手册很少包含电路设计。其中包含了原理框图以及接线原理图，可能需要上千根连线将不同的模块相连。那么人们如何进行模拟电路设计呢？在电路设计伊始，或者碰到一个你从未遇到过的问题时，很难找到真正所需的参考资料。希望你能从这些书籍中找到答案，例如电路设计和测试的方法，以及设计和电路模仿练习所需的实验技术。

当前，模拟设计相比以前有了更大的需求。现在的模拟设计是晶体管和IC混合，这些IC有着极强的模拟信号处理能力。本卷主要关注电路设计、布局以及测试的基本问题。我们希望这些应用指南的撰写者能为模拟设计的“黑色艺术”提供一些启发。

Bob Dobkin

合伙创始人，副总裁，工程师，首席技术官（CTO）

凌力尔特公司

目录

第1部分

电源管理

第1节

电源管理教程

三端稳压器性能增强技术（1）

本教程描述了一套三端稳压器的电路增强技术，用以扩展电流控制能力、限定功耗、提供高压输出，无需切换变压器绕组即可工作在AC110V或AC220V，并且讨论了很多实用性较强的应用思路。

稳压器瞬态负载响应测试（2）

半导体存储器、读卡器、微处理器、磁盘驱动器、压电设备以及数字设备都含有瞬态负载，必须使用稳压器。理想情况下，负载瞬态变化期间稳压器的输出不会发生变化。事实上，稳压器输出总会产生一些波动，而当超过允许的工作电压容差时稳压器波动将成为必须解决的问题。瞬态负载响应测试的主要内容是对稳压器及其附属器件进行测试，以验证瞬态负载条件下稳压器能否达到性能要求。目前，有多种方法可以生成瞬态负载，以便进行稳压器响应的观察。本教程给出了开环和闭环瞬态负载测试电路，并对其在多种条件下的性能进行了测试。我们特别讨论了为存储器供电的稳压器所需考虑的一些实际因素。随后的四节讨论了寄生电容及其对瞬态负载的影响，讨论了输出电容的选择、探测技术以及稳定的瞬态负载测试电路。

100A宽带闭环有源负载（3）

数字系统，尤其是微处理器，其瞬态负载可达100A，所以必须使用稳压器。理想情况下，负载瞬态变化期间稳压器的输出不会发生变化。事实上，稳压器输出总会产生一些波动，而当超过允许的工作电压容差时稳压器波动就成为必须解决的问题。微处理器的这种100A的阶跃特征，进一步恶化了稳压性能，所以必须对稳压器及其附属器件进行测试。为此，我们将采用闭环的、带宽为500kHz的、具有线性响应的100A有源负载。在进行测试之前，我们将对传统测试的负载类型进行简要论述，并特别指出其不足之处。

三端稳压器性能增强技术

1

Jim Williams

针对稳压的基本要求，三端稳压器可提供简单有效的解决方案。多数情况下，可以毫无顾忌地使用三端稳压器。不过，在某些应用中，需要用一些特别手段来提高设备的性能。

也许最常见的应用为稳压器输出电流扩展。该应用理论上最简单的方法是进行设备并联。不过，考虑到稳压器输出电压容差，该方法存在着一些问题。图1.1所示的电路采用了两个稳压器，输出电流是两个输出电流之和。结合专用稳压器1%的输出容差，该电路采用了简单的并行结构。分压串上的稳压器感测及其较小的电阻都具有镇流作用，输出电压也因此具有较小的差异。所增加的阻抗可使稳压器的容差降低到1%。

图1.2给出了增加稳压器输出电流的另一个方案。与图1.1相比该电路较为复杂，不过它不存在镇流电阻效应，能快速实现设备关断，且逻辑可控。另外，电流上限可设为任意期望值。该电路将LT®1005多功能稳压器的1A电流输出扩展到12A，且保留了LT1005的使能特性以及5V辅助输出。升压管VT1由LT1005伺服控制，而VT2则感测0.05Ω并联电阻上的电压，该电压与电流相关。并联电压足够大时，VT2开启，给VT3提供偏置，通过LT1005使能引脚关断稳压器。并联电压值可根据电流期望上限进行设定。100℃温度开关限定了LT1005失效时由于短路带来的VT1上的功率损耗。该温度开关应安装在VT1的散热片上。

这种基于升压的稳压器方案一般具有不良动态衰减。这种不良的回路补偿通常会导致负载上较大的瞬态输出偏移。实际上，由于VT1的共发射极结构具有电压增益，当负载下降时可能会使电压瞬态逼近输入电压。图中，100μF的电容进行电压衰减以防VT1过冲，而20Ω电阻提供了关断偏置。250μF电容保持VT1发射极DC电压。图1.3表明，这种“强力”补偿工作良好。该稳压器通常无负载。当线迹A变高时，在输出两端有一个12A的负载（稳压器输出电流为线迹C）。稳压器输出电压恢复极快，误差较小。

100μF电容在增强稳定性的同时，也防止了使能命令有效时稳压器输出的快速下降。由于VT1不能反向流通，100μF电容的放电时间受限于负载。VT4能解决该问题，包括无负载的情形。使能命令有效时（线迹A，见图1.4），VT3开启，切断了LT1005，强制VT1关断。同时，VT4开启，使稳压器输出下拉（线迹B），为100μF电容放电提供电流通路（线迹C）。如果不需要快速关断，可以去掉VT4。

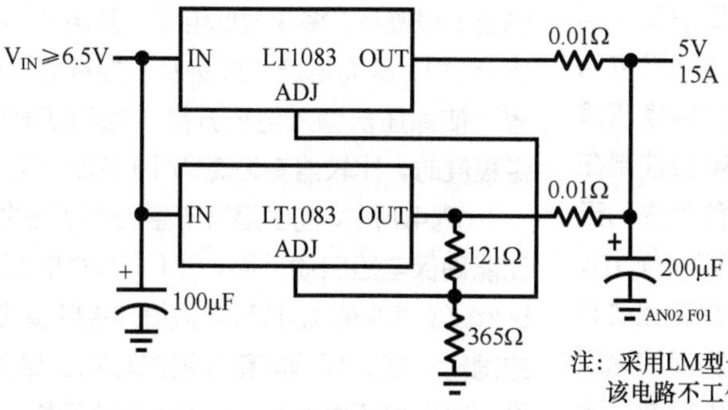

注：采用LM型号的器件时，该电路不工作。

图1.1 带有较小镇流电阻的并行稳压器

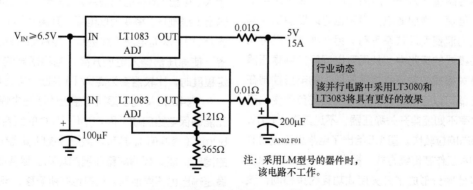

> **行业动态**
>
> 该并行电路中采用LT3080和LT3083将具有更好的效果

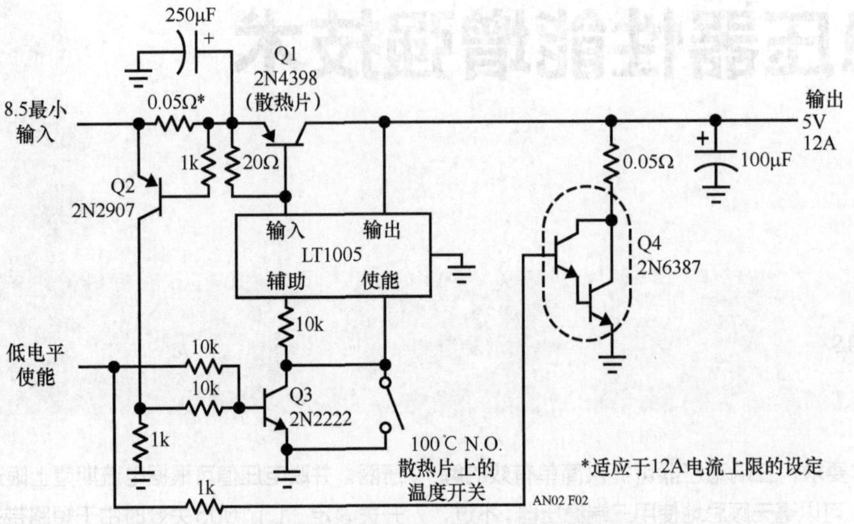

图 1.2 具有快速关断功能的开关可控大电流稳压器

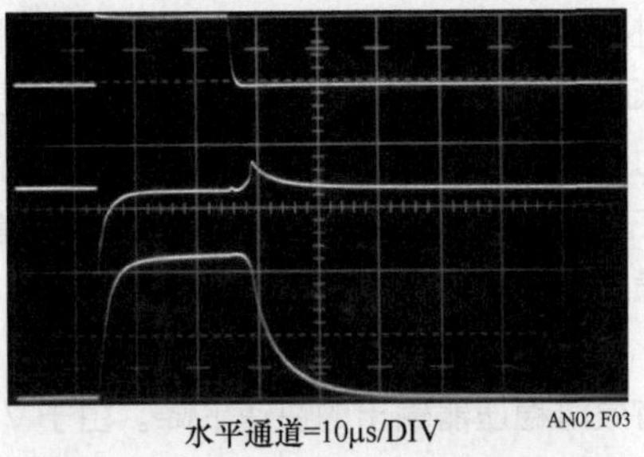

图 1.3

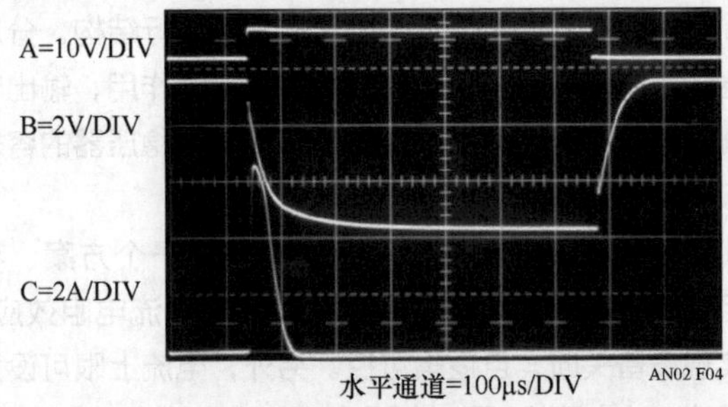

图 1.4

稳压器功耗控制属于另一个应用方向，一般可采用附加电路来实现。当然，增加散热片面积也可以抵消功耗问题，不过这样较为浪费而且效率不高。另一种方法是将稳压器放置到开关模式的环路中，从而可以伺服控制稳压器上的电压。当开关模式控制环路将稳压器上的电压控制在较小值时，稳压器可以正常工作，而与线路或负载变化无关。该方法的效率不如经典开关稳压器，不过其噪声较小，线性稳压器的瞬态响应较快。图 1.5 给出了电路直流驱动时的详情。LT350A 工作在传统方式，提供了 3A 容量的稳压输出。电路的其他部分形成了开关模式功耗约束控制。该环路强制 LT350A 上的电势等于 V_Z，即 3.7V。当稳压器的输入（见图 1.6 中的线迹 A）衰减到一定程度时，LT1018 的输出（线迹 B）将变为低电平，开通 VT1（VT1 的集电极为线迹 D）。从而电流（线迹 C）能从输入端流入 4500μF 电容，使稳压器输入电压升高。当稳压器的输入电压高到一定程度时，比较器变为高，VT1 关断，电容停止充电。

1N4003 抑制了限流电感上的回扫尖峰。4.7kΩ 电阻单元能确保电路启动，而 68pF-1MΩ 的组合器件使环路滞后 80mV（峰峰值）。这种自激振荡控制模式在保证其基本性能的同时，能大幅消减稳压器的功耗。尽管改变了输入电压，稳压输出也不再相同，负载也有所偏移，环路功耗在稳压器中始终处于最小值。

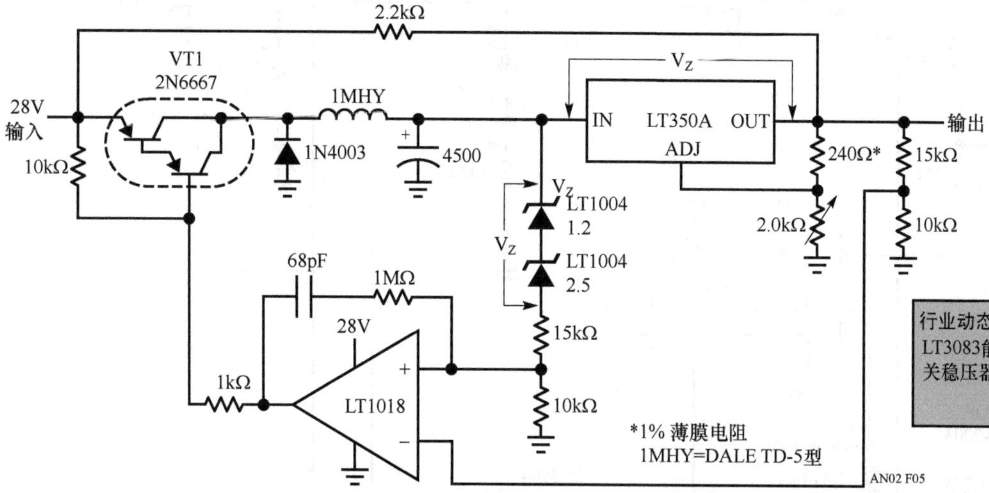

图1.5 切换前置调节器

行业动态
LT3083能够微调到0。各种单片开关稳压器都适用。

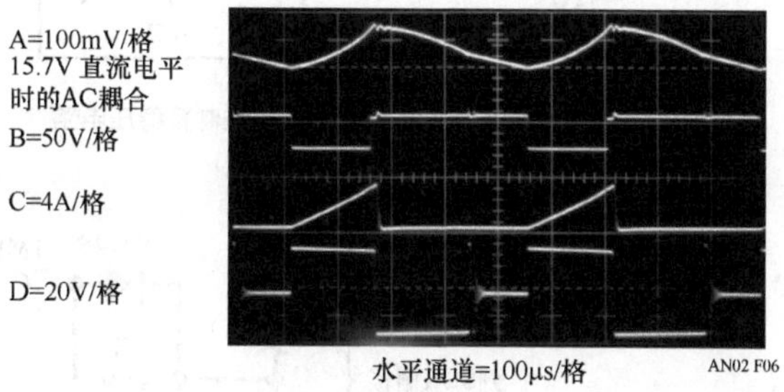

图1.6 切换波形

图1.7给出了一个更为复杂的电路中所采用的功耗限制技术。在高线-低线(AC90～140V)条件下，AC供电模式提供了0～35V、10A稳压值，效率较高。在该模式中，两个晶闸管和一个中央抽头的变压器为电感-电容组合提供电源。变压器输出经二极管整流(见图1.8中的线迹A)、下分频后通过C1用于重置0.1μF电容单元(线迹B)。C1输出的AC同步斜坡电压将与C2上得到的A1偏移进行比较。A1输出表示与V_Z值的偏差，V_Z是环路提供给LT1038的电压。当斜坡输出电压超过C2的“+”端输入电压时，C2下拉为低电平，从而通过T1的原边流入较大电流(线迹C)。此时，将触发某个晶闸管，形成一条从主变压器到LC对的电流通路(线迹D)，该电流(线迹E)受到电感的限制，并对电容充电。当AC线路周期降低到某一值时，晶闸管整流，充电停止。在随后的半个周期中将重复以上操作，区别是备用晶闸管并不工作。环路正是用这种方式控制相位角，启动晶闸管以保持LT1038上的电压为V_Z(3.7V)的。这样，该电路在所有线路、负载和输出电压条件下都能高效工作。LT1038旁边的1.2V的LT1004可令输出电压设置为0，而A1的钳位三极管2N3904可以防止环路“挂断”。图1.7A则给出了一个不用变压器触发晶闸管的方法。

虽然A1输出为模拟电压，该电路AC驱动的本质使之能近似表示平坦化的抽样环路响应。相反，稳压器构成一个真正的线性系统。由于这两个反馈系统互锁，频率补偿较难。

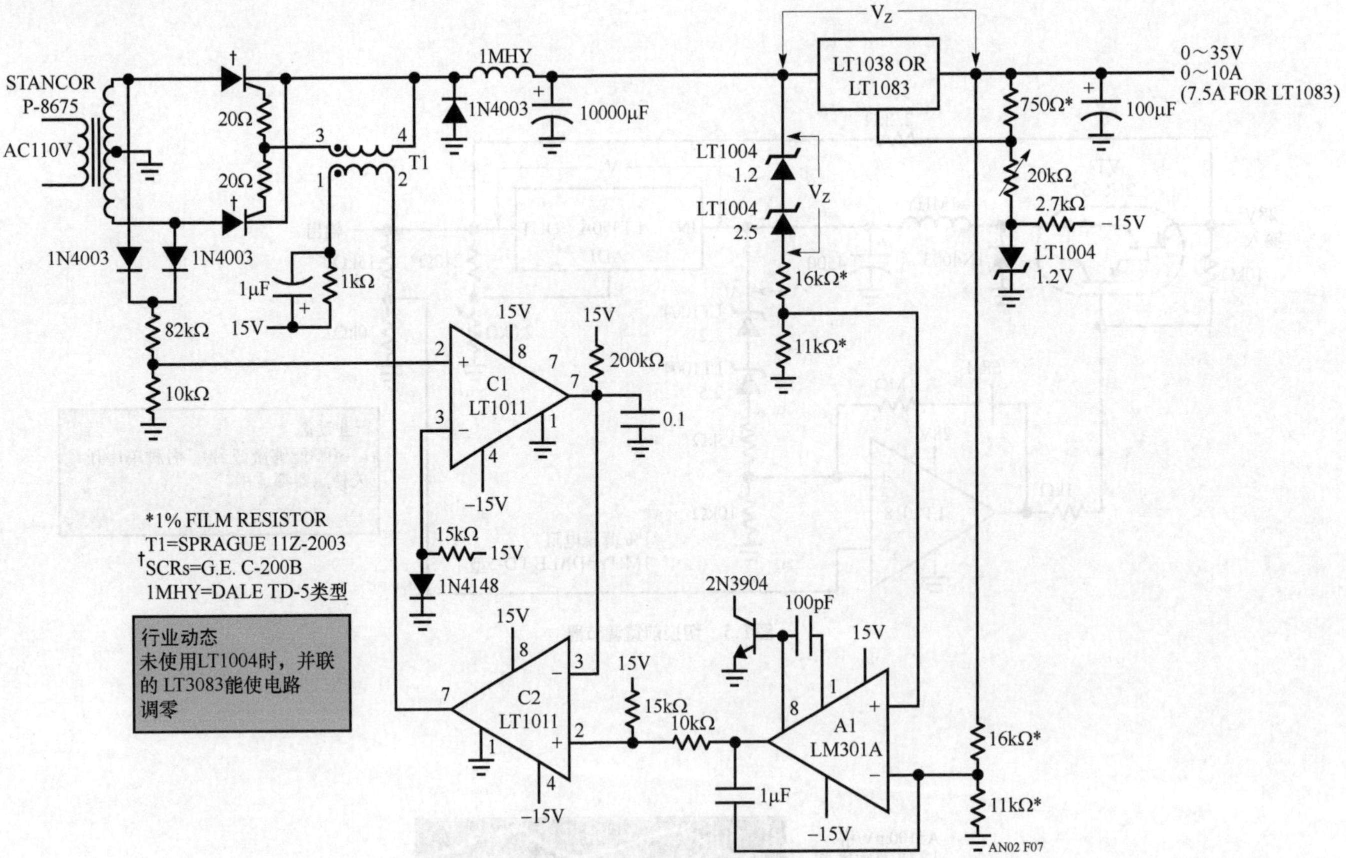

行业动态
未使用LT1004时，并联的LT3083能使电路调零

图1.7 50Hz或60Hz电源输入时相位控制预稳压电路

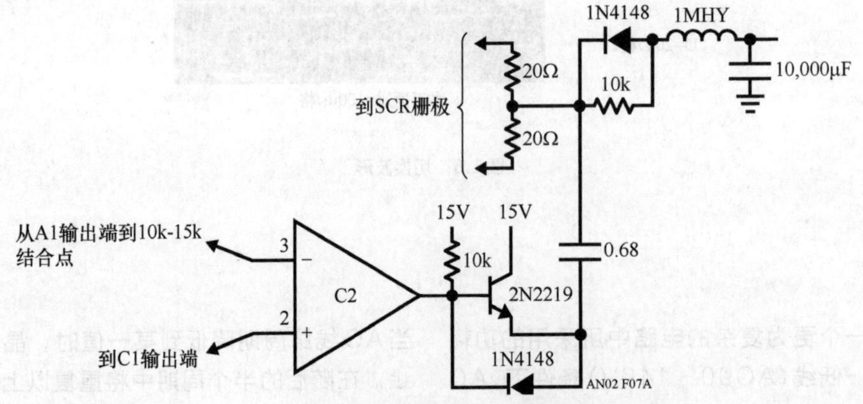

图1.7A 不用变压器触发SCR

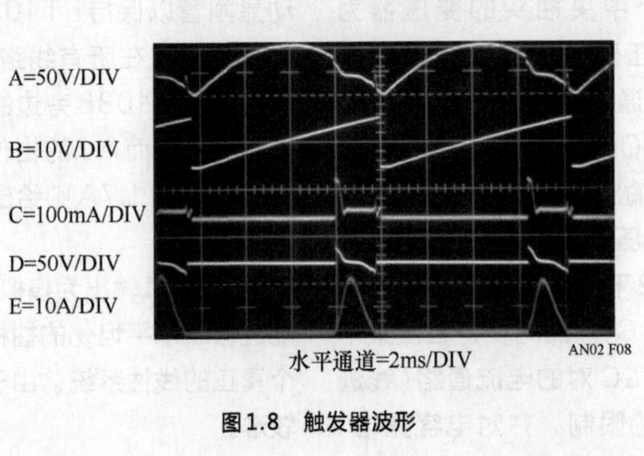

图1.8 触发器波形

实际上，A1的1μF电容将耗散的环路增益保持在一个极低的频率以保证稳定的特性，且不影响LT1038的瞬态响应特性。图1.9中的线迹A为电路工作在35V且驱动10A负载（350W）时的输出噪声。注意图中没有显示快速开关瞬态响应及其谐波。输出噪声由120Hz波动和稳压器噪声组成。反射到AC电源的噪声（线迹B）也可忽略，因为电感将电流的上升时间限制到约1ms，远低于普通开关电源。图1.10绘制了10A负载的效率-输出电压的关系曲线。输出电压较低时，稳压器及晶闸管上的静态损耗较大、效率较低，而电压达到极大值时效率可达85%。

高输出电压是增强稳压器性能的另一个方向。由于稳压器没有接地引脚，所以理论上可以稳定高电压。一般情况下，稳压器输出在供电电源的最大值附近浮动，只要不超过V_{IN}-V_{OUT}差的最大值，就不会发生问题。可是，当输出短接时将超过V_{IN}-V_{OUT}差的最大值，设备将会毁坏。图1.11给出了高电压稳压器的全图，它工作在100V，电流为100mA，且能解决短路到地的问题。即使在100V输出时，LT317A也工作在普通模式，使它的输出与相邻引脚之间的压差保持在1.2V。

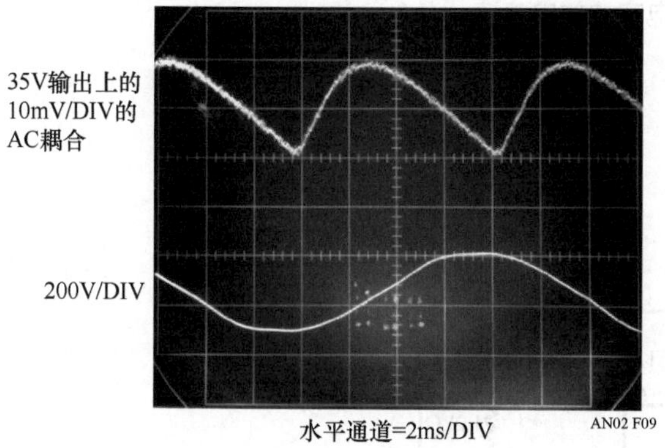

图1.9

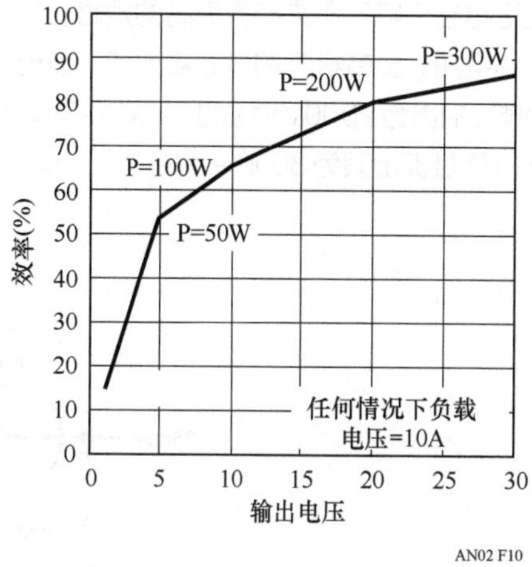

图1.10

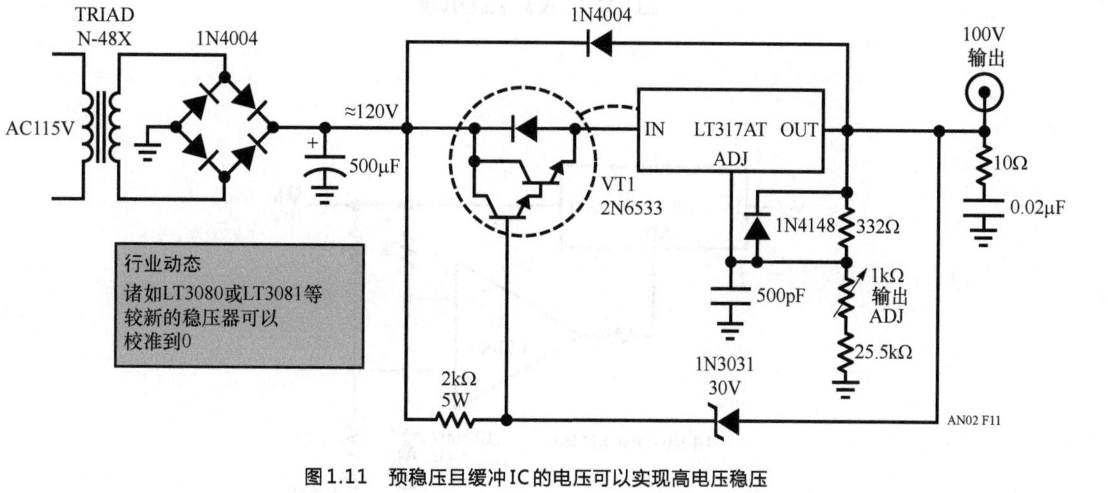

行业动态
诸如LT3080或LT3081等较新的稳压器可以校准到0

图1.11　预稳压且缓冲IC的电压可以实现高电压稳压

在这样的条件下，30V的稳压二极管关闭，而VT1导通。输出短路时，稳压二极管导通，强制VT1基极到30V，从而将VT1发射极钳位在V_Z之下的2倍V_{BE}，正好处于稳压器的V_{IN}-V_{OUT}额定值范围内。在这些条件下，不论变压器电流以及稳压器电流界限能提供多大电流，高电压器件VT1的V_{CE}都将保持在90V。该变压器在130mA时饱和，使VT1始终保持在安全区域，VT1功耗为12W。如果VT1和LT317A发生热耦合，稳压器将立即发生热关断而开始谐振。只要输出保持短路，这种过程就将继续下去，达到保护负载和稳压器的目的。500pF电容和10Ω-0.02μF阻尼电路协助实现瞬态响应，而二极管则为电容提供了安全放电通路。

这种实现高电压稳压器的方法主要受限于与稳压器串联的各个器件的功耗能力。图1.11A所示的电路使用真空电子管（还记得它们吧？）来获得极高的短路功耗能力。电子管可使用高电压，具有极高的过载容许值。该电路具有全短路保护功能，输出为2000V时通过LT317A可以将功耗控制在600W（V1极板上限为300mA）。

功耗不是增强稳压器性能唯一方向。图1.12给出了在某一温度范围某一时间段内增加稳压器输出稳定性的电路。该方法特别适用于驱动应变计传感器的情形。在该电路中，输出电压下分频后，通过精度放大器A1与2.5V的参考电压相比较。A1的输出用以强制LT317A的校准引脚电压到某一特定值，以保持10V输出。A1的误差可以忽略。标有星号的电阻的温漂系数为5ppm/℃，而参考电路的温漂系统约为20ppm/℃。稳压器内部电路提供了短路和热过载保护。

图1.13所示电路可以让稳压器远程感测反馈电压，抵消供电电源电压下降效应。此时需要关心的是必须在较长的供电轨或PC通道中传输高电流。图1.13所示电路中使用A1来感测负载电压。A1的输出与稳压器的输出相加后，修改校准引脚的电压以补偿R_{DROP}上的电压损失。反馈分频器从负载开始通过独立的引线返回，形成远程感测电路。5μF电容滤掉了噪声，而1kΩ电阻可以在电源关断时限制旁路电容的放电电流。

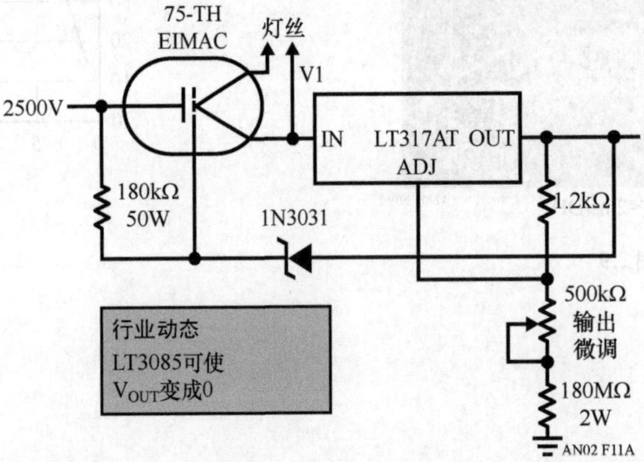

行业动态
LT3085可使V_{OUT}变成0

图1.11A 极高电压稳压器

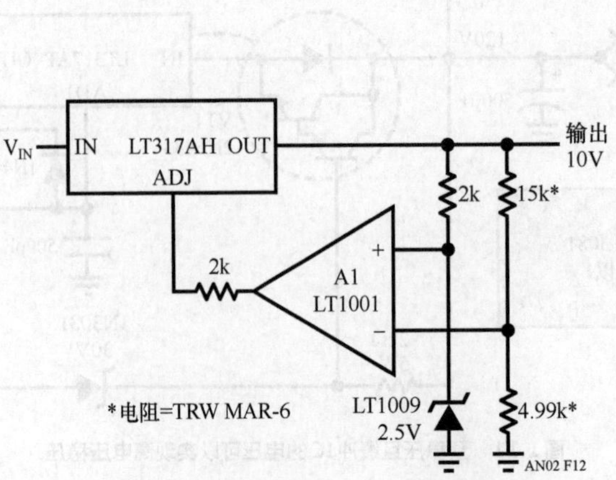

图1.12 稳压器用作有保护电源分级

最后一个电路可使稳压器驱动的电路运行在AC110V或AC220V情况下，且不需要切换变压器绕组。在AC220V输入时稳压器功率耗散也不会增加。在图1.14中，当T1的驱动为AC110V时，LT1011的输出变高，可使SCR通过1.2kΩ电阻获得栅极偏置。此时，1N4002关闭。T1输出被晶闸管整流，而稳压器输入端电压为8.5V。当T1的驱动切换到AC220V电源时，LT1011的负输入端的驱动电压超过2.5V，其输出将被钳位到低电平，从而将晶闸管栅极偏置并通过LT1011的输出管导向到地。LT1011输出线路上的二极管可以防止反向电压到达晶闸管或者LT1011的输出端。此时，晶闸管关闭，1N4002通过T1中央抽头为稳压器提供电流。虽然T1的输出电压增大了两倍，但它的输出电压降低一倍，而稳压器的功耗保持不变。图1.15给出了AC线路输入vs稳压器输入电压传输函数。当输入处于AC110V与AC220V正中时，开关将切换到中央抽头驱动点，此时将出现期望的滞后特性，因为T1的输出电压将随负载的阶跃变化而偏移。

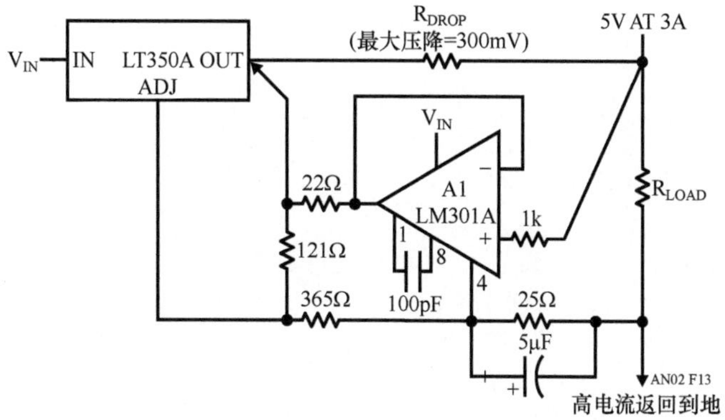

图1.13　远程感测负载电压以获得更佳的稳压效果

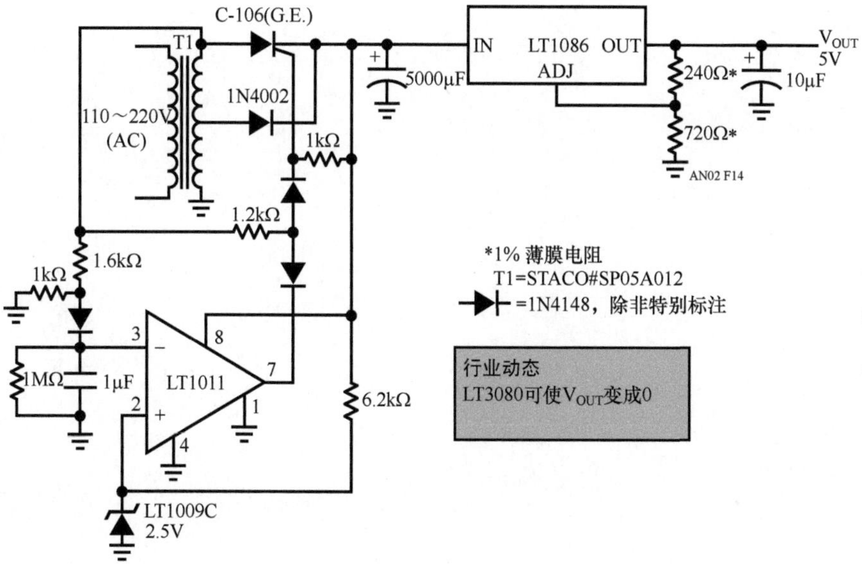

图1.14　宽电压输入范围时采用的开关输入电压

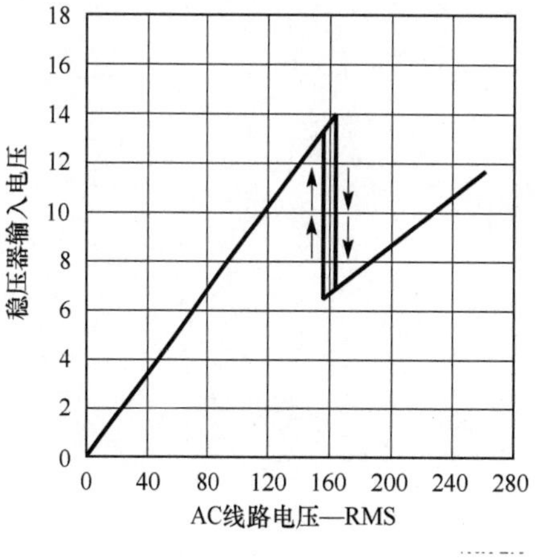

图1.15

稳压器瞬态负载响应测试

2

测试和计算的具体要求

Jim Williams

引言

半导体存储器、读卡器、微处理器、磁盘驱动器、压电设备以及数字设备都含有瞬态负载，必须使用稳压器。理想情况下，负载瞬态变化期间稳压器的输出不会发生变化。事实上，稳压器输出总会产生一些波动，而当超过允许的工作电压容差时稳压器波动将成为必须解决的问题。瞬态负载响应测试的主要内容是对稳压器及其附属器件进行测试，以验证瞬态负载条件下稳压器能否达到性能要求。目前，有多种方法可以生成瞬态负载，以便进行稳压器响应的观察。

基本负载瞬态响应生成器

图2.1给出了一个负载瞬态响应生成器原理图。待测稳压器驱动着DC负载和阻性开关负载。阻性开关负载是可变的。图中可以监测开关线路上的电流和电压，可以对静态和动态两种情形下的稳态输出电压和负载电流进行比较。开关电流可以处于关闭或断开两个状态；其中没有可控线性区。

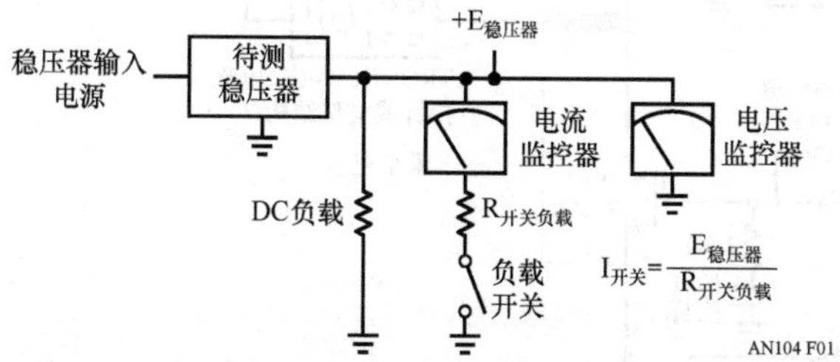

图2.1　稳压器负载测试原理图（该电路中包括了开关负载、DC负载以及电压/电流监测器。电阻值决定了流过DC负载和开关负载的电流。开关电流可以处于关闭或断开两个状态；其中没有可控线性区）

图2.2给出了负载瞬态响应生成器的具体实现方案。图中待测稳压器两端各增加了一个电容（能量储存）以产生瞬态响应，这与机械中的调速轮相类似。这些电容的大小、组成以及位置，对瞬态响应以及稳压器的总体稳定性有着显著的影响，尤其是C_{OUT}①。该电路的工作原理很直观。输入脉冲触发LTC1693 FET驱动器控制VT1开关，产生稳压器的瞬态负载输出电流。通过一个“接线夹”宽带探头，示波器可以监测到瞬态负载电压和电流。该电路的瞬态负载响应生成能力可以用图2.3来表示。图2.3所示电路中用常见的低阻抗电源取代了稳压器。高容量供电电源、低阻连线以及良好旁路相结合，使该电路在一定的频带内保持较低阻抗。图2.4显示了15ns内开/断1A负载时（线迹B），在LTC1693-1 FET驱动下图2.3所示电路的响应（线迹A）。

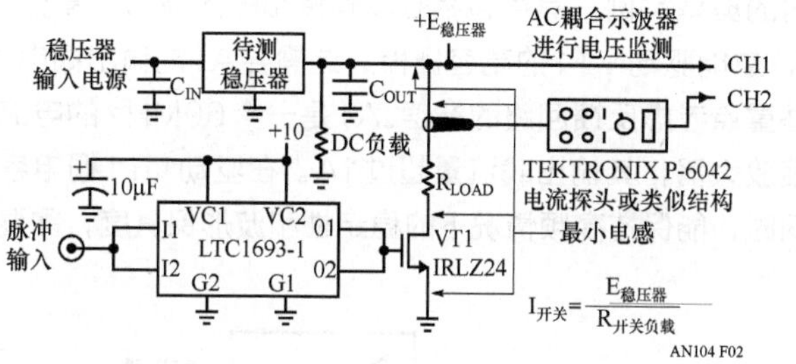

图2.2　实际稳压器测试电路（FET驱动器和VT1控制着R_{LOAD}的打开和关闭。示波器可以监测探头输出电流和稳压器响应）

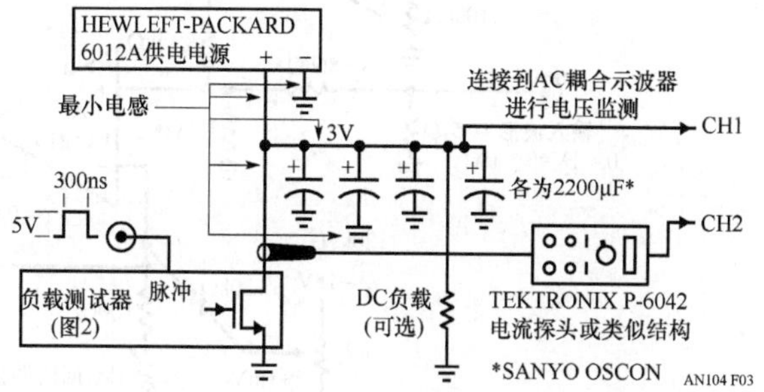

图2.3　用旁路良好的低阻电源替换稳压器可以计算负载测试电路的响应时间

① 延伸讨论可参见附录A的“电容寄生效应对负载瞬态响应的影响”以及附录B的“输出电容及稳定性”。

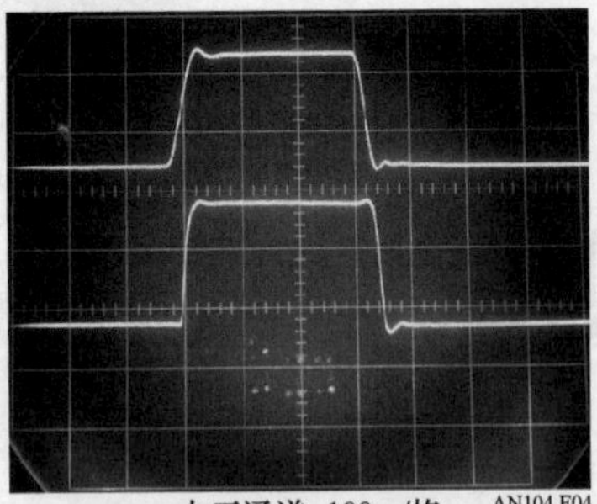

图2.4　15ns开/断1A负载(线迹B)时，在FET驱动下图2.2所示电路的响应(线迹A)

这种变化速度可用来仿真大多数的负载，不过它也有局限性。速度快时，该电路无法仿真最小电流与最大电流之间的负载。

闭环负载瞬态响应生成电路

图2.5所示的闭环负载瞬态响应生成电路能够线性控制VT1的栅极电压，可以获得任意点的瞬态电流，能对任意负载情形进行仿真。从VT1的源极到控制放大器A1的反馈，与VT1形成闭环，可以稳定其工作点。图中假设VT1的电流与输入控制电压无关，电流感测电阻适用于极宽频带。一旦A1提供的偏置达到VT1的电导阈值，A1输出的微小扰动将在VT1通道上产生较大的电流波动。所以，A1不能有较大的输出偏移；其小信号带宽即为其速度界限。在此条件下，VT1的电流波形与A1的输入控制电压波形相同，从而可以对负载电流进行线性控制。这种通用功能可以支持各种负载的仿真。

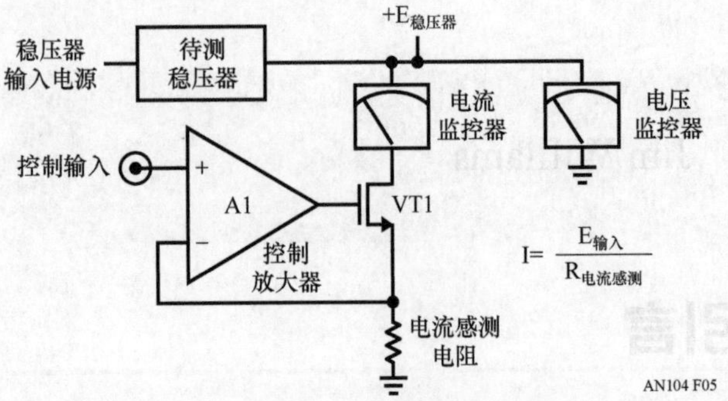

图2.5　闭环负载测试原理图。A1控制着VT1的源极电压，从而控制了稳压器的输出电流。VT1漏极电流波形与A1的输入波形相同，能实现负载电流的线性控制。电压和电流监测器与图2.1相同

基于FET的电路

图2.6给出了一个基于FET的闭环瞬态负载响应生成器的典型实例，其中包括DC偏置和输入波形。高频时，A1应能驱动VT1的高容栅极，这需要A1能输出高电流，并重点考虑反馈回路的补偿。A1是一个60MHz的电流反馈放大器，其输出载流量超过1A。在驱动VT1栅电容的同时，能保持高频情况下的稳定性和波形保真度，需要有可置栅极驱动的峰值器件、阻尼网络、并能进行反馈微调和回路峰值调整。其中DC微调也是需要的，且需在初始时进行。没有输入时，在VT1的源极对1mV的DC进行“1mV调整”。AC微调使用的是图2.7所示的电路。它与图2.3相同，当负载瞬态响应电路阶梯加载时，这种“砖墙”结构的稳压源所产生的纹波和凹陷能达到最小。给电路施加如图所示的输入，并进行栅驱动微调以及反馈和回路峰值调整，使我们能在示波器电流探针所接通道上得到完整的方角响应。

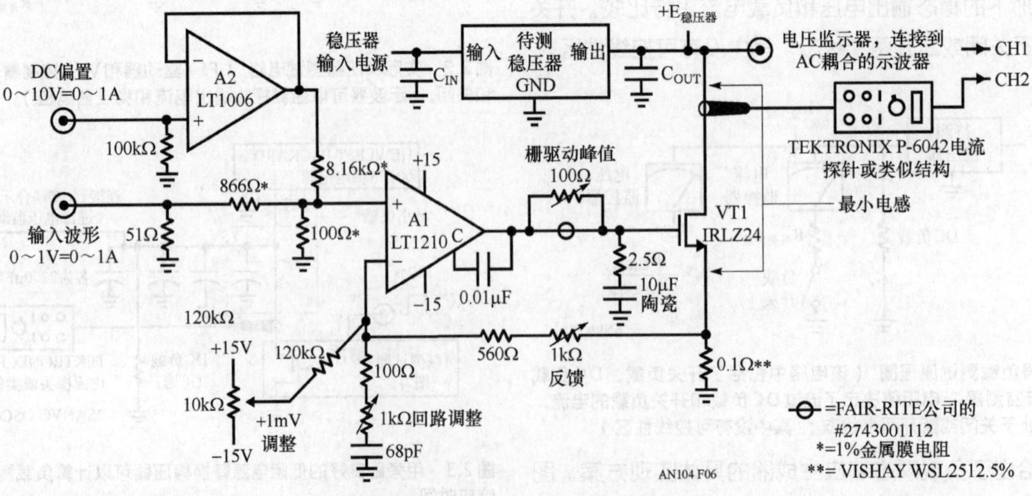

图2.6　闭环负载测试电路的完整电路。DC电平和脉冲提供了A1到VT1电流汇稳压负载的输入。VT1的增益使A1摆幅不用太大，且得到较大带宽。阻尼网络、反馈以及峰值微调对边缘响应进行了优化

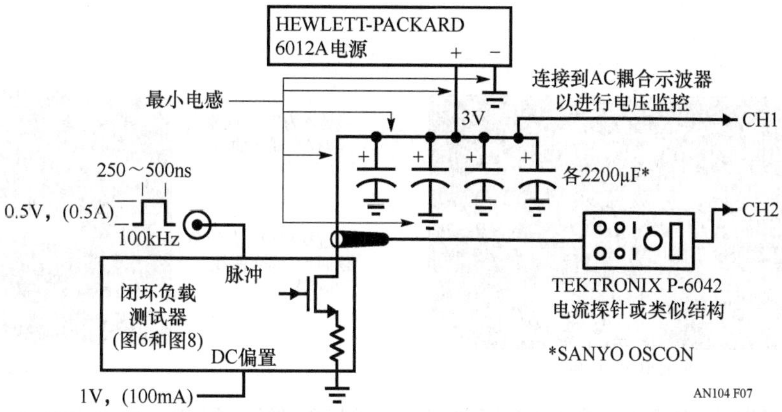

图2.7　闭环负载测试的响应时间取决于图2.3所示电路。“砖墙”结构为低阻抗源

基于双极型晶体管的电路

图2.8所示的电路大大简化了环路的动态特性，去掉了所有AC微调。其主要的代价是将速度降低了2倍。该电路与图2.6所示电路相似，主要区别在于VT1为双极型晶体管。双极型晶体管大大降低了输入电容，使A1能驱动更良性的负载，整个电路只需要一个较小输出电流的放大器，电路中也去掉了对图2.6所示电路中FET栅电容进行补偿的动态调整电路。主要的微调是之前描述的“1mV调整”[②]。除了速度降低了2倍之外，双极型晶体管的基极电流也将产生1%的输出电流误差。当稳压器没有供电电源时，VT2用来防止额外的VT1基极电流。二极管用来防止基极反向偏置。

闭环电路性能

图2.9和图2.10给出了两个宽带电路的运行情况。基于FET的电路（见图2.9）只需A1具有50mV的摆幅（线迹A），以确保流过VT1的脉冲电流形如线迹B的上下沿为50ns的平顶电流。图2.10显示了基于双极型晶体管电路的具体性能。线迹A为VT1基极电压，其值上升不会超过100mV，所以流过VT1的电流为1A，如线迹B所示。该电路的上下沿为100ns，比复杂FET电路慢2倍，不过对于大多数实际瞬态负载的测试仍是足够的。

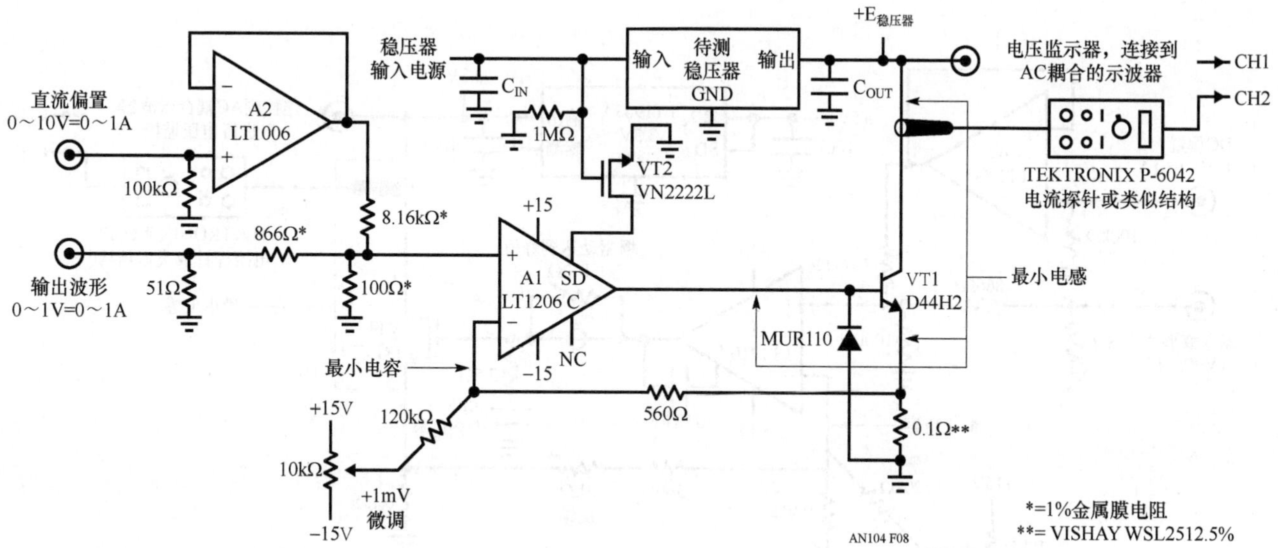

图2.8　用双极型晶体管来实现图2.6所示的电路。VT1降低了输入电容，简化了环路动态行为，去掉了补偿器件和微调电路。其代价是速度降低了2倍，且基极电流带来1%误差

② 可以删除微调电路，代价是增加电路的复杂性。参见附录D的“无微调闭环瞬态负载测试电路”。

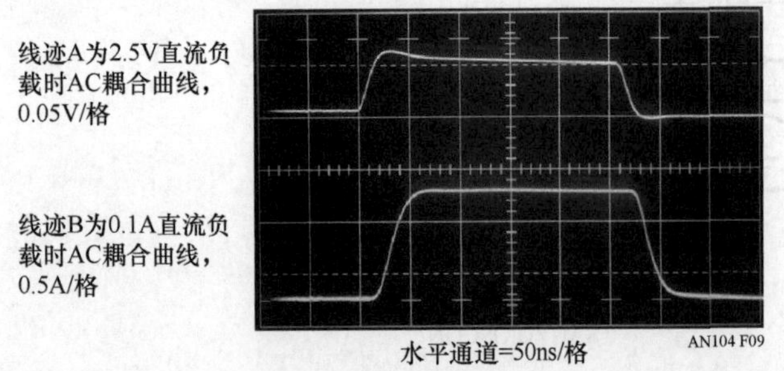

图2.9　图2.6所示电路的闭环负载测试电路的阶跃响应（线迹B为VT1的电流）快速整洁，上下沿为50ns，顶部平坦。A1的输出（线迹A）摆幅为50mV，适用于宽带。线迹B表现出轻微延迟，是由电压和电流探针上的时间偏斜引起的

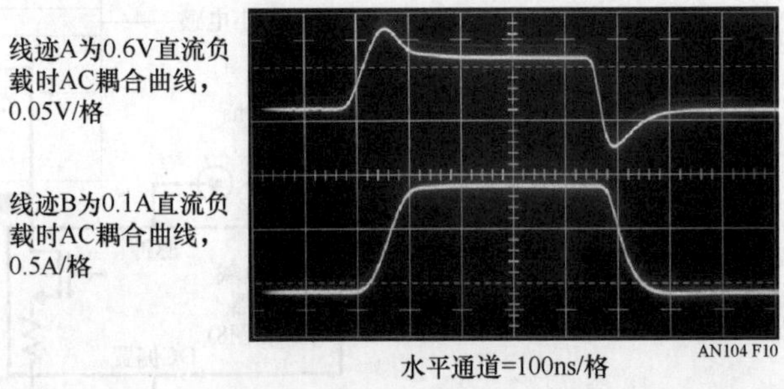

图2.10　图2.8所示的基于双极型晶体管的输出负载测试电路的响应速度为基于FET的测试电路的二分之一，不过电路复杂度下降，而且去掉了补偿微调。线迹A是A1的输出，线迹B是VT1的集电极电流

负载瞬态测试

前文所讨论的电路可支持快速和全面的稳压器负载瞬态测试。图2.11使用了图2.6所示的电路来评估LT1963A线性稳压器的性能。在图2.12中，线迹A是非对称边沿的输入脉冲，而线迹B为稳压器响应。输入脉冲的斜坡前沿，处于LT1963A的带内，对应了线迹B上光滑的10mV（峰峰值）偏移。输入脉冲的快速后沿，刚好处于LT1963A的频带之外，在线迹B上产生了陡峭的扰动。电路中的C_{OUT}无法提供足够的电流以保持输出电平，在稳压器恢复控制之前将产生一个75mV（峰峰值）尖峰。图2.13用带宽为500kHz，而峰-峰值为500mA的负载噪声模拟多数情况下的不连续负载，并将其输入到稳压器，如图中的线迹A所示。该输出处于稳压器的带宽之内，且在线迹B的稳压器输出中仅表现出6mV（峰峰值）的扰动。图2.14与图2.13的条件相同，仅将噪声的带宽增加到5MHz。这超过了稳压器的带宽，将产生8倍、超过50mV（峰峰值）的误差。

图2.15显示了直流偏置为0.2A时，从直流扫描到5MHz的结果。稳压器连接的负载为0.35A。稳压器输出阻抗随频率增长，导致误差也随频率的增长而增长。因此，可以得到稳压器输出阻抗与频率的关系。

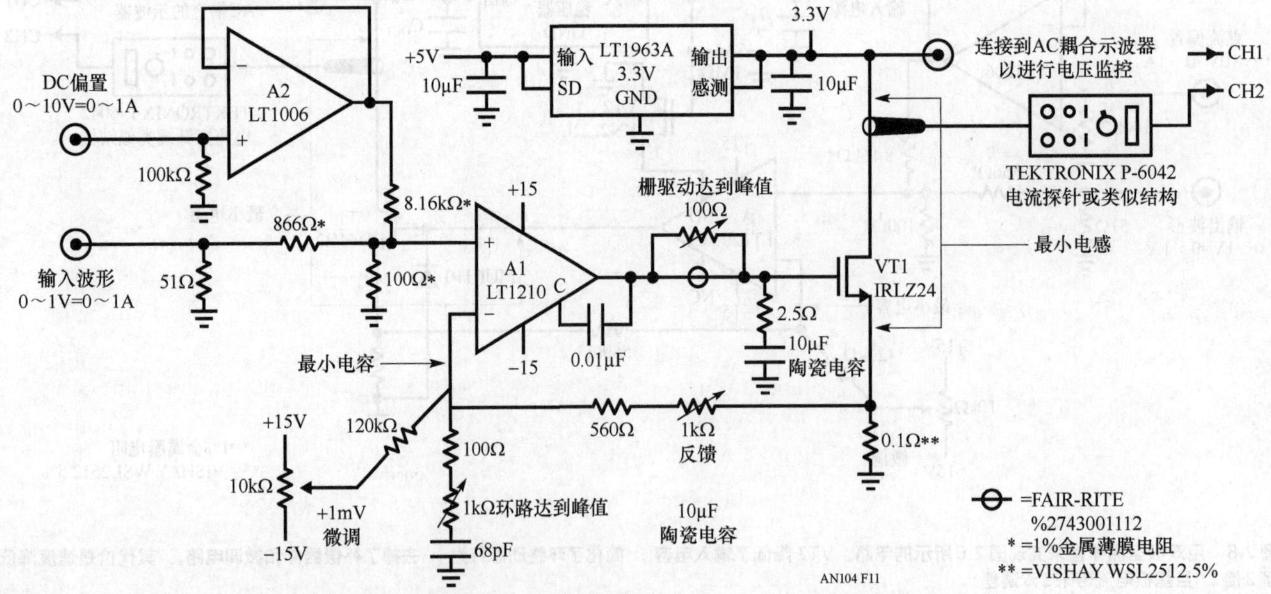

图2.11　包含LT1963A稳压器的闭环负载测试。可以针对各种负载电流波形进行测试

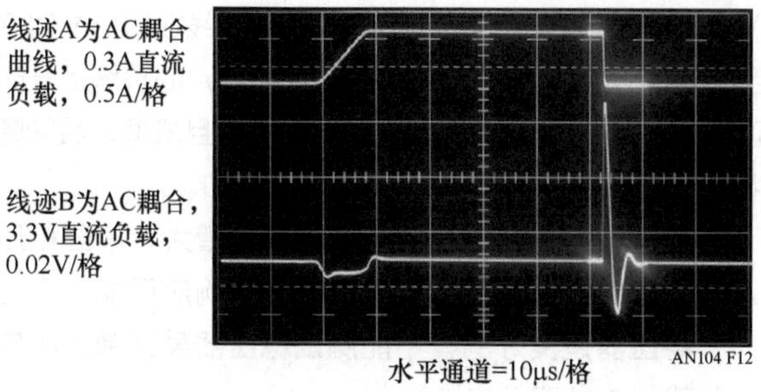

图2.12 不对称边沿脉冲输入（线迹A）时图2.11所示电路的响应（线迹B）。处于LT1963A的带内，对应了线迹B上光滑的10mV（峰峰值）偏移。输入脉冲的快速后沿，刚好处于LT1963A的频带之外，在线迹B上产生了陡峭的扰动。为了摄像清晰，线迹尾部增大了对比度

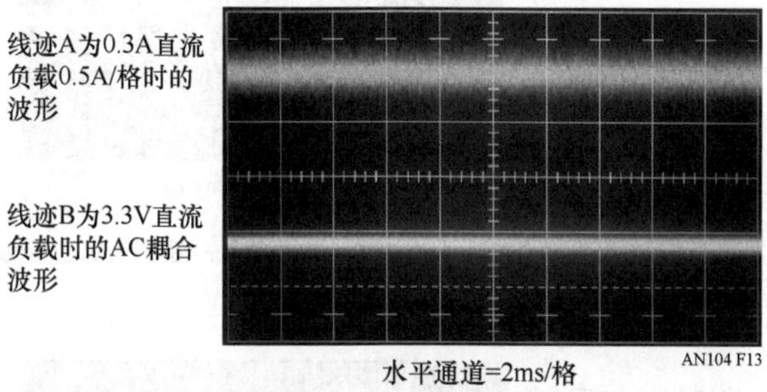

图2.13 处于稳压器带通内的500mA（峰峰值）、500kHz噪声负载（线迹A），在线迹B的稳压器输出上仅产生6mV的扰动

电容在稳压器响应中的作用

在稳压器的输入端（C_{IN}）和输出端（C_{OUT}）都会使用电容来增强其高频响应。电容的电介质、容值以及位置对稳压器的特性有着显著的影响，必须详加考虑③。C_{OUT}决定了稳压器的动态响应；C_{IN}的关键性则相对低不少，只需保证其放电不会低于稳压器的压差点。图2.16给出了一个典型的稳压器电路，主要关注C_{OUT}及其寄生参数。寄生电感和寄生电阻限制了电容的频率特性。电容的电介质和容值对负载阶跃响应有着显著的影响。稳压器运行时产生的“隐藏”寄生阻抗，也影响着稳压器的特性。不过可以通过远程感测以及旁路分布电容降低隐藏寄生阻抗的影响。

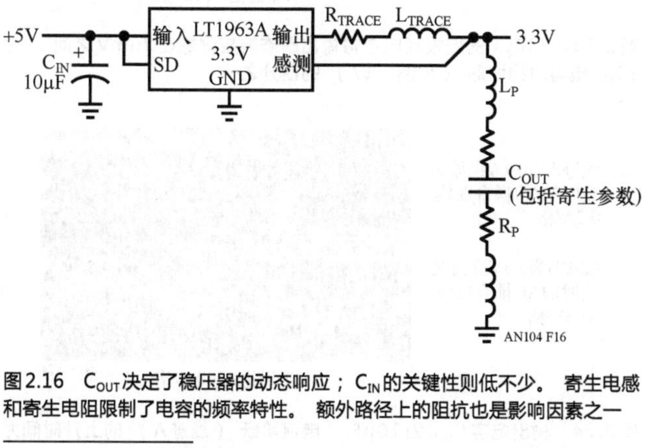

图2.16 C_{OUT}决定了稳压器的动态响应；C_{IN}的关键性则低不少。寄生电感和寄生电阻限制了电容的频率特性。额外路径上的阻抗也是影响因素之一

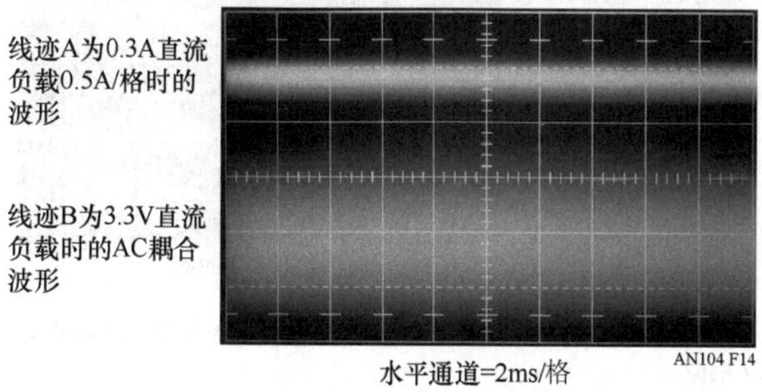

图2.14 条件与图2.13相同，区别在于噪声带宽增加到5MHz。结果将超出稳压器带宽，产生50mV（峰峰值）输出误差

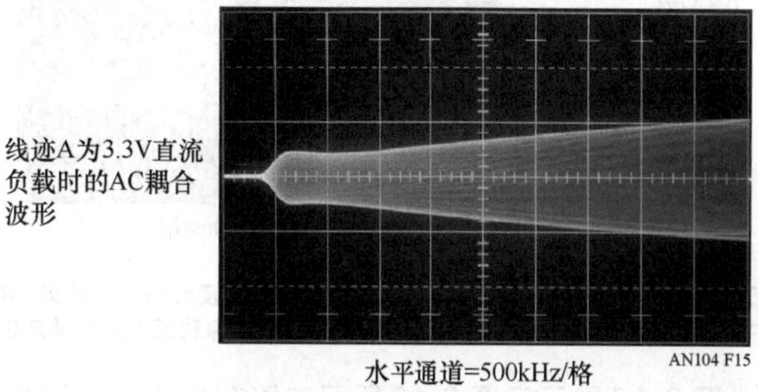

图2.15 负载为0.35A(0.2A直流参考)时，从直流扫描到5MHz得到的上述稳压器的响应。稳压器输出阻抗随频率而增加，输出误差也相应增加

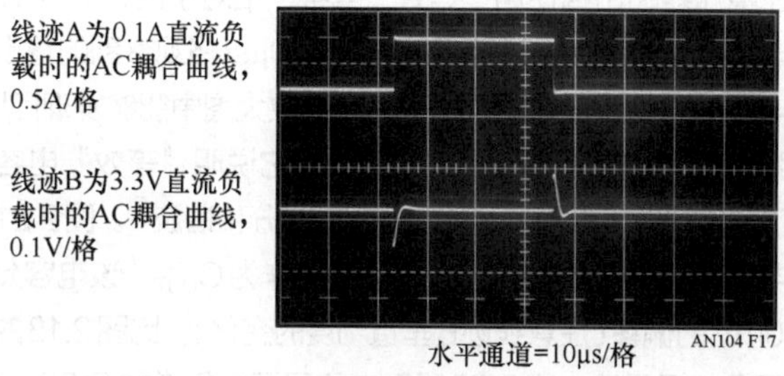

图2.17 给图2.16加载0.5A阶跃负载（线迹A）且$C_{IN}=C_{OUT}=10\mu F$时的稳压器输出。使用低损耗电容可得到控制良好的稳压器输出

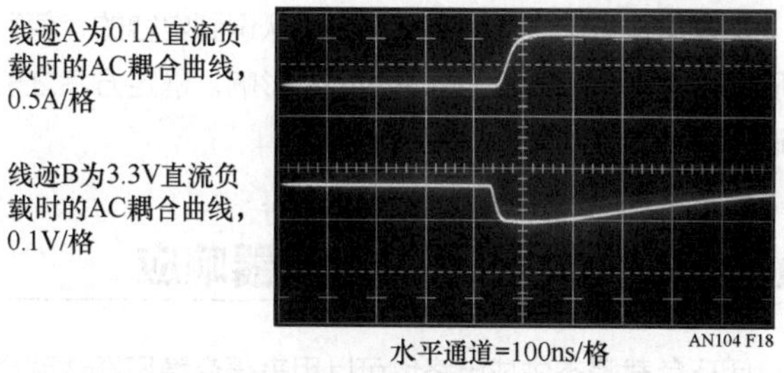

图2.18 将水平时间轴放大可以看出线迹B的稳压器输出曲线是光滑的。电流和电压探测延迟的失配是产生较小时间偏差的原因

③ 详细内容请参见附录A和B中的延伸讨论。

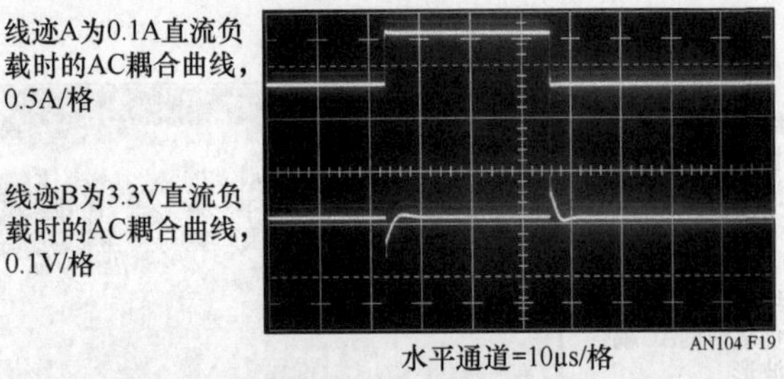

图2.19　使用10μF的等效电容C_{OUT}在10μs/格时所得稳压器输出与图2.17相似

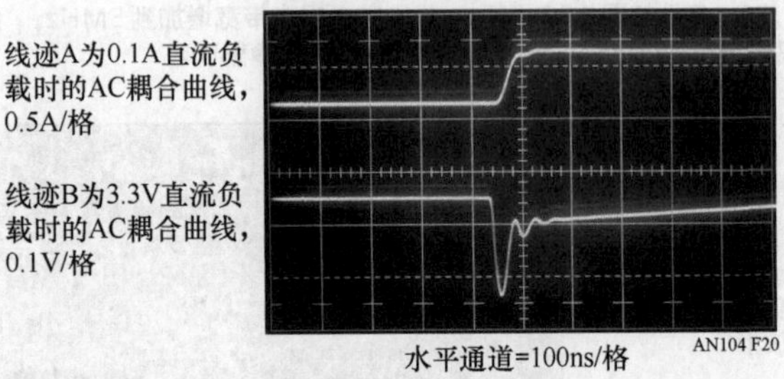

图2.20　放大时间轴则可看出，与图2.18所示波形相比，"等效"电容产生了两倍的幅度误差。两线迹的时间偏差是由探测延迟失配造成的

图2.17显示了图2.16所示电路在0.5A阶跃负载、0.1A直流偏置（线迹A）时的响应（线迹B）。其中电容$C_{IN}=C_{OUT}=10\mu F$。由于电路中使用了低损耗电容，线迹B的输出控制良好。将图2.17中的水平时间轴放大若干倍，如图2.18所示，可以进一步研究稳压器的高频行为特性。稳压器输出曲线（线迹B）光滑，没有突变和断点。图2.19所示的是在稳压器输出端使用"等效"电容（相对于图2.17）并进行与图2.17相同的测试所得结果。以10μs/格观察到的输出波形与图2.17相似，但在图2.20所示的放大图中能够发现问题。这张照片的扫描速度与图2.18相同，它说明"等效"电容产生了两倍的幅度误差，而且出现高频成分和谐波④。图2.21所示电路改用一个极大损耗的10μF电容作为C_{OUT}。该电容允许400mV的偏移(注意线迹B垂直刻度的变化)，比图2.18的四倍还多。相反地，图2.22所示电路采用容值增加到33μF的低损耗C_{OUT}，相对于图2.18，线迹B的输出瞬态响应下降了40%。图2.23所示电路进一步增大该低损耗电容至330μF，将瞬态响应限制在20mV内，比10μF时小四倍。

通过这些讨论，我们可以清楚地认识到电容的容值和电介质品质对瞬态负载响应有着显著的影响。确定方案之前需先进行尝试！

负载瞬态上升时间vs稳压器响应

闭环负载瞬态生成电路也可以用来研究稳压器达到高速稳压的负载瞬态上升时间。图2.24显示了图2.16所示电路在100ns时间内从0.5A直流负载阶跃到0.1A直流负载（线迹A）时的响应（$C_{IN}=C_{OUT}=10\mu F$）。响应曲线在75mV时衰退达到峰值，随后发生畸变。如果降低线迹A的阶跃上升时间（见图2.25），线迹B的误差将会翻倍，而且峰值之后的畸变也将变大。这说明高频时稳压器误差的增加。

所有稳压器误差都会随频率增加而增大，某些稳压器的误差可能增加得更多。慢速负载瞬态响应可能片面地说明一个稳压器是良好的。不能测试稳压器某些带外响应的瞬态负载测试是不可信的。

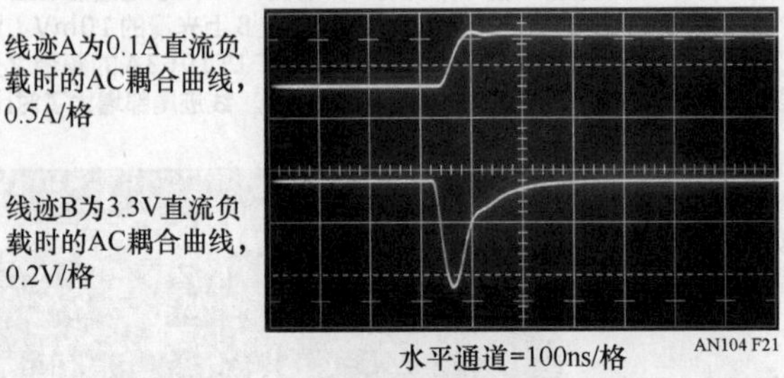

图2.21　10μF极大损耗C_{OUT}允许400mV的偏移，是图2.18所示波形的四倍。线迹间的时间偏差缘于探测失配

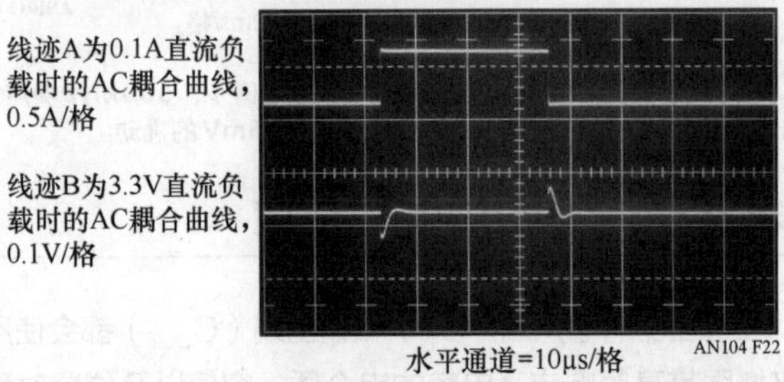

图2.22　增加低损耗C_{OUT}的容值到33μF得到的稳压器瞬态输出，将比图2.17所示波形减小40%

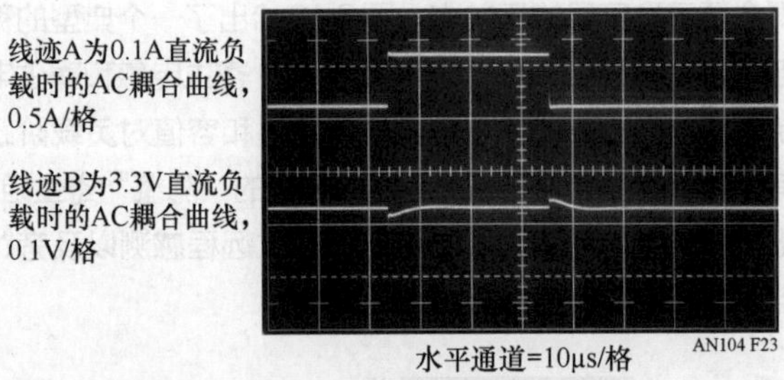

图2.23　330μF的低损耗电容将输出瞬态响应限制在20mV之间，为10μF电容时的情形（见图2.17）的四分之一

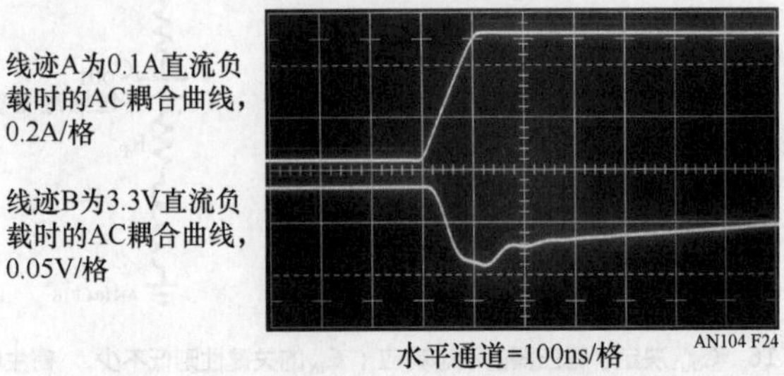

图2.24　输出电容C_{OUT}为10μF、电流阶跃（线迹A）的上升时间为100ns时稳压器输出响应（线迹B）。响应衰退峰值为75mV

④　请勿听信商家数据，必须通过具体观察来确定器件的性能。

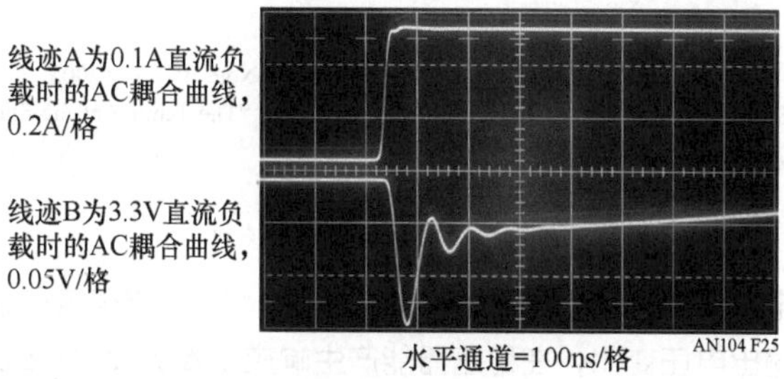

图2.25　更快上升时间的电流阶跃（线迹A）将使衰退（线迹B）增加到140mV，表明稳压器随频率增加损耗也在增加

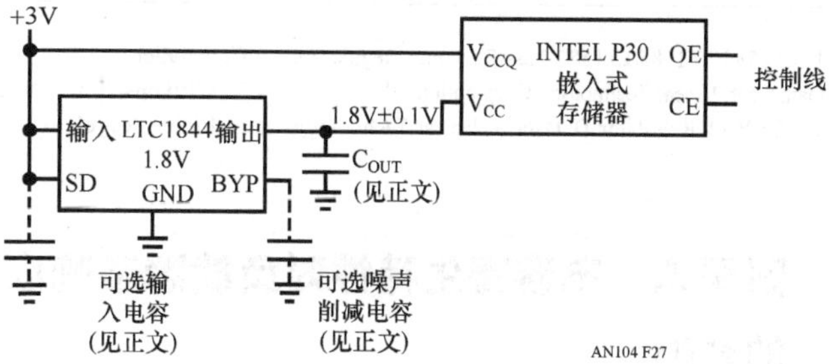

图2.27　P30嵌入式存储器VCC的稳压器必须保持在±0.1V的误差范围内。控制线移动将引起50mA的负载阶跃，所以必须认真选择电容C_{OUT}

实例分析——Intel P30嵌入式存储器的电压稳压器

一个较好的说明电压稳压器负载阶跃性能重要性的例子是Intel P30嵌入式存储器。该存储器供电电压为1.8V，一般需从+3V调节下来。虽然电流要求比较宽松，但电源容差要求却较严。图2.26所示的误差预算说明1.8V供电电压仅允许0.1V的偏差，包括所有直流和动态误差。LTC1844-1.8稳压器的初始容差为1.75%（31.5mV），所以动态误差不能超过68.5mV。图2.27给出了测试电路。存储器控制线移动将产生50mA的瞬态负载，所以必须仔细选择电容[⑤]。如果稳压器靠近电源，则C_{IN}可选。否则，需选择一个良好的1μF电容作为C_{IN}。C_{OUT}则选择低损耗1μF电容。无论从哪方面看，该电路都十分普通。若采用瞬态负载生成器生成的图2.28所示的输出负载阶跃测试信号[⑥]，则稳压器响应仅表现出了30mV的峰值，两倍优于设计要求。增加C_{OUT}到10μF，如图2.29所示，输出误差峰值将减小到12mV，六倍优于设计要求。然而，若采用的是不良10μF电容（就此例而言，1μF也同样），则其结果会令人吃惊，如图2.30所示，在上下沿都出现了严重的峰值误差（图中增加了线迹B尾部的对比度使其更加清晰），可以观察到下沿出现了100mV的误差。这个现象完全在误差预算之外，将造成不可靠的存储器操作。

Intel P30嵌入式存储器电压稳压器误差预算

参数	范围
Intel指定的电源范围	1.8V±0.1V
LTC1844稳压器初始精度	±1.75%(±31.5mV)
动态容差	±68.5mV

图2.26　Intel P30嵌入式存储器电压稳压器误差预算。必须保证1.8V的电源的容差在±0.1V的范围内，包括全部静态和动态误差

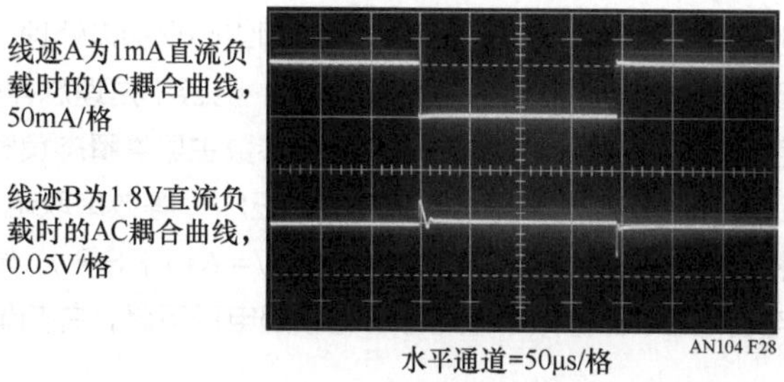

图2.28　50mA的负载阶跃（线迹A）将引起30mV的稳压器响应峰值误差，两倍优于预算要求。C_{OUT}=低损耗1μF

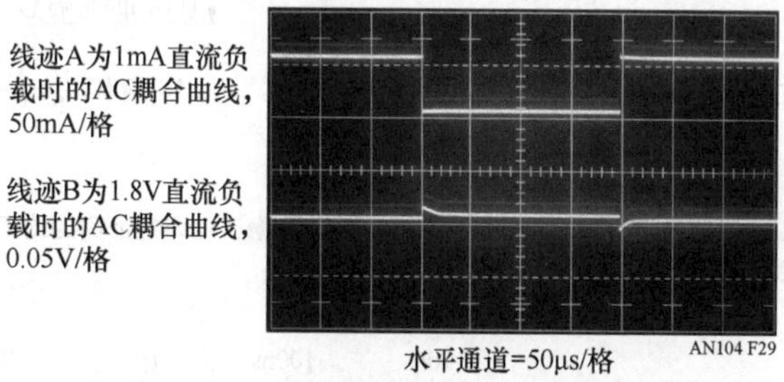

图2.29　增加C_{OUT}到10μF将减小稳压器输出峰值误差到12mV，几乎为预算要求的6倍

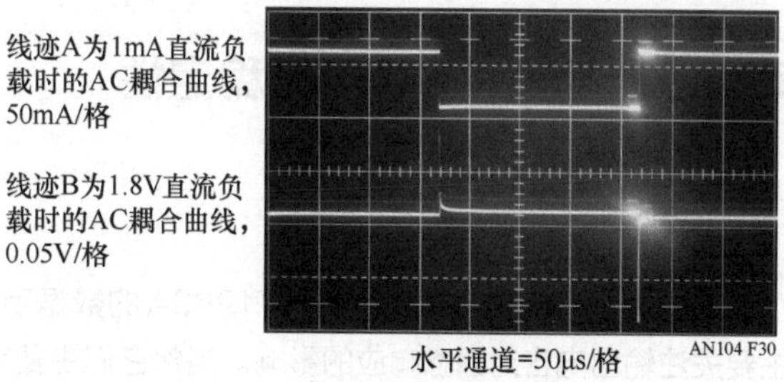

图2.30　不良的10μFC_{OUT}将产生100mV的稳压器输出峰值误差（线迹B），超出了P30存储器的范围。图中增强了线迹尾部的对比度以加强图片的清晰度

⑤　在LTC1844-1.8噪声旁路引脚（"BYP"）上连接的外部电容能极小化输出噪声。在本应用中不作要求，所以图中悬空。

⑥　图2.8的电路用于该测试，其中Q1的发射极并联改为1Ω电阻。注：该应用节选于向EDN刊物的投稿。

参考资料

1. LT1584/LT1585/LT1587 Fast Response Regulators Datasheet. Linear Technology Corporation

2. LT1963A Regulator Datasheet. Linear Technology Corporation

3. Williams, Jim, "Minimizing Switching Residue in Linear Regulator Outputs". Linear Technology Corporation, Application Note 101, July 2005

4. Shakespeare, William, "The Taming of the Shrew", 1593-94

附录A　电容寄生特性对负载瞬态响应的影响

Tony Bonte

数字电路一般都会有较大的负载电流变化。负载电流阶跃包括高阶频率成分，输出解耦网络必须加以处理，直到稳压器输出控制在负载电流水平。电容不是理想器件，包含了寄生电阻和电感。这些寄生参数主导着瞬态负载阶跃变化中最初的部分。输出电容的ESR(等效串联电阻)将产生输出电压上的瞬时阶跃(ΔV=ΔI·ESR)。输出电容的ESL(等效串联电感)将引起电压下降，并与输出电流变化速率成比例(V=L·ΔI/Δt)。输出电容引起的输出电压变化，在稳压器能产生响应(ΔV=Δt·ΔI/C)之前是与时间成正比的。这些负载响应如图A1所示。

使用低ESR、低ESL、良好高频特性的电容，是满足输出电压容限的关键。这些要求表明需要使用高质量、表面安装钽的陶瓷或有机电解质电容。电容的位置也是影响瞬态响应性能的关键因素。将电容放置在离稳压器引脚尽可能近的地方，使供电电路走线及其平面处于低阻抗状态，在需要时旁路各个负载。如果稳压器具有远程感测能力，则在最大负载点考虑感测。

严格来讲，影响稳压器建立时间的因素不只是上述与时间相关的因素。图A2列出了跨越9个时间段的7个不同项，它们都可能对稳压器性能产生影响。稳压器IC必须认真设计，降低稳压环路以及热误差值。

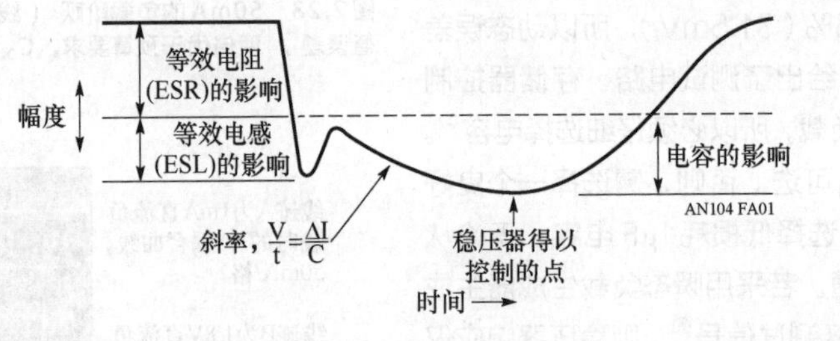

图A1　寄生电阻、电感以及有限电容值，在稳压器增益带宽的约束下，形成负载阶跃响应。电容的等效串联电阻和等效电感决定了初始响应；而电容值和稳压器增益带宽决定了随后的响应

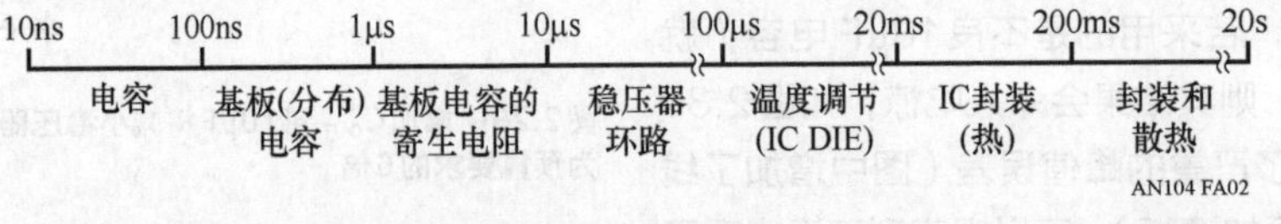

图A2　在阶跃负载之后，电和热的时间常数可能影响稳压器的建立时间。影响效果跨越9个时间段

附录B　输出电容和环路稳定性

Dennis O'Neill

编者按：以下内容是摘录于LT1963A的数据手册，主要关注输出电容对瞬态响应的影响。当然它们主要用于LT1963A，不过对大多数稳压器同样适用，所以摘录于此以方便读者阅读。

电压稳压器是一个反馈电路。所以，与其他反馈电路相同，它的稳定需采用频率补偿技术。对于LT1963A而言，频率补偿内外皆有——输出电容。输出电容的大小、类型，以及某些输出电容的ESR等都对稳定性有着一定的影响。

除了影响稳定性之外，输出电容对高频瞬态响应也有影响。稳压器环路带宽有限。对于高频瞬态负载，从瞬态中恢复取决于输出电容和稳压器的带宽。推出LT1963A的目的在于易用性，以及能够连接各种输出电容的能力。不过，输出电容将影响频率补偿，频率优化稳定需要一些ESR，尤其是在使用陶瓷电容的时候。

出于易用性考虑，选择多钽电容(POSCAP)能较好地满足瞬态响应和稳压器稳定性的要求。这些电容的固有ESR可以改善稳定性。陶瓷电容的ESR极低，它的应用广泛，而给它加上一个较小的串联电阻，有时能优化稳定性且最小化振荡。不论何时，电容最小为10μF，而最大ESR可达3Ω。

低输出电压时，ESR作用最大。在2.5V以下的低输出电压应用中，若使用了陶瓷电容，ESR可以改善稳定性。另外，某些ESR允许较小电容的存在。在使用陶瓷电容时，如因ESR不足引起了小信号振荡，增加ESR或增加电容值可以改善稳定性并能抑制振荡。图B1推荐了一些能最小化振荡的可行ESR值。

V_{OUT}	10μF	22μF	47μF	100μF
1.2V	20mΩ	15mΩ	10mΩ	5mΩ
1.5V	20mΩ	15mΩ	10mΩ	5mΩ
1.8V	15mΩ	10mΩ	10mΩ	5mΩ
2.5V	5mΩ	5mΩ	5mΩ	5mΩ
3.3V	0mΩ	0mΩ	0mΩ	5mΩ
≥5V	0mΩ	0mΩ	0mΩ	0mΩ

图B1 电容的最小ESR值

图B2到图B7显示了ESR对稳压器瞬态响应的影响。这些示波器的图像显示了LT1963A在三种不同输出电压、各种电容以及各种ESR阻值情况下的瞬态响应。所有线迹对应的输出负载条件相同。所有情形中都使用了一个500mA的直流负载。在第一次跃迁时，负载跃升到1A，而在第二次跃迁时，变回500mA。

在1.2V_{OUT}的最坏情况下，C_{OUT}电容为10μF（见图B2），此时需要最小的ESR。通常情况下，20 mΩ的ESR足以消除绝大多数的振荡，不过使用接近50mΩ的ESR却能得到更优响应。输出为2.5V而C_{OUT}电容为10μF时（见图B3），ESR为零时输出在跃迁时发生振荡，不过在20μs之后，当负载阶跃到0.5A时，仍可稳定到10mV之内。这再次说明了，使用一个较小的ESR能得到更优的响应。

在输出为5V_{OUT}、C_{OUT}为10μF（见图B4），而ESR为零时，阻尼特性良好。

在输出为1.2V_{OUT}、C_{OUT}为100μF（见图B5），而ESR为零时，尽管幅度只有20 mV$_{(峰峰值)}$，输出也发生了振荡。C_{OUT}为100μF时，ESR只需5～20mΩ就可以实现良好阻尼。输出分别为2.5V和5V，而C_{OUT}为100μF时的特性与C_{OUT}为10μF时相同（参见图B6和图B7）。输出为2.5V_{OUT}，ESR为5～20mΩ时，能改善瞬态响应。而输出为5V_{OUT}时，ESR为零时阻尼特性也很好。

可以将固有ESR较高的电容与ESR为零的陶瓷电容结合起来使用，这样既能实现高频旁路，也能实现快速稳定。图B8给出了并联使用陶瓷电容和POSCAP电容后瞬态响应的改善情况，效果明显。输出电压为最坏情形的1.2V。线迹A是使用了10μF的陶瓷电容的情形，它在25mV的峰值幅度时振荡严重。而线迹B是给10μF电容增加了22μF/45mΩ的POSCAP并联电容之后的情形。可以看到，输出阻尼良好，可以在不到20μs的时间内快速稳定到10mV。

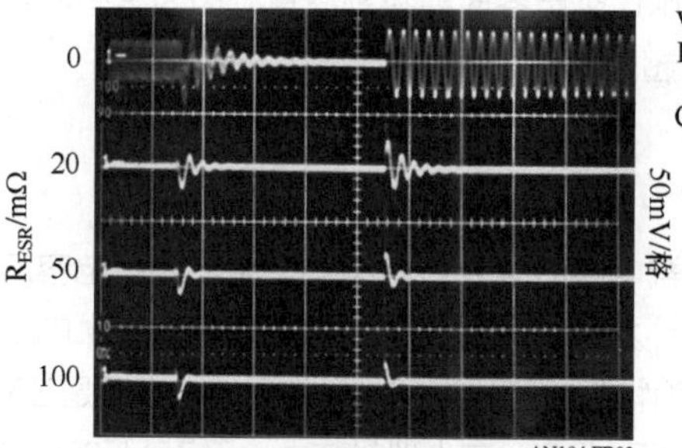

图B2

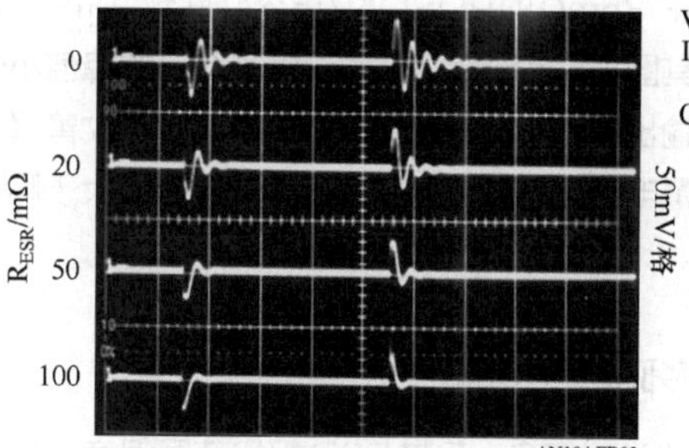

图B3

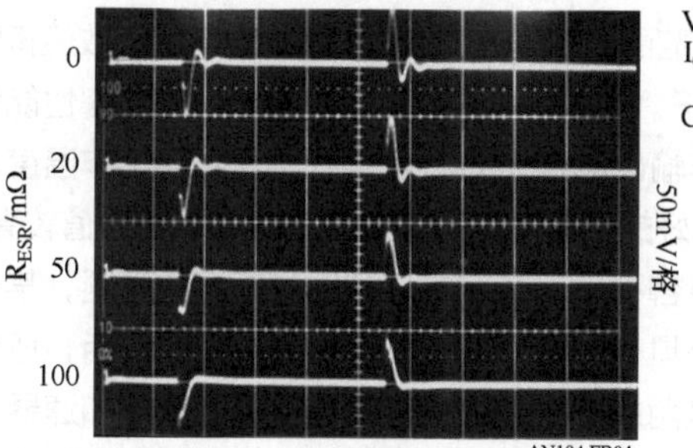

图B4

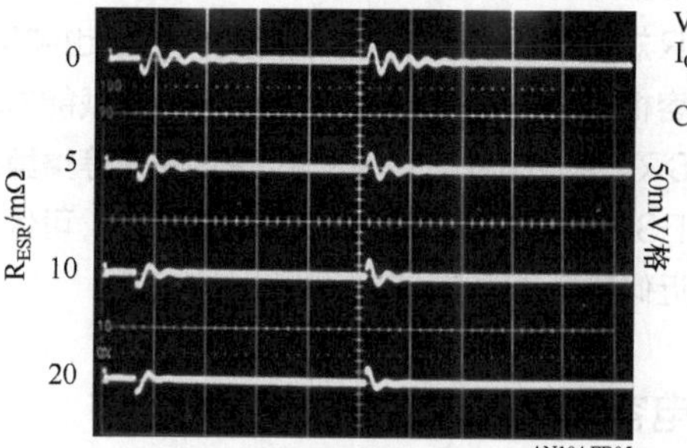

图B5

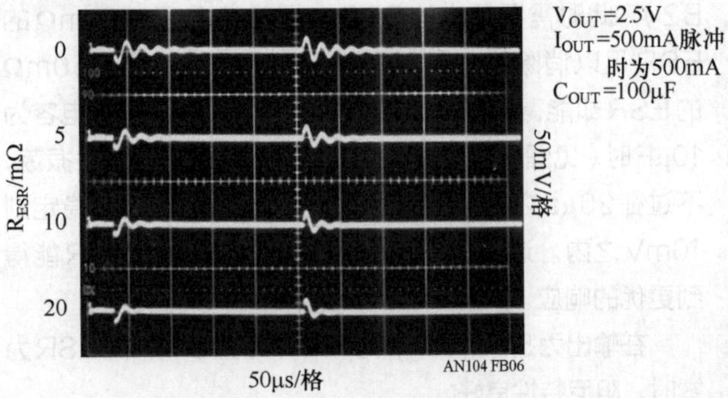

图B6

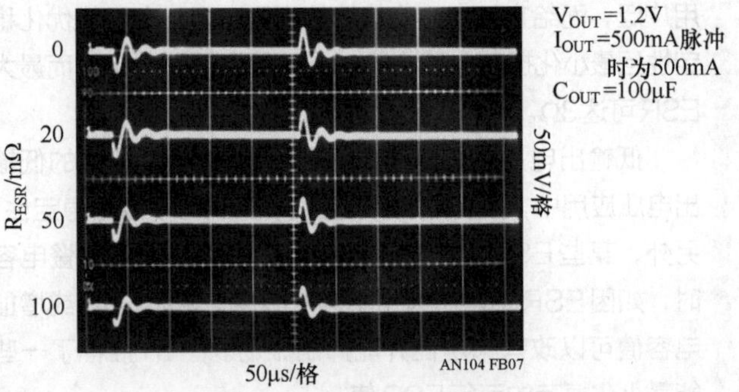

图B7

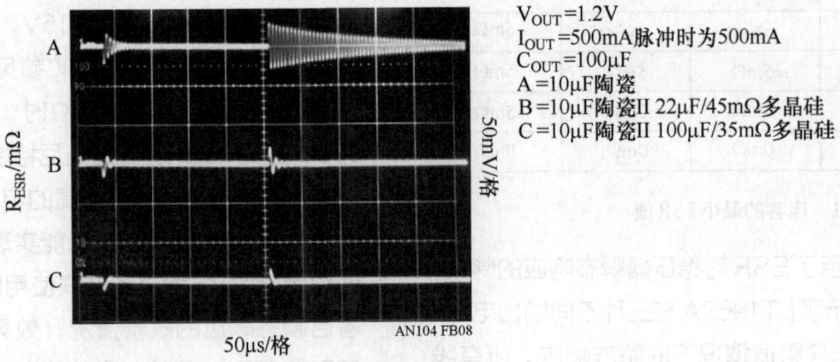

图B8

当100μF/35mΩ的POSCAP电容并联到10μF的陶瓷电容时，其图形为线迹C。此时，输出偏差的峰值小于20mV，而输出在10μs之后达到稳定状态。为改善瞬态响应，大容量电容（钽或铝电解电容）的值必须大于陶瓷电容的两倍。

钽电容和多阳极钽电容

钽电容的类型很多，且其ESR规格范围很宽。较老型号的钽电容的ESR规格一般为几百毫欧姆到几欧姆。具有多阳极的新型钽电容最大ESR值可以低到5mΩ。一般来说，ESR规格越低，器件尺寸也越大，价格也越贵。与旧型钽电容相比，多阳极钽电容具有更好的过载能力以及更低的ESR。诸如Sanyo TPE和TPB序列等类型的钽电容，其ESR规格一般在20～50 mΩ的范围，可保证稳压器达到近似最优的瞬态响应。

铝电解质电容

铝电解质电容也可用在LT1963A中。铝电解质电容也可以与陶瓷电容连接起来，形成最廉价、性能也最低的电容。使用这类电容时要特别注意，因为某些电容的ESR很容易超过3Ω的上限。

陶瓷电容

使用陶瓷电容时需要特别小心。制造陶瓷电容所用的电介质多种多样，每种电介质在不同温度和供电电压条件下的行为特征都不尽相同。最常用的电介质是Z5U、Y5V、X5R以及X7R。在小型封装中，用Z5U和Y5V电介质可以制造高容值的电容，不过它们电压和温度系数较大，如图B9和图B10所示。当用在5V稳压器中时，在其工作温度范围内，一个10μF的Y5V电容的有效值将降低到1～2μF。用X5R和X7R电介质制造的电容性能稳定，可用作输出电容。X7R电容在稳压器的工作温度范围内具有更好的稳定性，而X5R则更便宜，且容值较高。

陶瓷电容不仅仅存在电压和温度系数的问题，某些陶瓷电容还具有压电效应。由于机械应力的作用，压电器件将在其两端产生压降，其工作原理与压电加速器或话筒相类似。对于陶瓷电容来说，机械应力主要源于系统的振动或者热力瞬变。

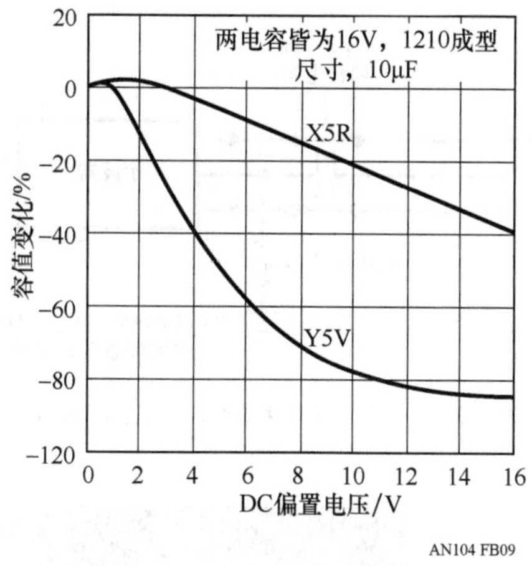

图B9 陶瓷电容DC偏置特性

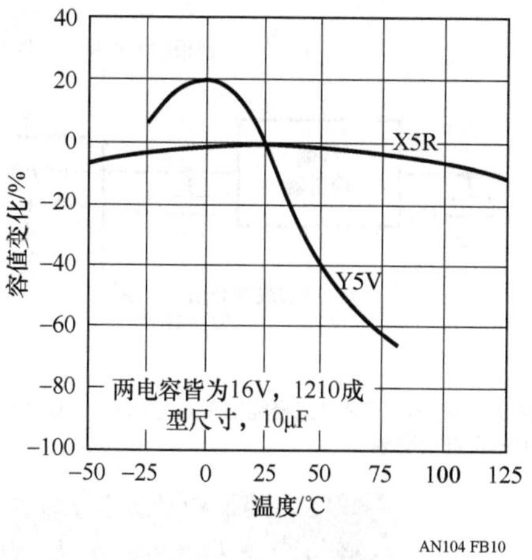

图B10 陶瓷电容温度特性

使用印制线路构成“免费”电阻

图B11中所示各电阻值，很容易用一小段印制线路与输出电容串联来实现。对于较宽范围的非关键ESR，可用印制线路来实现。线路宽度须能传输与负载相关的RMS纹波电流。在输出电流快速跃迁时，仅在有限的几个微秒时间内有电流流入或流出输出电容。此时，没有直流电流流过输出电容。当输出负载为高频(>100kHz)方波，且具有较高峰值和快速边缘(<1s)时，将会产生最坏的纹波电流。此时的RMS测量值是峰-峰电流变化的0.5倍。慢速边缘或者较低频率将显著降低流过电容的RMS纹波电流。

这种电阻必须用印制板的内层来实现，因为这些层有着明确的规范。电阻率则主要取决于无电镀铜薄膜的方块电阻。图B11给出了各种铜薄膜厚度时，对应电流为0.75A RMS的各电阻尺寸。有关印制薄膜线路电阻的更多资料，可以参阅附录A中应用说明69。

		10mΩ	20mΩ	30mΩ
0.5oz C_U	宽 长	0.011"(0.28mm) 0.102"(2.6mm)	0.011"(0.28mm) 0.204"(5.2mm)	0.011"(0.28mm) 0.307"(7.8mm)
1.0oz C_U	宽 长	0.006"(0.15mm) 0.110"(2.8mm)	0.006"(0.15mm) 0.220"(5.6mm)	0.006"(0.15mm) 0.330"(8.4mm)
2.0oz C_U	宽 长	0.006"(0.15mm) 0.224"(5.7mm)	0.006"(0.15mm) 0.450"(11.4mm)	0.006"(0.15mm) 0.670"(17mm)

图B11 印制线路电阻

附录C 负载瞬态响应测试时使用探针的注意事项

负载瞬态响应研究所涉及的信号基本包括在约25MHz(t_{RISE}=14ns)的带宽范围内。这样的上升速度较为适中，不过为了进行高保真测量，探针技术需要一些考究。负载电流是用DC稳定(基于Hall效应)的电流探针“夹着”测量的，比如Tektronix P-6042或AM503。探针头所覆盖的导体环所包围的面积应尽可能的小，以便由探针引入的寄生电感也能达到最小，否则将降低测量精度。高速时，将探针接地可以较小程度上降低测量畸变，不过，畸变一般属于较小效应。

范围在10～250mV之间的AC耦合电压，可用图C1所示结构进行测量。待测电压输入到BNC固定的反向终端匹配电缆，通过隔直电容和50Ω的终端电阻来驱动示波器。反向终端必须准确，以实现50Ω的真正信号通道。事实上，如果它的÷2衰减出现问题，一般都可由25MHz测量带通中的最小信号退化来消除。示波器一侧的端子是无可争议的。图C2显示了一个可观察到的典型负载瞬态响应，其中没有使用反向终端匹配，而是在示波器侧使用了50Ω电阻。该图形展示的含义清晰明确。图C3所示的是取消了电缆的50Ω终端，引起了前沿失真，峰值不明确，以及随后显著的振荡。即使是相对适中的频率，电缆也将体现出失配的传输线特征，从而引起信号失真。

理论上，测端使用了同轴连接的1×示波器探针可以取代以上的情形，不过这些探针通常具有10～20MHz的带宽限制。相反,10×探针适用于宽带，但是示波器的垂直分辨率必须适应所引入的衰减。

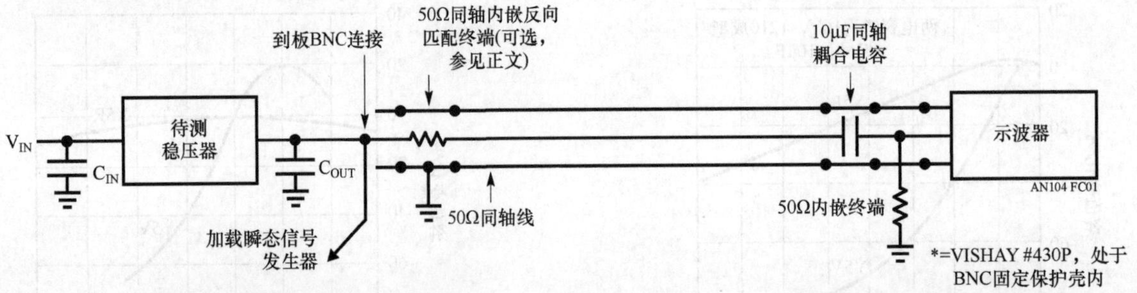

图C1 同轴负载瞬态电压测量路径能够使信号保真。 如果除去50Ω反向终端匹配， 将对25MHz的信号通道完整性造成很小的影响。 不能除掉示波器一侧的50Ω终端电阻

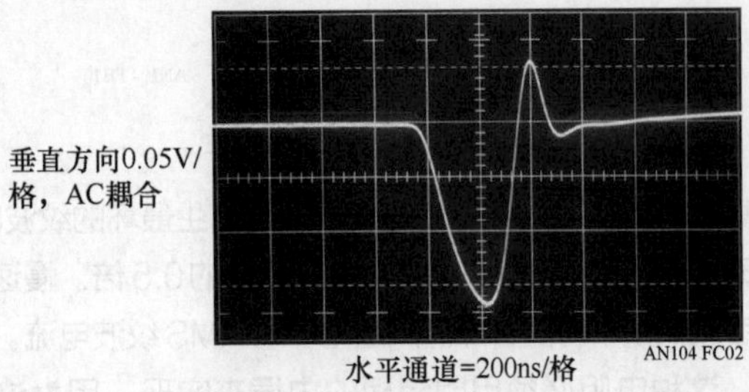

图C2 通过图C1的测量通道的典型高速瞬态响应。 图形清晰明确

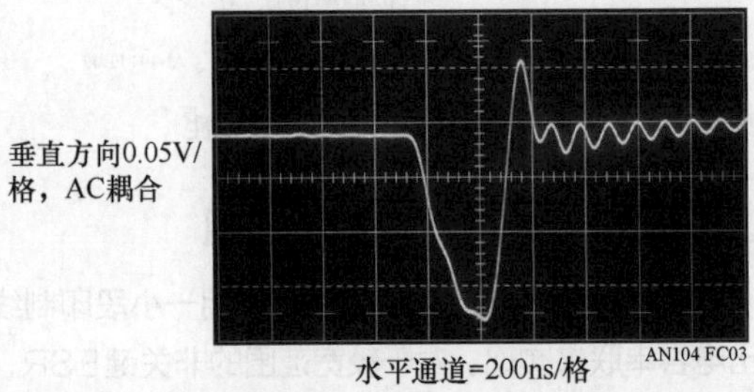

图C3 除去示波器一侧的50Ω终端后， 观察到的图C2的瞬态响应。 波形失真且随后出现振荡

附录D 无微调闭环瞬态负载测试电路

正文中图2.8所示的电路颇具吸引力，因为它不再有基于FET电路的AC微调。不过该 电路仍存在DC微调。图D1所示电路消除了DC微调，却提高了电路复杂度。工作原理与正文的图2.8所示电路相同，不同之处在于该电路中有A2放大器。该放大器首先测量电路的直流输入，与VT1的发射极DC电平相比较，并控制A1的正输入端以使电路稳定，从而取代了DC微调。高频信号在A1的输入端被滤除，不会对A1的稳定操作造成影响。通常理解电路工作原理的方法是A2将均衡其输入，因此也均衡了电路的输入和输出，显示与A1的DC输入误差无关。通过批向A2正输入端的可变参考源，DC电流偏置可以设置为任意期望值。该网络中所用的电阻，可以将负载电流最小化到10mA，避免电流接近零值时的环路崩溃。

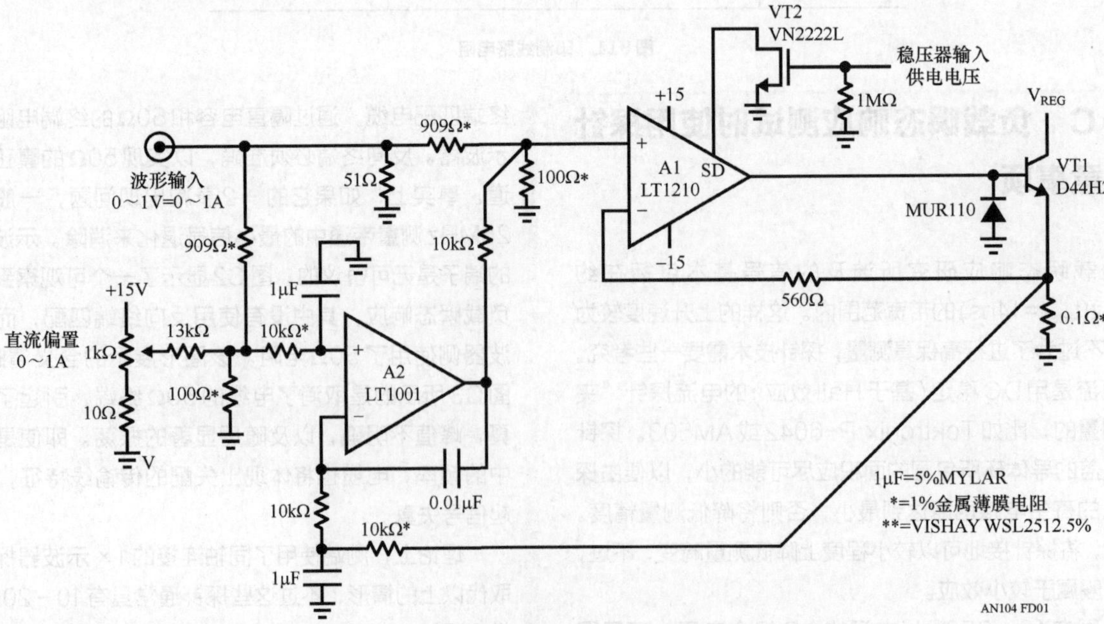

图D1 A2的反馈控制了A1的DC误差， 可以消去正文中图2.8所示电路的微调。 滤波使A2的响应限制到直流或低频

100A宽带闭环有源负载

3

功能强大与速度可控联袂出击

Jim Williams

引言

数字系统，尤其是微处理器，瞬态负载常处于100A左右，需要配备稳压器。稳压器输出在理想情况下始终不变。但实际上，如果工作电压超过容限值，稳压器就会发生一些波动，从而产生一些问题。微处理器的100A负载阶跃特性，加剧了这个问题的产生，所以必须在这样的瞬态负载条件下对稳压器及其附属器件进行充分测试。为此，本文将讨论100A容量100kHz带宽闭环有源线性负载。

在讨论宽带有源负载之前，本章先简要回顾一下传统测试中所用负载的类型以及它们的缺点[①]。

基本瞬态负载生成器

图3.1示意了瞬态负载生成器的基本概念。待测试稳压器驱动着DC和开关控制的可变电阻负载。图中监视了开关通路上的电流和输出电压，可以在静态和动态条件下对正常稳定的输出电压和负载电流进行比较。开关电流或通或断，无可控线性区。

图3.2引入了电子负载开关控制。其工作原理显而易见。输入脉冲通过驱动级开断FET，从而通过稳压器及其输出电容产生瞬态负载电流。这些电容的大小、组成及位置严重影响着瞬态响应，必须认真对待。虽然电子控制的开关速度很快，但是这种电路结构无法模拟介于最小电流与最大电流之间的负载。另外，FET的开关速度不可控，测试时将因此产生宽带谐波，可能导致示波器显示崩溃。

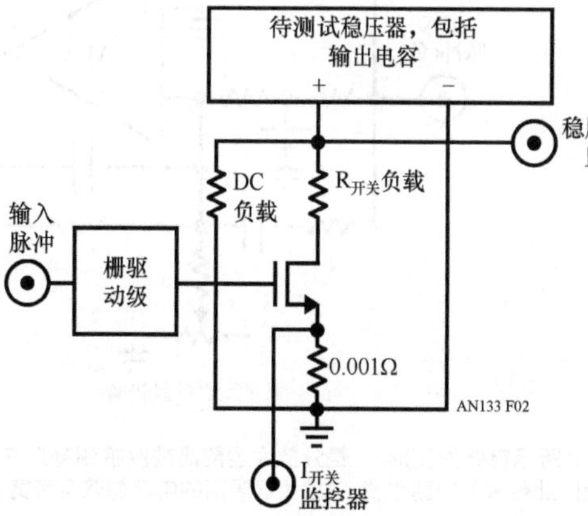

图3.2　基于FET的负载测试电路的基本原理，可以使用输入脉冲控制的阶跃性负载。开关电流也如前图或通或断，无可控线性区

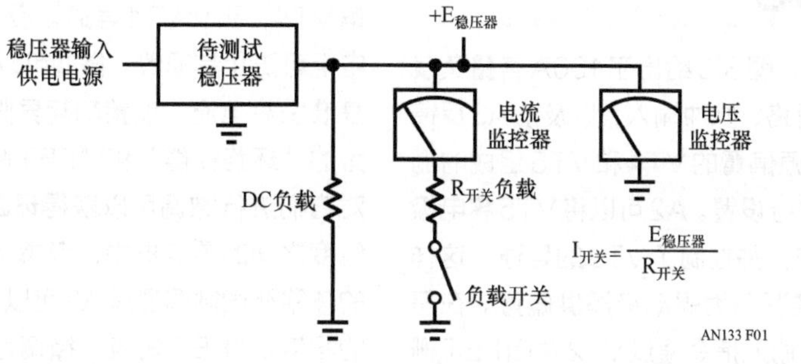

图3.1　稳压器负载测试示意图，包括了开关控制DC负载，以及电压/电流测试仪。电阻值决定了DC和开关负载的电流。开关电流或通或断，无可控线性区

① 见参考文献1，从中很容易找到本章讨论的部分资料，对极宽带瞬态负载生成器进行了详细的讨论，虽然其电流极小。

闭环瞬态负载生成器

在反馈环路中增加一个VT1可真正实现负载测试电路的线性控制。图3.3所示的原理图中VT1的栅极电压由闭环瞬态负载生成器线性控制，可以获得任意期望的瞬态电流，能仿真任意负载状态。从VT1源极反馈到控制放大器A1围绕VT1形成闭环，使其工作点更加稳定。在极宽频带范围内，VT1的电流取决于瞬态输入控制电压和电压感测电阻。注意，当A1偏置为VT1的导通阈值时（通过“DC负载设置”），A1输出的微小波动将引起VT1通道上较大的电流变化。因此，A1不能有较大的输出偏移；其小信号带宽是该电路速度的基本限制。在此约束下，VT1电流波形与A1的输入控制电压相同，能实现负载电流的线性控制。这种通用能力使得该电路能模拟多种负载情形。

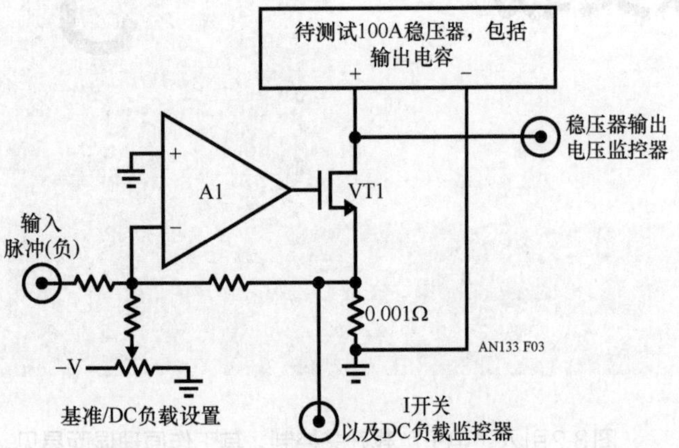

图3.3　由反馈控制的阶跃负载测试电路能够实现连续FET导通控制。输入包括独立DC以及脉冲加载指令

图3.4所示电路是图3.3的进一步改进，增加了新的器件。新增加的器件是栅驱动级，它可以将控制放大器与VT1栅极电容隔离开来，保证放大器的相位裕度，提供较小延迟和线性电流增益。差分放大器X10可以高精度地感测1mΩ上的并联电流。功耗限制器根据平均输入和VT1温度，必要时将关闭栅驱动，以防FET过热以及由此带来的电路崩溃。放大器周围的电容能调整带宽，优化环路响应。

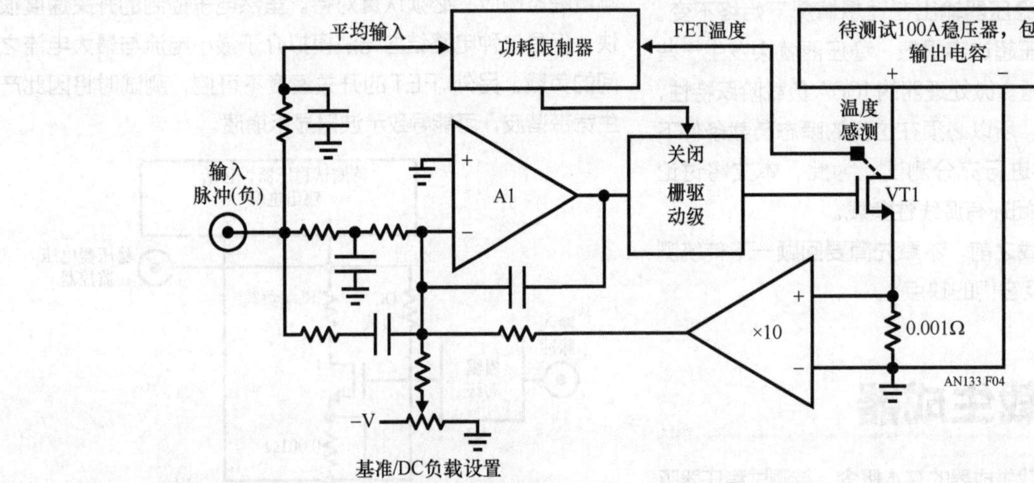

图3.4　图3.3所示电路的变形。差分放大器能高精度感测毫欧并联电流。功耗限制器根据平均输入和VT1温度，必要时将关闭栅驱动，以防FET过热以及因此带来的电路崩溃。放大器周围的电容能调整带宽，优化环路响应

电路的详细讨论

根据图3.4所示的结构，图3.5给出了100A容量负载测试器的详细原理图。DC通路、脉冲输入，以及从A3反馈的电流，经A1后，经过有源偏置的VT4和VT5组成的栅驱动级，可对VT1的导通进行设置。A2可以将VT5集电极平均电压与参考电压相比较，并控制了VT3的导通，这样形成的闭环，可以在任何情况下为驱动级提供偏置。在恶劣条件下，C1可以根据平均输入指令通过VT2关闭FET栅驱动[②]。通过感测散热片的温度，SW1可以热触发VT1的关闭。当–15V供电电源没有开启时，VT6和稳压二极管将反偏VT4，防止VT1导通。没有15V电源时，A1连接的1kΩ电阻可防止其损毁。微调可以优化动态响应，确定环路DC基准空载电流，设置功耗界限，控制栅驱动级的偏置。A1旁的“环路补偿”和“FET响应”的AC微调则更加巧妙。对它们进行微调可以获得环路稳定性、边缘速率以及脉冲纯度之间的最佳折中。考虑了VT1栅电容引起的相移，A1的环路补偿微调通过A3可以将最大带宽的衰减设置到较小的程度。“FET响应”微调可以部分补偿VT1固有的非线性增益特性，改善脉冲前后角保真度[③]。

② 保护电路仿照了高功率脉冲生成器中所使用的技术。参见参考文献2和3。

③ 这里没有讨论微调过程，主要是为了保证正文的编排及其主要关注的内容。微调的详细信息可参见附录B，“微调过程”。

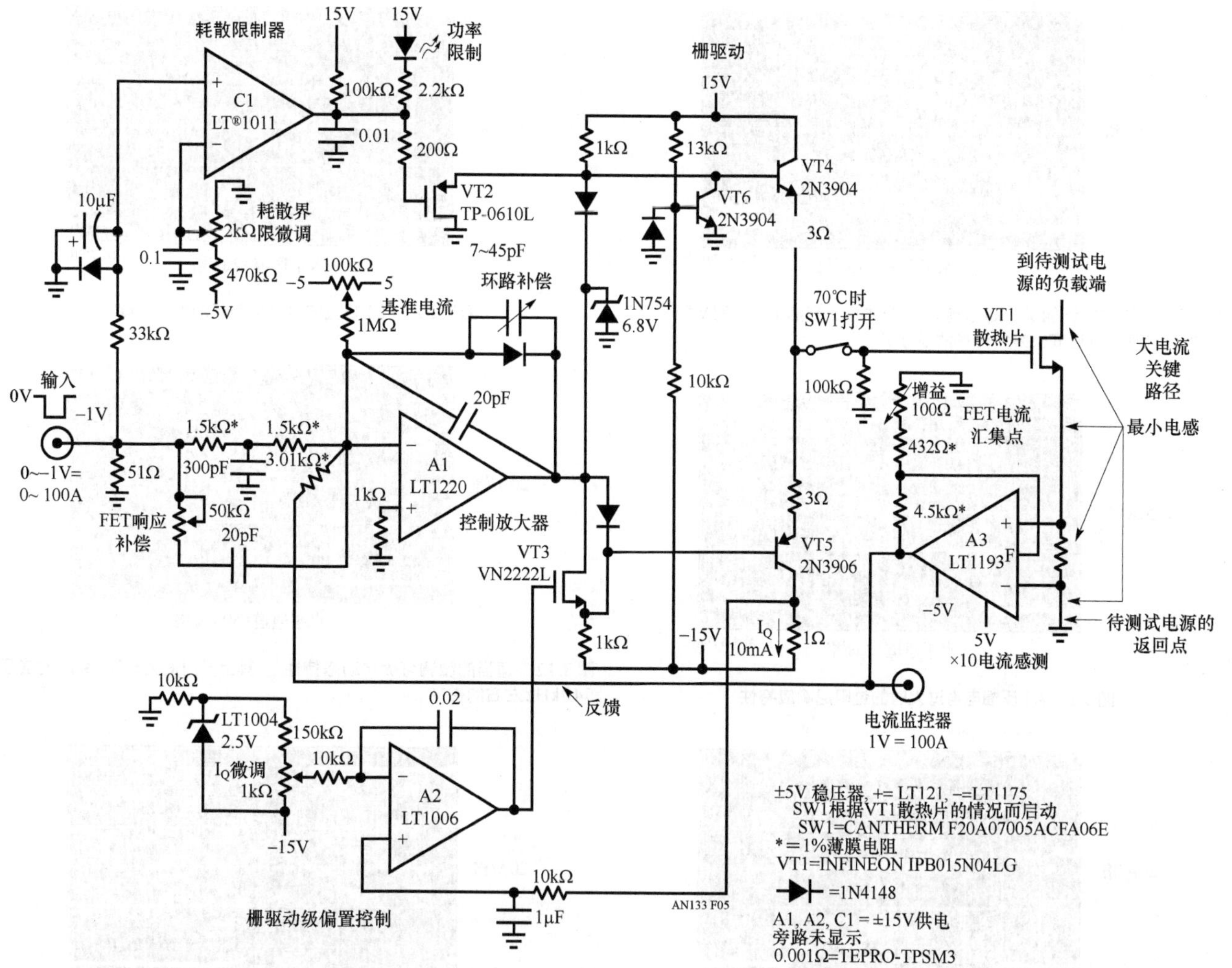

图3.5　根据图3.4所示的概念设计的详细电路。根据DC通路、脉冲输入，A1可以通过有源偏置的栅驱动级，设置VT1的导通。A3能感测VT1的电流，与A1形成反馈闭环。在恶劣条件下，C1可以根据平均输入值指令，关闭VT1栅驱动。VT6能在没有-15V电源时进行保护。SW1引入了热限制。微调可以优化动态响应，确定环路基准空载电流，设置功耗界限，以及控制栅驱动级偏置

电路测试

电路初始测试采用电路配备有如图3.6所示的大量、低损耗、宽带旁路电容。另外，大电流路径上的极低电感布局的重要性怎样强调也不为过。必须尽一切努力将100A路径上的电感最小化；高速时，这样的电流密度需要低电感才能获得整洁波形。图3.7显示了电路适当微调以及最小化大电流路径上电感之后的结果。100A幅度的高速波形非常整洁，其前顶部和后底部拐角变形清晰可辨[④]。AC微调对波形形态的影响可以通过故意失调来进行。图3.8显示的过阻尼是A1反馈电容过大的典型情形。电流脉冲控制良好，但是边缘速率过慢。图3.9显示了A1反馈电容过小的情形，此时跃迁时间减小但不稳定性加剧。电容的继续减小将引起环路振荡，因为环路相位偏移会引起较大的反馈迟滞[⑤]。图3.10所示拐角形成的尖峰是缘于FET响应的过补偿。

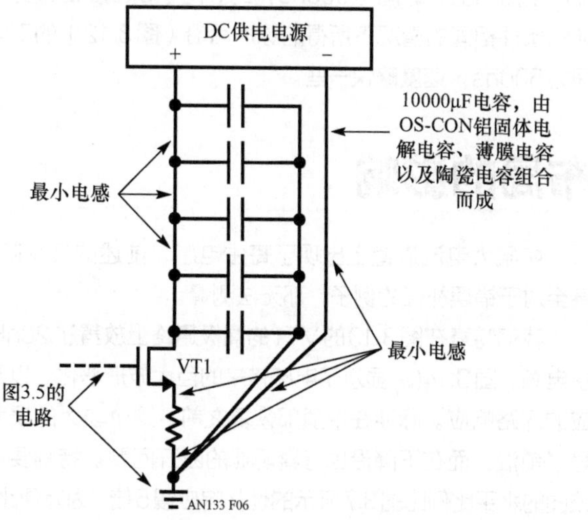

图3.6　图3.5所示动态响应的测试电路。大量、宽带旁路电容，结合低电感布局能为VT1提供低损耗、大电流的电源

④　可参照附录A的“电流测量验证”，以及附录C的“仪器注意事项”对图3.7的电路性能进行理解。

⑤　很遗憾没有对应的图片。通常行文中很难包括失控的100A幅度的环路振荡。

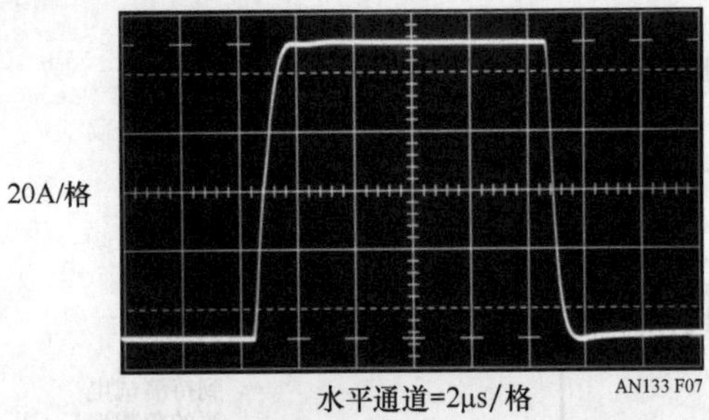

图3.7 适当的微调能优化动态响应，产生极其整洁100A的VT1电流脉冲。前顶部及后底部残角变形清晰可辨

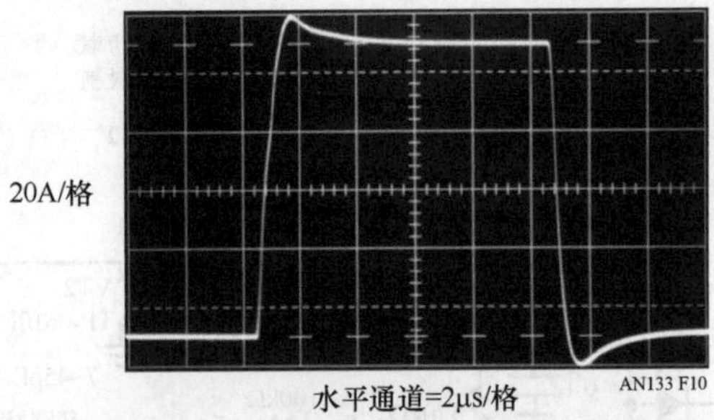

图3.10 FET响应的过补偿引起的拐角尖峰

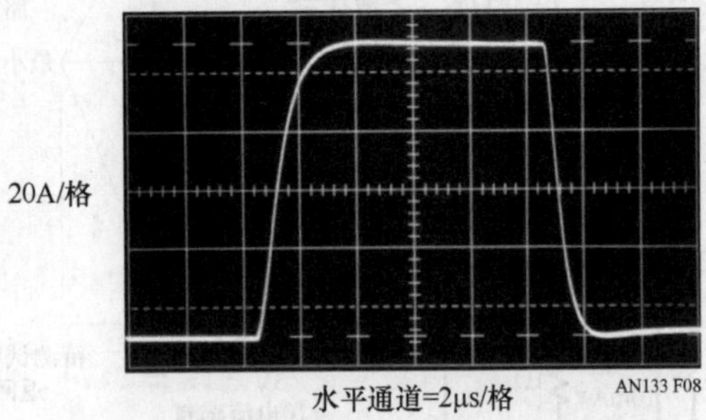

图3.8 A1反馈电容过大时的过阻尼响应特性

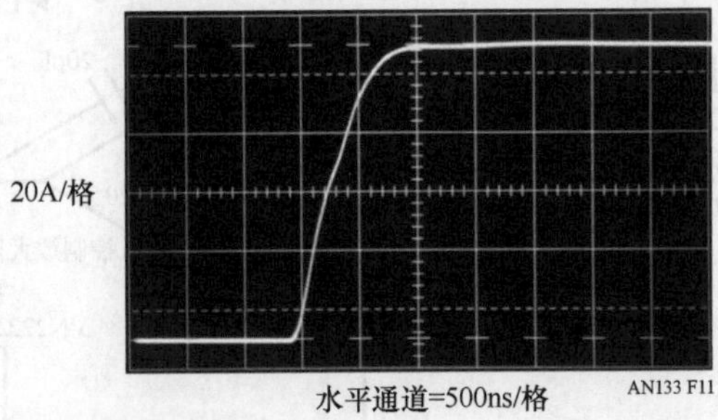

图3.11 适当的微调可优化动态特性，其上升时间为650ns，对应于540kHz左右的带宽

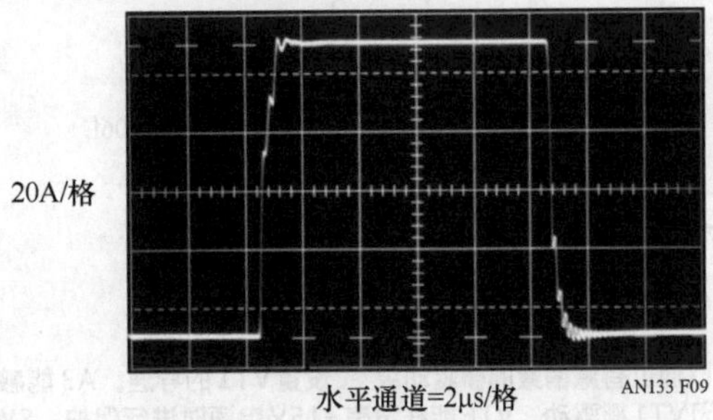

图3.9 A1反馈电容过小降低跃迁时间但加剧不稳定性。继续减小电容将引起振荡

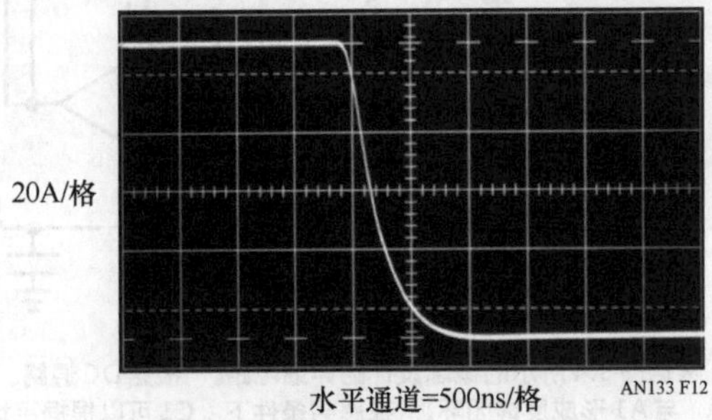

图3.12 与图3.11条件相同，可得下降沿为500ns

图3.11显示了AC微调恢复到正常值时的情形。此时，脉冲前沿的上升时间为650ns，约等同于540kHz带宽。与前图条件相同的情况下所得的脉冲后沿（图3.12）的下降时间为500ns，速度略快一些。

布局的影响

如果大电流通道上出现了寄生电感，前述的任何响应，甚至对于错误补偿的例子，都无法测量。

我们特意在图3.13的VT1的漏极通路上放置了20nH寄生电感。图3.14(a)显示了电感带来的巨大波形恶化，以及相应的环路响应。脉冲在中顶部恢复之前，这个较大的误差主导了前沿。而在下降沿也有着明显的断开问题。特别要注意该图的水平比例比图3.7所示的优化响应慢5倍。为方便比较，我们特意将图3.7重画在图3.14(b)中。教训是深刻的：高速100A电路路径上不允许有电感。

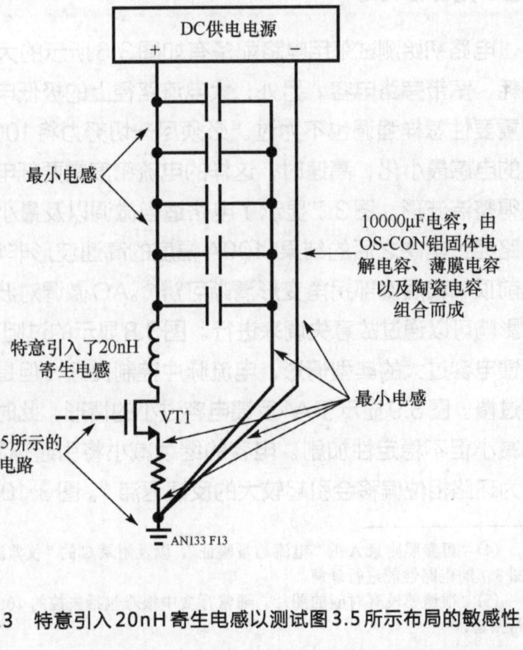

图3.13 特意引入20nH寄生电感以测试图3.5所示布局的敏感性

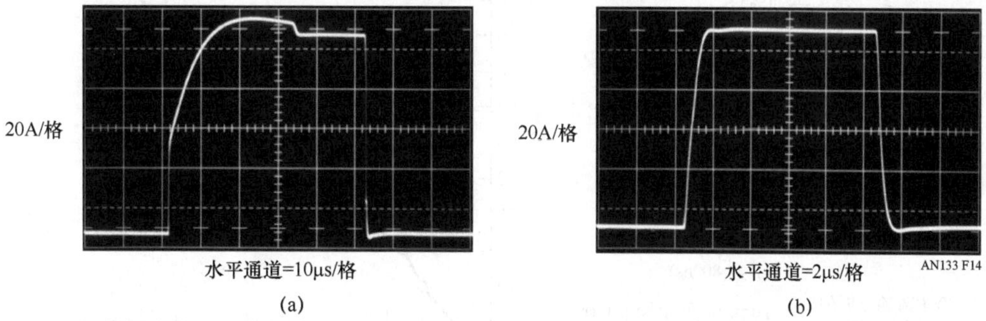

图3.14　1.5in×0.075in（20nH）的铜编织线完全扭曲了（见图13.4(a)）图3.7所示（这里重画为图3.14(b)）的响应。注意5倍的水平比例变化

稳压器测试

在讨论了补偿和布局问题之后，可以接着进行稳压器测试。图3.15说明了一个基于LTC® 3829的6相位、120A的降压稳压器的测试结构[⑥]。图3.16中的线迹A所示为100A负载脉冲。线迹B的稳压器响应在两个边沿都控制良好。

有源负载的线性响应特性以及宽带能加大负载波形特性的范围。

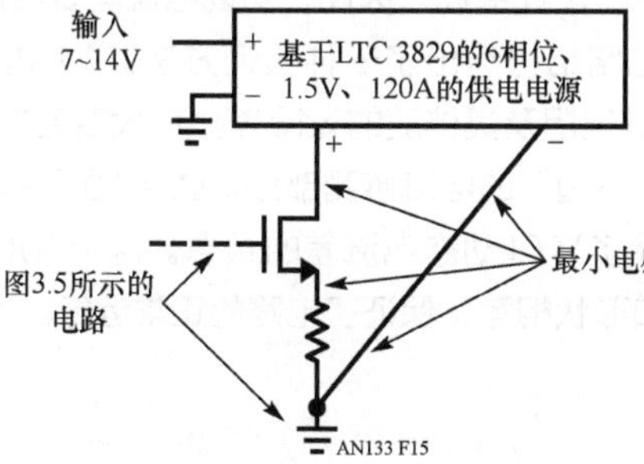

图3.15　基于LTC3829的6相位、120A的降压稳压器的测试结构，其中重点是与图3.5所示电路的低阻抗连接

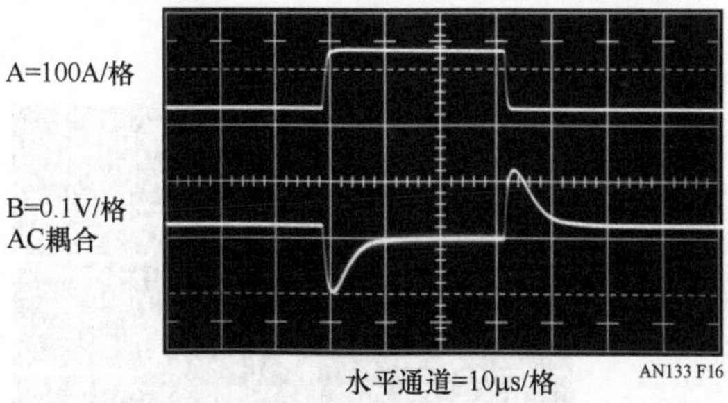

图3.16　图3.15所示的稳压器连接到100A负载脉冲时（线迹A）的情形。上下两个边沿都控制良好（线迹B）

⑥ 该稳压器另一更熟知的名称是LTC演示板1675A。

前文主要讨论了常见阶跃负载脉冲测试，事实上很容易生成任意负载情形。图3.17出现的100A、100kHz正弦波就是这样的一个例子。响应很整洁，尽管速度快、电流大，但也没有出现麻烦的动态特性。在图3.18中，100A峰－峰噪声上出现的80ms突刺成为负载。而图3.19则总结了有源负载的特性。

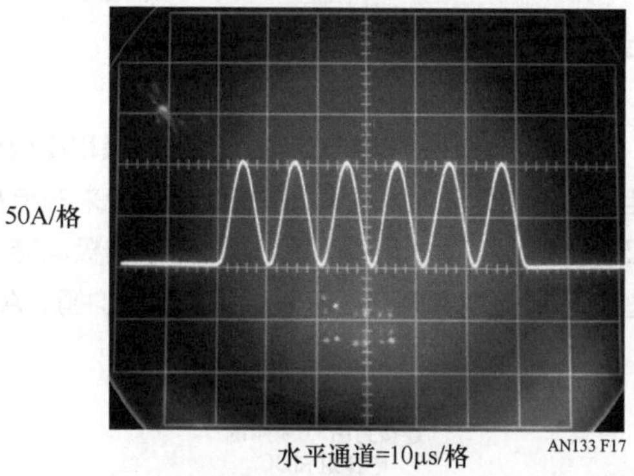

图3.17　将100kHz、100A正弦波瞬态负载作为图3.5所示电路的供电电源。电路的宽带和线性特性能加大负载波形特性的范围

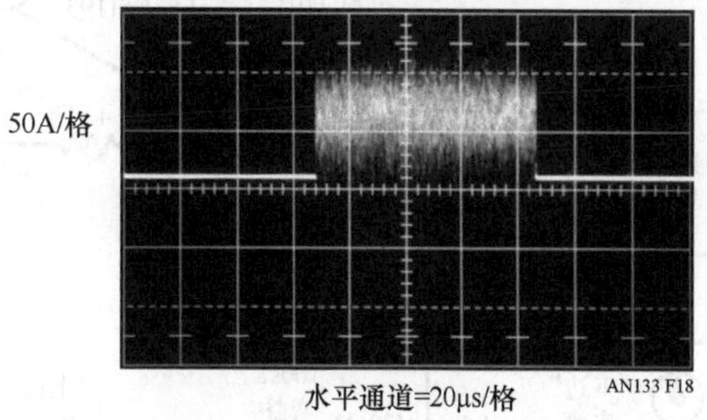

图3.18　随机栅极噪声输入向有源负载电路注入100A的峰峰电流

有源负载特性

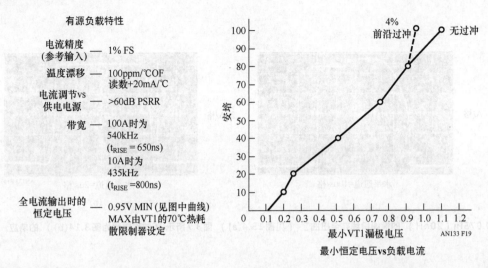

电流精度（参考输入）	— 1% FS
温度漂移	— 100ppm/℃OF 读数+20mA/℃
电流调节vs供电电源	— >60dB PSRR
带宽	— 100A时为540kHz (t_{RISE} = 650ns) 10A时为435kHz (t_{RISE} =800ns)
全电流输出时的恒定电压	— 0.95V MIN (见图中曲线) MAX由VT1的70℃热耗散限制器设定

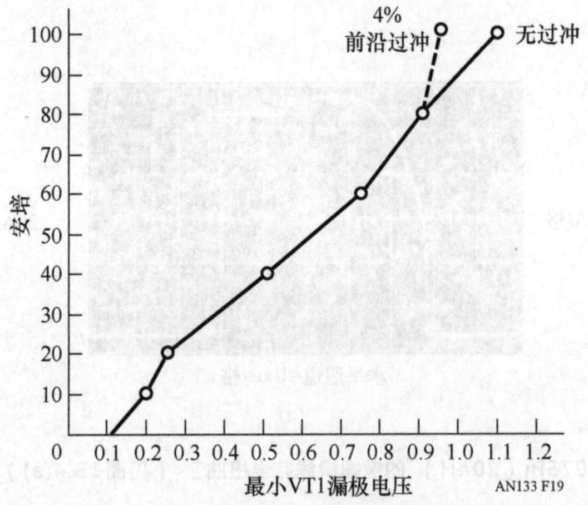

最小恒定电压vs负载电流

图3.19 列表表示各有源负载的特性。电流精度/稳压器误差较小，低电流时带宽延时缓慢。恒定电压在100A时低于1V，具有4%的前沿过冲，而1.1V时无过冲

参考文献

1. Williams, Jim, “Load Transient Response Testing For Voltage Regulators”, Linear Technology Corporation, Application Note 104, October 2006
2. Hewlett-Packard Company, “HP-214A Pulse Generator Operating and Service Manual”, “Overload Adjust”, Figure 5-13. See also, “Overload Relay Adjust”, pg. 5-9. Hewlett-Packard Company, 1964
3. Hewlett-Packard Company, “HP-214B Pulse Generator Operating and Service Manual”, “Overload Detection/ Overload Switch…”, pg. 8-29. Hewlett-Packard Company, March, 1980

附录A 电流测试验证

理论上，图3.5所示电路中VT1的源极和栅极电流应该相等。但实际上，问题集中在寄生电感带来的电势影响以及1.5mΩ FET的巨大（28000pF!）栅极电容。如果这些项或其他项影响了高速时漏-源电流均衡，A3所示瞬态电流将出现错误。因此，测试电流需要验证。图A1所示的电路结构给出了一种验证方法。“上边”新增的1mΩ并联电阻及其伴随的X10差分放大器直接复制了原有电路“下边”的电流感测部分。图A2显示的结果很幸运地消除了VT1动态电流差的顾虑。两个100A脉冲输出幅度和形状相等，保证了电路的正常运行。

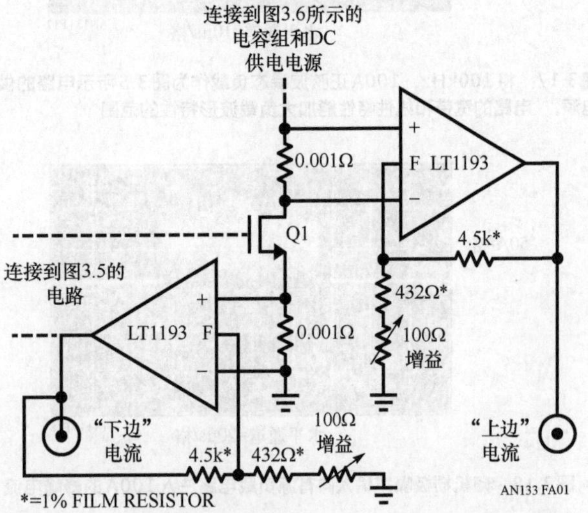

图A1 观察VT1“上边”和“下边”动态电流的电路

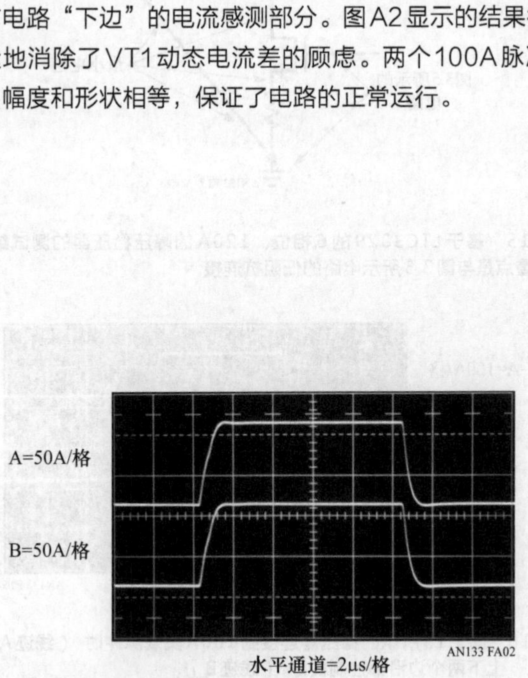

图A2 在高速情况下，VT1“上边”电流（线迹A）和“底部”电流（线迹B）仍显示了相同特性

附录B 微调过程

对图3.5所示的电路进行微调包括7个步骤，可根据以下列表依次进行。如果耗散限制电路已完成微调且工作良好，那么也可以不按以下的次序进行微调。

1. 将所有微调调整到中挡量程，除A1的反馈电容之外，该电容应为其全值。

2. 不施加输入，给VT1漏极施加1V的DC电源偏置，打开电源，通过VT1将“基准电流”调整到0.5A。在VT1的漏极通路上用安培表监视该电流。

3. 切断电源。空置VT2的源极。这将使耗散限制电路失效，使VT1容易受到不正常输入的破坏。随后严格按照本步骤其余的操作进行。打开电源，给VT1漏极施加1V的DC电源偏置，施加-0.1000V直流输入并用安培表监视VT1的漏极电流。微调“增益”直到安培表上的读数为10.50A⑦。尽快完成这步微调，因为VT1消耗着10W的功率。切断电源，并将VT2的源极重新连接好⑧。

4. 打开电源，且不施加输入，VT1的漏极也不加偏置。电源轨为-15V时，微调“IQ”使A2的正输入端电压变为+10mV。切断电源。

5. 按照正文中图3.6所示偏置和旁路VT1的漏极。设置漏极DC供电电源使输出为1.5V，打开电源。施加幅值为-1V、脉宽为5μs的1kHz的脉冲。缓慢增加脉宽，直到C1跳变而引起的电路输出关闭以及“功率限制”灯亮。跳变应该发生在12~15μs脉宽之间。如果没有发生跳变，微调“功耗限制”变阻器使跳变点发生在该区间内。这样可以将满振幅（100A）占空比的容许值设置到约1.5%。

6. 与第5步操作条件相同，将脉宽设为10，并进行容性微调，以使A3输出快速正向边沿，且没有脉冲失真。脉冲清晰度应达到类似于正文中图3.7所示的程度，而前顶部和后底部转角的圆滑度也许有些下降。

7. 调整“FET响应补偿”以校正第6步的拐角圆滑度。有些微调可能要与第6步有所冲突，所以重复第6步和第7步，直到A3输出波形与图3.7所示相同为止。

附录C 仪器注意事项

正文中讨论的脉冲边缘速度不是特别快，不过较高保真度响应需要注意一些事项。特别要注意的是，输入脉冲必须定义清晰，也应该不存在让输出波形劣化的寄生效应。脉冲生成器的预冲、上升时间以及脉冲跃迁等的畸变都远离频带，能被A1的2.1MHz(t_{RISE} = 167ns)RC输入网络所滤除。这些项都不是问题，几乎所有通用脉冲生成器都能做到。而潜在的问题是跃迁后的拖尾过长。比较有用的动态测试可用矩形脉冲，顶部和底部平坦，误差需在1%~2%之间。电路输入带宽成形滤波器消除了前述的高速跃迁相关的误差，但不能清除脉冲平坦部分的较长拖尾。如果在电路输入端使用补偿良好的探针，则不需要检查脉冲生成器。示波器应该将它的平坦顶部/底部的波形特性记载下来。测量时，如果与高速跃迁相关的事件都有问题，可以将探针移至限制带宽的300pF电容处。这在实际中是合情合理的，因为该点的波形决定了A1输入信号的带宽。

当输出处于零电压状态时，某些脉冲生成器输出级将产生低电平的DC偏移。有源负载电路则会把这样的DC电势当作合法的信号，导致DC负载基准电流发生偏移。

有源负载输入比例因子1V = 100A表示10mV的“零”状态误差将产生1A的DC基准电流偏移。检查脉冲生成器的这种误差的一个简易方法是将它置于外部触发模式，然后用DVM（数字式电压表）读取其输出。如果出现偏移，则说明它可以在电路“基准电流”微调中消除，或者另外选用一个脉冲生成器。

应该谨记探针接地以及仪器互连会引起寄生效应。脉冲在100A电平时，寄生电流很容易导入“地”和互连线，导致波形显示失真。探针应该同轴接地，尤其是在A3输出电流监测器之处，或者更好的其他地方。另外，用脉冲生成器的触点输出来外部触发示波器很容易实现，也是较为常用的方法。这样做本身没什么错，事实上当探针在各测量点间移动时，更推荐使用一个稳定触点。不过，由于脉冲生成器、电路和示波器之间存在多条通路，很可能因此产生接地回路，从而导致波形显示失真。该效应可以在示波器的外部触发输入处加入“触点隔离器”来解决。同轴接地部件通常由隔离地和信号路径组成，常与脉冲变压器耦合以提供触点电隔离。常用商用产品包括Deerfield Labs 185和Hewlett-Packard 11356A。另外也可以采用图C1所示的配有外壳的较小BNC来构成触点隔离器。

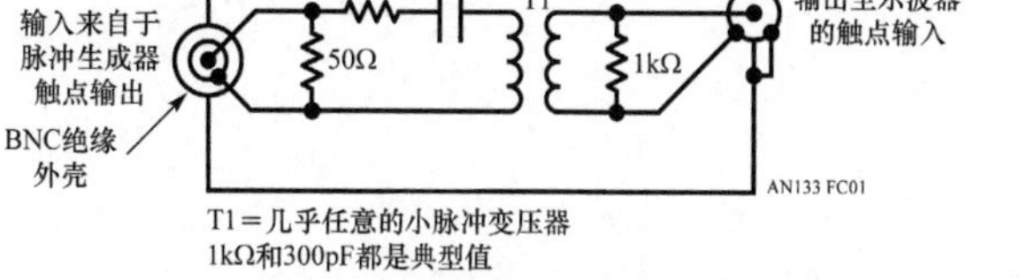

图C1 触点隔离器通过外壳绝缘的BNC连接器将BNC输入端的地悬浮。容性耦合的脉冲变压器能避免负载输入，保持隔离，将触点连接到输出。T1的次级电阻能终止振铃

⑦ 这种严格微调目标是通过每次微调10%量程的增益来强制进行的。虽然这种做法不太恰当，但与每次微调整100%的量程相比减少了不少麻烦。100%量程的方法将会造成VT1和毫欧并联电阻上天文数字（占主要部分）的功率耗散。

⑧ 需要指出，增益不确定微调主要是针对毫欧并联的感测线的机械配置进行的。

第2节

开关稳压器设计

关于DC/DC转换器的若干思考（4）

该指南考察了各种各样的DC/DC转换器应用。书中探讨了单电感、变压器以及开关电容转换器设计，也进行了诸如低噪、高效、低静态电流、高压以及宽范围输入转换器等专题讨论。另外，在附录中说明了不同类型转换器的基本特性。

关于降压型开关稳压器的理论思考（5）

该指南讨论了LT1074和LT1076高效开关稳压器的具体运用。这些转换器设计的宗旨主要针对的是易用性。该应用指南是为了消除用户使用开关稳压器时最为常见的一些错误，同时也深入探究了开关稳压器的内部工作原理。本章运用基本数学公式直接得出理论结果，从全新的角度对电感设计进行了剖析。本书设置的扩展教程针对逐阶下降正（降压）转换器、抽头电感升压转换器、正到负转换器以及负升压转换器等进行了详细的剖析。另外，本章还介绍了若干排除故障的注意事项，还介绍了示波器技术、软启动电路结构以及微小功率关闭模式和EMI抑制技术等。

关于DC/DC转换器的若干思考

4

Jim Williams, Brain Huffman

引言

很多系统都需要将DC主电源转换为其他电压值。用电池供电的电路就是一个很好的例子。在笔记本计算机电路中的6V或12V电池必须转换成适用于存储器、硬盘驱动器、显示和操作逻辑等所需的不同电压。AC线路供电的系统不需要DC/DC转换器，因为电路中既有的变压器可以连接多个次级。而在实际上，不论出于经济考虑，还是噪声要求、供电总线分布问题以及其他约束,DC/DC转换器都是更好的选择。一个常见的例子是，在一个供电电源为5V、以逻辑电路为主的系统中，使用了±15V驱动的逻辑器件。

DC/DC转换器的应用范围很宽，具体使用灵活多变，业界对它的关注度极高。单电源供电系统的增多，更高的系统性能要求以及电池操作等都使转换器的使用更趋频繁。

效率和尺寸从来都是必须考虑的重要因素。事实上，这些参数的值可能很大，但它们的重要性通常只排在第二位。大家对效率和尺寸持续而严密的关注的根本原因实际上出乎意料。简单地说，其主要原因可能是因为这些参数值极易获取(在给定范围内)。尺寸和效率的考究，有其用武之地，但是其他面向系统的问题也必须加以解决。低静态电流、较宽的输入允许范围、最大程度抑制宽带输出噪声以及有效成本等都是重要的因素。5V到±15V的转换器是较为重要的一个类别，它们强调尺寸和效率，而对噪声等其他参数则考虑较少。这种转换器较为独特，因为宽带噪声是一种频率相关问题。最好的情况下，精美的板级布局以及良好的接地方案可以消除输出噪声。最坏情形时，噪声干扰将使模拟电路达不到其所需性能的电平（详细讨论请参见附录A的“5V到±15V转换器—— 特例分析”)。5V到±15V的转换应用广泛，是学习DC/DC转换器的良好实例。

5V到±15V转换器电路

5V到±15V低噪声转换器

图4.1所示的电路能提供±15V的输出电压，是由5V输入转换而来的。宽带输出噪声峰峰值测量为200mV，比一般转换器电路低了100倍。250mA时的效率为60%，与传统类型的转换器相比低了5%~10%。电路通过最小化电路转换阶段的高速谐波成分来达到低噪声的要求。这也是以上效率折中的原因，不过总的来说利大于弊。

基于74C14的30kHz振荡器输出由74C74触发器分成了2相位15kHz的时钟。74C02的栅极和10kΩ~0.001μF组合的延迟保证这两个相位时钟不会发生重叠，两个相位分别在VT1和VT2的发射极驱动（分别参见图4.2中的线迹A和B）。这些晶体管电平偏移以驱动射极跟随器VT3-VT4。在VT3-VT4的发射极设有100Ω-0.003μF的滤波器，降低了VT5-VT6输出MOSFET的驱动速度。滤波器的效果可以在VT5和VT6的栅极得到体现（分别为线迹C和D）。VT5和VT6为源极跟随器，而非传统的共源连接。这样可以将变压器的上升时间限制为滤波后的栅极摆率，从而可以良好控制VT5和VT6的源极波形（分别为线迹E和F）。L1则得到摆率受限的完美驱动，消除了与该类转换器相关的高速谐波。L1的输出经整流、滤波和稳压得到最终的输出。L1输出端的470Ω-0.001μF阻尼器在信号切换时始终作为负载，协助电路获得低噪性能。栅极引线上的铁氧体磁珠消除了因跟随器电路而产生的寄生RF振荡。

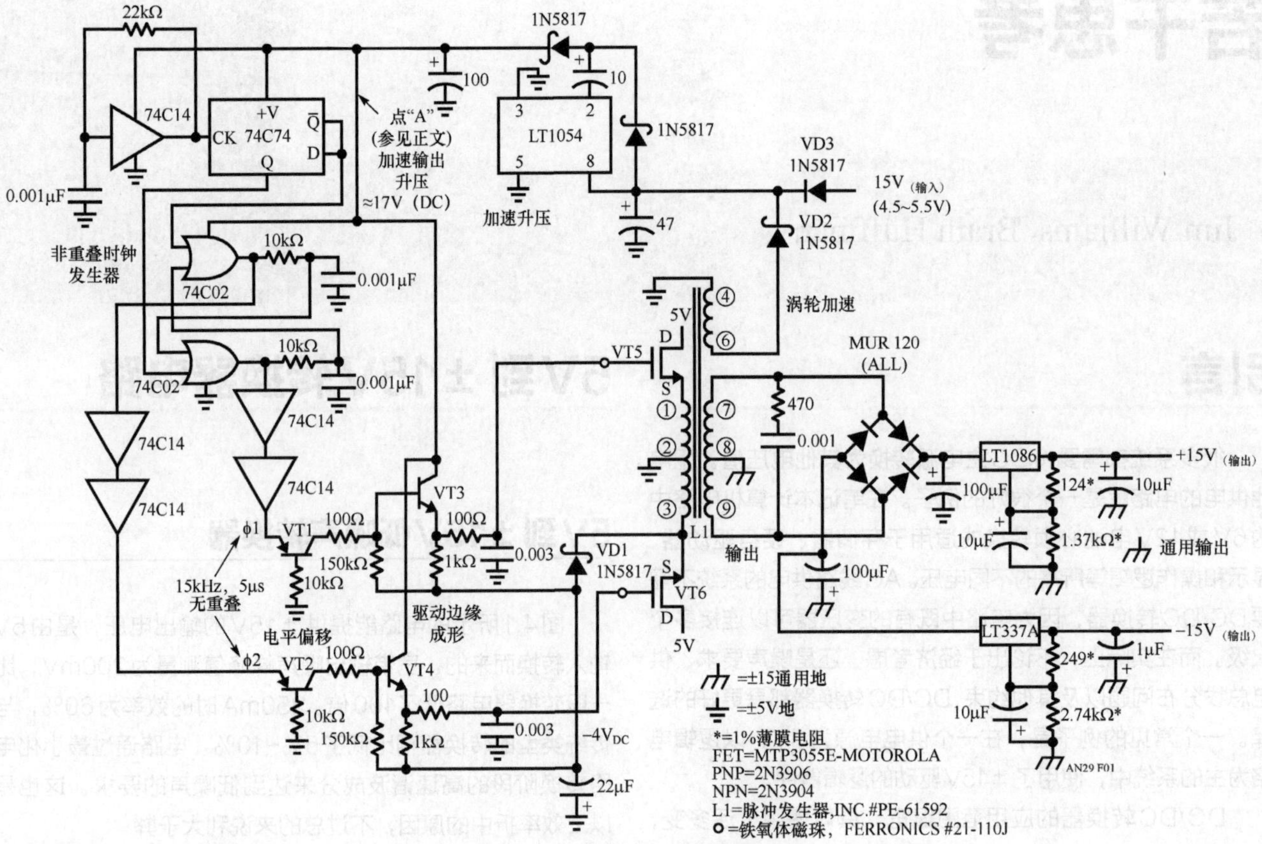

图4.1 5V到±15V低噪声转换器电路

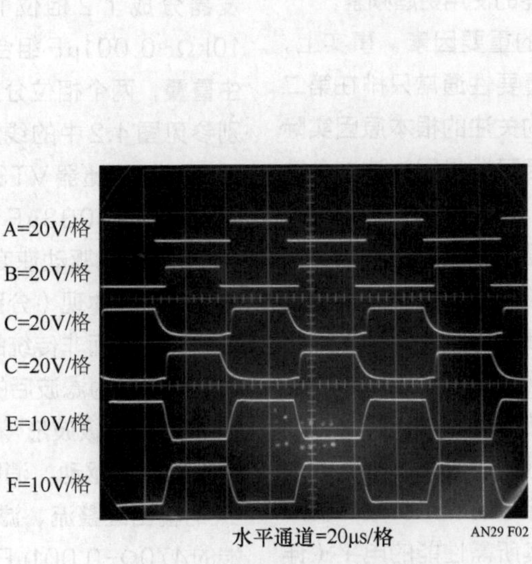

图4.2 5V到±15V低噪声转换器波形

源极跟随器电路可以简化L1边缘上升时间的控制，其代价就是增加了栅极偏置电路的复杂性。而MOSFET的全开和全关需要特殊装置。源极跟随器连接了VT5和VT6，其栅极电压需要从过驱变为饱和。5V的主电源无法提供10V的栅极-通道饱和电压。同样，栅极必须完全下拉到地电平之下，以关断MOSFET。这是因为MOSFET关闭时，L1的行为将源极下拉到负电平。偏置的关断是由VT6源极负波形引起的。VD1和22μF的电容产生-4V电势下拉VT3和VT4。两级升压回路提供导通偏置。5V电源通过VD3向LT®1054开关电容电压转换器（参见附录B的“开关电容电压转换器——工作原理”）。LT1054配置为倍压器，导通时给点“A”提供9V的初始电压。转换器开始工作后，L1从4-6绕组输出，经VD2整流，将提高LT1054的输入电压，并进一步将点“A”的电压提升到17V（原理图中给出标注）。

内部生成的这些电压可使VT5和VT6得到适当的驱动，即使连接了源极跟随器，也能使损耗最小化。图4.3给出了15V转换器的AC耦合线迹，电源满量程时有着200μV（峰峰值）的噪声。而-15V的输出特性也基本相同。开关效应产生的噪声的幅度与线性稳压器噪声相同。减缓VT5和VT6的上升时间可以进一步抵制开关噪声。不过，这样做需要降低时钟频率，增加不重叠时间以保证有效输出功率和效率。本节所给电路结构是综合考虑输出噪声、有效输出功率和效率并折中的结果。

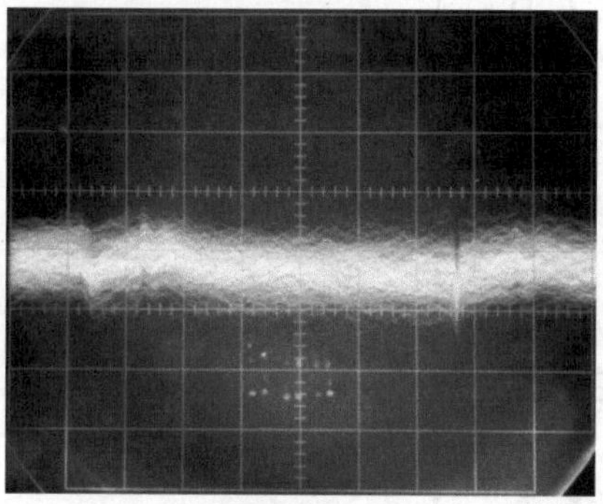

图4.3　低噪声5V到±15转换器的输出噪声。 附录H给出了现代IC低噪稳压器

超低噪声5V到±15V转换器

图4.1所示电路中的其他开关组件以及稳压器噪声是造成其性能局限的主要原因。工作在极高分辨率和敏感性的模拟电路需要尽可能低的转换噪声。图4.4所示的转换器使用了正弦波变压器作为驱动将谐波抑制到可忽略的程度。正弦波变压器的驱动结合了特殊输出稳压器，以使输出噪声小于30μV。相比之前的电路，噪声降低了几乎7倍；而相比传统设计性能提高了1000倍。电路的折中高效，但较为复杂。

A1由16kHz的文氏桥振荡器（Wein bridge oscillator）构成。单个供电电源提供的偏置需能防止A1输出饱和在地电势轨。该偏置是将文氏桥振荡器的未驱动端连接到LT1009参考电路的DC电势而建立的。A1的输出为偏离地的纯正弦波（参见图4.5中的线迹A）。另外，必须控制A1的增益以维持正弦波输出。增益控制是由A2实现的，它主要是将整流和滤波之后的A1输出正峰与LT1009提供的DC参考电压相比较，其输出为VT1提供偏置，伺服控制A1的增益。0.22μF的电容对回路进行频率补偿，而热匹配二极管可以最小化整流温度漂移引起的误差。即使电源和温度发生变化，这些技术也能确保A1稳定的AC和DC输出。

A1的输出AC耦合到A3。在电源发生偏移时，2kΩ-820Ω的分压器也可以将正弦波定位在A3的共模输入范围的正中。A3驱动着一级电源，VT2-VT5。各级的公共发射极输出和偏置允许1V_{RMS}(3V峰峰值)的变压器驱动，即使电源V_{SUPPLY}=4.5V。转换器输出端满负载时，该级产生3A的峰值，不过波形清晰（线迹B），失真较小（线迹C）。330μF的耦合电容剥除了DC分量，从而使L3为纯AC。到A3的反馈连接到VT4-VT5的集电极。该处的0.1μF电容可以抑制局部振荡。L3的次级RC网络可以进一步加强高频阻尼。

如果不对静态电流加以控制，电源级将被热击穿并毁坏。A4可以测量VT5发射极电阻上的DC电流并伺服控制VT6以解决静态电流问题。LT1009参考电压的部分分压可以对VT4负输入端的伺服点进行设置，而0.33μF的反馈电容可以稳定回路。

L3的整流和滤波输出连接到稳压器以实现低噪声。A5和A7将LT1021的10V滤波输出放大到15V。A6和A8提供了-15V的输出。LT1021和放大器提的噪声特性优于三端稳压器。齐纳电阻网络将钳位启动瞬间引起的过电压。

L1和L2再加上它们各自的输出电容可以改善低噪特性。这些电感在反馈回路之外，不过它们的低铜热电阻不会引起稳压特性的显著退化。线迹D是满负载时的15V输出，其上的噪声小于30μV（2ppm）。该设计中主要折中显示了其高效性。正弦波变压驱动将产生大量功耗。满输出负载（75mA）时，效率仅为30%。

使用电路之前，需要微调电路以使传送到L3的正弦波失真最小（一般为1%）。具体的微调是选取A1负输入端处的270Ω的标称值，其典型方差为±25%。正弦波的频率为16kHz，是运放的有效增益带宽、磁力大小、声频噪声以及带宽谐波最小化等因素之间的折中。

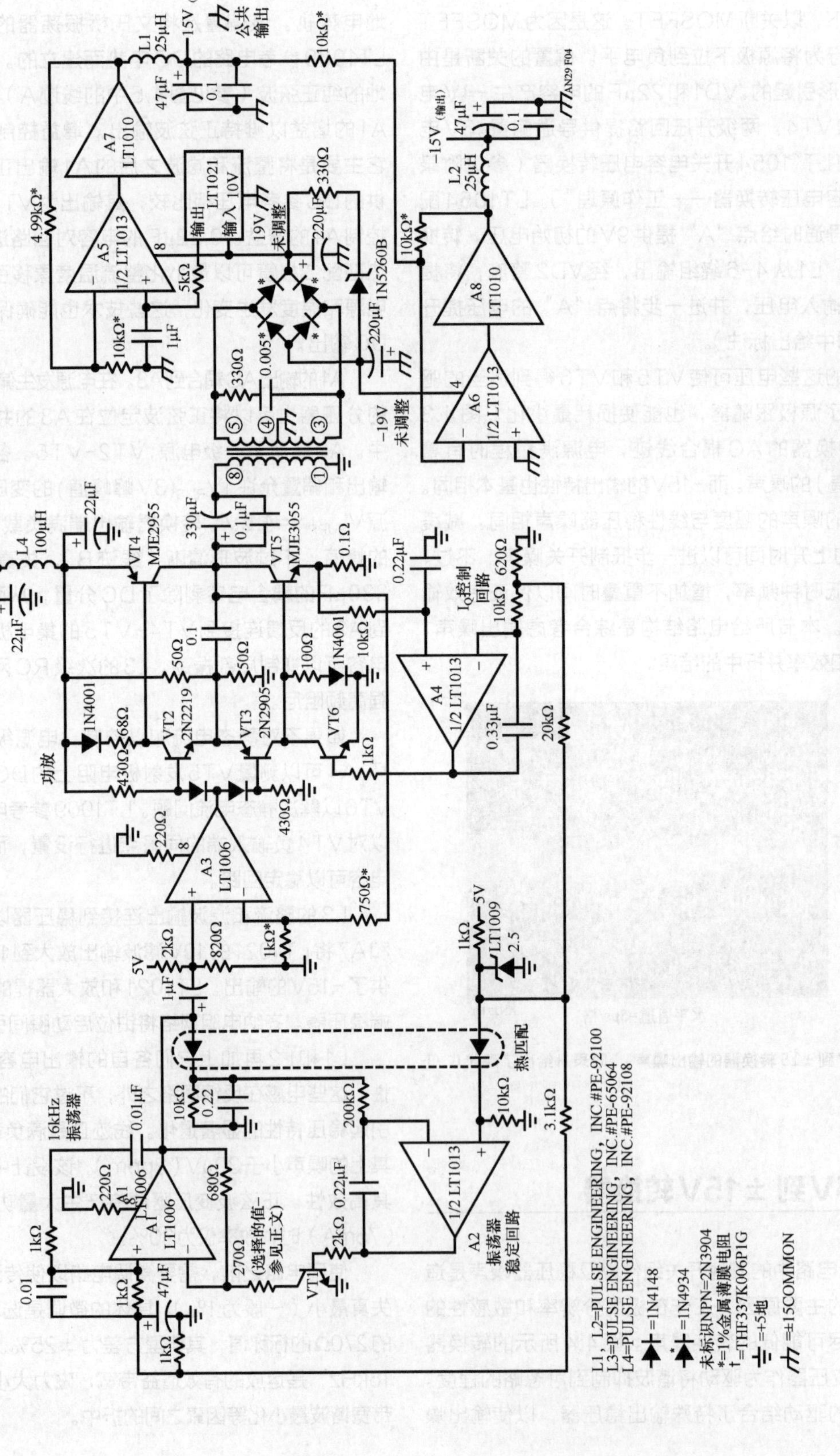

图4.4 超低噪声正弦波驱动的5V到±15V转换器

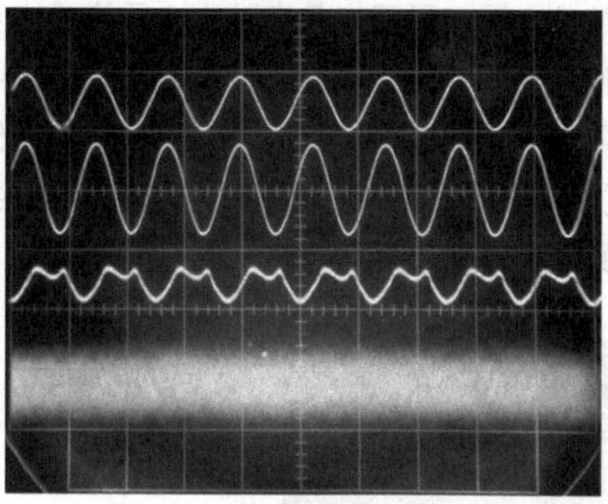

图4.5　正弦波驱动的转换器的波形。注意输出噪声（线迹D）仅为30μV（峰峰值）

单电感5V到±15V转换器

5V到±15V转换器的另一个发展方向是对其进行简化和经济化。转换器中最贵的部件是变压器。图4.6显示了一个不常见的电路图，其中使用一个二端电感取代了变压器，极大地降低了成本。其代价就是输入与输出之间不再是电隔离，而且输出功率较低。另外，采用该稳压方案将引起大约50mV的输出时钟纹波。

该电路的主要工作原理是周期性地交替反激电感的两端，并对所得的正负峰值进行整流和滤波。控制各自反激间隔内的反激次数可以实现稳压。

最左边的逻辑转换器产生一个20kHz的时钟（见图4.7中的线迹A），输入到其后由附加转换器、二极管和74C90十进制计数器组成的逻辑网络。计数器的输出（线迹B）经逻辑网络向VT1和VT2的基极电阻输入相位交变的时钟脉冲（线迹C和D）。当1（线迹B）未被时钟激励时，它将保持高电平，为VT2和VT4提供导通偏置。VT4的集电极等效于将L1的“底端”接地（线迹H）。在这段时间内，2（线迹A）将时钟脉冲输入到VT1的基极电阻。如果-15V的输出太低，伺服比较器C1A的输出（线迹E）为高电平，VT1的基极由脉冲提供偏置。如果正好相反，则比较器为低电平，偏置通过VT1的基极二极管选通。VT1提供偏置时，VT3将翻转，L1将在“顶端”进行负向反激（线迹G）。这些反激将产生-15V的输出。C1A通过控制引起VT1-VT3对翻转的时钟脉冲数进行稳压。LT1004提供参考电压。线迹J是AC耦合的-15V输出，展示了C1A稳压的效果。调整C1A的开关控制回路，可以使输出保持在一个较小的误差范围内。随着输入电压和负载的变化，C1A将调整时钟脉冲数为VT1-VT3提供偏置，以保持回路控制。

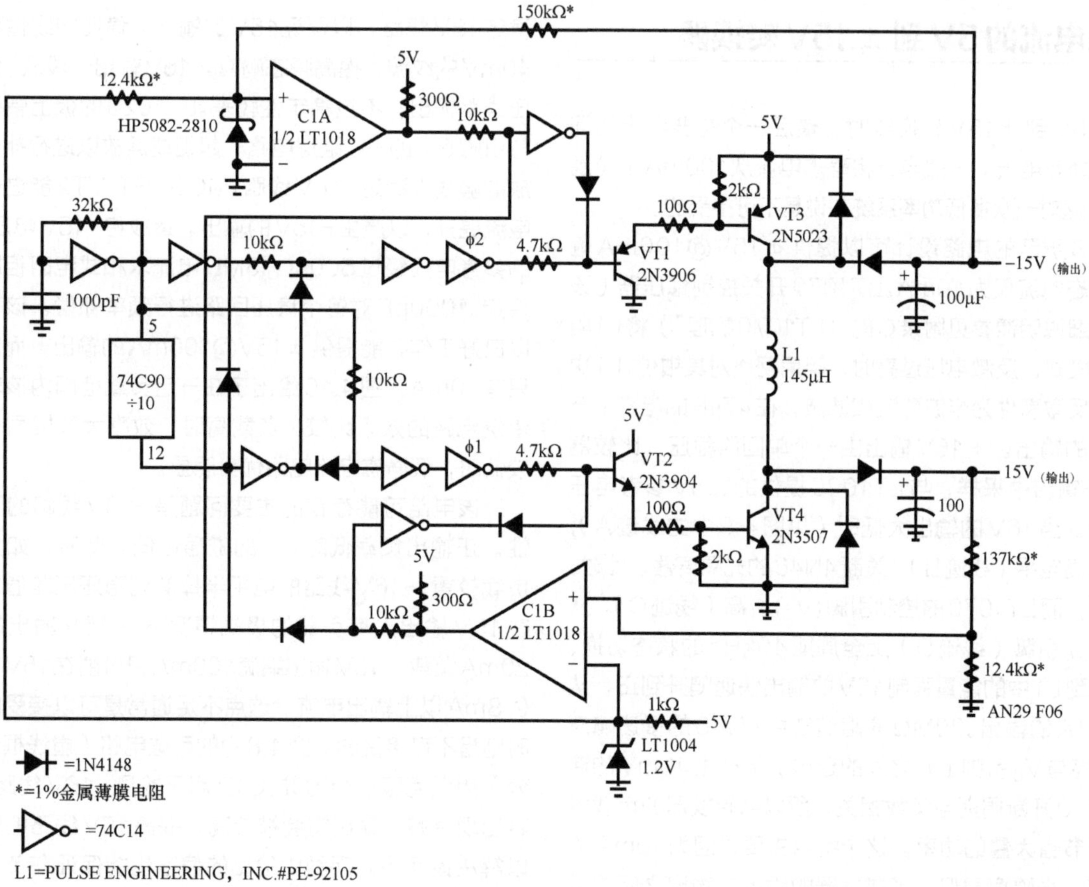

图4.6　单电感5V到±15V转换器

当φ1和φ2的信号状态颠倒时，工作顺序也将颠倒。VT3的集电极（线迹G）被上拉到高电平，而C1B伺服控制VT2-VT4的翻转。工作波形与之前的情形相似。线迹F是C1B的输出，线迹H是VT4集电极（L1的底端）的输出，线迹I是AC耦合的15V输出。虽然两个稳压回路共用了同一个电感，但它们工作各自独立，异步输出负载对性能也没有影响。电感上的电流呈现为间隔不均匀的脉冲尖峰（线迹K），不过不影响它的复用操作。在瞬态情况下，钳位二极管可以防止VT3和VT4反偏。该电路能提供±25mA的稳压电源，效率为60%。

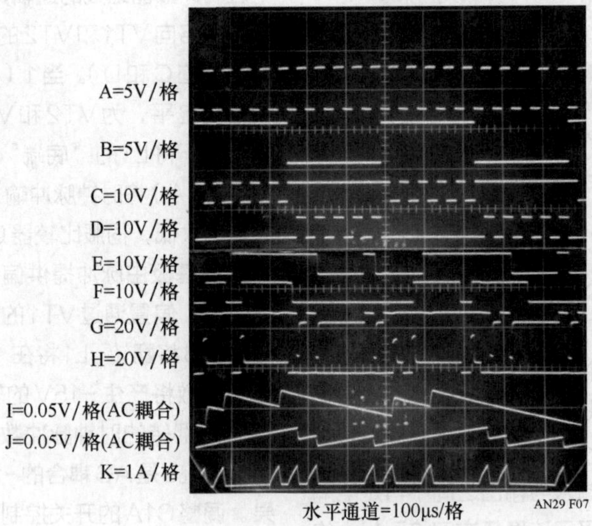

图4.7 单电感、双输出稳压转换器的波形

低静态电流的5V到±15V转换器

设计5V到±15V转换器时，最后一个需要考虑的问题是降低静态电流。一般电路将静态电流从100mA上拉到150mA，这对于众多低功率系统来说是不可接受的。

图4.8所示的电路设计可以提供±15V@100mA输出，而静态电流仅为10mA。LT1070开关控制稳压器（该设备的详细说明请参见附录C的“LT1070机理”）将L1驱动在反激模式。反激电压过高时，阻尼网络对其钳位。L1次级发生的反激事件为半波整流和滤波，在47μF的电容上产生正和负的输出。+16V输出由一个单回路稳压。比较器C1A从正输出中采样，与LT1020提供的2.5V参考电压取得均衡。当16V的输出太低时（见图4.9中的线迹A），C1A变为高电平（线迹B），关断4N46的光隔离器。此时，VT1关断，而LT1070的控制引脚(V_C)拉高（线迹C）。从而导致V_{SW}引脚（线迹D）上全周期40kHz的状态切换。这样注入到L1中的能量强制16V的输出快速爬升到正，从而关断C1A的输出。20MΩ的阻值结合4N46的慢速响应（C1A变高与V_C引脚上升之间的延迟）将产生40mV的滞后。LT1070开断周期与负载相关，所以当转换器的负载较轻时可以节省大量的功率。这个特点主要是因为10mA的静态电流。光隔离器保证了转换器的输入与输出之间的隔离。LT1020是低静态电流低压差的稳压器，可以进一步稳定16V线路，以保证15V的输出。稳压的线性可以消除40mV的纹波，提高瞬态响应。-16V输出一般从-16V的稳压线路输出，不过稳定性较差。LT1020的板上辅助比较器与引脚5上的RC阻尼电路一起组成运放以进行补偿。该运放能够线性稳定-16V线路。MOSFET VT2能进行低压差电流提升，以产生-15V的输出。运放将-15V电压与2.5V的参考电压经过500kΩ-3MΩ电流求和式电阻相比较将其稳定。1000pF对各个稳压回路进行频率补偿。该转换器可以良好工作，能提供±15V@100mA的输出，而静态电流只有10mA。图4.10给出了在一定负载范围内该转换器与传统电路的效率比较。负载高时，效率大致相同；但负载较低时，低静态电流电路优势明显。

该电路可能存在的主要问题是-16V线路的不良稳定性。正输出负载低时，L1的磁通也低。此时，如负输出的负载较重，-16V线路的电平半掉落到稳压压差值之下。而在15V输出没有负载的极端情况下，-15V输出端仅支持20mA负载。-15V输出端满100mA只可能在15V输出端提供8mA以上输出电流。这点不足通常是可以接受的，而有时则是不可接受的。图4.8中的可选电路（虚线框起来的部分）用以克服这个困难。C1B用于检测-16V线路的衰减，若出现衰减，输出将会被拉高，提高16V线路的输出电流以解决该问题。而图中给出的偏置也能保证在负电平线性稳压器电压衰落之前就解决该问题。

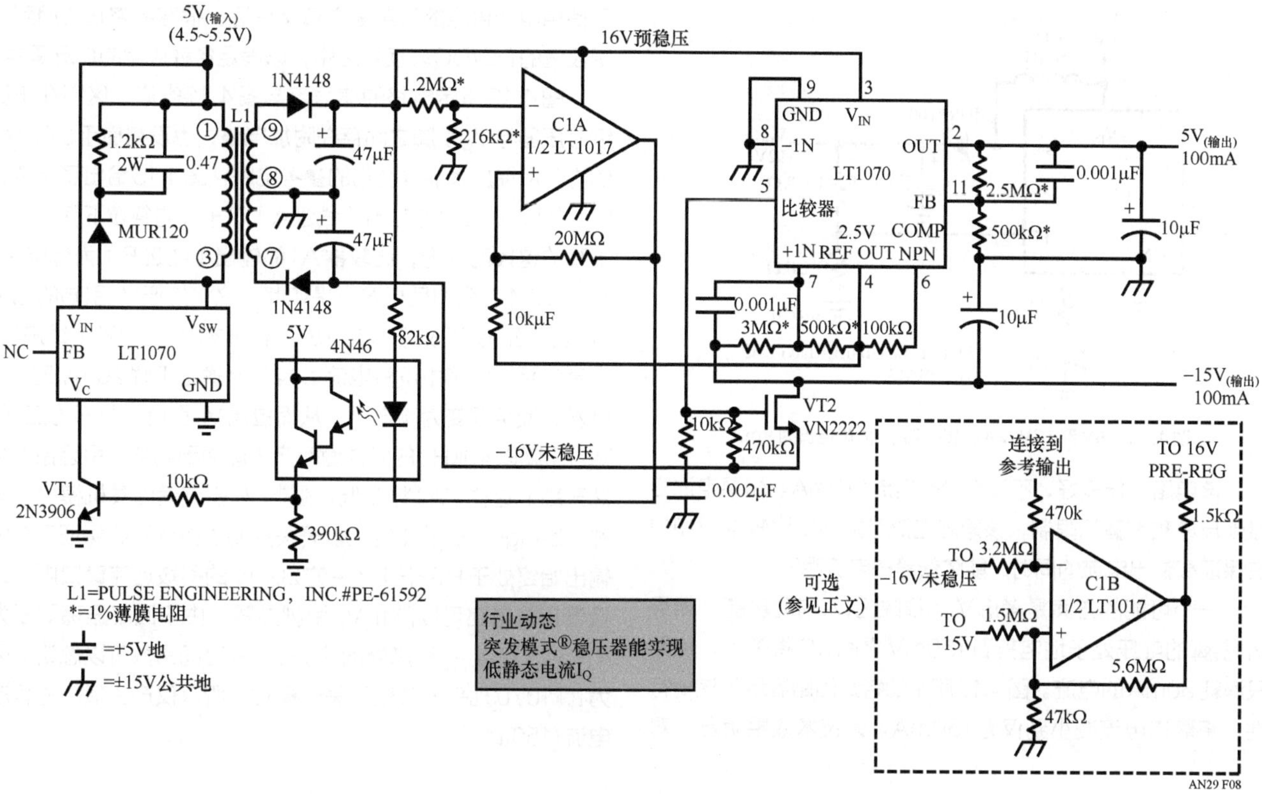

行业动态
突发模式®稳压器能实现低静态电流I_Q

图4.8　低I_Q有隔离的5V到±15V转换器

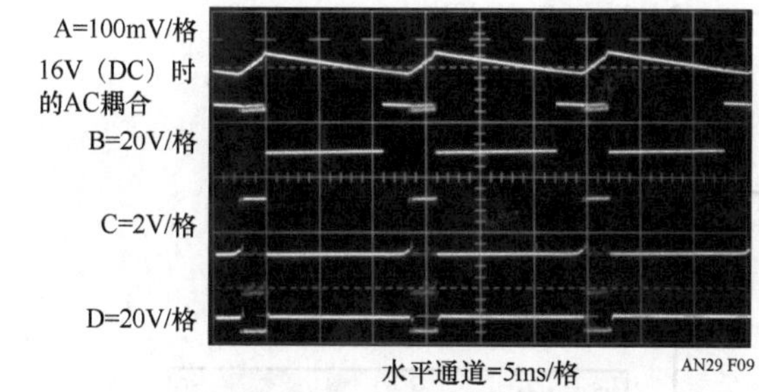

图4.9　低I_Q 5V到±15V转换器的波形

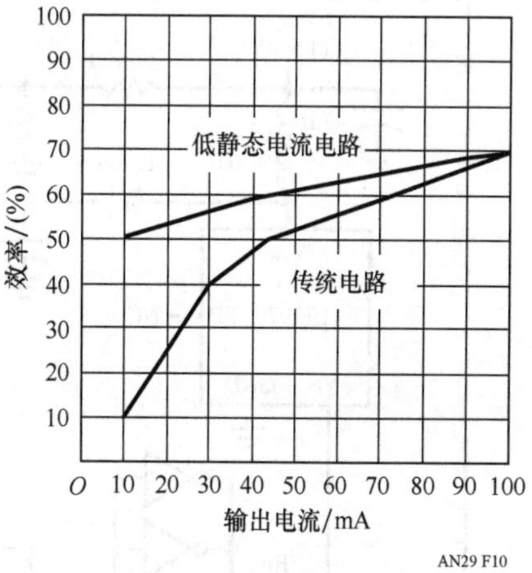

图4.10　低I_Q转换器的效率vs负载

微小功率静态电流转换器

很多使用电池的设备都需要电源能提供极宽范围的输出电流。通常情况下电流是安培级，而待机或“休眠”模式时仅为毫安级。一台笔记本计算机正常使用时电流可能为1～2A，而待机模式时电流中需几百毫安。理论上，用于无负载环路稳定的任何DC/DC转换器都可以达到这个要求。然而，如果转换器的静态电流较大，那么在低电流输出期间将会导致电池耗竭，而这一点是不允许的。

图4.11给出了一个典型的反激型转换器电路。其中，6V电池电压通过感性反激电压转换为12V输出，而感性反激电压在LT1070的V_{SW}引脚到地电势的每一次切换时产生（有关反激转换器中电感选择的评注，可参见附录D的“反激转换器电感选择”）。内部的40kHz时钟将可保证每25μs产生一次反激。反激中产生的能量由IC内部误差放大器r控制。该误差放大器强制反馈（FB）引脚连接到1.23V的参考电压，它的高阻输出（V_C引脚）使用了RC阻尼电路对回路进行稳定补偿。

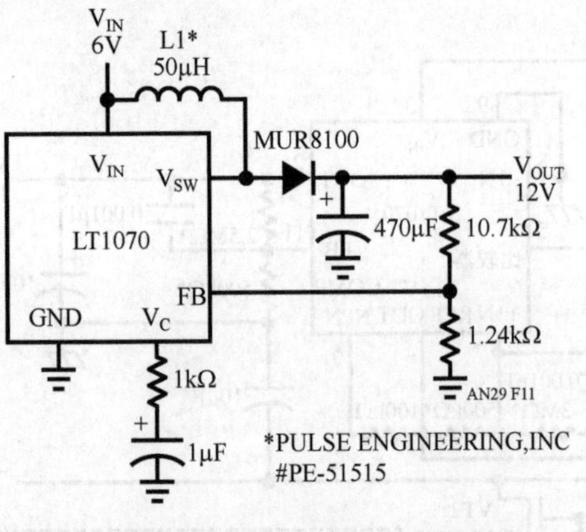

图4.11 6V到12V-2A的转换器，静态电流为9mA

该电路工作良好，不过其静态电流为9mA。如果电池容量受尺寸和重量的限制，该静态电流可能显得比较高。如何在保证高输出电流的同时，能降低静态电流呢？

一个可能的方案是考虑V_C引脚处引入辅助功能。如果V_C引脚的电压处于地电势到150mV之间，IC将关闭，从而只消耗50mA的电流。图4.12所示的特殊回路展示了这一特性，将静态电流减小到仅为150mA。该技术效果明显，对于使用电池供电的系统来说意义深远，很容易将它应用到范围很宽的DC/DC转换器之中，以满足各种应用的广泛需要。

图4.12所示电路的信号流与图4.11类似，区别在于反馈分压器与V_C引脚之间存在附加电路，也没有使用LT1070的内部反馈放大器以及它的参考电路。图4.13给出了无负载时工作波形。12V的输出（线迹A）若干秒内斜坡下降。在它下降的这段时间内，比较器A1的输出（线迹B）为低电平，与74C04并联的反相器也是如此。这将拉低V_C引脚的电平（线迹C），使IC处于50μA的关机模式。V_{SW}引脚（线迹D）为高电平，电感中没有电流。当12V输出下降20mV时，A1触发，反相器变为高电平，从而拉高V_C引脚，打开稳压器。V_{SW}引脚以40kHz的时钟速率产生脉冲到电感，引起输入陡然升高。这样，A1将变低，强制V_C引脚返回关机模式。这种“bang-bang”（继电器开关控制）控制回路保证了12V输出始终处于R3-R4产生的20mV的斜坡迟滞窗口内。二极管钳位电路可以防止V_C引脚过驱。由于回路振荡周期为4～5s，所以V_C引脚处的R6-C2的时间常数可以忽略。因为LT1070几乎一直处于关机模式，所以仅产生很小的静态电流(150μA)。

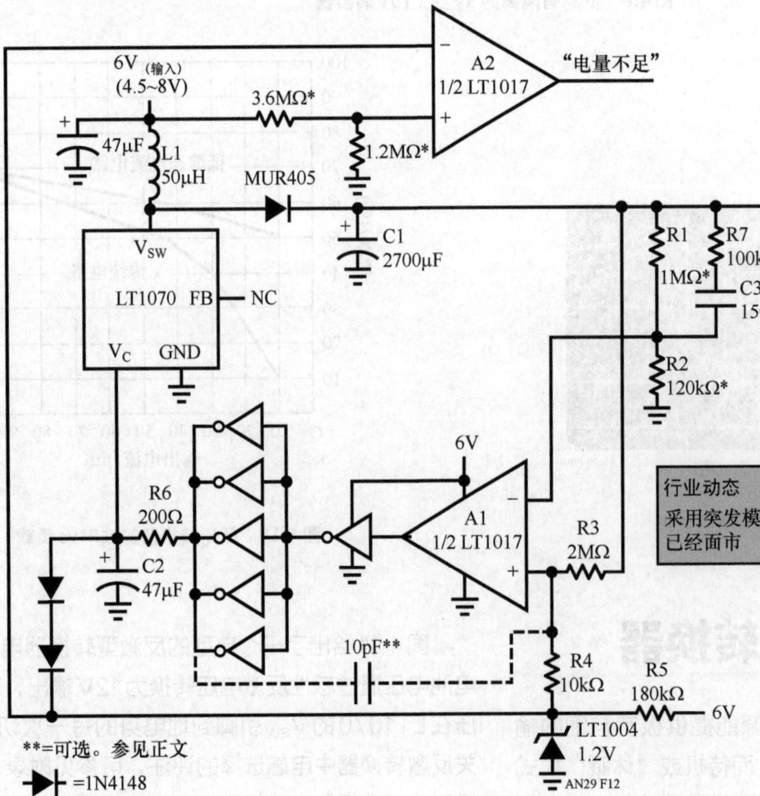

图4.12 6V到12V-2A转换器，其静态电流为150μA

行业动态

采用突发模式的微小功率稳压器已经面市

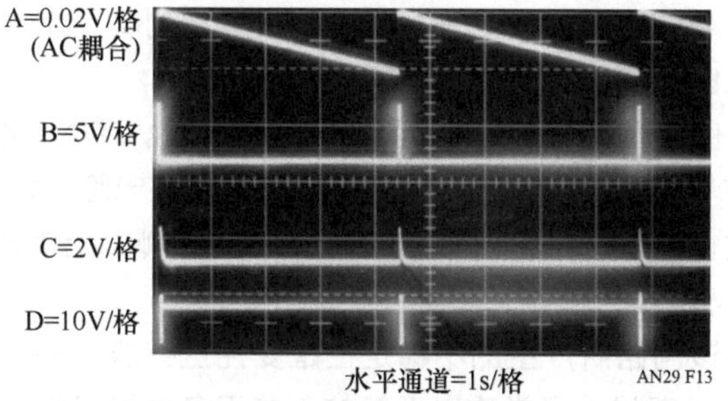

图4.13　低I_Q转换器无负载时的波形（为清晰起见，线迹B和D进行了适当的修饰）

图4.14显示了负载为3mA时的波形图。回路振荡频率有所增加以满足负载电流要求。图中，V_C引脚的波形（线迹C）开始展现滤波特性，这是因为R6-C2的10ms时间常数。如果负载继续增加，回路振荡频率也将增加。不过，R6-C2的时间常数是固定不变的。超过某些频率时，R6-C2将会调和回路振荡使之往DC方面变化。图4.15给出了1A负载时的波形图。由于V_C引脚为DC，重复频率上升到LT1070的40kHz时钟频率。如果输出电流持续增加，回路振荡频率也将增加，直到500Hz为止。此时，R6-C2时间常数对V_C引脚进行滤波变为DC，LT1070的操作也将转变为“常态”。既然V_C引脚为DC，可以将A1和反相器当作一个线性误差放大器，其闭环增益取决于R1-R2反馈分压电阻。事实上，A1仍然进行着占空比调制，只是其速度远高于R6-C2的拐点频率而已。由C1(用于低输出电流时低频回路）引起的相位误差是由R6-C2衰减频率以及连接到A1的R7-C3所决定的。在80mA以上的各种负载情况下，回路工作稳定且具有线性响应。采用这样的设计方案，在高电流负载区域，LT1070就能象图4.11所示电路一样工作。

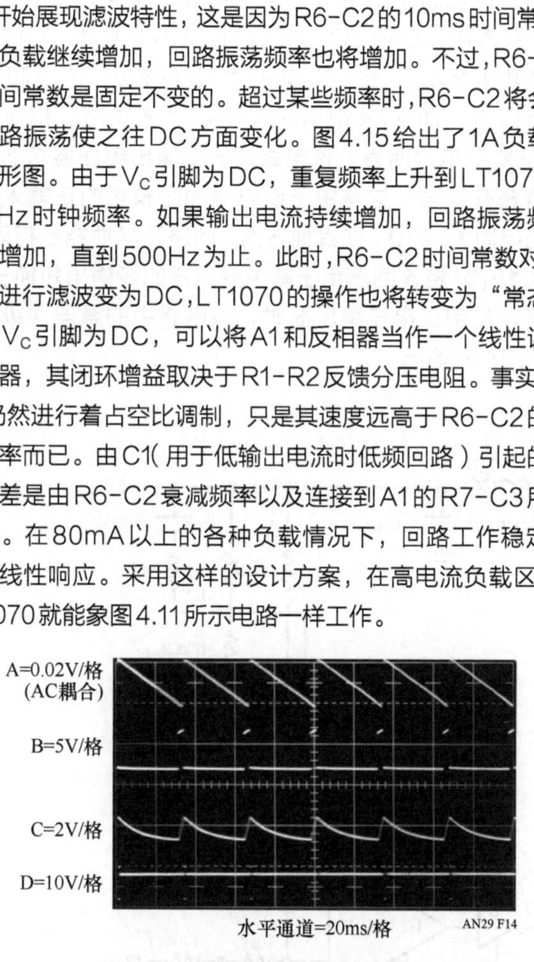

图4.14　低负载时低I_Q转换器波形

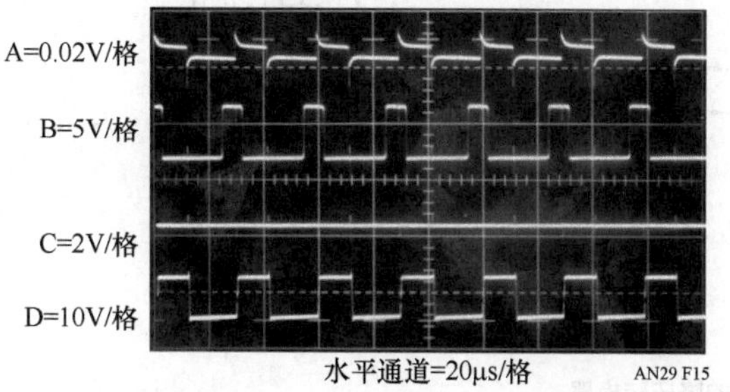

图4.15　负载电流为1A时低I_Q转换器波形

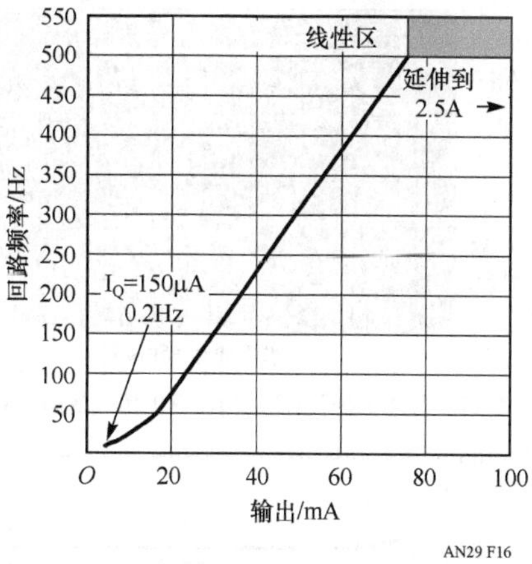

图4.16　图4.12所示电路的回路频率vs输出电流。可以看出80mA以上回路进入线性工作区

直接对该电路的稳定性进行形式分析是比较困难的，所以需要进行一些简化以观察回路的工作情况。当负载为100μA（120kΩ）时，C1和负载产生的衰减时间常数超过300s。这个数量级大于R7-C3、R6-C2或LT1070的40kHz的转换频率。所以，回路特性主要取决于C1。反馈经过一定的相移后输入到宽带的A1，产生极低频振荡，大致与图4.13所示波形相似①。尽管C1的衰减时间常数较大，但是它的充电时间较短，因为该电路源端阻抗较低，这是由振荡的斜坡特性决定的。

图4.16所示的曲线说明，增加负载会减少C1负载衰减时间常数。当负载增加时，由于C1衰减常数下降，回路振荡频率将会增加。当负载阻抗很低时，C1的衰减时间常数将不再是影响回路的主要因素。此时，回路性能基本上由R6和C2主导，回路成为一个线性系统。在这个区域（例如在图4.16，大约75mA以上的各个值），LT1070工作在40kHz。此时，R7-C3的时间常数成为主导，构成单纯的反馈并产生光滑的输出响应②。选择R7-C3时折中考虑充分的话，网络将具有良好的性能。当转换器工作在线性区时，R7-C3必须能够控制好R3-R4产生的DC迟滞。如能实现这一点，就能在负载大的输出纹波与回路瞬态响应之间取得R7-C3的完美折中。

尽管动态特性非常复杂，该电路的瞬态响应较为良好。图4.17显示了从无负载到1A的阶跃响应。当线迹A变为高电平时，输出端上负载为1A（线迹B）。由于回路响应较慢（R6-C2延迟了V_C引脚的响应），输出端初始时下降大约150mV。当LT1070开通时（由线迹B最底端40kHz的“绒毛”电压开启）的响应相当快，而且相对于电路的动态特性来说，它的动态行为非常良好。在图中线迹B的第4和第5垂直分格之间，可以看出多时间常数衰减③（“咔嗒咔嗒”也许更为形象）的影响，此时线迹B达到稳态。

---

① 某些布局需要为A1预留大量的布线区域。在这些电路中，图中给出的10pF电容能使A1输出状态切换简洁清晰。

② 用行业术语来说即“零位补偿”。

③ 用行业术语来说即“多极点建立”。

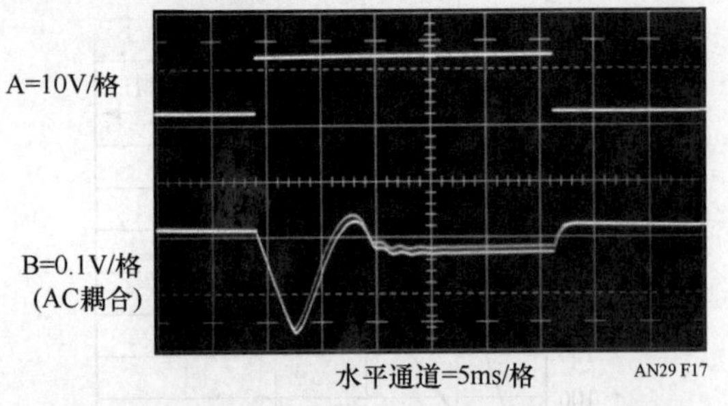

图4.17 图4.12所示低I_Q稳压器的负载瞬态响应

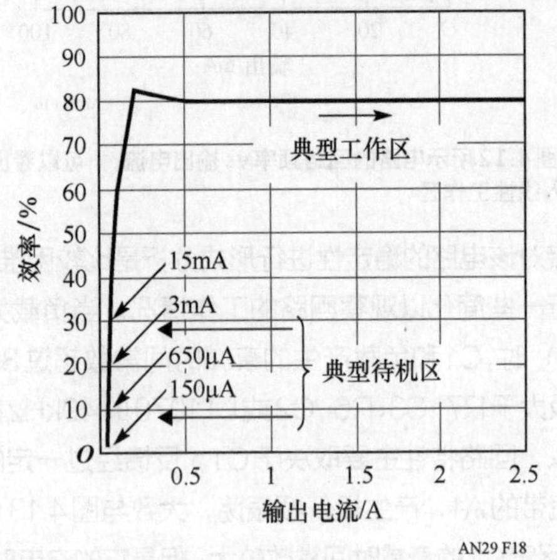

图4.18 图4.12所示电路的效率vs输出电流。待机模式效率较差，不过功耗接近电池自身放电

A2的功能类似于一个单纯的低电量检测仪，当V_{IN}降低到4.8V以下时，A2被拉低。

图4.18画出了效率vs输出电流的曲线。高功率时，其效率与标准转换器相似。低功率、低效时该电路更好一点，不过它在最低端较差。其实这也没有什么影响，因为此时功耗较小。

该回路所产生的不稳定性是受控且有条件的，而不是一般期望（通常难以理解的）的无条件稳定性。这种特性的引入将降低静态电流60倍，且不影响高功率时的性能。虽然这里是将这种设计用于升压转换器，但它其实可以应用到其他电路中。图4.19(a)所示的降压（降压模式）电路就使用了同样的回路，基本上没有任何变动。P通道MOSFET VT1由LT1072驱动（LT1070的低功率版本），将12V转换为5V的输出。VT2和VT3进行限流，而VT4则用来实现VT1的关断。相对于图4.12所示电路而言，该电路的较低输出电压要求的迟滞偏置略有不同，这是由于该电路的比较器的正输入端连接的电阻为1MΩ。在其他方面，回路及其性能是相同的。图4.19(b)将该回路用于基于变压器的多输出转换器中。注意，使用正电压稳压器时，该电路中的悬浮次级能产生−12V的输出。

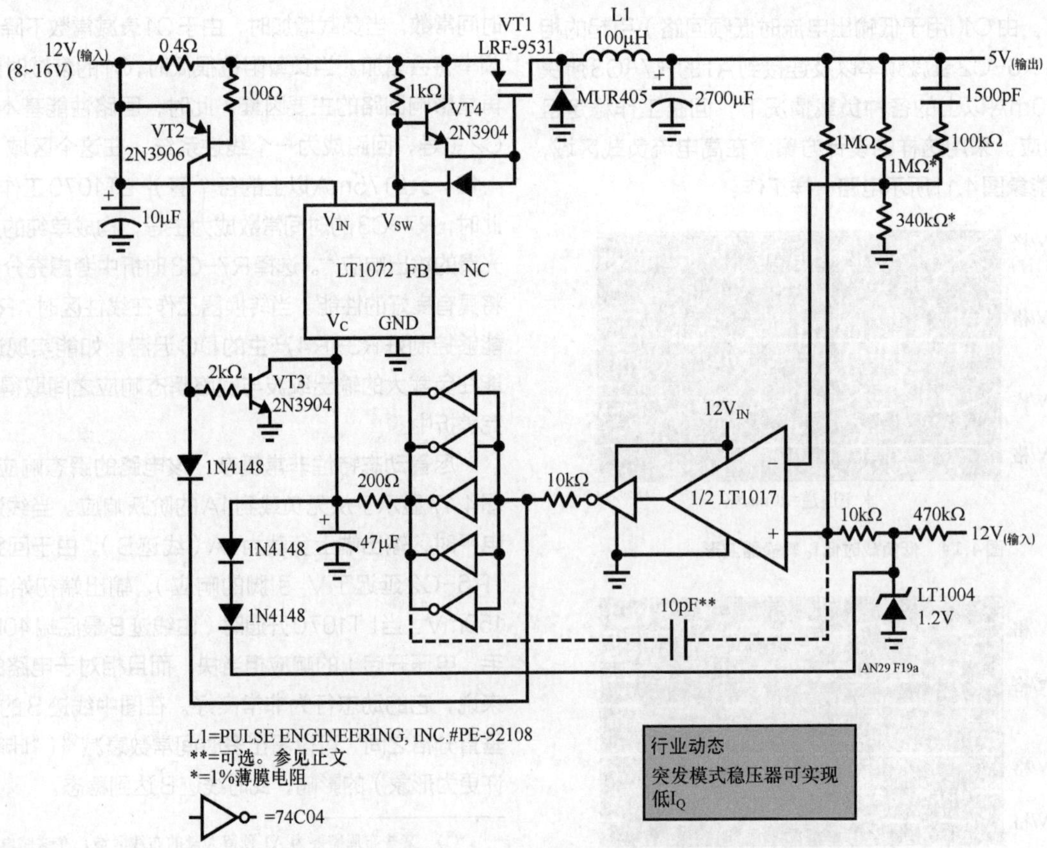

行业动态
突发模式稳压器可实现低I_Q

(a) 应用了低静态电流回路的降压转换器

图4.19 低静态电流转换器

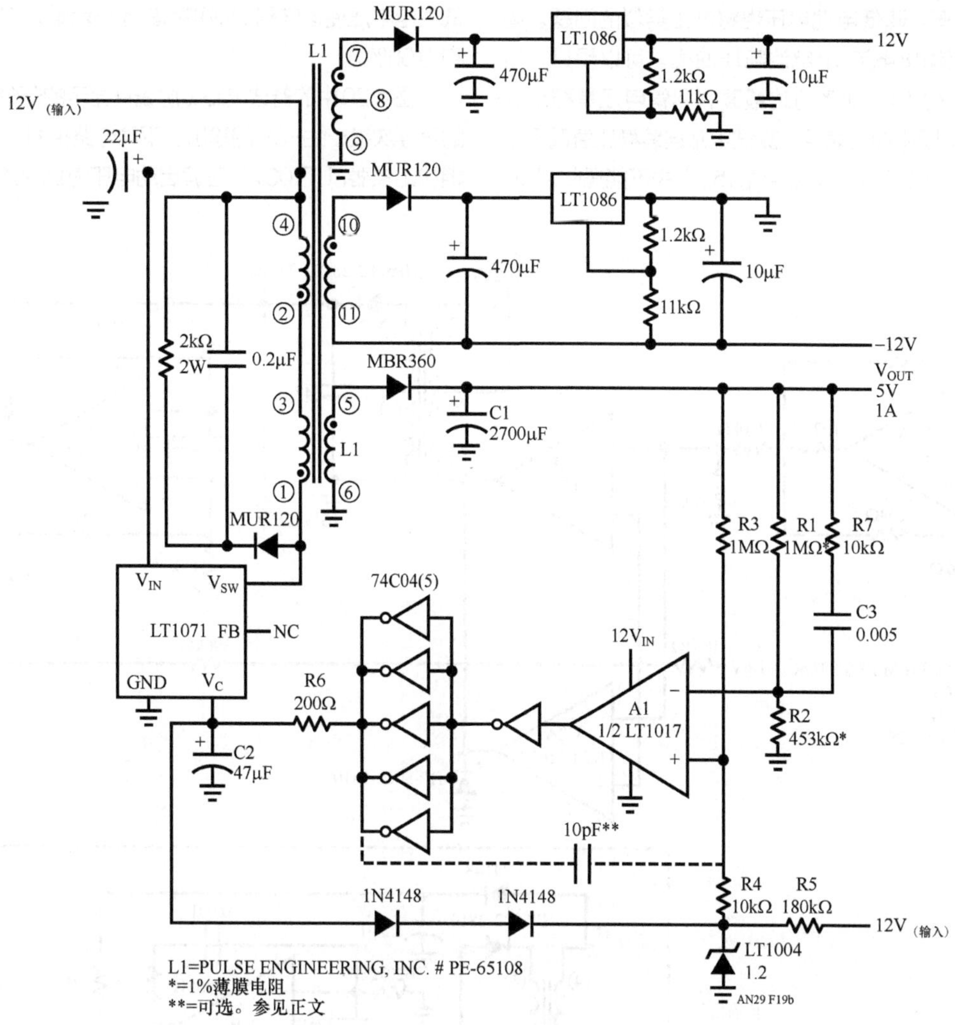

(b) 变压器耦合型多输出低静态电流转换器

图4.19 低静态电流转换器 （续）

低静态电流微小功率1.5V到5V转换器

图4.20所示电路将前面讨论的低静态电流转换器拓伸到了低压微小功率领域。在某些情况下，由于受空间的限制及可靠性的要求，电路可能采用单个1.5V的电池供电。这样，几乎所有基于IC的设计方案都不适用。当然，电路完全可以设计成由单个电池供电（参见LTC®应用备忘录15，“单电池芯片的驱动电路”），不过如果使用DC/DC转换器，能够支持更高电压的IC。图4.20所示电路将1.5V的电池电压转换为5V输出，而其静态电流仅为125μA。振荡器C1A的输出为2kHz的方波（见图4.21中的线迹D）。电路采用了传统结构，不同之处在于对偏置的调整，使其适应1.5V电源较窄的共模范围。为了维持低功耗，C1A集成了较小的电容，其摆幅仅为50mV。C2并联的一端对L1进行驱动。当5V输出（线迹A）下降到很低时，C1B变为低电平（线迹B），将会使C2的两个正输入接近地电平。此时，C1A的时钟到达并联的C2的输出端（线迹C），强制能量注入L1。并联输出可以将饱和损耗最小化。L1的反激脉冲经整流后存储在47μF的电容里，并形成DC输出。C1B的导通和断开对C2进行了调制，调制频率可以是保证5V输出所需的任意占空比。LT1004提供偏置，并由C1B正输入端的分压电阻设置输出电压。C2输出的肖特基钳位可以防止L1寄生行为引起的负过驱。

5V输出由LT1004提供的1.2V参考电压偏置驱动，这样电路工作电压最低可达1.1V。连接到电源的10MΩ电阻可保证电路的启动。1MΩ的电阻将1.2V的参考电压分压，使C1B处于共模范围内。C1B的正反馈RC对将产生约100mV的迟滞，而22pF电容可以抑制高频振荡。

低负载时，微小功率比较器和极低占空比可以最小化静态电流。图中显示的125μA与LT1017的稳态电流很接近。当负载增加时，占空比也将相应增加以满足要求，这样将需要更多的电池功率。降低电池电压也将产生类似的问题。图4.22绘出了可用输出电流vs电池电压曲线。可以预见，新电池（1.5~1.6V）时，功率可达最高，尽管电压是稳定到1.15V@250μA。图中曲线表明，测试电路连续稳压值低于该值，不过实际应用（LT1017 V_{MIN} = 1.15V）中不能凭此判断。低供电电压使该电路的饱和和其他损耗难以控制。所以，效率约为50%。

图4.20中的备选电路（虚线框显示的部分）利用了变压器的悬浮次级产生-5V的输出。驱动电路相同，但C1B用作电流相加比较器。LT1004的正偏启动电压为L1的初级反激尖峰。

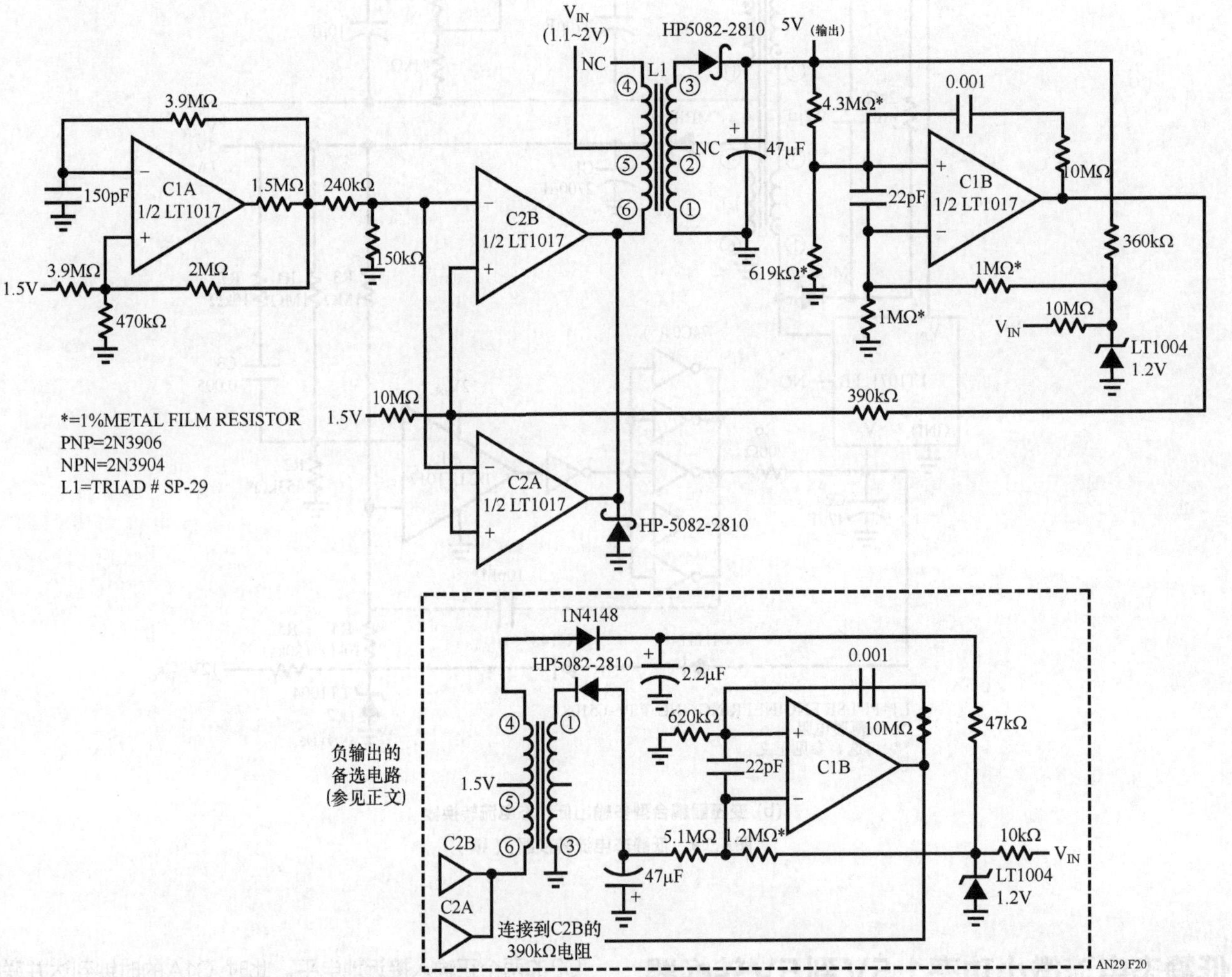

图4.20 具有800μA输出电流的1.5V到5V转换器

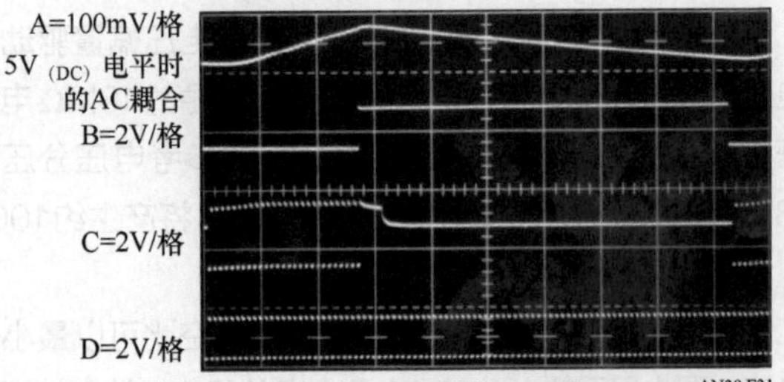

图4.21 低功率1.5V到5V转换器的波形

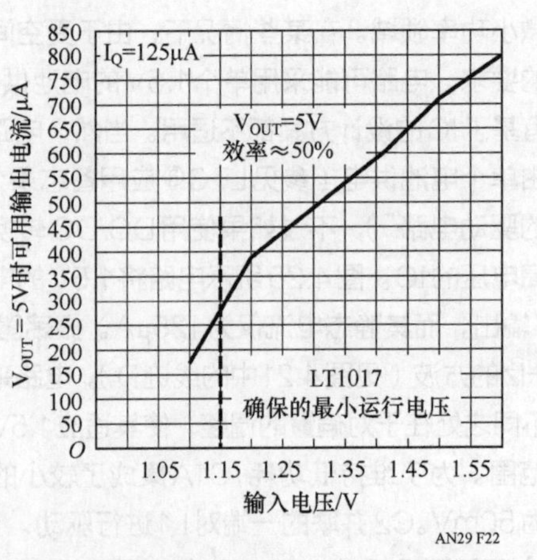

图4.22 图4.20所示电路的输出电流容量vs输入电压

200mA输出1.5V到5V的转换器

上述电路虽然用途较多，但它仅适用于低功率设计。1.5V供电的某些系统（双路救生无线电、传感器远程数据采集系统等）需要更多的功率。图4.23所示的电路提供了5V的输出，电流容量为200mA。该电路在静态电流性能方面有所牺牲。由于假定该电路持续高功率工作，所以静态电流是可以估测的。如果需要将静态电流最小化，则可采用图4.12所示电路中采用的技术。

该电路本质上是一个反激稳压器，与图4.11相似。LT1070较低的饱和损耗以及它的易用性使其适合高功率运行，而且能简化电路设计。但是，该器件最小供电要求是3V。可以连接5V的输出到它的供电引脚进行驱动，不过需要一些启动机制。C1的两个比较器以及相应的晶体管形成了启动回路。上电时，C1A以5kHz的频率振荡（见图4.24中的线迹A）。VT1偏置开启，全力驱动VT2的基极。VT2的集电极（线迹C）注入L1，产生逐步升高的反激电压。反激电压经整流后存储在500μF的电容中，从而形成电路的DC输出。C1B的设置，需使它在电路输出大约为4.5V时，能变为低（线迹C）。如果C1B变为低，则C1A的集成电容被拉低，使它停止振荡。此时，VT2将不具备驱动L1的能力，但LT1070却可以。这些行为特征可以在LT1070的V_{SW}（L1，VT2的集电极和LT1070的结合处）引脚上看到，即线迹D。当启动电路关断时，LT1070的V_{IN}引脚具有足够的供电电压，并开始运作。该现象发生在图中第4个垂直分格。启动回路的关断和LT1070的开通在时间上有一定的重叠，不过没有什么不利影响。电路一旦开始运行，它的功能类似于图4.11所示的电路。

启动回路必须设计良好，使之可以工作在极宽的负载和电池电压范围上。启动电流在1A之上，所以必须特别注意VT2的饱和和驱动特性。最坏的情况就是负载很大而电池电量几乎耗尽。图4.25给出了电路输出达到100mA，此时的$V_{电池}$ = 1.2V。图中各阶段次序分明，LT1070在最佳时机接管工作。在图4.26中，负载增加到200mA，启动斜率减小，但仍能完成启动。斜率骤增（第6个垂直分格）是因为启动回路与LT1070有一段时间的重叠运行。

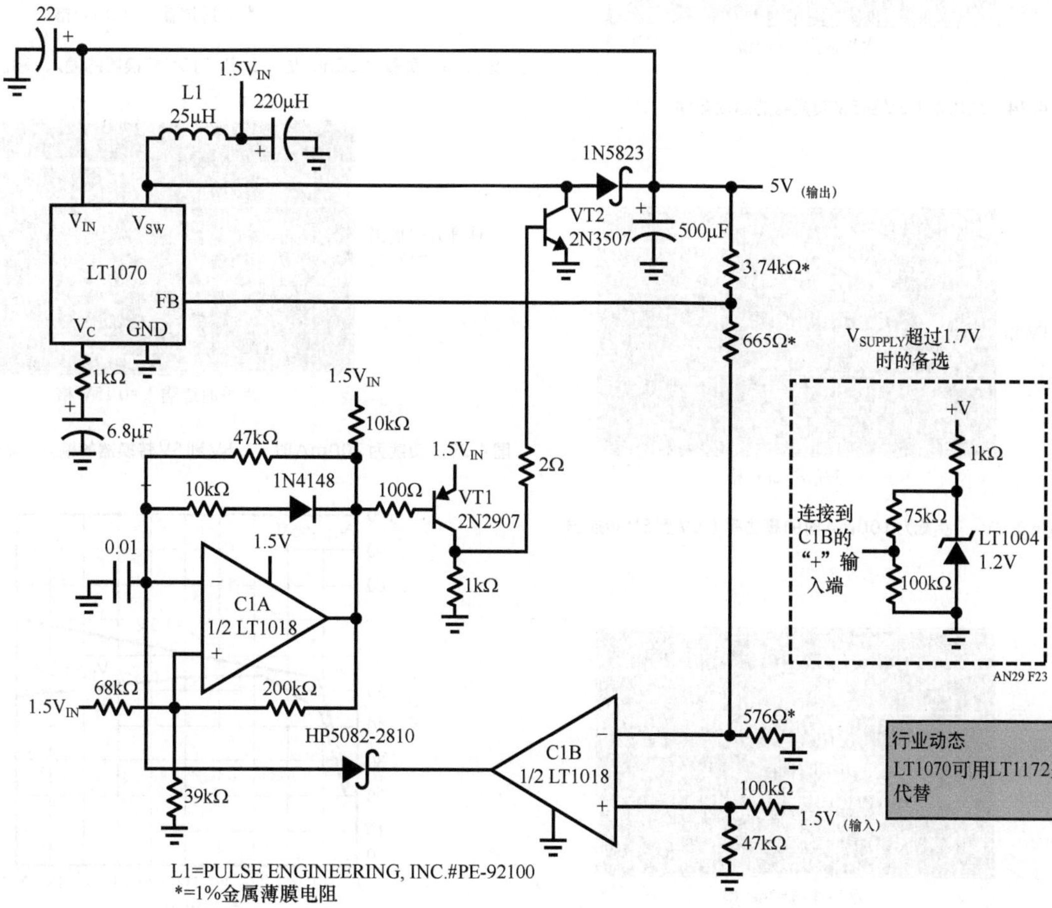

行业动态
LT1070可用LT1172来代替

图4.23　200mA输出的1.5V到5V转换器

图4.27绘出了该电路的输入输出特性。注意，在$V_{电池}$=1.2V时，该电路将进入满负载。电池电量降低到1.0V时，仍可启动。从图4.27中可以看出，一旦电路开始运行，驱动200mA负载时，电池电压降低到$V_{电池}$=1.0V。电池驱动可能降低到$V_{电池}$=0.6V(电池电量完全用完)！图4.28和图4.29，以及图4.27的动态XY交会图，分别对应了20mA和200mA时的图形。图4.30绘出了某一输出电流范围内两种不同供电电压对应的效率曲线。由图4.30可见，两条曲线表现出的性能都较为突出，尽管低电流时，电路的静态功率影响了效率。低供电电压时，效率总体偏低的原因是由固定结饱和损耗引起的。图4.31说明，当供电电压下降时，静态电流在增加。电感充电间隔需要加长以补偿下降的电压。

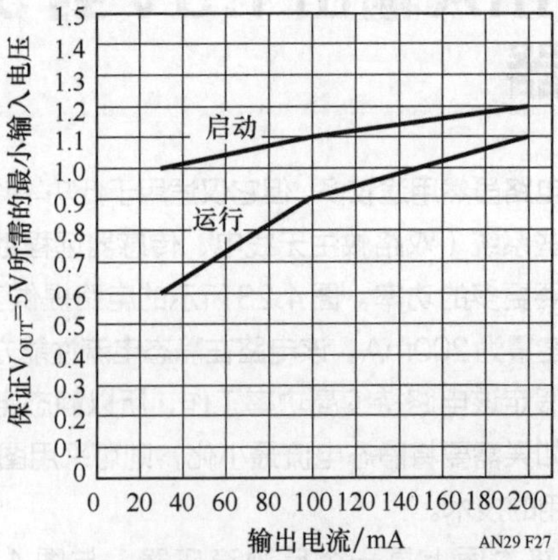

图4.27 图4.23所示电路的输入-输出数据

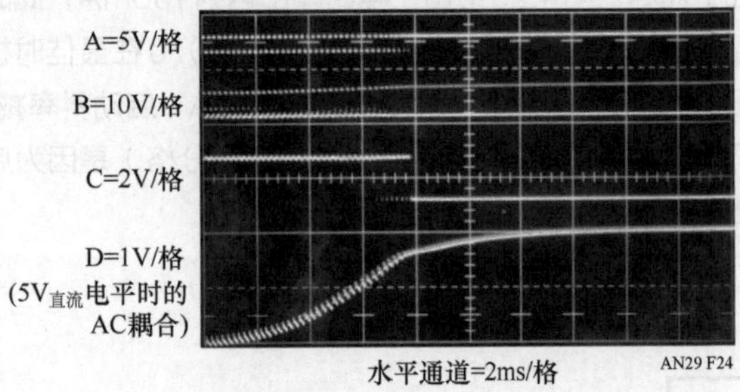

图4.24 高功率1.5V到5V转换器的启动顺序

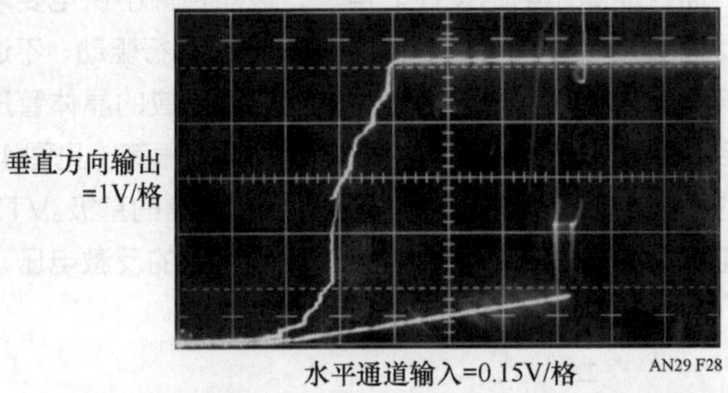

图4.28 负载为20mA时，1.5V到5V转换器的输入-输出XY特性

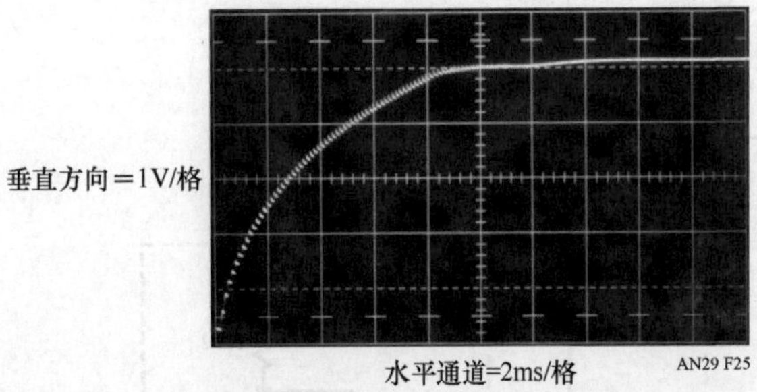

图4.25 V_{BATT} = 1.2V，负载为100mA时的高功率1.5V到5V转换器

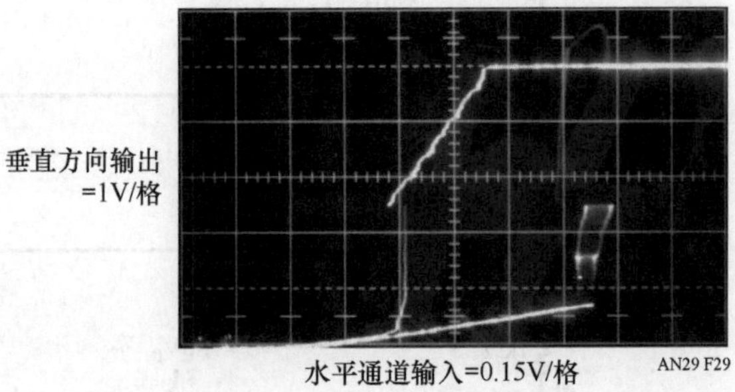

图4.29 负载为200mA时，1.5V到5V转换器的输入-输出XY特性

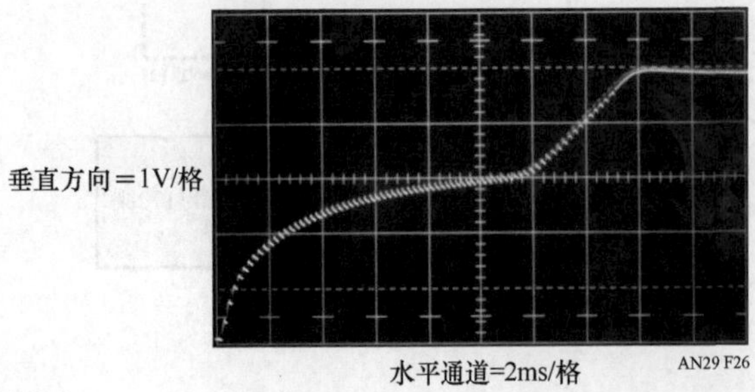

图4.26 V_{BATT} = 1.2V，负载为200mA时的高功率1.5V到5V转换器

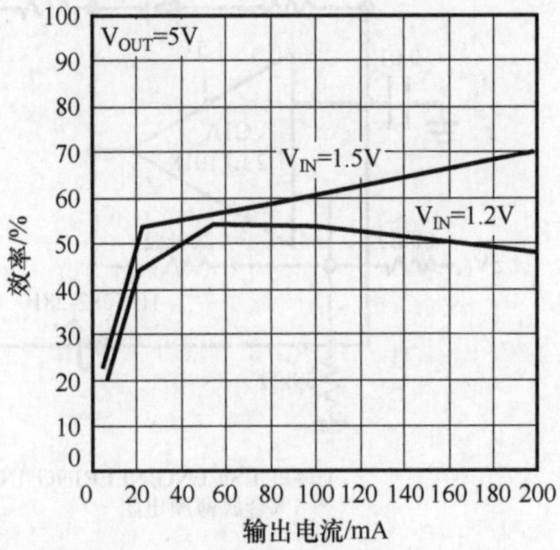

图4.30 图4.23所示电路的效率vs工作点

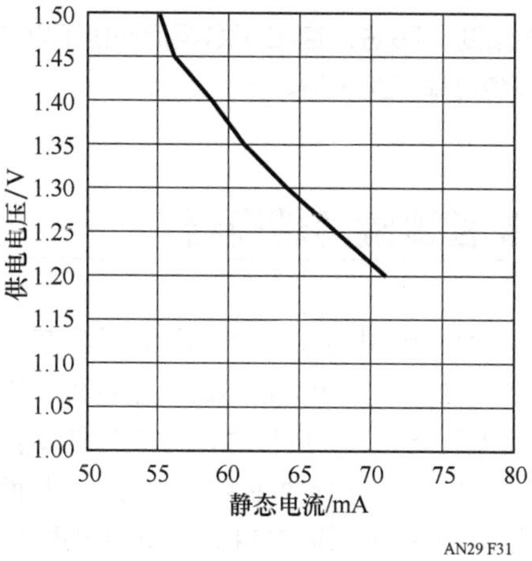

图4.31　图4.23所示电路的I_Q vs供电电压

高效转换器

12V到5V高效转换器

有时，DC/DC转换器设计中效率是首要考虑的因素（参见附录E的“转换器的效率优化”）。尤其是小型便携计算机，常使用12V的主电源，必须将之转换为5V。12V的电池是在综合考虑各种因素之后做出的权衡，它的主要特点是使用寿命长。图4.32所示电路的效率可达90%。该电路可以看作是正降压转换器。晶体管VT1用作旁路元件。钳位二极管换成了同步整流元件VT2，用以提高效率。供电电压标称值是12V，但可能在9.5~14.5V之间变化。电路中每个钳位二极管和旁路元件都改用0.028Ω的低源漏阻值NMOS晶体管，可以将功耗最小化。电感采用的是Pulse Engineering PE-92210K，是由低损耗磁心材料制成，能够再提高一点电路的效率。另外，将电流检测阈值电压保持在较低电平可以将电流受限电路中的功耗最小化。图4.33显示了运行波形。当V_{SW}引脚（线迹A）关断时，VT5驱动着同步整流元件VT2。当V_{SW}引脚导通时，VT2通过VD1和VD2来关断。要使VT1导通，栅极（线迹B）必须驱动在输入电压之上。开启电容C1，关断VT2的漏极（线迹C）可以达到这个要求。当VT2开通时，C1通过VD1充电。当VT2关断时，VT3导通，为C1形成通路开启VT1。在这段时间内，电流流过VT1(线迹D)，流过电感（线迹E），流入负载。要将VT1关断，V_{SW}引脚必须“关断”。此时，VT5能够开通VT4，而VT1的栅极通过VD3和50Ω电阻被拉低。该电阻用以抑制VT1快速切换特性产生的电压噪声。当VT2导通时（线迹F），VT1必须关断。如果两个晶体管同时导通，效率将会下降。220Ω的电阻和VD2用于最小化周期转换的重叠。图4.34给出了该电路效率vs负载的曲线。其他是非同步切换的降压稳压器的曲线（参见图中标识）。

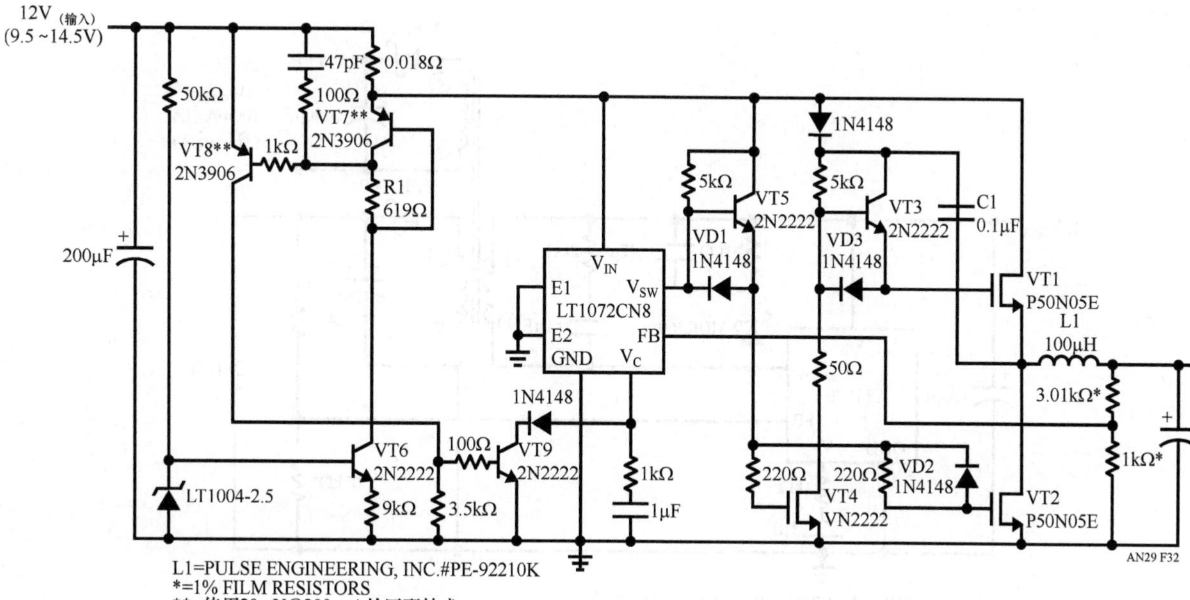

L1=PULSE ENGINEERING, INC.#PE-92210K
*=1% FILM RESISTORS
**=使用20mV@200 mA的匹配技术
=P50N05E (MOTOROLA) / IRFZ44 美国整流器公司

图4.32　效率为90%的同步切换正降压转换器

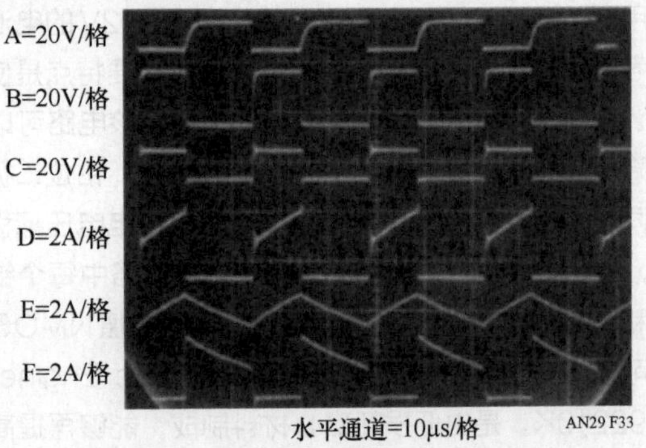

图4.33　效率为90%的降压转换器的波形

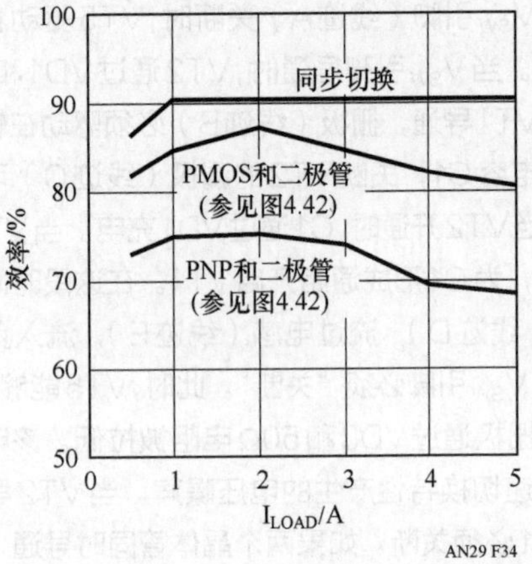

图4.34　图4.32所示电路的效率vs负载曲线。相比使单纯FET或者三极管与二级管的组合，同步切换的效率更高

VT6经过VT9对电路进行短路保护。通过LT1004、VT6和9kΩ电阻将产生一个200μA的电流源。该电流流过R1，为VT7和VT8构成的比较器产生124mV的阈值电压。当0.018kΩ探测电阻上的电压降超过124mV时，VT8开通。当V_C引脚被拉低到0.9V以下时，LT1072的V_{SW}引脚关断。此时，VT8将强制VT9进入饱和。RC阻尼网络可以抑制线路瞬态特性，以免过早开通VT8。

高效流量检测隔离转换器

图4.35所示电路的效率为75%，虽没有上一个电路好，不过它是全悬浮输出。该电路使用双股绕线的流量检测次级以隔离反馈电压。运行时，LT1070的V_{SW}引脚（见图4.36中的线迹A）的脉冲注入L1的初级，从而在悬浮电源和流量检测的次级（线迹B和C）产生相同的波形。反馈产生于流量检测绕组，经过二极管和电容滤波器形成回路。1kΩ电阻用以泄放电流，而3.4kΩ-1.07kΩ的分压器决定了输出电压。二极管可以对输出电源绕组中的二极管进行部分补偿，总体温度系数约为100ppm/℃。特大号的二极管有助于提高效率，不过如果采用类似于图4.32所示电路中的同步整流技术，可以显著提升效率（比如，可以提升5%~10%）。初级阻尼网络较为普通，仅在其中增加了2kΩ-0.1μF网络用以抑制低输出电流时的振荡。该振荡不影响电路运行，所以抑制它的网络也是可选的。负载约低于10%时，变压器的非理想行为特征将产生明显的稳压误差。稳压值处于额定输出的10%~100%的±100mV范围之内，无负载时偏移超过900mV。图4.37所示电路是在没有输出负载约束情况下，为了严格控制稳压值而将隔离去掉的，其效率是相同的。

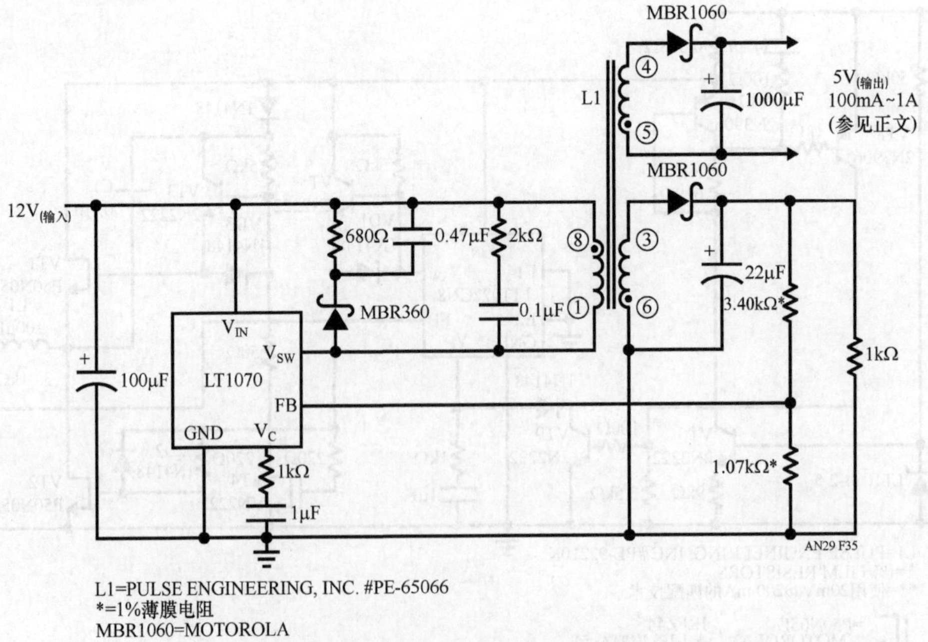

图4.35　高效流量检测隔离转换器

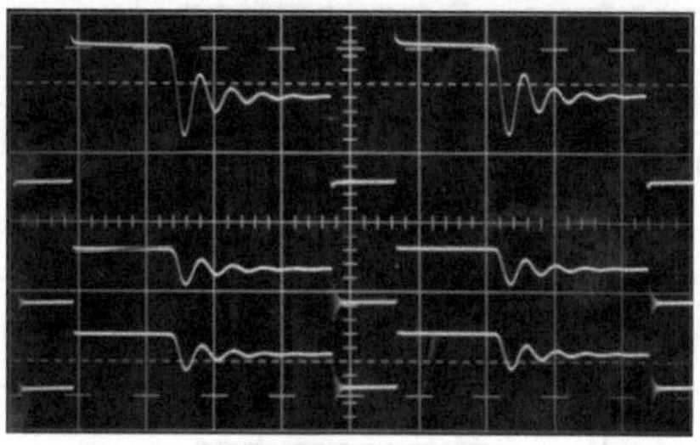

图4.36 流量检测转换器的波形

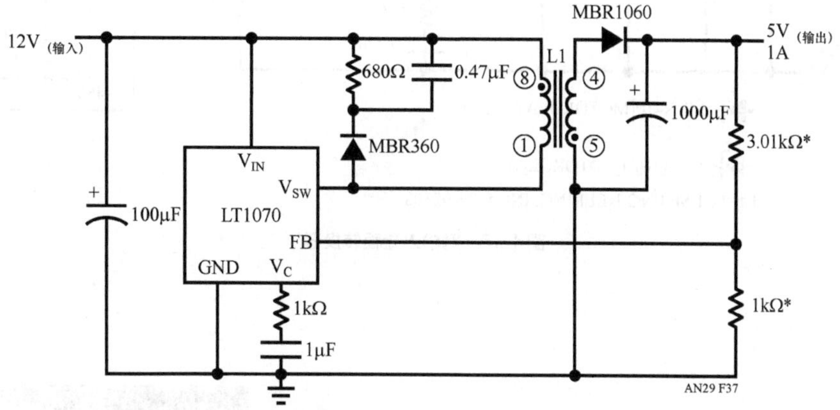

图4.37 图4.35电路的无隔离情形

宽量程输入转换器

宽量程输入 -48V到5V转换器

转换器通常需要支持宽量程输入。电话线上的电压的变化范围极大。图4.38所示电路使用LT1072以产生5V输出，输入为电信电压。原始电信信号标称值为-48V，可以在-40~-60V之间变动。V_{SW}引脚能够支持这样的变化范围，不过需要对V_{IN}引脚（V_{MAX}=60V）进行保护。VT1以及30V齐纳二极管就是为此设置的，对于任意线路情况下，可以将V_{IN}引脚的电压下拉到可接受的范围。

该电路中电感的“顶端”接地，而LT1072的接地引脚电平为-V。反馈引脚检测的电压是相对于接地引脚的值，所以需要将输出的5V进行电平偏移。VT2就是为此设置的，带来仅-2mV/℃的温漂，对于逻辑电源来说一般不算什么问题。可采用图4.38所示的可选电路进行补偿，其中二极管-电阻按一定比例进行了缩放。

频率补偿是用V_C引脚的RC阻尼网络来实现的。68V的齐纳二极管用于钳位并吸引过多的线路瞬态，以免破坏LT1072(V_{SW}的最大电压为75V)。

图4.39给出了运行时V_{SW}引脚的波形。线迹A为电压，而线迹B为电流。状态切换干净利落，波形控制良好。该电路修改后，可以支持更大电流，具体电路请参见LTC应用指南25的“用于Poets的开关稳压器”。

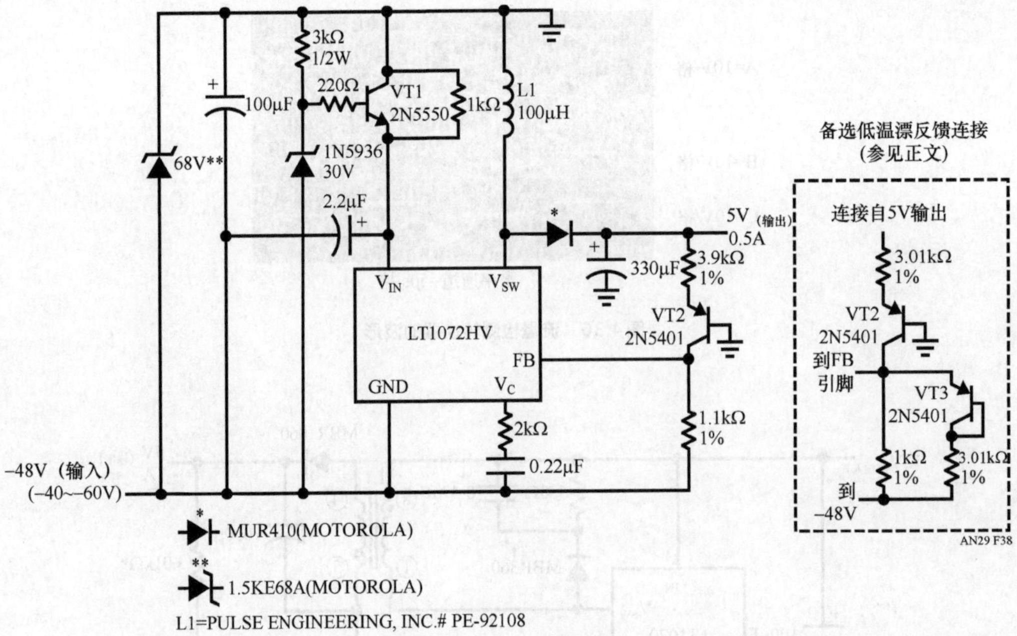

图4.38 宽输入量程转换器

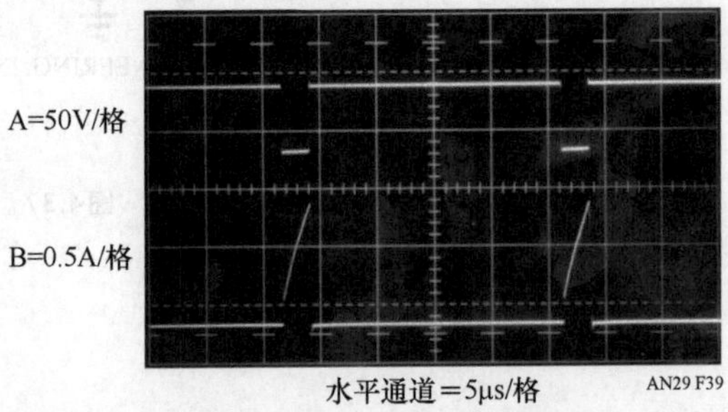

图4.39 宽输入量程转换器的波形

3.5~35V(输入)到5V(输出)转换器

图4.40所示电路具有更宽的输入量程，能生成-5V或5V输出之中的一种（如虚线框中所示）。该电路是图4.11所示基本反激结构的扩展。耦合电感支持降压、升压或者降压-升压三个选择。该电路可以运行在3.5V的电池供电系统中，而其输入为35V。

图4.41显示了该电路运行时的波形。在V_{SW}引脚（线迹A）“开通”期间，电流注过初级绕组（线迹B）。次级中没有电流，因为钳位二极管VD1反偏。能量因而存储在磁场中。当开关“关断”时，VD1正偏，能量将传输到次级绕组。线迹C是次级绕组的电压，线迹D是流过它的电流。由于该变压器不是理想变压器，所以初级绕组中的能量未能全部耦合到次级绕组中。初级绕组中残留的能量将在V_{SW}（线迹E）引起过压尖峰。该现象可以用一个漏电电感项来建模，该电感与初级绕组串联。当开关“关断”时，电流持续流过电感，使得防缓冲二极管导通（线迹F）。当电感的能量耗尽时，缓冲二极管的电流也将降为零。缓冲网络可以钳位尖峰电压。当缓冲二极管中的电流变为零时，V_{SW}引脚上的电压稳定，稳定值与线匝比、输出电压以及输入电压相关[④]。

④ 应用指南19的“LT1070设计手册”的第15页。

反馈引脚检测相对于地的电平，所以VT1到VT3提供了相对于-5V输出的电平偏移。VT1引入了-2mV/℃的温漂，不过可采用类似于图4.38所示的电路进行补偿。VT3的输出阻抗会降低线路稳定性。如果稳定性降低得太多，必须使用一个运放进行电平偏移（参见应用指南19的图29）。

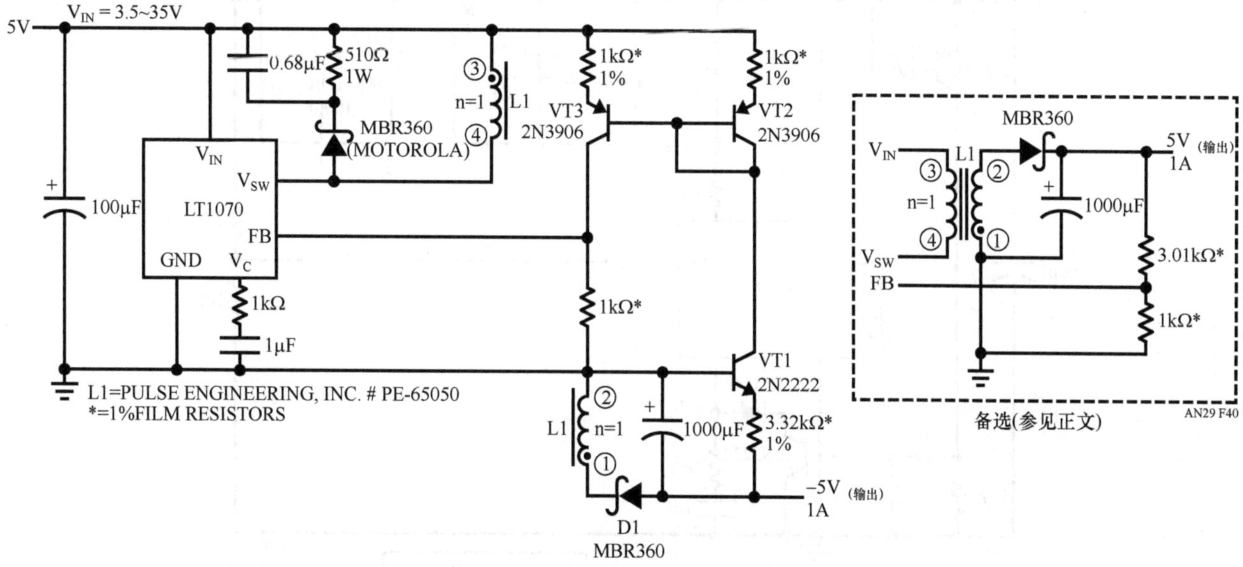

图4.40　宽输入量程正到负反激转换器

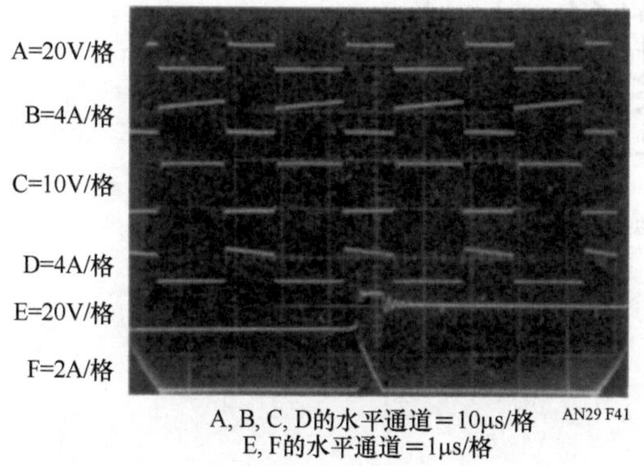

图4.41　宽输入量程正的-5V输出反激转换器波形

宽输入量程正降压转换器

图4.42是另一个正降压转换器的例子，比图4.32所示的同步开关降压转换器要简单一些，但效率也要低一些（参见图4.34）。如果将PMOS晶体管换成Darlington PNP晶体管（虚线框所示电路），效率将会更低。

图4.43(a)显示了该电路的波形。传输管(VT1)的驱动电路与图4.32所示的电路相同。在V_{SW}(线迹A)的开通时间内，传输管的栅极通过VD1拉低，从而强制VT1饱和。线迹B是VT1的漏极的电压，而线迹C是流过VT1的电流。电源电流流经电感（线迹D）后流入负载。在这段时间内，能量将存储在电感中。当电感上加载了电压后，电流并没有立即升高。磁场形成的时候，电流也将形成。这点能从电感的电流波形（线迹D）上反映出来。当V_{SW}引脚为“判断”时，VT2导通并将VT1关断。电流不再流过VT1，而是流过VD2(线迹E)。在这段时间内，存储在电感中的部分能量将传送到负载。只要电感中有能量，它就能一直产生电流。从图4.43(a)上可以看出这点。这就是所谓的连续工作模式。当电感完全放电之后，将不再产生电流（参见图4.43(b)）。此时，VT1和VD2全都不导通。电感可以看作短路，而钳位二极管VD2上的电压将稳定到输出电压。这些“boingies”可以从图4.43(b)的线迹B上观察得到。这就是所谓的不连续工作模式。更高的输入电压可以由栅-源之间的齐纳二极管VD2进行钳位处理。需要调整50Ω的值以调节400mW的齐纳电流。最大栅源电压为20V，而电路在35V_{IN}时也能工作。当输入超过35V时，必须考虑所有半导体器件的击穿电压。

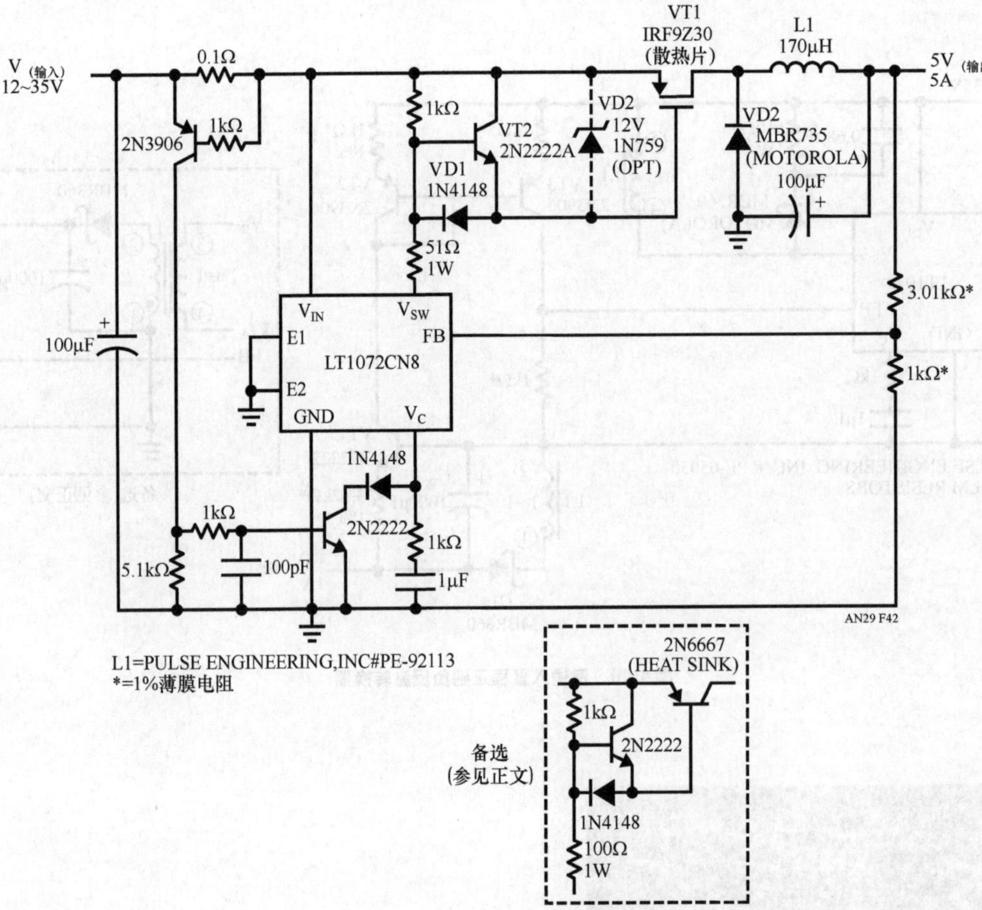

图4.42 正降压转换器

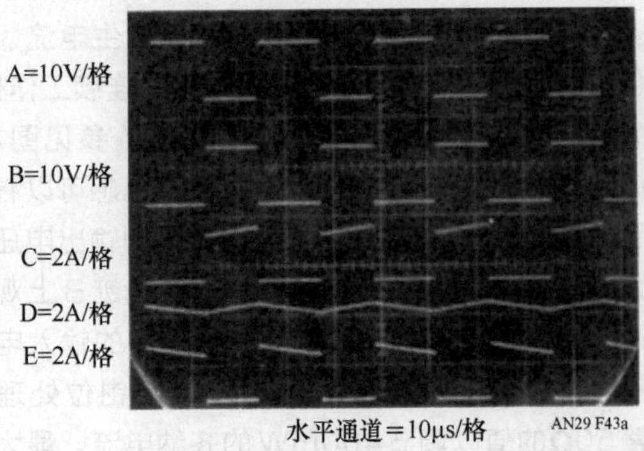

（a） 连续模式

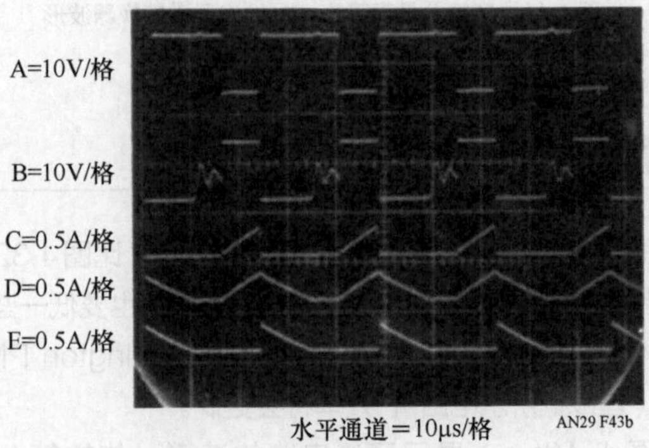

（b） 不连续模式

图4.43 宽输入量程正降压转换器的波形

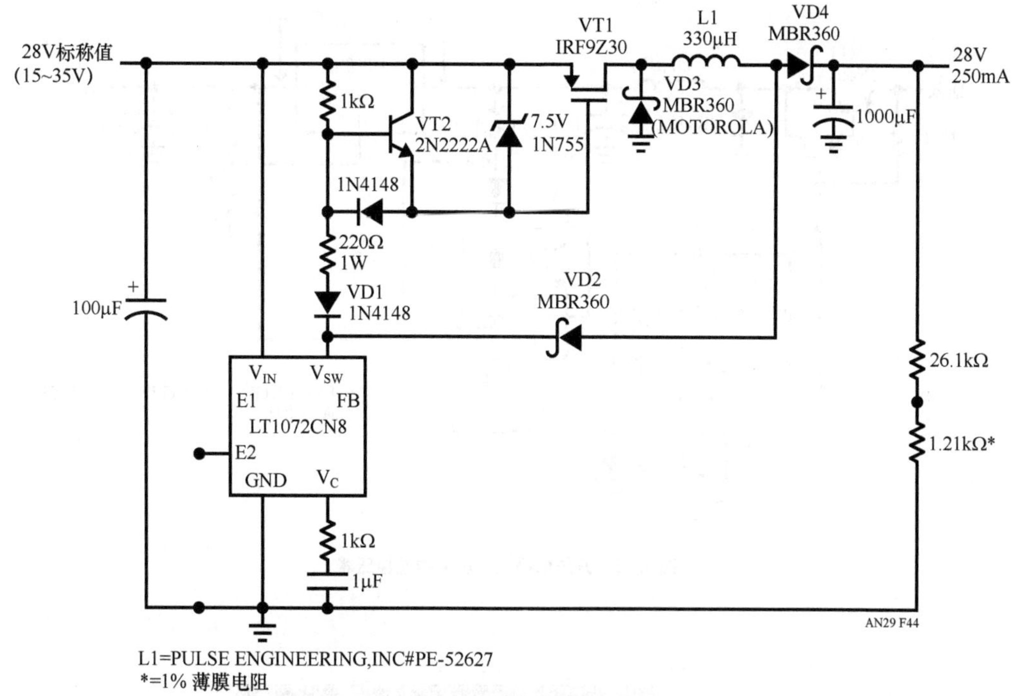

图4.44 正降压-升压转换器

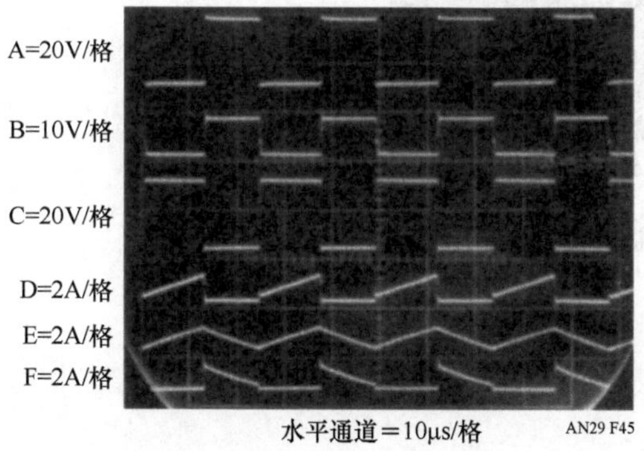

图4.45 正降压-升压转换器的波形

降压-升压转换器

当输入电压可能高于或低于输出电压时，需要使用降压-升压电路。图4.44给出一个例子，其中使用一个电感来实现降压-升压，而不是图4.40所示那样用的变压器（备选）。不过，输入电压的范围仅向下延伸了15V，可以达到35V。如果超过了LT1072的1.25A最大额定开关电流，可以用LT1071或LT1070替代。另外，在高功率应用中，还需要考虑封装的热力学特性。

该电路的工作原理与图4.42所示的正降压转换器相似。栅极对传输管的驱动基本相同，区别是栅-源电压被钳位了。要注意，栅-源电压的最大额定值为±20V。图4.45显示了该电路的工作波形。当V_{SW}引脚“导通”时（线迹A），传输管VT1达到饱和。栅极电压（线迹B）由齐纳二极管钳位。线迹C是VT1的漏极电压，而线迹D是流过VT1的电流。这些都是两个电路相同的地方。注意，电感上的电压被限制在地到二极管VD2上的电压降之间，而不是连接到输出（参见图4.42）。此时，电感上将施加输入电压，除非输入为V_{be}或者存在饱和损耗。VD4反偏并防止输入电容放电进入V_{SW}引脚。当V_{SW}引脚“关断”时，VT1和VT2将停止导通。由于电感中的电流（线迹E）是连续的，VD3和VD4正偏，电感中的能量将传输到负载。线迹F是流过VD3的电流。另外，当电路工作在降压模式时，VD2可以防止VT1始终导通。当电路工作在升压模式时，VD1将防止电流流入栅极驱动电路。

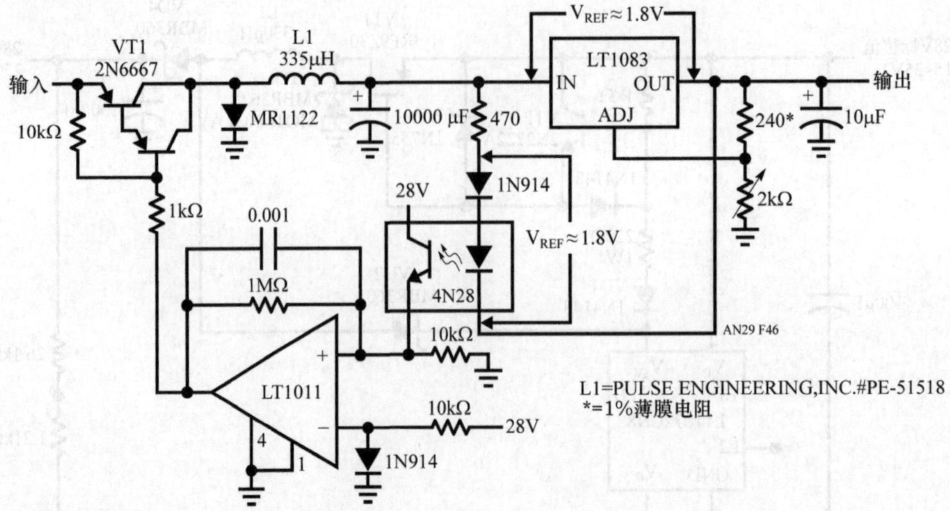

图4.46　开关预稳压高功率线性稳压器

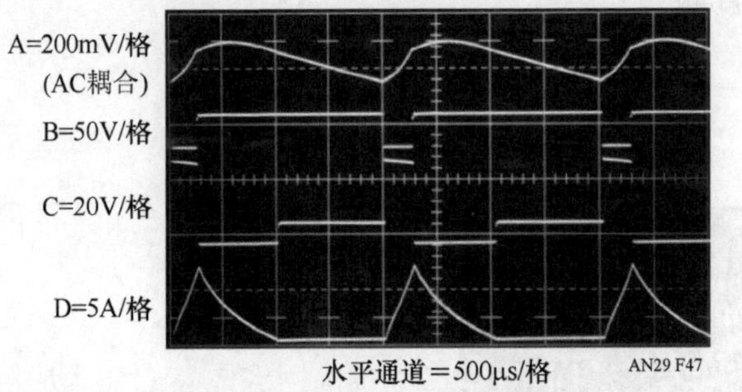

图4.47　开关预稳压线性稳压器波形

宽量程开关预稳压线性稳压器

从某种意义上来讲，线性稳压器可以看作是极宽量程DC/DC转换器。它们没有开关稳压器经常遇到的输入和输出可变量程的问题。过多的能量是以热的形式散发出去的。这种简洁单纯的能量管理机制是以效率和温度升高为代价的。图4.46给出了一个让线性稳压器在可变输入和输出情况下能更高效地控制功率的例子。

稳压器放置在一个开关模式的回路之中，以便伺服控制其上电压。这样，不论线路、负载或输出发生什么变化，只要开关模式控制回路能将稳压器上的电压控制在最小值，该稳压器就能正常工作。尽管该方案的效率没有经典开关稳压器高，但是它的噪声低，而且线性稳压器的瞬态响应快。LT1083以传统方式运行，产生的输出容量为7.5A。其他元件形成了开关模式的耗散限制回路，强制LT1083上的电压为V_{REF}的1.8V。光隔离器以传统的方式将差分检测的LT1083上的电压单端接地。当稳压器的输入（见图4.47中的线迹A）衰减到一定程度时，LT1011的输出（线迹B）将切换到低电平，开通VT1（VT1的集电极为线迹C）。这样，可以让电流（线迹D）从电路的输入端流入10000μF的电容，从而升高稳压器的输入电压。

当稳压器的输入电压上升到一定程度时，比较器变为高电平，VT1关断，电容也停止充电。MR1122对电流限制电感上的反激尖峰进行阻尼。0.001μF-1MΩ的组合使回路产生约100mV（峰峰值）的迟滞。这种自由运行的振荡器控制模式能大幅抑制稳压器的功率耗散，同时还能确保它的性能不受影响。这样，不论输入电压或稳压输出发生什么变化，不论负载发生什么偏移，该回路始终能保证稳压器最小的功率耗散。

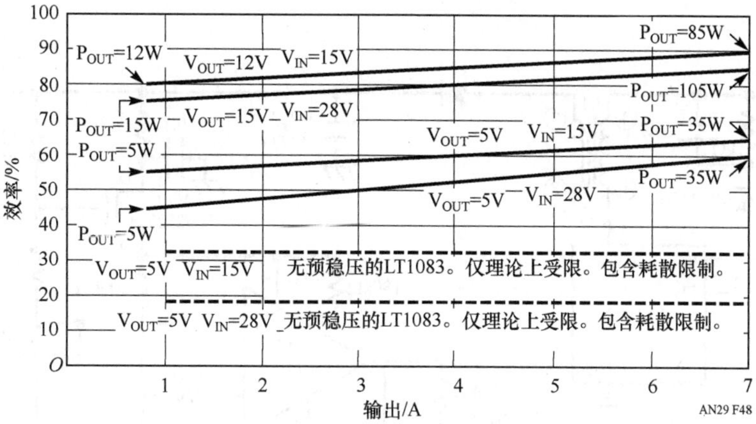

图4.48　不同工作点时图4.46所示电路的效率vs输出电流

图4.48绘出了对应各个工作点的效率曲线。结点损耗和保证LT1083的电压为1.8V的回路，相对于大的输出电压来说是比较小的，所以效率比较好。输出电压较低时效率则较差，但它优于无预稳压LT1083的理论数据。当耗散达到较高的理论值时，LT1083将关闭，以防止它的进一步实际运行。

高压转换器

1000V(输出）无隔离的高压转换器

光电倍增管、离子产生器、基于气体的检测仪、图像增强器以及其他应用都需要较高的电压。可以采用转换器为这些设备供电。通常，高压的主要限制是变压器会发生绝缘击穿。稳压器中几乎都需要使用变压器，因为电感可以限制半导体切换时产生的额外电压。图4.49所示电路与图4.11所示的基本反激电路相似，是一个15V到1000V$_{(输出)}$的转换器。LT1072将反激能量注入L1来控制输出，强制其反馈（FB）引脚电平到1.23V（内部参考电压）。本例中，V_C引脚电容产生过阻尼来进行回路补偿。L1的阻尼网络可以限制反激尖峰到V_{SW}引脚的75V额定值。

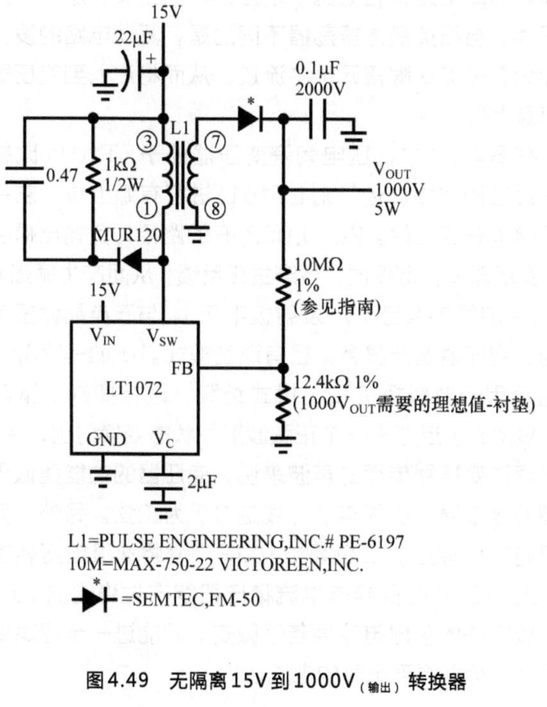

图4.49　无隔离15V到1000V$_{(输出)}$转换器

全悬浮1000V$_{(输出)}$转换器

图4.50所示电路与图4.49相似，但它支持全悬浮输出，可以使输出不用参考系统地，常用于处理噪声和偏置问题。基本回路的工作原理与之前的电路基本相同，区别在于LT1072的内部误差放大器和参考进行了电隔离。这些元件的电源由输出通过源极跟随器VT1以及它的2.2MΩ镇流电阻来开通。A1和LT1004属于微小功率元件，可以将VT1及其镇流电阻的功率耗散降到最低。VT1栅极的偏置，是从输出分压电阻串中进行抽头的，在其源极产生约15V的电压。A1将经比例减小的分压器输出与LT1004参考电压进行比较，输出为误差信号，驱动光耦合器。光电流保持在较低水平以减小功耗。光耦合器的输出将引脚的电压下拉，并使回路关断。在V_C引脚进行的频率补偿和A1能够稳定回路。

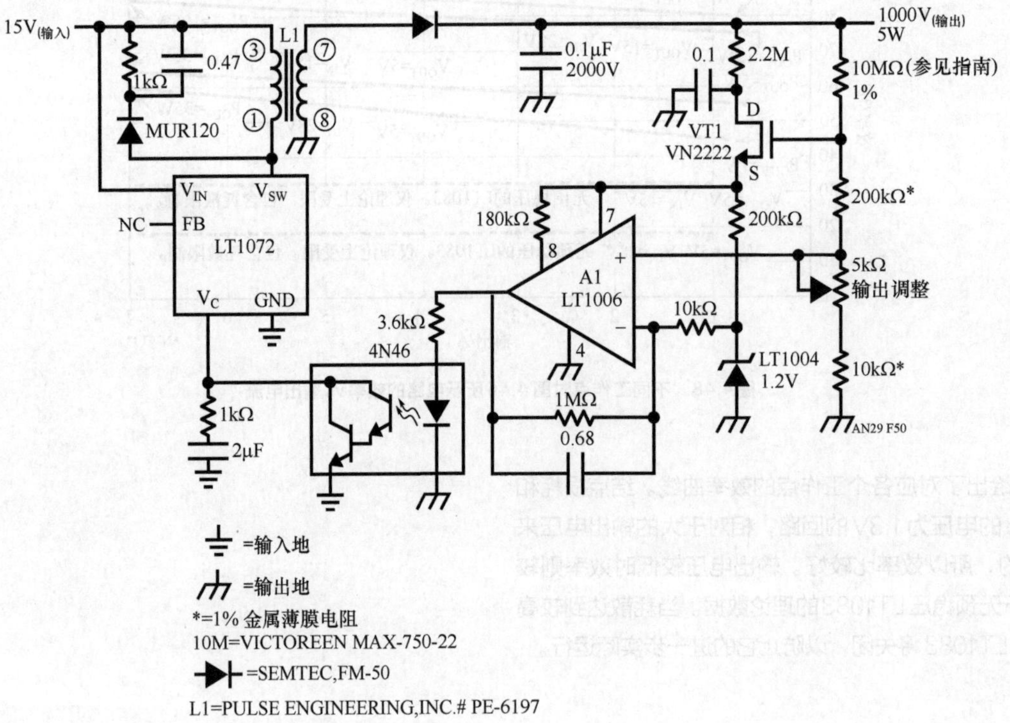

图4.50 输出隔离的15V到1000V转换器

电隔离的变压器次级和光反馈可以产生一个稳定、全电位隔离的悬浮输出。该电路可以支持2000V的共模电压。

20000V$_{CMV}$击穿转换器

图4.50所示电路的共模击穿限制来源于变压器和光耦合的限制。在较高的共模电压（例如，公共事业公司所采用变压器的绕组温度以及ESD敏感的应用）下隔离放大器和转换器的测量需要较高的击穿电压。另外，对悬浮电压的极精密测量，比如高阻桥的信号条件等，要求极低的到地泄漏电流。

要支持较高的共模电压且漏电要小，需要进行电路的全新设计。磁学是实现极大量电能隔离传输的唯一方法。而变压器运行时，也涉及声学领域。某些陶瓷材料可以实现电位隔离电能传输。传统的磁传输是以电—磁—电为基础利用磁场实现电隔离的。而声转换器是使用声学路径来进行隔离的。陶瓷的高击穿电压和低电导性优于磁场的隔离特性。另外，声转换器非常简单。一对引线连接到陶瓷材料上就构成陶瓷元件。绝缘阻值超过$10^{12}\Omega$，而初－次级电容为1～2pF。陶瓷材料及其物理结构决定了它的谐振频率。该元件可以看成一个高频振荡器，与石英晶体振荡器相同。这样，驱动电路将启动宽带增益元件的正反馈路径上的陶瓷元件。与石英晶体振荡器不同的是，驱动电路的设计可以让大量电流从陶瓷元件中流过，从而将注入到变压器的功率最大化。

在图4.51中，压电陶瓷变压器处于LT1011比较器的正反馈回路中。VT1对LT1011进行有源上拉，它是一个集电极开路元件。2μ-0.002μF的路径为负输出提供偏置。变压器发生谐振时，将产生正反馈，从而产生振荡（图4.52中的线迹A是VT1发射极电压）。与石英晶体振荡器相同，变压器谐波显著，且有泛音模式。100Ω-470pF阻尼网络用于对假振荡和“模式跳跃”进行抑制。驱动电流（线迹B）近似于一个正弦波形，状态变换时出现尖峰。对于通过变压器传播的声波来说，变压器的功能类似于一个谐振滤波器。次级电压（线迹C）为正弦。另外，变压器具有电压增益。二极管和10μF电容将次级电压转换为DC。LT1020的低静态电流稳压器能产生稳定的10V输出。该电路的输出电流为若干微安。若能进一步提高变压器设计，可以得到更高的电流。

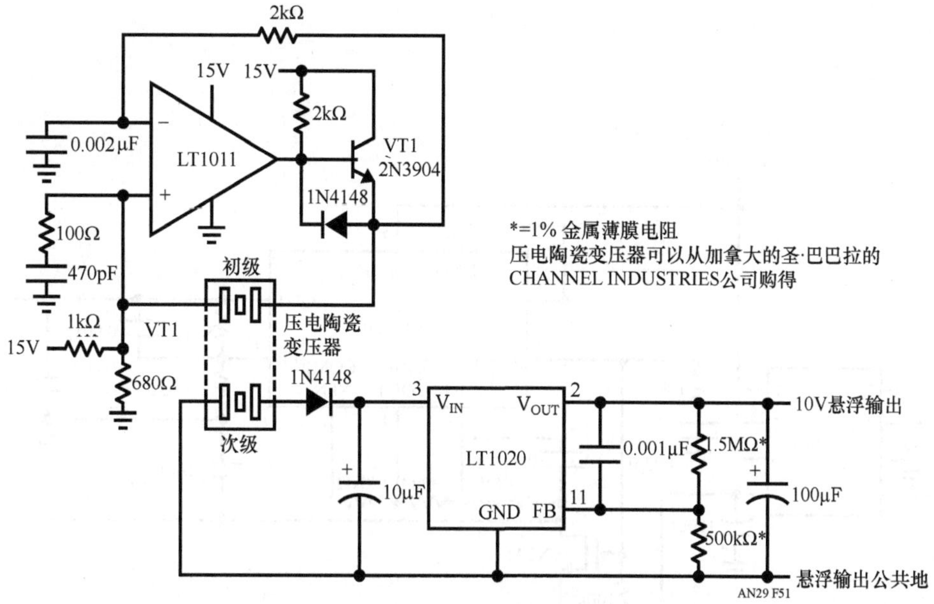

图4.51 具有20000V隔离的15V到10V转换器

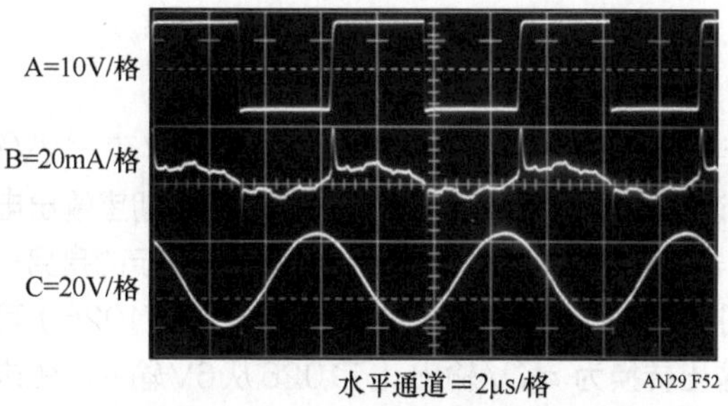

图4.52 20000V隔离转换器的波形

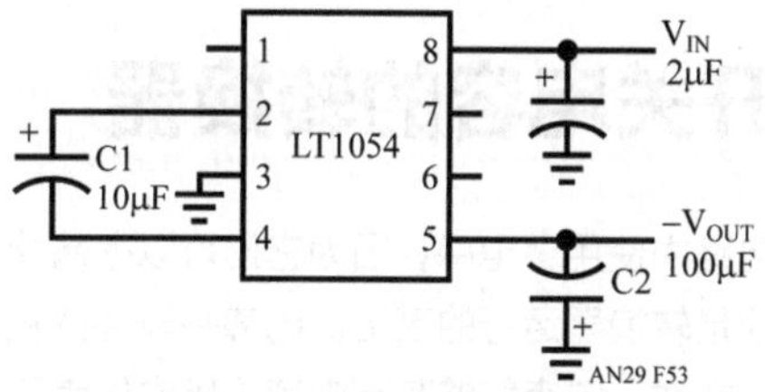

图4.53 基本开关电容转换器

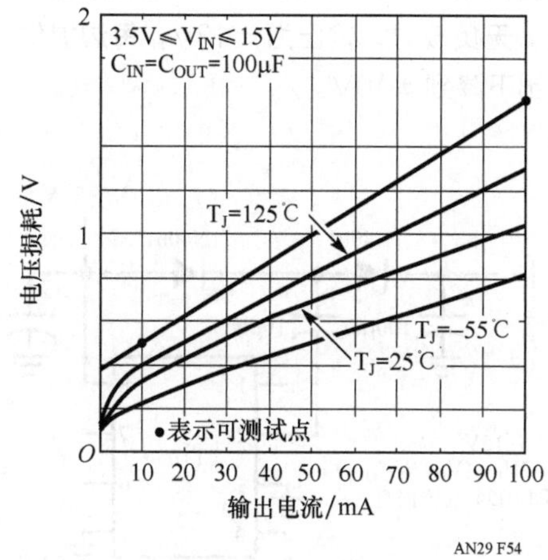

图4.54 基本开关电容转换器的损耗

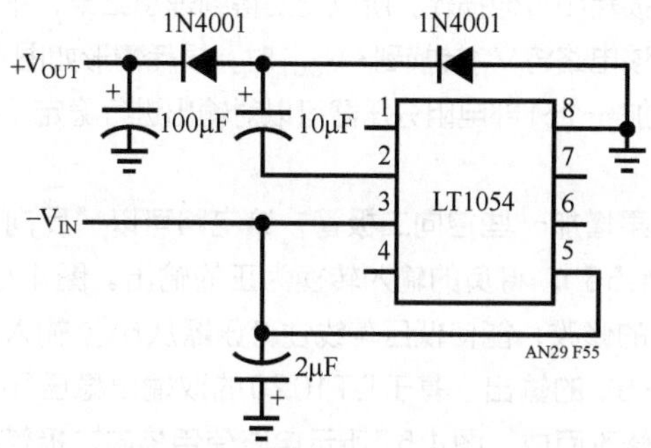

图4.55 开关电容 $-V_{IN}$ 到 $+V_{OUT}$ 转换器

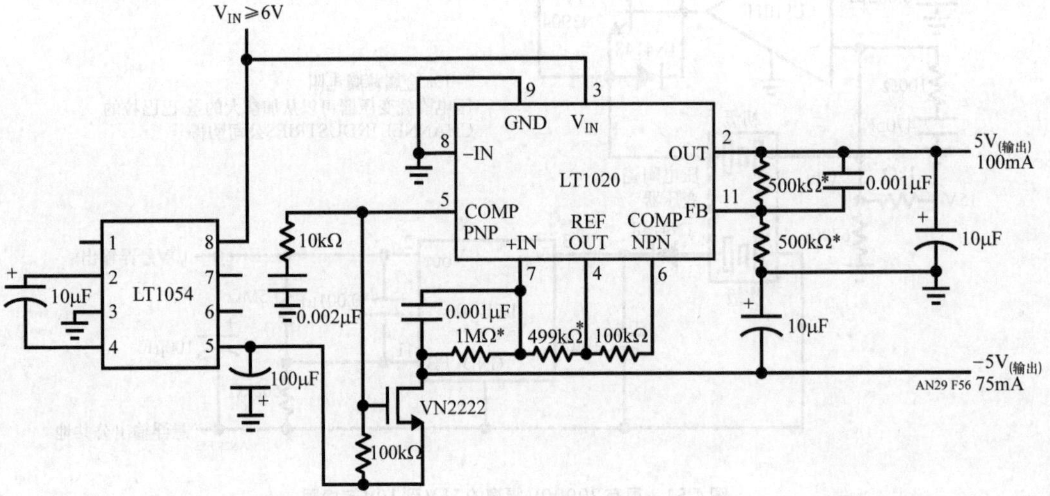

图4.56 大电流开关电容6V到±5V转换器

基于开关电容的转换器

转换电路中使用了电感，因为它们可以存储能量。存储能量的释放是转换器运行的基础。电感并非存储和有效释放能量的唯一方法。电容能够存储电荷（用电量表示），所以，也可用作DC/DC转换的基础元件。图4.53所示电路说明了一个基于开关电容的转换器可以很简单（附录B的“开关电容电压转换器——工作原理”里给出了基于开关电容转换器的基本原理）。LT1054提供了时钟对C1驱动充电。第二个时钟周期C1放电进入C2。内部状态切换的设计能让C1在放电期间“快速翻转”，从而在C2上产生负输出。持续时钟驱动将C2充电到使其电压与C1电压的绝对值相同。由于存在结点损耗和其他损耗，所以无法得到理想结果，不过性能良好。该电路将V_{IN}转换到$-V_{OUT}$时，损耗情形如图4.54所示。增加一个外部电阻分压器可以对输出进行稳定（参见附录B）。

如果增加一些控向二极管，该电路可以“反向”运行（见图4.55），将负的输入转换为正的输出。图4.56所示电路上的修改，能使低压差线性稳压器从6V_{IN}输入转换到5V和-5V的输出。基于LT1020的双输出稳压器是根据图4.8修改而成。图4.57所示电路使用控向二极管进行升压，输出约为2V_{IN}。启动图4.54所示的基本电路，实际上相当于图4.58，它将5V输入转换到12V和-12V输出。虽然说25mA的电流仍然够用，但仍可能期望输出电流的容量与电压增益之间进行折中。图4.59所示的是另一个升压转换器，使用了图4.58的专用版本（LT1026）可以将6V输出转换为±7V输出。LT1026从6V输入产生未稳定过的±11V轨道电压，而LT1020以及其他相关元件（这些也是根据图4.8进行的设计）对之进行稳定。电流和升压容量要比图4.58所示电路要低一些，但它具有更好的稳压特性和简洁性。图4.60所示电路将LT1054的时钟驱动的开关电容充电与经典二极管电压倍增相结合，产生正和负的输出。无负载时，输出为±13V，每边提供10mA电流时，输出下降到±10V。

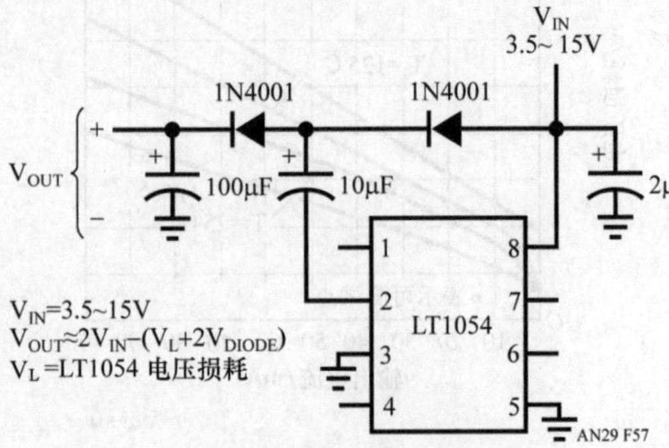

图4.57 升压开关电容转换器

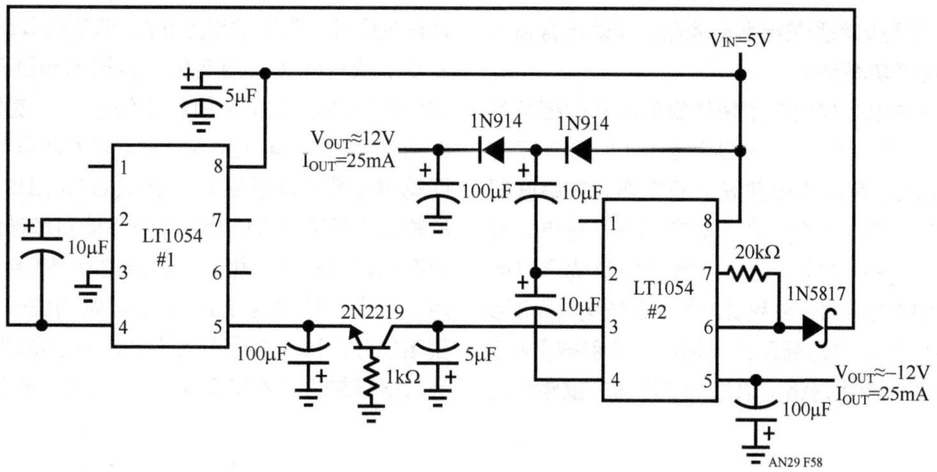

图4.58 开关电容5V到±12V转换器

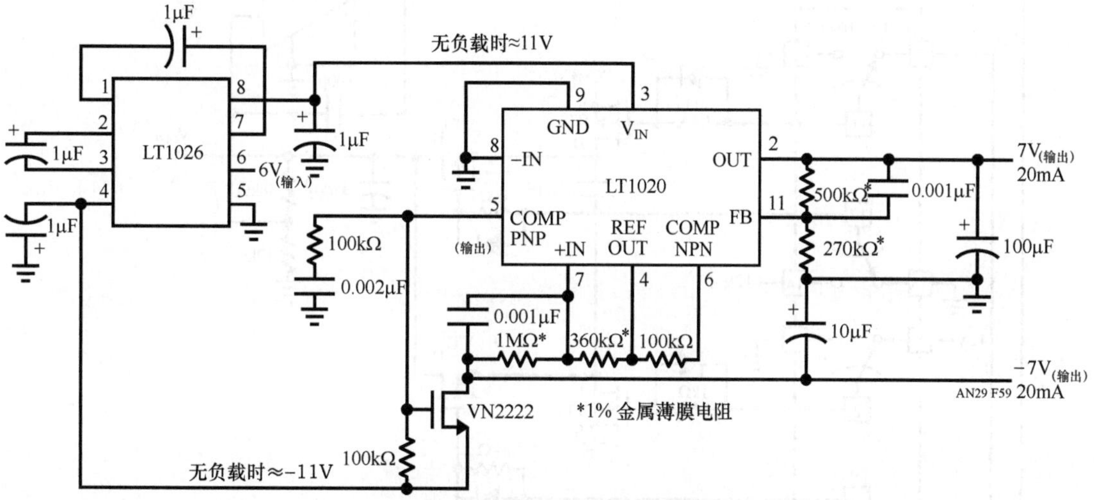

图4.59 基于开关电容的6V到±7V转换器

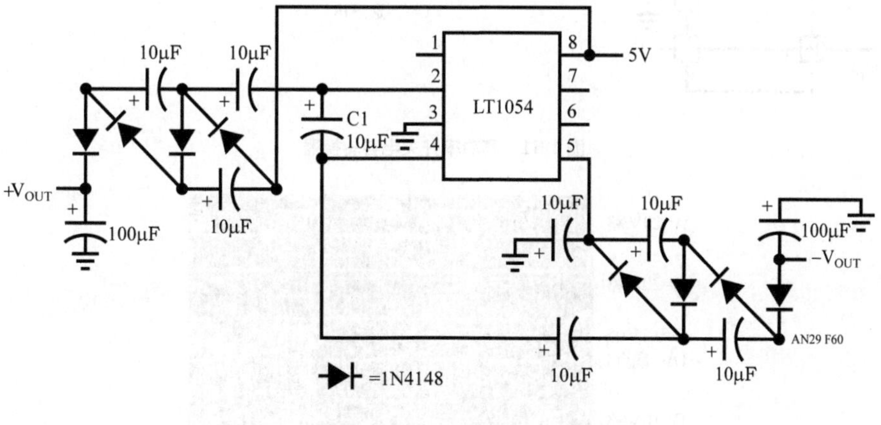

图4.60 基于开关电容充电泵的电压倍增器

高功率开关电容转换器

图4.61给出了高功率开关电容转换器，其输出容量为1A。离散设备支持高功率操作。

LTC1043开关电容构成的模块能提供的补偿相互不重叠，可以驱动VT1-VT4功率MOSFET。MOSFET的设计可以使C1和C2在串联和并联之间变换。在串联期间，12V的供电电流流过两个电容，对它们进行充电，并提供负载电流。在并联期间，两个电容都向负载提供电流。图4.62中的线迹A和B分别是LTC1043对VT3和VT4的驱动。VT1和VT2的驱动方式相似，分别被引脚3和11驱动。二极管-电阻网络可以进一步增强非重叠驱动特性，避免串联-并联两阶段的转换开关被同时驱动。通常情况下，输出是供电电压的一半，但C1以及其关联元件形成闭环，强制输出为5V。电路在串联期间，输出（线迹C）快速向正方向变化。当输出超过5V时，C1启动，强制LTC1043振荡引脚（线迹D）变高。这样截短了LTC1043的三角波振荡周期。电路将强制进入并行阶段，而输出缓慢下降直到下一个LTC1043时钟周期开始。C1的输出二极管可以防止三角波下降斜率被影响，而100pF电容将加速状态变化。回路通过反馈控制串联阶段的关断点，可以将输出稳定到5V。电路构成一个大规模开关电容电压分压器，该分压器不允许一个全周期。较大的瞬态电流很容易由功率MOSFET来实现，整体效率为83%。

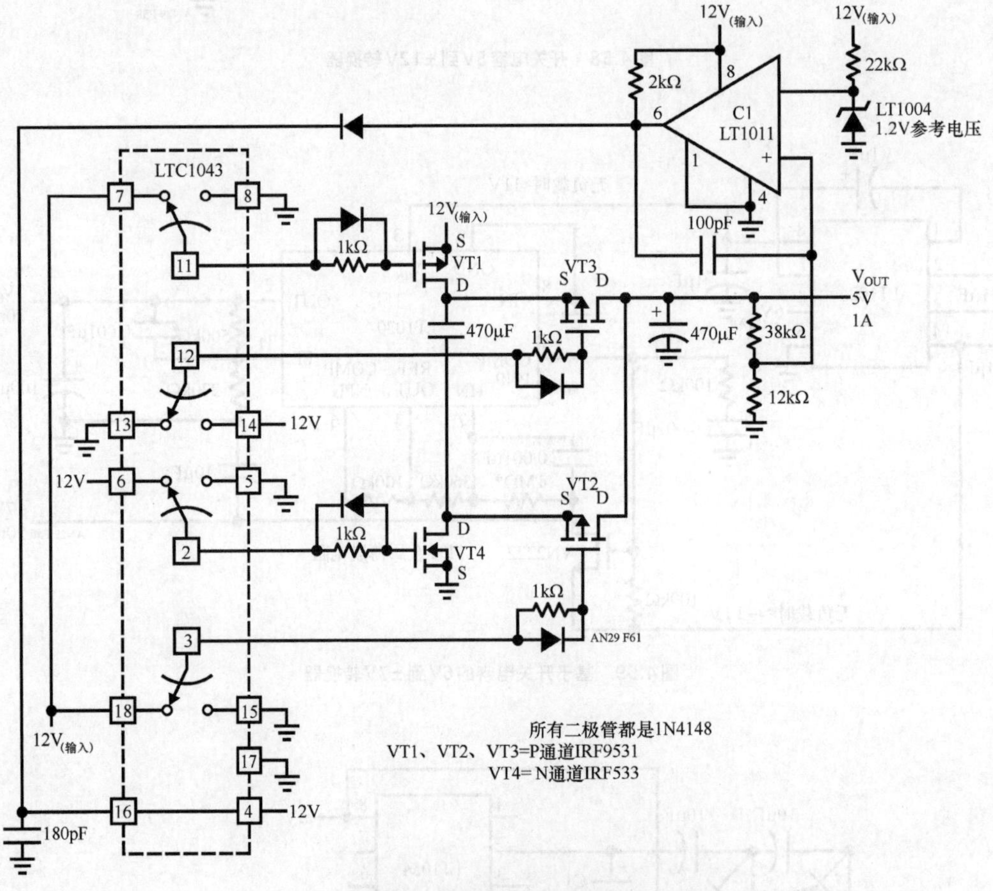

图4.61 高功率开关电容转换器

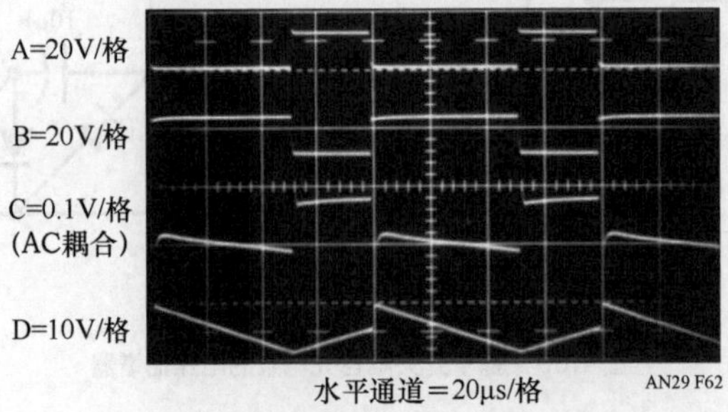

图4.62 图4.61所示电路的波形

参考文献

1. Williams, J., "Conversion Techniques Adopt Voltages to your Needs," EDN, November 10, 1982, p. 155
2. Williams, J., "Design DC/DC Converters to Catch Noise at the Source," Electronic Design, October 15, 1981, p. 229
3. Nelson, C., "LT1070 Design Manual," Linear Technology Corporation, Application Note 19
4. Williams, J., "Switching Regulators for Poets," Linear Technology Corporation, Application Note 25
5. Williams, J., "Power Conditioning Techniques for Batteries," Linear Technology Corporation, Application Note 8
6. Tektronix, Inc., CRT Circuit, Type 453 Operating Manual, p. 3-16
7. Pressman, A. I., "Switching and Linear Power Supply, Power Converter Design," Hayden Book Co., Hasbrouck Heights, New Jersey, 1977, ISBN 0-8104-5847-0
8. Chryssis, G., "High Frequency Switching Power Supplies, Theory and Design," McGraw Hill, New York, 1984, ISBN 0-07-010949-4
9. Sheehan, D., "Determine Noise of DC/DC Converters," Electronic Design, September 27, 1973
10. Bright, Pittman, and Royer, "Transistors as On-Off Switches in Saturable Core Circuits," Electronic Manufacturing, October, 1954

附录A 5V到±15V转换器——特例分析

自从开始使用DTL逻辑，5V逻辑供电成为近20年来的标准。在此之前以及DTL的初期，组件放大器的供电标准是±15V电源轨。所以，早期流行的单片式放大器仍采用±15V的供电轨（有关放大器供电电源的历史回顾，请参阅AN11的附加章节“线性电源供电——过去、现在和未来”）。5V电源为数字IC提供了处理、速度和布线密度等优势。而±15V的供电轨为模拟元件提供了宽范围的信号处理能力。这些完全不同的需求决定了数模混合电路系统的5V和±15V的电源供电要求。在使用了大量模拟元件并用±15V供电的系统中，以往都用AC线路来导出±15V电源。而在数字主导的电路中无疑最不期望出现±15V电源。这些不便利性、困难性以及将模拟供电轨在大量数字系统中的分布性，使数模混合设计趋向于从本地生成±15V电源。5V到±15V的DC/DC转换器就是为了满足这种要求而开发的，而且始终伴随着数字电路的5V电源。

图A1显示了这种转换器的基本原理图。由晶体管、变压器和偏置网络构成的自振荡电路由5V电源供电。晶体管异相导通，在每次变压器饱和[⑤]的时候进行状态切换（在图A2中，线迹A和C是VT1集电极和基极的波形，而线迹B和D是VT2集电极和基极的波形）。

变压器饱和时，将产生快速上升的电流并流过晶体管（线迹E）。这样的电流尖峰传输到基极驱动绕组时，将切换晶体管状态。随后，变压器电流陡降，然后缓慢上升直到再次饱和并让晶体管切换状态。这样的运行方式使晶体管的占空比为50%。变压器次级经整流、滤波和稳压后输出。

⑤ 该类转换器最初由Royer等人进行了详细讨论。参见参考文献。

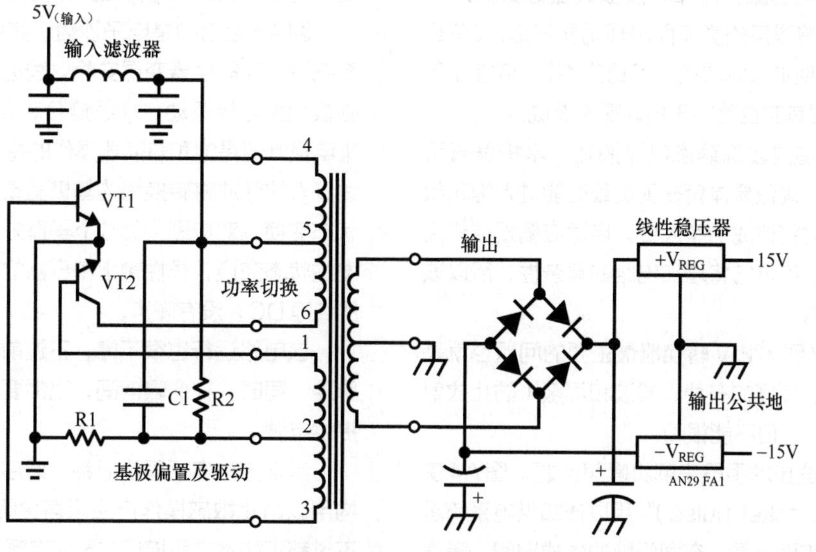

图A1 5V到±15V转换器的典型电路原理图

该电路结构具有很多期望的特性。互补的高频（一般为20kHz）方波驱动可以提高变压器的使用效率，允许使用较小的滤波电容。过负载时，自振的主要驱动可能会崩溃，从而产生期望的短路特性。晶体管在饱和状态进行切换，能提高效率。这种硬开关切换以及变压器饱和设计也有一个缺点。在饱和期间将生成一个明显的高频电流尖峰（线迹E），该尖峰将在转换器的输出端产生噪声（线迹F为AC耦合的15V输出）。另外，它将5V电源的电流也拉升了很多。转换器的输出滤波能部分消除瞬态的响应，但是5V电源通常噪声较大，所以有所扰动也是可以接受的。输出端的尖峰电压通常可高达20mV，是较为严重的问题。图A3对图A2中线迹B、E和F在时间和幅度上进行了放大。这样可以清晰地看出变压器电流（见图A3中的线迹B）、晶体管集电极电压（图A3线迹A）与输出尖峰（图A3中的线迹C）之间的关系。当变压器电流上升时，晶体管则开始脱离饱和状态。当电流上升到一定程度时，电路切换状态，从而产生了噪声尖峰。如果其他晶体管也同时切换，这种情况会加剧，造成变压器两端的电流同时流向地。

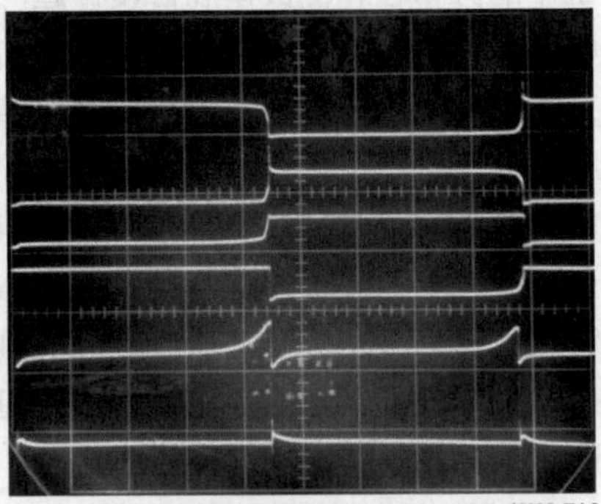

图A2　典型5V到±15V饱和转换器波形

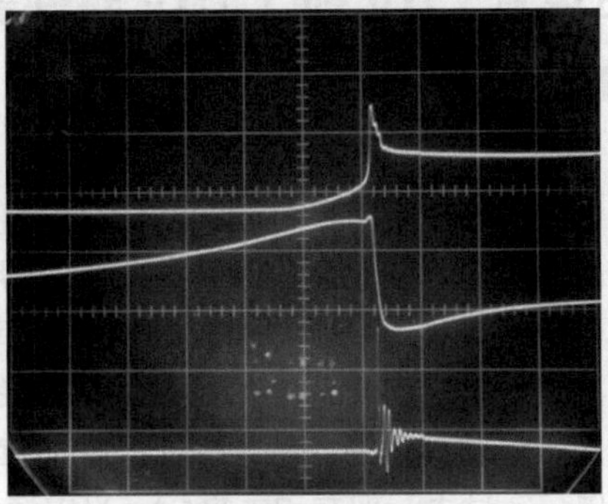

图A3　饱和转换器的切换详情

选择合适的晶体管、输出滤波器并采用其他技术可以削减尖峰幅度，但是转换器固有的运行方式本身就会产生噪声输出。

转换器的噪声使精密模拟系统面临困境。IC电源供电对尖峰的高次谐波不太排斥，但常常会造成模拟电路的错误。12位AD转换器就是一个用来考察尖峰噪声影响的较好例子。诸如开关电容滤波器和斩波放大器等数据采样IC等都容易受到尖峰噪声的影响而出现明显差错。“单纯的”DC电路也会出现难以解决的“不稳定性”，直接原因虽然是DC偏移，但其实也是由于尖峰噪声造成的。

驱动电路也会造成较高静态电流消耗。基极偏置可提供最大驱动能力，确保晶体管在重负载时能进入饱和状态，不过在轻负载时将造成功率浪费。自适应偏置结构倒是可以解决该问题，不过它将增加电路的复杂性，所以该类电路中一般不采用。

不过，这类5V到±15V转换器最主要的问题也就是噪声。严谨的设计、良好的布局、滤波和屏蔽（防止放射噪声）可以降低噪声，但不能根除。

还可以采用一些技术手段来解决噪声问题。图A4使用了“闸门脉冲（bracket pulse）”用以通知供电系统噪声脉冲的产生。从表面上看，在闸门脉冲生成期间，噪声敏感的操作没有发生。闸门脉冲（图A5的线迹A）驱动了一个延迟的脉冲生成器，可以触发（线迹B）触发器。触发器输出为开关晶体管（线迹C是VT1的集电极）提供偏置。输出噪声尖峰（线迹D）将在闸门脉冲期间产生。用时钟来驱动电路也可以防止变压器饱和，可以进一步降低噪声。这样的电路结构运行良好，前提是供电系统能够支持间隔周期，以免关键操作的发生。

图A6给出的是电子沙盘。其中，当要求低噪时，主系统需要让转换器变得安静。线迹B和C为某一晶体管的基极和集电极驱动，而线迹D和E则为另一元件的驱动。集电极峰值是饱和转换器操作的特征。输出噪声为线迹F。线迹A的脉冲将转换器的基极驱动拒之门外，使其不发生状态变换，对应图中第6个垂直分格之后不远处。如果不发生状态变换，线性输出稳压器的输入就是滤波器电容上的纯净DC，没有噪声。

该电路运行也很不错，不过前提是系统能够产生控制脉冲。同时，在低噪期间，也需要较大的滤波电容为输出提供电源。

其他方法包括同步时钟、时序偏移以及其他的电路结构用以防止敏感操作产生噪声尖峰。虽然各有可取之处，不过都不如本文所描述的无固有噪声转换器的灵活好。

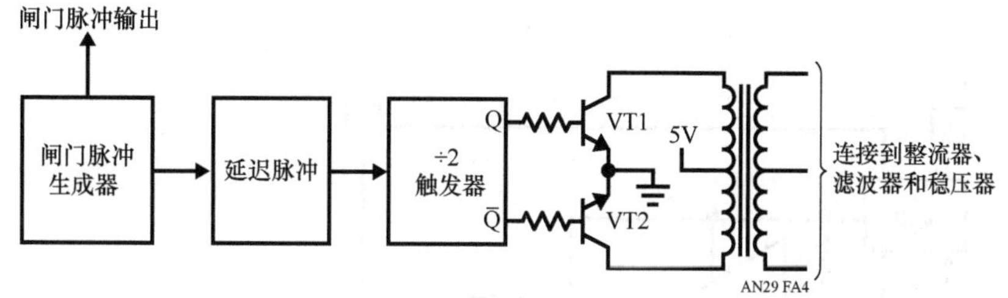

图A4　闸门生成器在噪声尖峰周围生成了“闸门脉冲”

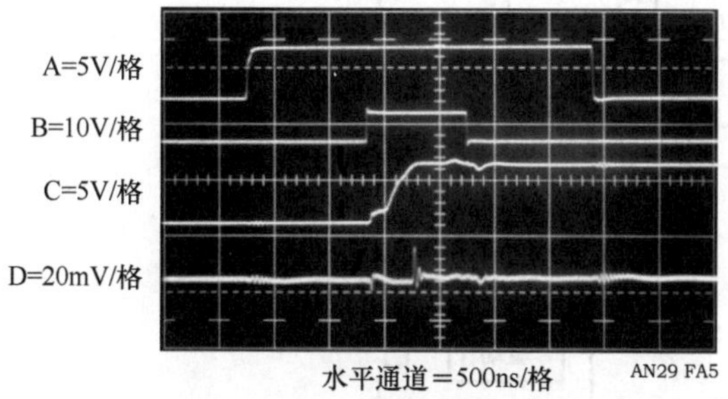

图A5　基于闸门脉冲转换器的波形

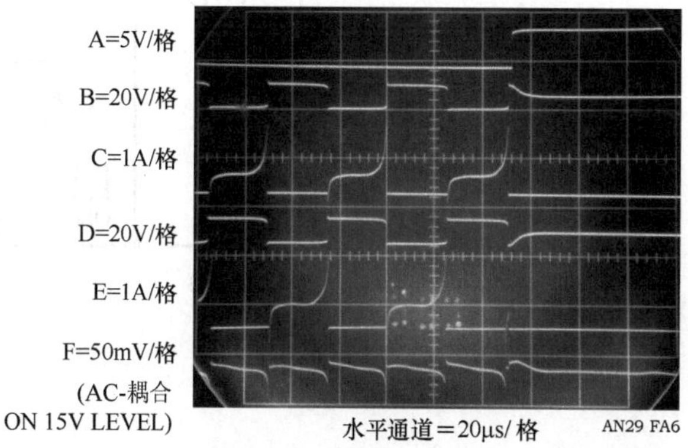

图A6　闸门转换器的详细波形

附录B　开关电容电压转换器——工作原理

为了理解开关电容转换器的原理，有必要回顾一下基本的开关电容结构。

在图B1中，当开关居左时，电容C1将充电至电压V1。C1上的总电量为Q1=C1V1。随后开关将移到右边，C1放电至电压V2。在放电期间，C1上的电量为Q2 = C1V2。很明显，电荷从电源V1传输到了输出V2。传输的总电量为

$$Q = Q1-Q2 = C1(V1-V2)$$

如果开关每秒重复f次，则单位时间内传输的电荷(即电流)为

$$I = f \cdot Q = f \cdot C1(V1-V2)$$

为了求取该开关电容网络的等效电阻，上式可以重写成电压与等效阻抗的关系

$$I = \frac{V1-V2}{\frac{1}{fC1}} = \frac{V1-V2}{R_{EQUIV}}$$

新变量R_{EQUIV}定义为R_{EQUIV}=1/fC1。这样，可以得到开关电容网络的等效电路，如图B2所示。LT1054和其他开关电容转换器具有与此类似的特征。虽然这个简化电路没有包含开关合上时的有限电阻以及输出电压纹波，但是它能够帮助我们直观地理解电路的工作原理。

这些简化的电路说明电压损耗是频率的函数。当频率下降时，输出阻抗将取决于1/fC1，电压损耗因此将增加。

要注意，当频率上升时，电压损耗也会增加。这是由于内部状态切换损耗造成的，其主要原因是在每个状态周期内有些电荷消失了。单位周期内损失的电荷，乘以状态切换频率，可以得到电流损耗。频率很高时，电流损耗将会很大，从而导致电压损耗的增加。

实际转换器中的振荡器设计，是让其运行在电压损耗最小的频带内。图B3显示了LT1054开关电容转换器的结构。

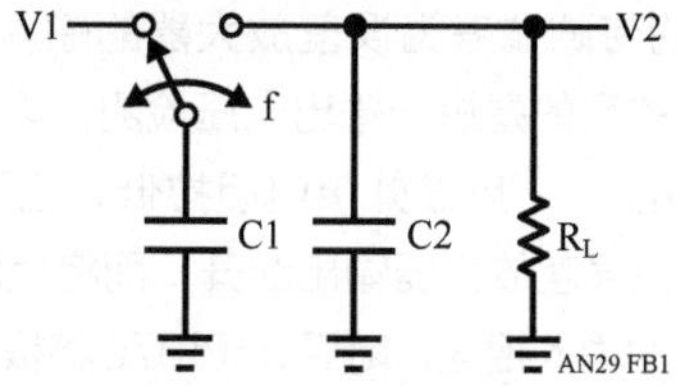

图B1　开关电容结构

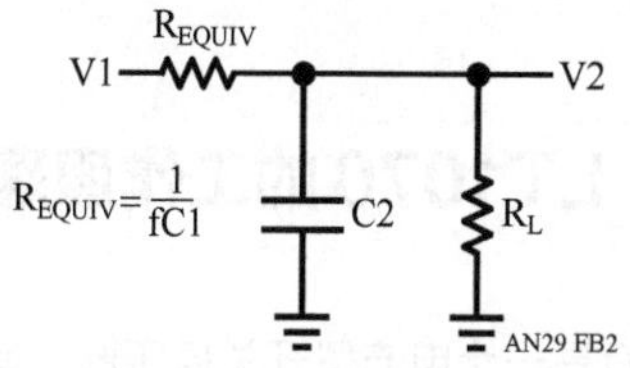

图B2　开关电容等效电路

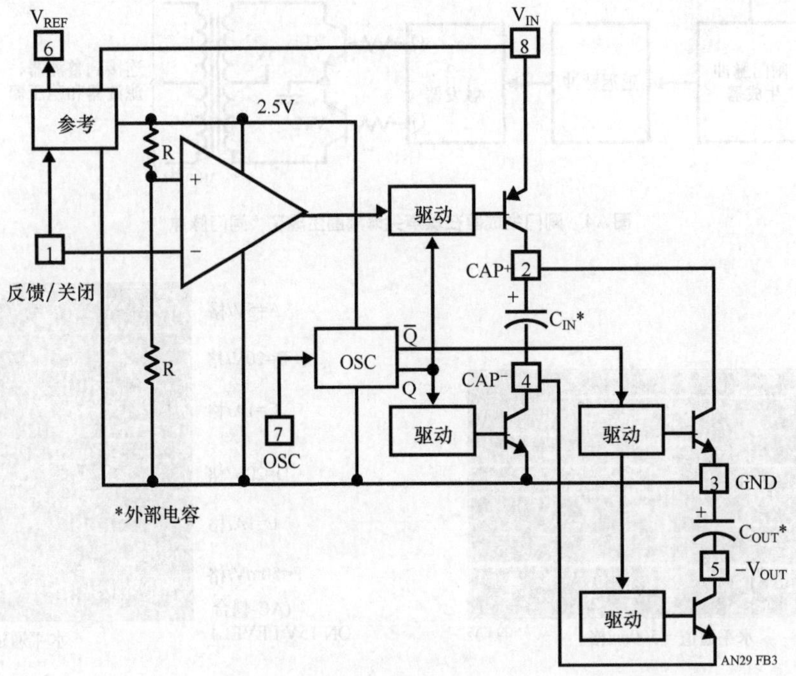

图B3 LT1054开关电容转换器结构图

LT1054是一款单片式、双极、开关电容电压转换器和稳压器。它提供的输出电流高于此前市面上的转换器，而电压损耗要低得多。它主要采用了一种自适应开关驱动方案，可以在很宽的输出电流范围内优化转换效率。100mA输出电流条件下，它的总电压损耗通常为1.1V，而且能在3.5~15V的整个电压范围内都能保持这种损耗。静态电流一般为2.5μA。

LT1054还提供了稳压功能，这是以往的开关电容电压转换器所不具备的。它在外部增加了一个阻性分压器，所以能够获得一个稳定的输出。根据输入电压和输出电流中的变化能对该输出进行相应的调整。另外，也可以通过将反馈引脚接地来关断LT1054。停机模式中的电源电流小于100μA。

LT1054的内部振荡器在一个25kHz的标称频率上运行。振荡器引脚用于调整开关频率或在外部对LT1054进行同步处理。

附录C LT1070的工作原理

LT1070是一个电流型开关稳压器，其占空比由流过开关的电流直接控制，而不是输出电压。在图C1中，开关在每个振荡周期开始时就导通，当流过开关的电流达到设定值时开关断开。输出电压的控制是用电压检测误差放大器的输出来设置电流跳闸水平。该技术具有若干优点。首先，当输入电压发生扰动时，能够快速响应，而其他普通开关稳压器的线路瞬态响应则较差。第二，中频时它抑制了储能电感中90° 相移。在输入电压或输出负载条件发生极大变化时，该特性能极大地简化闭环频率补偿。最后，在输出过载或短路的情况下，它允许使用脉冲式电流限制来提供最大开关保护。内部低压差稳压器为LT1070之内的所有电路提供了2.3V的供电电源。该低压差设计允许输入电压在3~60V之间变动，而且不影响稳压性能。40kHz的振荡器为其内部电路提供基本时序。它通过逻辑和驱动电路来开通输出开关。它采用的专用自适应防饱和电路能够检测到功率开关饱和的开始，随后立即调整驱动电流防止开关饱和。这样可以实现驱动功率耗散的最小化，可以快速关闭开关。

1.2V的带隙参考为误差放大器的输入提供了正偏。设置负输入的目的是进行输出电压检测。该反馈引脚还有另外一个功能：一旦被外接电阻拉低，它可以编程控制LT1070与主误差放大器输出断开，而将反激放大器的输出与比较器的输入相连。随后，LT1070将根据供电电压稳定反激脉冲的值。该反激脉冲与传统变压器耦合的反激型稳压器的输出电压成正比。稳定了反激脉冲的幅度之后，输入和输出之间无直接连接也可稳定输出电压。输入则完全悬浮在变压器绕组的击穿电压之上。如果增加多个绕组，则很容易实现多个悬浮输出。LT1070内部专设的延迟网络，可以忽略反激脉冲上升沿的电感漏电尖峰，以提高输出的稳定性。

比较器输入端生成的误差信号被引到了外部。该引脚（V_C）具有四个不同的功能。它可以用来频率补偿、调整电流门限、软启动，以及关闭稳定器。在稳压器正常运行时，该引脚的电压在0.9V(低输出电流)到2.0V(高输出电流)之间。误差放大器属于电流输出（g_m）类型，所以该电压可以在外部钳位以调整电流门限。同样，电容耦合的外部钳位可以支持软启动。如果V_C引脚被二极管拉低到地电平，切换占空比将变为零，从而可以使LT1070处理空闲模式。将V_C引脚下拉到0.15V以下，可以使稳压器进入关机模式，此时关断电路的偏置仅有50μA的供电电流。关于LT1070更详细内容，请参阅“线性技术应用指南19”第4~8页。

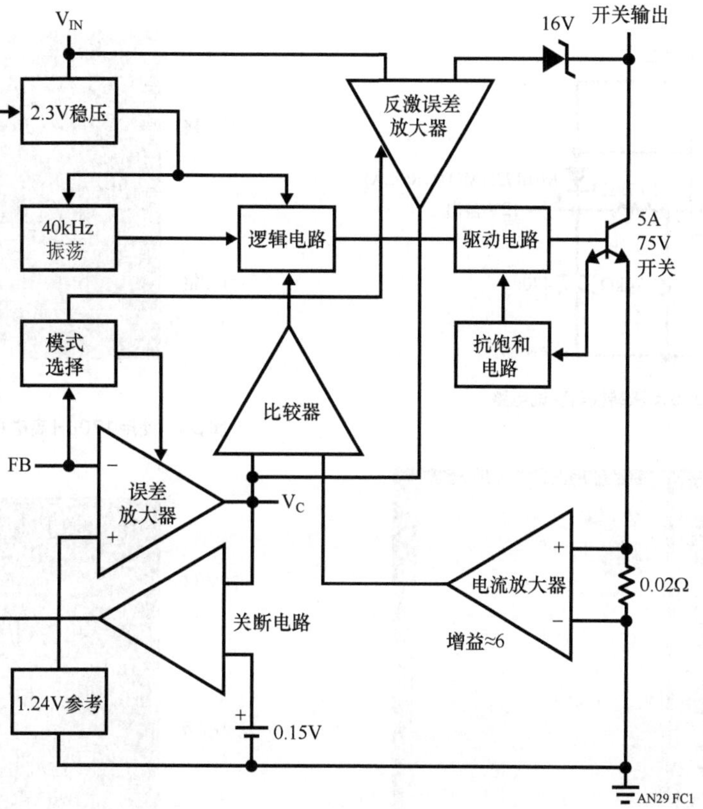

图C1 LT1070内部结构

附录D 反激转换器的电感选择

DC/DC转换器设计中常见的问题是电感的选择，其中更主要的问题是饱和问题。当电感不能容纳更多的磁能量的时候，它就达到了饱和状态。当电感饱和时，它将体现更多的阻性和较少的感性。此时，电流受限于电感中的直流铜热电阻以及电源容量。这也是饱和经常导致毁灭性错误的原因。

电感的饱和是需要关注的主要问题，同时其成本、发热、尺寸、可用性以及预期性能也是需要考虑的问题。解决这些问题需要用到电磁理论，不过可能艰涩难懂，尤其是对那些非专业人员来说更是如此。

事实上，解决电感选择问题的较好方法是使用经验方法。经验方法一般是使用一面包板，在实际电路运行条件下进行实时分析。如果需要，可以用电感设计理论对实验结果进行验证。

图D1给出了一个典型的反激型转换器，其中使用了LT1070开关稳压器。此时，可以用一个简单的方法来选择合适的电感。最有用的工具是#845电感工具套件[⑥]，如图D2所示。该套件配备了种类齐全的电感，可用于类似图D1所示电路的评定。

图D3所示的是选用了一个450μH高磁心容量的电

⑥ 可从Pulse Engineering公司购买。其地址是Pulse Engineering, Inc., P.O. Box 12235, San Diego, CA 92112, 619-268-2400.

感测得的波形。输入电压和负载等电路运行条件都设置成与最终应用相同的值。线迹A是LT1070的V_{SW}引脚的电压，而线迹B为电流。当V_{SW}引脚电压变低时，电感有电流流过。电感值较大时，电流上升速度则较慢，所以图中看到的是浅坡。此时，电感行为为线性，所以没有饱和问题。在图D4中，使用了一个同样磁心特性的较小电感。图中，电流上升略微陡峭一些，不过仍没有碰到饱和问题。图D5使用了更小的电感，磁心仍是相同的。此时，电流明显斜坡上升，不过仍控制良好。图D6则让我们大为惊讶。图D6使用的是一个高值电感，而磁心容量较低，波形刚开始很正常，但很快就进饱和，所以不能选用这类电感。

上述过程缩小了电感选择范围。随后，可以根据成本、尺寸、发热以及其他因素，从表现较好的电感中选出“最好”的。工具套件中提供的标准元件一般来说是足够用的。当然，也可以向半导体生产厂商购买更新的产品。

使用工具套件中标准元件可以减小器件规格的不确定性，加速用户与电感厂商之间的沟通进程。

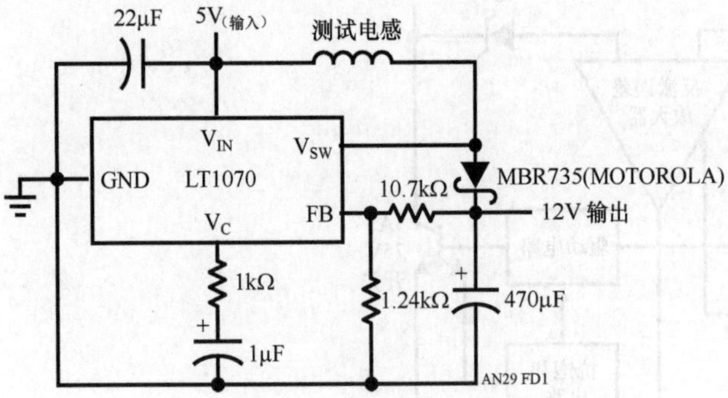

图D1　基本LT1070反激转换器测试电路

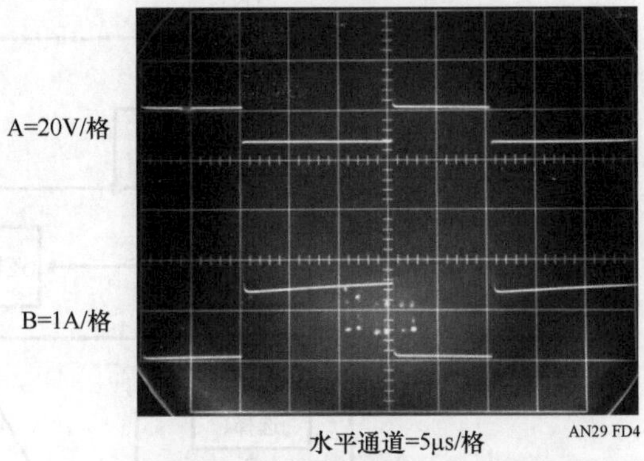

图D4　使用170μH高磁心容量的电感测得的波形

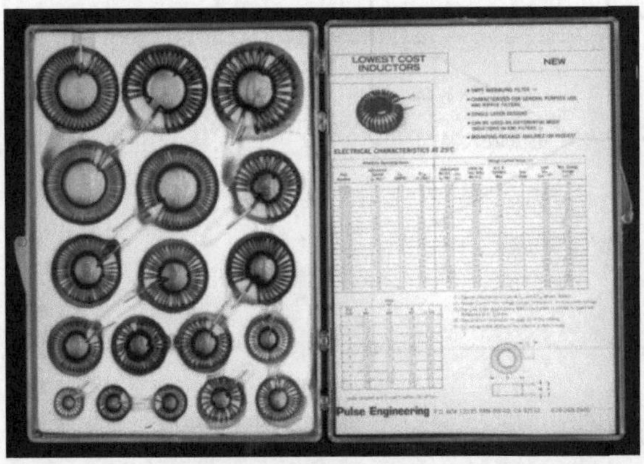

图D2　Pulse Engineering公司开发的模型845电感选择工具套件（包含18个定义完整的元件）

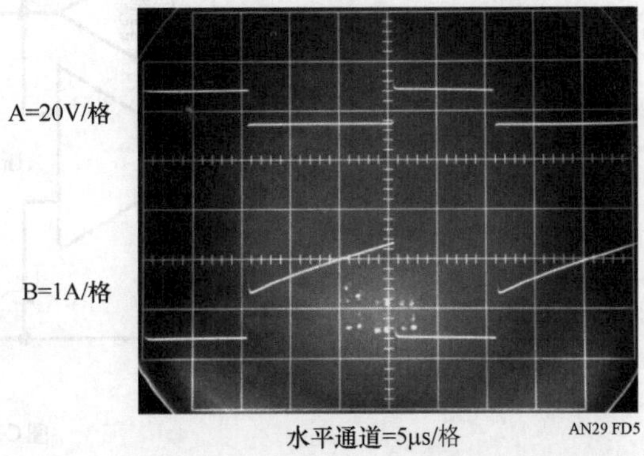

图D5　使用55μH高磁心容量的电感测得的波形

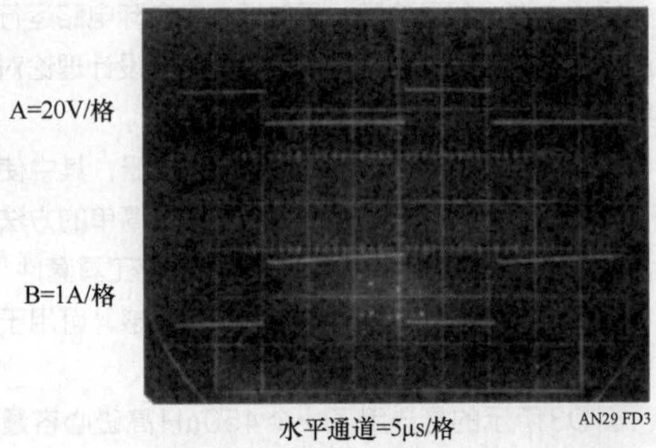

图D3　使用450μH高磁心容量的电感测得的波形

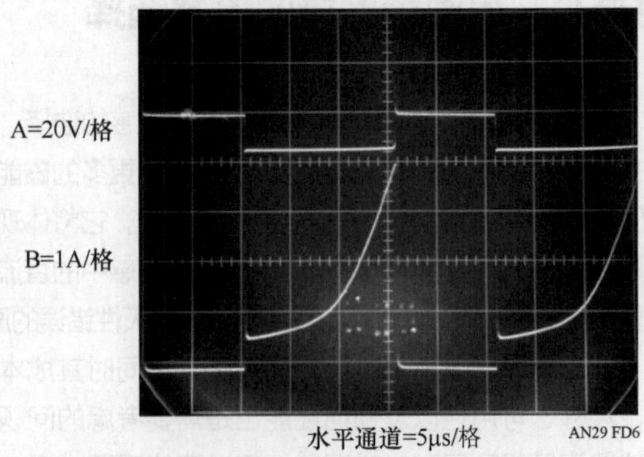

图D6　使用500μH低磁心容量的电感测得的波形（注意其中的饱和效应）

附录E 转换器效率优化

将一个转换器的效率发挥到极限是一个复杂且要求过高的任务。效率在80%到85%以上时，需要运用诸多技巧，以及一些运气。电学项和磁学项的相互作用将产生一些微妙的效果，会影响转换器的效率。关于如何获取转换器最大效率的问题，较难进行详细的泛化的讨论，不过可以提供一些指导。

损耗可以大约分成以下几个类型，包括结点损耗、欧姆损耗、驱动损耗、开关损耗和磁性损耗。

半导体结点一般都会产生损耗。二极管上的电压降会随着电流而增加，这对于低压输出转换器而言代价较大。在一个输出为5V的转换器中，700mV的压降会产生10%以上的损耗。肖特基元件产生的损耗约为该值的一半，不过损耗仍然较大。锗（用得极少）元件的损耗较低，不过开关损耗将会影响高速时较低的直流压降。在极低功耗转换器中，锗元件的反向漏电流会相当严重。同步切换整流较为复杂，但有时可以仿真高效二极管（参见正文的图4.32）。评估这类电路的效率时，需要同时考虑AC和DC的驱动损耗。DC损耗包括各驱动级的DC消耗以及基极或栅极电流产生的消耗。AC损耗则包括栅极（或基极）电容效应、过渡区损耗（线性区状态变换需要时间）以及驱动到实际切换之间时钟偏斜所产生的功率损耗。

晶体管饱和损耗也是几种损耗中较为显著的一项。当工作电压下降时，沟道和集电极-发射极饱和损耗将会不断增大。减小损耗的最直接的方法就是选用低饱和元件。不过，该方法也只是在某些情况下适用，而且计算总损耗时一定要将低饱和效应元件的驱动损耗（通常较高）计算在内。有时，由于饱和效应和二极管压降而产生的实际损耗是很难确定。占空比的不断变化以及时变电流是造成损耗计算很棘手的主要原因。可以用一个简单方法判定相对损耗，就是测量元件温度的升高。可以用测温探针或者直接用手去感觉（低电压时）。低功耗时（例如，较少的耗散，也许它占的百分比仍然较高），这些方法效果不佳。有时，可以特意将已知损耗加入到待考察元件，随后测量效率的变化，从而计算损耗。

导体的欧姆损耗一般在电流较大时较为显著。“隐蔽性的”欧姆损耗包括插座与连接触点电阻以及电容中的等效串联电阻（ESR）带来的损耗。ESR一般随电容值的增加而减小，随着工作频率的升高而增加，其值的求取必须在电容数据手册中指明。另外，还要考虑感性元件的铜热电阻。通常需要在电感的铜热电阻与其磁性之间进行折中。

前文讨论过的驱动损耗对于提高效率而言也是至关重要的。MOSFET的栅极电容在每个周期都有大量的AC驱动电流流过，当频率升高时平均电流也将升高。三极管的寄生电容较低，但是基极DC电流将带来损耗。面积较大的元件在饱和性方面较有优势，但需对其驱动损耗进行全面分析。通常，当工作电流接近额定电流值时，需要采用大面积元件。驱动级需要根据效率进行通盘设计。A类驱动（例如，阻性上拉或下拉）简单、快捷，但不太经济。电路的高效运行通常需要有效地将源和沉相结合，并使跨导和偏置损耗最小化。

当元件工作在线性区的时间相对于工作频率而言较大时，将产生开关损耗。开关反复速率较高时，开关总的过渡时间将成为较大的损耗源。可以选择适当元件以及驱动技术来降低开关损耗。

磁性元件的设计也会影响效率，不过其具体设计超出了附录所讨论的范畴。简单而言，感性元件的设计需要考虑磁心材料的选择、绕线类型、缠绕技术、尺寸、工作频率、电流水平、温度以及其他因素。《线性技术应用指南19》对其中一些因素进行了详细的讨论。当然，最好的方法还是向经验丰富的磁学专家请教。所幸电路的损耗主要是由于其他因素造成的，所以，使用标准的磁性元件就能获得较好的效率。如果电路中有定制磁性元件，那么通常是先将电路的损耗降低到实际水平，然后再将磁性元件应用到电路中。

附录F 转换器设计所用仪器

选择DC/DC转换器设计所用仪器时，最需要考虑的是其灵活性。通常需要考虑较宽的带宽、高分辨率以及计算的复杂性等因素，在转换器网络中都不作要求。一般而言，转换器设计需要在电路相对慢速运行时，能同时观察多个电路事件。其中包括单端和差分电压电流信号，要求在全悬浮输入时能进行各种测量。大多数低电平测量都支持AC信号测量，具体测量使用的是高敏插头。进行测量时，在DC电平基础上，进行较小范围、较慢速的频率（例如，0.1~10Hz）改变。该范围处于大多数示波器的AC耦合临界值之外，负责差分直流调零或插头的“偏压补偿”。其他要求则包括高阻探头、滤波器和具有多功能触发控制以及多线迹显示功能的示波器。对于本书中所讨论的转换器网络，较为有用的仪器可以分以下几类。

探针

使用标准1×和10×的示波器探针就可以进行大多数

测量工作。大多数情况下，可能会用到接地母线，不过在进行低电平测量时，尤其是存在宽带转换器开关噪声的情况下，必须采用可能的最短接地回路。高质量探针一般都配备有各种各样的接地配件（见图F1）。有时可能需要把面包板与示波器直接相连（见图F2）。

一般情况下，不需要使用宽带FET探针，不过中速、高阻抗探针是非常有用的。很多转换器电路，尤其是微小功率电路，需要监测高阻抗节点。标准10×探针的10MΩ负载通常是足够的，不过敏感度不足。标准1×探针保持了较好的敏感度，不过将引入较大的负载。图F3给出了极其简单但却非常有用的电路，它可以用来解决探针负载问题。LT1022的高速FET运放驱动了LT1010缓冲。LT1010的输出驱动电缆和探针，并为电路输入屏蔽提供偏置，从而产生了输出电容，抑制了不良效应。对于几乎所有的转换器网络，该电路的产生的DC和AC误差都足够小且带宽足够。如果将它封装起来并使用单独供电电源，可用在示波器或DVM之前，效果非常不错。电路结构图中给出了该电路的有关参数。

图F4给出了一个简单的探针滤波器，可以进行低通或高通滤波。该电路一般与示波器输入串联相接，在监测电路节点时，有助于消除开关效应。

绝缘探针可用于全悬浮测量，即使共模电压较高时仍适用。它常用于观察电路中的悬浮点，能直接观察未接地晶体管的饱和特性或悬浮分流波形，所以这类探针用途很大。Signal Acquisition Technologies公司研制的SL-10模型探针就属于绝缘探针。该探针具有10MHz带宽和600V共模容量。

电流探针是转换器设计中不可或缺的重要工具。很多时候，电流波形反映的情况要比电压波形更为详细。夹式类的电流探针使用非常方便。基于霍尔效应的探针甚至可以用于直流，其带宽为50MHz。互感式探针速度较快，不过会有数百周期的下落（见图F5）。两类探针都受到饱和的限制，一旦超过限制，将在CRT产生不明结果，一不小心就会造成混淆。使用Tektronix公司的霍尔探针P6042(以及更新的AM503)，以及互感式探针P6022/134，都可以取得优质结果。惠普公司的428B夹式电流探针用于DC测试时，频率响应仅为400Hz，在100μA~10A范围内可达±3%的精度。该设备有助于计算效率和静态电流，消除分流产生的测量误差。

图F1 适用于高频噪声系统中低电平测量的探测技术

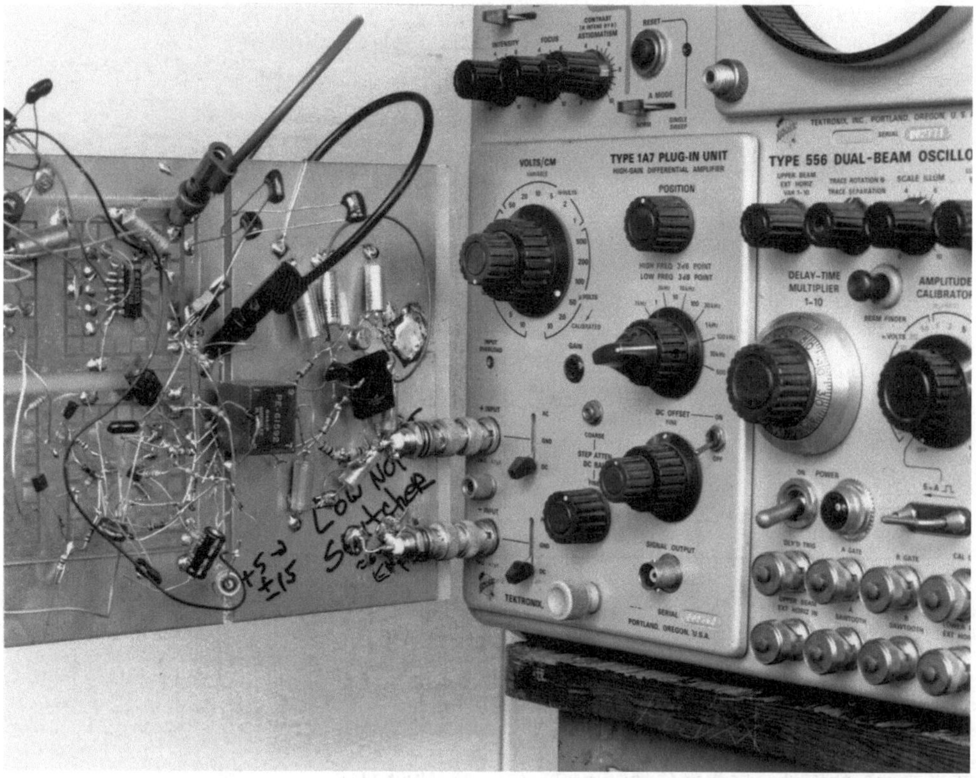

图F2　直接连接到示波器进行优质低电平测量。注意，地参考连接到差分插头的负输入端

示波器及其插件

示波器插件的组合选择也很重要。转换器网络基本上都需要多线迹支持。2个通道勉强够用，不过最好能支4个。Tektronix 2445/6就提供了4个通道，不过其中有2个垂直方向表示能力有限。Tektronix 547（或更新的型号7603）配备了1A4类（7603要求2个双通道的7A18）插件，具有4个全功能输入通道，具有灵活的触发控制，CRT线迹清晰度无与伦比。该仪器或同类的仪器，可用于各类转换器电路，而且没有太多限制。Tektronix 556专门提供了转换所需功能组合。该双光束仪器本质上是两个单独的示波器共享了一个CRT。独立的垂直通道、水平通道和触发控制，可以支持几乎所有的转换器电路的波形显示。而556配备了两类1A4插件，可以显示8个实时输入。独立的触发控制以及时基线可以显示异步波形。它也支持交叉光束触发，而且CRT具有卓越的清晰度。

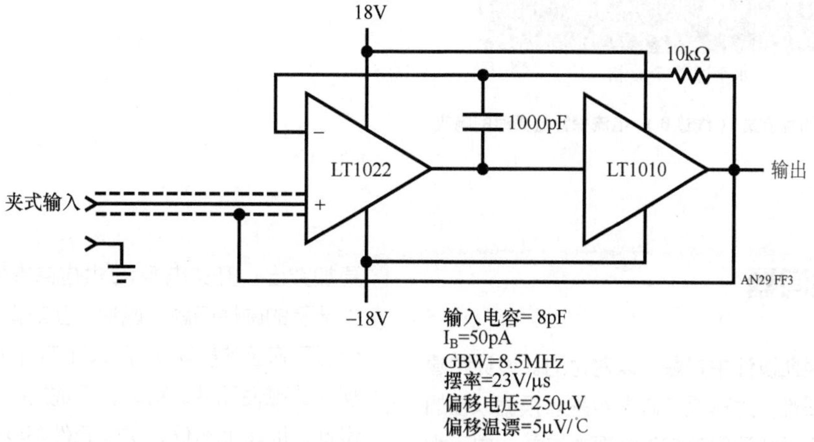

图F3　简易高阻探针

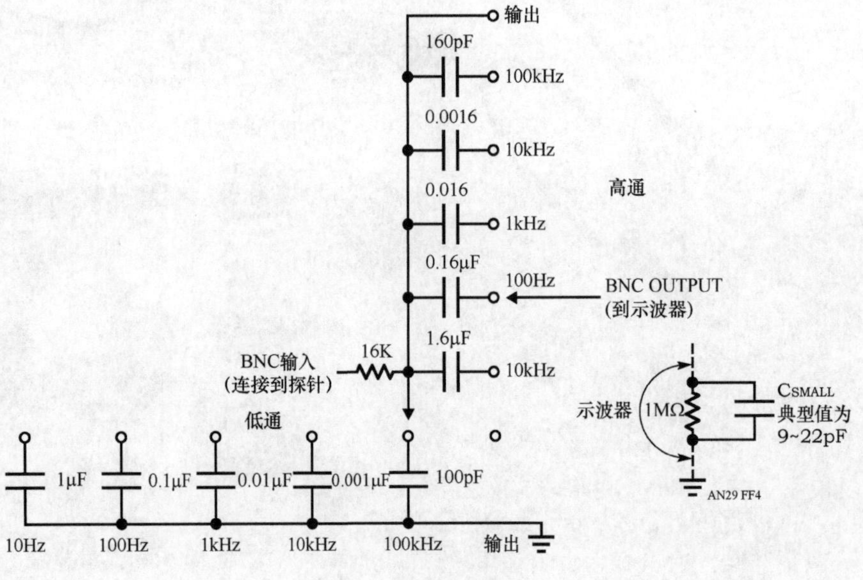

图F4　示波器滤波器

对于这两类示波器的插件，还需进行特别说明。低电平时，高敏差分插件是不可或缺的。Tektronix 1A7和7A22的敏感性可达10μV，不过其带宽只有1MHz。该仪器也配备有高通和低通滤波可供选择，且具有较好的高频共模抑制。Tektronix W类，1A5和7A13都是差分比较器。它们配备了校正的DC调零（"偏压补偿"）源，可以观察共模DC之上的小幅缓慢的偏移。

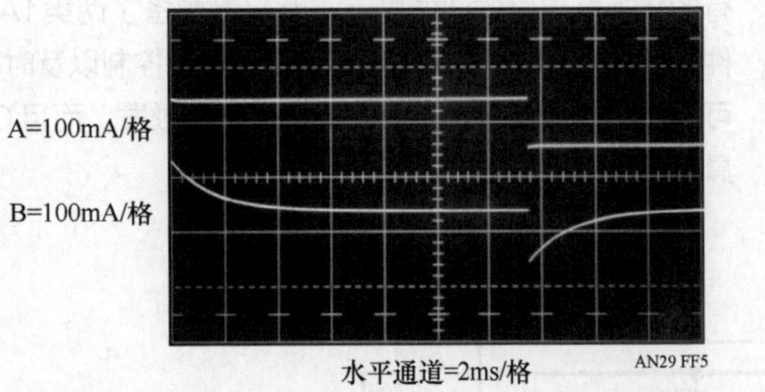

图F5　霍尔（线迹A）和互感式（线迹B）电流探针低频时的响应

伏特计

几乎任意一款DVM都适用于转换器网络。这些仪器都应有电流测量范围以及电池供电。使用电池供电时，可以进行悬浮测量并消除可能存在的到地回路误差。另外，非电子（VOM）伏特计（例如，Simpson 260，Triplett 630）对于转换器设计也是很有用的。电子伏特计偶尔会受转换器噪声的干扰，从而读取错误。而VOM中没有有源电路，对转换器噪声不敏感。

附录G　磁性问题

磁性问题在转换器设计中是最难以对付的。设计和建立恰当的磁性结构很难，尤其是非磁学专家。根据以往的经验，绝大多数转换设计问题都与磁性要求有关。由于大多数转换器都是由非专业人员来使用的，所以磁性问题将更加突出。开关电源IC供应商有责任向用户说明其产品中涉及的磁性问题（诚然，面对客户时，我们的态度难免会受到资金的影响）。所以，LTC的策略就是在电路中使用现成的磁性元件。有时，现成的磁性元件可直接用于专门设计。而其他时候，磁性元件都经过了专门设计并指定型号类型后，作为标准元件进行销售。当前，最大的磁性元

件提供商和合作伙伴是

Pulse Engineering, Inc.
P.O. Box 12235
7250 Convoy Court
San Diego, California 92112
619-268-2400

多数情况下，标准元件都可用于生产制造。某些特殊情况下，标准元件需要进行适当的修改或改进，这些Pulse Engineering公司都能很好地完成。最后，只能希望这样已经能满足我们的所有要求（参见图G1）。

图G1 LTC电路应用中所需的磁性元件采用了Pulse Engineering公司设计和提供的标准元件

附录H 适用于高压或高电流应用的LT1533超低噪声开关稳压器

LT1533开关稳压器[7][8]的输出噪声为100μV，它在输出开关处采用了闭环控制以严格控制开关过渡时间。降低开关过渡的速度可以消除高次谐波，最大限度地抑制导通和放射噪声。

该器件的30V、1A输出晶体管限制了可用功率。使用设计良好的输出级可以打破这个局限，而不影响低噪性能。

高压输入稳压器

LT1533的IC工艺限定了集电极击穿电压为30V。但是较为麻烦的是，变压器会使集电极的摆幅达到供电电压的两倍。所以，15V就是最大允许输入电压。然而，许多系统都要求更高的电压输入，比如图H1所示的电路使用了串叠（cascode）[9]输出级以获得这样的高压能力。该24V到5V(V_{IN}=20～50V）的转换器容易让人回想起之前的LT1533电路，区别也只是多出了VT1和VT2[10]。这些器件位于IC和变压器之间，构成了高压串叠级。它们提供了电压增益，而同时将IC与它们较大的漏极电压摆幅隔离开来。

高压串叠通常主要用于电压隔离。而使用LT1533进行串叠则需要一些特别考究，因为即便幅值较低时，变压器的瞬态电压和电流信息都必须准确传送到LT1533。否则，稳压器的摆率控制回路将不会工作，从而极大地增加输出噪声。AC补偿电阻分压器以及相关的VT1-VT2栅-漏偏置正是为这个目的而设置的，它们能防止变压器摆幅耦合通过栅-漏电容对串叠波形传输的精确度造成破坏。VT3及其相关元件为分压器提供了稳定的DC匹配，同时保护了LT1533免受高压输入的影响。

图H2表明，即使摆幅为100V，串叠结构的响应仍是正确的。线迹A为VT1的源极波形，而线迹B和C则分别为其栅极和漏极波形。在这些条件下，当输出容量为2A时，噪声峰值不超过400μV。

电流增强

图H3将稳压器的1A的输出容量扩大强至5A。它仅仅是使用了发射极跟随器（VT1-VT2）。理论上，跟随器带有T1的电压和电流信息，可使LT1533的摆率控制电路发挥作用。事实上，晶体管必须是较低b类型。当集电极电流为3A时，通过VT1-VT2基极通路，它们20的b值将提供约为150mA的电流，足以胜任一般的摆环控制[11]。

跟随器的损耗限制了效率最大只能达到68%左右。而使用较高的输入电压可以降低跟随器损耗，可使效率提高到70%以上。

图H4显示了噪声性能。使用单节LC测得的纹波为4mV(线迹A），高频成分隐约可见。再多增加一节可选的LC回路，可以将纹波抑制到100μV以下（线迹B），而高频成分则在180μV范围内（注意垂直方向缩小了50倍）。

⑦ Witt, Jeff. The LT1533 Heralds a New Class of Low Noise Switching Regulators. Linear Technology VII:3 (August 1997).

⑧ Williams, Jim. LTC Application Note 70: A Monolithic Swithcing Regulator with 100μV Output Noise. October 1997.

⑨ "串叠 (cascode)"是从"cascade to cathode"衍变而来，表示将有源器件串联连接的电路结构。该电路的优势就是具有较高的击穿电压、降低的输入电容、带宽的提升等。串叠技术已经运用在运放、电源供电系统、示波器以及其他领域，以增强系统性能。

⑩ 该电路选自Linear Technology公司的Jeff Witt的设计。.

⑪ 使用跟随器基极电流进行摆环控制是由 Linear Technology 公司的 Bob Dobkin 提议的。

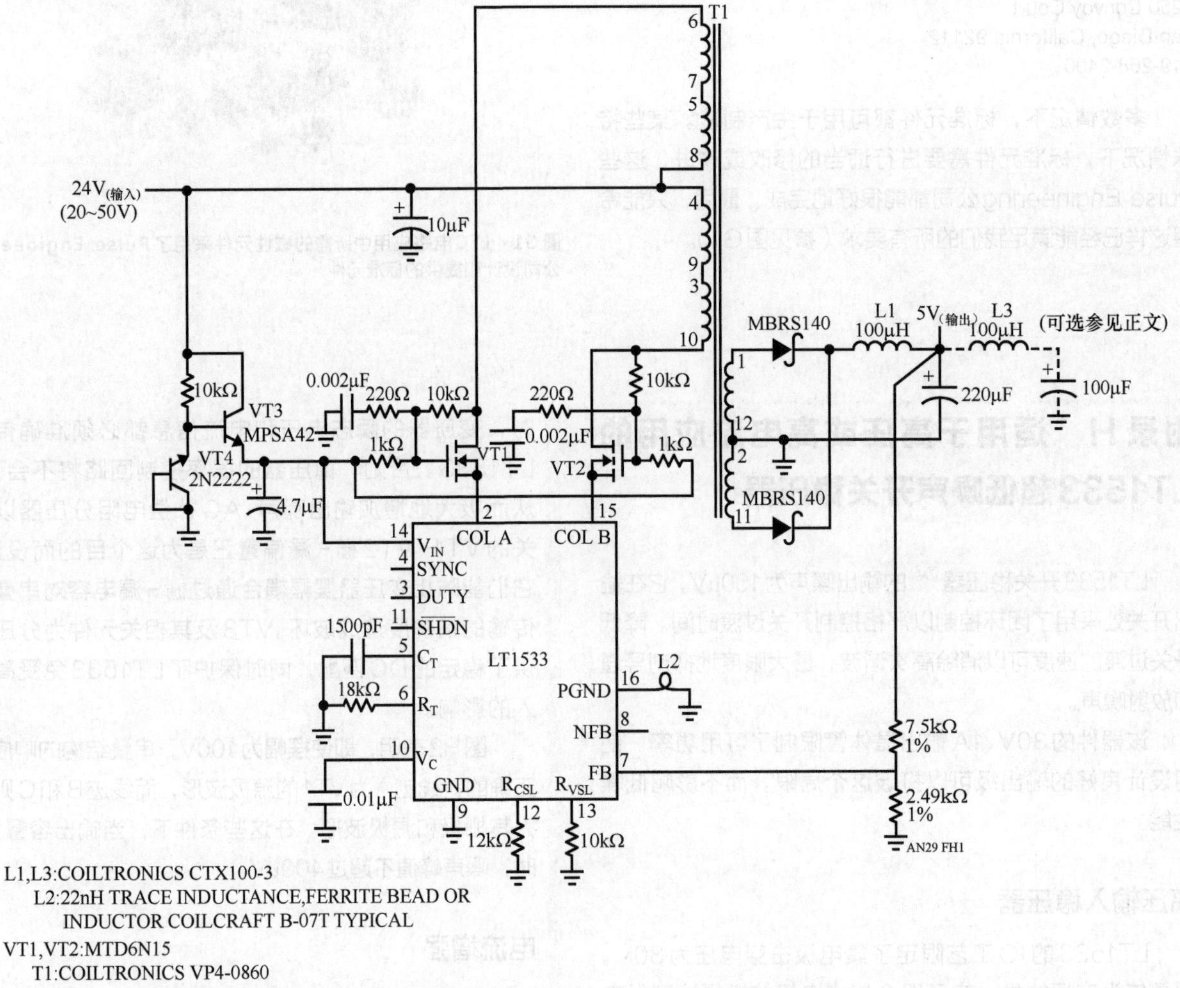

图 H1 24V到5V低噪声转换器（V_{IN}=20～50V）：串叠MOSFET支持100V变压器摆幅，使得LT1533得以控制5V/2A的输出

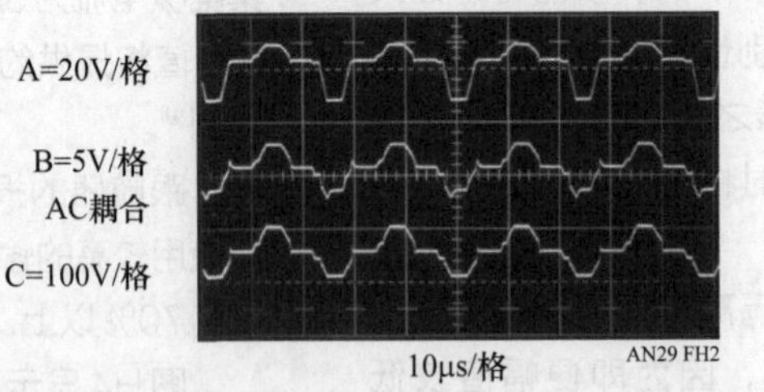

图 H2 基于MOSFET的串叠结构可使稳压器控制100V变压器摆幅，且可保证低噪5V的输出。线迹A是VT1的源极波形，线迹B是VT1的栅极波形，线迹C是漏极波形。串叠波形精确度可保证正确的摆幅控制操作

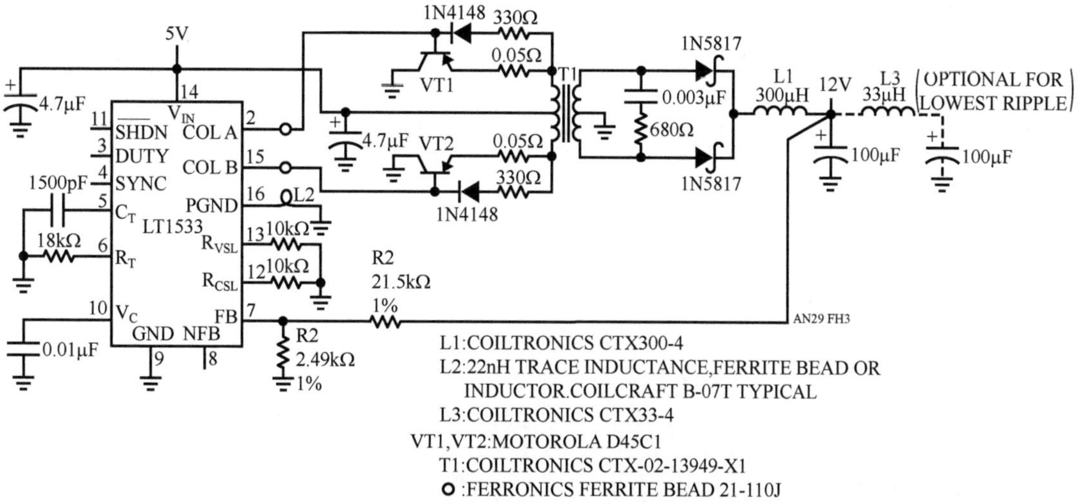

图H3　10W低噪5V到12V转换器：VT1-VT2提供了5A输出容量且保持了LT1533电压/电流摆率控制。效率为68%。高输出电压能最小化跟随器损耗，将效率提升到71%以上

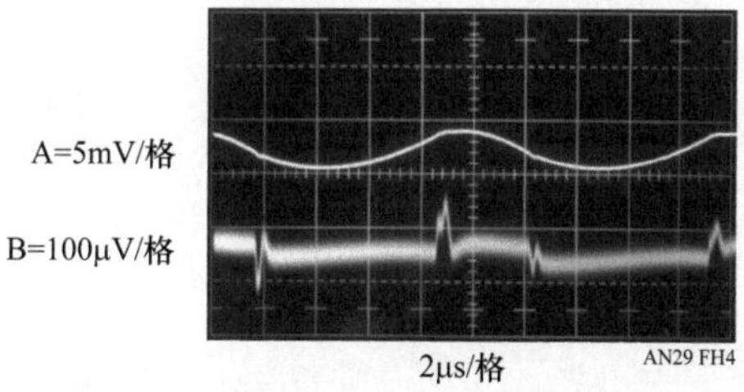

图H4　图H3的10W输出的波形：线迹A显示了基本纹波，其高频成分隐约可见。增加可选的LC可以得到线迹B的180μV（峰峰值）宽带噪声性能

关于降压型开关稳压器的理论思考

5

Carl Nelson

引言

从20世纪80年代开始，开关稳压器的使用量急剧增加，进入90年代后这个趋势依然很强。其中的原因很简单：热量和效率。今天的电子系统不断变小，同时提供了更强的电子“马力”。如果所使用的线性电源模块的效率很低，则这种组合将产生难以接受的内部高温。而一般情况下散热器不能解决该问题，原因在于大多数系统是封闭的，只有很少一部分热量从“内”传递到“外”。

电池供电的系统需要高效供电来延长电池寿命。拓扑结构的考虑也需要切换技术。例如，在线性电源模块中一个电池不能产生比其本身更高的输出。低成本可充电电池的应用使电池供电系统的数量急剧增加，开关稳压器的使用也因此激增。

LT®1074和LT1076开关稳压器是针对易用性而设计的。它们近似于“三端接线盒”的概念，只需要简单的输入、输出和接地来为负载提供能量。不过，开关稳压器与“三端接线盒”模型之间有一定的差别，这些差别会在最终分析过程中引起意想不到的错误。本应用旨在消除用户在使用开关稳压器时经常遇到的错误并对开关设计的原理进行深入剖析。

除此之外，还有基于铁芯损耗和峰值电流数学模型的全新电感设计方法，使用户可以快速查看所允许的电感值并根据需要的成本、尺寸等做出明智的决定。该过程大异于以往的设计技术，所以开始时许多经验丰富的设计人员认为此办法是行不通的。但通过验证，此方法跟烦琐的传统方法结果相同，所以得到了认可。

古人说：“三思而后行。”此道理同样适用于开关稳压器的设计。先快速阅读AN44使自己熟悉此内容。然后仔细地重读相关章节，以免设计中反复取舍。诸如过大的电容纹波电流等一些因素会引起开关稳压器的误差，如果不及时解决，将导致严重的现场故障。

在本文刚开始撰写的时候，Linear Technology公司为开关稳压器推出了一个叫LTspice®的CAD软件。LTspice是一种SPICE仿真器，是专为开关稳压器仿真而开发并进行了相应优化的工具。LTspice包含了开关稳压器IC模块，能够对稳压器电路进行快速瞬态仿真，而不用再诉诸线性模型。

一旦理解基本设计概念，可在仿真器上快速检查和修改以进行设计试验。启动、压降、稳压、波纹和瞬态响应都是由仿真器提供的。仿真输出与实际电路板上的结果能够完美吻合。

LTspice可以从www.linear.com上免费下载。

绝对最大额定值

输入电压
- LT1074/LT1076 .... 45V
- LT1074HV/LT1076HV 64V

相对于输入电压的开关电压
- LT1074/LT1076 .... 64V
- LT1074HV/LT1076HV 75V

相对于接地点的开关电压（$-V_{SW}$负）
- LT1074/LT1076 (Note 6) 35V
- LT1074HV/LT1076HV (Note 6) 45V

反馈引脚电压 .... −2V, +10V

关断引脚电压（不超过 V_{IN}）.. 40V

状态引脚电压 30V

（状态引脚开启后电流必须限制在 5mA）

I_{LIM} 引脚电压（受迫电压）.. 5.5V

最高工作环境温度范围
- LT1074C/76C, LT1074HVC/76HVC .... 0°C to 70°C
- LT1074M/76M, LT1074HVM/76HVM ..−55°C to 125°C

最高工作结温范围
- LT1074C/76C, LT1074HVC/76HVC .... 0°C to 125°C
- LT1074M/76M, LT1074HVM/76HVM . −55°C to 150°C

最高储存温度 .... −65°C to 150°C

引线温度（焊接，10 秒）.. 300°C

包装 / 订单信息

订购零件号

前视图

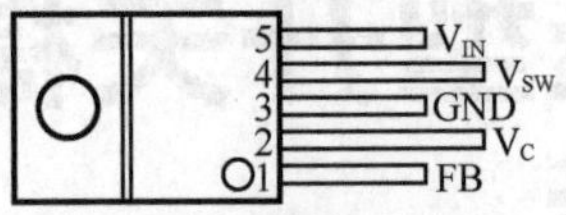

T 封装
5 引线 T0-220
引线皆为标准引线以便与直角引线相连，订单流水号 06

LT1074CT
LT1074HVCT
LT1076CT
LT1076HVCT

底视图

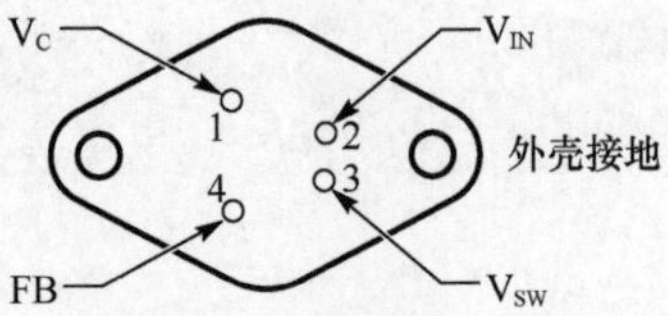

K 封装（金属菱形封装）
4 引线 T0-3 金属壳

LT1074MK
LT1074HVMK
LT1074CK
LT1074HVCK
LT1076MK
LT1076HVMK

前视图

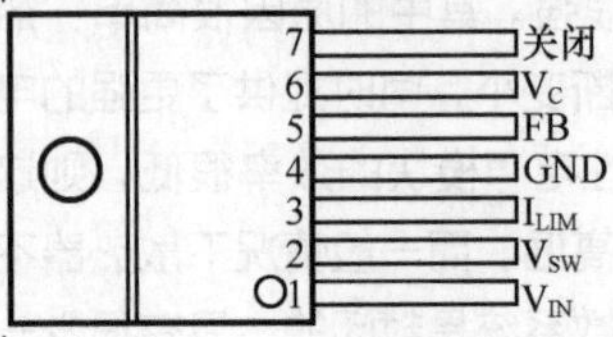

Y 封装
7 引线 T0-220

LT1074CY

电气特性 T_J=25℃,V_{IN}=25V, 如有不同则另加说明

参数	条件		最小值	典型值	最大值	单位
开关导通电压（注1）	LT1074	I_{SW} = 1A,T_J ≥ 0℃			1.85	V
		I_{SW} = 1A,T_J < 0℃			2.1	V
		I_{SW} = 5A,T_J ≥ 0℃			2.3	V
		I_{SW} = 5A,T_J < 0℃			2.5	V
	LT1076	I_{SW} = 0.5A	•		1.2	V
		I_{SW} = 2A	•		1.7	V
开关断开泄漏	LT1074	V_{IN} ≤ 25V,V_{SW}=0		5	300	μA
		V_{IN} ≤ V_{max},V_{SW} = 0（注7）		10	500	μA
	LT1076	V_{IN} ≤ 25V,V_{SW} = 0			150	μA
		V_{IN} = V_{max},V_{sw} = 0（注7）			250	μA
电源电流（注2）	V_{FB} =2.5V,V_{IN} ≤ 40V		•	8.5	11	mA
	40V<V_{IN}<60V		•	9	12	mA
	V_{SHUT} = 0.1V（设备关闭）（注8）		•	140	300	μA
最低电源电压		正常模式	•	7.3	8	V
		启动模式（注3）	•	3.5	4.8	V

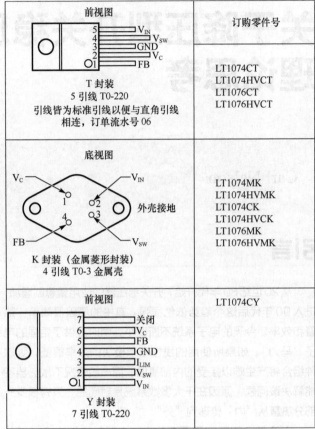

续表

参数	条件		最小值	典型值	最大值	单位
开关电流限制（注4）	LT1074I_{LIM}开路	•	5.5	6.5	8.5	A
	R_{LIM} = 10kΩ（注5）			4.5		A
	R_{LIM} = 7kΩ（注5）			3		A
	LT1076 I_{LIM} Open	•	2	2.6	3.2	A
	R_{LIM} = 10kΩ（注5）			1.8		A
	R_{LIM} = 7kΩ（注5）			1.2		A
最大占空比		•	85	90		%
开关频率			90	100	110	kHz
	T_J≤125℃	•	85		120	kHz
	T_J>125℃	•	85		125	kHz
	V_{FB} = 0V通过2kΩ（注4）			20		kHz
开关频率线性调节	8V≤V_{IN}≤V_{MAX}（注7）	•		0.03	0.1	%/V
误差放大器的电压增益（注6）	1V≤V_C≤4V		2000			V/V
误差放大器的跨导			3700	5000	8000	μS
误差放大器源和灌电流	Source(V_{FB} =2V)		100	140	225	μA
	Sink(V_{FB} = 2.5V)		0.7	1	1.6	mA
反馈引脚偏置电流	V_{FB} = V_{REF}	•		0.5	2	μA
参考电压	V_C = 2V	•	2.155	2.21	2.265	V
参考电压容差	V_{REF}（标称）= 2.21V			±0.5	±1.5	%
	所有条件下的输入电压、输出电压、温度和负载电流	•		±1	±2.5	%
参考电压线性调节	8V≤V_{IN}≤V_{MAX}（注7）	•		0.005	0.02	%/V
在0%的占空比下的V_C电压				1.5		V
	超温	•		−4		mV/℃
乘法器参考电压				24		V
关断引脚电流	V_{SH} = 5V	•	5	10	20	μA
	V_{SH}≤$V_{THRESHOLD}$ (≈2.5V)	•			50	μA
关断阈值	开关的占空比为零	•	2.2	2.45	2.7	V
	完全关闭	•	0.1	0.3	0.5	V
状态窗口	反馈电压百分之一		4	±5	6	%
状态高电平	S_{TATUS} = 10μA 源电流	•	3.5	4.5	5.0	V
状态低电平	I_{STATUS}= 1.6mA 电流泄放	•		0.25	0.4	V
状态延时				9		μs
状态的最小宽度				30		μs
结到管壳的热阻	LT1074				2.5	℃/W
	LT1076				4.0	℃/W

表中的·表示该规格在整个工作温度范围内适用。

注1：为了计算电流在低和高的情况之间的最大开关导通电压，可以使用线性插值。

注2：2.5V的反馈引脚电压（V_{FB}）迫使V_C引脚到其低钳位电平并使开关的占空比为零。这接近于占空比接近零的空载情况。

注3：启动适当的稳压后从V_{IN}引脚到接地引脚的总电压必须≥8V。

注4：当反馈引脚电压小于1.3V时开关频率在内部按比例缩小，以避免产生极短开通。在测试过程中，调整V_{FB}使其开关时间的最小值为1μs。

注5：$I_{LIM} \approx \frac{R_{LIM}}{2k\Omega}$ (LT1047), $I_{LIM} \approx \frac{R_{LIM}-1k\Omega}{5.5k\Omega}$ (LT1047)

注6：必须注意开关对输入电压的限制。

注7：LT1074 / 76的V_{max}=40V，而LT1074HV / 76HV的V_{max}=60V。

注8：不包括开关漏电损耗。

框图

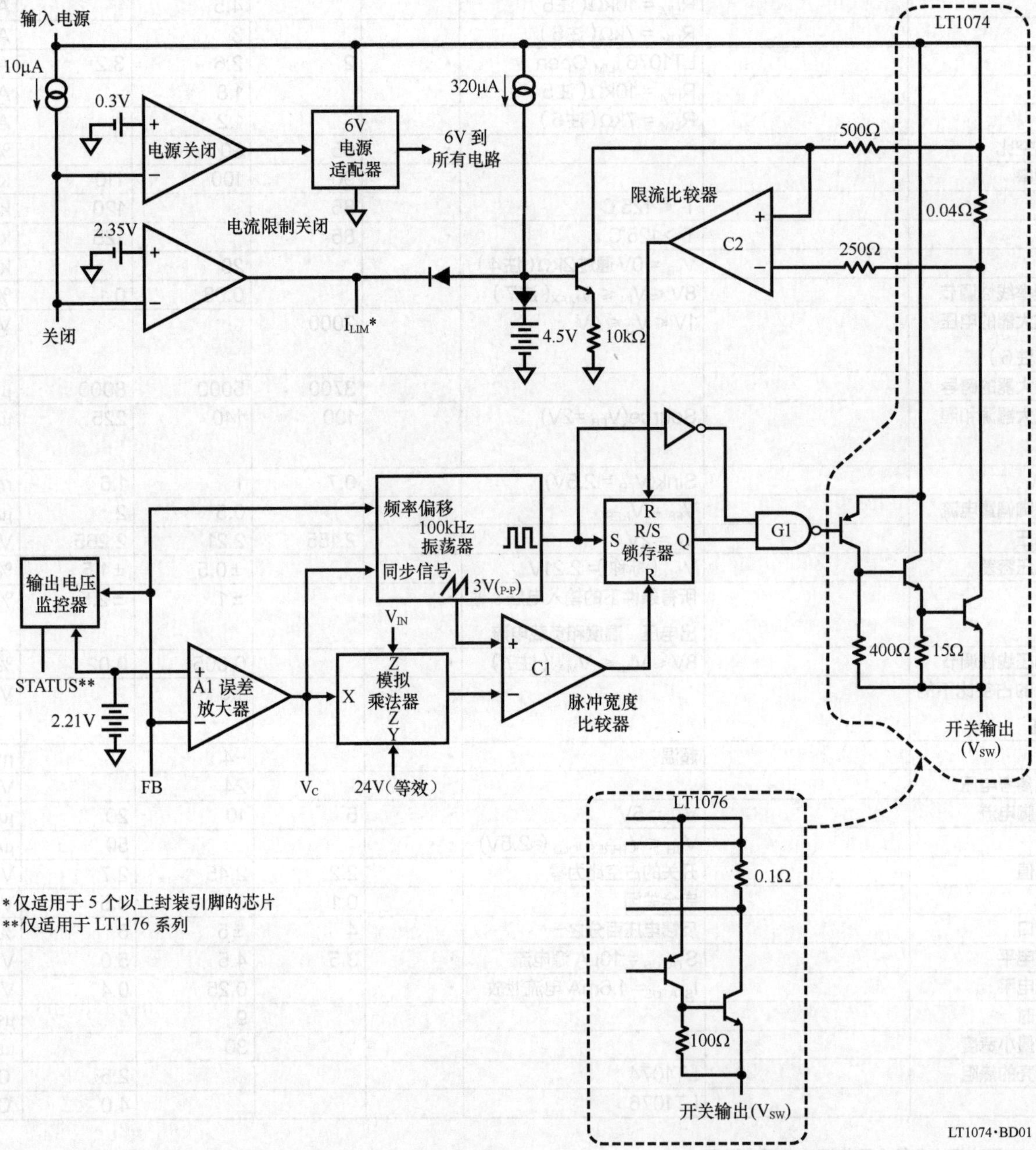

*仅适用于 5 个以上封装引脚的芯片

**仅适用于 LT1176 系列

LT1074•BD01

框图描述

LT1074的开关周期是由振荡器设置的R/S锁存器来提供的。设置锁存器的脉冲还通过G1锁住开关电路。该脉冲的有效宽度约为700ns，开关频率为100kHz时最大开关占空比约为93%。开关电路由比较器C1来关闭并复位锁存器。C1的两个输入分别为锯齿波和模拟乘法器的输出。乘法器的输出是其内部参考电压与误差放大器A1的输出与稳压输入电压之商的乘积。在标准的降压稳压器中，这意味着必须保持恒定的A1稳压输出，与稳压器的输入电压是相互无关的。这在很大程度上改善了线路的暂态响应，并使闭环增益与输入电压无关。可以把误差放大器看作为电导率约为5000μS的跨导。转换电流正值达140μA，而其负值为1.1mA。这种不对称性有助于防止在稳压器启动时的过冲。整个环路的频率补偿是通过从V_C到接地点的一系列RC网络来完成的。

开关电流通过C2被持续监测，如果有过流情况发生，C2就会复位R/S锁存来关闭开关。从检测到开关关断所需的时间大约为600ns。因此，电流限制的最小开关时间是为600ns。在输出完全短路的情况下，开关的占空比可能要低至2%来维持对输出电流的控制。在100kHz开关频率下的开关时间需要达到200ns，因此，通过把FB信号反馈到振荡器并有在FB信号低于1.3V时产生一个线性频率下移来的方式来抑制频率。电流跳闸电平设置由一个内部320μA电流源驱动的I_{LIM}引脚的电压来完成。当此引脚悬空时它自钳位在4.5V左右并将T1074的电流限制在6.5A，LT1076的电流限制在2.6A。在7引脚封装的稳压器中一个外部电阻可从连接I_{LIM}引脚和接地点来设定一个较低的电流限值。一个与该电阻并联的电容将软启动电流限值。C2中一个轻微的偏移能保证当I_{LIM}的电位相对于地电位为200mV时C2的输出保持较高，并迫使开关占空比为零。

关断引脚用来通过拉低I_{LIM}引脚的电平迫使开关的占空比为零或完全关闭稳压器。前者的阈值约是2.35V，后者则约为0.3V。完全关闭时的总电源电流约150μA。当关断引脚悬空时，10μA的上拉电流维持引脚高电平。用一个电容器可以延迟启动。当输入在所需的触发点时，如果有一个电阻分压器，并且其电压值为2.35V，则将会实现“欠压锁定”。

LT1074所使用的开关是由饱和PNP驱动的达林顿NPN（对于LT1076是单NPN）。用于驱动PNP开启和关闭的特殊专利电路的速度非常快，它甚至能从饱和状态驱动NPN。这种特殊的开关装置没有连接到开关输出“隔离池”，因此输出将会摆动到-40V左右。

典型性能特点

V_C 引脚特性

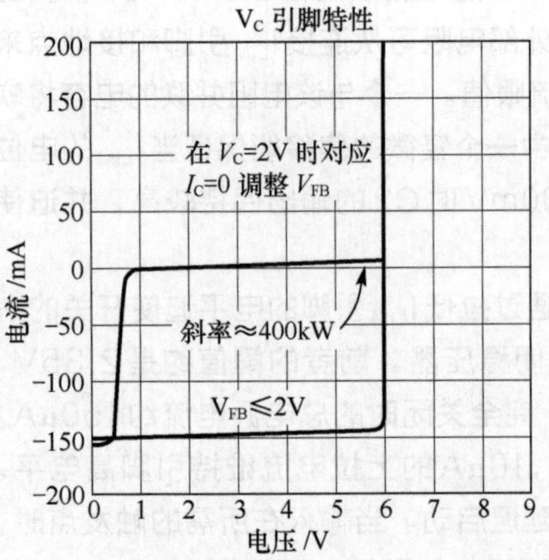

LT1074·TCP01

V_C 引脚特性

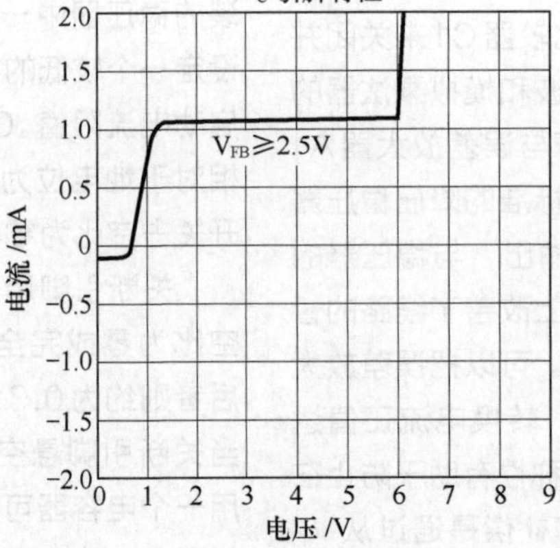

LT1074·TCP02

反馈引脚特性

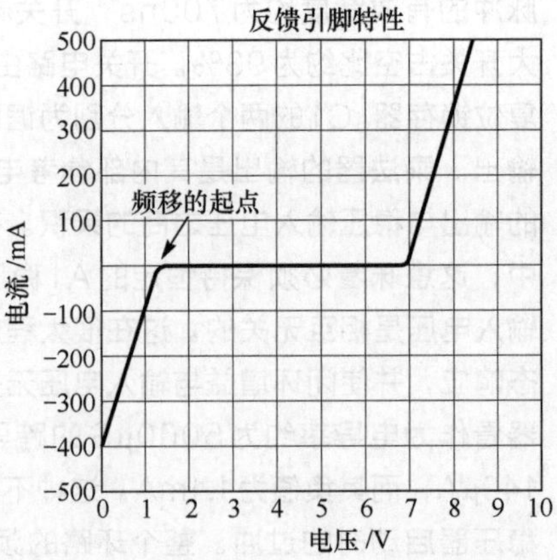

LT1074·TCP03

关断引脚的特性

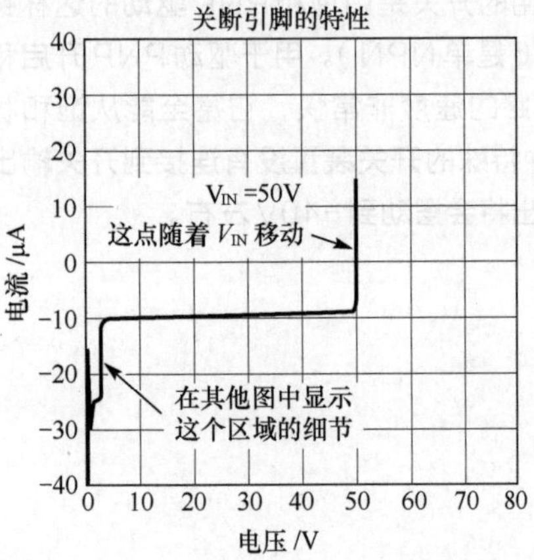

LT1074·TCP04

关断引脚的特性

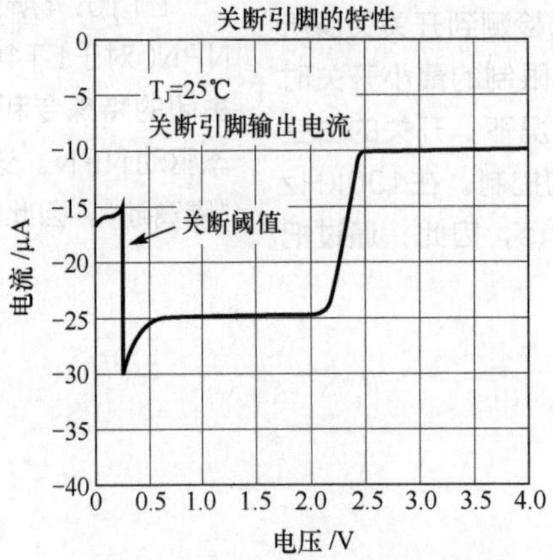

LT1074·TCP05

I_{LIM} 引脚特性

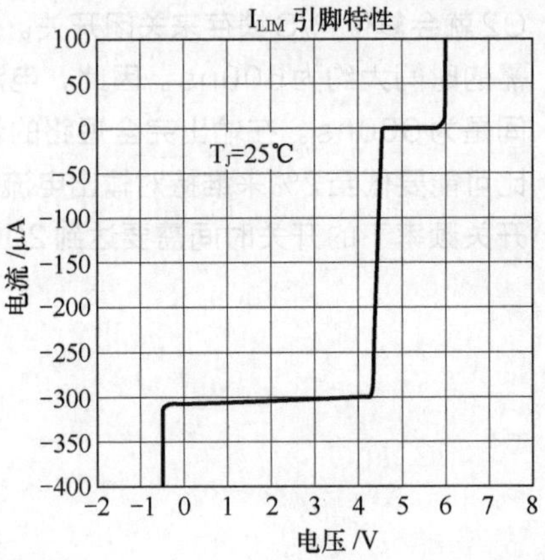

LT1074·TCP06

状态引脚的特性

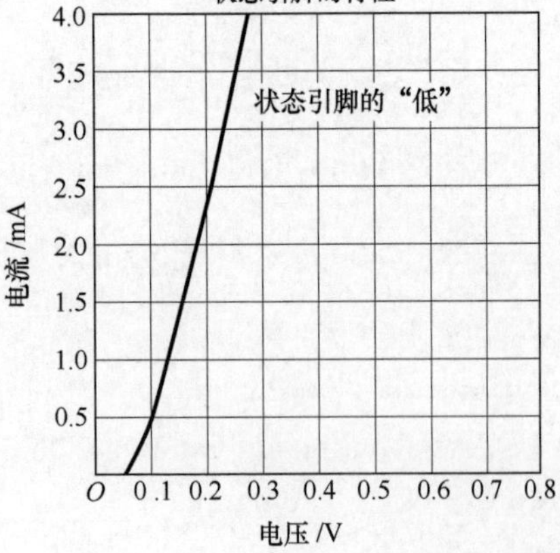

LT1074·TCP08

状态引脚的特性

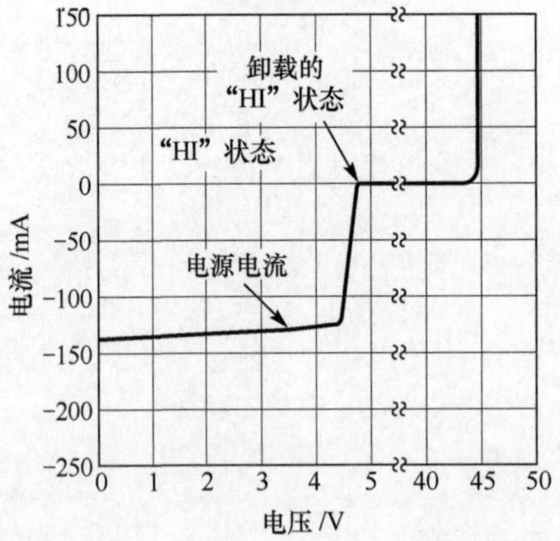

LT1074·TCP09

电源电流

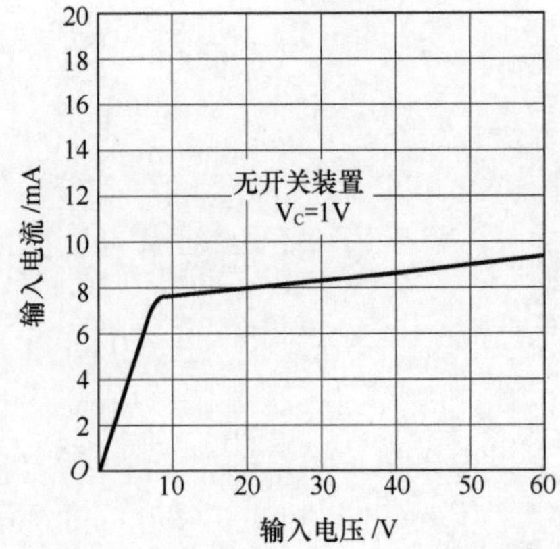

LT1074·TCP11

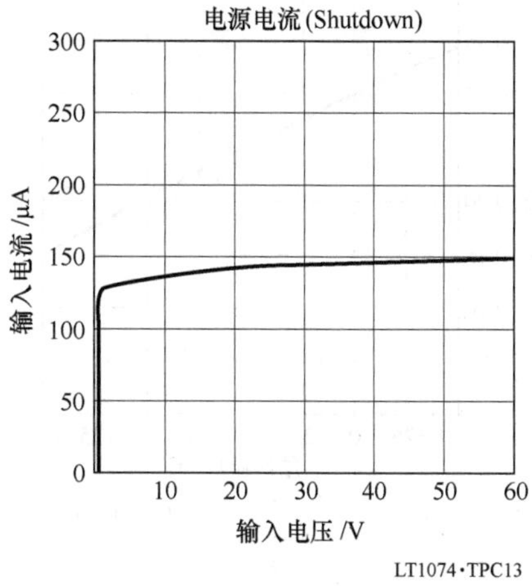
电源电流(Shutdown)
输入电流 /μA
300
250
200
150
100
50
0
10
20
30
40
50
60
输入电压 /V
LT1074·TPC13

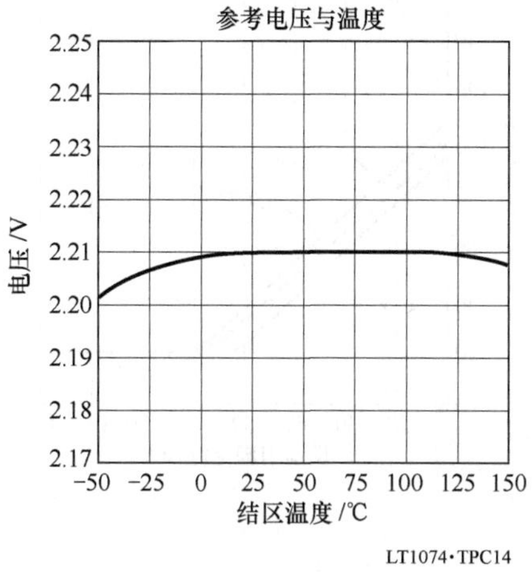
参考电压与温度
电压 /V
2.25
2.24
2.23
2.22
2.21
2.20
2.19
2.18
2.17
−50
−25
0
25
50
75
100
125
150
结区温度 /℃
LT1074·TPC14

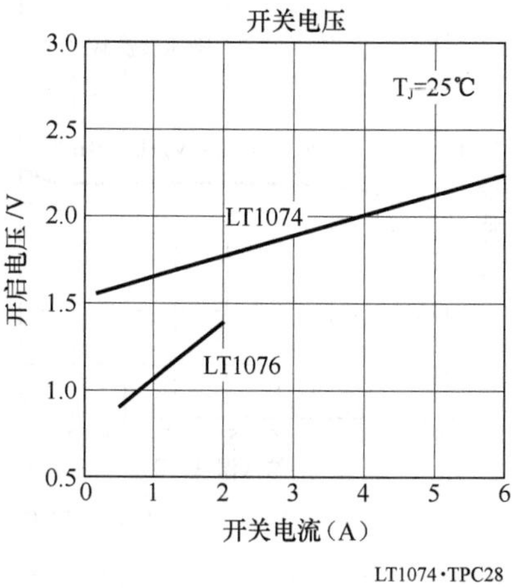
开关电压
开启电压 /V
3.0
2.5
2.0
1.5
1.0
0.5
0
1
2
3
4
5
6
T_J=25℃
LT1074
LT1076
开关电流（A）
LT1074·TPC28

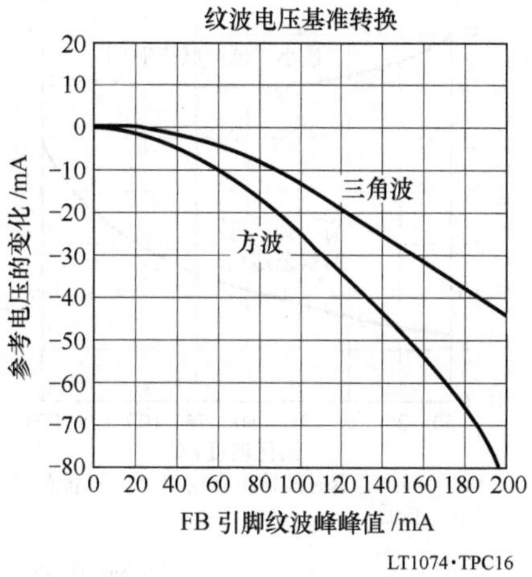
纹波电压基准转换
参考电压的变化 /mA
20
10
0
-10
-20
-30
-40
-50
-60
-70
-80
0
20
40
60
80
100
120
140
160
180
200
三角波
方波
FB 引脚纹波峰峰值 /mA
LT1074·TPC16

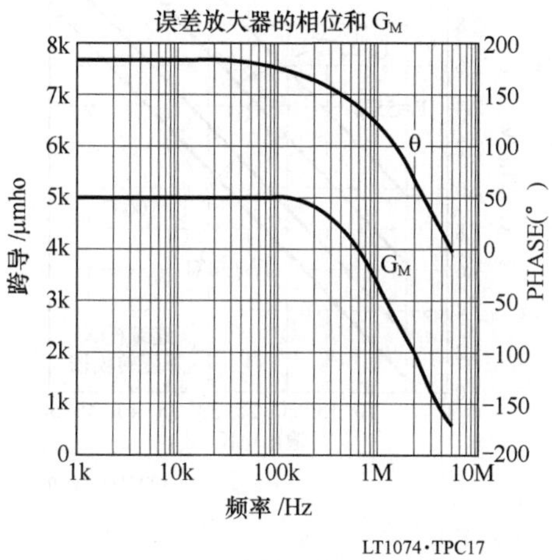
误差放大器的相位和 G_M
跨导 /μmho
8k
7k
6k
5k
4k
3k
2k
1k
0
PHASE(°)
200
150
100
50
0
−50
−100
−150
−200
θ
G_M
1k
10k
100k
1M
10M
频率 /Hz
LT1074·TPC17

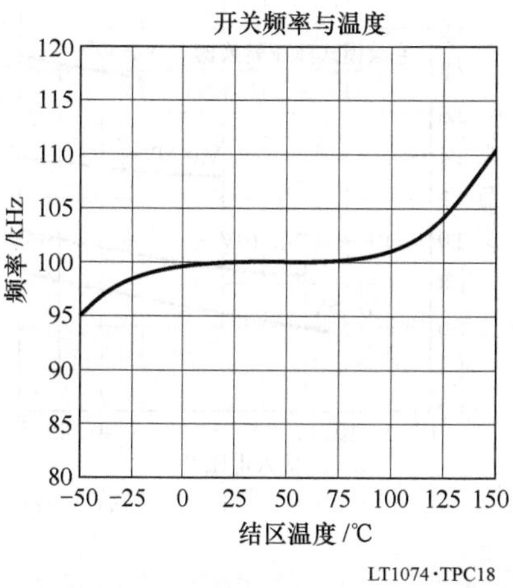
开关频率与温度
频率 /kHz
120
115
110
105
100
95
90
85
80
−50
−25
0
25
50
75
100
125
150
结区温度 /℃
LT1074·TPC18

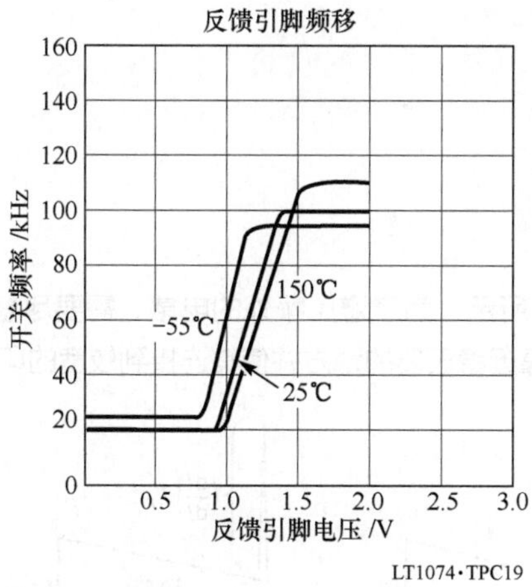
反馈引脚频移
开关频率 /kHz
160
140
120
100
80
60
40
20
0
150℃
−55℃
25℃
0.5
1.0
1.5
2.0
2.5
3.0
反馈引脚电压 /V
LT1074·TPC19

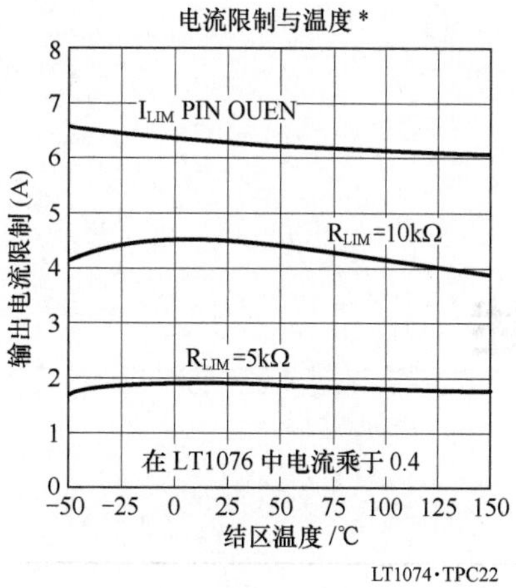
电流限制与温度 *
输出电流限制 (A)
8
7
6
5
4
3
2
1
0
I_{LIM} PIN OUEN
R_{LIM}=10kΩ
R_{LIM}=5kΩ
在 LT1076 中电流乘于 0.4
−50
−25
0
25
50
75
100
125
150
结区温度 /℃
LT1074·TPC22

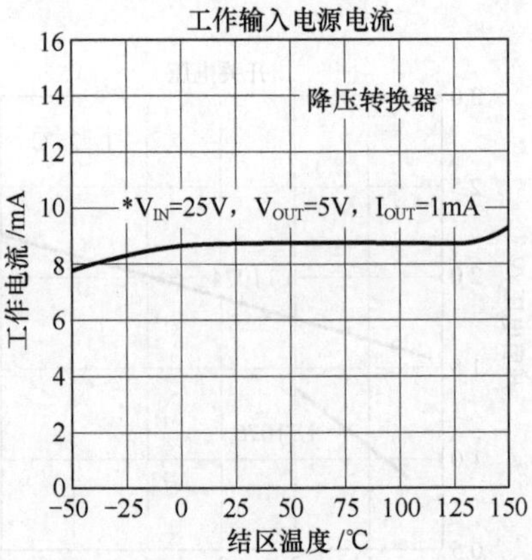

LTAN44·TPC03

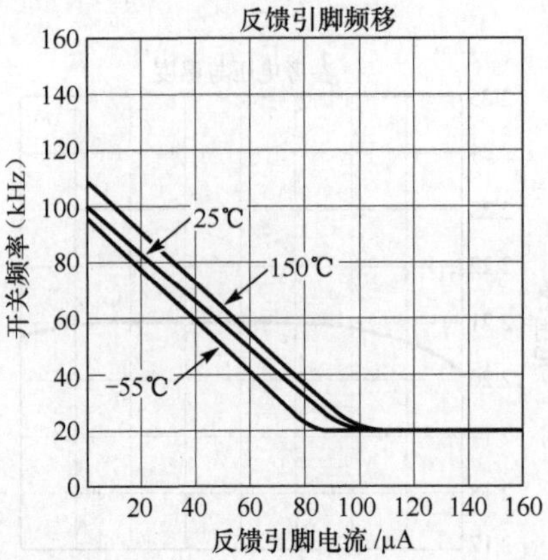

LTAN44·TPC04

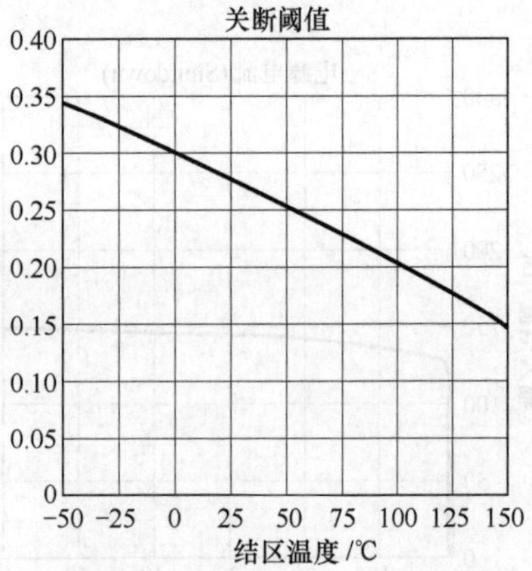

LTAN44·TPC05

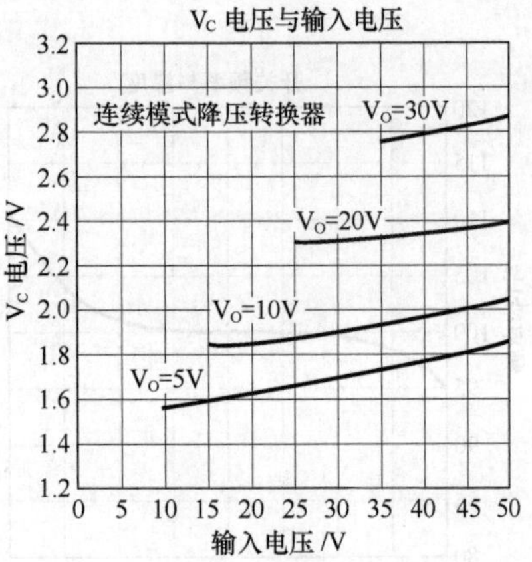

LTAN44·TPC06

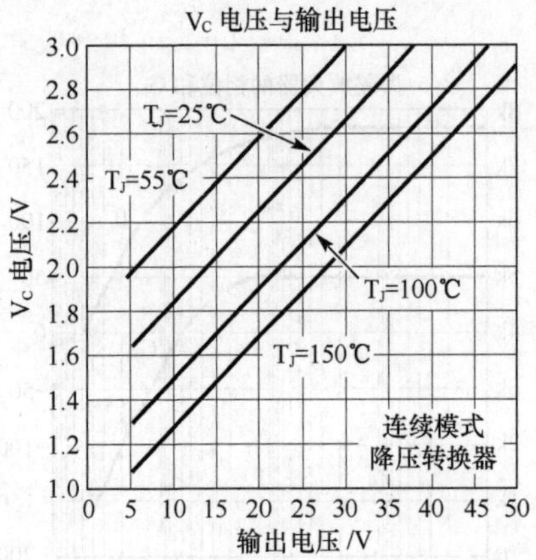

LTAN44·TPC07

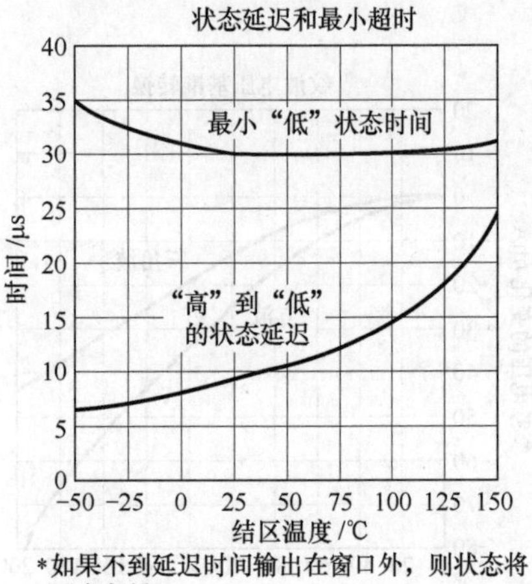

*如果不到延迟时间输出在窗口外，则状态将不会变低

LTAN44·TPC08

引脚描述

V_{IN} 引脚

V_{IN} 引脚既是内部控制电路电源电压，又是高电流开关的一端。值得注意的是该引脚带低ESR旁路和低电感电容，以此防止瞬态阶跃或尖峰电压造成的错误操作。在5A的全开关电流下，稳压器输入端的开关瞬态会变得非常大，如图5.1所示。为了避免额外的电感，需要尽量将输入电容放置在靠近稳压器的地方并使其连接到较宽的印制线路。

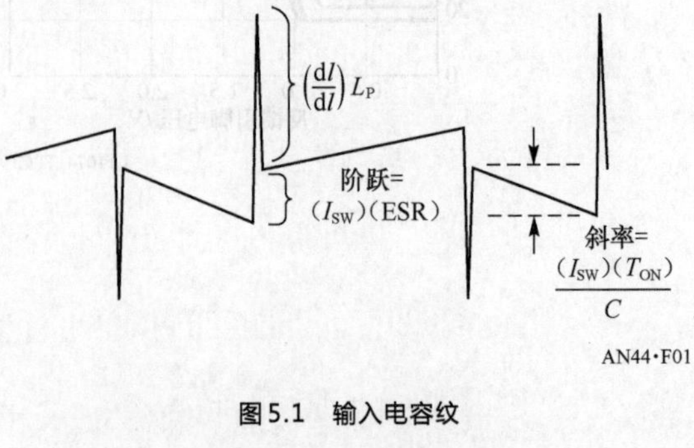

AN44·F01

图5.1 输入电容纹

L_P等于输入旁路连接的总电感和电容。

"尖峰"的高度是$\left(\frac{dl}{dt}\cdot L_P\right)$，每英寸的导线大约为2V。

对于ESR = 0.05Ω和I_{SW}=5A阶跃等于0.25V。

对于C = 200μF、t_{ON}=5μs和I_{SW}=5A斜坡等于125mV。

在关断模式下的V_{IN}引脚的输入电流是实际电源电流（≈140μA，最大值为300μA）和开关漏电电流之和。如果关断模式下的输入电流非常关键，请在专用测试方面向厂家咨询。

接地引脚

对接地引脚进行说明看似没有必要，但在稳压器中，接地引脚必须连接正确，以确保良好的负载稳压。内部参考电压是以接地引脚为参考的。所以在接地引脚电压上的任何误差将在输出端成倍输出。

$$\Delta V_{OUT}=\frac{(\Delta V_{GND})(V_{OUT})}{2.21}$$

为了确保良好的负载调节，接地引脚必须直接连接到适当的输出节点，以保证没有大电流流过此路径。输出端的分压电阻也应该连接到该低电流连接线，如图5.2所示。

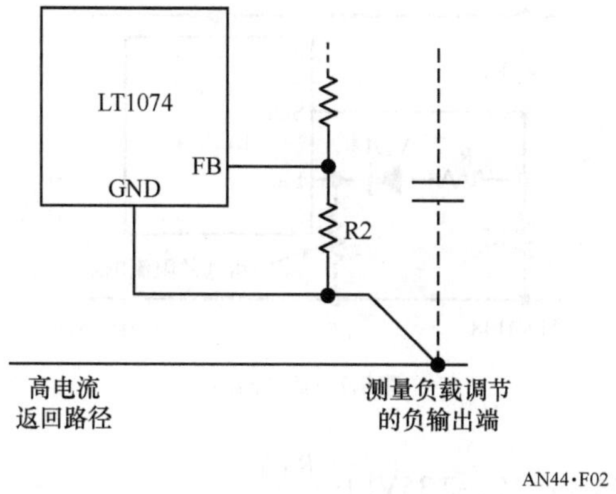

图5.2 接地引脚的正确连接方式

反馈引脚

反馈引脚是误差放大器的反相输入端，此放大器能通过调整占空比来控制稳压器的输出。同相输入端在内部连接到微调后的2.21V参考电压。当误差放大器均衡后，输入偏置电流典型值为0.5μA(I_{out} = 0)。对于大输入信号误差放大器具有不对称的G_M，以此减少启动时的过冲。这使得放大器反馈引脚对大的纹波电压比较敏感。在反馈引脚，100mV$_{(峰峰值)}$纹波将会为放大器提供14mV的偏移，相当于0.7%的输出电压偏移。为了避免输出误差，在连接输出分压器的那一端，输出纹波（峰峰值）应小于直流输出电压的4%。

更多详情，请阅读误差放大器一节。

反馈引脚的频移

误差放大器的反馈引脚（FB）用于当稳压器的输出电压较低时降低振荡器频率。这样做是为了保证，即使在开关的占空比极低的情况下也能很好地控制输出短路电流。连续模式降压转换器理论上的导通时间为

$$t_{ON}=\frac{V_{OUT}+V_D}{V_{IN}\cdot f}$$

其中,V_D为钳位二极管的正向电压（约为0.5V）; f为开关频率。在f=100kHz的情路况下，当V_{IN} = 25V和输出短路（V_{OUT} = 0V）时,t_{ON}必须下降到0.2μs。在电流限制下，LT1074可以将t_{ON}降低到最低约为0.6μs，这个时间对正确控制电流来说过于长了。为了解决这个问题，要将开关频率从100kHz降至20kHz，并使FB引脚的电压从1.3V降到0.5V。这由图5.3所示的电路来实现。

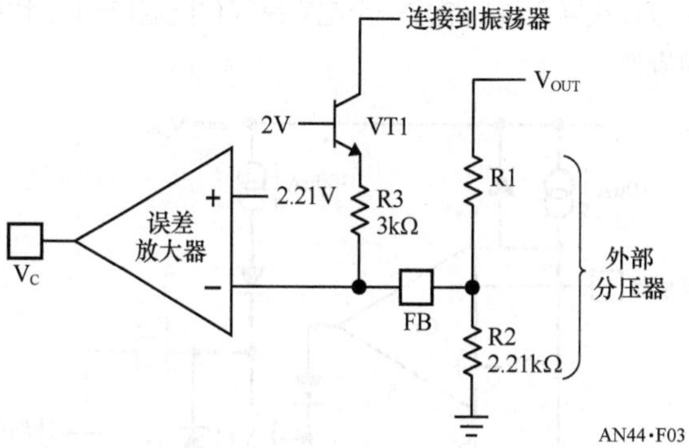

图5.3 频率偏移

当对输出进行稳压(V_{FB}=2.21V)时VT1关闭。当输出被过载拉低时,V_{FB}最终会达到1.3V并开启VT1。随着输出继续下降,VT1的电流成正比增加，并降低振荡器的频率。当输出约为正常值的60%时开始频率偏移，并且输出值约为正常值的20%时将会降到约为20kHz的最小频移。该频率偏移的速率是同时由3kΩ的内部电阻R3和外部分压器的电阻来决定的。因此，如果要使LT1074同时承受高输入电压和输出短路的条件，则R2不应该超过4kΩ。

关断引脚

关断引脚用于欠压锁定、微功耗关断、软启动、延时启动和一般目的下的稳压器输出的开/关控制。它通过降低I_{LIM}引脚的电压来控制开关行为，这将迫使开关持续保持断开状态。当关断引脚电压低于0.3V时，微功耗完全关断。

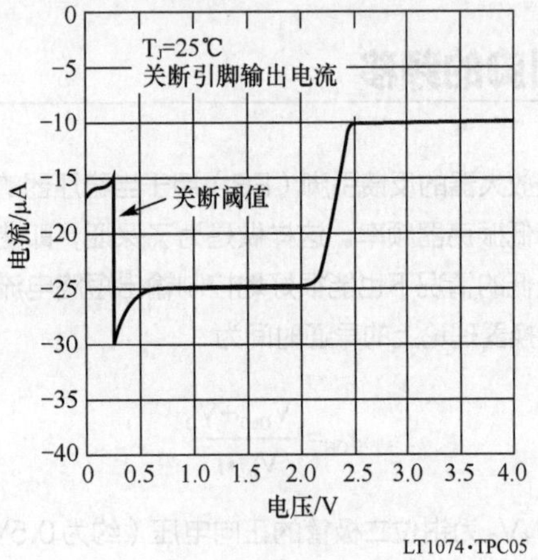

图5.4 关断引脚特性

关断引脚的电压－电流特性如图5.4所示。对于2.5V和V_{IN}之间的电压，关断引脚的输出电流为10μA。当关断引脚电压超过2.35V的阈值时此电流将增加到25μA。在0.3V的阈值处输出电流将进一步增加至约30μA，而且一旦关断电压低于0.3V，输出电流值下降到约15μA。当关断引脚悬空时，该10μA的电流将拉升引脚电压回到其高值或默认状态。还可以在关断引脚处增加一个电容来简化延迟启动应用中的上拉操作。

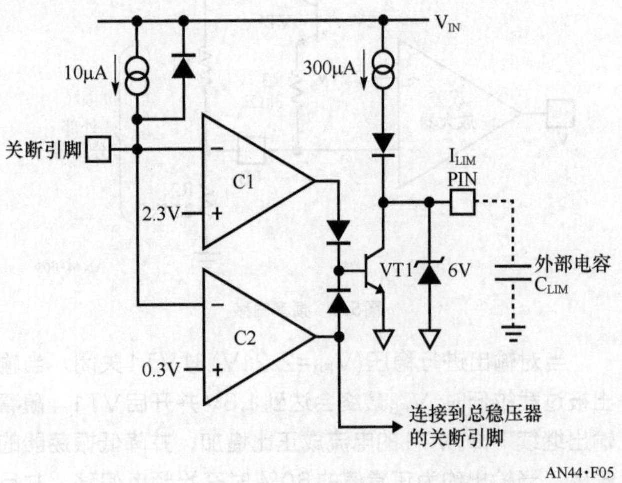

图5.5 关断电路

当启动稳压器时，图5.5所示电路中VT1的集电极电流的典型值约为2mA。作为对C1的回应，I_{LIM}引脚的软启动电容将延迟稳压器的关断，此延迟约为(5V)(C_{LIM})/2mA。微功耗完全关断后的软启动是通过把C2耦合到VT1来实现的。

欠压锁定

欠压锁定点是由图5.6所示的R1和R2设定的。为了避免10μA的关断引脚电流引起的误差，R2通常设定为5kΩ，R1由下式给出。

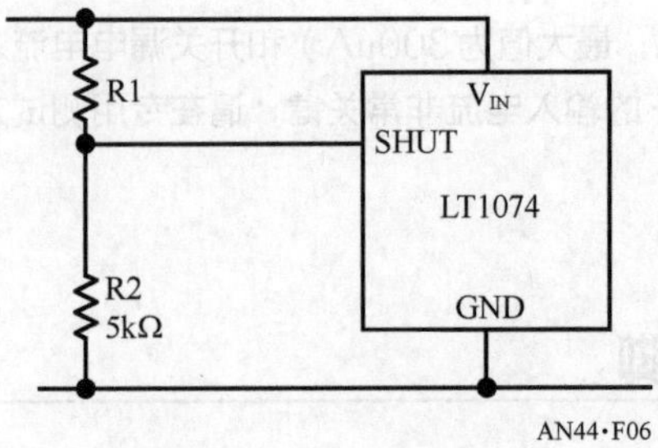

图5.6 欠压锁定

$$R1=R2\frac{(V_{TP}-V_{SH})}{V_{SH}}$$

其中，V_{TP}为所需的欠压锁定电压；V_{SH}为关断引脚电压为2.45V时的锁定阈值。

如果静态电源电流为影响电路性能的关键因素，R2可增加到15kΩ，但上述公式分母中的V_{SH}应替换为V_{SH}−(10μA)(R2)。

欠压锁定的滞后可以用一个电阻（R3）连接在I_{LIM}引脚和关断引脚之间来完成，如图5.7所示。D1防止关断分压器改变电流限值。

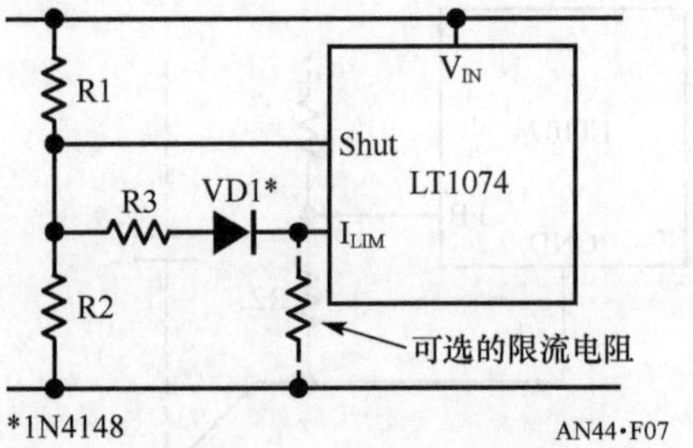

图5.7 添加滞后

$$跳变点=V_{TP}=2.35V\left(1+\frac{R1}{R2}\right)$$

如果添加R3，下跳变点（V_{IN}降低）将是相同的。上跳变点（V_{UTP}）将是

$$V_{UTP}=V_{SH}\left(1+\frac{R1}{R2}+\frac{R1}{R3}\right)-0.8V\left(\frac{R1}{R3}\right)$$

如果R1和R2已被选，则R3由下式给出

$$R3=\frac{(V_{SH}-0.8V)R1}{V_{UTP}-V_{SH}\left(1+\frac{R1}{R2}\right)}$$

例：假设需要一个欠压锁定使得输出直到 V_{IN}=20V之前无法启动，但一旦启动后直到 V_{IN} 下降到15V将继续运作，假定R2=2.32kΩ。

$$R1=1.32k\Omega\frac{15V-2.35V}{2.35V}=12.5k\Omega$$

$$R3=\frac{(2.35-0.8)\times 12.5k\Omega}{20-2.35\left(1+\frac{12.5}{2.32}\right)}=3.9k\Omega$$

状态引脚（仅适用于LT1176部件）

状态引脚是“监测”反馈引脚的电压监测器的输出。与超过5%的标称值的反馈电压比较，该输出电压是较低的。此处的“标称值”指的是内部参考电压，因此±5%窗口将跟踪参考电压。约为10μs的时间延迟会阻止短尖峰使状态跳变到低。状态一旦变低，则从第二个时钟触发沿开始使它至少30μs保持低状态。

如图5.8所示，状态引脚带有130μA的拉电流接到4.5V的钳位电压上。灌电流驱动器是一个具有约100Ω电阻和约5mA最大灌电流的饱和NPN。可以添加一个外部上拉电阻来使输出的最高摆幅达到20V。

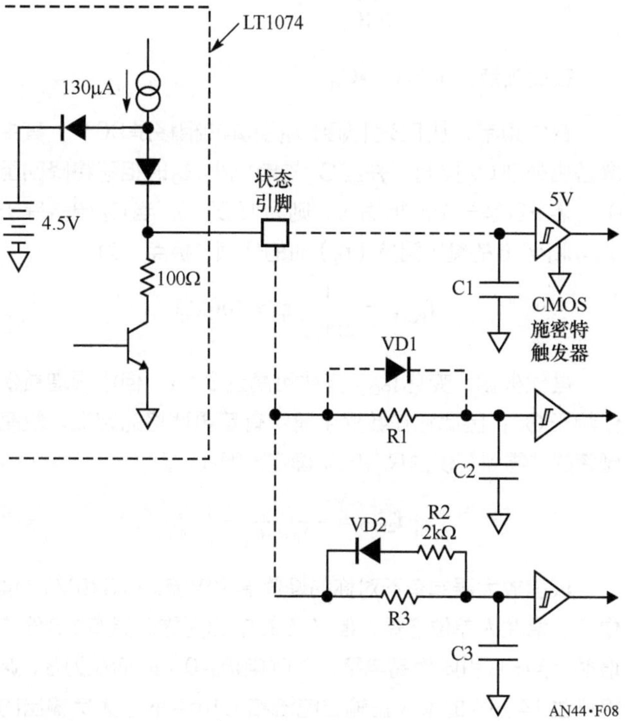

图5.8 给状态输出添加时间延迟

当状态引脚用于表示“输出正常”时，状态测试便显得很重要，因为有可能存在不希望出现的状态。这些状态包括输出过冲、大信号瞬态条件以及过大的输出纹波等。状态引脚的“假”跳变通常可以通过图5.8所示的脉冲展宽网络来控制。一个电容器（C1）将足以延迟输出“OK”（状态高）信号来避免在启动过程中的错误的“真”信号。高状态的延迟时间约为(2.3×10^4)C1，即23ms/μF。低状态的延迟将大大缩短，约为600μs/μF。

如果需要解决低状态假跳变问题，则可以考虑添加R1。如果R1≤10kΩ，则高状态的延迟将保持不变，低状态的延迟将扩展至约R1·C2。C2用于高延迟，而R1用于低延迟。

例：若高状态延迟为10ms，低状态延迟为3ms，则

$$C2=\frac{10ms}{23ms/\mu F}=0.47\mu F$$

$$R1=\frac{3ms}{C2}=\frac{3ms}{0.47\mu F}=6.4k\Omega$$

该例子中R1非常，对C2的充电不会产生限制，因此VD1是不需要的。

如果需要将长时间的高延迟与快速低跳变相结合，则可以使用包含VD2、R2、R3和C3的结构。首先选C3来设定低延迟，有

$$C3\approx\frac{t_{LOW}}{2k\Omega}$$

然后为高延迟选R3，有

$$R3\approx\frac{t_{HIGH}}{C3}$$

把t_{LOW}=100μs，t_{HIGH}=10μs代入上面两式得C3=0.05μF，R3=200kΩ。

I_{LIM}引脚

I_{LIM}引脚用于降低电流限值到低于6.5A的预置值。该引脚的等效电路如图5.9所示。

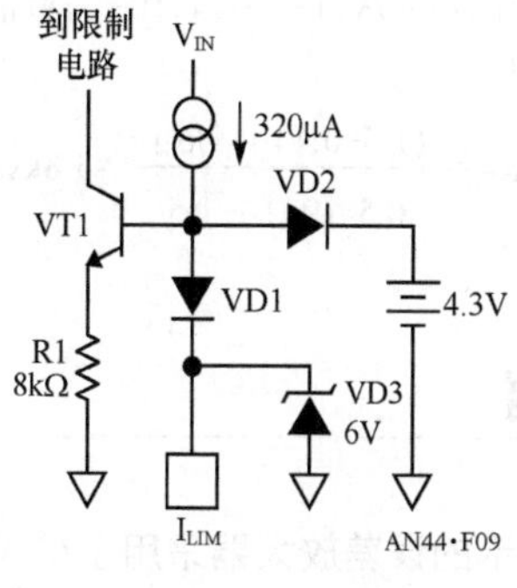

图5.9 I_{LIM}引脚电流

当I_{LIM}脚悬空时，VT1的基极电压通过VD2钳位到5V电压上。内部电流限值是由流过VT1的电流确定的。如果一个外部电阻接到I_{LIM}和接地点之间，则可以降低VT1的基极电压以适应较低的电流限值。VD2进行钳位时，电阻两端的电压等于（320μA）R，并被限制在约5V内。对于一个给定的电流限值需要的电阻为

$$R_{LIM} = I_{LIM}(2k\Omega) + 2k\Omega \ (LT1074)$$

$$R_{LIM} = I_{LIM}(5.5k\Omega) + 2k\Omega \ (LT1076)$$

例如，LT1074中，3A的电流限值将需要3A(2kΩ)+1kΩ=7kΩ的电阻。对于2A≤I_{LIM}≤5A的LT1074和0.7A≤I_{LIM}≤1.8A的LT1076来说，上述公式的精度为±25%，因此I_{LIM}应设定为所需开关电流的峰值的25%以上。

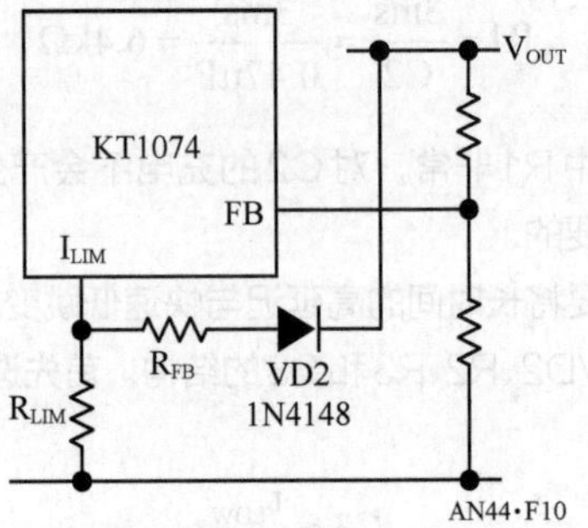

图5.10 折返式电流限制

在输出端和I_{LIM}引脚之间加入一个电阻可以很容易实现折返式电流限值，电路如图5.10所示。当稳压输出时，该电路可以实现满额所需电流限值（有或无R_{LIM}），但在短路条件下会减小电流限值。R_{FB}的典型值是5kΩ，但为了设定折返量，可以上下调整其值。VD2可以防止输出电流反向流回到I_{LIM}引脚。计算R_{FB}的值时，首先需要计算R_{LIM}，然后计算R_{FB}，计算公式如下。

$$R_{FB}=\frac{(I_{SC}-0.44^{*})R_L}{0.5^{*}(R_L-1)-I_{SC}} = R_L(k\Omega)$$

*对LT1076,将0.44改成0.16,0.5改成0.18。

例：已知I_{LIM}=4A，I_{SC} = 1.5A，R_{LIM} = 4×（2kΩ）+1kΩ=9kΩ，则

$$R_{FB}=\frac{(1.5-0.44)\times 9k\Omega}{0.5\times(9-1)-1.5}=3.8k\Omega$$

误差放大器

图5.11所示的误差放大器采用了单级结构，附加的反相器可使输出在共模输入电压值范围内上下摆动。放大器的一侧连接到2.21V的微调内部参考电压，另一个输入来自FB（反馈）引脚。该放大器具有约为5000μs的G_M（电压输入电流输出）传输函数。电压增益是将总的等效输出负载乘以G_M倍来确定的，总的等效输出负载包括VT4和VT6的输出电阻与其并联的RC外部频率补偿网络的电阻。在直流工作状态下，外部RC被忽略，因此用400kΩ的VT4和VT6并联输出阻抗计算得的电压增益约为2000。当仅为几赫兹的频率下，电压增益由外部补决定，即由R_C和C_C确定。

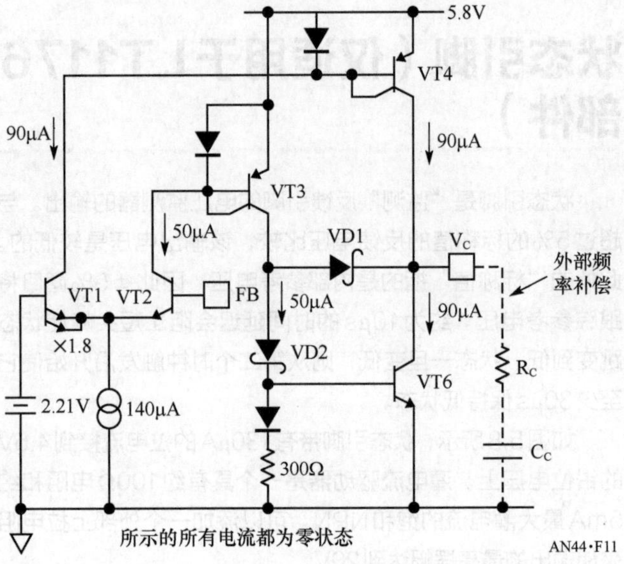

图5.11 误差放大器

在中频带：$A_V = \dfrac{G_m}{2\pi f C_C}$

在高频带：$A_V = G_m \cdot C_C$

在中频带，从FB引脚到V_C引脚的相移是90°，其中增益由外部C_C控制，并当C_C的电抗小R_C时相移将降回至0°（若FB是一个反相输入，则为180° ）。当C_C电抗等于VT4和VT6的输出阻抗（r_0）时的低频"极点"为

$$f_{POLE} = \frac{1}{2\pi r_0 C} r_0 \approx 400k\Omega$$

虽然根据r_0变化f_{POLE}变化可高达3：1，但中频增益仅依赖于G_M，因此它在数据手册中有着更严格的定义。较高频率的"零点"仅由R_C和C_C确定，即

$$f_{ZERD} = \frac{1}{2\pi R_C C_C}$$

误差放大器具有不对称的峰值输出电流。VT3和VT4镜像电流增益为单位增益，但VT6在输出为零时具有1.8倍的增益，当FB引脚为高电平（VT1电流=0）时增益为8。这将产生140μA的最大正输出电流和1.1mA的最大负输出的电流（灌电流）。该不对称性的意义在于当快速启动或释放

输出过载时降低稳压器的输出会过冲。在VT1和VT2增益比1.8：1的区间内放大器的偏移保持在较低的水平。

放大器的摆幅在正输出时受5.8V的内部电源的限制，而输出变为低电平时受VD1和VD2的限制。低钳位电压值约为一个二极管压降（-0.7V-2mV/℃）。

需要注意的是，FB引脚和V_C引脚都具有其他内部连接。请参阅频率偏移和同步讨论。

术语定义

V_{IN}：直流输入电压。

V_{IN}'：直流输入电压减去开关电压损失值。V_{IN}'的值比V_{IN}'小1.5～2.3V，这由开关电流决定。

V_{OUT}：直流输出电压。

V_{OUT}'：直流输出电压加上钳位二极管正向电压的值。

V_{OUT}'通常比V_{OUT}大0.4～0.6V。

f：开关频率。

I_M：最大规定开关电流。LT1074的I_M=5.5A，LT1076的I_M=2A。

I_{SW}：开关导通时的开关电流。导通时I_{SW}通常跳转到一个初始值，然后逐渐升高。除非另有说明，在此期间I_{SW}是平均值。需要注意的是这个平均值不包括开关断开时间。

I_{OUT}：直流输出电流。

I_{LIM}：直流输出电流极值。

I_{DP}：钳位二极管的正向电流。它既是非连续模式的峰值电流，又是在连续模式下开关关断时的电流脉冲的平均值。

I_{DA}：一个完整的开关周期内钳位二极管正向电流的平均值。I_{DA}通常被用来计算二极管的焦耳热。

ΔI：电感纹波电流的峰值，同时等于不连续模式的峰值电流。ΔI用于计算输出纹波电压和电感的磁芯损耗。

V_{P-P}：输出电压纹波峰-峰值。这不包括由快速上升电流和电容寄生电感引起的“尖峰”。

t_{SW}：实际上，t_{SW}不是一个真正的上升或下降时间。它代表的是开关器中电压和电流的有效重叠时间。t_{SW}用于计算开关的功耗。

L：电感。通常在低交流磁通密度和零直流电流的情况下测得。要注意的是大的交流磁通密度能增加高达30%的电感，大的直流电流会使L显著降低（铁芯饱和）。

B_{AC}：磁芯中交流磁通密度的峰值，并等于交流磁通密度峰-峰值的一半。使用峰值是因为几乎所有的磁芯损耗曲线的绘制都会用到峰值磁通密度。

N：抽头电感或变压器匝数比。注，每个应用场合N都有确切的定义。

μ：电感所用材料的有效磁导率。μ的典型值在25～150之间。铁氧体材料的μ值一般都很高，但通常留缺口来调整有效值到该范围内。

V_e：有效的芯材体积（cm^3）。

L_e：有效的磁芯长度（cm）。

A_e：有效芯横截面面积（cm^2）。

A_W：有效的核或骨架绕线区域。

L_t：一匝线组的平均长度。

P_{CU}：绕组电阻引起的功耗。它不包括趋肤效应。

P_C：磁芯的功率损耗。P_C只依赖于在电感中的纹波电流而不是直流电流。

E：整体稳压器的效率。等于输出功率除以输入功率。

正步降（降压）转换器

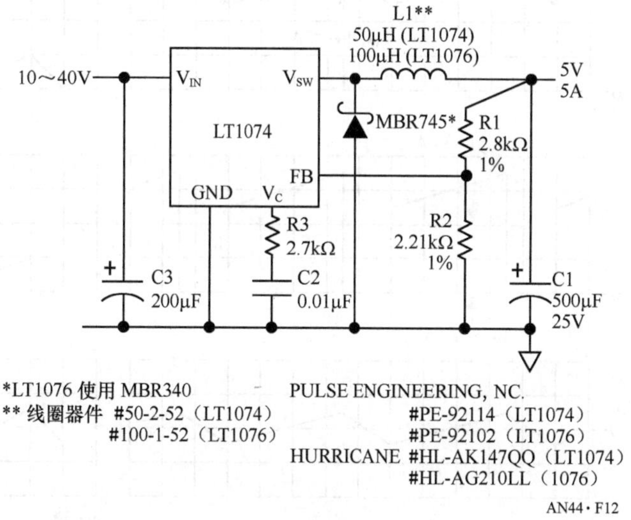

图5.12　基本正降压转换器

图5.12所示电路可以将较大的正输入电压转换为较低的正输出。图5.13显示了I_{OUT}=3A的连续模式（电感电流不会降至零）和开关周期某部分时间电感电流降为零（I_{OUT}=0.17A）的不连续模式的典型波形，其中I_{IN}=20V，V_{OUT}=5V，L=50μH。连续模式将最大限度地提高输出功率，但需要较大的电感。非连续模式的最大输出电流只有开关电流额定值的二分之一。注意在连续模式设计中，当负载电流减小时，电路最终会进入不连续模式。LT1074在任一模式下都运行良好，并且当发生负载电流减小引起的模式转换时，它在性能上没有显著变化。

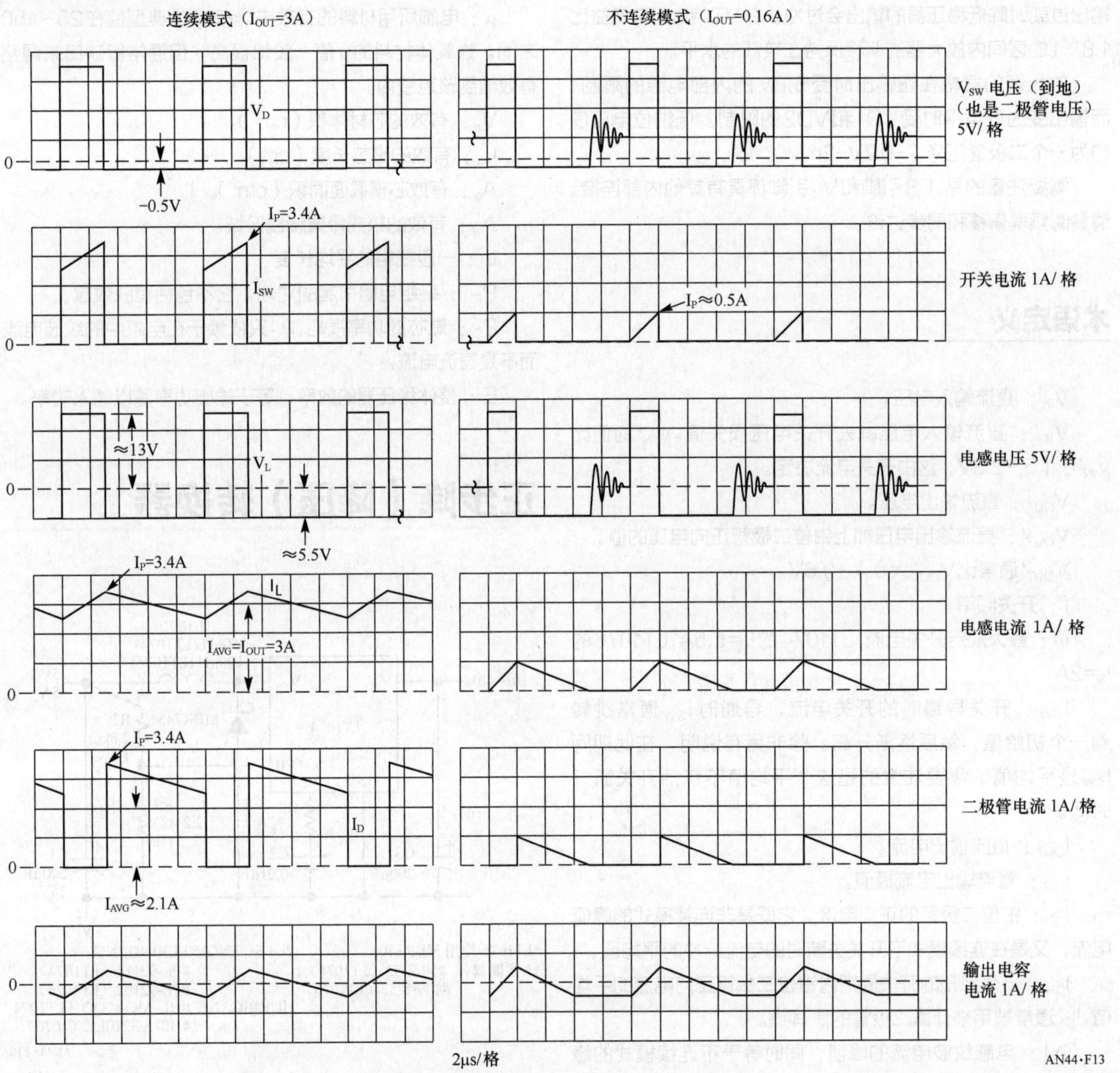

图 5.13　降压转换器波形，其中 V_{IN}=20V，L=50μH

连续模式下降压转换器的占空比为

$$DC=\frac{V_{OUT}+V_f}{V_{IN}-V_{SW}}=\frac{V_{OUT}'}{V_{IN}'} \quad (1)$$

其中，V_f 为钳位二极管的正向电压；V_{SW} 为整个开关上的电压损耗。

可以发现，占空比除了随 V_f 与 V_{SW} 略有变化之外，不会随负载电流变化而变化。

当负载电流等于下式的 $I_{OUT(CRIT)}$ 时，降压转换器会从连续模式变为不连续模式（占空比将减小）。

$$I_{OUT(CRIT)}=\frac{(V_{OUT}')(V_{IN}'-V_{OUT}')}{2V_{IN}'fL} \quad (2)$$

为改善负载瞬态响应特性，可以增加 L 值，除此之外，不能通过增加 L 来确保轻载时的连续模式操作。

根据图 5.12 所给的变量值，可分别计算得 DC，$I_{OUT(CRIT)}$ 如下。

$$DC=\frac{5+0.5}{25-2}=24\%$$

$$I_{OUT(CRIT)}=\frac{(5.5)\times(23-5.5)}{2\times23\times10^5\times50\times10^{-6}}=0.42A$$

某些发生在不连续模式下开关断开周期中的“振铃”仅仅是由钳位二极管电容和与电感器并联的开关电容所产生的共振。这种振荡没有任何害处，因此任何企图削弱它的措施只是浪费效率而已。振铃频率由下式给出。

$$f_{ING}=\frac{1}{2\pi\sqrt{L\cdot(C_{SW}+C_{DIODE})}} \quad (3)$$

其中，$C_{SW}\approx 80pF$；C_{DIODE}在200～1000pF之间。

在连续模式下不发生关断状态振铃，这是因为二极管在开关关断期间一直导通，从而有效地将共振短路。

仔细看一下开关波形的前缘，可能会发现第二个“振铃”，它通常发生在大约20～50MHz的频率段内。这是一些回路电感共同作用的结果，其中包括输入电容、LT1074引线、二极管引线和钳位二极管的电容。长度为4英寸的引线电感约为0.1μH。再加上500pF的二极管电容后将产生一个叠加在快速上升的开关电压波形上的25MHz衰减振荡。同样，该振铃没有任何坏处，因此除了减少引线长度之外其他试图抑制它的办法都是多余的。实际上，电路板中的一些很短的互连线和较高的二极管电容可能会另外形成一个调谐电路，此调谐电路会与开关输出发生共振，从而在开关导通时，在开关输出上产生小幅度振荡。此效应能够通过在基板组装过程中在引线和二极管上套上铁氧体磁珠来消除。

标准硅快速恢复二极管中几乎无响振现象发生，这是因为它们具有较低的电容并能有效地通过较慢的关断特性衰减响振。这种较慢的关断和较大的正向电压意味着额外的功率损耗，所以一般都推荐使用肖特基二极管。

连续模式下降压转换器的最大输出电流由下式给出。

$$I_{OUT(MAX)}=I_M-\frac{V_{OUT}(V_{IN}-V_{OUT})}{2f\,V_{IN}L} \quad (4)$$

其中I_M为最大开关电流（LT1074的I_M= 5.5A）;V_{IN}为直流输入电压（最大值）,V_{OUT}为输出电压，f为开关频率。

对于以上所示的例子，有L=50μH，V_{IN}=25V，因此

$$I_{OUT(MAX)}=5.5-\frac{5\times(25-5)}{2\times10^5\times25\times50\times10^{-6}}=5.1(A)$$

可以看出，增加电感器的尺寸至100μH只会使最大输出电流增加4%，若使其降低到20μH的话最大电流将降至4.5A。低电感可用于较低的输出电流，但磁芯损耗将会增大。

电感

在降压转换器中使用的电感同时充当能量存储元件和平滑滤波器。良好的滤波与尺寸和成本之间需要进行折衷。LT1074使用的典型电感值范围在5～200μH，较小的电感用于低功率、小尺寸应用，大的电感用于最大输出功率或最小输出电压纹波的情况。为了避免铁芯发热，电感的额定电流至少等于输出电流，并且纹波电流（不同频率下都可以用伏·微秒的乘积来表示）要进行限制。有关如何选择电感和计算损耗的详细信息，请参阅电感选择章节。

输出钳位二极管

当LT1074开关关断时，VD1用以形成L1的电流路径。在连续模式下流经VD1的电流等于一个占空比为（V_{IN} - V_{OUT}）/ V_{IN}的输出电流。对于低输入电压，VD1可在50%或更低的占空比下工作，不过如果想利用这一特性来减少二极管的散热的话，必须特别小心。首先，一个意想不到的高输入电压将使占空比增加。然而，更重要的是输出短路的情况，当V_{OUT} = 0时，对于任何输入电压二极管占空比都约为1。另外，电流限值时，二极管电流不是负载电流，而是由LT1074开关电流限值决定的。如果电路要求连续输出短路的话，VD1必须要有足够的额定值和热吸收能力。7引脚和11引脚的LT1074可以减小电流限值，以抑制二极管的损耗。而5引脚LT1074可以使用图5.20所示的技术来准确地限制电流。

一般情况下，VD1的损耗由下式给出

$$P_{D1}=I_{OUT}\frac{(V_{IN}-V_{OUT})}{V_{IN}}V_f \quad (5)$$

V_f为VD1的电流为I_{OUT}时的正偏电压。肖特基二极管处于全额定电流下的正偏电压通常为0.6V，因此实际设计中一般使用额定值为输出电流的1.5～2倍的二极管，以此来维持高效率，并为短路状态提供一定的裕度。该方案可使V_f下降到大约0.5V。

例：$V_{IN(MAX)}$ = 25V，I_{OUT} = 3A，V_{OUT} = 5V，并假设V_f = 0.5V，则满载时

$$P_{D1}=3\times\frac{(25-5)}{25}\times0.5=1.2(W)$$

输出短路时（$I_{OUT}\approx$ 6A,DC=1）

$$P_{D1}=6\times1\times0.6=3.6(W)$$

如果不能提供足够的散热的话，则在输出短路条件下高功率耗散可能需要限流调整。

一般假定二极管的反向恢复时间极短，是可以忽略的，所以二极管开关损耗也可以忽略。不过，标准硅二极管的开关损耗不能忽略，并由下式近似算得。

$$P_{t_{rr}} \approx V_{IN} f\, t_{rr} I_{OUT} \tag{6}$$

t_{rr}是二极管反向恢复时间。

例：t_{rr}=100ns的同样电路的开关损耗为

$$P_{t_{rr}} = 25 \times 10^5 \times 10^{-7} \times 3 = 0.75\,(W)$$

具有突然关断特性的二极管能将该功率的绝大部分转移到LT1074开关，而软恢复二极管却把这种功率的大部分消耗在其自身。

LT1074的功耗

流入LT1074的静态电流约为7.5mA，并与输入电压或负载相互无关。当开关导通时，将有5mA的额外电流流过LT1074。开关本身的功耗近似正比于负载电流。该功率包括纯粹的传导损耗（开关电压乘于切换电流）和有限的开关电流上升和下降时间造成的动态切换损耗。总的LT1074功耗可以通过下式计算。

$$P = V_{IN}[7mA + 5mA \cdot DC + 2I_{OUT} \cdot t_{sw} \cdot f] + DC\left[I_{OUT}(1.8V)^{*} + 0.1\Omega^{*}(I_{OUT})^{2}\right] \tag{7}$$

$$DC = \text{Duty Cycle} \approx \frac{V_{OUT} + 0.5V}{V_{IN} - 2V} \tag{8}$$

其中,DC为占空比，且$DC \approx \frac{C_{OUT}+0.5}{V_{IN}-2}$; t_{SW}为开关电压和电流的有效重叠时间，并对于LT1074，$t_{SW} \approx$ 50ns+(3ns/A)·I_{OUT}，对于LT1076约等于60ns+(10ns/A)·I_{OUT}

例：V_{IN} =25V,V_{OUT}=5V,f=10kHz,I_{OUT}=3A，则

$$DC = \frac{5+0.5}{25-2} = 0.196$$

$$t_{SW} = 50ns + (3ns/A)\,3A = 59ns$$

$$P = 25\left[\begin{matrix} 7mA + 5mA(0.196) + \\ (2)(3)(59\,ns)(10^5) \end{matrix}\right] + 0.196\left[3(1.8) + 0.1(3)^2\right]$$

$$= \underbrace{0.21W}_{\text{电源电流损耗}} + \underbrace{0.89W}_{\text{动态开关损耗}} + \underbrace{1.24W}_{\text{快关导通损耗}} = 2.34W$$

注：对于LT1076把P的计算公式中的1.8和0.1换成1和0.3。

输入电容（降压转换器）

因为输入电流是具有快速上升和下降时间的方波，因此降压转换器一般需要一个本地输入旁路电容。该电容器是通过波纹电流额定值选择的，并且必须足够大，以避免由其等效串联电阻（ESR）和转换器输入电流的交流均方根值（AC RMS）引起的过热现象。对于连续模式，有

$$I_{AC,RMS} = I_{OUT}\sqrt{\frac{V_{OUT}(V_{IN} - V_{OUT})}{(V_{IN})^2}} \tag{9}$$

最坏的情况是在V_{IN}=2V_{OUT}处。

在高效率的应用中输入电容的功耗是不可忽视的。这只不过是电容均方根电流的平方乘于ESR，即

$$P_{C3} = I_{AC,RMS}{}^2\,(ESR) \tag{10}$$

例：V_{IN}=20～30V,I_{OUT}=3A,V_{OUT}=5V，最坏的情况是在V_{IN} =2V_{OUT}=10V处，因此使用最接近的V_{IN}值20V。

$$I_{AC,RMS} = 3A\sqrt{\frac{5(20-5)}{20^2}} = 1.3A$$

输入电容工作电压额定值必须大于30V的最小值，额定工作电流值为1.3A的纹波电流。纹波电流额定值随最高环境温度的变化而变化，所以使用前请仔细检查数据手册。

当输入电压小于12V时，必须将输入电容放置在靠近LT1074的地方并使用短引线（径向）。在稳压器输入端的引线上，每英寸长度将会出现2V尖峰。如果这些尖峰约低于7V，稳压器的行为将出现反常。更多有关V_{IN}引脚的信息请参阅引脚说明一节。

你可能会想知道为什么没有提到电容值，那是因为它其实并不重要。当频率在10kHz以上时，较大的电解电容表现纯阻性（或感性），所以它们的旁路阻抗显阻性,ESR是其控制因素。对于LT1074所使用的输入电容，不管其电容值为多少，满足其额定纹波电流的单元会提供足够的“旁路”。对于同样的额定波纹电流，具有更高额定电压的单元一般都会有较低的电容，但作为一般规则，满足给定的纹波电流/ESR上所需的量在一个较宽范围的电容/电压额定值上是固定的。如果选择使用的电容具有0.1Ω的ESR，则会产生$(1.3A)^2 \times 0.1\Omega$=0.17W的功率损耗。

输出电容

在降压转换器中，输出纹波电压由两个电感值和输出电容确定,对于连续模式，有

$$V_{P-P} = \frac{ESR\left(1 - \frac{V_{OUT}}{V_{IN}}\right)V_{OUT}}{Lf\,V_{IN}} \tag{11}$$

对于不连续模式，则为

$$V_{P-P}=ESR\sqrt{\frac{2I_{OUT}V_{OUT}(V_{IN}-V_{OUT})}{L\cdot f\cdot V_{IN}}} \quad (12)$$

需要注意的是，公式中仅仅使用到输出电容的ESR，并假设频率在10kHz以上电容为纯电阻。如果电感值已确定，该公式可以被重新构造来求解ESR，这有助于电容器的选择。在连续模式下，有

$$ESR(MAX)=\frac{V_{P-P}\cdot L1\cdot f}{\left(1-\frac{V_{OUT}}{V_{IN}}\right)V_{OUT}} \quad (13)$$

在非连续模式下，有

$$ESR(MAX)=V_{P-P}\sqrt{\frac{L\cdot f\cdot V_{IN}}{2I_{OUT}\cdot V_{OUT}(V_{IN}-V_{OUT})}} \quad (14)$$

输出纹波的最坏情形出现在最高输入电压之时。波纹电流在连续下是独立于负载的，但在非连续模式下却正比于负载电流的平方根。

例：连续模式下$V_{IN(MAX)}$=25V，V_{OUT}=5V，I_{OUT}=3A，L1=50μH，f=10kHz。所需的最大峰－峰输出纹波为25mV。

$$ESR=\frac{0.025\times10^{5}\times50\times10^{-6}}{\left(1-\frac{5}{25}\right)\times5}=0.03\Omega$$

这样大的ESR对应的10V电容将达到几毫法，因而相当大。不过，可以进行以下折中。

① 如果元件高度值比电路板面积更重要，则并联数个电容。

② 增加电感。如果使用的是一个比较昂贵的磁芯（钼坡莫合金等），则增加电感可以做到不增加尺寸。

③ 添加一个输出滤波器。这往往是最好的解决方案。因为额外添加的组件成本相当低，并且它通过“降低”主L和C的尺寸来尽可能地最小化它们额外添加的空间。详细信息请参阅输出滤波器一节。

因为电感对纹波电流有预过滤作用，因此纹波电流通常不会对降压转换器的输出电容器产生问题，但在最终选定电容之前还需要进行一次快速检查，尤其是利用附加输出滤波器来“小型化”电容之时尤其需要如此。流入输出电容的纹波电流均方根值由下式计算。对连续模式为

$$I_{RMS}=\frac{0.29V_{OUT}\left(1-\frac{V_{OUT}}{V_{IN}}\right)}{L1\cdot f} \quad (15)$$

根据之前的例子，则

$$I_{RMS}=\frac{0.29\times5\times\left(1-\frac{5}{25}\right)}{50\times10^{-6}\times10^{5}}=0.23A$$

该纹波电流已经非常小，所以不会产生问题，但如果让电感减少到原来的二分之一或三分之一并使输出电容通过增加一个输出滤波器来最小化的话，这一切可能会改变。

此讨论中对于不连续模式均方根纹波电流的计算考虑得过于复杂，其实它的保守值在输出电流的1.5～2倍范围内。

为了减小输出纹波，稳压器的输出端应该直接连接到电容引线，以使二极管（D1）和电感电流不会在输出导线中循环。

效率

除了电感和输出滤波器产生的损耗之外，本节的降压稳压器部分覆盖了其他所有损耗。使用的例子是25V输入和5V、3A输出的稳压器。损耗可以分别计算为：开关损耗1.24W、二极管损耗1.2W、开关切换损耗0.89W、电源电流损耗0.21W和输入电容损耗0.17W。输出电容的损失可以忽略不计。这些损耗的总和为3.71W。电感损耗将在本应用指南独立章节中进行讨论。假设这个应用中电感铜耗是0.3W、磁芯损耗是0.15W，则总稳压器损耗为4.16W。效率为

$$E=\frac{I_{OUT}\cdot V_{OUT}}{I_{OUT}\cdot V_{OUT}+\Sigma P_{L}}=\frac{3A\times5V}{3A\times5V+4.16W}=78\% \quad (16)$$

请记住，当考虑特定损耗项的改进或折中时，任何一项的变化将以效率的平方衰减。例如，如果开关损耗减少了0.3W，它是15W的输出功率的2%，但效率仅有2%×$(0.78)^2$=1.2%的改善。

输出分频器

R1和R2决定了直流输出电压。R2通常选定为2.21kΩ（一个标准的1%值）来匹配2.21V的LT1074的基准电压，它们将产生1mA的分压器电流。然后由下式计算R1。

$$R1=\frac{R2(V_{OUT}-V_{REF})}{V_{REF}} \quad (17)$$

若R2=2.21kΩ，则R1=(V_{OUT}-V_{REF})kΩ。

若要满足其他的需要，可以成比例地增大或缩小R2的值，不过为了保持短路条件下由FB管脚电压产生的频移操作，建议R2的上限为4kΩ。

输出过冲

开关稳压器常常表现出启动过冲，这是因为具有两个极点的LC网络需要反馈环路有一个相当低的单位增益频率。LT1074的不对称误差放大器的转换速率有助于减少过冲，但因为L1-C1和C2-R3组合的存在，过冲仍然是需要解决的问题。对于所有设计，可以通过在最大输入电压下允许输出从零状态转进空载状态来检查过冲。这可以通过加大输入或者通过连接到一个0~10V方波的二极管来降低V_C引脚电压来实现。

最坏情况的过冲可能在输出短路恢复过程中发生，那是因为V_C引脚电压必须从高钳位状态下降到约1.3V。可采用直接计算短路和开路输出来有效地检查这种情形。

如果发现过度输出过冲，首先可以尝试增加补偿电阻使之降低到可接受范围。误差放大器的输出必须快速地负向转换来控制过冲，其转换速率受补偿电容的限制。然而补偿电阻在限制开始之前就让放大器的输出迅速降低。降低幅度约为(1.1mA)R_C。如果R_C可提高到最大3kΩ，则V_C引脚能迅速地响应并控制输出过冲。

若用3kΩ的R_C无法保持环路的稳定性，则还有其他几种解决方案。增加输出电容的大小将通过限制输出的上升时间来减小短路恢复过冲。基于相同理由，减少电流限值也很有效。因为V_C引脚在允许的过冲时间内有明显的转换，因此减少补偿电容到低于0.05μF的方法较为可行。

输出过冲的“最终的解决方案”是对V_C引脚电压应用钳位，这样它不需要转换到关断输出。正常运行时，很难正确计算V_C引脚的电压，因为它与内部乘法器的输出电压之外的其他因素都无关，即

$$V_C \approx 2\Phi + \frac{V_{OUT}}{24} \tag{18}$$

其中，Φ是内部晶体管的V_{BE}，等于0.65V-2mV/℃。

为了允许瞬态条件和电路的容差，另用稍微不同的表达式来计算V_C引脚的钳位电平，有

$$V_{C(CLAMP)} = 2\Phi + \frac{V_{OUT}}{20} + \frac{V_{IN(MAX)}}{50}\ 0.2V \tag{19}$$

对于具有$V_{IN(MAX)}$=30V的5V输出，有

$$V_{C(CLAMP)} = 2\times0.65 + \frac{5}{20} + \frac{30}{50} + 0.2V = 2.35\,(V)$$

如图5.14所示，有几种方法可用于V_C引脚的电压钳位。最简单的方法就是只需添加一个齐纳钳位二极管（VD3）。该方法的关键是找到一个漏电不严重的低电压齐纳二极管。最大齐纳二极管漏电应该是40μA，当$V_C = 2\Phi + \frac{V_{OUT}}{20}$时发生。一种解决方案是使用LM385-2.5V微功耗基准二极管，其中计算得到的钳位电平不超过2.5V。

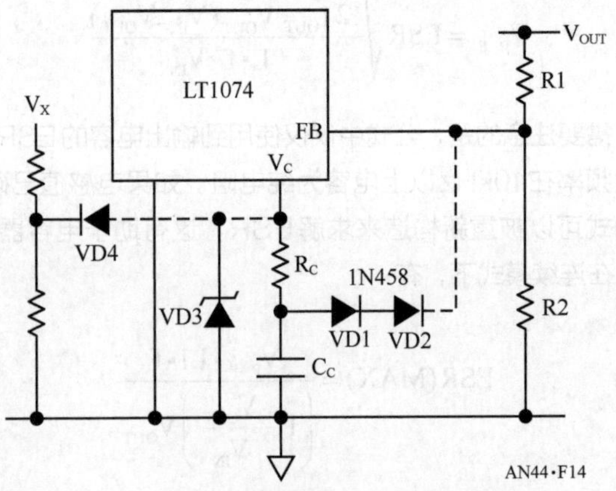

图5.14 V_C引脚的电压钳位

第二种钳位方案是使用一个分压器和二极管（VD4）。其中V_X必须是一些不随稳压器输出电压发生塌陷的准稳压源。

第三种技术可以用于高达20V的输出。此方法使用两个二极管VD1和VD2把V_C引脚钳位到反馈引脚。它们具有与Φ相匹配的正向电压的小信号非金掺杂二极管。这样做的原因是为了启动。当V_{OUT} = 0时，V_C基本上通过输出分压器钳位到地，并且必须允许其上升到足以确保启动的值。V_{OUT} = 0时，反馈引脚和V_C引脚的组合电流使反馈引脚电压将位于约0.5V。V_C电压的计算公式是2Φ+0.5V+(0.14mA)R_C。若R_C = 1kΩ，则V_C = 1.94V。可以发现这V_C电压值足以确保启动。

无效的过冲修复

作者尝试过以下几种方法，并发现它们无法解决过冲。第一种是软启动，具体实现是让输出电流或V_C电压缓慢斜坡上升。第一个问题是缓慢上升的输出为V_C引脚提供更多的时间使其电压斜坡上升，并远远超出其标称的控制点，因此如果要停止过冲则得让它电压下降量更大。如果V_C引脚电压本身上升得很慢，则可以控制输入启动时的过冲。不过在各种输入组合下，软启动的重置很难保证。不论哪种情形，这些技术都没有解决输出过载之后的过冲问题，是因为它们没有被输出“复位”。

另一种常见的做法是在输出分频器靠上边的电阻上并联电容。这种实现方法在一定条件下可以正常运行，不过在过载时电路可能失效。当过载将输出电压下拉到略低于其稳压点且保持足够长时间时，V_C引脚电压将达到其正极限（≈6V）。新增加的并联电容可以保持在其充电后的状态，因此V_C引脚电压几乎要降低5V来控制过载释放时的过冲。由此产生的过冲很明显，而且往往是致命的。

抽头电感降压转换器

降压转换器的输出电流通常仅限于最大开关电流，但可以利用抽头电感改变这种限制，如图5.15所示。“输入”匝数和“输出”匝数的比值为N。抽头的作用就是延长开关时间，从而在不增加开关电流的前提下从输入端获取更多的功率。在开关接通时间内，通过L1送到输出端的电流等于开关电流，LT1074中其最大的值为5.5A。当开关断开时，电感电流只流在L1的输出段（图中标记为“1”），再通过VD1到输出。根据电感器的节能要求，电流增加比例为(N+1)：1。如果N=3，则在开关关断期间传递到输出端的最大电流为(3+1)×5.5A=22A。平均负载电流增加到5A和22A电流的加权平均值。最大输出电流由下式给出。

$$I_{OUT(MAX)}=0.95\left[I_{SW}-\frac{(V_{IN}'-V_{OUT}')(1+N)}{2Lf\left(N+\frac{V_{IN}'}{V_{OUT}'}\right)}\right]\left[\frac{(1+N)}{1+\frac{N\cdot V_{OUT}'}{V_{IN}'}}\right] \quad (20)$$

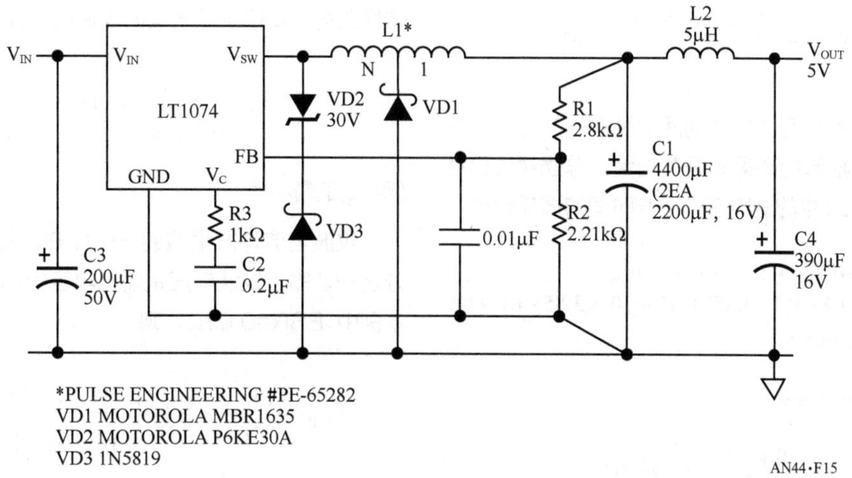

图5.15 抽头电感降压转换器

其中，L为总电感。$(1+N)/(1+N\cdot V_{OUT}/V_{IN})$是基本的开关电流倍数项。在高输入电压下此项将趋近于N+1，也就是说当N=3时理论输出电流将逼近18A。对于较低的输入电压，乘数项将接近于1，抽头电感也失去其利用价值。因此在计算最大负载电流时，通常使用最坏情况下的低输入电压。当考虑到漏电感的二阶效应等情况时，需要插入0.95的乘数项。

例：假设$V_{IN(MIN)}$=20V，N=3，L=100μH，V_{OUT}=5V，V_f=0.55V，f=100kHz，并让I_{SW}取LT1074的最大值5.5A，V_{OUT}=5V+0.55V=5.55V，V_{IN}=20V−2V=18V，则

$$I_{OUT(MAX)}=0.95\left[5.5-\frac{(18-5.55)(1+3)}{2\times10^{-4}\times10^{5}\times\left(3+\frac{18}{5.5}\right)}\right]\times$$

$$\left[\frac{1+3}{1+\frac{3\times5.55}{18}}\right]0.95\times[5.5-0.4]\times[2.08]=10.08\text{A}$$

该抽头电感转换器的占空比

$$D=\frac{1+N}{N+\frac{V_{IN}'}{V_{OUT}'}} \quad (21)$$

二极管的平均和峰值电流分别为

$$I_{D(AVG)}=\frac{I_{OUT}(V_{IN}'-NV_{OUT}')}{V_{IN}'}\ （用V_{IN}'的最大值） \quad (22)$$

$$I_{D(PEAK)}=\frac{I_{OUT}(V_{IN}'+NV_{OUT}')}{V_{IN}'}\ （用V_{IN}'的最小值） \quad (23)$$

开关导通时的平均开关电流为

$$I_{SW(AVG)}=\frac{I_{OUT}(V_{IN}'+NV_{OUT})}{V_{IN}'(1+N)}\ （用V_{IN}'的最小值） \quad (24)$$

二极管的反向峰值电压为

$$V_{DI(PEAK)}=\frac{V_{IN}+NV_{OUT}}{1+N}\ （用V_{IN}的最大值） \quad (25)$$

开关的反向电压为

$$V_{SW}=V_{IN}+V_Z+V_{SPIKE}\ （用V_{IN}的最大值） \quad (26)$$

其中，V_Z是VD2的反向击穿电压（30V）；V_{SPIKE}是由过快的开关关断，C3、VD2和VD3的杂散线路电感和LT1074的V_{IN}开关引脚一起产生的窄脉冲。该电压脉冲在每英寸的引线上大约为I_{SW}/2V。

利用上面计算最大电流的实例中的参数，再加上 $V_{IN(MAX)}=30V$，$I_{OUT}=8$，可得

$$DC(当V_{IN}=20V时)=\frac{1+3}{3+\frac{18}{5.55}}=64\%$$

$$I_{D(AVG)}=\frac{8\times(28-5.55)}{28}=6.7(A)$$

$$I_{D(PEAK)}(当V_{IN}=20V时)=\frac{8\times(18+3\times5.55)}{18}=15.4(A)$$

$$I_{SW(AVG)}(当V_{IN}=20V时)=\frac{8\times(18+3\times5.55)}{18\times(1+3)}=3.85(A)$$

要注意上面计算的是开关导通期间的平均开关电流，将其与占空比和开关电压降相乘得到开关功耗。总损耗还包括开关下降时间（由于L1中的漏电感，上升时间的损耗很小）。

$$\begin{aligned}P_{SWITCH}&=I_{SW}DC(1.8V+0.1I_{SW})+(V_{IN}'+V_Z)I_{SW}ft_{SW}\\&=3.85\times0.64\times(1.8+0.1\times3.85)+(10+30)\times3.85\times10^5\times62\\&=5.3W+1.19W=6.5W\end{aligned}$$

其中 $t_{SW}=50ns+3ns\cdot I_{SW}$

$$V_{DI(PEAK)}=\frac{30+3.5}{1+3}=11.25\ (V)$$

若假设引线长为2英寸，则

$$V_{SW}=30+30+\frac{3.85}{2}\times(2'')=64(V)$$

缓冲器

抽头电感转换器需要一个缓冲器（VD2和VD3）来消减由L1的漏电感产生的开关脉冲毛刺。此漏电感（L_L）是当抽头和输出端之间短路时抽头和开关（N）端之间的测量值。因为短路的匝线反映至任意其他电路端点的电阻为"0"欧姆，因此所测量的电感理论值应为零。在实际中，即使使用双线绕组技术，还是存在大于总电感1%的漏电感。对PE-65282来说它约为1.2μH。L_L 通常可以建模为串联到"N"输入端的一个单独的电感，它与电感的其余部分不耦合。这样在开关关断期间开关引脚上将引发出一个负脉冲信号。为了防止开关被损坏，用VD2和VD3来削减该脉冲，不过VD2将消耗较大的功率。该功率等于开关关断时 L_L 上存储的电能（$E=I_{SW}^2\cdot L_L/2$）乘以开关频率以及与VD2的电压和电感输入端反向电压之差。

$$P_{VD2}=\frac{I_{SW}^2\cdot L_L}{2}(f)\left(\frac{V_Z}{V_Z-V_{OUT}'\cdot N}\right)\quad(27)$$

在本例中则为

$$P_{VD2}=\frac{3.85^2\times1.2\times10^{-6}\times10^5}{2}\times\left(\frac{30}{30-5.5\times3}\right)=2(W)$$

输出纹波电压

因为有方波电流叠加到正常的三角电流上并将会反馈到输出端，因此抽头电感转换器的输出纹波电压比简单的降压转换器高。传输到输出端的纹波电流峰-峰值为

$$I_{P-P}=\frac{I_{OUT}(N\cdot I_{OUT}+V_{IN})N}{V_{IN}(1+N)}+\frac{(1+N)(V_{IN}-V_{OUT})}{f\cdot L\left(N+\frac{V_{IN}}{V_{OUT}}\right)}\quad(28)$$

（用 V_{IN} 的最小值）

纹波电流均方根值的一个保守近似是电流峰-峰值的二分之一。输出纹波电压是输出电容的ESR和 I_{P-P} 的乘积。在本例中，ESR=0.03Ω，则

$$I_{P-P}=\frac{8(3\times5+20)\times3}{20\times(1+3)}+\frac{(1+3)\times(20-5)}{10^5\times10^{-4}\left(3+\frac{20}{5}\right)}=11.4A$$

$$I_{RMS}=5.7A$$

$$V_{P-P}=0.03\times11.4=340mV$$

较高的纹波电流和电压值需要对输出电容多加注意。为了避免电容过大，可以将几个较小的单元并联来实现5.7A的组合纹波电流额定值。另外，纹波电压始终是众多应用中的重要问题。然而，为了将纹波电压减小到50mV，需要功耗小于0.005W的ESR，这明显不符合实际情况。解决方案是采用一个输出滤波器来实现20：1以上比例的纹波衰减。

输入电容

纹波电流的额定值将决定输入旁路电容的选择。假定所有转换器的输入纹波电流都由输入电容提供。输入纹波电流均方根值大约为

$$I_{IN(RMS)}\approx\frac{V_{OUT}'I_{OUT}}{V_{IN}'(1+N)}\sqrt{(1+N)\left(\frac{V_{IN}'}{V_{OUT}'}-1\right)}=\frac{8\times5.5}{18(1+3)}\sqrt{(1+3)\left(\frac{18}{5.5}-1\right)}=1.84A$$

（用 V_{IN} 的最小值）

由于微法级输入电容在100kHz下可以看成纯电阻，所以其容值影响不大。不过，其纹波电流和最大输入电压必须达到额定值。通常应使用径向型引线来减少引线电感。

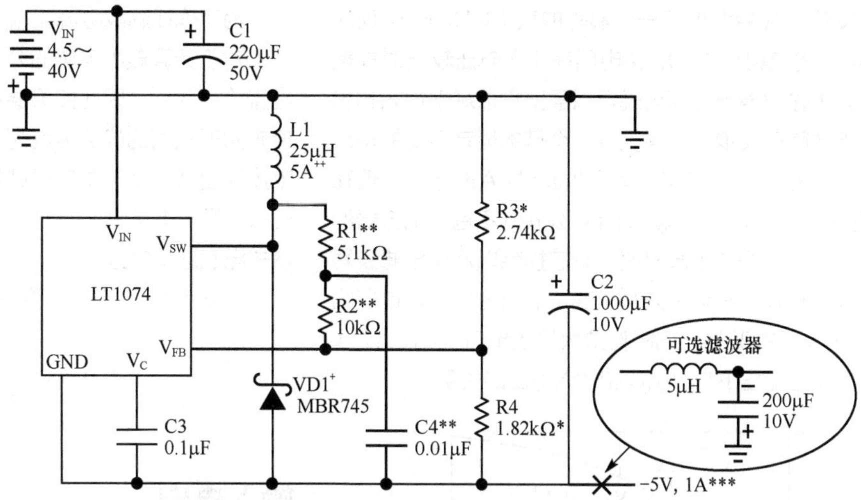

*=1% 薄膜电阻

VD1=MOTOROLA-MBR745
C1=NICHICON-UPL1C221MRH6
C2=NICHICON-UPL1A102MRH6
L1=COILTRONICS-CTX25-5-52

+ 较低反向电压额定值可用于较低的输入电压
对于较低的输出电流允许用较低的电流额定值

++ 较低的电流额定值可用于较低的输出电流

**R1、R2 和 C4 均用于环路频率补偿，但 R1 和 R2 必须要包括在对于输出电压分压值计算中
对于更高的输出电压，要增加 R1、R2 和 R3 的比例
$R3=V_{OUT}-2.37$ (kΩ)
R1=(R3) (1.86)
R2=(R3) (3.65)

***1A 的最大输出电流是由 4.5V 的最小输入电压决定
较高的最低输入电压允许输出电流更高

AN44•F16

图5.16 正到负转换器

正负转换器

如果输入和输出电压之和大于8V的最低电源电压规格，并且最小正电源为4.75V，则LT1074可用于正负电压的转换。图5.16显示了LT1074如何用于生成负5V。该装置的接地引脚直接连接到负输出端，使得反馈分压器（R3和R4）以正常方式相连。如果接地引脚被接到地，则需要进行电平偏移和反相以生成适当的反馈信号。正到负电压转换器的传递函数有一个右半平面上的零点，这使得其频率非常难以稳定，尤其是低输入电压时很难稳定下来。添加R1、R2和C4到基本设计中纯粹是为了保证在低输入电压下的环路稳定性。若条件满足$V_{IN}>10V$或者$V_{IN}/V_{OUT}>2$，则可以忽略它们。在进行电路直流电压分析时，R1加上R2一起并联到R3。这些电阻可以按以下的规律进行选择。

R4 = 1.82kΩ

$R3 = |V_{OUT}| - 2.37$ （kΩ）

R1 = R3(1.86)

R2 = R3(3.65)

如果R1和R2可忽略，则

R4 = 2.21kΩ

$R3 = |V_{OUT}| - 2.21$ （kΩ）

一个+12V至-5V转换器的电阻为R4=2.21kΩ，R3=2.74kΩ。

补偿元件推荐使用0.1μF电容和1kΩ电阻串联的RC电路再并联上C3，其值为0.005μF。

该转换器的工作原理是，当LT1074开关导通时通过输入电压给L1充电。在开关断开时，电感电流通过VD1被分流到负输出端。

对于连续模式，开关的占空比是

$$DC=\frac{V_{OUT}'}{V_{IN}'+V_{OUT}} \tag{29}$$

（V_{OUT}使用绝对值）

对于连续模式，开关峰值电流为

$$I_{SW(PEAK)}=\frac{I_{OUT}(V_{OUT}'+V_{IN}')}{V_{IN}'}+\frac{V_{OUT}'\ V_{IN}'}{2fL(V_{IN}'+V_{OUT}')} \tag{30}$$

对于给定的最大开关电流（IM）计算最大输出电流时，重新构造以上公式为

$$I_{OUT(MAX)}=\frac{V_{IN}'-I_M R_L}{V_{IN}'+V_{OUT}'}+\left[I_M-\frac{V_{OUT}'V_{IN}'}{2fL(V_{IN}'+V_{OUT}')}\right] \tag{31}$$

（用V_{IN}'最小值）

可以发现上式中增加了一个额外的项（$I_M R_L$）。该项对应于电感的串联电阻（R_L），该电阻在输入电压较低时损耗较大。从最大输出电流计算公式可以看出它依赖于输入和输出电压，不像降压转换器那样提供一个基本恒定不变的输出电流。所示电路在V_{IN}=30V时能提供超过4A的电流，但在V_{IN}=5V时仅为1.3A。$I_{OUT(MAX)}$的计算公式并不包括电容器的纹波电流、开关上升与下降时间、磁芯损耗以及输出滤波器等诸多二次损耗项。在低输入和（或）输出电压下，这些因素可能会以高达10%的比例降低最大输出电流。图5.17显示了不同的输出电压下$I_{OUT(MAX)}$和输入电压的关系。

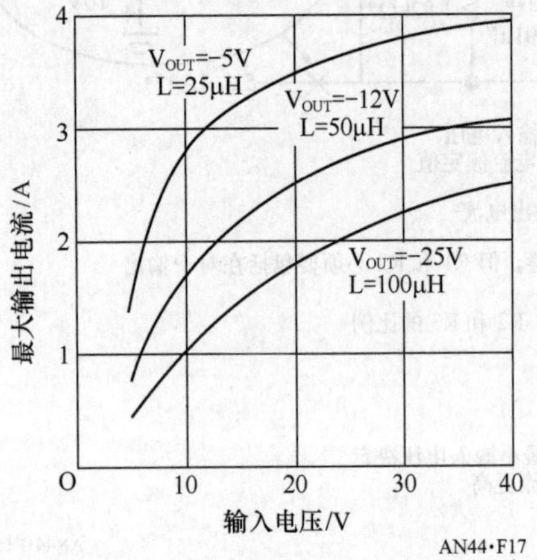

图5.17 正负电压转换器的最大输出电流

如果要求较小的绝对电路尺寸，并且负载电流不是很大，则可以使用不连续模式。给定负载需要的最小电感为

$$L_{MIN}=\frac{2I_{OUT}V_{OUT}'}{(I_M)^2\cdot f} \qquad (32)$$

非连续模式也有其对应的最大负载电流。对于该最大电流，以上L_{MIN}的公式是无效的。非连续模式最大负载电流为

$$L_{OUT(MAX)}=\left(\frac{V_{IN}'}{V_{IN}'+V_{OUT}'}\right)\left(\frac{I_M}{2}\right) \qquad (33)$$

（用V_{IN}'最小值）

例：V_{OUT}=5V，I_M=5V，f=100kHz，负载电流为0.5A，二极管的正向电压为0.5V，V_{OUT}'=5.5V，V_{IN}'为4.7~5.3V。假设。V_{IN}'(MIN)=4.7V−2.3V=2.4V，有

$$I_{OUT(MAX)}=\left(\frac{2.4}{2.4+5.5}\right)\left(\frac{5}{2}\right)=0.76\text{A}$$

因为0.5A的所需负载电流小于0.76A的最大值，所以在不连续模式下

$$L_{MIN}=\frac{2\times0.5\times5.5}{5^2\times10^5}=2.2\,(\mu\text{H})$$

为了确保满载电流，L_{MIN}应取值为3μH。

对于计算最小电感的公式，我们假设电感有较高的峰值电流（≈5A）。因此如果要用此最小电感，则需要规定电感值来实现较高的峰值电流而不出现输出饱和现象。较高纹波电流还会造成相对高的磁芯损耗和输出纹波电压，因此我们必须采取一些措施来尽量减少电感的尺寸。详细信息请参见本书电感选择部分。

可以使用以下公式计算不连续模式的电感和开关峰值电流。

$$I_{PEAK}=\sqrt{\frac{2I_{OUT}\cdot V_{OUT}'}{L\cdot f}} \qquad (34)$$

输入电容

C3是用来吸取通过正负电压转换器获取的开关方波电流。其需要具有较低的ESR以便在开关导通期间能对RMS纹波电流进行处理，避免输入电压出现“骤降”现象，尤其是当输入电压为5V时更需如此。如果纹波电流和工作电压都达到所需要求，则C3的电容值并不是很重要。下式给出电容的RMS纹波电流。

对于连续模式

$$I_{RMS}=I_{OUT}\sqrt{\frac{V_{OUT}'}{V_{IN}'}} \qquad (35)$$

（用V_{IN}'最小值）

对于非连续模式*

$$I_{RMS}=\frac{I_{OUT}V_{OUT}'}{V_{IN}'}\sqrt{\frac{1.35\left(1-\frac{m}{2}\right)^3}{m}+0.17m^2+1-m} \qquad (36)$$

其中，$m=\frac{1}{V_{IN}'}\sqrt{2LfI_{OUT}V_{OUT}'}$。

*该公式可用于测试计算。

例：对于连续模式的电路设计，V_{IN}=12V，V_{OUT}=5V，I_{OUT}=1A，V_{OUT}'=5.5V，V_{IN}'=10V，则

$$I_{RMS}=1\times\sqrt{\frac{5.5}{10}}=0.74\text{A}$$

如果是不连续模式且L=5μH，f=100kHz，其余条件同上，则

$$m=\frac{1}{10}\sqrt{2\times10^6\times105\times1\times5.5}$$

$$I_{RMS}=\frac{5.5}{10}\sqrt{\frac{1.35\left(1-0.615\right)^3}{0.33}+0.17\times(0.33)^2+1-0.33}=0.96\text{A}$$

可以看到，不连续模式能节省电感尺寸，但可能需要一个较大的输入电容来限制纹波电流的增大。也就是说若纹波电流增加30%，则电容的ESR上产生的热量增加70%。

输出电容

正负电压转换器上的电感没有滤波器的功能。它充当了一个能量存储装置的作用，使能量可以从输入传输到输出。因此，所有的滤波是由输出电容实现的，并且它必须具有足够的纹波电流额定值和低ESR值。连续模式的输出纹波电压包含三个不同的项：一个是在开关转换期间出现的脉冲，它等于开关电流的上升/下降速率乘于输出电容的有效串联电感（ESL）；一个是正比于负载电流和电容ESR的方波；另外一个是依赖于电感值和ESR的三角波。上述脉冲一般很窄，持续时间不足100ns，往往很快被转换器和负载之间的PCB布线电感产生的寄生滤波器消除掉，其中的转换器和负载是由负载旁路电容相连的。因此，当用示波器观察这些脉冲时必须特别小心。即使在转换器输出端不存在脉冲的情况下，由转换器布线上的电流跃迁产生的磁场将会在示波器的屏幕上生成一些脉冲。详情请参阅本书有关示波器技术部分。

方波和三角输出纹波的峰-峰值之和为

$$V_{P-P}=ESR\left[\frac{I_{OUT}(V_{IN}'+V_{OUT}')}{V_{IN}'}+\frac{V_{IN}'V_{OUT}'}{2(V_{IN}+V_{OUT})fL}\right] \quad (37)$$

(用V_{IN}'最小值)

例：V_{IN}=5V，V_{OUT}=-5V，L=25μH，$V_{OUT(MAX)}$=1A，f=100kHz，并假设V_{IN}'=2.8V，V_{OUT}'=5.5V，ESR=0.05Ω，则

$$V_{P-P}=0.05\left[\frac{1\times(2.8+5.5)}{2.8}+\frac{5.5\times2.8}{2(5.5+2.8)\times10^5\times25\times10^{-6}}\right]=172\text{mV}$$

某些实际应用也许可以忍受这种极高的纹波电压，但在一般情况下，纹波电压需要减小至50mV以下。简单地降低ESR来降低纹波电压是不切实际的，因此，电路中额外添加了如图所示的一个输出滤波器（L2，C4）。该滤波器尺寸相对较小且成本较低，而这两方面都可能受到主输出电容器C1的尺寸减小的影响。详情参阅输出滤波器部分。

C 1和ESR的选择一定要符合纹波电流条件。以下是流入输出电容的纹波电流的计算公式。对于连续模式

$$I_{RMS}=I_{OUT}\sqrt{\frac{V_{OUT}'}{V_{IN}'}} \quad (38)$$

非连续模式下

$$I_{RMS}=I_{OUT}\sqrt{\frac{0.67(I_P-I_{OUT})^3}{I_{OUT}I_P^2}+\frac{0.67I_{OUT}^2}{I_P^2}+1-\frac{2I_{OUT}}{I_P}} \quad (39)$$

其中，I_P为电感峰值电流，$I_P=\sqrt{\frac{2I_{OUT}V_{OUT}'}{Lf}}$。

对于连续模式的例子，有

$$I_{RMS}=(1A)\sqrt{\frac{5.5}{2.8}}=1.4A$$

对于I_{OUT}=0.5A的非连续模式（电感电流值为3μA）

$$I_P=\sqrt{\frac{2\times0.5\times5.5}{2\times10^{-6}\times10^5}}=4.28A$$

$$I_{RMS}=0.5\sqrt{\frac{0.67(4.28-0.5)^3}{0.5\times4.28^2}+\frac{0.67\times(0.5)^2}{4.28^2}+1-\frac{2\times0.5}{4.28}}$$
$$=1.09A$$

可以发现在该不连续模式例子中，输出电容的纹波电流是直流输出电流的两倍以上。为达到纹波电流的要求，需要在输入和输出之间增加一个较大的电容，而不连续模式下电感尺寸较小的优势可能因此而抵消。

效率

正变负转换器的效率在输入和输出电压较大时是相当高的（> 90%），但对于较低的输入电压则效率很低。下面我们将对一些连续模式设计中的损耗进行总结分析。对不连续模式来说，用解析式表达其损耗非常难，不过一般是连续模式的1.2~1.3倍左右。

开关传导损耗为$P_{SW}(DC)$，其值为

$$P_{SW}(DC)=\frac{I_{OUT}V_{OUT}'}{V_{IN}'}\left[\frac{(0.1)I_{OUT}(V_{IN}'+V_{OUT}')}{V_{IN}'}+1.8V\right] \quad (40)$$

开关瞬态损耗为$P_{SW}(AC)$，其值为

$$P_{SW}(AC)=\frac{I_{OUT}(V_{IN}'+V_{OUT}')^2 2(t_{SW})f}{V_{IN}'} \quad (41)$$

其中，t_{SW}=50ns=30ns(V_{IN}'+V_{OUT}')/V_{IN}'。LT1074的静态电流产生的损耗记为P_{SUPPLY}，其值为

$$P_{SUPPLY}=(V_{IN}'+V_{OUT}')\left[7mA+5mA\frac{V_{OUT}'}{V_{OUT}'+V_{IN}'}\right] \quad (42)$$

钳位二极管的损耗$P_{VD1}=I_{OUT}V_f$。其中，V_f为VD1上的正

偏电压，此时电流为：$I_{OUT}(V_{IN}'+V_{OUT}')/V_{IN}'$。

电容损耗可以用其RMS纹波电流与ESR相乘来求取。电感损耗是铜（导线）损耗和磁芯损耗的总和，即

$$P_{LI}=R_L\left[\frac{I_{OUT}(V_{IN}'+V_{OUT}')}{V_{IN}'}\right]^2+P_{CORE} \quad (43)$$

R_L是电感铜电阻。若已知电感磁芯材料，可以计算出P_{CORE}。详情请参阅本书电感选择部分。

例：V_{IN}=12V，V_{OUT}=−12V，I_{OUT}=1.5A，f=100kHz. L1=50μH，R_L=0.04Ω，并假设输入和输出电容的ESR为0.05Ω。V_{IN}'=12V−2V=10V，V_{OUT}'=12V+0.5V=12.5V。

$$P_{SW}(DC)=\frac{1.5\times12.5}{10}\left[0.1\frac{1.5(12.5+10)}{10}+1.8\right]=4W$$

$$P_{SW}(AC)=\frac{1.5\ (12.5+10.5)^2}{10}\left[2(50ns+3ns)\frac{(12.5+10)}{10}\right]10^5=0.86W$$

$$P_{SUPPLY}=(12+12)\left[7mA+\frac{5mA12.5}{12.5+10}\right]=0.23W$$

$$P_{VD1}=1.5\times0.5=0.75W$$

$$P_{RMS\ (INPUT\ CAP)}=1.5\sqrt{\frac{12.5}{10}}=1.68A$$

$$P_{C3}=1.68^2\times0.05=0.14W$$

$$I_{RMS\ (OUTPUT\ CAP)}=I_{OUT}\sqrt{\frac{12.5^2+12.5\times10}{10(12.5+10)}}=1.68A$$

$$P_{C1}=1.68^2\times0.05=0.14W$$

$$P_{L1}=0.04\left[\frac{1.5(12.5+10)}{10}\right]^2=0.46W$$

假设P_{CORE}=0.2W，则

$$效率=\frac{I_{OUT}V_{OUT}}{I_{OUT}V_{OUT}+\Sigma P_{LOSS}}$$

其中，

$$\Sigma P_{LOSS}=4+0.86+0.23+0.75+0.14+0.46+0.2=6.78W$$

$$效率=\frac{1.5\times12}{1.5\times12+6.78}=73\%$$

负升压转换器

说明：本节所有公式都使用V_{IN}和V_{OUT}的绝对值。

如图5.18所示，把LT1074的接地引脚连接到负输出端可以将其改造成一个负升压变换器。如果稳压输出要求至少8V，则此结构能够使稳压器从低至4.75V的输入电压开始运转。R1和R2决定输出电压，它们以传统方式连接，其中R1以下式选取。

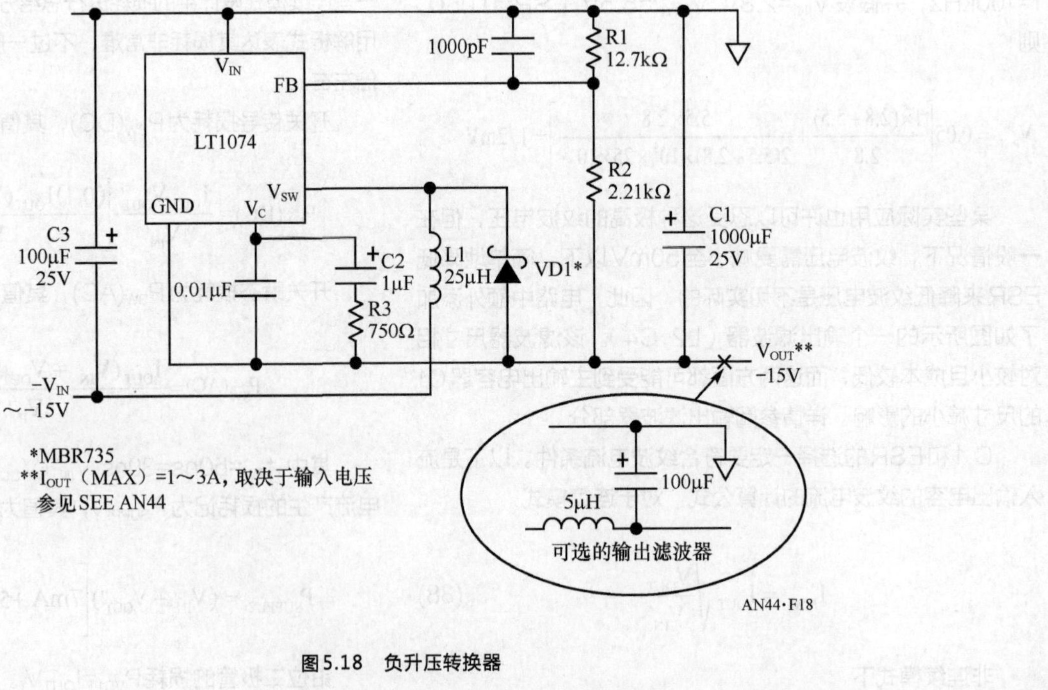

图5.18 负升压转换器

$$R1=\frac{V_{OUT}\cdot R2}{V_{REF}}-R2 \tag{44}$$

升压转换器在信号路径的前向部分的传输函数有一个“右半平面零点”，基于这个原因，L1需保持较低的水平以最大化该“零”频率。如果L1的值较大，将很难稳定稳压器，尤其在低输入电压下时更是如此。当输入电压$V_{IN}>10V$，L1的值可以增加至50μH。

升压转换器有两个重要特征需要倍加注意。首先，输入电压不能超过输出电压，否则VD1将很容易将输出电压拉高到不稳定状态。其次，输出不能被拉至低于输入，否则VD1使输入电压降低。由于这个原因，除非提供某种形式的熔接，否则升压转换器通常被认为不具有短路保护。如果输入电源能够提供非常大的电涌电流，则即使有保险丝，VD1照样存在受损的可能性。

升压转换器需要能比输出负载电流大得多的开关电流。峰值开关电流由下式给出。

$$I_{SW(PEAK)}=\frac{I_{OUT}\cdot V_{OUT}'}{V_{IN}'}+\frac{V_{IN}'(I_{OUT}'V_{IN}')}{2L\cdot f\cdot V_{OUT}'} \tag{45}$$

对于图5.18所示的电路，V_{IN}=5V，$V_{IN}'\approx V_{OUT}'\approx 15.5V$，输出负载电流为0.5A时

$$I_{SW(PEAK)}=\frac{0.5\times15.5}{3}+\frac{3(15.5-3)}{2\times15.5\times25\times10^{5}\times10^{5}}=3.07A$$

该公式重新整理可得到给定最大开关电流（I_M）时的最大负载电流。

$$I_{OUT(MAX)}=\frac{I_M\cdot V_{IN}'}{V_{OUT}'}-\left(\frac{V_{IN}'}{V_{OUT}'}\right)^2\frac{V_{OUT}'-V_{IN}'}{2L\cdot f} \tag{46}$$

若令I_M=5.5A，则V_{IN}等于4.5V,8V,12V的情况分别得到最大输出电流为0.82A,1.8A,3.1A。

比输出电流高得多的开关电流可以理解为电流仅在开关关断时才传送到输出端。在低输入电压下，开关导通时间在总开关周期中占的比例很高，而电流只在一个很短的时间内能被输送到输出端。开关的占空比由下式给出。

$$DC=\frac{V_{OUT}'-V_{IN}'}{V_{OUT}'} \tag{47}$$

对于V_{IN}=5V，V_{OUT}=15V，V_{IN}'=3V，V_{OUT}'=15.5V，有

$$DC=\frac{15.5-3}{15.5}=81\%$$

峰值电感电流等于峰值开关电流。在连续模式下平均电感电流等于

$$I_{L(AVG)}=\frac{I_{OUT}\cdot V_{OUT}'}{V_{IN}'} \tag{48}$$

当V_{IN}=5V时，0.5A的负载需要2.6A的电感电流。

随着较高开关电流，升压转换器产生的DC输入电流大于输出负载电流。转换器的平均输入电流为

$$I_{IN}(DC)\approx\frac{I_{OUT}V_{OUT}'}{V_{IN}'} \tag{49}$$

当I_{OUT}=0.5A，V_{IN}'=5V，($V_{IN}'\approx$3V)时

$$I_{IN}(DC)=\frac{0.5\times15.5}{3}=2.6A$$

该公式没有将一些二次损耗项如电感、输出电容等考虑在内，因此其值过于乐观。实际输入电流可能更接近3A。因此，必须确保输入电源能够提供升压转换器所需的输入电流。

输出二极管

流经VD1的平均电流等于输出电流，但峰值脉冲电流等于峰值开关电流，其中后者是前者的好几倍。因此，保守起见VD1电流应额定为2~3倍的输出电流。

输出电容

升压转换器的输出电容具有较高的RMS纹波电流，因此它通常是挑选C1的决定性因素。RMS纹波电流大约为

$$I_{RMS(C1)}\approx I_{OUT}\sqrt{\frac{V_{OUT}'-V_{IN}'}{V_{IN}'}} \tag{50}$$

对于I_{OUT}=0.5A，V_{IN}=5V，有

$$I_{RMS}\approx0.5\sqrt{\frac{15.5-3}{3}}=1A\ RMS$$

C1必须具备1A的RMS纹波电流额定值。它的实际电容值不是关键因素。电容的ESR将决定输出纹波电压的大小。

输出纹波

升压转换器往往具有较高的输出纹波，这是因为输送到

输出电容的较高脉冲电流为

$$V_{P-P} = ESR\left[\frac{I_{OUT}\cdot V_{OUT}'}{V_{IN}'}+\frac{V_{IN}'(V_{OUT}'-V_{IN}')}{2L\cdot f\cdot V_{OUT}'}\right] \tag{51}$$

该公式假定工作模式为连续模式，并忽略C1的电感。在实际工作中，C1的电感可能会使本应该被输出滤波器滤除的输出脉冲出现。如果只需要滤除输出脉冲，则该过滤器可用几英寸输出引线或印制线路与一个小型固态钽电容的组合。如果需要显著降低基波，则需要一个滤波电感。详情请参阅输出滤波器部分。

对于图5.18所示的电路，I_{OUT}=0.5A，V_{IN}=5V，输出电容的ESR为0.05Ω，则

$$V_{P-P} = 0.05\left[\frac{0.5\times15.5}{3}+\frac{3(15.5-3)}{2\times25\times10^{-6}\times10^{5}\times15.5}\right]=153\text{mV}$$

关于输入电流脉冲方面，升压转换器跟降压或反相转换比起来更是优良的。输入电流是具有三角波叠加的直流电平。输入纹波电流的RMS值为

$$I_{RMS(C3)} \approx \left[\frac{V_{IN}'\ (V_{OUT}'-V_{IN}')}{3Lf\,V_{OUT}'}\right] \tag{52}$$

可以看到纹波电流与负载电流无关，其中假设负载电流大到足以保证转换器工作在连续模式。对于图5.18所示转换器，V_{IN}=5V，则

$$I_{RMS} = \frac{3(15.5-3)}{3\times25\times10^{-6}\times10^{5}\times15.5} = 0.32\text{A}$$

在一定的纹波电流的基础上，C3可选尺寸更小的。较大的容值将导致更小的传导电磁干扰（EMI）耦合到输入电源。

电感的选取

开关稳压器所用电感选择有五个主要标准。第一是电感的实际值，这也是最重要的标准。如果电感值太低，则输出功率会将受限。过大的电感会导致较大的物理尺寸和较差的瞬态响应。其次，该电感必须能够处理RMS和峰值电流，因为它们都可能明显高于负载电流。其中峰值电流受磁芯饱和的限制，因此会产生电感损耗。RMS电流被绕组中的热效应限制。同样重要的还有峰峰值电流，它能决定铁芯本身的热效应。第三，电感的物理尺寸或重量在许多应用中非常重要。第四，电感的功耗，尤其在较高的开关频率下，能显著地影响到稳压器的效率。最后，电感的价格直接取决于特定构造技术以及磁芯材料，它们将影响到总尺寸、效率、可安装性、EMI和规格。例如，如果要求电感具有“最小尺寸”，则需要使用昂贵的磁芯材料，成本开销将显著增加。

在更高频率的应用中，价格及尺寸的问题将更加复杂。高频率本是用以减少元件尺寸的，而事实上，所需要的电感值跟频率成反比。使用尺寸缩小的高频电感的问题在于，随恒定纹波电流的频率增加，磁芯损耗将略微变大，而且这个功率主要耗散在较小的磁芯上，进而提高了温度，而且效率也将限制尺寸的减小。此外，较小的磁芯绕线空间也小，所以导线损耗可能会增加。唯一能解决这个问题是找到一个更好的芯材料。常见的低成本电感采用铁粉芯，其成本很低。这种铁芯在40kHz下具有300高斯的典型磁通密度，而且在该频率下损耗并不大。在100kHz下，具有同样磁通密度的磁芯损耗会达到令人难以接受的程度。降低磁通密度需要较大的磁芯，它将抵消高频减小电感方法的部分优势。

钼坡莫合金，“高磁通”的Kool Mμ（Magnetics公司）以及铁氧体磁芯具有相当低的铁芯损耗和较高的磁通密度，并且可以在100kHz及更高的频率下使用，但这些磁芯一般很贵。从这些分析中可以看到，电感的选择决定了减小成本、达到期望的尺寸和效率要求的成功与否。

本章下一节将推导出一个特殊方程，它将说明对于给定的芯材，总磁芯损耗几乎完全取决于频率和电感值，而不是物理尺寸或形状。该公式用于求解给定磁芯损耗所对应的电感值。它表明，在典型的100kHz的降压变换器中，如果使用低成本的铁粉磁芯，则电感必须增加到最小值需求值的3倍。

“标准的”开关稳压器电感是环形互感器。虽然这种形状的电感绕线很难，可它能提供优异的磁芯利用率，并且更重要的是它具有较低的EMI边缘场。棒状或鼓状电感具有非常高的边缘场，因此除非能进行二次滤波输出，否则一般不考虑它们。对于“EE”或“EC”分裂铁芯制成的电感，很容易在其独立的线圈架上绕线，但往往比环形互感器尺寸高，而且价格也更昂贵。“壶”芯中绕组和铁芯的位置是相互颠倒的，即铁芯围绕在绕组上。这些磁芯能提供最佳EMI屏蔽，但往往是比较笨重和昂贵。另外，因为包围式的绕组，温度的上升幅度也很大。现在有一些特殊低轮廓拼合芯（TDK“EPC”等）能提供各种尺寸的电感。虽然从瓦特/单位体积角度而言，低轮廓拼合芯的效率不如EC芯，但它对于高度受限的应用有着很大的吸引力。

选择电感的最佳方法是先计算其最小值界限。这些界限是由最大允许的开关电流、最大容许效率损失和支持连续模式与不连续模式等决定的（参阅其他章节有关这两种模式的讨论）。电感最小值被确定之后，其余计算都是围绕着电感工作环境而进行的，例如电流有效值、纹波电流峰-峰值和峰值电流等。有了这些信息后，接下来选择满足或是颇为接近所有这些要求的现成电感，然后查明所选择的电感器的物理尺寸和价格。如果它符合所允许的空间、高度和成本等要求，那么你可以考虑增加电感值来获得更高的效率、更低的输出纹波、更低的输入纹波和更大的输出功率，或者是它们的某

种组合。如果所选择的电感物理尺寸过大，则有以下几种解决方案：选择不同的磁芯形状；不同的铁芯材（这将需要基于效率损耗重新计算最小电感）；较高的工作频率，或者考虑定制一个为此应用进行改善的电感。要注意当你把电感硬塞进一个极小的空间时，它在输出过载情况下可能会导致电流增加至电感的失效点。需要考虑的主要失效模式是由高绕组温度引起的绕组绝缘层失效。因为LT1074具有脉冲对脉冲电流限制机制，因此，铁芯饱和或铁芯温度所引起的电感损耗导致的IC失效通常不成问题，即使电感大幅减小仍为有效。

下面将讨论求解最小电感的公式，其前提是有限的峰值开关电流（I_M）。

实现输出功率期望值的最小电感

对于不连续降压模式，$I_{OUT} \leqslant \frac{I_M}{2}$，$V_{IN}$用最小值，有

$$I_{MIN} \leqslant \frac{2I_{OUT}V_{OUT}(V_{IN}-V_{OUT})}{f(I_M)^2(V_{IN}')} \tag{53}$$

对于连续降压模式，$I_{OUT} \leqslant I_M$，M_{IN}用最大值，有

$$L_{MIN}=\frac{V_{OUT}(V_{IN}'-V_{OUT})}{2fV_{IN}'(I_M-I_{OUT})} \tag{54}$$

对于不连续反转模式，$I_{OUT} \leqslant \frac{I_M V_{IN}'}{2(V_{IN}'+V_{OUT}')}$

$$L_{MIN}=\frac{2V_{OUT}'I_{OUT}}{I_M^2 f} \tag{55}$$

对于连续反转模式，$I_{OUT} \leqslant \frac{I_M V_{IN}'}{(V_{IN}'+V_{OUT}')}$

$$L_{MIN}=\frac{V_{OUT}(V_{IN}')^2}{2f(V_{OUT}'+V_{IN}')^2\left(\frac{V_{IN}'I_M}{V_{OUT}'+V_{IN}'}-I_{OUT}\right)} \tag{56}$$

对于不连续升压模式，$I_{OUT} \leqslant \frac{I_M V_{IN}'}{2V_{OUT}'}$

$$L_{MIN}=\frac{2I_{OUT}(V_{OUT}'-V_{IN}')}{I_M^2 f} \tag{57}$$

对于连续升压模式，$I_{OUT} \leqslant \frac{I_M V_{IN}'}{V_{OUT}'}$

$$L_{MIN}=\frac{(V_{OUT}'-V_{IN}')V_{IN}'^2}{2fV_{OUT}'^2\left(\frac{V_{IN}'I_M}{V_{OUT}'}-I_{OUT}\right)} \tag{58}$$

对于连续抽头电感，$I_{OUT} \leqslant \frac{(N+1)I_M V_{IN}'}{V_{IN}'+NV_{OUT}'}$

$$L_{MIN}=\frac{V_{IN}V_{OUT}(V_{IN}-V_{OUT})(N+1)^2}{2fI_M(N+1)V_{IN}(V_{IN}+NV_{OUT})-2fI_{OUT}(V_{IN}+NV_{OUT})^2} \tag{59}$$

实现磁心期望损耗的最小电感

电感磁芯材料的功耗并不是直观的。对它的第一近似是在给定的电感和工作频率下它与磁芯尺寸无关。第二个是当频率固定时，功率损耗随电感的增大而降低。最后一个，尽管制造商提供的曲线表明磁芯损耗是随频率增大而增大的，本书则认为对于给定电感，增大频率将减小磁芯损耗。这些曲线是假定磁通密度恒定不变，而电感固定时则非如此。

磁芯损耗的通式可表示为

$$P_C=C\cdot B_{AC}^P\cdot f^d\cdot V_C \tag{60}$$

C，p，d为常数（见表5.1），B_{AC}为交流磁通密度峰值（峰-峰值的二分之一），f为频率，V_C铁芯体积（cm^3）。

对于铁粉芯，指数“p”落在1.8~2.4范围内，聚合物合金的约为2.1，对于铁氧体在2.3~2.8内。对于铁粉芯“d”约等于1，对于铁氧体约为1.3。

我们可以构造出一个封闭表达式，使它能够将铁芯损耗跟开关稳压器的基本要素相联系起来，这些基本要素包括电感、频率以及输入/输出电压。它的一般形式为

连续模式：$P_C=\frac{ab^P}{f^{P-d}L^{P/2}}$ (61)

非连续模式：$P_C=aef^{d-1}$ (62)

其中，a,d,p是芯材常数（见表5.1），b,e是由输入输出电压电流决定的常数，L为电感。

这些公式表明芯材、电感和频率是在连续模式下影响磁芯损耗仅有的几个自由项。非连续模式的公式中，甚至把电感当作一个变量去掉，只留下频率和芯材。另外，对于很多芯材来说常数“d”都接近于单位值，因此，不连续模式磁芯损耗除芯材之外几乎与其他所有变量都无关。

使用下面的具体表达式，可以计算出给定连续模式下磁芯损耗所需电感，以及不连续模式下实际磁芯损耗。

当使用这些公式时，假设初始时$V_C^{\frac{p-2}{p}}$项可以被忽略。因为指数（p-2）/p对于常用的铁粉芯和钼坡莫合金芯是小于0.1的，因此，此项在一个较宽的芯体积范围内是接近于1。当选定电感并知道V_C的值后，可以计算出$V_C^{\frac{p-2}{p}}$项来再次检查它对L_{MIN}的影响，通常小于20%。

连续模式下

$$L^*_{MIN}=\frac{a\mu_e V_L^2}{P_c^{2/p}f^{\left(2-\frac{2d}{p}\right)}V_e^{\frac{p-2}{p}}} \tag{63}$$

非连续降压模式下

$$P_C=\frac{0.4\pi a\mu_e f^{d-1}}{10^{-8}}V_L I_{OUT} \qquad (64)$$

*该式经严格的推导

其中，a,d,p 是磁芯损耗的常量，都采用表5.1的值。μ_e为有效芯磁导率，对于无间隙磁芯使用表5.1中的值，对于间隙磁芯，使用制造商提供的规格或自己计算。V_L是一个依赖于输入电压，输出电压和拓扑结构的等效“电压”，其值从表5.2选取。P_C为总铁芯损耗，L为电感，V_e为有效铁芯体积（cm^3）。

表5.1 磁芯常数

		c	a	d	p	μ	500高斯磁通量,100kHz频率下的损耗(mW/cm^3)
微金属							
铁粉	#8	4.30E-10	8.20E-05	1.13	2.41	35	617
	#18	6.40E-10	1.20E-04	1.18	2.27	55	670
	#26	7.00E-10	1.30E-04	1.36	2.03	75	1300
	#52	9.10E-10	4.90E-04	1.26	2.11	75	890
Magnetics							
Kool Mμ	60	2.50E-11	3.20E-06	1.5	2	60	200
	75	2.50E-11	3.20E-06	1.5	2	75	200
	90	2.50E-11	3.20E-06	1.5	2	90	200
	125	2.50E-11	3.20E-06	1.5	2	125	200
钼坡莫合金	–60	7.00E-12	2.90E-05	1.41	2.24	60	87
	–125	1.80E-11	1.60E-04	1.33	2.31	125	136
	–200	3.20E-12	2.80E-05	1.58	2.29	200	390
	–300	3.70E-12	2.10E-05	1.58	2.26	300	368
	–550	4.30E-12	8.50E-05	1.59	2.36	550	890
高磁通	–14	1.10E-10	6.50E-03	1.26	2.52	14	1330
	–26	5.40E-11	4.90E-03	1.25	2.55	26	740
	–60	2.60E-11	3.10E-03	1.23	2.56	60	290
	–125	1.10E-11	2.10E-03	1.33	2.59	125	460
	–160	3.70E-12	6.70E-04	1.41	2.56	160	1280
铁氧体	F	1.80E-14	1.20E-05	1.62	2.57	3000	20
	K	2.20E-18	5.90E-06	2	3.1	1500	5
	P	2.90E-17	4.20E-07	2.06	2.7	2500	11
	R	1.10E-16	4.80E-07	1.98	2.63	2300	11
Philips							
铁氧体	3C80	6.40E-12	7.30E-05	1.3	2.32	2000	37
	3C81	6.80E-14	1.50E-05	1.6	2.5	2700	38
	3C85	2.20E-14	8.70E-08	1.8	2.2	2000	18
	3F3	1.30E-16	9.80E-08	2	2.5	1800	7
TDK							
铁氧体	PC30	2.20E-14	1.70E-06	1.7	2.4	2500	21
	PC40	4.50E-14	1.10E-05	1.55	2.5	2300	14
Fair-Rite	77	1.70E-12	1.80E-05	1.5	2.3	1500	86

表5.2 等效电感电压

拓扑结构	V_L
降压连续	$V_{OUT}(V_{IN}-V_{OUT})/2V_{IN}$
降压不连续	
反转连续	$V_{IN}' \cdot V_{OUT}'/[2(V_{IN}'+V_{OUT}')]$
反转不连续	
升压连续	$V_{IN}'(V_{OUT}'+V_{IN}')/2V_{OUT}'$
升压不连续	
抽头电感	$(V_{IN}-V_{OUT})(V_{OUT})(1+N)/2(V_{IN}+NV_{OUT})$

例：降压转换器，V_{IN}=20～30V，V_{OUT}=5V，I_{OUT}=3A，f=10kHz，最大电感损耗为0.8W。

3A大于$I_M/2$，因此必须使用连续模式。最大输入电压用来计算L_{MIN}，有

$$L_{MIN}=\frac{5\times(30-5)}{2\times10^5\times30\times(5-3)}=10.4\ (\mu H)$$

表5.3 电感工作条件

	I_{AVG}	I_{PEAK}	I_{P-P}	V · μs
降压转换器(连续)	I_O	$I_0+\frac{I_0(V_1-V_0)}{2 \cdot L \cdot f \cdot V_1}$	$\frac{V_0(V_1-V_0)}{L \cdot f \cdot V_1}$	$\frac{V_0(V_1-V_0) \cdot 10^6}{f \cdot V_1}$
正极到负极(连续)	$\frac{I_0(V_1+V_0)}{V_1}$	$\frac{I_0(V_1+V_0)}{V_1}+\frac{V \cdot V_0}{2 \cdot L \cdot f(V_1+V_0)}$	$\frac{V_1 \cdot V_0}{L \cdot f(V_1+V_0)}$	$\frac{V_1 \cdot V_0 \cdot 10^6}{f(V_1+V_0)}$
负极启动(连续)	$\frac{I_0 \cdot V_0}{V_1}$	$\frac{I_0 \cdot V_0}{V_1}+\frac{V_1(V_0-V_1)}{2L \cdot f \cdot V_0}$	$\frac{V_1(V_0-V_1)}{L \cdot f \cdot V_0}$	$\frac{V_1(V_0-V_1) \cdot 10^6}{f \cdot V_0}$
抽头电感	$\frac{I_0(N \cdot V_0+V_1)}{V_1(1+N)}, \frac{I_0(N \cdot V_0+V_1)}{V_1}$*	$\frac{I_0(N \cdot V_0+V_1)}{V_1(1+N)}+\frac{(V_1-V_0)(1+N)(V_0)}{2L \cdot f(N \cdot V_0+V_1)}$*	$\frac{(V_1-V_0)(1+N)(V_0)}{L \cdot f(N \cdot V_0+V_1)}$*	$\frac{10^6(V_1-V_0)(1+N)(V_0)}{f(N \cdot V_0+V_1)}$
降压转换器(连续)	$\frac{1}{4}\sqrt{\frac{(I_0)^3 \cdot V_0(V_1-V_0)}{f \cdot L \cdot V_1}}$	$\sqrt{\frac{2I_0 \cdot V_0(V_1-V_0)}{L \cdot f \cdot V_1}}$		$10^6\sqrt{\frac{2 \cdot L \cdot I_0 \cdot V_0(V_1-V_0)}{f \cdot V_1}}$
正极到负极(不连续)	$\frac{1}{4}\sqrt{\frac{I_0^3 \cdot (V_1+V_0)^2}{V_1 \cdot f \cdot L}}$	$\sqrt{\frac{2I_0-V_1}{f \cdot L}}$		$10^6\sqrt{\frac{2I_0 \cdot V_0 \cdot L}{f}}$
负极启动(不连续)	$\frac{1}{4}\sqrt{\frac{I_0^3 \cdot V_0^2(V_0+V_1)}{V_1^2 \cdot L \cdot f}}$	$\sqrt{\frac{2I_0(V_0-V_1)}{L \cdot f}}$		$10^6\sqrt{\frac{2I_0 \cdot L(V_0-V_1)}{L \cdot f}}$

*表中给出的抽头电感的I_{AVG}是在开关导通期间流过整个电感的平均电流（第一项），以及开关关断期间输出段的平均电流（第二项）。计算热量时，电流乘以相应的绕组电阻后再除以占空比即可。I_{PEAK}用于确保磁芯不会饱和，一般与总电感一起进行计算。使用峰峰电流与总电感可以计算磁芯热损耗，而对于非抽头电感，它是等效值。

接下来计算达到磁芯期望损耗的需的最小电感值。假设总电感损耗的一半属于线圈损耗，另一半在磁芯（P_C=0.4W）。使用微金属＃26芯材。用表5.2计算V_L = 5×(30−5)/2×30=2.08V，则

$$L_{MIN}=\frac{1.3\times10^{-4}\times75\times2.08^2}{0.4^{0.985}\times(10^5)^{2-1.34}}=52(\mu H)$$

电感值必须为最小值的5倍才能达到磁芯期望损耗。假定52μH的电感对于空间要求来说过大，则可尝试更好的＃52芯材，它比＃26芯材稍微贵一点。

$$L_{MIN}=\frac{4.9\times10^{-4}\times75\times2.08^2}{0.4^{\frac{2}{2.11}}\times(10^5)^{\frac{2-2\times1.26}{2.111}}}=35(\mu H)$$

要查看是否有合适的现成电感，使用表5.3计算电感电流和V・t。

$$I_{RMS}=I_{OUT}=3A$$

$$I_P=3+\frac{5\times(30-5)}{2\times35\times10^{-6}\times10^5\times30}=3.6A$$

$$V \cdot t=\frac{5\times(30-5)}{10^5\times30}=42V \cdot \mu s$$

该电感至少为35μH，并在100kHz频率时，额定值为I_P=3A，V・t≥42V・μs。对于3.6A峰值电流，它必定不会饱和。

例：对反转模式，V_{IN}=4.7~5.3V，V_{OUT}=−5V，I_{OUT}=1A，f=100kHz，最大电感损耗为0.3W。令V_{IN}'=2.7V，

V_{OUT}'=5.5V。连续模式最大输出电流是0.82A，所以使用连续模式时

$$L_{MIN}=\frac{5.5\times2.7^2}{2\times10^5\times(5.5+2.7)^2\times\left(\frac{5\times2.7}{5.5+2.7}-1\right)}=4.6\,(\mu H)$$

现在用磁芯损耗计算出最小电感。假设磁芯损耗是总电感损耗的1/2(P_C=0.15W)，有

$$V_L(\text{用表5.2的值})=\frac{2.7\times5.5}{2\times(2.7+5.5)}=0.905$$

假设用微金属型＃26材料，则

$$L_{MIN}=\frac{1.3\times10^{-4}\times75\times0.905^2}{0.15^{\frac{2}{2.03}}\times(10^5)^{2-\frac{2.72}{2.03}}}=26\,(\mu H)$$

该值是4.6μH的最小值的5倍以上。磁芯损耗再高一些也许可行，但需要进行测试，以下是具体的快速检测方法。假设总效率约为60%(由于开关损耗，输入电压为5V的正至负转换效率很低)，则输入功率等于输出功率除以0.6，即等于8.33W。如果我们让磁芯损耗从0.15W变到0.3W，则效率等于5W/(8.33+0.15)=59%。可以看到效率只降低了一个百分点。0.3W的磁芯损耗使电感下降到12μH，假设12μH的电感即使在磁芯损耗加上线圈损耗情况下也不发生过热现象。电感电流为

$$I_{RMS}(\text{从表5.3中取值})=\frac{1A\times(2.7+5.5)}{2.7}=3A$$

$$I_P=\frac{1A\times(2.7+5.5)}{2.7}+\frac{2.7\times5.5}{2\times12\times10^{-6}\times10^5\times(2.7+5.5)}=3.8A$$

$$V\bullet t=\frac{2.7\times5.5}{10^5(2.7+5.5)}=3.8V\bullet\mu s\text{ at }100Hz$$

微功耗关断

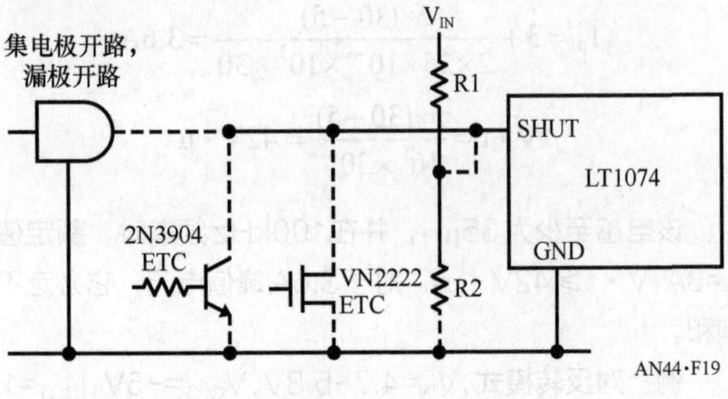

图5.19 关断

当关断引脚保持在低于0.3V时，LT1074将进入微功耗关断模式，此时$I_{SUPPLY}\approx150\mu A$。这可以用一个集电极开路TTL门，或CMOS门电路，或离散NPN，或NMOS器件来完成，如图5.19所示。

电路的基本要求是在0.1V的最坏阈值情况下，下拉装置能够吸收50μA的电流。用任意的集电极开路TTL门(不是肖特基钳位)，CMOS门电路，或离散装置都可以达到该要求。

如果添加R1和R2来完成欠压锁定，则对接收器的要求将更加严格。在0.1V的最坏情况阈值下吸电流能力必须为50μA+V_{IN}/R1。建议使用5kΩ的R2来最小化关断引脚偏置电流的影响。它能在欠压锁定点把流经R1和R2的电流设定为约500μA。在两倍于锁定点的输入电压下，R1的电流将会略高于1μA，因此，下拉电路必须吸收这部分电流，并使电压下降到0.1V。VN2222或同类产品可以满足这样的要求。

启动时间延迟

在关断引脚处增加一个电容将延迟启动。该延迟过程中的内部电流平均值约为25μA，从而可以计算出延迟时间为2.45V/(C・25μA)，±50%。如果要求更高精度的延迟，则可以添加R1来淹没其内部电流的影响，但这将需要较大的电容，并且延迟也与输入电压有关。

必须设法解决定时电容的复位问题。当用一个接地电阻时，需要保证它足够大，不会显著影响电路的时序，因此复位时间通常比延时大10倍左右。在V_{IN}上连接一个二极管能实现迅速复位，但如果此时V_{IN}不接近于零的话，则当电源立即循环回来时将缩短延迟。

5引脚电流限制

有时候我们可能需要对LT1074的5引脚版本进行电流限制。在最大负载电流明显小于6.5A的内部电流限制，并且电感和（或）钳位二极管的尺寸必须最小化以节省空间时，对电流进行限制是很大的帮助。短路状态是这些部件面临的最大挑战。

图5.20所示电路使用了一个套在钳位二极管的一条引线上的小环形电感器来感测二极管的电流。开关关断期间，二极管的电流几乎是正比于输出电流的，并且L2能够产生不影响稳压器效率的精确限流信号。在限流电路中的总功率损耗小于0.1W。

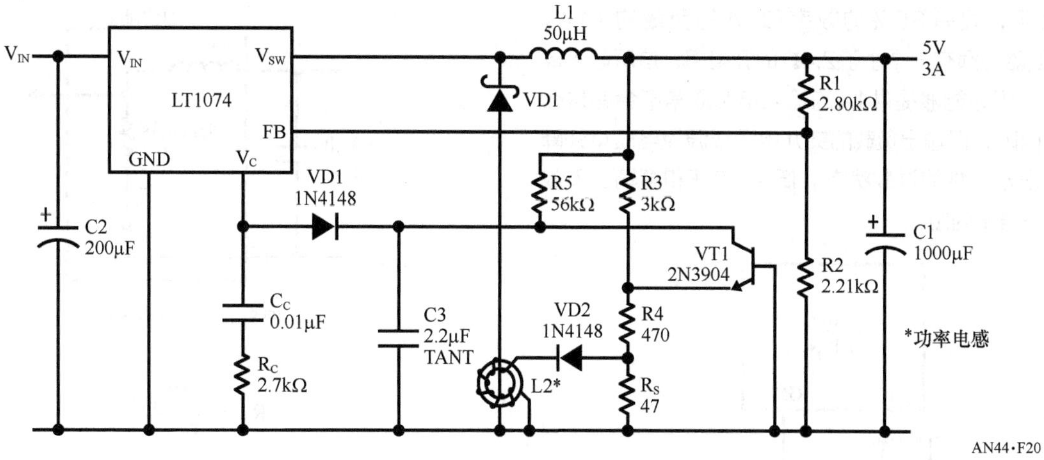

图5.20　低损耗外部电流限制

L2具有100匝，当VD1导通时，它将给R_S提供1/100倍的二极管电流。对LT1074进行电流限制所需的RS两端电压等于R4两端电压加上VT1的发射极－基极正偏电压（在25℃下≈600mV）。R4两端的电压由连接到输出的R3设定为1.1V。以下介绍如何通过选择R_S来设定电流限制。

$$R_S = \frac{R_4 I_X + V_{BE}}{\dfrac{I_{LIM}}{100} - I_X} \tag{65}$$

$$I_X = \frac{V_{OUT} + V_{BE}}{R_3} + 0.4\text{mA} \tag{66}$$

其中，V_{BE}为VT1在I_C=500μA(≈600mV)的发射极－基极正偏电压；N为L2的匝数；I_{LIM}为输出电流期望限制。I_{LIM}应设置为最大负载电流的约1.25倍，以便将V_{BE}的扰动和器件容差考虑在内。

图5.20所示电路的目的是提供3A的最大负载电流，因此I_{LIM}设定为3.75A。标称的V_{IN}为25V，可求得

$$I_X = \frac{5+0.6}{3000} + 0.4\times10^{-3} = 2.27\times10^{-3}$$

$$R_S = \frac{470\times2.27\times10^{-3}+0.6}{\dfrac{3.75}{100} - 0.27\times10^{-3}} = 47\Omega$$

该电路具有“折返”电流限制，这意味着短路电流低于满输出电压时的电流限制。这是利用输出电压来生成部分限流断路电平的结果。短路电流将大约为峰值电流限制的45%，可以最大限度地减少VD1温度的上升。

R5、C3和VD3可以对电流限制环路进行独立频率补偿。在正常运行期间，VD3反向偏置。对于更高的输出电压，改变R3和R5大小可以得到大致相同的电流。

软启动

软启动是在开关稳压器启动期间提供斜坡开关电流的方法。这样做的原因包括电涌保护输入电源、保护开关元件以及预防输出过冲。凌力尔特开关稳压器具有内置的开关保护，可以减小设备失效的可能，但某些输入电源可能无法支持开关稳压器的电涌电流。该问题主要出现在电流受限的输入电源或者具有相对高的源电阻的输入电源中。这些电源能够被“锁定”在低电压状态，此时，开关稳压器产生的电流比正常的输入电流高很多。这也反应在开关稳压器的输入电流和输入电阻的一般式之中

$$I_{IN} = \frac{V_{OUT} I_{OUT}}{V_{IN} E} = \frac{P_{OUT}}{V_{IN} E} \tag{67}$$

$$R_{IN} = \frac{-V_{IN}^2 E}{V_{OUT} I_{OUT}} = \frac{-V_{IN}^2 E}{P_{OUT}} \tag{68}$$

其中，E为效率（约为0.7~0.9）。

以上公式表明，输入电流正比于输入电压的倒数，也就说如果输入电压以3：1的比例降低，输入电流将以3：1的比例增加。缓慢上升输入电源在其低电压状态中将会承受一个很大的负载电流。这样可以启动输入电源中的电流限值，并将其长期“锁定”在低电压状态。开关稳压器软启动后（比输入电源的上升时间短），稳压器的输入电流将保持较低，直到输入电源达到满电压为止。

稳压器输入电阻的公式表明它是负的，并且随着输入电压的平方正比例降低。避免锁定的最大允许正信号源内阻由下式给出。

$$R_{SOURCE(MAX)} = \frac{V_{IN}^2 E}{4 V_{OUT} I_{OUT}} \tag{69}$$

该式表明，具有80%的效率和1A的负载的+12V至-12V转换器必须有一个小于2.4Ω的源电阻。这听起来像是庸人自扰，因为能够提供1A的输入电源通常不会有这么高的信号源内阻，但输出负载的突兀电涌或源极电压意外降低可能会引发永久性的过载状态。低V_{IN}电压和高输出负载需要更低的信号源内阻。

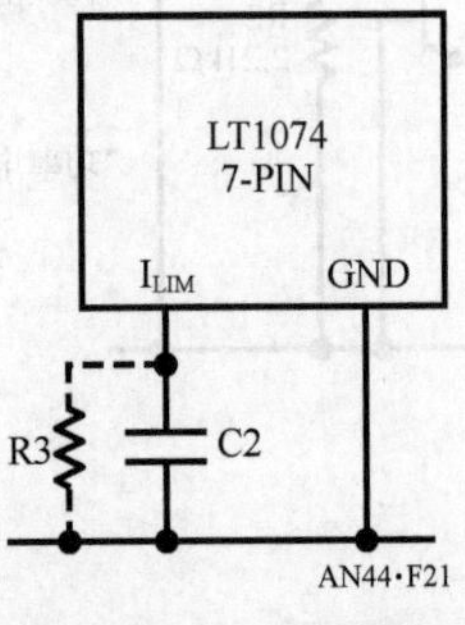

图5.21 使用I_{LIM}引脚进行软启动

在图5.21中，C2通过迫使I_{LIM}引脚缓慢斜坡上升来实现开关电流的软启动。I_{LIM}引脚输出电流约为300μA，因此，LT1074达到满开关电流（$V_{LIM}\approx5V$）的时间约等于1.6×10^4C。在V_{IN}达到满值之前，为了保持低开关电流，C2可近似取值为

$$C2\approx10^{-4}t \tag{70}$$

其中，t是输入电压上升到满值的±10%所用时间。

输入电压一旦变为低，C2必须复位到零伏。当关断引脚用来产生欠压锁定时，芯片内部可以进行复位，即欠压状态重置C2。如果不使用锁定，则应添加R3来重置C2。对于最大限流，R3应该是30kΩ。如果希望减少电流限值，则R3的值取决于期望电流限值。详情参阅电流限值部分。

如果加入软启动仅仅是为了防止输入电源锁定，那么欠压锁定（UVLO）将是更好的解决方案。它能防止稳压器在输入电压达到预先设定电压之前吸取输入电流。UVLO的优点为它是一个真正的直流函数，而且不会因为一个缓慢上升的输入、较短的复位时间以及瞬时输出短路等因素而失效。

输出滤波器

如果要求转换器的输出纹波电压必须小于输出电压的2%，则使用输出滤波器（见图5.22）通常是一个较好的方案，它比使用非常大的输出电容来"蛮力"解决纹波的方法更好一些。输出滤波器包括一个小电感（约等于2~10μH）和一个输出电容，通常为50~200μF。电感必须额定在满负载电流。电感的芯材（磁芯损耗可忽略不计）不需要太多关注，除非它会影响尺寸和外形。串联电阻应尽量小，以避免不必要的效率损失，其值可由下式估算。

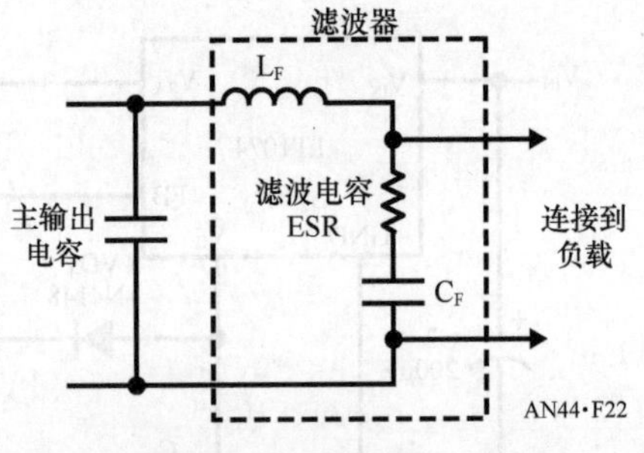

图5.22 输出滤波器

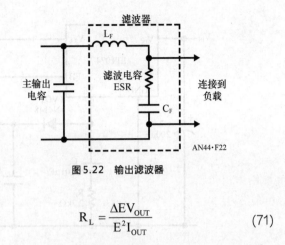

$$R_L=\frac{\Delta EV_{OUT}}{E^2I_{OUT}} \tag{71}$$

"E"为整体效率，ΔE是分配到滤波器中的损失效率。两者都表示为比值，例如，2%ΔE = 0.02，而80% E = 0.8。

要获取滤波器所需的元件值，必须先假定电感或电容ESR的值，然后计算剩余元件的值。因为假定了电容在纹波频率段将基本显阻性，因此，微法拉级电容的重要性退居第二。滤波电容值的选取需要注意转换器的负载瞬态响应。如果发生幅度较大的负载瞬变，则一个较小的输出滤波电容（高ESR）将使输出过度"反弹"。此时，输出滤波电容不仅要满足纹波限制，而且必须增加输出滤波电容的尺寸来满足瞬变的要求。同时，可以减小主输出电容使其仅满足纹波电流的要求。对于完整的设计而言，必须核查满期望负载变化时的瞬态响应。

如果首先选定电容，那么可以用纹波衰减要求计算出对应的电感值。

对滤波器输入为三角波的降压转换器，有

$$L_f=\frac{ESR\cdot ATTN}{8f} \tag{72}$$

其他所有滤波器输入为矩形波的转换器则为

$$L=\frac{ESR\cdot ATTN\cdot DC(1-DC)}{f} \tag{73}$$

其中，ESR为滤波电容的串联电阻；ATTN为所需的纹波衰减，是峰峰值纹波输入和峰峰值纹波输出的比值；DC为转换器的占空比（如果未知，用最坏情况值0.5）。

例：一个100kHz的降压转换器具有V_{P-P} = 150mV的波纹，将其降低到20mV。ATTN=150/20=7.5。假设滤波电容的ESR=0.3Ω，则有

$$L=\frac{0.3\times75}{8\times10^5}=2.8\mu H$$

例：一个100kHz的正到负变换器具有V_{P-P} = 250mV的输出纹波，将其减少到30mV。假设占空比已计算得0.3，

并且滤波电容的ESR为0.2Ω，则有

$$L=\frac{0.2\times\frac{250}{30}\times0.3(1-0.3)}{10^5}=3.5\mu H$$

如果电感已知，则可以重新构造该方程来解决电容的ESR。

对于降压转换器为

$$ESR=\frac{8fL}{ATTN} \tag{74}$$

对于方波纹波输入则为

$$ESR=\frac{fL}{ATTN(1-DC)DC} \tag{75}$$

如果输出滤波器在稳压器反馈环路的“外部”，则它将影响负载调节。滤波电感的串联电阻将直接连接到该转换器的闭环输出电阻上。此闭环电阻通常在0.002~0.01Ω的范围内，所以，滤波器电感的0.02Ω电阻将在负载调节中产生极大的损耗。解决该问题的方法之一是将滤波器移到反馈环路的“内部”，即把感测点移到滤波器的输出端。该方法将在滤波器上产生附加相移，增加稳定转换器的难度，所以，应尽量避免使用。降压转换器仅需减小环路单位增益频率，就可以将输出滤波器包含在反馈回路之中。而正到负转换器和升压转换器都存在一个“右半平面零点”，对附加相移非常敏感。为了避免稳定性问题，首先应该确定是否真的存在滤波器所引起的负载调整率下降的问题。目前正在使用的大多数数字和模拟芯片都能支持电源电压的一定范围内的变化，对性能影响极微或者完全没有影响。

当将检测电阻连接到滤波器的输出时，解决稳定性问题的方法可以用一个电容连接到滤波器的输入端与反馈分压器的抽头之间，如图5.23所示。这相当于围绕滤波器的“前馈”路径。C_X的最小尺寸取决于滤波器响应，但它应位于0.1~1μF的范围内。

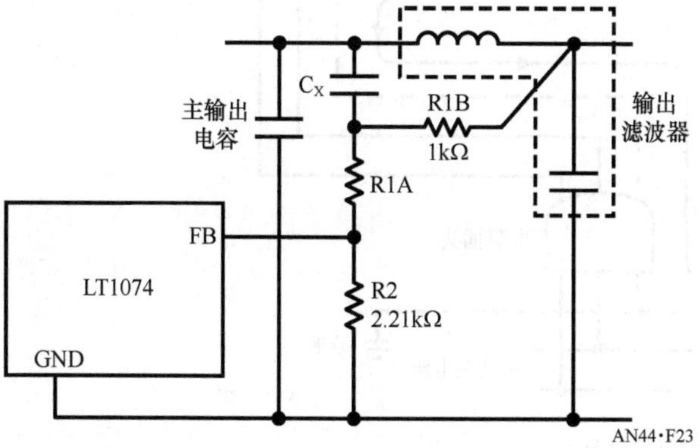

图5.23　输出滤波器在反馈回路之内时的前馈电路

理论上可以把C_X直接连接到FB引脚，不过只有当主输出电容的峰峰纹波小于75mV时才能那样做。

当谈到“测量的”滤波器的输出纹波时，我们要注意的是，真正的纹波电压应仅包含开关频率的基频，因为其高次谐波和脉冲成分的衰减相当严重。如果测量示波器上的纹波过高或含有较高的频率分量，则可以断定这个测量技术有误。详情请参阅示波器技术部分。

输入滤波器

大多数开关稳压器从具有矩形或三角电流脉冲的输入电源吸取功率（唯一的例外是升压转换器，其中电感充当输入电流的滤波器）。这些电流脉冲主要通过位于稳压器输入端的输入旁路电容吸纳。然而，如果这些电源的阻抗较低（包括供电线的电感），则在输入线中仍可以有明显的纹波电流流动。这种纹波电流可能会在输入电源上产生不必要的纹波电压或者可能在供电线上以磁辐射的方式导致电磁干扰（EMI）。在这些情况下，可能需要一个输入滤波器。如图5.24所示，该滤波器由一个串接于输入电源的电感和转换器的输入电容组成。

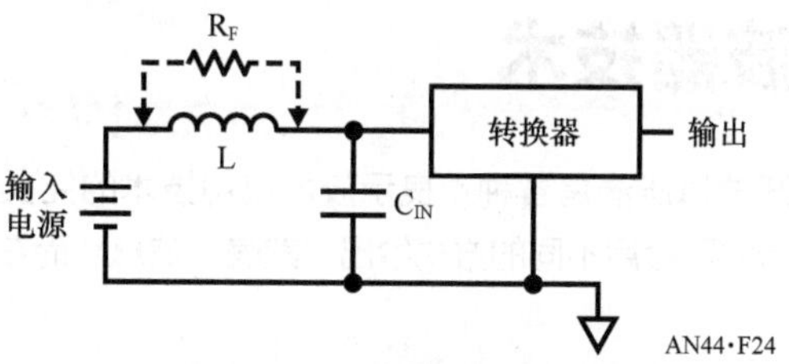

图5.24　输入滤波器

计算L值之前，必须确定供电线上容许什么样的纹波电流存在。它通常是一个未知参数，其准确值需要更多的研究。假设供电线纹波电流已知，L可用下式计算。

$$L=\frac{DC(1-DC)ESR}{f\left(\frac{I_{SUP}}{I_{CON}}-\frac{ESR}{Rf}\right)} \tag{76}$$

其中，ESR为输入电容的等效串联电阻；DC为转换器占空比，如果未知，则取最坏情形值0.5；I_{CON}为由转换器吸取的纹波电流的峰峰值，其中假设转换器工作在连续模式（对于降压转换器$I_{CON}\approx I_{OUT}$。正到负转换器中$I_{CON}=I_{OUT}(V_{OUT}'+V_{IN}')/V_{IN}'$。对抽头电感$I_{CON}=I_{OUT}(NV_{OUT}'+V_{IN}')/V_{IN}'(1+N)$；$I_{SUP}$=供电线上容许的峰-峰纹波电流；$R_f$为“阻尼”电阻，可用它来防止转换器的不稳定性。

例：一个100kHz的降压转换器，V_{OUT}= 5V，I_{OUT}=4A，

V_{IN}=20V(DC = 0.25)。输入电容的ESR为0.05Ω。要求将供电线的纹波电流减小到100mA(峰峰值)，并假设不需要R_f($R_f = \infty$)。

$$L = \frac{0.05 \times (1-0.25) \times 0.25}{10^5\left(\frac{0.1}{4}-0\right)} = 3.75\mu H$$

有关输入滤波器更详细的内容，比如可能需要的阻尼电阻(R_f)等，请参阅输入滤波器部分。

输入电感的电流额定值必须至少为

$$I_L = \frac{V_{OUT} I_{OUT}}{V_{IN} E} \tag{77}$$

(用V_{IN}最小值)

对于本例(E ≈ 0.8)有

$$I_L = \frac{4 \times 5}{20 \times 0.8} = 1.25A$$

考虑到效率或过载，可能需要更高额定电流的电感来最大限度地减少铜损耗。磁芯损耗通常可以忽略不计。

示波器技术

开关稳压器是各种不良示波器应用技术的完美测试平台，示波器会用不同的方式给出“欺骗”信息。而在开关稳压器中存在快与慢信号的组合，信号幅值也可能很大也可能很小，因此，示波器的各种错误信息都可能出现在一个开关稳压器中。希望接下来的内容能够帮助读者解决其中遇到的一些问题(也可以避免作者接到令人尴尬的电话)。

接地环路

良好的安全习惯要求大多数电器的接地系统连接到电源线中的“第三条”。不幸的是当其他仪器提供电流到被测设备或从被测设备吸收电流时，接地系统会导致示波器探头接地引线(屏蔽)有电流流过。图5.25详细地显示了这种效应。

信号发生器驱动一个5V的信号送到一个实验电路板上的50Ω电阻，并在其上产生100mA的电流。此电流的返回路径将地到地之间路径分成以下几段：从信号发生器的接地线(通常是BNC连接线的屏蔽层)开始，到示波器探头的接地夹(屏蔽)产生的次级接地环路，再通过信号发生器和示波器的“第三线”之间的连接返回。此时，假设有20mA的电流流进次级接地回路。如果示波器的地线具有0.2Ω的电阻，则屏幕上会显示一个4mV的“假”信号。电流更高或者信号边缘更陡峭(此时，示波器探头屏蔽罩电感至关重要)时，以上问题将更趋严重。

直流接地回路可以通过断开示波器的接地线(称之为伪插头)，或者在示波器电源连接处使用隔离转换器来消除。

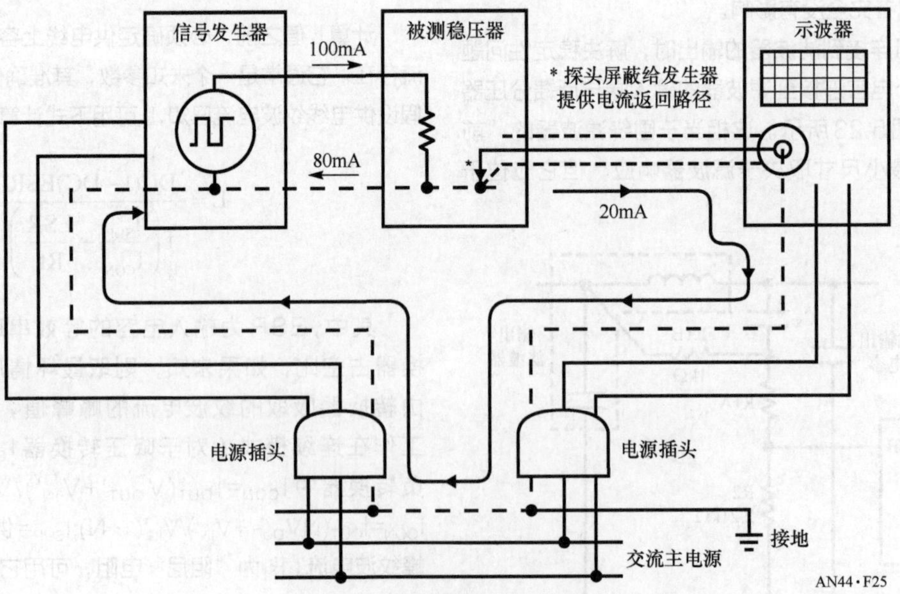

图5.25 接地回路的常见错误

探针屏蔽线上循环电流的另一个来源是信号源和示波器之间的第二个连接。典型的例子是信号发生器的触发输出端和示波器的外部触发输入端之间的触发信号的连接。这在拥有自己的接地屏蔽连接的BNC连接线中最为常见。这样的连接将形成信号地电流的第二条返回路径，而示波器探头屏蔽罩恰恰是构成该路径的重要桥梁。我解决该问题的办法是故意将BNC连接线的屏蔽罩毁掉。

规则＃1：*在进行任何低电平测量之前，先将示波器探头顶端接触到探头的接地夹上，该探头接地夹必须连接到面包板的地线。此时，屏幕上显示的应该是一条直线，而显示出来任何信号都是接地回路的“欺骗”信号。*

示波器探头的不良补偿

“10X”示波器探头必须得到适当的“补偿”以调整交流衰减，使其能与探头10：1的直流衰减相匹配。如果补偿不好，则低频信号将会失真，高频信号的幅度也将出现错误。在开关稳压器应用中，“不良补偿的”探头可能产生原本不可能出现的波形。LT1074降压转换器的开关节点就是一个典型例子。该节点电压摆幅正到比输入电压低1.5～2V的电平，负到比对地电压低一个二极管压降的电平。使用一个交流衰减过小的“10X”探头，将显示该节点电压往上摆到电源电压以上，对于其负电平也是如此。最后结果是二极管的正偏电压成为若干伏特，而不是预期的0.5V。请记住，在这些频率下（100kHz），波形形状看起来很正常是因为探头呈现为纯容性，从而振幅错误不会立即显现。

规则＃2：*请检查“10X”示波器探头补偿，以避免造成不必要的麻烦。*

选取接地夹

示波器探头最常用的接地线是末端具有鳄口夹的短接地引线。这种接地线是一个非常好的天线。它能获取本地磁场并以全彩色形式在示波器屏幕上显示出来。开关稳压器能产生大量的磁场。开关布线、二极管、电容和电感引线甚至“直流”供电线都能产生明显的磁场辐射，其主要原因是信号的高电流密度和快速升降时间。接地夹的测试过程是将探头尖端接触到跟稳压器接地夹相连的鳄口夹上。任何在屏幕上看到的线迹要么是由接地回路的循环电流引起的，要么是由接地夹的天线作用引起的干扰。

解决接地夹问题的方法是把接地夹引线用一个特殊的焊接式探头终结器取代。这种探头可以从探针制造商处购买。去掉探头尖端的塑料盖后可以看到延伸到小针头尖端的同芯金属管屏蔽罩。该金属管插入到终结器中完成接地连接。这种技术能测量毫伏级开关稳压器的输出纹波，即使在高磁场环境中。

规则＃3：*不要使用具有标准的接地夹引线的开关稳压器进行任何低电平测量。如果没有官方提供的终结器，则将一个实心裸连接线焊接到所需的接地点，并将其绕扎在暴露的探针同心管上，而且接地点和金属管之间应保持绝对最小距离。定位好接地点，以便探针针头尖端能接触到所需的测试点。*

引线电压不均匀问题

测试开关稳压器时，一个常见的错误是认为导线任何部位上的电压均相同。一个典型的例子是在开关稳压器的输出端测得的纹波电压。如果稳压器提供方波电流到输出电容，以正到负转换器为例，则电流上升/下降时间将大约为10^8A/s。这个dI/dt将在输出电容的引线电感上产生每英寸约2V的“尖峰”。稳压器的输出（负载）线迹应直接连接到通孔点上，其中输出电容径向引线也焊接在那些通孔点上。示波器探头尖端终结器（无接地夹）也必须直接连到电容的基部。

上述2V/in的“尖峰”甚至还能在高电平点引起显著的测量误差。当从输入旁路电容两端测量开关稳压器的输入电压时，观察到的尖峰可能只有十分之几伏特而已。如果电容离LT1074距离是几英寸，则在稳压器上测到的“尖峰”可以高达若干伏特。这可能会导致一些问题，特别是在低输入电压下更是如此。而选择输入线上“错误”点进行探测时，可能会屏蔽掉这些尖峰。

规则＃4：*如果你想知道一个高交流电流信号路径上的电压值为多少，则先确定具体需要测量哪个部件的电压，然后把探头终结器直接跨接到该组件上。例如，如果你的电路具有一个防止开关过压的缓冲器，则把探头终结器直接连接到IC开关端。连接开关和缓冲器的导线的电感可能会导致开关电压比缓冲电压高若干伏特。*

抑制电磁干扰

电磁干扰（EMI）是开关稳压器的众多问题之一。在设计初期就应该考虑其影响，以便理解和解决所需的滤波或屏蔽等的电气、尺寸以及成本等因素。EMI有两种基本形式：传导性EMI和辐射性EMI，前者通过输入和输出布线传播，后者传播需要电场和磁场。

传导性EMI发生在输入线上，其原因是开关稳压器从它的输入电源吸取脉冲电流，这些电流要么是方波，要么是三角波，或者是它们的组合波。这种脉动电流在输入电源上产生令人烦恼的纹波电压，并且能从输入线上辐射到周围的线或电路。

开关稳压器输出上的传导性EMI通常仅限于在输出节点上的电压纹波。降压稳压器的纹波频率几乎全部由基本开关频率组成，然而，如果没有使用额外的滤波器，则升压和反转稳压器输出都含有更高次谐波分量。

电场是稳压器开关节点的快速上升和下降而产生的。由此产生的EMI通常是次要的，可以将所有到该节点的连接线路尽可能做短，以及使该节点处在开关稳压器电路的“内部”，而让周围组件作为辐射屏蔽的方式使其最小化。

稳压器本身的电场问题的主要来源是开关节点和反馈引脚之间的耦合。开关节点具有0.8×10^9VS的典型摆率，并且反馈引脚的阻抗通常为1.2kΩ。在这些引脚之间仅有1pF的耦合会在反馈引脚上产生1V的脉冲，产生不稳定的开关波形。将反馈电阻紧邻反馈引脚连接，可以避免反馈引脚连接到较长的印制线路上。如果不能避免开关节点的耦合，可以在LT1074接地引脚和反馈引脚之间连接一个1000pF的电容，它可避免大部分耦合问题。

因为磁场由多种组件共同产生，所以其分析和处理都较为困难。上述组件包括输入和输出电容、钳位二极管、缓冲网络、电感、LT1074本身以及大部分连接这些部件的导线。虽然它们产生的磁场一般不会影响到稳压器，但是它们会对周围电路造成影响，特别是低电平信号的器件，如磁盘驱动器、数据采集、通信以及视频处理等。以下列举了若干准则有助于解决磁场问题。

1. 使用具有良好的EMI特性的电感或转换器，如环形或壶形铁芯。从EMI的角度来看，表现最差是“棒状”电感。可以把它们想象成往各个方向都发射磁感应线的炮筒。它们在开关稳压器中的作用仅仅是输出滤波，纹波电流一般非常低。

2. 将所有承载高纹波电流的印制线路布置在接地平面上，以最大限度地减少辐射场，包括钳位二极管引线、输入和输出电容引线、缓冲器引线、电感引线、LT1074的输入和开关引脚引线以及输入电源引线等。尽量将这些引线做短，另外必须保证电路元件紧贴地平面。

3. 将敏感的低电平电路之间的间距拉得越远越好，可以采用一些场消除技巧，如双绞差分线。

4. 在关键的应用上添加一个脉冲抑制磁珠到钳位二极管来抑制高次谐波。这些磁珠将阻止非常高的dI/ dt的信号，但也会使二极管出现启动缓慢的问题。这可能会造成在开关关断期间开关电压出现瞬时高电平，因此应仔细检查开关波形。

5. 如果输入线路的辐射存在问题，则需添加一个输入滤波器。输入线路上仅有数微毫的电感，基本上能使稳压器的输入电容“吞下”稳压器的输入端生成的所有纹波电流。

故障排除提示

效率低

效率低的主要原因是开关和二极管损耗。它们的计算都很容易。如果考虑这些因素后效率依然异常低，则问题出在电感之上，其磁芯或铜损耗可能就是问题所在。记住，电感电流在某些拓扑结构中可以比输出电流高很多。最容易的方法是使用卷绕在一个大钼坡莫合金芯外的粗铜线的500μH电感来进行电感置换。其上100μH和200μH的抽头很有帮助。这种电感可以替代可疑的大损耗电感单元。根据本应用指南，一个较大的磁芯不是用来降低磁芯损耗，而是用来给粗铜线留出足够的空间来消除铜损耗。

如果电感损耗都没问题，那就检查那些咋看上去不太重要的因素，如静态电流和电容损耗，看看它们的总和是否不可再忽略。

可变开关时间

如果过多的开关频率纹波出现在V_C引脚上，则开关导通时间可能在每个周期内都变化。这可能电路自动产生的，原因可能是输出电容的高ESR或者FB引脚和V_C引脚上的信号拾取。一个简单的检查方法是V_C引脚和靠近I_C的接地引脚之间放一个3000pF的电容。如果不稳定开关问题得到改善或被解决，则说明问题在于多余的V_C引脚纹波。解决方法是用电容连接FB引脚和接地引脚进行隔离。如果问题得以解决，V_C引脚拾取也被消除，那么FB拾取则可能的罪魁祸首。反馈电阻应靠近IC，以使连接到FB引脚的连接线变短并且远离开关节点。如果拾取不能被消除，则在FB引脚到接地引脚之间连接一个500pF电容通常也能进行消除。额外的输出纹波偶尔也会成为问题。这可以给输出电容并联一个第二单元来检查。V_C引脚上连接一个1000～3000pF的电容，可以防止由高输出纹波造成的开关不稳定，但首先需确保输出电容具有足够的纹波电流额定值。

输入电源不升高

在直流下，开关稳压器具有负输入电阻，在低V_C下它们汲取高电流。输入电源将被锁定在低电平上。详情请参阅软启动部分。

电流限值下开关频率低

这是正常的。参阅引脚说明部分中的有关反馈引脚频移的内容。

IC烧毁

在LT1070之前，唯一可以损坏LT1074和LT1076的是过量的开关电压（此处没有考虑反向电压或接线错误等显而易见的错误）。

开机电涌有时会引起短暂的大开关电压，所以要用示波器仔细检查电压。详情参阅关于示波器技术的部分。

IC发热量很大

一个常见的错误是认为开关设计中不再需要散热片。负载电流较小时的确如此，但是当负载电流上升到1A以上时，开关损耗可能会增大到需要使用散热片。T0-220封装在无散热片的条件下具有50℃/ W的热阻。一个具有10%开关损耗的5V,3A输出（15W）会在IC内消耗超过1.5W的功率。这意味着温度将升高到75℃，或在室温环境下100℃的机箱温度。这通常被称为过热。使用一个小型散热片就可以解决这个问题。简单地将T0-220的衬底焊接在PC板较大的铜垫上会降低热阻到约为25℃/W。

高输出纹波和噪声脉冲

首先阅读示波器的技术部分，以免出现一些技术问题，然后检查输出电容的ESR。请记住，即使供电线只有几英寸长，快速（<100ns）脉冲也将被电源线的寄生电感和负载电容极大地衰减。

不良负载或线路调整

检查顺序如下。

1. 如果次级在环路外，检查其输出滤波的直流电阻。
2. 示波器上的接地环路误差。
3. 输出分压电阻到载流线的错误连接。
4. 过大的输出纹波。LT1074能对FB引脚的纹波电压进行峰值检测，以此来确定是否超过50mV。

请参阅典型性能特性一节中带有纹波电压的参考移位曲线图。

500kHz～5MHz振荡，特别是在轻载下

这是不连续模式下的振荡，正常无害。详细信息请参阅降压转换器的波形描述。

第3节

线性稳压器设计

高效线性稳压器（6）

应用现代电路技术可以提高线性稳压器的效率。本部分罗列了输入、输出和负载在一个较大范围内变化时，为保证线性稳压器的高效率需要特殊关注的各个事项。最后，在附录里回顾了元件特性和测量方法。

高效线性稳压器

6

Jim Williams

引言

尽管开关稳压器的热度正不断的升高，线性稳压器仍持续得到广泛的应用。线性稳压器容易实现，相比开关稳压器它具有更好的噪声性能和温漂特性。另外，它不会辐射射频，能使用标准的磁性元件，很容易进行频率补偿，响应速度快。它最大的问题是效率不高，很多能量以热能的方式消耗掉了。所以，这种简明的稳压系统是以较大的功耗为代价的。由于这个原因，线性稳压器总是与功率耗散、低效、运行时的高温以及较大的散热片相关联。虽然线性稳压器在这些方面无法与开关稳压器相比，但是它们也能取得比预想中还要好的结果。采用新元件以及一些设计技术，可以在保证线性稳压器优点的同时改善其效率。

提高效率的方法之一将稳压器上输入到输出的电压最小化。该值越小，功率损耗也就越低。稳压器支持的最小输入/输出电压称之为“压差电压”。各种设计技巧和技术都能不同程度地提高性能。附录A“低压差的实现”对几种方法进行了比较。传统的三端线性稳压器的压差为3V，而新的稳压器输出容量为7.5A时的压差为1.5V(参见附录B“低压差稳压器系列”)，而输出容量为100μA时压差为0.05V。

稳定输入的稳压

低压差电压可以节省大量的功率，而输入电压相对稳定。这是线性稳压器对开关供电电源进行后端稳压输出时的一般情形。图6.1给出了这种电路的原理图。主输出（“A”）是通过反馈到开关稳压器进行稳定的。通常情况下，该电路的输出可以为大多数电路提供供电电源。所以，相对来说，变压器中的能量没有受到“B”和“C”输出功率要求的影响。从而可以使“B”和“C”端得到相对稳定的稳压器输入电压。如果设计良好的话，那么电路就可以运行在其低压差点，或者邻近低压差，而与负载或开关输入电压无关。由此可见，低压差稳压器能够节省大量的功率，耗散较小。

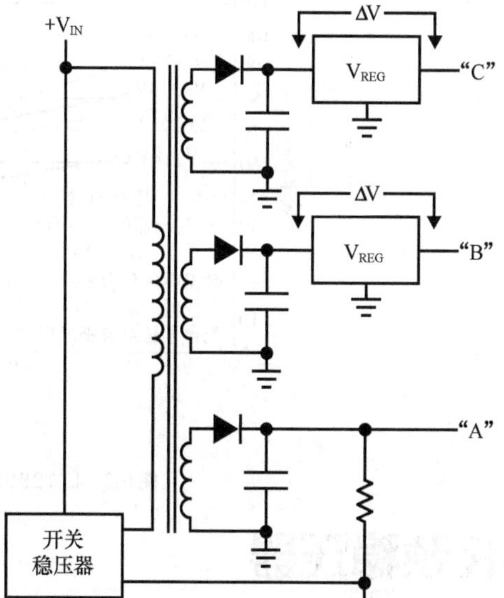

图6.1　包含线性后端稳压器的典型开关电源电路结构

非稳定输入的稳压——AC线路案例

事实上，并非所有的应用都具有稳定的输入电压。最普遍且重要的情形也是最难处理的。图6.2所示的电路显示了一个经典情形，其中线性稳压器是由AC线路通过降压变压器进行驱动的。90V（AC，低电压）到140V（AC，高电压）的线路电压摆动，使稳压器的输入电压也对应发生变化。图6.3详细显示了在这些情况下标准类型（LM317）和低压差类型（LT®1086）稳压器的效率。LT1086较低的压差改善了效率。在5V输出时，效果尤其明显，其中低压差占输出电压很大的比例。15V输出时，低压差稳压器的效果仍然不错，虽然说效率有所下降。根据图6.3显示的数据，推导出了稳压器耗散结果（见图6.4）。这些曲线表明，与LM317相比，管芯维持在相同温度时，LT1086的散热面积更小。

输入电压控制不良时，两个曲线都说明其效果很差。虽然低压差稳压器极大地减少了损耗，但是当输入电压发生扰动时将会降低效率。

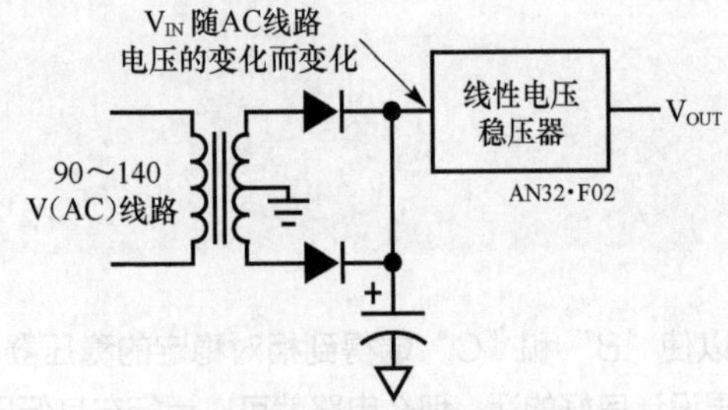

图6.2 典型的AC线路驱动的线性稳压器

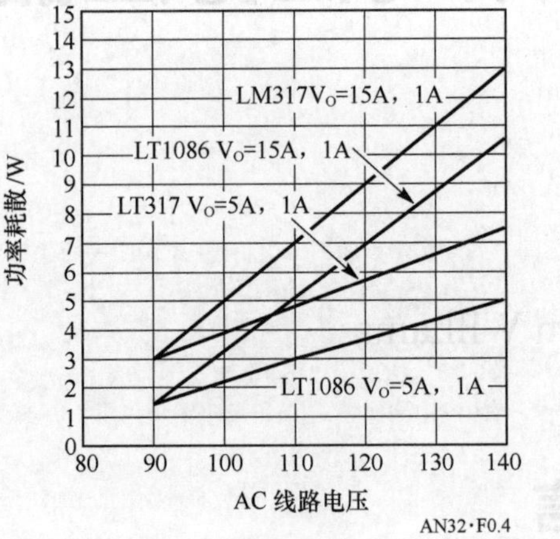

图6.4 不同稳压器的功率耗散vs AC线路电压。 未计算整流二极管损耗

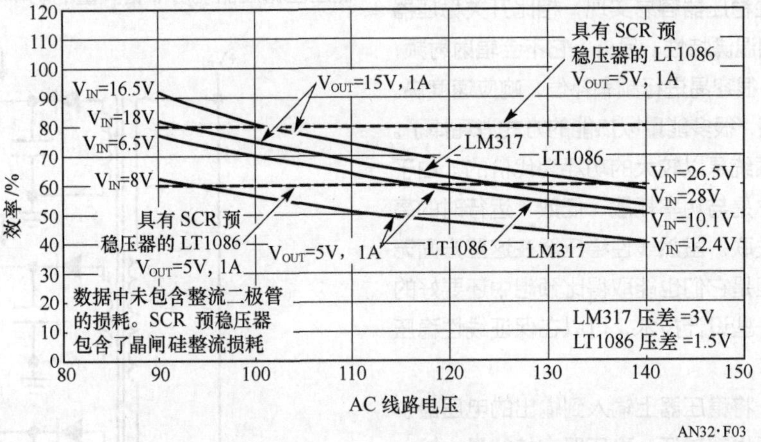

图6.3 LT1086和LM317稳压器的效率vs AC线路电压

SCR预稳压器

图6.5给出了一种可以消除稳压器输入扰动的方法，该方法在AC线路摆幅较宽时也可以工作。该电路结合了低压差稳压器，在保证所有线性稳压器所需要特性的同时，也提高了效率。该电路伺服控制SCR的触发点以稳定LT1086的输入电压。A1将LT1086的部分输入电压与LT1004的参考电压进行了比较，将它们的差值放大之后应用到了C1B的负输入端。C1B将它与C1A根据变压器整流次级（见图6.6，线迹A为“同步”点）而产生的线路同步斜坡（见图6.6的线迹B）进行比较。C1B的脉冲输出（线迹C）触发相应的SCR，并形成一条从主变压器到L1(线迹D）的通路。流过其中的电流（线迹E）受到L1的限制，对4700μF的电容充电。当变压器的电压下降到一定程度时，SCR整流，充电也将停止。下一个半周期将重复该过程，区别则是另一个SCR进行整流（线迹F和G分别为两个SCR电流曲线）。回路相位对SCR的触发点进行调制，以维持恒定的LT1086的输入电压。A1的1μF电容对回路进行补偿，而它的输出10kΩ-二极管网络可以保证电路启动。三端稳压器电流限值可以防止电路过载。

该电路相对于AC线路摆幅①对LT1086的效率有着巨大的影响。返回观察图6.3，输入变化范围为AC90～140V时，效率很好且没有发生变化。该电路的慢速切换使之仍保留了线性稳压器的低噪性能。图6.7则显示了轻微的120Hz残差，而不包含宽带成分。

① 预稳压器中使用的变压器可以极大地影响整体效率。计算功率消耗的一个方法是测量115V(AC)线路的实际功率。参见附录C的“功耗测量”。

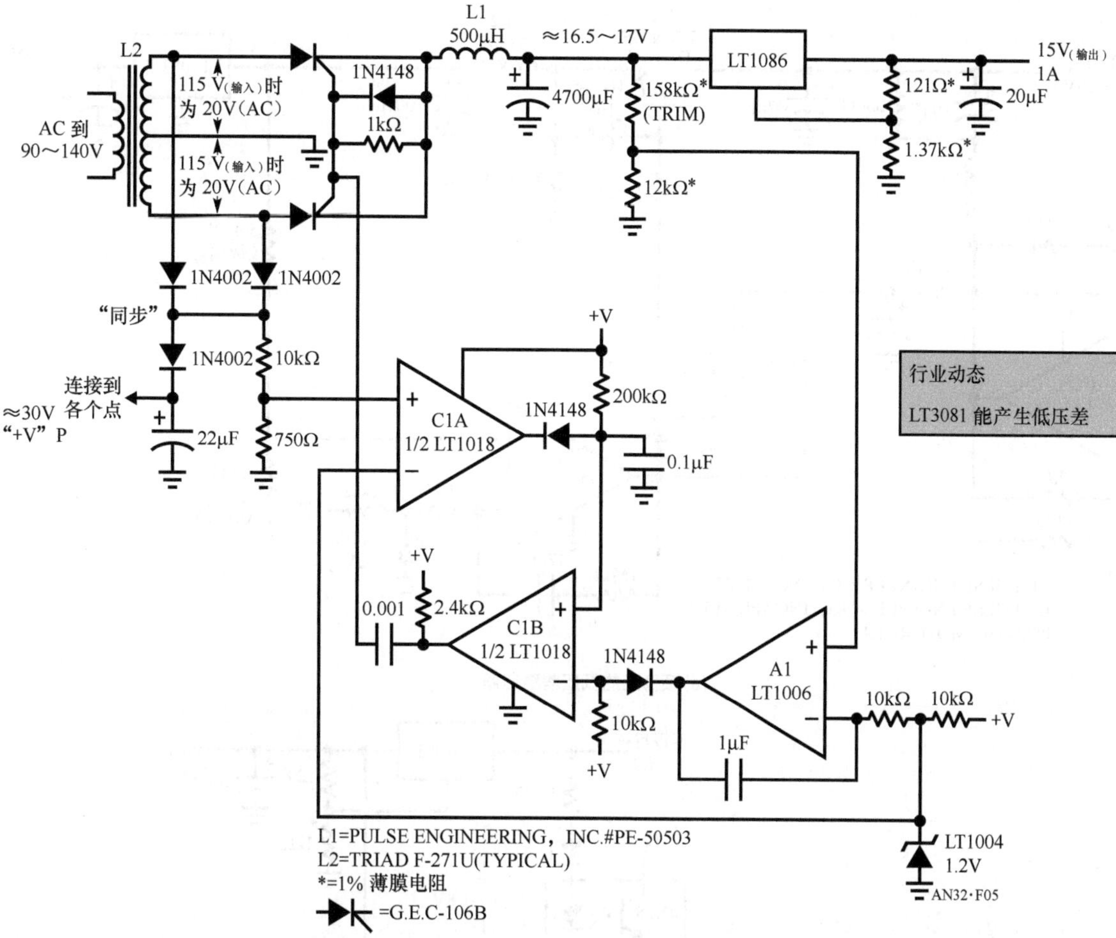

图6.5 SCR预稳压器

行业动态

LT3081能产生低压差

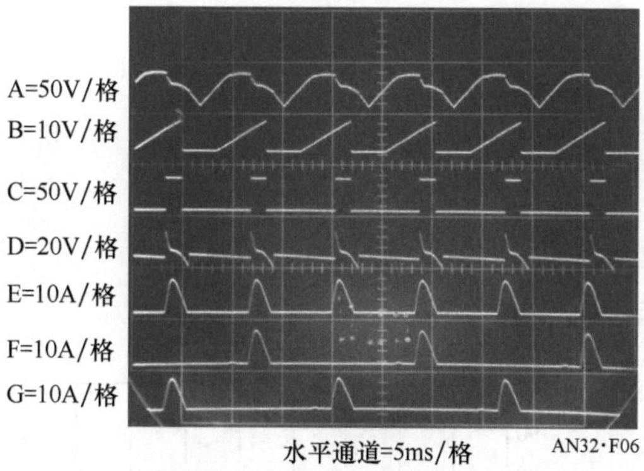

图6.6 SCR预稳压器的波形

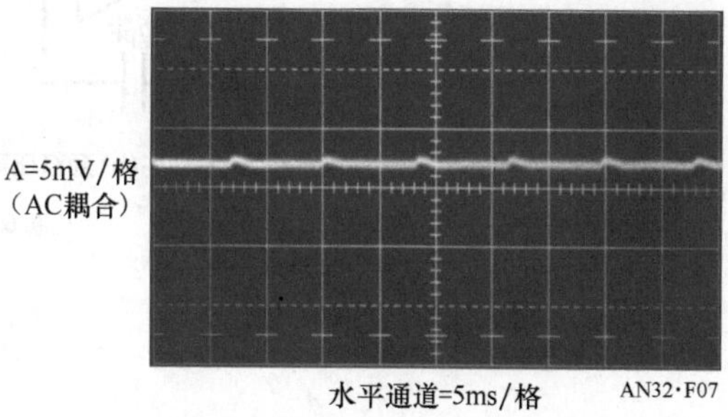

图6.7 SCR预稳压电路的输出噪声

DC输入预稳压器

图6.8(a)所示的电路用于输入为DC的情形，比如不稳定（或稳定）电源或电池。设计出该电路是为了在高电流时获得低损耗。LT1083以传统方式运行，提供7.5A容量的稳压输出。其他元件形成开关模式的耗散稳压器。该稳压器能够在各种条件下维持LT1083的输入，使其恰好高于压差电压。当LT1083的输入（见图6.9中的线迹A）下降到一定程度时，C1A变高，从而使VT1栅极（线迹B）升高。随后VT1导通，其源极（线迹C）驱动电流（线迹D）流入L2以及1000μF电容，从而使稳压器输入电压上升。当稳压器输入电压上升到一定程度时，C1A又变为低，VT1截止，电容停止充电。MBR1060对L2的反激尖峰进行衰减，1MΩ-47pF组合大约产生100mV的回路迟滞。

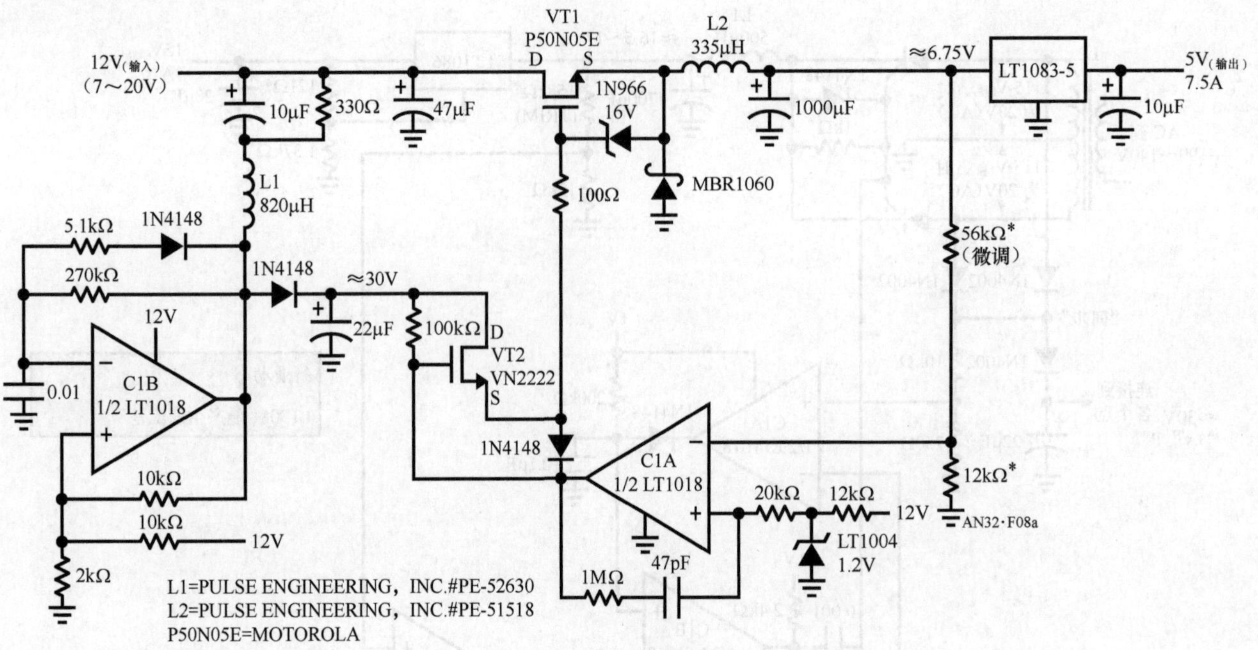

(a) 预稳压的低压差稳压器

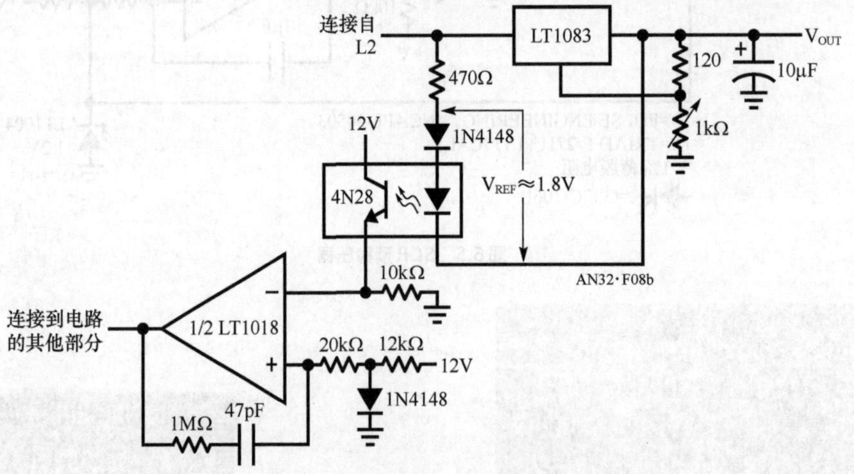

(b) 预稳压器的差分检测可产生可变输出

图6.8 DC输入预稳压器

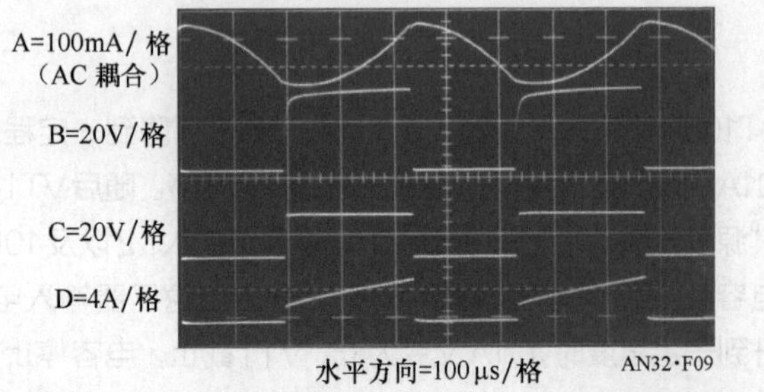

图6.9 预稳压器波形

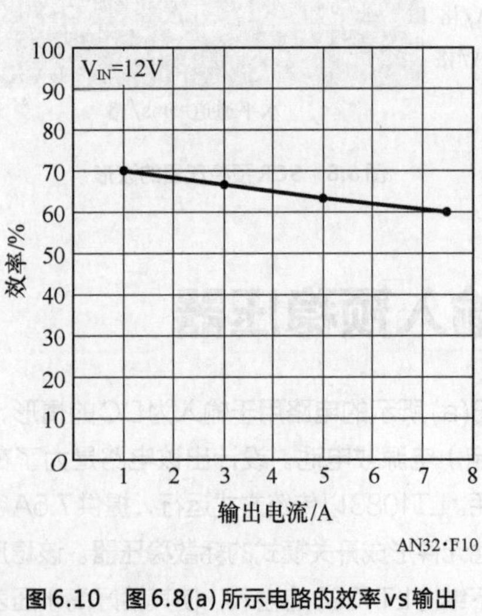

图6.10 图6.8(a)所示电路的效率 vs 输出

VT1是一个N通道MOSFET，仅有0.028Ω的饱和损耗却需要10V的栅-源导通偏置。C1B设计为简单反激升压器，提供约30V直流升压到VT2。VT2则作为C1A的高压上拉元件，提供过驱电压到VT1的栅极。这样可以使VT1进入饱和，而与它的源极跟随器连接无关。齐纳二极管可以钳位过多的栅-源过驱。由于其他方案可行性不高，所以上述内容都需进行测量。低通P通道元件目前不可用，而采用三极管的设计方案需要较大的驱动电流或者较差的饱和特性。与前面的讨论相同，线性稳压器电流限值可以防止过载。图6.10绘出了预稳压器LT1083在一定电流范围内的效率曲线。可以看到，结果较为良好，而线性稳压器的噪声和响应的优点仍然得以保留。

图6.8(b)给出了另一个反馈连接，在那些要求可变输出的应用中，它可以在LT1083上维持一个较小的固定电压。在LT1083输出电压变化时，该电路效率可以保证不变。

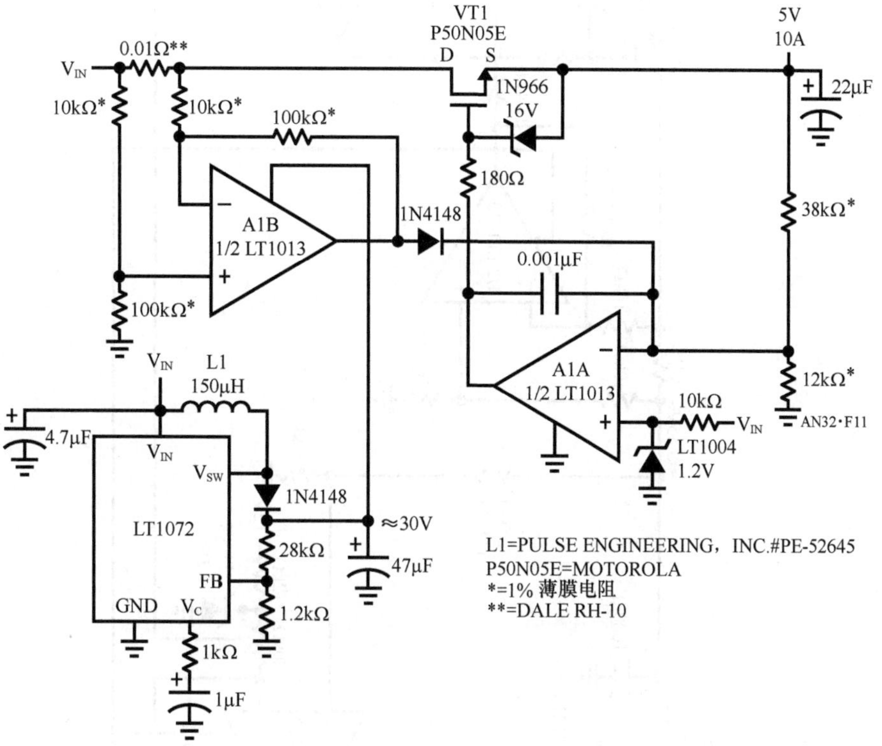

图6.11 压差为400mV的10A稳压器

400mV低压差10A稳压器

某些时候，可能需要极低压差稳压器。图6.11所示的是一个远比三端稳压器更为复杂的稳压器，10A输出容量时它的压差为400mV。该设计借用了图6.8(a)中的过驱源极跟随器技术以获得极低饱和阻抗。栅极升压电压是由LT1072开关稳压器生成的，该稳压器被设计为反激型转换器②。该电路的30V输出为双运放A1提供了电源。A1A将稳压器的输出与LT1004的参考电压相比较，并伺服控制VT1的栅极以关闭回路。栅极电压过驱可使VT1达到0.028Ω的饱和损耗，从而获得前述的极低压差。齐纳二极管钳位过多的栅-源电压，而0.001μF的电容可以稳定回路。A1B对0.01Ω的并联电阻进行电流检测，通过强制A1A负向摆动来对电流进行限制。较小的并联电阻可以限制损耗到10A输出时仅为100mV。图6.12画出了稳压器的电流限值特性曲线。下降过程很光滑，没有振荡或其他意外特性。

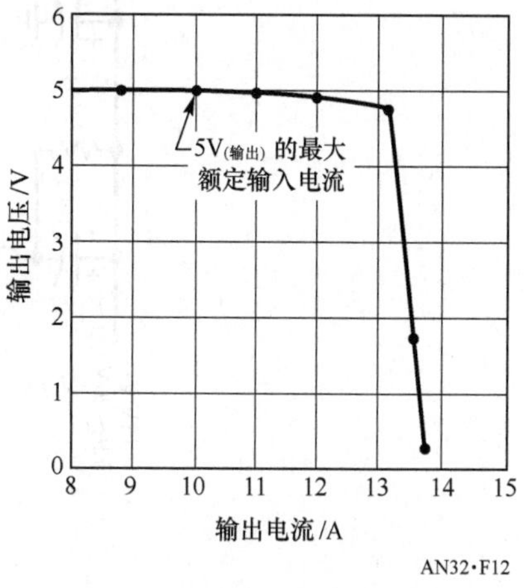

图6.12 离散稳压器的电流限值特性

② 如果系统中已有升压电压，则可以对电路进行极大的简化工作。参见LTC设计指南32的“简易超低压差稳压器。”

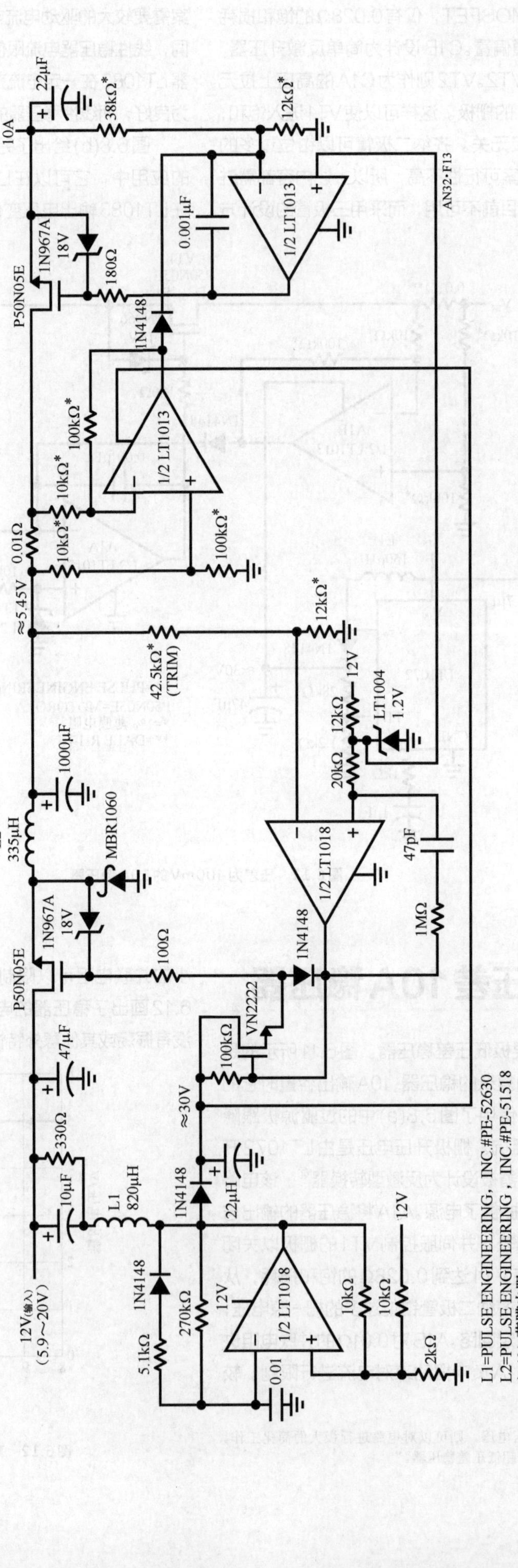

图6.13 带预稳压的极低压差线性稳压器

极高效线性稳压器

图6.13所示电路结合了前面的离散电路，以便在高功率时获得高效线性稳压性能。该电路将图6.8(a)所示的预稳压器技术和图6.11所示的离散低压差设计技术结合在了一起，不过，将线性稳压器的升压供电删除了，而且也对栅－源齐纳二极管的值进行了小幅修改。与之前电路相同，单个1.2V电源为预稳压器和线性输出稳压提供了参考电压。向上调整齐纳二极管的值可以保证低电压输入条件下也有足够的升压。预稳压反馈电阻可以将线性稳压器输入电压设置到仅比其压差高400mV。

该电路较为复杂，不过其性能卓越。图6.14说明它在1A输出时效率为86%，全负载时降到76%。损耗基本上均匀分布在MOSFET和MBR1060的钳位二极管上。如果用一个开关FET替代钳位二极管（参见线性技术应用指南29中图32），而且将线性稳压器的输入调整到最低可能值的话，可以继续提高3%～5%的效率。

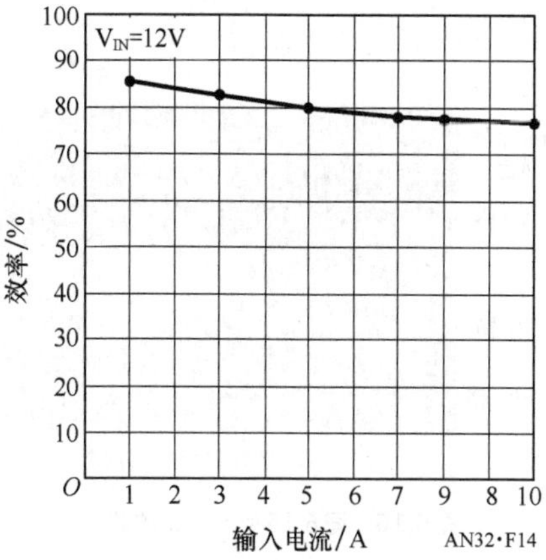

图6.14　图6.13所示电路的效率vs输出电流

微小功率预稳压线性稳压器

上述技术不光可以提高功率线性稳压器的效率。图6.15所示的预稳压微小功率线性稳压器的效率也非常好，同时噪声也较低。预稳压器与图6.8(a)中的相同。预稳压输出端（LT1020稳压器的引脚3，见图6.16中线迹A）电压的下降，将引起LT1020的比较器变高。74C04反相器链状态切换，为P通道MOSFET开关的栅极（线迹B）提供偏置。MOSFET导通后（线迹C）的电流流过电感（线迹D）。当电感和200μF电容的结合点的电压升高到一定程度时（线迹A），比较器变高，切断MOSFET的电流。该回路可以将LT1020输入引脚的电压稳定下来，其值由比较器负输入端的电阻分压器以及LT1020的2.5V参考电路决定。680pF的电容用于稳定回路，而1N5817为钳位二极管。270pF的电容可以辅助比较器状态转换，2810二极管可防止负过载。

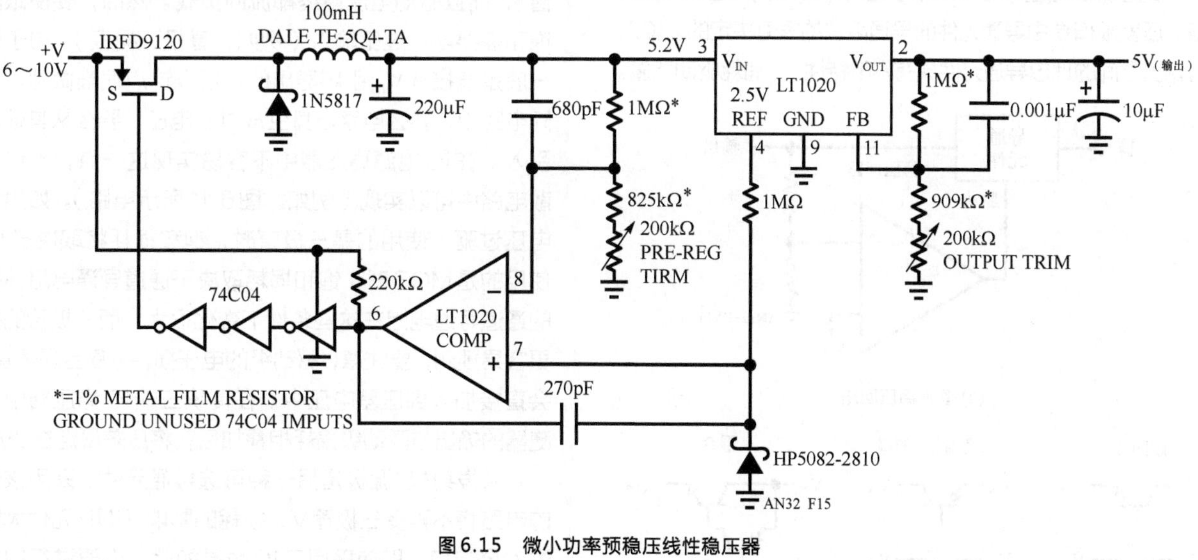

图6.15　微小功率预稳压线性稳压器

低压差LT1020线性稳压器可以使开关输出变得平滑。与反馈引脚相关联的分压器决定了输出电压。该电路可能存在的问题是它的启动操作。虽然预稳压器为LT1020提供了输入，但必须依靠LT1020内部的比较器来开通。所以，该电路需要启动电路。74C04反相器就是为此而设置的。当电源开通时，LT1020处看不到输入，输入实际上传输到了反相器。200kΩ的通路使第一个反相器变为高电平，引起反相器链状态切换，为MOSFET提供偏置并且开启了电路。反相器的轨到轨摆幅也为MOSFET提供了较好的栅极驱动。

电路的较低40μA静态电流源于LT1020的较低的漏极电流以及MOS元件本身。图6.17画出了LT1020的两个输入－输出差分电压的效率vs输出电流的曲线。效率可以超过80%，而相应的输出电流容量为50mA。

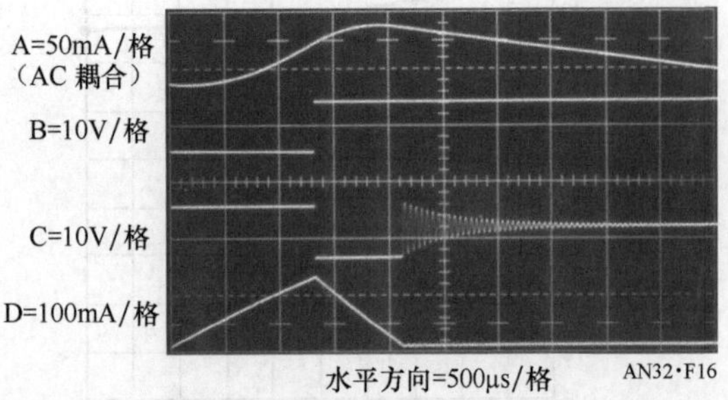

图6.16 图6.15所示电路的波形

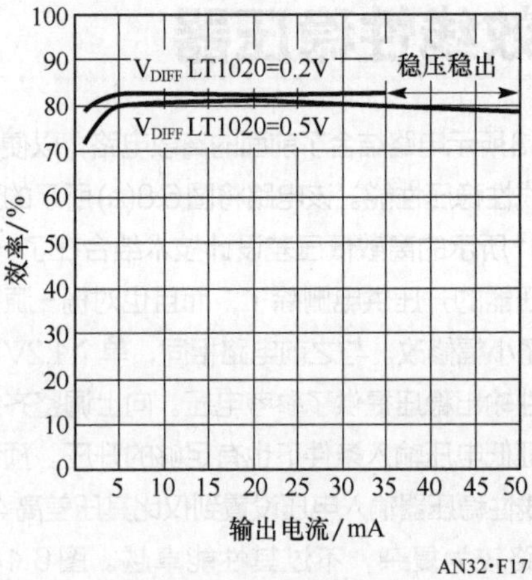

图6.17 图6.15所示电路的效率vs输出电流

参考文献

1. Lambda Electronics, Model LK-343A-FM Manual
2. Grafham, D.R., "Using Low Current SCRs," General Electric AN200.19. Jan. 1967
3. Williams, J., "Performance Enhancement Techniques for Three-Terminal Regulators," Linear Technology Corporation. AN2
4. Williams, J., "Micropower Circuits for Signal Conditioning," Linear Technology Corporation. AN23
5. Williams, J. and Huffman, B., "Som Thoughts on DC-DC Converters," Technology Corporation. AN29
6. Analog Devices, Inc, "Multiplier Application Guide"

注：该应用指南摘自于EDN杂志准备出版的手稿。

附录A 低压差的实现

线性稳压器基本上都采用了图A1(a)所示的基本稳压回路。压差限值是由导通元件的导通阻抗的限值决定的。输入与输出之间的理想导通元件具有零阻特性，不消耗驱动能量。

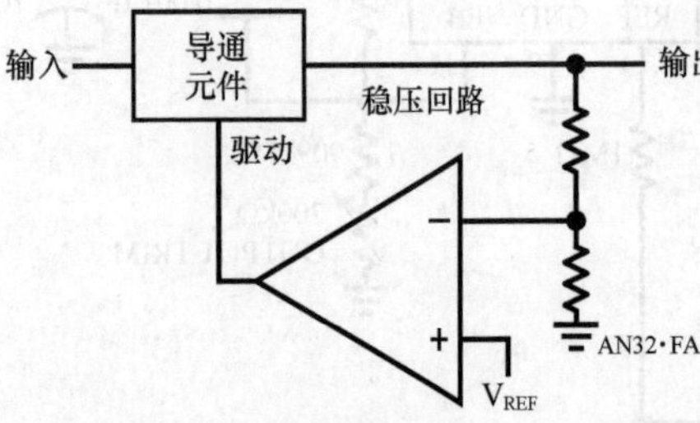

(a)基本稳压回路

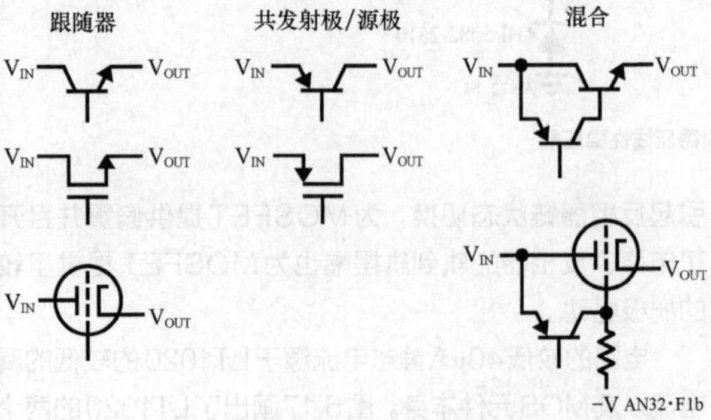

(b)线性稳压器及一些备选导通元件

图A1 线性稳压器

有很多设计技术在各种性能之间进行了折中，优点也各不相同。图A1(b)列举了一些备选导通元件。跟随器能提供电流增益，容易进行回路补偿（电压增益低于单位值），而且驱动电流最终都流向负载。然而，要使跟随器饱和需要电压过驱输入（例如，基极、栅极）。由于驱动一般是直接从V_{IN}引脚导出的，所以这点很难做到。在实际电路中，要么电路自身生成过驱电压，要么从其他地方引入。在IC电源稳压器中不容易实现这一点，不过在离散电路中可以实现（例如，图6.11所示电路）。如果没有电压过驱，使用的是三极管时，饱和损耗将取决于V_{BE}，使用的是MOS时，饱和损耗取决于通道导通电阻。MOS的通道导通电阻在这些条件下变化很大，而三极管的损耗更容易预测。要注意，驱动级的电压损耗（复合晶体管等）会直接加入到压差电压中。在传统三端IC稳压器中，跟随器的输出与驱动级损耗相叠加后，将压差设定在3V。

共发射极/源极是另一种可选导通元件。采用该元件的电路将不再受三极管V_{BE}损耗的影响。PNP元件太容易进入全饱和，即使采用了IC也是如此。而要进行的折衷是不让基极电流流到负载，这将浪费大量的功率。电流较大时，基极驱动损耗将使共发射极饱和的优势不复存在。尤其是在IC设计中，高放大数倍、高电流的PNP晶体管不是很实用。与跟随器的情形相似，如果使用了复合晶体管，上述问题将进一步扩大。当电流大小适中时，共发射极PNP元件可用于IC设计。LT1020/LT1120就是采用了这种设计方案。

共源极连接的P通道MOSFET也是备选元件之一。此时，将不会再受到三极管驱动损耗的困扰，但一般需要10V的栅-通道偏置以进入全饱和状态。在低电压系统中，实现这点一般需要生成负电势。另外，P通道元件相比尺寸相同的N通道元件来说，它的饱和性能要差一些。

对于采用共发射极和共源极的电路来说，电压增益需要进行回路稳定，一般也容易实现。

混合连接使用了一个PNP驱动的NPN，是一种较为合理的折中结构，尤其适用于高功率（超过250mA）IC电路。PNP的V_{CE}饱和项与削减直通PNP的驱动损耗之间的折中合理可行。另外，电流主要从一个功率NPN中流过，易于单片实现。这种连接结构能产生电压增益，所以有必要进行回路频率补偿。LT1083-6稳压器使用了这种导通元件，并使用了一个输出电容进行频率补偿。

可能的话，读者可以用已退出历史舞台的热电子管进行稳压器的实现，给予其最崇敬的礼遇。

附录B 低压差稳压器家族

图B1详细列出的LT1083-6系列的最主要的特点是最大压差都低于1.5V。输出电流的范围是从1.5~7.5A。图中曲线表明在结区温度高于25℃时，其压差都非常低。基于NPN导通晶体管的稳压器仅需要10mA负载电流就可以正常运行，从而消除了PNP方案极大的基极驱动损耗（参见附录A的讨论）。

相对来说，优化的LT1020/LT1120系列主要用于低功率电路中。输出电流为100μA时，压差电压约为0.05V，输出电流为100mA时，压差也仅上升到400mV。静态电流为40μA。

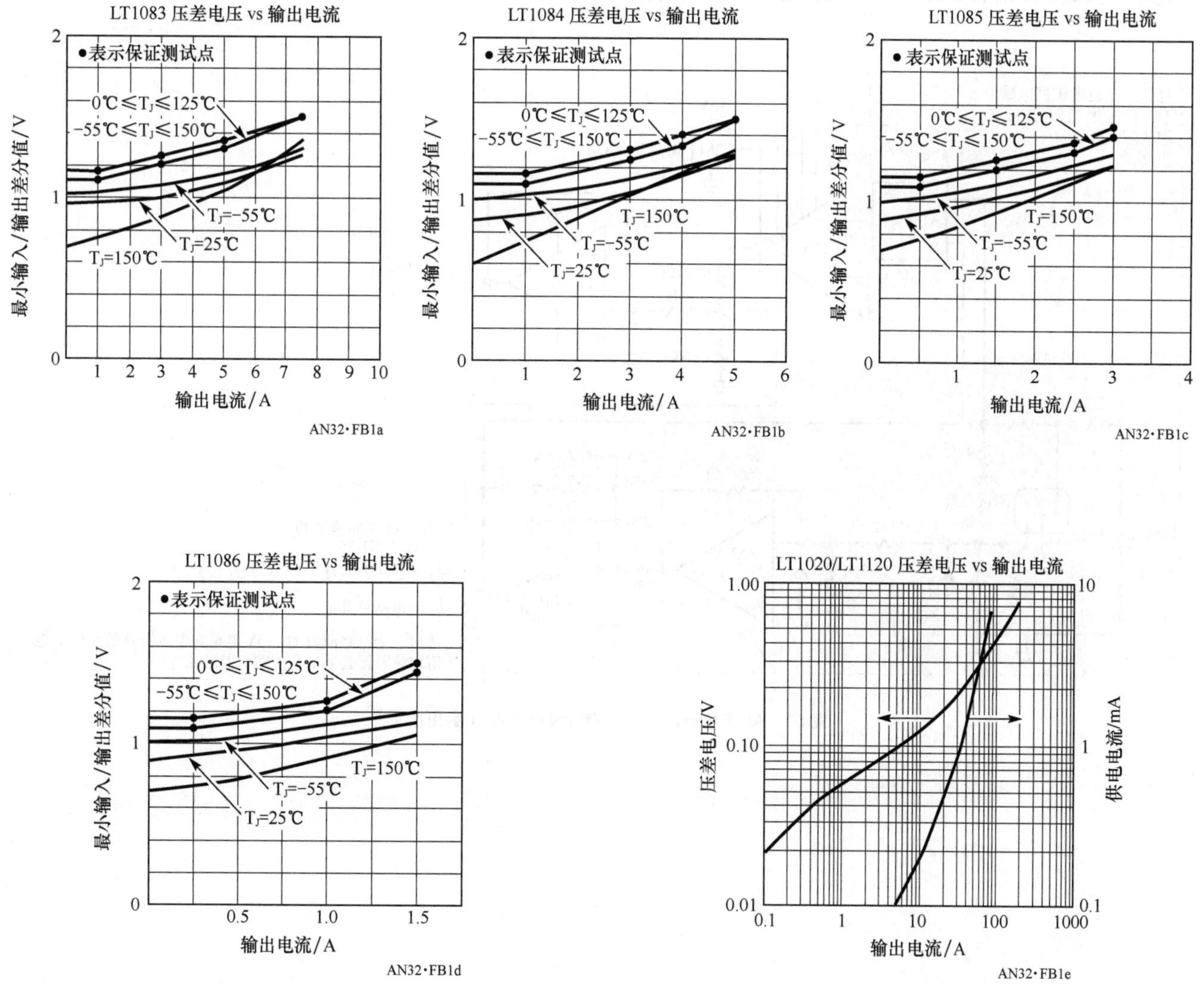

图B1 低压差IC稳压器的特性曲线

附录C 功率消耗测量

精确计算功率消耗通常需要进行测量。尤其是在AC线路驱动的电路中更是如此，这些电路中变压器的不确定性或者厂家数据的缺乏导致计算困难。测量AC线路驱动的输入功率（W）的一个方法是使用E-I产品进行准确实时的计算。图C1所示的电路可以实现该功能并产生安全有用的输出。

再继续深入讨论之前，必须警示读者，该电路的搭建、测试和使用必须特别小心。该电路中有许多与AC线路连接的高压电势点。使用该电路或者连接到该电路时需要极其小心。再强调一次：该电路具有危险的、与AC线路相连的电势点，需要特别注意。

将待测量的交流负载插入到插座中。用A1A测量流过0.01Ω并联电阻的电流，而A1B则提供额外的增益和比例缩放。二极管和熔丝可以保护并联电阻和放大器免受过载影响。负载电压由100kΩ-4kΩ分压器导出。较小的并联电阻可以将电压负载误差最小化。

电压和电流信号由四象限模块乘法器（AD534）倍乘以产生功率输出。所有这些电路都悬浮在AC线路电压附近，所以直接监测乘法器的输出有着潜在的危险。生成一个安全有用的输出需要使用电位隔离方法来测量乘法器输出。286J隔离放大器就用于此目的，可以把它当作一个单位增益放大器，其输入和输出相互隔离。286J也为A1和AD534提供了±15V悬浮电源。286J的输出的参考地为电路的公共地。286J的运行需要使用281振荡/驱动器（详细内容请参阅模块元件数据手册）。LT1012及其相关器件会产生成比例变化及滤波输出。A1B的增益开关提供了十倍程刻度，范围从20~2000W的满刻度。信号路径带宽能够产生准确结果，即使负载为非线性或不连续的（例如，SCR斩波器）。校准该电路时，可以使用一个已知的满刻度负载，将A1B设置到某一范围，随后微调调整钮直到读出正确的结果。典型精度为±1%。

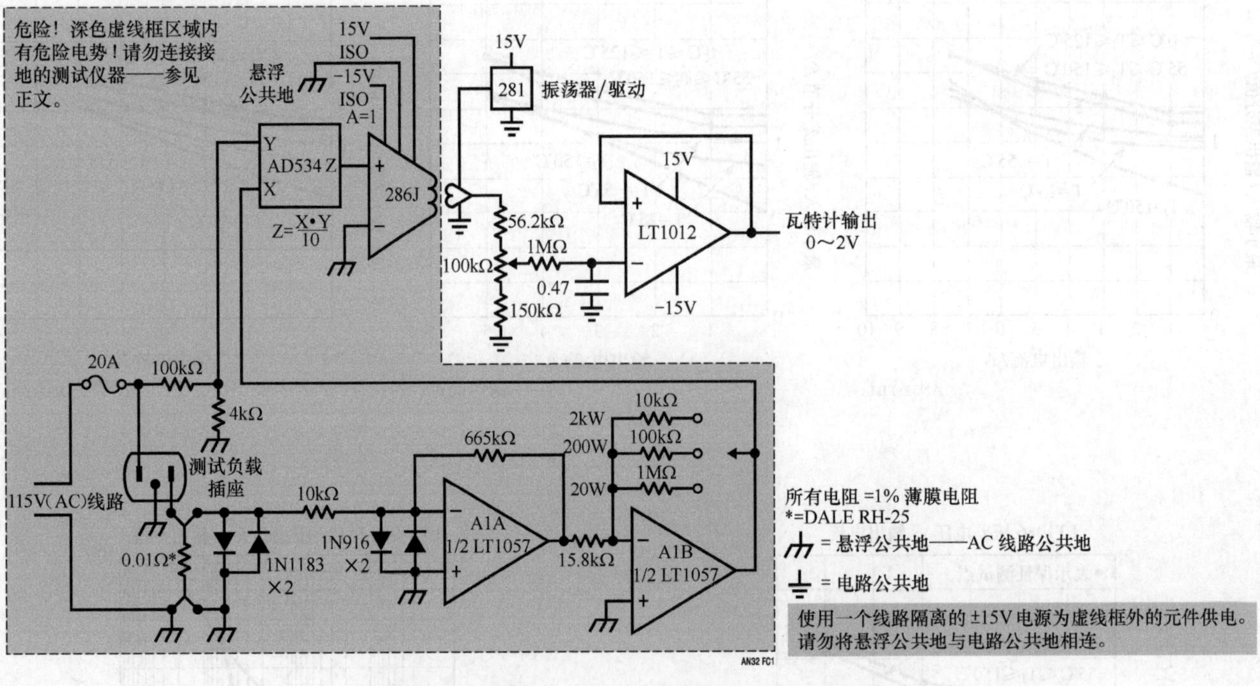

图C1 AC瓦特计。危险！存在潜在危险 （参见正文）

第4节

高压高电流应用

高压低噪DC/DC转换器（7）

光电倍增管（PMT）、雪崩光电二极管、超声波传感器、电容传声器、粒子探测器以及其他类似设备需要高压、低电流偏置。另外，必须是在无噪声条件下的高压；噪声必须控制在毫伏以下是最基本的要求，甚至有时可能要求几百微伏。一般情况下，如果没有一些特殊的手段，开关稳压器电路结构无法达到这样的性能要求。其中一个方法是不让负载电流超过5mA，这样就可以在输出端采用一般很难用上的滤波手段。

高压低噪DC/DC转换器

7

每千伏的噪声为100μV

Jim Williams

引言

光电倍增器（PMT）、雪崩光电二极管（APD）、超声换能器、电容麦克风、辐射探测器以及某些类似设备均需要高电压、低电流的偏置。另外，必须是没有噪声的高压：噪声通常要求远低于1mV，有时甚至可能要求噪声仅为几百微伏。如果不采用特殊技术，开关稳压器通常是无法达到这些要求的。不过，不让负载电流超过5mA可以有效帮助低噪声的实现。在这样的自由度前提下，电路中可以使用那些通常不切实际的输出滤波方法。

本指南描述了在100MHz带宽内输出噪声小于100μV，输出电压从200～1000V的一些电路结构。一些特殊的技术能够实现这些功能，它们主要是对电源级进行优化以最小化高频谐波分量。实现方案虽然比较复杂，不过所有例子都采用了标准商业化的器件——不需要定制的器件。这样的安排旨在帮助使用者快速掌握可生产的设计方法。电路及其描述均在下面展开。

在开始之前，警告读者在制造并测试本文所介绍的电路过程中，要始终保持警惕。这些电路中会出现致命的高压电，在操作和连接这些电路时要格外小心。请读者谨慎使用。

Royer谐振转换器

由于其正弦功率传输[①]，Royer谐振电路拓扑结构适合低噪声工作条件。另外，因为最初变换器在LCD背光显示器中应用广泛，因此Royer谐振电路特别受欢迎。这些变换器有多种来源，它们久经考验并拥有很好的市场竞争力。

图7.1所示的Royer谐振器拓扑通过减小功率驱动级高频谐波，实现了250V输出电压时100μV(峰峰值)噪声的要求。自振荡Royer谐振电路由VT2、VT3、C1、T1和L1构成。流过L1的电流使T1、VT2、VT3、C1所构成的电路谐振，为T1初级提供正弦驱动，而次级将得到类似正弦波的高压。

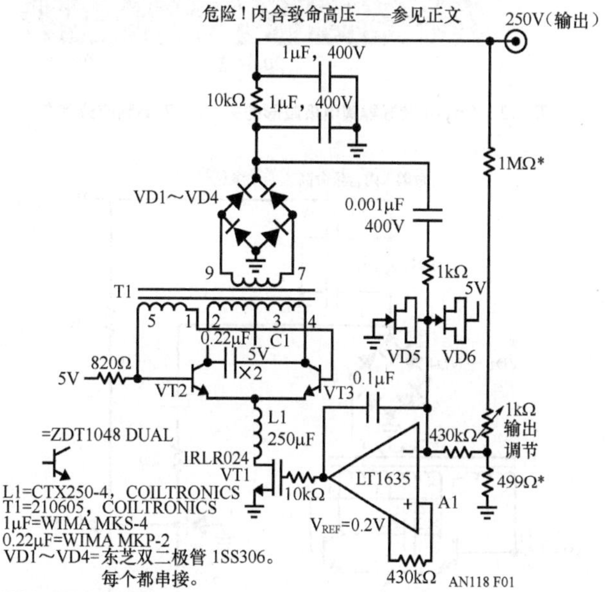

图7.1　产生高压输出的电流反馈Royer谐振转换器。A1偏置VT1的灌电流，产生输出电压，稳定反馈回路。A1的0.001μF-1kΩ网络的相位导前于输出滤波器，优化瞬态响应。VD5和VD6是低漏钳位二极管，对A1进行保护

T1的整流和滤波后的输出被反馈给放大器的A1参考端，为VT1提供电流偏置，从而在Royer转换器的周围形成完整的控制回路。L1确保VT1频率较高时保持恒定的电流。输出电流为毫安级，所以输出滤波器可用10kΩ的电阻。这样，可以在提高滤波器性能的同时最小化功率损耗[②]。A1负输入端的

---

① 本指南因为专注于主题可能会牺牲学术的完整性。因此，指南中没有包含所用各种开关稳压器体系结构的详细原理。读者如希望了解背景教程，可以参阅参考文献。有关Royer谐振理论的内容请参阅参考文献1。

② 如前所述，低电流需求可使输出滤波器和反馈网络的构建上有一定的自由度。附录A给出了实例和详细讨论。

RC电路与0.1μF的电容相结合对A1的回路进行补偿。VD5和VD6作为低漏钳位二极管，在启动过程和瞬态事件中保护A1。虽然图7.2所示的集电极波形有所失真，不过仍可以看到无高频成分存在。

电路低谐波分量与RC输出滤波器相结合，能产生超纯净的输出。输出噪声（见图7.3）在监测仪器的100μV底噪声下可辨[③]。

图7.4所示的是图7.1电路的变形，将输入电源电压范围扩展到32V，输出噪声仍保持为100μV。在高压输入时，VT1可能需要散热片。转换器和环路操作与之前电路相同，不过为了适应LT1431控制元件，需要重新选取补偿元件。

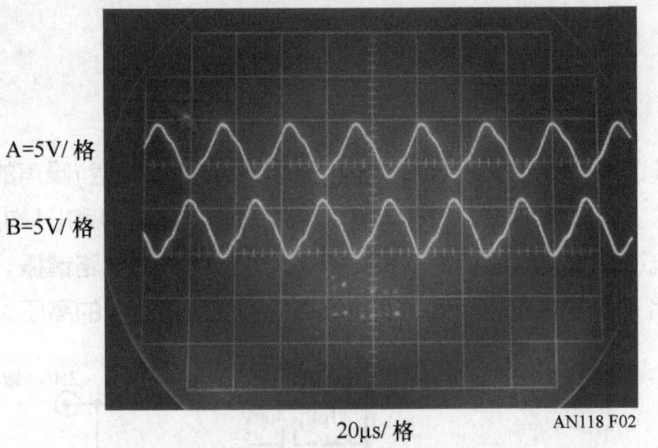

图7.2 Royer谐振器集电极波形的失真。无高频成分存在

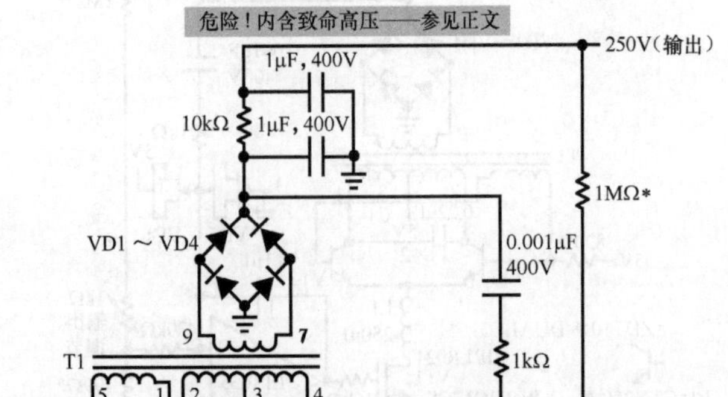

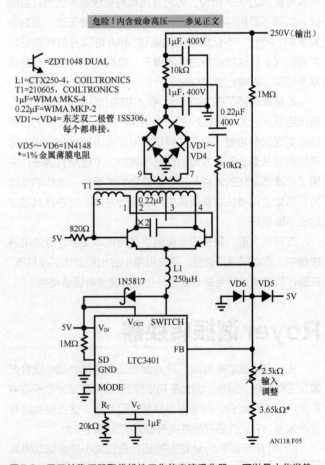

图7.4 基于图7.1所示电路的变形LT1431稳压器保持了100μV输出噪声，同时扩大输入电源电压范围到32V。VT1可能在高输入电压下需要散热器

③ 有效的低电平噪声测量的测量技术和仪器的选择需要很多研究和实验。实际需要考虑的因素请见附录B到附录E。

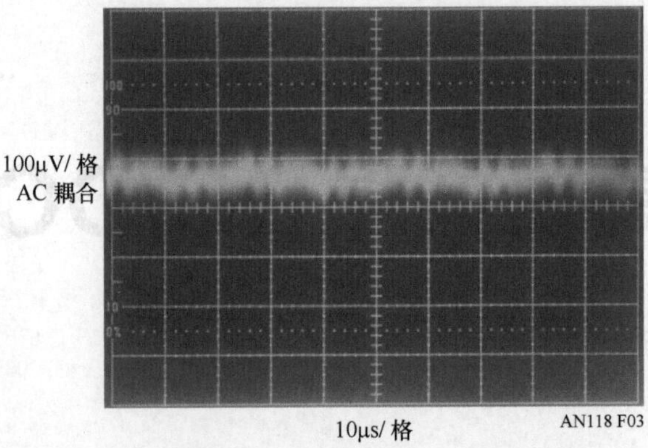

图7.3 输出噪声在监测仪器的100μV底噪声下可辨

基于开关电流源的Royer谐振转换器

前面的谐振器的例子利用转换器电流的线性控制，实现了无谐波驱动。其代价就是效率的降低，特别是在输入成比例变化时。改用开关模式电流驱动Royer转换器，可以改善效率。可惜这样的开关驱动通常会产生噪声。在接下来的实例中，将会看到这种结果。

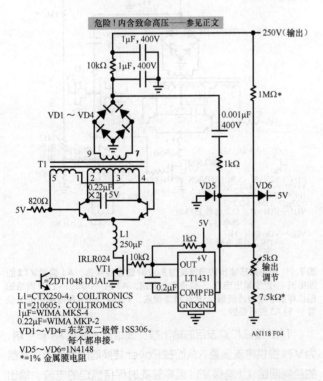

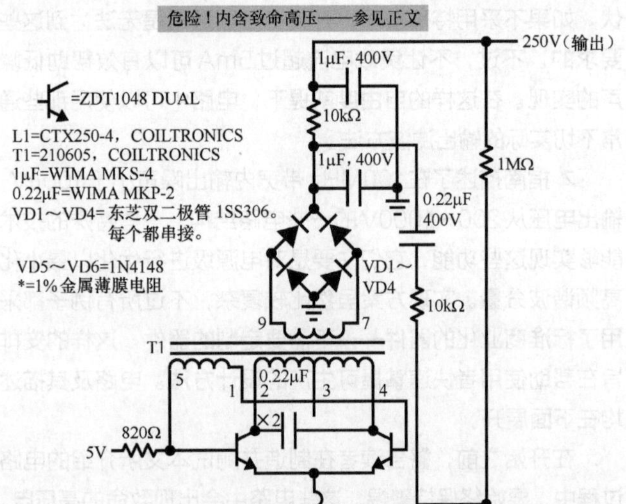

图7.5 用开关稳压器取代线性工作的电流吸收器，可以最小化发热，不过噪声将增加

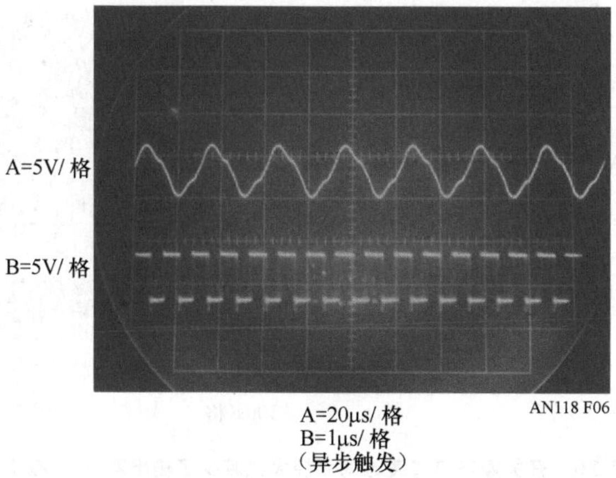

图7.6 Royer谐振器的集电极波形（线迹A）类似于之前的电路。高速、开关模式的灌电流驱动（线迹B）能有效地反馈L1

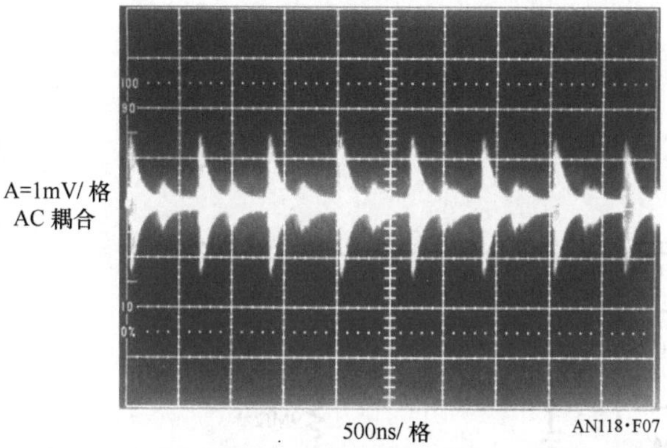

图7.7 开关稳压器谐波将产生3mV（峰峰值）输出噪声

图7.5所示电路用一个开关稳压器替换了线性工作的电流吸收器。Royer转换器及其环路与先之前一样。图7.6中的晶体管集电极波形（线迹A）类似于其他电路。高速、开关模式的灌电流驱动器（线迹B）能有效地反馈L1。这种开关操作虽然提高了效率，但是降低了输出噪声性能。图7.7显示开关稳压器谐波能引起3mV的峰峰值输出噪声——约为线性工作电路的30倍。

仔细观察图7.7可以发现几乎没有基于Royer谐振的残留。开关稳压器噪声在噪声中占主导。消除这种开关稳压器引起的噪声的同时保持高效率需要特殊电路，不过很容易实现。

由低噪声开关稳压器驱动的Royer谐振转换器

图7.8所示电路实例化了前面所提到的“特殊电路”。Royer谐振转换器和其环路是对前述电路的回顾。最根本的区别在于LT1534开关稳压器，它利用过渡时间受控来延缓高频谐波，同时保持效率不变。这种方法融合了开关和线性电流吸收器的优点[④]，电压和电流转换率分别由R_V和R_I设定，在效率和降低噪声之间进行了折中。

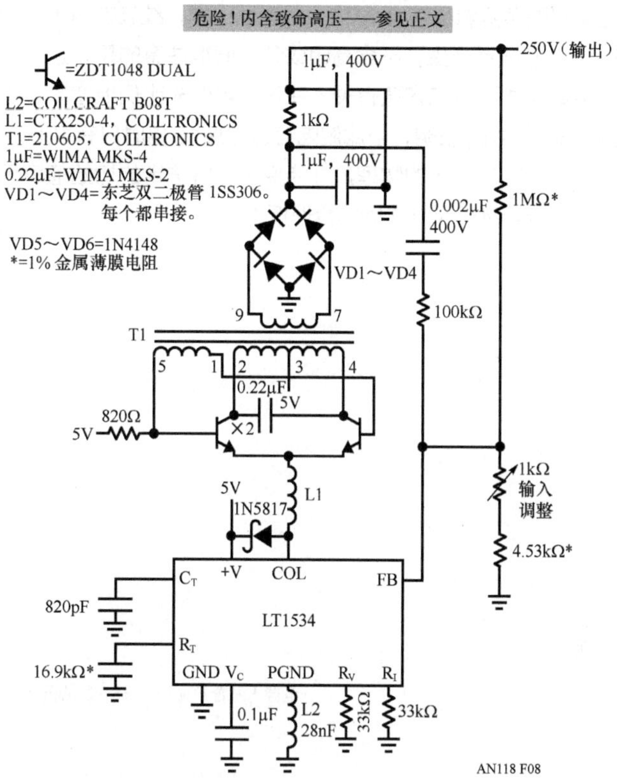

图7.8 LT1534的过渡时间受控延缓了高频谐波并保持较低的散热

图7.9所示的Royer谐振器集电极波形（线迹A）与由图7.5的电路产生的波形几乎一样。线迹B描绘了LT1534控制的传输时间，与其在图7.5所对应部分存在明显偏离。这些过渡时间受控大大减少了输出噪声（见图7.10），减小到峰峰值为150μV，与图7.7所示的LTC3401的结果对比有将近20倍的改善。

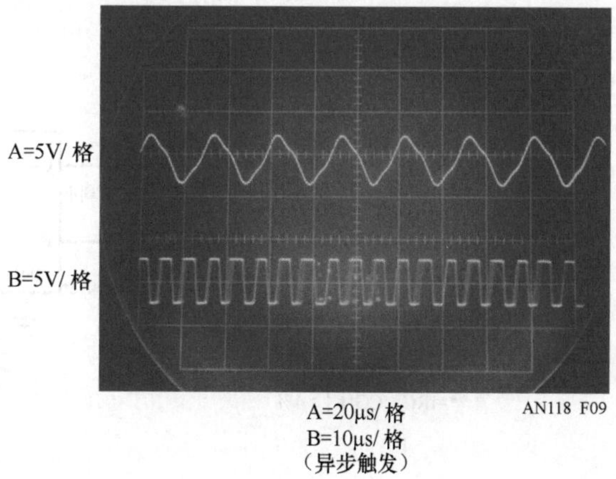

图7.9 Royer谐振器集电极波形（线迹A）与图7.5中的LT3401电路所产生的波形是一致的；LT1534灌电流的过渡时间受控（线迹B）衰减了高频谐波分量

④ 如前所述，该讨论需简短以保证中心专题。LT1534的受控转换时间操作需要进一步研究。请参阅参考文献3。

图7.11基本上等同于图7.8，除了它产生负1000V的输出。A1提供低阻抗，反相反馈到LT1534。图7.12(a)所示的输出噪声测量值在1mV内。跟前面一样，纹波噪声主要由Royer谐振器产生，不含高频成分。值得注意的是，这一噪声系数与滤波器电容值有关，并跟电容值成比例地增减。例如，图7.12(b)表明，当滤波电容值增加10倍时只有100μV的噪声，不过电容的物理尺寸将变大。所选定的初始值表示噪声性能与物理尺寸之间的合理折中。

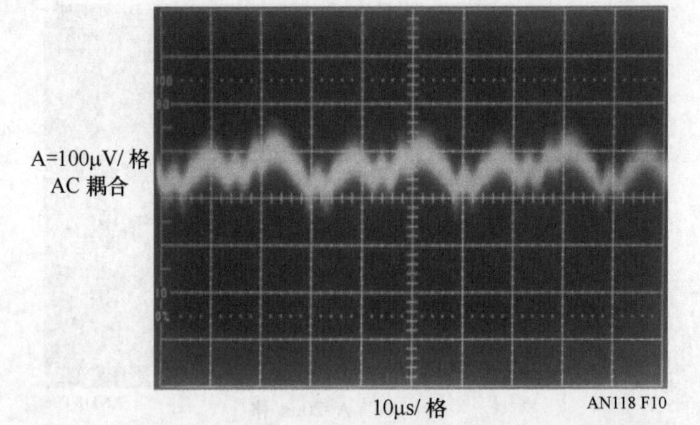

图7.10 开关灌电流过渡时间受控大大减少了输出噪声，减小到峰峰值为150μV，与图7.7所示的LTC3401的结果对比有将近20倍的改善

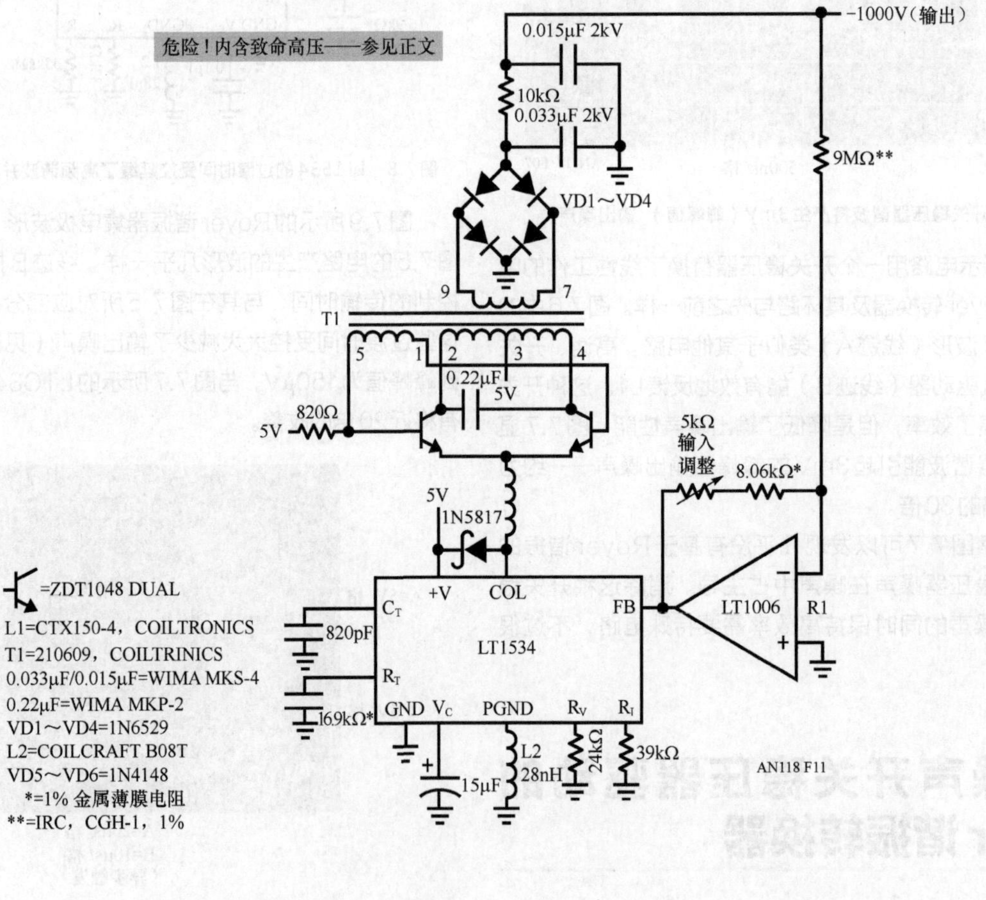

图7.11 将过渡时间受控的开关稳压器应用到1000V转换器的负输出端。A1提供低阻抗，并反相反馈到LT1534

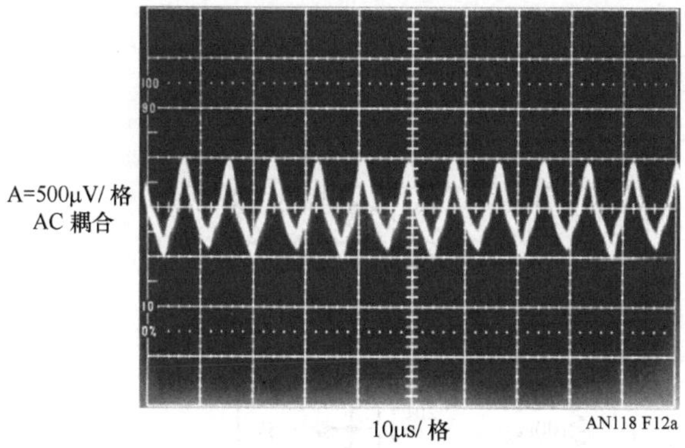

(a) 在100MHz的带宽下，1000V转换器输出噪声测量值在1mV内（1PPM-0.0001%）。与Royer谐振器有关的纹波在残差中占主导地位，没有检测到高频成分

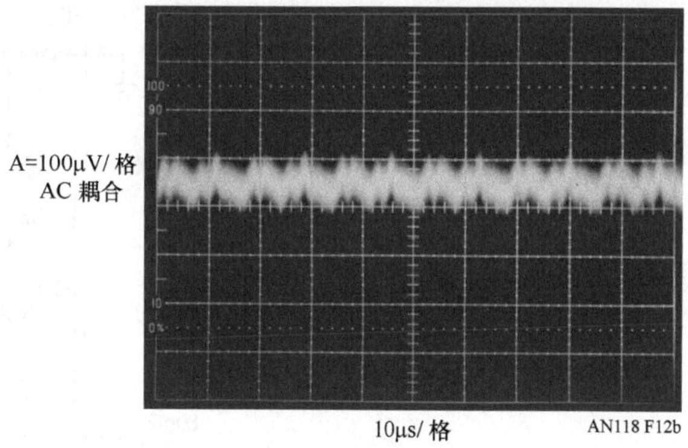

(b) 图7.11所示电路中的滤波电容值增加10倍时，噪声降低到100μV。结果是电容的物理尺寸增大

图7.12　图7.11所示电路的输出噪声

过渡时间受控的推挽转换器

过渡受控技术也可以直接应用到推挽结构中。图7.13所示的是在一个简单的环路中使用过渡受控推挽稳压器来控制一个300V的输出转换器。对称的变压器驱动和受控开关边缘时间有利于低输出噪声。VD1~VD4互联的阻尼器进一步减小了残差。在这种情况下，输出滤波器中使用了电感，不过也可以合理使用电阻。

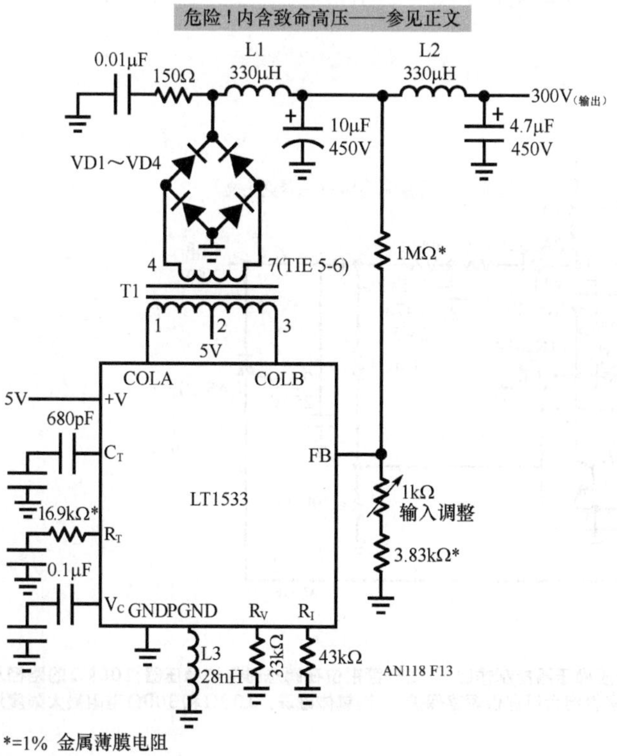

*=1% 金属薄膜电阻

L3=COILCRAFT B08T

L1，L2=COILCRAFT LPS5010-334MLB

VD1 ～ VD4=1N6529

T1=PICO 32195

图7.13　过渡受控的推挽式驱动的300V输出转换器。对称的变压器驱动和较慢的边缘有利于低输出噪声

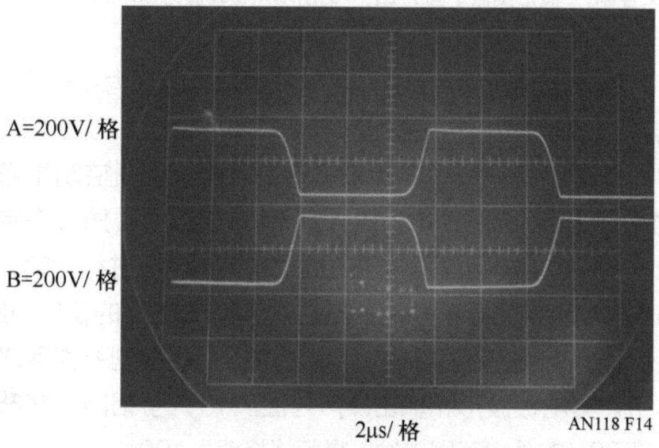

图7.14　变压器次级输出中没有高频噪声

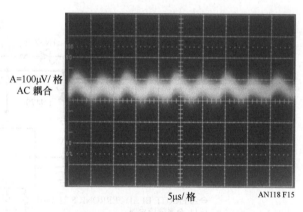

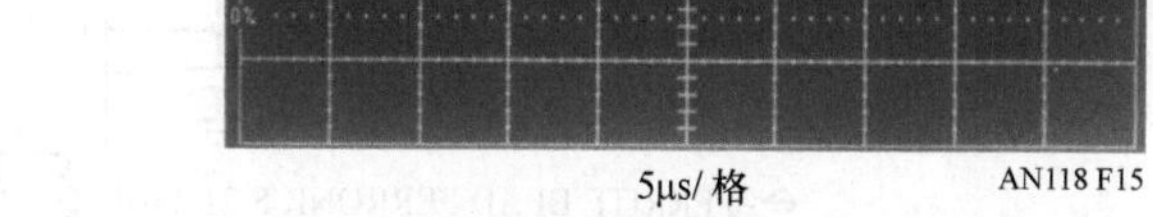

图7.15　与推挽式转换器相关的残差接近100μV的测量底噪声。100MHz测量带通中没有出现宽带成分

图7.14显示了变压器次级输出端的平稳过渡输出（线迹A是T1的引脚4输出，线迹B是T1的引脚7输出）。高频谐波会导致极低的噪声。在100MHz的带通带宽内，图7.15的相关基波输出残差接近100μV的测量噪声。对于任何DC/DC转换器而言，这样的噪声都是极低的，而对于能提供高压输出的转换器而言，更是如此。在该电路中，输出为300V时，输出噪声小于三百万分之一伏。

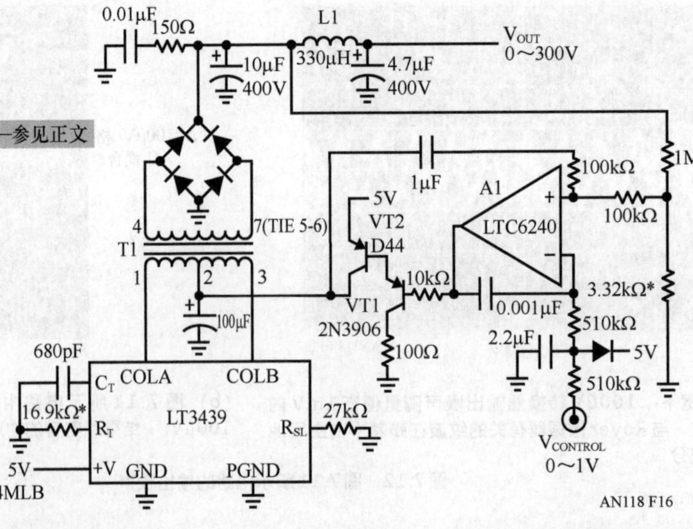

图7.16 图7.13的全量程可调版本。$V_{CONTROL}$控制的A1通过VT1和VT2设置T1驱动。1MΩ-3.32kΩ分压器可提供反馈，其稳定性由A1的输入电容来控制。波形类似于图7.13。输出噪声峰峰值为100μV

图7.16所示电路是相似的，只是输出范围为0～300V，且LT1533被不包含控制元件的LT3439替换。它通过50%的占空比和受控开关转换来驱动变压器。反馈控制是通过A1-VT1-VT2驱动电流流入到T1的初级中心抽头来完成的。A1将输出电阻分压与用户提供的控制电压进行比较。当输入控制电压为0～1V时，产生一个0～300V的输出响应。从VT2的集电极到A1正输入端的RC网络起到补偿回路的作用。集电极波形和输出噪声与图7.13几乎相同。在整个0～300V的输出范围内输出噪声峰峰值为100pV。

反激式转换器

反激式转换器，由于它们易于突变，不能很好地控制能量输送，通常不会将它与低噪声输出相关联。然而，精心挑选的磁性元件和布局可以提供出乎意料的性能，特别是在低输出电流时。

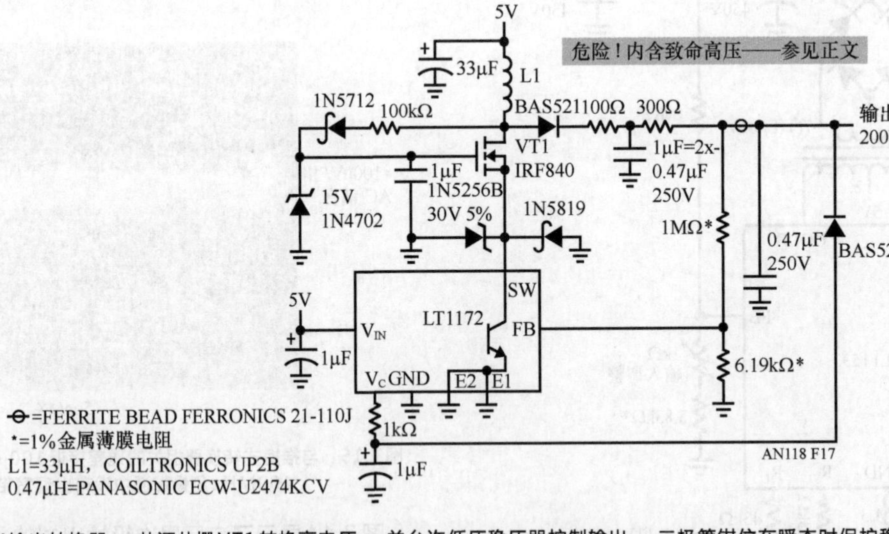

图7.17 5V到200V输出转换器。共源共栅VT1转换高电压，并允许低压稳压器控制输出。二极管钳位在瞬态时保护稳压器；100kΩ的路径从L1的反激式事件中能够让VT1栅极驱动自举。输出连接300Ω电阻并与二极管组合可提供短路保护。铁氧体磁珠、100Ω和300Ω电阻最大限度地减少高频输出噪声

图7.17的设计实现了从5V输入到200V的转换[⑤]。该方案是具有一些重要偏差的基本反激式电感升压稳压器。高压器件VT1已被置于LT1172开关调节器和电感器之间。这使得稳压器能在不受高压应力的情况下，控制VT1的高压转换。VT1与LT1172的内部开关“级联”，可承受L1的高压反激式操作[⑥]。

⑤ 有经验的人可以发现本节内容节选自 LTC 应用指南的 AN98 和 AN113。为了适应低噪声操作，原来的电路和文本已被修改。请参阅参考资料。

⑥ 有关共源共栅的历史和现状请参阅文献 13～17。

来自L1的脉冲通过VT1的结电容后，与VT1源极相关连的二极管将对其钳位的提高滤波效率。高压经整流和滤波后，形成电路输出。铁氧体磁珠、100Ω和300Ω电阻有利于提高滤波效率[⑦]。稳压器的反馈能稳定环路，V_C引脚网络能提供频率补偿。从L1开始到100kΩ电阻的路径使VT1栅极驱动自举到10V，确保其饱和。如果输出意外被接地，连接二极管的输出通过关闭LT1172来提供短路保护。

图7.18中的线迹A和C分别是LT1172的开关电流和电压。VT1的漏极电流是线迹B。电流斜坡顶点将导致VT1漏极上的高压反激现象。LT1172开关将出现完全衰减的反激。由于在传导周期之间电感关断，因此所述正弦信号是无害的。

图7.19所示的输出噪声是由低频纹波和反激相关脉冲构成的，在100MHz的带通内，这些脉冲峰峰值为1mV。

图7.20是由凌力尔特的Albert M.Wu提供的，它是一个带有反激式电路的变压器。变压器次级按照反激驱动的初级提供递升式电压。4.22MΩ的电阻为稳压器提供反馈，关闭控制回路。一个10kΩ-0.68μF的滤波网络以最小电压降衰减高频谐波。反激式相关的瞬态特性在图7.21中清晰可见，内部输出噪声峰峰值为300μV。

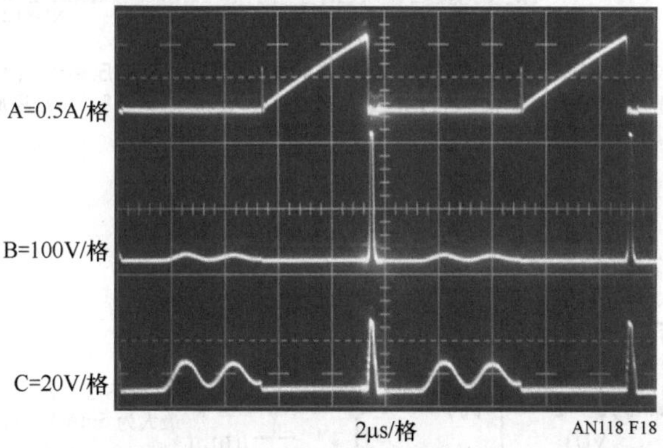

图7.18 5V到200V转换器的输出波形，包括LT1172的开关电流和电压（分别为线迹A和C），以及VT1的漏极电流（线迹B）。电流斜坡顶点将导致VT1漏极上的高压反激现象。LT1172开关将出现完全减弱的反激。由于在传导周期之间电感关断，因此所述正弦信号是无害的。屏幕中心附近的所有线迹为了拍摄得更清晰都进行了强化

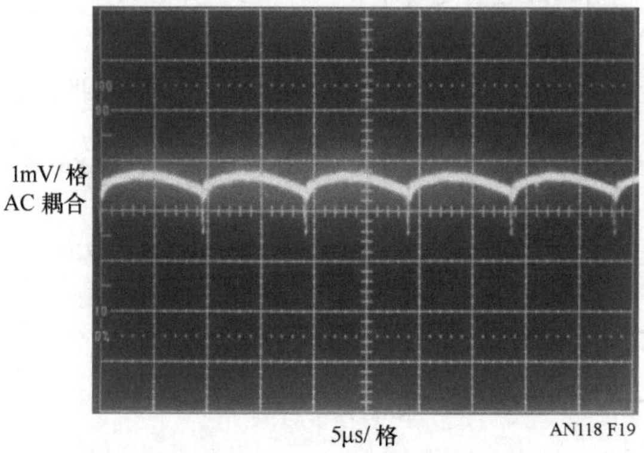

图7.19 图7.17中电路的输出噪声，由低频纹波和反激相关的脉冲构成，在100MHz的带通内，这些脉冲峰峰值为1mV

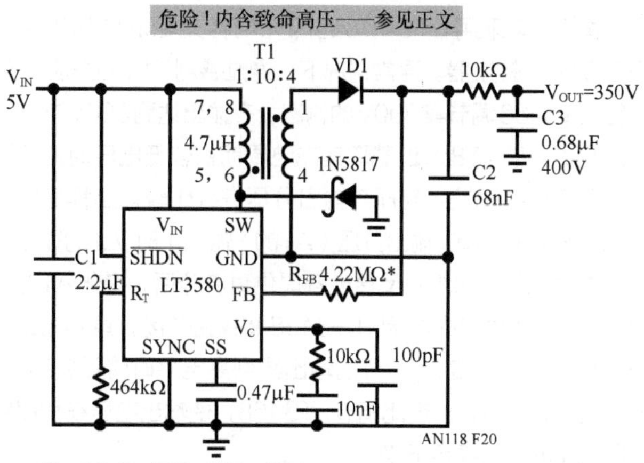

C1：2.2μF，25V，X5R，1206
C2：TDK C3225X7R2J683M
VD1：VISHAY GSD2004S 串接双二极管
VT1：TDKLDT565630T-041
C3：WIMA MKS-4
*=IRC-CGH-1，1%

图7.20 5V供电变压器耦合的反激式转换器，产生350V输出

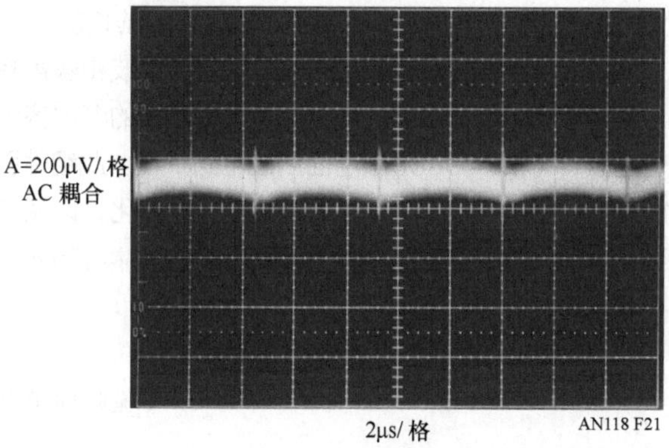

图7.21 在图7.20所示电路中，高速瞬变噪声特征是峰峰值为300μV

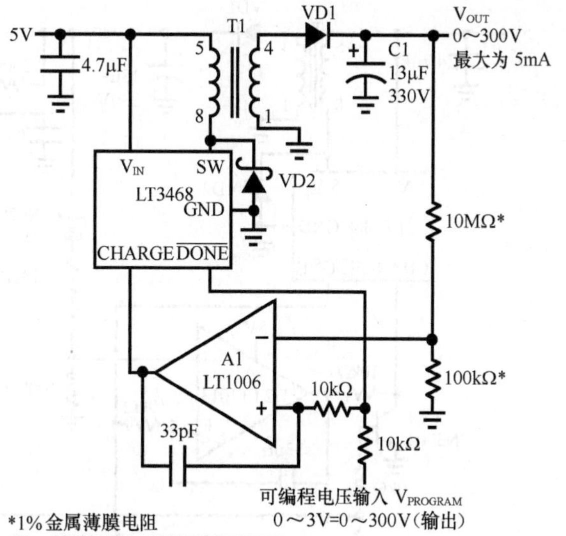

*1%金属薄膜电阻
C1：RUBYCON 330FW13AK6325
VD1：东芝双二极管 1SS306。每个都串接
VD2：PANASONIC MA2Z720
T1：TDK LDT565630T-002

AN118 F22

图7.22 0～300V电压可编程输出稳压器。A1通过占空比调节LT3468/T1组成的DC/DC转换器的功率输出来控制稳压器输出

⑦ 有关铁氧体磁珠教程在附录F中给出。

图7.22采用LT3468的闪光电容充电器作为通用高压DC/ DC转换器。通常情况下，通过感测T1的回扫脉冲的特征,LT3468调节其300V的输出。在输出达到300V前，该电路允许LT3468通过截取其充电周期在较低电压时进行调整。A1将可编程输入电压与输出分压进行比较。当程序电压（A1的+输入）超过输出分压（A1的-输入）时,A1的输出变低，并关闭LT3468。反馈电容提供直流滞后，锐化A1的输出，防止在触发点的抖动。LT3468将保持关闭，直到输出电压下降到一定程度，使A1的输出跳到高电平时将重新启动。通过这种方式,A1占空比调节LT3468，使输出电压在程序输入所确定的点处稳定下来。

图7.23的250V直流输出（线迹B）衰减约2V直至A1（线迹A）变为高电平并启动LT3468，恢复环路。该电路工作良好，可以在0～300V范围内进行编程调节，不过其固有的迟滞操作会产生（不可接受的）2V输出纹波。循环重复速率随着输入电压、输出设定值以及负载而变化，但纹波始终存在。下面的电路大大降低了纹波幅度，当然电路复杂度也将相应增加。

图7.24的后端稳压器将图7.22的输出纹波和噪声降低到2mV。除串联到10MΩ-100kΩ反馈分压器的15V齐纳二极管之外，A1和LT3468跟前面所述电路一样。此组件引起C1的电压变化，从而VT1的集电极电压也变化，以调节电压到$V_{PROGRAM}$输入电压之上的15V。该$V_{PROGRAM}$输入同时传输到A2-VT2-VT1线性后端稳压器。A2的10MΩ-100kΩ的反馈分压器不包括齐纳二极管，因此后稳压器与$V_{PROGRAM}$输入一致且无偏移。这种设置可以强制VT1上的电压在所有的输出电压下均为15V。该电压值足以消除输出中不希望的纹波和噪声，同时保持VT1低功耗。

VT3和VT4形成电流限制，以防止VT1的超载。通过50Ω分流电阻的过大电流将启动VT3。VT3驱动VT4，并关闭LT3468。与此同时，部分VT3的集电极电流硬启动VT2，并关断VT1。这种环路在正常调节反馈中占主导地位，保护电路直至过载被除去。

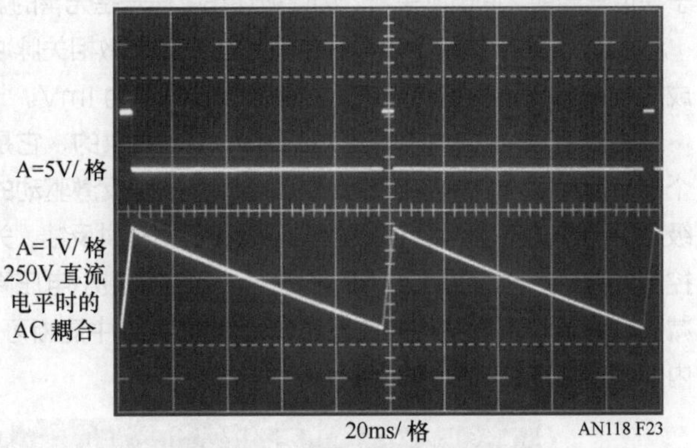

图7.23 图7.22的占空比调制操作的详细信息。高电压输出（线迹B）斜降直至A1（线迹A）变为高电平，开启LT3468/T1来还原输出。回路重复率随输入电压、输出设定点和负载变化

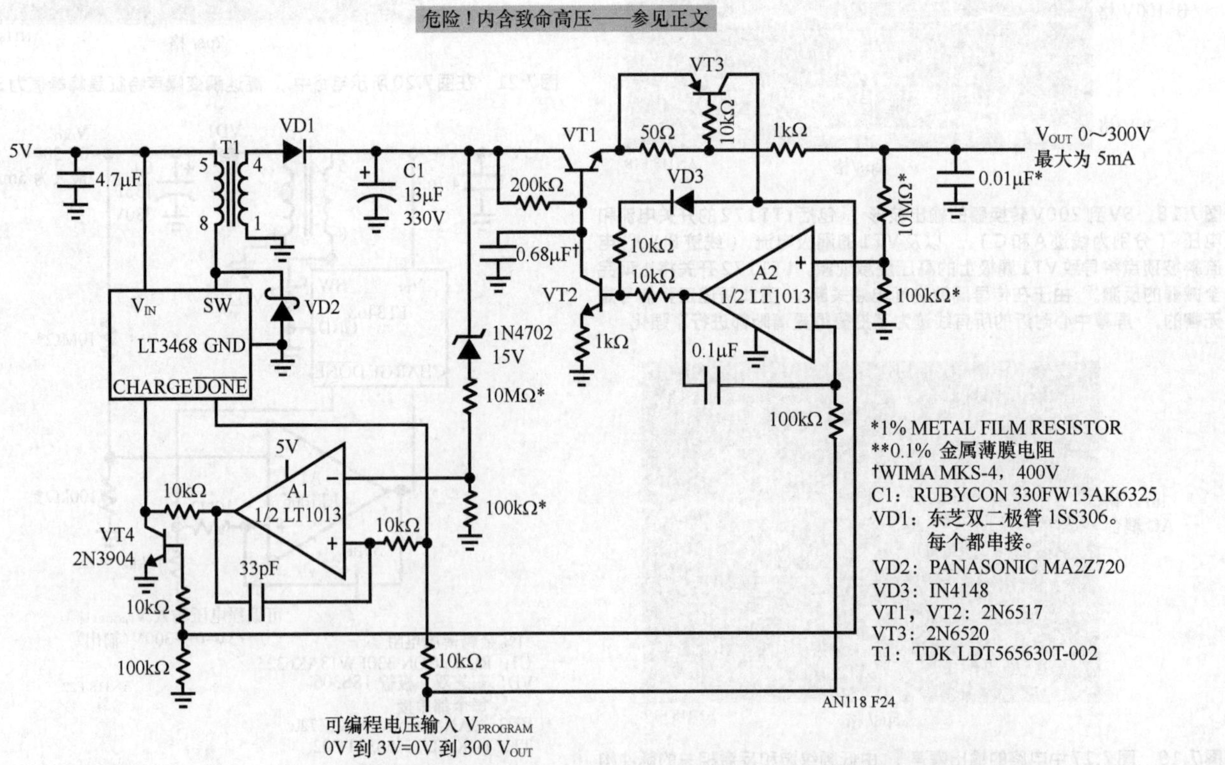

图7.24 后调节降低图7.22的2V输出纹波到2mV。类似于图7.22，基于LT3468的DC/DC转换器提供高压到VT1集电极。A2、VT1、VT2形成追踪、高压线性稳压器。齐纳二极管设置VT1的V_{CE}为15V，以确保以最少损耗进行跟踪。VT3和VT4限制短路输出电流

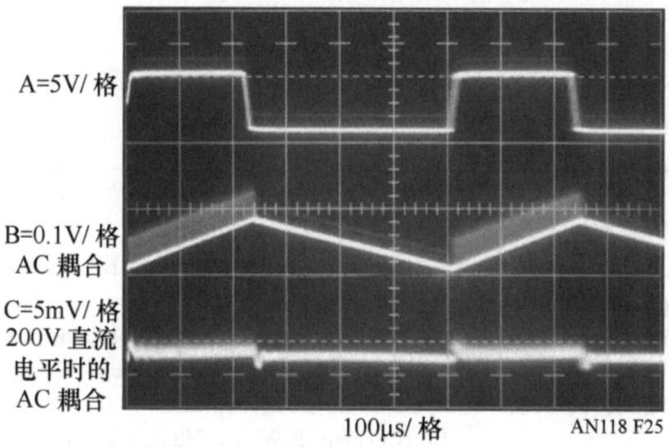

图7.25 在后稳压器的操作中低纹波输出（线迹C）是很明显的。线迹A和B分别是A1输出和VT1的集电极电压。图片中心处的线迹模糊是由回路抖动引起的

图7.25显示了后置稳压器的有效性。当A1（线迹A）变为高电平，VT1的集电极（线迹B）斜升（注意LT3468开关噪声对斜坡向上斜率的影响）。当A1-LT3468回路条件满足时，A1变为低电平，VT1的集电极电压斜坡下降。然而，后稳压器的输出（曲线C）将抑制该纹波，显示噪声仅为2mV。轻微的模糊线迹源自A1-LT3468环路抖动。

电路特点总结

图7.26总结了各电路的典型特点。此图仅是一般性指导，没有具体性能或限制的指标。电路具有太多的变量以及例外情况，很难明确陈述图中的隐含内容。电路参数存在交叉依赖关系，所以很难对各种方法进行总结或评价。如果需要最优的结果，则不存在实用方法来简化选择和设计过程。最有意义的选择必定是实验室为基础的实验结果。系统化的、以理论为基础的选择存在很多交叉依赖的变量。图表通过简单的简化进行总结，然而简化往往产生错误。尽管如此，图7.26列出了电路中每个组件的输入电源电压范围、输出电压和电流[8]。

⑧ 读者如能体会作者引用图7.26的矛盾心情，将不会对此产生疑虑。当地市场商人喜欢这样的图表，而作者却更冷静。本应用笔记摘自最初准备发表在EDN杂志的稿子。

电路类型	图号	电源范围（1mA 负载）	测试电压下的最大输出电流	备注
LT1635 - 线性谐振 Royer	1	2.7～12V	2mA@250V	<100μV 宽带噪声。易于电压控制。高压供电时存在潜在散热问题
LT1431 - 线性谐振 Royer	4	2.7 ～ 32V	2mA@250V	<100μV 宽带噪声。较宽的供电范围。高压供电时存在潜在散热问题
LT3401 - 开关谐振 Royer	5	2.7～5V	3.5mA@250V	3mV 宽带噪声。输出大电流，效率优于图 1 和图 4
LT1534 - 开关谐振 Royer	8	2.7～15V	2mA@250V	≈100μV宽带噪声。图 1、图4和图5之间的较好折中
LT1534 - 开关谐振 Royer	11	4.5～15V	1.2mA@-1000V	1mV 宽带噪声降低到 100μV。负 1000V 输出适合光电倍增管
LT1533 推挽	13	2.7～15V	2mA@300V	≈100μV 宽带噪声
LT3439 推挽	16	4.5～6V	2mA@0～300V	图 13 的满量程可调版本。≈100μV 宽带噪声
LT1172 级联电感反激	17	3.5～30V	4mA@200V	V_{OUT} 限值≈200V。≈1mV 宽带噪声
LT3580 XFMR 反激	20	2.7～20V	4mA@350V	300μV 宽带噪声。较宽的供电范围。输出大电流。小型变压器
LT3468-LT1006 XFMR 反激	22	3.8～12V	5mA@250V	1.5V 噪声。简单电压控制输入 0～3V_{IN}=0～300$V_{(输出)}$
LT3468-LT1013 XFMR 反激 - 线性	24	3.8～12V	5mA@250V	2mV 噪声。电压控制输入 0～3V_{IN}=0～300$V_{(输出)}$

图7.26 本章讨论的技术总结。适用电路取决于具体应用的特性

参考文献

1. Williams, Jim, "A Fourth Generation of LCD Backlight Technology," Linear Technology Corporation, Application Note 65, November 1995, p. 32-34, 119

2. Bright, Pittman and Royer, "Transistors As On-Off Switches in Saturable Core Circuits," Electrical Manufacturing, December 1954. Available from Technomic Publishing, Lancaster, PA

3. Williams, Jim, "A Monolithic Switching Regulator with 100μV Output Noise," Linear Technology Corporation, Application Note 70, October 1997

4. Baxendall, P.J., "Transistor Sine-Wave LC Oscillators," British Journal of IEEE, February 1960, Paper No. 2978E

5. Williams, Jim, "Low Noise Varactor Biasing with Switching Regulators," Linear Technology Corporation, Application Note 85, August 2000, p. 4-6

6. Williams, Jim, "Minimizing Switching Residue in Linear Regulator Outputs". Linear Technology Corporation, Application Note 101, July 2005

7. Morrison, Ralph, "Grounding and Shielding Techniques in Instrumentation," Wiley-Interscience, 1986

8. Fair-Rite Corporation, "Fair-Rite Soft Ferrites," Fair-Rite Corporation, 1998

9. Sheehan, Dan, "Determine Noise of DC/DC Converters," Electronic Design, September 27, 1973

10. Ott, Henry W., "Noise Reduction Techniques in Electronic Systems." Wiley Interscience, 1976

11. Tektronix, Inc. "Type 1A7A Differential Amplifier Instruction Manual," Check Overall Noise Level Tangentially", p. 5-36 and 5-37, 1968

12. Witt, Jeff, "The LT1533 Heralds a New Class of Low Noise Switching Regulators," Linear Technology, Vol. VII, No. 3, August 1997, Linear Technology Corporation

13. Williams, Jim, "Bias Voltage and Current Sense Circuits for Avalanche Photodiodes," Linear Technology Corporation, Application Note 92, November 2002, p. 8

14. Williams, Jim, "Switching Regulators for Poets," Appendix D, Linear Technology Corporation, Application Note 25, September 1987

15. Hickman, R.W. and Hunt, F.V., "On Electronic Voltage Stabilizers," "Cascode," Review of Scientific Instruments, January 1939, p. 6-21, 16

16. Williams, Jim, "Signal Sources, Conditioners and Power Circuitry," Linear Technology Corporation, Application Note 98, (November 2004), p. 20-21

17. Williams, Jim, "Power Conversion, Measurement and Pulse Circuits," Linear Technology Corporation, Application Note 113, August 2007

18. Williams, Jim and Wu, Albert, "Simple Circuitry for Cellular Telephone/Camera Flash Illumination," Linear Technology Corporation, Application Note 95, March 2004

19. LT3580 Data Sheet, Linear Technology Corporation

附录A

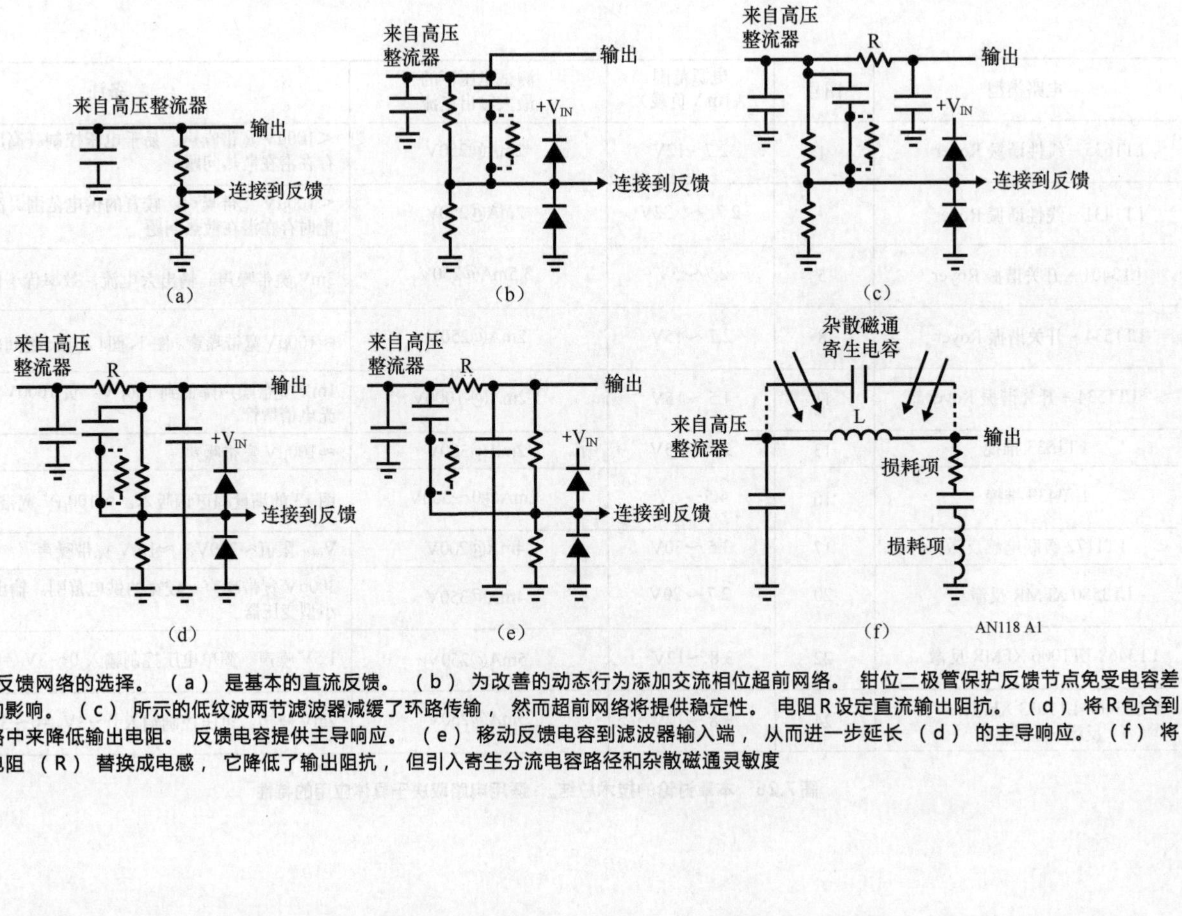

图A1 反馈网络的选择。（a）是基本的直流反馈。（b）为改善的动态行为添加交流相位超前网络。钳位二极管保护反馈节点免受电容差分反应的影响。（c）所示的低纹波两节滤波器减缓了环路传输，然而超前网络将提供稳定性。电阻R设定直流输出阻抗。（d）将R包含到直流回路中来降低输出电阻。反馈电容提供主导响应。（e）移动反馈电容到滤波器输入端，从而进一步延长（d）的主导响应。（f）将滤波器电阻（R）替换成电感，它降低了输出阻抗，但引入寄生分流电容路径和杂散磁通灵敏度

高压DC/DC转换中反馈的注意事项

高压DC/DC转换器反馈网络是一种折衷研究。合理的选择取决于应用本身。注意事项包括期望输出阻抗、环路稳定性、瞬态响应和高压导致的过载保护。图A1列出了几种典型选项。

（a）是基本的直流反馈，不需要特殊的解说。（b）为改善的动态行为添加交流相位超前网络。钳位二极管保护反馈节点免受电容差分反应的影响。（c）所示的低纹波两节滤波器减缓了环路传输，然而超前网络将提供稳定性。电阻R设定直流输出阻抗。（d）将R包含到直流回路中来降低输出电阻，然而延缓了环路传输。反馈电容提供可纠正的主导响应。（e）移动反馈电容到滤波器输入端，从而进一步延长（d）的主导响应。（f）将滤波器电阻（R）替换成电感，它降低了输出阻抗，但引入了寄生并联电容，它与电容损耗项相结合将降低过滤效率。次级的电感也近似于一个变压器，易受杂散磁通回升的影响，从而增加输出噪声⑨。

高压反馈网络的共同关注点是可靠性。所有元件都必须仔细选择。额定电压应当保守一点，并严格遵守规定。元件额定值很容易确定，不过，不适合的板材料和冲洗电路板留下的杂质等更微妙的影响因素可能成为可靠性问题。长期的电迁移效应能造成不良后果。每一个潜在非预期的导电通路应当被视为错误源并进行相应的布局。必须预先考虑工作温度、海拔高度、湿度和冷凝效应等。在极端情况下，可能会摧毁高压运行的组件之下的电路板。同样，最小化跨接在输出端的反馈电阻之上电压的通常做法是使用若干串联单元。当今封装需求强调紧凑的布局，这可能与高压隔离的要求相冲突。因此必须仔细审查进行适当折中，否则可靠性将受到影响。随着时间的推移，环境因素、布局和元件选择等潜在的不利（灾难性的）因素的危害将越来越大。避免不愉快的意外需要清晰的思路。

编者注：附录B到E对AN70中的教程进行了简单的修改和编辑。虽然最初旨在解决过渡时间受控的应用（例如LT1533,LT1534和LT3439），不过所用材料与本章直接相关，所以引用在此。

⑨ 参见附录G。

附录B 噪声的规定和测量

在开关稳压器的输出中，不希望出现的成分通常称为“噪声”。能够实现高效率转换的快速、开关模式的功率输送也会产生宽带谐波能量。这种不期望出现的能量表现形式为辐射和传导成分，即“噪声”。事实上，开关稳压器的输出“噪声”并不是真的噪声，它是相干的高频残差成分，直接与稳压器的切换操作相关。不过，将这些寄生效应称为“噪声”几乎是普遍的做法，尽管这种说法不太精确，但本指南仍使用这种通用术语⑩。

噪声的测量

规定一个开关稳压器的输出噪声几乎有无数种方法。工业上通常规定20MHz带通中峰峰值噪声限值⑪。实际上，电子系统容易被20MHz之外的频谱能量扰乱，而且这种规格限制对谁都没有好处⑫。因此，似乎更应该在100MHz带宽内规定峰峰值噪声。在这样的带通中，可靠的低电平测量需要仔细地选择仪器，并且具有连接使用这些仪器方面的丰富经验。

我们的研究开始于选择测试仪器并核准其带宽和噪声。这就需要图B1所示的装置。图B2显示了信号流。脉冲发生器提供上升时间为亚纳秒的阶跃衰减器，并由其产生一个小于1mV的阶跃。放大器的增益为40dB（A=100），放大后的信号将由示波器显示出来。该系统的“前端到后端”级联带宽应为100MHz（t_{RISE} = 3.5ns），图B3的显示结果证明了这一点。图B3的线迹显示出3.5ns的上升时间和约为100μV的噪声。噪声被放大器的50Ω底噪声所限制⑬。

⑩ 正如:“如果你不能打败他们，就加入他们。”

⑪ DC/DC转换器制造商一般规定了20MHz带宽内的RMS噪声。这已不用旁敲侧击，不值得评论。

⑫ 当然除了那些以这种方式指定它们的电源承办商。

⑬ 观察到的峰峰值噪声总会受到示波器的“ 强度”设置的影响。文献11描述了用于规格化测量的方法。

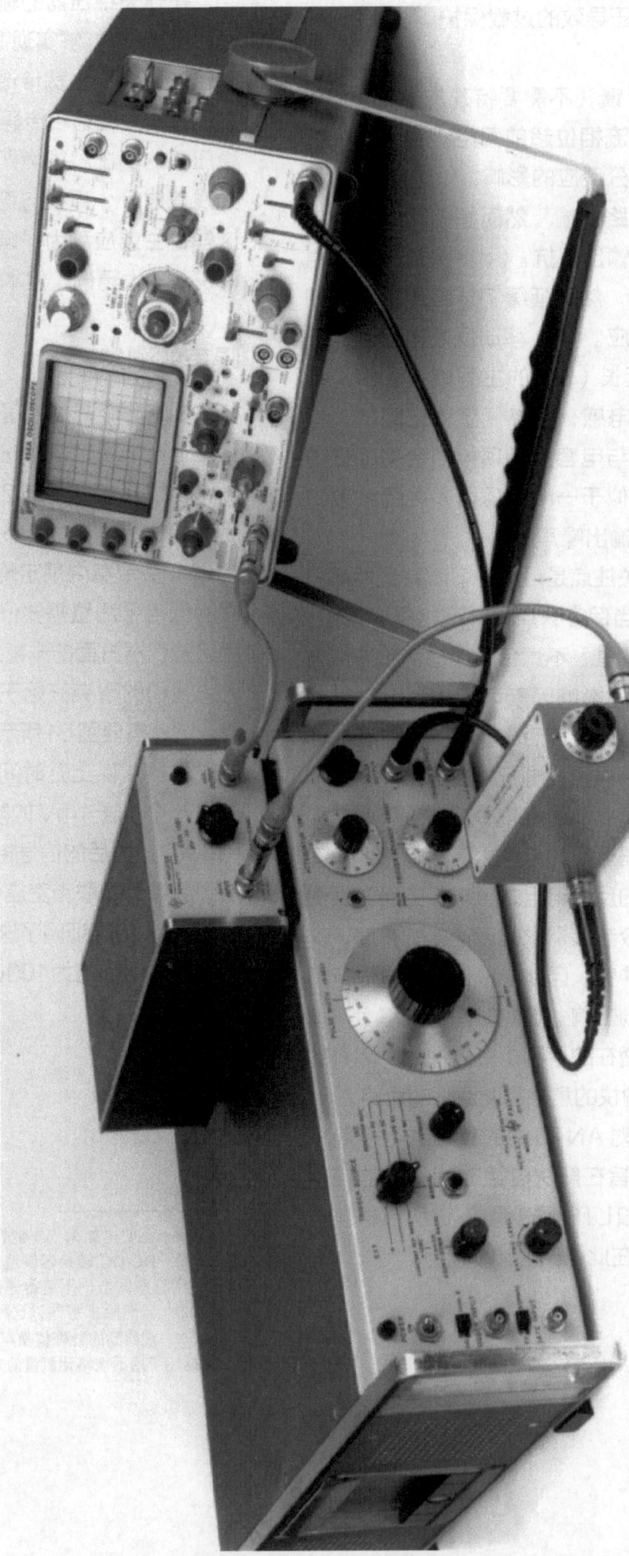

图B1 100MHz带宽的验证测试装置。要注意宽带信号完整性所需的同轴连接

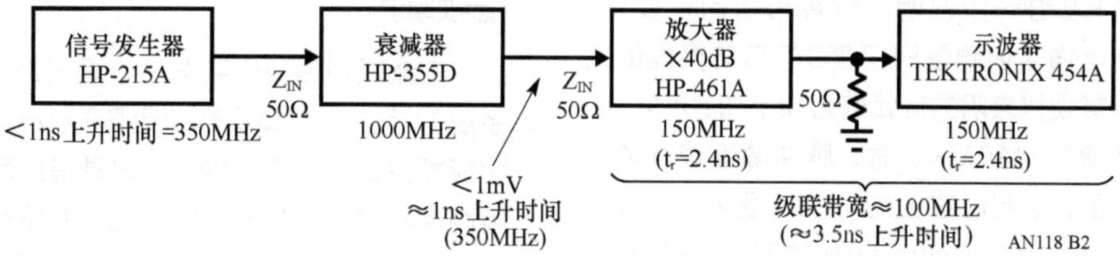

图B2 亚纳秒脉冲发生器和宽带衰减器提供快速阶跃来验证测试装置带宽

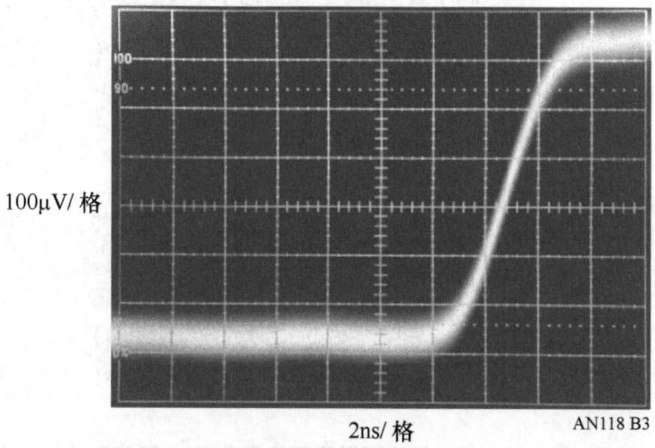

图B3 示波器的显示验证了测试装置的100MHz的 （3.5ns的上升时间） 带宽。 基准噪声从放大器的50Ω输入底噪声派生出来

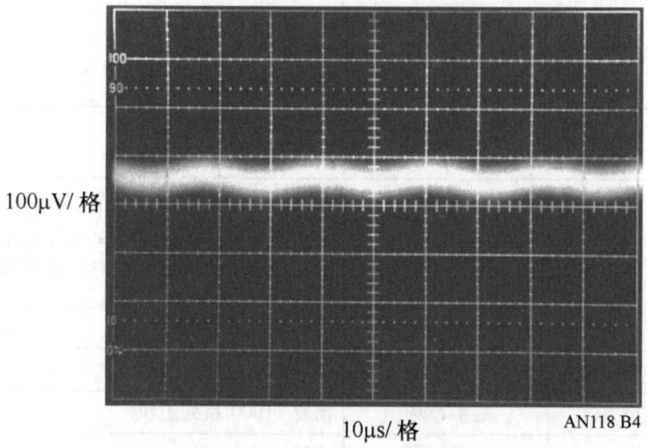

图B4 只在100MHz的带通内可辨的输出开关噪声

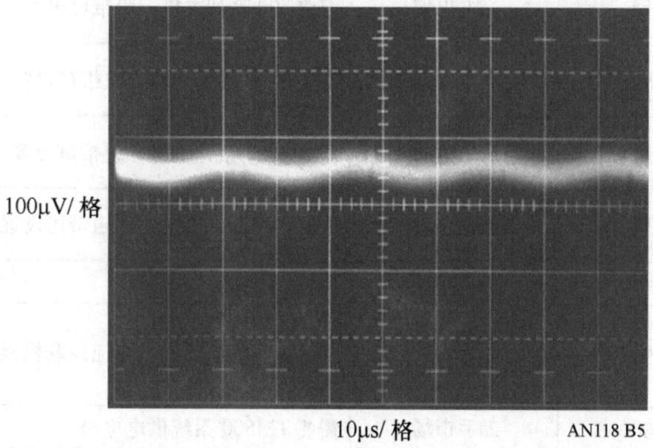

图B5 前面照片的10MHz带限版。 所有开关噪声的信息被保留下来， 这表明10MHz带宽是足够的

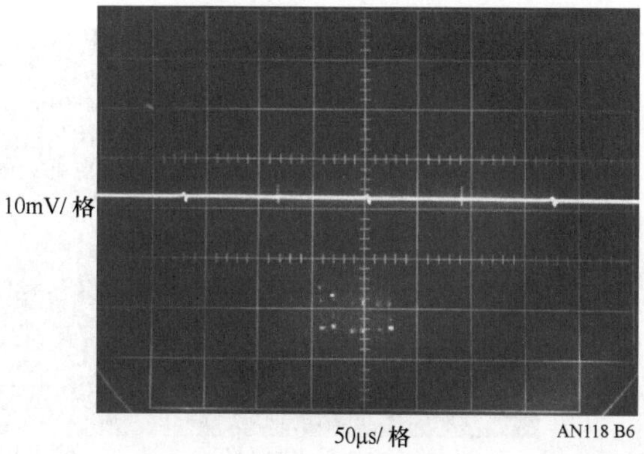

图B6 市售的开关稳压器在1MHz通带内的输出噪声。 图显结果符合峰峰值为5mV的噪声的性能规格

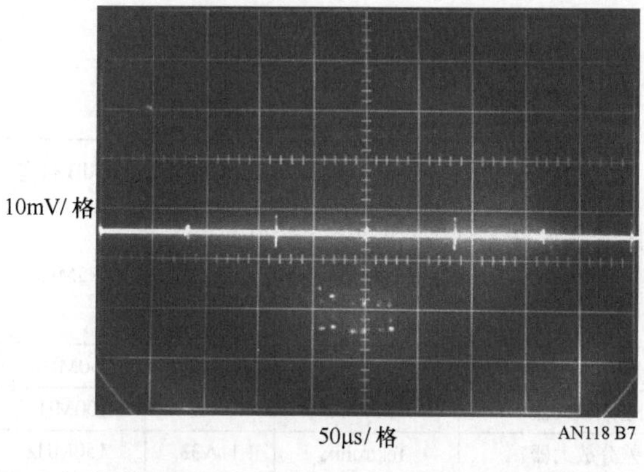

图B7 图B6显示稳压器噪声在10MHz的通带内。 但本图显示的6mV噪声已超过稳压器声称的5mV噪声

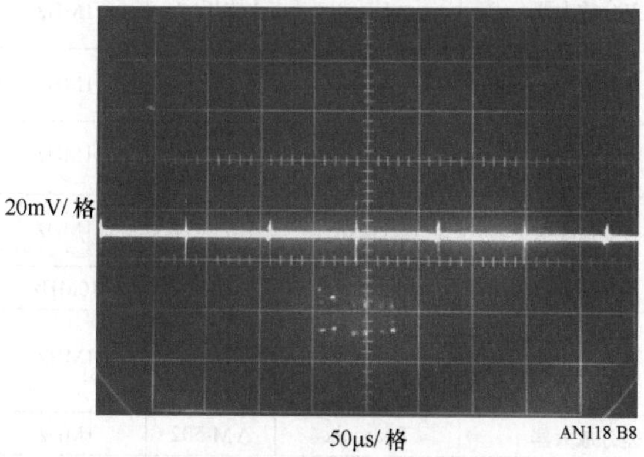

图B8 在更宽的通带内观察图B7， 发现30mV的噪声， 这是稳压器规定值的6倍

图B6到图B8进一步说明了测量带宽的重要性。图B6是在1MHz通带内测量商用DC/DC转换器的结果。此结果符合其规格表明的峰峰值为5mV的噪声。在图B7中，带宽增加到10MHz时，脉冲幅度峰峰值增大到6mV，比规范限制值超出约1mV。图B8增加到50MHz，此时将意外发现一些不良噪声特性，尖峰测量值为30mV，这是规定的限额值的6倍[14]。

⑭ 买者自慎。

低频噪声

低频噪声很少受到关注，是因为它几乎从未影响到系统的运行。低频噪声如图B9所示。减小控制环路带宽能减少低频噪声。当采取这种措施后，图B10显示出电路噪声得到了约5倍的改进，测量带宽即使更大也是如此。该方法的不足之处在于环路带宽损失和较慢的瞬态响应。

500μV/格

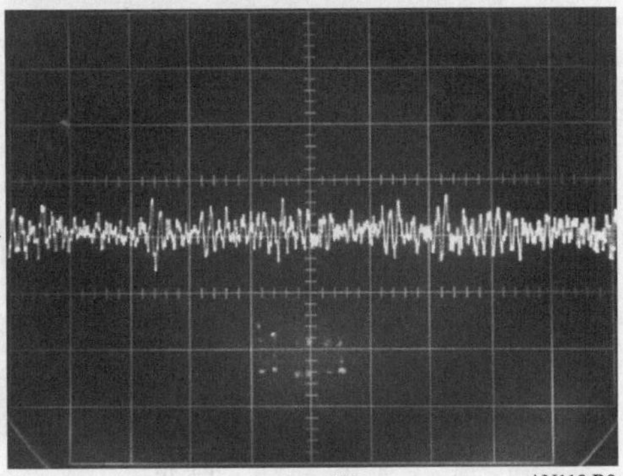

10ms/格 AN118 B9

图B9 使用标准频率补偿后的1Hz～3kHz的噪声。几乎所有噪声功率集中在1kHz以下

50μV/格

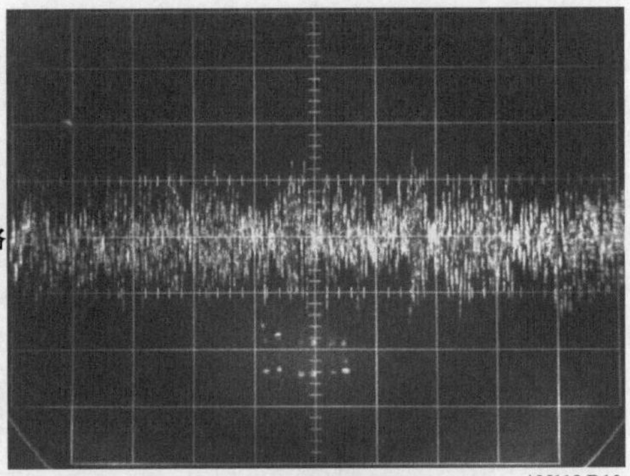

10ms/格 AN118 B10

图B10 反馈相位超前网络可以降低低频噪声，即使测量带宽扩大到100kHz

前置放大器和示波器的选择

仪器类型	制造商	型号	-3dB 带宽	最大灵敏度/增益	供货情况	备注
放大器	惠普	461A	175MHz	增益 =100		50Ω 输入，单机。100MHz 带宽内噪声为 100μ(峰峰值)(≈20μV RMS)。正文所述这类测试方法中的最佳选择
差分放大器	Tektronix	1A5	50MHz	1mV/格	二手市场	需要 500 系列主机
差分放大器	Tektronix	7A13	100MHz	1mV/格	二手市场	需要 7000 系列主机
差分放大器	Tektronix	11A33	150MHz	1mV/格	二手市场	需要 11000 系列主机
差分放大器	Tektronix	P6046	100MHz	1mV/格	二手市场	单机
差分放大器	Preamble	1855	100MHz	增益 =10	当前市场	单机，阻带可设置
差分放大器	Tektronix	1A7/1A7A	1MHz	10μV/格	二手市场	需要 500 系列主机，阻带可设置
差分放大器	Tektronix	7A22	1MHz	10μV/格	二手市场	需要 7000 系列主机，阻带可设置
差分放大器	Tektronix	5A22	1MHz	10μV/格	二手市场	需要 5000 系列主机，阻带可设置
差分放大器	Tektronix	ADA-400A	1MHz	10μV/格	当前市场	单机，可选供电电源，阻带可设置
差分放大器	Preamble	1822	10MHz	增益 =10	当前市场	单机，阻带可设置
差分放大器	斯坦福研究系统	SR-560	1MHz	增益 =50000	当前市场	单机，阻带可设置，电池或联机操作
差分放大器	Tektronix	AM-502	1MHz	增益 =100000	二手市场	需要 TM500 系统供电电源

图B11 部分适用的高灵敏度、低噪声放大器。需要在带宽、灵敏度和可用性之间进行权衡。为了预防灾难性故障，它们都需要保护性的输入网络。参见图B12及其相关内容

本文所讨论的低电平测量需要某种形式的预放大。目前这一代的示波器很少有大于2mV/格的敏感性，不过旧的仪器功能更多。图B11列出了适用于噪声测量的典型前置放大器和示波器插件。这些设备拥有宽带、低噪声等性能。不过现在这些仪器中的大多数已不再生产。这符合目前仪器的发展趋势，它强调的是数字信号采集，而不是模拟测量能力。

监测示波器应具备足够的带宽和出色的线迹清晰度。就后者而言，高质量的模拟示波器是无法比拟的。这些仪器特别小的光点尺寸非常适合于低电平噪声测量[15]。数字存储示波器的不确定性和光栅扫描局限性会带来显示分辨率上的折扣。许多数字存储示波器甚至不会存储类似开关稳压器的噪声这样较低级别的信息。

辅助测量电路

图B12所示的是前面提到的钳位电路。它必须使用图B12的任何一个放大器以防止危险性过载[16]。该网络是一个简单的交流耦合的二极管钳位电路。所指定的耦合电容器能承受本文实例中的高电压输出，10MΩ电阻去除电容的残留电荷。该电路内置于配有BNC（同轴电缆接插件）的封装中，其输出应直接连接到放大器。可以直接驱动50Ω输入；高阻抗输入放大器应并联一个同轴50Ω端接器。

图B13所示的电池供电的、1MHz-1mV的方波幅度校准器配备了“端到端”放大器——示波器路径增益的验证。221kΩ电阻器相关的区域对杂散的电容变化很敏感，根据原理图需将其屏蔽。针对电池电压变化，一个4.5V基准电压能稳定输出振幅，峰值微调能优化前部和尾部角的保真度。图B14表明，简单的脉冲网络的输出并不完全达到方形波，但1mV的脉冲幅度是能够清晰界定的。波形平坦部分的线迹增厚表示放大器的底噪声。

⑮ 我们在工作中发现，Tektronix 的 454、454A、547 和 556 是绝佳选择。它们的整洁线迹在有限底噪声下用于辨别小信号是极为理想的。

⑯ 别说我们没有事先警告！

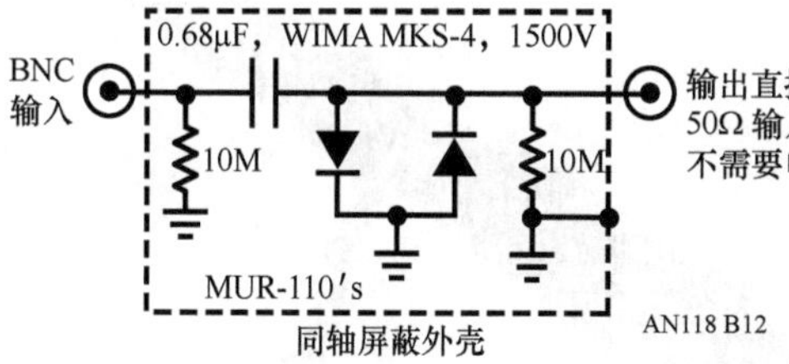

图B12 同轴固定钳位防止图B11所示的低噪声放大器受高电压输入的损坏。电阻1确保电容放电

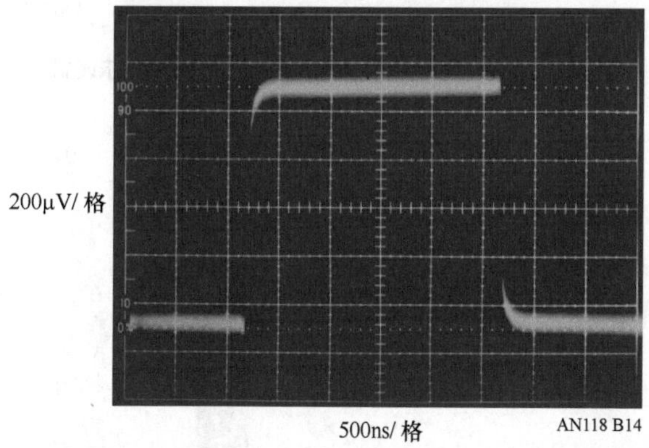

图B14 1mV的幅度校准器输出具有小圆角，但脉冲的平顶能给出所需的幅度。线迹加厚表示放大器本底噪声

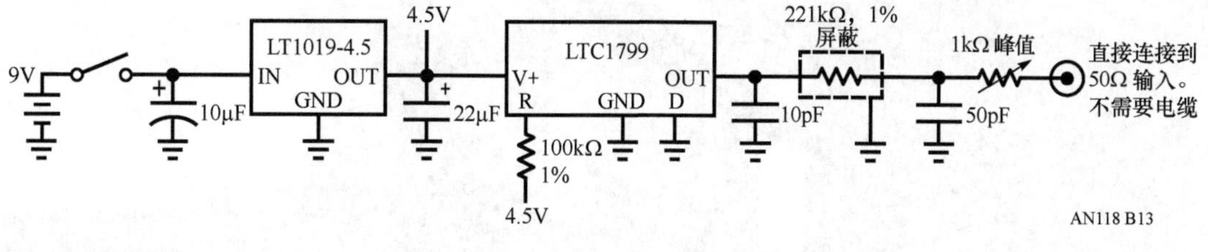

图B13 电池供电的、1MHz-1mV的方波幅度校准器，能够进行信号路径的增益验证。峰值微调可优化前角和尾角的保真度

附录C 低电平、宽带信号完整性的探测和连接技术

如果信号连接引入失真，那么再精心设计的线路板也不能完全实现自己的功能。电路板上的连接路径对信息的精确提取是至关重要的。低电平、宽带测量需要认真对待连接到测试仪器的信号走线。

接地回路

图C1给出了联机供电测试设备的组件之间的接地回路所产生的影响。测试设备名义上接地的机箱之间的小电流，能在测试电路的输出端产生60MHz的调制。

若在同一插座条上对所有联机供电的测试设备进行接地或确保所有机箱都处于同一地电位，就可以避免此问题。同样地，要尽量避免测试电路在机箱互连线上产生电流。

拾取

图C2还显示了噪声测量的60Hz调制。在本例中，在反馈输入上的4in电压表探头是罪魁祸首。在电路板上使用最少的测试连接，并使用短引线。

不良探测技术

图C3所示的示波器探头带有短的接地带。探头连接点为示波器提供一个触发信号。电路的输出噪声通过图所示的同轴电缆送到示波器。

图C4显示探测结果。电路板上探头接地带与电缆屏蔽层之间的接地回路在显示屏上导致明显的过度纹波。在电路板上使用最少的测试连接，并且避免接地回路。

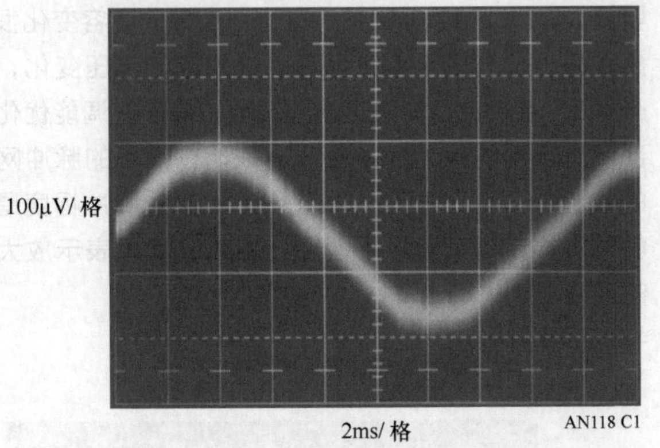

图C1 测试设备之间的接地回路诱发60Hz的显示调制

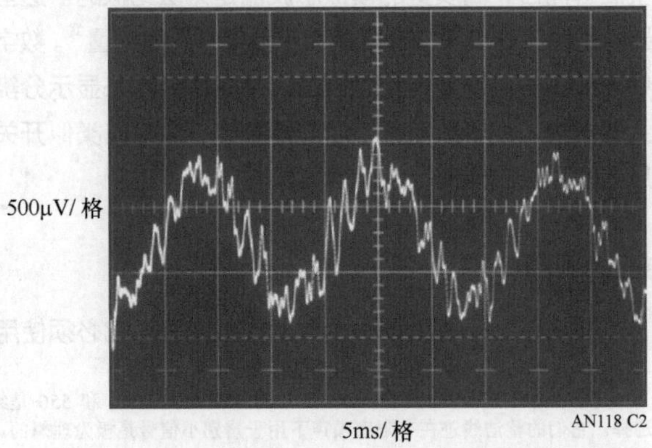

图C2 在反馈节点由于过长的探头引起的60Hz的噪声

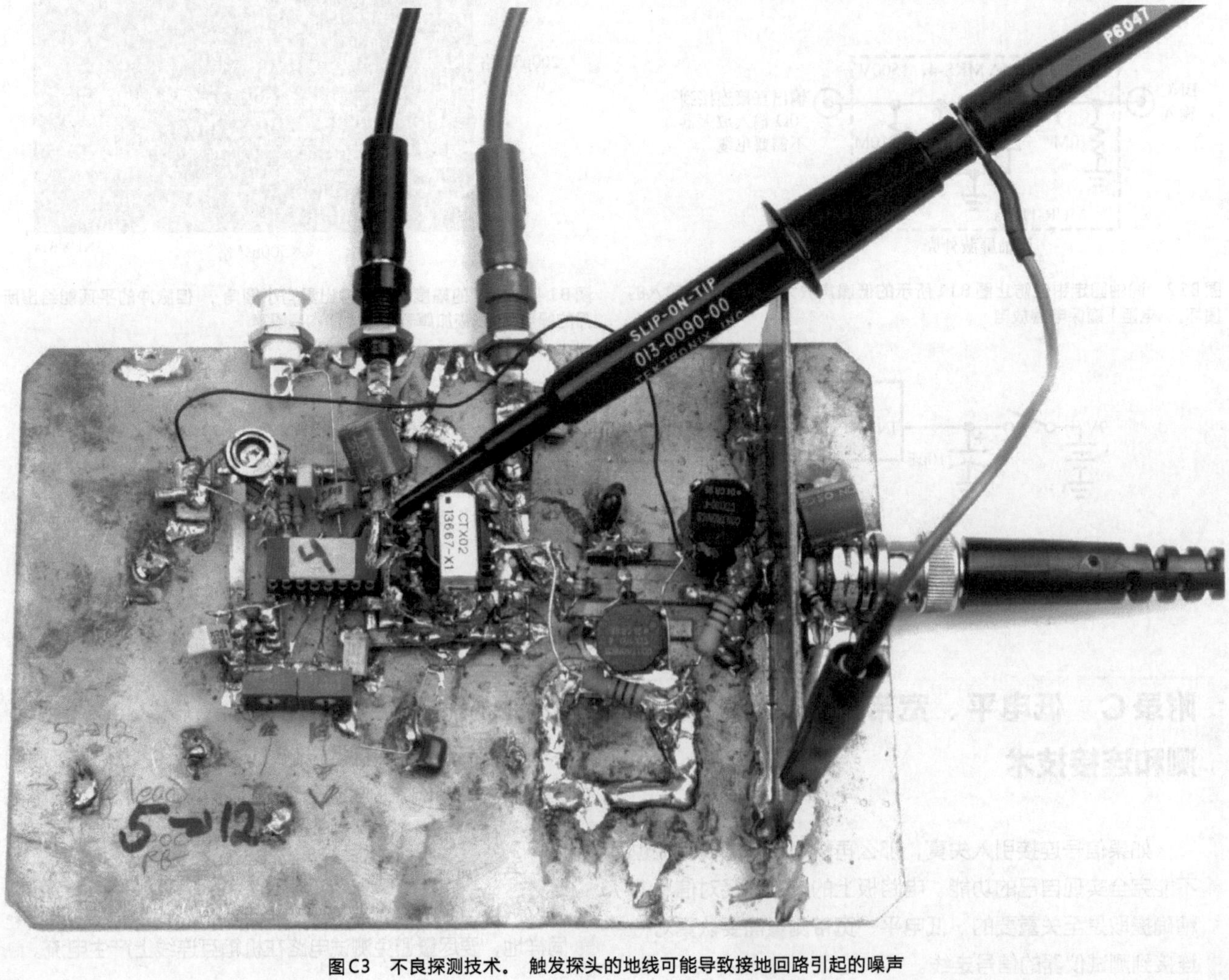

图C3 不良探测技术。触发探头的地线可能导致接地回路引起的噪声

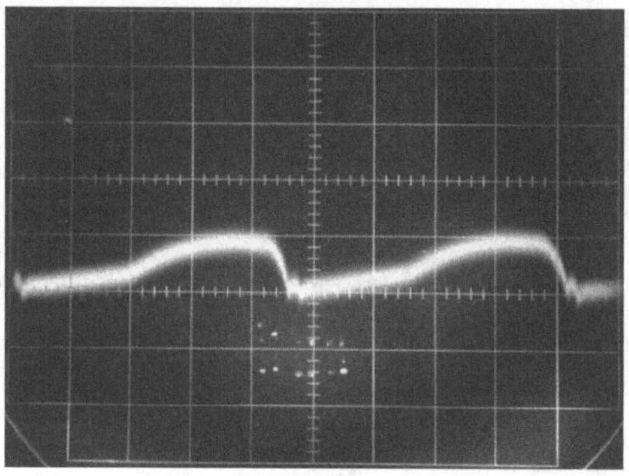

图C4　图C3中探头误用引起的明显过度纹波。板上接地回路引入严重的测量误差

违反同轴信号传输规定—严重案例

在图C5中，用于传送电路输出噪声到放大器－示波器的同轴电缆已替换为探头。短接地带被用来当作探头的返回路径。在之前案例中引发误差的触发通道探头已去除；示波器改由非入侵性的孤立探头触发[17]。图C6显示了同轴信号环境解体后产生的过多显示噪声。探头的接地带违反了同轴传输规定，因此信号被射频损坏。请注意在噪声信号监视路径上维持同轴连接。

违反同轴信号传输规定——较轻案例

图C7中的探头连接同样破坏了同轴信号传输，不过其程度较轻。探头的接地带已除去，由尖端接地附件替代。虽然信号受损现象仍然明显，但图C8显示的结果优于之前的案例。请注意在噪声信号监视路径上维持同轴连接。

适当的同轴连接路径

如图C9所示，同轴电缆将噪声信号传送到了放大器－示波器组合中。理论上，这能提供电缆传输信号的最大完整度。图C10所示的线迹证明了这一点。之前例子的畸变和过度的噪声也消失了。开关残差在放大器噪声中隐约可见。请注意在噪声信号监视路径上维持同轴连接。

直接连接路径

是否有基于电缆的错误呢？检验该问题的一个较好方法是将电缆去掉。图C11所示的方法去掉了线路板、放大器和示波器之间的所有电缆。我们难以区分图C12显示的结果和图C10的结果，这表明电缆没有引入失真。当所得到结果看似最佳时，设计一套实验加以测试。当所得到结果看似较差时，设计一套实验加以测试。当所得到结果与预期相同时，设计一套实验加以测试。当所得到结果与预期不同时，设计一套实验加以测试。

图C5　悬浮触发探头省去了接地回路，但输出探头地线（图右上）违背了同轴信号传输规定

⑰　将要讨论，请继续阅读。

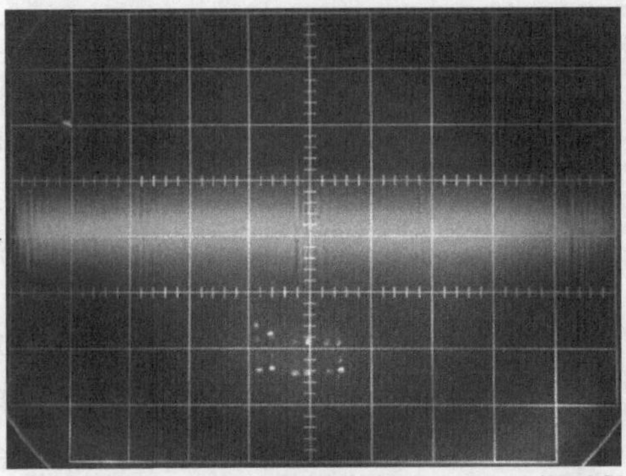

图 C6 由图 C5 中的非同轴探头连接引起的信号损坏

图 C7 带有尖端接地附件的探头近似于同轴连接

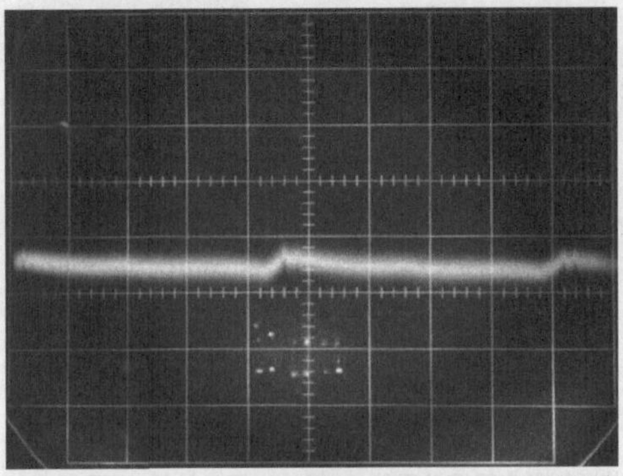

图 C8 带有尖端接地附件的探头能改进输出结果，不过仍存在部分信号损坏

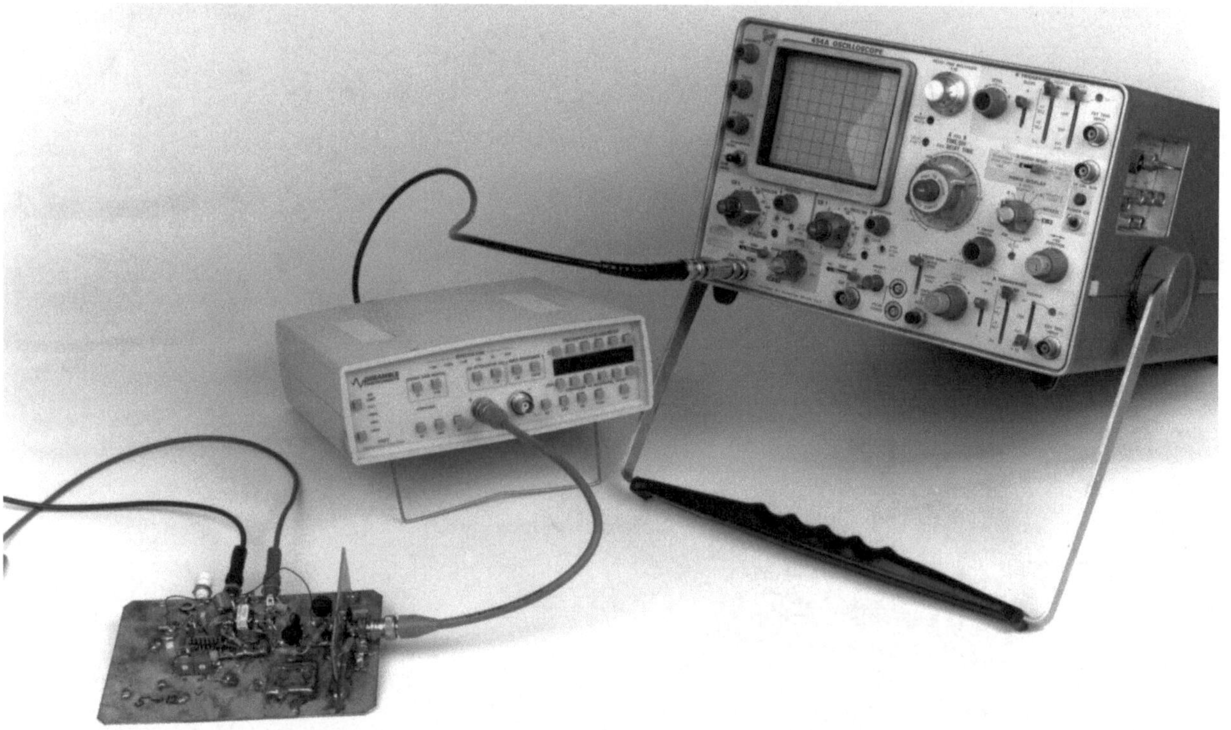

图C9 同轴连接理论上能提供最高保真度的信号传输

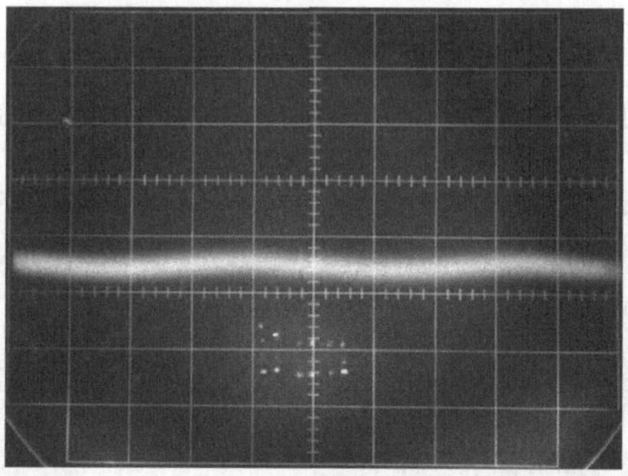

图C10 实际符合理论。 同轴信号传输保持信号完整性。 开关残差在放大器噪声中隐约可见

测试引线连接

理论上，将电压表引线连接到稳压器的输出端不应该引入噪声。然而，图C13增加的噪声读数推翻了这一理论。虽然该稳压器的输出阻抗较低，但不为零，尤其是当频率加大时更是如此。经测试引线流入的RF噪声加到有限输出阻抗上，产生如图所示的200mV噪声。在测试过程中，如果电压表的引线必须要连接到输出端的话，它应通过一个10kΩ-10μF滤波器来完成。此类网络排除图C13的问题，同时将最小的误差信号引入到监测数字电压表。当检测噪声时，尽量减少连接到电路板的测试引线数，以防止测试引线将RF噪声引入到测试电路中。

隔离的触发探头

跟图C5相关的正文中曾有些含糊地提到过一个“孤立的触发探头”。图C14揭示了其原理，它是一个针对振荡的单纯RF终端扼流。扼流圈拾取残余辐射场，产生一个孤立的触发信号。这种结构能为示波器提供几近无损的触发信号。探头的实物形态如图C15所示。为了获得良好的结果，应调整终端以最小化振荡，并同时保持最大可能幅度的输出。轻度阻尼补偿将产生图C16所示的输出结果，是较差的示波器触发。适当的调整能获得较好的输出（见图C17），其主要特点是最小振荡和显示良好的边缘。

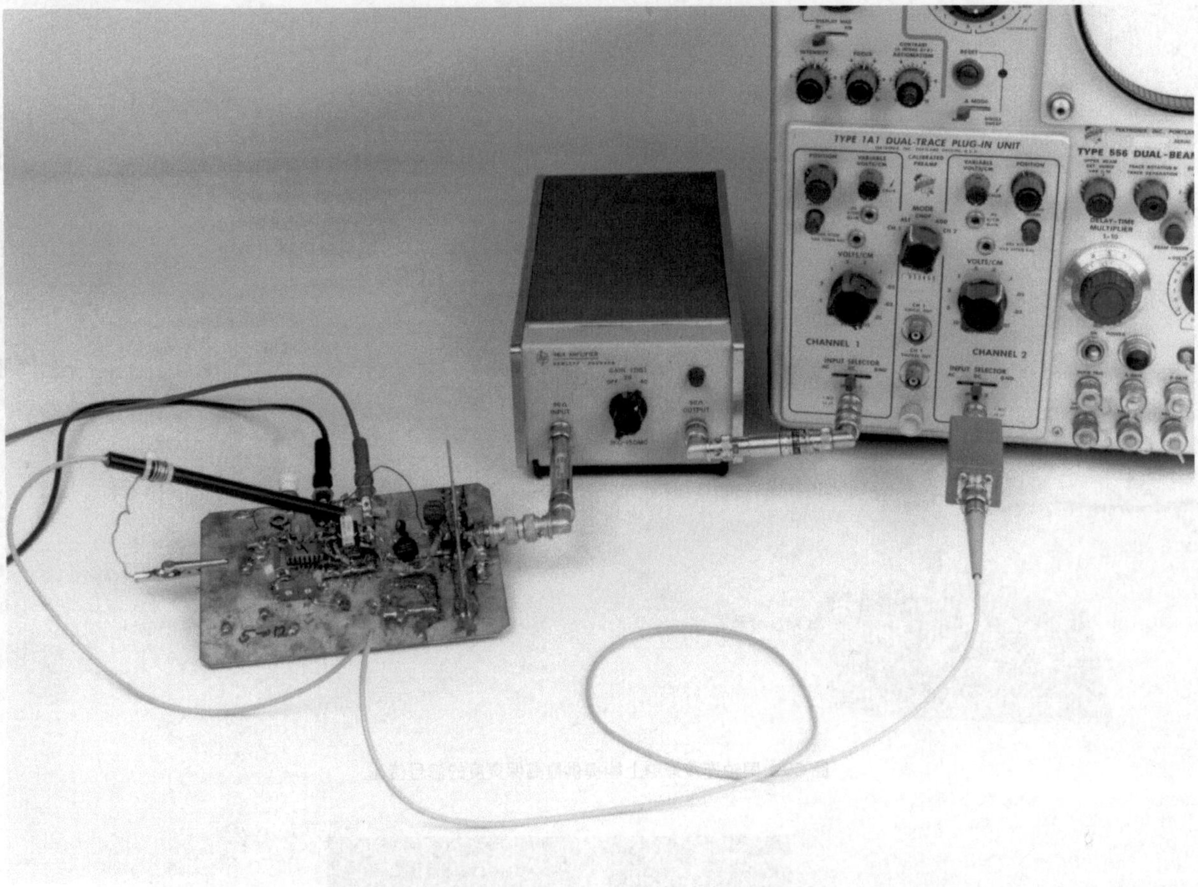

图C11 直接连接到设备将消除可能的电缆端接寄生效应，能提供最佳的信号传输

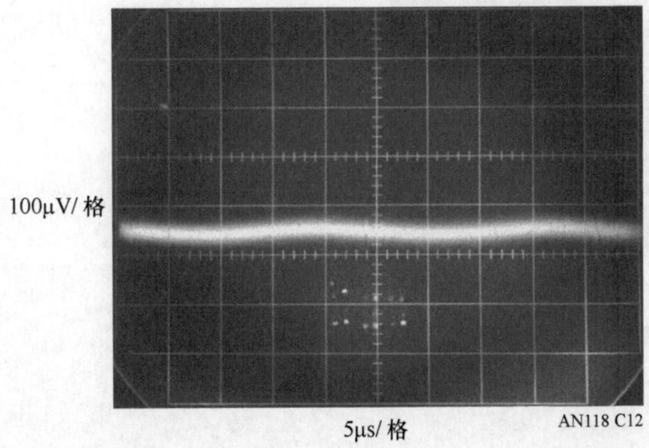

图C12 直接连接到设备的结果与使用电缆端接时相同，所以使用电缆及端接没有问题

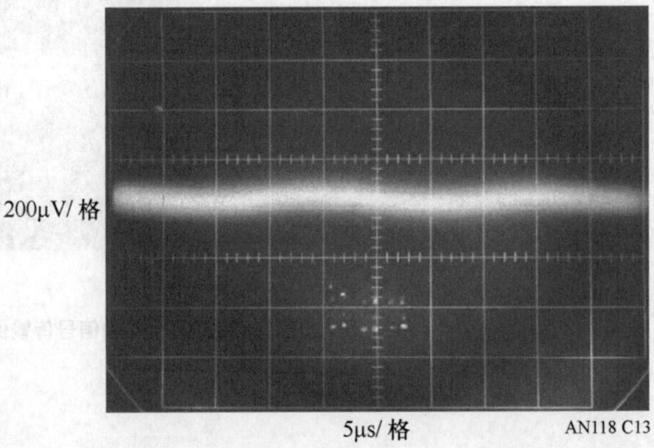

图C13 连接到稳压器输出端的电压表引线会引入RF噪声，并使底噪声倍增

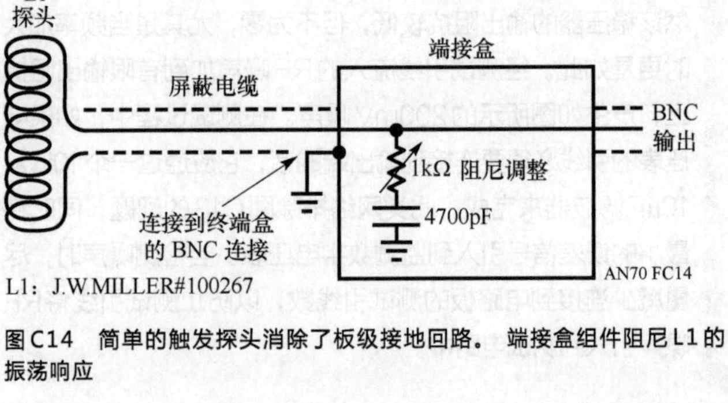

图C14 简单的触发探头消除了板级接地回路。端接盒组件阻尼L1的振荡响应

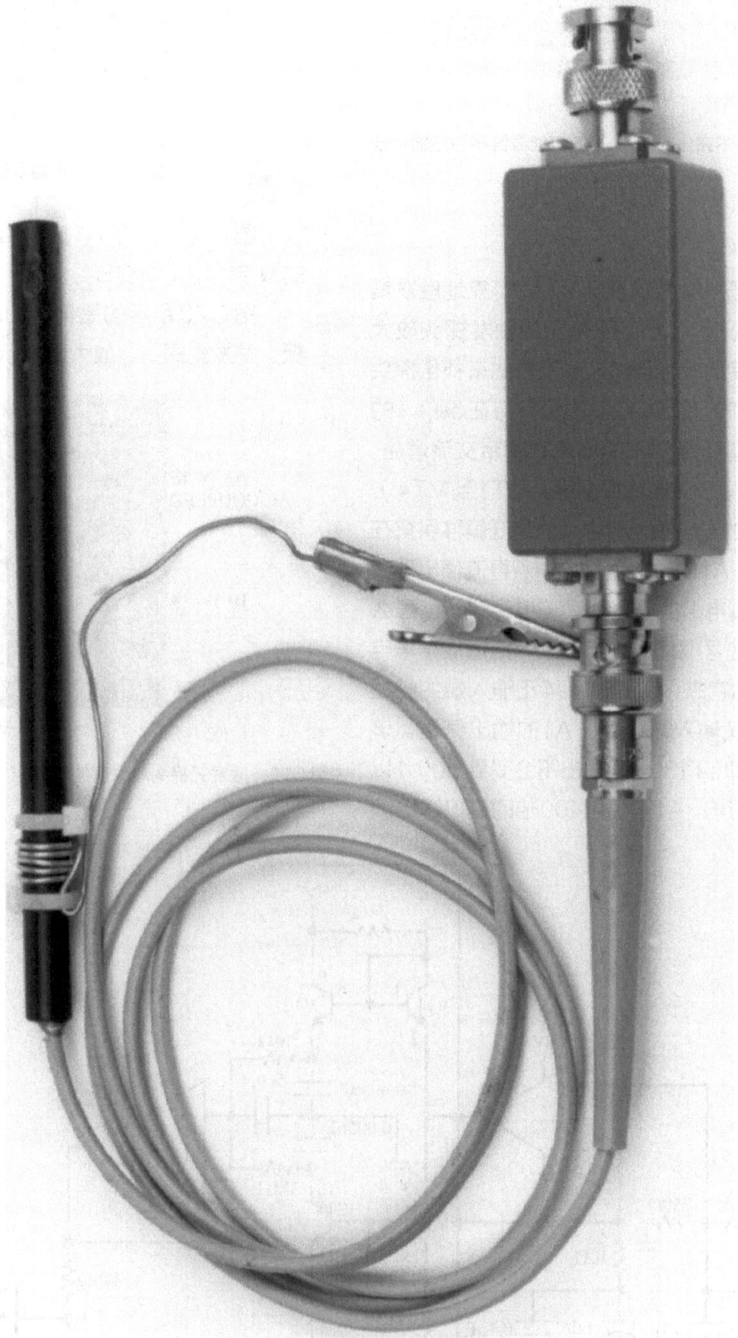

图C15 触发探头和端接盒。电中性的夹子引线便于安装探头

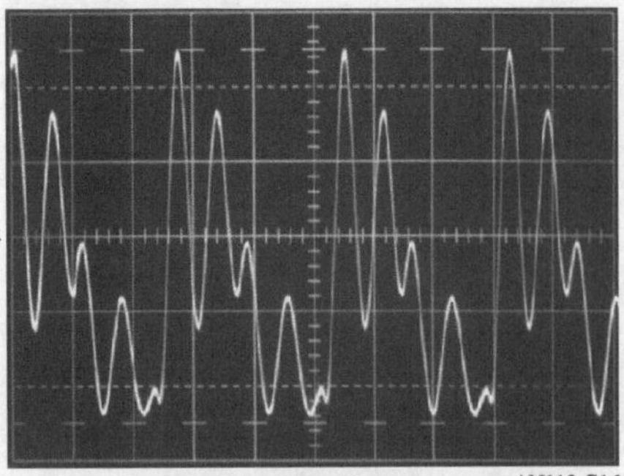

图C16 调节不当的终端导致不充分的阻尼，并可能导致不稳定的示波器触发

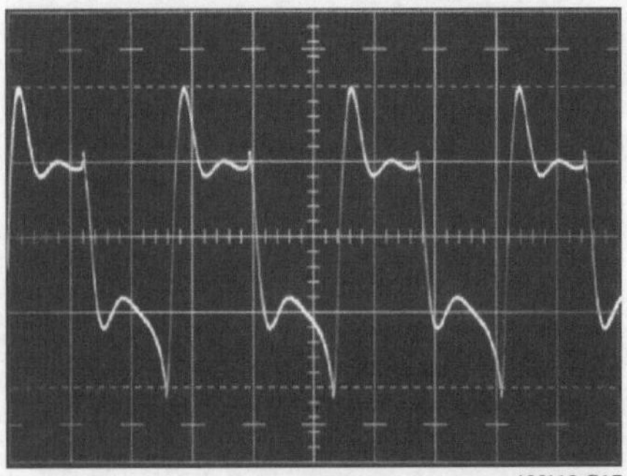

图C17 调节恰当的终端能以较小的振幅损失最小化振荡

触发探头放大器

磁性开关周围的场一般比较小且不足以可靠地触发某些示波器。在这种情况下，图C18所示的触发探头放大器是非常有用的。它使用一种自适应触发方式来补偿探头输出幅度波动。一个稳定的5V触发输出保持在50：1的探头输出范围。工作增益为100的A1提供宽带交流增益。该阶段的输出偏置一个2路峰值探测器（VT1到VT4）。最大峰值存储在VT2的发射极电容中，而最低偏移保留在VT4的发射极电容中。A1的输出信号的中点直流值出现在500pF的电容和3MΩ电阻的交界处。无论绝对幅度怎么变，这一点总位于该信号偏移的中点。这个自适应信号电压由A2进行缓存，由它来设置LT1394正输入端的触发电压。该LT1394的负输入端直接被A1的输出偏置。该电路的触发器输出，即LT1394的输出不会受到50：1以上的信号幅度波动的影响。A1可提供100倍的模拟输出。

图C19显示了A1放大后的探头信号（线迹A）相应的数字输出（线迹B）。

图C20所示的是典型的噪声测试装置。它包括线路板、触发式探头、放大器、示波器和同轴电缆组件。

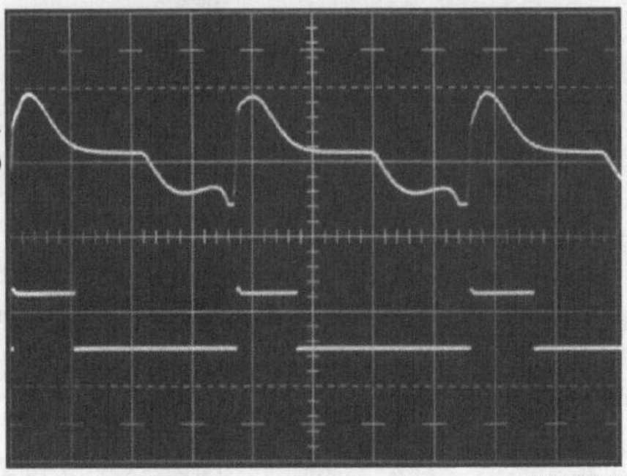

图C19 触发式探头放大器的模拟（线迹A）和数字（线迹B）输出

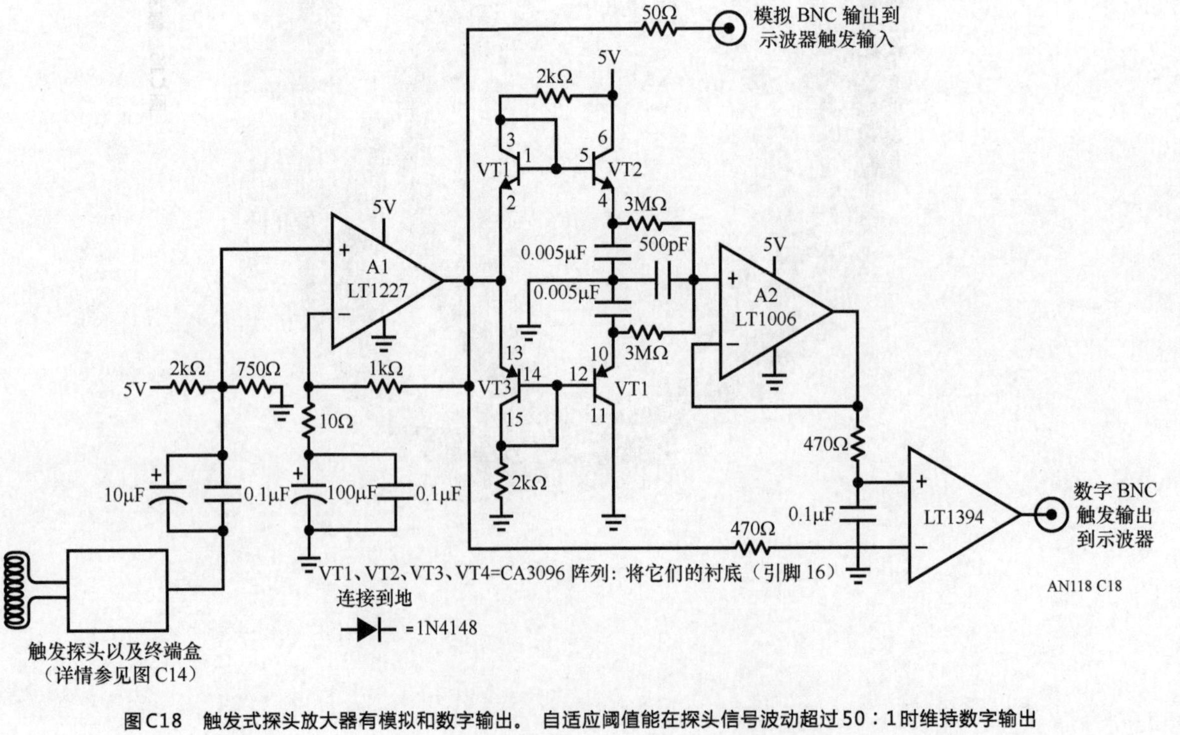

图C18 触发式探头放大器有模拟和数字输出。自适应阈值能在探头信号波动超过50：1时维持数字输出

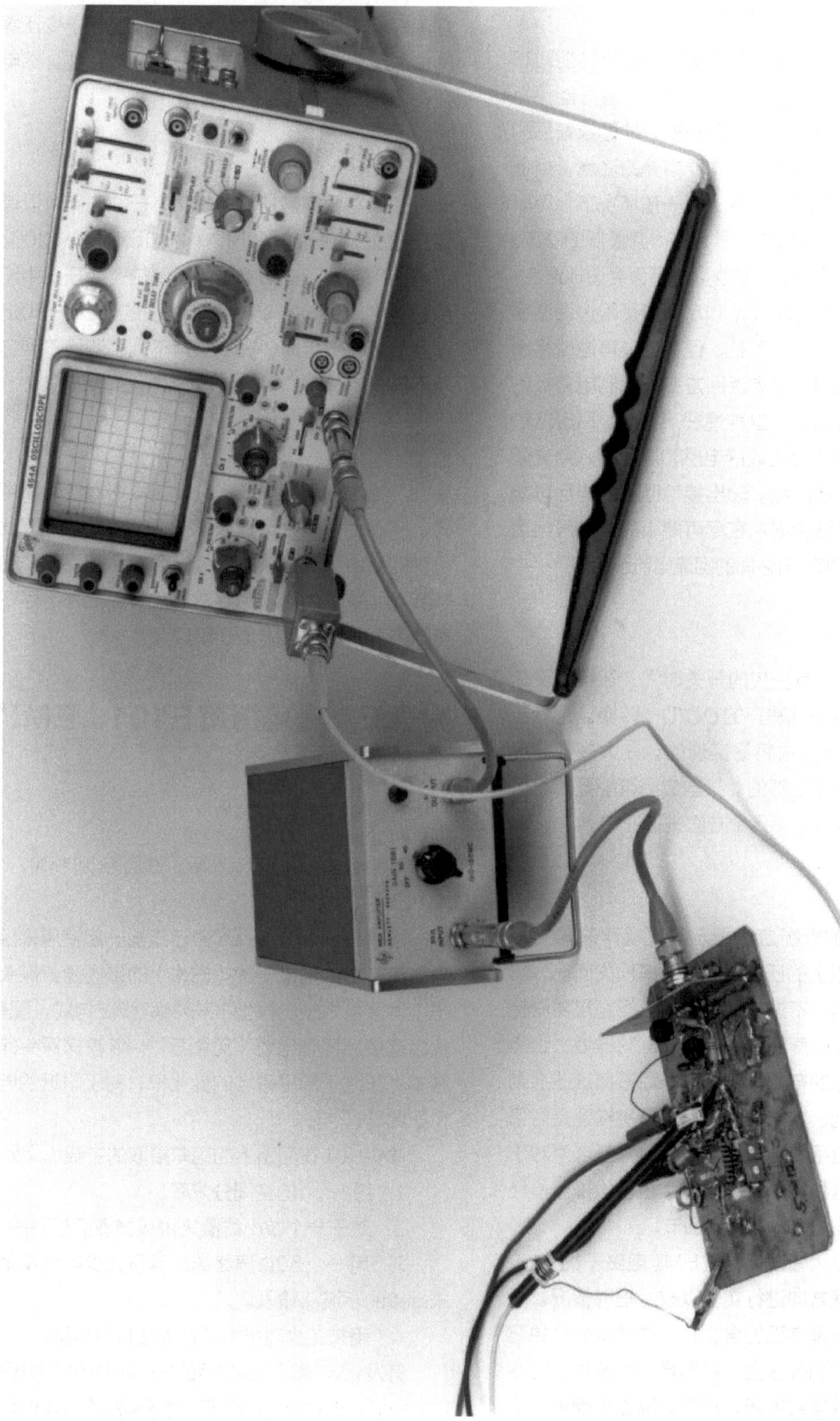

图C20 典型的噪声测试装置，包括触发式探头、放大器、示波器和同轴电缆组件

附录D 面包板、噪声最小化以及布局的注意事项

基于LT1533电路的低谐波分量使得其噪声性能对布局的敏感度比其他开关稳压器弱一些。但是，最好能保持一定的谨慎态度。很多事情都是因为轻视，才导致最后的失望结局。获得绝对值最低的噪声需要格外的注意，但低于500μV的性能指标是很容易实现的。一般情况下，可以通过在返回路径中阻止接地电流的混合来得到最低的噪声。令接地电流不加选择地汇入到总线或接地平面会造成混合，可以看到，输出噪声将大大增强。LT1533的受限边沿速率能减轻受损的接地回路引发的问题，但最佳噪声性能将出现在“单点”接地方式中。单点返回方案在印制电路板的生产中可能是不切实际的。在这种情况下，与LT1533的电源接地引脚（引脚16）相关联的电感和电源接入点之间最好使用尽可能低的阻抗回路。输出接地回路应当尽可能地靠近电路负载点。把混合限制在尽可能小的公共导电区域内，可以最小化输入和输出之间的回流电流混合。

噪声最小化

如能使用LT1533，其受控的开关时间，在电路设计中可以极其轻松地实现极低噪声的DC/DC转换。远低于500μV的宽带输出噪声是很容易实现的。在大多数情况下，这个性能级别是完全足够的。某些应用可能要求尽可能低的输出噪声，可以从以下几个方面进行考虑。

噪声调整

压摆时间和效率的权衡应偏重于最低噪声来加大裕度。一般而言，1.3μs以上的压摆时间就效率损失而言，需要进行“昂贵的”降噪，不过它也有优点。问题是要消耗多大的功率来取得输出噪声的增量式降低。同样地，也需要回顾一下前面所讨论的布局技术。教条地遵循这些准则将相应地降低噪声性能。本文中的面包板最初构建是为了提供尽可能低的噪声电平，随后需要系统地降低噪声对于测试布局的敏感性。这种方法可以通过实验轻松确定最佳布局，而不需要过多地注重一些无用细节。

慢速边沿时间可以大幅降低辐射EMI（电磁干扰），不过也可以对元器件物理方向进行实验以改善辐射情况。看看这些部件（是的，就是字面的含义！）并尝试去想象它们的残余辐射场都照射到什么上。特别是，可选输出电感可以拾取其他磁性元件辐射的场，从而提高输出噪声。适当的物理布局将消除这种影响，当然，在这过程中实验是非常有帮助的。附录E中介绍的EMI探头的实用工具就能达到上述目的，本文强烈推荐。

电容器

滤波电容应具备低寄生阻抗的特点。三洋OS-CON型电容在这方面表现突出，借助它能够实现本文所引述的性能指标。钽电容也一样好用。直接位于变压器中心抽头的输入电源旁路电容同样需要良好的特性。铝电解电容不适合LT1533电路的任何应用。

阻尼网络

如果需要绝对最低的噪声，一些电路可以借助跨接在变压器次级的一个较小的（例如，300Ω-1000pF的）阻尼网络来实现。在切换时间间隔内，变压器中没有通过能量时，会短暂地出现一个非常小的（20～30μV）偏移。这些因素微不足道，在底噪声下几乎测量不到它们，不过阻尼器将消除它们。

测量技术

严格地说，测量技术并非是取得最低的噪声性能的方式。实际上，因为测量技术是值得信赖的，因此它是必不可少的。由于测量技术不佳，可能会花费无数的时间追查“电路问题”。为了避免寻求解决实际上并不存在的电路噪声的方案，请阅读附录B和C[18]。

附录E 应用指南E101：EMI“嗅探”探测器

Bruce Carsten Associates 公司。
6410 NW姐妹广场， 科瓦利斯， 俄勒冈州97330。
541-745-3935

所述EMI嗅探探头[19]跟示波器一起使用来定位和识别电子设备中的电磁干扰（EMI）的磁场源。探头由一个位于小屏蔽管末端的微型10转拾取线圈构成，配有BNC接头以连接到同轴电缆（见图E1）。该嗅探探头的输出电压基本上正比于周围磁场的变化率，对于附近的电流变化率也如此。

嗅探探头在回路上的简单拾取的主要优点如下。

1. 约1mm的空间分辨率。
2. 对于一个较小线圈来讲其灵敏度相对高。
3. 用一个50Ω源终端来尽量减少电缆反射，并具有未端接的示波器输入。
4. 用来减少电场敏感性的法拉第屏蔽。

开发EMI嗅探探头的目的是诊断开关模式电源转换器中的EMI源，但它也可以用于高速逻辑系统和其他电子设备。

⑱ 作者并没有落入老套。基于对业界这种做法的反对，作者的负罪感越来越深。

⑲ EMI嗅探探头可从Bruce Carsten Associates公司购买，具体地址在本附录的标题处。

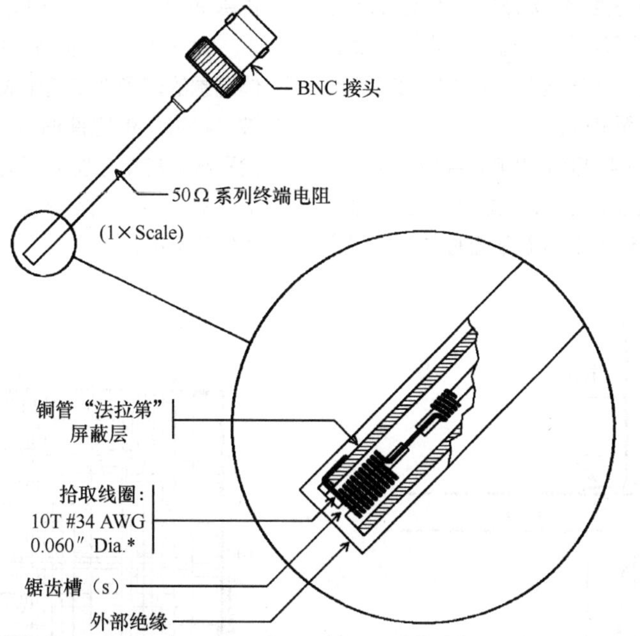

图E1 用于定位和识别EMI的磁场源的EMI “嗅探探头” 结构图

EMI的来源

电气和电子设备中不断变化的电压和电流极易造成辐射和传导噪声。在开关模式功率转换器中，大多数EMI是在开关瞬变期间随着功率晶体管导通或关断而产生的。

传统的示波器探头能用来监测动态电压，而此电压是共模传导EMI的主要来源。(高dV/dt也可能象正常模式电压一样通过设计不良的滤波器，并在没有导电外壳的电路中产生辐射场)。

动态电流产生快速变化的磁场，它比电场更容易产生辐射，那是因为磁场的遮蔽较为困难。这些不断变化的磁场还可以在其他电路中诱导低阻抗电压瞬变，造成意想不到的正常共模传导EMI。

这些高dI/dt的电流及其产生的场是不能直接被电压探测器检测到的，但用嗅探探头可以很容易地检测并定位。尽管电流探头可以感测离散导线和电线的电流，但它们在印制线路上或在检测动态磁场中很少被使用。

探测响应特性

嗅探探头仅沿探头轴线对磁场敏感。这种方向性在高dI/dt电流的路径和来源的定位中很有用。其分辨率对于定位印制电路板哪条线路，或者组件包的哪条引线正在传导EMI产生的电流，通常是足够的。

对于“孤立的”单导线或印制线路，探测响应在导体两侧是最大的，此处的磁通量是沿着探头轴线方向的(若轴线偏向该导体的中心，则探测响应可能会略大一些)。如图E2所示，导体的中部有一个尖锐的“零”响应，导体两侧都具有180° 相移，而且随着距离增加响应会相应的递减。在弯道内侧，即磁通线密集的地方响应将增加；相反地，在弯道外侧，即磁通线分散的地方响应将减小。

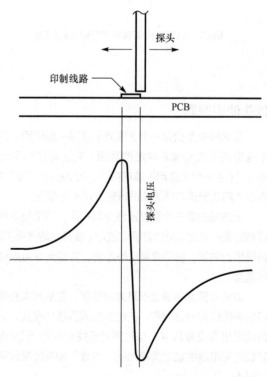

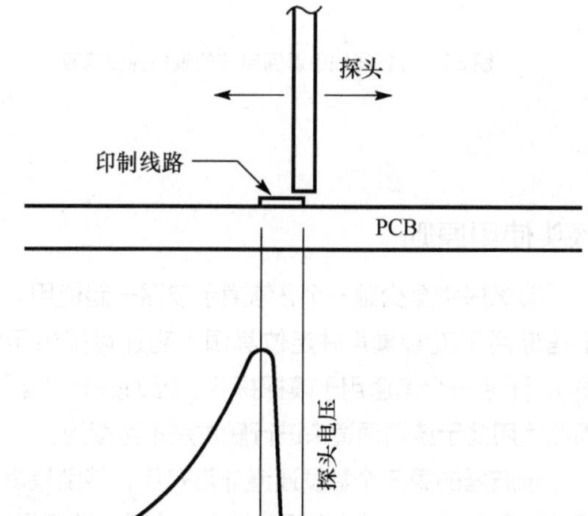

图E2 物理上 “孤立” 的导线中电流的嗅探探测响应

当相邻的平行的导体内有回流电流时，两个导体之间的探测响应是最大的，如图E3所示。每个导体上都会出现尖锐的“零”响应和相移，而导线对外侧的峰值响应较低，且同样随着距离的增大而减少。

电路板背面印制线路中的电流的探测响应类似于孤立印制线路，所不同的是探测响应可能更大一些，那是因为探头的轴线倾斜远离背面印制线路。印制线路下面的“接地平面”也具有同样的效应，因为地平面上有反面流动的“镜像”电流。

对于均匀磁场，探头频率响应如图E4所示。由于导体周围的磁场强度变化很大，因此探头应当视为一个没有被“校准”的定性指示。响应降到300MHz附近是因为拾取线圈的电感驱动了同轴电缆的阻抗，而在80MHz的倍数处的轻度谐振脉冲（1MΩ的示波器终端）则源于传输线的反射。

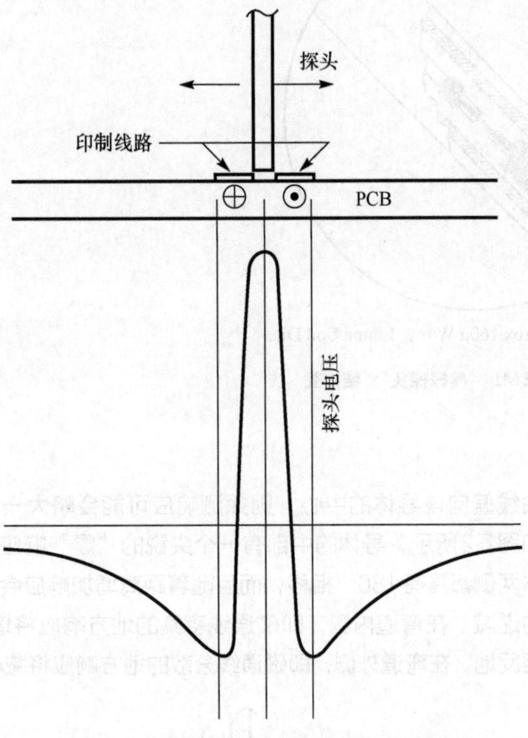

图E3　并行导线中返回电流的嗅探探测响应

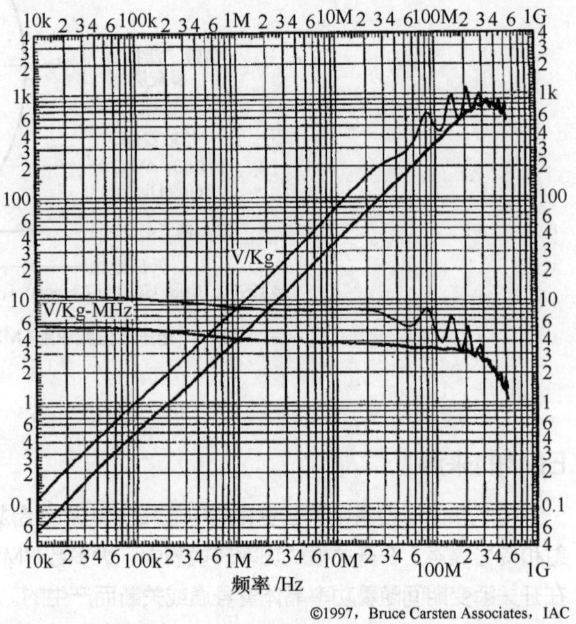

图E4　用1.3m（51″）、50Ω同轴线测量的典型EMI“嗅探”探头频率响应；上面的曲线示波器输入阻抗为1Meg；下面的曲线示波器输入阻抗为50Ω

探头使用原则

嗅探探头至少跟一个2信道示波器一起使用。其中一个信道用于查看噪声并定位其源（它还可提供示波器触发），而另一个信道用于嗅探探头。因为探测“零”响应，因此使用此示波器通道来进行触发是不可取的。

示波器的第三个触发通道非常有用，特别是噪声触发很难时更是如此。晶体管驱动波形（或其上游逻辑的前身）是理想的触发；它们通常是稳定的，并且允许直接查看噪声前身。

首先令探头通道处于最大灵敏度，并从与电路有着一段距离的位置开始探测。在电路的周围移动探头，查看电路的磁场有没有异常，与此同时寻找噪声源。EMI噪声瞬变和内部电路的场之间精确的“时域”相关性是诊断方法的根本。

当定位到一个可能噪声源时，令探头靠近此处，并慢慢调小示波器的灵敏度来维持屏幕上的探头波形。当探头信号似乎为最大值时，可以把探头迅速降到印制线路（或接线）应该是可以的。这也许不是靠近EMI源的点，但应该接近了载有EMI源电流的印制线路或其他导线。通过在多个方向上来回移动探头可以验证这一点；当探头以大致正确的角度跨过适当的PC线迹时，探头输出波形上会出现尖锐的“零”响应，并在线迹的每一侧都有一个明显的相位反转（如上所述）。

该EMI“热”线迹可以跟踪到全部或大部分产生EMI的电流环路。如果印制线路隐藏在板的背面（或内部），则将其路径用水彩笔标记好，然后再拆装电路板或者在另一个电路板上找到此印制线路。借助电路路径和噪声的瞬态时序，问题的源头几近不言自明。

以下讨论了几个最常见问题的解决方案或修复程序（所有这些都已经被各种版本的嗅探探头成功诊断而出）。

典型的dI/dtEMI问题

整流器的反向恢复

整流器的反向恢复是与电源转换器中dI/dt相关的最常见的EMI来源；传导过程中当电压反转时，存储在PN结二极管的电荷引起瞬时反向电流。二极管中的反向电流可能很快停止（小于1ns），并伴有瞬时恢复（很可能在PIV额定值小于200V的装置中），或者反向电流以“软”恢复方式渐渐衰减下来。对于每个类型的恢复，典型的嗅探探头波形如图E5所示。

电流的骤变能产生迅速变化的磁场，而这种磁场能辐射外部场并在其他电路中诱导低阻抗电压尖峰。反向恢复可能“触击”寄生LC电路令其进入振荡状态，这将在二极管恢复时产生具有不同程度的阻尼振动波形。在二极管上并联一系列RC阻尼电路是解决此问题的一般办法。

输出整流器通常承载着最大电流，因而最容易出现这种问题，不过大家常常忽视该问题。而未被忽视的续流或钳位二极管则涉及电磁干扰问题。（例如，在一个R-C-D缓冲中的二极管可能需要其自己的RC缓冲器这样的事实，并不总是不言而喻的）。

此问题一般都能通过将嗅探探头靠近整流器引线来识别。该信号在轴向封装的引线弯道的内侧将是最强的，或者在TO-220、TO-247或相似类型封装的阳极和阴极引线之间最为强，如图E5所示。

采用“软”恢复二极管是一种可行的解决方案，肖特基二极管在低电压应用中最为理想。然而，必须承认的事实是具有软恢复的PN结二极管同样有着固有损耗（而迅速恢复二极管则没有），这是因为二极管在传导电流的同时产生了反向电压：最快的、具有适当软恢复的二极管（最低恢复电荷）通常是最好的选择。有时更快、稍微“活跃的”二极管，加上紧耦合RC缓冲电路，要优于极慢的软恢复二极管。

如果出现显著的振荡，一个“快速却粗糙的”RC缓冲电路设计方案的运行效果相当不错：二极管两端需要越来越大的阻尼电容，直至振荡频率减半为止。据我们所知，总振荡电容量现已翻了两番，也就是说原始振荡电容量是新增添电容量的1/3。所需的阻尼电阻大约等于原始振荡电容量在最初振荡频率上的容抗。

随后，“频率减半”的电容量将与阻尼电阻串联连接并跨接在二极管上，耦合得越紧密越好。

缓冲电容必须具有高脉冲电流容量和低介电损耗。适用电容包括热稳定的（磁盘或多层膜）陶瓷电容、镀银云母电容和一些塑料薄膜电容。缓冲电阻应不具有电感性；金属膜、碳膜和碳质电阻都不错，但必须避免使用线绕电阻。最大缓冲电阻损耗可以由阻尼器容量、开关频率和峰值缓冲电容电压平方的乘积来估计。

无源开关（二极管）或有源开关（晶体管）的缓冲器必须始终紧密耦合，即从物理位置上尽可能地相互靠近，这样能使回路电感最小。从开关到缓冲器的电路路径的变化中得到尽可能小的辐射场。它还最大限度地减少了关断电压的过冲，该过冲会迫使电流改变路径，使其通过开关缓冲回路的电感。

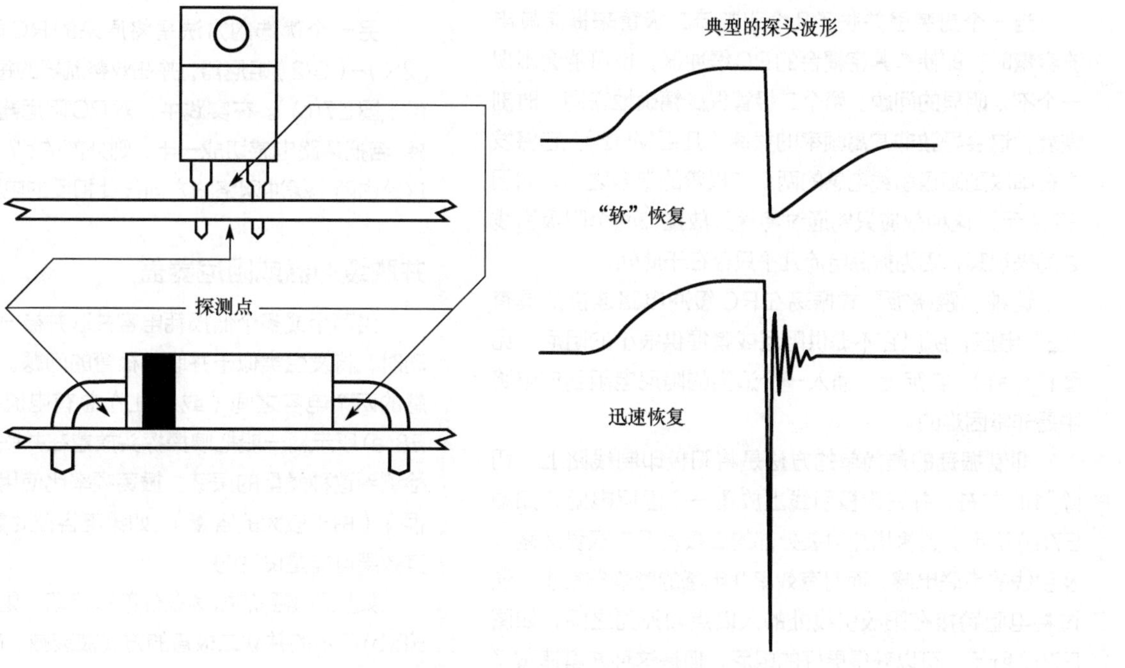

图E5　整流二极管反向恢复的典型修复：紧耦合RC缓冲

钳位齐纳二极管的振荡

当电压钳位齐纳或TransZorb®二极管被跨接在转换器输出端来防止过电压（OVP）时，可能出现电容至电容振荡问题。功率齐纳二极管具有大的结电容，它会串接到引线ESL和输出电容，因此在输出中将出现部分振荡电压。该振荡电流在齐纳引线附近最容易被检测到，特别是在弯道的内侧，如图E6所示。

我们还没发现在这种情况下工作良好的RC缓冲器，因为振荡环路电感通常比在缓冲中所得的寄生电感低或更低。提高外部环路电感来允许阻尼是不可取的，因为这样将限制动态钳位能力。在这种情况下，人们发现齐纳管引线上的小铁氧体磁珠能抑制高频振荡，而其不良副作用却最小（高导磁率铁氧体磁珠在齐纳管开始传导明显的大电流之前就很快达到饱和状态）。

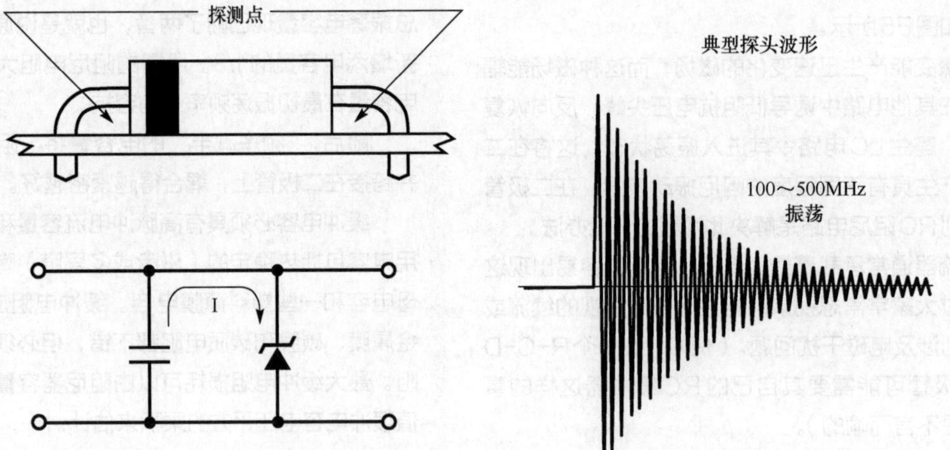

图E6 钳位齐纳管和电容之间的振荡的典型修正方法：齐纳引线上的小磁珠

并联整流器

当一个封装里并联了几个双整流二极管来提高其电流容量时，即使有紧密耦合的RC缓冲器，也可能会出现一个不太明显的问题。两个二极管很少精确地在同一时刻恢复，这会导致非常高频率的振荡（几百MHz），它将发生在串联到阳极引线电感的两个二极管的电容之间，如图E7所示。这种效应只能通过将探头放置在两个阳极引线之间来观察，因为振荡电流几乎只存在于此处。

这种“跷跷板”式振荡在RC缓冲电路连接处具有“空”电压，所以它不提供阻尼或者提供很小的阻尼（见图E7(a)）。实际上，插入一个适当的阻尼电阻到该电路中是非常困难的。

抑制振荡的最简单的方法是将阳极印制线路上“切除”1in左右，并在阳极引线上放置一个阻尼电阻，如图E7(b)所示。这将增加封装外部的二极管至二极管环路以及引线的串联电感，而对有效串联电感的影响非常小。通过将电阻跨接在阳极引线处的入口点和外壳之间，如图E7(c)所示，可以获得更好的阻尼，但是这种方案违背了很多生产工程师的思维定式。

另一个优选的方法是将原来的RC阻尼器分成两个（2R）-（C/2）阻尼器，并在双整流器的每一侧接一个（也示于图E7(c)）。在实践中，双RC阻尼器常常是最好的选择；若把环路电感切成一半，则外部的dI/dt场进一步减小，这是由两个缓冲网络的方向彼此相反的电流引起的。

并联缓冲器或阻尼器盖

当两个或多个低损耗电容并联并被一个骤变的电流驱动时，将发生类似于并联二极管的问题。在串接到引线电感的两个电容之间（或ESL）总有电流振荡趋势，如图E8(a)所示。一般把嗅探探头放置在并联电容引线之间以检测到这种类型的振荡。振荡频率比使用并联二极管时低很多（由于较大的容量），如果电容彼此靠得足够近的话，其效果可能是良性的。

如果所得到的振荡在外部被拾取，则它能以类似于图E8(b)所示的并联二极管的方式被衰减。在这两种情况下，阻尼电阻的损耗往往是比较小的。

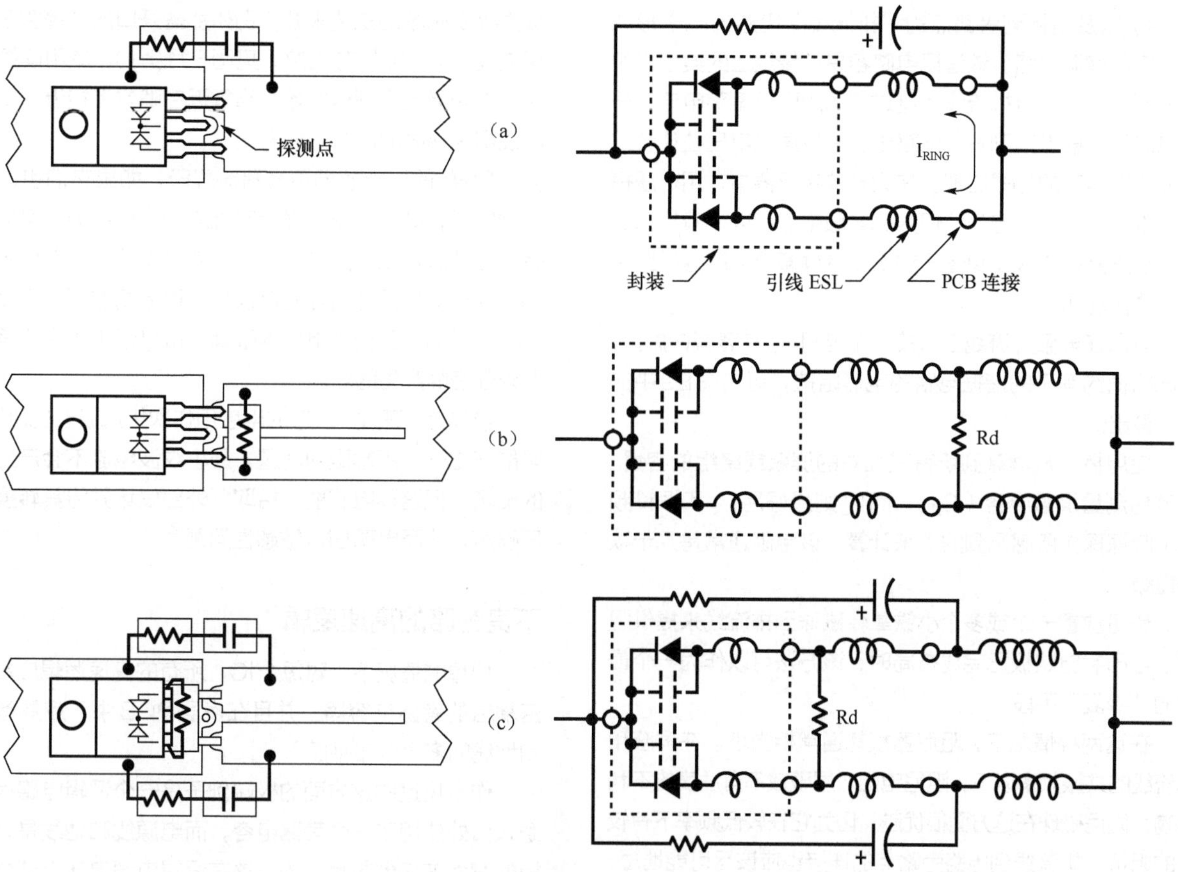

图E7 并联双整流器的振荡

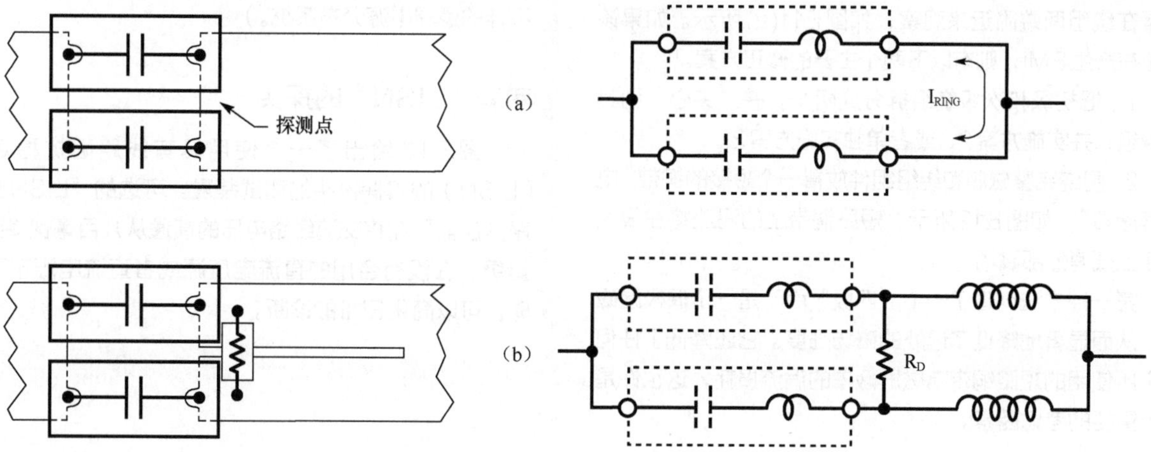

图E8 并联“缓冲”电容的振荡

振荡变压器屏蔽引线

从变压器屏蔽到其他屏蔽或绕组的容纳（见图E9中的C_S）以及连接到旁路点的"排流线"电感（L_S）形成一个串联谐振电路。该谐振电路容易被绕组上的典型方波电压所激励，并且排流线上流过较弱的阻尼振荡电流。屏蔽电流能辐射噪声到其他电路中，并且屏蔽电压往往会以共模传导噪声的形式出现。在大多数变压器中，用电压探头很难检测到屏蔽电压，但振荡屏蔽电流可以把嗅探探头放置在屏蔽排流线（见图E10）或者屏蔽电流的返回路径附近进行观测。

可以在屏蔽排流线上串接一个电阻R_D来衰减该振铃，其电阻值约等于的谐振电路的电涌阻抗，可由图E9中的式子算出。

使用桥（从屏蔽到所有其面对的屏蔽或绕组的容量）很容易测量屏蔽电容（C_S），而L_S则最好用C_S和振铃频率（嗅探探头所感测到的）来计算。该电阻通常是几十欧姆量级。

也可放置一个或多个小铁氧体磁珠到排流线来提供阻尼。当印制电路板已完成布局时，该方法可以作为一个最后的"修复"手段。

在这两种情况下，阻尼器损耗通常相当小。在屏蔽和排流线的共振频率以下，阻尼电阻对屏蔽效率有适度的不利影响；阻尼磁珠在这方面很优越，因为它在较低频率下有较小的阻抗。排流线到电路旁路点的连接也应该尽可能地短，以便减少EMI并提高屏蔽的最大有效（即共振）频率。

漏感场

变压器漏感场产生于初级和次级绕组之间。用单个初级和次级绕组能产生一个明显的偶极场，可以将嗅探探头放置在绕组两端附近来观察，如图E11(a)所示。如果该场正在产生EMI，则有以下两个主要的修正方案。

1. 把初级和次级绕组拆分成两个，并"夹心"到其他绕组，并实施方案2，或者单独实施方案2。

2. 围绕完整磁芯和绕组组件放置一个短接的铜带"电磁屏蔽罩"，如图E12所示。短路铜带上的涡流将在很大程度上抵消外部磁场。

第一种方法创建了一个"四极"而不是一个偶极漏磁场，从而显著地降低了远处的磁场强度。它还降低了任何一个所使用的短路铜带电磁屏蔽罩的涡流损耗，这也许是一个重要的考虑因素。

外部空隙场

当存在明显的纹波或交流电时，电感中的外部空隙将成为外部磁场的主要来源，例如那些开口的"筒管芯"电感或间隔式"E"芯电感（见图E11(b)）。使用嗅探器探头也能轻易检测到这些场；当靠近空隙或者接近开口的电感线圈末端时响应将为最大。

"开放的"电感场不容易被屏蔽，如果它们引入EMI问题的话，则必须重新设计电感来减少外部场。可以将所有的空隙放置在中央芯柱处，来消除间隔式E形磁芯周围的外部场。如果能验证涡流损耗不算太高的话，则使用图E12所示的短路铜带电磁屏蔽罩，可以最小化由残差或次要外部空隙产生的场。

当具有"开放"铁芯的电感用作次级滤波器扼流圈时，可能产生一个不起眼的问题。最小纹波电流不会产生显著的磁场，但这种电感能"拾取"外部磁场并将其转换为电压噪声，从而出现EMI敏感性问题[20]。

不良旁路的高速逻辑

理想的情况下，对每个IC，所有的高速逻辑应具有紧密耦合的旁路电容器，并且在多层PCB中，应具备电源和地线的多个分布平面。

作者见过的这方面的极端例子是一个逻辑电路板的电源入口处使用了一个旁路电容，而电源线和地线是从电路板的背面连接到芯片上的。这在逻辑电源电压上造成较大的尖峰，并在电路板周围生产显著的电磁场。

使用嗅探探头，可以查找到到底哪些芯片引脚上有较大的与电源电压瞬变同步的电流瞬变。（逻辑设计工程师们经常指责电源供应商所提供产品的噪声很大。但据作者所知，供应商提供的产品很安静，所以主要问题在于设计不佳的逻辑电源分布系统。）

带有"LISN"的探头

图E13给出了一个使用具有线路阻抗稳定网络（LISN）的嗅探探头的测试装置。可选的"LISN交流线路滤波器"能将交流线路电压的馈通从几百毫伏降到微伏量级，在没有合用的直流电压源或者直流电源不可使用时，可以简化EMI的诊断。

⑳ 编注：其他相关评论请参阅附录D。

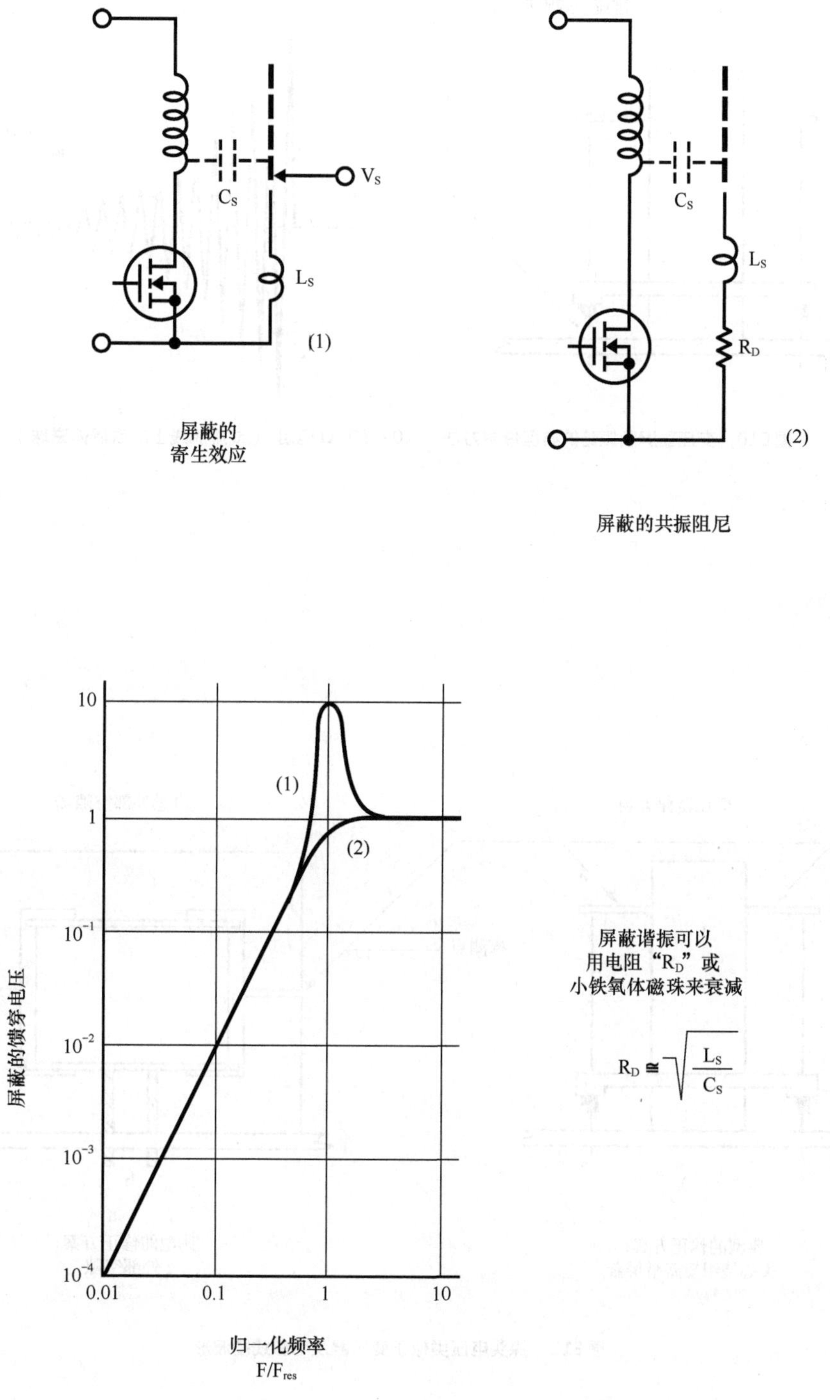

图E9 高频下的屏蔽效率被屏蔽容纳和引线电感所限制

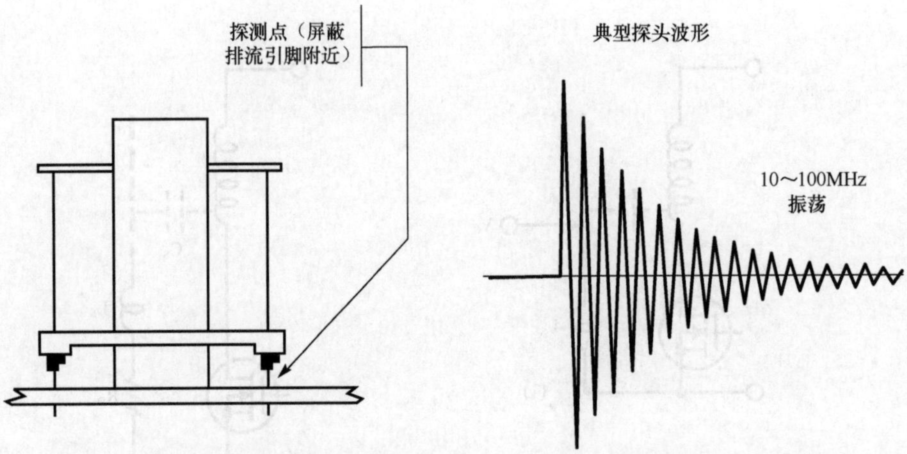

图E10 变压器屏蔽振荡的典型修复方法：10～100Ω电阻（或排流线上的铁氧体磁珠）

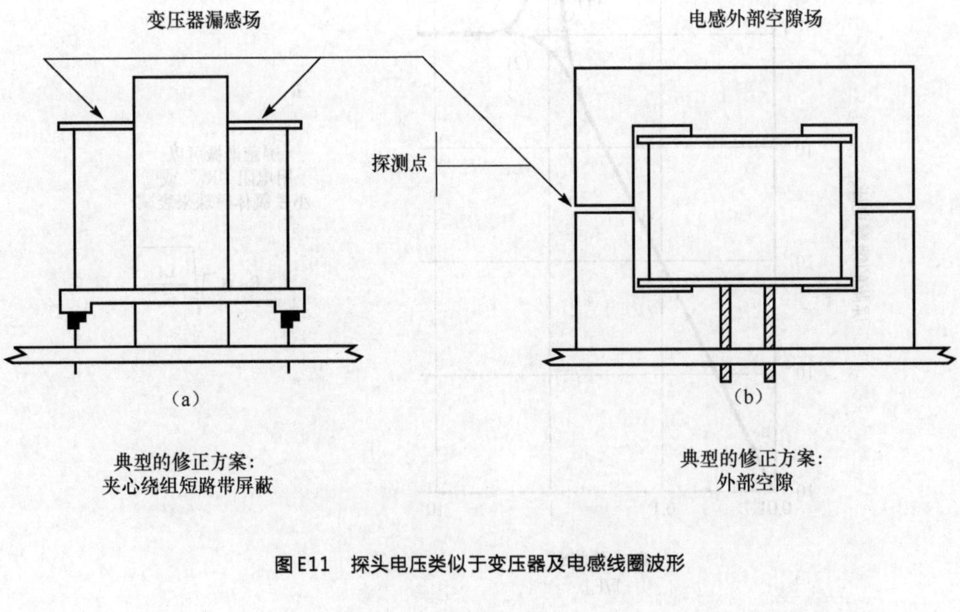

图E11 探头电压类似于变压器及电感线圈波形

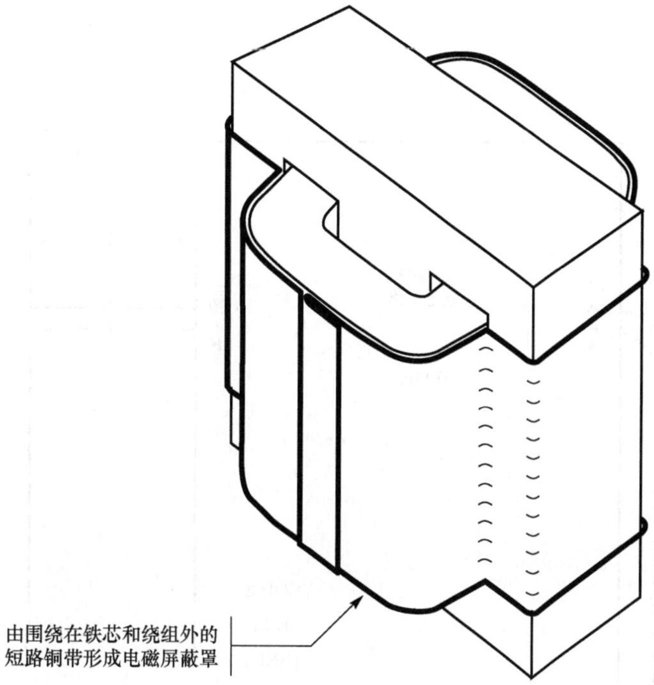
由围绕在铁芯和绕组外的
短路铜带形成电磁屏蔽罩

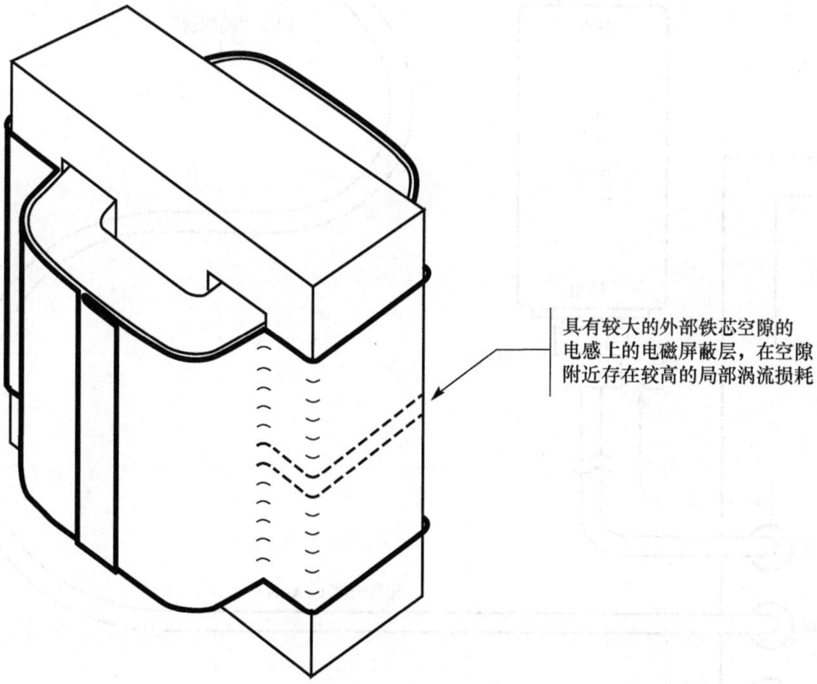
具有较大的外部铁芯空隙的
电感上的电磁屏蔽层，在空隙
附近存在较高的局部涡流损耗

图E12 一个“三明治”型PRI-SEC变压器绕组的结构能降低电磁屏蔽涡流损耗

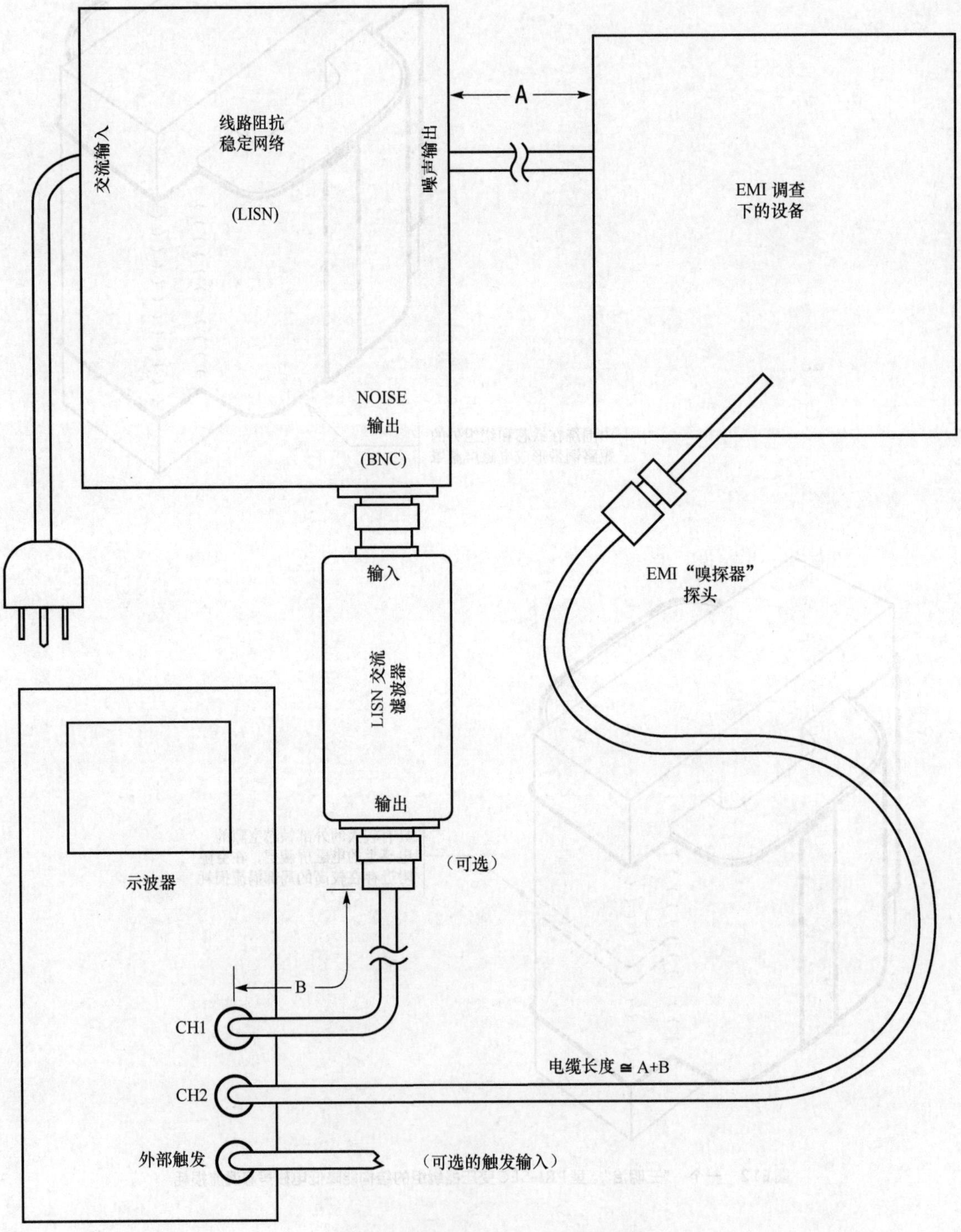

图E13　使用带有“LISN”的探头

测试嗅探探头

嗅探器探头的功能测试可使用类似于图E14所示的夹具，生产过程中的探头测试也使用了该工具。

结论

嗅探器探头是定位EMI的dI/dt源的一个简单、快速且有效的手段。使用常规电压或电流探头很难定位这些EMI源。

总结

使用EMI“嗅探器”探头的步骤总结在图E15之中。

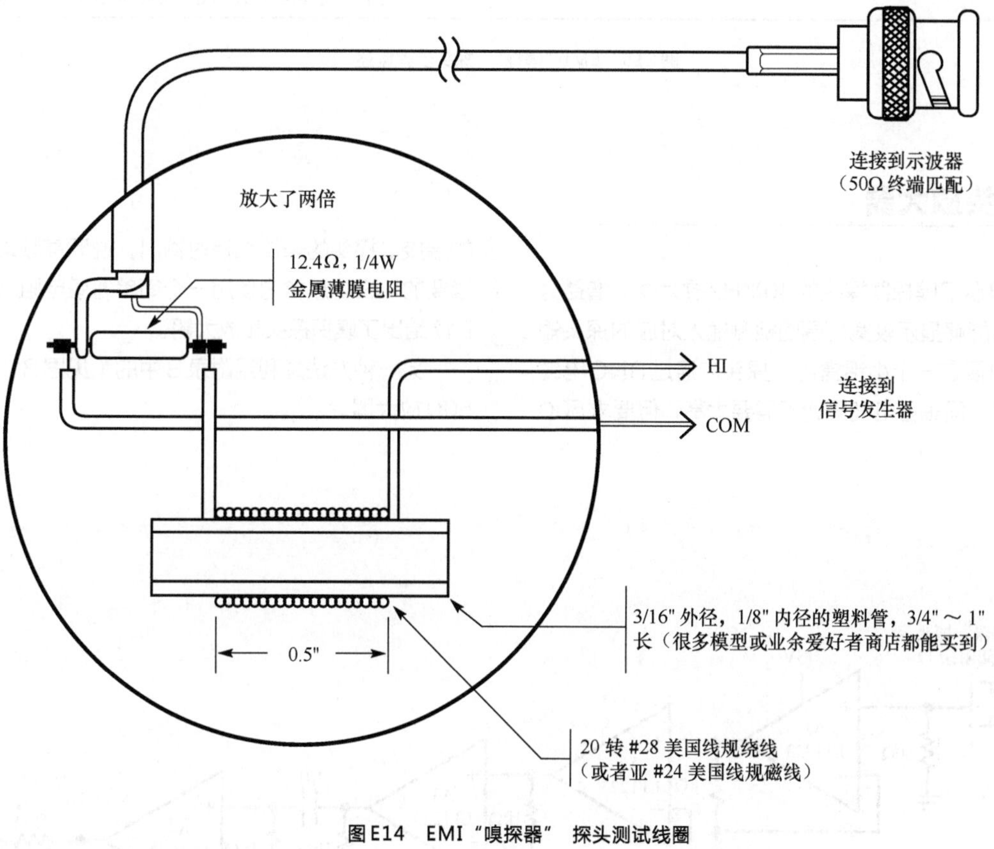

图E14 EMI“嗅探器” 探头测试线圈

注释：将嗅探器探头尖端居中放入测试线圈内，此处探头电压最大。线圈中部的近似磁通密度可由以下公式计算

B=H=1.257NI/l（CGS单位）

在长为1.27cm，20匝的测试线圈中，磁通密度是每安培约20高斯。频率为1MHz时，嗅探探头电压对于1MΩ负载阻抗的每100mV峰峰值为19mV峰峰值（±10%），对于50Ω负载为其一半。

1. 使用2通道示波器，最好选具有外部触发的。

2. 其中一个示波器信道用于嗅探探头，不用于触发。

3. 第二个信道用于查看噪声瞬态并定位其源，它也可以用于触发。

4. 在晶体管的驱动波形（或前逻辑转换）上用“外部触发”（或第三个信道）能实现更稳定和可靠的触发，还能观测瞬变前的形态。几乎所有的噪声瞬变产生在功率瞬态开启或关闭期间，或在此之后。

5. 从与电路隔开一定距离处开始用调到最大灵敏度的探头，并探测是否有与噪声瞬变精确同步的异常信号。探头波形不会完全跟噪声瞬变一样，但通常有很强的相似性。

6. 使探头靠近可疑的噪声源，同时降低灵敏度。探头在携带瞬变电流的导体顶部有“零”响应而在导体两侧相位相反。

7. 尽可能地查出噪声的电流路径。辨认电路图上的电流路径。

8. 噪声瞬变的源通常很容易从电流路径和时序信息中找到。

1997, Bruce Carsten Associotes, Inc.

图E15 EMI“嗅探” 探头步骤概述

嗅探器探头放大器

图E16显示了嗅探器探头的40MHz放大器。增益为200的示波器能够显示较宽范围的检测输入对应的探头输出。放大器内置在一个小铝盒内。探头应通过BNC电缆连接到放大器，同轴型电缆质量不需要太高，但要求50Ω的端接。探头的未校准相对输出，说明高频端接畸变无关紧要的。在功放盒内使用一个简单薄膜电阻就足够了。图E17给出了嗅探探头和放大器。

另一种方法是利用附录B中的（见图B11）HP-461A 50Ω放大器。

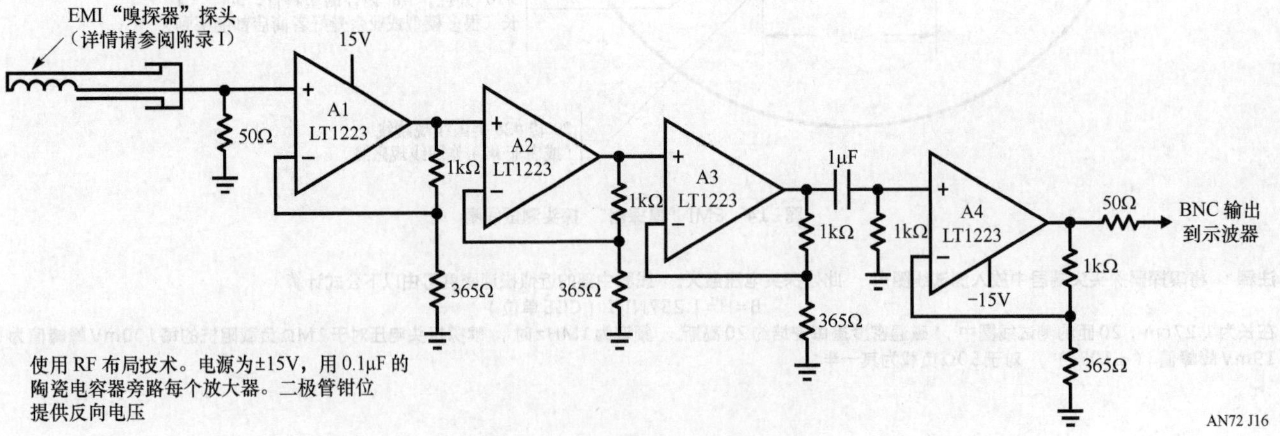

图E16 EMI探头的40MHz放大器

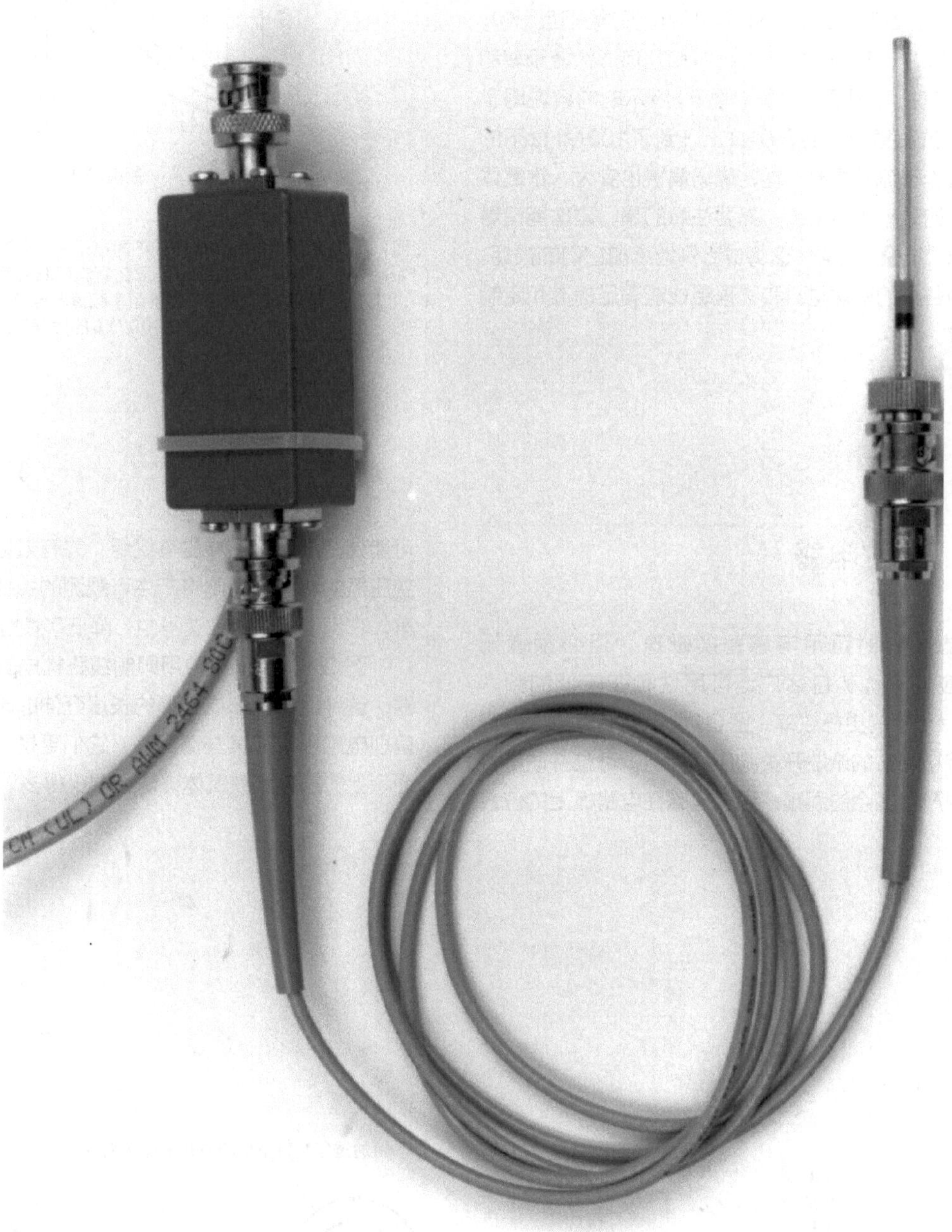

图E17 嗅探探头和放大器。注意所有基于BNC的信号传输。±15V电源通过单独的电缆进入铝盒内

附录F 关于铁氧体磁珠

铁氧体磁珠包围的导体能提供随频率增大而增加的阻抗。这种效应非常适用于直流和低频信号传送导体的高频噪声滤波。磁珠在线性稳压器的通带内基本上是无损耗的。在高频下，磁珠的铁氧体材料与导体的磁场相互影响，形成其损耗特性。不同的铁氧体材料和几何形状随频率和功率电平，其损耗因子也不同。图F1所示的内容说明了这一点：阻抗从直流下的0.01Ω上升到了100MHz下的50Ω。当直流电流升高时，恒定磁场偏置也变大，铁氧体在损耗方面的效率也将下降。需要注意的是，磁珠能沿着导体串联地“堆叠”起来，这将成比例地增加它们的损耗。现有的各种各样的磁珠材料和物理组成能满足标准和定制产品的要求。

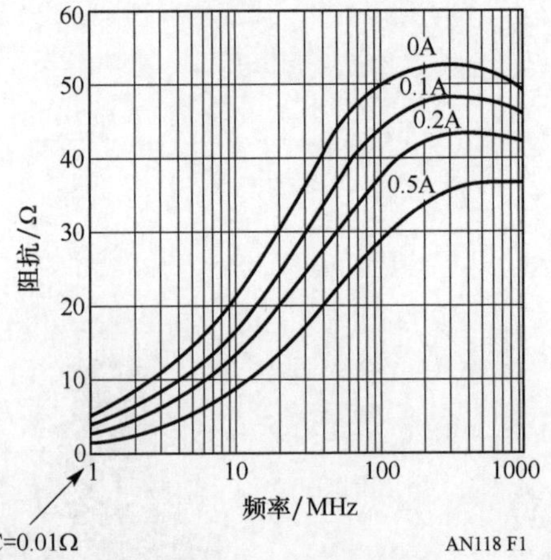

图F1 表面贴装铁氧体磁珠在不同直流偏置电流下的阻抗与频率（Fair-Rite 2518065007Y6）。在直流和低频率下，阻抗基本上为零，上升到50Ω以上主要取决于频率和直流电流。资料来源：Fair-Rite2518065007Y6的数据手册

附录G 寄生电感

高频滤波有时可用电感替换磁珠，但必须谨记其寄生效应。其优势包括广泛可用性和在较低的频率（≤100kHz）下的更好效率。图G1显示了其劣势，即寄生并联电容和潜在的杂散开关稳压器辐射。寄生并联电容会在电路中产生多余的高频馈通。电感在电路板上的位置可能允许杂散磁场冲击其绕组，并有效地把它变成为一个变压器的次级。由此将产生可观测的尖峰和纹波相关的噪声，它们混杂在有效信号中，降低了性能。

图G2显示了一种用印制线路构成的基于电感的滤波器。这种成螺旋形或蛇形的长度延伸的印制线路在高频下呈现电感性。在某些情况下，它们更是出奇的有效，单位面积上的损耗比铁氧体磁珠还要少得多。

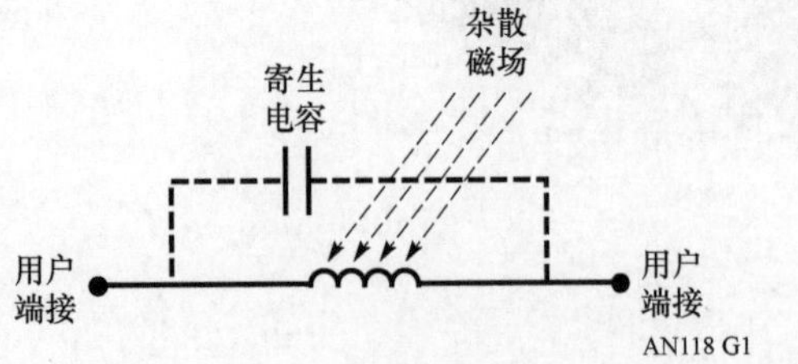

图G1 电感的一些寄生成分。不需要的电容引入高频馈通。杂散磁场诱导错误的电感电流

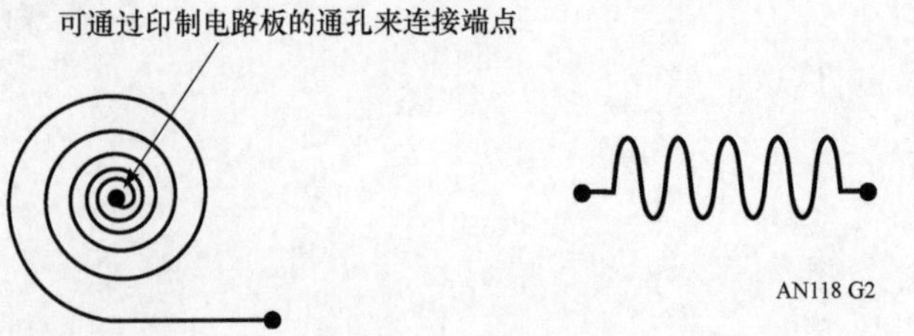

图G2 虽然效果不如铁氧体磁珠，螺旋形和蛇形PC图形有时也用作高频滤波器

第5节

照明设备的供电

第四代液晶显示器（LCD）背光技术（8）

本章透彻地讨论了LCD背光技术。讨论的内容包括了光源、显示和布局产生的损耗、电路、效率相关问题以及优化和测量技术。12个附录章节讨论了光源的类型、机械设计、电子和光学测量、布局、电路以及相关问题。

手机和照相机闪光灯的简化电路（9）

本章讨论了手机/照相机中闪光照明的具体实现。探讨了基于LED的照明技术及其性能，回顾了闪光灯的工作原理。文中还讨论了电路设计时需要注意的事项，同时也给出了一个电路实例及其详细性能说明。另外，也讨论了布局和RFI问题，并且给出了个布局实例。附录中详细说明了文中电路所涉及的LT3468闪光灯电容充电器的工作原理，列举了常用的磁性元件。

第四代液晶显示器(LCD)背光技术

8

元件组成和测量技术的提高用于完善性能

Jim Williams

引言

LCD背光技术广泛应用于当今流行的便携式计算机和仪器中。这些显示器也出现在医疗设备、汽车、加油站以及零售终端等应用范围。冷阴极荧光灯(CCFL)提供了最高效率的背光显示。这些灯的使用需要较高的交流电压,所以需要一个有效的高压直流/交流(DC/AC)转换器。除了要求高效之外,转换器应该以正弦波电压来驱动灯,以减少RF辐射。这些辐射将干扰其他设备,也将降低系统的整体效率。正弦波激励也可以为灯提供最佳的电流—光转换。电路应能控制光强从零到最大亮度,无滞后或"瞬间闪亮",在电源供电出现波动时也能提供稳定的光强。

LCD背光要求尺寸小,再加上与LCD结构相关联的电池供电操作,其相关电路需要做到元件数量少、效率高。尺寸约束严重影响了电路结构,所以优先考虑的是电池寿命更长。笔记本电脑和手持便携式计算机就是极好的例子。几乎50%的电池耗竭是因为CCFL灯管和供电电源。此外,印制电路板和其他所有的硬件,通常必须容纳在LCD外壳范围之内,而且不能超过0.25in的高度要求。

一个实用、高效的LCD背光设计是对电子转换系统进行折中的经典研究。设计各个方面相互关联,物理实现也是电路的一个组成部分。灯的选择和位置,走线,显示器外壳和其他元器件对电特性有着重大影响。要想实现高效的LCD背光源,各个细节都必须充分考虑。使灯发光仅仅是个开始!

第一代背光源是粗糙的,在几乎所有领域都表现不佳。凌力尔特公司(Linear Technology Corporation,LTC)推出了反馈稳定技术,并连续三代进行了灯驱动的优化配置。经过各种努力,他们推出了背光驱动专用集成电路。

在本应用指南发行的第四个版本中,我们回顾了近期有关LCD背光器件和测量技术方面的工作。指南中给出了理论上的考虑,并给出了实用建议、补救措施和电路实例。另外,我们一贯欢迎读者意见和问题,也可以接受用户的咨询和要求。

行业动态

虽然LED背光已经基本上取代了CCFL,不过在本应用指南中将介绍它用于高压逆变器时的电路设计及其相关布局。

简介

本指南是LTC发行的第四版,它是LTC多年持续关注LCD照明技术的成果[①]。用户对于我们先前努力的积极认可,激励我们持续研发LCD背光技术。用户的持续关注,以及自上个版本的应用指南发布之后我们取得的显著进步,都证明LCD背光技术的进一步讨论很有必要。

开发具有竞争力的LCD照明方案,长久以来一直是LTC持续努力追求的目标。在1991年发布单电路(测控电路集合,LTC应用指南45,1991年6月)之后,我们连续四年对其进行了深入研究,并在三个专刊上进行了连续总结。

推动这一切的动力是来自读者的热情以及不断增多的反馈。众多应用中都广泛需要实用、高性能的LCD背光技术。光、光电转换以及电子等因素组合起来形成了一个极具挑战的性课题。LCD背光问题的跨学科性质,以及高度交叉相用,使其成为了一个精巧微妙的工程实践。背光问题是作者见过的最为复杂的相互制约的因素的集合。当然,我们对于这个课题的学术兴趣具有浓厚的资本色彩。所幸资本的概念早已深入人心。

本应用指南除了更新了某些章节、增添了若干新材料外,还囊括了前几个版本中正确的内容。部分重复可以以较小的代价换来全文的流畅性、完整性以及具有时效性的新技术交

① 以前的版本在参考文献1、18以及25中进行了注解。

流。对于过时的材料进行替换、删减或者可能适当增加，同时也引入了很多新发现。以前的工作强调获得高效并进行验证。这些要求仍然需要，不过其他背光要求也变得更加突出。其中包括低电压运行、改善系统接口、最小化显示器损耗、电路紧凑性以及更好的测量/优化技术。新IC和仪器的面市使这些要求的实现成为可能。

最后，在序言中必须感谢文字排版的工作人员，感谢各个岗位上的LTC工作人员以及用户的审校工作。正是他们的帮助，才使原来混乱不堪的初稿蜕变为现在精美的文稿。作者深切期望读者也能一起用掌声对他们表示感谢。

显示器效率的观点

当前可用的LCD显示器需要两个电源，背光电源和对比度电源。在一个典型的便携式设备中显示屏背光是电力消耗最大的单个器件，最大强度显示时几乎50%的电池耗竭缘于背光。因此，必须尽一切努力最大限度地提高背光效率。

LCD能源管理的研究应该从跨学科的观点来考虑。对于电池而言，背光呈现为级联式的能量衰减（见图8.1）。电池能量消耗在电到电转换为高压AC以驱动CCFL的过程中。这一部分的能量衰减最为有效，转换效率可以超过90%。虽然目前已有最有效的电到光转换器可用，CCFL的损耗仍超过80%。此外，目前黑白显示器的光传输效率低于10%，彩色显示器将更低。

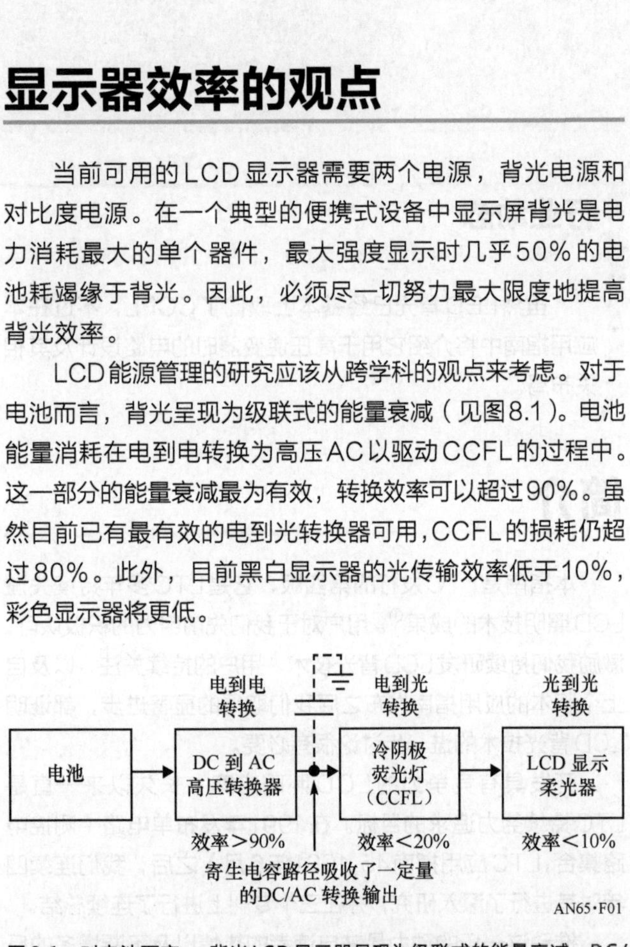

图8.1 对电池而言，背光LCD显示器呈现为级联式的能量衰减。DC/AC转换的能量转换效率远高于灯和显示器的能量转换

高效的DC / AC转换突出了一些显著的问题。其他两个“衰减”区域的任何改进，对效率的影响都比进一步提高电到电转换效率更大。虽然电效率的进一步改善也是必须的，但目前已经达到收益递减点。显然，整体背光效率的提高必须来自灯和显示的改进。

很少有电气工作者可以做到提高灯和显示屏的效率，除了呼吁人们关注该问题（参见随后的灯和显示器的章节）[②]。不过，可以在一些相关领域进行改进。特别是，灯的驱动形式相当关键。驱动灯的波形将影响其电流到光的转换效率。这样，含有相同功率的不同波形，将产生不同量的灯光输出。这意味着一个电效率更高的逆变器与一个未优化的输出波形所产生的光输出将比一个“较低效率”的逆变器与一个优化的波形所产生的光输出更少。实验表明这一点是正确的。所以，电效率和光效率需要进行区分，需要特别注意。

另一个实际可进行改善的领域是逆变器驱动到灯的传送。高频交流波形将由于走线和显示器寄生电容而产生损耗。控制寄生电容，以及灯驱动的方式能够显著改善效率。

本指南的后续章节将讨论上述两个领域的实用解决方案。

冷阴极荧光灯（CCFL）

有关CCFL电源的任何讨论都必须考虑灯的特性。这些灯是复杂的传感器，有许多因素影响其电流转化为光的能力。影响转换效率的因素包括灯的电流、温度、驱动波形的特性、长度、宽度、气体成分以及与周边导体之间的距离。

这些因素和其他因素相互影响，产生了复杂的整体响应。图8.2至图8.8显示了一些典型特性。这些特性曲线表明，预测背光灯在运行条件变化时的行为特征是很困难的。背光灯的电流、温度和预热时间显然是影响发光率辐射的关键，尽管电效率不一定对应于最佳的光学效率点。正因为如此，通常需要对电路进行电和光的评价。例如，可以构建一个电效率为94%的CCFL电路，它产生的光输出可能少于电效率为80%的电路。（参见附录L的“即使切掉耳朵也不会成为梵高——某些不切实际的想法。”）同样，一个匹配良好的灯/电路组合的性能，在通过一个有损耗的显示器外壳或超长的高压电线时，将发生严重衰减。显示器外壳有过多导体材料靠近背光灯时，由于存在电容耦合将产生巨大的损耗。设计不当的显示屏外壳将使效率降低20%。每英寸的高压线通常将降低1%的效率。

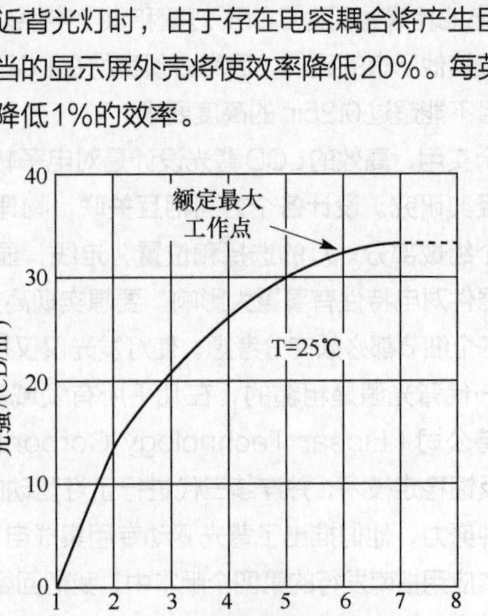

图8.2 典型5mA背光灯的发光率。曲线在6mA以上变得极平

② “呼吁人们关注该问题”实际上就是诸多问题的委婉说法。本指南中有关显示的章节以可视的方式展示了这些问题，并给出了纠正方法。

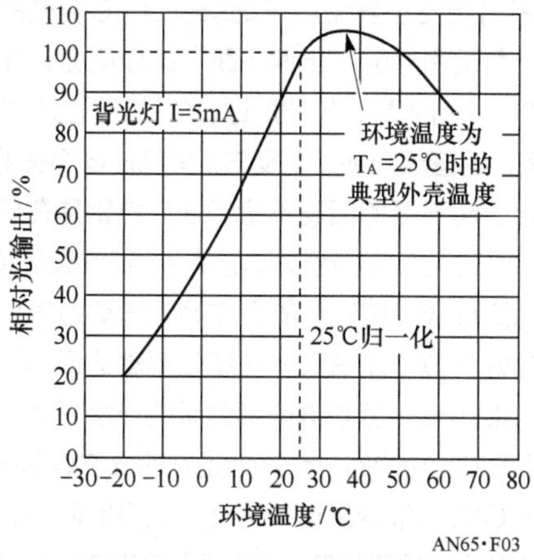

图8.3　环境温度对典型5mA背光灯的发光率的影响。测量之前必须保证背光灯和外壳达到热平衡状态

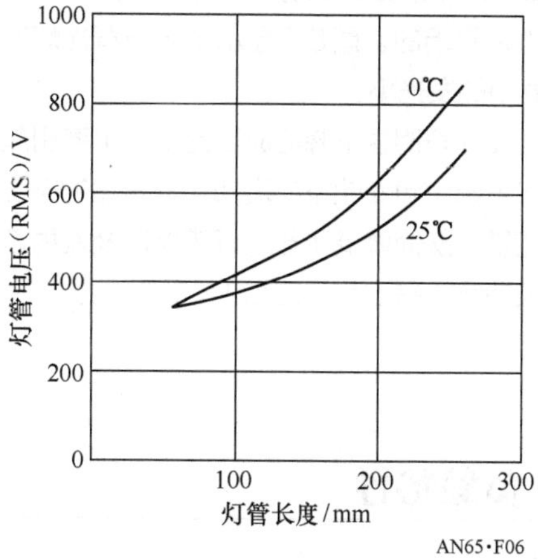

图8.6　两个温度时运行电压vs灯管长度曲线。启动电压通常随温度变化将升高50%~200%

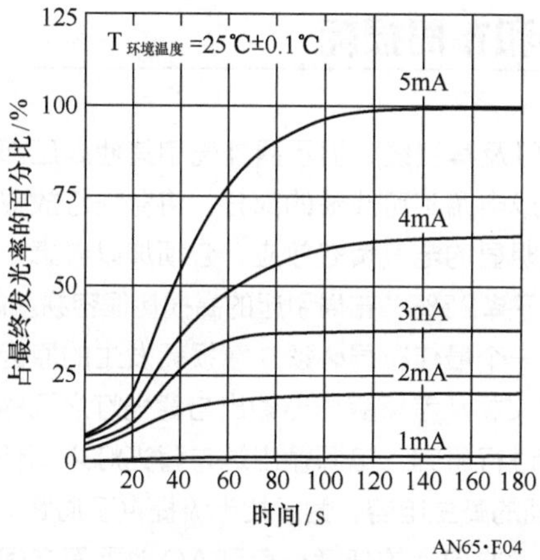

图8.4　自由空间中典型背光灯的发光率vs导通时间曲线

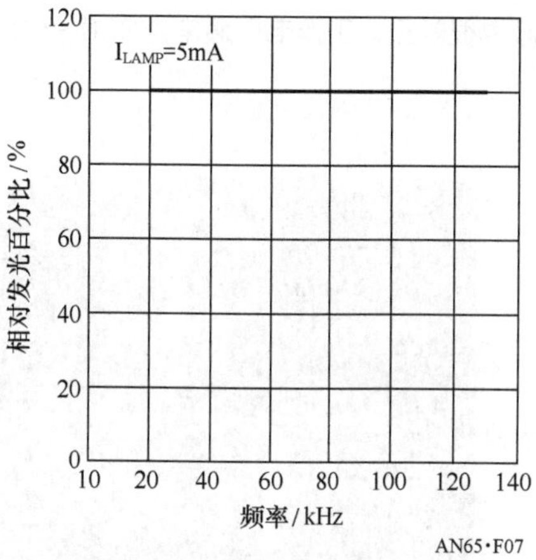

图8.7　背光灯在自由空间时发光vs驱动频率曲线。20kHz到130kHz时没有变化，表明背光灯对频率不敏感

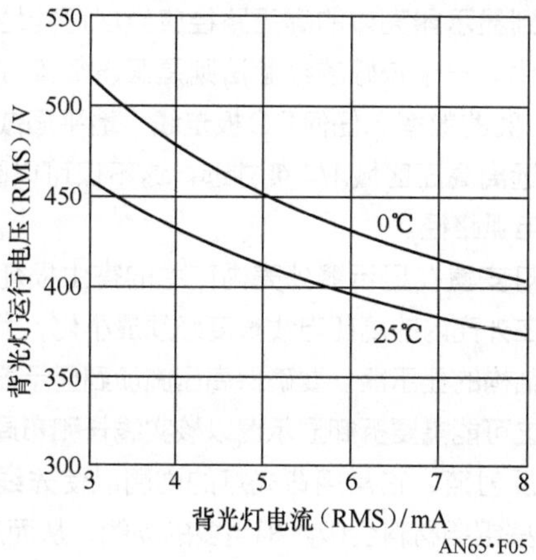

图8.5　工作区内背光灯电流vs电压曲线。注意较大的温度系数

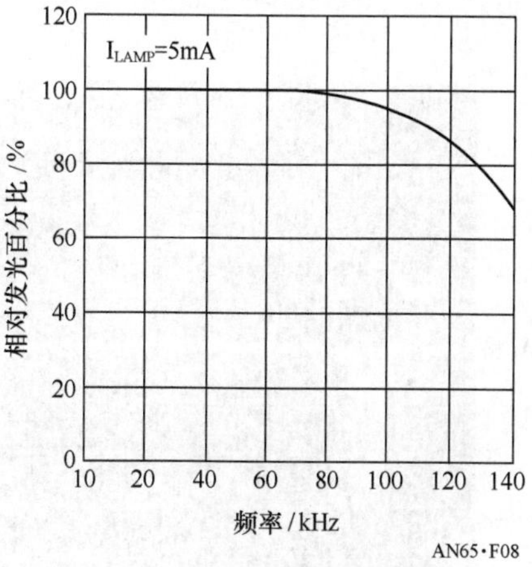

图8.8　安装在显示器中时，图8.7所示背光灯的发光vs驱动频率曲线将明显衰减。其原因是显示器外壳寄生电容路径存在频率相关损耗

最佳驱动频率取决于显示器和线路损耗，而非背光灯的特性。图8.7所示的曲线表明背光灯的发光率在很宽的频率范围内基本是平坦的。图8.8显示了同一背光灯安装在一个典型显示器中的发光率。

高频时发光率明显下降的原因是寄生电容引起的损耗使背光灯电流下降。随着频率的增加，显示器的寄生电容将消耗更多的能量，从而降低了背光灯电流以及发射率。有时这种效应会被曲解，得出错误的结论，即灯的发射率随频率的升高而降低。

CCFL负载特性

这些背光灯是很难驱动的负载，尤其是采用一个开关稳压器时。它们具有“负阻抗”的特点；启动电压远高于工作电压。典型的启动电压一般约为1000V；尽管更高和更低电压的背光灯也很常见。工作电压通常为300～500V，有些背光灯的电压可能不同。背光灯可以工作在DC模式，不过灯内的迁移效应将很快破坏该模式。因此，驱动波形必须为交流，这样将不会出现DC成分。

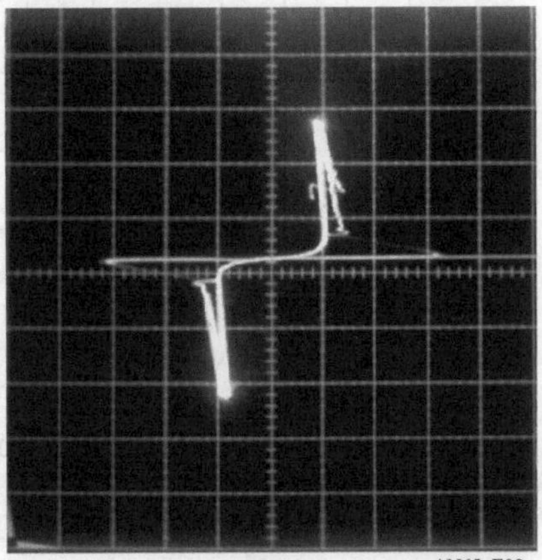

(a)

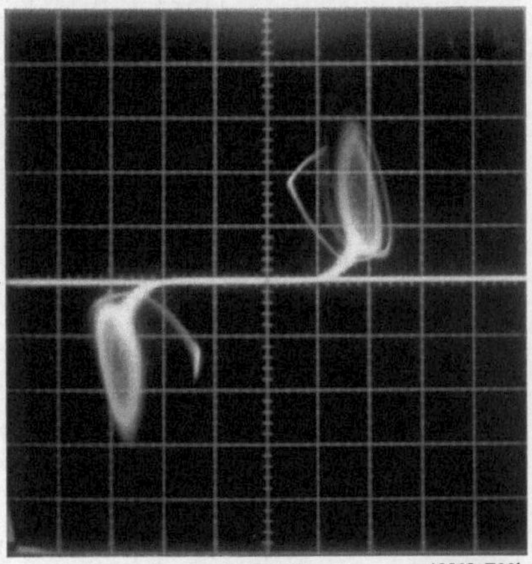

(b)

图8.9　两种CCFL背光灯的负阻抗特性曲线

图8.9(a)给出了典型波形记录仪上AC驱动的背光灯的特性曲线。负阻引起的“迅速下跳”比较明显。而图8.9(b)显示了另外一个背光灯，与波形记录仪的驱动行为相反，结果产生了振荡。这些倾向性，以及与开关稳压器相关的频率补偿的问题，会引起严重的回路不稳定性，特别是在启动时。一旦背光灯处于其工作区，可以假定其具有线性负载特性，以简化稳定性判定标准。背光灯的工作频率通常为20~100kHz，驱动波形最好类似于正弦波。正弦波驱动的低谐波成分可以将射频辐射最小化，否则这些辐射可能产生干扰，使效率下降③。连续正弦驱动的另一个好处是它的低波峰因子和可控上升时间，使CCFL很容易进行处理。上升时间快、波峰因子高的驱动波形会使冷阴极荧光灯的RMS电流到光输出效率下降，寿命变短④。

显示器和布局损耗

背光灯及其引线、显示器外壳和其他高压部件的物理布局是组成电路不可或缺的部分。将背光灯放置到显示器中将引入明显的电气负载效应，必须加以考虑。不良布局将使效率下降25%，布局引起的高损耗很容易就能观察到。要设计出一个最佳布局必须注意损耗发生的原因。根据图8.10，本文将从考察变压器输出与背光灯之间的潜在寄生路径入手进行研究。电源输出端与背光灯之间任何一点到AC地平面的寄生电容，为干扰电流提供了通路。同样，沿着灯的长度方向上的任意一点到AC地平面之间的杂散耦合将产生寄生电流。所有寄生电流都是能量浪费，为了保证背光灯中有充足的电流流过，电路必须产生更多的能量。从变压器到显示器壳体的高压路径应当尽可能地短，以使损耗最小化。一个较好的经验法则是假设每英寸的高压线路将降低1%的效率。任何PC板走线，地平面或电源平面应该至少远离高压区域1/4英寸远。这不仅可以防止损耗，也能消除电弧路径。

背光灯安置在显示器外壳内产生的寄生损耗也需要加以注意。在外壳内的高压电线长度必须最小化，尤其是对于使用金属结构的显示器。要确保高压施加到显示器内最短导线之上。这可能需要拆卸显示器以核实线长和布局。另一个损耗源是反射箔，它常用背光灯的周围以使光线真正进入LCD。一些铝箔材料会吸收相当多的场能，从而产生损耗。

③　CCFL的诸多特性与所谓的“热”阴极荧光灯相同。参见附录A，“热”阴极荧光灯。

④　参见附录L的“即使切掉耳朵也不能成为梵高——某些不切实际的思想”。

最后，金属外壳的显示器往往是有损耗的。金属会吸收相当多的能量，但金属必须通过交流路径接地。直接将显示器的金属外壳接地将进一步增加损耗。某些显示器厂商将背光灯附近的金属换成其他材料来解决该问题。显示器本身产生的损耗非常巨大，不同的显示器其损耗也各不相同。这些损耗不仅降低了整体效率，也使流过背光灯电流的计算复杂化。图8.11显示了分布寄生电容损耗路径对背光灯电流的影响。而显示器外壳和反射箔组成的损耗路径则为损耗电流提供了连续通道。这将导致“灯电流”在背光灯的长度方向上连续变化。当背光灯的一端接地或临近地平面时，则在背光灯的高压区电流跌落最为严重。虽然寄生电容通常是均匀分布的，但是随着电压升高，其效应将变得越来越显著。

这些效应表明围绕背光灯的各种规范展开设计需要面对诸多挑战。显示器供应商根据生产厂家提供的信息归类并发布背光灯的运行参数。背光灯供应商通常需要计算显示器外壳完全不同时的运行参数，有时甚至不发布任何运行参数。这些不确定性使设计工作变得困难复杂。唯一可行的方法是根据所选显示器来确定背光灯的性能。这是最大化地提高整体性能的最实用的方法，可以保证背光灯不会过驱，否则将浪费功率，缩短灯管寿命。

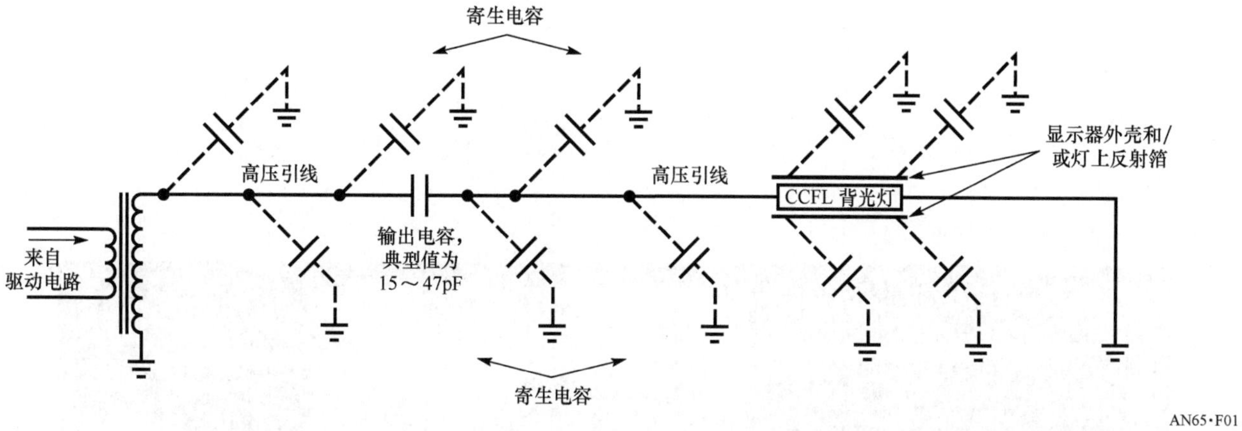

图8.10 实际LCD装置中寄生电容导致的损耗路径。最短化这些路径是改善效率的最根本的途径

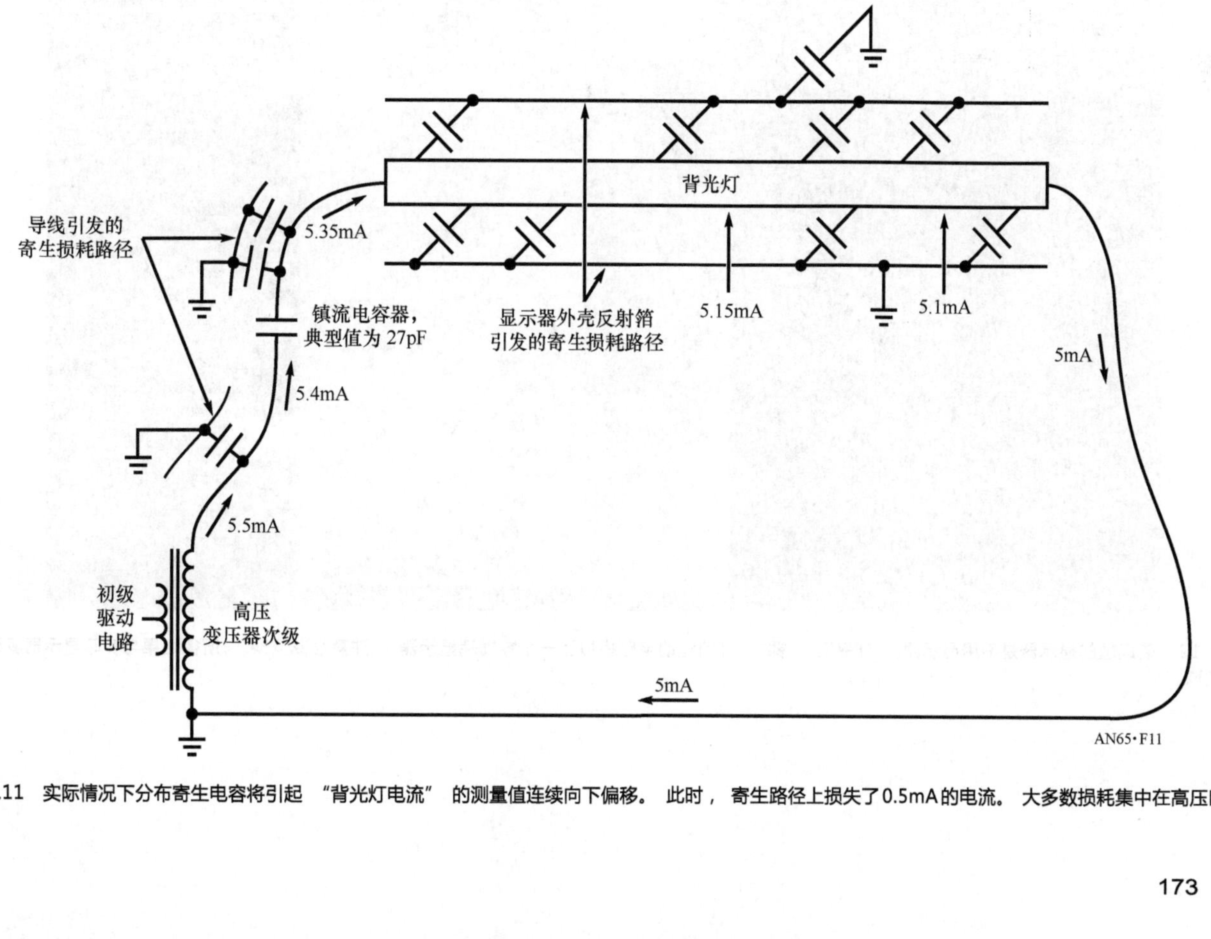

图8.11 实际情况下分布寄生电容将引起“背光灯电流”的测量值连续向下偏移。此时，寄生路径上损失了0.5mA的电流。大多数损耗集中在高压区

一般来说，显示器的寄生参数将会降低整体性能。正文之后还讨论了一些补偿性的技术，不过主导实际背光灯设计的主要因素仍然是显示器寄生参数的负面效应。

显示器有损耗也有一些好处。显示器寄生参数的一个优点是，它们有效地降低了背光灯的击穿电压。沿灯管长度方向分布的寄生并联电容构成一个分布式电极，有效地缩短了击穿路径，从而降低了灯的启动电压。这说明了一个事实，即许多显示器启动背光灯的电压要低于性能规格中建议的“裸”灯击穿电压。这种效应有助于低温启动（见图8.5和图8.6）。

背光灯分布式寄生电容的第二个可能的优点是增强了低电流操作。在某些情况下，因为寄生电容使得沿着灯管长度方向上有着更均匀的场分布，从而可以扩大调光范围。这样，在低电流时也可以保持灯管整体的亮度，从而支持低流明操作。

这里的教训是显而易见的。对灯管/显示器损耗特性的透彻描述是理解性能折衷以及获得最佳可能性能的关键。只有充分解决这些问题，才能得到效率最高的背光系统。在某些情况下，为了获得更低的损耗，需要重新设计整个显示器外壳。

显示器的损耗问题是背光设计的中心，需要倍加关注。以下的速评图片（图8.12至图8.32）展示了各种显示器的情况。我们希望，这种视觉之旅能给用户和厂家一些警示，能促使双方采取适当措施解决所展示的问题。

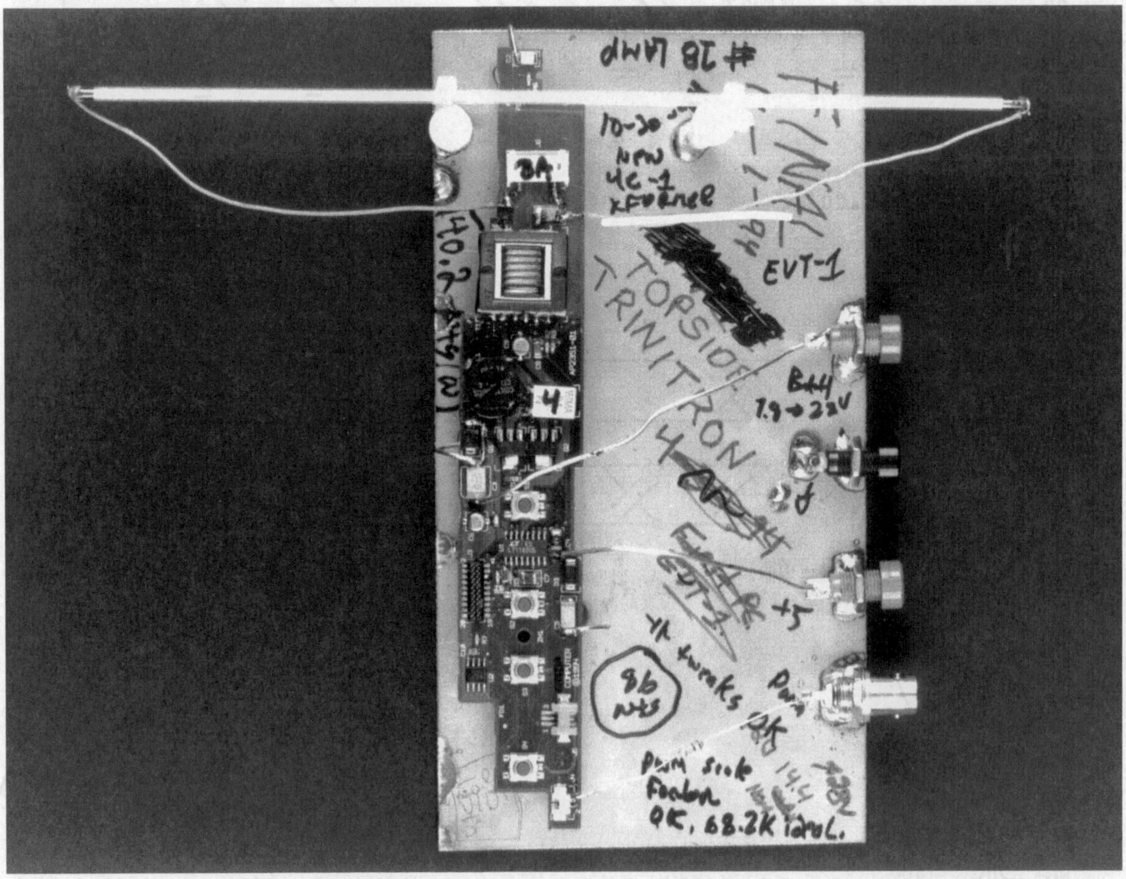

图8.12　最理想的显示器是不用显示器。连接到“裸”灯的驱动电路模拟了一个零损耗显示器。注意尼龙支架。所得结果与实际显示器驱动毫无关联

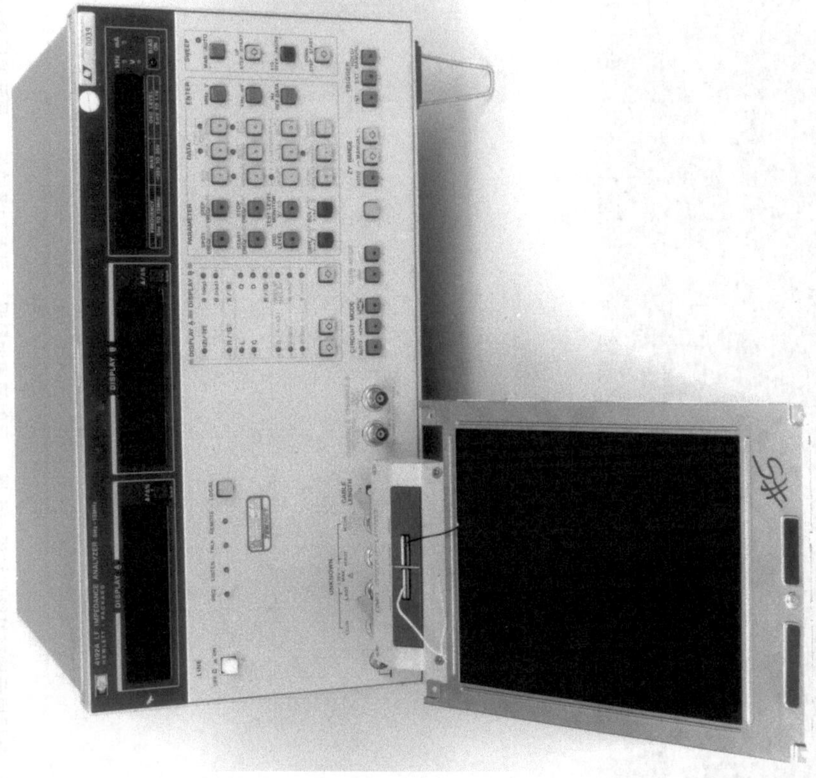

图8.13　测量灯线以显示边框电容。该测量方法可以得到引线到边框的损耗信息，但是没有灯到反射箔或边框的损耗数据。要测量分布寄生参数，灯管必须加电

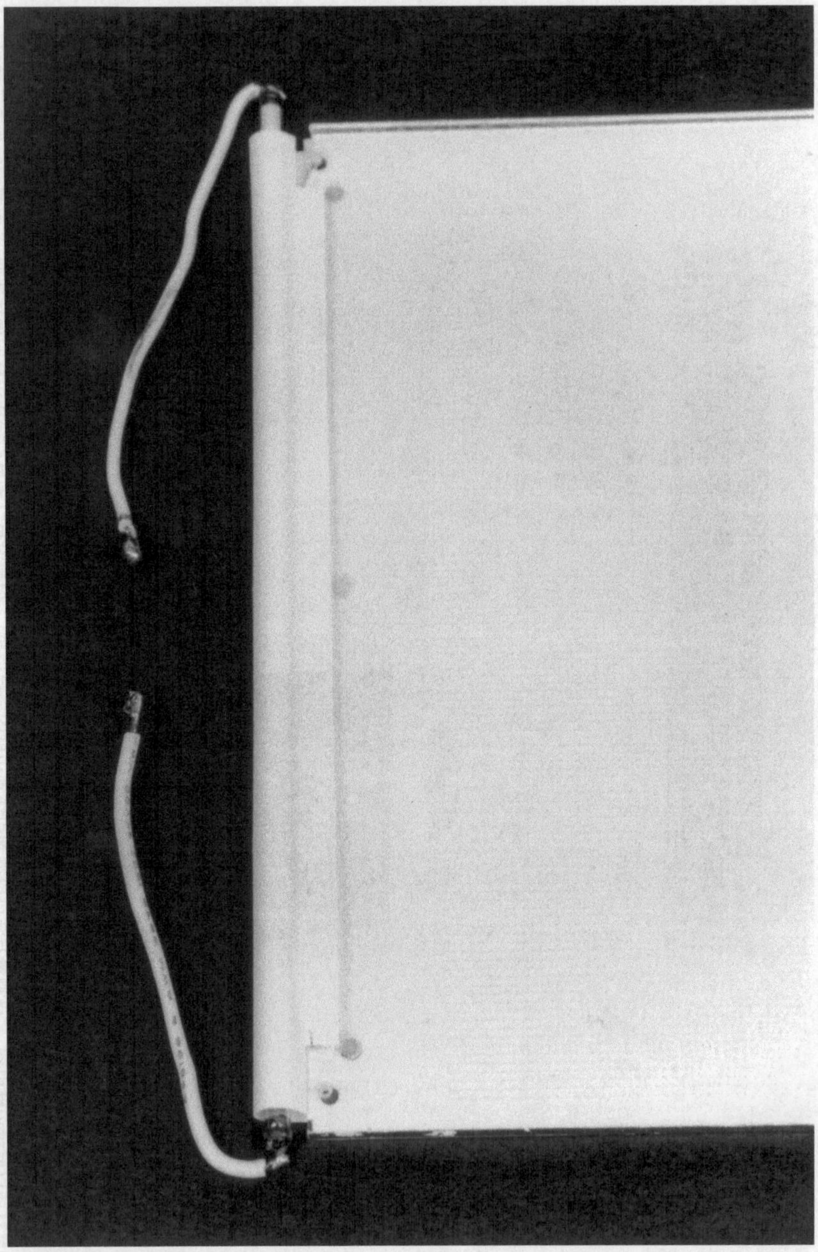

图8.14 低损显示器在灯管区域没有金属。反射箔离地悬浮，消耗功率较低。显示器损耗约为1.5%

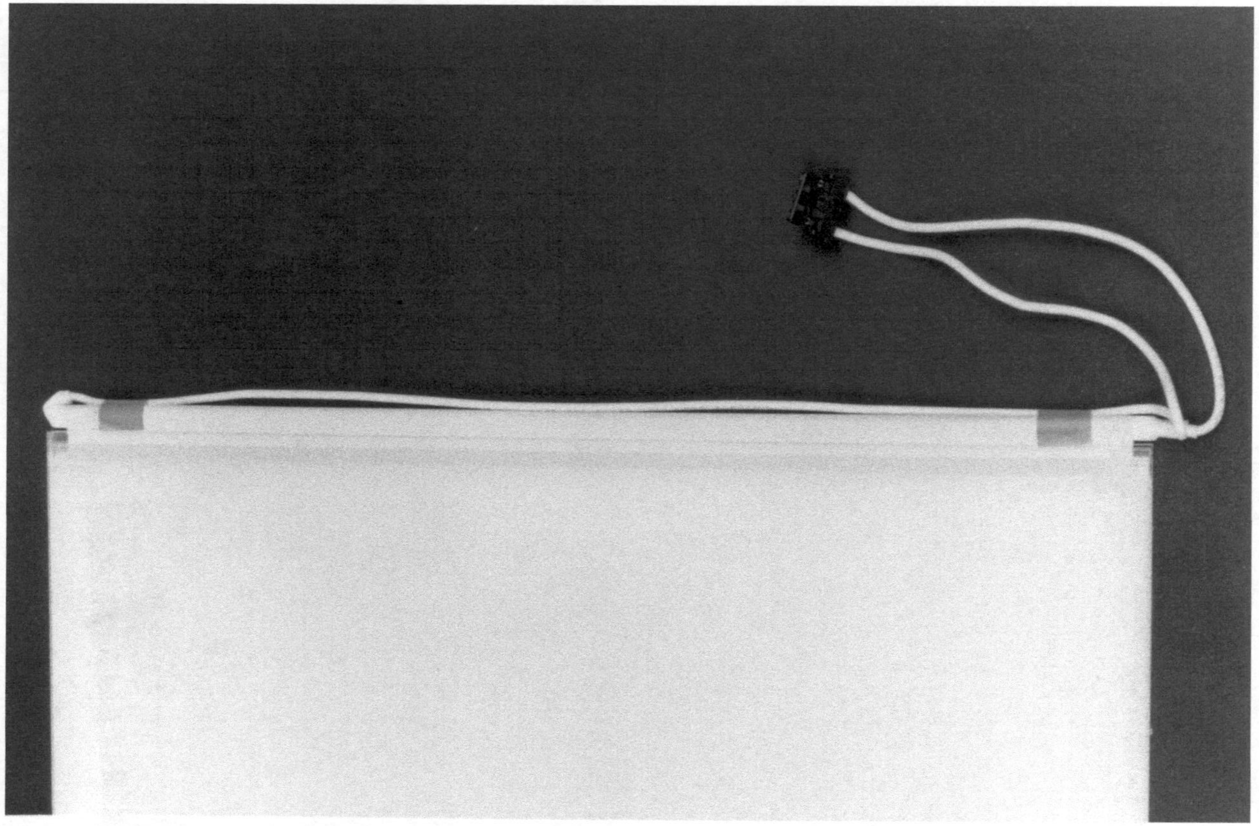

图8.15 另一个低损显示器的性能与图8.14所示相似。长导线的返回路径沿背光灯长度方向的话将增加4%的损耗。如果拉开导线与背光灯的间距，可以降低一半的损耗

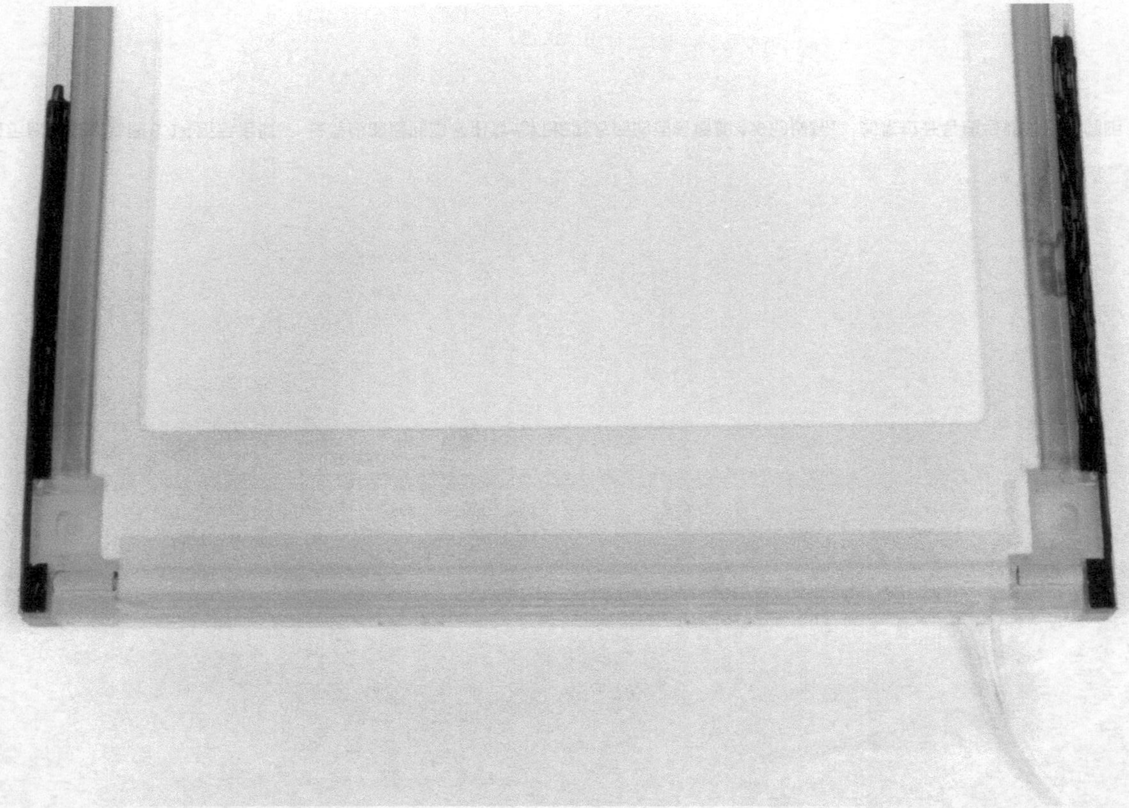

图8.16　极低损显示器定制设计。背光灯区域没有金属（照片下部）。该设计在机械强度和损耗控制之间有着较佳折中

图8.17　图8.16所示显示器的背面。所有金属从背光灯区域移开以保持低损耗。这是一个设计精良的实用型显示器

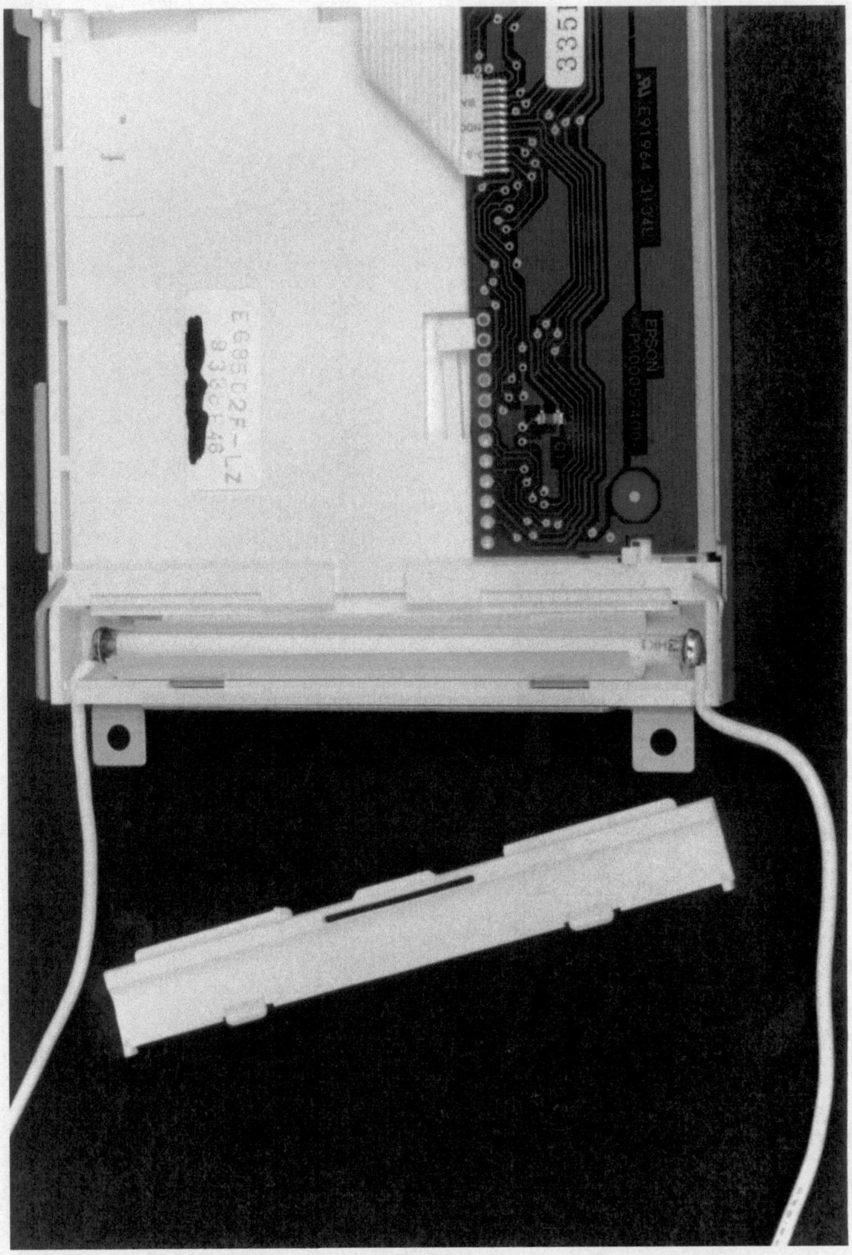

图8.18 塑料“茧”降低了损耗。金属箔会吸收功率，但它悬浮于接地的显示边框之上。良好折中产生约4%的损耗

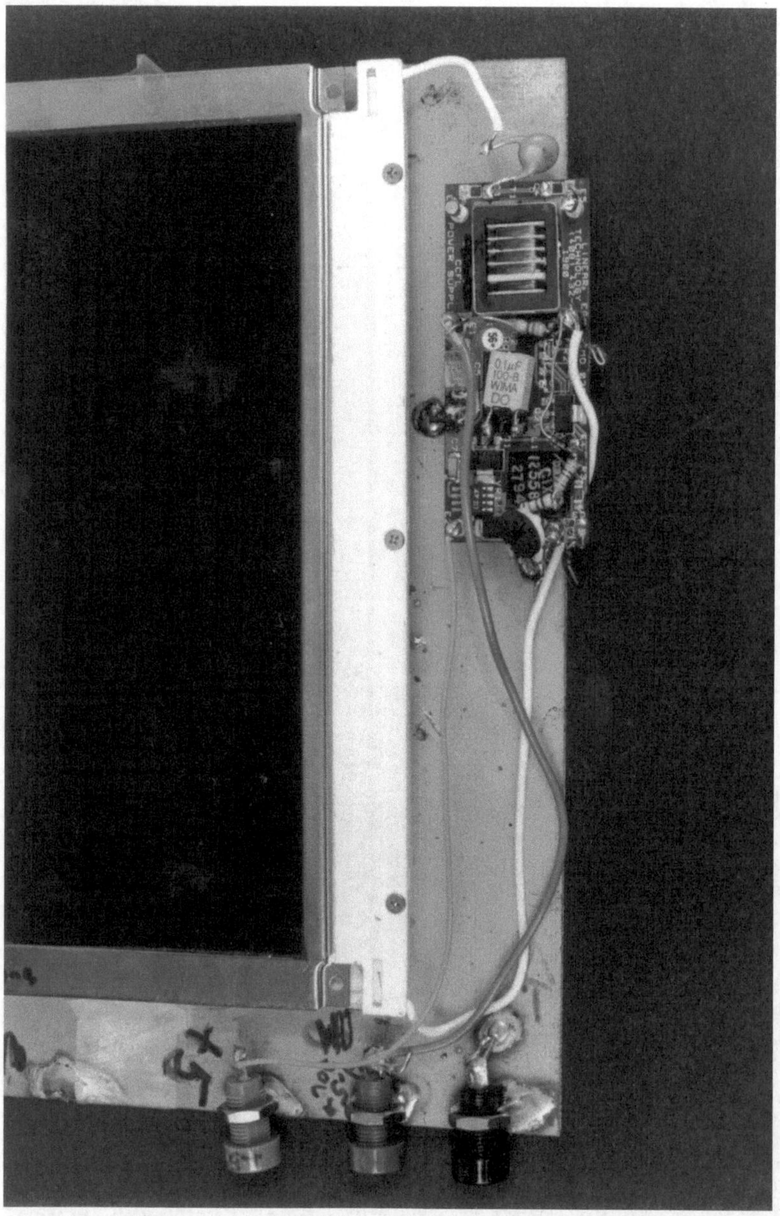

图 8.19　塑料“梁”将背光灯和金属显示器边框损耗路径相隔离

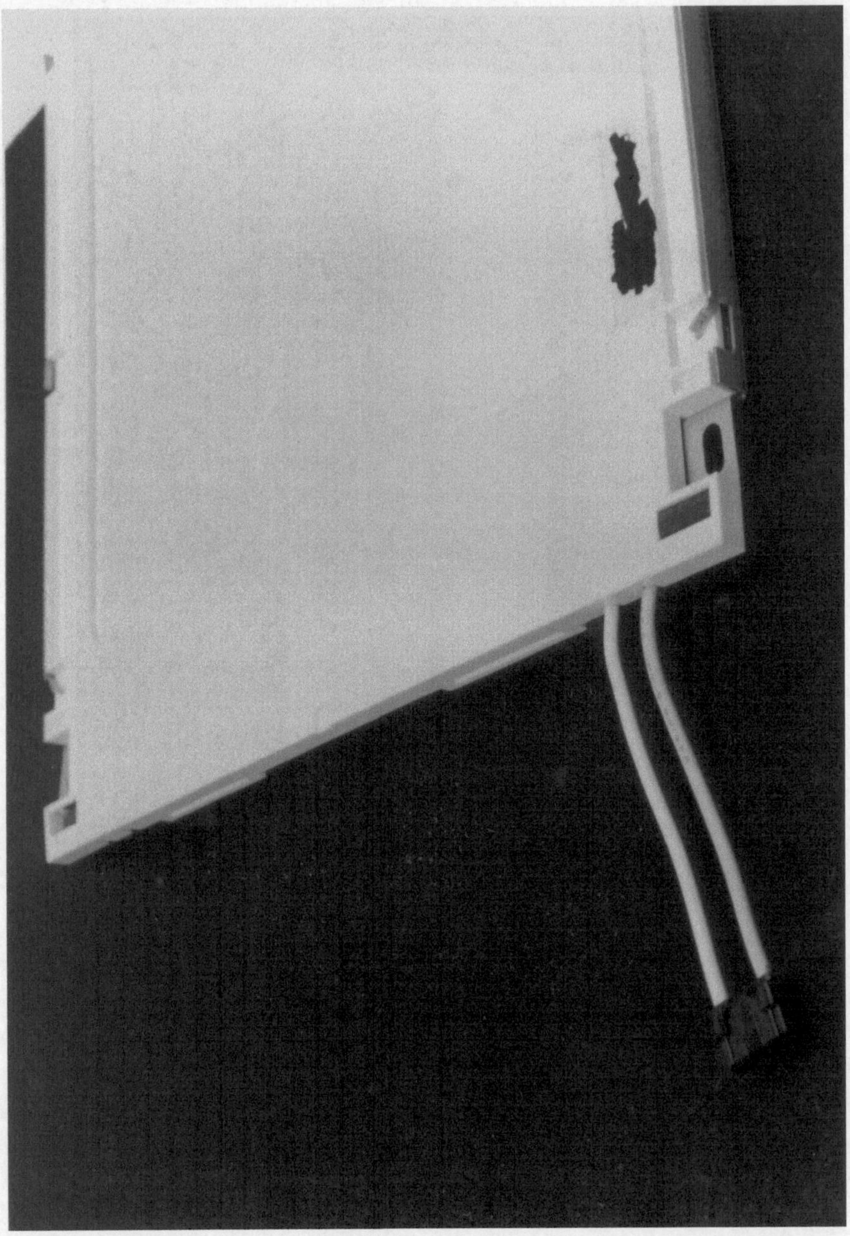

图 8.20 塑料隔离了灯和金属边框的显示器的后视图

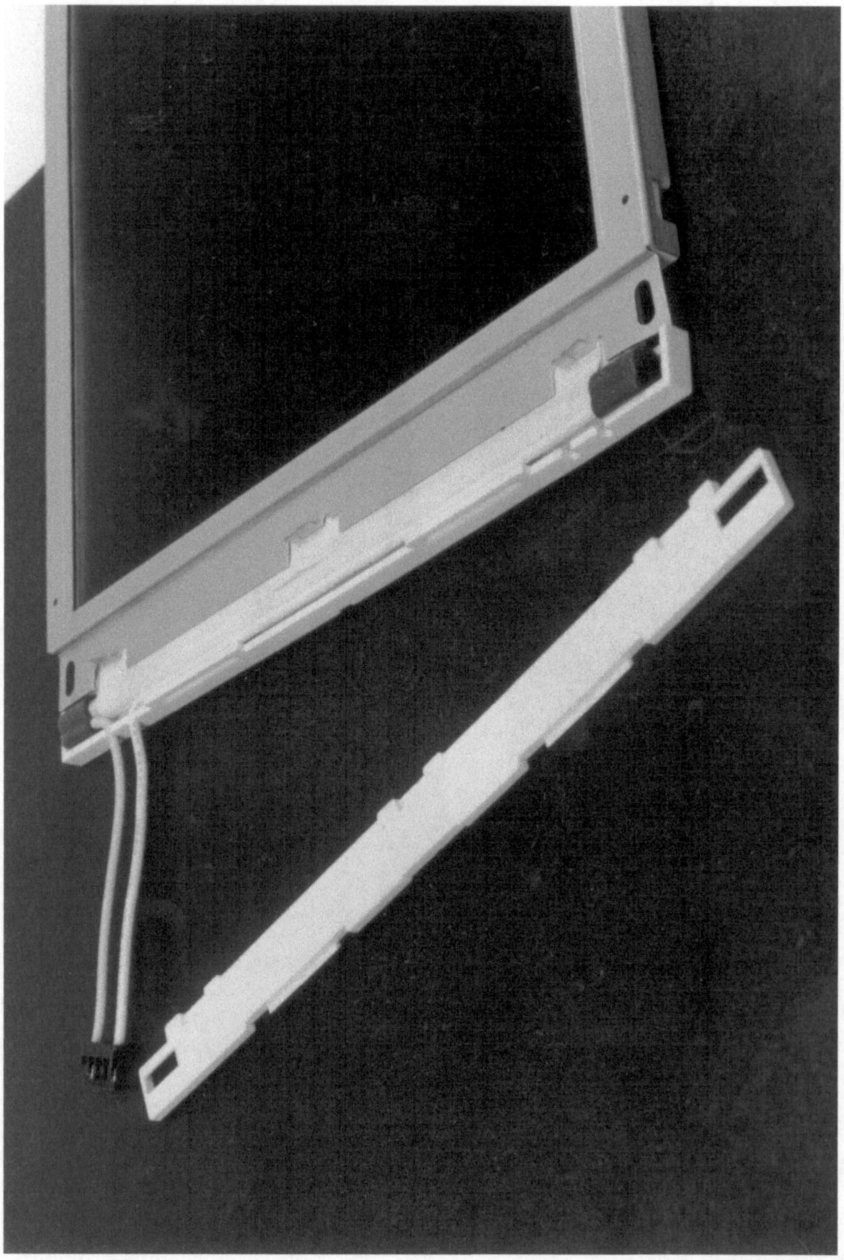

图8.21 图8.20所示显示器的前视图仍可看到塑料隔离，不过反射箔（灯之上）与金属边框相连接。通过该路径的损耗为12%。将反射箔从金属框架上移开可以减小4%损耗

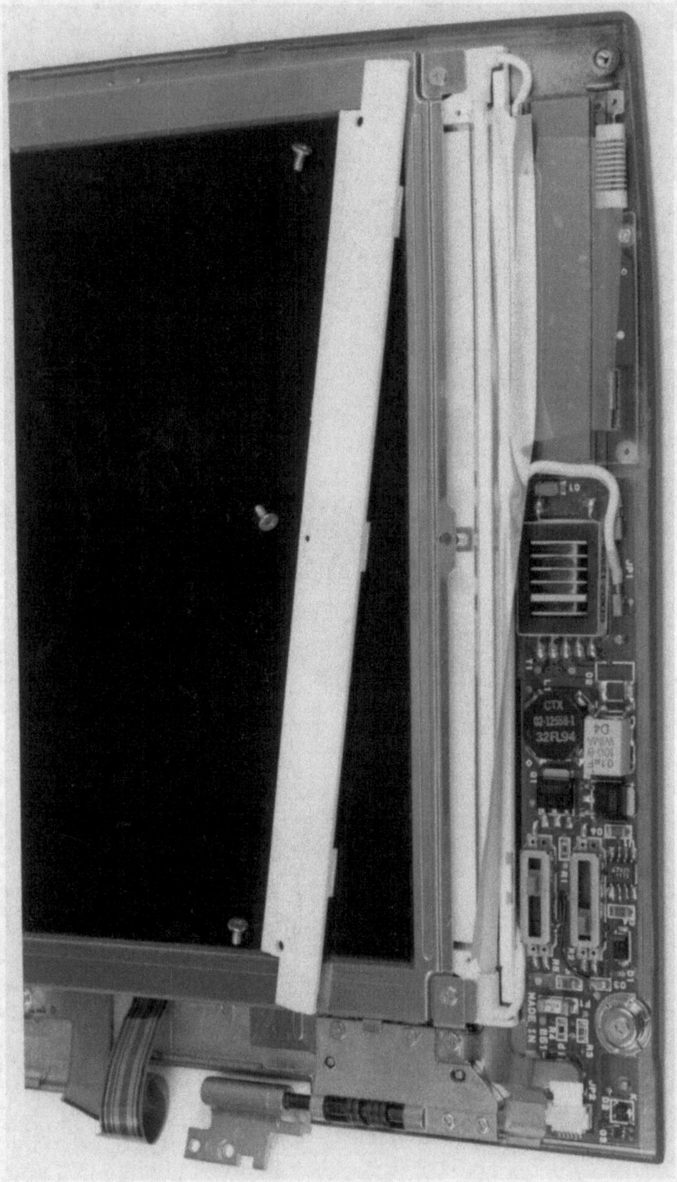

图8.22 另一个塑料"桥"外壳支撑了反射箔与显示器金属框的连接。将反射箔从金属框架上移开可以减小13%~6%的损耗。不良布线（右下）将产生3%的损耗

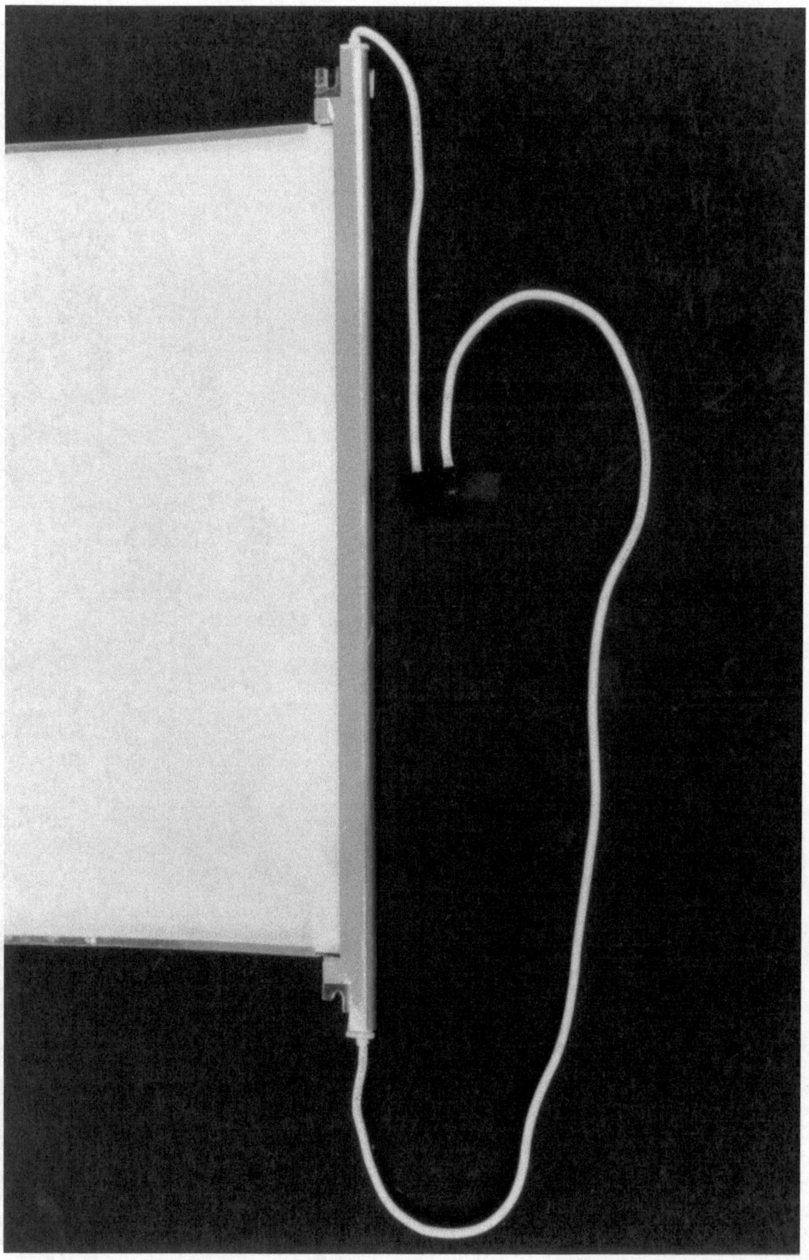

图8.23 金属反射器上的隔离切口（左中和右中）可以防止与接地金属边框相连时的损耗（左上和右上）。总体损耗约为6%

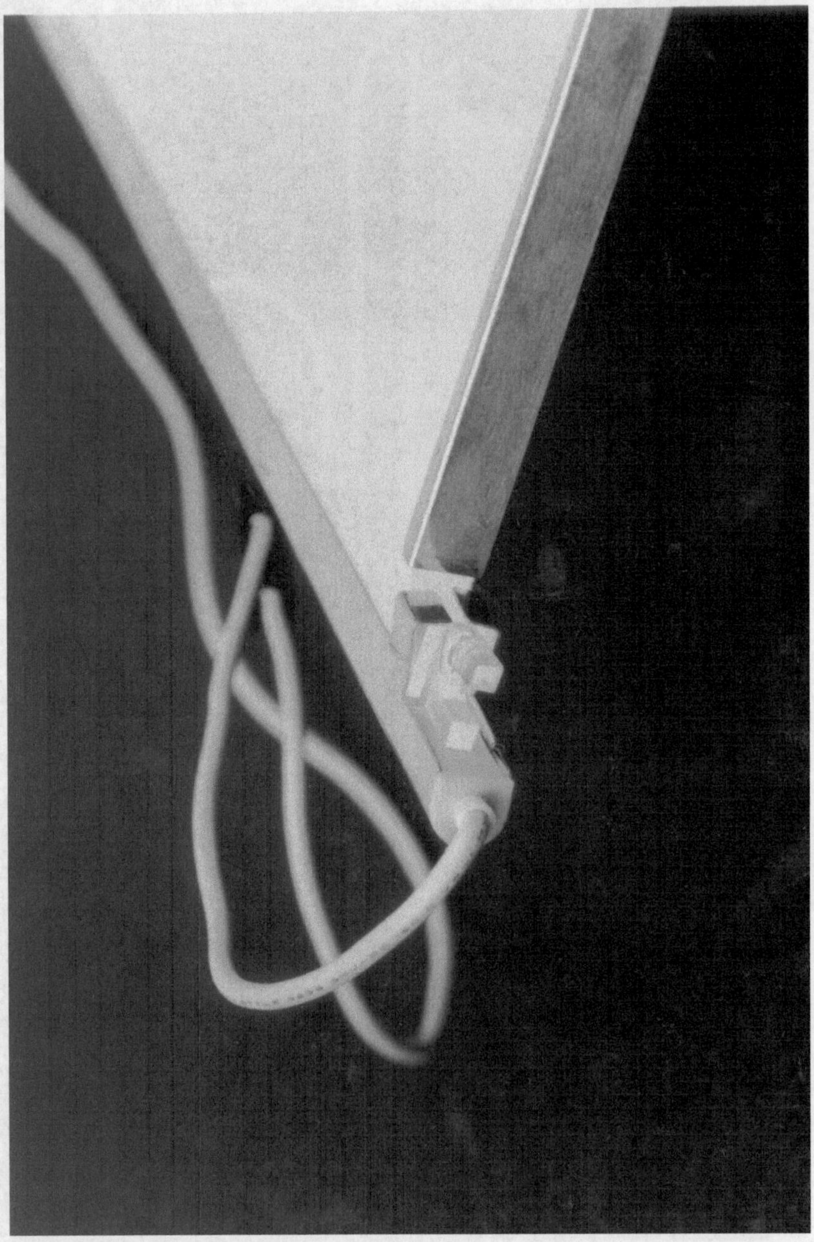

图8.24 图8.23所示隔离切口结构特写。该结构的第二个好处是可以控制反射器到灯管的距离，最小化电容

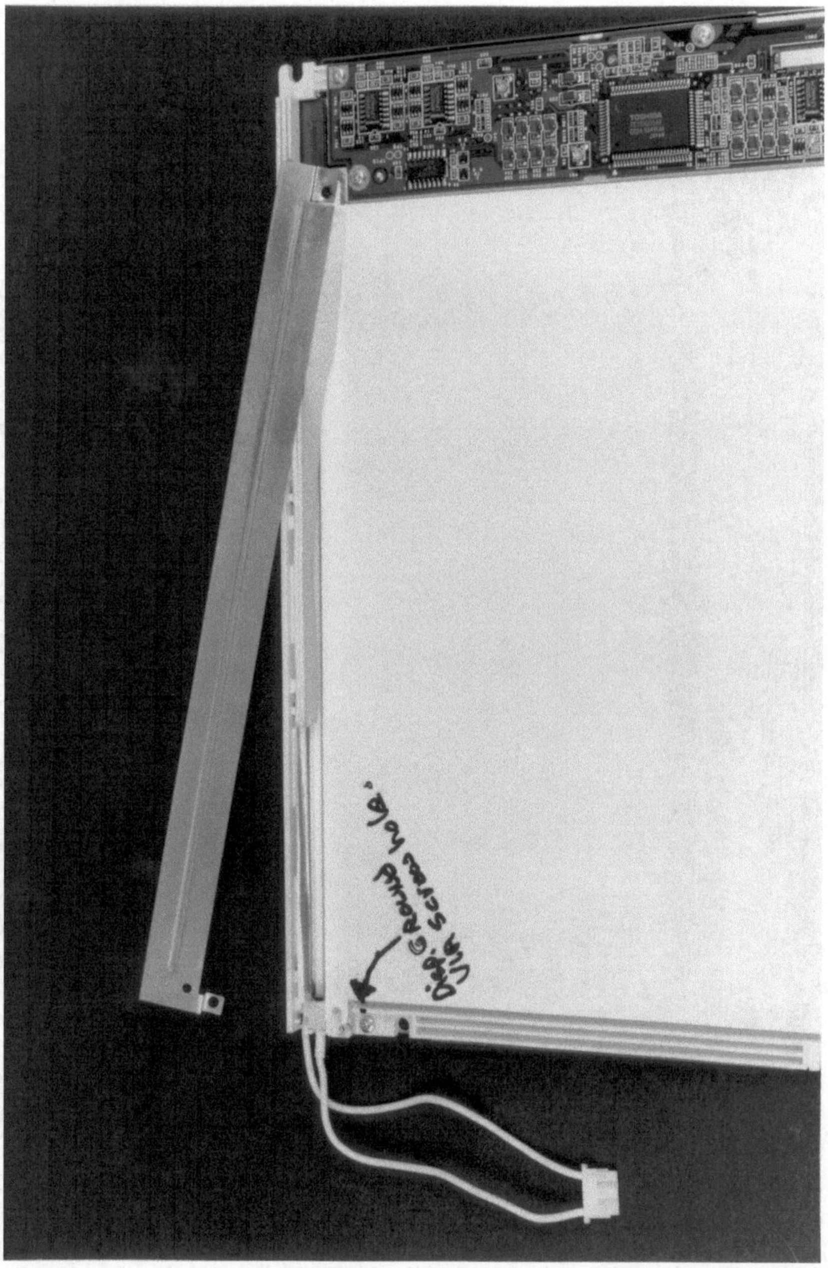

图8.25 灯管之上的金属罩产生15%的损耗。将外罩的固定螺钉换为尼龙类型并将外罩离地悬浮，可以减小损耗到8%。将外罩换为塑料可以进一步将损耗减小到3%——5倍的改善

图8.26 灯管之上较大的金属面积产生14%的损耗。将灯管区域的金属换为塑料可以将损耗减小到6%

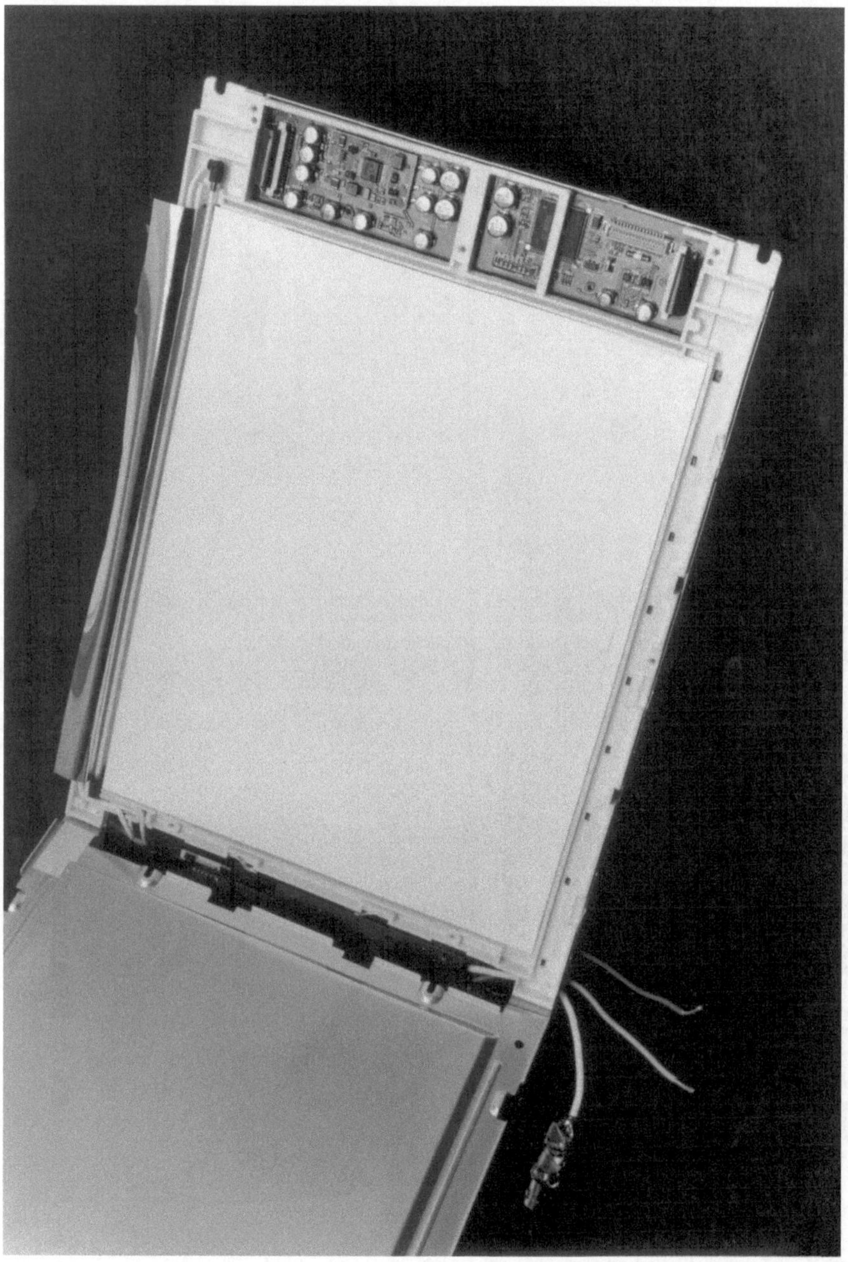

图8.27 灯管之上的金属箔（顶部中央）将吸收的能量转嫁到金属后盖。损耗约为16%

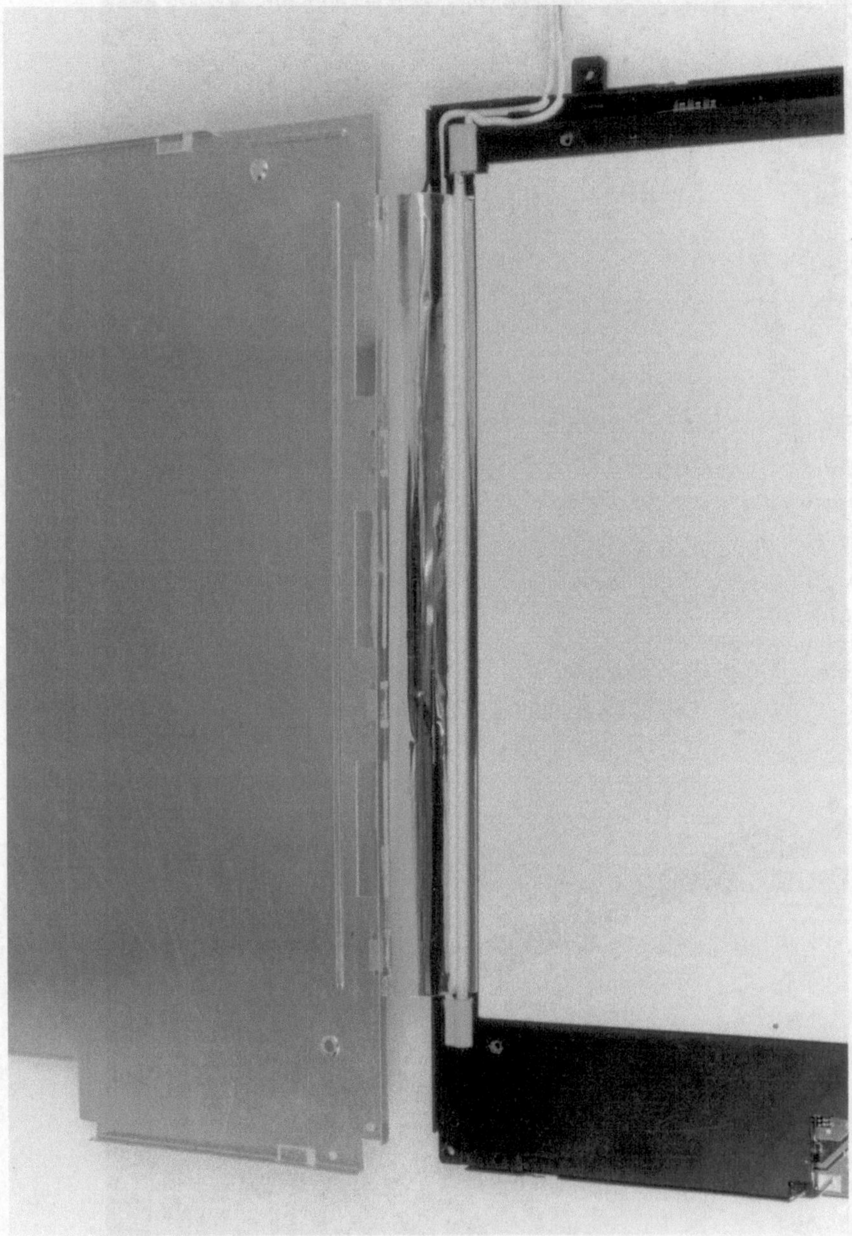

图8.28 显示器的低损绝缘边框（黑色塑料）换成有损反射箔与体积较大的金属后盖相连。损耗为15%

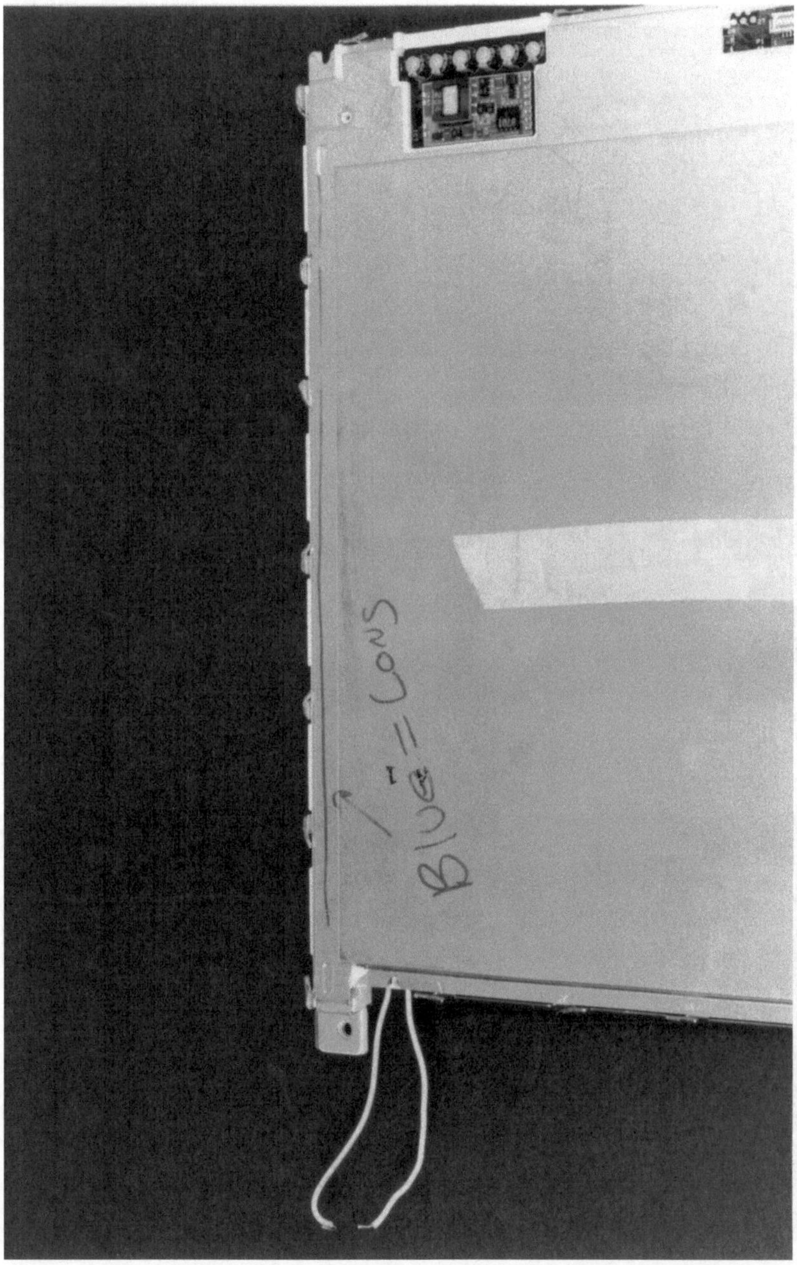

图8.29 与图8.28所示显示器类似的情形。较大的金属后盖连接有损反射箔（图中看不到），产生巨大损耗

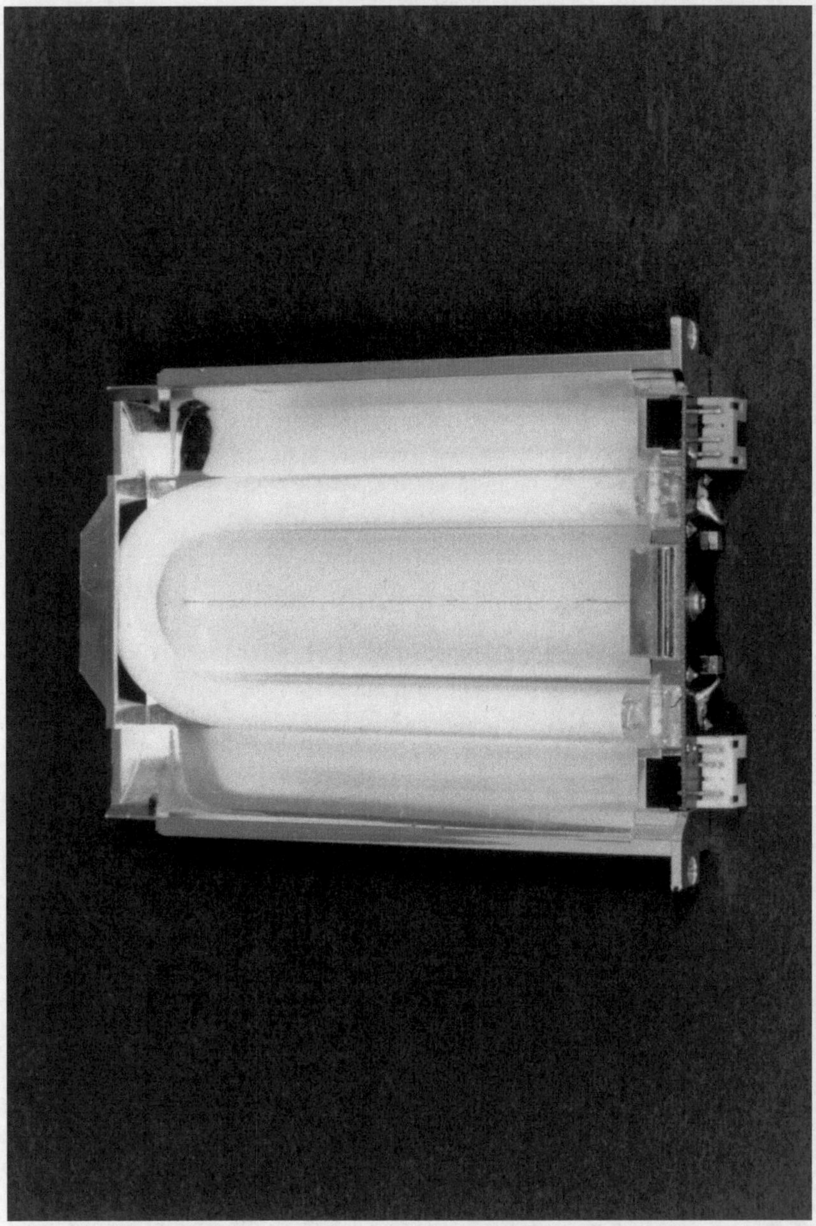

图8.30 汽车车灯中接地的金属光学反射器产生18%的损耗。 非金属反射器的光学增益是较大电损耗的原因

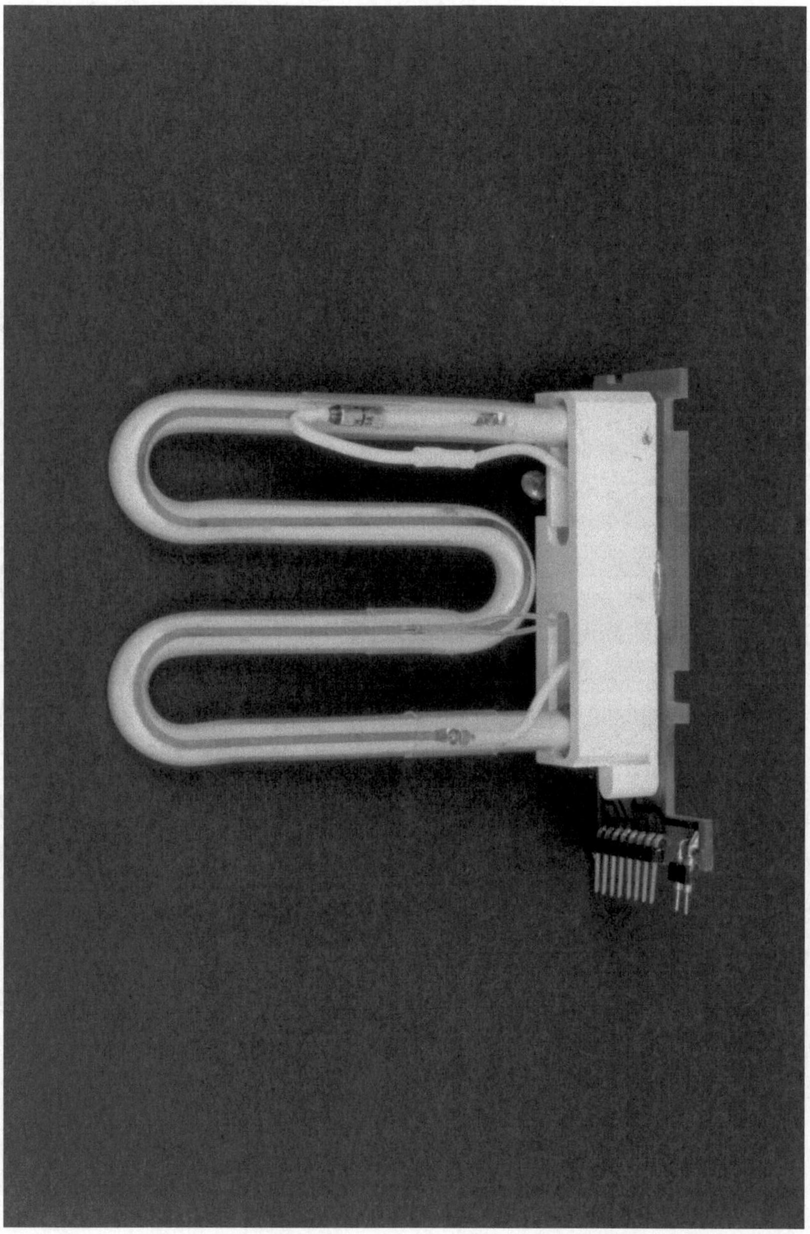

图8.31 汽车应用中灯管上的金属加热器支持低温启动，不过将产生31%的损耗

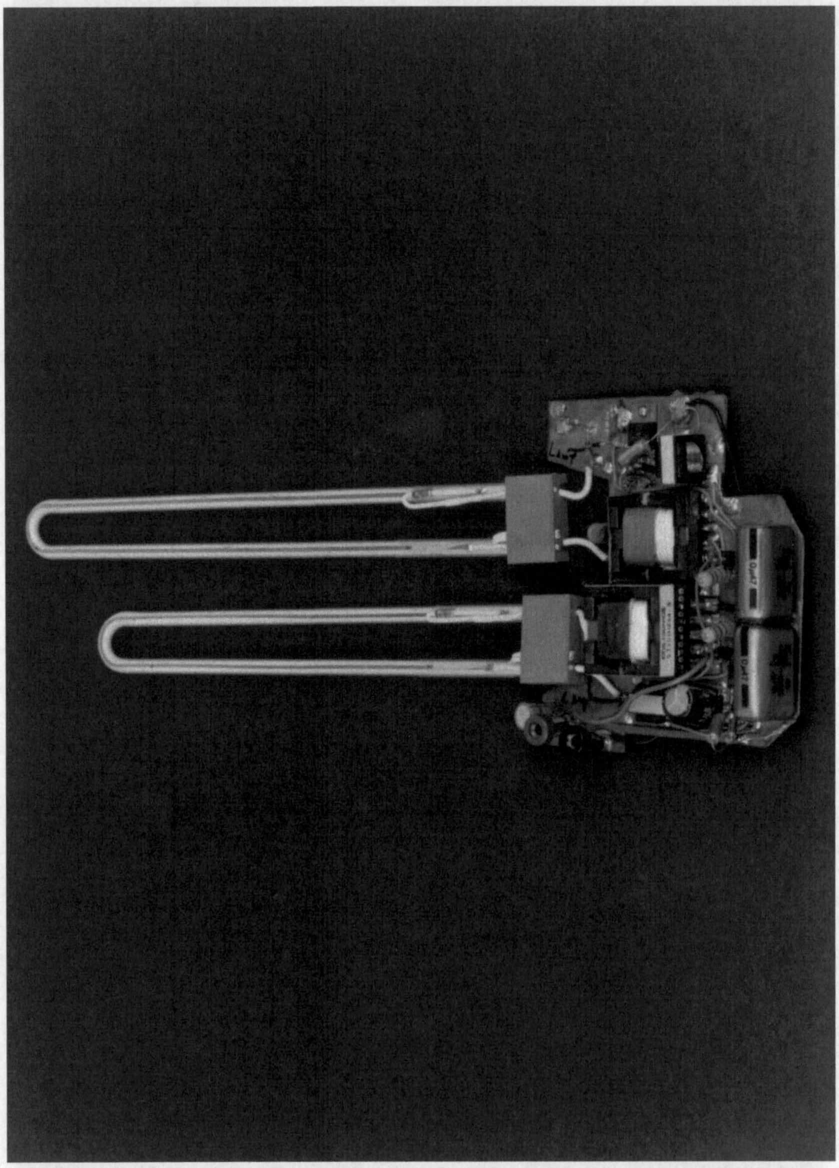

图8.32 与图8.31类似。汽车中的金属冷启动加热器产生23%的损耗

多灯设计注意事项

光强匹配较为重要时，则不建议采用多灯设计。在温度和产品性能波动情况下长时间维持光强匹配是相当困难的。在某些限制较多的情况下，可以选用多灯显示器，不过具有良好柔光特性的单灯始终是更好的方法。这里给出了双灯显示器的相关数据，仅供参考。

使用两个灯的系统存在一些特殊布局问题。几乎所有的双灯显示器都用于显示彩色。彩色显示器的低光传输特性需要更多光强。所以，显示器制造商使用两个灯来产生更多的光。这些双灯彩色显示器的线路布局会影响灯的效率和照明的平衡。图8.33给出的是一个典型显示器的“X透射”照片。这种对称排列呈现了均等的寄生损耗。如果C1、C2和灯匹配良好，电路电流将平分到两个灯管，产生均等的照明。[5]

⑤ 正文的论调主要表明了对多灯显示器的反对观点。它们实在令人头痛。

图8.34所示的显示器结构则不是太理想。非对称布线造成不均等的损耗，而且使两个灯内的电流也不相同。即使使用相同的背光灯，照明也可能不平衡。该问题可以通过调整C1和C2的值来部分解决。因为C1驱动着较大的寄生电容，其值应该比C2大。这样将均衡灯管中的电流。但是我们必须认识到，这种补偿措施并没有解决能量消耗问题——效率仍然是折中的结果。在该方案中，没有办法最小化有损路径。同样，灯管特性的任何变化（例如，老化）都可能导致不均衡的照明再次发生。

一般而言，不均衡照明引起的问题相对于高光强情况时要少。不均衡照明问题在低光强时更加突出。最坏情况下，调光灯可能仅部分发光。这种现象有时称为“温度计量”，将在“悬浮驱动电路”的正文部分进行详细讨论。

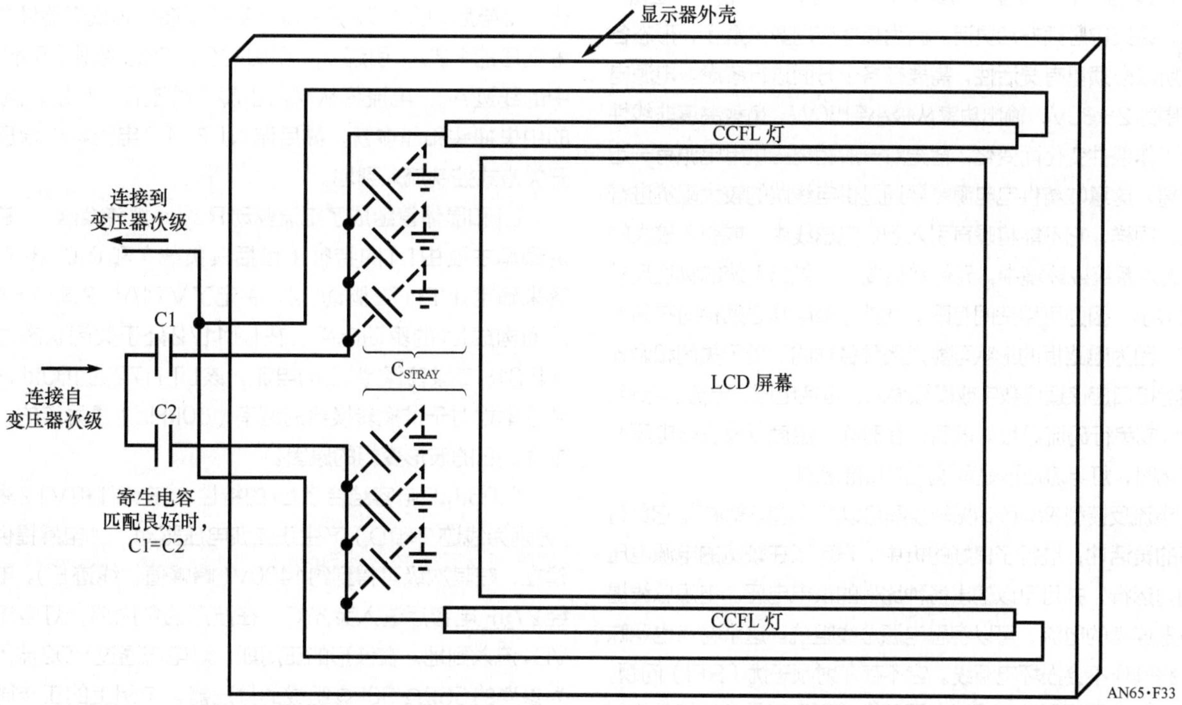

图8.33 “最佳” 双灯显示器的有损路径。对称性将产生均衡照明，不过背光灯的局限性将是最终结果的主导因素

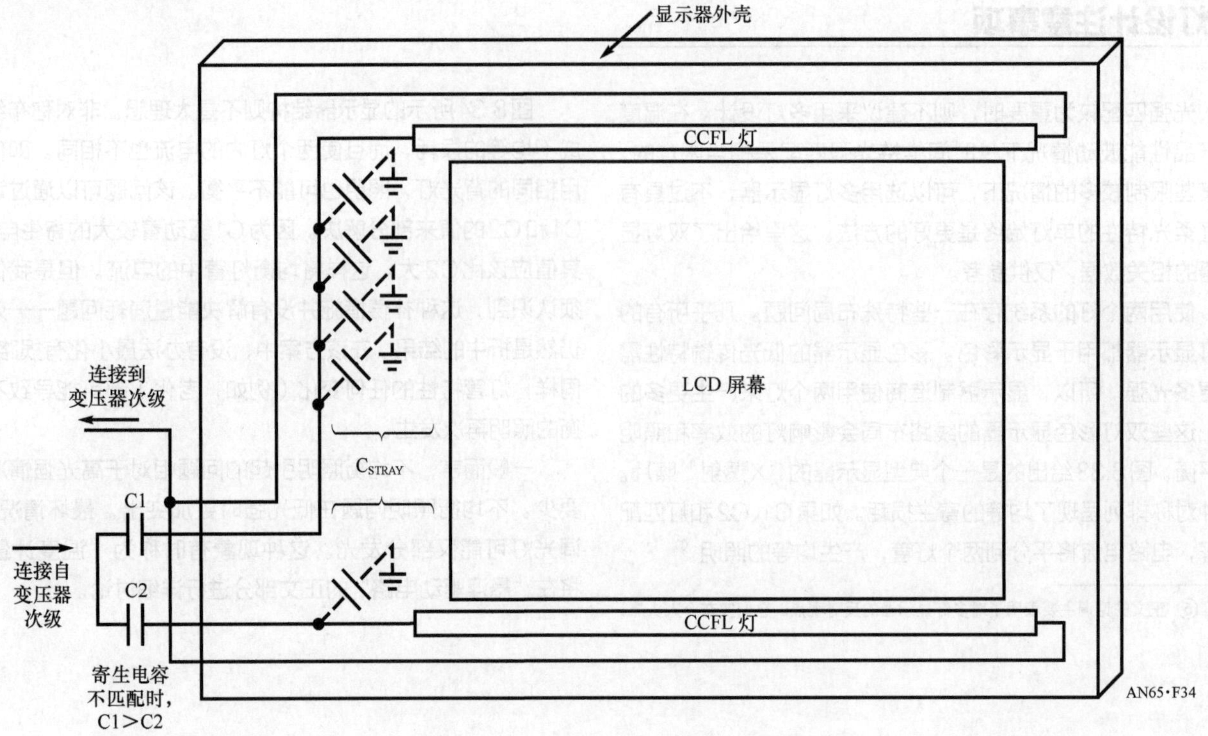

图8.34 双灯显示器的不对称损耗。调整C1和C2的值可以对不均衡的损耗路径进行补偿，不过无法解决能量消耗

CCFL电源供电电路

为一个通用CCFL电源供电电路选择合理的方案是较为困难的。确定一个“最佳”方案时，需要考虑各种各样的因素。首先，该架构必须非常灵活。因为具体应用数量繁多，形态各异，所以必须具有灵活性，需要在各个方面进行考虑。电源电压范围为2~30V，输出功率从极小到50W。负载高度非线性并随工作条件变化而变化。背光灯一般距离主供电电源有一定的距离，这意味着供电电源需要通过供电线路的较大阻抗进行供电。同样，它不能将噪声引入到供电总线中，或引入较大的RFI进入系统或环境中。元件数量要少，供给系统的物理尺寸必须很小，因为可用空间有限。此外，该电路必须相对布局不敏感，因为电路板的形状可能是各种各样的。用于关闭和调光控制的接口应该适应数字或模拟输入，包括电压、电流、电阻、PWM或串行码流寻址。最后，在时间、温度以及供电电压发生变化时，灯电流应该是可预测的和稳定的。

电流反馈型Royer谐振转换器可以满足这些要求[⑥]。它具有极高的灵活性，进行了良好的折中。它可以在较宽的电源电压范围内运行，并且可以输出各种比例的供电电压。电源总线提供波形连续的电流，可以容忍电源总线阻抗。这个特点也意味着电路操作不会损坏电源线。它不存在射频干扰（RFI）问题，元件数少，是小型的、相对布局不敏感而且容易连接使用的器件。最后，灯管电流在各种运行条件下稳定、可预测。

图8.35所示的是基于上述讨论的一个实用的CCFL电源电路。输入电压范围为6.5~20V时，效率为88%。如果LT1172的V_{IN}引脚的供电电源与主电路的V_{IN}端子相同，效率将降低约3%。灯的亮度可以从零到最大亮度连续光滑变化。上电后，LT1172开关稳压器的反馈引脚低于器件内部参考电压的1.2V，引起V_{SW}引脚的全占空比调制（见图8.36中的线迹A）。电流将从V_{SW}引脚（线迹B）开始，流经L1的中央抽头和晶体管，最后流入L2。L2电流将由稳压器以开关方式控制流入到地。

L1和晶体管组成了电流驱动Royer类转换器[⑦]，它的振荡频率主要由L1的特征（包括其负载）和0.068μF的电容来确定。LT1172驱动L2，决定了VT1/VT2尾电流幅值，从而构成L1的驱动电平。在LT1172处于关闭状态时，该1N5818二极管保持L2的电流。该LT1172的100kHz的时钟频率相对于推挽转换器的速率（60kHz）是异步的，这就是线迹B的波形变粗的原因。

0.068μF电容结合了L1的特性，在VT1和VT2集电极（分别为线迹C和D）产生正弦波电压驱动。L1电感提供电压建立，在其次级可得到约1400V（峰峰值，线迹E）。电流流经27μF电容后进入荧光灯。在波形的负周期，灯电流通过VD1流入到地。在波形的正周期，灯电流通过VD2流入以地为参考的562Ω/50kΩ组成的分压器。电阻上的正半周正弦波（线迹F）为灯电流的1/2，它经由10kΩ/0.1μF滤波后，传

⑥ 关于结构选择以及Royer配置的详细讨论请参见附录K和L。

⑦ 参见附录K的“谁是Royer？他设计了什么？”以及参考文献2。

输到LT1172的反馈引脚。该连接完成了一个控制回路，实现了灯电流的调节。LT1172的V_C引脚的2μF电容对环路进行补偿。回路使LT1172以开关模式对L2的平均电流进行调节L2，以获得期望的恒定荧光灯电流。恒定电流值，以及荧光灯光强，可通过调节分压器来控制。恒流驱动能实现0%~100%光强的全范围控制，低光强时不会出现调节故障区或“开启”问题[8]。此外，灯泡寿命也会提高，因为电流不会随灯龄而增加。

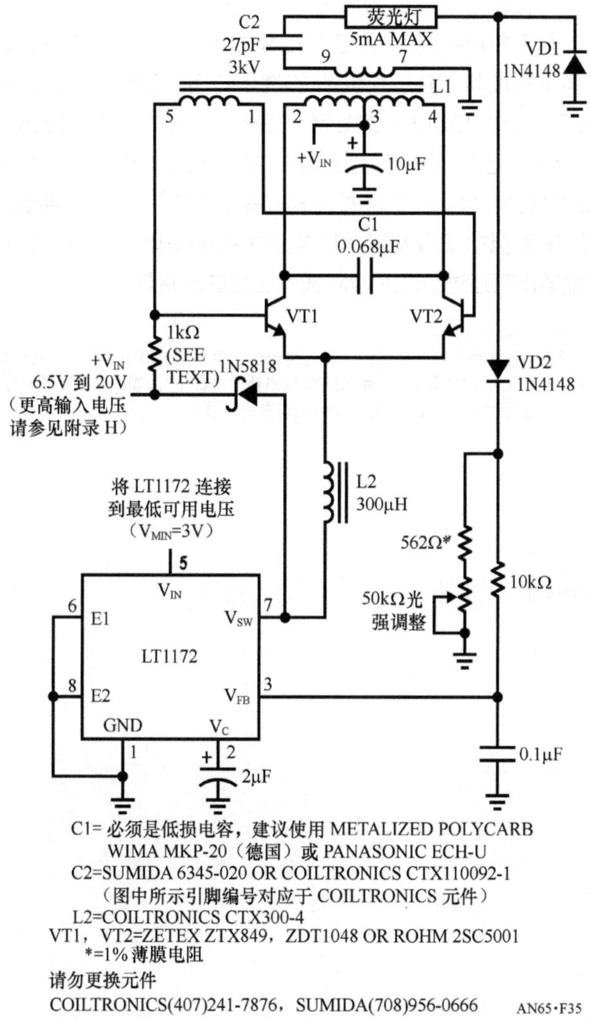

图8.35　效率为88%的冷阴极荧光灯供电电源

该电路的0.1%的电压调整率明显优于其他电路。当线路发生突变时，严格的调整率可以防止光强波动。这种情况通常发生在由电池供电的设备切换到AC电源充电器时。该电路的优异电压调整率是因为即使输入电压发生变化，L1的驱动波形也不会改变。这样，10kΩ/0.1μF的简单RC振荡将产生连续响应。该RC平均性能相比一个真正的RMS转换器存在较为严重的误差，不过该误差是恒定的，使用562Ω分流电阻可以让其“消失”。

⑧　控制非线性负载电流而非电压，使该电路技术可以广泛应用各种不良负载。参见附录I的“其它电路”。

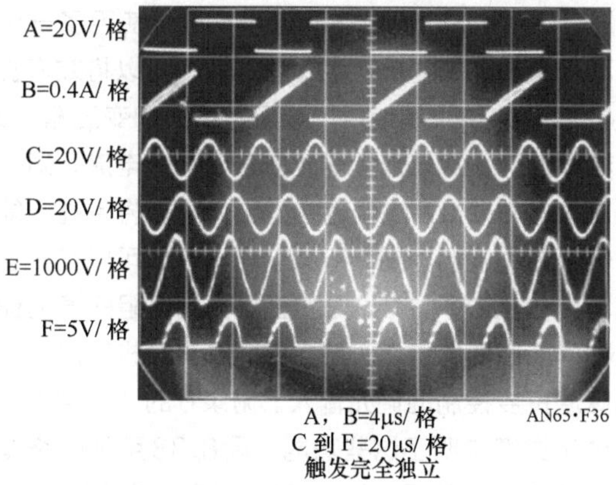

图8.36　冷阴极荧光灯供电电源波形。注意线迹A到B与线迹C到F的触发相互独立

该电路类似于先前所描述的电路[9]，不过其效率为88%，比先前描述的电路高6%。效率的改善主要是由于晶体管较高的增益和较低的饱和电压。基极驱动电阻的阻值（标称1kΩ）应能使V_{CE}完全饱和，而不会产生基极过驱或β欠驱。在随后的“优化和测量的注意事项”中详细描述了具体的做法。

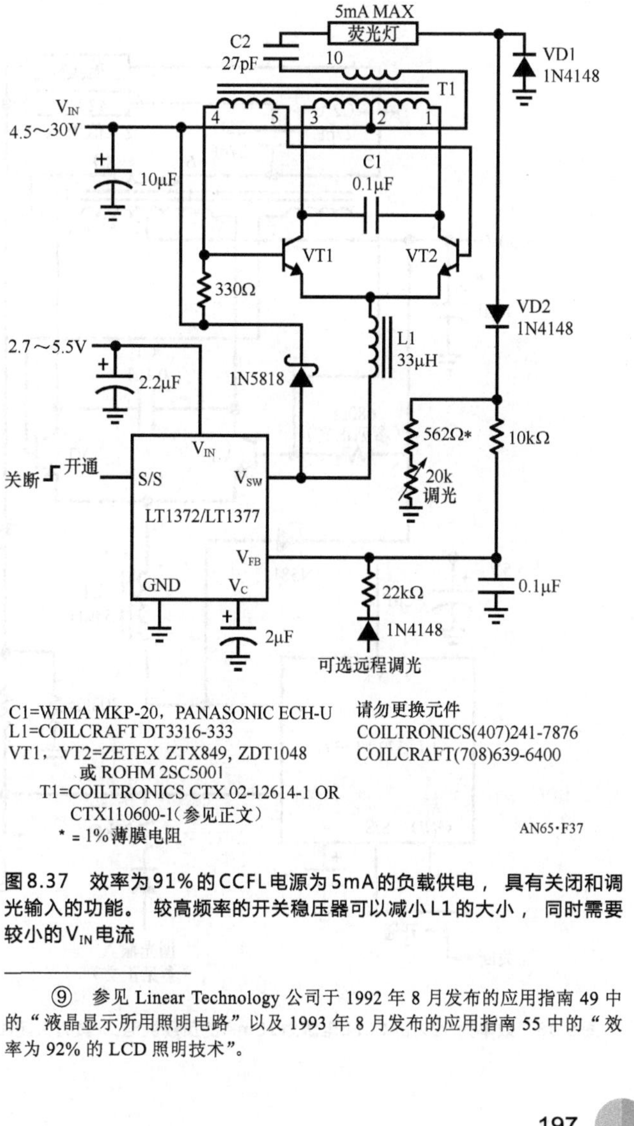

图8.37　效率为91%的CCFL电源为5mA的负载供电，具有关闭和调光输入的功能。较高频率的开关稳压器可以减小L1的大小，同时需要较小的V_{IN}电流

⑨　参见 Linear Technology 公司于 1992 年 8 月发布的应用指南 49 中的“液晶显示所用照明电路”以及 1993 年 8 月发布的应用指南 55 中的“效率为 92% 的 LCD 照明技术”。

图8.37所示的也是类似电路，其中使用了一个变压器，利用其较低的铜损耗和磁芯损耗，可以将效率提高到91%。权衡的结果是使用一个尺寸稍大的变压器。此外，较高频率的开关稳压器提供了较低的输入电流，对于效率的提高很有帮助。L1的值越小，工作频率将越高，能够稍微降低一些铜损耗。图中所列变压器参数可以在一般的供电范围内优化效率。C1、L2和基极驱动电阻的值的偏移反映了不同变压器的特点。该电路还具有关机功能，具有直流或脉冲宽度控制的调光输入。附录F的“亮度控制和关机方法”详细说明了这些功能。图8.38所示电路是在图8.37的基础上修改得来的，能产生10mA输出电流来驱动彩色液晶显示器，效率可达92%。效率的稍许改进得自稳压器“内务”电流在电流总损耗中所占百分比的减少。元件值的改变导致电路可以高功率运作。最显著的变化涉及到驱动双灯。驱动双灯需要使用两个独立的镇流电容，而电路操作类似。双灯设计将会通过变压器初级将负载的微小偏差反射回去。C2的取值通常在10～47pF的范围之间。需要注意的是，C2A和C2B分别与它们各自的荧光灯负载串联之后在变压器的次级相并联。因此，C2的值通常小于使用相同类型荧光灯的单灯电路。理想情况下，变压器的次级电流将均分到C2灯分枝中，总负载电流将被调节。实际上，C2A与C2B之间的差异，荧光灯之间的差异以及灯管线路布局将使电流无法均分到C2的两条分支中。当然，这些并异实际上很小，所以高光强时，两个灯发射的光线量看上去相等。线路布局和灯管匹配将影响C2的值。处理这些问题的一些技术手法将在“多灯设计注意事项”中详细讨论。如前所述，我们不推荐使用双灯设计，特别是调光范围很宽时还要进行照明均衡。

图8.39使用了专用CCFL集成电路，即LT1183，以增强电路性能。基于Royer的高压转换器部分与先前电路相同，其中200kHz的LT1183执行开关稳压器/反馈功能。该IC还具有开灯保护电路、简化频率补偿以及一个单独的稳压器为LCD提供对比度和其他功能[⑩]。对比度供电由LT1183通过L3以及其他相关分立元件来驱动。CCFL和对比度输出可通过DC、PWM或分压器进行调节。

⑩ 通常都需要开灯保护，先前讨论的电路也可以增加一些分立元件来实现。参见附录E的“开灯/过载保护”。频率补偿问题在“反馈回路稳定性问题”的正文中进行讨论。而LCD对比度供电请参见附录J。

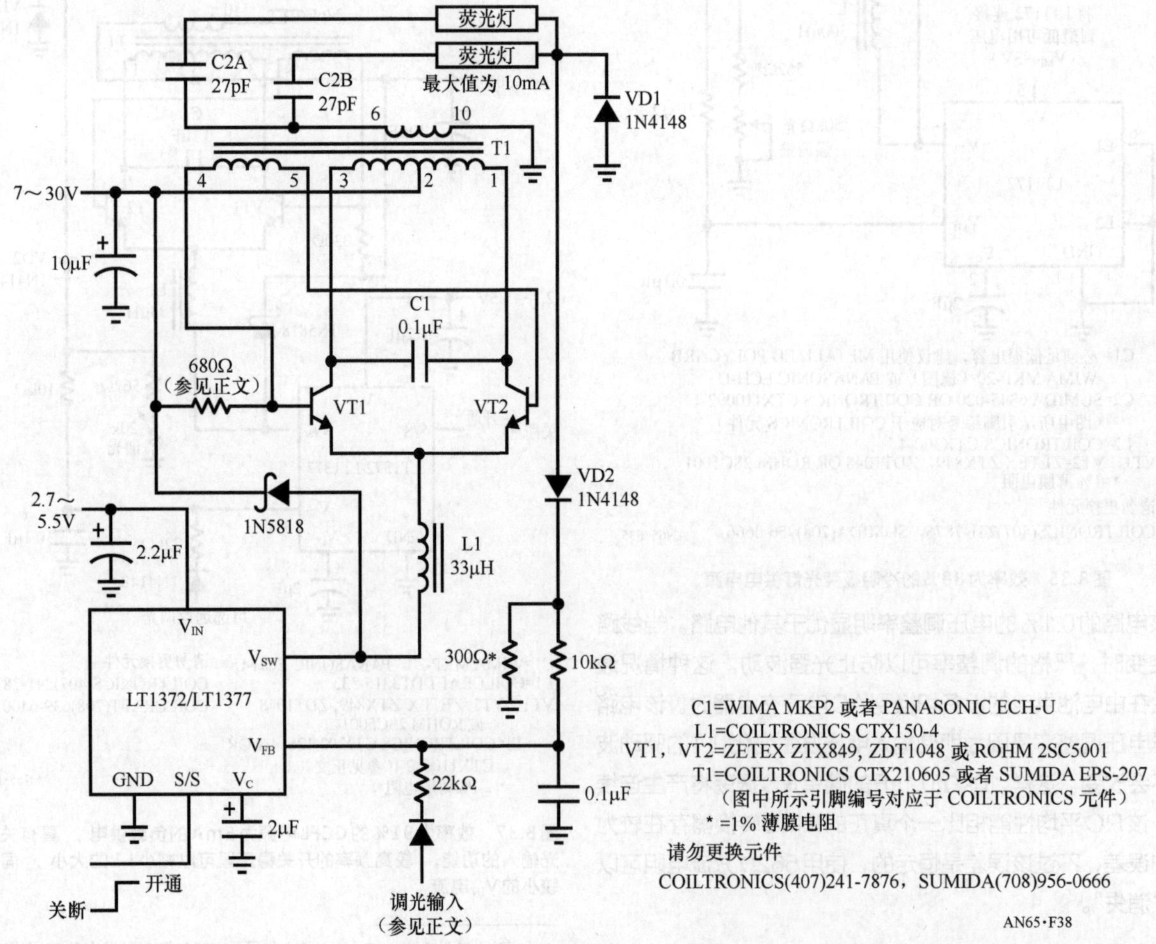

图8.38 效率为92%的CCFL电源为10mA的负载供电。具有关闭和调光输入功能。双灯设计主要用于早期的彩色显示器，现在不推荐使用

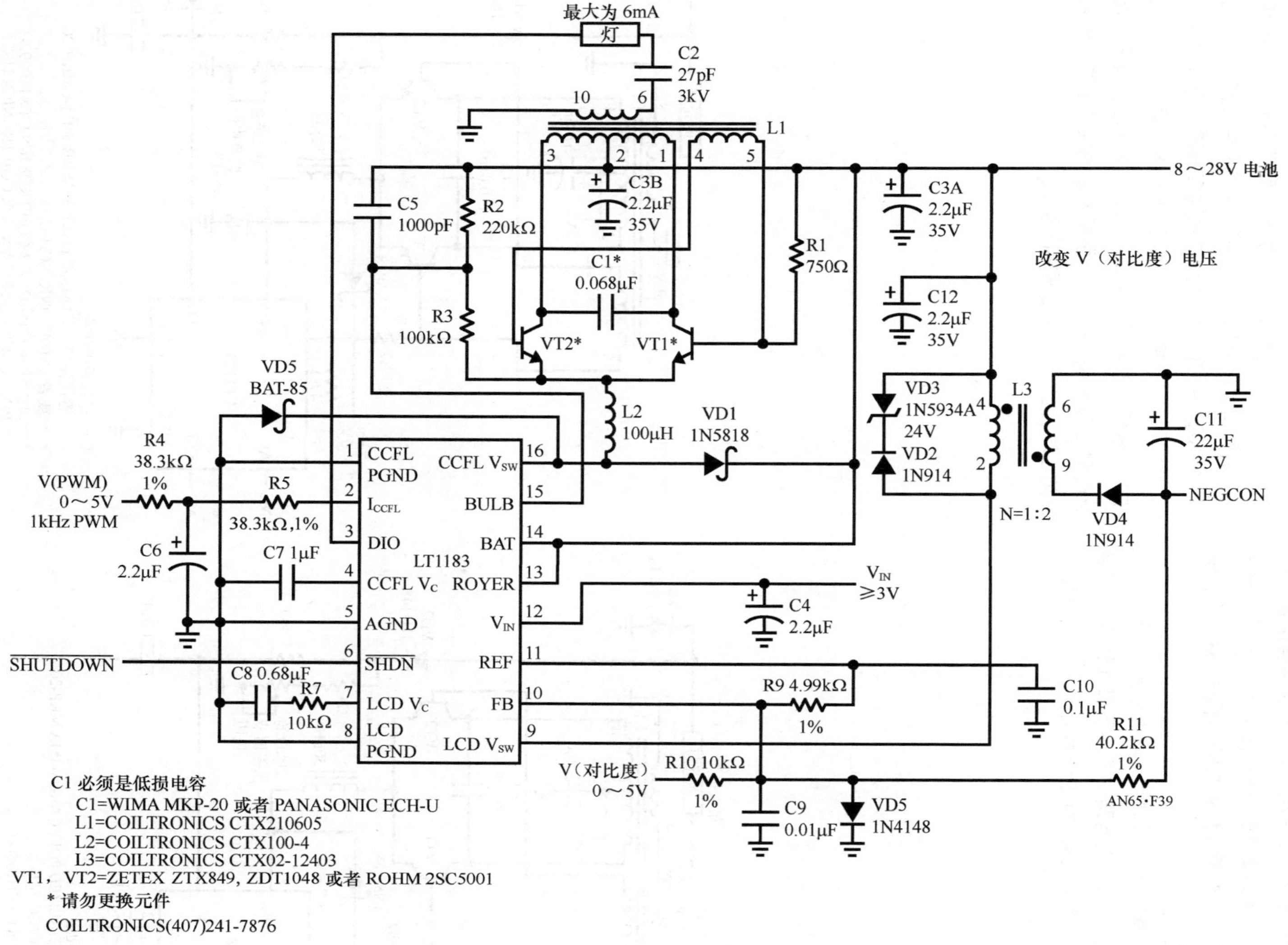

图8.39 专用背光IC包括开关稳压器、开灯保护以及LCD对比度供电。200kHz运行时可以最小化L2的大小。关闭和控制输入得以简化

低功耗CCFL供电电路

很多应用都需要相对较低功率的CCFL背光。图8.40所示电路的变形，进行了低压输入优化，可以产生4mA的输出。该电路的运行原理类似于前面的实例。主要区别是L1具有较高的匝数比，用以支持驱动电压的降低。图所给出的是各元件的典型值，不过随灯管和布局的不同，这些元件的参数也将发生变化。

图8.41所示的设计就是所谓的"调暗背光"，它对极低电流的运行进行了优化。该电路主要用于低压输入时的情形，典型输入为2~6V，最大灯电流为1mA。该电路可以将灯电流保持控制低到1μA，这是极暗的灯光！它的应用目的是期望获得超长电池寿命。主电源的漏电流大约在几百微安至100mA，灯电流则为微安至1mA。系统关闭时，电路电流仅为100μA。在低灯电流时维持较高效率，需要修改基本电路。

低工作电流时实现高效率，需要降低静态功耗。此时，需要将之前所用基于脉宽调制的器件换成LT1173。该LT1173是一个工作在突发模式的调节器。当该设备的反馈引脚很低时，它将产生一个突发的输出电流脉冲串，将能量注入变压器并恢复反馈引脚电压。该稳压器通过适当调节突发占空比来保持控制。V_{SW}引脚的以地为参考的二极管，可以防止基板由于L2过度振荡而导通。

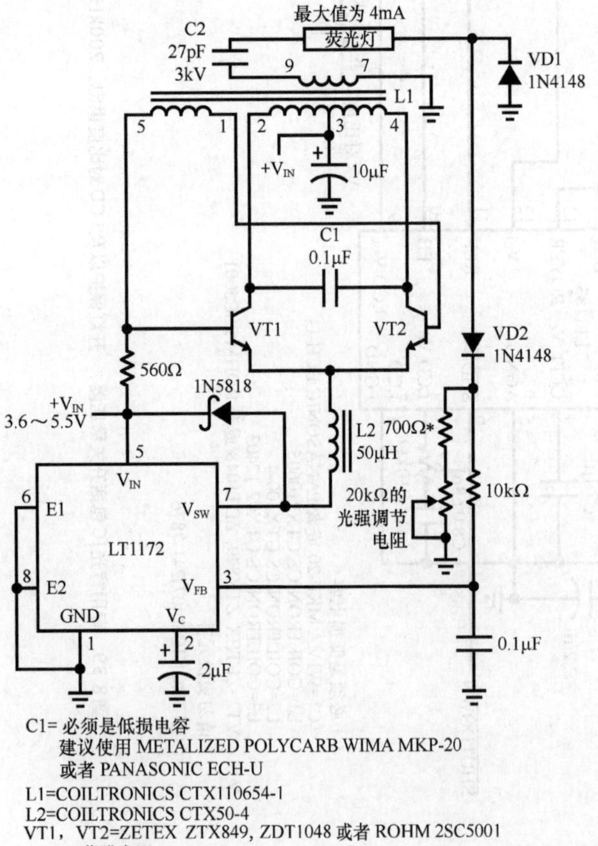

图8.40 用于低压操作的4mA设计。修改了L1的匝数比可以将工作电压降低到3.6V

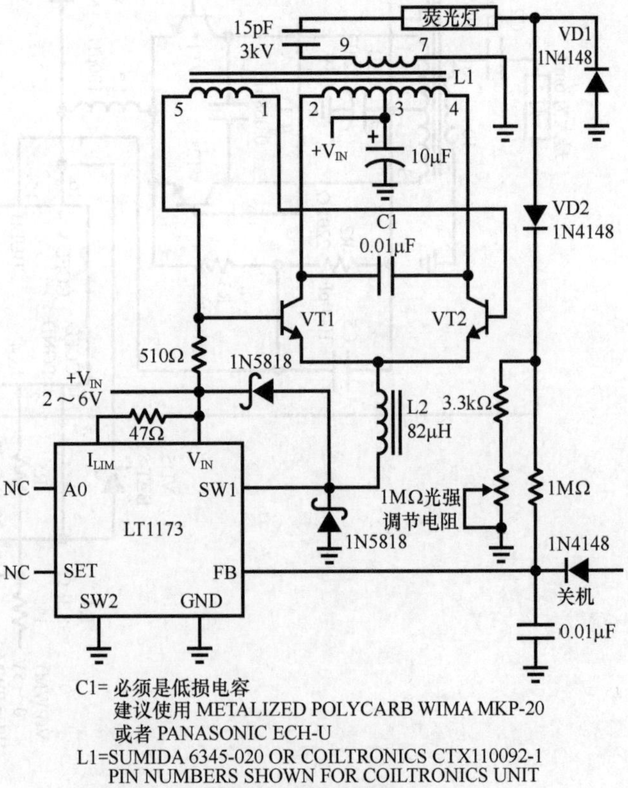

图8.41 低功率CCFL电源驱动。电路将灯电流控制在1μA~1mA

在关断期间，调节器基本上关闭。这种类型的操作限制了输出功率，不过主要是抑制了静态电流损耗。与此相反，其他电路的脉冲宽度调制调节器维持了周期内“内部”电流。这样虽然可以提供较多的可用输出功率，但其静态电流也很高。

图8.42显示了工作波形。当稳压器亮起时（见图8.42的线迹A），它产生突发输出电流脉冲到L1/VT1/VT2高压转换器。该转换器则根据此突发脉冲开始以其谐振频率振荡[⑪]。电路操作类似于先前的电路，区别在于T1的驱动波形随电源变化而变化。因为这个原因，电压调整率较难实现，所以不建议将该电路用于宽范围输入。

激励电流非常低时，一些灯泡可能发光不均匀。这部分内容可以参见“悬浮灯电路”的正文。

⑪ 能量不连续地注入回路，将产生巨大的抖动，其频率与脉冲频率相同，不过高压部分可以持续响应。不幸的是，电路运行正处在多数示波器的“斩波”区，无法用示波器详细观察。而“交替”模式将产生波形相位误差，显示也将产生误差。这样，波形观察需要特殊技术。图8.42是采用双波束仪器（Tektronix556）获得的，其中两个波束使用了同一个时间轴。单一的扫描触发可以消除抖动噪声。多数示波器，不论模拟还是数字，观察该显示器时都会碰到一些问题。

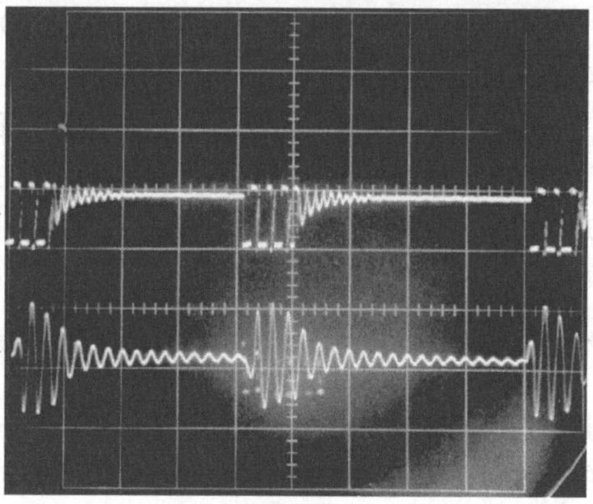

图8.42 低功率CCFL供电电源的波形图。LT1173的突发型稳压器（线迹A）周期性激励谐振高压转换器（Q1集电极波形为线迹B）。

图8.43给出了可以解决之前讨论的电压调整率问题并能运行在2～6V的CCFL电源供电电路。该电路由LTC的Steve Pietkiewicz设计，可以驱动电流范围为100～2mA的小型CCFL。

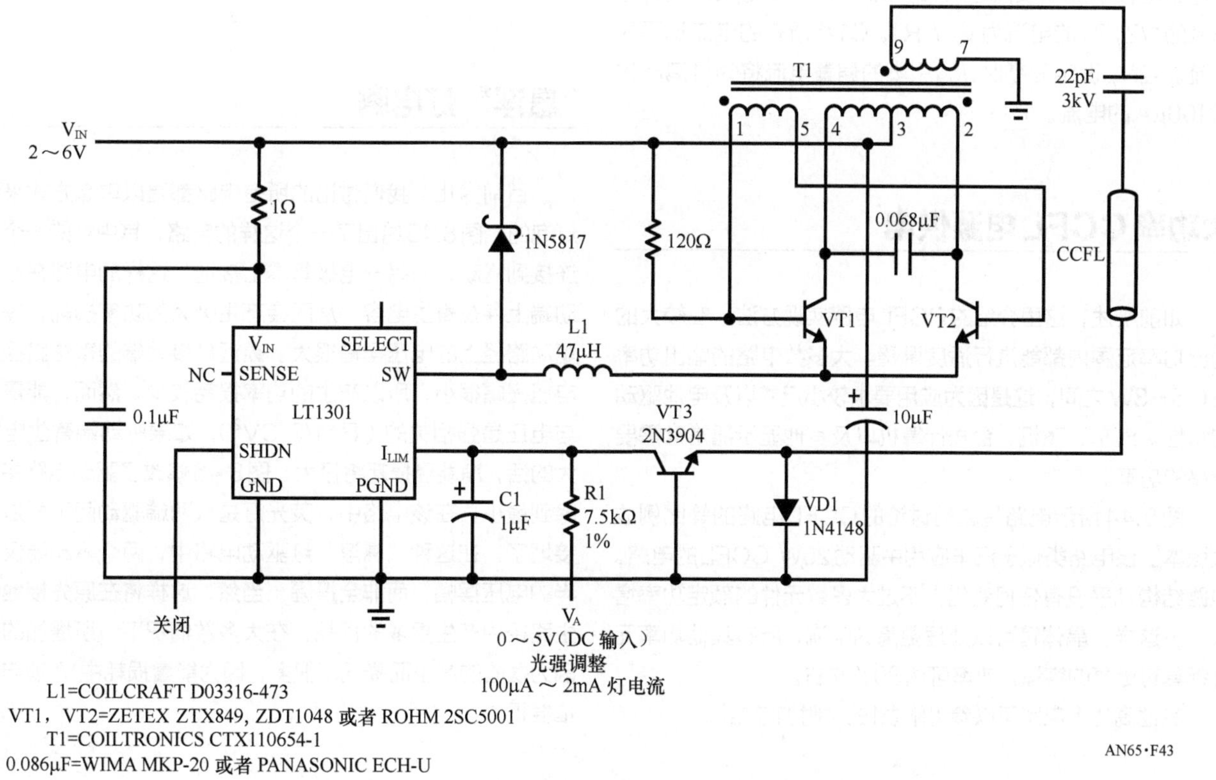

图8.43 优化的低功率冷阴极荧光灯供电电源可用于低电压输入和小型灯

该电路使用了一个LT1301微小功率DC/DC转换器集成电路，结合使用了一个由T1、VT1和VT2组成的电流驱动的Royer类转换器。当电源和光强调节电压都开启时，LT1301的I_{LIM}引脚由较小正电压驱动，从而产生最大开关电流并流过IC的内部开关引脚（SW）。电流从T1的中心抽头开始，流过晶体管，最后注入L1。稳压器以开关模式控制L1电流流入到地。

该电路的效率在全负载时为80%~88%，主要取决于线路电压。电流模式运行，再加上Royer波形与输入波形一致的特性，可以获得优异的线路抑制性能。该电路没有低压微小功率DC/DC转换器中常见的迟滞电压控制环所引起的线路抑制问题。这是CCFL控制最需要的特性，即使线路电压有所偏移，灯的光强也必须保持恒定。

Royer转换器的振荡频率主要取决于T1的特征阻抗（包括其负载）以及0.068μF的电容。LT1301驱动L1设置了VT1/VT2尾电流幅值，从而形成T1的驱动电平。当LT1301的开关断开时，1N5817二极管将维持L1的电流。0.068μF电容与T1的特性阻抗相结合，在VT1和VT2的集电极生成正弦波电压驱动。T1将进行升压，在其次级将产生约1400V（峰峰值）的电压。交变电流流经22pF电容最后到荧光灯。正半周期时，灯电流通过VD1流入到地。负半周期时，灯电流流经VT3集电极，由C1进行滤波。LT1301的I_{LIM}引脚起到了0V求和点的作用，有约25μA的偏置电流流出该引脚进入C1。LT1301对L1的电流进行调节，以均衡VT3的平均集电极电流以及流过R1的电流，VT3集电极电流为灯电流的1/2，R1的电流为V_A / R1。C1将所有的电流抚平为直流。当V_A设定为零时，I_{LIM}引脚的偏置电流将为灯泡产生约100μA的电流。

大功率CCFL电源供电

如前所述，这里介绍的CCFL电路实现方法，在较大的输出功率范围内都能进行适度调整。大多数电路的输出功率在0.5~3W之间，这是因为应用要求较小尺寸以及电池驱动的特性。汽车、飞机、台式计算机以及其他显示器常常需要更高的功率。

图8.44所示电路是之前讨论的CCFL电路的等比例放大版本。该电路类似于汽车应用中驱动25W CCFL的电路。电路结构几乎没有任何变化，不过大多数元件的额定功率增大了。这样，晶体管可以处理更高的电流，所有其他功率元件都具有更高的容量。效率可达80%左右。

其他高功率电路可以参见附录I的“附加电路”。

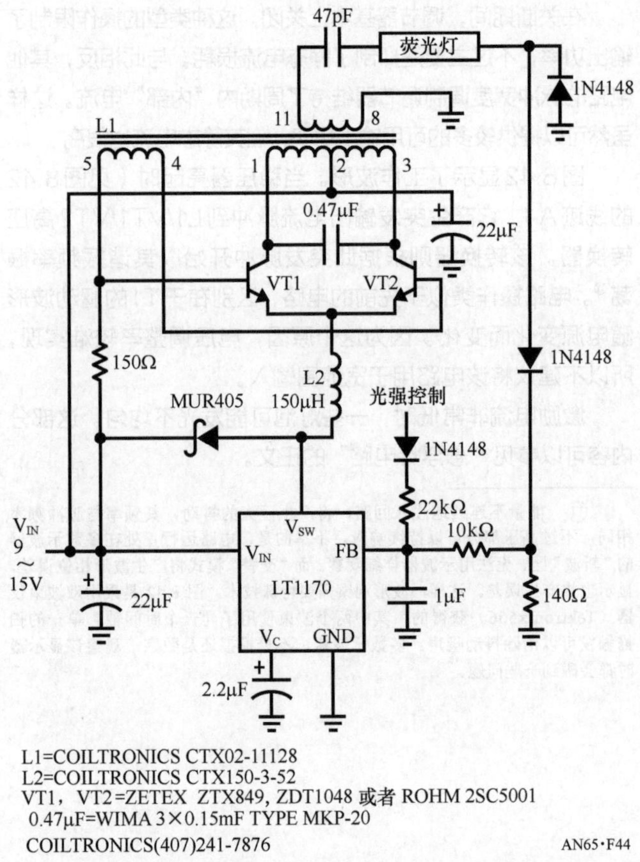

图8.44 25W CCFL供电电路，是低功率电路的等比例放大版本

“悬浮”灯电路

目前为止，我们讨论的所有电路都是以单端方式来驱动灯泡的。图8.45给出了一个这样的电路，其中灯的一个电极连接到驱动，而另一电极基本上接地。这样的电路在灯的驱动端上存在寄生电容，从而会产生极大的功率损耗，并且使驱动路径上的电压摆幅很大。靠近灯接地端的寄生路径上的电压摆幅很小，所以产生的功率损耗较少。然而，能量损耗与电压是强相关的（$E=1/2\ CV^2$），如果驱动端寄生电容很大的话，净能量损耗将极大。图8.46修改了驱动电路将损耗降到最小。在该电路中，荧光灯是从两端驱动而不再是一端接地了。在这种“悬浮”灯驱动电路中，两个驱动端仅需一半的电压摆幅，而非全摆幅。当然，这样将在原先接地的寄生路径中产生更多的损耗。在大多数情况下，所增加的损耗因为摆幅的减小而降低了很多，因为能量损耗中V^2项与电压幅度相关。

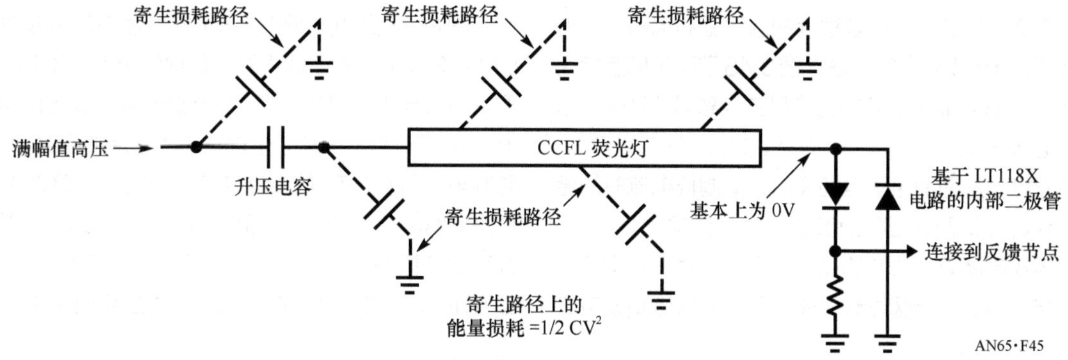

图8.45 以地为参考的荧光灯驱动电路将会因为高压线路上的全摆幅电压而产生较大的能量损耗

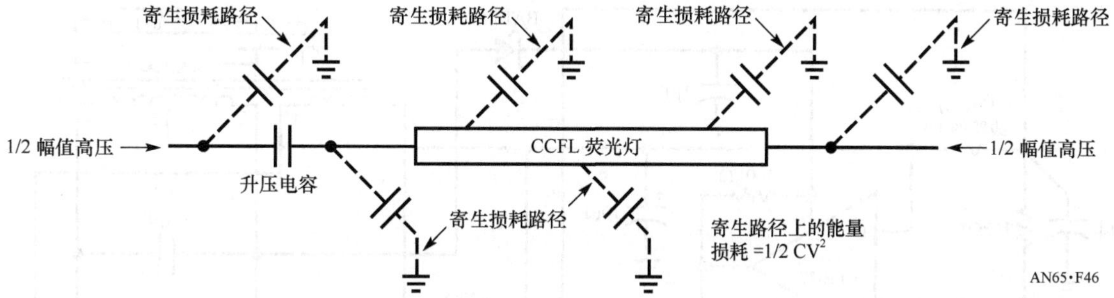

图8.46 “悬浮” 灯可使三极管驱动减半， 从而降低寄生电容路径产生的损耗。 一般而言， 灯管接地一端的路径将比先前消耗更多的能量， 不过由于公式中的V^2项， 总体损耗较低

电路经过这种修改之后用于各类显示器，多数情况下能量损耗仅减少了10%～20%。而在某些显示器中，并不会减少太多损耗，而有时电路改进几乎没用。如果显示器内外线路极不对称，悬浮驱动电路的损耗可能比单端驱动电路的损耗还要大。在这种情况下，通常需要对两种模式进行测试，以确定有效的驱动电路。

悬浮运行的第二个优点是扩展了照明范围。“接地”灯运行时电流相对较低，可能出现“温度计现象”，即光强沿灯管长度方向不均匀分布。

图8.47表明，即使灯电流密度均匀分布，电场强度也可能不平衡。较低电场强度，再加上其不平衡状态，意味着没有足够的能量维持均匀荧光体的辉光超过某一值。灯的温度计效应是因为灯管在靠近驱动电极处发出更多的光强，距离驱动电极越远则光强降低也就越快。沿灯管长度方向放置一个长导体，可以在很大程度上缓解“温度计现象”。其代价则是由于能量泄漏引起的效率降低[12]。需要说明的是，荧光灯类型不同，其温度计效应诱发率也不同。

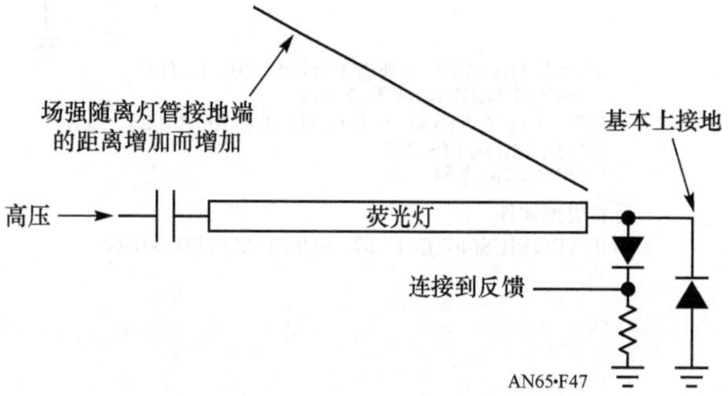

图8.47 电场强度随着离灯管接地端的距离的变化情况。 低驱时， 电场场强的不均衡将使照明也不均衡

⑫ 用一个简单地实验可以很好地说明能量泄漏现象。用拇指和食指捏住灯管的低压端（ 低电场强度）对电路的输入电流不会产生什么影响。将拇指和食指同时向灯管的高压端（ 高电场强度）方向滑动，将逐渐产生较大的输入电流。请勿接触高压引线，否则将被电击。重申：请勿接触高压引线，否则将被电击。

一些显示器需要更大的照明范围。而“温度计现象”通常限制了实际的最低照明度。一个较为实用的方法是设法消除电场的不平衡。用于降低能量损耗的悬浮驱动电路，也提供了最小化“温度计现象”的方法。图8.48回顾了旧版指南中引入的电路[13]。该电路最显著的特点是其全悬浮特性——与之前讨论的电路一样没有到地的电连接。这样，T1可以对称、差分驱动荧光灯，从而消除了电场失衡，抑制低电流时的温度计现象。这种方法防止任何反馈连接到悬浮输出。不过，为了保持闭环控制就必须从其他点引出反馈信号。从理论上讲，灯电流与T1或L1的驱动电平成比例，所以检测该电流的一些电路可用于产生反馈。在实际中，寄生给电路的具体实现带来巨大的困难[14]。

图8.48通过检测Royer转换器电流并反馈该信息到LT1172来生成反馈信号的。任何情况下，该Royer的驱动要求与灯电流近似成比例。A1检测流经0.1Ω分流电阻上的电流，为VT3提供偏置，形成一个本地反馈回路。反馈点上的并联电压将在VT3的漏极转换为放大的、单端接地的电压，使主回路闭合。A1的电源引脚通过BAT-85二极管自举到T1升高后的摆幅，使它可以对电源并联反馈电阻进行检测。内部A1的特征阻抗可以确保启动，请勿更换该器件[15]。

⑬ 参见参考文献1。

⑭ 详情请参见附录L的“即使切掉耳朵也不会成为梵高——某些不切实际的想法”。

⑮ 参见参考文献1，可别说没警告你。

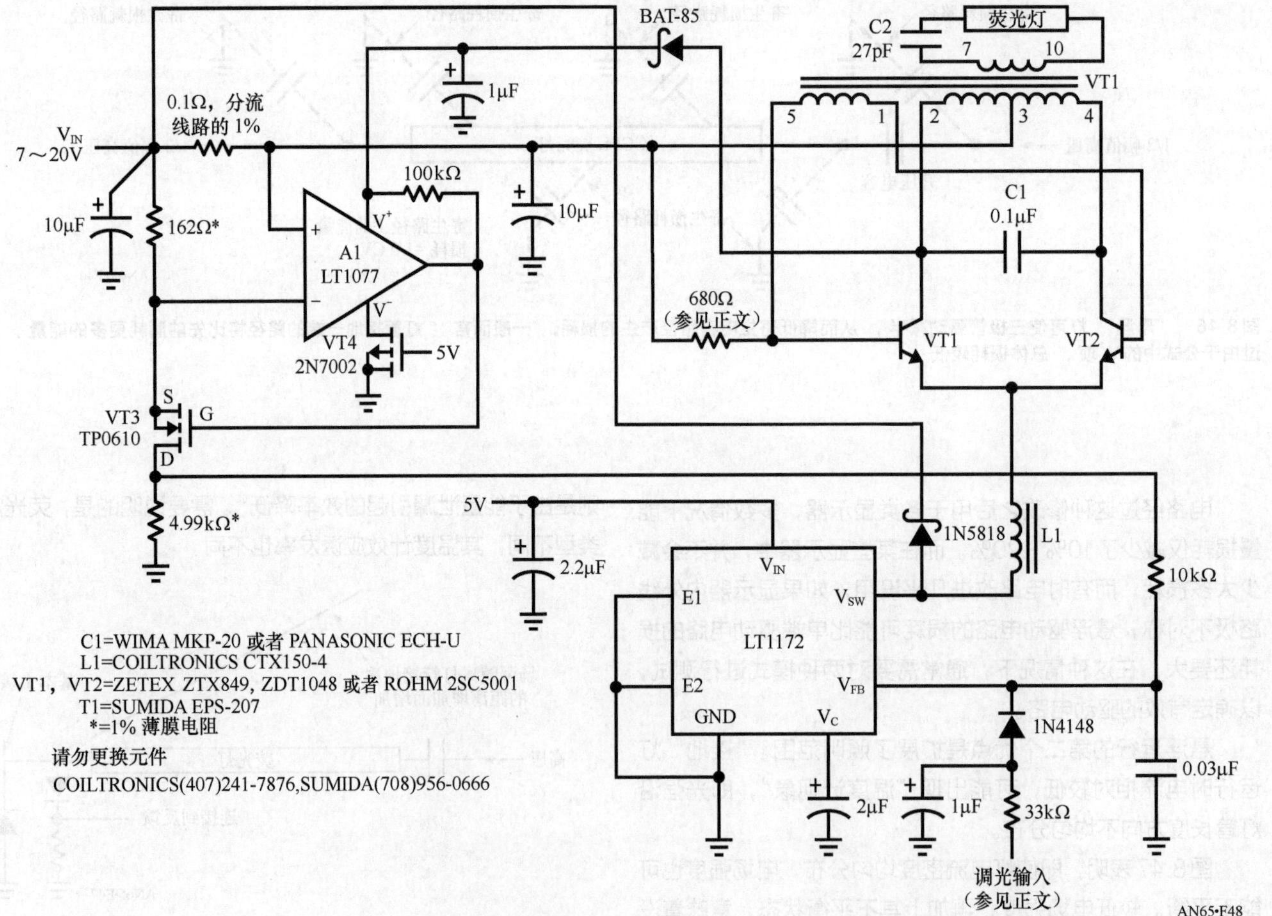

图8.48 实际的“悬浮”灯驱动电路。A1检测Royer的输入电流，VT3则反馈到开关稳压器。该电路可以降低10%～20%的寄生损耗

灯电流的控制不如先前严格，不过仍然能实现较宽供电范围内0.5%的调节。该电路的调光由1kHz的PWM信号来控制。注意反馈回路之外的重过滤（33kΩ/1μF）。它们对应快速时间常数，可以最小化启动过冲[16]。

在其他各方面，电路操作类似于前面的电路。该电路的典型特点是荧光灯照明期能量损耗较小，超过40：1的光强范围内无“温度计现象”。不过在一般的反馈连接中，光强通常限制在10：1。

基于IC的悬浮驱动电路

图8.49对图8.48所示电路进行了改进，使用了更少的元件。LT1184F IC包含了所有功能，除了基于Royer的高压转换器。该电路还具有“开灯”保护以及为调光分压器提供偏置的1.23V参考。

图8.50在图8.49所示电路的基础上增加了双极LCD对比度供电输出。使用LT1182，将对应输入端接地可以设置对比度供电的极性。CCFL的部分类似于前面的电路，不过光强控制使用的是可变PWM或0～5V的输入。

图8.51所示的也是一个相似的电路，不过没有包括对比度供电电路。LT1186实现了悬浮灯驱动，与图8.49相似。该IC包含一个内部的D／A转换器，由累积码流或串行协议寻址。图8.52显示了使用80C31微处理器的典型结构。图8.53给出了接口软件的完整内容，是由LTC的Tommy Wu开发的。

⑯ 参见“反馈回路稳定性问题”的正文。

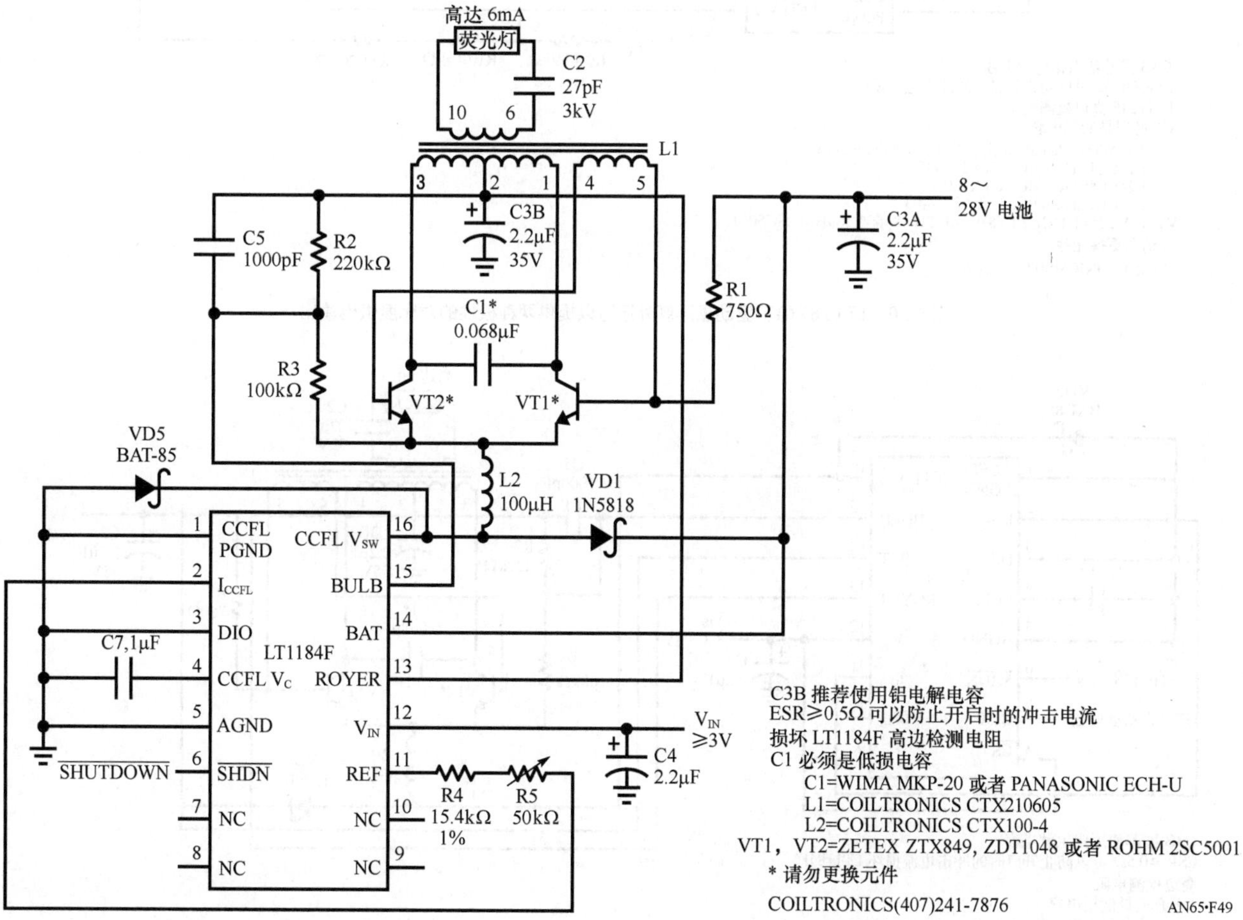

图8.49 图8.48的悬浮灯电路改用LT1184F IC时的情形，性能相同，元件更少。电路中包含了灯泡启动保护和电路关闭

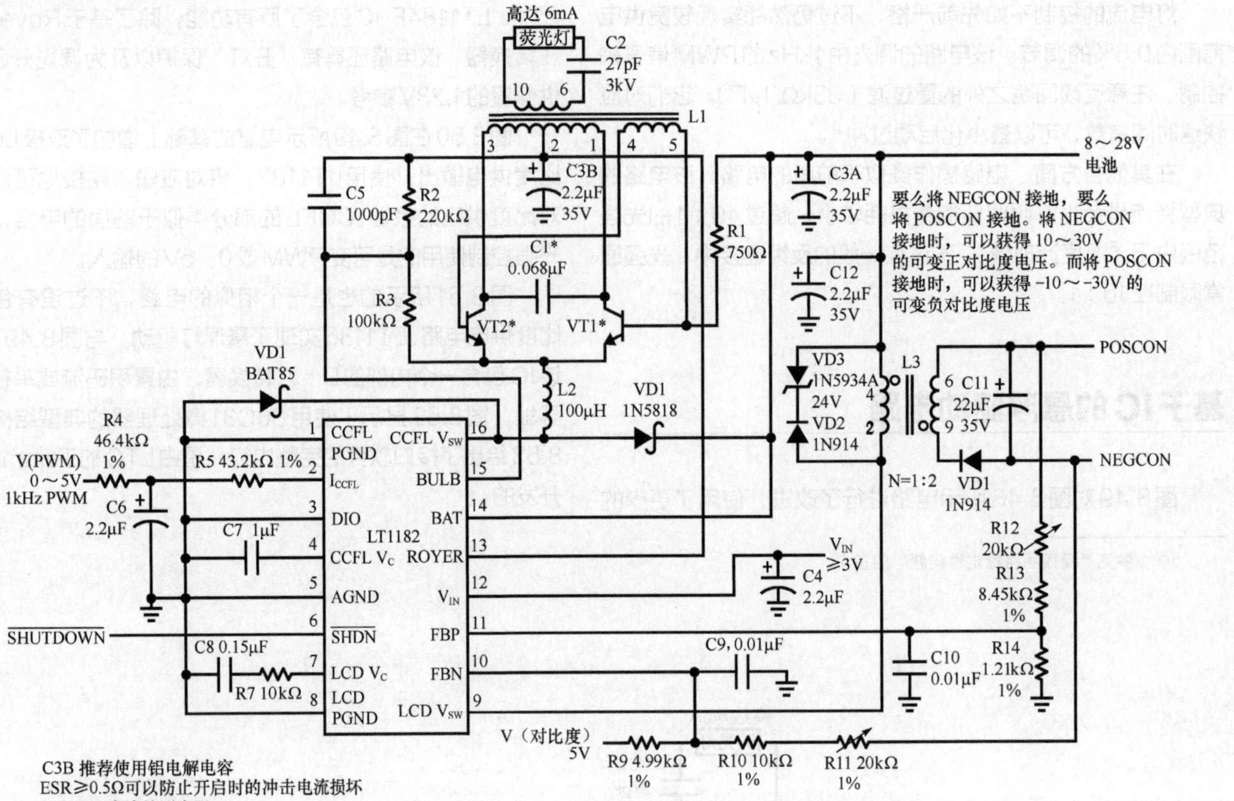

C3B 推荐使用铝电解电容
ESR≥0.5Ω可以防止开启时的冲击电流损坏
LT1184F 高边检测电阻
C1 必须是低损电容
C1=WIMA MKP-20 或者 PANASONIC ECH-U
L1=COILTRONICS CTX210605
L2=COILTRONICS CTX100-4
L3=COILTRONICS CTX02-12403
VT1，VT2=ZETEX ZTX849, ZDT1048 或者 ROHM 2SC5001
* 请勿更换元件
COILTRONICS(407)241-7876

AN65·F50

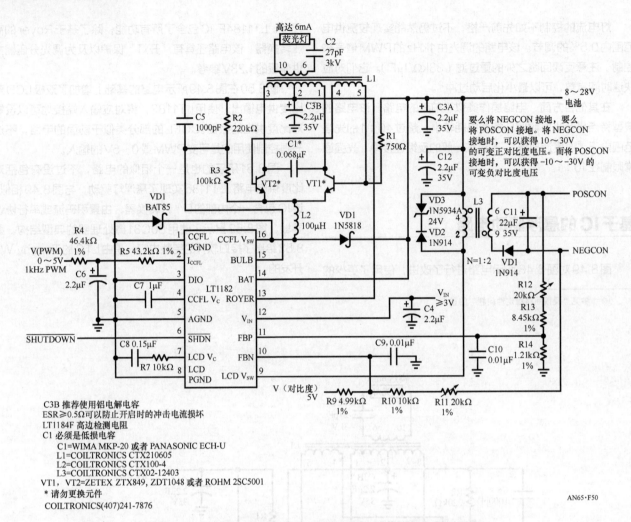

图8.50　LT1182除了驱动悬浮灯外还可以提供两种极性的对比度供电输出

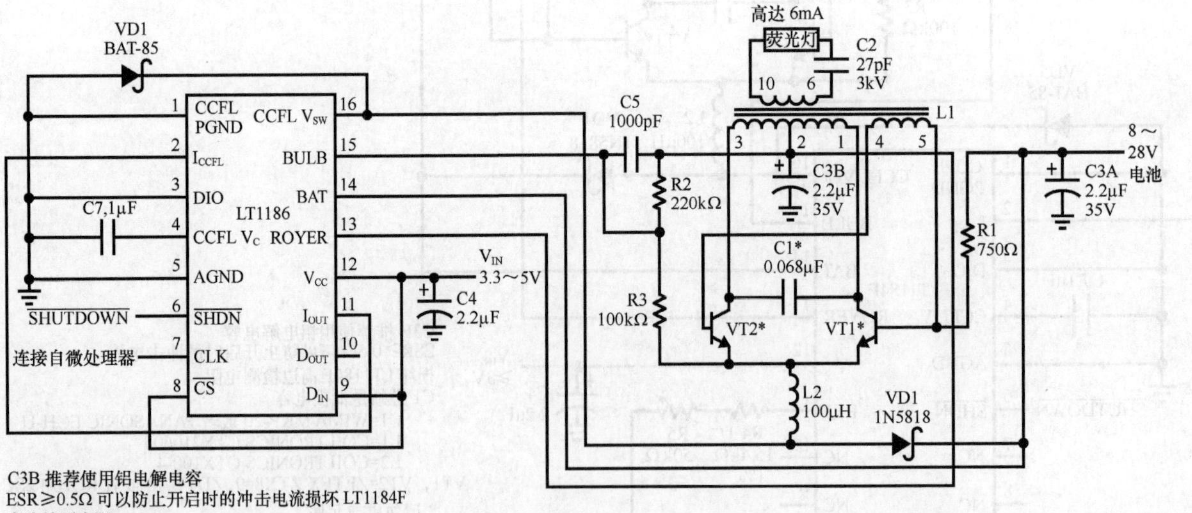

C3B 推荐使用铝电解电容
ESR≥0.5Ω 可以防止开启时的冲击电流损坏 LT1184F 高边检测电阻
C1 必须是低损电容
C1=WIMA MKP-20 或者 PANASONIC ECH-U
L1=COILTRONICS CTX210605
L2=COILTRONICS CTX100-4
VT1，VT2=ZETEX ZTX849, ZDT1048 或者 ROHM 2SC5001
* 请勿更换元件
COILTRONICS(407)241-7876

AN65•F51

图8.51　LT1186通过串行协议或码流数据寻址来设计悬浮灯电流

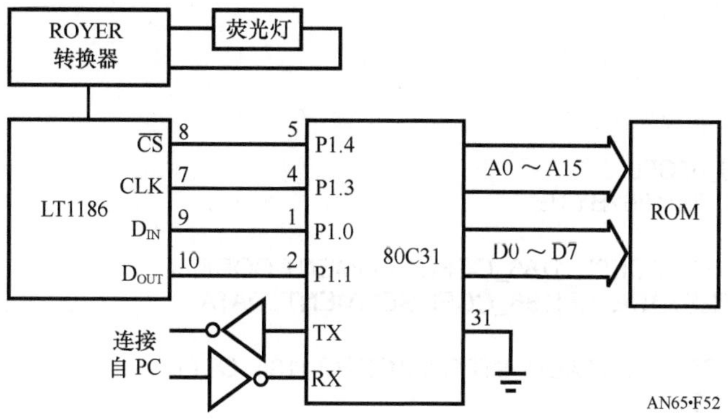

图8.52 图8.51的典型处理器接口

The LT1186 DAC algorithm is written in assembly code in a file named LT1186A.ASM as a function call from the MAIN fuction below.
Note: A user inputs an integer from 0 to 255 on a keyboard and the LT1186 adjusts the IOUT programming current to control the operating lamp current and the brightness of the LCD display.

```
  #include <stdio.h>
  #include <reg51.h>
  #include <absacc.h>

  extern char lt1186(char); /* external assembly function in lt1186a.asm*/
  sbit Clock = 0x93;

  main()
  {
    int number = 0;
    int LstCode;

    Clock = 0;

    TMOD = 0x20;  /* Establish serial communication 1200 baud */
    TH1 = 0xE8;
    SCON = 0x52;
    TCON = 0x69;

    while(1)   /* Endless loop */
    {
      printf("\nEnter any code from 0 - 255:");
      scanf("%d",&number);
      if((0>number)|(number>255))
        {
          number = 0;
          printf("The number exceeds its range. Try again!");
        }
          else
          {
            LstCode = lt1186(number);
            printf("Previous # %u",(LstCode&0xFF)); /* AND the previous number with 0xFF to turn off sign
                                      extension */
          }
    number = 0;
  }
}

; The following assembly program named LT1186A.ASM receives the Din word from the main C program,
; lt1186 lt1186(). Assembly to C interface headers, declarations and memory allocations are listed before the
; actual assembly code.
;
; Port p1.4 = CS
; Port p1.3 = CLK
; Port p1.1 = Dout
; Port p1.0 = Din
;
```

图8.53 图8.52处理器接口软件的完整内容

```
NAME  LT1186_ CCFL
PUBLIC lt1186, ?lt1186?BYTE

?PR?ADC_INTERFACE?LT1186_CCFL SEGMENT CODE
?DT?ADC_INTERFACE?LT1186_CCFL SEGMENT  DATA

          RSEG  ?DT?ADC_INTERFACE?LT1186_CCFL
?lt1186?BYTE:  DS  2

          RSEG  ?PR?ADC_INTERFACE?LT1186_CCFL

CS      EQU   p1.4
CLK     EQU   p1.3
DOUT    EQU   p1.1
DIN     EQU   P1.0

lt1186: setb   CS              ;set CS high to initialize the LT1186
        mov    r7,?lt1186?BYTE ;move input number(Din) from keyboard to R7
        mov    p1, #01h        ;setup port p1.0 becomes input
        clr    CS              ;CS goes low, enable the DAC
        mov    a, r7           ;move the Din to accumulator
        mov    r4, #08h        ;load counter 8 counts
        clr    c               ;clear carry before rotating
        rlc    a               ;rotate left Din bit(MSB) into carry
loop:   mov    DIN, c          ;move carry bit to Din port
        setb   CLK             ;Clk goes high for LT1186 to latch Din bit
        mov    c, DOUT         ;read Dout bit into carry
        rlc    a               ;rotate left Dout bit into accumulator
        clr    CLK             ;clear clock to shift the next Dout bit
        djnz   r4, loop        ;next data bit loop
        mov    r7, a           ;move previous code to R7 as character return
        setb   CS              ;bring CS high to disable DAC
        ret
        END

Note: When CS goes low, the MSB of the previous code appears at Dout.
```

图8.53 图8.52处理器接口软件的完整内容 （续）

大功率悬浮灯电路

大功率悬浮灯电路需要更多的电流，超过了LT118X系列的提供能力。在这种情况下，可以用分立元件与IC结合来产生更大的电流。图8.54给出了一个30W的CCFL电路，主要用于汽车应用。该四灯电路使用了LT1269的电流馈Royer转换器来提供高功率。电流检测是在电流变压器T2中进行的。A1及其相关部件组成一个同步整流器，对T2的低电平输出进行整流。A2提供了增益并在LT1269的反馈端形成闭合回路。T2的隔离检测可以支持悬浮操作，而LT1269进行高功率输出。该电路在30W输出时，效率约为83%，其调光范围宽，电压调整率为0.1%。

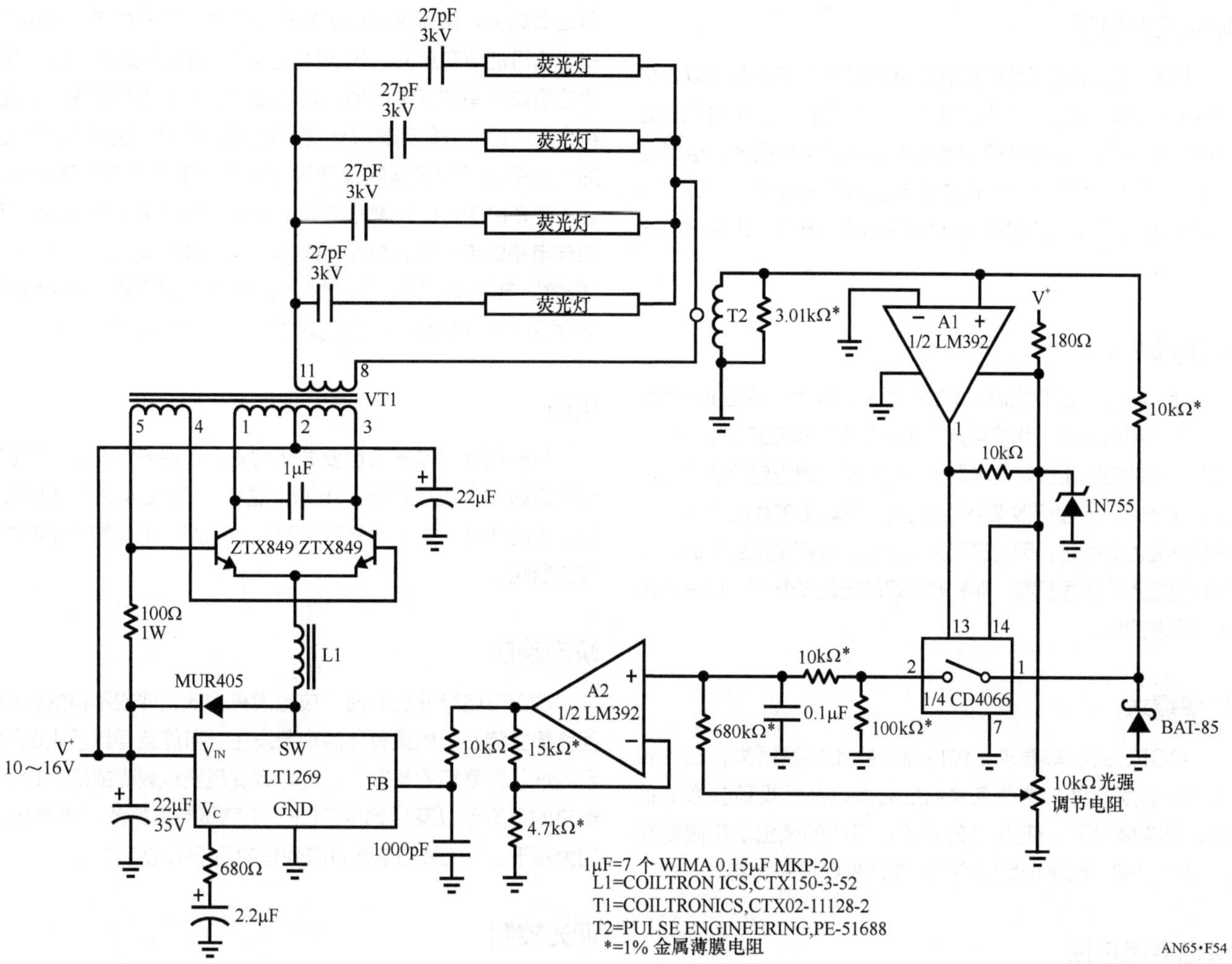

图8.54 基于悬浮驱动方法的高功率、多灯显示器。为满足功率要求需要使用LT1269稳压器和分立器件相结合的方式。悬浮反馈路径是通过电流变压器来实现的

对于CCFL电路的选择标准

对于一个特定的应用，该选择什么样的CCFL电路，需要在诸多因素中进行取舍。哪个电路是“最佳”解决方案取决于各种各样的因素。在任何解决方案产生之前，用户至少需要考虑以下原则。关于以下所有问题的相关讨论将在随后的对应章节展开。

显示器特性

显示器特性（包括布线损失）必须充分理解。通常情况下，显示器厂商会给出荧光灯的需求。这些规格通常可以从供应商处获取，而供应商通常会在自由空间对寄生损耗不大的路径进行测试以获得这些参数指标的。这意味着，实际所需功率、启动和运行电压可能与数据手册给出的规格相差很大。获得较为准确的显示器特性的唯一方法是测量它们。对能量损耗进行测试可以确定使用悬浮驱动还是单端接地电路较好。低损耗显示器（比较少见），其整体效率通常比接地驱动更好。当损耗情况恶劣时（较为常见），悬浮驱动将是更好的选择。可能需要对两种模式都进行效率测量，以确定的最佳选择。（请参阅“优化和测量的注意事项”）。

工作电压范围

工作电压范围包括电路运行所需的最小电压到最大电压。在电池驱动的设备中，显然其工作电压范围为3：1，有时更大。最佳背光性能通常可在8～28V的范围内获得。一般情况下，低于7V时为达到中等功率水平（1.5～3W）需要进行一些效率折中。由电池驱行时，一些系统降低了背光功率，对设计有着极大的影响。即使是看似很小的功率降低（如20%），也可能要做出无谓的痛苦取舍。尤其是在荧光灯满额输出时，要进行低压操作则需要高匝数比的变压器的支持。这样，虽然运行良好，但效率相比低匝数比的变压器电路还要差，这是因为高匝数比电路运行时峰值电流更高。目前电池技术发展的趋势，对低电压运行系统有着更多的支持，所以在选择变压器和设计Royer电路时需要格外小心。

辅助工作电压

电路中应使用辅助型的逻辑电源电压（若可用）以支持CCFL“内部”电流，比如IC的“V_{IN}”引脚。这样可以节省功率，能够始终从最低可用电势来运行开关稳压器，通常是3.3V或5V。很多系统提供这些电压的开关形式，所以不必再设置关闭线路。直接关掉开关稳压器的电源，将关闭整个背光电路。

电压调整率

接地灯电路主要凭借全局性的反馈，获得了最佳电压调整率。对于电路突变，用户可能会关注使调整率超过1%的任何因素。接地型电路很好地满足了这一要求；悬浮电路通常也可以。线路输入的缓慢改变所造成超过1%以上的线路偏移，一般都不会出现问题，因为它们无法检测。线路快速变化时，比如系统插入AC适配器，则需要良好的电压调整率，以避免烦人的屏幕闪烁。

功率需求

CCFL的功率要求，包括显示器和布线损失，在各种条件下必须明确，这些条件包括温度以及灯规范参数的扰动。通常情况下，使用IC的悬浮灯电路的输出功率限制在3~4W之间，而接地型电路的功率比例缩放较为容易。

供电电流特性

背光在物理位置上通常处于系统中较为“前面”的位置。电缆、开关、PCB走线以及连接器的阻抗等将达到一个很高的水平。这意味着，CCFL供电电路必须提供连续电源，而不是通过有损电源线提供离散的大电流。在这一方面，基于Royer的结构接近理想，拉取连续电流而无需特殊旁路、电源阻抗或布局处理。同样，Royer型电路不会对供电线产生显著的干扰，以防噪声注入回电源。

灯电流确定性

全光强时预测灯电流对于维持灯寿命是非常重要的。过多过电流将大大缩短灯管寿命，而光强较小时可以延长寿命（见图8.2）。接地型电路在这一方面表现优异，通常有1%的提升。悬浮电路可以提升2%~5%。较为严格的电流容差对于单位/单位显示器亮度则没有益处，因为灯管发光以及显示器衰减波动接近±20%，而且也会随时间变化而变化。

效率

CCFL背光效率应该从两个角度考虑。其一是电效率，它是电路将直流电源转换成高压AC电源，并以最小损耗提供给负载（灯和寄生路径）的能力。其二是光效率，对用户来说它可能更有意义。光效率是显示器亮度与进入CCFL电路的直流功率的直接比值。在测量中，电学损耗和光学损耗综合在一起，以得到亮度vs功率的技术参数。这里比较重要的一点是电学和光学的峰值效率对应的工作点不需要一致。这主要是由于灯的发射率与波形相关。发射率最佳的波形可能与电路的电气操作峰值相吻合，也可能不吻合。事实上，“低效”电路很可能比“高效”电路产生的光更多。确保给定条件下最高效率的唯一方法是对显示器的电路进行优化。

关断

关断系统时基本上也要关闭背光。在许多情况下，都已经可以采用开关型低电压电源。这样，CCFL电路关闭时吸收很少的能量。如果没有开关型低压电源，也仅需一个额外的控制线。

瞬态响应

CCFL电路开启灯时，应当没有伴随过冲或不良的控制回路建立特性。如果有伴随现象发生，可能会导致烦人的显示闪烁，在最坏的情况下可能导致变压器过载而故障。设计精良的悬浮型以及接地型CCFL电路具有良好的瞬态响应，因为基于LT118X的电路有着固有的易于优化特性。

调光控制

调光方案应在设计早期加以考虑。本指南给出的所有电路都可以通过电压电阻、直流电压和电流、脉宽调制或者串行数据协议来进行控制。最大电流时高精度的调光方案可以防止灯的过驱，应多加采用。

开灯保护

CCFL的电路提供了电流源输出。如果灯泡破裂或断开，恒流输出电压受限于变压器匝数比和直流输入电压。过高的电压会产生电弧并由此而产生损害。通常情况下，变压器可在这些条件下正常工作，而开灯保护则能确保灯免遭故障。此功能内置于LT118X系列之中；必须将它添加到其他电路中。

尺寸

背光电路通常有严格的尺寸和元件数量限制。电路板必须满足严格的大小规定。基于LT118X系列的电路，其元件数量最少，尽管电路板空间主要由Royer变压器主导。在极其狭小的空间内，可能有必要对电路进行物理分割，但这应当是最后的手段[17]。

⑰ 参见附录G的“布局、器件以及辐射的注意事项”。

对比度供电能力

有些LT118X部分提供对比度电源输出，而其他电路没有。LT118X板载对比度供电电源的优点较为明显，但有时物理空间局限性很大，所以可能无法使用。在这样的情况下，对比度供电必须放置在较远的地方。

辐射

背光电路很少引起辐射问题，通常不需要屏蔽。高功率电路（如>5W）可能需要注意使其满足辐射要求。快速上升的开关稳压器的输出所产生的辐射，可能比高压AC波形更多。在屏蔽的情况下，其寄生效应可以看作是逆变器负载的一部分，而且优化也必须是在有屏蔽的情况下进行。

总结

背光参数之间相互关联，对背光实现方案进行总结或者评定极具风险。如果需要最优方案的话，可以很理智、很负责任地说，不存在元件选择和设计的简化流程。实际方案的选择必须基于实验室的大量实验结果。一个纯粹的基于系统理论的设计方案，可能存在太多相互影响的变数和意外。纯理论分析的结果也许很完美；不过真正能够工作的电路都来自测度平台。尽管如此，本指南仍进行了一些归纳，可能略有用途。图8.55和图8.56试图总结器件类型及其鲜明特色，可以（仍需谨慎）当作一个起点[18]。

⑱ 读者如能体会作者引用图8.55和图8.56的矛盾心情，将不会对此产生疑虑。

问题	LT118X系列	LT117X系列	LT137X系列
光效率	接地型输出电路取决于显示器。悬浮电路较好，通常可达5%～20%	取决取显示器	取决取显示器
电效率	接地型输出电路为75%～90%，取决于供电电压以及显示器。悬浮型输出电路略低	75%～90%，取决于供电电压以及显示器	75%～92%，取决于供电电压以及显示器
灯电流确定性	接地型电路为1%～2%，悬浮型电路为1%～4%	最大为2%	最大为2%
电压调整率	接地型为0.1%～0.3%，悬浮型为0.5%～6%	0.1%～0.3%	0.1%～3%
工作电压范围	5.3~30V，取决于输出功率、温度范围、显示器等等	4.0～30V，取决于输出功率、温度范围、显示器等	4.0～30V，取决于输出功率、温度范围、显示器等
功率范围	典型值为0.75～6W	典型值为0.75～20W	典型值为0.5～6W
供电电流特性	连续，无大电流峰	连续，无大电流峰	连续，无大电流峰
关闭控制	是，逻辑兼容	需要小型FET或三极管	是，逻辑兼容
瞬态响应—过冲	优，无需优化	优，有时需优化	优，有时需优化
调光控制	分压器、PWM、可变DC电压或电流。LT1186具有串行数字输入及数据存储能力	分压器、PWM、可变DC电压或电流	分压器、PWM、可变DC电压或电流
辐射	低	低	低，不过高功率时可能需要良好布局及屏蔽
开灯保护	IC内部	高压供电时，需要外部小信号晶体管和一些分立元件	高压供电时，需要外部小信号晶体管和一些分立元件
尺寸	元件数少，电路板总面积小。使用了200kHz磁元件	小，100kHz磁元件	小，快速版使用了1MHz磁元件
对比度供电能力	各种对比度供电可选，包括双极性输出	无	无

图8.55 设计问题vs典型器件选择。表中数据进行了最简假设，仅供参考

LT1269/LT1270	LT1301	LT1173
取决取显示器	取决取显示器	取决取显示器
75%～90%，取决于供电电压以及显示器	70%～88%，取决于供电电压以及显示器	65%～75%，取决于供电电压以及显示器
最大2%	典型值为2%	5%
0.1%～0.3%	0.1%～0.3%	8%～10%
4.5～30V，取决于输出功率、温度范围、显示器等	实际值为2～10V	实际值为2～6V
典型值为5～25W	实际值为0.02～1W	几近于0～0.6W
连续，无大电流峰	连续，无大电流峰	不规则，较大的电流峰值需要注意供电轨阻抗
需要小型FET或三极管	是，逻辑兼容	实际为逻辑兼容关闭
优，有时需优化	优，无需优化	优，无需优化
分压器、PWM、可变DC电压或电流	分压器、PWM、可变DC电压或电流	分压器、PWM、可变DC电压或电流
高功率，需注意布局及屏蔽	较低	极小
高压供电时，需要外部小信号晶体管和一些分立元件	高压供电时，需要外部小信号晶体管和一些分立元件，不过低压供电时不需考虑	无。不过低供电、低功耗操作时通常没有这些问题
较大，因为使用了高功率100kHz磁元件	很小，低功率磁元件减小了尺寸	很小，低功率磁元件减小了尺寸
无	无	无

图8.55 设计问题vs典型器件选择。表中数据进行了最简假设，仅供参考（续）

悬浮电路操作	LT1182	LT1183	LT1184	LT1184F	LT1186
	是	是	否	是	是
接地电路操作	是	是	是	是	是
对比度供电	双极性对比度输出	单极性对比度输出	否	否	否
可用电压参考	否	是	是	是	否
内部控制DAC	否	否	否	否	是

图8.56 各种LT118X IC背光控制器的特性

图8.55总结了所有电路的特性。图8.56集中展示了LT118X系列的特点。

优化和测试的注意事项

一旦显示器/灯的组合已经确定，可以选择合适的电路并进行优化。“优化”意味着需要将一个应用中比较重要的几个性能最大化。这多半需要在多个特性之间折中，将一方向的性能降低以获得另一方面的性能的提高。从这一方面来说，本指南中所讨论的电路类型一般只施加了轻微惩罚，因为它们都比较灵活。

我们可以将电路中期望出现的特性笼统地称之为“效率”。背光电路实际包含两类效率。光效率是将电路/显示器组合当作一个传感器进行测量。它是光输出与电力输入的比值。该比值综合了转换器的电损耗与灯和显示器的电损耗。背光灯的电效率是测量转换器的输出功率随电输入的变化关系，并不考虑光学性能。显然，高的电效率是必需的，并且要以可靠的方式来测量它。更微妙的是，测量和处理纯电学问题的能力，也将影响光效率。之所以如此，是因为灯对驱动波形的形状敏感。最佳发光率和寿命通常可通过低波峰因子的正弦波来获得。这可以通过选择Royer电路中的变压器和电容，来为任意给定的显示器/灯组合提供该特性。这样可以优化灯驱动器，不过也会影响转换器的电效率。所以，要获得最佳光效率，必须充分考虑最佳电学和光学的工作点之间的相互作用。用于判定光效率峰值点的诸多变量之间的关系相当复杂。

通常情况下，光输出峰值发生时，在Royer集电极将出现非常清晰的低谐波波形（见图8.57）。这通常是一个相对较大的谐振电容和一个较小的镇流电容共同作用的结果。相反，该转换器的峰值电效率通常出现在Royer集电极的波形中可观察到的第二个谐波处（见图8.58）。峰值电和光效率点基本上不可能一致，光效率往往偏离电峰值5%或更多。还好这种非常混乱的情况可以通过相对简单的功能微调加以解决。微调过程的前提是假设变压器匝数比和镇流器电容值已确定，并与电路所需的最低工作电压相对应。如果不考虑这个因素，虽然也能实现光效率的峰值，但在低压供电时电路可能不稳定。给定显示器损耗，低压供电工作要求较大的匝数比以及更大的镇流电容值。如果显示器损耗较高，镇流电容值通常需要增加，以抵消它与显示器的寄生损耗路径之间的分压作用。在进行微调之前，需要先确定最小供电时能维持稳定性的最低匝数比和最小镇流电容。

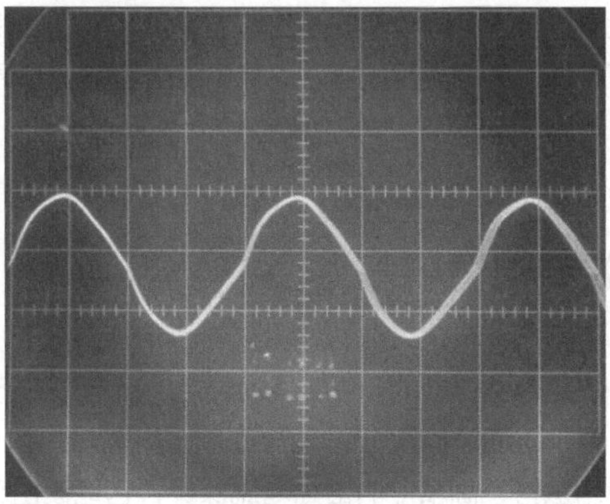

图8.57 光输出峰值点的典型Royer集电极波形。 较大的谐振电容可能降低电效率

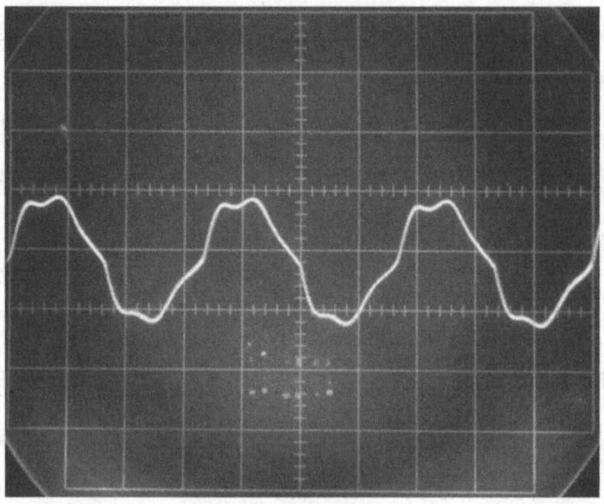

图8.58 电输出峰值点的典型Royer集电极波形。 较大的谐波分量可能降低光效率

光效率达到峰值需要根据各种不同的谐振电容值，对显示器亮度和输入功率进行比较。给定灯/变压器/镇流器电容的组合，不同的谐振电容将产生不同的光量。较大的容值将产生平稳谐波以及峰值光输出，但将增加转换器环流损耗。较小容值将产生较小的环流，较少的光输出。图8.59给出了5个容值对应的典型结果，其中供电为10V主电源，灯电流为5mA。较大的容值产生更多的光，但需要更多的电源电流。原始数据可以表示为每瓦输入功率对应的光输出，图中最右列给出了相应的比率。在0.1μF时尼特/瓦出现峰值，说明此处为最佳的光效率点[19]。

因为灯的发光率对温度敏感，所以测试必须在稳定的热环境下进行（见图8.3）。此外，也需要一个能快速切换的电容值的电路结构。这样可以避免电源中断，以免反复进行长时间的显示器预热。

[19] 光学测量单位非常神秘，晦涩不清。坎德拉 / 米 ^{2} 是基本单位，1尼特 =1 坎德拉 / 米 ^{2}。“尼特 (Nit)” 是拉丁文 “Nitere” 的缩略，意为 “发射光…发出光亮”。

电容(μF)	10V主电源的电流	5V供电电源的电流	总供电功率	光强(尼特)	尼特/瓦特
0.15	0.304	0.014	3.11	118	37.9
0.1	0.269	0.013	2.75	112	40.7
0.068	0.259	0.013	2.65	101	38.1
0.047	0.251	0.013	2.57	95	37.3
0.033	0.240	0/013	2.46	88	35.7

注：任何情况下保持I_{MAIN}供电电源=10.0V，I_{LAMP}=5mA(RMS)

图8.59 光效率优化的典型数据。 可以看到谐振电容为0.1μF时， 发光率出现峰值， 表示光电效率的最佳折中点。 也必须选取若干镇流电容值对应的数据， 以确保最大光效率

电效率优化和测量

观察这些电路的运行情况时，有几点需要牢记。高压次级只能使用专用于此类测试的宽带、高压探针进行观察。如果使用普通示波器的话，绝大多数的探针将损坏或者出现故障[20]。必须使用泰克探针P-6007类型和P-6009类型（在某些情况下可以接受的），或者P6013A类型和P6015类型（首选）的探针来读取L1的输出。

另一个要注意的是波形观察。开关稳压器的频率与Royer转换器的开关频率完全异步。因此，大多数示波器不能同时触发和显示的所有电路的波形。图8.36所示波形是使用双光束示波器（泰克556）获得的。线迹A和B由一个光束触发，而其余的线迹由另一光束触发。也可以使用单束仪器交替扫描和触发开关（例如，泰克547），但是不太通用，线迹数最多为4。

获取和验证的较高的电效率[21]，需要大量的工作。C1和C2的最佳效率值（C1为谐振电容，C2为镇流电容）是其典型值，将随特定类型的灯而发生变化。“灯”一词包括了从变压器次级看的总负载。此负载将反射回初级，改变变压器的输入阻抗。变压器的输入阻抗是LC谐振中不可缺少的一部分，它们将产生高压驱动。正因为如此，电路效率必须与布线一起进行优化，否则效率可能成为任何其他可能值。实际上，根据“最佳猜测”而进行的“最先割”效率优化将导致引线过长，而灯的发光效率也在其可达值的5%之内。当产品中的物理布局确定之后，也可以确定C1和C2的最终值。C1设置电路的谐振点，该谐振点随灯的特性不同可能产生一些波动。C2起到镇流作用，有效地缓冲了负阻特性。较小的C2提供最佳负载隔离，但需要较大的变压器输出电压以

[20] 别说我们没有事先警告！

[21] 这里所用的术语“ 效率”是指电效率。实际上，大家最终关心的是电源供电能量转化为光的效率。然而，荧光灯类型不同，电流到光的转换效率相差也很大。同样，对任何灯来说同样大小的电流产生的光在灯的生命期和发光史上也都是不同的。这样，正文部分将“ 效率”作为电学基础，即主供电电源消失的功率与传送到灯的功率之比。一旦灯 / 显示器组合选定，主供电电源功率与灯发射的光能之比，可以借助测光仪来测量。这些内容在此前刚刚讨论过，也可以参见附录 D。

形成回路。较大的C2能最小化变压器的输出电压，但降低载荷缓冲。C2的值也影响波形畸变，影响灯的发光率和光效率（参见前文讨论）。另外，C1的“最佳”值一定程度上取决于所用灯的类型。C1和C2都必须根据给定灯类型认真选取。这些因素之间存在相互影响，不过也可以制定一些一般原则。C1的典型值为0.01～0.15μF，而C2通常为10～47pF的值。C1必须是低损电容，而且替换所建议的元件是不可取的。C1的介质质量较差时，效率可能降低10%。在进行电容选择之前，VT1 / VT2的基极驱动电阻应设置为某一值以确保饱和，例如，470Ω。随后，对C1和C2尝试不同的值，不断重复以获得最佳效率。在此过程中，必须保证环路闭合良好。对C1和C2进行若干次尝试，通常就能得到最佳的C1和C2的值。需要注意的是，最高效率不一定具有最美观悦目的波形，特别是对于VT1，VT2和输出。最后，对基极驱动电阻进行优化。

基极驱动电阻的值（标称1kΩ）应能使V_{CE}完全饱和，而不产生过驱或β欠驱。该电阻可以通过确定全灯功率下集电极电流峰值来计算。

基极电阻应设置为最大，以确保最坏晶体管β值时仍能饱和。将基极驱动电阻在其理想值附近变动，并观察输入电源电流上的较小变化可以验证这个条件。可以得到的最小电流对应的是β与饱和的最佳折衷。实际上，电源电流在这一点的任意一侧都会稍微上升。这种“双值”现象产生的主要原因是基极过驱或者饱和损耗所引起的效率下降。

影响效率的其他问题还包括灯具导线长度以及灯的能量泄漏。灯的高电压侧（多个）应具有最小的实际引线长度。引线过长将产生辐射损耗，3in长的引线产生的辐射损耗轻易就可以达到3%。同样，也不应该让金属接触或者过于靠近灯。这可以防止可能超过10%的能量泄漏[22]。

值得一提的是，定制灯的效果最好。量身定做的灯/电路组合使电路操作精确优化，从而产生最高效率。

以上这些注意事项也需要对其他LCD问题进行充分的了解。请参阅附录B的“液晶显示器的机械设计注意事项”，它是由夏普电子公司的Charles L. Guthrie撰写的。

电路板布局需要特别注意，因为输出端容易产生高压。输出耦合电容的位置必须精心安排，尽量缩短电路板上的泄漏路径。主板上的插槽将进一步减少泄漏。这些泄漏可能导致电流流出反馈环路，从而浪费功率。最坏的情况下，长期污染积累可能增加环内泄漏，从而导致灯欠驱或者产生破坏性的电弧。最小化泄漏的较好的做法是将变压器周边的丝印线断开。这样可以防止高压次级到初级的泄漏。另一种最小化泄漏的技术是评估和确定丝印油墨承受高压的能力。有关高压布局的详细实用技巧，请参见附录G的“布局、器件和辐射的注意事项”。

电效率测量

按照前文讨论的步骤完成设计后，就可以进行具体测量了。效率可通过确定灯的电流和电压来进行测量。测量电流需使用宽带、高精度的钳式电流探针，它能读出RMS真实值（基于热的）。成型的商业电流探针都无法满足精度和带宽要求，必须自己构建[23]。

测量灯的RMS电压需使用宽带、补偿良好的高压探针[24]。这两个结果的乘积可以得到功率，其单位为W，该功率可与直流输入电源的(E)(I)之积相比较。实际上，灯电流和电压含有小部分异相分量，但它们产生的误差可以忽略不计。

电流和电压的测量都需要一个宽带真有效值电压表。电压表必须采用热式有效值变换器——普通对数计算类的工具是不合适的，因为它们的带宽太低。

先前推荐的高压探头主要用于1MΩ/10～22pF的示波器输入。该有效值电压表有10MΩ输入阻抗。显然，这两者之间存在差异，所以必须在探针和电压表之间使用阻抗匹配网络。悬浮灯电路需要这种匹配并进行差分测量，使测试仪器的设计变得更加复杂。参见脚注24。

反馈环路稳定性问题

本指南在此之前给出的电路都是依靠闭环反馈来保持工作点的。所有线性闭环系统都需要某种形式的频率补偿，以实现动态稳定性。较低功率荧光灯支撑电路，可以简单地使用过阻尼环路进行频率补偿。正文中的图8.35、图8.37以及图8.38使用了这种方法。与彩色显示器相关的更高功率的操作，需要更加关注环路响应。变压器产生的输出电压要高很多，尤其是在启动时。不良阻尼环将使变压器电压超过其额定值，造成电弧和故障。这样，高功率设计需要对瞬态响应特性进行优化。而使用LT118X系列器件基本上不需要优化，因为它们的误差放大器增益/相位特性是专门针对CCFL负载特性而设计的。LT1172、LT1372以及其他通用开关稳压器则需多加注意，以确保正确的行为。以下的讨论主要是针对于CCFL中的通用LTC开关稳压器而展开的，具

㉒ 该脚注要说明的问题与脚注12以及相关正文中提出的问题相同。此处重申是为了强调该问题的严重性。用一个简单的实验可以很好地说明能量泄漏现象。用拇指和食指捏住灯管的低压端（低电场强度）对电路的输入电流不会产生什么影响。将拇指和食指同时向灯管的高压端（高电场强度）方向滑动，将逐渐产生较大的输入电流。请勿接触高压引线，否则将被电击。重申：请勿接触高压引线，否则将被电击。

㉓ 有关该需求的论证以及探针的构建的详细内容，可参阅附录C的“实施真正的电测量”。

㉔ 测量悬浮灯电压是一项特别的工作，需要使用宽带差分高压探针。有关构建探针的详情可参阅附录C。

体讨论以LT1172为例。

图8.60给出了一个对回路传输影响最大的电路。谐振Royer转换器为荧光灯提供约50kHz的驱动，由RC平均时间常数平滑滤波成为直流后，传送到LT1172的反馈端子。该LT1172将Royer转换器的速率控制在100kHz，并形成闭合控制回路。LT1172处的电容将降低增益，使环路标称稳定。该补偿电容必须将增益带宽降低到一定值，以防止各个环路延迟引起振荡。

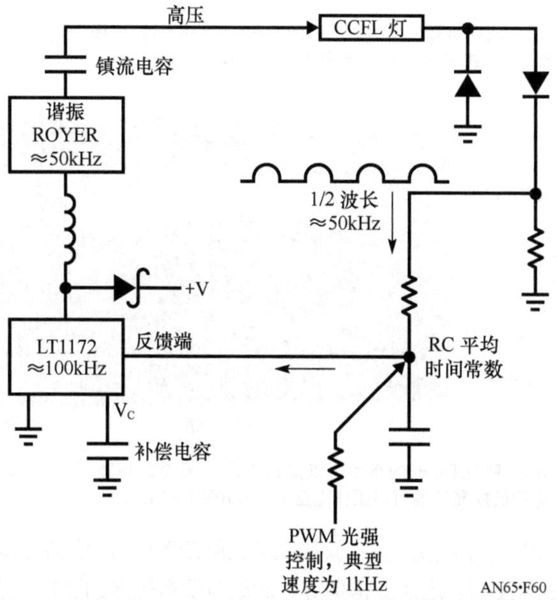

图8.60 反馈路径上的延迟项。RC时间常数主导着环路传送延迟，稳定操作时需要进行补偿

这些延迟中哪个延迟最为显著呢？从系统稳定的观点来看，LT1172的输出重复率和Royer的振荡频率可以作为系统采样数据。这些信息的传递率远远高于RC平均值时间常数延迟，所以并不显著。RC时间常数是环路延迟的主要因素。这个时间常数必须足够大，以使半波整流波形成为直流。它也必须足够大，以使PWM强度控制信号平滑为直流。通常情况下，这些PWM强度控制信号以1kHz的速率到达（见附录F的“强度控制和关机方法”）。该RC的最终延迟主导着环路传输。所以，环路必须由LT1172的电容进行补偿。该电容很大，可使环路增益降低以实现稳定性。这样，环路将不具有足够的增益，不会因RC延迟而产生相应的频率振荡[25]。

补偿形式简单有效。它能在范围较宽的工作条件下确保稳定性。然而，补偿电路在系统开启时存在不良阻尼响应。系统开启时，RC将使延迟反馈滞后，从而使输出偏移远高于正常工作点。当反馈到达RC时，回路将稳定下来。如果启动过冲完全处于变压器击穿额定值之内，它将不会造成什么影响。彩色显示器运行在更高的功率，通常需要较大的初始电压。如果阻尼环较差，过冲会很高，将造成危害。图8.61显示了系统开启时的环路响应。该图对应的RC值为10kΩ和4.7μF，补偿电容为2μF。启动过冲超过3500V，持续时长超过10ms！环路稳定之前振荡超过100ms才消失。此外，一旦环路稳定，不恰当的镇流器电容（太小）和过度有损布局将产生2000V的输出。这张图片是从变压器额定值远低于这个数字的电路中获得的。如果输出电压过高，所产生的电弧将破坏变压器，造成现场故障。图8.62显示了一个典型的受损变压器。

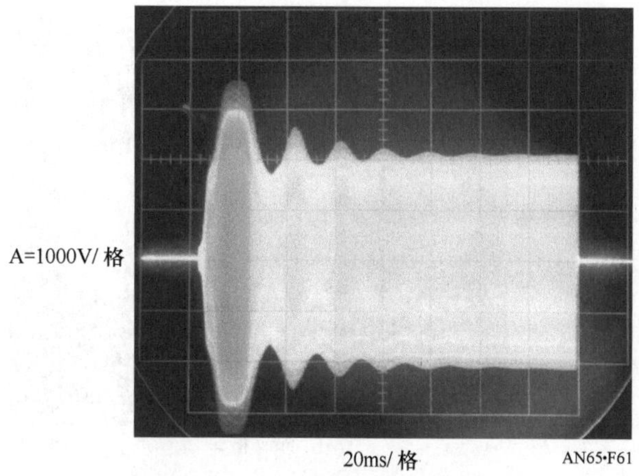

图8.61 不良环路补偿引起的破坏性的高压过冲以及振铃。变压器故障以及现场召回几乎是肯定的。还有可能因此丢掉工作

图8.62 不良环路补偿引起的变压器故障。在高压次级将产生电弧（右下）。结果导致的线圈短路将引起过热

将相同电路中的RC值降低为10kΩ和1μF，所得图形如图8.63所示。镇流电容和布局也进行了优化。图8.63显示的峰值电压降低到了2.2kV，其持续时间也下降到约2ms（注意水平刻度的变化）。振荡也很快停止，幅度偏移也较低。增加的镇流电容值以及线路布局优化使运行电压降低到1300V。图8.64所示的效果甚至更好。改变补偿电容的容值，使3kΩ/2μF网络产生的响应在环路中占主导，可以快速采集。这样，电路的开启偏移仅仅略为降低，不过其持续时间（再次重申，要注意水平刻度的变化）大大降低了。运行电压保持不变。

㉕ 这也是反馈的主要因素，也称为“主导极点补偿”。我们只能沦于贫乏空洞的描述。

这些照片说明，通过改变补偿电容、镇流电容值以及布局可以显著降低过冲的幅度和持续时间。图8.62的性能必定导致现场故障，而图8.63和图8.64没有过驱变压器。通过这些手段会有所改进，不过如果可以控制显示器损耗，将可以获得更大的裕量。图8.62、图8.63以及图8.64都取自于损耗极大的显示器。金属外壳非常接近于金属箔包裹的灯，造成了较大的损耗，以及随之而来的较大的启动过冲和较高的运行电压。如果采用低损显示器，性能可以得到极大的提高。

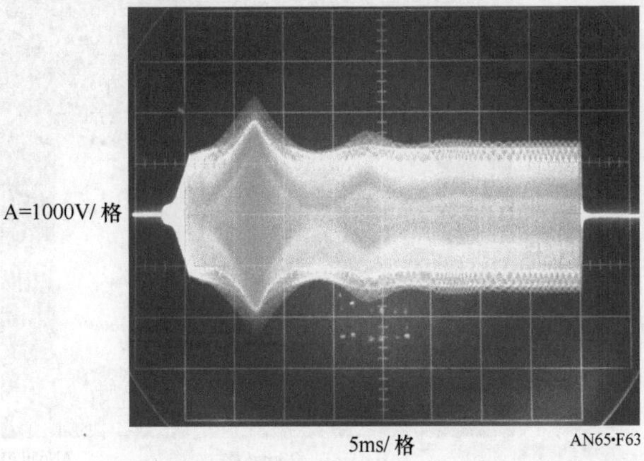

图8.63 降低RC时间常数可以改善瞬态响应，虽然仍存在峰值、振铃，而且工作电压仍然过高

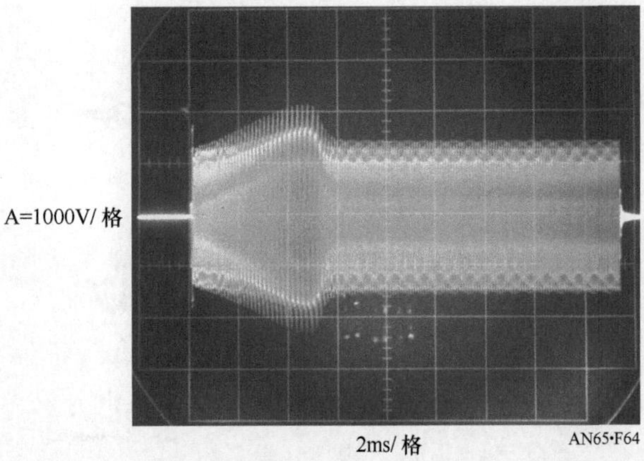

图8.64 进一步的RC时间常数优化以及补偿电容可以抑制启动瞬态。工作电压较大，表明布局是有损的

图8.65显示了一个低损显示器的启动响应，补偿电容为2μF，RC值为10kΩ/1μF。线迹A是变压器的输出，而线迹B和C分别是LT1172的$V_{COMPENSATION}$和反馈引脚电压。输出过冲和振铃严重，峰值约3000V。该现象可以从$V_{COMPENSATION}$引脚和反馈引脚的过冲（LT1172的误差放大器的输出）反映出来。图8.66的RC减少到10kΩ/0.1μF，大大降低了环路延迟。过冲下降到只有800V——四个参数几乎都有减少。持续时间也减小很多。

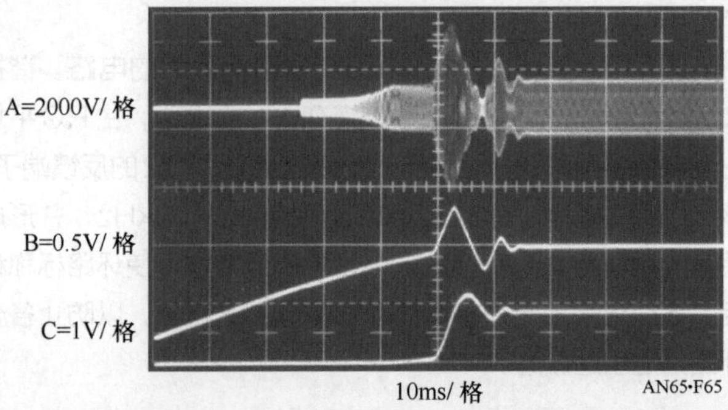

图8.65 低损布局和低损显示器的波形。高压过冲（线迹A）反应在补偿节点（线迹B）和反馈引脚（线迹C）

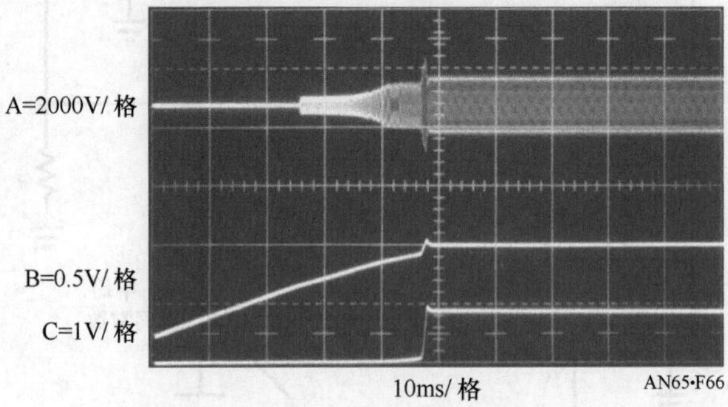

图8.66 降低RC时间常数可以得到快速、整洁的环路行为。使用低损布局和低损显示器可将工作电压低到650V（RMS）

从$V_{COMPENSATION}$引脚和反馈引脚的电压可以反映出这样严格的控制。阻尼变得更好，启动时仅有轻微的过冲。进一步将RC减小到10kΩ/0.01μF（见图8.67），可以得到更快的环路响应，不过也产生了一个新的问题。线迹A中，灯的启动太快，过冲无法在示波器上呈现。$V_{COMPENSATION}$（线迹B）和反馈引脚（线迹C）的快速响应反映了这一点。不幸的是，当反馈节点稳定时，RC光过滤将产生纹波。因此，图8.66的RC值更具实用性。

其中的教训是明显的。因为彩色显示器有着较高的电压，所以必须多加关注变压器的输出。而在运行条件下，布局和显示器损耗将产生较高的环路伴随电压，使效率下降，使变压器过驱。启动时，不恰当的补偿将产生巨大的过冲，可能导致变压器损坏。会否有一天环路和布局优化值得我们回忆呢？

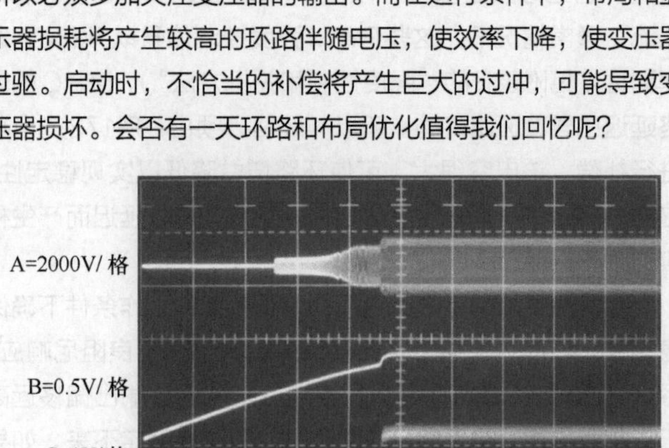

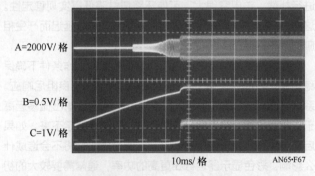

图8.67 极低RC值可得到更快的响应，但是反馈引脚（线迹C）的纹波过高。图8.66为最佳折中

参考文献

1. Williams, J., "Techniques for 92% Efficient LCD Illumination," Linear Technology Corporation, Application Note 55, August 1993
2. Bright, Pittman and Royer, "Transistors As On-Off Switches in Saturable Core Circuits," Electrical Manufacturing, December 1954. Available from Technomic Publishing, Lancaster, PA
3. Sharp Corporation, "Flat Panel Displays," 1991
4. C. Kitchen, L. Counts, "RMS-to-DC Conversion Guide," Analog Devices, Inc., 1986
5. Williams, Jim, "A Monolithic IC for 100MHz RMS-DC Conversion," Linear Technology Corporation, Application Note 22, September 1987
6. Hewlett-Packard, "1968 Instrumentation. Electronic-Analytical-Medical," AC Voltage Measurement, p.197-198, 1968
7. Hewlett-Packard, "Model 3400RMS Voltmeter Operating and Service Manual," 1965
8. Hewlett-Packard, "Model 3403C True RMS Voltmeter Operating and Service Manual," 1973
9. Ott, W.E., "A New Technique of Thermal RMS Measurement," IEEE Journal of Solid State Circuits, December 1974
10. Williams, J.M. and Longman, TL., "A 25MHz Thermally Based RMS-DC Converter" 1986 IEEE ISSCC Digest of Technical Papers
11. O'Neill, PM., "A Monolithic Thermal Converter," H.P Journal, May 1980
12. Williams, J., "Thermal Techniques in Measurement and Control Circuitry, 50MHz Thermal RMS-DC Converter," Linear Technology Corporation, Application Note 5, December 1984
13. Williams, J. and Huffman, B., "Some Thoughts on DC-DC Converters," Appendix A, "The +5 to ±15V Converter—A Special Case," Linear Technology Corporation, Application Note 29, October 1988
14. Baxendall, PJ., "Transistor Sine-Wave LC Oscillators," British Journal of IEEE, February 1960, Paper No. 2978E
15. Williams, J., "Temperature Controlling to Microdegrees," Massachusetts Institute of Technology, Education Research Center, 1971 (out of print)
16. Fulton, S.P, "The Thermal Enzyme Probe," Thesis, Massachusetts Institute of Technology, 1975
17. Williams, J., "Designer's Guide to Temperature Measurement," Part II, EDN, May 20, 1977
18. Williams, J., "Illumination Circuitry for Liquid Crystal Displays," Linear Technology Corporation, Application Note 49, August 1992
19. Olsen, J.V, "A High Stability Temperature Controlled Oven," Thesis, Massachusetts Institute of Technology, 1974
20. "The Ultimate Oven," MIT Reports on Research, March 1972
21. McDermott, James, "Test System at MIT Controls Temperature to Microdegrees," Electronic Design, January 6, 1972
22. McAbel, Walter, "Probe Measurements," Tektronix, Inc. Concept Series, 1969
23. Weber, Joe, "Oscilloscope Probe Circuits," Tektronix, Inc. Concept Series, 1969
24. Tektronix, Inc., "P6015 High Voltage Probe Operating Manual"
25. Williams, Jim, "Measurement and Control Circuit Collection," Linear Technology Corporation, Application Note 45, June 1991
26. Williams, J., "High Speed Amplifier Techniques," Linear Technology Corporation, Application Note 47, August 1991
27. Williams, J., "Practical Circuitry for Measurement and Control Problems," Linear Technology Corporation, Application Note 61, August 1994
28. Chadderton, Neil, "Transistor Considerations for LCD Backlighting," Zetex plc. Application Note 14, February 1995

附录A “热”阴极荧光灯

所谓的“热”阴极荧光灯（HCFLs）与冷阴极荧光灯（CCFL）的许多特性都相同，它们最大的区别在于“热”阴极荧光灯在灯的两端都有灯丝（见图A1）。上电后灯丝将发射电子，从而降低灯的电离电势。这意味着一个极低的电压就能启动灯。通常情况下，灯丝导通后一较为适中的电压将施加在灯管上并使其开启。灯启动后，将撤销灯丝上的电源。虽然“热”阴极荧光灯降低了对高电压的要求，但它们需要一个灯丝电源和顺序连接的电路。不使用灯丝时，正文中的冷阴极荧光灯可用来启动和运行“热”阴极荧光灯（HCFLs）。事实上，这些方法采用了类似于驱动CCFL电极的方法来驱动HCFL末端的灯丝连线。

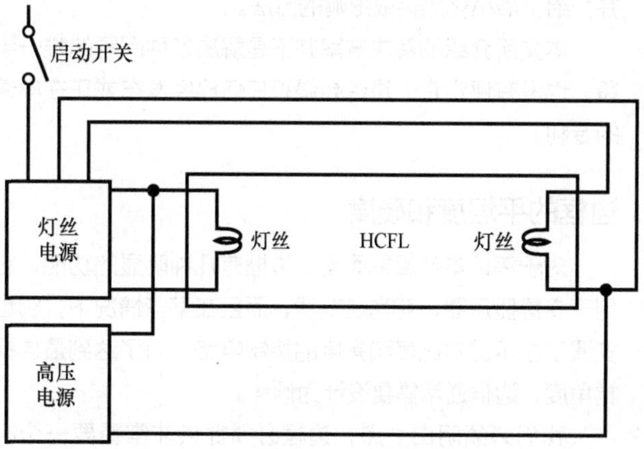

图A1 热阴极荧光灯电源的概念图。加热灯丝释放电子，可以降低灯的启动电压要求。文中讨论的CCFL电源省掉了灯丝电源

附录B 液晶显示器机械设计的注意事项

Charles L. Guthrie, 夏普电子公司

简介

很多公司开始制造下一代计算机，要求降低整体尺寸和重量的来提高它们的便携性。这引发了更小型化的设计，使得设计中的各个组件位置上非常靠近，因此更容易受到信号的噪声和热耗散的影响。以下对显示组件放置的原则进行了总结，并给出了克服与组件放置相关的设计约束的若干建议。

对于笔记本计算机而言，其显示器外壳厚度非常重要。在这样的设计中，显示器通常是关键的结构，它可以向下折叠放置在键盘上，方便运输。同时，外形尺寸也需做到最小，以使包装尽可能紧凑。这两个约束驱动了显示器外壳设计和显示组件放置。本文针对设计者面临的问题进行了详细的调查，并提出了克服这些困难的建议，以提供一个可靠的系统装配。

笔控型计算机设计者面临的问题与笔记本计算机设计相同。另外，笔控型计算机设计还需要保护显示器的表面。在基于笔的应用中，当笔在显示器的表面上移动时，笔可能会刮伤前偏振镜。由于这个原因，必须对显示器的前面加以保护。本文将讨论保护显示面同时减小对屏幕图像影响的具体手段。

此外，本文也将讨论显示器边框的平整度需求。另外，也给出了有关音响设计技术的建设性意见。此外，对那些因热量积聚问题而容易发生故障的显示组件进行了甄别，并介绍了最小化热耗散影响的方法。

本文所介绍的解决方案并不是解决各种问题的唯一手段，也没有评定它们是否会侵犯任何已经发布或正在申请的专利。

边框的平坦度和硬度

对于笔记本计算机而言，边框有几种明显的功能。它用于安置显示器、背光逆变器，而且在某些情况下，它也安置了显示器对比度和亮度的控制电路。为了达到最佳视觉角度，边框通常需要设计为倾斜。

我们必须明白一点，边框必须提供非常重要一个机制，以保持显示器平坦，特别是在安装时更需注意。平坦度的细小变化会对玻璃产生不平衡的压力，导致显示器对比度的一些变化。压力的微小变化可能导致显示对比度的显著变化。此外，在极端情况下，不均匀的压力会使显示器玻璃破碎。

因为边框要很好地保持显示器的平坦度，其硬度也要充分考虑。使用结构构件时，也要注意使整体重量最轻。这可以使用并行网格，垂直于边框，或偏离边框的边缘约45°角。成角度的结构可能更可取，因为用一只手提起屏幕时它提供了抗扭转的能力。重申一次，显示器会对边框不均匀压力很敏感。

另一种结构将提供良好的刚性，但会给计算机增加很多重量，它是一种“蜂巢”结构。这种“蜂巢”结构能承受各个方向的扭转力，并给显示器提供最佳的保护。

利用这些结构，很容易为显示器安装组件。显示器的外壳中成模时可以使用“盲螺母”。组件可以安装在显示器前面或者背面，安装在背面时可为组件提供更好的刚性。

最后要注意的是边框的开发。对于便携式计算机而言，其边框应能吸收大多数的冲击和振动。当然在设计时已经充分考虑了这些问题，不过便携式计算机仍面临异常冲击以及滥用问题。

避免显示屏热量积聚

很多显示部件都存在散热问题，设计显示器边框时必须考虑热管理问题。受热的显示器可能会受到不利影响，通常会使对比度的均匀性降低。相对于辉光放电的能量损耗，冷阴极荧光管（CCFT）本身发出的热量较小。同样，即使逆变器的设计效率很高，仍会产生一些热量。在目前正在推出的典型“紧凑”设计中，这些组件中的热效应将会积聚。大多数的显示面板中很少有通风设计。而更糟的是，所用的塑料是不良的热导体，使热量积蓄进而影响到显示器。

当前的某些设计困扰于逆变器的位置不佳和/或热管理技术不良。这些设计可以进行一定的改善，即使是那些不可能使用改善的热管理技术重新进行外壳设计的显示器也是如此。

当前设计中一个最常见的错误是，没有考虑来自冷阴极荧光管（CCFT）的散热累积。通常情况下，只有一个冷阴极荧光管（CCFT）用于笔记本应用程序以减少显示功率要求。灯一般放置在显示器的右侧边缘。由于灯被放置的非常接近显示器玻璃，它可能会导致液晶的温度上升。重要的是要注意温度变化约为5℃时，显示对比度会出现明显的非均匀性变化；稍高温度的变化会引起对比度和显示画面等的不良变化。

一些设计将逆变器放置在面板的底部，使情况进一步恶化。这样将产生对比度波动，尤其是那些没有为逆变器设置散热片的外壳更是如此。该问题表现为显示器“曝光过度”，位置正好在逆变器之上。“曝光过度”类似于洗白了的区域，最坏情况下，显示器上的字符彻底褪色。

下面一节的讨论将推荐解决这些问题的若干设计方法。

显示部件的放置

其中一种方法是将是逆变器放置到计算机主板的底部。在一些应用中，这是不切实际的，因为该方法要求高压引线被安装在连接显示面板的主体铰链中，这会导致高电压导线上的应力释放，从而引起UL认证问题。

最常见的错误是把逆变器放置在靠近显示器下边缘的边框底部。热量增加是无用置疑的，然而，对于新型笔记本计算机设计而言，这却是一个最容易忽视的设计问题。即使逆变器非常高效，但其仍会损失能量并以热量的形式散发出来。因为边框使用了绝缘性的塑料材料，热量的积聚会影响显示器的对比度。

可以通过下列三种方法改善底部逆变器的设计。将逆变器远离显示器安置，在显示器和逆变器之间添加散热材料，或者以通风的方式除去热量。

产品设计一旦定型，有些显而易见的问题很难再加以修改和完善，也无法朝着外壳顶部方向，将逆变器移高至显示器上侧边缘。在这些设计中，可以采用“热坝”将逆变器与显示器隔离。一种实现的方式是，在逆变器和显示器之间放置一块适当的云母绝缘块。“热坝”将显示器边框的热量无害地转移到边框的顶部。云母因其热和电的绝缘性能而被推荐使用。

消除热量的最后建议是在逆变器区域提供通风。该方法需要特别小心以免高压外露。因为液体电阻和粉尘泄露，通风可能不是一个实用的解决方案。

将逆变器放置在显示器边缘或者边框底部，对于新的硬件设计而言是最好的解决方案。在现有的类似设计中，逆变器热量的影响，即使在紧凑的设计中也已经很小甚至不存在了。

将逆变器放置在边框会加剧冷阴极荧光灯（CCFL）散发的热量问题。将逆变器放置在显示器的上边缘的设计，由于冷阴极荧光灯（CCFL）导致显示器对比度下降已经不再成为问题。但是，当逆变器在边框底部时，某些设计可能会因为冷阴极荧光灯（CCFL）和逆变器的热量加剧对比度的下降。

如果逆变器必须放置在边框底部，为解决冷阴极荧光灯（CCFL）导致对比度下降的问题，可以使用铝箔散热器来进行改善。这不会消除显示器的热量，而是利用整个显示区域来散热，从而使显示器的对比度保持正常。铝箔散热器很容易安置，现有的很多设计已成功证明了它对显示器对比度改善的有效性。

需要牢记的是，抑制对比度波动更多是为了解决不均匀性，而非其总损耗。

显示器表面的保护

在笔记本计算机或者笔控型计算机的设计中，还需要考虑对显示器表面的保护。由聚脂薄膜碱构成的前偏振片易受刮伤。显示器的屏幕保护，除了提供划伤保护外，还提供了抗反射防眩光的表面。

有几种方法可以将抗划伤性表面和防眩表面合并。玻璃或塑料盖可以放置在显示器表面上，从而提供保护。材料应靠近显示器，以尽量减少由于材料反射造成的视差问题。防眩材料越贴近显示器，失真就越小。

在笔控型计算机应用中，前面的抗擦刮材料最好能接触显示器的前玻璃。当压力施加在显示器前表面时，保护材料要稍厚以防止显示器变形。

有几种方法可用于笔输入设备。一些设计用玻璃盖的前表面提供输入数据，还有一些则使用场效应映射到安置在显示器背面的布线板上。当笔输入设备在显示器前输入时，通常是在玻璃表面之上。

为了限制应用中的镜面发射，前保护玻璃罩应与显示器绑定在一起。系统中使用的所有材料，其热膨胀系数都应是匹配的。如果碰到保护玻璃绑定困难，以及做工不当可能导致的显示器毁坏等问题时，强烈建议咨询相关专家。

附录C　进行有价值的电气测量

获取可靠的CCFL电路效率数据，是较为高难度的测量问题。高频交流测量中的精度要求，近乎当前的最高水平。建立并保持精密宽带交流测量，是倍受关注的典型测量范例。高频和谐波负载波形的混合以及所用的高压，很难获得有意义的测量结果。测试仪器的选取、理解和正确使用，都至关重要。清晰的思路可以避免意外的错误[26]！

㉖　正文中图 8.35 所示电路的各种实现，据报道效率从 8% 到 115% 不等，这一点值得深思。

灯电流和电压波形所包含的能量成分分布在极宽频率范围内。大部分能量集中在逆变器的基频和直接谐波。但是，如果要求1%的测量不确定性，必须精确捕获频率达10MHz的信号能量。图C1所示的是灯电流的频谱分析，从中可以看到频率达500kHz时仍有大量的能量。忽略的部分仍然很大，包含在图C2的6MHz频带内。这些数据说明监测仪器必须在宽带范围内保持高精度。

RMS工作电流的精确测定，对电效率和发光率的计算以及保证灯的较长寿命是很重要的。此外，需要能在共模高压（>1000V（RMS））下进行电流测量。这样，可以对显示器和导线引入的损耗进行考察和量化，而不用关心它们在灯驱动电路中的起因。

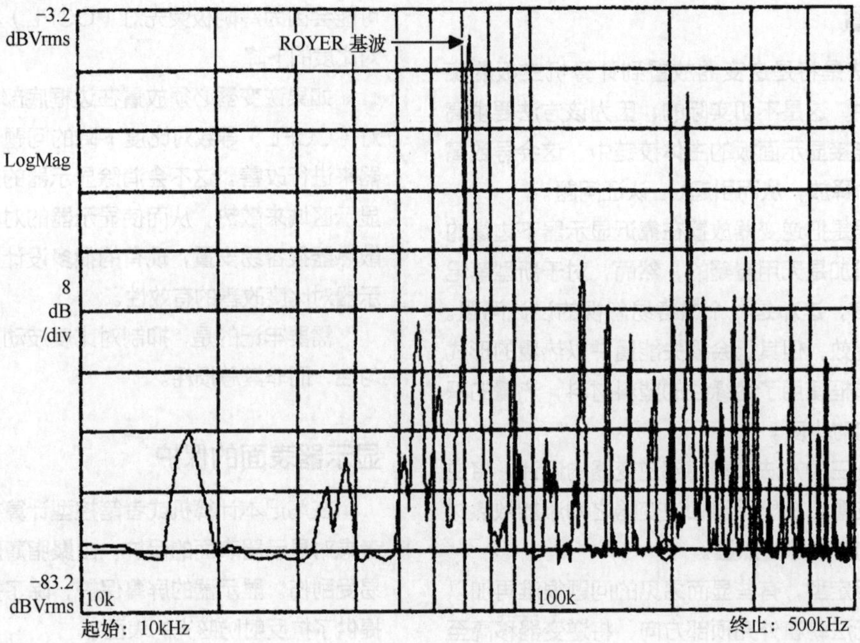

图C1 Hewlett-Packard HP89410A中灯电流的频谱图，其中频率直到500kHz仍包含大量的能量

电流探针电路

图C3所示的电路图可以满足讨论的要求。它根据信号调节使用商用“钳位”电流探针，使用精密放大器为10MHz以内的信号提供1%的测量精度。即使包含共模高压，“钳位”探针也能进行方便精密的测量。电流探针偏置A1，工作增益约为3.75。由于探针的低输出阻抗终端，无需阻抗匹配。附加的放大器提供分布式的增益，在宽带内保持约为200的总增益。单独的放大器避免了集成了四个放大器的单个芯片可能引入的串扰误差。选择VD1和R_X的极性和值来微调放大器的总偏移。100Ω调节器设定增益，固定比例因子。其输出驱动基于热的宽带RMS电压表。实际上，电路固定在一个2.25英寸×1英寸×1英寸的外壳上，并通过BNC直接连接到电压表，不需要使用任何电缆。图C4显示的是探针/放大器组合。图C5详细说明了放大器各部分的射频布局技巧。图C6则给出了一个版本的放大器，详细说明了附件的布局和构造，从而形成了一个在20kHz~10MHz带宽内精度为1%的“钳位”电流探针。

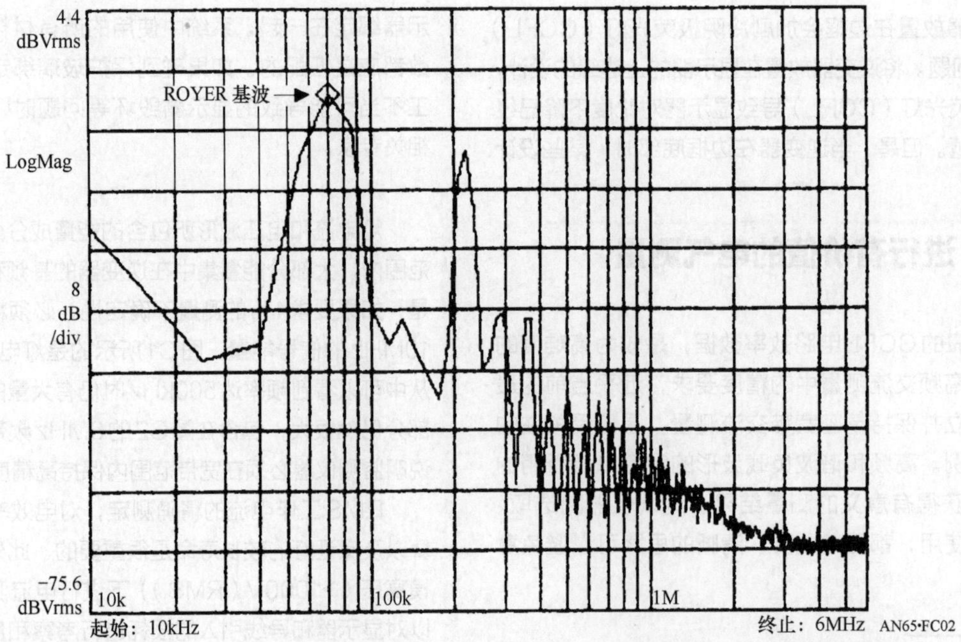

图C2 扩展的HP89410A频谱图，说明灯电流在MHz范围内仍有可测能量。数据表明灯电压和电流仪器必须具有精确的宽带响应

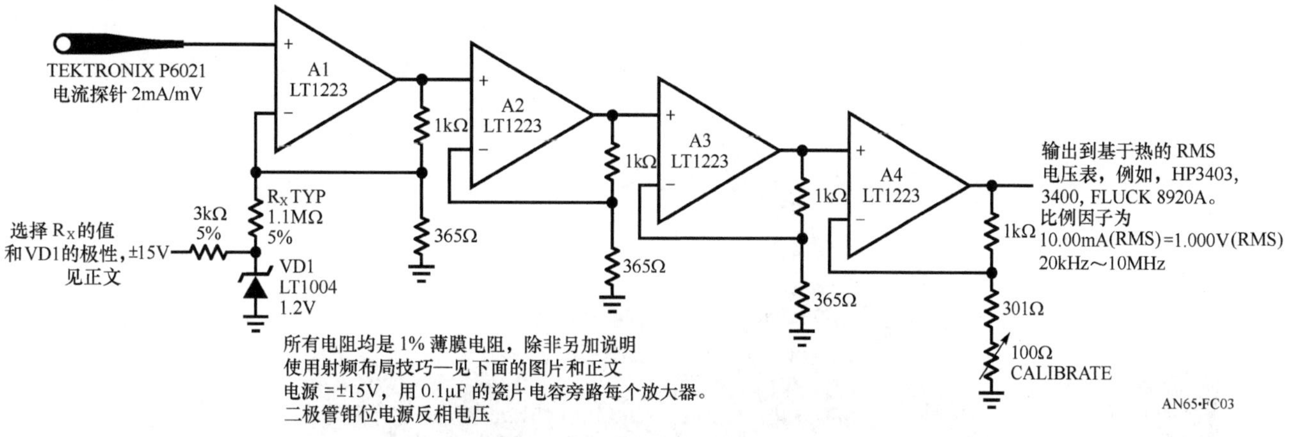

图C3 CCFL测量所用精密 “钳位” 电流探针，在20kHz～10MHz带宽内保持1%的精度

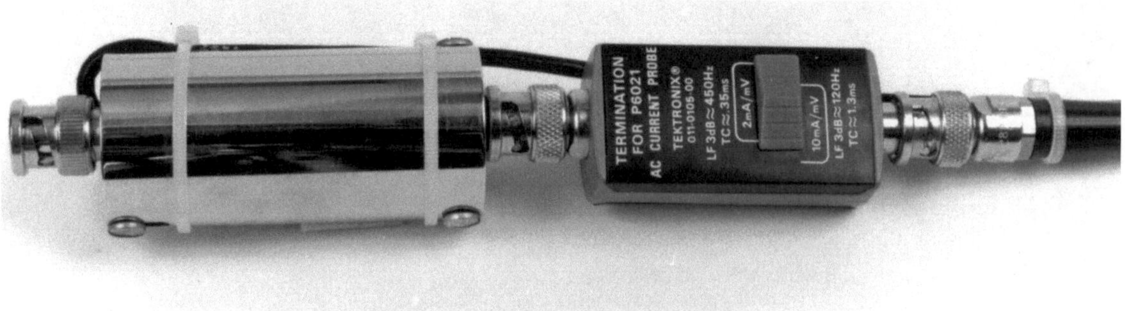

图C4 与电流探针终端盒配对的电流探针放大器

图C5 为使性能达到正文中的水平，电流探针放大器需要射频布局技巧

图C6 外壳中包含的电流探针放大器。 电流探针端子在左边

这个工具对于任何严格流程的背光设计生产是不可或缺的。图C7显示了Hewlett-Packard HP4195A网络分析仪中测量的探针/放大器响应。

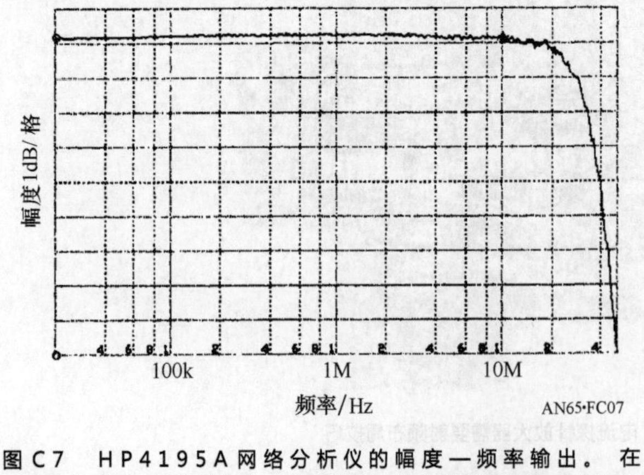

图C7 HP4195A网络分析仪的幅度—频率输出。 在20kHz~10MHz的带宽内， 电流探针/放大器保持1%（0.1dB）的误差。10MHz和20MHz内的微小畸变与测试夹具相关

电流校准器

图C8所示的电流校准器电路可以校准探针/放大器，而且可以用来周期性地检查探针的精度。A1和A2组成一个文氏桥式振荡器。振荡器的输出由A4和A5整流，并在A3与一个直流电压比较。A3的输出控制VT1，形成稳定幅度的环。稳定后的幅度端接在100Ω、0.1%的电阻，通过电流环提供精确的10.00mA、60kHz电流。通过更换标称15kΩ电阻来调节100Ω单元上的1.000V(RMS)精确电压。

实际使用时，在长达一年的时间内，此电流探针表现出0.2%的基准线稳定性和1%的绝对精度。对于保持精度唯一的维护要求是保持电流探针口的清洁及避免粗暴和生硬的探针操作[27]。图C9(a)显示了带有RMS电压表的探针/校准器；图C9(b)显示了使用中的电流探针，本例中用于测量显示边框的寄生损耗。

㉗ Tektronix 公司的内部通信。

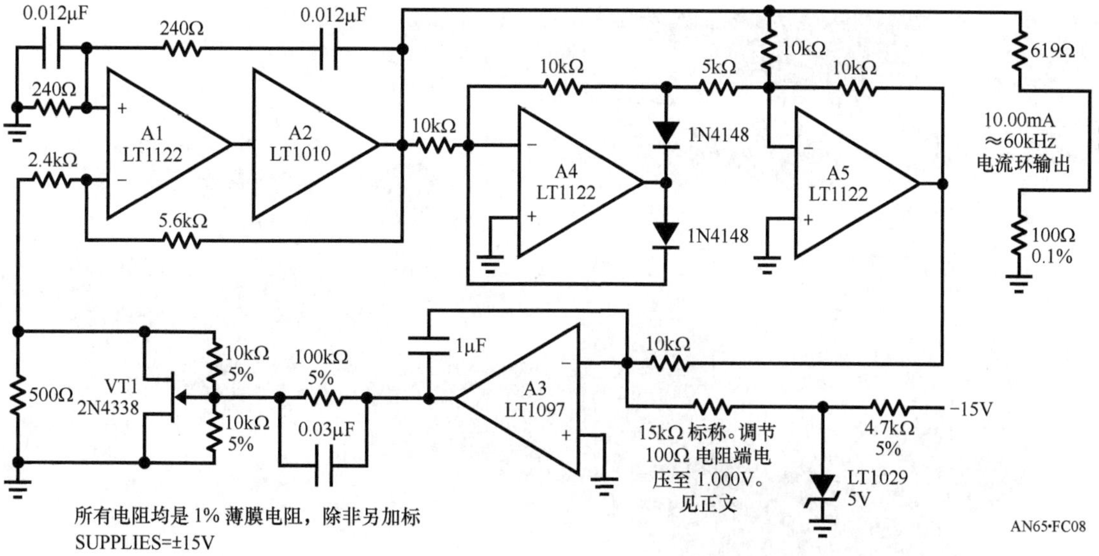

图C8　用于探针调节和精度检查的电流校准器。 在60kHz时， 稳定后的振荡器将在输出电流环中生成10.00mA电流

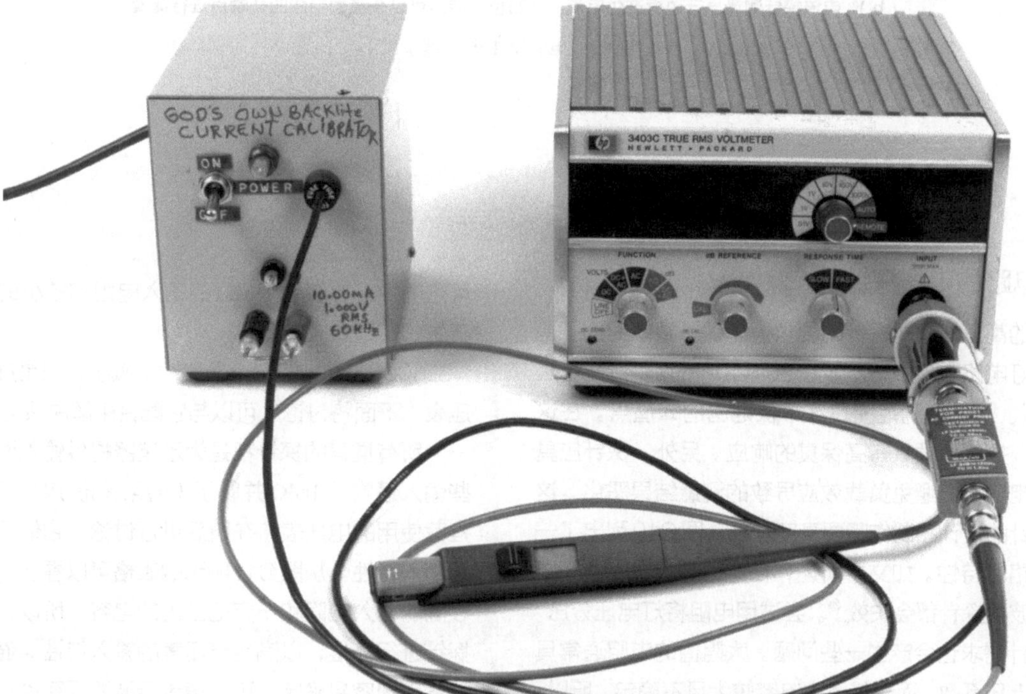

（a） 完整电流探针的测试套件， 包含探针、 放大器、 校准器以及基于热的RMS电压表10MHz时精度1%

图C9　电流校准器

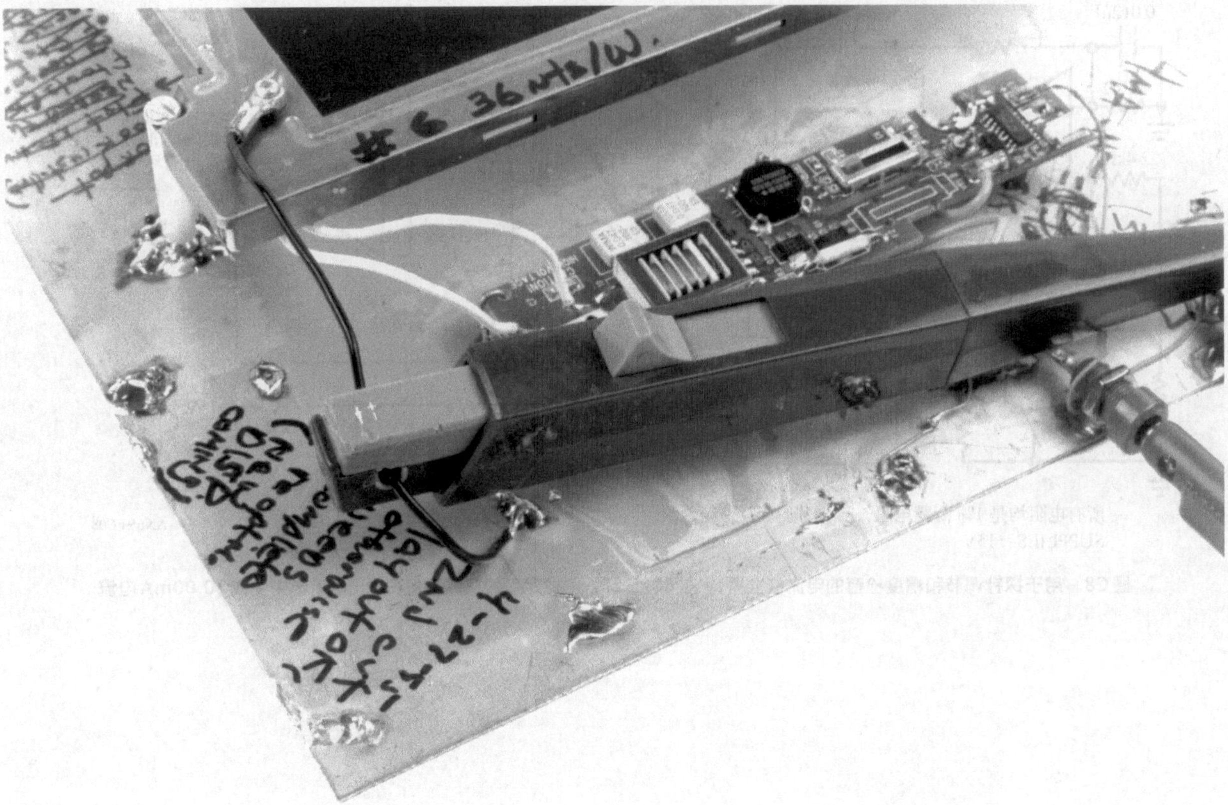

（b） 电流探针测量显示边框产生电流。"钳位"能力可以在其他电路的任意点进行测量

图C9 电流校准器（续）

接地灯电路的电压探针

灯泡的高压测量对探针的要求极高。最简单的例子是测量接地灯电路。其中，基波在20~100kHz，谐波可至MHz区域。最活跃的范围是在千伏范围的峰值点。在这些情况下，探针必须具有高保真的响应。另外，探针应具有低输入电容，以避免负载效应导致的测量结果恶化。这种类型探针的设计和制作需要高度重视。图C10列出了一些探针规格和特性。如文中所述，在这种测量中，几乎所有标准示波器探针都会失效[28]。尝试用电阻将灯电压分压，以绕开探针需求也会产生一些问题。大阻值的电阻通常具有显著的电压系数，而且其寄生电容较大且不确定。所以，简单的分压是不行的。同样，由于交流效应，用于直流测量的普通高压探针会有较大的误差。P6013A和P6015是可选的探针；其100MΩ的输入电阻和较小的输入电容所产生的负载效应较低。

1000X衰减的缺点是使输出减小，但是推荐使用的电压表（下面将讨论）可以与它配合来解决该问题。

所有推荐的探针都是为示波器提供输入而设计的。这些输入通常为1MΩ并联了（通常情形）10~22pF。本文推荐使用的电压表将在随后进行讨论，它们具有显著的差分输入特性。从图C11所示的表格可以看出，各探针具有较高的输入电阻和一定范围内的电容。所以，必须对这些探针进行补偿，以满足电压表的输入特性。通常，最佳的补偿点很容易确定，可以通过示波器观察探针输出并进行调整。输入一个已知幅度的方波（通常来自示波器的校准器），校准探针直到能够正确响应。使用探针和电压表相结合的方法会产生未知的电阻失配以及确定补偿是否正确的问题。

[28] 我们已经两次善意警告。

TEKTRONIX 探针类型	衰减系数	精度	输入电阻 / MΩ	输入电容 / pF	上升时间 /ns	带宽 /MHz	最大电压 /kV	降至高于 /kHz	各频点降至	补偿范围 /pF	终端电阻假定值 / MΩ
P6007	100X	3%	10	2.2	14	25	1.5	200	700V（RMS）在10MHz	15~55	1
P6009	100X	3%	10	2.5	2.9	120	1.5	200	450V（RMS）在40MHz	15~47	1
P6013A	1000X	可调	100	3	7	50	12	100	800V（RMS）在20MHz	12~60	1
P6015	1000X	可调	100	3	4.7	75	20	100	2000V（RMS）在20MHz	12~47	1

图C10　一些宽带高压探针的特性。输出阻抗是针对示波器的输入设计的

生产商及型号	满量程	1MHz时的精度	100kHz时的精度	输入阻抗和电容	最大带宽	振幅因数
Hewlett-Packard 3400 仪表显示	1mV~300V，12个量程	1%	1%	0.001~0.3V量程=10MΩ及<50pF，1~300V量程=10MΩ及<20pF	10MHz	满量程：10:1，0.1量程：100:1
Hewlett-Packard 3403C 数字显示	10mV~1000V，6个量程	0.5%	0.2%	10~100mV量程=20MΩ及20pF±10%，1~1000V量程=10MΩ及24pF±10%	100MHz	满量程：10:1，0.1量程：100:1
Fluke 8920A 数字显示	2mV~700V，7个量程	0.7%	0.5%	10MΩ及<30pF	20MHz	满量程：7:1，0.1量程：70:1

图C11　一些基于热的RMS电压表。对于高压探针，输入阻抗需要匹配网络和补偿

阻抗失配在低频和高频时产生。低频部分通过加入一个适当值的电阻可以将探针的输出分流。对于10MΩ的电压表输入，1.1MΩ的电阻是合适的。这些电阻最好内嵌在装配了尽可能小的BNC的外壳中，以保持同轴环境。不应使用任何电缆连接，且外壳应直接置于探针输出和电压表输入之间，以使杂散电容降到最小。这种结构补偿了低频的阻抗失配。图C12所示为连接在高压探针上的阻抗匹配盒。

校正高频段的阻抗失配的方法更加复杂。电压表中宽范围的输入电容，再加上附加的分流电阻效应将会产生问题。实验人员如何知道在何处设置高频探针补偿调节器？一种方法是给探针/电压表组合施加一个已知大小的RMS信号，然后调节补偿至一个正确的读数。图C13所示为一种产生已知RMS电压的方法。此方案对一个最简单的标准背光灯电路进行了适当修改，用以产生恒定的输出电压。运算放大器允许5.6kΩ反馈端的低RC负载，而不产生偏置电流误差。5.6kΩ的阻值可以是串联也可以是并联，对其进行微调以得到300V的输出。反馈网络的杂散寄生电容影响输出电压。因此，所有的反馈关联节点和元件应该牢牢固定，并且整个电路应安置在小金属盒中。这样可以防止寄生参数的显著变化。通过以上手段，最终可获得300V（RMS）的输出。

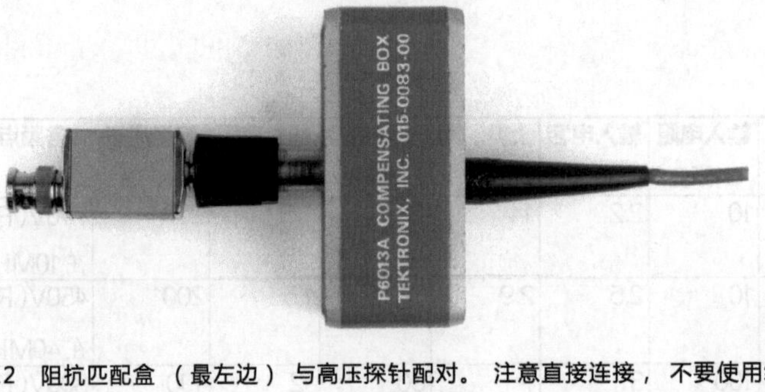

图C12 阻抗匹配盒 （最左边） 与高压探针配对。 注意直接连接， 不要使用缆线

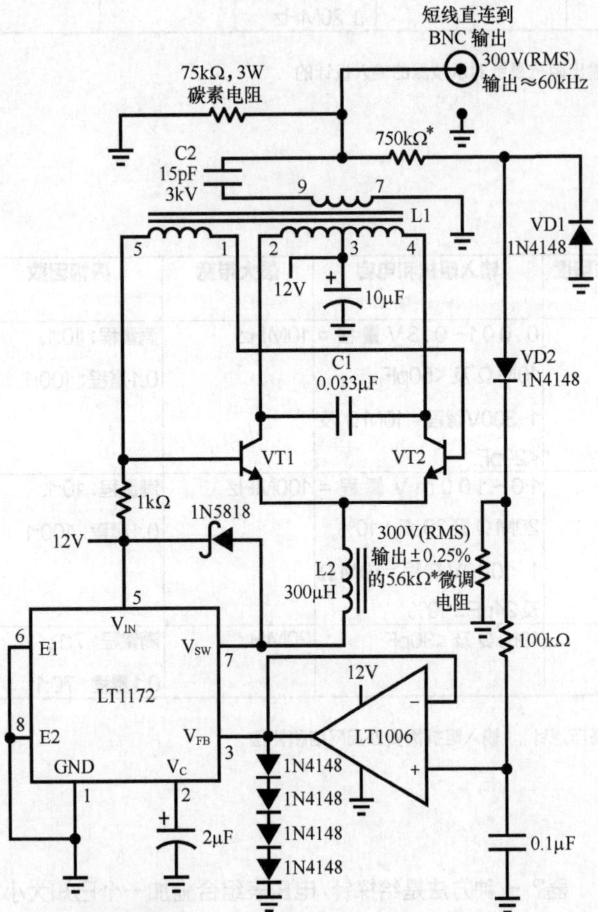

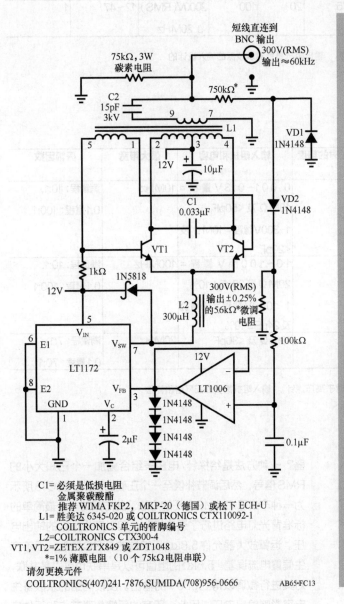

C1= 必须是低损电阻
金属聚碳酸酯
推荐 WIMA FKP2，MKP-20（德国）或松下 ECH-U
L1= 胜美达 6345-020 或 COILTRONICS CTX110092-1
COILTRONICS 单元的管脚编号
L2=COILTRONICS CTX300-4
VT1，VT2=ZETEX ZTX849 或 ZDT1048
*=1% 薄膜电阻 （10 个 75kΩ 电阻串联）
请勿更换元件
COILTRONICS(407)241-7876，SUMIDA(708)956-0666 AB65·FC13

图C13 高压RMS 校准器是电压输出型的CCFL电路

这样，使用最短可能连接（如，BNC至探针转接器）到校准盒，对探针进行适当补偿实现了对300V电压表的支持。这一过程与附加电阻完成了探针到电压表的阻抗匹配。如果探针补偿改变（如，对于示波器的特定响应），电压表的读数将有误[29]。一个较好的做法是在每一组有效的测量之前或之后都对校准器的输出进行验证。这可以用BNC转接器，将校准盒直接连接到1000V量程的RMS电压表。

悬浮灯电路的电压探针

测量悬浮灯电路的电压需要全身心投入。悬浮灯测量时可能碰到的问题不仅包含了接地测量的所有困难，还需要全差分输入。这样是因为灯完全悬浮在地平面之上。两个探针不仅必须得到正确的补偿，而且要匹配和校准在1%内。另外，需要一个全悬浮电源来检查校准，而不是图C13所示的单端方法。

通过图C14所示的差分放大器，高压探针的差分输出转换成驱动RMS电压表的单端输出信号。如果探针补偿和校准是正确的（下面将讨论），10MHz带宽时引入的误差小于1%。通过提供正确探针端的RC网络，两个探针输入馈送到源极跟随器（VT1-VT4）。VT2和VT4为工作增益约为2的差分放大器提供偏置。FET的直流和低频差分漂移由A1控制。A1检测带限A2的输入，并为VT4的栅极电阻提供偏置。使得VT4和VT2具有相同的源极电压。该控制环可以消除由于FET失配所产生的直流和低频误差[30]。VT1和VT3同样跟随探针的输出，并馈送一个小的求和信号到A2的辅助输入，这个信号是频率相关的。这部分是用来校正A2主输入端的共模抑制的限制。A2的输出通过20：1的分压器驱动RMS电压表。分压器结合A2的增益带宽特性给予1%的精度到10MHz的输入电压表。

㉙ 我们想说的是，不使用探针时将其藏好。如果其他人想借，直视他们，耸一下你的肩膀告诉他们你不知道在哪。这显然不诚实，但非常管用。觉得这样做不太道德的人，可能会在调乱了的探针上无谓地花费一天将之重新调整好后，重新审视自己的心态。

㉚ 比较明显且不太复杂的控制 FET 失配所产生失调的方法，是采用匹配的双单片 FET。读者试想，为什么这种方法会产生极高的高频误差。

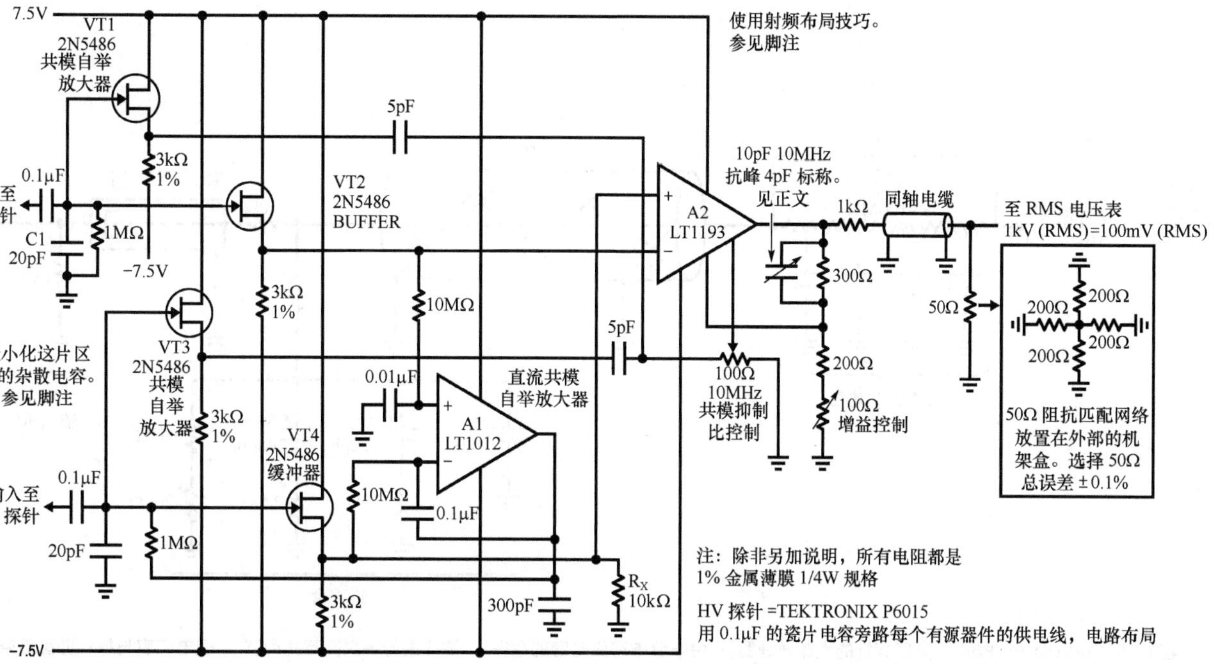

图C14　精密宽带差分探针放大器允许悬浮灯电压测量。 源极跟随器加上阻抗匹配网络实现探针空载。A2提供差分至单端的变换。

为了校正放大器，将两个输入连在一起，并选择R_X（见VT4），所以A1的输出接近0V。有必要将R_X放置在VT2处以进行微调。然后，用1V、10MHz的正弦信号驱动短接的输入。调节“10MHz CMRR调节旋钮”直到RMS处电压表读数最小，其读数应小于1mV。最后，将“+”输入提升到地电势之上，施加60kHz、1V（RMS）信号，并设置A2的增益控制使电压表读数为100mV。作为检查，“+”输入接地，并用60kHz的信号驱动“-”输入，应该产生一个相同的读数。此外，已知的任何频率从10kHz~10MHz的差分输入，应该产生不超过1%的相应校准和稳定的RMS电压表读数。在最高频率时，这个数字之外的误差可以通过调整“10MHz的反调峰”进行纠正。这样就完成了功率放大器的校准。

高压探针必须有正确的频率补偿，以便放大器能输出校准的结果。放大器输入端的RC值接近终端阻抗，探针被设计为单独的探针时必须精确地进行频率补偿，以实现所需的精度。因为探头的特点，这是一个相当苛刻的运用。

图C15所示的是Tektronix P6015 高压探针的近似原理图。一个体积较大的100MΩ电阻在探头处。虽然电阻器具有复用的宽带特性，但它也有分布寄生电容。这些分布电容结合相似的电缆损耗，将造成终端箱上探测波形的失真。正确调整后，终端盒的阻抗频率特性校正了失真信息，在输出端呈现出正确的波形。探针的1000×衰减因子及其高阻抗，为输入波形提供了一个安全、微创的测量。

大量的寄生项是与探头和电缆直接相关的，导致了复杂的多时恒定响应特性。可靠的宽带响应需要终端盒的元件分别补偿各自的时间常数。这样，对于任何一个仪器的输入，需要不少于7步的用户调整来补偿探针。这些调节是交互式的，实现完全补偿之前需要重复进行。探针使用手册说明了调节的顺序，使用指定的示波器显示输出。在所给例子中，通过上述的差分放大器，最终输出到RMS电压表。所有这些都增加了探针正确补偿点的计算量，但仍然是可以解决的。

为了补偿探针，将其直接连到校准的差分放大器（见图C16到图C18），并将“-”输入连接的探针接地。用100V、100KHz、10ns整洁边缘且具有最小过渡畸变的方波驱动“+”输入探针[31]。波形的绝对幅度不重要。在示波器中观察这个波形[32]。此外，用示波器[33]观察差分放大器（见图C14）中A2的输出。执行Tektronix P6015手册中描述的补偿步骤，直到示波器显示的两个波形一致。到达这一状态后，“+”输入探针接地后，驱动“-”输入探针，重复上面的步骤。这种顺序使得探针的交互式调节相当地接近最优点。

㉛　合用的设备包括 Hewlett-Packard 214A 和 Tektronix 106 型号脉冲产生器。

㉜　请使用已补偿的合用探针！

㉝　见脚注 7。

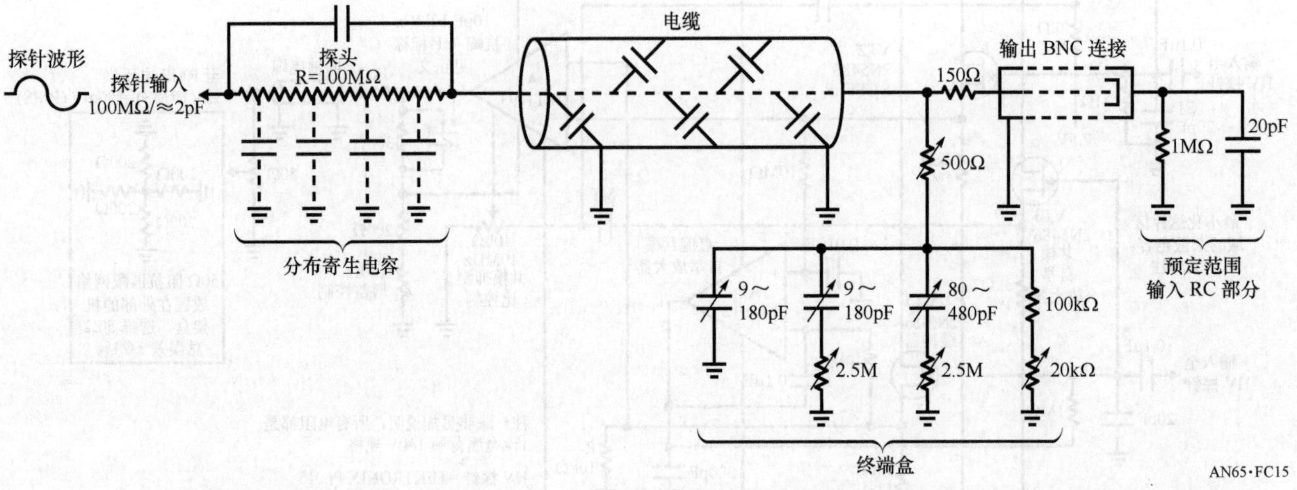

图C15　Tektronix P6015高压探针的大概原理图。由于分布寄生电容的存在，需要进行多次交互式调节，但电压表与探针匹配复杂化

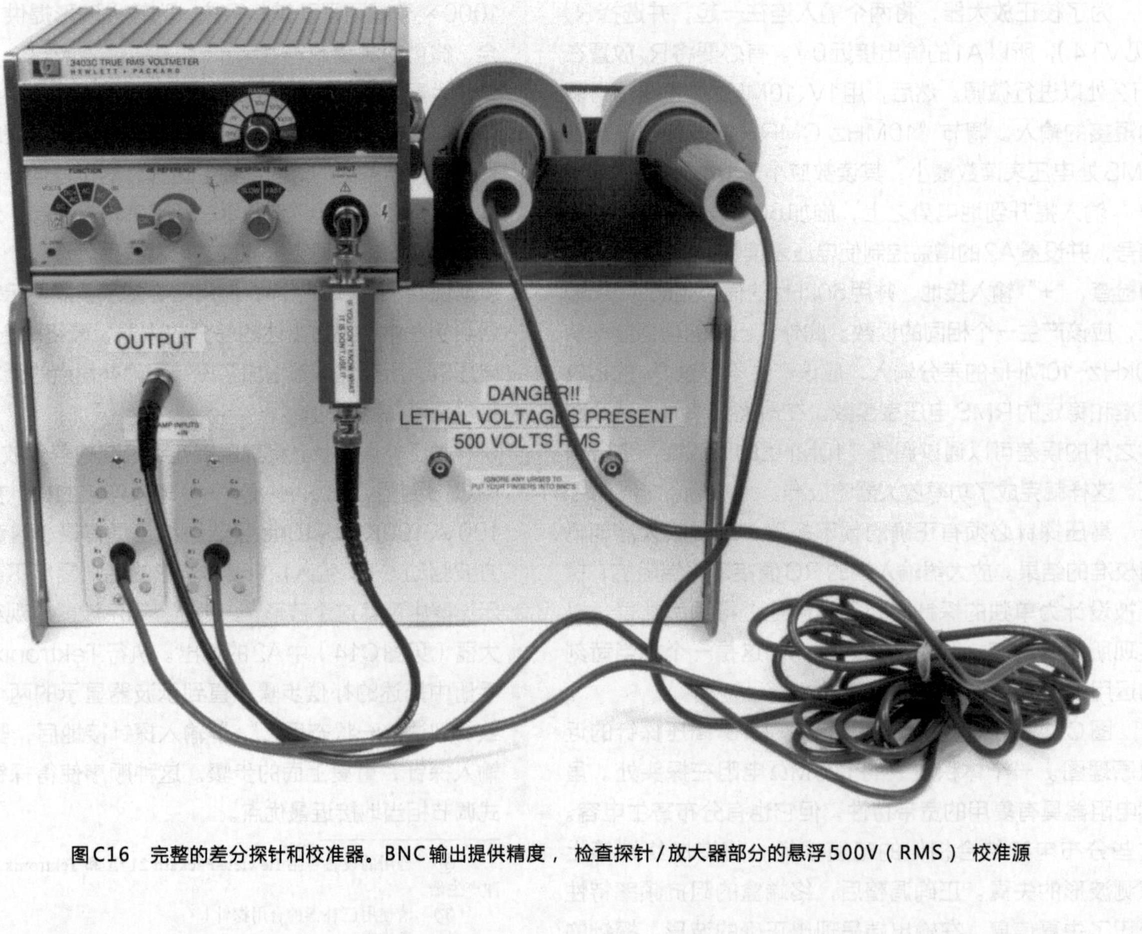

图C16　完整的差分探针和校准器。BNC输出提供精度，检查探针/放大器部分的悬浮500V（RMS）校准源

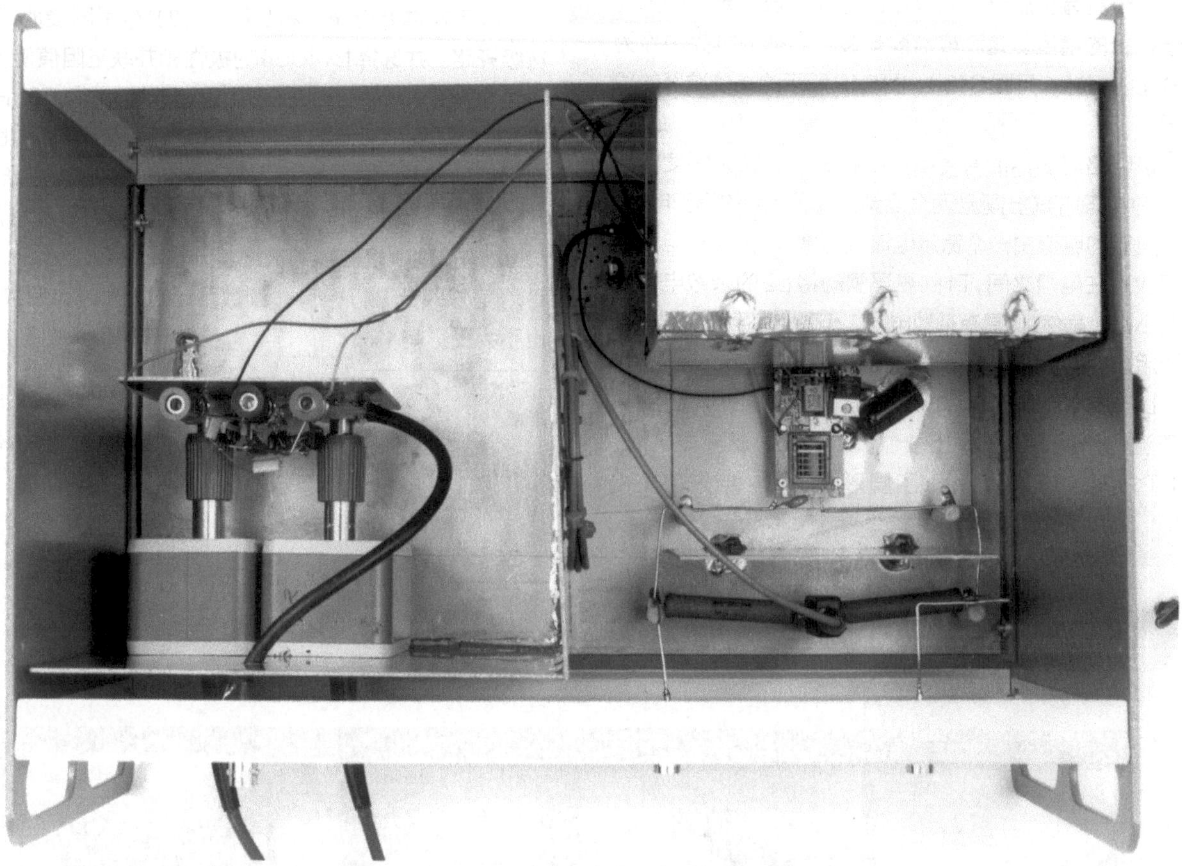

图C17　差分探针/校准器的府视图。探针直接配到差分放大器（左）。校准器在右。电流互感器放置在负载电阻之间

为了完成校准，将50Ω精密终端（见图C14和图C16）和RMS电压表连接到差分放大器的输出（见图C16）。将“-”输入探针接地，用已知幅度的60kHz高压波形驱动“+”探针[34]。

重复进行探针补偿微调，以使探针读数与校正输入一致（由于比例差异一例如，忽略电压表量程和小数点标志）。在调整中，尽量使用最大效果的调节——随后只需要稍作调整。完成这一步后，使用100V、100kHz方波重复这一步骤，验证输入/输出波形的边缘保真度。如果波形保真度丢失，重新调节并重试。重复这种操作，直到两个条件都满足。

为调整“-”探头，将“+”探测器接地，重复上述步骤。

将两个探针短接在一起，用100V、100kHz的方波进行驱动。RMS电压表读数应为零（理想情况下）。它显示的读数通常应该远低于输入的1%。差分放大器的“10MHz CMRR调节”（见图C14）可以将电压表调整到很小的读数。

然后，探针仍然短接，使用20kHz~10MHz的正弦波，以最大的可用幅度扫频。用RMS电压表观察A2的输出，保证输出的幅度不超过1%。最后[35]，在一个探针接地的情况下，以最大的可用幅度，以20kHz~10MHz的信号对每一通道扫频。验证RMS电压表读数的正确性，以及整个扫频范围内每种情况下增益的平坦性。如果上述任何条件不满足，则必须重复整个校准过程。这样就完成了校准。

㉞ 图C13所示的校准器是恰当的。

㉟ “最后”远不是描述清楚那么简单。获得一个宽带、匹配的探针响应包含14步交互式调节，需要时间、耐心和彻底的决心。整个部分至少要用6个小时。你需要使用。

差分探针校准器

一个具有全悬浮、差分输出的校准器，允许周期性检查探针的精度。这个校准器安装在同样的机壳内作为差分输入探针（见图C16）。图C19所示的是校准器的原理图。

该电路对基本的背光电源电路进行了较大幅度的修改。其中，T1的输出驱动两个高频、高压专用的精密电阻。通过电阻的电流由一个宽带电流互感器L2监测。电流互感器放置在电阻之间，T1的悬浮驱动将L2的杂散电容效应最小化。虽然L2具有杂散电容，但是自举到0V抵消了其作用。

L2的次级输出被A1和A2放大，A3和A4起到精密整流的作用。A4的输出被10kΩ/0.1μF滤波器平滑，与LT1172的Feedback引脚形成闭环。与先前描述的CCFL电路一样，LT1172控制Royer驱动，设定T1的输出。

为了校准此电路，将LT1172的V_C引脚接地，T1的次级开路，并选择LT1004的极性和并联电阻值使得A4的输出为0V。然后，在L2中通过5.00mA、60kHz的电流[36]。测量平滑后的A4输出（LT1172的Feedback引脚）并调节“输出微调”至1.23V。接着，重新连接T2的次级，除去电流校准器的连接，并断开LT1172引脚Vc的接地。校准器的最终差分输出为500V(RMS)，可用差分探针进行检查。读数不超过1%时，反接探针也不会受影响[37]。

[36] 将图C8所示电路的输出重新调整至5.00mA，是一个校准电流源。

[37] 当探针精度成功调整到小于1%时，制作和调试差分探针和校准器的工作人员将感受到无法抑制的成功快乐。

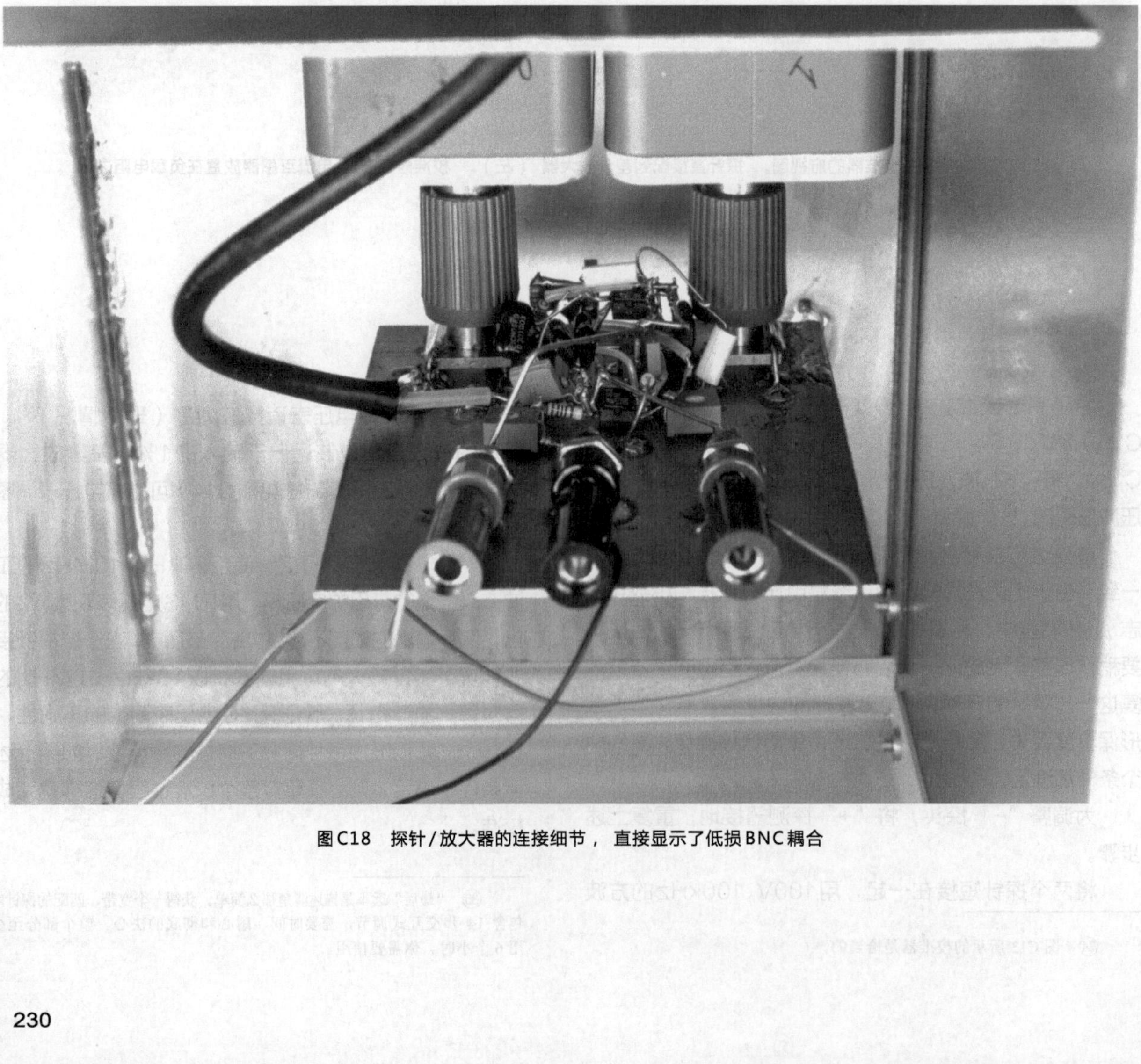

图C18 探针/放大器的连接细节，直接显示了低损BNC耦合

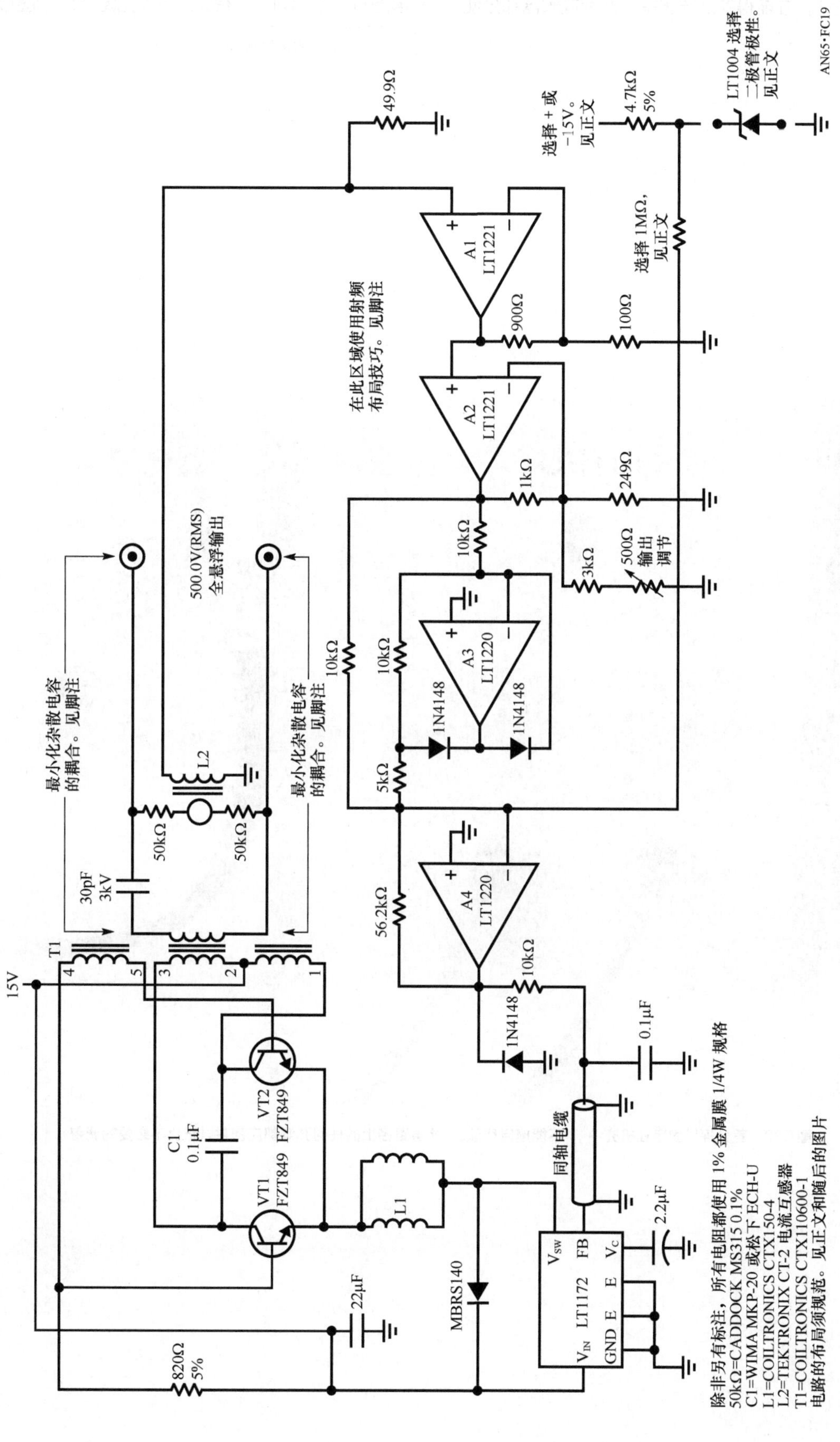

图C19　悬浮输出校准器。电流互感器允许悬浮输出，并能同时保证严格环路控制。放大器提供到逆变器电路反馈节点的增益

差分探针和悬浮输出的校准器需要投入几近全部身心来进行布局设计，才能得到上述水平。宽带放大器部分使用了显而易见的合理射频布局技巧[38]。实际制作时要充分考虑寄生电容问题，有关细节详见图C17到图C23。

[38] 参见参考文献26。

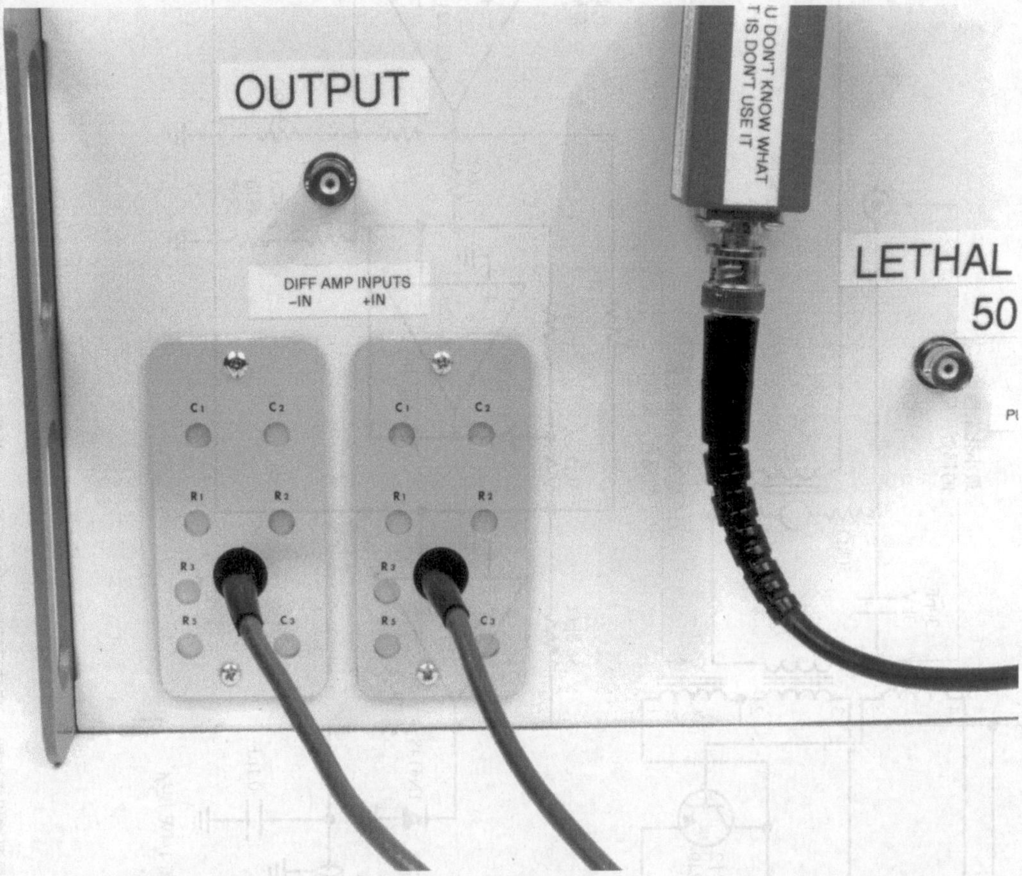

图C20 差分探针固定在机壳中，不能擅自移除。补偿路径上的任何孔洞都应密封以防止不必要的调整

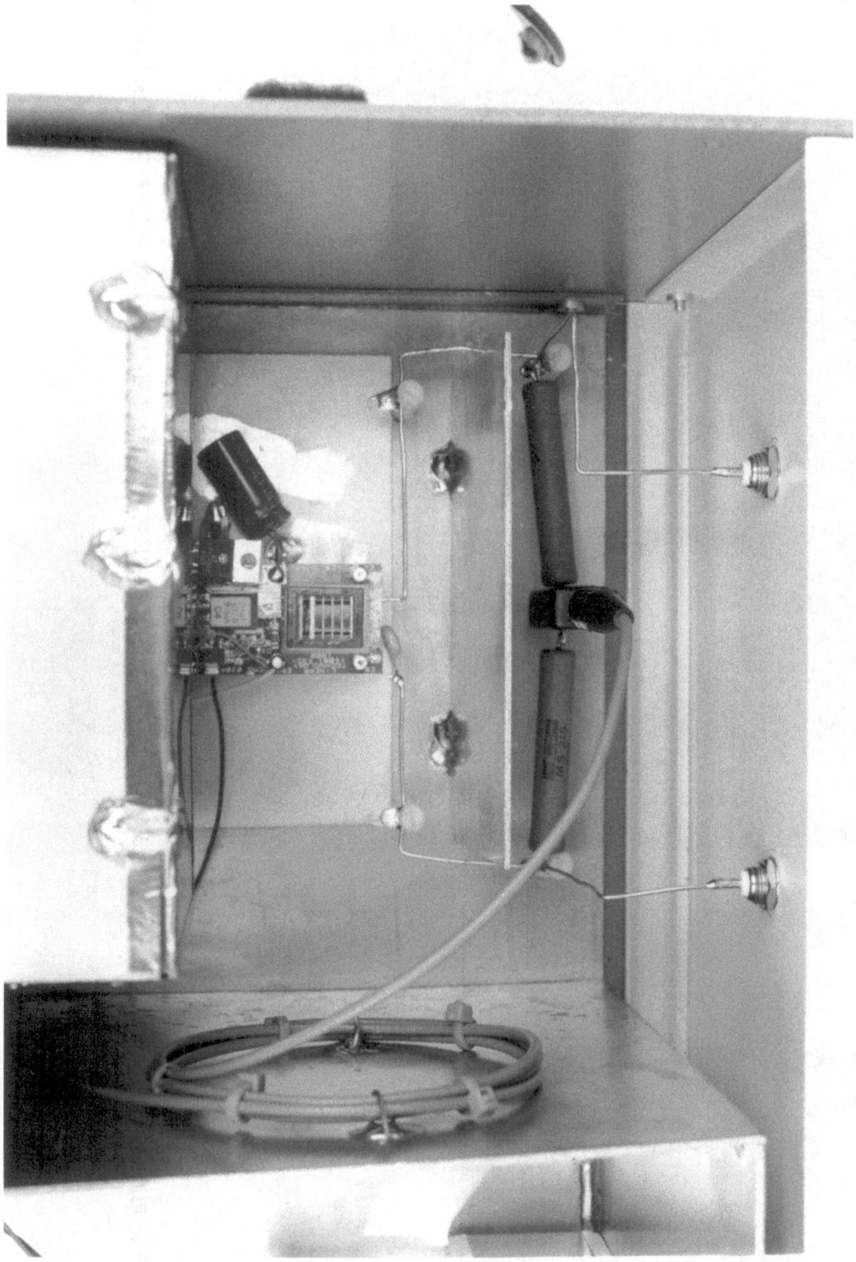

图C21 校准器切面细节。逆变器在中间，而负载电阻和电流互感器在前侧。注意逆变器和负载电阻与低电容布局之间的隔离板

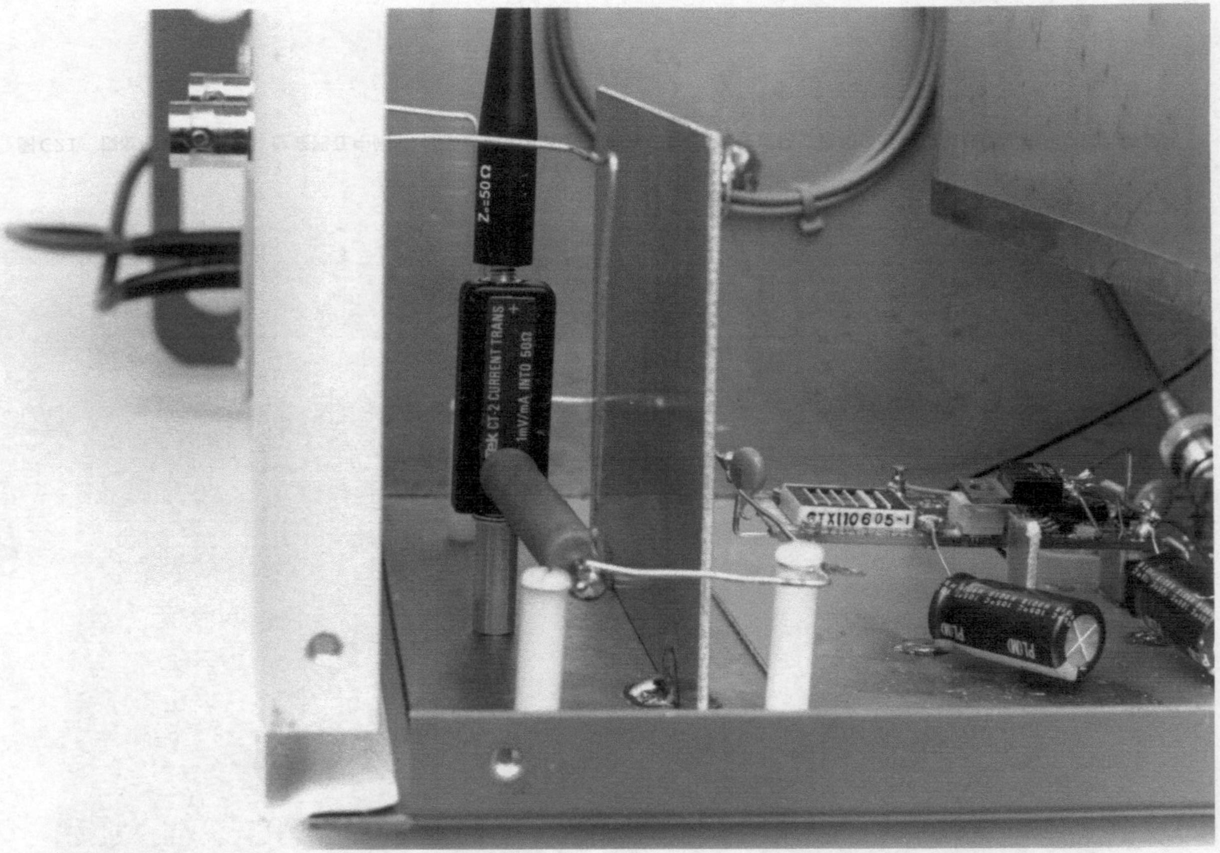

图C22　校准器输出细节。电流互感器自举使负载电阻的电压达到输出电压中点。隔离板可以防止变压器区域和负载电阻或电流互感器的相互作用。汇流线和尼龙支座能最小化杂散电容

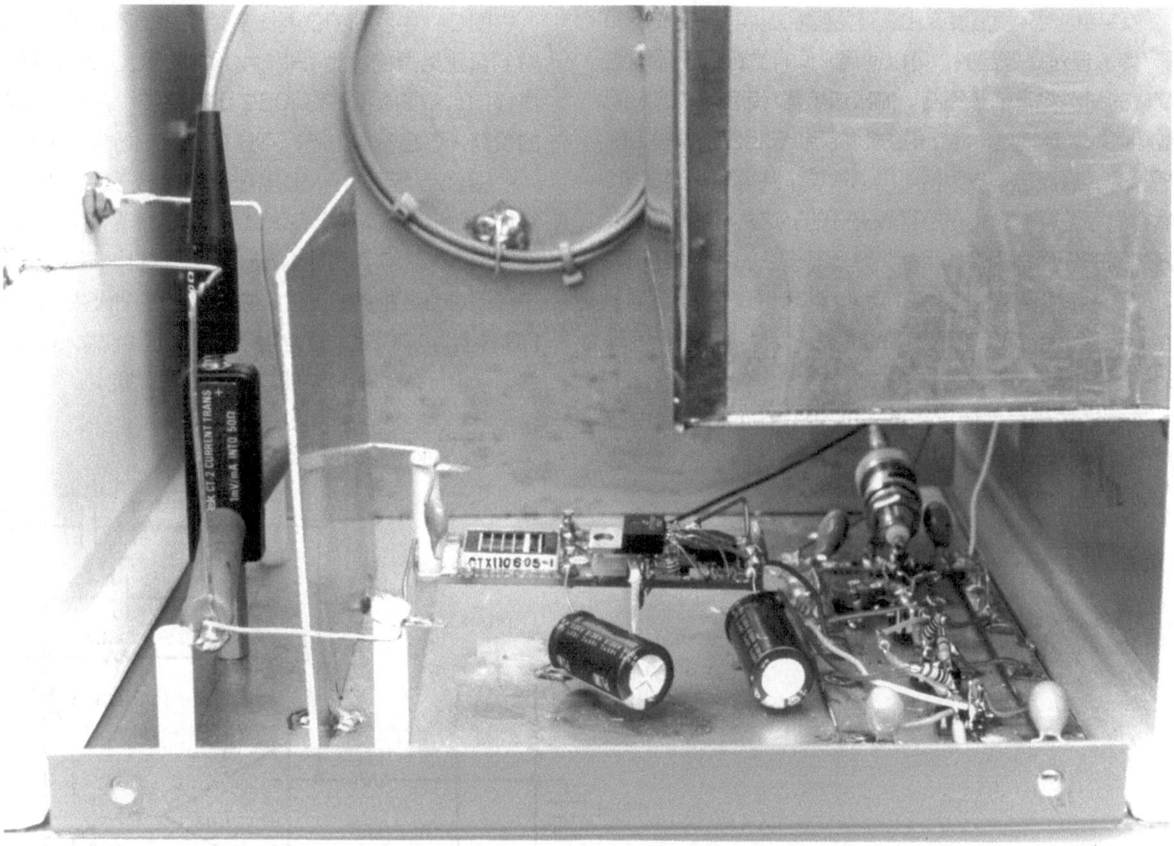

图C23　校准器切面，显示了用于最小化杂散电容的汇流线/尼龙柱结构（左）；控制电子部分在右下方。电源封闭在右上方的屏蔽盒中

RMS电压表

效率的测量需要一个RMS响应电压表。该仪器必须在高频到不规则以及谐波负载波形的情况下准确响应。几乎所有的AC电压表都无法满足这些要求，包括支持交流测量的DVM。

测量RMS交流电压有多种方法。三种最常见的方法是平均、对数和热响应。

校准平均值仪器可以对输入波形的平均值做出响应，输入波形一般假设为正弦波。理想正弦波输入的偏差将带来误差。

基于对数的电压表通过连续计算输入的真RMS值来克服这种限制。虽然这些仪器是“实时”的模拟计算机，其1%的误差带宽远低于300kHz，而处理波峰因子的能力有限。几乎所有通用DVM都使用这种基于对数的方法，所以，它们都不适合用于CCFL效率的测量。

基于热的RMS电压表是直接作用的热电子模拟计算机。它们能对输入的有效值热值做出响应。这种技术直接明了，主要依靠RMS的精确定义（例如，波形的热功率）。基于热的仪器主要是将输入转化为热能进行测量，所以它所实现的带宽比其他技术要高得多[39]。此外，他们对波形形状不敏感，能轻松支持大波峰因素。这些特性正好满足CCFL效率测量的需求。

图C24给出了热RMS/DC转换器的概念图。输入波形对加热器进行加热，使相应的温度传感器的输出增加，并作为直流放大器的一路输入。而另外一个完全相同的加热器/传感器组合，对相同的热条件进行检测的结果，则作为直流放大器的另一路输入。差分检测的、增强的反馈回路使环境温度变化成为一个共模项，从而可以消除它们的影响。另外，尽管电压和热的相互作用是非线性的，而输入与输出的RMS电压之间的关系却是线性的，且增益为1。

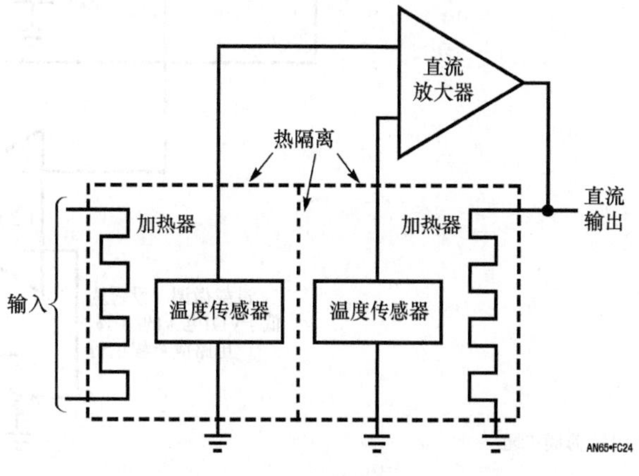

图C24　热RMS/DC转换器概念图

[39] 详情请参见参考文献4～6以及参考文献9～12。

这种结构对环境温度变化具有免疫能力，其关键在于加热器/传感器对是等温的。可以使用时间常数远低于环境温度变化的材料将它们热隔离。如果加热器/传感器对的时间常数相匹配，环境温度对它们的影响无论在相位和振幅上都是相等的。直流功率放大器可以消除这个共模项。要注意，虽然它们等温，但它们是相互隔离开的。这两对加热器/传感器之间的任何相互热作用都将降低基于热的系统增益项。它可能产生不良信噪性能，限制动态操作范围。

图C24所示电路的输出是线性的，因为加热器/传感器对的匹配抵消了非线性。

该方法的优异性使它在基于热的RMS/DC测量中应用广泛。

图C11中罗列的仪器比其他仪器更贵，但它们却是能得到真正结果的类型。HP3400A和FLUKE8920A可以直接向厂商购买。HP3403C比较独特，是一个非常理想的仪器，已经不再生产，不过在二手市场能够买到。

图C25所示的RMS电压计是自己搭建而非购买的[40]。它尺寸较小，可以内置在测试平台以及产品测试装置中。如图所示，它使用了图C14所示的差分探针，不过该电路可用于任何CCFL相关的测试。它提供了真RMS/DC转换，将DC转换为10MHz，误差小于1%，而且与输入信号波形无关。它也具有高输入阻抗以及过载保护功能。

[40] 该电路是从参考文献27中导出的。

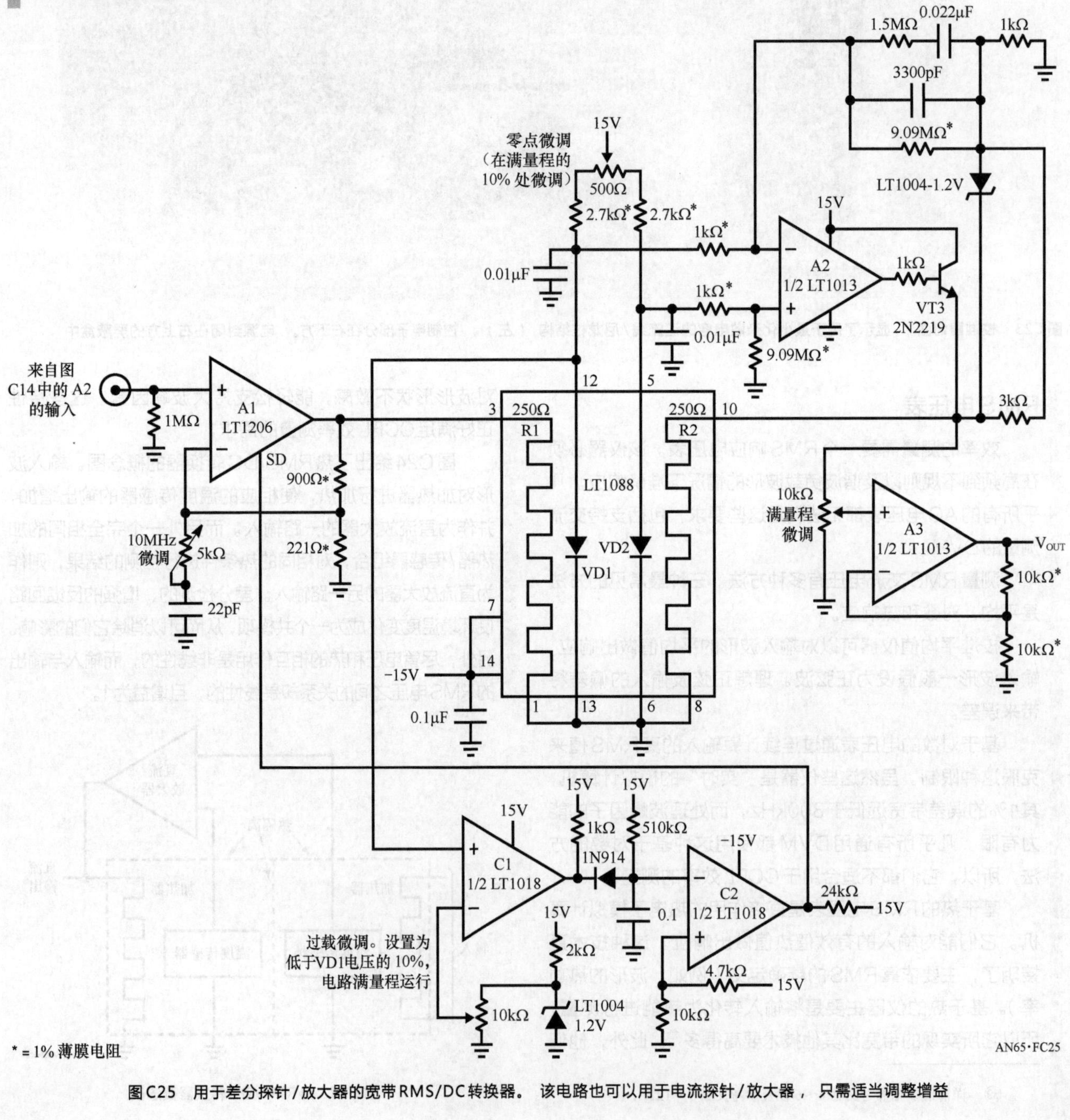

图C25 用于差分探针/放大器的宽带RMS/DC转换器。该电路也可以用于电流探针/放大器，只需适当调整增益

该电路可以分为三块：宽带放大器，RMS/DC转换器以及过载保护。放大器提供了高输入阻抗和增益，并驱动RMS/DC转换器的输入加热器。输入电阻值取决于1MΩ电阻和约10pF的输入电容。LT1206提供了10MHz的平坦带宽，增益为5。最高频时，5kΩ/22pF网络为A1提供了轻微的峰值特性，可以将1%的平坦直流转换为10MHz。A1的输出则用于驱动RMS/DC转换器。

基于LT1088的RMS/DC转换器是由匹配的一对加热器和二极管以及一个控制放大器组成的。LT1206驱动R1，产生的热会降低VD1的电压。经过VT3驱动R2并对VD2加热后，差分输入到A2，在放大器周围形成回路。因为二极管和加热器电阻是相匹配的，A2的直流输出与输入RMS值相关，而与输入频率和波形无关。实际上，余下的LT1088失配时，需要进行增益微调，主要在A3上进行。A3的输出为电路的输出。LT1004及其相关器件能在较宽的工作条件下提供回路补偿以及良好的稳定时间（参见脚注㊴）。

启动或者输入过驱将使A1产生过大的电流并输入到LT1088，从而造成损坏。C1与C2可以防止这一事件发生。过驱使VD1电压变为一个极低的电势。C1低电平触发，将C2输入也拉低。从而引起C2输出变为高，使A1进入关断模式，终止过载。一段时间之后A1重新变为使能，这段时间的长度取决于C2输入端的RC。如果过载仍然存在，回路将立即再次关断A1。这样的循环操作将持续下去以保护LT1088，直到过载消除。

该电路的性能优异。图C26绘制了从DC到11MHz的误差曲线。图形显示了11MHz的1%误差带宽。较小的峰值一直到5MHz是由于A1负输入端的增益自举网络。与总体误差包络相比，这样的峰值很小，在10MHz之前取得1%之内的精度仅需很小的代价。

微调该电路时，在最大电阻处放置一个5kΩ的电位计，并输入100mV、5MHz的信号。微调500Ω的调整电阻可以精确得到1V（输出）。随后，输入5MHz、1V信号，微调10kΩ的电位计以得到10.00V（输出）。最后，输入10MHz、1V信号，微调5kΩ电倍计以得到10.00V(输出)。重复以上操作，直到输入为直流到10MHz时，电路输出精度都在1%范围内。两轮循环就应足够。

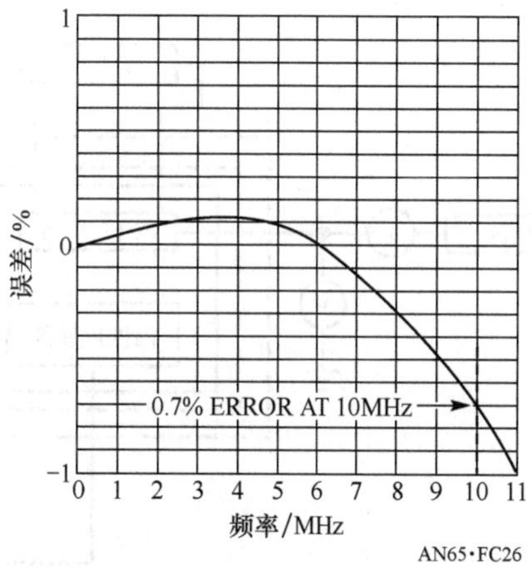

图C26 RMS/DC转换器误差曲线。A1的频率相关增益自举保证了1%的精度但在效率下降之前产生了轻微峰值

电效率的热量相关测试

精细的测量技术可以支持较高置信度的效率测量精度。不过，最好能对测量方法的完整性进行检查，具体方法是在完全不同的领域进行测量。图C27使用测热技术进行了这样的操作。该电路操作原理与热RMS电压计相同（见图C24），都是通过测量CCFL负载温度的升高来确定电路产生的功率。与热RMS电压计相同，差分方法可以消除环境温度误差项。差分放大器的输出与负载功率成比例，假设两个隔热罩高度匹配。隔热罩的E·I乘积之比产生效

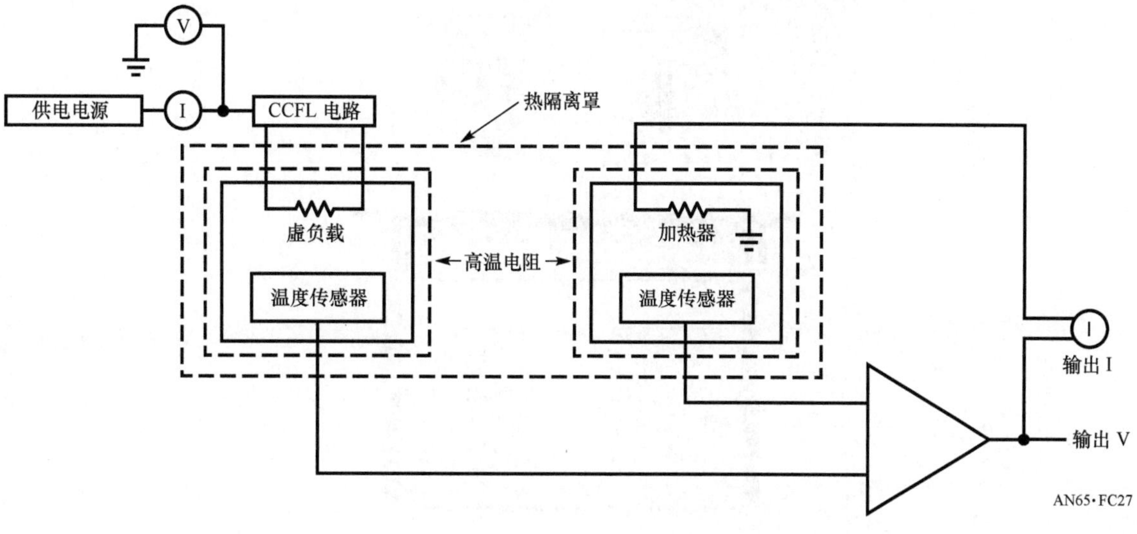

图C27 通过热量测量来确定效率。供电电源与输出能量之比为效率信息

率信息。在一个效率为100%的系统中，放大器的输出能量应该与供电电源输出能量相等。实际上，一般效率都要低些，因为CCFL电路是有损的。该项表示效率的期望值。

图C28所示的电路也基本相同，区别是CCFL电路板放置在热量计之内。该结构按理也能产生同样的信息，但它是更为严格的测量，因为它产生的热要少很多。信噪比（热升高到环境温度之上）不够好，需要异常关注热量和仪器的注意事项[41]。重要的是，电效率与两个热效率测定之间的总体不确定性为3.3%。两个测热方法存在2%的差异。图C29显示了热量计及其电子仪器。该仪器以及热量测量的说明可以参阅正文后面的参考文献部分。

㊶ 读者时间较少或者对注意事项非常清楚的话，可以不用深入研究这些注意事项。

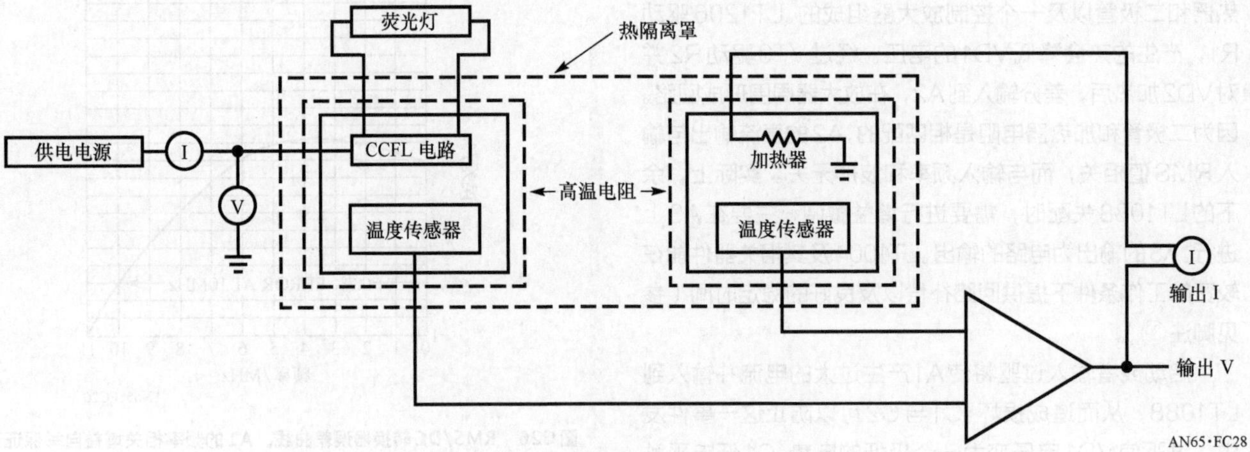

图C28 热量计通过确定电路热耗来测试效率

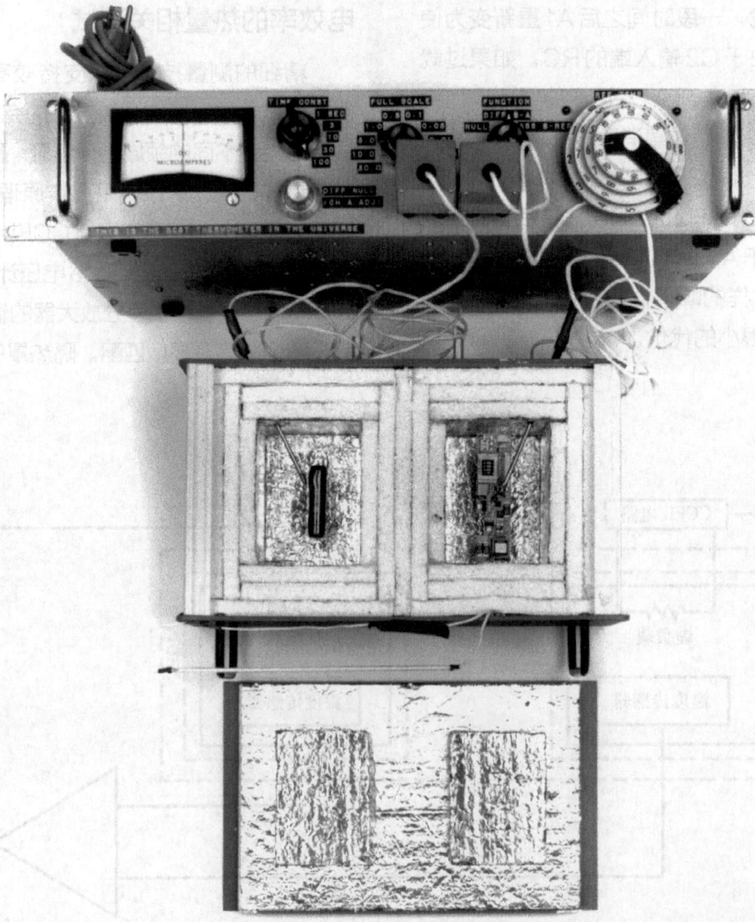

图C29 热量计（中央）及其仪器（顶部）。热量计的高度热对称，再加上敏感伺服仪器，可进行精密效率测量。照片底部是热量计的俯视图

附录D 光度测量

在最后的分析阶段，最终需要关注的是供电电源能量转换到光的转换效率。光的发射随供电能量单调变化[42]，当然不是线性的。特别是灯的亮度为高度非线性，尤其是高功率vs驱动功率时。其中有着各种复杂的折中，包括发射光量与功率消耗之间的折中，驱动波形形状与电池寿命之间的折中等。评估这些折中需要某种形式的光度仪。评估灯的相对亮度时，可以将灯置于不透光管中，使用光电二极管并对其输出进行采样。光电二极管是沿着灯管长度方向放置的，它们的输出将进行电相加。该采样技术是一种未校准测量，只提供相对数据。不过，它们的用途很大，可用于确定各种驱动条件下灯的相对发光率。另外，由于不透光外罩基本上无寄生电容，可以在“零损耗”条件下评估灯的性能。图D1显示了这种“光度测量仪”，其未校准输出的“亮度”进行了适当比例调整。其上的开关可以关闭灯管方向上的各种采样二极管。光电二极管信号调节电路安装在开关板后面，驱动电路在其左侧。

图D2所示的是驱动电路的详图。A1和A2形成一个稳定的输出。我们来看桥接正弦波振荡器。A1为振荡器，A2与VT1一起提供稳定增益。环路稳定工作点取决于LT1021的参考电压。A3与A4构成电压控制放大器，为A5提供电源。A5驱动T1，它是一个高匝比升压变压器。T1的输出为灯提供电流。灯电流经整流，正的部分流入1kΩ电阻。该电阻上出现压降，表明有灯电流产生，为A6提供偏置。带宽有限的A6将灯电流产生的信号与LT1021的参考电压相比较，并形成到A3的闭合回路。回路工作点以及与它相关的灯电流，由“电流幅值”调整部分将其设置在0～6mA的范围内。A1的“频率调整”控制可进行20～130kHz频率操作范围。A1输出端的开关支持各种波形和频率的外部电源来驱动放大器。

[42] 但并非总是如此！也有电效率较高的电路发光小于“ 效率较低”的电路。请参阅前文以及参考文献中的“并不是切了耳朵就能成为梵高——一些并不怎么样的想法”。

图D1 “光度测量仪” 可测量各种驱动条件下灯的相对发光率。测试用灯位于圆柱罩内。罩上的光电二极管将光转化为电，并放大（照片中看不到）输出（中央）。驱动电路（左侧）可提供可变驱动波形及频率

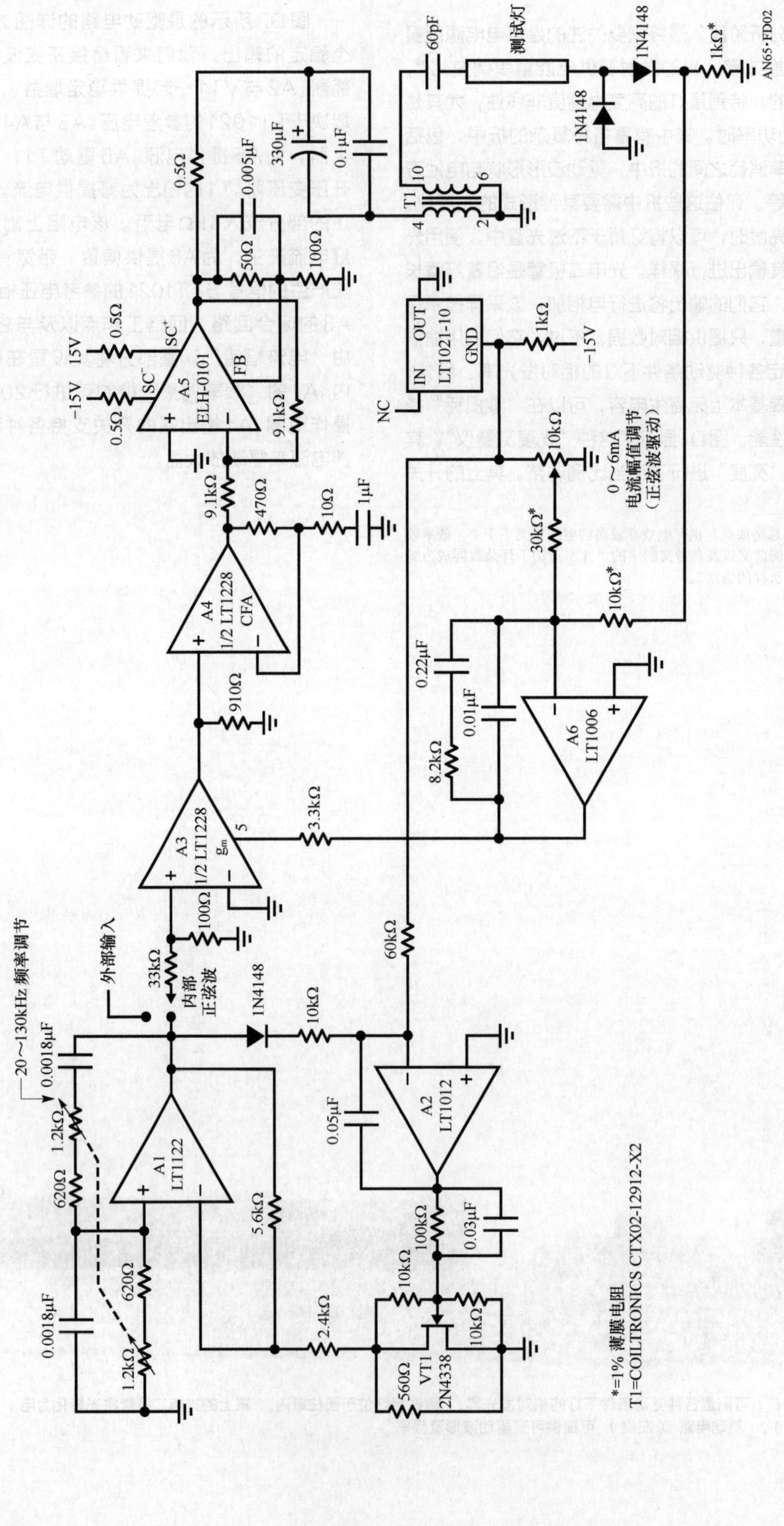

图D2 光度测量仪驱动电路支持可变频率和波形加载到测试灯上。结果数据表明灯对这些参数敏感

驱动电路原理图和宽带变压器可以得到非常真实的响应。图D3显示了100kHz时波形的精确度（负载为5mA的灯）。线迹A为T1的初级驱动，而线迹B是高压输出。图D4所示的是图D3水平和垂直方向的放大，表明相位控制良好。残差效应会造成轻微的初级阻抗扰动（注意第6垂直分格是初级的非线性），不过输出仍然非常干净。

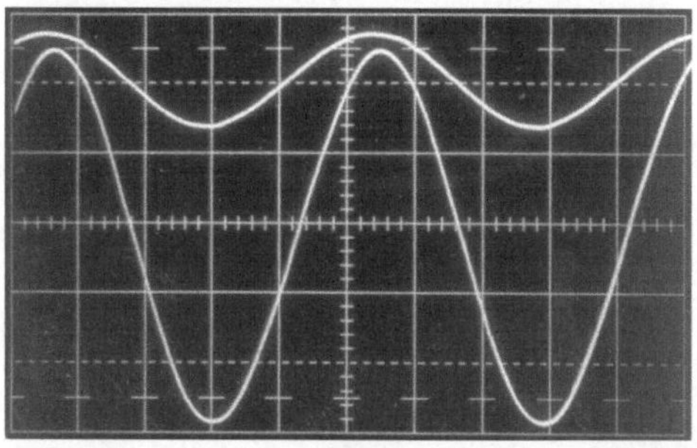

图D3　宽带变压器输入（线迹A）和输出（线迹B）波形表明100kHz时响应波形很整洁

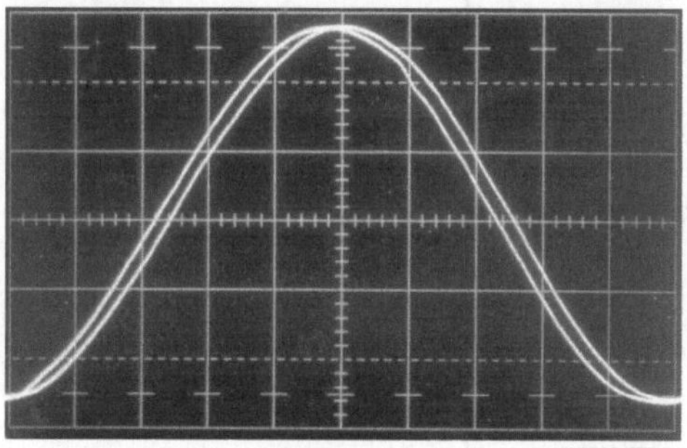

图D4　图D3波形的放大版本。尽管驱动在第6垂直分格处出现轻微变形，输出（线迹B）仍未出现失真

图D5显示了光电二极管的信号调节。各种各样的光电二极管分组通过A6为放大器A1提供偏置。每个放大器的输出通过开关送入加法放大器A7。通过开关切换，可以在测试灯长度方向形成“死区”，以增强对测试灯各个位置的发光率的分析能力。A7输出表示灯发光率的所有检测值之和。

光度测量仪在“无损”环境下，在受控频率设置、波形以及驱动电流条件下能对相对光发光率进行测量的能力，对于评估灯的性能来说是无价的。根据用户要求，评估显示器性能以及相关结果需要将用户要求的绝对光强测量考虑在内。

校准的光测量需要真正的光度计。Tektronix J-17/J1803光度测量仪就能满足这样的要求。它对于各种驱动条件下对显示器（与单纯的灯相反）亮度的评估特别有用。校准输出与用户结果可靠关联[43]。严格光测量头可以测量显示器各个位置的发光均匀性。

图D6显示了一个用于测量显示器的光度计。图D7则给出了完整的显示器评估装置。它包括灯、直流输入电压、电流仪器、前面所述的光度计以及一台计算机（右下）以计算光和电效率。

㊸　用户对于将后文所述光度测量仪产生的“亮度”单元相关联是不感兴趣的。

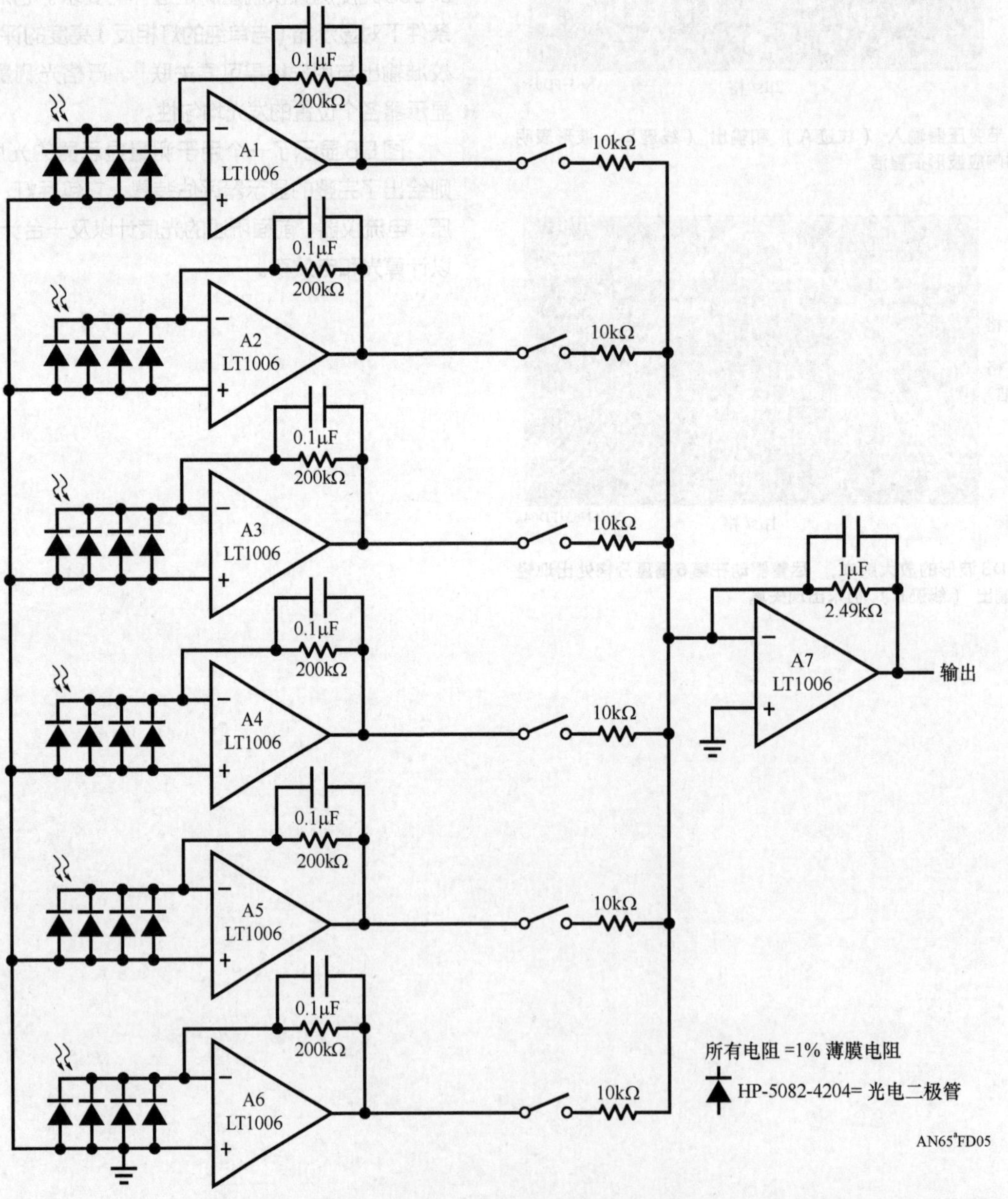

图D5 光度测量仪的光电二极管/放大器将灯光转换为相对未校准的电输出。设置的开关支持对灯输出的各个部分进行分析

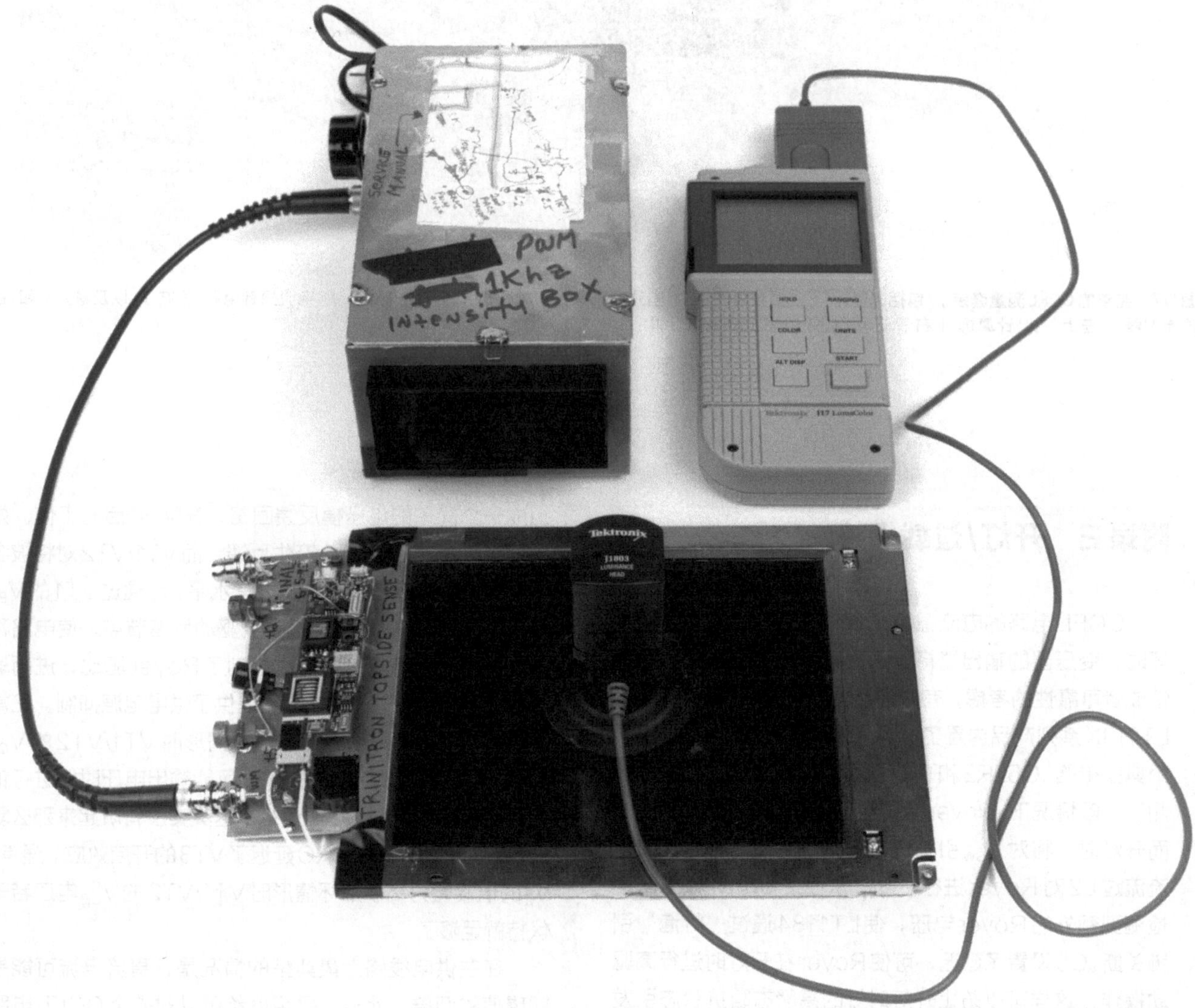

图D6　基于光测量的校准显示器评估仪器。通过感测头（中间），光度计（左上）能检测显示器亮度。CCFL电路（左）的强度是由图F6所示的校准的脉宽生成器（左上）控制的

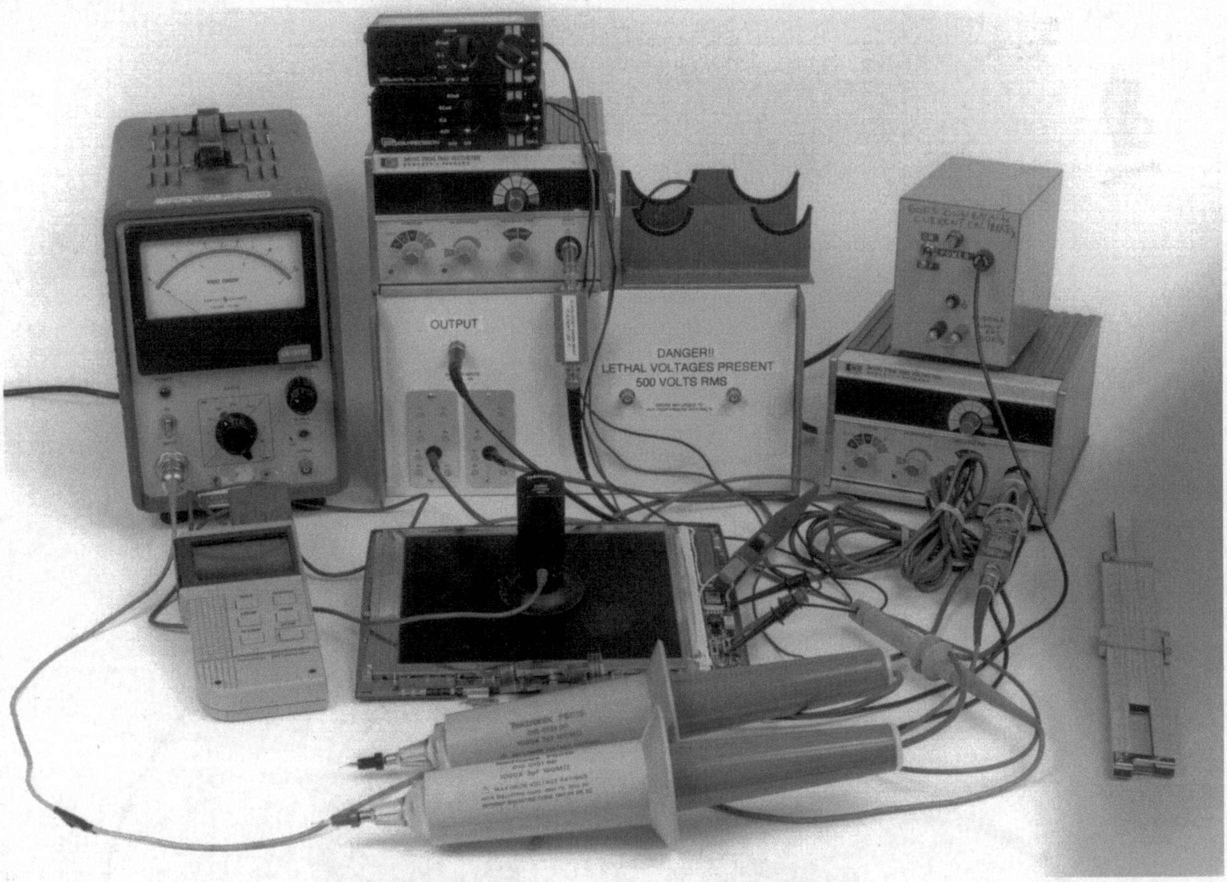

图D7 完整的CCFL测量套装，包括光度计（左边和中间），差分电压探针/放大器（上中和下中），电流探针电路（右）以及输入V和I的直流仪器（左上）。计算机（右下）可以进行电和光效率的计算

附录E 开灯/过载保护

CCFL电路的电流源输出意味着"开灯"或者灯损坏时，变压器的输出端将是满量程输出电压。出于安全性或者可靠性的考虑，有时需要针对这种状态进行保护。LT118X系列产品内置了这类保护措施。图E1给出了一个典型电路。C5、R2和R3对Royer转换器进行差分检测。一般情况下，Royer上的电压控制在一个极小的值。而开灯时，将对V_{SW}引脚进行全占空比调制，导致大电流流过L2对Royer进行驱动，从而使C5/R2/R3网络检测到额外的Royer电压，使LT1184通过"灯泡"引脚关断。C5设置了延迟，可使Royer在开灯时进行高驱动操作。这样可以防止开灯时灯的高瞬态阻抗状态引发莫须有的关断。

LT1172以及类似的开关稳压器部件需要另外的开灯保护电路。图E2给出了详细的修改图。VT3及其相关元件组成一个简单的电压模反馈回路，在V_Z开启时工作。如果T1没有负载，将不会产生反馈，而VT1/VT2对将被全驱动。集电极电压将上升到异常水平，V_Z通过VT1的V_{BE}路径得到偏置。VT1集电极电流驱动反馈节点，使电路稳定到一个工作点。这种操作控制了Royer驱动，进而输出电压。VT3对Royer的检测提供了供电电源抑制。正常运行时，V_Z的值必须略高于最坏情形时VT1/VT2的V_{CE}电压。V_Z电压的设定最好使最低可能输出电压时能进行钳位，而开灯保护也能正常运行。这其实没有听起来那么复杂，因为10kΩ/1μF的RC延迟了VT3的开启效应。通常，V_Z的值设置为高于最坏情形时VT1/VT2的V_{CE}电压若干伏特就足够了。

在主供电线路上最典型的情况是，直流电流可能是期望值的两倍。此时，采用熔丝可以对整个CCFL电路进行保护。热力作用的熔丝有时也与VT1和VT2搭配来使用。过大的Royer电流将加热晶体管，从而使熔丝熔断。

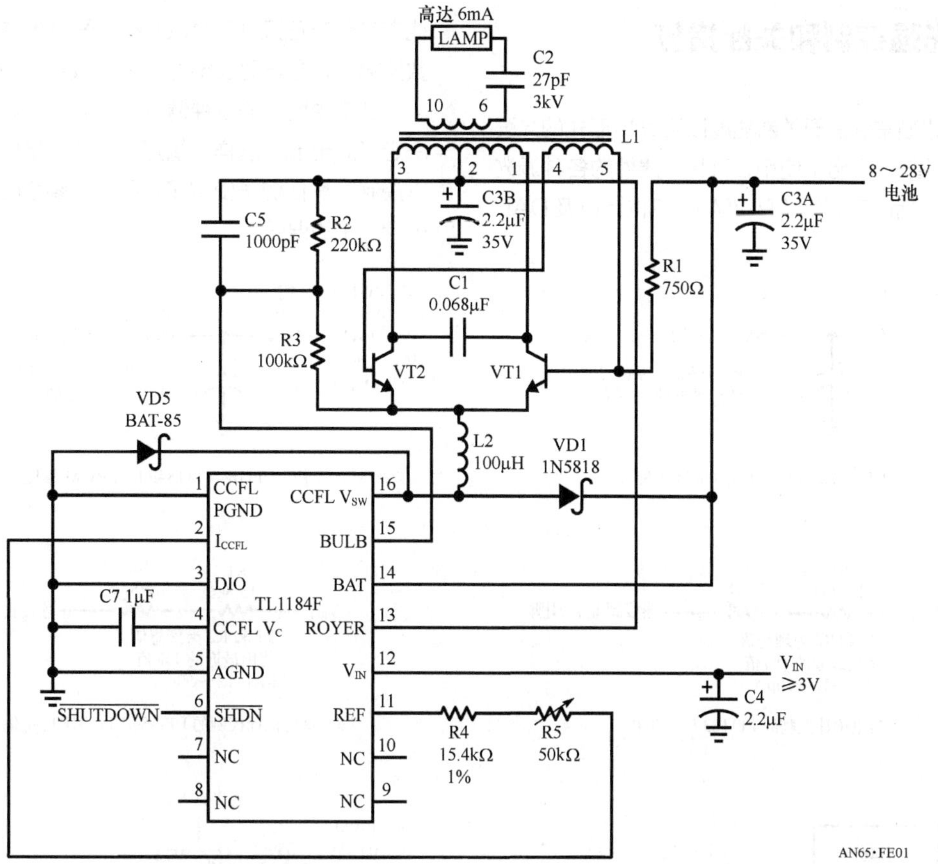

图E1 在LT118X系列IC内部，C5、R2和R3能对Royer转换器进行延迟检测，实现开灯保护

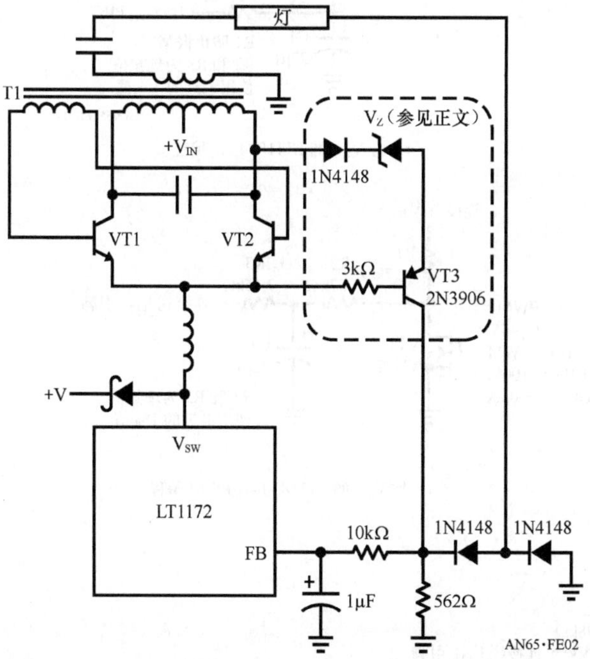

图E2 VT3及其相关元件组成一个本地稳定环路以限制输出电压

过载保护

有时需要限制输出电流，以防任一灯线发生到地短接。图E3修改了一个基于开关稳压器的电路以实现该功能。通常与灯串接的电流检测网络，移动到了变压器上。任何过载电流必然始于变压器。在该路径上进行反馈检测可实现相应的保护。这种连接方式可以检测线路上产生的总电流，包括寄生项，而不只是灯的返回电流。当然，这样做可能会使电压调整率以及电流精度略有下降，不过还没有达到不可接受的地步。

悬浮灯电路存在隔离，所以它们直接免疫于到地短接。由于是对其初级进行电流检测，灯线路短接也可忍受。

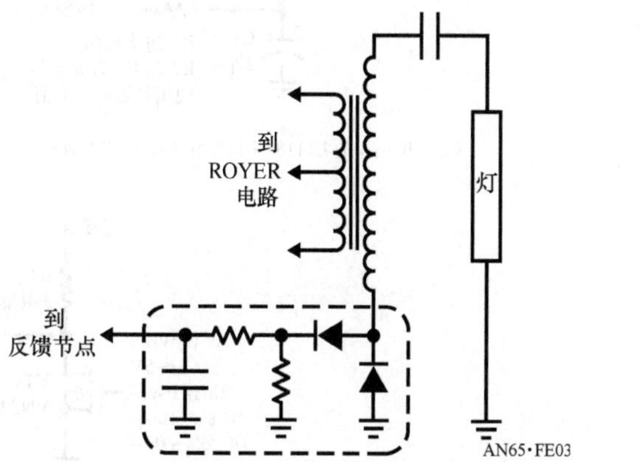

图E3 将反馈网络（虚线框起来的元件）移动到变压器的次级，在输出短路时可实现电流控制。其代价就是电压调整率与电流精度的小幅下降

附录F 光强控制和关断措施

CCFL电路通常都需要关断功能以及某种形式的光强（调光）控制。图F1列出了使用LT118X器件的各种调光方法。控制源包括脉宽调制（PWM）、电位计以及DAC或者其他电压源。LT1186（不在图中）使用了数字串码流数据输入，在与图8.51相关的正文中进行了讨论。

在图中所示的各种情况下，流入I_{CCFL}引脚的平均电流决定了灯电流。这样，情形A和B的幅度与占空比必须加以控制。其他例子使用了LT118X参考电压来消除幅度不确定产生的误差。

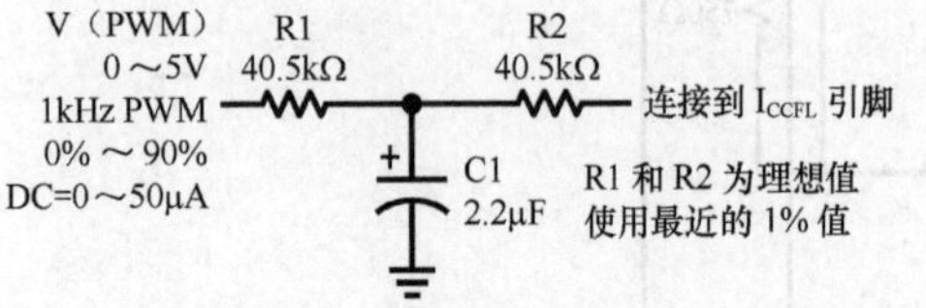

（a）LT1182/LT1183 I_{CCFL} PWM 编程

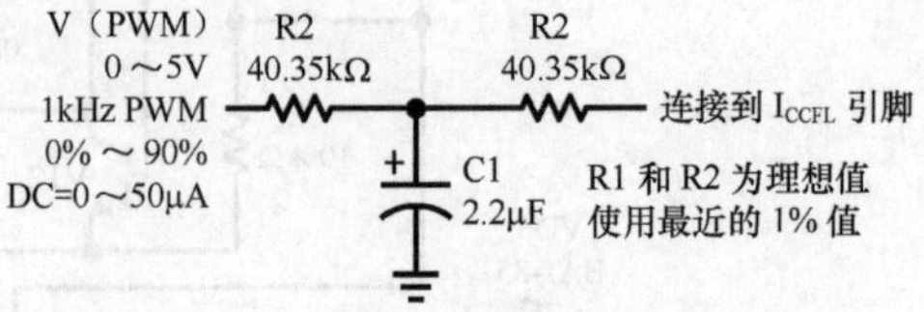

（b）LT1184/LT1184F I_{CCFL} PWM 编程

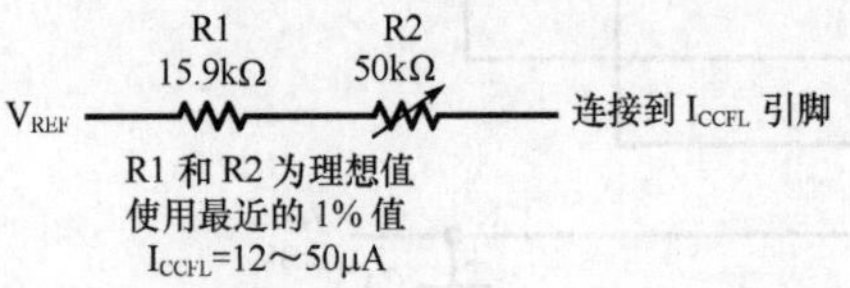

（c）带电位计控制的 LT1183 I_{CCFL} 编程

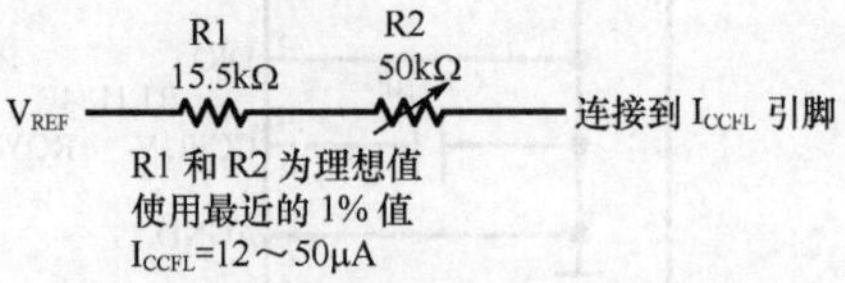

（d）带电位计控制的 LT1184/LT1184F I_{CCFL} 编程

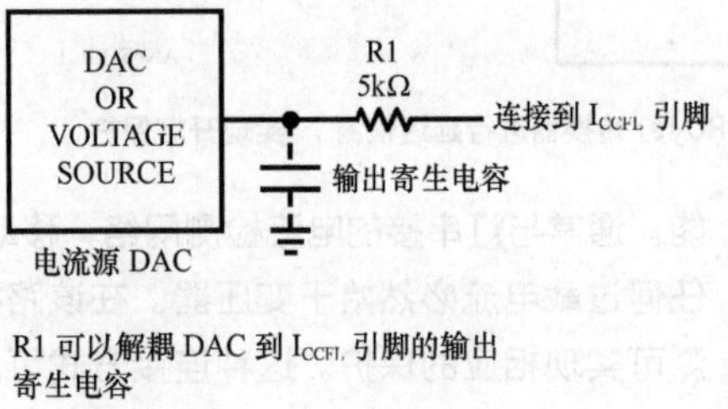

（e）具有 DAC 或电压源控的 LT1182/LT1183/LT1184/LT1184F I_{CCFL} 编程

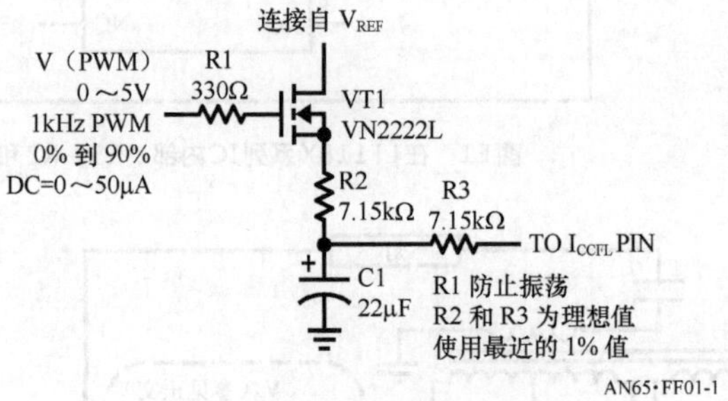

（f）带 V_{REF} 的 LT1183 I_{CCFL} 编程

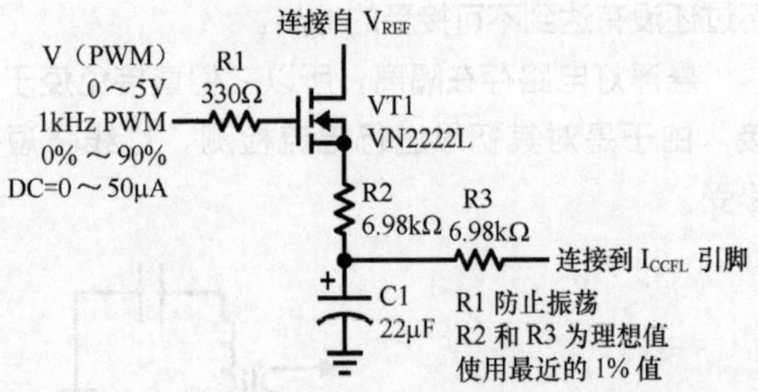

（g）带 V_{REF} 的 LT1184/LT1184F I_{CCFL} PWM 编程

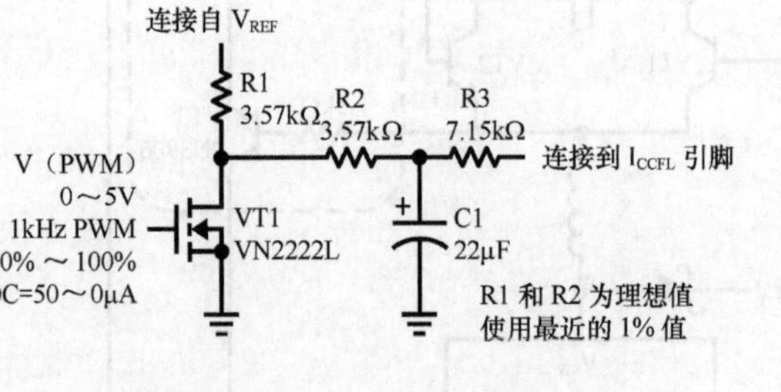

（h）带 V_{REF} 的 LT1183 I_{CCFL} PWM 编程

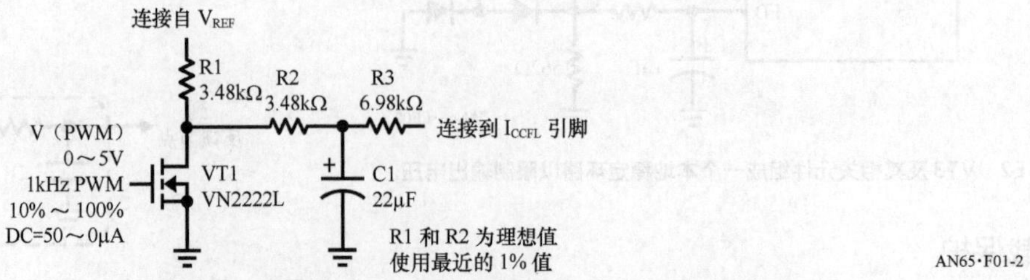

（i）带 V_{REF} 的 LT1184/LT1184F I_{CCFL} PWM 编程

图F1 LT118X系列器件的各种调光方法。LT1186（不在图中）具有数字串码流调光输入图F2显示了LT118X器件的关断选项。该类器件具有高阻抗关断引脚，或者可以简单断开V_{IN}引脚的电源。V_{IN}引脚电源的开通/断开切换需要一个大电流控制源，而关断电流略低了一些。

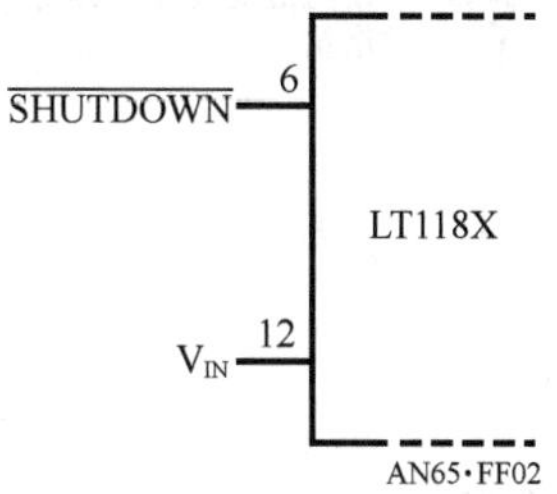

图F2 LT118X系列芯片的关断选项，包括关断引脚或者直接断开V_{IN}

图F3显示了LT1172中的调光控制选项，以及类似于基于稳压器的CCFL的电路。图中给出了三种控制光强的基本方法。最常用的光强控制方法是增加一个电位计与反馈端子相串联。使用该方法时，需确保最小值（此时为562Ω）为1%单位。如果使用了大公差电阻，灯电流在最大光强时能适当变化。

有时采用脉宽调制或者可变DC进行光强控制。两者都能良好工作。采用DC或PWM通过二极管-22kΩ电阻直接驱动反馈引脚可以实现光强控制。图中给出的其他方法基本类似，区别在于在反馈回路外添加了一个1μF电容，以获得最佳启动瞬态响应。如果输出过冲必须最小化的话，该方法为最佳之选。注意，根据定义，在所有情况下，0%占空比时PWM源的幅度不会影响满量程灯电流的确定性。参阅正文中的“反馈回路稳定性问题”的相关讨论。

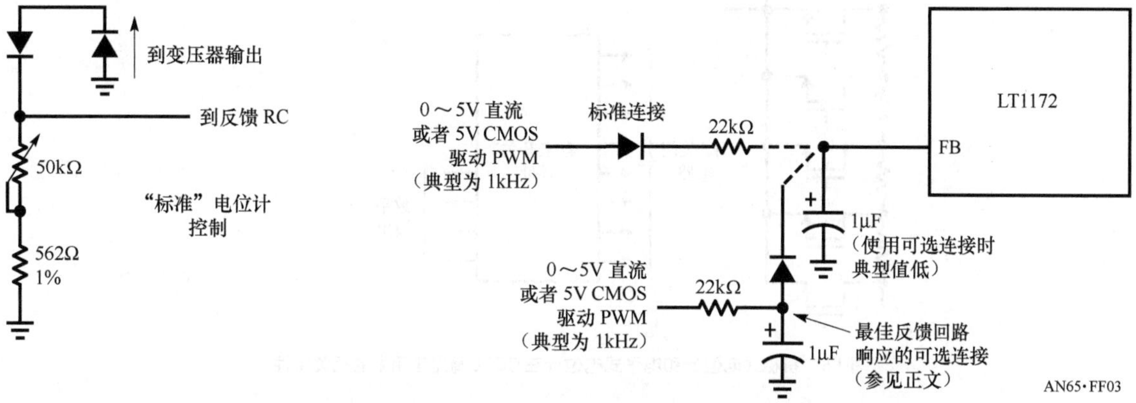

图F3 LT1172用于光强控制的各种选项以及类似于开关稳压器的CCFL电路

图F4所示的电路用于关断基于开关稳压器的CCFL电路。LT1172电路将V_C引脚的电压下拉到地电平，使电路进入微小功率关断模式。在该模式下，约50μA的电流流过LT1172的V_C引脚，而基本上没有电流从主供电电源（Royer中央抽头）流出。关断V_{IN}引脚的电源可以消除LT1172的50μA漏电流。其他稳压器，比如LT1372等，都具有单独的关断引脚。

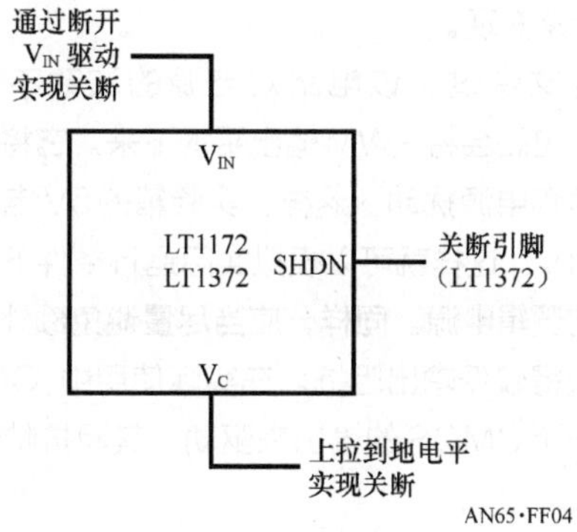

图F4 LT1172/LT1372类的CCFL电路中的各种关断选项

关于电位计

电位计在CCFL调光电路中使用频繁，不过需要一些手段来避免问题发生。阻值、比例容差和其他问题可能导致设计不充分的电路出现故障。要牢记使用比例容差（见图F5）的规范优于绝对阻值。因为这个原因，有时将该设备用作分压器而非变阻器。其中的关键在于电位计调光通常可以保证灯不会过驱。这就是将最大光强设置在调光电位计“短接”位置的原因。“零位阻值”的容差需要认真核实，相比最大阻值甚至比例容差设置，它的重要性较低，使用率也较低。其他问题包括滑臂电容能力、抽头特性及电路对“开路”的敏感度等。需要经常检查电路行为以达到最大滑臂电流的要求。CCFL调光电路基本上不需要太大的滑臂电流，但必须保证所用电路没有类似问题。电位计抽头可能是线性的或对数的，需要与灯的电流vs光输出特性相匹配，以使用户进行控制。抽头位置设计不良，可能导致较大的有用调光范围对应于极小的电位计可达位置。最后，如果端子开路，必须确定此时的电路行为，这有时很可能会发生。更重要的是，电路必须具有相对良性的失效机制，而不是让过多的电流流过灯中或者其他令人遗憾的行为。

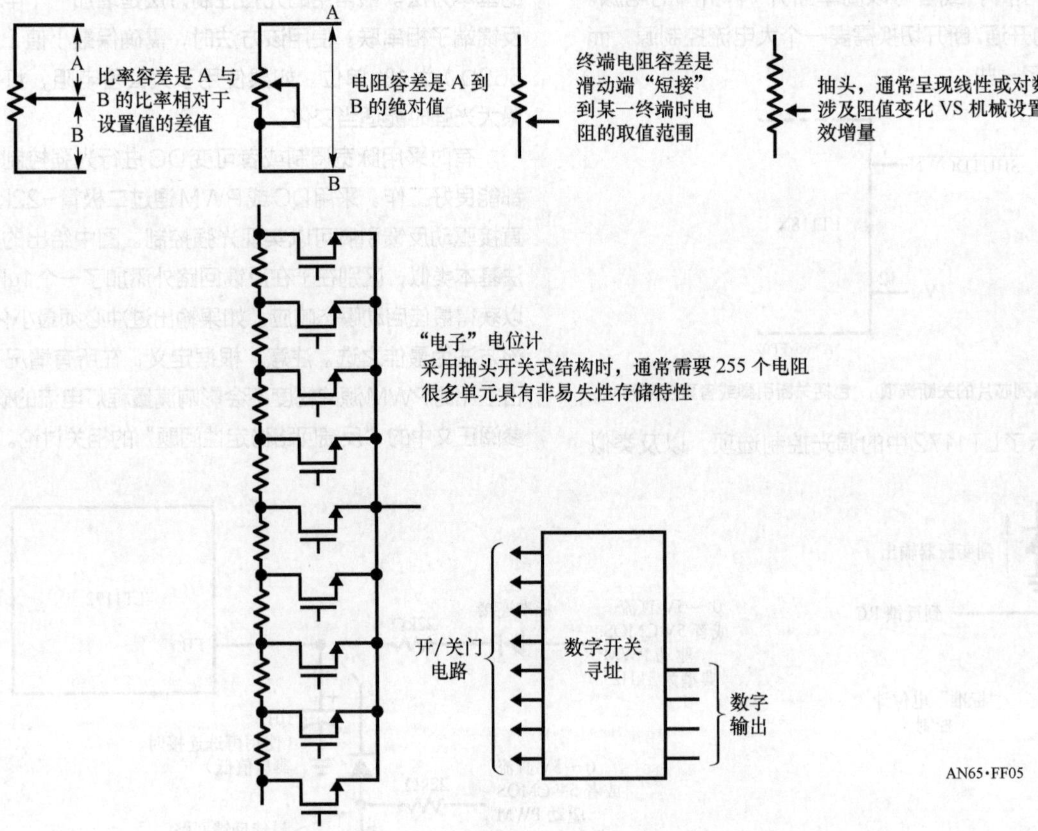

图F5 机械式电位计和电子式电位计在CCFL调光应用中的相关特性

电位计的电等效电路可用一个电阻链组成，并由MOS开关抽头。有些设备提供了板极非易失性存储器。这些单元有着一定的额定电压限制，与其他集成电路一样必须严格遵守。另外，它们也存在机械电位计一节所讨论的一切限制。背光灯调光电路中，最严重的潜在困难是它们极高的零位阻值。在“短接”端，FET开启阻值的典型值为200Ω——远大于机械单元。所以，电子电位计都必须设置成三端分压器。这种方式基本上没有什么问题，不过有些应用中无法这样使用。

高精度PWM发生器

图F6所示的电路可以产生高精度可变脉宽。这在基于PWM的光强测试中非常有用。该电路基本上是一个闭环脉宽调制器。晶振控制的1kHz输入，通过差分/CMOS逆变器网络以及LTC201复位开关，为C1/VT1斜坡电压发生器提供时钟。C1的输出驱动一个CMOS逆变器，其输出经阻性采样、平均后输入到A1负输入端。A1将此信号与来自电位计的可变电压进行比较。A1的输出为脉冲调制器提供偏置，并在其周围形成闭合回路。CMOS逆变器的纯欧姆输出结构结合了A1的比率计操作（例如，A1的两个输入信号都来源于5V电源）使脉宽保持不变。时间、温度以及电源的波动，基本上没有影响。电位计的设置是脉宽输出的唯一决定因素。附加的逆变器提供了缓冲以及输出。肖特基二极管保护输出不会因为电线引发的ESD或者测试中的偶发事件[44]被锁存。

输出脉宽校准可通过监测计数器，并调节2kΩ的微调电位计来实现。

前文说过，该电路对电源的波动不敏感。然而，CCFL电路会将PWM输出平均下来。它将无法区分占空比偏移和电源扰动。这样，实验箱的5V电源应当微调在±0.01V。这样就可以模拟实际运行条件下“以设计为中心”的逻辑电源。同样，应当尽量避免额外并联一个逆变器以获得较低输出阻抗。在实际使用中，CCFL调光端口将用一个CMOS的输出来驱动，其阻抗特性也必须精确仿真。

㊹“偶发事件”泛指测试中所犯的错误。比如将CMOS的逻辑输出连接到一个-15V电源（然后安装了二极管）。

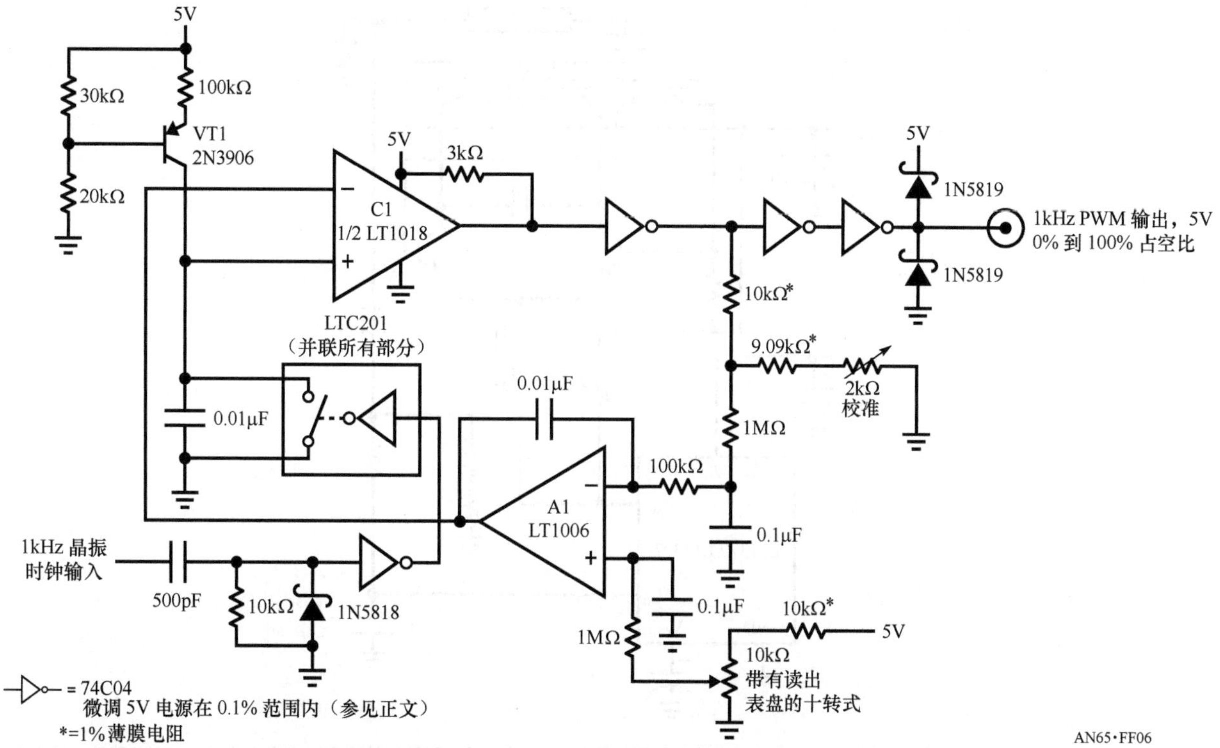

图F6 校准的脉宽实验箱。A1控制基于C1的脉宽调制器，稳定其工作点

附录G 布局、器件以及辐射的注意事项

正文中所描述的CCFL电路对布局和电源供电线路阻抗具有很强的容忍力。这是因为Royer随时间变化而相对连续的电流损耗。因此，有必要对电流进行回顾。在图G1中用粗线标示了开关稳压器CCFL电路中的关键路径。在实际布局中，这些走线一般都很短且粗。最需要注意的是C1、T1的中央抽头以及二极管，它们必须直接相连，保证走线面积最小。同样，C2必须靠近V_{IN}引脚，虽然它没有C1那么关键。

图G2为进行了类似布局处理的基于LT118X的电路。与前文讨论相同，Royer和V_{IN}的旁路电容必须放置在靠近各自负载的地方，二极管应尽量靠近Royer中央抽头。

电路划分

电路板上的空间极其有限时，需要进行物理划分。某些设计在靠近显示器的地方放置了一部分电路，而另一部分则在一个较远的地方。电路的最佳划分点是Royer晶体管发射极与电感（见图G3）的连接点。在该处使用一个较长的、相对有损的连接不需付出任何代价，因为信号流入电感非常类似于一个恒流源。

由于电感的滤波效应，电路中没有宽带器件。图G4显示了发射极电压（线迹A）和电流（线迹B）的波形。其中没有宽带器件，或者其他显著的高速能量转移。电感的电流波形线迹由于Royer以及开关稳压器的频率混频而变粗，不过没有危害。

较为特殊的划分情形是将变压器换成两个较小单元。这样除了节省空间（尤其是高度）之外，也可以改善电效率。详情请参阅附录I。

高压布局

电路板的高压区需要特别注意。板级泄漏必须最小化，因为它可能随电路生命期因冷凝循环以及颗粒集结而急剧增加。如果没有预防措施，泄漏将引起操作衰减、故障或破坏性的电弧。能够消除这些可能性的有效方法是将高压点完全与电路隔离开来。理想情况下，任意导体周围0.25in范围内没有高压点；另外，由于冷凝循环或者洗板不当而产生的水分凝结可以在变压器下方进行走线来消除。这是一种标准的高压布局技术，本文强烈推荐使用。总的来说，需要认真评估所有高压区域由于布局、电路板生产或者环境因素造成的可能泄漏或电弧问题。清晰的思路可以避免意外的错误。以下评论照片给出了高压布局的若干实例，用可视的方式对上述讨论进行了总结。

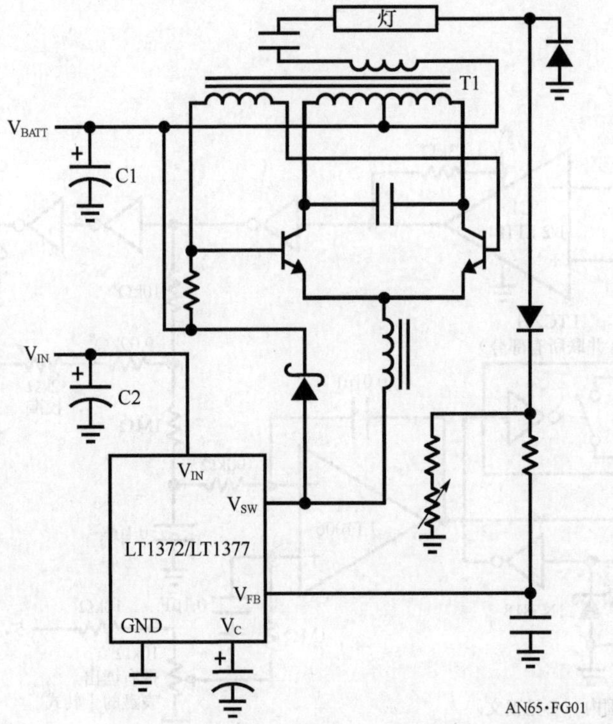

图G1 粗线表示LT1172/LT1372类的CCFL电路中印制线路的阻抗要低。与这些关键路径相关的旁路电容必须安装在离负载较近的地方

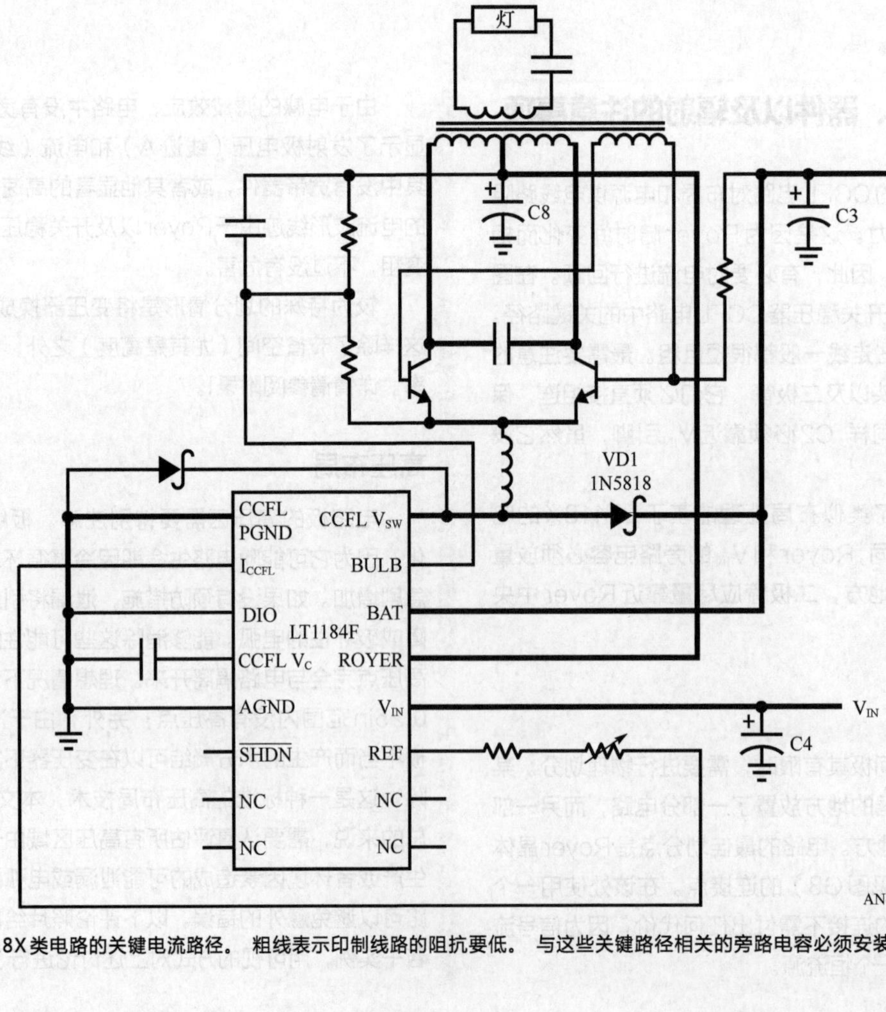

图G2 LT118X类电路的关键电流路径。粗线表示印制线路的阻抗要低。与这些关键路径相关的旁路电容必须安装在离负载较近的地方

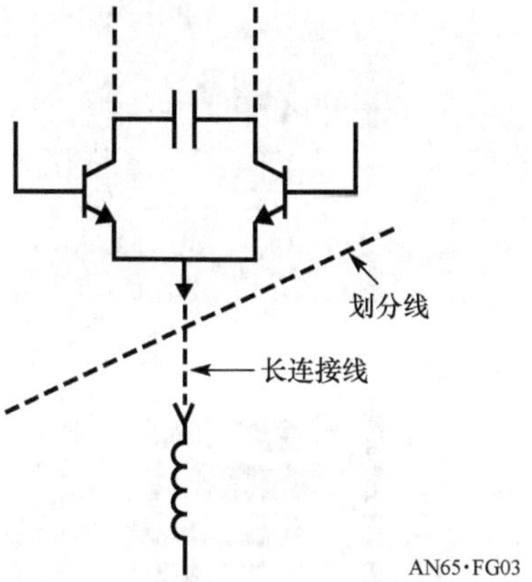

图 G3　在空间受限的应用中，需要对CCFL电路进行划分。将发射极/电感的连接断开不需付出任何代价

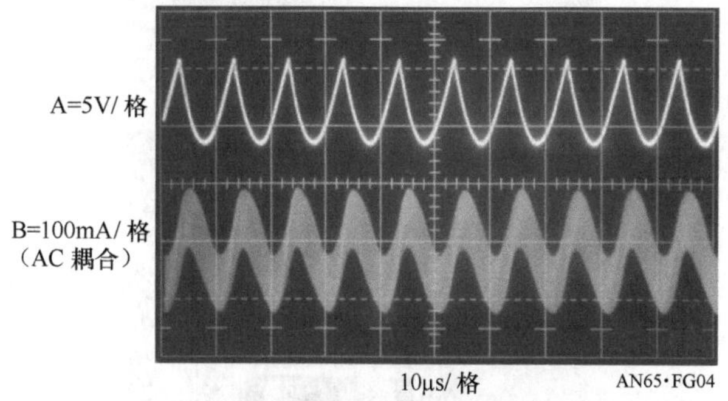

图 G4　Royer的发射极/电感的连接处是较为理想的CCFL电路分割点。电压（线迹A）和电流（线迹B）波形包含了较少的高频成分。电流波形的线迹变粗是因为电感上的混频

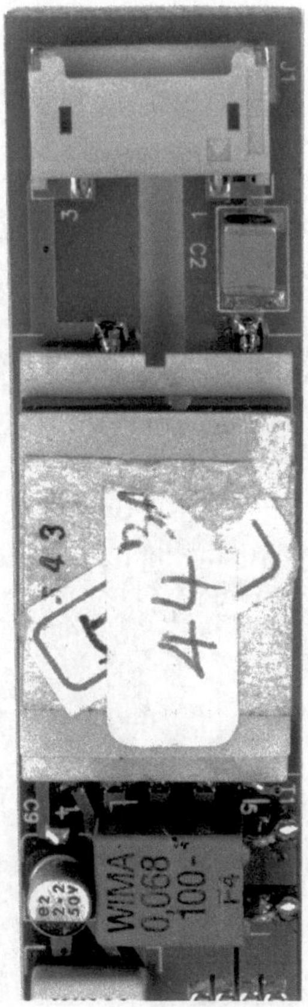

图 G5　变压器输出端子、镇流电容和连接器在电路板的一端进了隔离。裂缝防止泄漏

图 G6　G5所示电路板的背面。注意变压器下方的走线区域，消除了水分凝结或杂质累积

图G7 全部走线已完成的变压器，高压电容远离变压器接地端（右侧）。注意连接器的“低边”走线是远离高压点的

图G8 图G7背面的详细布线。变压器头位于布线区域之内，可以节省空间高度。电路板上可以印上标签，因为变压触点并没有穿透电路板，而且电路板的介电强度已知

图G9 非常充分的布线手段可以消除泄漏。在镇流电容之下以及在连接器的“低边”引脚可使布局紧凑

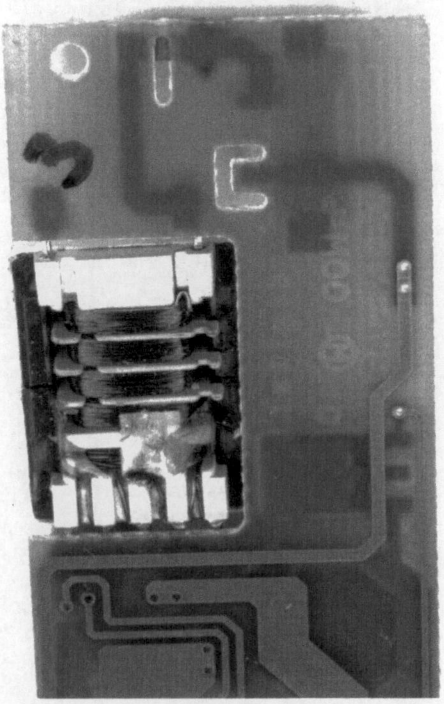

图G10 从图G9的背面可以看到变压器位置有一定的偏移，这主要是出于封装限制。变压器头位于布线区域之内，可以最小化电路板高度

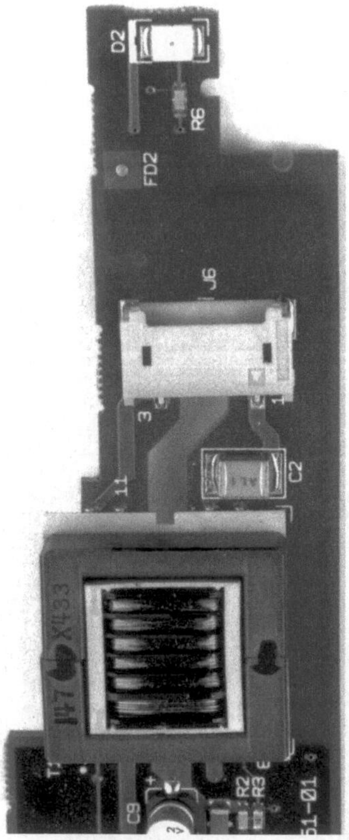

图G11　电路板的俯视图显示了隔离缝隙将高压连接器隔离

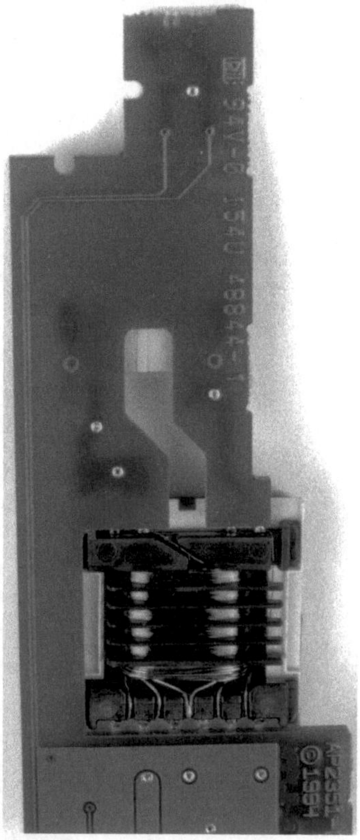

图G12　G11的底部为走线区域。电路板最左侧的走线是不合需求的，不过可以接受。走线与高压点之间需要隔离缝

图G13　灾难性电路。在该计算机“辅助”的布局中，阴影交叉的地平面环绕在输出连接器以及高压变压器引脚上（中上）。上电后板子将一败涂地

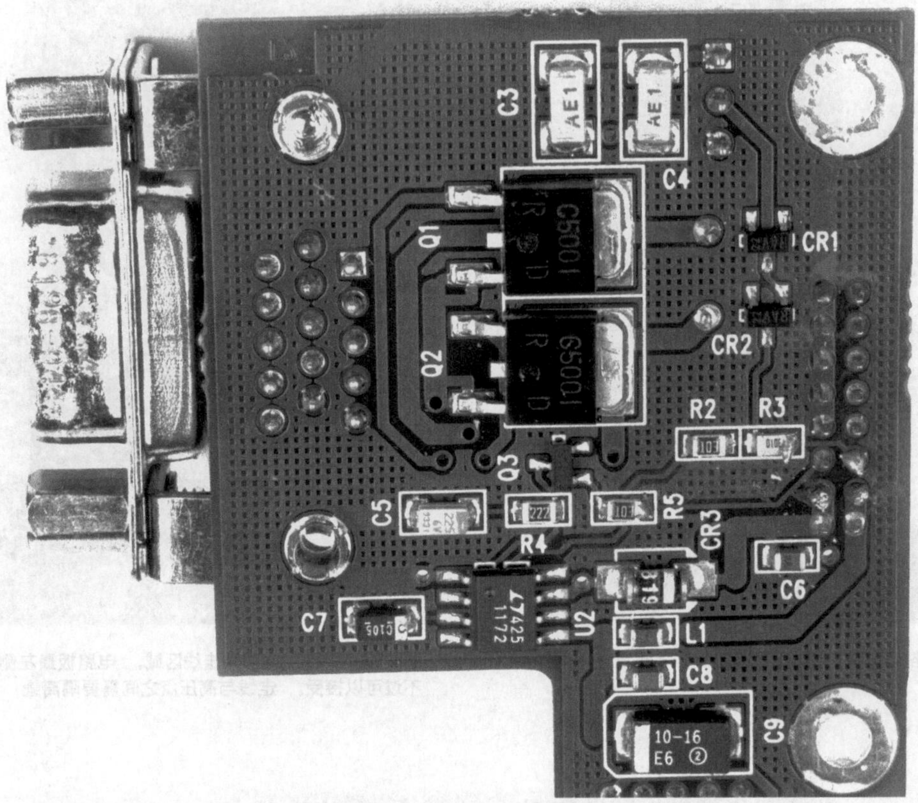

图G14 图G13所示电路的底部。上电后，并联镇流电容（中上）所在区域的地平面将产生大量的电弧。该电路板需要彻底重布。计算机布局软件包的开发者需要认真学习电学和磁学课程

分立元件的选择

分立元件的选择对CCFL电路的性能而言至关重要。集电极振荡电容的电介质选择不当的话，很容易会使效率降低5%~8%。WIMA和Panasonic专用类型的性能非常优异，也有极少的其他电容可以使用。Panasonic电容是唯一推荐使用的表面贴装类型，不过它比“通孔”WIMA电容多1%的损耗。

专用晶体管也很特别。它们具有异乎寻常的电流增益以及V_{CE}饱和指标。ZDT1048是一款双晶体管器件，专为背光而设计，能节省空间，是首选器件。图G15总结了ZDT1048的相关特性。将标准器件替换掉将使效率下降10%~20%，有时会导致灾难性故障[45]。

我们征得了Zetex的同意，将Zetex应用指南14（参见参考文献28）的内容摘录如下，以回顾和强调Royer电路操作中对晶体管的操作条件和要求。

摘自“LCD背光中晶体管的注意事项”，Neil Chadderton, Zetex plc.

[45] 别说我们没有事先警告你。

电气特性（除非另外提及，室温一般为 T_{amb}=25℃）

参数	符号	最小值	典型值	最大值	单位	条件
集电极－发射极击穿电压	V_{CES}	50	85		V	I_C=100μA
集电极－发射极击穿电压	V_{CEV}	50	85		V	I_C=100μA，V_{EB}=1V
集电极截止电流	I_{CBO}		0.3	10	nA	V_{CB}=35V
集电极－发射极饱和电压	$V_{CE(sat)}$		27 55 120 200 250	45 75 160 240 350	mV mV mV mV mV	I_C=0.5A，I_B=10mA* I_C=1A，I_B=10mA* I_C=2A，I_B=10mA* I_C=5A，I_B=100mA* I_C=5A，I_B=20mA*
静态正向电流转移系数	h_{FE}	280 300 300 250 50	440 450 450 300 80	1200		I_C=10mA，V_{CE}=2V* I_C=0.5A，V_{CE}=2V* I_C=1A，V_{CE}=2V* I_C=5A，V_{CE}=2V* I_C=20A，V_{CE}=2V*
跃迁频率	f_T		150		MHz	I_C=50mA，V_{CE}=10V f=50MHz

* 在脉冲条件下进行的测试。脉冲宽度 =300μs。占空比≤2%

ZETEX
U.K.FAX：0161627-5467
U.S.FAX：5168647630
HONG KONG FAX：987 9595

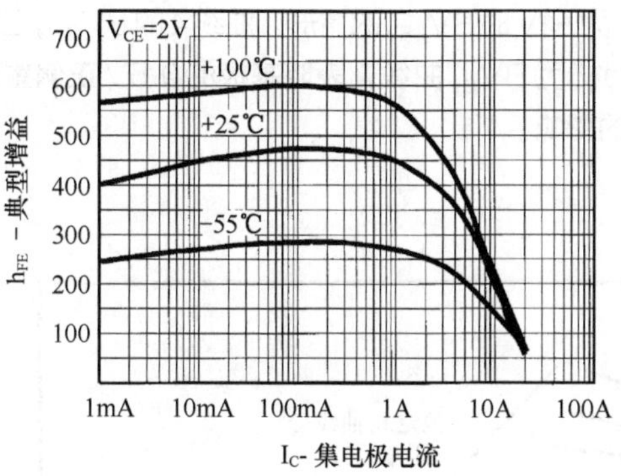

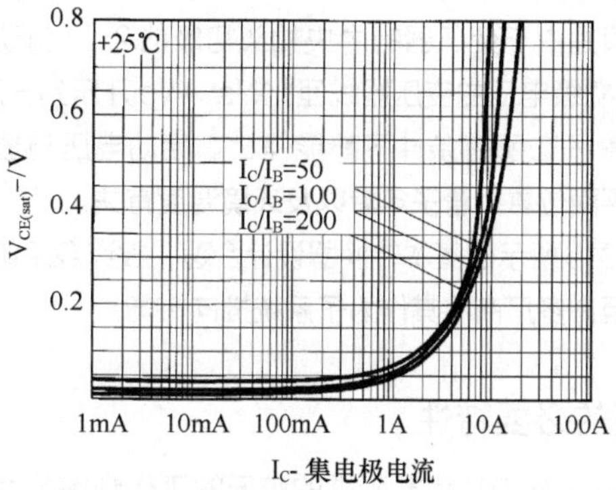

经 Zetex 许可重绘了图形

图G15 Zetex1048双晶体管规范的简易形式。 非凡的增益和饱和特性对于背光电路的Royer转换器电路是非常理想的

转换器的基本操作

由CCFL管的行为决定的驱动要求以及首选工作条件，可以从图G16所示的谐振推挽转换器来获得。在1954年由G.H.Royer提出该电路拓朴结构并将之作为功率转换器之后，该电路也称为Royer转换器（注：严格地讲，背光转换器使用了一个Royer转换器的修改版本——原始版本使用饱和变压器来固定操作频率，并因此产生了方波驱动波形）。电路看上去很简单，但这是假象：许多元件交互作用，虽然电路在各元件值大范围变动时都能运行（开发时很有用），各个电路设计仍需优化以获得最高可能的效率。

晶体管VT1和VT2通过反馈绕组W4进行基极驱动，交替达到饱和。基极电流由电阻R1和R2决定。供电电感L1以及初级电容C1强制电路以正弦方式运行，从而最小化了谐波生成以及RFI，并为负载提供了首选驱动波形。电压升压取决于W1：（W2+W3）的线匝比。C2为次级镇流器电容，实际上设置了管子电流。

在管子点亮之前，或者当没有管子接通时，工作频率取决于谐振并行电路，包括初级电容C1以及变压器的初级绕组W2+W3。管子点亮后，镇流电容C2，加上分布式管子以及寄生电容通过变压器反射回来，从而使工作频率降低。

变压器为高线匝比时，次级负载可以主导电路的行为。例如，工作在极低DC输入电压下的设计。

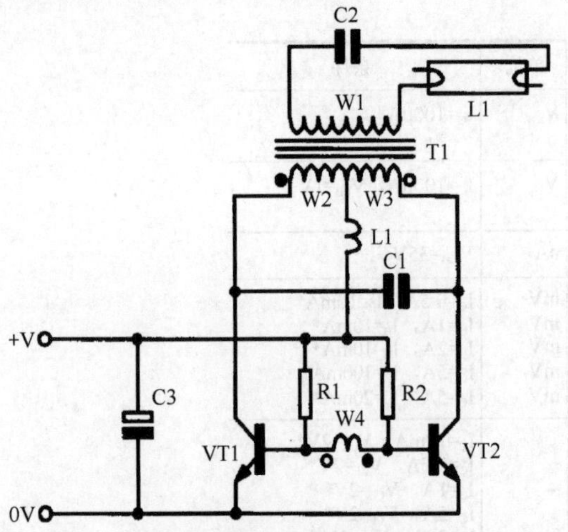

图G16 广义Royer转换器

每个晶体管的集电极受限电压为2×π/2×Vs(或者直接为π×Vs)，其中Vs为转换器的直流输入电压。(π/2的因子是由于正弦波的平均值与峰值之间的关系，而×2项是由于变压器的中央抽头初级的2：1自动变压行为)。初级电压由变压器线匝比Ns：Np升压到一定值，足以使管子在所有条件下都能停止。启动电压与显示外罩、地平面位置、管子年龄以及环境温度有关。

图G16所示的基本转换器设计合理，被许多系统所采用，甚至许多厂商将其作为子系统推向市场。

晶体管的必要特性

Royer背光转换器所需的较低的工作频率(为最小化高压寄生电容损耗)，以及便捷的变压器驱动，使该电路特别适合用双极型晶体管来实现。我们并不是排斥基于MOSFET的设计(某些IC厂商在该电路中使用MOS作为他们的专有技术)，不过仅从等效导通阻抗和硅效率方面而言，低压双极型晶体管无出其右。例如，ZETEX ZTX849E-LINE(兼容TO-92)晶体管的R_{CE}(饱和)为36MΩ。这一特性如用MOSFET来实现的话，必须使用一个很大的(很昂贵的)MOSFET管芯，仅能在TO-220，D-PAK以及其他相似的较大封装中实现。

晶体管最重要的特性是其额定电压、V_{CE}(饱和)、h_{FE}以及以下详细讨论的内容。

额定电压需要对标准晶体管击穿参数进行研究，它可能因为额定电压而指定一个设备，导致一些必要的导通阻抗损耗，从而降低效率。平面双极型晶体管的主要击穿电压是BV_{CBO}，取决于外延层——特别是它的厚度和电阻率。击穿电压是跨越集电极-发射极(C-E)端子的，这一点设计人员较为感兴趣。该值可能在击穿电压BV_{CBO}与基极偏置决定的更低的电压之间变化。

[击穿机制是由雪崩倍增效应引起的，自由电子在反向偏置电场的作用下获得足够的能量，晶格原子发生碰撞将导致离子化。产生的自由电子将被电场加速，从而进一步离子化。倍增的自由载流子急剧增加了反向电流，所以结有效地钳位了外加电压。很明显基极能够影响结电流——从而可以调节击穿所需电压。]

图G17显示了不同电路情况下，击穿特性的变化。BV_{CEO}额定值(或者基极开路)使得集电极-基极(C-B)漏电流I_{CBO}被晶体管的β因子有效放大，从而显著增加漏电流I_{CEO}。将基极与发射极短路(BV_{CES})将为C-B泄漏提供并联通路，所以击穿电压要大于基极开路情形。BV_{CER}表示基极开路和短路之间的状态：-R表示外部基极-发射极电阻，其典型值为100Ω~10kΩ。BV_{CEV}或者BV_{CEX}是基极-发射极反偏时的特例；它为C-B泄漏提供了更好的通道，所以其额定值电压接近BV_{CBO}或与其相一致。图G18显示了ZTX849晶体管相关抽空模式时的曲线跟踪，包括设备"导通"状态的曲线。曲线1和2相一致，分别表示BV_{CBO}和BV_{CES}。曲线3为基极偏置(V_{EB})为-1V时BV_{CEV}的情形。曲线4的BV_{CEO}近似36V。曲线5为BV_{CE}曲线，表明基极的0.5V正偏置对击穿条件的影响。

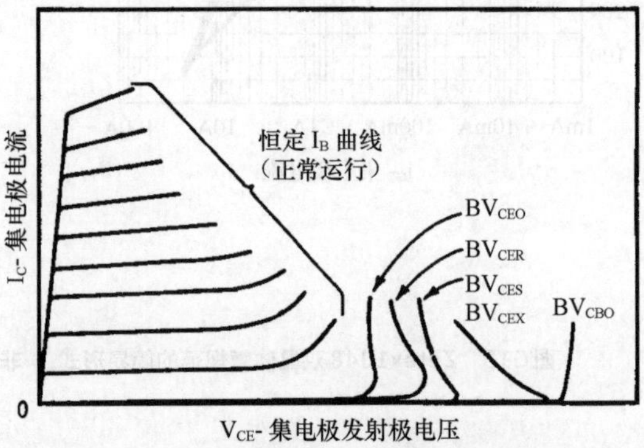

图G17 双极型晶体管电压击穿模式

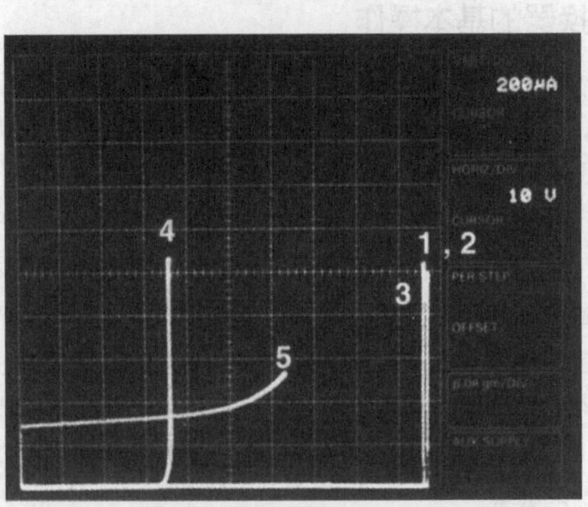

图G18 ZTX849的击穿模式

BV_{CEV}额定值与Royer转换器有着特殊关系，可以从图G19所示波形中推测出来。认真观察可以发现，当基极电压被反馈绕组设置为负时，晶体管只经历了C-E高压，这几个事件完全同步。C-E和B-E的波形放大图在图G20中给出。

【注：反馈绕组施加的电压不能超过晶体管的BV_{ebo}。其值通常设置为5V，而不是实际的7.5~8V。】

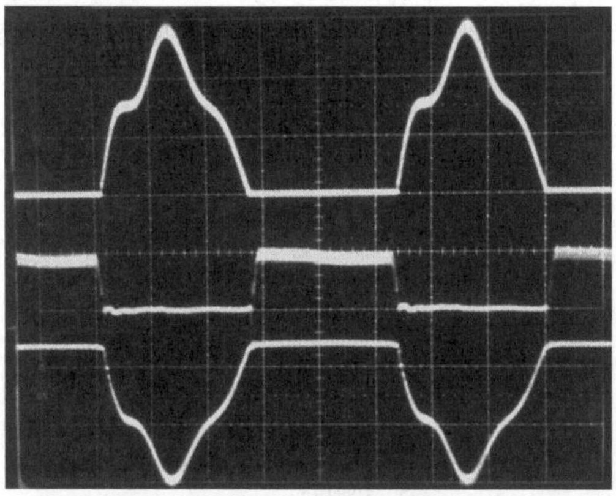

图G19　Royer转换器工作波形：波形分辨率分别为V_{CE} 10V/格；I_E 0.5A/格；V_{BE} 2V/格，水平方向为2μs/格

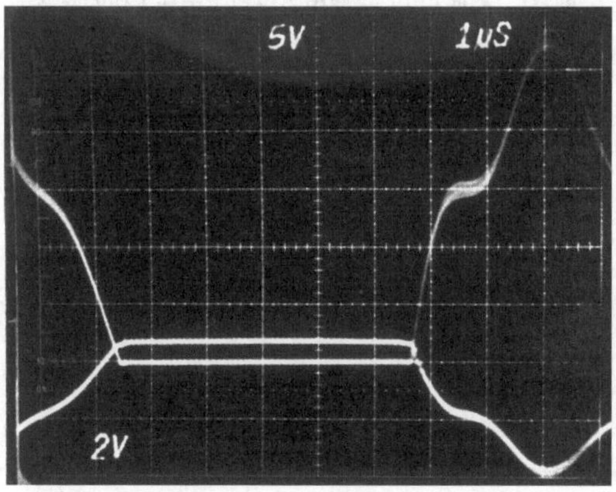

图G20　Royer转换器：V_{CE}和V_{BE}波形：分别为5V/格和2V/格

$V_{CE(sat)}$和h_{FE}参数直接关系到电路的电转换效率。尤其是在电池供电的低电压系统中更是如此，这是因为其中的电流较高。选用标准LF放大器晶体管远远得不到理想结果；这些器件用于通用线性且非关键的开关。这些器件固有的高$V_{CE(sat)}$，低电流增益会将电流的效率降低到50%以下。例如，对于FZT849 SOT223晶体管以及有时用作Royer转换器晶体管LF设备，在500mA时测量的$V_{CE(sat)}$最大值分别是50mV和0.5V。

	V_{CE}(sat)	@Ic	Ib
FZT849	50mV	0.5A	20mA
BCP56	0.5mV	0.5A	50mA

为了解决$V_{CE(sat)}$问题，偶尔也使用大功率晶体管。不过，它们的电容以及基极低传输系数（外延基极器件的特性），会因为较长的存储和开关时间而引起交叉传导损耗。电流增益也很重要，因为基极偏置损耗在总损耗中占据了很大一部分；偏置电阻需要谨慎选择以使$V_{CE(sat)}$最小，同时还能防止基极过驱需要考虑的供电波动、最大灯电流以及晶体管h_{FE}最小值及其范围。

基于以上原因，大电流开关应用中对晶体管进行设计及优化是非常经济和有效的解决方案。图G21显示了ZTX1048A在指定增益范围内$V_{CE(sat)}$的曲线图。该设备属于ZTX1050系列晶体管之一，采用了专为ZETEX的“Super-SOT”系列而设计的高效Matrix geometry的按比例放大版本。这样可以使$V_{CE(sat)}$性能在低端时能与ZTX850系列相媲美，实现本应用中电流的调节，而且它使用的管芯更小，具有成本低、体积小的特点。

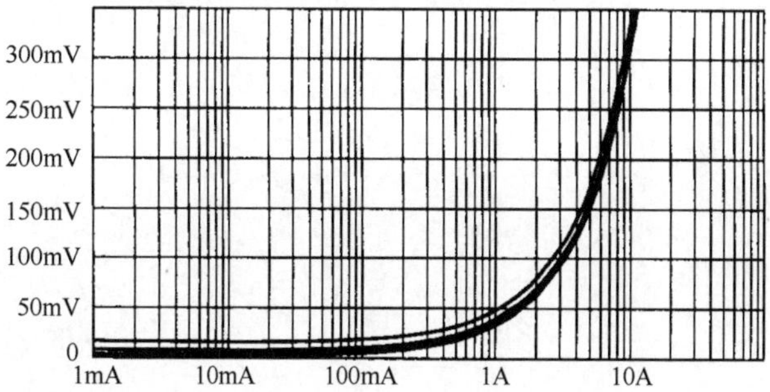

图G21　设定ZTX1048A的增益为10、20、50和100时$V_{CE(sat)}$ vs I_C曲线

其他分立元件的注意事项

电路中涉及的磁性元件也是经过精挑细选的，如将其替换可能导致效率下降、不良电压调整率等问题。

旁路电路可以是任何适合于开关稳压器服务的类型，不过如果电源能提供大电流，则应避免用钽类型的电容旁路Royer转换器。而在本指南中，没有基于钽电容的电源可以保证启动大电流时系统的稳定性。如果必须使用钽电容，则应使用X2的电压降额因子[46]。

㊻　请参阅脚注㊺。

在基于LT118X的电路中选用的2.2μF的Royer旁路电容可以保护IC内部电流分流不会受到任何可能的长期破坏。启动电流浪涌可以较大，该电容将它们限制在安全的偏移之内。

与V_{SW}引脚相连的高速钳位二极管应当能够处理快速电流尖峰。肖特基类型的二极管的损耗要比普通高速二极管低[47]。

㊼ 讨论60Hz整流二极管（例如，1N4002）的应用，将使本应用指南变得低级趣味。也请参阅脚注㊺。

辐射

CCFL电路很少会有辐射问题。Royer电路的谐振操作将放射能量全部集中在有用的频率上。在开关稳压器的V_{SW}引脚上一般都有较多的RF能量，而将裸露在外的走线面积最小化可以消除这些问题。磁性元件偶发的辐射一般都很低。在某些情况下（极少），需要注意磁性元件的摆放，以防它与其他电路交互作用。如果要求使用屏蔽罩，则其效应应当尽量评估。在Royer变压器的附近使用屏蔽罩可以发生诸如改变逆变器的谐振、次级电弧等现象。

附录H 使用高压输入进行操作

某些应用需要使用高压输入。图中的20V最大输入，是由进入隔离反激模式的LT1172设定的（请参阅LT1172数据手册），并非击穿限值。如果LT1172的V_{IN}引脚由一个低电压源驱动（例如，5V），使用图H1所示的网络可以扩展到20V的限值。如果LT1172使用同一电源驱动，即L1的中央抽头，可以不用该网络，不过效率可能有所下降。文中没有讨论其他类型的开关稳压器就是受该问题的限制。它们的工作电压仅由电压击穿限值决定。

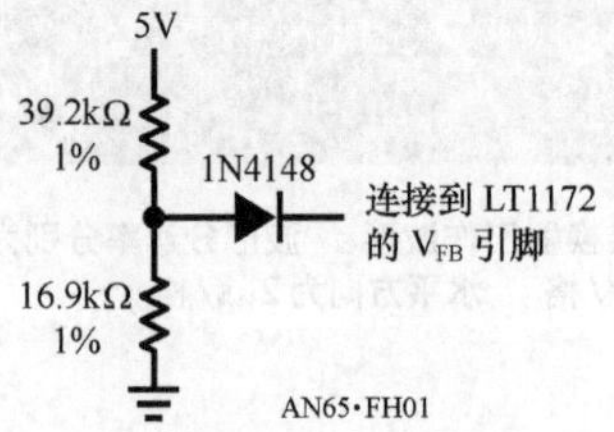

图H1 能使LT1172使用20V以上电压工作的网络

附录I 附加电路

台式计算机的CCFL供电电源

台式计算机一般都由线路供电，支持更高功率的显示器。高功率操作将产生更高的亮度和更大的显示区域。台式计算机吸收4～6W的典型功率，使用较高电压的稳压电源。图I1给出了这样的显示器。

该电路基于LT1184的“接地型灯”结构，与先前讨论的版本相同，不用赘言。变压器是高功率类型，而“I_{CCFL}”电流编程电阻的等比调整，可支持9mA的灯电流。此时，编程是通过钳位PWM（参见附录F），不过讨论的所有其他方法都是适用的。

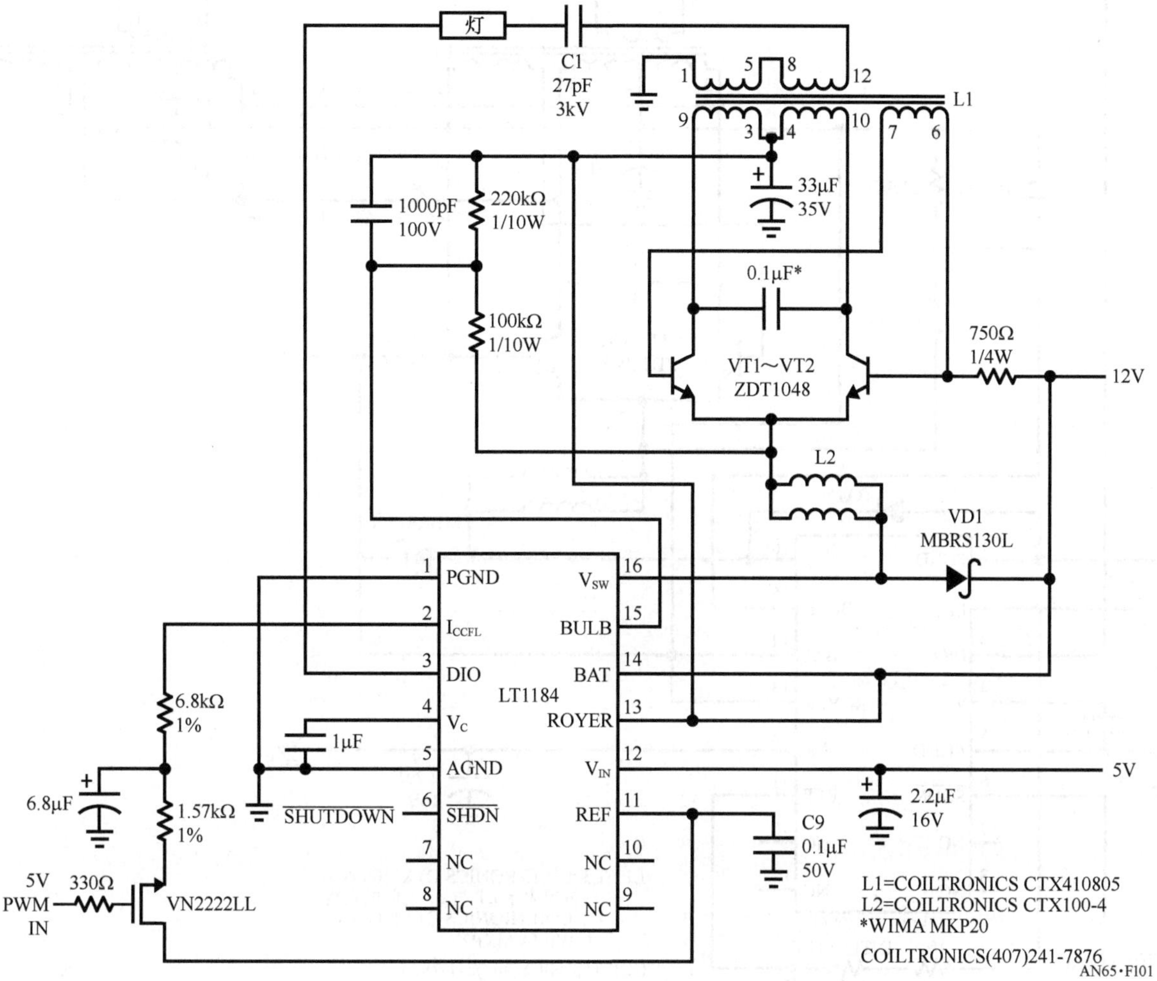

图I1　高功率变压器和等比调整的I_{CCFL}值可支持桌面计算机的LCD运行

双变压器CCFL供电电源

如果空间受限，则可以改用两个小型变压器来代替单个较大的变压器。这种方法成本略有点高，不过它可解决空间限制问题，另外该方法也有若干独到之处。图I2所示的方法本质上是一个基于LT1184的“接地型灯”电路。晶体管驱动两个并联变压器的初级。两个变压器的次级串行连接以产生输出。两个较小的变压器，每个为一半负载供电；可以直接放置在灯的端子附近。该方法除了明显节省空间（尤其是高度）外，它也缩短了高压引线的长度，从而最小化了寄生线路损耗。另外，虽然灯接受的是差分驱动，寄生损耗也较低，不过反馈信号是以地为参考的。这样，串接的两个次级提供了悬浮灯的工作效率、接地模式的电流确定性以及电压调整率。

L1是直接驱动的，绕组4-5上具有正常方式的反馈。L3是L1的“从属”绕组，其次级产生相位相反的输出。L1和L3的互连走线必须是低电感的，以保证波形的保真性。走线越宽越好（例如，1/8in），必须加以覆盖以消除感性效应。

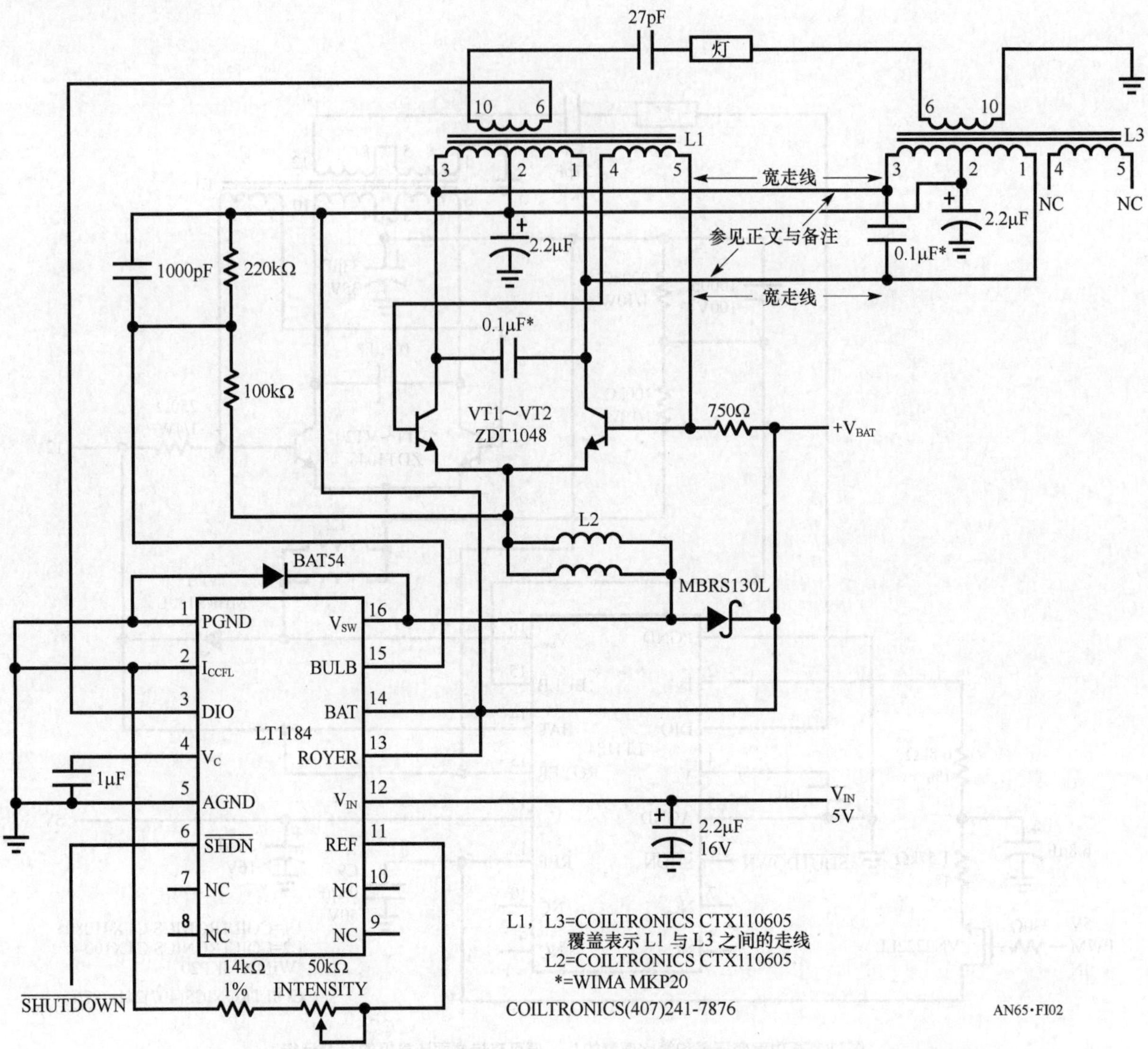

图I2　双变压器能节省空间并能最小化寄生损耗，同时保证了电流的精度以及电压调整率。代价就是成本增加

HeNe激光供电电源

氦氖激光，在很多应用中都会用到，是较难供电的负载。它们一般需要近10kV以开启导通，而导通之后只需1500V来维持导通状态以保证工作电流正常流动。为激光供电通常需要某些形式的启动电路来产生初始击穿电压，以及一个单独电源以保持导通。图I3所示的电路大大简化了激光驱动。启动和维持功能组合在单闭环电流源之中，支持10kV以上的电压。可以看到，该电路是改编自CCFL供电电源电路，具有3倍的直流输出电压。

上电后，激光没有导通，190Ω电阻之上的电压为0。LT1170开关稳压器的FB引脚也没有反馈电压，其开关引脚（V_{SW}）为L2提供全占空比脉宽调制。电流从L1的中央抽头开始，流经VT1和VT2进入L2和LT1170。该电流将引起VT1和VT2状态切换，交替驱动L1。0.47μF电容和L1产生谐振，产生自举正弦波驱动。L1提供巨大的升压，在其次级产生约3500V的电压。电容和二极管与L1的次级形成电压三倍器，在激光灯上产生超过10kV的电压。激光灯击穿，电流开始在其中流动。47kΩ电阻进行限流，并隔离激光负载特性。电流流动使得190Ω电阻之上出现压降，经滤波之后传送到LT1170的FB引脚，形成控制闭合环。LT1170微调L2的脉宽驱动以保持FB引脚1.23V电压，不论工作条件发生什么变化。这样，激光灯就能得到恒定电流驱动，本例中为6.5mA。改变190Ω电阻的阻值可以获得其他大小的电流。当激光刚导通时，1N4002二极管串对额外的电压进行钳位。V_C引脚的10μF电容对环路进行频率补偿，当LT1170的VSW引脚没有导通时，则由MUR405维持L1电流。电路启动并在9~35V输入电压范围内运行时激光灯的效率约为80%。

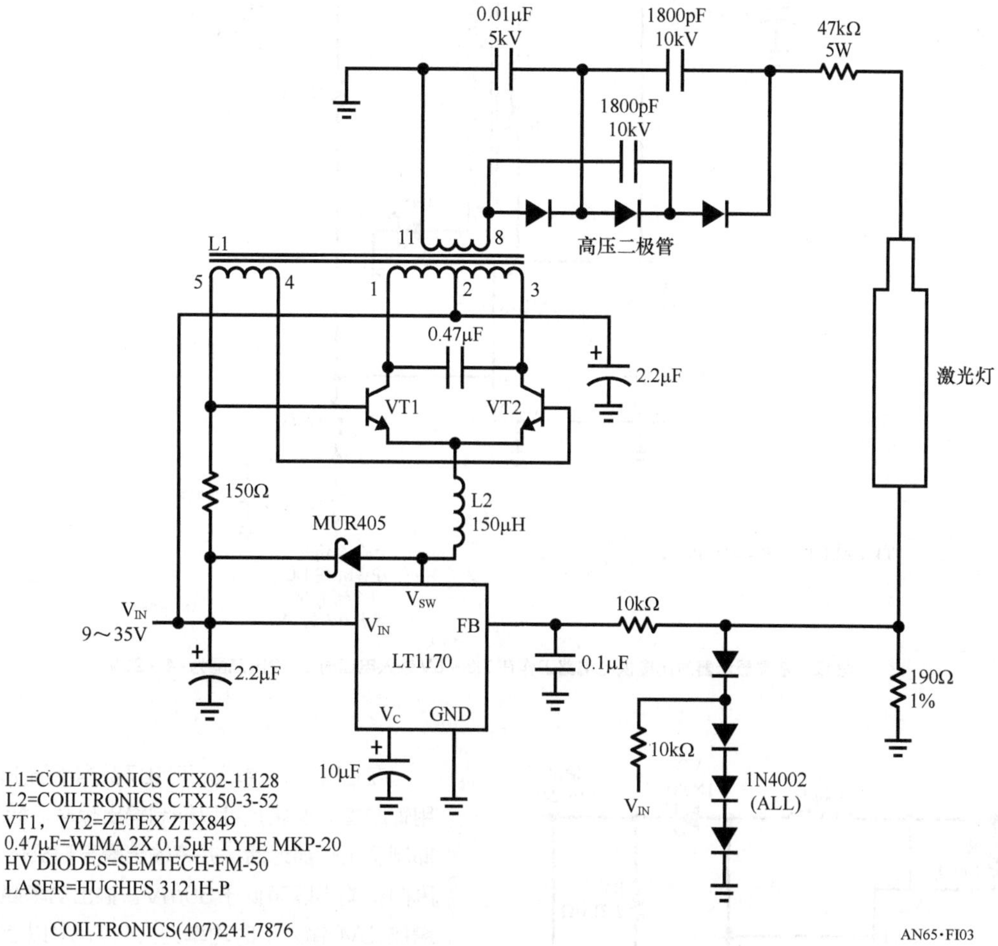

图 I3　基于CCFL电路的激光供电电源，本质上是符合10000V要求的电流源

附录J　LCD对比度电路

LCD平板需要可变对比度的输出控制电路。本附录将讨论各种功能的对比度供电电源。

图J1所示的是一个LCD平板对比度供电电源，是由LTC公司的Steve Pietkiewicz设计的。该电路的亮点在于1.8～6V的输入电压工作范围，这远低于其他大多数电路。电路工作时，LT1300/LT1301开关稳压器以反激形式驱动T1，引起T1次级负偏置升压。VD1进行整流，C1将输出平滑为直流。阻性分压输出通过IQ的I_{LIM}引脚与命令输入相比较，该命令可能是直流或PWM。集成电路强制回路在I_{LIM}引脚保持0V，根据输入命令成比例地调节电路输出。

电源可以从1.8～3V变化，相应的效率为77%～83%。同样的供电限制下，可用输出电流从12mA增加到25mA。

另一个LCD偏置生成器，也是由LTC的Steve Pietkiewicz设计的，如图J2所示。在该电路中，U1是一个LT1173微小功率DC/DC转换器。3V输入，通过U1的开关、VD1以及C1后被转换为24V。开关引脚SW1也驱动着由C2、C3、VD2以及VD3组成的电荷泵，以产生-24V。输入电压在3.3～2V时，电压调整率低于0.2%。由于-24V输出没有直接被调整，负载调整率要低一些，负载为1～7mA时，其值为2%。电路在2V输入7mA输入时效率为75%。

如果需要大输出，图J2所示的电路可以由5V电源驱动。R1应改为47Ω，C3改为47μF。输入为5V，负载40mA时，效率可达75%。将VD4的阳极设置为逻辑高电平可以实现关断，它强制U1的反馈引脚高于1.25V的内部参考电压。关断时，输入电源的电流为110μA，关断信号的电流为36μA。

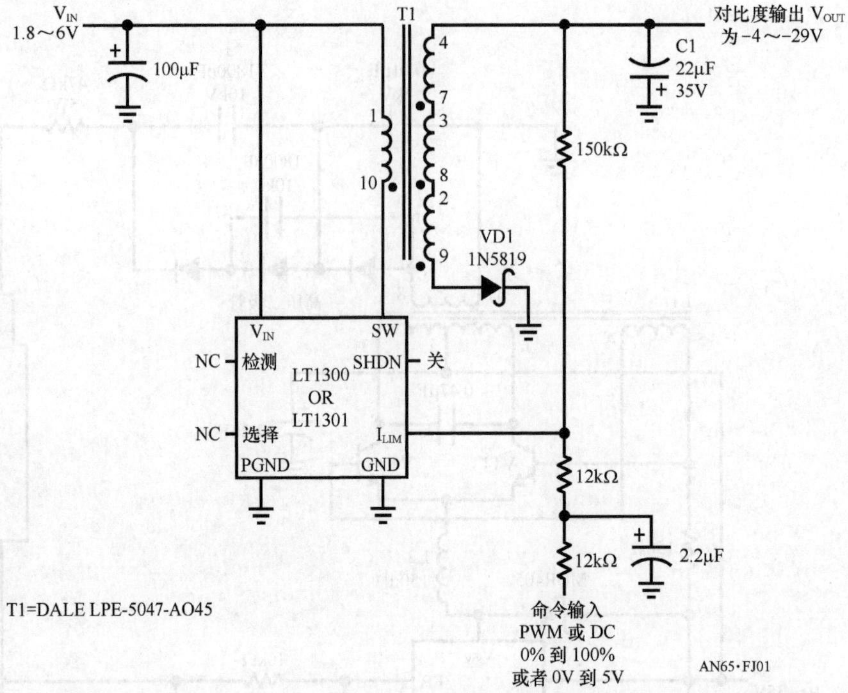

图 J1 液晶显示器对比度供电电路工作在 1.8～6V 输入电压时，输出范围为 -4～29V

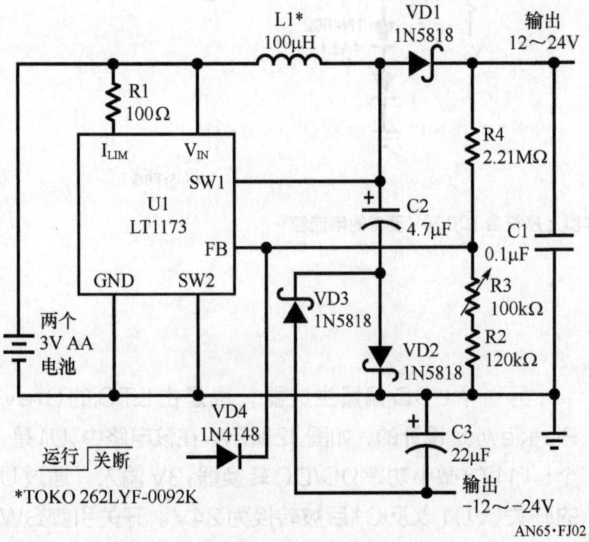

图 J2 DC/DC 转换器从 3V 电源生成 LCD 偏置

双输出 LCD 偏置电压发生器

市场上众多类型 LCD 的存在，使得生产可编程 LCD 偏置电压深具吸引力。图 J3 所示的电路是由 LTC 公司的 Jon Dutra 设计的，是一个 AC 耦合的自举电路。反馈信号单独从输出端引出，所以负载不会影响回路补偿，不过负载调整率进行了折中。输出电压为 28V、负载为 10% 到 100%（4mA 到 40mA）时，输出电压骤降 0.65V！负载从 1mA 到 40mA 时，输入电压下降约 1.4V！这对于大多数显示器来说是可以接受的。

在 LT1107（参见 LT1107 数据手册）的反馈路径上使用辅助增益模块，可以抑制输出噪声。增加的增益有效地抑制了比较器迟滞，并将输出噪声随机化。在输出负载范围内，输出噪声低于 30mV。输出功率随 V_{BATT} 的增加而增加，5V（输入）时功率为 1.4W，8V 以上时约为 2W。在很宽的输出范围之内，效率都为 80%。如果仅需要正或负的输出电压，二极管、电容以及相关联的未用的输出可以去掉。各输出端需要一个 100kΩ 电阻以加载 VD2/VD4 的并联电容产生的寄生电压倍增器。没有这样的最小负载，输入电压将上升到无法忍受的地步。

开关引脚 SW1 的电压可以从 0V 摆到 V_{OUT} 加上两个二极管的压降。该电压与通过 C1 和 VD1 的正输出电压 AC 耦合，也与通过 C3 和 VD3 的负输出电压 AC 耦合。流过 C1 和 C3 的电流为满 RMS 输出电流。大多数钽电容都没有给出额定电流。出于可靠性的考虑，建议使用具有额定电流的钽电容或电解电容。输出电流较低时，也可以选用单片陶瓷电容。

电路关断有几种方法。最简单的方法是将 Set 引脚电压上升到 1.25V 以上。该方法关断电路后电流为 200μA。较低功率的方法是用高边开关切断 LT1107 的 V_{IN} 引脚或者直接断开输入电源（参见原理图中的选项）。该方法将使 V_{BATT} 输入端静态电流下降到 10μA 以下。这两个方法都能使 V_{OUT} 下降到 0V。在 +V_{OUT} 端不需降到 0 时，C1 和 VD1 可以不要。可以调节输出电压使其能输出从高于 V_{BATT} 到 46V 的电压。用户可用 DAC、PWM 或电位计来控制输出电压。流入反馈节点的累加电流支持输出电压的向下调节。

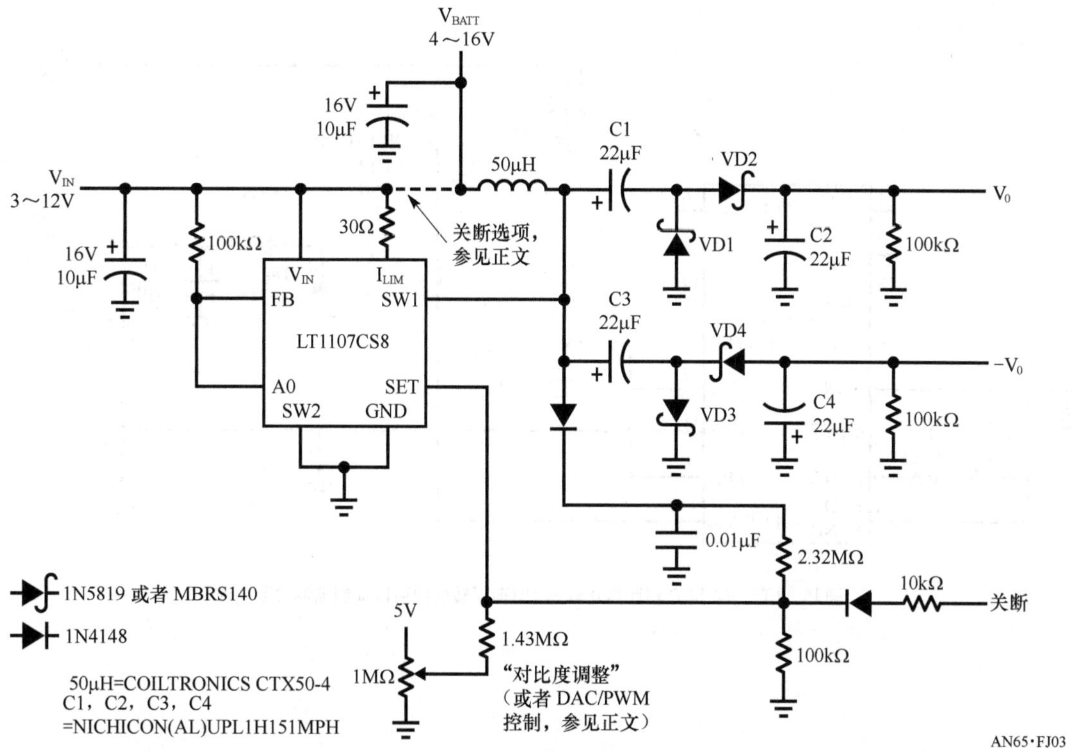

图 J3　双输出 LCD 偏置电压发生器

LT118X系列对比度供电

某些LT118X系列组件包含了一个基于升压稳压器的对比度供电电源。图J4给出了一个基本正输出电路。V_{SW}驱动的电感提供了电压升压，而VD5与C11将输出整流滤波为直流。R12/R14分压器链设置了反馈比率，因此决定了输出电压。到LT1182反馈引脚的连接形成闭合控制回路，而R7和C8进行频率补偿。

图J5所示的是一个相同的电路，区别在于它使用了电荷泵技术来抑制关断电流。VD4和C12放置在L3的放电路径上，产生AC耦合到输出。关断时，没有直流电流流过L3，与图J4所示的直流耦合方法相比降低了电池损耗。

图J6所示的变压器馈输出提供了负输出电压，其中LT1183的“FBN”引脚直接接受相应的负偏置反馈信号，不需要进行电平偏移。在该电路中，输出电压是通过电压控制输入来设置的，虽然电位计或PWM输入也可用（参见附录F）。

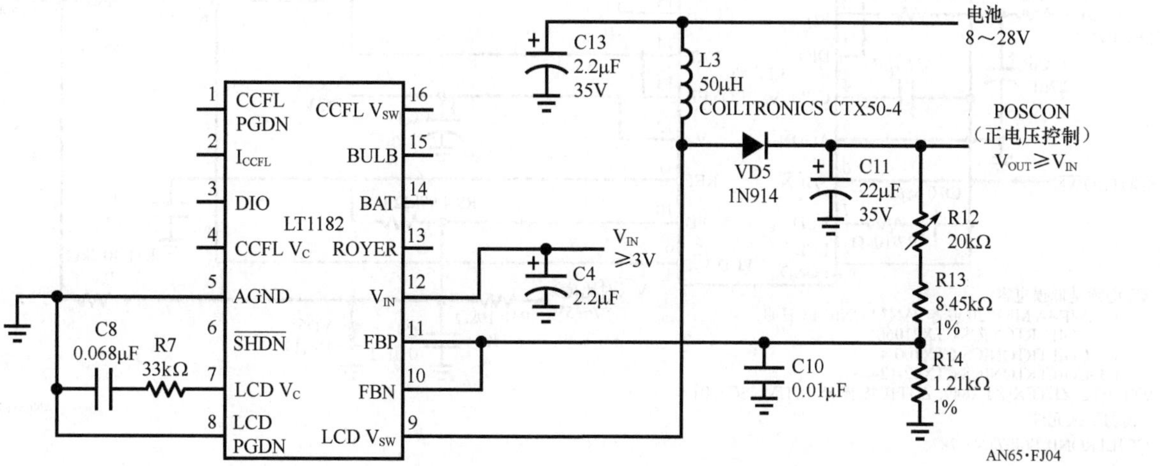

图 J4　LT1182 LCD 对比度正升压转换器。 为简洁起见，忽略了 CCFL 电路

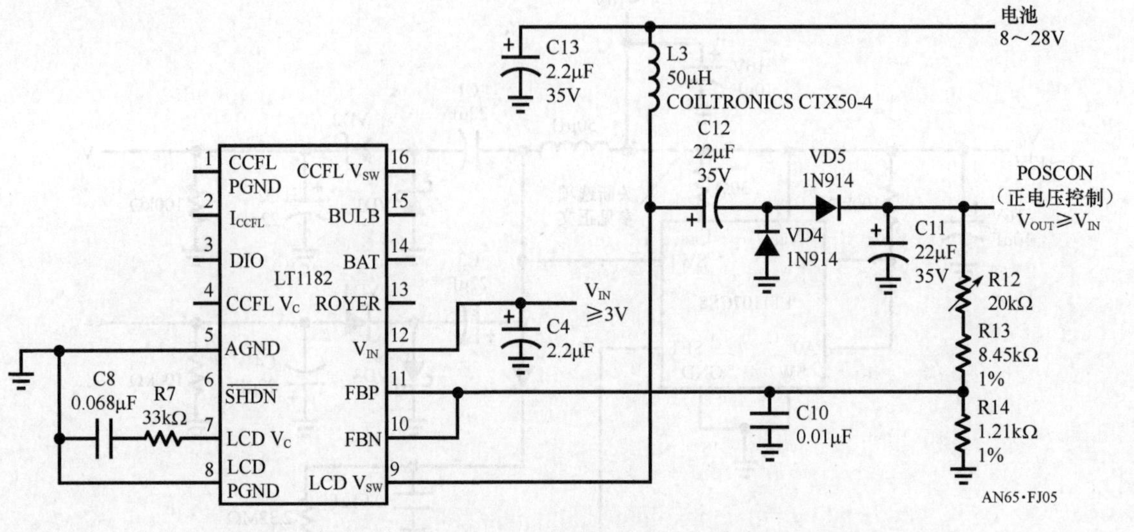

图J5 LT1182 LCD对比度正升压/电荷泵转换器可以抑制电池关断电流

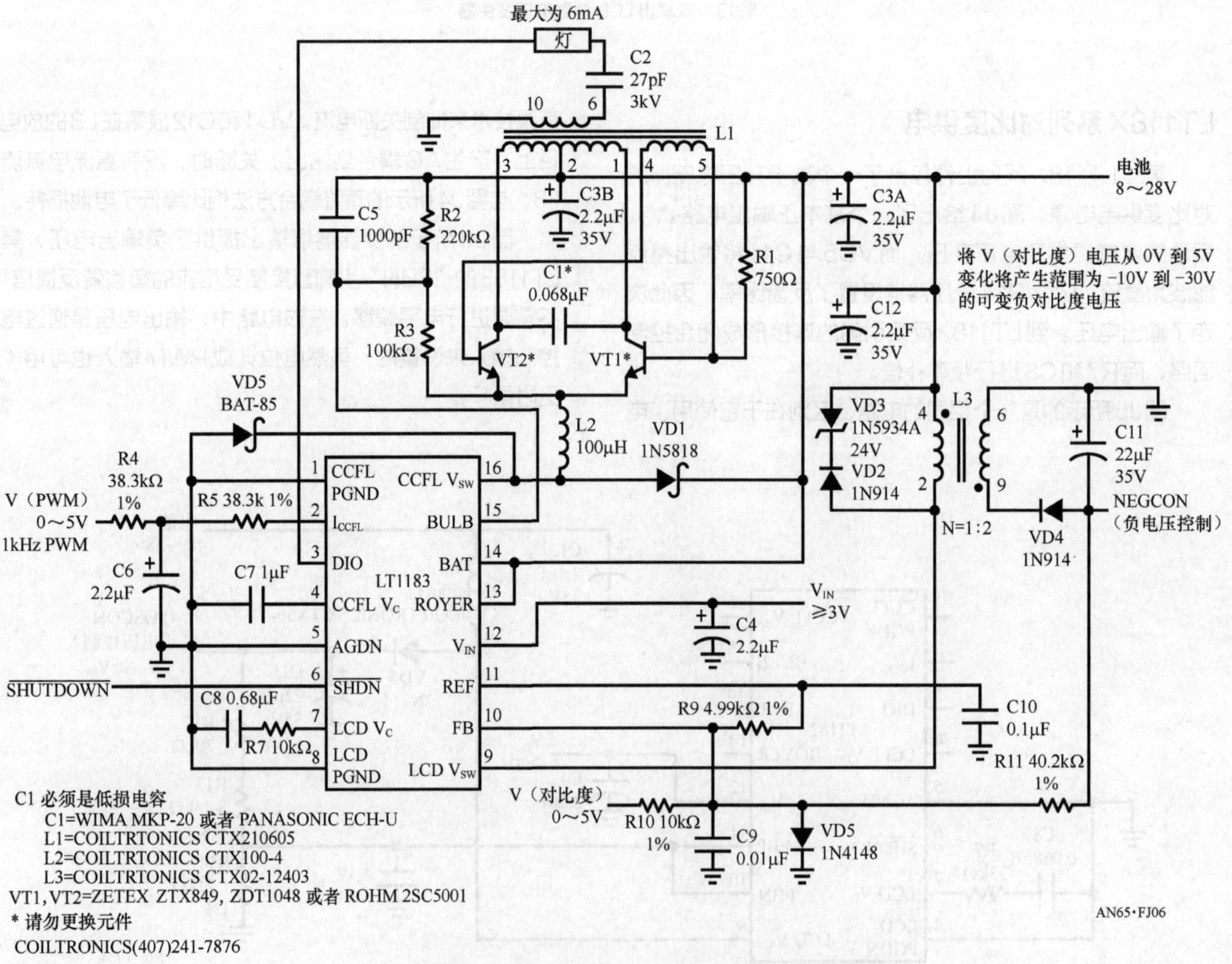

C1 必须是低损电容
C1=WIMA MKP-20 或者 PANASONIC ECH-U
L1=COILTRONICS CTX210605
L2=COILTRONICS CTX100-4
L3=COILTRONICS CTX02-12403
VT1,VT2=ZETEX ZTX849, ZDT1048 或者 ROHM 2SC5001
* 请勿更换元件
COILTRONICS(407)241-7876

图J6 使用负输出LCD对比度供电的LT1183接地型灯的CCFL电路

VD3和VD2阻尼L3的反激幅度到安全水平，相比简易的基于电感的电路，隔离的次级产生较低的关断电流。

图J7利用了LT1182的双极性反馈输入以使输出极性可选。不论LCD要求正偏还是负偏，都可以使用该电器。这使它在各种LCD平板量产中极具优势。电路工作时，电路与图J6相似，不同之处在于L3的次级绕组馈入两个独立的反馈路径。输出极性选择可通过直接将L3的相应端子接地来实现。

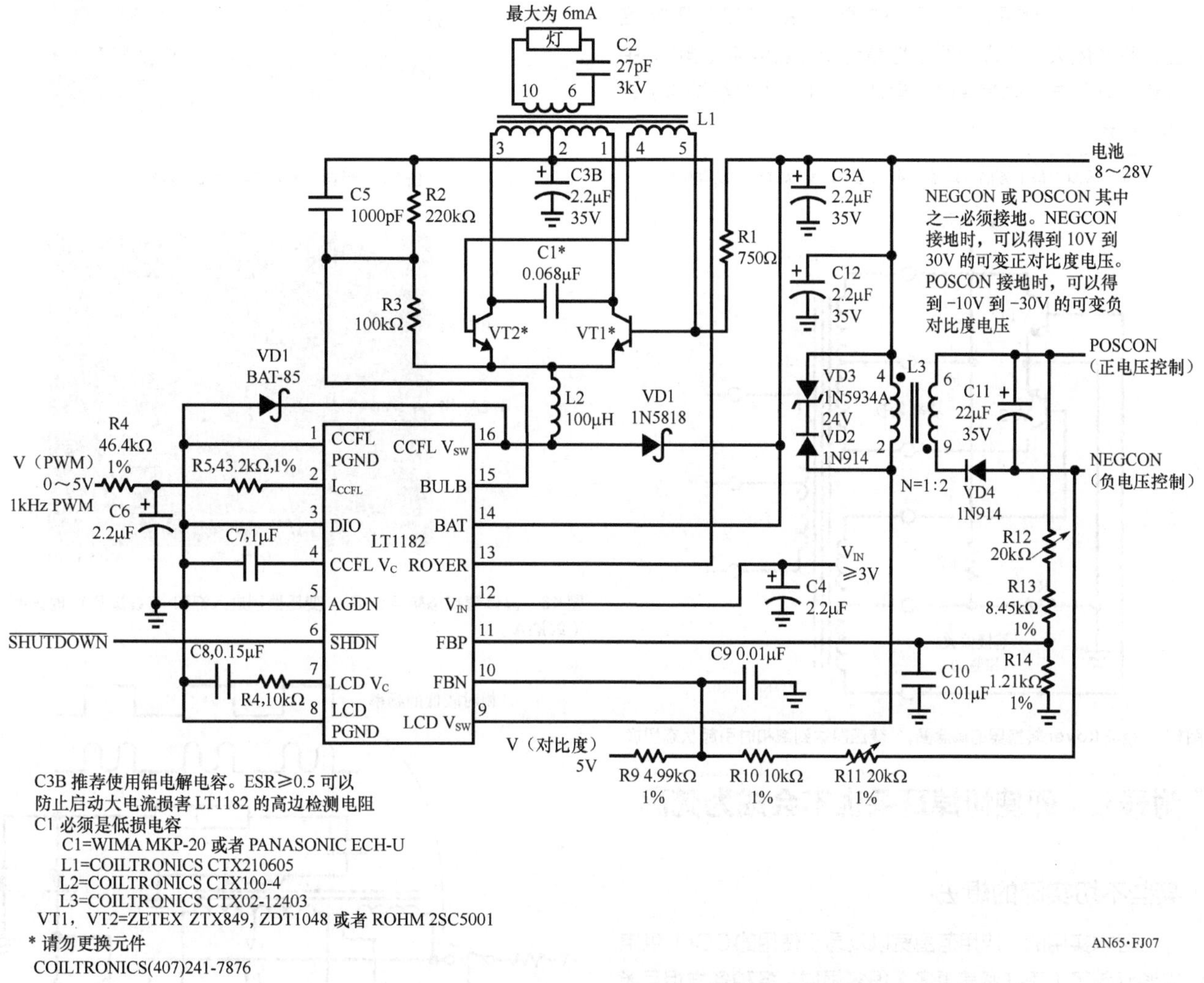

图J7 具有正或负的LCD对比度供电的LT1182悬浮灯CCFL电路

附录K Royer是谁？他做了什么？

1954年12月，一篇名为“Transistors as On-Off Switches in Saturable-Core Circuits”的论文发表在Electrical Manufacturing期刊上。George H. Royer是作者之一，他在论文中讨论了“直流到交流转换器”。Royer声称，使用Westinghouse 2N74晶体管，电路效率可达90%。论文中详细说明了Royer电路的工作原理。随后，在瓦特到千瓦电路，Royer转换器得到了广泛的应用。Royer转换器至今为止仍然是各种各样功率转换器的基础。

Royer电路不属于LC谐振类型。变压器是电路中唯一的储能器件，其输出是方波。图K1所示为一个典型的转换器的概念图。输入连接到由晶体管、变压器和偏置网络组成的自振电路上。两个晶体管异相导通，变压器每次饱和时进行状态切换（图K2中的线迹A和C是VT1集电极和基极的波形，而线迹B和D是VT2集电极和基极的波形）。变压器饱和将产生快速上升的大电流（线迹E）。

电流尖峰将被基极驱动绕组捕捉，使晶体管状态切换。这种异相开关使晶体管交换状态。先前导通的晶体管内的电流将急剧下降，随后，新导通的晶体管内的电流将缓慢上升直到变压饱和再次强制它们切换状态。交替工作使晶体管的占空比为50%。

图K3所示的是将图K2中的线迹B和E在时间和幅度上进行了放大。可以很明显地看到变压器电流（图K3中的线迹B）与晶体管集电级电压（图K3中的线迹A）之间的关系[48]。

[48] 两图中最下方的线迹都与本文无关，所以讨论中没有引用。

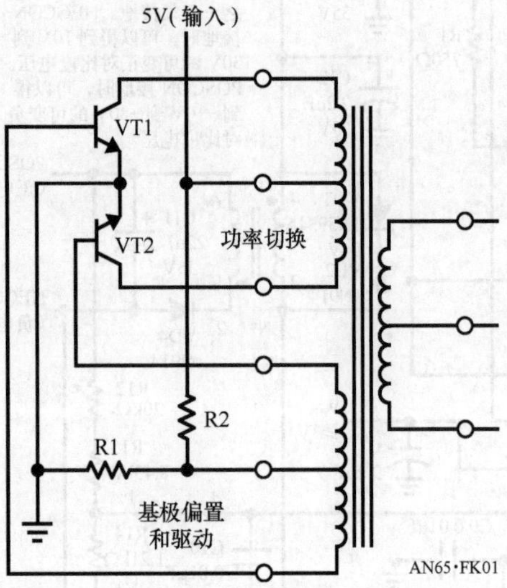

图K1 经典Royer转换器的概念图。变压器达到饱和时引起状态切换

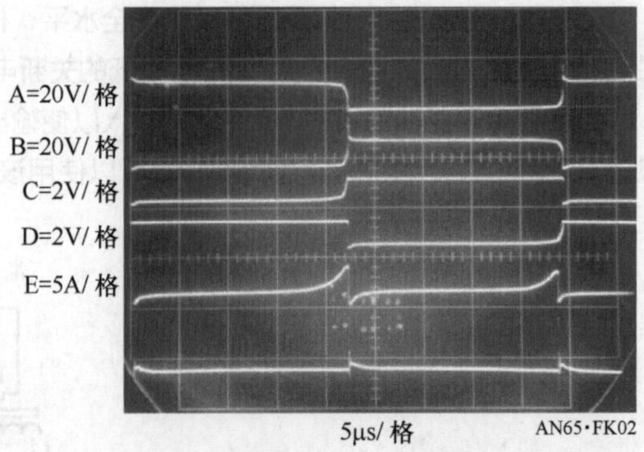

图K2 经典Royer转换器的波形

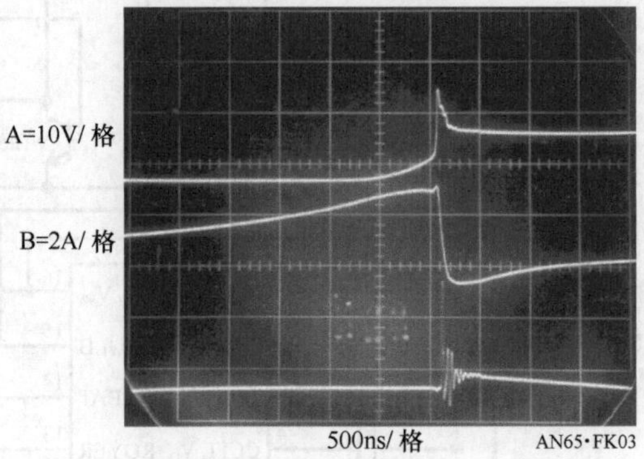

图K3 晶体管状态转换详情。变压器刚进入饱和（线迹B）时关断（线迹A）

附录L 即使切掉耳朵也不会成为梵高

某些不切实际的想法

寻求实用的、应用范围宽以及易于使用的CCFL供电电源涵盖了（正在涵盖更多）很多领域。各种各样相互矛盾的需求，再加上灯特性的不明确性，造成极多令人遗憾的结果。本节将选择介绍一些面包板上实现时令人失望的想法。背光电路是作者所见到的理论上可行，但实际上最为致命的地方之一。

不切实际的背光电路

图L1所示的电路试图通过消除LT1172的饱和损耗来提升效率。比较器CI通过通断调节晶体管基极驱动来控制一个环绕Royer转换器的自由运行环电路。该电路产生突发高压正弦波驱动灯管，以维持反馈节点。该电路可以运行，但其线路抑制较差，因为RC平均对上具有随电源可变的波形。另外，“突发”调制强制回路以其频率不断重启荧光灯，浪费能量。最后，灯功率是由高波峰因子的波形传送的，造成低效灯电流到光的转换，缩短了灯的寿命。

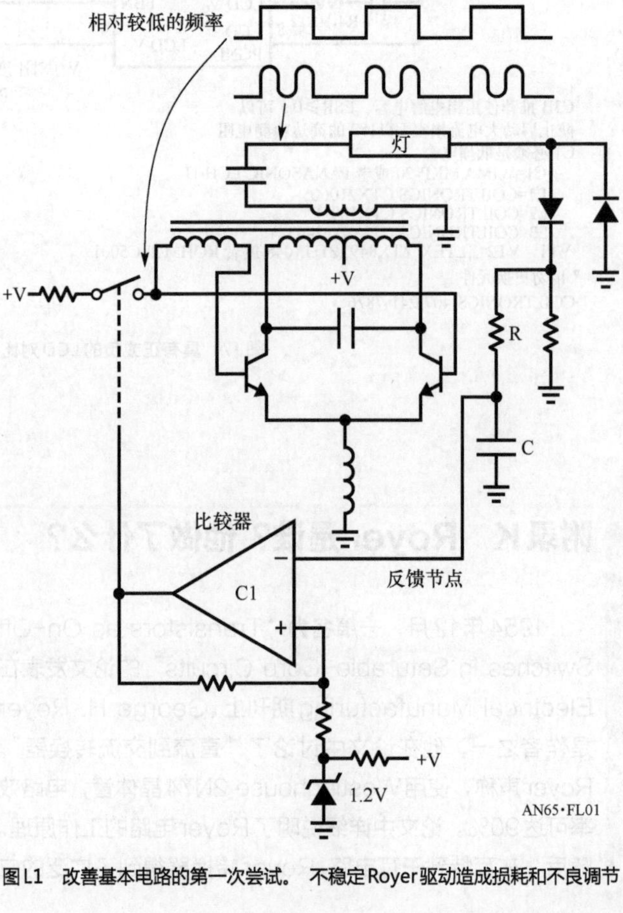

图L1 改善基本电路的第一次尝试。不稳定Royer驱动造成损耗和不良调节

图L2所示电路试图解决上述这些问题。它将先前的电路修改为放大器控制电流模稳压器。另外，基于Royer的驱动是由钟控的高频脉宽调制器控制的。这样的电路设计为平均RC提供了更稳定的波形，改善了线路抑制率。然而，改进很不充分。为了避免恼人的屏闪，线路突然激活时，需要1%的线路抑制率，比如充电器启动时。另一个难题在于，虽然用高频PWM进行了抑制，相对于灯发光率及其寿命而言波峰因子仍然不是优化的。最后，每个PWM周期，灯都会被强制重启，浪费功率。

图L3所示电路增加了“保持活动”功能以防止Royer关断。这一电路工作良好。当PWM变低时，Royer仍然运行，维持了低电平灯的导通状态。该方法消除了不断的灯重启缺点，节省了功率。“电源校准”模块提供了部分电源给RC平均器，将线路抑制率提升到可接受水平。

该电路经大量的修改后，可以获得近乎94%的效率，但是它的发光量却少于正文中图8.35的“低效率”电路。捣乱的是灯的波峰比因子。保持活动的电路起到了作用，但是灯仍然无法处理甚至普通波峰因子，而灯的寿命仍成问题。

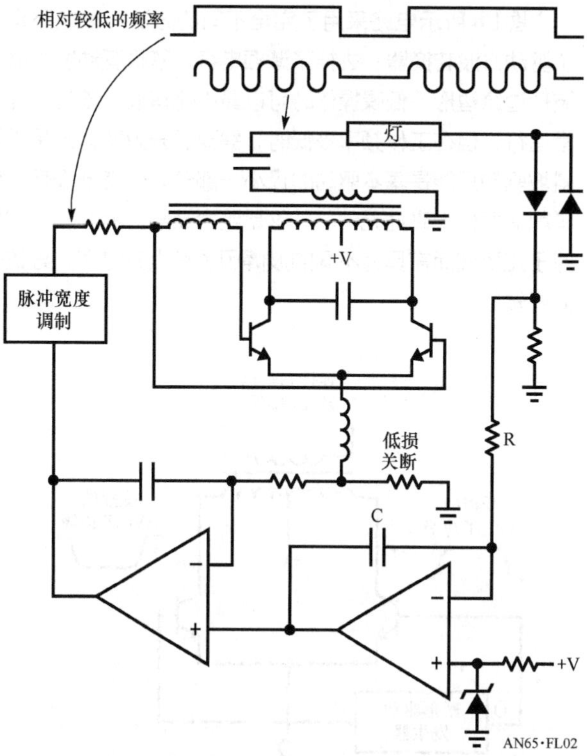

图L2　更为复杂的失败电路，损耗较大，电压调整率差

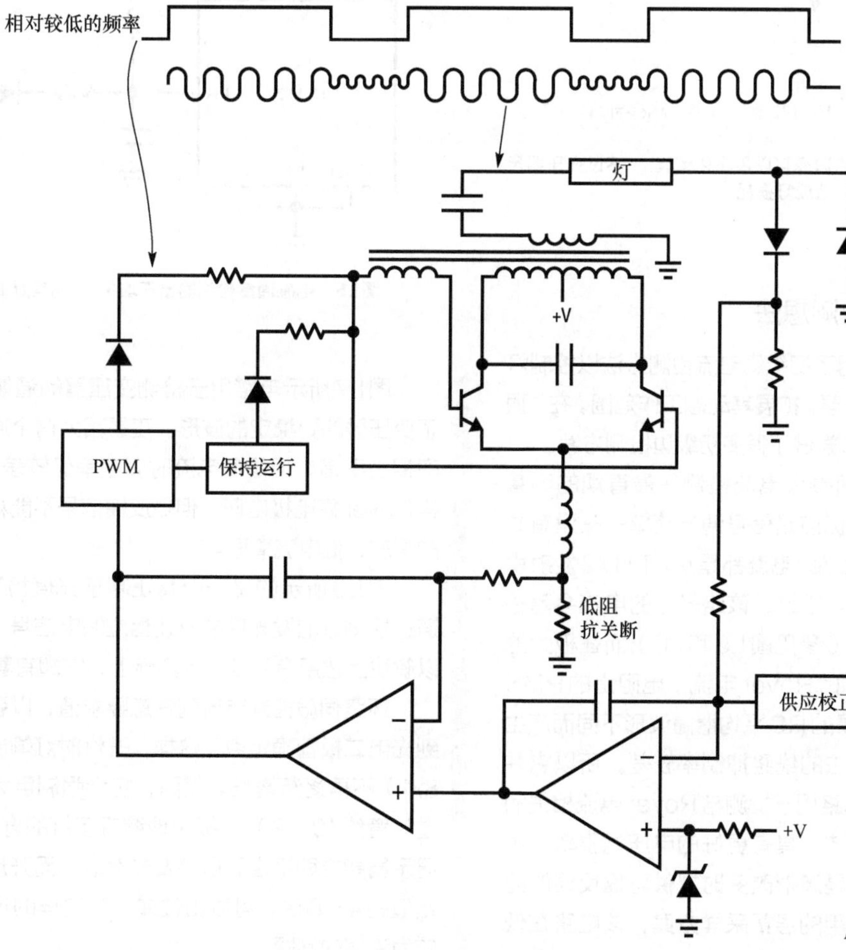

图L3　“保持活动”电路消除了启动损耗，且效率为94%。但发光率低于“低效率”电路

图L4所示电路采用了完全不同的方法。该电路是一个驱动方波转换器：去掉了谐振电容。基极驱动发生器为波形边缘塑形，低噪操作时可以最小化谐波。该电路能正常运行，但在工作频率极低时，需要提升效率。这是因为斜坡驱动只能是基本驱动的极小一部分以保持低损耗。这样就需要极大磁性元件——这是致命缺陷。另外，方波相对于正弦波而言具有不同的波峰因子和上升时间，导致低效灯转导。

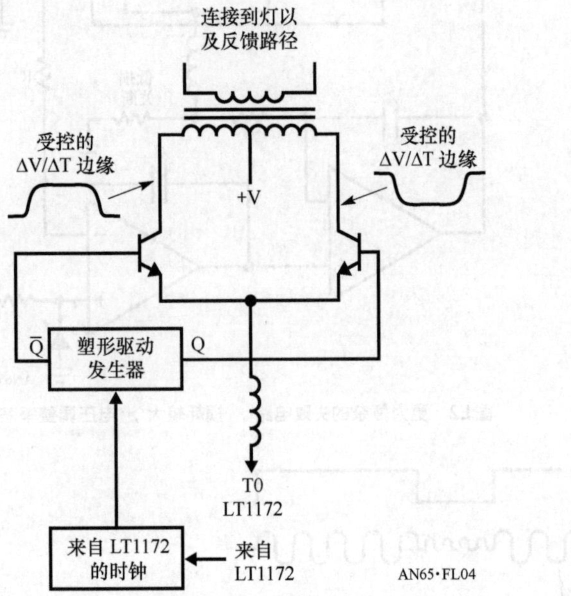

图L4 非谐振方法。回摆迟缓的边缘可以最小化谐波，不过变压器尺寸将变大。输出波形也未优化，造成灯损耗

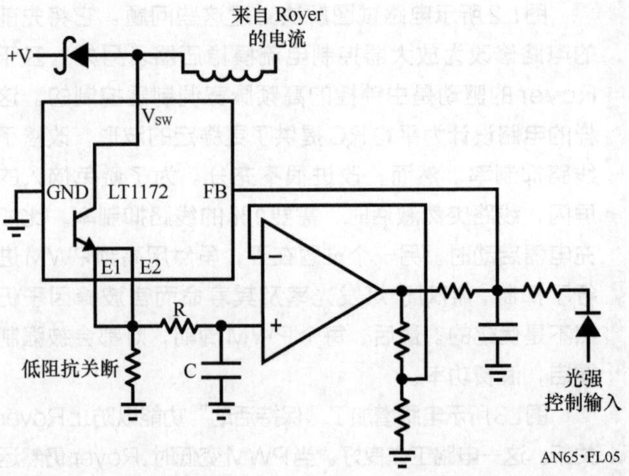

图L5 受RC平均器的特性影响，“底边”的电流检测的电压调整率较差

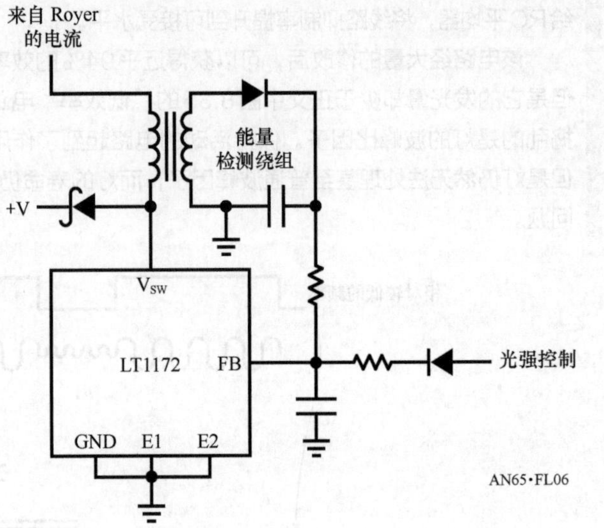

图L6 电感通量检测输出不均匀，尤其是低电流时

不切实际的初级侧检测想法

正文中多幅图都采用了初级侧电流检测方法以控制灯的光强。这样可使灯全悬浮，扩展其动态工作范围。在“顶边检测”胜出之前，大家尝试了很多初级边检测方案。

图L5所示的地平面参考电流检测是最直观的测量Royer电流的方法。其优点是信号调节简单——没有共模电压。基本上所有Royer电流都是从LT1172发射引脚流出的假设是成立的。不过，该路径上的电流会随输入电压以及灯工作电流（参见图L5和L6）而在极大的范围内变化。分流（例如，Royer电流）电阻上的RMS电压不受影响，但是简易的RC平均器随波形不同而产生不同的输出。因而该方法的线路抑制率较差，所以它并不实用。图L6所示的电路用于检测与Royer电流相关的电感通量。该方法很简洁，具有更好的电压调整率，不过仍存在一些问题，就是波形改变时提供可靠反馈的问题。另外，为了使用常用的通量采样方案，该电路在低电流时，调节性能不佳。

图L7所示电路用于检测变压器的通量。该方法利用了变压器的更稳定的波形。正是因为这个原因，电压调整率相当不错，但是低电流时调整率仍较差。图L8容性采样Royer集电极电压，但是反馈信号不能精确表示启动时的瞬态、低电流情形。

图L9所示的是一个真正基于光度检测的反馈回路。通过检测灯的发光率并反馈相应的电信号，它在理论上可以解决上述所有问题。但实际上，它却有着严重的缺陷。

环路伺服控制电流到任意要求值，以强制灯发光率达到光电二极管确定点。这样，开灯时灯输出（参见正文图8.4）不再逐渐增长。然而，它会强制巨大的开启电流流过灯管约10~20s，极大地缩短了灯的寿命。一般而言，显示器能立即稳定到最终发光率点，而开灯电流峰值是额定值的4~6倍。可以钳位或限制这样的行为，但仍存在较为深层的问题。

随着灯龄增加，其发光率将下降。一般而言，合理驱动的灯在10000h之后，可能下降到原始发光率的70%。在光度检测回路中，逆变器将持续提升灯电流以抵消下降的发光率。虽然灯的发光率保持了恒定，但是为保持输出而不断增加的过驱将使灯寿命缩短。这种正反馈增强的螺旋退化将对灯造成快速、系统性的破坏。通过观察，采用该类回路将使灯的寿命减少5~8倍。也可以采用前面讨论过的某些限制性或2环控制方案，以消除一些不需要的特性，但是该方法的优势也将同样消除。最后，具有明确响应的经济型光敏器件数量很少。

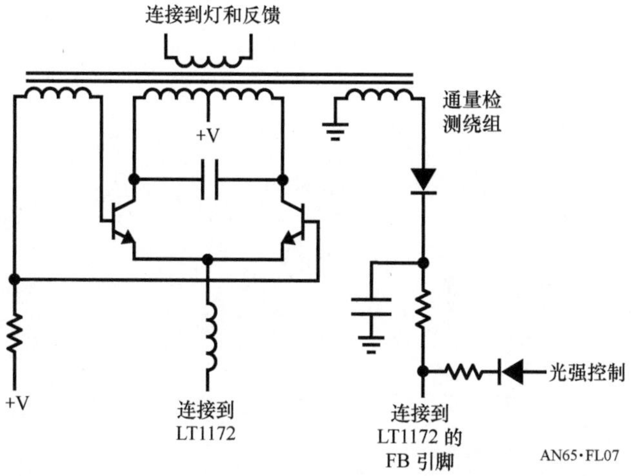

图L7　变压器通量检测可以提供更稳定的反馈，但是低电流时则不然

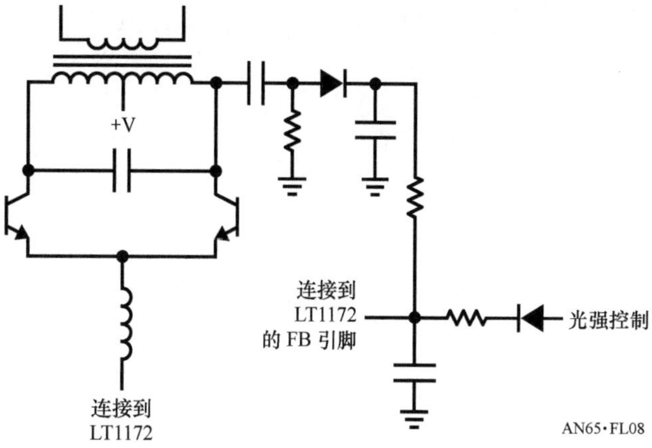

图L8　AC耦合驱动波形反馈在低电流时不可靠

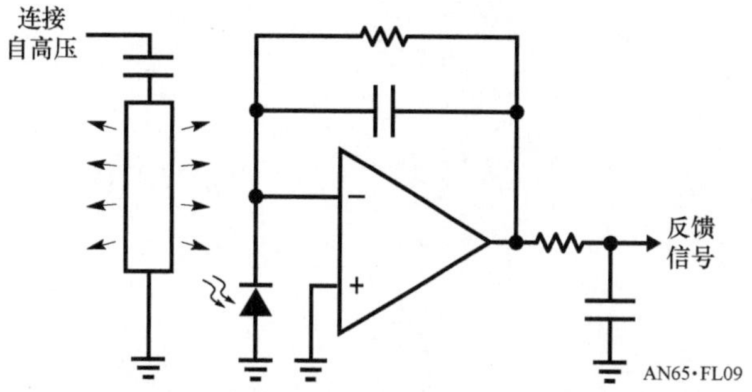

图L9　真正的光检测消除了反馈的不稳定性，但是也引入了灯的系统退化

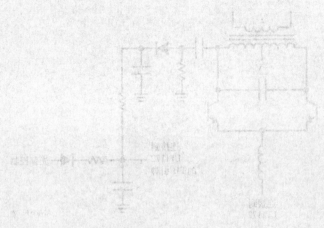

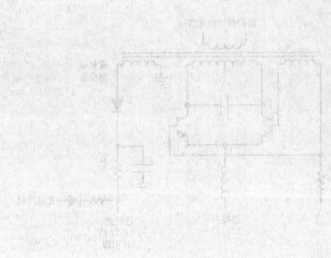

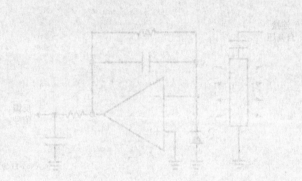

手机和照相机闪光灯的简化电路

9

闪光灯设计实用指南

Jim Williams, Albert Wu

引言

下一代的手机将具有高质量的摄影功能。改进的图像传感器和图像光学技术业已成熟，但是高质“闪光”照明则需要特别关注。闪光照明是高质摄影成功的关键，必须认真对待。

闪光照明的备选方案

闪光照明有两种实用方法——LED（发光二极管）和闪光灯。图9.1分类比较了LED和闪光灯两种方法的各种特性。LED最突出的特性是其持续运行的能力以及低密度支撑电路。不过，闪光灯对于高质摄影来说也有其独特之处；其线性光源输出的亮度是点阵光源LED的几百倍，可以产生大面积密集、易扩散的光线。另外，闪光灯的色温为5500~6000°K，很接近自然光，不像白光LED因其峰值蓝光需要进行色差校正。

闪光灯基础

图9.2给出了闪光灯的原理结构图。玻璃圆柱灯管内填充了氙气。阳极和阴极直接显露在氙气中；而沿灯管外侧表面分布的触发电极则不与氙气直接相连。气体的击穿电压范围为几千伏特；一旦击穿，其阻抗将下降至≤1Ω。流过被击穿氙气的大电流将产生可见强光。实际上，生成大电流需要闪光灯在发出强光之前就进入低阻状态。触发电极的作用正是如此。它传送一个高压脉冲到灯管，将灯管内的氙气电离，从而使氙气击穿，使灯进入低阻状态。低阻下的灯管可以在阳极和阴极之间产生大电流，从而产生强光。其中包含的能量极高，所以大电流和输出光受限于高压脉冲。连续的高压脉冲必将快速产生极高的温度，从而损坏灯管。电流脉冲衰减时，灯管的电压将下降到一个低点从而返回到它的高阻状态，再次导通则需要新的触发脉冲。

性能分类	闪 光 灯	LED
输出光	亮度高——亮度一般为LED的10~400倍。线性光源输出，均匀分布容易	亮度低。点阵光源输出，均匀分布不易
照明vs时间	脉冲——适用于清晰、静止图像	连续——适用于视频
色温	5500~6000°K——很接近自然光。不需要色差校正	8500°K——蓝光，需要色差校正
产品尺寸	光学组件一般为3.5mm×8mm×4mm，电路为27mm×6mm×5mm——取决于闪光电容（直径=6.6mm；可远程启动）	光学组件一般为7mm×7mm×2.4mm，电路为7mm×7mm×5mm
支撑电路复杂度	中等	低
充电时间	1~5s，取决于氙气灯管功率	无充电时间——始终可用
工作电压和电流	触发电压几千伏，灯管300V。充电供电电流I_{SUPPLY}≈100~300mA，取决于氙气灯管功率。待机电流基本上为零	30mA时每个LED一般为3.4~4.2V，连续工作时电流峰值为100mA。待机电流基本上为零
电池功率损耗	每次充满电可用200~800次闪光。取决于氙气灯管功率	每个LED=120mW(连续光) 每个LED=400mW(脉冲光)

注：部分来源于Perkin Elmer Optoelectronics

图9.1　LED和闪光灯照明的性能特点。LED的特点是尺寸小，无充电时间，可连续使用；而闪光灯则更亮，色温也较好

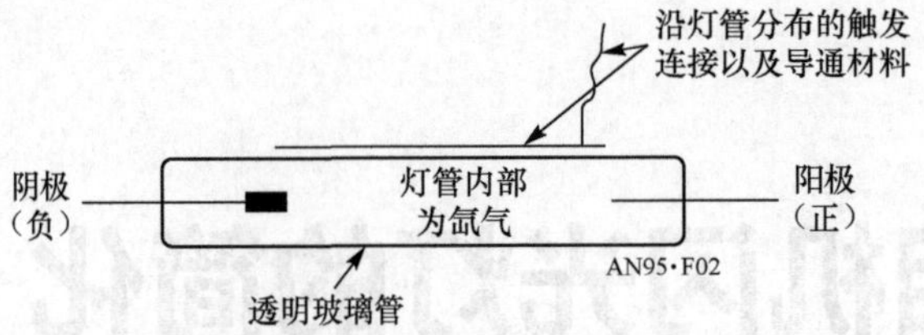

图9.2 闪光灯由填充了氙气的玻璃圆柱管、阳极、阴极以及触发电极组成。高压触发气体电离，降低击穿电势，从而在阳极与阴极之间形成电流。沿氙气灯管长度方向分布的触发电极可以使全管击穿，以产生最优亮度

支撑电路

图9.3给出了闪光灯支撑电路的原理图。闪光灯的支撑电路包括触发电路和存储电容，能产生瞬态大电流。使用时，闪光灯电容一般充电到300V。刚开始时，电容不能放电，因为闪光灯处于高阻状态。当触发电路接收到触发指令时，将在灯管上产生数千伏特的触发脉冲。闪光灯击穿，从而使电容开始放电[1]。电容、连线以及闪光灯的总阻抗一般为几欧，所以瞬态电流将达到100A左右，从而产生强闪光。闪光灯重复率最主要的限制是闪光灯的安全散热能力。第二个限制因素是闪光灯电容充满电所需要的时间。使用大电压对大电容充电，再加上充电电路的有限输出阻抗，限制了充电的速度。一般可以实现1~5s的充电，具体取决于可用输出功率、电容值以及充电电路的性能。

① 严格意义上讲，电容并没有完全放电，因为闪光灯上的电压降低到某一值时，一般是50V，将返回其高阻状态。

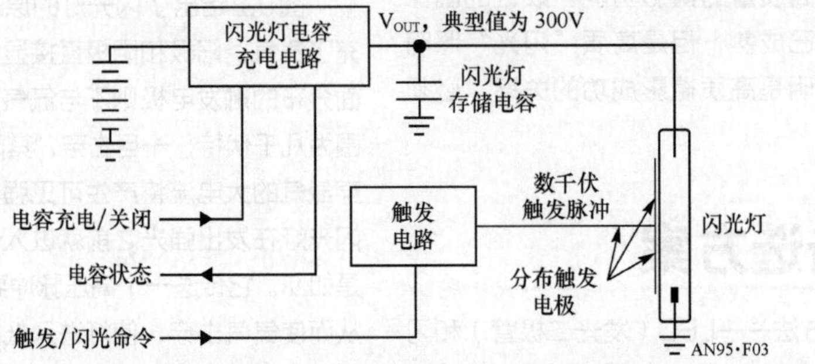

图9.3 包含充电电路、存储电容、触发电路以及闪光灯的闪光灯电路结构图。触发指令将电离氙气，使电容通过灯管进行放电。在下一次触发放电之前，必须对电容进行充电

触发指令发出时，电容放电。有时可能希望进行部分放电，此时闪光亮度会低点。这种操作方式可以抑制“红眼”，主闪光灯会在一个或多个低强度闪光之后立即开启[2]。图9.4所示的电路修改可以支持这种操作。具体修改方法是在图9.3所示电路中增加一个驱动以及一个大电流开关。闪光灯导电路径开启时，这些元件可让闪光灯电容放电。这样的电路结构可以使“触发/闪光指令”控制线路脉冲宽度以设定电流持续流动时间，即闪光灯的功率。功率低，则部分放电电容可以快速再充电，从而可以在主闪光灯之前快速连续开启几个低强度闪光灯，而不会造成闪光灯损坏。

② 摄影中“红眼”是指摄影时，人眼的视网膜反射闪光灯形成红色斑点的现象。可以先用低强光让人眼虹膜收缩、随后立即开启主闪光灯的方式来消除红眼。

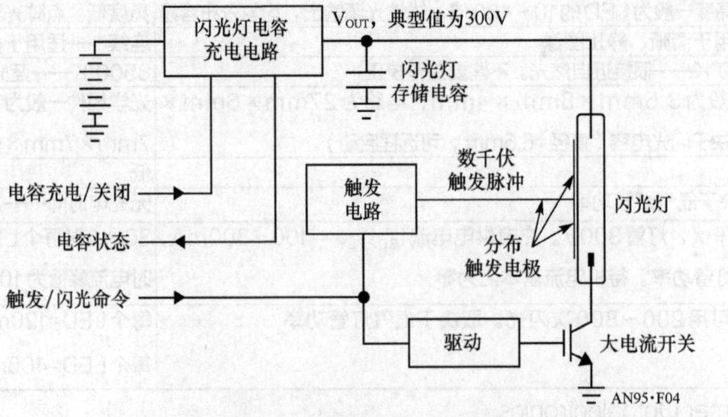

图9.4 在图9.3所示的结构图中增加了驱动/电源开关，使电容能部分放电，从而实现发光的可控性。在主闪光之前开启低强度闪光能够最小化“红眼”现象

闪光电容充电电路注意事项

闪光电容充电电路（见图9.5）本质上是一个变压器耦合升压转换器，它具有若干特殊功能[3]。当“充电”控制线路变高时，稳压器时钟驱动电源开关，从而使升压变压器T1产生高压脉冲。这些脉冲经整流和滤波，产生300V的直流输出。转换效率约为80%。当输出达到期望值时，将停止电源开关的驱动。此时，“充电完成”线路也将被拉低，表明电容已经充满了电。电容漏电引起的任何损耗都可由间歇性的电源周期切换来补偿。我们熟知的反馈一般是从输出进行阻性分压而得到，不过在该电路中该方法行不通，因它这种分压反馈需要额外开关周期来抵消反馈电阻产生的固定电源损耗。这样虽然可以保证电路稳定，但也将在主电源电池上产生额外损耗。所以，稳压是通过监测T1的反激脉冲特性来得到的，T1的反激脉冲能反映T1次级绕组的幅值。输出电压是由T1线匝比决定的[4]。该特性严格控制了电容电压的稳定性，确保闪光灯光强始终不变，而不需要额外提供闪光灯功率或额定电容电压。另外，闪光灯的能量用电容值表示较为简洁方便，而不需要其他电路属性。

③ 附录A“单片闪光灯电容充电器”中详细说明了该器件的工作原理。
④ 附录A推荐了可用变压器。

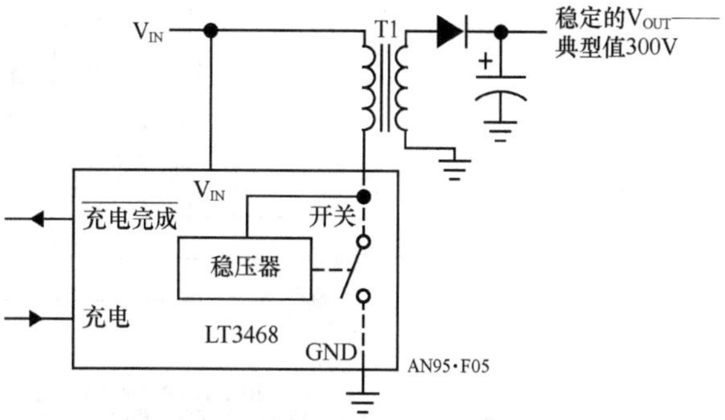

图9.5　包含IC稳压器、升压变压器、整流器和电容的闪光灯电容充电电路。稳压器通过监测T1的反激脉冲来控制电容的电压，消除了传统反馈分压电阻损耗路径。控制引脚包括充电指令和充电完成（“充电完成”）指示

电路详细讨论

在继续深入讨论之前，必须警示读者，该电路的搭建、测试和使用必须特别小心。该电路中有许多与AC线路连接的高压电势点。使用该电路或者连接到该电路时需要极其小心。再强调一次：该电路具有危险的、与AC线路相连的电势点，需要特别注意。

基于前文的讨论，图9.6给出了完整的电路。电容充电电路与图9.5相似，在图中的左上角。电路增加了VD2，用以对来自T1的反向瞬态电压进行钳位。VT1和VT2驱动大电流开关VT3。高压触发脉冲是由升压变压器T2产生的。假如C1已充满电，当VT1-VT2将VT3开通时，C2注入电流到T2初级，在T2的次级产生一个高压触发脉冲到闪光灯，电离氙气使之导通。随后，通过灯管放电发出强光。

图9.7详细给出了电容充电的顺序波形。线迹A是“充电”输入，变为高时，T1切换，C1斜坡上升（线迹B）。当C1达到稳定点时，切换停止，阻性上拉的“充电完成”变为低电平（线迹C），表明C1的充电状态。“充电完成”变为低电平后的任意时刻（本例约为600ms）都能发出“触发”指令（线迹D），从而使C1沿闪光灯VT3通路放电。注意，为了看得清楚，图中将触发指令拉长了，为使C1充分放电，它一般持续500~1000μs。诸如“红眼”抑制等低强度闪光，则使用较短持续时间的触发输入指令。

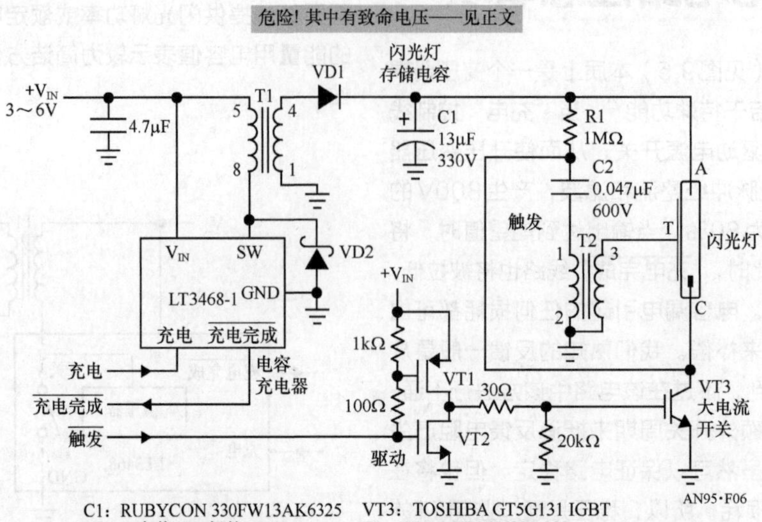

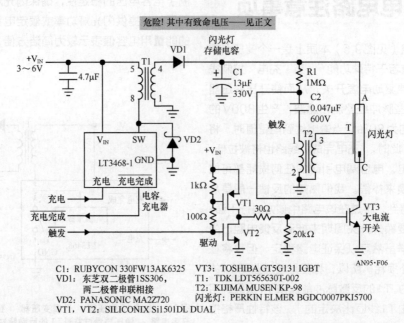

C1：RUBYCON 330FW13AK6325
VD1：东芝双二极管1SS306，两二极管串联相接
VD2：PANASONIC MA2Z720
VT1，VT2：SILICONIX Si1501DL DUAL
VT3：TOSHIBA GT5G131 IGBT
T1：TDK LDT565630T-002
T2：KIJIMA MUSEN KP-98
闪光灯：PERKIN ELMER BGDC0007PKI5700

图9.6　包含电容充电部件（图左侧）、闪光灯电容C1、触发电路（R1，C2，T2）、VT1-VT2驱动、VT3电源开关以及闪光灯的完整闪光灯电路。触发指令在给VT3提供偏置的同时，也通过T2电离氙气。电离之后可使C1在灯管内放电发出强光

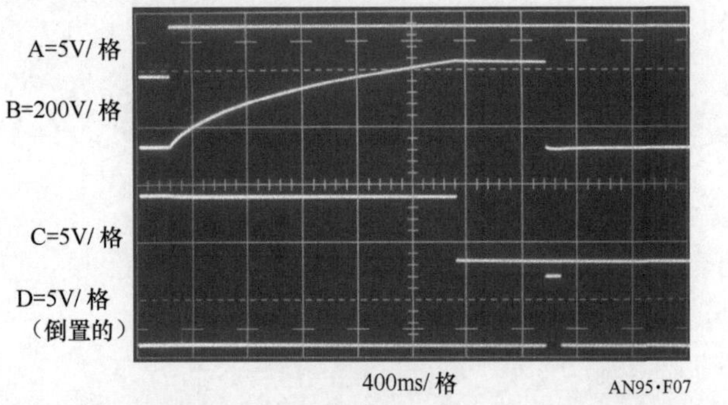

图9.7　电容充电波形，包含充电输入（线迹A）、C1（线迹B）、充电完成输出（线迹C）和触发输入（线迹D）。C1的充电时间取决于容值和充电电路的输出阻抗。为了看得清楚一些，触发输入也放大变宽，它在充电完成变低之后的任意时刻都可以发生

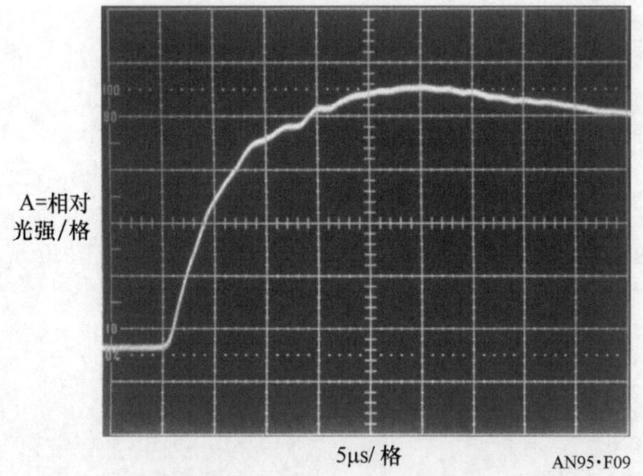

图9.9　光滑上升的闪光灯输出光，25μs处达到峰值

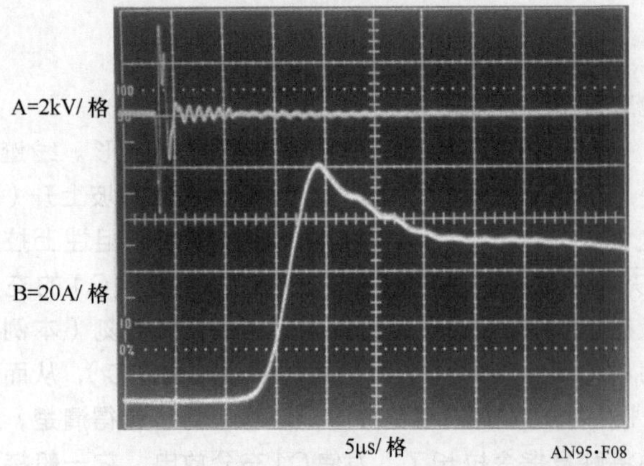

图9.8　触发脉冲高速详情（线迹A）及其对应闪光灯电流（线迹B）。当触发脉冲电离了闪光灯后电流达到100A

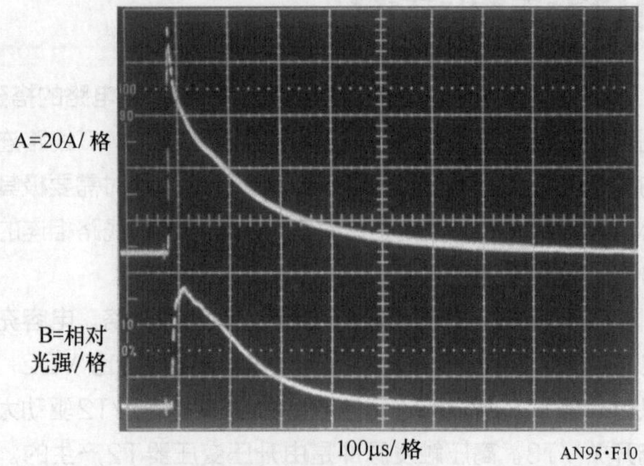

图9.10　整体电流（线迹A）和光（线迹B）的变化曲线。输出光的轮廓与电光相似，不过峰值处的轮廓不够分明。上升沿的虚线是由于示波器工作在斩波显示模式

图9.8显示了触发脉冲高速详情（线迹A）及其对应的闪光灯电流（线迹B）。触发之后，闪光灯需要花些时间电离，之后导通。这里，8kV（峰峰值）触电脉冲后10μs，闪光灯电流开始上升到100A。电流光滑上升，5μs达到峰值且轮廓分明，随后开始下降。所产生的光强（见图9.9）上升较缓，约在25 μs达到峰值，随后开始下降。降低示波器的扫描速度可以捕捉到电流和光线的整体变化曲线。图9.10说明输出光（线迹B）的轮廓与闪光灯电流（线迹A）基本一致，电流的峰值更显陡峭。发光将持续约500μs，其中绝大部分能量是消耗在前200μs之内的。上升沿显现出的不连续性是因为示波器运行在斩波显示模式。

闪光灯布局、RFI以及相关问题

闪光灯注意事项

闪光灯有若干相关问题需要特别注意。必须彻底理解和遵循闪光灯触发要求。如果不这样做将导致不完全发光或者不发光。触发相关问题主要包括触发变压器的选择、驱动和相对于灯管的物理位置。某些闪光灯生产厂家将触发变压器、闪光灯和灯光扩散器做成了一个集成组件[⑤]。显然，触发变压器得到了闪光灯厂商的认可，能够正常驱动闪光灯。如果闪光灯是由一个用户选择的变压器和驱动电路进行触发，在进行生产之前必须得到闪光灯厂商的认可。

闪光灯的阳极和阴极构成主要放电通路。电极极化必须认真对待，否则将发生严重的寿命退化。同样，闪光灯能量耗散限制也必须认真对待，否则将影响使用寿命。闪光灯能量严重过大的话会使闪光灯产生裂痕或崩溃。能量可以通过选择容值、充电电压和限制闪光重复率来安全可靠地控制。与触发电路相同，用户自主设计的闪光照明电路在生产之前需要得到闪光灯厂商的认可。

假如触发和闪光能量适中，则闪光灯的寿命可达到约5000次闪光。当然，不同类型的闪光灯使用寿命也各不相同。使用寿命通常是指闪光灯流明下降到其初值的80%时的可用闪光次数。

布局

闪光灯的大电压和大电流必须在布局规划中处理好。参考图9.6，C1的放电通路通过灯管和VT3，然后回到地。放电电流的峰值约为100A，意味着放电通路必须保持低阻。C1、闪光灯以及VT3之间的导通通路需要尽量短，电阻必须低于1Ω。另外，VT3发射极和C1的负极必须直接相连，目的是在C1的正极、闪光灯以及从VT3返回C1的通路上形成一个紧密相连的高导通回路。应当尽量避免线迹的陡峭不连续以及过孔的使用，因为大电流会导致导体的高阻抗区域局部腐蚀。如果必须使用过孔，它必须填充好，并验证其低阻特性，或者多个一起使用。电路中无法避免的电容ESR、灯管和VT3阻抗一般会将1Ω的电阻提高到2.5Ω，所以整个线路的阻抗为0.5Ω或以下就可以了。同样，大电流相对缓慢的上升时间（见图9.8）意味着线路电感不需要严格控制。

C1是电路中最大的元件；距离安排合适的话可以对它进行远程启动。一般使用长印制线路或长引线来实现远程启动，只要长线的阻抗保持在上面讨论的限值范围内。

电容充电器IC的布局与传统开关稳压器相似。由IC的V_{IN}引脚、旁路电容、变压器初级以及开关引脚形成的导电通路必须较短且具有高传导性。IC的到地引脚必须直接连接到一个低阻的平面地。变压器的300V输出要求它的间距大于其他所有高压元件所需的最小间距，以达到电路板击穿要求。必须确定电路板材料的击穿要求，也必须保证洗板过程不会产生导电杂质。T2的数千伏触发绕组必须直接连接到闪光灯的触发电极，导体长度最好小于1/4in。高压间隔必须足够。一般而言，不论多小的导体都不应连接到电路板。T2输出长度过多将引起触发脉冲衰减或射频干扰（RFI）。就这一方面来说，闪光灯触发变压器组件模块是一个较好的选择。

图9.6所示的示范性布局如图9.11所示。图中显示了顶部的器件层。电源和地分布在中间层。LT3468版图是之前讨论过的典型开关稳压器，不过其中采用了较宽的线路间隔以适应T1的300V输出。约100A的脉冲电流在紧凑低阻的回路之中流动，从C1的正极，流经灯管，进入VT3，随后再返回C1。此时，灯管连接使用的是引线，不过闪光灯触发变压器组件模块支持基于印制线路的连接[⑥]。

射频干扰

闪光电路高压和大电流脉冲使射频干扰成为一个必须考虑的问题。而电容的高能放电产生的干扰事实上却比想象中的少。图9.12显示了90A放电电流峰值，设定其上升时间为5μs可以将之控制在70kHz范围之内。这意味着射频谐波能量极少，使该问题变得容易处理。相反，图9.13中T2的高压输出的上升时间为250ns（带宽约为1.5MHz），使之成为潜在RFI源。所幸其中所含能量不多，而且放射路径也较短（参见版图说明），所以干扰问题处于可控范围。

处理干扰的最简单方法是将放射元件放置在远离电路敏感节点的地方或者使用屏蔽罩。另一个方法是利用闪光电路运行时间的可预测性。在闪光灯发出强光时，可以让手机中的敏感电路空置。发光时间一般小于1ms。

⑤ 请参见参考文献1。

⑥ 请参见参考文献1。

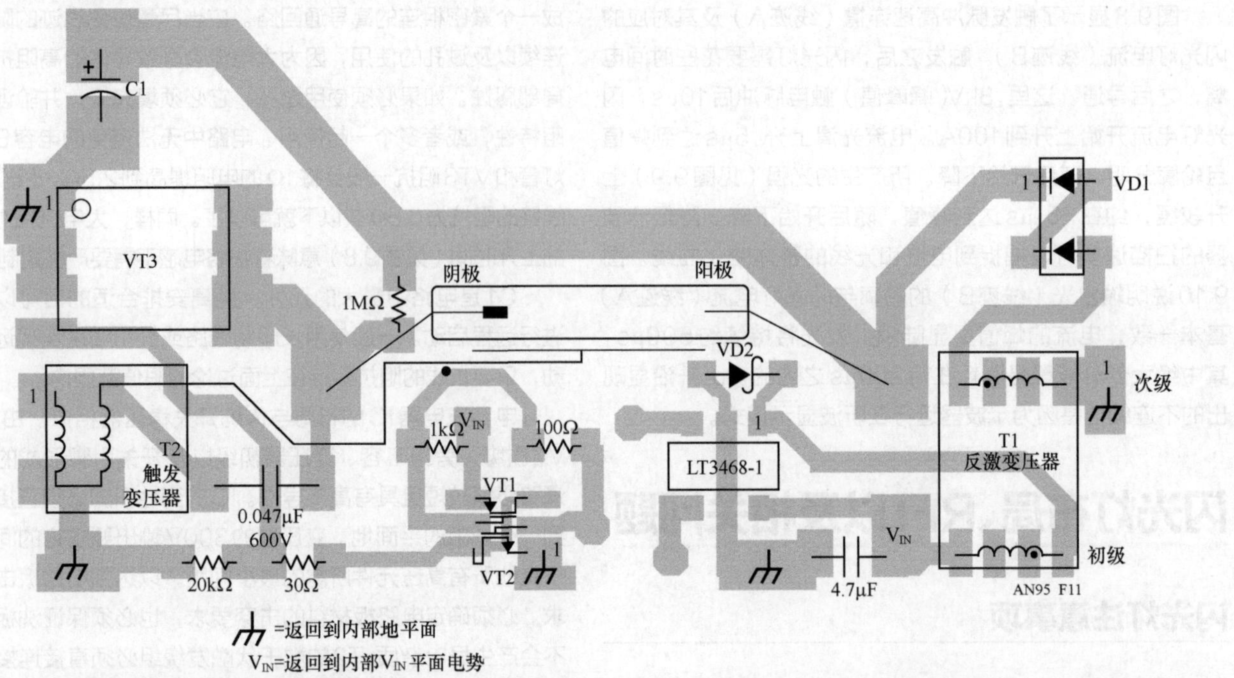

图9.11 图9.6示范布局的放大图。 大电流在紧凑低阻的回路之中流动从C1的正极流经灯管， 进入VT3， 随后再返回C1。 闪光灯连接用的是引线， 而非印制线路。T1次级的较大间隔支持300V输出

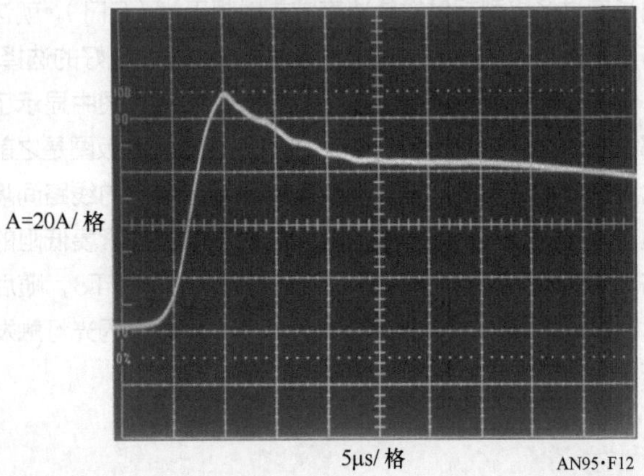

图9.12 将电流上升时间设置为5μs可以将其90A的峰值限制在70kHz的带宽内， 从而将噪声问题最小化

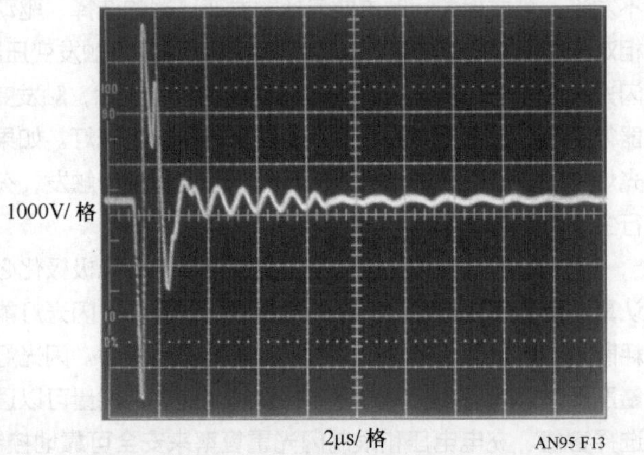

图9.13 大幅度的触发脉冲以及快速的上升时间将产生RFI， 不过能量和放射路径都较小， 简化了放射问题

参考文献

1. Perkin Elmer, “Flashtubes.”
2. Perkin Elmer, “Everything You Always Wanted to Know About Flashtubes”
3. Linear Technology Corporation, “LT® 3468/ LT3468-1/ LT3468-2 Data Sheet”
4. Wu, Albert, “Photoflash Capacitor Chargers Fit Into Tight Spots,” Linear Technology, Vol. XIII, No. 4, December 2003
5. Rubycon Corporation. Catalog 2004, “Type FW Photoflash Capacitor,” Page 187

附录A 单片闪光灯电容充电器

LT3468/LT3468-1/LT3468-2可以为照相机闪光灯快速充电。其原理可以参考图A1进行理解。当“充电”引脚被驱动为高时，“单次自动对焦”将两个SR锁存器设置到正确的状态。电源NPN三极管VT1导通，T1初级的电流开始升高。比较器A1监测开关电流，当峰值电流达到1.4A（LT3468），1A（LT3468-2）或0.7A（LT3468-1）时，VT1关断。由于T1被用作反激变压器，SW引脚的反激脉冲将反A3的输出变为高。此时，SW引脚的电压至少要比V_{IN}高36mV。

在此期间，电流通过T1次级以及VD1流入照相机闪

光灯电容。当次级电流降低到零时，SW引脚电压开始衰落。当SW引脚电压降低到比V_{IN}大36mV或者更低时，A3输出变为低，从而激发“单次自动对焦”，再使VT1导通。重复这样的操作将输出功率。

输出电压检测是由R2、R1、VT2和比较器A2来完成的。电阻R1和R2的阻值设定必须能使SW电压比V_{IN}高31.5V时，A2的输出变为高，重置主锁存器。这样VT1将关断，能量输出中止。而VT3导通，下拉“$\overline{\text{充电完成}}$”到低电平，表明充电完成。再一次的功率输出必须切换“充电”引脚。

“充电”引脚可使用户完全控制该电路。任意时刻将“充电”引脚设为低，可以中止充电。只有达到最终的输出电压时，“$\overline{\text{充电完成}}$”引脚才会变低。图A2显示了这些模式的运行情况。当“充电”第一次拉高时，充电开始。在充电过程中，如果“充电”被拉低，则这部分电路关闭，V_{OUT}不再升高。当“充电”再次变高时，将恢复充电。当达到V_{OUT}时，“$\overline{\text{充电完成}}$”引脚变低，充电停止。最后，“充电”引脚再次下拉到低，该电路进入关机模式，而“$\overline{\text{充电完成}}$”引脚变为高。

三个版本的LT3468电路的区别仅在于峰值电流的大小。LT3468充电时间最快。LT3468-1的峰值电流最低，主要用于电池漏电流受限的电路。由于它的峰值电流较小，所以可以使用物理尺寸较小的变压器。LT3468-2的电流限值处于LT3468与LT3468-1之间。三个版本对应的充电时间、效率和输出电压容差分别在图A2、图A3和图A5中进行了对比。

图A6对能用于所有LT3468电路的现有标准变压器进行了详细说明。对于变压器设计的注意事项，以及其他补充信息，可参阅LT3468数据手册。

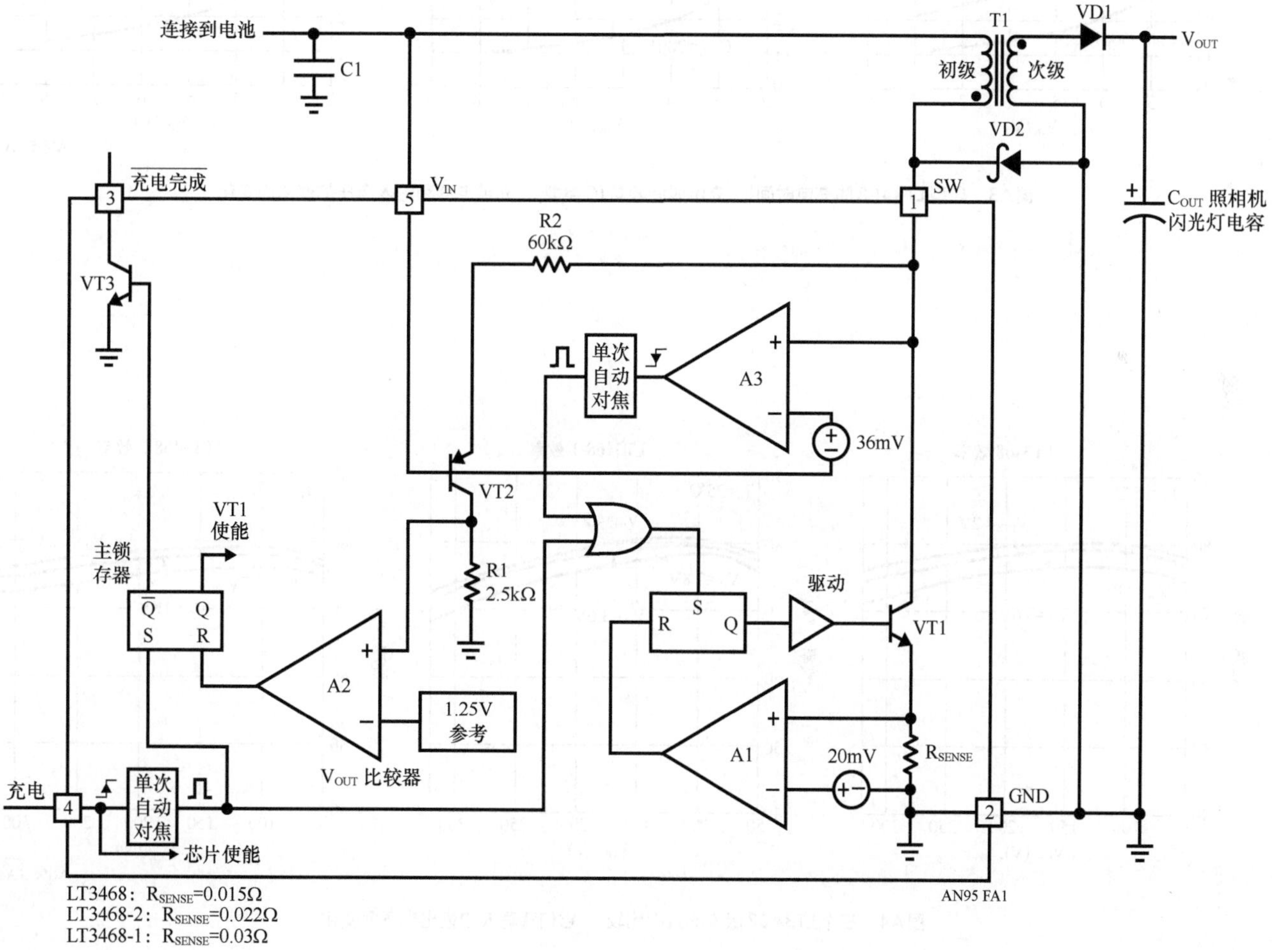

图A1 LT3468结构图。充电引脚控制功率转换到T1。照相机闪光灯电容电压是通过监测T1的反激脉冲来稳定的，这样不再需要传统的有损电阻反馈通道

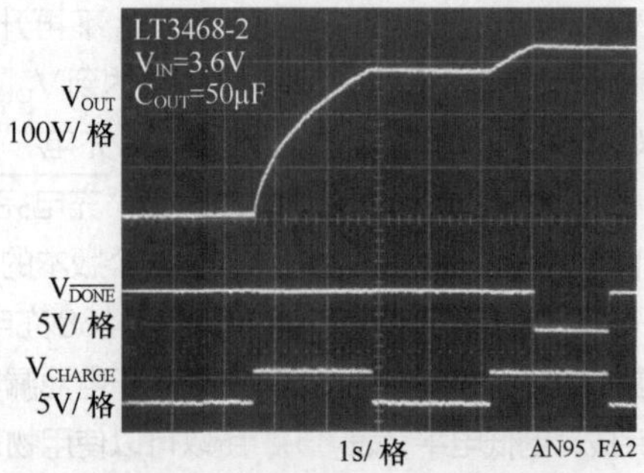

图A2 用 “充电” 引脚中止充电周期

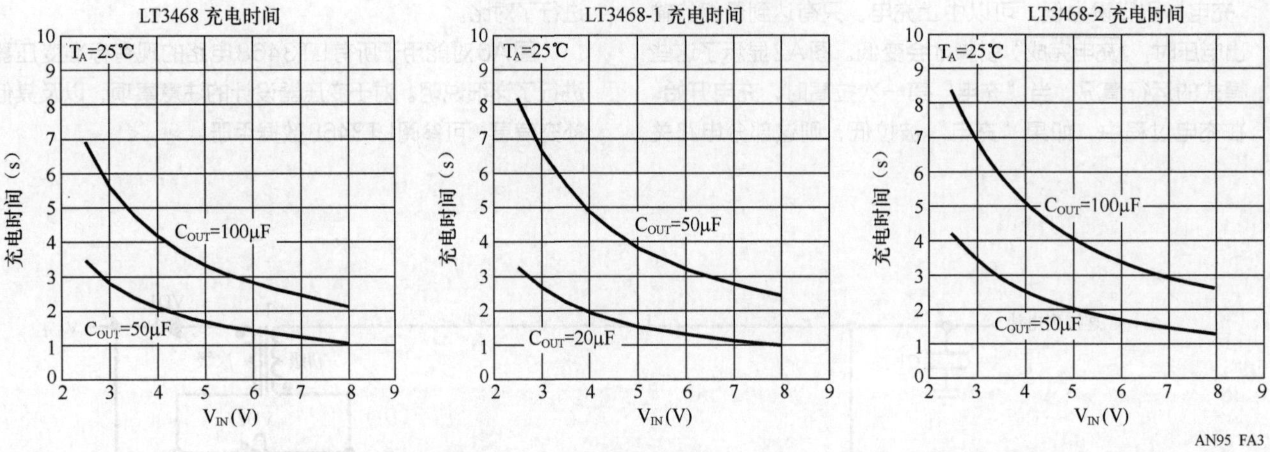

图A3 典型LT3468的充电时间。充电时间随着IC类型、充电电容和输入电压的变化而变化

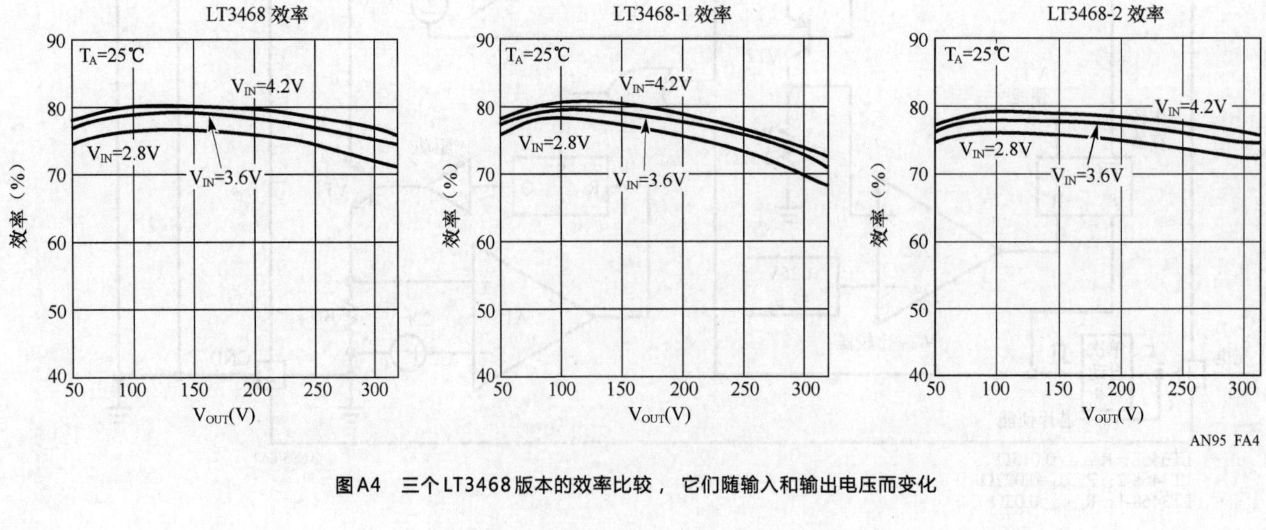

图A4 三个LT3468版本的效率比较，它们随输入和输出电压而变化

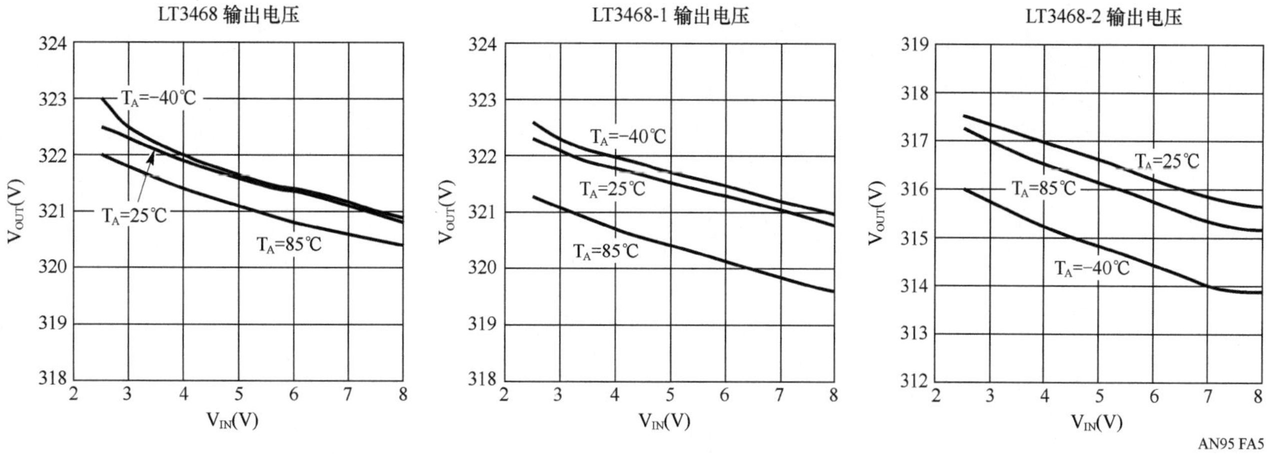

图A5　三个LT3468版本的典型输出电压容差。严格的电压容差可以防止电容过充，实现对闪光灯功率的控制

用　　于	变压器名称	尺寸 (W×L×H) / mm	L_{PRI} / μH	$L_{PRI-LEAKAGE}$ / nH	N	R_{PRI} / mΩ	R_{SEC} / Ω	生产厂家
LT3468/LT3468-2 LT3468-1	SBL-5.6-1 SBL-6.6S-1	5.6×8.5×4.0 5.6×8.5×3.0	10 24	最大200 最大400	10.2 10.2	103 305	26 55	Kijima Musen Hong Kong Office 852-2489-8266 (ph) kijimahk@netvigator.com (email)
LT3468 LT3468-1 LT3468-2	LDT5656305-001 LDT5656305-002 LDT565630T-003	5.8×5.8×3.0 5.8×5.8×3.0 5.8×5.8×3.0	6 14.5 10.5	最大200 最大500 最大550	10.4 10.2 10.2	最大100 最大240 最大210	最大10 最大16.5 最大14	TDK Chicago Sales Office (847) 803-6100(ph) www.components.tdk.com
LT3468/LT3468-1 LT3468-1	T-15-089 T-15-083	6.4×7.7×4.0 8.0×8.9×2.0	12 20	最大400 最大500	10.2 10.2	最大211 最大675	最大27 最大35	Tokyo Coil Engineering Japan Office 0426-56-6336 (ph) www.tokyo-coil.co.jp

图A6　适用于LT3468电路的标准变压器。输出电压高但尺寸小

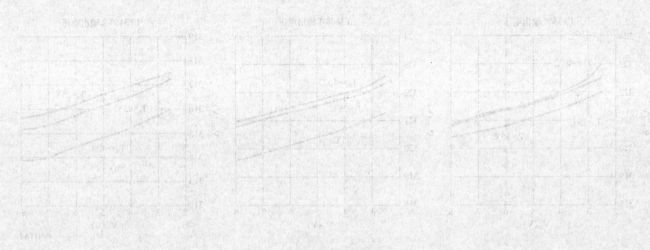

第6节

汽车及工业电源设计

扩展PowerPath电路的输入电压范围并运用于汽车工业（10）

增加若干个元件就可以对凌力尔特（Linear Technology）的PowerPath™电路的电压范围进行扩展，使之可用于几乎所有的应用。对于那些必须具有较大的负电压的电路，例如反向电源输入，以及必须具有较大的正向电压，比如汽车甩负荷等应用，本应用指南给出了具体的解决方案。

10

扩展PowerPath电路的输入电压范围并运用于汽车工业

Greg Manlove

引言

增加若干个元件就可以对凌力尔特（Linear Technology）的PowerPath®电路的电压范围进行扩展，使之可用于几乎所有的应用。对于那些必须具有较大的负电压的电路，例如反向电源输入，以及必须具有较大的正向电压，比如汽车用负荷等应用，本应用指南给出了具体的解决方案。

扩展电压范围

所有凌力尔特的PowerPath控制器电路都可以进行电压范围扩展，即使那些工作电压和最大绝对电压范围已经很宽的PowerPath电路也是如此。例如，LTC4412HV和LTC4414的电压范围是-14～40V，如果采用本章所讨论的技术将可得到进一步的扩展。同样，LTC4412的-14～28V范围也可进行扩展。而诸如LTC4411等单片PowerPath系统的-0.3～6V范围也可以扩展，只不过扩展范围不大。

扩展PowerPath电路的电压范围有两种完全不同的方法。方法一是增加一个肖特基二极管，在负输入电压需求方面做文章。该方法可以使外部导通P通道晶体管在输入电压低于地电平时保持在关闭状态。方法二使IC既可以在超过额定电压时运行也可以在低于地电平时运行。外围电路计数结构仍是紧凑的，只需要三个附加元件。

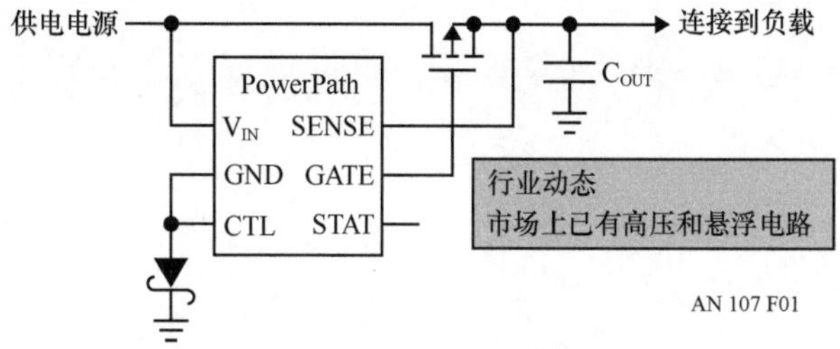

图10.1　支持负输入大电压的电路

负输入大电压电路

我们参考图10.1所示电路进行讨论。PowerPath IC的到地（GND）和控制引脚（CTL）由一个肖特基二极管连接在一起。当供电电源低于地电平时，二极管反偏，阻止负供电路径连接到地。该电路的最大负电压受限于SENSE引脚和V_{IN}引脚之间的最大允许电压差。如果采用的是LTC4412HV和LTC4414，则该差值为40V，从而负压限值为-40V。同理，LTC4411限值为-6V。这两个限值的前提都是SENSE引脚（负载侧）为0V。由于LTC4412HV和LTC4414在没有二极管的时候也支持-14V，所以肖特基二极管的反向击穿电压必须超过26V，以使输入端支持-40V（40V-14V=26V）。

电路正常运行期间，当输入电源为正时，到地引脚的电压等于肖特基二极管的正向偏置，约为0.2V。反过来，到地引脚上额外多出的电压将会升高电路的最小运行电压约0.2V。控制信号输入阈值也将同量升高。

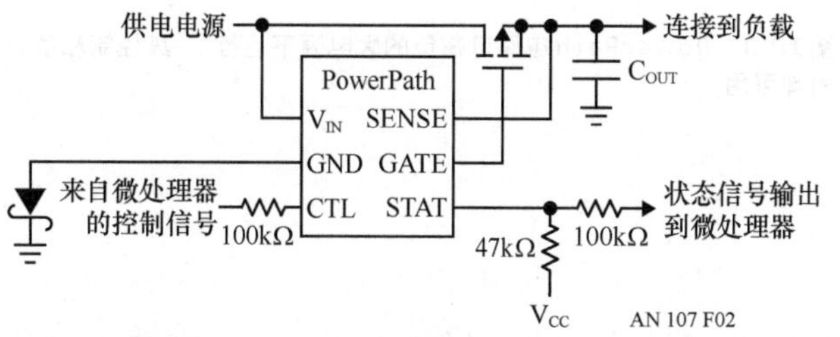

图10.2　PowerPath电路可在负的大电源下运行，其控制和状态引脚可用

当电源输入比正常运行负电压范围（LTC4412和LTC4414为-14V）更低时，到地引脚开始变为负。当供电电源继续降低直到V_{SENSE}减去V_{IN}的最大差值（LTC4412和LTC4414为-40V，而LTC4411为-6V）为止，IC始终保

持P通道FET关闭。

在这样负的大供电电压条件下，控制引脚和状态引脚也变为了负值。图10.2所示电路在正常运行时支持外部控制。在微处理器的输出和控制引脚之间必须串联一个100kΩ的电阻。控制引脚为负电平时，该电阻可以防止微处理器或者其他控制电路的内部生成额外电流。在负的输入电源情况下，状态引脚也会降低到地电平以下，所以在状态引脚与微处理器输入之间需要串接一个100kΩ的电阻。该电阻的作用也是用来保护微处理器免受负输入电压的影响。实际上，当输入电源电压为负时，V_{CC}无效，所以该电路可以在所有有效输入条件下运行。100kΩ的电阻对控制阈值或状态输出的影响极小。控制信号和状态信号都有一个标称地参考，即肖特基二极管的正偏电压V_F，约为0.2V。不过该值也是该电路与标称值之间存在的最大偏差，在大多数系统中影响很小。

正输入大电压电路

我们根据图10.3所示电路进行讨论。PowerPath电路中IC的到地引脚和控制引脚连接在一起，并用一个电阻连接到地。它们还通过一个齐纳二极管连接到输入供电电源。齐纳二极管的击穿电压必须小于IC的击穿电压：即LTC4411所用齐纳二极管的击穿电压为5V，而LTC4412HV和LTC4414所用齐纳二极管的击穿电压为36V。

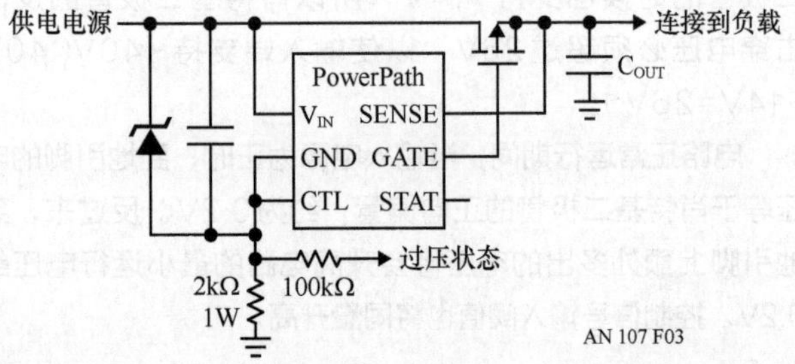

图10.3 PowerPath电路可在负的大电源下运行，其控制和状态引脚可用

当一个正的大电压连接到系统时，齐纳二极管钳位IC的V_{IN}与到地引脚之间的电压。连接到系统地的电阻上的电压升高。PowerPath电路的静态电流一般低于50μA，这样一个2kΩ电阻仅将接地线路上的标称电压升高了0.1V。这样电阻上的电压降将使最小运行电压升高约0.1V。电路中的到地电阻必须具有足够高的功率额定值（V^2/R）。例如，LTC4412HV以及与其相连的36V齐纳二极管，在80V输入时，电阻上的压降为44V。电阻的额定功率为$(44V)^2/2k\Omega$，即约1W。如果80V只持续一瞬间，可以降低电阻的额定功率。

当输入电源电压超过齐纳钳位电压时，PowerPath IC的到地引脚变为正。可以通过一个100kΩ电阻将该地信号传输到微处理器的输入端作为系统的控制信号。过压状态引脚上的电压可能很大，从而注入过多电流进入微处理器输入引脚。必要时，可以在100kΩ电阻和系统供电电源之间增加一个肖特基二极管，对信号进行钳位。

当输入电压低于地电平的二极管电压时，齐纳二极管导通，从而将到地电阻端的电位拉至负的电源输入范围内。电路中实际上看不到地和输入引脚之间的电压。负的最大供电电压受限于V_{IN}引脚与SENSE引脚间电压差的最大值。对于LTC4412HV和LTC4414来说，限值为40V。

LTC4411绝对最大负电压值为-0.3V。齐纳二极管的正偏电压可能太大，无法保证供电负电压时IC中的电流为最小。如果电流太大，可以给齐纳二极管并联一个肖特基二极管。肖特基二极管的反向击穿电压必须大于齐纳二极管的5V击穿电压。肖特基二极管的正偏电压小于0.3V时，可以确保IC中没有过多的电流。需要强调的是，最大允许负电压是输入和输出之间的最大差值，为6V。

结论

本章讨论的技术可以对凌力尔特的PowerPath电路的供电电压进行扩展，从而可以扩大它们的应用范围，不再受限于规格说明中的电压范围。

第2部分

数据转换、信号调理和高频/射频

第1节

数据转换

单电池供电电路（11）

本文详细介绍了复杂线性函数的1.5V供电电路，该电路设计包括了一个V/F转换器、一个10位A/D转换器、采样/保持器、开关稳压器和其他电路。同样也包括了1.5V的线性供电电路的部分组件注意事项。

组件和测量技术发展确保16位DAC的稳定时间（12）

DAC DC规格是比较容易验证的。AC规格则要求用更复杂的方法来产生可靠地信息。特别是DAC及其输出放大器的稳定时间很难确定16位分辨率。本应用指南介绍了16位DAC稳定时间测量并比较结果的方法。附录中将对示波器过载，频率补偿电路和优化技术、布局、功率级和一个关于DAC系统精度的历史的角度进行讨论。

模数转换器的保真度测试（13）

对正弦波进行精确数字化的能力是一个高分辨的A/D转换器保真度的一项敏感度测试。该测试需要一个具有接近1ppm残留失真分量的正弦波发生器。此外，还需要一个基于计算机的A/D输出监视器，用于读取和显示转换器输出频谱成分。若想以合理的成本和复杂程度来实施此项测试，就必须进行其元件的设计并使用之前完成的性能验证。

11 单电池供电电路

Jim Williams

现在对电子装置的便携性以及电池供电的需求越发强烈。这种操作正慢慢应用于医疗、远程数据采集和电力监控等领域，在某些情况下，出于对空间、功率和可靠性的考虑，操作的单电池电路最好是1.5V供电的。然而不幸的是，1.5V电源却排除了几乎所有可选的线性集成电路。事实上，LM10运算放大器和LT®1017 / LT1018比较器是唯一完全为1.5V操作指定的集成电路增益模块。硅晶体管和二极管600mV压降使这些模块变得复杂。这种限制消耗所提供的相当一部分范围电压，使电路设计更加困难。此外，任何操作电路设计电压为1.5V但通常结束时的电池电压为1.3V（见框饰部分的“1.5V操作组件”）。

这些限制是很棘手的，尤其是在需要诸如数据转换器和采样保持这样复杂线性电路的功能时。尽管存在这些问题，但充分关注各元器件的特性，使用常规的电路方法是可以设计出这种电路的。

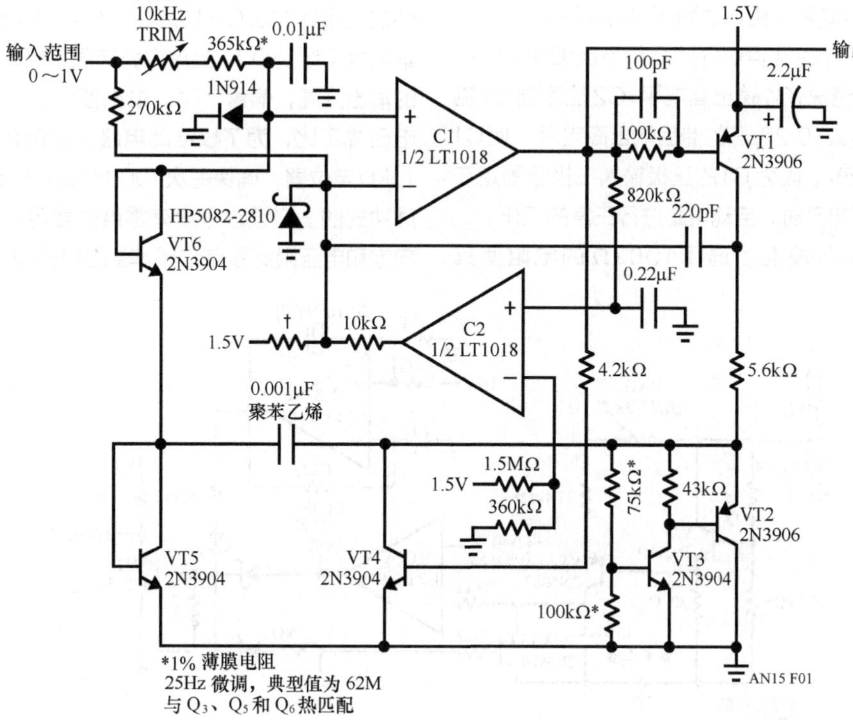

图11.1 10kHz V→F转换器

10kHz V→F转换器

图11.1所示的是一个V→F转换器的例子，它是一个完整的1.5V供电的10kHz V→F转换器。0~1V的输入产生一个从25Hz~10kHz的输出，并伴有0.35%的线性转移。增益漂移是250ppm/℃，电流消耗约205μA。

为了了解电路操作，假定C1的正极输入端电位略低于其负极输入端电位（C2输出为低）。输入电压在C1的正输入端产生一个正向的斜坡（线迹A，图11.2）。C1的输出（线迹B）为低电平，使VT1导通，VT1的集电极电流驱动VT2-VT3相结合，迫使VT2的发射极（线迹C）电压固定为1V。0.001μF电容通过VT5到地充电（0.001μF单元的电流波形曲线D），当C1正输入端的斜坡电压上升到足够高时，C1的输出变为高电平，VT1、VT2和VT3截止。VT4导通，从C1的正输入端电容通过VT6吸取电流，从而复位C1的正输入端的锯齿波电压到一个略低于地的电位，使C1的输出变为低。在VT1的集电极，100pF的电容提供了交流正反馈，确保C1的长时间正极输出为高，以便0.001μF电容的完全放电。

肖特基二极管可以防止C1的输入超过负的共模限制，这个过程使VT4截止，VT1-VT3导通，整个周期重复。振荡频率直接取决于输入电压导出电流。VT2-VT3 VT2的发射极的温度系数大部分是由VT5和VT6交界处的温度系数进行补偿的，最大限度地减少了整体的温度漂移。270kΩ的电阻路径为C1提供了一个输入电压的触发点，提高了电路的线性性能，应该选择这种电阻以达到所报的线性度。

电路的启动或过载会引起电路的AC耦合反馈回路进行锁存。如果出现这种情况，C1输出高电平，C2检测到C1输出高电平，通过820kΩ-0.22μF的滞后输出高电平，使C1的负极输入上升为1.5V。因为C1的正极输入二极管固定在600mV，当它输出低电平时，启动电路进行正常的工作。

为了对该电路进行校准，选择100kΩ的电阻使其V_{CLAMP}=1V。接下来使用2.5mV输入，在C1的输入端选择电阻值，进行25Hz的输出。然后，输入1V，调整500kΩ的电位计，输出10kHz。

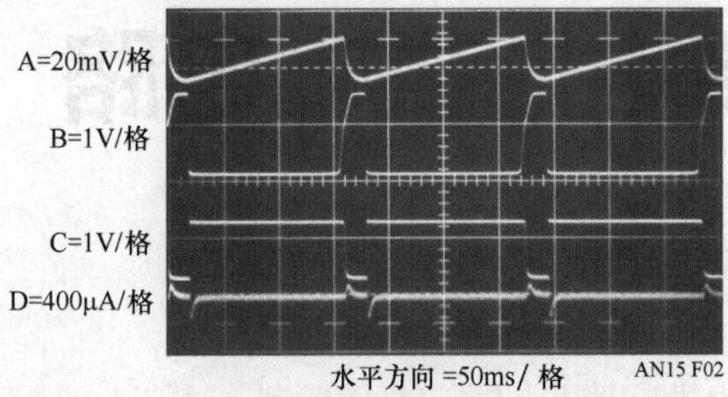

图11.2 V→F工作波形

10位A→D转换器

图11.3所示的是另一个数据转换电路，这种集成的A/D转化器具有60ms的转换时间，提供1.5V的电源，消耗电流460μA，在15~35℃的温度范围内保持有10位的精度。

一脉冲应用到转换命令行（线迹A，图11.4）引起VT3工作在反向模式，使1μF电容器放电（线迹B）。同时，VT4通过10kΩ二极管偏置路径，迫使它的集电极（线迹D）输出低电平。VT3的反向模式的切换导致1mV的电容器放电到地。当转换命令停止时，VT3截止，VT4的集电极输出高电平，LT1004比较器使VT1-VT2电流源稳定并给1μF的电容充电至线性斜坡。在该段时间内的斜坡值低于输入电压时，C1A的输出低电平（线迹C）。这使得石英晶体振荡器所提供的稳定脉冲从C1B去调节VT4。输出数据出现在VT4的集电极（线迹D）。当这个斜坡值与输入电压值相交时，C1A的输出升高，偏置VT4，输出停止。输出脉冲的数量与输入电压成正比，为了校准此电路，应用0.5000V输入，调整10kΩ电位器，确保每次1000个脉冲输出，转换命令行都是脉冲式的。必须进行没有零点的微调，尽管VT3的1mV反向饱和电压限制零点分辨率到2LSBs（2个下边带）。

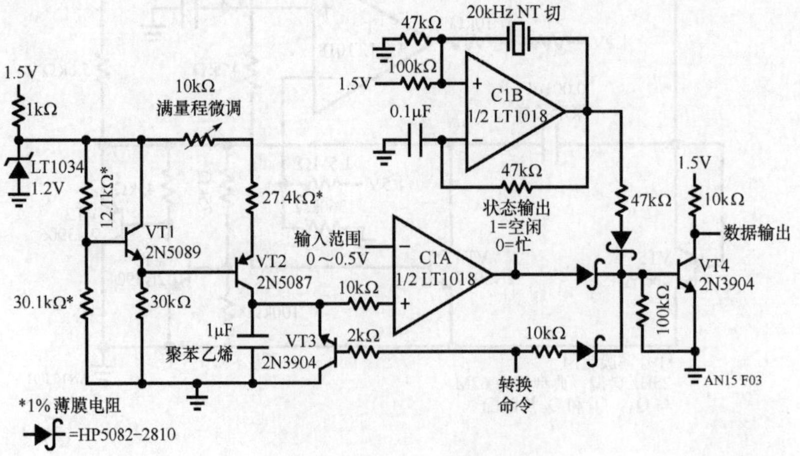

图11.3 10位A→D转换器

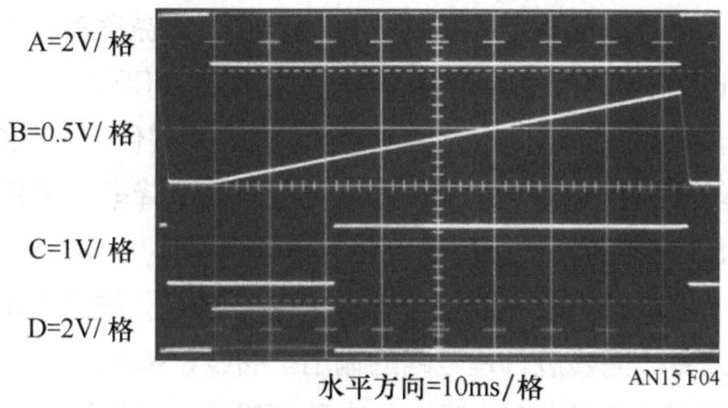

图11.4 A/D 转换器波形

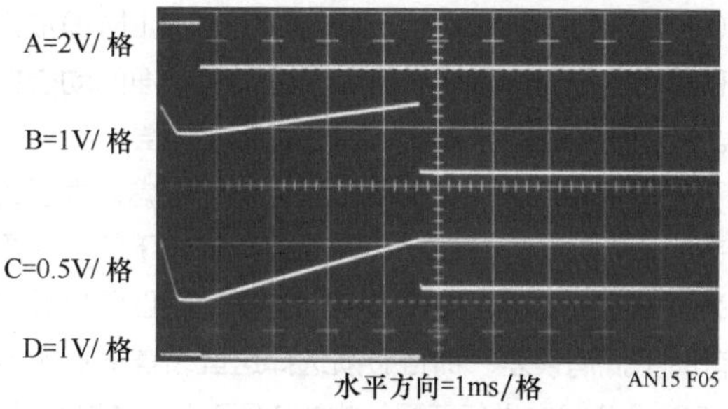

图11.5 采样保持波形

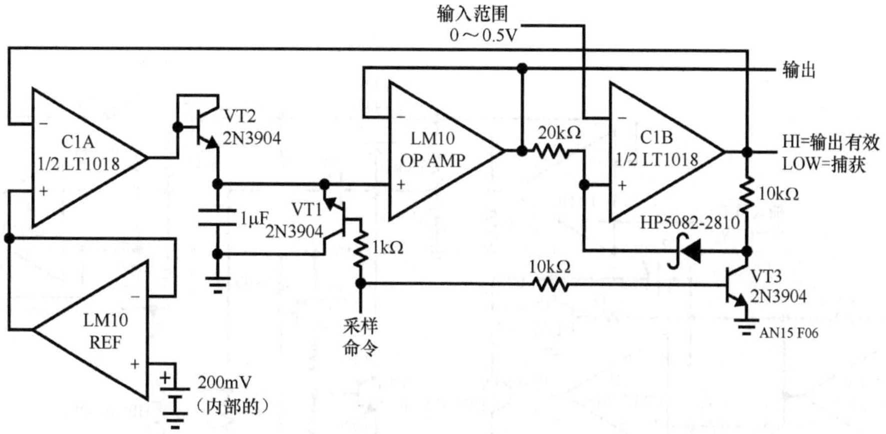

图11.6 采样保持电路

采样保持放大器

与A/D转换器相伴出现的逻辑器件是采样保持放大器。对于1.5V操作的电路来说，采样保持电路是最难设计的电路之一，主要是因为没有可用的具有足够低截止电压的FET开关，这里提出了两个方法，第一种方法是通过去掉开关来解决开关问题，虽然其实现采样保持的方法并非常规，但它不需要专门的组件，不需要微调，电路容易构建，具有4ms（0.1%）的采样时间。第二种是更加传统的设计电路，需要专门进行选择和匹配组件，更为复杂，但是其提供的125μs（0.1%）的采集时间，相比其他的设计提高了30倍。

当一条采样命令（见图11.5中的线迹A）被应用到图11.6所示的电路中时，VT1工作在反转模式，1μF电容放电（线迹C）。当采样命令停止时，VT1截止，C1A的内部输出电流源使电容器充电通过VT2，连接为一个低泄漏二极管。紧跟LM10放大器之后，电容器充电至斜坡，偏置C1B的正极输入。当斜坡的电位与电路输入电压相交时，斜坡电位作为C1B的负极输入，C1B输出高电平（线迹D）。

这迫使C1A输出低电平，且1μF的电容停止充电。在这些条件下，电路在“保持”模式。电容器电压等同于输入电压，电路的输出被LM10占用，C1B路径上的10kΩ二极管提供了一个锁存器，防止输入电压变化或避免存储在1μF电容上的电容值受到干扰。当接收到下一条采样命令时，VT3断开这个锁存器，电路反复循环。

捕获时间与输入值成正比，捕获时间4ms需要满量程（0.5V）。尽管可以进行更快的捕获，但延迟关闭C1A的输出将会降低精度。电路的主要优点是消除了场效应晶体管电压控制的需求以及电路相对简单。精度是0.1%，降速率为10μV/ms，电流消耗为350μA。

快速采样保持放大器

图11.7所示的是一种更为传统的采样保持方式，其速度更快，但也更为复杂，并且需要特殊的构建要求。VT1作为采样保持开关，与VT6和VT7提供一种电平移位来驱动栅极。为了最大限度地减少功耗，一个1500pF的前馈电路用于快速开关栅极而不求助于VT6和VT7的工作电流。C1A，一个简单的方波振荡器，驱动VT4。C1B反转C1A的输出并偏置VT5。晶体管作为同步开关并且电荷被送至VT5集电极端的2.2μF的电容处，并在那产生一个负电位。

导通电阻的代价是获得了VT1的低夹断电压，如果需要快速采集的话，1.5～2kΩ的典型导通电阻意味着电路的保持电容必须要小，这就造成一个低偏置电流输出放大器或下垂率将受到影响。VT2、VT3和A2满足这一需求。VT2和VT3被设置为源极跟随器，所接电阻作为电平转换器以保持A2的输入在LM10放大器的共模范围内。通过更好地设置LM10放大器的输出偏置点高于地，A2的输出二极管确保干净的动态性能接近零。180pF的电容器对复合放大器进行了补偿。

为了使用这种电路，还需要一些特殊的考虑。为了进行适当的夹断，VT1必须是夹断电压在500mV以下的一种极低的夹断装置。另外，VT2和VT3之间的任何不匹配栅源电压V_{GS}将有助于抵消误差，而且必须选择这些装置的栅源电压V_{GS}在500μV范围内进行匹配。此外，VT2-VT3的V_{GS}的绝对值必须在500mV以内或者A2可能遇到近乎满量程电路输入共模限制。

最后，电阻电平偏移失配也产生了增益误差。为了保持0.1%的电路精度，电阻的匹配比例应为0.05%。

一旦加入这些特别的规定，该电路提供了较优的1.5V供电采样保持规范。伴有10μV/ms的下降率，采集时间从125μs到0.1%。消耗电流在700μA以内。

图11.8所示的电路获取了满量程输入，线迹A是采样保持命令，而线迹B是电路的输出。曲线C是振幅扩大版的B，显示了采集的细节，125μs内获取输入，采样到保持的偏移在毫伏范围内。

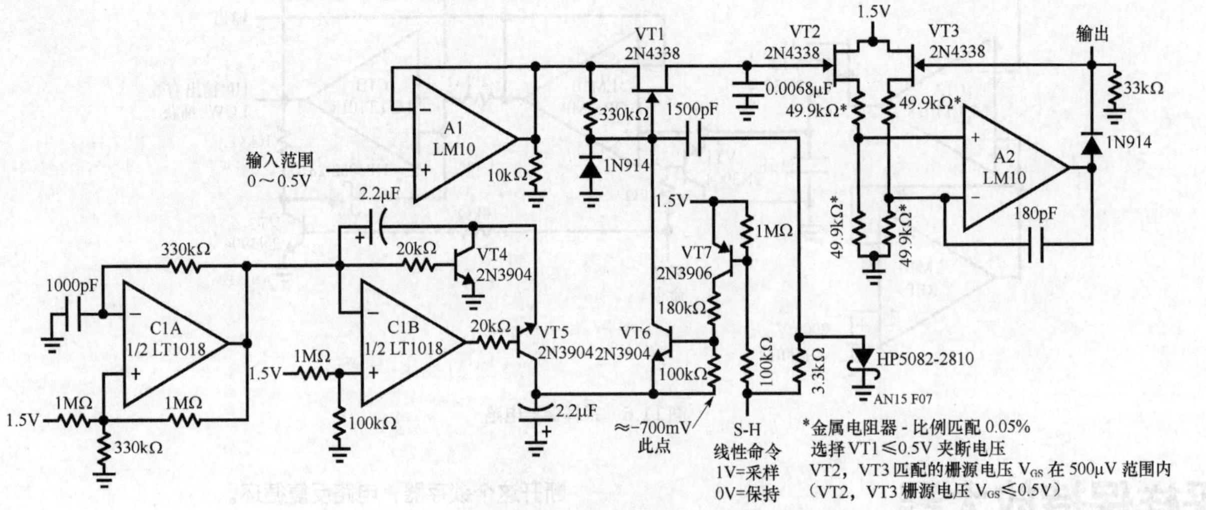

图11.7 快速采样保持

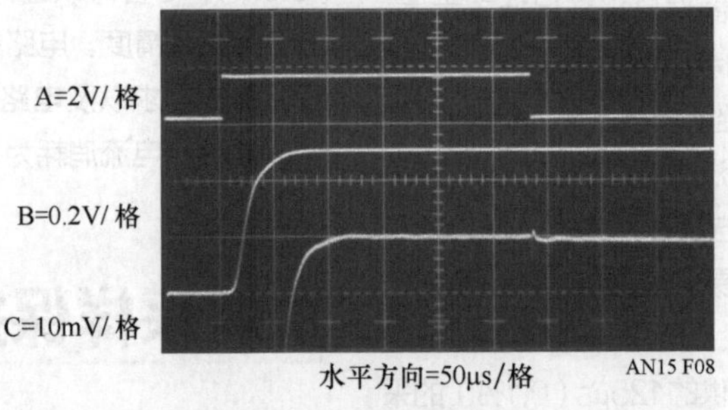

图11.8 快速采样保持波形

温度补偿晶体时钟

许多系统都需要一个稳定的时钟源和晶体振荡器，这种1.5V的振荡器相对容易构建，但是如果需要良好的温度稳定性，构建就变得更加的困难。烘烤晶体是一种方法，但功耗过大。另一种替代的方法提供了开环，对振荡器频率校正偏置。绝对温度确定了该偏置值。以这种方式，振荡器可重复的热漂移对它进行了校正，做到这一点最简单的办法就是稍微改变晶体的可变并联或串联阻抗谐振点。电容值随反向电压改变的变容二极管通常被用于此目的。然而，这些二极管要求反转偏置电压从而产生显著的电容变化，将无法实现1.5V的直流供电操作。

图11.9所示的电路完成了温度补偿功能，晶体管和相关元件构成了一个直接由1.5V电源供电运行的电容三点式振荡器。串联晶体中的变容二极管使振荡器的频率与其直流偏置变化相协调。环境温度依赖其余电路所产生的直流偏置。

电路中的热敏电阻网络和LM10放大器产生一个可以校正特定晶体种类热漂移的温度依赖信号。通常情况下，1.5V供电的LM10不能提供所需的输出电平以偏置变容二极管。然而，这里的一种自激开关升压转换器（T1及相关元件）包括在LM10的的反馈回路中。LM10驱动开关转换器的输入产生输出电压关闭回路。测量所得的热敏电阻桥网络和放大器的反馈电阻值用以产生适当的温度，这取决于变容二极管的偏置。LM10所涉及的部分稳定了温度网络，这与1.5V供电变化相反。100pF的正反馈迫使LM10的输出切换到工作模式以节省电源。

图11.10把补偿与未补偿振荡器的漂移分成小块进行比对。补偿提高的漂移性能超过10倍。补偿曲线中的残留变形取决于所使用的一阶线性校正。电流消耗在850μA范围内。

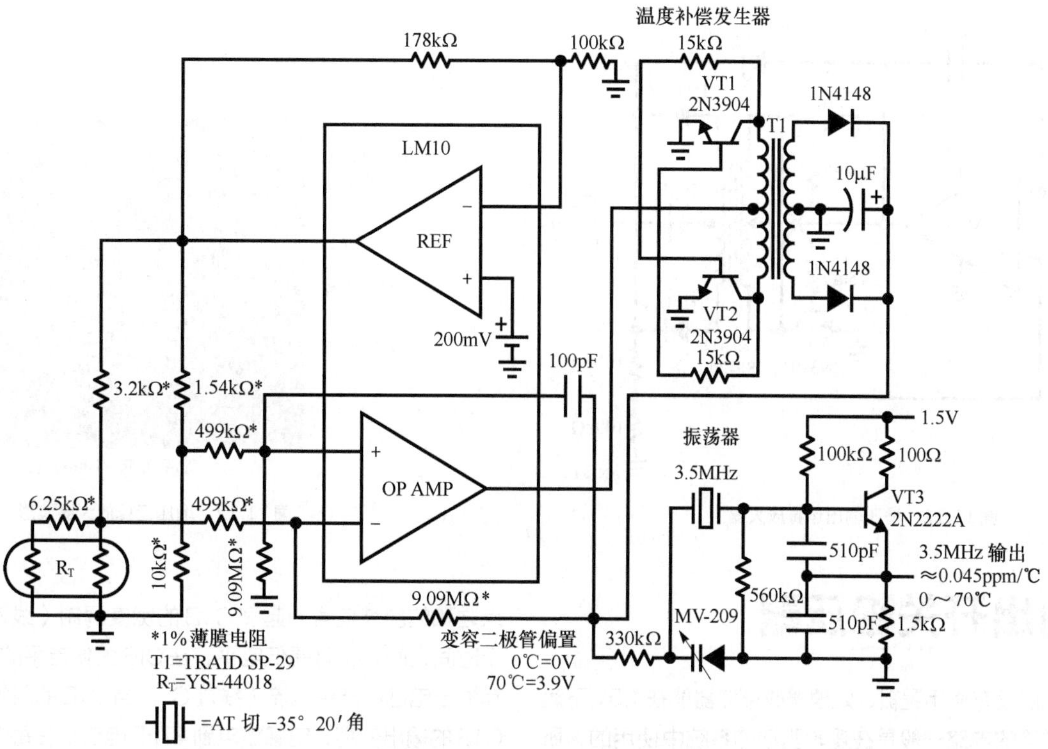

图11.9　温度补偿晶体振荡器

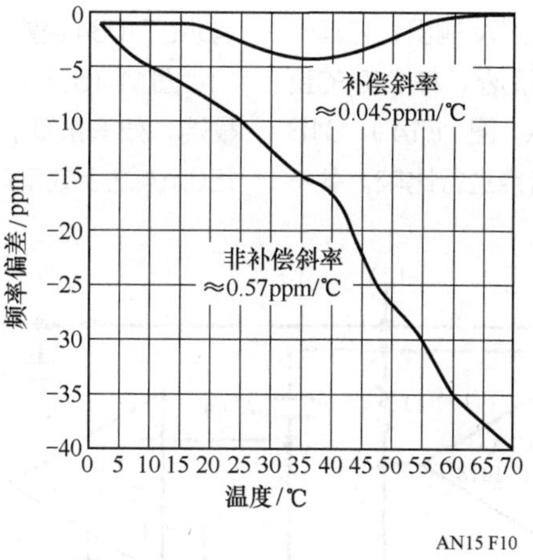

图11.10　补偿振荡器与非补偿振荡器结果对比

增压输出放大器

很多情况下，都期望1.5V供电电路能提供到较高电压电路的接口。最明显的例子是1.5V驱动的远程数据采集设备，改为供电的数据收集点提供输出。虽然电池供电部分可以在本地处理1.5V电路信号，但是也应该具备寻址高电压电路中的高电平监测仪器的能力。图11.11借鉴了图11.9的方法以产生高电压输出。该1.5V供电的放大器提供0～10V的输出，最大电流75μA。LM10驱动自激式变频器关闭反馈回路。在这种情况下，尽管其他增益很容易实现，但放大器被设置成101的增益。唯一的限制就是不能超过1.5V供电的LM10的共模输入范围。肖特基二极管旁路变频器以获得低电压输出，辅助输出噪声性能。变频器导通阈值和二极管正向击穿之间的重叠确保了在过渡点的纯净动态行为。为了增加效率，0.033μF的电容器提供了一个交流正反馈，迫使LM10输出脉宽调制变频器。

图11.2显示了详细操作。该电路直到LM10开关（线迹B）才进行衰减（线迹A），启动变频器。两个晶体管交替驱动变压器（晶体管集电极波形为迹线C和D）直到输出电压升高到足以关闭LM10输出时才停止。以上各步骤不断重复，重复率依赖于输出电压和负载条件。

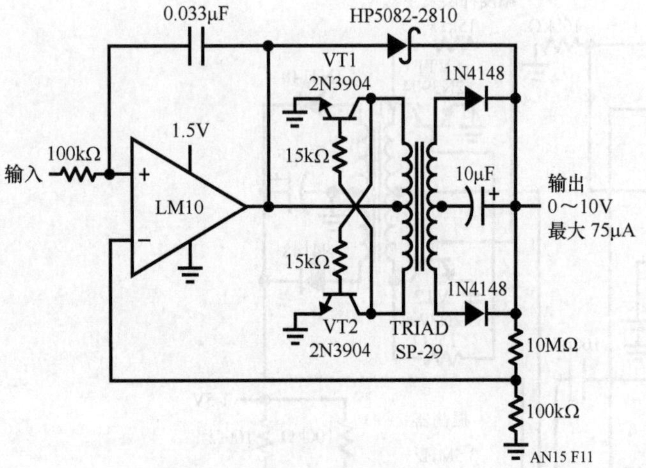

图11.11　增压输出运算放大器

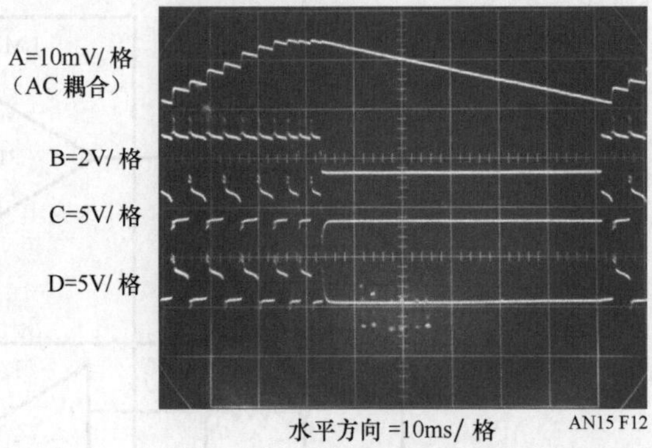

图11.12　增压运算放大器波形

5V输出开关稳压器

市面上还没有通用逻辑、处理器或存储器能在1.5V下运行。以前讨论的电路一般是在逻辑驱动的系统中使用的，所以，需要在1.5V电池供电的系统中使用标准逻辑。实现这一目标最简单的方法就是专门设计一款用于1.5V输入操作的开关稳压器。图11.13的反激稳压器能产生5V输出，它基于R.J.Widlar设计进行了改进。C1A用作振荡器，在C1B的直流偏置负输入端提供了一个斜坡（线迹A，图11.14）。C1B将输出分割点与从LT1034处获得的参考点进行比较。参考点之和的斜坡信号引起了C1B的宽度调制（线迹B）。在这个时间之间，C1B是低电平，在ClB为低电平的期间，将在其输出电感中产生电流（线迹C）。当C1B的斜坡足够低时，C1B的输出变高，电感放电到47μF电容。在每个振荡周期，从C1A的输出到C1B的正极输入，二极管都提供一个脉冲，以确保环路启动。从输出开始到120kΩ和二极管的这条路径辅助LT1034偏置，协助整体进行调节。

图11.15给出了稳压器的效率曲线。由图可见，在低负载端，效率最低，这是由于稳压器存在固定损耗。电路在150mA之上效率可达80%。

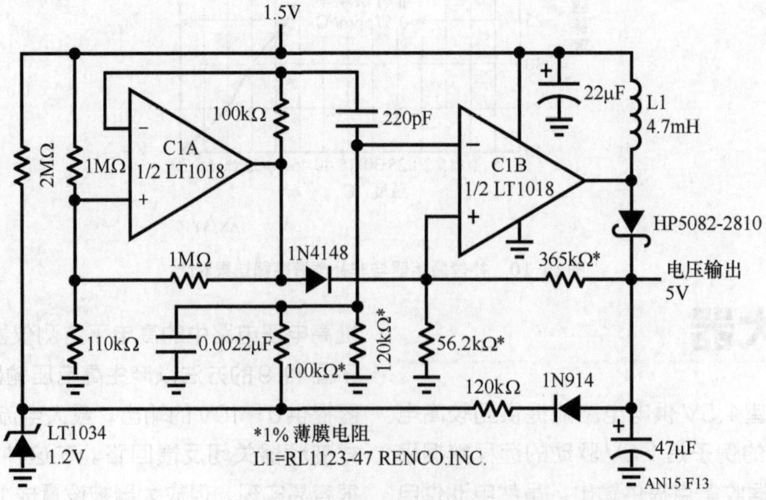

图11.13　反激式稳压器

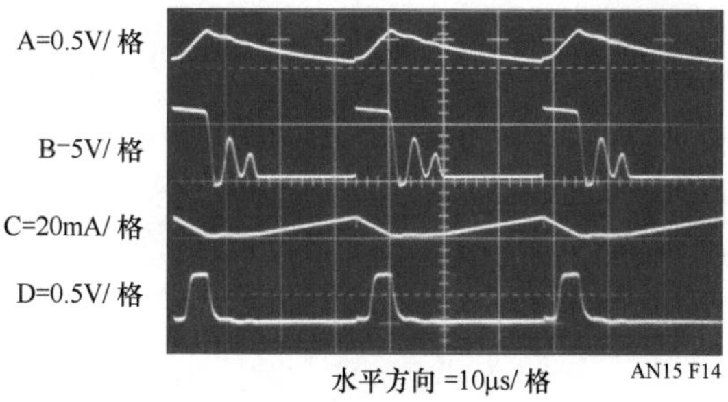

图11.14 反激式稳压器波形

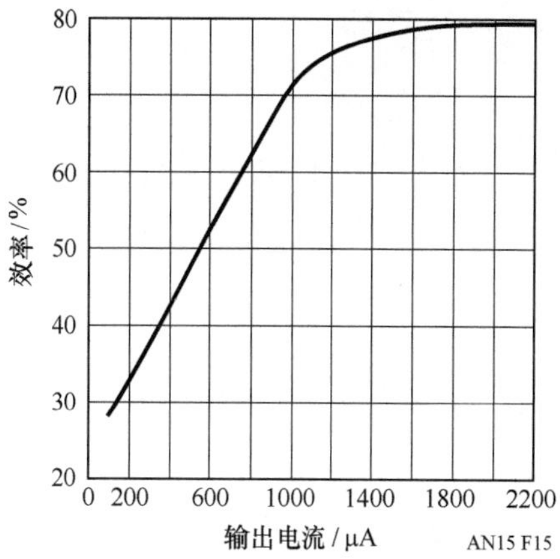

图11.15 反激式稳压器的效率

1.5V操作组件

几乎所有通用的线性集成电路是不能进行1.5V操作的，能够进行操作的两个集成电路是LM10和LT1017/LT1018。LM10运算放大器的参考运行值低至1.1V；LT1017/LT1018比较器则低至1.2V。虽然速度被限制为0.1V/μs，但LM10也提供了良好的直流输入特性。LT1017/LT1018比较器系列的特征是具有微秒级的响应时间、高增益以及良好直流特性。两款器件的特征就是具有低功耗。LT1004和LT1034参考电压特点是20μA的操作电流和1.2V的操作。

标准PN结二极管具有600mV的压降，这是一个可用的相当大的电源范围。电流在10～20μA以下时，这个数字减少约450mV。肖特基二极管通常表现仅为300mV的压降，反向漏电流要比标准二极管要高。锗二极管是最低的，具有150～200mV的压降，即使在极大电流的也是如此。不过，通常来说，锗二极管显著的反向漏电流阻止了它的使用。

标准硅晶体管有一个600mV的V_{BE}，但是这个数值在较低的基极电流时有所下降。电流适中，硅晶体管的V_{CE}饱和度远低于100mV。合理的选择和使用设备可以使这个数字降低到25mV。反向模式的操作允许V_{CE}饱和度损耗在1mV以下，尽管测试值通常低于0.1，因此需要大量的基极驱动。锗晶体管具有比硅晶体管低2~3倍的V_{BE}和V_{CE}损耗，但是在速度、泄漏量和测试值方面不如硅。

电池可能是最重要的组件。有很多可用的电流类型。可根据具体应用而定。最常用的两种是碳锌电池和汞电池。碳锌电池提供了较好的初始电压，但是如果电流受控（见图11.16），汞电池则具有较好的放电曲线（例如：较好的供应调节）。

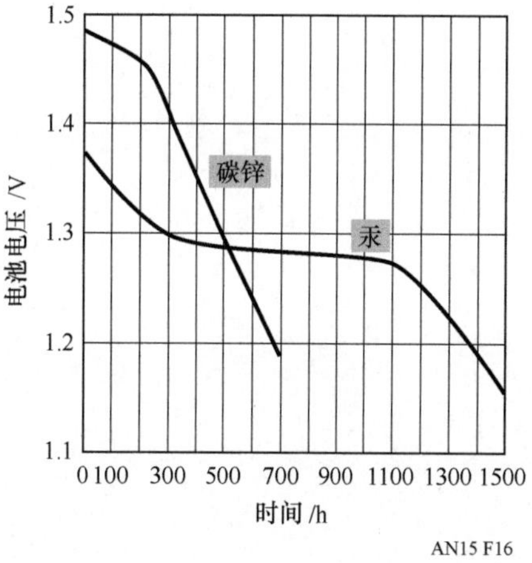

图11.16 具有类似大小 （AA） 的汞电池和碳锌电池的典型放电曲线（1mA负荷）

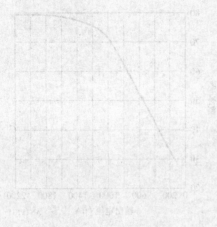

组件和测量技术发展确保16位DAC的稳定时间

12

及时跟进的精度艺术

Jim Williams

引言

仪器仪表、波形生成、数据采集、反馈控制系统以及其他应用领域都开始使用16位数据转换器。更确切的说，16位数模转换器（DAC）的应用正在不断增加。新面市的各种组件使16位数模转换器成为一个实用性很强的设计方案[①]（参见16位数模转换组件的第2页）。相比以前的模块化以及混合技术，这些集成电路提供了一种成本更优的16位性能。单片DAC芯片中的直流特性和AC特性已逼近甚至等价于以往最低成本的转换器。

DAC稳定时间

DAC的直流特性易于验证。尽管通常很枯燥，但其测量技术是很容易理解的。AC特性则需要更复杂的方法来得到可靠信息。DAC及其输出放大器的稳定时间在16位分辨率时尤其难以确定。稳定时间是指从输入编码请求一直到最终输出到达，并保持在一定的误差带范围内所经过的总时间。它常用于描述满量程的10V过渡。如图12.1所示，DAC的稳定时间可以明显地分为三个不同部分。其中延迟时间很小，几乎完全取决于通过DAC和输出放大的传播延迟。在此期间，没有输出操作。在转换时间内，输出放大器以其可能的最高速度朝终值移动。振铃时间定义了在规定的误差带内放大器从转换过程恢复过来并结束运动所用时间。在转换时间和振铃时间之间通常会有一个权衡。高速转化放大器一般会延长振铃时间，使放大器选择和频率补偿复杂化。此外，非常快速的放大器所需要进行的权衡，将会降低直流误差性能[②]。

以任何速度测量任何事物到16位的精度（≈0.0015%）都是很难的。以16位分辨率进行动态测量特别具有挑战性。可靠地测量16位稳定时间的难度更高，其方法和实验技术需要倍加关注。

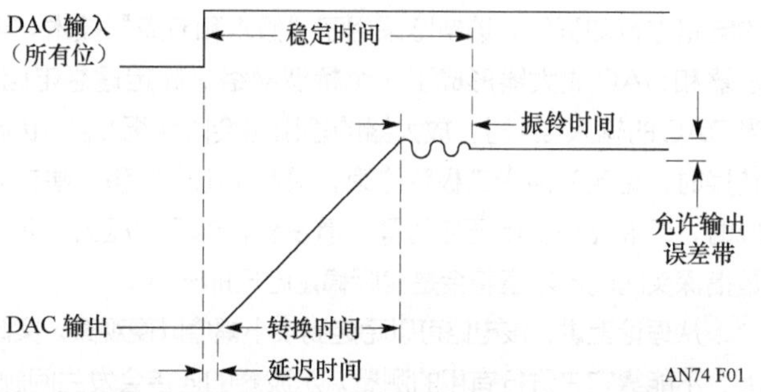

图12.1 DAC稳定时间包括延迟、转换和振铃时间。使用高速放大器可降低转换时间，不过往往会带来更长的振铃时间。延迟时间通常较小

16位D/A转换组件

适用于16位D/A转换的组件是精英阶层的成员，16个二进制位是65536中的一部分——仅为0.0015%或百万分之15。这就要求微小误差运算，对组件的要求也很高。图表中列出的数模转换器都使用硅铬合金的薄膜电阻，以便在温度上获得高稳定度和线性度。在0~70℃上增益漂移的典型值是1ppm/℃，约为2LSB。在0~70℃时，所示放大器产生的增益误差小于1LSB，16位DAC驱动稳定时间为1.7μs。在0~70℃时，具有0.05%的初始微调精度，参考漂移低至1LSB。

① 参阅附录A，“高精度数模转换的历史。”

② 本文随后将对该问题进行详细的讨论。也可以参阅附录D的“DAC放大器补偿的实际考虑”。

适用于16位数模转换的组件的简表描述		
组 件 类 型	0～70℃时产生的误差	备 注
LTC®1597 DAC	≈2LSB增益漂移 1LSB线性度	全并行输入 输出电流
LTC1595 DAC	≈2LSB增益漂移 1LSB线性度	串行输入 8引脚封装 输出电流
LTC1650 DAC	≈3.5LSB增益漂移 6LSB偏移 4LSB线性度	全电压 DAC输出
LT®1001放大器	<1LSB	低速的较佳选择 10mA输出能力
LT1012放大器	<1LSB	低速的较佳选择 低功耗
LT1468放大器	<2LSB	1.7μs时间稳定到16位 支持最快速
LM199A参考-6.95V	≈1LSB	本组产品中最低漂移参考
LT1021参考-10V	≈4LSB	最佳通用选择
LT1027参考-5V	≈4LSB	最佳通用选择
LT1236参考-10V	≈10LSB	微调至0.05%的绝对精度
LT1461参考-4.096V	≈10LSB	推荐用于LTC1650DAC（参见该表前面）

测量DAC稳定时间的注意事项

从历史上看，DAC稳定时间都是采用类似于图12.2所示的电路进行测量的。该电路采用了“假求和节点”技术。电阻器和DAC放大器形成了一个桥型网络。假定理想电阻，当DAC的输入全1时，放大器的输出将会阶跃至V_{IN}。状态转换时，稳定节点受二极管约束，限制了电压偏移。建立完成时，示波器探头电压应为零。请注意，电阻分压器的衰减是指探头的输出电压将会是实际稳定电压的一半。

从理论上讲，该电路可以稳定到较小幅值以便观察。实际上，不能靠它来进行有用的测量。示波器的连接会发生问题。当探头电容上升时，AC负载电阻的结合点影响了稳定波形的观察。10pF的探头可以解决这个问题，但它的10倍衰减牺牲了示波器的增益。1倍的探针是不合适的，因为它们的输入电容过大。也可以使用有源1倍FET探头，但是又引入了另外的问题。

稳定节点的钳位二极管能够抑制放大器状态转换过程中的摆动，防止示波器过驱。然而，不同类型的示波器过驱恢复特性差异很大，通常并未指明。肖特基二极管的400mV压降是指示波器可能看到不可接受的过载，从而显示出不正确的结果③。

10位分辨率（10mV的DAC输出——示波器则显示为5mV）的示波器通常可以承受50mV/格的2倍过驱，并通过预期的5mV基线进行识别。12位或是更高分辨率的示波器则无法进行这种方式的测量，因为增加示波器增益的同时，过驱也将带来相应的误差。故而，16位分辨率的示波器显然无法进行完整的测量。

③ 关于示波器过载的相关讨论，参见附录B“评估示波器过载性能”

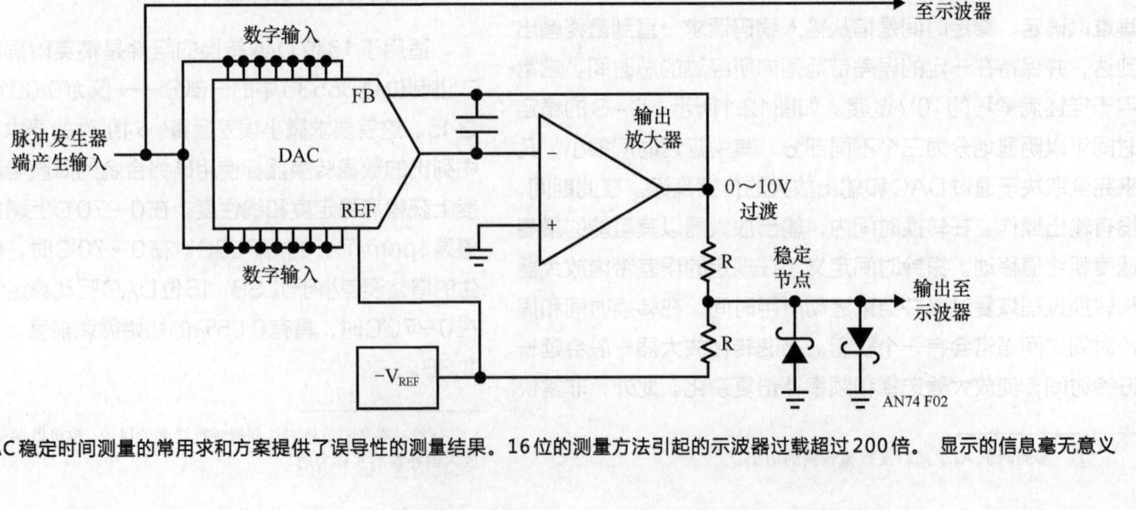

图12.2 DAC稳定时间测量的常用求和方案提供了误导性的测量结果。16位的测量方法引起的示波器过载超过200倍。显示的信息毫无意义

前面的讨论表明，测量16位的稳定时间需要一个不受过载影响的高增益示波器。增益的问题可用一个外部宽带前置放大器来解决，此放大器能够准确放大钳位二极管稳定节点。而克服过载问题则更为困难。

唯一具有过载免疫能力的示波器是经典采样示波器④。然而，这些仪器已不再生产（虽然仍可在二手市场获得）。但是，可以借鉴经典采样示波器能避免过载的优点，来构建一个电路。此外，可以给该电路增加测量16位DAC的稳定时间的专属功能。

④ 经典采样示波器不应与具有过载限制功能的现代数字采样范畴混淆，参见附录B"评估示波器过载性能"中不同类型过载范围的比较。有关经典采样示波器操作的详细讨论请参阅参考文献14到文献17以及文献20到文献22。值得关注的是参考文献15，它是作者认为关于经典采样设备最明确简洁的书面说明，有12页的篇幅。

实际DAC稳定时间的测量

图12.3所示的是16位DAC稳定时间测量电路的示意图。该电路具有图12.2所示电路的所有特点，而且引入了新的特性。在该电路中，前置放大示波器通过一个开关连接到稳定节点。此开关的状态由一个延迟脉冲发生器来决定，延迟脉冲发生器的时间设置是为了保证在稳定时间完成期间开关不会关闭。这样，输入波形及其振幅将被及时采样。示波器将不再受过载的影响，也不会发生波形在屏幕上无法观察的现象。

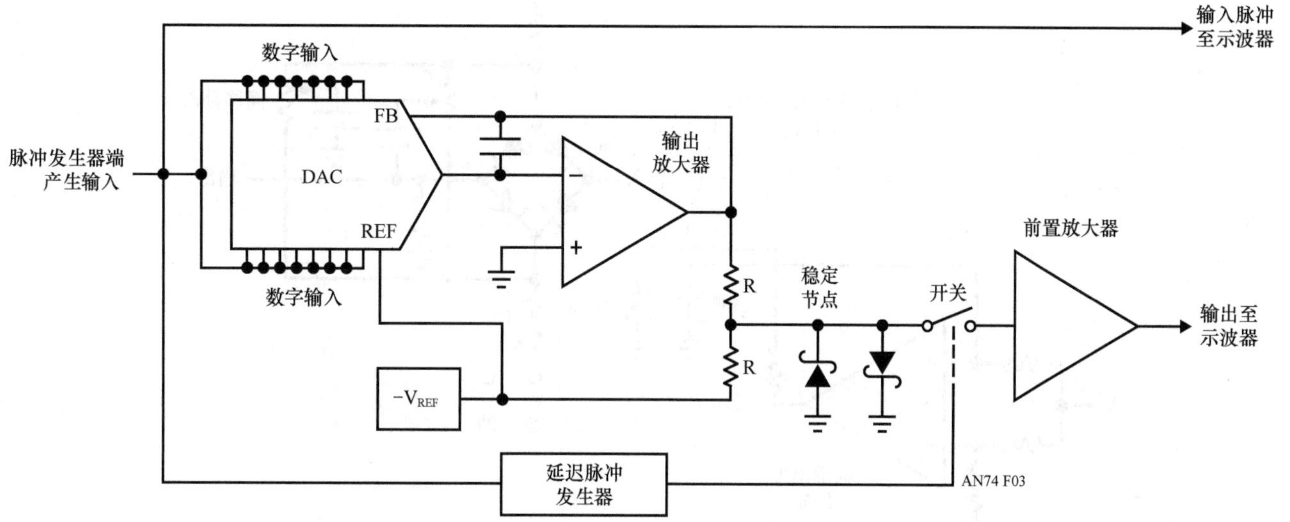

图12.3 从概念上调整示波器过载，延迟脉冲发生器控制开关以防止示波器在稳定时间完成之前监测稳定节点。

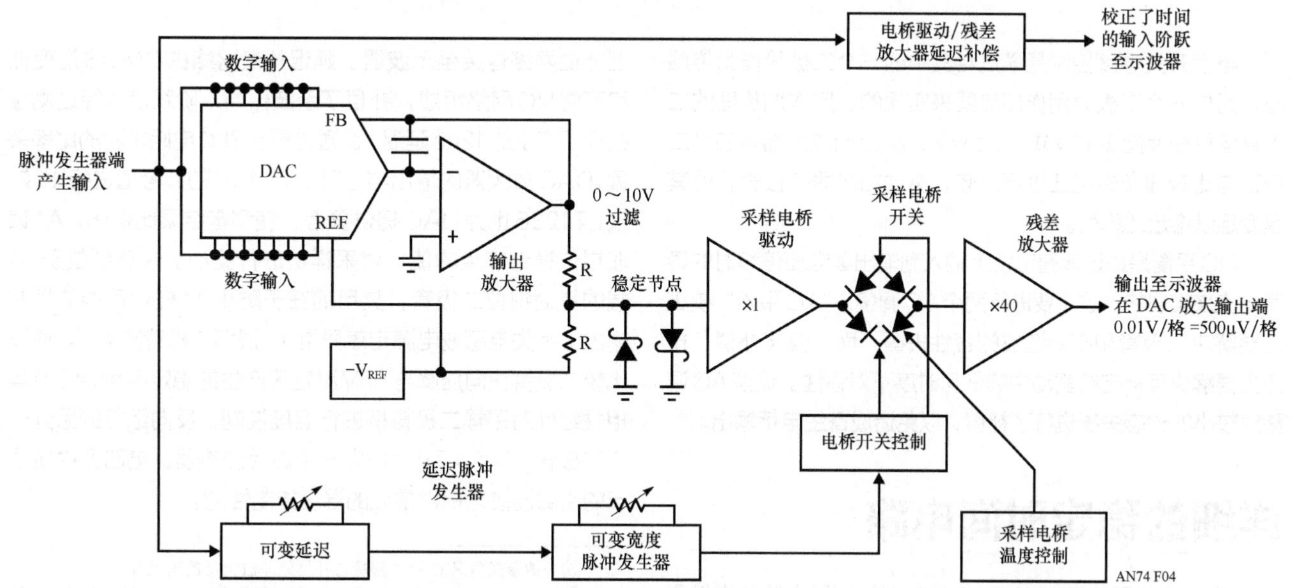

图12.4 DAC稳定时间测量方案框图，二极管电桥最小化切换通断，避免了基于残差放大器的示波器过载。温度控制保持了10μV的开关偏移基线。输入阶跃时间参考针对1倍和40倍的放大器延迟进行了补偿

图12.4显示了更为完整的DAC稳定时间原理图。它对图12.3所示各模块进行了细化，并进行了一些新的改进设计。该DAC放大器的求和区域不变。图12.3的延迟脉冲发生器分成了延迟和脉冲发生的两个模块，彼此独立可变。输入阶跃传送至示波器的过程中经过了一个用于补偿稳定时间测量路径传播延迟的单元。该图突出的新特点，就是图中的二极管电桥开关。该开关的设计是从经典采样示波器电路中借鉴而来的，在测量中起到关键的作用。该二极管电桥的固有平衡消除了输出端注入电荷带来的误差。在这方面，它远优于其他电子开关。其他高速开关技术都会由于电荷馈通而产生过多的输出尖峰。FET开关也不适用，因为其栅极沟道电容会产生这种馈通。栅极沟道电容会因为栅极驱动误差而使示波器显示崩溃，进而产生过载，破坏开关。

二极管电桥的平衡特性，再加上匹配良好的低容值单片二极管，以及互补式高速开关，可以产生一个整洁的开关输出。该单片二极管桥也可以受温度控制，可提供一个小于10μV的偏移误差以稳定测量基线。温度控制是利用该单片二极管阵列中未使用的二极管作为加热器和传感器来实现的。

图12.5详细介绍了二极管桥开关的注意事项，电桥开关中的二极管会抵消彼此间的温度系数——其中不稳定的桥偏移大约为100μV/℃，引入温度控制后可减少残差漂移到几mV/℃。

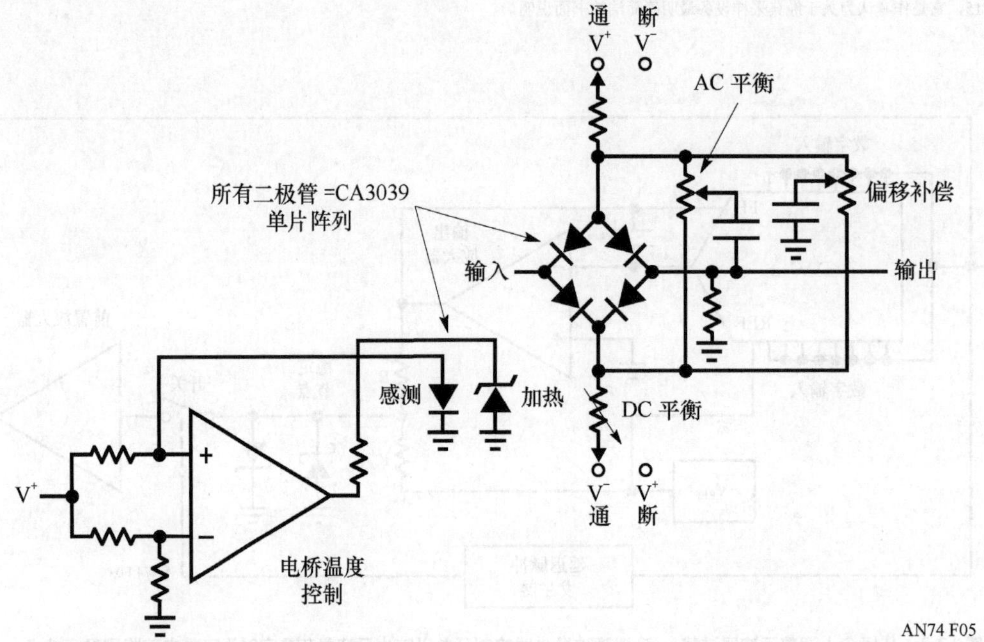

图12.5 二极管电桥开关的调整包括AC和DC平衡和开关驱动的时序偏移。 单片二极管阵列中的其余二极管用于温度控制

电桥开关温度控制是通过将其中的一个二极管作为传感器，另外一个二极管用作加热器来实现的。用作加热器的二极管运行在反向击穿模式（Vz≈7V）。控制放大器将感测二极管与比较器负端电压进行比较，驱动加热器二极管，使其温度足以稳定此阵列。

DC平衡是通过调整电桥上输入到输出零电压偏移时的导通电流来实现的。这需要进行两个AC调整。“AC平衡”校正主要解决二极管和布局造成的容性失衡，而“偏移补偿”校正主要解决互补电桥驱动中的任何时序不对称性。这些AC调整对较小的动态失衡进行了补偿，以免造成寄生电桥输出。

详细的稳定时间电路

图12.6所示的是16位DAC稳定时间测量电路的详细原理图。输入脉冲同步切换所有的DAC位，与此同时通过延迟补偿网络连接至示波器。延迟补偿网络由CMOS逆变器和可调RC网络组成，补偿了示波器输入阶跃信号经过测量路径所产生的12ns延迟[5]。通过精密3kΩ电阻求和的比率装置，DAC放大器的输出与LT1236-10V的参考值进行比较。该LT1236也为DAC提供参考，使测量结果比例化。A1读取钳位稳定节点的值，对采样桥进行驱动。注意到位于A1端的其他钳位二极管，其目的在于防止A1任何可能的异常输出（丢失电源或电源定序异常），损坏二极管阵列[6]。通过比较二极管正向压降与-5V稳定器产生的稳定电势，A3及其相关组件对采样二极管桥进行温度控制。反向运行的另外一个二极管（Vz≈7V）作为一个芯片加热器。电路图中所显示的引脚连接可提供最佳的温度控制性能。

⑤ 请参阅附录C的“测量与补偿残差放大器的延迟”。

⑥ 这种异常确实有可能发生。当出现异常时，作者是不善于处理这种关系的。更换采样电桥是一个长期和高度情绪化的任务，要知道为什么，请见附录G，“面包板、布局和连接技术”。

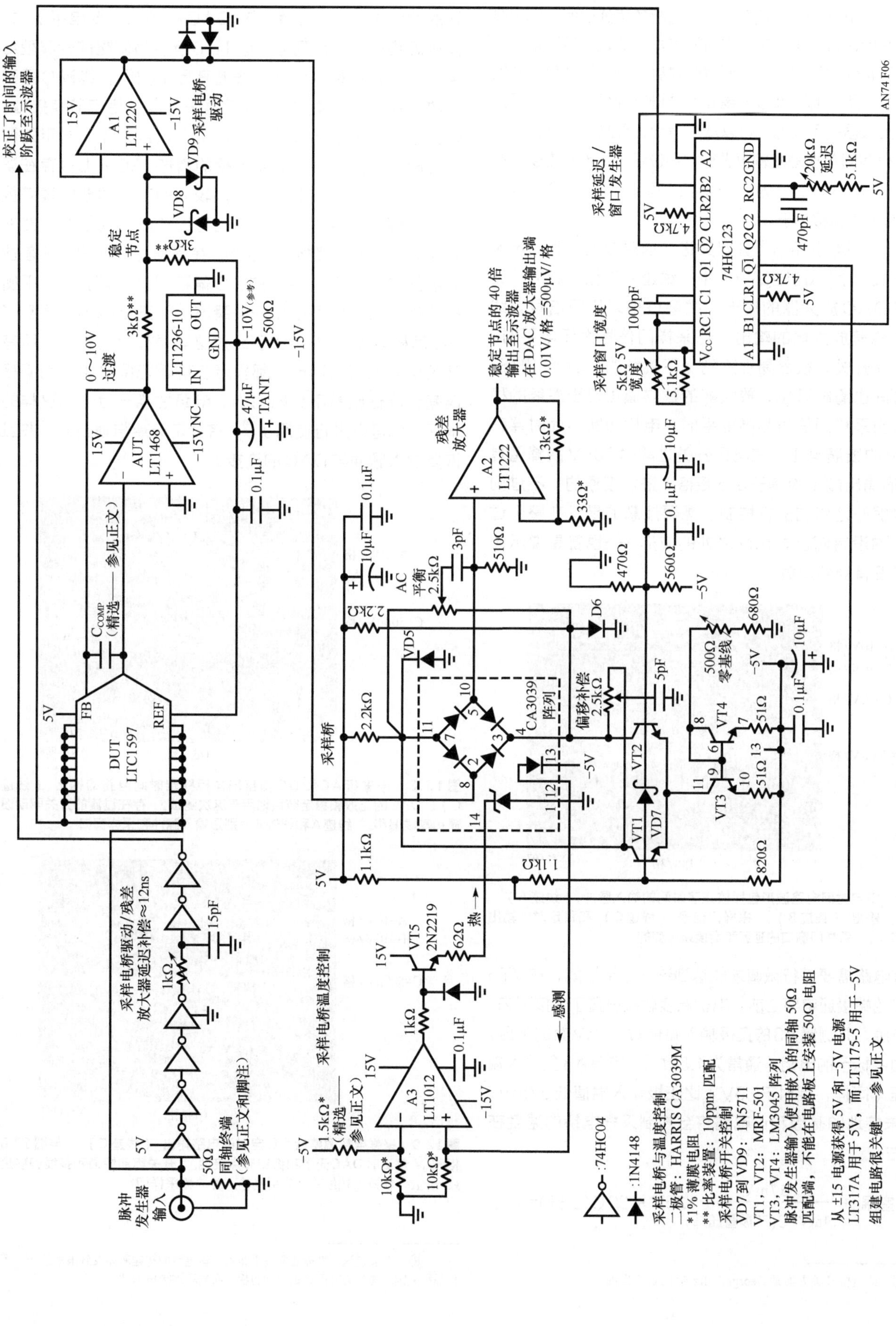

图 12.6 根据 DAC 稳定时间测量电路框图而设计的详细原理图。最佳性能需要在布局上多加考虑

输入脉冲对74HC123进行单次触发，此次触发将产生一个延迟脉冲（由20kΩ电位器进行控制），将此脉冲宽度（由5kΩ电位器进行控制）设置为二极管桥的导通时间。如果延迟脉冲宽度设置得当，在稳定时间基本完成之前示波器中都不会看到有任何的输入，从而消除过载。调整采样窗口的宽度是为了对所有剩下部分的建立活动进行观察。这样，示波器的输出数据是可靠的，可以从中得到有意义的数据。VT1-VT4晶体管对单次触发输出进行水平位移，给电桥提供互补式开关驱动。VT1-VT2为UHF类型，可实现真正的差分电桥切换，而时间偏移小于1ns⑦。

A2监测电桥输出，并对其进行增益放大，驱动示波器。图12.7所示的电路波形中，线迹A是输入脉冲，线迹B是DAC放大器的输出，线迹C是采样门信号，线迹D是残差放大器的输出。当采样门信号为低电平时，电桥迅速开关，很容易观察到上下跳跃的1.5mV电压。回环时间也清晰可见，放大器的建立值也趋于最终的稳定值。当采样门信号为高电平时，电桥切断，此时伴有600μV的馈通电压。在电桥开关之前，100μV的峰值是从A1的输出端（约等于3.5竖格）进行馈通的，不过同样可以很好地对它进行控制。需要注意的是，在整个过程中，均没有超出显示屏之外的波形——也就是说示波器从来没有受到过载。

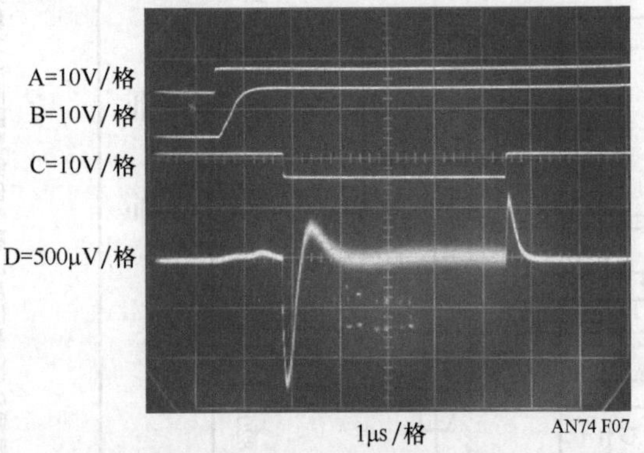

图12.7 稳定时间电路波形包括校正了时间的输入脉冲（线迹A）、DAC放大输出（线迹B）、采样门信号（线迹C）和稳定时间输出（线迹D）。采样门窗口的延迟和宽度是可变的

该电路需要进行微调才能达到这一电平性能，在VT5基级接地端接通电源之前，电桥温度就被设置了。接下来，接通电源，并测量A3的正极输入端相对于-5V轨的电压。选择图中标示的电阻（通常为1.5kΩ），使得A3负输入端的电压（同样，相对于-5V）比正极输入端值低57mV。VT5未接地的基级和该电路将会控制采样电桥的温度在55℃左右。

$$25℃(\text{室温})+\frac{57\text{mV}}{1.9\text{mV}/℃(\text{二极管压降})}=25℃+30℃(\text{上升})=55℃$$

⑦ 此电桥开关方案是George Feliz在LTC开发的。

进行一次DC和AC电桥调整便可实现温度控制的功能。进行这些调整需要禁用DAC和放大器（断开DAC端的输入脉冲，并设置所有DAC的输入为低电平），并直接短路稳定节点到地。图12.8所示为调整前的典型结果。线迹A是输入脉冲，线迹B是采样门，线迹C是残差放大输出。随着DAC放大器失效以及稳定节点接地，残差放大器的输出应该（理论上）始终为零。显示的图片说明这不是一个未调整电桥的情形。AC和DC存在误差。采样门信号的跃变将引起较大的超出屏幕的残差放大器摆幅（注意对于采样门信号的关闭，残差放大器的响应大约在8.5竖格）。另外，在采样间隔期间，残差放大器的输出中存在明显的DC偏移误差。调整AC平衡和偏移补偿，以最小化开关瞬态。修正基线零点调整了DC偏移。图12.9给出了经过这些调整后的结果。所有开关切换的相关活动，都显示在屏幕范围之内，而偏移误差也降低到看不到的地步。电路性能一旦达到这样的水平，就可以进行使用了⑧。将稳定节点与地断开，并且恢复输入脉冲与DAC的连接。

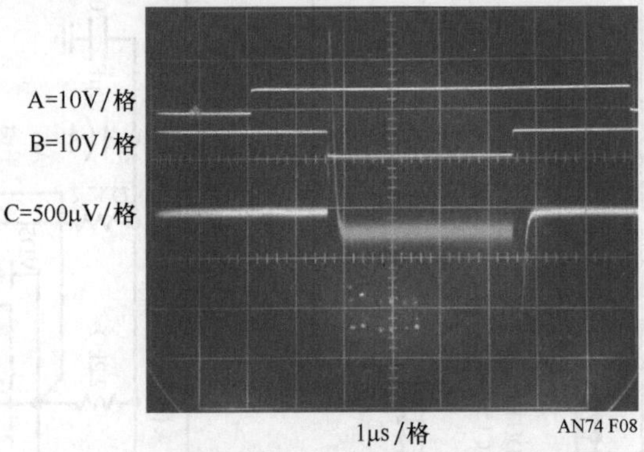

图12.8 未进行AC和DC调整采样桥稳定时间电路的输出（线迹C）。DAC的无效和稳定节点地用于这次测试。存在过渡的开关驱动馈通和基线偏移。线迹A和线迹B分别是输入脉冲和采样窗口

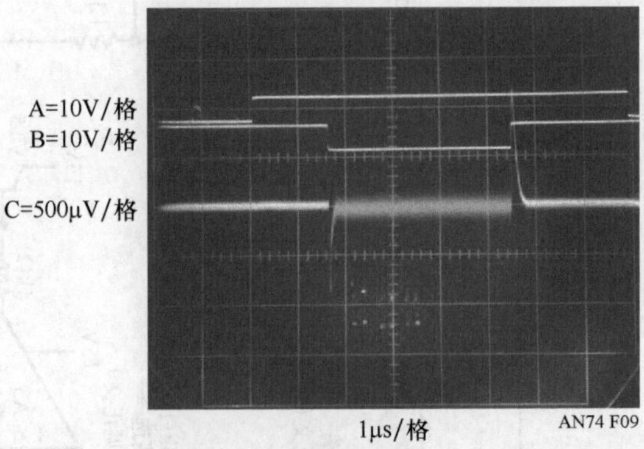

图12.9 采样电桥调整后的稳定时间电路输出（线迹C）。与图12.8相同，测试时DAC无效和稳定节点接地。开关驱动馈通和基线偏移是最低的。线迹A和线迹B分别是输入脉冲和采样门

⑧ 要实现这一性能还取决于布局。该电路的构建所涉及到很多技巧，而且都很关键。请参阅附录G的“面包板、布局和连接技术。”

使用基于采样的稳定时间电路

图12.10到图12.12强调了适时定位采样窗口的重要性。图12.10中，当采样开始时，由于采样门延迟，过早地启动了采样窗口（线迹A），残差放大器的输出（线迹B）使得示波器过载。图12.11较好些，只有轻微的脱屏发生。图12.12是最佳的，所有放大器的残差输出刚好在示波器屏幕的边界以内。

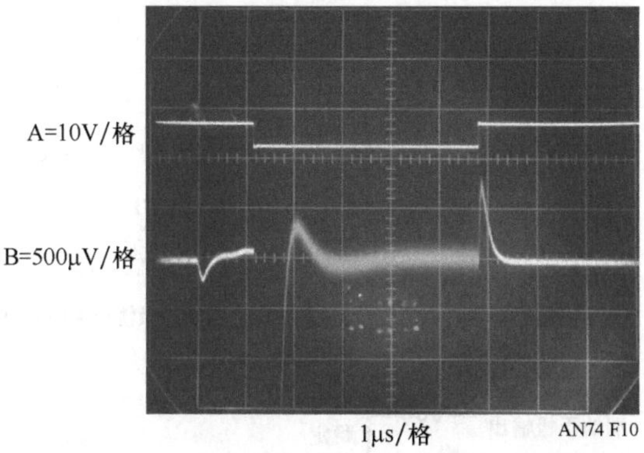

图12.10　不足量的采样门延迟产生的示波器显示，采样窗口（线迹A）发生太早，在稳定输出时导致脱屏（线迹B）。示波器过载使得显示信息不可靠

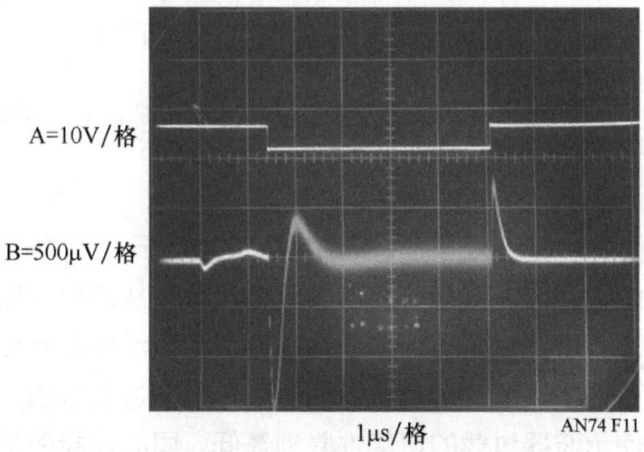

图12.11　增强采样门延迟状态，定位采样窗口（线迹A），使稳定输出（线迹B）显示在屏幕上

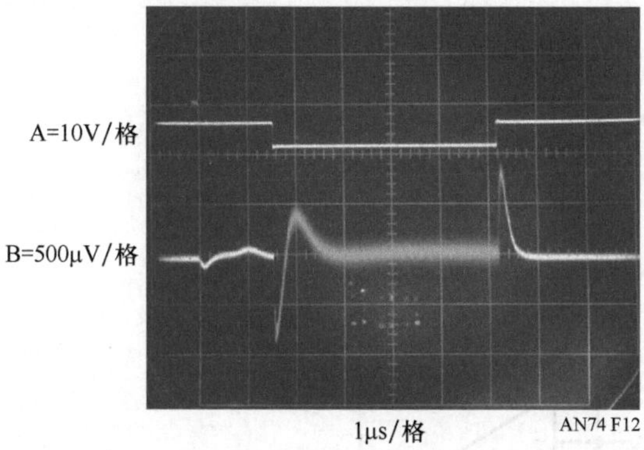

图12.12　最佳的采样门延迟状态，定位采样窗口（线迹A），使所有稳定输出（线迹B）信息都很好显示在屏幕界限以内

一般情况下，较好的做法就是将采样窗口“走动”到放大器最后摆幅的若干毫伏左右，以便观察起振时间。基于采样的方法提供了这种能力，它们是强大的测量工具。另外，记住慢速放大器有可能需要扩展延迟和/或采样窗口时间。这可能需要在74HC123单次触发时序网络中使用更大的电容。

补偿电容器的影响

DAC放大器需要频率补偿以获得最佳可能稳定时间。DAC具有较大的输出电容，使放大器的响应变得复杂化，也使补偿电容的精细选择变得更加重要[⑨]。图12.13显示了进行轻微补偿后的结果，线迹A是校正了时间的输入脉冲，线迹B是是残差放大器输出。轻微的补偿可以得到快速摆率，不过将产生过大的振铃幅度，而且会延长时间。振铃很严重，致使它在采样门关断周期的部分时间内馈通，即便没有引起过载。当开始采样时（正好在第六竖格之前），尽管振铃仍然存在，但可以看到那已是它的最终阶段。总的稳定时间大约为2.8μs。图12.14显示了另一个极端，这里用较大的补偿电容消除了所有的振荡，但却使放大器变慢很多，总的稳定时间延伸到3.3μs。最好的情况如图12.15所示，这张图片中精心选择了补偿电容，获得了最佳的稳定时间，并对衰减进行了严格的控制，其稳定时间已下降到1.7μs。

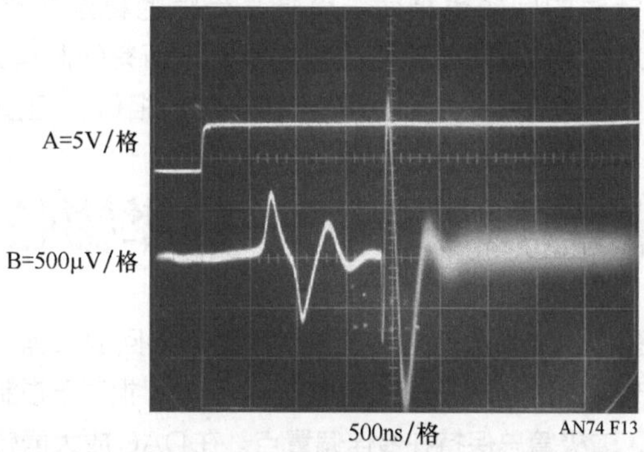

图12.13　不足量反馈电容补偿所产生的稳定波形，显示出了欠阻尼响应。采样门关断期间，有过渡的振铃馈通（第二次通过≈第六竖格），但仍属可承忍范围。$t_{SETTLE}=2.8\mu s$

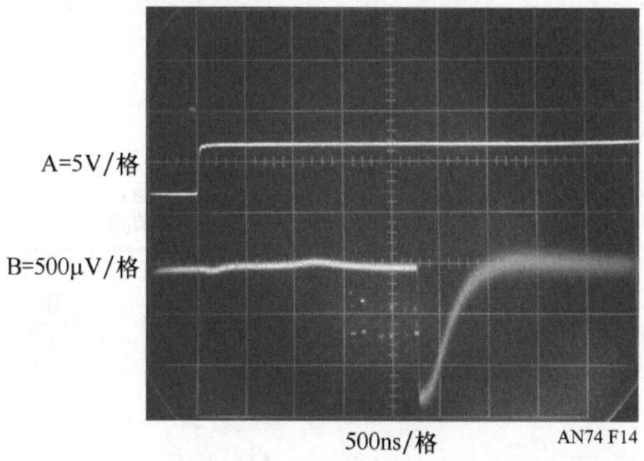

图12.14　过度反馈电容产生过阻尼响应。$t_{SETTLE}=3.3\mu s$

⑨　本节讨论DAC放大器的频率补偿，是专门为基于采样的稳定时间测量而开展的。所以，它很简短。更多细节可以在本文以后和附录D“DAC放大补偿的实际注意事项”中进行讨论。

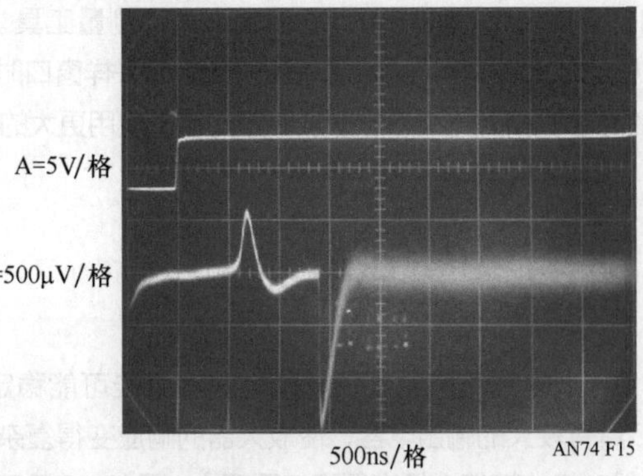

图12.15 最佳的反馈电容能产生紧凑的阻尼特征和最佳的稳定时间。$t_{SETTLE}=1.7μs$

验证结果的其他方法

基于采样的稳定时间电路似乎是一个很实用的测量手段。那么，如何对它的结果进行测试以保证其结果的可信度呢？一个较好的方法就是使用另外的方法进行同样的测量，然后观看测量结果是否一致。为此，我们返回到最基本的二极管受限的建立电路。

图12.16对图12.2的基本稳定时间进行了再次测量，针对的问题也相同。肖特基受限的稳定节点，迫使400mV的过载加载到示波器上，使所有的测量失效。现在，考虑图12.17。这种结构与之前相似，但图中二极管偏置电压回落到略低于二极管压降的水平。理论上，它与对地参考且固有正向压降较低的二极管的效果是相同的，从而可以大大降低示波器的过载。实际上，二极管的伏安特性以及温度效应限制了它的性能，表现较为一般。钳位的抑制效果达到最小，而当稳定节点到达零点时，二极管正向漏电流将产生信号幅度误差。这种方法虽然不太实用，但它却明确告诉我们一定存在更为有效的方法。

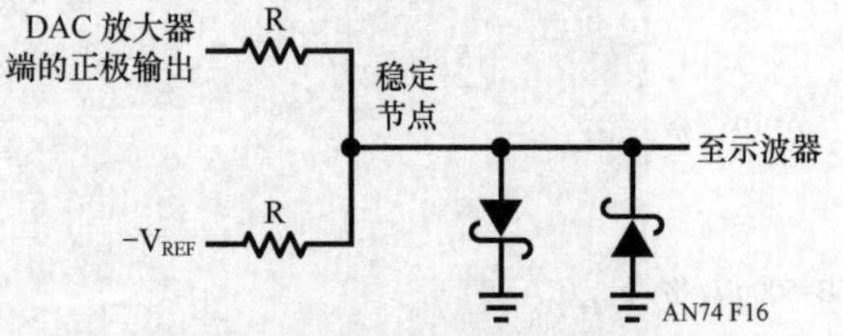

图12.16 钳位的稳定节点将使示波器过载，因为二极管有400mV的压降

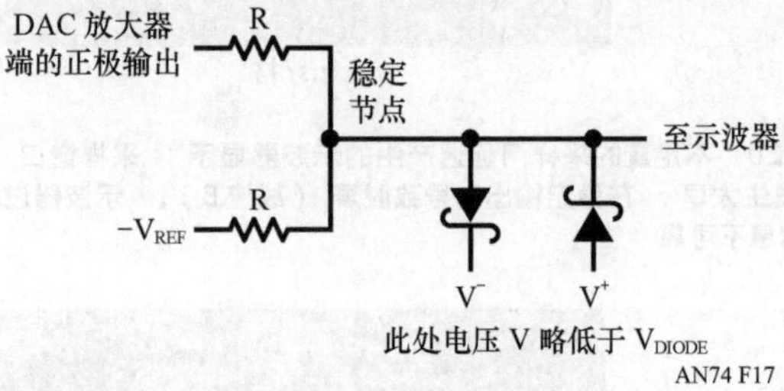

图12.17 理论上，偏置二极管降低了钳位电压。实际上，伏安特性和温度效应限制了其性能

其他方法之一——自举钳位

图12.18所示的方法是将二极管连接回放大器——从稳定节点的信号输入产生自举电压。这样，相对于钳制信号来说，二极管总保持在最佳偏置点。在DAC放大器转换之时，稳定节点信号较大，因而放大器为二极管提供了一个较大的偏压，迫使其得到所需的较小钳位电压。当DAC放大器完成转换时，稳定节点信号几近于零，从而放大器几乎不给二极管提供偏置，示波器将完整地显示稳定节点的输出。可调放大器的增益可以使正负界限值达到最佳。该电路可使示波器过载的可能性降到最低，同时还能保持信号路径的完整性。

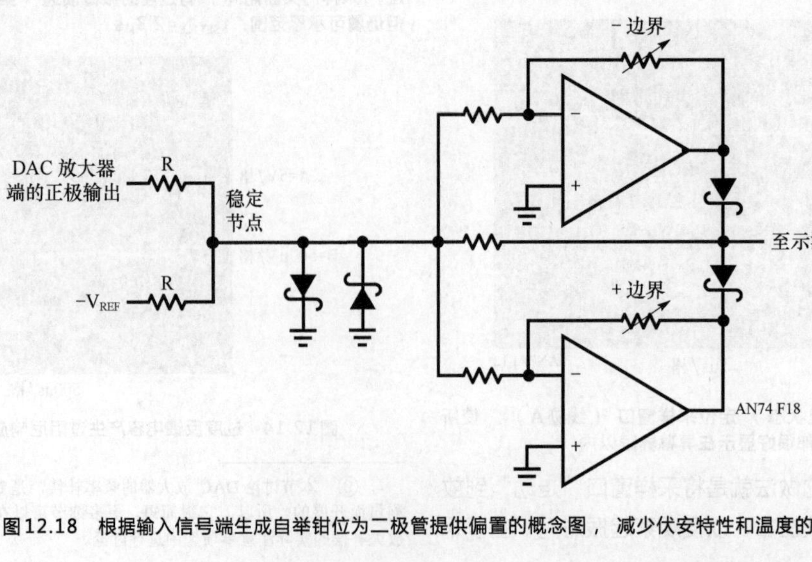

图12.18 根据输入信号端生成自举钳位为二极管提供偏置的概念图，减少伏安特性和温度的影响

一个实用的自举钳位如图12.19所示。由A3和A4组成的实际钳位电路与前面的电路图在理论上几近相同。图中增加的A1和A2，给钳位提供了80倍的非饱和增益。这样，在示波器上能以500μV/格的比例因子显示DAC放大器的输出。在图12.20中，放大器的边界电压设置为与二极管压降相等，且放大器未发生自举。此时，放大器的响应基本等同于一个简单的二极管钳位。图12.21调整了A4的增益，减少了正极钳位漂移。在图12.22中对A3增益进行了类似的调整以减少负极钳位限制。注意，两幅图中的小幅稳定信号波形（从第五竖格开始）没有受到影响。图12.23中对正负极进行了进一步的微调。调整对最小峰峰值进行了优化，同时还保持了稳定信号波形的保真度。这样，就可以让示波器以20mV/格（DAC放大器端为500μV）的比例因子，来监视2.5倍过载的稳定信号。这种采样方法并不是理想的情况，该方法没有过载，但是却显著地改善了简单的二极管钳位。必须仔细地选择监视示波器，能够对2.5倍的过载[⑩]进行可靠的显示。

⑩ 通过改善自举钳位的动态工作范围，可以克服这种限制。将来的工作方向将会针对这点。本文中已讲到的下列示波器在2.5倍过载条件下可产生可靠的结果。这些示波器型号有泰克547和556（类型1A1或1A4插件）和453，454，453A和454A。参见附录B的“评估示波器过载性能”。

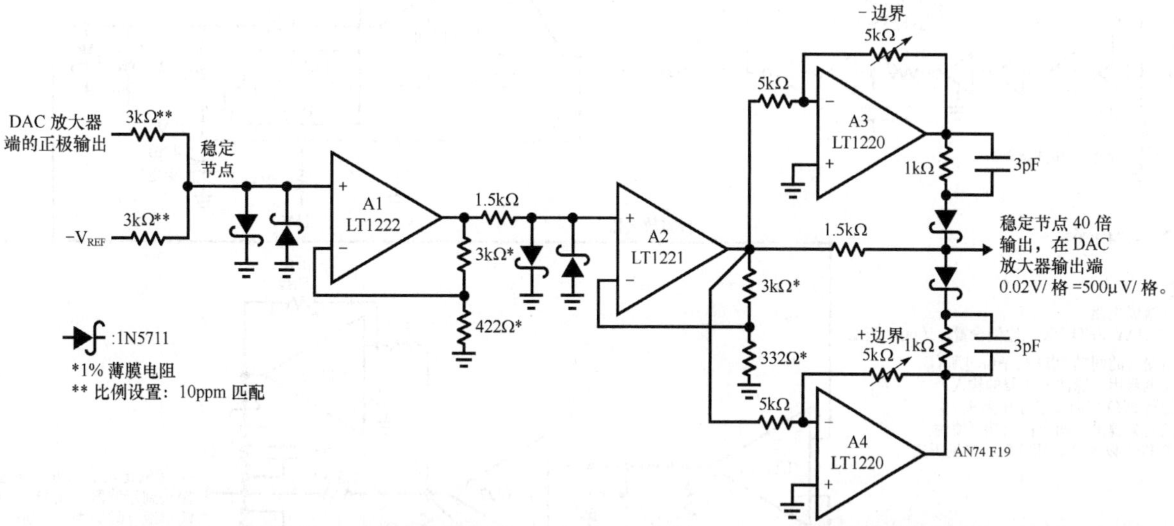

图12.19 一个实际的自举钳位。A1和A2给自举部分提供增益。正负边界可调

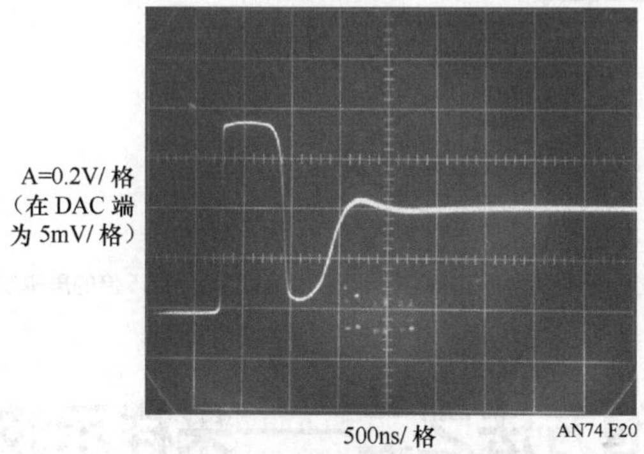

图12.20 伴有边界限制的自举钳位波形，边界限制等于二极管压降。并未发生自举活动。响应与二极管钳位相同

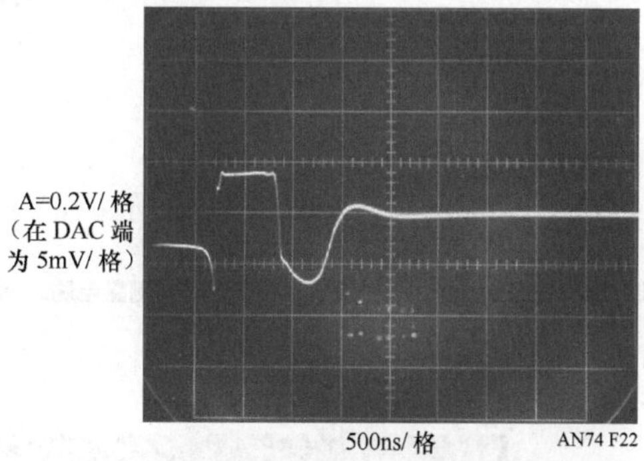

图12.22 调整负极边界，减少负极钳位限制

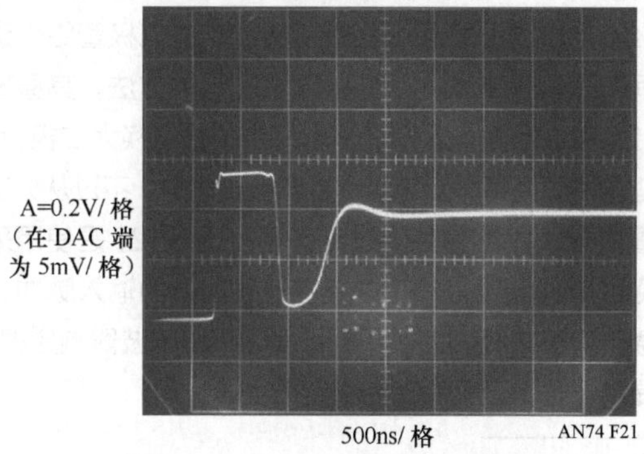

图12.21 调整正极边界，减少钳位偏移

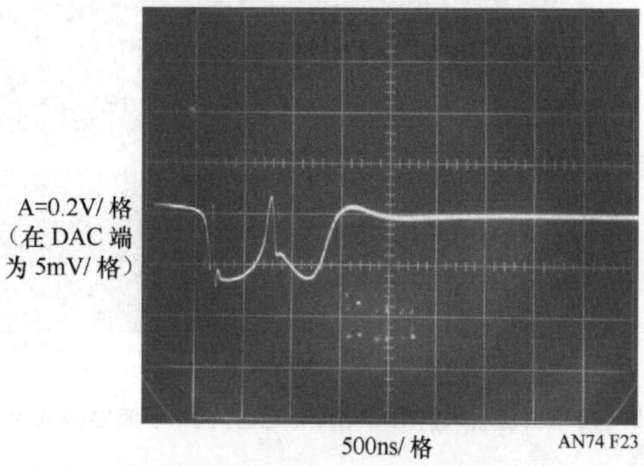

图12.23 优化正负边界的调整以最小化峰峰值幅度。在建立区域（第四竖格靠右）的波形信息不失真，与图12.20中相同

图12.24中所示的自举钳位适用于图12.6所示的稳定时间测试电路。稳定节点为残差放大器提供输入，该放大器驱动自举钳位。同此前一样，输入脉冲针对信号路径延迟进行了时间校正[11]。此外，在输出端使用同类型FET进行探测，确保了整体延迟匹配[12]。图12.25显示了结果。线迹A为校正了时间的输入阶跃，线迹B为稳定信号。即便稳定信号似乎没有失真，示波器也承受了大约2.5倍的过载。

⑪ 信号路径延迟特性被视为附录C中“测量和补偿残差放大器延迟”。

⑫ 自举钳位的输出阻抗需要使用FET探头。第二个FET探头监视输入阶跃，不过它主要是维持通道延迟匹配。

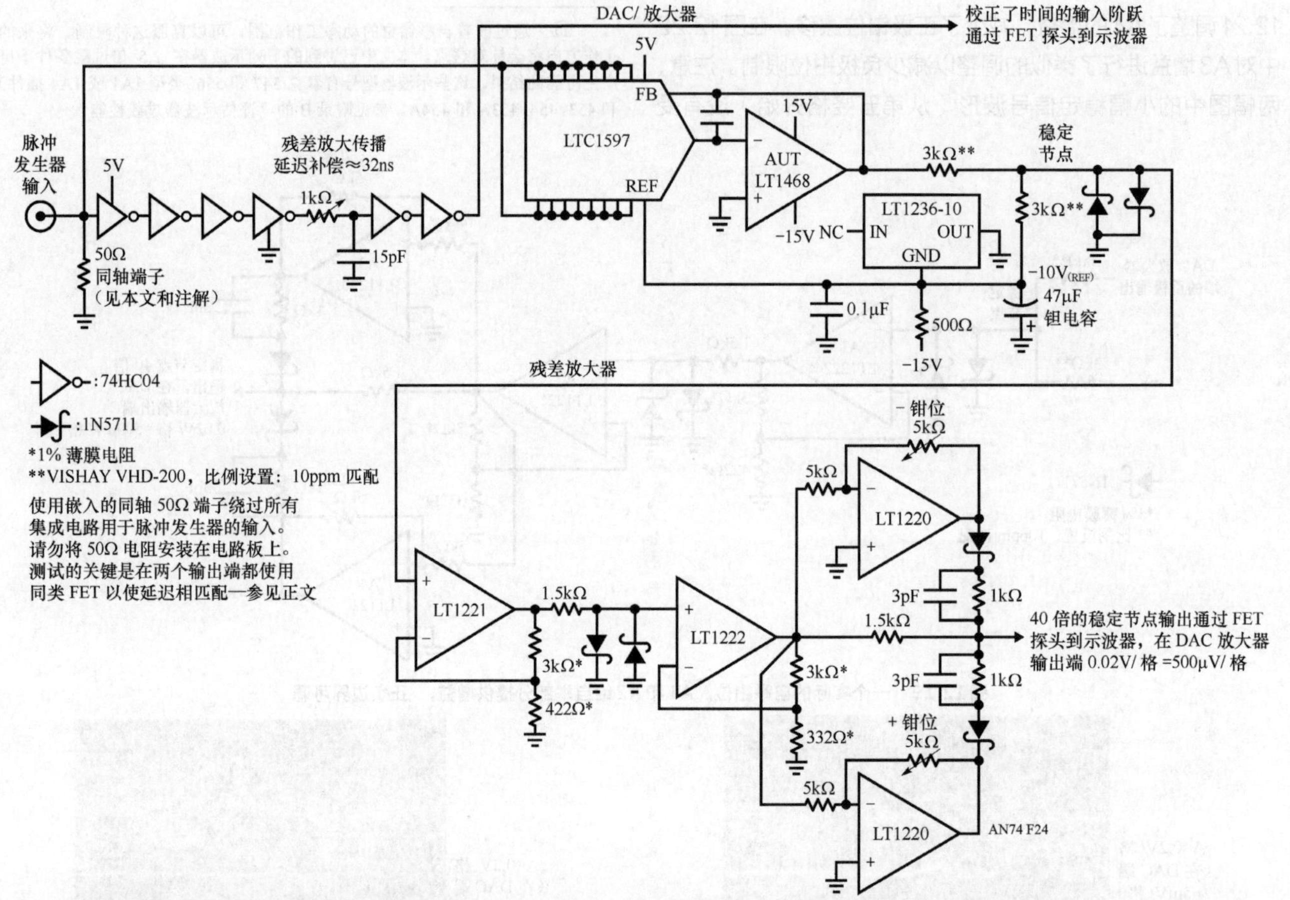

图12.24 基于完全自举钳位的DAC稳定时间测量电路。通过传统二极管钳位，充分减少了过载，但示波器必须承受≈2.5倍的屏幕过载

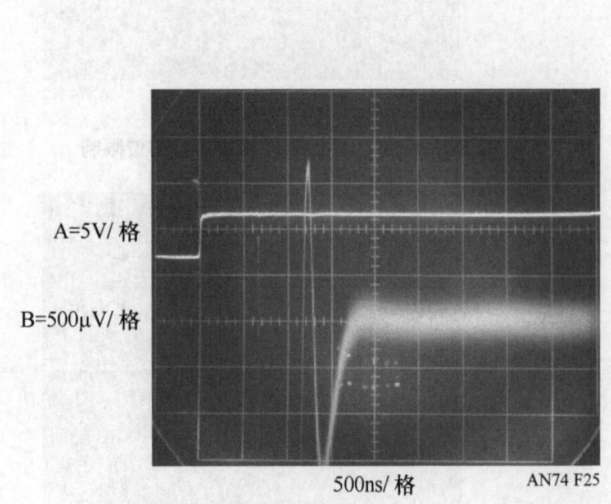

图12.25 自举钳位放大器用于测量稳定时间。示波器必须承受2.5倍屏幕过载

其他方法之二——采样示波器

前文曾提到过，经典采样示波器可以规避过载[13]。如果这样，为什么不利用这个特性，尝试使用简单的二极管钳位进行稳定时间的测量呢？图12.26就尝试了这种方法，其原理图与图12.24基本相同，区别在于自举钳位被替换为二极管钳位。在这些条件下，采样示波器[14]是严重过载的，不过从外在表现上来看，示波器能够免受过载伤害。图12.27是使用采样示波器测试所得结果。线迹A是校正了时间的输入脉冲，线迹B是稳定信号。尽管存在严重过载，不过示波器响应很整洁，这就提供了一个近乎合理的稳定信号。

⑬ 见附录B，“评估示波器过载性能”的深入讨论。

⑭ 泰克型号661具有4S1垂直插件和5T3时序插件。

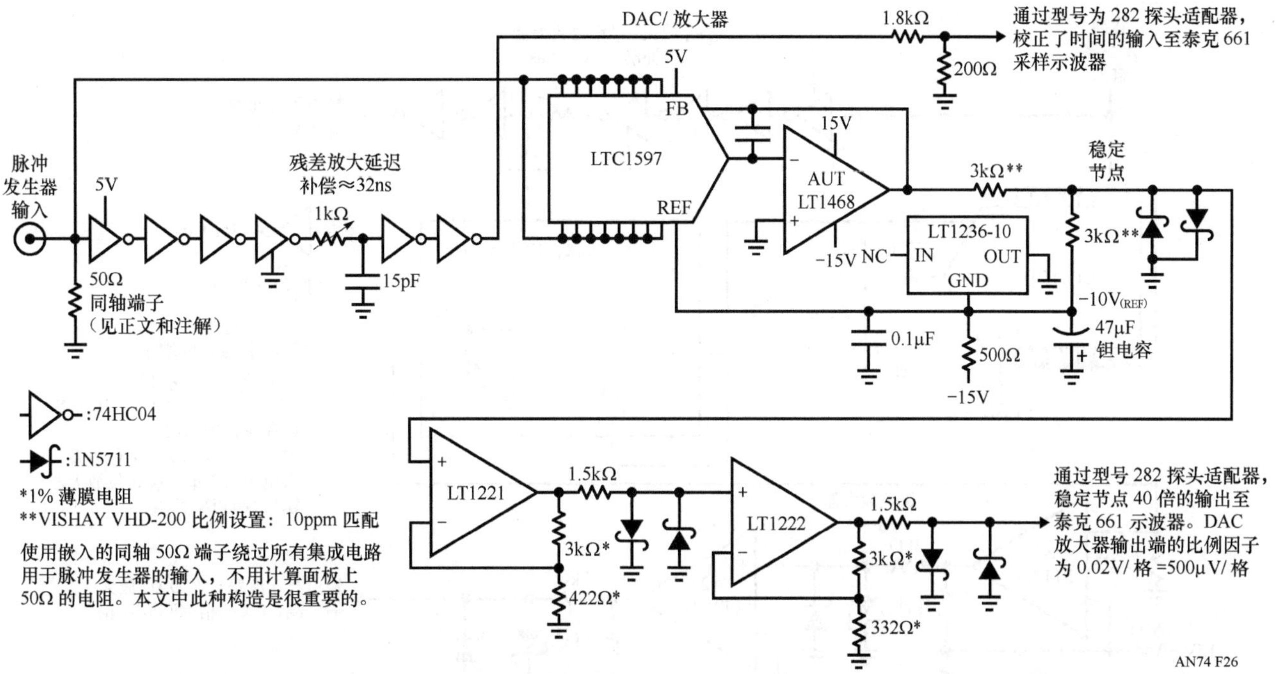

图12.26　使用典型采样示波器的DAC稳定时间测试电路。 电路与图12.24类似， 采样范围固有的免疫过载能力消除了自举钳位的需要

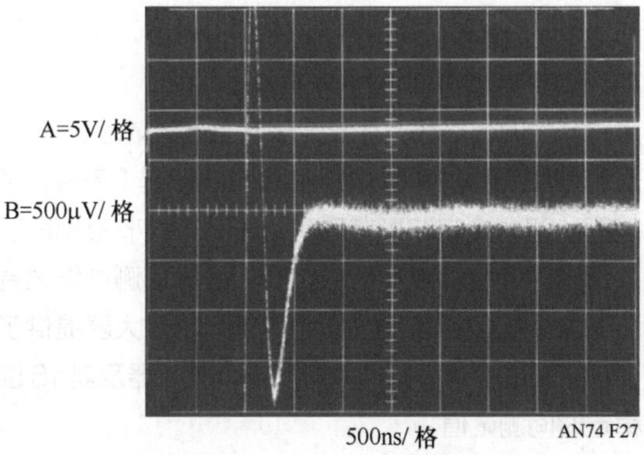

图12.27　经典采样示波器测量的DAC稳定时间。 尽管极端过载的情况下， 示波器对过载的承受能力也可以进行精确测量

其他方法之三——差分放大器

理论上讲，如果差分放大器的一个输入端偏置到预期的稳定电压，则可用它来测量16位分辨率的稳定时间。实际上，对一个差分放大器来说，这种测量的要求是很苛刻的，它要求放大器的过载恢复特性必须是无损的。事实上，并没有任何商业的差分放大器产品或差分示波器插件能够满足这一要求。近日来，新出现了一种仪器，虽然未能完全满足上述要求，但它具有杰出的过载恢复性能。图12.29给出了监测DAC输出放大器的差分放大器（型号和制造商在原理图中注明）。该放大器的负极输入端由其内部可调参考电压偏置到预期的稳定电压。增益为10的差分放大器，钳位输出给A1-A2，A1-A2具有非饱和受限的40倍增益。注意，监视示波器以0.2V/格的比例因子（DAC放大器端为500μV/DIV）运行，不能过载。图12.28显示了结果。线迹A是校正了时间的输入阶段，线迹B是稳定信号。可以看到该稳定信号平稳连续超出限制，进入到第三和第四竖格之间的线性放大区域。这样的稳定形状较为合理，稳定在刚刚超出第四竖格的地方。

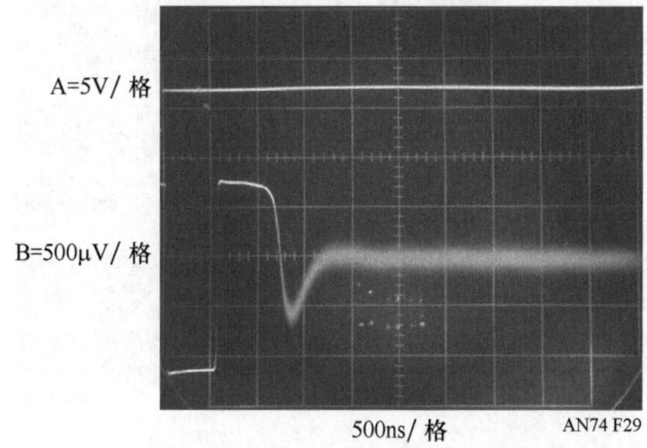

图12.28　使用差分/钳位放大器测量稳定时间。 所有示波器的输入信号偏移都在示波器的显示范围之内

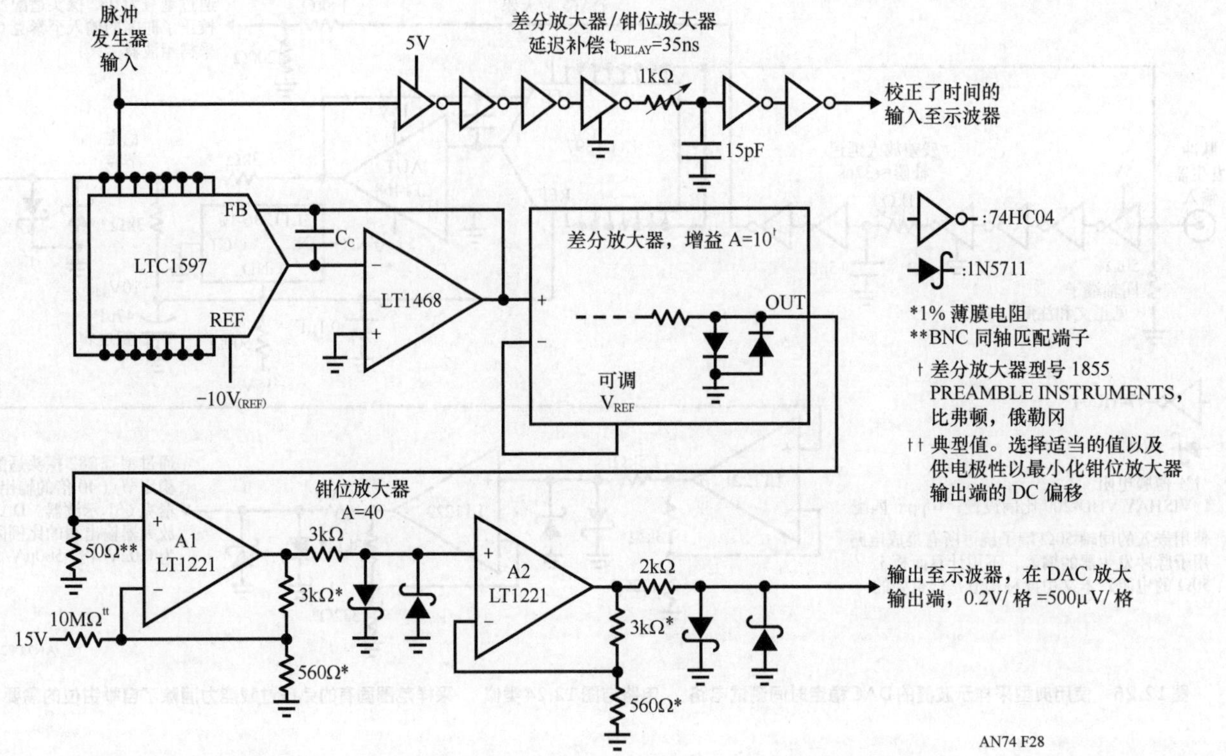

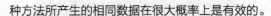

图12.29 使用差分放大器测量稳定时间。 放大器必须具有优异的输入超载恢复性能。 在保持线性区域操作的同时， 钳位放大的边界增益级限制了幅度。 示波器不会过载

总结

总结四种不同方法的最简单方法就是进行可视化比较。图12.30至图12.33重复了四种不同稳定时间测量结果的图片。如果这四种方法都代表了最佳测试技术，而且电路都构建合理的话，它们的结果应该是相同的[⑮]。如果是这样，则四种方法所产生的相同数据在很大概率上是有效的。

观察四张图片，可以发现稳定时间都是1.7μs，稳定波形也相同。四个稳定波形在形状上每一个细节都相同。四张图片的稳定时间与稳定波形的完全相等，使测试结果具有极高的可信度。它也为定性分析各种各样的放大器提供了所需的置信值。图12.34列出了各种LTC放大器及其16位分辨率的稳定时间测试值。

⑮ 这里所讨论的稳定时间电路的构建细节请参阅附录 G 的“电路板、布局和连接技术”。

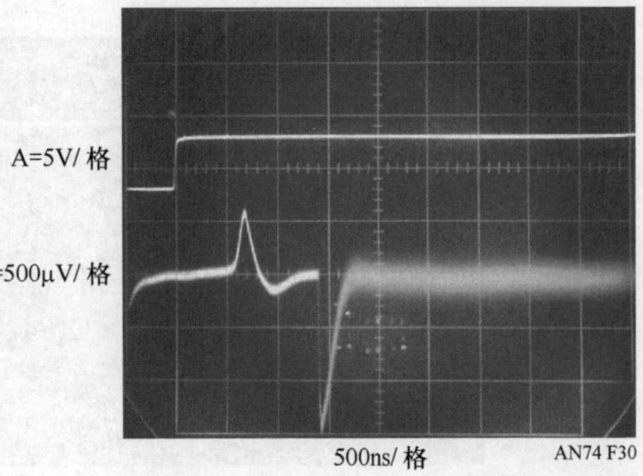

图12.30 使用采样电桥电路的DAC稳定时间测量。t_{SETTLE}=1.7μs

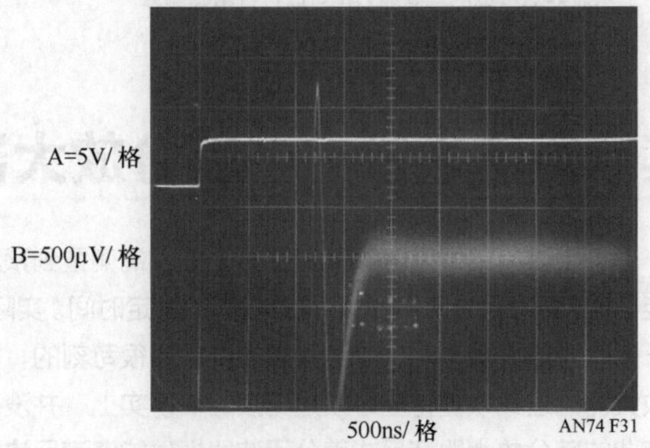

图12.31 采用自举钳位方法的DAC稳定时间测量。t_{SETTLE}=1.7μs

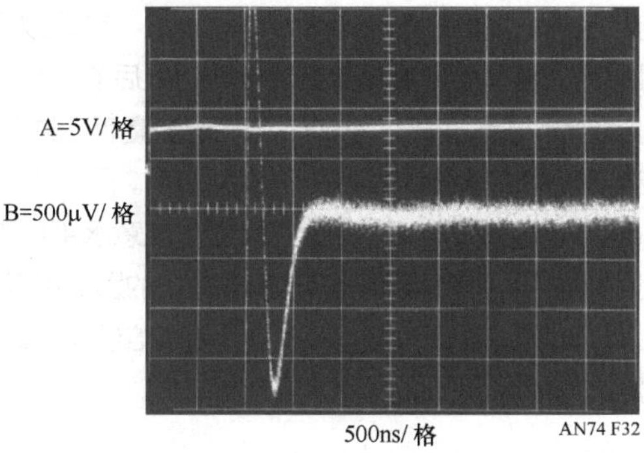

图12.32 使用典型采样范围的DAC稳定时间测量。$t_{SETTLE}=1.7\mu s$

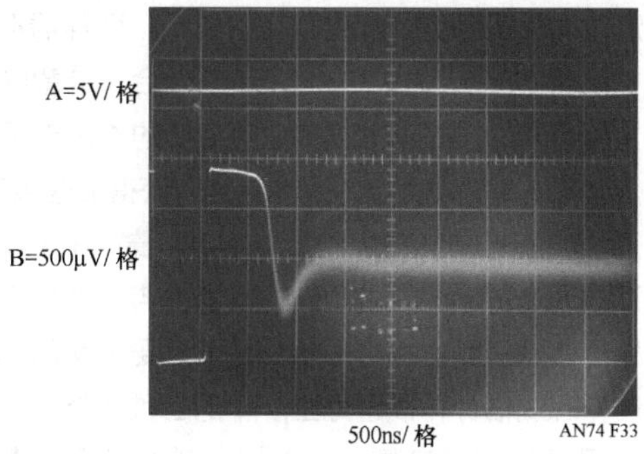

图12.33 具有差分放大器的DAC稳定时间测量。$t_{SETTLE}=1.7\mu s$

关于图表

笔者鄙视图表，因为它们试图进行某些简化，而草率的简化其结果难料。而象16位DAC放大器的稳定时间这样复杂的问题，过度简化非常危险。就是用再多的变量和例外，也无法完全解释图表中所列各项申明。鉴于此，图12.34中的数据有所保留[16]。图表中列出了各种LTC放大器与LTC1595-7的16位DAC一起使用时，16位稳定时间的测量结果。图表中的各项数据需要诸多条件和注释加以说明。所选放大器在过温时并不都是精确到16位，甚至（某些情况下）25℃时的精度也是如此。然而，对于许多应用来说，比如AC信号处理、伺服环路或波形生成等，都对DC偏移误差非常敏感，所以，这些放大器都是值得之选。对于直流精度为16位的应用（10V满量程）来说，其输入误差必须低于15nA和152μV才能保证其性能。

⑯ 读者如能体会作者引用图12.34的矛盾心情，将不会对此产生疑虑。

放大器	最佳稳定时间与典型补偿值		保守稳定时间与补偿值		注释
LT1001	65μs	100pF	120μs	100pF	低速电路的较好选择
LT1006	26μs	66pF	50μs	150pF	
LT1007	17S	100pF	19μs	100pF	25时I_B产生约1LSB的误差
LT1008	64μs	100pF	115μs	100pF	
LT1012	56μs	75pF	116μs	75pF	低速电路的较好选择
LT1013	50μs	150pF	75μs	150pF	过温时V_{OS}将产生约1LSB的误差
LT1055	3.7μs	54pF	5μs	75pF	过温时V_{OS}将产生约2～3LSB的误差
LT1077	110μs	100pF	200μs	100pF	
LT1097	60μs	75pF	120μs	75pF	低速电路的较好选择
LT1122	3μs	51pF	3.5μs	68pF	V_{OS}将产生误差
LTC1150	7ms	100pF	10ms	100pF	特例。请参阅附录E。需要输出升压，例如，LT1010
LT1178	330μs	100pF	450μs	100pF	
LT1179	330μs	100pF	450μs	100pF	
LT1211	5.5μs	73pF	6.5μs	82pF	存在基于I_B和V_{OS}的误差
LT1213	4.6μs	58pF	5.8μs	68pF	存在基于I_B和V_{OS}的误差
LT1215	3.6μs	53pF	4.7μs	68pF	存在基于I_B和V_{OS}的误差
LT1218	110μs	100pF	200μs	100pF	V_{OS}将产生约1.5LSB的误差。存在约4～5LSB的基于I_B的误差
LT1220	2.3μs	41pF	3.1μs	56pF	存在基于I_B和V_{OS}的误差
LT1366	64μs	100pF	100μs	150pF	存在基于I_B和V_{OS}的误差
LT1413	45μs	100pF	75μs	120pF	V_{OS}将产生约2LSB
LT1457	7.4μs	100pF	12μs	120pF	过温时V_{OS}将产生5～6LSB误差
LT1462	78μs	100pF	130μs	120pF	过温时V_{OS}将导致7～8LSB误差
LT1464	19μs	90pF	30μs	110pF	参见上方有关LT1462的说明
LT1468	1.7μs	20pF	2.5μs	30pF	稳定最快，16位性能
LT1490	175μs	100pF	300μs	100pF	存在基于V_{OS}的误差
LT1492	7.5μs	80pF	10μs	100pF	存在基于V_{OS}和I_B的误差
LT1495	10ms	100pF	25ms	100pF	用沙漏和电压计进行测试。需要进行输出升压，比如，LT1010
LT1498	5μs	60pF	7.3μs	82pF	存在基于V_{OS}和I_B的误差
LT1630	4.5μs	63pF	6.7μs	82pF	存在极大的基于I_B的误差
LT1632	4μs	55pF	5.2μs	68pF	存在极大的基于I_B的误差
LTC1650	6μs		7.3μs		板上DAC。±4V阶跃。过温时存在约10LSB的与V_{OS}相关的误差
LT2178	330μs	100pF	450μs	100pF	1～2LSB的基于V_{OS}的误差

图12.34 由LT1597驱动的多种放大器16位稳定时间。 最佳稳定时间需要调整补偿电容， 保守时间未经调整。LT1468（阴影部分） 提供最快稳定时间， 同时也保持了过温度条件下的测量精度

稳定时间一般分为“优化”和“常规”两种情形。优化情况下，采用的是典型放大器与DAC组合。这意味着“设计重点”是以放大器的转换速率和DAC的输出电阻电容为中心的。也可以微调放大器的反馈电容以获得最佳稳定时间。保守情形假设了最坏的放大器转换速率，最高DAC输出阻抗，以及未调节的、标准的5%的反馈电容。最坏情形的误差求和太过悲观，所以均方根求和是一种更为实际的折中方案。不过，悲观估计可以避免生产中的各种意外。稳定时间的测量使用了±15V电源，一个-10V的DAC参考电压和一个10V的正极输出阶跃。其中唯一的例外就是LTC1650，它是16位的DAC并配有板级放大器。这种装置使用±5V电源，稳定时间测量使用4V参考电压，±4V的摆幅[17]。图表中所列反馈电容值都是用通用的无线电（General Radio）模型1422-CL的精密空气可变电容器来测定的[18]。

一般情况下，放大器的转换时间延伸越慢，其产生的振荡时间对稳定时间的影响就越小。优化和保守情况下相同的反馈电容值说明了这一点。相反，快速放大器的振荡时间是一个显著的影响因素，其结果是优化和保守情况有着不同的补偿值。进行补偿时的其他注意事项在附录D的“DAC放大补偿的实际注意事项”中进行讨论。

发热引起的稳定误差

最后一项稳定时间误差是基于热的。某些不良设计的放大器在响应了输入阶跃之后，表现出了显著的“热尾效应”。由于模具加热，这种现象会导致在完全稳定之后的很长时间内，仍有超出给定边界的输出。快速完成稳定测量后，最好能够减慢示波器的扫描以查看是否存在“热尾效应”。图12.35显示了一个热尾。完全稳定之后，放大器缓慢（注意水平扫描速度）漂移到200μV。通常情况下，“热尾效应”的影响可以通过加载放大器的输出来凸现。图12.36所示的双倍误差是通过增加放大器的负载来实现的。

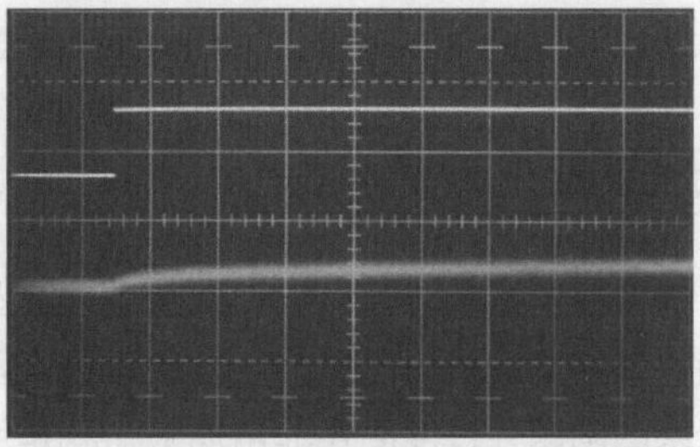

图12.35 不良差分放大器设计产生了典型的热尾。完全稳定之后，设备将会发生200μV（>1LSB）的偏移

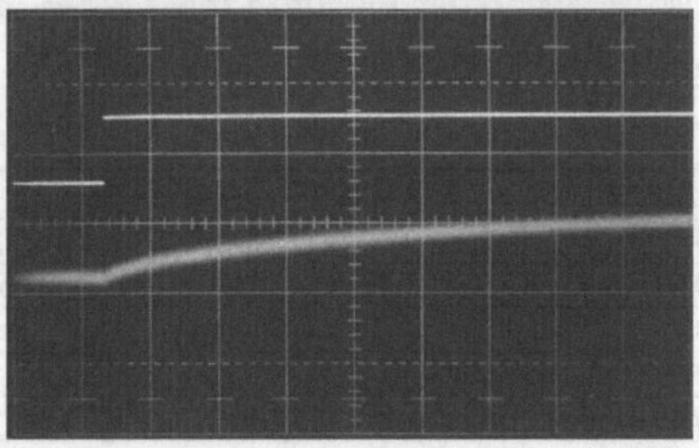

图12.36 增加放大器负载将使热尾效应误差增加到400μV（>2.5LSB）

⑰ 参见附录F的“串行方式加载DAC系统的稳定时间测量”

⑱ 这是一款非常漂亮的仪器。即使仅用于观赏，该仪器也是值得拥有的。很难相信人类可以制作如此好的设备。

参考资料

1. Williams, Jim, “Methods for Measuring Op Amp Settling Time,” Linear Technology Corporation, Application Note 10, July 1985
2. Demerow, R., “Settling Time of Operational Amplifiers, “Analog Dialogue, Volume 4-1, Analog Devices, Inc., 1970
3. Pease, R. A., “The Subtleties of Settling Time,” The New Lightning Empiricist, Teledyne Philbrick, June 1971
4. Harvey, Barry, “Take the Guesswork Out of Settling Time Measurements,” EDN, September 19, 1985
5. Williams, Jim, “Settling Time Measurement Demands Precise Test Circuitry,” EDN, November 15, 1984
6. Schoenwetter H. R., “High-Accuracy Settling Time Measurements,” IEEE Transactions on Instrumentation and Measurement, Vol. IM-32. No. 1, March 1983
7. Sheingold, D. H., “DAC Settling Time Measurement,” Analog-Digital Conversion Handbook, pg 312–317. Prentice-Hall, 1986
8. Williams, Jim, “Evaluating Oscilloscope Overload Performance,” Box Section A, in “Methods for Measuring Op Amp Settling Time,” Linear Technology Corporation, Application Note 10, July 1985
9. Orwiler, Bob, “Oscilloscope Vertical Amplifiers,” Tektronix, Inc., Concept Series, 1969
10. Addis, John, “Fast Vertical Amplifiers and Good Engineering,” Analog Circuit Design; Art, Science and Personalities, Butterworths, 1991
11. W. Travis, “Settling Time Measurement Using Delayed Switch,” Private, Communication. 1984
12. Hewlett-Packard, “Schottky Diodes for High-Volume, Low Cost Applications,” Application Note 942, Hewlett-Packard Company, 1973
13.Harris Semiconductor, “CA3039 Diode Array Data Sheet, Harris Semiconductor, 1993
14. Carlson, R., “A Versatile New DC-500MHz Oscilloscope with High Sensitivity and Dual Channel Display,” Hewlett-Packard Journal, Hewlett-Packard Company, January 1960
15. Tektronix, Inc., “Sampling Notes,” Tektronix, Inc., 1964
16. Tektronix, Inc., “Type 1S1 Sampling Plug-In Operating and Service Manual,” Tektronix, Inc., 1965
17. Mulvey, J., “Sampling Oscilloscope Circuits,” Tektronix, Inc., Concept Series, 1970
18. Addis, John, “Sampling Oscilloscopes,” Private Communication, February, 1991
19. Williams, Jim, “Bridge Circuits—Marrying Gain and Balance,” Linear Technology Corporation, Application Note 43, June, 1990
20. Tektronix, Inc., “Type 661 Sampling Oscilloscope Operating and Service Manual,' Tektronix, Inc., 1963
21. Tektronix, Inc., “Type 4S1 Sampling Plug-In Operating and Service Manual,” Tektronix, Inc., 1963
22. Tektronix, Inc., “Type 5T3 Timing Unit Operating and Service Manual,” Tektronix, Inc., 1965
23. Williams, Jim, “Applications Considerations and Circuits for a New Chopper-Stabilized Op Amp,” Linear Technology Corporation, Application Note 9, March, 1985
24. Morrison, Ralph, “Grounding and Shielding Techniques in Instrumentation,” 2nd Edition, Wiley Interscience, 1977
25. Ott, Henry W., “Noise Reduction Techniques in Electronic Systems,” Wiley Interscience, 1976
26. Williams, Jim, “High Speed Amplifier Techniques,” Linear Technology Corporation, Application Note 47, 1991
27. Williams, Jim, “Power Gain Stages for Monolithic Amplifiers,” Linear Technology Corporation, Application Note 18, March 1986

附录A 数模转换历史

人们使用数模转换已经有很长的时间了。最早的使用大概是在称重应用中对校正砝码权重（在图A1的左中）的求和。早期进行的电子数模转换必然涉及不同开关和电阻值，它们的值分别为10的倍数。一般通过空检测来对电桥平衡和未知电压读数进行校正。其中，最精确的电阻型DAC当属洛德开尔文的开尔文-瓦利分压器（图中大箱）。它基于开关电阻率，可以实现0.1ppm(23位以上)的精度，现在仍然广泛应用在标准实验室中。高速的数模转化需借助于电子开关的电阻网络。早期建立的板级电子DAC系统主要使用的是分立的精密电阻和锗晶体管（图中心处显著位置，该12位精度的DAC大约出现在1962年，来自于D-17B弹道导道导航系统）。第一个电子开关式DAC系统或许是由帕斯托里萨电子厂于20世纪60年代中期生产而出的。其他制造商紧跟其后，在20世纪70年代，分立式以及单片DAC系统（图右侧，图左侧）开始流行。见图左侧，这些单元通常是封闭的，性能坚固耐用，或许这也是希望对知识产权进行保护。混合技术生产出了较小的封装尺寸（图左前方）。硅铬电阻的发展允许诸如LTC1595这种高精度的单片DAC系统的出现（图中最前方）。单片DAC是将所有部件集成在单片之中，对于现代高分辨率的DAC集成电路来说，需要在性能与价格之间进行权衡。试想，16位DAC封装在一个8引脚的集成电路中！洛德开尔文将会为信用卡和LTC的电话号码而付出什么呢？

图A1 史上重要的数模转换器，包括：称重装置（中左），23位以上开尔文-瓦利分压器（大箱），混合电路板和模块类型，和LTC1595IC（最前面）

附录B 评估示波器过载性能

大多数稳定时间电路都极为重视提供较少或没有过载的监测示波器。这样做是为了避免过度驱动示波器。示波器的过载是一个灰色的区域，没有任何明确规定。某些稳定时间的测量方法要求示波器过载。此时，在示波器超屏显示以后，示波器要求提供一个高精度的波形。我们在示波器过载之后获取高精度波形显示之前又需要等待多长时间呢？这个问题的答案是很复杂的，它所涉及的因素包括过载的程度、占空比、时间和幅度的量级以及其他方面的考虑因素。示波器的过载响应随其类型不同而变化很大，在任何一台仪器上都可以观察到极大的行为差异。例如，比较因子为0.005V/格的100倍超负荷的恢复时间就非常不同于比例因子为0.1V/格的超负荷恢复时间。恢复特性也可随波形形状、DC成分以及重复频率的变化而变化。显然，这涉及了很多变量，所以对于示波器过载的测量必须谨慎处理。

为什么大部分的示波器从过载中恢复都会出现如此多的问题？回答这个问题需要对示波器的三种基本垂直路径的类型进行研究。这些类型包括有模拟型（见图B1A）、数字型（见图B1B）和经典采样示波器。模拟和数字示波器容易过载，而只有经典采样示波器在本质上就有抗过载的结构。

模拟示波器（见图B1A）是一个实时连续的线性系统[19]。给衰减器施加一个输入，并传送到宽带缓冲。垂直前置放大器提供增益，并驱动触发电路、延迟线和垂直输出放大器。衰减器和延迟线都是无源元件，勿需多说。缓冲、前置放大和垂直输出放大器都是复杂的线性增益模块，每个模块都有其动态工作范围限制。此外，每个模块的工作点均可通过固有的电路平衡、低频率稳定路径或两者同时进行设定。当输入过载时，以上各阶电路中的一个或多个可能饱和，从而迫使其内部节点和部件进入异常工作点，并伴有温度异常。当过载停止后，电子和热时间常数的完全恢复可能需要极其漫长的时间[20]。

使用数字采样示波器（见图B1B）时可以去除垂直输出放大器，但在A/D转换器之前有一个衰减缓存和放大器。正因为如此，它也同样受到过载恢复问题的限制。

经典采样示波器是独一无二的。它的操作特性使其在本质上就具有过载免疫能力。图B1C说明了其原因——在系统产生任何增益之前就进行了采样。不同于图B1B所示的数字采样示波器，输入对于采样点来说完全是无源的。此外，输出被反馈到采样电桥，能在很宽的输入范围内保持工作点。动态摆幅很大，可以维持电桥输出，也容易容纳较大范围的示波器输入。所以，在这种设备中的放大器即便发生1000倍过载时，也观察不到过载现象，因而也不存在恢复问题。此外，仪器本身相对较低的采样率也起到了一定过载免疫能力——即便放大器发生过载，在进行采样期间也有大量的时间进行恢复[21]。

经典采样示波器的设计者主要是通过可变DC偏置发生器对反馈回路进行偏置的方式来发挥示波器的过载免疫能力的（见图B1C，右下）。这样，用户可以偏移一个较大输入，从而可以对信号顶部的小幅度活动进行精确观察。在所有特性中，这一点对稳定时间的测量非常理想。不幸的是，这种经典采样示波器已不再生产，所以，你如果有一台的话，看好它。

虽然模拟和数字示波器都比较容易过载，但很多类型都有着一定的容忍度。本附录之前强调，凡涉及示波器的过载测量必须谨慎对待。然而，一个简单的测试就可表明示波器受过载影响的程度。

将放大的波形显示在示波器上，其垂直灵敏度能消除所有的脱屏活动，如图B2所示。波形右下部分就被放大。垂直灵敏度增加到两倍（见图B3），将使波形脱屏，但其余部分仍然合理。幅度增加了一倍，显示波形仍与原波形是一致的。仔细观察，在第三竖格处可以看到波形下沉的小振幅信息，也能看到一些较小的扰动。对原始波形的放大观察方法是可信的。图B4进一步扩大了增益，图B3中的所有特征也随之放大。波形基本形状更加清晰，下沉和小扰动也更容易查看。没有观察到新的波形特征。图B5则出现了令人不快的意外，这次增益的增加产生了无限变形。原始波形中的负向峰值虽然很大，但形状发生了变化，其底部显示不如图B4中宽。此外，峰值的正极恢复形状也略有不同。新的纹波扰动在屏幕中心处清晰可见。这种变化表明，示波器已经遇到了麻烦。进一步的测试可以确认这种波形是受过载影响的。图B6中的增益保持不变，但垂直位置的旋钮已被用来重新显示在屏幕的底部。一般情况下，切换示波器的DC工作点不会影响显示的波形，而只是将波形的幅度和轮廓进行了平移。将波形位置挪动到屏幕顶部将看到不同的波形失真（见图B7）。很明显，对这样的特殊波形，此增益下无法获得精确结果。

⑲ 因此，这是真正好用的东西。极其偏执的当地居民为模拟示波器时代的消失而悲哀，并疯狂囤积他们所能发现的每一台设备。

⑳ 参考文献10对模拟示波器电路中的输入过载影响进行了讨论。

㉑ 有关经典采样示波器操作的更多信息和详细的处理方式请参阅参考文献14～17和参考文献20～22。

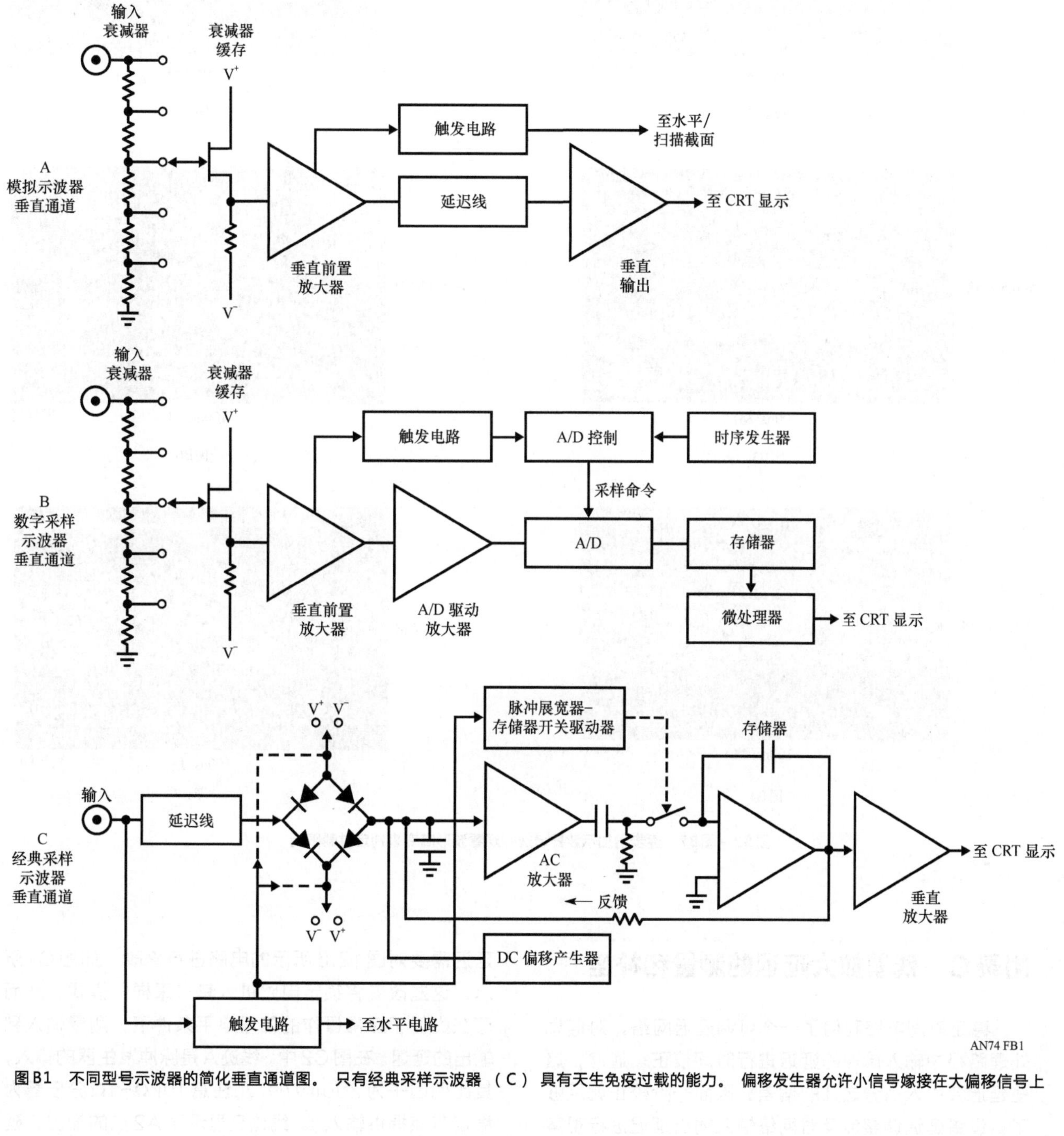

图B1　不同型号示波器的简化垂直通道图。只有经典采样示波器（C）具有天生免疫过载的能力。偏移发生器允许小信号嫁接在大偏移信号上

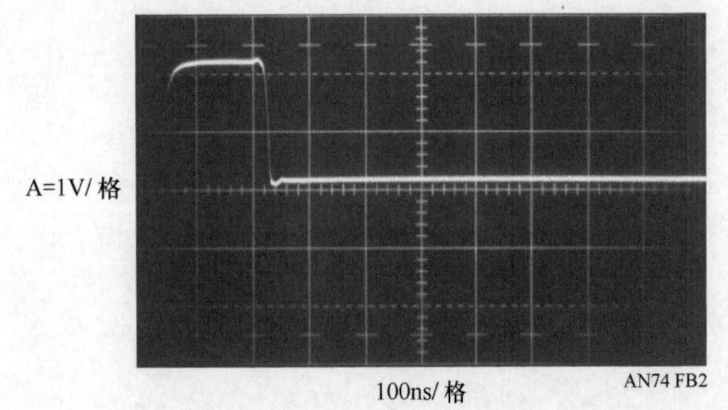

图B2

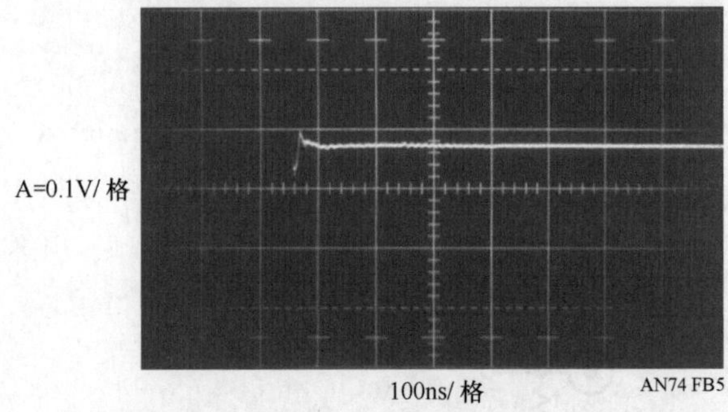

图B5

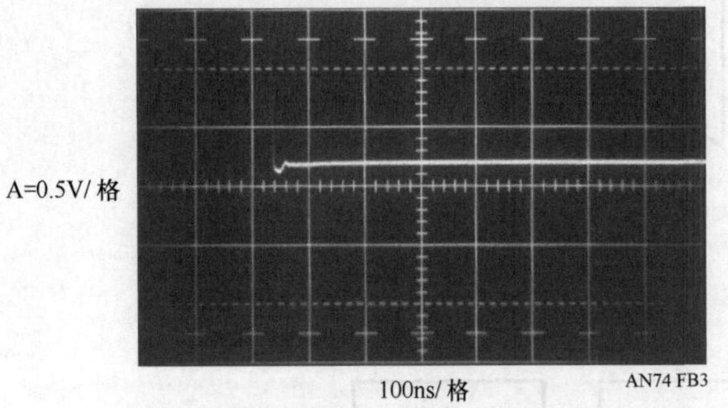

图B3

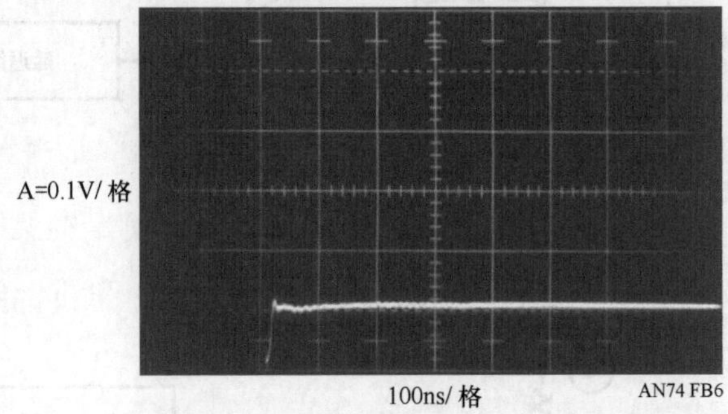

图B6

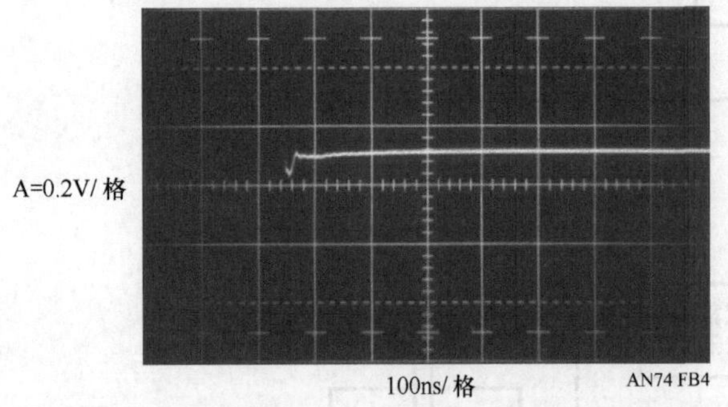

图B4

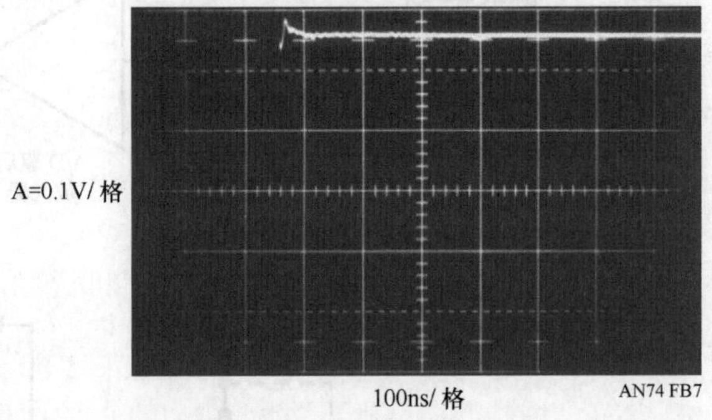

图B7

图B2～图B7 逐步增加示波器增益并观看波形畸变来判定过载限制

附录C 残差放大延迟的测量和补偿

稳定时间电路利用了一个可调延迟网络，对信息处理路径中输入脉冲的延迟进行时间校正。通常，这些延迟会引入百分之几的偏差，因而一阶校正就足够了。设置延迟调整涉及对网络输入输出延迟进行观察和对时间间隔进行适当的调整。确定“适当”的时间间隔是很复杂的。测量基于采样电桥电路的信号路径延迟需要对图12.6所示的电路进行修改，如图C1所示。这些改变将锁定电路进入其“采样”模式，从而可在类似于正常操作的信号电平条件下，测量输入到输出的延迟。在图C2中，线迹A是脉冲发生器的输入，其比例因子为200μV/DIV（注意10kΩ-1Ω分压器为稳定节点提供输入）。线迹B显示了A2点的输出，延迟大约为12ns。这种延迟误差较小，可以很容易地将网络延迟调整为相同值来进行校正。

图C3采用的方法类似于图12.26的基于采样示波器的测量方法。电路的修改可使小幅度脉冲驱动稳定节点，模仿正常运行的信号电平条件。监测A2点的电路输出，以确定它与输入脉冲之间的延迟。注意A2的高阻抗输出，需要使用FET探头，以避免加载。这样，输入脉冲在连接到示波器之前必须要经过一个类似于FET探头的装置以保持延迟匹配。图C4显示了这种结果，其中输出（线迹B）滞后输入32ns。该系数用来校正正文中图12.26所示的延迟网络，补偿电路的信号路径传播时间误差。自举钳位（见正文图12.24）的延迟补偿值以及差分放大器（见正文图12.28）电路都是由类似的方式来确定的。

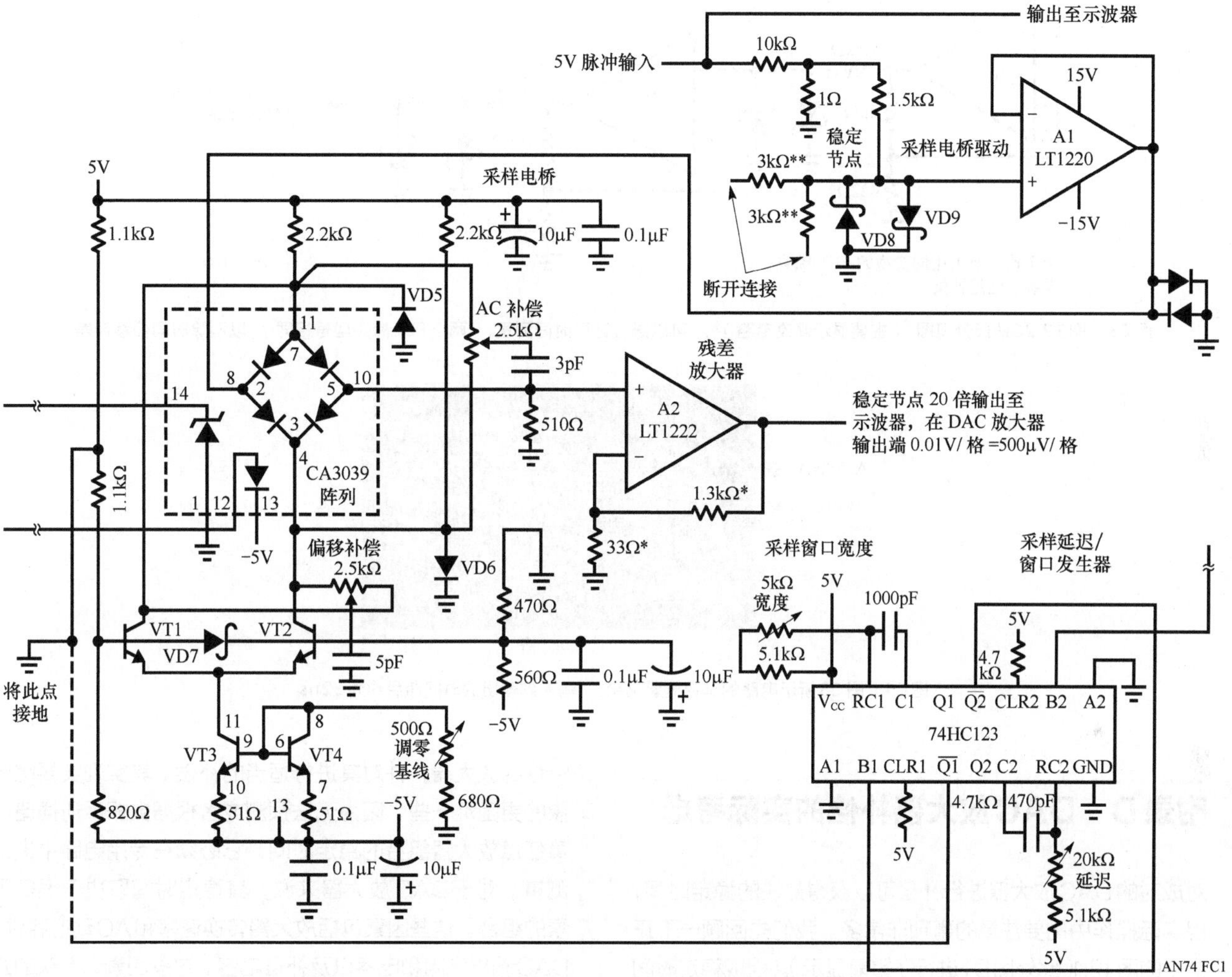

图C1　修改采样电桥电路以测量放大器延迟。采样电桥的修改使电路锁定在采样模式，以进行输入到输出的延迟测量

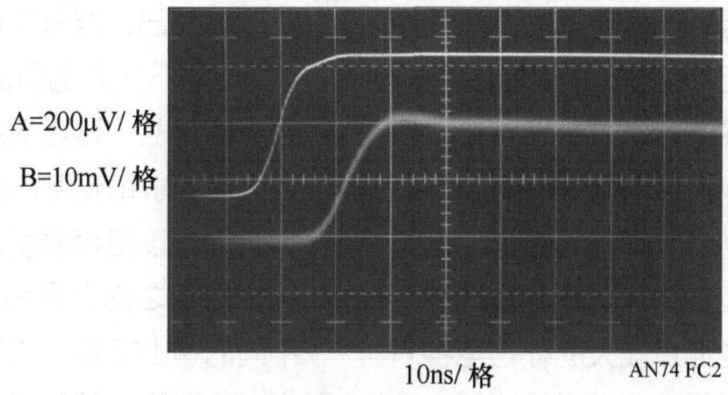

图C2　采样电桥电路的输入输出延迟大约为12ns

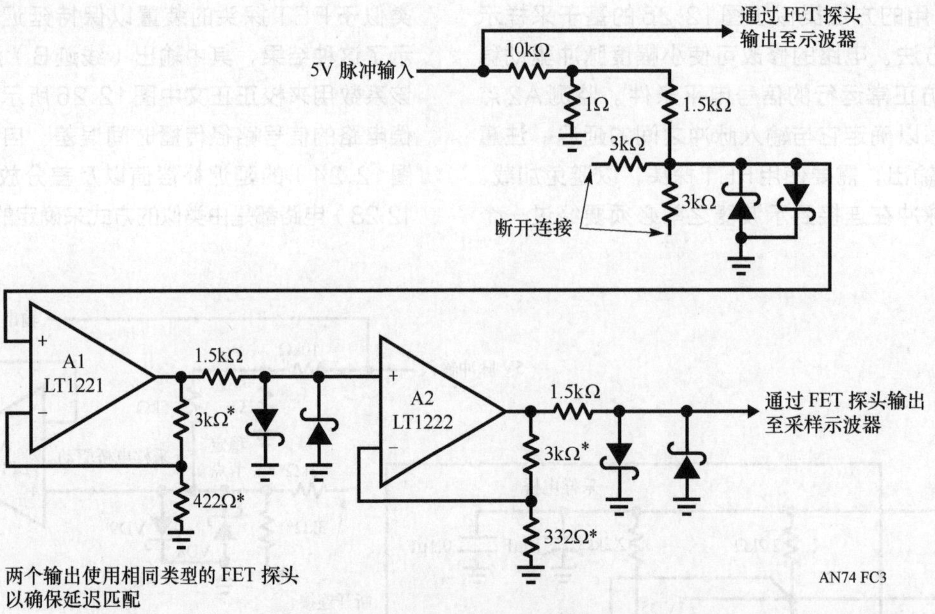

图C3 图12.26的部分视图（主要显示修改电路），可以进行延迟时间测量。两个FET探头型号相同，以消除时间偏移误差

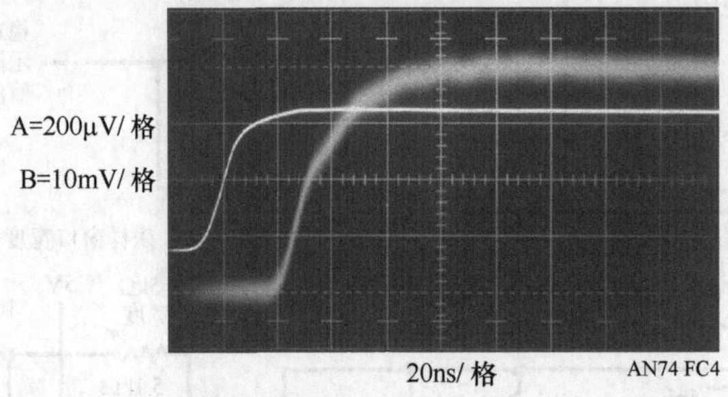

图C4 图C3所示电路的延迟测量结果。输入到输出的时间滞后约为32ns

附录D DAC放大器补偿的实际考虑

对成对的DAC放大器进行补偿可以获得最快的稳定时间，但实际操作中需要注意的事项非常多。我们先回顾一下正文中的图12.1(此处图D1进行了重复显示)。组成稳定时间的部分包括延迟、转换和振铃。延迟缘于通过DAC放大器的传播时间，它是一个较小的项。转换时间取决于放大器的最大速度。振铃时间是从放大器完成转换之后到波形停止运动的这段时间，波形停止运动时运动幅度落在预定的误差范围之内。一旦选定了DAC放大器对，只有振荡时间容易调节。因为转换时间通常在滞后中占主导，所以设计者们习惯选择最快的转换放大器以获得最好的稳定时间。然而，快速转换放大器的振铃时间通常很长，抵销了它们强有力的速度优势。单纯追求速度的缺点就是幅度几乎不变的、时间延长的振铃时间，只能通过较大的补偿电容对其阻尼。这种补偿可以工作，但将导致稳定时间延长。较好的稳定时间的关键在于选择具有平衡的转换速率和恢复特性的放大器，并对其进行适当的补偿。其实现实要比想象的更困难一些，因为无法预测或者根据数据手册插值计算任意放大器组合的稳定时间。它必须在专用电路中进行测量。对于DAC放大器来说，其稳定时间取决于很多因素的组合。这些因素包括放大器转换速率和AC动态特性，DAC输出电阻和电容以及补偿电容。这些因素以复杂的方式相互作用，很难准确预测[22]。即使设法消除DAC的寄生效应，用纯电阻源取而代之，放大器的稳定时间依然是不易预测的。DAC的输出阻抗只是使得原本困难的问题更加复杂化而已。能解决这些问题的唯一有效手段是反馈补偿电容器CF。CF的目的就是降低放大器在最佳动态响应频率点的增益。通常情况下，放大器的输出电流直接流入到放大器的求和节点，使DAC的寄生电容从地连接放大器的输入端。该电容器引入了高频率的反馈相移，从而使放大器在稳定之前以最终值为中心振荡。不同的DAC系统有不同的输出电容值。CMOS的DAC系统具有最高的输出电容，典型值为100pF，且随编码不同而不同。

㉒ Spice爱好者需要注意这一点。

当所选补偿电容器对上述所有寄生效应进行功能性补偿时，可得到最好的稳定结果。图D2所示的就是选择最佳反馈电容时的显示结果。其中，线迹A是DAC的输入脉冲，线迹B是放大器的稳定信号。放大器转换结束时，波形很整洁（在第五竖格之前就打开采样门信号），稳定也非常迅速。

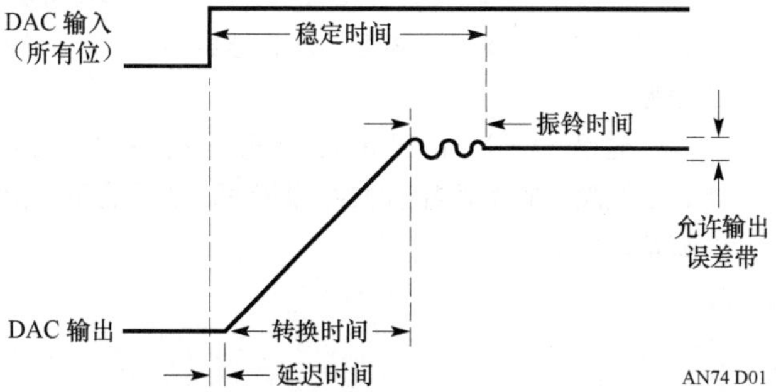

图D1　DAC放大器的稳定时间包括延迟、转换和振铃时间。其中，只有振铃时间容易调整

在图D3中，反馈电容太大。尽管产生过阻尼，以及600ns的延迟代价，不过稳定过程很平滑。图D4中则是反馈电容器太小，导致了某种程度的欠阻尼响应，致使振铃偏差较大。稳定时间超出了2.3μs。

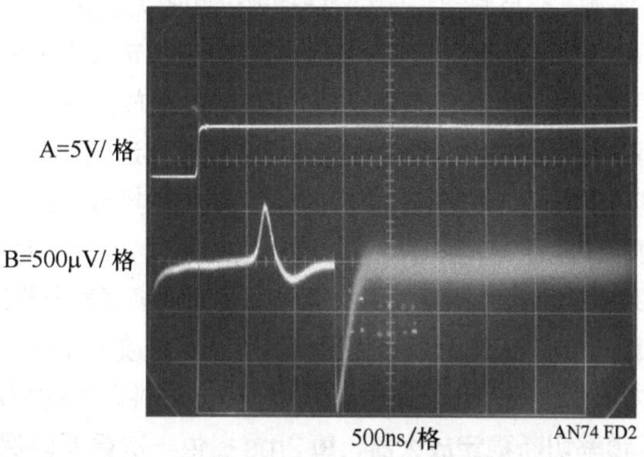

图D2　补偿电容优化后，可以得到几近临界的阻尼响应以及最快的稳定时间。t_{SETTLE}=1.7μs

当对反馈电容器分别进行微调以获得最佳响应时，DAC、放大器和补偿电容的容差将互不相关。如果没有分别进行单独调整，就必须考虑这些容差以决定反馈电容的可制造的值。振铃时间受DAC的电容和电阻以及反馈电容的影响。这些影响是非线性的，不过也有一定的规则。DAC的阻抗项可能发生±50%的波动，而反馈电容器的波动为5%。此外，放大器的转换率也有着显著的容差，在数据手册中给出了具体的值。要想获得反馈电容的值，需要单独调整电路板的布局以确定这个最佳值（电路板的寄生电容也算在内！）。

然后，就是在最坏情况下DAC的阻抗值百分比系数，转换率和反馈电容容差。将这些信息增加到微调后的电容器测量值之中以获得可制造的值。这也许是过于悲观的预算（均方根误差之和可能是较好的折中），但可让你远离麻烦[23]。图12.34中的“保守”的稳定时间值就是以这种方式求得的。需要注意的是，图表中的慢速转换放大器对于“最优”和“保守”这两种情况都有相同的补偿电容，这意味着振铃时间与转换时间间隔相比非常小。

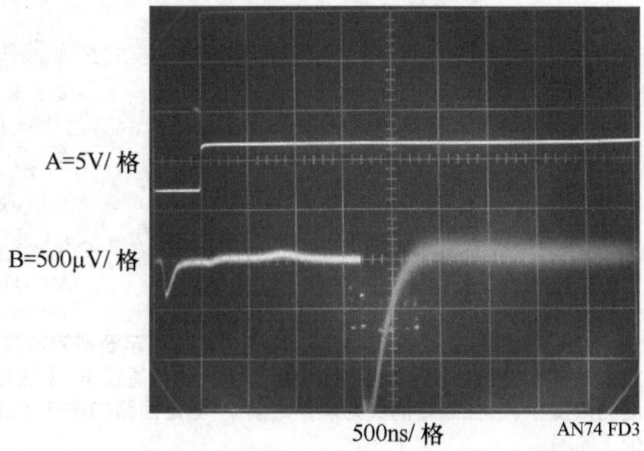

图D3　过阻尼响应确保不受振铃影响，即使考虑了组件的制造波动。其代价就是增加稳定时间。t_{SETTLE}=2.3μs

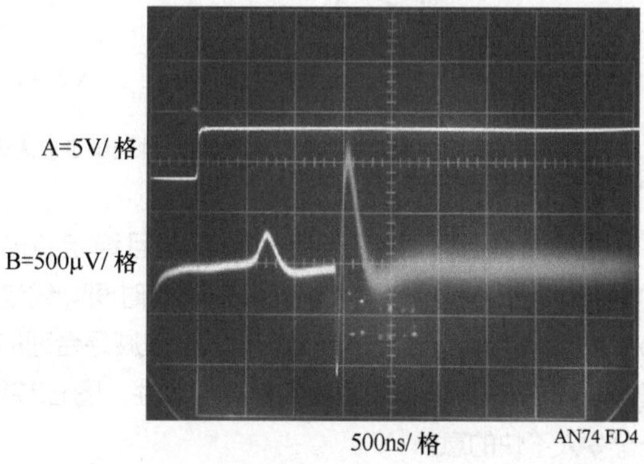

图D4　过小电容将产生欠阻尼响应。组件容差预算可以避免这种现象。稳定时间t_{SETTLE}=2.3μs

㉓　当乘坐的飞机在暴风雪中着陆时，RMS 误差求和的潜在问题就变得清晰了。

附录E 一个特例——测量斩波稳定放大器的稳定时间

图12.34所示的表格列出了LTC1150斩波稳定放大器。所谓的“特例”出现在“注释”一栏。所以它就是一个特例。究其原因，首先需要理解这些放大器的工作原理。图E1所示的是LTC1150 CMOS斩波稳定放大器的简化框图。其中实际上有两个放大器。“快速放大器”直接处理输入信号并传送到输出端。这种放大器速度非常快，但其DC偏移特性较差。第二个放大器为钟控放大器，用以对快速通道的偏移误差进行周期性的采样，并保持其输出“保持”电容为能够校正快速放大器的偏移误差所需的值。锁定DC稳定放大器是为了将其作为AC放大器进行操作（内部），以消除其DC项的误差源[24]。时钟以大约500HZ的频率切断稳定放大器，每2ms提供一次更新以保持电容器的补偿控制[25]。

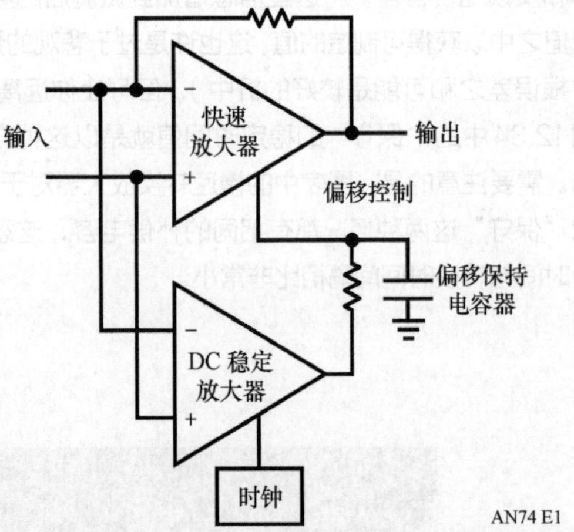

图E1 单片斩波稳定放大器的高度简化框图。钟控稳定放大器和保持电容引起了稳定时间的滞后

这种复合放大器的稳定时间是快速且稳定路径响应的函数。图E2显示了放大器的短期稳定时间。线迹A是DAC的输入脉冲，线迹B是稳定信号。衰减是合理的，而且10μs的稳定时间以及配置都极具代表性。图E3带来了一个令人不快的意外。

如果DAC的转换间隔碰巧与放大器的采样周期不谋而合，将会引起严重的偏差。在图E3中，线迹A是放大器的输出，线迹B为稳定信号。注意缓慢变化的水平刻度。开始时放大器迅速稳定（在第二竖格的区域就可见这种稳定），但在200μs之后将产生较大的误差，此时内部时钟正在进行偏移校正。连续的时钟周期将误差切成噪声，但是完全恢复需要7ms的时间。当放大器的输入驱动远远超出其带通时，这种误差来源于放大器对其偏移的采样。这样，稳定放大器将获得错误的偏移信息。当应用这种“校正”时，结果将存在较大的输出误差。

这是一种公认的最糟糕的情形。它只发生在DAC的转换间隔和放大器内部时钟周期相同的情况之下，但它的确可能发生[26][27]。

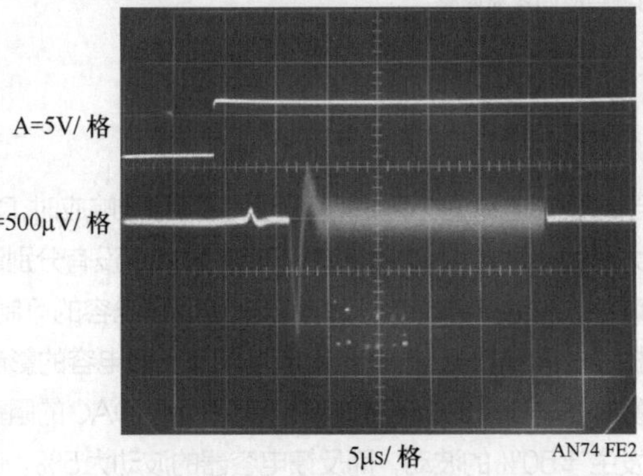

图E2 斩波稳定放大器短期的波形看起来是典型的，10μs之后稳定

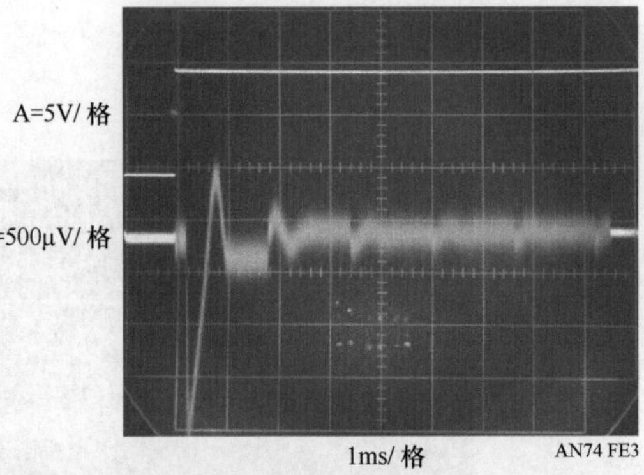

图E3 值得惊喜的是，实际稳定时间要比图E2显示要多700倍。由于放大器的钟控操作，慢速扫描显示了巨大的拖尾误差（注意水平刻度的改变）。在最终消失为噪声之前，稳定回路的迭代校正逐步减少了偏差

[24] 这种DC信息的AC处理是所有斩波器和斩波稳定放大器的基础，在此情况下，如果我们可以在稳定阶段建立一个固有稳定的CMOS放大器，斩波的稳定化就不是必要的。

[25] 那些关于发现的描述是非常简短的，推荐到参考文献23中进行查看。

[26] 请读者自行推测获得图E3所需仪器。

[27] 附录D的脚注2的真实内涵也适用于此例。

附录F　串行加载DAC系统的稳定时间测量

LTC模式下的LTC1595和LTC1650是串行加载的16位DAC系统。LTC1650包含了一个片上输出放大器。使用本文中描述的方法测量这些设备的稳定时间还需要额外的电路。在串行加载了满量程阶跃到DAC系统后，该电路必须提供一个“启动”脉冲来进行稳定时间的测量。图F1所示的电路设计和构造是由Jim Brubaker完成的，而Kevin Hoskins、Hassan Malik以及Tuyet Pham（都是LTC员工）都是从事这项工作的。“启动”脉冲取自U1B的Q输出端。该DAC放大器以常规的方式进行监测。这样，就可以用图F2以一种熟悉的方式来显示稳定结果（现在应该是一种什么样的方式呢）。稳定时间（线迹B）是从线迹A的“启动”脉冲的上升沿开始测量的。图F3所示电路采用了类似的结构，用于测量LTC1650电压输出DAC。参考电压等变化需要支持DAC的±4V输出摆幅以及不同电路结构，但整体运行是类似的。图F4显示了稳定结果。

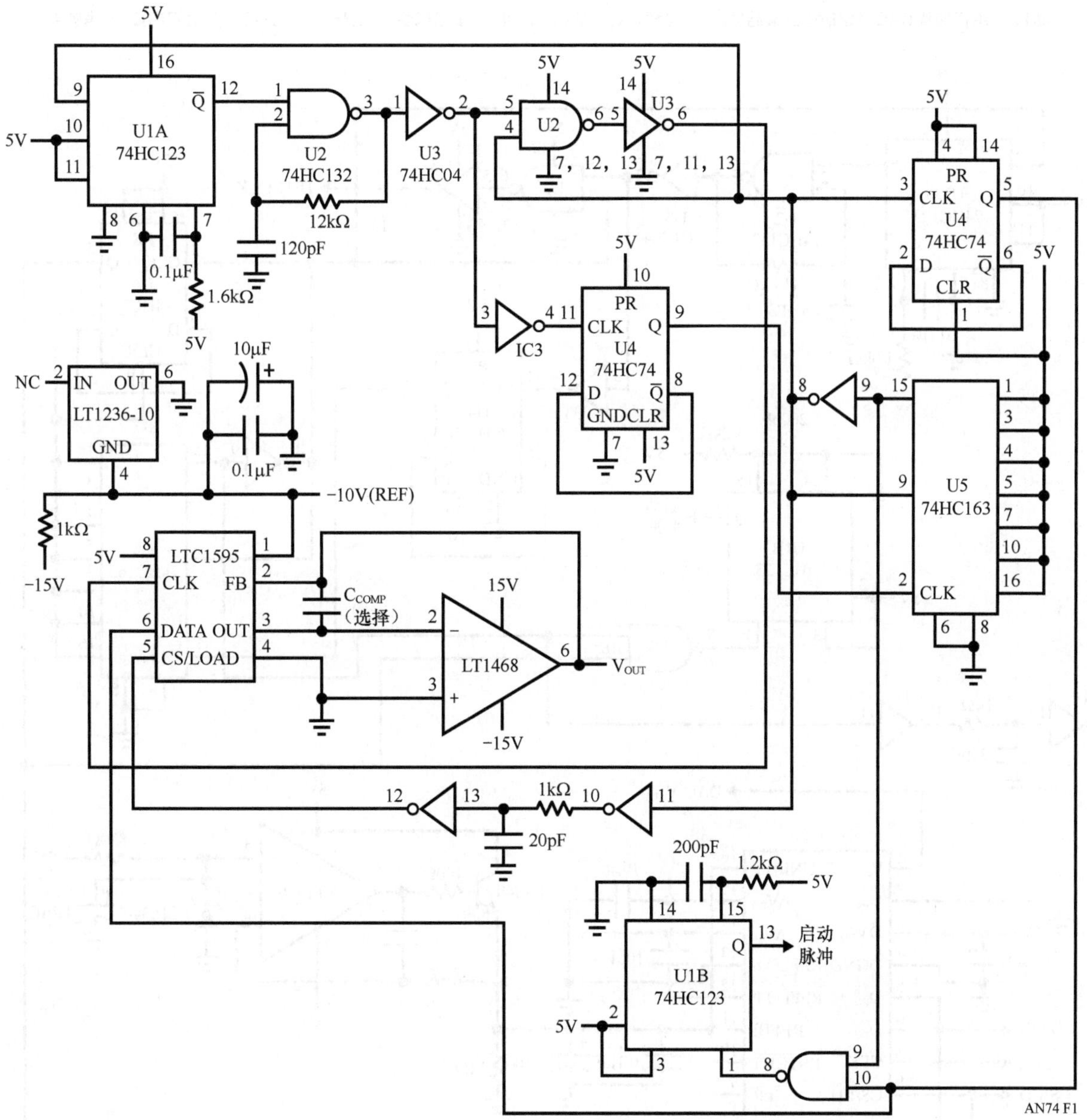

图F1　可测量稳定时间的串行加载LTC1595 DAC逻辑电路

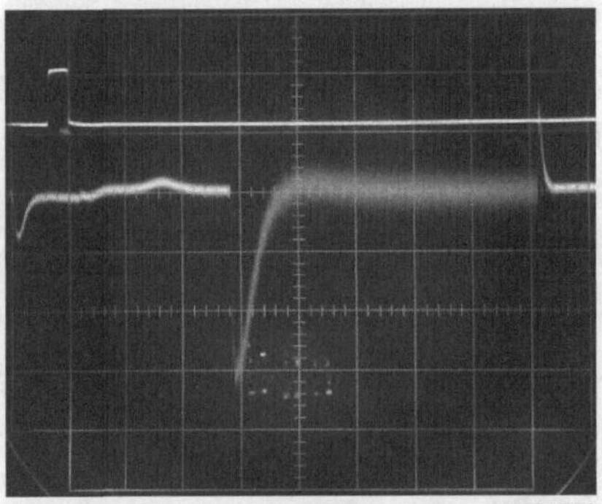

图F2 串行加载DAC稳定时间测量结果的示波器显示。从启动脉冲（参见概要）上升沿开始进行稳定时间测量（线迹A）

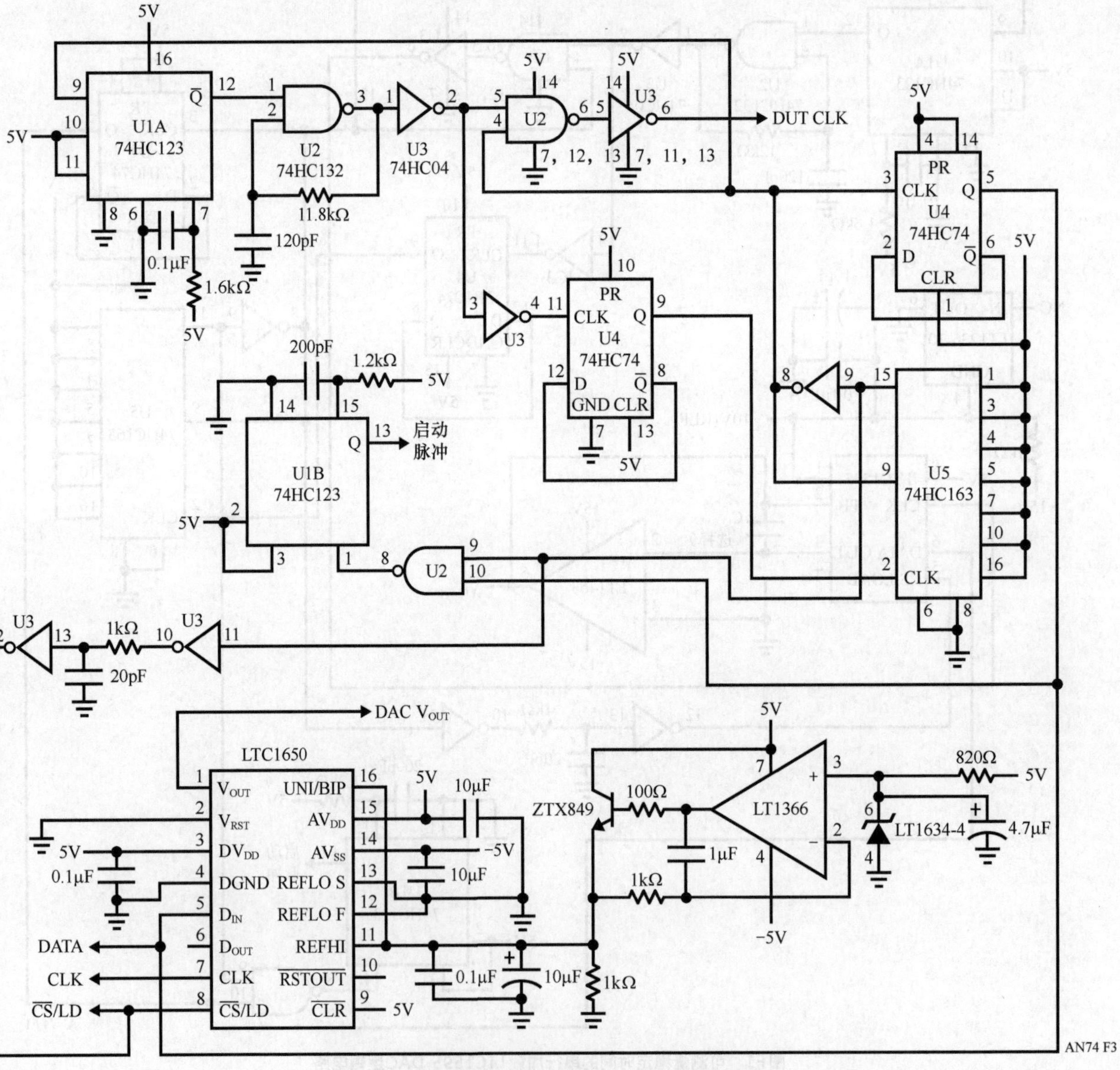

图F3 修改图F1所示电路以测量LTC1650稳定时间

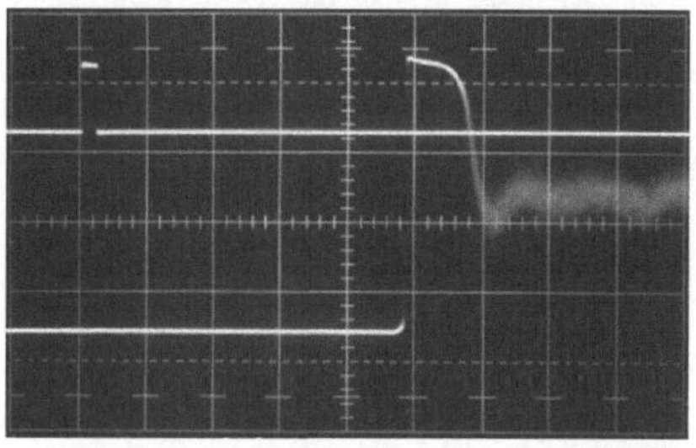

图F4　LTC1650电压输出DAC的稳定时间为6μs。A为启动脉冲，B为稳定信号

附录G　面包板、布局和连接技术

本文介绍的测量结果需要在电路板、布局和连接技术方面多加努力。宽带、100μV的分辨率测量不能忍受傲慢的实验室态度。示波器照片所呈现出的无振铃、跳变、尖峰和类似畸变是一个彻底全面（令人沮丧的）的面包板技术的应用[28]。在获得16位测量所需噪声/不确定噪声基底之前，基于采样的面包板（见图G1和G2）反复构建了六次之多，而且还需要数天时间来精心布局以及屏蔽实验。

欧姆定律

按说欧姆定律才是成功布局的关键之所在[29]。考虑这样一个简单例子：当1mA 的电流通过0.1Ω的电阻时将产生100μV的电压，这几乎是16位的1LSB。现在，如果以5~10ns的上升时间（≈75MHz）运行该毫安级电流，那么布局需要注意的内容就很清楚了。首先需要关注的是电路接地返回电流的处理以及地平面电流的处理。地平面上任意两个点间的阻抗并不为零，特别是在频率倍增时更为明显。这就是为什么入口点和地平面上电流返回点必须小心安置在接地系统内的原因。在基于采样的面包板中，具体方法是将“电源地”和“信号地”（见图G1到图G7）独立开来，而在电源地处将它们连接在一起。

能体现接地管理重要性的一个较好的例子是将脉冲输入到面包板。脉冲发生器的50Ω匹配终端必须是同轴类型，并且它不能直接连接到信号接地平面。高速、高密度（5V脉冲通过50Ω的终端产生100mA的电流峰值）的电流流动必须直接返回到脉冲发生器。同轴终端结构能确保这一点，而不是使这个信号直接倾入到信号接地平面（100mA的终端电流流过1mΩ的地平面将产生≈1LSB的电压偏差）。图G3显示BNC屏蔽了信号地的浮动，并最终通过RF穗带返回到了电源地。此外，如图G1所示，脉冲发生器的50Ω终端在通过同轴延伸管后物理上远离面包板。这进一步确保了脉冲发生器在本地环路进行循环，并不会混入到信号接地平面。

值得一提的是，考虑到以上这些因素，整个电路中的每个接地返回路径都必须进行评估。此时需要执着。

屏蔽

处理辐射引发的误差的最显而易见的方法就是进行屏蔽。以下各图都显示了屏蔽的应用。应该在充分考虑什么样的布局能最大限度地减少屏蔽之后，再确定在何处引入屏蔽。通常，接地要求和最小化辐射效应往往是相互矛盾的，从而不利于敏感点之间足够距离的保持[30]。此时，屏蔽[31]通常是一个折中的方案。

辐射管理应采用与接地路径完整性相似的管理方法。考虑哪些点有可能发生辐射，尝试在敏感节点之外一定距离处安置它们。当对剩余效应举棋不定时，可以使用屏蔽进行试验，并记录结果，这样不断重复使总体性能朝着较好方向发展[32]。重要的是，在不清楚干扰信号来源之前，千万别尝试滤波和测量带宽限制来“摆脱”干扰信号。这不仅在学术上不可靠，而且可能会产生完全无效的测量结果，即便它们在示波器上看起来很漂亮。

连接

所有连接到面包板的信号必须是同轴的。示波器探头使用的接地线是被禁止使用的。一个1in长的示波器探头所用接地线很容易产生若干LSB的观察噪声！使用同轴线安装探头适配器！[33]

图G1到图G10以可视方式重申了上述讨论，也对正文中的测量电路进行了说明。

㉘　更准确地说是一场“战役”。
㉙　作者并不想鼓吹学术。不过作者似乎越来越滥用这样的假设了。
㉚　距离是减少辐射影响的一种物理方法。
㉛　屏蔽是减少辐射影响的一种工程方法。
㉜　它们能工作时，你就明白其中的原因了。
㉝　有关这方面更为详细的讨论请参阅参考文献26。

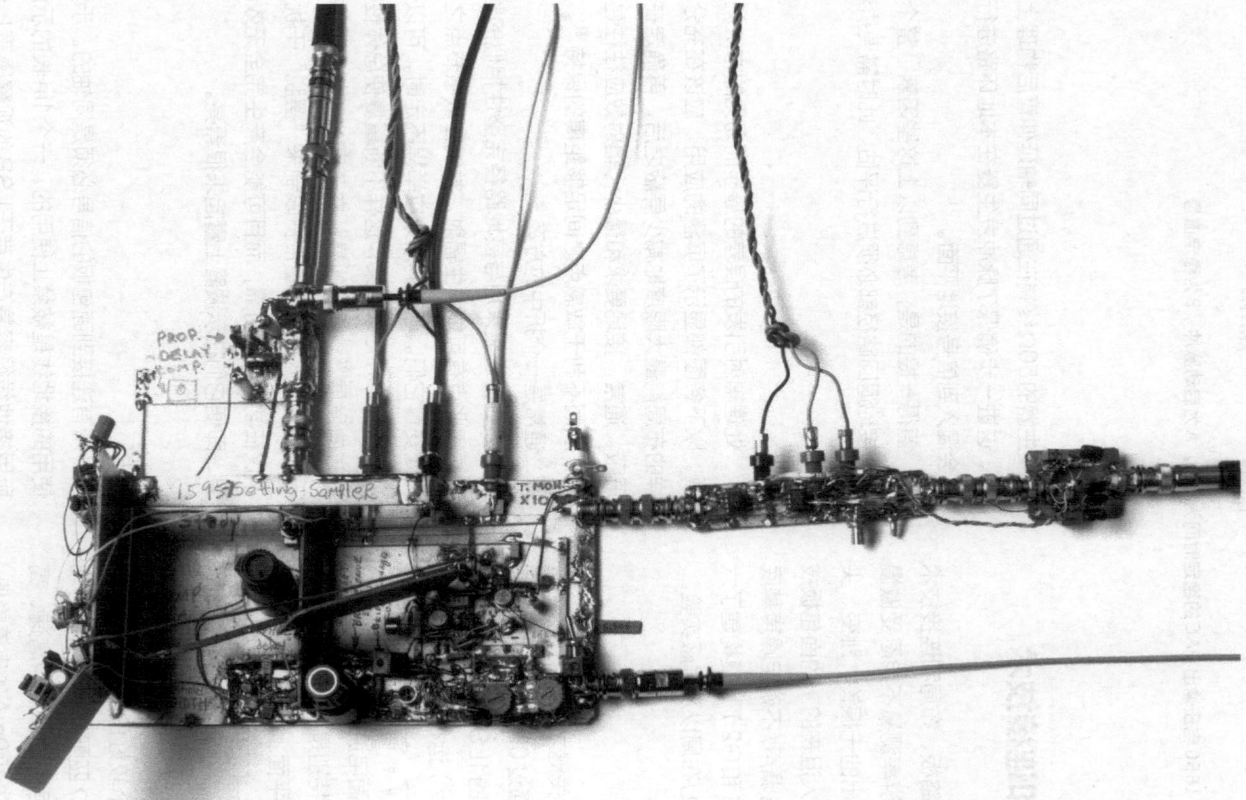

图G1 面包板稳定时间一览。脉冲发生器输入进入左上——50Ω同轴匹配终端安装在延长线上，以最小化脉冲发生器的返回电流混合到信号地平面（下方的板子，正对读者）。通过规划水平带（主板左上），“电源地”（译者注：脉冲发生器的接地平面）与信号地相互独立。DAC放大器及其支撑电路在垂直面板的最左端。采样电路占用了电路板的下端中心。非饱和的自举钳位放大器是较薄的电路板，在最右边。注意同轴面板信号与探头连接

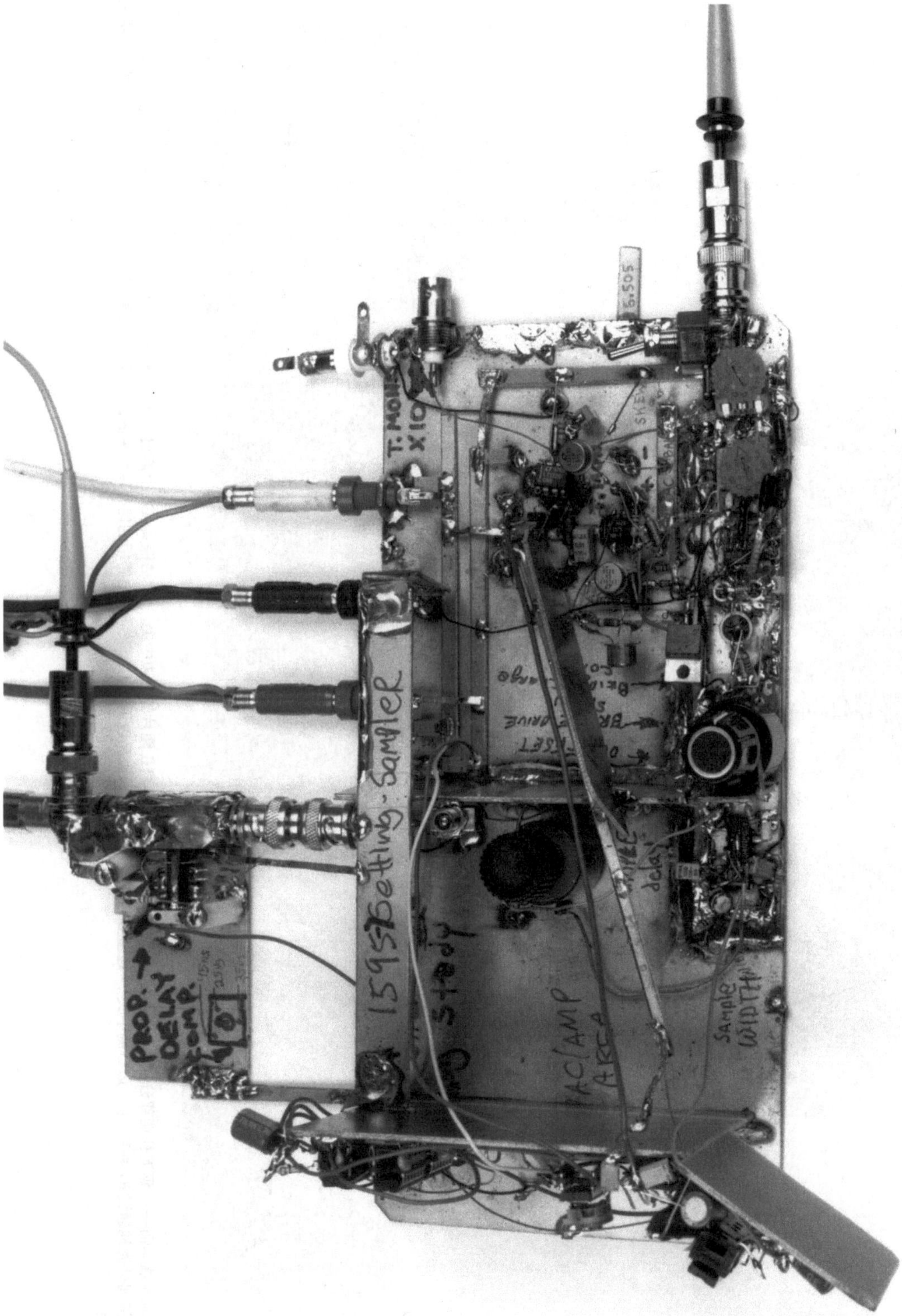

图G2 稳定时间面包板电路细节。注意延迟脉冲发生器（左下靠近中心）、采样桥区（右下靠近中心）以及DAC放大器面板（最左边）的辐射屏蔽。“电源地”通过独立平面返回（水平带状，图的中央靠左）。垂直屏蔽将电路板一分为二，从而将延迟脉冲发生器（左下边靠近中心）的快速边缘与采样电桥电路隔离开来。DAC放大器的输出通过薄铜片（从左倾斜到右）连接到稳定节点（面包板中央靠右）。屏蔽（中央、倾斜）可以防止辐射进入电桥区域

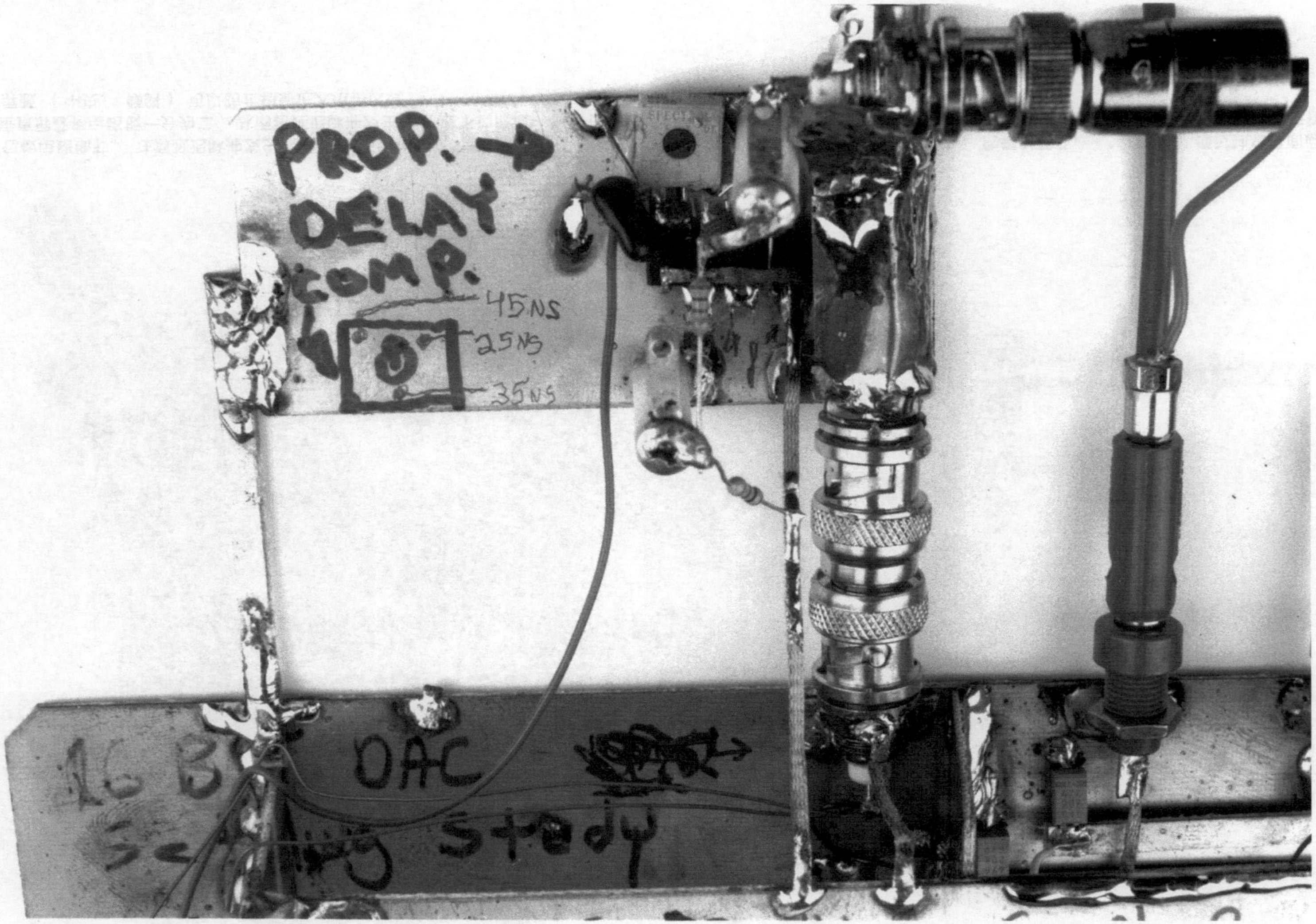

图G3 脉冲发生器输入端详情——延迟补偿部分以及到主板的接口。时间校正延迟电路在图片的上边中央。同轴探头从右上连出。时间校正脉冲从下边中央平面进入主板（可以看到底部连接器右侧的镀金托架）。连接器外壳地通过RF穗带（下边右侧中央）连接到“电源地”，防止高速返回电流破坏主电路板的信号接地平面。有效电流通过单独穗带（垂直长线，图片中央靠右）流入主板的“电源地”平面

图G4 延迟脉冲发生器与采样电路（部分，垂直屏蔽的右侧）完全屏蔽（垂直屏蔽，图片中央靠右）。延迟脉冲发生器输入引线（图片中央）从主板接地平面下方通过，以最小化进入采样电桥的辐射。螺丝调节装备（图的中央靠左）可设置延迟脉冲宽度，而较大的电位器（部分，图左上中央）用于设置延迟

图G5 采样电桥及其支撑电路。延迟脉冲发生器的输出从接地平面（在照片中心，只为了T0-220功率封装）下方进入，触发补偿水平转换（中间靠左）。采样电桥在照片中央，它是SOT-16封装。偏移补偿和AC平衡电位器处于图片中心靠右位置。左边的较大一块是零基线旋钮。采样电桥温度控制电路出现在右上中心位置

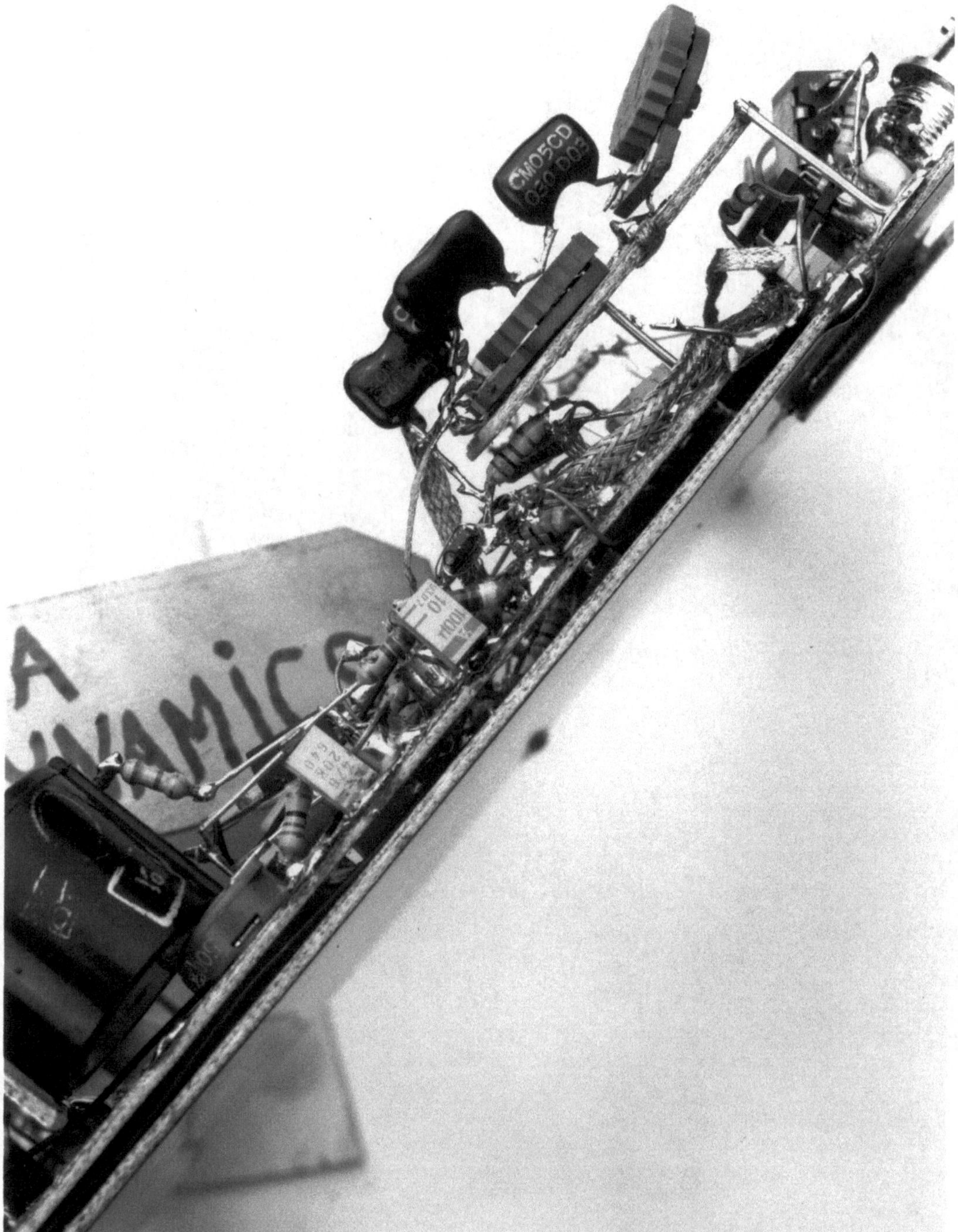

图G6 侧面显示的采样电桥电路。延迟脉冲发生器输出线路仅在接地平面之下的屏蔽空间是可见的（≈45°角，照片最左边，向中心延伸）。SOT-16封装的采样电桥（照片正中）悬浮在飞线上，以最大限度提高热阻，辅助进行温度控制。电路板上部支持机械式AC电桥电位器（图中靠右）

图G7　DAC放大器电路板包括DAC（右）、放大器（中间靠右的“W4”）以及参考（右下）。左边的数字IC封装是串行DAC接口、潜在的噪声发生器。绝缘片通过整个电路板的底部，将它与主板信号接地平面完全隔离开来。各个电路板的返回路径各自走线并连接到主板公共电源

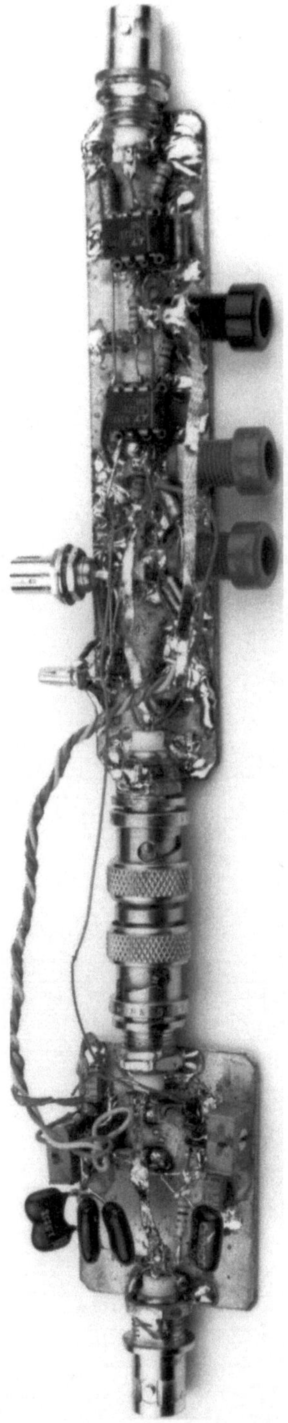

图G8　80倍增益的非饱和放大器（BNC适配器右边）和自举钳位（BNC适配器左边）。构建接地平面和最小化求和点电容有助于宽带响应

图G9　图12.28所示的差分放大器的40倍宽带非饱和增益。当超出放大器增益范围时，布局以确保最小化的馈通。注意输入屏蔽（图中靠右）

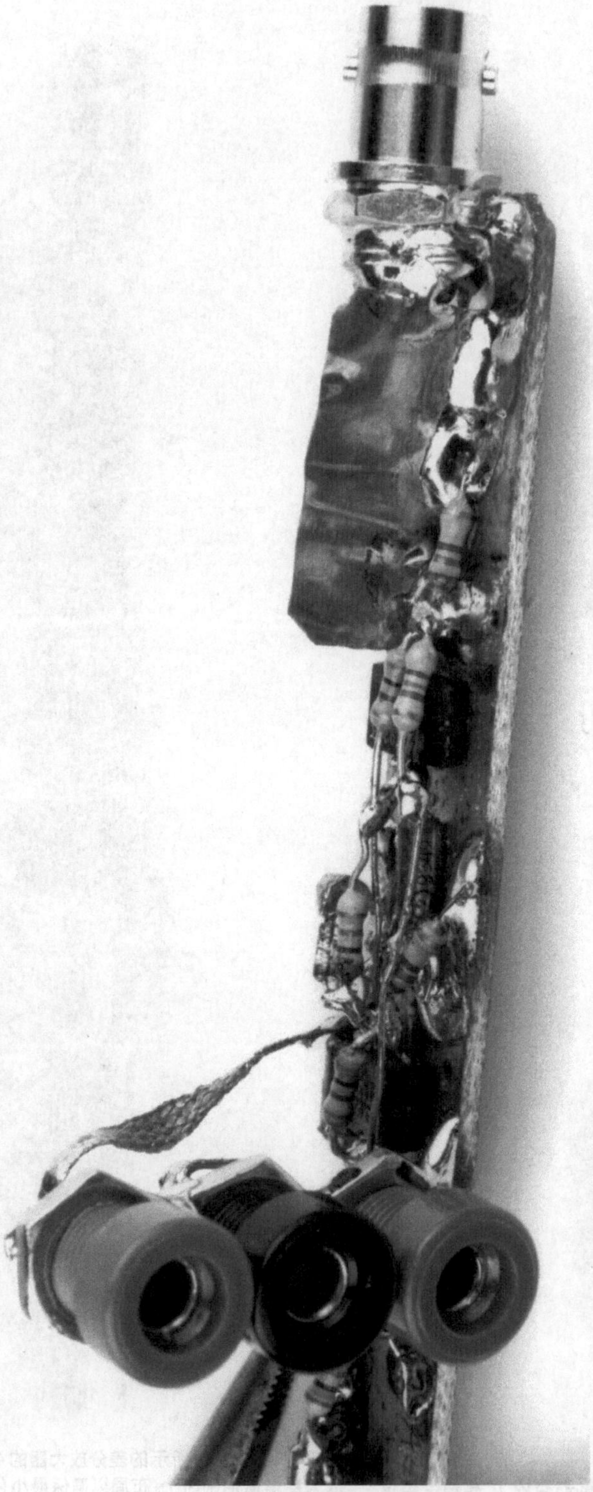

图G10　40倍非饱和增益的输入屏蔽细节（图中靠右）。屏蔽可以防止超过放大器增益范围时的输入偏差馈通到输出而破坏数据

附录H 重负载的功率增益级以及线路驱动

某些应用需要驱动较重的负载。负载可以是静态的、瞬时的，或者两者兼而有之。例如，在测试设备中实际的负载包括执行机构、电缆以及电源电压/电流源。在保持16位性能的同时，所需负载电流范围从几十毫安到几十安。图H1总结了功率增益级应用时的系统问题，功率增益级有时也被称为增压器。

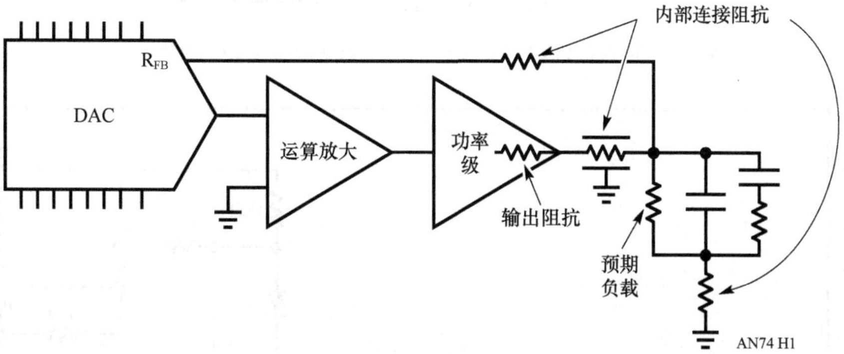

图H1 DAC放大器功率增益级概念电路。系统问题涉及增压器输出阻抗、内部连接、负载特性和接地

增压器级的输出阻抗需要足够低，以准确驱动任何频率的复杂负载。这些复杂负载可能包括连接电缆的电容、纯电阻、容性和感性元件。在设计增压器之前，必须付出大量的努力以分析负载特性。注意电抗负载组件必然会增加一个稳定项，使宽带环路动态特性复杂化。这些因素表明，对于所有频率，增压器的输出阻抗必须是非常低的。而且，增压必须要快，以避免延迟引发的稳定性问题。放大器回路中的增压器对于放大器来说必须是透明的，以保证放大器的动态特性[34]。

接地和连接方面的注意事项要求特别注意大电流的16位DAC驱动系统。一个1A的负载电流通过1mΩ寄生电阻，返回时将产生约7LSB的误差。如果反馈感测安置不当，也会产生类似的误差。因此，单点接地这个词严格意义上来说是强制性的。特别的，组成负载返回电路的导体应该是厚、短、扁平和高导通性的。反馈感测的放置，应便于DAC的R_{FB}端通过一个低阻抗导体直接连接到负载。

增压电路

图H2所示的是一个使用了LT1010 IC增压器的简单功率输出级。其输出电流可达125mA。图H3所示的也是类似的电路，不过提供了更高的工作速度和更大的输出功率。LT1206运算放大器被配置为单位增益跟随器，能产生250mA的输出；而LT1210将电流容量扩展到1.1A。图中标示的可选电容通过容性负载增强动态特性（见数据手册）。图H4所示电路利用宽带的离散状态将电流容量扩展到了2A。在正极信号路径中的晶体管VT4是RF功率型，由连接了复合晶体管的VT3所驱动。位于VT1发射极端的二极管对VT3额外产生的V_{BE}进行补偿，以防止交叉失真。

㉞ 本讨论必须是简明的。更多详情，请参阅参考文献26和27。

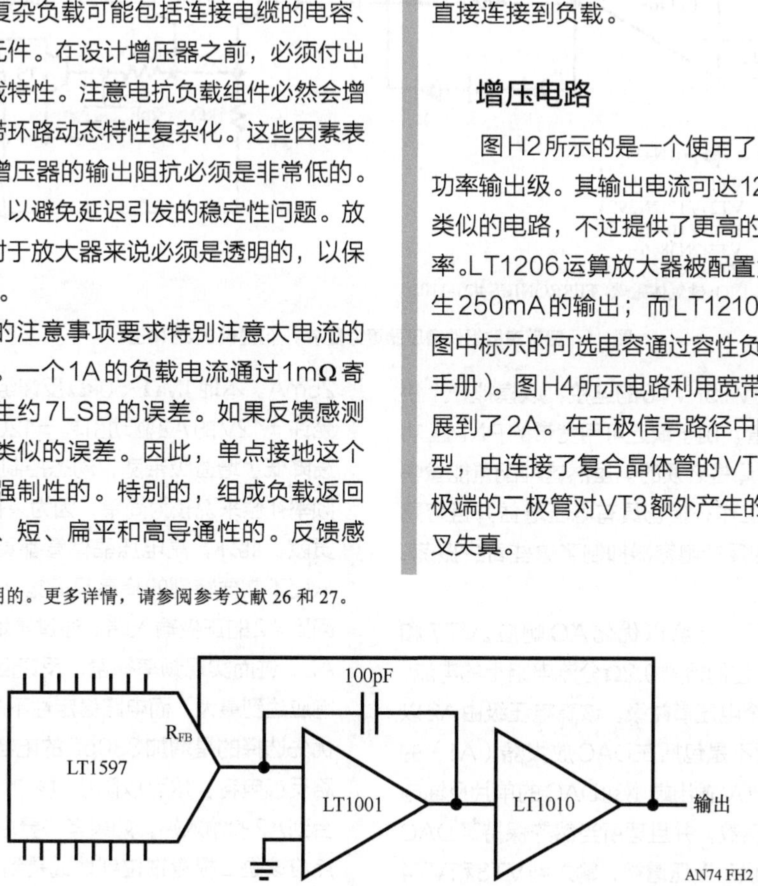

图H2 LT1010能实现125mA的输出电流

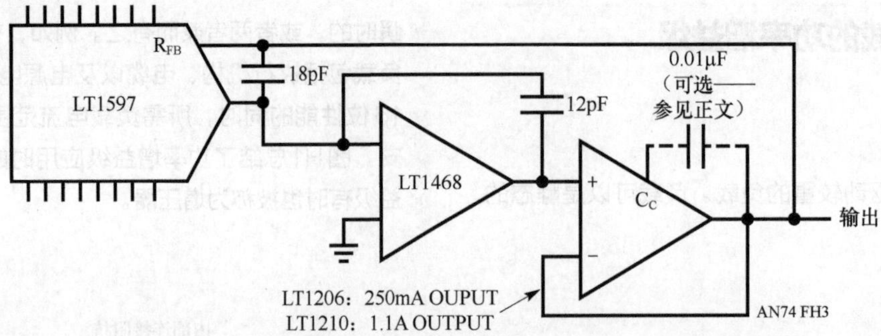

图H3　LT1206/LT1210输出级分别提供250mA和1.1A的负载电流

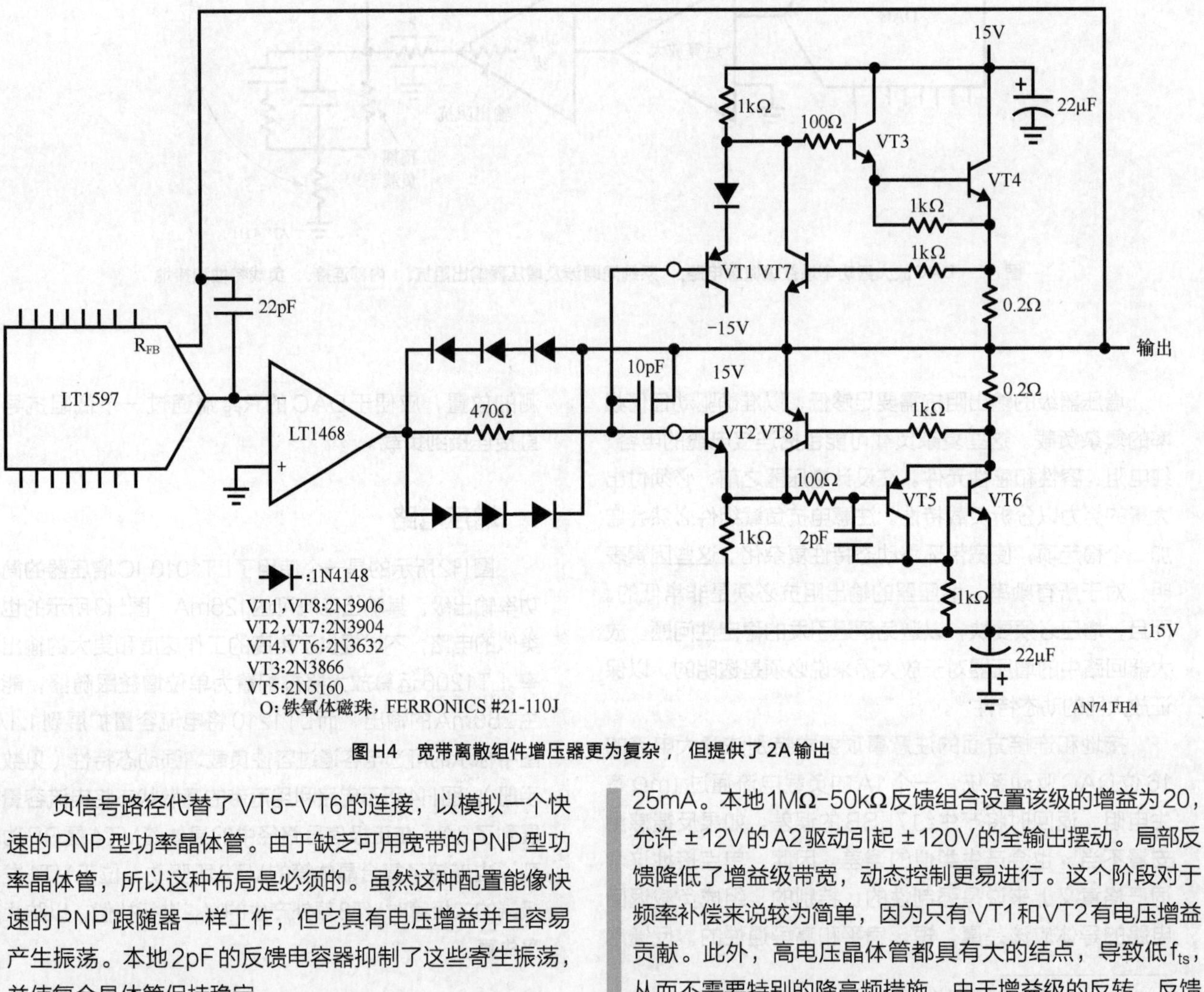

图H4　宽带离散组件增压器更为复杂，但提供了2A输出

负信号路径代替了VT5-VT6的连接，以模拟一个快速的PNP型功率晶体管。由于缺乏可用宽带的PNP型功率晶体管，所以这种布局是必须的。虽然这种配置能像快速的PNP跟随器一样工作，但它具有电压增益并且容易产生振荡。本地2pF的反馈电容器抑制了这些寄生振荡，并使复合晶体管保持稳定。

该电路还包括有反馈电容以优化AC响应。VT7和VT8提供了电流限制，它们检测0.2Ω分流电阻上的电流。

图H5所示的是一个电压增益级。该高电压级由A2以闭环方式进行驱动，而不是包括在DAC放大器（A1）的环路中。这避免了从100V输出端驱动DAC的单片反馈电阻，保持了DAC温度系数，并且理所当然的保持了DAC的特性。VT1和VT2提供了电压增益，输入到VT3和VT4发射极跟随器输出端。当电压经过27Ω电阻进行分压后依然很高时，VT5和VT6通过转移输出驱动将电流限制在25mA。本地1MΩ-50kΩ反馈组合设置该级的增益为20，允许±12V的A2驱动引起±120V的全输出摆动。局部反馈降低了增益级带宽，动态控制更易进行。这个阶段对于频率补偿来说较为简单，因为只有VT1和VT2有电压增益贡献。此外，高电压晶体管都具有大的结点，导致低f_{ts}，从而不需要特别的降高频措施。由于增益级的反转，反馈回到A2的正极输入端。通过本地300pF-10kΩ组合滚降A2，进而实现频率补偿。反馈回路上的15pF电容使边缘响应达到最大，而电路稳定性不需要它。如果需要过补偿，优先选择的是增加330pF的电容，而不是增加15pF的回路反馈电容。这可以防止过多的高压能量在转换过程中耦合到A2的输入端。如果有必要增加反馈电容的话，该求和点应该是二极管钳位到地或是到±15V的电源端。调整就需要涉及选择图中标示的电阻的问题，用于DAC满量程的100.000V输出。

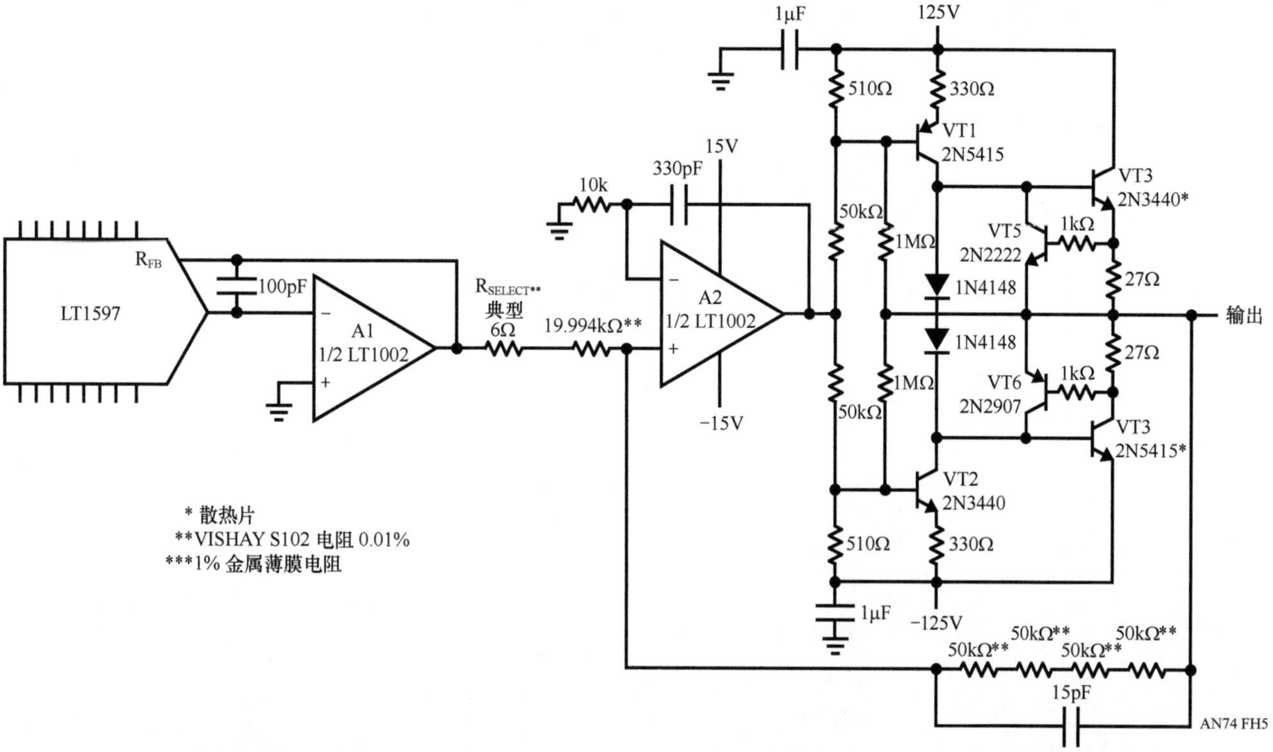

图H5 高电压输出级提供100V@25mA。该级电路使用了单独的放大器和反馈电阻以保持DAC的增益温度系数

本文中所讨论的动态响应的问题适用于上述所有的电路。

图H6总结了增压级的特性。基于IC的增益级电路简洁，而复杂的分立设计能提供更多的输出功率。

图	电压增益	电流增益	注　释
H2	NO	YES	简单125mA级
H3	NO	YES	简单250mA/1.1A级
H4	NO	YES	复杂2A输出
H5	YES	最小	复杂 ±120V输出

图H6 增压器增益级特性的概括

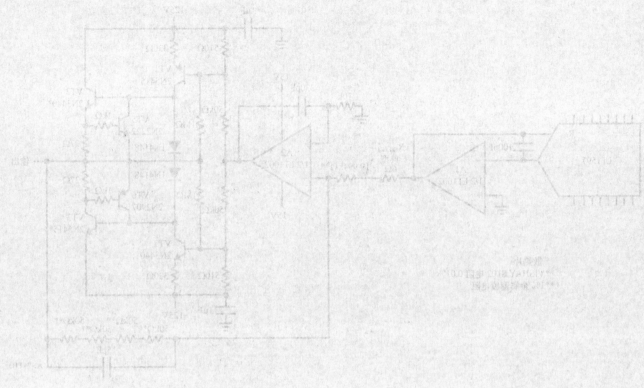

模数转换器的保真度测试

13

保真度证明

Jim Williams, Guy Hoover

引言

高分辨率模拟数字转换器的保真度，就是看其是否能“忠实”地数字化正弦波的一种敏感测试。这个测试需要一个正弦波发生器，其残差失真接近百万分之一。此外，还需要一个基于计算机的模数输出显示器，用来读取和显示转换器输出的频谱分量。要想将此测试成本和复杂性控制在合理范围内，需要进行各个元件的构建，并且在使用前对其性能加以验证。

概述

图13.1给出了系统框图。其中，低失真振荡器通过放大器以驱动A→D转换器。A→D转换器的输出接口规定了转换器的输出格式，并与运行频谱分析软件和显示结果数据的计算机进行通信。

振荡器电路

振荡器是系统电路设计中最困难的部分。为了准确地测试18位模数转换器，振荡器必须有低杂散，而且这些特性必须经过独立的方法进行验证。图13.2所示的基本上是一个“全反相”的2kHz文氏桥设计（A1-A2），改编自哈佛大学Winfield Hill的电路。原始设计中的J-FET增益控制由一个LED驱动的CdS光电池隔离器替换，从而消除J-FET电导率调制引入的误差并且尽量减少所需的修整。带限的A3接受A2输出和直流失调偏置，经过2.6kHz滤波器后驱动模数输入放大器。用于A1-A2振荡器的自动增益控制（AGC，Automatic Gain Control），是通过交流耦合的A4取自电路输出（“AGC感测”），并馈送至整流器A5-A6的。A6的直流输出表示了电路输出正弦波的交流振幅。该值通过端接至AGC放大器A7的电流求和电阻，与LT®1029参考电压之间进行平衡。A7驱动VT1，通过设置LED电流构成闭合增益控制环路，因此，CdS电池电阻可以稳定振荡器的输出振幅。尽管A3带限响应以及输出滤波器有衰减，但电路输出的增益控制反馈将保持输出振幅不变。它也对A7环路闭合动态特性也有一定的需求。具体而言，A3的频率带限与输出滤波器、A6的滞后和VT1基极的纹波抑制元件相结合，产生了显著的相位延迟。A7的1μF主导的极点，再加上一个RC零点，能够解决该延迟，实现稳定的环路补偿。这种方法用简单的RC滚降取代了严密调谐的高阶输出滤波器，最大程度地减少了失真，同时保持了输出幅度。[①]

① 这是比较松散的分类，类似将食物通过绞肉机制成菜泥。

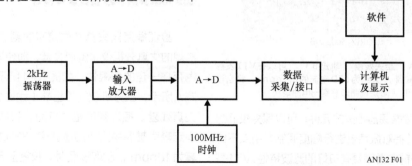

图13.1 模数转换器频谱纯度测试系统框图。 假定振荡器无失真， 计算机显示的傅里叶分量取决于放大器和模数转换器失真

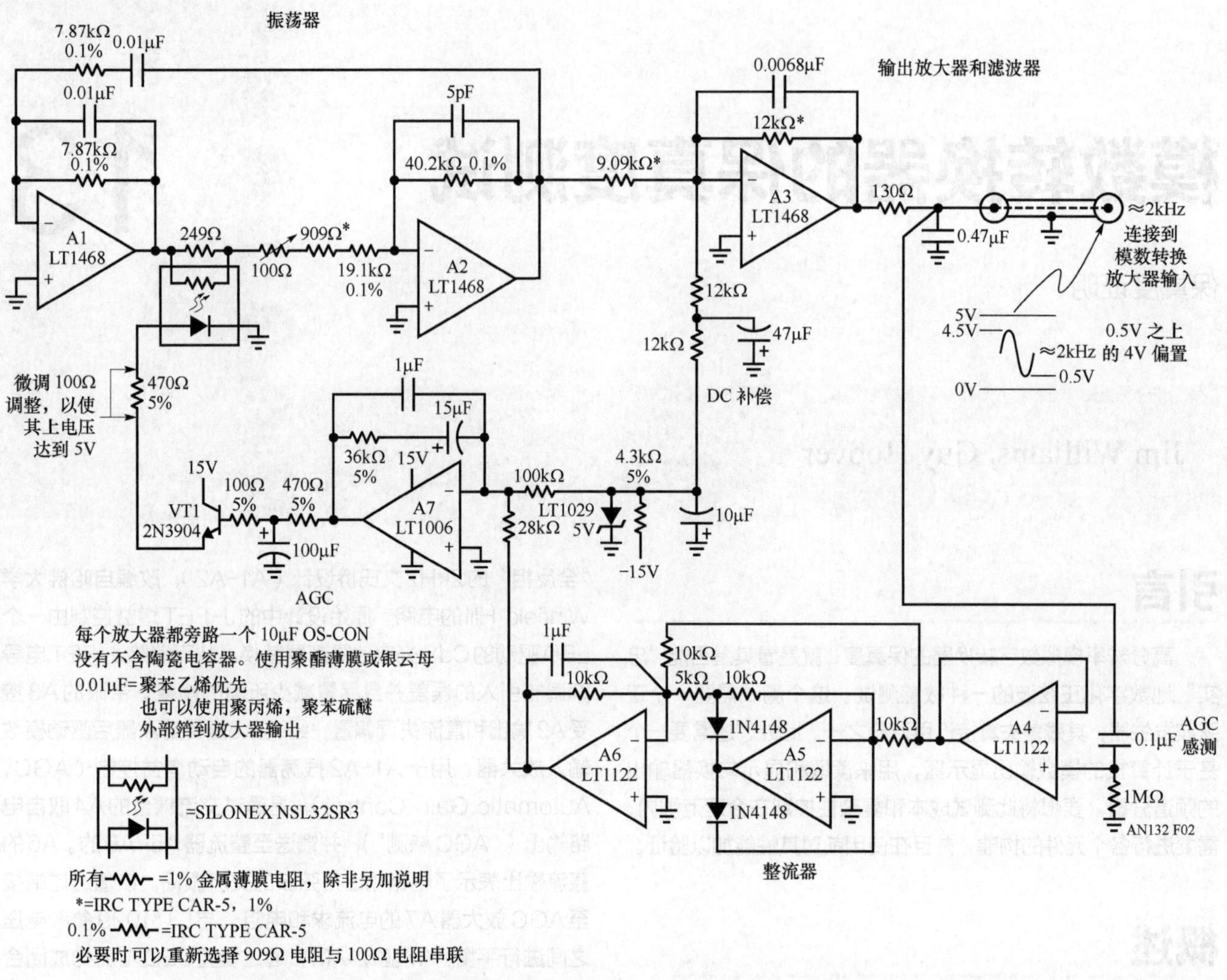

图13.2 信号路径中，文氏电桥振荡器使用了反相放大器，具有3ppm失真。LED光电池取代了传统的J-FET，作为增益控制消除电导调制引起的失真。A3相关的滤波衰减由电路输出的感测ACG进行反馈补偿。直流偏移将输出偏置到模数转换器输入放大器范围内

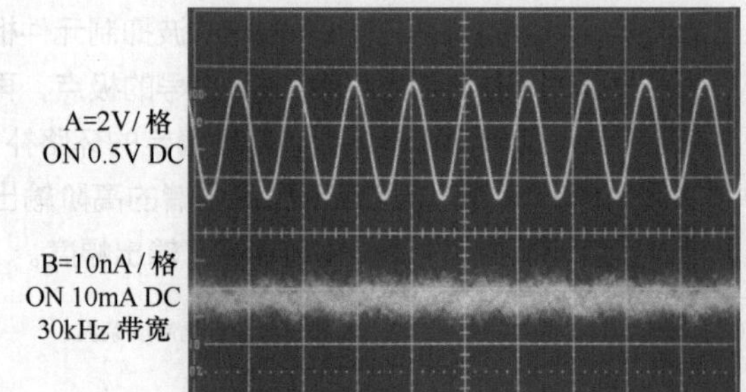

图13.3 振荡器（轨迹A）相关残差（轨迹B），可以在VT1发射极噪声（大约1nA）观测到，大约为LED电流的0.1ppm。得自过度AGC信号路径滤波的特性，防止调制影响到光电池响应

从LED偏置中消除振荡器相关的元件，可以保持较低的失真。任何这样的残差将对振荡器进行幅度调制，引入不纯分量。带限AGC信号前向通路具有良好的滤波特性，VT1基极较长的RC时间常数提供了一个最终的、陡峭的滚降。图13.3显示了VT1发射极电流，振荡器总计10mA的电流中含有1nA的相关纹波，小于0.1ppm。

振荡器仅使用了一个信号微调便实现其性能。这样的调整，以AGC捕获范围为中心，与原理图注释相一致。

验证振荡器失真

验证振荡器失真需要精密的测量技术。尝试通过一个常规的失真分析仪来测量失真，即使该仪器是高规格的，它也存在一定的局限性。如图13.4所示，振荡器的输出如线迹A所示，在分析仪的输出端（线迹B）可以看到其对应的失真残差。振荡器的相关行为，只能从分析仪的噪声和不确定噪声基底中大致描述。HP-339A指定的最小可测量失真为18ppm；获取该图时，仪器显示的失真为9ppm。这已经超出了仪器的指标，所以其结果是不可信的，因为在

测量达到或接近设备测量极限的失真时，会引入显著的不确定性[②]。这就需要具有低不确定性基底噪声的专用分析仪。Audio Precision公司的2722分析器，其总谐波失真+噪声（THD+N）极限（一般1.5ppm）规格为2.5ppm，数据如图13.5所示，总谐波失真（THD）为-110dB，即约3ppm。图13.6所示的是用同样的仪器测量所得数值，显示总谐波失真+噪声（THD+N）为105dB，约为5.8ppm。最后的测试如图13.7所示，分析仪确定振荡器的频谱分量与三次谐波控制在-112dB，约2.4ppm。这些测量值是定性分析振荡器到A→D转换器的可靠数据。

模数转换测试

模数转换测试通过其输入放大器将振荡器的输出连接至模数转换器：该测试测量输入放大器/模数转换器共同产生的失真。模数转换输出由计算机检测，它定量地显示频谱误差分量，如图13.8所示[③]。所显示的信息包括时域信息，可以看到偏置的正弦波位于转换器工作范围的中心，而傅里叶变换则表示频谱误差分量和详细表格读数。LTC®2379的18位模数转换器/LT6350放大器组合，在测试下产生-111dB二次谐波失真，约2.8ppm，其高频谐波远远低于这个水平。这表明模数转换和它的输入放大器工作正常，并符合规范。振荡器和放大器/模数转换器之间可能存在的谐波已经消除，这需要测试多个放大器/模数转换器样本，以提高测量结果的可信度[④]。

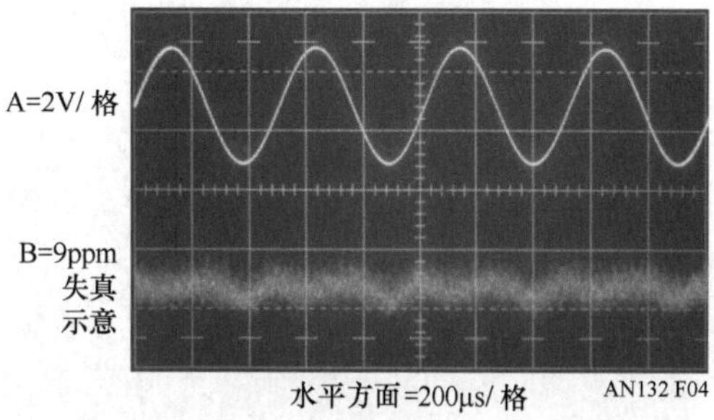

图13.4　HP-339A失真分析器的操作超过了其分辨率极限，引入了误导性失真（轨迹B）。分析器输出包含了振荡器和仪器特征共同造成的不确定性，不能相信。轨迹A为振荡器输出

② 失真测量达到或接近设备的极限时都充满意外。请参见LTC应用指南43中“桥电路”的附录D，“了解失真测量”，它是由Audio Precision公司Bruce Hofer编写的。

③ 输入放大器/模数转换器，计算机数据采集和时钟板都是测试过程中需要用到的，可以从LTC获得。软件代码可在www.linear.com下载。详细信息请参阅附录A，“A→D保真度测试工具”。

④ 请回顾正文中的“验证振荡器失真”和脚注2的相关评论。

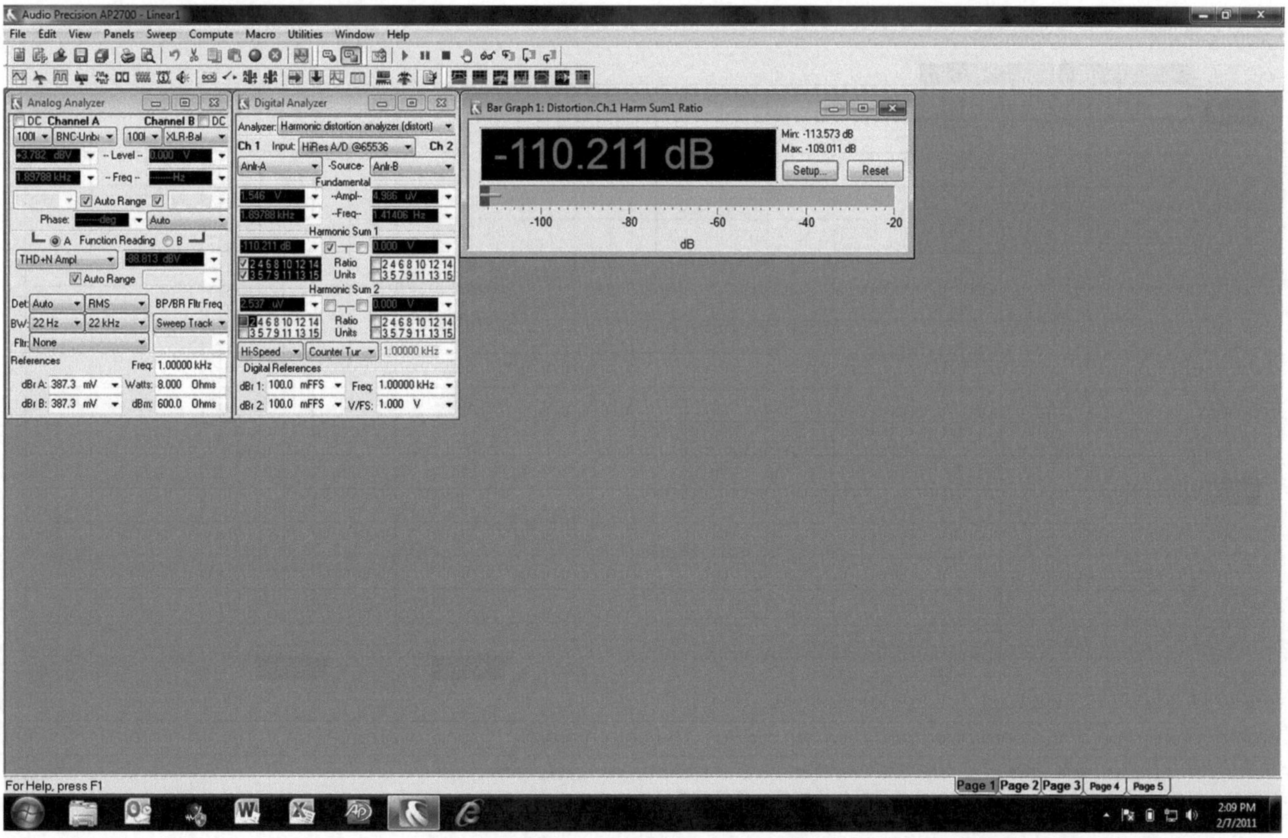

图13.5　Audio Precision公司2722分析器测量出振荡器THD为-110dB，约3ppm

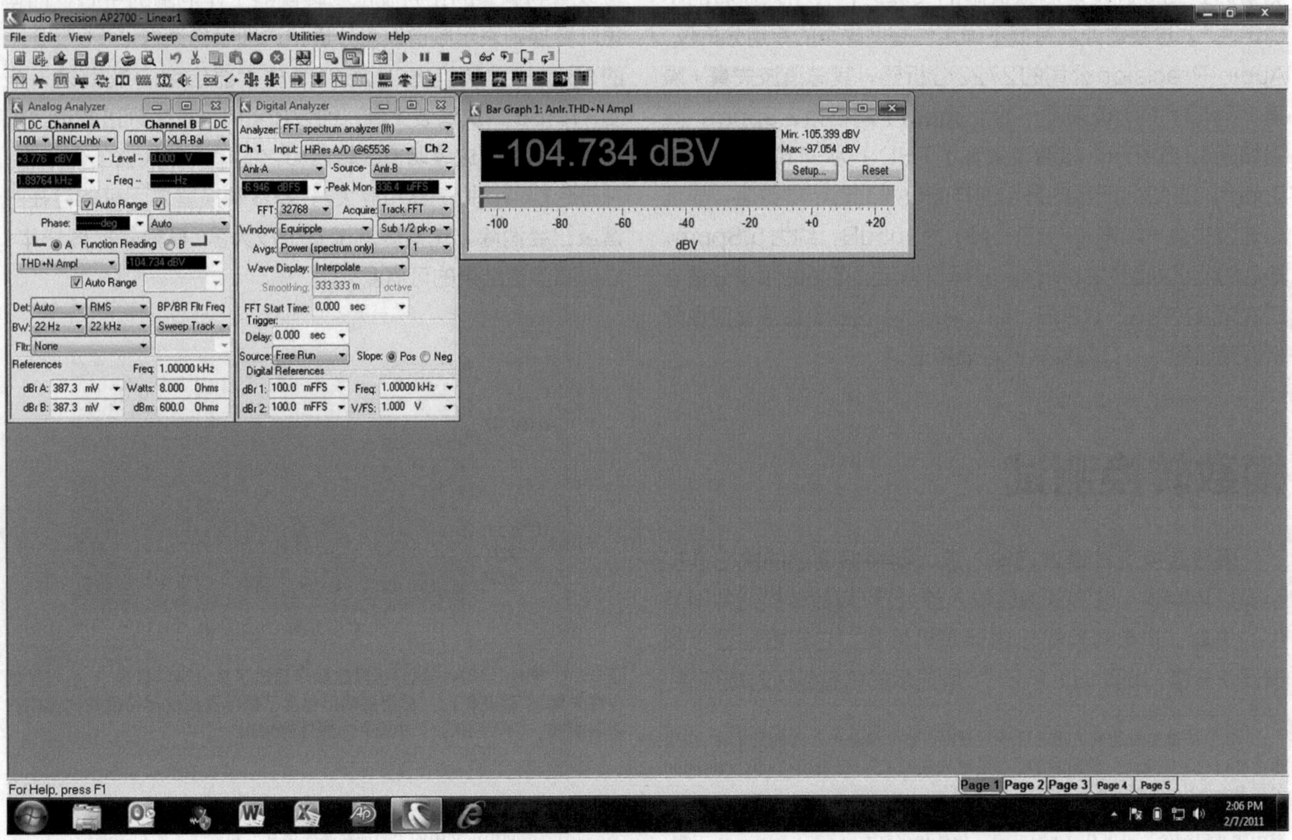

图13.6　AP-2722分析器测量得出振荡器THD+N约为-105dB，约5.8ppm

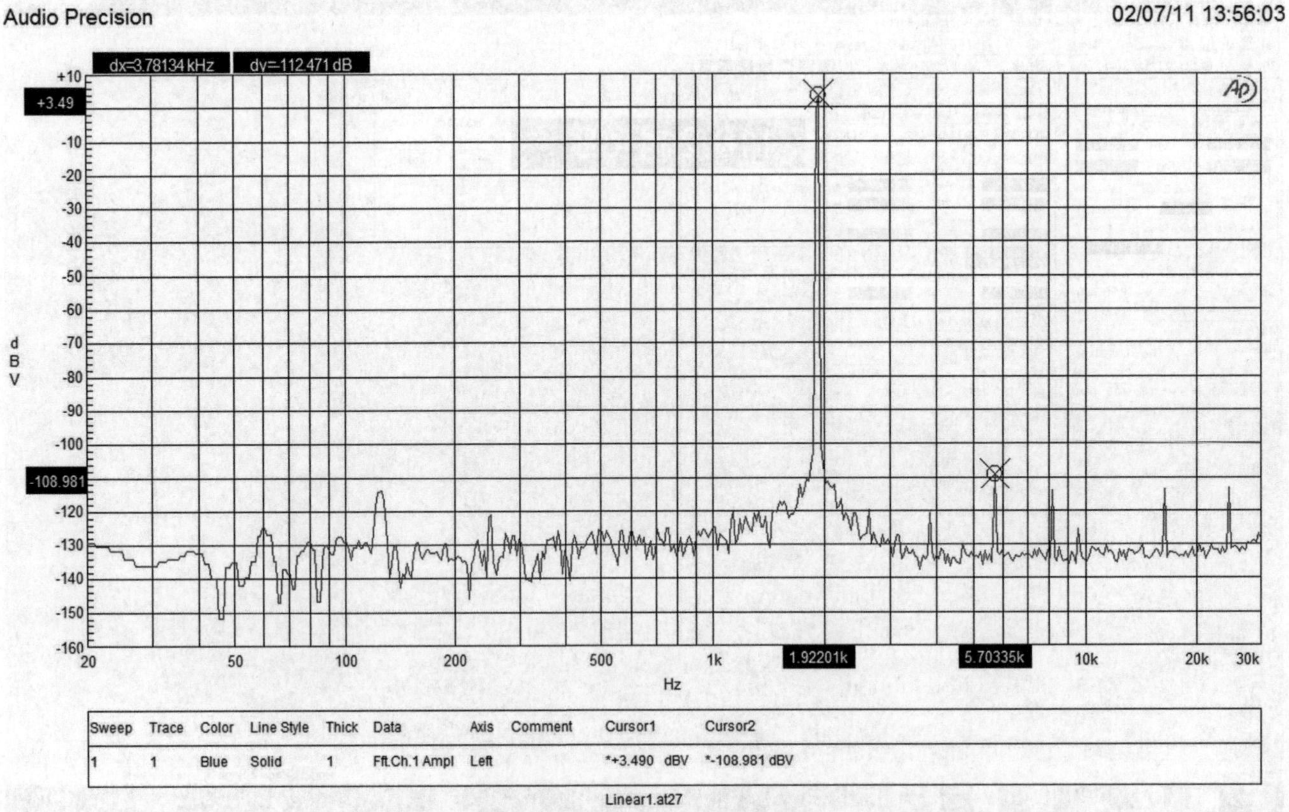

图13.7　AP-2722频谱输出显示3阶谐振峰值为-112.5dB，约2.44ppm

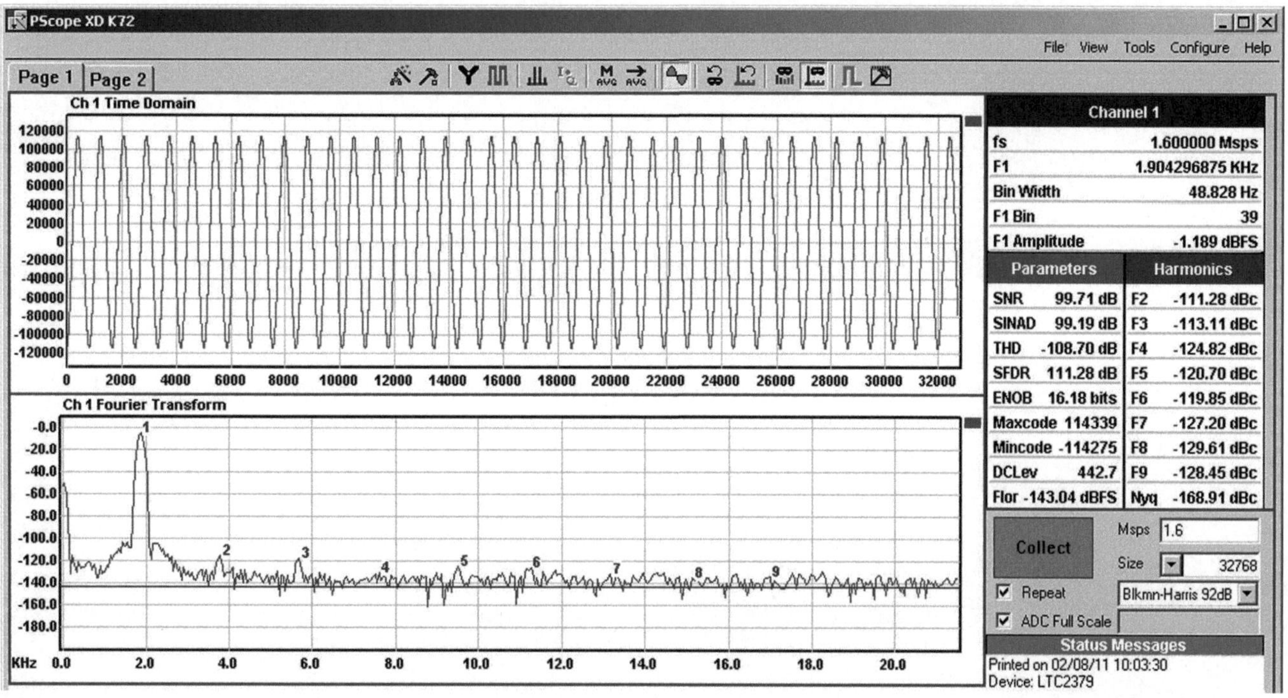

图13.8 图13.1所示测试系统的部分数据图，显示了时域信息、傅里叶频谱曲线以及LTC2379的18位A→D转换器的详细表格读数。该转换器由LT6350放大器驱动

附录A A→D保真度测试工具

已有可用的实现文中A→D测试的电路板。表13.1列出了电路板功能及其零件编号。计算机软件为PScope™，可从Linear Technology获得，也可从www.linear.com下载。

表13.1

电路板功能	零件编号
LT6350/LTC1279 Amp/A→D	DC-1783A-E
接口	DC718
100MHz Clock※	DC1216A-A
振荡器	To Be Released

※任何稳定的、能够驱动50Ω的低相位噪声3.3V时钟，都可以使用。

第2节

信号调理

新功率缓冲器的应用（14）

LT1010 150mA功率缓冲器被用于许多实用的应用中，例如增强型运算放大器，前馈、宽带直流稳定缓冲器，视频线路驱动放大器，带有保持阶跃补偿的快速采样保持器，过载保护电动机调速器和压电式伺服风扇等。

测量和控制电路中的热技术（15）

本章详述了热电路的六个应用，包括 50MHz均方根直流转换器、风速计、液体流量计及其他应用等。同时也对电路相关的热力学进行了一般的讨论。

测量运算放大器稳定时间的方法（16）

本章从测量运算放大器稳定时间方法的调查入手，展开了具体讨论。根据这些调查，最终开发出测量稳定时间达到0.0005%的电路，并给出了电路的构造细节和结果。附录部分涵盖了示波器过载限制以及放大器频率补偿等内容。

高速比较器技术（17）

本章深入讨论了在极高速比较器电路中出现问题的原因及其对应解决办法。专设了应用部分一节来介绍电路，包括0.025%精确度、1Hz～30MHz的电压到频率的转换器、0.01%精度的200ns采样保持电路以及10MHz的光纤接收机。五个附录涵盖了本章相关的一些话题。

高性能V/F转换器的设计（18）

本章呈现了各种高性能的V/F电路，当中包括1Hz～100MHz的设计、石英稳定型、0.0007%线性度的单元。其他电路特性包括：1.5V供电运行、正弦波输出以及非线性转移函数等。用独立的一节验证了电压/频率转换过程中各种方法的折中及其优点。

采用独特的IC缓冲器进行高质量运算放大器的设计并高效使用快速放大器（19）

本章描述了一些独特的集成电路设计技术，并将它们纳入了一个快速、单片功率缓冲器LT1010。还说明了一些应用思想，例如容性负载驱动、增强快速运算放大器输出电流及电源电路等。

单片放大器的功率增益级（20）

本章介绍了输出电路，该电路为单片放大器提供了功率增益。该电路具有电压增益、电流增兼益或者两者兼而有之。

共展示了11种设计，并对性能进行了总结。并在独立的一节中介绍了频率补偿的一种通用方法。

复合放大器（21）

具体应用中通常需要在某些领域具有非常高性能的放大器。例如，通常要求放大器高速和直流精确。如果一个单一的器件无法同时实现所期望的特性，那么，可以将两个（或多个）器件配置成复合放大器来完成这项工作。本章举例说明了组合了速度、精度、低噪声和高功率等的复合设计方法。

用级联二阶滤波器节设计多阶全极点带通滤波器的简便方法（22）

本章介绍了两种高阶带通滤波器的设计方法。通过查表的手段，这两种方法可以简化滤波器的数学设计过程。本章假定读者没有任何滤波器设计的经验，并且应用前面没有介绍的技术来实现高质量的滤波器。这些设计通过很多的示例，使用Linear的开关电容滤波器系列（例如LTC1060、LTC1061、LTC1064）进行实现。最后对巴特沃斯和切比雪夫带通滤波器进行了讨论。

FilterCAD用户手册，版本1.10（23）

这一章是FCAD的用户手册，是采用凌力尔特的开关电容滤波器系列器件进行滤波器设计的计算机辅助设计软件。FCAD帮助用户用最少的精力设计良好的滤波器。经验丰富的滤波器设计者，可以通过该软件提供有价值的假设和熟悉各种器件的各种配置，从而得到更好的设计。

宽带精密放大器的30ns稳定时间测量（24）

本应用指南在0.1%的分辨率上，核查30ns放大器稳定时间。详叙了基于抽样的技术及其结果。附录包括示波器过载问题、脉冲发生器亚纳秒上升时间的建立、放大器补偿、电路结构和校准程序。

2GHz差分放大器/ADC驱动器的应用与优化（25）

现代高速模拟-数字转换器（ADC），包括与管道或逐次逼近寄存器（SAR）的拓扑结构，都具有快速开关电容采样输入。每次开关切换时，开关电容输入都会引起显著的电荷注入，这样，在ADC的输入端再次转换时，要求前端能在秒级以内吸收这些电荷并稳定到正确电压。本章讨论了LTC6400家族的特点及其局限性，以及实际应用中达到其最优性能的具体方法。

宽带放大器0.1%分辨率2ns稳定时间测量（26）

放大器的直流性能规范比较容易验证。虽然乏味，但测量技术是很好理解的。AC性能规范要求更复杂的方法来产生可靠的信息。特别是放大器的稳定时间，它是非常难以确定的。稳定时间是指从输入的应用程序开始运行到输出到达，并保持在最终值规定的误差范围内的时间。可靠的纳秒级稳定时间测量是一个高阶难题，在方法和实验技术上都需要特别注意。本章详细介绍了测量高速放大器稳定时间的具体方法，并评估了其性能。八个附录介绍了相关的知识点。

关于声学测温法的介绍（27）

声学测温是一种神秘、简单的温度测量技术。由于声音具有温度依赖性，测量声音在介质上的传输时间，也就能得到温度了。该介质可能是固体、液体或气体。声学温度计能在传统意义上传感器无法工作的环境中发挥作用，如极端温度下，传感器遭受毁灭性的物理破坏和核反应堆。本章从理论、实践两方面，介绍了声学温度计的电路和传感器的工作细节。两个附录介绍了校准方法，并给出了完整的软件清单。

新功率缓冲器的应用

14

Jim Williams

系统通常需要驱动模拟信号进入非线性或无功率负载。电缆、变压器、制动器、马达以及采样保持电路都需要具备驱动难度较高负载的能力。虽然市场上已有若干电源缓冲放大器，但没有一个对于驱动难度负载进行了优化。LT®1010可以隔离、驱动几乎所有的无功负载，还提供了电流限制和防止输出故障的热过载保护装置。良好的速度、输出保护、无功负载驱动能力（请参阅框饰部分的“LT1010一览”）的结合使该装置可以广泛用于很多实际应用。

缓冲输出线路驱动器

如图14.1所示，LT1010位于运算放大器循环反馈环路中。在低频时，缓冲器处于反馈回路之内，其失调电压和增益误差均可忽略。频率较高时，反馈通过C_{FSO}负载电容，而负载相移抵消了缓冲区输出阻抗，所以不会导致环路不稳定。

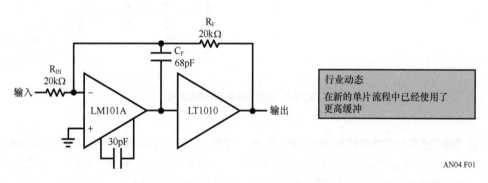

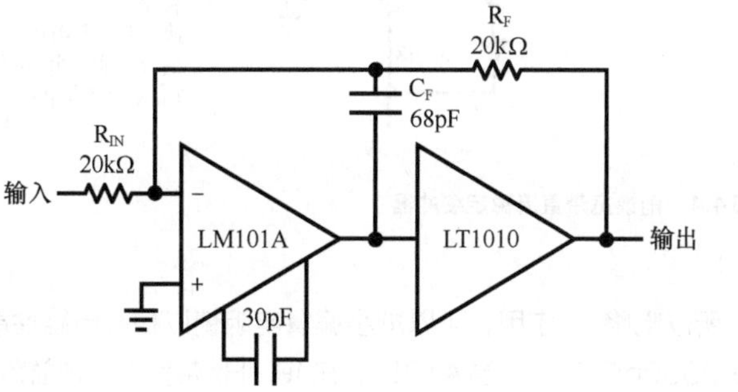

行业动态

在新的单片流程中已经使用了更高缓冲

图14.1　基于LT1010的实际升压运算放大器

快速稳定的缓冲放大器

图14.2显示了该配置驱动50Ω-0.33μF负载的情形。波形干净利落，阻尼控制良好。将负载电容C毫无理由地增大到2mF时，电路仍然稳定（见图14.3中的迹线A），虽然说大的电容需要从LT1010处获得大量电流（迹线B）。调节R_F-C_F时间常数可以改善阻尼。

虽然这个电路很有用，但其速度受限于运算放大器。

图14.4所示电路给出了消除这种限制的方法，同时还保持了良好的直流特性。这里，LT1010结合了VT1-VT3构成的宽频带增益级，形成快速反相结构。LT1008运算放大器对该级电路进行直流稳定，主要手段是通过偏置VT2-VT3的发射极，强制电路求和节点为直流零电平。适当设置快速级和运算放大器的滚降，可使电路响应整体平滑流畅。

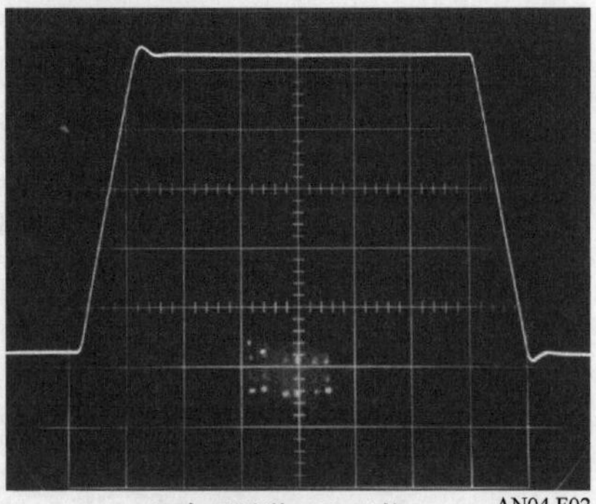

图14.2

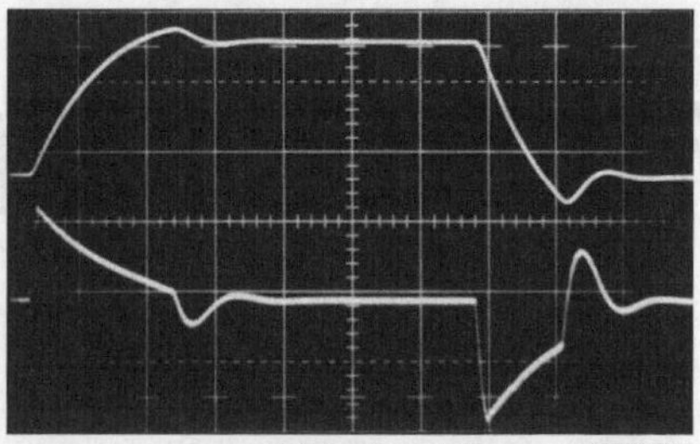

图14.3

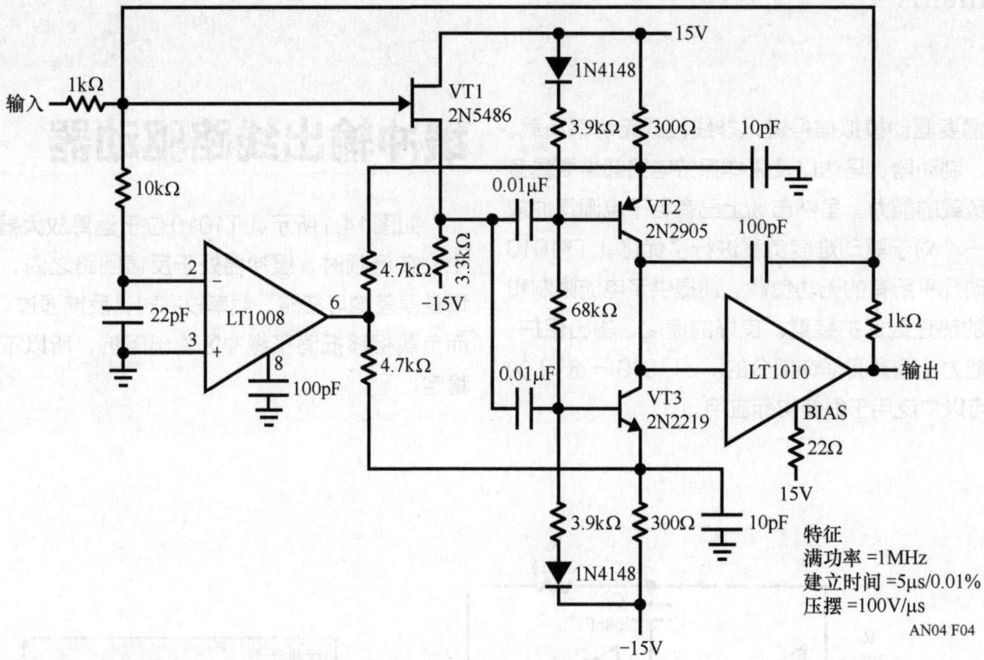

图14.4 前馈宽带直流稳定缓冲器

由于电路的直流稳定通路与缓冲器是并联的，所以电路可以高速运行。图14.5显示了该电路驱动600Ω-2500pF负载时的情形。虽然负载较重，但输出（迹线B）能够以-1的增益很好地追踪输入（迹线A）。

视频线路驱动放大器

在很多应用中，直流稳定性是不重要的，但是交流增益却是不可或缺的。图14.6展示了如何将LT1010的负载处理能力与快速分立增益级相结合。VT1和VT2构成了一个单端差分级，提供输入给LT1010。容性端接反馈分频器使电路的直流增益为1，同时允许交流增益到10。电路使用20Ω偏置电阻（参见框饰部分），该电路可以给典型的75Ω负载提供1V（峰峰值）的信号。对NTSC需求较为敏感的应用，可以减小偏置电阻值以提高电路性能。

当A=2时，在10MHz带宽内，增益范围在0.5dB以内，-3dB点在16MHz处。当A=10时，增益平坦（4MHz处为±0.5dB），-3dB点在8MHz处。峰值调整应该在输出负载条件下进行最优化。

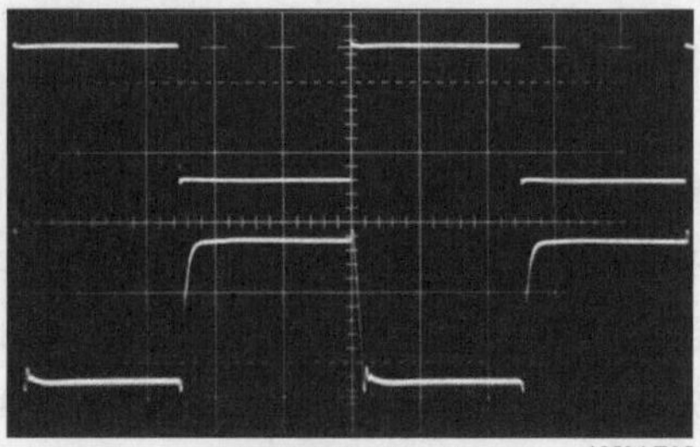

图14.5

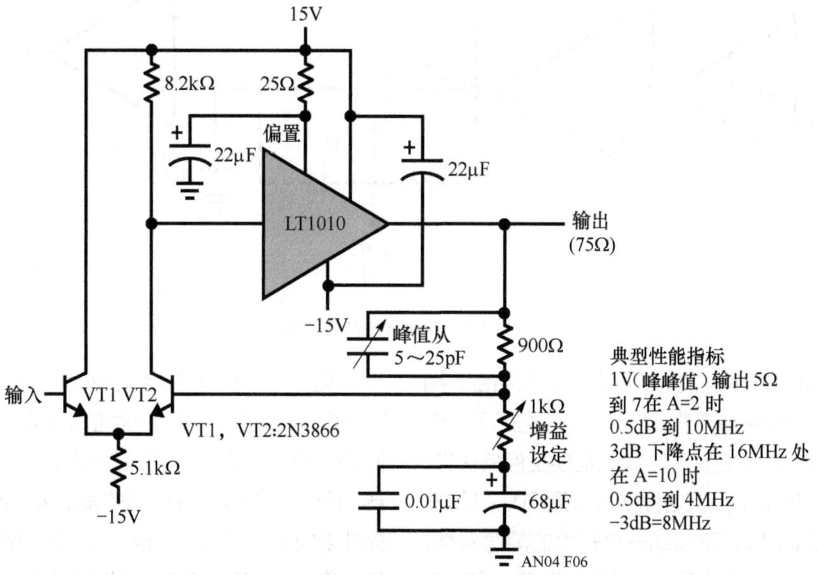

图14.6 视频线路驱动放大器

图14.7给出了一个视频信号分配放大器。在这个示例中，电阻器被包括在输出线路中，以隔离来自未端接传输线的反射。如果传输线特性已知，电阻可以被移除。为了满足NTSC增益的相位要求，增加了一个较小值的增强电阻。每个1V(峰峰值)通道的输出基本上都是平坦的，通过6MHz的带宽进入到75Ω的负载中。

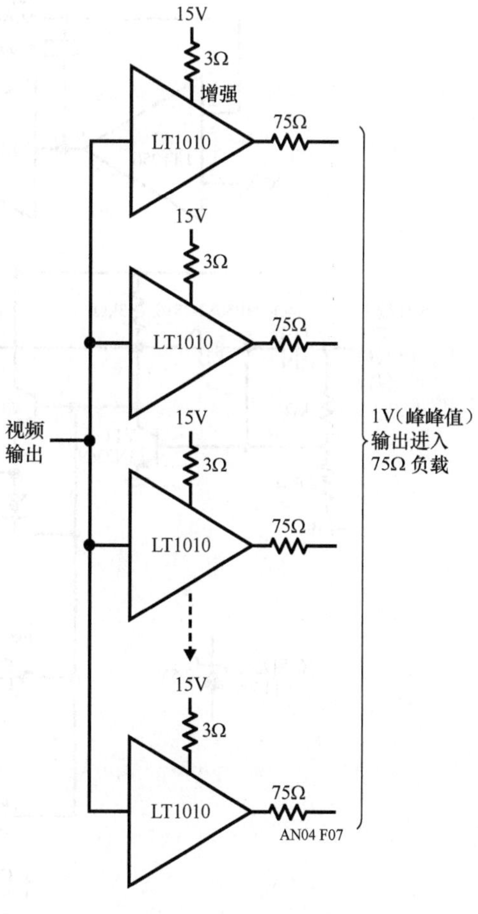

图 14.7 视频分配放大器

快速精密采样保持电路

采样保持电路需要高容性负载驱动能力，以实现快速采样时间。此外，需要进行一些折中以获得一个良好的设计。图14.8所示的概念电路说明了可能遇到的问题。快速采样要求较高的充电电流和动态稳定性，这将由LT1010提供。为了得到合理的下降率，需要一个大小合适的保持电容。如果电容过大，则场效应管的开关导通电阻会影响采样时间。如果场效应管是导通电阻较低，则寄生栅极-源极电容将变得显著，并且在栅极关闭时，大量电荷将从保持电容中移除。这一电荷移除将导致存储的电压突然改变，使得电路切换到保持模式。该现象称为“保持阶跃”，限制了电路精度。通过增加保持电容的值可以解决该问题，但是又会影响采集时间。最终，由于需要TTL兼容的输入，所以场效应管需要一个电平搬移。该电平搬移必须在整个电路的输入范围内，快速地提供足够的夹断电压。延迟将导致孔径误差，引入动态采样的不准确性。

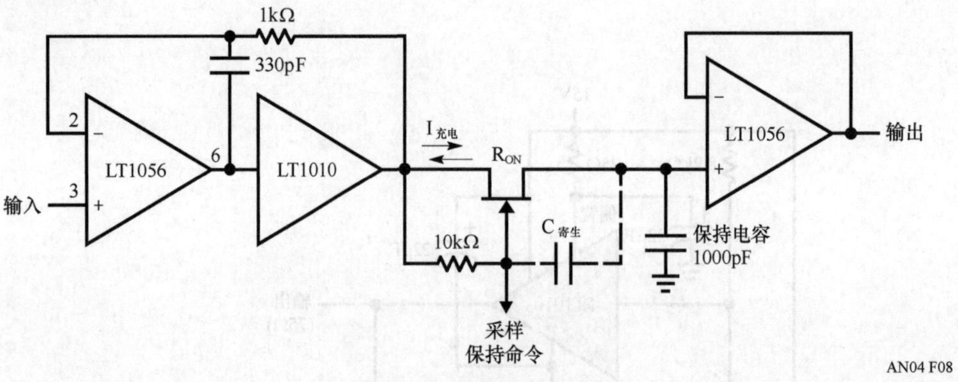

图14.8 采样保持的概念图

图14.9所示电路将LT1010与其他的一些技术相结合，构成了一个快速、精确的采样保持电路。VT1～VT4构成了一个非常快的TTL电平兼容的电平搬移。TTL输入切换至保持状态，到VT6关闭的总延迟是16ns。贝克钳位VT1偏置到VT3的发射极，切换电平搬移器VT4。VT2驱动一个较大的前馈网络，加速VT4的切换。这一级电路会出现一些低孔径误差，同时为VT6的栅极提供必要的电平搬移。保持阶跃误差源于VT6的寄生栅源电容，由VT5和LT318A放大器（A3）来补偿。

通过VT6寄生电容移除的电荷量是与信号相关的（Q=CV）。为了补偿这种误差，A2测量电路的输出，偏置VT5开关。每次电路切换到保持模式时，适量的电荷会通过电位器-15pF网络传递到VT5的发射极。该电荷量是依照一定比例来补偿由于VT6寄生参数造成的电荷移除的。A3的反向输入端被偏置，所以负供电电压发生搬移的，这改变了从寄生电容流出的电荷，从而补偿了部分电荷。设置补偿时，将输入信号接地，钟控S-H线路，调节电位器来设置，使电路输出端的扰动最小。

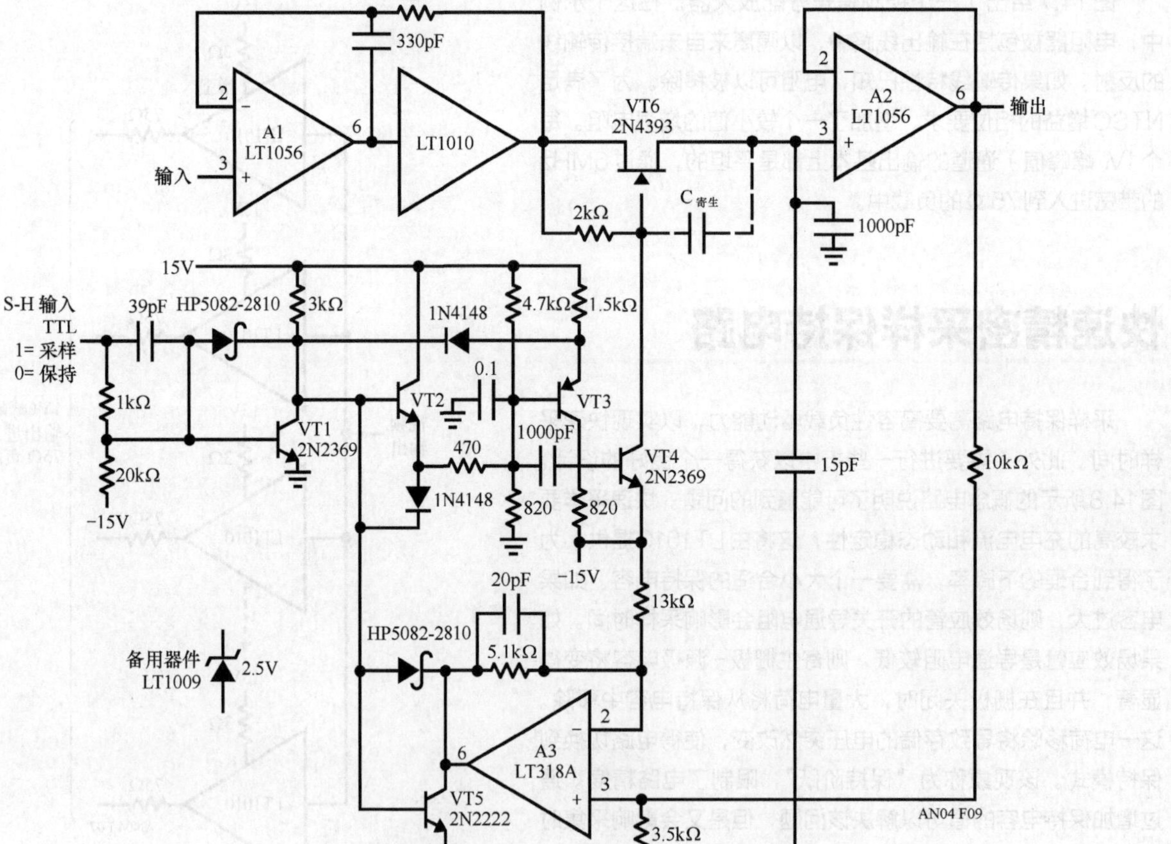

图14.9 具有保持阶跃补偿的高速采样与保持电路

图14.10显示了电路的工作情况。当采样保持输入（线迹A，图14.10）进入保持状态，充电停止；从输出（线迹B）来看，100ns范围内，保持阶跃误差低于250μV。如果没有补偿，误差将是50mV（见图14.11中的线迹B，线迹A是采样保持输入）。

图14.12显示了LT1010对快速获取的贡献。该图中，电路获取10V信号。线迹A是采样保持输入，线迹B展示了LT1010提供超过100mA电流至保持电容的情况，线迹C描绘了输出值转换以及稳定到最终值的过程。注意，采样时间受限于放大器稳定时间，而不是电容充电时间。相关指标包括：

采集时间：22μs内达到0.01%

保持稳定时间：从低于100ns到1mV

孔径时间：16ns

电机速度控制

图14.13充分显示了LT1010驱动较难负载的能力。在图中，缓冲器驱动电动机和转速计的组合。转速计信号作为反馈信号与参考电流相比较，LM301A放大器构成一个闭合控制回路。图中0.47μF电容用于提供稳定的补偿。因为转速计的输出是双极性的，所以速度在两个方向上都是可控的，并且在穿过零点处时具有干净的转换。LT1010的热保护在本应用中特别有用，将防止该器件在机械过载或者在故障中损坏。

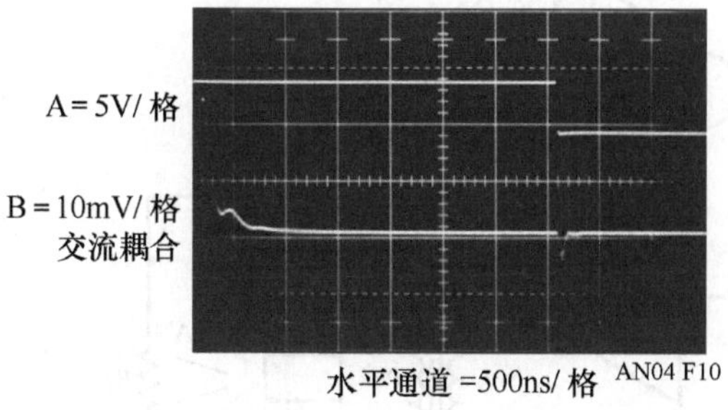

图14.10

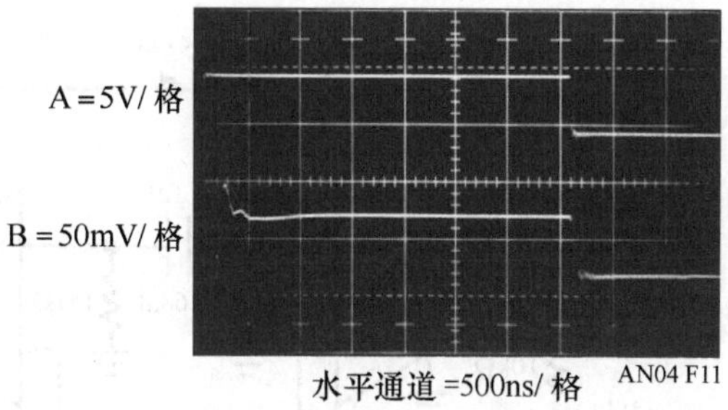

图14.11

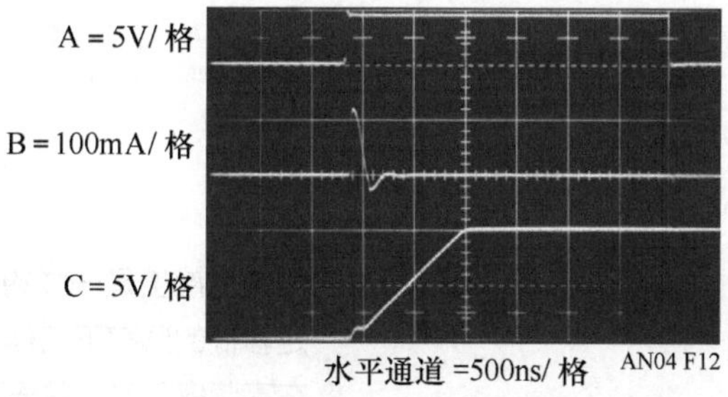

图14.12

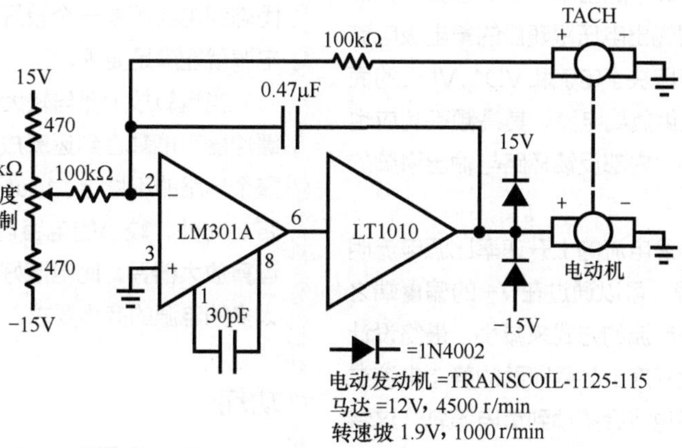

图14.13 超载保护电动机调速器

基于风扇的温度控制器

图14.14给出了一种用LT1010控制风扇电动机转速来调节仪表温度的方法。所采用的风扇是新的静电类型，由于它不包含易损件，因而具有很高的可靠性。这些设备需要高压驱动器。通电时热敏电阻（位于风扇排气流处）的值比较高。这将使A3放大器驱动桥不平衡，导致A1没有供电电源，所以风扇也就不会运转。随着仪表外壳变暖，热敏电阻值一直减小直到A3开始振荡。A2提供隔离和增益，A4驱动变压器为风扇产生高电压。这样，该环路通过控制风扇的抽气速度，保持了仪器温度的稳定。在这种配置下，跨接误差放大器引脚两端的100μF电容的时间常数是一个典型值。快速的时间常数将在该伺服系统中产生能够听到的、讨厌的“狩猎声”。时间常数和增益的最优值依赖于被控制外壳的热学和气流特性。

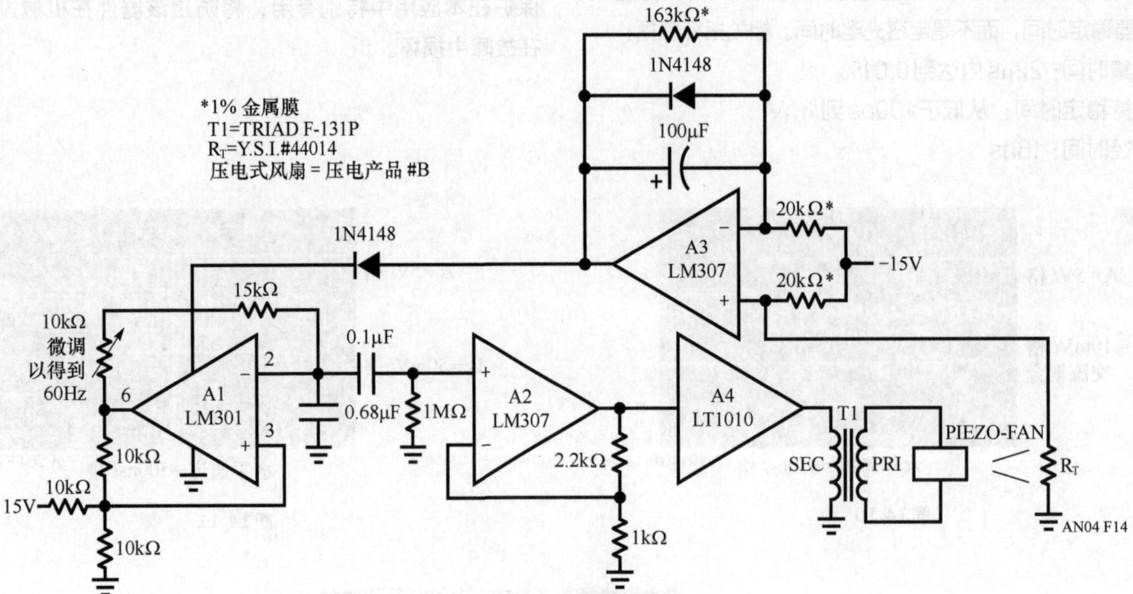

图14.14 压电式风扇伺服

LT1010概览

R.J.Widlar

原理图描述了缓冲器设计中的基本要素。运算放大器驱动输出晶体管VT3，使得输出电压跟随器的集电极电流永远不低于静态值（静态值取决于电流和VD1、VD2的面积比）。因此，即使VT3提供负载电流，其高频率响应也只是一个简单的电压跟随器。内部反馈环路与输出引脚的容性负载效应是隔离的。

该方案不太完美，因为灌电流的上升速率比源电流明显要慢。这种速度上的差异，可以通过在V+的偏置端之间连接一个电阻以提高静态电流的方式来减小。最终设计的特点是，输出电阻在很大程度上与跟随器的静态电流或者输出负载电流无关。输出也将会摆动到负电源轨，这特别适用于单电源供电的情形。

就稳定性而言，缓冲区对电源旁路和较低速运算放大器的敏感度是一样的。0.1μF瓷片电容要求运算放大器在足够低的频率下工作。保持较短的电容引脚，特别是工作在高频率下时，需要更加谨慎地使用地平面。

不充足的电源旁路，可能减小缓冲器的压摆率。在输出电流变化大于100 mA/μs时，在两个电源上使用10μF固态钽电容器是一个较好的方法，只要从正电源旁路到负电源就能满足要求。

当运算放大器与较大负载（阻性或容性）结合使用时，缓冲器可能耦合到运算放大器的公共供电引线，从而引起整个环路的不稳定。10μF固态钽电容器一般能实现充分旁路。此外，较小的电容可以与去耦电阻一起使用。有时，运算放大器具有比电源好很多的高频抑制特性，所以没有太多的电源的旁路要求。

功耗

在很多应用中，LT1010需要散热。在静态空气中，对于TO-39封装热阻是150℃/W，而TO-3封装的热阻是60℃/W。空气循环、散热器或将TO-3封装安置在印制电路板上都会减少热阻。

在直流电路中，缓冲器的热耗散是很容易计算的。在交流电路中，信号波形和负载性质决定了热耗散。峰值耗散可以是多种无功负荷条件下的平均。驱动大负载电容时，确定耗散就显得尤为重要。

过载保护

LT1010有瞬时电流限制和热过载保护。折返电流限制没有使用，使缓冲器在驱动复杂负载时没有任何限制。因为这一点，它的功耗能够超过连续时间的额定功率。

通常情况下，过热保护将限制功耗并防止损坏。然而，输出晶体管两端电压超过30V时，热限制通过限制电流来保护电路还是不够快的。输出晶体管两端电压在40V，只要负载电流不超过150mA，热保护都是有效的。

驱动阻抗

当驱动容性负载时，高频时需要用低源阻抗来驱动LT1010。所以一些低功耗运算放大器无法使用。另外还要注意避免产生振荡，尤其是低温条件下。

使用200pF以上的电容来旁路缓冲器输入可以解决该问题。提高工作电流也是一种解决方法，但只适用于TO-3封装。

LT1010 的基本情况

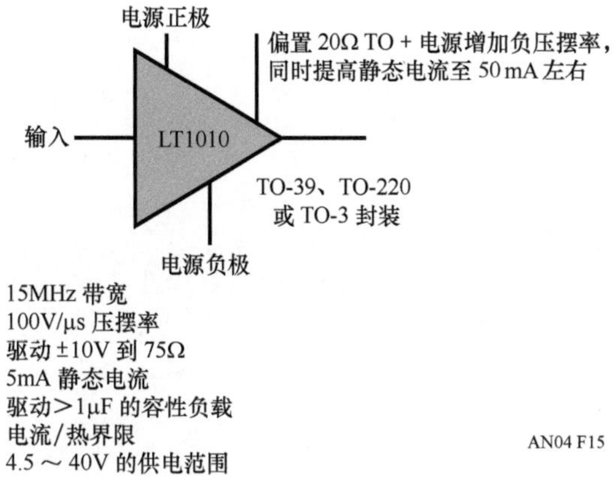

AN04 F15

LT1010 的概念图

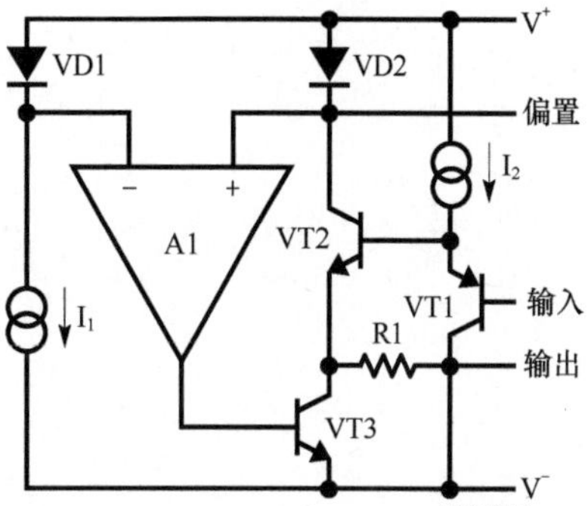

AN04 F16

测量和控制电路中的热技术

15

Jim Williams

由于温度和电子设备间的关系密切，在设计中最让人头痛，所以设计人员需要花费大量的时间来解决热效应问题。

实际上，电路上的热寄生现象并非一定要进行消除或补偿，我们可以尽量利用它。尤其是通过热技术进行测量并实现电路控制，从而找到解决问题的新方法。最明显的例子就是温度控制。熟悉温度控制回路中的热学问题，可以构建热学电路，虽然不是特别明显，但非常实用。

温度控制器

图15.1给出了小烤箱中的精确温度控制器。通电时，热敏电阻器（负温度系数器件）的值较高。A1正向饱和，迫使LT®3525A开关稳压器输出低电平以偏置VT1。随着加热器升温，热敏电阻值逐渐减少。当输入达到最终平衡时，A1进入饱和状态，LT3525A通过VT1脉宽调制加热器，构成了反馈路径。其中，A1提供增益，LT3525A提供较高的效率。2kHz的脉冲宽度调制加热器的功率比热回路的响应速度更快，所以烤箱中有一个均衡、连续的热流。

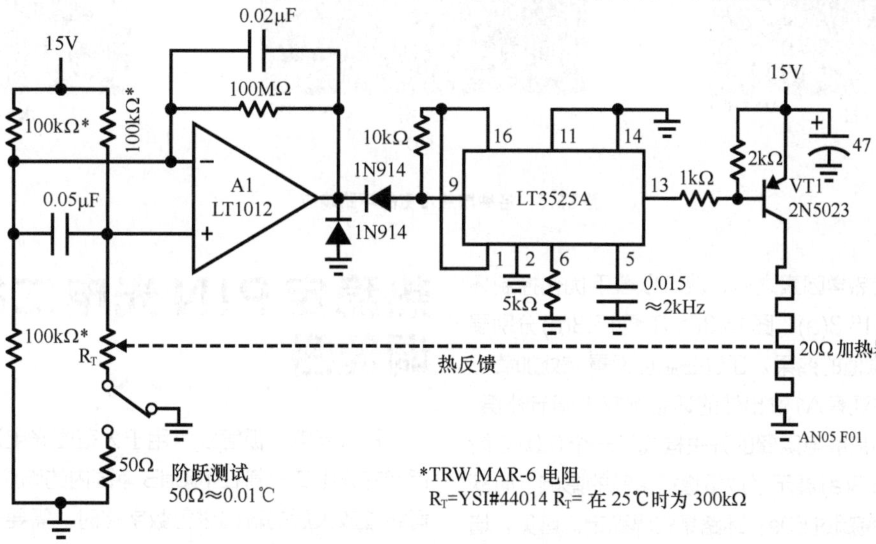

图15.1 精密温度控制器

高性能控制的关键是使A1的增益带宽与热反馈路径相匹配。从理论上来说，这很容易实现，只需要使用常规伺服反馈技术就可以了。而实际上，较长的时间常数和热学系统中固有延迟的不确定性是一个很大的挑战。在热控制系统中，伺服系统和振荡器之间的不协调尤为明显。

可以用电阻和电容网络对热控制回路进行简单的建模。这些电阻等价于热电阻，电容等价于热容量。如图15.2所示，加热器、加热器传感器接口以及传感器都具有阻容特性，这些都贡献了热学系统响应的总延迟。为了防止振荡，A1的增益带宽必须加以限制以应对该延迟。由于良好的控制需要较高的增益带宽，所以必须要求延迟最小化。加热器物理尺寸和电阻率的选择，为加热器时间常数增加了一些可控的元素。可以将传感器与加热器紧邻放置，以此来最小化加热器-传感器接口的时间常数。

相对于传感器所处热环境的空间，选择尺寸较小的传感器，可以达到最小化传感器的RC值的目的。显然，如果烤箱是厚为6in的铝，则不必要采用最小的传感器。相反，如果是控制1/16英寸厚度的玻璃纤维镜片的温度，一个极小的传感器（例如高速传感器）则是必须的。

当加热器和传感器相关的热时间常数最小化之后，必须选择某种类型的绝缘系统。该绝缘系统是用来降低耗损率的，这样温度控制设备就能跟得上损耗了。对于任何系统来说，加热器-传感器时间常数和绝缘时间常数之间的比率越高，回路的控制性能就会越好。

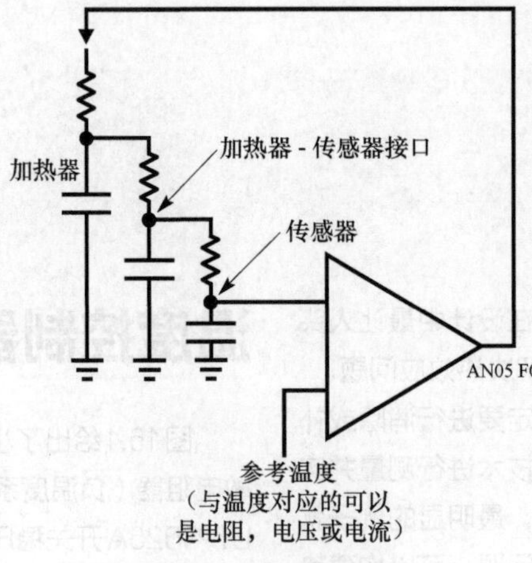

图 15.2 热控制回路模型

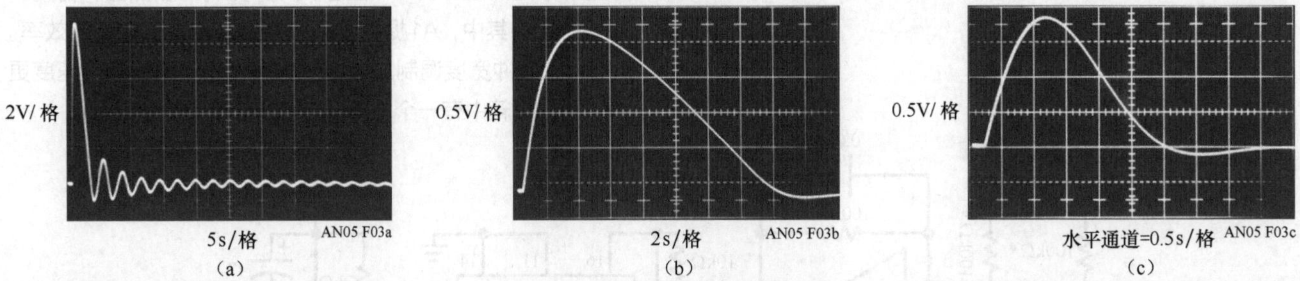

图 15.3 各种增益带宽的环路响应

充分考虑了这些热学因素之后，就可以着手优化控制环路的增益带宽了。图15.3(a)、图15.3(b)和图15.3(c)分别展示了在A1处不同补偿值的效果。通过在温度设置点处加载一个小的阶跃信号，并观察A1输出处的环路响应来调节补偿。50Ω电阻以及电桥中热敏电阻臂的开关构成了一个0.01℃阶跃信号发生器。图15.3(a)展示了过量增益带宽的影响。阶跃变化迫使阻尼响铃振荡超过50s！环路是临界稳定。可见，增加A1的增益带宽（GBW）将迫使电路振荡。图15.3(b)显示了当GBW减少时的情况。在这种情况下，环路建立得更快、更加受控。该波形阻尼时，可以在不影响稳定性的情况下，获得更高的增益带宽。图15.3(c)展示了给定补偿值下的响应，是一个几乎理想的临界阻尼恢复。环路在4s内即可稳定。以这种方式优化烤箱很容易将外部温度偏移衰减为千分之几，并且没有过冲或者过度拖尾。

热稳定PIN光电二极管信号调理器

PIN光电二极管经常用于大范围光电测量，在图15.4中指定的光电二极管在100dB范围内的响应是线性的。将二极管线性放大后的输出进行数字化时，需要一个具有17位范围的模数转换器。在信号调理电路中，通过对数压缩二极管输出，可以消除这一要求。对数放大器利用了晶体管中V_{BE}和集电极电流之间的对数关系。这种特性对温度很敏感，并且需要考虑特殊的元件和布局，才能达到良好的效果。图15.4所示的电路对光电二极管的输出信号进行了对数调理，不需要特殊的元件或者布局。

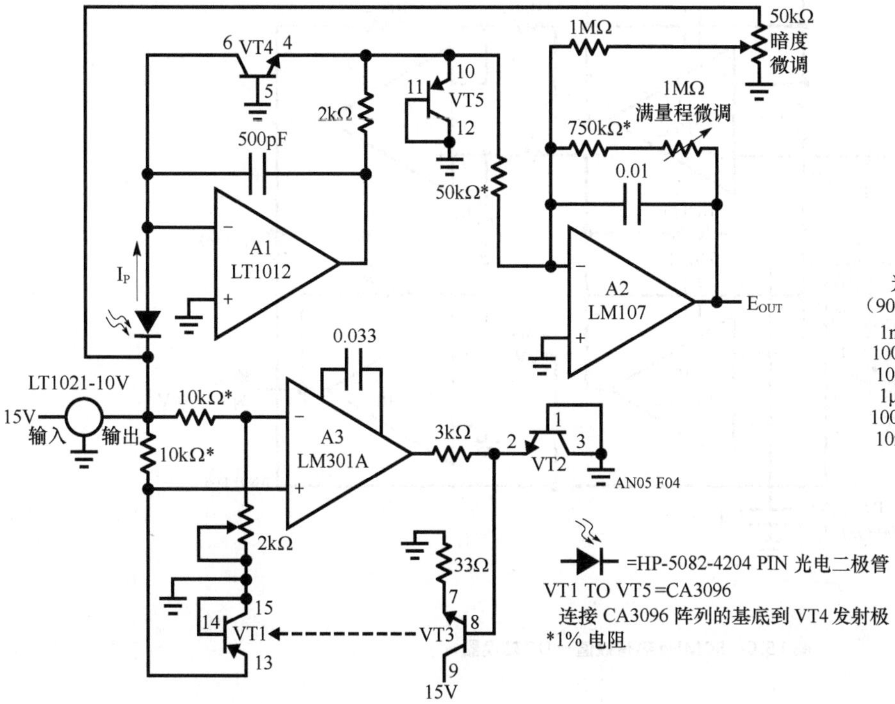

响应数据

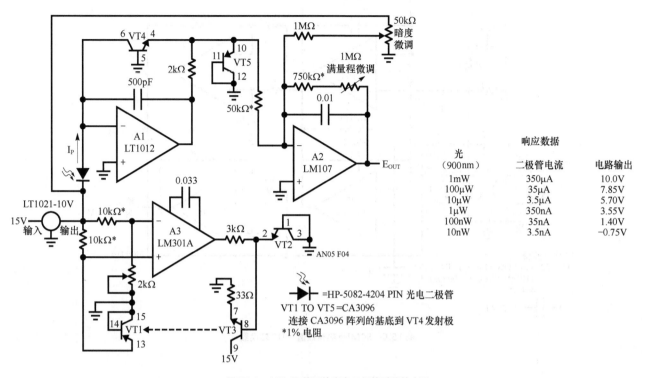

光（900nm）	二极管电流	电路输出
1mW	350μA	10.0V
100μW	35μA	7.85V
10μW	3.5μA	5.70V
1μW	350nA	3.55V
100nW	35nA	1.40V
10nW	3.5nA	−0.75V

图15.4　100dB范围的光电二极管对数放大器

A1和VT4通过对数传递函数将二极管的光电流转换为电压信号。A2提供偏移和额外的增益。A3及其相关元件构成温度控制环路，以保持VT4恒温（该电路中所有的晶体管都是CA3096单片阵列的组成部分）。如果电路在所示的位置使用阵列中的晶体管，那么A3补偿引脚处的0.033μF电容值便能够提供良好的环路阻尼。这些器件位置的选取是为了最优化VT4的控制。因为阵列芯片的尺寸小，所以响应快速而且干净。一个全幅阶跃信号稳定到最终值仅需250ms（见图15.5）。使用该电路时，首先设置热控制回路，即将VT3基极接地，并调节2kΩ的滑动变阻器使得A3的负输入端电压比正输入端电压低55mV。这将伺服设置点设定在50℃左右［25℃(环境温度)+2.2mV/℃×25℃(升温)=55mV=50℃］。断开VT3基极接地连接，该阵列将达到这一温度。接下来，将光电二极管放置在一个完全黑暗的环境中，并调整“暗度微调”，使A2的输出为0V。最后，加载或者通过电学模拟1mW的光（见图表，图15.4），并设置满量程微调以得到10V输出。调整完成之后，电路将对数响应10nW～1mW的光输入，其精度受限于二极管的1%误差。

50MHz带宽热RMS→直流转换器

将交流波形转换为其等效直流功率值，通常需要经过整流、求均值或使用模拟计算等方法来完成。整流、均值仅仅适用于正弦波输入，模拟计算方法仅限于频率低于500kHz的交流波形。频率超过500kHz时，上述方法的精度降低，低于仪器仪表的有效范围。此外，当波峰因素大于10时，读数误差显著。

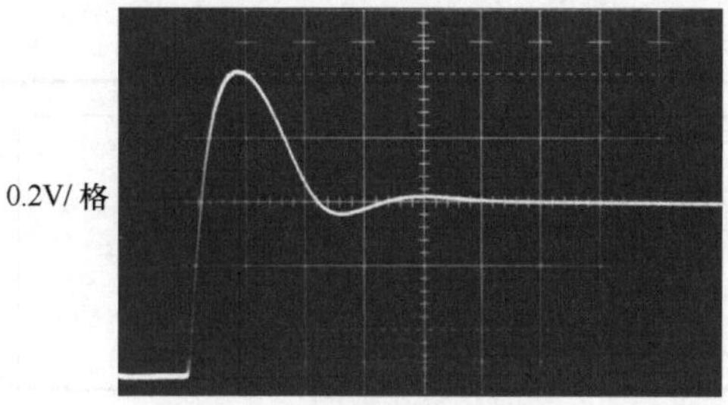

图15.5　图15.4所示电路的热回路响应

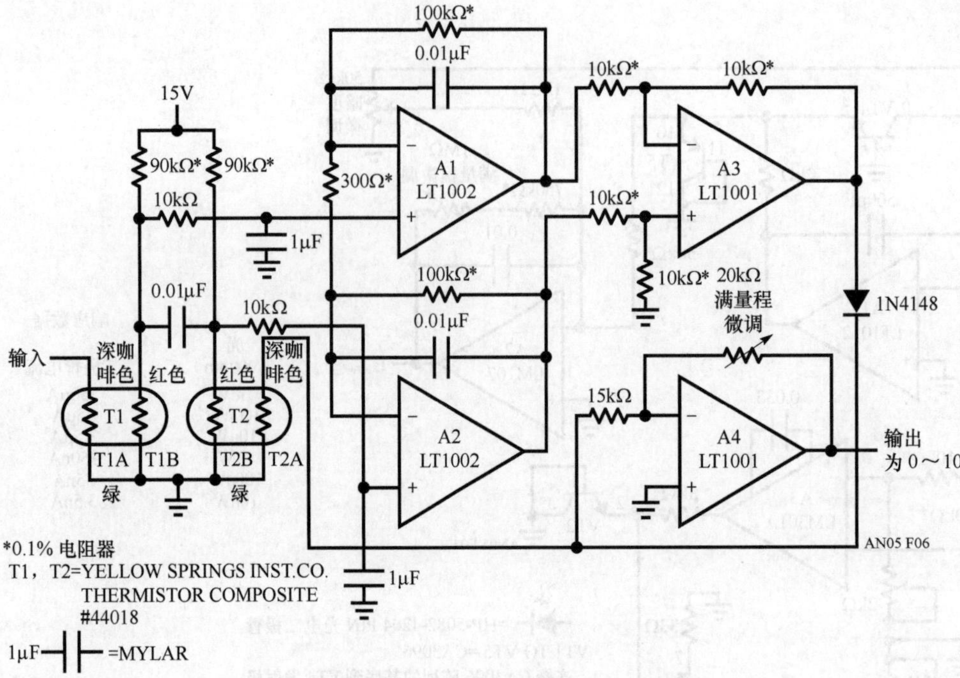

图15.6 50MHz热有效值→DC转换器

直接测量波形的真实功率值是达到宽带宽和高波峰因素性能的一种方法。图15.6所示电路用以实现该功能，测量输入波形的直流热功率。采用热技术对输入波形进行积分，在2%的精度内，很容易实现 50MHz带宽。此外，由于热积分器输出是低频的，所以不需要宽带电路。该电路采用标准元件，不需要特殊的调整技术。该电路主要是基于测量用以保持相同温度下相互热去耦的两个相似物体所需的功率来实现的。输入加载到双热敏电阻珠T1上。该电阻一端（T1A）消耗的功率迫使另一端（T/B）的阻值下降，使得由另一个双热敏电阻珠和90kΩ电阻构成的电桥失衡。这一失衡被A1-A2-A3组合放大。A3的输出加载到第二个双热敏电阻珠T2上。T2A加热后，引起T2B阻值减小。在T2B阻值下降后，电桥达到平衡。A3的输出调节对A2的驱动，直到T1B和T2B阻值相等。这样，T2A的电压等于电路输入的均方根值。事实上，T1和T2之间质量的微小差距将会导致增益误差，这一误差将由A4消除。A1、A2之间的RC滤波器和0.01μF电容用以消除由于T1A、T1B之间容性耦合造成的高频误差。A3输出线路上的二极管防止电路进入闭锁状态。

图15.7详细说明了本文推荐的热敏电阻的热学结构。泡沫塑料块提供了热隔离环境，热敏电阻引线处的绕线减少了外界环境的热管效应。器件之间2英寸的距离，让它们在没有接触的情况下，处于相同的热环境中。为了校正这个电路，加载10V直流输入电压，调整满量程微调以使A4的输出为10V输出。对于从直流到50MHz、300mV至10V的输入信号，电路的精度保持在2%以内。波峰因子为100：1，由此导致的额外误差小于0.1%，响应时间达到额定精度（5s）。

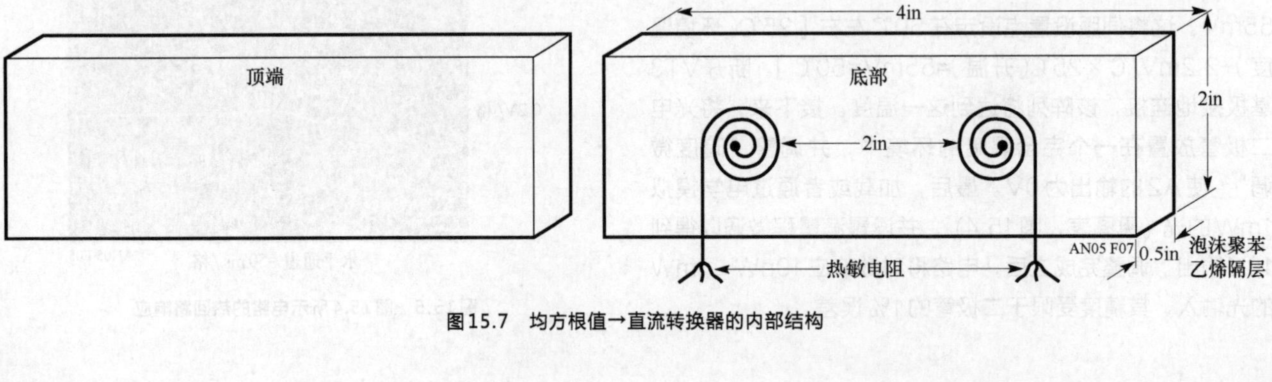

图15.7 均方根值→直流转换器的内部结构

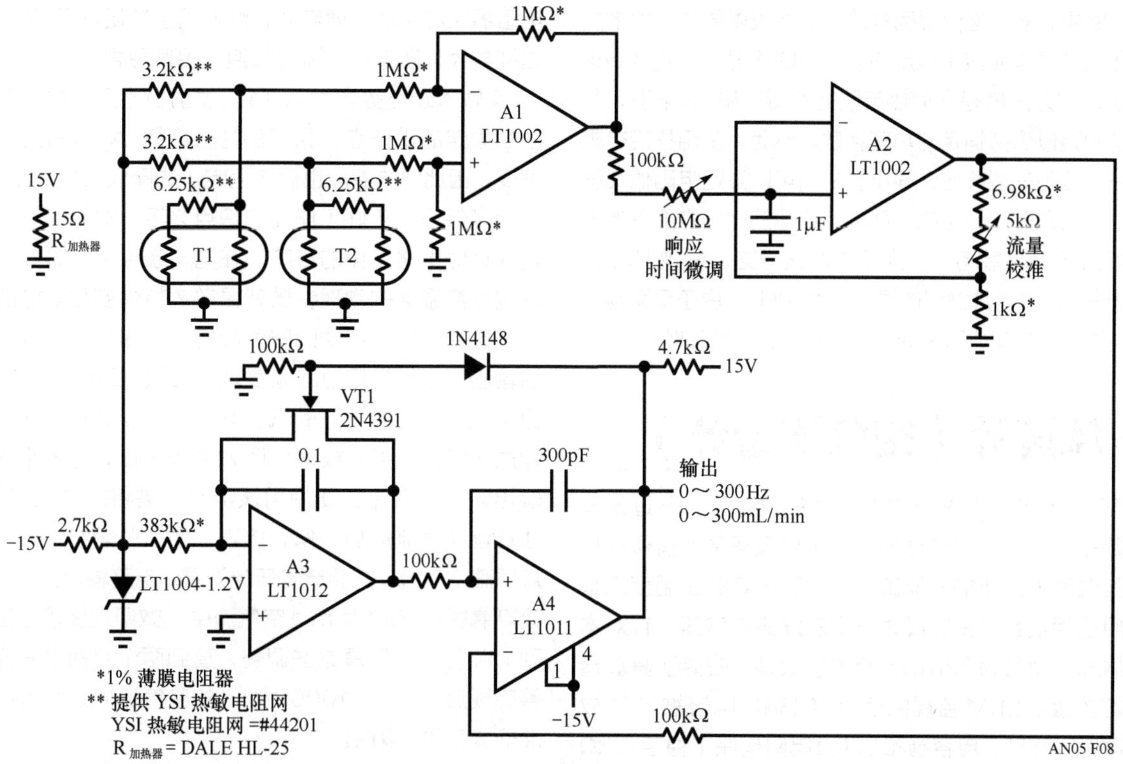

图15.8 液体流量计

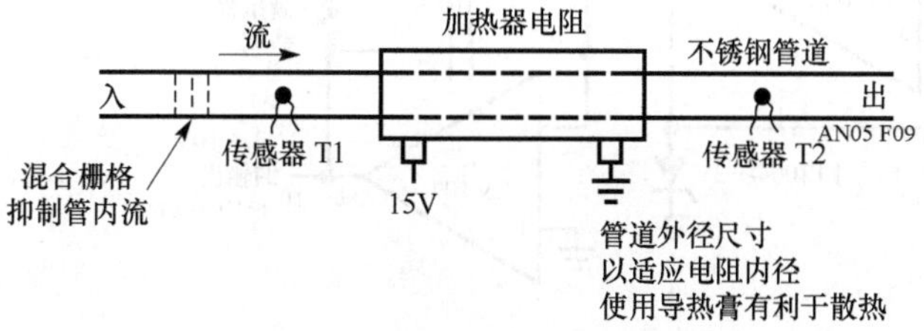

图15.9 流量计换能器的详细信息

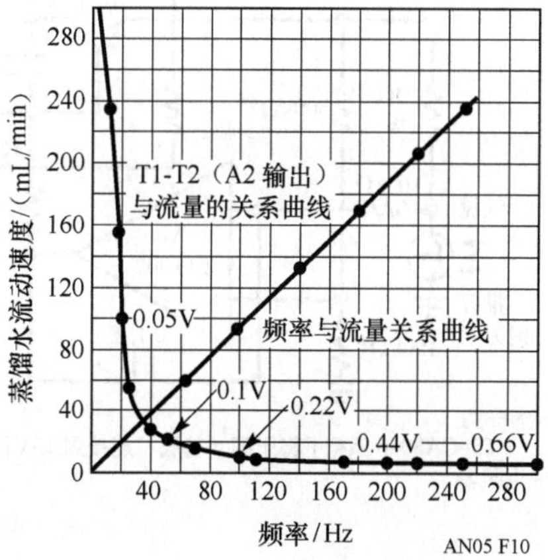

图15.10 流量计响应数据

低流速热流量计

测量流体中的低流速有很大的困难。“水轮”以及铰链叶片式传感器在低流速时，有着很小而且不准确的输出。类似于医学或者生物化学技术需要小直径管道，此时，该传感技术在机械上不切实际。图15.8展示了一个基于热的流量计，在低至1mL/min的流速时仍具有高精度，并且输出是一个频率信号，与流速是呈线性关系的。这个设计用于测量两个传感器之间的温度差（见图15.9）。一个传感器T1位于加热器电阻前端，测试液体在被电阻加热之前的温度。第二个传感器T2，检测由于电阻加热所引起的温度上升。传感器的差分信号出现在A1的输出端。A2将这一差分信号放大，时间常数由10MΩ可调电阻设置。图15.10展示了A2输出与流速之间的关系。该函数呈反比。A3和A4将这一关系进行线性化，同时提供一个频率输出（见图15.10）。A3作为一个积分器，由LT1004和383kΩ输入电阻偏置。它的输出在A4处直接与A2的输出进行比较。来自A2的较大输入信号将迫使积分器在A4转换为高电平之前运行一个较长的时间，将VT1开启并使得A3复位。对于来自A2的较小输入信号，在复位动作之前的很长时间内，A3并不需要进行积分。因此，这一配置在与A2输出电压成反比的频率处振荡。由于这个电压与流速成反比，振荡器频率与流速是呈线性关系的。

该电路中，对一些热量因素的考虑是很重要的。为维持校准，散耗的功率应该是恒定的。理想的情况下，要做到这一点，最好的办法就是在加热电阻处测量V和I的乘积，并设置控制回路以保持恒定的功率耗散。然而，使用指定电阻时，其在温度下的漂移应该很小，从而可以假定电阻值在固定电压驱动加热时是恒定的。此外，流体的比热容会影响校准。曲线所示的是蒸馏水。为了校准该电路，设置10mL/min的流速，调节校准微调使得输出为10Hz。由于受泵驱动系统的机械限制，响应时间的调整有利于过滤流速畸变。

热型风速计（空气流量计）

图15.11给出了另外一个基于热的流量计，不过该设计主要用来测量空气或气体流。其工作原理是测量保持加热电阻丝温度恒定所需的能量。小型发光灯的正温度系数与其易用性相结合，使它成为一个良好的传感器。针对本电路的情况，型号为328的灯经过了改装，去除了其玻璃外壳。灯放置在由A1监视的桥上。A1输出电流被VT1放大，反馈到驱动桥，电容器和220Ω电阻确保了稳定，2kΩ电阻器完成启动，通电后，灯泡阻值较低，VT1发射极试图达到最大，随着电流流过灯泡，温度急剧上升，阻值增大，A1负输入端电势增大。VT1的发射极电压下降，电路最终达到稳定的工作点。为了保持桥平衡，A1维持灯泡的电阻不变，因此它的温度也保持恒定。选择10kΩ−2kΩ的桥值，是为了保证灯正好工作在白炽点之下。这种高温减少了环境变化对电路工作的影响。在这些条件下，唯一可以显著影响灯泡温度的物理参数就是散热特性变化。灯的气流提供了这种变化，流动的空气趋向于冷却它，A1增加了VT1的输出，来维持灯泡的温度。VT1发射极电压是非线性的，但可以预测，这与灯的气流有关。A2、A3和该阵列晶体管构成的电路，平方放大VT1发射极电压，用一个线性校准输出对抗空气流。要使用该电路，需将灯放在空气流中，让灯丝与气流成90°角，接着，要么关闭空气流，要么让灯屏蔽空气流，并调节电压计为零，电路输出为0V。然后，让灯暴露在1000ft/min空气流中，微调满量程电位计，得到10V输出。重复这些调整，直到两个点都是固定的。调整完成后，在0～1000ft/min的空气流内，空气流量计的准确度在3%以内。

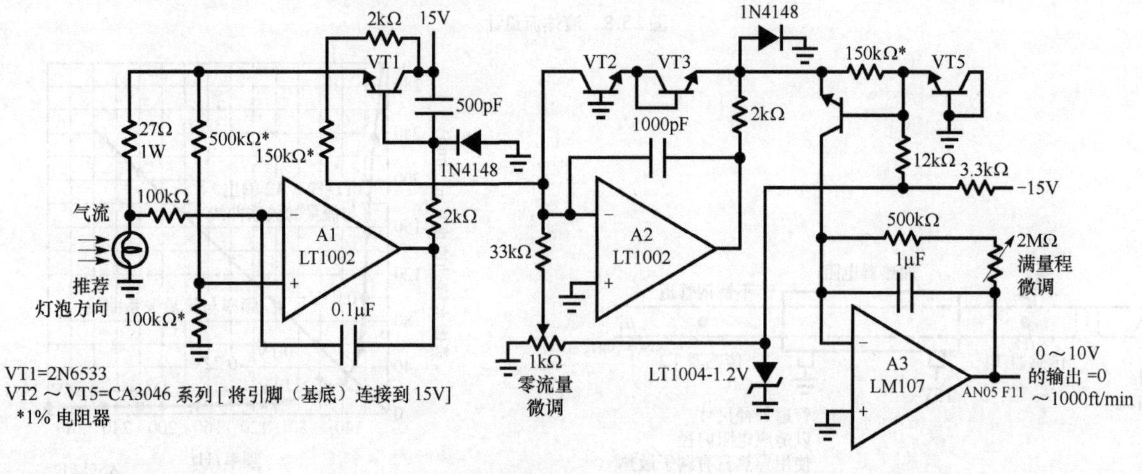

图15.11 热风速计

低失真、热稳定的文氏电桥振荡器

图15.12所示振荡器是在经典电路中，采用灯丝的正温度系数来实现振荡的。任何振荡器都需要控制振荡频率处的增益和相移。如果增益太低，则不会发生振荡。相反，过高增益会导致过度饱和。图15.12使用可变文氏桥提供频率调谐，调谐频率范围为20Hz～20kHz。增益控制源自于灯的正温度系数。通电时，灯管的电阻值较低，增益较高，所以振荡幅度建立。随着振幅建立，流过灯的电流增大，开始加热，从而使阻值上升。这将导致放大器增益的降低，从而使该电路建立了一个稳定的工作点。电路工作频率在20Hz～20kHz范围内，灯的增益调节平坦度在0.25dB内。灯管平稳并且受限地运行，再加上其结构简单，所以能产生良好结果。图15.13中的线迹A是电路在10kHz时的输出电压随时间的变化情况；线迹B是谐波失真，低于0.003%。由线迹可知，大多数失真是由于二次谐波分量和一些明显的交叉干扰造成的。在文氏网络中的低阻值和LT1037的3.8nV$\sqrt{\text{Hz}}$的噪声指标消除了放大器噪声误差。

在低频处，小型常规灯管的热时间常数引入的失真水平在0.01%以上。这是由于振荡器的频率“寻找”灯管热时间常数的过程引起的。可以以减少输出振幅、更长振幅建立时间为代价，将电路切换到低频率、低失真模式，来消除该现象。四个大型灯将有更长的热时间常数，所以失真会减小。图15.14所示的是电路失真与频率的曲线图。

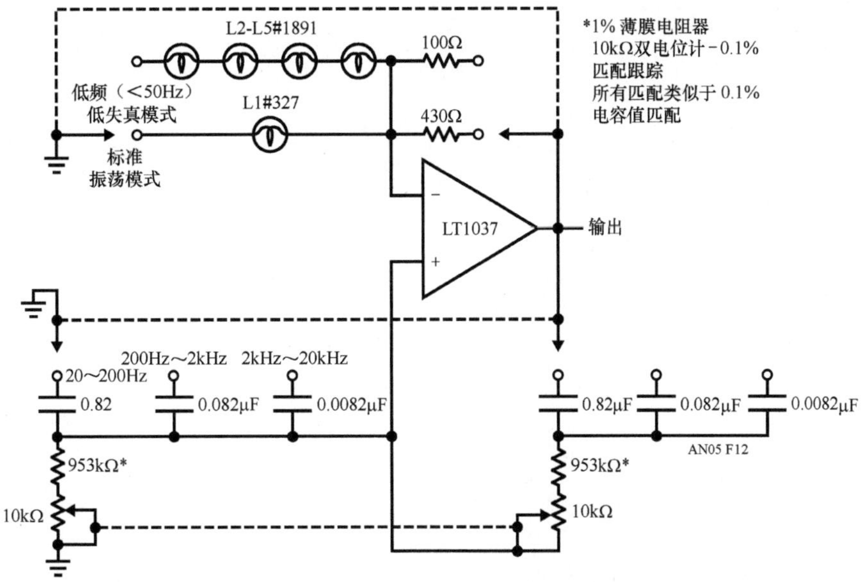

图15.12 低失真正弦波振荡器

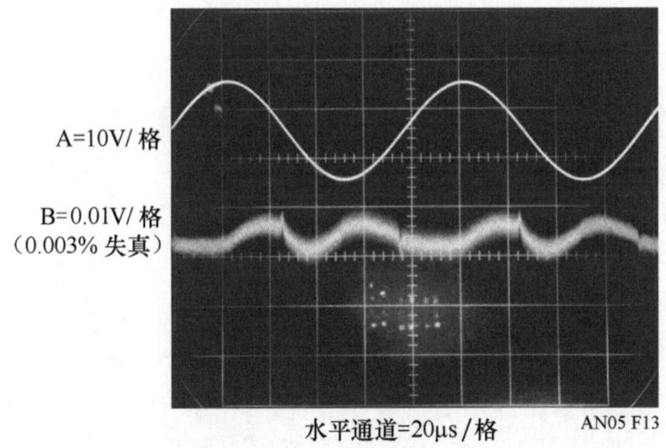

图15.13 振荡器波形

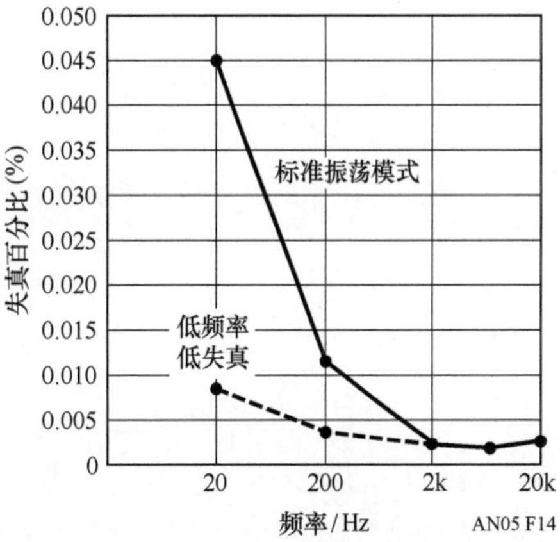

图15.14 振荡器的失真与频率

参考文献

1. Multiplier Application Guide, pp. 7-9,"Flowmeter," Analog Devices, Inc.,Norwood, Massachusetts

2. Olson, J.V., "A High Stability Temperature Controlled Oven," S.B. Thesis M.I.T.,Cambridge, Massachusetts,1974

3. PIN Photodiodes—5082-4200 Series,pp. 332–335, Optoelectronics Designers'Catalog, 1981, Hewlett Packard Company,Palo Alto, California

4. Y.S.I. Thermilinear Thermistor, #44018 Data Sheet, Yellow Springs Instrument Company, Yellow Springs, Ohio

5. Hewlett, William R.,"A New Type Resistance-Capacitor Oscillator," M.S.Thesis, Stanford University, Palo Alto,California, 1939

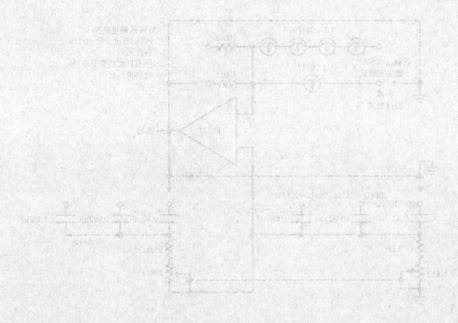

测量运算放大器稳定时间的方法

16

Jim Williams

伺服系统、数字模拟转换器以及数据采集放大器都需要具有良好的动态响应。特别是在阶跃输入之后，放大器稳定到最终值所需的稳定时间非常重要。使用这一指标可以设置电路的时间裕量，以确保生成数据的精确性。稳定时间是指从阶跃输入加载直至放大器保持在最终值的一定误差范围之内所花费的总时间长度。

图16.1展示了一种测量放大器稳定时间的方法（请参阅参考文献1,2和3）。这个环路使用的是“错误求和节点”技术。电阻器和放大器构成了一个桥式网络。假定电阻是理想的，当输入一个脉冲时，放大器的输出电压将会阶跃至该输入电压。在电压摆动过程中，示波器的探头以二极管为界，限制电压的摆幅。当信号稳定时，示波器探头的电压值应该是0。注意，电阻分压器衰减意味着探头输出电压是实际建立电压值的一半。

从理论上来说，使用该电路可以进行较小幅度的稳定时间测量。但在实际应用中，不能用它来进行有效测量，因为这个电路存在几个缺陷。该电路要求输入脉冲顶部平坦，且在测量的极限范围之内。典型情况下，对于10V阶跃信号来说，需要稳定到10mV或者更少误差范围之内。没有一种通用的脉冲发生器可以将输出幅度和噪声保持在这一限定的范围之内。当脉冲发生器输出所产生的误差出现在示波器探头时，将无法与放大器的输出误差相区别，从而产生不可靠结果。示波器连接会产生其他的问题。由于探头的电容变大，电路节点的交流负载将会影响观察到的稳定波形。20pF的探头可以缓减该问题，但是10倍衰减牺牲了示波器增益。1倍探头又不太合适，因为它具有过大的输入电容。比较适用的是有源1倍场效应晶体管探头，不过它也存在其他问题。

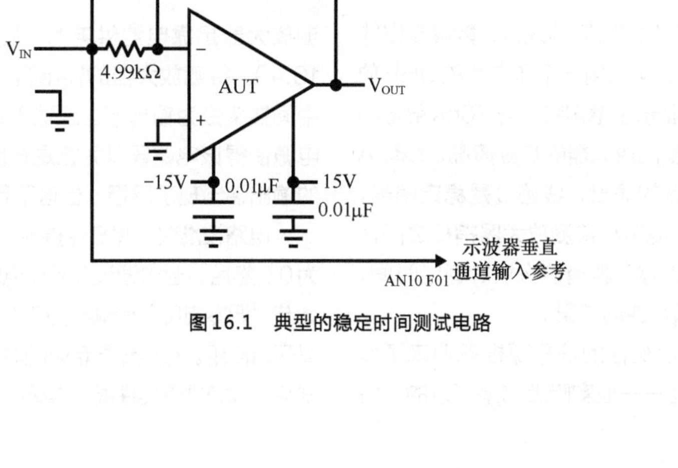

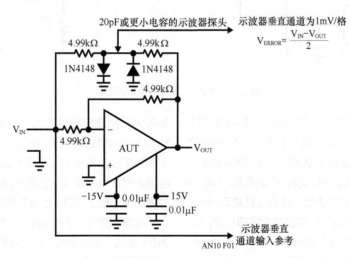

图16.1　典型的稳定时间测试电路

在探测点处的钳位二极管是为了减少放大器在摆动过程中的摆幅，防止示波器过驱。不幸的是，示波器过载恢复特性随型号不同而差异很大，而且通常都没有指明。二极管600mV压降意味着示波器可能会有不能接受的过载，使得所显示的结果存在问题（有关示波器过载注意事项的详细讨论，请参阅框饰部分A的“评估示波器过载响应”）。

图16.2 显示了一个实用的稳定时间测试电路，该电路能解决先前讨论的那些问题。结合之前测试示波器的详细评估，它可以进行可靠的稳定时间测量，测量误差范围在0.01%～0.1%之间。在该电路中，输入脉冲没有驱动放大器，而是通过钳位电路来切换肖特基电桥。这个电桥由两个低噪LT1021-10V参考源进行偏置。根据输入脉冲的极性，电流将流过相应的10kΩ电阻，偏置放大器的求和节点。这个电桥的开关切换干净利落，产生平顶电流脉冲进入AUT。该电路的输入脉冲特性不会影响到测量结果。第二个钳位电桥配置提供了一个相反极性的信号，这个信号在B处和放大器的输出刚好抵消。肖特基钳位二极管限制了该点电压偏离值，电压只能在±300mV范围内变化。

三极管VT1-VT5的配置构成了一个低输入电容、高速缓冲器以驱动示波器。三极管VT1A输入电容值为1～2pF，提供了很轻的交流负载，消除了探头引起的问题。三极管VT1B作为电流灌，补偿了VT1A的V_{GS}压降。VT2到VT5形成了一个互补型射极跟随器，这能够驱动较大的电缆电流，而且没有失真。

该电路应建立在接地电路板上，并采取专门措施，确保在点A和B为低杂散电容。待测放大器（AUT）插口应该选择较短的引脚长度。极高速放大器（t_{SETTLE}<200ns）应该直接焊接到电路中。

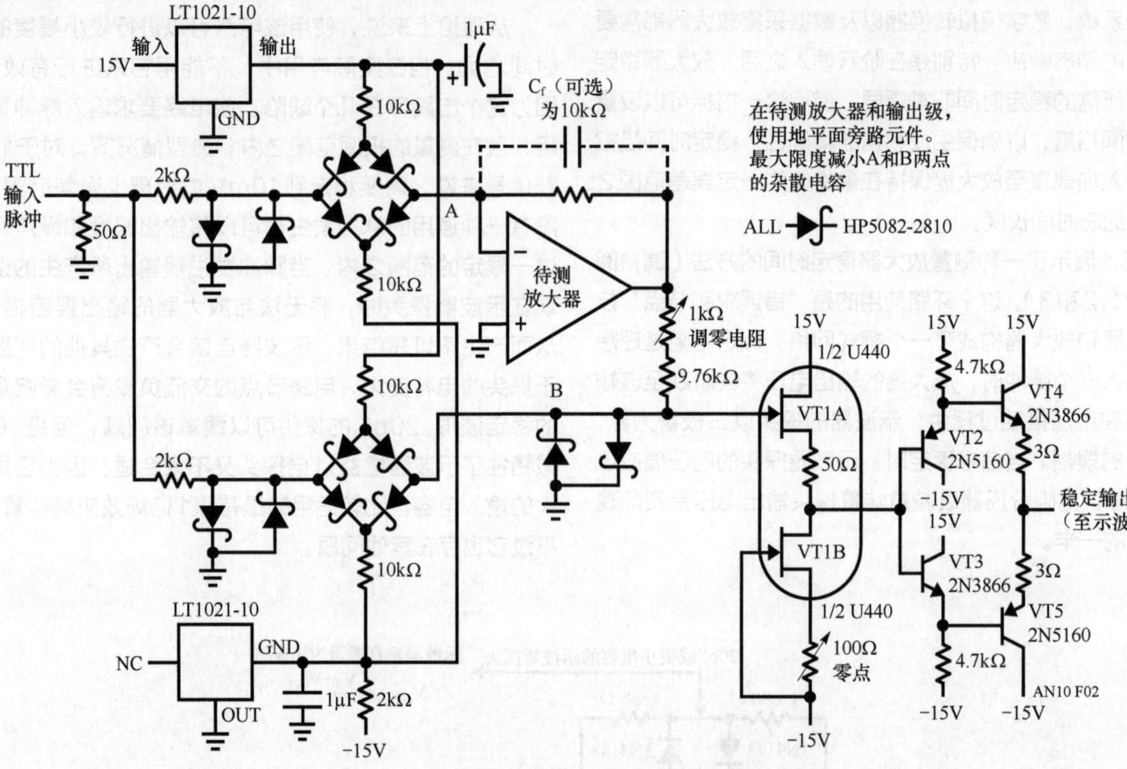

图16.2 改进后的稳定时间测试电路

示波器选择适当的话，在10V阶跃输入时，能够测量的稳定误差为毫伏级（0.01%）。可以用一个非常快的UHF放大器进行置信测试。图16.3显示了稳定特性为70ns稳定到10V输入阶跃的1mV误差范围的放大器的响应情况。线迹A是输入脉冲，线迹B是放大器的输出，线迹C是稳定信号。稳定发生在70ns之内，表明电路和待测放大器指标之间良好的一致性。由于大多数放大器不具有这么快的稳定时间，可以认为该电路一般都能提供可靠的结果。

由于该电路是通过将相反极性的信号源相抵消来工作的，它似乎不可能测试跟随器——但实际上它是可以的。待测放大器是靠电池供电的，它浮动在电路电源之上（见图16.4）。待测放大器的输出端连接到电路的接地端，电池的中间抽头变为输出端。正输入端由肖特基电桥驱动。浮地的电源使得该电路误以为它是在测试一个反相器。待测放大器的输出端出现了反相，但这不是很重要。

电路校准时，将B点接地，并调整“调零电阻”以使输出为0。然后，暂时通过680Ω电阻将脉冲输入端连接至+15V，调节“调零电阻”使输出为0V。移除680Ω的电阻，电路便可以开始使用。在测量稳定时间时，记得要针对C_F的值进行一些试验，以获得最佳性能（详见框饰部分B的“放大器补偿”）。

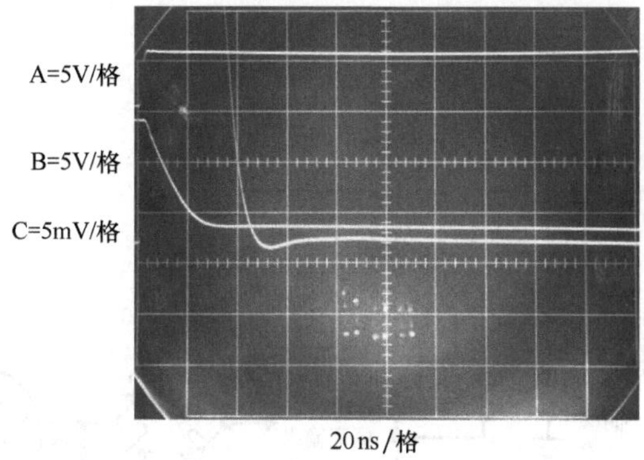

图16.3 快速放大器的稳定详情

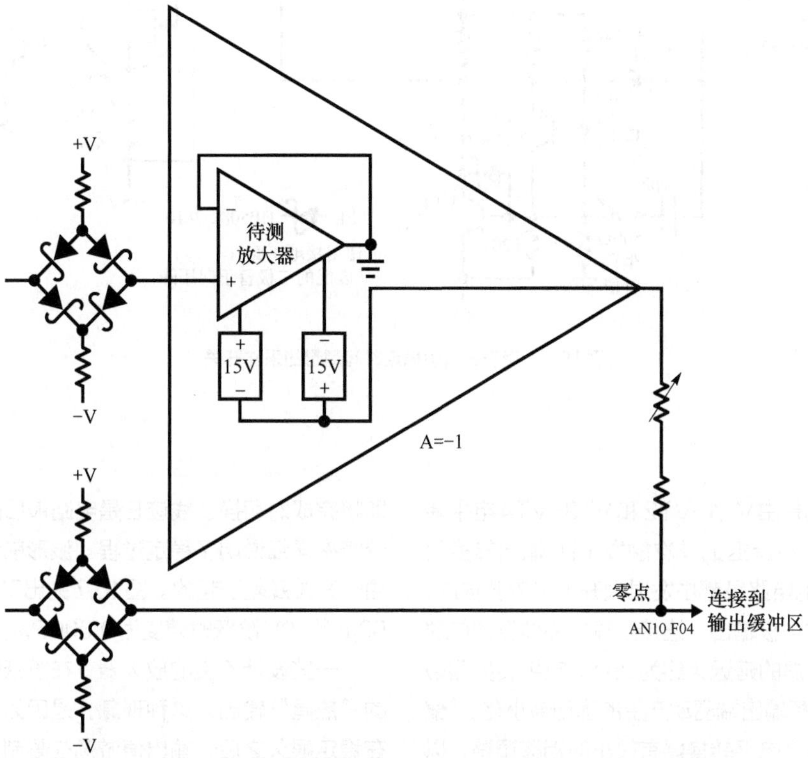

图16.4 跟随器测试电路

过去是不需要对低于1mV的稳定误差放大器进行稳定时间测量的。近来,16位和18位数模转换器已经相对比较普遍，所以需要用户考虑亚毫伏稳定时间的性能。此外，目前这一代单片放大器的偏移指标非常好，足以进行非常高精度的稳定时间测量。在以前，并不能测量稳定在50μV电压以内的放大器，因为其温漂淹没了这个数字。

新型放大器显著地降低了漂移，意味着能够有效地进行非常高精度稳定时间的测量。图16.2所示的电路通过在B点的300mV肖特基钳位电压，将分辨率限制在0.01%（即1mV除以10V）。简单地增加示波器的增益来获得更高分辨率是没有用的，因为这会导致严重的过载问题。示波器设置为50μV/格，肖特基范围限制允许6000∶1比例的过载。这远远超过任何垂直放大器的设计指标。示波器的过载恢复性能将完全主导所观察到的波形，这时所有的测量值都将没有意义。

一种获得更高精确度的稳定时间测量值的方法是在时域上和振幅上对输入波形进行削波。如果示波器直到稳定之后才能观测到波形，那么就可以避免过载。为了达到这个要求，需要在电路的输出端放置一个开关，并由输入触发的可变的延迟来控制它。由于栅极-源极间存在电容，所以场效应管开关是不合适的。它的电容将会让栅极驱动残留破坏示波器的显示，产生错误的读数。在最坏的情况下，栅极驱动的瞬态电压将足以导致过载，最终使得开关失效。

图16.5展示了一种实现该开关的方法，它大幅度地消除了上述的问题。该电路连接了图16.2所示电路的一些基本设置，可以观察到电路在10μV内的稳定时间。肖特基二极管采样电桥是实际的开关。该桥的固有平衡与匹配二极管以及超高速互补电桥开关相结合，产生了一个干净、开关控制的输出。该电路与图16.2一样，采用了一个输出缓冲级，卸载电桥并驱动示波器。

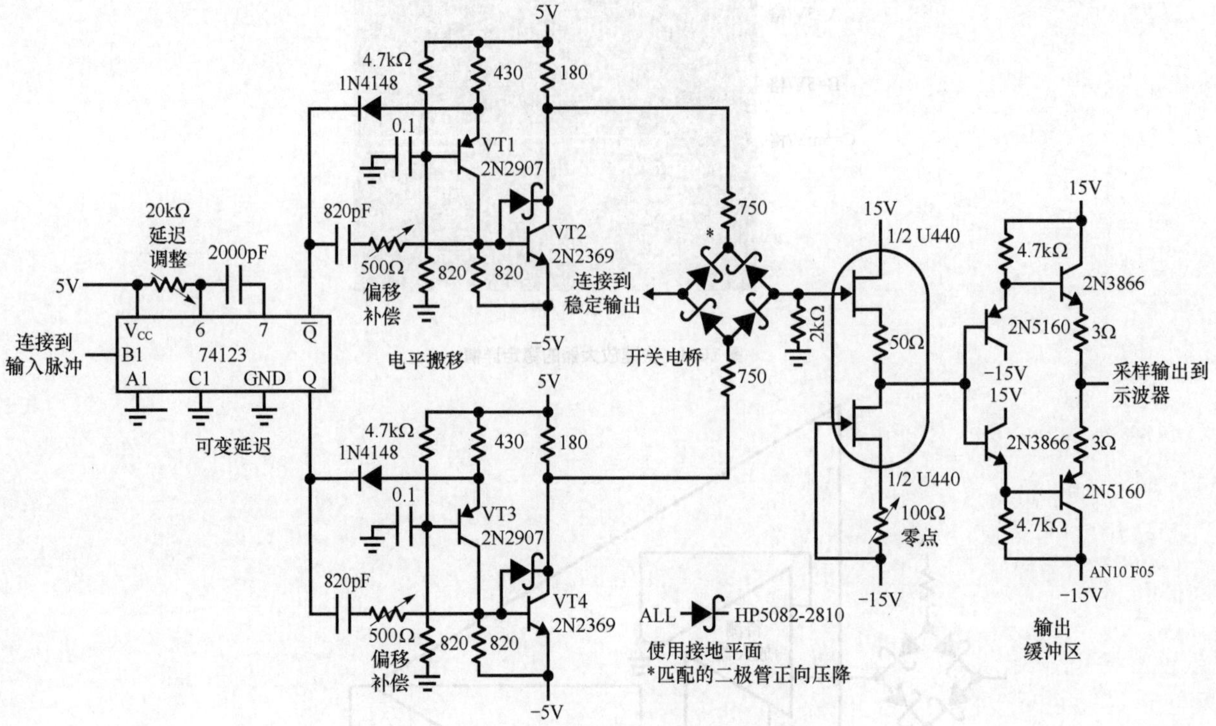

图16.5　用于超精确稳定时间测量的采样开关

互补电桥开关驱动是由VT1-VT2和VT3-VT4电平转换器提供的。每个电路将延迟的单次触发TTL输出转换为±5V电平信号。相同的电路级都由发射极开关电流源构成，馈送至Baker钳位的共射极输出。连接至输出晶体管的前馈电容有助于提高速度，总的延迟大约为3ns。电平转换器必须同时转换，以使得电桥输出端驱动产生的扰动最小化。“偏移补偿”调整允许对每个电平转换器有较小的相移调整，以补偿74123单次触发输出中的偏移。为了调整电路，将电桥的输入端接地，并给74123的输入端口C1提供脉冲信号。然后，设置示波器为100μV/格，微调偏移调节以使屏幕上能够显示到最小值。连接电桥的输入端至稳定电路的输出端，这样电路便可以使用了。

电路的结构需要好好考虑。接地平面是必须的，所有的电桥连接应该尽可能地短并且对称。为了保持低噪，电桥的输出地回路的布线应该远离大电流回路（例如74123的接地引脚）。

精心构建的这种开关电路和基本的稳定电路一起使用，提供了较好的效果。图16.6所示的是将LT1001精密运算放大器作为待测放大器而得到的波形。线迹A是输入脉冲，而线迹B是待测放大器的输出。当待测放大器处于摆动阶段时，74123启动（线迹C为VT的波形）以关闭电桥。线迹D是电桥的输入。调整74123的延迟，从而使得电桥在信号稳定即将完成时切换。线迹E是电路最后的输出值，100μV/格的分辨率详细说明了稳定过程。波形前沿出现的狭窄峰值，是由于开关残差引起的。图16.7列出了一组精确放大器测得的50μV（10V阶跃时精度为0.0005%）的稳定时间。

一些设计不良的放大器，在阶跃输入之后将呈现大幅度的“热尾”输出。这种现象，是因为晶圆被加热，使得电路在稳定很久之后，输出值游荡在限制范围之外。在对稳定时间进行高速检测之后，最好能降低示波器的扫描速度，以观察热尾。通常热尾的影响可以通过加大放大器的输出负载来加重。图16.8显示了一个放大器的热尾，其稳定时间看起来比实际建立时间要短。

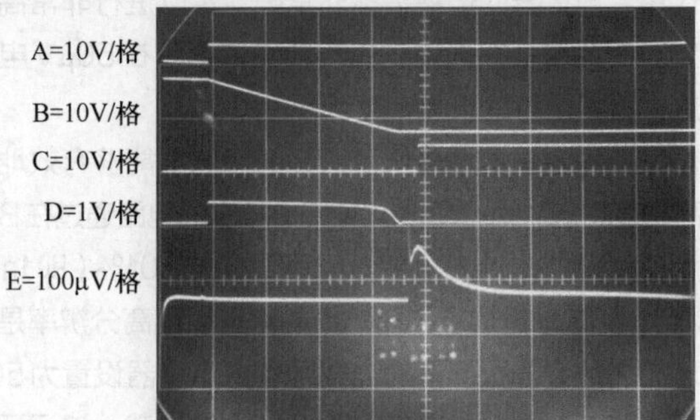

图16.6　转换波形采样

放大器	稳定时间/μs	备注
LT1001	65	
LT1007	18	
LT1008	65	标准补偿
LT1008	35	前馈补偿
LT1012	70	
LT1055	6	
LT1056	5	

图16.7 测量稳定时间，精确到0.0005%

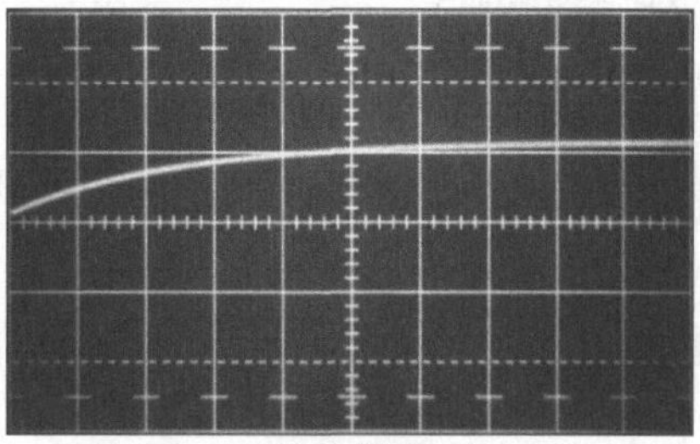

图16.8 典型的热尾

参考文献

1. Analog Devices AD544 Data Sheet,"Settling Time Test Circuit"
2. National Semiconductor, LF355/356/357 Data Sheet, "Settling Time Test Circuit"
3. Precision Monolithics, Inc., OP-16 Data Sheet, "Settling Time Test Circuit"
4. R. Demrow, "Settling Time of Operational Amplifiers," Analog Dialogue, volume 4–1,1970 (Analog Devices)
5. R. A. Pease, "The Subtleties of Settling Time," The New Lightning Empiricist,June 1971, Teledyne Philbrick
6. W. Travis, "Settling Time Measurement Using Delayed Switch," Private Communication

框饰部分A 评估示波器过载性能

稳定时间的测量很大程度上依赖于所使用的示波器。在很多情况下，要求示波器在波形显示之后提供精确的波形。过载之后，能够很好地显示出来波形需要多久呢？该问题的答案相当复杂，涉及的因素包括过载的程度、占空比、时域的幅度以及其他因素。不同型号示波器对于过载的响应有很大不同，并且在任一仪器上可能会观测到明显不同的行为。例如，在0.005V/格的100倍过载的恢复时间和在0.1V/格时有着很大不同。恢复的特性可能也会因为波形、直流分量和重复速率的不同而不同。因为影响因素太多，所以涉及示波器过载的测量时必须谨慎对待。不过，用一个简单的测试，就可以知道什么时候过载会对示波器产生严重的影响了。

放大的波形的垂直灵敏度将消除显示在屏幕之外的波形。图A1为显示内容。图中右下角部分被放大。将垂直灵敏度乘以2（参见图A2）将使波形扩展到屏幕以外，但是剩余的波形仍合理地显示在屏幕上。振幅被放大两倍，而波形的外形与原来的相同。仔细观察可以看到，垂直轴约第三格处，波形倾斜处出现了小幅度变化。一些小的干扰也是可见的。原始波形的放大是可信的。图A3中，增益进一步增大，在图A2中所有的特性都相应地增大了，基本波形显示得更加清楚，也更容易看到下降和小的干扰。目前还没有观察到新的波形特征。图A4中出现了些令人不愉快的意外。增益增加引起了一定的失真。最开始的负峰值虽然变大，但是具有不同的形状。最低点没有图A3中的那么宽。另外，峰值的正恢复形状稍微有点不同。在屏幕的中间可以看见一个新的纹波干扰。这些改变表明示波器出现了问题。进一步的测试证实波形受到过载影响。图A5中，增益保持不变，但垂直旋钮用来改变波形在屏幕的底部的显示位置。改变示波器直流工作点，在正常情况下是不会影响波形的显示的。但是情况是相反的，波形幅度和轮廓发生了显著的变化。重新将波形定位到屏幕顶端，将产生一个不同的失真波形（见图A6）。很明显，对于该波形而言，精确的结果是不可能在此增益下获得的。

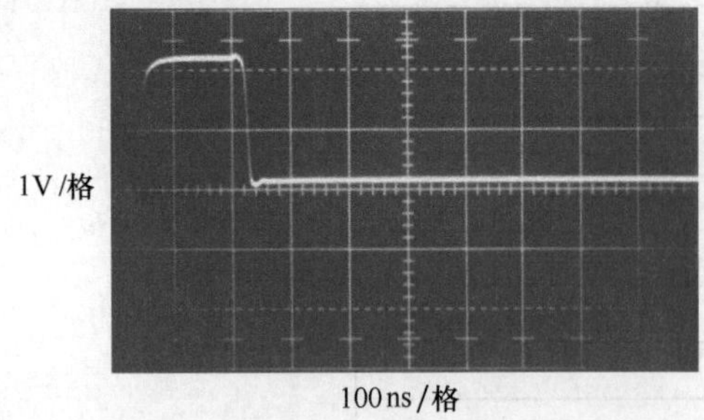

图 A1

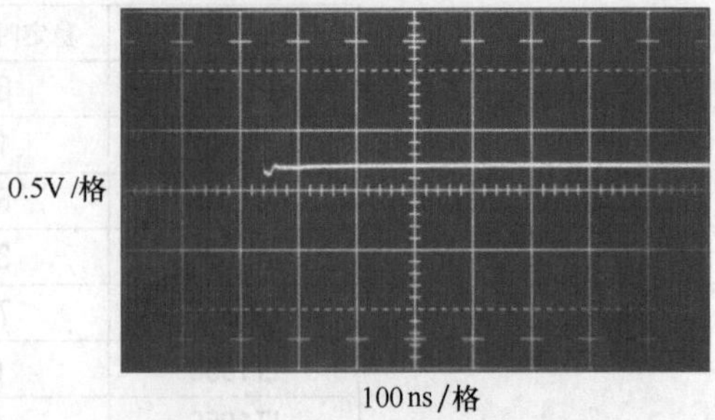

图 A2

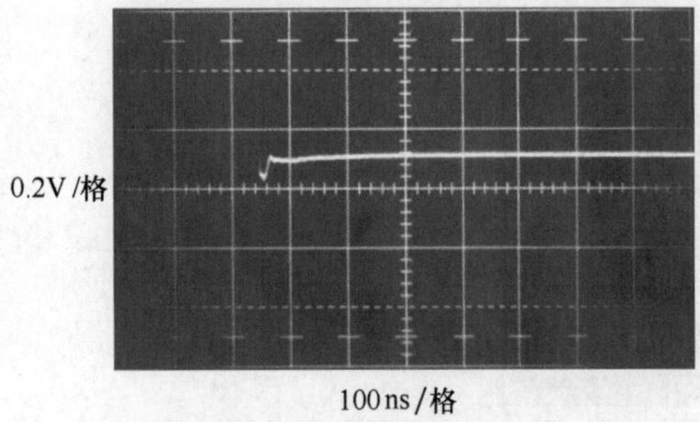

图 A3

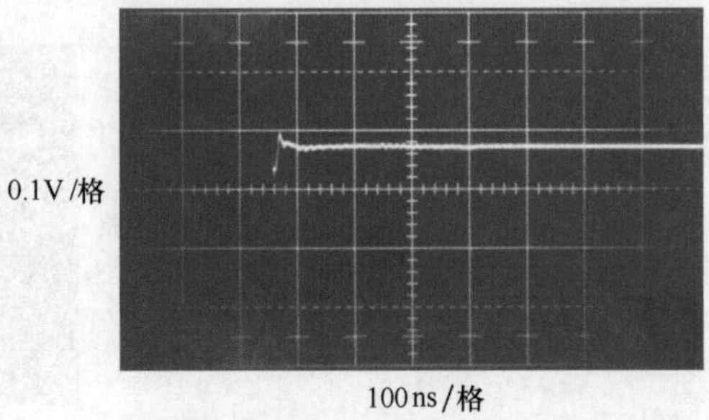

图 A4

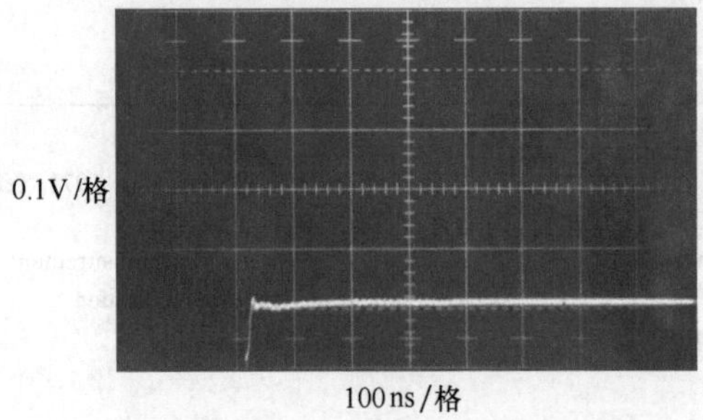

图 A5

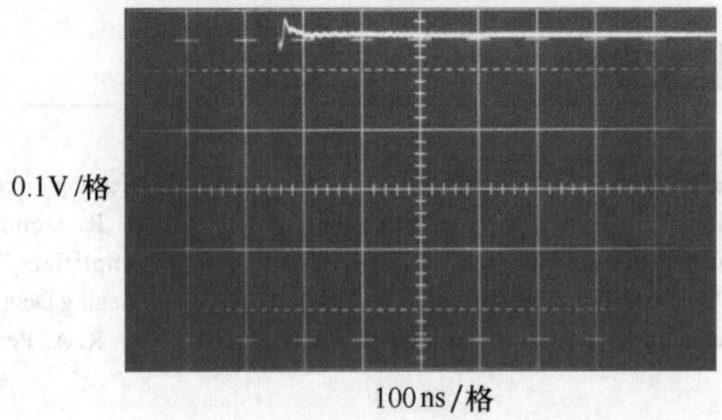

图 A6

图A1～图A6　通过渐近增加示波器增益并观测波形的失真来确定过载限值

框饰部分B　放大器补偿

为了使放大器获得最好的稳定时间，应该仔细选择反馈电容C_F的值。电容C_F的目的是在一定频率处对放大器增益进行滚降，以得到最大的动态响应。电容C_F最优值依赖于反馈电阻的值以及信号源的特性。最常见的信号源也是最难找的。数字模拟转换器的电流输出通常必须要能转换成电压。尽管这对于运算放大器来说是很容易的，但是为了获得较好的动态性能，还是需要谨慎。快速数字模拟转换器，在200ns中稳定至0.01%，但由于其输出端存在寄生电容，这使得放大器使用更加困难。正常情况下，数字模拟转换器的输出端是直接卸载到放大器的求和点，把寄生电容从接地端移动到放大器的输入端。高频时，电容引入的反馈相移将迫使放大器在稳定之前“搜寻”到最终值并且在其附近振荡。不同的数字模拟转换器有着不同的输出电容。CMOS数字模拟转换器具有最高的输出电容并随着输入码的变化而变化。典型的双极型数字模拟转换器具有20～30pF的电容，对于所有的输入码都差不多。由于存在输出电容，数字模拟转换器在放大器补偿方面是一个很有教育意义的例子。实际上，在稳定电路中，馈送信号至待测放大器的肖特基电桥由数字模拟转换器（DAC）替换。根据数字模拟转换器的输入编码，需要在数字模拟转换器的输入线路中采用反相器来保持电路的调零操作。图

B1展示了DAC-80型工业标准转换器和LT1023运算放大器（反相应用的最佳选择）的波形。线迹A是输入信号，相应的线迹B和线迹C表示放大器的输入及其稳定后的输出。在该例中，没有采用补偿电容，在稳定之前放大器也能正常工作。在图B2中，82pF电容停止了振荡，稳定时间下降到4μs。过阻尼响应意味着电容C_F主导了待测放大器的输入电容值，并确保了稳定性。如果希望得到最快的反应，必须减少电容C_F。图B3显示了22pF电容的临界阻尼行为。2μs的稳定时间是数字模拟转换器和放大器结合所能获得的最佳结果。

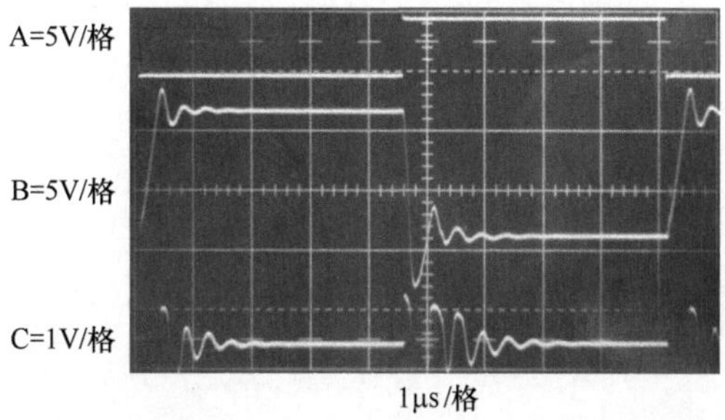

图B1

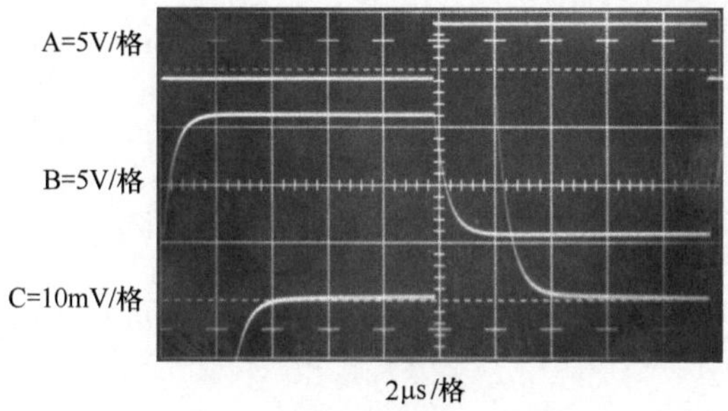

图B2

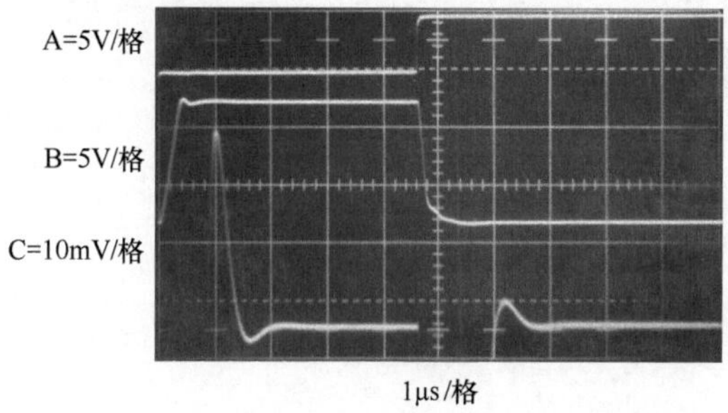

图B3

图B1～图B3　不同反馈电容对数字模拟转换器和运算放大器组合的影响

高速比较器技术

17

Jim Williams

引言

比较器或许是最被低估、最未充分利用的单片线性元件了。这是不幸的，因为它是最灵活、最普遍适用的元件之一。这种悲剧很大程度上是因为集成运算放大器的出现，其丰富多彩的功能与应用在模拟设计世界中占据了主导地位。比较器常常被认为是简单地将模拟信号转换为数字格式的一位模数转换器。严格地说，这种观点是正确的，不过同时也缩小了其应用前景。事实上，比较器不仅仅能实现“比较”功能，同样，运算放大器也不仅仅能实现“放大”功能。

比较器，特别是高速比较器，可以用于实现任何与运算放大器为基础的电路一样复杂的线性电路。结合快速比较器与运算放大器是实现高性能的关键。正常情况下，运算放大器利用比较器来构成精确的闭环反馈回路。理想情况下，这样的环路在时域将持续保持。相反，比较器电路经常是基于速度的，具有不连续时间的输出。由于每种方法都有自身的优点，所以融合两者可以得到最优电路。

本文的最初部分力图让读者熟悉高速比较器电路的实现及其难点。在直流和低频下，实现精密电路工作的机制和精妙之处一直是有据可查的。在应用层次上，很少会讨论如何得到能够高速工作的电路。开发这样的电路时，即使是最资深的设计人员有时也会觉得很困难。在一定程度上是这样的，就像所有工程活动一样，只有遵循器件本身的特性，高速电路才能工作。无知、蔑视物理定理将直接导致失败。因此，本书的大部分正文和附录都是以解决和遵循电路寄生效应和基本局限为导向的。这种方法在应用部分得到了充分的体现，其中“谈判妥协”的概念体现在电阻值和补偿技术方面。许多应用电路使用了LT®1016的速度特性以提高电路性能。有的用非传统的方式，利用LT1016的速度特性实现了传统的功能，而且还具有一些附带优点。不论实现手段如何，对于给定的电路类型，只有少数几种电路是工作在或接近现有技术的。所以，在开发这些电路实例并将它们的工作情况形成文档时，本书做出了巨大努力。本书中的各种电路旨在给读者以启迪，从这方面来讲电路的具体结果是较为合理的。这些电路鼓励创新以适应特殊需求，同时也以指导性的方式展示了LT1016的性能。

LT1016概述

LT1016是一种新型超高速比较器，其特点是具有TTL兼容的互补输出以及10ns的响应时间。其他特点包括一个锁存引脚和良好的直流输入特性（见图17.1）。该LT1016的输出能够直接驱动所有的TTL系列器件，包括新型更高速的ASTTL和FAST部分。此外，在线性电路中，不易输出ECL电平，所以使用TTL输出可以使器件更容易使用。

LT1016已在大量设计工作中得到广泛应用，其使用也变得简单起来。即使在低速输入信号时，也比一些慢速比较器更难振荡或者出现其他异常。特别地，LT1016在其线性区域是稳定的，这是其他高速比较器没有的特性。此外，输出级的开关不会明显改变供电电流，从而进一步增强稳定性。这些特性使得具有200GHz增益带宽的LT1016的应用比其他快速比较器要容易得多。不幸的是，物理定律要求LT1016工作的电路环境必须是事先准备好的。而高速电路的性能，往往受限于寄生参数，例如杂散电容、接地阻抗和电路布局，等等。其中一些考虑存在于数字系统中，而数字系统设计师更喜欢位格式和以纳秒为单位的内存访问时间的描述。LT1016可以用于快速的数字系统，图17.2展示了其速度到底有多快。我们从简单测试电路中可知，LT1016（线迹B）的响应脉冲发生器（线迹A）比TTL反相器（线迹C）的速度快。实际上，反相器的输出永远不会是TTL的“0”电平。以这种速度运行的线性电路，让很多工程师自然地谨慎起来。纳秒级的线性电路考虑的主要内容包括振荡、电路特性中的神秘偏移、不明工作模式以及功能上的完全失效等。

其他常见的问题包括使用不同测量设备得到的不同结果，测量时连接到电路而引入寄生效应的不可避免性，以及两个“相同”电路的不同操作方式。如果电路中所用元件良好，而且电路设计合理，所有上述问题通常都可以追踪到其故障原因，校正之后能提供适当的电路运行“环境”。要了解如何做到这一点，需要研究上述问题形成的原因。

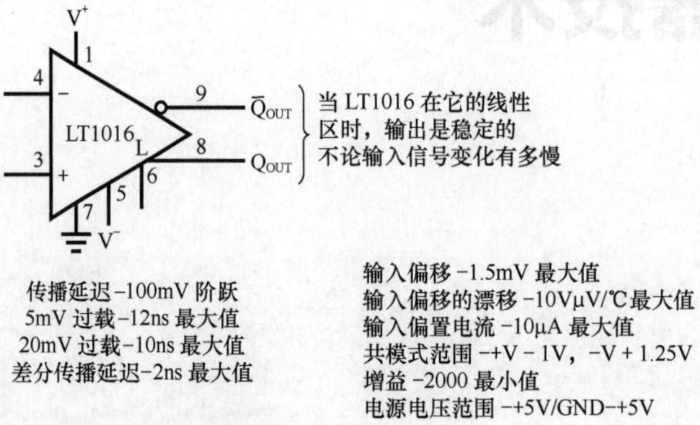

图17.1 LT1016一览

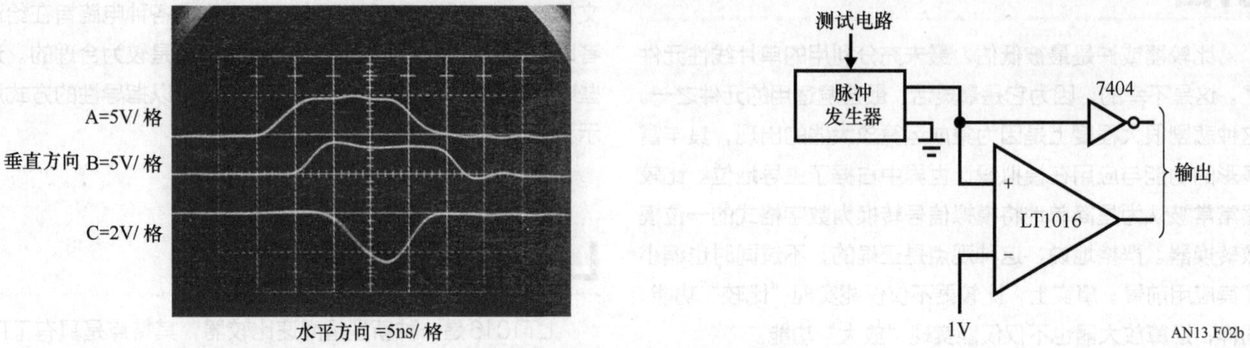

图17.2 LT1066与TTL门电路的比较

高速比较器问题

到目前为止，最常见的错误主要是电源旁路。旁路是维持低电源阻抗的必要手段。电源线和PCB布线上的直流电阻和电感可能快速累积到无法忍受的水平。这样，随着内部电流的变化，相应电源电压将发生偏移。这将导致不受控制的电路运行。此外，一些连接到未旁路电源的器件可以通过有限的电源阻抗进行“通信”，使电路运行在错误模式。旁路电容用一个简单的方式来解决该问题，即通过提供一个本地能量池的设备。旁路电容的作用就像在高频时保持低电源阻抗的电飞轮一样。选择什么类型的电容用于旁路是一个关键问题，应该谨慎寻找该电容的类型（参见附录A的“关于旁路电容”）。图17.3给出了一个非旁路LT1016对输入脉冲的响应。高频时，在LT1016引线端看到的电源电阻较高。该阻抗与LT1016构成一个分压器，从而使电源随着比较器内部条件的改变而改变。这将引起本地反馈振荡的发生。尽管LT1016能响应输入脉冲，但其输出值却是100MHz的夹杂不清的振荡。所以，电路中必须使用旁路电容。

如图17.4所示，LT1016的电源采用了旁路，但是振荡依然发生。在这种情况下，旁路单元要么离装置太远，要么是有损耗的电容。应使用有高频特性的电容，并让它尽可能地接近LT1016。电容和LT1016之间仅1in的连接线，都可能产生问题。

图17.5所示的是设备进行了适当的旁路后的波形，但是又有新的问题出现。该图显示了比较器两个输出的情况。线迹A中输出电压值正常，但是线迹B中输出电压超出正常值大约8V，而这对于一个5V供电设备来说是不可思议的。对于高速电路来说，这是经常发生、很令人困惑的一个问题。它没有违背自然法则，而是严重过度补偿或示波器探头选择不当引起的。应使用具有与示波器输入特性相匹配的探头，并适当地补偿它们（对探头的讨论，参见附录B“关于探头和示波器”），就可以解决该问题了。图17.6显示了由探头引起的另一个问题。图中振幅似乎是正确的，但10ns响应时间的LT1016好像具有50ns的边缘！这种情况下，所用的探头是过度补偿或者对于示波器来说太慢了。不要使用1倍或者“直连”探头，其带宽为20MHz或者更低，并且容性负载很高。为了规避这些问题，需要检查探头带宽是否满足测量所需。同样地，也要采用具有足够带宽的示波器。

A=2V/ 格

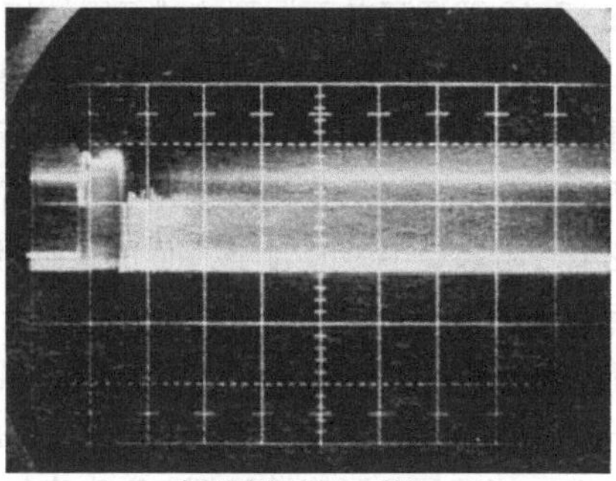

水平通道=100ns/格

图17.3 无旁路LT1016的响应

A=2V/ 格

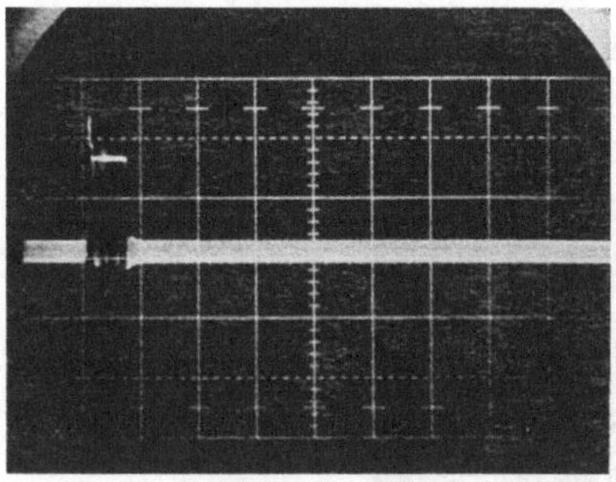

水平通道=100ns/格

图17.4 不良旁路LT1016的响应

A=2V/ 格

B=2V/ 格

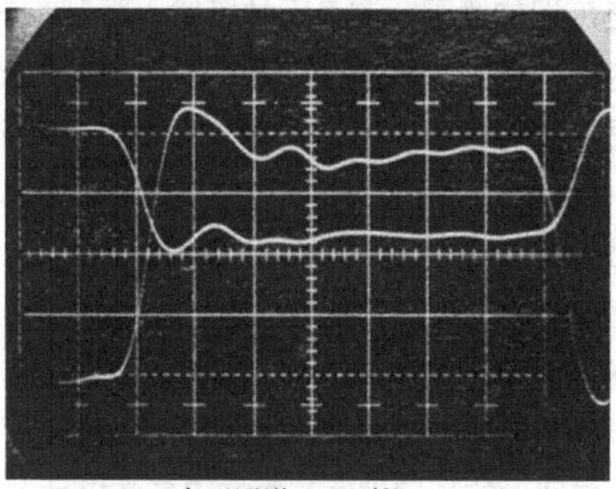

水平通道=10ns/格

图17.5 探头补偿不适当引起无法解释的幅度误差

垂直 =1V/ 格

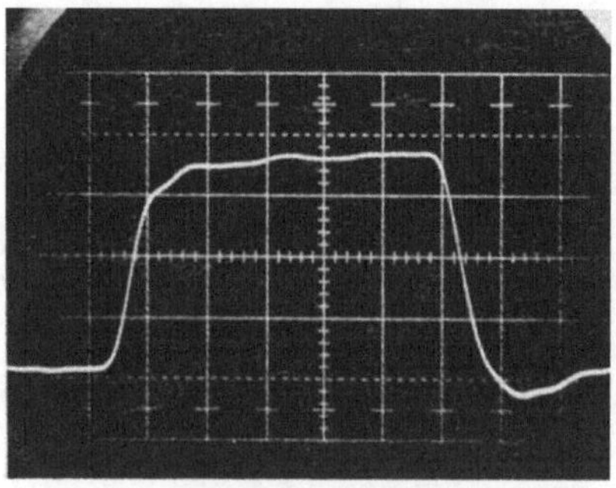

水平通道=50ns/格

图17.6 过度补偿或慢速探头使图像边缘看起来非常缓慢

测得图17.7所示波形的探头是经过正确选择和使用的，但LT1016的输出曲线振荡并且严重失真。这种情况是因为探头接地线太长。正常工作情况下，探头接地线是6英寸长。在低频时，这是没有问题的。但是在高速电路中，较长的接地线将是感性的，从而出现图中的振荡。高质量的探头通常提供一些短的接地带来解决这一问题。有些探头带有非常短的弹簧夹，可以直接将其固定在探针头上，以完成低阻抗的接地连接。对于高速电路而言，探头接地长度不应该超过1in。应该让探头的接地线尽可能地短。

图17.8的问题是延迟和幅度不足（轨迹B）。上升沿的微小延迟之后是一个较大的延迟，接下来便开始下降沿。此外，在最终稳定之前有一个冗长、拖尾的响应，延迟为70ns。幅度只上升到1.5V。这些条件都是因为常见的疏忽造成的。

在该例中，场效应管探头监测LT1016输出。如果超出探头的共模输入范围的话，将会引起过载并使输出严重钳位。在上升沿上较小的延迟是有源探头的特性，并且是合理的。在输出值为高的时间段里，探头进入深度饱和状态。当输出下降时，探头过载恢复过程很漫长且不均衡，将导致延迟和拖尾。

垂直通道=1V/格

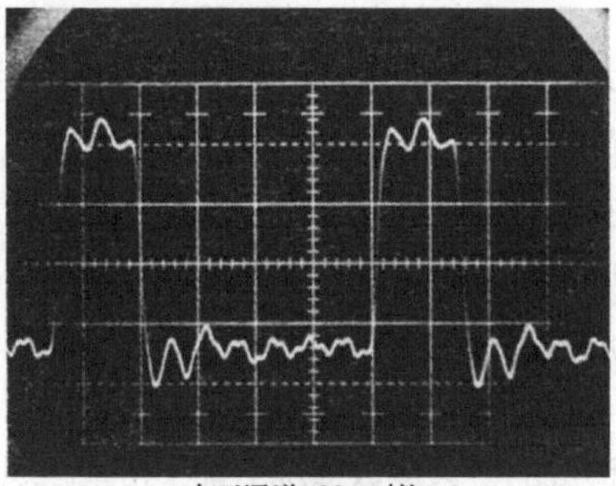

水平通道=20ns/格

图17.7 不良探头接地产生的结果

A=2V/格

B=1V/格

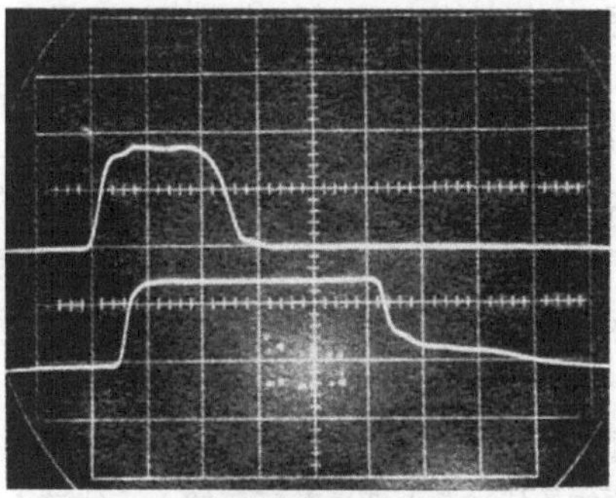

水平通道=20ns/格

图17.8 过驱场效应管探头导致的延迟拖尾

所以我们需要充分理解所用场效应管探头。充分理解有源电路延迟的原因，避免因共模输入限制（典型值为 ±1V）引起的饱和效应，需要时使用10倍和100倍衰减器。

图17.9表明LT1016的输出（线迹B）在40MHz附近振荡，与输入（线迹A）相对应。注意，输入信号展示了振荡的残留。这是由比较器不正确接地造成的。这种情况下，LT1016接地引脚连接有1in长。它的接地线必须尽可能短，且直接连接到低阻抗接地点。任何一个在LT1016地面路径上的大阻抗都会产生这样的效果。这与电源的旁路有必然的联系。由器件的长接地线产生的电感使接地电流混合在一起，从而会对器件有不良影响。这里的解决方法很简单：只需要保持LT1016接地引脚连接线尽可能短（一般为1/4in），直接将其连接到低接地阻抗；不要使用连接器。

图17.10强调了前面提到的“低阻抗接地”问题。本例中，除了边沿附近的一些颤动而外，输出都是很干净的。该图是LT1016在没有“地平面”情况下运行时得到的。一个地平面是在电路板上使用连续导电平面而形成的（地平面理论将在附录C中讨论）。该平面的唯一用处是提供电路所需电流路径。接地平面有两种功能。由于它是平的（交流电流沿着导体表面传播），可以覆盖整个区域，所以可以提供一种从电路板任何地方获取低电感接地的方法。另外，通过接地，能够最大限度地降低杂散电容的影响。这消除了潜在不明的以及有害的反馈路径。LT1016经常与接地平面一起使用。

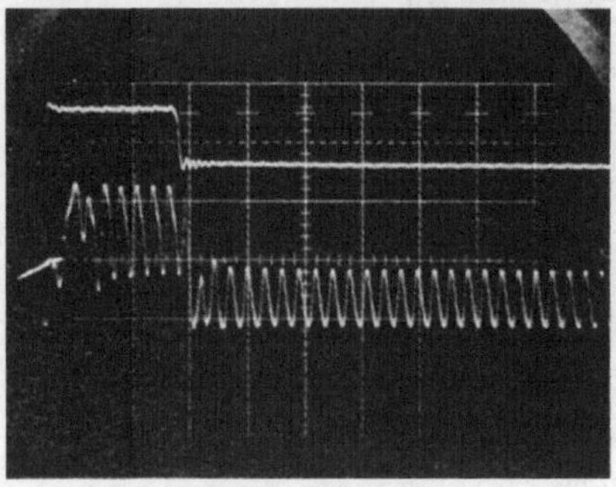

图17.9 LT1016接地线过长，阻抗引起振荡

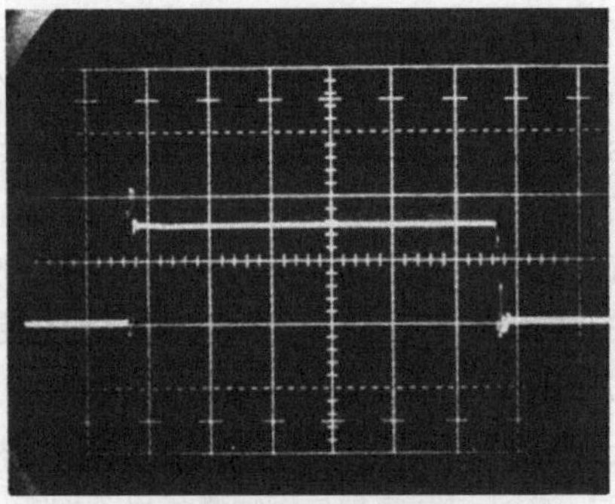

图17.10 无地平面时产生的不稳定转换

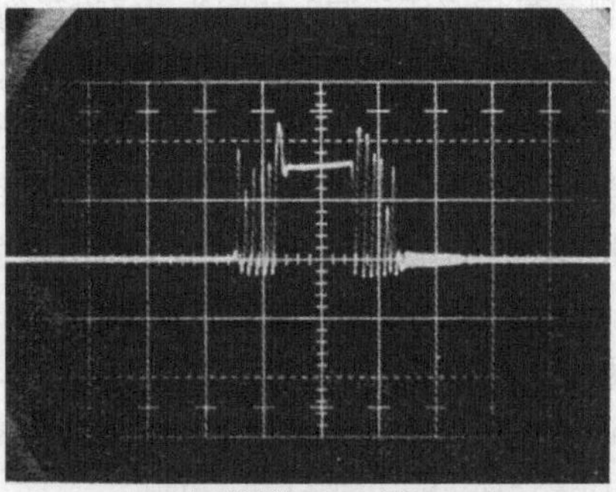

图17.11 3pF杂散电容反馈与3KΩ源阻抗引起的振荡

图17.11中的边缘“模糊”是该电路的难点，这与图17.10出现的现象类似，但振荡更顽固，即使输出已经变为低电平，它仍然不变。这一情况是由于从输出端到输入端的杂散容性反馈所引起的。振荡主要是由3kΩ的输入电源阻抗和3pF的杂散反馈引起的。解决该问题并不困难，保持电源阻抗尽可能小，最好是1kΩ或比1kΩ更小；尽可能地将输出引脚、输入引脚和元件的走线彼此远离。

图17.12所示的是杂散引起振荡现象对应的另一个极端。输出响应（线迹B）严重落后于输入（线迹A）。这是由于高电源阻抗和输出端连接至地平面的电容的组合造成的。由此形成的RC迫使输入端的滞后响应，所以输出信号产生了延迟。2kΩ源电阻和10pF接地电容的RC组合产生了20ns响应时间常数，这比LT1016的响应时间长很多。信号源保持较低阻抗，并尽量减少连接到地的杂散输入电容。

图17.13展示了与电容相关的另一个问题，该图中输出值并没有振荡，但转换是不连续的，而且相对较慢。这可能是由电缆驱动、过长的输出引脚长度或者被驱动电路的输入特性造成的。大多数情况下都不希望出现这样的情形，它可以通过对大容性负载进行缓冲来消除这一情况。少数情况下，它可能对于整个电路运行来说影响不大，可以容忍。所

以，要充分考虑比较器的输出负载特性和它们对电路潜在的影响。在必要情况下，需要对负载进行缓冲。

图17.14显示了输出产生的另一个故障。输出转换最初时是正确的，但最后却变成振铃振荡。解决该问题的关键是振铃。这是因为输出引脚太长造成的。在高频率处，输出引脚像一个未端接的传输线，所以会发生反射，这便造成了上升沿的突然反转和振铃振荡现象。如果比较器驱动的是TTL器件，这可能会被接受，但其他负载可能无法接受它了。在这种情况下，上升沿的反转或许会引起高速TTL负载的某些问题。尽可能使用较短的输出引线。如果输出引脚长于几英寸，需要通过电阻进行端接（一般为250～400Ω）。

图17.15显示了最后一个弊端。该波形让人想到图17.12输入RC引发的延迟。输出波形最初是响应输入的上升沿，但在再次变为高电平之前会回到零值。当它变为高电平时，波形下降缓慢。其他额外的特性包括显著的过冲和脉冲顶部异常。下降时间同样很长，并且对输入有很长的延迟时间。对于TTL输出来说，当然是一个奇怪的行为。接下来会发生什么呢？这些异常都是由输入脉冲引起的。10V的幅度远超出了+5V供电的LT1016共模输入范围，内置输入钳位可以防止这种脉冲损坏LT1016，但这种量级过载将导致不良的响应。所以，无论何时，都要保持输入信号在LT1016共模范围内。

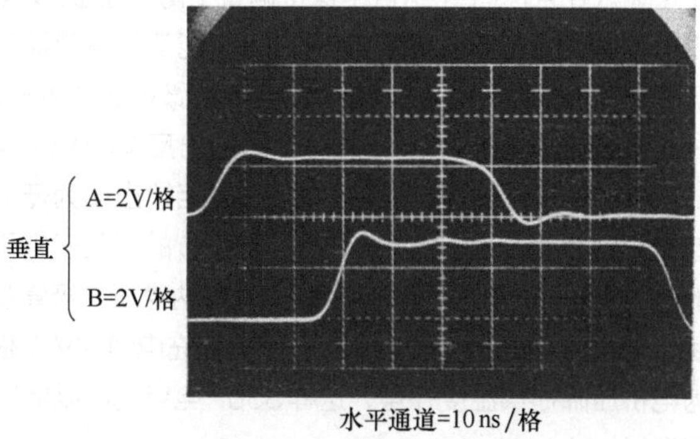

图17.12　从输入到接地平面的5pF杂散电容引起的延迟

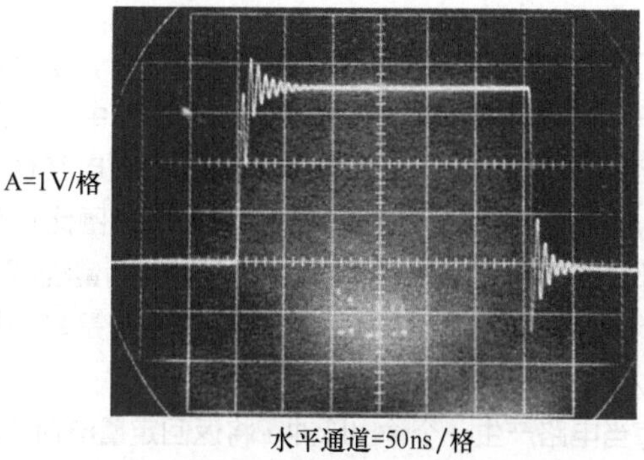

图17.14　冗余、未端接输出线的反射造成振铃

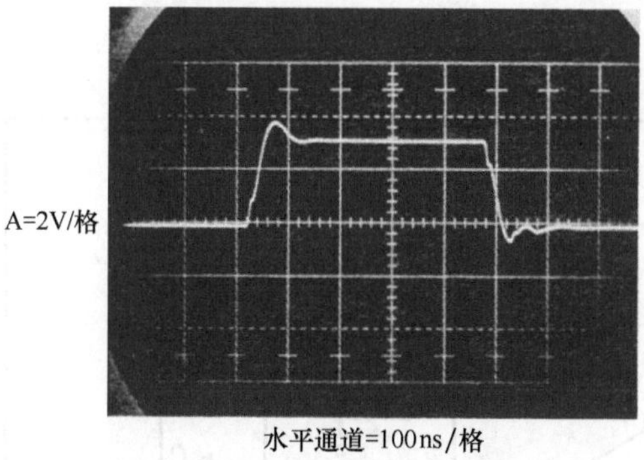

图17.13　过载电容引起边沿失真

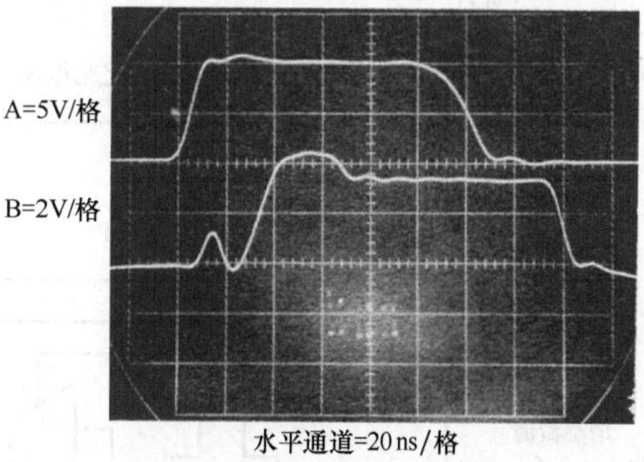

图17.15　共模输入电压过载产生的畸形输出

示波器

这里通过一些例子来说明探头引起问题的处理方法。尽管很明显，但还是值得一提，示波器的选择是至关重要的。明确地记住所用示波器探头的特性，像上升时间、带宽、阻性、容性负载、延时、过载恢复等其他方面的限制。高速线性电路对测试仪器有着大量的需求，如果熟悉所用设备的话（请参阅附录C的“测量设备响应”），可以节省很多时间。实际上，如果熟悉设备的局限性并遵守它的使用规则的话，那些看似指标不够的设备也有可能获得很好的结果。涉及上升时间、延迟远高于100～200MHz的应用，90%的开发工作都是由50MHz的示波器完成的。能娴熟地使用设备，并采用缜密的测量技术，便可以进行超过仪器指标的有用测量。50MHz的示波器不能追踪5ns上升时间的脉冲，但它可以测量两个事件之间2ns的延迟。使用这样的技术，通常可以推断所需的信息。在一些情况下，即使再多的聪明才智也行不通时，必须选择合用设备，如更快的示波器。

通常来说，应使用你信任的设备和你所了解的测量技术。不断地质疑，直到你在示波器上所看到的一切具有意义才停止。

LT1016结合上文陈述的注意事项，能实现快速线性电路中很难或根本不可能实现的功能。这里展示的很多应用说明了这个器件在特殊电路功能方面的先进性。其中一些通过利用LT1016的速度，采用新的、改进的方法来实现标准功能。一切都是经过精心（煞费苦心地）计算的，为该器件的潜在用户提供了各种设计灵感。

应用部分

1Hz～10MHz的V/F转换器

LT1016和LT1012低漂移放大器相结合，就可构成高速V/F转换器，如图17.16所示。在该电路中，使用了各种电路技术以实现1Hz～10MHz的输出。该电路也可以提供12MHz(V_{IN}=12V）的超量程。其动态范围比任何市售单元都要宽（140dB或7倍频程）。10MHz满量程频率比现有的单片V/F转换电路快10倍。其工作原理是基于恒等式Q=CV的。

每当电路产生一个输出脉冲，将返回定量电荷（Q）到求和节点（Σ）。电路输入在求和节点处产生比较电流。节点处的差分信号由检测放大器的反馈电容进行积分。

放大器控制电路的输出脉冲发生器，构成积分放大器的反馈回路。为了使求和节点保持在零电平，脉冲发生器运行频率能够泵出足够的电荷来抵消输入信号。因此，输出频率与输入电压呈线性关系。A1是积分放大器。

为了进行低偏置、高速运行，一对离散FET直接驱动A1的输出级，替代A1整体输入电路。通过将A1的输入引脚连接至-15V电源轨以关闭其输入级。两个FET的栅极成为放大器的“+”和“-”输入端。通过将稳定的A1-FET和A2精密运算放大器相结合，得到0.2μV/℃的失调漂移性能。A2测量负输入的直流值，并将其与地电平比较，迫使正输入在A1-FET组合中保持偏置平衡。注意A2配置为积分器，因此看不到高频信号。它只能工作在直流和低频。A1-FET组合被配置成具有100pF反馈电容的积分器。当一个正电压加载到输入端时，A1的输出反向积分（见图17.17中的线迹A）。在该过程中，C1反相输出值为低。超高速电平转换器VT1-VT2(请参阅附录D的“关于电平转换器”）将这一输出信号反相，并驱动齐纳稳压二极管参考电桥。电桥的正输出用于给33pF的电容充电。1.2V二极管串为电桥压降提供温度补偿，这样33pF电容就可以给VT3充电至 V_Z+V_{BE}。

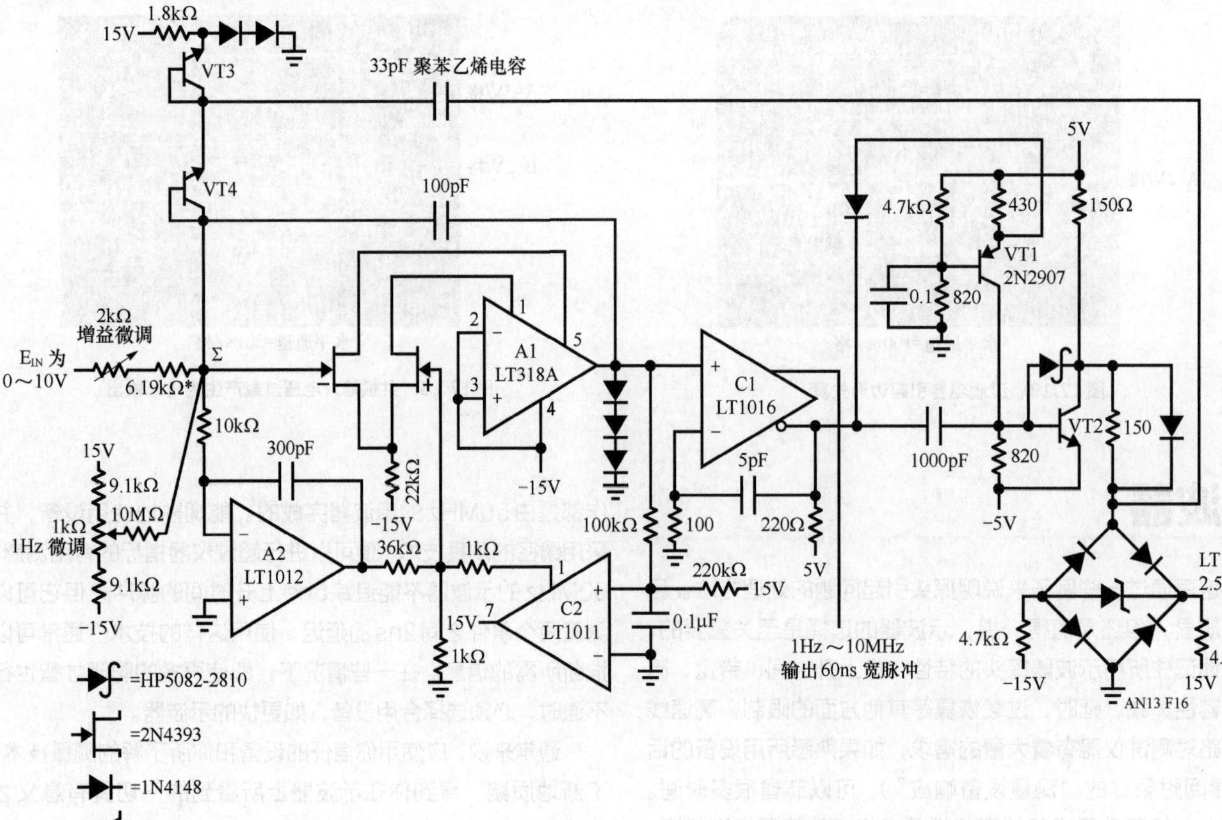

图17.16 1Hz～10MHz的V/F转换器

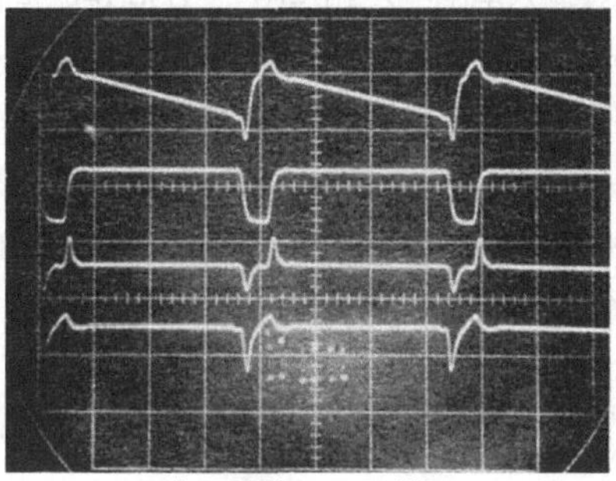

图17.17　10MHz的V / F工作波形

当A1输出值越过零时，C1的反相输出变为高电平，VT2（线迹B）集电极电压变化为-5V。这会导致33pF电容经过VT4的V_{BE}将电荷释放至求和节点。释放的电荷量是33pF电容充电电压的一个直接函数（VT=CV）。按照该电容电荷方程，VT4的V_{BE}补偿VT3的V_{BE}。这一电流流过33pF电容的波型（线迹C），反映了这一充电行为。从A1求和点（线迹D）移除的电流，将使得节点很快被驱动至负电压。在A1输入端的初始下降沿20ns瞬态是由于放大器的延迟。输入信号直接馈通穿过反馈电容并出现在输出端。当放大器最终响应时，其输出（线迹A）压摆受限，这是因为它试图控制求和节点。VT2的集电极（轨迹B）电压保持在-5V的时间取决于A1的恢复时间和C1处5pF-100Ω网络的迟滞。60ns足够33pF电容完全放电。这之后，C1改变状态，VT2集电极正偏。电容器被重新充电，整个电路将重复该操作。重复的频度直接与输入电压引起的、流入求和点的电流相关。任何一个输入电流都对应一个重复频率，以保持求和点平均电压为0V。

在兆赫频率时，要维持这种关系，电路就需要进行严格限制。实现满量程运行频率为10MHz的关键是尽可能快地传输环路信息。放电与复位行为序次特别重要，图17.18详细阐述了这一点。线迹A是积分器A1的输出信号。在左边第一个垂直分区中，斜坡输出跨越0V。几纳秒后，C1反相输出开始增长（线迹B），驱动VT1-VT2电平转换器输出为负值（线迹C）。A1输出跨越0V的12ns之后，VT2集电极开始输出负值。4ns后，由于电流从33pF电容流出，求和点（线迹D）开始走向负值。25ns时，C1反相输出达到最大值，VT2集电极电压为-5V，求和点电流达到负最大值。此时，A1控制整个电路。其输出（线迹A）在正方向上快速摆动，以恢复求和点。60ns时，A1控制求和节点，重新开始积分斜坡。

启动和过载的状态会迫使A1输出值趋近负输出轨，并一直维持负值。电荷分配回路的交流耦合特性可以防止在正常运行中电路出现闭锁，此时，C2起到了“看门狗”作用。如果A1的输出值试图趋近较小负值，C2开关会迫使“+”输入FET的栅极正偏。这将引起A1输出值向正值转变，正常启动电路的工作。在C1输入处的二极管链是为了防止LT1016出现共模过驱。微调该电路时，把输入端接地，调整1kΩ的变阻器，以得到1Hz的输出值。为得到10.000MHz输出，加载10.000V的电压，设置电阻值为2kΩ。该电路的转换线性度为0.06%，满量程漂移的典型值为50ppm/℃，约0.2μV/℃的零点误差（0.2Hz/℃）。

石英稳定1Hz～30MHz的V / F转换器

图17.16所示电路的工作频率上限是由LT1016反馈路径中有源器件延迟施加的。可以通过减少这些延迟来获得更高速度。图17.19显示了能够达到这些目的的一种方法，同时还能保持良好漂移和线性特性。该电路无需调整的150dB动态范围，是市售V/F转换器的1000倍，无论是单片、混合电路还是模块。

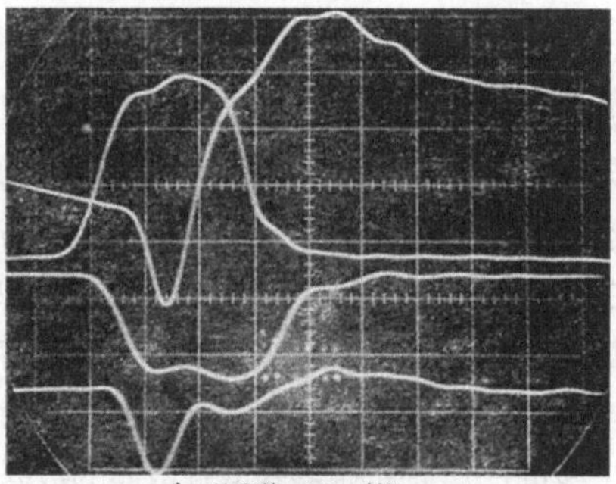

图17.18　60ns复位序列细节（快速地！）

该电路中所用技术能使LT1016在30MHz满量程输出频率附近大幅度变化，该频率远远大于市面上的任何一个V/F转换器。电路中实际执行电压到频率转换的部分为图中虚线框所示。电路实现的功能与图17.16相似。

电路中除去了电平转换器和稳压二极管电桥。VT1给200pF电容充电，由VT2-VT3缓冲器空载。当LT1016的负输入上升到高于它正输入端电压时，其输出变为低电平，通过VT4向电容器放电，VT4的作用相当于一个低漏电流二极管。2.7pF电容提供正反馈，如果100kΩ输入电阻的左端是由电压源驱动的，则LT1016的振荡频率就在1Hz～30MHz范围内。虽然这种简易电路速度较快，但线性度差，漂移超过5000ppm/℃。

图17.19中剩下的元件构成石英钟控数据采样环路，以校正上述问题，同时不牺牲速度。环路的工作方式是：通过在固定时间间隔内对LT1016输出端的脉冲进行计数，并将这一信息转换为电压。通过驱动LT1016构成的V/F电路的放大器，对转换所得的电压与电路的输入电压进行比较。该闭环技术依赖于时间间隔和数字－电压转换的稳定性，以此来实现电路的稳定性。环路状态的不断更新，能确保电路长期稳定。图17.20显示了该电路的具体运行情况。

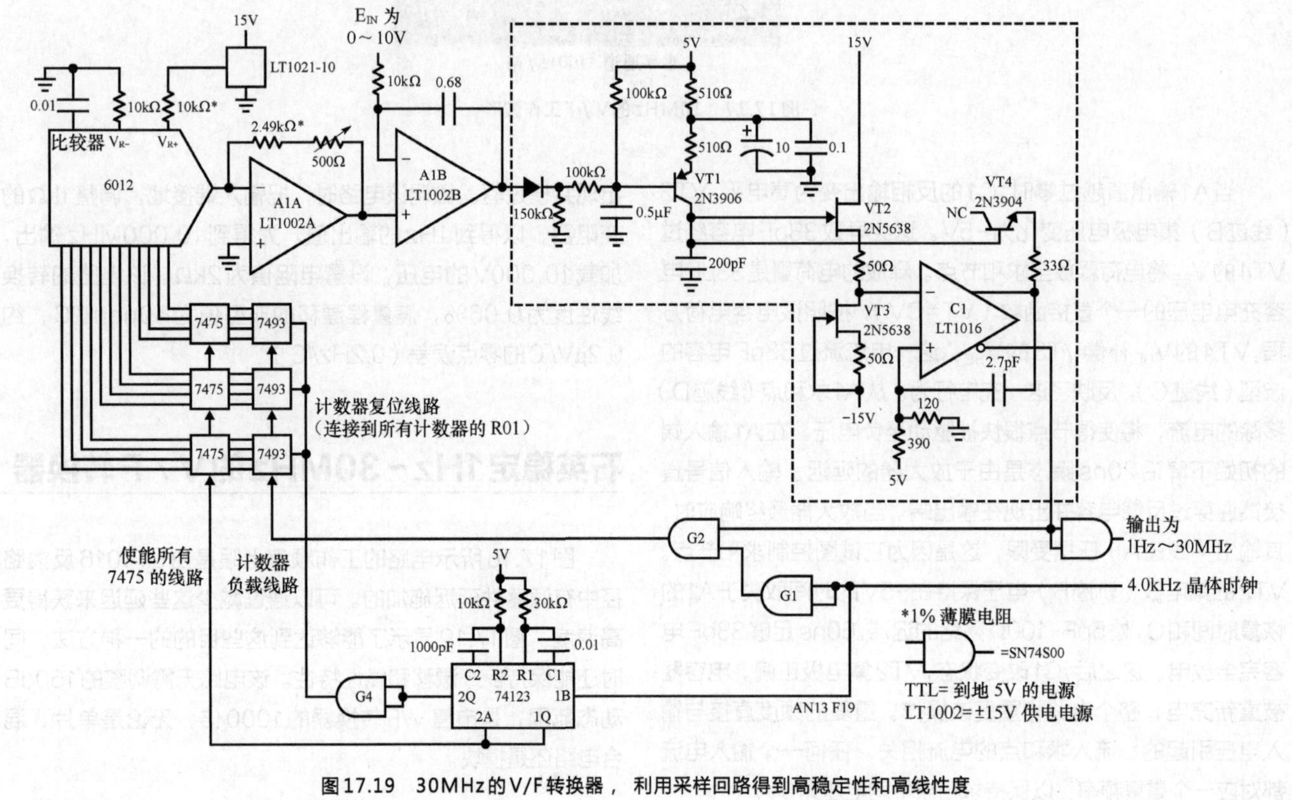

图17.19　30MHz的V/F转换器，利用采样回路得到高稳定性和高线性度

波形A、B、C分别是LT1016的负输入、输出和正输入。它们与图17.17（曲线A,B和C）中波形的相似点反映了两个电路运行的共同点。线迹D展示了石英晶体产生的4kHz时钟。在时钟底部，LT1016门控输出出现在G2输出（线迹E）。这个数据被加载到计数器，它通过7475锁存器驱动12位数模转换器。当时钟变高，74123单次触发的一个部分产生一个脉冲（线迹F），使锁存器获取计数器的数据。脉冲下降后，单次触发后半段脉冲触发（线迹G）计数器的复位线。当时钟的下一个下降沿到来时，整个周期将开始重复。数模转换器和与之相关的输出放大器（A1A），随着7475输出所给的数字而产生一个对应的电压。通过A1B，将该电压与电路输入电压进行比较，A1B的输出驱动基于LT1016的V/F转换器。V/F转换器的任何漂移或非线性都可以通过稳定环路的反馈进行校正。A1B处10kΩ−0.68μF的时间常数是提供环路补偿的。

频率设定的分辨率比12位数模转换器的量化极限更大，这一点不是很明显。这是因为数模转换器的输出在最低有效位附近变化，并通过环路时间常数积分成为一个纯直流电平。一旦该数模转换器稳定到一个最低有效位，其输出将类似于4kHz的钟控脉宽调制器。较慢的环路时间常数将脉宽调制信息积分到直流，得到平滑、连续频率设置的能力。由于LT1016振荡器短时抖动，其分辨率的实际极限读数约为25ppm。

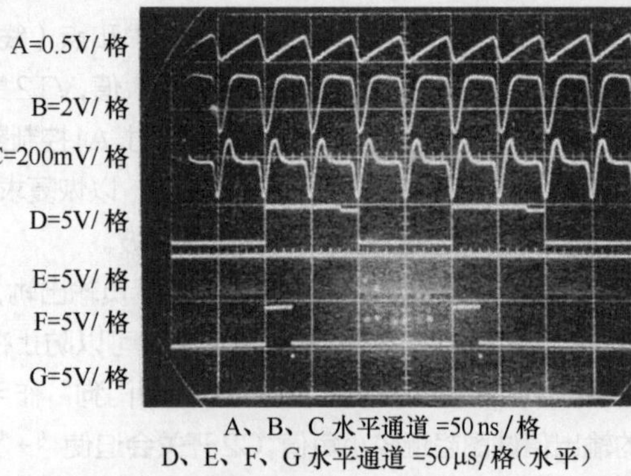

图17.20　图17.19所示电路的波形。采样数据环路（线迹D-G）稳定基本的V/F转换（线迹A-C）

虽然这种方法速度比图17.16所示电路的速度要快，但还是有一定的代价。该回路的采样特性与其长时间常数特性一起，将稳定时间限定在100ms左右。因此，虽然它的输出比图17.16所示电路要快，但却不能追踪快速变化的输入信号。电路的线性度被数模转换器限制在0.025%，并且具有50ppm/℃满量程漂移。1Hz/℃的零点漂移是由于A1B的0.3μV/℃的失调漂移引起的。

1Hz~1MHz的压控正弦波振荡器

本文所描述两个V/F转换器都能输出脉冲。许多应用，例如音频、振动台驱动以及自动测试设备需要的具有正弦输出的压控振荡器。图17.21所示的电路满足了这点要求，对于0~10V的输入，频率范围为1Hz~1MHz（120dB，或6倍频）。这比之前电路速度要快10倍以上，但却保持了0.25%频率线性度和0.40%的失真。

为了理解该电路，假设使用了VT5，且它的集电极（线迹A，见图17.22）电压为−15V，所以切断VT1。正输入电压被A3反相，A3通过3.6kΩ电阻和自偏置FET，偏置积分器A1的求和节点。一个电流−I，从求和节点流出。A2为精密运算放大器，对A1进行直流稳定。A1的输出（线迹B，见图17.22）进行正向积分，直至C1的输出（线迹C）超过0V。这一情况发生时，C1反相输出为负，VT4−VT5电平移位器关闭，VT5集电极电压上升为+15V，从而使VT1导通。VT1路径中的电阻按照一定比例设置以产生＋2I电流，正好是从求和节点流出的电流−I绝对值的两倍。电路流入结合点变为+I，A1以其正向变化相同的速率进行积分。

当A1在负方向上积分得足够大时，C1的“+”输入过零且输出反相。这将切换VT4−VT5电平转换器的状态，VT1关闭，整个周期开始重复。在A1输出端所得的结果为三角波。该三角波的频率依赖于电路输入电压，并且在输入为0~10V时的变化范围为1Hz~1MHz。

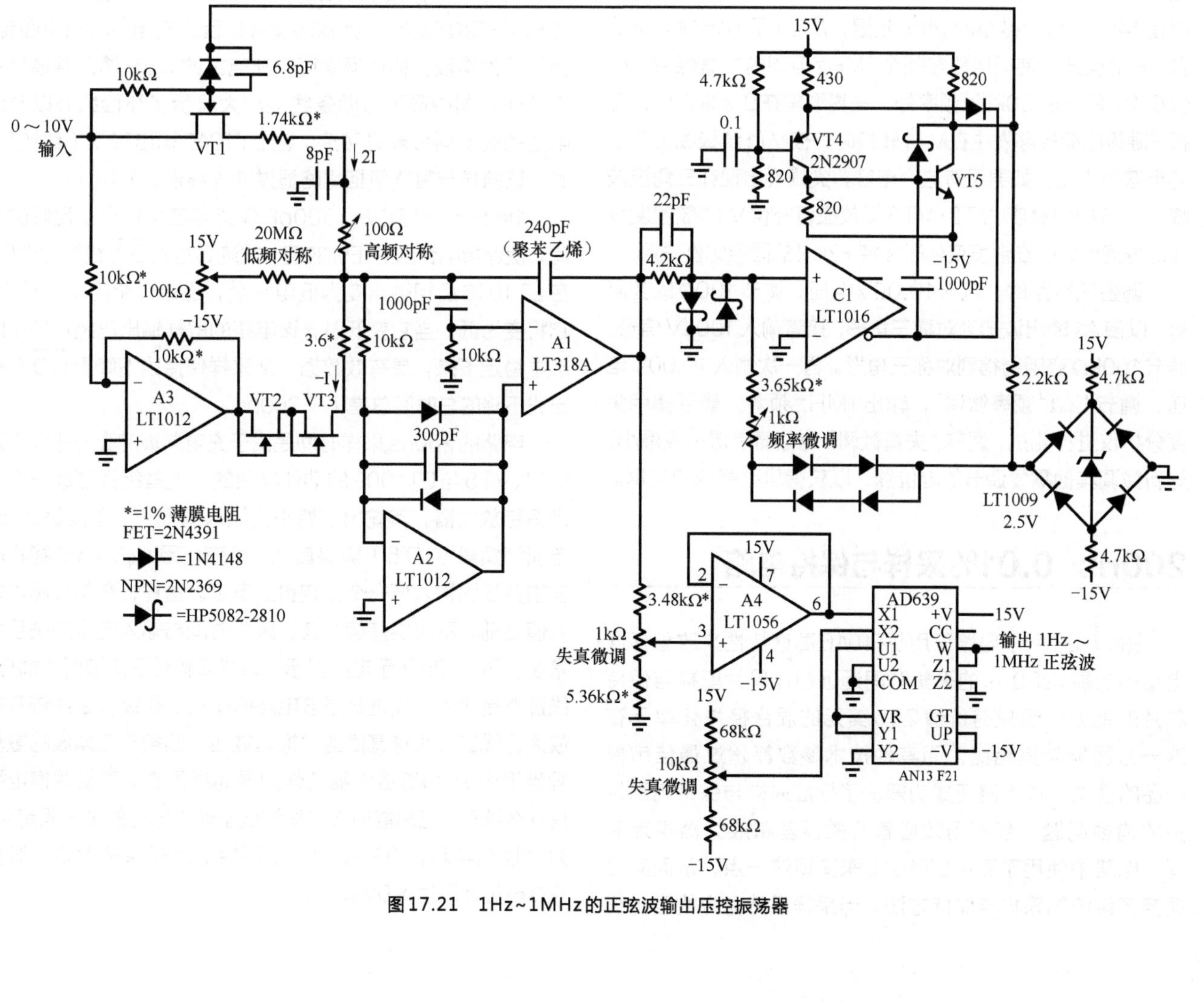

图17.21　1Hz~1MHz的正弦波输出压控振荡器

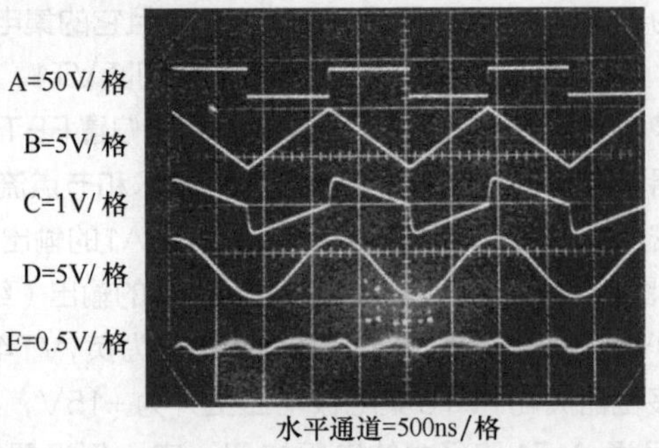

图17.22 正弦波VCO的波形

LT1009二极管电桥和混联二极管提供稳定的双极性基准，该基准总是与A1输出斜坡的符号相反。肖特基二极管约束C1"+"输入，确保其从超载中干净地恢复过来。

AD639三角函数发生器通过A4偏置，将A1的三角波输出转换为正弦波（线迹D）。

AD639必须由幅度不变的三角波提供信号，否则将导致输出失真。在高频处，A1积分器开关回路的延迟导致VT1开启和关闭的延误。如果没有最小化这些延迟，三角波振幅将会随着频率增加，失真度因而也随频率增大。总延迟时间是由LT1016、VT4-VT5电平转换器和VT1引起的，总延迟是14ns。这个微小的14ns延迟，加上LT1016输入端的22pF前反馈，使得电路在整个1MHz范围内失真保持在仅仅0.40%。在100kHz频率处，失真通常在0.2%以内。栅极-源极电荷转移发生在VT1转换时，被VT1源极线上8pF的电容最小化。如果没有这个电容，尖峰会出现在三角波波峰上，增加失真度。VT2-VT3场效应管补偿VT1随温度变化的导通电阻，在温度变化时保持+2I/-I的固定比例关系。

调整该电路时，输入10.00V电压，调节100Ω的变阻器，以使A1输出波形为对称三角形。接着输入100μV信号，调节100kΩ变阻器得到对称三角形。再一次输入10.00V电压，调节1kΩ"频率微调"，输出1MHz频率。最后使用失真分析仪进行测试，调节"失真微调"电位器使得失真最小。重新微调其他需要调节的电位器，以获得尽可能低的失真。

200ns-0.01%采样与保持电路

图17.23所示电路采用LT1016高速特性来改善标准电路的功能。200ns的采集时间远远超过单片取样与保持芯片的能力，也只有价值200美元的混合模块化单元在这一方面能与其相比。而其他技术参数都超过最佳市售产品的性能。该电路还成功解决了标准采样与保持电路相关的诸多问题，包括场效应管开关误差和放大器稳定时间。电路中使用了高速LT1016来实现这一点，从而完全摒弃了传统的采样与保持方法。当采样保持命令线路（线迹A，图17.24）为高电平时，VT2导通，偏置VT3，迫使1000pF电容器（线迹B）通过VT4发射极放电。这样，VT4发射极电压将略低于VT3集电极电压。VT5和LT2009由输入电压偏置，驱动VT4。同时，在LT1016的TTL门将锁存器引脚接地（使能比较器），比较器反相输出端（线迹C）变高。当采样保持命令线路（线迹A）下降时，VT2和VT3下降，VT1电流源给1000pF单元（线迹B）快速线性斜坡充电。该电容由VT7缓冲，VT7是一个带有电流灌负载的源极跟随器。当VT7的输出值达到电路输入值时，LT1016反相输出端（线迹C）变低。VT1电流源在2ns内关闭，电容充电停止。LT1016的低电平也意味着或非门输出为高电平，从而锁存比较器输出。这样防止了输入线路噪声或者信号变化影响1000pF保持电容内存储的电荷。

理想情况下，VT7输出正好处于输入电压的采样电平值。不过，由于LT1016的延迟和VT1断开时间（总值为12ns），实际上存在一些微小误差。由于这些延迟，在充电电流停止之前，电容会被充电至比输入电压还要高的电平。当LT1016反相输出低电平时，可以少量除去1000pF电容中的电荷，以补偿该误差。这种除去少量电荷的方法是通过8pF-1kΩ电位计网络来实现的。因为充电斜坡斜率固定，误差项为常数，补偿网络可以在电路的±3V输入共模范围内工作。图中最下方四条线迹放大显示了补偿细节以及该电路的关键斜坡断开顺序。当LT1016输出降低（线迹D）时，该斜坡与其终值相比略显过冲（线迹E）。

1kΩ-8pF组合从1000pF保持电容中拉出了足够的电荷，使保持电容回到正确的值。线迹G是$\overline{\text{NOW}}$线路的电压。在LT1016反相输出变为低电平后，经过两个门电路延迟，它将变为低。当它变低时，该电路的取样输出已经从校正瞬态中稳定下来，是有效数据。从采样保持线下降到$\overline{\text{NOW}}$输出线下降的总时间总是小于200ns。

电路的200ns采样时间是由于充电斜坡的高压摆率以及VT4、VT5与LT1009的动作导致的。这些组件形成一个宽带追踪放大器，其输出值始终比输入值低一个固定量。VT7电流源负载（VT6）确保其V_{GS}不变。因此，VT3总能将电容重置到比输入低一个固定量的电平。这样，在斜坡超过输入值之前，不需要持续太久，采集时间与输入电压的关系为常量。图17.25所示电路显示了采样双极性三角波时的情形。线迹A是输入，线迹B是该电路的输出。线迹C是线迹B的放大（线迹C采样基底的"拖尾效应"归咎于三角波的重复异步采样）。跟踪放大器的作用显而易见的。不管共模电平是什么情形，它总能重置斜率到低于输入电压的某一固定点。为了校准电路，将其接地，不断启动采样保持命令，调整1kΩ电位计以达到0V输出。

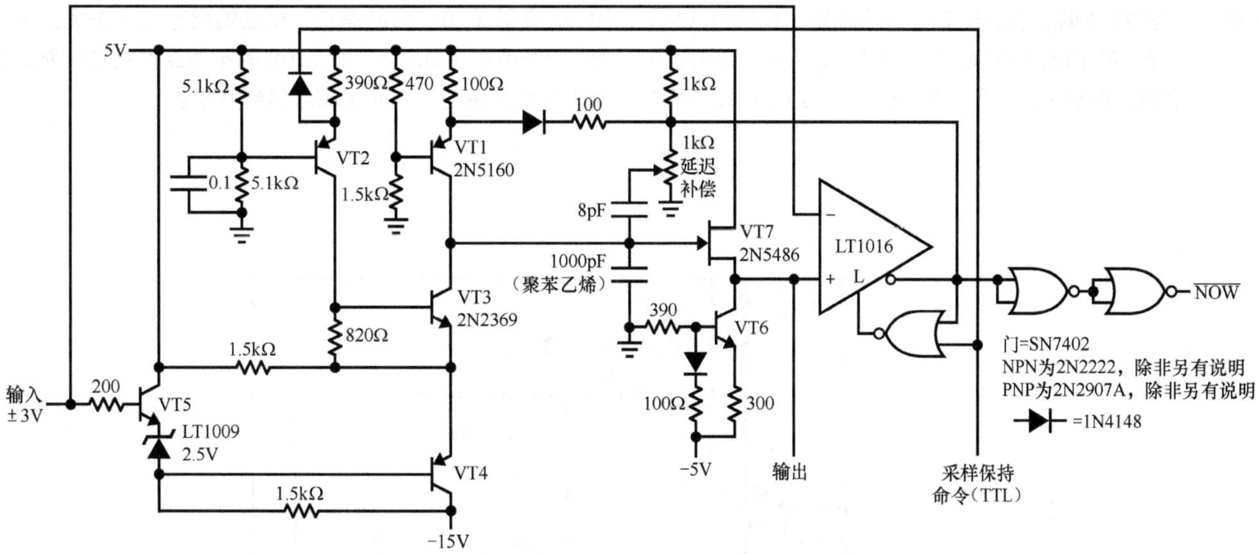

图17.23 200ns采样保持电路

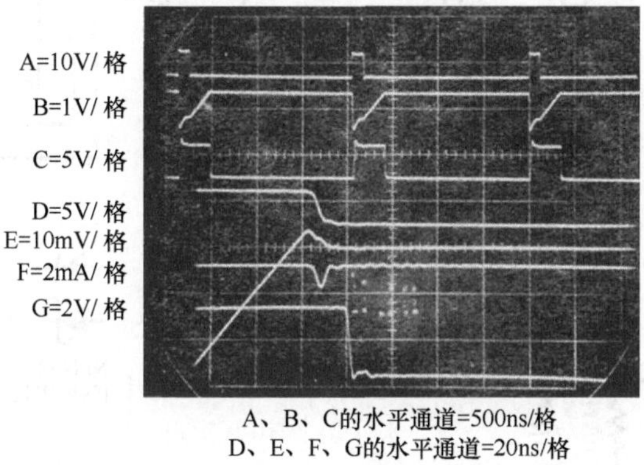

图17.24 快速采样与保持波形。线迹A到线迹C进行了斜坡电压比较。线迹D到线迹G显示了延迟补偿细节

该电路的几个重要参数指标如下：

采集时间	<200ns
共模输入范围	±3V
下降	1μV/μs
保持阶跃	2mV
保持稳定时间	15ns
馈通抑制	>>100dB

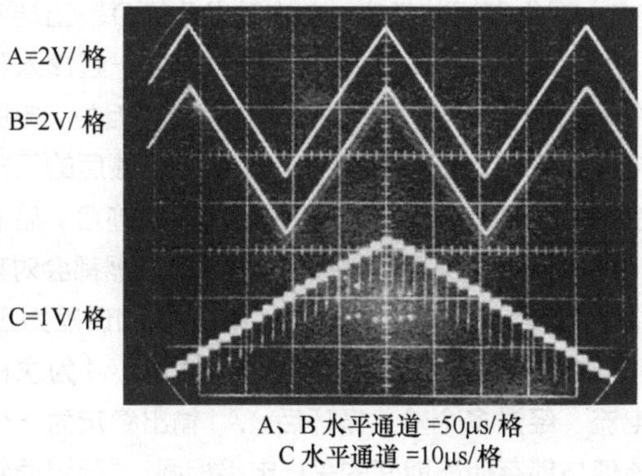

图17.25 快速采样保持跟踪三角波形。线迹C放大显示了电路输出斜坡

快速跟踪与保持电路

图17.26所示的跟踪保持电路通常与图17.23所示的采样保持电路相关。该电路也没有采用标准方法，它采用的也是基于LT1016高速度的方法。该电路的主要模块是一个开关电流源（VT1-VT3）、电流灌（VT2）、场效应管跟随器（VT4）以及LT1016。为了理解该电路，假设存储在0.001μF保持电容器上的电压低于输入电压，而跟踪保持命令线路（线迹A，见图17.27）为TTL的“1”（跟踪模式）。这样，VT5导通，C1输出值为正值。C1的反相输出为低时，VT3关闭，使VT1开始给保持电容器充电。VT2电流灌也开始工作，但电流密度是VT1的一半。保持电容正向充电。当VT4的源极电压（线迹B，见图17.27）达到输入电压值时，C1反转其输出状态。之后，VT3导通，快速关闭VT1电流源。5pF反馈电容器旁路VT3，加快了VT1的关闭速度。随着VT1关闭，VT2灌电流向保持电容

放电。这导致C1输出状态改变，振荡开始（线迹B,见图17.27）。受控的10mV-25MHz振荡是以输入电压值为中心的。当跟踪保持线路（线迹A）变低时，VT5截止，VT1和Q2立即关闭，振荡停止，电路输出值处于关闭时输入值的 ±5mV范围之内。该5mV的不确定性是由电路的基本操作所产生的，从而将精度限制为8位。

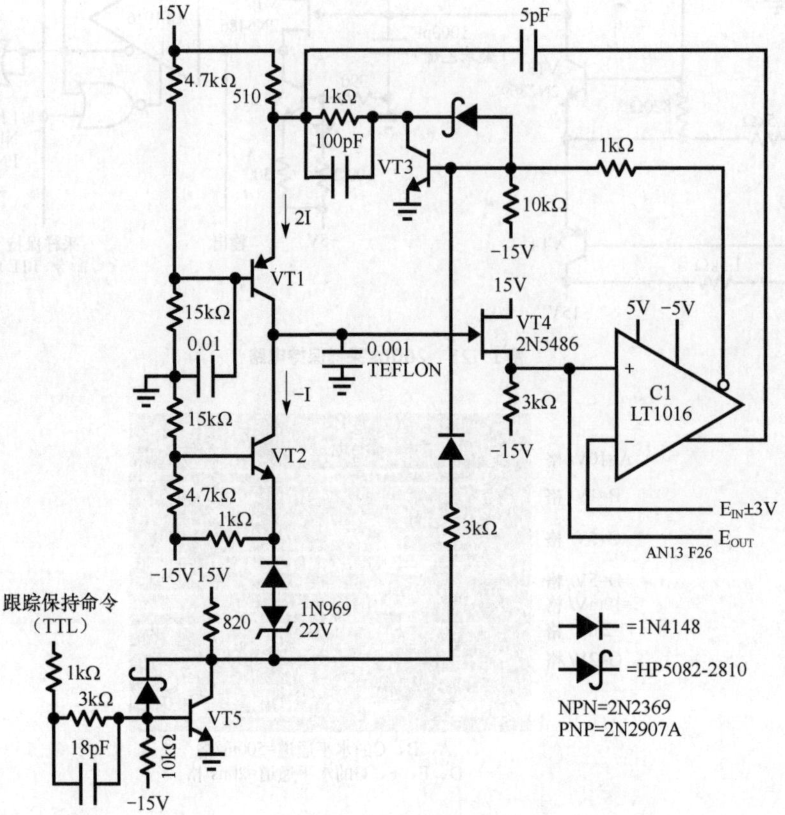

图17.26 基于比较器的跟踪保持电路

图17.28显示了电路输入方波时的情况。线迹A是输入，线迹B是输出，线迹C是跟踪保持命令行，线迹D是LT1016输出。可以看到，当跟踪保持线变低时，受控振荡的停止非常干净。如果源-灌晶体管中的电流较大，电路输出将更快速地摆动，以便与输入转换保持一致。振荡误差范围也会按比例放大。25MHz的更新频率，使该电路能够跟踪较慢的信号，在切换到保持状态时，稳定时间在10ns以内。

10ns采样保持

图17.29给出了一个10ns采样时间的采样保持电路，它仅适用于重复信号的采样与保持。在该电路中，LT1016（C1）驱动差分积分器（A1）输入。从积分器反馈到LT1016，形成闭合回路。图17.30显示了输入1MHz正弦波时的情况。C2产生过零信号（线迹B），单次触发“A”（线迹C）提供可调节宽度。单次触发B的Q输出端产生一个30ns脉冲（线迹D），该信号与$\overline{Q}$信号一起馈入到逻辑网络中。Q路径中两个反相器的延迟，为其相关门电路提供一个持续时间比$\overline{Q}$要短的输出（线迹F）。最后的门减去这两个信号，产生10ns尖峰。将其反转（线迹G）后馈送给C1锁存引脚。每次锁存引脚被使能时，比较器都会对其“+”输入端求和节点的信号进行响应。如果求和误差为正，A1从求和节点拉取电流。如果求和误差为负，A1为求和节点提供电流。经过多个输入循环后，A1输出稳定为一个直流值，该值与锁存使能期间的采样电平相同。“延迟调整”可将10ns采样“窗口”设置到输入正弦波的任何位置。

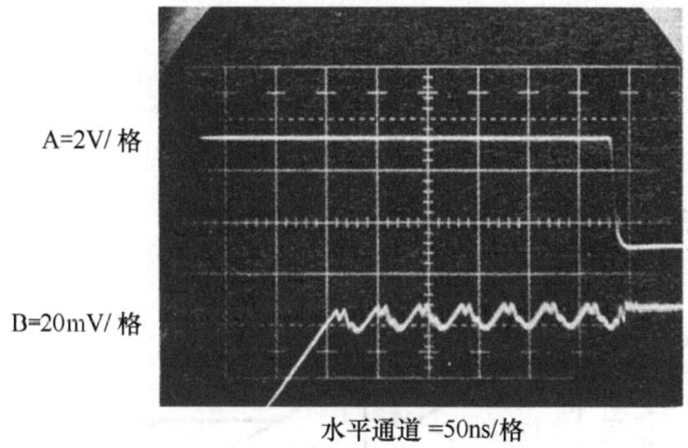

图17.27 采样保持电路采样输入

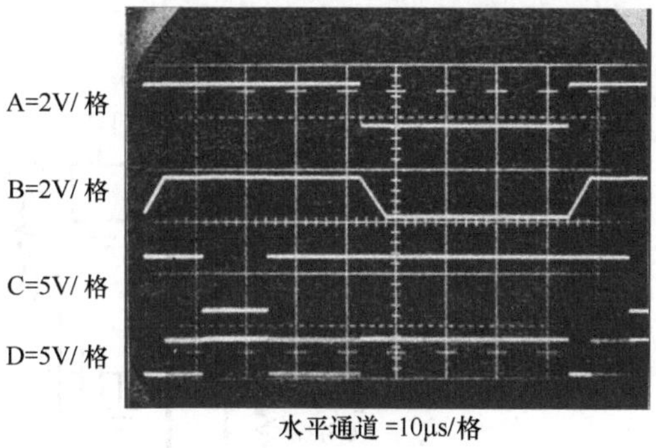

图17.28 方波的跟踪保持响应

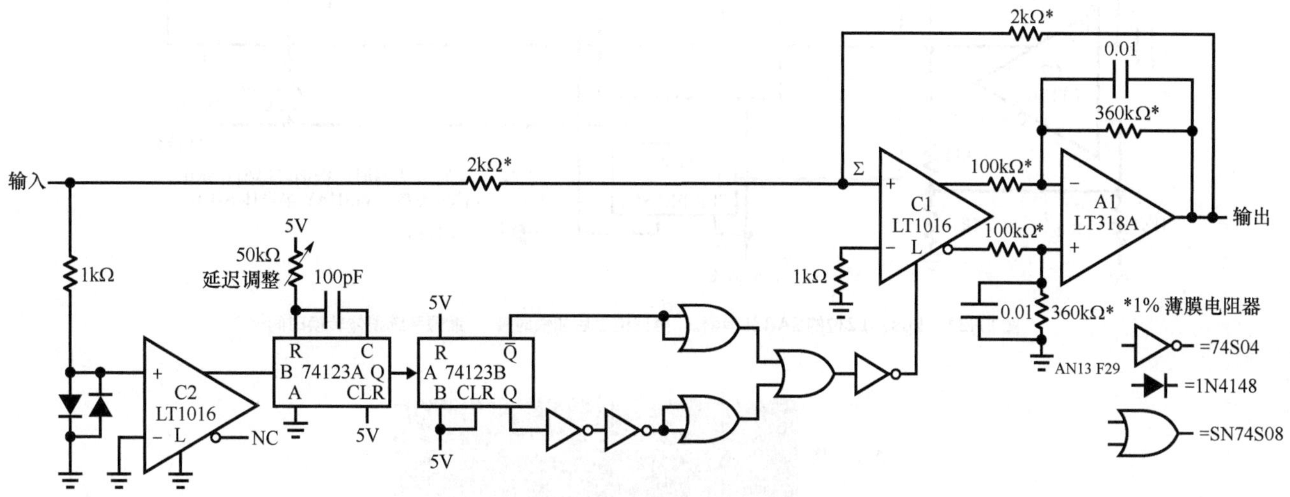

图17.29 重复信号的10ns采样保持

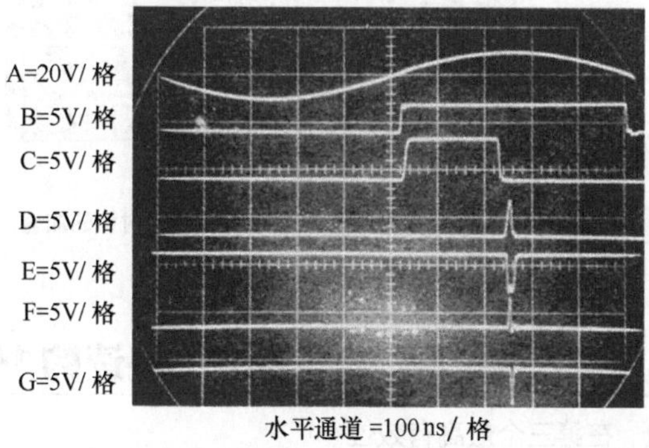

图17.30 10ns采样保持波形。10ns采样窗口（线迹G）可以放在输入的任何位置（线迹A）

5μs、12位A/D转换器

使用高速LT1016实现的快速12位A/D转换器如图17.31所示。该电路是逐次逼近方法的改进电路，速度比大多数12位商业SAR（Successive Approximation Register）还要快。在该电路中，2504逐次逼近寄存器（SAR），A1和C1对每位都进行测试，首先测试的是最高有效位，产生一个代表输入电压值的数字。为使转换更快，在第三高有效位转换后，时钟（C2）被加速。这充分利用了数模转换器的分段特性，对于低9位来说，有着极快的稳定时间。

A1为C1提供了前置放大功能，这只增加了7ns延迟。在A1输入端，前置放大能够干净利落地对最低有效位（1.22mV）的一半过载做出响应。图17.32所示为运行中的转换器。为了观察电路运行情况，去除了A1，数模转换器的输入结点直接驱动LT1016的“+”输入端。电路正常运行时，必须使用A1。

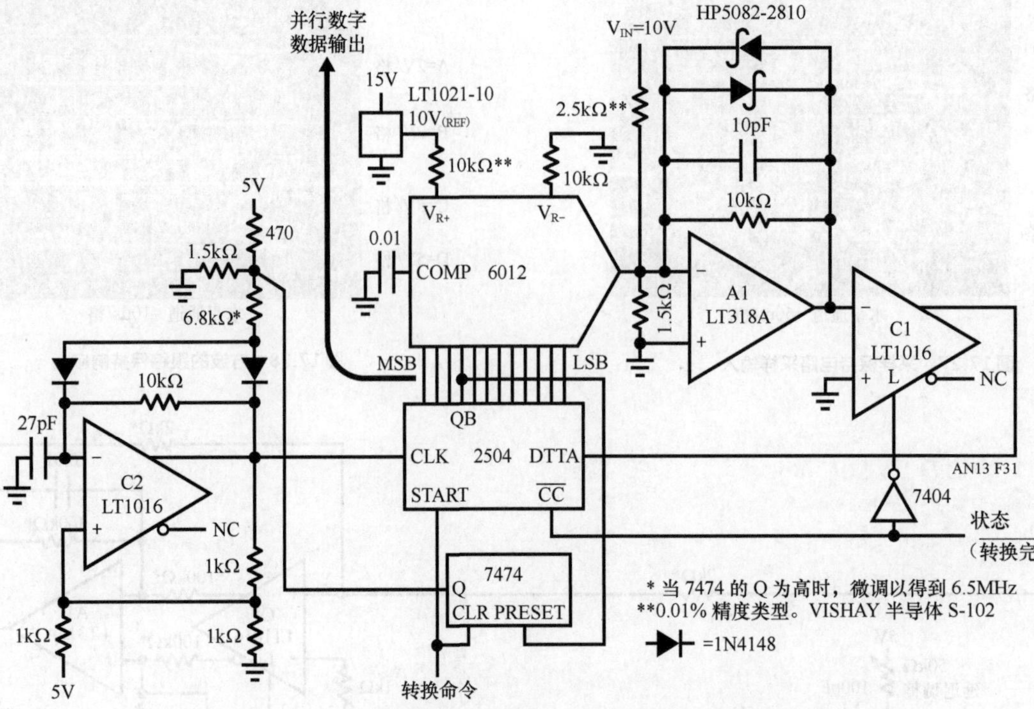

图17.31 5μs、12位的SAR转换器。第三位之后加快时钟，缩短系统整体转换时间

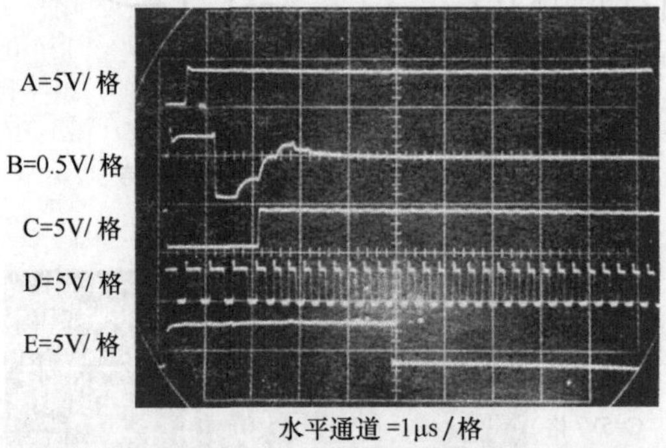

图17.32 快速SAR转换器波形。注意在第三位转换后时钟的加速（线迹D）

转换开始时，“转换命令”线路（线迹A，见图17.32）降低，SAR开始测试每个位。DAC输出（线迹B）馈入肖特基钳位C1的输入端，依次向最终值收敛。在第三个最高有效位确定后，7474的Q变高（线迹C），使2.1MHz时钟向3.2MHz平移（线迹D）。这将加快转换余下的9位，最小化整体A/D转换时间。当转换完成后，状态线路（线迹E）下降，TTL反相器设置C1锁存，防止比较器对输入噪声或偏移产生响应。

下一个转换命令重启整个循环。注意，最低位C1必须准确地响应小信号，而不能影响速度。该电路的高增益带宽要求，使比较器很难实现该应用。对于12位A/D转换器来说，该电路的5μs转换时间就比较快的。也可以实现更快的转换时间，不过设计将更加复杂。应用指南17“关于逐次逼近A/D转换器”中给出了该电路的“拓展”版本，其转换时间为1.8μs。

廉价、快速的10位串行输出A/D转换器

图17.33给出了建立快速、廉价的10位A/D转换器的简便方法。该转换电路在需要使用大量转换器的应用中非常有用，它们可以全部采用一个时钟。该设计包括一个电流源、一个积分电容器、一个比较器和一些门。

每次脉冲施加在转换命令输入上时（线迹A，见图17.34），VT1重置1000pF电容为0V（线迹B）。重置时间需要200ns，这是能接受的转换命令的最小脉冲宽度。在转换命令脉冲下降时，电容开始线性地充电。在10μs整时，达到2.5V电压值（也可以超过范围达到3.0V）。通常情况下，由于V_{CE}已经达到饱和，VT1无法重置电容器为0。这可以通过Q4补偿。该设备在反相模式下切换，可以将电容复位到地平面电平附近

的1mV之内。VT1吸收电容器的大部分电量，VT4完成放电。

LT1016的正输入端施加10μs斜坡电压。LT1016将斜坡与其负输入端的不确定的Ex值相比较。在0~2.5V范围内，Ex应用到2.5kΩ电阻。在0~10V范围内，2.5kΩ接地，Ex应用到7.5kΩ电阻。正输入端处的2.0kΩ电阻为C1提供均衡源阻抗。LT1016输出为脉冲（线迹C），该脉冲宽度直接依赖于Ex值。该脉冲宽度用于门控100MHz时钟。门控由74AS00来实现，同时，由于转换命令脉冲，它也门控LT1016输出脉冲的一部分。这样，输出端的100MHz时钟脉冲突起（线迹D）与Ex成比例。对于0~10V的输入，将出现1024个满量程的脉冲，在512个脉冲对应电压为5V，以此类推。在转换完成后，LT1016的锁存引脚的电阻二极管网络，通过锁定LT1016的输出值，确保干净利落的比较器转换。下一个转换命令脉冲将解除该锁存。

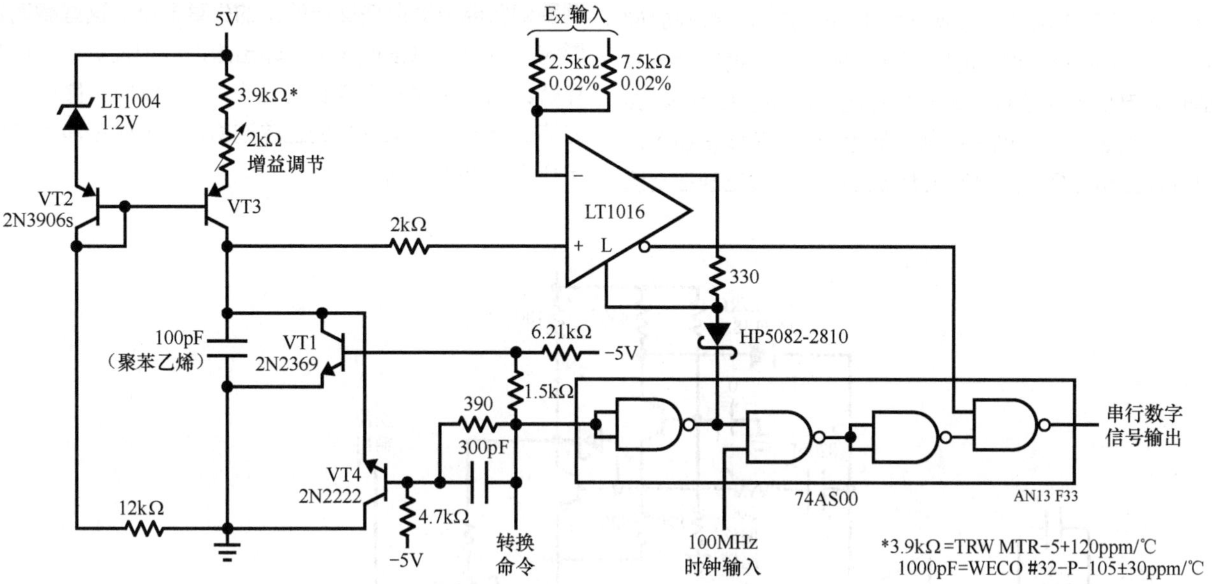

图17.33 简单快速10位A→D转换

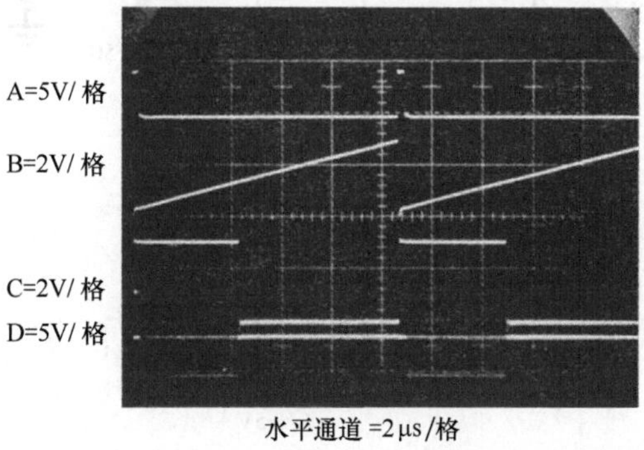

图17.34 10位A→D转换波形

电路中所用电流源缩放电阻器以及斜坡充电电容提供了良好的温度补偿，因为它们的反热系数。在0~70℃时，该电路通常会保持在±1LSB的精度，以及额外±1LSB的不确定性，这是由于时钟和转换序列之间的异步关系。

图17.35显示了转换器操作的最关键部分即复位阶段的详细工作情况。线迹A是转换命令，线迹B是电容器（放大了很多倍）复位到零，比较器输出是线迹C，线迹D是门控串行输出。观察图形可以，直到电容电压开始斜坡增长（刚好经过屏幕中间），输出脉冲才出现，即使比较器为高电平。

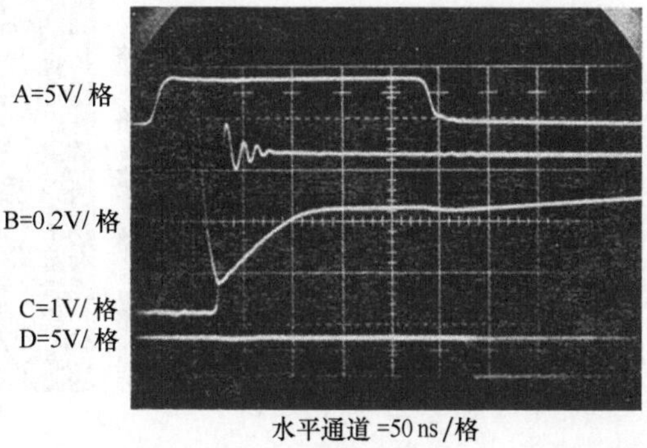

图17.35 复位过程。VT1-VT4组合提供了快速、低偏移归零复位

2.5MHz精密整流/交流电压表

最精密的整流电路都需要靠运算放大器来纠正二极管压降。虽然该电路设计运行良好，但由于带宽限制要求电路必须工作在100kHz频率以下。图17.36显示了在开环、同步整流结构中使用的LT1016，该整流器具有2.5MHz高精度输出。1MHz输入正弦波（线迹A，见图17.37）由C1检测其过零变化。C1的两个快速+5V输出（延迟时间为2～3ns）驱动了相同的电平移位器。这些输出偏置肖特基开关电桥（线迹B和线迹C是电桥的切换转角）。该输入信号馈送到电桥的左中部。因为C1以同步于输入信号的方式驱动电桥，所以半波整流后的正弦波出现在交流输出（线迹D）。直流有效值出现在直流输出端，肖特基电桥快速切换，消除了电荷泵，否则场效应管开关可能切换。由线迹E可知，这是显而易见的，线迹E是线迹D的放大。除了电桥切换时的微小扰动外，该波形是干净的。校准该电路时，应用1～2MHz的1V(峰峰值)的正弦波以调整延迟补偿，以使正弦波为正值时，电桥开关切换。这样，通过LT1016和电平移位器，可以校正较小延迟。接着，调整偏斜电位器以使交流输出的失真最小。这些微调轻微影响了各自电平移位器上升输出边沿的相位。这样可使互补桥驱动信号中的偏斜保持在1～2ns以内，最小化切换时的输出干扰。100mV的正弦波输入将产生干净的精度高于0.25%的直流输出。

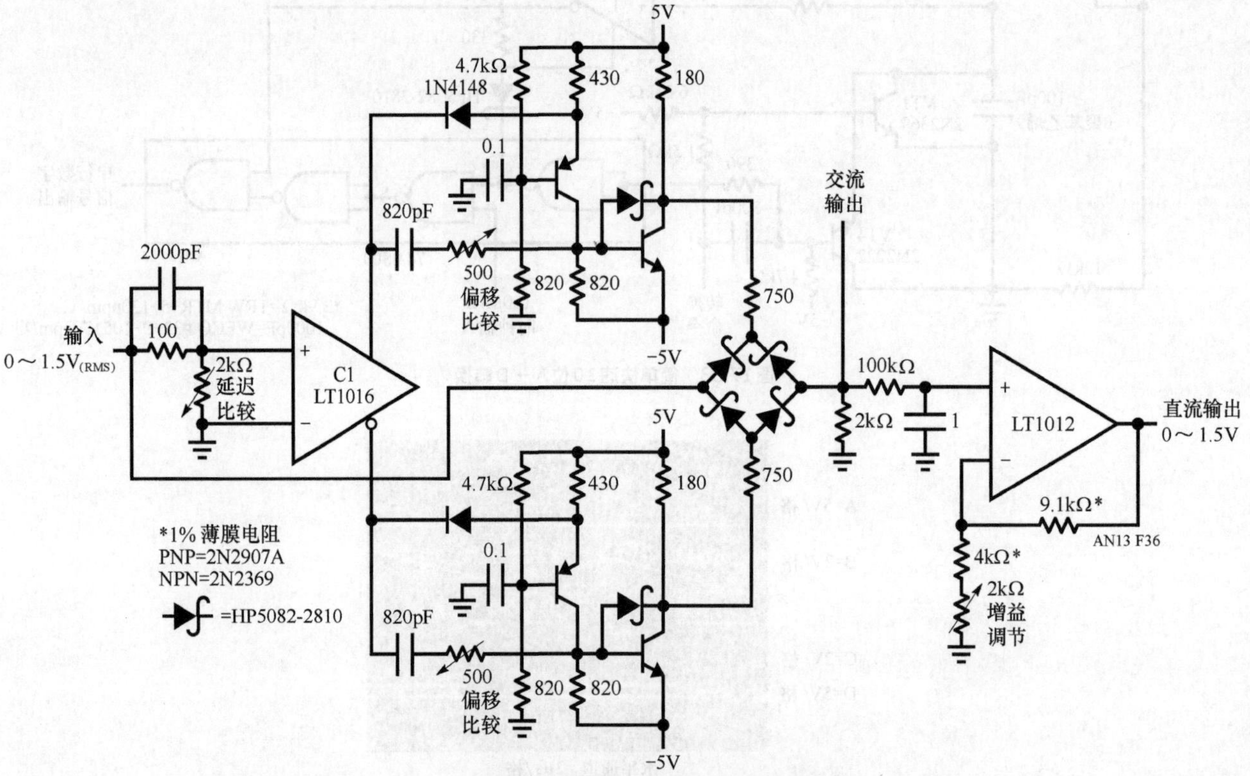

图17.36 基于整流的快速同止步AC/DC转换器

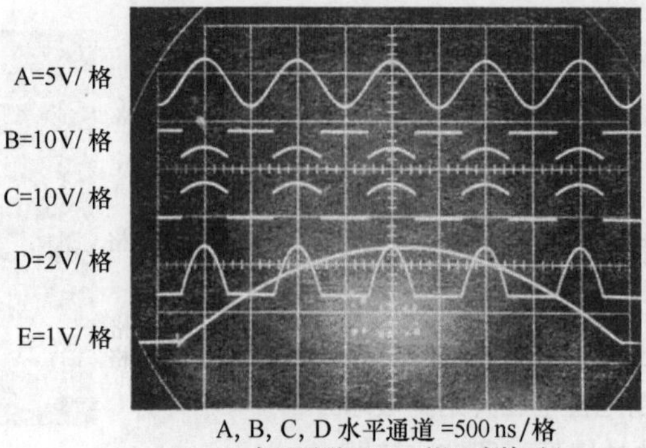

A, B, C, D 水平通道 =500 ns/格
E 水平通道 =50 ns/格(未校正)

图17.37 快速AC/DC转换器的工作频率为1MHz。 干净的转换是由于LT1016的速度、 延迟与开关偏移的补偿

10MHz光纤接收机

接收高数据率的光纤数据并不简单。除非接收器是经过精心设计的，否则高速数据以及光强的不确定性可能导致错误的结果。图17.38给出的光纤接收器可以精确调理数据率高达10MHz的宽范围光输入。其数字输出的特点是自适应的阈值触发器，能支持器件老化或其他原因所需要的信号强度变化。它也有一个模拟输出，可用于监视检测器输出。光信号由PIN光电二极管检测，由VT1-VT3组成的宽带反馈级电路进行放大。第二个相似的电路级进一步放大信号，该级电路（VT5集电极）的输出偏置2路峰值检波器（VT6-VT7）。最大峰值存储在VT6发射极电容，最小偏移保留在VT7发射极电容中。VT5输出信号中点直流值出现在500pF电容和22MΩ单元的结合处。无论绝对振幅有多大，该直流值总是处在信号偏移的中间。该自适应电压由低偏压LT1012缓冲，以设置LT1016正输入端的触发电压。LT1016负输入端直接从VT5集电极偏置。图17.39显示了使用图17.38所标识的测试电路得到的结果。线迹A是脉冲发生器输出曲线，而VT5集电极（模拟输出监视器）出现在线迹B中。线迹C是LT1016输出曲线。宽带放大器在5ns时做出响应，上升25ns后达到稳定。注意，LT1016的输出转换与线迹B的中点是对齐的，与自适应触发器的操作相一致。

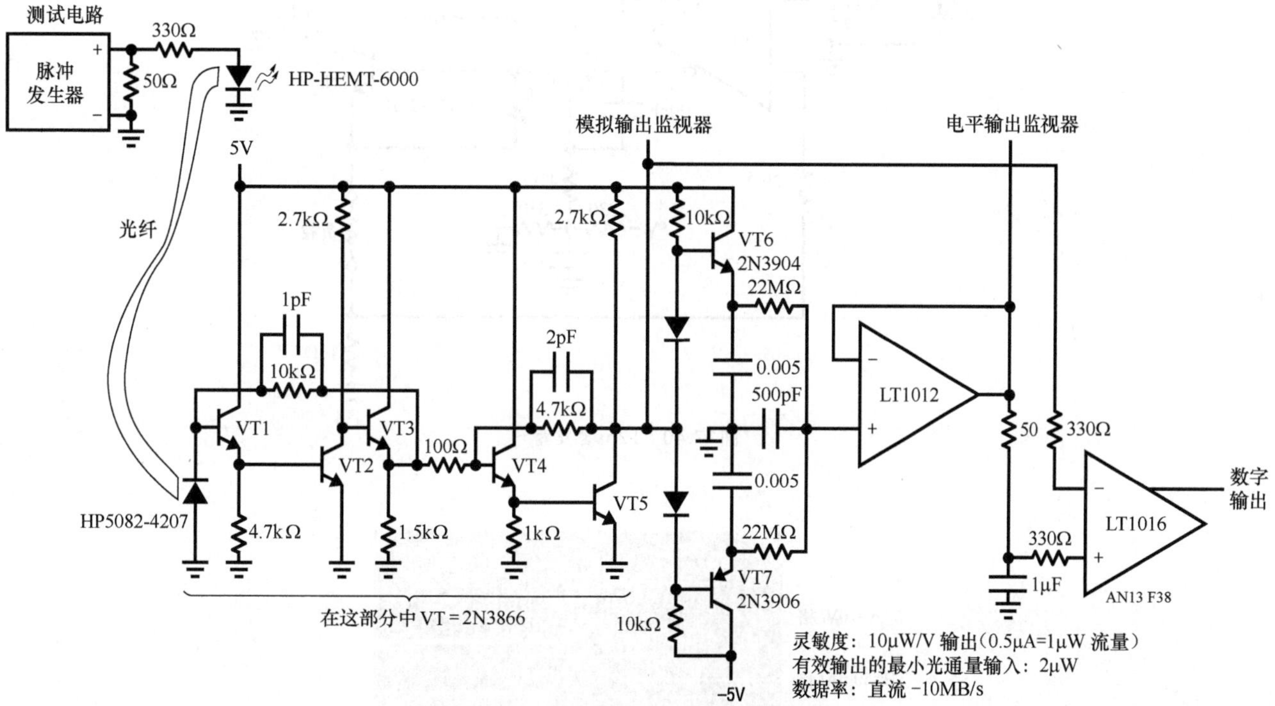

图17.38　快速光纤接收器不受工作点偏移影响

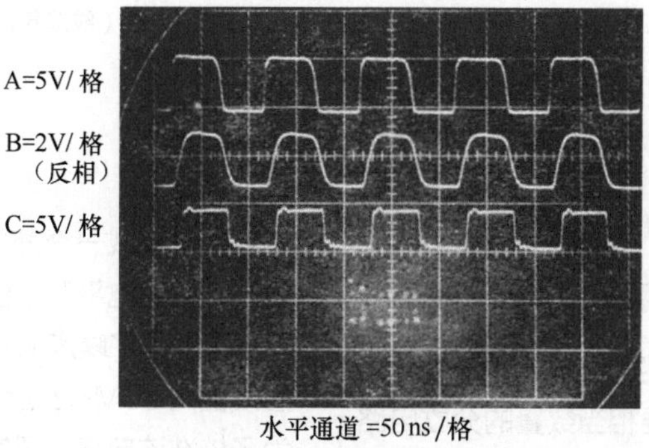

图17.39　光纤接收器波形

12ns断路器

图17.40显示了一个简单电路，在负载超过预设值之后12ns内关闭电流。该电路在探测过程中，用于保护集成电路；在微调校准过程中，也用于保护昂贵负载。与之前电路相比，复杂度降低，速度变快3倍多。正常情况下，10Ω分流器两端电压比LT1016负输入端电压要小，这样可以保持VT1关闭，VT2接受偏置，驱动负载。过载时（这种情况下，线迹A为输出，见图17.41），通过10Ω检测电阻的电流增加（线迹B，见图17.41）。当电流超过预设值时，LT1016输出（线迹C显示的是非反相输出）将反相。这为VT1提供了理想的导通驱动，并在5ns内切断VT2（线迹D是VT2发射极电压）。从过度负载电流开始到完全关闭总延迟仅13ns。一旦电路触发，LT1016通过同相输出端的反馈进入闩锁状态。负载故障解除后，可用按钮来重置电路。

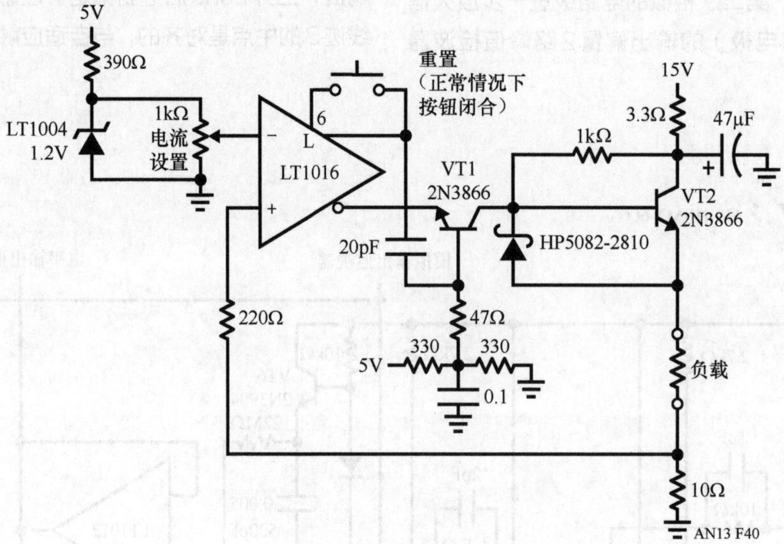

图17.40 12ns断路器

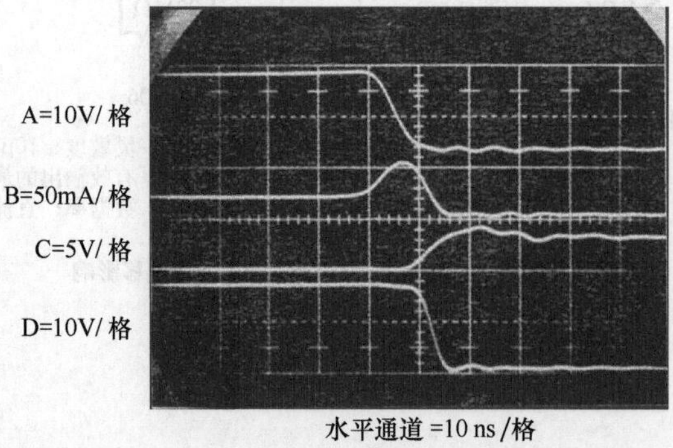

图17.41 12ns断路器的工作波形。电路输出（线迹D）在输出电流（线迹B）开始上升后12ns开始关闭

50MHz触发器

计算器等其他仪器需要一个触发器。设计一个快速稳定的触发器是不容易的，而且往往需要相当数量的分立电路。图17.42显示了50MHz时敏感度为100mV的简易触发器。场效应管构成一个简单的高速缓存器，而LT1016把缓冲输出与“触发电平”电位器的电压相比较。10kΩ电阻有滞后作用，这消除了噪声输入信号引起的“振动”。图17.43显示了触发器对50MHz正弦波（线迹A）的响应情况（线迹B）。为了校准该电路，把输入端接地，调整“输入零”控制，使VT2漏极电压为0。

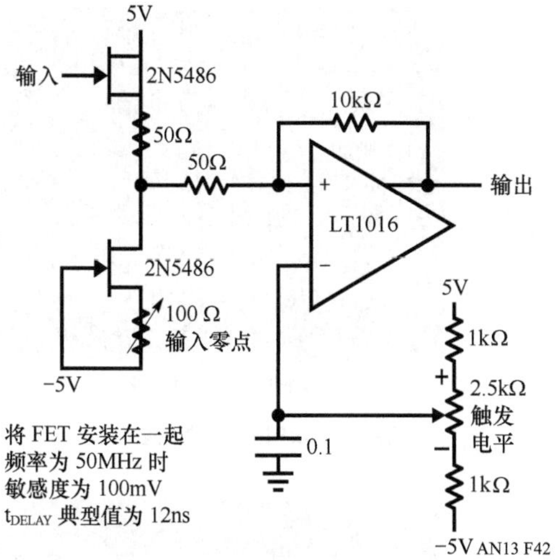

图17.42 50MHz触发器

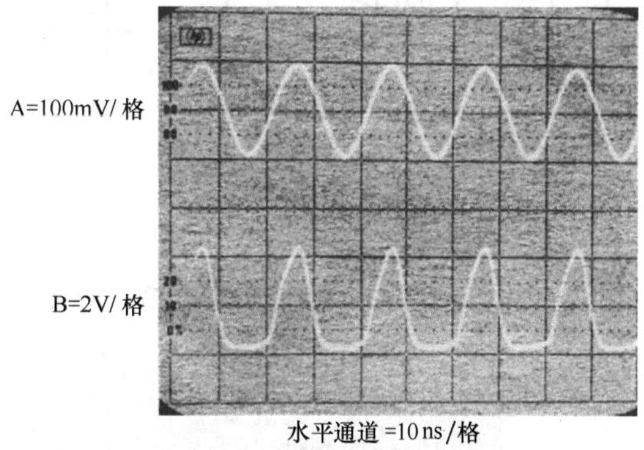

图17.43 触发器对50MHz正弦输入的响应

参考文献

1. Dendinger, S., "One IC Makes Precision Sample and Hold," EDN, May 20, 1977
2. Pease, R. A., "Amplitude to Frequency Converter," U.S. Patent #3, 746, 968, Filed September, 1972
3. Hewlett-Packard Application Note #915, "Threshold Detection of Visible and Infra-Red Radiation with PIN Photodiodes,"
4. Williams, J., "A Few Proven Techniques Ease Sine-Wave-Generator Design," EDN, November 20, 1980, page 143
5. Williams, J., "Simple Techniques Fine-Tune Sample-Hold Performance," Electronic Design, November 12, 1981, page 235
6. Baker, R. H., "Boosting Transistor Switching Speed," Electronics, Vol. 30, 1957, pages 190 to 193
7. Bunze, V., "Matching Oscilloscope and Probe for Better Measurements," Electronics, March 1, 1973, pages 88 to 93

附录A 关于旁路电容

旁路电容用于维持负载点处的低电源阻抗。电源线处的寄生电阻和电感意味着电源阻抗可能很高。随着频率上升，寄生电感将变得特别麻烦。即使这些寄生现象不存在，或者进行了局部稳压，由于在100MHz处电源或者稳压器不具有零输出阻抗，所以旁路仍是必须的。采用什么类型的旁路电容是由具体应用、电路工作频率范围、成本、电路板体积以及其他很多因素决定的。以下将给出一些有用的总结。

所有电容都含有寄生参数，如图A1所示。旁路应用中，漏电流和介质吸收都是二阶项，但串联的R和L都不是。后面的这些分量限制了电容阻尼瞬态和维持低电源阻抗的能力。旁路电容的值通常都要很大，以便它们能承受多次瞬变，需要具有较大串联R和L系列的电解类型。

不同类型的电解电容和非极性电解电容的组合都具有非常不同的特性。在某些圈子里，选用何种类型的电解电容存在较大的争议，因此测试电路（见图A2）及其相应的图片对这些争论是有用的。该图展示了由测试电路产生的5个旁路瞬态响应。图A3展示了未旁路导线信号下降，产生了比图A5更大振幅的纹波。图A4采用了10μF的铝电解电容大幅度减少了干扰，但仍有很多问题。10μF钽电容为A5提供了干净的响应，10μF铝电解电容与0.01μF的陶瓷电容结合的效果更好，如图A6所示。非极性电容结合电解电容是是一种流行的方式，可以获得良好的电路响应，但是要谨慎选择这二者，以免误选。正确的（错误的）电源线寄生现象和并联不同电容的组合可能会产生谐振、振铃响应，正如图A7所示。小心!

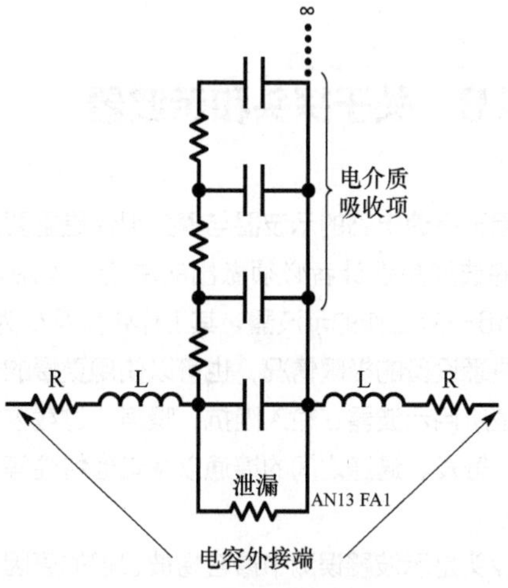

图A1 寄生电容器

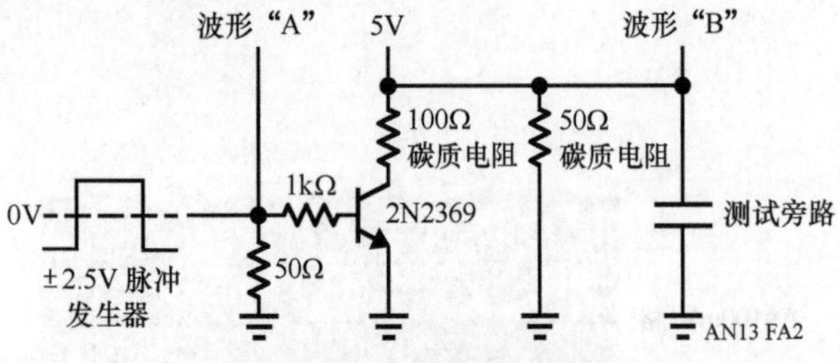

图A2 旁路电容测试电路

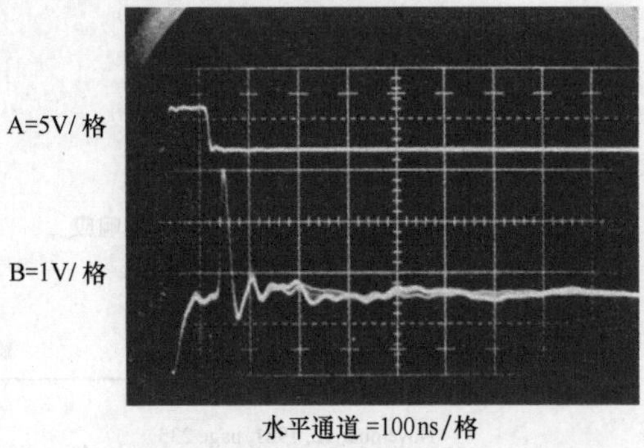

图A3 无旁路线时的响应

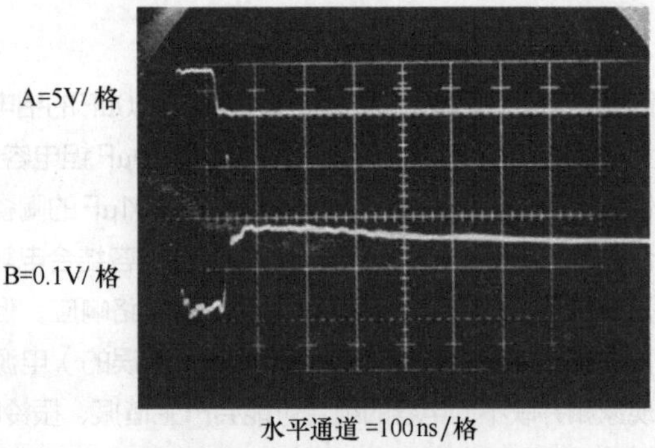

图A4 10μF铝电解电容的响应

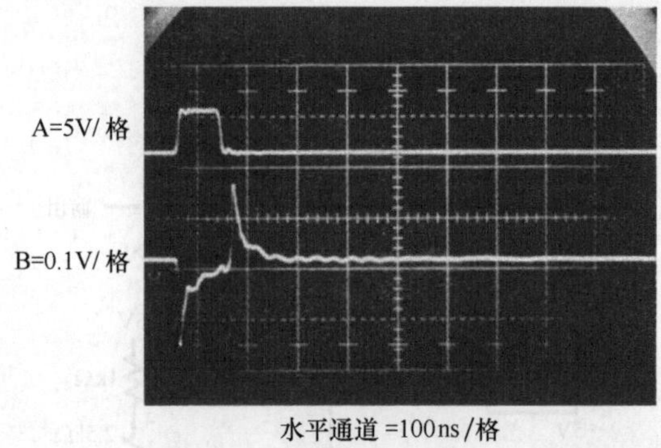

图A5 10μF钽电容的响应

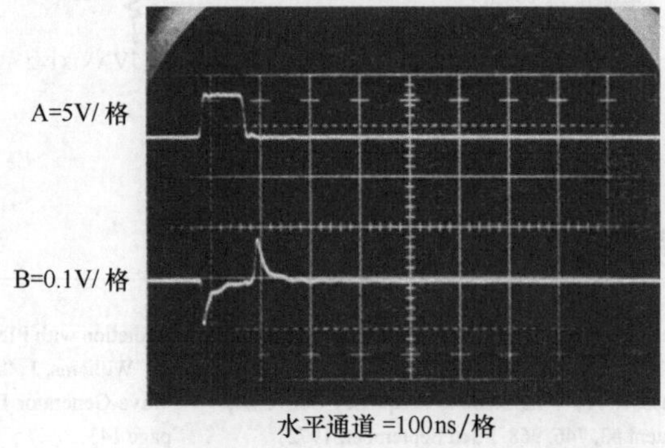

图A6 10μF铝电解电容与0.01μF的陶瓷电容并联的响应

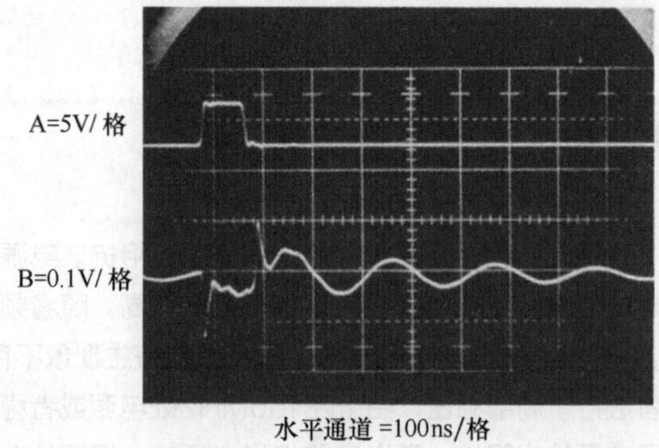

图A7 一些并联组合可以产生振铃振荡，使用前请先尝试

附录B 关于探头和示波器

用于高速电路的示波器与探头组合是重要的仪器，该设备的选择是设计者必须做出的决定。理想情况下，与LT1016一起工作的示波器，其工作带宽至少为150MHz，如果熟悉设备的极限情况，也可以使用更慢的仪器。一定要清楚所用示波器在输入阻抗、噪声、过载恢复、非线性扫描、触发、通道之间的馈通以及其他特性等条件下的行为特征。

探头是示波器误测中最容易被忽视的原因。所有的探头都对其所测量的点有一定程度的影响。最明显的是输入阻抗，但在高速测量中，输入电容是占主导地位的。在寻找电路问题根源时，我们浪费了很多时间，但它们很可能只是由于探头选择不当或者使用不当引起的。8pF探头探测1kΩ源阻抗时会产生8ns延迟，该延迟时间接近于LT1016的响应时间！专为50Ω输入设计（500Ω~1kΩ电阻）的低阻抗探头，其输入电容通常为1~2pF，如果可以忍受低电阻，那该类型探头是非常不错的选择。场效应管探头的电容在1pF左右，并且能够保持较高的输入电阻，但延迟比无源探头大很多。场效应管探头也必须遵守共模输入范围的限制，否则会导致严重的测量误差。与正常看法相反，场效应管不具备极高的输入电阻值，一些类型的场效应管只有低至100kΩ的电阻。

电流探头很实用也很方便。基于无源变压器的探头速度快，延迟比基于霍尔效应的探头要小。然而，霍尔型探头能响应直流和低频信号，在100Hz～1kHz频率范围内，变压器型探头频率响应会发生滚降。这两个类型都有饱和极限，超过该极限时，将会在CRT上产生奇怪结果，而这会使得不谨慎的电路工作人员产生误解。

当使用不同探头时，记住它们有不同的延迟时间，该延迟时间的不同也就意味CRT上会产生明显不同的误差。了解单个探头的延迟，在CRT上解释它们。

迄今为止，探头使用误差的最大来源是接地。不良探头接地会产生纹波和波形的不连续性。一些情况下，探头接地母线的选择和放置情况会影响另一通道的波形。最坏情况下，连接探头接地线将等价于关闭了被测电路。这些问题源于探头接地时产生的寄生电感，对于大多数示波器测量而言，这并不是个问题，但在纳秒级速度时，就很严重了。高速探头总是配备了专门设计的各种弹簧夹和配件，以使接地电感尽可能地低。大多数配件假设已经接地，事实上也应该接地。接地连线应尽可能缩短，超过1in长的接地线将带来很多问题。

图B1中简单的电路连接说明，不良探头的选择或探头的不良使用都是非常容易发生的错误。具有9pF输入电容的4in长接地母线探头对该电路的输出进行了监测（线迹B,见图B2）。虽然输入（线迹A）干净，但是输出包含振铃，使用$\frac{1}{4}$in的相同探头针接地，看似清除了一切问题。然而，改用1pF的场效应管探头（见图B4）的测试结果表明图B3测量中存在50%的输出振幅误差。场效应管探头的低输入电容使电路更精准，但它也产生了自身误差。由于是有源电路，探头响应迟缓了5ns。因此，每个探头分开测量，以确定输出的幅度和时间参数。

最后一种探头是人的手指。探测电路时用到手指会有或好或坏的效果，也许能找到有用线索。在CRT上观测结果时，对于有疑问的电路节点，手指可以引入杂散电容，两个手指，轻轻蘸湿，可提供一个实验性的电阻路径。一些高速工程师都特别擅长这些技术，并能够以惊人的准确性估计电容和电阻效应。

图B5讨论了不同接地工具形式的探头以及探头的示例。

探头A、B、E和F是配有各种形式低阻抗接地附件的标准类型探头。探头G上使用的常规接地线更方便工作，但会引起振铃，在频率较高时也将产生其他不良效果，导致该探头失效。探头H接地线很短，在高速时还是存在问题。探头E是场效应管探头。对于探头来说，有源电路和短的接地线确保了低寄生电容和电感。探头C是分离式场效应管探头加上衰减头组成的。这种衰减头可使探头在更高电压的电路中（如，±10V或±100V）使用。可以将微型同轴连接器安装在电路板上，探头能与之良好匹配。这种技术特别值得推荐，它提供了尽可能低的接地回路寄生电感。

探头I是电流探头，通常是不要求接地的。但在高速时，接地可能会有更清晰的CRT显示。因为没有电流流过这些探头接地线，所以可以用长带连线。探头J是文中所述典型的手指探头。注意，无名指接地线。

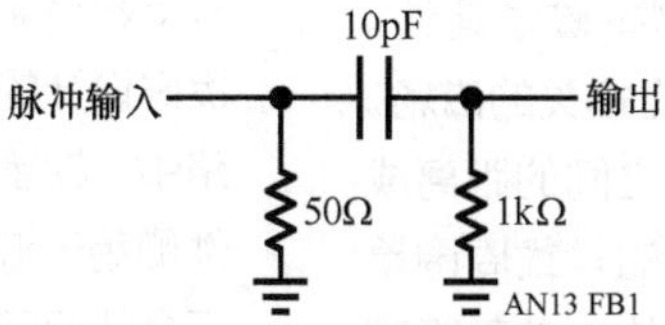

图B1　探头测试电路

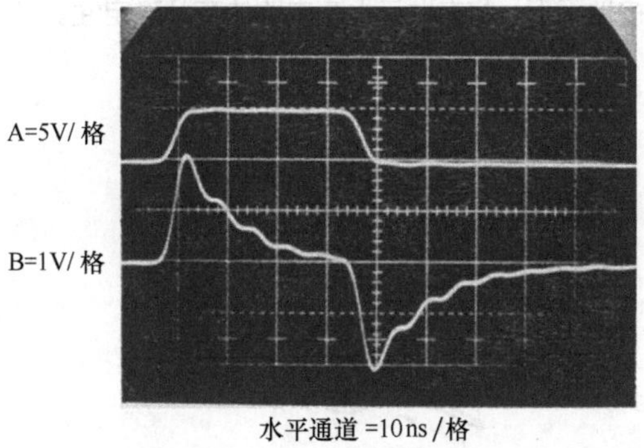

图B2　9pF探头和4in接地母线的测试电路输出

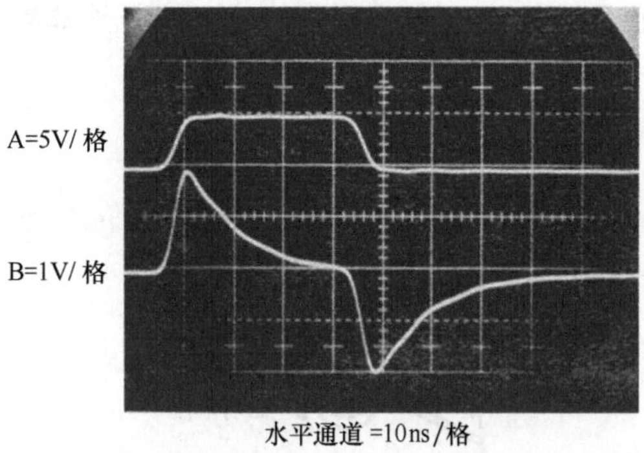

图B3　9pF探头和0.25in接地母线的测试电路输出

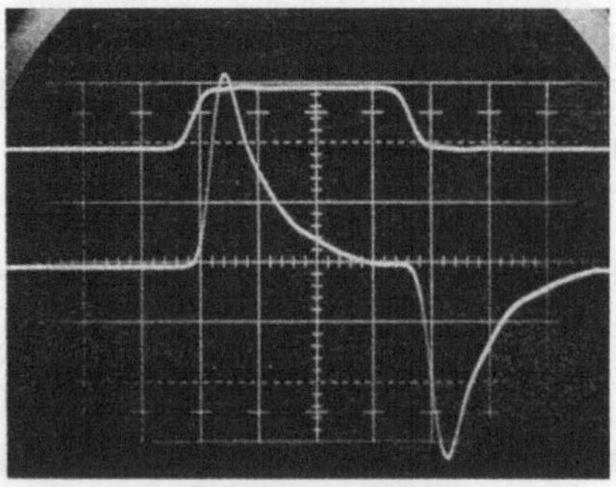

图B4 场效应管探头测试电路输出

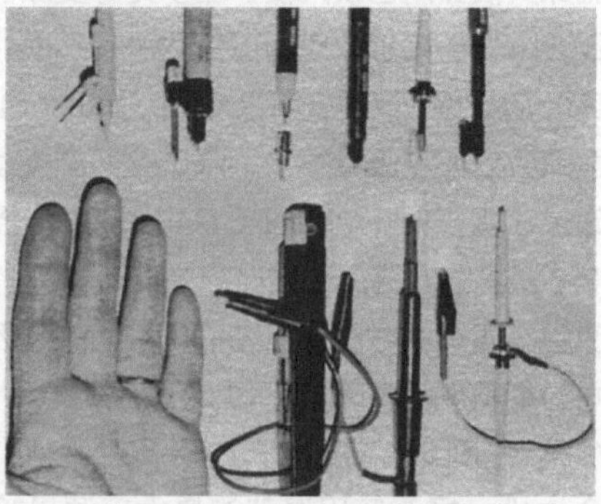

图B5 各种接地探头配置

可以从探头制造商那里购买低电感接地连接器，它是优良品质、高频率探头的必配装置。由于大多数示波器测量用不到它们，所以经常看不到它们。当需要这些设备时，没有其他设备可以替代它们，因此需要对它们倍加保护。这尤其适用于手指探头的接地母线。

附录C 关于接地平面

在高频电路布局中，多次使用了“接地平面”这一术语，对于寄生电路行为来说，它经常被认为是神秘、未经良好定义的解决方法。事实上，地平面的实用性及其具体实施一点都不神秘，它们与其他许多现象一样，基本工作原理非常简单。

接地面主要用于减少电感，这涉及基本磁学理论。导线中流动的电流会在它周围产生一个与之相关的磁场。该磁场的强度与电流大小成正比，与导体之间的距离成反比。因此，我们可以想象用于传送电流的导线周围是环形磁场（见图C1）。这个磁场是无边界的，随着距离的增大而减弱。导线的电感被定义为由导线中电流决定的并存储在该区域的能量。为了计算导线电感，需要将磁场沿着导线并且在整个磁场空间上积分。这意味着在半径 $R=R_W$ 到无穷大上积分，无穷大是一个非常大的数字。然而，试想一下在同一个空间上，两个导线承载着相同电流，并且有着不同的电流方向，这样这两根导线产生的磁场就相互抵消了。

这样，电感要比在示例电线的情况下小很多，而通过减少两条导线的距离，电感就可以变得更小了。对于电路来说，减少载流导体之间的电感是很关键的。在标准电路中，路径电流需要从信号源通过导体回到接地平面，这包括一个大的环路面积。该导线产生一个大的电感，由于LRC效应，可能会引起振铃振荡。值得一提的是，100MHz时，10nH电感有6Ω阻抗，结果电流下降10mA、电压下降60mV。

接地平面直接在信号的载流导体下方提供一个返回路径，所以返回电流可以流动。导体的较小物理隔离意味着电感较低。返回电流有直接接地路径，并且与导体相关的分支数目无关。电流总是流过最低阻抗的返回路径。一个良好设计的接地平面是直接在信号导体下方的。在实际电路中，期望“接地平面”在印制电路板的整一面（通常元件侧用于波峰焊接），并在另一侧进行信号导体布线。对于全部返回电流来说，将提供一个低电感路径。

除了最大限度地减少寄生电感，接地平面还有其他好处。平坦的表面减少了由于交流“趋肤效应”（交流沿着导体表面）引起的电阻损耗。此外，通过将杂散电容参考至接地平面，将有助于提高电路的高频稳定性。

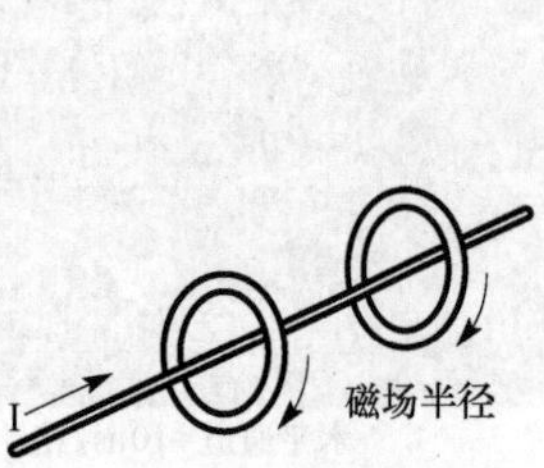

图C1 单导线

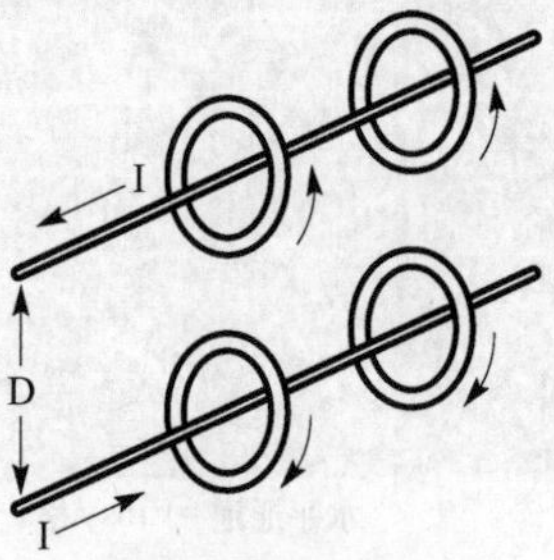

图C2 两条导线

一些关于接地平面使用的提示：

1. 地平面尽可能多地接触电路板元件面，尤其是工作在高频情况下的连接线。

2. 将上升电流足够快的元件（端接电阻、集成电路、晶体管、去耦电容）尽可能地靠近电路板放置。

3. 如果公共地电势很重要时（例如在比较器输入端），尝试对重要元件进行单点接地，以避免压降。

例如，图C3所示的常见A/D转换电路中，比较好的做法是将2、3、4、6尽可能地连接到某一点。

在D/A转换的建立时间内，快速的大电流必须流过R1、R2、VD1和VD2。因此，VD1、VD2、R1和R2尽可能安装在靠近接地平面处，以减少它们之间的电感。R3和C1不传递任何电流，因此它们之间的电感也就不太重要了。为了节省空间，它们被垂直地接入接地平面，并允许节点4成为2、3、6节点的共同连接点。在关键电路中，设计人员必须经常权衡降低电感的优点和单节点接地的损失，以达到最佳效果。

4. 保持短走线。电感随着线长的变化而变化，没有完全能消除电感的接地平面。

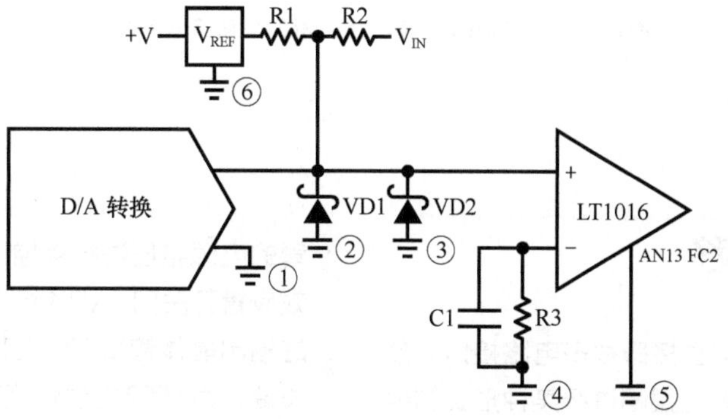

图C3　典型接地电路设计

附录D　测量设备响应

LT1016的10ns响应时间以及使用它的电路具有的性能直逼最好的测试设备。在很多测量中，经常达到仪器能力的极限。最好能够核实仪器的性能指标，例如探头和示波器上升时间范围、不同的探头以及示波器不同通道之间的延迟差异等。要达到这一目的，需要一个干净快速的脉冲源。图D1所示的电路，采用了隧道二极管来产生一个上升时间低于1ns的脉冲。

图D2所示的脉冲很干净，没有明显的振荡或噪声。该图片中的脉冲用于检测具有1.4ns上升时间的探头-示波器组合。从图D2可知，该设备使用正确，也合乎其性能指标。采用隧道二极管发生器进行测试，可以在寻找“电路问题”上节省很多时间，在现实中这些问题是由错误使用或者在超出仪器指标的范围使用仪器引起的。

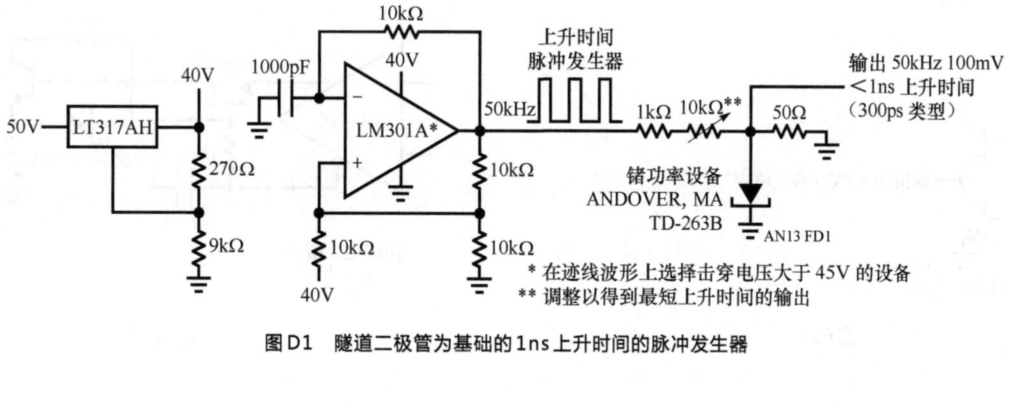

图D1　隧道二极管为基础的1ns上升时间的脉冲发生器

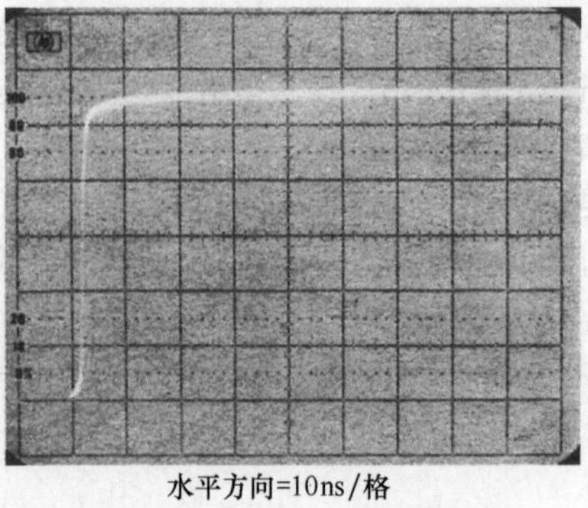

图D2 在275MHz示波器上监测图D1所示电路的输出

附录E 关于电平搬移

LT1016的TTL输出可以直接跟很多电路接口。然而，在很多应用中，需要对输出摆幅进行某种形式的电平搬移。在以LT1016为基础的电路上实现电平搬移并不简单，因为该电路在电平转换时需要保持非常小的延迟。在设计电平转换器时，请记住，LT1016的TTL输出是灌－源对（见图E1），它在驱动电容（例如前馈电容器）方面具有良好的性能。图E2展示了一个15V输出、同相电压增益级。当LT1016状态切换时，2N2369基极－发射极间电压反向，导致快速切换。2N3866射极跟随器提供低阻抗输出，而肖特基二极管提高电流吸收性能。图E3所示的是一个用途非常多的电路级。它的特点是可以双极性摆动，而且可以通过改变输出晶体管的电源电压进行程控。这3ns延迟非常适用于驱动场效应管开关门。VT1是门控电流源，切换到Baker钳位的输出晶体管VT2。LT1016的大前馈电容是低延迟的关键，为VT2提供近似理想的驱动。电容为LT1016输出转换的负载（线迹A，见图E5），但VT2状态转换是干净利索的（见图E5中的线迹B），在脉冲上升和下降沿，有3ns延迟。

除了用灌电流晶体管替代了肖特基二极管外，图E4与图E2类似。两个发射器跟随器驱动15V、1A的功率MOS场效应管。发生在MOS场效应管和2N2369上的延迟大部分是在7～9ns。

在设计电平转换器时，记得使用具有快速开关时间和高f_T的晶体管。为了得到所示的结果，需要的开关转换时间是纳秒级别，并且f_T要接近1GHz。

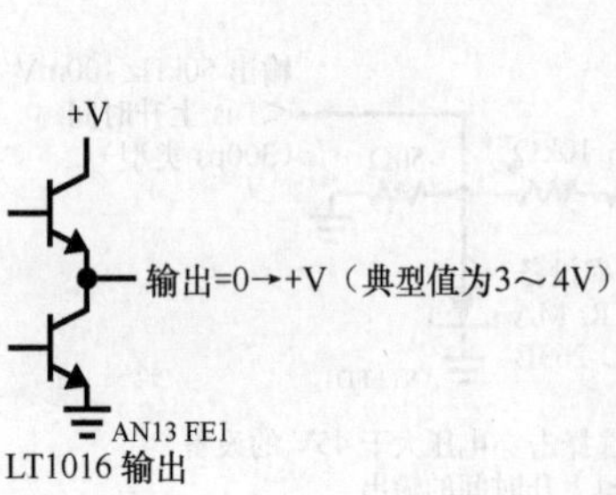

图E1

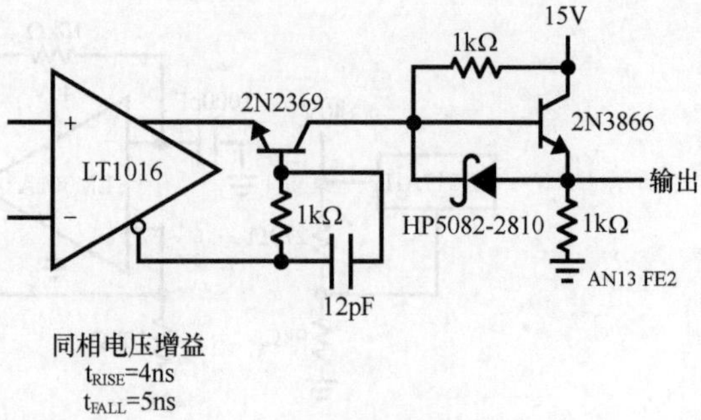

图E2

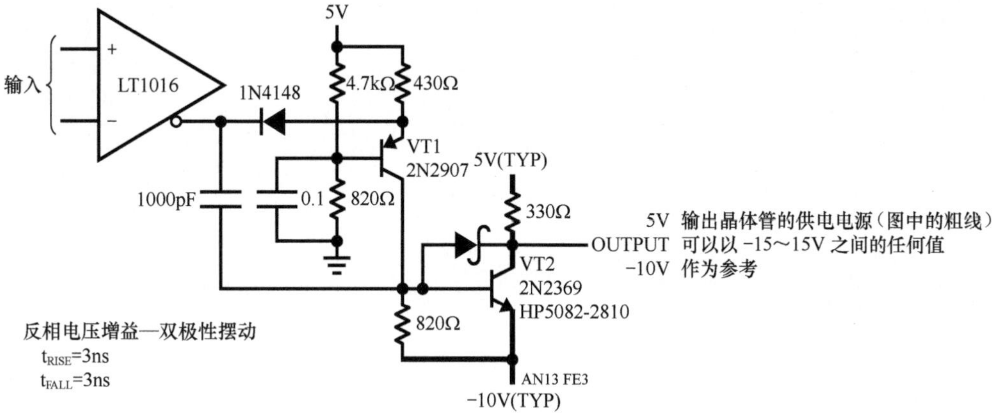

图 E3

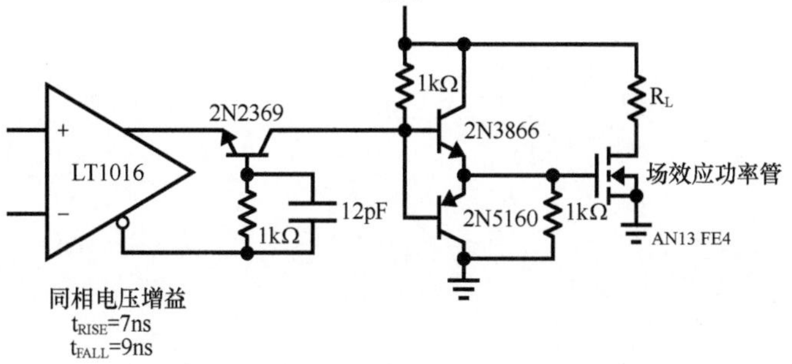

图 E4

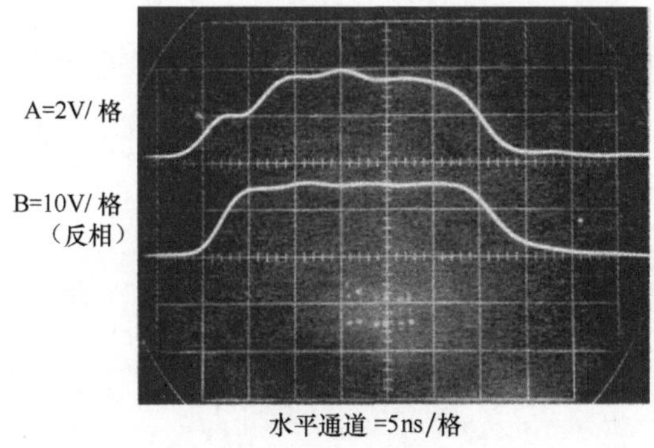

图 E5 图 E3 所示电路波形

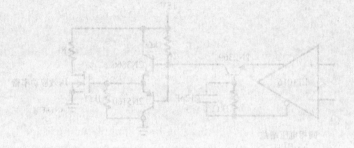

高性能V/F转换器的设计

18

Jim Williams

单片化、模块化和混合技术已成功用于V/F转换器。其中很多都能在市场上买到，而且整体性能足以满足大多数要求。但是，在很多情况下，需要非常高的性能或特性，否则将无法工作。这种情况下，V/F电路需要专门对某此参数进行优化。本指南将介绍若干V/F转换器电路实例，其性能与商用V/F相比有着极大的改善。其中采用了各种技术（见框饰部分的“V/F设计技术”），对速度、动态范围、稳定性以及线性度进行了全方位的提升。其他电路的主要特点是低压操作、正弦波输出以及线性传递函数。

超高速1Hz~100MHz的V/F转换器

图18.1所示的电路采用了多种电路技术实现了比任何商业V/F转换器更宽的动态范围和更高的速度。该电路能在100MHz满量程上高速运行（提供10%的超量程到110MHz），这将其他V/F远远甩在后面。该电路的160dB动态范围（8倍程），可连续工作到1Hz。其他规格包括0.06%的线性度， 25ppm/℃的增益温度系数，50nV/℃（0.5Hz时/℃）零点漂移和0~10V的输入范围。

在该电路中，LTC®1052斩波稳定放大器伺服偏置简易宽范围V/F转换器。V/F输出驱动电荷泵，电荷泵输出和电路的输入之间的平均差异，偏置伺服放大器，在宽频V/F周围形成控制环路。该电路的动态宽范围以及高速都来源于基本V/F特性。斩波稳定放大器和电荷泵稳定电路的工作点，贡献了高线性度和低漂移。LTC1052的50nV/℃的失调漂移，使电路的增益斜率达到100nV/Hz，工作频率下限可达1Hz。

正输入电压使伺服放大器A1正向摆动，2N3904电流灌（线迹A，见图18.2）从可变电容拉取电流，可变电容为积分电容。A3空载可变电容，偏置由ECL门及其相关部件组成的触发器。该电路类似于示波器触发应用中的电路，特点是电压阈值的滞后和1ns的响应时间。当A3斜坡变化到触发器低跳变点，其输出状态反转。反相输出类似于一个未端接发射跟随器输出，传输一个快速正电流尖峰到可变电容。触发门互补输出为低电平（线迹C），为ECL÷16计数器提供时钟。计数器输出（线迹D）经2N5160差分对电平搬移后输入到4013触发器。4013方波驱动（线迹E）LTC1043，产生电荷泵行为。LTC1043中的开关电容不同相运行，而在LTC1043方波输入的上下沿，电荷都从A1的正输入涌出（线迹F）。每个周期传送的电荷量主要取决于LT®1009参考电压和100pF电容器（Q=CV）。在时钟上升和下降之间，电荷传送的细微差别归咎于电容容差，并不影响电路正常工作。LT1009、电容以及LTC1043中注入的少量电荷，这三者的稳定性决定了电荷泵的整体精度。ECL计数器和flip-flop将触发器的输出除以32，将LTC1043的最大开关频率设置为3MHz左右（100MHz除以32），在其工作频率范围之内。0.22μF电容将电荷积分成直流。正输入端产生的电流和电荷泵反馈信号之间的平均差值被A1放大，A1伺服控制电路工作点。A1处的补偿电容提供稳定环路补偿。基本V/F电路的非线性和漂移由A1伺服动作补偿，从而提供前面提到的高线性度和低漂移。

该电路需要一些特殊技术来达到它的技术指标。A2由输入电压驱动，为变容二极管积分电容提供了直流偏置。该直流偏置使得变容二极管的电容与输入成反比，帮助电路实现8倍程动态范围。1μF电容和变容器串联，为较大的斜坡电流提供了低阻抗的接地回路。电流灌的1000MΩ电阻提供了足够大小的电流，以消除2N3904集电极所有泄漏产生的不良影响。这确保了电流必须始终从变容积分器流出来以维持振荡，即使在非常低的频率下。

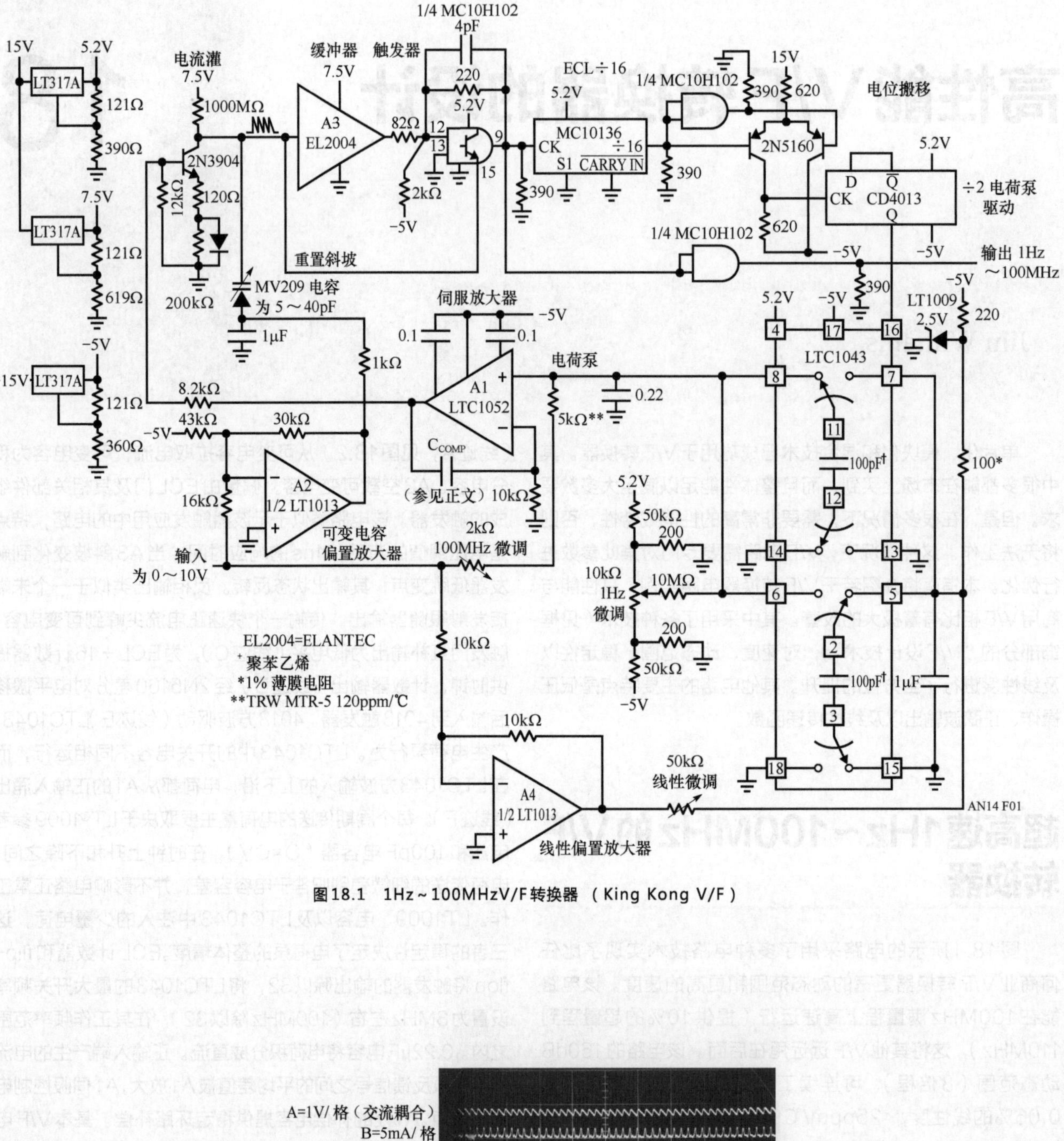

图18.1 1Hz～100MHzV/F转换器（King Kong V/F）

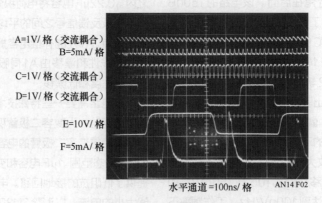

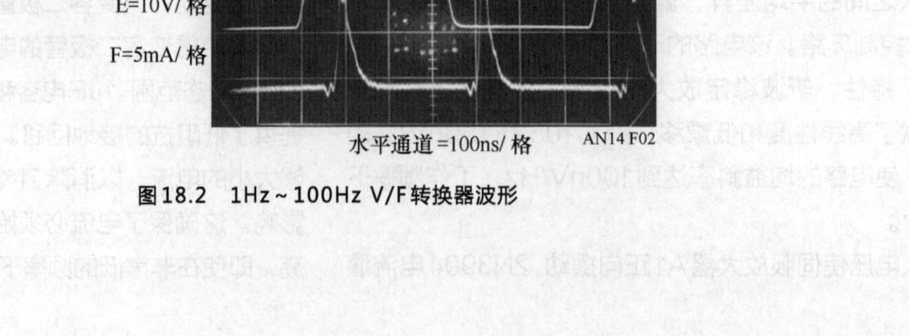

图18.2 1Hz～100Hz V/F转换器波形

在2N3904发射极的200kΩ电阻与二极管组合以减少低频抖动。它主要是通过增加低偏置时的发射极电阻来降低电流灌的噪声来实现的。

在低斜坡压摆率时，在触发器输入端的 2kΩ下拉电阻可以确保干净、快速的转换，提高低频抖动性能。

指定的5kΩ输入电阻的温度系数，能抵消电荷泵的聚苯乙烯电容的温度系数。这降低了它们温度系数的影响，降低了电路的增益总漂移。

A4提供小量与输入相关的电流到电荷泵基准电压，校正由于LTC1043残余电荷不平衡引起的非线性项。由于不平衡直接与频率相关，因此该输入校正是有效的。

100MHz满量程频率对振荡周期时间有严格限制。在该频率下，一个完整的斜坡到复位必须在10ns内完成。电路的最终速度限制是重置变容二极管积分器所需的时间。图18.3显示了电路高速运行的详细情况。小幅度斜坡和快速ECL切换的组合产生了所需高速操作。线迹A是斜坡，线迹B是来自ECL门的开路发射极的电流。注意3.5ns内必须完成重置，失真或过冲必须很小。

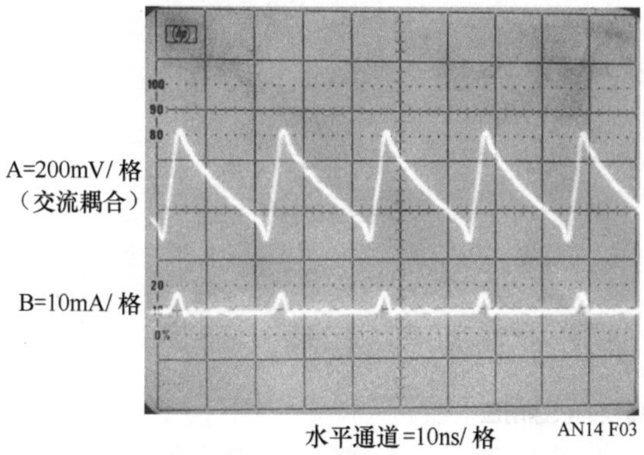

图18.3　50MHz时，斜坡和重置电流细节情况

图18.4绘出了输出频率抖动，它是频率的函数。100MHz时，抖动为0.01%，而在1MHz时，下降约0.002%。该范围内的抖动主要是由电流源和ECL输入的噪声引起的。低于该频率范围时，随着工作频率逐渐靠近伺服放大器的滚降频率，抖动缓慢上升。在1kHz时（满量程的10ppm），抖动仍然低于1%，而在1Hz时（0.01ppm），C_{COMP}=1μF的抖动为10%。在C_{COMP}=0.1μF时，低于1Hz的抖动将增加，此时不可能工作在10Hz以下，因为环路不稳定和A1本底噪声。补偿的代价是稳定时间。补偿电容较大时，环路在600ms内达到稳定状态，而0.1μF补偿电容时则可在60ms内达到稳定状态。

校准电路时，施加10.000V电压，微调100MHz调节器，以得到100.00MHz的输出。如果没有快速计数器，则LTC1043引脚16处的信号 ÷32将产生3.1250MHz的频率。接着，将输入端接地，安装1μF的C_{COMP}，调节“1Hz微调”直到电路在频率为1Hz时开始振荡。最后，设置“线性微调”以使5.000V输入时能得到50.00MHz输出。重复以上微调，直到三个点全部固定。

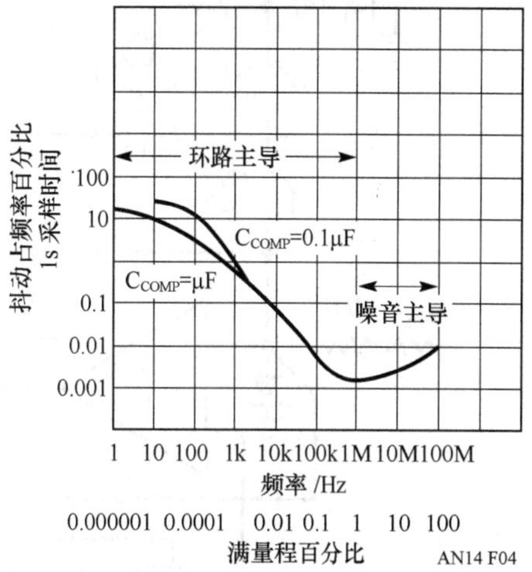

图18.4　抖动和输出频率的关系

快速响应1Hz～2.5MHz的V/F转换器

图18.5所示电路速度要比图18.2速度慢，但它从满量程输入阶跃到2.5MHz稳定输出仅需3μs。因此该电路适用于FM(调频）应用或是需要对输入进行快速响应的任何应用领域。其线性度为0.05%,50ppm/℃增益温度系数。斩波稳定校正网络可将零点误差保持在0.025Hz/℃。该电路是高带电荷分配型，也使用了电荷反馈。所用电荷反馈方案在最初R.A.Pease所提方案（见参考文献）之上进行了大量修改，是一个高速化变形。电路没有使用伺服放大器，因而能够快速响应输入阶跃。相反，电荷直接反馈给振荡器，振荡器可以立即响应。虽然这种方法允许快速响应，实现高线性度和低漂移时，仍需要注意寄生效应。

当施加输入电压时,A1负向积分（线迹A，见图18.6）。当输出过零时,A2输出切换状态，使并联的逆变器输出为低（线迹B）。A2负输出端的前馈系统有助于响应。这样，LT1004二极管电桥的电压将限制在-2.4V（$-V_Z$ LT1004）+（$-2V_{FWD}$）。A2正输入端的局部正反馈（线迹C）加强了这一限制。在此期间，电荷经由50pF-50kΩ组合从A1求和节点流出（线迹D），迫使A1输出迅速变为正值。这使得A2逆变器组合的电压变为正值（线迹B），将LT1004二极管桥电压限制在2.4V。此时，50pF电容接收电荷，而A1再一次负向积分，整个电路开始重复以上操作。该操作频率是输入电压的线性函数。

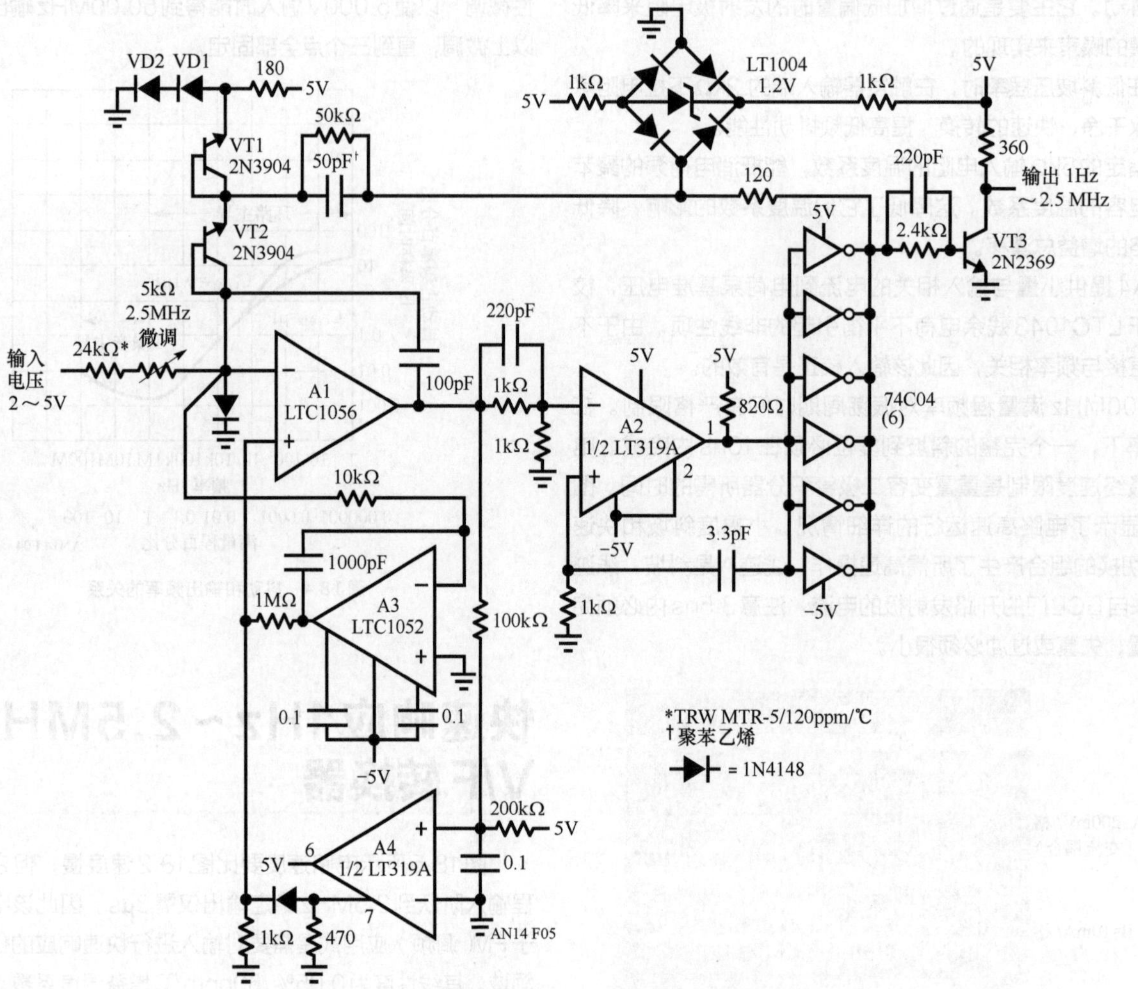

图18.5 1Hz～2.5MHz V/F转换的快速响应

VD1和VD2用于补偿电桥内的二极管。与二极管连接的VT1补偿转向二极管VT2（与传统二极管相比，与二极管连接的晶体管从求和节点的泄漏更低）。A3是斩波稳定运算放大器，它偏移稳定A1，不再需要调零。

A4防止由于交流耦合反馈环路而引起的电路闩锁。如果电路闩锁，A1输出为负电源轨，并保持不变，这导致A4输出值变高（A4处于发射极跟随器输出模式）。此时，A1输出向正方向变化，电路开始正常工作。A1负输入端的二极管确保了启动循环比任何其他输入条件都占主导。

50pF的电荷分配电容器两端的50kΩ电阻，在每个周期都能让电容充分放电，从而提高了线性度，即使VT2存在拖尾效应。该输入电阻的温度系数与电容增强电路的增益温度系数作用相反。

图18.7显示了电路的阶跃响应。线迹A是输入，而线迹B是输出。频率变换干净，没有任何不良动态特性或时间常数的迹象。

调整电路时，施加5.000V电压，调节5kΩ电位计以得到2.500MHz输出频率。A3的低电平偏移不再需要调零。1Hz～2.5MHz频率时，电路保持0.05%线性度，50ppm/℃漂移。TTL兼容输出可供VT3集电极使用（线迹E）。这种类型的10MHz满量程电路在应用指南13中有详细描述。

高稳定性晶体稳定的V/F转换器

在先前的电路中，增益温度系数主要是受电荷泵电容的漂移影响。虽然在前两例中都采用了补偿方案，以最大限度地减少漂移影响，但仍然需要另一种方法来显著降低增益漂移。

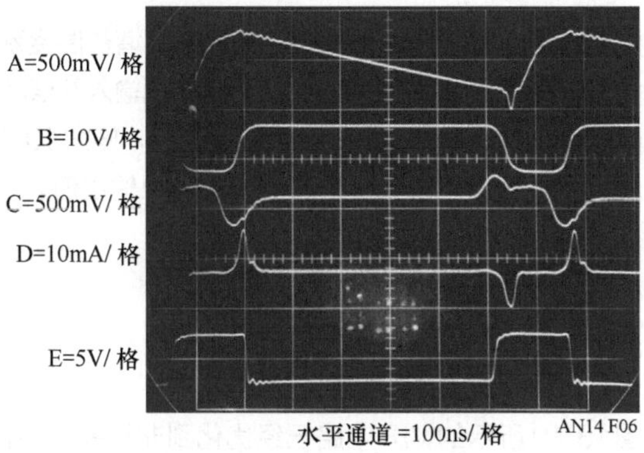

图18.6　快速响应V/F转换的波形

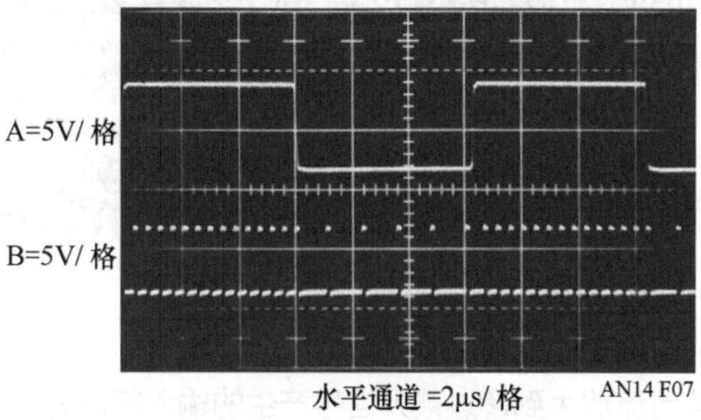

图18.7　2.5MHz V/F转换的阶跃响应

图18.8所示电路用稳定的石英晶体时钟代替电容，减少TC增益至5ppm/℃。

在基于电荷泵的电路中，反馈是基于Q=CV的。而石英稳定电路反馈基于Q=IT，其中I是一个稳定的电流源，T是根据时钟得到的时间间隔。

图18.9所示的是图18.8所示电路的详细波形。正输入电压使A1负向积分（线迹A，见图18.9）。在A1的输出与D输入开关阈值交叉后，触发器的VT1输出端（线迹B）在第一个正向时钟沿时改变状态。50kHz的时钟（线迹C）来自触发器的另一半，是由A2的石英稳定松弛振荡器驱动的。触发器VT1输出门控由A3、LM199基准电压、FET以及LTC1043开关组成的精密电流灌。当A1负向积分时，VT1输出高电平，而LTC1043通过引脚11和7，将电流灌输出导向到地。当A1输出值与D输入开关阈值相交时，在第一个时钟上升边缘，VT1输出开始下降。LTC1043引脚11和8关闭，精密快速的上升电流从A1求和节点快速流出（线迹D）。

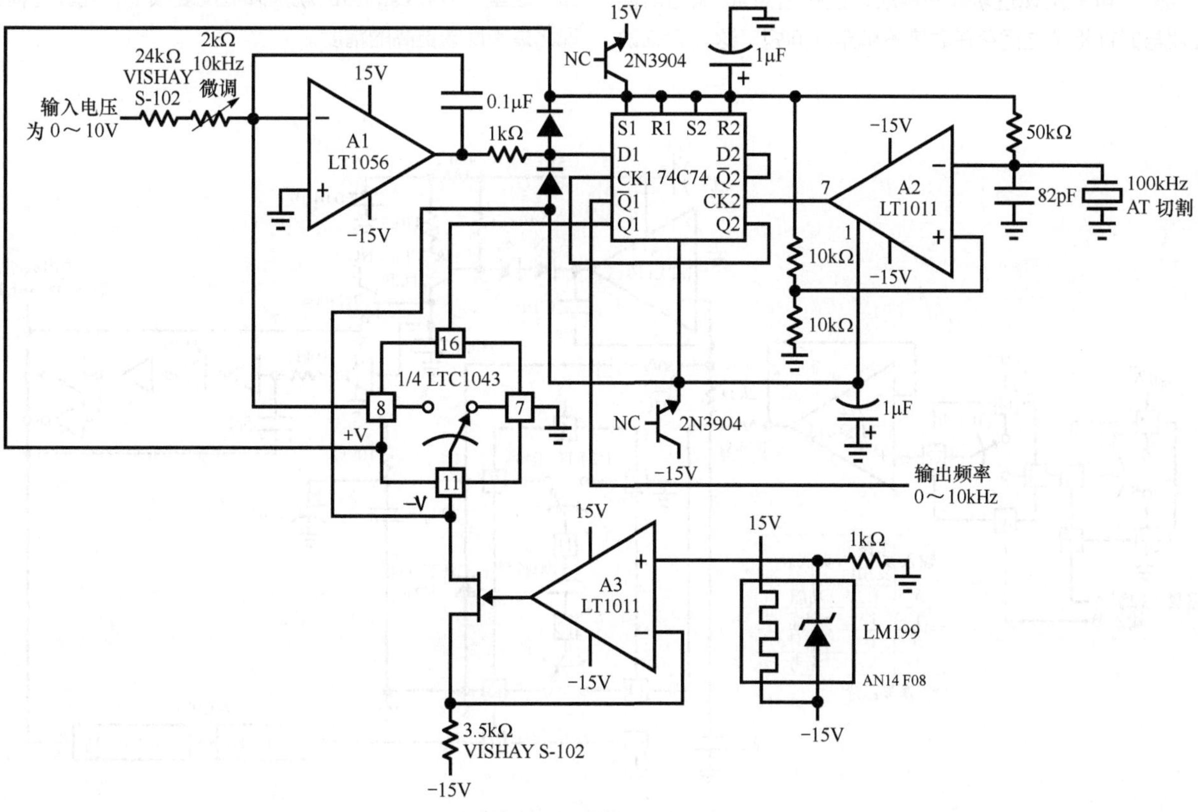

图18.8　石英晶体稳定的V/F转换

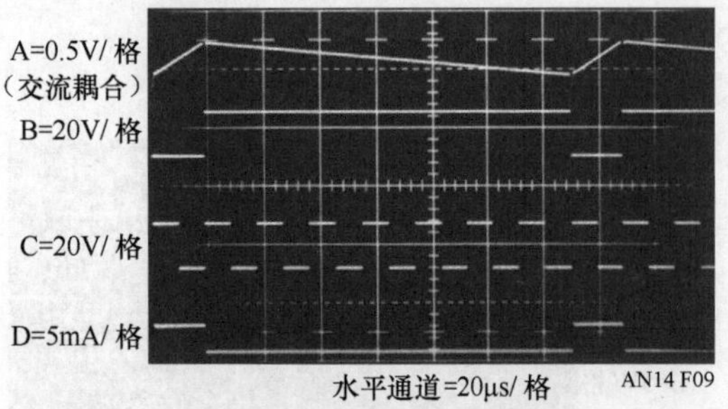

图18.9 石英稳定的V/F转换波形

该电流放大到超过最大信号产生的输入电流时，将使A1输出反向。在A1输出与D输入跳变点相交后的第一个正时钟脉冲，将再次切换，并将重复以上过程。重复频率由输入电流决定，因此振荡频率与输入电压直接相关。电路输出可双取自触发器Q1或$\overline{Q1}$输出。因为该电路用石英晶体时钟取代了电容器，温度漂移低，一般为5ppm/℃。其中，石英晶体大约贡献了0.5ppm/℃，剩余的漂流与电流源组件的功能、切换时间波动和输入电阻有关。

反向偏置的2N3904充当了齐纳二极管，在CMOS触发器上提供了约15V的电压。在电路启动期间，D1输入端的二极管可以防止A1瞬态过载。

这类V/F通常仅限于相对较低的满量程频率，如10～100kHz，这是因为精确切换电流灌时存在速度限制。

此外，可能出现短期频率抖动，这是因为A1输出切换触发器与时钟相位之间存在时序不确定的问题。这通常来说不是问题，因为电路输出的读取经常要跨越多个周期，比如0.1～1s内。

图18.8所示电路的线性度为0.005%，增益温度系数为5ppm/℃，满量程频率为10kHz。LT1016低输入补偿将零点误差降低到0.005Hz/℃。为了调节该电路，施加10V整输入电压，调整2kΩ电位器以得到10.000kHz输出值。

超线性V/F转换器

图18.10所示的V/F电路已经优化到非常高的线性度。虽然它能以“单独”模式使用，但它是专门用于处理器驱动的应用，这种应用程序需要17位精度，如体重秤。V/F转换器的分辨率为1ppm，线性度在7ppm（0.0007%）以内。当把处理器驱动增益与零点校准环路相结合时，电路几乎没有零点误差和增益漂移。为了进一步简化处理器的连接，电路采用单一5V电源供应。

该电路在概念上类似于图18.1所示的100MHz V/F转换电路。A1伺服控制简易V/F转换器，该转换器由VT1，也即此时的电流源以及74C04门电路组成。V/F输出进行了数字分频，驱动电荷泵，该电荷泵的输出在A1点完成闭合环路。在图18.1电路中，简易V/F的输出分频到较小值，以使LTC1043正常工作，因为它不能在100MHz反复频率下工作。这里，分频器的目的就是降低反复频率，允许电荷泵实现比直接反馈更高的精度。

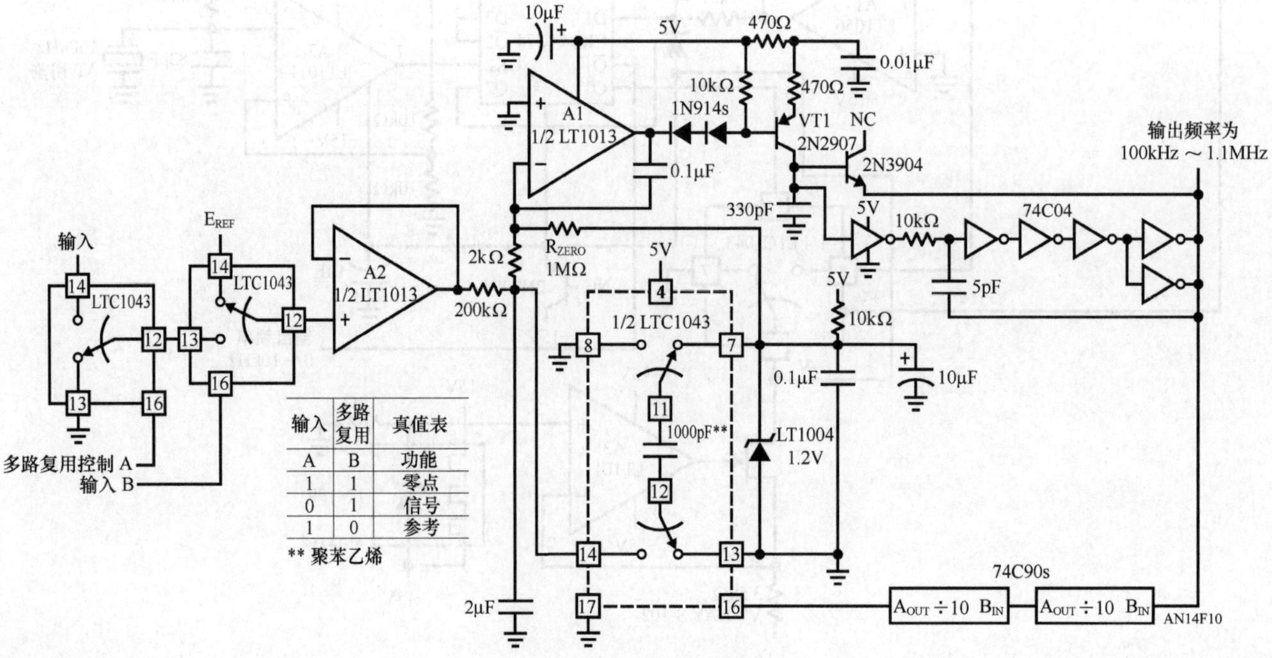

输入	多路复用	真值表
A	B	功能
1	1	零点
0	1	信号
1	0	参考

图18.10 超线性V/F转换电路

在讨论处理器驱动操作之前，有必要理解电路的基本操作。为了做到这点，先除去电路中的A2和R_{ZERO}。假设在先前与A2相连的200kΩ电阻的左端施加一个正电压，该电压迫使A1输出向负值移动，VT1导通。A1集电极（线迹A，见图18.11）正向斜坡增长，给330pF电容器充电。当电流值超过74C04逆变器阈值时，其输出向地电平变化，导致整个链路切换。并联输出的交流正反馈增强了切换。反相器输出的信号（线迹B）就是电路输出，也驱动了÷100计数器链路。计数器输出（线迹C）钟控LTC1043，LTC1043则将负电荷（线迹D）泵入200kΩ-2kΩ-2μF结点。2μF电容将离散电荷积分成直流，在A1周围开成环路。这样，A1偏置VT1到能保持输入平衡的任意电平。这使简易V/F输出频率在0～1MHz输出范围内成为输入电压的直接函数。分频器提供给LTC1043的较低时钟频率，能使V/F转换器的线性度达到0.0007%。对于处理器驱动自动调零/增益环路而言，必须添加输入多路复用器的R_{ZERO}。当多路复用器设定为“零点”功能（参见真值表）时，A2的输入端接地，200kΩ电阻没有任何驱动。但是A1是通过R_{ZERO}进行偏置的，所以电路将在100kHz附近振荡。处理器在读取到该频率后，它将多路复用切换到“信号”功能。此时，A2输出信号是对输入信号的缓冲。这样，该电路的输出频率，由这样的输入以及通过R_{ZERO}的电流决定。典型的输出频率范围是100kHz～1MHz。读取该频率之后，处理器将多路复用器切换到“参考”状态，并确定所产生的频率。参考电压必须大于最大信号输入。它可以是一个稳定的电势或者与输入信号比例相关的信号，就像很多基于传感器的系统一样。通常情况下，它将产生一个1.1MHz的输出。一旦该检测序列完成，处理器就有足够的信息通过数学运算来确定输入信号的值。此外，由于多路复用序列变化很快，V/F的漂移可以忽略不计。这里不再需要精密元件，不过高线性度需要使用聚苯乙烯电容。该电路7ppm的线性度和1ppm分辨率可以满足几乎所有应用程序，当然，使用处理器技术可以获得更好的线性度。

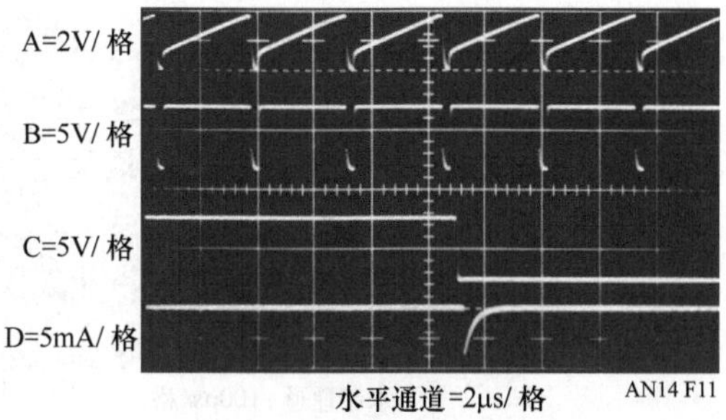

图18.11 超高线性度V/F波形

单电池V/F转换器

高速度和高精度不是特殊V/F电路仅需特性。图18.12所示电路由单个1.5V电池供电，漏电流仅有125μA。该电路在伺服控制的电荷泵配置中使用了LT1017双微功率比较器。输入应用到C1，10μF和1μF电容对C1进行补偿，起到运算放大器的作用。C1输出驱动110kΩ-0.02μF的阻容网，使电容电压斜坡上升（线迹A，见图18.13）。

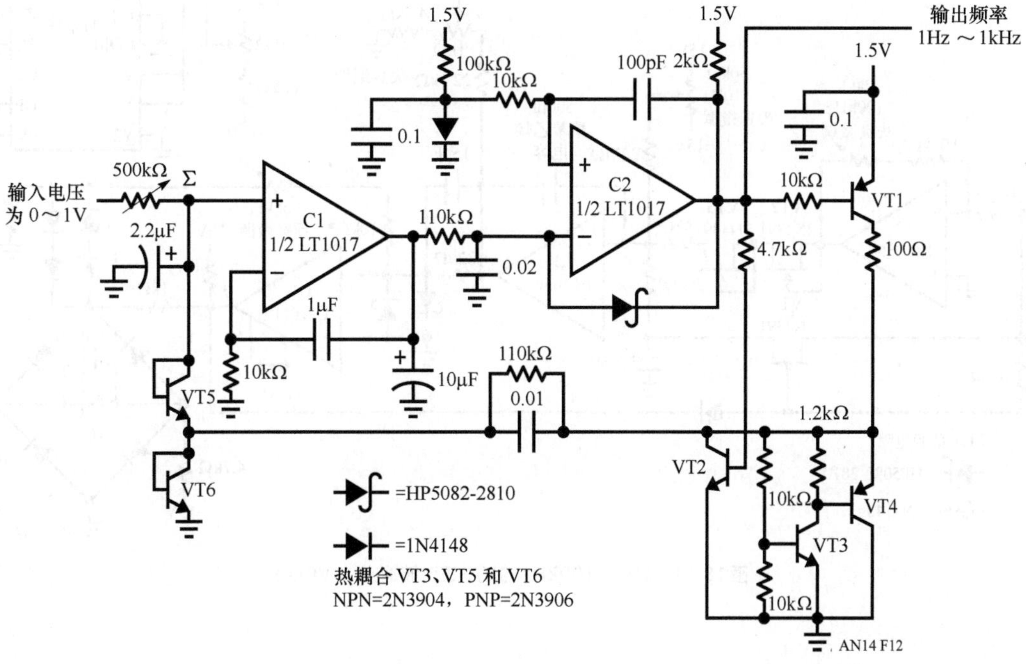

图18.12 单电池V/F

斜坡上升时，C2输出为高，使VT1关闭，并偏置VT2。VT3-VT4的V_{BE}电压基准（线迹B）之间的电势为零。0.01μF电容没有接收到电荷。当斜坡电压等于C2正输入端电压时，发生切换。C2的输出变低，0.02μF单元开始放电。交流正反馈（线迹C）将“挂起”C2很长时间，直到斜坡回复到80mV左右。同时，VT1导通，VT2截止。VT3-VT4的参考导通（线迹B），通过VT6给0.01μF电容器充电。

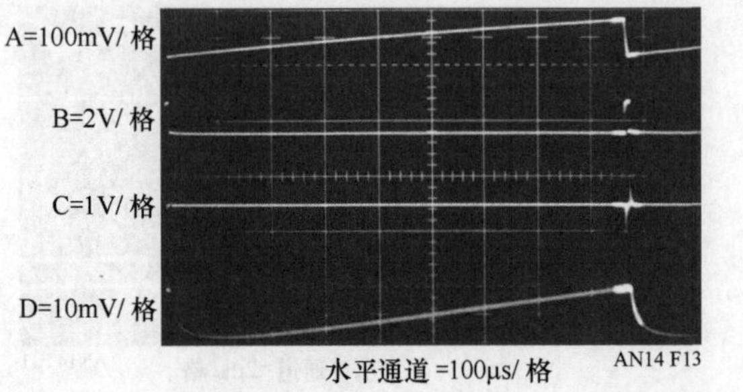

图18.13 单电池V/F波形

当C2正反馈停止时，其输出返回高电平，VT1截止，偏置VT2。现在，0.01μF电容放电，迫使电流从C1的2.2μF求和点电容通过VT5和VT2流出（线迹D）。C1伺服控制振荡器的频率，以保持C1求和点近零电压。由于输入C1的电流是输入电压的线性函数，因而振荡器的频率也线性的。C1的1μF-10kΩ组合用于稳定环路。该0.01μF电容上的100kΩ电阻影响其放电特性，有助于提高整个电路的线性度。

VT3-VT4的1.2V参考电压的温度系数，在很大程度上是由VT5和VT6综合温度系数进行补偿，使电路增益漂移达到250ppm/℃的。在超过1000h的连续运行中，电池放电所引起的误差小于1%。

正弦波输出的V/F转换器

几乎所有的V/F转换器都能输出脉冲或方波。许多应用，例如音频、滤波器测试以及自动测试设备都需要正弦波。图18.14所示的电路能够满足这种要求，能将0～10V的输入，转换为1Hz～100kHz（100dB或5倍频程）的频率范围。它比先前已公布电路快了很多，同时还保持了0.1%的频率线性度和0.2%的失真特性。

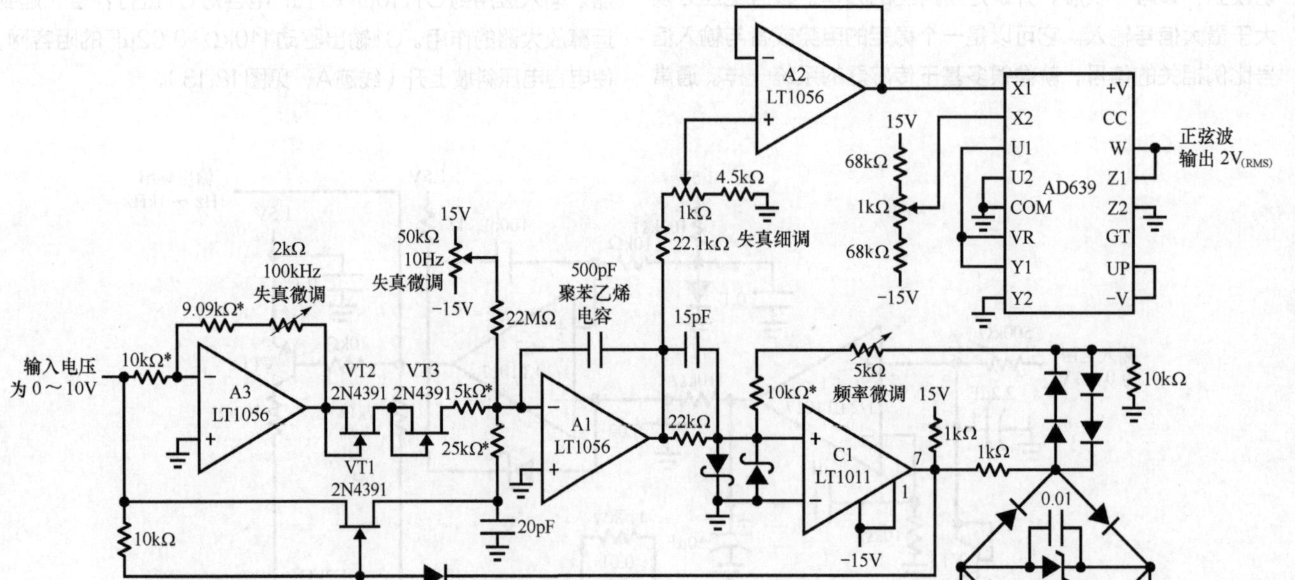

图18.14 1Hz～100kHz的V/F正弦波输出（VCO）

为了理解该电路的工作原理，假设C1为低，关断VT1。正输入端的电压由A3反相，通过5kΩ电阻和自偏置的FET对积分器A1的求和节点进行偏置。电流-I是从求和点流出的。A1的输出（见图18.15中的线迹A）为正向积分，直到C1的输入跨过0V。这时，C1的输出变为正（线迹B），使VT1导通。VT1的路径中的电阻进行了等比缩放，以产生+2I的电流，正好是求和节点流出的-I电流绝对值的两倍。最终，求和节点的净电流为+I，而A1则进行负向积分，速率与正积分相同。当A1负向积分到足够小时，C1的正输入将跨越零，电路再次切换，VT1截止，电路开始周期重复。A1输出结果为三角波形，其频率取决于该电路的输入电压，当输入电压在0~10V之间变化时，频率将随之在1Hz~100kHz范围内变化。LM329二极管电桥以及串并联二极管提供了稳定的双极性参考电压，使A1输出斜坡取相反的符号。肖特基二极管限制C1的正输入，以保证它能从过载中快速恢复。AD639三角函数发生器由A2偏置，将A1的三角波输出转换为正弦波（线迹C）。该AD639输入信号必须是三角波，且没有幅度波动，否则将导至失真。高频时，A1积分器转换环路的延迟将导致VT1截止和导通上的延迟。如果没有最小化延迟，三角形幅度将随着频率的增加而增加，从而引起失真度也随频率增加。在C1的输入端的15pF前馈网络对延迟进行补偿，使失真在整个100kHz的范围内保持在0.2%的水平。10kHz时，失真在0.07%以内。只要VT1导通，就会存在栅极到源极的电荷转移效应，这可以通过源极上的20pF电容将其最小化。如果没有该电容，三角波峰值将出现尖峰，从而增加失真。在VT2-VT3的FET对温度相关的VT1导通电阻进行补偿，以保持各种温度下的+2I/-I比例关系。电路增益温度系数为150ppm，零点漂移为0.1Hz/℃。

该电路能快速响应输入的变化，而这是大多数正弦波电路无法做到的。图18.16显示了输入在两个电平（线迹A）之间切换时，电路的运行情况。电路输出（线迹B）会立即发生频移，没有毛刺或不良动态特性。

调节该电路时，输入10.00V电压，微调2kΩ变阻器，使A1的输出波形为对称三角波。随后，输入100μV电压，微调50kΩ变阻器，得到三角对称波形。然后，再输入10.00V电压，微调5kΩ"频率微调"，使输出频率为100.0kHz。最后，微调"失真微调"电位器，得到失真分析仪上的最小失真（线迹D）。可能需要微调其他电位器，以得到尽可能低的失真。

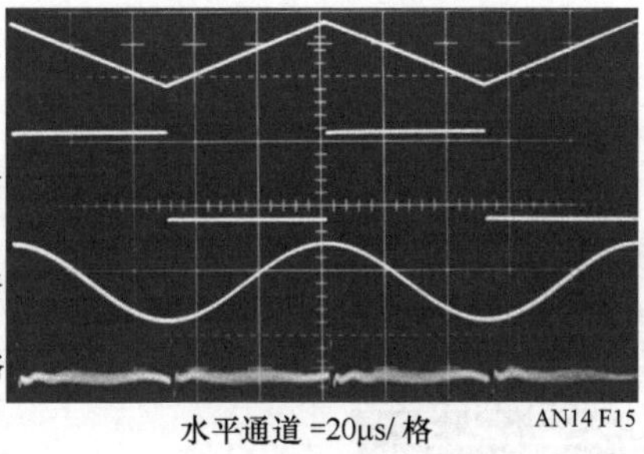

图18.15 V/F转换器的正弦输出波形

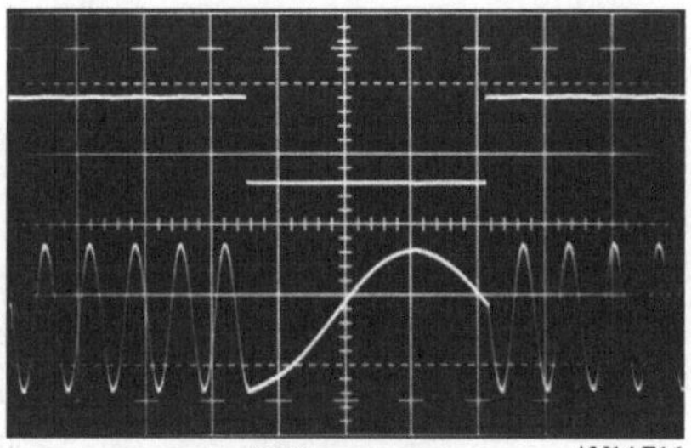

图18.16 正弦波输出阶跃响应V/F输入

传递函数为1/X的V/F转换器

V/F设计还需要考虑具有非线性转换函数的转换器。这种转换器在线性化传感器输出方面很有用，如气体传感器和流量计。图18.17所示电路，将0~10V输入电压转换为1kHz~2Hz的输出频率，转换精度为0.05%且符合1/X传输特性。

A1将来自LT1009的2.5V参考的电流进行积分。A1负输入斜率（线迹A，见图18.18）通过电流求和网络在C1处与输入电压比较。当C1输入电压为负时，它的输出值下降（线迹B），引起触发器（线迹C）Q输出值变高。这将使VT1导通，重置斜坡。当斜坡重置到非常接近地电平时，C2触发低电平(线迹D)，重置Q为低输出。这将关闭VT1，使斜坡再次上升，而整个环路则开始重复以上操作。波形E,F,G和H都分别是A到D的放大版，显示了详细的斜坡重置顺序。

在大多数V/F转换器中，输入信号控制积分器斜率。在该电路中，积分器工作在固定的斜率。积分器输出与输入电压相交所需时间与输入幅度成反比，环路振荡与输入的1/X相关。斜坡复位时间是一阶误差项，因为在积分时它将消失。低频率时，即使复位时间较长，也是一个小的误差项（因为斜坡必须增加到能与输入电压相交的幅度）。高频时，即使复位时间较短，误差也很显著，因为它的“死区时间”在振荡频率中有着很大的百分比。双比较触发器的复位方案可以解决该问题，这样，无论斜坡峰值幅度怎么变化，通过自适应控制和减少斜坡复位时间能够降低误差。而一个简单的固定交流反馈机制无法做到这一点，因为它的时间常数必须足够大，才能重置大峰值幅度的斜坡（例如，在低频时）。即使有这样的复位结构，只能将最大频率限制到约1kHz来实现该电路 0.05%精度1/X的一致性。值得说明的是，该电路的精度几乎是模拟乘法器和其他模拟1/X计算技术的10倍。电路温漂大约为150ppm/℃。调节电路时，输入50mV电压，微调5kΩ电位器，以产生1kHz输出频率。

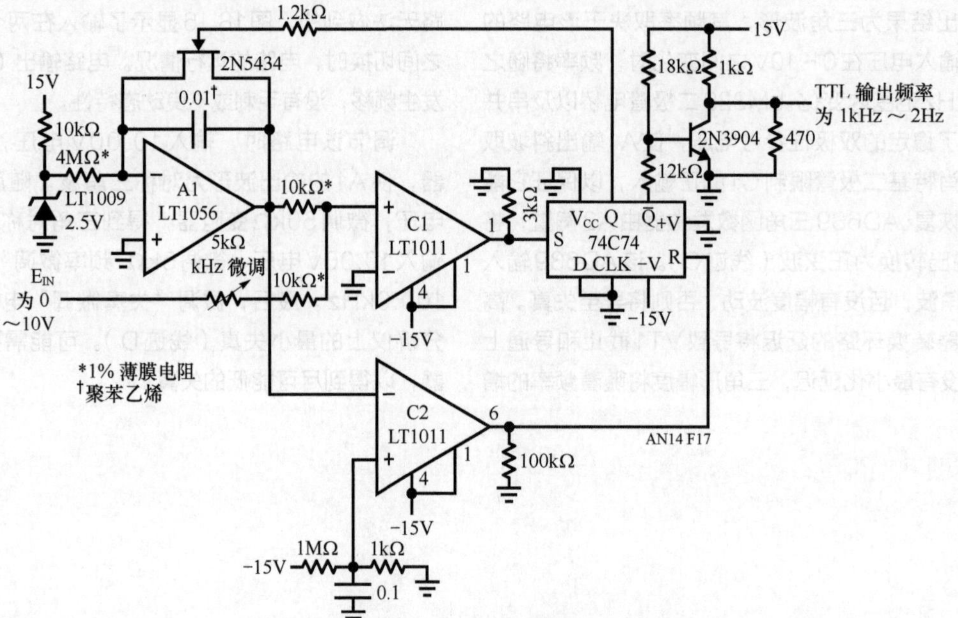

图18.17 $\frac{1}{E_{IN}}$/ 频率转换器

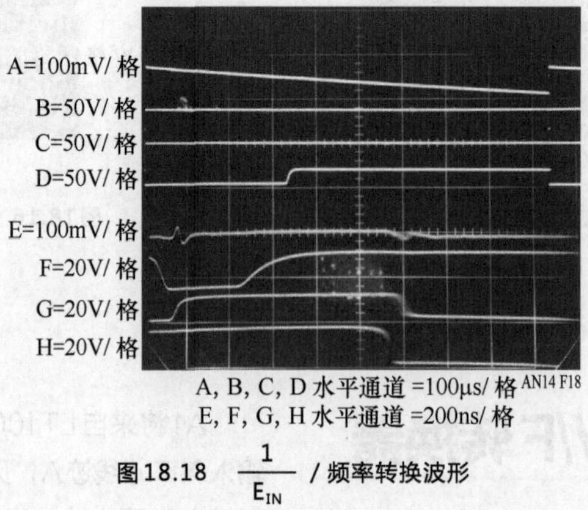

图18.18 $\frac{1}{E_{IN}}$/ 频率转换波形

图18.19所示的1/X V/F，是由R.Essaff开发的，虽然较为复杂，但提供了更好的性能。该电荷泵类型的设计，具有0.005%的1/X一致性，50PPM/℃的温漂，0～5V输入能得到10kHz～50Hz的输出。

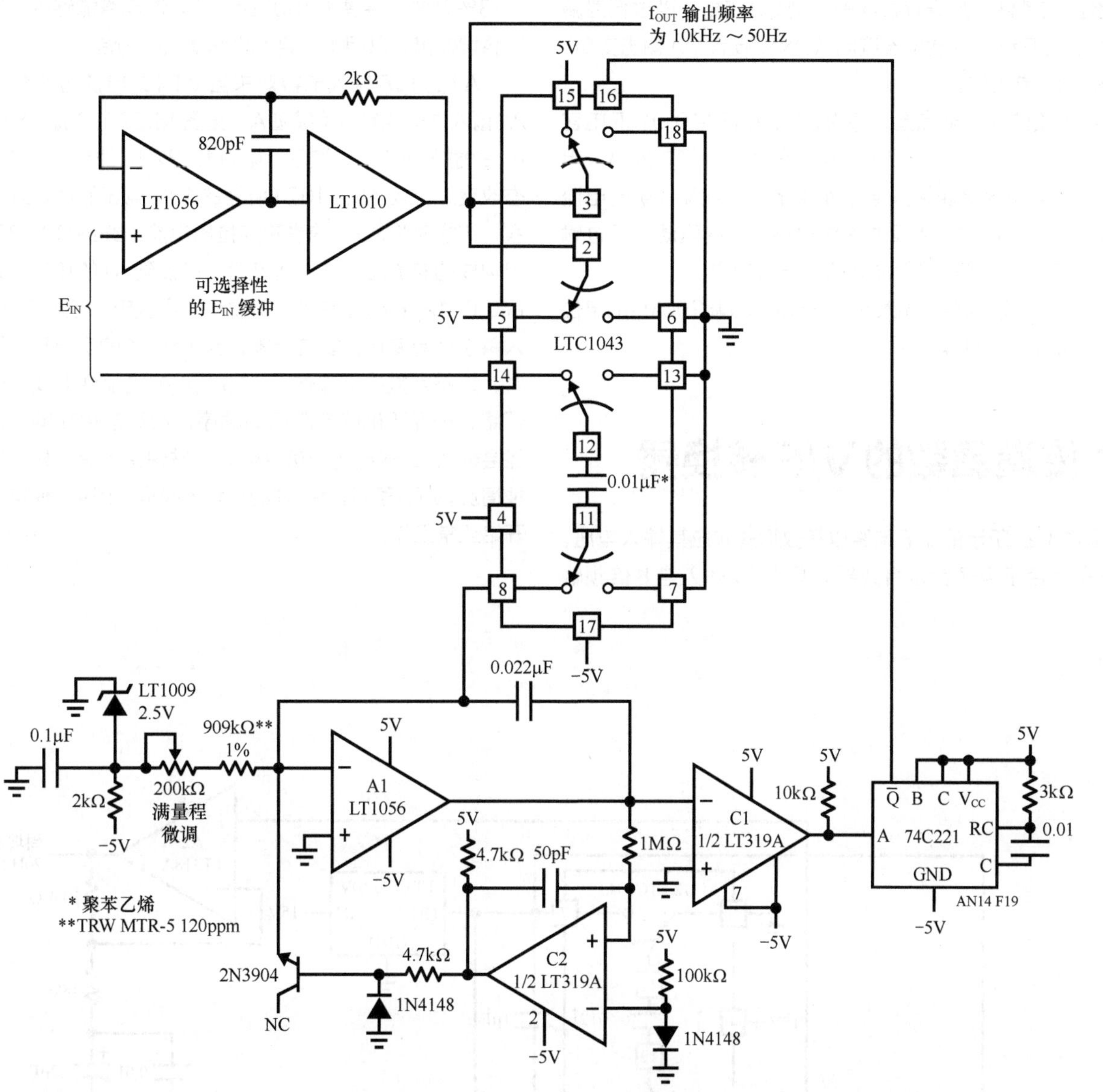

图18.19 电荷泵 $\frac{1}{E_{IN}}$ /频率转换器

A1及其相关元件构成一个正向斜坡积分器（线迹A，见图18.20）。当A1的输出过零时，C1变为负值（线迹B），触发单步操作。单次触发的输出（线迹C）切换LTC1043开关，通过0.01μF电容（线迹D）将电荷从E_{IN}转移到A1的求和节点。电荷转移达到一定量时，A1输出变为负。电荷转移停止时，A1再朝正值变化。A1负值的大小直接与E_{IN}成正比，因此环路振荡频率与E_{IN}成反比（1/X）。

电路输出来自并联LTC1043的开关部分。

因为该电路依靠的是电荷反馈，所以积分器重置时间并不影响电路精度。环路运行频率是能保持A1求和节点为零的频率。

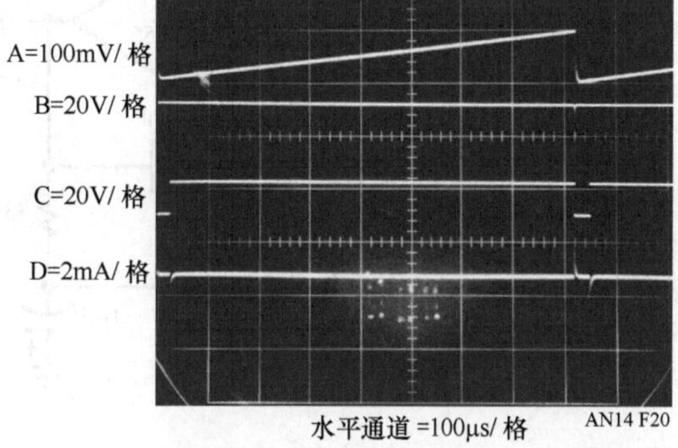

图18.20 基于电荷泵的 $\frac{1}{E_{IN}}$ /频率转换器波形

如果A1的输出一直以0V之上，振荡环路将闩锁。C2检测该条件，如果存在问题，则C2变高，通过低泄漏2N3904BE结，驱动电流流向A1求和节点。A1输出变负，电路开始正常工作。

该电路的主要缺点是，每次LTC1043将0.01μF电容转换方向到A1的求和节点时，输入信号必须能够提供大电流。所需电流直接随输入电压而变化，E_{IN}=5V，所需电流为25mA。可选的输入缓冲器将提供必要的驱动，不过输入电压范围必须落在该缓冲区的共模限制内。

为了校准该电路，输入5V的电压，微调200kΩ的电位计，使输出为50Hz。

E^X传递函数的V/F转换器

图18.21所示的V/F电路以指数形式响应其输入电压。它非常适合于电子音乐合成器，具有1V输入与8倍频输出的比例关系。在10Hz～20kHz范围内，指数一致性在0.13%之内，温漂为150ppm/℃。该电路能够输出脉冲以及斜坡输出，以用于需要大功率基频的场合。

A1的1μF输入电容对来自VT4的电流进行积分，在A1输入端形成斜坡（线迹A，见图18.22）。当斜坡过零时，A1的输出翻转（线迹B，见图18.22），导致LTC1043状态改变。充电到LT1021所需的10V电压的0.0012μF电容，切换时将从A1的求和点拉出电流（线迹C）。30pF电容构成的交流正反馈（线迹D）连接到A1的正输入端，确保0.0012μF电容有足够的时间完全放电。这使得A1的输入斜坡负向变化，复位至零。当围绕A1的交流正反馈衰减时，环路重复以上操作。VT5及其相关部件形成一个启动环路，确保正确的电路启动顺序。启动条件或输入过载可能会使A1的输出达到负供电轨，并保持不变。如果出现这种情况，VT5导通，将A1的负输入拉向-15V，使电路重新开始正常工作。

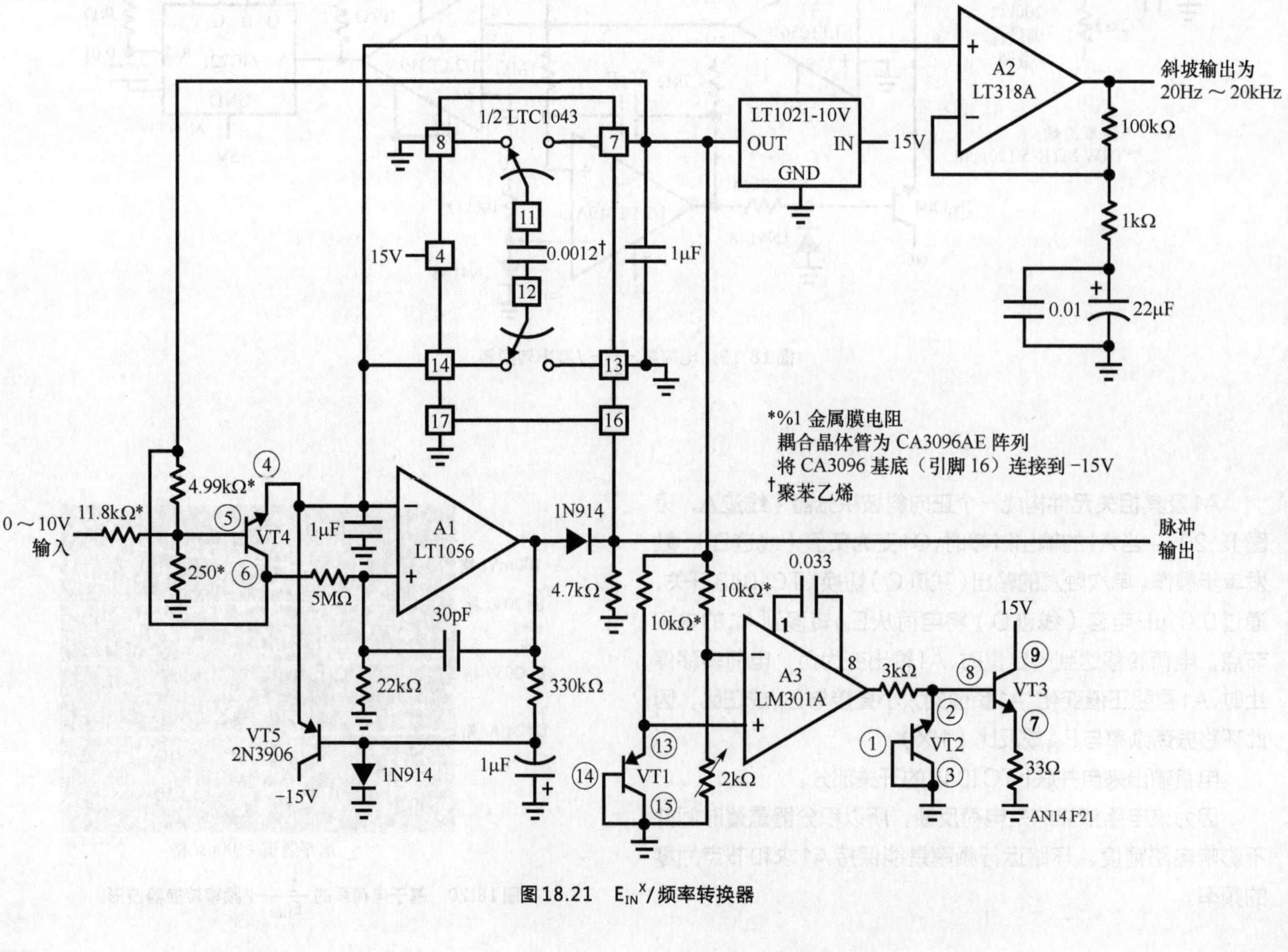

图18.21 $E_{IN}{}^{X}$/频率转换器

这种电荷泵类电流/频率转换器的振荡频率与VT4的发射极电流线性相关。反过来，VT4的发射极电流与V_{BE}呈指数关系，该关系由与它的输入电压相连的电阻来决定的。这与晶体管集电极和V_{BE}电流之间公认的关系相一致。通常情况下，VT4工作点对温度非常敏感，不过它是阵列晶体管的一部分，由A3的相关电路进行温度稳定。VT1也是阵列的一部分，对温度进行感测。A3把VT1的V_{BE}与桥电压比较，驱动阵列晶体管VT3关闭热控制环路。这样就达到稳定阵列的目的，防止环境温度偏移影响VT4的工作。VT2起钳位作用，保证不出现环路闩锁条件，防止VT3反向偏置。

由于热环路控制VT4，因此电路的指数行为稳定，重复性好。高频时，在VT4集电极与A1正输入之间的5MΩ电阻将在A1工作点引入微小偏移（例如，VT4集电极大电流），这补偿了VT4基极发射极大电阻，保持良好的指数性能直到20kHz。4.99kΩ电阻将0V对应的输入频率设置为10Hz左右，而250Ω值确定了电路的系数k，标称1V输入/8倍频输出的比例关系，如图18.22所示。

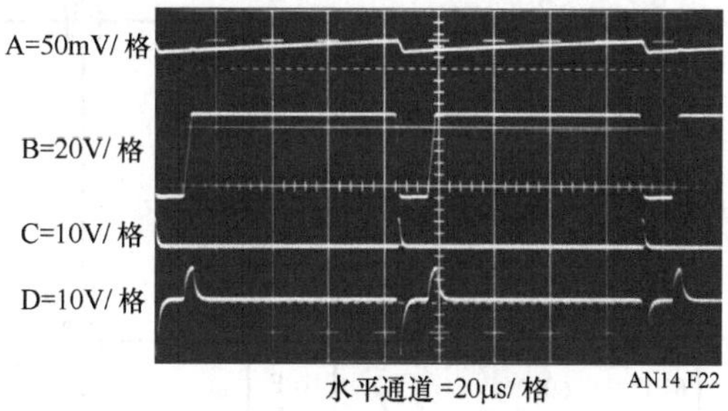

图18.22 E_{IN}^{X}/频率转换器波型

要使用这个电路，首先调节2kΩ电位器，在VT3基极接地时使A3的负输入比正输入低100mV。接下来，VT3基极不接地，这样就可以使用该电路了。

$\frac{R1}{R2}=\frac{V1}{V2}$/频率转换器

图18.23所示电路的输出频率与外部供给的两个电阻的两端电压比值成比例。该电路在传感器的信号调节上有着广泛的应用。R1和R2都以地为参考，优先考虑噪声因素。在这种情况下，R1为铂感测电阻，而R2设置为0℃时的值。R2的接地端允许精细微调十进制方格，无噪声过大的问题。R1的接地端允许它安装在长电缆末尾，具有类似的噪声抑制特性。

6012数模转换器提供两个相同的电流。DAC的最高位设置为高，其他位均为低。该设置使得DAC的输出电流相等。恒定、相等的电流通过R1和R2，它们产生差分电压，由LTC1043开关电容结构进行采样。通过R1-R2对，LTC1043的内部时钟连续切换3900pF的电容，并向A1求和节点灌入电荷。每个周期传送的电荷数量是R1和R2两端电压差的直接函数（Q=CV）。A1的输出为负向斜坡（线迹A，见图18.24）。该斜坡以C1处与A2的输出相比较。A2的直流输出是LTC1043的330pF电荷泵电容、A2的反馈电阻以及LTC1043时钟频率的函数。因为A1和A2以相同的速度接收电荷，LTC1043振荡器漂移对它们两个的影响都是相同的，所以不会产生误差。

当A1的斜坡与A2的输出值交叉时，C1变高（线迹B），场效应管导通。交流正反馈到C1的正输入端（线迹C），可以使A1的反馈电容充分放电。当反馈停止时，重复以上操作。征得率是R1与R2比率的线性函数。

LTC1043的两个聚苯乙烯电容器抵消温度系数。A2专用反馈电阻补偿了A1的聚苯乙烯反馈电容。电路的总体温度系数大约为35ppm/℃。如图所示，R1上0~100℃的偏移将产生0～1kHz的输出，输出精度受限于感测电阻，为0.35℃。这正好是在A1的复位时间产生的死区时间误差之外，电路无明显测量误差。实际上，微调R2的值，可以补偿0℃时R1的容差。在R1温度为100℃时，微调5kΩ电位器以得到1kHz输出。该电路可用于任何电阻式传感器。对于负温度系数器件，交换R1和R2的位置即可。

参考文献

1. "Trigger Circuit" Model 2235 Oscilloscope Service Manual, Tektronix,Inc

2. Pease RA., "A New Ultra-Linear Voltage-to-Frequency Converter," 1973 NEREM Record, Vol. I, page 167

3. Pease R. A., assignee to Teledyne,"Amplitude to Frequency Converter," U.S. patent 3, 746, 968, filed September 1972

4. Williams, J., "Low Cost A/D Conversion Uses Single-Slope Techniques," EDN, August 5, 1978, pages 101–104

5. Gilbert B., "A Versatile Monolithic Voltage-to-Frequency Converter," IEEE J. Solid State Circuits, Volume SC-11, pages 852–864, December 1976

6. Williams, J., "Applications Considerations and Circuits for a New Chopper Stabilized Op Amp," 1Hz-30MHz V/F, pages 14–15, Linear Technology Corporation, Application Note 9

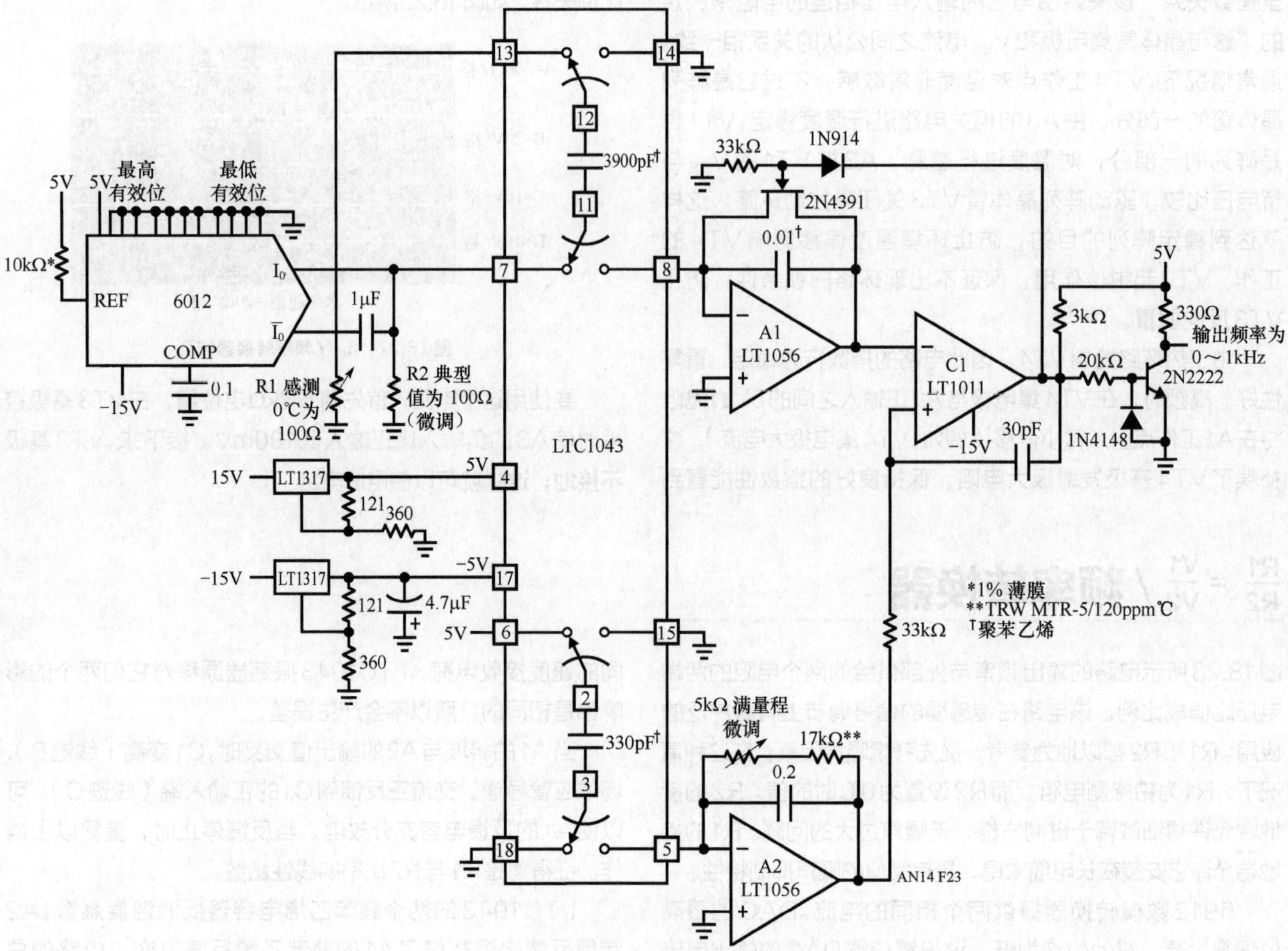

图18.23 $\frac{R1}{R2}=\frac{V1}{V2}$/频率转换器

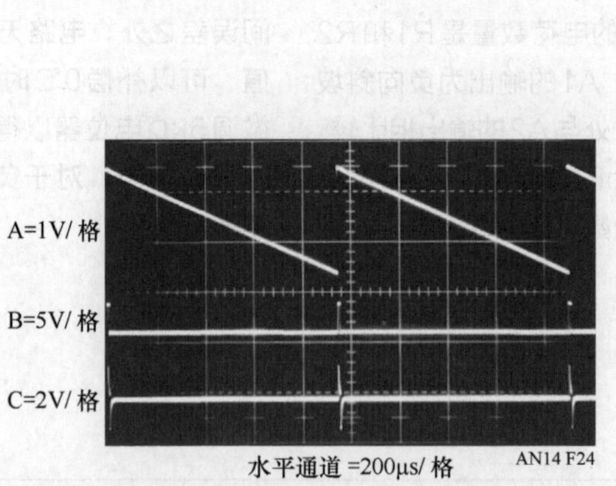

图18.24 $\frac{R1}{R2}=\frac{V1}{V2}$/频率转换器波形

框饰部分

V/F技术

电压转换为频率的方法很多。在一个实际应用中，最佳的方法随预期精度、速度、响应时间、动态范围和其他因素的不同而不同。这在图B1中显示得最为明显。输入驱动积分器，积分器的斜坡斜率随输入电流的变化而变化。当斜坡超过V_{REF}时，比较器接通开关，电容器放电和循环重启。重复频率与输入电压直接相关。通过精心设计，一个运算放大器可以既可充当积分器又可充当比较器，能够节约电路开销。

这种方法的一个严重缺点是电容放电复位时间。该时间在积分中将“丢失”，当工作频率靠近该值时，5796将导致显著的线性误差。例如，一个1μs的复位间隔，在1kHz时，存在0.1%的误差，在10kHz时，误差上升到1%。另外，复位时间的波动也将产生更多的误差。因为这一点，如果要求良好的线性度和稳定性的话，电路只能在相对较低的频率下工作。虽然各种补偿方式可以减少这些错误，但性能还是受到限制。

将积分器放入电荷分配环路中（见图B2），可以解决B1所示电路中的问题。在这种方法中，在积分器的斜坡时间内，C1充电到V_{REF}。当比较器跳变时，C1放电到A1的求和点，迫使其输出高电平。C1的放电后，A1重新开始上升并且重复以上操作。

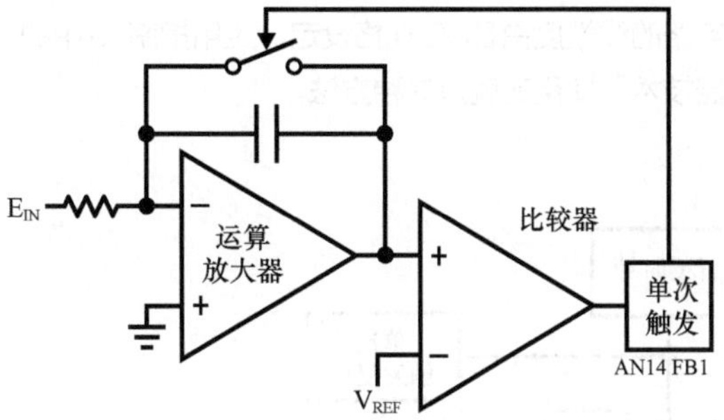

图B1　斜坡比较器V/F

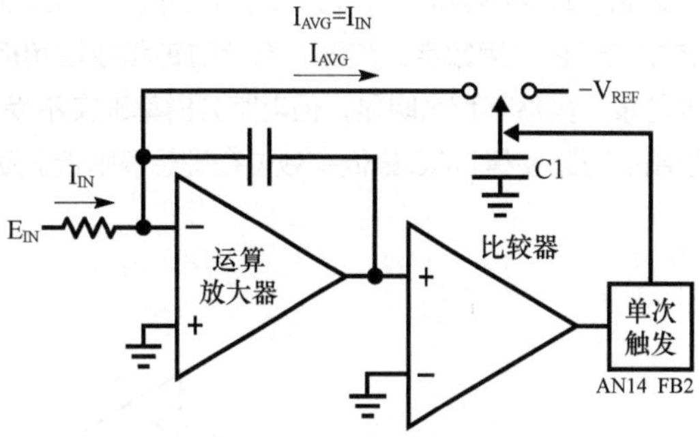

图B2　电荷泵V/F

因为环路的作用是使平均求和电流为零，因而积分器的时间常数和复位时间不影响频率。这种方法在高频时仍具有高线性度（一般为0.01%）。精心设计的话，这种类型的转换器也可以只使用一个运放。

图B3所示电路在概念上是相似的，不同之处在于它使用反馈电流，而不是用电荷来保持运算放大器的求和节点。每次运算放大器的输出使比较器跳变时，电流灌都从求和节点拉出电流。在电流从求和节点流出的时序基准内，积分器为正。在电流灌吸收电流的后期，积分器输出再次变负。这个动作的频率与输入有关。

图B4所示电路采用直流环路校正。该方法具有电荷法和电流平衡法的所有优点，美中不足的是响应时间较慢。此外，它可以实现极高的线性度（0.001%），输出速度超过100MHz，具有很宽的动态范围（160dB）。直流放大器控制一个相对简易的V/F。以牺牲线性度和热稳定性为代价，该V/F设计具有高速和宽动态范围特性。该电路的输出切换电荷泵的输出，积分成直流，之后与输入电压相比较。

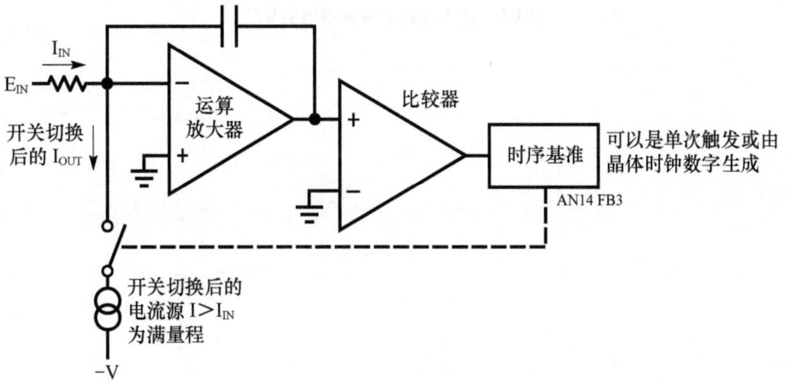

图B3　电路平衡V/F

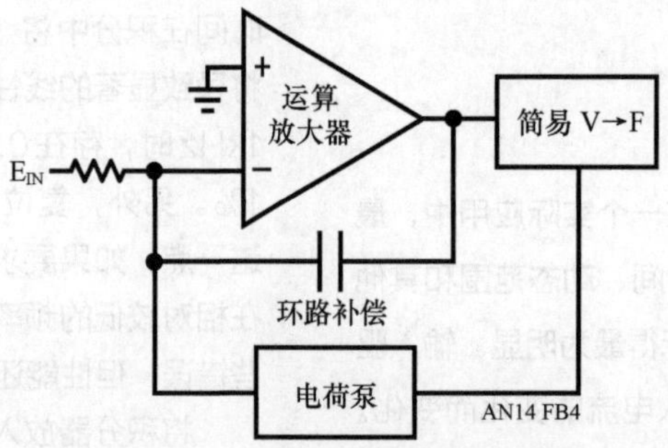

图 B4 环路电荷泵 V/F

直流放大器使得V/F变换的工作频率是输入电压的直接函数。直流放大器的频率补偿电容对环路延迟进行了补偿，不过它限制了环路响应时间。图B5所示的是一个类似电路，不同之处在于它采用数字计数器、石英时钟和数模转换器取代了电荷泵。虽然不那么明显，但电路分辨率确实不受DAC量化限制。环路使得DAC最低有效位在理想值附近振动。在环路补偿电容中，这些振荡被积分到直流之中。因此，该电路跟踪的输入变化，比DAC的最低有效位小很多。通常情况下，一个12位DAC（4096阶跃）将产生50000分辨率。然而，电路的线性度由DAC规格设定。应用指南13中的“高速比较器技术”使用的就是这种方法。

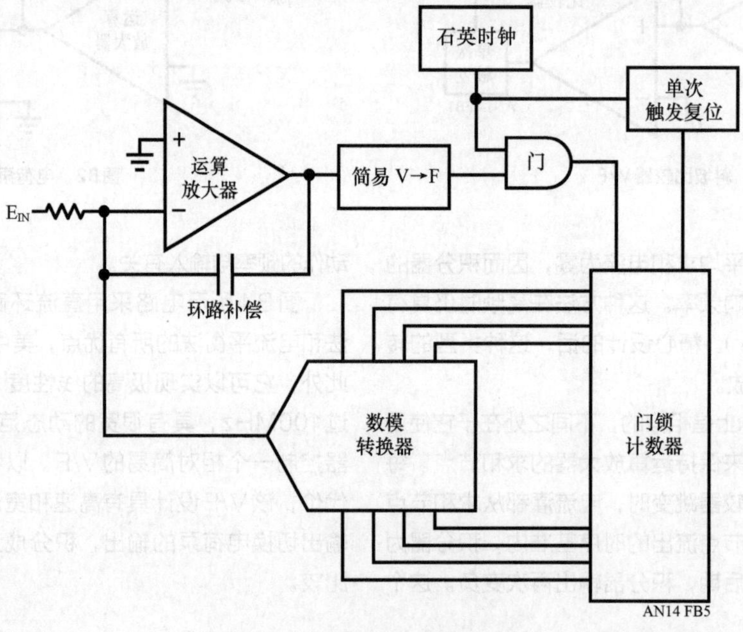

图 B5 基于环路数模转换器的 V/F

采用独特的IC缓冲器进行高质量运算放大器的设计并高效使用快速放大器

19

Robert J.Widlar

引言

一个输出缓冲器不仅仅可以增加运算放大器的输出振幅，还能够消除大电容负载的振铃现象。快速缓冲器能够提高高速跟随器、积分器和采样保持电路的性能，同时使它们更易于使用。

设计人员对缓冲器的兴趣一直不高，因为没有价格合理、高性能、通用性强的缓冲器可用。理想情况下，一个缓冲器应该具备快速且没有交叉失真，能够驱动大电流且输出振幅较大等特点。同时，缓冲器不能太耗电，能够驱动所有电容负载，且不存在稳定方面的问题，与它上一级的运算放大器成本相同。如能对电流进行限制，并能进行热敏过载保护将再好不过。

这些目标是20多年以来的一个梦想。由于一些新的集成电路设计技术，这些目标最终得以实现。一个真正的通用缓冲器要比大多数运算放大器速度快，且在低速应用程序中比较容易实现。该缓冲器使用标准的双极型工艺加工制造，模型大小是50×82密耳。

表19.1所示为缓冲器电特性一览。失调电压和偏置电流的值不是很好；但缓冲器通常从运算放大器的输出端开始驱动，并把它置于反馈回路中，这样几乎能消除所有这些错误。负载电压增益通常由输出电阻决定。此外，把缓冲器置于一个反馈回路中，可以大大降低误差。

空载时，输出端在正供电电压的1V范围内摆动，几乎达到负供电轨。±150mA电流负载时，饱和电压将会增加2.2V。除了输出电压有所摆动外，4～40V之间的总供电电压对性能没有什么影响。这就意味着缓冲器可以由5V的逻辑电压或±20V的运算放大器来供电。

随着负载电阻减少，带宽和转换速度也相应减少。表19.1中的数据是负载为100Ω并联100pF电容时测得的。考虑到静态电流只有5mA，其速度相当可观。

表19.1　缓冲器在25℃特有的性能。提供的电压范围为4～40V

参数	值
输出偏移电压	70mV
输入偏置电流	75μA
电压增益	0.999
输出电阻	7Ω
正极饱和电压	0.9V
负极饱和电压	0.1V
输出饱和电阻	15Ω
输出电流峰值	±300mA
带宽	22MHz
转换速度	100V/μs
供电电流	5mA

设计概念

图19.1所示的功能原理图描述了缓冲器设计的基本要素。运算放大器驱动输出沉晶体管VT30，以使输出跟随器VT29的集电极电流不会下降到静态电流值之下（取决于I_1和三极管VT12与VT28的面积之比）。这样，即使在三极管VT30提供负载电流时，快速响应都是简单跟随器的基本特性。通过输出引线上的一个小电阻，可使内部反馈回路不受电容负载影响。

该方案并不完美，灌电流上升速度明显低于源电流。解决方案是在偏置端和输入端V^+之间连接上一个电阻，提升静态电流。该设计的特点是输出电阻最终很大程度上独立于跟随器电流，静态电流较低时，输出电阻也低。输出端可以摆动到负供电轨，这对单电源供电电路来说特别有用。

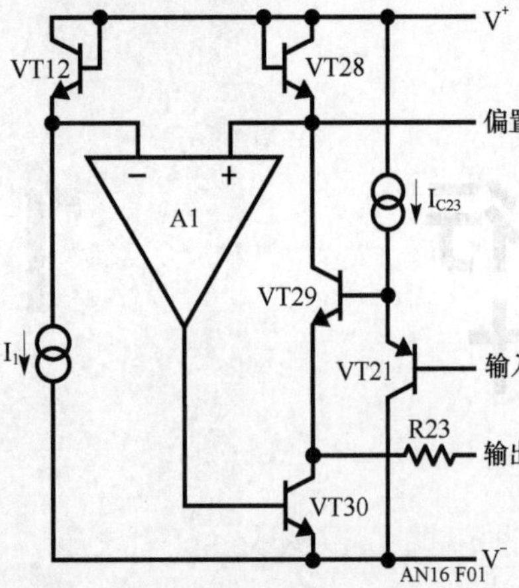

图19.1 在缓冲器中，主信号通路通过了跟随器VT21和VT29。即使在VT30提供负载电流时，运算放大器也保持VT29导通，所以其响应为跟随器响应

基础设计

图19.2所示缓冲器关键细节的设计使用了图19.1所示的概念（简明起见，简化原理图和详细原理图的相同部分，都使用了相同的标号）。运算放大器使用了共基极PNP对，即三极管VT10和VT11，它随电阻R6和R7退化形成输入级。差分输出由VT13和VT14组成的电流镜转换成单端输出，通过跟随器VT19驱动输出沉晶体管VT30。

钳位三极管VT15用以确保输出沉晶体管不会完全关闭。它的偏置电路由VT6到VT9组成，这些三极管的结构能使VT15的发射端电流约等于三极管VT19在没有输出负载时的基极电流。

控制回路通过前馈电容C1来实现稳定。超过2MHz时，反馈主要通过电容来实现。截止频率由电容C1和电阻R7，以及三极管VT11的发射端电阻共同决定。通过电阻R23，回路在容性负载以及振荡负载时都很稳定，这样可以限制相位的延迟，该延迟可能会被三极管VT29发射端诱发。

电阻R10加入到电路是为了改善负向转换响应。负瞬态较大时，VT29将关闭。当这种情况发生时，电阻R10从三极管VT28拉取存储的电荷，并提供足够的电压振幅，使三极管VT30从钳位状态变换到传导状态。

启动偏置由集电极场效应晶体管VT4提供。一旦电路运行，VT6的集电极电流将叠加到VT4的漏极电流上，为VT5提供偏置。这些电流加上流过三极管VT9和VT10的电流，再经过三极管VT12，来设置输出端的静态电流（连同电阻R10一起）。

跟随升压

图19.3所示的升压电路在提高性能的同时，至少将缓冲器的待机电流降低了3倍。这是通过增加VT29的有效电流增益，以使电流源的电流I_{C23}能够大幅减小来实现的。其次，在小于3mA的偏置下（正常情况下有时可能为40mA），可以提供低于0.5Ω的跟随输出电阻。让人难以置信的是，该升压并没有降低最终设计的高频响应。

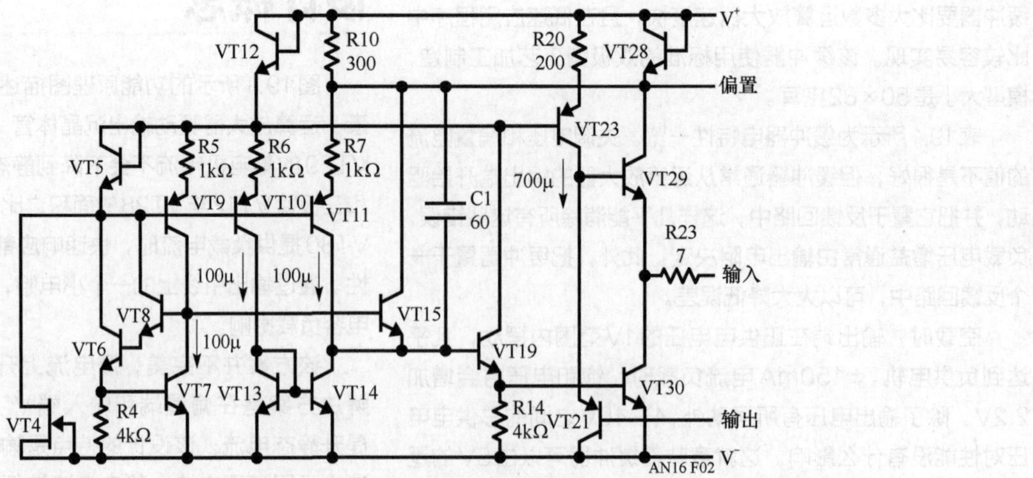

图19.2 对图19.1所示缓冲器概念的实现。简单的运算放大器使用了共基极PNP输入三极管(VT10和VT11)。控制回路由前馈电容（C1）实现稳定；钳位（VT15）保证三极管VT30始终保持在开通状态

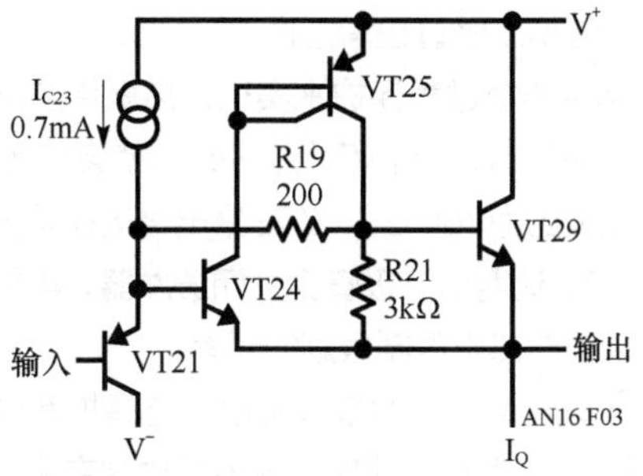

图19.3 该升压电路提高了有效电流增益以及输出晶体管的跨导，提供了较低待机电流以及较低的输出电阻

如果移除电阻R19（断开），电路的工作原理将更清晰。输出电阻由三极管VT24决定，而VT25和VT29则提供电流增益。如果流过电阻R21的电流大于VT29的基极电流，则输出电阻将按比例减少。若无电阻R21，输出电阻将取决于VT29的偏置，类似于一个简单的跟随器。

电阻R19的目的是在高频时提供一个直接的交流电路通道，并降低升压反馈回路过多的增益。如果合理选择电阻R21，带有负载时通过电阻R19的电压改变将小于40mV，这么小的值不会产生什么问题（增加负载会引起三极管VT21偏置电流增加）。通过电阻R19的静态电流下降是由VT24、VT25和VT29的大小决定的。

电荷存储型PNP

高频时，一个横向PNP型，类似于基极与发射极之间连接的一个低阻抗，因为存储在发射极和副集电极（PNP的基极）之间的电荷存在容性效应。输入PNP，VT21，在给定发射极电流时，存储的电荷是横向存储电荷的30倍。当升压电路开始工作时，这些存储电荷耦合进入输入端，以降低内部杂散电容，并驱动输出端跟随器。

横向PNP如果使用较大的发射极面积，以及较宽的基极间距，则它可以最大化地存储电荷。尺寸为若干密耳都是可以的；工艺较好时，扩散长度大约为6密耳。

图19.4显示的是一个电荷存储PNP草图。根据图中显示的尺寸，可以获得大小为10的电流增益。图中显示了一个下沉基极接触点，因为从基极到发射端之下的区域有一个低电阻是很重要的。

存储在发射极之下区域的电荷，在实现从基极到发射极的快速电荷转移，且尽量不影响发射极基极电压的过程中非常有效。使用图19.4所示的标注，电荷变化如下：

$$Q_E \propto \frac{W_B A_E}{S_E}$$
$$\propto (X_C - X_E)X_E$$

其中，S_E是发射极的边缘。当X_C固定时，在X_E=0.5X_C时，Q_E有最大值。

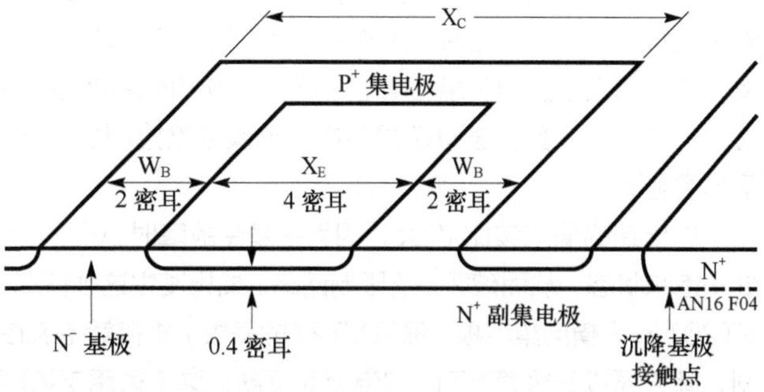

图19.4 电荷存储型PNP是横向结构，基极和发射极的大小是几密耳。可以得到大小为10的电流增益

基极隔离三极管

晶体管在制造时可以将普通的基极扩散改为隔离扩散。图19.5显示了这种晶体管的不纯净度特性。在发射极下的基极掺杂量是标准晶体管的3个量级，这样全部基极就扩展成副集电极。测量所得的0.1倍增益，不低于预期值。

发射极电流相同时，基极隔离三极管的发射极基极电压要比一个标准的IC晶体管高120mV。V_{BE}的生产工艺波动要比标准NPN小得多，可能是因为基极净掺杂只受隔离掺杂的影响。

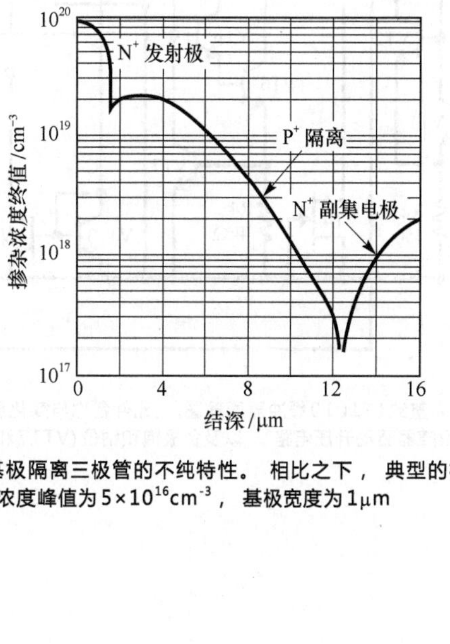

图19.5 基极隔离三极管的不纯特性。相比之下，典型的标准NPN的基极掺杂浓度峰值为$5\times10^{16}cm^{-3}$，基极宽度为1μm

完整电路

图19.6给出了一个完整的LT1010缓冲器原理图。元件名称对应于简化原理图。先前讨论的细节均被整合到该图中。

VT22和VT31限制输出跟随器电流。当R22上的电压等于二极管压降时，电流限制用来伺服钳位跟随器升压电路的电压。

负极电流限制是不太常见的，因为在三极管VT30的发射端放置一个感测电阻将严重降低有负载时的负极转换。相反，在集电极中使用了感测电阻R17。当电阻两端的压降导通VT27时，该晶体管直接提供电流到灌电流控制放大器，限幅灌电流。

输出端的值应该比V^+大，因为在发生故障时，VT27会处于饱和状态，从而破坏电流限制回路。如果发生这种情况，VT26（一个横向集电极，靠近VT27的基极）将接管电流控制，除去通过三极管VT16的电流灌驱动。这个备用电流限制会发生振荡，不过在控制范围之内。

如果输出可能由超过供电电源的大电流源来驱动，就应该在输出到每个供电电源之间使用钳位二极管。LT1010与大多数集成电路不同，即使其温度比外部二极管高很多，其设计也能使普通结型二极管正常工作。

电流限制由热敏过载保护来实现。热敏传感器VT1，它的基极偏置约400mV。当VT1过热时，就会关闭VT2的基极驱动（温度大约为160℃），VT2集电极电压将升高，导通VT16和VT20。这两个三极管会关闭缓冲器，再加上R产生的迟滞，可以控制热敏限制振荡的频率。

R15用于限制VT20的基极驱动，它是扩散致窄基极电阻。当晶体管h_{fe}随温度变化时，该电阻也会变化，在生产中将关闭电流控制在2mA左右。发射极到隔离墙的电容C2，能在快速信号到达集电极时，不让VT20导通。

在电流限制或者热敏限制电路中，过多的输入-输出电压可能破坏内部电路。为了避免这种情况发生，背靠背隔离齐纳二极管、VT32和VT33，钳位输入到输出。只要输入电流限制在大约40mA，它们就一直有效。

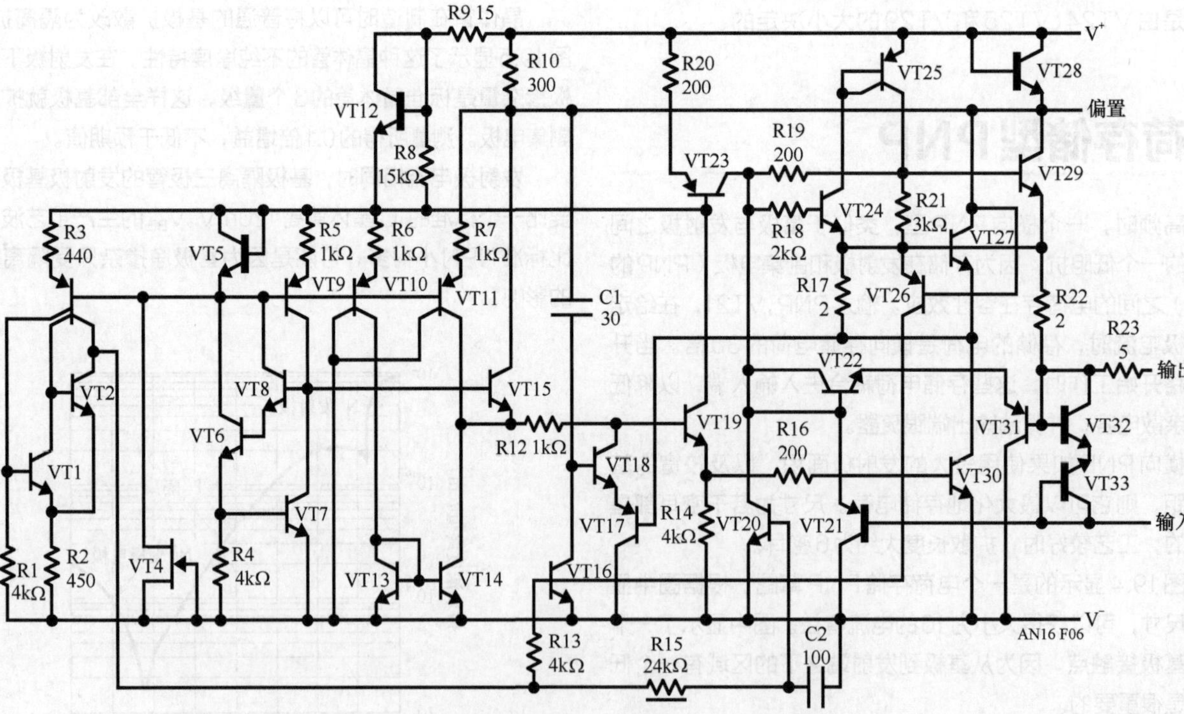

图19.6 完整的LT1010缓冲器原理图。元件名称与简化原理图相对应。基极隔离三极管用较深的颜色标识基极，作为电荷存储型PNP。电路中包含了跟随器驱动升压电路，以及负极饱和钳位(VT17和VT18)和保护电路

其他细节包括负极饱和钳位，VT17和VT18。该钳位可使输出在负供电电轨的100mV范围内达到饱和，而不会增加供电电流，从饱和状态恢复时也干净利落。VT17的基极从内部连接到VT30，来感测饱和电阻靠近集电极一侧的电压，以确保大电流时的最佳操作。

当灌入大量电流时，VT19的基极成为控制放大器的负载。这将使控制回路失去平衡，降低输出跟随器偏置电流。为了进了补偿，VT30的基极电流通过VT19进入偏置二极管VT12。小电阻R19有助于该补偿。这种行为增加了VT23的偏置，也增加了输入PNP型偏置电流和灌电流。

该设计最后的细节是VT10和VT11的集电极会被分割开来，以便仅一小部分的发射极电流传输到电流镜，而其余部分则流回V⁻。这样的设计允许三极管工作在其f_T峰值，而不需要大电容C1。最后，电路中加入了电阻R8，以此来形成输出端静态电流的温度特性。

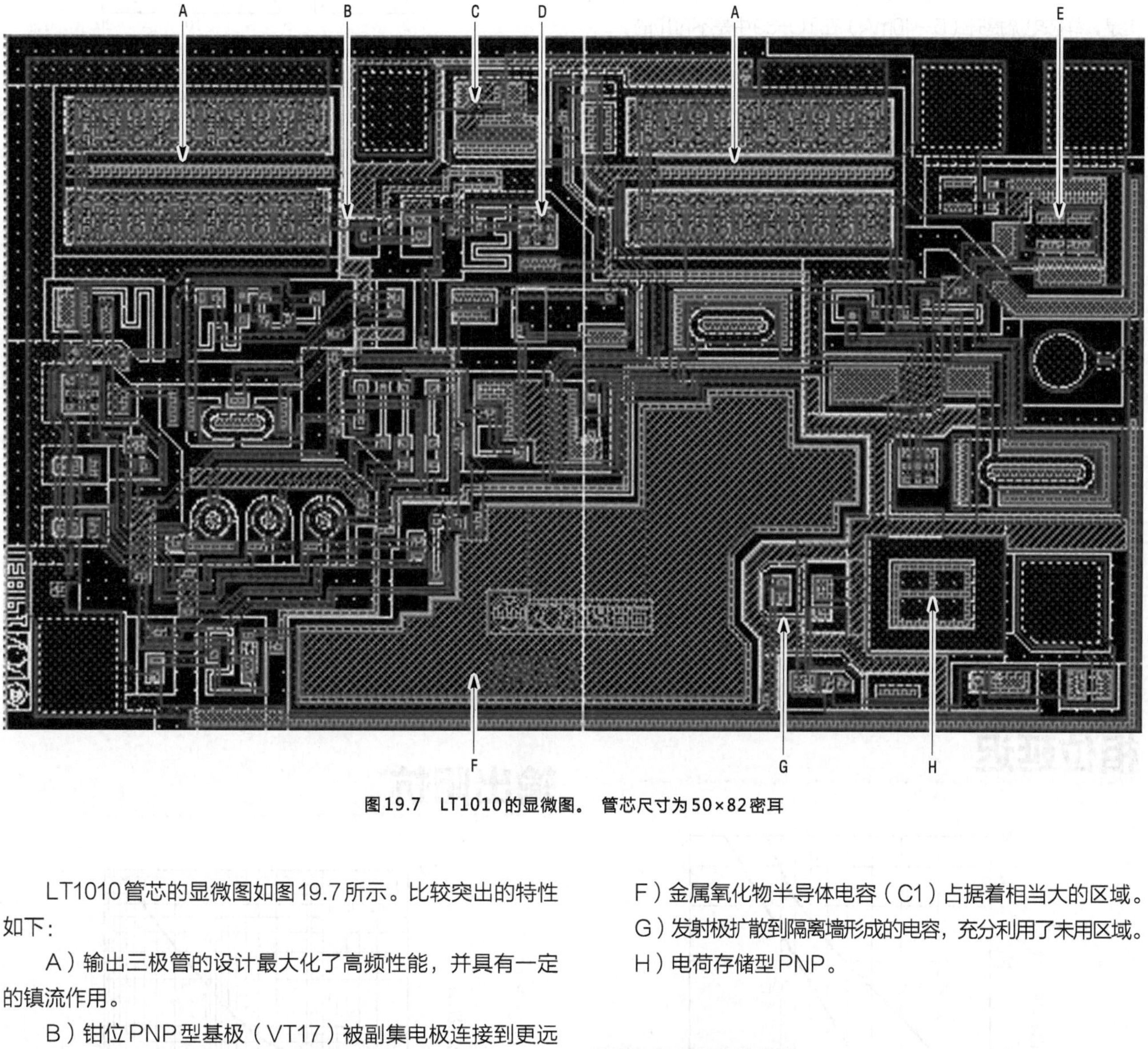

图19.7 LT1010的显微图。 管芯尺寸为50×82密耳

LT1010管芯的显微图如图19.7所示。比较突出的特性如下：

A）输出三极管的设计最大化了高频性能，并具有一定的镇流作用。

B）钳位PNP型基极（VT17）被副集电极连接到更远范围，从VT30集电极连接到隔离饱和电阻。

C）输出端电阻在一个浮动的容器里，当连接的二极管钳位输出低于V⁻时，集成电路容器不会正偏。

D）一个较高的f_T,0.3密耳微带线，具有交叉几何结构，用于灌电流晶体管驱动（VT19）。

E）基极隔离三极管（VT28）与输出三极管一样，传输500mA的峰值电流，但要比输出三极管小很多。

F）金属氧化物半导体电容（C1）占据着相当大的区域。

G）发射极扩散到隔离墙形成的电容，充分利用了未用区域。

H）电荷存储型PNP。

缓冲器性能

在引言部分，表19.1总结了LT1010缓冲器的典型特征。该集成电路提供三种标准的电源封装：固体合金基极TO-5（TO-39）型，铜制TO-3型和塑料TO-220型。偏置端在TO-39中不可用，因为TO-39中只有4个引脚，而其他类型的封装有5个引脚。

对于一个输出三极管，其热阻（不包括封装时）为20℃/W，因为需要尽量将其做小来提高速度。这可以解释结到壳的热阻，对于TO-39封装为40℃/W，对于TO-3和TO-220是25℃/W，这些都是针对一个三极管。随着交流负载的变化，两个晶体管都会导通；如果频率足够高的话，热阻会减少10℃/W。

LT1010外壳的工作温度范围是-55~125℃。内置功率晶体管最大结点温度是150℃。商业版本的LT1010C也已可用。该版本额定温度为0~100℃，最大结点温度是125℃。

下面一组曲线详细图解了缓冲器性能。值得注意的一个事实是，静态电流提升（5~40mA）在TO-39中是不可用的。

带宽

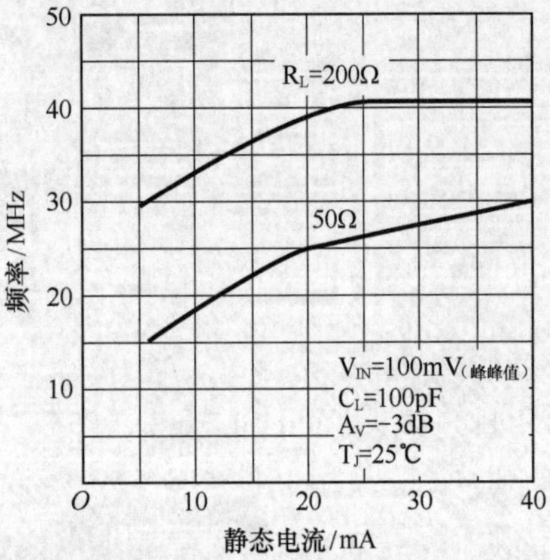

图19.8　显示了负载电阻的小信号带宽与静态电流提升之间的相关性。给定的100pF电容负载限制了电流提升和轻负载可获带宽

相位延迟

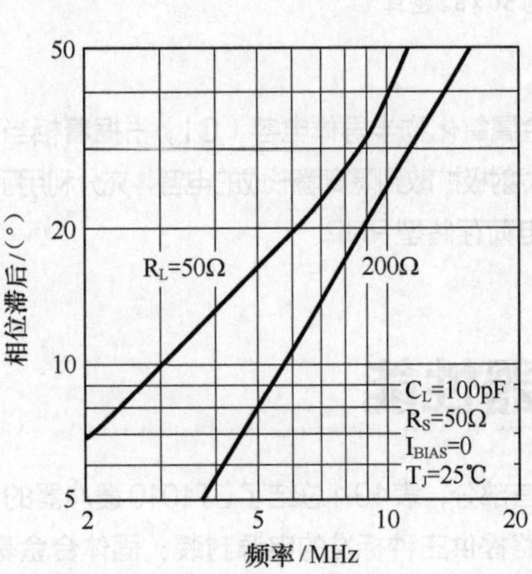

图19.9　相位延迟给出的高频性能方面的有用信息要比带宽多。该图是一个相位延迟图，它是50Ω和100Ω负载的一个频率函数。电容负载是100pF，静态电流没有变大

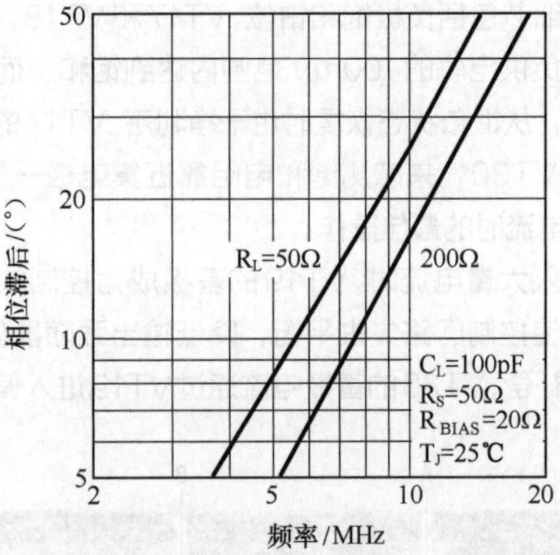

图19.10　该图表明随着静态电流增加到40mA(R_{BIAS}=20Ω)相位延迟会减少

阶跃响应

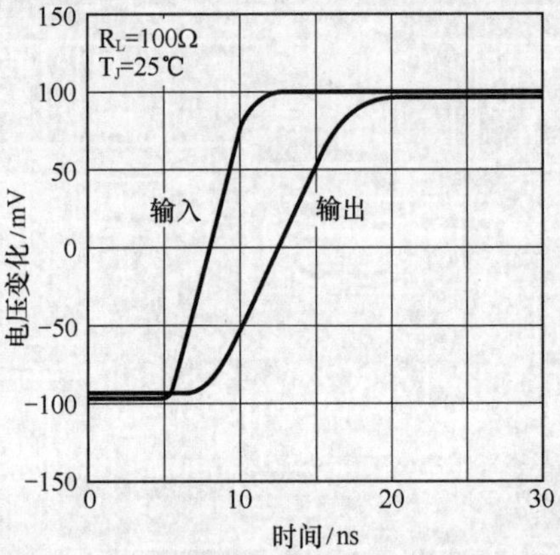

图19.11　100Ω负载的小信号阶跃响应具有2ns的输出延迟。从而造成20MHz频率时，额外的15°相位延迟，这也解释了为什么-3dB带宽比45°相位延迟的频率要好

输出阻抗

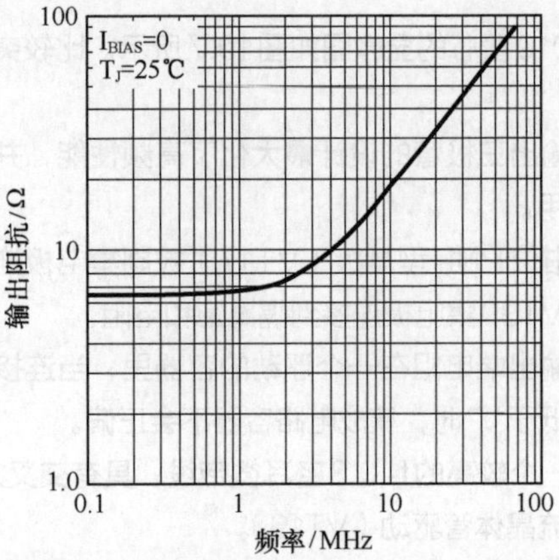

图19.12 空载的小信号输出阻抗保持在1MHz下，表明跟随器升压电路的频率限制

容性负载

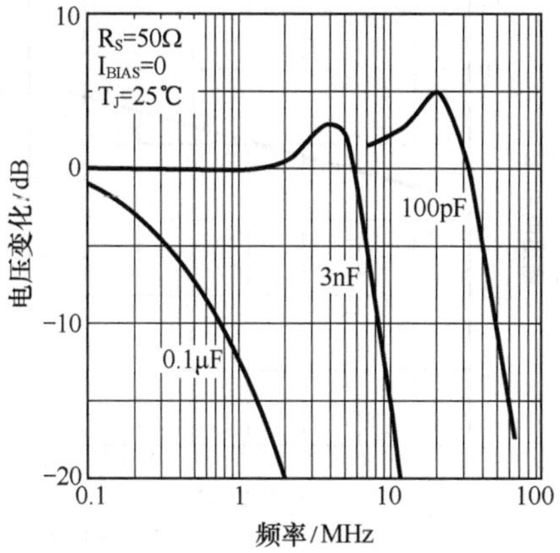

图 19.13　该频率响应曲线，只有容性负载，表明当负载电容在一个比较大的范围变化时，没有发生不正常现象。较小的峰值随着静态电流升高而减少

转换响应

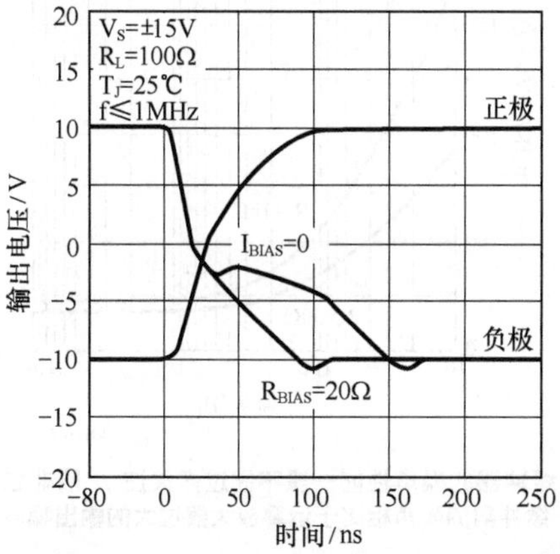

图 19.14　负向转换延迟会因使用了静态电流提升(40mA)而减少。正向转换延迟不受电流提升影响

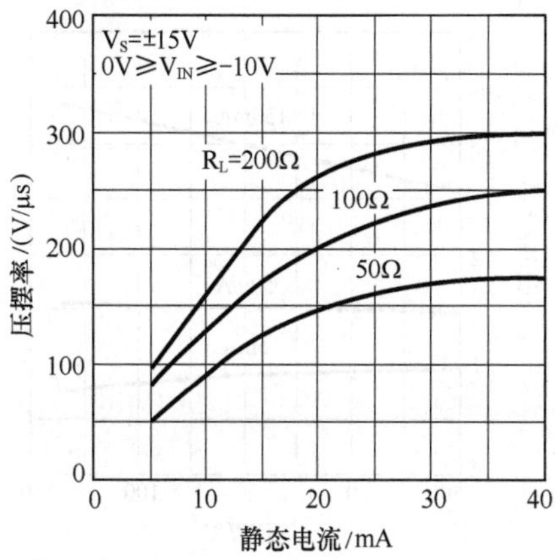

AN16 F15

图 19.15　最坏情况下的转换响应，从0～-10V。显然，使用静态电流提升可以进行极大改善

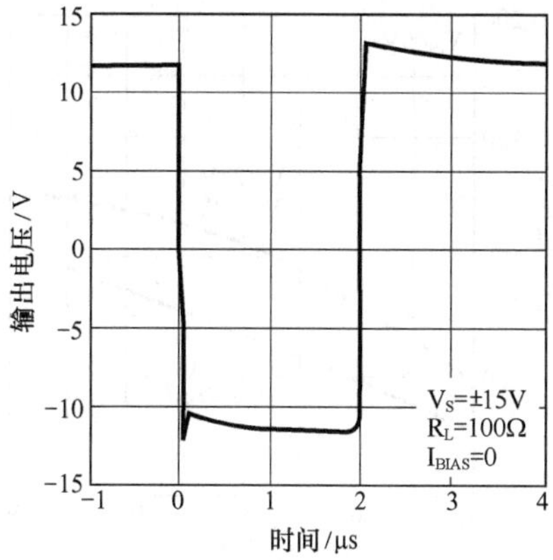

AN16 F16

图 19.16　500ns的摆动残留是跟随器升压电路恢复时产生的。对于正极输出，升压电路通过电荷存储型PNP受到输入的严重破坏。对于负输出，主要受输出端的前沿过冲影响。在这两种情况下，恢复都是从正极升压过程中恢复

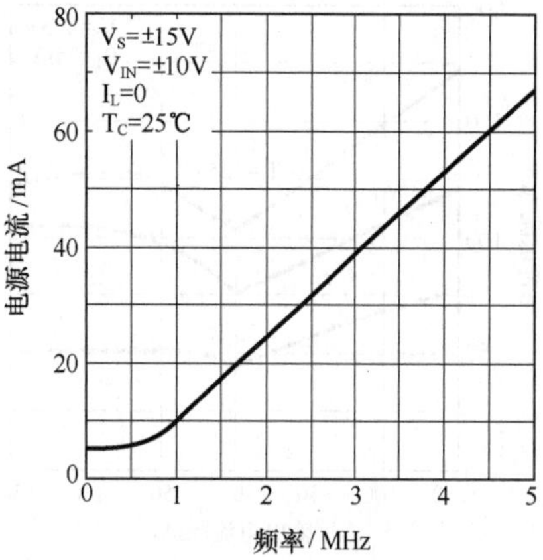

AN16 17

图 19.17　无负载供电电流在较大信号环境下增加到1MHz以上。这是由于内部电容充电引起的静态电流提升。即使在有负载情况下，它也能提供良好的功率带宽，不过额外增加的功耗可能使集成电路达到功率限值

输入失调电压

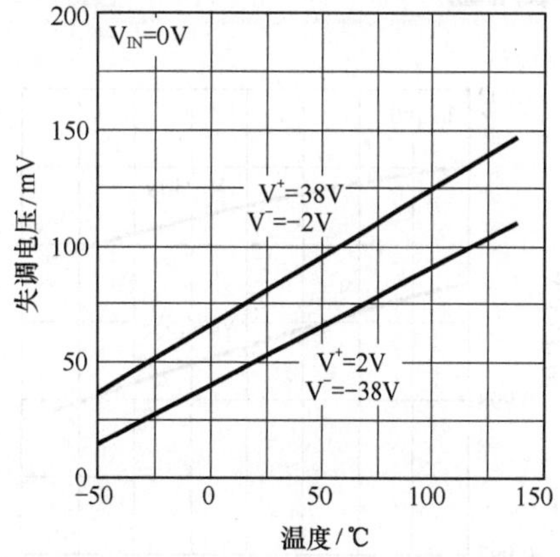

AN16 F18

图 19.18　失调电压取决于输出跟随器与输入PNP型的匹配程度。输入端电荷存储型PNP运行在高注入电平下，以最大化存储电荷。因此，该图显示的高失调电压漂移也就不足为奇了。图中显示了失调电压随着供电电压变化而发生的改变，基本上等于正供电电压的敏感度。改变负供电电压，使其增加35V，将使电压失调偏移5mV

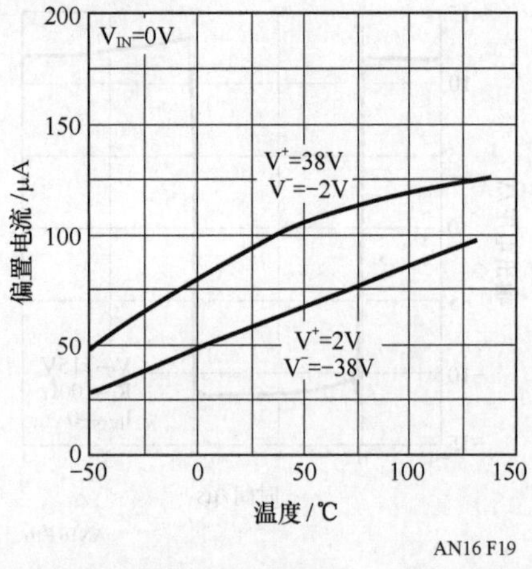

图19.19 偏置电流随着温度的增加而增加，说明电荷存储型PNP的电流增益特性。偏置电流对于供电电压的敏感度是正供电电压的3倍

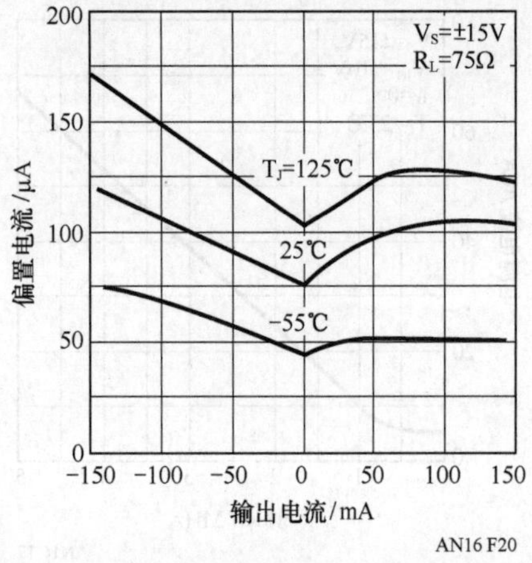

图19.20 输入偏置电流随着负载电流而改变，这属于正常情况，它表明该跟随器的设计不是为了用于高源电阻。正极输出电流的增加是由跟随器升压引起的。对于负极输出电流，它的增加是由灌晶体管基极电流增加了输入PNP电流源的偏置所引起的

电压增益

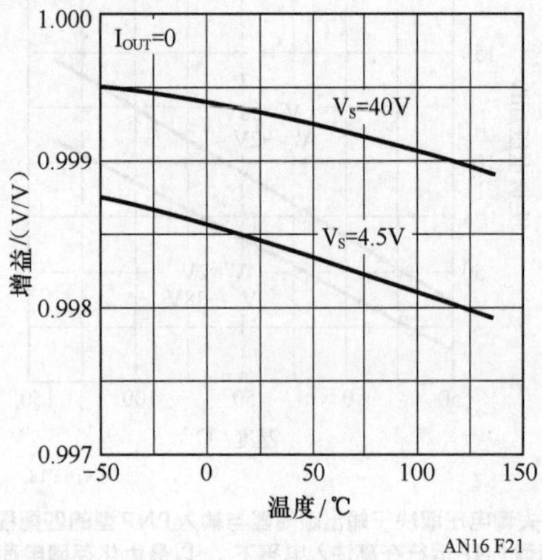

图19.21 空载电压增益在很多应用中可以被忽略。事实上，当带有负载时，可以降低输出电阻，从而可以计算电压增益

输出电阻

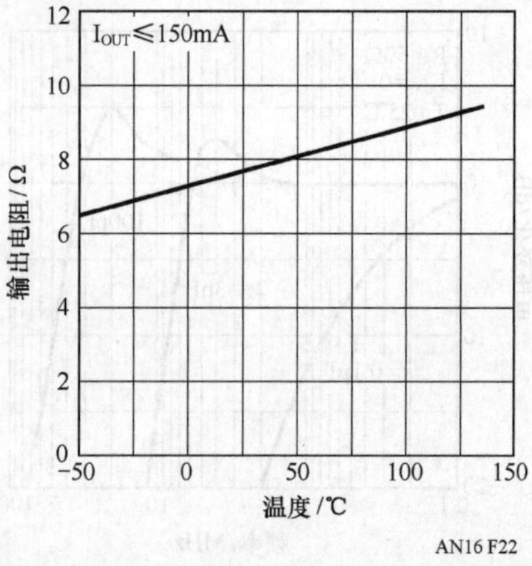

图19.22 输出电阻本质上与直流输出负载无关。图中显示了输出电阻对温度的敏感度

输出噪声电压

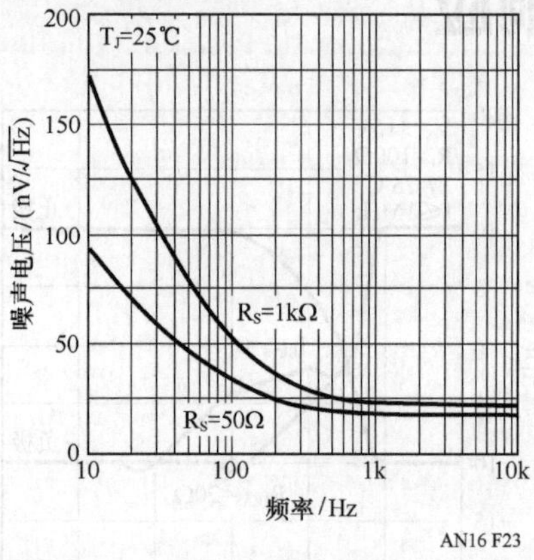

图19.23 缓冲器的噪声性能一般不需过多关注，除非它非常严重。该图表明，缓冲器的噪声相比于运算放大器过大的输出噪声来说要低

饱和电压

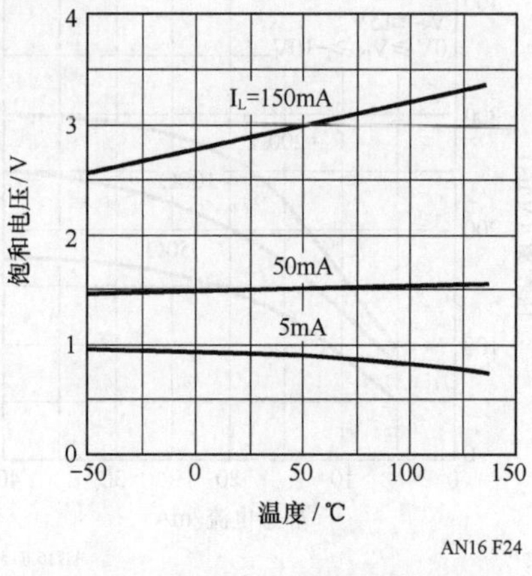

图19.24 该图显示的是正极饱和电压(参照正供电电压)，它是温度的函数。空载时，饱和电压为0.9V，饱和电压随电流线性增加，直到电流达到150mA

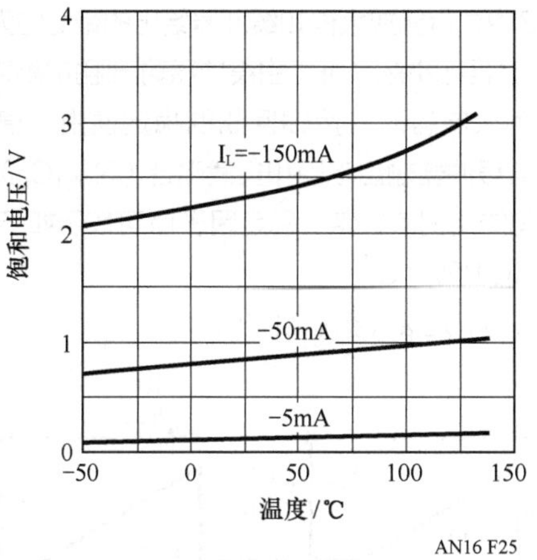

图19.25 图中曲线表示的是负极饱和电压情况。 空载饱和电压小于0.1V， 它也随着电流线性增加。 饱和特性基本上不受供电电压影响， 通常用来在负载情况下决定输出摆幅

供电电流

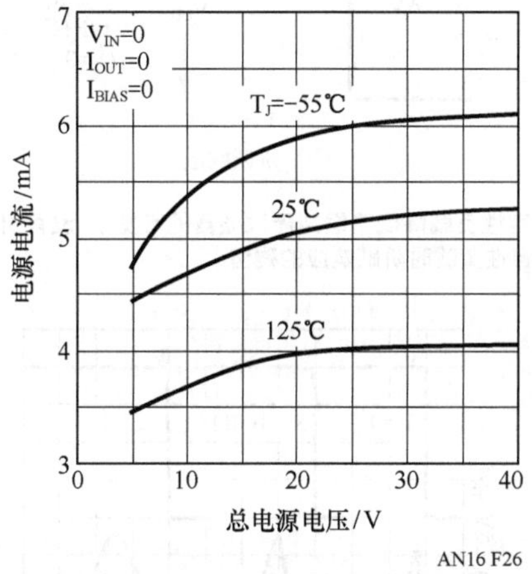

图19.26 供电电流受供电电压影响不是很大， 如该尺度放大的图所示。 这是因为在4～40V电压范围内， 其特性基本不变

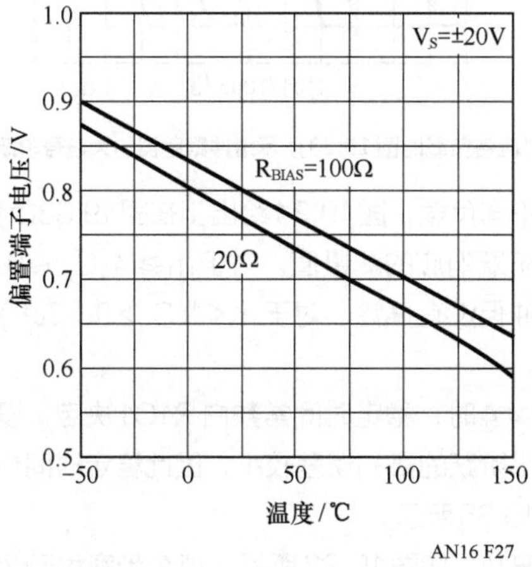

图19.27 静态电流的提升取决于外部电阻上的偏置端子电压。 该尺度放大的图显示了偏置端子电压随着温度的变化情况。 当总的供电电压从4.5V增加到40V时， 该电压的增加不到20mV

总谐波失真

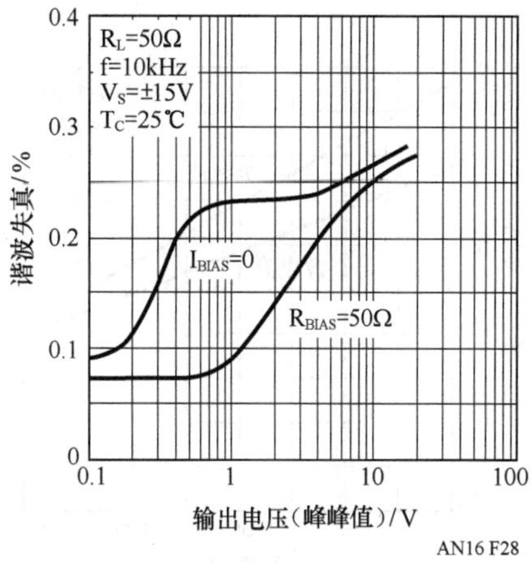

图19.28 如图所示， 即使缓冲器在反馈回路之外， 其失真也不是很严重。20mA供电电流时失真降到最小

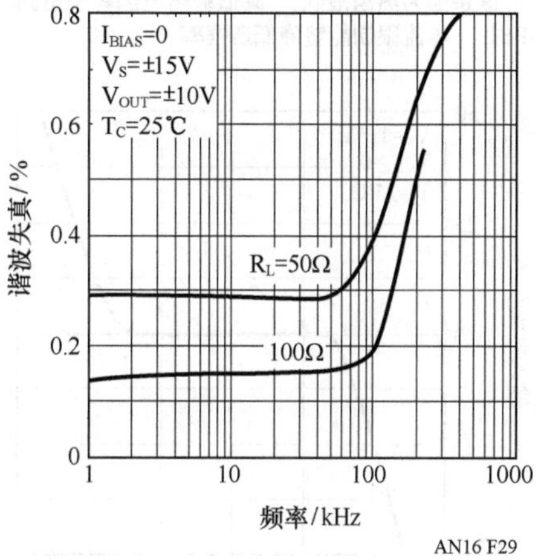

图19.29 即使没有静态电流升高， 直到100kHz时失真都比较低。 该图反映了负载电阻

最大功率

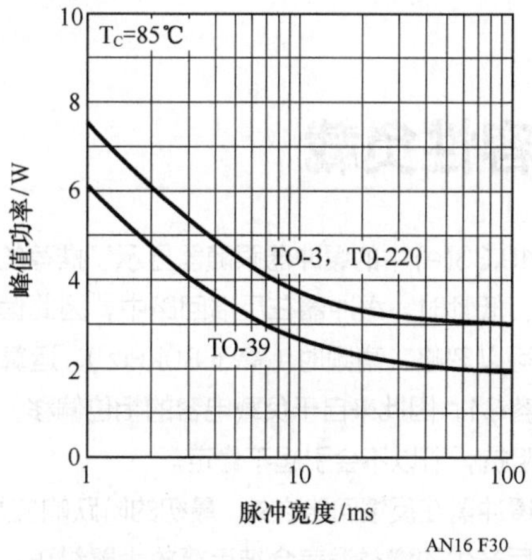

图19.30 这些曲线表明了T_C=85℃时， 输出晶体管的峰值功率。 加入交流负载时， 功率分配到两个输出晶体管。 只要频率足够高， 并且两个晶体管都没有超过其额定峰值，TO-39封装的热阻可以降到30℃/W,而TO-3可降到15℃/W

短路特征

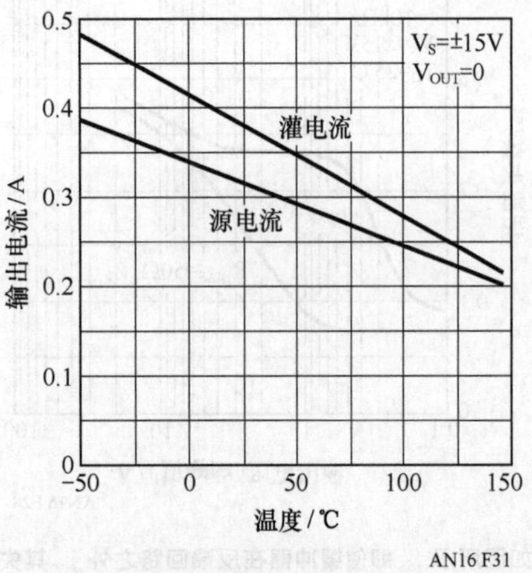

图19.31 图中显示的输出短路电流是温度的函数。 超过160℃时电流将急剧下降， 这是因为热阻限制。 峰值输出电流等于短路电流； 容性负载超过1nF时， 电流限制能够降低压摆率

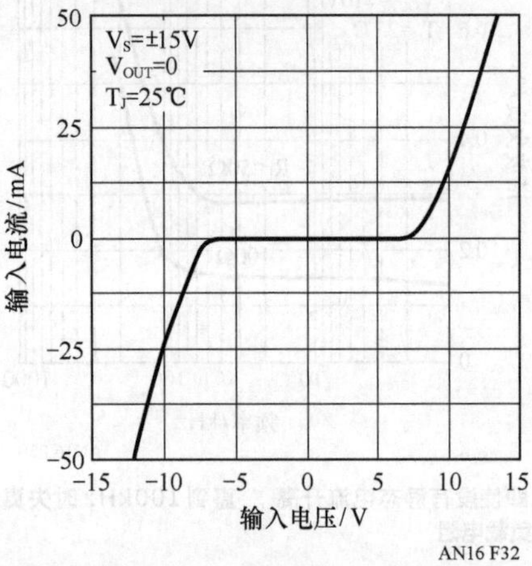

图19.32 该图显示的是输出短路时的输入特性。 对于输出， 输入是钳位的， 以保护内部电路。 因此， 有必要从外部限制输入电流。 集成运放的输出电流限制可以达到保护的目的

隔离容性负载

在图19.33(a)中的缓冲器跟随器显示了推荐的隔离容性负载方法。低频时，缓冲器在反馈回路中，因此偏移电压和增益误差可以忽略。高频时（高于80kHz），运算放大器反馈通过电容C1，因此来自于负载电容的相位偏移，抑制了缓冲器输出阻抗，所以不会引起不稳定。

如果缓冲器在反馈回路之外，最初的阶跃响应是一样的；缓冲器随后产生的增益误差会被运算放大器纠正，其时间常数由R1C1决定。如图19.33(b)所示。

负载电容较小时，带宽由两个放大器中较慢的来决定。在图19.33中，运算放大器和缓冲器给出的带宽约为15MHz。这为容性负载至少减少1nF（由缓冲器输出阻抗决定）。

负载为大电容时，反馈回路的稳定性由反馈时间常数（R1C1）与缓冲器输出电阻和负载电容（$R_{OUT}C_L$）构成的时间常数之间的比例来决定。稳定因子m可表示如下：

$m=R1C1/R_{OUT}C_L$

其中，R_{OUT}是缓冲器输出电阻。

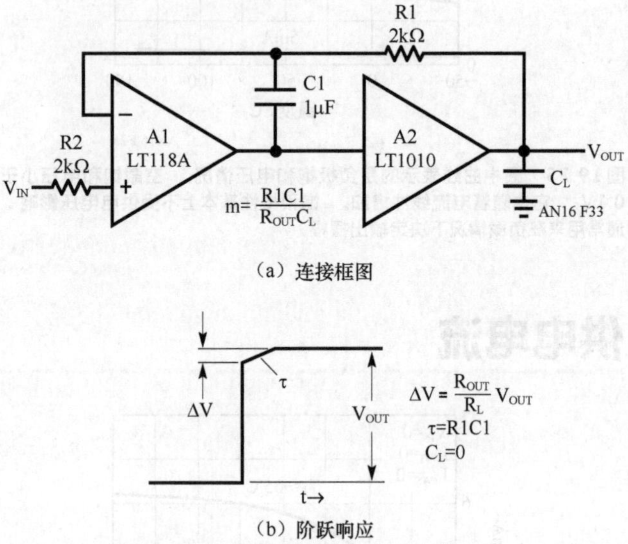

图19.33 容性负载降低了缓冲器跟随器的带宽， 没有引起振荡。 图中显示了无容性负载时阶跃响应的残留

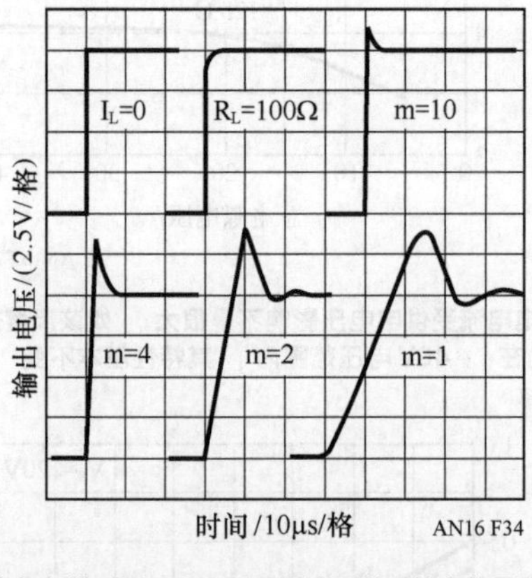

图19.34 对应各负载时图19.33所示缓冲跟随器的大信号阶跃响应(±5V)

对于不同负载，图19.34给出了在图19.33(a)所示电路中大信号阶跃响应的测量值。对于m≥4(C_L≤0.068μF)，会存在过冲但没有振铃。对于m<1(C_L>0.33μF)的情况则振铃显著。

在m≥4时，稳定时间常数由R1C1决定。没有容性负载时，输出阶跃的最初误差较小，因此稳定时间也小。稳定特性如图19.35所示。

如果R1C1如图19.33所示，那么带宽大于200kHz的任何运算放大器都具有相同的稳定性。不过，稳定时间主要取决于慢速运算放大器的压摆率限值。

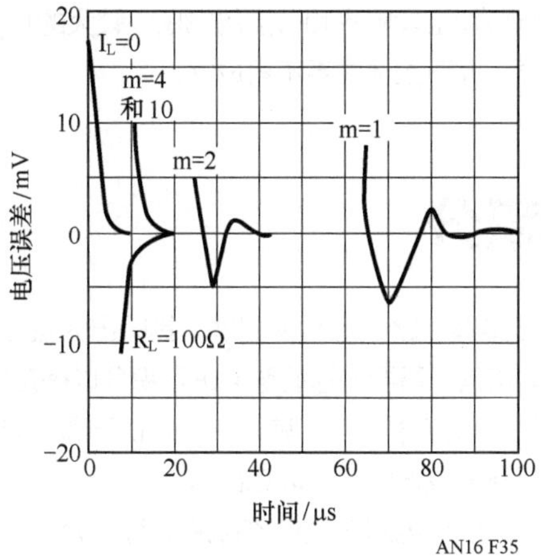

图19.35 图19.34所示的输出阶跃的稳定时间测量。 容性负载小于0.068μF(m = 4)时， 稳定时间是基于2μs的时间常数

某些运算放大器，如LM118，输入端配有背靠背保护二极管。随着输入上升时间超过运算放大器的压摆率，C1可以通过这些二极管进行充电，增加稳定时间。当R2串联到输入时，需要注意一些问题。应该使用良好的电源旁路（22μF的固体钽），因为峰值电流需要驱动负载电容，而供电瞬态值可以馈入运算放大器，增加稳定时间。

同样的负载隔离技术也可以用于反相放大器，如图19.36所示。区别在于，输出上升和带宽都受R1C1的限制。这样可以抑制m ≥ 4时的过冲，如图19.37所示。在m<4时，响应接近于跟随器响应。

虽然C1减少了小信号带宽，但不需要将其降低到功率带宽以下就可以实现大部分的隔离。通常，在需要过滤高频噪声或者杂散信号时，需要降低带宽。

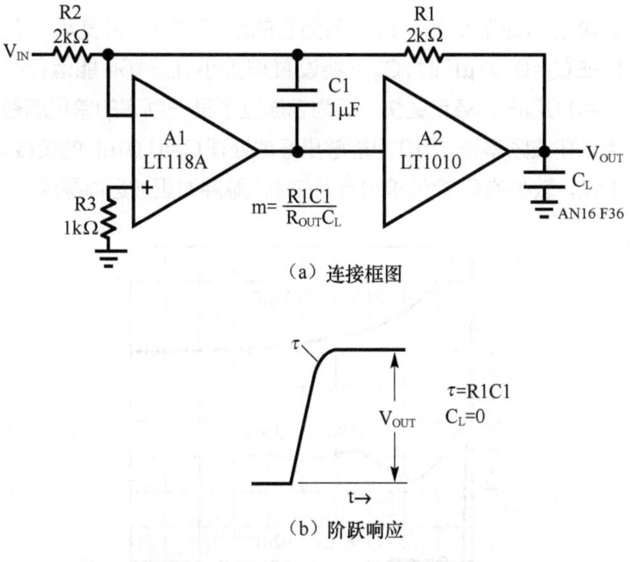

图19.36 对于反相器而言， 带宽和上升时间受限于R1CL。 当m ≥ 4时， 容性负载对带宽影响不大

隔离容性负载的另外一种方法就是缓冲反相器的输出，如图19.33所示。

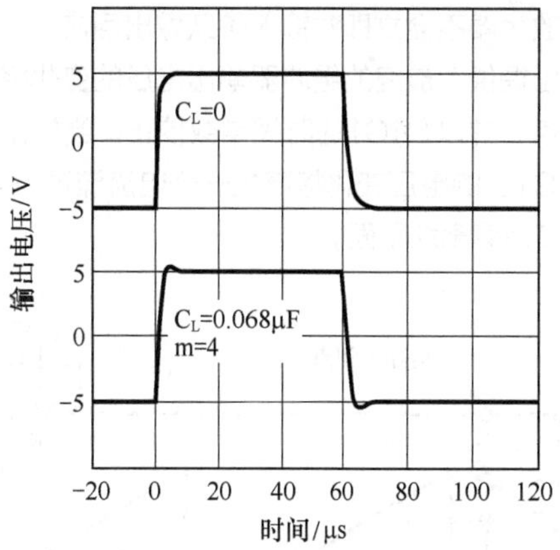

图19.37 图19.36所示电路的反相器大信号脉冲响应

同相放大器的容性负载隔离方法如图19.38所示。图中也显示了在较小容值C_L时的阶跃响应。初始阶跃的上升时间随着电容C_L的增大而减小，它的响应时间接近反相器的响应时间。

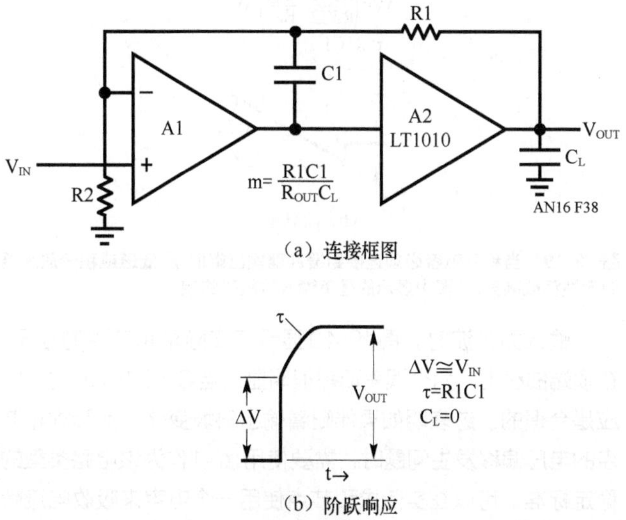

图19.38 同相放大器中， 初始阶跃的上升时间随着C_L电容的增大而减少。 其稳定需求与跟随器以及反相器相同

积分器

低通放大器可以通过在图19.36所示的反相器上使用一个大电容C1来构成，只要运算放大器有能力提供要求的电流到求和节点，并且闭合回路的输出阻抗增加到截止频率之上都不会造成问题（它永远不可能超过缓冲器的输出阻抗）。

如果积分电容必须由缓冲器输出驱动，图19.39所示的电路可以用来提供容性负载隔离。这种方法会导致一些误差，如图所示。

运算放大器不会立即对输入阶跃做出回应，输入电流由缓冲器输出提供。最终的缓冲器输出电压的变化将传输到实际求和节点，并以R1C1的时间常数校正。当输出斜坡变化时，电容C1上的电压变化将产生一个电流流过电阻R1，使实际求和节点偏离地平面。

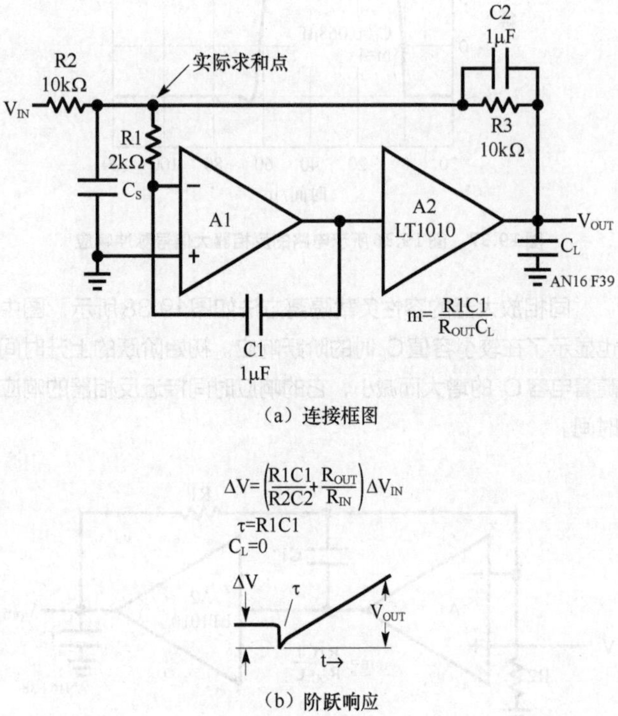

图19.39　当积分电容必须连接到缓冲器输出端时，低通或积分放大器的容性负载隔离。图中显示的是负输入阶跃时的响应

输入为方波时，图19.40显示了实际求和节点的电压。在顶端曲线上，两个误差项都很明显。当C_L=0.33μF时，响应是合理的。这表明如果伴随着输出斜坡变化，实际求和节点的电压偏移发生问题时，需要使用m=1作为该电路类型的稳定标准。可以在实际求和节点使用一个电容来吸收电流瞬变，抑制尖峰，如图中底部的曲线所示。

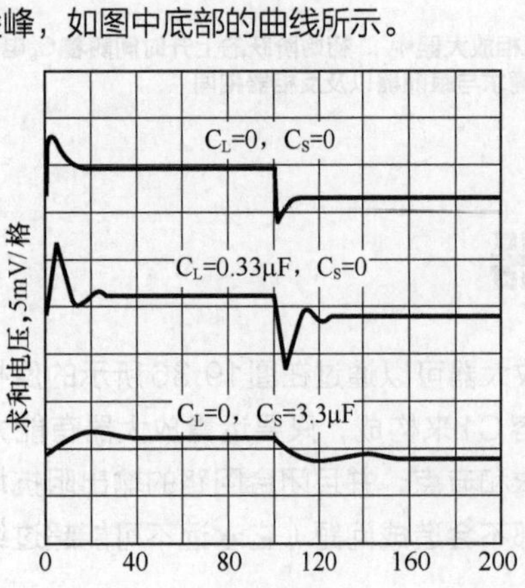

图19.40　图19.39所示积分放大器的阶跃响应。图中显示了输入变化为±0.5mA时实际求和节点的电压

当电阻R2较大，C_S=0时，积分器的输出电压等于理想积分器的响应加上实际求和节点的电压。较大的C_s会增加高频回路增益，此时上述关系不再成立。

脉冲积分

某些传感器，比如辐射探测器，其输出为短暂的、大电流的脉冲。通常，需要对这些脉冲进行积分以确定净电荷量。对于某些固态传感器而言，其复杂之处在于通过它们的峰值电压必须保持在较低水平，以免出错。

图19.41所示电路对大电流脉冲进行积分，同时保证求和节点的电压处于可控状态。C_s常常用来稳定电路，吸收快速脉冲的前沿值，虽然它增加了噪声增益。缓冲器通过将电容C_f和C_s与运算放大器输出相隔离，来提高峰值电流在求和节点上的有效性，并提高稳定性。输出驱动能力的增加是意外之喜。

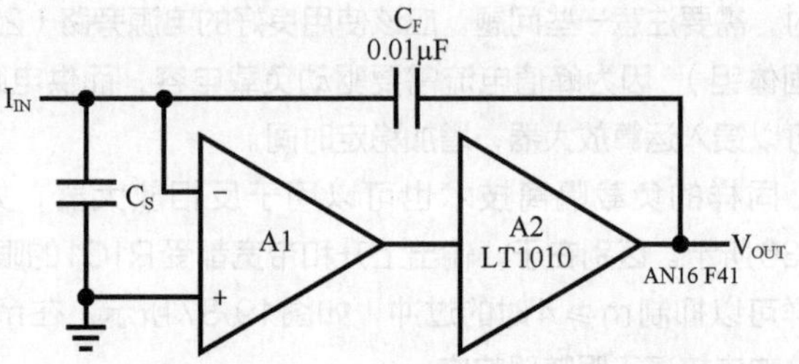

图19.41　缓冲为求和节点提供了更多的电流。输入电容吸收输入脉冲，提升了环路增益

图19.42中显示了输入脉冲为100mA、100ns时求和节点的三种不同响应。在C_s=0.33μF时，LT118A比LF156更快达到稳定状态，这是因为它的较高增益－带宽积；但是在C_f=0.01μF时，C_s不能设置得太小。LF156能运行在C_s=0.02μF，稳定更快，因为它通过了某一频率的单位增益点，在该频率处LT1010能够更好地处理C_f=0.01μF的负载。不过，较小的C_s会使求和节点在输入脉冲时更加远离零点。

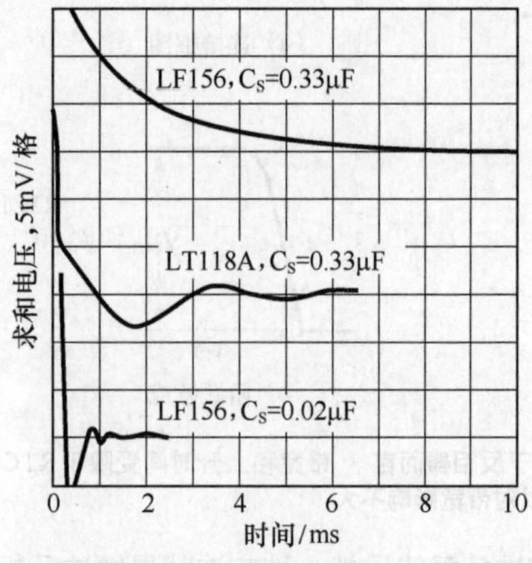

图19.42　在输入为100mA、100ns输入脉冲，恢复电流为-10mA时，图19.41所示脉冲积分器的求和节点电压

并行操作

并行操作能减小输出阻抗，提供更大的驱动能力，在负载时增强频率响应。任意数量的缓冲器都能直接并行运行，只要能将输出电阻失配以及失调电压所增加的各器件功耗充分考虑在内。

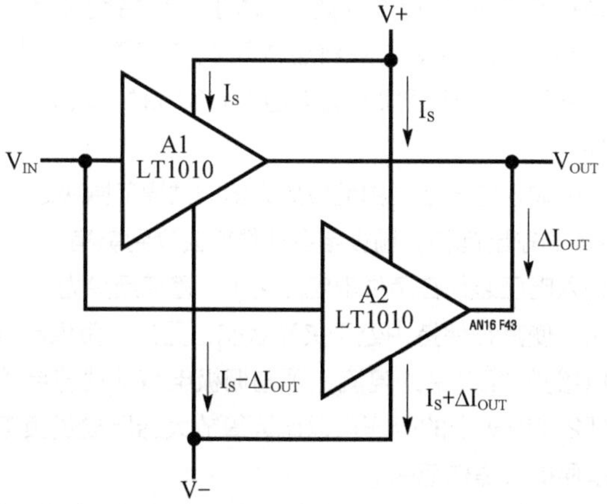

图19.43 当两个缓冲器并行时，电流会在输出端之间流动，但总的供电电流不会受太大影响

如图19.43所示，当两个缓冲器的输入输出端对应相连时，输出端之间将有ΔI_{OUT}的电流流动，有

$$\Delta I_{OUT}=\frac{V_{OS1}-V_{OS2}}{R_{OUT1}+R_{OUT2}}$$

其中，V_{OS}和R_{OUT}是各个缓冲器的失调电压和输出电阻。

正常情况下，一个部件的负极供电电流增加，则另外一个的负极供电电流会减少，正极供电电流也是一样的。在最坏情形下（V_{IN}趋近于V^+），待机功耗的增加量可假定为$\Delta I_{OUT}V_T$，其中V_T是总的供电电压。

失调电压是指一定的供电电流、输入电压和温度范围内出现的最坏情形。把上述这些最坏情形用于电路显然是不切实际的，因为并行部件是在相同条件下运行的。在$V_S=\pm15V$、$V_{IN}=0$、$T_A=25$条件下的失调电压，就是一个最坏情形的例子。

输出负载电流会根据各个缓冲器的输出电阻进行分流。因此，可用的输出电流不会完全是翻倍的，除非输出电阻互相匹配。至于上述失调电压，25℃限制应该用在最坏情形的计算之中。

并行操作不会导致热不稳定。如果一个部件比其同伴温度高，那么它的共享输出和待机损耗也将相应减少。

实际上，并行连接仅仅需要考虑散热。在一些应用中，在各个输出端连接一个若干欧姆的均衡电阻是一个较好的方法。只有在特殊要求的应用中才会要求匹配，并且输出电阻温度在25℃。

宽频带放大器

图19.44显示了缓冲器用于宽频带放大器的反馈回路，该放大器不是单位增益稳定的。在这个例子中，电容C1不再用于隔离容性负载。相反，它提供了最优相位，用于受限负载电容范围内的缓冲器延迟校正。

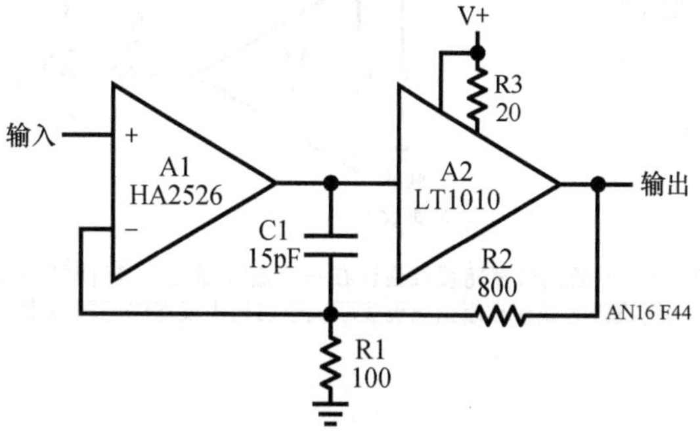

图19.44 先前讨论的容性负载隔离没有应用到非单位增益稳定的放大器之中。8MHz、$A_V=9$的放大器只需要200pF的负载电容

在TO-3和TO-220封装中，在偏置端子与V^+之间连接了一个20Ω的电阻，可以提高静态电流，从而改善电路特性。另外，在TO-39封装中的设备可以并行运行。

如图19.45所示，将缓冲器置于反馈回路之外，将隔离容性负载，而较大的输出电容只是降低了带宽。缓冲相对于运放输入的偏移，将除以增益。如果负载电阻已知，增益误差取决于输出电阻容差。失真很低。

图19.46显示的是50Ω的视频线分器，它将反馈放在一个缓冲器上，而其他为从属设备。从属设备的偏移和增益的精准度取决于它们与主设备的匹配程度。

当驱动较长电缆时，应该考虑在输出端串联一个电阻。虽然这会降低增益，但它会使反馈放大器不受未匹配终端连接线的影响，该连接线表现为谐振负载。

当使用宽带放大器时，必须特别注意供电电源的旁路、杂散电容以及使用短引线等。直接将探测点接地，而不是采用普通的夹钳式接地，对于合理的结果来说绝对重要。

LT1010的转换限制无法从标准规格中直接得到。负极转换受毛刺的影响，不过通过提升静态电流可以消除。与实际应用中的结果相比，快速上升信号发生器对应的结果总是差一些。

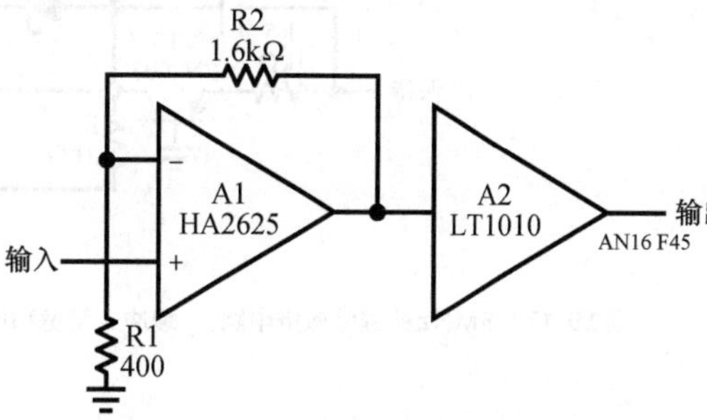

图19.45 缓冲器在反馈回路之外可以隔离容性负载。缓冲偏移要除以放大器增益，增益误差取决于输出电阻容差，失真较低

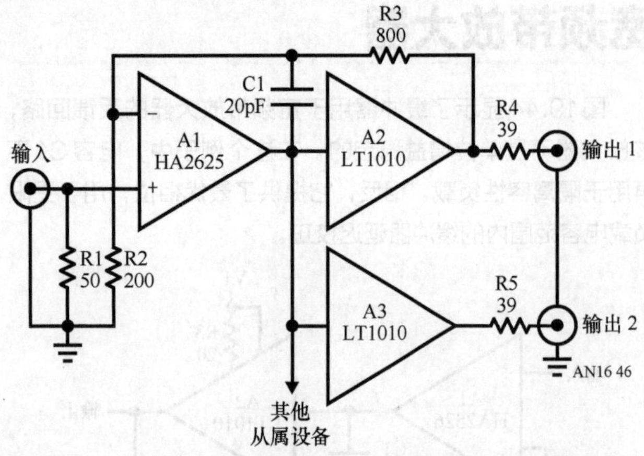

图19.46 视频线分器将反馈设计在一个缓冲器上，其他则为从属设备。从属设备的偏移和增益精确度取决于它与主设备的匹配程度

跟踪保持

图19.47显示的是一个5MHz的跟踪保持电路。该电路有400kHz的功率带宽，±10V信号摆幅。

缓冲输入跟随器通过VT1驱动保持电容C4，VT1是一个低阻（<5Ω）的场效应晶体管开关。正极保持命令由TTL逻辑电路提供，它是通过将VT3电平搬移到开关驱动器VT2来实现的。

当场效应晶体管（FET）门被驱动到V^-以进行保持时，它将拉出电荷，电荷的多少取决于输入电压以及保持电容之外的漏栅电容。补偿电荷通过C3进入保持电容。

低于FET夹断电压时，栅极电容急剧增加。由于FET在保持中始终处于夹断状态，急剧增大的栅极电容所提供的关闭电荷，在输入电压范围内是一个常数。

在保持中，反相放大器A4使正电压进入C3，它与进入开关门的负电压成比例，再加上一个常量以表征低于夹断电压时所增加的电容。进入保持与R7的输入电平无关，由R10调整到0（初始设定$V_{IN}=\pm5V$，避免在输入电压达到极值时出现一些特殊问题）。对于一个特别设计，选择一个适当的C3可使电路将进入可调节范围，不过C3较大时，建议使用几百欧姆的电阻与C3串联，以确保A4的稳定性。

正极输入电压范围由运算放大器的共模范围决定。然而，如果A4的输出饱和，栅极电容补偿将会受到影响。

输入电压必须在负供电电压之上，差值至少为FET的夹断电压，使其在保持中处于夹断状态。另外，负供电电压必须足以维持VD2中的电流，否则栅极电容补偿将会受到影响。VT2发射极上的电压可以比运算放大器所提供负电压更低，以便扩大操作范围。

当驱动快速信号进入容性负载中时，内部耗损会非常高，所以推荐在电源封装中使用一个缓冲器①。用R3将缓冲器的静态电流提升到40mA，可以改善频率响应。

该电路对于快速采样和保持非常有用。对于A3可能会用到LF156，以抑制保持中的漂移，因为在该应用中它的低压摆率通常不是一个问题。

① 在触发热限制之前，缓冲器过热将使压摆率急剧下降。

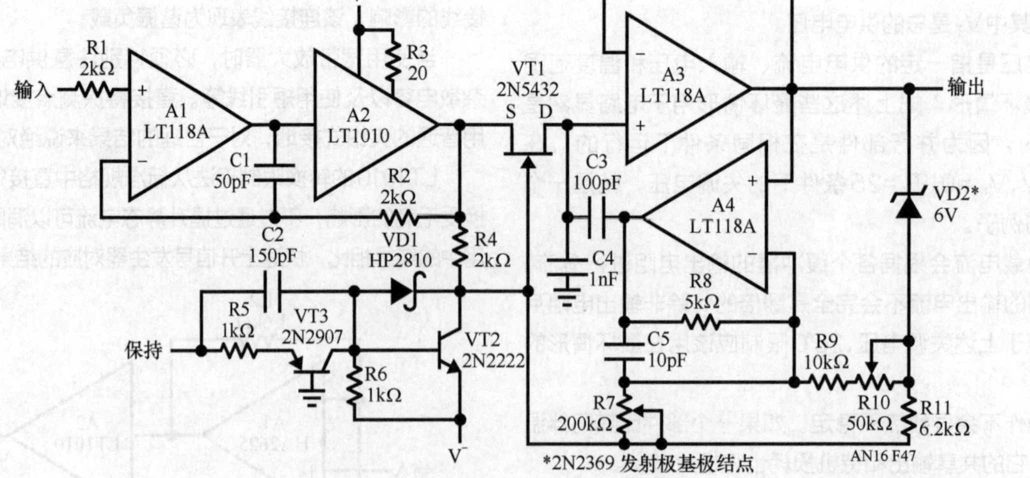

图19.47 5MHz的跟踪保持电路。缓冲、带宽和压摆率受保持电容影响很少。电路中包含了FET开关的栅极电容补偿

双向电流源

在图19.48中，电压到电流的转换使用的是标准的运算放大器结构。它采用差分输入，所以对于某一输出要求，可以将任何一个输入端接地。它的输出是双向的。

微调电阻可以得到最大输出电阻。高频输出特性取决于带宽和运算放大器的压摆率，以及运算放大器输入端的杂散电容。±150mA电流源的输出电阻测量值为3MΩ，等效输出电容为48nF。

使用LT118A和较低的反馈电阻会得到更低的输出电容，不过其代价是输出电阻减小。

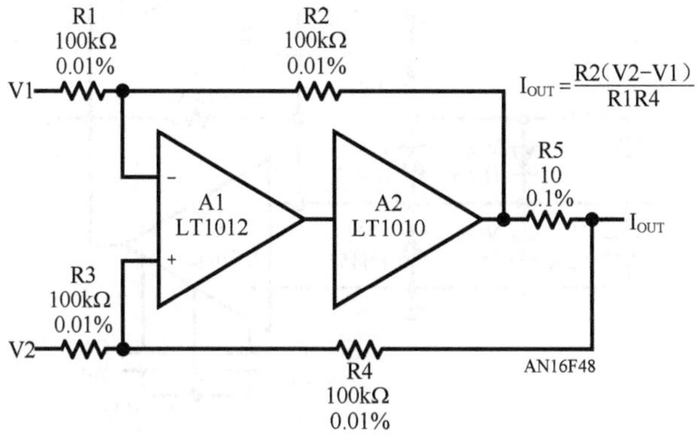

图19.48　该电压/电流转换器要求电阻匹配良好，或者通过微调可获得较高的输出电阻。缓冲器与较小的R5一起能增加输出电流，以及容性负载稳定性

在图19.49中，使用了一个仪用放大器来消除反馈电阻以及其他器件对于杂散电容的敏感性。电路的输出电阻测量值为6MΩ，等效输出电容为19nF。LM163的引脚7和8为差分输入端，它们在内部有一个连接到V^-的50kΩ负载。将任一输入端接地都可以得到期望的输出结果。由于存在负载，输入应该从低阻抗源驱动，如运算放大器。

电路对于所有的容性负载都是稳定的。

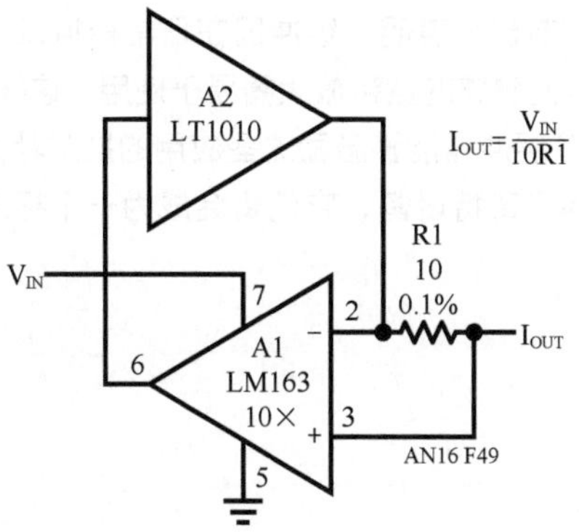

图19.49　电压/电流转换器使用仪用放大器，该放大器不要求匹配电阻

稳压器

图19.50所示电路尽管是单电源供电，但也可将电压最低稳定到200mV。该电路可提供源电流或者灌电流。

电路处理容性负载的能力取决于R3和C1。它们的取值都经过了优化，可以得到最高1μF的输出电容，这也是集成电路测试供电所需输出。

C1的作用是在高频时降低缓冲器的驱动阻抗，因为LM10的高频输出阻抗运行在1kΩ以上。如果没有C1，在特定容性负载时，会产生低电平振荡。

将LM10的引脚4与R2的底部连接到公共地是非常重要的，这样可以避免接地回路引起的不良稳压。

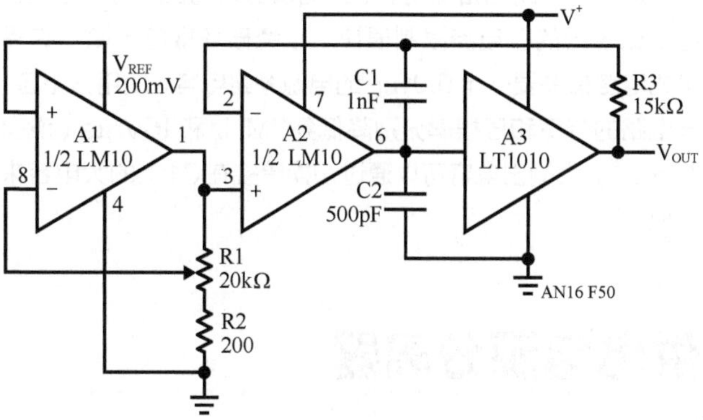

图19.50　单电源供电的电压稳压器，稳压低至200mV，可提供源电流或者灌电流

电压/电流调节器

图19.51显示的是一个快速功率缓冲器，可以将电压稳定在V_V处，直到负载电流达到V_I事先编程设定好的值。在大负载时，它是一个快速而精确的电流调节器。

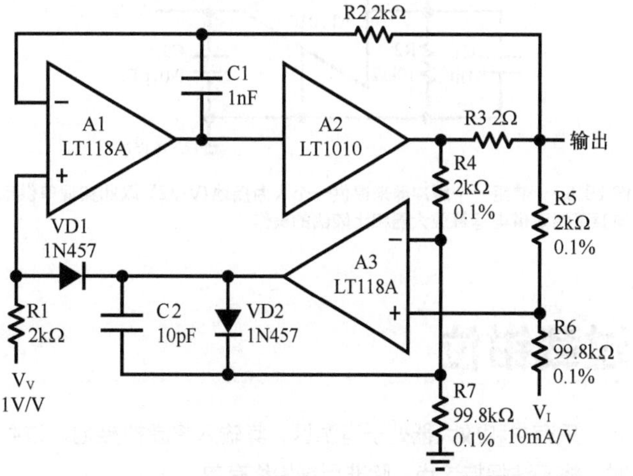

图19.51　该电路是一个功率缓冲器，会自动转换到精准的、可编程设计的电流限制。快速利落的进入或走出电流限制的响应是该设计的特色

在输出电流在电流限制范围之内时，电流调节由VD1与回路断开，而VD2则保持它的输出不进入饱和。对于瞬态短路，输出钳位能使电流调节器在微秒级时间内，将输出电流控制在缓冲电流限制范围之内。

在电压调节模式中，A1和A2扮演着快速电压跟随器的角色，使用的是先前描述的容性负载隔离技术。负载的瞬态恢复由C1决定，当然也受容性负载稳定性的影响。短路恢复非常快速。

双向电流限制可以另外增加一个运算放大器来实现，该运算放大器与A3互补连接。采用并行缓冲器，可以增加输出电流，降低电路对容性负载的敏感性。

该电路可以用于构建工作电源，其带宽可达10MHz，非常适合于集成电路测试。电路的输出阻抗在没有输出电容时是比较低的，电流限制很快，以免破坏敏感电路。许多集成电路都需要一个0.01μF的电源旁路电容，使用该电容，该电路的带宽和压摆率分别降低到2MHz和15V/μs（没有并行）②。大输出电容可以通过切换跨接在C1上的大电容来实现。

供电电源分离器

双供电运放、双比较器可以使用单一供电电源，方法是在供电电压的一半处设置一个人为接地。图19.52所示的供电电源分离器可以提供150mA的源电流或灌电流。

输出电容C2需要多大就可以设置多大，以吸收瞬态电流。缓冲器上也使用了一个电容以避免高频的不稳定性，这种不稳定性是由高源阻抗引起的。

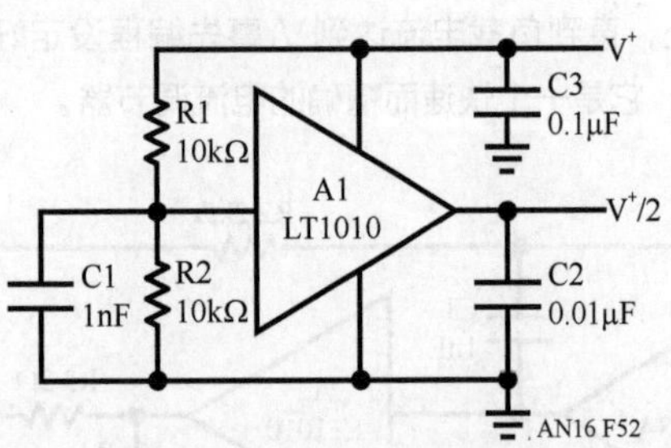

图19.52 使用一个缓冲器来提供一个人为接地（V⁺/2），以此实现单供电电源下对双供电运算放大器和比较器的操作

过载钳位

只有求和放大器处于有源区，其输入将虚拟接地。过载时，将无法保持这点，除非反馈始终有效。

② 大电容时进行状态转换会产生较高的缓冲损耗。

图19.53显示的是一个斩波稳定的电流到电压的转换器。它具有10pA分辨率，过载电流为±150mA时，能保证求和节点的良好受控。

正常运行时，二极管VD3和VD4是不导通的。而钳位齐纳二极管VD6和VD7如有泄露，则由电阻R1吸收。过载时，通过钳位齐纳二极管来为求和节点提供电流，而不是通过缩放电阻R2。输入端的电容用来吸收快速电压瞬变。

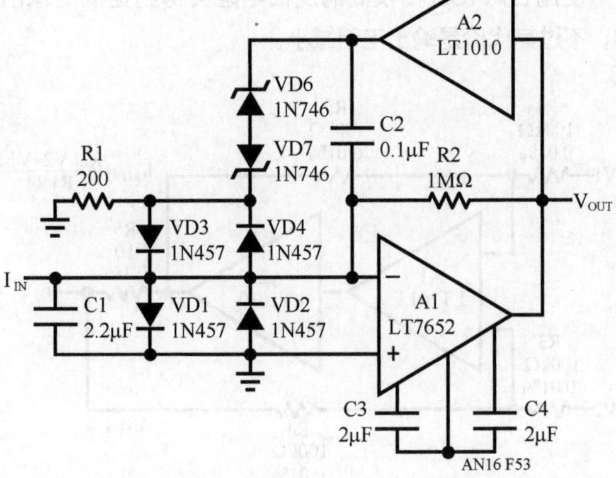

图19.53 斩波稳定电流到电压转换器具有皮安级灵敏度，输入电流为150mA时，能保证求和节点的良好受控

总结

本章描述了一个新的B类输出级，它特别适合集成电路的设计。它是快速的，并且避免了类似互补输出的寄生振荡问题。结合电荷存储晶体管、新的二极管结构和一个新型升压电路，构成了一个通用缓冲器，基特性囊括了速度、大输出驱动和低待机电流。本章对其特性进行了全面的分析，其不良特性很少。

应用一节已经表明，缓冲器在日常模拟设计中非常有用。它们能使敏感的宽带放大器易于使用。这样的低成本、高性能的IC缓冲器能够激励这些应用的推广壮大。缓冲器不应再被当作奇特设备；它们将会成为一个标准的模拟设计工具。

致谢

感谢费丽莎·贝拉斯科的特别工程总成，这是产品开发的关键，也感谢盖伊·胡佛所做的大量实验工作。

附录

下面将总结一些设计细节，在第一次使用缓冲器时很容易忽略。也将给出缓冲器的等效电路，并列表显示了数据手册中确保能实现的电气特征，以供参考。

电源旁路

从稳定性方面来看，缓冲器对于电源旁路的敏感性低于低速运算放大器。采用了0.1μF圆盘陶瓷电容的运算放大器，足以胜任低频操作。通常，电容引脚要短，用接地面时要谨慎，特别是在高频操作时。

如果电源旁路不充分，则缓冲器的压摆率将降低。当输出电流的变化量远在100mA/μs之上时，最好在两个供电电路中使用10μF的固态钽电容，不过在正电源到负电源对之间使用旁路也应该足够。

当缓冲器与运算放大器结合使用，而且是大负载（阻性或容性）时，它可能将运放的共模电压耦合进电源线路，造成整个回路的稳定性问题，稳定时间将延长。

通常，可使用10μF固态钽电容进行充分旁路。也可以使用小电容，再加上解耦电阻。有时，运算放大器在某个供电电源端有着良好的高频抑制性能，此时不需要进行太多的旁路。

功率损耗

在很多应用中，LT1010需要进行散热。连接到外围的热阻对于TO-39封装是150℃/W，对于TO-220封装来说是100℃/W，对于TO-3封装来说是60℃/W。循环通气，散热片或者将封装安装到印制电路板上，将会减少热阻。

在直流电路中，缓冲损耗很容易计算。在交流电路中，信号波形和负载特性决定了其损耗。缓冲器的峰值损耗可能是电抗负载时平均损耗的若干倍。当驱动大负载电容时，确认缓冲器的损耗尤其重要。

在交流负载下，功率分散到两个输出晶体管中。这减少了结与封装外壳的有效热阻，对于TO-39封装是30℃/W，TO-3封装以及TO-220封装是15℃/W，只要没超过输出晶体管的额定峰值。图19.30显示了某一输出晶体管的峰值损耗性能。

过载保护

LT1010有瞬态电流限制和热敏过载保护。没有使用反馈电流限制，这使缓冲器可以没有限制地驱动复杂负载。这样，将可能超过它的持续功率额定值。

通常情况下，热敏过载保护将会限制损耗并防止损坏。然而，在导通输出晶体管上的电压超过30V时，热敏限制的速度不够快，无法确保电流限制的保护。只要负载电流限制在150mA，则当输出晶体管上的电压为40V时，热敏保护将是有效的。

驱动阻抗

在驱动容性负载时，LT1010期望由高频低源阻抗来驱动。某些低功耗运放（例如，LM10）在这一方面较弱。需要注意振荡的发生，尤其是低温情况下。

用200pF以上的电容旁路缓冲器，可以解决该问题。提升工作电流也是可行的，不过TO-39封装不支持。

等效电路

在1MHz之下，不论小信号还是大信号操作，LT1010都可以用图A所示的等效电路准确描述。内部元件A1是一个理想缓冲，具有专为LT1010设计的空载增益。否则，它将具有零点失调电压、偏移电流以及输出电阻。A1的输出将进入供电端。

负载电压增益由空载增益A_V、输出电阻R_{OUT}以及负载电阻R_L决定，可用以下公式计算

$$A_{VL}=\frac{A_{VL}R_L}{R_{OUT}+R_L}$$

最大正极输出摆幅由下面公式给出

$$V_{OUT^+}=\frac{(V^+-V_{SOS^+})R_L}{R_{SAT}+R_L}$$

其中，V_{SOS}是空载输出饱和电压，R_{SAT}是输出饱和电阻。

输出对于输入摆幅的要求为

$$V_{IN^+}=V_{OUT^+}\left(1+\frac{R_{OUT}}{R_L}\right)-V_{OS}+\Delta V_{OS}$$

其中，ΔV_{OS}是饱和测试（100mV）所需的削波。

负极输出摆幅和输入驱动需求的计算是类似的。图A中给出的是典型值；最坏情形的数据可以在随后复录的数据手册中查找。

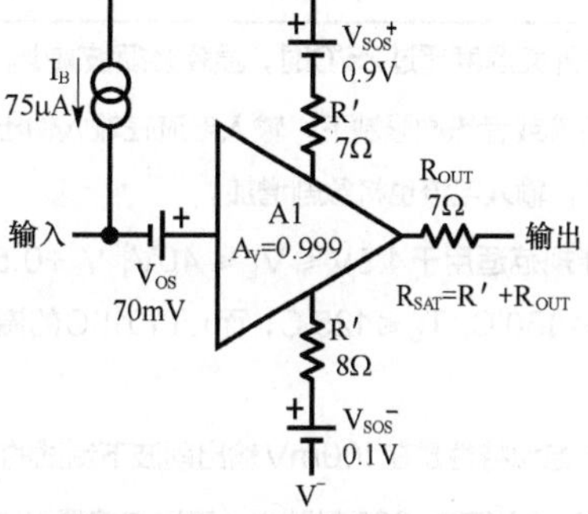

图A　一个理想的缓冲器A1的等效电路，描述了LT1010在低频时的情形

绝对最大值比率	
总的供电电压	±22V
连续输出电流	±150mA
连续功率损耗（参见备注1）	
LT1010MK	5.0W
LT1010CK	4.0W
LT1010CT	4.0W
LT1010MH	3.1W
LT1010CH	2.5W
输入电流（参见备注2）	±40mA
结点工作温度	
LT1010M	−55~150℃
LT1010C	0~125℃
存储温度范围	−65~150℃
导线温度（焊料,10s）	300℃

连线图

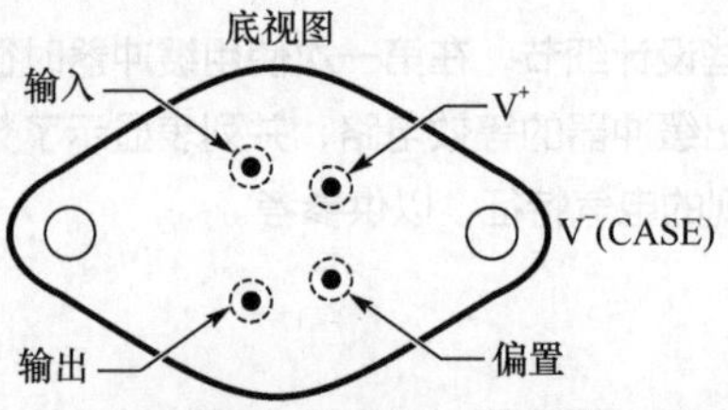

钢制 TO-3 封装
LT1010MK, LT1010CK

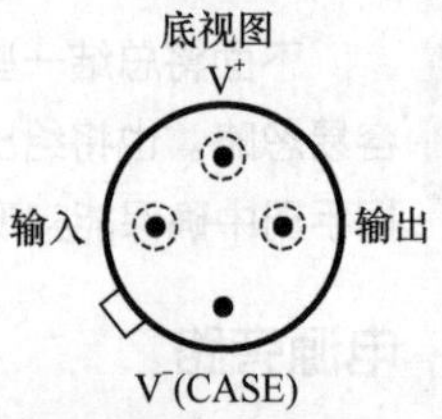

合金底座的 TO-39 封装
LT1010MH, LT1010CH

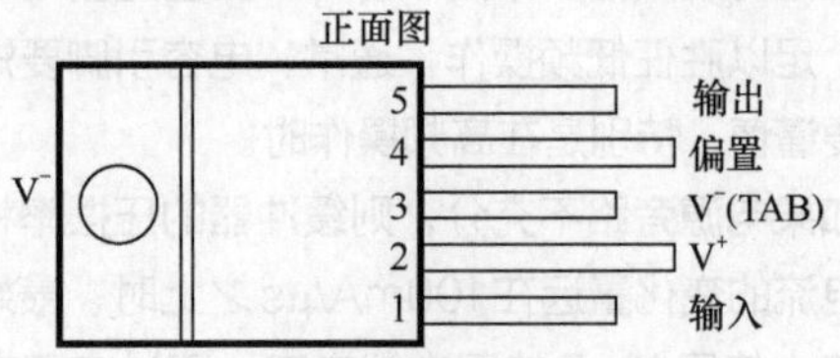

5 根引脚的塑料性
TO-220 LT1010CT

电子特性

符号	参数	条件（备注4）	LT1010M	最小值	最大值	LT1010C 最小值	最大值	单位
V_{OS}	输出失调电压	（备注3）		20	150	0	150	mV
			•	−10	220	− 20	220	mV
		V_S = ±15V,V_{IM} = 0V		40	90	20	100	mV
I_B	输入偏置电流	I_{OUT} = 0mA		0	150	0	250	μA
		I_{OUT} ≤ 150mA		0	250	0	500	μA
			•	0	300	0	800	μA
A_V	大信号电压增益		•	0.995	1.00	0.995	1.00	V/V
R_{OUT}	输出电阻	I_{OUT} = ±1mA						
		I_{OUT} = ±150mA		6	9	5	10	Ω
				6	9	5	10	Ω
			•		12		12	Ω
	压摆率	V_S = ±15V, V_{IN} = ±10V, V_{OUT} = ±8V,R_L=00Ω		75		75		V/μs
V_{SOS}+	正极饱和偏移	备注4,I_{OUT} = 0			1.0		1.0	V
			•		1.1		1.1	V
					0.3		0.3	V
V_{SOS}−	负极饱和偏移	备注4,I_{OUT}=0			0.2		0.2	V
R_{SAT}	饱和电阻	备注4,I_{OUT}=±150mA			18		22	Ω
			•		24		28	Ω
V_{BIAS}	偏置端子电压	备注5,R_{BIAS}=20Ω		750	810	700	840	mV
			•	560	925	560	880	mV
I_S	供电电流	I_{OUT}=0,I_{BIAS}=0			8		9	mV
			•		9		10	mV

备注1：封装外壳温度超过25℃时，损耗必须被减少，主要基于K和T封装的25℃/W的热敏电阻，或者H封装的40℃/W。详见应用信息。

备注2：在电流或者热敏限制下，输入电流在输入输出差分大于8V时急剧增加；因此输入电流必须加以限制。在输入电压比V^+高8V或者比V^-低0.5V时，输入电流也将急剧增加。

备注3：性能规范适用于4.5V ≤ V_S ≤ 40V，V^-+0.5V ≤ V_{IN} ≤ V^+−1.5V以及I_{OUT}=0，其他情况除非另外说明。LT1010M的温度范围为−55℃ ≤ T_J ≤ 150℃，T_C ≤ 125℃，而LT1010C的温度范围为0℃ ≤ T_J ≤ 125℃，T_C ≤ 100℃。限值范围中的•和黑体字表明适用于所有温度范围。

备注4：输出饱和特性是在100mV输出削波下测试的。对于给定负载，可用输出摆幅和输入驱动要求的计算方法。请参考应用信息。

备注5：在TO-3和TO-220封装中，可以在偏置引脚和V^+之间连接一个电阻来提升输出级的静态电流。增加量等于偏置端子电压除以电阻。

单片放大器的功率增益级

20

Jim Williams

大部分单片放大器不能提供几百毫瓦以上的输出功率。标准的IC处理技术将设备的供电能力设置在36V，以限制有效的输出摆幅。此外，几十毫安的供电电流需要较大输出的晶体管，从而造成不必要的集成电路功耗。

然而，许多应用程序所需功率都大于绝大多数单片放大器的输出能力。当需要电压或电流增益（或两者都需要）时，就有必要设置一个单独的输出级。功率增益级，有时我们称之为"增压器"，通常是放置在单片放大器的反馈回路，以保护集成电路的低漂移，保证增益的稳定性。

由于输出级存在于放大器的反馈回路中，因此必须关注反馈回路的稳定性。要想取得较好的动态性能，必须考虑输出级的增益和交流特性。在设计一个单片放大器的功率增益级时，整体电路的相移、频率响应和动态负载处理能力都是不可忽视的问题。输出级增加的增益以及引入的相移，将导致不良交流响应甚至直接导致振荡。合理应用频率补偿方法有助于取得较好的效果（见框饰部分的"振荡问题"）。

输出级所用电路类型随着应用的不同，差别也很大。电流和电压的增加是普遍的要求，不过通常两者需要同时满足。电压增益级通常需要高压供电电源，不过也可以采用本身就能产生高压的输出级。

一个简单的、易于使用的增压器是着手研究功率增益级较好的选择。

150mA输出级

图20.1(a)显示了一个LT®1010的单片、150mA的电流增压器放置在一个快速场效应管放大器反馈回路。低频时，缓冲区处在反馈回路中，以保证失调电压和增益误差都在可忽视的范围。高频时，反馈回路通过C_f回路，确保与缓冲输出电阻作用相反的负载电容所产生的相移，不会造成回路的不稳定。

C_f减少了小信号带宽，不过使用大量的负载隔离后，其带宽不会降低到功率带宽之下。通常带宽压缩要求过滤高频率噪声或者干扰信号。

LT1010特别适合于驱动较大的容性负载，如电缆。

跟随器结构（见图20.1(b)）是唯一在不减少小信号带宽的情况下，能达到容性负载隔离的效果，不过在没有容性负载情况下，缓冲区的输出阻抗有10MHz的带宽，这样在所有负载电容在略超过0.3μF以下时都是稳定的。

图20.1(c)显示了用于桥式差分输出级的LT1010。这样，可以使增加的电压摆幅扫过负载，不过，负载必须浮地。

所有这些电路输出电流为150mA。LT1010负责供应较短回路和热过载保护。位运算放大器用于限制摆幅。

大电流助推器

图20.2使用一个分产级电路以获得了3A的输出容量。图中的配置提供了一个干净、快速增加LT1010输出功率的方法。对于大电流负载非常有用，如磁盘驱动器中的线性制动器线圈。

33Ω的电阻感测LT1010的供电电流，其负载采用了接地的100Ω电阻。33Ω电阻上的压降偏置VT1和VT2。另外一个100Ω闭合反馈回路，以保证稳定的输出级。通过10kΩ值反馈到LT1056控制放大器。VT3和VT4感测0.18Ω上的压降，将电流限制在3.3A左右。

输出晶体管具有低F_t，而且不用考虑特别的频率补偿。LT1056的动态稳定性通过68pF电容使其滚降来保证，而15pF的反馈电容微调边缘响应。全功率（±10V，3A峰值）运转下，带宽为100kHz，压摆率约为10V/μs。

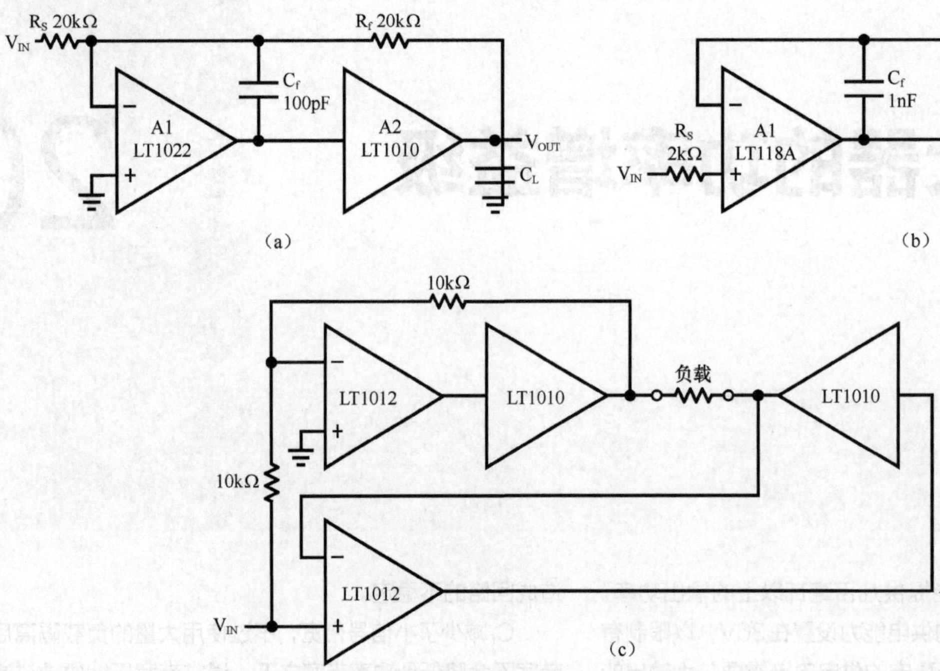

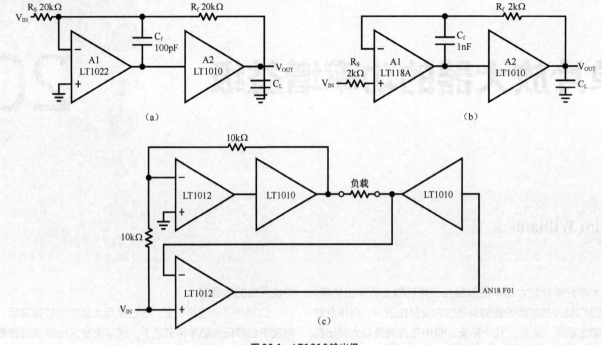

图20.1 LT1010输出级

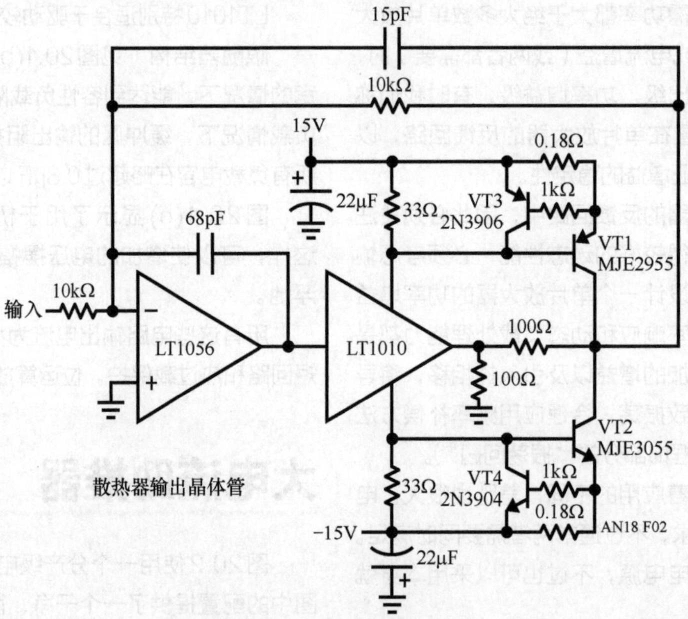

图20.2 基于LT1010电路输出级

Ultra Fast™ 补给－正向电流助推器

以前的电路将输出级助推器放在运算放大器的反馈回路上，这虽然可以确保低漂移和增益稳定性，但运算放大器的速度相应地受到了限制。图20.3显示了一个较长的宽带电流助推级电路。LT1012纠正了直流助推级的直流误差，将看不到高频信号。快速信号通过VT5和0.01μF耦合电容，直接馈送到该级电路。通过运算放大器输出，直流和低频信号驱动该阶段。这种并行路径的方法允许在不牺牲运算放大器的直流稳定性的情况下取得较佳宽带性能。因此，LT1012的输出电流和转速的提高是有效的。输出级由三部分组成：VT1、VT2作为电流源，VT3-VT5作为驱动力，VT4-VT7作为互补发射跟随器。电路所用晶体管的F_t趋于1GHz，使该级电路速度极快。当晶体管的输出电流超过250mA时，输出端的二极管网进行控制，不再驱动晶体管基极，实现短路保护。该级电路的反转，意味着回路必须返回到LT1012的正输入。LT1012的1kΩ和10kΩ电阻的结合点形成电路的高频求和节点。该10kΩ-39pF高频率滤波器，允许在LT1012正输入进行精确的直流叠加。该级快速电路的低频滚降与LT1012高频部分相匹配，以最小化交流响应失真。高速时，8pF的反馈电容用以优化稳定性。

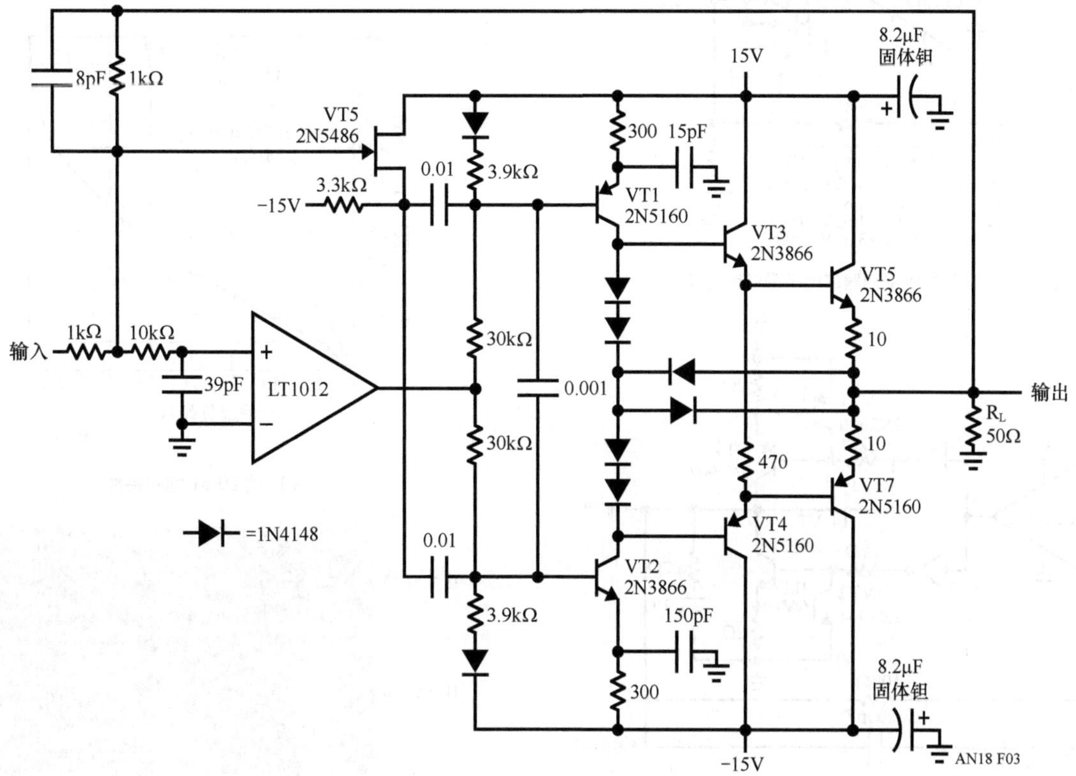

图20.3　正向馈入宽带电流助推器

该电流助推放大器的主要特征是其超过1000V/μs的压摆率，全功率带宽达7.5MHz，3dB带宽为14MHz。图20.4所示的电路驱动10V脉冲进入50Ω负载。线迹A是输入，线迹B是输出。

转换和稳定性能快速干净，脉冲保真度接近输入脉冲发生器的水平。注意，该电路依靠节点求和操作，不能在同相模式下使用。

简单电压增益级

电压增益是另一种类型的输出级。电压增益级是一种允许输出摆幅非常接近供电轨的形式。图20.5(a)利用CMOS逻辑反相器的互补输出的电阻特性，构成这样一级电路。虽然这不是逻辑反相器的常用方式，但它简单廉价地扩展了放大器输出摆幅到供电转。在5V供电的模拟系统中，该电路尤其有用，可用来提高可用的输出摆幅，以最大化信号处理范围。

该并联逻辑反相器放在LT1013的反馈回路内。并联降低了输出电阻，提高了摆动能力。回路反转需要反馈连接到放大器正输入端。RC阻尼器可以消除反相级电路的振荡，因为当该级电路工作在线性区域时，具有高增益带宽。放大器本地反馈电容补偿回路。图中所给表格表明，输出摆幅非常接近正电源轨，特别是负载低于几毫安时。

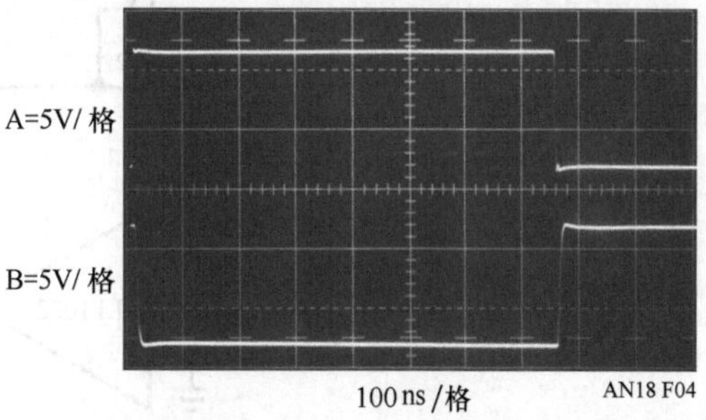

图20.4　图20.3所示电路的响应。压摆率超过1000V/μs的10V进入50Ω负载

图20.5(b)所示的是一个类似电路，所不同的是CMOS反相器驱动双极型晶体管来降低饱和损失，即使在电流较大时。图20.6(a)显示了图20.5(b)的输出饱和特性。注意25mA以下的极度饱和限值。除去电流限制，电路将会有更好的性能，尤其是输出较大电流时更是如此。

控制电路的输出（线迹A），它的输出（线迹B）伺服控制74C04周围的开关阈值（约电源电压的一半）。这使得放大器在其输出摆幅范围内运行良好，同时能控制电路输出接近供电轨。

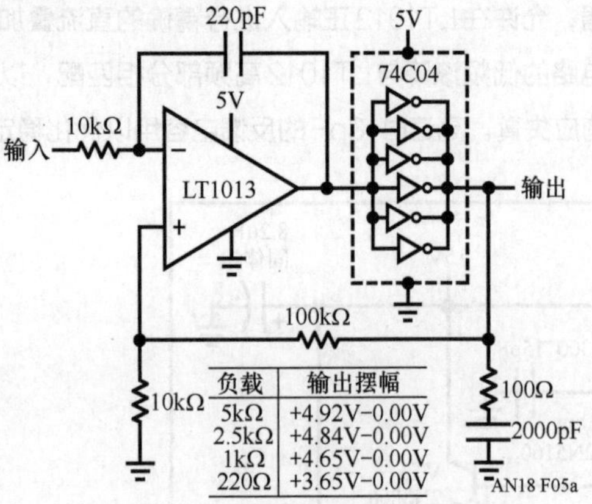

负载	输出摆幅
5kΩ	+4.92V–0.00V
2.5kΩ	+4.84V–0.00V
1kΩ	+4.65V–0.00V
220Ω	+3.65V–0.00V

（a） 基于CMOS反相器的电压增益输出级

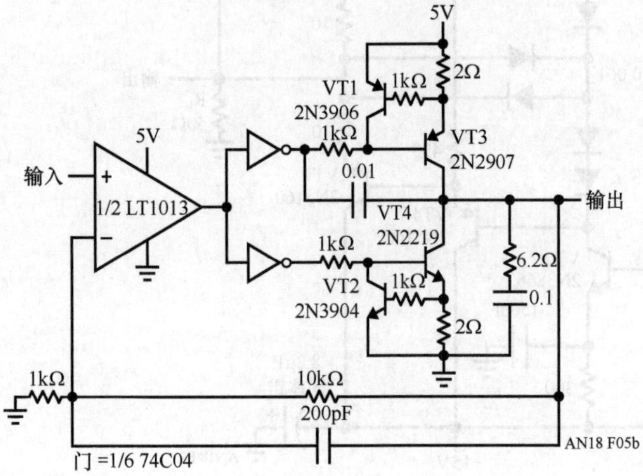

（b） 共发射极电压增益输出级

图20.5 电压增益输出级

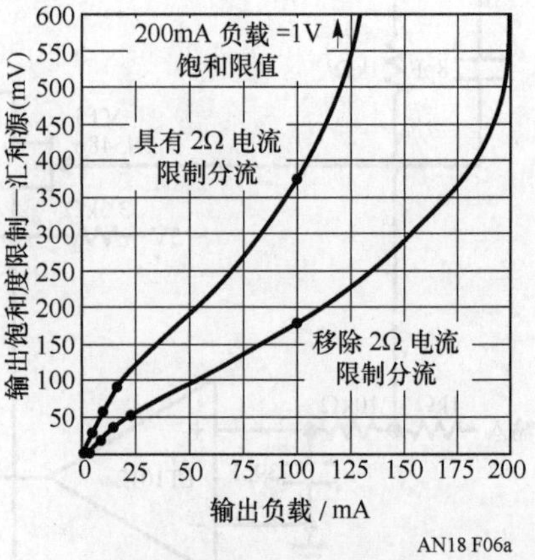

（a） 图20.5b饱和特性

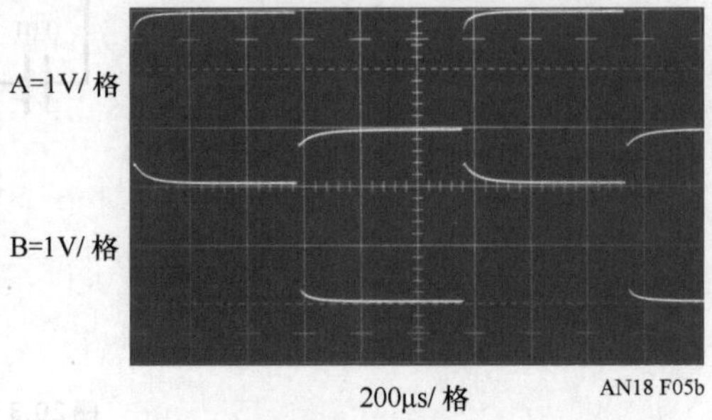

（b） 图20.5a的波形

图20.6 图20.5所示电路的饱和特性和波形

图20.6(b)显示了图20.5(a)工作波形。由于LT1013

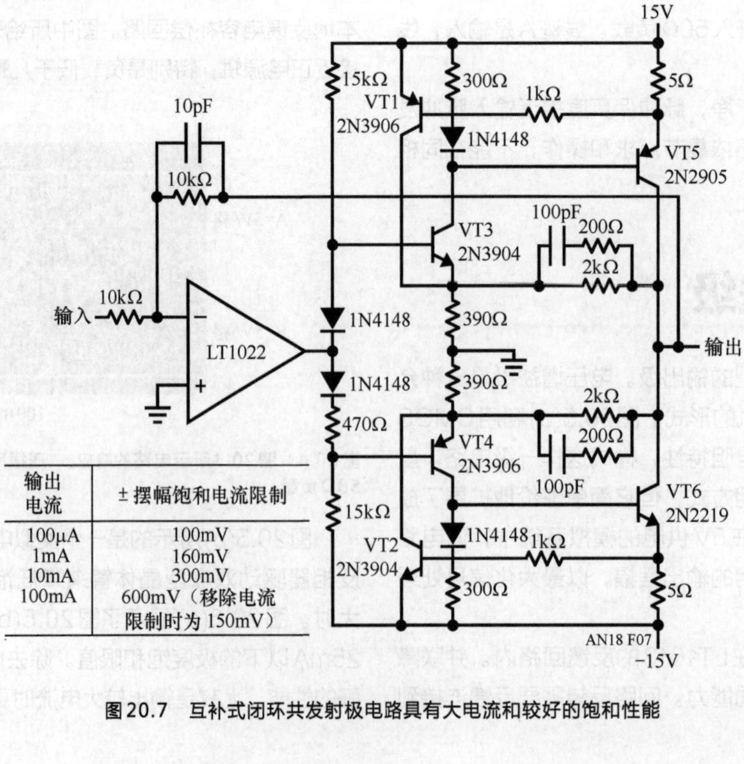

输出电流	±摆幅饱和电流限制
100μA	100mV
1mA	160mV
10mA	300mV
100mA	600mV（移除电流限制时为150mV）

图20.7 互补式闭环共发射极电路具有大电流和较好的饱和性能

大电流轨到轨输出级

图20.7是另一轨到轨输出级电路，但具有更高的输出电流和电压性能。该级电路的电压增益和低饱和度的损失，允许摆幅接近于供电轨，同时提供电流增益。

VT3和VT4由运放驱动，为输出晶体管VT5-VT6提供互补电压增益。在大多数放大器中，输出晶体管是作为射极跟随器工作的，能提供电流增益。其V_{BE}压降与驱动级电路的电压摆幅限制相结合，为这些电路级引入了摆幅限制特性。这里，VT5和VT6共发射极工作，提供额外的电压增益和消除V_{BE}压降。这些器件对电压进行反相，而驱动级则再次反相，最终结果为同相。反馈连到LT1022的负输入端。与助推器两侧相关联的2kΩ-390Ω局部反馈回路将增益限制到5左右。这对稳定性来说是必要的。通过VT3-VT5和VT4-VT6的连接，增益带宽相当高，而且不容易控制。局部反馈降低增益带宽，提高稳定性。频率很高时，每个2kΩ的反馈电阻上的100pF-200Ω阻尼器可以极大地衰减增益，50MHz~100MHz的范围内，消除局部寄生环路振荡。VT1和VT2，感测5Ω分流器上的电压，限制电流为125mA。超过125mA的电流将使某一晶体管导通，关闭VT3-VT4的驱动。

即使用反馈加强了增益带宽限制，该级电路速度仍然很快。交流性能接近用于控制级的放大器。使用LT1022，全功率带宽为600kHz，在100mA输出负载下，压摆率超过23V/μs。图20.7中表的数字表明输出摆幅与负载的关系。需要注意的是，电流较大时，输出摆幅主要由5Ω电流感测电阻器限制，而该电阻也可以移出电路。图20.8显示了25mA负载对于双极性输入脉冲的响应。输出摆幅接近供电轨，具有干净的动态特性和良好的速度。

±120V输出级

图20.9是另一个电压增益输出级。它不是减少饱和度损失，而是通过±15V功率放大器提供高压输出。VT1和VT2提供电压增益，馈入VT3-VT4射级跟随器输出。LT1055控制放大器的+15V电压来源于齐纳二极管的高电压电源。当27Ω分流器两端电压过高时，VT5和VT6通过转移输出驱动，来将电流限制为25mA。局部1MΩ-50kΩ反馈设置级增益为20，±10V驱动LT1055时可以得到±120V满输出摆幅。如图20.7，局部反馈降低级增益带宽，使动态控制更容易。由于只有VT1和VT2提供电压增益，该级电路的频率补偿相对简单。此外，这些高压晶体管的连结点很大，导致较低的F_t，并且不需要任何特殊的高频滚降预防措施。因为该级反相，反馈应返回到LT1055的正输入端。频率补偿是通过10pF-10kΩ组合滚降LT1055来实现的。在反馈回路上的33pF电容使响应边缘达到峰值，这不是稳定所必须的。全功率带宽为15kHz，摆率限制约20V/μs。如图所示，电路工作在反相模式，不过可以交换输入端和接地端，也可以实现同相操作。同相时，必须遵守LT1055的输入共模电压限制，设定最低同相增益为11。如果需要进行过补偿，最好增加100pF电容的值，而不是增加33pF回路反馈电容值。这可以防止转换期间过量的高电压能量耦合到LT1055的输入。如果有必要增加反馈电容器，应该把求和节点通过钳位二极管接地，或者连接到LT1055电源接地端。结果如图20.10所示，其中输入±12V脉冲（线迹A）。输出（线迹B）响应具有干净利落的阻尼240V峰峰脉冲。

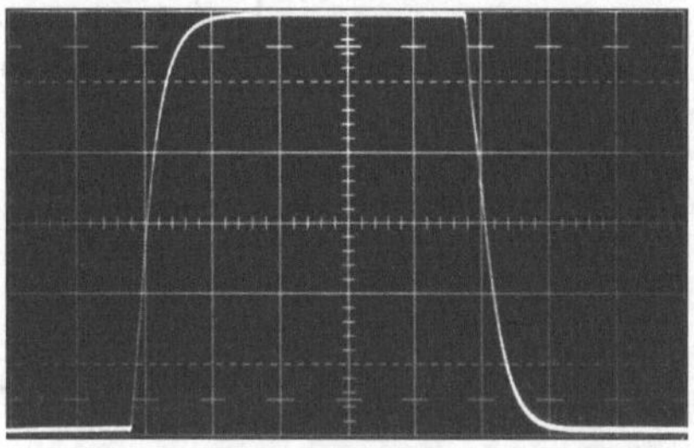

图20.8 图20.7驱动+14.85V电压到100mA负载

图20.11所示的是一个类似电路级，不同之处在于，图20.9的输出晶体管用真空管代替。该电路在概念上都大致与图20.9相同，需要进行的主要修改是为了让真空管输出向负值摆动。正向摆动很容易实现，直接把图20.9中NPN射级跟随器替换为阴极跟随器（V1A）即可。负输出需要VT3的PNP去驱动齐纳二极管偏置的共阴极结构。晶体管逆变器是必要，因为我们的热电子设备不等同于PNP晶体管。齐纳二极管偏置V1B阴极，使VT3关闭耗尽电子管。

如果不校准，VT3-V1B造成的直流偏置不对称性，将使LT1055偏置远离零。容差叠加可能导致LT1055的输出饱和限制，从而降低整体可用的摆动。这可以通过调节电位器使电路的偏置发生偏移来解决。微调时，先把输入接地，再微调LT1055电位器，得到0V输出。

图20.11的全功率带宽为12kHz的，压摆率约为12V/μs。图20.12显示了双极性输入（线迹A）时的响应。输出响应很干净，不过转换和稳定的特点反映了该级电路增益带宽是不对称的。由于真空管固有的包容性，所以该阶段输出是很粗糙的。不需要特殊的短路保护措施，电压为±150V电源电压的很多倍时电路仍能正常输出。

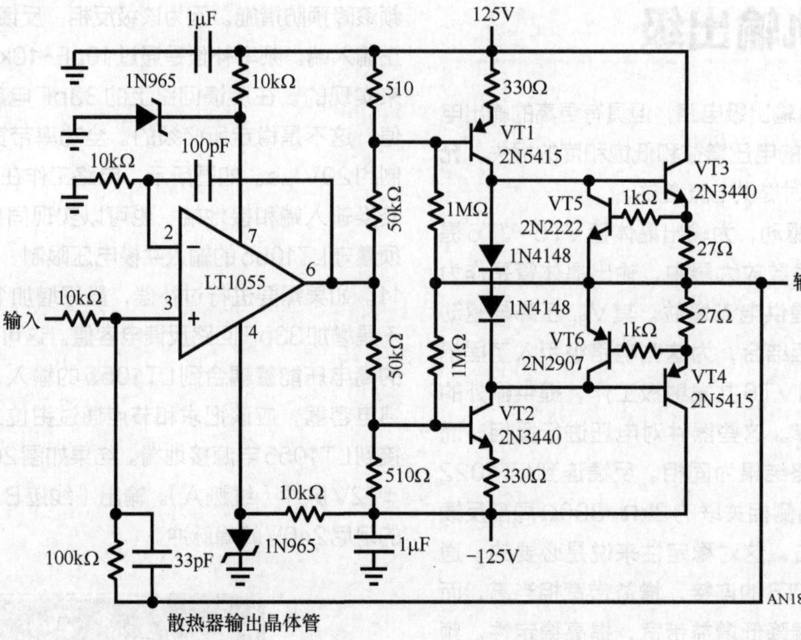

图20.9 +120V输出级。危险！内有高压。务必小心

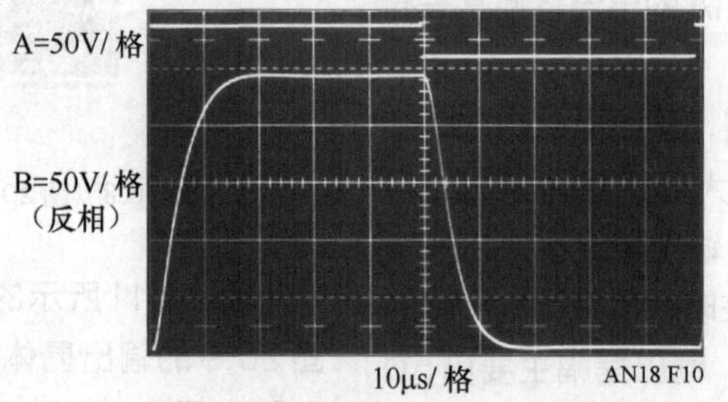

图20.10 图20.9的+120V摆幅施加到6kΩ电阻。危险！内有高压。务必小心

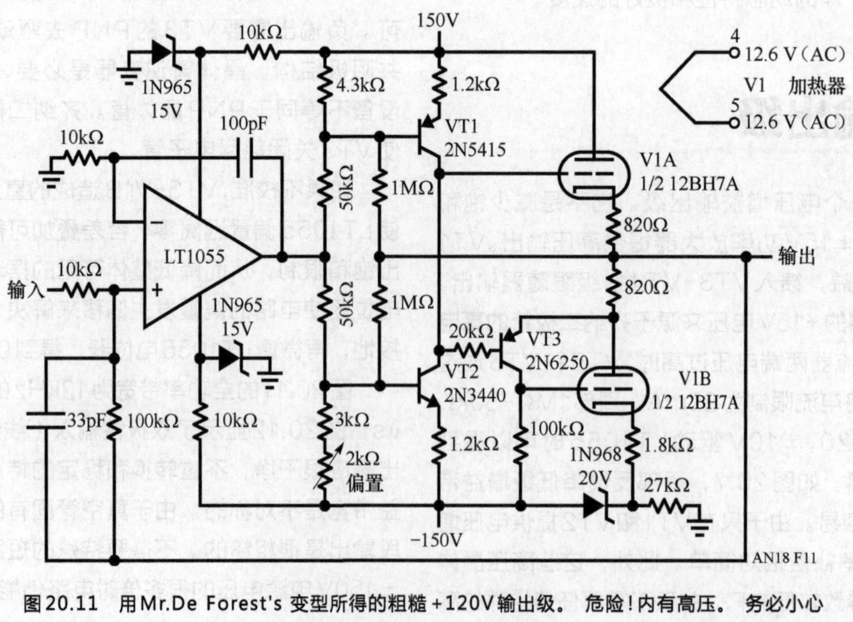

图20.11 用Mr.De Forest's 变型所得的粗糙+120V输出级。危险！内有高压。务必小心

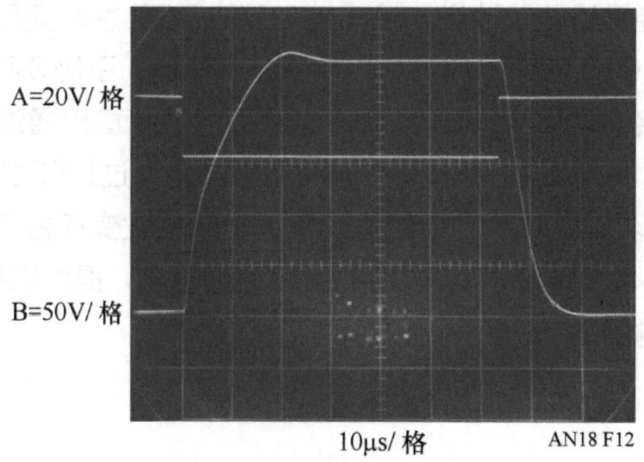

图20.12 图20.11的响应。VT3-V1B连接导致转换和稳定的不对称性。 危险！内有高压。 务必小心

1000V单极性输出增益级

图20.13显示了一个单极输出增益级，电压摆幅为1000V，功率为15W。由于采用单一低电压供电，所以该升压电路有着很好的工作性能。它不需要独立的高压电源。取而代之，高压是由开关转换器产生的，开关转换器是增益级中不可分割的一部分。

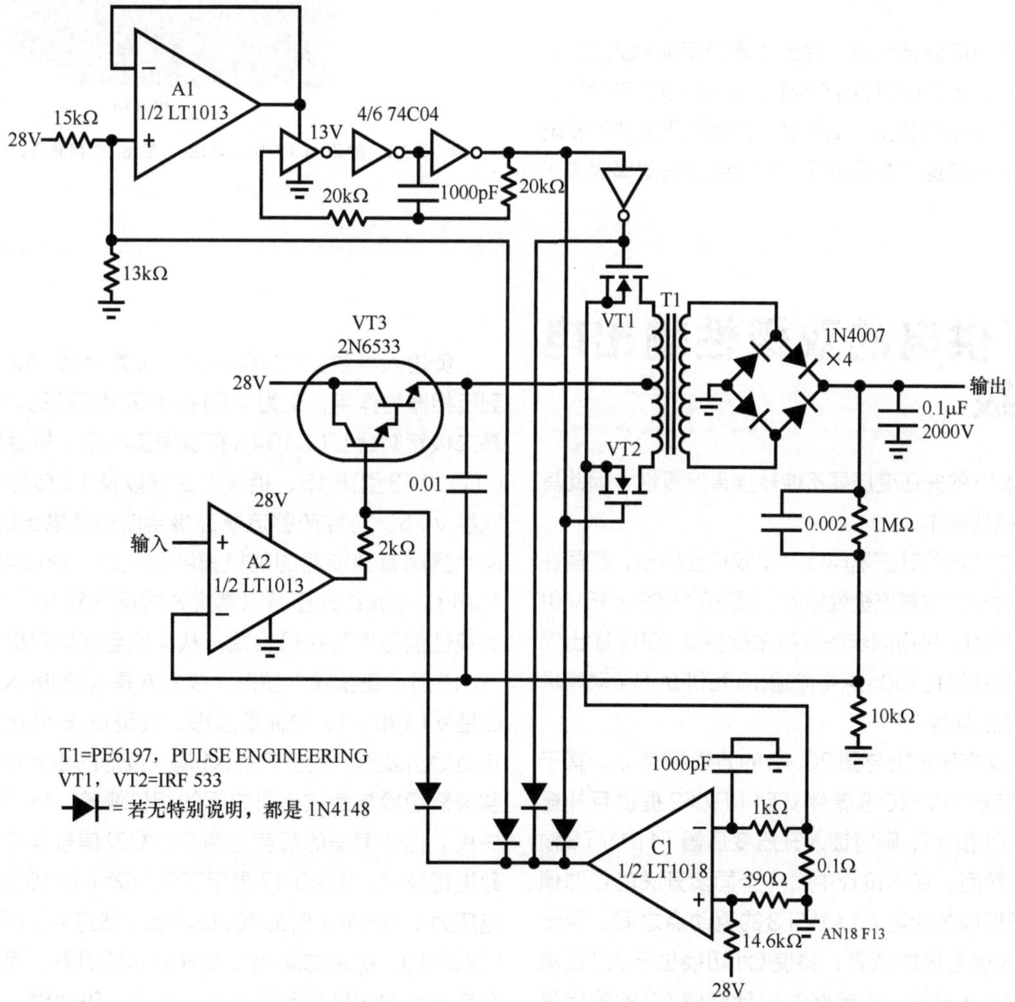

图20.13 15W、1000V单极性输出级。 危险！内有高压。 务必小心

A2的输出驱动VT3，使电流流入T1。T1的初级由场效应晶体管VT1和VT2进行斩波，而VT1和VT2则由基于74C04r方波振荡器互补驱动的。A1给振荡器提供功率，T1提供升压，其整流和滤波输出推动输出级。1M-10k分压器为A2提供反馈，并形成闭合回路。连接在VT3发射极与A2负输入端之间的0.01μF电容，用以稳定回路，而0.002μF单元微调阻尼响应。C1用于避免短路。从VT1和VT2流出的电流，流过0.1Ω分流器。异常输出电流将会使分流电压升高，使C1输出跳闸到低电平，同时还将停止驱动VT1、VT2和VT3的栅极以及振荡器，从而关闭输出。正常运行时，1kΩ-1000pF的滤波器确保C1不会因为电流尖峰或噪声而跳闸。

无论需要多大的输出电压，A2总能提供闭合回路所需的电压。VMOS场效应管的低电阻饱和损失与A2的伺服操作结合，可以得到低至0V的受控输出。

将VT1和VT2替换为高功率器件，并使用较大的变压器，可以得到更多的输出功率，不过VT3的消耗也将变大。如果需要更高的功率，为了保持效率，VT3应更换为开关模式电路。

输出端的0.1μF滤波电容，将全功率带宽限制到60Hz左右。图20.14显示了满负荷动态响应。线迹A为10V输入，将产生线迹B的1000V输出。请注意，因为电路无法吸收电流，所以前沿的转换速度变得更快。下降沿的压摆率取决于负载电阻。

分门控振荡器脉冲进入输出端对应的SCR触发变压器中。LTC1043正输入引脚2和6相连，同样，引脚3和18也相连接。电路中，A2为单位增益跟随器，直接通过A1的输出，并驱动VT3。同时，振荡脉冲将通过LTC1043引脚18以及随后的反相器。反相器驱动触发变压器T2，导通VT4。VT4由全波电桥的正极进行偏置，提供正极性电压到输出端。

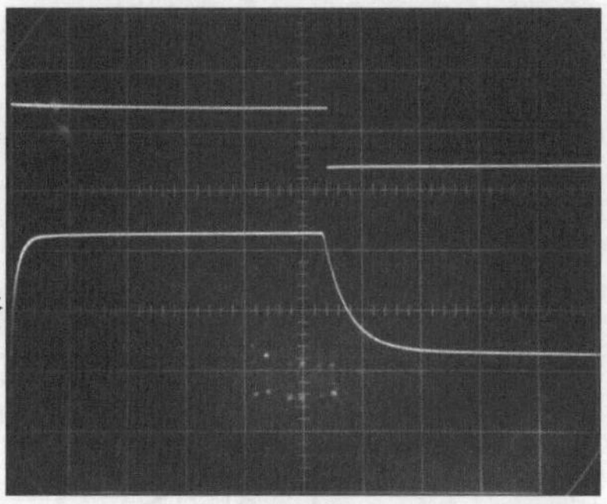

图20.14 图20.13的脉冲响应。 危险！内有高压。 务必小心

±15V供电的双极性输出电压增益级

由于图20.13的升压变压器不能转换直流极性，因此其输出局限于单极性操作。

要从基于变压器的升压器电路产生双极性输出，需要在输出端进行某种形式的直流极性恢复。图20.15的±15V供电电路就是这样的，采用同步解调技术保持±100V输出极性。该增压器的特性是150mA电流输出，150Hz的全功率输出和0.1V/μs的压摆率。

该电路生成高压输出与图20.13的方式相类似。基于74C04的振荡器为VMOS器件VT1和VT2提供互补栅极驱动，而VT1和VT2则对馈入升压变压器T1的VT3输出进行斩波。然而，在本设计中，一个同步开关的绝对值放大器被置于伺服放大器A1和VT3的驱动点之间。源于A1输出的输入信号极性信息，将使C1切换位于A2正输入端的LTC1043部分。该电路的设计能使A2的输出是A1输入信号的正绝对值。随后，同步切换的LTC1043部

负输入导致LTC1043开关位置反转。A2在电路中起到反相器的作用，又为VT3提供正电压驱动。A2处的肖特基二极管防止LTC1043有瞬间负电压。振荡器脉冲通过LTC1043引脚15、相关逆变器以及T3传导到晶闸管整流器VT5。可控胶整流器连接全波桥负输出端和输出端。两个晶闸管整流器的阴极都绑在一起，形成电路输出端。100kΩ-10kΩ分压器以常规方式反馈到A1。同步开关允许极性信息保留在输出端，从而完全实现双极性操作。图20.16显示正弦输入波形，线迹A是A1的输入，线迹B和C是VT1和VT2的漏极波形。线迹D、E分别是全波电桥正负输出波形。线迹F是A1输入波形的放大输出。可控硅整流器切换与载波信号之间的相位偏差，将引起零点交越失真。相位偏差的程度与两个负载及信号频率有关，不容易进行补偿。图20.17显示了满负荷（在150mA峰值时，电压为±100V）时的10Hz输出（线迹A）所产生的失真（线迹B）。残余的高频载波分量非常明显，而可控硅整流器在零点的切换导致了尖峰的产生。10Hz时，失真的有效值测量为1%，100Hz时，则上升到6%。

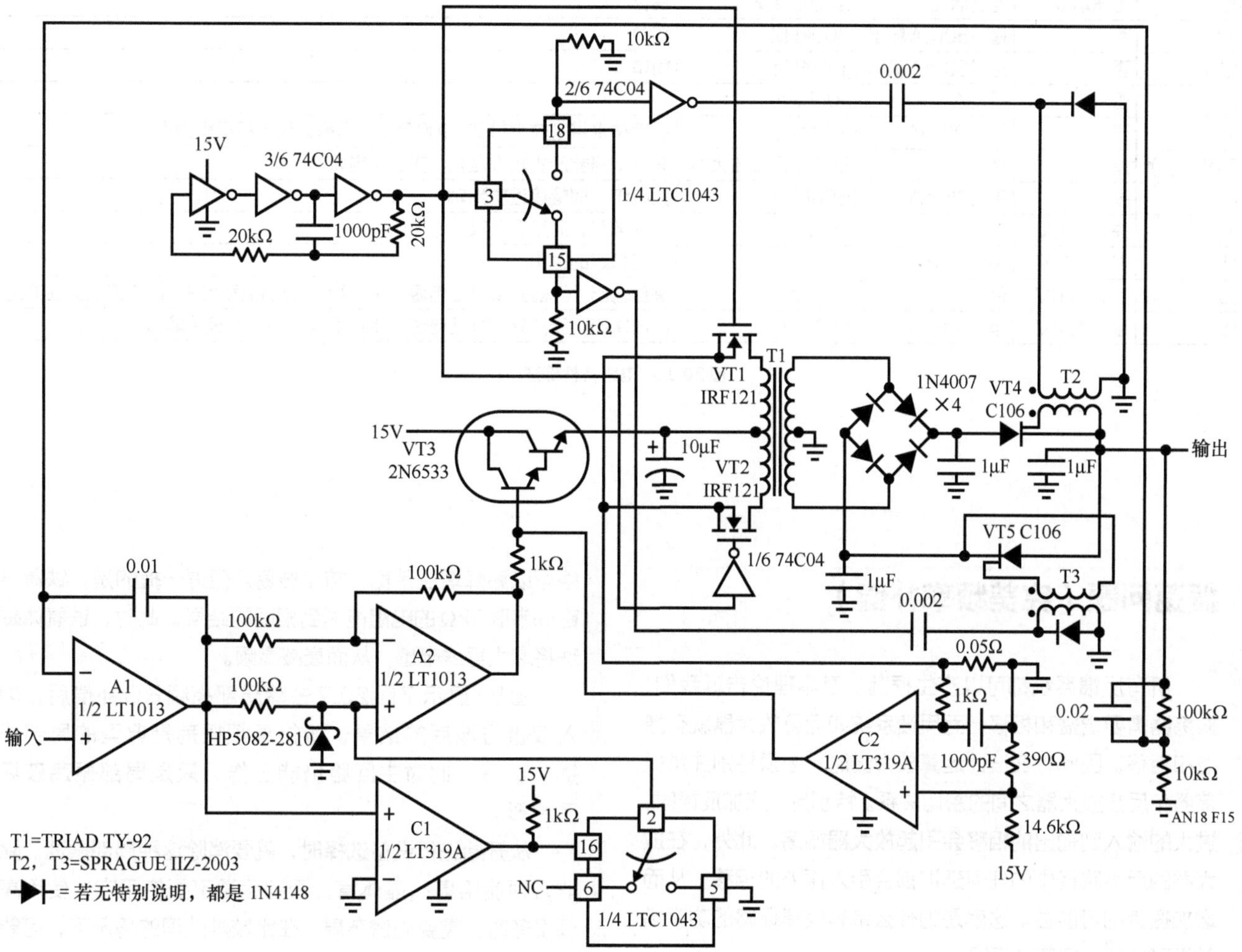

图20.15　±15V供电的±100V输出级。危险！内有高压。务必小心

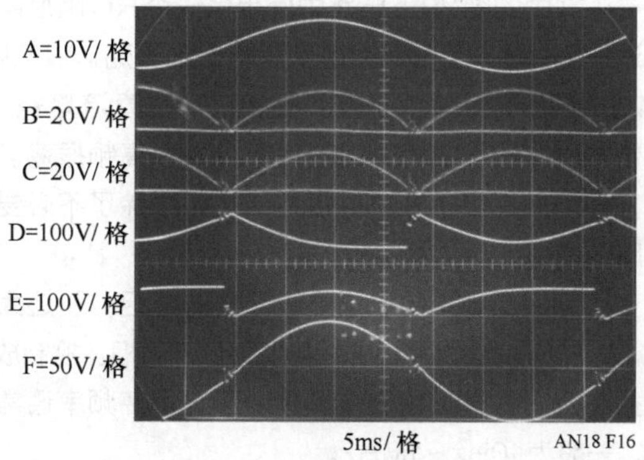

图20.16　图20.15电路运行详情。危险！内有高压。务必小心

C2用于限流，方式与图20.13相同。频率补偿也相同。A1处的0.01μF电容保证电路稳定性，而0.02μF反馈单元设置阻尼。图20.18对讨论过的功率增益级的性能进行了综述，以便读者在特定应用中进行选择。

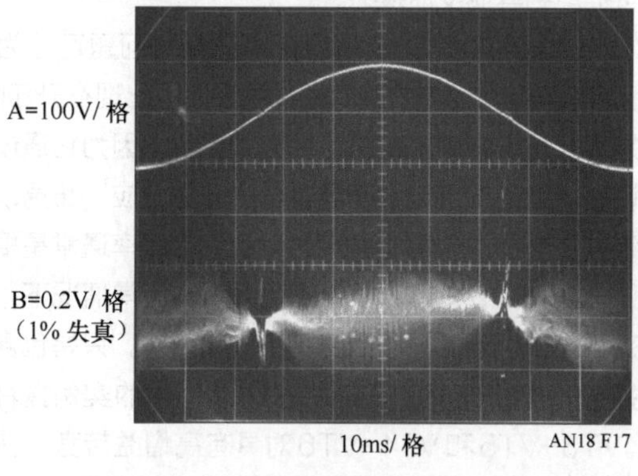

图20.17　交越残留反映了斩波和零点交越切换。危险！内有高压。务必小心

图	电压增益	电流增益	全功率带宽	注释
1(a)	否	是,150mA输出	600kHZ	简单
1(b)	否	是,150mA输出	1.5MHz	简单
2	否	是,3A	100kHz	
3	否	是,200mA	7.5MHz	前馈技术带来较大带宽>1000V/μs摆率。仅支持反相操作
5(a),5(b)	是	否	取决于运算放大器	简单电路能产生较大摆幅，接近供电轨
7	是	是,125mA	600kHz	大电流，摆幅接近轨到轨
9	是,+120V	是,25mA	15 kHz	良好电路，通用高压级
11	是,+120V	是,25mA	12 kHz	极其稳定的输出
13	是,+120V	否	60 Hz	高压输出，无需外部高压电源。不对称摆动时带宽受限。仅支持正极性输出
15	是,+120V	是,150mA	150 Hz	高压输出，无需外部高压电源。带宽受限。完全双极性输出

图20.18 电路特性综述

振荡问题（完美频率补偿）

所有反馈系统都可以产生振荡。基本理论告诉我们，振荡器需要增益和相移，而反馈系统如运算放大器就有增益和相移。因此，在设计运算放大器时，必须特别注意振荡器和反馈放大器之间的密切关系。特别是，施加反馈时，过大的输入到输出的相移会引起放大器振荡。此外，在放大器的反馈路径中的任何延迟都会引入额外的相移，从而增加振荡的可能性。这就是为什么带有反馈环路的功率增益级可能产生振荡的原因。

大部分复杂的数学运算都可以用于描述稳定性标准，并且可以用来预测反馈放大器的稳定性特征。对于最复杂的应用，为实现最佳的性能，这种方法是必需的。

然而，很少出现这样的讨论，如何在实践中理解和解决补偿反馈放大器的问题。所以，本文专门在此讨论了一个稳定放大器功率增益级组合的实用方法，其中所有考虑都可推广到其他反馈系统。

放大器与功率助推级组合中的振荡问题可分为两大类：局部振荡和回路振荡。局部振荡可以出现在升压阶段，但是不会出现在集成电路运算放大器中，因为它通过了售前调试。上述振荡归咎于晶体管的寄生效应、布局以及电路结构所产生的电路不稳定性。它们的频率通常是相当高的，一般在0.5~100MHz的范围内。通常情况下，局部振荡不会破坏回路。主回路将会继续工作，只是包含了局部振荡对应的噪声。正文中图20.7提供的实例具有启发性。VT3-VT5和VT4-VT6对具有高增益带宽。在没有100pF-200Ω网络进行直流反馈分流的情况下，电阻反馈回路可能使它们在50~100MHz范围内振荡。阻容网络可以滚降增益带宽，防止振荡。值得一提的是，铁氧体磁珠串联2kΩ的电阻能得到相同的结果。此时，铁氧体磁珠将增大导线电感，从而衰减高频。

图B1显示了图20.7去除局部高频RC补偿后，输入双极方波后的结果。所得高频振荡是典型的局部干扰。注意，此时主回路仍能工作，只是局部振荡破坏了波形。

从开始进行设备选择时，就要消除这种局部振荡。除非必须使用高F_t晶体管，否则尽量不要使用它。使用高频设备时，需要周密布局。在比较难处理的情况下，可能需要用较小电容或RC网将晶体管结点旁路。具有局部反馈的电路有时需要对晶体管进行仔细选择和规范使用。例如，在局部回路中工作的晶体管可能需要不同的F_t来实现稳定性。射极跟随器是振荡的主要来源，也不应该从低阻抗源直接驱动。

正文中的图20.5电路中使用了一个RC阻尼网，它通过把74C04反相器接地来消除局部振荡。该电路中，74C04工作在线性区域。虽然它们的直流增益较低，但带宽高。极小的寄生反馈项都会导致高频振荡。高频时，阻尼器提供了较小的接地阻抗，移除了不必要的反馈路径。

回路振荡则是由于增益级产生的延迟，引起大量相移。这将使控制放大器与增益级完全不同相。控制放大器增益加上附加延迟将产生振荡。回路振荡频率通常比较低，一般为10Hz~1MHz。

消除振荡的一种较好的方法是限制控制放大器的增益带宽。如果增压器的增益带宽大于控制放大器的话，回路相位延迟是可以接受的。当控制放大器的增益带宽占主导地位时，将产生振荡。在这种情况下，控制放大器无法伺服控制始终“迟到”的反馈信号。伺服操作采用电子踪迹追踪形式，以理想伺服点为中心发生振荡。

滚降控制放大器的频率响应基本上都能解决回路振荡问题。许多时候，在主反馈回路中优先使用大电容来进行补偿。通常来说，最好通过滚降控制放大器增益带宽来稳定电路。反馈电容的作用只是微调阶跃响应，而不能靠它来彻底终止振荡。

图B2和B3举例说明了这些问题。具有600kHz增益带宽的LT1012放大器，再加上LT1010电流缓冲，产生的输出如图B2所示。该LT1010的20MHz增益带宽引入的回路延迟，可以忽略不计，且动态特性也很干净。在这种情况下，LT1012的内部滚降远低于输出级的滚降，无需外部补偿元件，电路就很稳定。图B3采用了15MHz的LT318A作为控制放大器。这里，控制放大器的滚降接近输出级，会引起一些问题，此时，通过LT1010的相移比较明显，且有振荡。稳定这个电路需要衰减LT318A增益带宽（如图20.1所示）。

慢速运算放大器电路无振荡的事实是理解如何补偿助推器回路的关键。当使用慢速设备时，可以不用补偿。而快速放大器使输出级的交流特性变得显著，需要滚降器件来实现电路的稳定性。

正文的图20.9中的高压级是一个有趣的案例。高电压晶体管是非常慢的设备，而LT1055放大器的增益带宽比输出级高得多。LT1055由10kΩ-100pF网局部补偿，产生一个类似积分器的响应。该补偿与33pF反馈电容提供的阻尼相结合，能提供了良好的回路响应。该电路所用补偿过程是稳定升压放大器回路的典型做法，值得探讨。不安装补偿元件时，接通电路，可以观察到振荡（如图B4所示）。其较低的振荡频率表明它是一个回路振荡问题。在放大器周围设置RC阻尼网时，LT1055增益带宽将随之衰减。选择适当的RC时间常数来消除振荡，在没有回路反馈电容时，也能得到最佳响应（如图B5所示）。从图B4可知，选择1μs的RC时间常数能够明显衰减振荡频率。最后，为得到正文中图20.10的最佳阻尼，选用了（33pF）回路反馈电容。

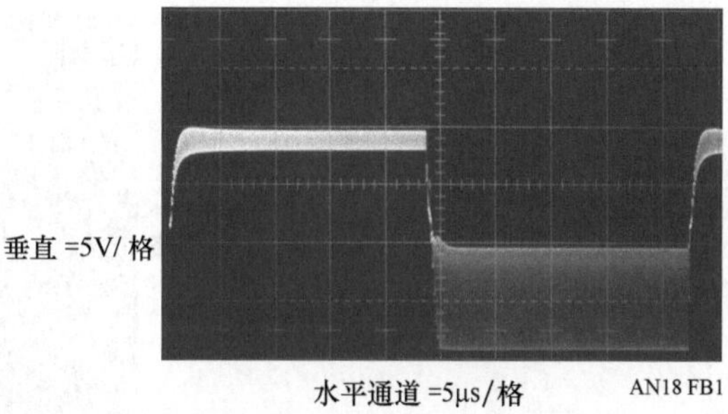

图B1　典型局部输出级振荡

在进行这样的测试时，需要观察各种负载和输出工作电压时的情形。在某种输出条件下，有些看上去补偿很好的电路输出结果可能很差。因此，必需尽可能的在各种工作条件下进行检测电路。

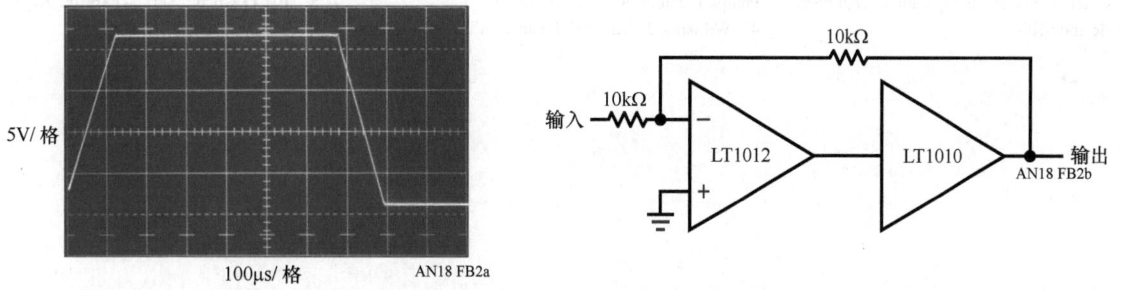

图B2　慢速控制放大器不需要回路补偿

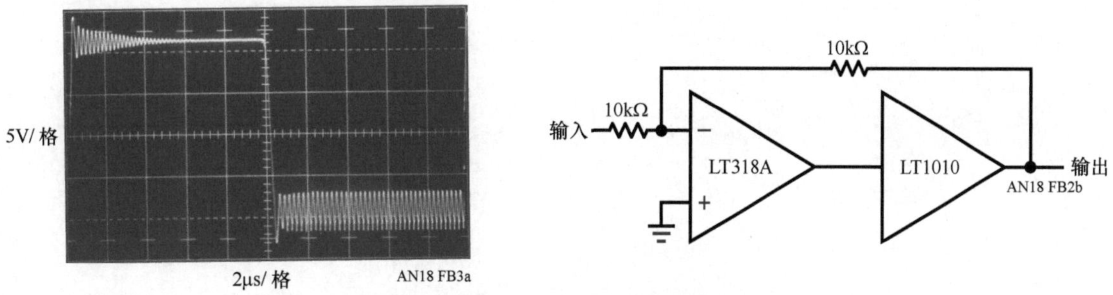

图B3　快速控制放大器将产生回路振荡

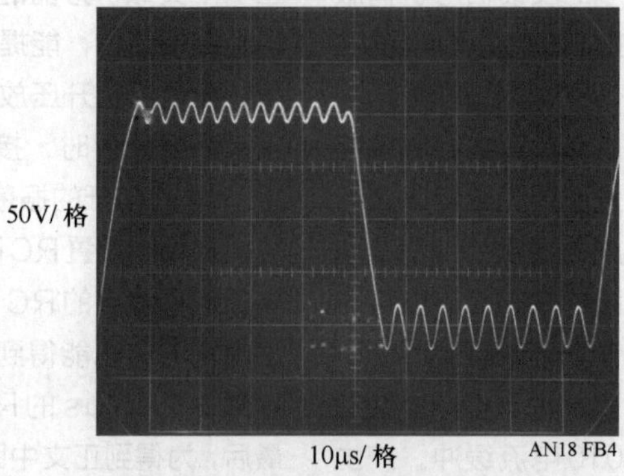

图 B4　转换后发生振荡表明它是一个回路问题

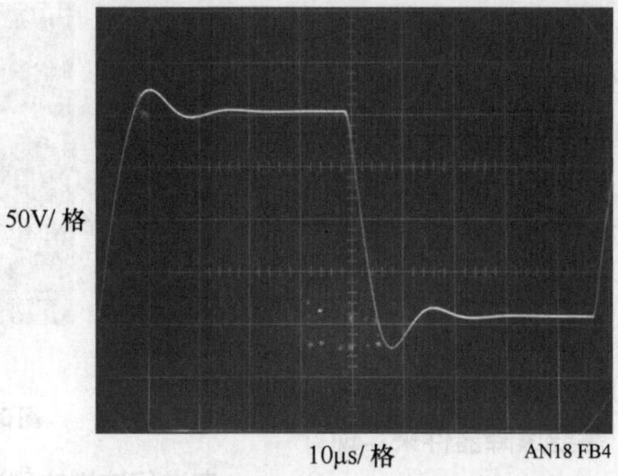

图 B5　控制放大器滚降可稳定 B4 中的问题

参考文献

1. Roberge, J. K.; Operational Amplifiers:Theory and Practice, Chapters IV and V;Wiley

2. Tobey, Graeme, Huelsman; Operation Amplifiers, Chapter 5; McGraw-Hill

3. Janssen, J. and Ensing, L.; The Electro-Analogue, An Apparatus For Studying Regulating Systems; Philips Technical Review; March 1951

4. Williams, J.; Thermal Techniques in Measurement and Control Circuitry Application Note 5, pages 1–3; Linear Technology Corporation

5. EICO Corp.; Series-Parallel RC Combination Decade Box; Model 1140A

复合放大器

21

Jim Williams

无论采用何种技术,放大器设计都是需要进行折中的研究。由于设备限制，特定放大器很难同时达到最佳速度、漂移、偏置电流、噪音和功率输出的要求。因此，各种放大器只能强调其中的一个方面或若干几个方面。有些放大器本想尝试满足所有指标，但能到达最佳性能指标的仅限于专门设计的放大器。

实际应用中经常需要一个在各自领域具有极高性能的放大器。例如，电路通常要求极快的速度和较高的直流精度。如果单设备无法同时满足所要求的特性，那么由两个（或多个）设备组成的复合放大器就可以同时实现该功能。复合设计结合两个或多个放大器的优良特性，可以实现单一的设备所无法实现的性能。更有甚者，复合设计允许电路处理一般来说无法实现的情况。对于高速阶段来说更是如此，如果使用了一个隔离稳定阶段，设计就可能不需要考虑直流偏置。

图 21.1 显示的是一个由 LT®1012 低漂移放大器和 LT1022高速放大器组成的组合放大器。整个电路是一个增益反相器，其中节点位于三个10kΩ电阻的交界处。LT1012监测求和节点，并将其接地，驱动LT1022的正输入端，完成环绕LT1022的直流稳定循环。LT1012的10kΩ-300pF时间常数限制了它对于低频信号的响应时间。LT1022处理高频率输入，而LT1012使直流工作点稳定。LT1022的4.7kΩ-220Ω分压器防止电路启动过程中过大的输入和过载。该电路结合了LT1012的35μV补偿电压和23V/μs压摆率的LT1022的1.5V/℃漂移以及和300kHz的全功率带宽。由LT1012控制的偏置电流大约为100pA。

图21.2给出了一个类似电路，不过其中使用了分立场效应晶体管（Field Effect Transistor,FET）来达到3倍以上的速度。这里，通过把A1输入端连接到负极来关闭A1输入级。差分连接的FET通过A1偏移引脚偏置第二状态。这种连接替换了A1的输入级，降低了偏置电流，增加了速度。不匹配的场效应管通常会导致过度的偏移和漂移。A2通过监测求和点（两个4.7kΩ电阻的交叉点）纠正该错误，并使VT2的栅极消除整体偏移。10kΩ-1000pF组合限制A2对低频的响应,1kΩ分压器可以防止VT2导通时过载。求和节点处的1kΩ-10pF阻尼网络提高了高频稳定度。图21.3给出了该电路的脉冲响应。迹线A是输入，迹线B是输出。压摆率超过100V/μs，且阻尼洁净。全功率带宽为1MHz左右，而输入偏置电流在100pA范围内，直流偏移和漂移是类似于图21.1。

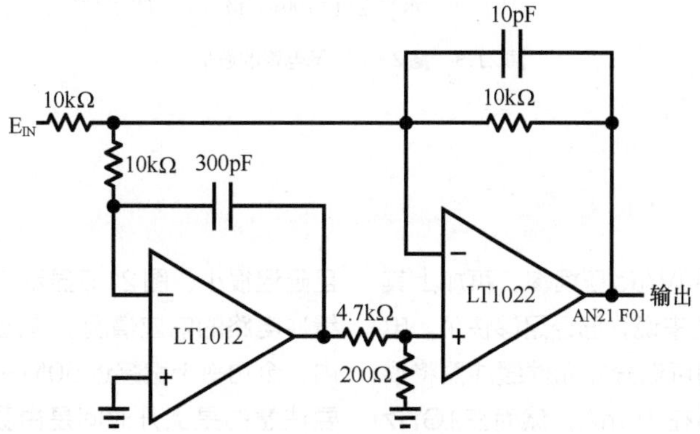

图21.1　基本的直流稳快速放大器

图21.4显示了一个高稳定的单位增益缓冲器，拥有很好的速度和很高的输入阻抗。VT1和VT2构成一个简单、高速的FET输入缓冲器。VT1充当源极跟随器，用VT2的电流源负载设置漏-源通道电流。该LT1010缓冲区驱动电缆或其他必需的负载。通常情况下，由于没有直流反馈，因而该开环结构的漂移很大。此外，LTC®1052有助于电路稳定。它通过比较滤波电路输出与类似的经滤波后的输入信号相比较来实现的。这两个信号之差经放大后设置VT2的偏置，从而设置VT1的沟道电流。这使得VT1的V_{GS}与电路输入和输出电压相匹配。A1的2000pF电容提供了稳定的环路补偿。A1输出处的RC网防止它通过VT2的集电极-基极结进行高速边缘耦合。A2输出也被反馈到VT1栅极附近，使自举电路的有效输入电容降低至1pF以下。

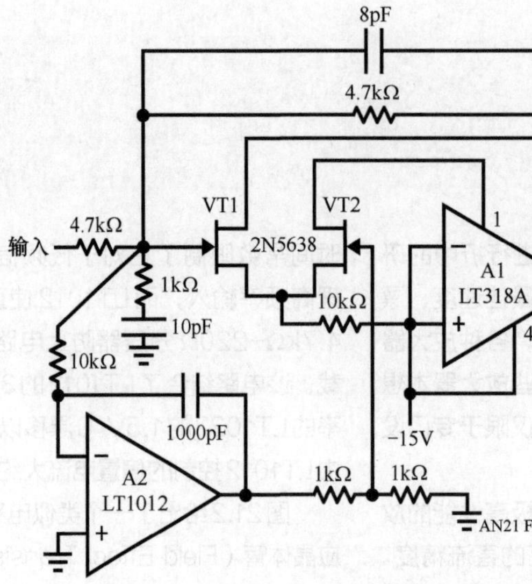

图21.2 快速直流稳定FET放大器

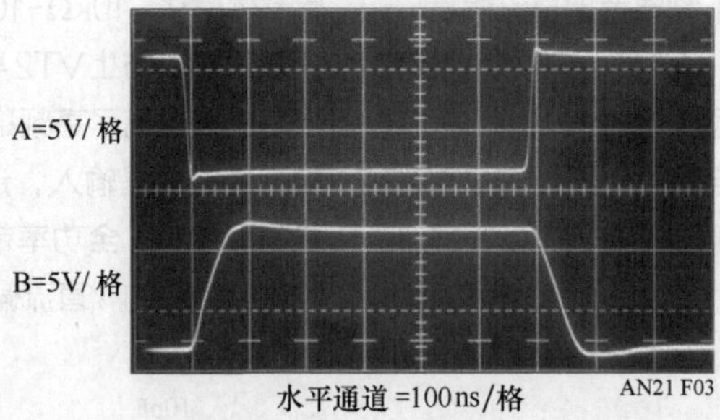

图21.3 图21.2所示电路的波形

LT1010的15MHz带宽、100V/μs压摆率，再加上其150mA的输出，对于大多数电路来说，已经足够快了。电路要求速度很快时，图中所示的可选分立元件缓冲器将很用用途。虽然它的输出电流限制在75mA，然而在1GHz范围内，晶体管的使用可以提供极宽的带宽，快速的转换，且延迟很小。图21.5显示了使用分立级后，LTC1052稳定缓冲电路的响应情况。响应干净、快速，且延迟在4ns以内，全功率带宽接近50MHz，压摆率超过2000V/μs。需要注意的是上升时间是由脉冲产生器制约的，而非电路。LTC1052将两级电路的失调设置在5μV，增益约为0.95。

图21.4显示的电路其潜在困难是增益，而不是单位增益。图21.6显示的电路能保持高速和低偏置，同时实现真正的单位增益传递函数。

该电路在某些方面类似于图21.4，除了VT2-VT3级电路需要增益。A2使输入到输出直流通路稳定，A1提供驱动能力，反馈是从A1的输出到VT2发射器。1kΩ调节电阻可以实现精确的单位增益。LT1010的输出级压摆率和全功率带宽（1VP-P）分别为100V/μs和10MHz，-3dB带宽的频率超过35MHz。在A=10时，（例如，1kΩ变阻器调整设定为50Ω）全功率带宽保持在10MHz，而-3dB点频率下降到22MHz。

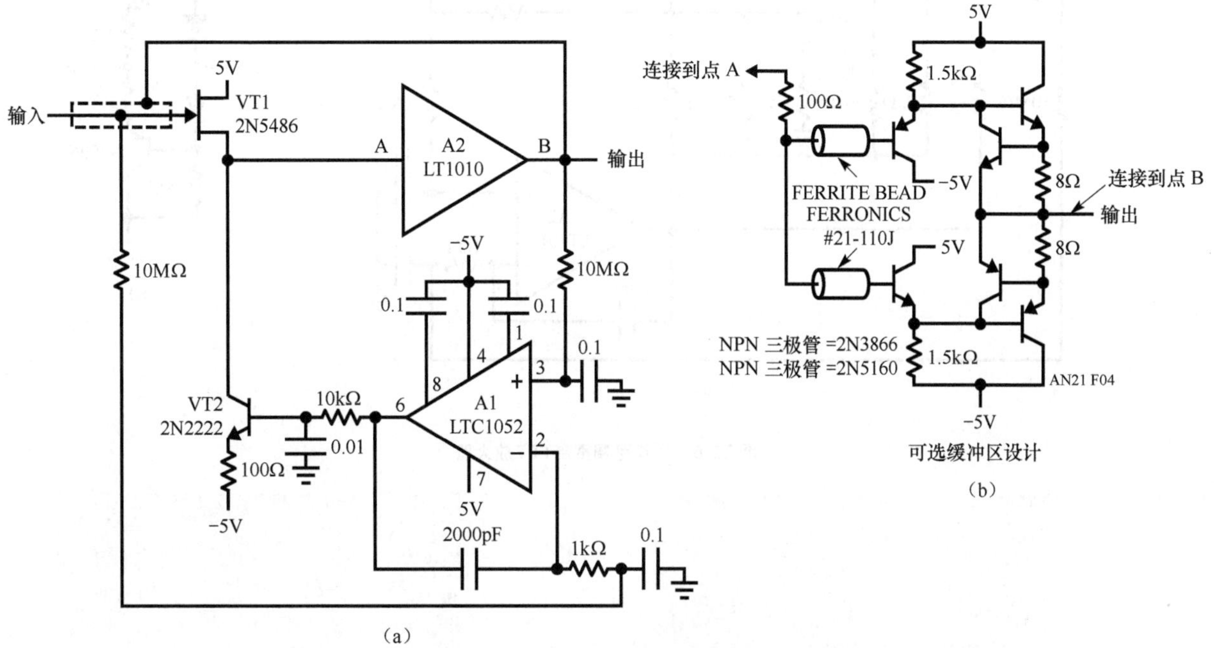

图21.4　宽带FET输入稳定缓冲器

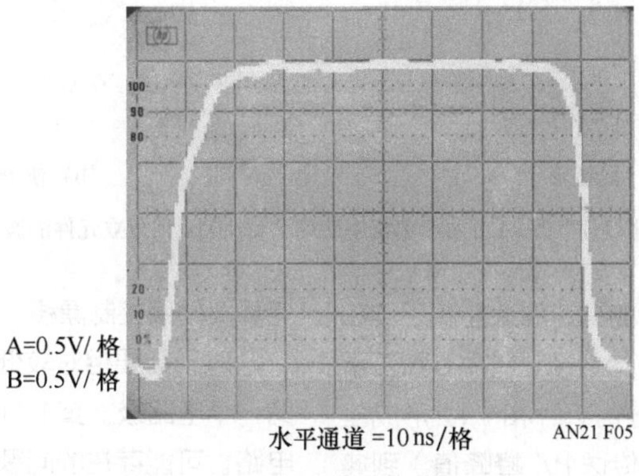

图21.5　图21.4的波形

使用可选分立器件级时，压摆率超过1000V/μs，全功率带宽（1V，峰峰值）为18MHz。-3dB带宽的频率为58MHz。A=10时，满功率对10MHz的频率可用，频率为36MHz的点带宽为-3dB。

图21.7(a)和图21.7(b)显示了两个输出级的响应。图21.7(a)采用的是LT1010（迹线A=输入，迹线B=输出）。图21.7(b)使用了分立级，速度稍快。这两个中的任何一个阶段，都提供了足够的性能，用于驱动视频电缆或数据转换器，而且在所有条件下，LT1012都能保持直流稳定。

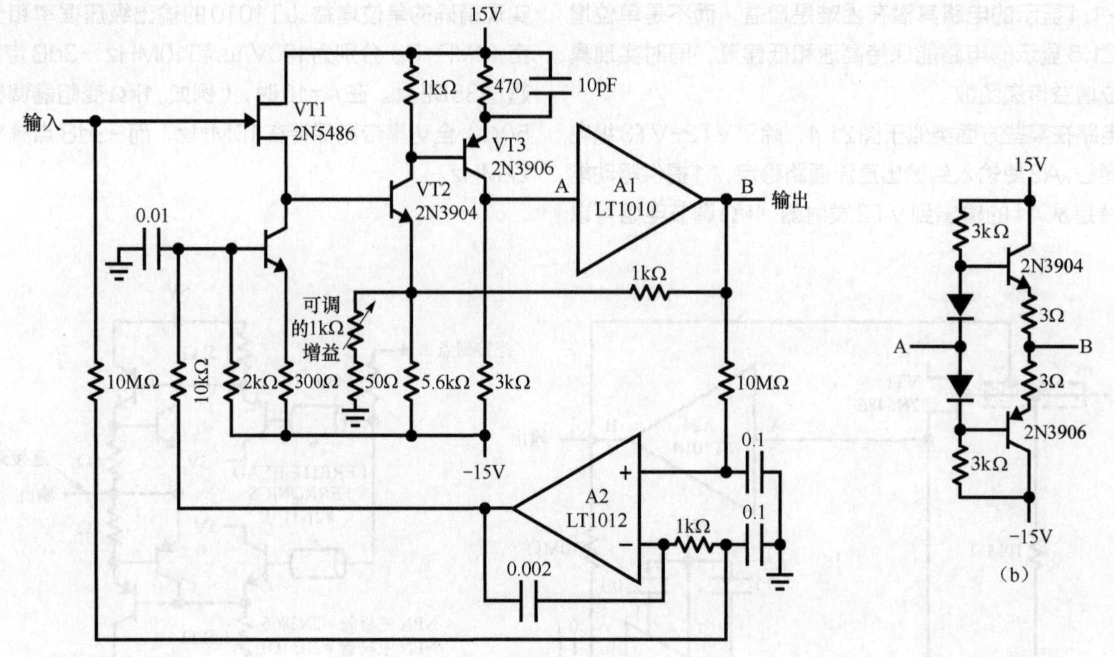

图21.6 增益可调宽带FET放大器

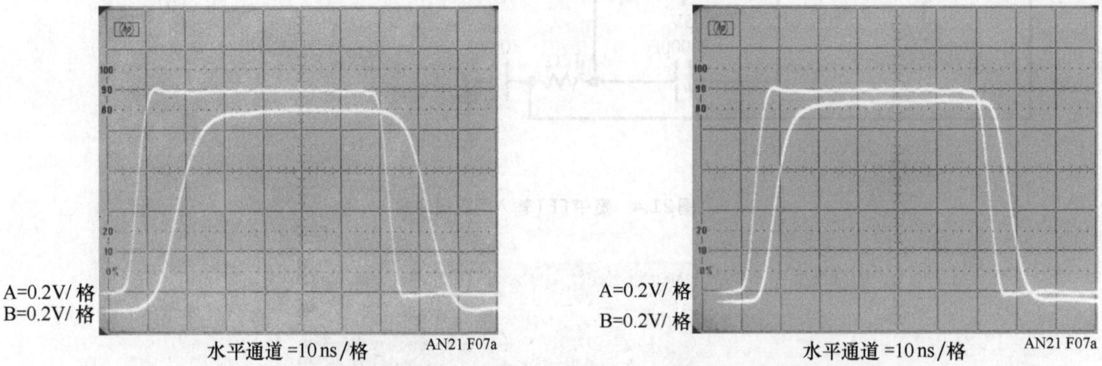

（a）使用了LT1010的波形 （b）使用了分立元件的波形

图21.7 图21.6所示电路中使用了LT1010和分立元件的波形

图21.8显示的是另一种直流稳定的高速放大器，工作在很宽的增益范围内（通常为1~10），结合了LT1010和基于直流稳定回路的LT1008快速分立元件。VT1和VT2形成差动级，该级在LT1010结束。该电路传送1V(峰峰值）到典型的75Ω视频负载中。当A=2时，增益在0.5dB到10MHz范围内变化，频率为16MHz时，增益为−3dB。当A=10，增益是平坦的（±0.5dB到4MHz），频率为8MHz时，增益为−3dB。峰值调整应在输出负载条件下进行优化。

通常，VT1-VT2组合漂移很大，但LT1008对此进行了校正。该校正级类似于图21.4和21.6，所不同的是，反馈来自于快速放大器的分频采样。该分频器的比值应设置为与电路的闭环增益相同。该级电路的滚降频率是由LT1008输入线路上的1MΩ-0.022μF滤波器设置的。放大器的0.22μF电容用来消除振荡。通过偏置VT2集电极的直流工作点，直流环路伺服控制漂移，使LT1008的输入之间的误差为零。

对于需要相对较低输出摆幅的快速应用而言，这是简单的一个电路级。其1V（峰峰值）输出可以很好地服务于视频电路。可能存在的问题是比较高的偏置电流，通常为10μA。也可以使摆幅更大，不过需要更多的电路。

图21.9所示电路可以决定该问题。该电路在速度和输入摆幅之间进行折中，降低了偏置电流。与先前电路相同，独立回路保持直流稳定。该电路是使用复合技术解决实际问题的较好的例子。没有独立稳定环路，信号通路中存在的直流不平衡会妨碍任何层次上的操作。

该设计中，图21.8所示的电路加入了PNP电平搬移级（VT4），以增加LT1010的输出摆幅。其代价是牺牲了可用的带宽和放大器的稳定性。从VT4集电极到电路求和节点（VT3的栅极）的33pF电容，负责提供稳定的环路补偿。

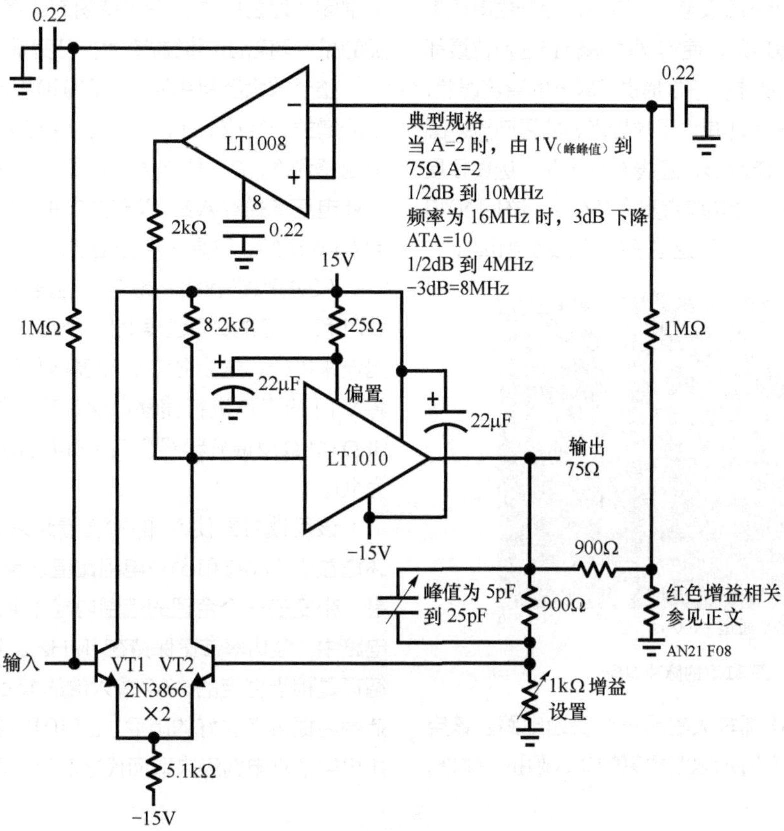

图21.8 快速稳定的同相放大器

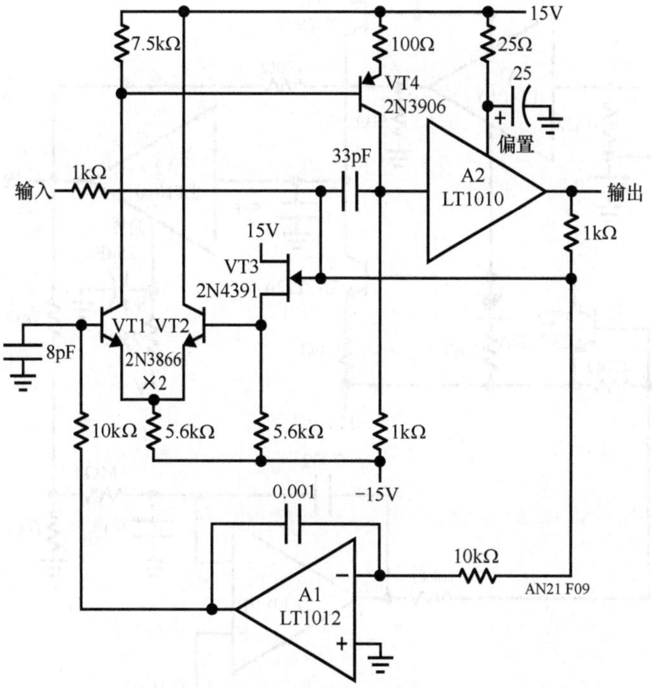

图21.9 具有较低求和点偏置电流的快速、稳定反相放大器

图21.8中，场效应管源极跟随器VT3消除了偏置电流的误差。该设备使求和节点与VT2所需的较大偏置电流隔开。通常情况下，由于VT3的栅极-源极电压，该结构会产生电压失调。这里，A1关闭直流恢复环路，使得VT1基极到任何位置都满足失调补偿。因此，A1的操作，不仅提供了较低的直流误差，还用一个简单的方法最大限度地减少了求和点的偏置电流。图21.10所示为10V输出的工作波形，迹线A是输入，迹线B是输出。压摆率约为100V/μs，全功率带宽为1MHz。该LT1010能产生100mA的输出电流，实现了这些速度下电缆的驱动。

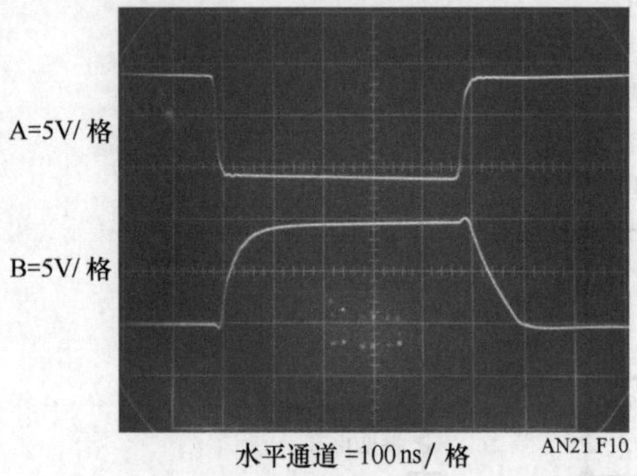

图21.10 图21.9的脉冲响应

图21.11显示了输出摆幅较大的另一个快速电路。该电路是同相的，且有比图21.9所示电路更高的输入阻抗。此外，它的工作是基于“电流模式”反馈装置。该技术来源于射频设计，也可以应用在一些单片仪表放大器之中，这可以在宽范围闭环增益的情况下保持固定的带宽。与标准反馈方法相反的是，随着闭环增益变大，带宽是降低的。

整个放大器是由两个LT1010缓冲器以及VT1和VT2组成的增益级组成。在该电路中，A3起直流恢复环路作用。33Ω电阻感测A1的工作电流，偏置VT1和VT2。这些设备提供互补电压增益给A2，以产生电路输出。反馈是从A2输出端到A1输出端，这是一个低阻抗点。

A3的稳定回路补偿信号通路的较大偏移，该偏移是由VT1和VT2的失配主导的。校准可以通过控制流过VT3的电流来进行，这会分流VT2基极偏置电阻。通过330Ω有意将VT1的工作进行偏移以保证充足的环路捕获范围。选用9kΩ-1kΩ反馈分频器馈入A3以均衡增益比，本例中增益比为10。

该反馈方式使A1的输出看起来像放大器的负输入，闭环增益由470Ω和51Ω电阻比值设定。这种关系的突出特点是，带宽在一个合理的范围内成为相对独立的闭环增益。该电路中，全功率带宽保持在1MHz以上，涨幅约1～20MHz。循环是相当稳定的，A2输入端的15pF电容值在很宽的增益范围内提供了良好的阻尼。LT1010缓冲器限制该电路带宽。如果用分立电路级来取而代之的话，可以极大地提高速度。

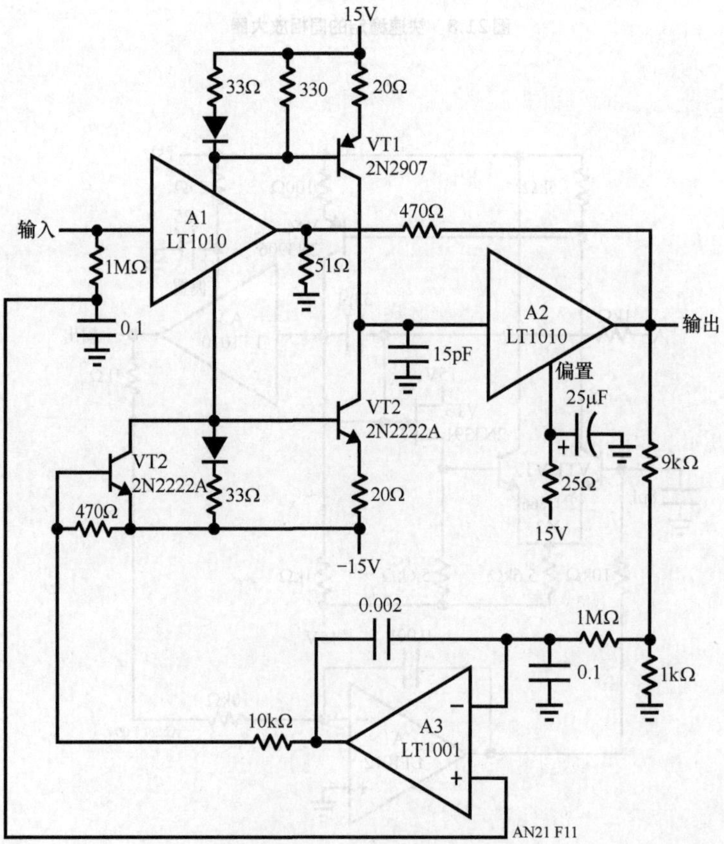

图21.11 “电流模反馈” 放大器

图21.12用分立元件替代了图21.11的LT1010s。这种结构虽然本质上更复杂，放大器的频带却极宽。该组合设计由三个放大器组成：分立宽带级、静态电流控制放大器和偏置伺服。VT1-VT4取代图21.11的A1，不过VT3和VT4集电极提供补偿电压增益。VT5和VT6提供额外增益，类似于图21.11VT1和VT2。VT7-VT10形成输出缓冲级。这种反馈方式与图21.11相同，并在VT3-VT4发射极交界处求和。为了获得最大带宽，需要相当高的静态电流。如果没有闭环控制，电路很快会进入热失控和自我毁灭状态。A1提供了伺服控制所需的静态电流，它的实现主要是通过抽样VT5发射极电阻上电压的阻性分压，并将它与供电电源而来的参考相比较。A1输出偏置VT4，形成回路以使固定值的电流流过VT5。这可以有效地控制分立级电路的整体静态电流。同时，在分立级，A2通过VT3基极使直流输入和输出值相等来校正偏移。由于闭环增益设定为10（470Ω和51Ω的比），所以A2用10：1的分压器来采样输出。A1和A2都有局部滚降，限制其低频响应。粗略考虑A1和A2运行情况，可能认为电路具有相互作用，但详细的分析表明，事实并非如此。偏移量和静态电流回路不会产生相互影响。

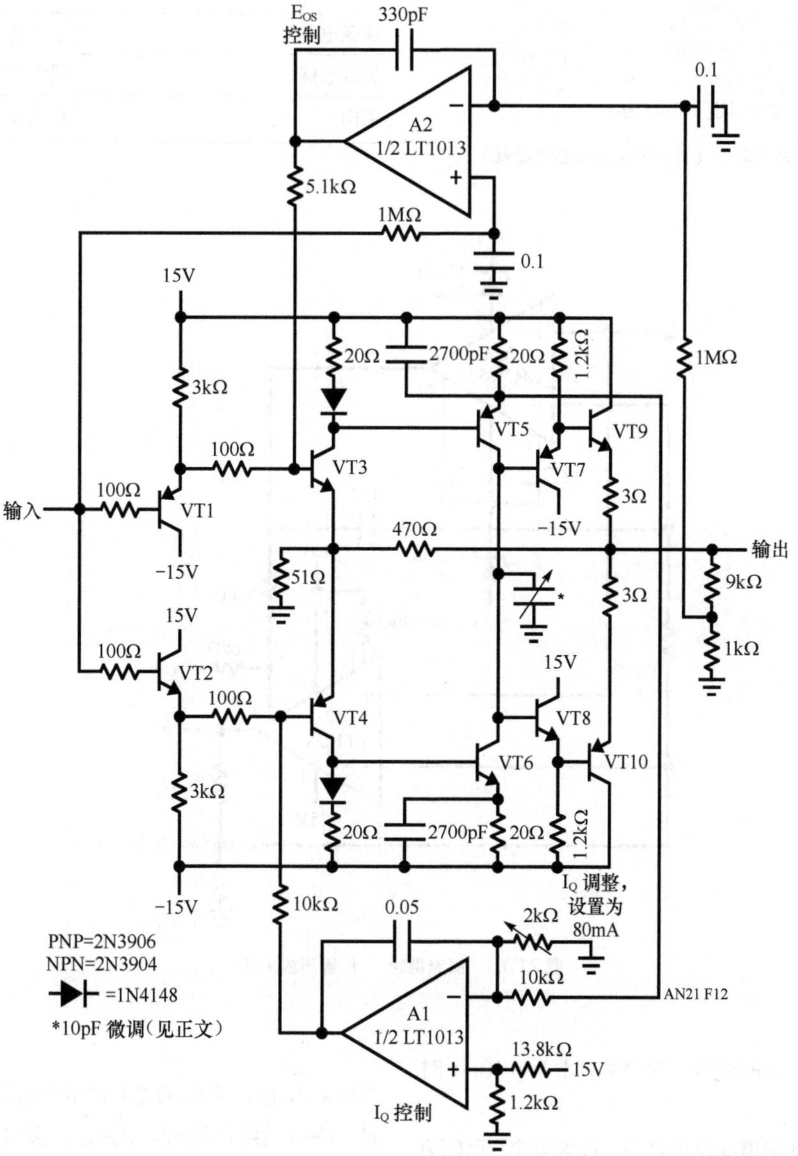

图21.12 稳定、超宽带“电流模反馈”放大器（下一代Godzilla放大器）

当该电路采用高频布局技术和接地层时，性能是相当可观的。当增益为1dB~20dB时，全功率带宽保持在25MHz，具有超越110MHz的-3dB点。压摆率超过3000V/μs。使用RF晶体管可以将这些数值进一步提高，不过图中所示器件非常便宜且容易购买。图21.13所示的是增益为10（输入轨迹为A），±12V输出（轨迹B）的脉冲响应曲线。延迟时间大约为6ns，输入脉冲发生器限制了上升时间。

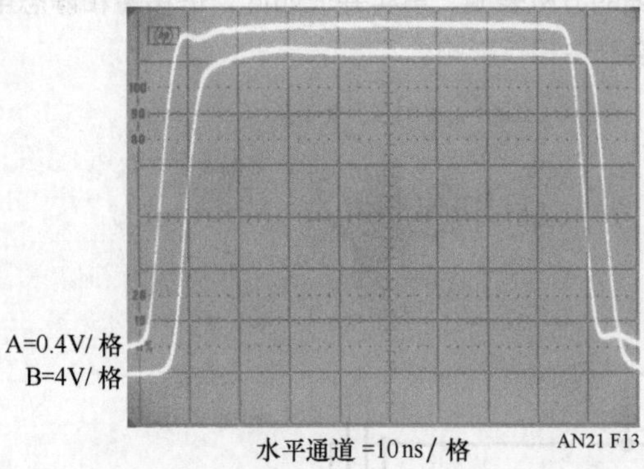

图21.13　图21.12的脉冲响应（脉冲发生器限制了测量）

通过微调VT5-VT6集电极线路上的10pF电容，优化了阻尼。使用该电路时，在电路导通后，立即调节I_Q到80mA。接下来，将A2的输入电阻分压器设置到适当的比例，达到闭环回路增益。最后，微调10pF电容，以获得最佳响应。需要注意的是，在速度方面，该电路没有输出保护。

尽管速度和偏移组合在复合放大器中是最常用的技术，不过也有其他电路可用。图21.14显示了把低漂移斩波稳定放大器和超低噪声双极放大器相结合的一种方法。该LTC1052测量LT1028输入终端的直流误差，偏置其偏移引脚来产生几微伏的偏移。1N758齐纳二极管使LTC1052在±15V供电轨下运行。LT1208的偏移引脚的偏置，应使LTC1052始终能找到伺服点。低频时，0.01μF电容使LTC1052滚降，LT1028则处理高频信号。放大器的组合特性如下。

失调电压	最大为5μV
失调漂移	最大为50 nV/℃
噪声	最大为1.1nV$\sqrt{Hz}$

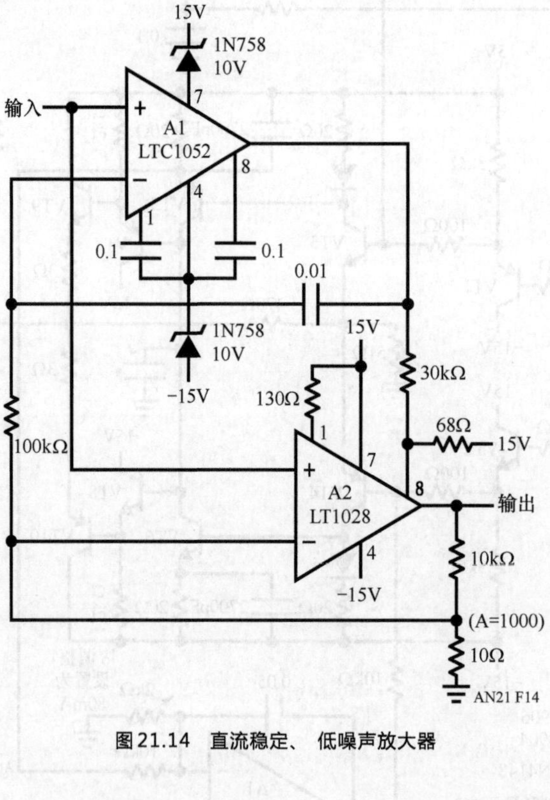

图21.14　直流稳定、低噪声放大器

图21.15画出了在一段时间内，带宽为0.1Hz~10Hz时的噪声幅度曲线。

图21.16所用的统计噪声抑制技术中，包含多个LT1028的低噪声放大器。其工作原理是，噪声通过并联N个器件而下降$\sqrt{N}$倍。例如，9个并联的放大器，噪声下降3倍，1kHz时，降噪后约0.33nV $\sqrt{Hz}$。该技术的缺点是，输入电流噪声会多增加$\sqrt{N}$个设备的份额。

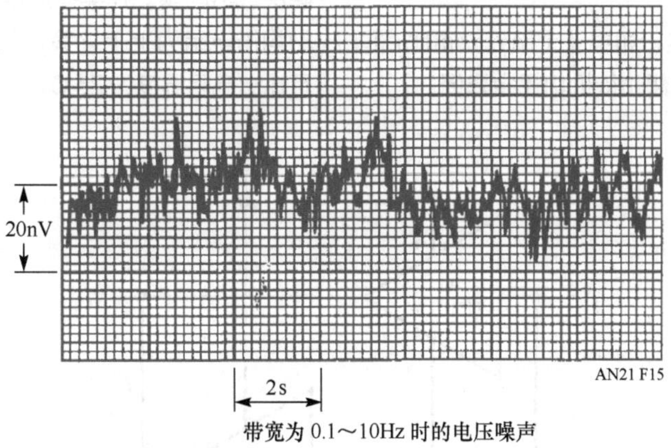

图21.15　图21.14噪声与时间的关系网线

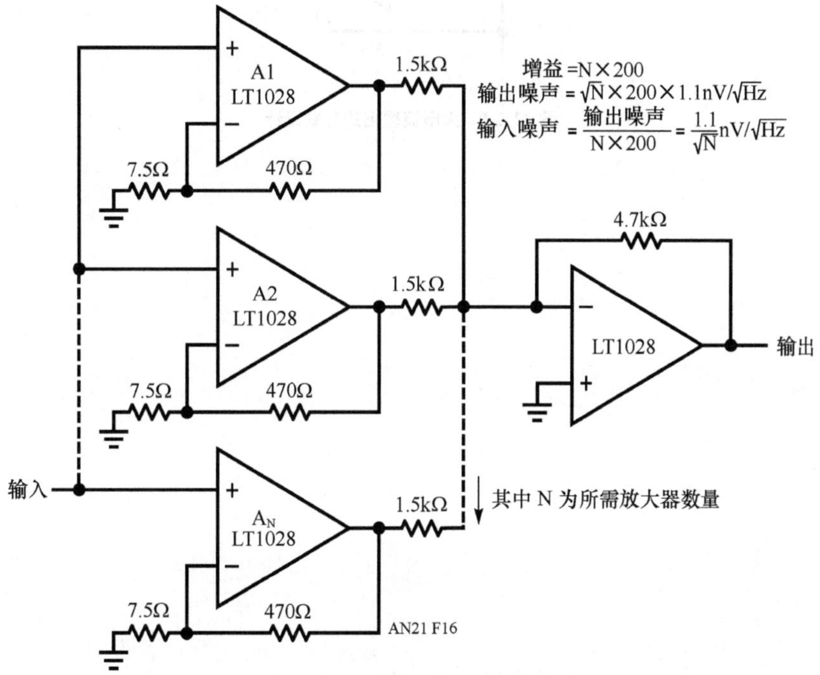

图21.16　放大器并联实现的低噪声放大器

图21.17所示的最后一个电路，采用了将LT1010缓冲器并联的复合技术来构建一个简易、大电流级的电路。并联操作降低了输出阻抗，拥有更大的驱动能力，并且提高了负载频率响应。只要存在由于失调电压造成的输出电阻失配而引起各个单元耗散的增加，就可以直接并联任意多个LT1010来进行解决。

当两个缓冲区的输入和输出端连接在一起时，电流ΔI_{OUT}将在输出端之间的流动，有

$$I_{OUT}=\frac{V_{OS1}-V_{OS2}}{R_{OUT1}+R_{OUT1}}$$

其中V_{OS}和R_{OUT}是失调电压和相应的缓冲器的输出电阻。

通常情况下，其中一个单元的供电电源负极电流增加时，另一个单元将降低，而供电电源正极则保持不变。最坏情况下（$V_{IN}\rightarrow V^{+}$）待机功耗的增加，可用$\Delta I_{OUT}V_T$来表示，其中V_T是总的电源电压。

失调电压是指在一定电源电压、输入电压和温度范围内的情形。上述电路中不可能使用这些最差的数值，因为并联单元工作在相同的条件下。在$V_S=\pm15V$, $V_{IN}=0$和$T_A=25℃$条件下的失调电压能够满足最差条件需求。

输出负载电流将根据各个缓冲器的输出阻抗进行分流。因此，获得的输出电流不太可能加倍，除非输出阻抗是匹

配的。至于上述失调电压，最坏情形计算时应使用25℃的限值。

并联操作不会导致热不稳定。如果一个单元获得比它同伴更多的热量，其所占的输出份额和待机功耗会降低。

并联技术存在一个仅有的实际问题就是散热，所以只需解决散热问题。在某些应用中，在各个输出端使用较小阻值的均衡电阻为上上之策。只有要求最高的应用才需要匹配，且输出电阻温度为25℃。

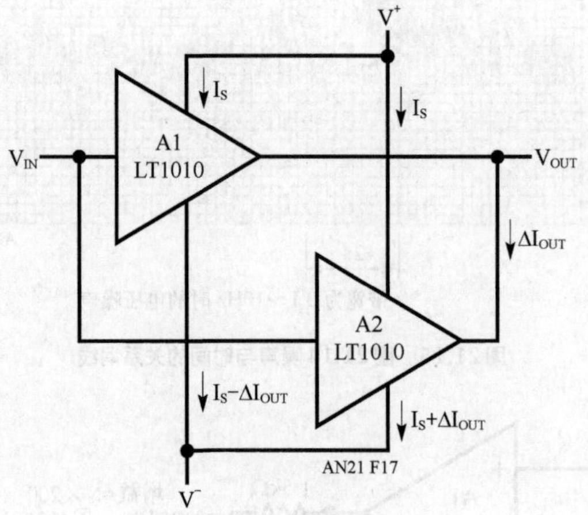

图21.17 大电流输出的并联设计

用级联二阶滤波器节设计多阶全极点带通滤波器的简便方法

22

Nello Sevastopoulos Richard Markell

引言

滤波器的设计，无论是有源、无源、还是开关电容，一般都富含极多的数学推导。可供选择的结构和设计方法非常多。本文将讨论高阶带通滤波器设计的两种方法。这些方法可使滤波器设计者简化数学设计过程，其中将LTC开关电容滤波器（LTC®1059，LTC1060，LTC1061，LTC1064）被用作高质量的带通滤波器。

第一种方法是将不同的二阶带通进行级联的传统方法，以形成所熟悉的巴特沃斯（Butterworth）和切比雪夫（Chebyshev）带通滤波器。而第二种方法包括级联相同的二阶带通滤波器。该方法虽然属于"非教科书"的，但其硬件简单、数学明确。本节将阐述这两种方法。

这是LTC首次就我们的通用滤波器家族发布的一系列应用指南。该指南系列也附带讨论了由通用开关电容滤波器构建的陷波放大器、低通和高通滤波器。作为该指南的补充，本文将把带通滤波延伸到椭圆或柯尔形式。

本指南将首先展示一个已经完成的设计实例，然后提出设计方法，该方法依赖于传统的表格简化滤波器设计方法。

设计带通滤波器

表22.1所示的设计是为了让任何人都能设计巴特沃斯带通滤波器。我们先设计一个滤波器，然后在后文中再详细讨论该表。

例1：设计

如图22.1所示，一个四阶2kHz 的巴特沃斯带通滤波器需要3dB带宽和200Hz频率。

注意到（f_{0BP}/BW）=10/1，我们可以直接从表22.1中得到标准中心频率。从表22.1可知，低于四阶的巴特沃斯带通滤波器，可得（f_{0BP}/ BW）=10。

我们发现f_{01}=0.965和f_{02}=1.036（均标准化为f_{0BP}=1）。要找到我们想要的实际中心频率，必须乘上f_{0BP}=2kHz，得到f_{01}=1.930kHz和f_{02}=2.072kHz。

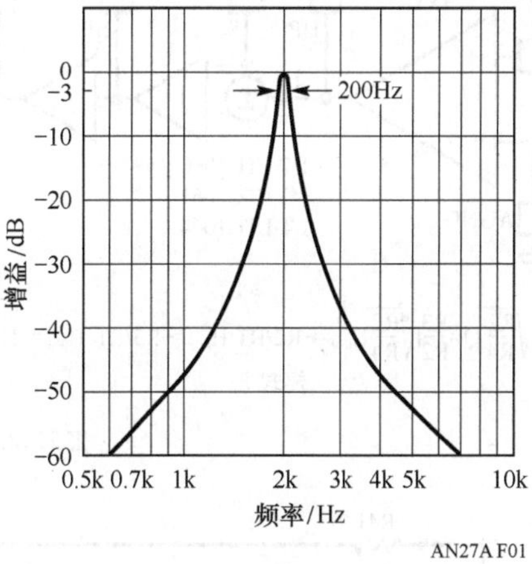

图22.1　四阶巴特沃斯带通滤波器，f_{0BP}=2kHz

从表22.1中可以直接得到Q_S为Q1=Q2=14.2。也可从该表得到K，这是每个单独带通增益H_{0BP}的乘积项。另一种解释为，K的取值是能使滤波器的总增益H在f_{0BP}处为1所需的增益值。下表中标明了滤波器参数。

f_{0BP}	f_{01}	f_{02}	Q_S	K
2kHz	1.93kHz	2.072kHz	Q1=Q2=14.2	2.03

硬件实现

通用的开关电容滤波器很容易实现。可以根据传统的可变状态滤波器拓扑结构来构建带通滤波器。图22.2显示了这种拓扑结构的两种实现方式：开关电容和有源运算放大器。其中，每个二阶节需要4个电阻。因此，需要8个电阻来建立该滤波器。

如图22.3所示，从两个二阶节开始（1 LTC1060，2/3 LTC1061或1/2 LTC1064）。

我们把电阻看作属于二阶节，所以$R1_X$属于x部分。因此，R12,R22,R33和R42都属于本例中的两个二阶节的第二位。

要求如下表所示。

节1	节2
f_{01}=1.93kHz	f_{02}=2.072kHz
Q1=14.2	Q2=14.2
H_{0BP1}=1	H_{0BP2}=2.03

注意：由于$H_{0bp1} \times H_{0bp2}=K$，所以选择$H_{0bp2}=2.03$。

在本例中，我们选择$f_0=\frac{f_{CLK}}{50}\sqrt{\frac{R2}{R4}}$模式，把50/100/

控制引脚固定连接到SCF芯片中一般为（5~7V）的V+上。我们选择100kHz作为时钟频率，并计算电阻值。选择最接近的1%电阻值，使用图22.3所示的拓扑结构和下表列出的电阻值，可以实现滤波器的设计。

R11=147kΩ	R12=71.5kΩ
R21=10kΩ	R22=10.7kΩ
R31=147kΩ	R32=147kΩ
R41=10.7kΩ	R42=10kΩ

设计工作已经完成。我们只需产生一个TTL或CMOS兼容的100kHz时钟，就能提供给开关电容滤波器时钟引脚，之后就可以运行该滤波器。

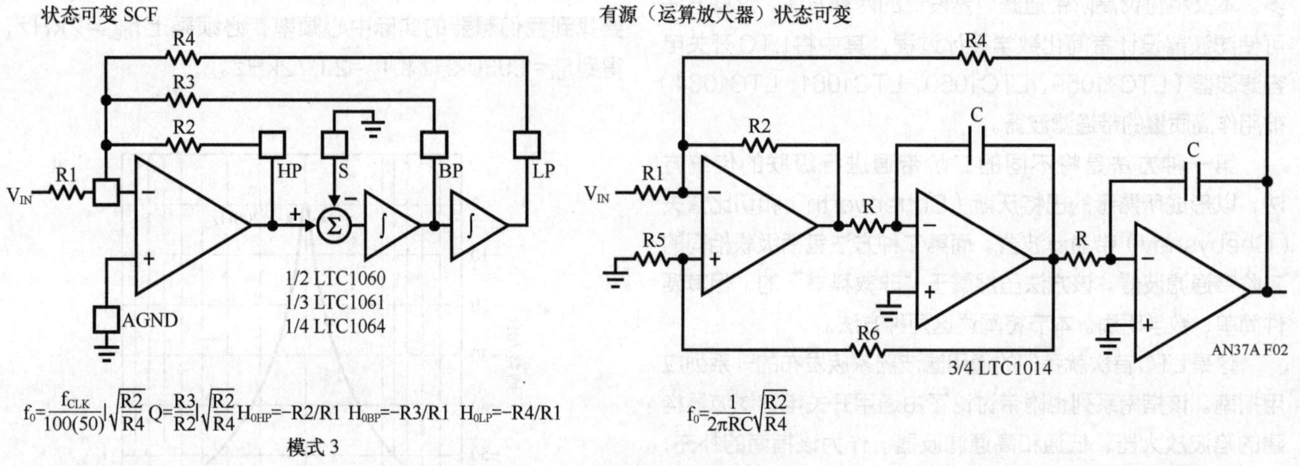

图22.2 开关电容vs有源RC可变状态拓扑

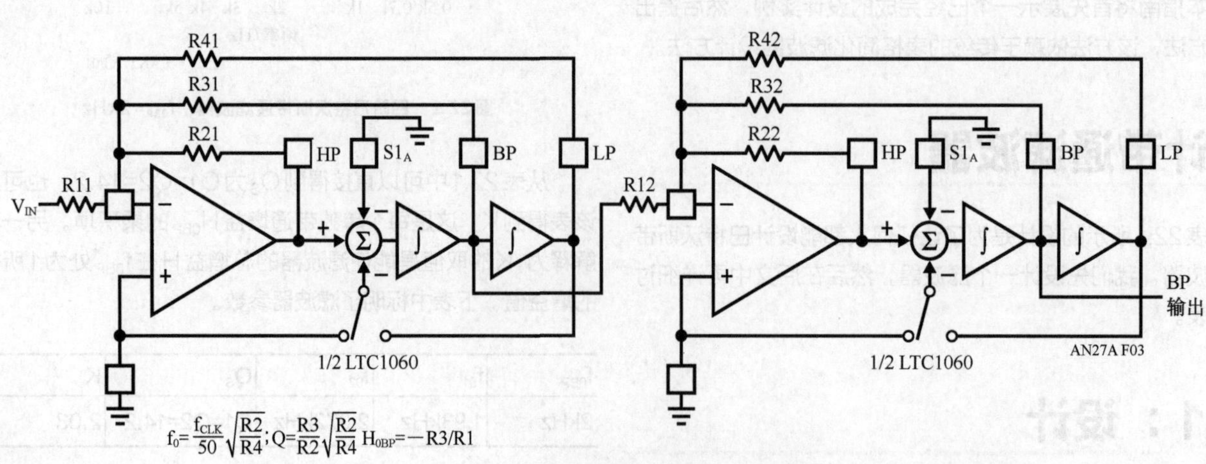

图22.3 两个二阶节级联形成四阶BP滤波器

设计带通滤波器——设计理论

传统上，带通滤波器的设计需要费力费时地计算。目前，经常使用各种个人或实验室计算机程序。无论哪能种情况，都涉及到了大量的时间或者金钱，之后的滤波器设计测试也是如此。

许多设计师都针对低Q、高Q和滤波器的选择性，研究了关于级联二阶带通的可行性。该方法非常适合于LTC系列开关电容滤波器（LTC1059,LTC1060,LTC1061和LTC1064）。一个具有非“A”部分的典型“模式1”的设计，时钟中心频率比的精度高于1%的设计，该设计只需要1%或更好容差的3个电阻。此外，在有源运算放大器状态可变的设计中，不需要使用昂贵、高精度的薄膜电容。

本文提出了一种设计带通滤波器的方法，该方法使用了LTC1059,LTC1060,LTC1061和LTC1064，这对于大多数设计师来说几天就可以完成。

级联相同的二阶带通节

当我们想要检测单频音调，同时不检测它附近的信号，可以直接使用二阶带通滤波器来完成。但是，有些情况下，二阶节无法实现所要求的特性（一般Q_S太高）。因此，我们希望在此探讨如何利用级联相同的二阶节构造成高Q带通滤波器。

对于二阶带通滤波器

$$Q=\frac{\sqrt{1-G^2}}{G}\times\frac{f/f_0}{\left|1-(f/f_0)^2\right|} \qquad (1)$$

其中Q是必要的滤波器的品质因数

f是应具有增益的滤波器频率，G用伏特/V表示。

f_0为滤波器的中心频率。单位增益假设在f_0。

例2：设计

我们希望设计一个二阶BP滤波器，该滤波器可以通过150Hz频率信号，并可对60Hz信号衰减50dB。从公式（1）可以计算出需要的Q值如下。

$$S_0\ ,Q=\frac{\sqrt{1-(3.162\times10^{-3})^2}}{3.162\times10^{-3}}\times\frac{60/150}{\left|1-(60/150)^2\right|}=150.7$$

极高Q值表明-3dB带宽为1Hz。

虽然通用开关电容滤波器可以实现这样的高Q_S，其中心频率精确度可达±0.3%，看上起已经很不错了，但要无增益误差地通过150Hz的信号来说是不够的。根据前面的方程，在150Hz的增益为1±26%；不过，对60Hz信号的抑制仍保持为-50dB。在图22.2中使用的模式3，可以通过调整电阻器R4，校正增益误差。如果只是寻求检测信号，增益误差是可以接受的。

通过级联两个相同的二阶带通节可以解决这种高Q值的问题。为实现高增益G，各二阶节在频率f处所需要的Q值如下。

$$Q=\frac{\sqrt{1-G}}{\sqrt{G}}\times\frac{f/f_0}{\left|1-(f/f_0)^2\right|} \qquad (2)$$

假设每一节带通都是单位增益。

为了实现60Hz的50dB衰减，同时还能通150Hz频率的信号，需要使用两个相同的二阶节。

根据公式（2），我们可以计算出二阶节所需的每一个Q值如下。

$$S_0\ ,Q=\frac{\sqrt{1-3.162\times10^{-3}}}{\sqrt{3.162\times10^{-3}}}\times\frac{60/150}{\left|1-(60/150)^2\right|}=8.5!!$$

两个相同的二阶节在中心频率f_0处都有着±0.3%潜在误差，从而在频率150Hz处的增益误差为1±0.26%。如果使用更低成本的2阶带通节（LTC1060和LTC1064的非“A”版本），它们在f_0处的容差为±0.8%，则150Hz处的增益误差为1±1.8%！这种优势在低Q值部分是明显的。

硬件实现

LTC1060,LTC1061,LTC1064的模式1操作

前文曾讨论过，我们把电阻器与每个二阶节关联起来，$R1_X$就属于X部分了。因此，图22.4中R12,R22和R23属于第二个两个二阶节。

如下所示，每一部分都有相同的要求：

$$f_{01}=f_{02}=150\text{Hz}$$
$$Q1=Q=8.5$$
$$H_{0BP1}=H_{0BP2}=1$$

注意，H_{0BP}项的乘积> 1，我们就可以从BP滤波器结构中获得增益（在滤波器本身的性能限制范围内）。

实例中我们使用了LTC1060，并使用公式$f_{01}=f_{02}=F_{CLK}/100$。所以我们输入15kHz时钟频率，并把50/100/HOLD引脚连接到供电电源中间点（接地得到±5V供电电压）。

我们可以使用两节工作在模式1的LTC1060滤波器来实现该滤波器的设计。模式1是开关电容滤波器的最快操作模式，它提供了低通、带通和陷波输出。

每个二阶节将工作大致如图22.5中的曲线（a）。

实现模式1非常简单，因为每个部分仅需3个电阻。由于我们级联的节是相同的，所以计算也很简单。

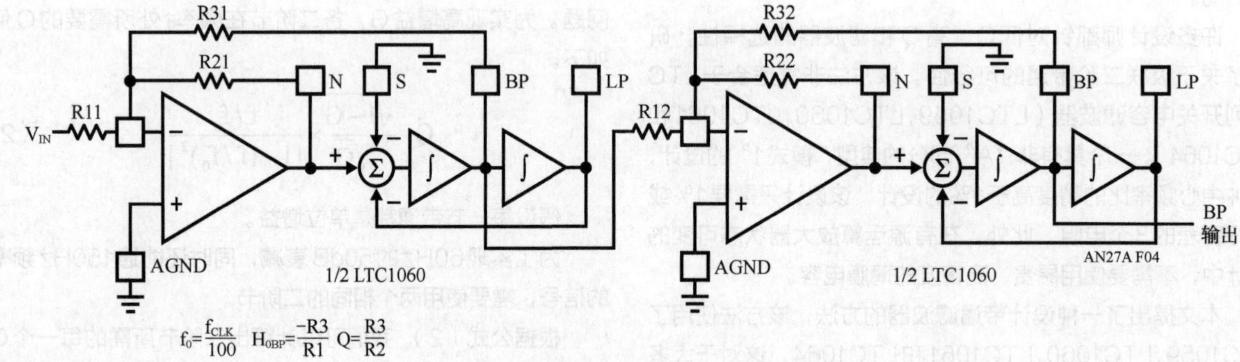

图22.4 工作在模式1的LTC1060 BP滤波器

我们可以使用图中所给公式计算出电阻值，然后选择1%的值。（注意，最低值是20kΩ）所要求的值如下。

R11=R12=169kΩ
R21=R22=20kΩ
R31=R32=169kΩ

这样，我们就完成了设计。级联两个二阶节与一个二阶切的性能比较如图22.5曲线（b）所示。不过，我们必须生成一个15kHz的TTL或CMOS时钟运行该滤波器。

LTC1060系列的模式2操作

如果没有可用的15kHz时钟源，我们可以使用模式2，它允许输入时钟频率小于50：1或100：1[f_{CLK}/f_0=50或100]。这仍取决于50/100/HOLD引脚的连接。

如果想用14.318MHz电视液晶振荡器来运行先前设计的滤波器，可以将频率除以1000，得到14.318kHz的时钟频率。然后再设置成如图22.6的模式2滤波器。

我们可以从公式中计算出电阻值，然后选择1%的值。所需的值如下。

R11,R12=162kΩ
R21,R22=20kΩ
R31,R32=162kΩ
R41,R42=205kΩ

级联两个以上相同的二阶BP节

如果将两个以上的相同带通节（二阶）级联，每一个部分的所需的Q值如下：

$$Q=\frac{\sqrt{1-G^{2/n}}}{G^{1/n}}\times\frac{(f/f_0)}{|1-(f/f_0)^2|} \tag{3}$$

其中，Q，G，f和f_0的定义同前，且n=级联的二阶数目。

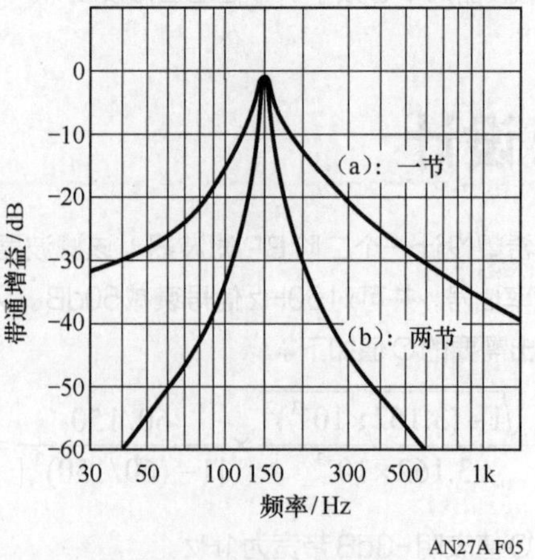

图22.5 级联两个二阶BP节以得到高Q响应

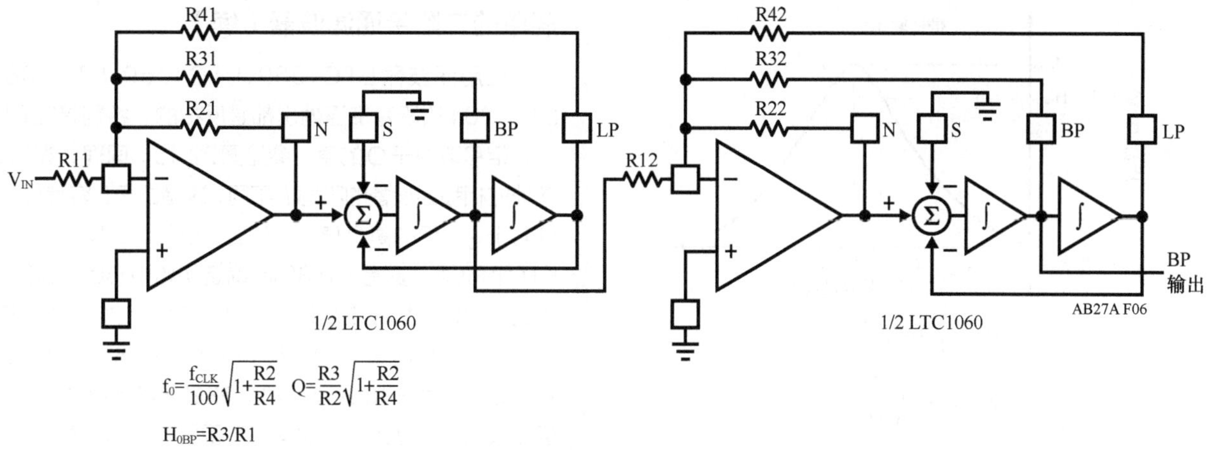

图22.6 工作在模式2的LTC1060 BP滤波器

整体带通滤波器的等效Q如下。

$$Q_{equiv}=\frac{Q_{(identical\ section)}}{\sqrt{(2^{1/n})-1}} \qquad (4)$$

图22.7所示为Q=2级联带通曲线，其中n是级联二阶的数目。

由上可知，两个和三个级联节可以取得不错的效果。级联四个或更多会增加了Q值，但增加速度不是很快。不过对于设计者来说，为实现高Q带通滤波器，级联相同节是简单有效的方法。

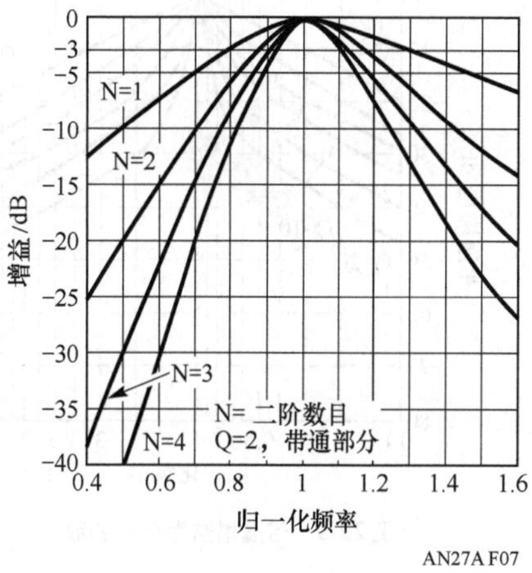

图22.7 n个级联的相同二阶带宽频率响应

简单的二阶带通滤波器增益和相位之间的关系

LTC1059、LTC1060、LTC1061和LTC1064的每个二阶滤波器的带通输出，都非常接近于理想的“教科书”滤波器增益和相位响应。

$$G=\frac{(H_{0BP})\times(ff_0)/Q}{\left[(f_0^2-f^2)^2+(ff_0/Q)^2\right]^{1/2}}$$

G=滤波器增益，单位为电压/V

f_0=滤波器的中心频率

Q=滤波器的品质因子

H_{0BP}=滤波器的最大电压增益发生在f_0

$\frac{f_0}{Q}$ = -3dB滤波器带宽

图22.8说明了上述定义。图22.9显示了不同Q值对应的带通增益G。当几个相同的二阶带通滤波器级联时，该图可用于估计滤波器的衰减。高Q值使滤波器更具选择性，但同时噪声也变大，更加难以实现。使用通用的开关电容滤波器LTC1059、LTC1060、LTC1061和LTC1064，很容易实现超过100的Q值，并且能保持低中心频率和低Q漂移，但从系统角度来看，这些都是不切实际的。

二阶带通滤波器相移 ϕ 为

$$\phi=\arctan\left[\left(\frac{f_0^2-f^2}{ff_0}\right)\times Q\right]$$

在f_0的相移为0°，或者，如果该滤波器是反相的，就是-180°。

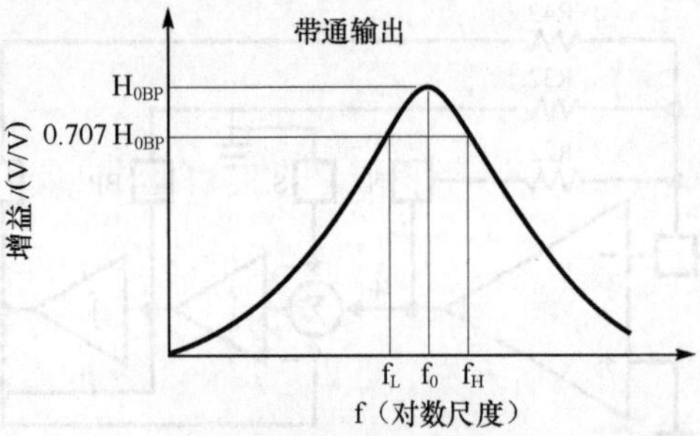

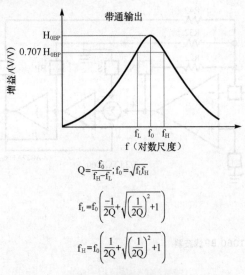

$$Q=\frac{f_0}{f_H-f_L};\ f_0=\sqrt{f_Lf_H}$$

$$f_L=f_0\left(\frac{-1}{2Q}+\sqrt{\left(\frac{1}{2Q}\right)^2+1}\right)$$

$$f_H=f_0\left(\frac{1}{2Q}+\sqrt{\left(\frac{1}{2Q}\right)^2+1}\right)$$

图22.8 带通滤波器参数

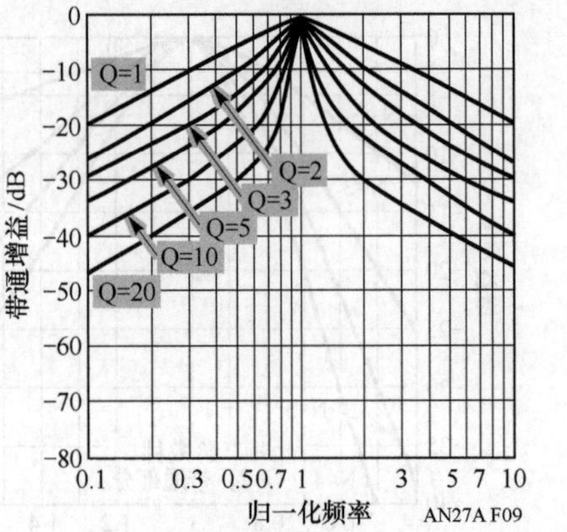

图22.9 带通增益为Q的函数

简单的二阶带通滤波器（续）

通用滤波器LTC1059、LTC1060、LTC1061和LTC1064的所有带通输出都是反相的。特别是在f_0的附近，相移取决于Q的值，参见图22.10。同理，在给定频率处的相移因设备的不同而不同，这是由于f_0容差导致的。这对于f_0附近的高Q值尤其如此。例如，二阶通用滤波器LTC1059A，具有±0.3%的确定初始中心频率容限。理想的f_0的理想相移应当为-180°。Q值为20，未调节时，理想f_0的最坏情况下的相移是-180°±6.8°。Q值为5的相移容差变为-180°±1.7°。在多通道系统中，使用带通滤波器相位匹配时，这些都是重要的考虑因素。通过比较，状态可变有源带通滤波器内置1%电阻器和1%的电容，中心频率波动可能为±2%，造成±2%的相位波动，Q=20时的相位波动为±33.8°，而Q=5时的相位波动为±11.4°。

恒定Q值和恒定带宽

一般滤波器的带通输出是“恒定Q”。例如，在模式1下的一个2阶带通滤波器工作时钟为100kHz（见LTC1060数据表），理想情况下具有1kHz或2kHz的中心频率，-3dB带宽为（f_0/Q）。当该时钟频率发生变化时，中心频率和带宽以相同的速率变化。在恒定带宽滤波器中，当中心频率变化时，Q相应地改变，以保持恒定（f_0/Q）的比率。用二阶开关电容滤波器可以实现恒定带宽的BP滤波器，它的具体实现超出了本文谈论的范围。

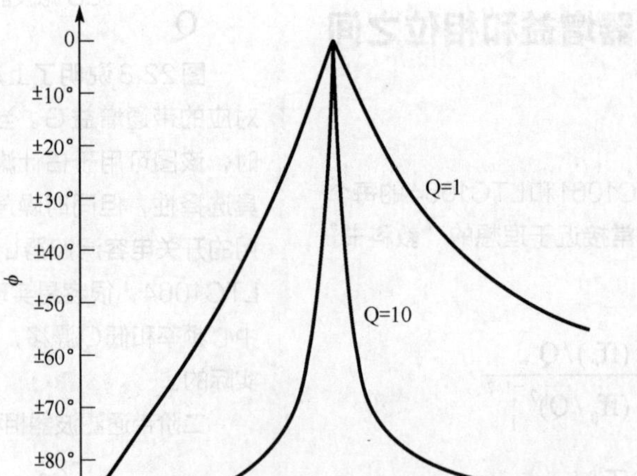

图22.10 二阶BP滤波器的相移Φ（LTC1059、1/2LTC1060、1/3LT1016）

使用表格

表22.1～表22.4源于教材中的滤波器理论。若Q值相对较低（<20）且调谐电阻至少有1%的容差，可以很容易将它们应用到LTC滤波器家族（LTC1059,LTC1060,LTC1061和LTC1064）。对于高Q值的实现，应避免调谐，而且必须明确LTC1059,LTC1060,LTC1061和LTC1064的“A”版本。另外，优于1%的电阻容差是必须的。

表22.1可用于查找巴特沃斯带通滤波器的极点位置以及Q值。需要注意的一点是，这些表格中的带通滤波器是关于中心频率f_{0BP}几何对称的。任意频率f_3，如图22.11所示，具有其几何对应的f_4：

$$f_4 = \frac{f_{0BP^2}}{f_3}$$

此外，表22.1阐述了频率f_3、f_5、f_7和f_9的衰减情况，对应于2、3、4和5倍带宽的通带（如图22.11所示）。这些值有助于用户选择良好的滤波器。

一个重要的近似不仅可以用于表22.1中的巴特沃斯滤波器，也能用于表22.2-22.4中的切比雪夫滤波器。把图22.11（或图22.12）作为广义的带通滤波器，其两个转角频率f_2和f_1于f_{0BP}几乎是算术对称的：

$$\frac{f_{0BP}}{BW} >> \frac{1}{2}, BW = f_2 - f_1$$

在这种条件下，无论是巴特沃斯还是切比雪夫带通滤波器都满足：

$$f_{0BP} \cong \frac{f_3 - f_4}{2} + f_3$$

$$f_{0BP} \cong \frac{f_5 - f_6}{2} + f_3$$

•

•

•

这适用于任何带宽BW，以及任何一组频率。由上述讨论可知，表格可以作为算术天平。

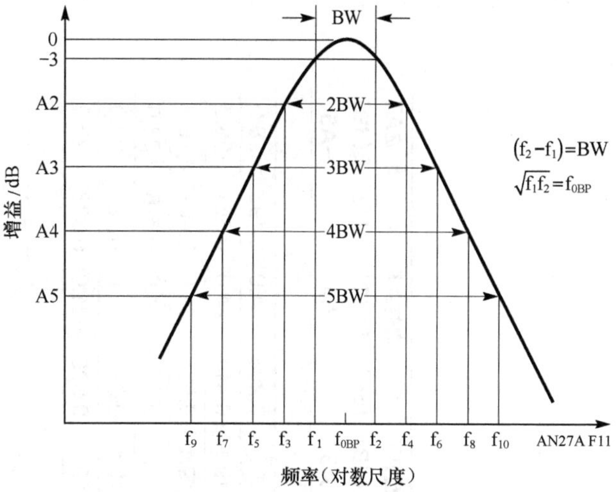

$$(f_1, f_2) = \frac{\pm BW + \sqrt{(BW)^2 + 4(f_{0BP})^2}}{2}$$

更一般地，$(f_X, f_{X+1}) = \frac{\pm nBW + \sqrt{(nBW)^2 + 4(f_{0BP})^2}}{2}$

对于任意（f_X，f_{X+1}），对任意带宽都有效

图22.11 广义带通巴特沃斯响应 （见表22.1）

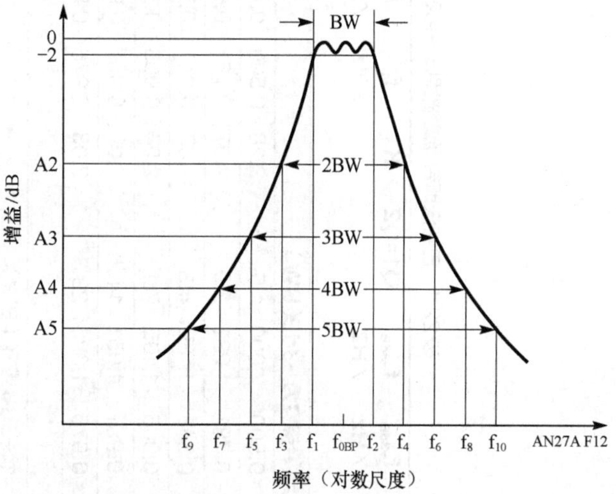

$\sqrt{f_4 f_3} = f_{0PB}$

$$(f_4, f_3) = \frac{\pm 2BW + \sqrt{(2BW)^2 + 4(f_{0PB})^2}}{2}$$

对于任意 (f_X, f_{X+1}) 对以及对应的带宽（2BW、3BW 等）

例如：

$$(f_6, f_5) = \frac{\pm 3BW + \sqrt{(3BW)^2 + 4(f_{0PB})^2}}{2}$$

图22.12 具有2dB带通纹波的广义4阶、6阶和8阶切比雪夫带通滤波器 （A_{MAX}）

表22.1　巴特沃斯带通滤波器归一化到f_{0BP}=1

f_{0BP} / Hz	f_{0BP}/ BW / Hz	f_{01} / Hz	f_{02} / HZ	f_{03} / Hz	f_{04} / HZ	f_{-3dB} / Hz	f_{-3dB} / HZ	Q1=Q2		K	f_1 / Hz	f_3 / Hz	增益AT f_3(dB) −A2	f5 / Hz	增益AT f_5(dB) −A3	f_7 (dB)	增益AT f_7(dB) −A4	f_9 / Hz	增益AT f_9(dB) −A5
4阶巴特沃斯带通滤波器归一化到其中心频率f_{0BP}=1、带宽为−3dB(BW)																			
1	1	0.693	1.442			0.500	2.000	1.5		2.28	0.500	0.414	−12.3	0.303	−19.1	0.236	−24.0	0.193	−28.0
1	2	0.836	1.195			0.781	1.281	2.9		2.07	0.781	0.618	−12.3	0.500	−19.1	0.414	−24.0	0.351	−28.0
1	3	0.885	1.125			0.847	1.180	4.3		2.07	0.847	0.721	−12.3	0.618	−19.1	0.535	−24.0	0.469	−28.0
1	5	0.932	1.073			0.905	1.105	7.1		2.04	0.905	0.820	−12.3	0.744	−19.1	0.677	−24.0	0.618	−28.0
1	10	0.965	1.036			0.951	1.051	14.2		2.03	0.951	0.905	−12.3	0.861	−19.1	0.820	−24.0	0.781	−28.0
1	20	0.982	1.018			0.975	1.025	28.3		2.03	0.975	0.951	−12.3	0.928	−19.1	0.905	−24.0	0.883	−28.0
六阶巴特沃斯带通滤波器归一化到其中心频率f_{0BP}=1、−3dB带宽（BW）																			
									Q3										
1	1	0.650	1.539	1.000		0.500	2.000	2.2	1.0	4.79	0.500	0.414	−18.2	0.303	−28.6	0.236	−36.1	0.193	−41.9
1	2	0.805	1.242	1.000		0.781	1.281	4.1	2.0	4.18	0.781	0.618	−18.2	0.500	−28.6	0.414	−36.1	0.351	−41.9
1	3	0.866	1.155	1.000		0.847	1.180	6.1	3.0	4.07	0.847	0.721	−18.2	0.618	−28.6	0.535	−36.1	0.469	−41.9
1	5	0.917	1.091	1.000		0.905	1.105	10.0	5.0	4.03	0.905	0.820	−18.2	0.744	−28.6	0.677	−36.1	0.618	−41.9
1	10	0.958	1.044	1.000		0.951	1.051	20.0	10.0	4.01	0.951	0.905	−18.2	0.861	−28.6	0.820	−36.1	0.781	−41.9
1	20	0.979	1.022	1.000		0.975	1.025	40.0	20.0	4.00	0.975	0.951	−18.2	0.928	−28.6	0.905	−36.1	0.883	−41.9
8阶巴特沃斯带通滤波器的归一化到其中心频率f_{0BP}=1、−3dB带宽（BW）																			
									Q3 =Q4										
1	1	0.809	1.237	0.636	1.574	0.500	2.000	1.1	2.9	10.14	0.500	0.414	−24.0	0.303	−38.0	0.236	−48.1	0.193	−55.8
1	2	0.907	1.103	0.795	1.259	0.781	1.281	2.2	5.4	8.48	0.781	0.618	−24.0	0.500	−38.0	0.414	−48.1	0.351	−55.8
1	3	0.938	1.066	0.858	1.166	0.847	1.180	3.3	7.9	8.15	0.847	0.721	−24.0	0.618	−38.0	0.535	−48.1	0.469	−55.8
1	5	0.962	1.039	0.912	1.097	0.905	1.105	5.4	13.1	8.05	0.905	0.820	−24.0	0.744	−38.0	0.677	−48.1	0.618	−55.8
1	10	0.981	1.019	0.955	1.047	0.951	1.051	10.8	26.2	8.00	0.951	0.905	−24.0	0.861	−38.0	0.820	−48.1	0.781	−55.8
1	20	0.990	1.010	0.977	1.023	0.975	1.025	21.6	52.3	8.00	0.975	0.951	−24.0	0.928	−38.0	0.905	−48.1	0.883	−55.8

表22.2　4阶切比雪夫带通滤波器归一到中心频率 $f_{0BP}=1$

f_{0BP} (Hz)	f_{0Bp}/BWi* (Hz)	f_{01} (Hz)	f_{02} (HZ)	f_{0Bp}/BW2** (Hz)	f_{-3dB} (Hz)	f_{-3dB} (HZ)	Q1=Q2	K	f_1 (Hz)	f_3 (Hz)	增益T f_3(dB) −A2	f_5 (Hz)	增益AT f_5(dB) −A3	f_7 (Hz)	增益AT f_7(dB) −A4	f_9 (Hz)	增益AT f_9(dB) −A5
通带纹波 A_{MAX}=0.1dB																	
1	1	0.488	2.050	0.52	0.423	2.364	1.1	3.81	0.500	0.414	−3.2	0.303	−08.7	0.236	−13.6	0.193	−17.4
1	2	0.703	1.422	1.03	0.626	1.597	1.8	2.66	0.781	0.618	−3.2	0.500	−08.7	0.414	−13.6	0.351	−17.4
1	3	0.793	1.261	1.54	0.727	1.375	2.6	2.48	0.847	0.721	−3.2	0.618	−08.7	0.535	−13.6	0.469	−17.4
1	5	0.871	1.148	2.58	0.825	1.213	4.3	2.38	0.905	0.820	−3.2	0.744	−08.7	0.677	−13.6	0.618	−17.4
1	10	0.933	1.071	5.15	0.908	1.102	8.5	2.38	0.951	0.905	−3.2	0.861	−08.7	0.820	−13.6	0.781	−17.4
1	20	0.966	1.035	10.31	0.953	1.050	16.9	2.37	0.975	0.951	−3.2	0.928	−08.7	0.905	−13.6	0.883	−17.4
通带纹波 A_{MAX}=0.5dB																	
1	1	0.602	1.660	0.72	0.523	1.912	1.6	3.80	0.500	0.414	−7.9	0.303	−15.0	0.236	−20.2	0.193	−24.1
1	2	0.777	1.287	1.44	0.711	1.406	2.9	3.17	0.781	0.618	−7.9	0.500	−15.0	0.414	−20.2	0.351	−24.1
1	3	0.845	1.182	2.16	0.795	1.258	4.3	3.07	0.847	0.721	−7.9	0.618	−15.0	0.535	−20.2	0.469	−24.1
1	5	0.904	1.106	3.60	0.871	1.149	7.1	3.03	0.905	0.820	−7.9	0.744	−15.0	0.677	−20.2	0.618	−24.1
1	10	0.951	1.051	7.19	0.933	1.072	14.1	2.98	0.951	0.905	−7.9	0.861	−15.0	0.820	−20.2	0.781	−24.1
1	20	0.975	1.025	14.49	0.966	1.035	28.1	2.97	0.975	0.951	−7.9	0.928	−15.0	0.905	−20.2	0.883	−24.1
通带纹波 A_{MAX}=1.0dB																	
1	1	0.639	1.564	0.82	0.562	1.779	2.0	4.42	0.500	0.414	−10.3	0.303	−17.7	0.236	−23.0	0.193	−27.0
1	2	0.799	1.251	1.64	0.741	1.349	3.7	3.85	0.781	0.618	−10.3	0.500	−17.7	0.414	−23.0	0.351	−27.0
1	3	0.861	1.161	2.47	0.818	1.223	5.5	3.76	0.847	0.721	−10.3	0.618	−17.7	0.535	−23.0	0.469	−27.0
1	5	0.914	1.094	4.12	0.886	1.129	9.2	3.71	0.905	0.820	−10.3	0.744	−17.7	0.677	−23.0	0.618	−27.0
1	10	0.956	1.046	8.20	0.941	1.063	18.2	3.70	0.951	0.905	−10.3	0.861	−17.7	0.820	−23.0	0.781	−27.0
1	20	0.978	1.022	16.39	0.970	1.031	36.5	3.63	0.975	0.951	−10.3	0.928	−17.7	0.905	−23.0	0.883	−27.0
通带纹波 A_{MAX}=2.0dB																	
1	1	0.668	1.496	0.93	0.598	1.672	2.7	6.00	0.500	0.414	−12.7	0.303	−20.3	0.236	−25.5	0.193	−29.5
1	2	0.816	1.225	1.86	0.767	1.304	5.1	5.30	0.781	0.618	−12.7	0.500	−20.3	0.414	−25.5	0.351	−29.5
1	3	0.873	1.145	2.79	0.837	1.195	7.5	5.22	0.847	0.721	−12.7	0.618	−20.3	0.535	−25.5	0.469	−29.5
1	5	0.922	1.085	4.65	0.898	1.113	12.5	5.13	0.905	0.820	−12.7	0.744	−20.3	0.677	−25.5	0.618	−29.5
1	10	0.960	1.041	9.35	0.948	1.055	24.9	5.13	0.951	0.905	−12.7	0.861	−20.3	0.820	−25.5	0.781	−29.5
1	20	0.980	1.021	18.87	0.974	1.027	49.8	5.07	0.975	0.951	−12.7	0.928	−20.3	0.905	−25.5	0.883	−29.5

* f_{0BP}/BW_i：带通滤波器中心频率与滤波器带宽波动的比值。

** f_{0BP}/BW_2：带通滤波器中心频率与−3dB滤波器带宽的比值。

表22.3 6阶切比雪夫带通滤波器归一化其中心频率 $f_{0Bp}=1$

f_{0Bp} (Hz)	f_{0Bp}/BW1* (Hz)	f_{01} (Hz)	f_{02} (HZ)	f_{03} (Hz)	f_{0BP}/BW2** (Hz)	f_{-3dB} (HZ)	f_{-3dB} (HZ)	Q1=Q2	Q=3	K	f_1 (Hz)	f_3 (Hz)	增益AT f_3(dB) −A2	f_5 (Hz)	增益AT f_5(dB) −A3	f_7 (Hz)	增益AT f_7(dB) −A4	f_g (Hz)	增益AT f_g(dB) −A5
通带纹波 A_{MAX}=0.1dB																			
1	1	0.558	1.791	1.000	0.72	0.523	1.912	2.4	1.0	9.9	0.500	0.414	−12.2	0.303	−23.6	0.236	−31.4	0.193	−37.3
1	2	0.741	1.349	1.000	1.44	0.711	1.406	4.3	2.1	7.9	0.781	0.618	−12.2	0.500	−23.6	0.414	−31.4	0.351	−37.3
1	3	0.818	1.222	1.000	2.16	0.795	1.258	6.3	3.1	7.5	0.847	0.721	−12.2	0.618	−23.6	0.535	−31.4	0.469	−37.3
1	5	0.886	1.128	1.000	3.60	0.871	1.149	10.4	5.2	7.4	0.905	0.820	−12.2	0.744	−23.6	0.677	−31.4	0.618	−37.3
1	10	0.941	1.062	1.000	7.19	0.933	1.072	20.6	10.3	7.3	0.951	0.905	−12.2	0.861	−23.6	0.820	−31.4	0.781	−37.3
1	20	0.970	1.030	1.000	14.49	0.966	1.035	41.3	20.6	7.3	0.975	0.951	−12.2	0.928	−23.6	0.905	−31.4	0.883	−37.3
通带纹波 A_{MAX}=0.5dB																			
1	1	0.609	1.641	1.000	0.86	0.574	1.741	3.6	1.6	14.8	0.500	0.414	−19.2	0.303	−30.8	0.236	−38.6	0.193	−44.5
1	2	0.776	1.288	1.000	1.72	0.750	1.333	6.6	3.2	12.5	0.781	0.618	−19.2	0.500	−30.8	0.414	−38.6	0.351	−44.5
1	3	0.844	1.185	1.000	2.57	0.824	1.213	9.7	4.8	12.0	0.847	0.721	−19.2	0.618	−30.8	0.535	−38.6	0.469	−44.5
1	5	0.903	1.107	1.000	4.29	0.890	1.123	16.1	8.0	11.8	0.905	0.820	−19.2	0.744	−30.8	0.677	−38.6	0.618	−44.5
1	10	0.950	1.052	1.000	8.55	0.943	1.060	32.0	16.0	11.8	0.951	0.905	−19.2	0.861	−30.8	0.820	−38.6	0.781	−44.5
1	20	0.975	1.026	1.000	16.95	0.971	1.030	63.8	32.0	11.4	0.975	0.951	−19.2	0.928	−30.8	0.905	−38.6	0.883	−44.5
通带纹波 A_{MAX}=1.0dB																			
1	1	0.626	1.598	1.000	0.91	0.593	1.687	4.5	2.0	20.1	0.500	0.414	−22.5	0.303	−34.0	0.236	−41.9	0.193	−47.8
1	2	0.787	1.271	1.000	1.83	0.763	1.310	8.3	4.1	17.1	0.781	0.618	−22.5	0.500	−34.0	0.414	−41.9	0.351	−47.8
1	3	0.852	1.174	1.000	2.74	0.834	1.199	12.3	6.1	16.7	0.847	0.721	−22.5	0.618	−34.0	0.535	−41.9	0.469	−47.8
1	5	0.908	1.101	1.000	4.59	0.897	1.115	20.3	10.1	16.4	0.905	0.820	−22.5	0.744	−34.0	0.677	−41.9	0.618	−47.8
1	10	0.953	1.050	1.000	9.17	0.947	1.056	40.5	20.2	16.4	0.951	0.905	−22.5	0.861	−34.0	0.820	−41.9	0.781	−47.8
1	20	0.976	1.024	1.000	18.18	0.973	1.028	81.0	40.5	16.4	0.975	0.951	−22.5	0.928	−34.0	0.905	−41.9	0.883	−47.8
通带纹波 A_{MAX}=2.0dB																			
1	1	0.639	1.565	1.000	0.97	0.609	1.642	6.0	2.7	31.7	0.500	0.414	−26.0	0.303	−37.5	0.236	−45.4	0.193	−51.3
1	2	0.795	1.257	1.000	1.94	0.775	1.291	11.1	5.4	27.4	0.781	0.618	−26.0	0.500	−37.5	0.414	−45.4	0.351	−51.3
1	3	0.858	1.165	1.000	2.91	0.843	1.187	16.5	8.1	26.7	0.847	0.721	−26.0	0.618	−37.5	0.535	−45.4	0.469	−51.3
1	5	0.912	1.096	1.000	4.83	0.902	1.109	27.2	13.6	26.2	0.905	0.820	−26.0	0.744	−37.5	0.677	−45.4	0.618	−51.3
1	10	0.955	1.047	1.000	9.71	0.950	1.053	54.3	27.1	26.0	0.951	0.905	−26.0	0.861	−37.5	0.820	−45.4	0.781	−51.3
1	20	0.977	1.023	1.000	19.61	0.975	1.026	108.5	54.2	26.0	0.975	0.951	−26.0	0.928	−37.5	0.905	−45.4	0.883	−51.3

* f_{0BP}/BW_i：带通滤波器中心频率与滤波器带宽纹波的比值。

** f_{0BP}/BW_2：带通滤波器中心频率与−3dB滤波器带宽的比值。

表22.4 8阶切比雪夫带通滤波器归以到中心频率 $f_{0BP}=1$

f_{0Bp} (Hz)	f_{0Bp} /BW1* (Hz)	f_{01} (Hz)	f_{02} (HZ)	f_{03} (Hz)	f_{04} (Hz)	f_{0BP} /BW2** (Hz)	f_{-3dB} (HZ)	f_{-3dB} (HZ)	Q1=Q2	Q3=Q4	K	f_1 (Hz)	f_3 (Hz)	增益AT f_3(dB) −A2	f_5 (Hz)	增益AT f_5(dB) −A3	f_7 (Hz)	增益AT f_7(dB) −A4	f_g (Hz)	增益AT f_g(dB) −A5
通带纹波AMAX=0.1dB																				
1	1	0.785	1.274	0.584	1.713	0.82	0.563	1.776	1.6	4.4	40.6	0.500	0.414	−23.4	0.303	−38.8	0.236	−49.3	0.193	−57.1
1	2	0.889	1.125	0.757	1.320	1.65	0.742	1.348	3.2	7.9	32.1	0.781	0.618	−23.4	0.500	−38.8	0.414	−49.3	0.351	−57.1
1	3	0.925	1.081	0.830	1.204	2.48	0.818	1.222	4.7	11.6	30.5	0.847	0.721	−23.4	0.618	−38.8	0.535	−49.3	0.469	−57.1
1	5	0.954	1.048	0.894	1.118	4.12	0.886	1.129	7.9	19.1	29.9	0.905	0.820	−23.4	0.744	−38.8	0.677	−49.3	0.618	−57.1
1	10	0.977	1.023	0.945	1.058	8.20	0.941	1.063	15.7	37.9	29.8	0.951	0.905	−23.4	0.861	−38.8	0.820	−49.3	0.781	−57.1
1	20	0.988	1.012	0.972	1.028	16.39	0.970	1.031	31.4	75.7	29.8	0.975	0.951	−23.4	0.928	−38.8	0.905	−49.3	0.883	−57.1
通带纹波 A_{MAX}=0.5dB																				
1	1	0.808	1.238	0.613	1.632	0.91	0.593	1.686	2.4	6.4	90.1	0.500	0.414	−30.2	0.303	−45.5	0.236	−56.0	0.193	−63.9
1	2	0.900	1.111	0.777	1.286	1.83	0.763	1.310	4.8	11.8	74.3	0.781	0.618	−30.2	0.500	−45.5	0.414	−56.0	0.351	−63.9
1	3	0.932	1.073	0.845	1.183	2.74	0.834	1.199	7.1	17.4	71.5	0.847	0.721	−30.2	0.618	−45.5	0.535	−56.0	0.469	−63.9
1	5	0.959	1.043	0.903	1.107	4.59	0.897	1.115	11.8	28.7	70.0	0.905	0.820	−30.2	0.744	−45.5	0.677	−56.0	0.618	−63.9
1	10	0.979	1.021	0.950	1.052	9.17	0.947	1.056	23.6	57.1	70.0	0.951	0.905	−30.2	0.861	−45.5	0.820	−56.0	0.781	−63.9
1	20	0.989	1.010	0.975	1.026	18.18	0.973	1.028	47.2	114.0	70.0	0.975	0.951	−30.2	0.928	−45.5	0.905	−56.0	0.883	−63.9
通带纹波 A_{MAX}=1.0dB																				
1	1	0.814	1.228	0.622	1.607	0.95	0.604	1.656	3.0	8.0	162.8	0.500	0.414	−32.9	0.303	−48.3	0.236	−58.8	0.193	−66.6
1	2	0.903	1.107	0.784	1.275	1.90	0.771	1.297	6.0	14.8	133.2	0.781	0.618	−32.9	0.500	−48.3	0.414	−58.8	0.351	−66.6
1	3	0.934	1.070	0.850	1.177	2.85	0.840	1.191	8.9	21.8	128.1	0.847	0.721	−32.9	0.618	−48.3	0.535	−58.8	0.469	−66.6
1	5	0.960	1.041	0.906	1.103	4.74	0.900	1.111	14.9	36.0	127.7	0.905	0.820	−32.9	0.744	−48.3	0.677	−58.8	0.618	−66.6
1	10	0.980	1.020	0.952	1.050	9.52	0.949	1.054	29.7	71.7	124.0	0.951	0.905	−32.9	0.861	−48.3	0.820	−58.8	0.781	−66.6
1	20	0.990	1.010	0.976	1.025	18.87	0.974	1.027	59.4	143.0	120.0	0.975	0.951	−32.9	0.928	−48.3	0.905	−58.8	0.883	−66.6
通带纹波 A_{MAX}=2.0dB																				
1	1	0.820	1.220	0.629	1.589	0.98	0.613	1.631	4.0	10.6	374.8	0.500	0.414	−35.4	0.303	−50.8	0.236	−61.3	0.193	−69.2
1	2	0.905	1.104	0.789	1.268	1.96	0.777	1.287	7.9	19.6	312.6	0.781	0.618	−35.4	0.500	−50.8	0.414	−61.3	0.351	−69.2
1	3	0.936	1.068	0.853	1.172	2.95	0.845	1.184	11.9	29.0	302.0	0.847	0.721	−35.4	0.618	−50.8	0.535	−61.3	0.469	−69.2
1	5	0.961	1.040	0.909	1.100	4.90	0.903	1.107	19.7	47.9	302.0	0.905	0.820	−35.4	0.744	−50.8	0.677	−61.3	0.618	−69.2
1	10	0.980	1.020	0.953	1.049	9.80	0.950	1.052	39.5	95.4	302.0	0.951	0.905	−35.4	0.861	−50.8	0.820	−61.3	0.781	−69.2
1	20	0.990	1.010	0.976	1.024	19.61	0.975	1.026	79.0	190.0	302.0	0.975	0.951	−35.4	0.928	−50.8	0.905	−61.3	0.883	−69.2

* f_{0BP}/BW_i：带通滤波器中心频率与滤波器带宽波动的比值。

** f_{0BP}/BW_2：带通滤波器中心频率与−3dB滤波器带宽的比值。

选择切比雪夫还是巴特沃斯？——系统设计师的困惑

滤波器设计者或者说数学家对以下术语非常熟悉。

$$K_C = \tanh A$$

$$A = \frac{1}{n}\cosh^{-1}\frac{1}{\epsilon}$$

波纹带宽 = 1/cosh A, A_{dB}=10log[1+ϵ^2($C_n{}^2(\Omega)$)]。

对于系统设计人员来说这都是官话（不要与flooby dust混淆）。系统设计人员习惯于-3dB带宽，可能更习惯于使用巴特沃斯滤波器，因为他们有宝贵的-3dB带宽。但是规格只是规格，巴特沃斯带通滤波器也仅是在规格方面较好。切比雪夫带通滤波器权衡通带纹波，从而可使较为陡峭的滚降变得平稳。更多纹波则传输到更高“Q”的滤波器。有时候，系统设计师对于滤波器设计师的痛苦是可以容忍的。

表22.1～表22.4是独一无二的（我们这样认为），因为它们能为系统设计者提供-3dB带宽的切比雪夫滤波器。不过，如果连波纹带宽都没有解释，我们就会误解切比雪夫先生。

图22.13显示了切比雪夫带通滤波器在靠近通带频率时的情况。

从图中可以清楚地看出，波纹带宽（f1波纹-f2波纹）是带通的能带，其中波纹小于或等于特定值（R_{dB}）。由图可见，-3dB带宽大于波纹带宽，可能会给系统设计者产生混淆。

表22.1～表22.4允许系统设计人员使用-3dB带宽来设计切比雪夫BP滤波器。切比雪夫逼近理想的BP滤波器，在截止频率附近时，或许能超过巴特沃斯滤波器。

现在，你可以使用切比雪夫滤波器进行设计了！

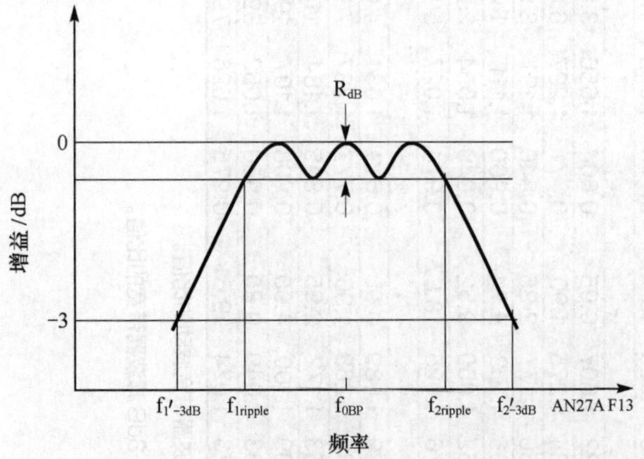

图22.13 典型切比雪夫BP滤波器——近似于带通

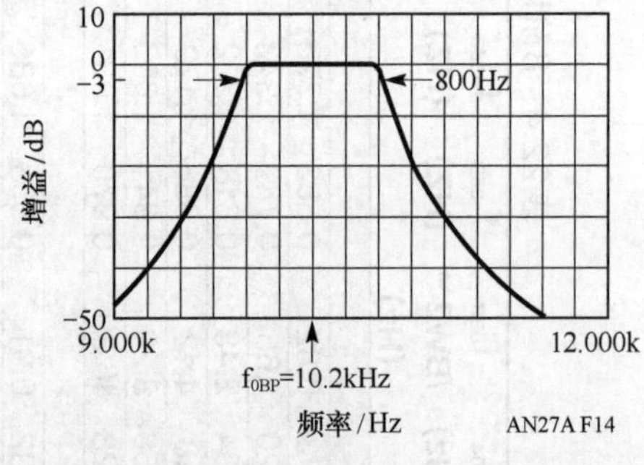

图22.14 例三：8阶切比雪夫BP滤波器，f_{0BP}=10.2kHz, BW=800Hz

例3：设计

使用表22.4来设计一个8阶全极点切比雪夫带通滤波器，其中心频率f_{0BP}=10.2kHz，-3dB带宽为800Hz，如图22.14所示。

我们选择A_{max}=0.1dB，可以进行如下计算。

$$\frac{f_{0BP}}{f_{BW(-3dB)}} = \frac{10.2\text{kHz}}{800\text{Hz}} = 12.75$$

现在，我们可以从表22.4中提取出以下行信息。

f_{0BP}	f_{0BP}/BW_1	f_{01}(Hz)	f_{02}(Hz)	f_{03}(Hz)	f_{04}(Hz)	f_{0BP}/BW_2	Q1=Q2	Q3=Q4	K
1	10	0.977	1.023	0.945	1.058	8.20	15.7	37.9	29.8

带宽比f_{0BP}/BW_2没有精确对应图表中某一行，不过它处于两线之间，所以必须进行算术扩展，以获得所需的设计参数。f_{0BP}/BW_2比率在8.2和16.39之间。（记住，这是-3dB带宽！）

由于对称的带通滤波器的极点关于f_{0BP}对称，所以

$$(f_{02}-f_{01})=(1.023-0.977)\times10.2\text{kHz}\times\left(\frac{8.2}{12.75}\right)=302\text{Hz}$$

注意：$\left(\frac{8.2}{12.75}\right)=\frac{f_{0BP}}{BW}$比例因子。

所以，前两个极点关于f_0对称（10.2kHz），相距302Hz，有

$$f_{02}=10200\text{Hz}+302\text{Hz}/2=10351\text{Hz}$$
$$f_{01}=10200\text{Hz}-302\text{Hz}/2=10049\text{Hz}$$

这两个极点的Q值相等的，并进行了比例变换，即

$$Q1=Q2=15.7\times\frac{12.75}{8.2}=24.4$$

另外两个极点计算如下

$$(f_{04}-f_{03})=(1.058-0.945)\times10.2\text{kHz}\times\frac{8.2}{12.75}=741\text{Hz}$$

$$f_{03}=10200\text{Hz}-741\text{Hz}/2=9830\text{Hz}$$
$$f_{04}=10200\text{Hz}+741\text{Hz}/2=10571\text{Hz}$$

Q值为

$$Q3=Q4=37.9\times\frac{12.75}{8.2}=58.9$$

任何滤波器难以实现这种大小的Q值。滤波器设计者努力使Q值不超过20，而在20kHz以上频率时，Q值或许不大于10。在这个例子中，K没有进行比例变换，从表22.4中可知K值将等于29.8。

例3：频率响应的估计

滤波器设计者可以使用表22.4（以及表22.1～表22.3），以获得带通滤波器整体形状的最佳近似值。参考图22.12的切比雪夫滤波器，我们可以用图表来找到f_3，f_5，f_7…。这些频率规定频带边缘为2，3，4，…乘以切比雪夫滤波器的纹波带宽。

例3中指定的10.2kHz的带通滤波器具有800Hz频率，-3dB带宽。如果接受该设计，我们的任务是将-3dB带宽转换为滤波器的纹波带宽，这样我们就可能使用表。

回顾先前的公式如下所示。

$\frac{f_{0BP}}{BW_{2(-3dB)}}=12.75$，以及$f_{0BP}=1$，

（因为所有的表都是标准的），我们可以计算BW_2（-3dB）=0.784。

对照表22.4，得到A_{MAX}=0.1dB。注意到

$$\frac{f_{0BP}}{BW_{1(\text{ripple})}}\cong\frac{f_{0BP}}{BW_{2(-3dB)}}\times(\text{比例因子})$$

对A_{MAX}=0.1dB，8阶切比雪夫滤波器，这个因素约为0.82。其他阶的滤波器，对于不同的A_{MAX}值，可以在表中查找相应的值来找到比例因子。

因此，我们的纹波带宽是

$$BW_{2(-3dB)}\times(\text{比例因子})=BW_{1(\text{纹波})}$$
$$.0784\times0.82=.0643$$

现在，我们可以计算出f_3、f_5、f_7…。注意我们一旦找出了f_3、f_5、f_7…，就不用再理会滤波器中的位置。该滤波器的带宽决定了f_3、f_5、f_7…。而一旦我们知道这些频率，我们可以直接得到这些频率的增益。

由式

$$(f_x,f_{x+1})+\frac{\pm nBW+\sqrt{(nBW)^2+4(f_{0BP})^2}}{2}$$

（在本例中f_{0BP}=1）

继续计算有

$$2BW=.1286\frac{\pm2BW+\sqrt{(.1286)^2+4}}{2}=1.0664,0.9378$$

$$3BW=.1929\frac{\pm3BW+\sqrt{(1929)^2+4}}{2}=1.1011,0.9082$$

那么我们就可以非规范化找到Bode曲线为

$$(f_3,f_4)=0.9378\times f_{0BP}=0.9378\times10.2\text{kHz}=9.566\text{kHz}$$
$$1.0664\times f_{0BP}=1.0664\times10.2\text{kHz}=10.877\text{kHz}$$

对f_3和f_4，增益均为-23.4dB

$$(f_5,f_6)=0.9082\times f_{0BP}=0.9082\times10.2\text{kHz}=9.264\text{kHz}$$
$$1.1011\times f_{0BP}=1.1011\times10.2\text{kHz}=11.231\text{kHz}$$

对f_5和f_6，增益均为-23.4dB

例3：实施

中心频率为10.2kHz(f_{0BP})的8阶带通滤波器，可以用LTC1064A来实现，其中三节工作在模式2，一节工作在模式3。在图22.15和图22.16中简要展现了该实现过程，没有给出计算过程，不过，它与先前例1和例2中的硬件实现相仿。

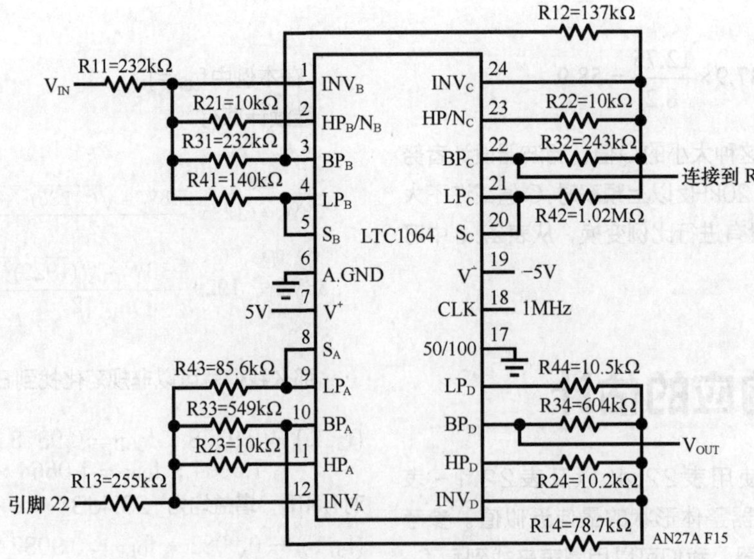

图22.15 实现10.2kHz中心频率的8阶带通滤波器时LTC1064的引脚连接

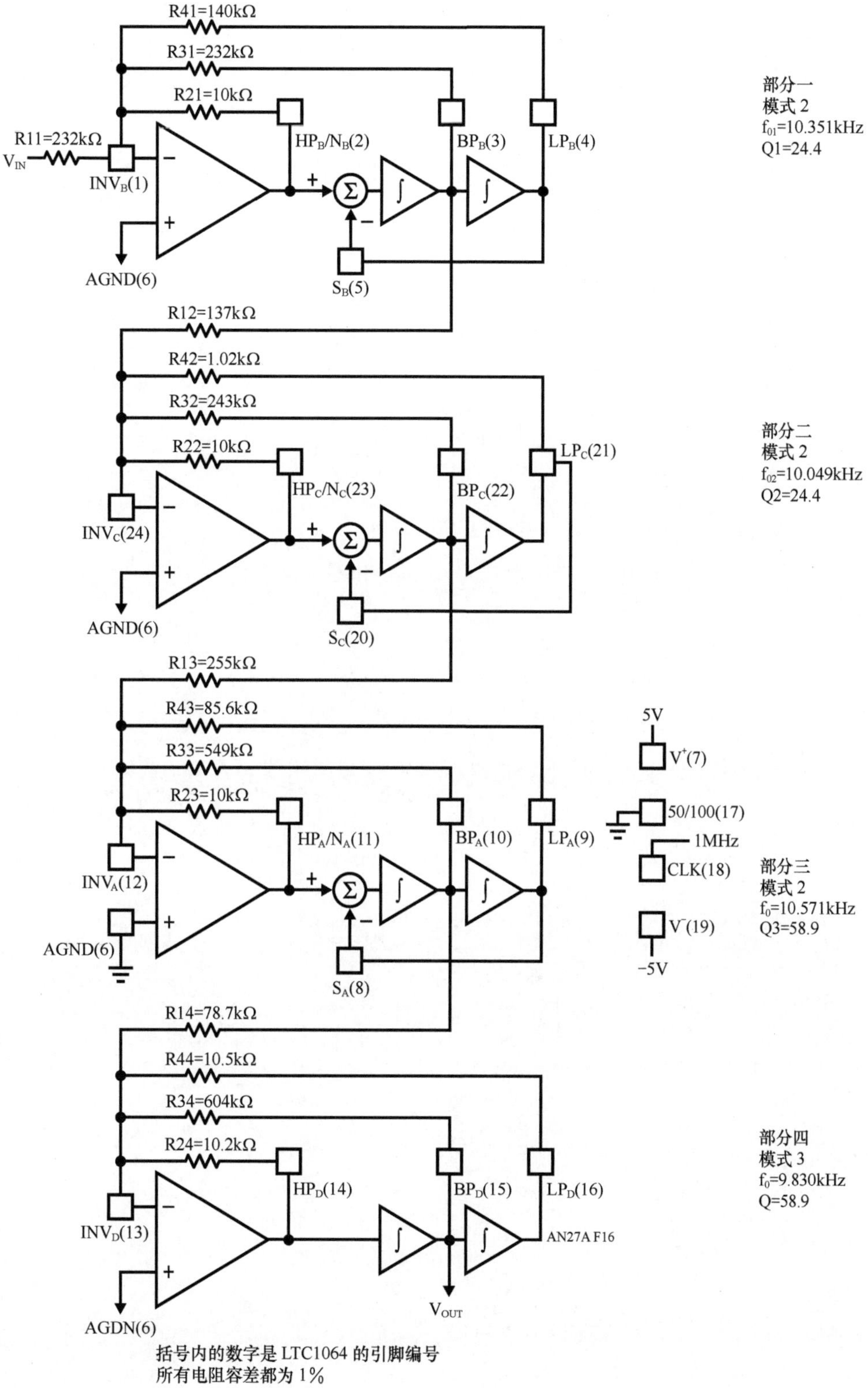

图22.16　10.2kHz频率的8阶带通滤波器的实现。每节LTC1064的具体连接

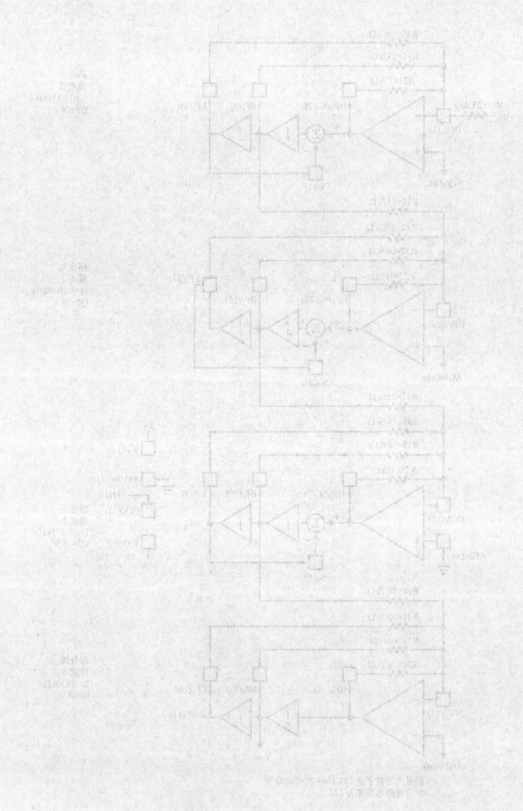

FilterCAD用户手册，版本1.10

23

什么是FilterCAD?

FilterCAD（计算机辅助滤波器设计）的目的是帮助不是特别擅长滤波器设计的用户，以最小的努力设计良好的滤波器。它也可以帮助经验丰富的滤波器设计者，为各器件选用不同值以及不同结构，进行“假如”这样将得到什么结果的推演。

用FilterCAD，你可以设计任何四大滤波器类型（低通、高通、带通和带阻），用巴特沃斯、切比雪夫、椭圆或定制设计的响应特性（贝塞尔滤波器可以通过手动输入极和Q值来实现，但FilterCAD在这个版本下，不能合成贝塞尔响应）。FilterCAD仅限于可以通过级联状态可变二阶节来进行设计。FilterCAD可以绘制振幅、相位和群延迟曲线图，选择合适的设备和模式，并计算电阻值。设备选型、串联顺序和模式可以由用户进行编辑。

许可协议/免责声明

为了感谢长久以来广大客户对凌力尔特产品的支持，凌力尔特公司特推出了FilterCAD。该工具仅授权与凌力尔特产品一起使用。该程序没有复制限制，你可以根据自己需要自行复制，但是不得随意修改程序，并说明复制的目的是为了与凌力尔特公司的产品一起使用。

虽然我们已经尽了最大努力来确保FilterCAD能以本手册中描述的方式工作，但是我们不保证操作无差错。升级、变动或修改该程序必须严格按照凌力尔特公司的规定。如果你遇到安装或操作FilterCAD的问题，你可以在周一到周五，美国西部标准时间，上午8:00至下午5:00的时间段致电我们的应用部门（408）432-1900寻求技术支持。由于操作系统版本种类繁多，所使用的外设也多种多样，我们不能保证FilterCAD在所有系统上都能成功运行。如果你无法使用FilterCAD，凌力尔特公司保证通过一切必要手段提供LTC滤波器产品的设计支持。

对于FilterCAD的使用或者其文档，凌力尔特公司不会提供任何明示或暗示的保证。在任何情况下，不论是直接或间接，由使用本产品或无法使用本产品而引起的损害，即使我们已经提前告知此类损害的可能性，凌力尔特公司都不会进行赔偿。

FilterCAD下载

该FilterCAD工具，虽然不被支持，但是可以在www.linear.com下载。把该软件下载到计算机上，在目录中手动安装。

FilterCAD包括下列文件。如果在程序安装完成后，不能运行FilterCAD的话，需要确认必需的文件是否都存在。

README.DOC	（可选）如果有该文件，其中包含了FilterCAD更新信息，这些信息没有包括在本手册中
INSTALL.BAT	自动安装程序，硬盘驱动器上安装FilterCAD
FCAD.EXE	FilterCAD主程序文件
FCAD.OVR	FilterCAD覆盖文件,FCAD.EXE使用的文件
FCAD.ENC	加密版权保护文件，请勿触摸
FDPF.EXE	设备参数文件编辑器，用于更新FCAD.DPF文件（见附录1）
FCAD.DPF	设备参数文件，保存为FilterCAD支持的所有设备类型数据
ATT.DRV	AT & T的图形适配器驱动程序
CGA.DRV	IBM的CGA或兼容的显卡驱动程序
EGAVGA.DRV	EGA和VGA图形驱动程序
HERC.DRV	大力士单色显卡驱动
ID.DRV	所有驱动器的规格标识文件

注意：如果需要节省磁盘空间，只要你已经配置好FilterCAD，选择好了显示类型，就可以删除不需要的驱动程序（请务必不要删除任何驱动程序）。

开始之前

请检查FilterCAD程序，看它是否包含README.DOC文件。如果存在这个文件的话，它将包含FilterCAD重要信息，不包括在本手册中。在尝试安装和使用FilterCAD之前，请仔细阅读该文件。为了在你的屏幕上显示自述文件，输入

TYPE README.DOC[Enter]

按下“Ctrl+S”组合键

停止屏幕滚动。按任意键继续滚动。为了打印出自述文件，输入

TYPEREADME.DOC>PRN[Enter]

在Windows 7系统下，安装FilterCAD的过程

在Windows 7系统下，将FilterCAD的安装包下载到目标文件夹。

1. 如果LTC程序LTspice®或QuikEval™已安装好，检查下面的目录文件夹是否存在。

a.C:\ Program Files\LTC（在32位系统中）或b. C:\Program Files（86）\LTC（在64位系统中）。如果不存在的话，那么创建一个a.或b.中给出的目录文件夹。FilterCAD下载地址为：http://www.linear.com/designtools/software/#Filter。

2. 开始下载FilterCAD，下载好后，打开FilterCAD.zip，提取“FilterCADv300.exe”文件。打开“FilterCAD.exe”文件，然后选择“以管理员身份运行”。然后选择以下目录：C:\Program Files文件\LTC（在32位系统）或C:\Program Files文件（86）\LTC（在64位系统）。

3. 进入到C:\Program Files\LTC（在32位系统）或C:\Program Files（86）\LTC（在64位系统）中，打开“打开此文件夹，安装FILTERCAD”，“运行”SETUP.EXE文件。最后，FILTERCAD安装在：C:\Program Files\LTC\FILTERCAD（在32位系统）或C:\Program Files（86）\LTC\FILTERCAD（在64位系统）。

安装结束。

硬件要求

在配置部分中会找到FilterCAD支持的图形适配器和模式的列表。FilterCAD是计算加强型程序，因此，应该安装运行在最强大的系统上。

什么是滤波器？

滤波器是利用输入和输出端口选择性地通过一定范围的频率而阻止（衰减）其他频率通过的电路。通常用可以通过的频率来描述滤波器。

大多数滤波器都属于四种常见类型之一。低通滤波器通过低于指定频率的所有频率信号（所谓的截止频率），并逐步衰减高于截止频率的频率信号。高通滤波器则相反：它们通过高于截止频率的频率信号，而逐渐衰减低于截止频率的频率信号。带通滤波器通过的频带接近一个特定的中心频率，衰减频率低于或高于中心频率的频率信号。陷波或带阻滤波器衰减中心频率附近的频率信号，通过低于或高于中心频率的频率信号。图23.1~图23.4，显示了四种基本类型的滤波器。也存在全通滤器，这并不奇怪，它通过输入口的所有频率信号[①]。此外，有可能创建具有更复杂响应的滤波器，但它不容易分类。

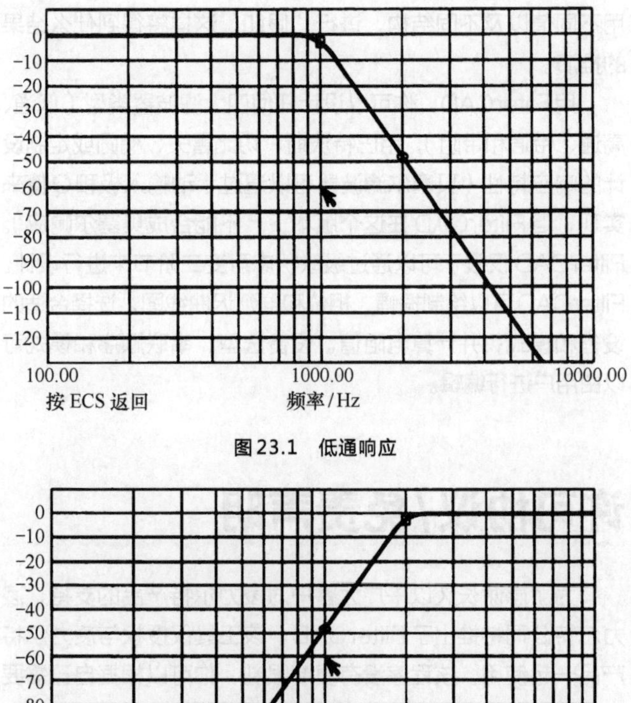

图23.1 低通响应

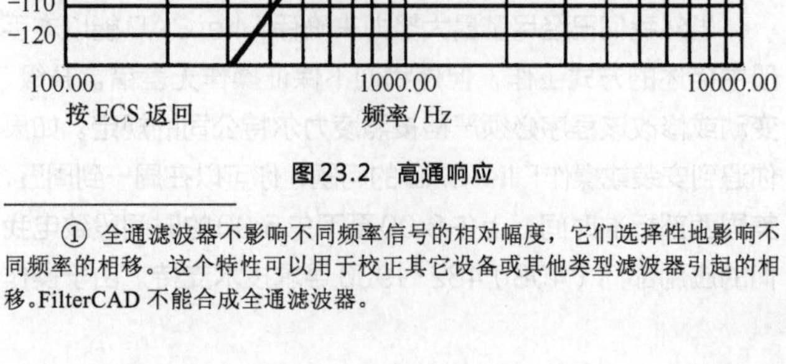

图23.2 高通响应

① 全通滤波器不影响不同频率信号的相对幅度，它们选择性地影响不同频率的相移。这个特性可以用于校正其它设备或其他类型滤波器引起的相移。FilterCAD 不能合成全通滤波器。

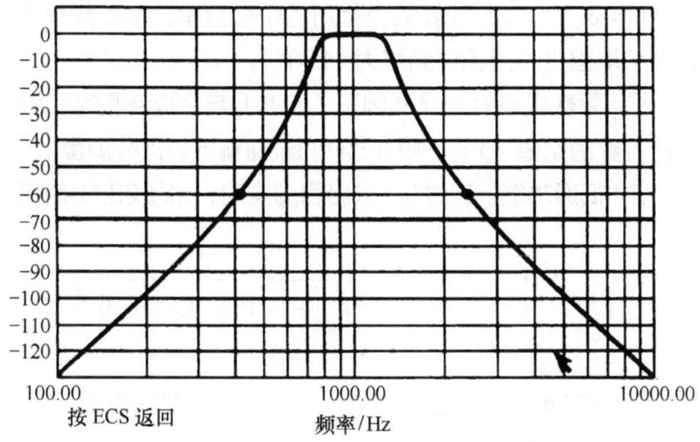

图23.3 带通响应

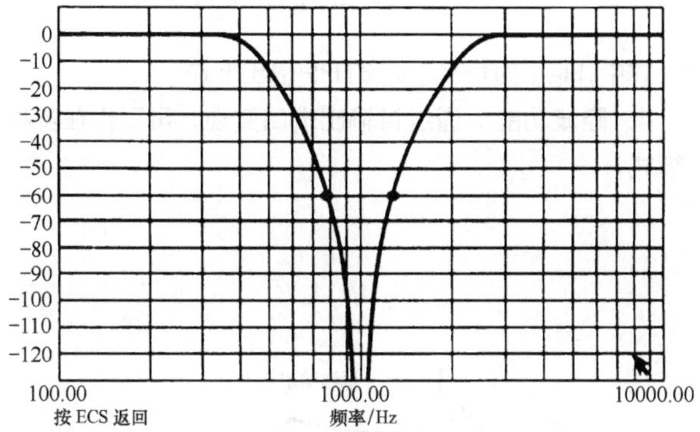

图23.4 陷波响应

滤波器能通过的频率范围是已知的，在逻辑上有足够的“通带”范围。滤波器的频率衰减范围称为“阻带”。在通带和阻带之间是“过渡带”。理想的滤波器期望能无损地通过在其通带内的所有频率信号，无限地衰减在阻带内的频率信号。图23.5显示了这种响应情况。遗憾的是，实际的滤波器不具有这些想象性能。不同类型的滤波器具有不同的特性，过渡带的衰减与频率的有限比率也不尽相同。换句话说，给定的滤波器的幅度响应具有斜率特性。在通带内的频率也可以被修改，在振幅内（“纹动”）或相移内。实际的滤波器需要在以下几个参数之间进行权衡：斜率、波纹和相移（当然还有成本和尺寸）。

用FilterCAD设计的滤波器可以具有三个响应特性之一（加上自定义的响应）。这三种响应也就是所谓的“巴特沃斯”“切比雪夫”和“椭圆”，代表先前描述过的三个不同特征的折中方案。巴特沃斯滤波器（见图23.6），具有最佳的通带宽度，但是有一个斜坡，在截止频率之外比其他两种类型的滚降要缓慢。切比雪夫滤波器（见图23.7）比巴特沃斯初始滚降要快，但其代价是通带内存在超过0.4dB的纹波。椭圆滤波器（见图23.8）的初始滚降最大。但在通带和阻带上都有波纹。椭圆滤波器具有较高的Q值，可能会（如果不认真执行）转换为一个嘈杂的滤波器。这些高Q值使椭圆滤波器难以实现有源RC滤波器，因为稳定性和中心频率精度要求都增加了。可用SCFS来实现椭圆滤波器，椭圆滤波器固有的稳定性和中心频率精度比有源RC滤波器要好。对于给定数量的2阶段部分，相比比巴特沃斯滤波器，切比雪夫和椭圆滤波器设计可以实现更宽的阻带衰减。

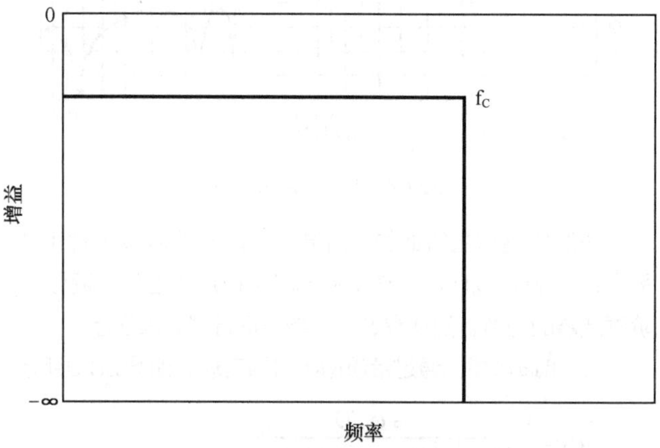

图23.5 理想低通响应

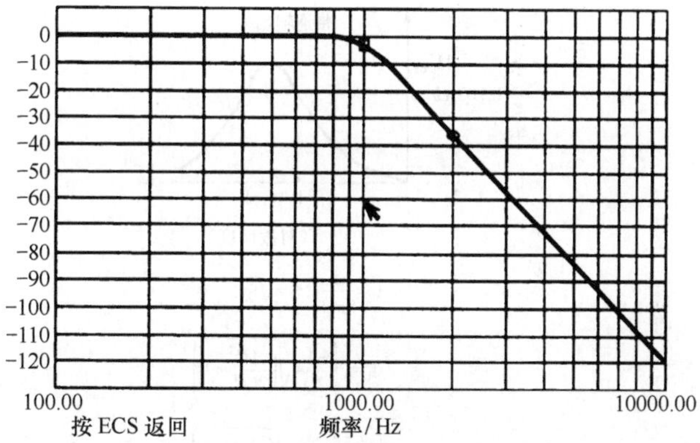

图23.6 六阶比巴特沃斯低通响应

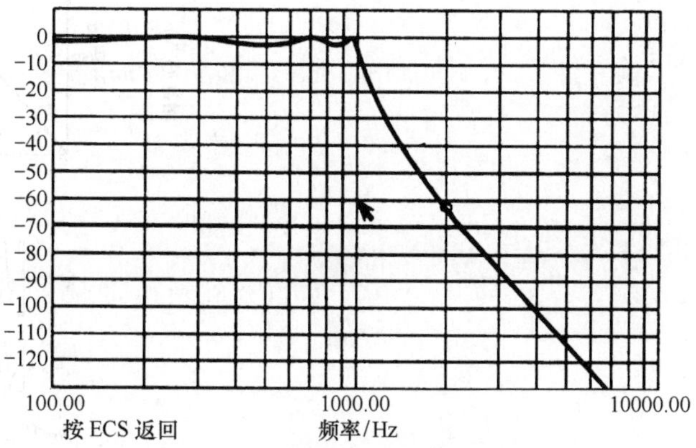

图23.7 六阶切比雪夫低通响应

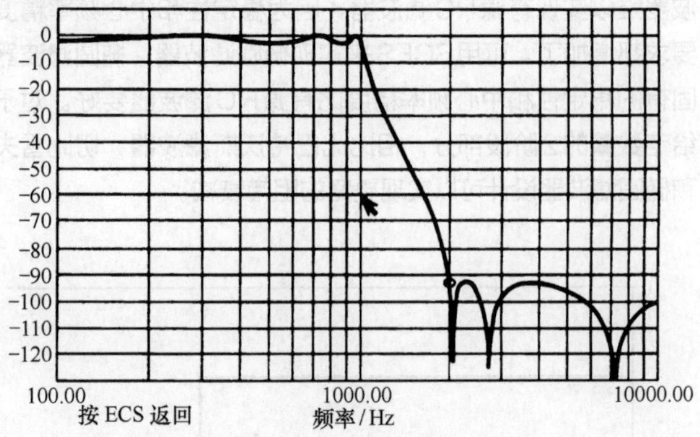

图 23.8 六阶椭圆低通响应

滤波器通常由所谓的一阶节和二阶节的基本构件组成。每个LTC滤波器电路，连同外部时钟和几个电阻，近似于2阶滤波器的功能。具体参数以频域值进行了列表显示。

1. 带通功能。通过带通输出引脚实现，如图23.9所示。

$$G(S)=H_{OBP}\frac{s\,\omega_0/Q}{s^2+(s\,\omega_0/Q)+\omega_0^{\,2}}$$

式中，H_{OBP}为$\omega=\omega_0$时的增益。

$f_0=\omega_0/2\pi$；f_0是复数极点对的中心频率。在此频率下，输入和输出之间的相位偏移为-180°。

Q=复数极点对的品质因子。它是f_0与2阶带通的-3dB带宽函数的比值。Q值一般在BP滤波器输出端进行测量。

2. 低通功能。通过LP输出引脚实现，如图23.10所示。

$$G(s)=H_{OLP}\frac{\omega_0^2}{s^2+s(\omega_0/Q)+\omega_0^2}$$

式中，H_{OLP}为LP输出的直流增益。

3. G高通功能。由HP输出引脚实现，仅在模式3下可用，如图23.11所示。

$$G(s)=H_{OHP}\frac{s^2}{s^2+s(\omega_0/Q)+\omega_0^2}$$

式中，H_{OHP}为$f\rightarrow f_{CLK}/2$时HP输出增益。

4. 陷波功能。通过N输出端口实现，可工作在多种工作模式。

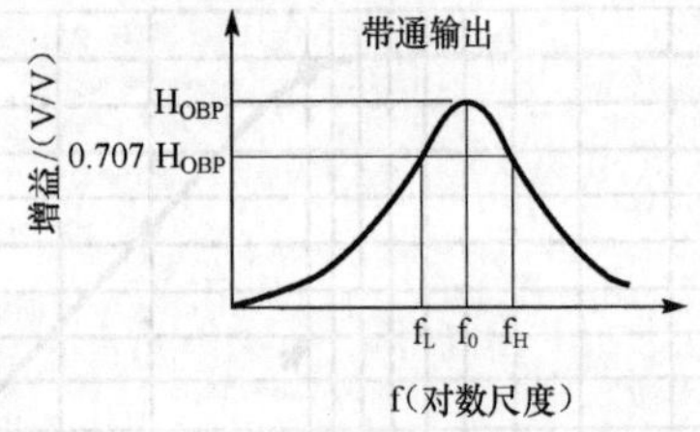

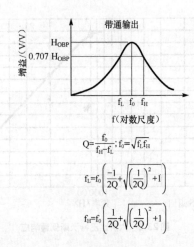

$$Q=\frac{f_0}{f_H-f_L};\ f_0=\sqrt{f_Lf_H}$$

$$f_L=f_0\left(\frac{-1}{2Q}+\sqrt{\left(\frac{1}{2Q}\right)^2+1}\right)$$

$$f_H=f_0\left(\frac{1}{2Q}+\sqrt{\left(\frac{1}{2Q}\right)^2+1}\right)$$

图 23.9 2阶带通节

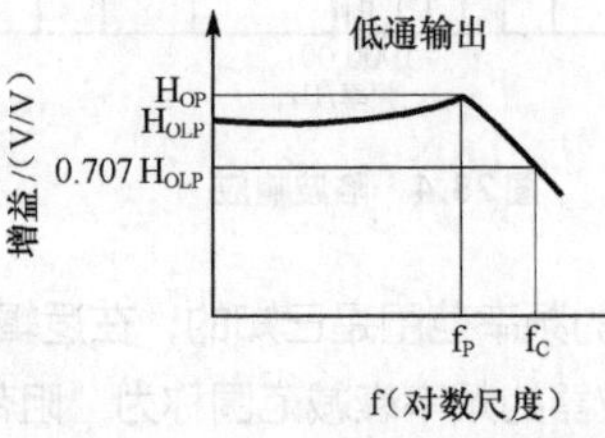

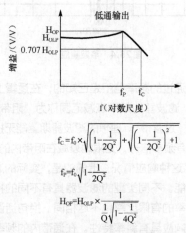

$$f_C=f_0\times\sqrt{\left(1-\frac{1}{2Q^2}\right)+\sqrt{\left(1-\frac{1}{2Q^2}\right)^2+1}}$$

$$f_P=f_0\sqrt{1-\frac{1}{2Q^2}}$$

$$H_{OP}=H_{OLP}\times\frac{1}{\frac{1}{Q}\sqrt{1-\frac{1}{4Q^2}}}$$

图 23.10 2阶低带通节

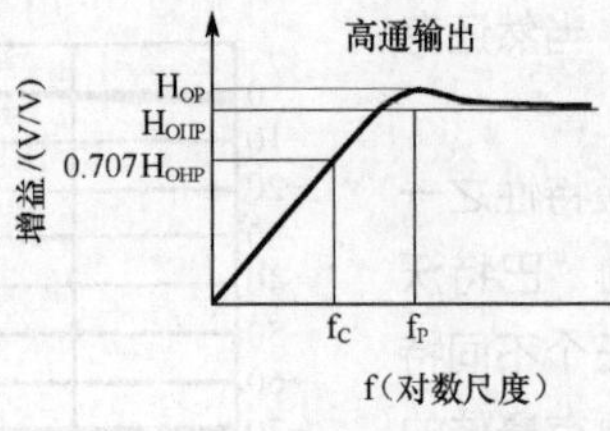

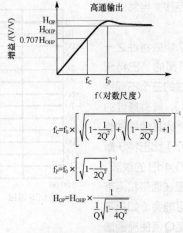

$$f_C=f_0\times\left[\sqrt{\left(1-\frac{1}{2Q^2}\right)+\sqrt{\left(1-\frac{1}{2Q^2}\right)^2+1}}\right]^{-1}$$

$$f_P=f_0\times\left[\sqrt{1-\frac{1}{2Q^2}}\right]^{-1}$$

$$H_{OP}=H_{OHP}\times\frac{1}{\frac{1}{Q}\sqrt{1-\frac{1}{4Q^2}}}$$

图 23.11 2阶高通节

$$G(s) = (H_{ON2})\frac{(s^2+\omega_n^2)}{s^2+s(\omega_0/Q)+\omega_0^2}$$

式中，H_{ON2}为$f \to f_{CLK}/2$时陷波输出增益；H_{ON1}为陷波输出增益$f \to 0$；$fn=\omega_n/2\pi$，f_n是陷波发生频率。

这些部分级联起来（一节的输出馈入下一节输入），以产生具有更陡斜坡的高阶滤波器。滤波器被描述为具有一定“阶”，这与组成滤波器的各个级联节的数目和类型相对应。例如，一个8阶滤波器需要将4个二阶节级联，而一个5阶滤波器需要将2个二阶节和1个一阶节级联起来。（滤波器的阶也与其极点相对应，不过极点不在本文的讨论范围之内。）

第一步：基本设计

在FilterCAD的主菜单中的第一项为“DESIGN Filter”，要进入设计滤波界面，按1键。

在设计滤波器界面上，可以选择几种你要设计的滤波器类型。首先，你必须选择滤波器基本的类型（低通、高通、带通或陷波）。按空格键可以逐项切换滤波器类型选项，当出现所需的类型时，按Enter键选定该类型。

接下来，需要选择响应特性的类型（巴特沃斯、切比雪夫、椭圆形或自定义）。再按空格键逐项切换响应类型选项，当出现所需的响应类型时，按Enter键选定该类型。

接下来，需要输入滤波器最重要的参数。这些参数因所选择的滤波器类型不同而不同。如果选择了低通或是高通，则必须输入最大通带内的纹波，以dB为单位（必须大于零，而在巴特沃斯响应的情况下，必须是3dB）；阻带衰减以dB为单位；转角频率（也称为截止频率）和阻带频率，以Hz为单位；如果你选择了一个带通或陷波滤波器，则你必须输入最大通带波纹和阻带衰减，随后是中心频率，单位为Hz；通带宽度和阻带带宽，单位都为Hz；（在不同的设计背景下，各类参数的具体含义如图23.12~图23.15所示）。如果你选择了一个自定义响应，将完全不同于之前几种，这将在后面说明。

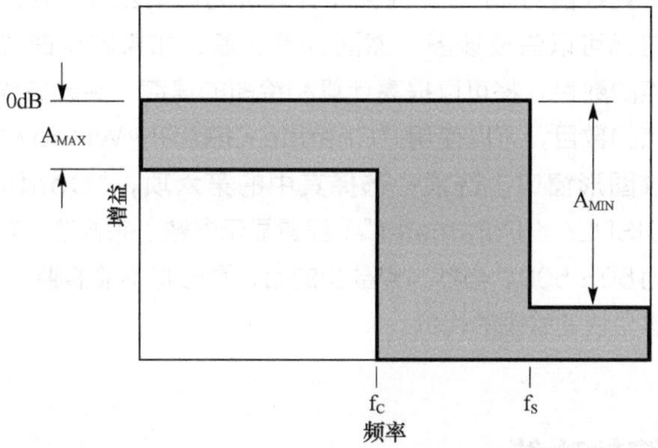

图23.12 低通设计参数：A_{MAX}=最大通带纹波，f_C=转角频率，f_S=阻带频率，A_{MIN}=阻带衰减

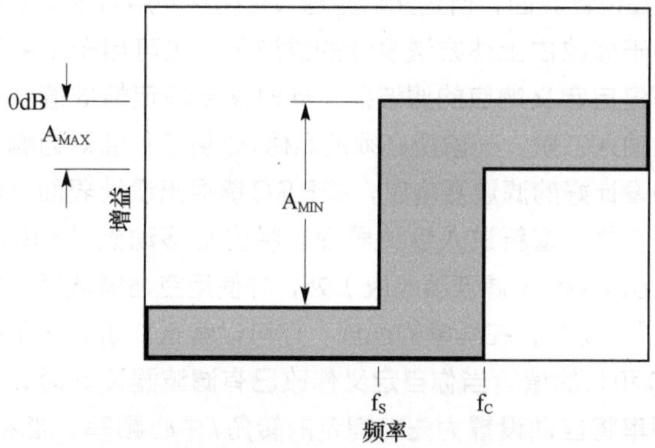

图23.13 高通设计参数：A_{MAX}=最大通带纹波，f_C=转角频率，f_S=阻带频率，A_{MIN}=阻带衰减

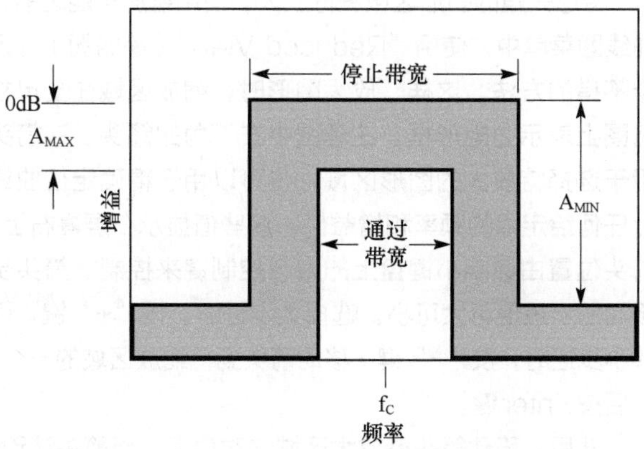

图23.14 带通设计参数：A_{MAX}=最大通带纹波，f_C=中心频率，PBW=通过带宽，SBW=阻带带宽，A_{MIN}=阻带衰减

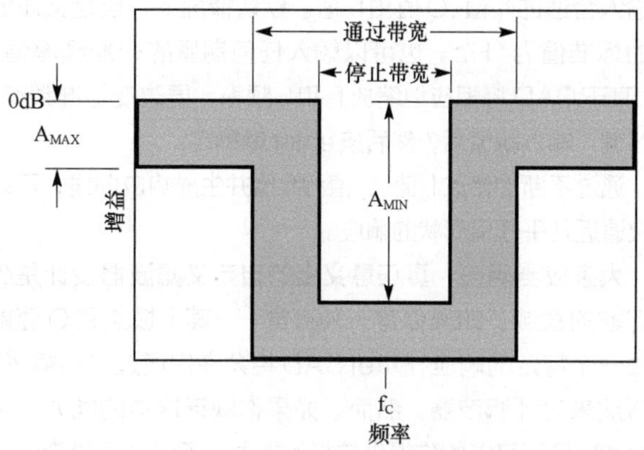

图23.15 陷波设计参数：A_{MAX}=最大通带纹波，f_C=中心频率，PBW=通过带宽，SBW=阻带带宽，A_{MIN}=阻带衰减

输入好滤波器的参数之后，按Enter键确认。如果你想返回修改你先前输入的参数，请使用向上箭头、向下箭头键移动到适当的位置，并重新输入参数。如果你输入了所有正确的参数，将光标移动到的最后一个参数列表，然后按Enter键。

随后，FilterCAD将计算并显示滤波器的其他参数，包括它的阶数、实际的阻带衰减和增益，并列表显示二阶节和一阶节，用以设计滤波器，以及f_0值，Q值和f_n值（视情况而定）。这些数值将在后面实现滤波器设计和计算电阻值中用到。

在许多情况下，FilterCAD会防止用户输入不恰当的值。例如，在低通滤波器中，该程序将不允许你输入的阻带频率低于转角频率。同样，在高通滤波器中，阻带频率必须高于转角频率。此外，你不能输入最大通带纹波值，该值远大于阻带衰减，也不能输入一组值，这将导致的滤波器阶数大于28。

自定义滤波器

在设计界面，自定义响应选项有两种使用方式。它可以用于修改由上述方法设计的滤波器，也可用于从头开始创建自定义响应的滤波器，此时需要确定标准值，并手动输入二阶、一阶所必须的f_0值、Q值和f_n值。为编辑已经设计好的滤波器响应，按ESC键退出设计界面，然后按1键，重新进入设计界面。将光标移动到“Filter Response”（滤波器响应）处，并使用空格键选择“自定义”。现在，在屏幕的底部，你可以编辑二阶、一阶的f_0，Q和f_n的值。当你自定义修改已有滤波器设计时，标准频率将自动设置为先前指定的转角/中心频率。当然，也可由用户自己编辑。

要从头设计一个自定义的滤波器，只需在第一次进入设计界面时，选择“CUSTOM”（自定义）响应类型，然后输入合适的f_0值、Q值和f_n值。默认情况下，自定义滤波器的标准值为1Hz。也可以输入任何期望的标准频率值，FILTERCAD将相应地缩放f_0和f_n频率。要改变标准频率，按N键，输入新值后，然后按enter键确定。

通过不断的修改f_0值、Q值和f_n值并生成响应曲线，可以逐次逼近几乎任何形状的响应。

大家应当明白，真正意义上的自定义滤波器设计是少数专家的领域。如果你有一种直觉——某类极点和Q值能产生一个特定的响应，FilterCAD将允许你通过“穿裤子”的方法来设计滤波器。然而，如果你缺乏这样的能力，则FilterCAD不可能给你提供这样的能力。不过，通过查阅表格，输入设计参数，新手设计师可以设计出FilterCAD定制的响应特征。下文将通过一个实例来说明该技术。

第二步：生成滤波器响应曲线

在设计好滤波器后，下一步就是使用主菜单的项目二，生成滤波器的响应曲线。曲线可以表示滤波器的幅度、相位以及群延迟特性，可以绘制为线性的或对数尺度的。曲线图还突出了3dB的下降点（s）（只针对巴特沃斯滤波器），以及计算所得的衰减点（s）。曲线菜单中另外一个选项为“Reduced View”（缩略图）。此选项会在你图形全屏窗口的右上方角显示一个缩小的视图。这个功能与“Zoom”（缩放）选项一起用。

使用向上箭头和向下箭头，可以在曲线图的参数列表中移动，按空格键可以轮转切换到你想要修改的参数。当所有的图形参数都设置正确后，按Enter键开始绘制曲线图。

绘制到屏幕

如果你选择输出设备为屏幕，FilterCAD将立即开始绘制图形。图像生成需要大量的计算。此时，有没有数学协处理器对CPU的速度和计算能力影响巨大。在几秒钟内就可以生成该图。然而，请注意，如果减少曲线数据点的数目，将可以提高计算和绘图的速度。更改曲线数据点的数目，可以使用“Change GRAPH Window”（更改图形窗口）选项，选择其中的第六项，“Configure DISPLAY Parameter”（配置显示参数）来修改，其范围为50~500。当然，点数少的话，图形将不够清晰。不过，这是快速绘图的代价。

缩放功能

当图形显示在屏幕上时，可以使用放大功能“zooming in”将感兴趣的图形区域进行放大。使用缩放功能之前，在曲线图菜单中，使用“Reduced View”（缩略图）选项是个不错的方法。这样，放大图形时，缩放区域在全尺寸缩略图上表示为矩形框。注意图中右下角的箭头。该箭头可用于选择待放大的图形区域，也可以用于精确定位曲线图上任何给定点的频率和增益值。这些值显示在屏幕右上角。箭头位置由数字小键盘上的方向控制键来控制。箭头步进移动的步进值可大可小。选择大步进时，按“+”键。而选择小步进时，按“-”键。移动箭头到待缩放区域的一个角，然后按Enter键。

然后，移动箭头待放大区域的对角点。当箭头移动时，会有一个矩形框将待缩放区域框起来。如果你想要重定位该框的位置，可按Esc键取消，随后重新选择。当框覆盖所需区域时，按Enter键。屏幕上的图形将会重绘，选定区域内也将出现新的图形。注意，该程序实际上是计算了新点坐标，以适当保持放大区域原先较高精度。

可以将一个较小的区域连续放大。当然，连续放大有着一定的限制，不过该工具的放大倍数已经远高于各类应用的需要。如果你要把放大的图形输出到绘图机或磁盘文件上，你可以进行如下操作。只需按Esc键返回到图形菜单，将输出设备改为绘图机或磁盘，按Enter键，然后进行后文所述的绘图过程即可。要缩小之前的图形，按L（放大）。连续缩小的次数可与放大次数相同。然而，要注意的是，每次缩小都需要重新计算和绘制图形。如果你连续几次缩放后，想要直接返回到整图显示，可以按两次Esc键快速返回到主菜单，然后再进入图形界面。

打印屏幕——在任何时候，都可以按“Alt+P”组合键，将屏幕上的图形直接从打印机输出。

也可以从“设备窗”来打印FilterCAD的模式图。屏幕打印程序将检查你的打印机是否连接并处于打开状态，如果不是的话，将会警告你。如果你的打印机连接并打开，但处于脱机状态，FilterCAD让它联机，并开始打印。一旦开始打印，FilterCAD不再进行错误检查，所以如果关闭打印机或处于脱机状态，将停止打印可能会导致程序“挂起”。

打印到绘图机、HPGL文件或文本文件

如果要将图形发送到绘图机或一个HPGL磁盘文件，首先显示的是“PLOTTER STATUS MENU”（绘图状态菜单）。首先，将询问是否“GENERATE CHART(Y/N)”（生成图表（Y/N））。这不是询问你是否要绘制图形，而是询问你你绘制到磁盘或绘图机时，需要绘制网格还是仅只是数据。这看起来似乎很荒谬，但其实是合理的。如果你输出到绘图机，就可以将几种不同滤波器设计的响应图套打在一张纸上，便于比较。此时，如果每次都有网格的话，结果就会一团糟。此选项允许你第一遍绘制网格，之后只需要绘制数据。在打印到磁盘文件时，可以使用同样的过程，只需多做一点努力。这里的程序是绘制两个（或更多）不同的文件，第一个打开网格线，其余的网格线隐藏。随后，退出FilterCAD，用DOS的COPY命令将这些文件连接在一起。例如，如果你想连接3个HPGL文件，它们的名字分别为SOURCE1、SOURCE2和SOURCE3，你可以使用下面的语法实现。

```
COPY/B SOURCE1 + SOURCE2 + SOURCE3
TARGET [Enter]
```

当回答了“生成图表（Y/N）”的问题后，“绘图状态菜单”的其余部分将显示出来。你可以选择曲线图的维数、笔的颜色，以及是否打印图形之下的设计参数。当你已经确定绘图选项设置正确后，按P开始绘制。如果你想退出绘图状态菜单，不需要保存的情况下，按Esc键。

也可以将增益、相位和群时延等的数据点集，以ASCII文本格式的方式绘制到磁盘文件。选择DISK/TEXT作为输出设备。然后，选择待绘制的参数，然后按Enter键。

然后将提示你提示输入一个文件名，该文件为数据存放的文件。

可以将存放在文件中的数据导入到电子表格程序中，例如，用于数据操纵。

如果你的图形大多为平直的水平线或斜线，这表明你绘制的图的频率和振幅范围可能没有设置正确。（例如，一个高通滤波器，图中的频率的范围为100~10000Hz，20Hz的转角频率）。调整图形的频率和增益范围时，使用“Change GRAPH Window”选项，在配置菜单的第六项中找到“Configure DISPLAY Parameters”。

滤波器实现

在主菜单中的第三项为“IMPLEMENT Filter”（滤波器实现），选择它可将第一步产生的数值转换为实际电路。该流程包含若干步骤。

优化设计

第一步是优化滤波器的两个特性[②]。通过优化，实现最低噪声和最低谐波失真。在优化噪声时，级联节的先后次序应能在滤波器的输入接地时，产生最低的输出噪声。在没有任何特性与设计标准冲突时，这是最明显的优化方法。在优化谐波失真时，级联节的连接可最小化各个放大器各自的内部摆幅，从而减少谐波失真。但是，请注意，优化谐波失真会导致最坏的噪声性能。

“Optimization”（优化）屏幕还允许你选择内部时钟频率f_0的比率（1：1或100：501），时钟频率以Hz为单位，并能打开和关闭自动设备。我们必须明白时钟频率比表示的是特殊设备引脚的状态，勿需真正对应于时钟频率与f_0的实际比率。因此，如果你修改了FilterCAD自动选定的时钟频率，频率比例并不会发生相应的变化。建议初学滤波器设计者使用FilterCAD选择的时钟频率，除非理由充足，否则，自动设备选择“ON”。时钟频率和频率比不是任意的，它取决于所选择的模式，与转角或中心频率有关。有关时钟频率、

② FilterCAD不会优化自定义滤波器的设计，也不会选择该设计模式。这也从另一方面表明自定义设计是经验丰富的设计师的独有领域。

频率比和模式的更多信息，请查阅LTC产品数据手册。

当你选择了待优化的属性，并调整了其他选项，将光标移动回到“OPTIMIZATION FOR”，然后按O键，FilterCAD将显示所选择的响应设备和模式（s），以及选择特定级联顺序的基本原理。如果你想重新优化其他特征，按O键，再次重复上述过程。

实现

完成优化后，按I键继续进行实现。此时，将清除上一步的优化信息，除此之外屏幕上没有其他显示。可以按D键查看所选设备、级联顺序和模式。在第一次出现设备屏幕时，它会显示选定部分的详细规格。屏幕左侧为级联顺序列表，按向下箭头移动光标，可以查看所设计的二阶和一阶模式。

在实现菜单上，界面的标题是“Edit DEVICE/MODEs”（编辑设备/模式），所以可以手动编辑这两个设备选项，以及确定二阶和一阶模式。不过初学者最好不使用该功能。如果手动编辑设备选项或模式，基本上等于忽略了程序中用于判断的专业知识。某些情况下，经验丰富的设计师可以做到这一点，但如果你想用最少的时间和精力按照说明书来设计，那请接受FilterCAD默认选择的设备和模式吧。完成设计后，按ESC键退出设计界面，然后按R键计算电阻值。你可以按P键计算出绝对值，或按P计算出约1%公差值。

在实现菜单中还有另一个选择项我们还没有研究，它就是“Edit CASCADE ORDER”（编辑级联顺序）。该选项允许你交换极点和零点，编辑构成滤波器的二阶级联顺序。这代表了滤波器设计中最晦涩深奥的一面，即使是专家有时也无法解释调整这些参数可以获得什么样效果。所以，我们必须再一次建议新手不要修改该选项[3]。

保存你的滤波器设计

主菜单中的第四项，“SAVE Current Filter Design”（保存当前滤波器设计），可以将设计结果保存到磁盘上。按4键保存你的设计。默认情况下，一个新的文件保存名为“NONAME”，而已经保存过的文件再打开编辑后则按原先的文件名进行保存。如果你想用另一个文件名保存文件，只需在光标位置输入文件名即可。只需输入文件名，最多八个字符，不要输入扩展名。所有文件都以.FDF扩展名来保存（滤波器设计文件）。

默认情况下，该文件将被存储在当前目录下（在FilterCAD开始设计时，该目录即变为有效）。该目录将显示在界面顶部。如果你想将文件保存到另一个目录下，按Home键，再输入一个新的文件路径。当文件名和路径都正确后，按Enter键保存该文件。如果磁盘上已经存在一个与你选择的文件名相同的文件，FilterCAD将询问是覆盖。按Y覆盖或按N以不同的文件名进行保存。

加载滤波器的设计文件

要加载先前已保存好的滤波器设计文件，选择主菜单中“5”。“LOAD FILE MENU”（加载文件菜单）屏幕上会显示所有的目录。FDF文件在当前目录。使用光标移动指针到要加载的文件，然后按Enter键。

如果.FDF文件数较多，一屏显示不完时，按PgDn键查看下一屏文件。如果要从不同的目录中加载一个文件，按P键，然后输入新的路径。你还可以输入掩码限制将在显示屏幕上文件名。该掩码可以由任意DOS允许的文件名字符组成的，包括在DOS通配符“*”和“?”。默认情况下，掩码为“*”，可以显示所有的文件名。要改变掩码，按M键，然后输入最多8个字符的掩码。例如，如果你的.FDF文件用前两位表示其类型（LP为低通，HP为高通等），则可以将掩码设置为LP*，这样将只显示低通滤波器设计文件。

注意：如果你试图加载由FilterCAD的早期版本创建的。FDF文件，该程序将发出警告并询问你是要中止加载，还是自担风险继续加载。不同版本的FilterCAD的。.FDF文件之间差异是很小的，而你应该轻松地加载和使用较早版本的.FDF文件。

千万要注意，当你载入一个滤波器设计文件时，FilterCAD不会提示保存当前正在进行的设计计，所以当加载一个新的文件时，所有内存中未保存的设计都将丢失。

打印报告

主菜单中的选项七为“SYSTEM Status/Reports”（系统状态/报告），它可以显示你的系统的各种信息，比如日期和时间、是否存在数学协处理器、以及打印机和通信端口状态。它还显示了目前设计的进度，包括总的设计时间。（天哪，一个六阶巴特沃斯低通滤波器的设计仅用了00：05：23的时间，离记录仅差5s！）这个屏幕的主要功能是打印设计报告。该报告包括所有关于滤波器的有效设计信息、优化和执行的屏幕，当然不包括模式。按P键还可以打印滤波器设计的增益、相位和群延迟。

③ 当然，新手可以不断尝试FilterCAD的高级功能，不会有什么害处，只要他或她知道，尝试结果对滤波器设计不一定有用即可。

请注意，如果你还没有完成设计过程——实现设计和计算电阻值，该“有效报告”将显示为“部分”。部分报告，主要是缺少模式和电阻值，可以进行打印，不过对于一个完整的报告而言，必须实现设计并计算电阻值。

退出FilterCAD

FilterCAD主菜单中的第九项和最后一项为“END FilterCAD”（退出FilterCAD），顾名思义。如果你还没有保存当前的设计视图，退出程序前，FilterCAD将询问是否期望如此。请按Y退出程序或按N不退出程序。

现在，我们已经研究了FilterCAD的主要特点，让我们通过几个典型的滤波器的设计，进一步理解程序的工作原理。

巴特沃斯低通实例

首先，我们将设计一个巴特沃斯低通滤波器，它最基本的滤波器类型之一。加载FilterCAD，如果没有加载的话，按1键去设计界面。选择设计类型为低通，巴特沃斯为响应类型。现在需要输入4个额外参数。通带纹波必须为3dB：相对于滤波器的直流增益，截止频率下降-3dB。若想设计3dB通带纹波之外的巴特沃斯响应，可以进入到自定义菜单进行操作。我们选择45dB衰减，转角频率为1000Hz，2000Hz的阻带频率。选好每个参数后，按Enter键确认。当输入最后一个参数后，FilterCAD将合成反应。我们很快就会看到，结果是8阶滤波器，在2000Hz内，实际衰减为48.1442dB。它是由4个二阶低通节组成的，全部采用1000Hz的转角频率和适度的Q值。（巴特沃斯滤波器所有级联节的特性都具有相同的角频率）。这是一个测试滤波器参数的大好时机，看看它们是如何影响设计结果的。尝试增加衰减或降低阻带频率，你会发现，任何修改都会导致滚降显著，从而将增加滤波器的阶数。例如，降低阻带频率到1500Hz，滤波器的阶数将变成13！如果需要很快的衰减，而且通带中可以存在一些波纹，那么采用其他响应类型也许更好。接下来，我们绘制巴特沃斯低通滤波器的幅度和相位特性。按Esc键返回到主菜单，然后按2键，转到图形菜单。我们要将图形输出到屏幕上，所以按Enter键，立即开始绘制图形。FilterCAD绘图所花费的时间是几秒钟还是几分钟，取决于你所使用的计算机系统的类型，你将看到一个类似于图23.16所示的曲线图（以dB为单位），图形左侧表示振幅，右侧表示相位。（如果你没有使用FilterCAD默认的图形参数，那么你的图形显示的频率和幅度范围要小一些。如果你没有看到类似于图23.16所示的图形，则你可能需要调整图形的范围。退出图形界面，进入主菜单，然后选择6，配置FilterCAD。接下来，选择第6项，“配置显示参数”，其次是第2项，“变更图表窗口”）。

观察巴特沃斯响应曲线的振幅和相位响应。（振幅曲线是一个开始于0dB，在1000Hz时开始急剧下降。当然，如果是彩色显示，可以给它们不同的颜色，可以轻松地区分幅值和相位曲线）。通带内的幅度非常平坦（多次放大通带的一小段，也不会观察到明显的纹波），滚降斜率始于转角频率之前，在1000Hz时，达到3dB下降点（在巴特沃斯响应中，即为角频率），并以相同的恒定速度继续滚降，到达并超越阻带（理论上，斜坡以相同的速率，无限的频率继续滚降到无限的衰减）。相位响应从0开始，当它接近拐角频率时斜坡指数接近-360°，然后继续向下，直到滤波器阻带中的渐近线为-720°。巴特沃斯滤波器能为任何类型提供线性相位响应，除了贝塞尔之外。图23.17显示了巴特沃斯低通滤波器的相位响应，图中使用了线性相位尺度。

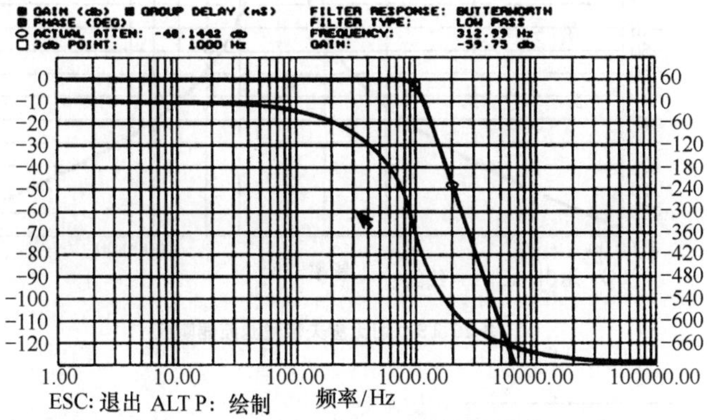

图23.16 巴特沃斯低通滤波器响应

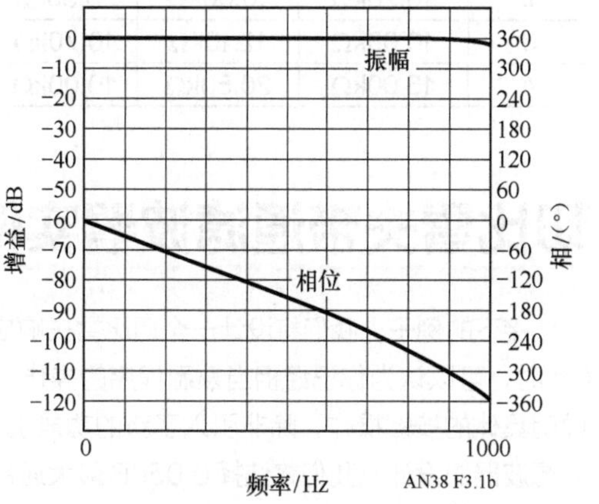

图23.17 巴特沃斯低通相位响应

绘制好滤波器响应之后，我们将进入实现界面，将之转化为一个实用的设计。按两次Esc键退出图形显示界面，然后按3键进入实现界面。第一步是优化。由于没有任何其他的迫切需要，我们将优化噪声（默认优化策略）。使用50：1的时钟频率，自动设备选择为“ON”。按O键进行优化。FilterCAD选择LTC1164，表明为最低噪声进行了Q值混合。接下来，按I键实现设计，再按O键显示设备屏幕。屏幕上详细显示了LTC1164的参数，显示位置在屏幕左侧的窗口中，表明设计中所有四个二阶节都使用模式1。按向下箭头键，你会看到模式1网络图，类似于图23.18，用于取代LTC1164规格。按向下箭头3次以上，你会看到同样网络的三个例子，唯一的不同就是Q值。这样的电路结构基本可行，其问题是：LTC1164有4个二阶节，但第四节缺少可用求和节点，因此不能配置成模式1。你必须手动把最后一级的模式改为模式三。这说明了当前版本的FilterCAD的局限性。

每种模式1的节需要3个电阻器，而最后的模式3节需要4个电阻器。随后计算电阻值时，按ESC退出设备屏幕，然后按R键。按P键，选择1%容差的电阻，FilterCAD将显示表23.1的值。通过以上步骤，我们完成了巴特沃斯低通滤波器实例的设计。

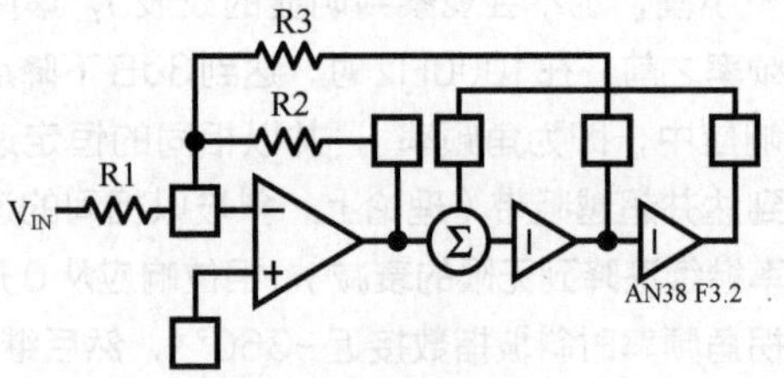

图23.18 模式1网

表23.1 巴特沃斯低通滤波器例子的电阻值

级	R1	R2	R3	R4
1	16.50kΩ	16.50kΩ	10.00kΩ	
2	16.20kΩ	10.00kΩ	25.50kΩ	
3	10.00kΩ	12.10kΩ	10.70kΩ	
4	15.00kΩ	20.50kΩ	10.00kΩ	20.50kΩ

切比雪夫带通滤波器实例

接下的例子，我们将设计一个切比雪夫响应带通滤波器（此时，可以认为你已经相当熟悉程序的操作，所以将不再说明具体的按键操作，除非引入了新的功能）。对于切比雪夫滤波器的设计，我们将选择0.05dB最大通带纹波，衰减50dB，5000Hz的中心频率。我们将指定600Hz的通过带宽和3000Hz的停止带宽。这将设计另外一个八阶滤波器，它由4个二阶带通节组成，转角频率约5000Hz，而表23.2列出了适用的Q值④。

通过指定0.05dB极低的通带纹波限制，各节的Q值可以保持在较为合理的范围之内。直到你认为通带纹波包含二阶节的振荡峰值的乘积，这种情况才明显。保持通带纹波在最小水平，可使各节的Q值按比例减少。可以将通带纹波变高，并观察二阶节Q值的影响，可以验证这一事实。

表23.2 切比雪夫带通滤波器的f_0、Q、f_n值

级	f_0	Q	f_n
1	4657.8615	27.3474	0.0000
2	5367.2699	27.3474	无穷大
3	4855.1190	11.3041	0.0000
4	5149.2043	11.3041	无穷大

接下来，我们绘制设计图的响应。结果如图23.19所示（我们已经重置了图形频率范围，使图形能集中显示关键区域。）可以看到，过渡区域振幅响应的斜率滚降很陡峭，进入阻带区后，斜坡逐渐变得平缓。也就是说，斜率不是恒定的。这是切比雪夫滤波器的特性。在当前尺度下，无法观测到特征通带纹波，但我们可以将通带区放大进行观察。放大时，首先按“+”键选择大步进，然后用小键盘的上箭头移动光标到你要放大的矩形顶角上（在通带外围），然后按Enter键。再次移动的箭头，你会看到一个矩形框随箭头移动而扩大，并逐渐覆盖放大区域。当矩形框完全包围通带时，再次按Enter键，开始计算新的图形并绘制出来。这可能需要2次或3次连续变焦，但最终你会得到通带的特写镜头，清晰显示了0.05dB的纹波，如图23.20所示。（注意，该图中的图形样式已被重置为“线性”）。按L键返回到整图显示界面。

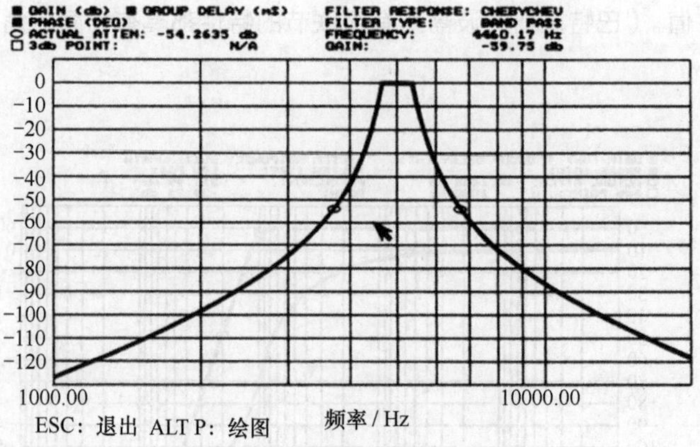

图23.19 切比雪夫带通滤波器响应

④ 也可以通过高低通混合，或者高、低以及带通混合可以设计一个带通滤波器，但FilterCAD做不到这一点。当你指定一个特定滤波器类型时，所有用于实现该设计的节都将采用相同类型。

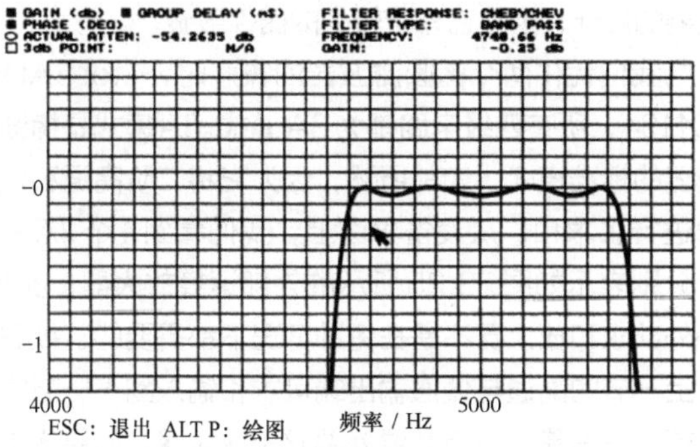

图23.20 特写镜头带通

随后，将实现我们的设计，优化和先前所述相同，也是对噪声进行优化。我们将选择时钟与f_0的比值为50：1，时钟频率等于250000Hz。我们再次选用LTC1164，混和各节的Q值，达到最低噪声。在该设计中，前两级电路选用模式3（其中，$f_0<f_{CLK}/50$），而后两级电路选用模式2（其中，$f_0>f_{CLK}/50$）。27.29dB的总增益被平均分配第二到第四级电路之中，一级电路的增益设置为1以改善动态参数。观察设备界面时，我们将看到LTC1164的参数和模式3网络的两个图表，以及模式2网络的两个图表，它们具有不同的f_0、Q和f_n值（如图23.21和图23.22所示）。计算1%电阻值得到的结果如表23.3所示。

表23.3 切比雪夫带通实例所用各电阻的值

级	R1	R2	R3	R4
1	115.0kΩ	10.00kΩ	68.10kΩ	10.70kΩ
2	215.0kΩ	10.00kΩ	113.0kΩ	11.50kΩ
3	17.80kΩ	10.00kΩ	205.0kΩ	64.90kΩ
4	90.90kΩ	10.00kΩ	105.0kΩ	165.0kΩ

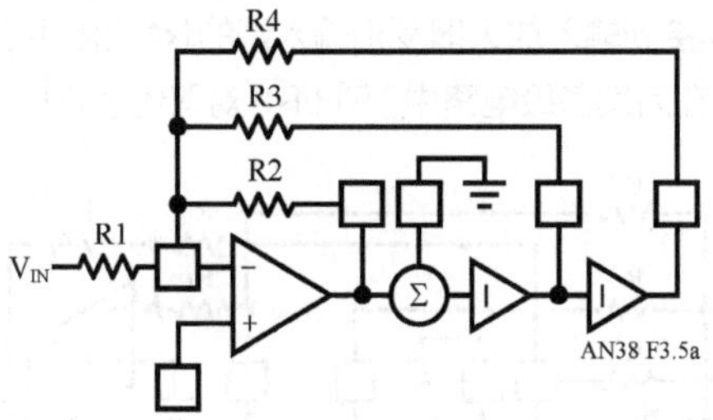

图23.21 模式三网络

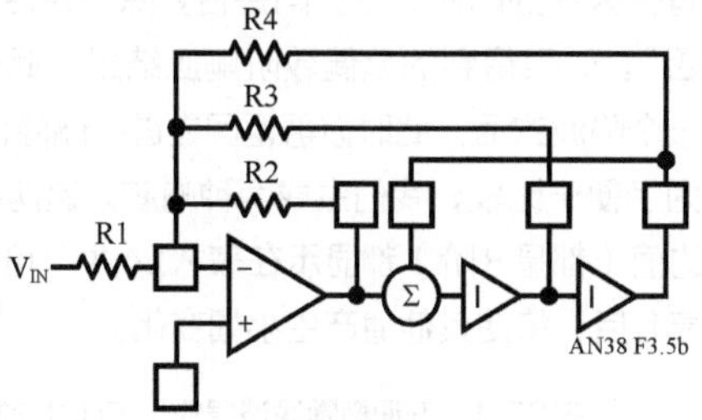

图23.22 模式二网络

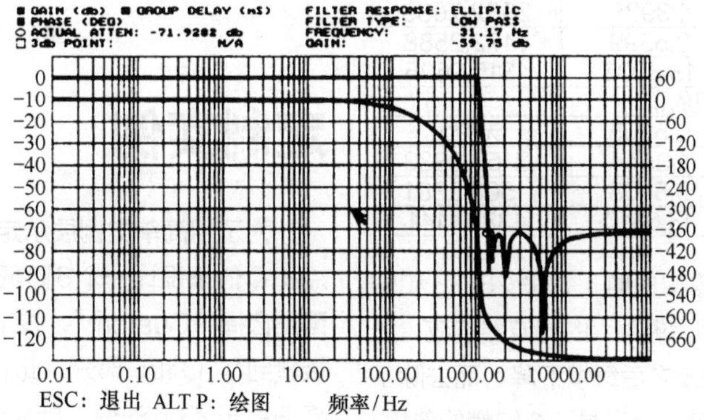

图23.23 没有移除最高f_n的低通椭圆滤波器

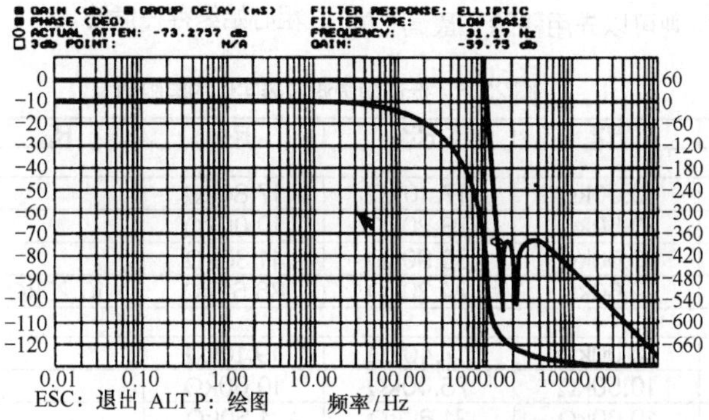

图23.24 移除了最高f_n的低通椭圆滤波器

两个椭圆滤波器实例

我们接下来将设计一个低通椭圆响应滤波器。我们将指定0.1dB最大通带波纹，60dB衰减，转角频率为1000Hz，以及1300Hz的阻带频率。椭圆响应实例中，在响应合成之前，我们还需要回答另一个问题。在我们输入了其他参数的值后，FilterCAD将询问“除去最高f_n？”（Y/N）。这个问题需要一些解释。椭圆滤波器通过求和二阶高通、低通的输出来产生陷波。从一系列级联的二阶电路的最后一级来产生陷波时，需要一个外部运算放大器来对高通和低通的输出进行求和。除去最后一个陷波，可以省掉外部运算放大器，不过我们将看到的是响应将会发生轻微变化。

注意：最后一个陷波只能从偶数阶椭圆滤波器中除去。如果你是第一次合成椭圆响应滤波器，你不确定什么样的顺序会有什么样的响应，当询问是否要除去最后的陷波时，回答“否”。如果得到的是偶数阶响应结果，此时如想除去的最后一个陷波的话，此时你再返回去进行删除也不迟。

为了便于比较，我们生成两种响应。这两种设计的f_0、Q和f_n的值（都是8阶）都显示在表23.4中。可以看到，除去了最高f_n后，将使其他值产生小幅变化。

表23.4 低通椭圆滤波器的f_0、Q和f_n的值

级	f_0	Q	f_n
没有删除最高f_n			
1	478.1819	0.6059	5442.3255
2	747.3747	1.3988	2032.7089
3	939.2728	3.5399	1472.2588
4	1022.0167	13.3902	1315.9605
删除了最高的f_n			
1	466.0818	0.5905	无穷大
2	723.8783	1.3544	2153.9833
3	933.1712	3.5608	1503.2381
4	1022.0052	13.6310	1333.1141

当我们绘制两个椭圆滤波器实例时（如图23.23和图23.24所示），我们看到，没有移除最高f_n的滤波器响应，显示四个阻带陷波，在最后一个陷波之后缓慢下降，而去除了最高f_n的滤波器显示只有三个陷波，其后是一个陡峭的斜坡。这两个例子都有陡峭的初始滚降，在转角频率附近，有极端非线性的相位响应，这是椭圆响应的基本特征。如果你唯一的目标是阻带衰减大于60dB，则可以先用移除了最高f_n的滤波器的设计，因为它有着较少的器件数量。

当我们优化两个椭圆滤波器的噪声时，FilterCAD选择LTC1164，所有四级电路都为3A模式。3A模式是椭圆陷波滤波器的标准模式，如前所述，因为它将二阶高通和低通的输出进行了求和。从设备界面上，我们看到4个3A模式图表，分别表示如图23.25所示的外部运算放大器。实际上，这种外部求和放大器不是在每种情况下都需要的。级联各节时，上一节的高通与低通输出端可求和输入到下一节的反相输入端，只有最后一节需要外部求和放大器。如果移除最高f_n，完全可以省掉外部运算放大器。

根据两个椭圆的波动，可求解出1%电阻值（对于时钟与f_0的50：1比率，时钟频率为50000Hz），结果如表23.5所示。R_H和R_L电阻将连续级间节的高通和低通的输出求和，R_G电阻设置外部运算放大器增益。因此，移除f_n的版本中存在较少的RH/RL对，只在第一个实例的最后一级电路中才使用了R_G。另外，连接到输入放大器反相输入端的R1电阻也仅用于第一级电路。在后续各级电路中，RH/RL对取代了R1。

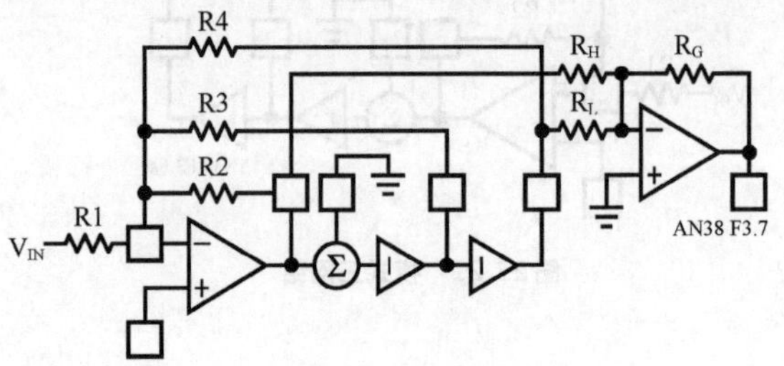

图23.25 模式3网

定制实例

为了用简单实例展示定制设计模式，我们将手动输入极点和Q值来设计一个6阶低通贝塞尔滤波器。首先在设计界面里选择“Custom”，按下Enter键跳过参数录入阶段，直接转到f_0，Q和f_n部分，此时，你可以输入任何期望值。我们将使用表23.6的值，标准化滤波器到-3dB=1Hz。该表中根本没有提及f_n，所以作者在最初输入时，用0代替了f_n值。得到的结果不是低通滤波器，而是高通镜像。这件事表明，粗心始终存在危险。

图23.5 低通椭圆滤波器实例的电阻值

电路级	R1	R2	R3	R4	R_G	R_H	R_L
没有移除最高f_n							
1	24.90kΩ	10.00kΩ	17.40kΩ	17.80kΩ		237.0kΩ	57.60kΩ
2		10.50kΩ	73.20kΩ	10.00kΩ		21.50kΩ	12.70kΩ
3		10.00kΩ	30.90kΩ	11.30kΩ		21.50kΩ	10.00kΩ
4		19.60kΩ	24.30kΩ	86.60kΩ	10.20kΩ	294.0kΩ	10.00kΩ
移除了最高f_n							
1	26.10kΩ	10.00kΩ	17.40kΩ	19.10kΩ		261.0kΩ	56.20kΩ
2		10.50kΩ	75.00kΩ	10.00kΩ		23.20kΩ	13.00kΩ
3		10.00kΩ	31.60kΩ	11.50kΩ		22.60kΩ	10.00kΩ
4		18.70kΩ	23.20kΩ	86.60kΩ			

一旦输入该值，对于任何所需的转角频率，它们都可以重新标准化。这种情况下，只需按Enter键，我们将重新回到1000Hz标准频率，它是直接将表中的f_0值乘以1000而得到的。

观察响应图形（如图23.26所示），可以看到贝塞尔响应的特性，其通带下垂，初始滚降非常缓慢。当进入到实现阶段时，具体过程与我们熟悉的过程略有差异。FilterCAD对定制设计并不进行优化，也不指定模式。它只是选择设备，（静待揭晓…），选择的设备为LTC1164。此时，我们需要转到设备界面，手动选择3个二阶节的模式。所有节都选择模式3，因为这3节各自的转角频率不同，而模式3请允许通过R2/R4的比值对各节进行单独的调试。我们先前已见过模式3网络了，这里不再赘述。选择好模式后，则可以计算电阻值，结果如表23.7所示。

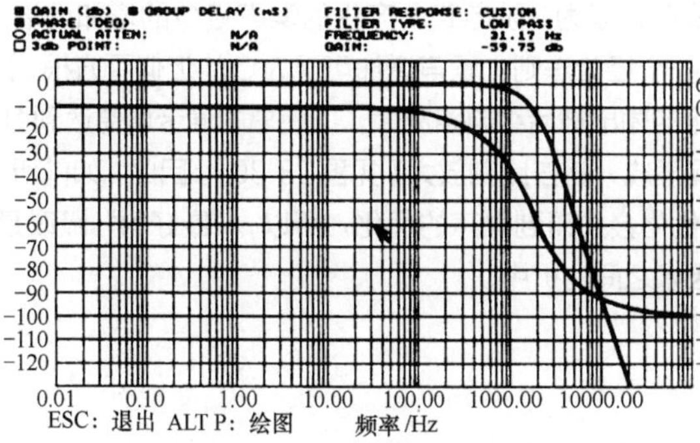

图23.26　六阶低通贝塞尔滤波器响应

表23.6　六阶低通贝塞尔滤波器f_0、Q和f_n的值，频率归一到1Hz

电路级	f_0	Q	f_n
1	1.606	0.510	无穷大
2	1.691	0.611	无穷大
3	1.907	1.023	无穷大

图23.7　六阶低通贝塞尔滤波器电阻

电路级	R1	R2	R3	R4
1	13.00kΩ	33.20kΩ	10.00kΩ	13.00kΩ
2	10.50kΩ	29.40kΩ	10.00kΩ	10.50kΩ
3	10.00kΩ	36.50kΩ	17.40kΩ	10.00kΩ

编辑级联顺序

本手册之前说过，通过编辑级联顺序或交换极点和Q值来优化性能，是有源滤波器设计中最晦涩深奥的问题。虽然经验丰富的设计师理解该过程的某些方面，但现有知识不能系统充分地保证算法进行成功优化。因此，需要进行手工编辑。在下面的讨论中，我们将简要讨论优化噪声或谐波失真的基本原则。随后将通过一些具体的实例，说明这些原则对实际滤波器设计的影响。应当强调的是，这里所描述的微调过程，对于特定的应用来说，不一定是必须的。如果你在使用LTC器件最大化滤波器性能时，如有困难，不要犹豫，请直接联系我们的应用部门以获得帮助。

优化噪声

噪声优化的关键涉及到带限概念。噪声带限的实现，可以将低Q以及低f_0的二阶节放置在最后一级（低通滤波器情况下）。为了理解为什么这么做，我们必须观察相应二阶响应的图形。一个低Q值二阶节在f_0之前开始（如图23.27所示）滚降。Q值越低，滚降开始点将越深入通带。另一方面，高Q二阶节，在f_0有谐振峰值（如图23.28所示）。Q越高，峰值越高。在级联滤波器中，高Q值造就了高噪声，最大的噪声将出现在谐振峰值点附近。在最后一级中使用最低Q值和最低f_0的二阶节，可以把前级产生的绝大部分噪声置于最后一级的通带之外，从而降低了整体噪声。另外，由于最后一级Q值最小，所以它本身只有较小的噪声。可以借助该技术实现选择性椭圆低通滤波器，具有可接受的噪声等级。

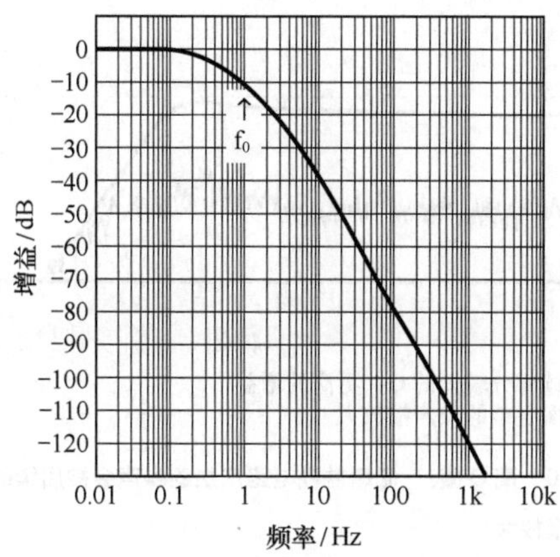

图23.27　低Q值二阶低通响应

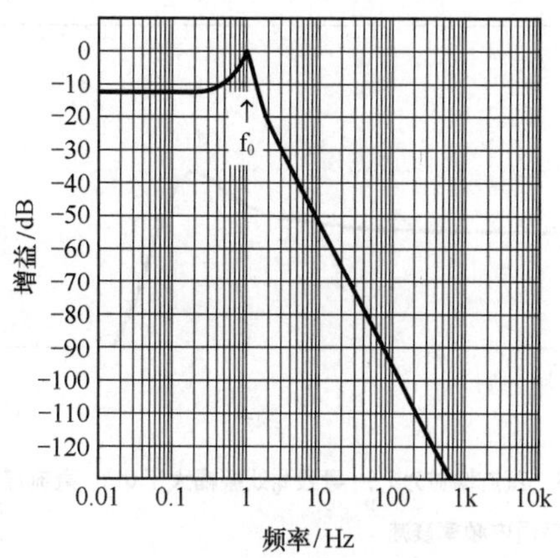

图23.28　高Q值二阶低通响应

优化谐波失真

造成开关电容滤波器失真的因素有三个。首先，加载负载可能造成失真。LTC开关电容滤波装置使用的CMOS放大器不适合于驱动重负载。为了达到最佳效果，不能有哪个节点的负载阻抗小于10kΩ，你可能注意到FilterCAD计算所得的电阻从来没有低于此限。此外，在试图获得最佳失真性能时，可能需要按比例放大FilterCAD计算所得的电阻值2~3倍，以最小化负载。

影响失真性能的第二个因素是时钟频率。每个LTC开关电容滤波器装置都具有一个最佳的时钟频率范围。时钟频率超过最佳范围上限时，将会导致失真增加。有关有效时钟频率范围相关信息，请查阅LTC数据手册以及应用指南。如果你不遵守这两个设计要素，任何试图通过修改级联以优化THD性能的操作都可能无用。

第三个失真因素是由内部运算放大器的摆动接近供电轨时的非线性效果所引起的。

在此设计过程中，增益以及最高Q所在的节位置是非常显著的影响因素。前面曾讨论过，高Q值二阶节（Q>0.707）在f_0附近有一个谐振峰值。为了保持电路总增益为1，并最大限度地减少失真，必须使高Q级的电路直流增益小于1，并按比例增加后级增益。（注意到FilterCAD自动执行的动态优化设计，只是基于3A模式，与二阶节的级联顺序无关。）如果每级分别给予1的增益，电路总增益将是1。然而，当一个高Q部分具有1的直流增益，f_0附近的频率将从谐振峰值那里得到额外增强，这些频率产生了大于1的增益（见图23.29和LTC1060数据手册）。根据输入信号的强度，从高Q级电路的输出可能会使下一级的输入饱和，驱动它到非线性区域，从而产生失真。所以，将高Q级的增益设置为在f_0处的峰值不超过0dB，可以使该级直流增益小于1。在通带内，其效果将极大地衰减大部分的频率，从而将输入放大器的偏移最小化。虽然这种策略降低了谐波失真，但它可能会产生噪声，因为2阶电路所产生的噪声随Q的增加而增加。（作为一个经验法则，噪声增加可视为Q的近似平方根。）当高Q级的输出被后组电路放大，以使总的通带增益达到1时，它的噪声成分将按比例放大（见图23.30）。因此，如前所述，THD优化会妨碍到噪声的优化。所以，“最好的”级联是这两个因素之间的折中。

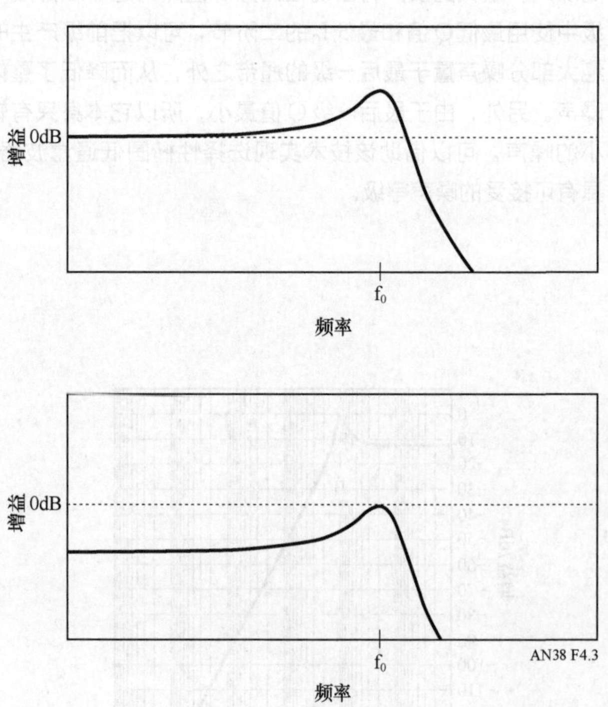

图23.29 直流增益为1，导致f_0处振幅大于0；直流增益减少，带通内频率衰减

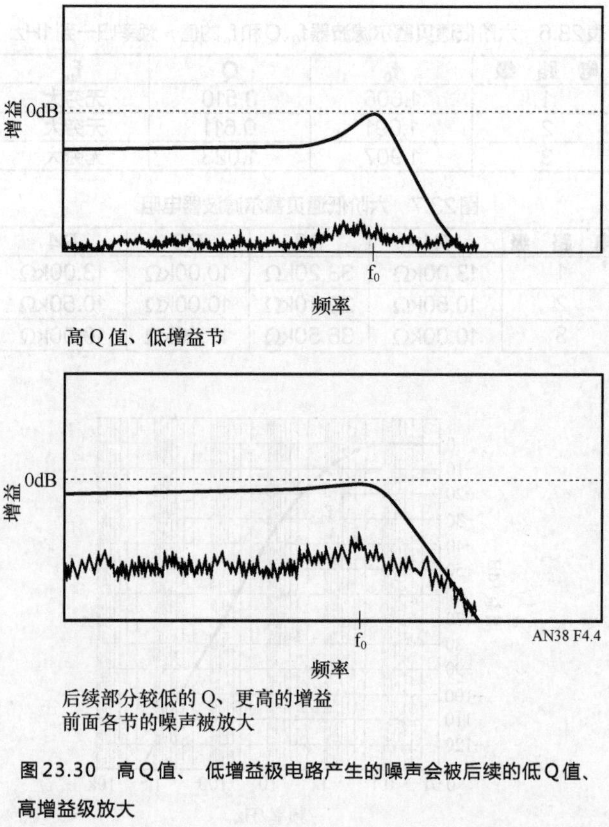

图23.30 高Q值、低增益极电路产生的噪声会被后续的低Q值、高增益级放大

更多实例

为了说明级联顺序是如何影响性能的，我们将研究两个具体的例子。第一个是一个八阶巴特沃斯低通滤波器，频率标准化为1Hz。其最大通带波纹为3dB，阻带衰减为48dB，转角频率为1Hz，阻带频率为2Hz。对于该设计，我们实现了两个不同版本，其中一个级联顺序的排列是为了降低谐波失真（THD），而另一个顺序的排列是为了最小化噪声。表23.8显示了这两个版本的f_0、Q和f_n的值。滤波器包含的四组电路中，有三级的Q值小于1，一个Q值大于2.5。两个版本级联顺序的唯一区别只是高Q节位置的不同。可以看到在第一个实例中最高Q的节放置在第二个位置，而不是第一个位置上，其原因在前面已经进行了讨论。这是为了在最小化谐波失真的同时，又能保持可接受的噪声性能。实例二中，最高Q的节被放置在第三个位置上，其后直接级联着最低Q值的节。由于这是一个巴特沃斯滤波器，所有的部分都具有相同的f_0。不过，由于低Q节具有下垂的通带（见图23.28），所以它仍具有抑制前续各节所产生噪声的功能。

表23.8　八阶低通巴特沃斯滤波器的f_0、Q和f_n的值

电路级	f_0	Q	f_n
排序减少谐波失真			
1	1.0000	0.6013	无穷
2	1.0000	2.5629	无穷
3	1.0000	0.9000	无穷
4	1.0000	0.5098	无穷
排序减少噪声			
1	1.0000	0.6013	无穷
2	1.0000	0.9000	无穷
3	1.0000	2.5629	无穷
4	1.0000	0.5098	无穷

所有阶段都选择模式3，因为它产生的谐波失真比模式1要小。时钟与频率之比为50：1，实际的时钟频率为400kHz，实际f_0值为8kHz。这两种设计都在电路实验板进行了实现，所用电阻值由表23.9列出。除了R1的值，其他由FilterCAD计算出的所有电阻值都乘以3.5，以此减少负荷。R1主要用来设置各节的增益，以使各节点的增益都低于0dB（模式3的低通增益=R4/R1）。

我们对谐波失真性能进行了测试，结果如图23.31和图23.32所示。该曲线将总谐波失真表示为输入电压的百分比。每个曲线图显示了1V和2.5V（RMS）输入时的总谐波失真性能。在1V（RMS）输入时，两种设计之间的差异几可忽略，但在2.5V输入时，图23.31所示波形中所示波形谐波失真明显有所改善。在这两个实例中，接近转角频率时，失真显著下降。然而，这可能具有一定的欺骗性，因为在该区域中，滤波器开始衰减三次以上的谐波。图23.31所示波形不但具有较好的谐波失真性能，其宽带噪声指标也可达到90μV（RMS），而图23.32产生的宽带噪声为80μV（RMS）。

表23.9　八阶低通巴特沃斯滤波器的电阻值

电路级	R1	R1	R3	R4	DC GAIN
优化以抑制谐波失真					
1	61.90kΩ	60.90kΩ	35.00kΩ	60.90kΩ	0.98
2	57.60kΩ	35.00kΩ	77.35kΩ	35.00kΩ	0.61
3	43.20kΩ	42.35kΩ	35.00kΩ	42.35kΩ	0.96
4	39.20kΩ	71.75kΩ	35.00kΩ	71.75kΩ	1.83
（总）					1.05
低噪声优化					
1	60.20kΩ	60.90kΩ	35.00kΩ	60.90kΩ	1.01
2	41.60kΩ	42.35kΩ	35.00kΩ	42.35kΩ	1.00
3	56.20kΩ	35.00kΩ	77.35kΩ	35.00kΩ	0.60
4	43.20kΩ	71.75kΩ	35.00kΩ	71.75kΩ	1.66
（总）					1.05

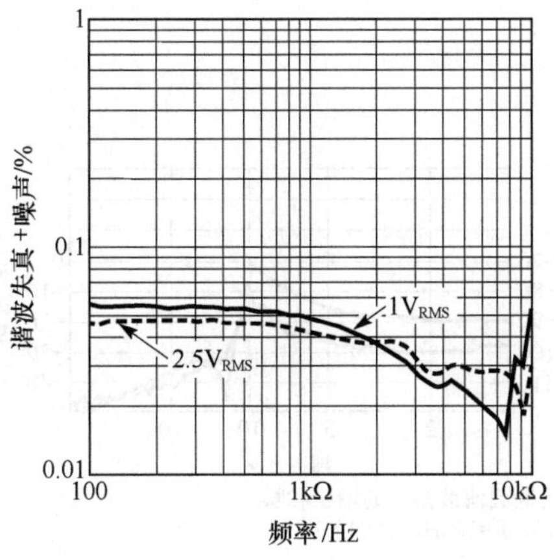

图23.31　谐波失真性能，八阶巴特沃斯排序以减少谐波失真

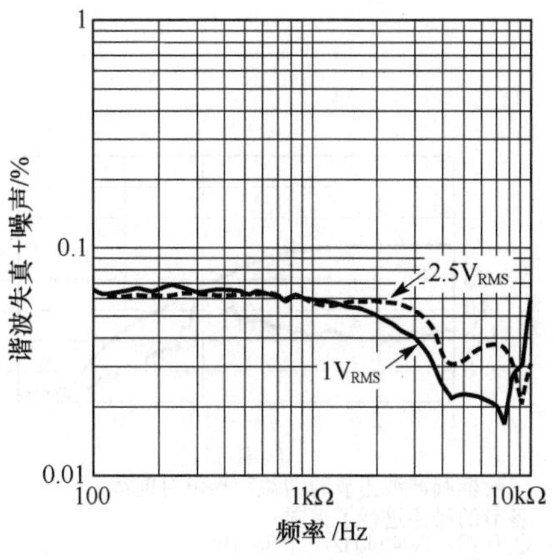

图23.32　谐波失真性能，八阶巴特沃斯排序以减少噪声

第二个例子是一个六阶椭圆低通滤波器，频率也标准化为1Hz。它也有两个实现版本，一个是对噪声进行优化，而另一个则用于谐波失真优化。该实例有一个1dB的最大通带纹波，50dB阻带衰减，转角频率为1Hz，1.20Hz的阻带频率。滤波器时钟与截止频率之比为100：1。表23.10给出了两节的级联顺序。椭圆滤波器的实例要比巴特沃斯更复杂，由于二阶响应不但有f_n值（陷波或0），而且还有f_0和Q值。某一节的f_n与f_0的比值会影响谐振峰值，该峰值由Q值引起。f_n越接近f_0，峰值越小。

表23.10 六阶椭圆低通滤波器的f_0、Q和f_n值

阶	f_0	Q	f_n
排序以减少谐波失真			
1	0.9989	15.0154	1.2227
2	0.8454	3.0947	1.4953
3	0.4618	0.7977	3.5990
排序以减少噪声			
1	0.8454	3.0947	1.4953
2	0.9989	15.0154	1.2227
3	0.4618	0.7977	3.5990

在第一个实例中，具有最高的f_0和最高的Q的节，与最低f_n相配对，放在级联的最前端。第二高的Q值与第二低的f_n配对，依次类推。这样的配对方案可以最小化各个二阶节的最高峰值与最低增益之间的差异。参照表23.11，该表给出的电阻值和各级的低通增益，我们可以看到第一级电路具有非常低的增益0.067，而且，大部分的增益是由低Q值的第三级提供的。因此，各级的摆动输入达到了最小化，输入产生的失真也被抑制，而且也实现了电路的总增益为1。（二阶节工作在模式3A时，第一节的低通增益取决于R4/R1，而后续各级的低通增益由R4除以上一级RL的值决定。最后一级的增益由外部运算放大器提供，取决于RG/RL。这里不考虑高通增益。）

在实例二中，为降低了噪声，对二阶各级进行了排序。本例中，具有最高Q和f_0的电路级被放置在级联中间，紧随其后的电路级具有最低的Q和f_0值。大部分增益是由第三级电路提供的，这可能会放大前级产生的噪声，但两节f_0之比大于2：1，从而可使第二级电路产生的大部分噪声，落在第三级电路的通带之外（见图23.33）。这会产生如前所述的带限效应，可以极大地改善电路的整体噪声性能。图23.34到图23.37详细描述了六阶椭圆滤波器的噪声与谐波失真性能。

表23.11 六阶椭圆低通滤波器的电阻（f_{CLK}和f_0比值为100：1）

阶	R1	R2	R3	R4	R_G	R_H	R_L	LOW PASS GAIN
排序得到低谐波失真								
1	150.0kΩ	10.00kΩ	150.0kΩ	10.00kΩ		15.00kΩ	10.00kΩ	0.067
2		11.80kΩ	43.20kΩ	16.50kΩ		22.60kΩ	10.00kΩ	1.650
3		16.90kΩ	28.70kΩ	78.70kΩ	11.50kΩ	130.0kΩ	10.00kΩ	7.870
外部运算放大器								1.150
总								1.000
排序减少噪声								
1	43.20kΩ	10.00kΩ	36.50kΩ	14.00kΩ		110.0kΩ	48.70kΩ	0.324
2		10.00kΩ	150.0kΩ	10.00kΩ		15.00kΩ	10.00kΩ	0.205
3		28.00kΩ	48.70kΩ	130.0kΩ	11.50kΩ	130.0kΩ	10.00kΩ	13.00
外部运算放大器								1.150
总								0.993

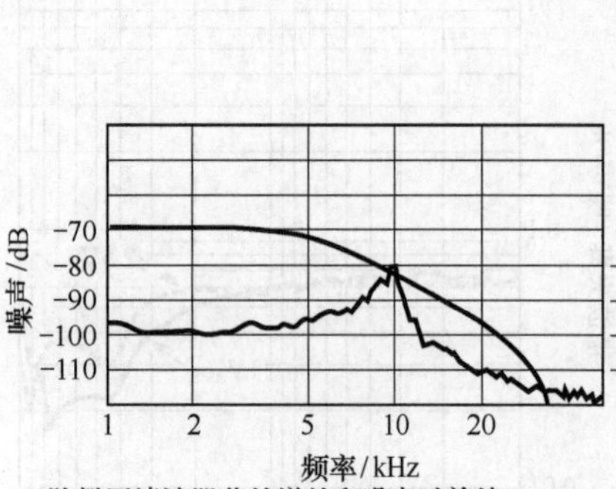

二阶椭圆滤波器节的增益和噪声对前续各节的噪声进行了带限

Q=0.79，f_0=4.6kHz，f_n=36kHz

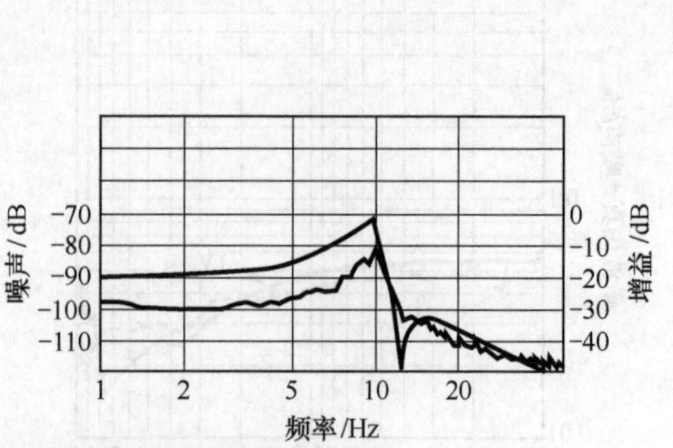

二阶椭圆滤波器节的增益和噪声

Q=15，f_0=10kHz，f_n=12.2kHz

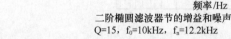

图23.33 用级联顺序来限制带宽噪声

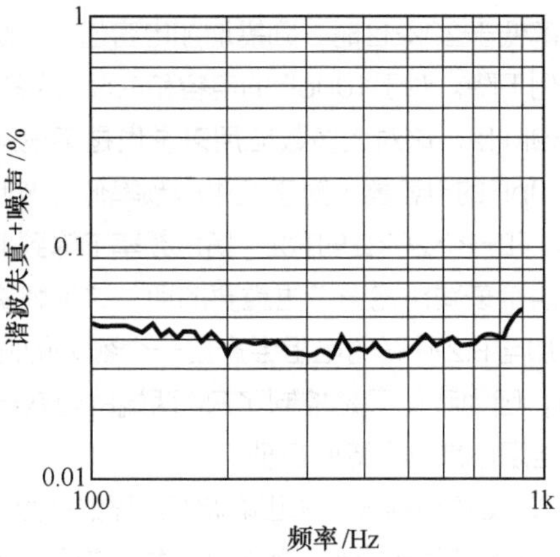

图23.34 谐波失真性能，六阶椭圆排序以减少谐波失真

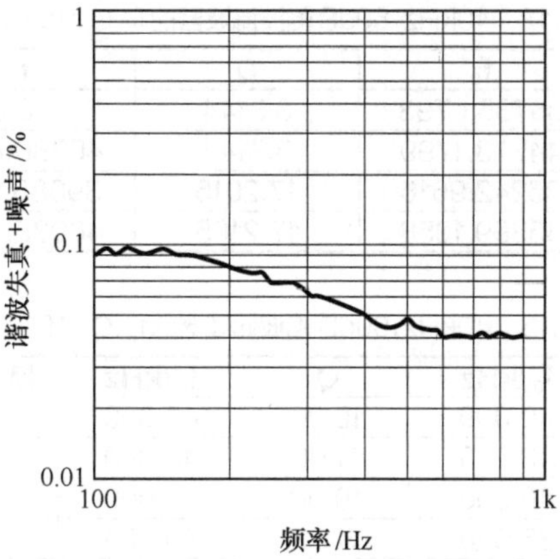

图23.35 谐波失真性能，六阶椭圆排序以减少噪声

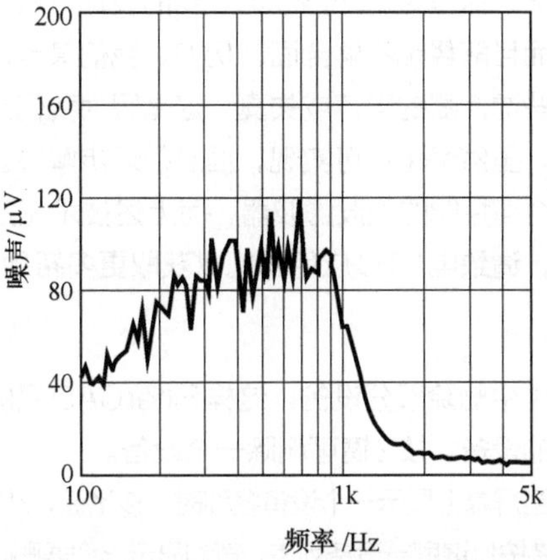

图23.36 噪声性能，六阶椭圆排序以减少谐波失真

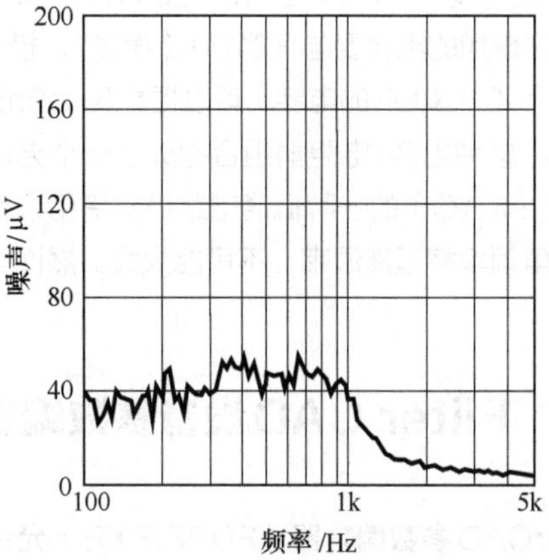

图23.37 噪声性能，六阶椭圆排序以减少噪声

陷波，最后的边界

陷波滤波器，尤其是那些具有高Q值、高衰减的滤波器，用普遍开关电容滤波器的设备很难实现。你可以用FilterCAD设计一个陷波滤波器，设计指标为阻带衰减大于60dB，而实际上，最终的衰减不超过40dB或更少。这主要是归咎于通用滤波器的取样数据的性质；等幅反相的信号，在求和时没有象在纯模拟系统中一样相互抵消。高达60dB的陷波是可以实现的，但该版本的FilterCAD不支持。这里将测试这类技术。我们将使用FilterCAD开始输入椭圆陷波滤波器响应参数。我们将指定一个0.1dB最大的通带纹波，60dB的衰减，40kHz中心频率，2kHz的阻带带宽和12kHz的通带带宽。设定好这些参数后，FilterCAD合成的响应如表23.12所示。该八阶滤波器号称其实际阻带衰减大于80dB，在现实世界中很难达到这种水平。衰减为60dB的实际可运行滤波器是可以实现的，但又与FilterCAD提供的建议严重不符。

当某些操作参数保持在给定范围时，开关电容滤波器能够提供最佳性能。对于一个特定参数而言，能产生最佳结果的条件称之为“品质因素”。例如，若使用了LTC1064，能达到最佳性能的时钟与中心频率的比值（$f_{CLK/f0}$）精度，公认的时钟频率为1MHz，Q值为10。当我们从“品质因素”出发（因为我们必须这样做，在该例中，产生40kHz陷波）时，性能会逐渐下降。我们将会遇到一个问题是“Q-增强”。这样会导致Q值稍微大于由电阻设置的值。（需要注意的是，Q-增强是模式3和3A中的主要问题，并不仅限于陷波滤波器，也会发生在LP、BP和HP滤波器中）。这将导致峰值出现在陷波上方或下方。在R4上并联若干个小电容（3~30pF）对Q-增强进行补偿（模式2或模式3）。这样，可以为高达90kHz中心频率的陷波滤波器进行Q-增强补偿。这里所建议的值是对宽范围时钟可调谐陷波的折中值。如果你想制作一个固定频率的陷波滤波器，高频时，你可以使用大电容。至少在LTC1064的情况下，频率低于20kHz时，Q-增强是不太可能成为问题的。低频时增加电容将导致陷波变宽。

表23.12 40kHz，60dB陷波滤波器的f_0、Q和f_n值

阶	f_0	Q	f_n
1	35735.6793	3.3144	39616.8585
2	44773.1799	3.3144	40386.8469
3	35242.9616	17.2015	39085.8415
4	45399.1358	17.2105	40935.5393

表23.13 40kHz，60dB陷波滤波器的f_0、Q和f_n值

阶	f_0/kHz	Q	f_n/kHz	模 式
1	40.000	10.00	40.000	1
2	43.920	11.00	40.000	2
3	40.000	10.00	40.000	1
4	35.920	8.41	40.000	3

如前所述，实现陷波滤波器的另一个问题是衰减不充分。对于低频率陷波而言，通过把时钟与陷波频率之比增加到250：1来增加阻带衰减。也可以通过增加外部电容来改善衰减，此时增加的电容要与R2并联（模式1、模式2及模式3A）。一个10～30pF的电容，可以提高5～10dB的阻带衰减。当然，这种电容/电阻器组合构成了一个无源的、转角频率为1/(2πRC）的一阶低通电路级。使用该例中标示的值时，转角频率将远离通带，不可能太大。然而，如果在陷波频率低于20kHz时，则需增加电容值，一阶转角频率也将按比例下降。对于100pF的电容和10kΩ的R2，转角频率将为159kHz，这对大多数应用来说也是不成问题的。对于一个500pF的电容器（对于低中心频率低陷波滤波器来说是必要的）和一个20kΩ的R2，拐角频率下降到15.9kHz。如果最大阻带衰减比宽通带更重要的话，这种解决方案是可行的。添加与R2并联的电阻会产生一个额外的问题：它会增加Q值，因为我们只是控制了R4两端的电容器。所以，必须调整电阻值来再次降低Q值。

表23.13中包含一个真正陷波滤波器的参数，使用了上述技术，它能真正达到60dB衰减的要求。这基本上是LTC1064数据表中的时钟可调的八阶陷波滤波器。注意，所使用的模式是混合模式。这是一种FilterCAD根本不可能给出的解决方案。

显然，这里讨论的陷波滤波器的设计方法，主要是依靠经验，而且解释也不够全面。例如，我们甚至还没有触及到优化这些滤波器的噪声或失真。这是因为我们无法提出简单的规则。虽然优化仍可实现，但必须逐步解决。如果你需要实现一个高性能的陷波滤波器，而上述技术无法达到你的要求的话，请致电LTC应用部门以获取更多帮助。

附录1 Filter CAD设备参数编辑器

FilterCAD参数编辑器（FDPF.EXE）允许您修改FilterCAD设备参数文件（FCAD.DPF）。此文件含有LTC开关电容滤波器设备的相关数据，FilterCAD在实现阶段中的设备选择时会用到这些数据。设备参数编辑器是一个菜单驱动程序，有一个类似于FilterCAD的命令结构。其主菜单包括以下项目。

1. 添加新设备。
2. 删除设备。
3. 编辑现有设备。
4. 保存设备参数文件。
5. 负载设备参数文件。
6. 更改设备参数文件的路径。
7. 退出设备参数编辑器。

原则上，编辑设备参数文件是为了新增LTC设备，也就是在FilterCAD之后发布的设备。为新设备输入数据时，按1键，您会看到一个空白表，并提供了必要的字段参数。使用箭头移动光标，输入从LTC数据手册中得到的合适字段和类型。按Enter键来接受每一个字段中的数据，然后按Esc键。

当您完成了数据输入后，不要忘了保存到新的.DPF文件。程序会通知您该FCAD.DPF已经存在，并询问您是否您想覆盖它。按Y键保存文件。

使用设备参数编辑器的另一个原因可能是，从设备参数文件中删除部分设备。这样FilterCAD只能选择您手头拥有的设备。按2键可删除一个设备。

当屏幕上显示一个设备名称时，按Y键，从文件删除该设备或者按N键刷新设备列表，直到显示出您要删除的文件为止。

如果FilterCAD支持的某些设备参数有所订正，也可以使用设备参数编辑器来编辑。要编辑在设备参数文件中已存在的设备，按3键，您会看到一个表格，除了字段将包含数据外，跟先前为增加新设备描述那个表格完全相同。使用PgDn键和PgUp键跳转页面，找到您要编辑的设备，将光标移动到您想要编辑的字段，输入新数据。您必须按Enter键接受各个字段的新值。完成编辑后，按Esc键。文件编辑器主菜单上的其余选项都是不言自明的。

附录2 参考书目

有关滤波器设计理论的详细信息，请参阅下列书目。

1 Daryanani, Gobind, "Principles of Active Network Synthesis and Design." New York: John Wiley and Sons, 1976.
2 Ghausi, M.S., and K.R Laker, " Modern Filter Design, Active RC and Switched Capacitor." Englewood Cliffs, New Jersey: Prentice-Hall, Inc., 1981
3 Lancaster, Don, "The Active Filter Cookbook." Indianapolis, Indiana: Howard W Sams & Co., Inc., 1975.
4 Williams, Arthur B., "Electronic Filter Design Handbook." New York: McGraw-Hill, Inc., 1981.

注：应用程序和算法由Nello Sevastopoulos、Philip Karantzalis和Richard Markell提供。

宽带精密放大器的30ns稳定时间测量

24

Jim Williams

引言

仪器仪表、波形生成、数据采集、反馈控制系统和其他应用领域都利用了宽带放大器。新的组件（请参见随后的“具有30ns稳定时间的精密双宽带放大器”）在保持高速运转的同时，也引入了精度。该放大器的DC和AC规格在成本上已接近或达到了已有设备的最低水平，同时还能节省功耗。

稳定时间的定义

放大器的直流特性易于验证。尽管通常很枯燥，但其测量技术是很容易理解的。AC特性则需要通过更复杂的方法来得到可靠信息。特别是放大器的稳定时间，确定起来尤其困难。稳定时间，是指从输入设备开始，到设备输出达到并稳定在最终指定值误差范围内所经过的时间。它通常用于描述满量程的过渡。由图24.1可知，稳定时间明显分为三个部分。其中延迟时间很小，几乎完全取决于放大器的传播延迟。在此期间，没有输出操作。在转换时间内，输出放大器以其可能的最高速度朝终值移动。振铃时间定义了在规定的误差带内放大器从转换过程恢复过来并结束运动所用的时间。在转换时间和振铃时间之间通常会有一个权衡。快速的转化放大器一般会延长振铃时间，使放大器选择和频率补偿复杂化。此外，非常快速的放大器所需要进行的权衡，将会降低直流误差性能。[①]

在任意速度下进行的任何测量都需要特别小心。特别是动态测量，更具挑战性。纳秒级稳定时间的可靠测量是一个高阶难题，解决该难题需要特别方法和实验技术[②]。

① 本文随后将对该问题进行详细的讨论。也可以参阅附录D的“放大器补偿的实际问题”。

② 稳定时间测量所用技术及其描述主要借鉴于已有文献。请参阅参考文献1。

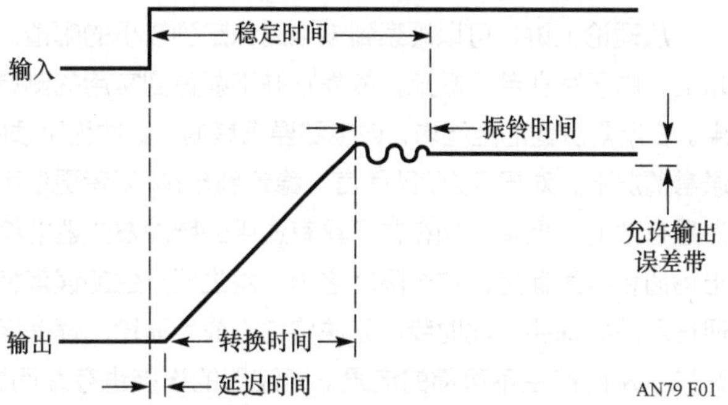

图24.1 稳定时间包括延迟时间、转换时间和振铃时间。使用高速放大器可以减少转换时间，不过往往会导致更长的振铃时间。延迟时间通常较小

具有30ns稳定时间的双宽带精密放大器

目前为止，宽带放大器都是提供了速度，牺牲了精度、功耗以及稳定时间。LT®1813双运算放大器则不需要这样的折中。它可以在低供电电流时运行，主要特点是低失调电压和偏置电流、高直流增益。在5V阶跃输入时，其稳定时间为30ns，误差在0.1%之内。其输出使用±5V的电源可以驱动100Ω的负载至±3.5V，可支持高达100pF的容性负载。下表为LT1813的性能简表。

LT1813技术规范简表

特征指标	技术规范
失调电压/mV	0.5
失调电压与温度之比/(μV/℃)	10
偏置电流/μA	1.5
直流增益	3000
噪声电压/(nV/$\sqrt{Hz}$)	8
输出电流/mA	60
压摆率/(V/μs)	750

续表

增益带宽/MHz	100
延迟/ns	2.5
稳定时间/(ns/0.1%)	30
电源电流/mA	每个放大器3

测量纳米级稳定时间的注意事项

对于类似于图24.2所示电路的稳定时间的测量已有很长的历史。该电路采用了“假求和节点”技术。电阻器和放大器形成了桥型网络。假设电阻器是理想电阻器，当输入被驱动时，放大器的输出将阶跃到$-V_{IN}$。在转换过程中，稳定节点由二极管限定，同时限制了电压偏移。当稳定时，示波器探头电压应为零。注意，由于电阻分压器的衰减，探头输出电压应为实际稳定电压的1/2。

从理论上讲，可以观察到该电路稳定到较小的幅值。实际上，由于存在若干缺陷，依靠它并不能得到实用的测量结果。在所需测量的范围内，该电路要求其输入脉冲为平顶的。通常情况下，对于5V阶跃而言，稳定到5mV或者更低可认为是有效的。但是，现在并不具有通用的脉冲发生器能将输出幅值和噪声保持在这个限度之内。发生器产生的误差将出现在示波器探头，此时我们无法将它与放大器输出误差区分开来，从而产生不可靠的结果。示波器的连接也存在问题。随着探头电容的升高，电阻器结点的交流负载将影响观察到的稳定波形。一个10pF的探头就能够解决这个问题，但其10×的衰减将会牺牲示波器的增益。1×的探头是不适合的，因为这会带来过高的电容。一个有源FET探头也能解决这个问题，但仍存在其他问题。

稳定节点处的钳位二极管是为了减小转换过程中放大器的摆幅，防止示波器过载。然而，示波器过载恢复特性在不同类型之间差异很大，而且通常都没有给出。肖特基二极管的400mV压降意味着示波器将承受不可接受的过载，这就使显示的结果存在问题[3]。

分辨率为0.1%（输出5mV，而示波器为2.5mV）时，示波器通常会承受一个10倍过载，图形中每格对应10mV/格，这样所需的2.5mV基准将无法达到。在纳秒级的速度下，以这样的配置进行测量是无法得到结果的。很明显，测量的完整性无法实现。

根据前面的讨论，测量放大器的稳定时间需要一个不受过载影响的示波器和一个“平顶”脉冲发生器。这就是测量宽带放大器稳定时间的核心问题。

唯一能够不受过载影响的示波器技术就是经典采样示波器[4]。遗憾的是，这些仪器都已停产了（虽然仍然可以在二手市场上找到）。不过，借助经典采样示波器技术，还是可以构建一个具有过载优势的电路。此外，该电路还可以被赋予一些适合用于测量纳秒级稳定时间的特征。

关于“平顶”脉冲发生器的需求，可以通过切换电流来代替，而不是电压。相对于控制电压，在放大器求和节点产生一个迅速稳定的电流更加容易。而这也使输入脉冲发生器的工作更加容易。但它仍需要1ns或更少的上升时间，以避免测量误差[5]。

③ 有关示波器过载注意事项的讨论，请参阅附录A的“评估示波器过载性能”。

④ 不要混淆经典采样示波器与当今时代的具有过载限制的数字采样示波器。请参阅附录A的“评估示波器过载性能”中的关于不同类型示波器在过载时性能比较。对于经典取样示波器的讨论请参见参考文献16至19及22至24。参考文献17可读性极高，它对经典采样示波器进行了最清晰、简明的介绍，长达12页的全文是有关经典采样设备的珍贵瑰宝。

⑤ 亚纳秒上升时间脉冲发生器将在附录B的“富人和穷人各自适用的亚纳秒上升时间脉冲发生器”中进行介绍。

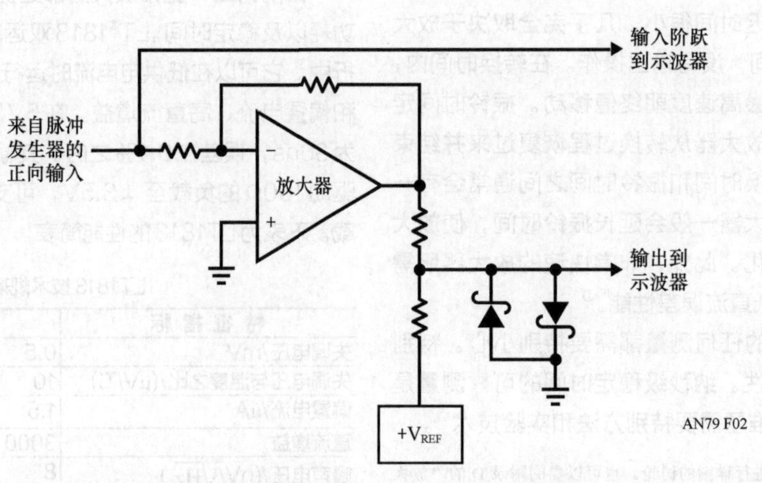

图24.2 采用广泛使用的求和方法来进行稳定时间测量将导致误导性结果。脉冲发生器过渡期后的偏差出现在输出端。10×示波器将会过载，所显示的信息没有意义

纳米级稳定时间的实际测量

图24.3所示的是一个稳定时间测量电路的概念图。该图具有图24.2所示电路的特性，也增加了一些新的功能。在该图中，示波器通过一个开关与稳定节点连接。而这个开关的状态是由一个延迟脉冲发生器确定的，而该脉冲发生器由输入脉冲触发。通过设置延迟脉冲发生器的时序，以使开关在电路几近稳定时才关闭。这样，就可以实现输入的波形以及振幅的及时采样。示波器就不会过载，不会有波形超出显示屏幕。

位于放大器求和节点的开关受输入脉冲控制。该开关通过一个电压驱动式电阻来控制电流流入放大器。这样一来，就不再需要"平顶"的脉冲发生器，但该开关必须能够快速启动且不含驱动噪声。

图24.4给出了一个更完整的测量稳定时间的设计方案。该图详细给出了图24.3所示模块结构的具体实现方法，同时也新增了一些细化。在图24.4中，图24.3中的延迟脉冲发生器被分为两个独立部分：一个延迟发生器和一个脉冲发生器。测量稳定时间存在传播延迟，而流向示波器的阶跃输入通过一个部件后就能对此进行补偿。该图中最引人注目的看点就是新加入的二极管电桥开关。这里借鉴了经典采样示波器电路所用的技术，对于测量有着关键的作用。二极管电桥的固有均衡，消除了基于电荷注入的误差。在这一方面，二极管电桥比其他电子开关更具优势。任何其他高速开关技术，都会因为基于电荷的馈通，而造成过大的输出尖峰。而FET开关是不适合的，因为它们的栅极电容允许这样的馈通，会产生栅极驱动噪声影响开关操作，甚至使其丧失作用。

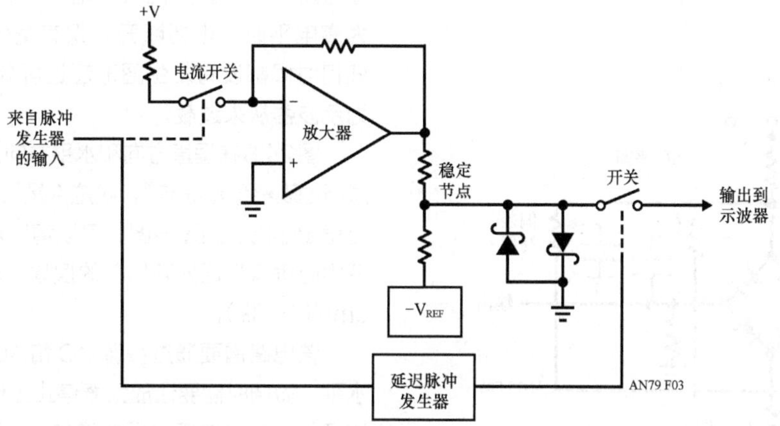

图24.3　概念性电路结构对于脉冲发生器畸变不再敏感，也消除了示波器过载。输入开关控制电流阶跃进入放大器。第二个开关由延迟脉冲发生器控制，以防止示波器在稳定前对稳定节点的检测

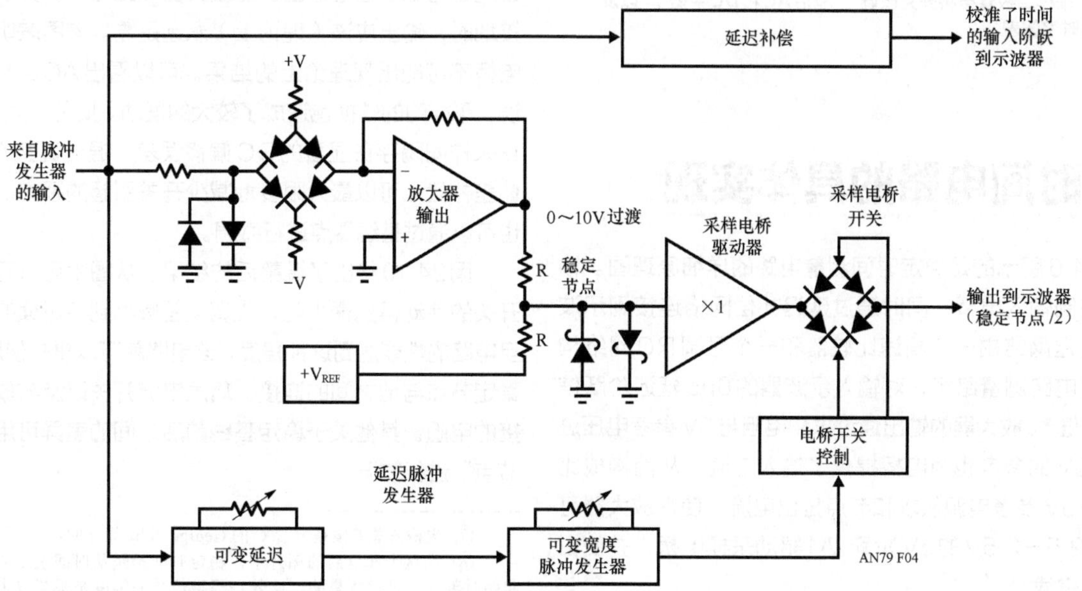

图24.4　稳定时间测量电路原理框图。二极管电桥控制输入电流流入放大器。第二个二极管电桥最小化了开关馈通，同时防止了示波器过载。为测试电路延迟，输入阶跃时间基准参考值进行了补偿

二极管电桥的均衡，加上匹配良好的低电容单片二极管和高速开关切换，可以产生完美的开关操作。输入驱动电桥能够非常迅速地控制电流进入放大器求和节点，在几纳秒内达到稳定。二极管钳位到地能够防止过量的电桥驱动摆幅，并确保输入脉冲的特性不会造成影响。

图24.5仔细考虑了输出二极管电桥开关。为了达到预期性能，必须特别关注该电桥。单片电桥二极管能消除彼此的温度系数——漂移仅仅约为100μV/℃——但是需要直流平衡来最小化失调。

对于零输入输出失调电压，通过微调电桥电流，可以实现DC平衡。同时还需要两个AC微调部件。“AC平衡”可以校正二极管和布局电容的不平衡，而“偏差补偿”可以校正标称互补电桥驱动在时序上的任何不对称性。这些AC微调部件能够对小的动态失衡进行补偿，实现寄生电桥输出的最小化。

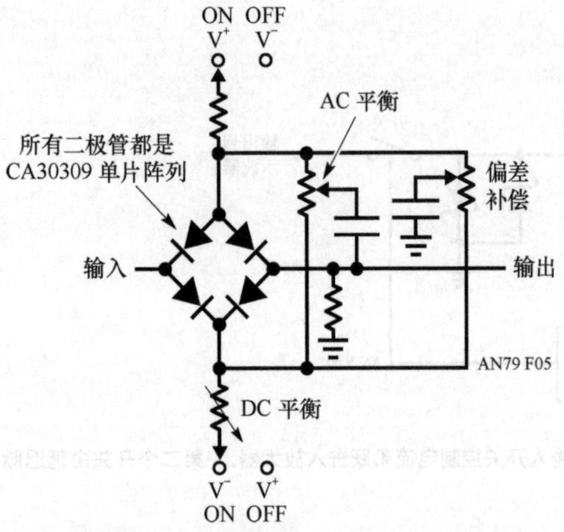

图24.5 采样二极管电桥开关微调，包括AC和DC平衡，以及开关驱动时序偏差

稳定时间电路的具体实现

图24.6所示的是稳定时间测量电路的详细原理图。输入脉冲控制输入电桥，同时通过延迟补偿网络连接到示波器。该延迟网络由一个高速比较器和一个可调RC网络构成，通过电路测量路径，对输入示波器的6ns延迟阶跃信号进行补偿[6]。放大器的输出通过求和电阻与5V参考电压进行比较。5V的参考也为电桥提供了输入电流，从而构成比例测量。-5V参考电源从求和节点拉出电流，使得放大器可以承载-2.5～2.5V的5V阶跃。A1驱动采样电桥，并使钳位稳定点空载。

⑥ 请参阅附录C的“测量和补偿稳定延迟电路”。

输入脉冲触发基于C2-C3的延迟脉冲发生器。该电路用来产生一个延迟脉冲（由一个10kΩ电位器控制），其宽度（由2kΩ电位器控制）设置了二极管电桥的导通时间。如果延迟设置恰当，示波器就可以直到稳定后才显示图像。这避免了示波器过载。通过调整采样窗口的宽度，就能观察到剩余的稳定活动。这样，示波器的输出较为可靠，可以取得有意义的数据。延迟发生器的输出由晶体管VT1-VT4进行电平搬移，为电桥提供补偿开关驱动。实际的开关切换晶体管是VT1-VT2，它们属于UHF类型，可以实现真正的差分电桥切换，时间偏移小于1ns[7]。

图24.7给出了电路波形。线迹A是校正时间输入脉冲，线迹B是放大器输出，线迹C是采样门，线迹D是稳定时间输出。当采样门变为低电平时，电桥的开关切换干净利落，很容易观察到最后的10mV摆幅。振铃时间也清晰可辨，并且放大器很好地稳定到了最终值。当采样门变为高电平时，电桥断开，仅有毫伏级的馈通。可以看到，任何时候都没有发生图形超过屏幕显示范围的事发生，因为示波器从来过载。

图24.8在垂直方向和水平方向上进行了放大，以便更加清晰地观察稳定细节[8]。线迹A是校正时间输入脉冲，线迹B是稳定输出。通过该图，可以清楚观察到最后15mV（从屏幕中心垂直标记处开始）的摆幅。放大器在30ns内稳定到5mV（0.1%）。

该电路需要通过微调DC和AC，才能达到这样的性能水平。微调时需要让放大器停止工作（断开放大器内输入电流开关和1kΩ电阻之间的连接），同时直接将稳定节点短接到地。

图24.9给出了微调前的典型结果。线迹A为输入脉冲，线迹B为稳定信号输出。当放大器停止工作，并且稳定节点接地时，输出应该（理论上）永远是零。该图表明，未微调电桥不可能出现理论上的结果。可以看出AC和DC存在错误，采样门的转换也造成了较大的摆动。此外，从输出可知，在采样间隔存在显著的DC偏移误差。通过调整AC平衡和偏差补偿，可以最大限度地减少开关引起的瞬态。直流偏移也可以通过基线零点进行微调。

图24.10给出了调整后的结果。从图中可以看到，有关开关的活动得到最小化，失调误差减小到不可读的水平。一旦电路的性能达到这种程度，该电路就可以拿来使用[9]。断开稳定节点与地之间的连接，复原电流开关以及与放大器相连接的电阻。其他关于稳定基线前后之间的差异可用“稳定零节点”进行微调。

⑦ 电桥开关方案是由LTC的George Feliz设计的。

⑧ 在这个和以后的图片中，稳定时间都是从时间校正的输入脉冲的起始时刻开始进行测量的。此外，稳定信号的幅度是根据放大器，而不是采样电桥的输出，来进行校准的。这样可以消除求和电阻÷2比率的二义性。

⑨ 实现这种性能取决于恰当的布局。该电路的构建存在许多至关重要的细节。请参阅附录E的“面包板、布局和连接技术”。

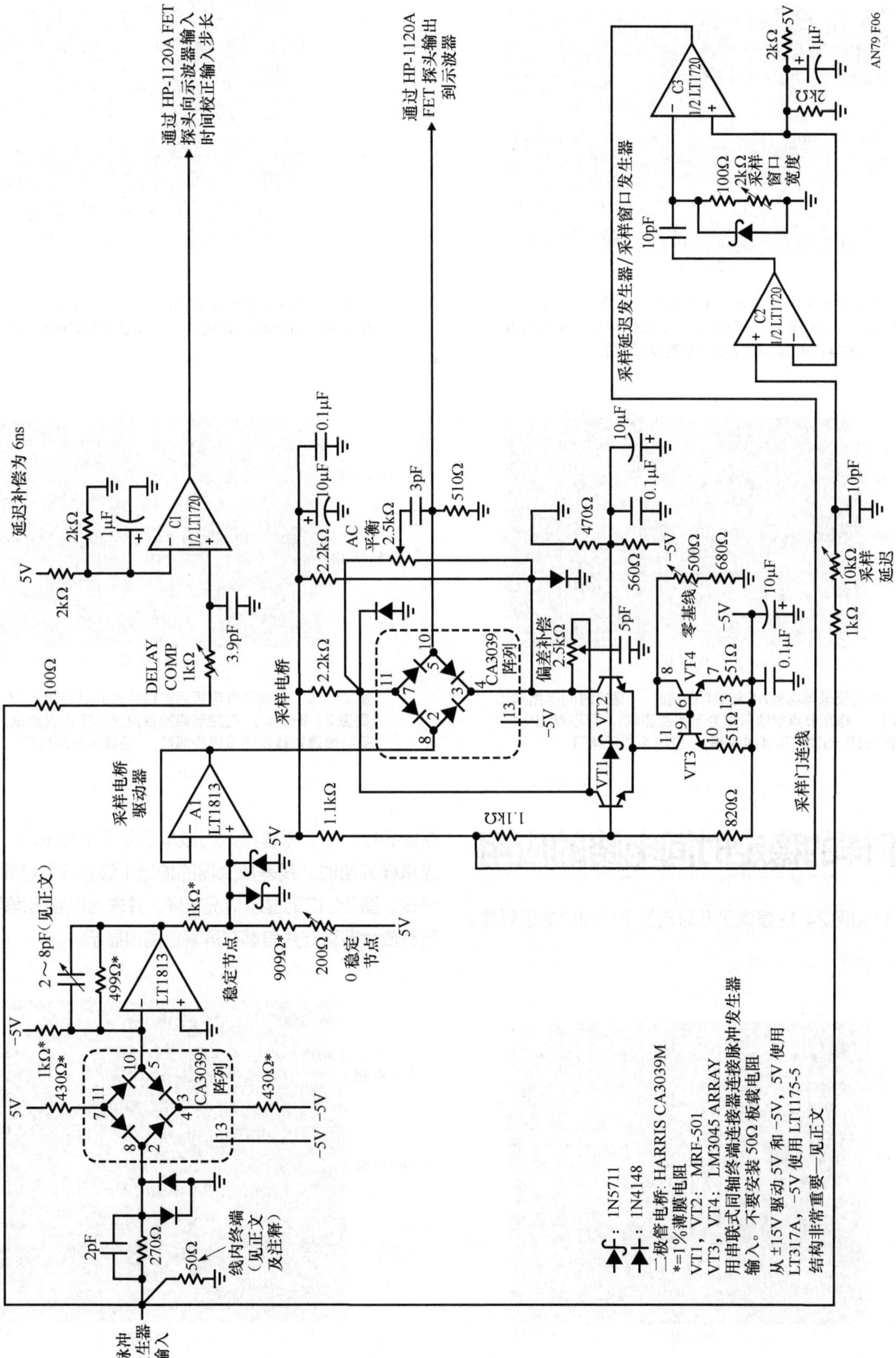

图24.6 完全按照原理框图实现的稳定时间测量电路原理详图。得到最佳性能需要注意布局

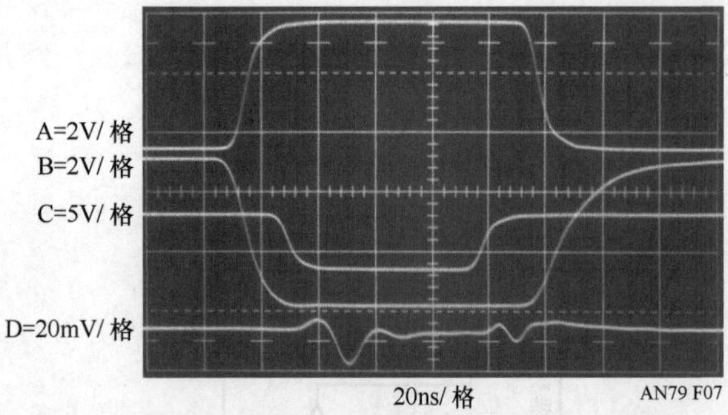

图24.7 稳定时间电路波形，包括时间校正输入脉冲（迹线A）、待测试放大器输出（迹线B）、采样门（迹线C）和稳定时间输出（迹线D）。采样门的窗口的延迟和宽度是可变的

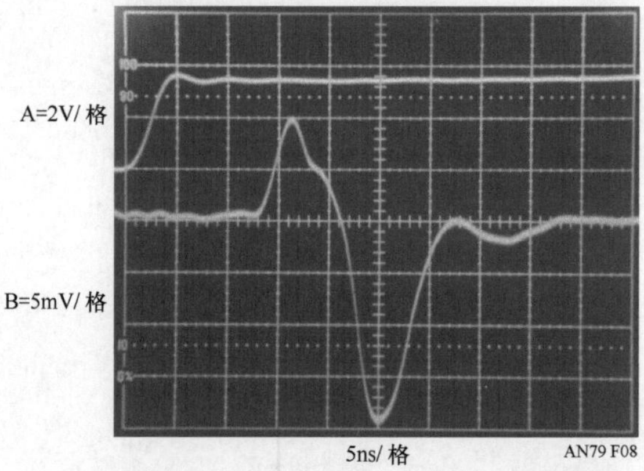

图24.8 垂直和水平方向的放大显示，可以看到放大器在30ns稳定到5mV（迹线B）。轨迹A是时间校正输入阶跃

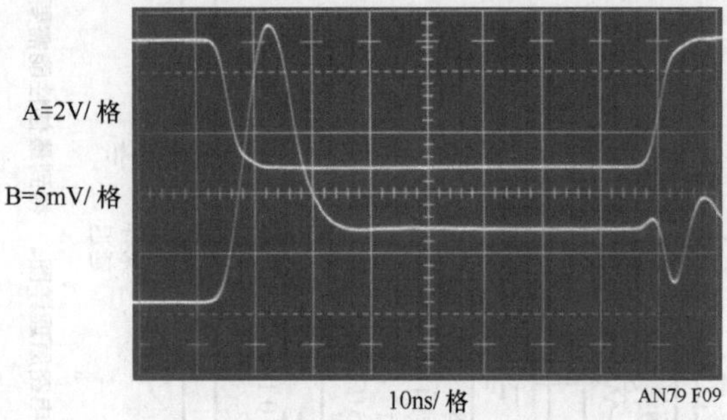

图24.9 未调整采样电桥AC和DC微调时，稳定时间电路输出（迹线B）。稳定节点接地只是为了本次测试。可以看出存在过度开关驱动馈通和基线偏移。迹线A是采样门

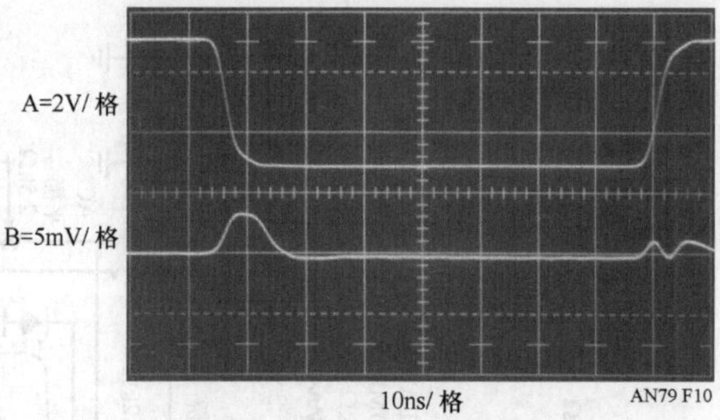

图24.10 微调采样电桥后的稳定时间电路输出（迹线B）。同图24.9一样，稳定节点接地只是为了本次测试。开关驱动馈通和基线偏移已经消除。迹线A是采样门

基于采样的稳定时间电路的应用

图24.11和图24.12强调了及时定位采样窗口的重要性。在图24.10中，采样延迟门过早启动了采样窗口（线迹A），当采样开始时，残差放大器的输出（线迹B）导致了示波器过载。图24.12的显示情况较好，并未出现超出屏幕的现象。所有放大器稳定残差都在屏幕范围内显示。

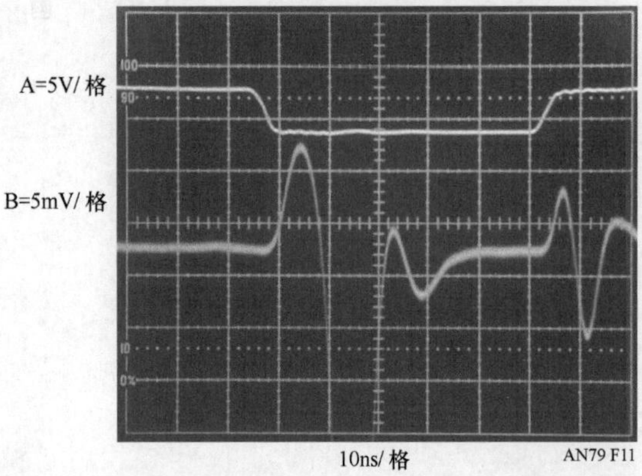

图24.11 含有不恰当延迟采样门的示波器图像。采样窗口被过早激活，导致稳定输出（迹线B）出现超出屏幕的现象。示波器过载，其显示的图像存在问题

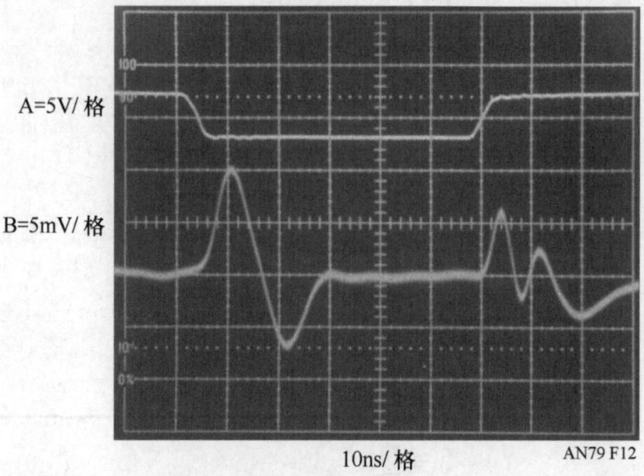

图24.12 恰当的采样门延迟定位采样窗口（迹线A），稳定输出（迹线B）在屏幕范围内显示

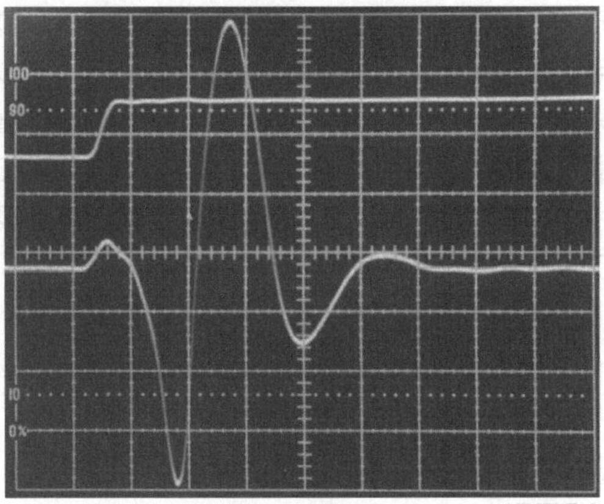

图24.13 反馈电容不够时，稳定轮廓存在欠阻尼响应。线迹A是时间校准输入脉冲。线迹B是稳定残差输出。t_{SETTLE}=43ns

一般情况下，最好能够让采样窗口“移动”到放大器转换的最后10mV左右，这样就能观察到振铃时间的发生。基于抽样的方法可以实现这一功能，使其成为一个很强大的测量工具。另外，请注意，低速放大器可能需要延长延迟和/或者采样窗口时间。这可能需要在延迟脉冲发生器的时序网络中使用较大的电容。

补偿电容的影响

为了得到最佳稳定时间[10]，放大器需要频率补偿。图24.13所示的是微小补偿的影响。线迹A是时间校正输入脉冲，线迹B是稳定偏差输出。通过微小补偿可以得到高速转换，同时过度的振荡幅度也导致结果延时。当采样开始（第四垂直分区前）时，振荡尽管还在进行，但已经进入了最后阶段。总的稳定时间约为43ns。图24.14显示出了另一个极端情况。大值补偿电容消除了所有的振荡，但也降低了放大器的速度，使稳定时间延伸超过50ns。

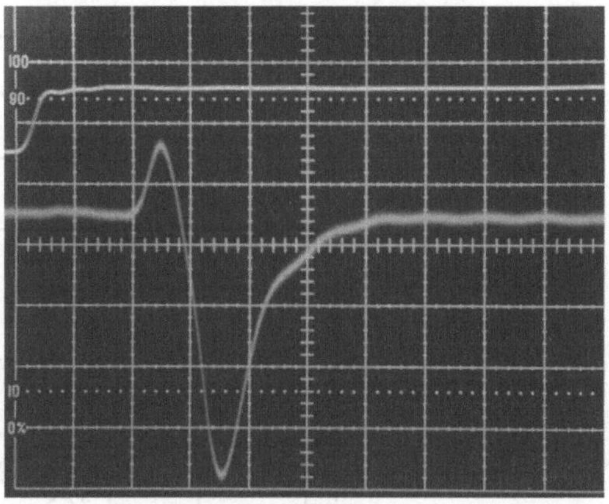

图24.14 过量反馈电容导致过度阻尼响应。t_{SETTLE}=50ns

最好的情况如图24.15所示。通过精心选取合适的补偿电容可以得到最佳稳定时间。图中阻尼得到了严格控制，稳定时间下降到了30ns。

⑩ 借讨论基于抽样的稳定时间测量的机会，本节讨论了放大器的频率补偿，所以必须简明扼要。更多详情请参阅附录D的“放大器补偿的实际问题”。

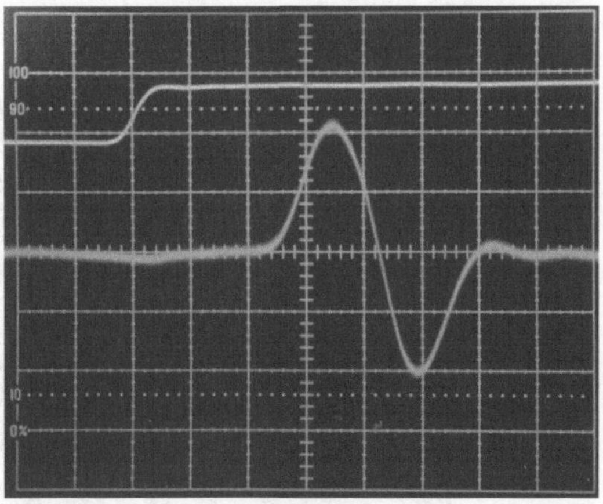

图24.15 最佳反馈电容产生紧凑的阻尼外形和最佳稳定时间。最佳响应可以通过扩展水平和垂直刻度进行观察。$t_{SETTLE}\leqslant$30ns

验证结论——另一种方法

基于采样的稳定时间测量电路是一个相当有效的方案。那么如何确保其结果的正确性呢？一个比较好的方法就是使用另一种方法来做同样的测量，看看其结果是否一致。如前所述，经典采样示波器能够避免过载[11]。如果真的是这样，为什么不运用这个特性，直接在钳位稳定节点测量稳定时间？用该方法得到的测试电路如图24.16所示。在这些条件下，采样示波器[12]严重过载，但表面上没什么影响。图24.17所示的是采样示波器的测试结果。线迹A是时间校正输入脉冲，线迹B是稳定信号。尽管严重过载，响应还是很清晰，显示了较为合理的稳定信号。

⑪ 请参阅附录A中有关“评估示波器过载性能”的深入讨论。

⑫ 带有4S1垂直插件和5T3时序插件的661型泰克示波器。

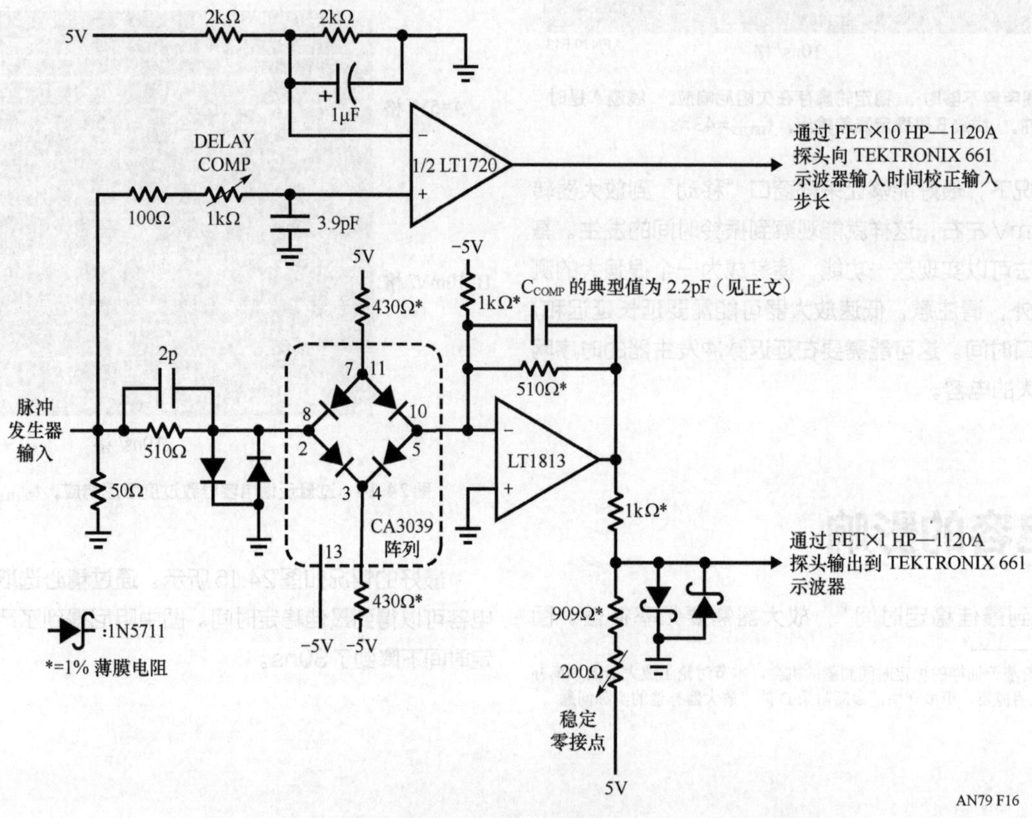

图24.16 经典采样示波器测试电路。其固有的过载免疫特性允许图像超出屏幕

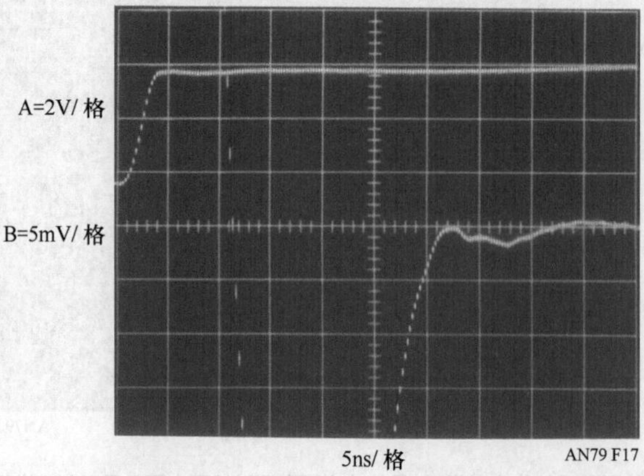

图24.17 使用经典采样示波器的稳定时间测量结果。该示波器对超载的免疫特性，使其在超载的情况下也能精确测量

总结与结论

总结不同方法所得结果的最简单的方法就是可视化比较。重新测试前面提到的两个不同的稳定时间测量方案，结果分别如图24.18和图24.19所示。如果两种方案都具有正确的构造和良好的测量技术，那么结果应该相同[⑬]。如果是这样的话，这两种方法得到的数据将有着较大的合理性。

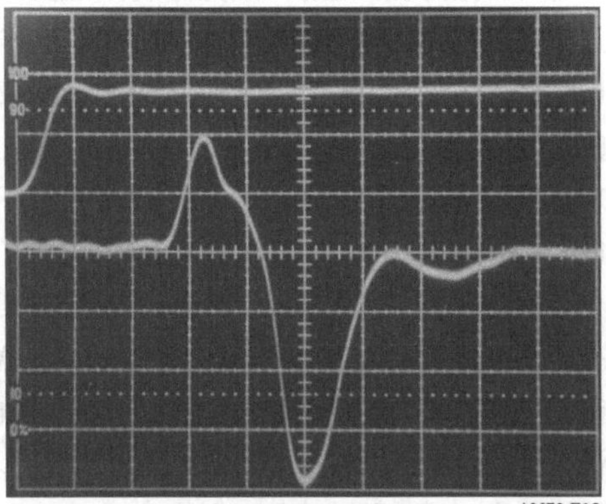

图24.18 使用采样电桥电路测量稳定时间。t_{SETTLE}=30ns

⑬ 这里所讨论的稳定时间的结构细节，请参见附录E的"面包板、布局和连接技术"。

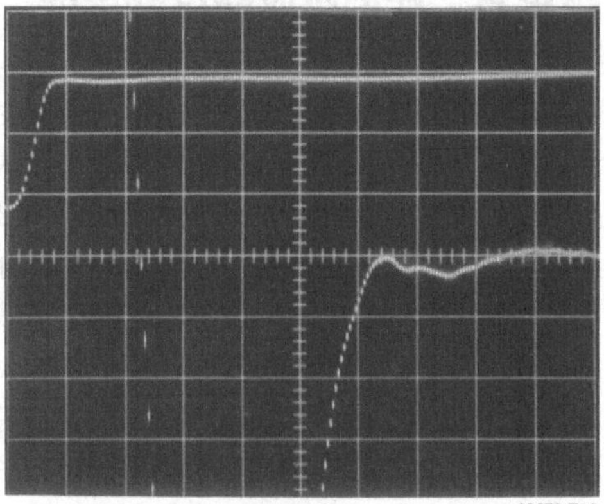

图24.19 使用经典采样示波器测量稳定时间。t_{SETTLE}=30ns

比较两幅图[⑭]，可以清楚地看到，它们几乎具有相同的稳定时间和波形特征。而且，稳定波形也基本相同。由于二者结论相符，所以测量结果可信度很高。

⑭ 图24.19中最后的稳定动作（第七到第九个垂直分区），其图像比较粗糙，可能是由于取样范围带宽较大。图24.18使用的采样示波器频率为150MHz，带宽为1GHz。

参考资料

1 Williams, Jim, "Component and Measurement Advances Ensure 16-Bit DAC Settling Time,"Linear Technology Corporation, Application Note 74, July 1998

2 Williams, Jim, "Measuring 16-Bit Settling Times: The Art of Timely Accuracy,"EDN,November 19, 1998

3 Williams, Jim, "Methods for Measuring Op Amp Settling Time," Linear Technology Corporation, Application Note 10, July 1985.

4 Demerow, R., "Settling Time of Operational Amplifiers," Analog Dialogue, Volume 4-1, Analog Devices, Inc., 1970

5 Pease, R.A., "The Subtleties of Settling Time," The New Lightning Empiricist,Teledyne Philbrick, June 1971

6 Harvey, Barry, "Take the Guesswork Out of Settling Time Measurements," EDN, September 19, 1985

7 Williams, Jim, "Settling Time Measurement Demands Precise Test Circuitry," EDN, November 15, 1984

8 Schoenwetter, H.R., "High-Accuracy Settling Time Measurements," IEEE Transactions on Instrumentation and Measurement, Vol.IM-32.No.1, March 1983

9 Sheingold, D.H., "DAC Settling Time Measurement," Analog-Digital Conversion Handbook, pg.312–317.Prentice-Hall, 1986

10 Orwiler, Bob, "Oscilloscope Vertical Amplifiers," Tektronix, Inc., Concept Series, 1969

11 Addis, John, "Fast Vertical Amplifiers and Good Engineering," Analog Circuit Design; Art, Science and Personalities, Butterworths, 1991

12 W.Travis, "Settling Time Measurement Using Delayed Switch," Private, Communication.1984

13 Hewlett-Packard, "Schottky Diodes for High- Volume, Low Cost Applications," Application Note 942, Hewlett-Packard Company, 1973

14 Harris Semiconductor, "CA3039 Diode Array Data Sheet," Harris Semiconductor, 1993

15 Korn, G.A.and Korn, T.M., "Electronic Analog and Hybrid Computers," "Diode Switches," pg.223–226.McGraw-Hill, 1964

16 Carlson, R., "A Versatile New DC-500MHz Oscilloscope with High Sensitivity and Dual Channel Display," Hewlett-Packard Journal, Hewlett Packard Company, January 1960

17 Tektronix, Inc., "Sampling Notes," Tektronix, Inc., 1964

18 Tektronix, Inc., "Type 1S1 Sampling Plug-In Operating and Service Manual," Tektronix, Inc.,1965

19 Mulvey, J., "Sampling Oscilloscope Circuits," Tektronix, Inc., Concept Series, 1970

20 Addis, John, "Sampling Oscilloscopes," Private Communication, February, 1991

21 Williams, Jim, "Bridge Circuits—Marrying Gain and Balance," Linear Technology Corporation, Application Note 43, June, 1990

22 Tektronix, Inc., "Type 661 Sampling Oscilloscope Operating and Service Manual," Tektronix, Inc., 1963

23 Tektronix, Inc., "Type 4S1 Sampling Plug-In Operating and Service Manual," Tektronix, Inc., 1963

24 Tektronix, Inc., "Type 5T3 Timing Unit Operating and Service Manual," Tektronix, Inc., 1965

25 D.J.Hamilton, F H.Shaver, PG.Griffith, "Avalanche Transistor Circuits for Generating Rectangular Pulses," Electronic Engineering, December 1962

26 R.B.Seeds, "Triggering of Avalanche Transistor Pulse Circuits," Technical Report No.1653-1, August 5, 1960, Solid-State Electronics Laboratory,Stanford Electronics Laboratories, Stanford University, Stanford, California

27 Haas, Isy, "Millimicrosecond Avalanche Switching Circuit Utilizing Double Diffused Silicon Transistors," Fairchild Semiconductor, Application Note 8/2 (December 1961)

28 Beeson, R.H.Haas, I., Grinich, V.H., "Thermal Response of Transistors in the Avalanche Mode," Fairchild Semiconductor, Technical Paper 6 (October 1959)

29 Tektronix, Inc., Type 111 Pretrigger Pulse Generator Operating and Service Manual, Tektronix, Inc.(1960)

30 G.B.B.Chaplin, "A Method of Designing Transistor Avalanche Circuits with Applications to a Sensitive Transistor Oscilloscope," paper presented at the 1958 IRE-AIEE Solid State Circuits Conference, Philadelphia, Penn., February 1958

31 Motorola, Inc., "Avalanche Mode Switching," Chapter 9, pp 285–304.Motorola Transistor Handbook, 1963

32 Williams, Jim, "A Seven-Nanosecond Comparator for Single Supply Operation," "Programmable, Sub- Nanosecond Delayed Pulse Generator," pg.32–34, Linear Technology Corporation, Application Note 72, 1998

33 Morrison, Ralph, "Grounding and Shielding Techniques in Instrumentation,"2nd Edition, Wiley Interscience, 1977

34 Ott, Henry W., "Noise Reduction Techniques in Electronic Systems," Wiley Interscience, 1976

35 Williams, Jim, "High Speed Amplifier Techniques," Linear Technology Corporation, Application Note 47.1991

附录A 评估示波器过载性能

基于采样电桥的稳定时间电路，主要是为了防止检测示波器的过载。示波器从过载中恢复是一个灰色区域，很少触及。那么，示波器从过载到恢复显示需要多长时间？这个问题的答案相当复杂。它涉及了过载的程度、占空比、时间长短和幅度大小以及其他因素。示波器对于过载的反应，由于类型和设备的差异，会产生较大的波动。例如，在0.005V/格时发生100倍超载，其恢复时间可能与0.1V/格时完全不同。恢复特性也可能随波形形状、直流成分以及重复率的变化而发生变化。显然，影响示波器过载性能的因素有很多，所以涉及示波器过载的测量方案需要谨慎小心。

为什么大多数示波器的过载恢复特性有这么多的问题呢？在回答这个问题之前，需要研究三种基本类型示波器的垂直路径。包括模拟示波器（见图A1A），数字示波器（见图A1B）和经典采样示波器（见图A1C）。模拟示波器和数字示波器的显示范围很容易受到过载的影响。经典采样示波器的显示范围，是唯一一个可以天生免疫过载的。

模拟示波器（见图A1A）是一个实时连续线性系统[⑮]。输入连接到一个衰减器，随后由宽带缓冲器空载。垂直前置放大器提供增益，并且驱动触发器、延迟线和垂直输出放大器。衰减器和延迟线是无源元件，不需要过多讨论。缓冲器、前置放大器和垂直输出放大器构成一个复杂的线性增益模块，每个元件都受动态工作范围限制。此外，每个模块的工作点的设置，可能通过固有的电路平衡，或者低频率的稳定路径，或者两者共同作用。当输入过载时，一个或多个模块可能会饱和，使得内部节点和组件的运行和温度异常。当过载停止时，电子和热时间常数，可能需要相当长的时间才能完全恢复[⑯]。

数字采样示波器（见图A1B）去掉了垂直输出放大器，但在A/D转换器之前增加了一个衰减缓冲器和放大器。正因为如此，它同样具有过载恢复问题。

经典采样示波器是独一无二的。它的工作原理使其免疫超载。图A1C给出了原因。在其系统中，在任何增益发生之前就进行了采样。这与数字采样示波器不同，如图A1B所示，输入对于采样点来说完全是无源的。此外，采样电桥受到输出的反馈，使其工作点保持在一个非常宽的输入范围。动态转换对维持电桥输出非常有效，并且能够很容易地适用于一个非常宽的示波器输入范围。因为这些特性，即使过载1000倍，在这个仪器中放大器也没有发生过载，也就没有过载恢复的问题。另外，经典采样示波器的采样速度相对较慢，这也增强了它们的过载免疫能力——即使放大器过载，示波器也有足够的时间在采样间隔内恢复[⑰]。

经典采样示波器的设计者加入了一些直流偏置发生器来偏置反馈回路，以充分利用经典采样示波器的过载免疫功能（见图A1C，右下）。这样，使用者可以偏置一些较大输入，同时又能准确观察到信号顶部的小幅度活动。这对于稳定时间的测量来说最为理想。不幸的是，经典的采样示波器已经不再生产，因此，如果您有一个，请看好它！[⑱]

尽管模拟示波器和数字示波器容易过载，但其中也有不少类型可以在一定程度上容忍这种弊端。本附录之前已经强调了，涉及示波器过载的测量方案必须要慎之又慎。不管怎样，通过一个简单的测试，就可以了解什么时候过载会对示波器造成负面影响。

将待放大波形的垂直灵敏度设置为能使波形完全显示在显示屏幕之内的值，如图A2所示。下面将放大右下部分。将垂直灵敏度提高1倍，振幅就增加了1倍，这使波形超出屏幕，但剩余在屏幕内显示的波形与原来一致的，仍然较为合理。仔细观察，可以看到在约第三垂直分区有一个呈倾角状的振幅，还能看到一些小的扰动。所观察到的放大后的波形还是可信的。在图A4中，增益被大幅扩大，图A3的所有特性也相应放大，基本的波形显示得更加清晰，倾角和小干扰也更容易看到，同时也没有观察到新的波形。图A5则出现了些意外，增益的扩大导致了一定的失真。最初的负向峰值尽管很大，但还是有些变形，其底部比图A4中略窄，峰值的正向恢复也稍显不同，在屏幕中央还可以看到一个新的纹波干扰。这种情况表明示波器出现了问题。通过进一步的测试，可以确定这种波形是受到过载的影响。在图A6中，增益与图A5相同，只是使用了垂直位置旋钮移动了屏幕底部的图形。这会使示波器的直流工作点发生偏移，不过一般情况下，不会对波形造成影响。与此相反，波形的幅度和轮廓都发生了显著变化。如果将波形移动到屏幕顶部，就会产生另一种失真波形（见图A7）。很明显，对于这种波形，我们已经无法得到在该增益下的准确结果了。

---

⑮ 这确实是个好东西。该领域那些无可救药的偏执的人们一边悼念模拟示波器时代的逝去，一边疯狂囤积每一个他们可以找到模拟示波器。

⑯ 关于模拟示波器电路中输入过载影响的讨论，请参阅参考文献11。

⑰ 关于经典采样示波器的更多信息和操作细节，请参阅参考文献16～19、22～24。

⑱ 经典结构的现代变种（例如Tektronix 11801B）可能具有类似的功能，但我们没有试用过。

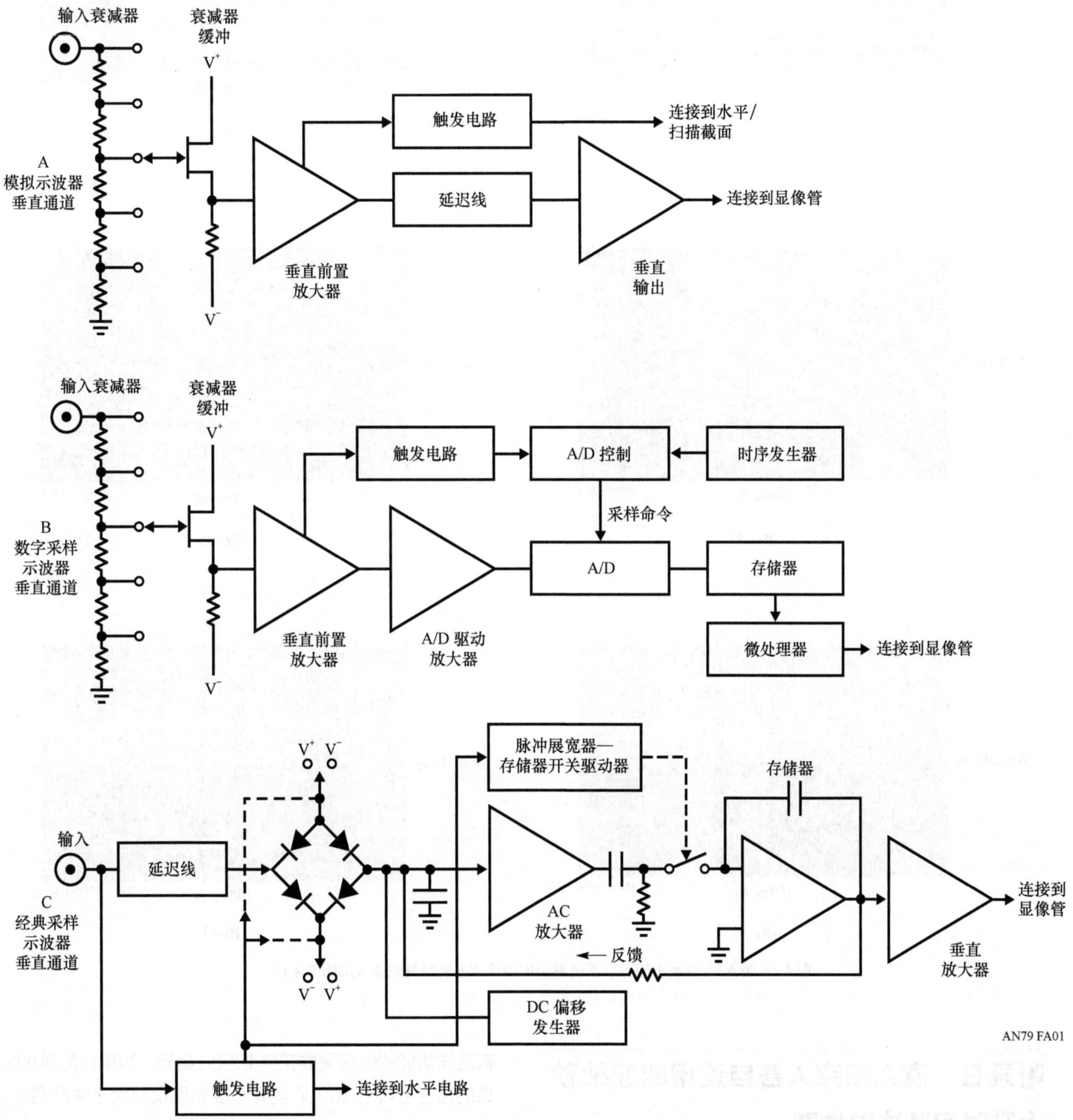

图A1　不同类型示波器的垂直通道简化结构图。只有经典采样示波器（C）具有过载免疫功能。偏移发生器能够使我们观测到叠加在较大偏移上的小信号

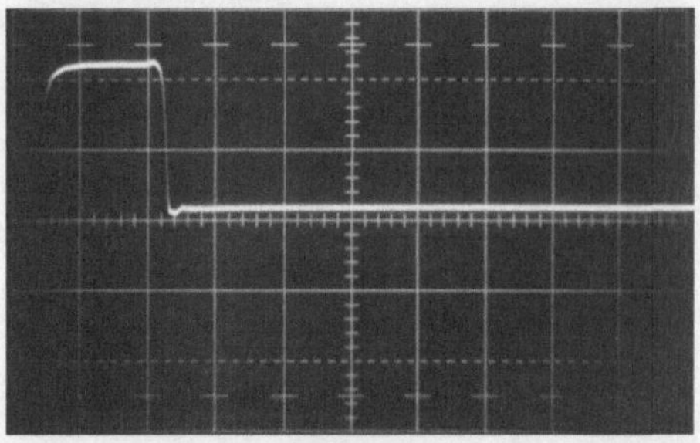

图A2

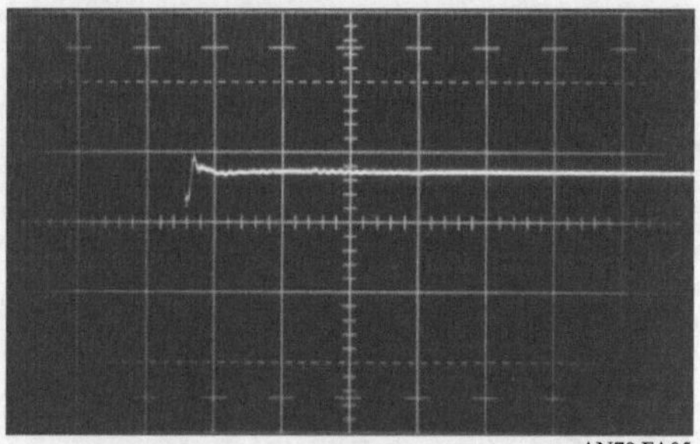

图A5

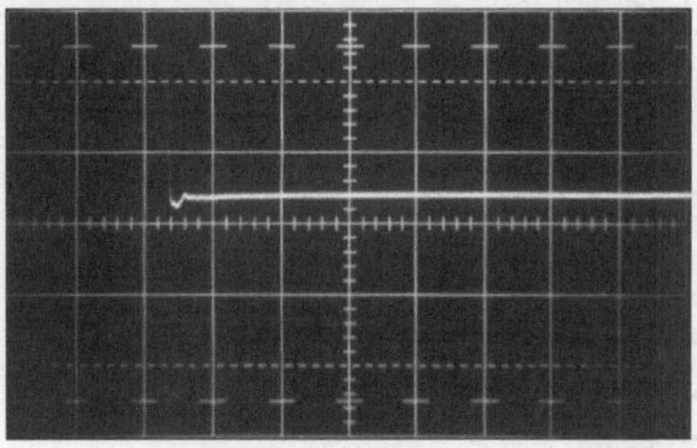

图A3

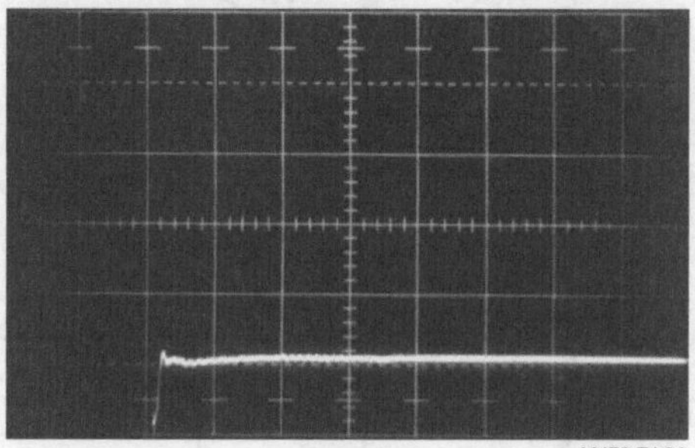

图A6

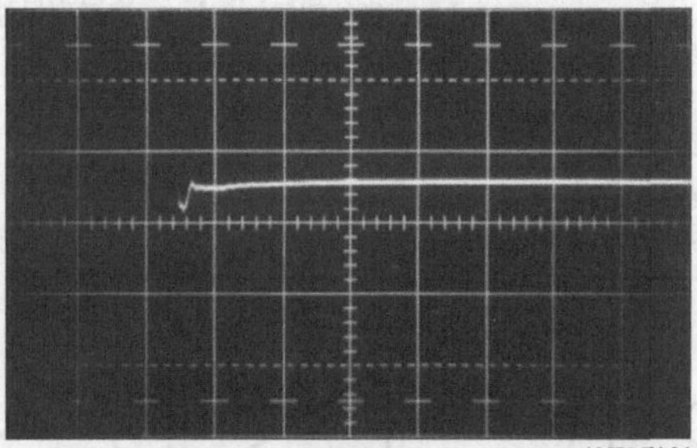

图A4

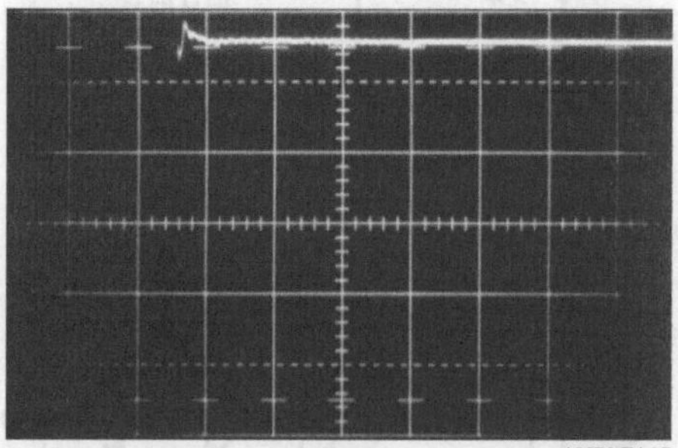

图A7

图A2～图A7 过载限值可以通过逐步增加示波器增益并观察波形畸变来确定

附录B 富人和穷人各自适用的亚纳秒上升时间脉冲发生器

输入二极管电桥需要一个亚纳秒级上升时间的脉冲，以干净利落地控制电流进入待测试放大器。但是普通级别的脉冲发生器在这一方面的能力很弱。能够产生亚纳秒级或者更小级别上升时间的脉冲仪器极少，而且在作者看来，这些仪器的成本太高。就目前的生产能力来说，要生产具有这样功能的仪器需要花费10000美元，如果性能要求较高的话甚至可达30000美元。但如果仅是为了生产测试，我们可以找到一些更加便宜的设备来代替它。

我们可以在二级市场上找到价格便宜的亚纳秒级上升时间脉冲发生器。惠普公司的HP-8082A能够在1ns内发生跃迁，具有全互补控制，价格仅需500美元。HP-215A能够产生上升沿时间为800ps的脉冲，经讨价还价一般在50美元以内就能买到，可惜已经停产。该仪器还具有非常灵活的触发输出，它允许对主输出前后进行连续的时间相位调整。其外部触发阻抗、极性和灵敏度也是可变的。如果再由一个梯级衰减器进行控制，该仪器能够在800ps内对50Ω电阻施加一个±10V的电压。

Tektronix-109能够实现250ps切换。虽然其幅度全幅可调，但需要充电线路来设置脉冲宽度。这种基于簧片继电器的仪器具有固定的500Hz左右的重复率，但没有外部触发机构，所以其使用略显笨重，其价格仅为20美元。Tektronix-111更为实用，能产生边沿为500ps的脉冲，重复率完全可调，也具有外部触发功能。脉冲宽度取决于充电线的长度。价格一般是25美元左右。

这些老旧仪器的主要问题是其可用性[19]。图B1给出了制造亚纳秒级上升时间脉冲的电路。其上升时间为500ps，并具有完全可调的脉冲幅度，重复率由外部输入来设置，脉冲的输出可以设置为触发器输出前或者触发输出后。该电路采用雪崩脉冲发生器来产生极快速的上升时间脉冲[20]。

VT1和VT2构成的电流源为1000pF电容充电。当触发输入为高电平时（线迹A，见图B2），VT3和VT4打开，电流源关闭，VT2的集电极接地。C1的锁存输入阻止其产生响应，从而保持其输出为高电平。当触发输入变为低电平时，C1的锁存输入被禁用，其输出变为低电平。同时，VT2、VT4的集电极上升，为1000pF电容（线迹B）提供稳定电流。充电时产生的线性斜坡电压给C1、C2施加了一个正向输入。C2的供电电压源于5V电源，它在斜坡发生后的30ns内变高，通过输出网络提供给“触发输出”（线迹C）。当斜坡电压达到“延迟编程电压”时，C1变为高，本例中大约250ns时发生。C1变高将触发基于雪崩的输出脉冲（线迹D），这个后文将进行讨论。这种设计，可以使用延迟编程电压来改变输出脉冲的产生时间，该时间范围是从触发输出前的30ns到触发输出后的300ns。图B3显示，当延迟编程电压为零时，输出脉冲发生在触发输出30ns前。其他波形与图B2相同。

⑲ 硅谷人倾向于就地解决。其他地区的人们仅仅去跳蚤市场、垃圾店或者宅前出售，是不可能买到亚纳秒级脉冲发生器的。

⑳ 该电路的工作原理基本上是复制上述泰克公司的111型脉冲发生器（参见参考文献29）。关于雪崩原理的信息见参考文献25～文献32。

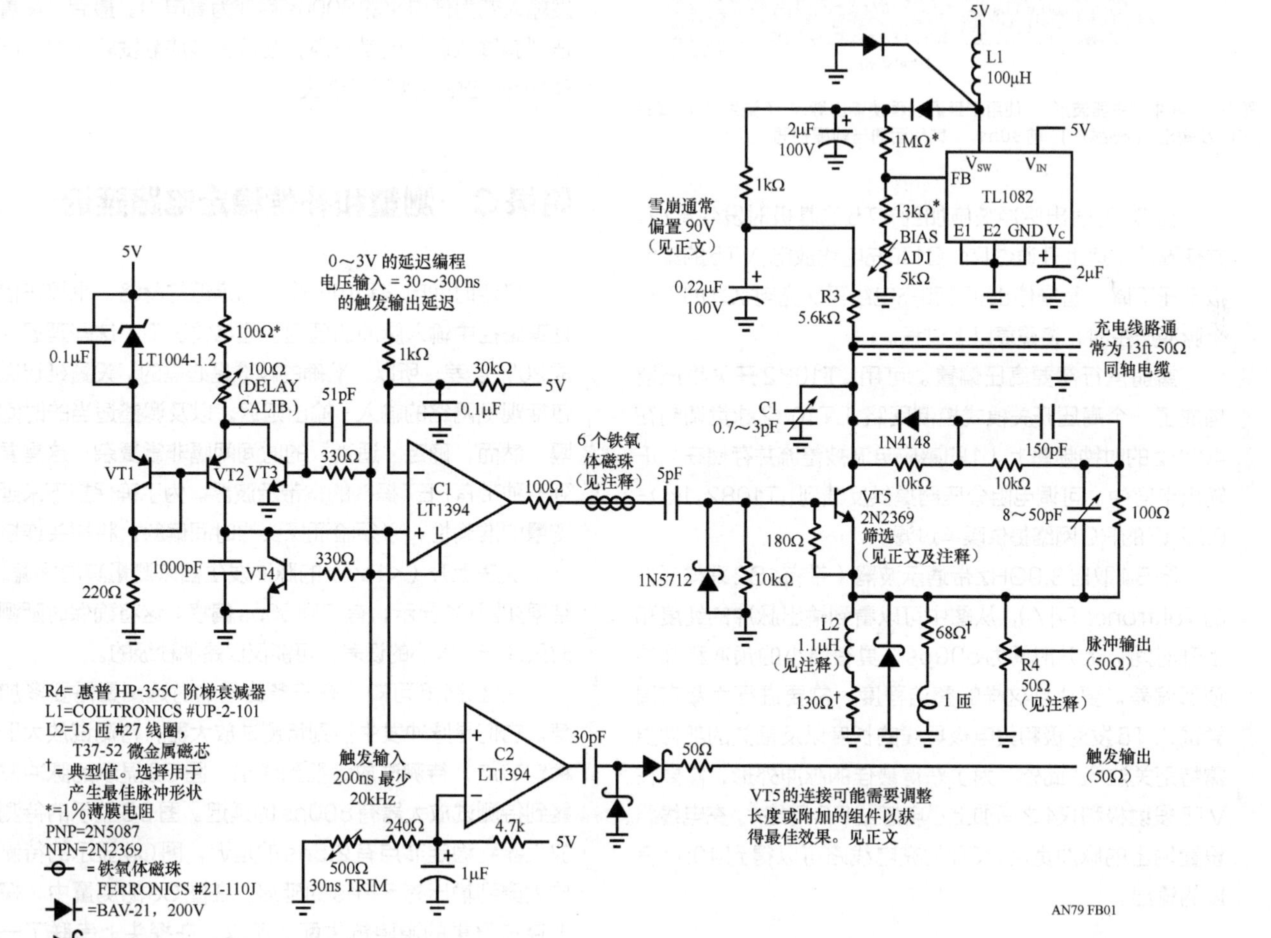

图B1　可编程延迟触发亚纳秒级上升时间脉冲发生器。VT5集电极上的充电线路决定输出宽度为40ns。输出脉冲的发生时间，可设置在触发输出前到触发输出后的时间范围之内

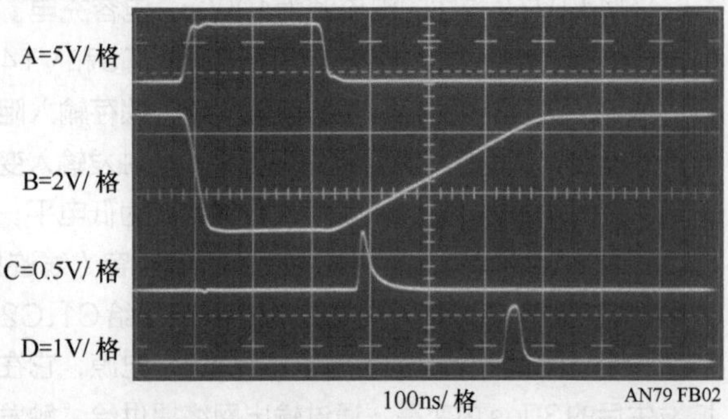

图 B2 脉冲发生器波形，包括触发输入（迹线A）、VT2集电极斜坡（迹线B）、触发输出（迹线C）和脉冲输出（迹线D）。输出脉冲延迟设置为触发输出后250ns

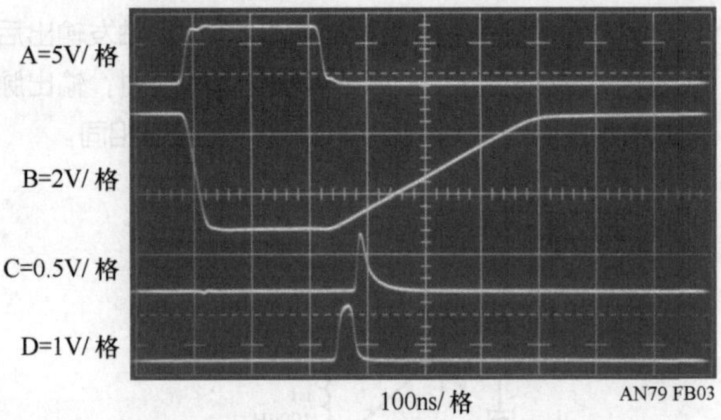

图 B3 脉冲发生器波形，使用了延迟编程使输出脉冲（迹线D）发生在触发输出（迹线C）前30ns。其他活动与前图相同

当C1的输出脉冲被施加到VT5的基极时发生雪崩，并使脉冲迅速上升通过R4。C1和充电线放电，VT5的集电极电压下降，雪崩停止。C1和充电线再次充电。C1的下一个脉冲产生时，将重复以上过程。

雪崩运行需要高压偏置。可用LT1082开关稳压器构成了一个高压开关模式控制回路。LT1082脉宽调制在40kHz的时钟频率上。L1的感应电流被整流并存储在2μF输出电容中。可调电阻分压器提供反馈到LT1082。1kΩ-0.22μF的RC网络提供噪声过滤。

图B4取自3.9GHz带通示波器（带有1S2采样插件的Tektronix 547），从图中可以看到输出脉冲的纯度和上升时间。上升时间为500ps，具有最小的预冲和脉冲顶部偏差。要达到这样的整洁程度，需要进行大量布局尝试，VT5发射极和集电极导线的长度以及相关的部件更需特别关注[21]。此外，为了获得最佳的脉冲外形，需要在VT5发射极和R4之间加上小电感或RC网络[22]。充电线路设置输出的脉冲宽度，13ft的充电线路可以得到40ns宽度的输出。

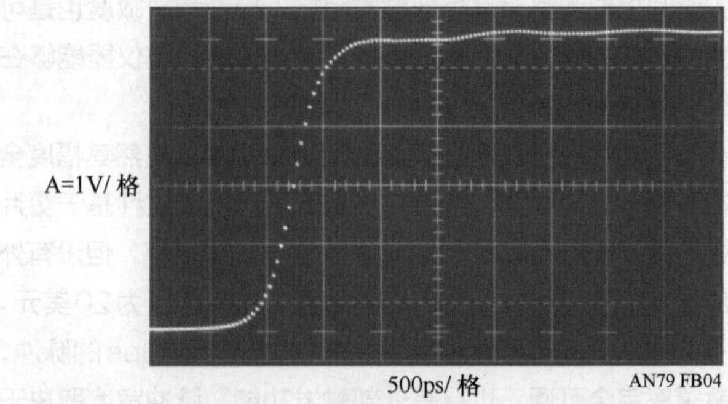

图 B4 脉冲发生器输出显示500ps上升时间，具有最小脉冲顶部偏差。点状波形是采样示波器的运行特征

雪崩效应需要注意VT5的选择。然而，生产商并不能确保其设备能产生雪崩，他们只能给出设备的性能指标。对50个生产日期在12年内的Motorola 2N2369s设备进行抽样测试，结果表明82%的设备可用。而所有这些“良好”设备，其开关时间都小于600ps。

线路微调包含了“30ns微调”，这样C2能在触发输入变为低电平的30ns后变为高电平。接下来，加载3V信号到延迟编程输入，并设置“延迟校准”，这样，C1在触发输入变为低电平的300ns后变为高电平。最后，设置高压“偏置微调”到某一点，在没有施加触发输入时，能使R4上的自由脉冲正好消失。

附录C 测量和补偿稳定电路延迟

稳定时间电路利用一个可调延迟的网络，来校正信号处理路径中输入脉冲的延迟。通常情况下，这些延迟会造成20%误差，所以，准确的校准是必需的。设置延迟微调包括观测网络的输入－输出延迟，以及调整适当的时间间隔。然而，确定“适当”的时间间隔非常复杂，这需要用到一种带有FET探头的宽带示波器。为了确保接下来延迟测量的准确性，必须验证探头的时间偏斜。将探头连接到一个快速上升（<1ns）的脉冲发生器来测量其时间偏斜。结果如图C1显示，有不到50ps偏移。这将确保时延测量时只会产生很小的误差，可能仅仅是纳秒级的。

由图24.6可知，有三条路径的时延测量需要多加注意。它们是脉冲发生器到待测试放大器，待测试放大器到稳定节点，待测试放大器到输出。图C2显示的脉冲发生器到待测试放大器有800ps的延迟。图C3显示的待测试放大器到稳定节点有2.5ns的延迟。图C4显示的待测试放大器到输出有5.2ns的延迟。在图C3的测量中，探头上存在严重的源阻抗失配。所以，在探头上串联了一个500Ω电阻进行补偿。这样，基本上均衡了探头源阻抗，消除了探头的输入电容（≈1pF）。

㉑ 相关讨论请参阅参考文献29和32。

㉒ 接地平面结构、高速布局、连接和终端技术，是该电路取得良好性能至关重要的部分。关于脉冲整洁性的优化，参考文献29给出了极其有用的详细优化步骤。

测试显示电路输入到输出的延迟为6ns，其校准是在延迟补偿电容C1处微调1kΩ微调器来进行的。同样，当使用采样示波器时，相应延迟为3.3ns，如图C2和图C3所示。当使用基于采样示波器的测试方案时，该数值可用来调整延迟补偿。

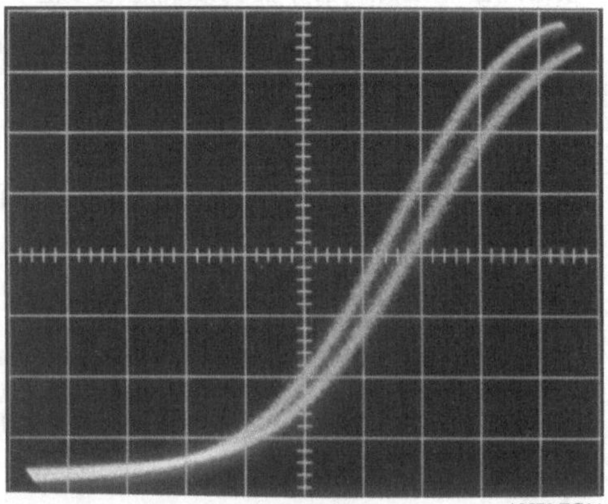

图C1　使用带FET探头的示波器测量通道与通道之间的时间偏差为50ps

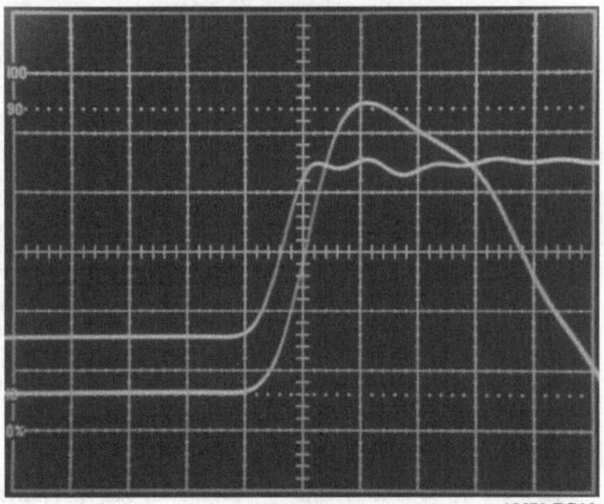

图C2　脉冲发生器（线迹A）到待测试放大器的负输入（线迹B）延迟为800ps

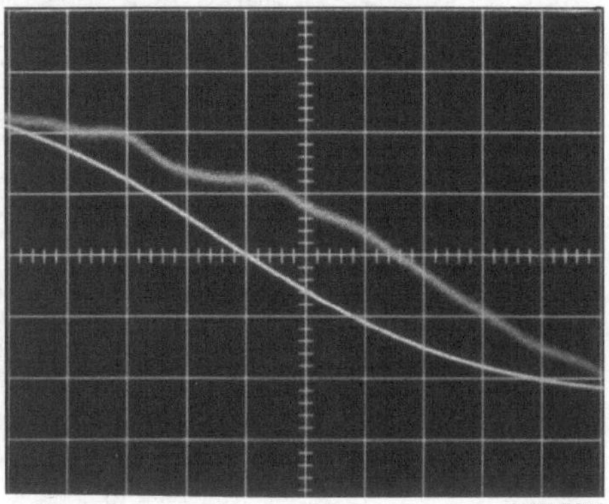

图C3　待测试放大器输出（线迹A）到稳定节点（线迹B）的延迟为2.5ns

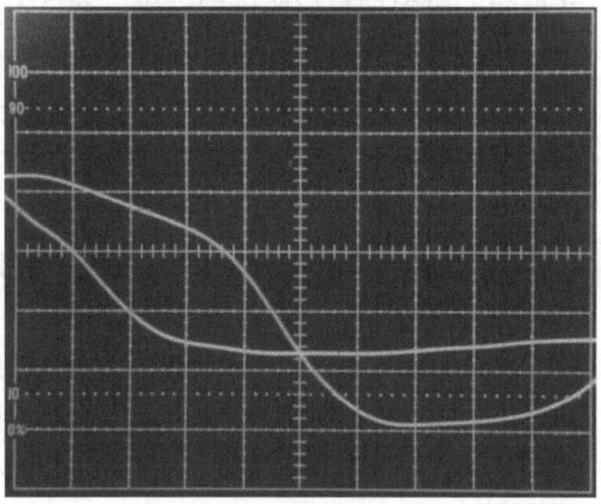

图C4　待测试放大器（线迹A）到输出（线迹B）延迟为5.2ns

附录D　放大器补偿的实际问题

对放大器进行补偿以获得最快的稳定时间，实际中需要注意的事项非常多。我们先回顾一下正文中的图24.1（此处图D1进行了重复显示）。组成稳定时间的部分包括延迟、转换和振铃。延迟缘于通过放大器的传播时间，它是一个较小的项。转换时间取决于放大器的最大速度。振铃时间是从放大器完成转换之后到波形停止运动的这段时间，停止运动是运动幅度落在预定的误差范围之内。一旦选定了放大器对，只有振荡时间容易调节。因为转换时间通常在滞后中占主导，所以设计者们习惯选择最快的转换放大器以获得最好的稳定时间。然而，快速转换放大器的振铃时间通常很长，抵销了它们强有力的速度优势。单纯追求速度的缺点就是幅度几乎不变的、时间延长的振铃时间，只有通过较大的补偿电容对其阻尼。这种补偿可以工作，但将导致稳定时间延长。较好的稳定时间的关键在于选择具有平衡的转换速率和恢复特性的放大器，并对其进行适当的补偿。其实现要比想象的更困难一些，因为无法预测或者根据数据手册插值计算任意放大器组合的稳定时间。它必须在专用电路中进行测量。对于放大器来说，其稳定时间取决于很多因素的组合。这些因素包括放大器转换速率和AC动态特性、电容布局、源电阻和源电容以及补偿电容。这些因素以复杂的方式相互作用，很难准确预测[23]。即使设法消除寄生效应，取而代之使用纯电阻源，放大器的稳定时间依然是不易预测的。寄生阻抗只是使得原本困难的问题更加复杂化而已。能解决这些问题的唯一有效手段是反馈补偿电容器C_F。C_F的目的就是滚降放大器在最佳动态响应频率点的增益。

㉓ Spice爱好者需要注意这一点。

当所选补偿电容器对上述所有寄生效应进行功能性补偿时，可得到最好的稳定结果。图D2所示的就是选择最佳反馈电容时的显示结果。线迹A是时间校准的输入脉冲，线迹B是放大器的稳定信号。放大器转换结束时，波形很整洁（在第六竖格之前就开启采样门信号），稳定也非常迅速。

在图D3中，反馈电容太大。尽管产生过阻尼，以及20ns的延迟代价，不过稳定过程很平滑。图D4中的反馈电容器则太小，导致了某种程度的欠阻尼响应，致使振铃偏差较大，稳定时间超出了43ns。注意，图D3和D4需要缩小垂直方向和水平方向的比例，以显示未优化响应。

当对反馈电容器分别进行微调以获最佳响应时，源容差、杂散容差、放大器以及补偿电容的容差将互不相关。如果没有分别进行单独调整，就必须考虑这些容差以决定反馈电容的可制造值。振铃时间受杂散电容和源电阻，以及输出负载的影响，也会受反馈电容的影响。这些影响是非线性的，不过也有一定的规则。杂散电容和源电容可能发生 ±10% 的波动，反馈电容的波动为 ±5%[24]。此外，放大器的压摆率也有着显著的容差，在数据手册中给出了具体的值。为了获得反馈电容的可制造值，在可制造的电路板布局上单独微调各个器件以确定最佳值（电路板的寄生电容也算在内！）。然后就是杂散与源阻抗最坏情形下的百分比系数、转换率和反馈电容容差。将这些信息增加到微调后的电容器测量值之中以获得可制造的值。这也许是过于悲观的预算（均方根误差之和可能是较好的折中），但可让你远离麻烦[25]。

㉔ 这里假设一个电阻源。如果电阻源具有大量的寄生电容（ 光电二极管、数模转换器等），这个数字很容易地增大到 ±50%。

㉕ 当乘坐的飞机在暴风雪中着陆时，RMS 误差求和的潜在问题就变得清晰了。

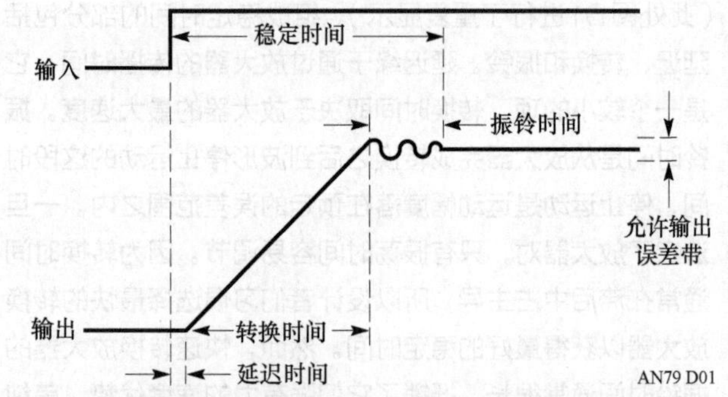

图D1 放大器的稳定时间包括延迟、 转换和振铃时间。其中， 只有振铃时间容易调整

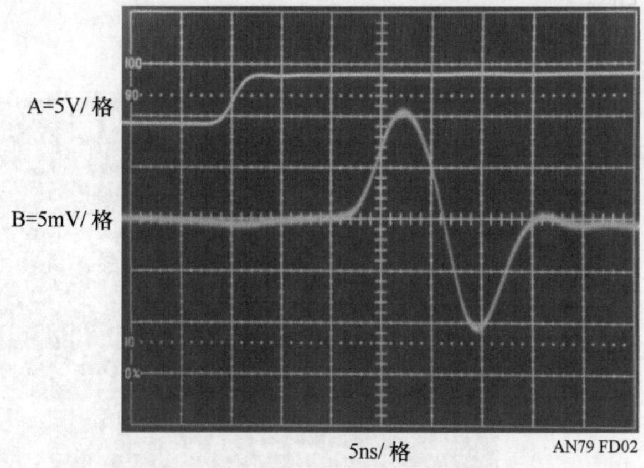

图D2 补偿电容优化后， 可以得到几近临界阻尼响应， 以及最快的稳定时间。t_{SETTLE}=30ns

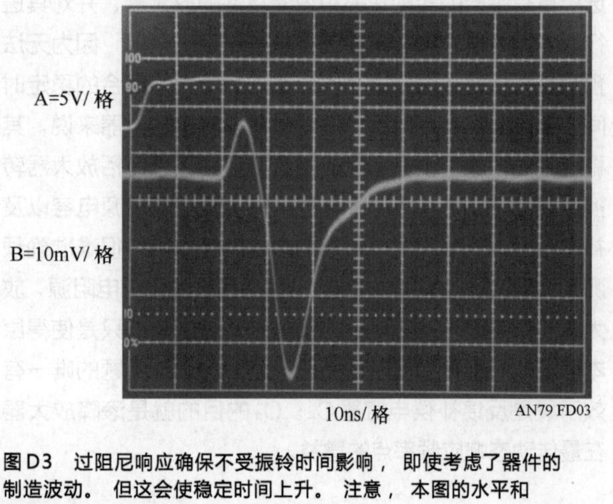

图D3 过阻尼响应确保不受振铃时间影响， 即使考虑了器件的制造波动。 但这会使稳定时间上升。 注意， 本图的水平和垂直刻度与图D2不同。t_{SETTLE}=50ns

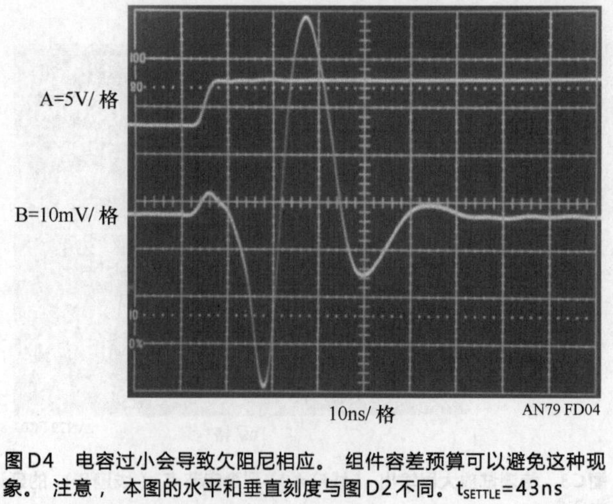

图D4 电容过小会导致欠阻尼相应。 组件容差预算可以避免这种现象。 注意， 本图的水平和垂直刻度与图D2不同。t_{SETTLE}=43ns

附录E 面包板、布局和连接技术

本文介绍的测量结果需要在电路板、布局和连接技术方面多加努力。纳秒级、高分辨率测量不允许有傲慢的实验态度。示波器照片所呈现出的无振铃、跳变、尖峰和类似畸变是一个彻底全面（令人沮丧的）的面包板技术的应用。在进行噪声/不确定地平面的测量前，以采样器为基础的电路板模拟实验需要大量进行。

欧姆定律

按说欧姆定律才是成功布局的关键之所在[26]。考虑这样一个简单情况：10mA电流通过一个1Ω电阻，电阻电压将是10mV—这是测量限值的两倍！现在，如果以1ns的上升时间（≈350MHz）运行10mA级电流，那么布局需要注意的内容就很清楚了。首先需要关注的是电路接地返回电流的处理以及地平面电流的处理。地平面上任意两个点间的阻抗并不为零，特别是在频率倍增时更为明显。这就是为什么入口点和地平面上电流返回点必须小心安置在接地系统内的原因。在基于采样的面包板中，具体方法是将“电源地”和“信号地”独立开来，而在电源地处将它们连接在一起。

能体现接地管理重要性的一个较好的例子是将脉冲输入到面包板。脉冲发生器的50Ω匹配终端必须是同轴类型，并且它不能直接连接到信号接地平面。高速、高密度（5V脉冲通过50Ω的终端产生100mA的电流峰值）的电流流动必须直接返回到脉冲发生器。同轴终端结构能确保这一点，而不是使这个信号直接倾入到信号接地平面（100mA的终端电流流过50mΩ的地平面将产生约5mV的误差）。图E3显示BNC屏蔽了信号地的浮动，并最终通过铜带返回到了电源地。此外，如图E1所示，脉冲发生器的50Ω终端在通过同轴延伸管后物理上远离面包板。这进一步确保了脉冲发生器在本地环路进行循环，并不会混入到信号接地平面。

值得一提的是，由于涉及纳秒级速度，电感寄生效应所引入的误差可能比电阻还要多。解决该问题通常需要采用扁平线编织层来进行连接，以减少寄生电感和趋肤效应的损失。在整个电路中，每个到地回路和信号连接都必须评估这些问题。此时需要执着。

屏蔽

处理辐射引发的误差的最显而易见的方法就是进行屏蔽。以下各图都显示了屏蔽的应用。应该在充分考虑什么样的布局能最大限度地减少屏蔽之后，再确定在何处引入屏蔽。通常，接地要求和最小化辐射效应往往是相互矛盾的，从而不利于敏感点之间足够距离的保持。此时，屏蔽通常是一个折中的方案。

辐射管理应采用与接地路径完整性相似的管理方法。考虑哪些点有可能发生辐射，尝试在敏感节点之外一定距离处安置它们。当对剩余效应举棋不定时，可以使用屏蔽进行试验，并记录结果，这样不断重复使总体性能朝着较好方向发展[27]。重要的是，在不清楚干扰信号来源之前，千万别尝试滤波和测量带宽限制来“摆脱”干扰信号。这不仅在学术上不可靠，而且可能会产生完全无效的测量结果，即便它们在示波器上看起来很漂亮。

连接

所有信号连接到面包板时必须是同轴的。示波器探头使用的接地线是被禁止使用的。一个1in长的示波器探头所用接地线很容易产生大量的观察噪声！使用同轴线安装探头适配器！[28]

图E1到图E6以可视方式重申上述讨论，也对正文中的测量电路进行了说明。

㉖ 作者并没有落入老套。不过这种假设的频繁使用对作者来说已经根深蒂固。

㉗ 当它开始工作时，你就会明白为什么了。

㉘ 有关这方面更为详细的讨论请参阅参考文献35。

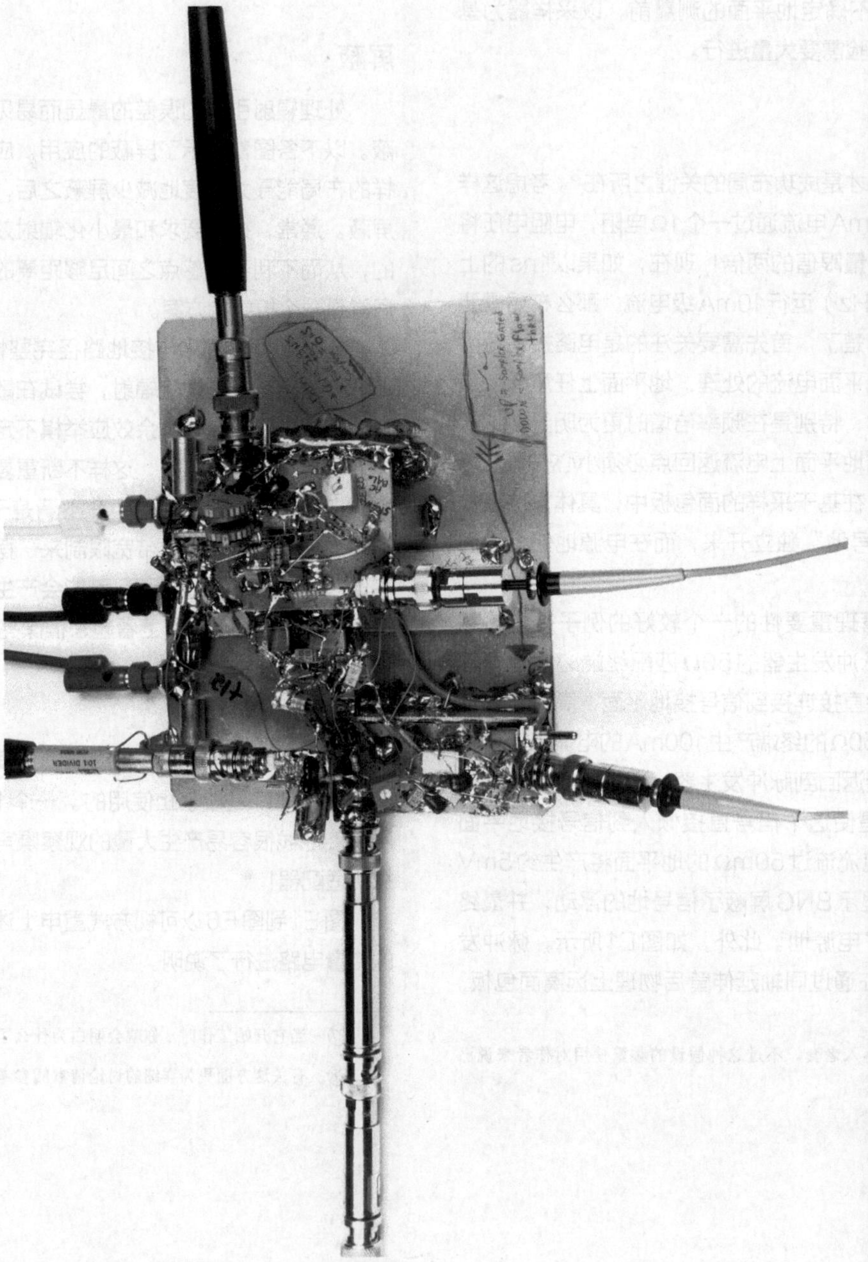

图E1 稳定时间模拟电路板一览。脉冲发生器进入左侧-50Ω同轴终端安装于延长管，以最小化脉冲发生器返回电流混合到信号地平面（底部隆起的中央板）。延迟脉冲发生器在左下方。延迟补偿在延伸管（中左）上面。待测试放大器输入电桥在隆起板（中心）和延时脉冲发生器（左下）之间。隆起板是采样电桥和驱动电路。注意所有同轴信号和探头的连接

图E2　稳定时间面包板电路细节。注意延迟脉冲发生器（左下）的辐射屏蔽（垂直板左下）。“电源地”接地回路宽铜片从面包板下方中心到香蕉插座（图片上方中心）。采样电桥电路是隆起板（照片中右，前景）。AC微调（隆起板中右）和DC调整（隆起板右下）都是可以看到的

图E3 脉冲发生器输入和延迟补偿细节。延迟补偿电路是一个较小的电路板，在脉冲发生器同轴BNC接头（图中左）上面。脉冲发生器BNC通过绝缘垂直支撑（焊在BNC上-图片中下靠左）悬空在主板上。BNC以一定的角度在主板上延伸，通过薄铜片连接至地"麦加"（图片中心左）。输入电桥和待测试放大器在图片中心靠右。"电源地"返回总线（大矩形板）横穿主板，结束于香蕉插座

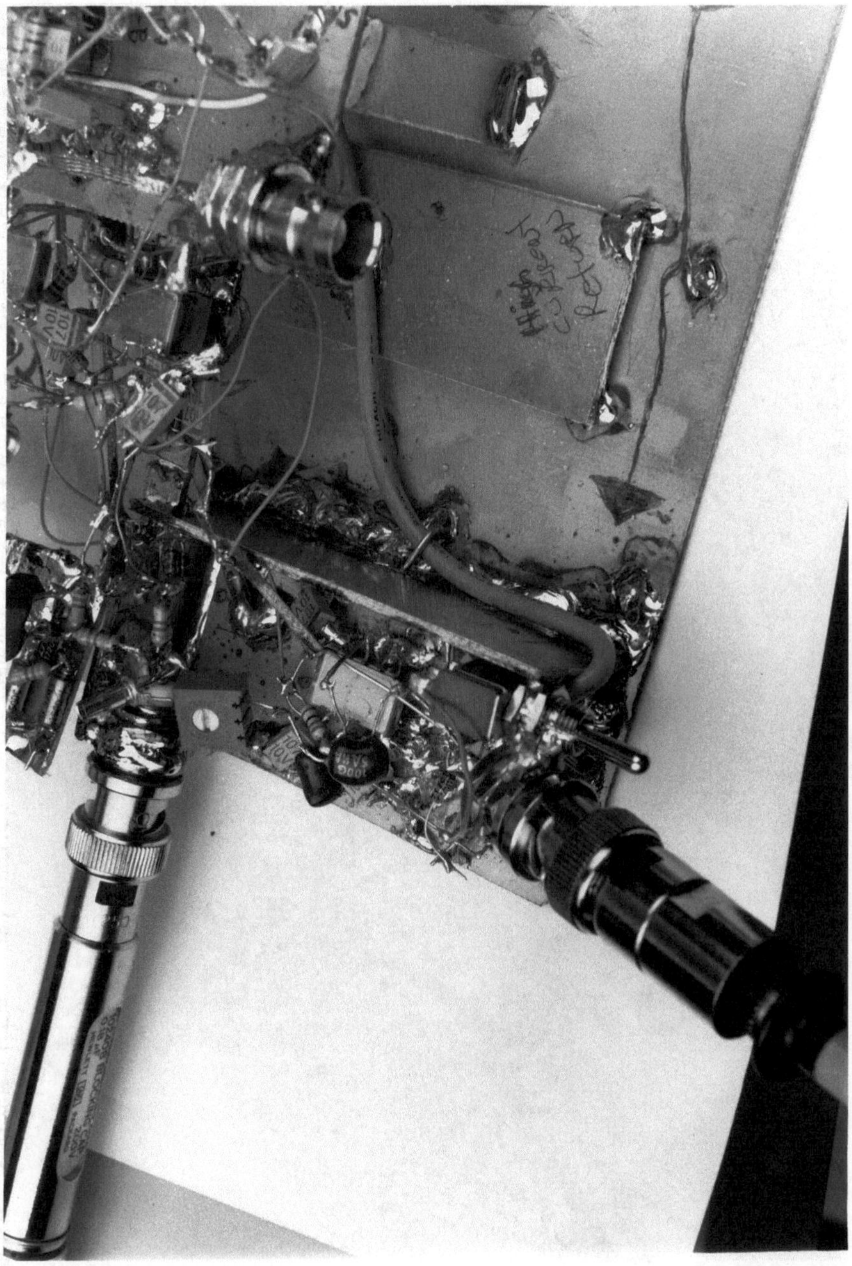

图E4 延迟脉冲发生器被完全屏蔽，不受输入电桥和采样电路（都只能看到部分，在图右上方）影响。屏蔽是一个垂直板（图中央）。延迟脉冲发生器通过同轴电缆（图中右）连接到采样电桥，以最小化辐射

图E5　输入电桥和待测试放大器细节。脉冲发生器从左下进入，输入电桥是IC金属壳封装（图中央），待测试放大器在其上方。待测试放大器反馈微调电容在图上方。IC在微调电容的背后，是电桥驱动放大器。采样电桥（部分）在图上方。探头（图最右边）监测采样输入。FET探头（图最左边）测量延迟补偿输入脉冲

图E6　采样电桥俯视图。采样门同轴电缆从延迟脉冲发生器（图最左上）开始，从采样电路板（图中）下面通过，在采样电桥右方重新出现。注意，采样门脉冲辐射被垂直屏蔽，不受腐蚀采样输出影响。采样零直流微调器是广场电位器（采样电路板左下）；偏斜和AC平衡调节在图中上部。采样电桥二极管（不可见）在屏蔽部分的正下方，在偏斜和平衡微调器下方

2GHz差分放大器/ADC驱动器的应用与优化

25

Cheng-Wei Pei, Adam Shou

引言

现代高速模数转换器（ADC），包括带有管道或逐次逼近寄存器（SAR）拓扑结构，具有快速开关电容采样输入。每过一代，最高性能的部件都能在降低功耗的同时，保持较低的输入噪声和低信号失真（高线性）。同时，采样速率也在不断增加，使其适用信号带宽更宽，从而放宽了对模拟抗混叠滤波的要求。随着开关电容的每一次开关，其输入将导致大量的电荷注入，从而需要一个能吸收电荷的前端器件，并伴随ADC输入再次切换，在纳秒或更短的时间内，稳定到正确的电压。

ADC驱动放大器的任务，就是满足所有的这些要求。一个好的驱动程序必须具备这样的能力：能够产生可用于ADC的满量程输出信号，并且低失真和低噪声，能保持ADC动态范围。另外，ADC的驱动程序（和任何抗混叠滤波）必须能够承受ADC的开关电荷注射，还必须在下次开关动作之前恢复，以此减少信号衰减。对于ADC驱动器，这就意味着良好的瞬态响应和相对于ADC的采样频率的较宽的带宽。

LTC6400特性

凌力尔特科技公司的LTC6400系列ADC驱动器解决了所有上述的三个问题，提供了低失真、低噪声，以及合理的功耗。在70MHz（一种常见的用在RF/IF信号链的IF频率）频率下，LTC6400系列产生的失真低至-94dBc（等效输出IP3=51dBm）[①]，相关输入噪声密度低至1.4nV/$\sqrt{\text{Hz}}$。这使得LTC6400系列用于14位和16位高性能ADC时，仍不损害其性能。当电源仅为3V时，LTC6400系列的功耗更是低至120mW。

① 请参见“等效输出IP3”一节的定义。

LTC6400有两种版本，一种具有最高性能（LTC6400），另一种功耗为前者的一半（LTC6401）。为了便于设计和布局，每种还具有四种固定增益选项（8dB、14dB、20dB和26dB），该系列共八个部分组成。该系列的输入阻抗范围为50~400Ω，可以方便地进行阻抗匹配。LTC6400系列对任何输入和输出终端匹配都能无条件达到稳定，并且实际上当用于驱动ADC时，输出端不需要任何阻抗匹配元件。LTC6400系列整体设计尺寸较小，采用3mm×3mm QFN封装，仅需要少量几个外接电源旁路电容。

本应用指南讨论LTC6400系列的特点及其界限，以及如何在实际应用中实现放大器的最佳性能。

内部增益/反馈电阻

LTC6400系列内部带有内部增益和反馈电阻。这是一个完整的差动放大器解决方案，使用简单，相对于没有内部电阻的差分放大器，在电路板布局上不易产生寄生电容。这是因为敏感放大器反馈环路节点都包含在芯片内。

内部电阻的好处可从图25.1和图25.2中看到。第一个显示的是传统的高速差分放大器集成电路，其寄生电感和电容影响了放大器的稳定性和频率响应。第二个显示的是在相同的寄生元件下一个带有内部电阻的LTC6400类型的放大器。寄生元件在关键反馈环路的外部，实际上有助于将输出负载从放大器隔离开来。

由于LTC6400具有内部组件，所以它仅需的外部元件是旁路电容，且物理位置上应该尽可能靠近放大器封装。有关PCB布局的更多信息和建议，请参阅本应用指南的布局部分。

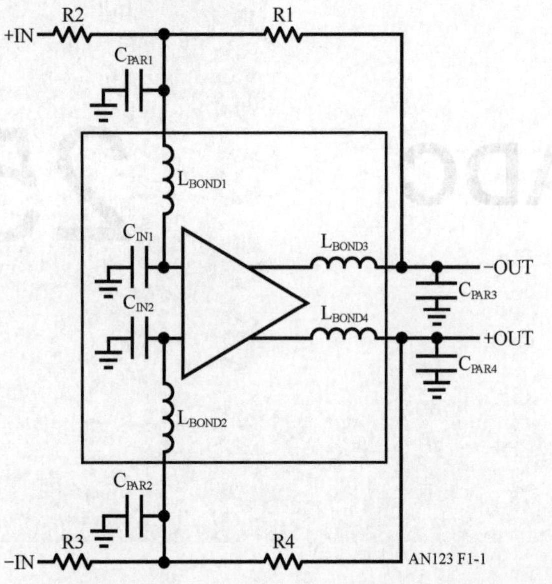

图25.1 典型高速差分放大器电路，它具有寄生元件，将降低放大器性能。方框中所示为差分放大器集成电路。封装和寄生电容的键合线电感，不管是内部还是外部，都将降低放大器的相位裕度。注意，输出负载是在反馈路径上

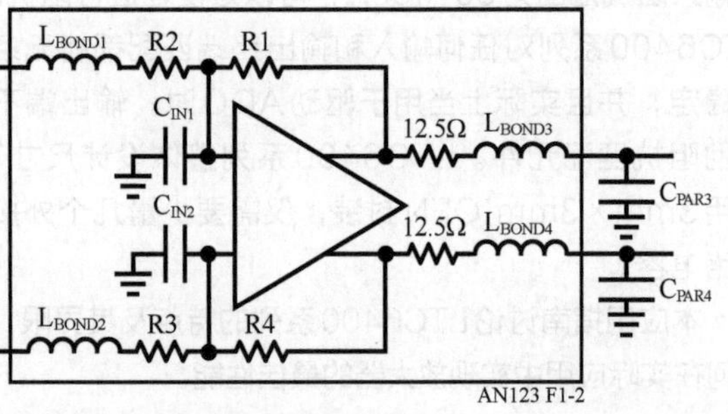

图25.2 含有内部电阻的差分放大器集成电路，例如LTC6400系列。注意，键合线电感并不在反馈回路内部。另外，由于电阻和键合线电感的原因，输出负载与反馈回路进行了隔离。差分放大器的输入电容仍然能够影响性能，但可以进行预测，并可以通过集成电路设计来进行补偿

低失真

LTC6400系列在制造上采用的是一种高频率硅锗工艺，并打破了传统意义上对运算放大器（op amps）与RF/IF放大器的区分。LTC6400系列具有处理中高频信号（IF）的能力，并且能够保持非常低的失真和低噪声。这使得LTC6400能够用于要求较高的无线电接收器信号链的IF采样应用。不过，LTC6400仍采用了类似于传统运放的反馈，以实现其高增益和直流性能。

图5.3所示的是LTC6400-14（14dB固定增益）的原理框图，从图中可以看到与传统差分运算放大器之间的相似之处。两者的主要区别在于对内部电阻器和其他频率补偿元件的使用。LTC6400将放大器中最敏感的节点置于封装内部，所以它在保持稳定的实际布局性能的同时，能够提供几近2GHz的带宽。换句话说，用户不需要担心因为高频放大器的振荡而降低了产品性能。LTC6400还需要注意布局（见本应用指南的布局部分），但最困难的部分已经完成了。

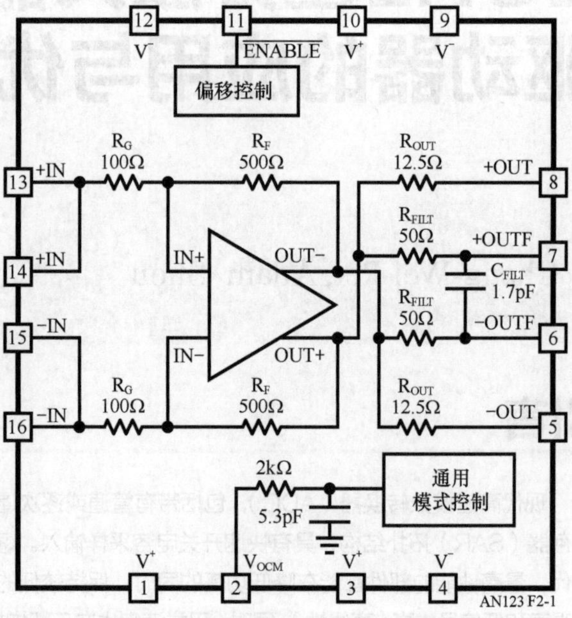

图25.3 LTC6400-14的电路原理框图。LTC6400提供了IF放大器的性能，不过在反馈的使用上，与差分运算放大器拓扑结构存在相似之处

实际带宽vs可用带宽

LTC6400拥有非常宽的带宽（接近2GHz），但绝大多数应用不需要超出几百兆赫的频率。原因就在于拓扑结构。传统的“开环”RF/IF放大器很少或没有反馈，LTC6400则不同，它包含一个内部差分运算器，并使用反馈网络设置增益。内部放大器的开环增益比外部的增益要高得多，并且通过补偿放大器以推动总体回路增益衰减到更高的频率。“闭环”运算放大器能够实现如此大的失真性能的主要原因是反馈与高环路增益的结合，这个结合能够减小放大器产生的任何失真。一旦该环路增益在高频率开始衰减，就会出现失真。

图25.4显示了LTC6400-20双音信号测试的三阶交调失真（IMD）②。在低频时，该失真接近-100dBc。不过，高达250~300MHz的性能仍是不错的，这使得LTC6400适于中高档IF系统。然而，需要特别注意的是，LTC6400不可能一直到其实际带宽-3dB都保持如此高的失真性能。

在其他的应用中，LTC6400的高带宽是其显著优点。凭借其高达6700V/μs③的压摆率以及2V阶跃时0.8ns时间

② 关于如何测量非常低的交调失真的一般讨论，请参阅（Seremeta 2006）。

③ 6700V/μs的压摆率可实现1.066GHz的2V(峰峰值）满功率带宽。

稳定到1%，LTC6400可用于高性能视频和电荷耦合器件（CCD）的应用中，并能取得较好的结果。LTC6400的宽带能够产生高到几百兆赫的平坦增益；表25.4总结了数据手册中的增益平坦度。

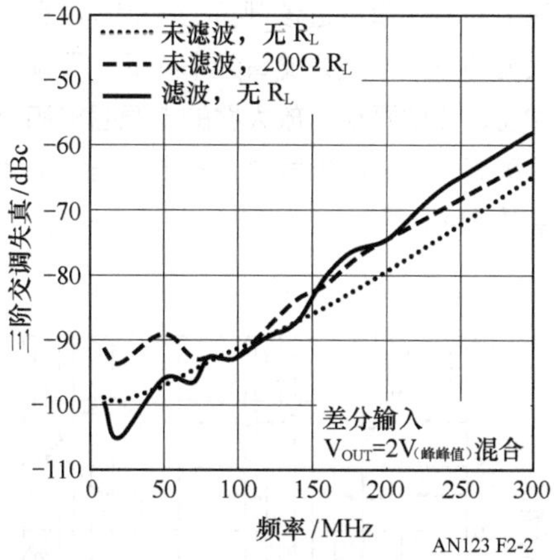

图25.4 LTC6400-20双音三阶交调失真。LTC6400的反馈拓扑结构意味着，在其频带上失真性能会随着环路增益而下降

低频失真性能

在高速放大器中，LTC6400有一个显著能力，它能够接受低至直流的输入。从图25.4可以推断，在低频（10MHz甚至更低）情况下，其失真性能接近或者超过−100dBc。这使得LTC6400能够用于高性能低频率基带系统以提供增益，不会对信号产生可测量的衰变。低1/f噪声“转角频率”（在12kHz数量级）意味着，LTC6400的低噪声性能将被维持在1MHz以下。虽然LTC6400在100MHz及以上具有低失真，但在20MHz及以下它也有良好的失真性能。图25.5显示，在输入频率低至1MHz时可以观察到数据失真。

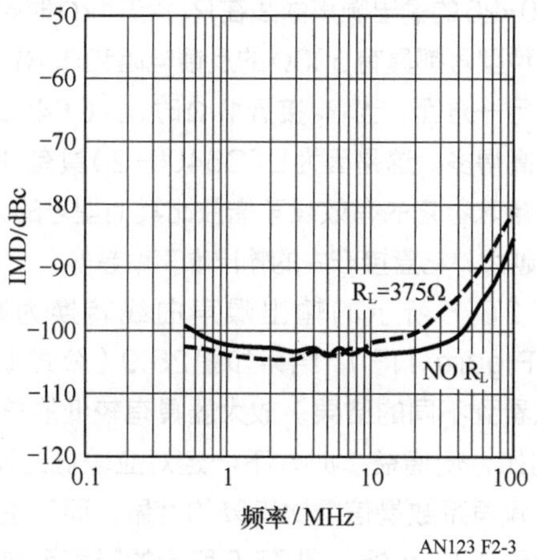

图25.5 LTC6401-14低频率失真。从实验室得到的结果表明，LTC6400系列的失真性能高于-100dBc（频率低于40MHz时），使其成为低频率应用的极佳选择

失真性能保证

LTC6400所具备的一个更为独特的功能就是能确保达到数据手册中给出的失真性能。每个元件在生产中都单独进行了测试以满足功能要求，这些要求通常包括增益、偏移、电源电流等。LTC6400与其他放大器不同，它的每个单元还测试了失真性能。在生产测试中应用一个双音输入信号，并测量三阶交调失真。表25.1列出了该系列放大器能确保的失真特性。

表25.1 LTC6400系列典型确保可实现的.双音三阶IMD性能规格。这些规范是在室温下测量的，确保能在室温下实现

型 号	输入频率/MHz	典型IMD/dBc	保证IMD/dBc
LTC6400-8	280,320（IMD在360MHz下测得）	−59	−53
LTC6400-14		−63	−57
LTC6400-20		−70	−64
LTC6400-26		−68	−62
LTC6401-8	130,150（IMD在170MHz下测得）	−75	−67
LTC6401-14		−70	−61
LTC6401-20		−69	−61
LTC6401-26		−70	−62

通常，放大器的直流规格是经测量得到的，而AC性能（包括失真）只是假设。这就意味着，各部分之间的实际性能可能存在较大的差异，可能会导致需要设计较大的性能裕度，否则将影响成品率。如果数据手册中给出的失真规格能确保实现，那么达成所用放大器的各项指标必将成竹在胸，设计工作因而也将信心满怀地向前推进。

低噪声

确定LTC6400系列噪声规格的困难源于其作为RF/ IF信号链增益模块和传统的电压增益差分放大器的双重身份。电压/电流噪声密度（$nV/\sqrt{Hz}$和$pA/\sqrt{Hz}$）和噪声系数（NF）必须准确列成表格，以便能被用户应用程序所使用。LTC6400的灵活性在于电源和负载阻抗，这意味着所有的噪声规格会根据所使用的电路而发生变化，这使得事情变得更加复杂。本节扩展了数据手册规格，并进一步解释了如何正确计算LTC6400系列的噪声。

放大器噪声通常由等效噪声输入电压密度e_n和电流密度i_n所描述。图25.6显示了等效噪声源。电压噪声密度的测定可以通过短接放大器输入端，测量输出电压噪声密度，减去电阻的影响，并通过放大器“噪声增益”（Z_S=0）划分。注意，反馈放大器的噪声增益可能不等于输入/输出信号的增益④。电流噪声密度的确定可以通过在放大器输入端连接电阻或电容（Z_S），测量输出电压噪声密度，减去由于e_n和Z_S所造成的噪声，再除以噪声增益。简明起见，除去e_n和Z_S的影响通过RMS(平方差的平方根)完成，这里假设e_n和i_n的噪声源是不相关的。通过这样的计算，可得到输入和输出的等效噪声，如表25.2所示。

表25.2 基于图25.5内部噪声源的100MHz等效输入输出噪声。前两行，e_n由输入电压计算得到，i_n由放大器电流噪声组件计算得到。最后一行排除了内部电阻噪声

型　号	LTC6400 -8	LTC6400 -14	LTC6400 -20	LTC6400 -26
e_n(nV/$\sqrt{Hz}$)	1.12	1.15	1.03	1.01
i_n(pA/$\sqrt{Hz}$)	4.00	4.02	2.34	2.57
$e_{n(OUT)}$ (nV/$\sqrt{Hz}$) (R_S=0,N_0R_L)	9.4	12.7	22.7	28.2

注意，表25.2的e_n值与LTC6400数据手册中显示的不同。这是因为数据手册指定的关于电阻器的电压噪声密度是在源阻抗是零的假设下得出的。换言之，数据手册中的输出电压噪声密度仅仅是由放大器的信号增益分割得来的。这种方法使得部分与部分的比较更加容易，但它本身不适合于一般的噪声计算，因为电源和负载阻抗等不同。图25.6建立的噪声源补充了数据手册，并允许更为一般的噪声计算。

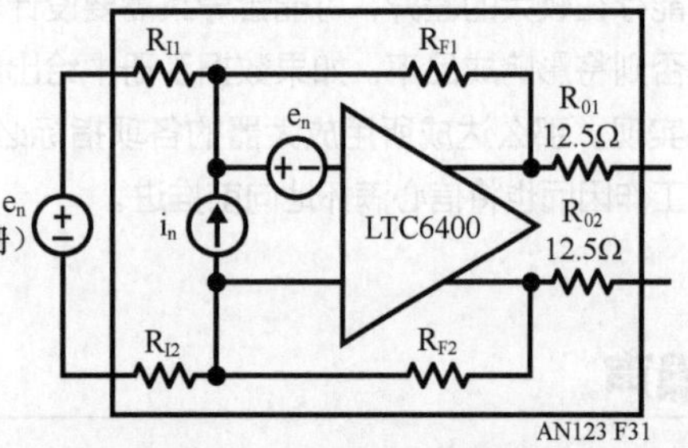

图25.6 LTC6400等效噪声源。等效噪声输入电压密度e_n，等效差分输入电流密度i_n。在本例中，噪声计算时电阻不能当作无噪。LTC6400的外接电压源为数据手册中给出的e_n，假设R_S=0Ω

对于源阻抗Z_S，总输出噪声可以通过Z_S、e_n和i_n的电阻部分电源叠加来进行估计。但当Z_S充分高或对频率比较敏感时，这一结果可能造成误导。

表25.2的数据及其可用性存在一些局限。最重要的是，e_n和i_n有显著的相关性，因为它们是由回路内相同的物理噪声源产生的，而这里所使用的RMS减法忽略了这一事实。当R_S>100Ω，并且i_n在总的输出噪声中占较大的部分时，电压和电流噪声源的相关性将会对计算精度产生影响。附录C对这种效应进行了更加详细的讨论。

④ 更多关于放大器噪声的背景介绍，请参阅（Rich 1988）以及（Brisebois 2005）。

另一个局限就是，在100MHz或更低（低至闪烁噪声转角频率，约为12kHz）时，得到的e_n和i_n的值才是有效的，这比LTC6400的-3dB带宽低了一个数量级。对于一个典型的反馈放大器，高频率时的输出电压噪声密度显著偏离于低频率（不考虑1/f噪声）。图25.7显示，LTC6400系列的输出噪声电压会随着频率接近该部分的-3dB带宽而增加。这是由于放大器的环路增益会随着频率降低，而频率又受到内部放大器增益、补偿网络、放大器的电源阻抗和负载阻抗的影响。在频率高于-3dB带宽时，输出电压噪声密度将随着放大器的增益下降。

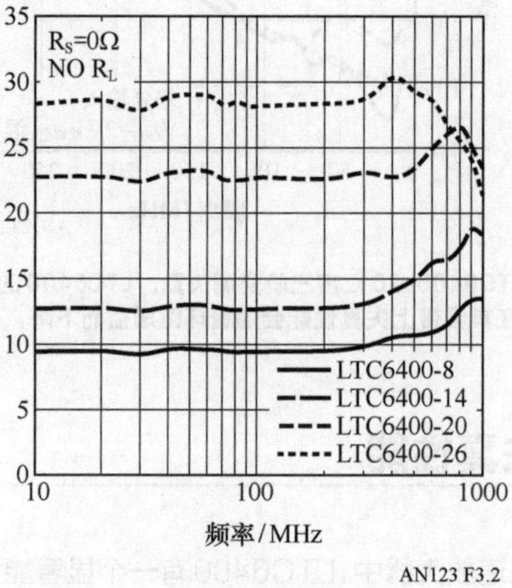

图25.7 总输出噪声电压密度与频率的关系曲线。输出噪声的测量是在差分输入短接和放大器没有电阻性负载的情况下测量的。由于内部电阻值不一样，噪声不能随着增益值线性扩展。

噪声和负反馈vs电源电阻

图25.8所示为各种源电阻在100MHz下测量的总输出噪声电压。请注意，LTC6400-8/LTC6400-14/LTC6400-26的输出噪声曲线在R_S接近1kΩ时收敛。这是因为这三种型号都具有500Ω的反馈电阻和非常相似的内部放大器。另一方面，当R_S接近1kΩ时，LTC6400-20的输出噪声要高得多。这是因为LTC6400-20具有1kΩ的反馈电阻，这意味着它的有效噪声增益比其他型号的大。此外，反馈电阻越大，它直接产生的输出噪声就越多。

将图25.8所示的输出噪声曲线转换为噪声系数（Noise Figure，NF），结果如图25.9（公式（A2））所示，可以看到不同的结果。放大器具有较低的总输出噪声密度（例如，低增益）时，不一定对应较低的噪声系数。这是因为噪声系数是信噪比下降的度量，而不是绝对的噪声（见附录A）。另外，图25.9所示的噪声系数曲线，随着R_S的增加并不是单调的，而是有一个局部最小值。造成这一结果有两方面原因。首先，该放大器的输出电压噪声

密度随着R_S增加趋于平稳，但电源电阻噪声会随之持续增加。第二，如图25.10和图25.11所示，放大器的噪声增益随着R_S值增加而减小。因此，存在有两个方面的原因造成噪声系数增加，一个原因使其减少，这些因素共同作用，可使噪声系数存在局部最小值。

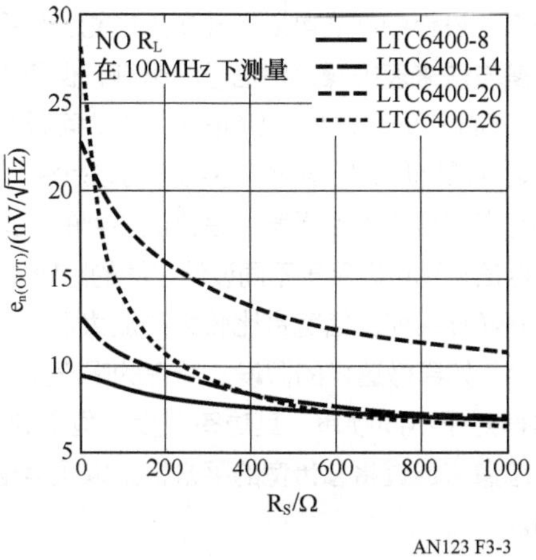

图25.8　在100MHz下总输出噪声与源电阻的关系曲线。电源电阻连接在两个差分输入之间，输出电压噪声密度的测量是在放大器没有电阻性负载的情况下进行的。注意，输出噪声随着电源电阻的增加而减少

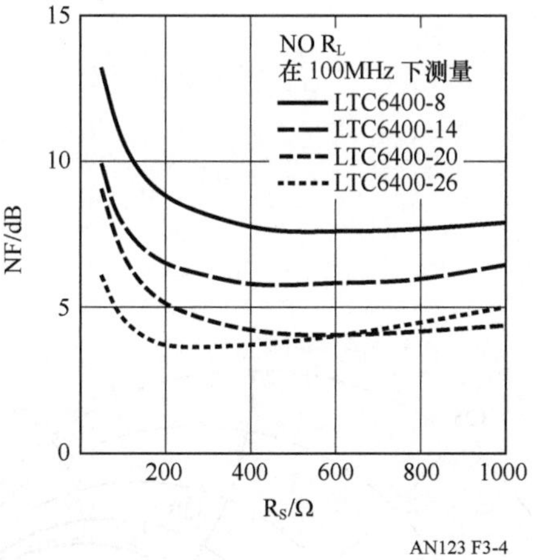

图25.9　LTC6400系列噪声系数与电源电阻的关系曲线。每个该系列的放大器，都存在一个电源电阻的某个取值范围，能使噪声系数最小

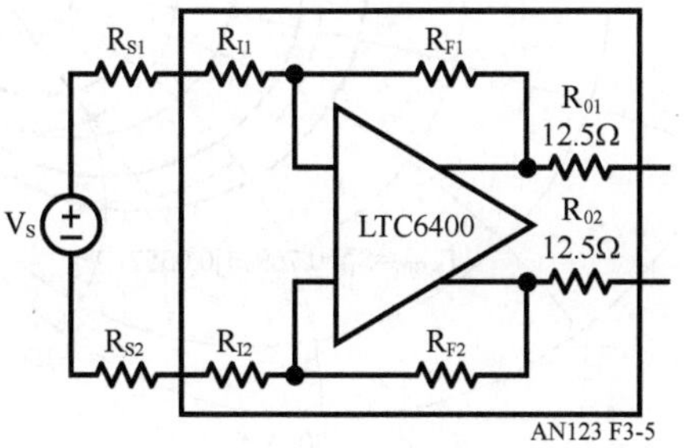

图25.10　揭示电源电阻增加对整体电压增益的影响的框图。将电源电阻算入输入电阻，减小了放大器增益

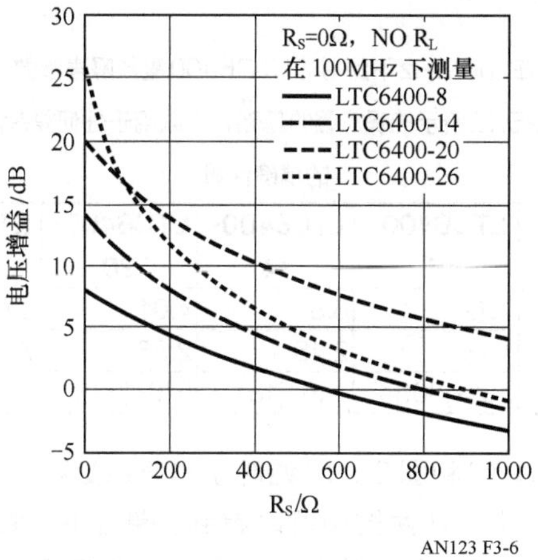

图25.11　LTC6400系列电压增益与电源电阻的关系曲线。这里的电压增益是用图25.10所示的电源电压V_S计算得到的，同时假设了放大器输出端不含电阻性负载

从图25.11还可以得到另一个结论：低NF可以由一定范围的R_S来实现，但会消耗整体电压增益。图25.10中增加的R_{S1}和R_{S2}会产生额外的输入电阻，但降低了增益。综上所述可以得到这样的结论：使用源终端来产生绝对最低噪声系数并不总是理想的。

噪声和增益圆

图25.9中的曲线显示了不同的实数源电阻对噪声和噪声系数的作用，但如果使用一个复数源阻抗时会发生什么？噪声圆涉及了“最小噪声系数”概念，它是指某一确定复数输入阻抗，能使给定装置在给定频率、温度和偏置下产生最小的噪声系数。在同一史密斯图上绘制恒定噪声系数圆也是可能的，这样一来，对于给定的源阻抗Z_S，任何复杂的源阻抗在每个噪声圈都将产生相同的NF。双端口系统的噪声系数可表示为相对最小噪声系数（Fukui 1981），即

$$F = F_{MIN} + \frac{G_N}{R_S} \mid Z_S - Z_{OPT} \mid^2 \qquad (1)$$

其中，F_{MIN}是最小可实现噪声系数；G_N是器件的等效噪声电导；R_S是ZS的电阻部分；Z_{OPT}是得到最小噪声系数所需要的源阻抗。图25.12给出了LTC6400-8的噪声圆，表25.3列出了整个LTC6400家族的噪声参数。这些数值表明，对于LTC6400家族，感性源阻抗（带正电抗）能产生最佳NF。但是，在应用噪声匹配时，要记住，其他性能因素，例如增益、带宽和阻抗失配也是由于Z_S的影响。

另一个受源阻抗影响的关键因素是总增益。图25.13给出了一组绘制在史密斯圆上的LTC6400-8增益圆。传感器增益（G_T）是传递到负载的功率与电源可提供的功率之比。

表25.3 在100MHz下测得的LTC6400复数噪声参数。这些噪声参数是图25.12所示的噪声圆的基础，可以用于任何复杂源阻抗NF的精确计算

	LTC6400-8	LTC6400-14	LTC6400-20	LTC6400-26
NF_{MIN} /dB	7.12	5.6	4.01	3.55
G_N /ms	1.13	2.45	2.86	7.23
Z_{OPT} /Ω	531+j306	440+j131	516+j263	272+j86

图25.12和图25.13说明了噪声系数和传感器增益之间的权衡。从两图中可以看到，最小NF和最大G_T不能同时得到，因为它们不位于同一史密斯圆上。一个常见的策略是用一条直线连接两个最佳点（$\Gamma_{S,OPT}$,和$\Gamma_{S,GT(MAX)}$），并在其上选择接近最优NF和G_T的一个源终端。然而，在许多情况下，并不需要绝对的最小NF或最大G_T。从图25.12和图25.13可以看到，输入反射史密斯圆的区域很大，在该区域内可以得到1dB以内的最佳点。另外，在实轴还有一大部分可用（包括400Ω），这部分不需要电抗元件，从而将能够提供宽带阻抗匹配以及良好的性能。

信噪比vs带宽

放大器（如LTC6400系列）的噪声电压密度一般是有规定的，以纳伏每平方根赫兹（$nV/\sqrt{Hz}$）为单位。在实际应用中，这个问题经常在于如何解释这种噪声指标，并以此弄清楚在系统设计中到底可以实现多少性能。根据系统的不同，有许多方法来表征噪声对信号的影响，但最广泛使用的是信噪比（SNR）。信噪比（SNR）是最大可能信号与总的可测噪声之间的比值，它决定了系统的动态范围。其含义是，信号小到可以“位于本底噪声”是检测不到的，这并不总是正确的，但信噪比可以用于不同设计之间的比较。

LTC6400系列包括宽带比较大的放大器，-3dB带宽，超过1GHz。如果做这样的假设：所有的噪声是白噪声（这意味着噪声对于不同频率，其功率密度是恒定的），那么集成噪声的总量可通过将总带宽的平方根乘以噪声电压密度来计算得到。

$$E_{n,TOTAL} = e_n(nV/\sqrt{Hz}) \bullet \sqrt{\alpha \bullet BW}\ nV(RMS) \quad (2)$$

其中，α 为缩放系数，包括了BW外的噪声。对于一阶滚降，α 约为1.57；对于二阶滚降，α 约为1.11。

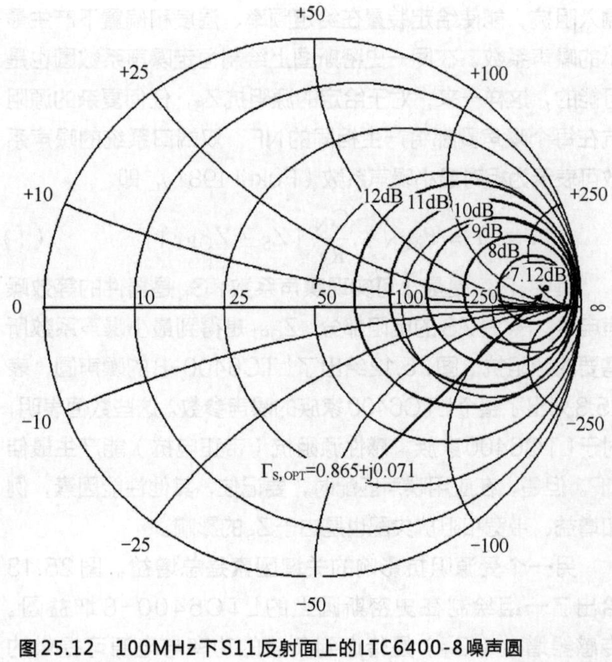

图25.12 100MHz下S11反射面上的LTC6400-8噪声圆

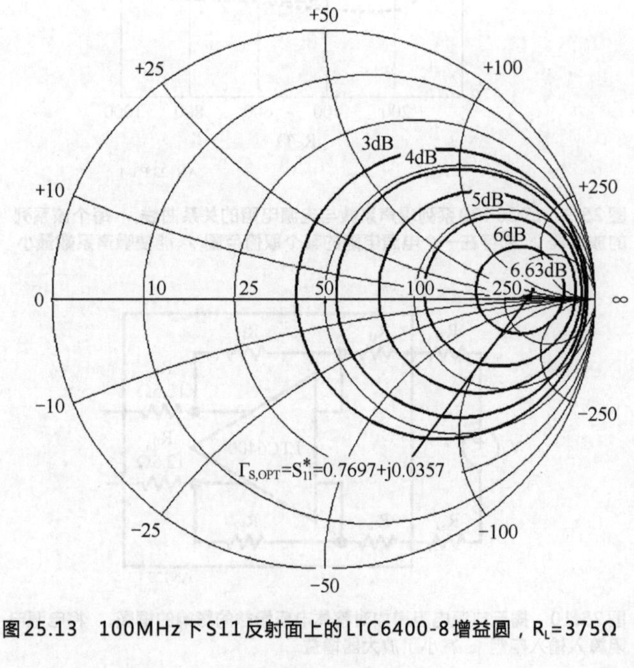

图25.13 100MHz下S11反射面上的LTC6400-8增益圆，R_L=375Ω

宽带放大器（比如LTC6400）对信噪比有显著的影响。采用1GHz的-3dB带宽时，式（2）中e_n乘以了40000，$10nV/\sqrt{Hz}$的放大器输出将使总体噪声增加400μV（RMS）的噪声。如果最大输出信号为2V（峰峰值，0.71V（RMS）），那么在一个典型的高速ADC输入的情况下，最大理论SNR为1768，或者65dB。这是10.5位分辨率ADC的信噪比（SNR）。

如表25.2所示，LTC6400增益最高的型号具有高达$28nV/\sqrt{Hz}$的输出噪声电压密度。虽然高增益意味着输入端相关噪声非常低，但输出噪声可能较大。信号调理的趋势是向低供电电压发展，因此，最大信号电平（可达到的信噪比（SNR））会降低。出于这个原因，当驱动16位（甚至14位）的ADC时，几乎总是需要在LTC6400的输出端添加一些滤波器。这个外部滤波器的设计依赖于所期望的输入信号带宽和所需要的目标信噪比（SNR）。

$$SNR_{TARGET} = 20\log\left(\frac{V_{SIGNAL}}{E_{n,TOTAL}}\right)dB \qquad (3)$$

其中，V_{SIGNAL}为$V_{(RMS)}$中最大输入信号，对于高性能的3V ADC（峰峰值为2.5V），其值高达0.88V。

这种SNR计算方法忽略了ADC产生的噪声。放大器的信噪比是确定有效ADC分辨率的主要因素之一。由于LTC6400杰出的失真性能，通常搭配高性能的14位和16位ADC，所以为了实现最佳的总体性能，应该限制带宽。

发生在ADC的一个重要现象是混叠。这种混叠会有效“折叠”每个ADC的顶部频带，从而在数字域无法区分。混叠不改变上述关于SNR的计算，但它势必会影响任何用来提高信噪比的附加数字滤波能力。如果所有的噪声都包含在奈奎斯特带宽（其宽度是$f_{SAMPLE}/2$）之内，则附加的数字滤波可以去除期望信号周围的噪声。然而，如果许多噪声的奈奎斯特带宽与所需的信号频带混叠起来，那么会削弱数字滤波的效果。

关于噪声混叠现象的样本计算以及进一步的解释，请参见SNR计算和混叠范例一节。

增益和电源选择

从应用程序的灵活性角度来看，LTC6400和LTC6401系列产品有四种不同的增益版本：8dB（2.5V/V）、14dB（5V/V）、20dB（10V/V）和26dB（20V/V）。为了保持与信号链其他RF/HF元件的一致性，电压增益一般用分贝来表示。图25.14给出了LTC6400/ LTC6400-1的框图。

增益是指从输入引脚到输出引脚的电压增益。不像有些放大器，指定已知负载阻抗的功率增益，LTC6400指定电压增益，没有指定任何输入或输出终端。

除了选择电压增益，用户也可以在LTC6400和LTC6401之间选择。这种选择主要是对速度/功率的权衡；LTC6400最快，失真最低；LTC6401电源较低，对较低输入频率进行了优化。LTC6400可以在300MHz以内保持良好的失真性能，而LTC6401只能保持在140MHz以内。

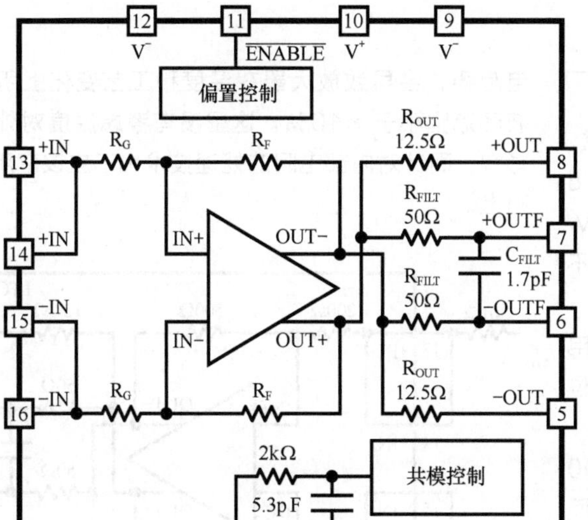

电压增益	R_G	R_F
8dB	200Ω	500Ω
14dB	100Ω	500Ω
20dB	100Ω	1kΩ
26dB	25Ω	500Ω

系列	供电电流	低失真输入频率
LTC6400	3V 时为 85～90mA	DC-300MHz
LTC6401	3V 时为 45～50mA	DC-140MHz

图25.14 LTC6400/LTC6400-1框图，以及各种可选增益以及速度/功率的产品信息表

增益、相位和群时延

内部添加增益和反馈电阻还可以优化系列产品的内部补偿网络。因此，LTC6400每种型号的增益有着类似的带宽（>1GHz）以及增益响应的最小峰值。虽然产品的可用低失真带宽在频率上比-3dB带宽低得多，但在某些情况下，增益平坦度和相位线性是非常重要的。从图25.15可以看到，LTC6400-20的增益在大约300MHz，0.1dB内是平坦的，并且相位直到超过1GHz都是线性的。表25.4给出了LTC6400和LTC6401两个系列的带宽。

表25.4 LTC6400/LTC6401系列典型带宽和0.1dB/0.5dB平坦增益频率

型　号	-3dB带宽/GHz	0.1dB带宽/MHz	0.5dB带宽/MHz
LTC6400-8	2.2	200	430
LTC6400-14	2.37	200	377
LTC6400-20	1.84	300	700
LTC6400-26	1.9	280	530
LTC6401-8	2.22	220	430
LTC6401-14	1.95	230	470
LTC6401-20	1.25	130	250
LTC6401-26	1.6	220	500

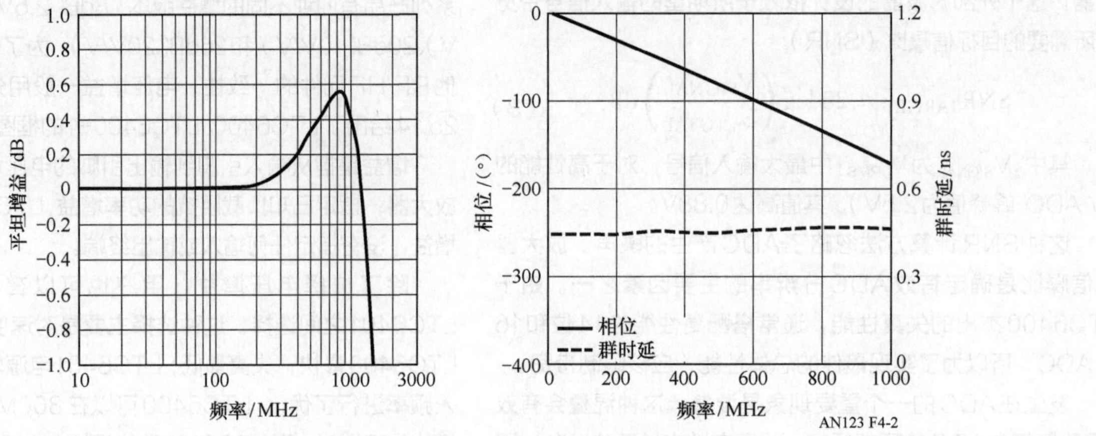

图25.15 LTC6400-20平坦增益和相位/群时延曲线

增益为1的结构

在某些情况下，一个简单的缓冲可能用来驱动无增益，甚至无衰减的ADC。这种特殊情况下，可以在LTC6400-8或LTC6401-8前面加上串联电阻器，降低增益至0dB(1V/V)。由于LTC6400的无条件稳定性，这些电阻在输入端不会造成不稳定或振荡。

图25.16给出了配置。当与LTC6400-8的内部增益电阻器相结合时，放大器就成为一个1kΩ差分输入阻抗的单位增益缓冲器。

当结合外部串联电阻来降低增益时，由于LTC6400家族内部电阻器的特性，将会限制温度和初始精度。而内部电阻（200Ω和500Ω，如图25.16所示）的设计，就是为了良好匹配工艺变化和温度，它们的绝对值可以在±15%(LTC6400-8的数据手册可以确保）内波动。±15%波动的内部电阻，再结合我们例子中理想的301Ω电阻器，会导致放大器在温度和工艺变化上所需的增益波动范围小于±10%。这里没有考虑温度对外部电阻的影响，而针对内部电阻的处理技术也不应该套用在外部电阻上。

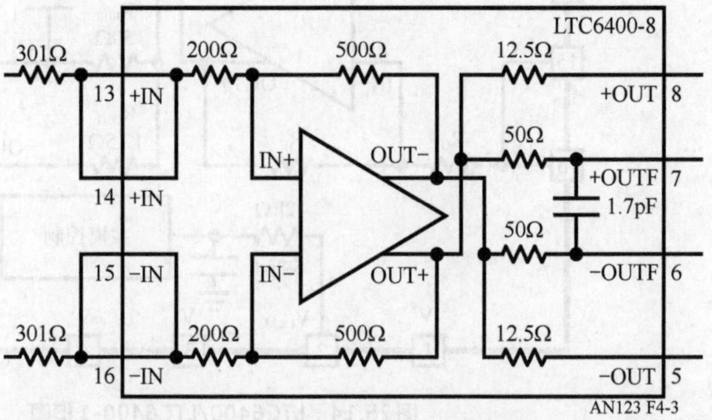

图25.16 LTC6400-8加上串联电阻以减小增益至1V/V（0dB）

输入注意事项

输入阻抗

差分放大器电路的输入阻抗取决于它是单端驱动或差分驱动。为了得到最佳的传输功率或最大化输入端的电压信号而进行放大器阻抗匹配，是非常重要的。

图25.17显示了带有差分输入的LTC6400。为了计算输入阻抗，我们需要先计算流过输入电压源V_{IN}的输入电流I_{IN}。一个带有全差分输入和高增益的放大器，在其内部节点（INT^+,INT^-）上产生的电压极少。因此，这些节点就像一个差分“虚短路”，以类似的方式作用于传统运算放大器的反相节点。那么，输入阻抗直接等于R_{I1}和R_{I2}之和。

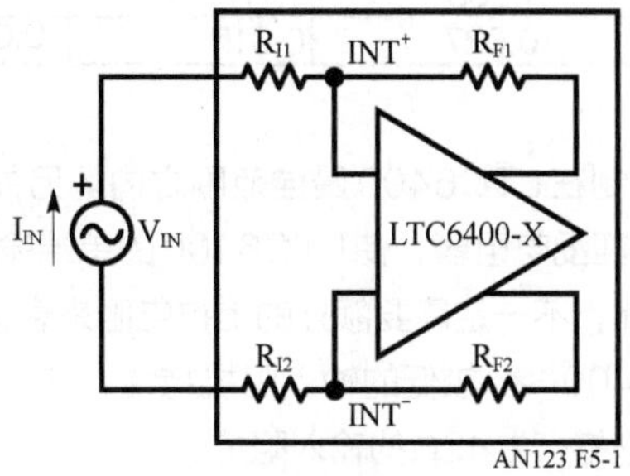

图25.17　全差分输入LTC6400

$$V_{INT^+} \approx V_{INT^-} \approx V_{OUT^+} \bullet \frac{R_{I2}}{R_{F2}+R_{I2}}$$

$$= V_{IN} \bullet \frac{R_{F2}}{2R_{I2}} \bullet \frac{R_{I2}}{R_{F2}+R_{I2}} = V_{IN} \bullet \frac{R_{F2}}{R_{F2}+R_{I2}} \quad (4)$$

$$I_{IN} = \frac{V_{INT}-V_{INT^+}}{R_{I1}} = \frac{V_{IN}}{R_{I1}} \bullet \frac{R_{F2}+2R_{I2}}{2(R_{F2}+R_{I2})} \quad (5)$$

$$输入阻抗 = V_{IN}/I_{IN} = \frac{2R_{I1}(R_{F2}+R_{I2})}{R_{F2}+2R_{I2}} \quad (6)$$

图25.18显示了一个单端输入的LTC6400。假定输入信号的频率足够高，那么隔直流电容器C1和C2等效于短路（因为LTC6400的输入共模电压要求），这样一来，关于INT^+和INT^-节点没有电压的假设就不再有效。尽管加在（INT^+,INT^-）的差分电压仍然会很小，但在这两个节点会有一个与正输入电压成比例的共模电压。

举个例子，LTC6400-20具有100Ω的输入电阻和1kΩ反馈电阻器，其单端输入阻抗为183Ω。这是从V_{IN}端看到的输入阻抗。请注意，当V_{IN}具有非零的源阻抗，例如50Ω的信号源时，可以用相同的等效阻抗来终端匹配未使用的输入端，以此来保持平衡。这将改变输入阻抗，对应的新的计算公式将在电阻端接一节中进行讨论。

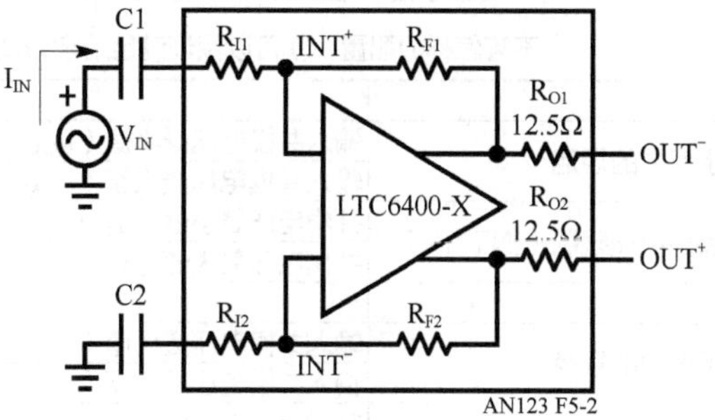

图25.18　单端输入LTC6400

交流耦合与直流耦合

LTC6400的输入和输出可以是直流耦合也可以是交流耦合，但输入和输出的电压范围必须能够获得最佳性能。在输入端，共模输入电压范围已在数据手册中给出，大约为1~1.6V（V^+=3V）。共模输入电压是指两个输入的平均电压，与输入端之间的电压差不同。因此，不管平均电压是地电平还是V_{CC}，输入电压在施加到LTC6400之前必须进行电平移位。需要澄清的是，共模输入电压是指在IC输入引脚（引脚13到引脚16）的电压，而不是运算放大器内部输入引脚的电压。表25.5给出了数据手册中共模限值与和内部节点电压之间的差值（见图25.17）。数据手册中的限值是由一组1.25V的V_{OCM}，并假设没有额外源电阻的情况下得到的。不管改变哪一个，都将使内部节点的直流电压偏移，这是决定输入共模限值的真正原因。然而，按照数据手册中给出的共模限值，只能保证输入级在线性区域工作；并不能保证整个电压范围都能实现相同的性能。V_{OCM}需求部分将解决不同共模偏置电压关于失真变化的问题，包括输入和输出。

表25.5给出的限值是基于输入级的饱和极限而得到的，可以用于一般情况下的任意V^+和V_{OCM}。改变V^+电压会增加输入级余量，改变V_{OCM}会改变内部节点偏压，所以两者都会影响输入共模电压限制。参照表25.5和表25.6给出的数值，输入共模电压限制可以由下面的式子计算

$$V_{CM,IN(MIN)} = \beta(V_N + V^- - \alpha V_{OCM} - \delta V^+) \quad (7)$$

$$V_{CM,IN(MAX)} = \beta(V_P + (1-\delta)V^+ - 3.0 - \alpha V_{OCM}) \quad (8)$$

用上式计算最小和最大输入电压时，随时将图25.30所示的图形放在手边是非常重要的，这样可以很方便地进行交叉引用。LTC6400系列的失真性能，相对于输出端的共模电压，对输入共模电压不那么敏感，不过在整个范围失真性能并不恒定。

表25.5 数据手册中给出的输入共模电压限值，以及放大器内部节点中继共模电压限值。知道放大器内部接点电压，不管怎样的配置，就可以保证满足给定限值。内部接点电压V_N和V_P包含了放大器较小上拉电流的影响

		LTC6400-8	LTC6400-14	LTC6400-20	LTC6400-26
数据手册中的规范	输入共模电压最小值（I_{VRMIN}）	V^-+1.0	V^-+1.0	V^-+1.0	V^-+1.0
	输入共模电压最大值（I_{VRMAX}）	1.8（V^+−1.2V）	1.8（V^+−1.2V）	1.6（V^+−1.4V）	1.6（V^+−1.4V）
内部接点电压限制（INT^+,INT^-）	共模电压最小值（V_N）	1.24	1.14	1.05	1.02
	共模电压最大值（V_P）	1.76	1.78	1.59	1.59
		LTC6401-8	LTC6401-14	LTC6401-20	LTC6401-26
数据手册中的规范	输入共模电压最小值（I_{VRMIN}）	V^-+1.0	V^-+1.0	V^-+1.0	V^-+1.0
	输入共模电压最大值（I_{VRMAX}）	1.6（V^+−1.4）	1.6（V^+−1.4）	1.6（V^+−1.4）	1.6（V^+−1.4）
内部接点电压限制（INT^+,INT^-）	共模电压最小值（V_N）	1.16	1.09	1.05	1.03
	共模电压最大值（V_P）	1.57	1.58	1.59	1.59

表25.6 用于计算输入共模电压范围的常量。该常量是基于数据手册得到的。改变电源电压V^+和V_{OCM}偏移电压会影响数据手册给定的范围。这些常量包含了放大器较小上拉电流的影响

	LTC6400-8	LTC6400-14	LTC6400-20	LTC6400-26	LTC6401-8	LTC6401-14	LTC6401-20	LTC6401-26
Aipha(α)	0.261	0.158	0.090	0.047	0.273	0.162	0.090	0.047
Beta(β)	1.533	1.267	1.117	1.054	1.467	1.233	1.117	1.058
Delta(δ)	0.087	0.053	0.015	0.004	0.045	0.027	0.015	0.008

如果输入信号是串联电容的交流耦合信号，LTC6400的输入端将自偏置到大约等于V_{COM}的电压[⑤]，这样也就没有必要再施加外部偏置电压。只有当输入直流耦合时，才需要解决输入端的偏置问题。有关性能优化和共模输入电压的详细信息，请参阅V_{OCM}需求一节。

当改变输入和输出共模电压时，需要注意改变输入偏置电流。参照图25.3，直流偏置电流会通过增益和反馈电阻器，从输出返回输入端。当设定LTC6400输入的直流偏置时，电源必须能够产生或吸入这种额外的电流，而这种电流可能超过毫安级。

由于存在内部共模回路，LTC6400的输出将自动偏置到V_{OCM}引脚上的电压。由于ADC的共模电压要求通常非常严格，并且ADC输入的共模抑制通常不是非常好，这样就简化了LTC6400与凌力尔特公司高性能14位和16位ADC之间的配对。

接地参考输入

直流耦合应用的一个常见的例子，就是具有一个单端接地参考输入的ADC驱动器，其中输入直流电压为0V。LTC6400的输入共模范围不包括地电平，所以必须使用某种电平移动方法，使电压在表25.5和表25.6所示的范围内。

如果输入源为50Ω匹配端接，图25.19所示的就是一种可能的解决方案，其中输入与电源之间接了一个75Ω电阻。该电路利用电源的50Ω终端创建一个分压器，并且将输入电平控制在LTC6400最佳范围之内。另外，75Ω电阻也作为阻抗匹配电阻器，使LTC6400的单端输入阻抗接近50Ω[⑥]。因此，不一定需要额外的上拉电阻来衰减输入信号。由于LTC6400-26较低的输入阻抗特性，该上拉电阻应换成100Ω，这将产生42Ω的输入阻抗。

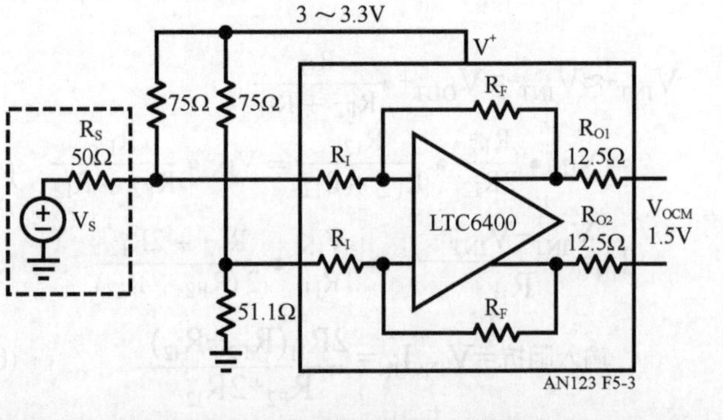

图25.19 在输入端利用上拉电阻进行接地参考信号的电平移位，同时提供输入匹配阻抗。没有使用的输入端近似一个端接。这种方法存在一个弊端，偏置直流会流过上拉电阻，这会消耗额外的能量，并需要输入电源来吸收该电流

另一种电平移位的方法就是将两个LTC6400串联：一个电平移位信号，另一个补充增益。图25.20显示了LTC6400-8通过串联1.1kΩ输入电阻，来搬移电平和衰减信号。其中，内部直流偏置电平在LTC6400的范围之内。在输出端，一个LTC6400-20先放大信号，然后再接入ADC。对于LTC6400-8来说，200Ω输入阻抗不是一个重负载。两个放大器的总增益为10.7dB。

⑤ 实际上，共模输入电压会随着上拉电阻平缓上升，以此来匹配最佳输入和输出偏置。

⑥ LTC6400-8 的输入阻抗为 61Ω，LTC6400-14 的为 53Ω，LTC6400-20 的为 55Ω。该阻抗可以通过减小 75Ω 电阻来减小，但会增加电源开销。

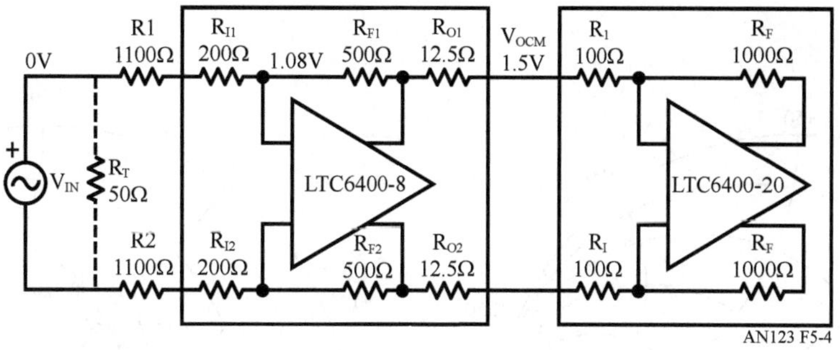

图25.20 使用两个LTC6400放大器实现电平移位和放大输入信号。LTC6400串联输入电阻来衰减和搬移信号电平，LTC6400-20在输出中添加一个额外增益。该电路的总增益为10.7dB，包括来自LTC6400-8输入电阻的衰减和12.5Ω输出电阻的作用

阻抗匹配

阻抗匹配可以实现从电源到负载的最大功率能量传输。实现良好的阻抗匹配是非常有利的，原因有很多：最大信号接收，没有反射引起的信号失真，并能对系统进行预测。本节将讨论LTC6400系列的输入和输出特性，以便为阻抗匹配提供必要的信息。由于有很多的文章详细讨论了阻抗匹配，这里将不再讨论其基础理论⑦。

LTC6400系列提供的差分输入阻抗范围为50～400Ω，以及25Ω的差分输出阻抗。在需要阻抗匹配的应用中，例如接收或驱动SAW滤波器，一个简单的串联电感以及并联电容网络就足够了。图25.21给出了一个电路接口到SAW滤波器的示例电路。工作频率在100MHz以下时，LTC6400的输入和输出阻抗几乎是纯电阻。当超过100MHz，就必须考虑电抗了。表25.7列出了阻抗匹配的相关参数，这里假设电路如图25.21和图25.22所示。计算出C和L，用ω（或2πf）除以ωC和ωL，其中，ω的单位为rad/s，f为频率（Hz）。图25.23给出了史密斯圆图上的阻抗匹配。

图25.24和图25.25显示了10MHz~1GHz的输入和输出反射系数，能为高频率下进行适当的阻抗匹配提供匹配电路。注意，随着频率增加到100MHz以上，输入阻抗（LTC6400-8/ LTC6400-14/ LTC6400-20）会变成容性的，而输出阻抗会变成感性的。

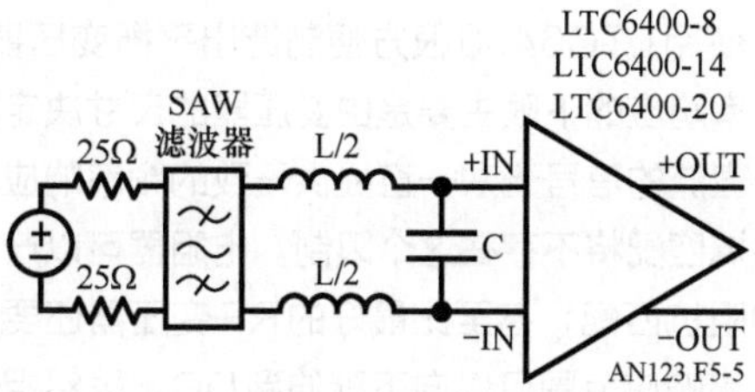

图25.21 关于SAW滤波器的串联-并联输入阻抗匹配示例。LTC6400-2的输入阻抗为50Ω，一般不再需要额外的元件来进行阻抗匹配。高频率阻抗匹配可以用LC网络；宽带阻抗匹配则需要使用转换器和电阻器

⑦ 阻抗匹配以及一般射频设计请参阅（Bowick 1982）。

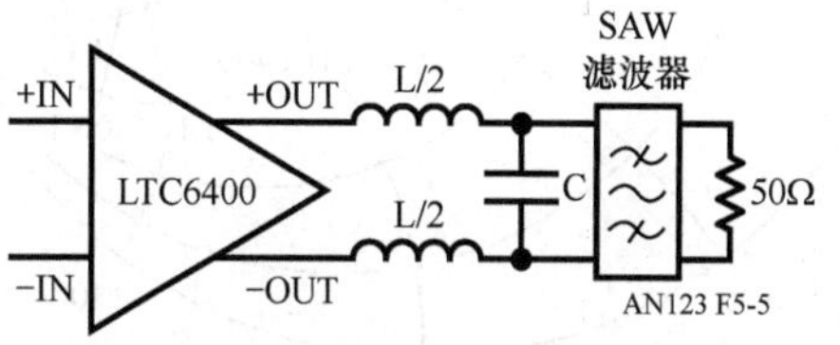

图25.22 关于SAW滤波器的串联-并联输出阻抗匹配示例。在低频时，LTC6400系列都有一个25Ω的电阻性输出阻抗

表25.7 图25.21和图25.22所示电路的阻抗匹配电路参数。这里的电阻值和电容值只是用ω（或2πf）除以ωC和ωL（与频率无关）得到的。由于串联电感是差分的，所以其值只有原来的一半。LTC6400-26的输入阻抗为50Ω，所以不需要额外的元件来进行阻抗匹配

	输　入		输　出
	LTC6400-8	LTC6400-14/20	LTC6400（系列全体）未滤波输出
ωC	0.00661	0.00866	0.02
ωL	132	86.6	25

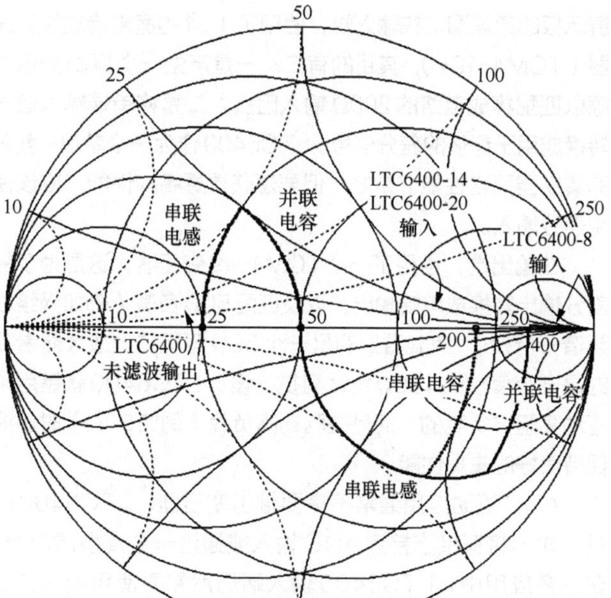

图25.23 50Ω差分输入和输出阻抗匹配。在大部分匹配中，串联电感或并联电容网络可以产生令人满意的匹配结果

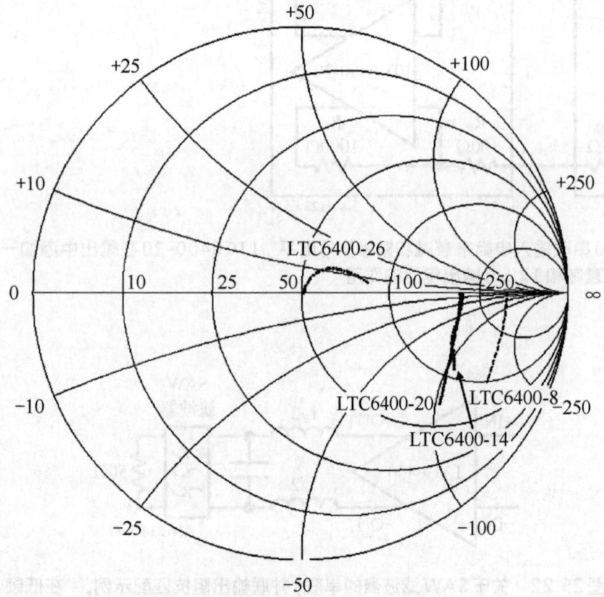

图25.24　LTC6400系列的输入反射系数（S11），10MHz～1GHz。低于100MHz时，阻抗几乎是纯电阻；超过100MHz时，阻抗匹配时就必须考虑电抗了

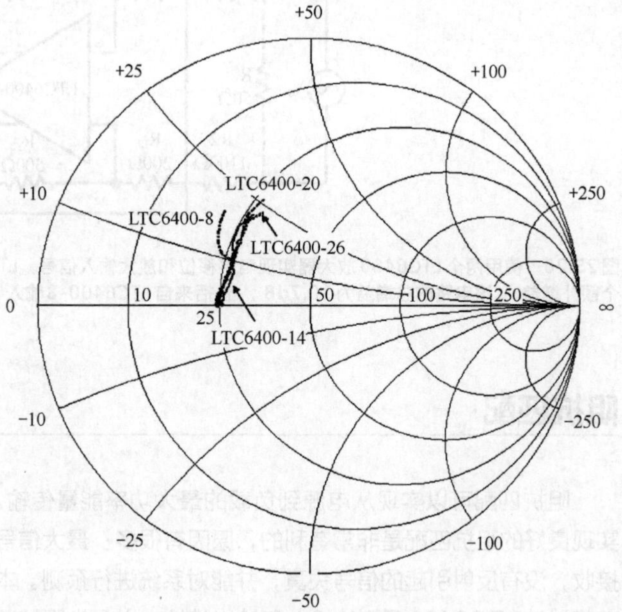

图25.25　LTC6400系列的输出反射系数（S22），10MHz～1GHz。低于100MHz时，阻抗几乎是纯电阻；超过100MHz时，阻抗匹配时就必须考虑电抗了

输入变压器

LTC6400可以很好地处理各种射频变压器的输入。变压器常在LTC6400演示板上作为平衡变压器和阻抗匹配元件以简化评估。图25.26显示了LTC6400的DC987B标准演示板的原理图。在输入端，使用了4：1的宽带传输线变压器（TCM4-19+），其目的有二：一是产生一个50Ω的信号源以匹配集成电路的200Ω输入阻抗，二是将单端输入信号转换成用于评估的差分信号。LTC6400作为一个单端-差分的转换器而言性能非常好，但要想获得更高的性能，应该使用差分输入。

在输出端，也用了一个TCM4-19变压器，这是为了将差分输出转换成单端输出，以及匹配50Ω负载（例如网络或频谱分析仪）。负载看到的是一个50Ω源阻抗，放大器看到的是一个良性的400Ω负载阻抗。设计LTC6400就是用来驱动高阻抗负载的，而且在驱动高负载（例如50Ω）时还能保持良好的失真性能。

ADC驱动应用通常不需要输出变压器，LTC6400的差分输出将直接连接到ADC输入或通过一个离散滤波器。在许多应用中，LTC6400输入端仍然需要使用输入变压器来进行阻抗变换和单端-差分变换。用到LTC6400-8，LTC6400-14或LTC6400-20时，放大器具有200Ω或400Ω的输入阻抗。如果信号源具有50Ω阻抗，那么使用4：1或8：1变压器来进行阻抗匹配将非常有益。相比于其他阻抗匹配方法（如分流电阻），使用变压器将提供一些“免费”的电压增益。由于4：1阻抗比变压器具有2：1的电压增益，LTC6400的输入电压增加了一倍。这种增益并没有引起任何显著噪声或功率损失，实际上反而提高了LTC6400的有效噪声系数（相对于使用并联电阻进行阻抗匹配时）。尽管LTC6400的电压噪声密度不发生变化，但额外的增益意味着输入相关电压噪声被额外的增益因子所抑制。

电阻端接

很多阻抗匹配的情况中，射频转换器具有优良性能，其通过差分使用LTC6400很方便制造出平衡变压器。然而，它们的频率响应的下限主要是由变压器的尺寸决定的，而且对于低至直流的信号无法一直提供一致的频率响应。而用电阻进行阻抗匹配将不存在这个限制。电阻器可以产生一个带宽更宽的阻抗匹配，甚至比最好的RF变压器还要宽，并且电阻的频率响应范围可以向下延伸到DC。虽然相对于使用变压器的方法，阻抗匹配将会给噪声系数带来一定的损失，但是使用电阻能大大节省成本。另外电阻器也可以用于单端输入的阻抗匹配。

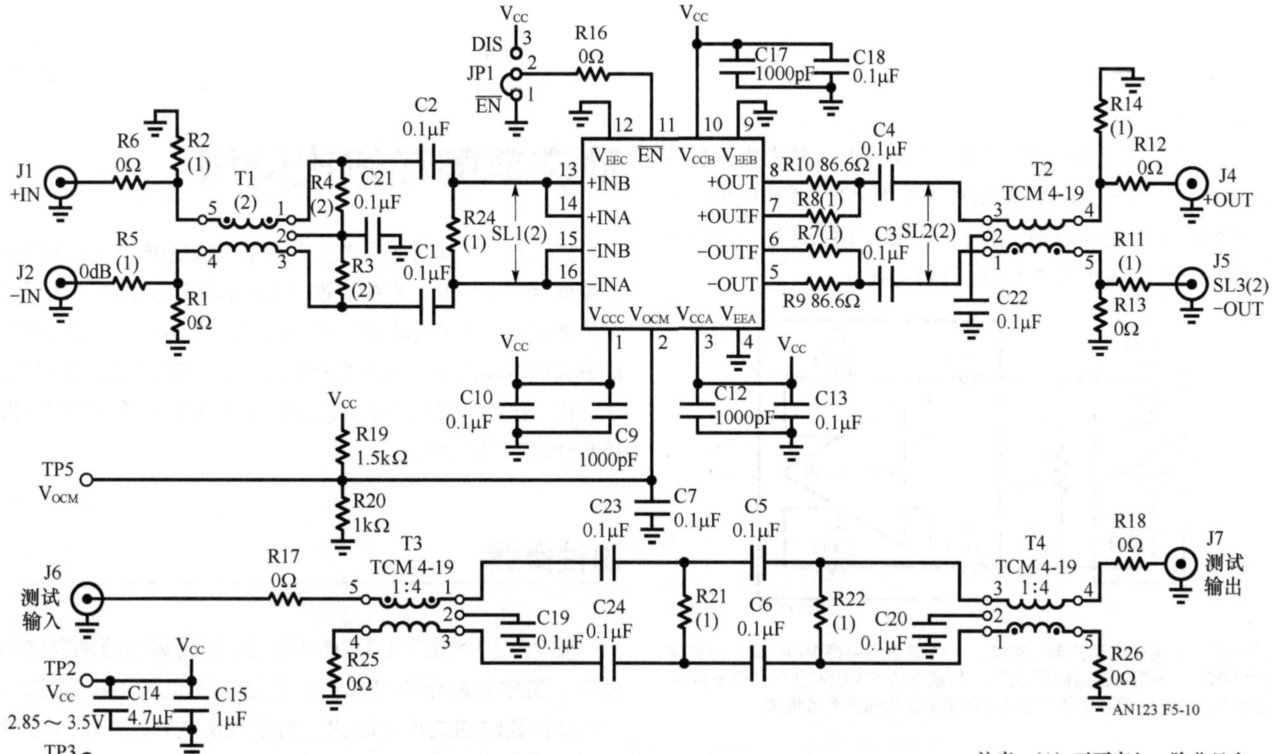

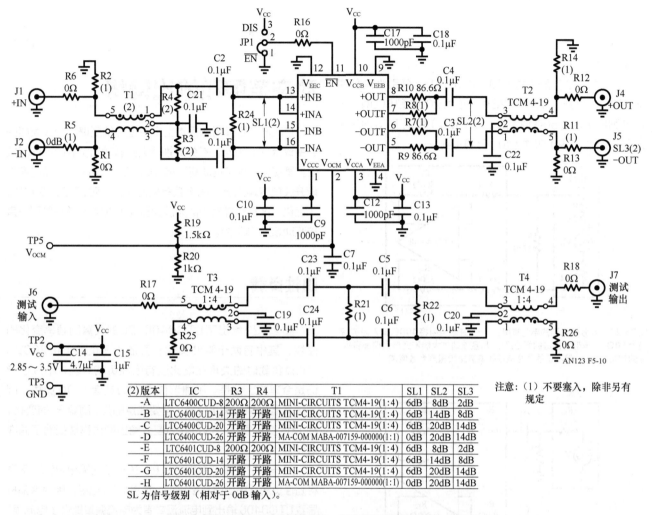

(2)版本	IC	R3	R4	T1	SL1	SL2	SL3
-A	LTC6400CUD-8	200Ω	200Ω	MINI-CIRCUITS TCM4-19(1:4)	6dB	8dB	2dB
-B	LTC6400CUD-14	开路	开路	MINI-CIRCUITS TCM4-19(1:4)	6dB	14dB	8dB
-C	LTC6400CUD-20	开路	开路	MINI-CIRCUITS TCM4-19(1:4)	6dB	20dB	14dB
-D	LTC6400CUD-26	开路	开路	MA-COM MABA-007159-000000(1:1)	0dB	20dB	14dB
-E	LTC6401CUD-8	200Ω	200Ω	MINI-CIRCUITS TCM4-19(1:4)	6dB	8dB	2dB
-F	LTC6401CUD-14	开路	开路	MINI-CIRCUITS TCM4-19(1:4)	6dB	14dB	8dB
-G	LTC6401CUD-20	开路	开路	MINI-CIRCUITS TCM4-19(1:4)	6dB	20dB	14dB
-H	LTC6401CUD-26	开路	开路	MA-COM MABA-007159-000000(1:1)	0dB	20dB	14dB

SL 为信号级别（相对于 0dB 输入）。

注意：（1）不要塞入，除非另有规定

图 25.26　DC987B演示板原理图。 其布局在布局注意事项一节讨论

图25.27所示电路使用一个电阻端接50Ω差分输入源。由于系统是全差分的，放大器本身的输入阻抗是通过添加放在一起的两个输入电阻（在这种情况下400Ω）来计算的。为了匹配该阻抗，从直流到高频，并联输入电阻为50Ω。需要注意的是，只有放大器保持其内部的“虚拟接地”节点，才有400Ω低频输入阻抗，并且频率放大器的环路增益会随着频率减小，因此输入阻抗也会发生变化。该LTC6400数据手册包含了输入阻抗随频率变化的曲线图。

使用电阻端接法的两个缺点是电源/信号衰减和噪声系数增加（即噪声性能退化）。对于相同的输入功率电平，一个50Ω的输入阻抗产生的电压摆幅，比一个400Ω的输入阻抗产生的电压摆幅，这就引入了一个有效的电压衰减。通过使用一个变压器，可以进行无损阻抗匹配，而且没有发生衰减。但由于LTC6400的输入噪声功率密度保持不变，并且输入信号比较小，噪声系数会成比例地增加。

图25.28显示了一个单端输入源的电阻端接。注意额外增加的电阻R_{T2}，从输入角度看，其可以平衡源阻抗。平衡输入阻抗是有必要的，因为不平衡的源阻抗会影响LTC6400的失真性能。此外，不相等的反馈系数也将导致LTC6400共模噪声的一部分成为差模噪声。单端输入时最好的做法是保持源阻抗之间的平衡。

添加R_{T1}和R_{T2}将产生公式（6）中没有的新项。R_{T2}的值直接等于R_{T1}连同R_S（源阻抗）的并联阻抗。终端电阻器的新值可由下式计算：

$$R_{T1} = \frac{1}{2}R_S \bullet \frac{R_S R_F + 2R_S R_I + \sqrt{R_S^2 R_F^2 + 4R_F^2 R_I^2 + 8R_F R_I^3 + 4R_I^4}}{R_I^2 + R_F R_I - R_S^2} \quad (9)$$

$$R_{T2} = \frac{R_{TI} R_S}{R_{TI} + R_S} \quad (10)$$

在公式（9）和公式（10）中，R_I和R_F分别为内部增益和反馈电阻器，在图25.28中分别为200Ω和500Ω。表25.8列出了单端50Ω输入源（R_S=50Ω）情况下R_{T1}和R_{T2}的值，由公式（9）和式（10）计算得到。

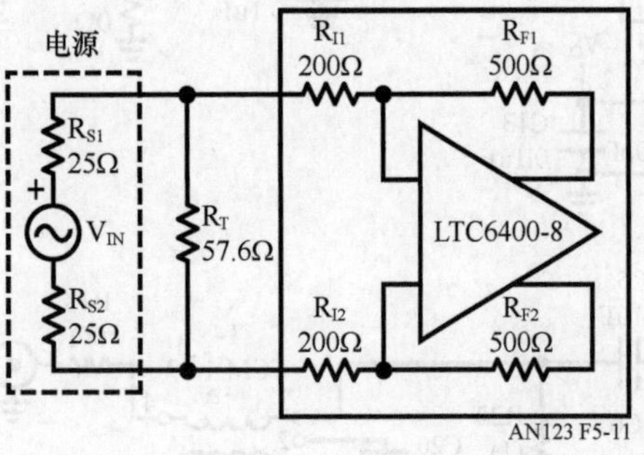

图25.27 差分输入源的电阻端接。一个并联电阻将400Ω输入阻抗转换为50Ω。电阻端接法的好处是，从直流到放大器带宽最大值都有很好的宽带性能。但不足的是会造成能量衰减和噪声系数增加

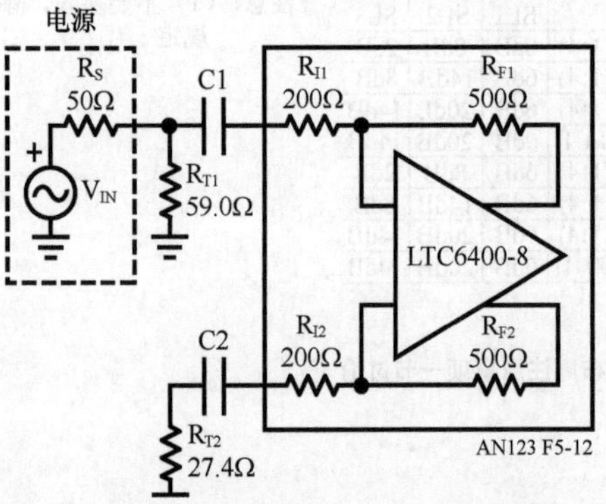

图25.28 单端输入使用电阻进行阻抗匹配，平衡源阻抗

表25.8 使用端接和平衡电阻匹配LTC6400系列的50Ω单端输入源。电阻值在标准值的1%内波动

	端接电阻R_{T1}/Ω	平衡电阻R_{T2}/Ω
LTC640x-8	59.0	27.4
LTC640x-14	68.1	28.7
LTC640x-20	66.5	28.7
LTC640x-26	150	37.4

R_S和R_{T1}/R_{T2}产生了额外的源阻抗，这改变了差分放大器的反馈因子，因此需要重新计算增益。从R_{T1}未接地侧到差分输出的总电压增益可以下式计算：

$$增益 = \frac{2R_F(R_{T2} + R_F + R_I)}{2R_I^2 + 2R_I(R_F + R_{T2}) + R_F R_{T2}} \quad (11)$$

动态范围和输出网络

LTC6400系列从根本上来说是传统反馈差分放大器的超高速版本。因此，其失真性能会随着输出负载的不同而发生显著变化。为了驱动高阻抗负载ADC，如凌力尔特的高性能开关电容输入流水线模数转换器系列，对LTC6400进行了优化。区别于其他的高频放大器，LTC6400并不是用来直接驱动50Ω负载的。

阻性负载

图25.29给出了LTC6400-20的失真随频率变化的曲线，其中有两个阻性负载：开放（无负载）和200Ω。200Ω负载时的失真性能比没有阻性负载时差，不过性能仍是合理的。但是，不建议使用50Ω或者100Ω负载，因为这将显著降低失真性能。需要注意的是，随着R_L的变化，HD2的变化很小；这是因为差分输出的对称性抵消了偶次谐波。

另一个需要重点考虑的是LTC6400的输出电流。不要将阻性负载从输出端直接接地，或接到V^+电源，因为这都将导致LTC6400输出到电流汇或者为电流偏置提供了电流源，并且有可能降低性能。

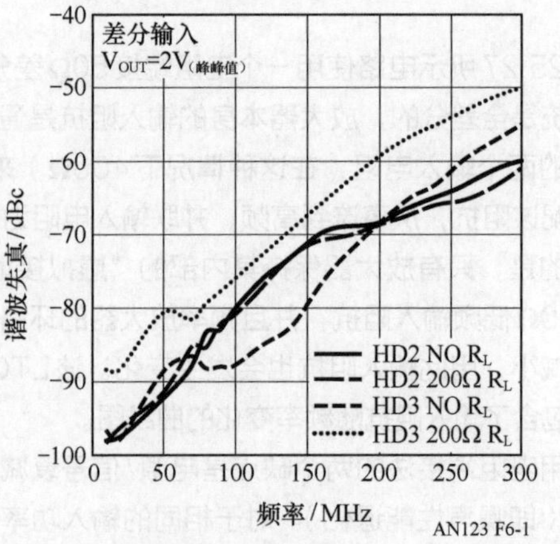

图25.29 带有两个不同电阻性负载的LTC6400-20谐波失真性能随频率变化的曲线。要想得到最佳性能，可以使用200Ω或者更大的负载

V_{OCM}需求

LTC6400是专为驱动凌力尔特公司的高速ADC直接直流耦合而设计的。现有的3V和3.3V ADC系列，它们具有1.25~1.5V的最佳输入共模直流偏置。因此，为了适合V_{OCM}电压范围，对LTC6400进行了优化。图25.30显示了不同V_{OCM}的失真性能。如果ADC要求一个最佳范围外的LTC6400共模偏置时，LTC6400的输出可以与电容器交流耦合。这种方法的缺点是低频响应有限。

LTC6400系列的失真性能，与大部分放大器类似，都依赖于输入和输出共模电压偏置。图25.30显示了LTC6400在100MHz（1MHz音调间隔）的双音三阶交调失真（IMD3）。这些图表说明，输入和输出共模偏置存在一个最佳范围，在该范围内可以提供最佳的整体失真性能，并且该失真性能，主要取决于输出共模电压（V_{OCM}），而非输入共模电压（V_{ICM}）。

未滤波和滤波输出

LTC6400系列在应用程序上比较灵活，包括两套并行输出。这些输出不独立地缓冲，并且不应该被视为多路输出。为了确保其无条件稳定性，LTC6400的未滤波（正常）输出在芯片上含有12.5Ω串联电阻。当驱动阻性负载，以及在LTC6400的输出设计一个抗混叠滤波器时，必须将这些电阻考虑到电压降计算中去。此外，从串联电阻到封装引脚还有大约1nH的键合线电感，这对LTC6400电路不会产生显著影响，但对于高阶LC滤波器设计比较重要。

LTC6400滤波输出的设计主要是为了在抗混叠滤波器设计上尽可能节省空间。当未滤波输出具有12.5Ω的串联电阻时，滤波输出将具有50Ω串联电阻和2.7pF并联电容（包括封装的寄生电容），这会在LTC6400的输出端形成一个低通滤波器。这种结构可以用作外部抗混叠滤波器，或作为其中的一部分。就其本身而言，滤波器会限制有效噪声带宽在500MHz以下。这将防止LTC6400的全1.8GHz噪声带宽发生混叠，并减少系统的信噪比（SNR）。当使用高性能的14位或16位ADC时，需要进一步限制噪声带宽，以防止ADC的SNR性能退化。

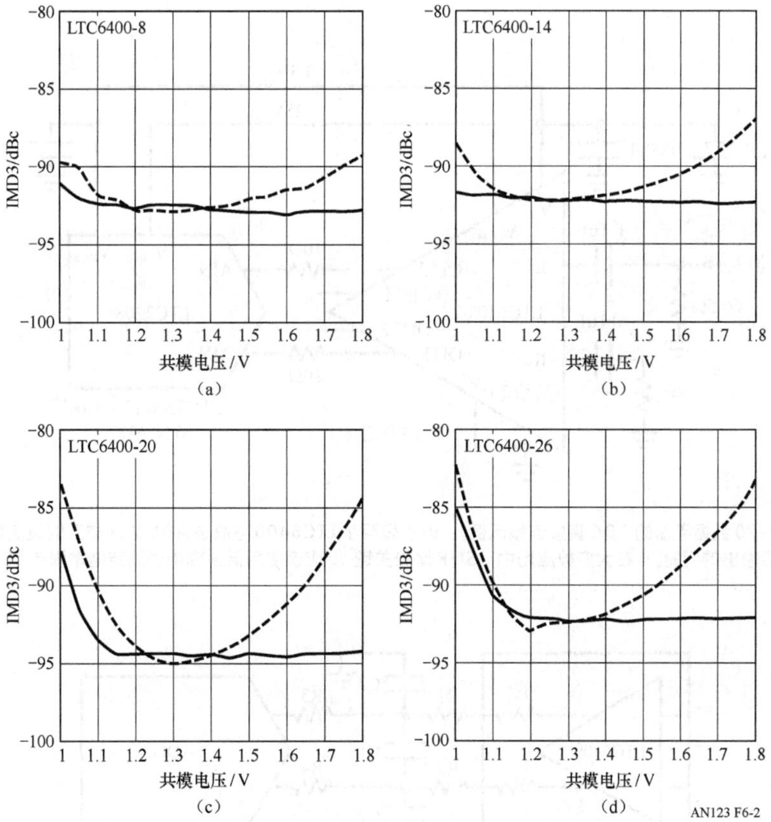

图25.30 LTC6400系列100MHz双音三阶交调失真（IMD3）与输入输出共模电压偏置的关系。状态：差分输入，没有R_{LOAD}，V_{OUT}等于两个V_{P-P}复合。实线为IMD3—V_{ICM}，V_{OCM}=1.25V。虚线为IMD3--V_{OCM}，交流耦合（自偏置）输入。其失真性能，主要取决于输出共模电压（V_{OCM}），而非输入共模电压（V_{ICM}）

输出滤波器和ADC驱动网络

为了达到抗混叠或具有选择性（或两者）的目的，常常需要为LTC6400设计一个输出滤波器。这里可以使用低通和带通滤波器，并且所需带宽通常由输入信号和/或ADC的奈奎斯特带宽（采样速率一半的一半）来决定。由于LTC6400对于任何输出负载都是无条件稳定的，所以可以设计出RC和LC电路来实现该目的。

驱动高速14位或16位ADC来进行每秒100兆（及以上）采样是一项艰巨的任务。信噪比与带宽一节曾讨论过，LTC6400-20的宽带宽意味着LTC6400-20的噪声可以主导一个低噪声的14位或16位的ADC。这也就意味着会出现图25.31所示的结果，虽然突出了LTC6400-20的易用性，但是用在信噪比（SNR）要求较高的应用程序之中仍是不够的。为了充分利用16位ADC的低失真和低噪声特性，必须用低通或带通滤波器来限制噪声带宽。

驱动高性能快速采样ADC的理想驱动网络，必须在频带内具有低噪声、低失真和低输出阻抗的特性。这将允许网络从ADC的采样开关吸收注入电荷，以及在下一次采样前及时稳定下来。由于采样开关的转换速度，注入电荷的频率部分将超过1GHz。

LTC6400自身具有低输出阻抗和电荷注入后相对快速稳定的能力。然而，当采样速率远高于100Msps时，稳定时间减小可能会导致电荷注入脉冲的不完全稳定，这也将导致失真和ADC采样噪声增多。幸运的是，可以设计驱动器网络来吸收电荷，并减少对LTC6400的影响。实现这一功能的最基本电路，就是一个单极RC低通滤波器或2极的RLC带通滤波器。

图25.32所示为低通滤波器的基本结构。R_{O1}和R_{O2}代表LTC6400的频率依赖输出阻抗。R3和R4用来帮助吸收来自ADC输入的采样毛刺，通常为5~15Ω。ADC的电荷注入是一个典型的共模事件，所以C2和C3就成了帮助吸收采样毛刺的主要"水库"，很像一个电源的旁路电容。C1是一个纯粹的差分电容，并且不会对共模电荷注入产生影响。

除了在低频率截止滤波器中，R1和R2的大小没有大的限制。如果从ADC来看的总阻抗过高，ADC的线性度通常会受到影响。这个特性在不同的ADC系列中都不一样，所以难以一概而论。另一个极端情况，如果电阻R1和R2太小，那么C1-C3就可能太大，而放大器的容性负载过大时，将损失环路增益。一般R1/R2的总阻值在10~100Ω之内，这有助于滤波器的设计。

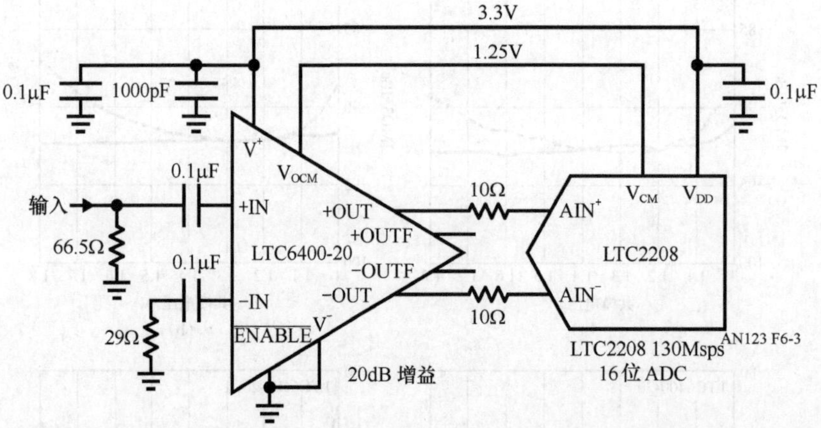

图25.31 基于LTC6400-20数据手册的ADC直接连接示例。该图表明了LTC6400与高速ADC之间交互的灵活性和简单性，但并没有解决SNR和带宽限制放大器输出的问题。在大多数应用中，SNR比较关键，应该使用低通或带通滤波器来限制LTC6400-20的输出带宽

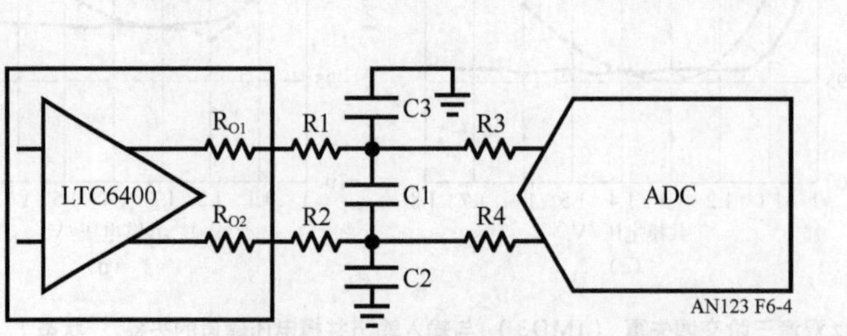

图25.32 由简单的RC低通滤波器构成的ADC驱动网络

图25.33是带通滤波器的一个简单示例，其中加入了L1。关于RC低通网络的各种注意事项也同样适用于这里。带通滤波器的带宽由电感与总并联电容（C1-C3）之比决定，也包括R1和R2。增加R1/R2将会使带宽变窄，也提高了滤波器的插入损耗，所以需要使用较小的R1/R2，甚至低至0Ω。唯一需要R1和R2的时候，就是为了提高失真性能，以此使输入信号频率靠近滤波器的通带边缘。一个LC带通滤波器的阻抗为其中心频率时的最大值，但在过渡到阻带时会迅速下降。如果输入信号的带宽延伸到通带边缘以外，LTC6400就可能驱动一个较低有效阻抗，交调失真可能会高得无法接受。在这种情况下，最好增加滤波器的带宽（通过改变L/C比），并且增加R1/R2的比值。这将牺牲滤波器的插入损耗，以得到更一致的失真性能。

RLC通带频率与ADC采样率之间的关系也是非常重要的。如果ADC的采样频率或其谐波倍数在RLC滤波器的通带内，那么网络将不会有效地衰减采样输入的电荷注入。如果网络谐振在采样电荷注入的频率，那么在高采样率下，两次采样之间不会完全稳定。

设计中一个重要的注意事项是，反馈放大器（如运算放大器）的负载为较大容性负载时稳定性较差，而LTC6400也不例外。容性负载表现出的相移和低阻抗将造成1GHz以上的增益峰值，虽然部分容性已从主反馈回路隔离出来[8]。尽管LTC6400在设计上是无条件稳定的，但容性负载仍会导致其失真性能的下降。当设计高阶LC滤波器来作为LTC6400之后的抗混叠滤波器时，最好在首节设计一个串联电感；如果必须在首节设计一个并联电容，则其值应尽可能小。图25.34表明，当LTC6400-20的负载为差分容性负载时失真性能的不同，以及负载前加装一些小的串联电阻的缓解作用。

[8] 关于LTC6400内部反馈回路的更为详细的说明请参阅内部增益/反馈电阻一节。

输出恢复和线路驱动

许多反馈放大器都很难从大的输入和/或输出偏移中恢复，这就限制了它们在高波峰因子系统中的使用，该系统中输出可能偶尔驱动至饱和或削波。在数字驱动器和接收器中，输出几乎始终处在这个极端或都另一个极端，这使恢复时间显得更加重要。LTC6400系列表现出从输入或输出过载状态的快速恢复性能，可以非常规地使用它们。图25.35显示了输入和输出过载时，LTC6400被用作数字驱动器时的传播延迟的测量结果。LTC6400驱动的负载总值为200Ω，这是为了模拟一个100Ω端接的差分传输线。该图表明，即使过载1V，以及输出完全削波，传播延迟仍然低于3ns。图25.36是用来测量25.35中数据的电路示意图。

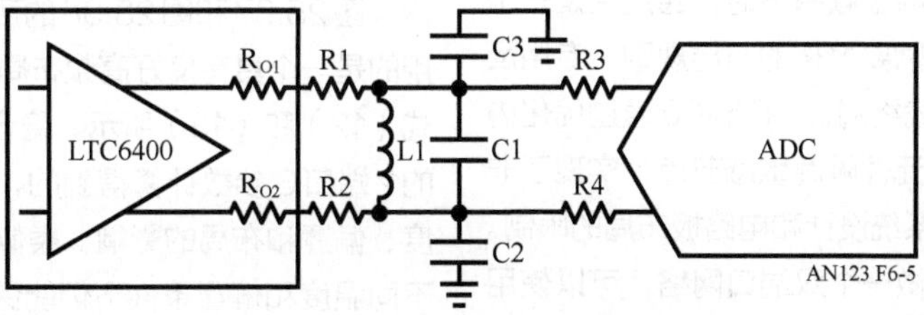

图25.33 简单RLC带通滤波器ADC驱动网络

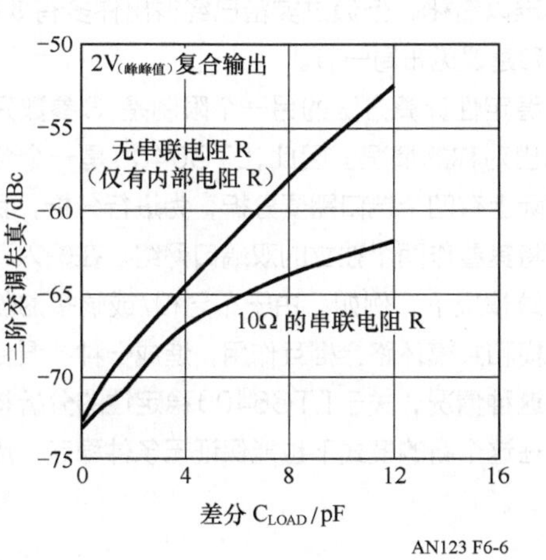

图25.34 240MHz（1MHz音节间隔）双音三阶交调失真，未滤波输出端带有一个差分容性负载。在负载前的每个输出都增加了一个串联电阻以缓解性能退化

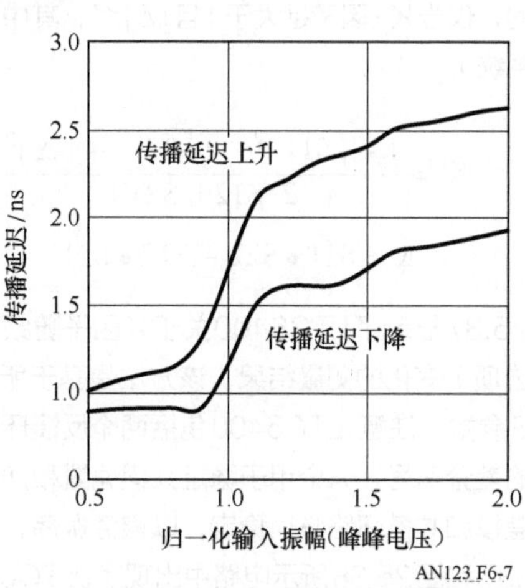

图25.35 LTC6400-20不同程度输入过载时的传播延迟。X轴为输入脉冲振幅（峰峰值），归一化脉冲振幅导致输出削波。Y轴为传播延迟（ns），从输入的50%变迁到输出的50%变迁

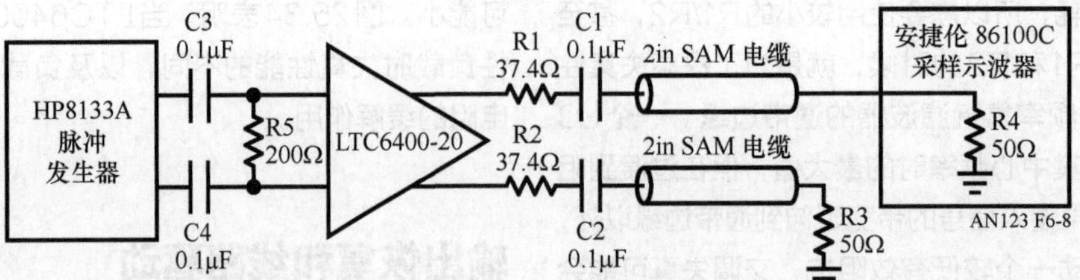

图25.36 测量LTC6400-20传播延迟所用电路。放大器从HP8133A脉冲发生器接收差分输入，输出由安捷伦86100C采样示波器测量。输入和输出是阻抗匹配的，采用串联或并联电阻的方法来获得最小线路反射。该电路是基于LTC6400-20演示板DC987B-C设计的

稳定性

当宽带放大器工作在数吉赫兹频率下时，稳定性是一个巨大挑战。为保证电路稳定，需要严格的布局规则、专用反馈元件和精心挑选的电源/负载终端。LTC6400通过优化内部补偿网络，以及从外部寄生元件隔离敏感节点，实现了非凡的稳定性，大大降低了用户系统设计和电路板布局的限制。

如果我们将LTC6400当做一个双端口网络，可以使用Rollett稳定系数（K因子）来度量整体稳定性。电路是无条件稳定的，仅当K-因子是大于1且|Δ|<1，其中（对于一个双端口系统）：

$$K = \frac{1 - |S11|^2 - |S22|^2 + |\Delta|^2}{2|S12||S21|} \quad (12)$$

$$\Delta = S11 \bullet S22 - S12 \bullet S21 \quad (13)$$

图25.37显示了LTC6400关于K因子随频率（所有四个增益选项）变化的测量结果。该方法是基于所测量的4个端口的S参数。注意，LTC6400包括两个反馈环路：一个用于正常的差分信号，一个用于稳定共模偏置和抑制共模输入信号。差模和共模环路必须稳定，以避免振荡，因此两者都在图25.37和图25.38所示电路中出现了。LTC6400系列每个型号都能满足K>1和|Δ|<1的要求。

稳定性分析的局限性

图25.37和图25.38的测量结果是在室温下进行的，使用的是一个具有良好高频布局PCB的校准网络分析仪。如公式（12）和（13）所示，稳定性因数K和Δ是由LTC6400的2端口S参数计算得到的，这些参数会受多种因素，如温度、偏置和布局的影响。类似的试验表明，LTC6400系列在不同温度和偏置条件下仍能保持稳定，但必须要仔细考虑布局，这样才能确保良好的性能。LTC6400的稳定性与布局之间的关系难以量化，但通过实验已经得出许多有效的方法。更多信息和建议见布局一节。

这种稳定性计算方法的另一个限制是，S参数只适用于输入和输出对称的情况。因此，LTC6400是一个全差分放大器，实际上有四个端口需要分析；为进行分析，我们简化该模型，将其看作两个独立的双端口网络。在输入和输出不对称的极端情况下，例如，由于布局和/或端接的差别，放大器的差模和共模环路会相互作用，造成一种“混合模式”。如果遇到这种情况，关于LTC6400稳定性的分析将不再适用。为了在这个新的模式下也能保证无条件稳定，应该重新分析K和Δ。

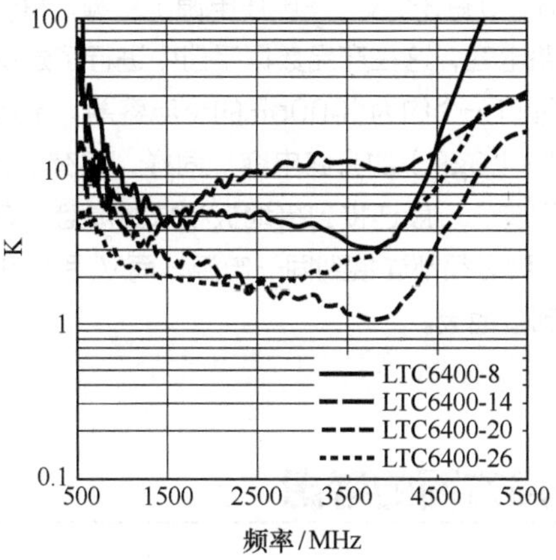

（a）差分K因子

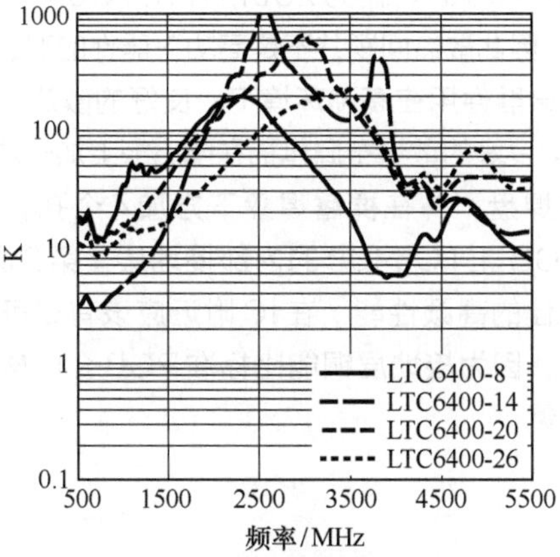

（b）放大器共模回路K因子

图25.37　LTC6400系列放大器Rollett稳定性因子（K因子）。K因子是放大器全稳定性的测量标准。图25-37（a）所示的是差分K因子，图25.37（b）所示的则是放大器共模回路K因子。所有相关频率下K都大于1，表明放大器是无条件稳定的，不管什么样的输入和输出端接

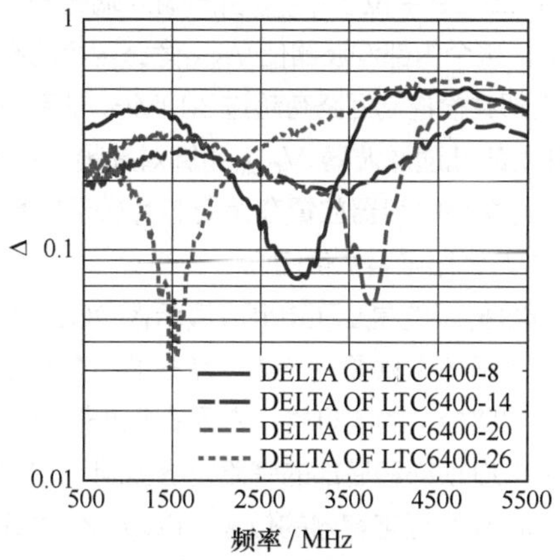

（a）差模回路的Δ值

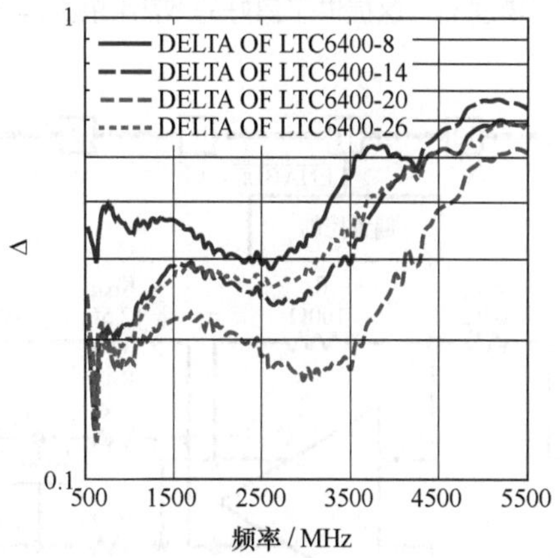

（b）共模回路的Δ值　AN123 F7-2

图25.38　LTC6400系列差模回路（a）和共模回路（b）Δ值计算。Δ是Rollett稳定性因子的一部分。无条件稳定系统需要满足的条件之一就是Δ>1

布局考虑

LTC6400是一款高速全差分放大器，其信号带宽接近2GHz。这意味着和印制电路板（PCB）所示的一样，LTC6400系列与灵敏射频（RF）电路都需要仔细考虑布局设计。糟糕布局将导致失真、增益和噪声峰值的增加，以及不可预知的信号完整性问题，在极端情况下会造成振荡。幸运的是，LTC6400具有一定的功能，可以简化PCB布局设计。

首先，在IC内添加用于稳定电压增益的电阻器，这将使LTC6400成为一个“固定增益”放大器。放大器的框图在图25.39重新给出，其关键反馈环路包含在芯片内，用户看不到。一般来说，这个地方的布局是最关键的，同时也最容易出现错误。即使是极少量的位于反馈节点的电容，也会显著地影响放大器的频率响应和稳定性。因此，需要将电阻内置，这样键合线电感和电路板寄生电抗才不会损害IC的频率响应。

其次，为了便于布局，LTC6400设有“流通”引出线。输入和输出位于芯片两侧，电源和控制引脚位于剩下的两个侧面。这使得输入和输出便于在电路板上布线，而不需要绕过芯片或者在内层布线。

高速放大器布局的一个关键地方就是旁路电容的位置。电流通路从放大器的电源引脚开始，流过电容到电路板，再返回放大器。该电流通路是至关重要的，因为该通路如果存在过多的电感或电阻，就会造成电压反弹。在LTC6400上，V^+和V^-引脚位置设计得非常有战略性，它允许客户将旁路电容放置在尽可能靠近芯片的位置。这是因为这些部件不会妨碍信号通路的布局。此外，LTC6400系列芯片上含有约150pF旁路电容，这使得旁路电容的布局略显容易。简单地说，外部旁路电容充当了芯片内旁路电容的电荷库。这时，旁路电容最好为0.1μF，0402型的尺寸或更小。

注意图25.39中位于V_{OCM}引脚输入端的RC低通滤波器和引脚2。这个内部滤波器使V_{OCM}旁路电容的布局变得不再关键。内部共模控制回路有超过300MHz的带宽，但由于这个15MHz的低通滤波器，V_{OCM}引脚对高频干扰不太敏感。可以将V_{OCM}旁路电容器放置在距离芯片较远的地方，从而给更关键的V^+旁路电容提供空间。

图25.40显示的是LTC6400演示板DC987B的布局。可以看到，差分输入端是在左边，差分输出在右边。用户可以通过改变电路板上的电阻器，选择过滤或未经过滤的输出。注意LTC6400顶部和底部的旁路电容器器组，它们和接地通孔放置在尽可能靠近电容器的位置，以最小化循环流过电容的总体电流。此外，LTC6400的裸露焊盘通过4个接地通孔直接连接到物理地，这提供了良好的散热和接地电气路径。

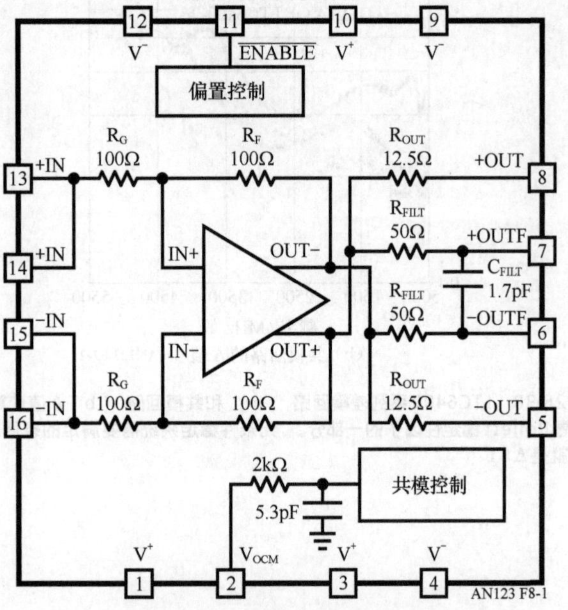

图25.39 LTC6400-20框图

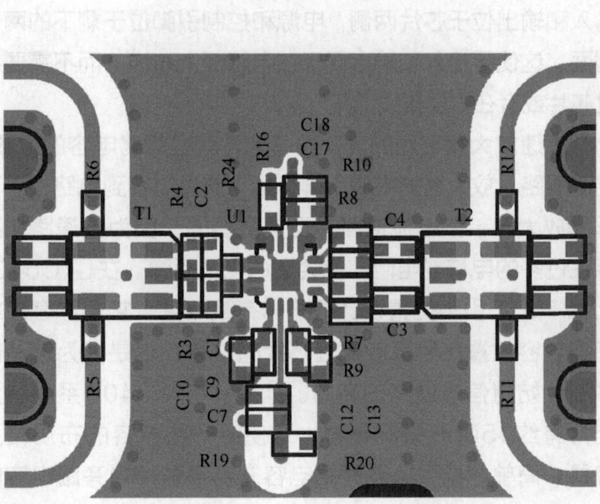

图25.40 DC987B演示板第一层的布局。其原理图已在图25.26给出

LTC6400有3个V^+（正电压电源）引脚，每个都有自己的一套旁路电容，这在产品数据手册中进行了建议。靠近该部分，通常有一个约为1000pF的小电容器，更远处是一个更大（0.1~1.0μF）的旁路电容。同样，还有3个V^-（负电压电源）引脚，一般连接到接地板和裸露焊盘。有一点非常重要，V^+引脚必须都连接到同一电源，而V^-引脚和裸露焊盘一起连接到接地板。

散热布局方面的考虑

LTC6400的功耗为250mW，LTC6401的功耗为130mW，因此散热问题并不是高功率器件的普遍问题。然而，如果该器件用在高温环境下，良好的散热布局可以防止硅过热。良好的散热布局包括在电路板上加一块铜，用来安装裸露焊盘，并在裸露焊盘下方加4个孔，帮助热量传导到PCB。LTC6400的内部接地层（第2层应打磨，以获得最佳的高频性能）在IC附近应该有尽可能多的完整接地面，因为接地层铜能比标准PCB介电材料更有效地传导热量。

负电压电源下工作

在某些特定情况，LTC6400可能要在V^-电源（不是接地板）下工作，例如运行在双±1.5V电源下。此时的输入和输出不需要AC耦合而工作在电路板地电平。只要在V^-引脚和裸露焊盘连接到相同的电势，从V^+到V^-的绝对电压值就不会超过数据手册中给定的最大值，那么这样的配置也就不存在根本性的问题。然而，从布局观点来看，要获得最佳性能还是存在挑战的。

除了需将V^+引脚旁路到接地板，还必须将V^-引脚旁路到接地板（或者旁路V^+到V^-）。第一步是要压缩旁路电容，使V^-在图25.40所示布局的最上层。在顶部并没有太多的空间来附加电容；然而，V^+和V^-引脚距离很近，这样旁路电容就可以直接放置在V^+和V^-之间。这使得电流路径最短，并且小型电容如0201或0402型（1000pF数量级）就可以实现该功能。事实上，V^+/GND旁路电容可以换成V^+/V^-旁路电容器，这样就不用牺牲性能了。V^-较大的旁路电容可以放置在PCB背面。由于通常LTC6400布局在印制电路板的背面不需要太多部件，所以有足够的空间来放置4个或更多的旁路电容器在LTC6400裸露焊盘区的周围。图25.41给出了一个关于双电压电源的顶部和底部布局示例。

值得关注的另一个问题是裸露焊盘没有接地时的热布局。理想情况下，在内部层中有一个V^-铜，它可以帮助该部件散热。由于V^-并没有与接地板相接，PCB的热阻可能会大得多，并且即使250mW已经通过LTC6400进行了耗散，在高温下工作也会出现散热问题。

总结

LTC6400借助高速半导体制造过程的优点，实现了所有高速ADC驱动所必需的特性，包括低失真、低噪声和一些高达26dB增益的选项。此外，LTC6400还具有旨在协助布局和制造的易用性特征：无条件稳定（任何输入和输出终端）、流通式布局和内部电阻，这些都减小了布局对于寄生元件的敏感性。

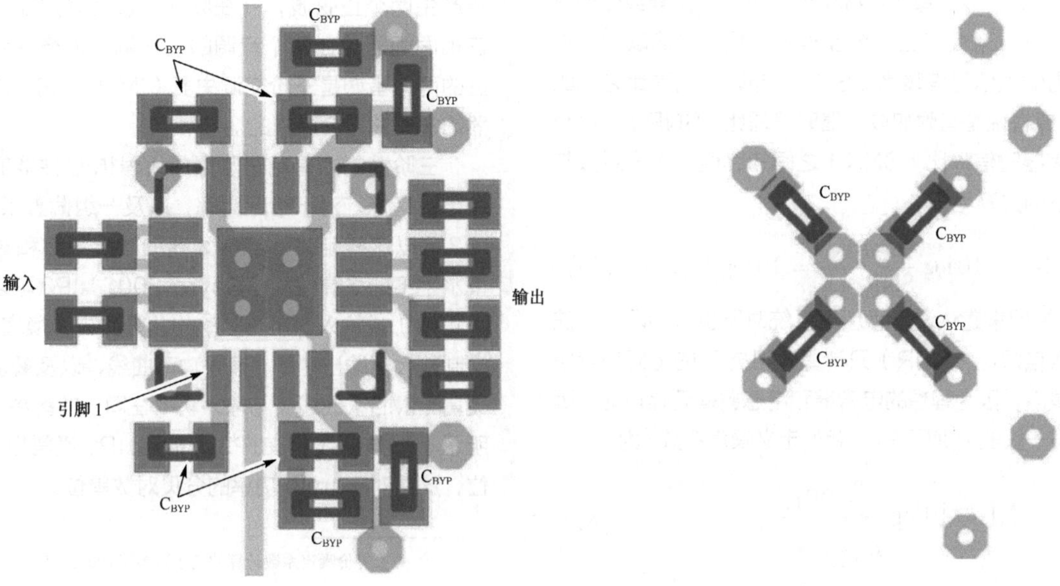

（a）顶部布局　　（b）底部布局

图25.41　双电压电源的顶部和底部布局示例。C_{BYP}表示电源旁路电阻

参考资料

1 Bowick, Chris.RF Circuit Design.Burlington,MA: Elsevier, 1982.

2 Brisebois, Gle.Op Amp Selection Guide for Optimum Noise Performance.Design Note 355, Milpitas, CA: Linear Technology, 2005.

3 Friis, H.T."Noise Figures in Radio Receivers." Proc.of IRE, July 1944.

4 Fukui, H.Low-Noise Microwave Transistors and Amplifiers.New York: IEEE Press,1981.

5 Gilmore, Rowan, and Les Besser.Practical RF Circuit Design for Modern WirelessSystems Volume II: Active Circuits and Systems.Boston, MA: Artech House,2003.

6 Linear Technology.LTC6400-20: 1.8GHz Low Noise, Low Distortion Differential ADC Driver for 300MHz IF.Datasheet, Milpitas, CA: Linear Technology, 2007.

7 Ludwig, Reinhold, Pavel Bretchko, and Gene Bogdanov.RF Circuit Design: Theory and Applications.Pearson Prentice Hall, 2008.

8 National Semiconductor.Noise Specs Confusing? Application Note 104, Santa Clara, CA: National Semiconductor, 1974.

9 Pei, Cheng-Wei.Signal Chain Noise Analysis for RF-to-Digital Receivers.Design Note 439, Milpitas, CA: Linear Technology, 2008.

10 Rich, Alan.Noise Calculations in Op Amp Circuits. Design Note 15, Milpitas, CA:Linear Technology, 1988.

11 Sayre, Cotter W.Complete Wireless Design.New York: McGraw-Hill, 2001.

12 Seremeta, Dorin.Accurate Measurement of LT5514 Third Order Intermodulation Products. Application Note 97, Milpitas,CA: Linear Technology, 2006.

附录A 术语和定义

本节将详细介绍一些LTC6400系列规格和应用方面比较常用的（和/或误解的）术语。

噪声系数（NF）

噪声系数（NF）与噪声因子（F）是成比例的，常被用于RF系统设计。噪声系数的基本概念是：电子系统中，在给定温度下，随机热运动会产生的一定量的噪声。对于给定的系统阻抗，这种噪声是恒定的，室温下为-174 dBm/Hz。每当系统中添加一个放大器或任何其他有源元件，就会产生一个噪声源，超出了热噪声。噪声因子为输入信号信噪比（SNR）与输出信噪比之间的比值[⑨]，或者说是有附加放大器时信噪比（SNR）与没有附加放大器时信噪比（SNR）之间的比值。噪声系数与噪声因子的关系为

$$\mathrm{NF} = 10\log\frac{\mathrm{SNR_{IN}}}{\mathrm{SNR_{OUT}}} = 10\log \mathrm{F} \qquad \text{(A1)}$$

NF被用来量化设备添加到系统时所引入的噪声。注意，输入信噪比（SNR）只计算源阻抗Z_s的电阻部分所造成的噪声，因为理想的电容器和电感器是无噪声的。因此，用更一般的Z_s取代R_S，我们定义噪声系数[⑩]为

$$\mathrm{NF} = 10\log\frac{e_{n(OUT)}{}^2}{e_{n(Z_S)}{}^2 \bullet G^2} \qquad \text{(A2)}$$

其中，$e_{n(Z_S)}$为源阻抗的热噪声；G为给定Z_S时的放大器电压增益。

$$e_{n(Z_s)}{}^2 = 4kTR_s \qquad \text{(A3)}$$

其中，k为波尔兹曼常数（1.3806503×10^{-23}J/K）。

对于一个固定的阻抗系统，如工作在50Ω下的射频系统，用NF来进行性能评价是一个非常简单的方法，可以比较仪器的噪声性能，以及计算新设备噪声对系统级噪声性能的影响程度。对于一个像ADC的电压测量系统，NF并不总是方便的，因为该比值的分母会随着阻抗变化。这意味着随着不同的源阻抗，ADC相对恒定的电压噪声密度会导致不同的NF。另外一个例子，LTC6400放大器的输入阻抗会在50~400Ω之间变化，并且输出可能会驱动ADC的高阻抗输入。因此，为了计算系统级噪声可能需要对噪声术语做一些转换，将数据手册中规定的电压噪声密度（$V/\sqrt{Hz}$）转换成“等价”噪声系数，该系数在整个系统中是一个常数[⑪]。在比较两个相似的ADC驱动器时，比较它们“各自”的噪声标准（电压噪声密度）将更为容易。

三阶截断点（IP3）

所有的放大器，在一定程度上，都存在信号失真。许多放大器的数据手册将这种失真指定为一种谐波失真。如果在放大器的输出端产生一个正弦波音调，就会在正弦波频率的各个倍频下产生一定量的不必要失真。这时，占主导地位的音调将是2阶和3阶谐波。另外一种表征该3阶失真的方法，对于窄带系统来说更有用：如果在输出端产生两个正弦波，并在频率上紧密排列在一起，就会在相同间距（在两个音调的任一侧）上产生毛刺。最接近的两个音调是三阶交调失真（IMD），它们是由于放大器的非线性混合造成的。

三阶截断点是用于测量放大器IMD性能的一个非常有用的指标。对于给定频率，以及一组偏置条件和温度，IP3可以这样定义：当放大器的输出不饱和时，任何功率水平下的失真性能（Sayre 2001）。IP3可以用于输出（OIP3）或输入（IIP3，输出IP3减去转换增益）。如果绘制放大器输出功率-输入功率曲线，以及叠加三阶交调失真（IMD）曲线（与输入功率在同一幅图中），如图A1所示，外推曲线将在IP3点相遇。IP3通常以dBm为单位，这是对于1mW功率的分贝对数单位。

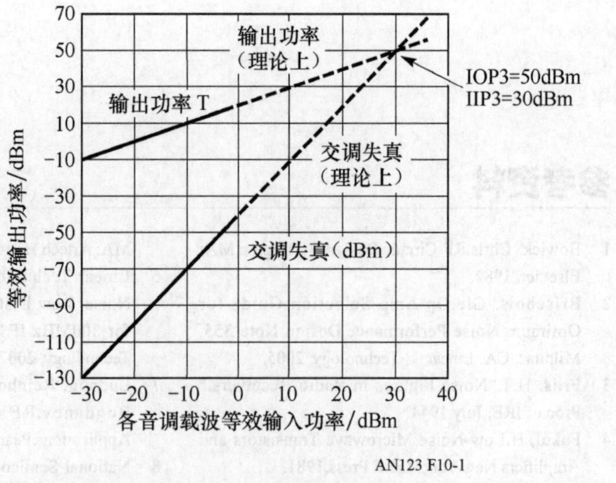

图A1 20dB增益放大器的等价3阶截断点的图形显示。输出功率曲线和3阶交调失真曲线理论上在某一确定点相交，该点被称为IP3。实际上，实践中并不能达到这种功率等级，因为放大器输出在较低的频率等级就已经饱和

⑨ 有关噪声系数分析的讨论请参阅(Gilmore and Besser 2003)。

⑩ 关于放大器噪声系数计算的例子请参阅附录B或(National Semiconductor 1974)。

⑪ 关于等价噪声系数计算的例子请参阅(Pei 2008)。

为了将输出IP3指标应用于像LTC6400这样的电压反馈放大器，需要定义一些专门术语。因为LTC6400不能驱动50Ω的阻性负载，所以用标准方法定义输入和输出功率是不恰当的。LTC6400放大的是电压，而不是功率；通过该器件的电流增益通常非常小。即使驱动高速ADC，LTC6400也没有阻性负载。这需要我们定义一个等效输出功率电平，它将电压摆幅等价为一个不存在的50Ω负载。例如，1个峰峰值为1V的电压施加在50Ω产生的功率等于RMS的输出功率4dBm[12]，所以为了计算OIP3，我们定义$1V_{(峰峰值)}$为4dBm。这样LTC6400就可以像其他设备一样，用于相同信号链计算，那么OIP3（如NF）也就可以用于级联系统级失真分析。

将等效功率的概念运用到图A1，再匹配100MHz的LTC6400-20规格，可以看到20dB放大器的理论IMD与输出功率电平的交叉点OIP3为50dBm。对IMD曲线应用外插法以得到4dBm等效功率电平，可以看到IMD电平为-88dBm，或-92dBc[13]。等效电平为1V（峰峰值）（两个音调一起时为$2V_{(峰峰值)}$）。

⑫ 在双音测试中，如果每个音调的振幅都为1V(峰峰值)，那么两者合起来将产生一个2V(峰峰值)的混合振幅，这将是评价LTC6400的标准振幅。

⑬ dBc意为"载波相关分贝"，将载波的功率电平作为0dB参考。在这种情况下，失真水平测量与双音测试中单个音调的功率电平相对应：-92dBc=-88dBm-4dBm。

1dB压缩点（P1dB）

严格来说，一个放大器的"1dB压缩点"是指导致增益偏离理想线性增益（Sayre 2001）1dB的输入功率电平。本文中的定义并不限定放大器的类型或者非理想增益的根本原因。对于RF增益模块、混频器或其他含有50Ω阻抗的"典型射频装置"，在高输出功率电平下，增益压缩的主要来源是输出晶体管的饱和度。这种"软饱和"特性会引起信号滚降，因为输出信号摆幅限制了其产生不断增加输出功率的能力。因此，随着输入功率的增加，输出信号的失真也会增加并可预测。所以在某些情况下，射频装置的P1dB与三阶截断点（IP3）之间存在直接联系，所以P1dB可用于设备之间的比较。

这种情况并不适用于LTC6400系列放大器。由于放大器的拓扑结构中运用了大量反馈，LTC6400的线性关系（例如，失真量）并不严格遵循RF设备的趋势。LTC6400电路的反馈和环路增益会线性化放大器输出，并且直到放大器的输出饱和之前，增益都不会明显偏离理想值。所以LTC6400的信号输出与输入的关系呈现出高度线性，一直到输出达到限值，而这时失真会急剧增加。知道了LTC6400的P1dB点，并不意味着就能推断其失真性能或IP3。

附录B 采样噪声计算

计算LTC6400系列的噪声和噪声系数是非常具有挑战性的，而且没有一个数据手册可完全描述该系列的噪声性能。由于封装内含有增益和反馈电阻器，一种放大器配置（例如，输入端短接），会因端接电阻的输入，产生不同的噪声。本节将通过一些噪声计算例子，进一步阐明这个话题。

任意源阻抗的噪声分析

使用表25.2中的噪声参数，即使不知道增益选项和源电阻，一般情况下，LTC6400的差分输出噪声还是可以计算出来的。这里假定信号源阻抗为纯电阻。

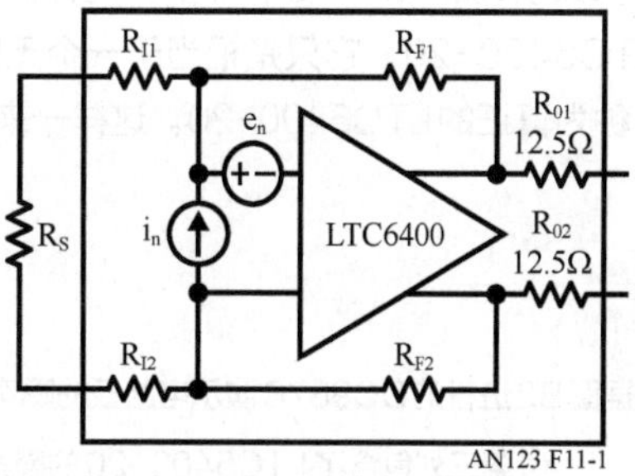

图B1 带有任意源电阻R_S的噪声分析原理图。分析中将忽略12.5Ω输出电阻的噪声

$$V_{N(OUT)}=\sqrt{\left[e_n\bullet\left(\frac{1+2R_F}{2R_I+R_s}\right)\right]^2+(2R_F\bullet i_n)^2+\beta\bullet(2R_I+R_s)\bullet\left(\frac{2R_F}{2R_I+R_S}\right)^2+\beta\bullet 2R_F}\ (nV/\sqrt{Hz}) \quad (B1)$$

$$V_{N(OUT)}=\sqrt{(1.12\bullet 2)^2+\left[1000\bullet(4.00\bullet 10^{-3})\right]^2+\beta\bullet 1000\bullet 1^2+\beta\bullet 1000}=7.3nV/\sqrt{Hz} \quad (B2)$$

其中，$\beta=4kT=1.6008\bullet 10^{-20}(J)$，$R_F=R_{F1}=R_{F2}(\Omega)$，$R_I=R_{I1}=R_{I2}(\Omega)$。

公式中的第一项乘以LTC6400内部放大器带有噪声增益的输入相关的电压噪声密度。第二项为输入参考电流噪声，这里等于反馈电阻。第三项涉及输入和电源电阻，乘以放大器信号增益。第四项是反馈电阻噪声，它有一个单位增益系数。

接下来用实例来验证图25.16中的配置，表明LTC6400-8的额外源电阻能降低有效电压增益。其中R_F=500Ω，R_I=280Ω，R_S=602Ω。公式（B1）和表25.2中的数据可用来估计100MHz下的输出噪声（见公式（B2））。

公式（B2）的结果与图25.8所示的曲线良好吻合。为了将该结果转换为等效噪声系数，我们回到公式（A2），其中电压噪声为

$$NF = 10\log\frac{(7.3\bullet 10^{-9})^2}{(\beta\bullet 602)\bullet 1^2} = 7.4\text{dB} \quad \text{(B3)}$$

上面得到的NF与图25.9所示的曲线非常吻合。在上述等式中使用的增益是LTC6400-8电路的信号增益，其值由串联电阻降低到1V/V。

DC987B演示电路板噪声分析

本节将噪声计算延伸到LTC6400演示电路板DC987B。我们用LTC6400-20作为例子，它具有200Ω差分输入阻抗和1kΩ反馈电阻。图B2显示了该电路板的噪声。这里将传输线变压器（主要用于阻抗匹配）建模为理想的1：4阻抗变压器，连同一个-1dB块。这样可以将变压器的插入损耗从其理想状态中分离出来。

要计算该系统的噪声系数，需要分两种情况：一种是无噪声LTC6400-20，它只是相当于一个无噪声增益模块；另一种为真正的LTC6400-20。这样一来，整个链中的信号增益将保持不变，而两种情况下的不同噪声可以用来对比它们的信噪比，根据定义也就是噪声系数。表25.9给出了图B2中噪声计算的详细过程。

用公式（A2）计算这两种情况的全噪声系数为

$$NF = 10\log\left(\frac{3.61^2}{1.78^2}\right) = 6.14\text{dB} \quad \text{(B4)}$$

这是演示电路板DC987B的全噪声系数⑭。但是，LTC6400的输入放大器仍然有-1dB的损失。对于这种情况，需要用到Friis公式（Friis 1944）

$$F_{TOT} = F1 + \frac{F2-1}{G1} \quad \text{(B5)}$$

使用该公式，需要先将用分贝表示的噪声系数NF转换回噪声因子F。本例中为6.14dB，转换之后为4.113，-1dB的损失转换为0.7943，1dB的噪声系数转换为了1.259（衰减器的NF就是衰减的逆）。

$$F_{TOTAL} = F_{LOSS} + \frac{F_{AMP}-1}{G_{LOSS}} \quad \text{(B6)}$$

$$4.113 = 1.259 + \frac{F_{AMP}-1}{0.7943} \quad \text{(B7)}$$

$$F_{AMP} = 3.267 \quad \text{(B8)}$$

$$NF_{AMP} = 10\log(F_{AMP}) = 5.14\text{dB} \quad \text{(B9)}$$

本计算减去了来自LTC6400输入衰减的影响，其结果才是真正的放大器噪声系数。请注意，此结果与在图25.9中的数据是一致的。

⑭ 该值接近LTC6400-20数据手册中给出的NF。为了避免混淆，这里使用演示电路板的测量NF（用公式B9计算）来代替放大器NF。

表25.9 根据图B2进行的DC987B演示电路板的噪声计算结果。第一列数字对应于图B2中的数字标记。第二列假定LTC6400-20无噪，第三列包含了LTC6400-20的噪声，比较这两列的最终值就可以计算出LTC6400-20的噪声系数

标记（图B2）	不包括LYC6400-20噪声时的噪声/（nV/$\sqrt{Hz}$）	包括LYC6400-20的噪声时的噪声/（nV/$\sqrt{Hz}$）	评价/描述
1	0.894	N/A	290K（17℃）下的源电阻噪声
2	0.894	N/A	1:4变压器使得电压加倍，但由200Ω输入阻抗组成的电阻分压器又使电压减半
3	0.80	N/A	减去1dB损耗之后
4	8.0	16.2	等到增益为20dB，或噪声为10V/V后，带有200Ω源阻抗的LTC6400-20的总输出噪声如图25.8所示，这与图B2相匹配。该图中的输出噪声包括源电阻噪声，已减去变压器的1dB损耗
5	4.0	8.1	整个变压器的反射R_L为200Ω，它与LTC6400输出端电阻构成了1：1的分压器。为了计算方便，记该电阻为200Ω，而不是101.1Ω
6	3.57	7.22	减去另外的1dB损耗
7	1.78	3.61	负载（忽略R_L噪声）的总噪声。变压器按2：1反射电压，因此电压减半

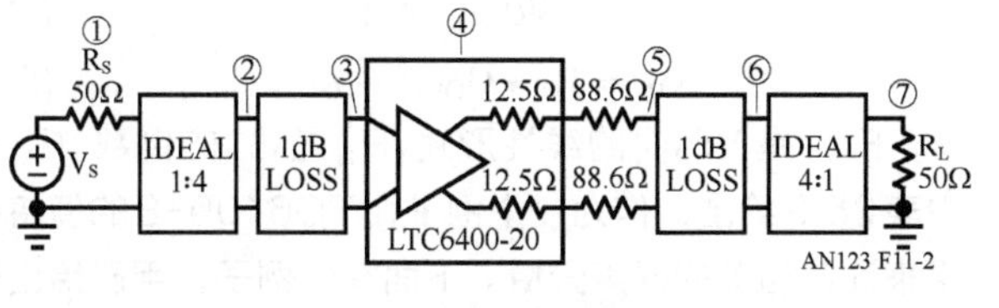

图B2　用于噪声分析的等价演示电路板原理图。 图中忽略了LTC6400的隔直流电容器和旁路电容 （对噪声分析无关紧要）。LTC6400输出端的88.6Ω电阻生成了一个接近100Ω的源电阻 （或者一个200Ω差分电阻）， 构成反射R_L的匹配阻抗

表25.10　计算SNR所用性能规格

放大器规格	输出噪声密度	$8nV/\sqrt{Hz}$
	有效噪声宽带	100MHz
ADC规格	信噪比（SNR）	80dB
	有效分辨率	（80dB−1.76）/6.02=13bits
	采样率	100 M_{SPS}
	输入电压跨度	2V(峰峰值，均方根为0.707V的正弦波）

SNR计算与混叠实例

本文期望通过这个例子能揭示放大器带宽与信噪比（SNR）之间的权衡，包括ADC混叠的影响。表25.10列出了本例需要用到的关于放大器和ADC的重要规格。

第一步是计算ADC的噪底。由于ADC的采样率为100Msps，所以其噪声可以由DC-50MHz(奈奎斯特带宽）拓展为一个恒定噪底。ADC行业标准列出的SNR规格是基于一个全面正弦波音调。下面使用$0.707V_{(RMS)}$最大输入正弦波振幅和80dB信噪比，计算ADC的固有噪底

$$SNR_{LIN} = 10^{80/20} = 10000 \tag{B10}$$

$$NOISE_{ADC} = \frac{0.707V}{10000} = 70.7\mu V_{(RMS)} \tag{B11}$$

$$e_{n(ADC)} = \frac{70.7\mu V}{\sqrt{50MHz}} = \frac{10nV}{\sqrt{Hz}} \tag{B12}$$

下一步是解决放大器对整体噪声的影响。由于放大器的总噪声带宽比ADC的奈奎斯特带宽更宽，因此会发生混叠。从图B3可以看到使用ADC采样的放大器噪声。其中，ADC具有其自己的噪底（因为直流奈奎斯特，所以平坦），另外，放大器具有平坦的宽带噪声（由于DC-f_{SAMPLE}），其带宽是奈奎斯特带宽的两倍。既然放大器的噪声与ADC噪声不相关，所以可以将放大器噪声的两个频带以RMS方式添加到ADC的噪底。

将ADC的$10nV/\sqrt{Hz}$与放大器的$8nV/\sqrt{Hz}$（由于混叠变为原来的两倍）相加，就得到了组合电路的最终噪底

$$e_{n(TOTAL)} = \sqrt{10^2 + 8^2 + 8^2} = 15.1nV/\sqrt{Hz} \tag{B13}$$

通过前面列出的方程，我们将算出系统的新SNR为

$$SNR_{NEW} = 20\log\frac{0.707}{15.1 \bullet 10^{-9} \bullet \sqrt{50MHz}} = 76.4dE(11-14)$$

(B14)

增加一个噪声比ADC少而带宽更宽的放大器，将产生一个3.6dB的全SNR。在这方面，放大器性能不如ADC。为了使放大器对系统是“透明”的，即系统SNR几乎等于ADC的SNR，需要减小放大器的输出噪声密度和/或带宽。

前面的分析和图B3都是假设混叠带宽等于奈奎斯特带宽。如果这种假设不成立，那么所得到的噪底将有多层的形状；在额外混叠噪声发生的频率处，噪底将升高。如果放大器的带宽或抗混叠滤波器带宽小于奈奎斯特频带，也会发生这种情况。其中宽带噪声会在ADC的奈奎斯特频率之前发生滚降。但是，除了改变放大器的有效噪声，抗混叠滤波器将不会影响上述的计算。

以上分析表明，一旦噪声“混叠”进入原来的奈奎斯特带宽，那么就难以将它与低频噪声区分开来。前面提到的两个解决方案，都是将重点放在减少对ADC输入端产生影响的噪声。如果可以进行数字滤波，就有了第三种解决方案：增加ADC的采样率。如果可以增加采样率，那么奈奎斯特带宽将超过输入带宽，这样就有多余的带宽，可以通过数字滤波来去除。另外，对于一个给定的模拟带宽，将会有更少的噪声发生混叠，那么噪底也就将降低了。

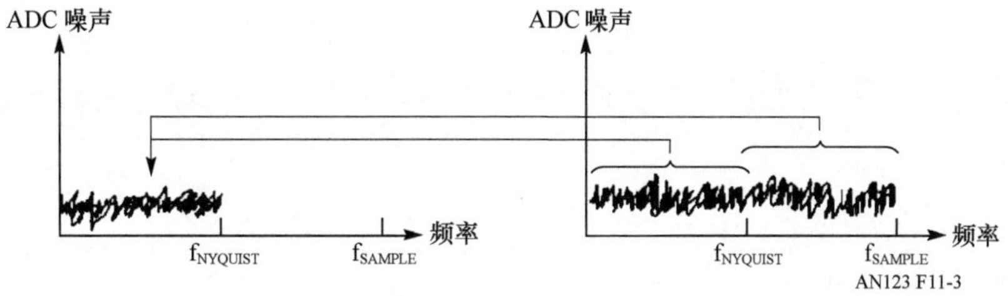

图B3　典型ADC和放大器噪底。 任何超过ADC奈奎斯特带宽的噪声都将导致其与奈奎斯特带宽之间的混叠。 本例中有两个全奈奎斯特带宽的放大器噪声， 它们与ADC的噪声产生了混叠。 既然噪声是不相关的， 可以用RMS方法将它们结合起来

附录C 通过计算电压和电流之间的噪声相关度来优化噪声性能

为了弄清楚LTC6400输入电流噪声和电压噪声之间的相互作用，有必要考虑这两种类型噪声之间的相关性。由于LTC6400的电流和电压噪声源元件大致相同，两者之间应该有一定程度的相关性。如果两者强相关，那么就有可能找到源阻抗，而该阻抗会导致电流噪声抵消部分电压噪声（或者增加电压噪声）。LTC6400的电流噪声源可以分成两个独立的噪声源：i_{nu}为不相关的电流噪声，i_{nc}为相关电流噪声。不相关的电流噪声可以定义为一个等效噪声电导，并且独立于电压噪声。相关电流噪声与电压噪声之间具有复杂（矢量）的关系。

$$i_{nu} = \sqrt{4kTG_U} \quad (C1)$$

$$i_{nc} = Y_C \bullet e_n \quad (C2)$$

其中，G_U是一个电导，将电压转换为电流；k为玻尔兹曼常数；Y_C是一个复数导纳（$Y_C=G_C+jB_C$）；e_n是由数据手册给出的总输入电压噪声密度。复数导纳Y是复数阻抗Z=R+jX的逆。根据史密斯圆和表25.3给出的值，可以得到最优噪声系数与所期望值之间的关系[⑮]为

$$F_{MIN} = 1 + 2R_N(G_{OPT} + G_C) \quad (C3)$$

⑮ 关于F_{MIN}的数学推导请参阅 (Ludwig,Bretchko and Bogdanov 2008)。B_C也是从同样的公式推导出来的，推导使用了噪声系数公式的简化版。

$$B_C = -B_{OPT} \quad (C4)$$

$$G_U = R_N \bullet G_{OPT}{}^2 - R_N \bullet G_C^2 \quad (C5)$$

F_{MIN}是NF_{MIN}的线性形式，R_N是G_N的倒数，G_C已由表25.3给出。作为一个例子，LTC6400-8的值将被用来计算当前的噪声分量。下面举个例子，用已给出的LTC6400-8的数据计算电流噪声分量。

$$Y_{OPT} = 1/Z_{OPT} = 0.001414 - j0.0008147 \quad (C6)$$

$$F_{MIN} = 5.152 = 1 + 2 \bullet 885 \bullet (0.001414 + G_C) \quad (C7)$$

$$G_C = 0.0009318 \quad (C8)$$

$$Y_C = G_C + B_C = 0.0009318 + j0.0008147 \quad (C9)$$

$$GU = 885 \bullet 0.0014142 - 885 \bullet 0.00093182 = 0.001 \quad (C10)$$

$$i_{nc} = Y_C \bullet e_n = Y_C \bullet 3.7nV/\sqrt{HZ} = (3.45+j3.01)\ pA/\sqrt{HZ} \quad (C11)$$

$$i_{nu} = \sqrt{(4 \bullet K \bullet 290 \bullet 0.001)} = 4.00\ pA/\sqrt{Hz} \quad (C12)$$

方程（C11）表明：相关的电流噪声具有显著的电抗分量。如果忽略电压噪声，总电流噪声则为i_{nu}与i_{nc}的RMS和（它们之间不相关）。然而，复数源阻抗Z_s可能会导致电流噪声添加到或部分抵消电压噪声（根据$i_{nc} \bullet Z_s$的相位），所以总噪声会随着源阻抗而变化。即使Z_s没有电抗分量，还是会出现这种情况。图25.12中最佳噪声系数对应的源阻抗为$\Gamma_{S,OPT}$，其中i_{nc}虚部被抵消，这样才能得到最小噪声。

宽带放大器0.1%分辨率2ns稳定时间测量

26

快速静止期量化

Jim Williams

引言

在仪器仪表、波形合成、数据采集、反馈控制系统及其他应用领域都要使用宽带放大器。当代的元件（参见“具有9ns稳定时间的宽带精密放大器”一节）具有良好的直流精度，同时能保持高速运转。高速运行下的精度验证是必不可少的，且具有极高的挑战性。

稳定时间的定义

放大器的直流特性易于验证。尽管通常很枯燥，但其测量技术是很容易理解的。AC特性则需要更复杂的方法来得到可靠信息。特别是放大器的稳定时间，确定起来是尤其困难。稳定时间是指从输入设备开始，到设备输出达到并稳定在最终指定值误差范围内所经过的时间。它通常用于描述满量程的过渡。由图26.1可知，稳定时间明显分为三个部分。其中延迟时间很小，几乎完全取决于放大器的传播延迟。在此期间，没有输出操作。

在转换时间内，输出放大器以其可能的最高速度向终值移动。振铃时间定义了在规定的误差带内，放大器从转换过程恢复过来并结束运动所用的时间。在转换时间和振铃时间之间通常会有一个权衡。快速的转化放大器一般会延长振铃时间，使放大器选择和频率补偿复杂化。此外，非常快速的放大器所需要进行的权衡，将会降低直流误差性能[①]。

在任意速度下进行的任何测量都需要特别小心。特别是动态测量，更具挑战性。纳秒级稳定时间的可靠测量是一个高阶难题，解决该难题需要特别的方法和实验技术[②]。

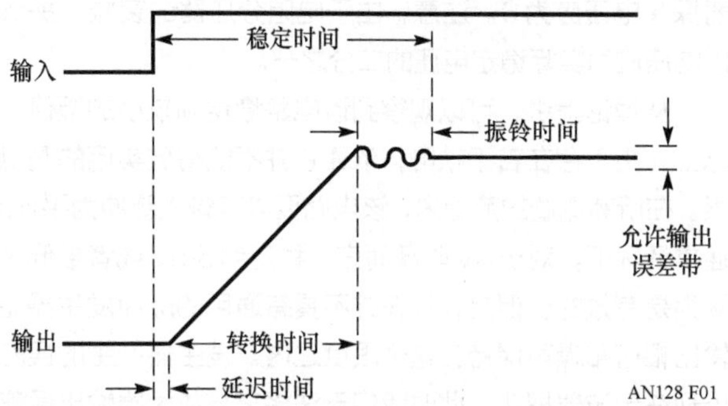

图26.1　稳定时间包括延迟时间、转换时间和振铃时间。使用高速放大器可以减少转换时间，不过往往会导致更长的振铃时间。延迟时间通常较小

具有9ns稳定时间的宽带精密放大器

目前为止，宽带放大器都是提供了速度，但是牺牲了精度以及稳定时间。LT1818运算放大器则不需要这样的折中。其主要特点是低失调电压和偏置电流，精度为0.1%时有着很高的增益。输入为5V阶跃时，其稳定时间为9ns，误差在0.1%之内。其输出使用±5V的电源可以驱动100Ω的负载至±3.75V，可支持高达20pF的容性负载。下表所示为LT1818的性能简表。

LT1818技术规范简表

特征指标	技术规范
失调电压	0.2mV
失调电压与温度之比	10μV/℃
偏置电流	2μA
直流增益	2500
噪声电压	$6nV/\sqrt{Hz}$
输出电流	70mA

① 本文随后将对该问题进行详细的讨论。也可以参阅附录D的“放大器补偿的实际考虑”

② 稳定时间测量所用技术及其描述主要借鉴于已有文献。请参阅参考文献1～文献5和文献9。

续表

压摆率	2500V/µs
增益带宽	400MHz
延迟	1ns
稳定时间	9ns/0.1%
电源电流	9mA

测量纳米级稳定时间的注意事项

对于类似于图26.2所示电路的稳定时间的测量已有很长的历史。该电路采用了“假求和节点”技术。电阻器和放大器形成了桥型网络。假设电阻器是理想电阻器，当输入被驱动时，放大器的输出将阶跃到 $-V_{IN}$。在转换过程中，稳定节点由二极管限定，同时限制了电压偏移。当稳定时，示波器探头电压应为0。注意，由于电阻分压器的衰减，探头输出电压应为实际稳定电压的二分之一。

从理论上讲，可以观察到该电路稳定到较小的幅值。实际上，由于存在若干缺陷，依靠它并不能得到实用的测量结果。在所需测量的范围内，该电路要求其输入脉冲为平顶的。通常情况下，对于5V阶跃而言，稳定到5mV或者更低时可认为是有效的。但是，现在并不具有通用的脉冲发生器能将输出幅值和噪声保持在这个限度之内。发生器产生的误差将出现在示波器探头，此时我们无法将它与放大器输出误差区分开来，从而产生不可靠的结果。示波器的连接也存在问题。随着探头电容的升高，电阻器结点的交流负载将影响观察到的稳定波形。1×探头是不适合的，因为这会带来过高的电容。10×探头的衰减将会牺牲示波器的增益，而其10pF电容在纳秒速度下仍会引入极大的延迟。一个有源1×的FET探头可以极大地缓解该问题，但最严重的问题仍然没有解决。

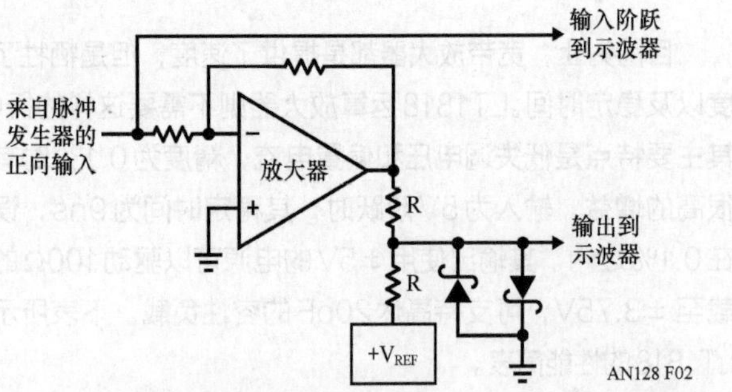

图26.2 采用广泛使用的求和方法来进行稳定时间测量将导致误导性结果。脉冲发生器过渡期后的偏差出现在输出端。10×示波器将会过载，所显示的信息没有意义

稳定节点处的钳位二极管是为了减小转换过程中放大器的摆幅，防止示波器过载。然而，示波器过载恢复特性在不同类型之间差异很大，而且通常都没有给出。肖特基二极管的400mV压降意味着示波器将承受不可接受的过载，这就使显示的结果存在问题[③]。

分辨率为0.1%（放大器输出5mV，而示波器为-2.5mV）时，示波器通常会承受一个10倍过载，图形中每格对应10mV，这样所需的2.5mV基准将无法达到。在纳秒级的速度下，以这样的配置进行测量是无法得到结果的。很明显，测量的完整性无法实现。

根据前面的讨论，测量放大器的稳定时间需要一个不受过载影响的示波器和一个“平顶”脉冲发生器。这就是测量宽带放大器稳定时间的核心问题。

唯一能够不受过载影响的示波器技术就是经典采样示波器[④]。遗憾的是，这些仪器都已停产了（虽然仍然可以在二级市场上找到）。不过，借助经典采样示波器技术，还是可以构建一个具有过载优势的电路。此外，该电路还可以被赋予一些适合用于测量纳秒级稳定时间的特征。

关于“平顶”脉冲发生器的需求，可以通过切换电流来代替，而不是电压。相对于控制电压，在放大器求和节点产生一个迅速稳定的电流更加容易。而这也使输入脉冲发生器的工作更加容易。但它仍需要1ns或更少的上升时间，以避免测量误差。

纳秒级稳定时间的实际测量

图26.3是一个稳定时间测量电路的概念图。该图具有图26.2的特性，也增加了一些新的功能。在该图中，示波器通过一个开关与稳定节点连接。而这个开关的状态是由一个延迟脉冲发生器确定的，而该脉冲发生器由输入脉冲触发。通过设置延迟脉冲发生器的时序，使开关在电路几近稳定时才关闭。这样，就可以实现输入的波形以及振幅的及时采样。示波器就不会过载，不会有波形超出显示屏幕。

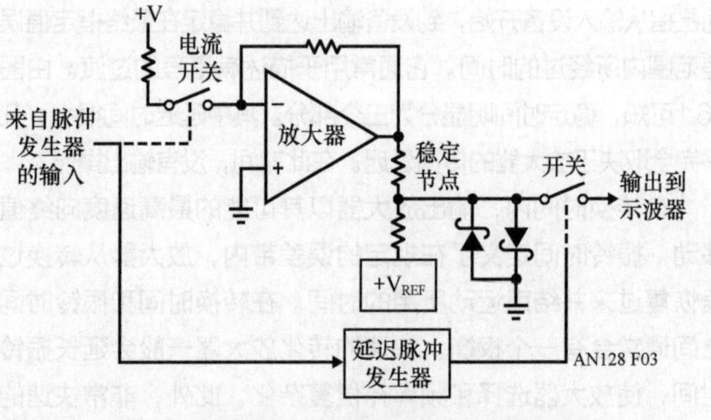

图26.3 这个概念性电路结构对于脉冲发生器畸变不再敏感，也消除了示波器过载。输入开关控制电流阶跃进入放大器。第二个开关由延迟脉冲发生器控制，以防止示波器在稳定前对稳定节点的检测

③ 有关示波器过载注意事项的讨论，请参阅附录C的“评估示波器过载性能”。

④ 不要混淆经典采样示波器与当今时代的具有过载限制的数字采样示波器。请参阅附录C的“评估示波器过载性能”中的关于不同类型示波器在过载时性能比较。对于经典取样示波器的讨论请参见参考文献23至文献26从及文献29至文献31。参考文献24可读性极高，它对经典采样示波器进行了最清晰、简明的介绍，长达12页的全文是有关经典采样设备的珍贵瑰宝。

位于放大器求和节点的开关受输入脉冲控制。该开关通过一个电压驱动式电阻来控制电流流入放大器。这样一来，就不再需要"平顶"的脉冲发生器，但该开关必须能够快速启动且不含驱动噪声。

图26.4给出了一个更完整的测量稳定时间的设计方案。该图详细给出了图26.3所示的模块结构的具体实现，同时也新增了一些细化。在图26.4中，图26.3的延迟脉冲发生器被分为两个独立部分：一个延迟发生器和一个脉冲发生器。测量稳定时间存在传播延迟，而流向示波器的阶跃输入通过了一个部件后就能对此进行补偿。同样，另一个延迟补偿采样门脉冲发生器的传播延迟。该延迟将使采样门脉冲发生器产生一个相位超前区域，并触发测试放大器。这使采样门脉冲放大器的传播延迟与稳定时间不再相关，从而大大改善了最小可测量稳定时间。

该图中最引人注目的看点就是新加入的二极管电桥开关以及乘法器。二极管电桥固有的均衡性，结合匹配的低电容肖特基二极管以及高速驱动，能产生干净利落的开关切换。该电桥能够非常迅速地控制电流进入放大器汇合点，保证稳定时间在1ns内。其中，二极管的接地钳位可以防止过量的电桥驱动摆幅，并且确保非理想输入脉冲的无关性。

图26.4中的采样门是有着非常严格的要求的。它必须准确传递宽带信号路径信息，并且不会引入外来成分，特别是那些来自开关命令信道（"采样门脉冲"）的噪声[⑤]。

在图26.4中，采样门乘法器被用作宽频带、高清晰度、极低馈通的开关。其优点是可以保证开关控制信道在带宽内；也就是说，它的转换速率保持在乘法器的250MHz带通范围内。乘法器的宽带宽意味着开关命令转换随时都在控制之下，也就不会出现带外响应，这大大减少了馈通和寄生噪声。

具体稳定时间电路

图26.5所示的是稳定时间测量电路的具体示意图。从图中可以看到，输入脉冲通过一个延迟网络（"A"处的逆变器）和一个驱动级（"C"处的逆变器）来切换输入电桥。延迟补偿了采样门脉冲发生器的延迟响应，并确保在待测试放大器转换时间结束时立即产生采样门脉冲。延迟范围的选择，可以保证在放大器转换前能够对采样门脉冲进行调整。虽然这种功能确实能够捕捉到稳定时间间隔，但在实践中很少用到。

⑤ 采样门开关的常规选择，包括场效应管和采样二极管电桥。场效应管与通道电容之间的寄生栅极，会导致信号路径里面出现大量的栅极驱动（源自馈通）。对于几乎所有的场效应管来说，这种馈通是待观察信号（包括过载）的好多倍，会抵消开关的作用。而二极管桥就好一点，其寄生电容小到可以去掉，对称差分结构也产生较少的反馈。实际上，该电桥还需要DC和AC触发器，复杂的驱动器以及支持电路。LTC应用指南74"先进的元件和测量方法确保16位DAC的稳定时间"中就使用了这样的采样电桥，并给出了详细介绍。见参考文献3。参考文献2、9和11描述了一个类似的基于该方法的采样电桥。

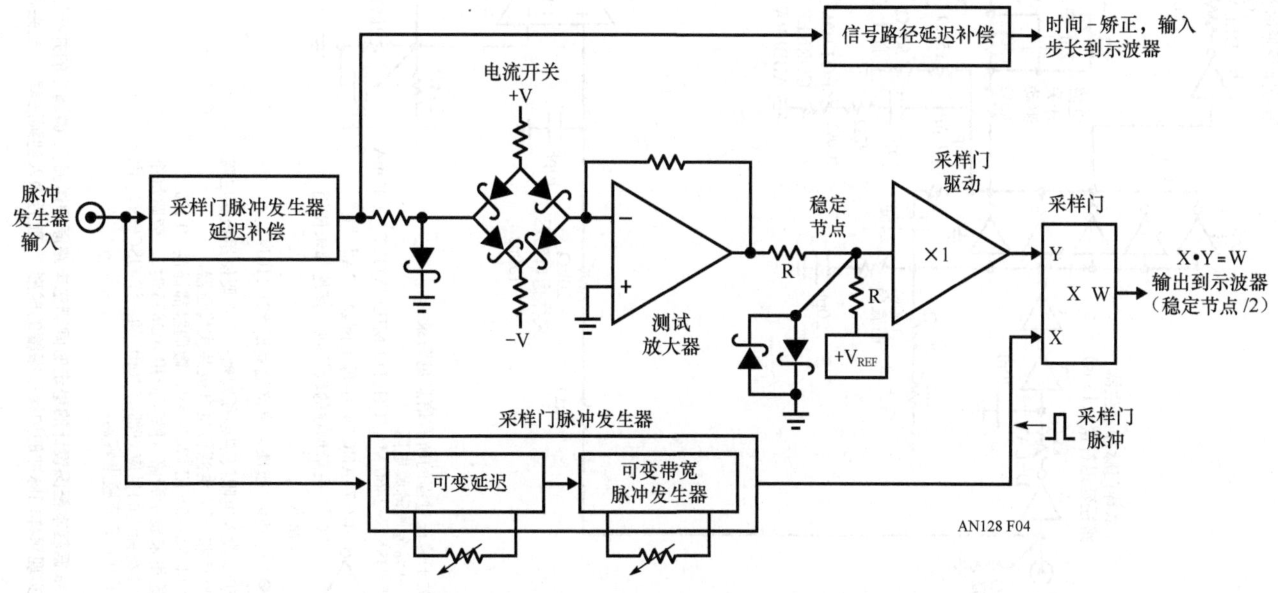

图26.4 稳定时间测量方案框图。二极管电桥能干净利落地控制输入电流流入放大器。基于乘法器的采样"开关"可以消除信号路径的预稳定漂移，防止示波器过载。为了测试电路延迟，对输入阶跃时间基准和采样门脉冲发生器进行了补偿

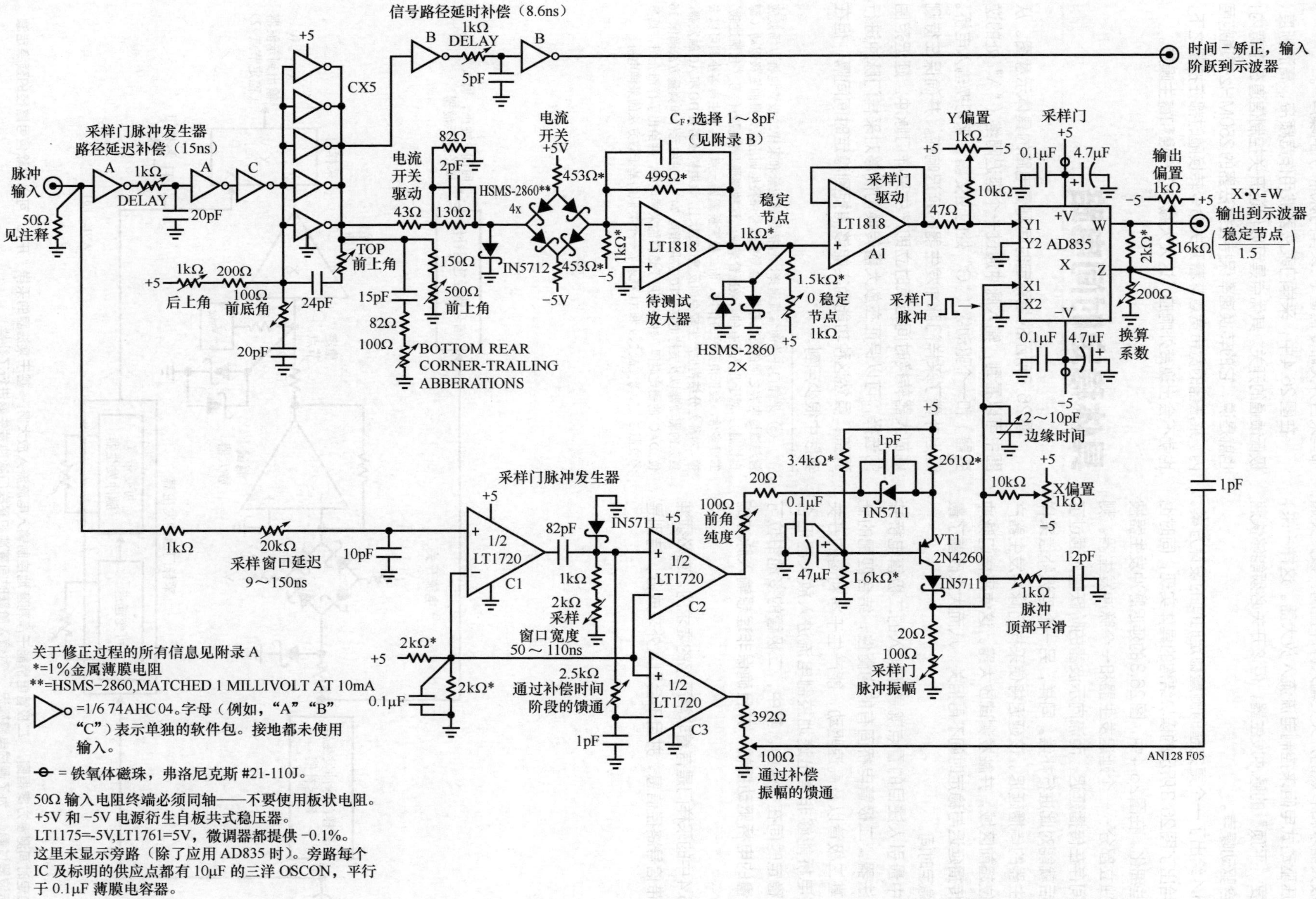

图26.5 根据基本框图设计的稳定时间测量电路原理详图。微调好的并行逻辑逆变器为电流开关电桥提供了高速驱动。其他逆变器构成了延迟补偿网络，对信号路径和采样门脉冲发生器进行补偿。晶体管级实现采样门脉冲的边缘和振幅的成形，随后输入到乘法器。当采样门脉冲为高电平时，乘法器起到采样门的作用，传播稳定时间信号

逆变器“C”形成一个同相驱动器，从而控制二极管电桥。此外，各种触发器能够优化驱动器输出脉冲形状，为二极管电桥提供一个干净快速的脉冲⑥。该高保真脉冲不包含无阻尼成分，还可以防止辐射和破坏性的接地电流降低本底噪声。另外，驱动器也能启动逆变器“B”，为示波器提供时间校正输入阶跃。

驱动器输出脉冲能在1ns内跨过1N5712钳位二极管，实质上形成了一个瞬时二极管电桥开关。其造成的干净稳定电流流过待测试放大器求和节点，将导致等比例的放大器输出动作。另外，放大器求和节点的负偏置电流，与当前转换相结合，产生一个+2.5V至-2.5V的放大器输出变化。放大器的输出通过求和电阻与5V电源的派生参考相比较。钳位“稳定节点”由A1空载，而A1则为反馈采样门信号路径提供信息。

基于比较器的采样门脉冲发生器产生了一个延迟（可由2kΩ电位器控制）脉冲。该脉冲宽度（可由2kΩ电位器控制）能够设置采样门的导通时间。在VT1级电路中，采样门脉冲快速上升（非常干净），为采样门乘法器提供了高纯度的振幅校准“通断”开关指令。如果正确设置了采样门脉冲延迟，示波器将不会看到任何输入，直到稳定工作基本完成，从而消除了过载。此外，通过调整采样窗口宽度，便能观察到所有声音的稳定活动。在这种方式下，示波器的输出是可靠的，也就能获得有意义的数据。

图26.6给出了电路波形。线迹A是时间校正输入脉冲，线迹B为放大器输出，线迹C为采样门脉冲，线迹D为稳定时间输出⑦。从图中可以看到，当采样门脉冲变为高电平时，采样门打开，可以观察到最后20mV的转换。环时间也是清晰可见的，并且该放大器很好地稳定到了最终值。当采样门脉冲变为低电平时，采样门关闭，只有2mV反馈。需要注意的是，没有任何屏幕外活动，也就是说示波器没有发生过载。

为了更清楚地观察稳定的细节，图26.7扩大了垂直和水平缩放⑧。线迹A是时间校正输入脉冲，线迹B是稳定输出。从图中可以很容易观察到最后50mV的转换，在优化了CF(见图26.5）后，放大器在9ns内稳定到了5mV(0.1%)⑨。

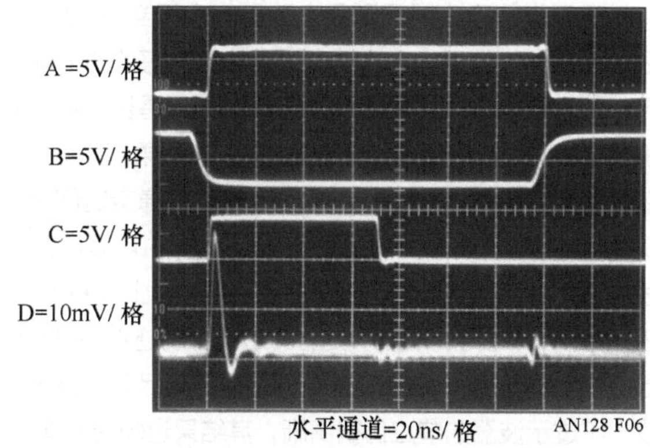

图26.6　稳定时间电路波形，包括时间校正输入脉冲（线迹A），待测试放大器输出（线迹B），采样门（线迹C）和稳定时间输出（线迹D）。采样门窗口的延迟和宽度是可变的。线迹B开始时间受时间校正线迹A的影响

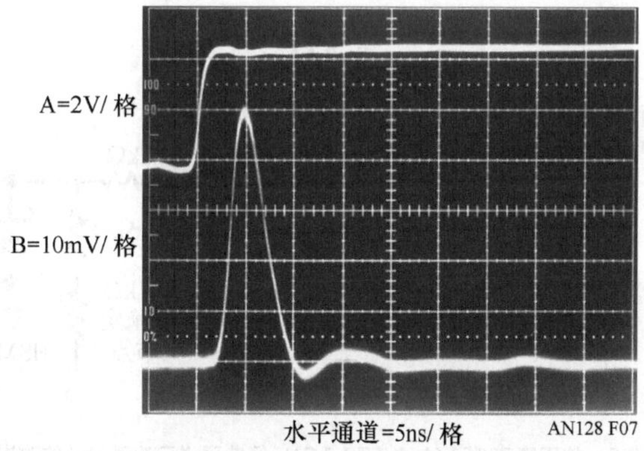

图26.7　垂直和水平方向的放大图，可以看到9ns放大器稳定在5mV（线迹B）。轨迹A是时间校正输入阶跃

基于采样的稳定时间测量电路

一般来说，最好能够将采样窗口“反向”移动到放大器转换的最后50mV左右，这样可以观察振铃时间的开始，而且不会使示波器过载。基于采样的方法可以实现该功能，它是一个很强大的测量工具。另外，低速放大器可能需要额外的延迟或者采样窗口时间，也就是说脉冲发生器的时间延迟网络需要更大的电容。

⑥ 为了保证重点突出、内容流畅，这里不再介绍微调过程。有关微调的详细信息请参阅附录A“稳定电路延迟的测量与补偿以及微调过程”。

⑦ 当解释波形的位置时，需要注意，曲线B出现的时间会因时间校正线迹A而出现相对偏斜。这解释了为什么在线迹A上升之前，出现了线迹B的不正常运动。

⑧ 在这个和后面的测量图片中，稳定时间都是从时间校正输入脉冲开始时进行测量的。此外，校正稳定信号的幅度是为了针对放大器而进行的，而不是稳定节点。这样消除了由于稳定节点电阻率而产生的歧义。

⑨ 本节中提到的放大器频率补偿，是基于采样的稳定时间测量方法，因此，比较简明。更多的细节考虑见附录B“关于放大器补偿的注意事项”。

验证结论——另一种方法

基于采样的稳定时间测量电路是一个相当有效的方案。那么如何确保其结果的正确性呢？一个比较好的方法就是使用另一种方法来做同样的测量，看看其结果是否一致。如前面所述，经典采样示波器能够避免过载[⑩]。如果真是这样，为什么不运用该特性直接测量钳位稳定节点的稳定时间呢？图26.8所示的就是该方法的测量结果。从图中可以看到，在上述条件下，采样示波器[⑪]严重过载，但表面上没有被污染。图26.9所示的是测试采样示波器的结果。线迹A是时间校正输入脉冲，线迹B是稳定信号。可以看到，尽管示波器严重过载，不过示波器的响应仍很清晰，其结果也较为合理。

⑩ 更深入的讨论见附录C"评价示波器过载性能"。

⑪ 泰克公司661型，带有垂直4S1和5T3计时插件。

结果和测量限制的总结

总结不同方法所得结果的最简单的方法就是可视化比较。理想情况下，如果两种方案都具有正确的构造和良好的测量技术，那么结果应该相同。如果是这样的话，这两种方法得到的数据将有着较大的合理性。仔细观察图26.9和图26.10，可以清楚地看到，它们几乎具有相同的稳定时间和波形特征。由于二者结论相符，所以测量结果的可信度很高。

仔细观察稳定时间电路的工作原理，可以发现一个本底噪声/馈入装置将幅度分辨率控制在2mV，时间分辨界限大约为2ns内稳定到5mV。详情请参阅附录A"稳定电路延迟测量与补偿以及微调过程"之中的"测量局限和不确定性"一节。

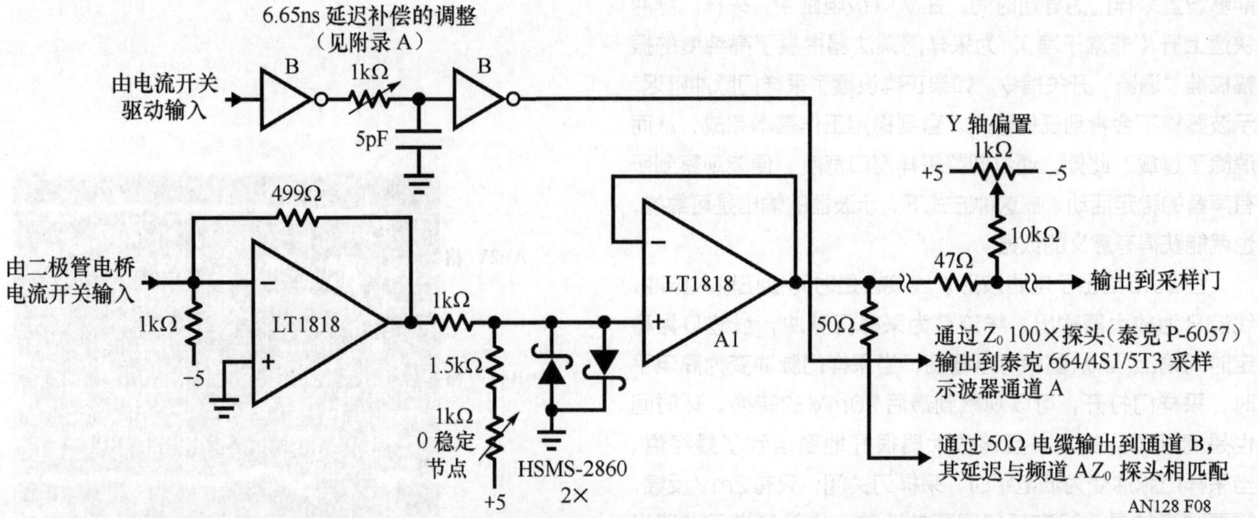

图26.8 使用泰克661/4S1/5T3 1GHz经典采样示波器设计的改进型稳定时间测量电路。 采样示波器的固有免疫过载特性允许出现超出屏幕的较大偏移，并且还具有高保真度

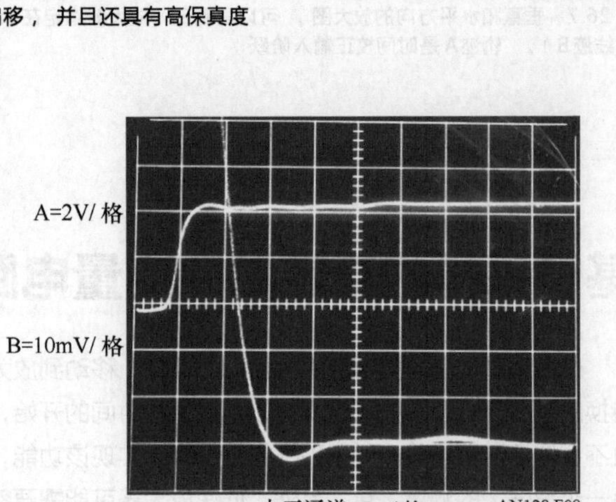

图26.9 使用经典采样示波器的稳定时间测量结果。 由于该示波器的免疫过载特性， 即使在过载时也能进行准确测量。9ns稳定时间和波形轮廓与图26.7是一致的

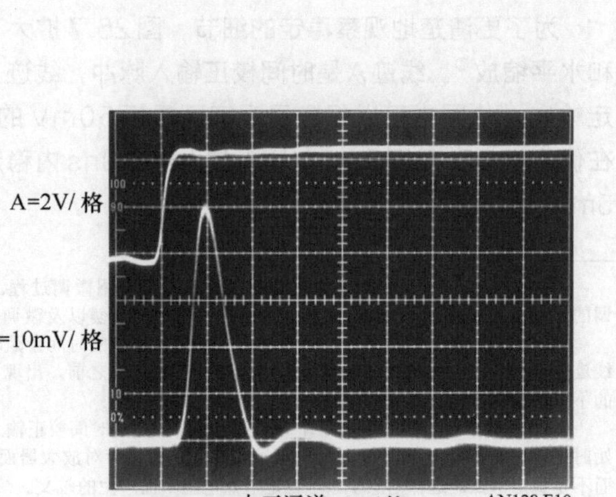

图26.10 利用图26.5所示电路进行稳定时间测量的结果。 T_{SETTLE}=9ns， 与图26.9相符

参考资料

1. Williams, Jim, “1ppm Settling Time Measurement for a Monolithic 18-Bit DAC,” Linear Technology Corporation,Application Note 120, February 2010
2. Williams, Jim, “30 Nanosecond Settling Time Measurement for a Precision Wideband Amplifier,” Linear Technology Corporation, Application Note 79,September 1999
3. Williams, Jim, “Component and Measurement Advances Ensure 16-Bit DAC Settling Time,” Linear Technology Corporation, Application Note 74, July 1998
4. Williams, Jim, “Measuring 16-Bit Settling Times: The Art of Timely Accuracy,”EDN, November 19, 1998
5. Williams, Jim, “Methods for Measuring Op Amp Settling Time,” Linear Technology Corporation, Application Note 10, July 1985
6. LT1818 Data Sheet, Linear Technology Corporation
7. AD835 Data Sheet, Analog Devices, Inc
8. Elbert, Mark, and Gilbert, Barrie,“Using the AD834 in DC to 500MHz Applications: RMS-to-DC Conversion,Voltage-Controlled Amplifiers, and Video Switches”, p.6-47. “The AD834 as a Video Switch”, “Applications Reference Manual”, Analog Devices, Inc., 1993
9. Kayabasi, Cezmi, “Settling Time Measurement Techniques Achieving High Precision at High Speeds,” MS Thesis, Worcester Polytechnic Institute, 2005
10. Demerow, R., “Settling Time of Operational Amplifiers,” Analog Dialogue, Volume 4-1, Analog Devices,Inc., 1970
11. Pease, R.A., “The Subtleties of Settling Time,” The New Lightning Empiricist, Teledyne Philbrick, June 1971
12. Harvey, Barry, “Take the Guesswork Out of Settling Time Measurements,” EDN,September 19, 1985
13. Williams, Jim, “Settling Time Measurement Demands Precise Test Circuitry,” EDN, November 15, 1984
14. Schoenwetter, H.R., “High Accuracy Settling Time Measurements,” IEEE Transactions on Instrumentation and Measurement, Vol.IM-32. No.1, March 1983
15. Sheingold, D.H., “DAC Settling Time Measurement,” Analog-Digital Conversion Handbook, pg. 312-317.Prentice Hall, 1986.
16. Orwiler, Bob, “Oscilloscope Vertical Amplifiers,” Tektronix, Inc., Concept Series, 1969
17. Addis, John, “Fast Vertical Amplifiers and Good Engineering,” Analog Circuit Design; Art, Sciencc and Personalities, Butterworths, 1991
18. Travis, W., “Settling Time Measurement Using Delayed Switch,” Private Communication, 1984
19. Hewlett-Packard, “Schottky Diodes for High Volume, Low Cost Applications,”Application Note 942, Hewlett-Packard Company, 1973
20. Jim Williams, “Signal Sources,Conditioners and Power Circuitry,”Linear Technology Corporation,Application Note 98 (November 2004) 26-27
21. Williams, Jim and Beebe, David,“Diode Turn-On Induced Failures in Switching Regulators”, Linear Technology Corporation, Application Note 122,January 2009, p. 14-19
22. Korn, G.A.and Korn, TM., “Electronic Analog and Hybrid Computers,” “Diode Switches,” p. 223-226. McGraw-Hill,1964.
23. Carlson, R., “A Versatile New DC-500MHz Oscilloscope with High Sensitivity and Dual Channel Display,”Hewlett-Packard Journal, HewlettPackard Company, January 1960
24. Tektronix, Inc. “Sampling Notes,”Tektronix, Inc., 1964
25. Tektronix, Inc. “Type 1S1 Sampling Plug-In Operating and Service Manual,”Tektronix, Inc. 1965
26. Mulvey, J. “Sampling Oscilloscope Circuits,” Tektronix, Inc., Concept Series, 1970
27. Addis, John, “Sampling Oscilloscopes,”Private Communication, February 1991
28. Williams, Jim, “Bridge CircuitsMarrying Gain and Balance,” Linear Technology Corporation, Application Note 43, June 1990
29. Tektronix, Inc., “Type 661 Sampling Oscilloscope Operating and Service Manual,” Tektronix, Inc., 1963
30. Tektronix, Inc., “Type 4S1 Sampling Plug-In Operating and Service Manual,” Tektronix, Inc., 1963
31. Tektronix, Inc., “Type 5T3 Timing Unit Operating and Service Manual,”Tektronix, Inc., 1965
32. Morrison, Ralph, “Grounding and Shielding Techniques in Instrumentation,”2nd Edition, Wiley Interscience, 1977
33. Ott, Henry W., “Noise Reduction Techniques in Electronic Systems,” Wiley Interscience, 1976
34. Williams, Jim, “High Speed Amplifier Techniques,” Linear Technology Corporation, Application Note 47, 1991
35. Weber, Joe, “Oscilloscope Probe Circuits,” Tektronix, Inc., Concept Series, 1969
36. Ott, Henry, “Electromagnetic Compatibility Engineering,” Wiley and Sons, 2009
37. Bogatin, Eric, “Signal and Power Integrity-Simplified,” 2nd Edition,Prentice Hall, 2009

附录A 稳定电路延迟的测量与补偿以及微调过程

稳定时间电路要想达到指定性能，需要进行微调。这种微调分为四大松散类别，包括电流开关电桥驱动脉冲整形、电路延迟、采样门脉冲纯度和采样门馈入装置/DC调节⑫。

电桥驱动微调

首先微调电流开关电桥驱动。断开所有5个电桥驱动相关的微调，在电路的输入端应用一个5V、1MHz、10～15ns宽的脉冲。另外，从43Ω反向终端的未驱动看时，并联“C”逆变器的输出应该类似于图A1。从图中可以看到，波形边缘时间快、但控制不良的寄生偏移可能破坏噪底的测量，必须消除。然后重新连接所有5个微调器，微调它们以获得图A2所示的结果。虽然微调之间会相互影响，但影响有限，还是很容易实现预期的结果的。如图A2所示的边缘时间比图A1的速度稍慢，但仍然在1ns内就通过了1N5712钳位电平。

延迟的确定和补偿

随后需要进行电路延迟的微调。在进行测量和调整之前，必须先校正探头/示波器通道至通道之间的时间偏移。如图A3所示，示波器探头连接到一个100ps上升时间的脉冲源，而通道之间存在40ps时间偏移误差⑬。不过可以利用示波器的垂直放大器可变延时功能（泰克7A29，选项04，安装在泰克7104主机上）来校正该误差，结果如图A4所示。这种修正大大提高了时延测量的精度⑭。

⑫ 该微调要特别注意仪表选型，以及宽带探测与示波器测量技术。请参阅附录D到附录H的教程。

⑬ 请参阅附录H“验证上升时间和延迟测量完整性”中关于高速脉冲源的建议。

⑭ 这里假设已验证示波器时基的准确性。更多建议，请参阅附录H“验证上升时间和延迟测量完整性。”

稳定时间电路利用了一个可调延迟网络，来校正输入脉冲在信号处理路径的延迟。通常情况下，这些延迟引起的误差接近10ns，所以需要进行准确校正。延迟微调包括观测网络的输入－输出延迟，以及调整恰当的时间间隔。不过，确定“恰当”的时间间隔略显复杂。

根据图26.5，显然延迟包含了三个部分：电流开关驱动待测试放大器的负极输入端，待测试放大器的输出到电路输出，以及采样门乘法器延迟。图A5表明，电流开关驱动待测试放大器的负输入端存在250ns的延迟。图A6表明，待测试放大器的输出到电路输出存在8.4ns的延迟。图A7表明，存在2ns的采样门乘法器延迟。这些测量结果表明，存在一个8.65ns的电流开关驱动器到电路的输出延迟。通过调整位于“信号路径延迟补偿”网络的1kΩ微调器，可以校正这些延迟。类似地，使用采样示波器时，相关的延迟为图A5加上A6减去图A7，共计6.65ns。当使用采样示波器测试方法时，该值将调整到信号路径延迟补偿网络中。

“采样门脉冲发生器路径延迟补偿”微调要求没这么严格。其唯一的要求是，覆盖采样门脉冲发生器的延迟。在“A”逆变器链中，调整1kΩ电位器使延迟达到15ns可以满足该要求。至此也就完成了延迟相关的微调。

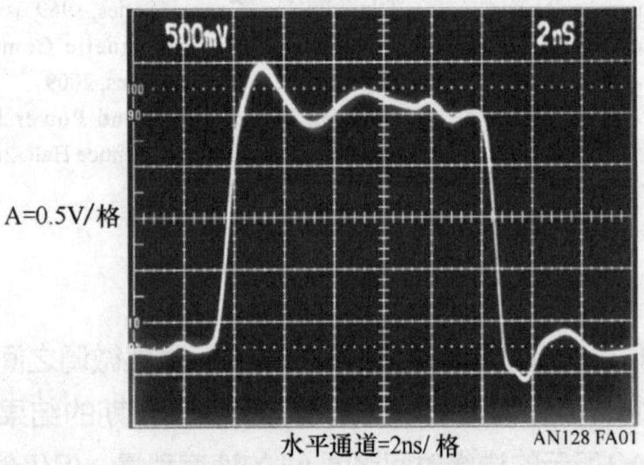

图A1　未微调的电流开关驱动在43Ω反向终端的响应为1GHz的实时带宽。边缘时间较快，但不易控制。无阻尼波形噪声可能会通过辐射破坏信号路径上的噪底，造成接地电流中断诱发的误差

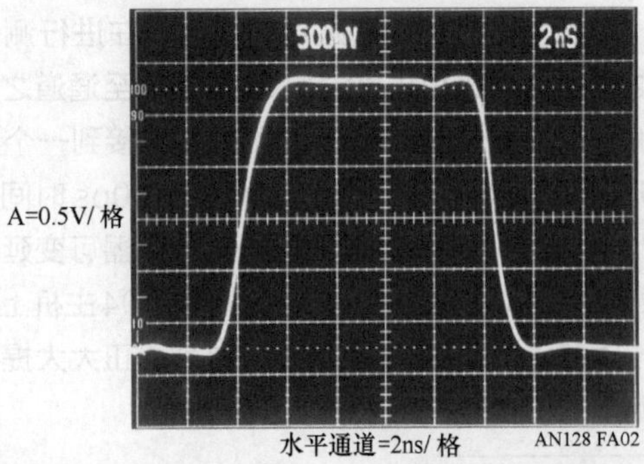

图A2　微调后的电流开关驱动输出在43Ω反向终端将在小于1ns的时间内通过0.6V的二极管钳位电平。AC微调产生了干净利落、控制良好的波形

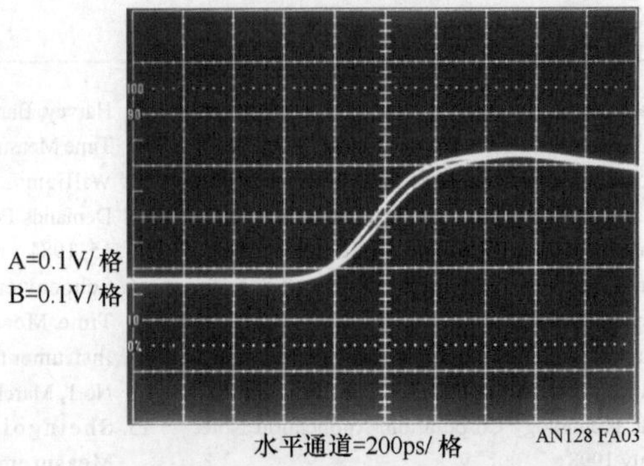

图A3　探头到示波器的通道间的时间偏移测量值为40ps

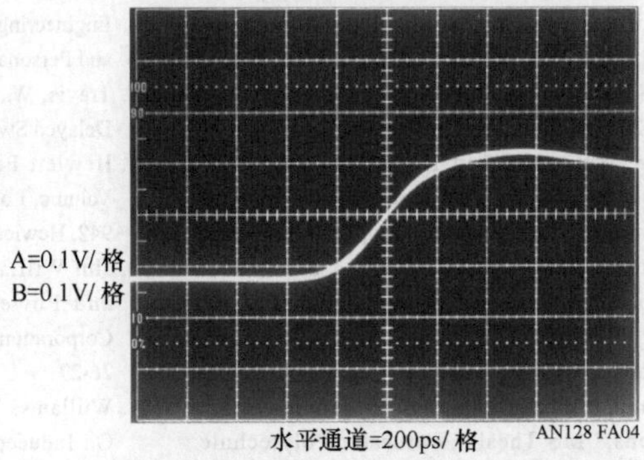

图A4　校正探头/通道/偏移后，反应时间和振幅几乎相同

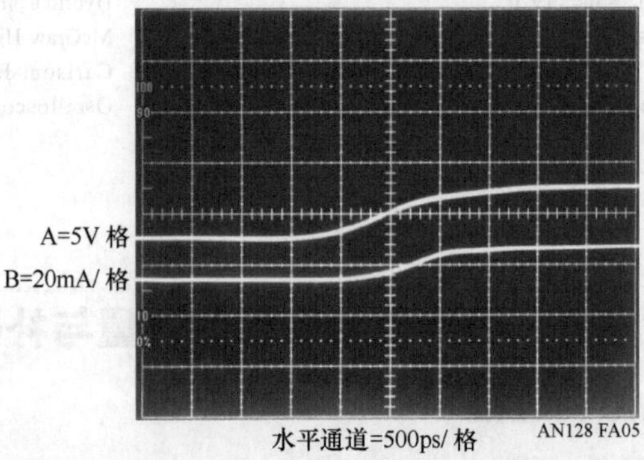

图A5　电流开关驱动（线迹A）到待测试放大器负输入端（线迹B）的延迟为250ps

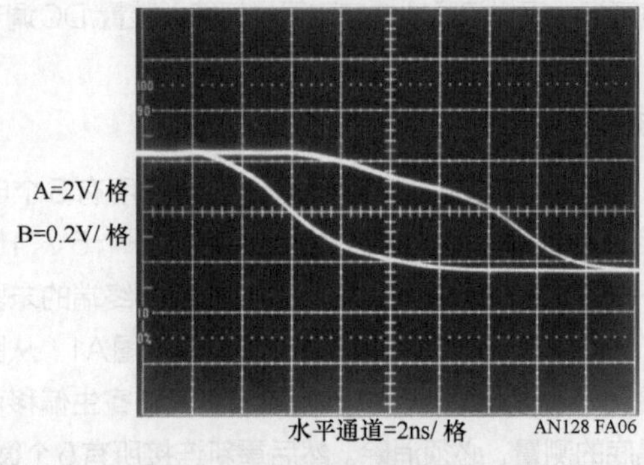

图A6　待测试放大器（线迹A）到电路输出（线迹B）的延迟为8.4ns。本次测试中乘法器X的输入保持在直流1V

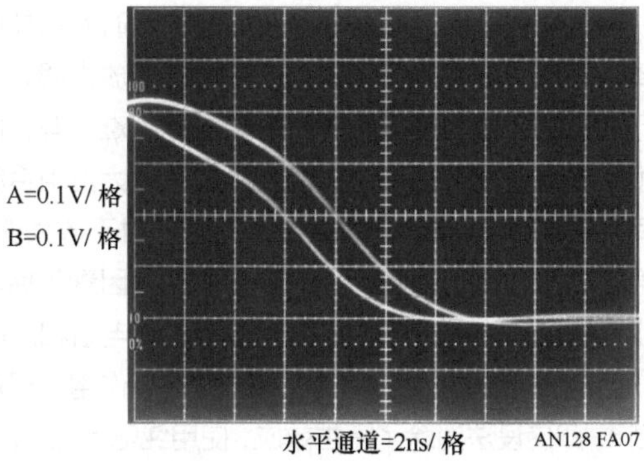

图A7　乘法器X的输入保持在直流1V时的延迟为2ns

采样门脉冲纯度调整

对VT1采样门脉冲边缘进行整形调整，可以得到最佳前角、最小的上升边缘时间、平滑的脉冲顶部和1V的幅度。经适当的交互调整后，将表现为图A8所示的波形，该波形取自采样门乘法器的X输入端。其中，脉冲的上升时间为2ns，促进采样门快速采样，不过仍处于乘法器的250MHz（T_{RISE}=1.4ns）带宽内，这样可以确保不受到带外寄生响应的影响。幅值平整的1V脉冲顶部，将产生校准的、一致的乘法器输出，不会在稳定信号上产生噪声。脉冲的下降时间是无关紧要的，它不会影响到测量，其干净的下降边缘，能确保乘法器关闭，并防止图形超出屏幕。

采样门路径优化

最后微调的是采样门路径。首先，把5V直流施加到脉冲发生器输入端，将待测放大器输出锁定为−2.5V。再调整A1输出端的“0稳定节点”电压在1mV之内。然后，恢复脉冲电路输入，断开稳定节点到A1的连接，用一个750Ω的电阻将A1输入端接地。图A9所示的是典型的未微调时的响应。理想情况下，当采样门正在切换（线迹A）时，该电路输出（线迹B）应该是静态的。图A9中能够看到误差；此时的校准需要微调直流偏置和动态反馈残留。微调“X”和“Y”偏置，可以消除直流误差，这时不管采样门脉冲线迹A处于什么状态，都可以得到一个连续的线迹B基线。此外，为了得到乘法器的最小基线偏移电压，还需要微调输出偏移。切断输入脉冲发生器，施加5V直流到C2的“+”输入端，再在先前插入的750Ω电阻上施加直流1.00V，这样就能将采样门的增益设置为单位增益。然后，再调整“缩放因子”以产生1.00V的直流输出。完成这一步后，去掉直流偏置电压和750Ω电阻，重新连接稳定节点，恢复脉冲输入。

对于馈通装置的补偿，是通过馈通装置“时相”和“幅度”微调器来实现的。通过这些调整，可以实现乘法器“Z”输入端的时序与幅度馈通校正。调整后的最佳结果如图A10所示。从图中可以看出，直流和馈通微调器对图A9中预微调误差的动态影响[15]。

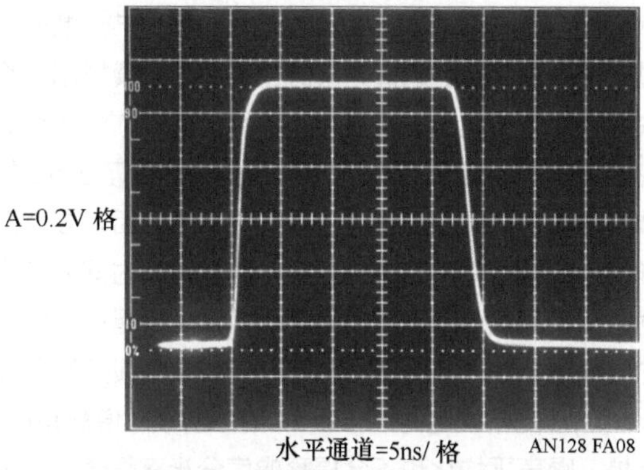

图A8　采样门脉冲特征，受边缘成形、电路结构配置和晶体管选择控制，处在乘法器的250MHz（T_{RISE}=1.4ns）带宽之内。精度、低馈通，都是Y输入信号路径开关的作用

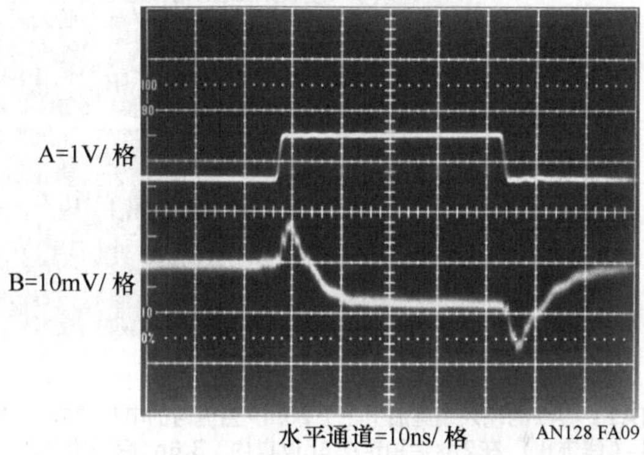

图A9　稳定时间电路输出（线迹B），采样门馈通和DC偏置都未调整。本次测试中A1输入端接地。从图中可以看到过多的开关驱动馈通和基线偏移。线迹A为采样门脉冲

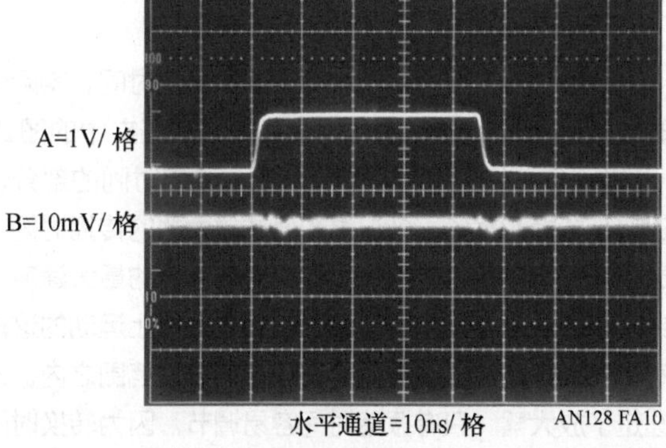

图A10　微调采样门后的稳定时间电路输出（线迹B）。本次测试中A1输入端接地。开关驱动和基线偏移都已明显减小。线迹A为采样门脉冲。根据测量结果，电路的最小限幅分辨率为2mV

---

⑮ 笔者的意图不是创作好莱坞式的作品，而是为了发现馈通微调的戏剧性。

测量的局限性和不确定性

微调后的结果如图A10所示，包括平顶基线和大大衰减了的馈通。根据测量结果，电路的最小限幅分辨率为2mV。在另一项测试中，A1的输入与稳定节点断开，并通过一个750Ω电阻偏置为直流20mV，以模拟出一个无限快速的稳定放大器。如图A11所示，电路的输出（线迹B）在2ns内就稳定在5mV以内，3.6ns达到了2mV的基线噪声限制。时间校正输入（线迹A）上升后，立即开启采样门，此时取得的数据将定义电路的最小时间分辨率。所述时间和幅度分辨率限制的不确定性主要是由于延迟补偿的局限性、噪声以及残余馈通。考虑到延迟和测量误差，±500ps的不确定时间和2mV的分辨率限值都是可能的。另外，噪声平均化也不会提高幅度分辨率限值，因为它是由馈通残余引入的。

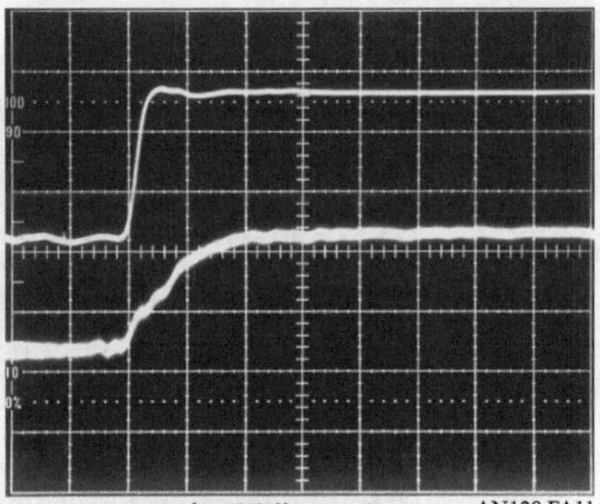

图A11　A1的输入端施加了一个20mV直流时的电路响应。电路输出（线迹B）在2ns后稳定在5mV以内，3.6ns后到达了2mV的基线噪声。测量能确定电路的最小时间分辨率限值。线迹A为时间校正输入脉冲

附录B　放大器补偿的实际问题

对放大器进行补偿以获得最快的稳定时间，实际中需要注意的事项非常多。我们先回顾一下正文中的图26.1（此处图B1进行了重复显示）。组成稳定时间的部分包括延迟、转换和振铃。延迟缘于通过放大器的传播时间，它是一个较小的项。转换时间取决于放大器的最大速度。振铃时间是从放大器完成转换之后到波形停止运动的这段时间，停止运动时运动幅度落在预定的误差范围之内。一旦选定了放大器，只有振荡时间容易调节。因为转换时间通常在滞后中占主导，所以设计者们习惯选择最快的转换放大器以获得最好的稳定时间。然而，快速转换放大器的振铃时间通常很长，抵销了它们强有力的速度优势。单纯追求速度的缺点就是幅度几乎不变的、时间延长的振铃时间，只有通过较大的补偿电容对其阻尼。这种补偿可以工作，但将导致稳定时间延长。较好的稳定时间的关键在于选择很好地平衡了转换速率和恢复特性的放大器，并对其进行适当的补偿。其实现要比想象的更困难一些，因为无法预测或者根据数据手册插值计算任意放大器组合的稳定时间。它必须在专用电路中进行测量。对于放大器来说，其稳定时间取决于很多因素的组合。这些因素包括放大器转换速率和AC动态特性，布局电容、源电阻和源电容以及补偿电容。这些因素以复杂的方式相互作用，很难准确预测[16]。即使设法消除了寄生效应，使用纯电阻源取而代之，放大器的稳定时间依然是不易预测的。寄生阻抗只是使得原本困难的问题更加复杂化而已。能解决这些问题的唯一有效手段是反馈补偿电容器C_F。C_F的目的就是滚降放大器在最佳动态响应频率点的增益。

当所选补偿电容器对上述所有寄生效应进行功能性补偿时，可得到最好的稳定结果。图B2所示的就是选择最佳反馈电容时的显示结果。线迹A是时间校准的输入脉冲，线迹B是放大器的稳定信号。放大器转换结束时，波形很整洁（在第二竖格之后就开启采样门信号），9ns之后就稳定到了5mV。波形形状紧凑，接近临界阻尼。

在图B3中，因为反馈电容很大，尽管产生了过阻尼以及13ns的延迟代价，不过稳定过程很平滑，在22ns之后达到了稳定。图B4中则没有反馈电容，造成严重欠阻尼响应，从而带来较大的振铃偏移。稳定时间拉长到33ns。图B5则对图B4进行了改进，重新使用了反馈电容，不过其值很小，导致了某种程度的欠阻尼响应，需要27ns达到稳定。注意图B3到图B5需要进行垂直缩小去捕获非最优响应。

当对反馈电容器分别进行微调以获最佳响应时，源容差、杂散容差、放大器以及补偿电容的容差将互不相关。如果没有分别进行单独调整，就必须考虑这些容差以决定反馈电容的可制造值。振铃时间受杂散电容和源电阻，以及输出负载的影响，也会受反馈电容的影响。这些影响是非线性的，不过也有一定的规则。杂散电容和源电容可能发生±10%的波动，反馈电容的波动为±5%[17]。此外，放大器的压摆率也有着显著的容差，在数据手册中给出了具体的值。为了获得反馈电容的可制造值，在可制造的电路板布局上单独微调各个器件以确定最佳值（电路板的寄生电容也算在内！）。然后就是杂散与源阻抗最坏情形下的百分比系数、转换率和反馈电容容差。将这些信息增加到微调后的电容器测量值之中以获得可制造的值。这也许是过于悲观的预算（均方根误差之和可能是较好的折中），但可让你远离麻烦[18]。

---

⑯ Spice爱好者需要注意这一点。

⑰ 这里假设一个电阻源。如果电阻源具有大量的寄生电容（光电二极管、数模转换器等），这个数字很容易增大到±50%。

⑱ 当乘坐的飞机在暴风雪中着陆时，RMS误差求和的潜在问题就变得清晰了。

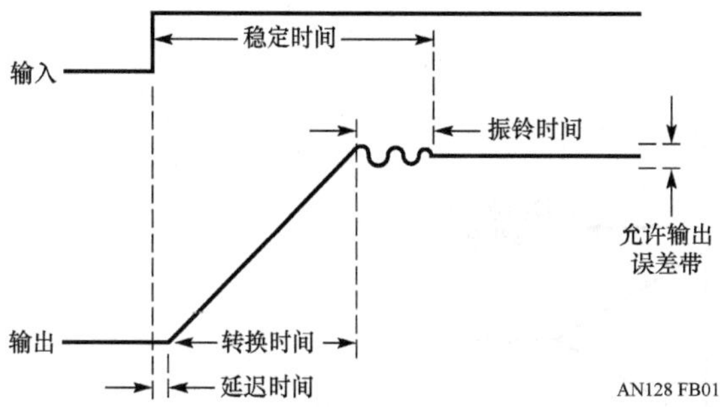

图 B1　放大器的稳定时间包括延迟、 转换和振铃时间。其中， 只有振铃时间容易调整

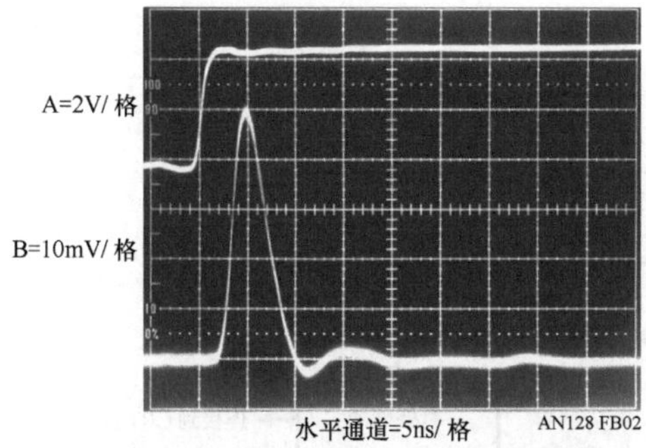

图 B2　优化补偿电容允许出现更紧凑的波形， 会得到临界阻尼响应，以及接近最快的稳定时间。T_{SETTLE}=9ns。 线迹 A 为时间校准输入阶跃，线迹 B 为稳定信号

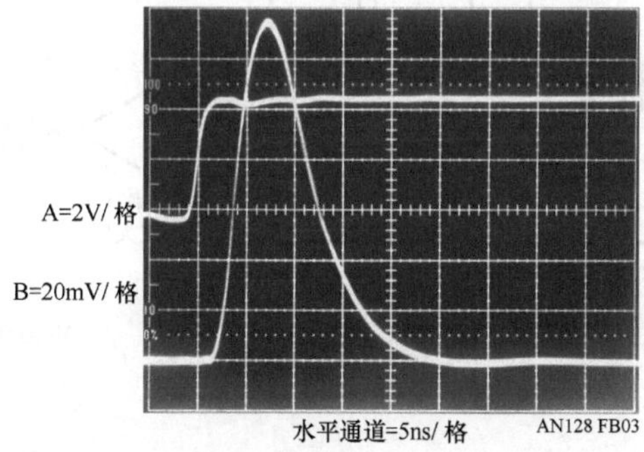

图 B3　过阻尼响应确保不受环时间影响， 即使生产组件发生变化。 但这会增加稳定时间。 注意， 本图的垂直刻度为图 B2 的 2 倍。T_{SETTLE}=22ns。轨迹标记与图 B2 相同

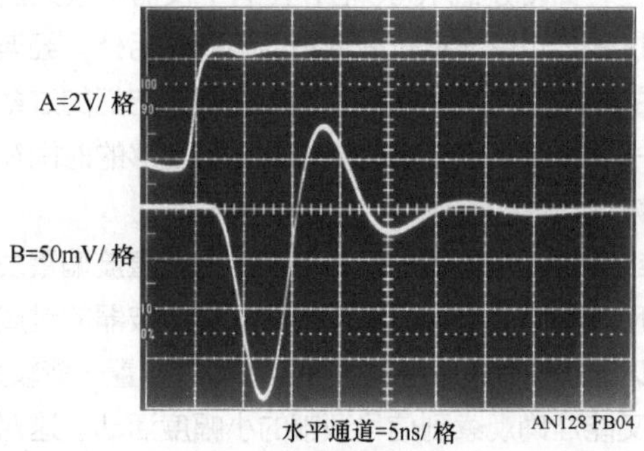

图 B4　由于没有反馈电容， 出现了严重的过阻尼响应。 注意， 本图的垂直刻度为图 B2 的 5 倍。T_{SETTLE}=33ns。 轨迹标记与图 B2 相同

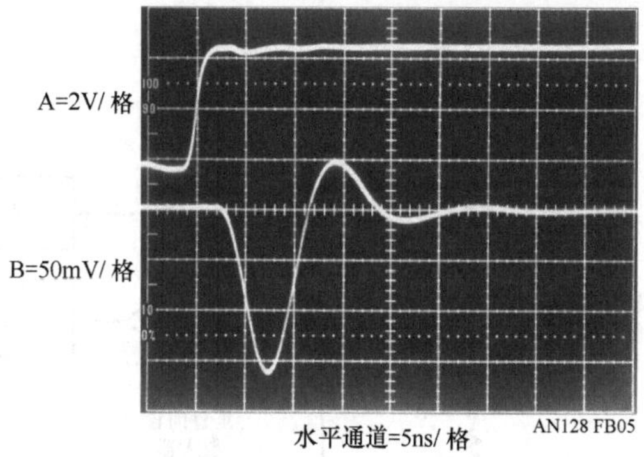

图 B5　电容过小会导致欠阻尼相应， 这可以通过预测容差来进行预防。注意， 本图的垂直刻度为图 B2 的 5 倍。T_{SETTLE}=27ns。 轨迹标记与图 B2 相同

附录 C　评估示波器过载性能

基于采样电桥的稳定时间电路，主要是为了防止检测示波器的过载。示波器从过载中恢复是一个灰色区域，很少触及。那么，示波器从过载到恢复显示需要多长时间？这个问题的答案相当复杂。涉及到了过载的程度、占空比、时间长短和幅度大小以及其他因素。示波器对于过载的反应，由于类型和设备的差异，会产生较大的波动。例如，在0.005V/格时发生100倍超载，其恢复时间可能与0.1V/格时完全不同。恢复特性也可能随波形形状、直流成分以及重复率的变化而发生变化。显然，影响示波器过载性能的因素有很多，所以包含示波器过载的测量方案需要谨慎小心。

为什么大多数示波器的过载恢复特性有这么多的问题呢？在回答这个问题之前，需要研究三种基本类型示波器的垂直路径。包括模拟示波器（见图C1A），数字示波器（见图C1B）和经典采样示波器（见图C1C）。模拟示波器和数字示波器的显示范围很容易受到过载的影响。经典采样示波器的显示范围，是唯一一个可以天生免疫过载的。

模拟示波器（见图C1A）是一个实时连续线性系统[19]。输入连接到一个衰减器，随后由宽带缓冲器空载。垂直前置放大器提供增益，并且驱动触发器、延迟线和垂直输出放大器。衰减器和延迟线是无源元件，不需要过多讨论。缓冲器、前置放大器和垂直输出放大器构成一个复杂的线性增益模块，每个元件都受动态工作范围限制。此外，每个模块的工作点的设置，可能通过固有的电路平衡，或者低频率的稳定路径，或者两者共同作用。当输入过载时，一个或多个模块可能会饱和，使得内部节点和组件的运行和温度异常。当过载停止时，电子和热时间常数可能需要相当长的时间才能完全恢复[20]。

⑲ 这确实是个好东西。该领域那些无可救药的偏执的人们一边悼念模拟示波器时代的逝去，一边疯狂囤积每一个他们可以找到的模拟示波器。

⑳ 关于模拟示波器电路中输入过载影响的讨论，请参阅参考文献 17。

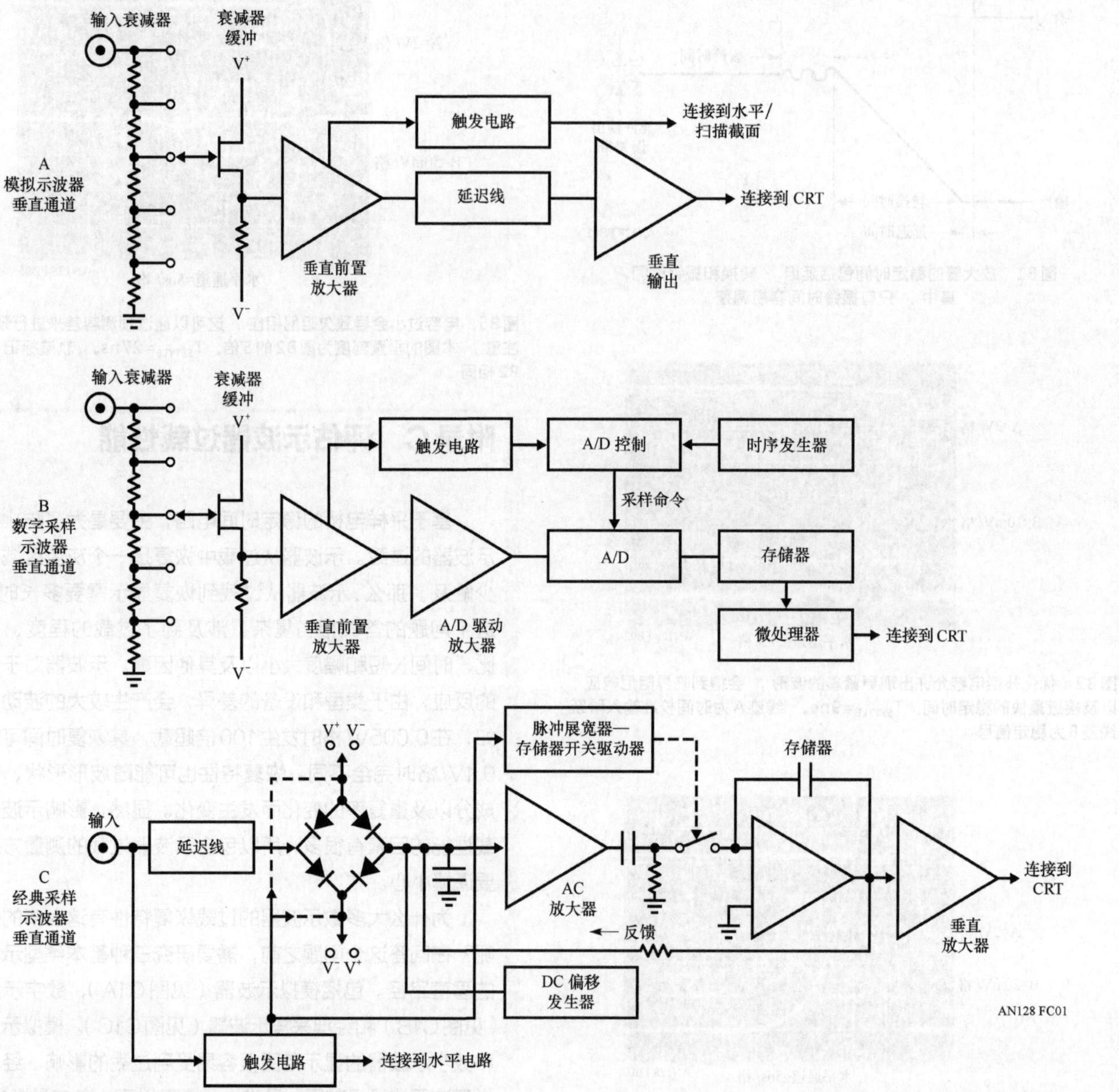

图C1　不同类型示波器的简化垂直通道结构图。只有经典采样示波器（C）具有过载免疫功能。偏移发生器能够使我们观测到叠加在较大偏移上的小信号

数字采样示波器（见图C1B）去掉了垂直输出放大器，但在A/D转换器之前增加了一个衰减缓冲器和放大器。正因为如此，它同样具有过载恢复问题。

经典采样示波器是独一无二的。它的工作原理使其免疫超载。图C1C给出了原因。在其系统中，在任何增益发生之前就进行了采样。这与数字采样示波器不同，如图C1B所示，输入对于采样点来说完全是无源的。此外，采样电桥受到输出的反馈，使其工作点保持在一个非常宽的输入范围内。动态转换对维持电桥输出非常有效，并且能够很容易地适用于一个非常宽的示波器输入范围。因为这些特性，即使过载1000倍，在这个仪器中放大器也没有发生过载，也就没有过载恢复的问题。另外，经典采样示波器的采样速度相对较慢，这也增强了它们的过载免疫能力——即使放大器过载，示波器也有足够的时间在采样间隔内恢复[21]。

经典采样示波器的设计者加入一些直流偏置发生器来偏置反馈回路，以充分利用经典采样示波器的过载免疫功能（见图C1右下）。这样，使用者可以偏置一些较大输入，同时又能准确观察到信号顶部的小幅度活动。这对于稳定

㉑ 关于经典采样示波器的更多信息和操作细节，请参阅参考文献23～文献26、文献29～文献31。

时间的测量来说最为理想。不幸的是，经典的采样示波器已经不再生产，因此，如果您有一个，请看好它！[22]

尽管模拟示波器和数字示波器容易过载，但其中也有不少类型可以在一定程度上容忍这种弊端。本附录之前已经强调了，涉及示波器过载的测量方案必须要慎之又慎。不管怎样，通过一个简单的测试，就可以了解什么时候过载会对示波器造成负面影响。

将待放大波形的垂直灵敏度设置为能使波形完全显示在显示屏幕之内的值，如图C2所示。下面将放大右下部分。将垂直灵敏度提高1倍（见图C3），振幅就增加了1倍，这使波形超出屏幕，但剩余在屏幕内显示的波形与原来是一致的，仍然较为合理。仔细观察，可以看到在约第三垂直分区有一个呈倾角状的振幅，还能看到一些小的扰动。所观察到的放大后的波形还是可信的。在图C4中，增益被大幅扩大，图C3的所有特性也相应放大，基本的波形显示得更加清晰，倾角和小干扰也更容易看到，同时也没有观察到新的波形。图C5则出现了些意外，增益的扩大导致了一定的失真。最初的负向峰值尽管很大，但还是有些变形，其底部比图C4略窄，峰值的正向恢复也稍显不同，在屏幕中央还可以看到一个新的纹波干扰。这种情况表明示波器出现了问题。通过进一步的测试，可以确定这种波形是受到了过载的影响。在图C6中，增益与图C5相同，只是使用了垂直位置旋钮移动了屏幕底部的图形[23]。这会使示波器的直流工作点发生偏移，不过一般情况下不会对波形造成影响。与此相反，波形的幅度和轮廓都发生了显著变化。如果将波形移动到屏幕顶部，就会产生另一种失真波形（见图C7）。很明显，对于这种波形，我们已经无法得到在该增益下的准确结果。

[22] 经典结构的现代变种（例如 Tektronix 11801B）可能具有类似的功能，但我们没有试用过。

[23] 旋钮（knob，来自于中世纪英语的“knobbe”，与中世纪低地德语的“knubbe”同源）为圆柱形，位于控制面板上，可手指旋转可控制仪器功能，很早就开始使用了。

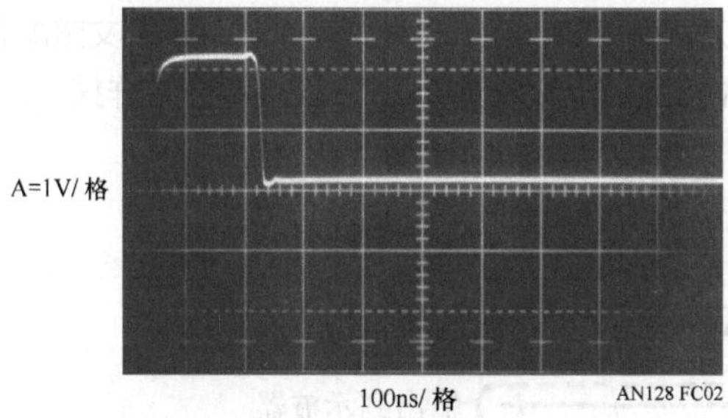

图 C2

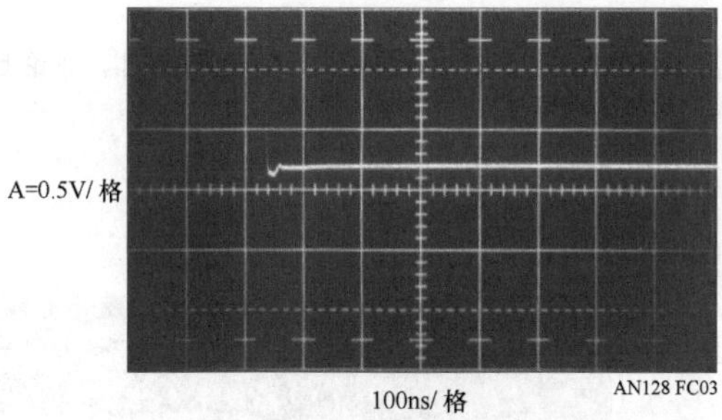

图 C3

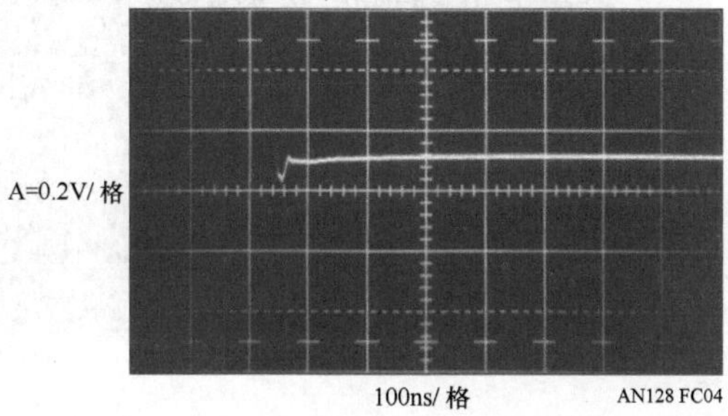

图 C4

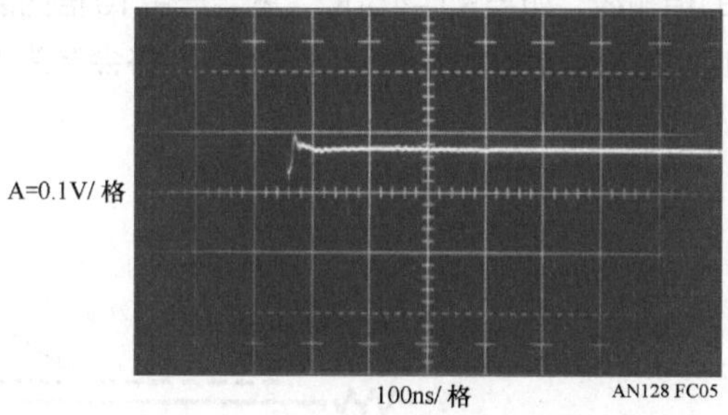

图 C5

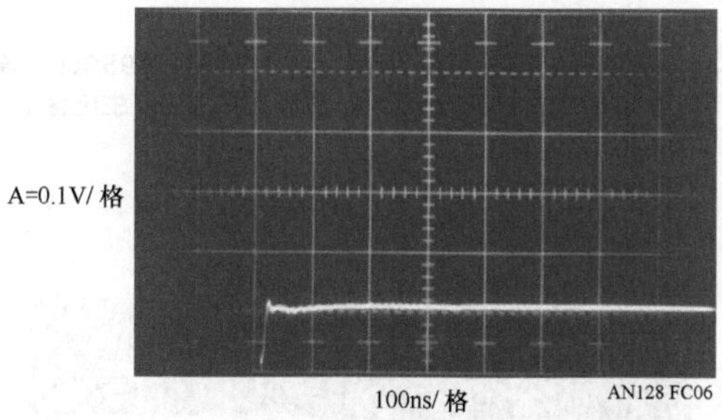

图 C6

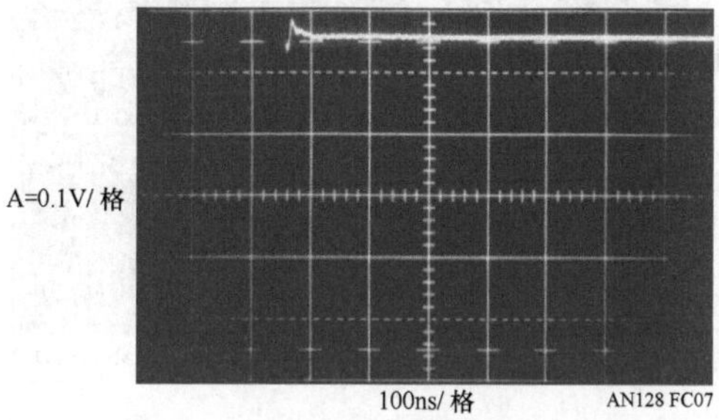

图 C7

图C2～图C7　过载限值可以通过逐步增加示波器增益并观察波形畸变来确定

附录D 关于Z_0探头

何时自己加工和何时购买成品

Z_0(比如，低阻抗)探头提供了一种最可靠的高速探头机制，可用于低源阻抗。其亚皮法级输入电容和接近理想的传输特性，使它们成为高带宽示波器测量时的第一选择。它们的操作看似简单，就像是在邀请你“自己动手”制作探头一样，实际上它们存在许多要注意的地方，其构建还是比较困难的。另外，当速度超过100MHz(t_{RISE}=3.5ns)时，奇怪的寄生效应会引入误差。要想在高速下获得高保真度，在选择和集成探头材料和物理结构时，就要格外小心。此外，探头必须配备一些调整机制，用于补偿残余的较小寄生效应。最后，当在测量点装载探头时，必须保持同轴度，也就是说探头必须具有高等级、易拆以及同轴连接的能力。

图D1表明，Z_0探头基本上相当于一个电压除以输入50Ω的传输线。如果R1=450Ω，就会产生10倍的衰减和500Ω输入电阻。如果R1 = 4950Ω，将会产生100倍的衰减和5kΩ输入电阻。50Ω的传输线理论上构成了一个无失真传输环境。虽然看上去很简单，完全可以“自主”制作，但本节随后的数据将说明，操作时需要谨慎小心。

使用一个50Ω传输线测量一个“干净的”700ps上升时间脉冲，其中没有使用探头，而是通过一个10×同轴衰减器，测量结果的保真度如图D2所示。从图中可以看到，波形干净利落，边缘和转负后的畸变都很小。图D3给出了同一脉冲，使用的是商用10×Z_0探头。这个探头比较实用，几乎观察不到误差。图D4和图D5使用的是两个不同的“自制”Z_0探头，都存在误差。在图D4中，探头#1在前沿圆角引入脉冲；在图D5中，探头#2造成了明显的转角峰值。在这两种情况中，电阻器/电缆的寄生效应和不完全的同轴度等的组合，可能是导致这些误差的产生原因。总的来说，“自制”Z_0探头造成的误差超出了100MHz(t_{RISE}=3.5ns)。在更高的速度中，如果波形保真度至关重要，最好还是付这笔钱，购买商用探头。更多关于这方面讨论，请参阅参考文献30的第2-4页以及第2-8页，以及参考文献35。这两个文献都非常优秀，内容详实，并希望你能“自己动手”制作探头。

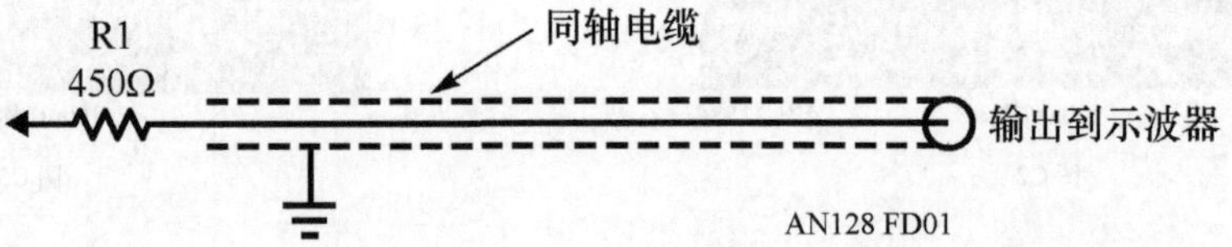

图D1 Z_0为500Ω的10×示波器探头原理。如果R1=4950Ω，将会产生100倍的信号衰减和5kΩ输入电阻。终端为50Ω时，理论上探头由一个无失真传输线路构成。"自制"探头有一些无法补偿的寄生电容，导致响应超过100MHz(t_{RISE}=3.5ns)

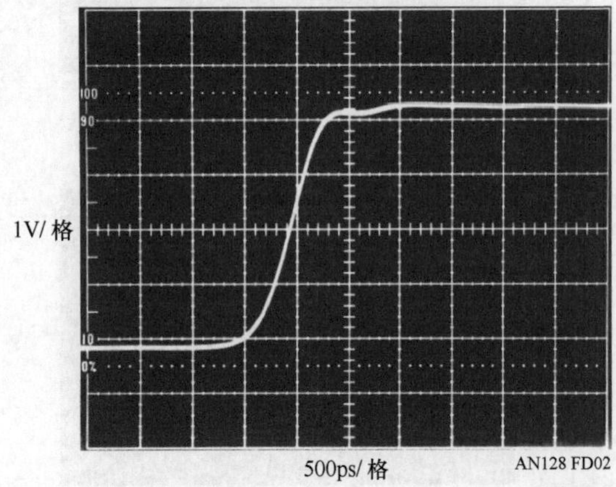

图D2 700ps上升时间脉冲，通过50Ω传输线和10x衰减器观测，拥有较好的脉冲边缘保真度，转换之后的事件可控

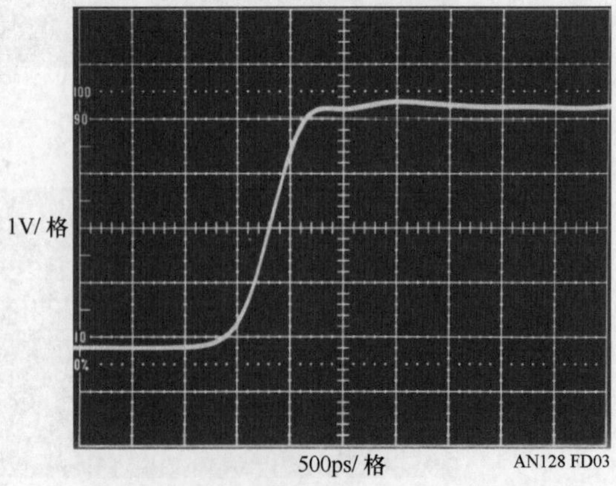

图D3 用泰克10×(Z_0为500Ω)探头(P-6056)观测图D2的脉冲，几乎观察不到误差

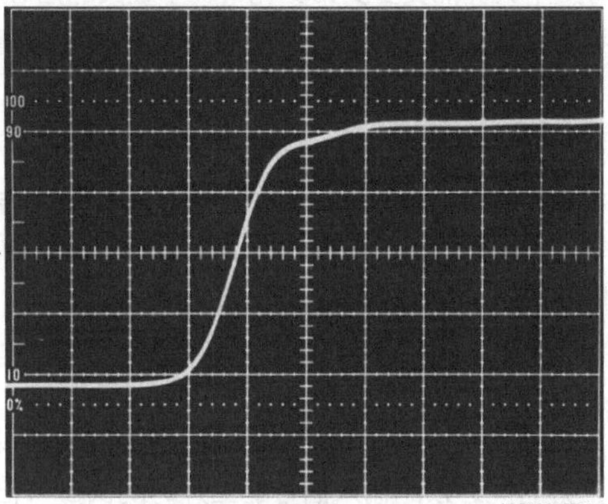

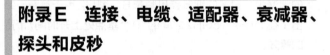

图D4 “自制”Z_0探头#1在前沿圆角引入脉冲， 可能是由于电阻器/电缆的寄生效应和不完全的同轴度。 上升时间≤2ns时， “自制”Z_0探头具有这样的误差

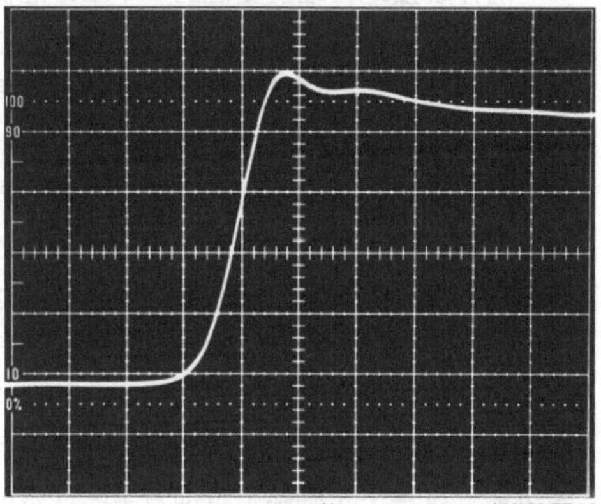

图D5 “自制”Z_0探头#2过冲， 也是由于电阻器/电缆的寄生效应和不完全的同轴度。 从这些实验可知， 在这样的速度下， 不要使用 “自制” 探头

附录E 连接、电缆、适配器、衰减器、探头和皮秒

亚纳秒上升时间的信号路径必须视为传输线。连接、电缆、适配器、衰减器以及探头代表了传输线的不连续点，严重地影响了其中所传输的信号。给定器件对信号产生的影响程度，将随着其阻抗与传输线标称阻抗的差化而变化。这样引起失真的实际结果是脉冲上升时间的恶化、保真度的恶化或者两者皆有。因此，在信号路径上引入的元件和连接需要最少，而必须使用的器件和连接必须是高阶的。任何形式的连接器、电缆、衰减器或者探头必须是专门用于高频测量的。我们熟悉的BNC硬件在高于350ps的高速上升沿将成为有损器件。所以，针对文中的上升时间应该使用SMA器件。另外，电缆必须是50Ω的“硬线”，或者至少是高频操作专用的基于聚四氟乙烯的同轴电缆。实际上，最佳连接是不用电缆而直接将信号输出耦合到测量仪器输入端。

应当尽量避免用适配器连接混合信号硬件（例如BNC或者SMA）。适配器将引入较大的寄生参数，导致反射、上升时间恶化、谐振以及其他恶化的状况。同样的，示波器的连接器需要直接与仪器的50Ω输入相连接，避免使用探头。如果一定要使用探头，将探头引入信号路径时必须要注意它们的连接机制和高频补偿。500Ω（10x）和5kΩ（100x）阻抗的商用无源“Z_0”类型，具有低于1pF的输入电容[24]。任何这种探头必须在使用之前进行仔细的频率补偿，否则将会造成误测量。在信号路径插入探头必须要采用某种信号感测器，它通常不会影响信号传输。实际上，必须忍受一定量的干扰以及它对测量结果的影响。高品质的信号感测器通常会指定插入损耗、损毁因子以及探头输出的比例因子。

前面强调了在设计和保持一个信号路径时需要保持警惕。保持怀疑态度，不断进行尝试，是构造信号路径的有效方法；当然，最有效的方法还是充足的准备工作以及有计划有目的的试验。

附录F 面包板、布局和连接技术

本文介绍的测量结果需要在电路板、布局和连接技术方面多加努力。纳秒级、高分辨率测量不允许有傲慢的实验态度。示波器照片所呈现出的无振铃、跳变、尖峰和类似畸变是一个彻底全面（令人沮丧的）的面包板技术的应用。在进行噪声/不确定地平面的测量前，以采样器为基础的电路板模拟实验需要大量进行。

欧姆定律

按说欧姆定律才是成功布局的关键之所在[25]。考虑这样一个简单情况：10mA电流通过一个1Ω电阻，电阻电压将是10mV——这是测量限值的两倍！现在，如果以1ns的上升时间（≈350MHz）运行10mA级电流，那么布局需要注意的内容就很清楚了。首先需要关注的是电路接地返回电流的处理以及地平面电流的处理。地平面上任意两个点间的阻抗并不为零，特别是在纳秒极速度时更为明显。这就是为什么入口点和地平面上电流返回点必须小心安置在接地系统内的原因。

㉔ 请参阅附录D的“关于Z_0探头”。

㉕ 作者并没有落入老套。不过这种假设的频繁使用对作者来说已经根深蒂固。

能体现接地管理重要性的一个较好的例子是将脉冲输入到面包板。脉冲发生器的50Ω匹配终端必须是同轴类型，并且它不能直接连接到信号接地平面。高速、高密度（5V脉冲通过50Ω的终端产生100mA的电流峰值）的电流流动必须直接返回到脉冲发生器。同轴终端结构能确保这一点，而不是使这个信号直接倾入到信号接地平面（100mA的终端电流流过50mΩ的地平面将产生约5mV的误差）。图E3显示BNC屏蔽了信号地的浮动，并最终通过铜带返回到了电源地。此外，如图E1所示，脉冲发生器的50Ω终端在通过同轴延伸管后物理上远离面包板。这进一步确保了脉冲发生器在本地环路进行循环，并不会混入到信号接地平面。

值得一提的是，由于涉及到纳秒级速度，电感寄生效应所引入的误差可能比电阻还要多。解决该问题通常需要采用扁平线编织层来进行连接，以减少寄生电感和趋肤效应的损失。在整个电路中，每个到地回路和信号连接都必须评估这些问题。此时需要执着。

屏蔽

处理辐射引发的误差的最显而易见的方法就是进行屏蔽。以下各图都显示了屏蔽的应用。应该在充分考虑什么样的布局能最大限度地减少屏蔽之后，再确定在何处引入屏蔽。通常，接地要求和最小化辐射效应往往是相互矛盾的，从而不利于敏感点之间足够距离的保持。此时，屏蔽通常是一个折中的方案。

辐射管理应采用与接地路径完整性相似的管理方法。考虑哪些点有可能发生辐射，尝试在敏感节点之外一定距离处安置它们。当对剩余效应举棋不定时，可以使用屏蔽进行试验，并记录结果，这样不断重复使总体性能朝着较好方向发展[26]。重要的是，在不清楚干扰信号来源之前，千万别通过尝试滤波和测量带宽限制来“摆脱”干扰信号。这不仅在学术上不可靠，而且可能会产生完全无效的测量结果，即便它们在示波器上看起来很漂亮。

连接

所有信号连接到面包板时必须是同轴的。示波器探头使用的接地线是被禁止使用的。一个1in长的示波器探头所用接地线很容易产生大量的观察噪声！使用同轴线安装探头适配器！[27]

附录G 多少带宽足够呢?

精确的宽带示波器测量需要一定的带宽。那么，关键问题是：究竟需要多少带宽呢？一个经典的指导原则是："端到端"测量系统的上升时间等于系统各个分量上升时间平方和的平方根。最简单的例子是有两个成分：一个信号源和一个示波器。

图G1所示的是$\sqrt{信号^2+示波器^2}$上升时间与误差的关系曲线。该图绘制了信号与示波器上升时间比与所观测到上升时间的关系。上升时间是带宽在时域的表示方式，其中

$$上升时间(ns)=\frac{350}{带宽(MHz)}$$

该曲线说明，为了获得5%以内的测量精确度，示波器的上升时间必须比输入信号的上升时间快3~4倍。这就是为什么使用一个350MHz示波器（t_{RISE}=1ns）测量一个1ns上升时间脉冲会出错的原因。该曲线表明可能产生极大的41%误差。注意，这个曲线并不包括无源探头或者连接信号到示波器的线缆的影响。探头的测量不一定需要遵循平方根定律，但是必须要仔细选取并应用于一个给定的测量中。更多的细节参见附录B。图G2用于参考，给出了在1MHz~5GHz之间的10个基点处上升时间/带宽的等效。

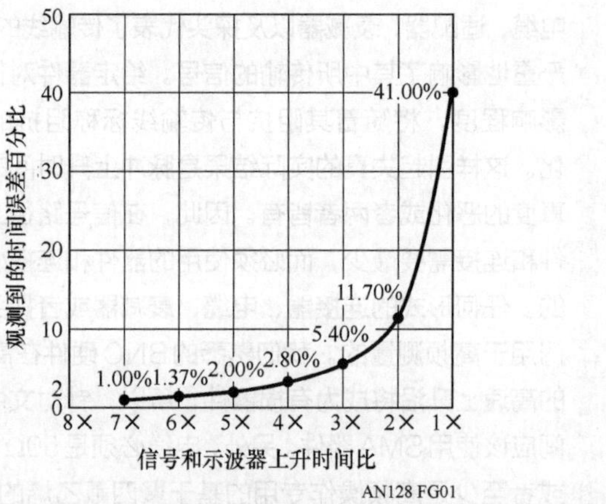

图G1 示波器上升时间对上升时间测量准确度的影响。当信号与示波器上升时间比接近于1时，测量误差快速地上升。数据是基于均方根关系的，并不包括探头的效应（该效应并不遵循均方根定律）

上升时间	带宽
70ps	5GHz
350ps	1GHz
700ps	500MHz
1ns	350MHz
2.33ns	150MHz
3.5ns	100MHz
7ns	50MHz
35ns	10MHz
70ns	5MHz
350ns	1MHz

图G2 一些基点处的上升时间/带宽等效。数据基于文本中的上升时间/带宽公式

[26] 它们能工作时，你就明白其中的原因了。
[27] 有关这方面更为详细的讨论请参阅参考文献34。

附录H 校验上升时间和延迟测量的完整性

任何测量都要求实验者有足够的测量信心。一些校准检测的形式通常是有次序要求的。高速时域测量是特别容易出错的，不过可以采用各种各样的技术来改善测量的完整性。

图H1所示为电池供电的200MHz的晶体振荡器，能产生了5ns的标记，可用于验证示波器的时基精度。电路中的LTC3400升压稳压器由单节1.5V AA电池供电，它产生了5V电压以驱动振荡器。振荡器的输出通过一个峰衰减网络传送到50Ω负载。这提供了轮廓分明的5ns标记（见图H2），防止过驱低电平采样示波器的输入端。

一旦确认了时基精度，接下来就要检查上升时间。集总信号路径的上升时间，包括衰减器、连接、电缆、探头、示波器以及其他设备，应当都包括在本次测量之中。这种“端对端”的上升时间检查，有助于获得有效结果。能够确保精度的准则，就是测量路径的上升时间的取值应为待测上升时间的4倍。这样的话，验证采样门乘法器的250MHz（1.4ns上升时间）的带宽，就需要1GHz（t_{RISE}=350ps）的示波器带宽。反过来，验证示波器的350ps上升时间，阶跃的上升时间就必须为90ps，这样才能确保示波器被驱动到其上升时间限值。图H3列出了一些用于上升时间检查的非常快速的边缘发生器[28]。泰克284的上升时间规格为70ps，可用来检查示波器的上升时间。从图H4可以看到，上升时间为350ps，所以测量结果可信。

㉘ 这组快速边缘发生器非常特殊，不过这样水准的设备的确需要进行上升时间验证。

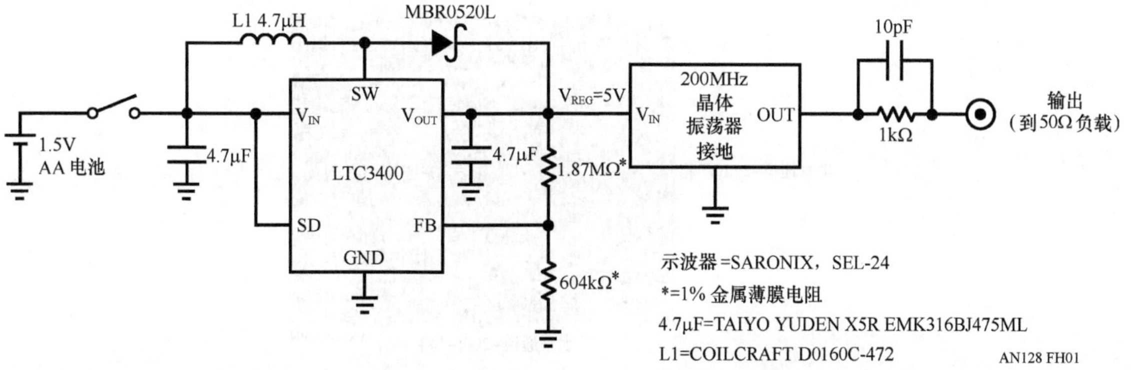

图H1 1.5V电池供电的200MHz晶体振荡器产生了5ns的时间标记。1.5V到5V的开关稳压器为振荡器提供电源

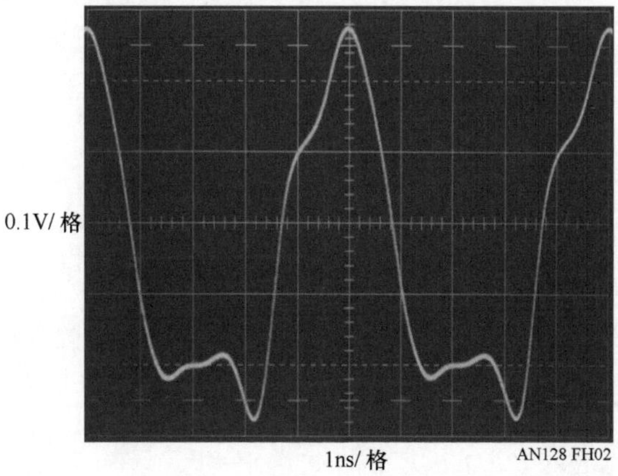

图H2 时间标记发生器输出端接50Ω负载。波形峰值进行了优化以验证时基校准

生产商	型号	上升时间	振幅	可用性	说明
Avtech	AVP2S	40ps	0 ~ 2V	正在生产	自由运行，或者触发控制在0MHz到1MHz
Hewlett-Packard	213B	100ps	≈175mV	二手市场	自由运行，或者触发控制在100kHz
Hewlett-Packard	1105A/1108A	60ps	≈200mV	二手市场	自由运行，或者触发控制在100kHz
Hewlett-Packard	1105A/1106A	20ps	≈200mV	二手市场	自由运行，或者触发控制在100kHz
Picosecond Pulse Labs	TD1110C/TD1107C	20ps	≈230mV	正在生产	与不连续H的P1105/1106/8A相似。参见上面
Stanford Research Systems	DG535 OPT 04A	100ps	0.5~ 2V	正在生产	必须由独立脉冲发生器驱动
Tektronix	284	70ps	≈200mV	二手市场	50kHz重复率。预触发为主输出前5ns，75ns或150ns。校准的100MHz以及1GHz的正弦辅助输出
Tektronix	111	500ps	≈±10V	二手市场	重复率10kHz到100kHz。正输出或者负输出。预触发为输出前30ns到250ns。外部触发输入。脉宽由充电线设置
Tektronix	067-0513-00	30ps	≈400mV	二手市场	预触发为输出前60ns。100kHz重复率
Tektronix	109	250ps	0V to ±55V	二手市场	重复率大约为600Hz（基于高压汞干簧继电器）。正或负输出。脉宽由充电线设置

图H3 适合于上升时间验证的皮秒级边缘发生器。考虑因素包括速度、特征和可用性

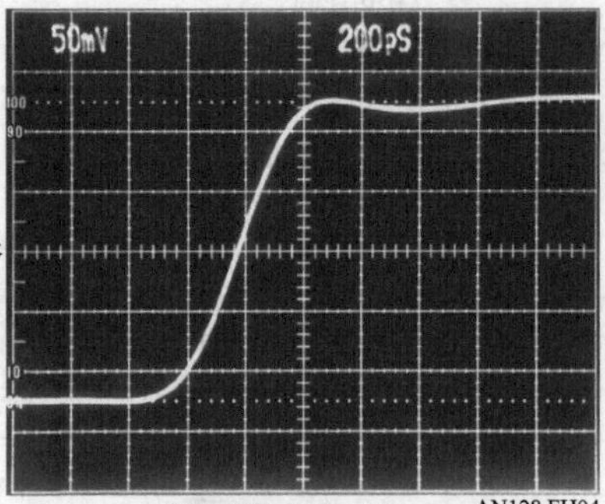

垂直通道=50mV/格

水平通道=200ps/格

AN128 FH04

图H4 70ps边缘驱动示波器至350ps上升时间限值，以验证1GHz带宽

关于声学测温法的介绍

27

从一个充满空气的橄榄瓶中学习信号调理

Jim Williams, Omar Sanchez-Felipe

引言

我们偶尔会给工程专业的大学生讲课，总是想用一种类似于小说，甚至是迷人的形式来讲述现在的技术。这样做是希望他们能够喜欢这个话题，因为好奇心是教育的沃土。这里将声学测温作为信号调理技术的一个例子，希望能引出您的好奇心。这个课题已引起大家足够的兴趣，并得到了广泛的传播，同时也将作为未来声学测温讲座的补充材料。

声学测温

声学测温是一种神秘的、优雅的温度测量技术。它利用声音在介质中传播时传播时间和温度的关系来测量温度。该介质可以是固体、液体或气体。声学温度计可以在传统传感器无法容忍的环境下工作。比如极端温度，或者传感器会遭到物理损坏的环境，或核反应堆。气体通道声学温度计能够对温度变化做出非常快速的响应，这是因为它们基本上没有热质量或滞后。声学温度计本身就是被测对象。此外，声学温度计报告的"温度"与传统传感器的单点测定不同，这里的"温度"是指总测量路径的传播时间。因此，声学温度计是"盲目地"测量路径内的温度变化。它将测量路径的延迟作为"温度"，不管测量路径是否为等温的。

令人惊喜的是，气路温度计中的声波传播时间几乎完全不受压力和湿度的影响，使温度成为了唯一的决定因素。此外，在空气中，声波速度可以通过温度的平方根预测。

实际问题

一个实际的声学温度计演示，将从选择音速传感器和尺寸不变的稳定测量路径开始。可以使用宽带超声传感器，它能产生快速、低抖动、高保真无共振响应，并且没有其他寄生效应。图27.1所示的静电式就能够满足这些要求。其中，传感器既用作发射机又用作接收机。

该装置紧紧安装在玻璃外壳的硬化金属盖内，以保证测量路径的尺寸稳定性。外壳和盖，为了方便，配了一个"瑞斯"牌"炮弹"橄榄瓶（见图27.2）。除去橄榄油和其残余物后，瓶子和盖子在使用之前，都已在100℃下烘烤过。其中，传感器引线通过一个同轴接头穿过瓶盖。这种结构，再加上玻璃外壳较小的相对热膨胀系数，形成一个相对稳定的路径，不受温度、压力和机械变化的影响。路径长度大约为12in，包括从外壳底部反弹并返回到传感器的路径。这样的设置使双向路径用时约为900μs(空气中声音的传播速度≈1.1ft/ms）。在75℉下，路径的温度相关波动约为1μs/℉。0.1℉分辨率要求机械和电子结构所产生的路径长度不确定性应在100ns之内；大约为0.001in的尺寸稳定性需要12in的路径长度。考虑到可能还存在其他误差，该目标较为现实。

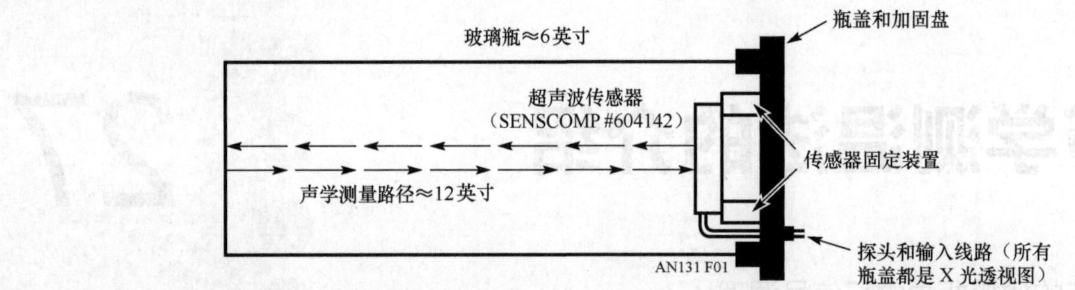

图27.1 超声传感器紧紧安装在瓶子的加强瓶盖上。该结构决定了它是固定长度测量路径，基本上是独立的物理量。声学传播时间在75℉～900μs时的波动约为1μs/℉

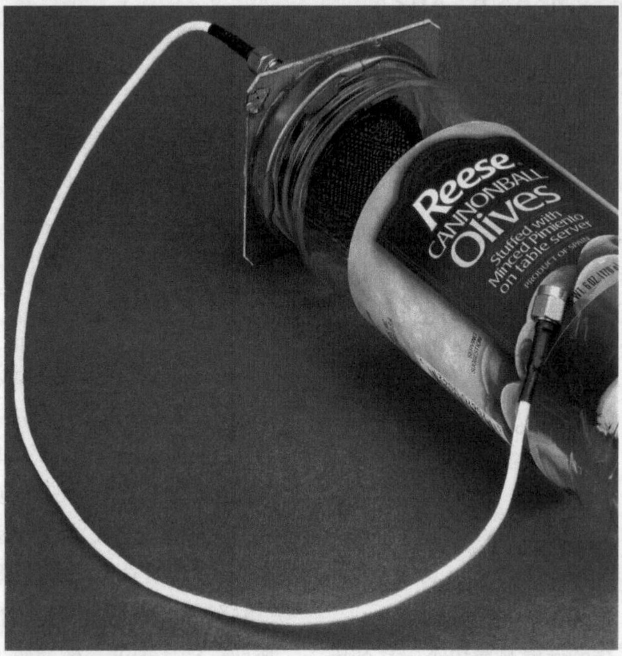

图27.2 照片清楚显示了瓶盖组件，以及部分测试路径。超声波传感器在瓶盖内部。粘在盖顶的加强板可以防止金属薄板因压力或温度而形变，有利于测量路径长度的稳定性。同轴接头用以连接传感器

综述

图27.3所示的是声学温度计电路原理的简化总览。在DC150V偏置下，可以将传感器当作一个电容器。时钟启动脉冲用一个短脉冲驱动它，发射一个超声波到测量路径。同时，宽度解码触发器置为高电平。声波脉冲在瓶底反弹，返回并照射到传感器，这将造成一个微小机械位移，使传感器停止充电（Q=ΔC•V），在接收器放大器输入端表现为一个电压的变化。触发器将放大器的输出漂移转换为逻辑兼容电平，并复位触发器。触发器的输出宽度代表测量路径温度相关的声波传播时间。随后由配备有测量路径温度/延迟校准常数的微处理器计算出温度，并显示到显示器上[①]。启动脉冲发生器还有一个输出，用以在整个测量周期即将完成的这段时间内，门控触发器输出。只有当需要返回脉冲时，触发器输出才能通过。这是为了防止测量路径内出现不必要的声波，避免误触发。第二个门控信号源自宽度解码触发器，可以在测量时间间隔内，关闭150V偏置电源开关稳压器。到达传感器的返回脉冲幅度在2mV以下，但高增益、宽频带接收放大器很容易受寄生输入的影响。在测量过程中关闭150V偏压电源，可以防止其开关谐波破坏放大器。图27.4描述了系统的事件顺序。测量周期从启动脉冲（A）驱动传感器和设置触发器（B）为高开始。声波脉冲传输时间结束后，放大器做出响应（C，图右），触发器（D，图右）跳闸，触发器复位。门控信号（E和F）防止触发器收到不必要的声波以及启动脉冲伪影，切断测量期间的高电压调节器。

① 确定校准常数的详细内容请参阅附录A的“测量路径校准”。

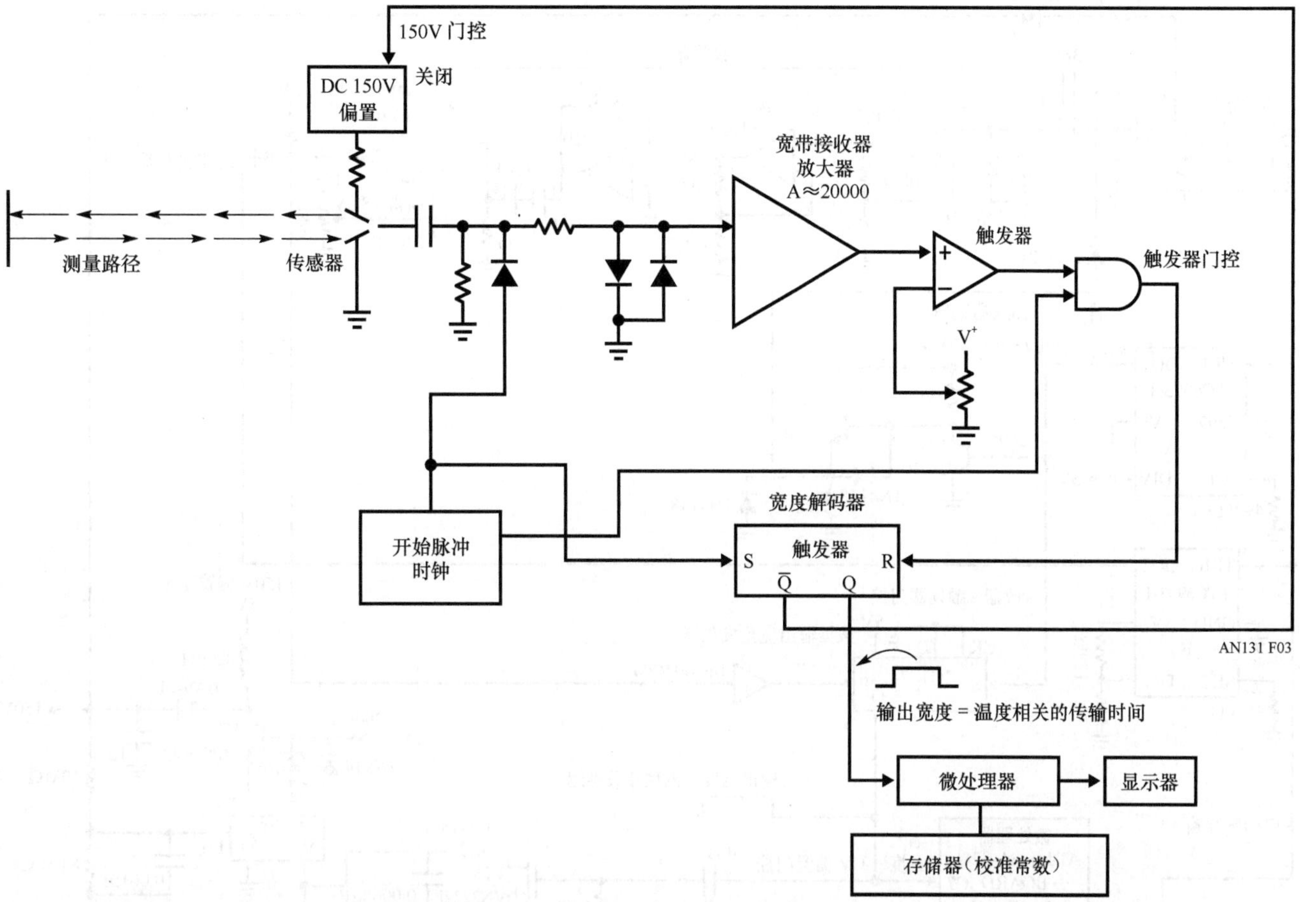

图27.3 声波温度计的信号调理概念图。 开始时钟启动声波脉冲进入测量路径， 设置宽度解码触发器为高。 返回声波由接收器放大， 关闭并重置触发器。 产生的输出宽度“Q”，代表测试路径的温度相关传播时间， 最后由微处理器转化为温度。 门控高压电源和触发器， 可以防止寄生输出

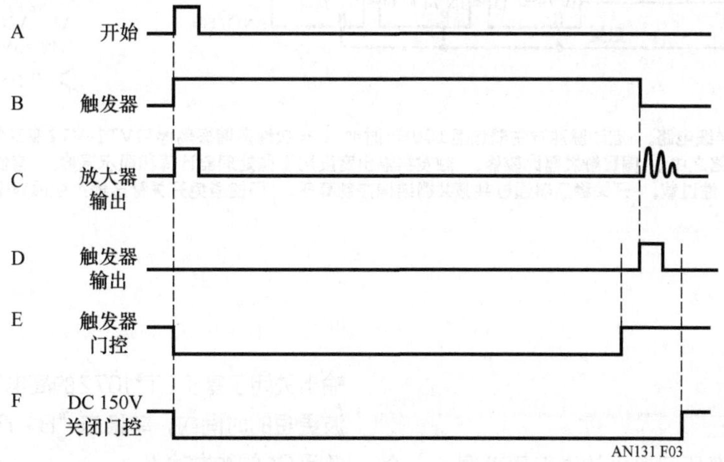

图27.4 图27.3所示电路的事件序列。 启动脉冲 （A） 驱动传感器， 设置触发器 （B） 为高。 返回脉冲激活放大器 （C， 最右边）， 使触发器输出 （D） 重置触发器 （B）。 触发器门控 （E） 防止错误的触发器响应导致产生放大器输出 （C， 最左边） 和外部声波事件。 门控 （F） 在测试中关闭150V开关转换器， 防止破坏放大器输出

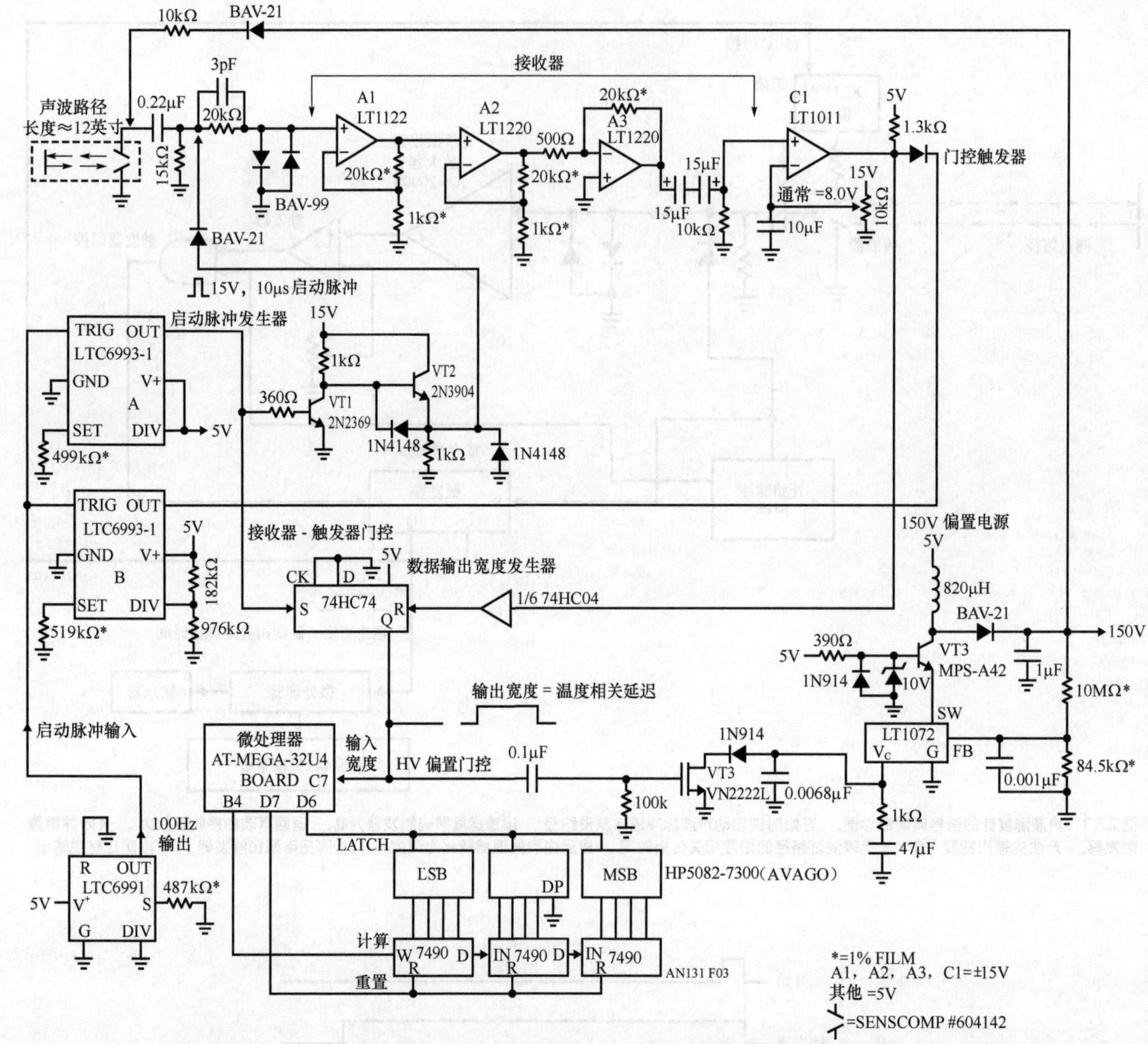

图27.5　图27.3所示概念图的详细电路。启动脉冲发生器包括100Hz时钟，一次性多谐振荡器和VT1-VT2驱动级。一个增益约为20000的接收器放大器将增益分配到三级电路之中，偏置触发器比较器。触发器输出宽度用于微处理器计算和显示温度。容性耦合可以隔绝高电压DC传感器偏置，二极管钳位可以防止破坏性过载。开关稳压器通过共源共栅结构控制高压。门控避免开关稳压器产生噪声干扰，使外部声波破坏最小化

具体电路

图27.5所示为图27.3所示概念的详细原理图。一个LTC®6991振荡器提供100Hz时钟。LTC®6993-1单稳态"A"为VT1-VT2驱动提供了一个10μs的宽度，并与启动脉冲（线迹A，见图27.6）容性耦合至传感器。同时，单稳态设置触发器（E）为高电平。在测量过程中，触发器的高输出关闭了基于LT®1072的高电压转换器。在比最快返回声波更短的时间内，单稳态"B"产生一个脉冲（B），并门控关闭C1的触发输出。

启动后的音波脉冲在测量路径里传播、反弹并返回，最后撞击传感器。这时由DC150V偏置的传感器释放电荷（Q=ΔC•V），在接收器放大器端体现为电压的变化。

级联放大器的总增益约为17600，能产生A2输出（C），并在A3进一步放大。在第一次出现超过它的负输入端阈值时，触发C1(D)，复位触发器。由此所得到的触发器宽度代表温度相关的传播时间，最后由微处理器计算出温度，并显示出来②。

图27.7研究了接收器放大器在临界返回脉冲跳变点的工作。返回声波脉冲在A2(曲线A)处观测到。A3(B)能够增加增益，并使信号主要响应饱和。C1的触发输出端(C)响应多个触发器，但是触发器的输出端(D)在初始触发后保持高位，这是为了保护传输时间数据。

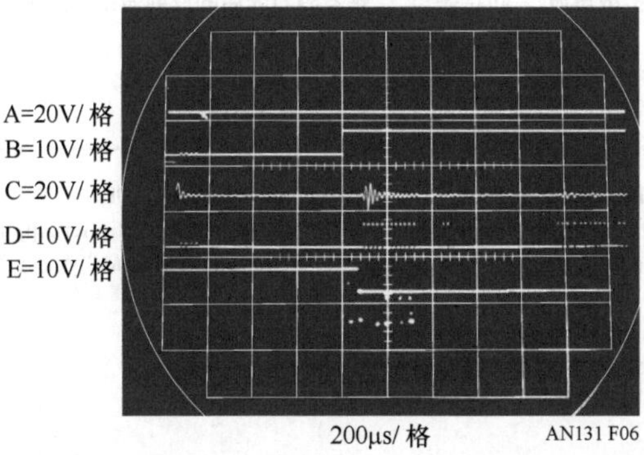

图27.6　图27.5所示电路产生的波形，包括启动脉冲(A)，触发器门控(B)，A2输出(C)，触发器(D)和触发器Q输出宽度(E)。放大器输出使多路触发跃迁，但触发器(Flip-Flop)仍保持完整的脉冲宽度。A2触发器输出在图右边，由于声波脉冲的第二次反弹，所以是无效的

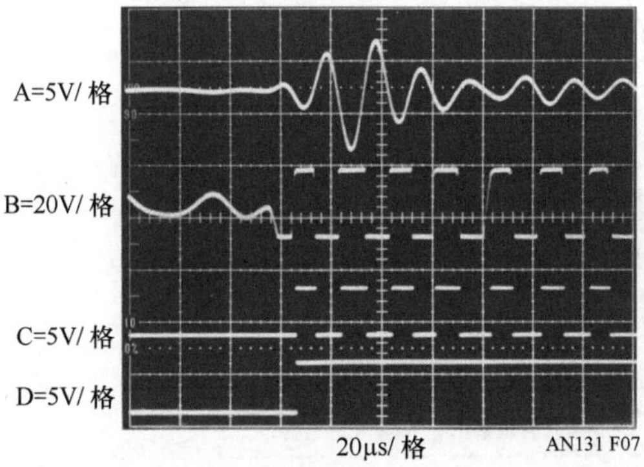

图27.7　接收器放大器-跳变点触发器的工作原理。经过X440增益后，返回声波脉冲可以在A2输出(线迹A)观测到。A3输出(B)再加上X40，可以饱和信号前沿响应。C1输出(C)响应多路触发器，但触发器(Flip-Flop)输出在初始触发后仍保持高位。

门控可以防止高压电源开关谐波导致杂散的放大器-触发器输出。图27.8所示为门控关闭的细节。在测量开始后，触发器输出(线迹A)升高，关闭高电压开关(B)。触发器在整个传播时间内都将保持这种状态，这是为了防止错误的放大器-触发器输出。图27.9的触发器下降(线迹A)，再结合LT1072的V_C引脚相关部件，将产生延迟的高电压导通(B)和小幅度的跳变点返回脉冲。这保证了一个干净无噪声的触发。

电路中有几个部分辅助提升了整体性能。如前所述，门控触发器输出防止来自外界的声波干扰。同样，门控关闭150V转换器，会防止它的谐波损坏高增益宽带接收器放大器。此外，150V电源也是一个增益项，它在测量中的稳压损失也值得关注。实际上，在本次测量中，1μF输出电容器仅衰减30mV，约为0.02%。这个小变化是恒定的和不显著的，并且可以被忽略。另外，从相同的电源得到触发器的触发点和启动脉冲，可以使触发器电压随着所接收信号的幅度按比例变化，这大大提高了稳定性。最后，使用的传感器都是宽带的、高度敏感的、无谐振的和可重复的，并且不会出现抖动操作③。所有上述的功能直接影响电路，使其约为1ms的路径长度的分辨率小于100ns(0.1℉)，且只有不到100ppm的不确定性。参照附录A有关校准的部分，60～90℉范围内的绝对精度误差只有1℉。

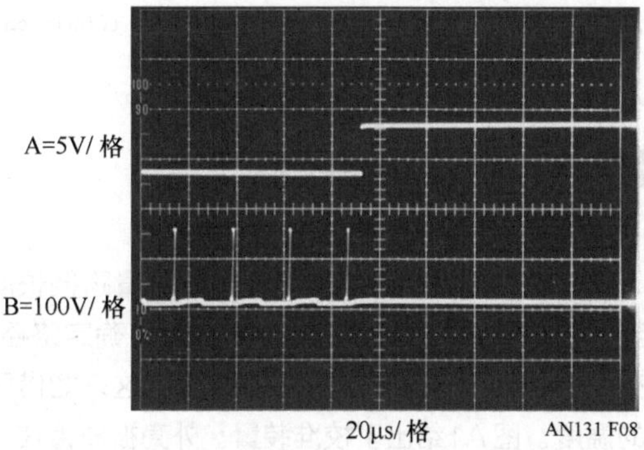

图27.8　高压偏置电源门控关闭细节。触发器输出(线迹A)升高，使LT1072开关稳压器关闭，并杜绝150V反激事件的发生(B)。测量间隔内停止工作，防止接收器放大器被破坏

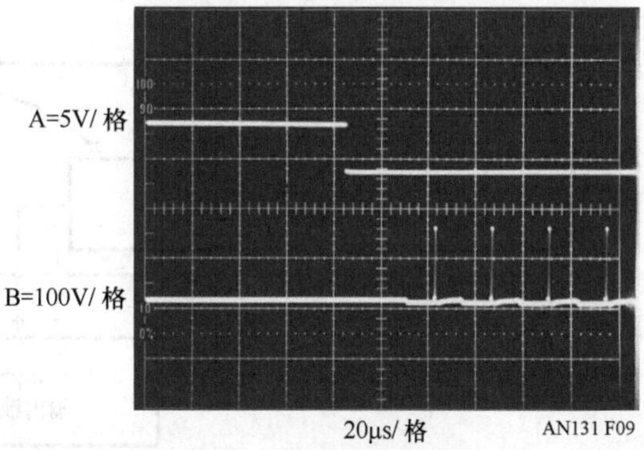

图27.9　高压偏置电源门控打开细节。触发器输出(A)在声波脉冲返回时下降。LT1072开关稳压器V_C引脚相关部件，延迟电源偏置打开(B)。事件发生定序化，保证当放大器-触发器对声波脉冲做出响应时，偏置电源关闭

② 完整的处理软件代码请参阅附录B的"软件代码"。

③ 经验丰富的读者应该能够看到，这里使用的传感器是20世纪70年代的宝丽来SX-70自动对焦摄像头(每个婴儿潮时代出生的人都应该拥有一个)的简化版。

随后的反弹产生的触发具有潜在的好处——宽松的时序容限和指标。如图27.10所示，多个声波反弹（可以在A2输出端观测到），在玻璃外壳内部衰变成扩散声波，包括噪声。触发器对随后的反射做出响应将放宽时序余量，但也会带来不利的信号-噪声特性。不过信号处理技术可以克服这个问题，比如增加的分辨率技术等。

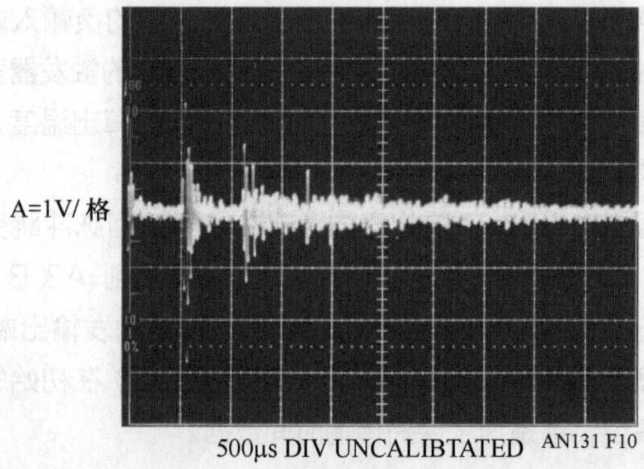

图27.10 多个声波反射，可以在A2输出端观测到，在玻璃外壳内部衰变成扩散声波，包括噪声。触发器对随后的反射做出响应将放宽时序余量，但也会带来不利的信号-噪声特性

参考资料

1. Lynnworth, L.C. and Carnevale, E.H.,"Ultrasonic Thermometry Using Pulse Techniques." Temperature: Its Measurement and Control in Science and Industry, Volume 4, p.715-732, Instrument Society of America (1972)
2. Mi, X.B. Zhang, S.Y. Zhang, J.J. and Yang, Y.T., "Automatic Ultrasonic Thermometry." Presented at Fifteenth Symposium on ThermophysicalProperties,June 22-27, 2003, Boulder, Colorado,U.S.A
3. Williams, Jim, "Some Techniques For Direct Digitization of Transducer Outputs," Linear Technology Corporation, Application Note 7, p.4-6, Feb. 1985
4. Analog Devices Inc., "Multiplier Applications Guide," "Acoustic Thermometer," Analog Devices Inc., p.11-13, 1978

附录A 测量路径校准

理论上，温度校准常数可以根据测量路径长度计算得到。但在实践中，很难在给定的精度下确定路径长度。外壳、传感器及安装尺寸都必需校准，这只能借助于已知的温度。图A1给出了校准装置。外壳被放置在一个热处理室中，其内部装有一个精确的温度计，与外壳等温。通过设置，在热处理室内产生10个均匀的温度梯度，从60～90℉。外壳需要30min时间以稳定到0.25℉，所以在读数前，要确保每步都有足够的时间稳定下来。读数时要注意不同温度下的计数器数字（代表脉冲宽度），并记录数据。然后，将这个信息加载到微处理器存储器中。请参阅附录B的“软件代码。”

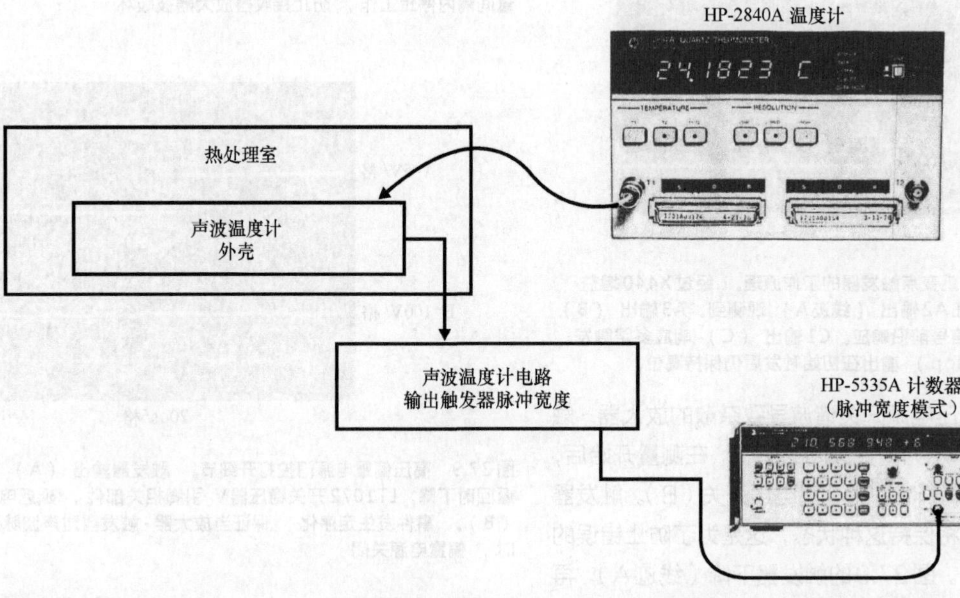

图A1 校准准备包括温度计、计数器、声波调节电路和外壳（放置在热处理室）。热处理室内，温度从60～90℉分成了10个梯度（每个梯度3℉），保证每点30min的稳定时间

附录B

该软件代码是在Atmel AT-MEGA32U4微处理器上开发的，结合了存储在内存中的校准常数（见附录A），使处理器能够计算并显示检测到的温度。代码由LTC的Omar Sanchez-Felipe编写，详细代码如下。

```
//      OLIVER.C:
//
//      Hot temps from a jar of olives.
//
//      The microprocessor is the Atmel ATmega32U4. See 'atmel.com' for its
//       datasheet. The code is compiled with the current version of the
//        'avr-gcc' compiler obtainable at 'winavr.sourceforge.net'.
//
//      Calibration data:
//        Pulse len (usecs)   Temp (deg)
//          877.40              84.2
//          884.34              76.0
//          887.40              72.4
//          892.56              66.4
//          897.60              60.7
//
#include <avr/io.h>
#include <avr/wdt.h>
//        Some useful defs
#define BYTE          unsigned char
#define WORD          unsigned short
#define DWORD           unsigned long
#define BOOL          unsigned char
#define NULL          (void *)0
#define TRUE          1
#define FALSE         0
#define BSET (r, n)   r|=(1<<n) // set/clr/tst nth bit of reg
#define BCLR (r, n)    r&=~(1<<n)
#define BTST(r, n)    (r&(1<<n))
#define DDOUT(r, v)   (r|=(v))               // config (set) bits for OUT
#define DDIN(r, v)    (r&=~(v))              // config (clear) bits for IN
#define SETBITS(r, v)  (r|=(v))              // set multiple bits on register
#define CLRBITS(r, v)  (r&=~(v))             // clear  ""
#define SYS_CLK       16000000L              // clock (Hz)
#define CLKPERIOD     625
#define POSEDGE        1                     // edge definitions for timerwait
#define NEGEDGE        0
#define TMRGATE        PORTC7                // I/O pins
#define BCDRSET        PORTD7
#define BCDPULS        PORTB4
#define DPYLATCH        PORTD6
//      Calibration table and entry.
//      Using small units of time and temp allows all calcs
//      to be done in fixed point.
struct calpoint
{
        DWORD pulse;            // pulse duration, in tenths of nsecs
        WORD temp;              // temperature, in tenths of degrees
        WORD slope;             //slope (in tenths of nsecs/tenths of degree)
};
struct calpoint caltab[] =      // the calibration table
{       {8774000L,      842, 0},
        {8843400L,      760, 0},
        {8874000L,      724, 0},
        {8925600L,      664, 0},
```

```
    {8976000L,    607, 0}
};
#define NCALS        (sizeof(caltab)/sizeof(structcalpoint))
#define TEMPERR      999
void   spin(WORD);
BOOL  timerwait(BYTE v, long tmo, WORD *p);
Void   setdpy(WORD);
void   dobackgnd(void);
WORD dotemp();

int     main()
{
        WORD temp, i;
        // set master clock divisor
        CLKPR = (1<<CLKPCE); CLKPR = 0;

        // clear WDT
        MCUSR = 0;
        WDTCSR |= (1<<WDCE) | (1<<WDE);
        WDTCSR = 0x00;

        // init the display I/O pins
        BCLR(PORTD,   BCDRSET);
        BCLR(PORTD,   DPYLATCH);
        DDOUT(DDRD,  ((1<<BCDRSET) | (1<<DPYLATCH)));
        BCLR(PORTB,   BCDPULS);
        DDOUT(DDRB,  (1<<BCDPULS));

        // init pulse-width counter (timer #3)
        TCCR3A = 0x00;
        TCCR3B = 0x01;            // no clk prescaling
        DDIN(DDRC, (1<<DDC7));          // PC7 is gate
        BSET(PORTC, PORTC7); // enable pullup

        // compute the slope for each entry in the cal table
        // the first slope is never used, so we leave it at 0
        // note we're inverting the sign of the slope
        for (i= 1; i< NCALS; i++)
              caltab[i].slope = (caltab[i].pulse - caltab[i-1].pulse) /
                                (caltab[i-1].temp - caltab[i].temp);
        setdpy(0);
for (; ;)
        {
        temp= dotemp();          // compute temperature
        setdpy(temp);            // set the display
        spin(1000);              // spin a second and repeat
}
} // main
//        Set the display LED's to specified count by brute-force
//        incrementing the BCD counter that feeds it.
//
void     setdpy(WORD cnt)
{
        // reset BCD counter
        BSET(PORTD, BCDRSET);
        asm("nop"); asm("nop");
        BCLR(PORTD, BCDRSET);
        while (cnt--)
              {
              BSET(PORTB, BCDPULS);
              asm("nop"); asm("nop");
```

```
            BCLR(PORTB, BCDPULS);
            asm( "nop" ); asm( "nop" );
            }
        // latch current val (to avoid flicker)
        BCLR(PORTD, DPYLATCH);
        asm( "nop" ); asm( "nop" );
        BSET(PORTD, DPYLATCH);
}
//      Set up the edge detector to trigger on either a positive or
//      negative edge, depending on the 'edge' flag, and then wait for
//      it to happen.  See defines for POSEDGE/NEGEDGE above.
//      if param 'tmo' is TRUE, a timeout is set so that we dont wait
//      forever if no pulse materializes.  Returns the counter value
//      at which the edge occurs via pointer 'p'.
//
#define tcnTMO (SYS_CLK/20000L) // approx 1 msecs
BOOL timerwait(BYTE edge, long tmo, WORD *p)
{
        if (edge == NEGEDGE)
            BCLR(TCCR3B, ICES3); // falling edge
        else BSET(TCCR3B, ICES3); // rising edge
        BSET(TIFR3, ICF3);
        tmo *= tcnTMO;
        while (!BTST(TIFR3, ICF3))
            {if (tmo-- < 0)
        return FALSE;
            }
        *p = ICR3; // return current counter
        return TRUE;
}
//      Measure the next POSITIVE pulse and map into temperature.
//
WORD dotemp()
{
        WORD strt, end, i;
        DWORD dur, temp;
        strt= end = dur= 0;
        // wait for any ongoing pulse to complete
        if (!timerwait(NEGEDGE, 5000, &strt))
            return 0;
        // now catch the first positive pulse
        if (!timerwait(POSEDGE, 5000, &strt))
            return 0;
        // and wait for it to complete
        if (!timerwait(NEGEDGE, 5000, &end))
            return 0;
        dur= (end - strt);
        dur *= CLKPERIOD; // duration now in tenths of nsecs
        // compute temp.  If warmer than highest calibrated temp
        // or cooler than lowest calibrated temp, return TEMPERR
        //
        if (dur<caltab[0].pulse || dur>caltab[NCALS-1].pulse)
            temp = TEMPERR;
        else { // an entry will always be found, but we (re)init
            // temp to avoid complaints from the compiler
            temp = TEMPERR;
            for (i= 1; i< NCALS; i++)
                {if (dur<= caltab[i].pulse)
                    {temp = caltab[i].temp +
                        (caltab[i].pulse - dur) /
                            caltab[i].slope;
                     break;
```

```
            }
        }
    }
    return temp;
}
//      ------------------------------------------
        //Spin for 'ms' millisecs. Spin constant is empirically determined.
                //
#define SPINC (SYS_CLK / 21600L)
volatile WORD spinx;
void    spin(WORD ms)
{
    WORD i;
    while (ms--)
        for (i= 0; i< SPINC; i++) spinx= i*i;
}
//          END
#           GCC MAKEFILE:
#
#           GMAKE file for the "oliver" code running on the ATmega32U4.
#
CC          = avr-gcc.exe
MCU         = atmega32u4
#           These are common to compile, link and assembly rules
#           The 'no-builtin' opt keeps gcc from assuming defs for putchar() and
#           others
#
COMMON              = -mmcu=$(MCU) -fno-builtin
CF          = $(COMMON)
CF +        = -Wall -gdwarf-2
##CF +              = -Wall -gdwarf-2 -O0
AF          = $(COMMON)
AF          += $(CF)
AF          += -x assembler-with-cpp -Wa,-gdwarf2
LF =        $(COMMON)
LF          += -Wl,-Map=$(TMP)$(APP).map
#           weird intel flags
#
HEX_FLASH_FLAGS = -R .eeprom
HEX_EEPROM_FLAGS = -j .eeprom
HEX_EEPROM_FLAGS += --set-section-flags=.eeprom="alloc,load"
HEX_EEPROM_FLAGS += --change-section-lma .eeprom=0 --no-change-warnings
#           ------------------------------------------
#           MAKE DIRECTIVES
#
#           The "target directory" TMP is standard for the intermediate files
#           .obj) and the final product.
#           ------------------------------------------
TMP         =./tmp/
APP         =oliver
ELF         =$(TMP)$(APP).elf
OBJS        = $(TMP)oliver.o
all:        $(TMP) $(ELF) $(TMP)$(APP).hex $(TMP)$(APP).eep size
$(TMP):
            rm -rf              .\tmp
            mkdir               .\tmp
$(TMP)oliver.o: oliver.c
            $(CC) $(INCLUDES) $(CF) -O1 -c $< -o $*.o
oliver.asm: oliver.c
            $(CC) $(INCLUDES) $(CF) -O1 -S $< -o oliver.asm
            # Linker ---------------------------------------------------
$(ELF): $(OBJS)
```

```
		$(CC) $(LF) $(OBJS) $(LINKONLYOBJS) $(LIBDIRS) $(LIBS) -o $(ELF)
%.hex: $(ELF)
		avr-objcopy -O ihex $(HEX_FLASH_FLAGS) $< $@
%.eep: $(ELF)
		-avr-objcopy $(HEX_EEPROM_FLAGS) -O ihex $< $@ || exit 0
%.lss: $(ELF)
		avr-objdump -h -S $<> $@
size: $(ELF)
		@echo
		@avr-size -C --mcu=${MCU} $(ELF)
# Misc - - - - - - - - - - - - - - - - - - - - - - - - - - - - - - - - - - -
clean:
		-rm -rf $(OBJS) $(TMP)$(APP).elf ./dep/* $(TMP)$(APP).hex $(TMP)$(APP).eep
		$(TMP)$(APP).map $(TMP)$(APP).d
#		end
```

Section 3

高频/射频设计

开关稳压器低噪声变容二极管偏置（28）

远程通信、卫星链路和机顶盒都需要调谐高频振荡。其实，调谐元件就是一个变容二极管，工作时需要高压偏置。高压偏置必须无噪声，否则会产生不必要的振荡器输出。本章将详细介绍一种使用开关稳压器，从低电压输入产生无噪声高压的方法。其寄生振荡输出低于-90dBc。推荐电路和布局信息也将在后面介绍。附录包括变容二极管的原理和性能验证技术。

低成本耦合方法——RF功率检波器代替定向耦合器（29）

本章描述了一种射频反馈耦合方法，这种方法没有使用定向耦合器，而是使用了一个0.4pF±0.05pF电容和50Ω电阻，来使射频信号返回到凌力尔特公司的电源控制器。这种方法减少了耦合损耗变化、成本和前置时间。

提高RMS功率检波器随温度输出精度（30）

温度稳定性能在基站设计中极为重要，因为环境温度很大程度上取决于周围环境和位置。使用一定温度范围内的高精度RMS检波器，可以提高基站设计的效率。LTC5582和双通道LTC5583是同一系列的RMS检波器，LTC5582在高达10GHz（LTC5583在高达6GHz）的任意频率下都仍能提供优异的温度稳定性能（-40~85℃）。另外，应用指南还介绍了若干提高这些器件温度稳定性能的技术。

开关稳压器低噪声变容二极管偏置

28

消除变容二极管的恶意破坏因素

Jim Williams，David Beebe

引言

远程通信、卫星链路和机顶盒都需要调谐高频振荡器。其实，调谐元件就是一个变容二极管，它是一个二端元件，在施加反向偏置时其容值随电压而变化①。振荡器是频率合成环路的一部分，详情如图28.1所示。振荡分频之后，由锁相环路（PLL）将之与参考频率相比较。PLL的输出进行了电平移位，为变容二极管提供了必要的高压偏置，并通过电压调谐振荡器，使反馈回路闭合。该回路使电压控制振荡器（VCO）在给定频率和分频器的分频比之下运行。

① 关于变容二极管的理论思考请参阅附录 A“Zetex 变容二极管”，它是由 Zetex 的 NeilChadderton 代笔撰写的。

变容二极管偏置问题

为了达到较宽范围的变容二极管操作，需要高压偏置。图28.2给出了某系列变容二极管电容随反向电压变化的曲线。从图中可以看到，可达到10 : 1的电容偏移，不过需要0.1 ~ 30V的摆幅。曲线也显示出了典型的“超突变”器件特性。此外，还可以改变响应，主要手段是进行性能折中，特别是线性度和灵敏度②。

偏置电压通常是利用现有的高压轨实现的。而当前的趋势是低压供电系统，这就意味着高压偏置必须在本地生成，从而需要某些形式的升压开关稳压器。这当然没有问题，但是变容二极管的噪声敏感度使设计变得复杂。此外，任何偏

② 关于变容二极管的深入讨论请参阅附录 A。

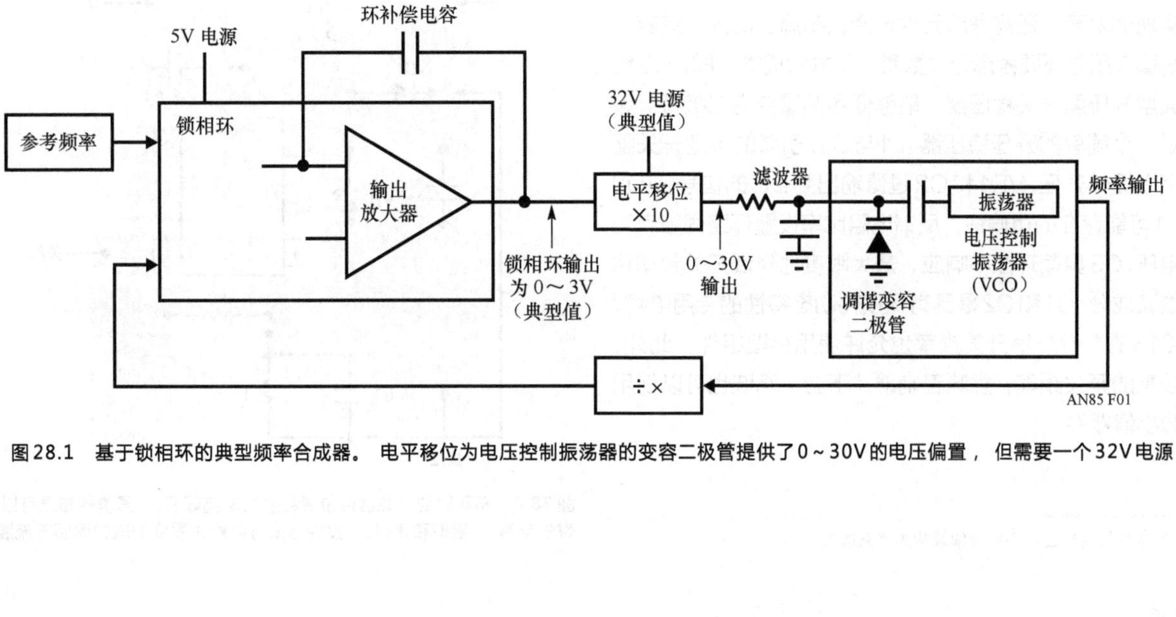

图28.1 基于锁相环的典型频率合成器。 电平移位为电压控制振荡器的变容二极管提供了0 ~ 30V的电压偏置， 但需要一个32V电源

置幅度变化都会使变容二极管产生响应，从而产生不期望的电容移位。这种移位还使VCO频率发生变化，最终导致寄生振荡输出。PLL环路可以清除DC和低频移位，但环路通带外的活动仍会导致不期望的输出。大多数应用程序都要求寄生振荡器输出最多为80dB，或者低于标称输出频率③。这意味着低噪高压供电电源需要在开关稳压器设计时谨慎小心。开关稳压器往往伴有噪声产生，使变容二极管偏置陷入危险境地。不过，精心的准备可以消除这种担忧，从而可以实现基于开关稳压器的变容二极管偏置方案。

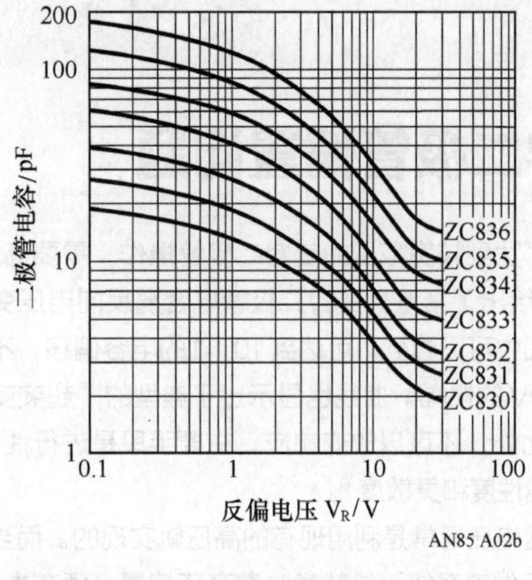

图28.2　Zetex ZC830-ZC836的典型电容电压特性。0.1～30V的摆幅产生约10倍的电容偏移

低噪声开关稳压器设计

理论上讲，仅需一个简单的反激式稳压器就足够了，但要想实现低噪声，还需考虑元件选择和布局。此外，变容二极管偏置应用时还要考虑元件数量、尺寸和成本。图28.3给出了典型升压型开关稳压器，能够低噪偏置变容二极管。该电路是一个简单的升压稳压器。L1与SW引脚的接地开关配合使用以提供升压。VD1和C2过滤输出到DC的信号，VD2钳位L1可能存在的负偏移，反馈电阻比率设置环路伺服点和输出电压。C3剪裁环频率响应，最大限度地降低开关频率输出的纹波成分。C1和C2是具有低损耗动态特性的专用电容，LT®1613的1.7MHz开关频率也允许使用小型组件。此外，相对较高的开关频率，意味着辅助“下游”滤波也可以使用类似微小值器件。

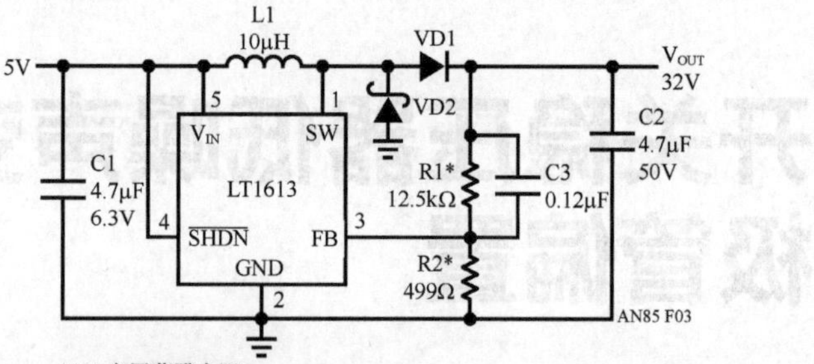

*1% 金属薄膜电阻
C1：TAIYO YUDEN JMK212BJ475MG
C2：MURATA GRM235Y5V475Z50
VD1：1N4148
VD2：ON SEMICONDUCTOR MBR0540 OR LITE ON/DIODES INC.BO540W
L1：MURATA LQH3C100

图28.3　基于LT1613的升压稳压器，恰当选择器件并进行精心布局，可以低噪偏置变容二极管

布局问题

布局是获得低噪声的最关键环节。图28.4给出了一个建议布局。接地处，V_{IN}和V_{OUT}分处不同平面，最大限度地减少了阻抗。其中，LT1613的GND引脚（引脚2）带有高速开关电流；该引脚到电源出口的路径，在所有频率下都应直连，并具有高导通性。R2的返回电流回流，尽可能不与引脚2的大动态电流混在一起。C1和C2应分别放在靠近引脚5和VD1处。它们的接地末端应直接接到接地层。L1具有到V_{IN}的低阻抗路径；其驱动端直接返回接到LT1613的引脚1。VD1和VD2应该具有较短的低电感路径分别连接到C2和引脚2；它们之间的连接点与引脚1和L1紧密结合在一起。引脚1的面积很小，最小化了辐射。注意，这一点是通过封闭交流地，形成屏蔽来实现的。反馈节点（引脚3）进一步进行了屏蔽以避免开关辐射的影响，防止了不必要的相互作用。最后，应确定L1的朝向，以最小化其辐射引起的破坏。

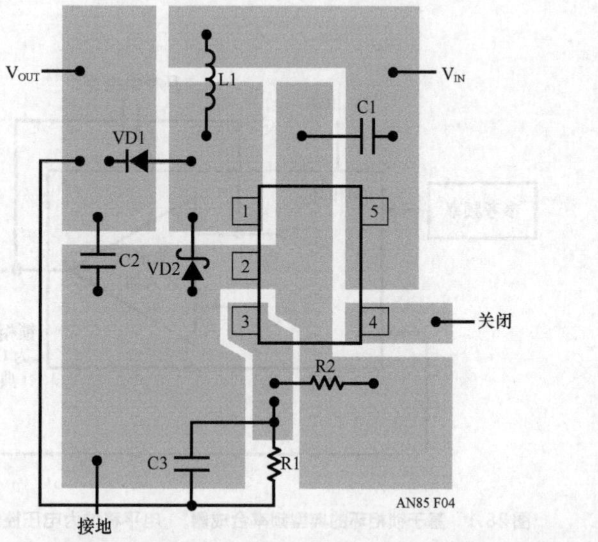

图28.4　布局时要注意器件位置和接地电流管理。紧凑的布局可以减少寄生电感、辐射和串扰。接地方案可以最大程度地减少返回电流混频

③ 寄生振荡输出，在射频领域称为“杂散”。

电平搬移

PLL的低电压输出（见图28.1）需要经过模拟电平移位，才能偏置变容二极管。图28.5给出了另外一个可行方案。图28.5（a）所示的是一个放大器，由LT1613的32V输出供电。其反馈比率设定增益为10，这样0～3V的输入就能产生一个0～30V的输出。图28.5（b）所示的是一个同相共基极级电路。其增益控制不如图28.5（a）所示电路，不过其全频率合成器环路可以抵消这方面的不足。图28.5（c）所示的共发射极电路与图28.5（b）所示基本相似，区别在于晶体管接法相颠倒。

测试电路

结合上述考虑，可以得到如图28.6所示的实际测试电路。5V电源设计是由LT1613稳压器，基于放大器的电平搬移和GHz频率范围的VCO构成的。其中，放大器由一个经LT1004过滤的12V输出偏置，用以模拟典型变容二极管的偏置点。LT1613配置为低噪声输出，经过位于放大器电源引脚的100Ω-0.1μF阻容网络以及放大器的电源抑制比（PSRR）进行附加滤波。RC组合在频率低于20kHz时，理论上可以提供一个截断（空载）；放大器的PSRR优势来源于图28.7。该图给出了典型放大器的PSRR随频率变化的曲线。图中，有一个陡峭的超过100Hz的滚降，不过在MHz范围大约有20dB的衰减。这说明，放大器对LT1613残余的1.7MHz开关组件进行了一些有效的滤波。

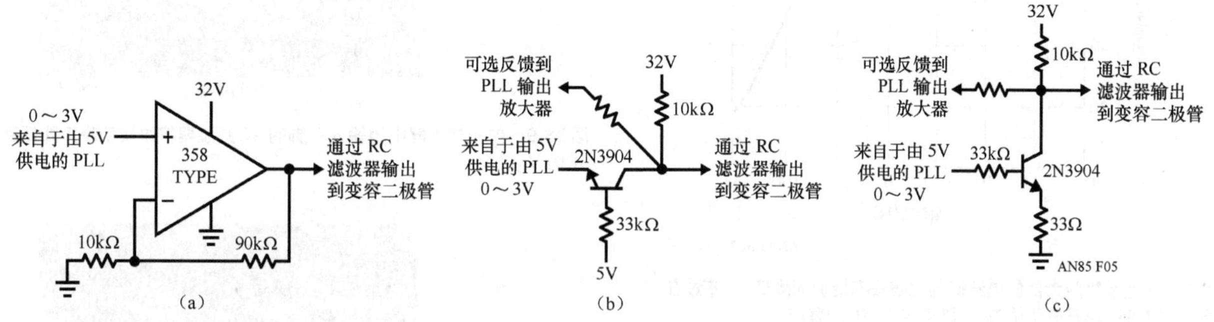

图28.5 电平搬移的可选方案，包括运算放大器（见图28.5（a）），或同相共基级（见图28.5（b）），或共射极（见图28.5（c））。运算放大器工作点固定；图28.5（b）和图28.5（c）依赖于PLL闭合回路，除非使用可选反馈

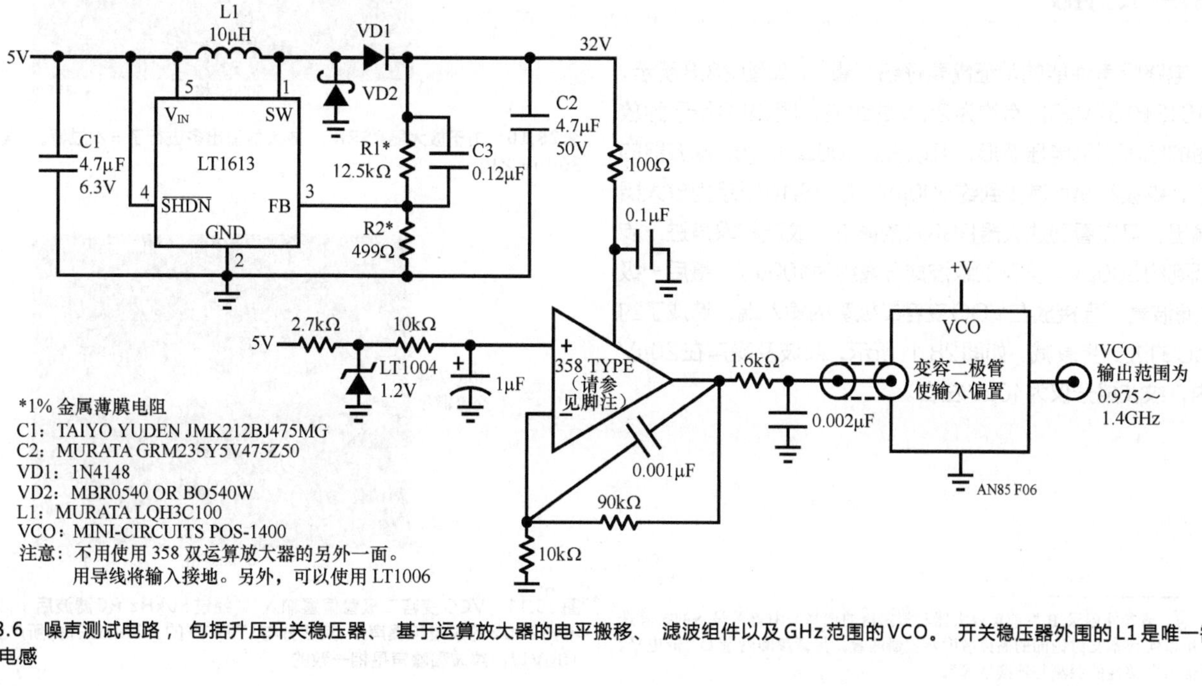

图28.6 噪声测试电路，包括升压开关稳压器、基于运算放大器的电平搬移、滤波组件以及GHz范围的VCO。开关稳压器外围的L1是唯一需要的电感

最后一级RC滤波部分直接放在VCO变容二极管偏置输入端。理想情况下，为了最大程度地加大纹波衰减，该过滤器的截止频率应远离1.7MHz的转换速率。实际上，该滤波器位于PLL环路内，具体位置取决于它引入延迟的大小。通常，PLL环路带宽应达到5kHz，并需要一个约50kHz的滤波点，以保证闭环系统的稳定性。因此，最终的RC滤波器（1.6kΩ-0.002μF）设置到该频率。值得注意的是，变容二极管的输入阻抗是相当高的——基本上相当于一个反向偏置二极管，但并不需要滤波器缓冲装置来驱动它。

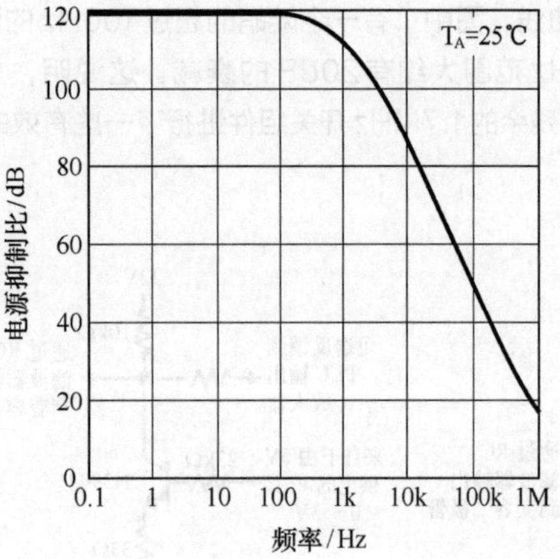

图28.7 典型运算放大器的电源抑制比随频率增加而降低，不过在LT1613的MHz级开关范围内，具有约20dB的衰减

噪声性能

电路噪声性能的验证需要仔细测量④。如图28.8所示，LT1613的32V输出有约为2mV的纹波。图28.9所示为放大器的电源引脚电压波形，可以看到100Ω-0.1pF滤波器的效果，纹波和噪声减少到约500μV。图28.10所示为放大器的输出，可以看到放大器PSRR的影响。纹波和噪声进一步降低到约300μV。实际的纹波成分量约为100μV。最后一级RC滤波器，直接放在VCO变容二极管的输入端，造成了约20dB的进一步衰减。如图28.11所示，纹波及噪声在20μV以内，纹波成分仅为10μV左右。

④ 请参阅附录B“前置放大器和振荡器的选择”中有关设备的推荐选择，用以实现本文讨论的的高灵敏度示波器测量。另请参阅附录C“低电平、宽带信号完整性的探测与连接技术”。

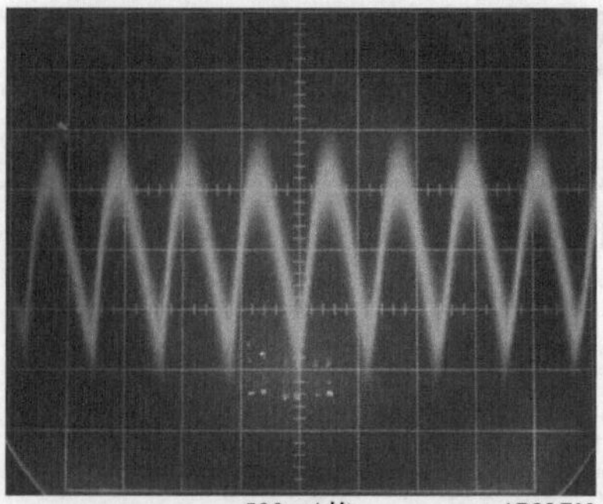

图28.8 基于LT1613的输出，可以看到2mV$_{(峰峰值)}$的纹波和噪声

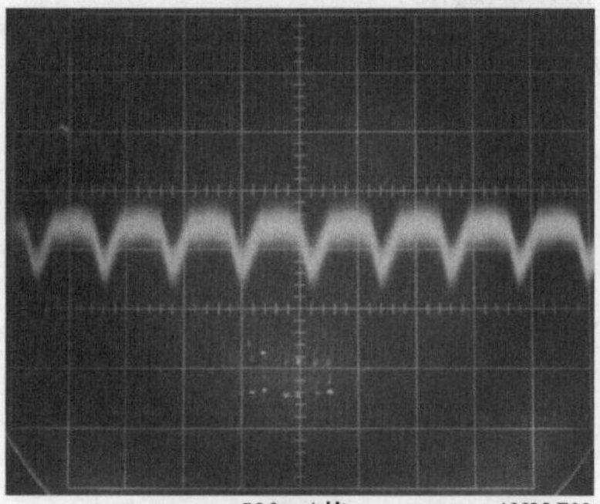

图28.9 位于放大器电源输入引脚的RC滤波器将纹波和噪声降低到500μV$_{(峰峰值)}$

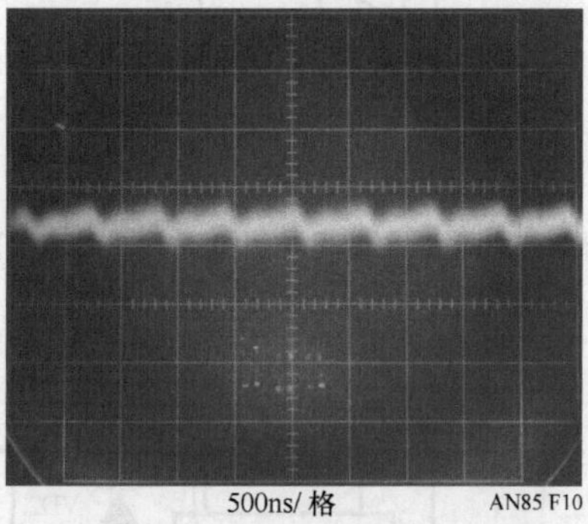

图28.10 由于放大器PSRR，放大器输出多进行了一次过滤。误差在300μV之内

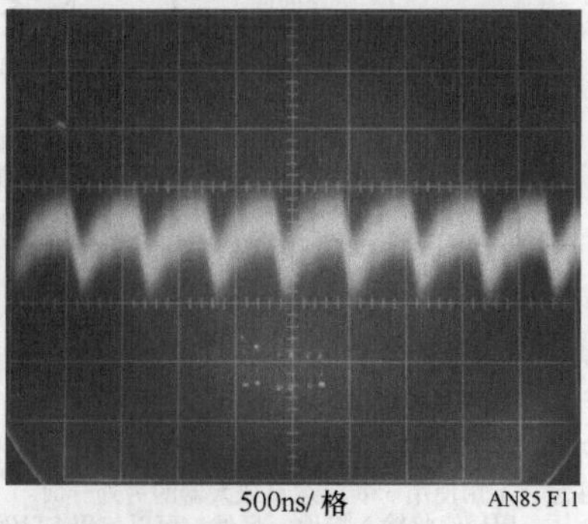

图28.11 VCO变容二极管偏置输入，经过50kHz RC滤波后，只有不到20μV的纹波和噪声，其成分与LT1613的1.7MHz开关所产生的10μV以内纹波和噪声是相一致的

测量技术欠佳的影响

要想得到上述结果，需要很好的测量技术。测量要利用纯粹的同轴探测环境。如果出现偏差，就会导致误导和一些不利的情况[⑤]。例如，图28.12相比图28.8存在50%幅度误差，尽管两图观测点相同。不同的是，图28.12采用了3in探头接地线，而不是图28.8的同轴接地适配器。类似地，相较于图28.9的放大器电源引脚500μV的测量值，图28.13恶化到了2mV，这里使用了3in探头接地母线。当然，同样的接地母线也会造成较大的误差，比如图28.14明显的2mV放大器输出偏移与图28.10正确的300μV偏移。图28.15显示了VCO变容二极管输入端为70μV，这里也使用了3in探头接地母线。要想用同轴接地端适配器得到如图28.11所示的20μV数据，需要走很长的路！[⑥]

图28.16使用了同轴接地适配器，但与图28.11的有序痕迹相比，VCO的变容二极管输入显示出了暴风雪般的噪声。其原因是，12in电压表引线连接到了该点。噪声和杂散射频破坏了该节点的有限输出阻抗。图28.17也取自VCO输入端，结果相对较好，但仍显示了超过50%的误差。这里的罪魁祸首是第二个探头。该探头位于LT1613的V_{SW}引脚，用于触发示波器。即使两个探测点都是使用同轴技术，触发器探头仍将瞬态电流引入到地平面，从而产生了较小的共模电压，明显增加了噪声。解决这个问题，需要使用非侵袭探针来触发示波器[⑦]。

⑤ 关于这方面的进一步讨论请参阅附录C“低电平、宽带信号完整性探测与连接技术”。另外，请参阅参考文献2～文献5。

⑥ 如果你不认为从70μV到20μV是一个较长距离，那么请试想一下减免3.5倍所得税时你的反应。

⑦ 这里并不要求读者遵从作者的如意算盘。这样的探头其实比想象中容易实现。请参阅附录C“低电平、宽带信号完整性的探测与连接技术”。

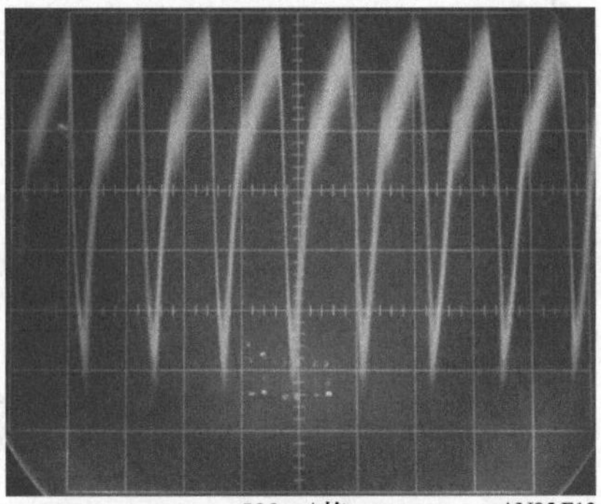

图28.12 不恰当的探测技术。其3in接地导线与图28.8仅使用同轴测量相比，导致了50%的显示误差

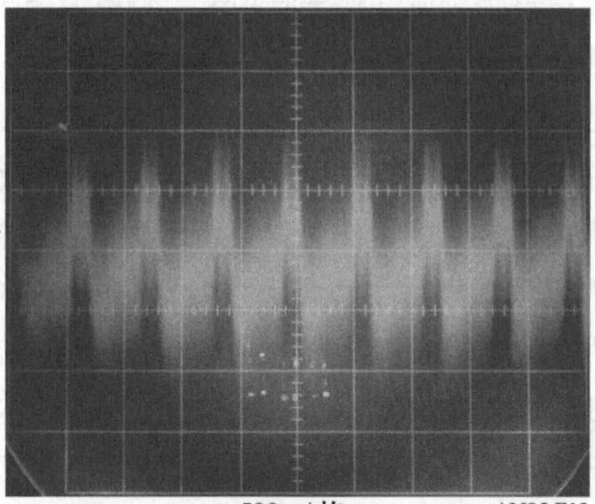

图28.13 3in接地线将图28.9的500μV恶化到2mV

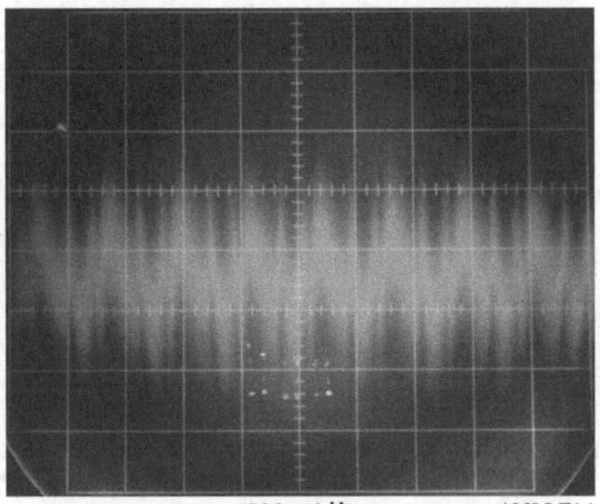

图28.14 探头接地母线导致2mV误差。实际值应为图28.10所示的300μV

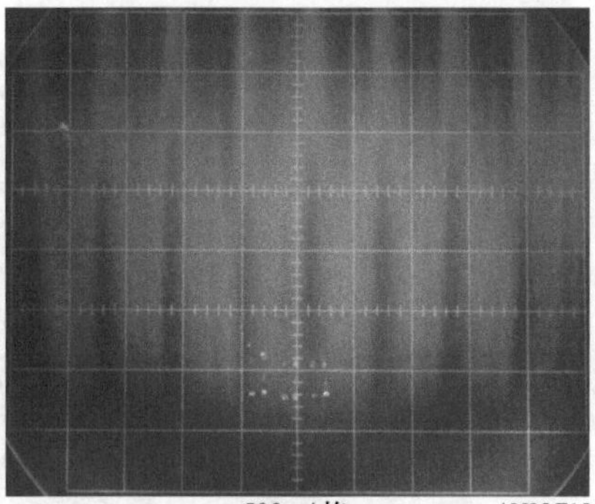

图28.15 相对于图28.11所示的正确测量数据20μV，接地母线导致3.5倍的读数误差

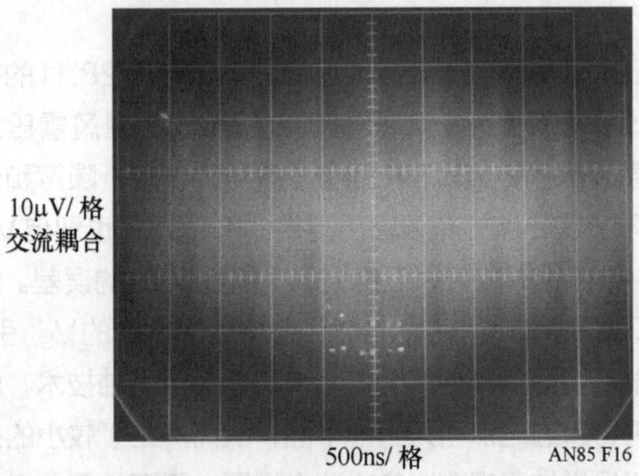

图28.16　VCO变容二极管输入端使用12in电压表引线的影响。虽然使用了同轴连接的示波器探头，但与图28.11相比，仍有2.5倍的测量误差

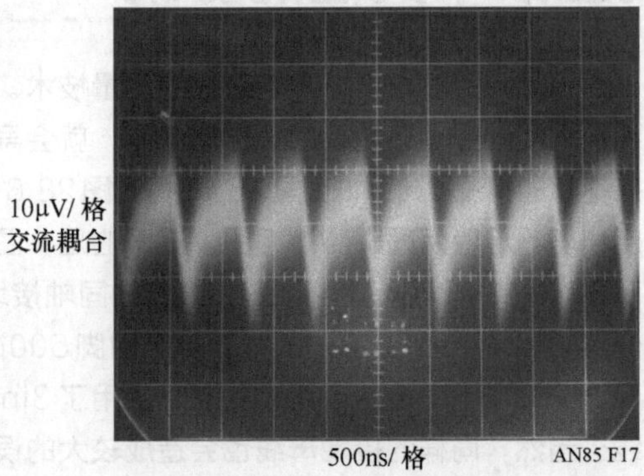

图28.17　与图28.11相比，将示波器触发通道探头连接到LT1613的V_{SW}引脚将造成50%的测量误差

频域性能

尽管变容二极管偏置噪声振幅的测量是至关重要的，但很难将其与频域性能关联起来。测量最终关心的是将变容二极管偏置噪声振幅转换成VCO寄生输出。虽然可以在示波器上（见图28.18）观测到GHz范围的VCO，但该时域测量在检测杂散噪声时，还是缺乏足够的灵敏度。因此，频谱分析仪是必需的。图28.19所示为VCO的输出频谱图。从图中可以看到其中心频率为1.14GHz，本底噪声的测量值约为90dB，没有明显的杂散噪声。图中在1.7MHz（距中心3.5格）处做了标记，对应于LT1613的开关频率。在大约-90dBc处也观察不到明显的杂散。后续图形通过对电路进行系统级退化，对该性能进行了“完整性检查”，并对其结果进行了分析。在图28.20中，VCO变容二极管输入端的RC滤波器已被去掉，改为直接连接。现在，可以清楚看到1.7MHz的杂散噪声，约为-62dBc。

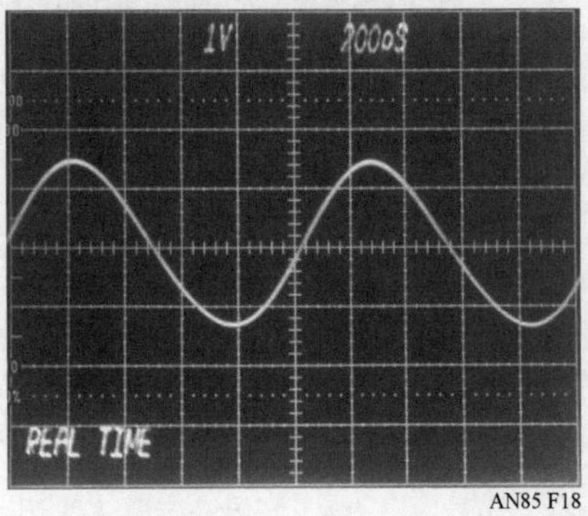

图28.18　示波器上观测到的GHz范围的VCO输出，不过观察不到杂散噪声。需要进行频谱测量

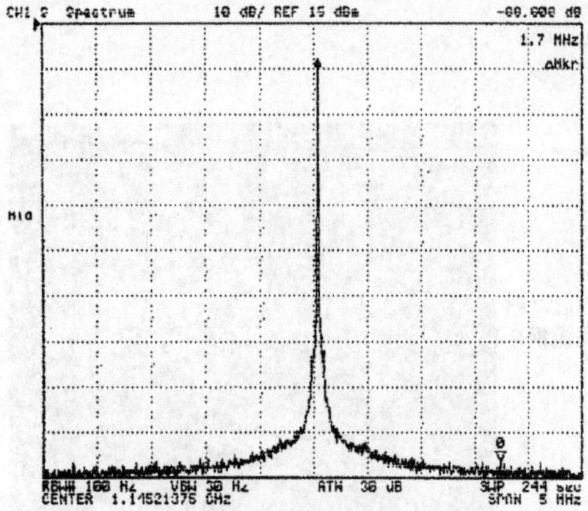

图28.19　从HP-4396频谱分析仪的结果可以看到，在接近VCO中心频率1.14GHz时，至少存在-90dBc的杂散

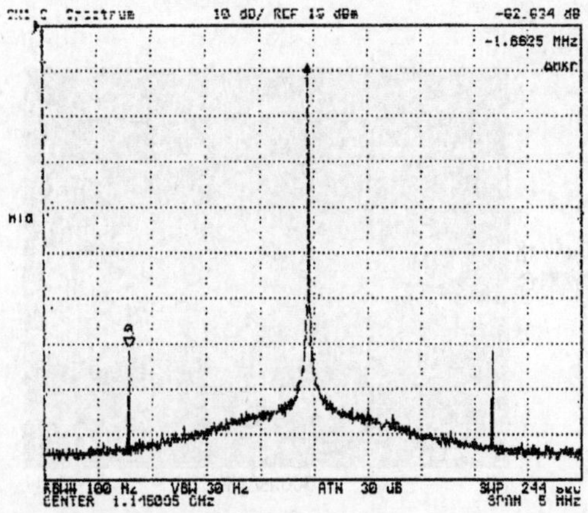

图28.20　去掉VCO变容二极管输入端的RC滤波器，改为直接连接，就能对图28.19的结果进行“完整性检查”。LT1613的1.7MHz开关频率相关的杂散为-62dBc

在图28.21中，一个12in电压表引线连接到测量点，导致了4dB退化，“杂散”降低至约-58dBc。如图28.22所示，较差的LT1613布局（电源接地引脚线路迂回，而不是直接返回到输入公共端）和组件选择（有损电容取代C2）对结果有着显著的影响，杂散活动跳到了-48dBc。图28.23所示为适当的布局和元件选择，不过变容二极管偏置线被放置在接近开关电感L1的位置。此外，将偏置线和RC滤波器组件远离地平面放置。由此产生的电磁干扰，以及偏置线增加的有效电感，导致1.7MHz“杂散”改善到-54dBc。同时，也出现相关的谐波活动，但不太严重。当偏置线和RC滤波器恢复到正确位置，可以观测到非常好的结果，如图28.24所示。图中曲线基本上与图28.19相同。教训是显而易见的，布局和实践测量，与电路设计同样重要。与往常一样，“隐匿原理”（Hidden Schematic）占主导地位[8]。

⑧ 引号引用的描述性术语是由英特尔公司的 Charly Gullett 首创的，作者强烈赞同。

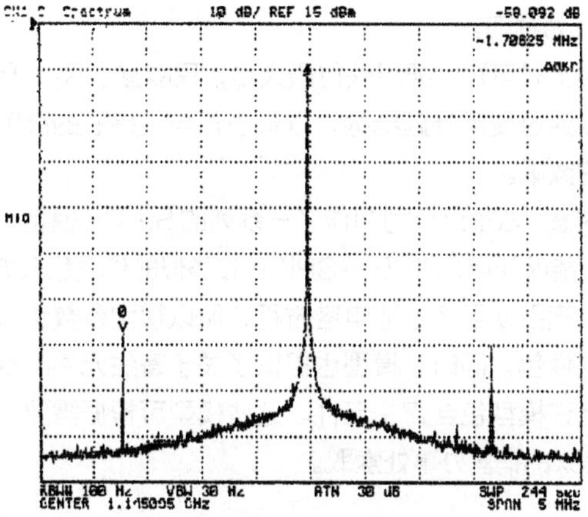

图28.21　在去掉变容二极管滤波电路的基础上，加装12in电压表引线所产生的结果，其他状况与图28.20相同。“杂散”退化了4dB，降到了-58dBc

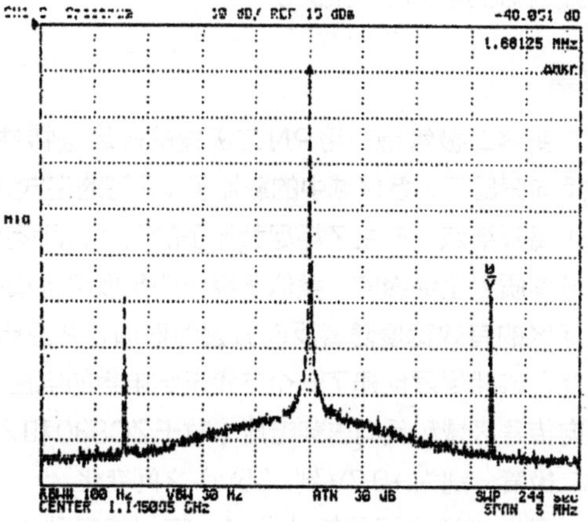

图28.22　特意对LT1613的接地方案进行退化，输出电容使杂散输出上升到-48dBc

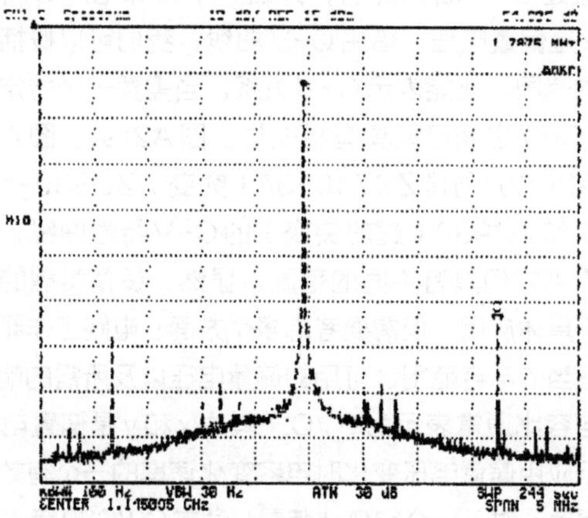

图28.23　特意将变容二极管偏置线靠近LT1613开关电感，并将RC滤波组件与地平面隔离时的结果。1.7MHz“杂散”为-54dBc，而且出现了相关的谐波活动

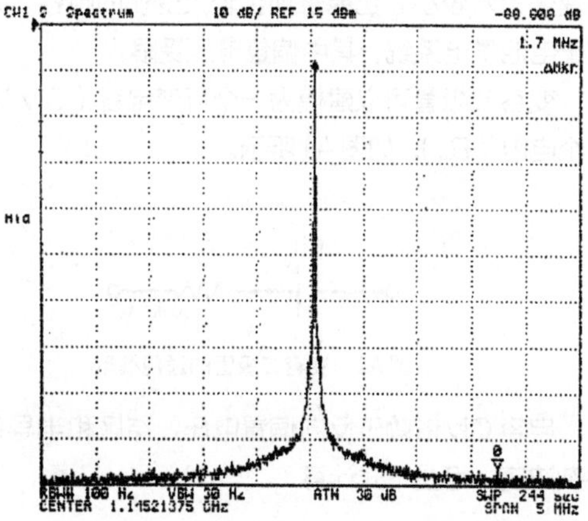

图28.24　将变容二极管偏置线和RC滤波组件放置到正确位置时的结果。恢复到了图28.19所示的“寂静”状态

参考资料

1. Chadderton, Neil, "Zetex Variable Capacitance Diodes," Application Note 9, Issue 2, January 1996. Zetex Applications Handbook, 1998. Zetex plc. UK
2. Williams, Jim, "A Monolithic Switching Regulator with 100pV Output Noise," Linear Technology Corporation, Application Note 70, October 1997
3. Williams, Jim, "High Speed Amplifier Techniques," Linear Technology Corporation, Application Note 47, August 1991
4. Hurlock, Les, "ABCs of Probes," Tektronix, Inc., 1990
5. McAbel, W.E., "Probe Measurements," Tektronix, Inc., 1971

附录A

以下内容征得许可，摘录于Zetex的应用指南9（见参考文献1），回顾了变容二极管的理论分析。

Zetex变容二极管

Neil Chadderton, Zetex plc

背景

变容二极管是利用PN二极管的耗尽层特性的装置。在反向偏压下，各区域中的载流子（P型的空穴，N型的电子）离开结点，产生了耗尽载流子的区域，即耗尽区。该区域本质上是绝缘的，类似于经典的平板电容模型。这个耗尽区的有效宽度随着反向偏置而增加，并且电容减小。因此，该耗尽层创建了一个依赖于结电容的电压，可以在正向传导区域和反向击穿电压（对于ZC830和ZC740串联二极管分别为+0.7V到-35V）之间变化。

可以制造出不同的结分布，它们将表现出不同的电容-电压（C-V）特性。例如突变结型，由于其扩散曲线表现出一个小范围电容，并具有高Q值和低失真，而在相同范围的反向偏置时，超突变型具有较大范围的电容。所谓的超级超突变，或倍频调谐变容二极管，即使偏置电压的变化相对较小，也能表现出较大变化的电容。这特别适用于电池供电系统，其中偏置电压受限。

变容二极管可以建模为一个可变电容（Cjv），再串联一个电阻（R_s）。如图A1所示。

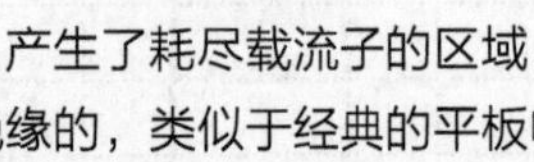

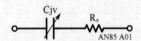

图A1　变容二极管的通用模型

电容Cjv依赖于反向偏置电压、结区和半导体材料的掺杂浓度，可由下式计算

$$Cjv = \frac{Cj\,0}{(1 + Vr/\varphi)^N}$$

其中，Cj0为0V时的结电容；Cjv为施加Vr偏置电压时的结电容；Vr为施加的偏置电压；φ为接触电势；N为结幂指数模型或斜率。

由于芯片基底、较小引线以及封装部件的作用，串联电阻的存在是由于剩余未耗尽的半导体电阻，它是确定设备射频性能的最重要的因素。

这样，品质因数Q可由下式计算

$$Q = \frac{1}{2\pi fCjvR_S}$$

其中，Cjv为施加Vr偏置电压时的结电容；R_S为串联电阻；f为频率。

由上式可知，要想获得最大Q，只能减小R_S。具体方法可以通过使用外延结构，以最小化与结串联的高电阻率材料的数量。

注意：Zetex公司制作了一系列的SPICE模型，使设计人员能够使用SPICE、PSPICE和类似的仿真包来仿真电路。该模型使用了上述电容方程，所以模型参数也适用于其他软件包。同时，模型也提供了关于寄生元件的相关信息，允许模型包含寄生元件。这些模型可根据需要，从任何Zetex的销售办事处索取。

重要参数

本节将回顾变容二极管的一些重要特性，特别是Zetex出品的变容二极管。

对于设计师来说，首要关注的是电容-电压的关系，可以通过C-V曲线说明，并由一个特殊电压C_X表示，其中x是偏置电压。借由C-V曲线，我们可以概括有用电容的范围，还能表示C-V关系。当需要一个特定的响应时，C-V之间可能具有相关性。图A2(a)，图A2(b)和图A2(c)分别是ZC740-54（突变），ZC830-6（超突变）和ZC930（超超突变）的C-V特性曲线，从中可以看到它们具有不同的范围。显然，设备类型的选择取决于具体应用，但需要考虑多个方面：电路工作频率范围、适当的电容范围、可用的偏置电压以及所需的响应。

电容比通常表示为C_x/C_y（其中x和y是偏置电压），是表示应用偏置电压变化时电容变化速率的一个有效的参数。因此，对于一个突变结装置，通常C2/C20等于2.8，而对于一个超突变装置，C2/C20可能等于6。这种突变特性可以用来评估电池供电应用，其中偏置电压范围受限。在这种情况下，Zetex系列尤其适用，因为它的特点是在0~6V的偏置范围内，调谐范围优于2：1。

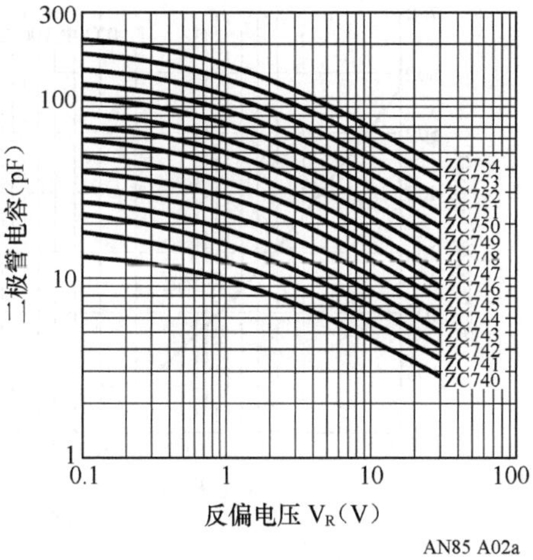

(a)ZC740-ZC754系列的典型C-V特性曲线

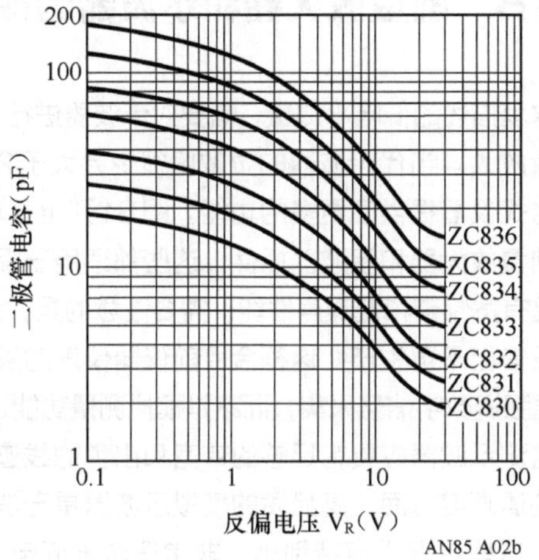

(b)ZC830-ZC836系列的典型C-V特性曲线

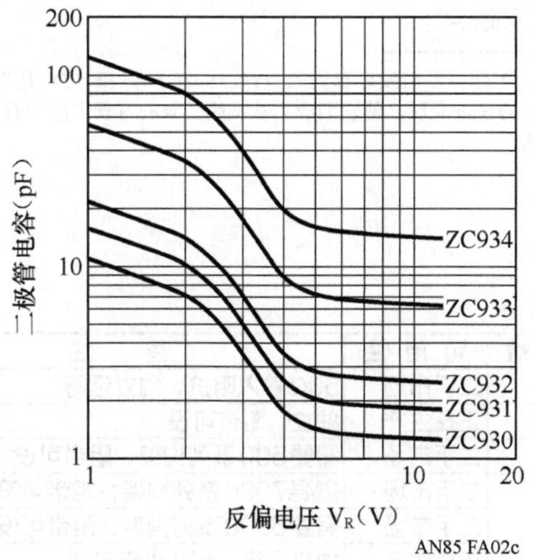

(c)ZC930-ZC934系列的典型C-V特性曲线

图A2 各系列变容二极管的典型C-V特性曲线

在特定情况下，品质因数Q是评估设备中调谐电路性能以及最终带负载时Q值的重要参数。

Zetex公司能确保在50MHz、3V或4V相对较低V_R的测试条件下，能达到最小Q值，其范围在100～450之间，具体取值取决于设备类型。

在评估该参数时，指定V_R是非常重要的，因为C-V相关性也如前述的话，串联电阻（R_S）的主要部分是由于剩余的未耗尽外延层决定的，同时也依赖于V_R。ZC830、ZC833和ZC836超突变装置的这种R_S-V_R关系如图A3所示，分别是在470MHz、300MHz和150MHz频率下测量的，该图也可用于说明Zetex变容二极管在VHF和UHF下的优异性能。

稳定性一定时，电容的温度系数也值得关注，因为它会随着V_R而变化。图A4(a)、图A4(b)以及图A4(c)分别显示了三个变容二极管系列的温度系数随V_R的变化曲线。

反向击穿电压V(BR)也对设备选择有影响，因为它限制最大V_R，偏置最小电容时需要用到该参数。Zetex变容二极管V(BR)的典型值为35V。

最大工作频率虽然是一个特定的设备类型所固有的，取决于所需电容和串联电阻（因此Q值很有用处），同时也取决于设备封装的寄生元件。寄生参数取决于封装的大小、材料和结构。例如，Zetex的SOT-23封装一般具有0.08pF的杂散电容和2.8nH总引线电感，而E-line封装分别小于0.2pF和5nH。这些值越低，其被允许的应用频率就越宽，例如，ZC830和ZC930系列，主要用于低成本微波设计，可以扩展到2.5GHz甚至更高。

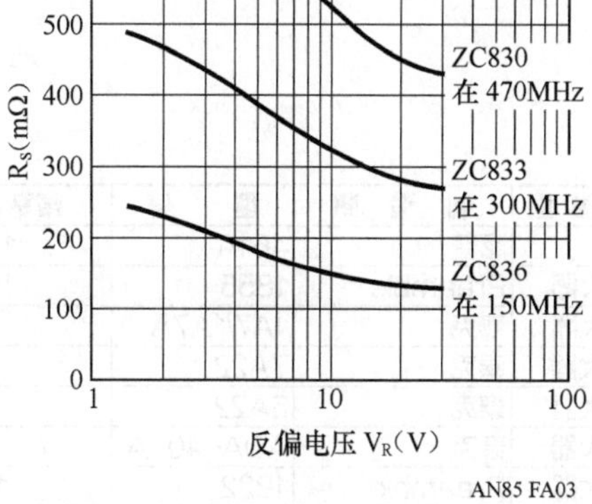

图A3 ZC830系列二极管的典型R_S-V_R关系

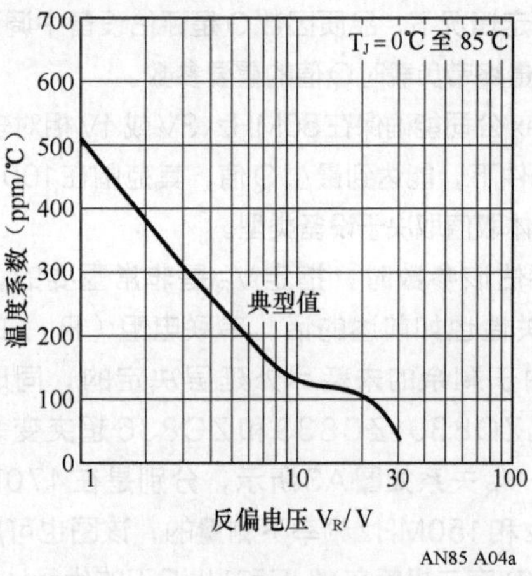

（a）ZC740系列电容温度系数-V_R曲线

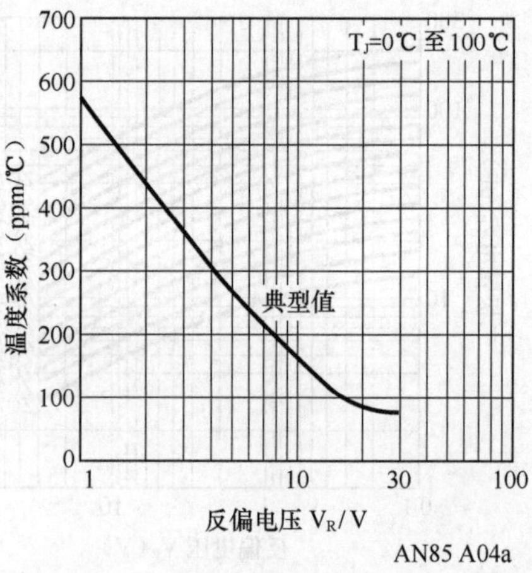

（b）ZC830系列电容温度系数-V_R曲线

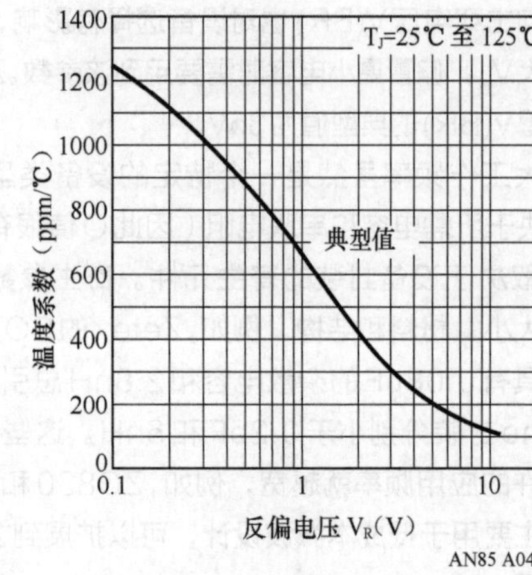

（c）ZC930系列电容温度系数-V_R曲线

图A4 各系列变容二极管的电容温度系数-V_R曲线

附录B 前置放大器和示波器选择

这里描述的低电平测量，需要对示波器进行某些形式的前置放大。当代示波器的灵敏度很少会大于2mV/格，不过老式仪器提供了更多的功能。图B1列出了具有代表性的前置放大器和示波器插件，这些都适用于噪声测量，且都具有宽频带和低噪声性能。需要注意的是，这里面的许多设备已不再生产。这符合目前仪器仪表的发展趋势，现在更强调数字信号采集，而不是模拟测量功能。

监测示波器应具有足够的带宽和出色的线迹清晰度。在线迹清晰度方面，高品质的模拟示波器是无法比拟的。此外，这些仪器光点特别小，非常适合于低电平噪声测量[9]。数字存储示波器（Digital Storage Oscilloscope，DSO）的数字化不确定性和DSO光栅扫描限制，导致了显示分辨率的下降。许多DSO的显示器甚至无法显示低电平开关噪声。

⑨ 工作中我们发现泰克的 454、454A、547 和 556 是极佳的选择。它们质朴的线迹表现，使它们成为从噪底受限的背景中辨识有用小信号的理想仪器。

仪器类型	制造商	型号	带宽/MHz	最大灵敏度/增益	可用性	备注
放大器	惠普	461A	150	增益=100	二手市场	50Ω输入阻抗，独立运行
差分放大器	Preamble	1855	100	增益=10	正在生产	独立，阻带可设
差分放大器	泰克	1A7/1A7A	1	10μV/格	二手市场	需要500系列构架，阻带可设
差分放大器	泰克	7A22	1	10μV/格	二手市场	需要7000系列构架；阻带可设
差分放大器	泰克	5A22	1	10μV/格	二手市场	需要5000系列构架；阻带可设
差分放大器	泰克	ADA-400A	1	10μV/格	正在生产	独立运行，可选供电电源
差分放大器	Preamble	1822	10	增益=1000	正在生产	独立运行，阻带可设
差分放大器	斯坦福研究系统	SR-560	1	增益=50000	正在生产	独立运行，阻带可设，电池或线路操作

图B1 一些可用的高灵敏度、低噪放大器。需要在带宽、灵敏度和可用性之间进行折中

附录C 低电平宽带信号完整性的探测和连接技术[⑩]

如果信号连接时引入失真，即使是最精心准备的实验电路板也无法履行自己的使命。到电路的连接是准确提取信息的关键。低电平宽带测量时需注意连接到测试仪器的信号走线。

接地环路

图C1显示了线路供电的测试设备之间的接地回路的影响。测试设备的标称接地机架之间流动的小电流，在测量电路的输出端将产生60Hz的调制。要避免这个问题，可以将所有线路供电的测试设备接地接到同一个插座板，或确保所有机架在同一地电位。同样地，必须避免使用可能在机箱间产生流动电流的测试装置。

噪声

图C2也显示了噪声测量的60Hz调制。在这种情况下，罪魁祸首是反馈输入端的一个4in的电压计探头。所以，应最大程度地减少连接到电路的测试连线，并使导线尽量短。

不良探测技术

图C3显示的是一个固定在示波器探头的短接地线。探头连接到了这样一个点，该点提供了一个触发示波器的信号。示波器通过同轴电缆观测到了电路输出的噪声。

图C4所示为观测结果。探头接地线和接地电缆屏蔽层之间的接地回路（位于电路板上），引起了明显过度的纹波。所以，应最大程度地减少连接到电路的测试连线，并避免产生接地环路。

⑩ 熟知LTC应用指南的读者，可以看出该附录摘自AN70（见参考文献2）。虽然该应用指南涉及相当多的宽带噪声的测量，但其中很多素材可以直接应用到本文。因此，为方便读者，此处进行了重述。

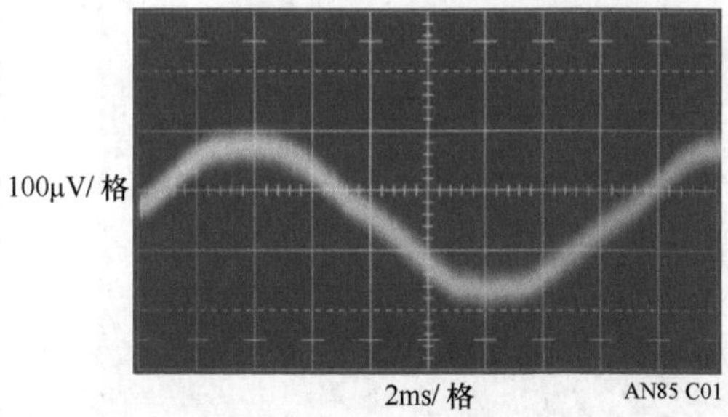

图C1 测试设备之间的接地环路对结果的影响，产生了60Hz调制

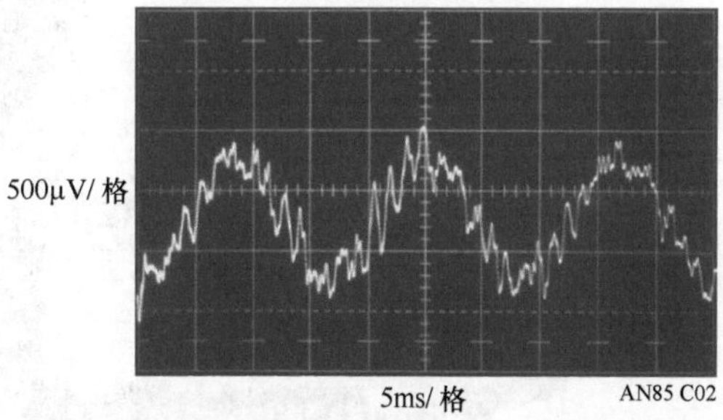

图C2 由于探头引线过长，在反馈接点产生了60Hz的噪声

图C3 不良探测技术，触发器探头接地导线导致在显示屏上可以看到由接地环路引起的噪声

妨碍同轴信号传输——严重情况

在图C5中，原本用于传输电路输出噪声到放大器-示波器的同轴电缆已被去掉，代替它的是一个探针。一个短的接地母线被用作探测器的返回路径。在前面的案例中，由触发信道探头引起的误差已被消除；示波器由一个无害的绝缘探针触发[11]。图C6显示了过多的噪声，这是由于同轴信号环境的解体。探头的接地母线妨碍了同轴传输，导致信号被射频破坏。所以，应当保持噪声信号检测路径中的同轴连接。

妨碍同轴信号传输——轻微情况

图C7中的探头连接，也妨碍了同轴信号流，但程度相对较小。探头的接地线被去掉，由一个尖端接地附属装置所取代。图C8显示出比前面的情况要好的结果，不过仍然存在信号衰落现象。所以，应保持噪声信号监测路径的同轴连接。

适当的同轴连接路径

在图C9中，同轴电缆传输噪声信号到放大器-示波器组合上。理论上，这提供了最完整的电缆信号传输。

图C10所示为完整的信号轨迹。前面例子中的畸变和过多的噪声已经消失。放大器的噪声基底还是存在开关残差。所以，应保持噪声信号监测路径的同轴连接。

直连路径

验证有没有电缆引起的误差，一个较好的方法就是去掉电缆。图C11所示的方案去掉了实验电路板、放大器和示波器之间的所有电缆。图C12与图C10类似，这说明电缆不会引入失真。当看到的结果似乎最佳时，设计一个实验来测试它们。当结果似乎不佳时，再设计一个实验来测试它们。当结果正是所需时，还是要设计一个实验来测试它们。当结果是意想不到的时候，再设计一个实验来测试它们。

测试导线连接

从理论上讲，安装电压表引线到稳压器输出不应该引入噪声。然而，图C13中的噪声增加推翻了这一理论。稳压器的输出阻抗虽然低，但并不为零，尤其是当频率大大增加时。测试引线引入的射频噪声破坏了有限的输出阻抗，产生了200μV噪声，如图中所示。如果在测试过程中，电压表引线必须连接到输出，它应该通过一个10kΩ-10μF滤波器，这样的网络将消除图C13的问题，同时在监测DVM时引入的误差最小。所以，在检测噪声时，应最大程度地减少连接到电路的测试连线。防止测试引线将射频噪声引入到测试电路。

⑪ 随后进行讨论，再往下看。

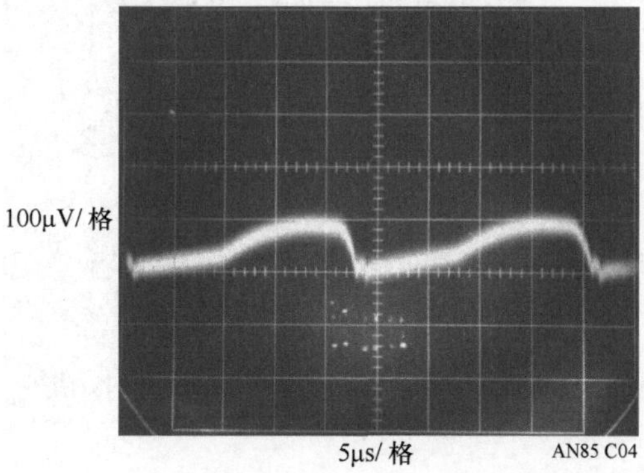

图C4 滥用图C3中的探头，将产生明显过多的纹波。实验电路板的接地环路导致严重的测试误差

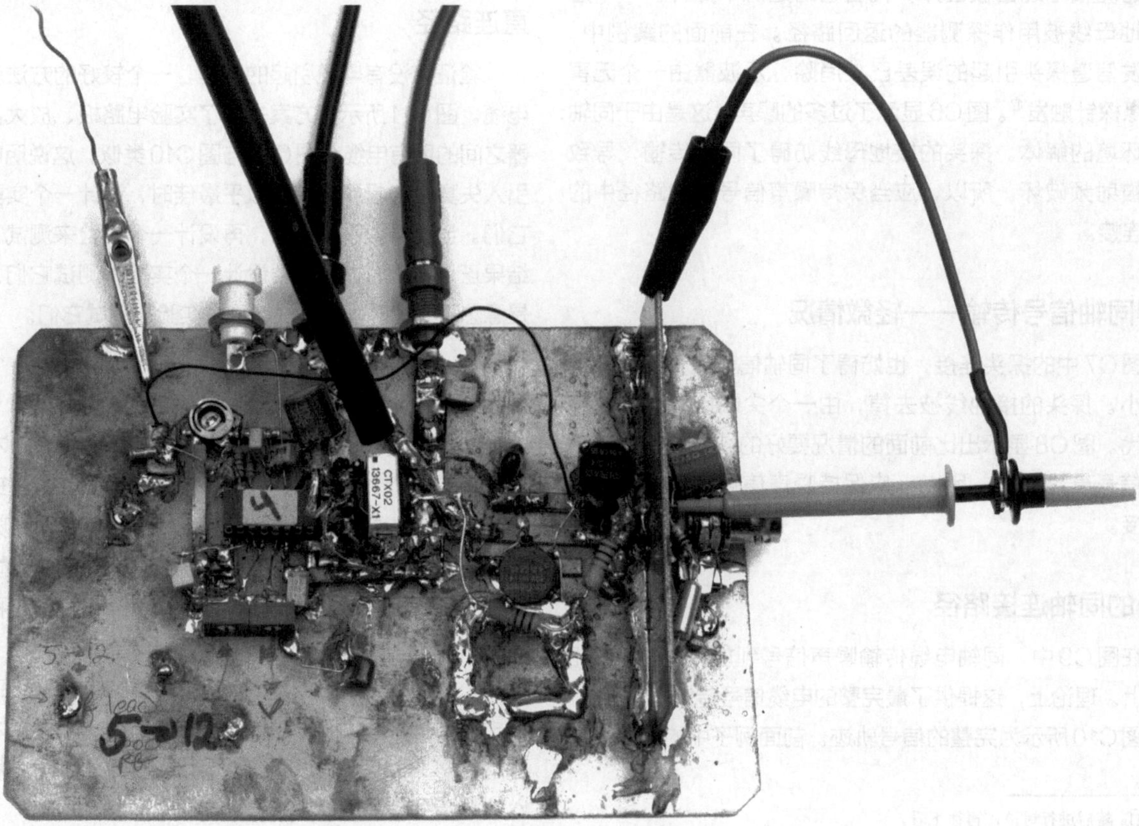

图C5　浮动触发探头消除了接地环路，但输出探头接地线（图片右上角）妨碍了同轴信号传输

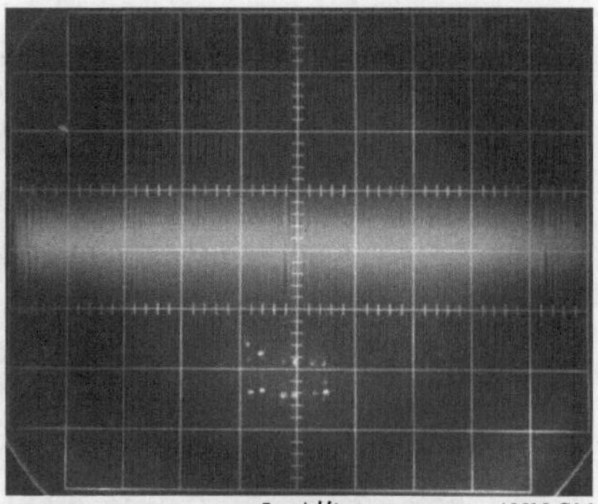

图C6　由图C5所示的非同轴连接引起的信号破坏

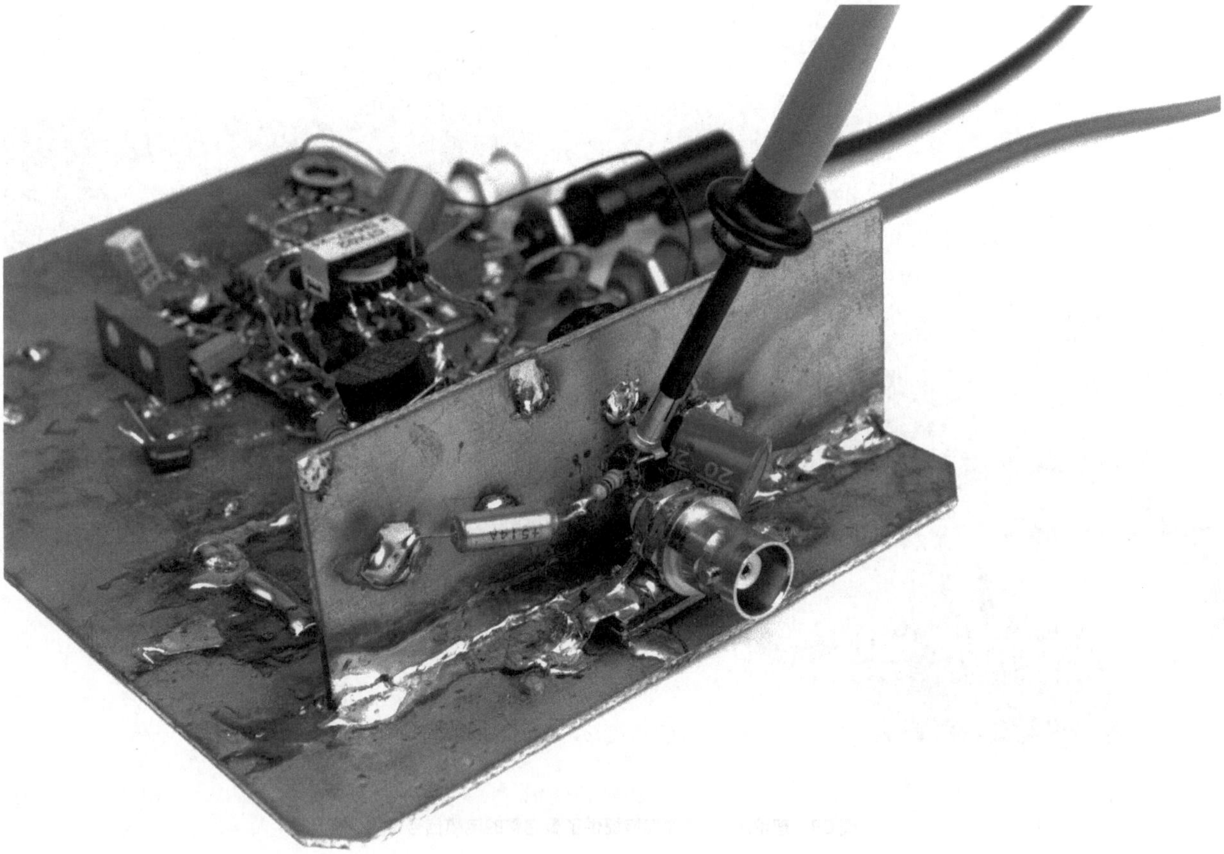

图C7 带有尖端接地附属装置的探头， 效果接近于同轴连接

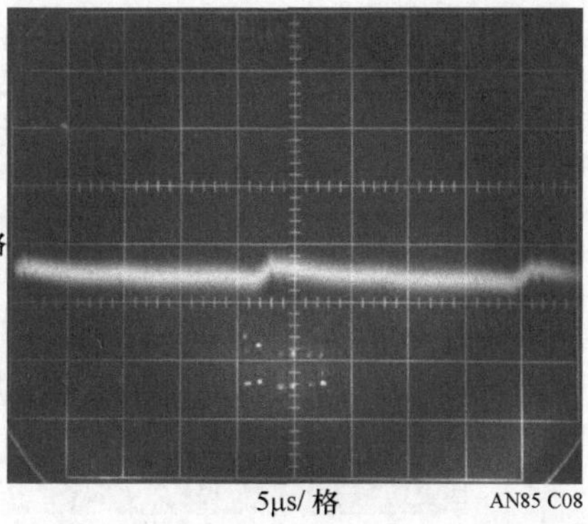

图C8 带有尖端接地附属装置探头提升的效果。 仍存在明显的信号破坏

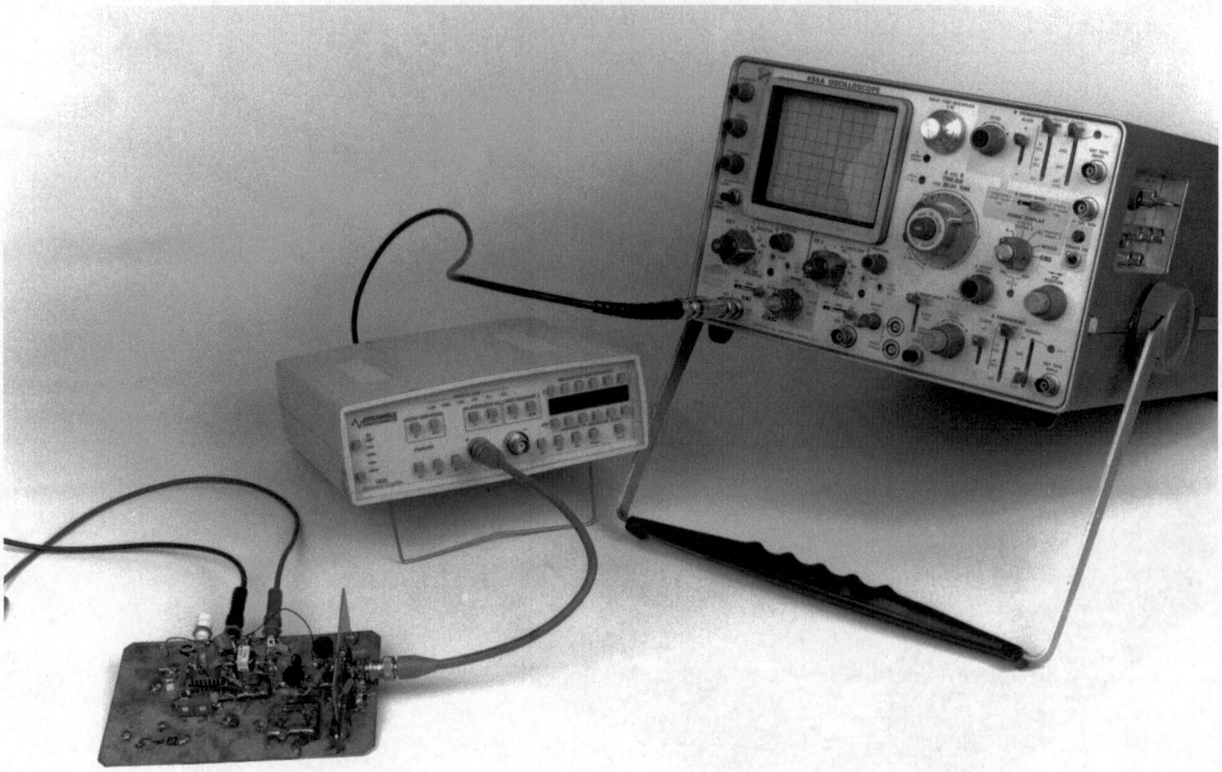

图C9 理论上，同轴连接提供了最完整的电缆信号传输

100μV/ 格

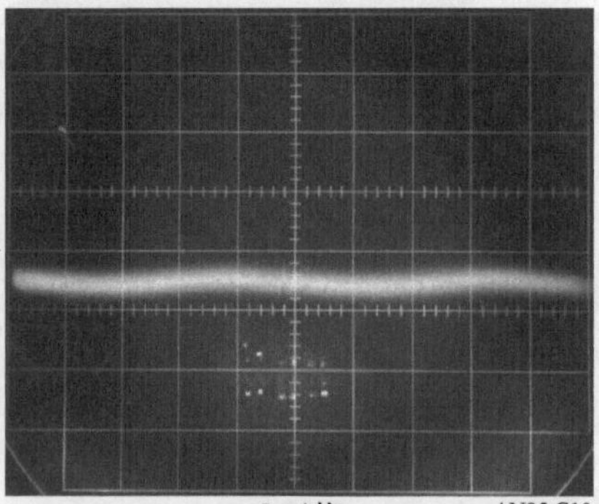

5μs/ 格 AN85 C10

图C10 结果与理论相符。同轴信号传输保证了信号的完整性。放大器噪声中还是存在开关残差

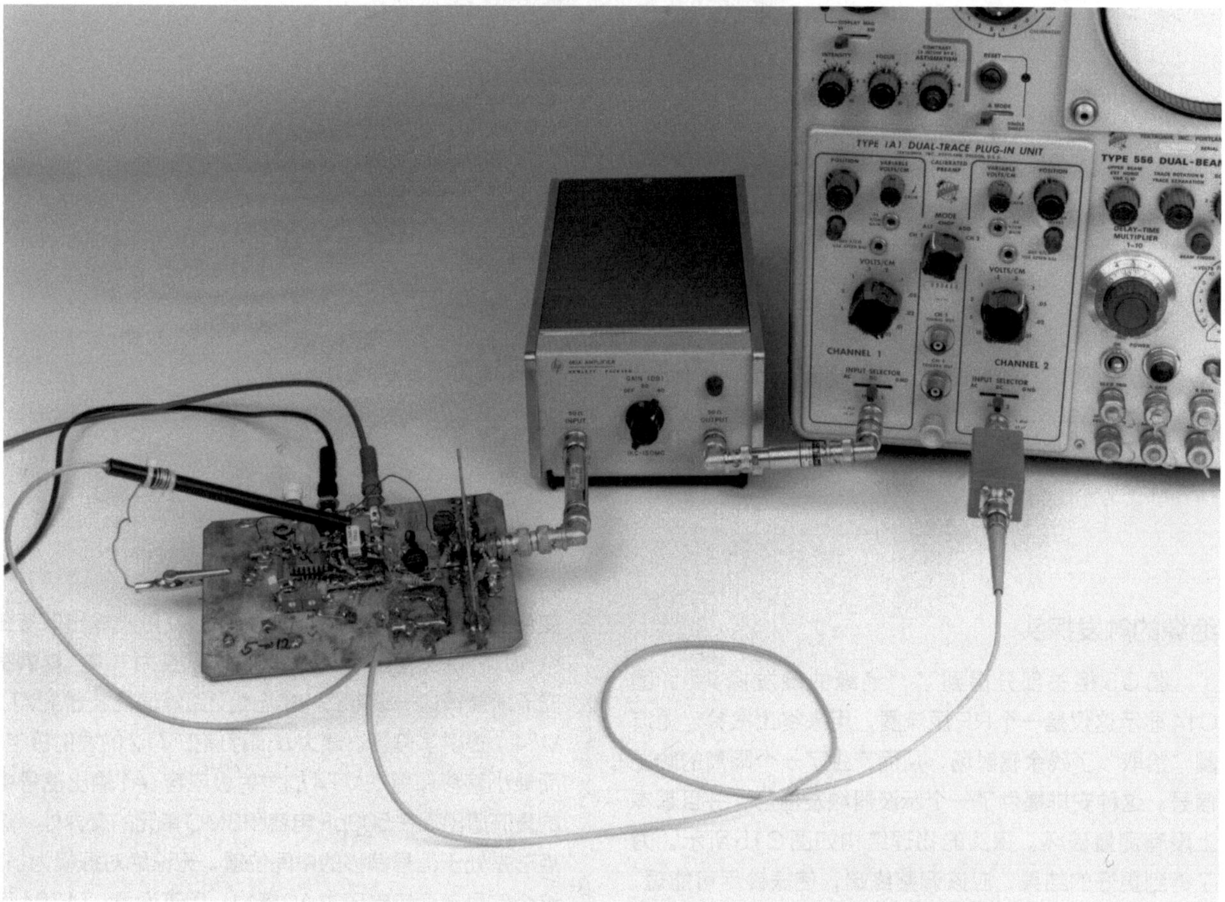

图C11　直接连接到设备可以消除可能存在的电缆终端的寄生效应，提供最好的信号传输

100μV/格

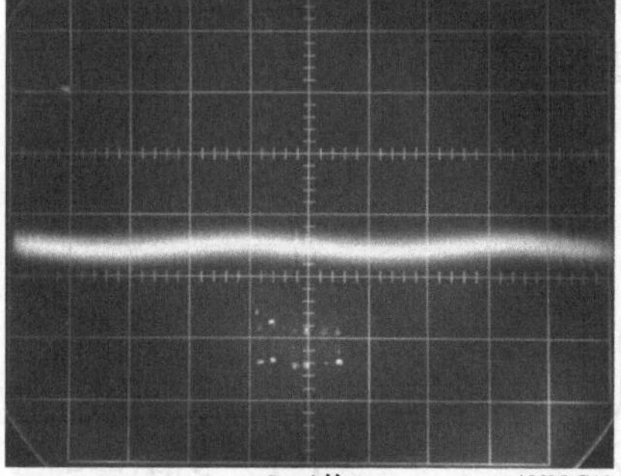

5μs/格　AN85 C12

图C12　直接连接到设备时的结果与电缆终端方案相同。电缆和终端还是可以接受的

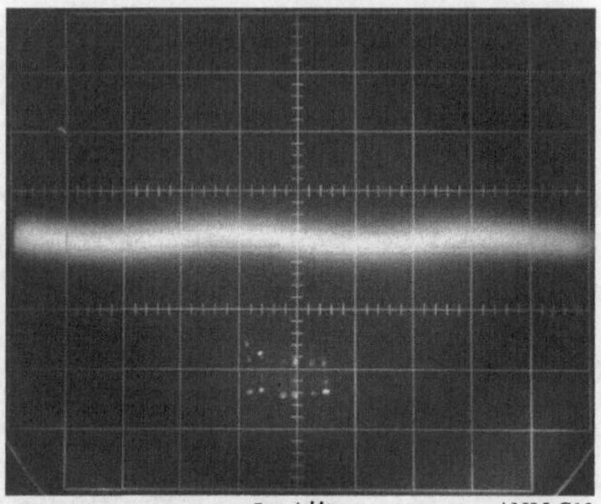

图 C13 附着在稳压器输出端的电压表引线引入了 RF 噪声，导致噪声基底加倍

绝缘的触发探头

图 C5 相关部分提到了“绝缘的触发探头”。图 C14 显示这仅是一个 RF 扼流圈，用来终止振铃。扼流圈“拾取”了残余辐射场，从而产生了一个隔离的触发信号。这种安排提供了一个示波器触发信号，并且基本上没有测量破坏。探头的物理结构如图 C15 所示。为了得到更好的结果，应该调整终端，使振铃尽可能短，并保持尽可能高的输出振幅。轻度补偿阻尼产生的输出如图 C16 所示，这将导致不良示波器触发。适当调整将产生更可靠的输出，如图 C17 所示，具有最小振铃和轮廓分明的边缘。

触发探头放大器

开关磁性元件周围的磁场较小，可能不足以可靠地触发示波器。在这种情况下，需要用到图 C18 所示的触发探头放大器。它使用了一种自适应触发方案，以补偿变化的探测输出振幅。一个稳定的 5V 触发输出保持在一个 50：1 探头输出范围。A1 的工作增益为 100，提供宽带交流增益。这一级电路的输出给 2 路峰值检波器（VT1 到 VT4）提供了偏置。最大峰值存储在 VT2 的发射极电容，而最小偏移保留在 VT4 的发射极电容。A1 输出信号中点的直流值出现在 500pF 电容和 3MΩ 单元的交界处。这一点总是处于信号偏移的中间位置，无论绝对振幅为多大。这个信号自适应电压由 A2 缓冲，用于设置 LT1394 正输入端的触发电压。该 LT1394 的负输入端，直接由 A1 的输出偏置。LT1394 的输出，电路的触发器输出，不会受到 50：1 以上的信号幅度波动的影响。A1 还有一个 X100 的模拟输出。

图 C19 显示了电路的数字输出（线迹 B）对 A1 处放大的探测信号做出的响应（线迹 A）。

图 C20 所示的是一个典型的噪声测试设置，包括实验电路板、触发式探头、放大器、示波器和同轴组件。

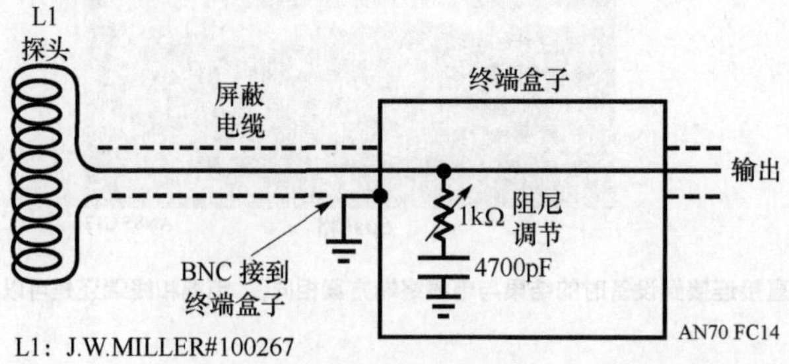

图 C14 简单的触发器探头就可以消除电路板级的接地回路。终端组件盒子将阻尼 L1 的振铃响应

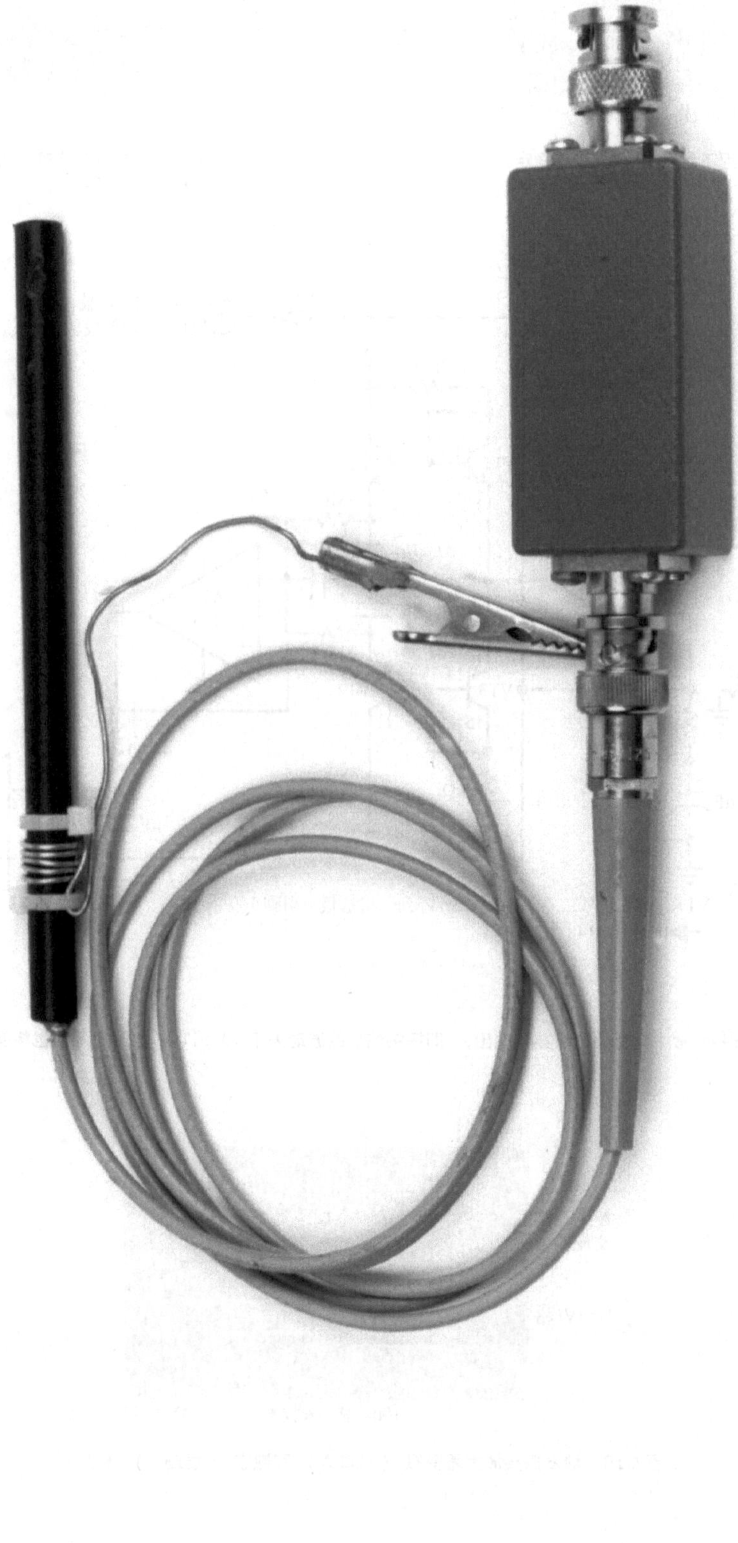

图C15 触发器探头和终端盒子。 线夹引线便于安装探头， 是电中性的

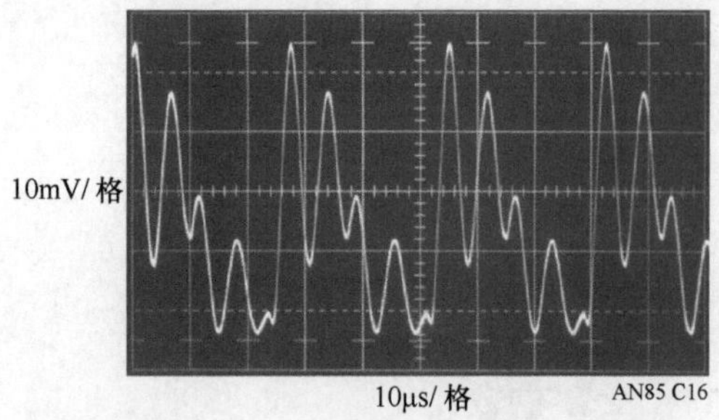

图C16　终端误调将导致阻尼不足，结果导致不稳定的示波器触发

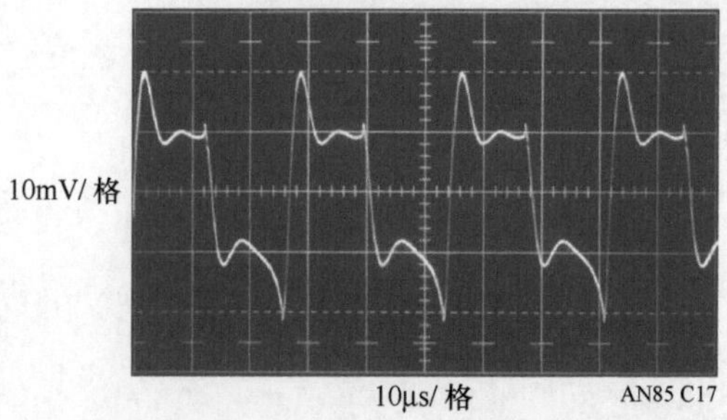

图C17　适当调整终端将最大程度地减少振铃，同时不会造成太大的振幅损失

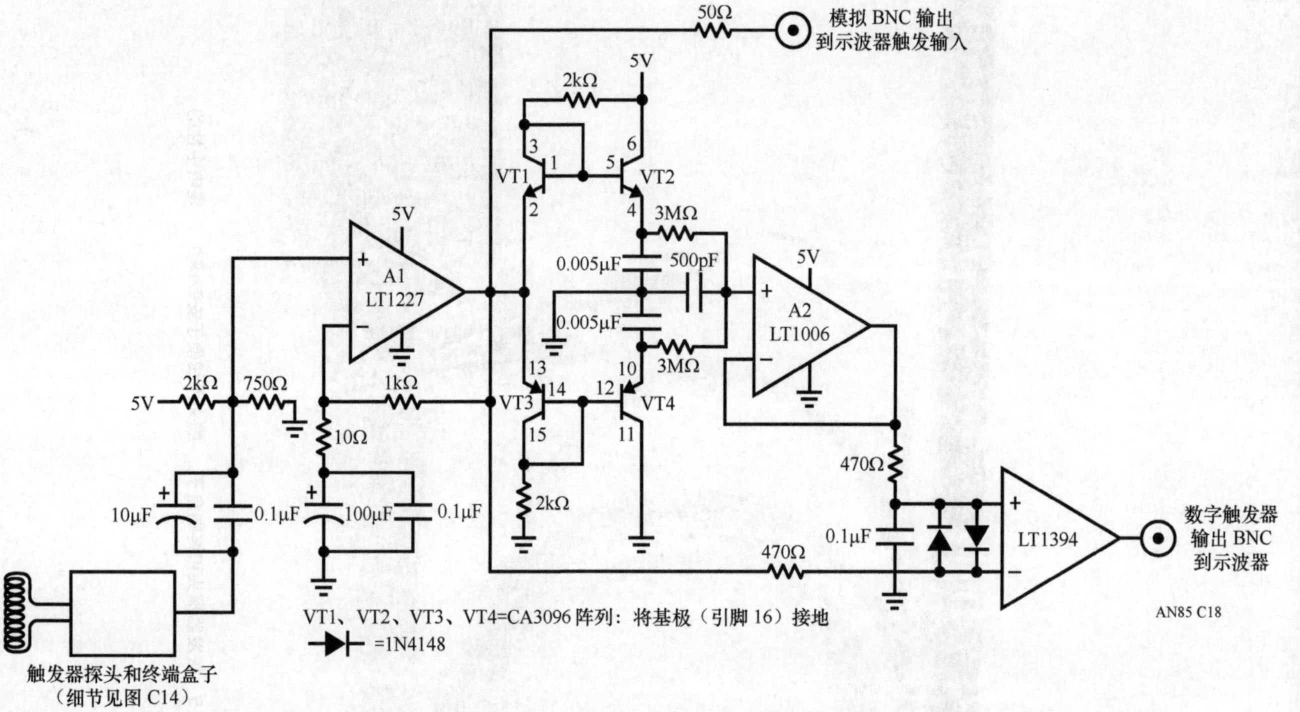

图C18　触发探头放大器有模拟和数字输出。即探头信号的波动大于50：1，自适应阈值也将保持数字输出

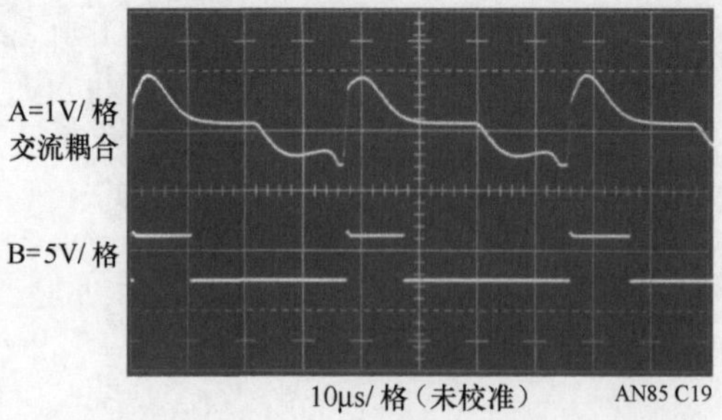

图C19　触发探头放大器模拟（线迹A）和数字（线迹B）输出

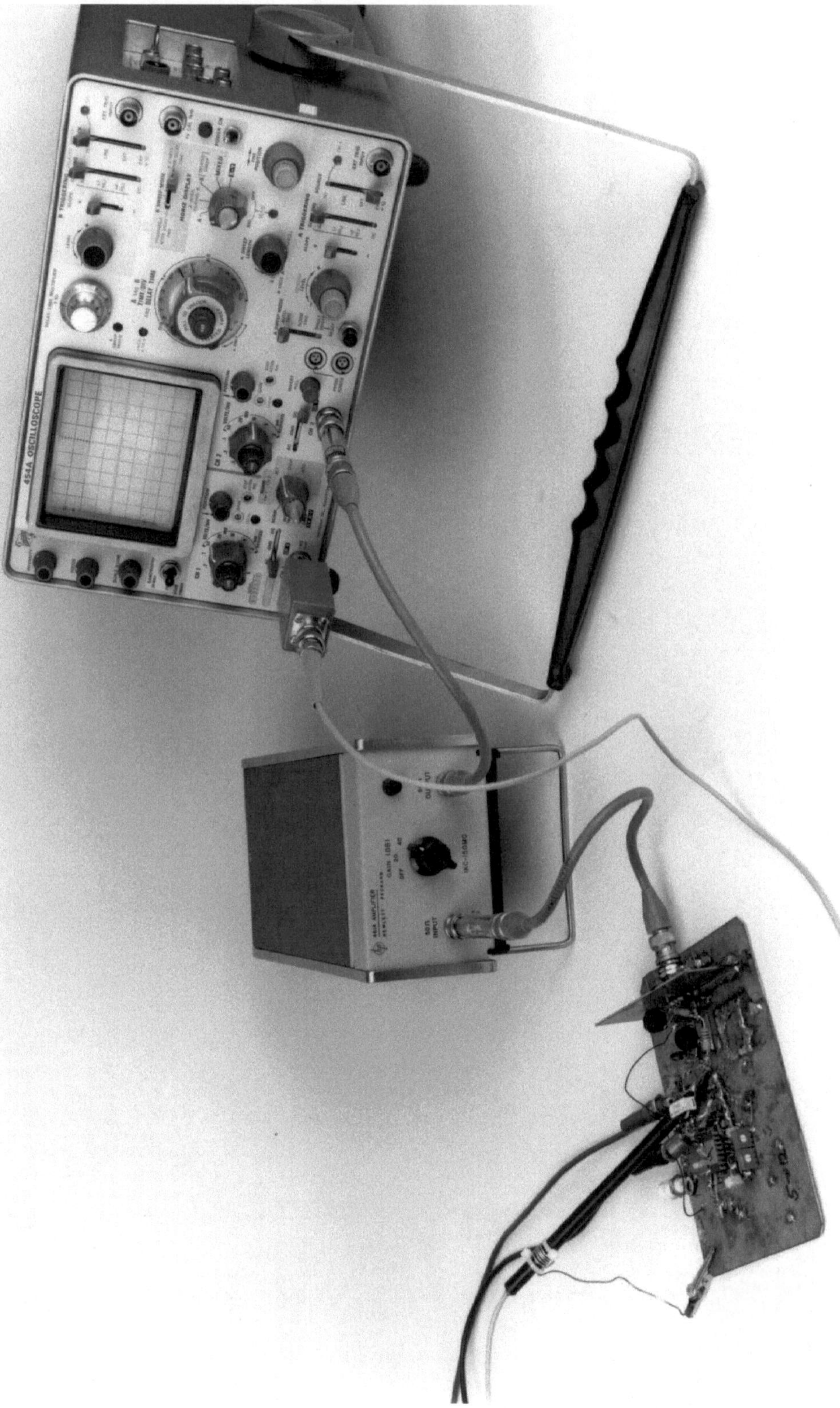

图C20 典型的噪声测试设置，包括触发探头、放大器、示波器和同轴组件

低成本耦合方法——RF功率检波器代替定向耦合器

29

Shuley Nakamura，Vladimir Dvorkin

引言

在无线应用中，例如蜂窝电话，最小化的尺寸和成本是至关重要的。一个典型的GSM蜂窝电话RF发射信道的关键组件包括RF功率放大器、功率控制器、定向耦合器和双工器。一些较新的RF功率放大器，将定向耦合器整合到它们的模块中，减少了元件数量和电路板面积。但是，大多数功率放大器还是需要一个外部定向耦合器的。不幸的是，定向耦合器一般比较昂贵，有时还存在性能损失。手机设计者还需要面临成本、较长的制造提前期和存在巨大差异的耦合损耗等问题。

常用的定向耦合器（日本村田公司LDC21897M190-078）一般是单向（正向）和双频带的。其中一个输入是用于低频信号（897.6MHz±17.5MHz），具有19dB±1dB的耦合因子；另外一个输入是用于较高频率信号（1747.5MHz±37.5MHz），具有14dB±1.5dB的耦合因子。村田LDC21897M190-078定向耦合器安装在一个0805封装内，还需要一个50Ω外部终端电阻。

当一个信号进入其中一个输入时，RF信号的一小部分，等于P_{OUT}和耦合因子（耦合输出）之间的差。该信号的其余部分进入到相应的信号输出。在典型的RF反馈配置中，耦合射频输出通过了一个33pF耦合电容和68Ω分流电阻（见图29.1(a)）。

凌力尔特公司开发了一种用于LTC RF功率控制器和RF功率检波器的耦合方案，成本更低，更容易获得，并设有严格的容差。这种耦合方法去掉了50Ω端接电阻、68Ω分流电阻，以及传统耦合方案中使用的33pF耦合电容。相反，一个0.4pF的电容和50Ω串联电阻代替了定向耦合器和它的外部元件（见图29.1(b)）[①]。

① 该方案已经测试过，使用的是LTC4401-1和后面讲到的Hitachi功率放大器：PF08107B，PF08122B，PF08123B。

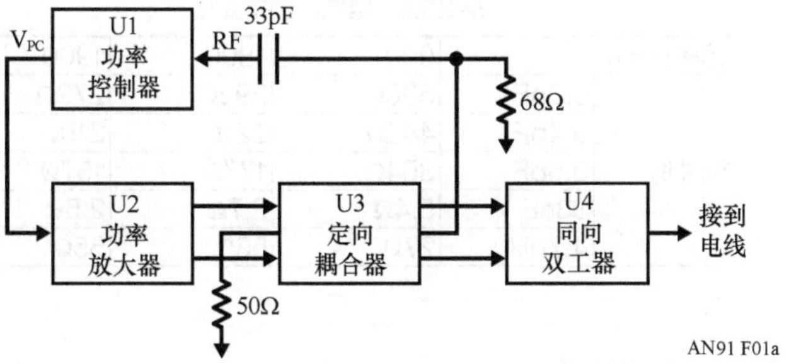

图29.1(a)　典型的蜂窝电话耦合解决方案

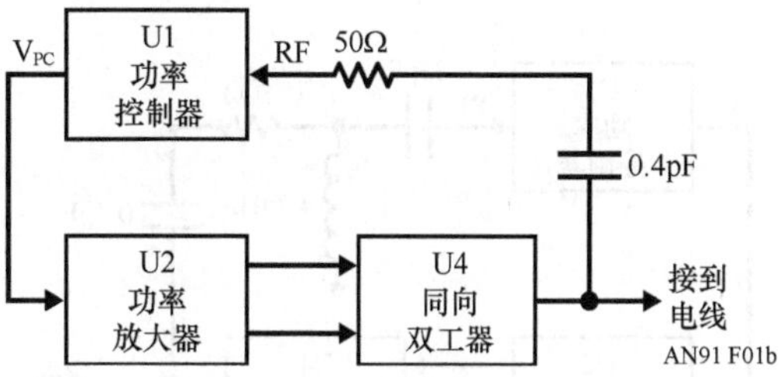

图29.1(b)　电容耦合方案1

使用LTC电源控制器的备选耦合方案

方案1

设计DC401B演示板的目的，是要演示插头式电容耦合方案（见图29.2）的性能。RF信号通过一个0.4pF电容和50Ω串联电阻，耦合返回到LTC4401-1射频输入，如图29.1(b)所示。RF信号直接从功率放大器馈送到同向双工器。总元件数量减少了两个。

0.4pF串联电容器必须有一个±0.05pF或更小的容差。容差直接影响耦合返回到电源控制器RF输入端的RF信号的大小。ATC具有超低ESR和高Q微波电容器，以及所需的严格容差。ATC600S0R4AW250XT是一个0.4pF电容，带有±0.05pF的容差。该电容器采用了一个小型0603封装。串联电阻为49.9Ω（AAC CR16-49R9FM），带有1%的容差。

方案2

第二种解决方案用了一个4.7nH的分流电感器。该电感对功率控制器上与RF输入相关联的寄生并联电容进行补偿。因此，改善了功率控制电压范围和灵敏度。在双频段应用中，所选择的电感值应该能够增加其中一个频带的灵敏度，使其超过另外一个。使用电感器时，要将一个电容器放置在RF输入端引脚和该电感器之间。此电容器为RF信号提供了一个低阻抗路径。本方案使用了一个33pF电容器，如图29.1(c)所示。在每个频率测试中，33pF电容器的电抗都比电感的电抗要低。

本方案同样使用了方案1中的0.4pF电容和50Ω电阻。村田薄膜型电感器，LQP15MN4N7B00D，采用的是0402封装，具有±1nH的容差。另外，33pF电容是AVX 06035A330JAT1A，采用的是0603封装，具有5%的容差。这里，并联电感和33pF电容器容差的要求并不严格。

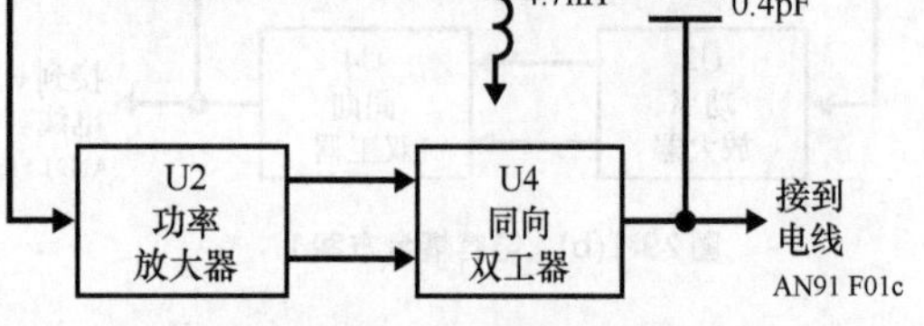

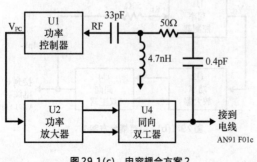

图29.1(c) 电容耦合方案2

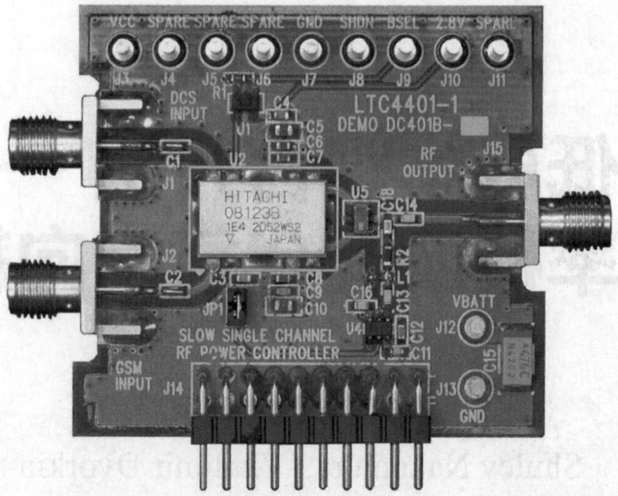

图29.2 DC401B演示板

工作原理

0.4pF电容和50Ω电阻构成了一个分压器，并带有LTC电源控制器的输入阻抗。其电压分压比会随着频率变化，电容器的电抗与频率成反比。因此，当频率增加时，电抗减小了，成为一个固定电容。同样，电抗随着电容减小而增大。0.1pF都将对电抗产生极大影响，这是因为耦合电容太小。这就是要求严格容差至关重要的原因。电容的一个很小的变化都将改变电抗，也就改变了电压的分压比。表29.1显示了900MHz、1800MHz以及1900MHz下的各个元件的电抗。

电阻值是由串联电容器和额外的分流和布局寄生效应来决定的。当使用一个并联电感时，可以使用一个更小的电容，这样可以减少主线路的损耗。并联电感方案被调谐到一个特定的频带，以损失其他频带为代价。在第二种耦合方案中，例如，被调谐到DCS波段频率，这种方案的耦合损耗非常类似于定向耦合器（见图29.3(b)）的耦合损耗。

表29.1 电抗随频率变化

频率/MHz		900	1800	1900
元件值	0.3pF	590Ω	295Ω	279Ω
	0.4pF	442Ω	221Ω	210Ω
	0.5pF	354Ω	177Ω	167Ω
	33pF	5.4Ω	2.7Ω	2.5Ω
	4.7nH	27Ω	53Ω	55Ω

注意事项

采用这两种耦合方法时，需要考虑几个因素，如电路板布局和主线负荷。保守的器件布局是必要的，以便最大限度减少TX输出端50Ω导线和电源控制器上RF输入端之间的距离。寄生效应也可以大大地改变反馈网络的特性。良好的布局技术，紧密的容差组件，使这个定向耦合器的替代品能够用在GSM、DCS和PCS波段频率。

测试装备和测量方案

这三种不同的耦合方式，用DC401A和DC401B演示板进行测试。DC401A RF演示板具有三波段定向耦合器，并充当控制板。其耦合系数在900MHz时为19dB，在1800MHz和1900MHz时为14dB。DC401B用于测试前面描述的两个电容耦合方案（见图29.8）。

这两个演示板都包含一个LTC4401-1电源控制器和日立PF08123B三频带功率放大器。两块板的元件布局也是一样的，区别在于耦合组件。

关键测量因素就是耦合损耗。一种测量耦合RF信号的方法是，选择一个RF输出功率电平，并比较三个耦合方案中所施加的PCTL电压。图29.4显示了一个典型的PCTL波形。每次测量，都只是调节最大电平幅度（最大PCTL电压）。该PCTL波形是由凌力尔特的斜坡成形程序LTRSv2.vxe生成的，该程序已被编程到DC314A演示板。DC314A数字演示板提供了稳压电源、控制逻辑和一个10位DAC，以产生SHDN信号和功率控制PCTL信号。用于每个功率放大器通道的输入功率为0dBm。这里使用了一个标称3.6V的电池。图29.7所示为测试装置。

PCTL电压越高，耦合损耗越少（例如，更多的射频信号耦合返回）。不过，太少的耦合损耗在更高的功率电平时就成了一个问题，因为PCTL值可能超过DAC可以输出的最大电压。太多的耦合损耗，使实现较低的输出功率变得非常困难。不推荐使用一个小于18mV的PCTL电压，因为RF输出将变得不稳定。因此，最小输出功率P_{out}由PCTL=18mV限制。

在900MHz（GSM900）下，PCTL电压在以下输出功率电平下测量：5dBm、10dBm、13dBm、20dBm、23dBm、30dBm和33dBm。在1800MHz（DCS1800）和1900MHz（PCS1900）下，记录以下输出功率下的PCTL测量结果：0dBm、5dBm、10dBm、15dBm、20dBm、25dBm和30dBm。如图29.3(a)，图29.3(b)和图29.3(c)所示，每个耦合方案中，输出功率与所施加PCTL电压相关联。在一般情况下，电容耦合解决方案比定向耦合器具有更多的耦合损耗。全部输出范围是由这两种耦合方式得到的。

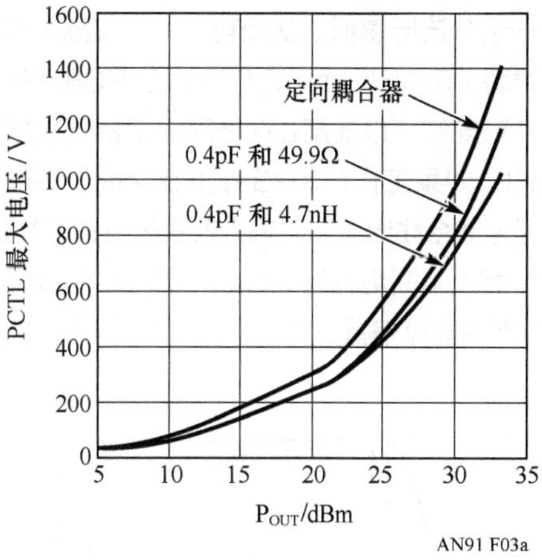

(a) GSM900PCTL-P_{OUT}曲线

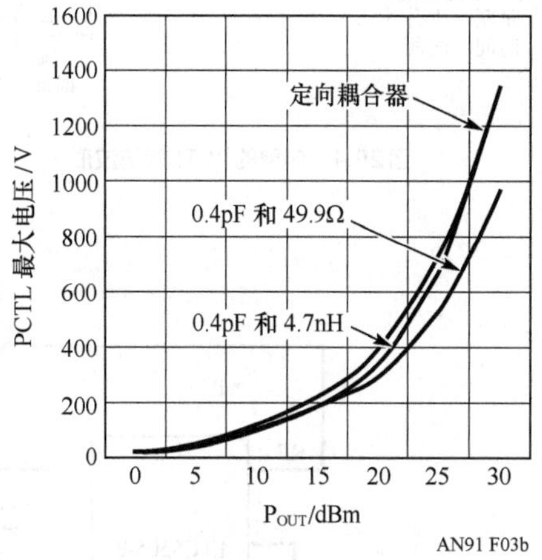

(b) DCS1800PCTL-P_{OUT}曲线

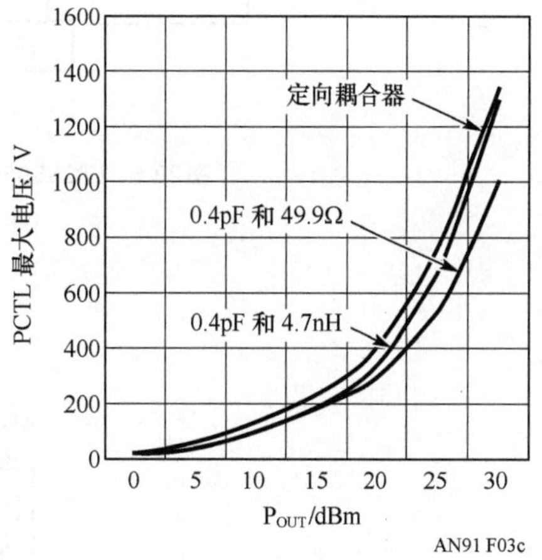

(c) PCS1900PCTL-P_{OUT}曲线

图29.3 PCTL-P_{OUT}曲线

LTC5505功率检波器的耦合方案[②]

在使用了LTC5505功率检波器的系统中，也可以使用抽头电容。例如，在图29.5所示的电路中，在RF输入端引

② 关于LTC功率检波器的更多应用信息，请咨询工厂。

脚使用了一个分流电感器，从而可以关闭实际工作频率下功率检波器封装（5引脚ThinSOT™）以及PCB的寄生并联电容。使用并联电感可以提高LTC5505-2的灵敏度，从2dB增加到4dB。如果工作在3~3.5GHz之间，不建议使用分流电感，因为键合线电感会对输入寄生电容进行补偿。另外，还需要一个直流阻断电容器（C4），因为LTC5505-2的引脚1会被内部的直流偏置。

图29.6给出了双频带移动电话发射功率控制的一个例子，这里使用了一个LTC5505-2，并用一个电容抽头代替了定向耦合器。其中，0.3pF电容器（C1）和后面的100Ω电阻（R1）构成了一个抽头电路，相对于LTC5505-2 RF输入端，它在蜂窝频带（900MHz）有约20dB损耗，在PCS（1900MHz）有18dB损耗。为了获得最佳的耦合准确性，C1应该有严格的容差（±0.05 pF）。

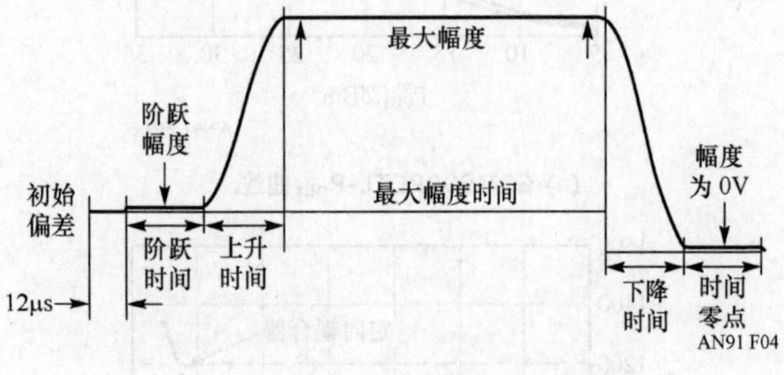

图29.4 典型的PCTL斜坡波形

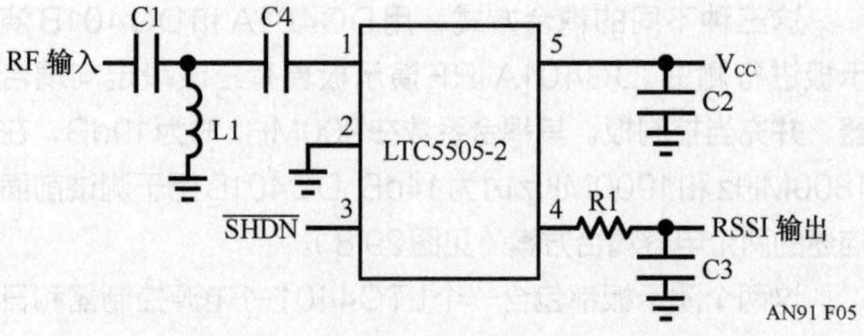

图29.5 LTC5505-2应用框图，带有一个并联电感

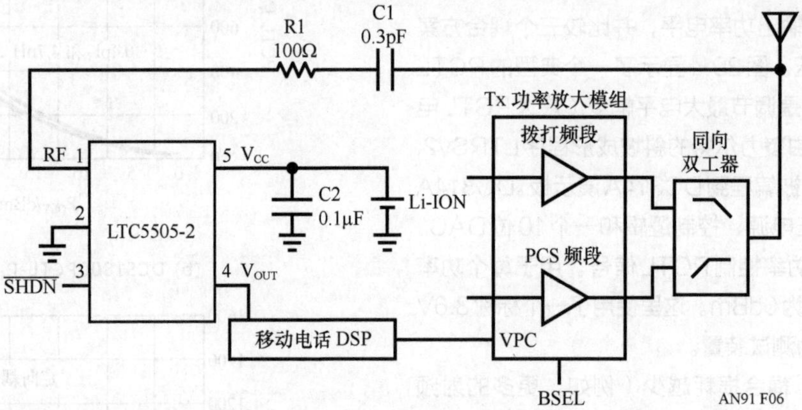

图29.6 LTC5505-2 Tx功率控制应用框图，带有一个电容抽头

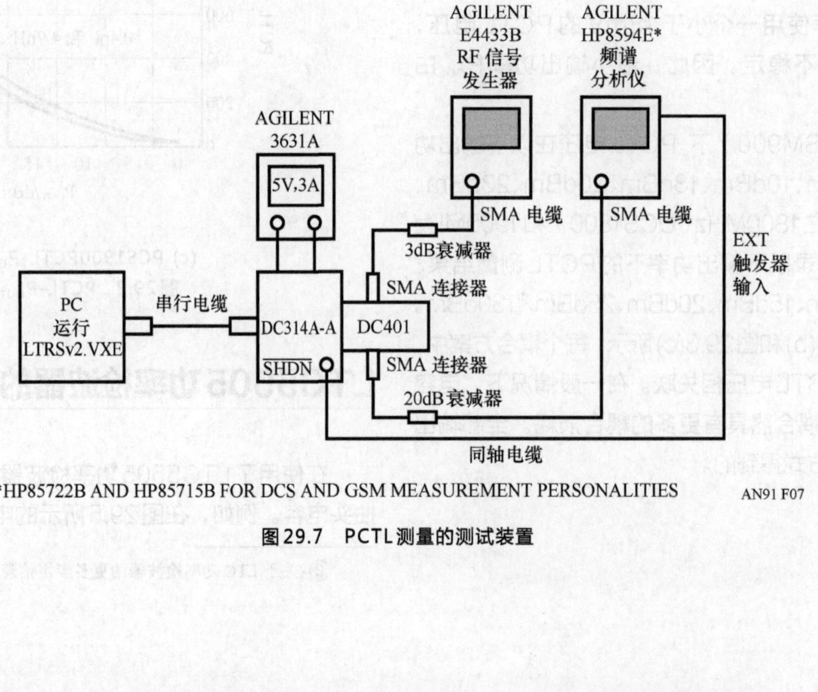

图29.7 PCTL测量的测试装置

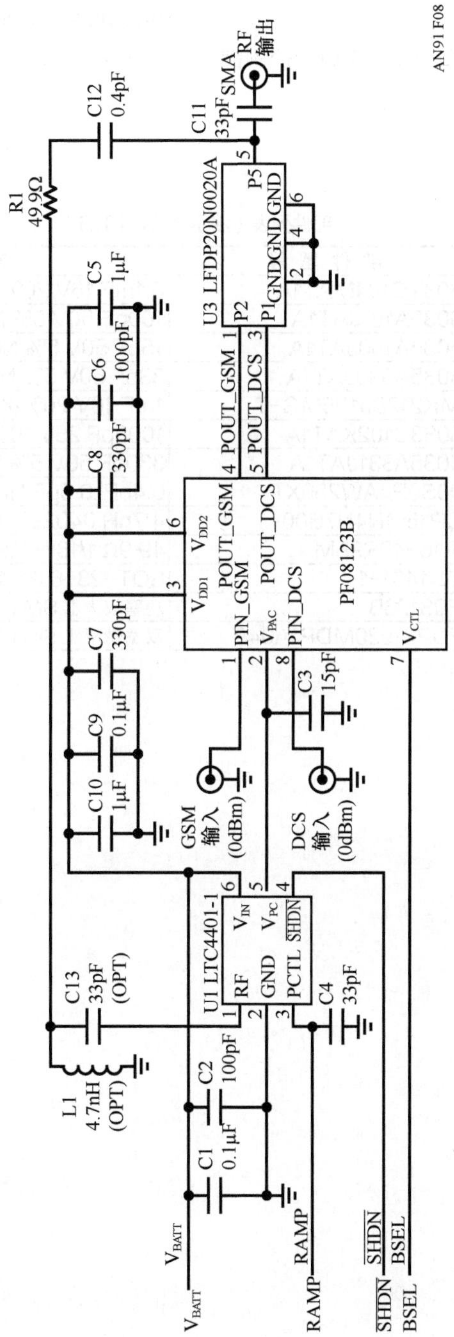

图29.8 DC401B原理图

总结

实验室测试结果表明，电容耦合方案是一种有效的射频输出信号耦合方式。若耦合电容器有严格的容差，其耦合因数将是一致的。另一方面，定向耦合器的耦合系数会发生变化，达到1.5dB。如果使用串联电阻和电容，将减少总的组件数，同时也降低了成本。

上述电容耦合方案，使用了LTC4401-1功率控制器和HitachiPF08123B功率放大器。这个方案可以应用到所有的LTC功率控制器（LTC1757A，LTC1758，LTC1957，LTC4400，LTC4401，LTC4402和LTC4403），并支持功率放大器以及LTC功率检波器。当用不同的功率控制器和功率放大器组合时，电容和电阻值需要进行调整。减小耦合电容或增加串联电阻会增加耦合损耗。凌力尔特公司目前支持Anadigics、Conexant、Hitachi、Philips和RFMD功率放大器。DC401B演示板可根据需求选择。

部件列表（演示版DC401B）

标　记	数　量	部件型号	产品描述	供应商
C1，C9	2	0603YC104MAT1A	0.1mF 16V 20% X7R电容	AVX
C2	1	06035A101JAT1A	100pF 50V 5% NPO电容	AVX
C3	1	06035A150JAT1A	15pF 50V 5% NPO电容	AVX
C4，C11，C13（OPT）	2	06035A330JAT1A	33pF 50V 5% NPO电容	AVX
C5，C10	2	EMK212BJ105MG-T	1mF 16V 20% X5R电容	Taiyo Yuden
C6	1	06033C102KAT1A	1000pF 25V 10% X7R电容	AVX
C7，C8	2	06035A331JAT1A	330pF 50V 5% NPO电容	AVX
C12	1	600S0R4AW250XT	0.4pF±0.5pF NPO电容	ATC
L1（OPT）	1	LQP15MN4N7B00	4.7nH 0402±0.01nH电感	村田
R1	1	CR16-49R9FM	49.9Ω 1/16W 1%芯片电阻	AAC
U1	1	LTC4401-1	SOT-23-6 RF功率控制集成电路	LTC
U2	1	PF08123B	功率放大器SMT集成电路	日立
U3	1	LFDP21920MDP1A048	双宽带双工SMT集成电路	村田

提高RMS功率检波器随温度输出精度

30

Andy Mo

引言

稳定的温度性能在基站设计中极为重要，因为环境温度取决于周围环境和位置，变化很大。采用随温高精度RMS检波器，可以提高基站设计的效率。LTC5582和双通道LTC5583是一个系列的RMS检波器，都可以提供优异的温度稳定性能（-40～85℃），LTC5582的频率范围高达10GHz，LTC5583的频率范围则高达6GHz。然而，它们的温度系数会随频率发生变化，并且没有温度补偿时，在整个温度范围内的误差可能大于0.5dB。这样，有时需要在不同频率下对温度补偿进行优化，以提高精确度，使误差小于0.5dB。此外，温度补偿可以仅使用两个片外电阻来实现，不需要外部电路。

输出电压的变化可以由下式算得

$$\Delta V_{OUT} = TC1 \cdot (T_A - t_{NOM}) + TC2 \cdot (T_A - t_{NOM})^2 + detV1 + detV2 \quad (1)$$

其中，TC1和TC2分别是一阶和二阶温度系数；T_A是实际环境温度；t_{NOM}是参考室温25℃；当R_{T1}和R_{T2}未设置为零时，detV1和detV2是输出电压波动。

计算温度补偿电阻值的方法对于LTC5582和LTC5583都是一样的。两个控制引脚是R_{T1}和R_{T2}，分别设置TC1(一阶温度补偿系数）和TC2（二阶温度补偿系数）。如果不需要，可以将R_{T1}和R_{T2}短接到地，关闭温度补偿功能。

LTC5583温度补偿设计

LTC5583还具有两个额外的引脚，R_{P1}和R_{P2}。R_{P1}控制TC1的极性，R_{P2}控制TC2的极性。不过，对于固定的R_{T1}和R_{T2}，温度系数是相同的，只是极性翻转。通道A和通道B共享补偿电路，因此，这两个通道可以一起控制。

图30.1表明一阶温度补偿时，V_{OUT}是温度的函数。图中仅用了3个电阻，增加电阻值会导致斜率增大。斜率的极性由RP1引脚控制。

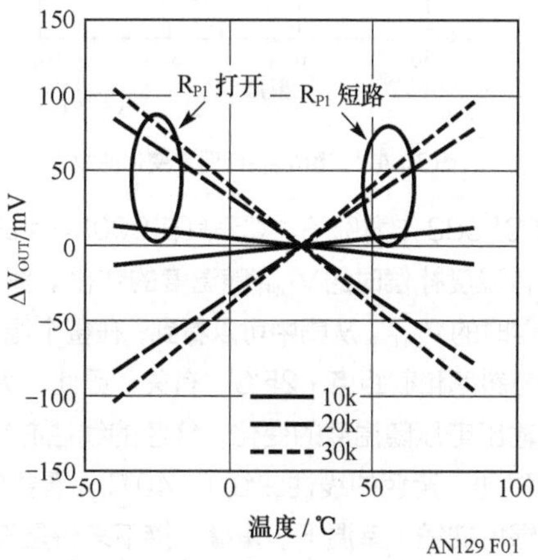

图30.1　一阶ΔV_{OUT}随温度变化的曲线

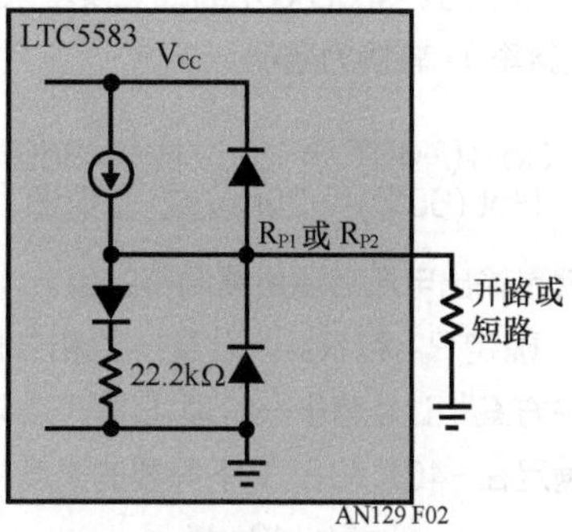

图30.2　引脚R_{P1}和R_{P2}的简化原理图

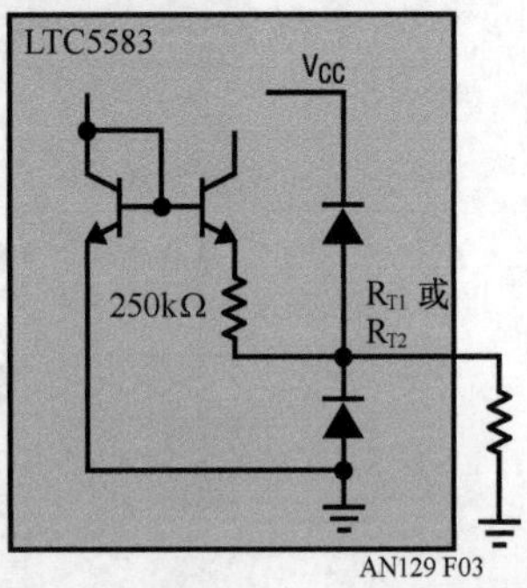

图 30.3 引脚 R_{T1} 和 R_{T2} 的简化原理图

图30.4说明了二阶温度补偿对 V_{OUT} 的作用。曲线的极性由 R_{P2} 控制，曲率取决于电阻值。整体效果是由一阶和二阶温度补偿（由式（1）给出）共同作用的结果。

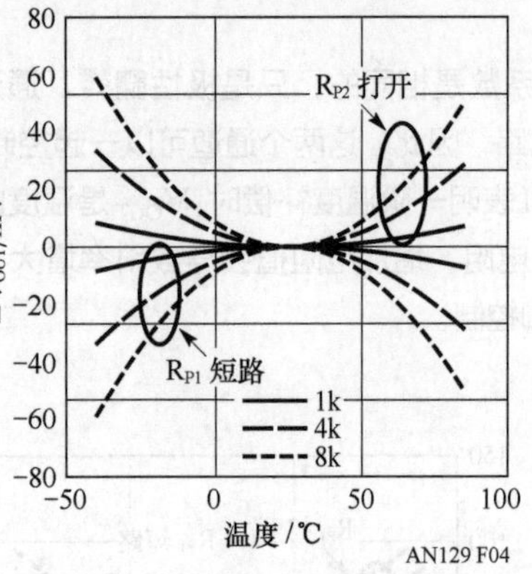

图 30.4 二阶 V_{OUT} 随温度变化曲线

以LTC5583作为例子，观测其在900MHz的输入。首先测量没有温度补偿时的 V_{OUT} 随温度的变化。图30.5给出了没有补偿时的 V_{OUT}。从图中可以看到，在整个温度范围内，线性误差与斜率和截距点（25℃）有关。因此，为了最大程度地减小输出电压随温度的变化，红色的线性曲线（85℃）需要向下移动，蓝色的线性曲线（-40℃）需要向上移动，尽可能与绿色曲线（室温下）重叠。接下来将是按部就班的设计过程。第一步，从图30.5所示曲线中估计所需的温度补偿（dB）。例如，读出输入功率为-25dBm时的值，该值将位于动态范围的中间。将dB表示的线性误差乘以30mV/dB（V_{OUT} 的典型斜率），转换为毫伏。

Cold（-40℃）=13mV或0.43dB
Hot (85℃)=-20mV或-0.6dB

这些值就是输出电压随温所需调整的值。

第二步，确定 R_{P1} 和 R_{P2}，以及一阶和二阶补偿方案。为了找到解决方案，让a等于一阶项，B等于二阶项。设置它们，使它们满足在-40℃和85℃下需要的温度补偿。

$$a-b=13mV \quad (2)$$
$$-a-b=-20mV \quad (3)$$

a=16.5 （一阶）
b=3.5 （二阶）

公式（2）和公式（3）中a和b的极性，由一阶项和二阶项的极性决定，它们的总和在-40℃下等于13mV，在85℃下等于-20mV。参考图30.6，一阶项和二阶项都可以是正的或负的。所以总共有4个可能的组合。在这种情况下，只有当两项都为负时，其总和才满足所要求的补偿。

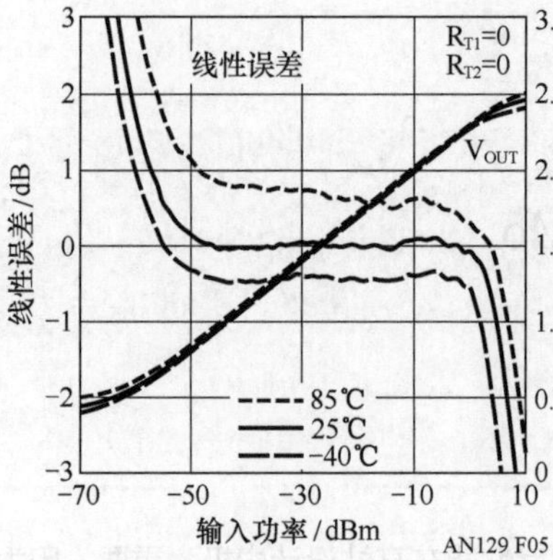

图 30.5 900MHz 下未补偿的 LTC5583

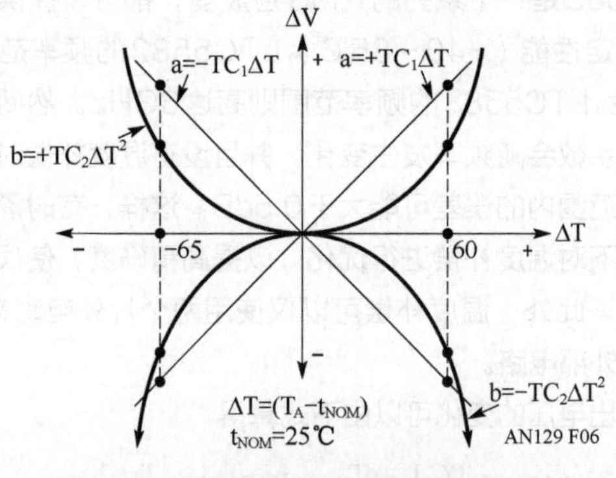

图 30.6 一阶和二阶解决方案的极性

图30.7显示了-40℃和85℃所需要的一阶和二阶补偿。注意，一阶和二阶补偿的极性为负，这样的两条曲线相加时，它们的和才会产生 V_{OUT} 所需的调整。因此，TC1和TC2是负的，RP1和RP2由图30.8和图30.9来确定。注意，这两个解的值加起来大约在-40℃下等于13mV，在85℃下等于-20mV。

R_{P1} = 开路

R_{P2} = 短路

第三步，利用图30.8和图30.9，计算其中一个极端温度下的温度系数，并确定电阻 R_{T1} 和 R_{T2} 的阻值。

a=16.5 = TC1 · (85-25); TC1 = 0.275mV/℃

R_{T1} = 11kΩ（根据图30.8）

b = 3.5 = TC2 · $(85-25)^2$; TC2 = 0.972μV/℃

R_{T2} = 499Ω（根据图30.9）

图30.10给出了LTC5583两个输出通道之一的随温性能。注意，与图30.5相比，未补偿V_{OUT}的温度性能有所提高。这一点可能令大多数应用满意。然而，对于一些需要更高精确度的应用，需要进行二次迭代，以进一步改善温度性能。为了简化计算，忽略detV1和detV2，因为它们不依赖于温度，不过这会使该解决方案变得不准确。但是，它对于改善整个温度范围内的精确度非常有帮助，如图所示。

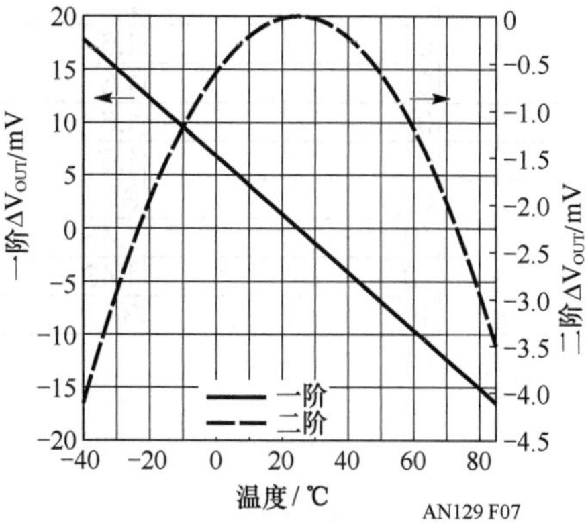

图30.7　温度补偿的解决方案

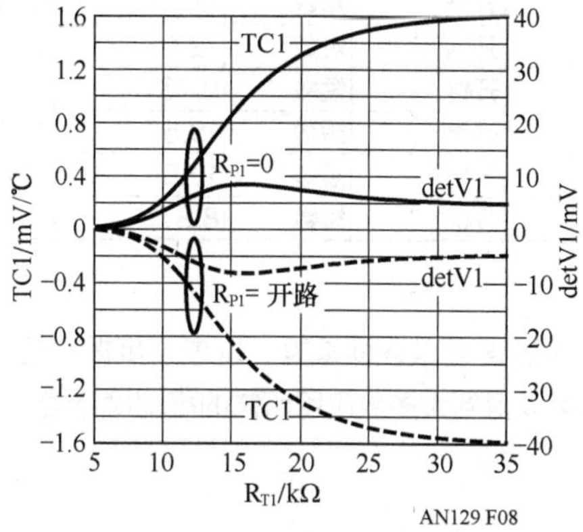

图30.8　一阶温度补偿系数TC1与外部R_{T1}阻值的关系曲线

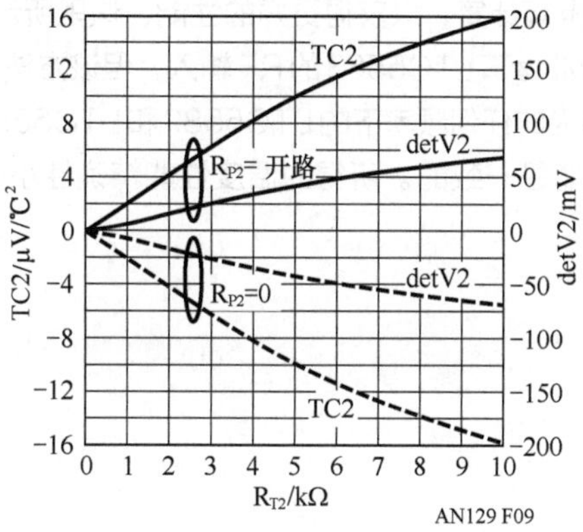

图30.9　二阶温度补偿系数TC2与外部R_{T2}阻值的关系曲线

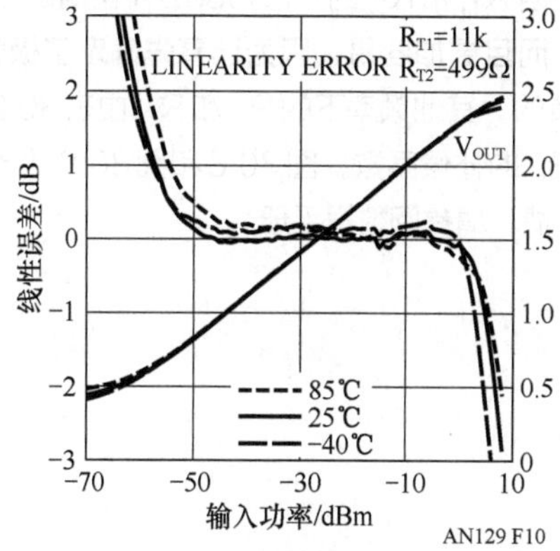

图30.10　1阶迭代后，温度补偿后的LTC5583输出

二次迭代计算

第一步，用一次迭代的方法，从图30.10中得到所需补偿。

Cold（−40℃）=−3mV或−0.1dB

Hot (85℃)=−3mV或−0.1dB

在一次迭代中加入新的值，有

Cold（−40℃）=−3mV + 13mV = 10mV

Hot (85℃)=−3mV−20mV = −23mV

重复第二步和第三步以计算R_{T1}和R_{T2}，得

R_{T1}=11kΩ

R_{T2}=953Ω

R_{P1}=开路

R_{P2}=短路

经过两次迭代后，结果如图30.11所示。随温动态范围为50dB时，带有0.2dB线性误差；随温动态范围为56dB时，带有1.0dB线性误差。其他频率的温度补偿值由表30.1给出。

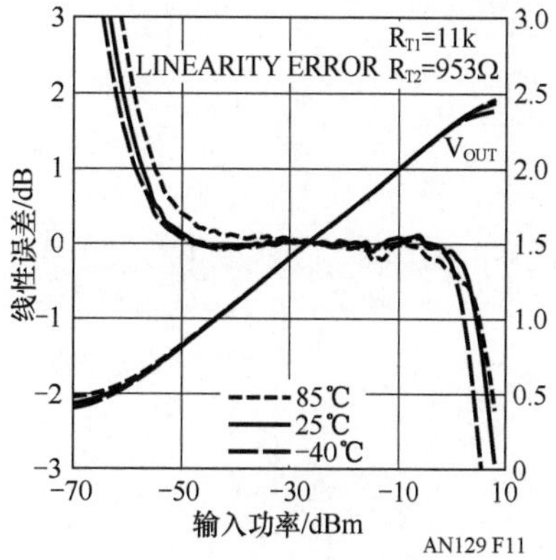

图30.11　2阶迭代后，温度补偿后的LTC5583输出

表30.1 不同频率下，LTC5583获得最佳温度性能所推荐的设置和电阻值

频率/MHz	R_{P1}	R_{P2}	R_{T1}/kΩ	R_{T2}/kΩ
450	开格	短数	11.5	1.13
880	开格	短数	11.5	1.13
900	开格	短数	11	0.953
1800	开格	短数	12.1	1.5
2140	开格	短数	9.76	1.1
2300	开格	短数	10.5	1.43
2500	开格	短数	10.5	1.43
2700	开格	短数	8.87	1.21

该迭代过程可以继续重复，以进一步提高精度。这样，设计者就可以得到大多数应用所需的高精度补偿。

LTC5582信号检波器

计算电阻R_{T1}和R_{T2}的LTC5582补偿值的方法与前面所述一样，而且更加容易，因为已事先确定了极性，TC1和TC2都是负的。其他频率下的R_{T1}和R_{T2}由表30.2给出。对于LTC5582的补偿系数，图30.8和图30.9给出了不同结果。更多详情，请参阅数据手册。

表30.2 不同频率下，LTC5582获得最佳温度性能所推荐的R_{T1}和R_{T2}

频率/MHz	R_{T1}/kΩ	R_{T2}/kΩ
450	12	2
800	12.4	1.4
880	12	2
2000	0	2
2140	0	2
2600	0	1.6
2700	0	1.6
3000	0	1.6
3600	0	1.6
5800	0	3
7000	10	1.43
8000	10	1.43
10000	10	3

总结

LTC5582和LTC5583都提供了优良的温度性能，且仅需两个外部补偿电阻。计算补偿电阻的过程比较简单，并且可以重复计算，以获得更好的性能。这里所示的例子，是在900MHz下LTC5583的RF输入，但该方法可以应用于IC范围内的任何频率下的LTC5582和LTC5583。两者的温度性能是一致的。所得的温度性能精确性小于输出电压的1%。

第3部分

电路集锦

时钟源电路设计技术（第31章）

本章节展示了用作时钟源的多种电路。特别关注了基于晶体的电路设计，包括温度、补晶振以及压控晶振等。

测试和控制电路集锦（第32章）

在本应用指南中包括了一系列测量和控制电路。一共展示了18个电路，包括超低噪声放大器、电流源、传感器信号调理器、振荡器、数据转换器以及电源灯。这些电路在相对简单的结构下，着重于精确性这一指标。

电路集锦，卷I（第33章）

在本应用指南中展示的多种电路包括50W高效率（>90%）开关稳压器、具有低失真的陡峭滚降滤波器电路以及12位差分温度测量系统等。

视频电路集锦（第34章）

视频电路集锦提供了各种凌力特电子的视频电路。LT1204是70MHz的多路复用器，被广泛使用于需要通道间优异视频隔离的各种电路中。在视频处理电路部分，突出地介绍了高速电压和电流反馈放大器。还有一部分篇幅介绍电流反馈放大器（Current Feedback Amplifier，CFA）的应用。

测量和控制的实用电路（第35章）

大部分这类电路是在客户要求或者客户要求的衍生下设计的。电路的类型包括功率转换器、传感器信号调理器、放大器以及信号发生器。具体的电路包括低噪声放大器、高功率单元直流/直流转换器、便携式高精度气压计、10mHz 1%精度均方值/直流转换器以及随机噪声发生器。本章的附录涵盖了噪声理论并且介绍了宽带放大器的历史。

电路集锦，卷III（第36章）

本应用指南是数据转换器、接口和信号处理电路的集锦。这一应用指南涵盖的电路有：用于高速视频的高速视频复用器、具有可调增益的超高选择性带通滤波器，还有全差分、8通道、12位模拟数字系统。本应用指南包括的电路类别有数据转换、接口电路、滤波器、仪器、视频放大器以及其他电路。

用于信号调理和功率转换的电路（第37章）

这一部分包括数据转换器、信号调理器、传感器电路、晶体振荡器以及功率转换器设计等。宽带以及微功率电路获得了特别的关注。同时也涵盖微功率设计技术和测试设备的寄生效应方面的教程。

电路集锦，卷V（第38章）

本应用指南搜集了很多实用的电路，涵盖了数据转换、接口以及信号调理等电路。它包括了用于高速视频的电路、接口和Hot Swap电路、有源RC和开关电容滤波器电路，以及各类的数据转换和仪用电路。所有的电路都按照其类型进行归类。

信号源、信号调理器和功率电路（第39章）

在这一合辑中包括了18个电路。信号源包括了：压控电流源，幅度/频率稳定正弦振荡器，多用途、0V到50V宽带电平移动以及四个具有低于20ps上升时间的亚纳秒脉冲发生器。并且介绍了五个信号调理器：独特的正电压轨供电、数据输出可以达到（或者低于）0V的放大器；毫欧电阻仪；在125V共模电压下具有120dB共模抑制比、精度为0.02%的仪用放大器；具有5mV控制通道馈通的100MHz开关；5V供电、15ppm线性度的晶体稳定电压-频率转换器。功率电路部分特别介绍了Xenon手电筒电源、两个5V供电电源、0V到300V的直流/直流转换器；用于APD偏置的固定200V输出电路；28V供电、100W、0到500V转换器；用于线性稳压器的大电流并联结构。两个附录讨论了亚微秒电路的测量技术以及实用的连接方式。

电流感测电路集锦（宝典）（第40章）

在很多电子系统中，感测和/或控制电流是一个基本的需求，实现这些功能的技术与它们的应用一样广泛。本书汇集了电流感测问题的诸多解决方案，并且按照常规应用类型进行归类。

功率转换、测量和脉冲电路（第41章）

本章涵盖了凌力尔特公司的八个电路集锦。这些电路有着近乎无限的吸引力，我们对此也颇感惊奇，甚至感觉它们充满着神秘色彩。这些内容一经出版，读者的需求在数年甚至数十年内都持续不断地增长。所有的凌力尔特电路集锦，尽管内容多种多样，都极受欢迎，究其原因至今不明。到底是什么原因呢？可能是因为它的风格：紧凑、完整、简明、独立。也可能是因为可以进行自由选择，像逛商店一样不必急着下决定。也有可能仅仅是因为这些新收录内容带来的惊喜，恰好符合电路爱好者的口味。精心构建的局部电生理学理论，可以从一定程度上给出解释，但是无法令人信服。不管怎样，可以肯定的是，我们看到读者被这些内容深深吸引。因此，基于服务客户各种喜好的宗旨，我们呈上了这个最新的合辑。敬请阅读！

时钟源电路设计技术

31

Jim Williams

几乎所有的数字系统或通信系统都需要某种形式的时钟源。产生精确而稳定的时钟信号常常是电路设计中的难题。

石英晶体振荡器是大部分时钟源的基础。综合Q值、时域稳定性、温度稳定性以及宽频率范围等指标，使晶振有着不同的性价比。不幸的是，晶振在电路中的详细信息相对较少，所以工程师们常常将晶振电路看作暗黑艺术，最好将其交由一些熟练的、有实践经验的人完成（参见“关于石英晶体”）。

实际上，性能优异的晶振时钟电路非常需要各种复杂考究以及精巧实现技术。然而大多数应用并不需要这么费神，相对而言更容易实现。图31.1给出了五种形式的简易晶体时钟，其中图（a）到图（d）所示通常被称为门振荡器。尽管这些类型的振荡器很常见，但是它们经常毫无规则地振荡、工作在寄生模式或者直接不起振。出现这些问题的主要原因是：无法可靠地得到作为增益单元的门电路的模拟特性参数。更为常见的情形是，不同厂家生产的门电路，用于这些类型的电路中时，电路的性能有着显著的不同。有时电路可以工作，但却受到同一封装内其他门电路的影响。其他电路似乎更喜欢将门电路固定在封装内某个位置。考虑到这些困难，门振荡器通常不是量产设计的最好选择，然而，它们往往有着最少的分立元件数，所以人们忍受前面的这些缺点，将其用于不同的应用中。图31.1(a)给出了一个偏置在线性区的CMOS施密特触发器。图中的电容增加了相移，使电路振荡在晶体的谐振频率上。图31.1(b)给出了一个用于更高频率的类似电路。图中门电路提供的反相增益与电容提供的额外相移使得电路产生振荡。在图31.1(c)中，用了一个TTL门电路，使电路能够工作在10MHz的振荡频率上。TTL元件的低输入阻抗使得高阻值的单电阻偏置方法无法使用。图中所示的R-C-R网络是偏置的替代方法。图31.1(d)所示的是使用两个门电路的振荡器。这样的电路更容易受到寄生参数的影响，但是有着电路元件少的优点。两个线性偏置的门电路由通过晶体的反馈回路提供了360° 的相移，电容则截断了增益路径上的直流。图31.1(e)给出了一个基于分立元件的振荡器电路。与其他的电路形成对比，这一电路是设计灵活性和线性区器件可确定性的一个很好范例。这一电路可以在很宽的晶体频率范围内振荡，典型值为2～20MHz。

2.2kΩ和33kΩ电阻以及二极管构成了一个伪电流源，用于提供基极驱动。

在25℃时基极电流为

$$\frac{1.2V-1V_{BE}}{33k\Omega}=18\mu A$$

为了使三极管饱和从而停止振荡，则需要V_{CE}接近于0。这样需要集电极电流为

$$IC(sat)=\frac{5V}{1\mu\Omega}\ (\text{略去}V_{CE}\text{饱和})=5mA$$

在18μA基极电流的驱动下，则所需的β值为

$$\frac{5mA}{18\mu A}=278$$

在2N3904的直流β表上，电流1mA时β为70到210。因此，即使在供电电压低于3V时，三极管也不会饱和。通过同样的方法，也可以确定电路的温度效应。

V_{BE}在温度为25～70℃时变化的范围为

$$-2.2mV/℃\times45℃=-99mV$$

电流源伴随电压的改变量为

$$2\times-2.2mV/℃\times45℃=-198mV$$

因此，一阶补偿点的总移动为

$$-198mV-(-99mV)=-99mV$$

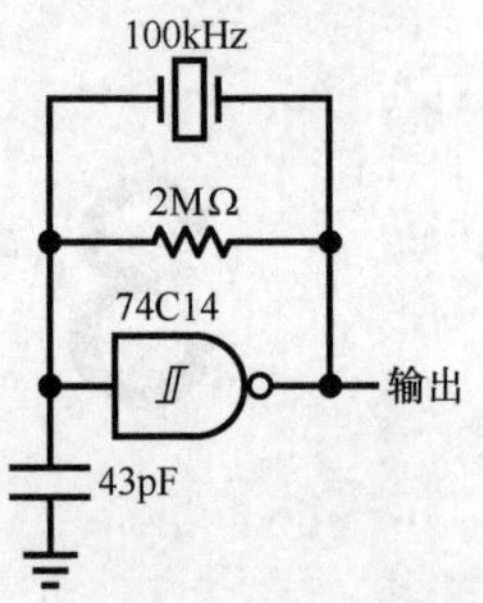

(a) 偏置在线性区的 CMOS 施密特触发器

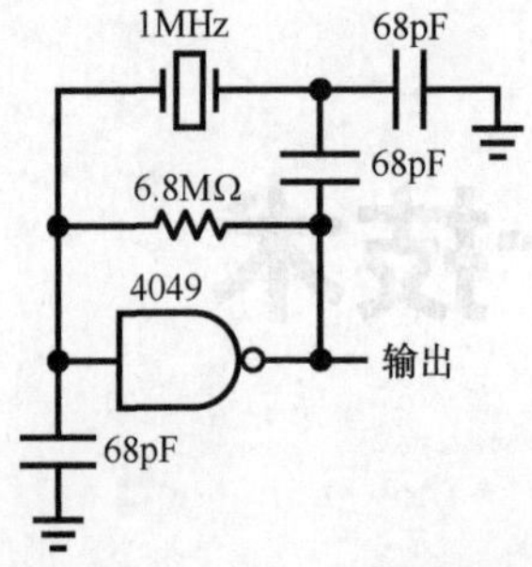

(b) 与图 (c) 类似，用于更高频率

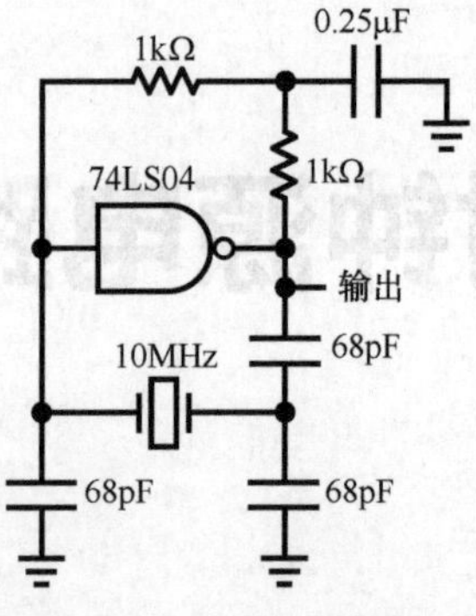

(c) 用了一个 TTL 门电路

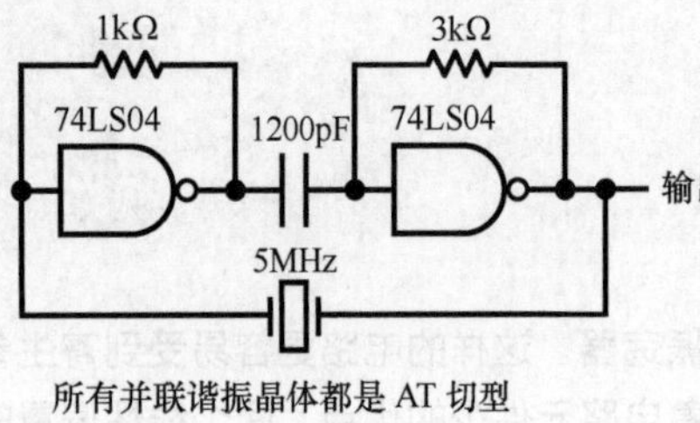

所有并联谐振晶体都是 AT 切型

(d) 使用了两个门电路

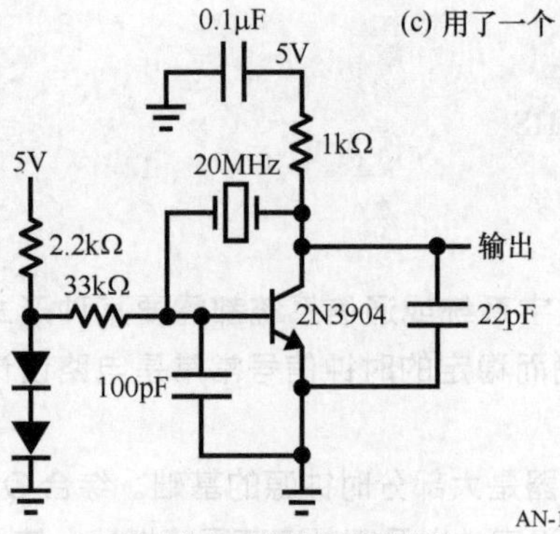

(e) 基于分立元件的振荡器电路

图 31.1 典型的门振荡器以及常用的分立单元

这个由于温度造成的－99mV 漂移将使基极电流的移动量为

$$25℃时的电流=\frac{0.56V}{33k\Omega}=18\mu A$$

$$70℃时的电流=\frac{0.5V}{33k\Omega}=15\mu A$$

$$18\mu A-15\mu A=3\mu A$$

3μA的漂移（大概为16%）给晶体管 h_{FE} 的温度漂移（从25~70℃温度范围内的变化量为20%）提供补偿。因此，能够预测电路在整个温度范围内的行为特征。电阻、二极管以及 V_{BE} 的容差意味着对 V_{BE} 和 h_{FE} 进行一阶温度补偿是恰当的。

图31.2给出了另一个方法。电路采用标准的阻容（RC）比较器多谐振荡电路，晶体振荡器直接跨接在定时电容两端。由于电路的自由振荡频率接近晶体的谐振频率，所以晶体“盗取”了阻容电路的能量，迫使电路运行在晶体的振荡频率上。在图31.3的迹线A上（LT1011的“－”输入端）可以看出，晶体的活动是显而易见的。迹线B是LT1011的输出端。在这样的电路中，重要的是确保有足够的电流用于快速启动晶体谐振，并且同时保持适当频率的阻容（RC）时间常数。典型情况下，自由运行频率需要设置在比晶体谐振频率高5%～10%的频率上，并且需要计算反馈电阻的值以使电容－晶体网络的电流大约为100μA。由于比较器存在延迟，这种类型的电路不推荐在几百kHz以上的应用中使用。

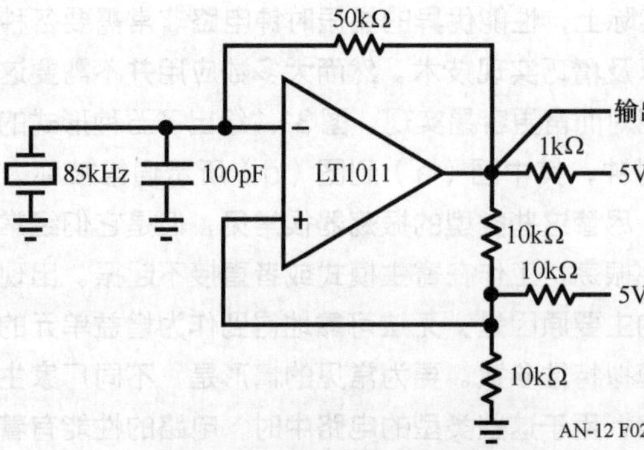

图 31.2 晶体稳定的松弛振荡器

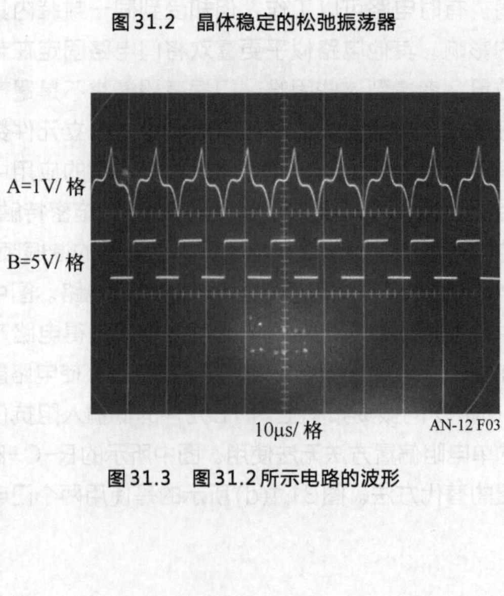

图 31.3 图 31.2 所示电路的波形

图31.4（a）和图31.4（b）所示电路采用了基于另外一种比较器的方法。在图31.4（a）中，LT1016比较器设置为直流负反馈。2kΩ的电阻在器件的同相输入端设置了共模电平。在没有晶体时，电路可以看做一个带宽非常宽（50GHz增益带宽积）、偏置在2.5V的单位增益电压跟随器。当插入晶体以后，会产生正反馈并且开始振荡。图31.4（a）所示的电路对于高达10MHz的AT-切割基波模式晶体很有用。图31.4（b）的电路有点类似，但是它可以支持的振荡频率高达25MHz。超过10MHz，AT-切割晶体工作在谐波模式。因此，电路可以在所需频率的若干倍频处振荡。阻尼网络会在高频处降低增益，从而保证电路的正常运行。

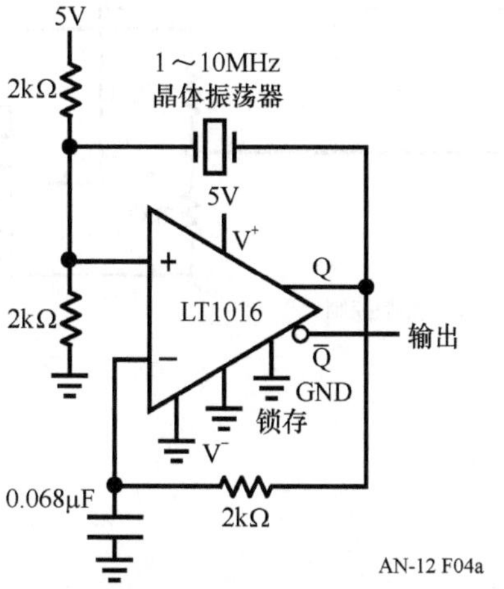

(a) 1～10MHz晶体振荡器

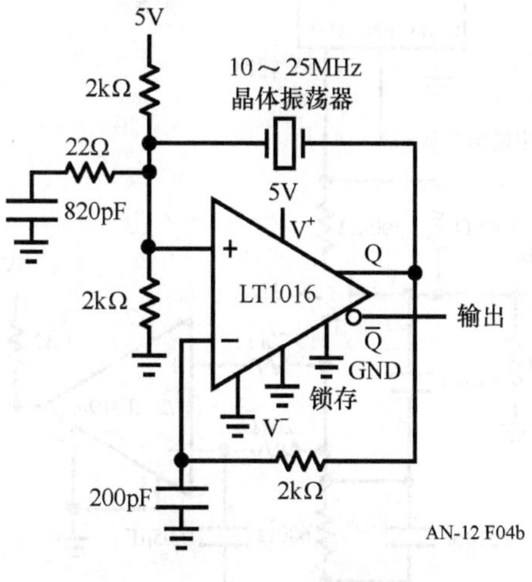

(b) 10～25MHz晶体振荡器

图31.4 基于另一种比较器的晶体振荡器

所有上述电路典型的温度系数在1ppm/℃，并且长期（1年）稳定性在5ppm～10ppm。电路设计经过精雕细琢，对温度进行更优控制，可以实现更高的稳定性。图31.5展示了一个Pierce类电路，该电路中并联的固定电容与可变电容可实现精密频率微调。晶体管提供180的相移，环路的其他元件提供额外的180°相移，从而引起电路的振荡。LT1005稳压电源和LT1001运放用于精确的温度伺服以控制晶体温度。LT1001提取差分电桥的信号，驱动达林顿级为加热器供电，而该加热器由热敏电阻进行监控。在实际应用中，传感器与加热器紧密地结合在一起。阻容（RC）反馈值需要针对热炉的热学特性进行优化。本例中，热炉由长3in、宽1in、厚1/8in的铝管组成。加热器绕组分布在缸体周围并且装配放置在小的绝缘Dewar瓶中，从而可在75℃的温度设定点（零TC或者晶体确定的“失误”温度），对0～70℃的温度进行0.05℃的控制。LT1005稳压器由它的辅助输出源桥驱动并且保持系统关闭直至晶体的温度稳定（因此，频率也稳定）。当加载到负TC热敏电阻的电源值较高时，将导致LT1001进入正饱和态。这将导通与齐纳管连接的VT2，从而偏置VT3。VT3的集电极电流将稳压器的控制引脚拉低，关断其输出。当热炉温度达到它的控制点时，LT1001的输出退出饱和，伺服将热炉的工作点完全控制在低于VT2的齐纳管的水平。这将关闭VT3，使能稳压电源给时钟连接的所有系统提供能量。对于所给出的晶体和电路参数，在0～70℃范围内时钟的漂移将小于1×10^{-9}，时间漂移为每10^{-9}周1部分。

用热炉来消除晶体时钟频率温度效应的方法最为有效，应用广泛。然而热炉需要大量的功率和较长的预热时间。在一些情况下，这是不可以接受的。另一个抵消温度效应的方法是测量环境温度并给晶体时钟频率插入比例补偿因子以微调该网络。这种开环校正技术借助于时钟频率与温度特性的匹配，有相当好的重复性。图31.6展示了一个温度补偿晶体振荡器（TXCO），它采用了一阶线性拟合进行温度纠正。该振荡器为具有容性抽头罐网络的Colpitts类型振荡器。LT319A接收输出信号，而LT319“-”输入端的阻容网络提供自适应的信号阈值。LT1005稳压器的辅助输出缓冲器提供变化量；主稳压器输出控制引脚允许在不切断振荡器电源的情况下对系统进行关断，从而增加系统整体稳定性。环境温度由A1反馈环路的线性热敏电阻进行感测，而A2则用于幅度调整和偏置。A2的电压输出信号表示补偿时钟所需的环境温度信息。通过偏置变容二极管（变容二极管的电容值随着反偏电压而变化）对频率进行修正。变容器容值偏移将上拉晶振频率，以互补的方式纠正电路的温度误差。如果热敏电阻与电路保持等温，补偿将非常有效。图31.7给出了结果。在0～70℃之间-40ppm的频率偏移被校正到2ppm以内。如果需要进一步提升补偿效果，可以加入温度到电压转换的二次项和三次项以精确补偿非线性频率漂移。

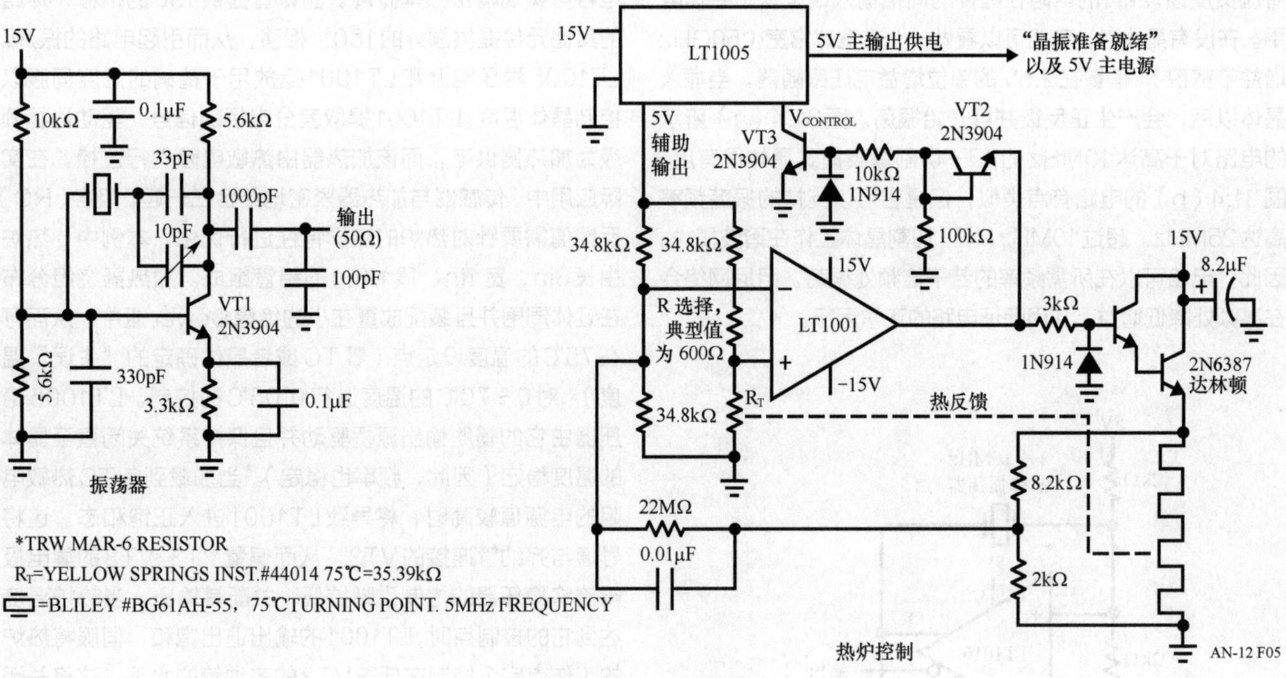

图31.5 热炉控制振荡器

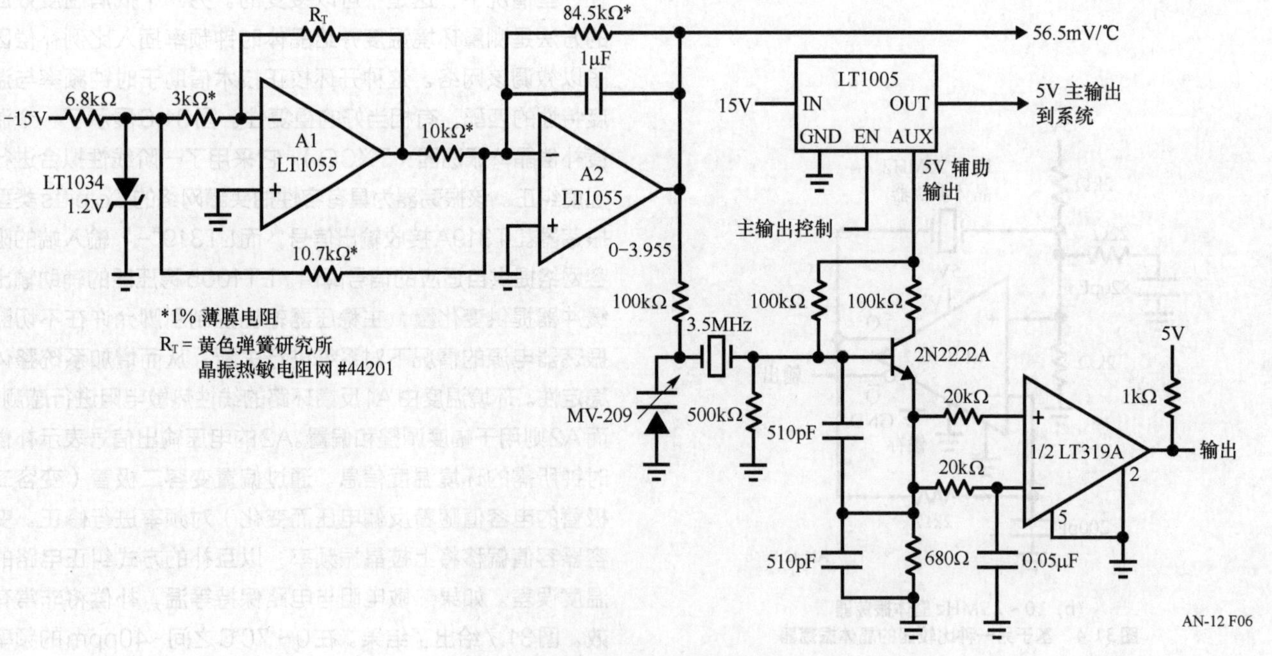

图31.6 温度补偿晶体振荡器（TXCO）

图31.8所示的是另一个电压－变容器微调电路，不过该配置允许频率偏移而非抑制。该电压控制晶体振荡器（Voltage Controlled Crystal Oscillator，VCXO）能产生整洁的20MHz正弦波输出（见图31.9），适合于通信应用。图31.10所示的曲线说明该电路在10V调节范围内，在20MHz频率之上可以实现7kHz偏移。25pF调节器用来设置20MHz的零偏置频率。在很多应用中，例如相位锁定和窄带FM安全通信等应用，非线性响应是不相关的。如需改善线性度，则需调理调节电压或者变容器网络响应。在这个类型的电路中，重要的是要记住频率调节范围是由晶体的Q值（较高）设定的。实现较宽动态“调节”范围而不停止振荡器，或者迫使振荡器进入异常模式是较为困难的。典型电路（例如该电路）提供的调节范围可达几百个ppm。也可以在晶振不失锁时实现更大的偏移（例如2000ppm～3000ppm），但是时钟输出频率的稳定性会受到一定影响。

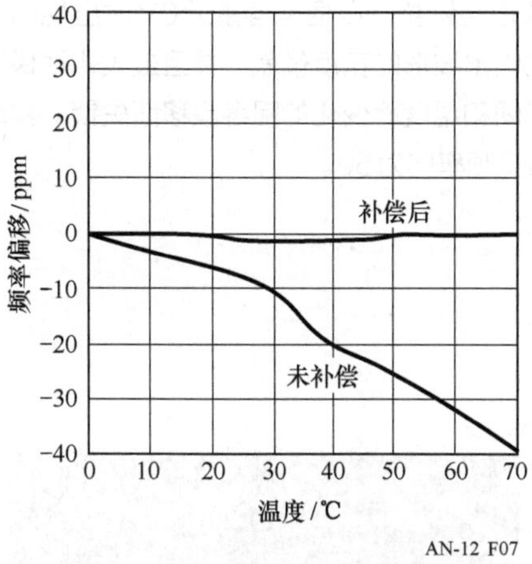

图31.7 温度补偿振荡器的漂移性能

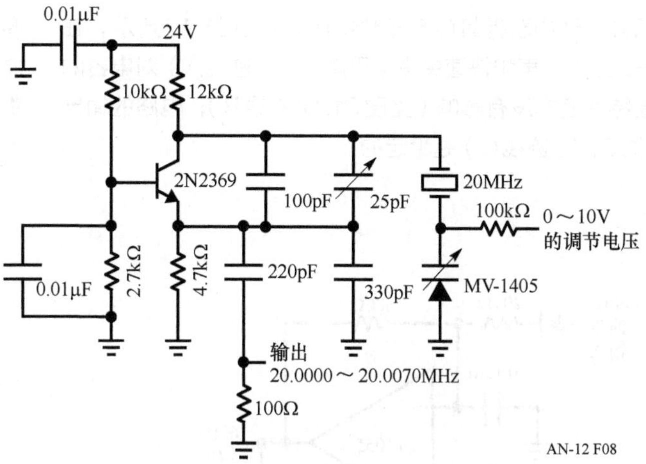

图31.8 压控晶体振荡器（VCXO）

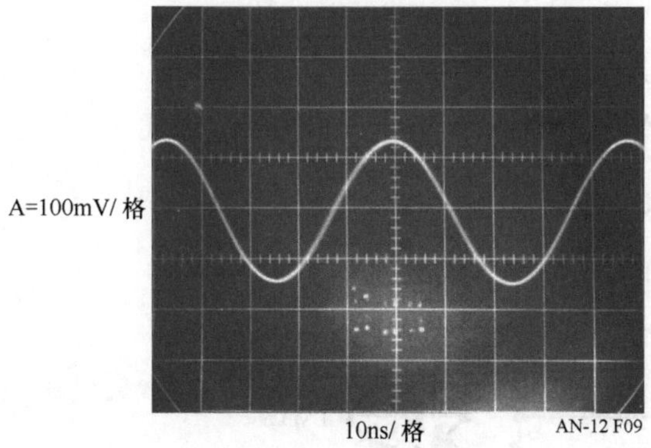

图31.9 图31.8所示电路的输出

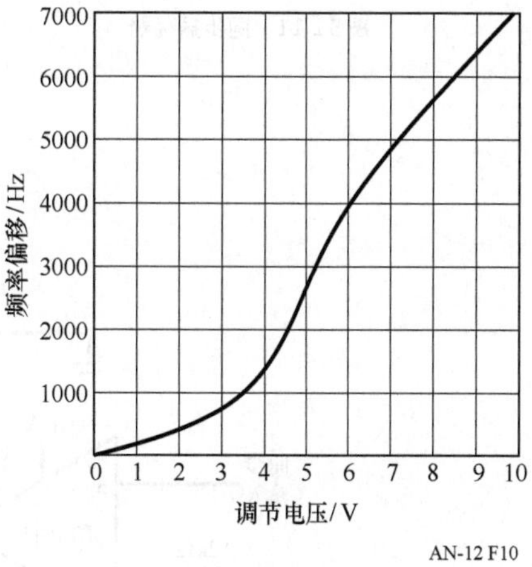

图31.10 图31.8所示电路的调节特性

非晶振时钟电路

尽管基于振荡器的电路应用很广泛，但是它们并不能满足所有的时钟需求。比方说，很多系统需要一个可靠的60Hz行同步时钟。通常可采用零交越探测器或者简易电平探测器，不过它们的噪声抑制特性较差。设计一个在不利环境中表现良好的行时钟的关键在于利用60Hz基波的窄带特性。利用宽增益带宽的方法，即使引用迟滞，也会带来噪声问题。图31.11给出了一个即使在嘈杂的行环境中也不会失锁的行同步时钟。基本的阻容（RC）多谐振荡器调谐在60Hz左右自由运行，是交流导线衍生的同步输入迫使振荡器锁定在行上。电路从阻容（RC）网络的积分特性中获得其噪声抑制特性。如图31.12所示，在60Hz上的噪声和快速尖峰（见图31.12迹线A）对电容的充电特性基本没有影响（见图31.12迹线B），电路的输出（见图31.12迹线C）是稳定的。

图31.13所示的是另一个同步时钟电路。在本例中，电路输出锁定频率比同步输入更高。电路运行与复位稳定直流放大器在时域上是等价的。LT1055及其相关元件构成了一个稳定振荡器。LM329二极管电桥和补偿二极管为位于放大器反相输入端的阻容提供稳定的双极性充电电源。同步脉冲（见图31.14的迹线A）由LT1011比较器进行电平偏移以驱动FET。当同步脉冲出现时，FET导通，将电容接地（见图31.14的迹线B）。这将中断正常的振荡过程，不过持续时间仅为一个周期的一小段时间。当同步脉冲下降时，电容的充电周期（电容已经被复位至0V）再次开始。这个复位动作将迫使阻容充电的频率同步，并且由同步脉冲进行稳定。这一动作在输出端表现为偶尔出现、轻微放大的脉冲宽度（见图31.14的迹线C），该现象是由同步间隔引起的。同步信号调节电位器必须适当调整，以便电容接近0V时出现同步脉冲。这将最小化输出波形的宽度偏差，并且最大化地保护电路不会因为随时间和温度而变化的阻容漂移而失锁。实际最大输出频率和同步频率比为50。

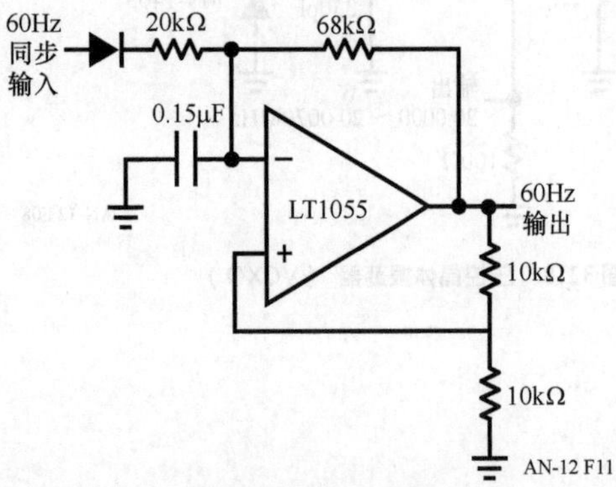

图31.11　同步振荡器

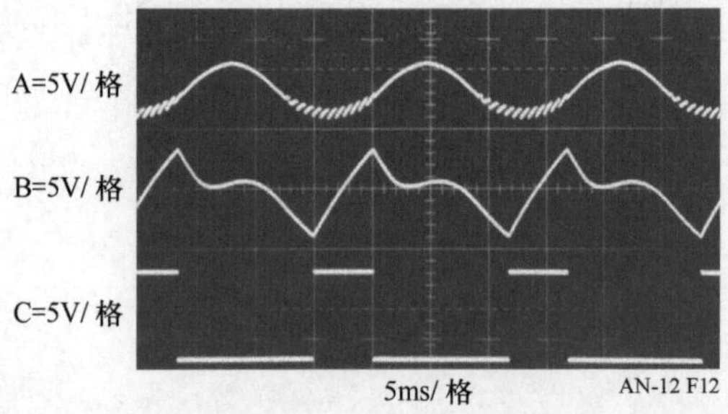

图31.12　图31.11所示电路的波形

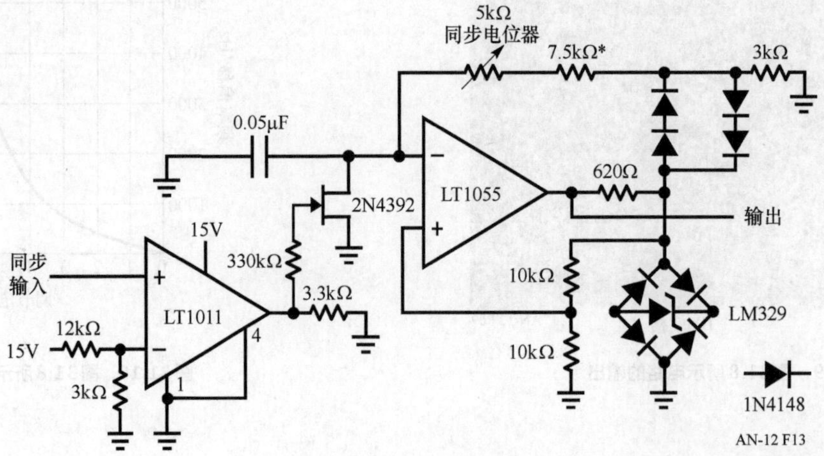

图31.13　重置稳定的振荡器

纯阻容振荡器是时钟电路的最终形式。尽管这类型电路无法达到同步电路或者基于晶体电路的稳定性，但是它简单、实惠，且能直接输出低频。所以，它们常用于波特率发生器以及其他低频率应用之中。设计稳定的阻容振荡器的关键是尽可能地做到输出频率对各个电路元件的漂移不敏感。图31.15给出了一个阻容时钟电路，该电路的稳定性主要依赖于阻容元件。其他元件即使存在大量偏移，也只是低阶误差。此外，阻容元件选定相反的温度系数以进一步增强稳定性。该电路是一个标准的比较器-多谐器，在比较器输出和反馈电阻之间有并联的CMOS反相器。这样，用MOS管的优异导通性能取代了LT1011输出相对较大且不稳定的双极性V_{CE}饱和损耗。MOS管对轨开关损耗不仅低以及呈阻性，而且能相互抵消。并联的反相器更进一步地减小了误差，使误差降低到微不足道的水平。通过这种设置，电容的充电和放电时间常数将对电源及温度改变不再敏感。10kΩ元件的偏移将相互抵消，所以不需要采用高精度类型。此外，由于振荡器的对称特性，比较器的直流输入误差的效应也是可以忽略的。这就使阻容网络成为唯一显著的误差项。聚苯乙烯电容标称的120ppm/℃温度系数可由特定电阻的反向正温度系数进行部分偏移。实际上，由于电容实际温度系数的不确定性，只能进行一阶补偿。对于测试电路，0～70℃的温度变化表明了电路的温度系数为15ppm/℃，并且有着少于20ppm/V的电源抑制系数。与此相反，由广为使用的555定时器构造的时钟（采用补偿阻容网络）的温度系数为95ppm/℃，电源移动系数为1050ppm/V。由于比较器的传输延迟，该类型电路在5～10kHz工作频率时稳定性会降低。

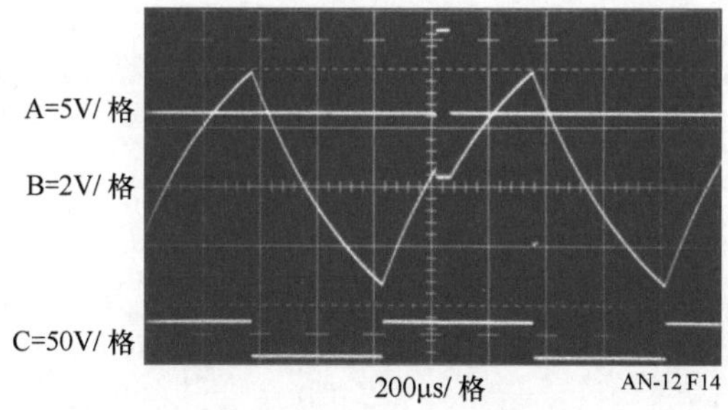

图31.14 图31.13所示电路的波形

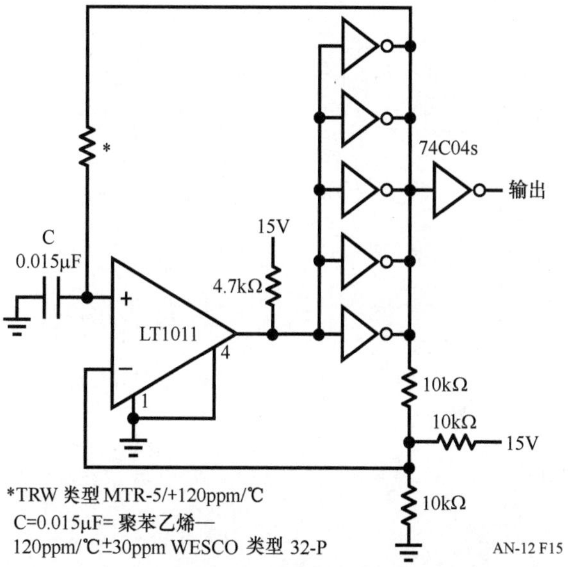

图31.15 稳定的阻容振荡器

关于石英晶体

石英晶体的稳定性和可重复性使其成为自然界中电路设计者所需的最为经济实惠的材料之一。晶体的等效电路类似一个串-并联的元件组合。

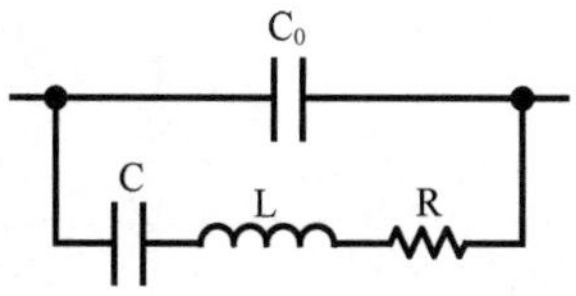

典型值为:

R=100Ω

L=500μH

C=0.01pF

C_o=5pF

Q=50000

C_o是由于接触导线、晶体电路和晶体壳体产生的静态电容。RLC项称为动态臂。C是机械质量。R包括晶体内的所有电学损耗，而L是石英的无功分量。从母晶体不同角度切割而产生的晶体会有不同的电学特性。切割可以针对温度系数、频率范围以及其他参数等进行优化。在大部分1~150MHz晶体中采用的基本AT切割是温度系数、频率范围、易于生产以及其他注意事项的较好折中。其他影响谐振器性能的因素包括引脚的连接方式、封装方式以及内部环境（例如真空、部分压力等等）。使用晶体时的注意事项包括以下几点。

负载电容——晶体必须呈现给电路的电抗。一些电路将晶体用于并联谐振模式（例如晶体是感性的元件）。其他电路则指定串联谐振模式，并且晶体要是阻性的。在这个模式下，必须指定电路的负载电容（包括所有寄生参数）。典型的值在30pF左右。

电阻——当晶体谐振时所呈现的阻抗。

驱动电平——在保持所有特性的情况下，晶体可能消耗功率的大小。典型值为10mW。过量的电平可能会使晶体遭到破坏。

温度系数/转折点——晶体的温度系数通常设定为接近“转折点”时的值。转折点是晶体温度系数为零时候的温度。典型的温度系数在其工作范围内会小于1ppm/℃，转折点在75℃附近，不过不同切割方式将极大地影响这些参数。

频率容差——在指定温度下、指定电路中使用时，与理想频率的偏差。容差范围从50ppm到小于1ppm。

测量和控制电路集锦

32

上夜班时的尿布和设计

Jim Williams

引言

在我老婆怀孕的时候，我曾经好奇孩子最终出生之后是什么样的情形。在孩子出生之前，并没有太多的哺育工作要做。出于好奇心，我们频繁通过连接成一堆的孕期心跳监测器（参见参考文献）查看孩子的心跳（见图32.1）。

A=500μV/ 格

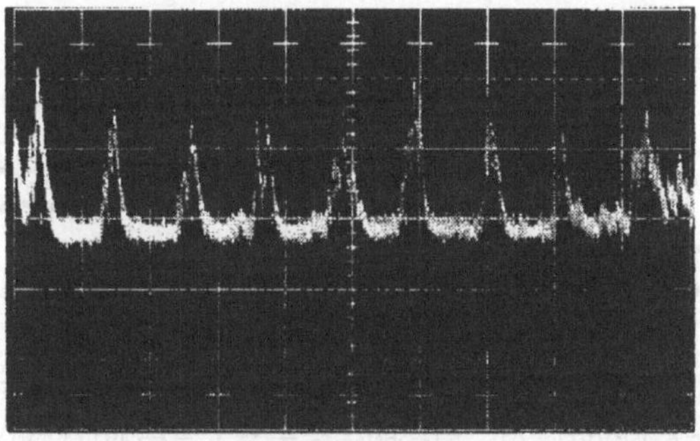

水平通道=500ms/ 格
（带宽为 0.1～30Hz）

AN45·F01

图32.1　Michael在4.5个月大时的心跳

当Michael出生以后，突然间事情变得更加忙碌。我与妻子分担夜间的任务。我值凌晨两点到七点的夜班。在几周以后，Michael和我开始变得默契，并且所有事情变得（相对地）顺利。我们俩个掌握了喂养、小憩、大哭、奶瓶和尿布等等东西，然后我们开始寻找一些其他的事情来做。我决定给Michael介绍午夜电路黑客的荣耀。20世纪70年代在MIT，我第一次得知凌晨电路设计。这是一种亚文化：装上比萨、软饮料和垃圾食品，带到实验室，关上门直到日落很久以后。对我来说这是一个充满激情的转变。

Michael和我将规则改变了一些。我们装上公式、尿布以及瓶子来到了实验室。

本集锦中的电路代表了我们的心血，发生在他夜晚睡着（或多或少）之前。大部分的面包板电路是在哺育他的时候设计的，设计审查和讨论也发生在哺育他的时候。因此，电路可以用完成它们所需的哺育次数来进行标注，例如，一个“3瓶电路”意味着3次哺育。电路的复杂程度、Michael的合作程度共同决定了瓶子评分标准，这在每张图上都有着如实记录。

低噪声、低漂移的斩波式双极型放大器

图32.2所示的电路将LT1028的低噪声与基于斩波的载波调制技术结合，设计出了相当低噪声、低漂移的直流放大器。直流漂移与噪声特性超越了当前市面上任一单片放大器。偏移在1μV以内，并且漂移小于0.05μV/℃。10Hz带宽内的噪声小于40nV，远低于单片斩波稳定放大器。

由LT1028输入设置的偏置电流大约在25nA。这些指标适用于苛刻的传感器信号处理，例如高分辨率的电子秤以及磁性探测线圈。

74C04构成了一个简单的二相方波时钟，信号频率为350Hz。这一振荡器给S1和S2提供了互补的驱动信号，导致A1端形成输入信号经过斩波后的信号。A1放大了这一交流信号。A1的方波输出被S3和S4同步解调。由于这些转换是由输入斩波同步驱动的，在直流输出放大器A2上将得到适宜的幅度和极性信息。这一过程将方波积分成一个直流电压输送到输出端，经R2和R1分压，然后反馈至输入斩波器作为零信号的参考值。增益由R1与R2的比值确定，图中的增益为1000。由于A1是交流耦合的，它的直流偏移与漂移并不会影响电路的整体偏移，从而使得电路有着极低的偏移与漂移。

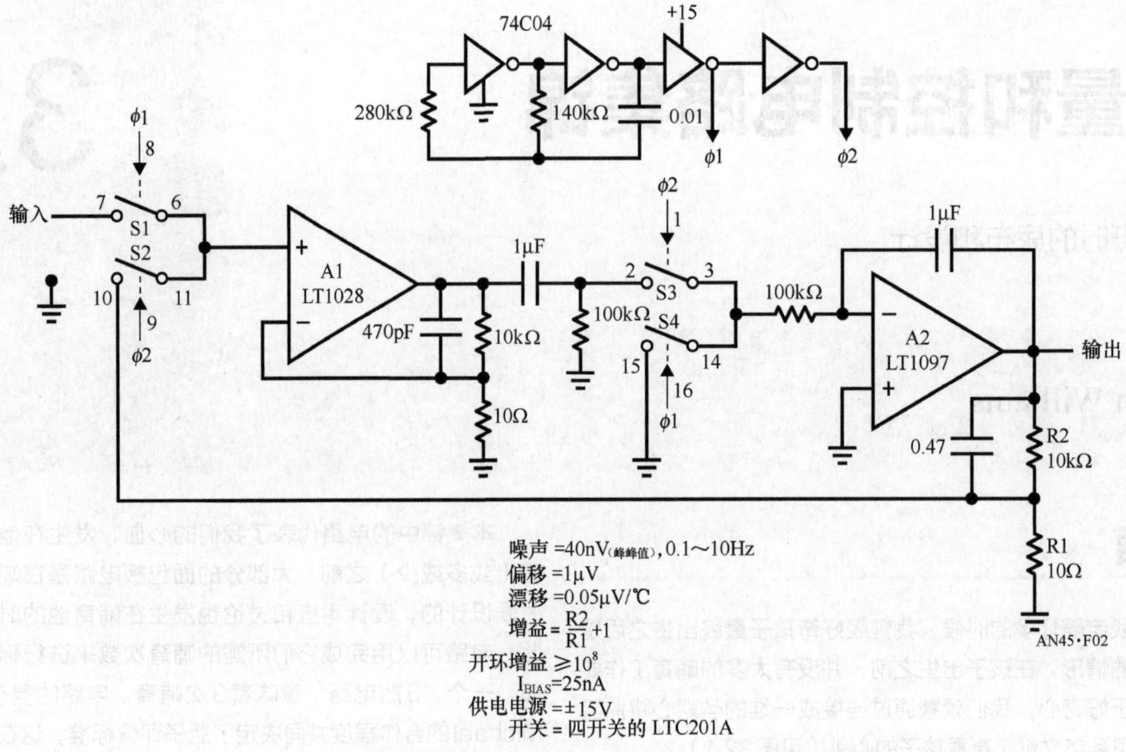

图32.2 斩波双极型放大器。噪声在40nV以内，漂移为0.05μV/℃

图32.3所示的是放大器在0.1～10Hz带宽内的噪声图，通过该图可以看到噪声的峰峰值小于40nV。A1和S1-S2上的60Ω电阻对这一噪声的贡献基本相当。在使用这一放大器时，重要的是要意识到A1的偏置电流流经输入源电阻会导致额外的噪声。总体来说，为了保持低噪声性能，源电阻需要保持在500Ω以下。幸运的是，诸如应变桥、电阻温度传感器以及磁性探测器等的电阻都远低于这一数值。

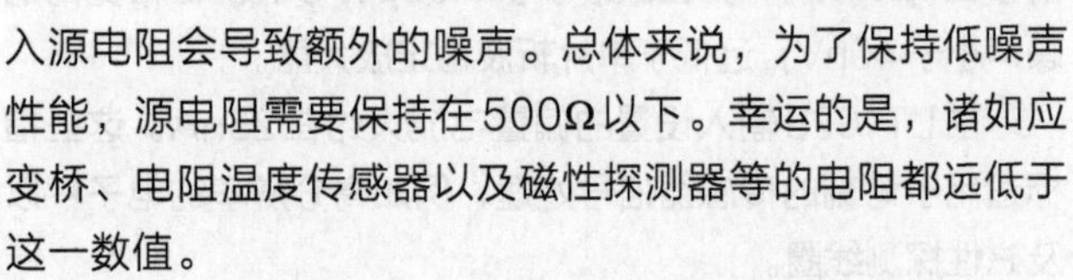

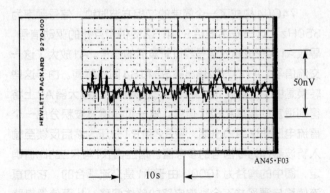

图32.3 在0.1～10Hz带宽内的噪声少于40nV，漂移为0.05μV/℃

低噪声、低漂移的斩波式FET放大器

图32.4所示的电路结合了斩波稳定放大器的低漂移和FET的低噪声。最终的结果是一个漂移为0.05μV/℃、偏移在5μV以内、50pA偏置电流、0.1～10Hz带宽内只有200nV噪声的放大器。它的噪声性能是非常值得一提的：基本上比单片斩波稳定放大器好8倍。

VT1为FET对，它差分馈送信号至A2，形成一个简易的低噪声运算放大器。由R1和R2提供的反馈和往常一样，对闭环增益进行设置（在本例中为1000）。尽管VT1有着非常低的噪声特性，但它的15mV的偏移和25μV/℃的漂移特性较差。斩波稳定放大器A1纠正了这些不足之处。它通过测量放大器输入之间的差异并调整VT1A通道的电流以使输入之间的差异最小。VT1的漏极偏差将会确保A1可以捕捉到偏移。A1提供VT1A通道所需的任意大小的电流以确保偏移在5μV以内。此外，A1的低偏置电流不会明显地增加放大器总体50pA的偏置电流。

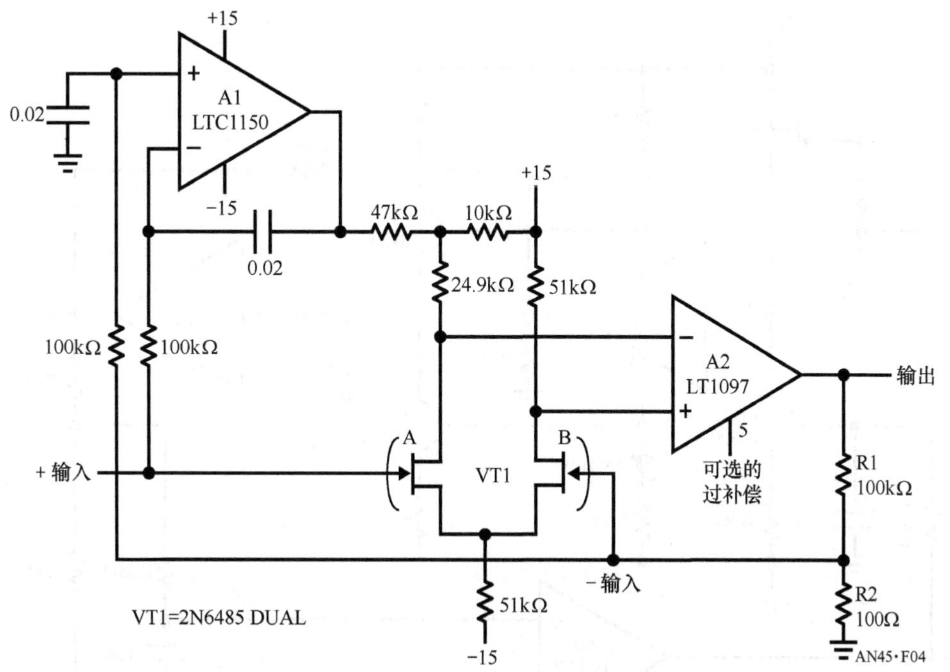

图 32.4　斩波稳定场效应管对结合了低偏置、低偏移和低漂移，噪声只有200nV

如图所示，放大器设置的同相增益为1000，当然，电路可以设为反相并可以有其他的增益值。图32.5所示的是0.1～10Hz带宽内测得的噪声波形。所测得的性能几乎比任何单片斩波稳定放大器好一个数量级，并且保持了电路的低偏移和低漂移。

A2可选的过补偿（电容接地）可用于优化低环路增益时的阻尼。

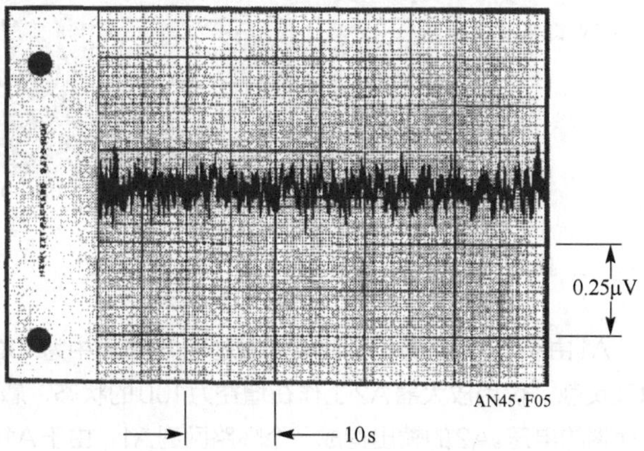

图32.5　图32.4所示电路的噪声性能。A1保持了低偏移和低漂移，但是噪声却比原先好了近10倍

低输入电容的稳定宽带电缆驱动放大器

图32.6所示的放大器在驱动100mA负载、电容或者电缆时，有超过20MHz的小信号带宽。输入电容小于1.5pF并且偏置电流大约为100pA。输出是全保护的。这些特性使该放大器成为理想的ATE管脚放大器、视频模数转换缓冲器或者线缆驱动器：当示波器探头负载不在允许范围内时，这个放大器也还允许宽带探测。整个放大器包括一个低输入电容FET、两个LT1010缓冲器和一个分立增益级。A3作为直流恢复环路。33Ω电阻感测A1偏置VT3和VT4的工作电流。这些器件给A2提供互补电压增益（A2提供电路的输出）。从A2输出端反馈到A1的输出端（低阻抗点）。这个“电流模式”反馈允许在宽闭环增益范围内有固定带宽。与此相反，正常反馈模式下，随着闭环增益的增加，电路的带宽会降低。

A3的稳定环路补偿信号路径上的较大偏移主要由VT3和VT4的失配造成。A3测量放大器输入与输出的直流差别，偏置信号路径以校正偏移。校正是通过VT2来控制VT1的沟道电流来实现。沟道电流设定VT1的V_{GS}，允许A3控制整体电路的偏移。9kΩ与1kΩ电阻的反馈分压器馈送到A3，分压比与电路的增益比例相等，在本例中为10。

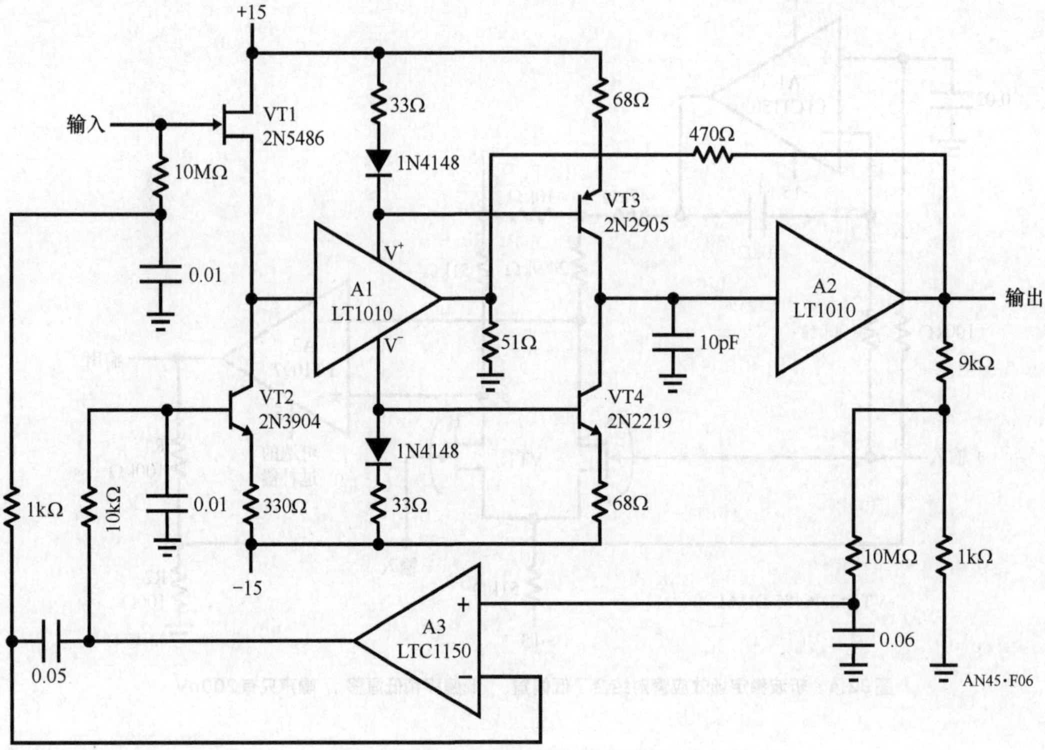

图32.6　低输入电容的稳定宽带电缆驱动放大器

反馈电路使A1的输出端看上去与放大器的负输入端相似，放大器的闭环增益由470Ω与51Ω电阻的比值确定。这种连接方式的突出优点是：在合理范围内，带宽对闭环增益相对独立。对于该电路，当增益在1~20之间时，小信号带宽超过20MHz。该环路相当稳定，并且A2输入端的10pF在较宽增益范围内提供了较好的阻尼。

图32.7展示了电路增益为10、驱动10ft电缆时的大信号性能。一个快速输入脉冲（线迹A）产生的输出信号如图所示（线迹B）。响应相当干净，没有摆动残留或者差的动态效应。

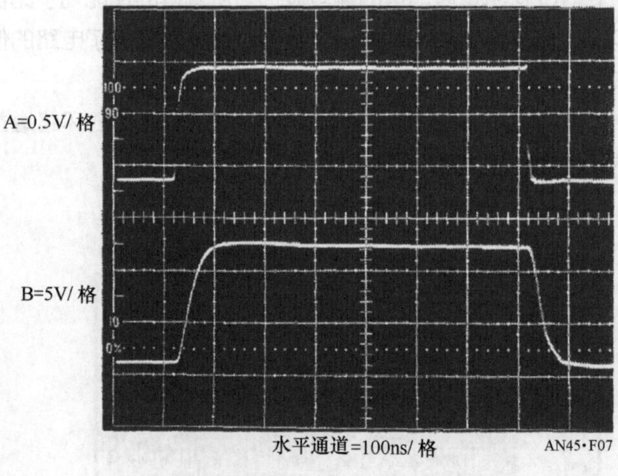

图32.7　宽带放大器驱动一个10ft电缆时的响应

电压可编程的对地参考电流源

精确的电压可编程对地参考电流源经常很复杂而且需要调整。图32.8所示的是一个简单但是功能强大的电路，该电路可以根据控制电压的符号和大小严格地产生相应的输出电流。电路的动态响应控制良好，无需调整。电路的精度和稳定性几乎完全依赖于电阻R。

A1由V_{IN}进行偏置，驱动电流通过R（在本例中为10Ω）以及负载。仪用放大器A2工作在增益为100的状态，感测R两端的电压。A2的输出构成一个环路回到A1。由于A1环路迫使R上有一个固定的电压，所以通过负载的电流是恒定的。10kΩ电阻和0.05μF电容的组合设置A1的滚降，电路稳定。

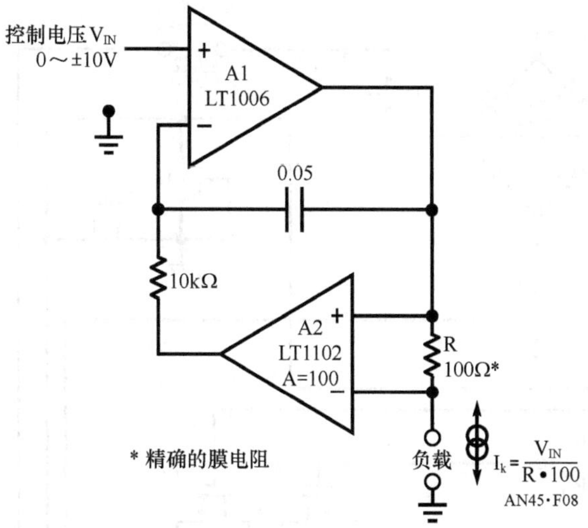

图32.8 电压可编程的电流源简单而且准确

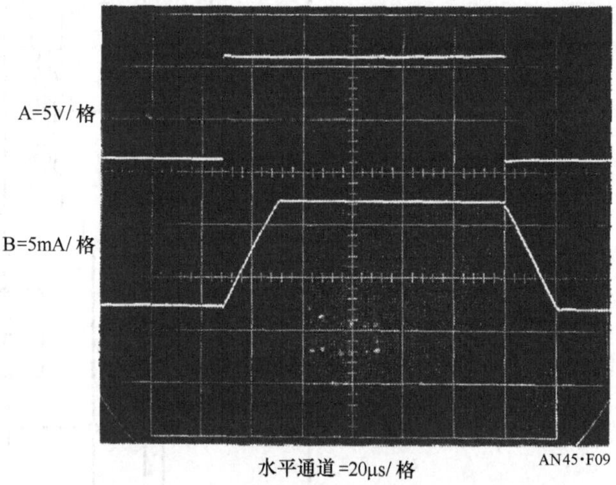

图32.9 电流源的动态特性很清晰，没有摆动残留或者异常

假定R没有误差，电路的初始误差主要由A2的0.05%增益误差以及5ppm/℃的温度系数造成。高档的膜或者绕线电阻将会保持这样级别的性能。

图32.9显示了满量程输入阶跃信号的动态响应。线迹A是控制电压输入信号，线迹B是输出电流。电路的响应干净，没有摆动残留或者异常。

5V供电、全浮地4~20mA电流回路变送器

在工业过程控制中，常常需要4~20mA电流环路变送器。通常情况下，由于不确定或者危险的共模电压，4~20mA的电流必须完全与变送器的输入端电隔离。图32.10所示电路可以达到上述要求，它使用了5V单电源供电。

A2正输入端呈现的偏置取决于输入以及4mA的微调设置。在这些情况下，A2的输出向正电压前进，开启VT1和VT2。VT2的集电极驱动T1的初级线圈（由VT3、VT4斩波）。互补斩波器的驱动来自于74C74触发器的输出，该输出由振荡器I_1设置25kHz时钟频率。T1的输出产生升压电压然后被整流、滤波并加载到负载上。A3感测流过16Ω分流器的电流，并驱动T2的中心抽头。VT9和VT10接收从T1次级获取的互补驱动，调制T2的直流中心抽头电压。T2的次级接收这一信息，并在T2的中心抽头通过触发器驱动的VT6-VT7将信号解调回直流。T2的中心抽头电压被馈送到A2，完成一个隔离的控制环路。改变电路的输入电压将导致环路相应地调整负载电流。相反的，由于环路迫使电路产生所需的电压以保持16Ω分流电阻的电压不变，所以负载电阻的改变对电流没有影响。由于T1可以产生高达50V的电压，负载电流在负载从0Ω变化到2500Ω时能够保持不变。电源供电偏移同样被环路抑制，变压器调制-解调方案能实现0.05%的精度、对温度的稳定性以及250V共模电压范围。增大变压器的击穿指标可以获得更大的共模电压范围。

有几个细微之处可以帮助电路提高性能。I_2-I_3和I_4-I_5给VT6和VT7提供驱动延迟。这些延迟接近从VT1到VT9/VT10组成的调制器对的延迟。它们能协助4个晶体管同时开关以优化调制-解调的准确度。齐纳二极管连接的VT5确保T1产生足够高的电压以驱动A3和VT9/VT10，甚至在负载为0Ω的时候。VT8同样是齐纳连接，钳位VT9和VT10的栅极驱动，通过防止不同运行情况下栅极驱动的波动以提高调制器的线性度。A3输出端的二极管确保正确的环路启动。这些二极管将防止VT2的中心抽头接收任何偏置直至A3有足够的电源电压正常工作。为了校准这个电路，在输入端加载0V的信号并且调整4mA电位器以使输出为4mA（16Ω分流电阻上电压为0.064V）。接下来，在输入端加载2.56V的电压，调整20mA电位器以使输出为20mA（16Ω分流电阻上的电压为0.3200V）。重复这一过程直至这两个点都固定。注意2.56V输入范围直接与数字/模拟转化器的输出信号兼容，允许进行数字控制。

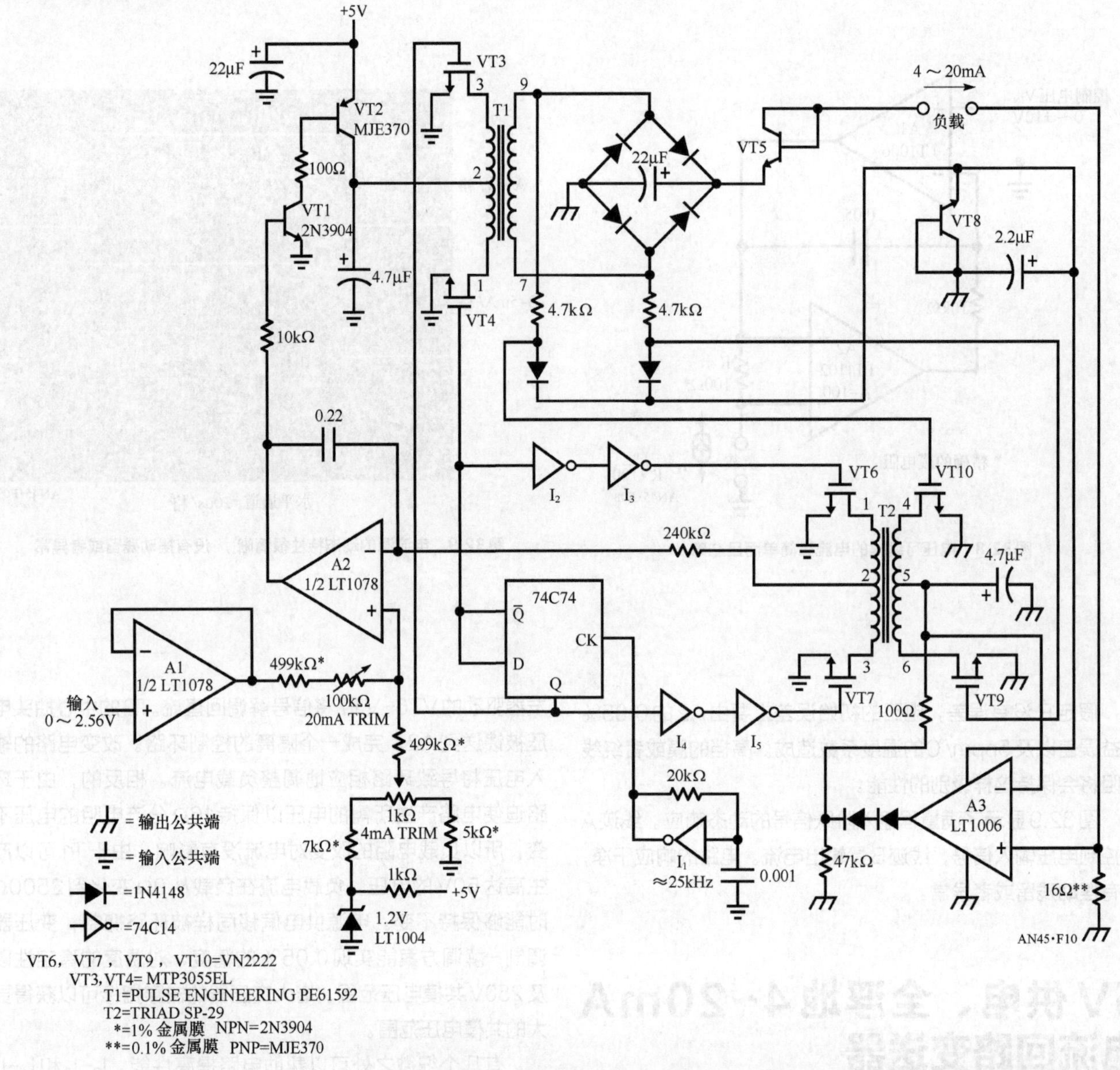

图32.10 5V供电、全浮地4～20mA电流环路变送器

基于晶体管 ΔV_{BE} 的温度计

低成本使得晶体管在温度传感器应用中深具吸引力。几乎所有基于晶体管的温度计电路都采用了基极-发射极间的二极管随温度的电压偏移作为感测机制。不过，比较麻烦的是二极管的绝对电压难以预测，因此需要进行电路校准。此外，如果晶体管传感器需要替换时，还要重新进行校准。这些缺点限制了晶体管传感器低成本以及便利的优势。

图32.11所示的晶体管传感器温度计克服了这些缺点。这个电路在晶体管传感器温度为0～100℃范围内时对应地产生0～10V的输出电压，精度为±1℃。电路不需要校准并且任何普通的小信号NPN型晶体管都可以作为传感器。该电路基于可预测的晶体管 V_{BE} 结电流和电压之间的关系①。在室温下，V_{BE} 结二极管每10倍电流偏移59.16mV。这一常数的温度效应为0.33%/℃或者198μV/℃。无论 V_{BE} 二极管电压的绝对值是多少，这一 ΔV_{BE} 与电流的关系将保持不变。

LTC®1043含有由片上振荡器控制的开关：引脚16上0.01μF电容将振荡频率设置在大约500Hz。VT1作为一个输出值切换的电流源，当LTC1043接通引脚12和引脚14的时候，电流源的输出在大约10μA和100μA之间轮流切换。这两个电流的确切值并不重要，只需要它们的比例保持不变。因此，即使VT1发射极电阻的比例很精确，但是VT1并不需要基准源。轮流切换的10μA和100μA阶

① 参见参考资料1～4。

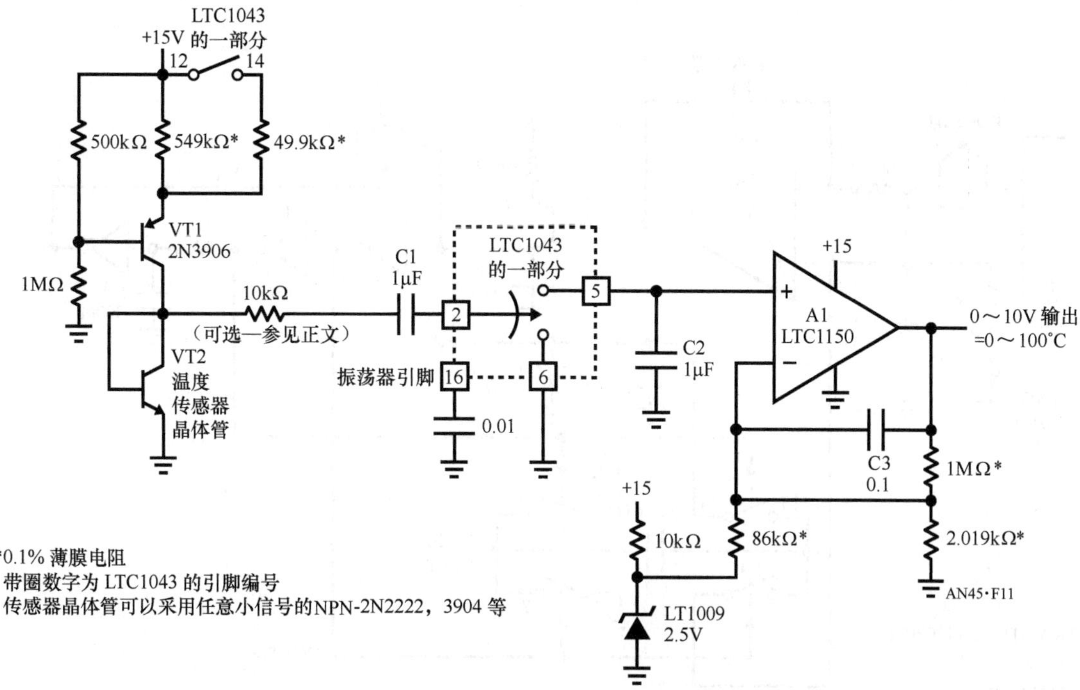

图32.11 基于 ΔV_{BE}的温度计不需要校准

跃电流加载到晶体管传感器（VT2）上，将在V_{BE}结上出现59.16mV(25℃时的理论值）的偏移（线迹B)。信号通过C1耦合到开关解调器,C1将移除VT2的直流偏置。LTC1003的开关引脚2(线迹C）经过引脚5和引脚6的解调器处理后只有59mV的波形（对地参考值)。引脚5与电容C2相连，处于引脚2直流峰值处。A1将这个直流信号放大，与LT1004一起提供偏移，从而在0℃时输出为0V。可选的10kΩ电阻将提供ESD保护（当VT2处于线缆尾端时可能会发生静电放电)。

采用如图所示的元件，电路将在0~100℃的感测范围内达到1%的精确度。随机选取2N3904和2N2222替换VT2，结果显示在使用众多厂家生产的25个器件间感测的温度差异小于0.4℃。

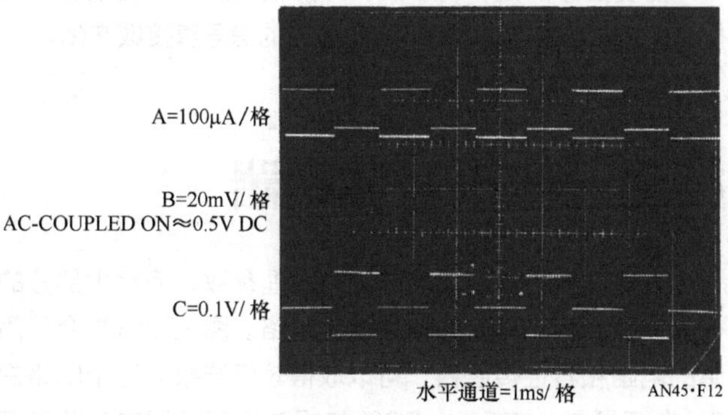

图32.12

微功率、冷结点补偿的热耦-频率转换器

图32.13所示的是一个完整的数字输出热耦信号调理器。电路在0~100℃温度感测范围内将对应地产生0~1kHz的输出信号。电路包括了冷结点补偿，精度可以达到1℃以内并且有稳定的0.1℃分辨率。此外，电路由单电源供电，电源电压范围可以从4.75~10V。最大消耗电流为360μA。

LT1025为K型热耦提供幅度适中的冷结点补偿。其结果是在电路图中的“A”点电压在0~100℃感测范围内从0mV变换到4.06mV（K型热耦的斜率为40.6μV/℃)。剩下的元件构成了V/F转换器，该转换器将这个mV量级的信号直接转换，并没有经过直流增益放大。A1的负输入端由热耦偏置。A1的输出驱动一个由VT2、74C14反相器和其他相关元件构成的简易V/F转换器。每个V/F转换的输出脉冲将引起一个固定输入的电荷从C2经过基于LTC201的电荷泵转移到C3。C3累积这些电荷并在A1的正输入端产生一个电压。A1的输出迫使V/F转换器运行在平衡放大器输入端所需的频率上。这一反馈行为将消除V/F转换器中偏移和非线性的误差项，输出频率仅为A1输入端直流电压的函数。0.02μF的电容在A1构成一个主响应极点以稳定这个环路。尽管输出的最低位值仅有4.06μV（0.1℃)，但是斩波稳定放大器A1的低V_{OS}偏移和漂移将消除电路中的偏移误差。

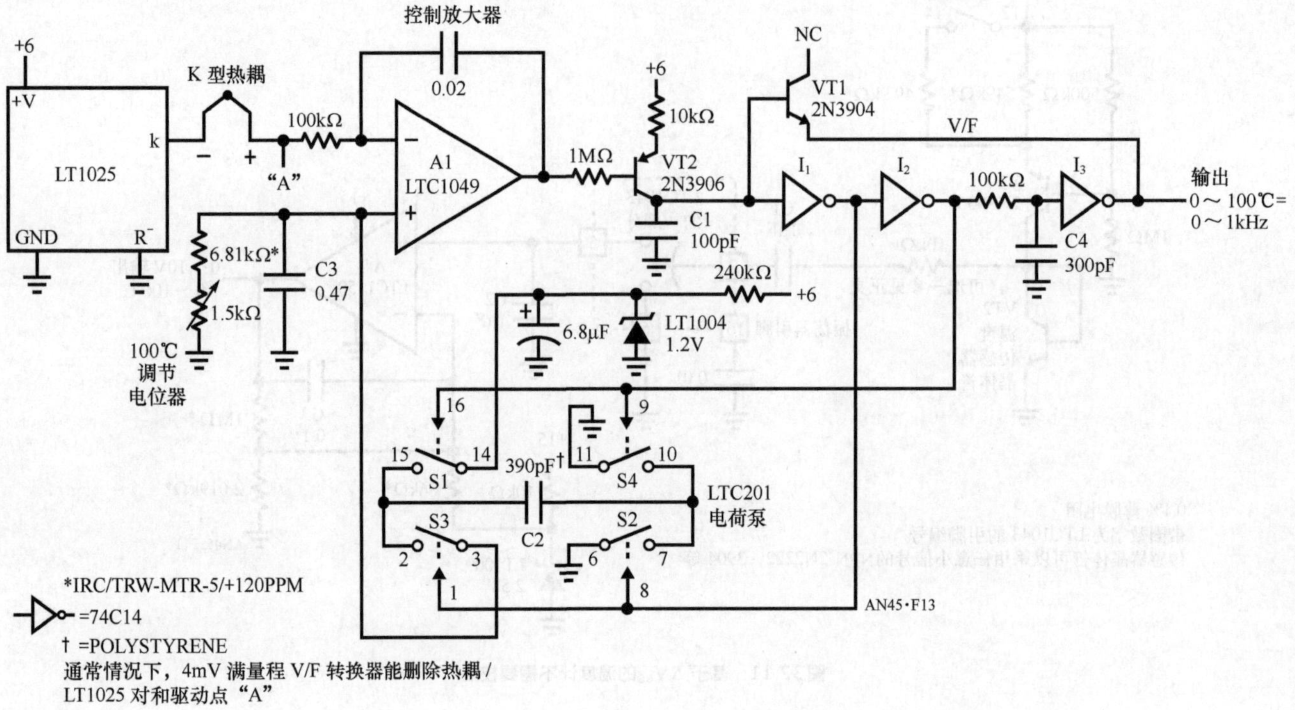

图32.13 热耦感测的温度至频率转换器

图32.14详细说明了电路的运行情况。A1的输出偏置电流源VT2，产生一个斜波（见图32.14的线迹A）通过C1。当斜波超过I_1的阈值时，级联反相器链将切换，在I_1（线迹B）和I_2（线迹C）产生互补的输出。I_3的阻容（RC）延迟响应（线迹D）开启二极管连接的VT1，使C1放电并使斜波复位。斜波复位前的异常是由于切换时（靠近斜波的顶部）暂态的I_1输入电流引起的。由于斜波低电压处的不连续，VT1的V_{BE}二极管舍入并进行反向电荷转移（斜波的底部）。

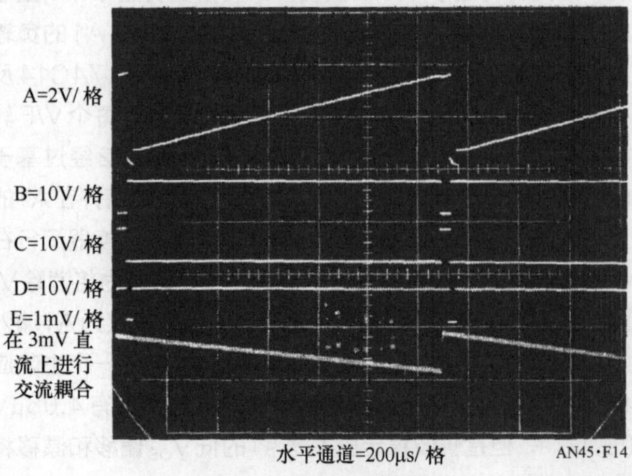

图32.14 热耦 - 频率转换器的波形

互补的I_1-I_2输出钟控LTC201基于开关的电荷泵。C2交替地通过S1和S4由LT1004的电压进行充电，并通过S2和S3放电至C3。每当这一周期发生时，C3的电压被迫升高（线迹E）。C3的平均电压由6.81kΩ以及1.5kΩ可调电阻设定。A1伺服控制V/F重复率并将其输入设为相同的值，从而构成一个闭合控制环路。0.02μF电容将A1的响应平滑成直流。

为了校准这个电路，断开热耦并用4.06mV驱动点"A"。接下来，设置1.5kΩ的电位器以使输出准确地设定在1000Hz。连接上热耦，电路就可以使用了。如果热耦被替换，电路是不需要重新校准的。

需要注意的是，将LT1025热耦对删除并直接驱动点"A"，这样电路可以将任何mV量级的信号直接数字化。

相对湿度信号调理器

相对湿度是一个很难感测的物理参数，而且大部分的传感器需要相当复杂的信号调理电路。图32.15结合了简单的电路和容性传感器，可以取得较好结果。这个电路由9V电源供电，在5%～90%的相对湿度范围内的精度在2%以内。

电路中所用传感器在相对湿度为76%时电容的标称值为500pF，斜率为1.7pF/%相对湿度。器件上的平均电压应该为0。这将防止传感器内有害的电化学迁移。LTC1043的“A”部分由内部振荡器驱动，交替地从LT1004基准的阻性分压结构向传感器充电，然后放电至A1的求和点。注意到开关被设置，从而传感器相关的电流可以从A1求和节点中流出。0.1μF的串联电容确保传感器得到所需均值为0的电压，22MΩ的电阻将阻止电流流动从而防止电荷的累积。A1求和节点流出的平均电流被A1反馈环路的LTC1043开关电容“C”部分传输的电荷所平衡。0.1μF反馈电容将使A1有类似积分器的响应，其输出是直流信号。因此，传感器电容值的变换将会引起A1输出端的直流变动。A1通过提高其输出值，最后输出值是保持求和节点为零所需的直流电压值。

为了使得0%的相对湿度对应0V，需要进行偏移。偏置A1求和节点的信号以及反馈分量，以电荷的形式出现。因此，偏置也必须以电荷的方式传送到求和节点，而不是以简单的直流电流的形式。如果不这样处理，电路将会受到LTC1043的内部振荡器漂移的影响。LTC1043的B部分将实现这一功能，将LT1004的基准偏移电荷传送至A1。

这个电路的漂移成分包括LT1004、传感器的比例稳定性和聚苯乙烯电容。这些漂移将远低于传感器2%的精度指标，所以不需要温度补偿。

为了校准这个电路，将传感器放置在5%相对湿度的环境中，设置“5%相对湿度可调电阻”以使输出为50mV。接下来，将传感器放置在90%相对湿度的环境中，设置“90%可调电阻”以使输出为900mV。重复这一过程直至两个工作点都固定。如果没有已知相对湿度的环境，可以采用图32.15中的电容值与相对湿度关系表，当然该表主要适用于理想传感器。电容值可以通过组合得到，或者直接使用精确可调空气电容（通用无线电公司#722D）。

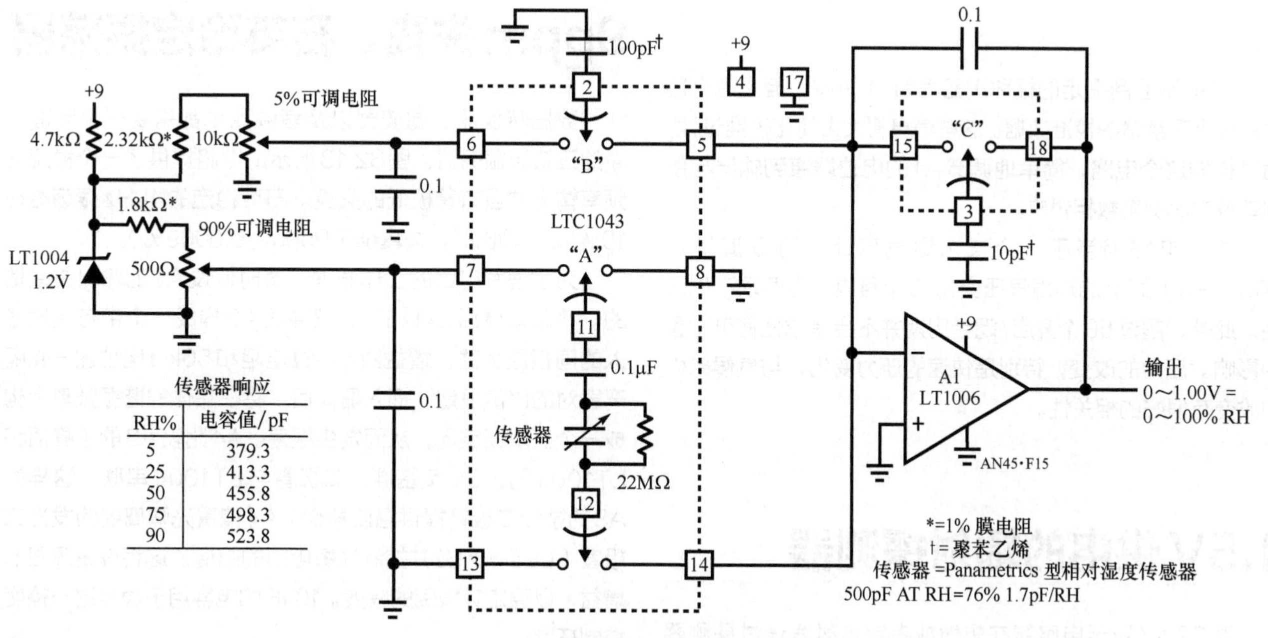

RH%	电容值/pF
5	379.3
25	413.3
50	455.8
75	498.3
90	523.8

图32.15　电池供电的相对湿度信号调理器

廉价精密电子气压计

在此之前，基于精密电子的压力测量需要昂贵的传感器。而基于容性和粘合应变计的方法能提供无以伦比的结果，但是它的成本却常常让人望而却步。此外，如果需要低功耗运行，这些设备的信号调理也非常复杂。

基于半导体的压力传感器相比早期的器件有着显著的提高，变得可用。图32.16所示的电路使用了这样的器件构成低成本气压计。LT1027基准和A1构成电流源给传感器T1提供精确的1.5mA电流，与制造商的规格一致。仪用放大器A3为T1的电桥输出提供值为10的差分增益。A2提供额外的增益以产生以英尺汞柱为单位、经过校准的输出。

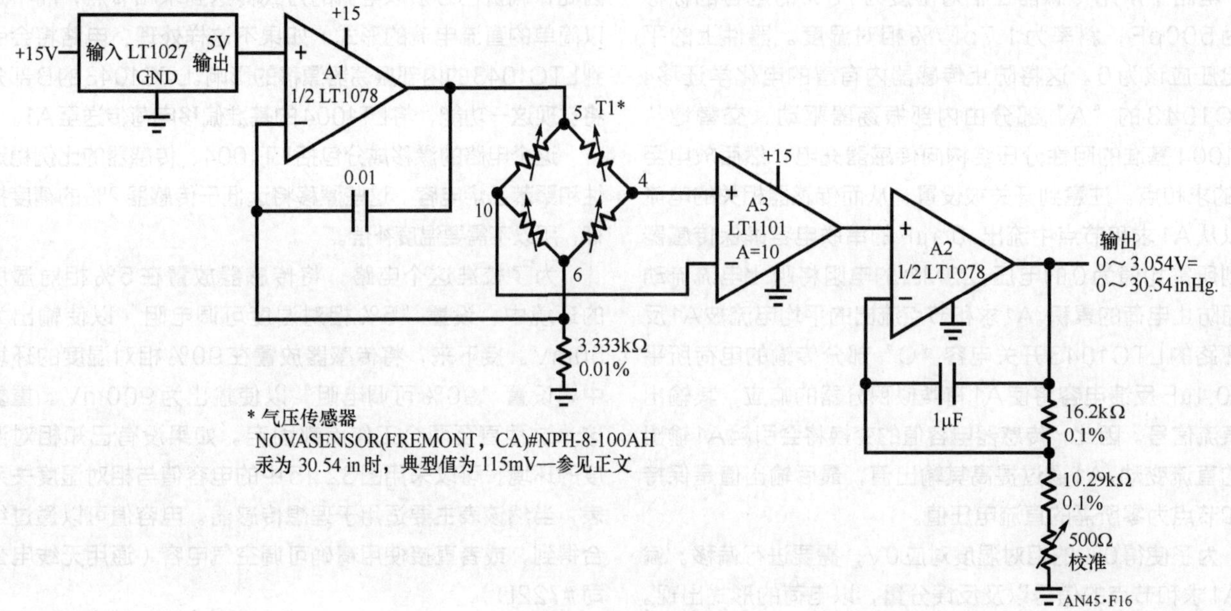

图32.16 简单廉价的精确气压计

T1的制造商指定的标称满量程为115mV，但是每个器件都提供了精确的校准数据。这些信息将大大简化校准过程。为了校准这个电路，简单地调节A1的电位器直到输出与所用单位的比例系数相对应。

这一电路相当于一个长水银气压计，可以追踪从29.75～30.32in的环境气压变化，3个月内只有两项不确定性。此外，超过50个开启/闭合周期并不会造成任何可测量的影响。压力的改变，特别是快速的压力变化，与气候条件的改变有很好的相关性。

1.5V供电的辐射探测器

图32.17所示电路能在辐射或者宇宙射线通过探测器时，发出“滴答”可听信号。LT1073开关稳压电源给T1提供脉冲。T1通过匝数比获得增益并驱动一个电压三倍增器，给探测器提供500V的偏置：R1和R2给LT1073提供缩放的反馈值并构成控制环路。0.01μF电容的延迟增加了交流迟滞，而肖特基二极管则钳位T1的负偏移。当辐射或者宇宙射线通过探测器时，阻抗会降低，从而传送一个快速下降的尖峰到68pF电容上。这个尖峰将触发LT1073的辅助增益模块，此处该模块配置为比较器。VT1和VT2提供额外的增益以驱动蜂鸣器发声。在正常环境中，每分钟可以记录10～15个空间射线。

9ppm失真、石英稳定振荡器

数据转换器、滤波器以及音频测试都需要一个频谱干净的正弦波振荡器。图32.18所示的电路提供了一个稳定的频率输出并且有着极低的失真。石英稳定的4kHz振荡器在10V(峰峰值)输出时，失真小于9ppm（0.0009%）。

为了理解电路的工作原理，暂时假设A2的输出是接地的。移除晶体后，A1和功率缓冲器A3构成一个带有接地输入的同相放大器。增益由47kΩ电阻和50kΩ电位器－光隔离器对的比值设定。插入晶体后，将在晶体的谐振频率上构成一个正反馈路径，从而发生振荡。A4比较A3的正峰值和LT1004的2.5V负基准。二极管与LT1004串联，这样为A3的整流二极管提供温度补偿。A4偏置光隔离器的发光二极管（LED）部分并控制光敏电阻的阻值。这将设置环路的增益，以稳定其振荡的幅度。10μF的电容用于稳定这一幅度控制环路。

A2的功能是消除进入A1的共模摆动。这将显著减小由A1共模抑制的局限性而造成的失真。A2通过伺服控制560kΩ－光电节点，使得其负输入端为0V。这将消除A1端的共模摆动，从而使A1端只有所需的差分信号。

VT1和LTC201开关构成了一个启动环路。当电源首次加载时，将缓慢起振。在这些条件下，A4的输出达到正饱和，开启VT1。LTC201开关开启，用2kΩ的电阻给50kΩ的电位器分流。这将提高A1的环路增益，迫使振荡快速建立。当振荡达到足够高时，A4便不再饱和，VT1和开关都关闭，从而使环路恢复正常的工作。

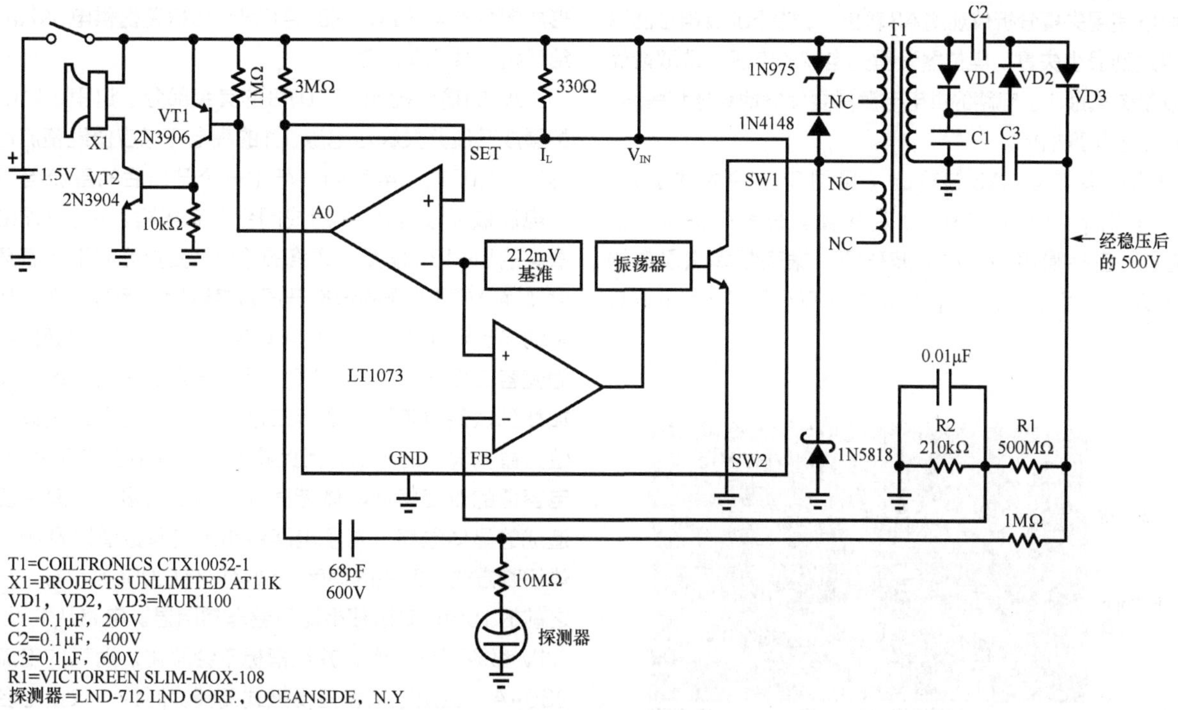

图32.17 1.5V供电的辐射探测器

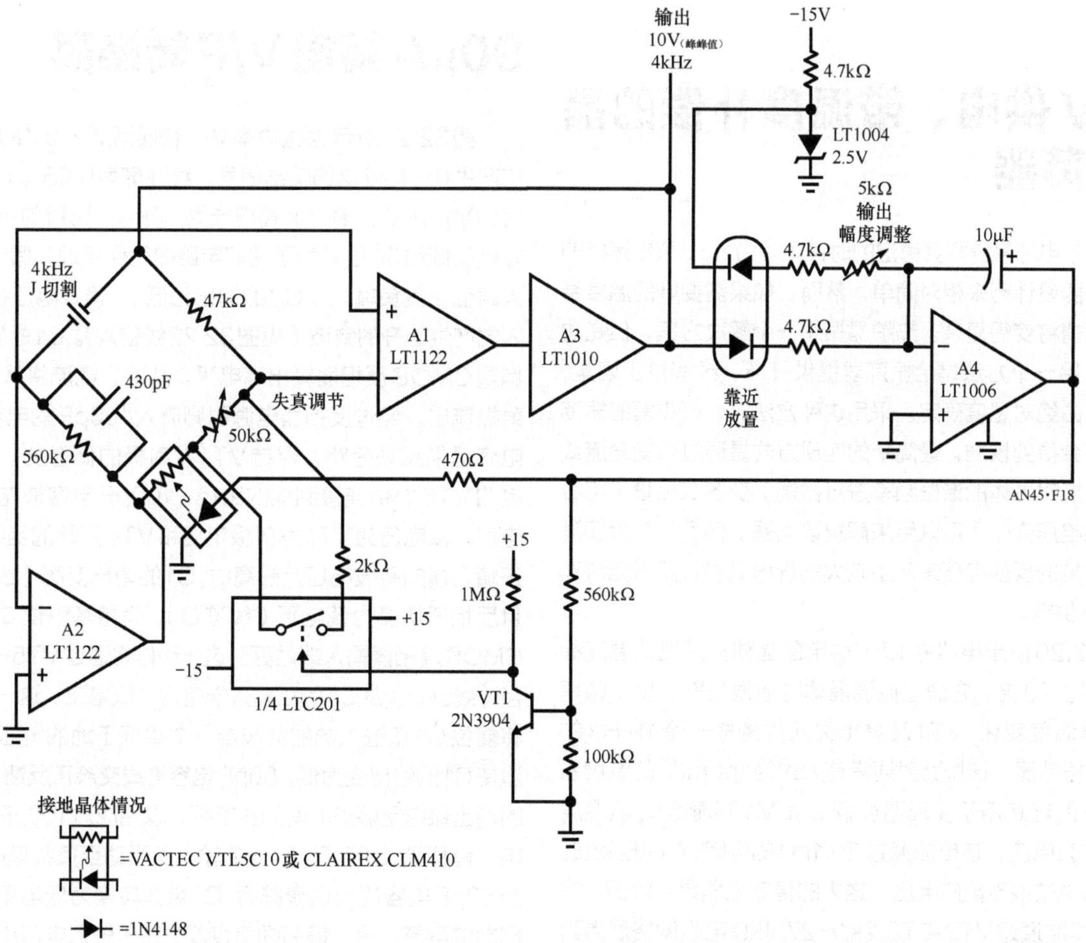

图32.18 石英稳定4kHz振荡器（具有9ppm的失真）

可以使用失真分析仪观测A3输出，调节50kΩ电位器以使电路达到最小失真。电位器设置光电管的电压，选取最优电压以使失真最小。电路的供电电源需要良好地稳压和旁路，以实现上述失真指标。

电路经调节后，A3的输出（见图32.19中线迹A）含有小于9ppm（0.0009%）的失真。残留的失真分量（线迹B）包括噪声和二次谐波残留。振荡频率由晶振的容差设定，典型值在50ppm以内并有小于2.5ppm/℃的漂移。

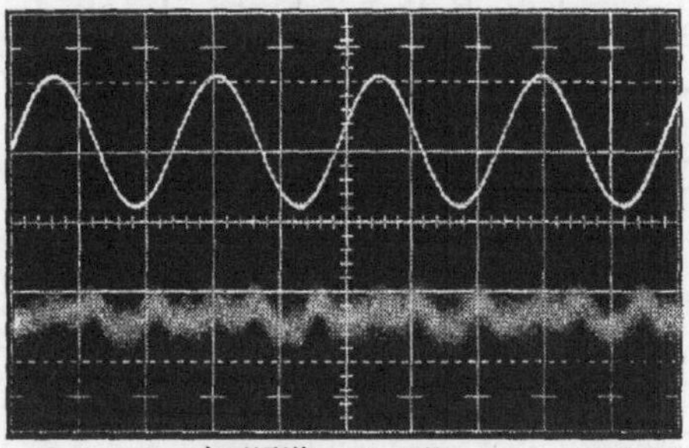

图32.19 振荡器输出及其9ppm残留失真

1.5V供电、带温度补偿的晶体振荡器

很多单电源系统需要稳定的时钟源。由1.5V供电运行的晶体振荡器设计起来相对简单。然而，如果需要好的温度稳定性，事情将变得复杂。热炉晶振是一个解决方案，但是功耗过大。另一个方法是给振荡器提供开环、频率校正偏置，该偏置值由绝对温度确定。采用这种方法时，可重复的振荡器热偏移会得到校准。最简单的实现方式是通过可变分流或者串联阻抗对晶体的谐振频率进行微调。变容二极管（电容随着反偏电压变化）可以用来解决该问题。然而，二极管需要若干伏特的反偏电压来产生较大的容值偏移，所以无法直接用1.5V供电。

图32.20所示电路将1.5V供电的晶体振荡器的温度稳定性提高了20倍。它通过微调晶体的谐振频率，使该频率随着环境温度变化。VT1及其相关元件构成一个1MHz的Colpitts振荡器，该振荡器通常有大约为1ppm/℃的温度系数。剩下的电路用于实现温度校准。LM134感测环境温度将其转换为电流，该电流通过30.1kΩ的电阻。A1将固定的参考电压减去该电阻的电压。送去的稳定电压是LT1073的212mV基准通过VT2和73.2kΩ-27.4kΩ电阻网络后得到的。反馈信号从VT2的集电极输出至LT1073辅助放大器，形成闭合参考环路，同时给Colpitts振荡器供电。47μF电容给环路提供频率补偿。

A1的输出控制LT1073的其余部分，这里LT1073被配置成升压开关稳压电源。L1的高电压感应值经整流后，存储在47μF输出电容内，产生一个升压后的直流电压。这个电压被反馈至A1，形成闭合控制环路。由于A1由温度敏感的LM134偏置，环路的输出在受控方式下随着环境温度变换。VT3的压降迫使升压转换器始终运行，而与环路所需的输出电压无关。从而可以实现在0~70℃温度范围内，为变容二极管提供0~3.9V平滑连续的偏置。这一输出被加载到振荡器电路的变容二极管上。该变容二极管的电容值为直流偏置的函数，因此将随着环境温度的变化而改变。电容值的改变将使晶体谐振频率发生偏移，抵消温度变换造成的晶体漂移。对于电路中给出的参数值以及所指定晶体切割方式，剩余的振荡器漂移只有0.05ppm/℃。与补偿之前的1ppm/℃漂移相比改善非常明显。电路从1.7V直至1.1V都能正常工作，并且指标不会恶化。消耗的电流只有230μA。应用范围包括便携式高精度时钟、救生电台以及安全通信等。

90μA精密V/F转换器

图32.21所示为微功率V/F转换器。0~5V的输入信号将产生0~10kHz的输出信号，线性度为0.05%。增益漂移为80ppm/℃。最大消耗电流为90μA，比目前可用的V/F转换器低约30倍。为了理解电路的工作原理，假设C1正输入略低于其负输入（C2的输出为低）。输入电压在C1正输入端产生上升的斜波（见图32.22线迹A）。C1的输出为低，偏置CMOS反相器输出高电平。从而，电流将从VT1的发射极流出，经过反相器电源引脚流入100pF的电容。2.2μF电容提供高频旁路，保持VT1发射极的低阻抗。二极管连接的VT6提供连接到地的路径。100pF电容被充电至某一电压，该电压为VT1发射极电压和VT6压降的函数。当C1正输入端的斜波电压足够高时，C1的输出变高（线迹B）并且反相器切换为低电平（线迹C）。肖特基钳位二极管防止CMOS反相器输入端过驱。这一动作将通过VT5-100pF路径（线迹D）从C1的正输入端电容拉取电流。这一电流移除将复位C1正输入端的斜波至一个略低于地的电压值，从而迫使C1的输出变为低。50pF电容构成交流正反馈，确保C1的输出保持足够长时间的正电平，以完成对100pF电容的放电。肖特基二极管防止C1的输入被驱动至负共模限值之外。当50pF电容的反馈衰减后，C1重新转换为低电平并且整个周期将重复。这一振荡频率直接依赖于输入电压引起的电流大小。

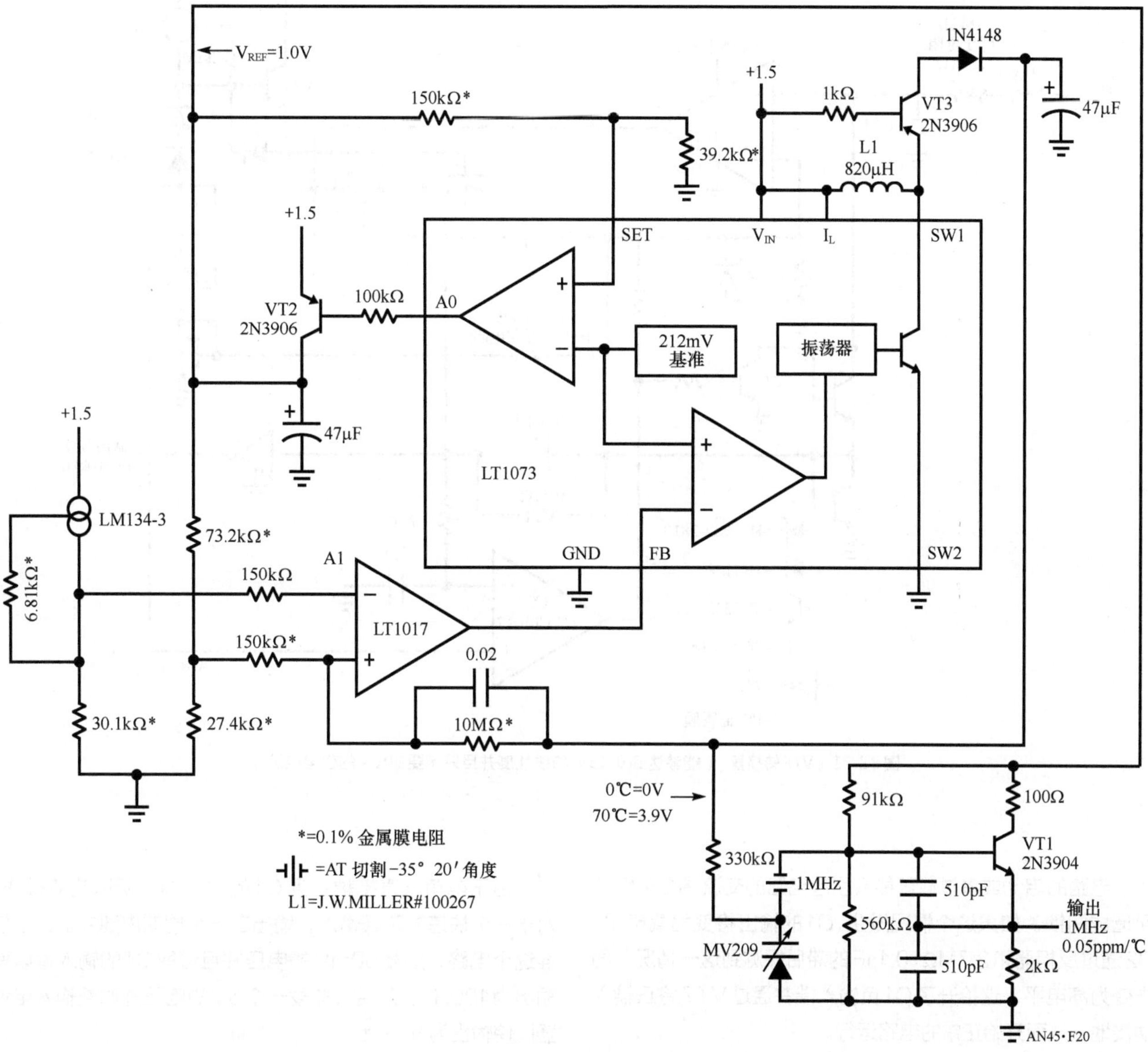

图32.20　1.5V供电的温度补偿晶体振荡器

VT1的发射极电压必须严格控制以得到较小的驱动。VT3和VT4给VT5和VT6提供温度补偿，而VT2补偿VT1的V_{BE}。两个LT1034实际上是电压基准，电流源LM334给栈提供35μA的偏置。电流驱动提供了良好的电源免疫性（优于40ppm/V），并且有助于改善电路的温度系数。这些主要是利用LM334的0.3%/℃温度系数来温度调制VT2-VT4 3个三极管的压降而实现的。校准值的符号和幅度直接与-120ppm/℃相反。100pF聚苯乙烯电容有助于整个电路的稳定性。

射极跟随器VT1有效地将电荷传送到100pF的电容。基极和集电极的电流最终将流入电容。CMOS反相器提供低损耗的单刀双掷基准转换，并且没有明显的驱动损耗。100pF电容仅在其充电和放电周期消耗小的瞬态电流。50pF-47kΩ正反馈组合消耗微不足道的开关电流。图32.23所示的是功耗和运行频率之间的关系图，说明它是低功耗设计。在零频率处，LT1017的静态电流和35μA基准栈偏置组成了全部的电流消耗。没有其他的损耗路径。当频率升高时，100pF电容的充电/放电周期将造成如图所示的1.5μA/kHz的功耗增量。

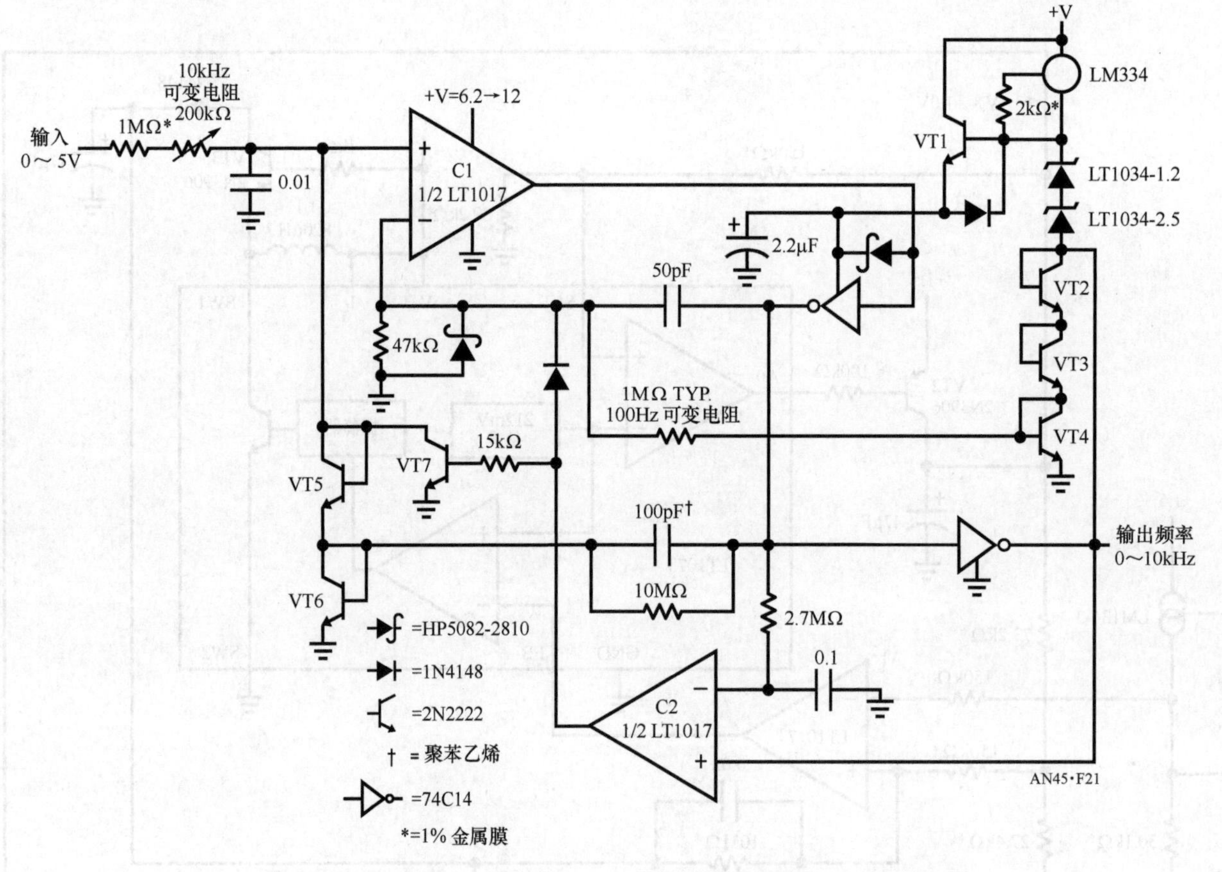

图32.21 V/F转换器（能够达到0.05%的线性度并且只需要90μA的供电电流）

电路的启动或者过载可能会引起电路的交流耦合反馈从而造成闩锁。如果这个情况发生，C1的输出将变为高电平。C2通过反相器和2.7MΩ–0.1μF的滞后探测到这一情况，同样变为高电平。这抬升了C1负输入端并通过VT7将正输入端接地，从而开始正常的电路运行。

由于电荷泵直接耦合到C1的输出端，所以响应很快。对于一个快速的阶跃输入，输出在一个周期内建立。为了校准这个电路，加载50mV的电压并且选取C1的输入值以使输出为100Hz。然后，加载一个5V的电压并调整输入电位器以使输出为10kHz。

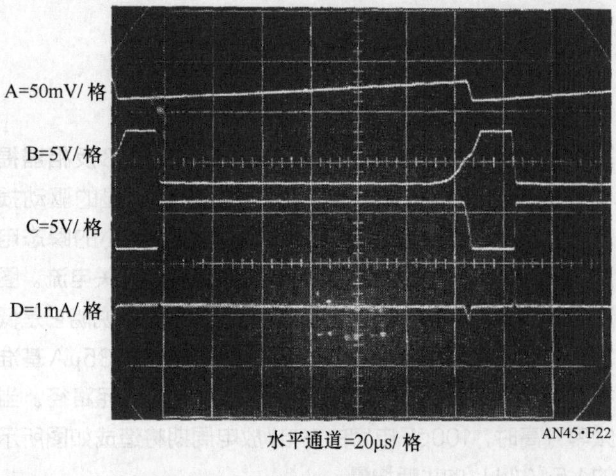

图32.22 微功率V/F转换器的波形

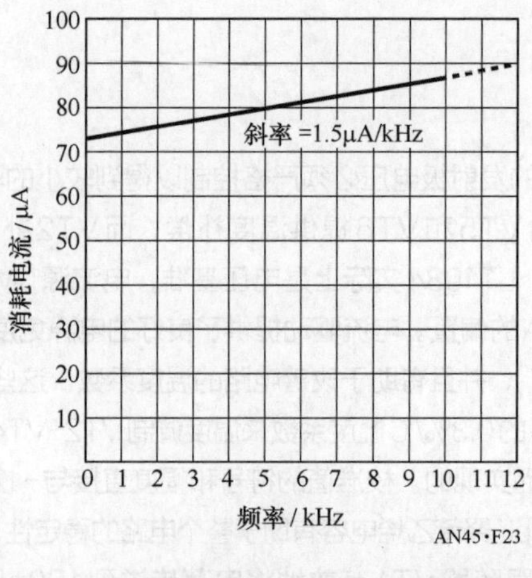

图32.23 V/F转换器所消耗电流与频率的关系曲线

双极性（交流）输入的V/F转换器

当前，没有任何一款V/F转换器可以接受双极性（交流）的输入信号。这是电力线路监测以及其他应用所需要的特性。图32.24所示的V/F转换器可以接受±10V的输入信号，从而产生0～10kHz的输出。其线性度为0.04%并且测得的温度系数为50ppm/℃。为了理解这个电路的工作原理，假定一个双极性方波（见图32.25线迹A）加载到输入端。当输入端为正相位时，A1的输出（线迹B）向负值摆动，驱动电流通过全波二极管桥到达电容C1。A1的电流使C1线性地上升。仪用放大器A2的增益为10，差分连接到C1两端。A2的输出（线迹C）偏置比较器A3的负输入端。当A2的输出穿越零点时，A3开始输出（线迹D）。交流正反馈至A3的正输入端（线迹E）将A3的输出端抬高约20μs。VT1电平转换器驱动对地参考的反相器I_1和I_2。这些反相器给LTC201提供双相位驱动（线迹G和H）。LTC201被设置成电荷泵，每当反相器切换时，将C2跨接至C1两端，从而将C1重置至一个较低的电压。LT1004基准与C2的值一起决定每个电荷泵周期内从C1移除多少电荷。因此，每当A2的输出跨越零点，C2就跨接C1两端，将C1复位至一个小的负电压并且迫使A1重新开始给它充电。振荡频率与输入信号产生的A1输入电流成正比。当C1斜坡变化到零时，LTC201将C2跨接到LT1004的两端，为下个放电周期做准备。在负输入信号时，除了A1的输出相位反转外，电路的行为基本相似（见图32.25）。A2差分连接到A1的二极管桥，得到与正输入端相同的信号，电路行为也相同。A4探测到A1输出的极性，提供一个符号位输出（线迹F）。

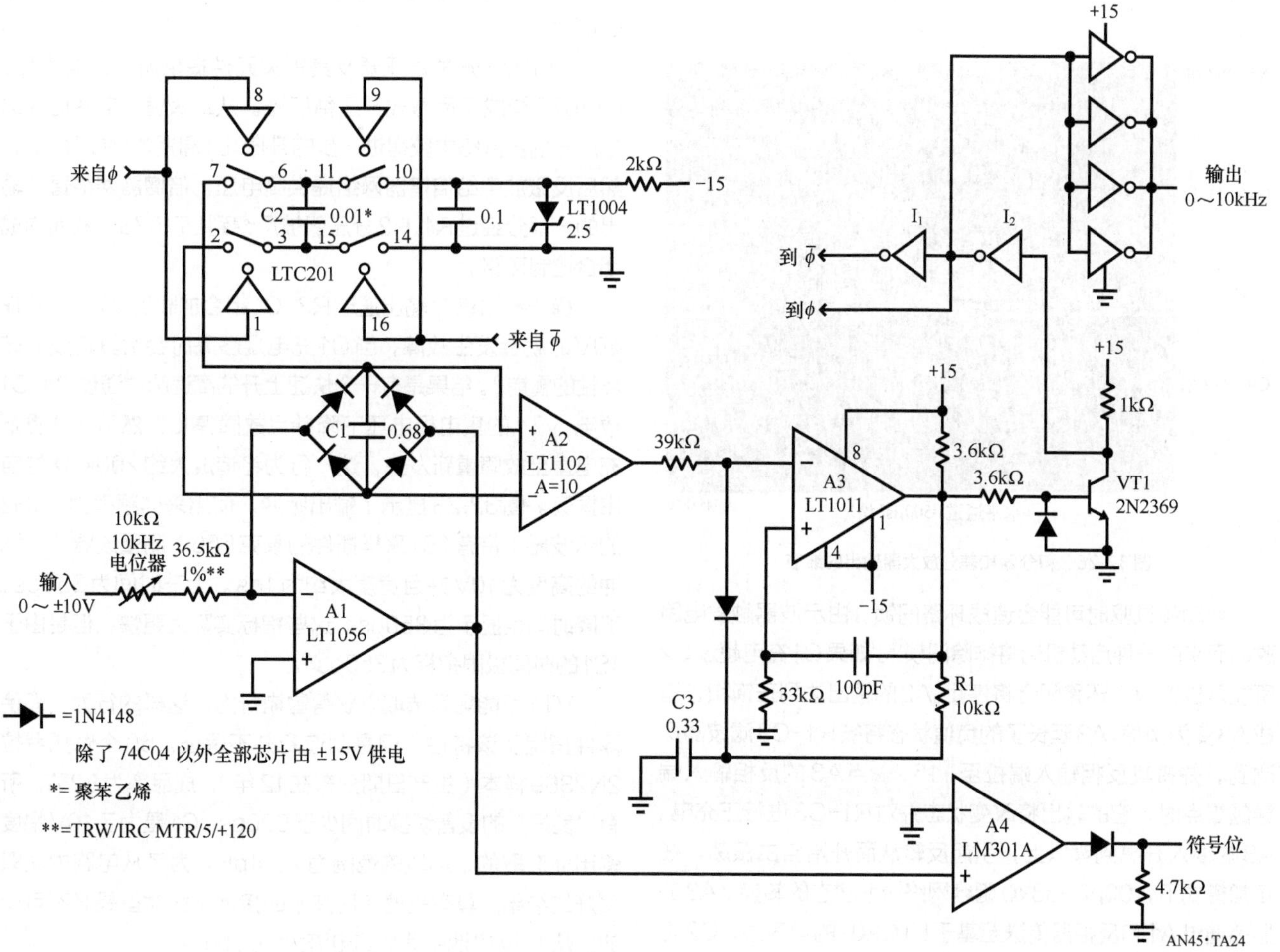

图32.24 双极性（交流）输入的V/F转换器

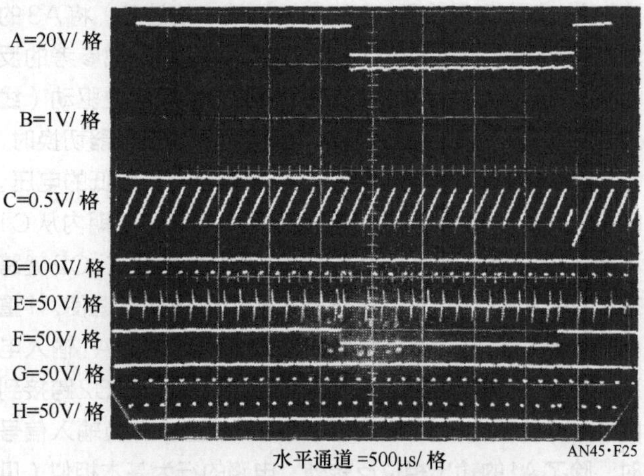

图 32.25 双极性输入 V/F 转换器的波形

图32.26所示为A1、A2输出幅度的放大版本，可以对其进行详细分析。线迹A为输入，而线迹B和线迹C分别为A1和A2的输出。在A1的输出端可以清楚地看到互补偏置点和斜波行为，而A2对两个输入相位有着相同的响应。A1的输出偏置点由两个导通的电桥二极管确定。当输入转换极性时，A1立即响应并且振荡频率在1～2个周期内建立。

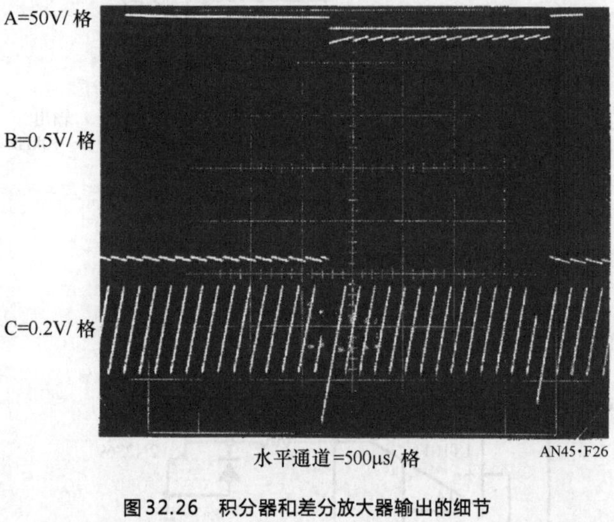

图 32.26 积分器和差分放大器输出的细节

启动和过驱时可能会造成环路闩锁。由示波器触发电路改动而来的一种启动机制将排除闩锁[②]。如果C1充电超过C2所能复位的值，环路闭合将停止。A2的输出达到正饱和，造成A3变为负值。A3延长了的负值状态将被R1-C3滤波器探测到，并将其反相输入端拉至-15V。当A3的反相输入端穿越零点时，它的输出将改变状态并对R1-C3进行正充电。A3的输入升高到零以上，引起反转从而开始自由振荡。在正常模式下，100pF-33kΩ阻容网络协助状态的转换。A3的振荡通过A1和反相器传送至基于LTC201的电荷泵。C2将电荷从C1泵出，驱动其上的电压至零。A2从正饱和状态中退出，并且开始向负值下降以消除A3输入端的正偏置。A3的自由振荡停止，开始正常的环路行为。

为了校准这个电路，加载-10V或者+10V输入电压并且设置10kΩ的电位器以使输出精确为10kHz。A1和A2的低偏移可使工作频率低至几个赫兹，而且不需要调零。

1.5V供电、350ps上升时间的脉冲发生器

验证宽带测试仪器的上升时间极限值是一个较为困难的事情。尤其特别的是，需要一定的“端到端”示波器-探头组合的上升时间以确保测试的完整性。从概念上讲，如果脉冲发生器的上升时间远比示波器-探头组合快，则它能够提供所需信息。图32.27所示电路用以实现这一功能，提供了上升时间和下降时间都在350ps内的1ns脉冲。脉冲幅度为10V并且具有50Ω的源阻抗。这个电路内置于一个小盒子中并由1.5V电池供电，提供一个简单方便的手段来验证任意示波器-探头组合探测上升时间的能力。

LT1073开关稳压器及其相关元件提供所需的高电压。LT1073构成了反激式升压稳压器。从二极管-电容构成的电压倍增器网络中获得进一步的升压。L1周期性地接受电荷，然后反激放电给倍增器网络提供高电压。倍增器网络直流输出的一部分经过R1、R2分压器被反馈到LT1073，从而构成闭合控制环路。

稳压器的90V输出通过R3-C1组合加载到VT1。VT1在40V时就会发生故障，当C1充电足够高时会给其造成非破坏性的雪崩[③]。结果是有一个快速上升的高速脉冲通过R4。C1放电，VT1的集电极电压下降并且故障停止。然后，C1重新充电直至故障重新发生。这一行为将造成大约200kHz的自由振荡。图32.28显示了输出脉冲。使用采样频率为1GHz的示波器（带有1S1采样插件的泰克556）测量该脉冲，脉冲的高度为10V并且宽度大约为1ns。上升时间为350ps，下降时间也显示为350ps。这些指标实际上更快，但是由于1S1的时间极限指标为350ps[④]。

VT1可能需要选取以获得雪崩行为。这样的行为，即使器件指定了该特性，但是制造商并不保证。50个摩托罗拉2N2369样本（生产日期分布在12年），成品率为82%。所有“良好”的设备切换时间少于600ps。C1是为了10V幅度输出而选取的，选取的范围为2～4pF。为了从电路中获取良好的结果，具有高速布局技术的接地平面类型是必不可少的。从1.5V电池中消耗的电流大约为5mA。

② 参见参考文献5～6。

③ 参见参考文献7。

④ 对不起，1GHz是我家里最快的示波器了。

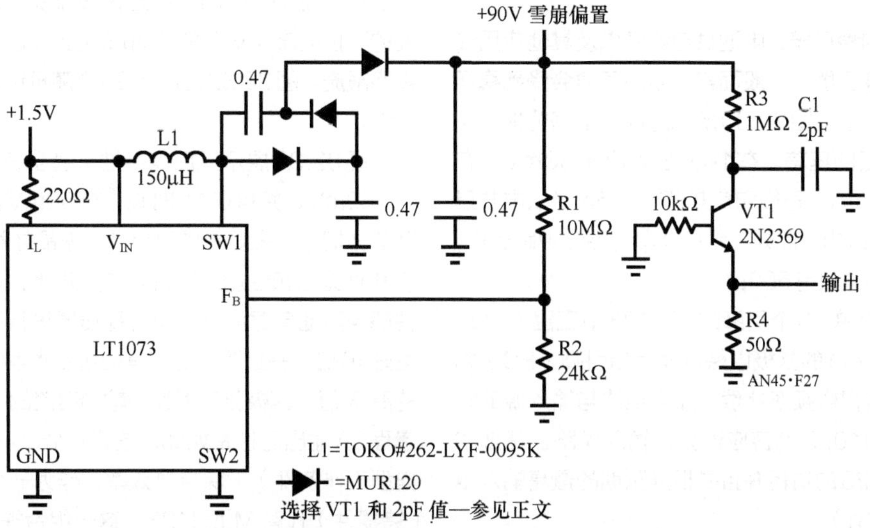

图32.27 上升时间为350ps的脉冲发生器

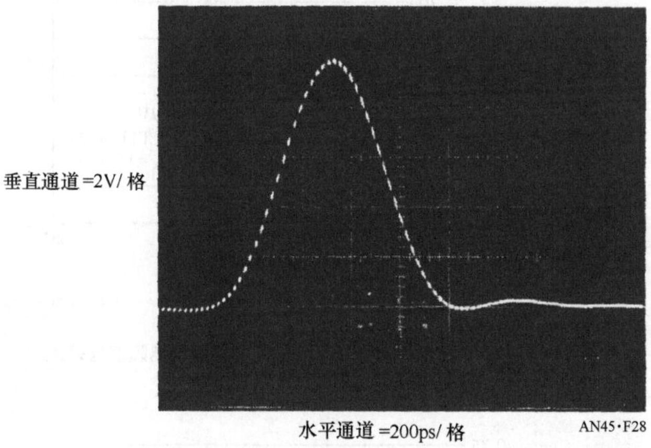

图32.28 雪崩脉冲发生器的输出脉冲。波形具有350ps的上升时间和下降时间。关闭时的轻微欠阻尼情况，可能是由于测试夹具的局限性造成的

对于必须在更高输入电压下运行的应用，需要使用图32.29所示的电路。这个电路在4~20V输入下运行，给雪崩级提供电源。级联的高压晶体管VT1与LT1072开关稳压器结合构成一个高电压开关模式控制环路。LT1072以40kHz的时钟频率脉宽调制VT1。L1的感应结果被整流并存储在2μF输出电容内。(1MΩ-12kΩ的分压器提供了到LT1072的反馈。二极管和VT1基极的阻容网络为电感相关的寄生行为提供阻尼。电路的输出以类似驱动基于LT1073的电路的方式驱动雪崩级。

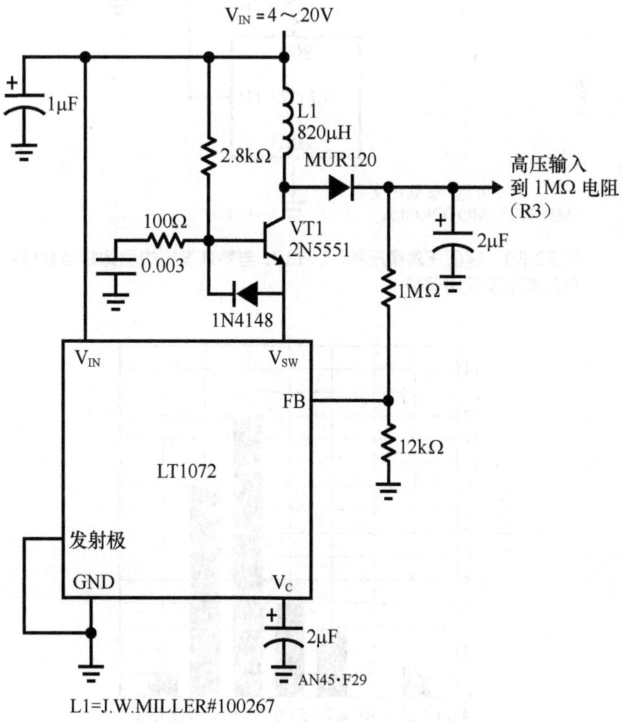

图32.29 备选的90V直流-直流转换器

简单的超低压差稳压器

开关稳压器后的稳压器、电池供电设备以及其他应用经常需要低压差线性稳压器。一般而言，电池寿命会受到稳压器压差性能的显著影响。图32.30所示的简单电路能提供比任何单片稳压器更低的压差。在1A时压差小于50mV，在5A时仅增加到450mA。导线和负载调节在5mV以内并且初始输出精度在1%以内。此外，稳压器具有完全短路保护，在没有负载时静态电流只有600μA。

电路的运行很简单。3个引脚的LT1123稳压器（TO-92封装）伺服控制VT1的基极以保持其反馈引脚（FB）为5V。10μF输出电容提供频率补偿。如果电路与输入源的距离超过6in，备选的10μF电容应该会将输入旁路。备选的20Ω电阻限制LT1123的功耗并且是根据预期的最高输入电压确定的（见图32.31）。

正常情况下，这种类型的电路配置提供不可预见的短路保护。这里所示的MJE1123晶体管是专门设计与LT1123一起使用的。因此，基于β的限流较为实用。额外的输出电流引起LT1123拉低VT1直至β限流发生。在这些条件下，受控的下拉电流与VT1的β和安全工作区特性一起提供可靠的短路限流。图32.32给出了30个随机选取晶体管的具体限流特性。

图32.33展示了压差特性。甚至在5A时，压差只有大约450mV，并且在1A时减小至50mV。单片稳压器不能达到这些指标，主要是由于单片功率晶体管不能提供VT1的高β和优秀饱和性能的结合。作为对比，图32.34将该电路的性能与其他普遍使用的单片稳压器进行了比较。压差比138型好10倍，并且明显优于其他所示类型的稳压器。由于VT1的高β值，基极驱动损耗为输出电流的1%~2%，即使在满量程5A输出时也是如此。这将在低$V_{IN}-V_{OUT}$条件（电路的典型工作条件）下保持高效率。作为一个练习，用2N4276（锗器件）代替MJE1123。这一组合提供更低的压差性能，但是限流特性并不能得到保证。

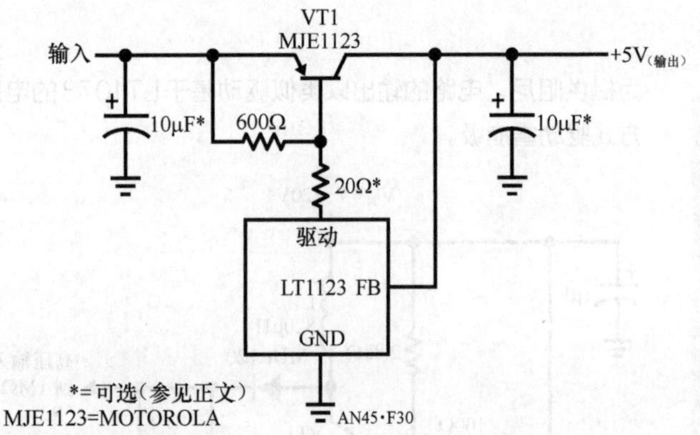

图32.30 超低压差稳压器。LT1123与特殊设计的晶体管结合以获得低压差以及短路保护

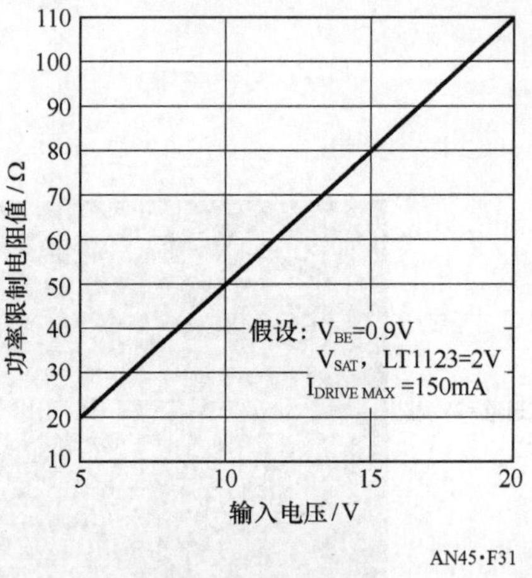

图32.31 LT1123功率消耗限制电阻值与输入电压的关系曲线

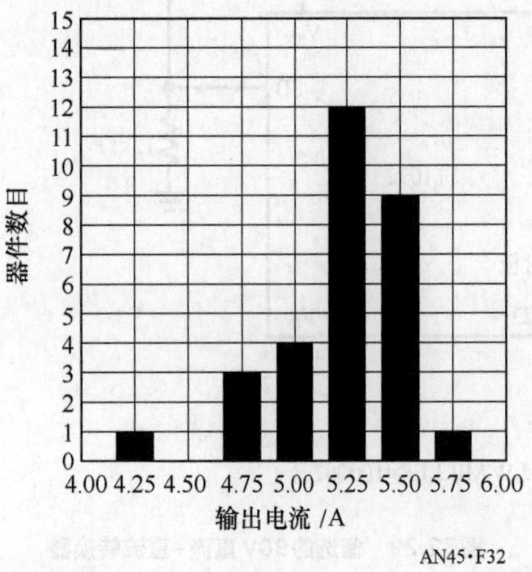

图32.32 30个随机选取的MJE1123晶体管在V_{IN}=7V时的短路电流

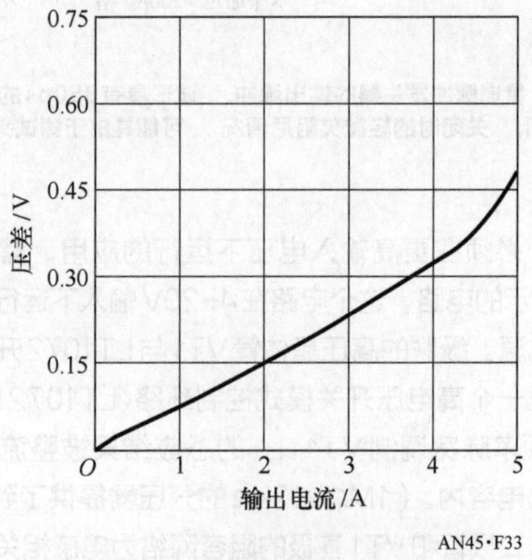

图32.33 压差与输出电流的关系曲线

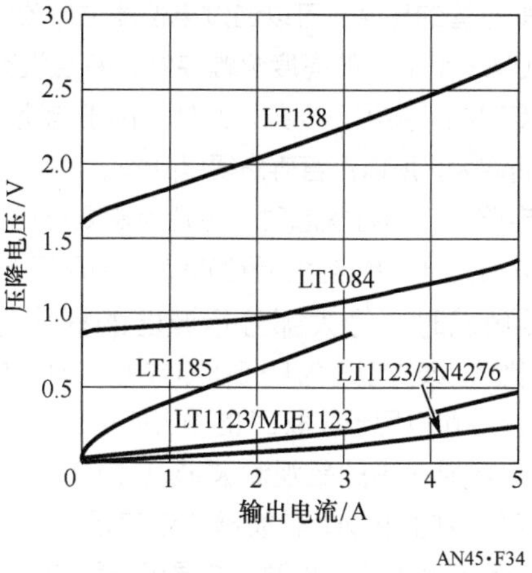

图32.34 各种稳压器的压降电压和输出电流之间的关系曲线

图32.35展示了给稳压器添加关闭功能的一种简易方法。一个CMOS反相器或者门偏置VT2以控制LT1123的偏置。当VT2的基极被驱动时，环路正常工作。如果VT2不被偏置，电路将被关闭并且不消耗电流。

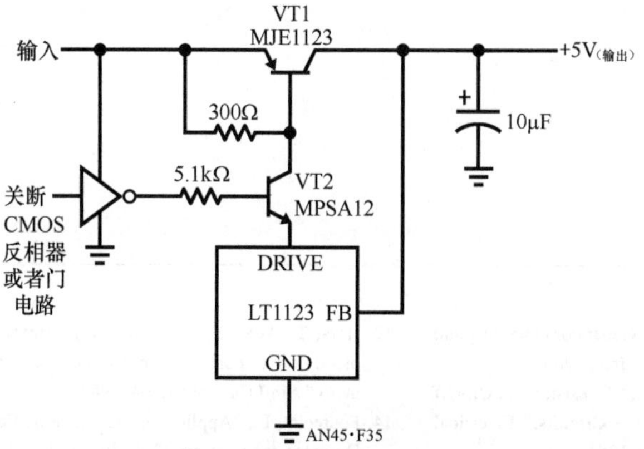

图32.35 低压差稳压器的关断功能

冷阴极荧光灯电源

目前的便携式计算机使用的是背光LCD显示器。冷阴极荧光灯（Cold Cathode Fluorescent Lamp,CCFL）为这一显示器的背光提供可用的最高效率。这些灯管的运行需要高压交流，所以必须要高效率、高电压的直流/交流转换器。除了高效率以外，转换器需要以正弦波的形式给灯管提供驱动。这样可以最小化射频辐射。这些辐射能够干扰其他设备，并且降低电路整体运行效率。

图32.36所示电路满足了这些要求。在输入电压范围为4.5~20V时，电路的效率为78%。如果LT1072由较低的电压驱动（例如3~5V），则有可能达到82%的效率。此外，灯光的强度从零到满量程都是连续平滑可调的。

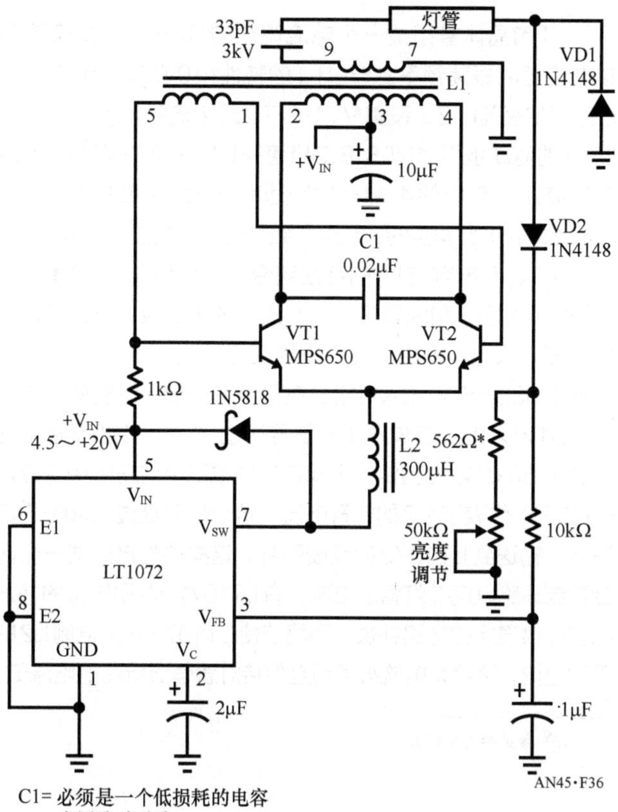

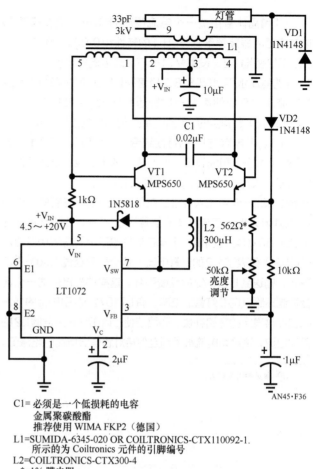

C1= 必须是一个低损耗的电容
金属聚碳酸酯
推荐使用 WIMA FKP2（德国）
L1=SUMIDA-6345-020 OR COILTRONICS-CTX110092-1.
所示的为 Coiltronics 元件的引脚编号
L2=COILTRONICS-CTX300-4
*=1% 膜电阻
不要替换元件

图32.36 冷阴极荧光灯电源

当加载到LT1072开关稳压器的反馈引脚的电压低于器件内部1.23V基准时，将在V_{SW}引脚（见图32.37的线迹A）造成全占空调制。L2传输电流（线迹B），该电流从L1的中心抽头流经晶体管，最终流入L2。L2的电流根据稳压器的操作以开关形式释放至地。

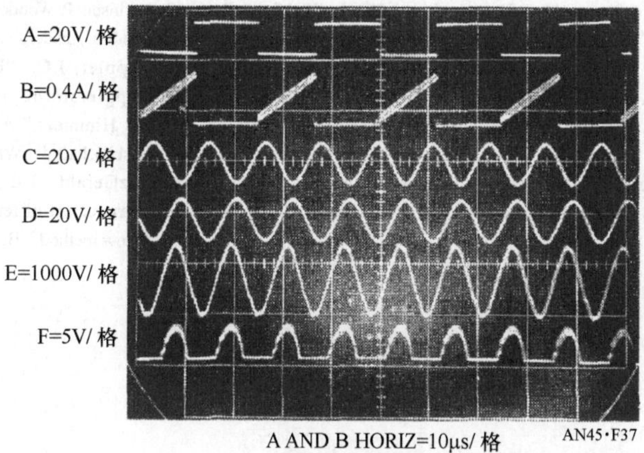

A AND B HORIZ=10μs/格
C THRU F HORIZ=20μs/格
触发完全独立

图32.37 冷阴极荧光灯电源的波形图，注意对比线迹A、B、C、D、E、F

L1和晶体管组成一个电流驱动的Royer类转换器⑤，该转换器的振荡频率主要由L1的特性和0.02μF电容决定。LT1072驱动L2，设置VT1-VT2尾电流的幅度，从而确定L1的驱动水平。1N5818二极管在LT1072关闭时保持L2的电流。LT1072的40kHz时钟速率与Royer转换器的速率（≈60kHz）是异步的，从而导致线迹B中的波形变厚。

0.02μF电容与L1的特性结合，在VT1和VT2集电极（分别为线迹C和线迹D）处产生正弦电压驱动。L1提供升压电压，大约1400$V_{(峰峰值)}$出现在它的次级（线迹E）。电流通过33pF电容流入灯管。在负波形周期，灯管的电流通过VD1流入地。正波形周期信号通过VD2，传输至接地的562Ω-50kΩ电位器链。出现在这些电阻上的正半周正弦波（线迹F）代表了1/2的灯管电流。这个信号经过10kΩ-1μF滤波，输送到LT1072的反馈引脚。这样的连接形成一个闭合控制环路以调节灯管的电流。有LT1072 V_C引脚上的2μF电容提供稳定的环路补偿。环路迫使LT1072开关调制L2的平均电流，该平均电流被调制至保持灯管恒流所需的电流值。恒流值，即灯管的亮度，可以通过电位器进行改变。恒流驱动可实现0%～100%的亮度全幅控制，并且没有灯管死区或者低亮度时的“突闪”现象。此外，由于电流不会随着灯管的老化而增大，所以灯管寿命得以延长。

⑤ 参见参考文献8。

观察电路工作运行状态时，有几点需要牢记。L1的高压次级只可以由完全符合这类测量的宽带、高压探头进行监测。进行这类测试时，绝大部分示波器的探头将会损坏，使测试失败⑥。泰克型号为P-6009或者P6013A和P6015（首选）的探头可以用于读取L1的输出信号。

另一个需要考虑的是观测波形。LT1072开关频率与VT1-VT2构成的Royer转换器的速率是完全异步的。因此，大部分示波器不能同步触发并显示电路的所有波形。图32.27所示的波形是采用双束示波器（泰克556）获得的。LT1076相关的线迹A和B是用一束信号触发的，而其他波形是用另一束信号触发的。带有交替扫描和触发转化的单束仪器（例如泰克547）也是可以采用的，但是不太灵活并且仅限于4组波形。

⑥ 不要说我们没有警告你！

参考文献

1. Verster, TC., “P-N Junction as an Ultralinear Calculable Thermometer,” Electronic Letters, Vol. 4, pg. 175, May, 1968
2. Verster, TC., “The Silicon Transistor as a Temperature Sensor,” International Symposium on Temperature, 1971, Washington, D.C
3. Type 7D13 Plug-In Operating and Service Manual, Tektronix, Inc., 1971
4. Sheingold, D.H., “Nonlinear Circuits Handbook,” Chapter 3-1, “Basic Considerations,” pgs. 165-166, Analog Devices, Inc., 1974
5. Oscilloscope Trigger Circuits, “Automatic Trigger,” pgs. 39-49, Tektronix Concept Series, 1969
6. Type 547 Oscilloscope Operating and Service Manual, “Automatic Stability Circuit,” pgs. 3-8, Tektronix, Inc., 1964
7. Type 111 Pretrigger Pulse Generator Operating and Service Manual, Tektronix, Inc., 1960
8. Bright, Pittman and Royer, “Transistors As On-Off Switches in Saturable Core Circuits,” Electrical Manufacturing, December, 1954
9. Morrison, John C., MD, Editor. “Antepartal Fetal Surveillance,” Obstetrics and Gynecology Clinics of North America, Volume 17:1, March, 1990, W.B. Saunders Co
10. Atkinson, P. Woodcock, J.P., “Doppler Ultrasound,” London, Academic Press, 1982
11. Doppler, J.C., “Uber das farbigte Licht der Dopplersterne und einigr anderer Gestirne des Himmels,” Abhandl d Konigl Bomischen Gesellschaft der Wissenschaften 2:466, 1843
12. FitzGerald, D.E., Drumm, J.E.,“Noninvasive measurement of fetal circulation using ultrasound: A new method,” Br Med J 2:1450, 1977
13. Hata, T., Aoki, S., Hata, K., et al. “Intracardiac blood flow velocity waveforms in normal fetuses in utero,” Am J Cardiol 58:464, 1987
14. Pourcelot, L., “Applications Clinique de l’examen Doppler transcutane,” *In* Pourcelot, L. (ed), Velocimetric Ultrasonore Doppler, INSERM 34:213,1974
15. Shung, K.K., Sigelman, R.A., Reid, J.M.,“Scattering of ultrasound by blood,” IEEE Trans Biomed Eng BME-23:460, 1976
16. Stuart, B., Drumm, J., FitzGerald, D.E., et al, “Fetal blood velocity waveforms in normal pregnancy,” Br J Obstet Gynaecol 87:780, 1980
17. Stabile, I., Bilardo, C., Panella, M., et al, “Doppler measurement of uterine blood flow in the first trimester of normal and complicated pregnancies,” Trophoblast Res 3:301, 1988

电路集锦，卷I

33

Richard Markell

引言

在过去的几十年里，《Linear Technology》这本杂志已经有些年头了。从无到有，这一刊物有了自身的稿件以及订阅者。很多创新的电路在我们这个神圣刊物上得以面世。

这一应用指南的目的是整合这本杂志创刊前几年的电路。这些电路涵盖了激光二极管驱动电路、数据采集系统和50W高效转换器电路。这些说明已经足够了，就让这些作者们自己来解释他们的电路吧。

A/D转换器

LTC1292：12位数据采集电路

由Sammy Lum撰写

温度测量系统

图33.1所示的电路展示了如何将一个传感器的输出，例如铂电阻温度探测器桥，通过一个运放进行数字化。这个电路是在应用指南43中电路的基础上修改的[1]。LTC1292的差分输入端移除了共模电压。LT1006用于放大信号。LT1006的+输入端和LT1292的+IN输入端之间的电阻是用于补偿电阻R_S对电桥的负载。可以通过500kΩ电位器调节满量程输出的大小，与R_S串联的100Ω电位器可用于调节偏置电压。R_{PLAT}比应用指南43电路中所用的值小，这样可以增加动态范围。在+IN端口输入的信号电压不可以超过V_{REF}。差分电压的大小应该小于V_{REF}减去约100mV。这样足够以0.1℃的精度测量0～400℃范围内的温度。

浮地12位数据采集系统

图33.2所示的电路展示了如何将LTC1292浮地并用于差分测量。这一电路将10～15V的5V电压范围以12位精度进行数字化。数字I/O已经进行电平转换。LT1019-5以分流模式工作，从而给LTC1292提供悬浮模拟地。数字输入线采用4.3V齐纳管对单三极管反相器进行钳位。也可采用光耦完成这一功能。悬浮模拟地应该作为LTC1292的低电平进行电路的布线。47μF的旁路电容需要接在Vcc跟浮地信号之间，电容的管脚长度需要尽可能地小，并且电容需要尽量靠近LTC1292放置。同样地，要保持到地的管脚与浮地平面之间的距离尽可能的短（可以采用更小的接插件）。

差分温度测量系统

图33.3所示的电路将两个不同位置温度的差值进行数字化。两个LM134用作温度传感器。由于它是电流输出型传感器，所以是远程传感应用的理想选择。这就允许通过长导线连接传感器到LTC1292，并且传感器的信号不会有任何衰减。电阻R_{SET}设置电流为1μA/°K。电流通过接在V^-以及地之间的电阻R1转换为电压。参考电压与电阻都进行了精细选择，可产生0.05℃/LSB的变化。分辨率可由公式℃/LSB=V_{REF}/((4096)(1mA)(R1))来计算。每个输入端的最高温度为125℃。注意，如果输入端+IN的温度低于输入端-IN，输出就会为0。由于LTC1292由高源阻抗驱动，需要将CLK的频率限制在100kHz或以下。

在LTC1292的数据手册中有摩托罗拉MC68HC11或者英特尔8051与LTC1292接口的软件代码。对于图33.2所示的电路，由于数字电平转换引起信号反相，这一源代码需要进行相应的修改。

[1] Williams, Jim, "Bridge Circuits, Marrying Gain and Balance," Application Note 43, Linear Technology Corp.

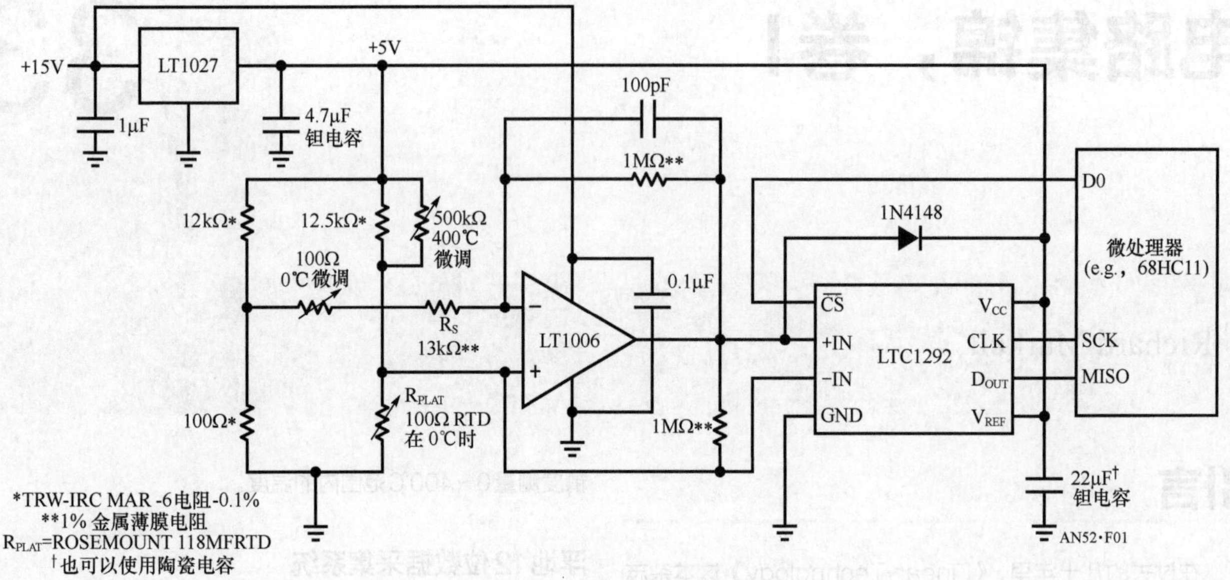

图33.1 0～400℃温度测量系统

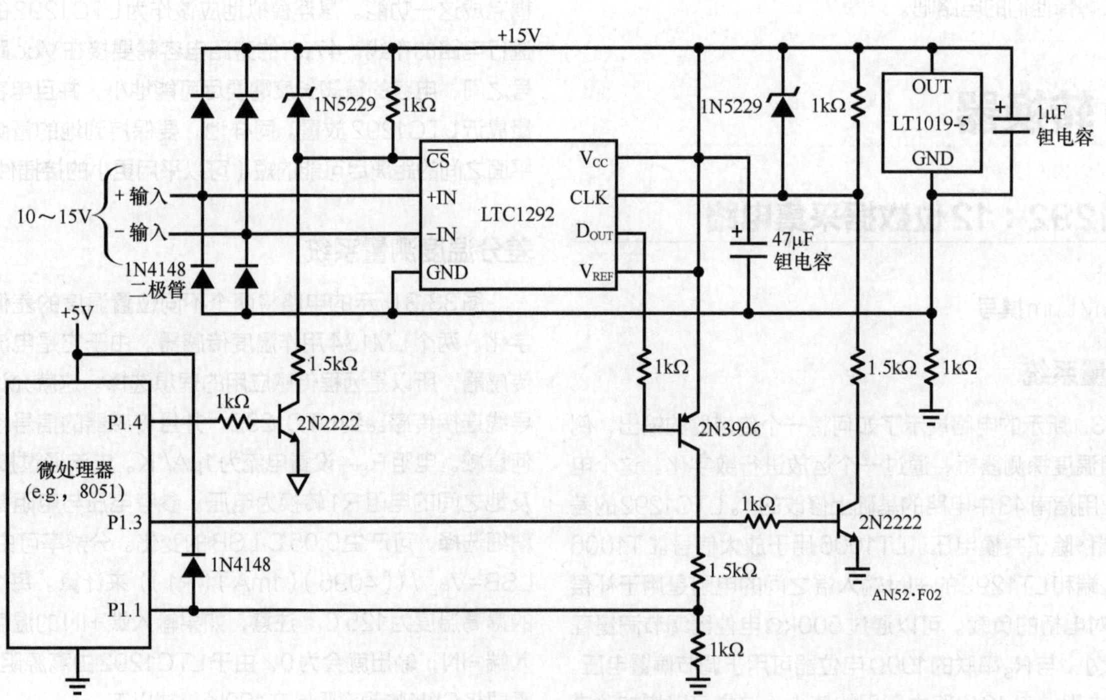

图33.2 浮地12位数据采集系统

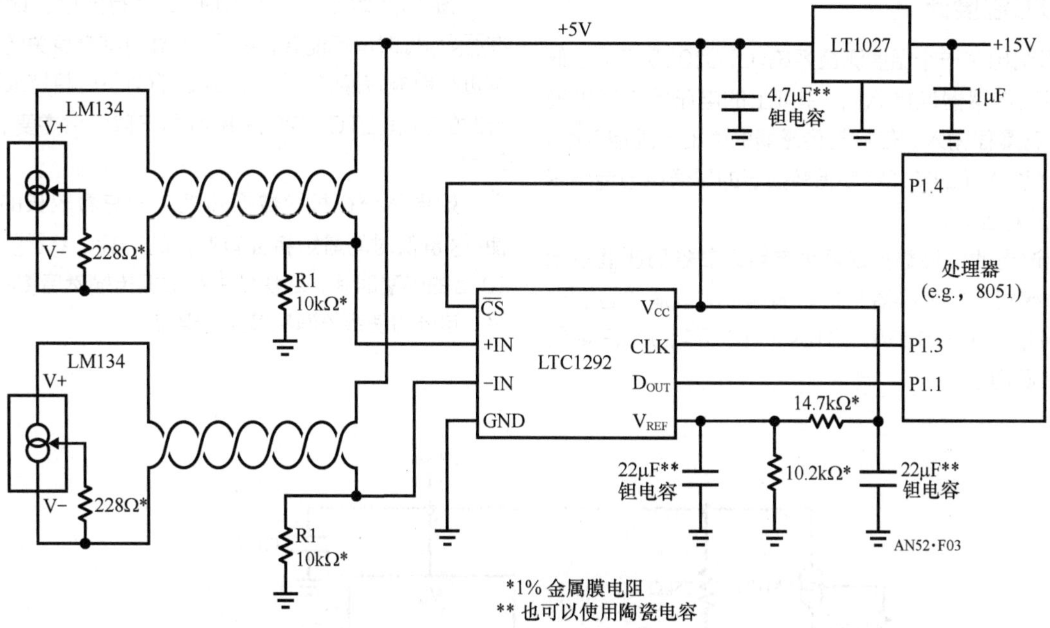

图 33.3　差分温度测量系统

SO8封装的微功率ADC电路

由William Rempfer撰写

浮地8位数据采集系统

图33.4给出了一个将数据传输给一个接地主系统的浮地电路。这一浮地电路由两个光隔离器进行隔离并由简易的电容－二极管电荷泵进行供电。由于LTC1096在转换过程中是关闭的，而且光隔离器只有在数据传输时消耗能量，所以整个系统功耗很低。在采样频率为10Hz（1ms运行时间以及99ms关闭时间）时，整个系统的功耗只有50μA。这完全落在5MHz电荷泵的供电电流范围之内。如果系统需要真正的隔离，系统的低功耗使其更容易实现。该系统可以由隔离的电源或者由电池供电。

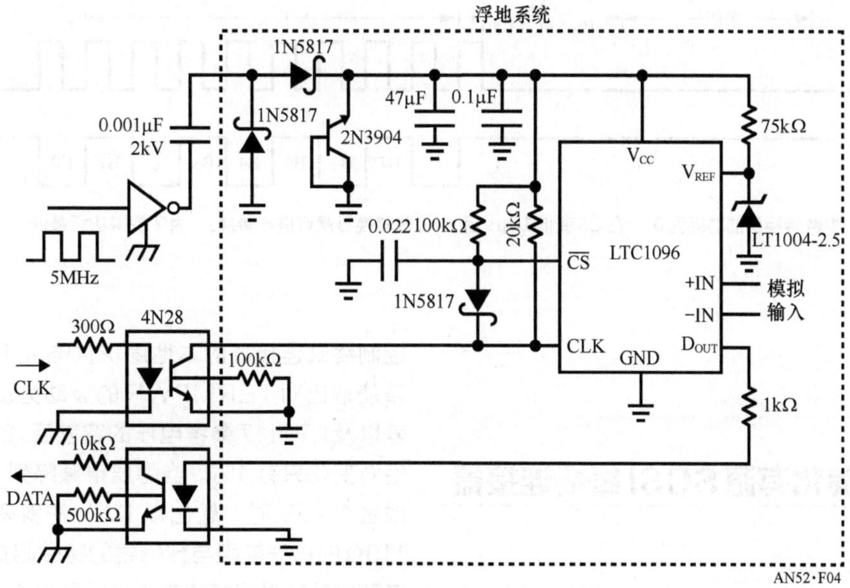

图 33.4　浮地ADC系统由简易电容－二极管电荷泵供电。两个光隔离器在采样过程中没有电流消耗，只有在输送时钟或接收数据时才会开启

0~70℃温度计

图33.5给出了一个温度测量系统。LTC1096直接与低成本硅基温度传感器连接。V_{REF}引脚上的电压用于调整模数转换器的满量程输入，使其与传感器的输出范围相匹配。LTC1096负输入端的电压将使得转换器的零值点与传感器的零输出电压对应。

直接通过电池给模数转换器供电可以节省稳压器占用的空间。直接将模数转换器与传感器连接可以消除运放以及增益级电路。LTC1096/LTC1098可以采用0.1μF或者0.01μF的旁路电容。

图33.6给出了LTC1096的运行顺序。该数据转换器在$\overline{CS}$为低时消耗能量，在$\overline{CS}$为高时将自身关闭。当系统持续进行数模转换时，LTC1096/LTC1098将持续消耗正常运行时的功率。LTC1096在每个$\overline{CS}$下降沿后需要10μs的唤醒时间。

如果系统在每次数据转换之间有着较长的时间间隔，使$\overline{CS}$置低时间最短将会有最低的功耗。将$\overline{CS}$置低，等待10μs的唤醒时间，尽快地进行数据传输然后将$\overline{CS}$置回高电平，这样将使系统消耗最少的电流。

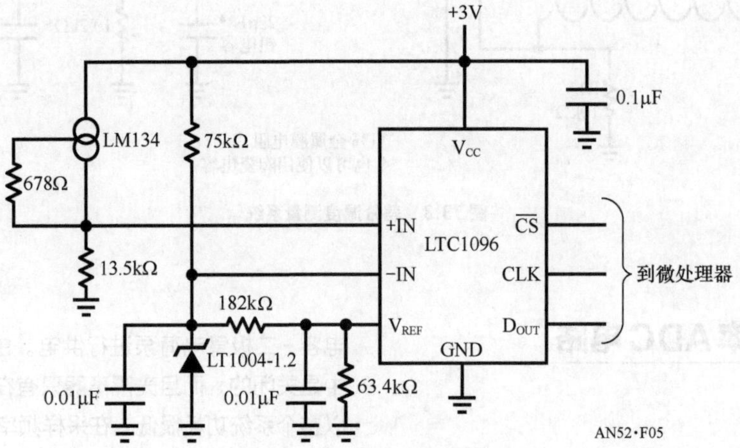

图33.5 LTC1096的高阻抗输入直接连接到温度传感器，消除了0~70℃温度计的信号调理电路

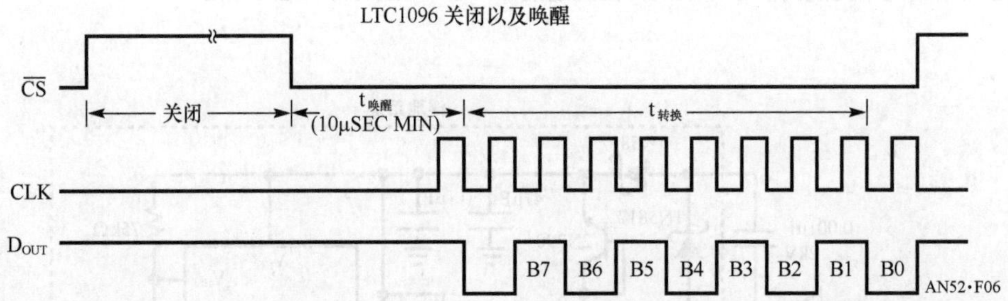

图33.6 当$\overline{CS}$为高时，模数转换器的功耗为0。在$\overline{CS}$变低10μs后，模数转换器就可进行转换。为了使得功耗最低，在转换过程中要尽可能地在更多时间内将$\overline{CS}$置高

接口

低压差稳压器简化有源SCSI终端连接器

由Sean Gold撰写

图33.7所示电路使用LT1117低压差三端稳压电源控制终端连接器的本地逻辑供电。LT1117的线路电压调整使输出对TERMPWR的波动免疫。在考虑电阻的容差以及LT1117参考电压的容差后，2.85V输出对温度的绝对变化只有4%。当稳压电源降到TERMPWR-2.85或者1.25V时，输出以1V/V的斜率跟踪输入端。由于110Ω的串联电阻与传输线的特性阻抗很接近，而且稳压电源能够提供很好的交流地，所以稳压电源能够提供有效的信号端接。

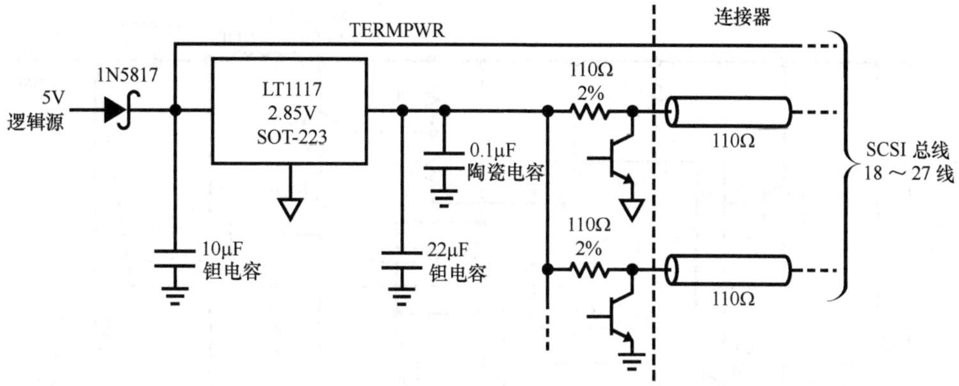

图33.7　SCSI的有源端接

与无源终端连接器对比，两个LT1117需要一半的终端电阻、需要1/15的静态电流即20mA。在这一功耗水平上，印制电路线能够给SOT-223封装的LT1117提供足够的散热。除了能够解决基本的信号调理问题，LT1117还能够通过限制短路电流、过热关断以及片上ESD保护来解决一些故障情况。

电源

LT1110从两个5号镍铬电池提供6V 550mA电源

由Steve Pietkiewicz

LT1110微功率直流－直流转换器可以在两个碱性电池供电时提供5V、150mA的电源。内部开关$V_{CE(SAT)}$设定功率限度。即使使用外部低压降开关，提供更大的功率也是不现实的。碱性5号电池的内阻（新电池典型值为200mΩ，快耗尽的电池为500 mΩ）限制了从电池中获取的最大功率：相反，镍铬电池有着更稳定的内阻（5号大小的电池内阻在35～50mΩ之间），内阻只在电量全部耗尽时增大。这就使得电路能够从电池中获取更大的功率。图33.8所示电路使用两个镍铬电池提供6V、550mA的电源。该电路是为有发射能力的传呼机设计的，它使用两个Gates Millennium 5号镍铬电池供电，在满量程输出的情况下可使用15min。该电路可以让250mA的负载工作36min（见图33.9）。较小的负载将产生较小的热量，从而导致了上述瓦时的不同。

电路采用了一个微功率的LT1110开关稳压芯片作为控制器。LT1110的内部开关通过220Ω电阻提供VT1的基极驱动，VT1给VT2提供基极驱动。Zetex公司采用TO-92封装的ZTX849 NPN管的额定电流为5A。对于喜欢用表面封装技术的人来说，同样来自Zetex公司、采用SOT-223封装的FZT-849可以提供同样的性能。16Ω的电阻给VT2储存的电量提供了一个关闭路径。当VT2导通时，电流存储在L1上。当VT2关闭的时候，集电极升至高电平直至VD1导通。L1上存储的电流通过VD1放电至C2和负载。V_{OUT}上的电压通过R4和R3分压并反馈至LT1110的FB管脚用于控制VT2的循环动作。转换电流限值（需要用于确保对电源变化的饱和度）通过VT3-VT5设定。VT3、C1、R2以及LT1110中的辅助增益单元在LT1110的SET管脚处形成了一个220mV的参考点。晶体管VT4以及VT5形成了一个共基差分放大器。VT5的发射极检测50mΩ电阻R1上的电压。当R1上的电压超过220mV时，VT4导通，使得电流通过R5。当LT1110的I_{LIM}管脚电压达到V_{IN}管脚上二极管压降的时候，内部开关将关断。因此，在输入发生波动、LT1110导通时间和频率具有制造误差情况下，最大转换电流被控制在220mV/50mΩ，即4.4A。

电路的输出纹波为220mV$_{(峰峰值)}$，在2.4V输入全负载情况下的效率为78%。如果需求降低，则输出功率也可以下降。为了减小峰值电流，可以增大R1的值。一个100mΩ电阻将会把电流限制在2.2A。由于电流减小了，L1的值也需要线性增大。在限流为2.2A的情况下，L1需要达到10μH。可以通过增加10Ω电阻的阻值来较小VT2的基极驱动。这些较低的峰值电流在碱性电池上更容易获得，将显著增加碱性电池的寿命。

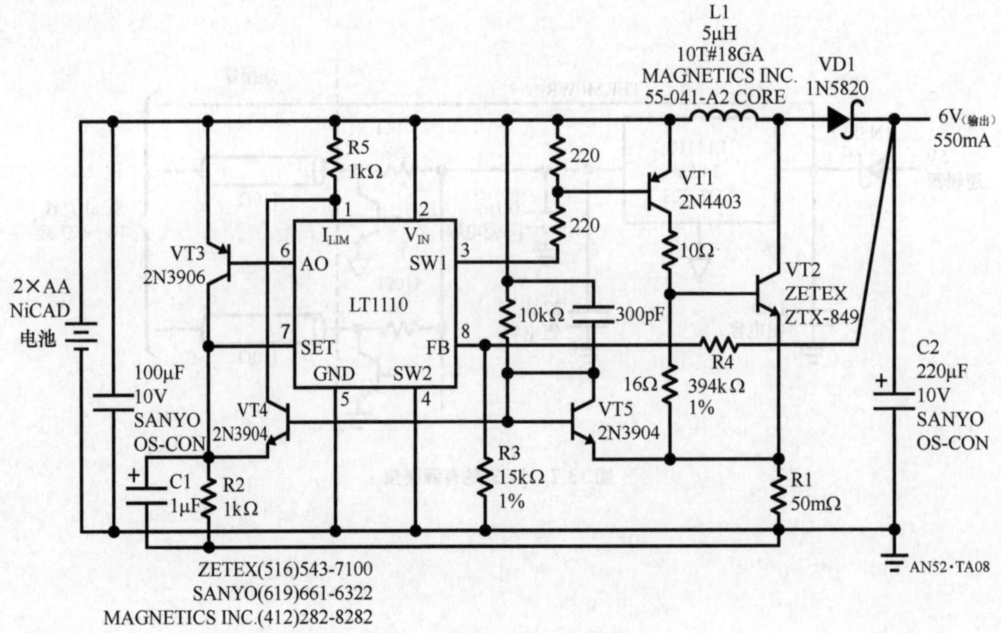

图 33.8　两个 5 号镍铬电池到 +6V 的转换器电路

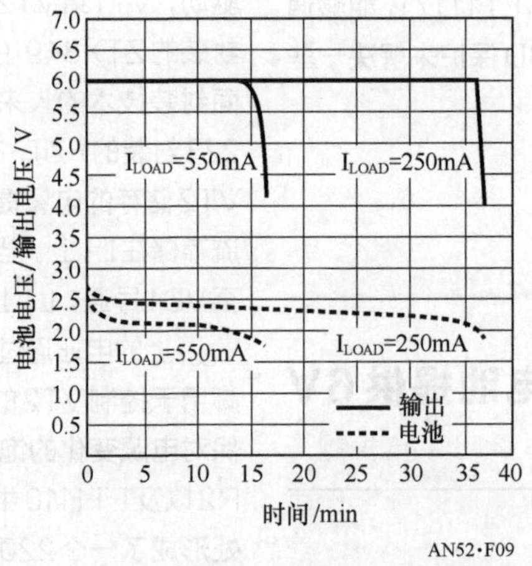

图 33.9　在负载电流为 550mA 和 250mA 时的运行时间

50W 高效率转换器

由 Milton Wilcox 撰写

图 33.10 所示为高效率 10A 降压开关稳压器电路，该电路展示了LT1158 驱动不同大小 MOSFET 的能力，并且不用担心直通电流的大小。由于 24V 被降压到 5V，这一开关（顶部的 MOSFET）的占空比为 5/24 即 21%。由于底部 MOSFET 的导通时间为顶部 MOSFET 的 4 倍，这就意味着底部的 MOSFET 将主宰 $R_{DS(ON)}$ 的效率损耗。因此顶部可以采用较小的 MOSFET 而底部可以采用两倍大的 MOSFET，这些都不需要担心死区时间。

LT1158 采用自适应系统以保持死区时间，从而使得死区时间与所驱动 MOSFET 的类型、大小甚至数目无关。它在导通反向 MOSFET 电路之前，通过检测栅极关断来了解其是否充分放电。在导通的过程中，保持关断能力被强化从而防止暂态直通。通过这一方法，交叉传导的设计约束可以完全消除。

跨越底部 MOSFET 的肖特基二极管（非关键）是用于减小反向恢复损耗的。图 33.11 给出了图 33.10 所示电路的运行效率。

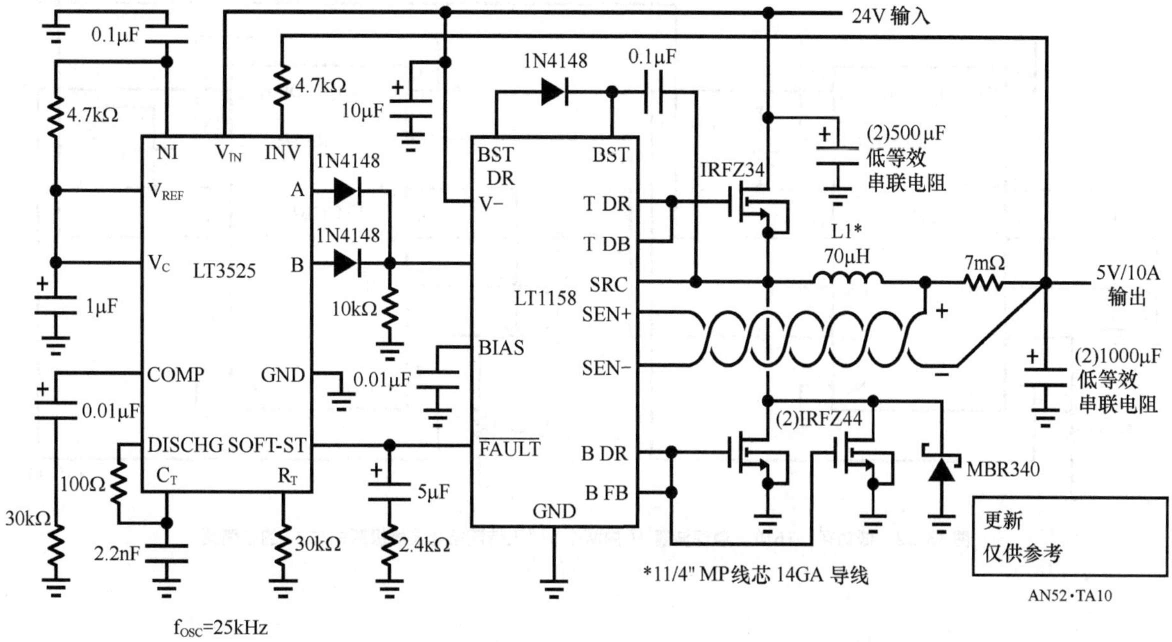

图33.10　50W高效率开关稳压器。展示了由自适应死区时间探测带来的设计简化

开关稳压应用可以利用LT1158的重要保护特性：远端故障探测。通过探测输出端电感的电流，并将LT1158的$\overline{FAULT}$管脚反馈至PWM的软启动管脚，形成了一个真正的电流环路。图33.10所示电路将电感的最大电流限制在了15A，并且从短路故障中恢复时无输出电压过冲。

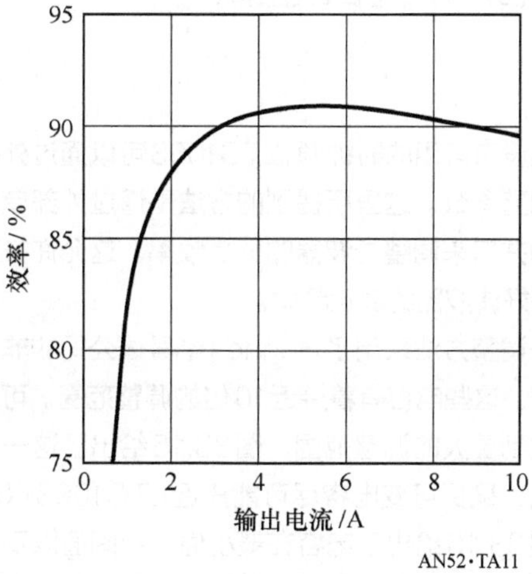

图33.11　图33.10所示电路的运行效率。电流限制在15A

滤波器

具有陡峭滚降特性的级联8阶巴特沃斯低通滤波器

由Philip Karantzalis和Richard Markell撰写

有些时候，一个设计所需要的滤波器指标超过了标准滤波器的指标。在本例中，需要一个低失真（-70dB）滤波器，并且其滚降特性要比标准8阶巴特沃斯滤波器陡峭。椭圆滤波器因其失真指标过高而被排除在外。将两个低功耗LTC1164-5级联，可以达到这些设计指标。LTC1164-5是低功耗（在±5V供电时电流为4mA）、时钟可调的8阶滤波器，可以通过连接管脚将其设定为巴特沃斯响应或者贝塞尔响应。图33.12给出了一个双滤波器系统的电路图。图33.13给出了滤波器的频率响应，通过该图可以看出，在截止频率的2.3倍处滤波器的衰减为80dB。图33.14给出了失真特性，真是让人叹为观止。从100Hz～1kHz的频率范围内，两个滤波器有着小于-74dB的失真指标。在标准的1kHz处测量得到的失真指标为-78dB。

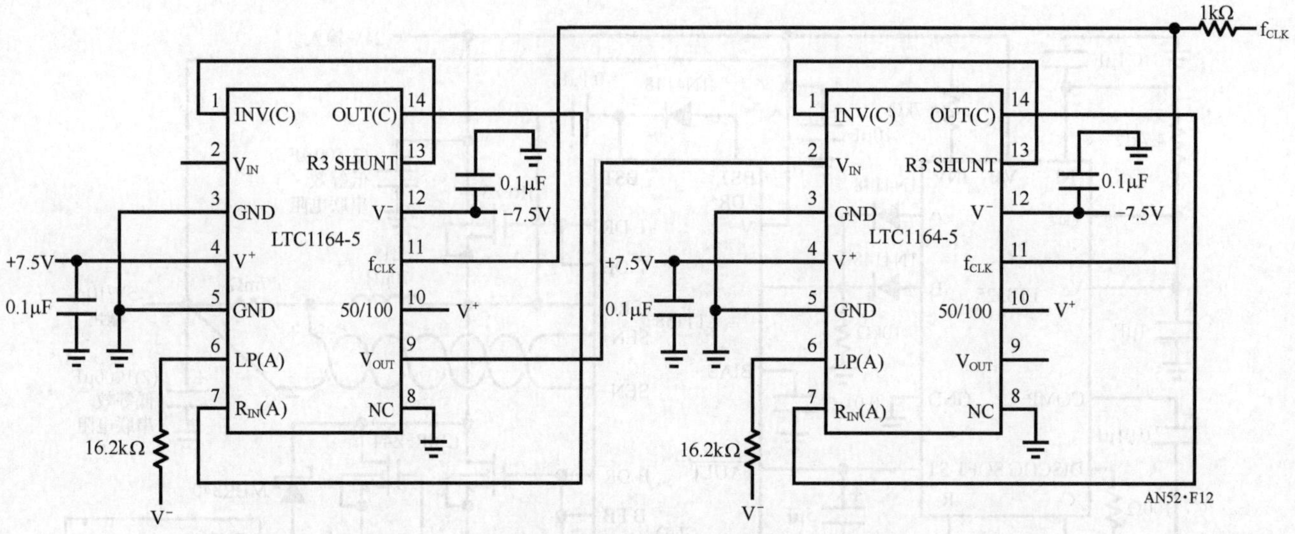

图33.12 低功耗、16阶低通滤波器（由两个8阶巴特沃斯滤波器级联构成）的电路图

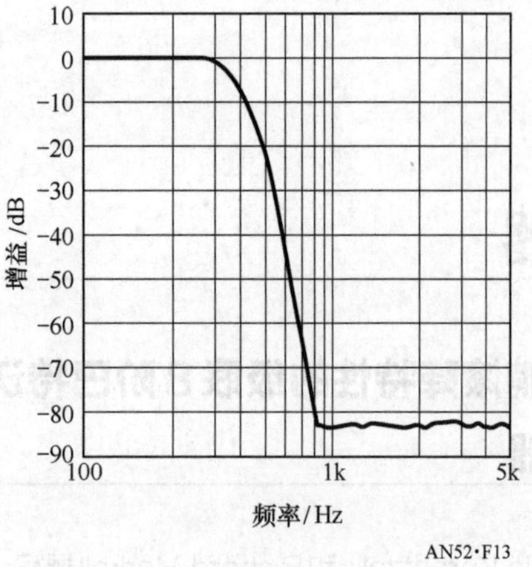

图33.13 f_{CLK}=20kHz时的频率响应

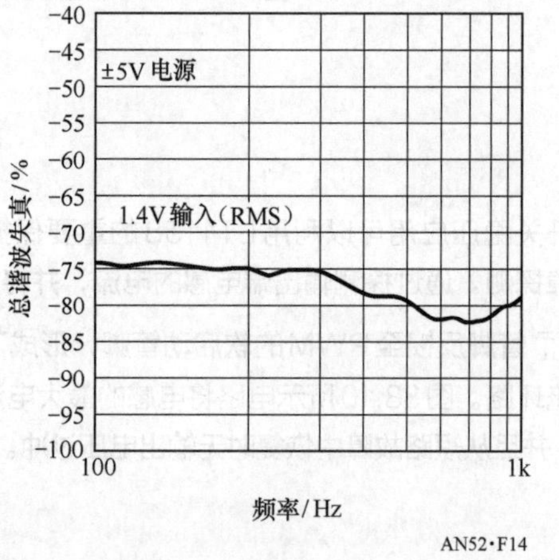

图33.14 失真性能：两个LTC1164-5，f_{CLK} =60kHz（57：1），管脚10连接到V^+

直流准确、截止频率可编程、无需板载时钟的5阶巴特沃斯低通滤波器

由Richard Markell撰写

新推出的LTC1063是时钟可调、低直流输出偏移（在±5V供电时典型值为1mV）的单片低通滤波器。滤波器的响应与5阶巴特沃斯多项式相当接近。

很多用户选择通过板载单片机或者定时器来调整滤波器参数。如果有这些器件，那么这样的实现方式是相当方便的。但是如果没有可用的时钟源，LTC1063可以通过外接电阻和电容来调整参数。这里所提到的方法是通过外部单片机或者计算机的并口来调整滤波器的截止频率。这允许在产品发货前就调整好滤波器的截止频率。

这一调整方法采用了Hughes半导体公司的非易失性的可调电容。这些电容有着接近10倍的调整范围。可以用两个器件来达到更大的调整范围。图33.15给出了这一应用的电路原理图。确保可变电容尽可能靠近LTC1063以减小寄生参数。图33.16给出了电容在最小值、中间值以及最大值时滤波器的频率响应。在可变电容值设定以后编程电路可以断开。电容将记住这一值直至被重新编程。

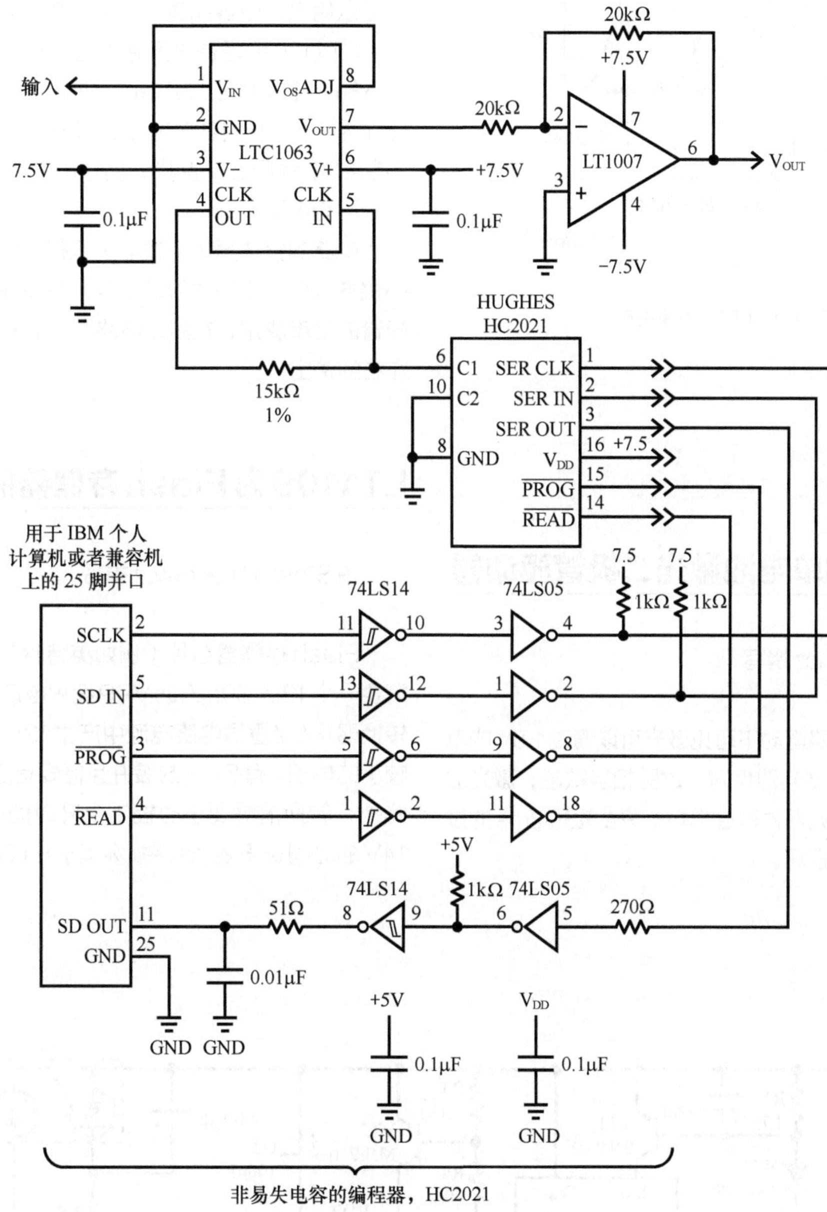

备注:
1. HC2021 应该尽可能靠近 LTC1063 以获得最好的结果。
2. +3.5V≤ V_{DD} ≤+18.8。
3. 74LS05 和 74LS14 的正电源为 +5V。
4. Hughes 公司的电话号码为（714）759-2665。

AN52 • TA15

图33.15 截止频率可编程的LTC1063的电路图

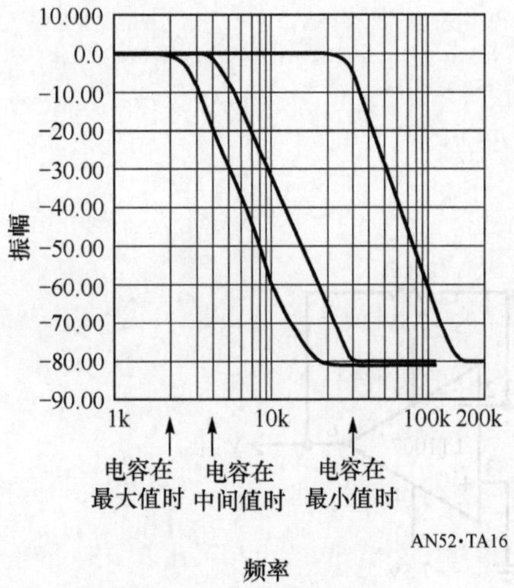

图33.16 LTC1063的频率响应

图33.17中，LT1110开关电源稳压器被用作单电池激光二极管驱动器的控制器。LT1110是LT1073的高速版本。

LT1110在这里被用作调频（FM）控制器，以典型的1.5ms“导通”时间来驱动一个PNP功率开关VT2。L1上的峰值电流到达1A左右。输出电容C2需要有低的ESR，不可以用其他电容代替（否则将有可能损坏激光二极管）。

LT1110的增益单元输出与VT1一起作为误差放大器。差分输入比较光电二极管的电流，并将其转换为R2上的电压作为212mV的参考电压。这一放大器驱动VT1，将电流调制到I_{lim}管脚上。这样，通过改变振荡频率就可以控制电路的平均电流。

电路的整体频率补充由R1跟C1提供，它们的取值要精心挑选以防止上电时过冲。电流感测电阻R2的值由激光二极管的功率决定，在所示电路图中1000Ω的值对应0.8mW左右的输出。

其他电路

基于LT1110的单电池激光二极管驱动器

由Steve Pietkiewicz撰写

近来，在合适的电路驱动下可见激光可以通过1.5V的电源供电运行。由于这些激光器件对于过驱相当敏感，激光的功率需要被小心控制否则器件就会损坏。只要短短2ms的过流就有可能导致激光器损坏。

LT1109为Flash存储器提供VPP

由Steve Pietkiewicz撰写

Flash存储器芯片（例如英特尔28F020 2Mbit器件）需要一个12V、30mA的VPP编程电源。可以采用DC-DC转换器从5V逻辑电路电源中产生12V电源。转换器需要有较小的体积、有SMT封装并且需要有逻辑控制的关断功能。此外，转换器需要小心控制上升时间和零过冲。VPP超过14V的时间长于20ns将损坏基于ETOX结构的器件。

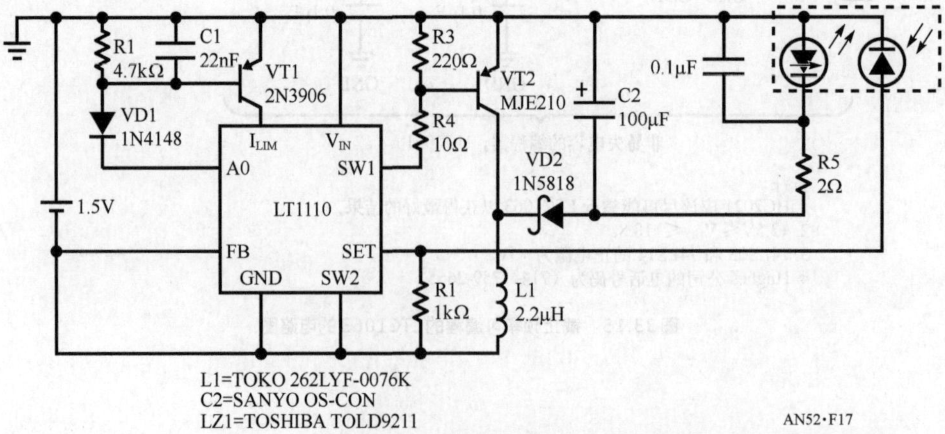

图33.17 采用LT1110的单电池供电激光二极管驱动器

图33.18所示的电路很适合为一个或多个Flash存储芯片提供VPP电源。所有的相关器件（包括电感）都是SMT封装的器件。当SHUTDOWN被置为逻辑0时，转换器将关闭，静态电流将降为300μA。在受控的模式下，VPP可以在4ms时间内升高到12V，误差为±5%。当转换器在关断模式时，输出电压将降到V_{CC}减去二极管压降的值。对于英特尔的Flash存储器来说，这是一个可接受的条件，并不会损坏存储器件。

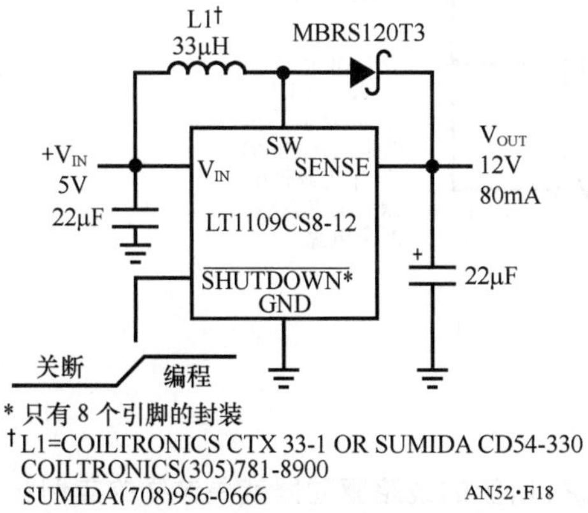

图33.18　全贴片Flash存储器的VPP发生器

射频电平控制环路（RF Leveling Loop）

由Jim Williams撰写

电平控制环路是RF发生系统常用的部件。通常情况下，低成本比绝对精确更重要。图33.19给出了这样一个低成本电路。

RF输入信号加载到A1（LT1228的跨导运算放大器）。A1的输出被馈送到A2（LT1228的电流反馈放大器）。A2输出端（即电路的输出端）信号被基于A3的增益控制模块采样。这一结构在A1处形成闭环增益控制环路。4pF的电容补偿了整流二极管的电容，使得输出的频率响应更加平滑。A1的I_{SET}管脚控制其自身的增益，实现对总输出电平的控制。这样的射频电平控制电路简单而且价格低廉，并且可以提供低输出漂移和失真。

高精度仪用放大器

由Dave Dwelley撰写

图33.20所示的是LTC1043和LTC1047结合而成的高性能低频仪用放大器。LTC1043开关电容模块被设置为采样前段，提供优良的共模抑制比（CMRR）以及轨到轨的输入特性。这是通过在两个输入端连接一个1μF电容，让它被充电到输入电压而实现的。一旦充电完成，电容就从输入端断开并连接到输出端口，从而将电荷转移到LTC1047输入端的1μF电容。输入端的共模电压被由1μF搭接电容和IC的寄生电容构成的容性分压器进行分压。LTC1043的寄生电容通常小于1μF，使其交流共模抑制比高于120dB。LTC1043的模拟开关是纯阻性的，所以不会给信号叠加任何直流偏移。

输出信号（除去共模信号以后）被LTC1047（精确、微功率、零漂移运算放大器）放大。LTC1047将信号放大到所需的大小，具有小于10μV的偏移以及0.05μV/℃的漂移。5V单电源供电时，LTC1043的采样频率大概在400Hz，可使低于200Hz的差分信号被放大而不产生混叠。注意，共模信号不被采样，所以无论共模信号频率多大都不会产生混叠，除非共模/差模信号的比值达到120dB！整个系统在5V单电源供电时，消耗的电流为60μA并提供两个独立的通道。

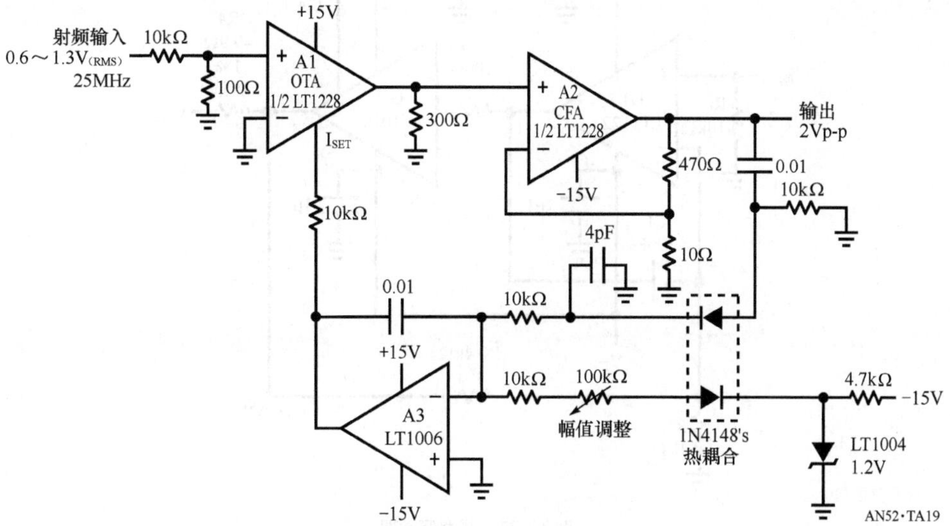

图33.19　简易射频电平控制环路

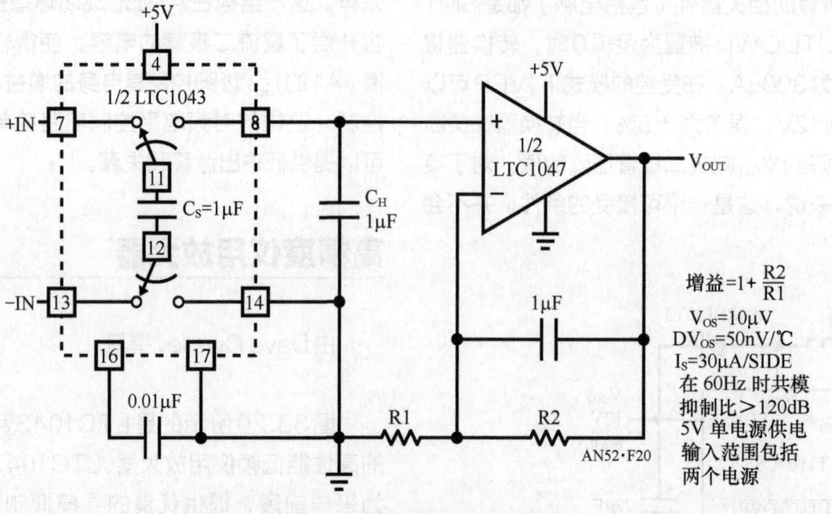

图33.20　高精度仪用放大器

高速、线性、大电流线路驱动器

由Watt Jung和Rich Markell撰写

在线性应用中，要求高速并且低直流误差或者高负载电流的情况并不多见。这样的应用如果只采用一个集成电路可能无法实现，不过可以结合两个集成电路的优异特性来实现。

图33.21所示的线路驱动器就是这样的实例：它将LT1122的JFET输入运放作为增益单元，并与LT1010缓冲器结合。这样的电路提供了LT1010的输出电流（典型值为150mA）但是却有着LT1122的基本直流和低电平交流特性。这样电路能够驱动低至100Ω的负载并且保持很小的失真。输入参考的直流误差是LT1122的低直流偏移，通常为0.5mV或者更低。由于LT1122具有对称的80V/μs的压摆率，系统的大信号特性也是很好的。

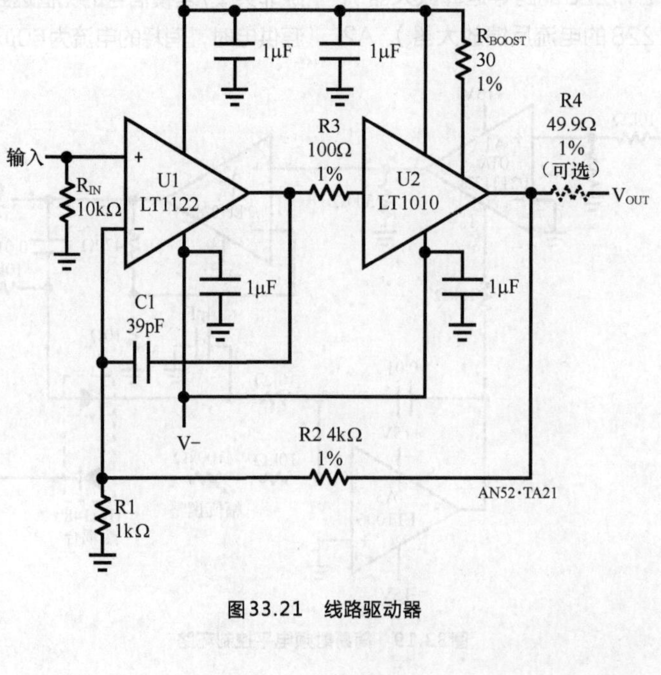

图33.21　线路驱动器

图中所示的电路通过电阻R2与R1将放大器设置为增益为5（精确）的同相放大器，LT1010在反馈环路中作为单位增益的电压跟随器。这给运放提供了电流缓冲，允许运放有更好的线性度。通过R2跟C1的时间常数可以设定电路的小信号带宽，如图所示，带宽被设置为1MHz并且相应的上升时间大概为400ns。

由±18V电源供电、输出大约为5V（RMS），直接驱动100Ω负载时的电路性能如图33.22(a)和图33.22(b)所示。在10kHz固定频率下，输入摆幅在输出限幅范围内时的总谐波失真如图33.22(a)所示。失真通常远小于0.01%，在更低的频率时表现更加优异。

图33.22(b)给出了电路在类似负载情况下（100Ω负载，输入摆幅在输出限幅范围内）的CCIF互调失真。LT1122放大器由两个曲线中较低的那根表示，失真大概在0.0001%这个水平。图中另一个曲线是用于对比的156型JFET运放（在同样条件下驱动LT1010缓冲器）的失真曲线。156运放采用了本质上不对称压摆率的设计拓扑结构。它提高了偶数阶失真，使其在CCIF测试方法中有更大的失真。在本例中，同等条件下156运放比LT1122（更快并且有对称的压摆）失真幅度高出1阶以上。

该电路的应用包括低偏移线性缓冲器（诸如模数转换输入端口）、用于仪器的线路驱动器以及音频信号缓冲器（诸如高质量耳机等）。

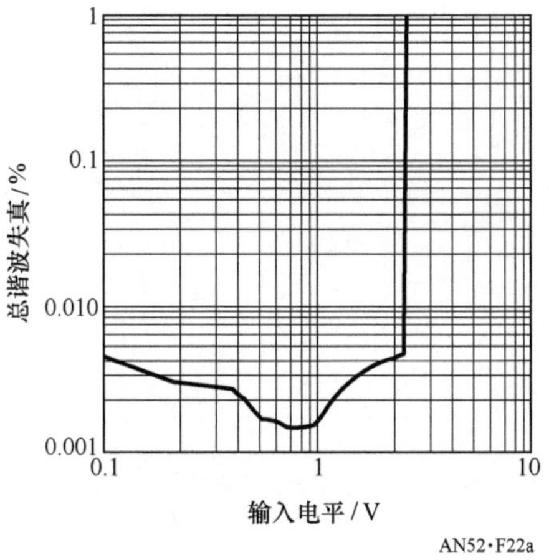

（a）总谐波失真与输入电平关系图

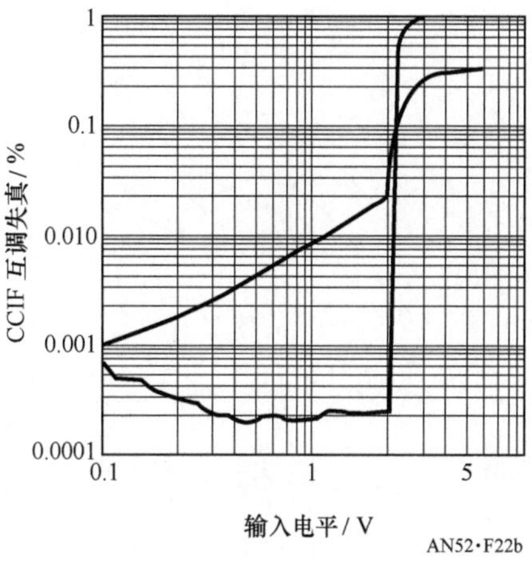

（b）CCIF互调失真与输入电平关系图

图33.22 由±18V电源供电，输出大约为5V时，直接驱动100Ω负载时的电路性能

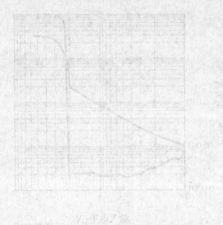

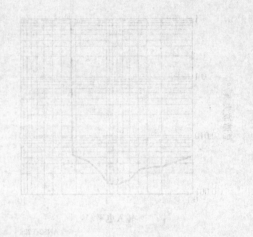

视频电路集锦

34

Jon Munson, Frank Cox

引言

即使在数字图像处理飞速发展的今天，模拟视频信号处理始终保持着较为突出的可行度。视频A/D转换需要一个经过正确的放大、限幅、直流恢复、钳位、修剪、轮廓化、复用、褪色以及在完成这些之前的模拟视频滤波的电源。在实施了这些数字魔术之后，还需要进行更多的与数模转换相关的调节，更不用说那些烦人电线的驱动。模拟的方法经常是最方便而且最有效的，并且你不需要去写任何代码。

上面所说的只是在开玩笑。有经验的工程师如论采用哪种方法都能够正确地完成任务：模拟、数字或者魔术（更实际的情形是三者的结合）。这里列出的是实用性已被证明的模拟视频电路集锦。

视频放大器选择指南

型　号	GBW/MHz	配　置	备　注
LT6553	1200（A=2）	T	A=2（固定），稳定时间为6ns
LT6555	1200（A=2）	T	2：1 MUX, A=2（固定）
LT1226	1000（A_V≥25）	S	400 V/μs SR，DC性能良好
LT6557	1000（A=2）	T	A=2（固定），单电源时自动偏置
LT6554	650（A=1）	T	A=1（固定），稳定时间为6ns
LT6556	650（A=1）	T	2：1 MUX, A=1（固定）
LT1222	500（A_V≥10）	S	12位精度
LT1395/LT1396/LT1397	400	S, D, Q	CFA，DG=0.02%，DP=0.04°，0.1dB平坦到100MHz
LT1818/LT1819	400	S, D	900 V/μs SR，DG=0.07%，DP=0.02°
LT1192	350（A_V≥5）	S	低压，±50mA输出
LT1194	350（A_V=10）	S	差分输入，低压，固定增益为10
LT6559	300	T	CFA，独立使能控制，成本低
LT1398/LT1399	300	D, T	CFA，独立使能控制
LT1675-1/LT1675	250（A=2）	S, T	2：1 MUX, A=2（固定）
LT1815/LT1816/LT1817	220	S, D, Q	750V/μs SR，DG=0.08%，DP=0.04°
LT6210/LT6211	200	S, D	CFA，速度和功率可调
LT1809/LT1810	180	S, D	低压，轨到轨输入和输出
LT1203/LT1205	170	D, Q	MUX，25ns开关，DG=0.02%，DP=0.04°
LT1193	160（A_V≥2）	S	低压，差分输入，增益可调，±50mA输出
LT1221	150（A_V≥4）	S	250V/μs SR，12位精度
LT1227	140	S	CFA，1100V/μs SR，DG=0.01%，DP=0.01°，关闭模式
LT1259/LT1260	130	D, T	RGB CFA，0.1dB平坦到30MHz，DG=0.016%，DP=0.075°，关闭模式
LT6550/LT6551	110（A=2）	T, Q	低压，单供电电源，A=2（固定）
LT1223	100	S	CFA，12位精度，1300V/μs SR，DC性能良好，DG=0.02%，DP=0.12°
LT1229/LT1230	100	D, Q	CFA，1000V/μs SR，DG=0.04%，DP=0.1°
LT1252	100	S	CFA，DG=0.01%，DP=0.09°，成本低
LT1812	100	S	低功耗，200V/μs SR

续表

型　号	GBW/MHz	配　置	备　注
LT6205/LT6206/LT6207	100	S, D, Q	3V单供电电源
LT1191	90	S	低压，±50mA输出
LT1253/LT1254	90	D, Q	CFA，DG=0.03%，DP=0.28°，平坦到30MHz，0.1dB
LT1813/LT1814	85	D, Q	低功耗，200V/μs SR
LT1228	80（gm=0.25）	S	跨导Amp+CFA，用途广泛
LT6552	75（A_V≥2）	S	差分输入，低功耗，低压
LT1204	70	S	CFA，4输入视频复用放大器，1000V/μs SR，隔离良好
LT1363/LT1364/LT1365	70	S, D, Q	1000V/μs SR，I_S=7.5mA每Amp，DC性能良好
LT1206	60	S	250mA输出电流CFA，600V/μs SR，关闭模式
LT1187	50（A_V≥2）	S	差分输入，低功耗
LT1190	50	S	低压
LT1360/LT1361/LT1362	60	S, D, Q	600V/μs SR，I_S=5mA每Amp，DC性能良好
LT1208/LT1209	45	D, Q	400V/μs SR
LT1220	45	S	250 V/μs，DC性能良好，12位精度
LT1224	45	S	400V/μs SR
LT1189	35（A_V≥10）	S	差分输入，低功耗，非完全补偿
LT1995	32（A=1）	S	内阻阵列
LT1213/LT1214	28	D, Q	单供电电源，DC性能优异
LT1358/LT1359	25	D, Q	600V/μs SR，I_S=2.5mA每Amp，DC性能良好
LT1215/LT1216	23	D, Q	单供电电源，DC性能优异
LT1211/LT1212	14	D, Q	单供电电源，DC性能优异
LT1355/LT1356	12	D, Q	400V/μs SR，I_S=1.25mA每Amp，DC性能良好
LT1200/LT1201/LT1202	11	S, D, Q	I_S=1mA每Amp，DC性能良好
LT1217	10	S	CFA，I_S=1mA，关闭模式

上表中的缩写为：

CFA=电流反馈放大器（Current Feedback Amplifier）	S=一个（Single）
DG=差分增益（Differential Gain）	D=二元组（Dual）
DP=差分相位（Differential Phase）	Q=四元组（Quad）
MUX=复用（Multiplexer）	T=三元组（Triple）
SR=压摆率（Slew Rate）	

备注：　差分增益与相位的测量都使用了150Ω的负载，而LT1203/LT1205使用了1000Ω负载。

视频电缆驱动器

交流耦合视频驱动器

当视频为交流耦合时，波形会随着视频流的场景亮度的变化而动态变化（相对于放大器的偏置点）。在最坏情况下，1V（峰峰值）视屏（复合或者Y/C或者YP_BP_R格式的亮度+同步）可能出现0.56V的直流波动，而动态范围为标称偏置的+0.735V/−0.825V。当这个范围被放大两倍以正确驱动尾部端接线缆时，放大器输出摆幅必须能够达到3.12V（峰峰值），因此这样的电路通常需要一个5V的电源，当然这需要放大器的输出饱和电压足够小。下面的电路展示了交流耦合视频线缆驱动器的各种实现方式。

图34.1所示电路将LT1995用作单通道驱动器。所有的增益设置电阻都是片上的，以减少元件数。

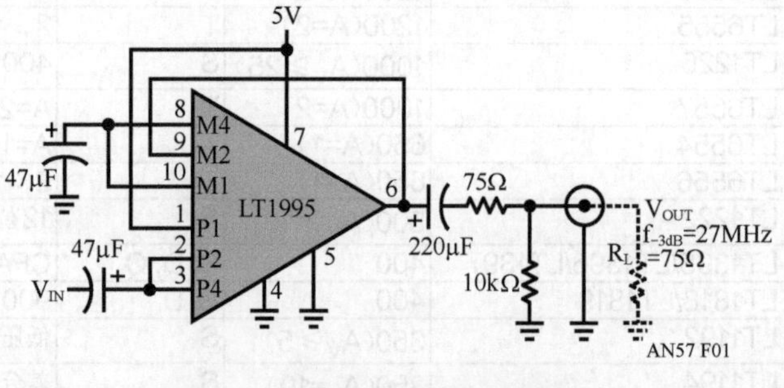

图34.1　单电源供电的视频线驱动器

图34.2所示电路使用LT6551四元组放大器根据单个Y/C信号源驱动两组“S视频”（Y/C格式）输出线缆。LT6551的内设增益设置电阻可以减少元件件数。

图34.3所示电路采用了LT6552超高速三元组视频驱动器的配置，用于单电源交流耦合工作情形。这个零件是需要高带宽和快速建立时间的高清或者高分辨率工作站应用的理想选择。放大器增益通过内部电阻设置，出厂设置为2。

LT6557是400MHz三元组视频驱动器，专门设计以在单电源5V供电下运行，适用于图34.4所示的交流耦合应用。输入偏置电路包含在片上，以最小化元件数。用单个电阻编程可设置全部3个通道的偏置电平。

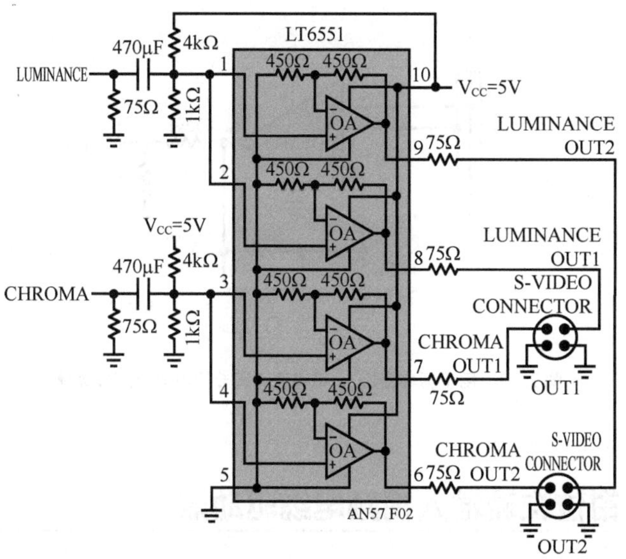

图 34.2 S视频分离器

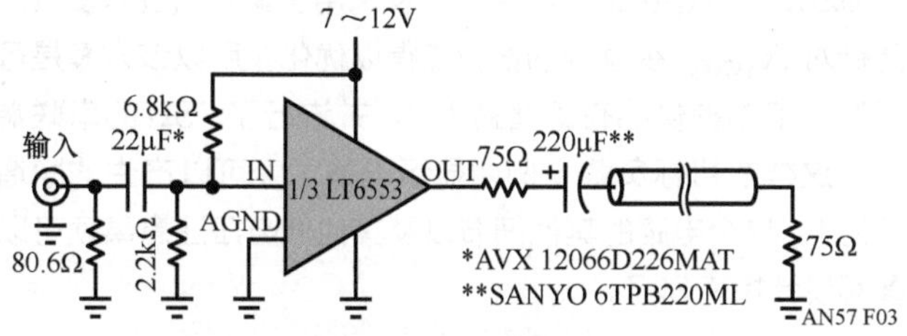

图 34.3 单电源配置，只展示了一个通道

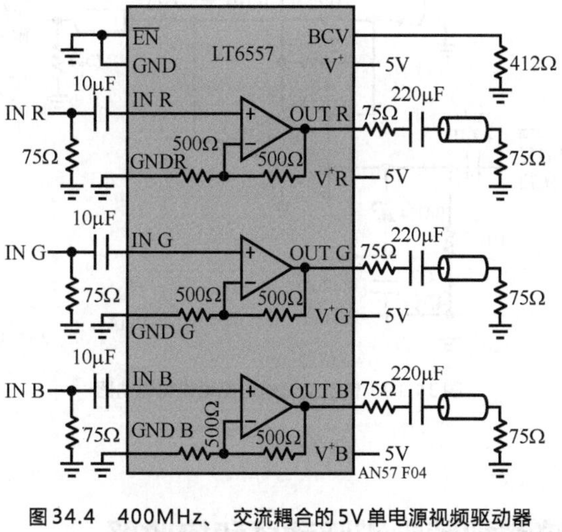

图 34.4 400MHz、交流耦合的5V单电源视频驱动器

直流耦合视频驱动器

下列电路展示了多种直流耦合视频驱动器。在直流耦合系统中，视频摆幅由所用的电源设定。所以在优化偏置情况下，尾部端接电缆驱动器只需要提供2V的输出范围。在大多数情况下，这可以使电路在比交流耦合（非钳位模式）更低的电源电压上运行。通常情况下，直流耦合电路由于波形经常包括或者经过0V，所以采用了分立的电源电压。对于单电源供电运行的情况，输入需要加载一个合适的偏置以保持放大器在所需信号摆幅内的线性度。

系统没有使用负电源时，可以采用图34.5所示的LT1983-3电路，通过该电路可以简单地产生一个本地使用的-3V电压，这样可以简化整体的电缆驱动解决方案，例如消除较大的输出电解电容。

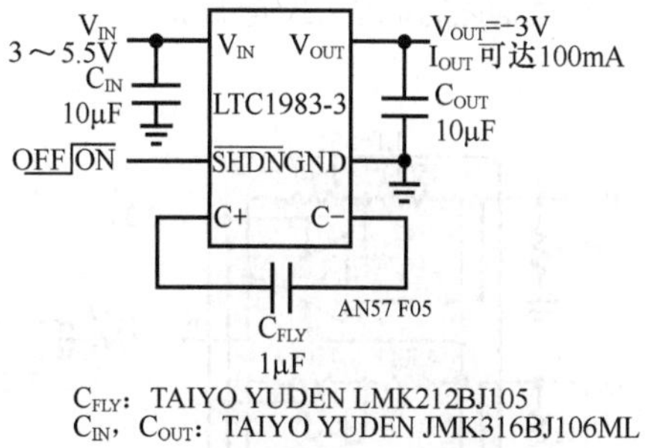

图 34.5 -3V、100mA的直流/直流转换器

图34.6展示了一个采用LT6553的典型三通道视频电缆驱动器。该器件包括一个片上增益设置电阻以及针对HD和RGB宽带视频应用优化的馈通布局。在系统只有5V供电时，该电路也可以采用LT1983-3。

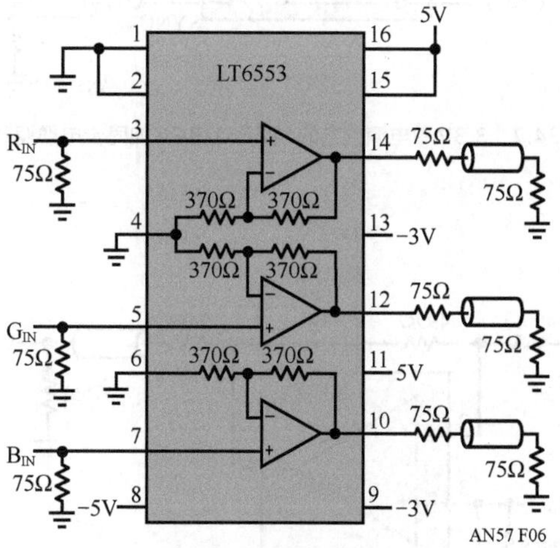

图 34.6 三视频线驱动器

在图34.7所示电路中，由LT6551驱动4根电缆，并且仅3.3V的供电就可运行。输入需要将信号的中心值调整在0.83V以获得最佳线性度。这个应用是标清工作室环境的标准信号传输设备（RGBS格式）。

图34.8给出了一个采用LT6206的简单视频分割器应用。两个放大器都由输入信号驱动，并且每个放大器的增益

都配置为2，并用于驱动各自的输出电缆。这里同样需要仔细选择输入偏置（或者采用前面建议的负电源）。

图34.9所示电路采用了差分输入的LT6552，构成多点抽头放大器。这个电路在高阻抗的情况下从电缆中抽取（循环配置）信号，然后将该信号放大并传输给一个标准75Ω视频负载（例如：显示器）。循环信号将在端接前继续传输到其他地点。LT6552优秀的共模抑制性能可移除任何从分布电缆上得到的寄生噪声，防止噪声损毁本地的视频显示。这个方法也可用于解耦设备间接地回路噪声，例如车载娱乐设备。为了在单电源情况下运行，所示的输入信号（屏蔽并且在同轴馈送中心点）应该是非负值，否则便需要一个较小的负电源（例如，前面描述的本地-3V电源）。

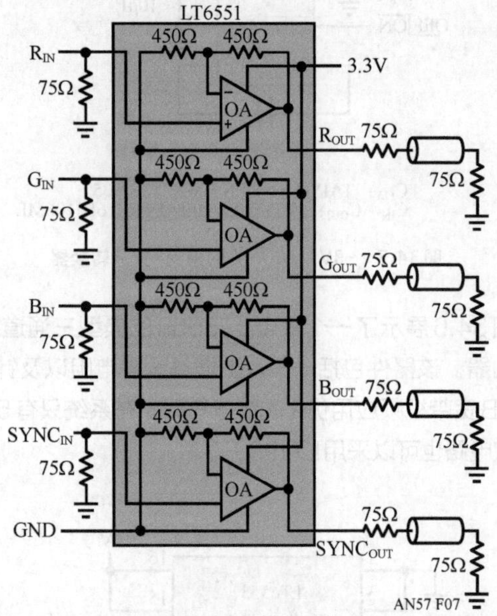

图34.7　3.3V单电源供电的LT6551 RGB加同步电缆驱动器

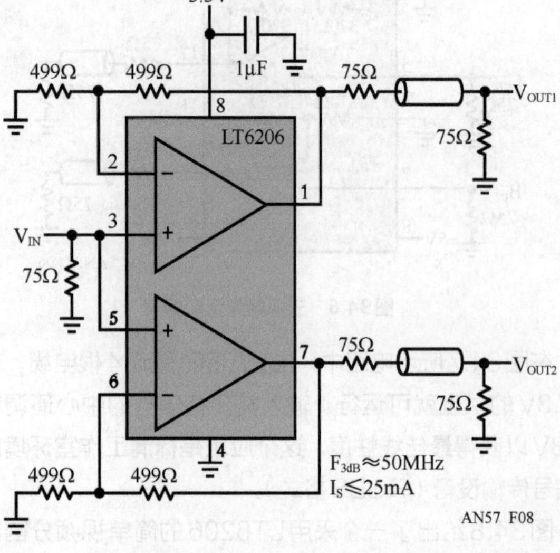

图34.8　基带视频分割器/电缆驱动器

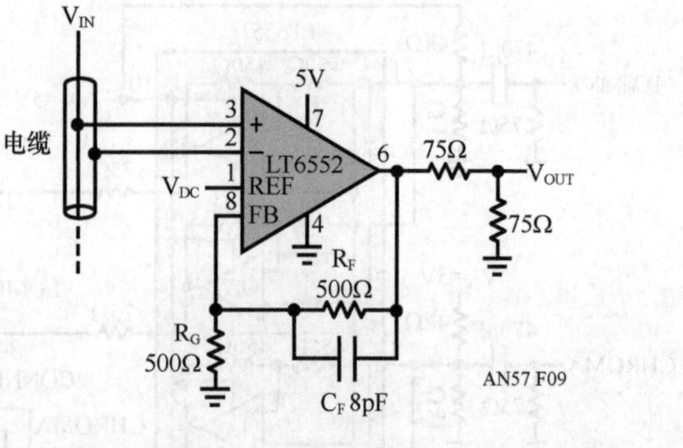

图34.9　用于循环连接、带有直流调节的电缆感测放大器

钳位交流输入视频电缆驱动器

图34.10所示的电路展示了一个在单电源3.3V供电、驱动复合视频通过一个标准75Ω电缆的方法。由于LT6205的低输出饱和电平，以及采用了输入钳位以使放大器针对1V(峰峰值)视频源的偏置点得以优化，所以该方案是可行的。电路提供的有源增益为2，并进行了75Ω的串联端接，这样在目标负载（例如显示设备）上可以产生的净增益为1。这个电路的其他细节以及其他低电压注意事项可以参阅设计指南327。

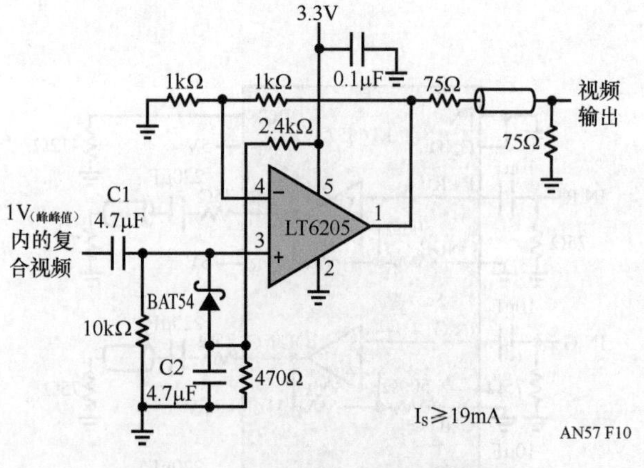

图34.10　钳位交流输入视频线缆驱动器

双绞线视频电缆驱动器和接收器

随着双绞线在室内数据通信应用上的增长，在相同媒介上的视频传输与传统的同轴电缆相比，可以大大地节约成本。将基带摄像头信号加载到双绞线上是一件非常简单的事情，仅需构建图34.11所示的差分驱动器。在该电路

中，一个LT6552用于产生+1的增益，另一个用于产生-1的增益。各个输出串行端接，端接匹配电阻为线路阻抗的一半，以形成平衡驱动。在本应用中采用LT6552的优点之一是，输入的不平衡信号（例如来自一个摄像头）将被差分感测，所以能够抑制地噪声，防止通过同轴线屏蔽构成地环路。

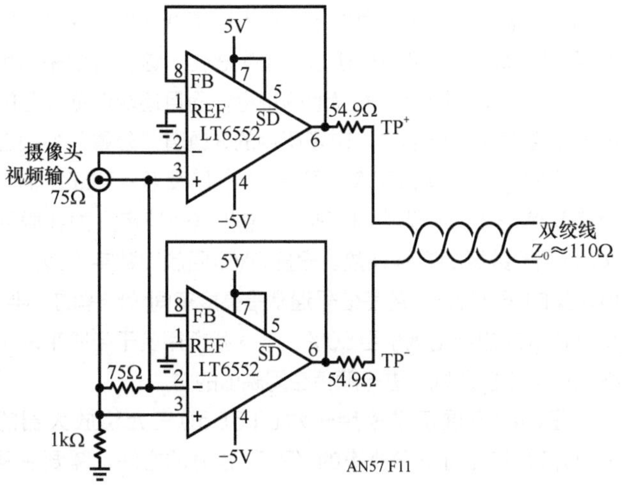

图34.11 超级简单的同轴线转双绞线的适配器

在线缆的接收端，信号被端接并且重新放大，重新给显示器、录像机等产生一个不平衡输出。放大器不仅需要提供用于输出驱动的两倍增益，还需要补偿线缆传输的损耗。双绞线呈现的滚降特性需要均衡器纠正，可以通过图34.12所示反馈网络来完成。LT6552的超强共模抑制比可用来消除长导线上的杂散采集。

视频处理电路

模数转换驱动器

图34.13展示了LT6554三元组视频缓冲器。这是一个用于高清显示设备视频数字化的典型电路。输入信号（端接未显示）经过缓冲，给模数转换器输入端提供低源阻抗以及快速稳定性能，以保持转换线性度在10位甚至更优。针对高分辨率模数转换器，通常有一定的稳定时间要求（如果不是失真性能），这些要求将需要缓冲器的带宽远超过基带信号本身，以保证有效转换位数（Effective Number Of Bits，ENOB）。图中所示1kΩ负载是为了表示模数转换器的输入特性，在实际应用中并不需要。

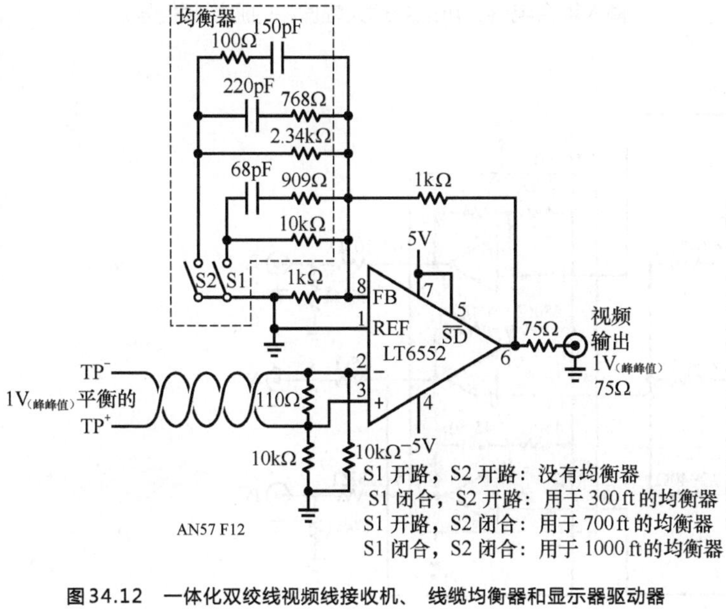

图34.12 一体化双绞线视频线接收机、线缆均衡器和显示器驱动器

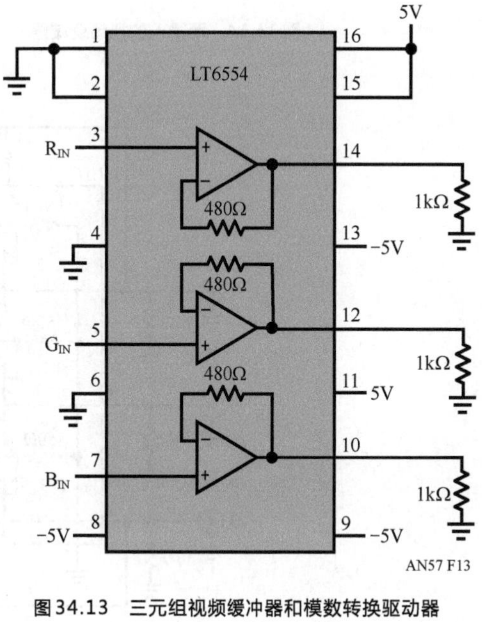

图34.13 三元组视频缓冲器和模数转换驱动器

视频衰减器

在某些情况下，需要调节视频波形的幅度或者在两个不同视频源之间淡入淡出。图34.14所示电路提供了一个简单的方法来实现这个功能。0～2.5V的控制电压给一对放大器输入组件提供控制指令；在两个极值处，一个组件或者另一个组件将完全控制输出。对于中间的控制电压，每个输入给输出贡献一定的权重，权重是控制电压的线性函数（例如在$V_{CONTROL}$=1.25V时，两个输入各自贡献50%）。每个输入的反馈网络设置控制范围内的最大增益（在本例中用的是单位增益），但是与具体的应用有关，其他增益甚至均衡函数可以通过电压控制来实现（参见数据手册和应用指南67以获得更多的示例）。在下面的衰减器实例中，注意两个输入信号流必须同步锁相才能正确运行，包括在要淡入至黑色时的一个黑色信号（带有同步信号）。

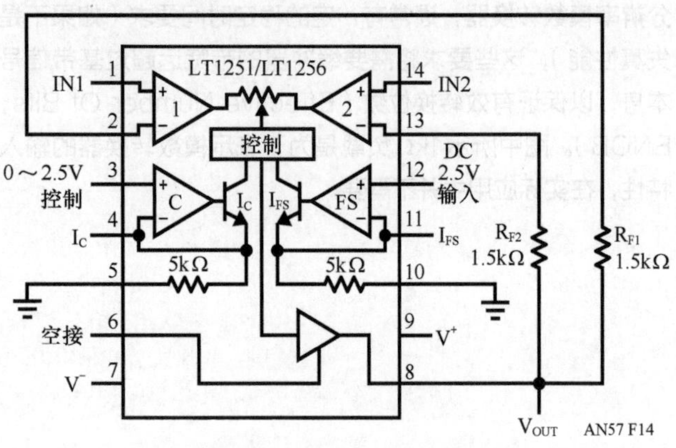

图34.14　两输入的视频衰减器

颜色矩阵转换

为了迎合市场要求，视频厂商采用了很多惯例，各种彩色信号标准也随之更新换代。电视工作室长久以来都在使用RGB摄像头和显示设备，以使信号通过设备链后仍能保证最高的保真度。对于需要最高性能来显示文字和图像的计算机显示器来说，VESA标准同样指定了RGB格式，不过它具有独立的H和V同步作为逻辑信号发送。另外，视频存储和传输系统需要最小化信息内容，直到眼睛感测极限为止，需要保证眼睛感觉不到任何明显的图像恶化。这就需要采用色差方法，以减小彩色信号通道的带宽，而且还能保证颜色的锐度不会产生明显损失。市场所用的3通道“分量”视频连接器（YP_BP_R）具有亮度+同步（Y）以及蓝色和红色轴颜色空间信号（分别为P_B和P_R），这些信号被定义为加载到RGB原始数据的矩阵乘数。根据DVD回放和数字广播资料所定义的压缩标准，色差信号通常是亮度空间分辨率的一半，所以将所需的带宽减小至50%。下面我们用若干电路来说明在物理层（模拟域）进行颜色空间映射的方法。

图34.15展示了采用一对LT6550三元组放大器的RGB源来产生标准分辨率的YP_BP_R信号的方法。需要注意的是要确保Y包括一个正确的同步信号，正确的同步需要在所有的3个输入中，否则就要直接将其加入Y的输出中（门控8.5mA的电流汇或者350Ω电阻连接至-3.3V）。该电路并没有特意减小颜色分量输出的带宽，但是大部分显示设备仍然会在显示器“光引擎”的数字化仪中采用奈奎斯特滤波器。图中所示电路是直流耦合的，所以理想的黑电平是在地电平附近，以便在低电压供电时，能获得最好的性能。增加输入耦合电容，可以处理大幅偏移的源视频信号。

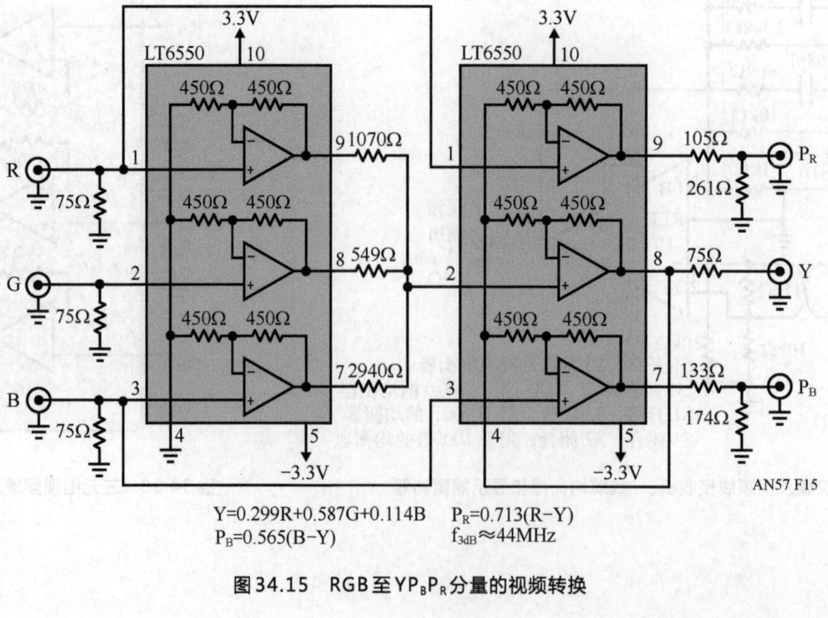

图34.15　RGB至YP_BP_R分量的视频转换

LT6559和LT1395可用于将RGB信号映射至YP_BP_R"分量"视频，如图34.16所示。LT1395对3个输入进行加权求和。LT1395输出对R输入放大了$-324/1.07\times10^3$=-0.3倍。G输入放大了$-324/2.94\times10^3=-0.11$。最后，B输入放大了$-324/2.94\times10^3=-0.11$。所以LT1395的输出为−0.3R、−0.59G、−0.11B=−Y。这个输出将被LT6559的A2部分进行−301/150=−2的放大与反相，所以产生了2Y。端接电阻将之除以2，所需的Y信号则会出现在负载上。LT6559的A1部分给R信号的增益为2，并且减去由A2输出产生的2Y。输出电阻分压器提供0.71的比例因子，构成75Ω的尾部端接阻抗。因此，在端接负载上看到的信号是所需的0.71(R−Y)=P_R。LT6559的A3给B信号的增益为2，同样减去由A2输出产生的2Y。输出电阻分压器提供一个值为0.57的比例因子，构成75Ω的尾部端接阻抗。因此，在端接负载上看到的信号为0.57(R−Y)=P_B。与前面的电路相同，为了在Y信号上产生一个正常的同步信号，必须在每个R、G和B输入端插入一个正常的同步信号或者直接在Y的输出插入受控的电流脉冲。

图34.17所示电路将LT6552放大器用于分量视频（YP_BP_R）至RGB的转换。这个电路将Y上的同步信号映射到所有的输出，如果目标设备需要一个独立的同步信号，任何R、G或者B通道可以简单地馈通同步输入（例如，设置Z_{IN}以使同步输入不被端接）。这个特殊的配置利用LT6552独特的双差分输入来完成每一级的多个算术函数，因此可使放大器的数目最少。这样的配置也要处理单倍放大的较宽带宽的Y信号，以最大化可用性能。这里需再次强调，低供电电压工作的前提是没有大量的输入偏差，并且在需要的情况下可以采用输入耦合电容（例如220μV/6V，极性取决于输入偏差）。

另外一个实现分量视频（YP_BP_R）至RGB的适配器如图34.18所示，它采用了LT6207。该电路在输出端进行无源计算，从而使放大器数目最少，但是这样需要更高的增益，需要一个更高的供电电压（或者至少是正电源轨）。这个紧凑的解决方案存在一个小问题，Y通道放大器必须独自驱动所有3个输出以产生白信号，所以需要一个如图所示的助流源以增加可用的驱动电流。与前面的电路相同，Y里面的同步信号被映射到所有的输出；如果输入源存在显著偏差，可以加入输入耦合电容。

也可使用两个LT6559将YP_BP_R"分量"视频转换至RGB色彩空间，电路如图34.19所示。Y输入通过75Ω电阻正确地端接并且由放大器A2进行缓冲（增益为2）。P_R输入被端接并且由放大器A1进行缓冲（增益为2.8）。P_B输入被端接并且由放大器A3进行缓冲（增益为3.6）。放大器B1对放大器A1和A2输出进行等值加权求和，得到2（Y+1.4P_R），再经过端接电阻的2倍分压，在端接负载上将获得所需的R信号。放大器B3构成放大器A1和A3输出的等值加权求和，得到2（Y+1.8 P_B）的信号，在端接负载上产生所需的B信号。放大器B2对所有三个输入进行加权求和。P_B信号经过放大，总增益为$-301/1.54\times10^3\times3.6=2(-0.34)$。$P_R$经过放大，总增益为$-301/590\times2.8=2(-0.71)$。Y信号经过放大，总增益为$1\times10^3/(1\times10^3+698)\times(1+[(301/(590||1.54\times10^3))])=2(1)$。因此放大器B2的输出为2（Y−0.34$P_B$−0.71$P_R$），在端接负载上产生所需的G信号。与前面所示的电路相似，Y输入端的同步信号是在R、G和B3个输出的基础上重新生成的。

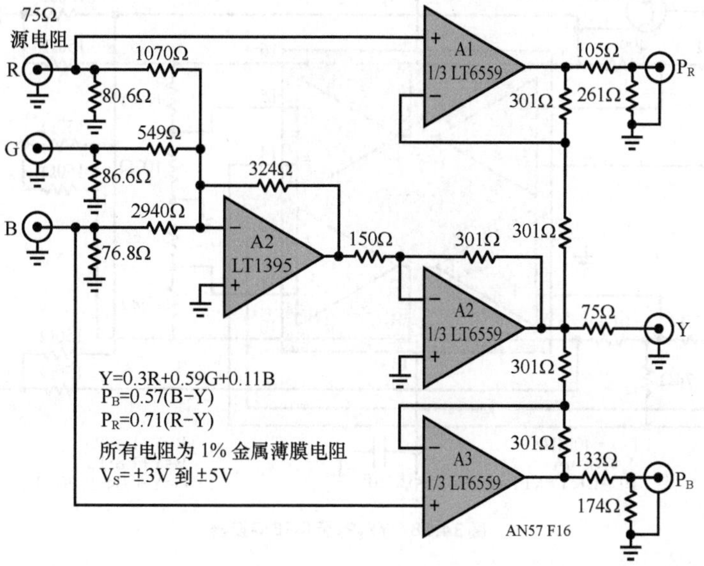

图34.16 高速RGB至YP_BP_R转换器

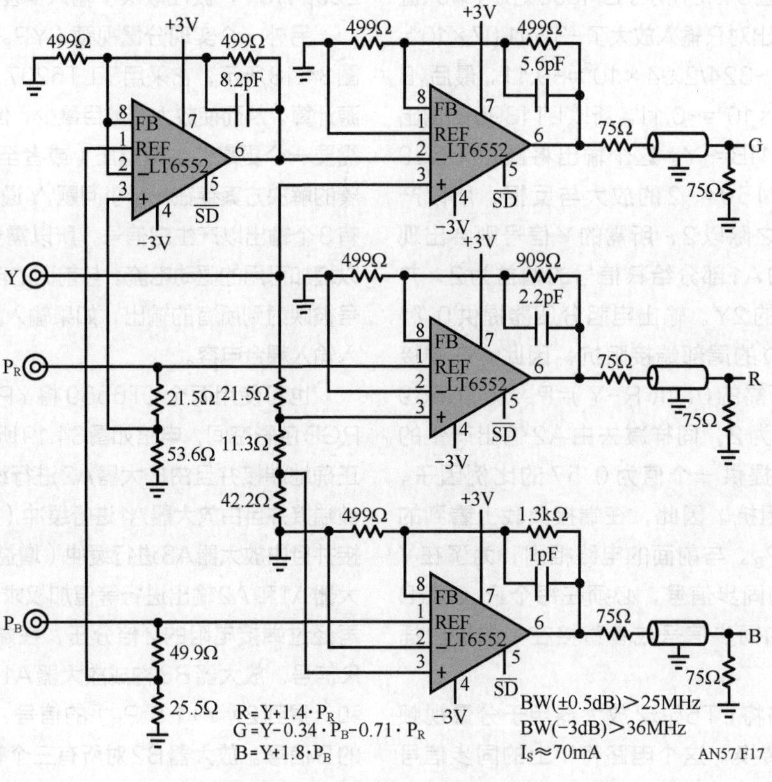

图34.17 YP_BP_R至RGB视频转换器

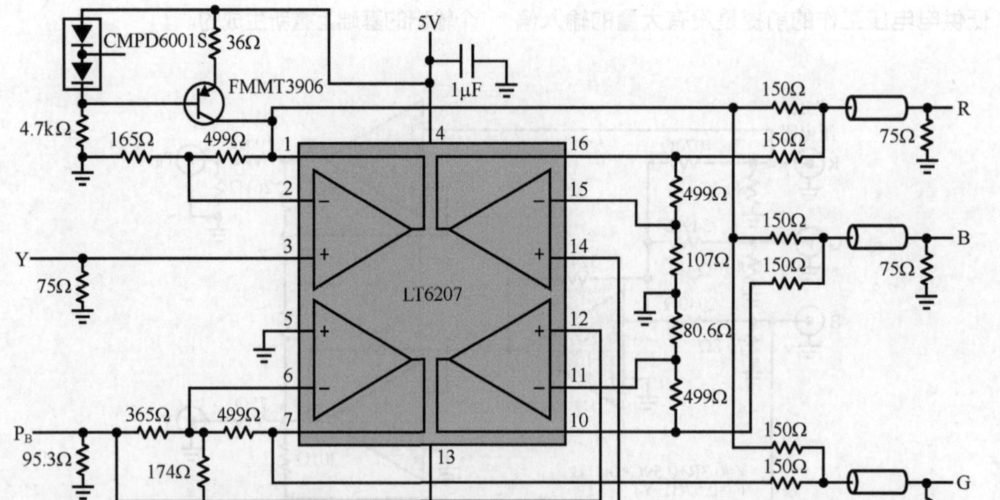

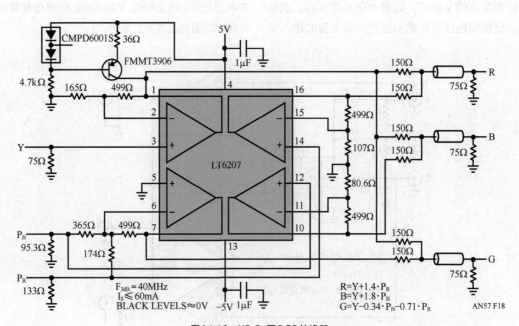

图34.18 YP_BP_R至RGB转换器

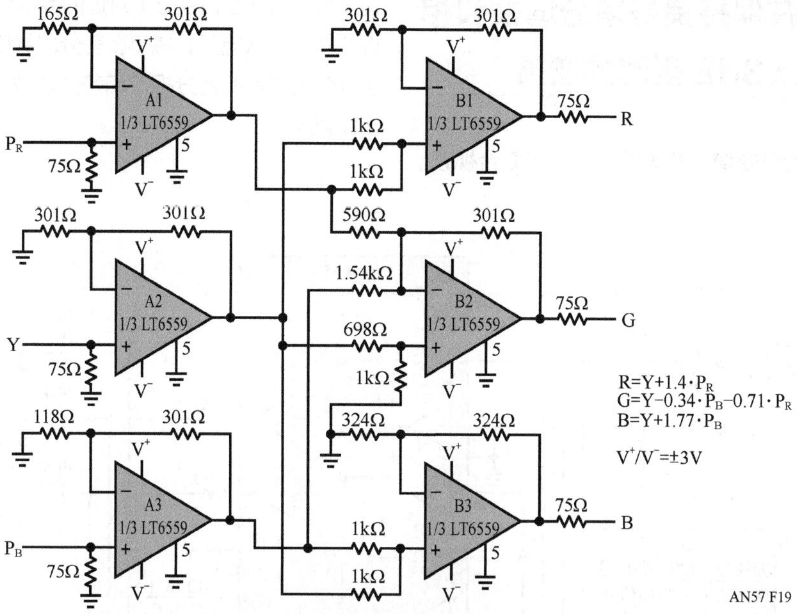

图34.19 高速YP_BP_R至RGB转换器

视频反转

图34.20所示电路在观看反转视频图像时非常有用。一个简单的通道可以用于复合或者单色的视频。反相放大器级只有在视频激活时才会开启，这样闪烁、同步和色同步（如果存在的话）便不会受到影响。为了防止视频摆动到负值，反相后的信号将进行一定的偏移，偏移量等于峰值视频信号。

图形叠加器

提供像素-速度转换的复用器在简单图形叠加应用中非常有用，例如时间戳或者商标。图34.21所示电路使用了一对LT1675由一个数字发生器插入多层次的叠加内容。两条输入控制线的实时状态选择每个器件中的视频或者白屏，并且通过输出端的电阻加权求和网络将输出结合。也可以采用四个控制状态线：视频、白平衡以及其他两个亮度电平控制。

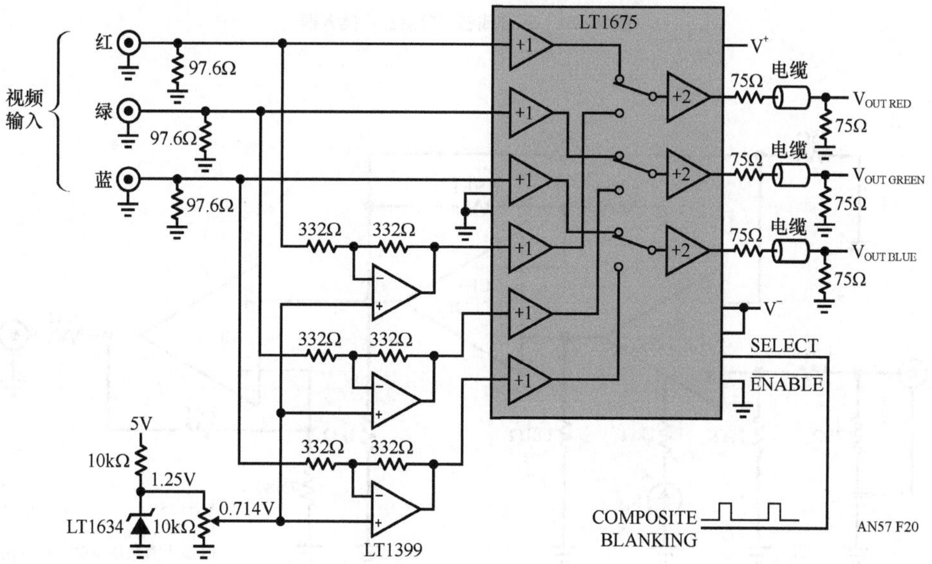

图34.20 RGB视频反相器

可变增益放大器在保持良好差分增益和相位的情况下具有±3dB范围的增益

图34.22所示电路为可变增益放大器，适用于复合视频。跨导放大器（LT1228）附近的反馈用于减小放大器输入端附近的差分输入电压，减小了差分增益和相位误差。表34.1展示了3个增益处的差分相位和差分增益。在所有情况下信噪比优于60dB。

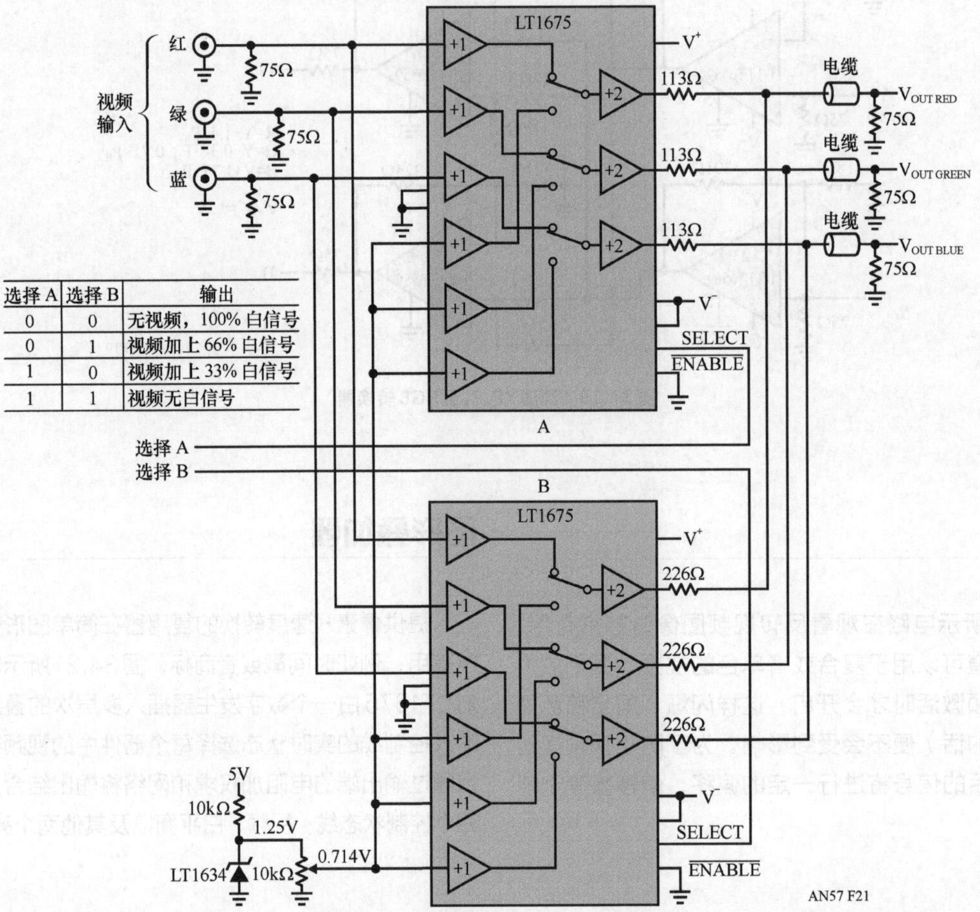

图34.21 标志或者“昆虫”插入器

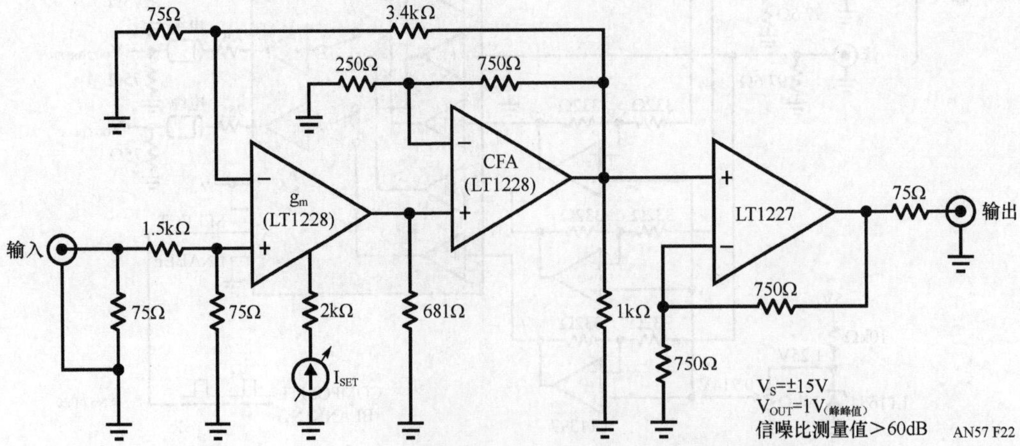

图34.22 ±3dB可变增益视频放大器，针对差分增益和相位进行了优化

表34.1

输入/V	I_{SET}/mA	差分增益/(%)	差分相位/(°)
0.707	4.05	0.4	0.15
1.0	1.51	0.4	0.1
1.414	0.81	0.7	0.5

黑色钳位

这是一个移除视频信号中的同步分量并且不会给亮度（图片信息）分量造成任何影响的电路。它是基于经典的运放半波整流器，并进行了一些额外的改进而得到的。

经典的“具有二极管的反馈环路”半波整流电路通常在处理视频频率信号时不能很好地工作。这是因为输入信号摆动经过0V，所以放大器必须摆动通过两个二极管的压降。在这个时间内，放大器处于摆动极限所以输出失真了。完全防止这样的失真是不可能的，因为放大器总会在某些二极管转换时处于开环（摆动）状态。但是图34.23所示的电路经过精心设计可以最小化这些错误。

图34.23所示设计的关键技术如下。

1. 采用具有较低正偏电压的二极管以减小放大器需要摆动的电压值。

2. 二极管具有较低的节点电容以减小运放的容性负载。这里，肖特基二极管是较好的选择，因为它具有低的正偏电压以及低的节点电容。

3. 具有良好输出驱动的快速摆动运放是必须的。像LT1227之类的优秀电流反馈放大器，可以产生好的结果。

4. 选取一些增益。二极管转换所造成的误差是恒定的，所以一个更大的信号意味着一个更小百分比的误差。

这个电路主要基于极性来区分同步信号和视频，所以输入视频信号需要经过直流恢复（平均直流电平经过自动调节并将空屏电平移动至0V）。注意到不只有正极性信息（亮度：电路图中的A点），还有负极性的信息（同步：电路图中的B点）。具有这类功能的电路称为“黑色钳位”。图34.24所示的图片展示了电路对于一个1T①脉冲的清晰响应（在输入与输出之间插入额外的延迟以获得清晰的显示）。

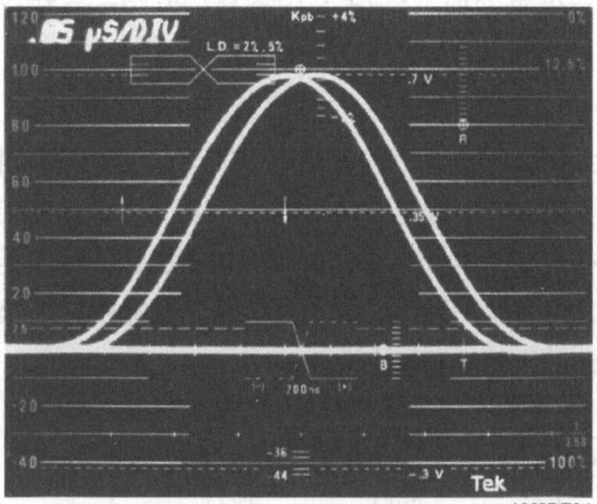

AN57 F24

图34.24 黑色钳位电路对“1T”脉冲（±15V电源供电）的响应

① 1T 脉冲是专用视频波形，它的显著特点是良好控制的带宽可以很好地量化视频系统增益和相位平坦度。视频系统通带内的相位移动和/或者增益变换将导致瞬态失真，在这个波形中是明显的（更不用提图片了）。[对于你们这些视频专家，K 因子是 0.4%(TEK 的 TSG120 视频信号发生器具有的 K 因子为 0.3%)]

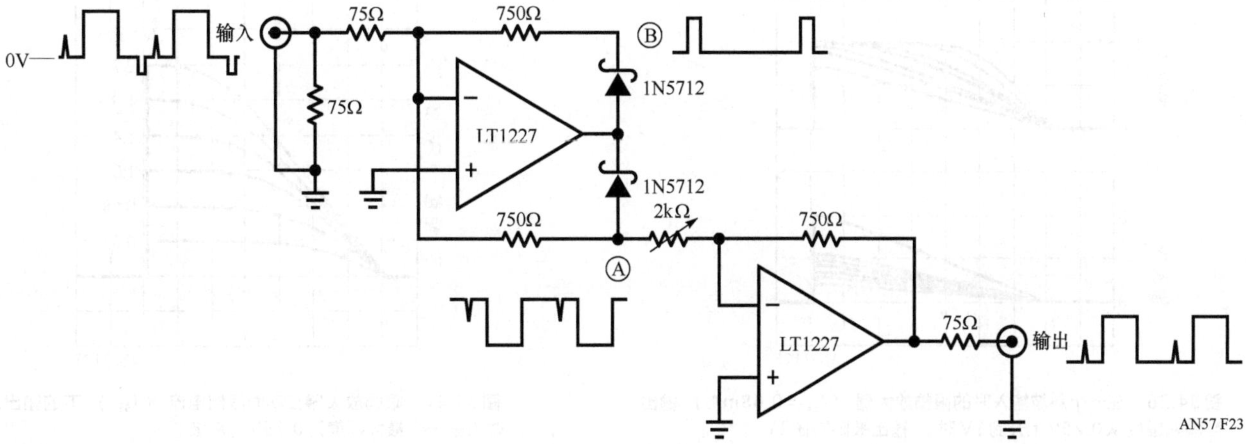

图34.23 黑色钳位电路

视频限幅器

通常会有限制视频信号幅度偏移的需求。这样做是为了避免亮度参考电平超过所用的视频标准，或者为了避免它超过其他处理级（例如模数转换器）的输入范围。信号可以在正值方向上进行固定的限制，这个过程被称为“白峰值钳位”，但是这样将损坏幅度信息，因此在这个区域的任何场景细节也会损坏。对峰值白色信号偏移的更加渐进的幅度限制（“软限制器”）或者压缩可由被称为“拐点”电路的器件来实现。“拐点”电路是根据放大器转移函数的形状而命名的。

一个软限幅器如图34.25所示，该电路采用了LT1228跨导放大器。限制行为的起始电平值可以通过改变进入跨导放大器引脚5的设置电流来调整。LT1228在这里的使用方式是一个有点特别的闭环方式。闭环增益通过反馈电阻和增益电阻（R_F和R_G）进行设置，并且开环增益由第一级跨导和电流反馈放大器的乘积来设置。

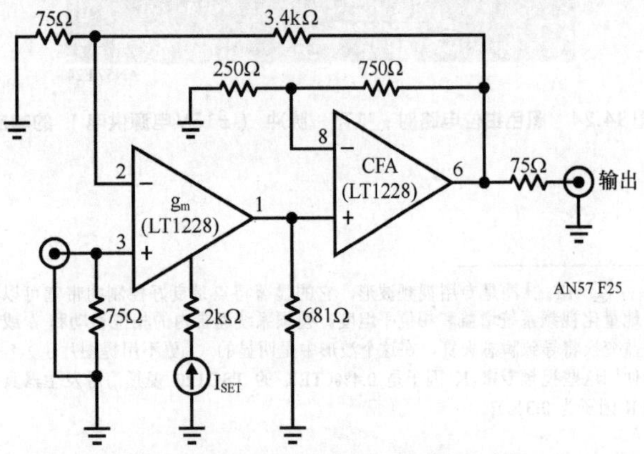

图34.25 LT1228软限幅器

当跨导减小时（通过降低设置电流），开关增益将被降低至可以支持闭环增益以及运放的极限之下。一组可以展示限制放大器响应的曲线如图34.26所示，这些曲线是一个斜坡输入信号在不同设置电流下获得的。图34.27展示了当I_{SET}变化时，限幅值也随之变化。

用于伽马校正的电路

视频系统采用传感器来将光信号转换为电信号。例如，这个转换在摄像头扫描一个画面时便会发生。视频系统同样会在信号被传输至显示器（例如CRT显示器）时，采用传感器来将视频信号转换回光信号。传感器的非线性传输函数（输入信号和输出信号的比值）一般非常离谱。

新一代的摄像头传感器（CCD和改进版本的类摄像管）是充分线性的，然而，图像的CRT显示器却不是线性的。大部分CRT显示器的传输函数遵循一个幂定律。如下的公式反映了这个关系

输出光值=k • V^{γ}_{SIG}

其中，k是比例常数；而伽马（γ）是幂定律的指数（γ的范围是2.0~2.4）。

这个由非线性造成的偏差通常被称为伽马，它是幂定律的指数。例如，“摄像管的伽马为0.43”。对这一效应的校正被称为伽马校正。

在上面的公式中，如果伽马值为1将成为线性转移函数。典型的CRT显像管传输函数的伽马值为2.0~2.4。这样的伽马值会造成一个非线性响应，所以会压缩黑信号并拉伸白信号。摄像头通常包含一个电路来校正这个非线性。这样的电路被称为伽马校正器或者简单地称为伽马电路。

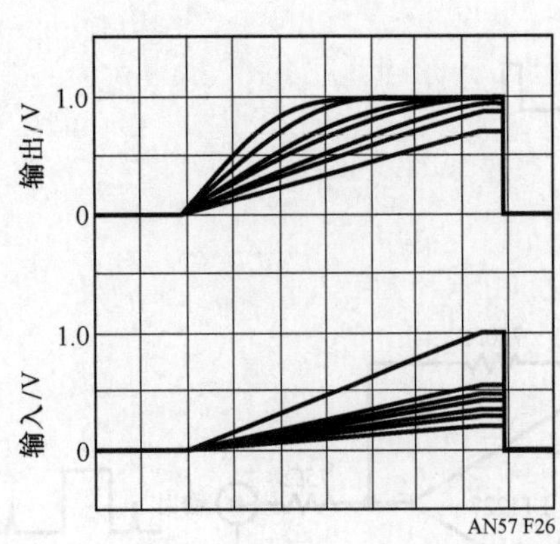

图34.26 在一个斜坡输入时的限幅放大器（I_{SET}=0.68mA）输出。当输入幅度从0.25V上升到1V时，输出被限制在1V

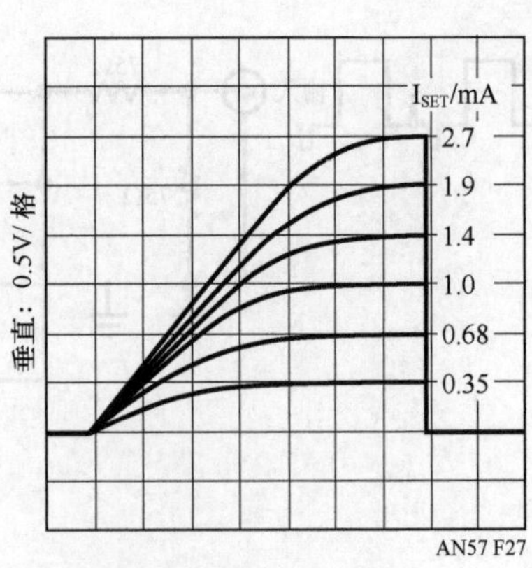

图34.27 限幅放大器在不同限制电流（I_{SET}）下的输出。输出是一个最大幅度为0.75V的斜坡

图34.28给出了一个可以校正正负伽马值的典型电路。它是采用二极管作为非线性元件的经典电路的升级版。二极管结合点电压随温度的波动，通过平衡结构进行了一阶补偿。LT1227和LT1229用于样机上，但是一个四元组放大器（LT1230）可以节省空间而且工作良好。

图34.29所示的曲线A展示了一个未校正的CRT响应曲线（转移函数）。为了使该响应变为线性的，伽马校正器必须要有一个伽马值为器件伽马值的倒数，这样才能被线性化。图34.28中两个二极管的伽马电路的响应如图34.29中的曲线B所示。一个有正确斜率的直线是理想的响应，如图34.29的曲线D所示，主要用于比较。图34.30所示的是一个三重曝光照片，伽马电路的伽马值设置为-3、1和+3(近似的值)。输入是一个持续时间为52μs的线性斜坡。52μs是NTSC视频有效水平线的周期。

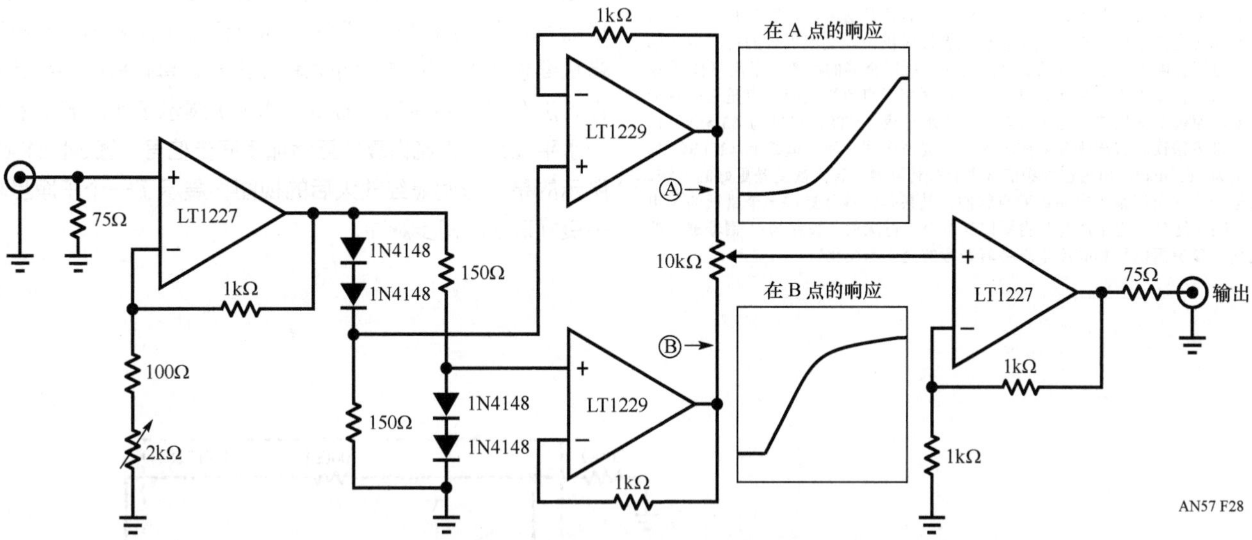

图34.28 伽马放大器（输入视频应该被钳位）

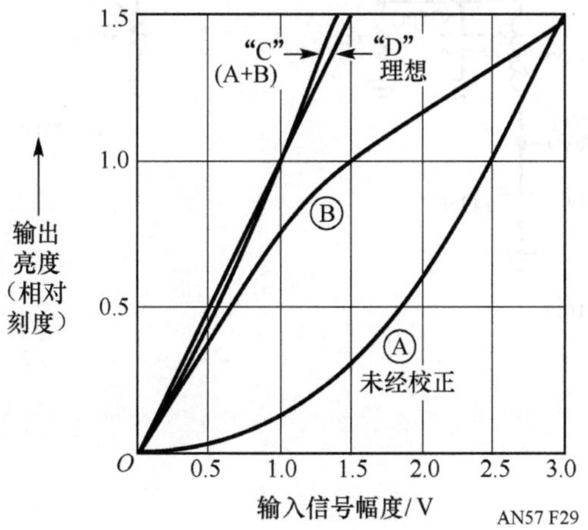

图34.29 未校正的CRT转移函数

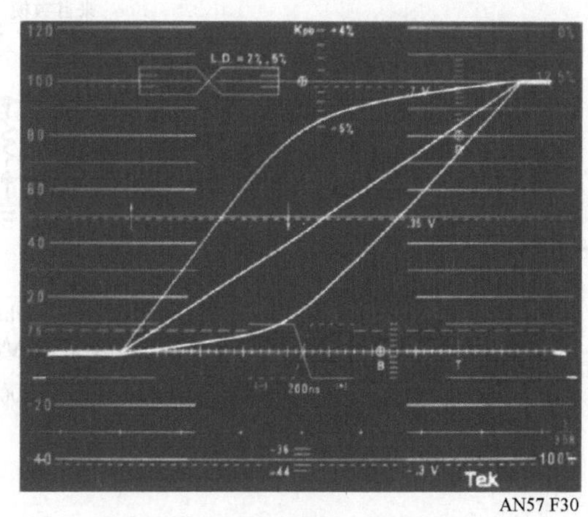

图34.30 调整伽马校正器电路进行-3，1，+3（近似值）三个伽马值的校正。输入是一个线性斜坡

LT1228同步加法器

图34.31(a)所示的电路用于恢复直流电平，并且将同步信号加入视频波形中。在这个例子中，视频源是一个输出参考点为1.2V的高速数模转换器。LT1228电路（详情请参阅LT1228数据手册）构成一个直流恢复②以保持视频的直流参考点为0V。图34.31(b)显示了由数模转换器获得的波形、直流恢复脉冲以及复合同步信号。LT1363电路将视频和复合信号合并在一起。CMOS反相器74AC04用于缓冲TTL电平的复合同步信号。此外，它们驱动成形网络，并且由于它们与模拟电路建立在同一个地电平上，所以它们将地噪声与用于产生视频定时信号的数字信号独立开来。由于同步信号被直接加入视频中，任何地电平的抖动或者噪声也会被加入。成形网络是一个简单的三阶贝塞尔低通滤波器，具有5MHz的带宽以及300Ω的阻抗。这个电路减缓数字复合同步信号的边沿，同时也衰减噪声。采用同样的网络，将其阻抗减小到75Ω后，用于求和放大器的输出以衰减数模转换器的噪声，并且移除波形的高频分量。这里没有采用更高选择性滤波器的原因是：数模转换器有较低的脉冲干扰能量，而且信号不需要满足严苛的带宽要求。LT1363被用作求和放大器，具有良好的瞬态特性，没有过冲和振荡。图34.31(c)展示了输出波形的两个水平线经过直流恢复并且添加了同步信号。图34.31(d)所示的是波形间隔经放大后的视图，展示了一个干净且具有良好形状的同步脉冲。

② 同时也称之为“直流钳位”（或者直接称为钳位），但是两者之间有区别。钳位和直流恢复电路都可以通过迫使空电平为0V或者其他合适的值，来保持视频信号内合适的直流电平。这是必要的，因为视频信号通常要经过交流耦合，例如在录像机或者发射机中。交流耦合的视频信号的直流电平会随着场景内容的变化而变化，所以空屏的参考电平需要被“恢复”以使得图像看起来是正常的。钳位区别于直流恢复的一点是它的响应速度。钳位更加快速，通常可以在一个水平线（NTSC标准为63.5μs）内校正直流错误。直流恢复响应较慢，主要是在帧时间的量级上（NTSC标准里为16.7ms）。如果在视频信号里有任何噪声，直流恢复是更好的方法。钳位会响应空屏期内产生的噪声脉冲，结果是给该行提供一个错误的黑电平。噪声达到一定量时将使得图像具有令人讨厌的、被称为“钢琴键”的失真。参考黑电平和亮度电平将随着行的变化而变化。

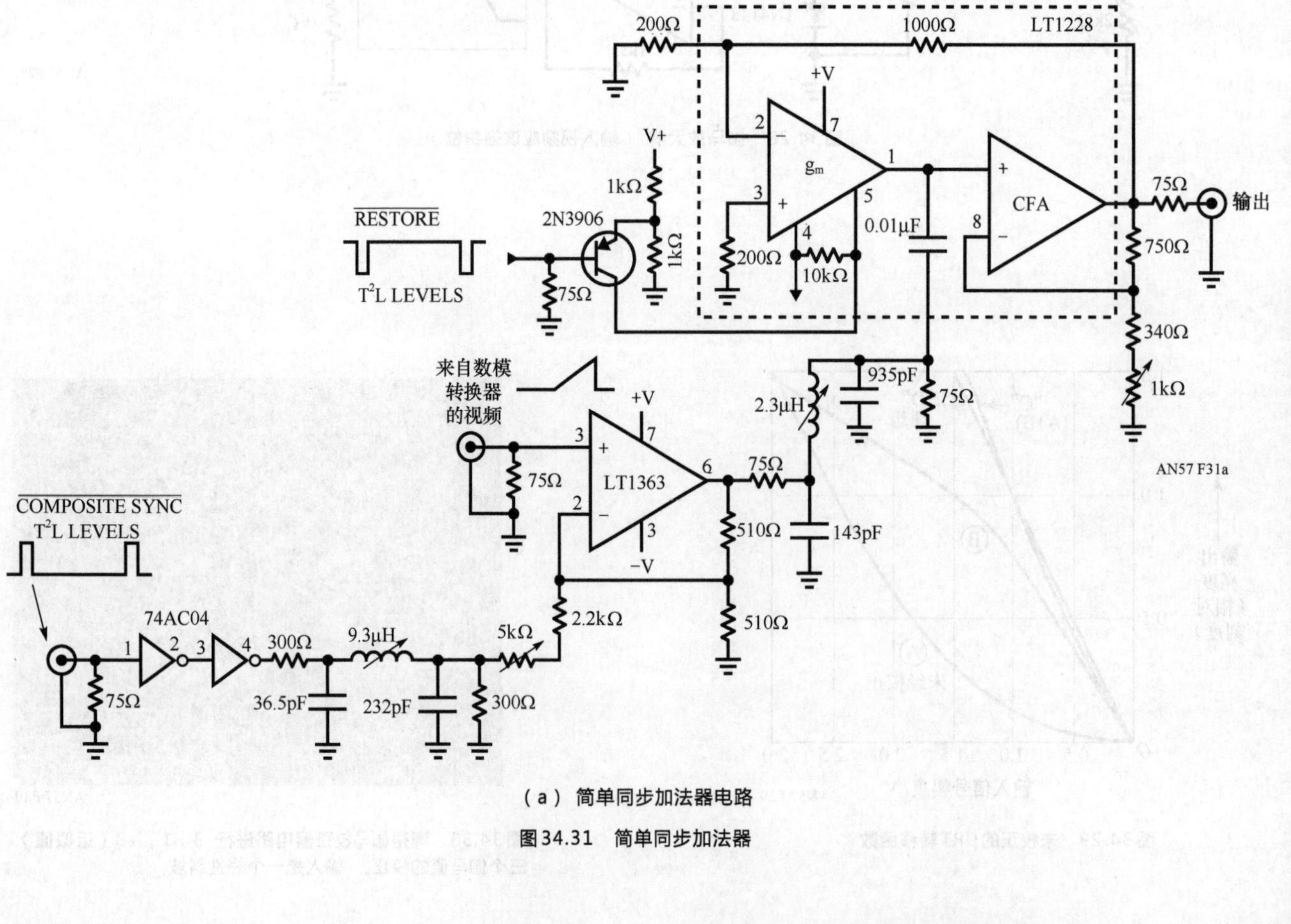

(a) 简单同步加法器电路

图34.31 简单同步加法器

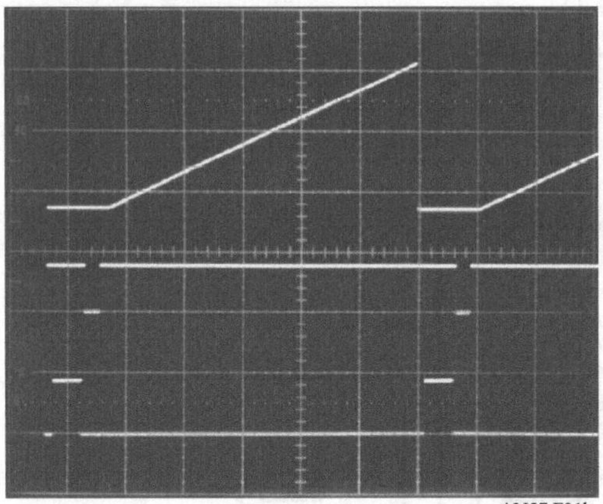

AN57 F31b

（b） 来自数模转换器的视频波形； 钳位脉冲和同步脉冲用作同步加法器的输入

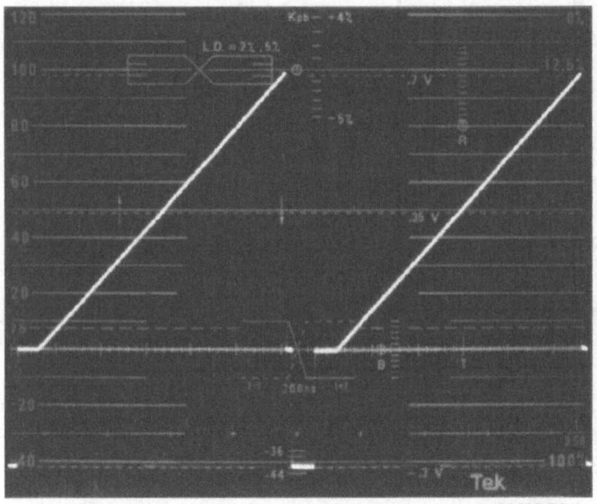

AN57 F31c

（c） 同步加法器重新构建的视频输出

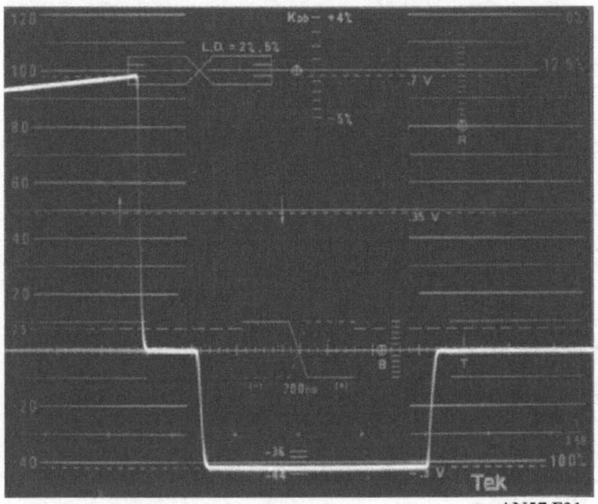

AN57 F31c

（d） 图34.31（c） 所示波形的放大版本， 展示了同步脉冲

图34.31　简单同步加法器 （续）

复用器电路

集成三通道输出复用器

LT3555是一个完整的三通道、宽带视频二选一复用器，它内部设置的增益为2。这个器件是高清元件或者高清RGB视频产品输出端口驱动器的理想选择。基本的应用电路如图34.32所示，图中所有的端口都具有端接，然而在很多应用中都不需要输入负载。该框图中没有反应出来的一点是，该器件方便的流通引脚分布，这种情况下，视频线在印制电路板上不需要交叉。这将最大化不同通道之间的隔离度并且获得最佳的图像质量。

由于LT6555包括一个使能控制线，所以可以扩展复用器的选择范围。图34.33所示的是由两个LT6555构成的电路，该电路可以提供四选一的RGB信号源，以及一个RGB输出端口（也可以是YP_BP_R，取决于信号源）。为了防止频率响应异常，两个器件需要靠近放置，从而两个器件间输出线的距离可以尽可能短。

LT1675也是一个集成三通道二选一复用器，它包括一个2 倍增益线缆驱动。基本电路结构如图34.34所示。用于复合视频应用的单通道版本是LT1675-1。

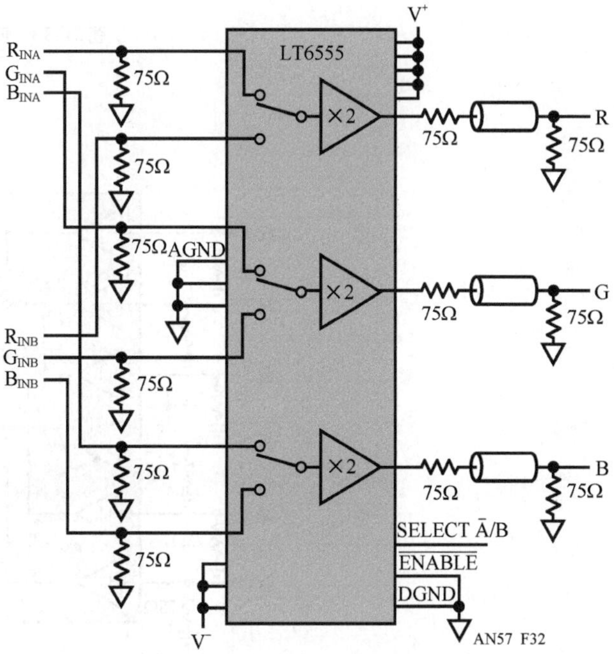

图34.32　复用器和线缆驱动器

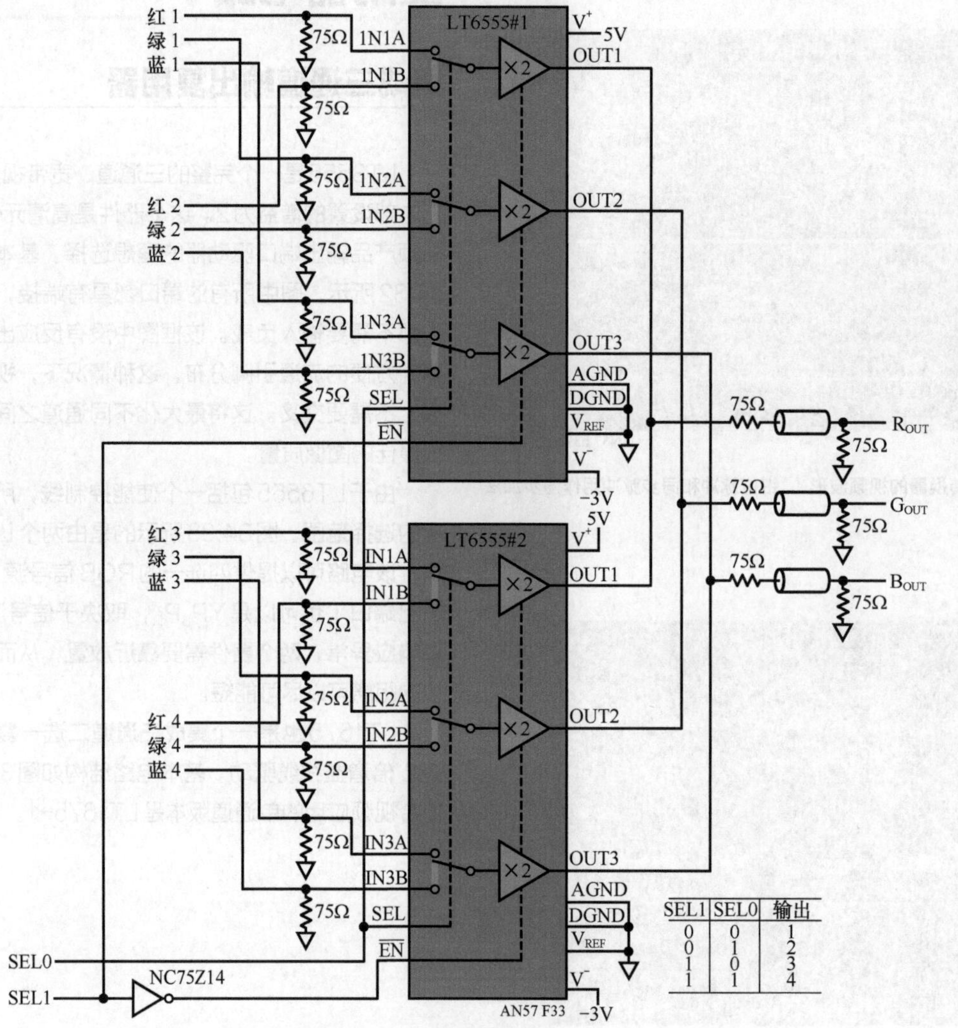

图34.33 四选一RGB复用器

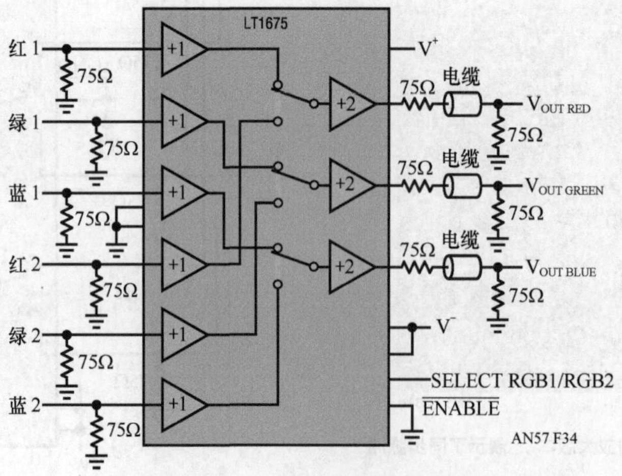

图34.34 二选一RGB复用器和线缆驱动器

集成三通道输入复用器

LT6556是一个完整的三通道宽带视频二选一复用器，其内部设置的增益为1。该器件是高清元件或者高清RGB视频产品输出端口驱动器的理想选择。基本的应用电路如图34.35所示，其中1kΩ输出负载表示后续的处理电路（1kΩ电阻并不需要，但是部分特性需要通过负载才会体现）。这个框图没有反映的是这个器件的流通引脚分布，这样视频线在印制电路板上不需要交叉。这将最大化不同通道之间的隔离度以获得最好的图像性能。

与LT6555相似，LT6556含有一个使能控制线，所以也可以扩展这个复用器的选择范围。图34.36展示了两个LT6556构成的电路，该电路可以提供RGB信号源四选一的选择，并提供给一个RGB信号处理单元，例如投影系统（也可以是YP_BP_R）中的数字化器。为了避免频率响应的异常，所以两个器件需要靠近放置，以使两个器件之间的输出线尽可能的短。

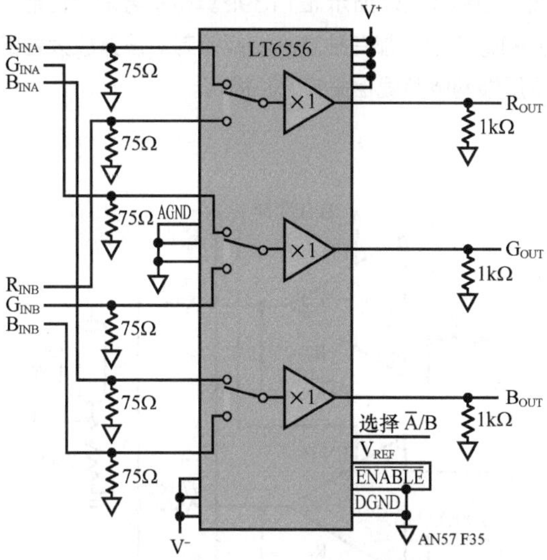

图34.35　输入缓冲的复用器/模数转换器驱动器

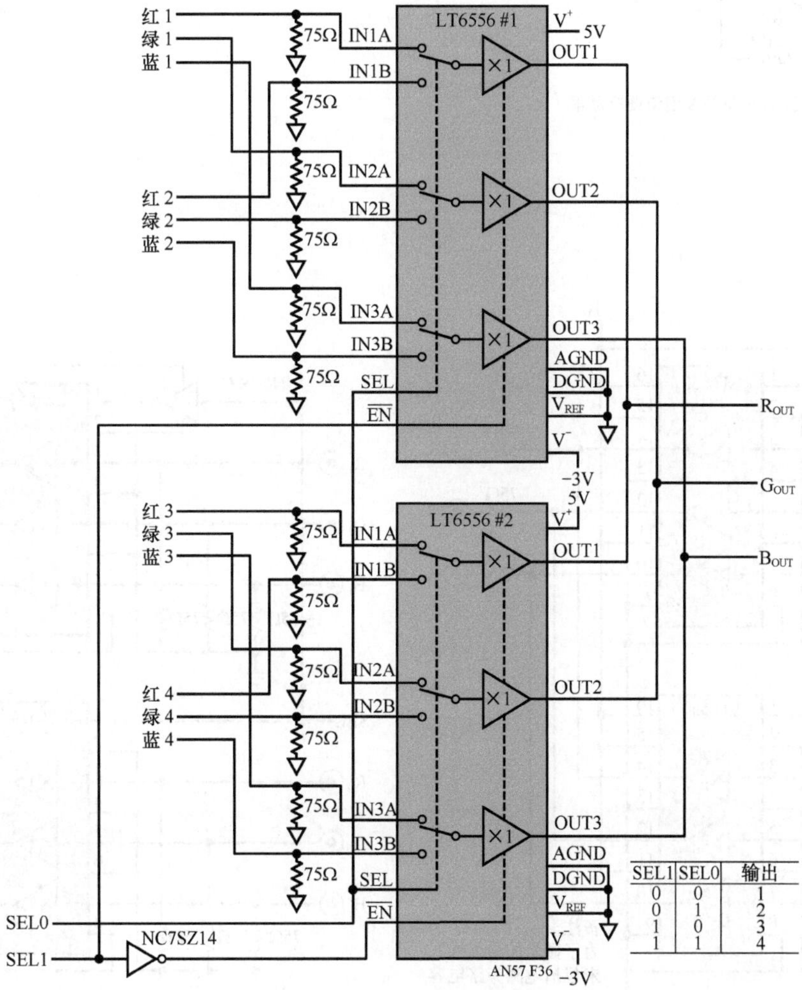

图34.36　四选一RGB复用器

采用单个LT1399可以构建复合视频的三选一电缆驱动复用器，如图34.37所示。LT1399具有不寻常的性能，它三个组件的每个部分都有独立的使能控制。设置放大器的增益以补偿反馈网络负载相关的无源损耗。

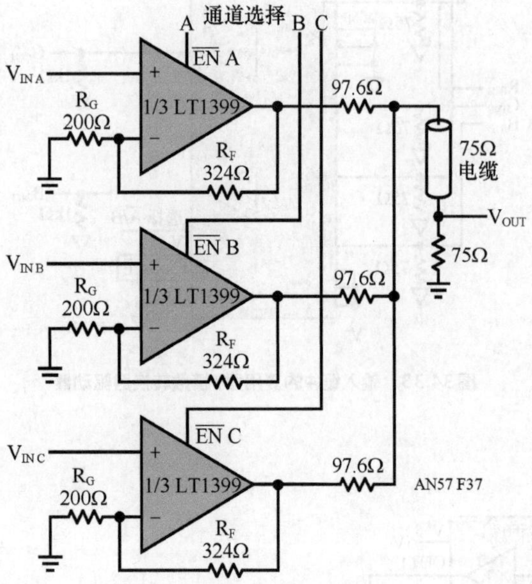

图34.37 三输入视频复用电缆驱动器

由三运放构成的RGB复用器

LT6553三元组电缆驱动器和LT6554三元组缓冲放大器各自提供一个使能引脚，所以这些器件可以用于实现视频复用器。图34.38展示了由一对LT6553器件配置成二选一的输出复用器和电缆驱动器。同样的，图34.39展示了一对LT6554构成一个二选一的输入复用器，适合用于作为模数转换器驱动器。这些电路功能上与LT6555和LT6556集成复用器相似，但是提供了复用特性的灵活度；并且提供了单印制电路板设计的简单选项，由于多个等级的产品可以同时生产，所以可能会降低生产成本。为了获得最佳结果，两个器件需要靠近放置，并且在它们之间的共享输出信号处采用尽可能短的连接线。

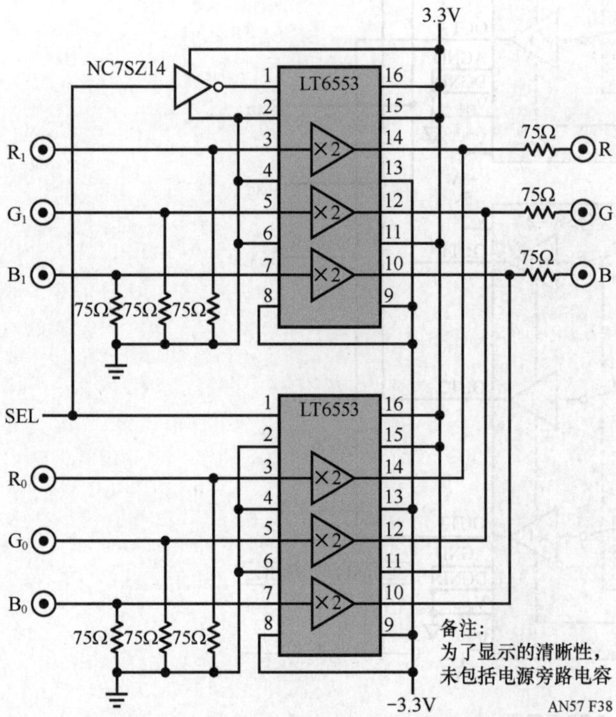

图34.38 RGB视频选择器/线缆驱动器

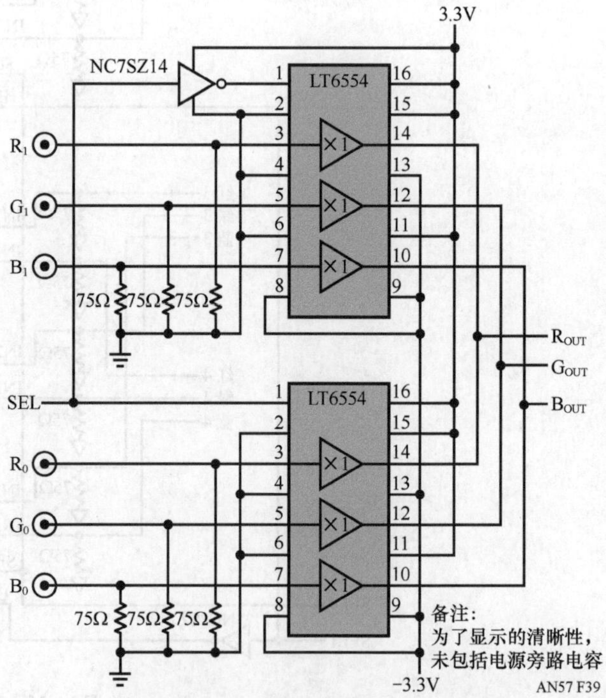

图34.39 RGB视频选择器和模数转换驱动器

采用LT1204的步进增益放大器

这是具有多功能的转换增益放大器的一个简单用法。图34.40和图34.41所示为实现开关切换增益放大器的电路。图34.40所示电路的主要特点是其输入阻抗为1000Ω，而图34.41的输入阻抗为75Ω。在这两个电路中，当LT1204放大器/复用器被选中时信号增益为1，否则信号将通过电阻分压串进行衰减，这依赖于输入的选择。当LT1024运放/复用器#1被选中时，会有一个额外的、值为16的增益。通过图34.40的表进行查询。增益的步进可以设置为更大或者更小的值。

输入阻抗（分压电阻的综合）是任意的。然而在采用大增益时需要小心，因为当输出从一个运放转换到另一个时，带宽会发生变化。在运放/复用器#1处获得更高的增益将会降低它的带宽，尽管它是个电流反馈型放大器。电流反馈放大器比起电压反馈放大器来说，增益数值的准确性较差。

LT1204放大器/复用器发送信号通过长距离的双绞线

图34.42所示的是一个可以将基带视频信号通过廉价的

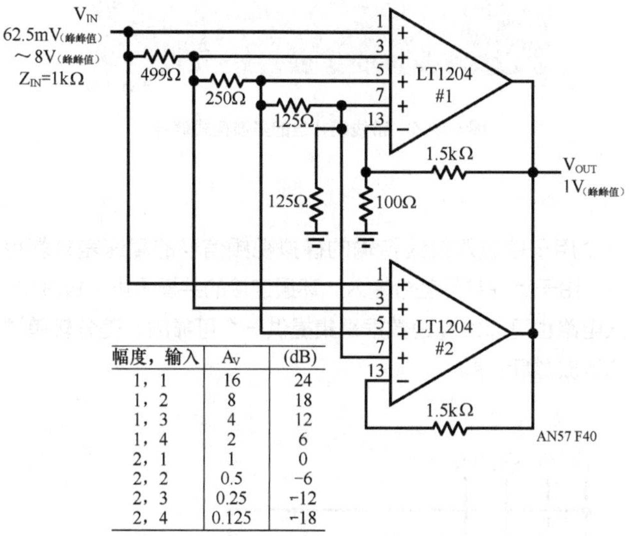

幅度，输入	A_V	(dB)
1，1	16	24
1，2	8	18
1，3	4	12
1，4	2	6
2，1	1	0
2，2	0.5	−6
2，3	0.25	−12
2，4	0.125	−18

图34.40　开关切换增益放大器。接受的输入范围从62.5mV(峰峰值)~8V(峰峰值)

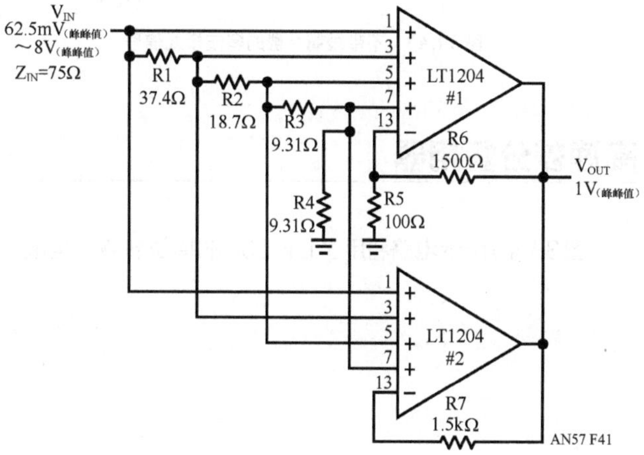

图34.41　开关切换增益放大器。Z_{IN}=75Ω，与图34.37所示的电路具有相同的增益

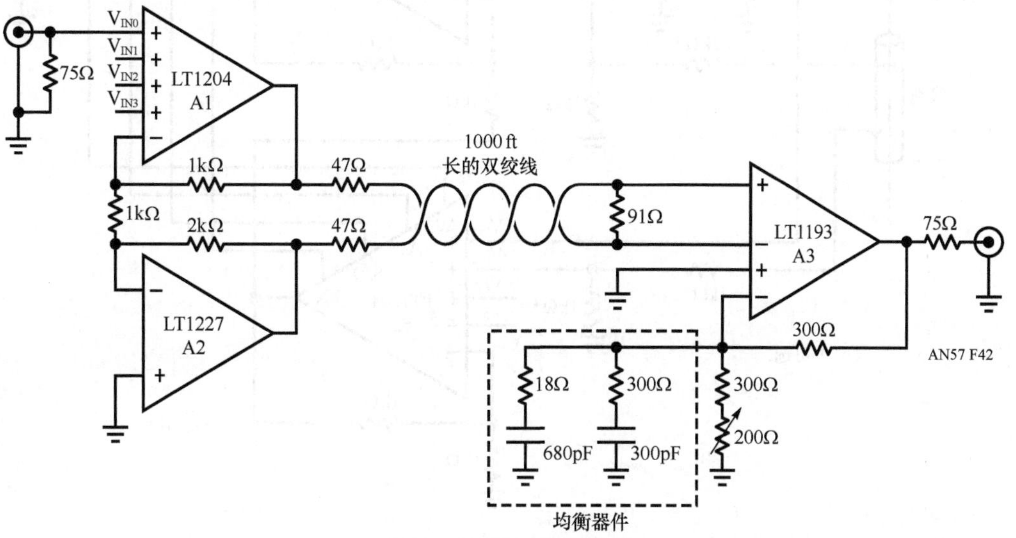

图34.42　双绞线驱动/接收器

双绞线传输至超过1000ft的电路，并且该电路具有四选一的输入。放大器/复用器A1（LT1204）和A2（LT1227）构成了一个单差分放大器。A3是采用LT1193构建的可变增益差分接收器。在这里，精心设计的均衡是必须的，这是因为双绞线在大约3.8MHz处将会自振。

图34.43给出了在传输前和传输后（未经均衡）的视频测试信号。图34.44显示了传输前和传输后（经过均衡）的视频测试信号。差分增益和相位分别是大约1%和1°。

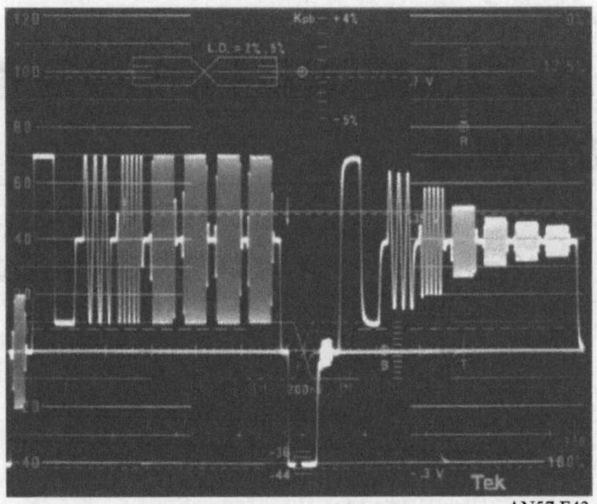

AN57 F43

图34.43 不带线缆补偿的多波模式信号

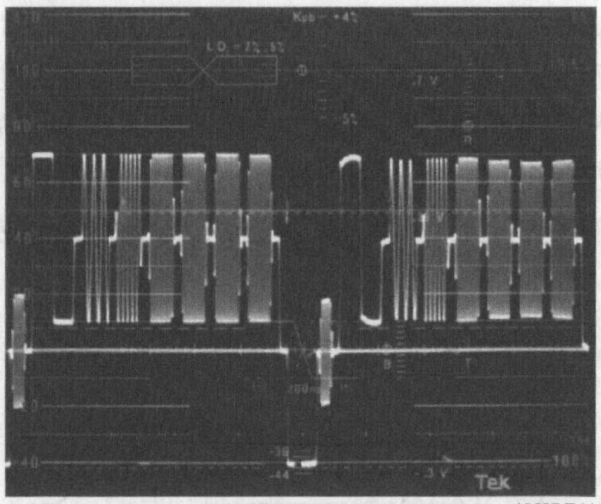

AN57 F44

图34.44 带线缆补偿的多波模式信号

高速差分复用器

图34.45所示电路利用了LT1204的增益节点，构成了一个用于接收双绞线传输的模拟视频信号的高速差分复用器。由于其独特的差分输入，环通连接的共模噪声会被减少。该电路也可以给高速数据采集提供一个可靠的、差分转单端的运放/复用器。

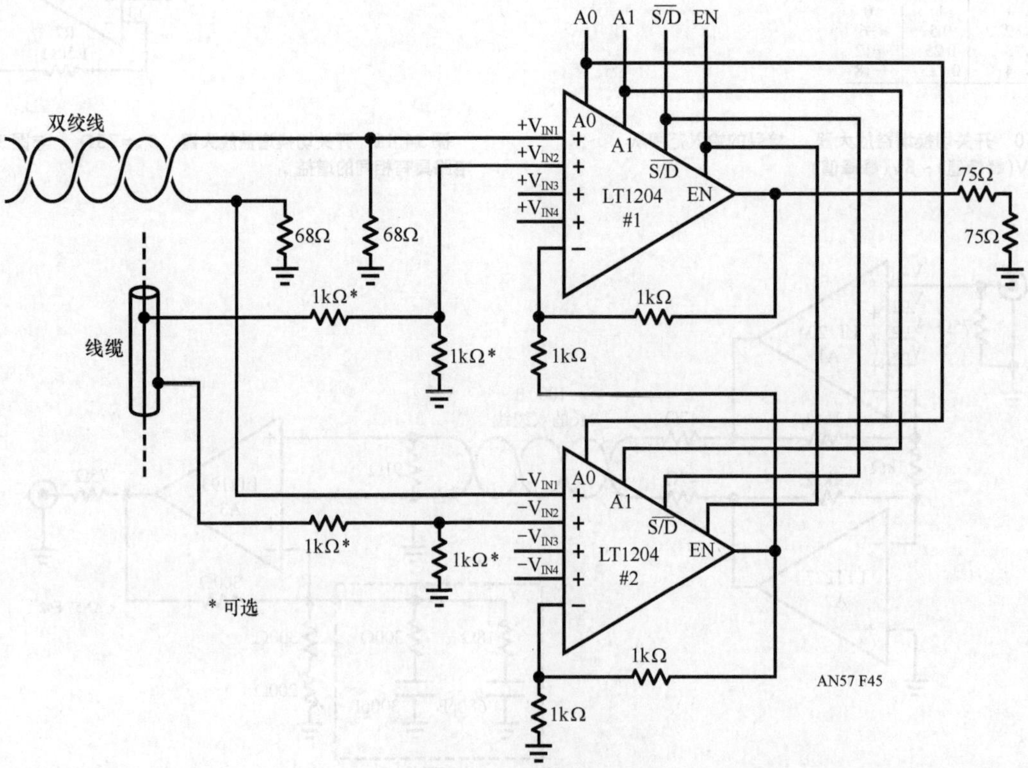

AN57 F45

图34.45 高速差分复用器

信号通过LT1204#1获得一个同相、值为2的增益。信号通过LT1204#2获得一个同相、值为2的增益以及一个反相、值为1的增益（结果是增益为-2），这是因为该运放驱动运放#1的增益电阻。结果是输入信号的差分放大版本。

在第二个输入的可选电阻是用于输入保护。图34.46展示了差模响应与频率的关系。响应（低频率处）的局限是由增益电阻的匹配造成的。同一批次中1%的电阻将会匹配到大约0.1%（60dB）。

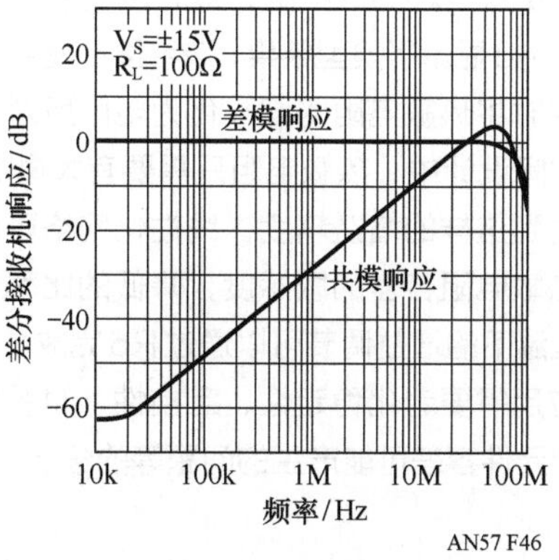

图34.46 差分接收器响应与频率的关系图

电流反馈放大器的错误使用

一般来说，电流反馈放大器（Current Feedback Amplifier,CFA）相当易于控制并且易于使用。这些放大器在100MHz甚至更高的带宽内具有可以使用的“真实”增益、低功耗，而其价格极低。然而，电流反馈放大器仍然是非常新颖的，还有空间可以用于面包板探索。参考图34.47所示框图和以下我遇到过的一些陷阱③。

1. 确认在同相输入端有一个直流通路连接到地。在输入端的晶体管需要一些偏置电流。

2. 不要使用纯电抗元件。这是一个一定会让电流反馈放大器振荡的方式。参考放大器的数据手册有助于反馈电阻的选择。记住，所有这些值对带宽都有着直接的影响。如果你想要通过反应网络来调整频率响应，将它们放在增益设置电阻R_G的位置。

3. 需要同相缓冲器？请使用反馈电阻！

4. 任何反相端和反馈节点之间的电阻都会造成带宽的损失。

5. 为了得到好的动态响应，避免反相输入端的寄生电容。

6. 在电源去耦时不要采用高Q值的电感（甚至是中间Q值的电感）。电感和旁路电容构成一个储能电路，会被交流电源的电流激励，结果将事与愿违。有损铁氧体（磁珠）电感可以是电源去耦的一个有效途径，而且不会造成串联电阻带来的压降。有关磁珠的更多细节可以联系Fair Rite Product Corp，电话是（914）895-2055。

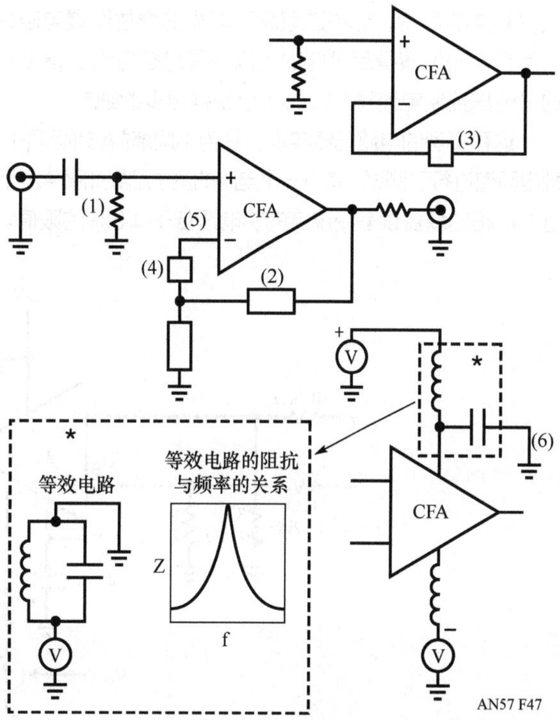

图34.47 错误应用的示例

③ 高速电路的通行规则仍然是适用的。部分规则如下。

1. 使用地平面。

2. 使用良好RF旁路技术。所用电容的引线要短、自振频率要高，并靠近引脚安置。

3. 电阻阻值要小，以最小化寄生效应。需要确认放大器能驱动低阻抗。

4. 距离为若干英寸以上时，要使用传输线（同轴电缆，双绞线）传送信号。

5. 传输线端接匹配（如若允许，采用反向端接）。

6. 使用在100MHz时仍表现为阻性的电阻。

关于这些话题的详细讨论请参阅应用指南47。

附录A 采用LT1228的温度补偿压控增益放大器

采用一个电压来控制视频或者中频的增益常常是很方便的。给LT1228配以相称的电压至电流转换器电路，可以构成一个多功能的增益控制模块，这是很多此类应用的理想选择。

除了在视频带宽上进行增益控制，该电路还可以加入一个差分输入，从而足以驱动50Ω系统。

LT1228跨导与绝对温度成反比，比率为-0.33%/℃。对于采用闭环增益控制的电路（例如，中频或者视频自动增益控制），这个温度系数将不会带来问题。然而，需要精确增益的开环增益控制电路则要进行一些补偿。这里描述的电路在电压-电流转换器中采用一个简单的热敏电阻网络来实现这一补偿。表A1总结了电路的性能。

图A1给出了增益控制放大器的完整原理图。请注意这些元件选择并不是电路工作的唯一选择，也不一定是最好的选择。该电路的目的是展示这个多用途器件多种方式中的一种，与往常一样，设计人员必须充分利用自己的工程经验。输入衰减器、增益设置电阻和电流反馈放大器电阻的选值是相对简单的，不过通常需要一些迭代。为了获得最佳的带宽，记得选取尽可能小的增益设置电阻R1，从而将电流设置得尽可能的大以获得增益压缩。参见附录的“电压控制电流源”（I_{SET}）以获得更多的细节。

这种类型的电路已经实现，并用不同增益选项和不同热敏电阻值进行了测试。其中一个电路的测试结果如图A2所示。这个电路的增益误差受温度的影响远低于±3%的限值。可以实现在很宽的温度范围内进行补偿或者对严格容差进行补偿，但通常需要更复杂的方法，比如多热敏电阻网络。

除了电流设置电阻R5外，压控电流源是一个标准的电路，R5具有-0.33%/℃的温度系数。R6用于设置总体增益，并且是可调节的，可减小LT1228增益特性的初始容差。一个电阻（R_P）与热敏电阻并联，在相对较小的范围内，该组合的电阻随着温度线性变化。R_S调整网络的温度系数以达到期望值。

可以使用各种热敏电阻来完成这个过程。BetaTHERM公司能够供应各种热敏电阻，其联系电话为508-842-0516。图A3显示了典型结果，该结果是使用-0.33%/℃温度系数时将热敏电阻网归一化为电阻所对应的增益误差。在实际设计中，热敏电阻只需要有大概10%的容差便可以达到这样的增益精度。线性化网络可以降低增益精度对热敏电阻容差的敏感度，降低的比率与温度系数相同。室温下的增益调节可以通过R6完成。当然，一些特殊的应用需要老化稳定性、互换性、封装类型、成本以及其他元件容差可能产生的问题等的分析。

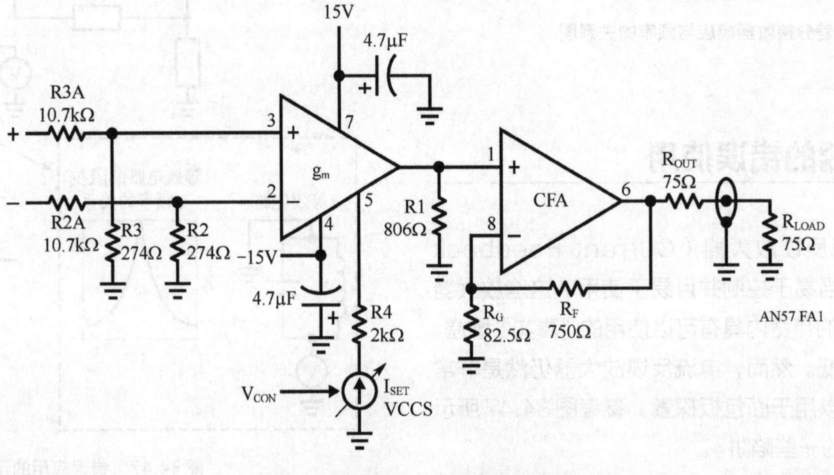

图A1 差分输入、可变增益放大器

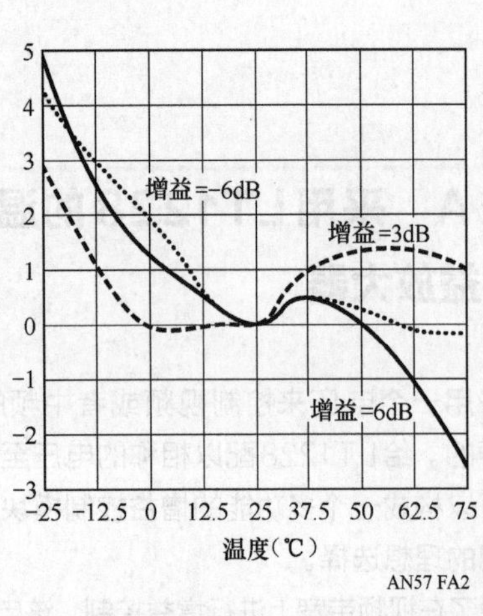

图A2 图A1所示电路的增益误差，再加上图A4所示的温度补偿电路（对25℃的增益进行归一化）

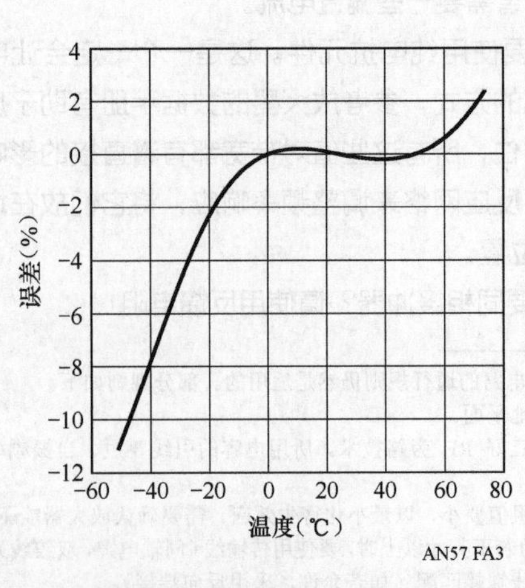

图A3 使用精确-0.33%/℃的温度系数将热敏网络的阻值归一化为一个电阻

表A1　特性检验

输入信号范围	0.5~3.0V(峰值)
所需的输出电压	1.0V(峰值)
频率范围	0~5MHz
运行温度范围	0~50℃
电源电压	±15V
输出负载	150Ω(75Ω+75Ω)
控制电压和增益的关系	0~5V对应于最小和最大增益
增益随温度的波动	25℃时增益的±3%

带有温度系数补偿的压控电流源（VCCS）

压控电流源的设计步骤

1. 测量或者从数据手册获取热敏电阻在三个等温度间距处的电阻值（在本例中为0℃、25℃和50℃）。从以下公式中得到R_P

$$R_p = \frac{(R0 \times R25 + R25 \times R50 - 2 \times R0 \times R50)}{(R0 + R50 - 2 \times R25)}$$

其中，R0为0℃时热敏电阻的阻值；R25为25℃时热敏电阻的阻值；R50为50℃时热敏电阻的阻值。

2. 电阻R_P与热敏电阻并联。该网络的温度依赖性在给定的范围内（0~50℃）是近似线性的。

3. 热敏电阻和R_P的并联阻值（$R_P||R_T$）的温度系数为

$$R_P||R_T\text{的温度系数} = \frac{R0||R_p - R50||R_p}{R25||R_p}\left(\frac{100}{T_{HIGH}} - T_{LOW}\right)$$

4. 补偿LT1228增益对温度的依赖性的所需的温度系数为-0.33%/℃。在并联网络中加入一个串联电阻R_S来将温度系数调整至一个合适的值。R_S的值由下式给出

$$\frac{R_P||R_T\text{的温度系数}}{-0.33} \times (R_p||R_{25}) - (R_p||R_{25})$$

5. R6直接影响了最终温度系数，所以相比较R5它的值更大一些。

6. 其他电阻通过计算以提供所需范围的I_{SET}。

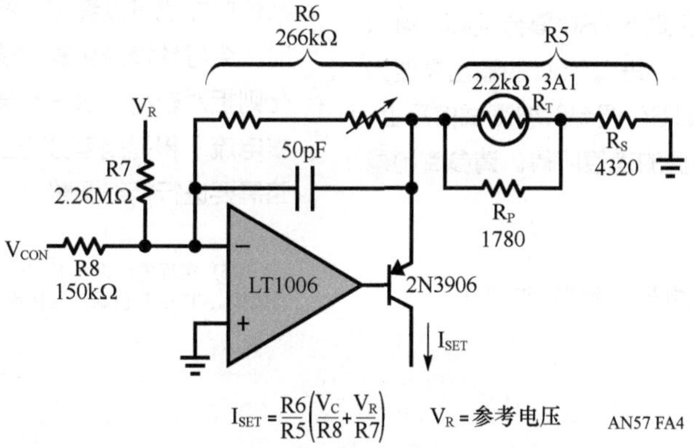

图A4　带有温度补偿系数的压控电流源（VCCS）

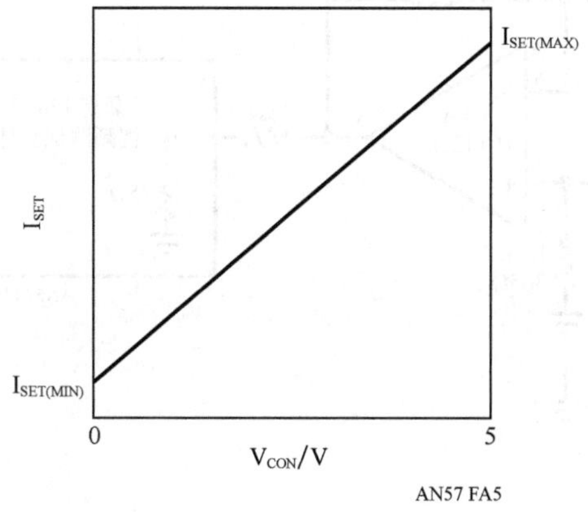

图A5　具有温度补偿的I_{SET}电压控制

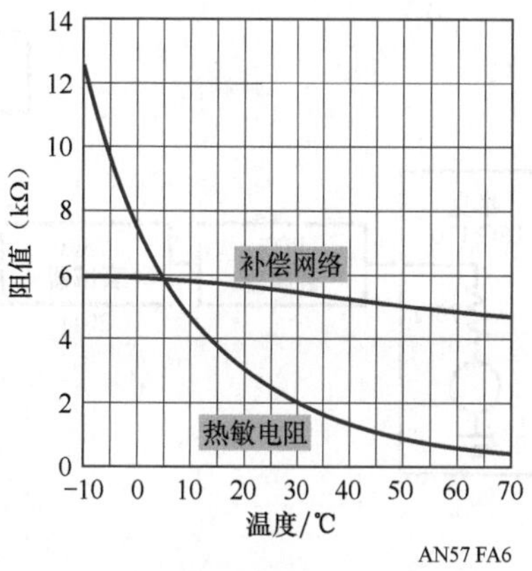

图A6　热敏电阻、热敏电阻网络阻抗与温度的关系曲线

附录B 采用LT1228优化视频增益控制级

视频自动增益控制（Automatic Gain Control，AGC）系统需要一个电压或者电流增益控制元件。这个增益控制元件的性能通常是自动增益控制环路整体性能的限制因素。该增益元件受限于若干相互冲突的因素。特别是在自动增益控制用于复合彩色视频系统（例如NTSC）时，因为这些应用有具体的相位和增益失真要求。为了保持最佳的可能性噪比（S/N）[4]，常常需要输入信号的电平尽可能大。显然，输入信号越大，增益控制级的噪声贡献造成的信噪比恶化将越小。从另一个方面来说，增益控制元件受限于动态范围限制，超过这些限值将增大失真程度。

凌力尔特公司制造了一个高速跨导（g_m）放大器LT1228，它可以在彩色视频和一些低频射频应用中，用作高质量、廉价的增益控制元件。从视频自动增益控制系统中获得最优的性能需要特别注意电路的细节。

作为这类优化的示例，考虑图B1所示的采用LT1228的一个典型增益控制电路。输入时NTSC复合视频，可以涵盖10dB范围（0.56~1.8V）。进入75Ω的输出需要为1V(峰峰值)。幅度是在标准NTSC调制斜坡测试信号上，测量从负颜色峰值到正颜色峰值的差值所得。请参阅附录中的“差分增益和相位”。

④ 信噪比，S/N=20×log(信号的均方根/噪声的均方根)。

注意到信号由LT1228输入端的75Ω衰减器衰减为20：1，所以输入端（引脚3）的电压范围为0.028~0.090V。这样做是为了限制跨导级的失真。这个电路的增益是通过流入I_{SET}端（集成电路的引脚5）的电流进行控制的。在闭环自动增益控制系统中，环路控制电路产生这一电流，该电流的产生过程是：比较探测器的输出和基准电压[5]，对差异量进行积分并且转换成一个合适的电流。这个电路测得的性能如表B1和表B2所示。表B1具有未经校正的数据，而表B2展示了经过校正后的数据。

所有视频测量都是通过泰克1780R视频测量仪器完成的，所用的测试信号来自于泰克TSG 120。表征NTSC视频色彩失真的标准准则是差分增益和差分相位。对于这些测试的简要说明，请参阅附录的“差分增益和相位”。

对于这个测试，失真极限被武断地设置为差分增益为3%，差分相位为3°。在这样的情况下，视频显示器上应该看不到这些失真。

图B2和图B3分别绘制了测量所得的差分增益和差分相位（标注“A”的曲线显示了表B1中未校正的数据）。从这些曲线可以看出，将输入信号电平增大至0.06V以上时，会导致增益失真的快速增加，但是在相位失真上的变化则相对较小。进一步衰减输入信号（并且因此增大了设置电流）将提高差分增益性能，但是会恶化信噪比。该电路需要进行精细调整。

⑤ 实现方法之一是用一个采样/保持和峰值探测器来采样彩色脉冲幅度。NTSC彩色脉冲的标称峰峰幅值为亮度峰值的40%。

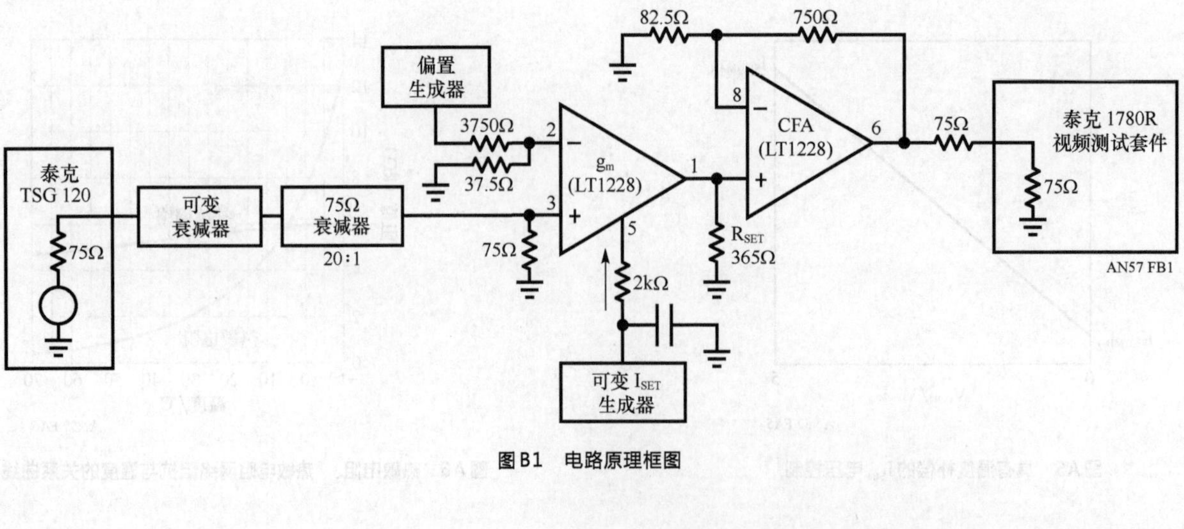

图B1 电路原理框图

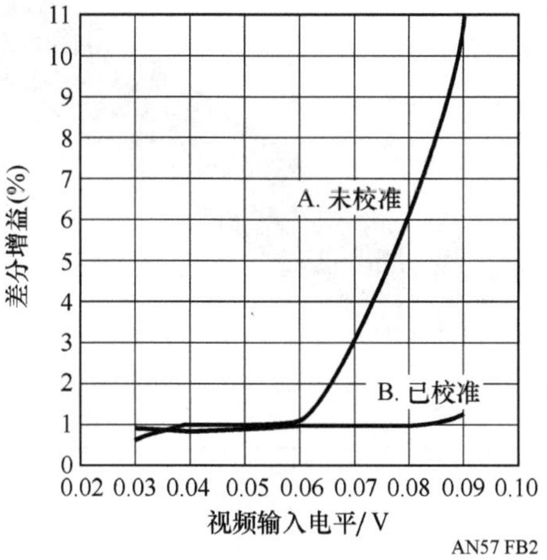

图 B2　差分增益与输入电平的关系曲线

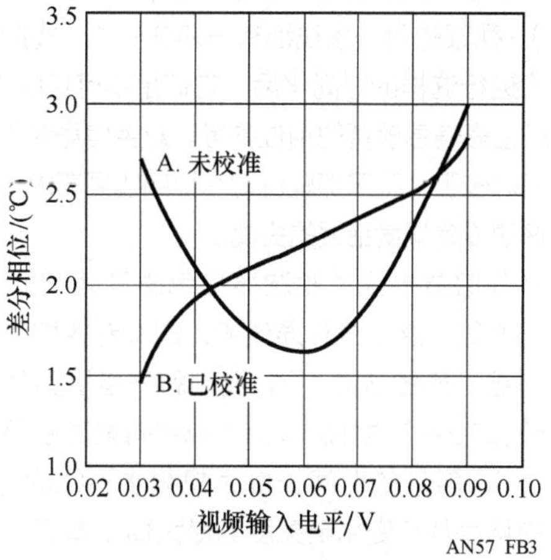

图 B3　差分相位与输入电平的关系曲线

表B1 测得的性能数据（未经校正）

输入/V	I_{SET}/mA	差分增益/(%)	差分相位/(°)	信噪比/dB
0.03	1.93	0.5	2.7	55
0.06	0.90	1.2	1.2	56
0.09	0.584	10.8	3.0	57

表B2 测得的性能数据（经过校正）

输入/V	偏置电压/V	I_{SET}/mA	差分增益/(%)	差分相位/(°)	信噪比/dB
0.03	0.03	1.935	0.9	1.45	55
0.06	0.03	0.889	1.0	2.25	56
0.09	0.03	0.584	1.4	2.85	57

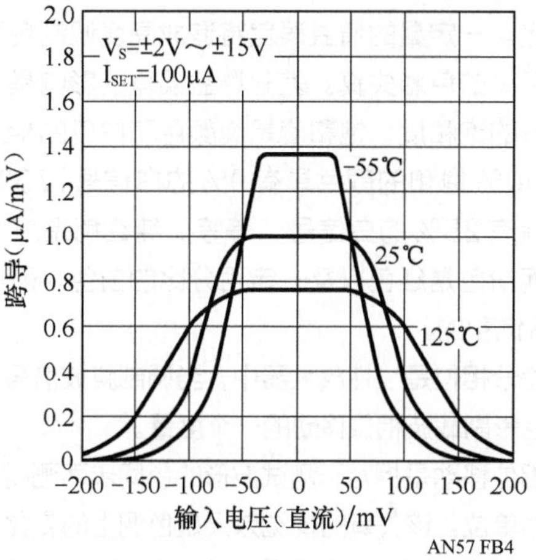

图 B4　小信号跨导与DC输入电压之间的关系曲线

优化差分增益

参考小信号跨导与直流输入电压的关系曲线（见图B4），观测到在以0V为中心的附近区域内，放大器的跨导是线性的[⑥]。25℃的g_m曲线在超过0.050V以后开始变得相当非线性。这解释了为什么差分增益（见图B2的曲线A）在信号高于这个电平后恶化得这么快。大部分射频信号没有直流偏置电平，但是复合视频信号大部分是单极性的。

视频通常被钳位在某一直流电平以易于处理同步信息。同步末梢、色度参考脉冲和一些色度信号摆动至负值的信息，这些信号载有关键色彩信息（色度）的80%都是在正值内摆动的。LT1228动态范围的有效利用需要输入信号有很小的（甚至没有）偏移。偏移视频信号从而使得色度的关键波形部分是在跨导放大器线性区的中间位置，从而能够在发生严重失真之间允许更大的输入信号。这样做的一个简单方法是用一个直流电平偏置未使用的输入端（在这个电路中为反相输入端，引脚2）。

在视频系统中，将同步钳位在一个比平时更低的电压上可能会方便一些。在进入增益控制级之前进行信号的钳位是较好的做法，因为需要保持一个稳定的直流参考电平。

在进行验证时，引脚2的最优偏置电平值经过试验，确定在大约0.03V左右。在加入这个偏置电压后重复失真试验。结果在表B2、图B2和图B3中。差分相位的改善是不确定的，但是差分增益的改善是相当大的。

差分增益和相位

差分增益和相位是色彩信号失真的敏感性指标。NTSC系统将色彩信息编码在一个3.579545MHz的副

⑥ 也要注意到线性区在更高温度时有所延伸。建议加热芯片。

载波上。色彩副载波被直接叠加到黑白信号中（黑和白信息是一个与图像强度成正比的电压信号，被称为流明或者亮度）。视频的每一条线都有一串9~11个周期的副载波脉冲（进行这样的时间化后，它们是不可见的），它们被作为线色彩信息解调的相位参考。彩色信号对于失真的免疫性相对较强，除了那些可能在视频线周期内造成副载波相位移动或者幅度错误的失真。

差分增益是线性滤波器在色彩副载波频率处增益误差的度量。这个失真通过所谓的调制斜坡测试信号来进行测量，如图B5所示。调制斜坡包括彩色副载波频率，叠加在一个线性斜坡上（或者有些时候是在一个锯齿波上）。斜坡的时间长度为视频水平线的有效时间。斜坡的幅度从0变化至亮度的最大值，本例中最大值为0.714V。增益误差（有时称之为"增益增量"）是由于放大器的压缩或者扩大而造成的，表示为满幅值范围的百分比。一定量的增益误差将造成亮度调制色彩，从而造成可见的色彩失真。差分增益误差的影响是改变了显示色彩的饱和度。饱和度是纯颜色和白色的相对稀释程度。100%饱和的颜色具有0%的白信号，75%饱和的颜色具有25%的白信号，等等。纯红色是100%饱和的，而粉色是红色以及一定百分比的白色，所以是少于100%饱和的。

差分相位是线性放大器中，当调制斜坡信号作为输入时，色彩副载波相位移动的一个度量。

相位移动是相对于测试波形的色同步而测得的，并且以度为单位。该失真的视觉效果是色调上的变化。色调是感知质量，可以区分色彩的频率，例如区分红色和绿色、黄绿色和黄色等。

3°的差分相位差不多是观测者无法看到的最低限度。色调偏差在这种差分相位水平时，视频显示器上刚好可见，大部分时候是在黄绿色区域。饱和误差在这种失真水平上较难看到，3%的差分增益在显示器上很难检测。测试通过在75%的电影和电视工程师协会（Society of Motion Picture and Television Engineers，SMPTE）彩条参考信号与信号电平匹配的该信号的失真版本中切换来进行的。然后要求一个观测者注意是否有区别。

在专业视频系统中（例如工作室），级联的处理以及增益模块可能达到上百个。为了保证视频信号的质量，每个处理模块的失真贡献值必须是失真预算总值⑦中的一小部分（误差是累计的）。由于这个原因，高质量视频放大器的失真规格为低至千分之几度的差分相位以及千分之几百分比的差分增益。

⑦ 由先前的讨论可知，可见性界限约为3°的差分相位以及3%的差分增益。请注意，这些并不是严格以及快界限。感知测试主观性很强。

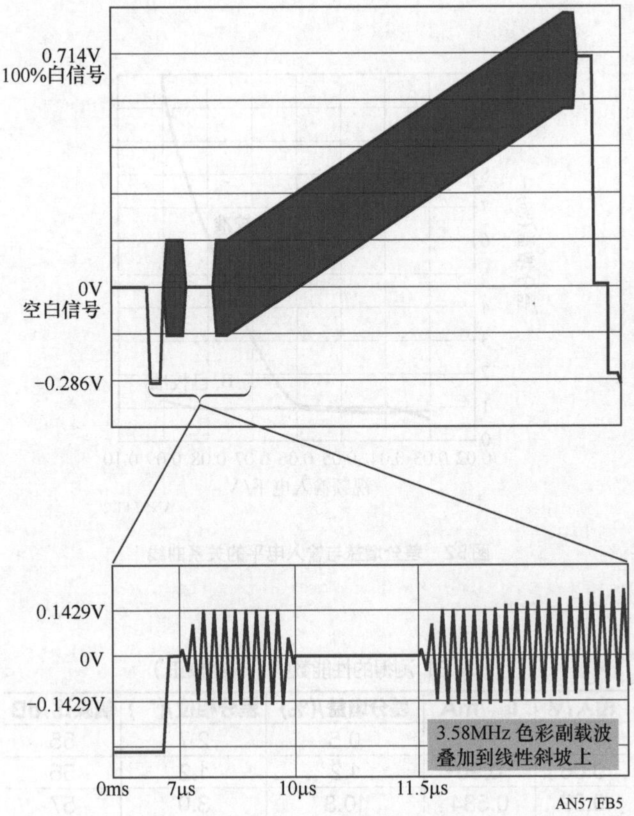

图B5 NTSC测试信号

附录C 采用一个高速模拟复用器进行NTSC"画中画"显示器的视频信号切换

视频制作⑧的主要内容包括从很多视频源中选取一个用于信号通路或者场景编辑。对于这些目的，视频信号在垂直间隙中切换以减小可视的转换瞬态。在这个时间内画面被转为空白，所以如果水平和垂直同步以及副载波被保持的话，将不会出现可见的残留。尽管垂直转换间隔对于大部分信号通路来说是足够的，但是有的时候需要在行有效的时候进行两个同步视频信号的切换，以实现画中画、键控或者重叠效应。画中画或者有效视频切换需要信号-信号转换是干净而且快速的。一个干净的转换需要有最小的前冲、过冲、振荡以及其他通常被集中称为"毛刺"的异变。

采用LT1204

一个质量很好的高速复用器放大器可以用于有效视频切换，并且具有良好的结果。这个应用重要的性能是小的、受控的转换毛刺，良好的转换速度，低失真，良好的动态范围，宽带，低路径损耗，通道-通道间的低串扰以

⑧ 一般上讲，视频制作是对视频信号进行的任何加工，不论是在电视工作室还是在台式PC上。

及良好的通道-通道间偏移匹配。LT1204的性能很好地满足了这些要求，特别是在带宽、失真以及通道-通道间串扰（在10MHz处，具有出色的-90dB串扰）方面尤为突出。LT1204在有效视频切换的使用中，可以用图C1所示的测试装备进行测试评估。图C2展示了在50%白电平和0%白电平之间切换的视频波形，大约有30%进入了有效间隔中，并且在有效间隔内恢复至60%左右。开关的残留很短，而且是良好受控的。图C3所示的是相同波形经过放大后的版本。在显示器上观看时，开关残留的能见度与一根非常细的线相同。下方的线迹是两个黑电平（0V）视频信号之间的转换，展示了一个非常低的通道-通道间偏移，在显示器上是看不出来的。在两个直流电平之间切换是最差情况测试，因为几乎任何有效视频的波动都足以遮蔽如此小的开关残留。

视频切换注意事项

在视频处理系统中，其带宽比视频信号带宽更宽时，从一个视频电平到另一个电平（具有较低幅度的毛刺）的快速转换将会有很小的可见干扰。这种情况类似于正确操作一台模拟示波器。为了精确地测量脉冲波形，仪器必须有比待测信号大很多的带宽（通常是待测信号最高频率的5倍）。不仅要求毛刺要小，较大时也要在可控范围之内。具有较长稳定时间的“拖尾”转换毛刺（更容易看见）比幅度较大但是快速衰减的要更加麻烦。LT1204的转换毛刺不仅幅度低，而且得到了良好的控制以及快速的阻尼。参考图C4，它展示了具有长、缓慢拖尾的视频复用器。这类失真在视频显示器上的可见性很高。

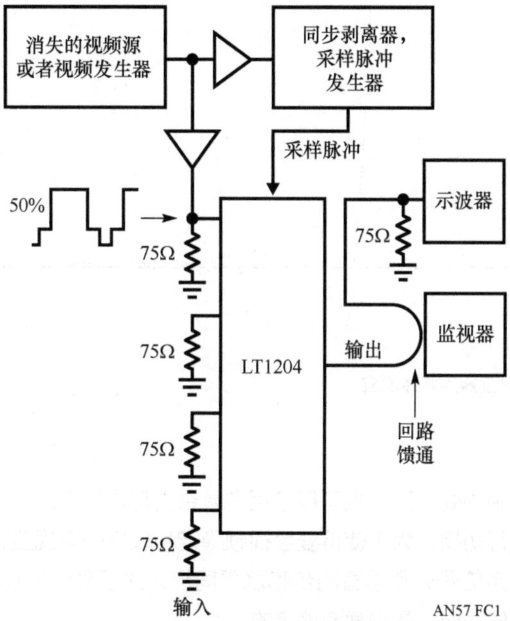

图C1 “画中画” 的测试装置

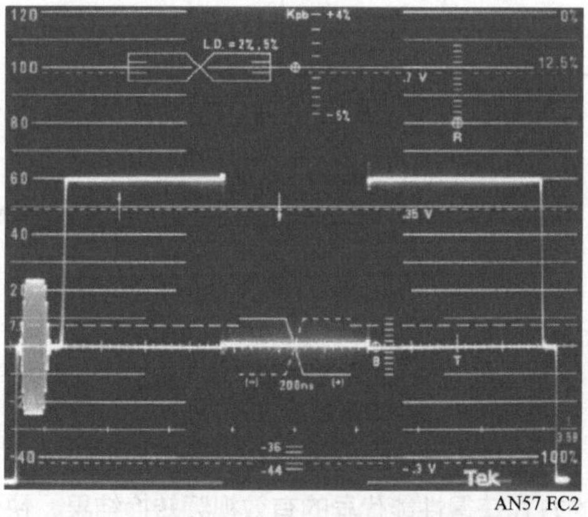

图C2 从50%白电平至0%白电平然后切换回来的视频波形

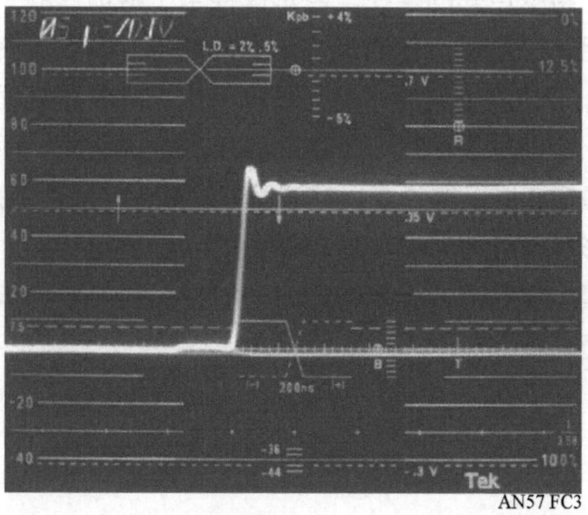

图C3 LT1024从0%切换至50%（50ns水平间隔）时上升沿的放大视图

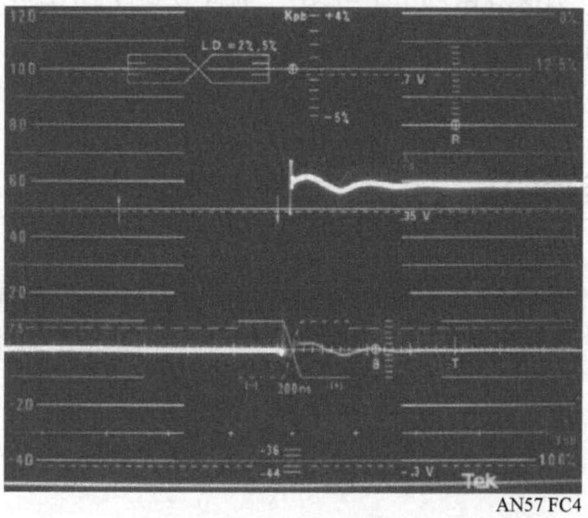

图C4 “X牌” 开关从0%至50%转换的放大视图

复合视频系统是固有带限的，比如NTSC，所以它的边沿速率也是有限的。在带限要求严格的系统中，如果引入信号中大量能量所在频率比滤波器截止频率更高时，将引起瞬态波形失真（见图C5）。用于控制这些视频系统带宽的滤波器需要群延迟均等以最小化脉冲失真。此外，带限系统中，需要控制转换毛刺边沿速率或者电平-电平的转换，以防止振荡和其他可见的脉冲异变。实际上，一般通过脉冲成形网络来实现。贝塞尔滤波器是一个例子。脉冲成形网络以及延迟均滤波器增加了视频系统的成本和复杂度，通常只有在昂贵的设备中才能看到。如果成本是系统设计的关键因素，LT1204因其转换残留幅度超低、持续时间较短，使其成为有效视频转换的最佳选择。

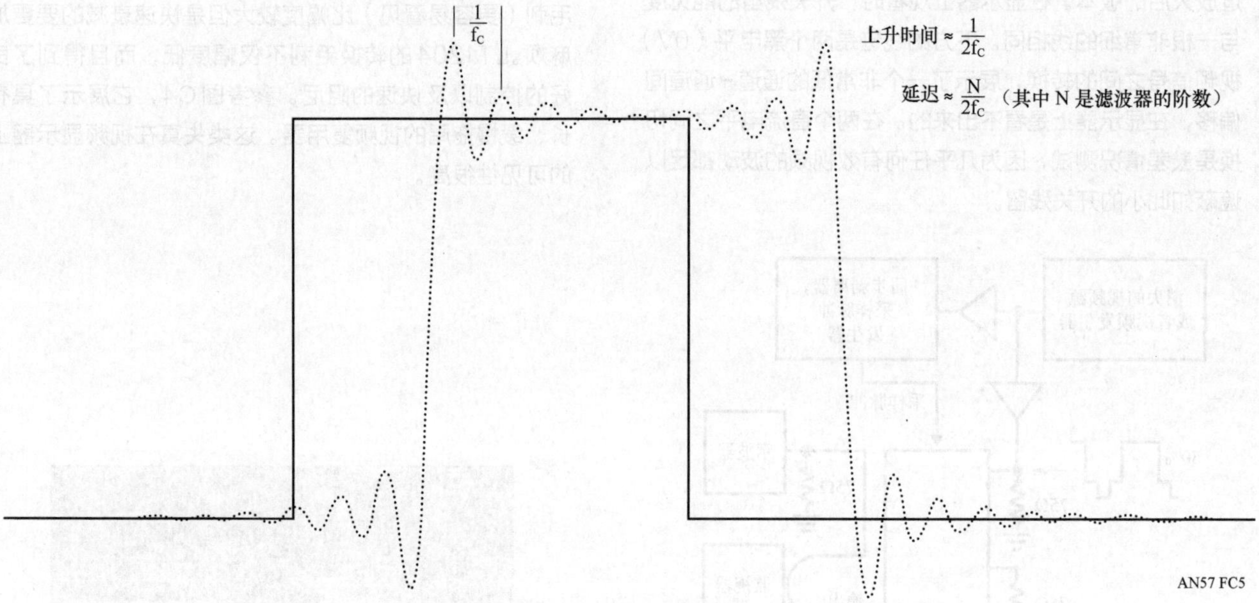

图C5 在频率f_C处理想陡峭截止滤波器的脉冲响应

结论

若能精心选择并巧妙应用高速复用器的话，可以以廉价的方式获得性能优异的有效视频转换结果。快速转换以及较小、良好受控的转换毛刺都是很重要的。当LT1204用于两个平场信号之间的有效视频切换时（很关键的测试），切换残留几乎不可见。当LT1204用于在两个直播视频信号中切换时，切换残留是看不见的。

一些定义

“画中画”是指一种制作效果，即将一个视频图像插入另一个视频图像内。这个过程可能非常简单，例如将画从中间处分开；也可能包括在复杂几何边界上对两个图像进行切换。为了使得复合视频稳定和较好的可视度，两个视频信号必须垂直同步和水平同步。对于复合彩色信号，该信号必须是副载波锁定的。

“键控”是指在两个或者更多视频信号之间切换，触发其中一个信号的某一个特性。例如，色彩键控将开启一个特殊色彩的存在。色彩键控用于将场景的一部分插入另一个场景。在通常使用的特效中，电视天气预报人员（“天才”）站在一个计算机产生的气象图前面。实际上，该天才是站在一个特殊颜色的背景前面；而气象图则是精心准备的独立视频信号，没有包含那些特殊颜色。当彩色键控器感测到键控颜色时，它将其转换为气象图背景。没有键控颜色的地方，键控器将转换为该天才的画面。

测量和控制的实用电路

35

为残酷却不折不挠的世界所设计的电路

Jim Williams

引言

本章是1991年6月到1994年7月间所设计电路的集锦。大多数的电路是根据用户的需求而设计的，也有些是属于衍生品。所有的电路我们都殚精竭虑，因此，将它们呈现在此以期进行广泛的研究，同时也希望得到广泛的使用①。这些实例大致分为功率转换、传感器信号调理、放大器和信号发生器。关于文中电路任何改进的评论或者疑问，我们一如既往地希望读者能与作者直接联系。

① “研究”是永恒而崇高的追求，不过我们从不惜强调这些电路的应用。

时钟同步开关稳压器

门控振荡器类型的开关稳压器允许在较大的输出电流范围内有着高的效率。这些稳压器通过采用门控振荡器结构代替钟控脉宽调制器来达到期望性能。这种设计消除了与固定频率设计连续运行时相关的“看家”电流。门控振荡器稳压器自我钟控能够保持输出电压在所需的任何频率上。典型情况下，环路振荡频率从几赫兹到几千赫兹，具体取决于电路的负载。

在大部分情况下，这一异步、频率可变的操作并不会产生问题。然而，某些系统对这些特性比较敏感。图35.1所示

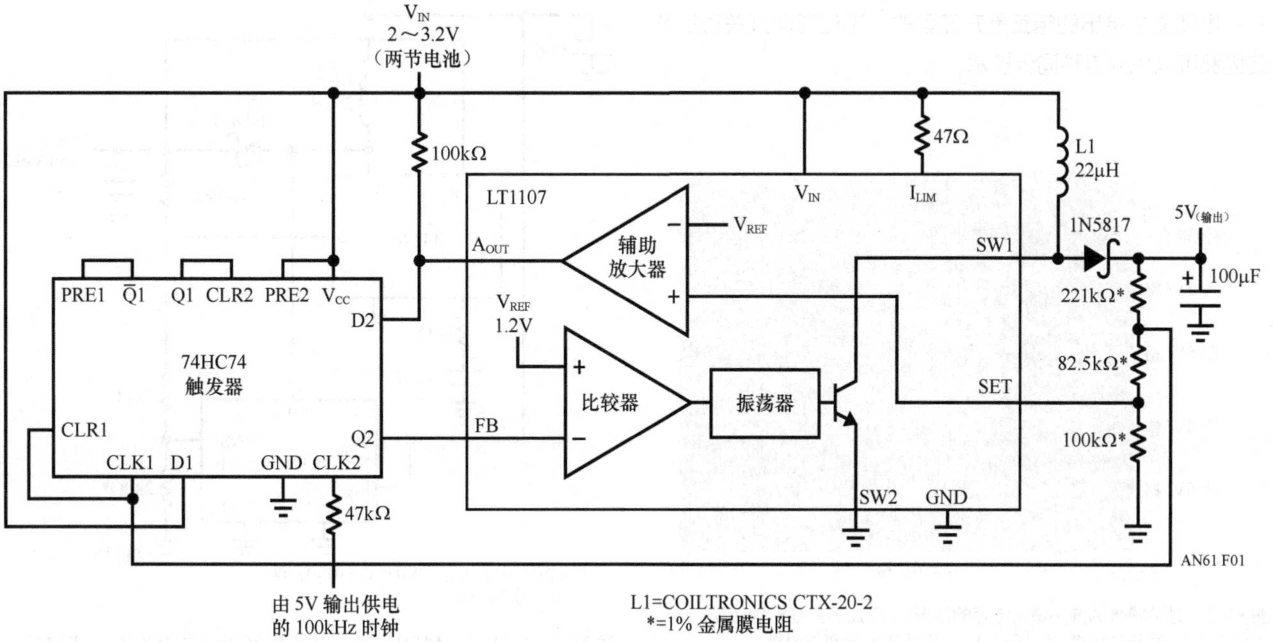

图35.1　同步触发器迫使开关稳压器噪声与时钟相一致

电路对门控振荡器类型的开关稳压电源进行了简单的修改，将环路振荡频率与系统时钟进行了同步。这样，虽然振荡频率和随之而来的开关噪声仍然可变，但与系统运行相一致。

理解电路工作原理之时，可以暂时忽略触发器，并假定LT®1107稳压器的A_{OUT}和FB引脚是连接在一起的。当输出电压衰减时，set引脚的电压降至V_{REF}以下，从而引起A_{OUT}电压下降。这将导致内部比较器转换为高电平，偏置振荡器和输出晶体管进入导通状态。L1接受脉冲驱动，它的反激结果通过二极管存储在100μF电容内以恢复输出电压。这将过度驱动set引脚，引起IC关闭直至下一个周期。这个振荡周期的频率与负载相关并且是可变的。如图所示，如果在A_{OUT}-FB引脚路径上插入触发器，将会与系统时钟同步。当输出衰减到足够低（见图35.2波形A）时，A_{OUT}脚（波形B）变为低电平。在下一个时钟脉冲（波形C），触发器VT2输出（波形D）置低，偏置比较器-振荡器。这将开启功率开关（波形E为V_{SW}引脚的信号），给L1提供脉冲信号。L1通过反激的方式响应，将其能量存储到输出电容内以保持输出电压。这个动作除了通过触发器使得该序列与系统时钟同步之外，其他都与之前描述的情况类似。虽然所得的环路振荡频率是可变的，但是所有随之而来的开关噪声都与系统时钟同步且一致。

由于电路的时钟是由其输出供电的，所以需要一定的启动顺序。启动电路由凌力尔特公司的Sean Gold和Steve Pietkiewicz研发。触发器的剩余部分被连接成缓冲器。CLR1-CLK1通过电阻串监控输出电压。当电源加载时，VT1设置CLR2为低电平，使LT1107开始切换，提高输出电压。当输出变为足够高时，VT1设置CLR2为高电平并且开始正常的环路运行。

虽然文中给出的电路是升压型的，不过任何开关稳压器结构都可以采用这种同步技术。

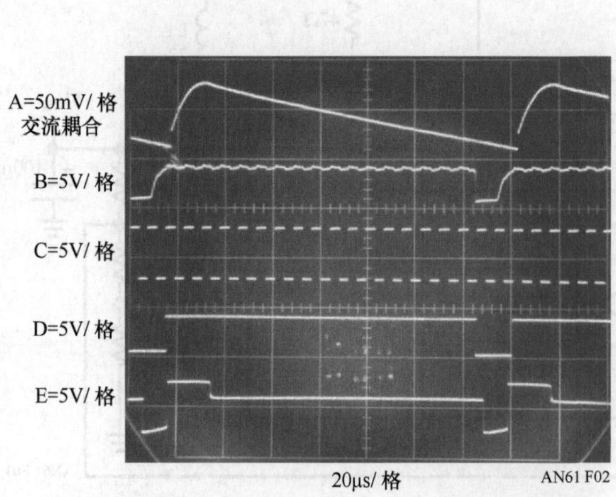

图35.2 时钟同步的开关稳压电源的波形。稳压器只在时钟转换（波形C）时开关切换（波形E），导致输出噪声与时钟相一致（波形A）

高功率1.5V到5V转换器

一些1.5V供电的系统（如双向求生电台、遥控器、传感器馈送数据采集系统等）需要的功率比独立IC稳压器大很多。图35.3所示的电路提供了5V、200mA的输出电源。

该电路本质上是反激式稳压器。LT1170开关稳压器的低饱和损耗以及易用性使其输出功率高并且设计简单。不过该器件需要最小3V的供电电压。可实现从5V输出将其供电电源引脚自举，但是需要一些启动机制。

1.5V供电的LT1073开关稳压器形成了一个启动环路。当电源加载时，LT1073开始运行，使得它的V_{SW}管脚周期性地使电流流过L1。L1产生高电压反激响应。这些响应被整流并存储在470μF的电容中，从而产生电路的直流输出。输出端设置了分压电路，所以当电路输出超过4.5V时，LT1073会关断。在这一情况下，LT1073明显无法驱动电感L1，但是LT1170可以驱动。当启动电路停止后，LT1170的V_{IN}引脚上已经有足够的能量可以运行。在启动环路关闭和LT1170开启之间有一些重叠，但是对电路并没有不利的影响。

启动环路需要在宽负载范围和宽电池电压的情况下正常运行。启动电流接近1A，所以需要注意LT1073的饱和与驱动特性。最坏情况是电池基本耗尽并具有很大的输出负载。

图35.4给出了电路输入输出特性曲线。注意到，电路在V_{BAT}=1.2V时在所有负载情况下都能够启动；在电压低至1V时，如果负载较小则电路仍可以启动。一旦电路启

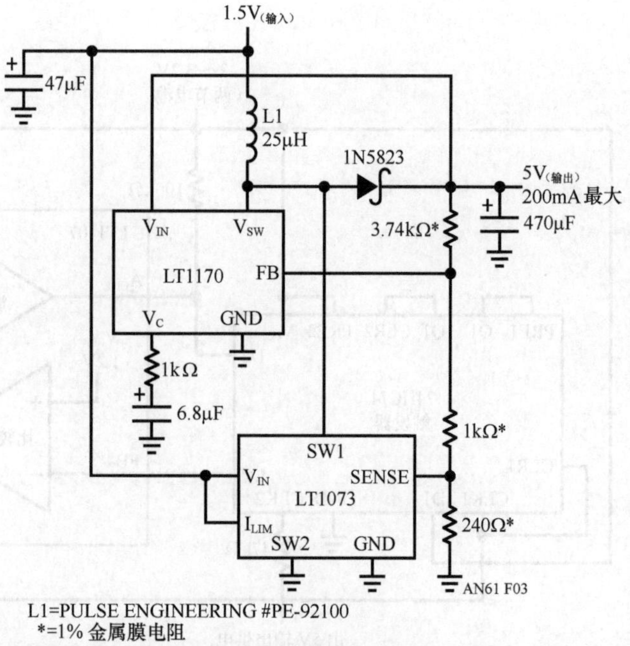

图35.3 1.5V输入到5V输出、电流为200mA的转换器。低电压LT1073为LT1170（大功率开关稳压器）提供自举启动

动，图中曲线说明在V_{BAT}低至1.0V时，电路仍能满载驱动200mA的负载。电池也可以低至0.6V时工作（电池已经完全耗尽）！图35.5所示的是在两个不同电压供电时，在不同输出电流情况下电路的效率。尽管电路的静态电流使得电路在电流较小时的效率有所下降，但是电路的性能还是很吸引人的。在较低的供电电压时，固定的节点饱和损耗将导致电路整体的效率降低。

低功率1.5V到5V转换器

图35.6所示电路采用的方法与前面所示的电路基本相同，是由凌力尔特公司的Steve Pietkiewicz研制的。它的输出电流由相应的启动电流约束而被限制在150mA。它的优势是较低的静态电流功耗，在较低的输出电流时有着较好的效率。

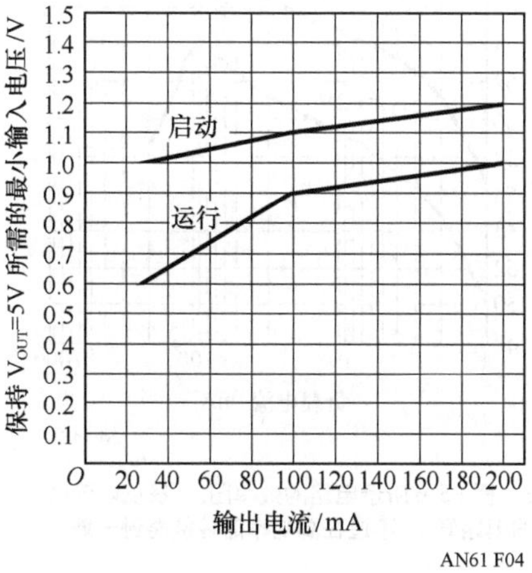

图35.4 1.5V到5V转换器的输入输出数据，展示了电路极宽的启动和运行范围

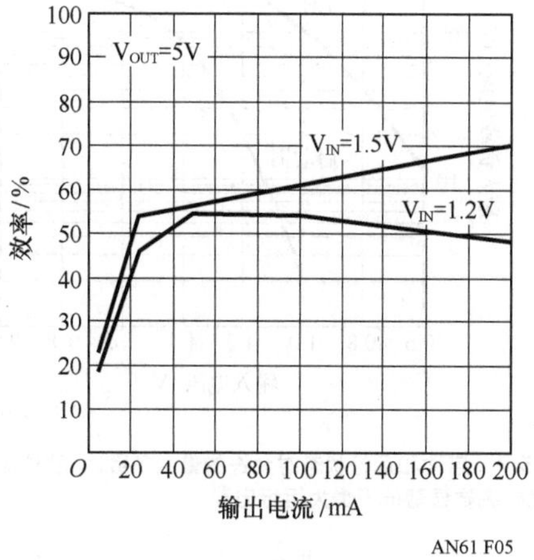

图35.5 1.5V到5V转换器的效率-工作点关系图。由于相对高的静态电流，低功率运行时电路效率较低

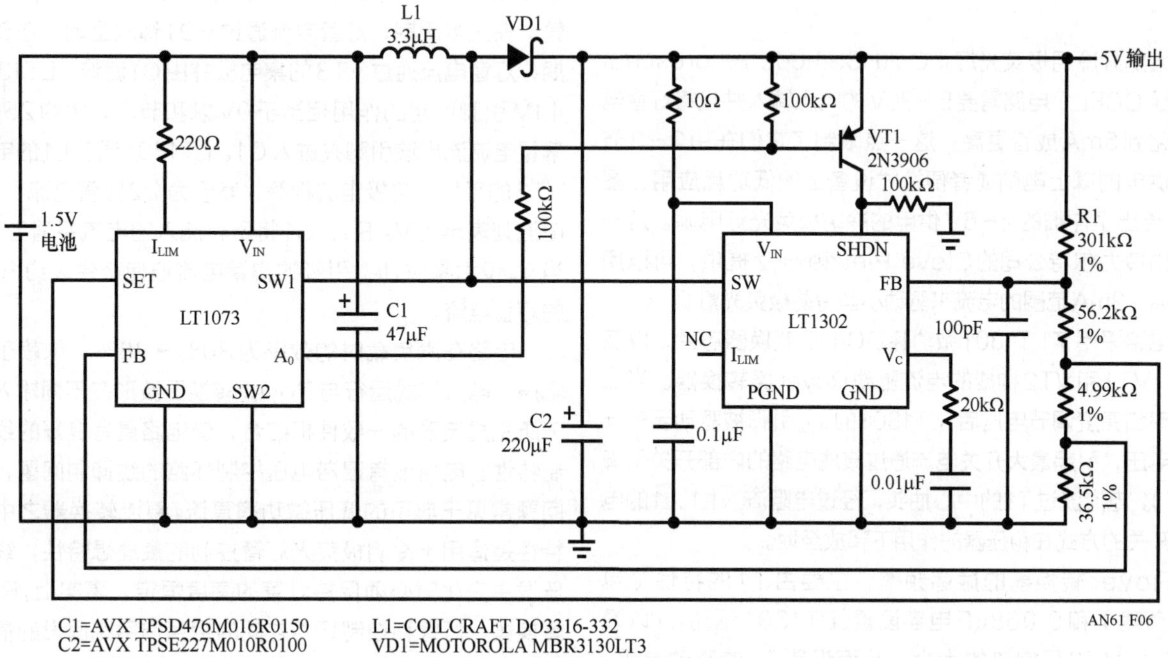

图35.6 提供150mA电流的单电池到5V转换器，在较低电流时效率仍然良好

LT1073用于电路的启动。当输出电压通过电阻分压器被LT1073的“set”输入端感测到时，提高VT1的电压到足以开启LT1302。器件这时得到足够的电压并将输出驱动到5V以满足它的反馈节点。5V输出端同时也在LT1073的反馈管脚引起足够的过度驱动，使该器件关闭。

图35.7给出了启动和运行模式下系统允许的最大负载电流。尽管该电路显然与前面所述的电路无法相提并论，但是它的性能还是很好的。这两个电路的本质区别是LT1170（见图35.3）的更大功率开关将可以产生更大的可用功率。然而，图35.8却揭示了另一个不同点。该曲线表明在输出电流小于100mA时，图35.6所示的电路比基于LT1170方案的效率要高出很多。这一特性非常可取，这是因为LT1302有着极低的静态运行电流。

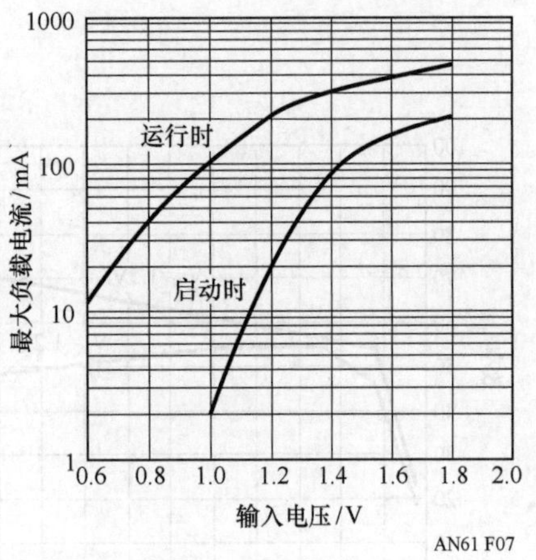

图35.7 启动和运行状态时允许的最大负载。启动时允许的负载电流要显著低于最大运行电流

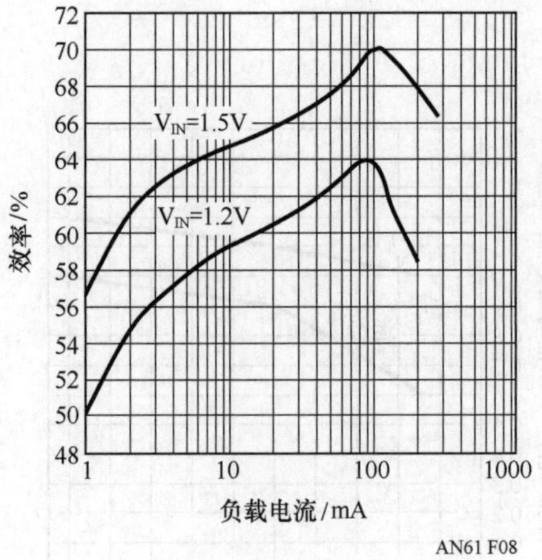

图35.8 图35.6所示电路的效率图。在低电流时，电路性能比前面的电路好，不过在高功率时性能略逊一筹

低功耗、低电压冷阴极荧光灯电源

大部分冷阴极荧光灯（Cold Cathode Fluorescent Lamp,CCFL）电路需要5~30V的电源输入并且将灯管电流优化到5mA或者更高。这一点限制了它们在由2~3节电池供电的掌上电脑或者便携式设备上的低功耗应用。图35.9给出了详细的2~6V供电的冷阴极荧光灯电源。这一电路由凌力尔特公司的Steve Pietkiewicz提供，可以用100μA~2mA范围的电流来驱动小型冷阴极荧光灯。

电路采用了LT1301微功耗DC/DC变换器芯片，以及由T1、VT1和VT2构成的电流驱动Royer类转换器。当加载功率和亮度调节电压后，LT1301的I_{LIM}引脚被驱动至较低的正电压，引起最大开关电流通过集成电路的内部开关引脚（SW）。电流流过T1的中心抽头，经过电阻流入L1。L1的电流以开关的方式在稳压器的作用下释放至地。

Royer转换器的振荡频率，主要由T1的特性（包括其负载）和0.068μF电容设置。LT1301驱动L1以设置VT1-VT2尾电流的大小，从而设置T1的驱动电平。1N5817二极管在LT1301开关关闭时保持L1的电流。0.068μF与T1的特性一起在VT1和VT2的集电极产生正弦波电压驱动。T1提供升压电压，大约1400V$_{(峰峰值)}$的电压出现在T1的次级。交流电流通过22pF电容流入灯管。在正半周期，灯管电流通过VD1释放至地。在负半周期，灯管电流通过VT3的集电极并由C1滤波。LT1301的ILIM引脚所起的作用相当于0V求和节点，大约25μA的偏置电流流出该引脚并进入C1。LT1301调节L1的电流与VT3的平均集电极电流相等，表示为1/2灯管电流；而R1电流则表示为V_A/R1。C1将所有流入的电流平滑为直流。当V_A设为零时，I_{LIM}引脚的偏置电流迫使产生大约100μA的灯管电流。

电路在满负载时的效率为80%~88%，依赖于线路电压。电流模式运行与Royer转换器波形在不同输入条件下所生成波形的一致性相结合，使电路具有良好的线路抑制特性。电路没有迟滞电压控制环路的线抑制问题，这类问题常见于典型的低压微功率直流/直流转换器之中。该特性是适用于冷阴极荧光灯管控制的最理想特性，线路电压发生变化时必须保持灯管的亮度恒定。事实上，Royer转换器、灯管和控制环路之间的相互作用比假设的情况要复杂得多，并且受限于各类必须考虑的因素。具体讨论请参阅参考文献3。

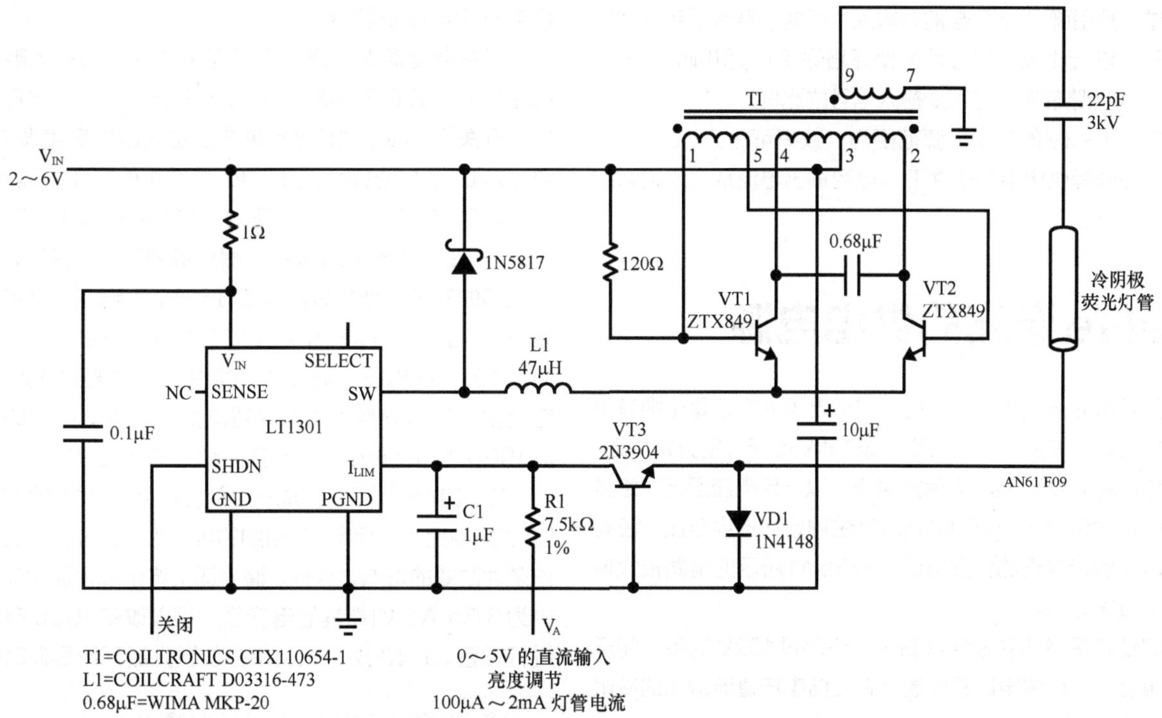

图35.9 用于低压输入和小型灯管的低功率冷阴极荧光灯电源

低电压供电的LCD对比度电源

图35.10所示的是与前面介绍的冷阴极荧光灯电源相搭配的电路，它给LCD显示屏提供对比度电源。该电路由LTC公司的Steve Pietkiewicz设计。值得一提的是，该电路可以在1.8～6V的输入供电情况下运行，明显比大部分设计低得多。电路运行时，LT1300/LT1301开关稳压器以反激的方式驱动T1，引起T1次级的负偏置增大。阻性分压的输

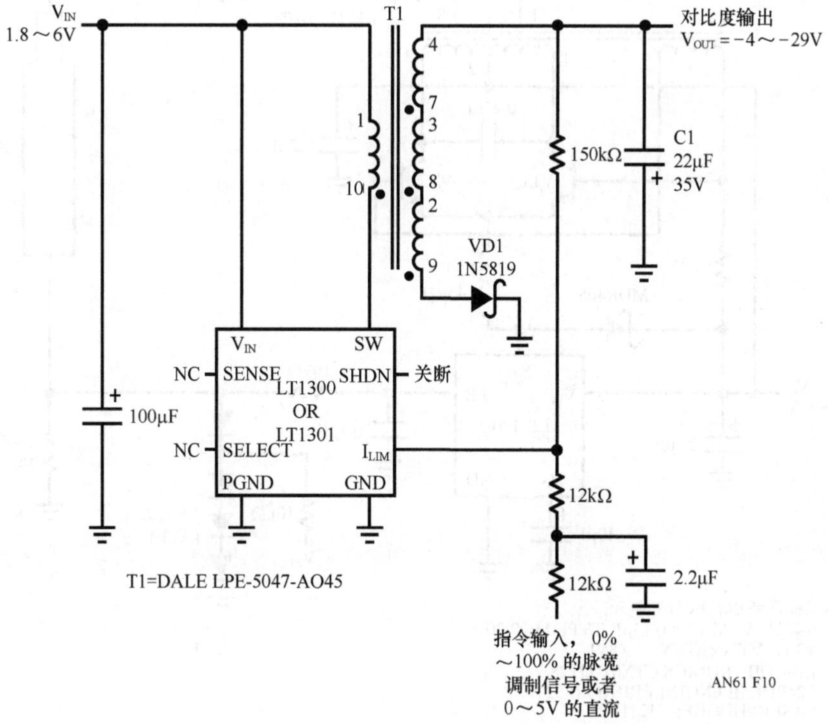

图35.10 LCD对比度电源，1.8～6V供电，输出范围为-4～-29V

出通过芯片引脚“I_{LIM}”与指令输入（可能为直流或者脉宽调制信号）进行比较。该芯片迫使环路保持I_{LIM}引脚的电压为0V，调整电路使输出与指令输入信号成比例。

在1.8～3V的供电电源范围内，效率可达77%～83%不等。在同等供电电源条件下，可用输出电流从12mA增加到了25mA。

HeNe激光的供电电源

氦氖激光被用于各类应用，对于电源而言它是个很有挑战的负载。氦氖激光一般需要大概10kV电压才能开始导通，不过它仅需1500V就可以保持导通，以一定电流运行。给激光供电通常包括一个启动电路以产生初始的击穿电压，还有一个用于保持导通的分立电源。图35.11所示的电路极大地简化了激光驱动。

启动和保持功能被结合到了一个超过10kV的单一闭环电流源上。可以将电路看成是带有三倍电压直流输出的冷阴极荧光灯电源的改进版[②]。

当加载电源时，激光并不导通并且190Ω电阻上的电压为0。LT1170开关稳压器的FB引脚没有反馈电压，同时它的开关引脚V_{SW}为L2提供全占空比脉冲宽度调制信号。电流从L1的中心抽头流出，经过VT1和VT2，流入L2和LT1170。这个电流将使VT1和VT2进行开关，交替驱动L1。0.47μF电容与L1谐振，提供增强的正弦波驱动。L1提供足够的升压，使次级产生约3500V的电压。电容和二极管与L1的次级构成一个电压三倍增器，在激光器两端产生超过10kV的电压。激光器击穿并且电流开始通过。47kΩ电阻限制电流并且隔离激光器的负载特性。电流的通过引起190Ω电阻上出现一个电压。这个电压经过滤波后出现在LT1170的FB引脚，构成一个闭合回路。LT1170调整驱动L2的脉冲宽度以保持FB引脚的电压为1.23V，并且不受工作条件改变的影响。这样，激光器上将出现恒流驱动，本例中为6.5mA。如需其他电流值，可以改变190Ω电阻的值进行设置。1N4002二极管串钳位激光器开始导通时的过量

② 请参阅参考文献2和3以及正文中的图35.9。

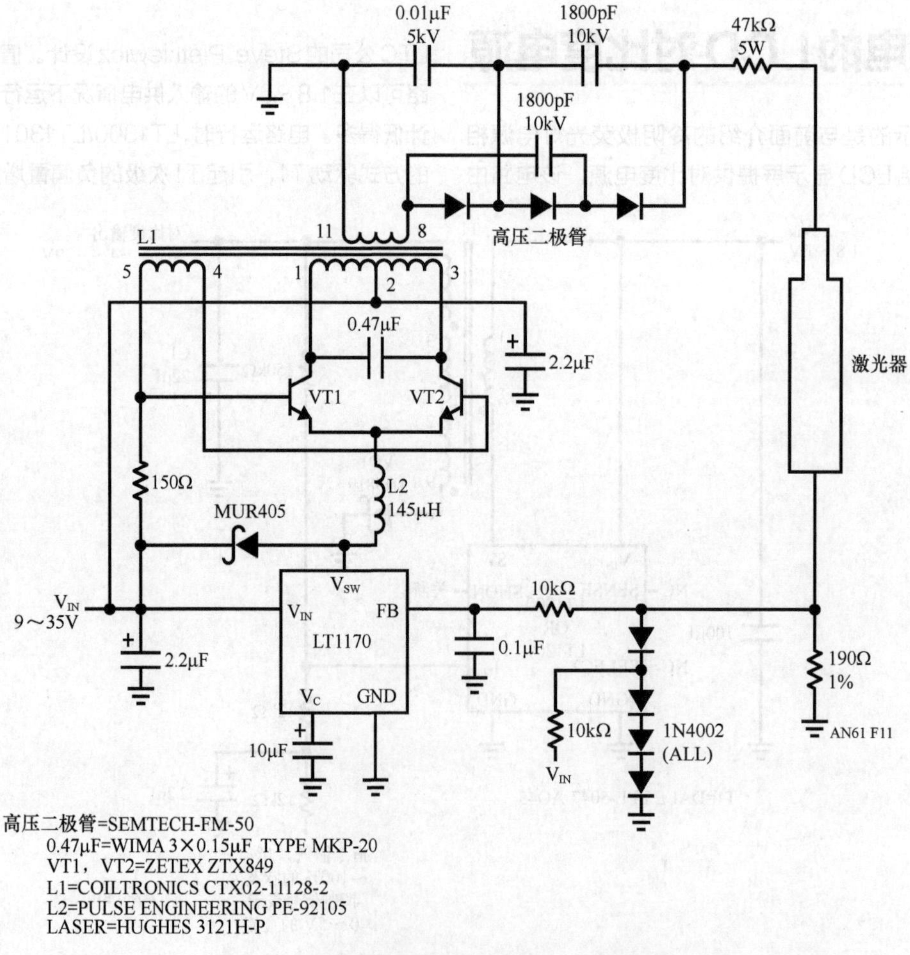

图35.11 激光电源实质上是10000V的合规电流源

电压，以保护LT1170。在V_C引脚的10μF电容器给环路提供频率补偿，当LT1170的V_{SW}引脚没有导通时，MUR405保持L1上的电流。电路将在9～35V的输入电压范围内启动并运行该激光器，效率大约为80%。

紧凑的电致发光平板电源

电致发光（Electroluminescent，EL）LCD背光平板在便携式系统中，已经成为荧光灯管的一个具有吸引力的替代品。电致发光平板薄、重量轻、功耗低，不需要漫射器而且工作电压比冷阴极荧光管低。然而，大部分电致发光直流/交流逆变器采用一个大的变压器以产生驱动面板所需的400Hz、95V方波。图35.12所示的电路由凌力尔特公司的Steve Pietkiewicz研发，采用了LT1108微功耗直流/直流转换器芯片以去除变压器。该设备通过L1和二极管-电容倍压网络产生一个95V的直流电压。晶体管将电致发光板在95V和地之间进行切换。C1阻止直流而R1则可以进行亮度调节。400Hz方波驱动信号可以由单片机或者一个简单的多谐振荡器提供。与传统的电致发光板电源相比，该电路值得一提的是它的尺寸为1in^{2}并且高度在0.5in以下。此外，所有的元件都是贴片封装的，常见的大体积而且笨重的400Hz变压器被去除了。

3.3V供电的气压信号调理器

对于模拟信号调理来说，采用3.3V数字供电电压可能带来问题。特别是传感器电路经常需要更高的电压以激励传感器。标准配置的DC/DC变换器可以解决这一问题，但是会增加功耗。图35.13所示的电路给出了可以提供适当的气压传感器激励并且能够最小化功率需求的方法。

6kΩ的传感器T1需要精确的1.5mA激励，因此需要一个相对高的电压驱动。A1通过监测T1回路上电阻串的压降来感测T1的电流。

A1的输出偏置了LT1172开关稳压电源的工作点，产生一个升压直流电压，为T1提供驱动，为A2提供供电电压。T1的回路电流从管脚6输出并在A1处形成闭合回路，电流是由1.2V参考电压产生的。这样的设置能提供所需的高压（约为10V）驱动，并且最小化功耗。其原因是开关稳压电源仅产生能够满足T1电流需求的电压。仪用放大器A2和A3提供增益，而LTC®1287模数转换器提供12位的数字输出。A2是自举传感器电源，从而使之能够接受T1的共模电压。电路的电流损耗约为14mA。如果关断引脚被驱动至高电平则会使开关稳压器关闭，将总功率损耗降到大约1mA。在关断状态，3.3V供电的模数转换器的输出数据依旧有效。在实际应用中，该电路提供了经过校准后的环境气压的12位表达形式。为了校准，需要调节“电桥电流调整器”，使得所示节点处的电压为精确的0.1500V。这就设置了T1的电流为厂家指定的工作点。然后，调整A3的电位器使数字输出对应已知的环境气压。如果得不到标准气压，可以给传感器提供单独的校准数据从而实现电路的校准。

一些应用可能需要更宽的供电电压范围以及/或者一个校准的模拟输出。图35.14所示电路基本上相似，区别在于该电路去除了模拟数字转换器并且接受2.7～7V供电电压。校准过程除了A3的模拟输出也受监测之外，其余都是相同的。

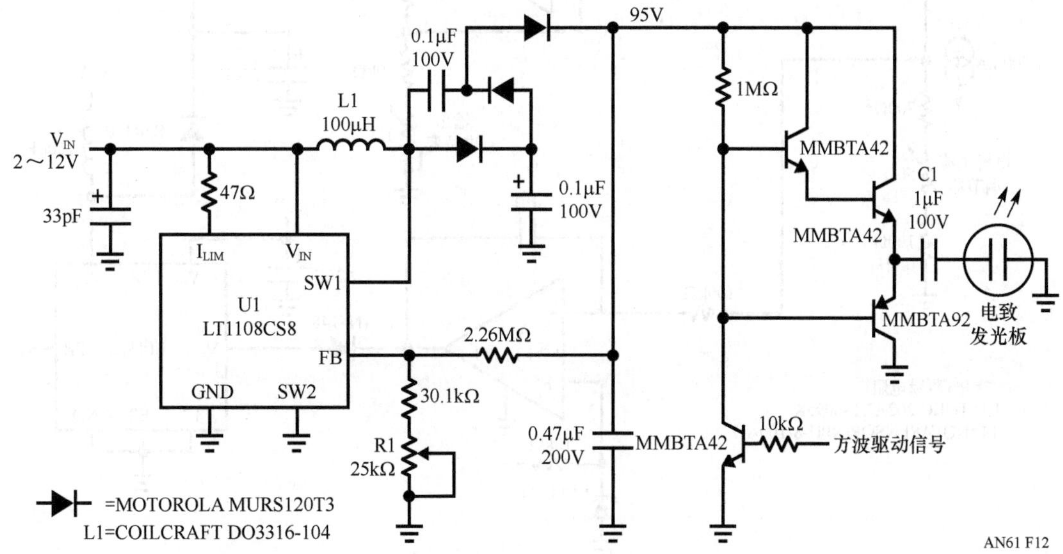

图35.12 去除了较大的400Hz变压器的开关模式电致发光平板驱动器

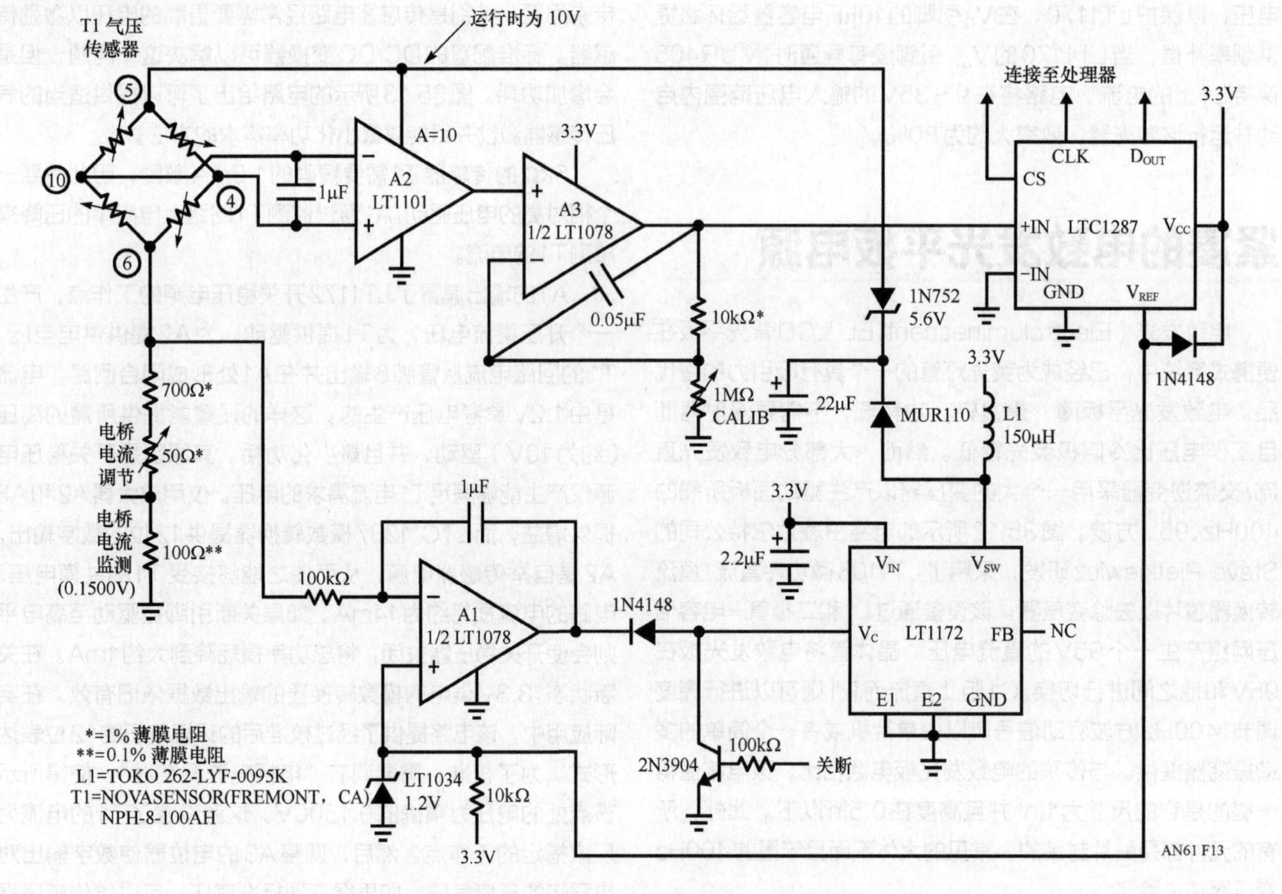

图 35.13　3.3V供电、数字输出的气压计信号调理器

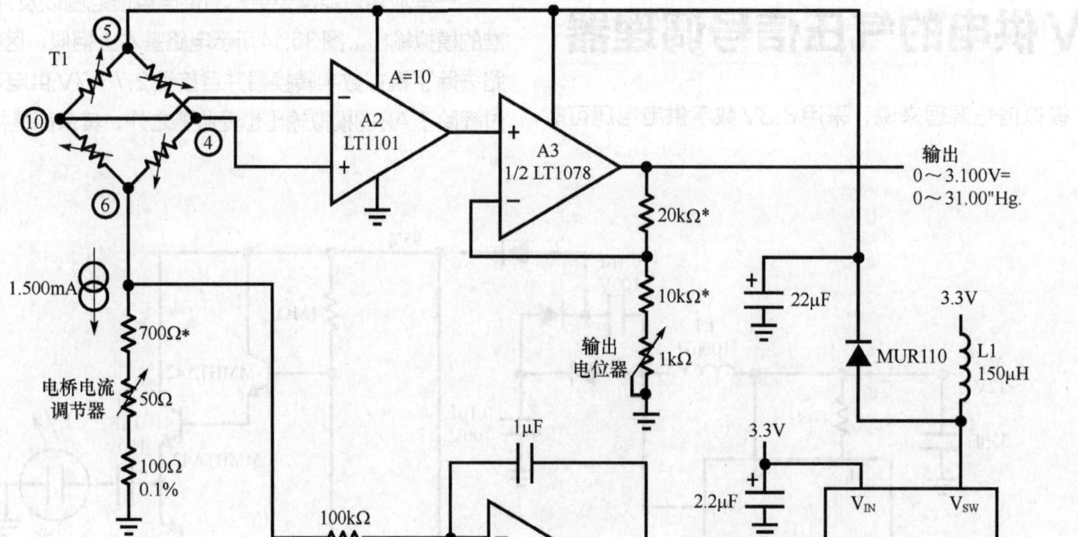

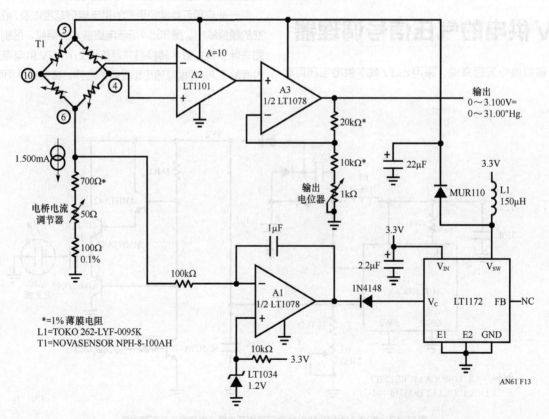

图 35.14　单电源供电的气压信号调理器（工作在 2.7～7V 范围内）

单电池供电的气压计

可以在不牺牲电路性能的情况下用单节电池给这些电路供电。图35.15所示电路直接扩展了上述方案，简单地将开关稳压器替换为可以在单节1.5V电池供电下工作的电源。环路行为在其他方面都是一致的。

图35.16所示的同样是一个1.5V供电的设计，跟前述电路是相关的，但是没有再使用仪用放大器：与前面的电路相同，6kΩ传感器T1需要精确的1.5mA激励，因此需要一个相对高的电压驱动。A1通过监测T1回路上电阻串的压降来感测T1的电流。A1的反相输入端固定在LT1004的1.2V参考电压。A1输出端偏置1.5V供电的LT1110开关稳压器。LT1110的开关从L1产生两个输出。引脚4经过整流、滤波后的输出给A1和T1供电。A1的输出反过来在稳压器构成闭环反馈回路。这一回路产生驱动1.5mA电流通过T1所需的升压电压。这样的设置提供了所需的高电压驱动并且最小化了功耗。这是由于开关稳压电源只产生足以满足T1电流需求的电压。

L1的引脚1和引脚2提供一个升压、全浮地并且经过整流、滤波的电压。这个电势给A2供电。由于A2相对于T1是浮地的，它可以差分地接收T1输出引脚10和引脚4之间的信号。在实际中，引脚10变成“地”，并且A2测量引脚4输出相对于这一点的电压。A2的增益标度输出为电路的输出，方便地将信号标度为3.000V=30.00″Hg。A2的浮地驱动消除了对仪用放大器的需求，还节约了成本、功耗、空间以及所产生的误差。

为了校准这个电路，调整R1以使T1回路上的100Ω电阻上有150mV的电压。从而将T1的电路设为厂家规定的校准点。接下来，调整R2使得标度系数为3.000V=30.00″Hg。如果调整R2无法得到校准，重新选择与它串联的200kΩ电阻。如果得不到标准气压，可以给传感器提供单独的校准数据从而实现电路的校准。

该电路与更高阶压力标准相比，在外界宽范围的环境压力变化的情况下，在数个月后能保持0.01″Hg的精度。压力的改变，特别是快速的压力改变与天气条件改变的相关性很大。此外，由于0.01″Hg对应于海拔10ft，驾车经过小丘和高速公路立交桥将出现相当有趣的现象。

直到最近，才有粘合应变计以及电容性传感器能够达到这样的精度和稳定性，但是这些传感器都很昂贵。因此，半导体压力传感器制造商的产品能够表现在这样的水准，是值得喝彩的。虽然高质量半导体传感器仍然无法与更成熟的技术相比，但是它们的成本低并且比以前的器件有了很大的改进。

该电路从电池获取14mA电流，所以在1号（D size）电池供电的情况下可以运行250h。

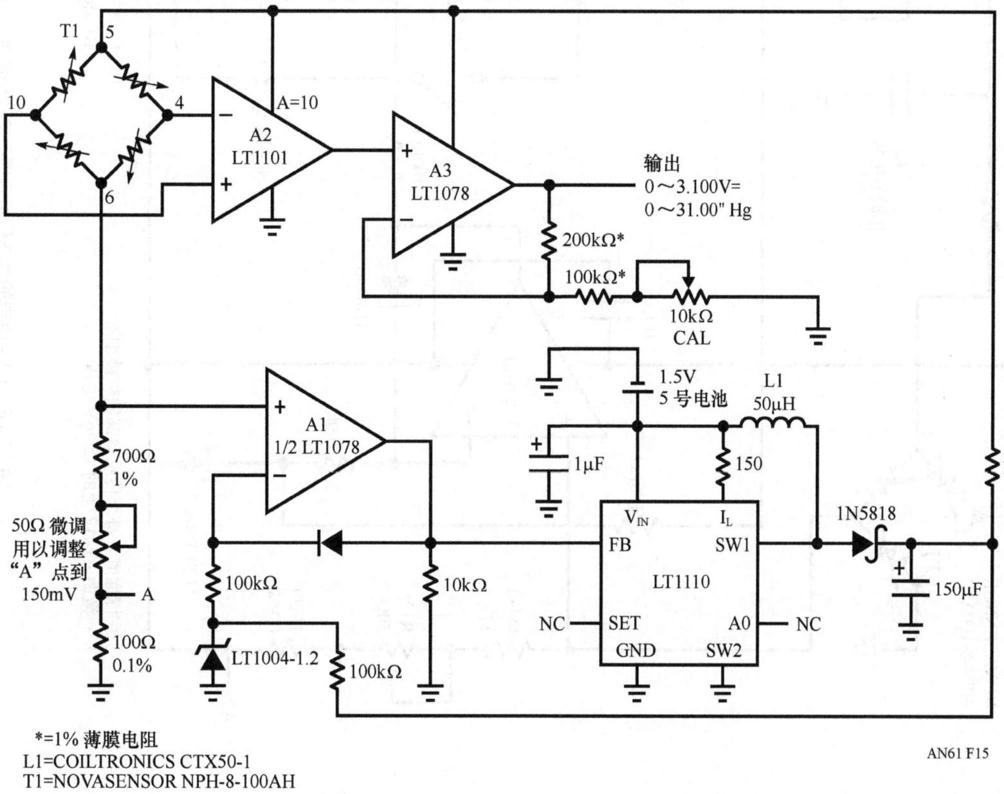

图35.15 采用仪用放大器和电压增强电流环、1.5V供电的气压信号调理器

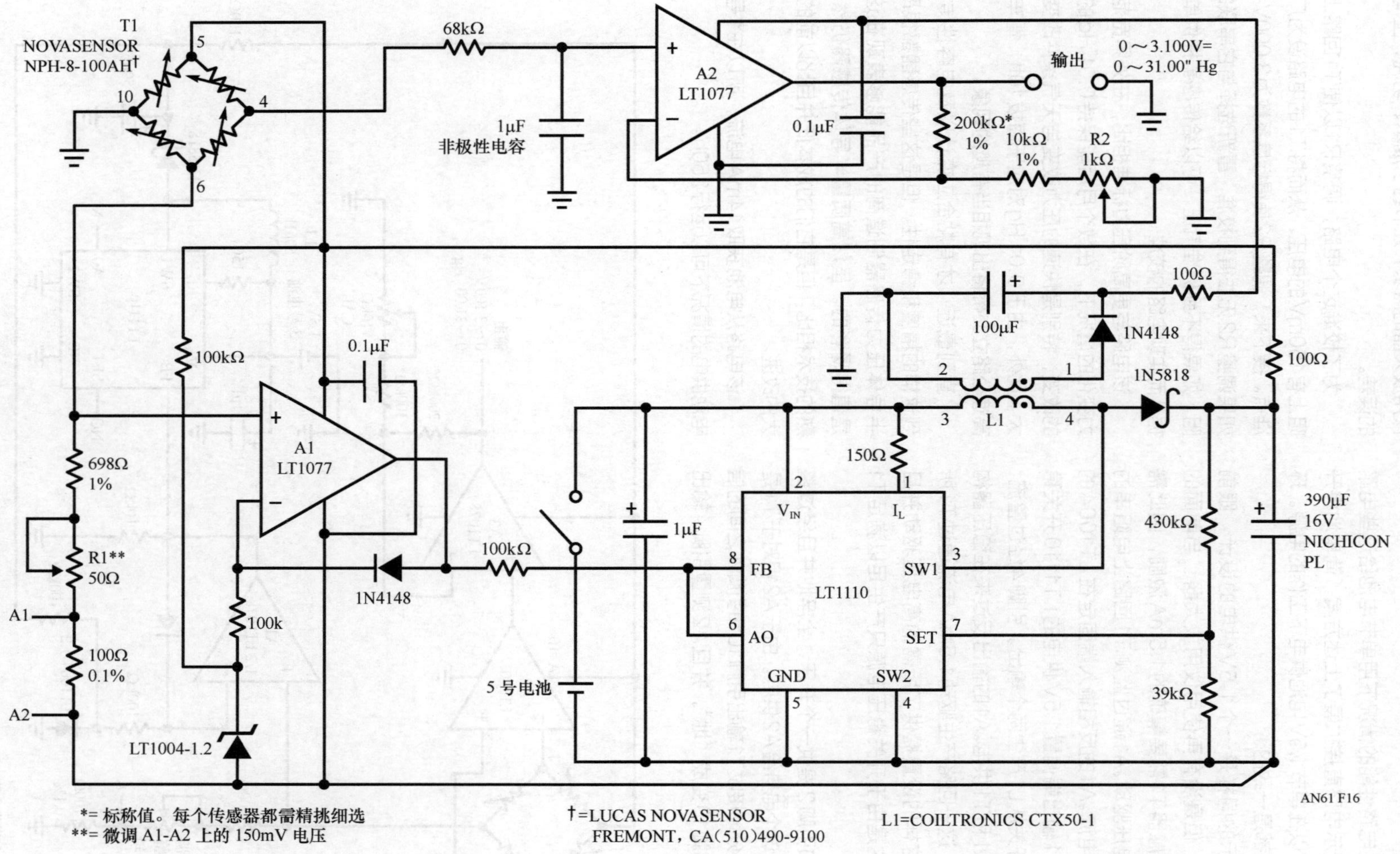

图35.16 1.5V供电的气压信号调理器使电桥浮地，从而去掉了仪用放大器。由电压增强电流环路驱动传感器

基于石英晶体的温度计

虽然已经可以将石英晶体用作温度传感器（参见参考文献5），但是这一技术尚未得到广泛使用。这主要是由于缺少标准的石英晶体温度传感器。石英晶体传感器的优点是包括了简单的信号调理、良好的稳定性以及非常适合于远距离传感的抗噪直接数字输出。

图35.17所示电路采用了经济的商用（参见参考文献6）石英晶体温度传感器并且适用于远程数据采集的温度计方案。LTC485 RS485收发器配置在发送模式。晶体以及分立元件与集成电路的反相增益一起构成Pierce型振荡器。LTC485的差分线驱动提供频率编码的温度数据通过1000ft长的线缆。第二个RS485收发器差分地接收数据并转换为单端输出。电路的精确度依赖于石英传感器的级别，在0~100℃范围内可以达到1℃的精度。

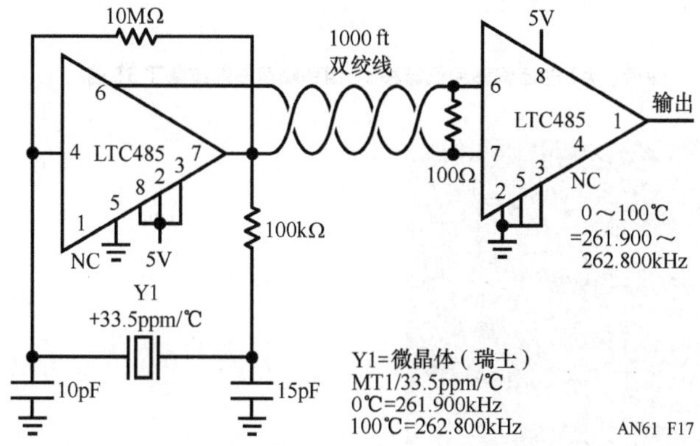

图35.17 基于石英晶体的电路提供温度到频率的转换。RS485收发器支持远程感测

超低噪声低漂移斩波FET放大器

图35.18的电路结合了斩波稳定放大器极低的漂移以及一对FET的低噪声特性。结果是放大器只有0.05μV/℃的漂移、5μV以内的偏移、100pA偏置电流和0.1Hz到10Hz带宽内50nV的噪声。这些噪声性能是特别值得一提的：它们几乎比单片斩波稳定放大器好35倍，与最好的双极型放大器相同。

场效应管VT1和VT2差分地给A2馈送信号以构成一个简单的低噪声运放。由R1和R2提供反馈通过常见的方式设置闭环增益（在本例中为10000）。尽管VT1和VT2有着卓越的低噪声性能，但是它们的偏移和漂移是不受控制的。A1是一个斩波稳定放大器，用于纠正这些缺陷。它通过测量放大器输入端之间的差异，并通过VT3调节VT1的沟道电流以最小化这个差异。VT1偏斜的漏极值能确保A1可以捕捉这一偏移。A1和VT3为VT1沟道提供足够的电流，使其偏移在5μV范围之内。此外，A1的低偏置电流并不会明显地增加放大器整体的100pA偏置电流。如图所示，放大器通过设置，具有10000的同相增益；当然，其他增益值和反相配置也是可行的。图35.19所示的是测量所得的噪声性能曲线。

场效应管的V_{GS}可以在4：1的范围内变化。所以，应选取10%V_{GS}匹配的FET。这个匹配允许A1捕捉这一偏移并且不会引入明显的噪声。

图35.20展示了1mV阶跃输入（波形A）的响应（波形B）。输出很干净，没有过冲或者不受控的分量。如果A2用更高速的器件替换（例如LT1055），速度将会提高一个数量级并且具有类似的阻尼。A2的可选过补偿可以用于优化低闭环增益时的响应。

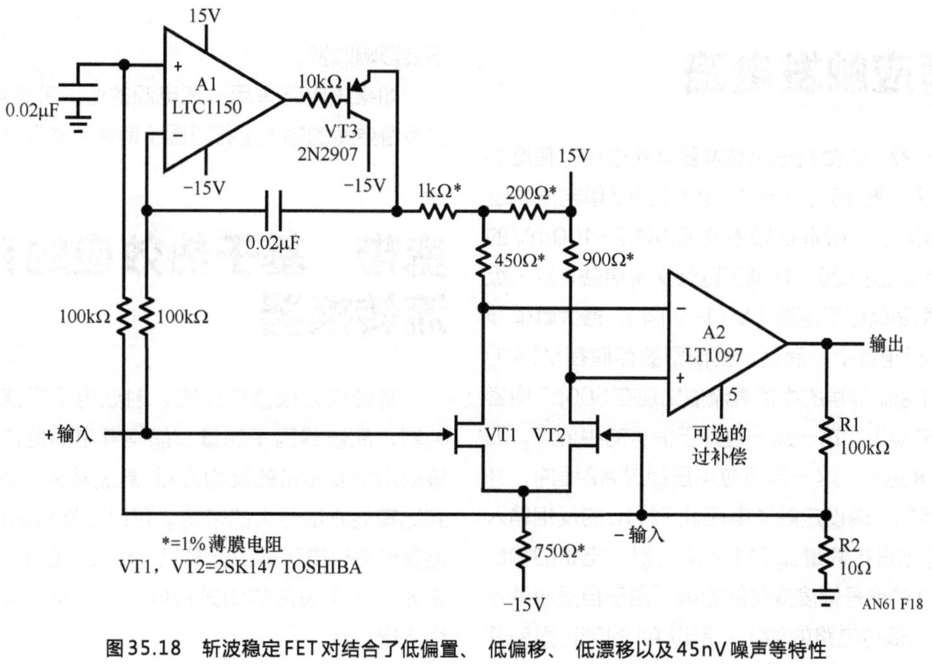

图35.18 斩波稳定FET对结合了低偏置、低偏移、低漂移以及45nV噪声等特性

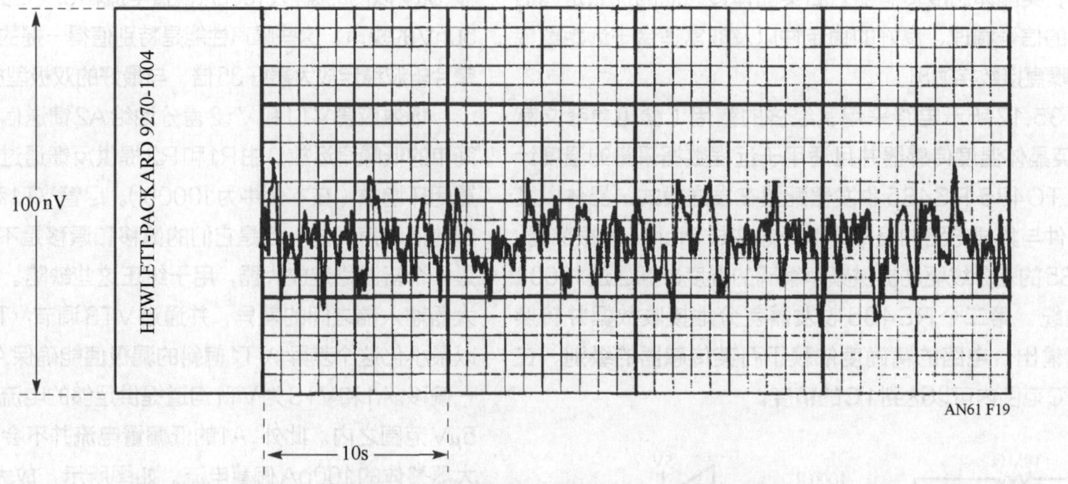

图35.19　图35.18所示电路在0.1~10Hz带宽内的45nV噪声性能。保持了A1的低偏移和低漂移，但是噪声性能改善了35倍

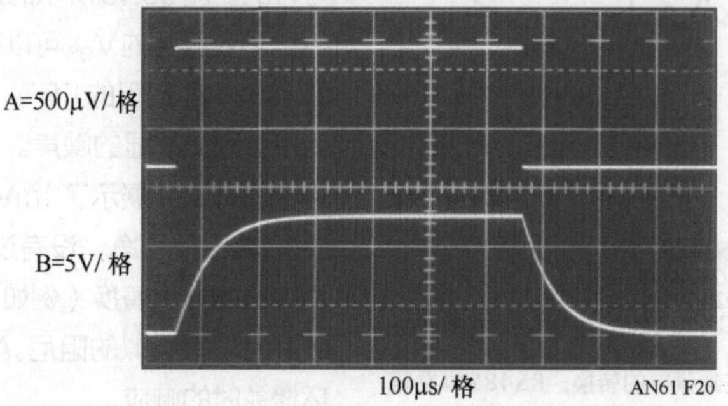

图35.20　低噪声、增益为10000的放大器的阶跃响应。将A2用更高速的器件代替，速度可以增加10倍

高速自适应触发电路

线性接收机一般都需要自适应触发器来补偿信号幅度的差异以及直流偏移。图35.21所示的电路在5V单电源轨运行时，可以在100Hz~10MHz频率范围内被2~100mV的信号触发。A1工作增益为20，提供了宽带交流增益。这一级的输出信号偏置两路峰值探测器（VT1-VT4）。最大峰值被存储在VT2发射极电容中，而最小谷值则被存储在VT4的发射极电容中。A1输出信号的中值直流值出现在500pF电容与10MΩ电阻的节点上。这一点一直处于信号的中值点，而与信号的绝对幅度无关。这一自适应电压经过A2缓冲，并在LT1116的同相输入端设定触发电压。LT1116的反相输入端直接由A1的输出进行偏置。LT1116的输出、电路的输出并不会受到50：1的信号幅度变化的影响。由于自适应触发阈值按比例变化以保持电路的输出，所以A1的带宽限制并不会影响触发。

如果该电路采用分离电源的话，带宽可达50MHz，并且有着更宽的输入运行范围（请参阅参考文献7）。

宽带、基于热效应的RMS/直流转换器

宽带均方根值电压表、射频电平环路、宽带自动增益控制、高波峰因子测量、晶闸管电源监控和高频噪声测量等应用需要宽带的真均方根/直流转换。热转换方法可以达到比其他方法更大的带宽。可以直接将热均方根/直流转换器看作是热电子模拟计算机。热技术直接利用“第一原理”，例如：一个波形的均方根值可以定义为有负载情况下所产生热量。

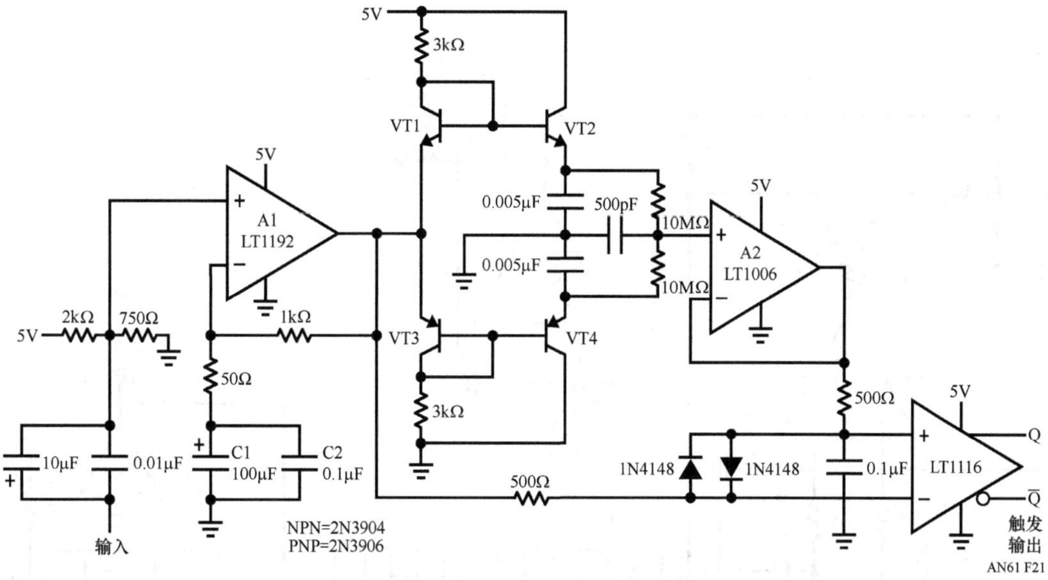

图35.21 快速单电源自适应触发器。输出比较器的触发电平与输入幅度成比例变化，能在50：1的输入幅度范围内保持数据的完整性

图35.22所示的是一个宽带、基于热学的均方根/直流转换器[③]。它提供一个从直流到10MHz信号的真均方根/直流转换，不管输入信号波形如何，其误差总是小于1%。它还有高输入阻抗和过载保护的特性。

电路包括三大块：一个宽带场效应管输入放大器、均方根/直流转换器以及过载保护。放大器提供了高输入阻抗和增益，并且驱动均方根/直流转换器的输入加热器。输入阻抗由1MΩ电阻和大约3pF的输入电容共同决定。VT1和VT2构成一个简单的高速场效应管缓冲器。VT1作为一个源级跟随器，与VT2电流源负载一起设置漏-源沟道的电流。LT1206提供平坦的、10MHz带宽内的增益，增益值为10。正常来说，这个开环配置由于没有直流反馈将易于漂移。LT1097提供这个功能以稳定电路。它通过比较经过滤波后的电路输出与经过类似滤波处理的输入信号。两个信号的差值被放大并用于设置VT2的偏置，从而设置VT1的沟道电流。这将迫使VT1的V_{GS}至使电路输入和输出电压平衡所需的电压值。A1端的电容提供稳定的环路补偿。

A1输出端的阻容网络可以防止高速边沿通过VT2的集电极-基极结的耦合。VT4、VT5和VT6构成了一个低泄漏钳位电路，防止A1环路在启动或者过驱动条件下进入闩锁。一旦VT1正偏，将可能发生闩锁。5kΩ-50pF网络在最高频率时为A2提供一个较小的尖峰特性，使电路在10MHz内有1%的平坦度。A2的输出驱动均方根/直流转换器。

基于LT1088的均方根/直流转换由匹配加热器对、二极管以及控制放大器组成。LT1206驱动R1产生热量，从而降低VD1的电压。差分连接的A3进行响应，通过VT3驱动R2以加热VD2，从而在放大器处构成闭合环路。因为二极管和加热器电阻是匹配的，A3的直流输出与输入信号的均方根值是相关的，而与输入的频率和波形无关。在实际应用中，剩下的LT1088失配需要进行必要的增益微调。该微调功能由A4实现。A4的输出为电路的输出。LT1004及其相关的元件为环路提供频率补偿并提供宽运行条件下良好的稳定时间（参见脚注3）。

启动或者输入过度驱动可能引起A2向LT1088提供过量的电流并造成损害。C1和C2用于防止这个情况的出现。过度驱动迫使VD1的电压处于一个异常低的电位。在这个条件下C1触发为低电平，拉低C2的输入。这将引起C2的输出变为高电平，使得A2进入关断模式并切断过载。经过一个由C2输入端的阻容网络确定的时间后，A2将被重新使能。如果过载条件依旧存在的话，环路基本上会立即重新关断A2。这个振荡过程会继续，保护LT1088直至过载条件消除。

电路的性能很优异。图35.23绘制了从直流到11MHz的误差。该图显示出11MHz带宽内误差只有1%。在5MHz处轻微的尖峰是A2反相输入的增益加强网络造成的。与总误差包络相比，该尖峰是较小的，是在10MHz内达到1%精度所付出的较小代价。

为了调节这个电路，将5kΩ电位器置于最大阻值的位置并加载一个100mV、5MHz的信号。调节500Ω的电阻以使输出精确为1V_{OUT}。接下来，加载一个5MHz、1V的信号并且调节10kΩ电位器以使输出为10.00V_{OUT}。最后，加载1V、10MHz的信号并调节5kΩ电位器以使输出为10.00V。重复这一过程直至电路的输出对于直流到10MHz输入信号的误差在1%以内。两个频点通过就足够了。

该电路的功能与价值几千美元的仪器相同，这一点值得深思[④]。

③ 基于热效应的均方根/直流转换器的更多详情请参阅参考文献9。

④ 从历史的角度来看，如此简单的电路结构，却能提供如此令人惊叹的高精度宽带性能。请参阅附录A的“高精度宽带电路……过去和现在”进行透彻理解。

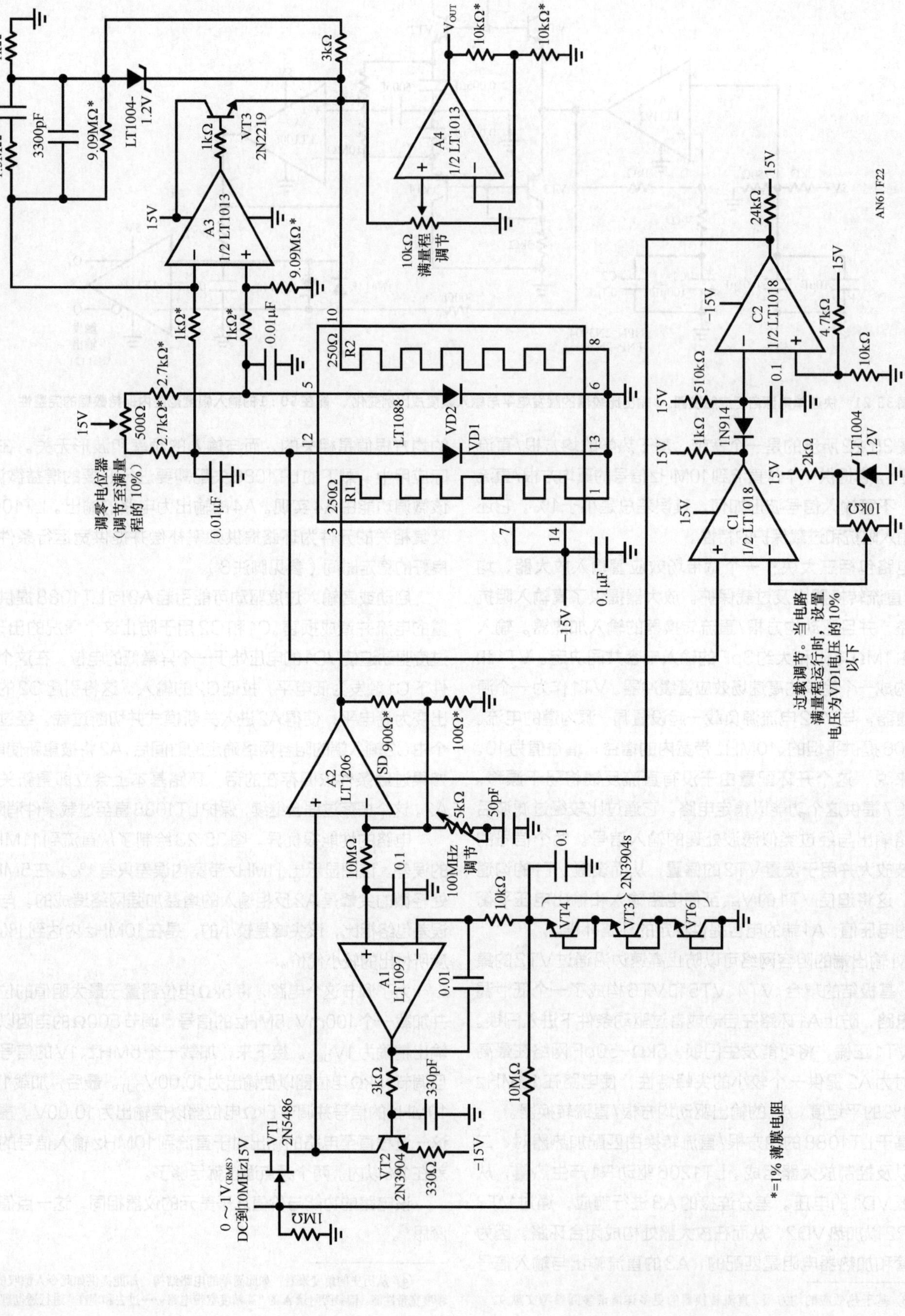

*=1% 薄膜电阻

图35.22 完整的10MHz基于热效应的均方根/直流转换器。该转换器具有1%的精度、高输入阻抗和过载保护特性

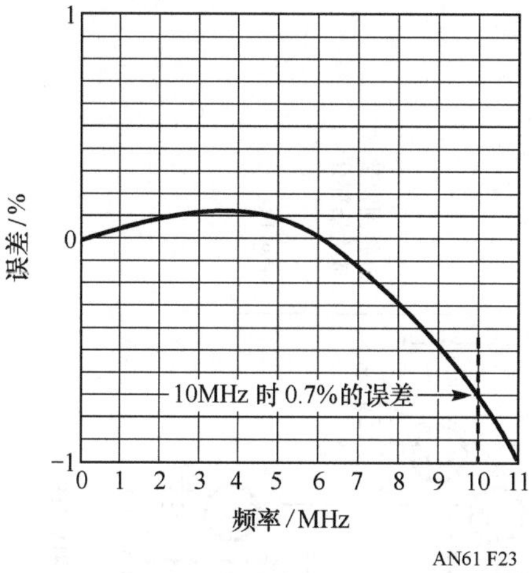

图35.23 RMS/DC转换器的误差曲线。A2的频率相关增益的提升确保了1%的精度，不过也引起了滚降前小额峰值

霍尔效应稳定电流互感器

电流互感器是一个常见易用的器件。它们可以进行宽带电流测量并且不受共模电压的影响。最方便的电流互感器是“夹”式，商业上作为“电流探头”出售。对于所有简易电流互感器而言，一个问题就是它们不能感测直流以及低频信息。这个问题在20世纪60年代中期随着霍尔效应稳定电流探头的发明而解决了。这个方法在互感器内部采用霍尔效应器件来感测直流以及低频信号。所感测的信息与电流互感器的输出结合，形成了复合的直流到高频的输出。两个通道的微小滚降和匹配的增益保持了所有频率上的幅值准确度[⑤]。此外，低频通道工作在“力平衡”模式，这就意味着将放大器的低频输出作为反馈，以磁场的方式偏置互感器从而使互感器内磁通为0。因此，霍尔效应器件在宽电流范围内不需要线性响应特性，而且互感器内核也不会出现直流偏置，这两个都是有利条件。直流和低频的信息在放大器的输出端被采集，输出信号对应于待测电流偏差所需的偏置量。

图35.24给出了一个具体电路。霍尔效应传感器位于夹式电流互感器磁心内。可以用一个非常简单的方法对霍尔发生器进行建模：一个由2个690Ω电阻激励的电桥。霍尔发生器的输出（“电桥”的中点）馈送信号至跨导放大器A1的差分输入端，该放大器产生增益并且由50Ω-0.02μF阻容网络在输出端设置滚降。A2提供额外的增益（与A1在同个封装内）。电流缓冲器提供功率增益以驱动电流互感器的次级。这样的线路连接将在传感器核心内形成一个磁通量归零环路。在没有电流通过夹式传感器时，偏置调整需要设置在输出为0V的位置。同样的，环路增益和带宽电位器需要设置，以使混合输出端（在50Ω电阻上高低频混合输出）有干净的阶跃响应以及从直流到高频间有正确的幅值。

图35.25给出了一个验证该电路性能的简单易行的方法。泰克P-6042电流探头的部分电路所用信号调理机制与图35.24所用传感器相似。在本例中，VT22、VT24和VT29与差分级M-18结合以构成霍尔放大器。为了评估图35.24所示的电路，移除M-18、VT22、VT24和VT29。

⑤ 参考文献15对该电路的原理进行了详细分析。并联电路结构的其他相关讨论，请参阅参考文献17。

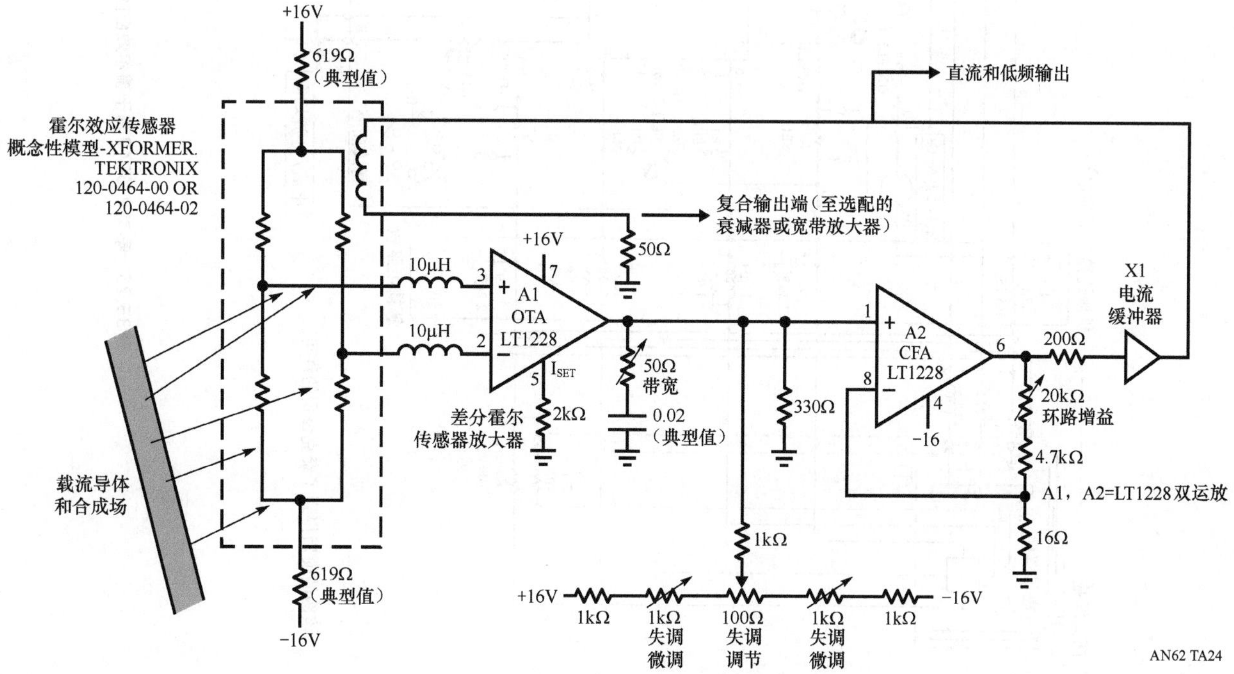

图35.24 霍尔效应稳定电流互感器（直流→高频电流探头）

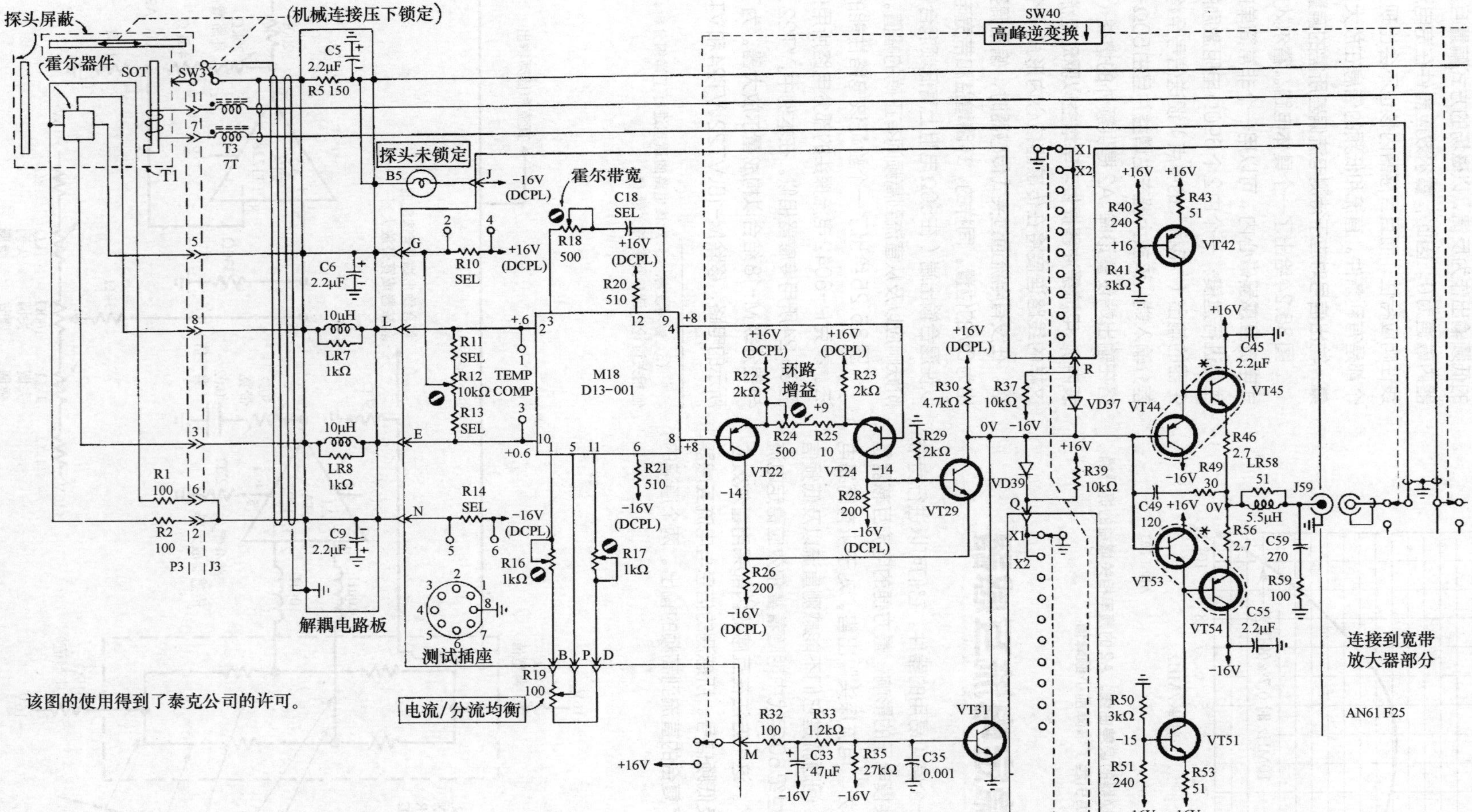

该图的使用得到了泰克公司的许可。

图35.25　泰克P-6042基于霍尔效应的电流探头伺服环路。图35.24所示电路替换了M18、VT22、VT24和VT29

接下来，分别连接LT1228的引脚3和引脚2至原来M-18的引脚2和引脚10。±16V电源可以由P-6042的电源总线获取。同样，连接图35.24中200Ω电阻的右端至VT29的集电极节点。最终，进行前面讨论的偏置、环路增益和带宽的调整。

250ps上升时间的触发式脉冲发生器

验证宽带测试仪器装置的上升时间是一个较为困难的任务。特别是示波器-探头组合的“端到端”上升时间，该时间指标的要求通常用以确保测量的完整性。从概念上说，脉冲发生器的上升时间远大于示波器-探头组合时，可以保证测量的完整性。图35.26所示的电路可以完成这个任务，它提供一个800ps的脉冲，脉冲的上升时间和下降时间都在250ps内。脉冲幅度为10V并且有着50Ω的源阻抗。这个电路与已经公开发表的电路设计（参见参考文献7）有一些相似点，但是这个电路是触发形式而不是自由运行的。该特征可实现电路与一个时钟或者其他事件同步。输出相位相对于触发信号的差值在200ps~5ns之间（可变）。

脉冲发生器需要高电压偏置才能运行。LT1082开关稳压器构成了一个高电压开关模式控制环路。LT1082脉冲宽度调制在40kHz的时钟速率。L1的感性信号经过整流并存储在2μF的输出电容内。可调电阻分压器给LT1082提供反馈信号。10kΩ-1μF阻容网络提供噪声滤波。

高电压通过R2-C1组合加载到VT1上，其击穿电压为40V。这个高电压“偏置调节”控制需要设置在R4上的自由脉冲刚消失的位置。这将使得VT1稍低于其雪崩点。当输入触发脉冲加载时，VT1发生雪崩。结果是在R4上产生一个快速上升、非常高速的脉冲。C1放电，VT1的集电极电压下降并且击穿开始消失。接下来C1重新充电到稍低于雪崩点的电压。等下一次触发脉冲出现时，将重复以上过程[6]。

图35.27展示了波形。3.9GHz采样的示波器（具有4S2采样插件的泰克661）以10V高度和800ps时间测量该脉冲（波形B）。上升时间为250ps，下降时间为200ps。这些时间可能略快了一些，因为示波器90ps的上升时间会影响测量结果[7]。输入触发脉冲为波形A。它的幅度提供了验证触发信号和输出脉冲时间之间延迟的简便方法。1~5V的幅度设定产生一个连续的5ns到200ps的延迟范围。

⑥ 该电路是基于泰克 111 型脉冲发生器的工作原理而设计的。请参阅参考文献 16。

⑦ 遗憾的是，3.9GHz 是我家最快的示波器了（它制造于 1993 年 9 月）。

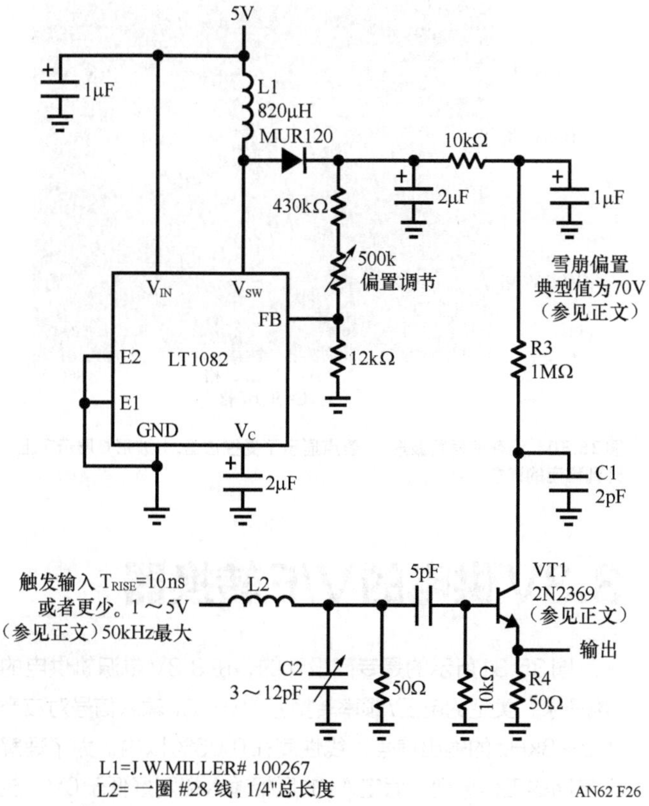

图35.26 250ps上升时间的触发式脉冲发生器。触发脉冲的幅度控制输出的相位

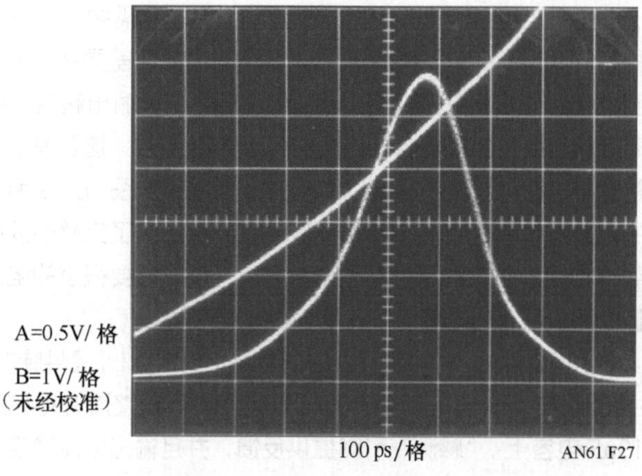

图35.27 输入脉冲边沿（波形A）触发雪崩脉冲输出（波形B）。显示粒度取决于采样示波器的工作特性

为了优化电路的性能，需要一些特殊手段。极小的电感L2与C2相结合，可以稍微减缓触发脉冲的上升时间。这可以避免在电路输出端出现严重的触发脉冲误差。C2应该调整为输出脉冲上升时间和纯净度之间的最好折中。图35.28显示了C2正确调整后的部分脉冲上升波形。可以看到，其中没有与触发事件相关的明显不连续性。

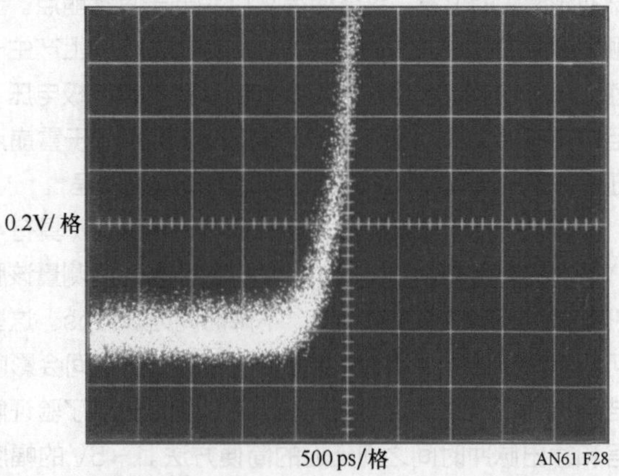

图35.28 上升沿的放大视图。边沿是干净的而且没有触发脉冲残留。显示粒度取决于采样示波器的工作特性

VT1可能需要通过选择以获得雪崩特性。这种特性尽管是器件指定的特性，但是生产厂商并不保证。50个分布于12年生产时间的摩托罗拉2N2369样本，合格率为82%。所有“良好”器件的转换时间小于600ps。C1的值应能保证10V的输出幅度，其值的典型取值范围是2～4pF。高速布局中的地平面构成、连接和端接技术都是该电路取得良好结果的关键。

闪存编程器

尽管“Flash”型存储器越来越流行，但是它还是需要一些特殊的编程特性。闪存使用5V供电，它需要一个精密控制的12V“VPP”编程脉冲。脉冲的幅度误差要在5%范围之内，以保证正确运行。此外，由于VPP输出超过14V时存储器会发生损坏，所以脉冲不可以有过冲[8]。这些需求通常需要一个独立的12V电源和脉冲成型电路。图35.29所示的电路通过单片集成电路和一些分立元件提供了完整的闪存编程功能。所有的元件都是贴片封装，所以需要很小的电路板空间。所有的功能可以在单5V供电下完成。

LT1109-12开关稳压器的功能是不断地给L1提供脉冲。L1的响应是高电压反激，该结果经过二极管整流并存储在10μF电容上。“感测”引脚提供反馈，并且输出电压稳定在12V，误差所占百分比很小。稳压器的“关断”引脚提供一种方法以控制VPP编程电压的输出。在逻辑零加载到该引脚上时，稳压器将关断，输出端不会出现VPP编程电压。当该引脚变为高电平时（见图35.30中波形A），稳压器被激活从而在输出端产生一个上升沿干净、受控的脉冲（波形B）。当引脚重新回到逻辑零时，输出开始平滑地衰减。开关模式的能量传输和输出电容的滤波功能一起防止出现过冲，并且提供所需的脉冲幅度准确性。波形C是波形B在时间和幅度上的放大，显示了具体情况。每次L1向输出电容提供能量时，输出幅度便产生阶跃。当达到稳压点以后，幅度将变得平坦，只有75mV的稳压器纹波。

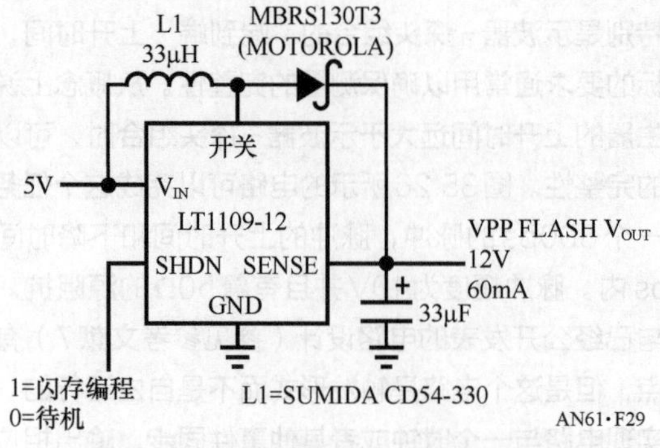

图35.29 开关稳压器提供完整的闪存编程器

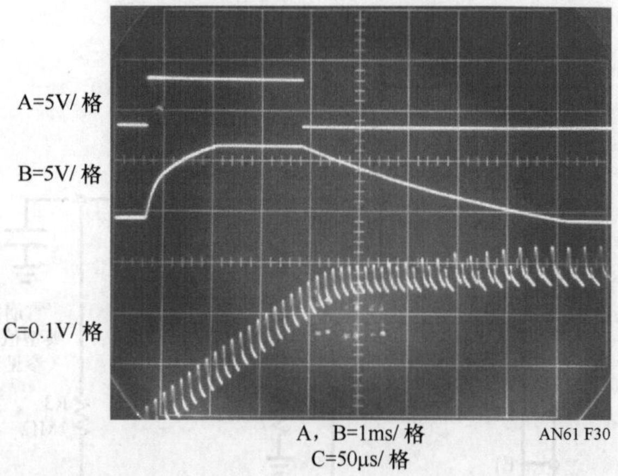

图35.30 闪存编程器波形，重点显示了受控边沿。波形C展示了上升到稳定的详情

3.3V供电的V/F转换器

图35.31所示的是专门设计的，由3.3V电源轨供电的“电荷泵”类型的电压/频率转换器[9]。0～2V输入信号对应产生0～3kHz的输出信号，线性度在0.05%以内。为了理解该电路的工作原理，假定A1的反相输入端刚好低于0V。放

⑧ 详情请参阅参考文献17。

⑨ 有关V/F技术综述请参阅参考文献20。此处所讨论电路是从LTC应用指南50“基于微处理器的5V系统接口技术”中的图8改编而来，该指南是由Thomas Mosteller撰写的。

大器的输出为正的。在这些情况下，LTC1043引脚12和引脚13短接在一起，而引脚11和引脚7短接一起的，从而允许0.01μF电容（C1）对LT1034的1.2V电压基准进行充电。当输入电压引起的A1的求和点（反相输入端，见图35.32的线迹A）电流上升至正值时，其输出（线迹B）变为低。这将反转LTC1043的开关状态，使引脚12和引脚14相连，引脚11和引脚8相连。这样，相等于将C1的充电正极与引脚8（地）相连，迫使电流从A1的求和节点通过LTC1043的引脚14（线迹C为引脚14的电流）流入C1。这个动作将使A1的求和点复位到一个小的负电平（仍然是线迹A）。在A1同相输入端的120pF-50kΩ-10kΩ时间常数确保A1保持足够长时间的低电平，使C1可以充分放电（A1的同相输入端为线迹D）。肖特基二极管用以防止由120pF电容的差分响应造成的过大负偏移。

当120pF的同相反馈路径衰弱时，A1重新返回正输出状态，随后进行周期重复。重复频率与输入电压直接相关。

这是个交流耦合反馈环路。由于这个原因，启动或者过度驱动状态可能迫使A1变为低电平并保持这个状态。当A1的输出为低电平时，LTC1043的内部振荡器与C2相连，当A1保持低电平足够长时间后电路将开始振荡。这个振荡过程将通过LTC1043-C1-A1求和节点路径引起电荷泵开始工作，直至电路的正常运行开始。在正常运行状态下，A1不会保持足够长时间的低电平以引起振荡，并且通过VD1控制LTC1043的开关。

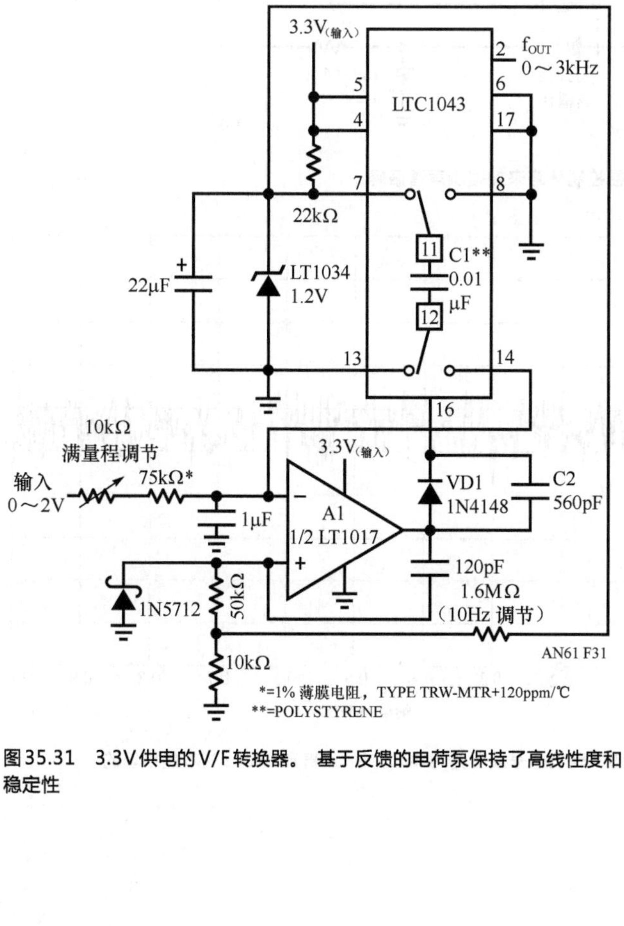

图35.31 3.3V供电的V/F转换器。基于反馈的电荷泵保持了高线性度和稳定性

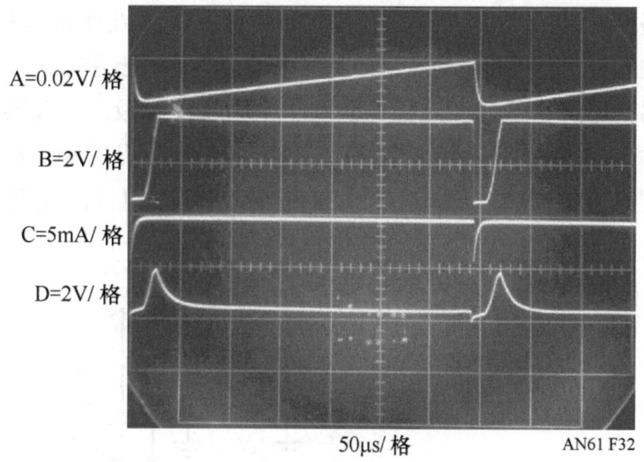

图35.32 3.3V供电的V/F转换器波形。电荷泵行为（线迹C）保持了求和点（线迹A），加强了高线性度和精确度

为了校准这个电路，加载7mV并选择1.6MΩ（标称值）的值以使输出为10Hz。接下来加载2.000V的电压并设置10kΩ电位器以使输出准确（为3kHz）。相关指标包括0.05%的线性度、0.04%/V的电源抑制、75ppm/℃的温度系数以及大约200μA的供电电流。电源可以从2.6～4.0V，这些指标不会恶化。如果温度系数的要求较低，可以将电路中的薄膜电阻换成标准的1%薄膜电阻。所用电阻类型应具有可以抵消C1的-120ppm/℃漂移的温度特性，使电路在整体上具有所标示的低漂移。

宽带随机噪声发生器

滤波器、音频以及射频通信测试经常需要一个随机噪声源。图35.33所示的电路提供了一个有效值幅度控制并带有可选带宽的噪声源。有效值输出为300mV、带宽为1kHz～5MHz，带宽可以以10倍频程进行选择。

噪声源VD1经过交流耦合到A2，A2提供值为100的宽带增益。A2的输出经过一个简易、可选择的低通滤波器将信号馈送到增益控制级。滤波器的输出加载到A3（LT1228跨导运算放大器）。A3的输出端馈送到A4（LT1228构成的电流反馈放大器）。A4的输出（同时是电路的输出）由基于A5的增益控制组态电路进行采样。这就在A3处构成了一个增益控制环路。A3的设置电流控制了增益，从而允许对总输出电平进行控制。

图35.34给出了1MHz带通情况下的噪声，而图35.35所示的则为同样带通情况下均方值噪声与频率的关系图。图35.36绘制了在全带宽（5MHz）下均方值噪声与频率的关系。均方值输出在严重下降之前（到1.5MHz）基本上是平的，到5MHz时其变化大概控制在±2dB内。

图35.37所示的是一个相似的电路。考虑到噪声源，该电路换用了一个标准的齐纳管，不过它更加复杂并且需要调

整。A1由LT1004参考进行偏置，提供噪声源VD1的优化驱动。交流耦合的A2宽带增益为100。A2的输出经过一个简易、可选择低通滤波器输送到一个增益控制级。滤波器的输出加载到跨导运算放大器A3(LT1228)。A3的输出输送到电流反馈放大器A4(LT1228)。A4的输出（同样是电路的输出）由局域A5的增益控制组态电路进行采样。这就在A3构成了一个增益控制环路。A3的设置电流控制了增益，从而允许对总输出电平进行控制。

为了调节这个电路，将滤波器设置于1kHz位置并且调整5kΩ可变电阻，使A3的引脚5获得最大负偏置。

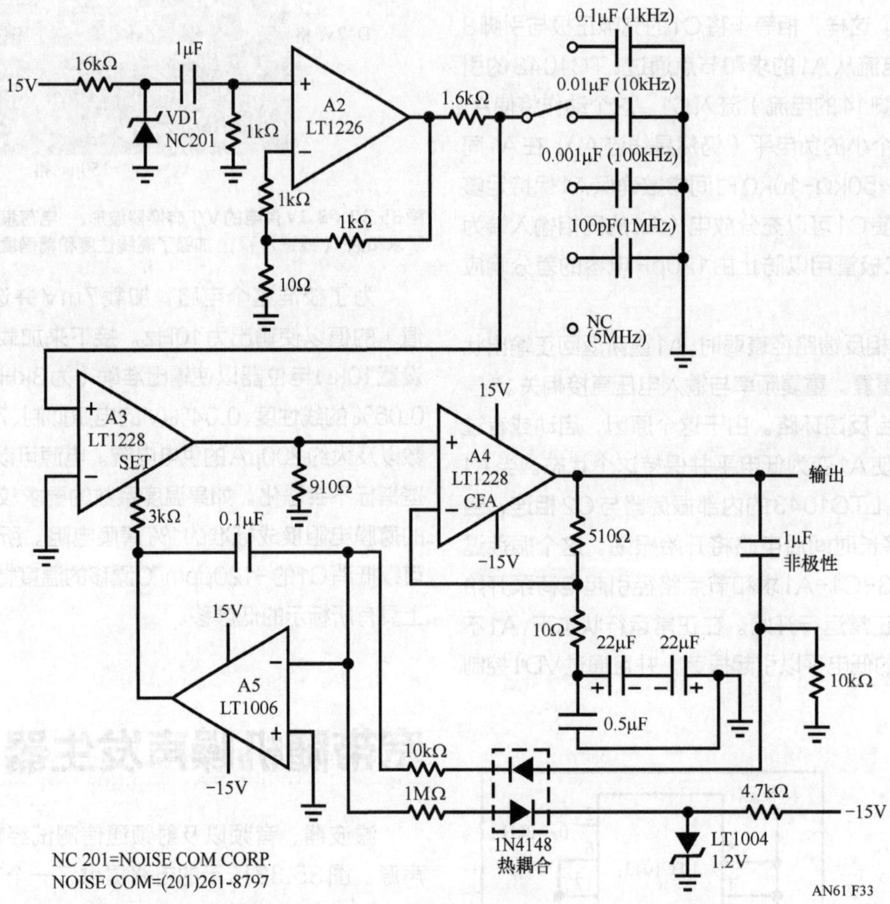

图35.33　宽带噪声发生器使用增益控制环路来加强噪声谱振幅

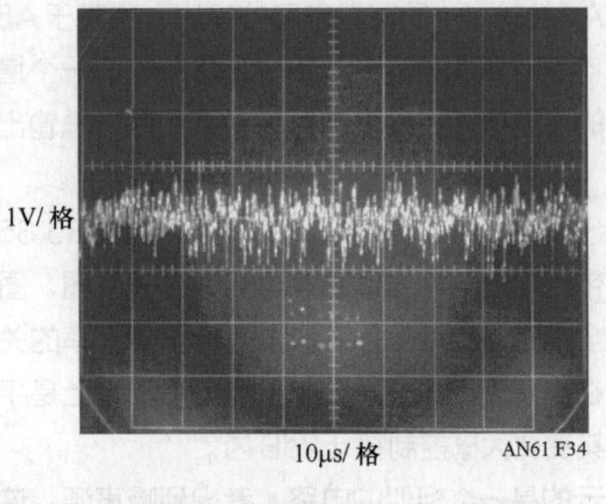

图35.34　当滤波器位置在1MHz时，图35.33所示电路的输出

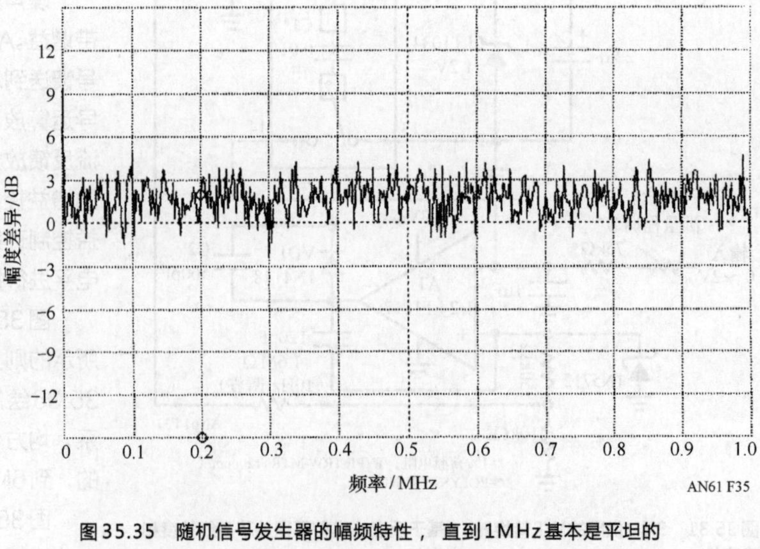

图35.35　随机信号发生器的幅频特性，直到1MHz基本是平坦的

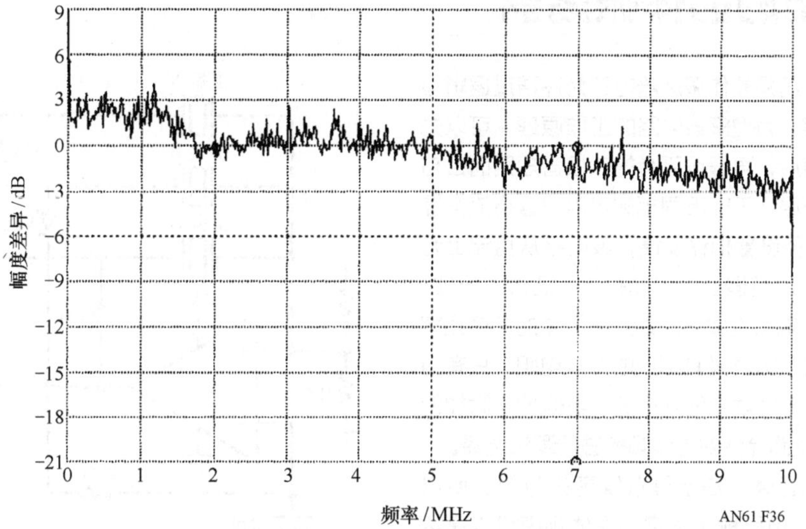

图35.36 均方值噪声与频率的关系曲线。5MHz带通显示在超过1MHz后有轻微跌落

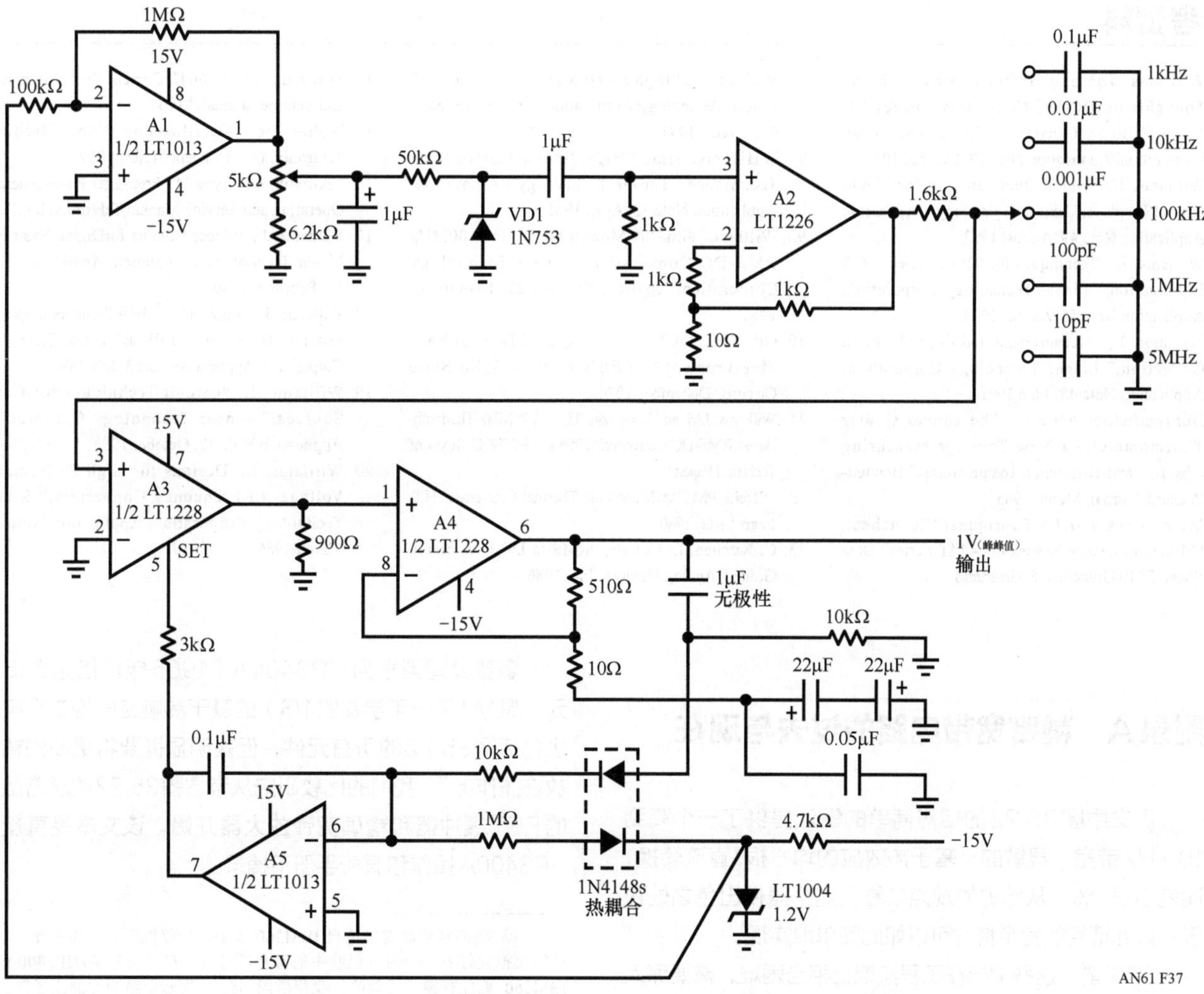

图35.37 采用标准齐纳二极管的相似电路，但是更加复杂并且需要调整

可切换输出的晶体振荡器

图35.38所示的简易晶体振荡器电路允许通过逻辑指令对晶振进行电切换。为理解该电路的工作原理，可以先忽略所有的晶振。随后，再假设所有的二极管短路而且与其相连的1kΩ电阻开路。LT1116同相端电阻设置直流偏置点。2kΩ-25pF的路径设置相移反馈，该电路从直流上看是一个宽带单位增益跟随器。当“晶振A”插入（记住，VD1暂时短路）时，电路构成正反馈并在晶体的谐振频率上开始振荡。如果加上VD1及其相连的1kΩ电阻，只有当输入端A偏置为高电平时才会继续振荡。类似地，附加的晶体-二极管-1kΩ支路允许对晶体频率进行逻辑选择。

对于AT切割的晶体，由于具有较高的Q值，所以需要1ms的时间以使电路输出稳定。晶体频率可以高达16MHz(更高的频率时，比较器的时延将妨碍电路的可靠运行)。

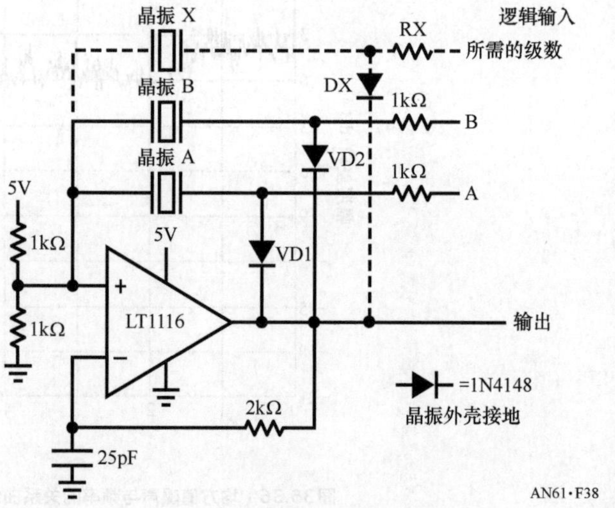

图35.38 可切换输出的晶体振荡器

参考资料

1. Williams, Jim and Huffman, Brian. “Some Thoughts on DC-DC Converters,” pages 13-17, “1.5V to 5V Converters.” Linear Technology Corporation, Application Note 29, October 1988
2. Williams, J., “Illumination Circuitry for Liquid Crystal Displays,” Linear Technology Corporation, Application Note 49, August 1992
3. Williams, J., “Techniques for 92% Efficient LCD Illumination,” Linear Technology Corporation, Application Note 55, August 1993
4. Williams, J., “Measurement and Control Circuit Collection,” Linear Technology Corporation, Application Note 45, June 1991
5. Benjaminson, Albert, “The Linear Quartz Thermometer—a New Tool for Measuring Absolute and Difference Temperatures,” Hewlett-Packard Journal, March 1965
6. Micro Crystal-ETA Fabriquesd’Ebauches., “Miniature Quartz Resonators - MT Series” Data Sheet. 2540 Grenchen, Switzerland
7. Williams, J., “High Speed Amplifier Techniques,” Linear Technology Corporation, Application Note 47, August 1991
8. Williams, Jim, “High Speed Comparator Techniques,” Linear Technology Corporation, Application Note 13, April 1985
9. Williams, Jim, “A Monolithic IC for 100MHz RMS-DC Conversion,” Linear Technology Corporation, Application Note 22, September 1987
10. Ott, W.E., “A New Technique of Thermal RMS Measurement,” IEEEJournal of Solid State Circuits, December 1974
11. Williams, J.M. and Longman, TL., “A 25MHz Thermally Based RMS-DC Converter,” 1986 IEEE ISSCC Digest of Technical Papers
12. O’Neill, PM., “A Monolithic Thermal Converter,” H.P. Journal, May 1980
13. C. Kitchen, L. Counts, “RMS-to-DC Conversion Guide,” Analog Devices, Inc. 1986
14. Tektronix, Inc. “P6042 Current Probe Operating and Service Manual,” 1967
15. Weber Joe, “Oscilloscope Probe Circuits,” Tektronix, Inc., Concept Series. 1969
16. Tektronix, Inc., Type 111 Pretrigger PulseGenerator Operating and Service Manual,Tektronix, Inc. 1960
17. Williams, J., “Linear Circuits forDigital Systems,” Linear Technology Corporation, Application Note 31, February 1989
18. Williams, J., “Applications for a Switched-Capacitor Instrumentation Building Block,” Linear Technology Corporation, Application Note 3, July 1985
19. Williams, J., “Circuit Techniques for Clock Sources,” Linear Technology Corporation, Application Note 12, October 1985
20. Williams, J. “Designs for High Performance Voltage- to-Frequency Converters,” Linear Technology Corporation, Application Note 14, March 1986

附录A 精密宽带电路的过去与现在

正文中图35.22的相对简单的设计提供了一个高到10MHz带宽、灵敏的、基于热效应的均方根/直流转换，误差小于1%。从历史的观点来看，这个器件出色之处在于：如此精密的宽带特性可以如此简单地实现。

30年前，这些指标在工程实现上相当困难，需要深入的基础知识、细腻非凡水准以及跨学科的眼界才能取得这样的成就。

惠普公司型号为HP3400A（1965年价格为525美元，是M.I.T一年学费的1/3）的基于热响应的均方根电压表包括图35.22的所有元件，但是明显需要将更多的精力放在操作上[⑩]。我们的比较研究从考虑图35.22的惠普版本的FET缓冲器和精确宽带放大器开始。该文本是直接从HP3400A操作和服务手册下摘录的[⑪]。

⑩ 我们常常高谈阔论自IBM360以来，计算机所取得的进展。本节将给模拟爱好者一个为自己吹牛的舞台。当然，在1965年，HP3400A比IBM360更加有趣。类似的，我相信图35.22所示电路的性能比任何当代的计算机都更加令人印象深刻。

⑪ 所有惠普的文本和图片都属于1965年惠普公司。本文的转载获得了其许可。

如果这些还不能吸引你使用现代高速单片放大器的话，请考虑一下在热转换器上设计的艰难。

4-15：阻抗转换器组件如图A1和图A2所示。

4-17：进入阻抗转换器的交流输入信号是经过RC耦合后，通过C201和R203进入阴极跟随器V201[12]的栅极。输出信号由VT201产生，VT201在V201的阴极电路中充当可变电阻。从V201阴极至R203的自举反馈增加了R203对于输入信号的有效电阻。这将防止R203直接作为输入信号的负载，从而保持3400A型号的高输入阻抗。从V201极板到VT201的基极的增益补偿反馈回路，对V201的老化或元件替换所引起的增益变化进行补偿。

4-18：击穿二极管CR201控制V201的栅极偏置电压，从而确定这一级的工作点。跨接VT201的基极-集电极结点的CR202和R211在+75V电压源失效时，保护VT201。经过稳压后的直流给V201灯丝供电，以防止在信号路径上引入交流声。这也同样避免了V201的增益随着线电压的变化而变化。

4-22：视频放大器组件如图A3和图A4所示。

4-23：视频放大器的功能是在3400A型器件的整个频率范围内给待测交流信号提供恒定增益。参见图6-2的视频放大器组件电路框图。

[12] 虽然1965年时JFET已经可用，但它达不到该电路的要求。唯一可选的是所描述的抗振三极管。

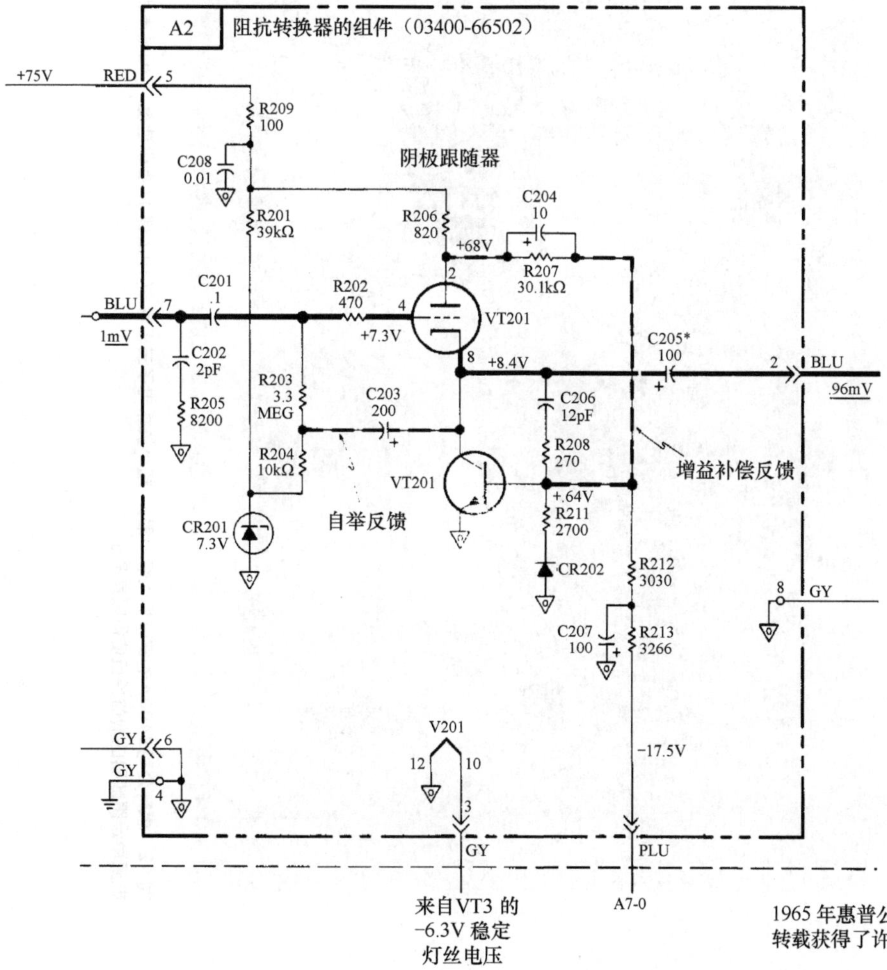

图A1 “阻抗转换器的组件”，与图35.22所示宽带FET缓冲器等价的HP电路

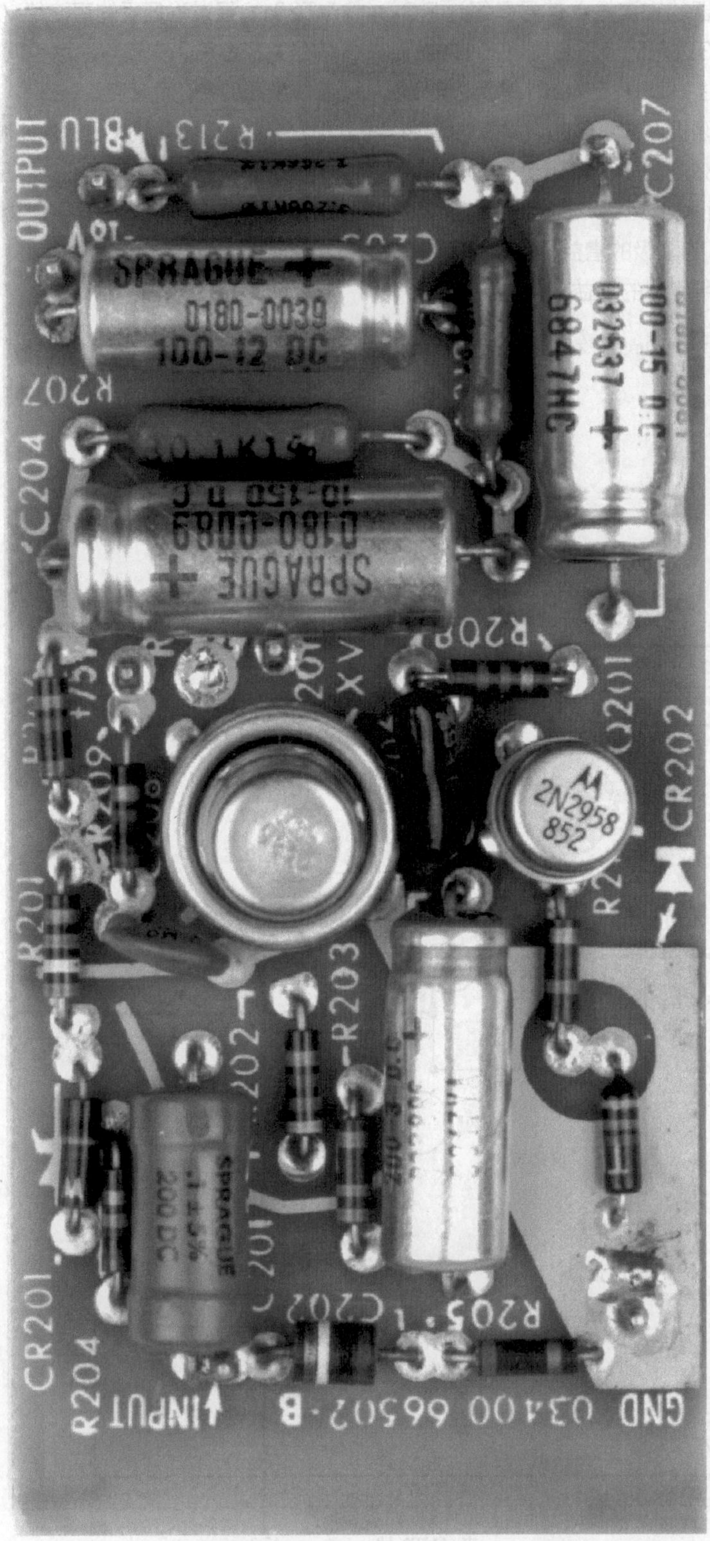

图A2 惠普公司3400A的宽带输入缓冲器。超小抗振电子三极管（中上部）提供速度、低噪声和高阻抗。电路需要75V、−17.5V和−6.3V电源。经过稳压后的灯丝电源稳定跟随器的增益并且使得噪声最小

4-24：交流输入信号由第二个衰减器耦合，通过C402进入输入放大器VT401的基极。VT401是一个A类放大器，将信号放大并且反相，之后将信号直接耦合至自举放大器VT402的基极。从VT402基极获取的输出信号被加载至VT403的基极，并且作为自举反馈至R406的顶部。这个正的交流反馈增加了R406的有效交流阻抗，从而允许更大部分的信号在VT402的基极被感测。在这种方式下，VT401中频处的有效交流增益被增大，但是并不影响VT401的静态工作电压。

4-25：驱动放大器VT403进一步放大交流信号，VT403集电极的输出被馈送至基极电路跟随器VT404的发射极。从VT403集电极至VT402基极的反馈路径通过C405（10MHz可调）以防止高频输入时的杂散振荡。从VT403的发射极电路通过R425至VT401的基极存在一个直流反馈环路。这一反馈稳定VT401的偏置电压。发射极跟随器VT404作为输出放大器（包括VT405和VT406）的驱动器，VT405和VT406是作为推挽放大器的互补晶体管对。视频放大器的输出是从输出放大器的集电极获取的，并且加载至热耦TC401。在输出放大器的发射极电路中构建了一个增益稳定反馈。这个负反馈将加载至输入放大器VT401的发射极，并且确定视频放大器的整体增益。

4-26：微调电容C405用于调整视频放大器10MHz处的频率响应。二极管VD402和VD406为保护二极管，可以防止电压浪涌损坏视频放大器中的晶极管。VD401、VD407和VD408为温度补偿二极管，用于在工作温度范围内保持输出放大器的零信号平衡条件。VD403是击穿二极管，确定输出放大器的工作电压。

4-27：光电斩波器的组件A5，斩波放大器组件 A6以及热耦对（A4的一部分）

4-28：调制/解调器、斩波放大器以及热耦对构成了一个伺服网络，该网络的功能是将直接读数表M1放置在交流输入信号的均方根值上[13]。参见图6-3所示的调制器、解调器、斩波放大器以及热耦对电路框图。

4-29：视频放大器的输出信号被加载至加热器热耦TC401上。这个交流信号将在TC401的阻性部分产生一个直流电压，该电压与交流输入的热效应（均方根值）成比例。这个直流电压被加载至光电管V501。

4-30：光电管V501和V502与氖灯DS501和DS502构成一个调制器电路[14]。氖灯被交替地点亮，频率为90~100Hz。每个灯管点亮一个光电管。DS501照射V501；DS502照射V502。当一个光电管被点亮后，它的阻值比其暗的时候要低。因此，当V501被照亮时，热耦TC401的输出通过V501被加载至斩波放大器的输出端。当V502被照亮时，地信号被加载至斩波放大器。交替地照亮V501和V502将直流输出调制在90~100Hz之间。调制器的输出是个方波，方波的幅度与直流输入电平成比例。

4-31：斩波放大器包括VT601至VT603，是一个高增益放大器，它将放大调制器产生的方波。电源电压的波动可由二极管VD601至VD603进行抑制。放大后的输出将从VT603的集电极获取，并且通过射极跟随器VT604加载至解调器。

4-32：解调器包括两个光电管，V503和V504。它们与DS501和DS502一起工作。DS501和DS502与调制器中使用的氖灯是相同的。光电管V503和V504分别被DS501和DS502照亮。

4-33：解调的过程与第4-30段落中讨论的调制过程是相反的。解调器的输出是一个直流电平，该电平与解调器的输出成比例。输入方波的幅度和相位决定了直流输出电平的幅度和极性。这个直流输出电平被加载至两个射极跟随器输出级。

4-34：需要使用射极跟随器来匹配解调的高输出阻抗和电压表/热耦电路的低输入阻抗。VT605集电极电路中VD604的压降是VT604的工作偏置。这个固定的偏置用于避免VT605在基极电压为零（以地为参考点）时失效。

4-35：直流电平的输出由VT606的发射极获取，被加载至表M1和热耦TC402的加热元件。TC402阻性部分产生的直流电压有效地从TC401产生的电压中减去。这样，调制器的输入信号就是两个热耦直流输出的差值。当两个热耦输出之间的差异变成零时，射极跟随器（驱动功率表）产生的直流将等于视频放大器的交流。

4-36：调制方波上的噪声被VT606发射极至C607和C608以及TC402的阻性元件所抑制。

⑬ 1965年，几乎所有的热转换器都采用了匹配的分立加热电阻对以及热耦。热耦的低输出电平必须使用斩波放大器进行信号调理，这也是当时仅有的可以提供所需直流稳定性的技术。

⑭ 当时的低电平斩波技术是机械斩波器，是一种继电器。惠普采用的氖灯和光电管是微伏斩波器，更加稳定并且是种创新。惠普公司对灯管的意想不到的成功利用已有很长的历史。

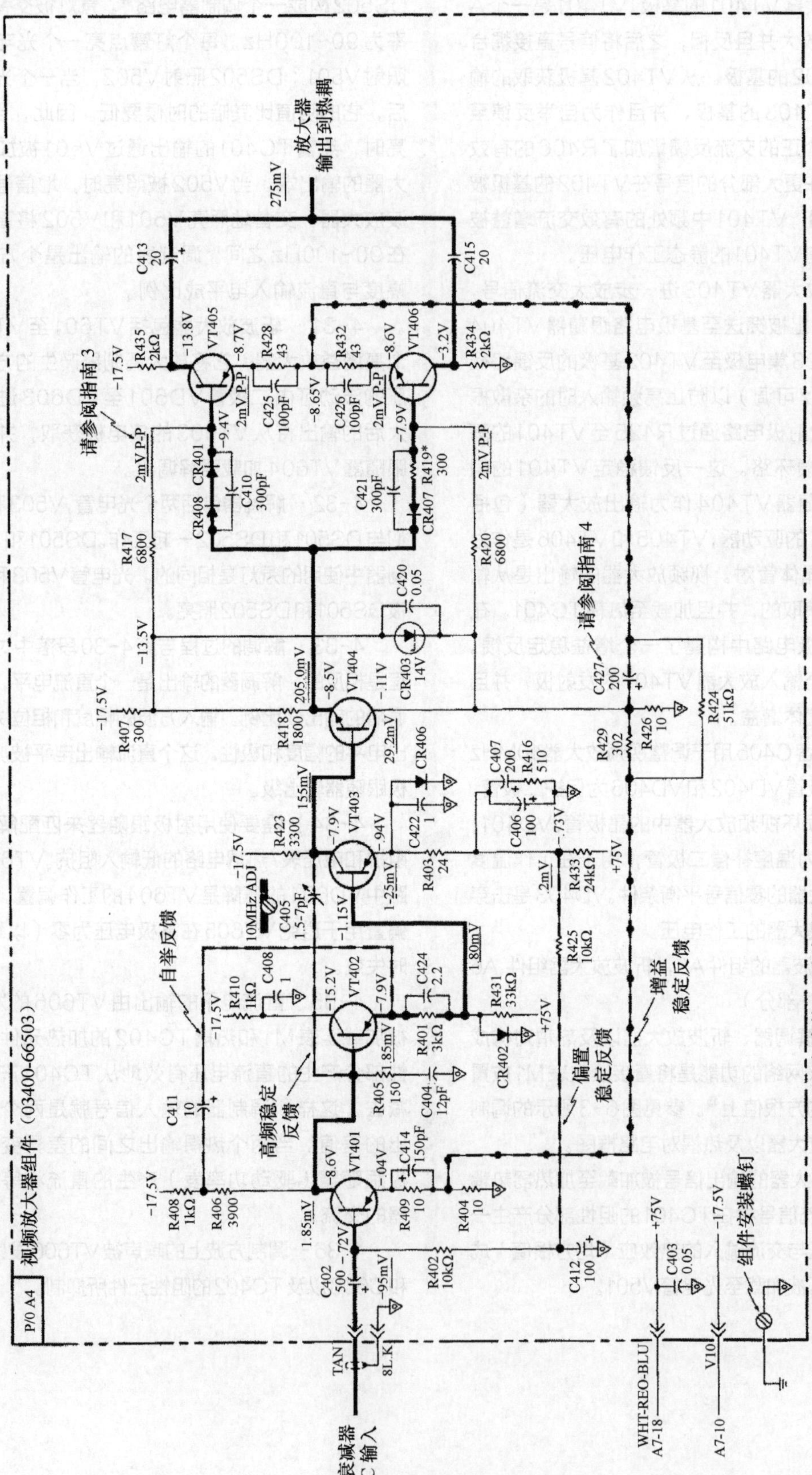

1965年惠普公司版权所有，转载获得了许可。

图A3 惠普的宽带放大器"视频放大器的组件"包括直流和交流反馈网络、峰值网络、自举反馈和其他精妙设计以达到图35.22所示电路的性能

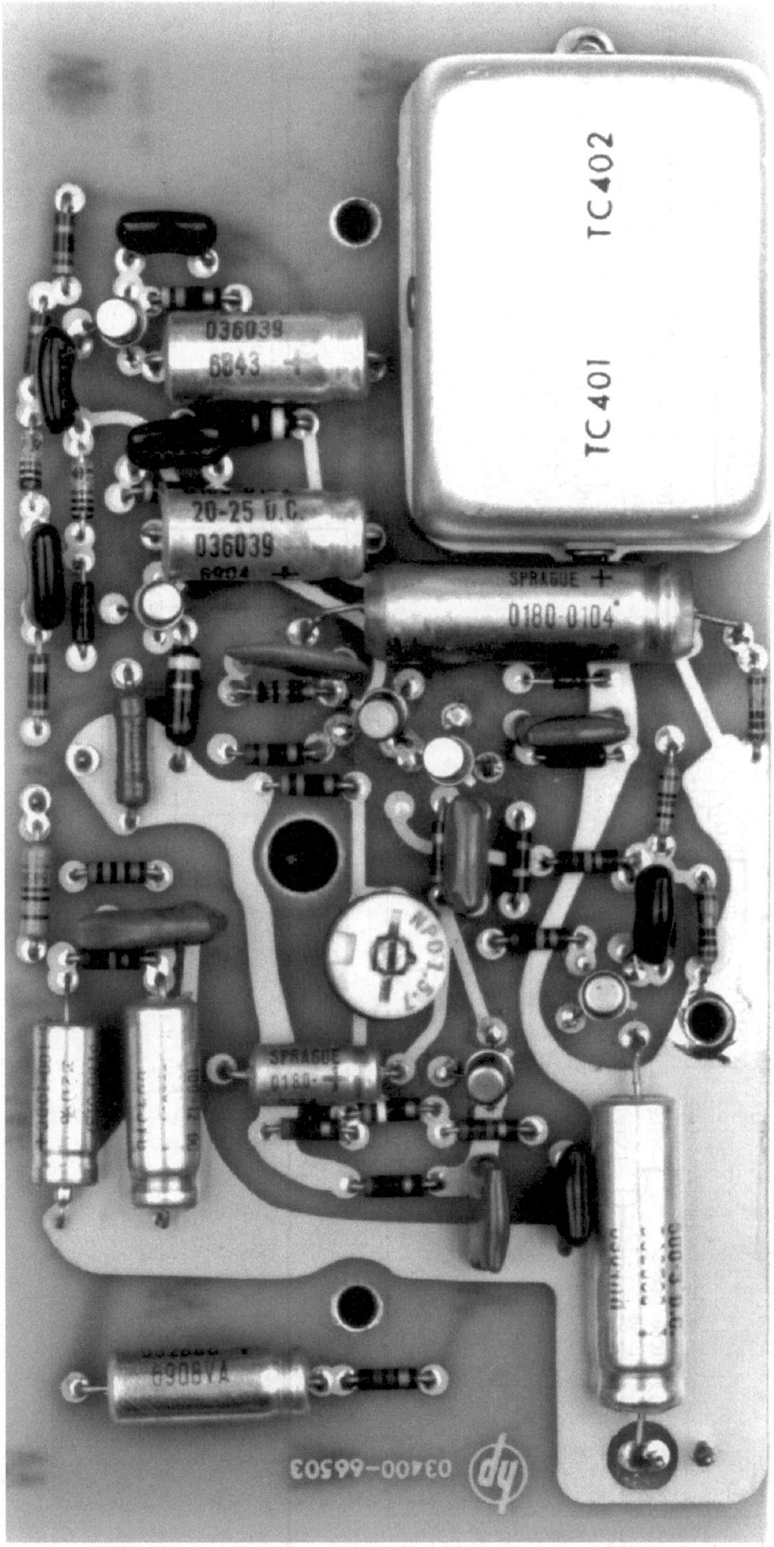

图A4 电压表“视频放大器”从电路板的左端接收输入信号。放大器输出驱动右下角的带罩热转换器。注意，高频响应微调电容在中左部

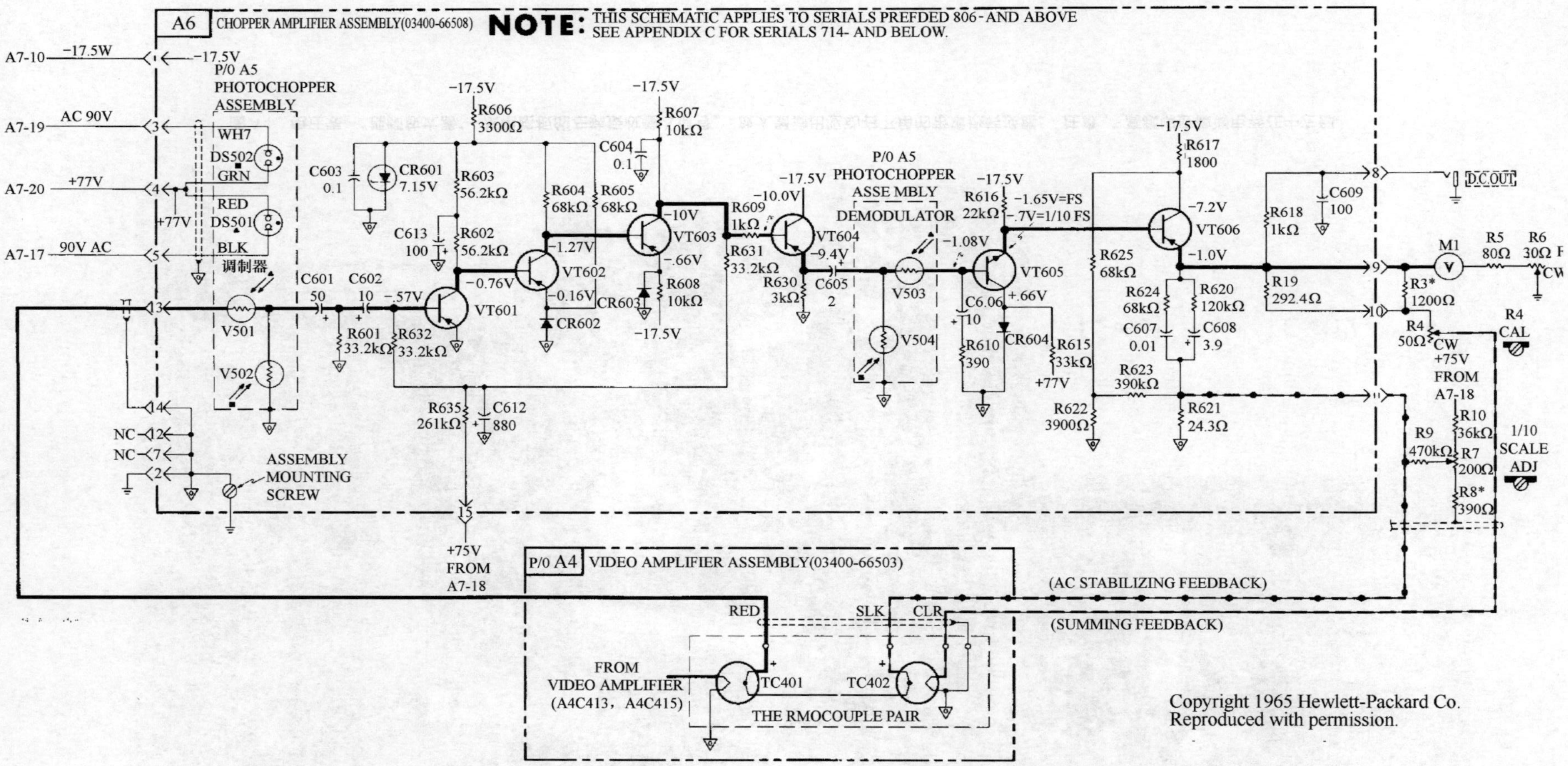

图A5 惠普的热转换器（“A4”）以及控制放大器（“A6”）与正文中图35.22所示电路中的双运放和LT1088的性能类似。不过该电路的实现需要注意更多的细节

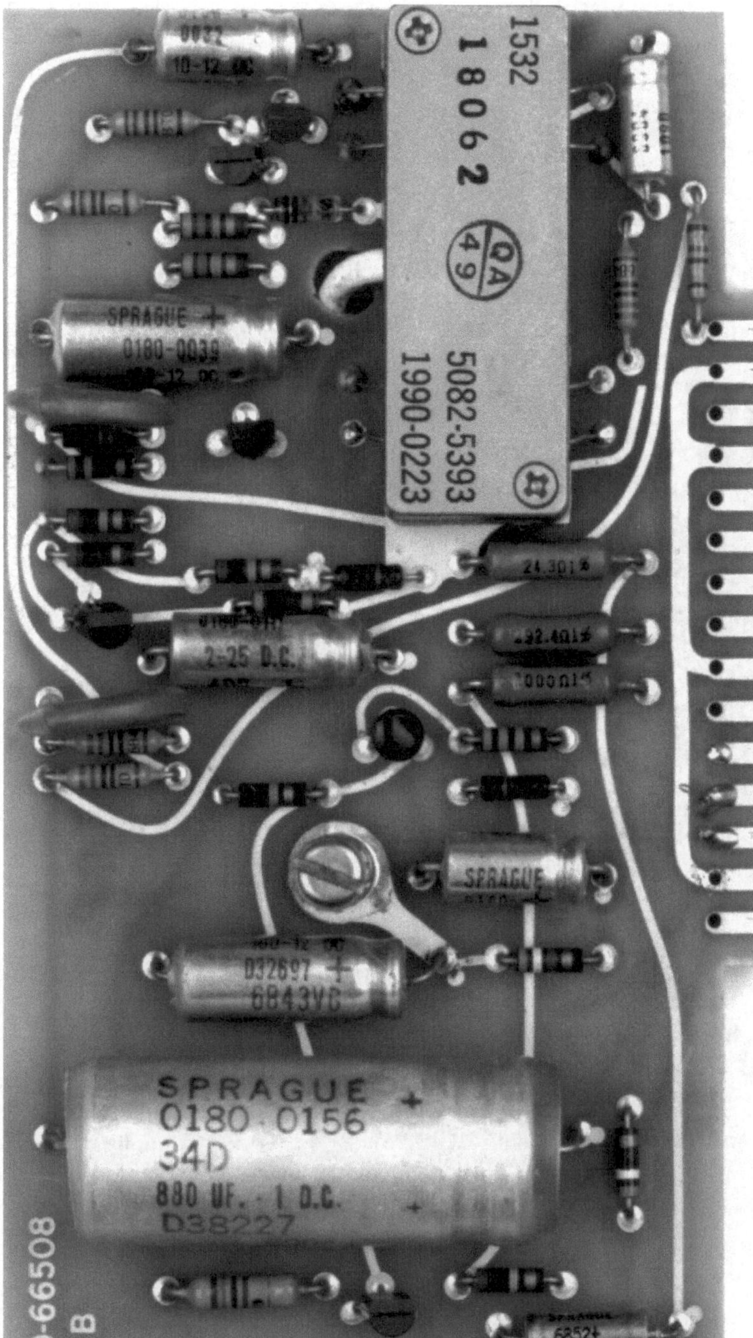

图A6 斩波放大器电路板反馈控制的热转换器。需要超过50个元件，包括氖灯、光电管和6个晶体管。光电斩波器组件在板子的右下方

图A7 现代的集成电路是不是很奇妙？图35.22所示的电路将整个HP3400的电子部分放在一个小板上。FET缓冲的LT1206放大器出现在BNC屏蔽器的中左方。LT1088集成电路 （中上方） 替代了热转换器。 基于LT1013（右上方） 的电路代替了光电斩波器电路板。LT1018和相关元件 （右下方） 提供了过载保护

附录B　对称的高斯白噪声

由NOISE COM公司的Ben Hessen-Schmidt撰写

白噪声在我们所涉及的频段内实时、全频覆盖，并且具有一个非常平坦的输出频谱。这使它在宽带激励和作为功率电平参考时极其有用。

对称高斯白噪声由电阻自然产生。电阻内的噪声是由于传输电子的空穴变化而产生的，Johnson和Nyquist对此进行了详细讨论[15]。噪声电压的分布是对称高斯分布，并且平均噪声电压为

$$\overline{V}_n = 2\sqrt{KT\int R(f)p(f)df} \qquad (1)$$

其中k=1.38E-23 J/K（玻尔兹曼常数）；

T=电阻的温度，以开尔文为单位；

f=以Hz为单位的频率；

h=6.62E-34 Js（普朗克常数）；

R(f)=以欧姆为单位的阻值，是频率的函数。

$$P(f) = \frac{hf}{kT[\exp(hf/kT) - 1]} \qquad (2)$$

当温度T等于290°K时，对于低于40GHz的频率，P(f)接近于1。通常假定电阻相对于频率是独立的，并且积分范围为噪声带宽。当负载是电阻的共轭匹配时，可获得的噪声功率为

$$N = \frac{\overline{V}_n^2}{4R} = kTB \qquad (3)$$

其中的“4”是由于实际上只有一半的噪声电压被传递至匹配负载，所以只有1/4的噪声功率。

公式（3）表明，可获取的噪声功率与电阻的温度是成正比的。因此，通常称为热噪声功率。公式（3）同时也表明白噪声功率与带宽成正比。

一个重要的对称白噪声源是噪声二极管。一个良好的噪声二极管产生一个高电平的对称高斯白噪声。该电平通常由超噪比来表征（Excess Noise Ratio，ENR）。有

$$\text{ENR（以dB为单位）} = 10\text{Log}\frac{(Te - 290)}{290} \qquad (4)$$

如果这些还不能吸引你使用现代高速单片放大器的话，请考虑一下花费在热转换器上设计的艰难。

Te是负载（与噪声二极管有着相同的阻抗）必须处于的物理温度（以产生等量的噪声）。

ENR说明传输给一个无发射、无反射负载的有效噪声功率，是保持在290°K（26.8℃或者62.3°F）参考温度下负载噪声功率的倍数。

当噪声被放大时，高ENR的重要性更加明显，这是因为当ENR比放大器的噪声系数（总噪声功率中的差分小于0.1dB）大17dB时，放大器的噪声贡献可以忽略不计。ENR可以通过表35.1所示的白噪声转换公式，很容易地转换为噪声频谱密度（以dBm/Hz或者$\mu V/\sqrt{Hz}$为单位）。

当放大噪声时，重要的是要记住噪声电压具有高斯分布。因此，噪声电压的峰值会比平均值或者均方根值大很多。峰值电压和均方根值电压的比被称为波峰因子，高斯噪声良好的波峰因子在5：1至10：1之间（14～20dB）。所以放大器的1dB增益压缩点应该比所需的平均噪声输出功率大20dB（典型值），以避免噪声的削波失真。

关于噪声二极管的更多信息，请联系Noise COM，INC，电话是（201）261-8797。

⑮ 参见这节末的延伸阅读。

表35.1　白噪声转换公式

dBm=dBm/Hz+10log(BW)
dBm=20log($\overline{V}_n$)−10log(R)+30dB
R=50Ω时，dBm=20log($\overline{V}_n$)+13dB
dBm/Hz=20log($\mu\overline{V}_n\sqrt{Hz}$)−10log(R)−90dB
ENR>17dB时，dBm/Hz=−174dBm/Hz+ENR

延伸阅读

1. Johnson, J.B, “Thermal Agitation of Electricity in Conductors,” Physical Review, July 1928, pp. 97-109.
2. Nyquist, H. “Thermal Agitation of Electric Charge in Conductors,”Physical Review, July 1928, pp. 110-113.

电路集锦，卷III

36

数据转换、接口以及信号处理

Richard Markell

引言

应用指南67是凌力尔特公司最初5年中关于数据转换、接口以及信号处理应用的电路集锦。这一应用指南包括用于高速视频的高速视频复用器，带增益可调、选择性极佳的带通滤波器，还有全差分、8通道、12位A/D系统等。这一类别涵盖了数据转换、接口、滤波器、仪器仪表、视频/运算放大器以及其他电路。而涵盖了LTC最初5年关于功率产品和电路的应用指南66，也可以从凌力尔特公司获得。

数据转换

采用LTC1390和LTC1410的全差分、8通道、12位模数转换系统

由Kevin R. Hoskins设计

LTC1410的高速1.25Msps转换速率以及±2.5V的差分输入范围，使其成为高速宽带信号的多通道采集应用的理想选择。这些应用包括多传感器振动分析、赛车遥测数据采集以及多通道通信等。LTC1410可以与LTC1390（8通道串行接口模拟复用器）结合，构造出转换吞吐率高达625ksps的差分模数转换系统。该速率是数据转换时所选通道发生变化所对应的速率。如果用同一通道进行连续采样的话，转换速率可以提高到1.25Mbps。

图36.1给出了完整的差分、8通道模数转换电路。两个LTC1390（U1和U2）被用作同相和反相输入复用器。同相和反相复用器的输出分别用作LTC1410的$+A_{IN}$和$-A_{IN}$的输入。LTC1390共用片选MUX、串行数据以及串行时钟控制信号。这样的结构能够在每个复用器上同时选择相同的通道：S0选择+CH0和-CH0，S1选择+CH1和-CH1，等等。

如图36.2的时序图所示，MUX通道选择和模数转换被流水线操作以最大化转换器的吞吐率。转换过程从选择所需的复用器信道对开始。当逻辑高电平被加载在LT1390的$\overline{CS}$输入端时，通道对的数据将在5MHz时钟信号的上升沿时被输送到数据1的输入端。片选MUX随后被拉低，锁存住通道对选择数据。所选复用器上的响应输入信号被加载到LTC1410的差分输入上。片选MUX在LTC1410转换开始（$\overline{CONVST}$被拉低）前被置低700ns（这是LTC1310复用器开关完全导通所需的最大时间）。这就确保了信号在LTC1410采样/保持所采集信号前，输入信号已经完全稳定了。

LTC1410通过采样/保持获取输入信号并在$\overline{CONVST}$的下降沿开始模数转换。在转换过程中，LTC1390的$\overline{CS}$输入端被拉高并且下一通道对的数据被钟控传输至数据1。这样的流水线操作将一直持续直至转换序列完成。当每次模数转换进行新的通道选择时，每个通道的采样频率在78ksps，系统（由LTC1390和LTC1410构成）允许的最大输入信号带宽为39kHz。

为了最大化系统的吞吐率，LTC14100的$\overline{CS}$输入端在转换之前被拉低。LTC1410的数据输出驱动器由$\overline{RD}$上的信号控制。转换数据在Busy上升沿前20ns就有效了。Busy输出信号的上升沿可用于提醒处理器数据转换过程已经完成并且数据可以读取。

该电路利用了LTC1410的非常高速（1.25Msps）的转换速率和LTC1390的差分输入及易编程性，构成的A/D系统能够在采样多路输入信号的同时保持较宽输入信号带宽。

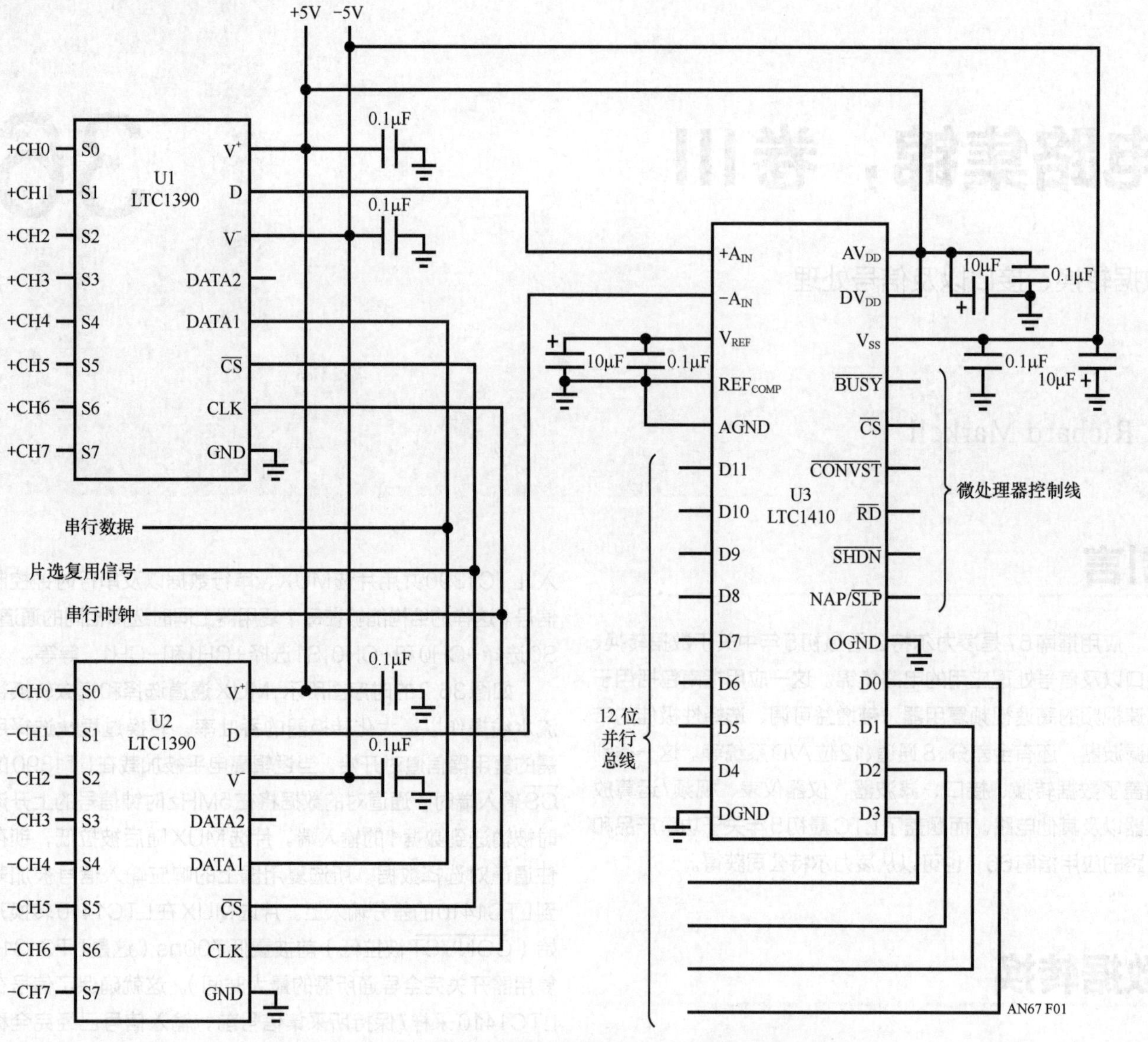

图36.1 可实现625ksps吞吐量的全差分、8通道数据采集系统

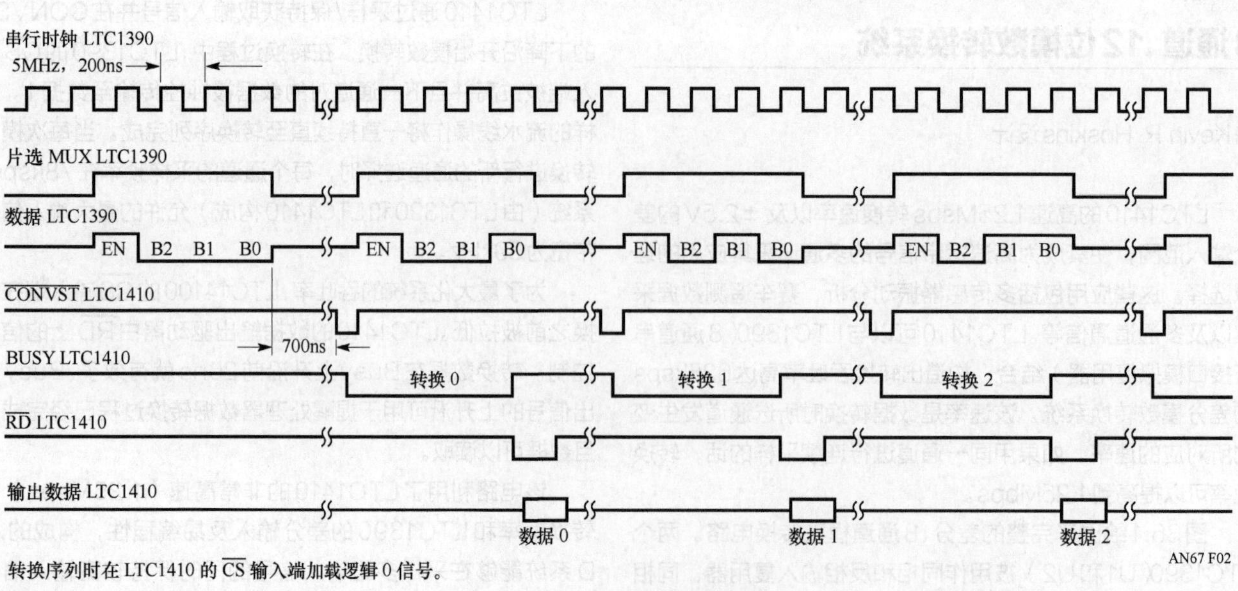

图36.2 图36.1所示电路的时序图

12位数模转换器（DAC）的应用

由Kevin R. Hoskins设计

系统自动量程调整

系统自动量程调整，即调整模数转换的满量程范围，是LTC1257的适用领域。在模数转换有多路复用输入信号时，自动量程调整相当有用。在没有自动量程调整功能的系统中只有两个参考值：一个用于设置满量程幅值，另一个用于设定零刻度值。通常不同的输入信号有着不同的零刻度和满量程需求，固定的参考电压值可能会产生一些问题。尽管有些输入信号可以利用满量程的模数转换码，处于不同变化范围的输入将无法产生所有满量程的对应的编码，从而导致模数转换器的有效分辨率降低。一个可行的解决方案是让参考电压与每个复用器输入范围相匹配。

图36.3所示的电路使用了2个LTC1257来设置LTC1296（12位、8通道模数转换器）的满量程和零刻度工作点。模数转换器与数模转换器共用串行接口。为了进一步简化总线的连接，数模转换器的数据可以采用菊花链连接。电路中使用了两个片选信号，一个用于编程复用器时选择LTC1296，而另一个则在设置输出电压时用于选择数模转换器。

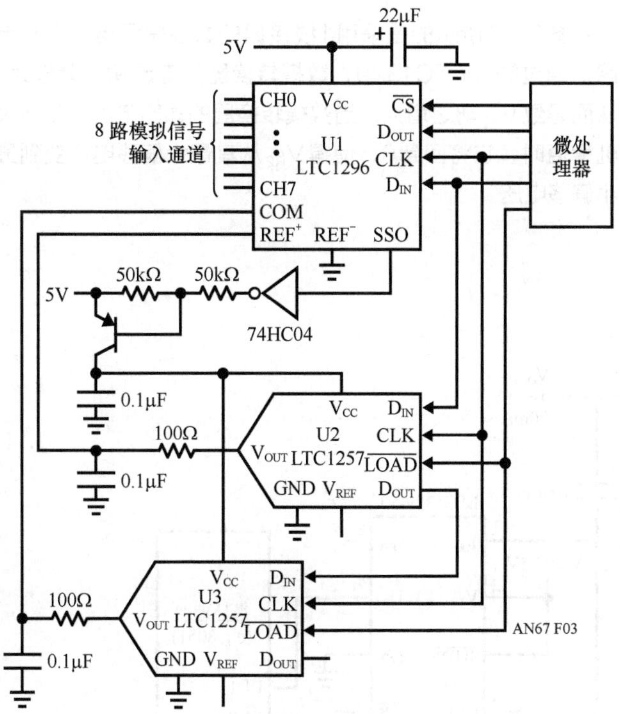

图36.3 使用两个12位电压输出数模转换器LTC1257来设置12位、8通道模数转换器LTC1296的输入范围

在转换过程中，U2和U3分别接收所选复用器通道对应的满刻度和零刻度编码。例如，通道2的输入信号范围在2～4.5V之间。当主处理器要采样通道2的输入信号时，它先发送编码使得U2的输出为2V，而U3的输出为4.5V，从而确定输入范围为2.5V。然后处理器发送信号给LTC1296选择通道2。在3.5V（峰峰值）信号加载在通道2时，处理器钟控LTC1296并读出转换过程中所得的数据。当其他复用器通道被选用时，模数转换器的输出将被改变，以适应其他信号的输入范围。

计算机控制的4～20mA电流环

一个常见而且有用的电路是4～20mA电流环。由于它具有可变电流值，所以主要用于远程信息传输。相比电压传输而言，采用电流传输的优势在于没有IR损耗，从而也没有相应的传输误差以及信号丢失。

图36.4所示电路是用计算机控制的4～20mA的电流环。它主要运行在3.3～30V的单电源供电范围内。电路的零刻度输出参考信号为4mA，是通过R1设置并由R2校准的；电路的满刻度输出电流由R3设置并由R4校准。零刻度和满刻度的输出电流设定过程是：当LTC1453的输入编码为零时，通过调整R2的值使得输出电流I_{OUT}为4mA；接下来，当输入编码加载到数模转换器时，调整R4的值以使得满刻度的输出电流为20mA。

该电路具有自动调整功能，在模数转换器输出电压恒定时会保持输出电流稳定。这一自动调整功能工作流程如下：从t=0开始，LTC1453的固定输出（本例中为2.5V）施加到R3的左侧；同时，施加到LT1077输入端的电压为1.25V；这将开启VT1，而R_S上的电压将从1.25V开始增加；随着R_S上的电压增加，LTC1453的GND引脚电压提升超过0V；R_S上的电压继续增加直至等于数模转换器的输出电压。

一旦电路达到这一稳定状态，恒定的数模转换器输出电压通过R3+R4以及R5设定固定的电流输出。这一固定电流将确定R5上的电压，R5上的电压同时施加在LT1077的反相输入端。从R_S顶部获得的反馈信号施加在同相输入端。而运算放大器将使其输入端信号值相等，从而设定了R_S顶部的电压。这反过来将输出电流设置为一个固定值。

光隔离的串行接口

LTC1451系列以及LTC1257的串行接口使光隔离接口易于实现而且性价比很高。对于串行数据通信，仅需要3个光隔离器。由于LTC1451、LTC1452以及LTC1453的输入端有较大的迟滞，光电隔离器的开关速度并不重要。除此以外，由于这些数模转换器采用菊花链进行连接，所以只需要3个光隔离器。

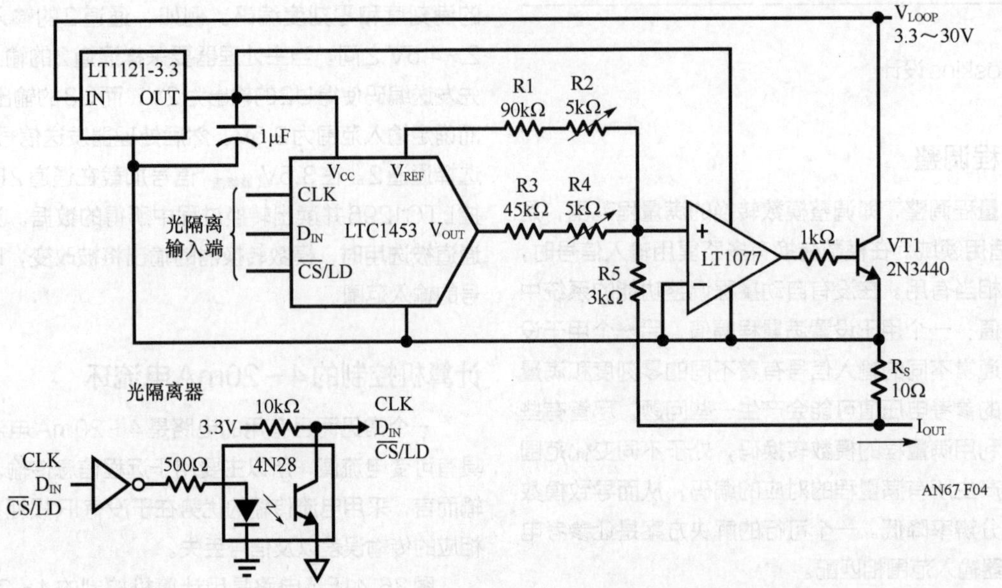

图36.4 LTC1453构成隔离4～20mA电流环的核心

微功耗、8位、电流输出型数模转换器LTC1329用于电源调整以及代替可变电阻

由K.S.Yap设计

电源电压调节

图36.5所示的是采用2线接口的数控电源的电压调整电路原理图。LT1107被配置为升压型DC/DC转换器，其输出电压（V_{OUT}）由反馈电阻的值确定。LTC1329的数模转换器电流输出端连接到这些电阻的反馈节点上，8051单片机被用于与LTC1329接口。

简单地钟控LTC1329，便能使数模转换器的输出电流增加或者减小（如果D_{IN}=0，则电流减小；如果D_{IN}=1，则电流增大），从而使V_{OUT}随之变化。

替换可调电位器

图36.6所示的是采用1线接口的数控失调电压调整电路。通过钟控LTC1329，数模转换器的电流输出会增大，从而导致V_{R2}随之增大。当数模转换器的输出电流达到最大刻度值时，它将回到0，使得V_{R2}从其最大偏移电压变到最小偏移电压。

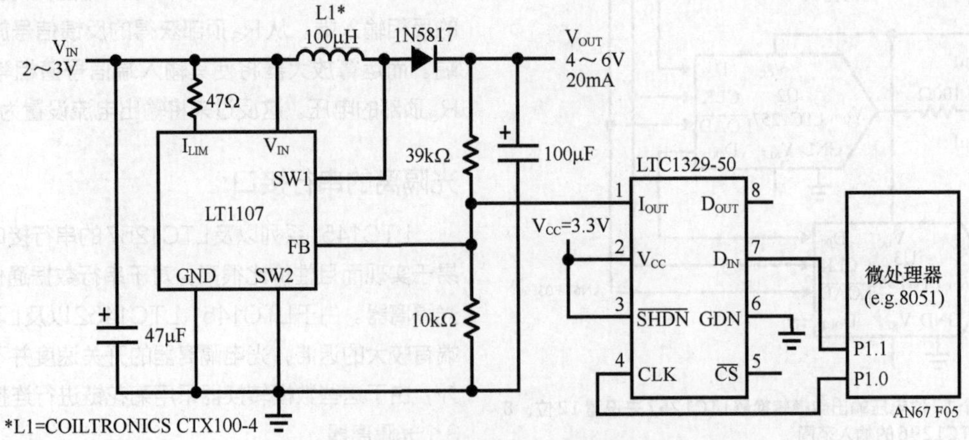

图36.5 LTC1329数字化控制电源的输出电压

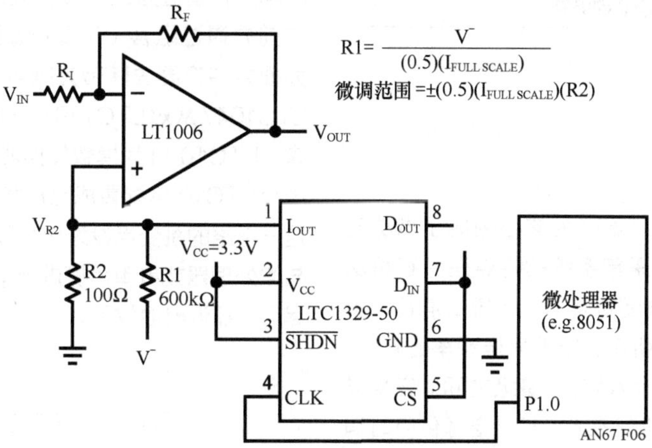

$$R1=\frac{V^-}{(0.5)(I_{FULL\ SCALE})}$$

微调范围 $=\pm(0.5)(I_{FULL\ SCALE})(R2)$

图36.6　LTC1329用于调零运放的失调电压

具有关闭功能且带有冷节点补偿的12位温度控制系统

由Robert Reay设计

图36.7所示电路是一个带有关闭功能的、12位、5V单电源供电的温度控制系统。通过一个J型热电偶对外部温度进行监测。LT1025A为热电偶提供冷节点补偿，而LTC1050斩波放大器为热电耦提供信号增益。在信号到达模数转换器前，47kΩ电阻和1μF电容构成阻容网络对信号的斩波噪声进行滤波。LTC1297模数转换器用LTC1257滤波后的信号作为参考信号，该参考信号被用于设定模数转换的满刻度值。在模数转换完成后，$\overline{CS}$被拉高，所以除了LTC1257外的全部芯片被关闭。此时系统的供电电流约为350μA。可以向LTC1257中写入1个字的信息，将其输出信号用作温度控制信号以监测系统。

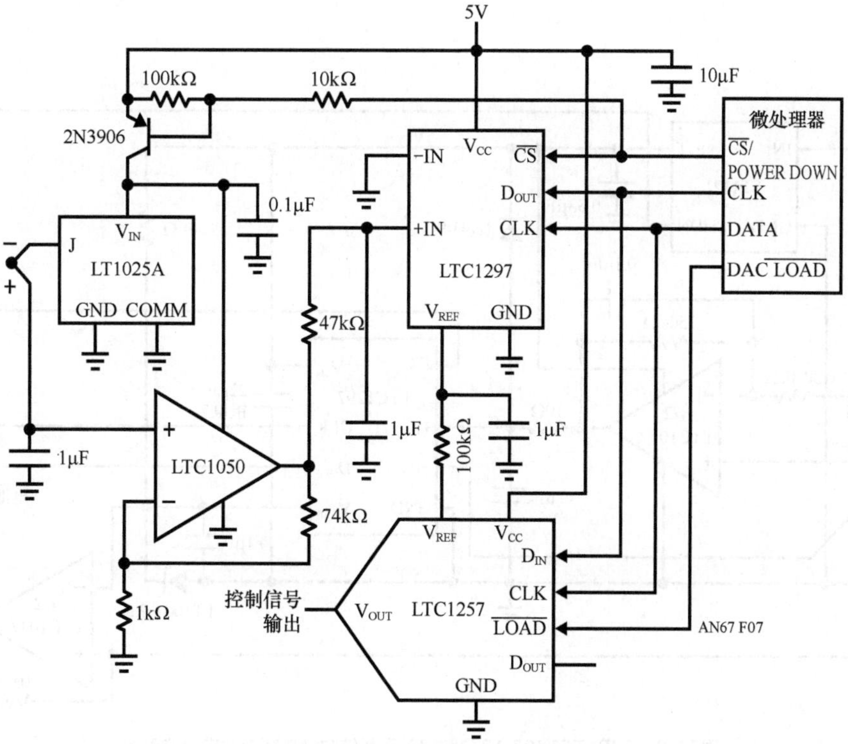

图36.7　具有关闭功能的12位5V单电源供电控制系统

12位微功率电池电流监测器

由Sammy Lum设计

引言

如图36.8所示，由LTC1297为核心构成了微功耗电池监测器。这个12位数据采集系统的特点是：在每次转换之后都会自动关闭。在关闭状态下，系统所消耗电流的典型值为6μA。如图36.9所示，随着采样频率的降低，LTC1297的平均供电电流在mA到μA量级之间。在采样频率为每秒10个采样点时，电路在6～12V电源供电时消耗的电流仅有190μA。系统的唤醒时间受到LTC1297唤醒时间（5.5μs）的限制。如果长时间没有工作，可以利用LT1121的关断特性将电路的供电电流进一步降低到20μA。在使用这种关断模式时，需要更长的唤醒时间。这一唤醒时间经常由电路中的电容大小以及稳压器的可用充电电流共同决定。

电池电流监测器

通过LT1121微功耗稳压器将6～12V的电池电压降压到5V。一个0.05Ω的感测电阻与电池串联，并将电池的电流转化为电压。该设计中的满刻度值为2A，所以用12位模数转换器获得的分辨率为0.5mA。LTC1047放大感测电阻上的电压，增益为25V/V。放大后的信号在馈送到LTC1297之前先通过阻容（RC）低通滤波器。首先，滤波器可以为模数转换器去除带外噪声。其次，滤波器的电容有助于LTC1047从对LTC1297开关电容输入的瞬态响应中恢复过来。LTC1004为模数转换器提供满刻度参考电压。将另外半个LTC1074配置成比较器，用作电池的低电量监测电路。这一电路的跳变点设为5V再加上LT1121的压差。由于系统与微处理器或者单片机进行串行数据通信，电流监测电路应尽可能靠近电池放置。

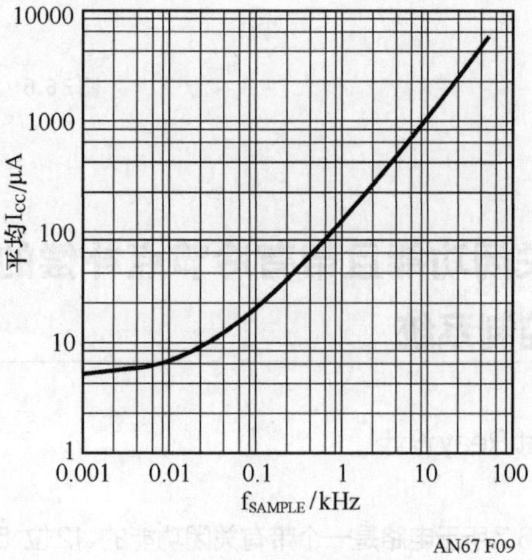

图36.9 LTC1297电源供电电流与采样频率之间的关系

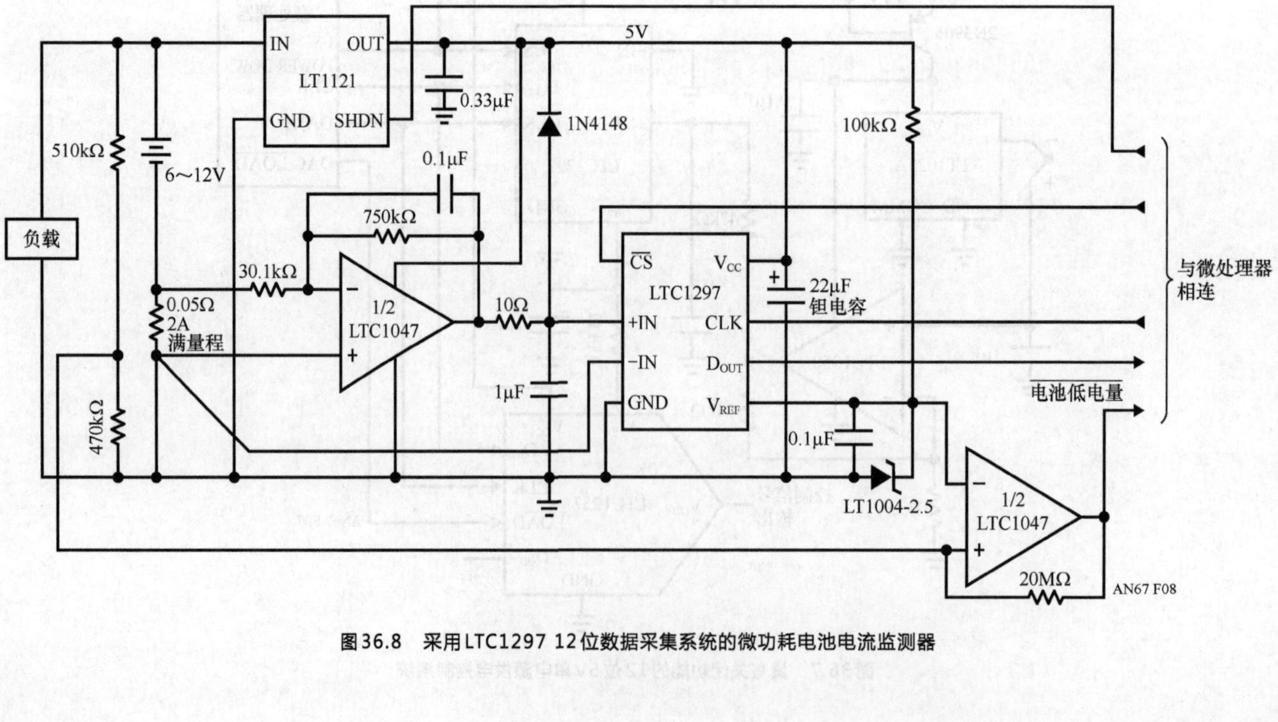

图36.8 采用LTC1297 12位数据采集系统的微功耗电池电流监测器

接口

V.35收发器（3芯片V.35端口解决方案）

由Y.K.Sim设计

LTC1345和LTC1346是两个新的LTC接口器件，提供了实现V.35接口所需的差分驱动器和接收器。当它们与一个RS232收发器（例如LT1134A）一起使用时，只需要3个元件便能实现完整的V.35系统：两个收发器芯片和一个电阻端接芯片。LTC1345和LTC1346提供实现高速路径必须的3个差分驱动器和接收器，LT1134A则提供用于握手接口的4个RS232驱动器和接收器。LTC1345和LT1134A都可以提供板载电荷泵电源，以使V.35接口电路可以通过5V单电源供电。当±5V电源供电时，系统可以采用不带电荷泵的LTC1346，这样可以节约30%的功耗。

采用非归零码格式（NRZ）时，差分收发器最高可以运行在10MBd。

RS232握手信号可以通过标准RS232收发器实现。LT1134A提供4个RS232驱动器和4个RS232接收器，足以实现V.35规定的8路扩展握手协议。LT1134A同样包括1个片上电荷泵，用于从5V单电源中产生RS232所需的更高电压，这就使它成为LTC1345的理想伴侣。这两个芯片与BI Technologies公司的端接电阻网络一起，提供了一个仅需5V供电、可以全贴片封装的V.35数据接口。系统如果有多电源供电并且只需要较为简单的5线V.35握手协议，则可以采用LTC1346和LT1135A或者LT1039的RS232收发器；这样的组合将提供完整的接口，而且节约了电路板的面积，并降低了电路的复杂程度。图36.10给出了一个典型的LTC1345和LT1134A实现的V.35接口，该接口拥有5个基本握手信号并且有可选择扩展的3个额外握手信号。

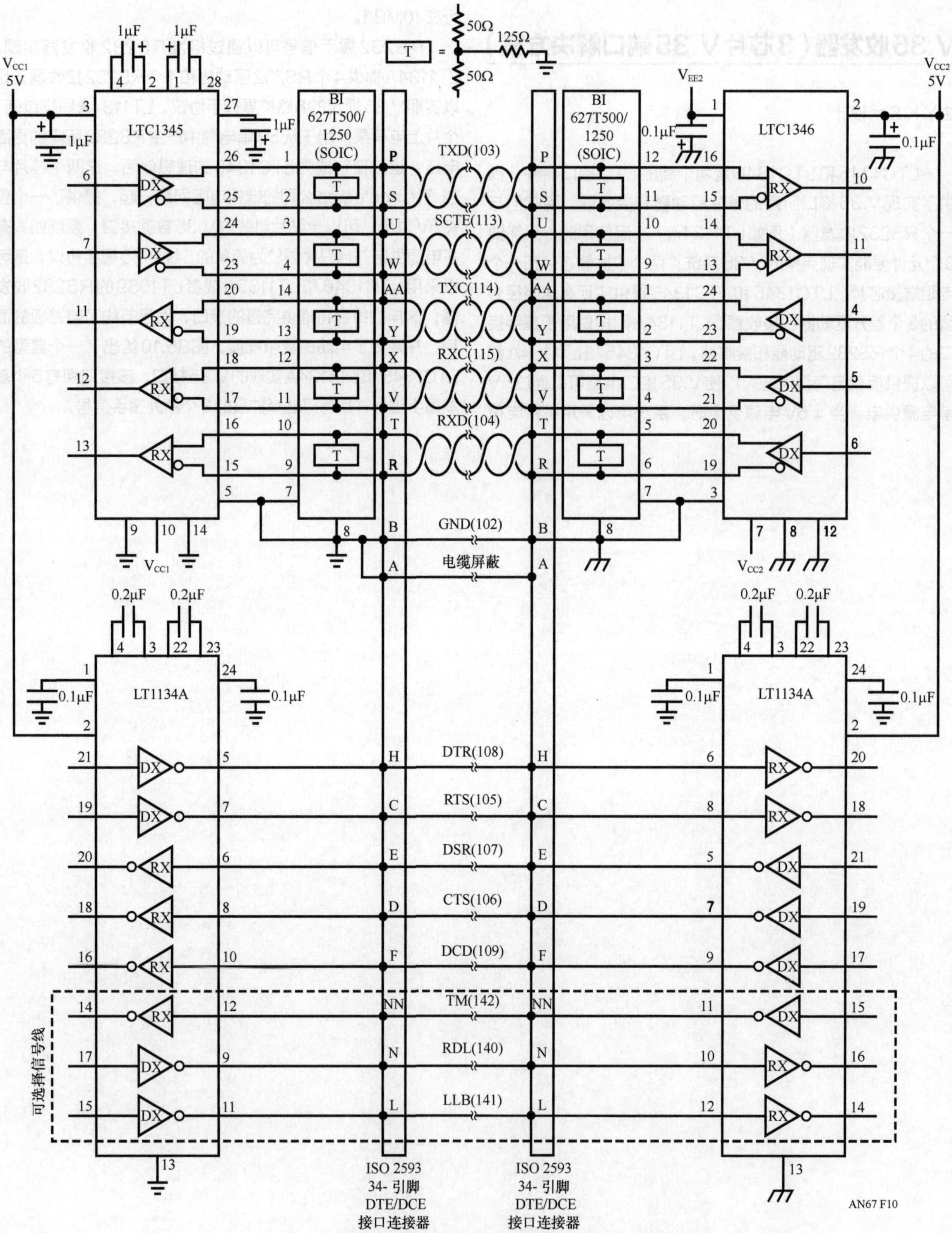

图36.10 采用LTC1345和LTC1346实现的典型V.35接口

开关、有源GTL端接器

由Dale Eagar设计

引言

新的高速微处理器，特别是采用多处理器的工作站以及视频图片终端，需要支持峰值数据率在1Gbit/s的高速背板。背板是一个无源器件，上面有用低电压摆幅的CMOS（也称作GTL逻辑）实现的所有驱动器和接收器。这一应用需要双向的端接，端接器可能为源电流型或者灌电流型（本例中为1.55V）。端接器的电流要求取决于背板上的端接数目。目前的应用可能会高达10A。当然，这一指标在条件允许的情况下可以降低。

电路运行

图36.11给出了端接器的完整电路图。电路是基于LT1158的半桥、N沟道、功率MOSFET驱动器而实现的。LT1158的配置是为给MOSFET（VT1到VT6）提供双向同步开关。VR1（LT1004-1.2）、R1和C1一起产生用于设置端接器输出电压的参考电压。U1A（LT1215）是一个中速（23MHz增益带宽）精密运算放大器，它将1.25V参考电压减去其反相端的误差电压。U1A也用于放大这一误差信号。R3和C2用于调整这一部分的相位和增益，在评估系统的负载阶跃响应时使用。

U1B和部分U2为形成振荡器提供必要的增益和相位反转。C3和C4提供高频时的正反馈，这是让系统在可控模式振荡，并且保持系统电压偏移在U1B的共模范围内的必要条件。R8、U2以及C6提供反相以及中频上的负反馈，从而使得U1B振荡在比反馈环路响应高很多的频率上。振荡器的直流环路通过功率MOSFET（VT1到VT6）、输出扼流圈L1、输出电阻C11并通过误差放大器这一反馈路径。R4和R7用于设置U1B共模电压的中间值，并用于选择振荡器可以达到最大占空比的限值。

R9、R10、R12和C9为U2提供输出电流感测，允许通过Fault引脚（第5引脚）关闭振荡器以避免产生灾难性的后果。VD2、C8和U2的Boost引脚后面的电路一起，为N沟道FET的VT1到VT3提供足够的门电路驱动。VD3、R11和C7允许振荡器在任何情况下启动而与其关闭时候的状态无关。

性能

电流提供了优异的瞬态响应，在源电流模式时的效率高于80%，而在灌电流模式效率高于90%。图36.12给出了端接器的阶跃响应。

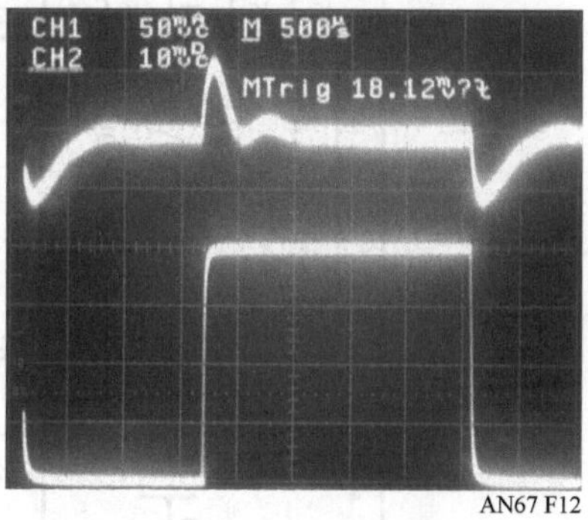

图36.12　基于LT1158的端接器的阶跃响应

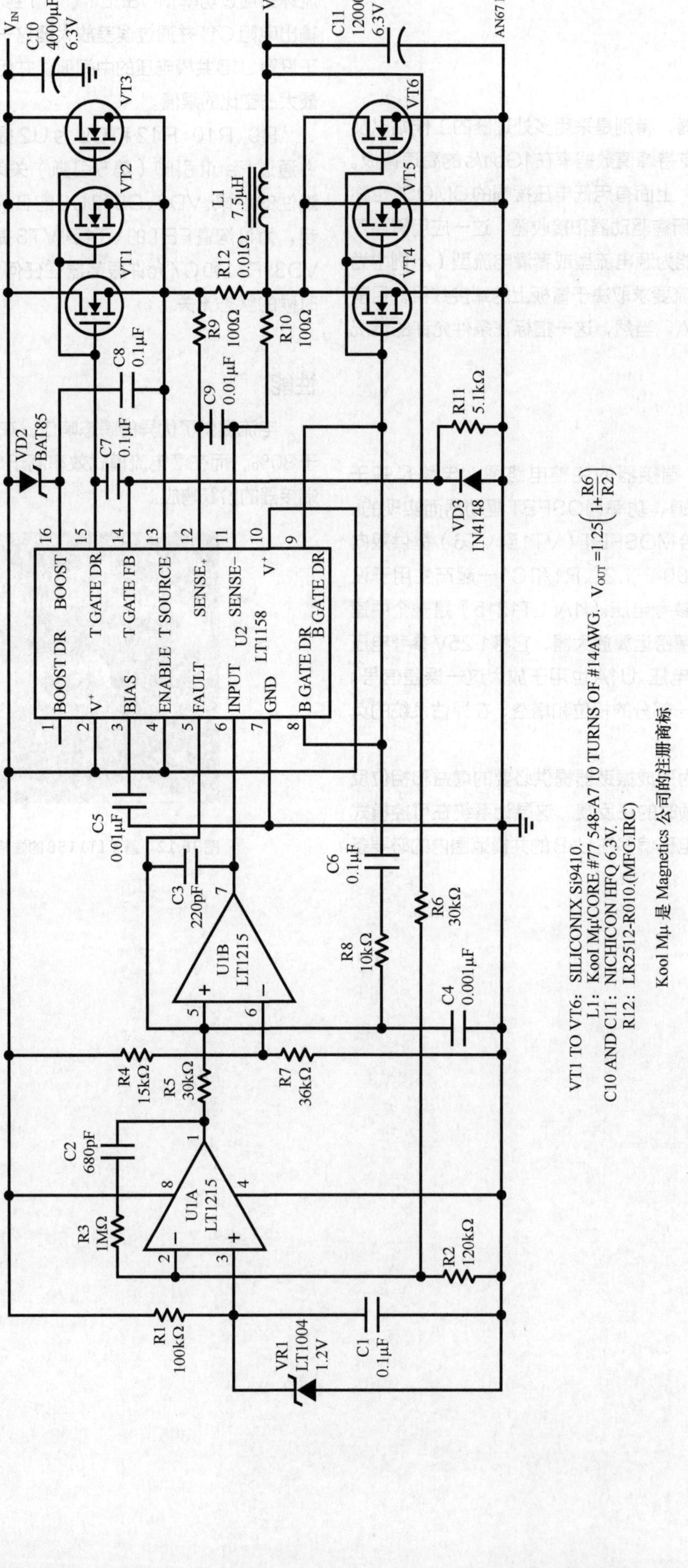

图36.11 GTL 1.55V端接器能提供最大10A的电流

用于DTE、DCE交换的RS232收发器

由Gary Maulding设计

交换式DTE/DCE端口

在某些情况下，一个数据接口可能需要交替充当DTE或者DCE。这样的例子包括测试设备以及数据复用器。图36.13给出了一个可以将9脚DTE转换为9脚DCE并且完全符合RS232标准的电路构造。

电路采用了LT1137A DTE收发器和LT1138A DCE收发器。一个DTE/DCE选择逻辑信号交替使能或者关闭其中一个收发器。此外，为了不消耗能量，收发器的OFF驱动器达到高阻态，将它们与数据线路脱离。接收机的输入将继续挂载在数据线上，但是并不存在运行问题而且没有违背RS232标准。处于激活状态的收发器的驱动器可以轻松地将另一个收发器的额外负载与电缆另一端的终端一起驱动。示波器的图片（见图36.14）表明，DTE/DCE转换电路的信号输出端可以在120kBd速率下驱动3kΩ并联1000pF的负载。

对于数据线另一端的收发器来说，这一数据接口总是作为一个正常的固定接口。所有进入接口的信号都被适当地端接在5kΩ。

图36.13所示的电路原理图给出了实现DTE/DCE交换所必须的特性，另外，其他属性也很容易加入。只需要增加一个额外的逻辑控制信号便可以实现两个收发器的关闭。当收发器关闭时接收器输出保持在高阻态，所以可以实现逻辑电平的复用。可以通过共用两个收发器的V^+和V^-滤波器电容来节省两个电容，但是电荷泵的电容不可以共用。

该电路采用了双极型晶体管，不过凌力尔特公司的CMOS收发器，例如LTC1327和LTC1328，在需要绝对最小功耗时可用作备选器件。

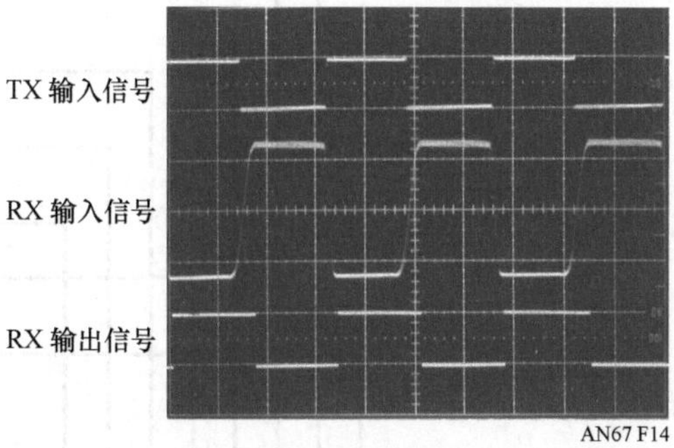

图36.14　图36.13所示的DTE/DCE电路驱动3kΩ、1000pF并联负载，在120kBd下的输出信号示波器波形

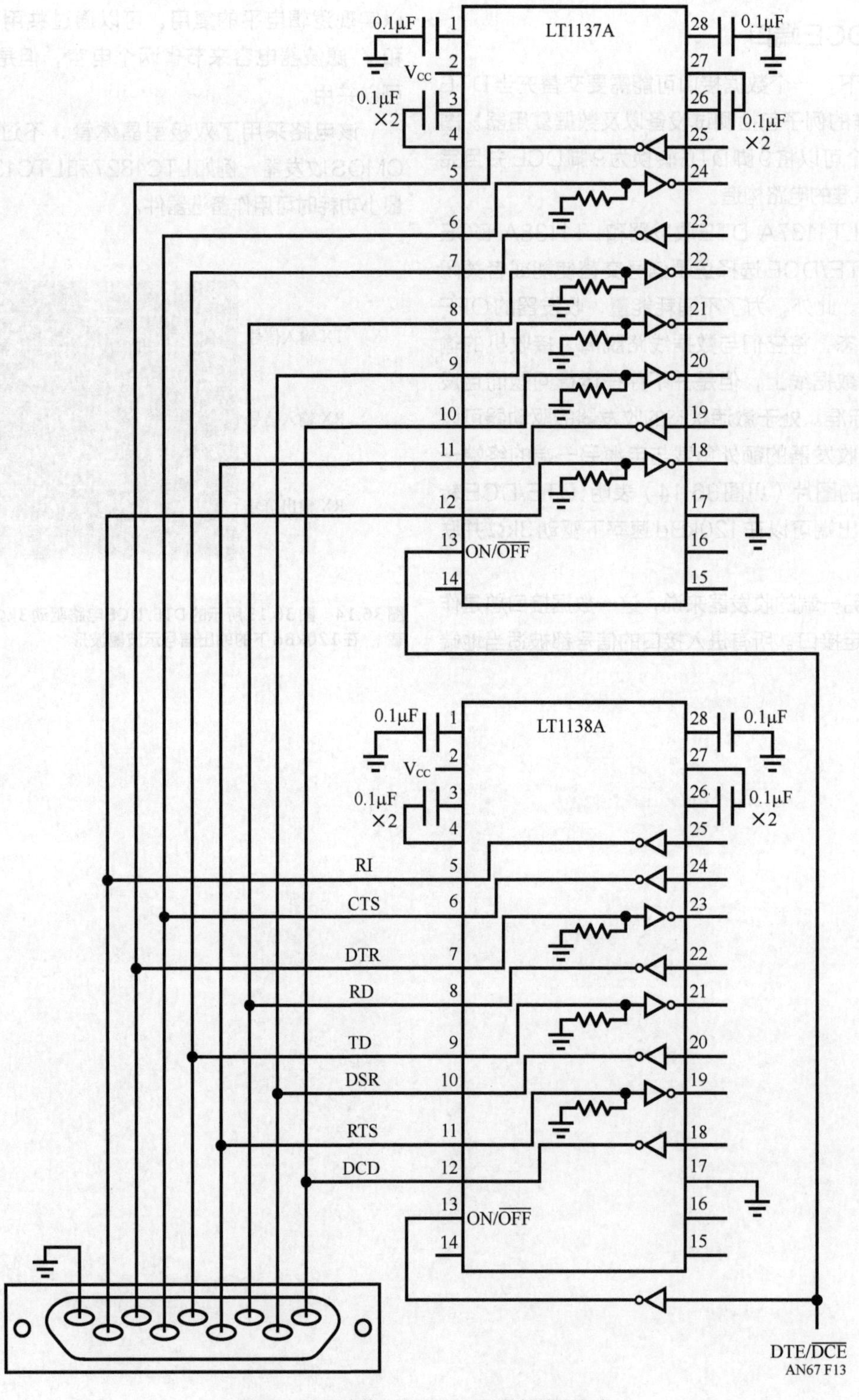

图36.13 可交换9脚DTE/DCE数据接口电路

有源负极总线端接器

由Dale Eagar设计

高速数据总线需要传输线技术，诸如端接等来保证信号的完整性。总线上的数据丢失可能是由于总线不均匀而导致的信号反射。该问题的解决方案是正确端接总线。

早先总线端接器是无源的（参见图36.15）。无源端接器性能很好但是耗费关键资源较多，特别是在没有使用总线的情况下。

理想的解决方案是使用一个支持源电流和灌电流的电压源。图36.16所示的就是带有端接电阻的这类电压源。即所谓的有源负极。有源负极具有最小的静态电流，仅提供总线端接所需功率。

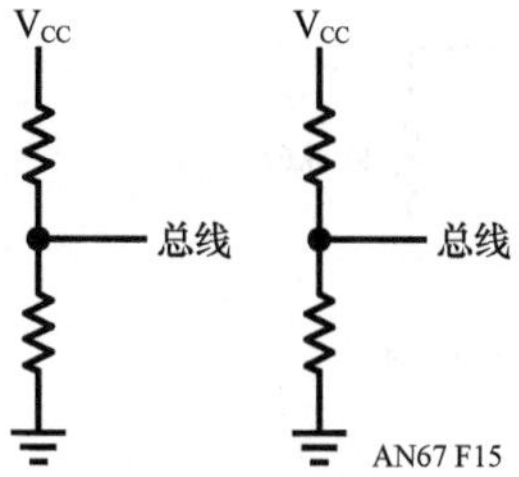

图36.15 无源端接技术

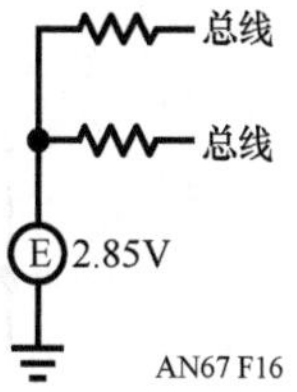

图36.16 有源负端接技术

采用线性稳压的有源负极总线端接器

有源负极的电路如图36.17所示，该电路给输出提供能量的效率大概为50%；剩下的能量将消耗在VT1或者U1上，消耗器件取决于输出电流的极性。

电路将输出或者输入电流。电流从5V电源经过NPN达林顿管VT1流入输出端。漏电流通过CR1进入LT1431的集电极（引脚1）并输出到地电平。LT1431将输出电压稳定在内部2.5V带隙基准的比例值上，驱动VT1的基极或者通过CR1获取电流来稳定输出电压。R1和LT1431的内部5kΩ电阻决定了输出电压的比例系数。

开关电源的有源负极网络

开关有源负极端接器如图36.18所示，是一个同步开关转换器。这个方案将进一步减小功耗，因此可以获得更高的效率。这种类型的开关转换器可以拉电流（流出）也可以灌电流（流入）。

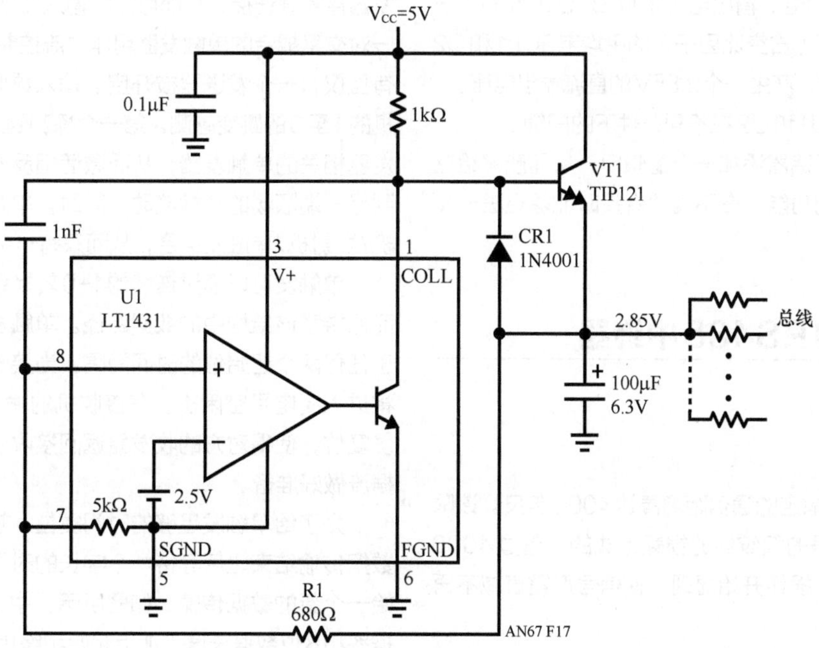

图36.17 线性有源负极电压源

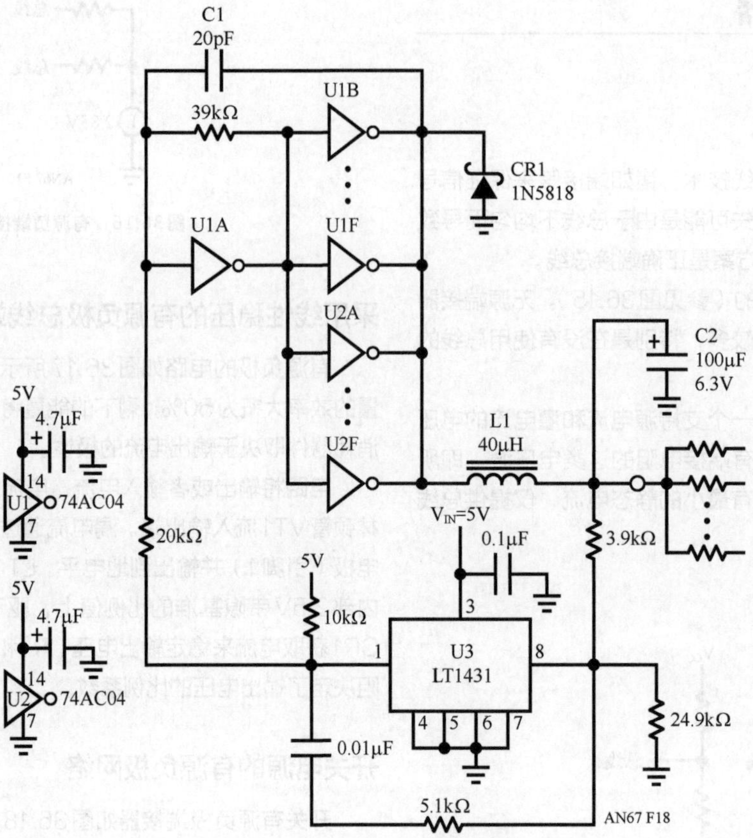

图36.18 开关有源负极端接

开关电源工作原理如下。74AC04的六元反相器（U1和U2）构成一个1MHz的可变系数振荡器。占空比系数由稳压器U3的输出控制，并保持在2.85V/V_{IN}的比值。V_{IN}是5V电源，给U1、U2、U3供电。输出电压是U1B-U1F和U2A-U2F输出的方波（V_{IN}）（占空比因子）的平均电压。L1和C2滤除0～5V的交流分量，产生一个2.85V的直流输出电压。

增加CR1以防止U1和U2在不利条件下的闩锁。

可以很简单地给振荡器添加一个逻辑门，从而能够给这个端接器增加一个禁用功能，在不需要端接时能够更进一步地减小静态电流。

扩展系统性能的RS485中继器

由Mitchell Lee设计

RS485数据通信指定的通信距离高达4000英尺。该限制是由于传输数据信号的双绞线的损耗造成的。超过4000英尺，趋肤效应和介电损耗开始显现，使信号严重衰减不再可用。

如果要传输更远的距离，则需要采用某些手段对数据进行中继。其中一个方法就是用一个基于单片机的节点对长传输电缆进行端接，该节点能够将信号中继到另一段传输电缆上。

图36.19给出了一个更简单的解决方案[①]。两个RS485收发器背靠背连接，从而可以将输入数据由一边传输到另一边。一对交叉耦合的单触发器用作“流控制”，从而保证任何时候有且仅有一个发送器被开启。输入数据由进入任一空闲接收机的1至0的跳变感测。第一个探测到这一跳变的接收机将触发器相关的单触发器，从而激活相反的发送器以保证从一端到另一端顺畅的数据流动。同时，单触发锁定了其他的接收机/发射机/单触发组合，从而只有一个数据通道被打开。

单触发可以通过连续的1-0转换和起始位重复触发，从而保持了该结构中的数据路径。单触发时间常数设置为稍大于任何两个起始位的时间间隔。当接收到停止位时，数据线将进入高电平空闲态，在接收机的输出端产生一个1。单触发复位，使得对方的收发器返回接收模式——为接下来的数据流做好准备。

为了给单触发足够的时间复位，软件协议必须要在每次数据传输结束之后等待一个字长的时间，才可以应答或者开始一个新的数据传输。如图所示，中继器设置为100kBd数据率和8位数据长度（加上起始和终止位）。

① Honeywell公司的4670886号专利似乎用到该技术。

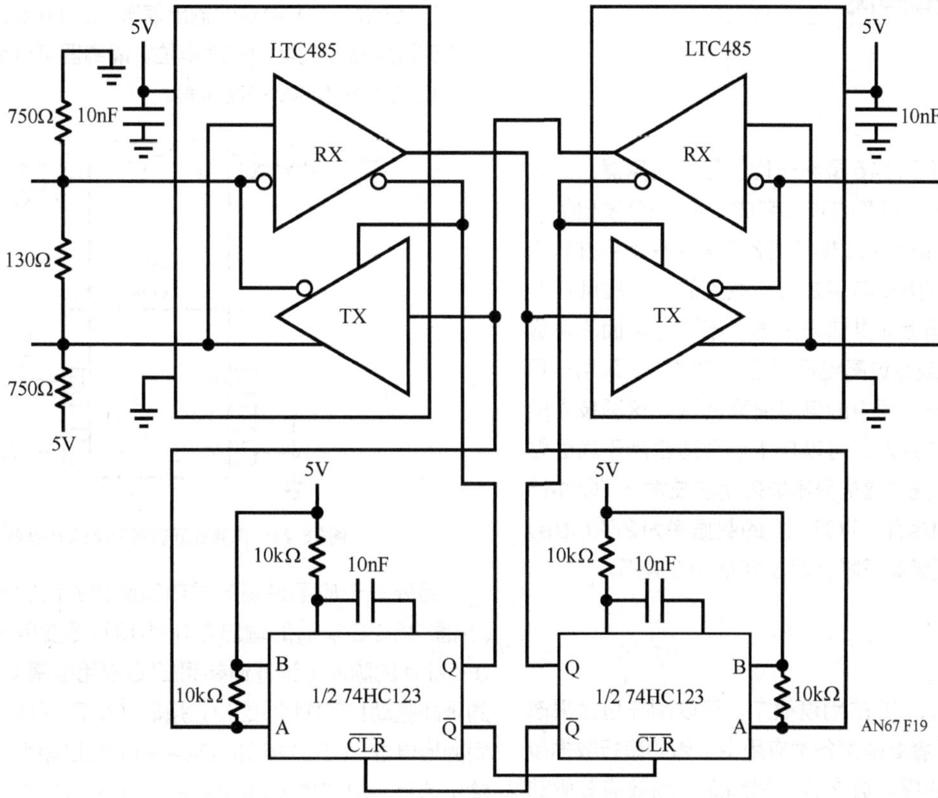

图36.19 RS485中继器原理图

基于LT1087的1.2V GTL端接器

由Mitchell Lee设计

近年来高速数字设计的发展，产生了一个称之为“冈宁转换逻辑”（Gunning Transition Logic,GTL）的新逻辑器件家族。由于涉及高速信号，必须特别注意这些器件间互连的传输线特性；另外还需有源端接。

在完整的系统之中，端接电压通常为1.20V，而电流可达几个安培。产生1.2V的方法之一是从3.3V或者5V的工作电源用线性稳压器来产生。然而，这一方法有两个主要的缺点。第一，对大部分可调的线性稳压电源来讲，如果没有负电源辅助，1.25V是它们可调的最低电压。第二，大多数线性稳压电源没有低压差特性，所以在3.3V输入时无法使用。LT1087可以解决这两个问题：它的输出既可以调整到参考电压以下，也有低压差的结构。

图36.20给出了完整电路。LT1087具有反馈感测特性，在其原有的应用中是用于远距离开尔文感测的。在GTL端接器电路中，SENSE引脚将内部参考电压调整到1.25V以下。最后的结果是得到一个1.2V、5A的稳压电源，该电源无论传输线的状态、负载和温度如何都有着2%的输出容差。为了减小功耗，推荐使用3.3V输入电压。

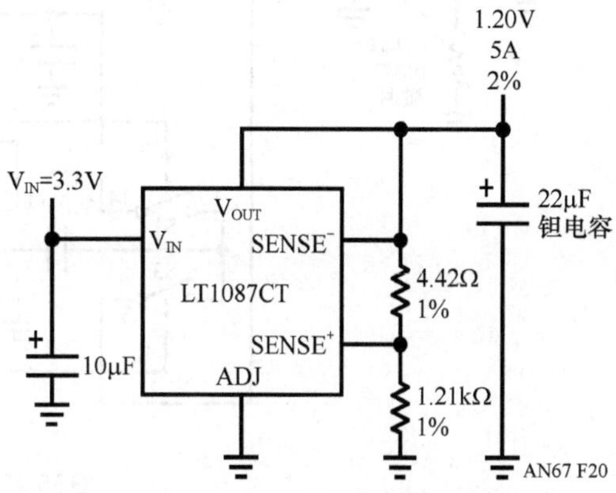

图36.20 1.2V GTL端接电压源电路图

利用LTC1145/LTC1146获得具有容性引脚框架的超薄隔离

由James Herr设计

LTC1145和LTC1146是新一代的信号隔离器。在以前，信号隔离通过光电隔离的方式完成。由LED发出的光经过物理隔离屏障，由光电二极管或者晶体管探测到并转换为电信号。几千伏的隔离电平是容易达到的。工程师们开始尝试在单片硅晶圆上提供信号隔离。不过这将面临可靠性问题：由于ESD或者过高电压而造成的损坏。采用一项新技术可以克服单一封闭中的信号隔离问题，这项技术就是采用容性引线框。另外，这项技术也很适合用于表面贴片封装——这是一个光电隔离器不能采用的技术。LTC1145的数据率为200kbit/s而LTC1146的数据率为20kbit/s。两个器件都可以承受隔离屏障上超过1000V的电压。

应用

LTC1145/LTC1146的用途很广，可以用在包含瞬态电压、不同地电位或者高噪声各类应用中，诸如串行数据接口隔离、过程控制的模拟数字转换器隔离、场效应管驱动器隔离以及低功率光隔离器的替代。一个可能的应用是隔离的RS232接收器（见图36.21）。LTC1145的D_{IN}引脚由RS232信号通过5.1kΩ电阻进行驱动。LTC1145的D_{OUT}引脚产生隔离的、TTL兼容的输出信号。LT1145的GND2引脚连接到链路接收端相同的地电位。隔离器可以承受GND1和GND2之间高达1kV的电压差。

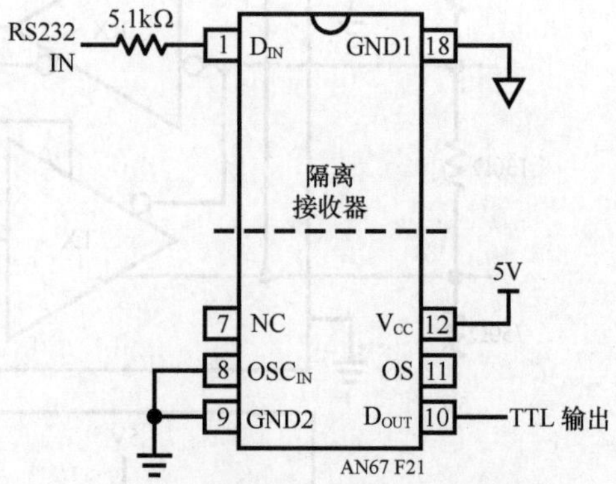

图36.21 隔离式低功耗RS232接收器

另外一个应用是隔离式热耦感测的温度到频率转换器（见图36.22）。I_3的输出在0~100℃温度范围内产生一个0~1kHz的脉冲（详情请参阅LTC应用指南45）。由I_3输出的脉冲驱动LTC1146的D_{IN}引脚。GND1引脚连接到与I_3相同的地电位。LTC1146的D_{OUT}引脚产生隔离的、TTL兼容的输出信号。电流最大功耗只有460μA，使它可以在9V电池供电下运行。

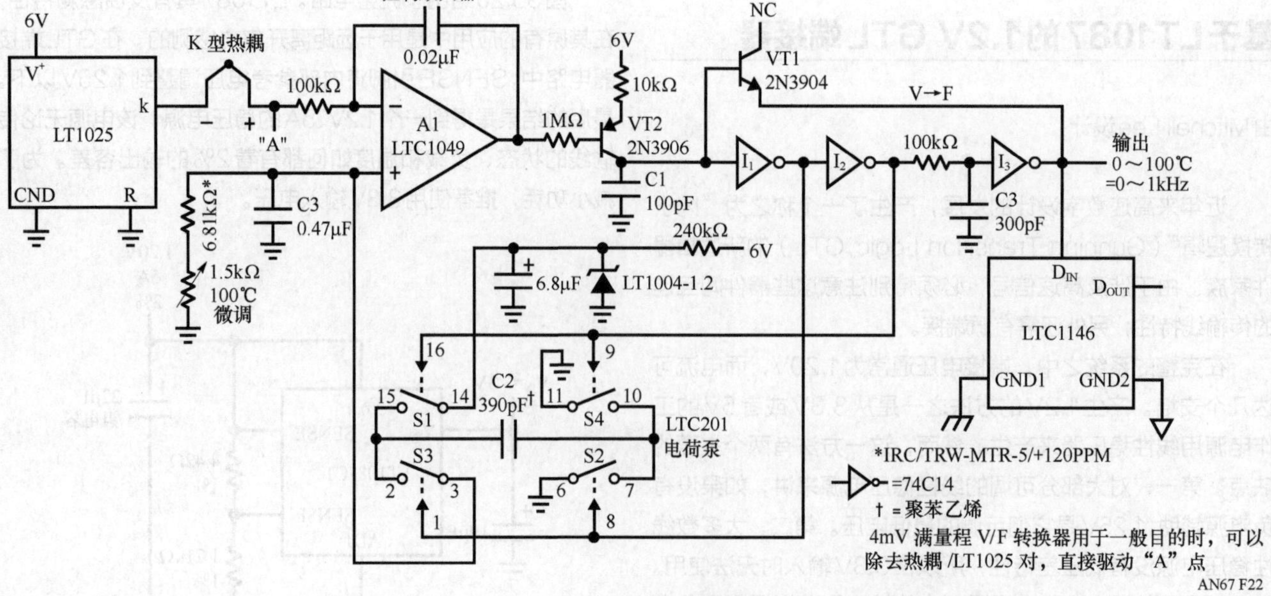

图36.22 隔离的温度 / 频率转换器

LTC485传输线端接

由Bob Reay设计

连接到LTC485上的数据传输线的端接非常重要，因为传输线如果没有适当端接将会导致数据错误。数据线通常是在两端都有120Ω端接的120Ω屏蔽双绞线（见图36.23）。在某些应用中，端接电阻将输入端与接收器短接而使驱动器的输出置为高阻态，从而造成系统问题。由于接收器为差分比较器，它具有一定的固有迟滞，所以它们的输出将会维持在最后的逻辑状态。

在需要将接收器输出置为已知状态并且仍然保持低功耗的应用中，电缆可以如图36.24所示进行端接。一个电容（典型值0.1μF）与120Ω的端接电阻R2串联并且加入两个偏置电阻（R1和R3）。数据传输时，电容基本上可以视为短路，差分信号在端接电阻两端出现。当驱动器被置为高阻态时，偏置电阻将接收器置为逻辑1状态。当输出必须为逻辑0时，可以将接收器的输入端进行对调。

由于电容和偏置电路串联，所以在没有数据传输的情况下没有直流电流通过。在进行高速率数据传输时，需要多加小心，以防止偏置电路在下一个数据位到来前将电容充电到错误的状态。同样需要注意的是，V^+电源与地之间的差异将会导致直流电流流入传输电缆，但是可以通过采用高阻值的偏置电阻将这一效应最小化。

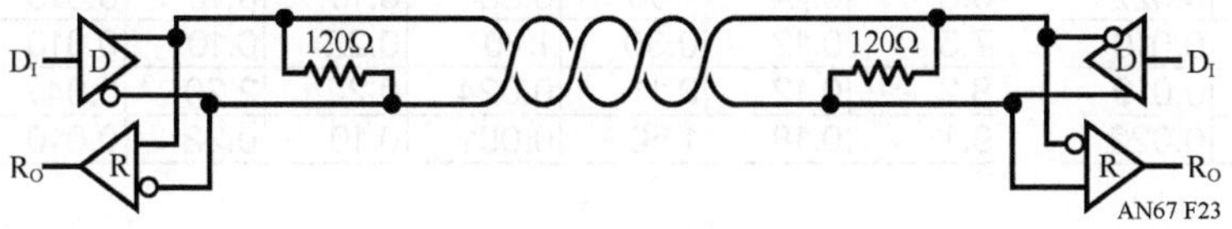

图36.23 直流耦合端接

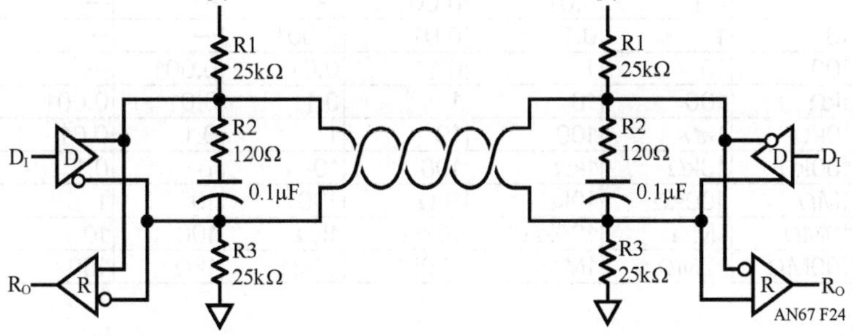

图36.24 交流耦合端接

滤波器

采用5%电阻容差的Sallen-Key滤波器

由Dale Eagar设计

Sallen和Key（译者注：Sallen和Key是两位工程师的名字）设计的低通滤波器通常采用图36.25所示的结构。在经典的Sallen-Key电路中，电阻R1、R2和R3设置为同样的值以简化设计公式。

当3个电阻采用相同的值时，极点以及滤波器的特性都由电容的值来设定（C1、C2和C3）。这一过程从纯数学观点来看非常完美，不过可能存在一些实际问题。因为在现实世界中，电阻的取值有着更大的选择性，而电容的选择性就相对少一些。

利用电阻更宽的取值范围并不是一件小事，相应的数学过程可能相当烦琐并很耗费时间。

该设计的具体思路包括采用三阶Sallen-Key低通滤波器的电阻电容取值表。电阻值从标准5%容差的型谱库中选取，而电容值从标准10%容差的型谱库中选取。频率从电阻所用的5%容差型谱库中选值。频率的单位为赫兹（Hertz），电容的单位为法拉（Farads），电阻的单位为欧姆（Ohms）。

图36.26给出了根据这一表格设计的1.6kHz巴特沃斯滤波器详细的PSpice仿真图。

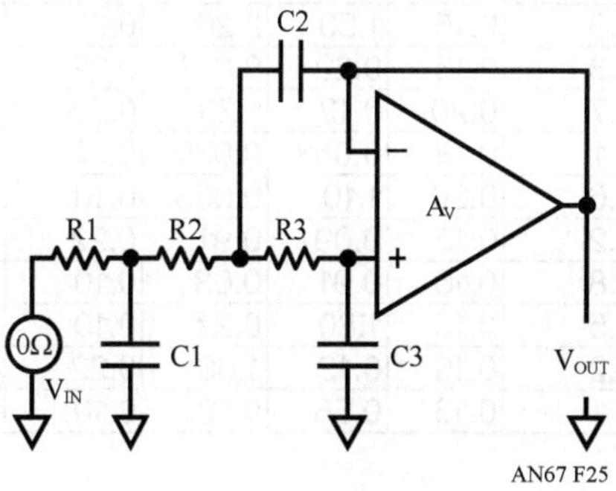

图36.25 Sallen-Key低通滤波器

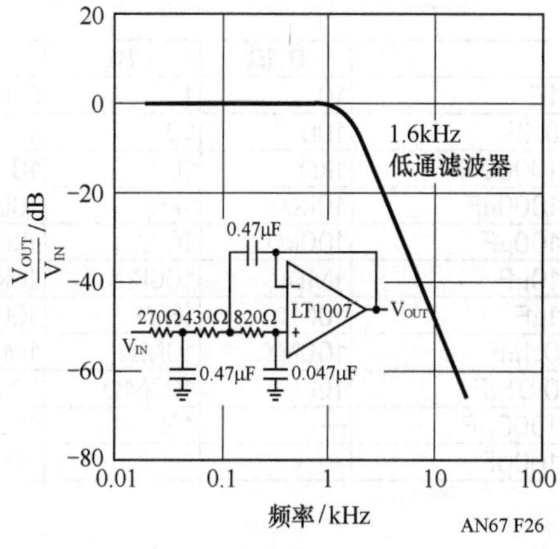

图36.26 1.6kHz巴特沃斯滤波器的PSpice仿真

如果利用表格设计滤波器

与选取标准5%容差电阻相类似，在一定的范围内选取某一截止频率（如果设计的截止频率为1.7kHz，则必须在1.6kHz到1.8kHz之间选择）。

从表36.1到表36.2中选取该频率所对应的元件参数（当作电阻上的头两个色环）。

按照以下方法从表36.3中选择电阻和电容的比例因子。

1. 选择一个表示频率倍率的对角线（当作5%容差电阻的第三个色环）。

2. 从表格的行中选择一个电容乘数，利用该乘数可以得到所选电容值，或者通过从表格的列中选择一个电阻乘数，利用该系数可以得到所选电阻值，这样便可以选取某一特定的对角线表格。

将电阻和电容值与所选频率乘数和交叉的行和列的比列因子相乘（例如，0.68×1μF=0.68 μF，0.47×1kΩ=470Ω）。

表36.1 贝塞尔低通滤波器

频率	R1	R2	R3	C1	C2	C3
1.0	0.39	0.43	8.20	0.47	0.22	0.01
1.1	0.36	0.39	7.50	0.47	0.22	0.01
1.2	0.33	0.36	6.80	0.47	0.22	0.01
1.3	0.36	2.40	0.033	0.22	2.20	0.047
1.5	0.33	4.70	0.012	0.22	4.70	0.022
1.6	0.30	0.10	0.240	0.47	2.20	0.047
1.8	0.30	3.30	5.10	0.22	0.022	0.010
2.0	0.27	0.51	0.027	0.22	2.20	0.100
2.2	0.24	2.70	0.43	0.22	0.10	0.022
2.4	0.22	2.70	3.60	0.22	0.022	0.010
2.7	0.27	0.43	1.30	0.22	0.10	0.022
3.0	0.18	0.82	0.16	0.22	0.22	0.047
3.3	0.15	0.056	1.00	0.47	1.00	0.010
3.6	0.18	0.16	0.022	0.22	2.20	0.100
3.9	0.15	1.50	2.20	0.22	0.022	0.010
4.3	0.13	0.22	0.013	0.22	2.20	0.100
4.7	0.20	0.12	1.20	0.22	0.22	0.010
5.1	0.18	0.068	0.039	0.22	2.20	0.047
5.6	0.20	1.10	0.036	0.10	0.47	0.022
6.2	0.15	0.091	0.91	0.22	0.22	0.010
6.8	0.16	0.91	0.03	0.10	0.47	0.022
7.5	0.15	1.80	0.27	0.10	0.047	0.010
8.2	0.10	0.12	1.00	0.22	0.10	0.010
9.1	0.13	0.56	0.12	0.10	0.10	0.022

表36.2 巴特沃斯低通滤波器

频率	R1	R2	R3	C1	C2	C3
1.0	0.36	3.3	3.3	0.47	0.10	0.022
1.1	0.47	0.47	6.2	0.47	0.47	0.010
1.2	0.36	0.62	1.0	0.47	0.47	0.047
1.3	0.27	2.00	0.33	0.47	0.47	0.047
1.5	0.24	1.60	0.3	0.47	0.47	0.047
1.6	0.27	0.43	0.82	0.47	0.47	0.047
1.8	0.43	1.20	0.13	0.22	1.00	0.047
2.0	0.36	7.50	0.18	0.22	0.47	0.010
2.2	0.24	0.24	3.00	0.47	0.47	0.010
2.4	0.33	0.91	0.043	0.22	2.20	0.047
2.7	0.27	5.60	0.062	0.22	1.00	0.010
3.0	0.24	5.10	0.056	0.22	1.00	0.010
3.3	0.22	1.60	0.30	0.22	0.22	0.022
3.6	0.22	0.56	0.068	0.22	1.00	0.047
3.9	0.24	0.39	0.68	0.22	0.22	0.022
4.3	0.18	0.51	0.024	0.22	2.20	0.047
4.7	0.16	1.30	0.039	0.22	1.00	0.022
5.1	0.16	0.36	0.051	0.22	1.00	0.047
5.6	0.13	1.10	0.033	0.22	1.00	0.022
6.2	0.13	0.36	0.016	0.22	2.20	0.047
6.8	0.24	1.60	0.33	0.10	0.10	0.010
7.5	0.12	0.30	1.20	0.22	0.10	0.010
8.2	0.12	0.11	0.024	0.22	2.20	0.047
9.1	0.18	1.50	0.091	0.10	0.22	0.010

表36.3 频率的倍率

	0.1Ω	1Ω	10Ω	100Ω	1kΩ	10kΩ	100kΩ	1MΩ	10MΩ	100MΩ
1F	10	1	0.1	0.001	—	—	—	—	—	—
0.1F	100	10	1	0.1	0.01	0.001	—	—	—	—
10000μF	1kΩ	100	10	1	0.1	0.01	0.001	—	—	—
1000μF	10kΩ	1kΩ	100	10	1	0.1	0.01	0.001	—	—
100μF	100kΩ	10kΩ	1kΩ	100	10	1	0.1	0.01	0.001	—
10μF	1MΩ	100kΩ	10kΩ	1kΩ	100	10	1	0.1	0.01	0.001
1μF	10MΩ	1MΩ	100kΩ	10kΩ	1kΩ	100	10	1	0.1	0.01
0.1μF	100MΩ	10MΩ	1MΩ	100kΩ	10kΩ	1kΩ	100	10	1	0.1
0.01μF	1G	100MΩ	10MΩ	1MΩ	100kΩ	10kΩ	1kΩ	100	10	1
1000pF	—	1G	100MΩ	10MΩ	1MΩ	100kΩ	10kΩ	1kΩ	100	10
100pF	—	—	1G	100MΩ	10MΩ	1MΩ	100kΩ	10kΩ	1kΩ	100

噪声环境中的低功率信号探测

由Philip Karantzalis和Jimmylee Lawson设计

引言

在信号探测应用中，可能需要从宽带噪声中探测一个小的窄带信号，这可以采用具有超强选择性的带通滤波器（例如LT1164-8）来设计异步（对相位不敏感）音调探测器。LTC1164-8的超窄滤波器通带可以限制任何随机噪声并增加探测器的信号灵敏度。

LTC1164-8是一个八阶椭圆带通滤波器，它具有以下特点：滤波器的中心频率f_{CENTER}（滤波器通带的中心频率）可以通过时钟调节，其值为时钟频率的1/100；滤波器的通带是从$0.995f_{CENTER}$~$1.005f_{CENTER}$（f_{CENTER}的±5%）。图36.27给出了LTC1164-8的典型带通响应以及带通增益波动区域。

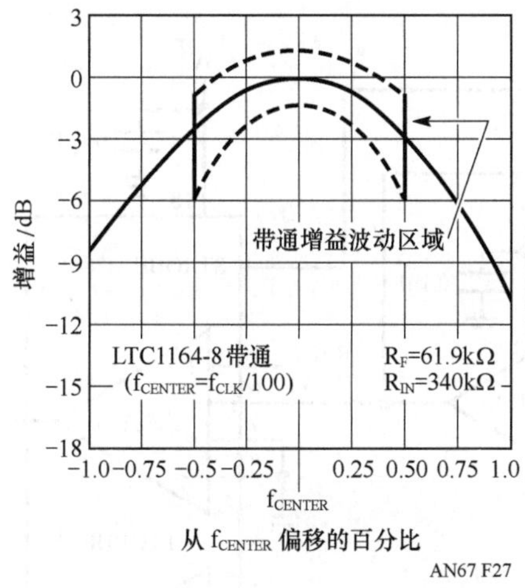

图36.27　LTC1164-8通带的具体情况

在滤波器的通带外，在$0.96f_{CENTER}$和$1.04f_{CENTER}$之间，信号衰减的增加超过50dB。在5V单电源供电时，电路静态电流的典型值为2.3mA。

超强选择性带通滤波器和双比较器构成的高性能音调探测器

LTC1164-8有着杰出的选择性，它限制输入信号的噪声出现在输出端。因此，可以构建一个能从"泥堆"中抽取出小信号的音调探测器。图36.28给出了这样一个音调探测器的框图。探测器的输入端是一个LTC1164-8带通滤波器，该滤波器的输出通过交流耦合到一个双比较器电路。第一个比较器将滤波器的输出转换为一个脉冲宽度可变的信号。脉冲宽度随着信号幅度变化。通过一个低通阻容滤波器抽取脉冲信号的平均直流值并加载到第二个比较器上。音调的识别是通过第二个比较器输出端的高电平来表示。

采用高选择性带通滤波器的主要优势是：当宽带噪声（白噪声）出现在滤波器的输入端时，只有一小部分输入噪声会到达滤波器的输出端。这样，与滤波器输入端的信噪比相比，滤波器输出端的信噪比大大地提高了。如果忽略LTC1164-8的输出噪声，滤波器输出端的信噪比与滤波器输入端信噪比的比值为

$$\frac{(S/N)_{OUT}}{(S/N)_{IN}}=20\ \mathrm{Log}\sqrt{\frac{(BW)_{IN}}{(BW)_f}}$$

其中，$(BW)_{IN}$=滤波器输入端的噪声带宽；$(BW)_f$= 0.01（f_{CENTER}），是滤波器噪声的等效带宽。

例如，一个较小的1kHz信号通过一个电缆传输到输入端，该电缆同时也传输3.4kHz带宽内的随机噪声。LTC1164-8用于探测1kHz的信号。滤波器输出端的信噪比比滤波器输入端的信噪比高25.3dB，即

$$\sqrt{\frac{(BW)_{IN}}{(BW)_f}}=20\ \mathrm{Log}\sqrt{\frac{3.4\mathrm{kHz}}{(0.01)(1\mathrm{kHz})}}=25.3\mathrm{dB}$$

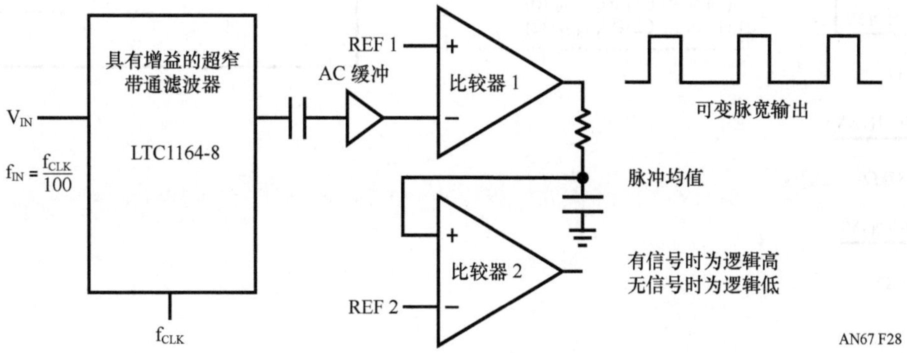

图36.28　音调探测器框图

图36.29给出了在5V单电源供电的1kHz音调探测器的完整电路。LTC1164-8的输入时钟频率设置为100kHz，它将音调探测器的频率设置在1kHz（$f_{CENTER}=f_{CLK}/100$）。一个低频运放（LT1013）以及电阻R_{IN}和R_F一起设置滤波器的增益。为了使滤波器的输出噪声最小并且保持最佳的动态范围，输出反馈电阻R_F需要设置为61.9kΩ。跨接R_F两端的电容C_F用于较小滤波器输出端的时钟馈通。

为了设置LTC1164-8的增益，R_{IN}可以通过以下公式进行计算

$$R_{IN}=340k\Omega/\text{增益}$$

在图36.29中，滤波器的增益为10(R_{IN}=34kΩ)。电容C1和单位增益运放（LT1013）将滤波器输出端的信号交流耦合到LTC1040低功耗双比较器。需要进行交流耦合以消除LTC1164-8引起的直流偏移。

用阻性分压器给LTC1164-8的“地”（引脚3和引脚5）以及LT1013双运放的同相输入端提供2V的偏置。对于5V单电源供电的应用，LTC1164-8的输出在0.5~3.5V之间摆动（以2V为中心）。分压器给LTC1040双比较器提供参考电压（REF.1=1.9V而REF.2=1V）。由于所有的直流参考电压都是由同一个电阻分压器产生并且会跟踪5V电源的变化，所以电源的变化并不会影响电路的性能。

工作原理

音调探测器通过查找滤波器输出端的负尖峰来完成任务。滤波器输出端小于1.9V的信号被送到第一个比较器。第二个比较器有一个1V的基准并且探测第一个比较器输出端的均值。通过R3/C2的时间常数设置以使电路只有在第一个比较器输出占空比超过25%才进行探测。占空比小于25%的波形可以认为其携带了虚假信息。

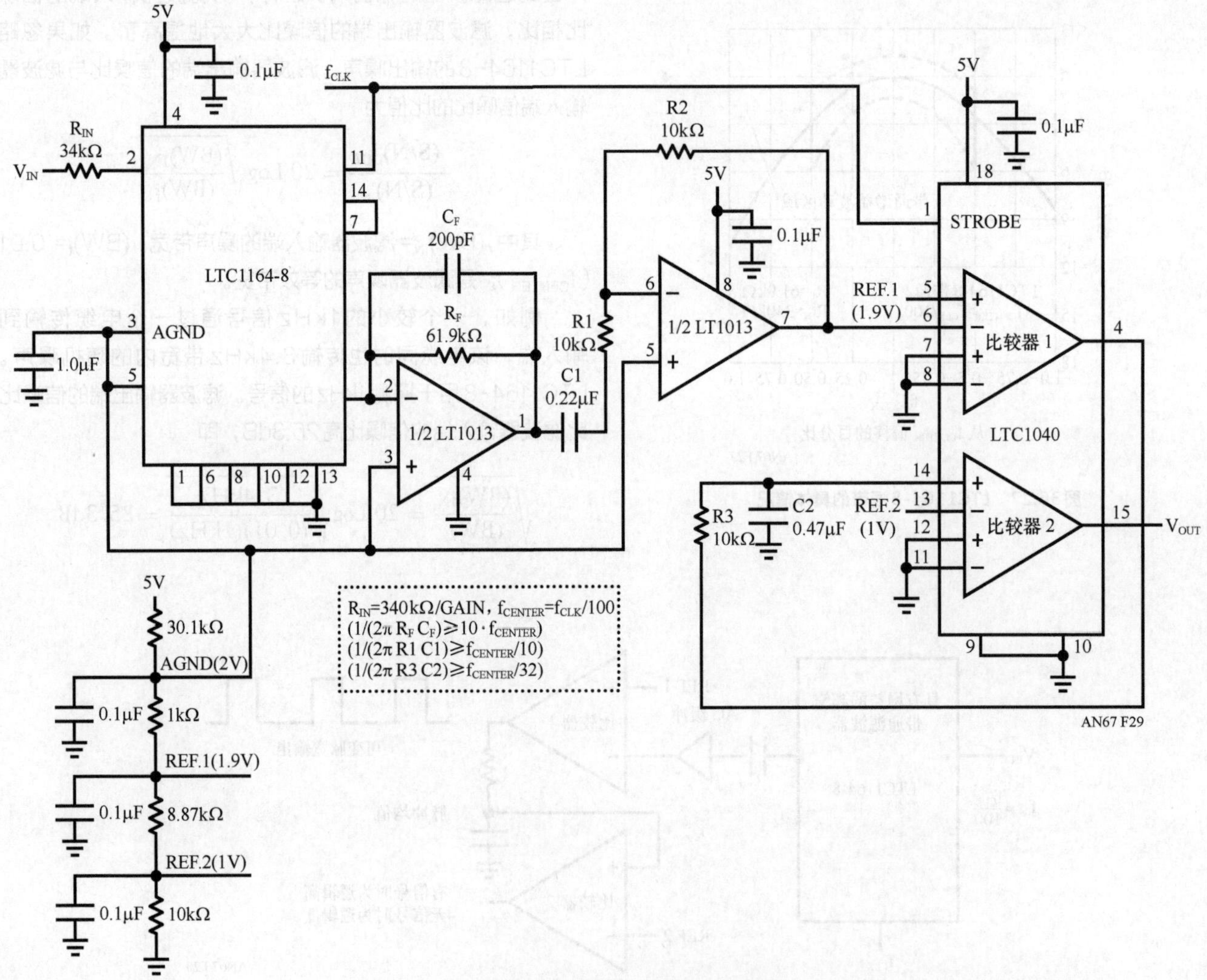

图36.29 增益为10的1kHz音调检测器

电路设计应使滤波器输出端两个或者更多的160mV负信号尖峰在第一个探测器（1.9V和1V参考电压分别用于比较器1和比较器2，以设置160mV$_{尖峰}$和25%占空比）输出端产生一个25%占空比的脉冲波形。25%的占空比为探测电路设定了工作点，或者说“最小可探测信号”。然后，只有在占空比大于等于25%的条件下，电路在输出端才有“音调出现”的条件。25%占空比需求为探测器输入端的最佳音调探测设置了两个条件。

第一个输入条件是最大输入噪声频谱密度，它不会触发探测器输出，以免产生音调信号存在的错误信息。当仅有噪声出现在滤波器输入时，最大输入噪声频谱密度的保守定义为滤波器输出端产生160mV或者更低幅度的噪声尖峰所需的噪声密度。滤波器输出端的160mV最大噪声尖峰可以转换为输出噪声，其单位为mV（RMS），转换时的波峰因子为5（信号的波峰因子是其峰值与有效值的比值——理论上，波峰因子5可以预测均匀频谱密度下99.3%的宽带噪声最大尖峰）。因此，在滤波器输入端最大允许噪声为32mV(RMS，160mV/5)。滤波器输出端的噪声取决于滤波器的增益、等效噪声带宽以及滤波器输入端的噪声频谱密度。所以图36.3所示电路的最大输入噪声频谱密度为

$$e_{IN} \leqslant 32\text{mV}/(\text{Gain} \cdot \sqrt{(\text{BW})_f})\frac{V_{RMS}}{\sqrt{\text{Hz}}}$$

其中，Gain为滤波器在中心频率处的增益；而$(BW)_f$为滤波器的等效噪声带宽；mV,V均为均方值。

注意：与32mV$_{(RMS)}$相比，LTC1164-8的270mV（RMS）输出噪声可以忽略。LTC1164-8的输出噪声与所选择的滤波器信号增益无关。

第二个输入条件是在最大噪声（第一个输入条件中的定义）中能检测到音调信号所需的最小输入信号。当音调和噪声一起出现在滤波器输入时，滤波器的输出是经过滤波器输出带限噪声调制的音调信号。如果160mV的最大噪声峰值调制该音调信号的幅度，由于噪声与音调信号的乘积超过（负）160mV$_{(尖峰)}$探测阈值，并且超过25%占空比的要求，滤波器输出端一个320mV音调信号峰值将被探测到。因此，滤波器输出端的最小信号的保守值可以设置为320mV$_{(尖峰)}$或者226mV$_{(RMS)}$，但是通过实验可以确定其为200mV$_{(RMS)}$。因此，在最大输入噪声频率密度下，用于可靠地音调探测的最小输入信号为

$$V_{IN(MIN)} = 200\text{mV}_{(RMS)}/增益$$

为了得到最优音调探测，信号的频率应处于滤波器的通带内，具体为f_{CENTER}的±0.1%以内。

结论

一个选择性很好的带通滤波器LT1164-8可以配置成一个对相位不敏感的音调探测器。这样可以在存在较大噪声或者信噪比小于1的情况下进行信号探测。

具有可调Q值的带通滤波器

由Frank Cox设计

图36.30所示的带通滤波器的特点是可以电路控制Q值。带通滤波器Q值的定义是3dB通带带宽与某一确定衰减值的阻带带宽之比。在本例中，带通滤波器的中心频率值为3MHz，但是可以通过采用适当的LC(电感电容）网络元件参数来调整其中心频率。可用频率的最高值约为10MHz。通带的宽度可以通过调整进入LT1128的跨导放大器部分引脚5的电流（I_{SET}）大小来进行设置。图36.31所示的是在不同电流情况下，频率响应的矢量网络分析仪测试图。该图给出了Q值的变化，但是中心频率和通带增益却相对保持不变。

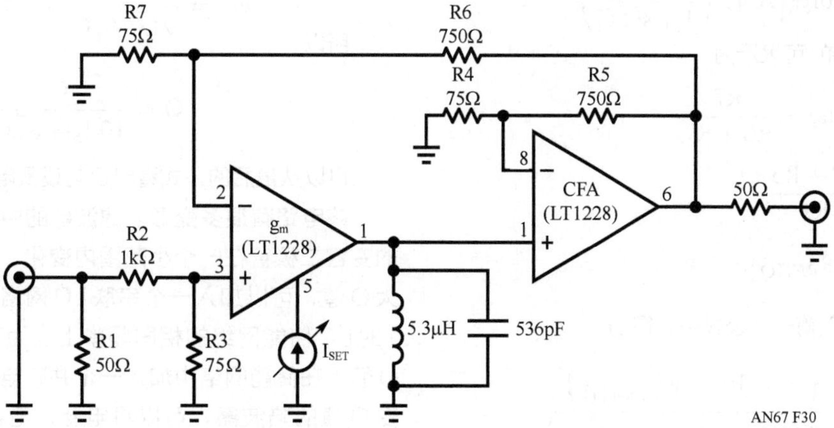

图36.30　LT1228带通滤波器的电路框图

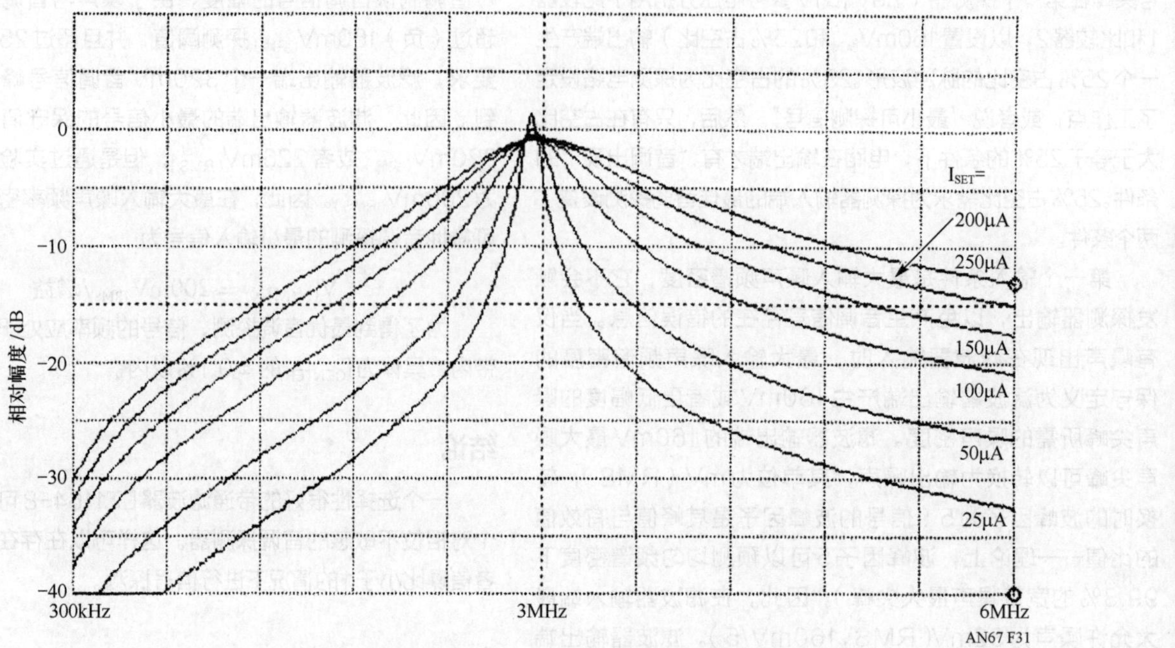

图36.31 频率响应和“设置”电流关系的网络分析仪绘图

分析闭环转移函数有助于理解该电路的工作原理。电路由经典的负反馈公式表示为

$$H(s)=\frac{A(s)}{1+A(s)B(s)}$$

其中，A(s)为前向增益而B(s)为反馈增益。前向增益为跨导增益(g_m)和CFA增益(A_{CFA})的乘积。对于这个电路而言，g_m是I_{SET}与储能电路阻抗(是频率的函数)乘积的10倍。这样，前向增益作为频率函数的完整表达式为

$$A(s)=10I_{SET}A_{CFA}\left(\frac{sL}{1+s^2LC}\right)$$

反向增益比较简单，可表示为

$$B(s)=\frac{R7}{R6+R7}$$

并且 $A_{CFA}=\dfrac{R4+R5}{R4}$

令 $B(s)=\dfrac{1}{A_{CFA}}R_{RATIO}$

将这些表达式带入第一个公式中，得到

$$H(s)=\frac{1}{R_{RATIO}}\frac{10\ I_{SET}\left(\frac{sL}{1+s^2LC}\right)}{1+10\ I_{SET}\left(\frac{sL}{1+s^2LC}\right)}$$

最后公式可以改写为

$$H(s)=\frac{1}{R_{RATIO}}\frac{s\left[\frac{1}{\sqrt{LC}}\left(\frac{10\ I_{SET}\sqrt{LC}}{C}\right)\right]}{s^2+s\left[\frac{1}{\sqrt{LC}}\left(\frac{10\ I_{SET}\sqrt{LC}}{C}\right)\right]+\frac{1}{LC}}$$

一个二阶带通滤波器的转移函数可以表达成如下格式[②]

$$H(s)=H_{BP}\frac{S(\omega_0/Q)}{S^2+S(\omega_0/Q)+\omega_0^2}$$

比较上面的两个公式，注意到

$$\omega_0=\frac{1}{\sqrt{LC}},\quad \frac{1}{Q}=\frac{10\ I_{SET}\sqrt{LC}}{C}$$

所以

$$Q=\frac{C}{10\ I_{SET}\sqrt{LC}}$$

可以从最后的公式看出Q与设置电流成反比。

该电路有很多变形。滤波器的中心频率可以通过额外的变容二极管在一个小范围内变化。为了增大可实现的最大Q值，可以加入一个串联LC网络，并调谐至IC1引脚1的LC储能网络的相同频率上。为了减小可得到的最小Q值，在储能网络中加入一个并联电阻。为了得到一个可变Q值的陷波器，可以将电感、电容与引脚串联而不是并联。

② 谢谢 Doug La Porte 提供的公式破解。

可变Q值带通滤波器可用于构造可变带宽的中频或者射频级。这个电路的另一个应用是作为相位锁定环路的相位解调器的可变环路滤波器。可变Q值带通滤波器在环路获取信号时设置在一个较宽的带宽，在锁定后，调整至一个较窄的带宽以获得最好的噪声性能。

具有可调增益的超高选择性带通滤波器

由Philip Karantzalis设计

引言

LTC1164-8是一个单片具有超高选择性的八阶椭圆滤波器：LTC1164-8的通带可以由外部时钟进行调节；时钟与中心频率的比值为100：1。LTC1164-8对于信号频率为滤波器中心频率±4%外的输入信号的阻带衰减大于50dB（见图36.32）。

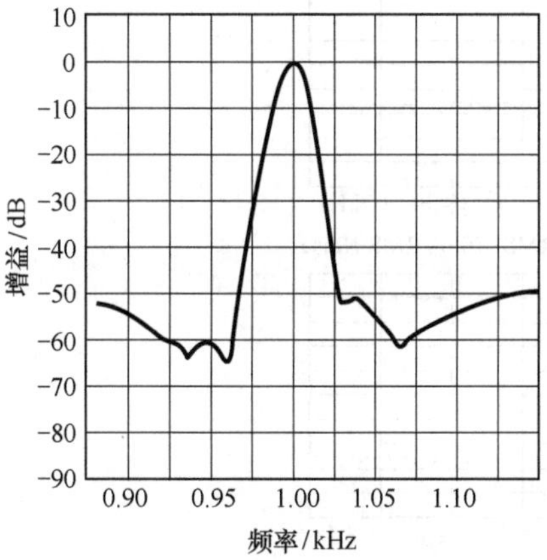

图36.32　LT1164-8的增益和频率响应

一个运放两个电阻构成的超高选择性滤波器

LTC1164-8需要一个外部运放和两个外部电阻。在中心频率处的滤波器增益等于$3.4R_F/R_{IN}$。为了使增益为1并且达到最佳的动态范围，外部电阻R_F需要设为90.9kΩ而外部电阻R_{IN}需要设置为340kΩ。如果增益不是1，R_{IN}=340kΩ/增益。增益可以高达1000。完整的电路设计如图36.33所示。注意，由于滤波器的内部噪声不会被放大，所以通过输入电阻R_{IN}设置滤波器的增益与给LT1164-8提供无噪预放大是等效的。LTC1164-8在±5V供电时，测得的宽带噪声为400μ$V_{(RMS)}$，并且与滤波器的增益、中心频率无关。电容C_F跨接在电阻R_F两端以减小时钟馈通并提供平滑的正弦波输出信号。

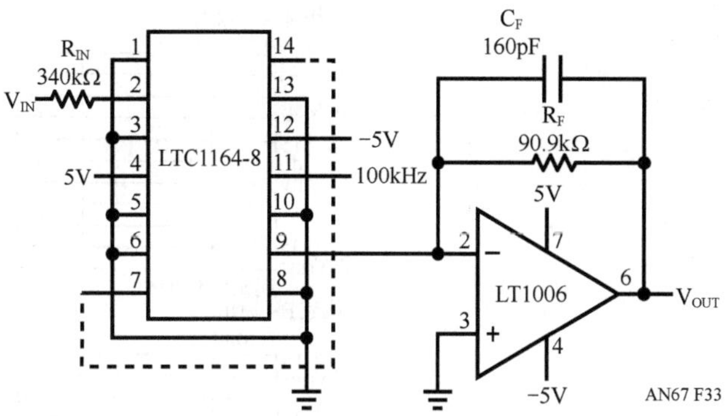

图36.33　LTC1164-8构成的带有增益的超窄1kHz带通滤波器（增益=340kΩ/R_{IN}，$1/2\pi R_FC_F=10f_{CENTER}$）

在敌对环境中进行信号探测

LTC1164-8的一个杰出特点是它的超高选择性。具有超高选择性的带通滤波器是信号探测应用的理想选择。信号探测的一个典型应用是两个信号在频谱上相当靠近但是只有其中一个信号含有有用的信息。LTC1164-8可以抽出感兴趣的信号并压制不想要的邻近信号。比方说，一个1kHz、10m$V_{(RMS)}$的信号与一个不想要的950Hz，40m$V_{(RMS)}$的信号混杂在一起。两个信号的频率差别只有5%并且950Hz的信号幅度为1kHz信号幅度的4倍。为了探测这个1kHz的信号，将LTC1164-8的增益设为100并且将时钟频率设置为100kHz。LTC1164-8滤波后的输出信号将有：一个抽出的1kHz、1$V_{(RMS)}$的信号和一个滤除的950Hz、2.7m$V_{(RMS)}$的信号，如图36.34所示。在窄带信号分离和抽取的应用中，如前面所述，LTC1164-8提供一个简单而且可靠的信号探测解决方案。

第二个信号探测应用是在有噪声的情况下探测一个小信号。例如，一个1kHz、10m$V_{(RMS)}$的信号与一个频率宽度为400Hz、幅度为5m$V_{(RMS)}$的宽带噪声混合在一起。这个信号的信噪比只有6dB。当LTC1164-8的中心频率设为1kHz（f_{CLK}=100kHz）并且增益为100时，这个1kHz、10m$V_{(RMS)}$的信号将会被探测并放大。宽带噪声将会由LTC1164-8非常窄带的增益相应进行带宽限制。在LTC1164-8的输出端，1kHz的信号幅度将为1$V_{(RMS)}$，如图36.35所示。总的带限噪声将为70m$V_{(RMS)}$，并且信噪比高于20dB，如图36.36所示。在有噪声存在的信号探测应用中，LTC1164-8提供了异步探测。信号探测电路（诸如同步解调器或者锁定放大器）都需要有参考频率或者载波信号来提供待检测信号的相位和频率信息。采用LTC1164-8，信号探测通过选择一个所需信号频率附近的窄带频段来完成，所需信号的频率由f_{CLK}除以100来决定（f_{CLK}为LTC1164-8的时钟频率），而所需的滤波器增益则可以通过选取适当的电阻值来确定。

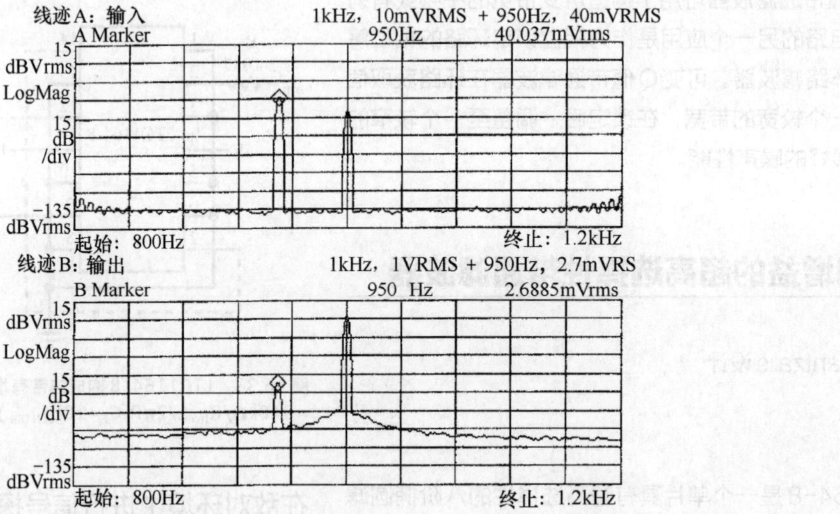

图36.34 窄带信号抽取（LTC1164-8滤波器的输入与输出信号）。滤波器的中心频率设为1kHz并且增益为100

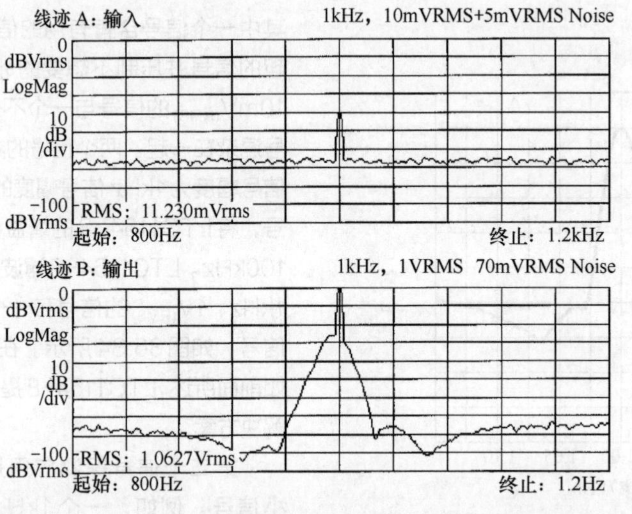

图36.35 在噪声存在时进行信号探测（LTC1164-8滤波器的输入与输出信号示例）。滤波器的中心频率设为1kHz并且增益为100

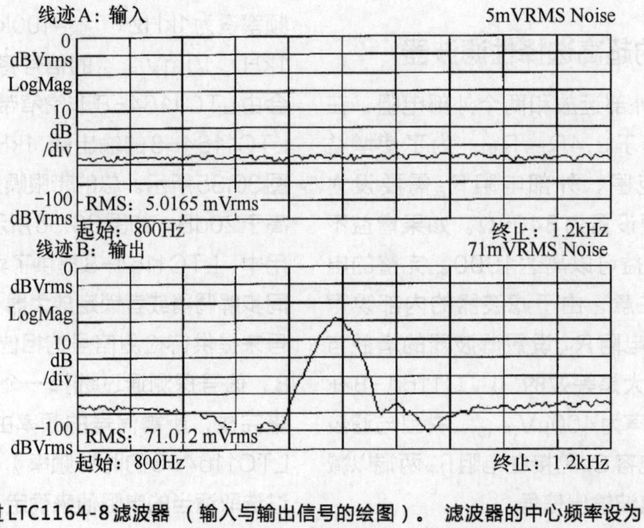

图36.36 宽带噪声通过LTC1164-8滤波器（输入与输出信号的绘图）。滤波器的中心频率设为1kHz并且增益为100

LT1367构建轨到轨巴特沃斯滤波器

由William Jett和Sean Gold设计

单电源1kHz、四阶巴特沃斯滤波器

图36.37所示的电路利用了LT1367的全部4个运放构成了四阶巴特沃斯滤波器。滤波器采用了简化的状态可变架构，由2个二阶滤波器节级联而成。每节滤波器在2个运放环路上构成360° 的相移，从而在A1的同相端形成负求和节点[3]。该电路只有经典的三运放双二阶滤波器的三分之二功耗和元件数[4]，但是它的中心频率、ω_0和Q值却拥有同样低的元件敏感度。对于所示1kHz例子以外的截止频率，每段电路采用如下公式进行计算

$$\omega_0^2=1/(R1\ C1\ R2\ C2)$$

其中，$R1=1/(\omega_0 \cdot Q \cdot C1)$；而$R2=Q/(\omega_0 \cdot C2)$。

当有双电源供电时，不需要用于单电源运行的直流偏置（加载在A2和A4上的直流偏置）。电路可以拥有轨到轨的输出，图中也展示了最大平坦幅度相应有着1kHz的截止频率以及80dB/10倍频程的滚降（见图36.38）。

③ Hahn, James, 1982. State Variable Filter Trims Predecessor's Component Count. Electronics, April 21, 1982.

④ Thomas, L.C. 1971. The Biquad: Part I—Some Practical Design Considerations. IEEE Transactions on Circuit Theory, 3:350-357, May 1971.

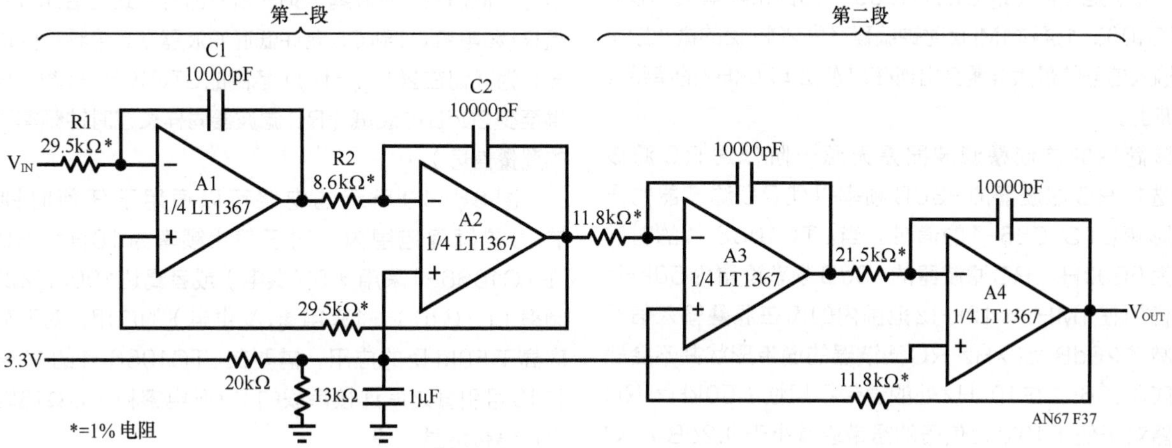

图36.37　1kHz四阶巴特沃斯滤波器

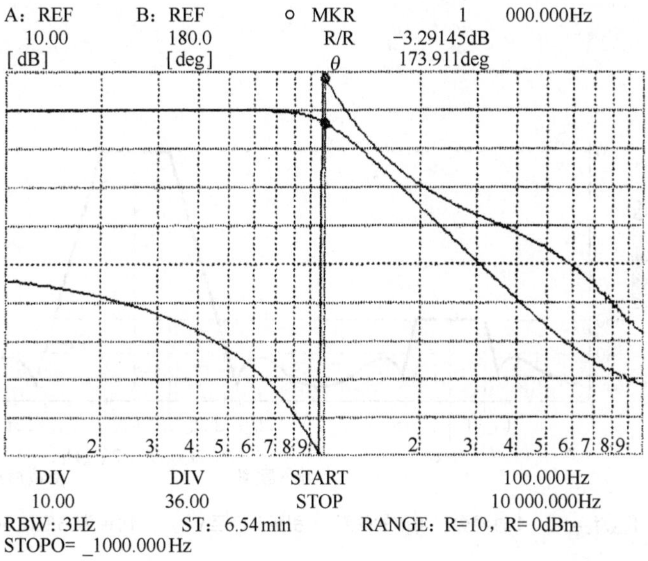

图36.38　四阶巴特沃斯滤波器的频率响应

具有抗混叠滤波器、直流准确、时钟可调的低通滤波器

由Philip Karantzalis设计

在数据采样系统中，根据采样定理，如果输入信号有大于一半采样频率的频率分量，在输出端就会出现混叠误差。实际上，混叠常常不是一个很严重的问题。高阶开关电容低通滤波器是带限的，只有输入信号频率中心在时钟频率或者其谐波附近时才会出现明显的混叠。图36.39给出了运行在时钟与中心频率比为50：1情况下，LTC1066-1的混叠相应。在50：1的比例下，LTC1066-1在一个时钟周期内对输入进行两次采样，所以有效采样频率为两倍时钟频率。图36.39显示输入信号的最大混叠输出产生在2（$f_{CLK} \pm f_C$）范围内（f_C为LTC1066-1的截止频率）。例如，当LTC1066-1通过1MHz时钟编程产生20kHz的截止频率时，输入信号的最大混叠会出现在2MHz ± 20kHz的窄带及其谐波上。

最简易的抗混叠滤波器是无源一阶低通RC滤波器。选择RC滤波器的-3dB频率以使RC滤波器的通带不影响LTC1066-1的通带。当LTC1066-1的时钟频率为500kHz、RC滤波器的-3dB频率设置为50kHz时，任何在1MHz ± 10kHz范围内的潜在混叠输入信号被衰减了26dB。50kHz RC滤波器的通带形状并不会恶化LTC1066-1在10kHz处的通带平坦性（50kHz RC滤波器对于低于10kHz信号的通带衰减小于0.2dB）。如果LTC1066-1钟控在5kHz的截止频率（时钟频率为250kHz），50kHz RC滤波器将为500kHz ± 5kHz范围内的混叠输入提供20dB的衰减。因此，在可调时钟的一倍频程内，一阶低通RC滤波器将为通过LTC1066-1的混叠信号提供最小20dB的衰减。

为了增加抗混叠带宽，一阶低通RC滤波器可以通过LTC1066-1的时钟信号进行调节，跟随高阶滤波器的截止频率。电路如图36.40所示。电路的工作原理如下。LTC1045内部的6个比较器探测时钟频率。LTC1066-1的时钟信号转换成脉冲输出，脉冲的占空比随着时钟频率变化。脉冲信号的平均电压传送到4窗口比较器，比较器的输出驱动LTC202的4个模拟开关。当LTC1066-1的时钟频率增加或者减少一倍频程（2倍或者1/2）时，一个电容被切换入或者切换出一阶低通滤波器，该低通滤波器由R1（1kΩ）与C1构成。当LTC1066-1的截止频率倍增或者减半时，低通RC滤波器-3dB频率也会因此倍增或减半。电阻R1和电容C1到C5允许低通滤波器在5倍频程内进行调节，为任何在2（$f_{CLK} \pm f_C$））范围的LTC1066-1输入信号提供至少20dB的衰减（RC滤波器同样衰减时钟频率谐波处的混叠信号）。

图36.40所示的电路可以适用于任何时钟可调节、5倍频程范围内、对于截止频率为10Hz~80kHz（LTC1066-1采用 ± 5V供电）或者高达100kHz的截止频率（LTC1066-1采用 ± 8V供电）的应用。对于截止频率高于50kHz的应用，需要在LTC1066-1的11号引脚和13号引脚之间连接串联的15pF电容和30kΩ电阻以最小化通带增益尖峰。

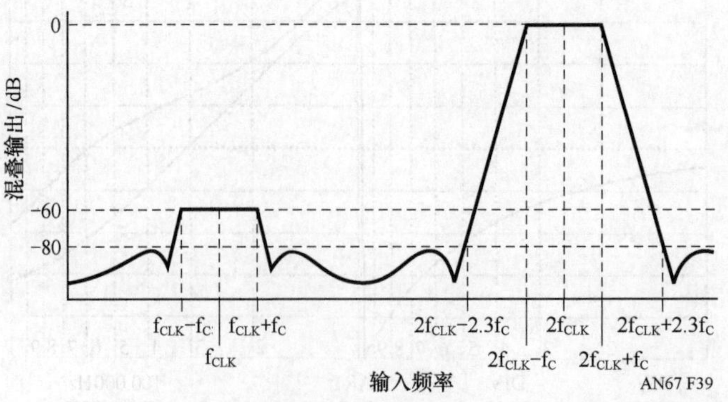

图36.39 f_{CLK}/f_C=50：1时混叠与频率的关系（引脚8接至V^+）；时钟为占空比50%的方波

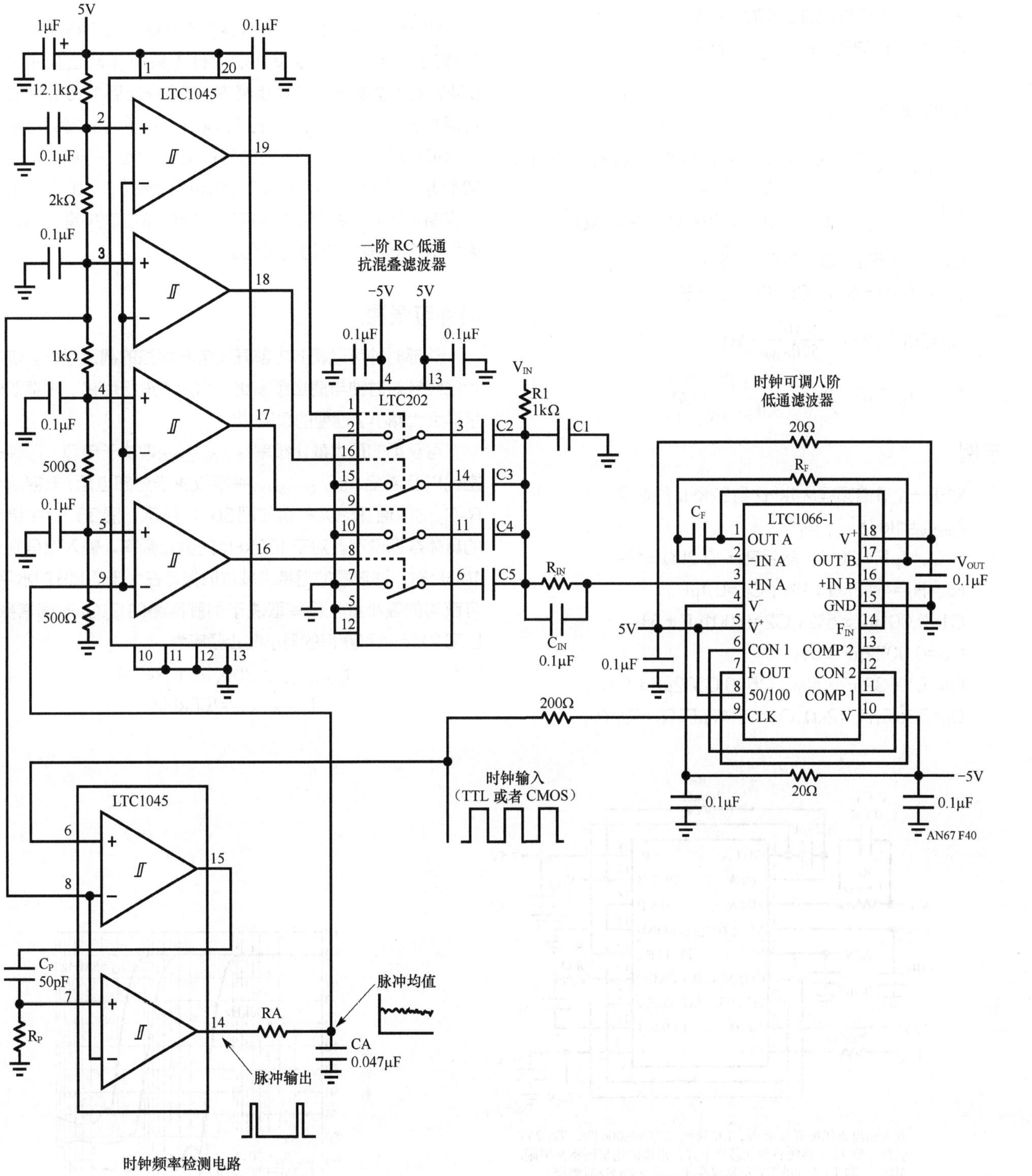

图36.40　具有输入抗混叠、直流准确、时钟可调的低通滤波器

可采用如下设计指南来选择R_A、R_P、R_F、R_{IN}、C_F、C_1至C_5、C_P以及C_A的文件参数。

定义：

1. LTC1066-1的截止频率简写为f_c。
2. $f_{c(LOW)}$为感兴趣的最低截止频率。
3. 5倍频程的范围是从$f_{c(LOW)}$到$32 \cdot f_{c(LOW)}$。

元件计算

$\frac{1}{2\pi R_F C_F} \frac{f_{C(LOW)}}{250}$，$R_{IN}=R_F$，它们的值可以设为20kΩ，$R_{IN}$和$C_{IN}$并不需要。

$C1 = \frac{1}{f_{c(LOW)}}$（$f_{C(LOW)}$以Hz为单位）；$R_1$=1kΩ

C2=C1±5%；C2=2(C1)±5%

C4=4(C1)±5%；C5=8(C1)±5%

C_P=50pF，$RP=\frac{10^5}{50f_{c(LOW)}}$kΩ

C_A=0.047μF，$R_A=\frac{5(10^5)}{50f_{c(LOW)}}$kΩ

示例

对于一个5倍频程从1kHz到32kHz的信号

$f_{C(LOW)}$=1kHz

令C_F=1μF±20%，然后R_F=40.2kΩ±1%

$R_{IN}=R_F$=40.2kΩ±1%；C_{IN}=0.1μF

C1=0.001μF±5%；C2=0.001μF±5%

C3=0.0022μF±5%

C4=0.0039μF±5%；C5=0.0082μF±5%

C_P=50pF，R_P=2kΩ，C_A=0.047μF，R_A=10kΩ

LTC1066-1直流准确椭圆低通滤波器

由Nello Sevastopoulos设计

图36.41给出了一个时钟在10Hz～100kHz范围内可调的应用。R_CC_C频率补偿元件（只有在截止频率高于60kHz时才需要）在截止频率从50kHz到100kHz时保持通带的平坦性。输入电阻R_I减小了由于运放偏置电流通过100kΩ反馈电阻而造成的偏移电压。测得的直流偏移和增益非线性分别为4mV和±0.0063%（84dB）。0.1μF的旁路电容C_B将有助于保持滤波器的总谐波失真，防止其因为100kΩ输入电阻而恶化。

时钟可调性

外部时钟可以调节内部开关电容网络的截止频率。该芯片已经针对时钟与截止频率比为50：1进行优化。内部双倍采样大大减小了混叠的风险。

可获得的最大截止频率$f_{CUTOEF(MAX)}$取决于电源、时钟占空比以及温度；$f_{CUTOEF(MAX)}$并不取决于外部电阻/电容组合R_FC_F的取值。R_CC_C补偿如图36.41所示。图36.42中给出的具体数据说明，对于100kHz的截止频率，输入信号高达1MHz时，滤波器的阻带衰减依旧保持在大于70dB的水平。可获得的最小截止频率取决于伺服网络的R_FC_F时间常数。LTC1066-1可获得的最小截止频率为

$$f_{CUTOEF(Min)}=250(1/2\pi R_FC_F)$$

$$f_{CUTOEF(Min)}=100kHz$$

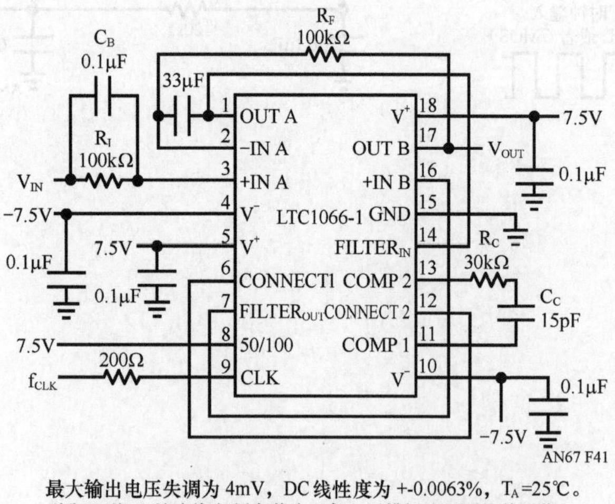

最大输出电压失调为4mV，DC线性度为+-0.0063%，T_A=25℃。
引脚6到12的连线必须在芯片下方，用模拟地平面将其屏蔽。
引脚11和13之间的RC补偿仅在f_{CUTOFF}>50kHz时需要
33μF的电容为非极化、铝电解电容、±20%、16V(NICHICON UUPIC 330MCRIGS，或者NIC.NACEN 33M16V 6.3×55，或者等价电容)。

图36.41 DC精确10MHz到100kHz的第8阶椭圆低通滤波器，f_{CLK}/f_c=50:1

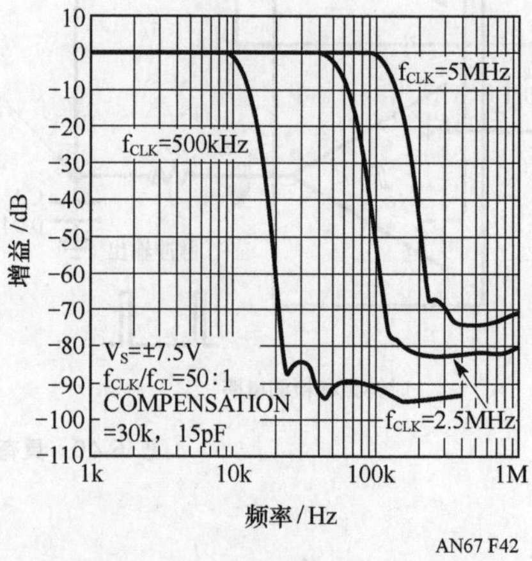

图36.42 LTC1066-1的幅度与频率图

例如，R_F=20kΩ，C_F=1μF，$f_{CUTOEF(MAX)}$=2kHz，$f_{CUTOEF(MAX)}$=100kHz。

在这些条件下，低于100kHz的时钟频率将会使通带增益有大于0.1dB的弯曲。更多详情请参阅LTC1066-1的数据手册。

动态范围

LTC1066-1的宽带噪声是100μ$V_{(RMS)}$。图36.43给出了噪声、失真之和与1kHz输入电压有效值的关系图。在±5V供电的情况下，滤波器摆幅为±2.5V(全幅为5V)时可以有优于0.01%的失真和噪声。最大信噪比超过90dB，可以在±7.5V供电的情况下获得。与前面的单片滤波器不同，图36.43中的数据是在没有采用输入或者输出运放缓冲的情况下获得的。LTC1066-1输出缓冲器可以在动态范围不恶化的情况下驱动200Ω的负载。

混叠和抗混叠

所有的采样数据系统，如果它们的输入信号的频率超过采样频率的一半，就会发生混叠，但是高阶、带限、开关电容滤波器的混叠不会是很严重的问题。LTC1066工作在50：1的时钟-截止频率比，只有输入信号中心频率在两倍时钟频率及其谐波上时才会发生严重的混叠。图36.44给出了可以在滤波器输出端产生混叠的输入信号频谱。例如，滤波器用2.5MHz时钟调节在50kHz的截止频率上，只有对于输入信号频率在5MHz±50kHz时才会发生显著的混叠。滤波器的用户需要了解滤波器输入信号的频谱状况。接下来，需要进行评估，以确定LTC1066-1的前端是否需要简易、连续时间的抗混叠滤波器。抗混叠滤波器需要准确地完成它们所要完成的工作，即限制带宽。抗混叠滤波器不应该恶化LTC1066-1的直流以及交流性能。

对于固定截止频率的应用，抗混叠滤波器的效用将变得很小。图36.45给出了用于实现精确直流功能和输入抗混叠的LTC1066-1内部精确输入运放的配置结构。RC抗混叠滤波器的截止频率设置为比LTC1066-1的截止频率高3倍。对于图36.45所示电路，其输入抗混叠滤波器在2倍开关电容滤波器时钟频率处提供62dB的衰减。

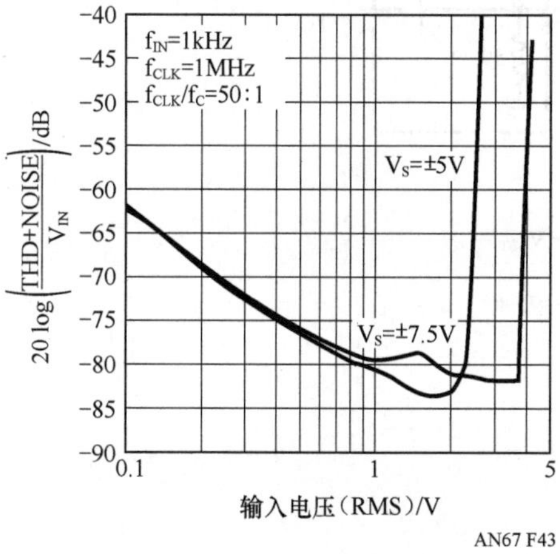

图36.43 LTC1066-1的动态范围

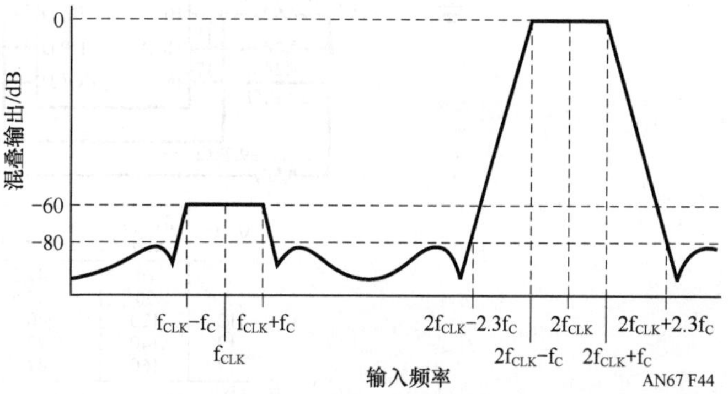

图36.44 混叠vs频率f_{CLK}/f_C=50:1（引脚8连接到V+）。时钟为50%占空比方波

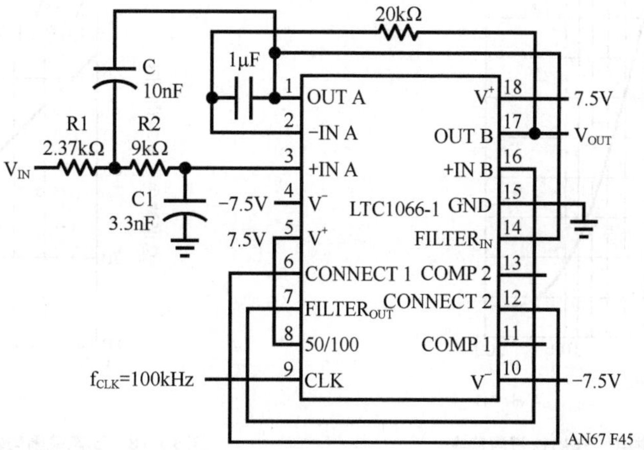

图36.45 增加一个2极点巴特沃斯输入平滑滤波器。令C1=0.33C，R2=3.8（R1）；f−3dB(输入平滑)=0.8993/(2πR1C)

单电源供电系统中工作在160kHz的时钟可调带通滤波器

当一个系统中仅有5V或者12V电源供电，而且又需要有高于20kHz的截止频率的精确带通滤波器时，可以将LTC1264开关电容有源滤波器模块配置成八阶带通滤波器，在-40～85℃的温度范围内精度可达1%甚至更好。图36.46所示的是八阶带通滤波器的电路框图，该滤波器可以通过TTL时钟调整中心频率。在5V供电时，中心频率最高可以达到70kHz；在12V供电时，中心频率最高可以达到100kHz。时钟频率与中心频率之比为20：1。50kHz带通滤波器的增益响应如图36.47所示，5V电源供电时的输入动态范围如图36.48所示。

通带频率范围（滤波器衰减小于或等于3dB的频率范围）等于中心频率除以10。在两倍中心频率以及一半中心频率处的阻带衰减达到60dB。在中心频率处的典型增益变化是±0.5dB（25℃时）以及±1.5dB（温度变化时）。注意：由于电阻的1%容差，所以需要考虑由此造成的额外±0.4dB增益变化。如果运行的温度范围是25℃（±20℃），并且电源电压的容差可以控制在±2%以内，则中心频率可以在5V供电时扩展到90kHz，在12V供电时扩展到160kHz。注意5V供电时、70kHz中心频率时的增益误差与12V供电时、100kHz中心频率时的增益误差分别为1dB和7dB。因此，每段LTC1264的R1电阻值需要增大以使误差减小至±1dB（参见图36.46中的表格）。

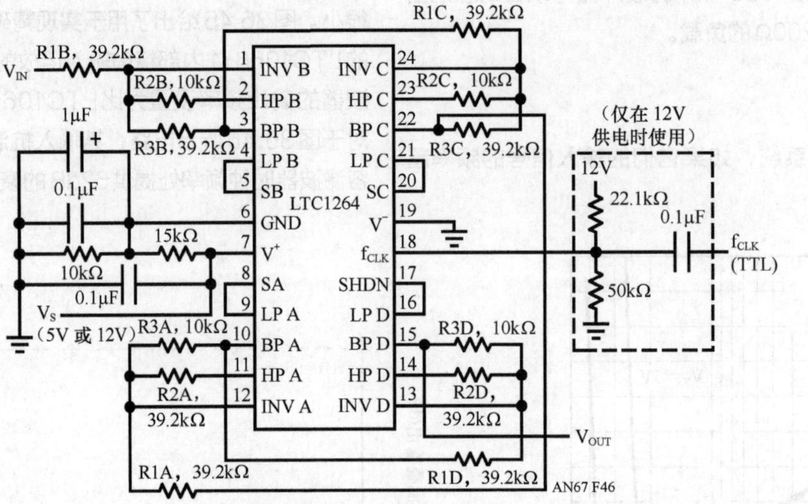

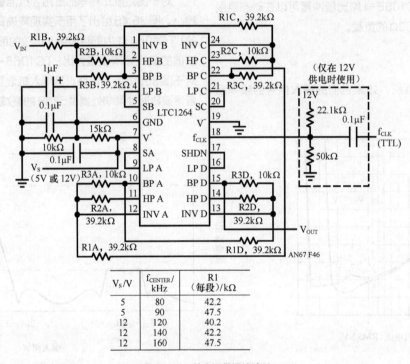

V_S/V	f_{CENTER}/kHz	R1（每段）/kΩ
5	80	42.2
5	90	47.5
12	120	40.2
12	140	42.2
12	160	47.5

图36.46 单电源带通滤波器

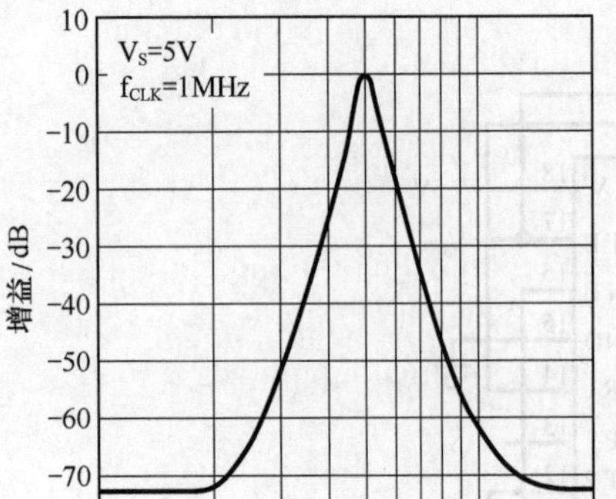

图36.47 LTC1264单电源5V供电、50kHz带通响应

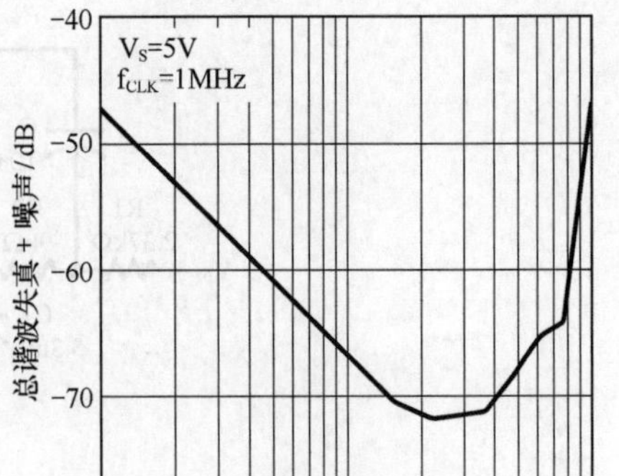

图36.48 动态范围与输入信号的关系。LTC1264由单电源5V供电，构成50kHz带通滤波器

如果这个滤波器的电源是开关电源，当滤波器的中心频率调整到稳压器噪声频率时，稳压器的输出噪声会出现在滤波器的输出端。这是由于滤波器在其中心频率附近的低电源抑制。LTC1264并不是低功耗设备。在5V供电时，典型静态电流为11mA；在12V供电时，典型静态电流为18mA。

用于数字通信的线性相位带通滤波器

由Philip Karantzalis设计

具有线性通带相位的带通滤波器在各种数据通信任务中非常有用，其中最有价值的是在调制-解调（Modem）电路中的应用。调制解调器产生的信号必须是没有相位失真的，以保证信息的无差错传输和接收（或者最接近于我们能够达到的理想状态）。

图36.49给出了一个采用LTC1264（高频率、通用开关电容滤波器组件）的线性相位带通滤波器。该滤波器是八阶窄带带通滤波器，在1MHz时钟输入时中心频率为50kHz，并且在其通带内有着平坦的群延时。f_{CLK}与f_{CENTER}的频率比例为20：1。图36.50给出了滤波器的窄带增益响应，而图36.51给出了通带群延时。线性相位带通滤波器的一个有趣的特性是：其阶跃输入响应会产生一个带有对称包络的短促过渡性正弦突发信号。图36.52所示的是图36.49中的线性相位带通滤波器和具有相似通带的非线性相位滤波器的阶跃输入响应的对比图。带通滤波器的阶跃输入响应用来定性测试其相位响应，而在数据传输系统中通常采用眼图以及星座图显示来测试滤波器的相位响应。

在±7.5V供电时，滤波器的最高时钟频率为2MHz。这可以使带通滤波器实现高达100kHz的中心频率，而且通带内没有明显的相位失真。

当滤波器用于时钟频率超过1.4MHz时，电容C跨接在C部分和D部分的R4之上以最小化增益和相位变动。在±5V供电时，最大时钟频率为1.6MHz。电容C的选择可以根据表36.4来进行。

表36.4 电容选择指南

V_S/V	f_{CLK}/MHz	C_C=C_D/pF
±7.5	1.8	3
	2.0	5
±5	1.6	5
	1.4	3

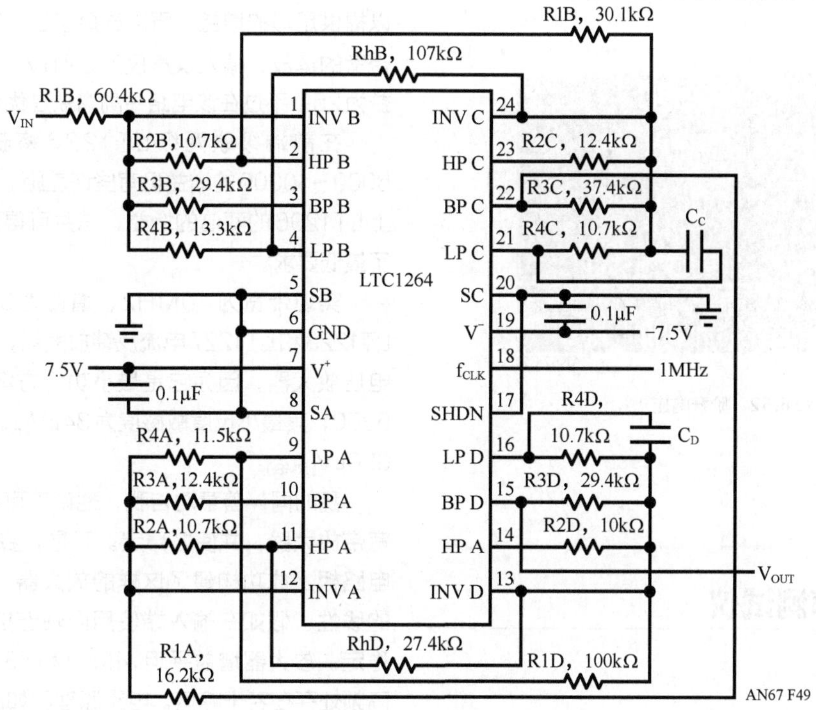

图36.49 LTC1264线性相位八阶带通滤波器

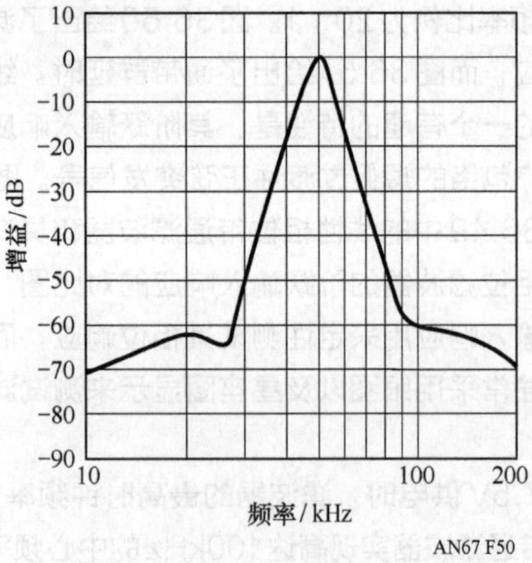

图 36.50 滤波器增益与频率的关系曲线

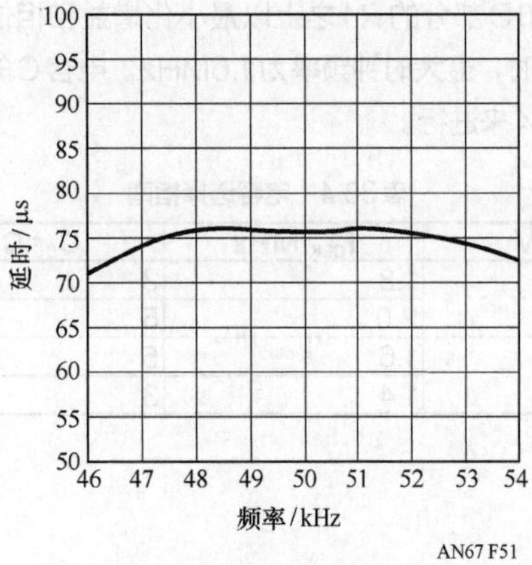

图 36.51 滤波器群延时与频率的关系曲线

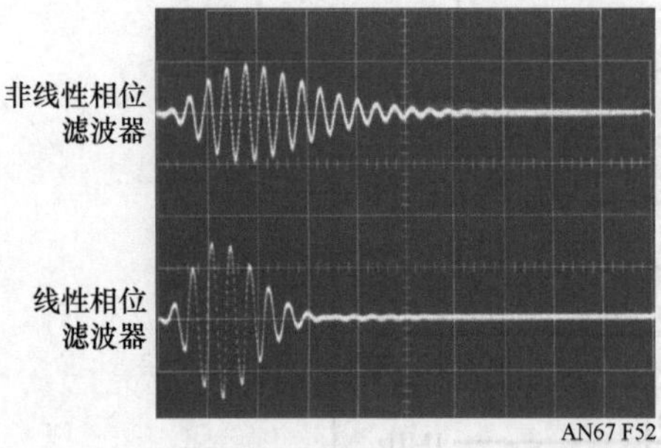

图 36.52 阶跃响应

仪器仪表

宽带有效值噪声测试仪

由Mitchell Lee设计

近来，我需要测量以及优化电源超过40MHz带宽的宽带均方值噪声。快速计算表明，频谱分析仪12nV到15nV/$\sqrt{Hz}$的底噪让其显得不够用——我的电路预估的点噪声值或许在8nV到10nV/$\sqrt{Hz}$之间。实际上，我在实验室里没有任何一个单一仪器可以测量50~60μV的均方值。

对于40MHz带宽，HP3403C均方值电压表是一个很好的选择，但是它最灵敏的范围是100mV，与我的需求还差66dB。这一过时的仪器现在在二手市场上仍然有着较高的价格。事实上，在硅谷这里的跳蚤市场上HP3403C很常见，无法满足大部分与我有着同样测量任务的客户。LTC设计实验室有一些这样的仪表，但是它们使用频繁并且被“秘密均方值知识守护者”所守护。我通过采用LT1088热均方值转换器构建自己的仪表，解决了这一问题。

LT1088的全幅值为4.25$V_{(RMS)}$。为了测量50μV的全幅值，需要一个增益为100000的放大器。在40MHz带宽上，这样的要求似乎不太容易实现——特别是在全手工制作，而且没有任何定制元件的情况下。

与其构建一个具有40MHz带宽、增益为100dB的电路，我决定将增益设置为能使期望噪声处于最小值约两倍的值。除了增益之外，该放大器的输入噪声也需要小于5nV/$\sqrt{Hz}$，而输出级则需要驱动LT1088的50Ω负载。

这样的输出级不难设计。LT1206（见图36.53）很容易驱动所需的120mA峰值电流到LT1088转换器，而且留有足够的余地用以处理噪声尖峰。为保持40MHz的带宽，LT1206的增益应设为2。

前端的实现则要难一些。我需要一个低噪、高速放大器以提供足够的增益，所以选择了LT1226。它是1GHz增益带宽的运放，输入噪声仅为2.6nV/$\sqrt{Hz}$。它的最小稳定增益为25，不过在该电路中高增益是优点。

在前端级联两级LT1226将获得625的增益，离5000~10000的增益仍有些许差距。另一个增益为5，再加上LT1206的两倍的增益，总共可得到6250的增益，超过了最低要求。

实现带宽为40MHz、增益为5的方法有很多，包括LT1223和LT1227电流反馈放大器，但是我决定用LT1192电压放大器，因为它是最小功耗方案。该电路的增益可达6250，其最小尺度敏感度为34$μV_{(RMS)}$，而满量程敏感度为680$μV_{(RMS)}$。

我的同伴善意劝告我，他说不可能构建增益为6250的宽带放大器，并使之稳定。可是，我却在1.5″×6″的镀铜电路板上成功构建了这样的放大器，只是要特别注意布局的线性。假如在输入端使用同轴连接，则可以实现电路的稳定。放大器增益平坦，4kHz和43MHz时都为3dB，在高频处存在若干峰值。电路原理图如图36.53、图36.54以及图36.55所示。

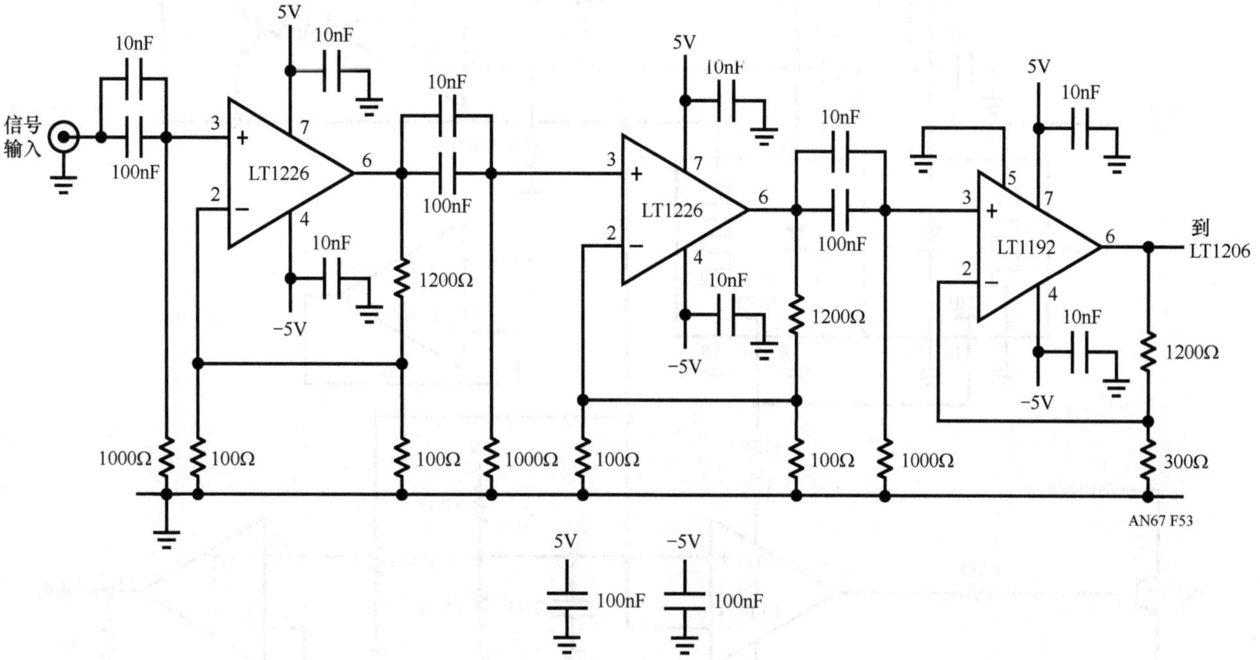

图36.53 噪声测试仪的增益级

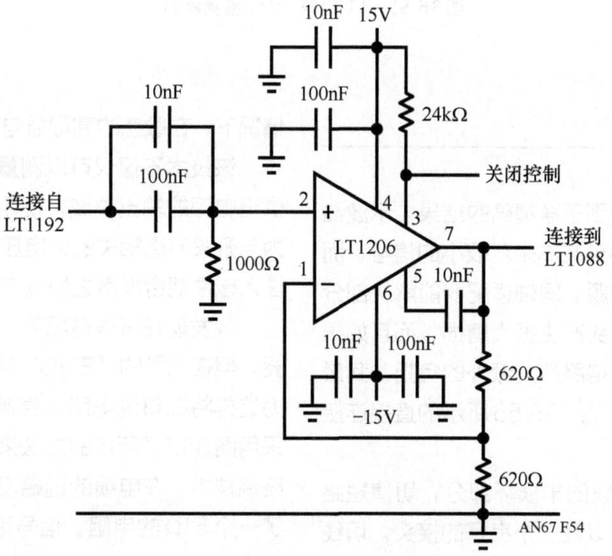

图36.54 LT1206缓冲器/驱动器部分

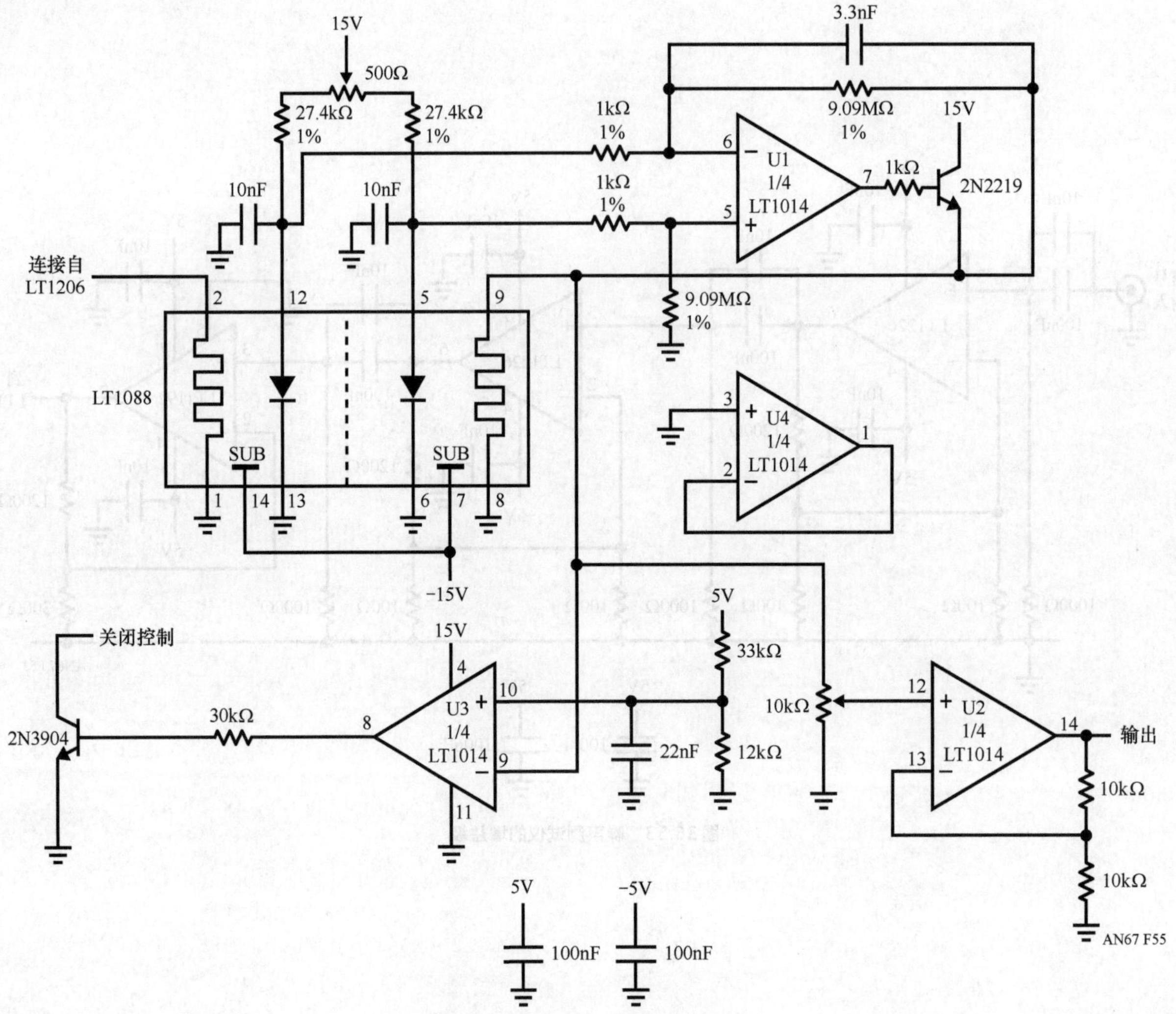

图36.55　LT1088 RMS检测器部分

同轴测量

测量低电平信号时，很难得到干净精确的结果。示波器探头存在两个问题。10×探头会衰减本来就很小的信号，而1×和10×探头都存在迂回地问题。同轴适配器能解决部分问题，但造价昂贵。它们会使探头产生很大磨损，而且如果没有事先考虑，它们将会给待测电路造成额外的负担。我最钟爱的干净地测量小信号的方法是图36.56所示的直接连接一段较短的同轴电缆。

我使用了一个受损BNC电缆的未损坏部分，切掉短路部分留下至少18in的RG-58/U以及一个良好的接头。切线处，我称之为电缆的“真实世界”端，将之拆开，扭紧外层导体的一小部分，并打上焊锡，形成1/4in到3/8in长的线头。随后，我将电介质切开，露出同样长度的中央导体，并打上焊锡。这样，探头就可以使用了。它可以直接焊接在电路或面包板上，以消除探测线路可能产生的杂散噪声，或者更坏情况下，在敏感的高增益电路中形成天线。

该技术不仅仅可以测量小信号，它也可以用于测量开关供电电源的输出纹波。使用该技术使纹波测量简单易行，因为与开关节点相关的大电压摆幅完全隔离，而且在di/dt可能注入磁性耦合噪声之处没有形成回路。

我发现在某些情况下，保持电缆的50Ω匹配阻抗非常重要，但在电缆的“BNC”端放置一个匹配终端很不现实，因为这样将在待测电路上直接形成一个DC通路。不过，可以采用图36.57所示的方法来解决该问题。其中，使用了反向终端技术。在电缆的远端没有终端匹配，但是在测量端串联了一个51Ω的电阻。信号沿电缆传输到达BNC接头时没有发生衰减，而未匹配端发射回来的快速边沿会被51Ω的电阻吸收。我发现这种技术在测量快速开关信号时特别有用，或者在测量小信号的RMS值时，可以确保放大器输入有一个优良的匹配源。如果待测节点阻抗很高，这种反向终端电阻技术将不再适用；最好采用FET探头进行高阻抗测量。

有关高阻抗测量，我也有一些心得与大家分享。大家都在为接地回路问题而大伤脑筋，它们产生60Hz（海外朋友碰到的问题是50Hz）噪声并注入到敏感电路之中。每个实验室都充斥着隔离转换器和电源软线类“被控制的东西”，没有接地插线，这种情况下解决接地回路问题很棘手。高频时的情形很类似，只是受损的是波形的保真度，而非AC噪声。判断是否高频接地，对于示波器而言，需要解决接地回路或共模抑制问题，把探头引线夹在较小的铁氧体E形磁芯内，观察波形的变化（见图36.58）。有时可能得到坏消息，波形保真度变得更加糟糕，还需要继续改进电路。不过，电路偶尔也可能幸免于难，令人费解的失真消失了；这说明是高频捣的乱。必要时，可以让探头引线在铁氧体E形磁芯上多绕几圈，需要时也可以将他们绑在一起。

放大器以及热转换器的性能可以调整LT1206外围的反馈以及增益设置电阻来进行优化值。带宽可以略加提升，其代价是更高的峰值，从而降低10%电阻值。而降低电阻值将降低峰值效应，但也会降低带宽。较好的折中是采用680Ω的电阻。

我已经给出了±5V供电时的LT1226放大器，其带宽刚好达到40MHz。供电电源为±15V时带宽能得到提升。因为LT1206工作在15V供电轨，所以可能过驱LT1088，有可能造成永久损伤。LT1044的一部分（U3）用以感测LT1088的过驱条件并关闭LT1206。感测反馈加热器而非输入加热器可以使LT1088支持高波峰因子的波形，仅在平均输入超过最大额定值时关闭。

另外，我的供电电源噪声的测量值为200μV；经滤波后降低到60μV以下。

图36.56 用BNC电缆做成“探头”

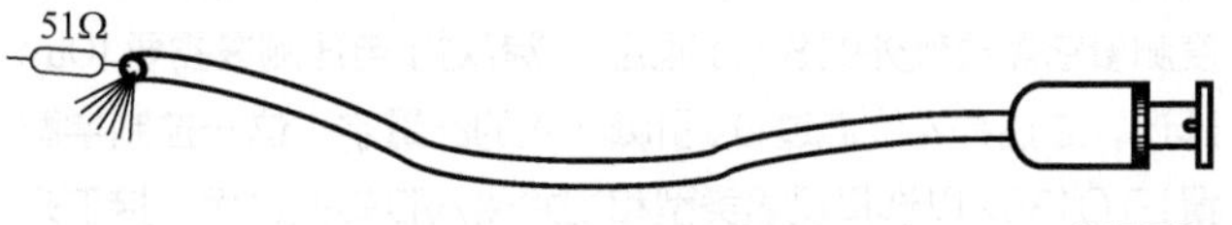

图36.57 反向匹配的BNC电缆探头

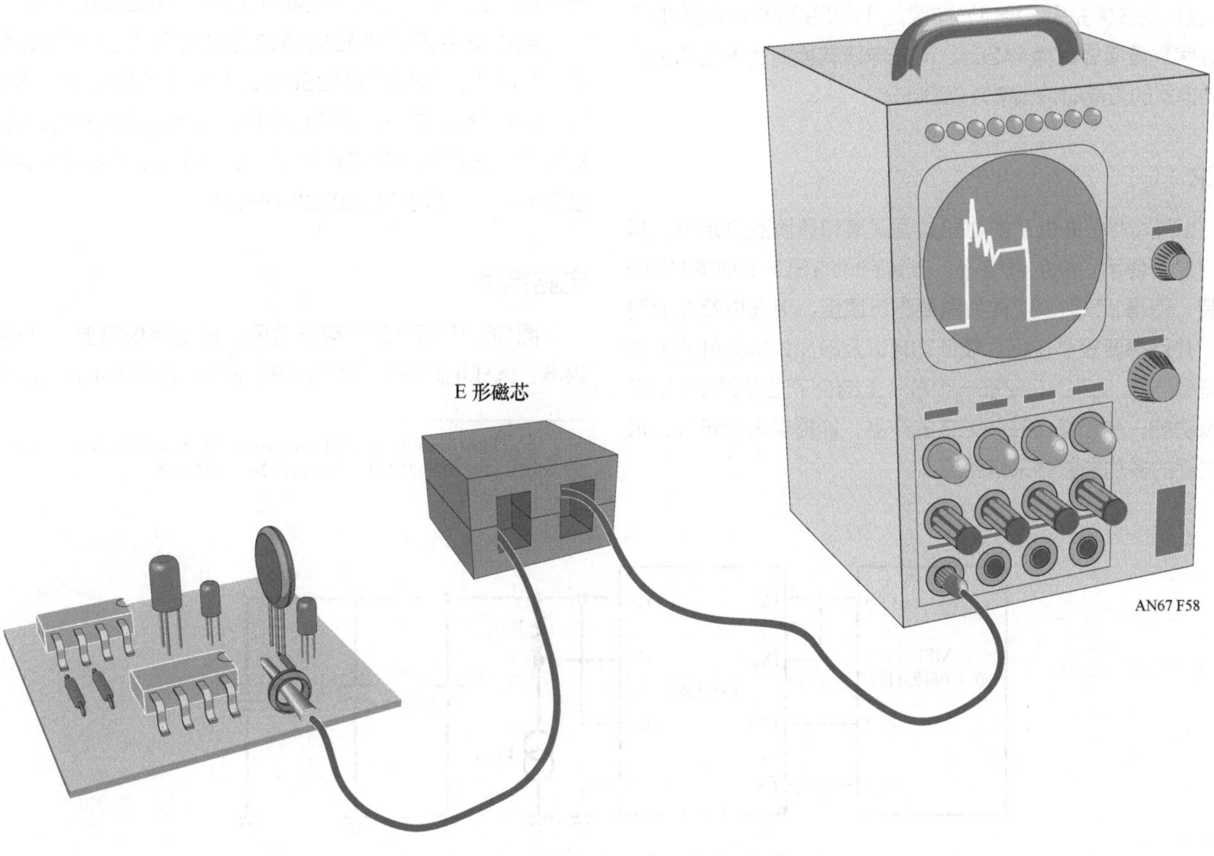

图36.58 E形磁芯用来衰减示波器电缆的高频共模电流

LTC1392微功耗温度与电压测量传感器

由Ricky Chow和Dave Dwelley设计

LTC1392是微功耗数据采集系统，它是设计用于测量温度、带有片上电压源以及具有差分轨到轨共模电压。该器件包含一个温度传感器、一个10位A/D转换器、一个高精度带隙参考源以及一个3线半双工串行接口。

图36.59给出了一个典型的LTC1392应用电路。采用了一个单点“星形”接地以及接地平面一起减小电压测量的误差。电源通过1μF钽电容与并联的0.1μF陶瓷电容直接旁路到接地平面。

转换时间由加载到CLK引脚的信号频率设定。当$\overline{CS}$引脚变低时，转换开始。$\overline{CS}$信号的下降沿将LTC1392从微功耗关闭模式中唤醒。在LTC1392识别唤醒信号之后，对于温度测量它需要额外的80μs延迟、或者对于电压测量需要10μs延迟，之后是4位通过D_{IN}引脚移入的配置字。这一控制字配置LTC1392以选择测量类型和初始化A/D转换过程。接下来D_{IN}引脚被关闭，同时D_{OUT}引脚从三态模式切换到有源输出。一个空数据位在CLK下降沿时移出D_{OUT}引脚，之后将产生与所选转换类型相对应的转换结果。输出数据可以是MSB优先的数据格式或者LSB优先的数据格式，提供了易于与LSB优先或者MSB优先串行接口的连接。LTC1392的最小转换时间在温度测量模式时为142μs，而在电压转换模式下为72μs，两种模式的最高时钟频率为250kHz。

结论

LTC1392提供了多功能数据采集和环境监测系统，其接口易于使用。它的低电流、节省空间的SO-8或者PDIP封装，使得LTC1392成为需要进行温度、电压以及电流测量，并且需要较小空间、较低功耗以及较少外部元件的系统的理想选择。LTC1392在一个芯片上结合了温度测量和电压测量功能，是市场上独一无二的产品，能提供最小尺寸、最低功耗的多功能数据采集系统。

湿度传感器与数据采集系统接口

由Richard Markell设计

引言

由于湿度传感器的驱动要求以及宽动态范围，将其与数据采集系统接口会较为困难。通过仔细选取包括模拟前端在内的设备，用户可以定制电路以满足湿度感测的需求，同时在所选取的测量范围内达到合理的精度。本文详细介绍了在Phys-Chen Scientific Corp公司⑤的型号为EMD-2000的湿度传感器的模拟前端与用户选择（可能是基于微处理器）的数据采集系统的模拟前端接口。

设计注意事项

Phys-Chen湿度传感器是小型号、低成本、准确的电阻型相对湿度传感器。这个传感器有良好定义的稳定响应曲线，可以在电路中直接替换而不需要系统的重新校准。

设计标准要求使用不需校准“微调”的低成本、高精度模拟前端，而且可以在5V单电源供电下运行。传感器使用方波或者正弦波激励，不能包含直流成分。该传感器的阻抗变化在极宽的范围内（700Ω~20MΩ）。传感器全相对湿度范围所需的宽动态范围（约90dB）的实现是设计者所面临的挑战。

电路图中所示电路的特点是结合了零漂移运算放大器（LTC1250和LTC1050）以及精确仪用开关电容模块（LTC1043）。这一设计将保持低至微伏的出色直流准确性。选择这一方法而不是采用真正RMS到直流或者对数转换器是因为它们太贵而且温度敏感度较高。

电路描述

图36.60所示的是电路框图。该电路仅需要一个单5V供电。集成电路U1(LTC1046）将5V电源转换成-5V并给

⑤ Phys-Chem Scientific Corporation, 26 West 20th Street, New York, NY 10011. (212) 924-2070 Phone, (212) 243-7352 FAX.

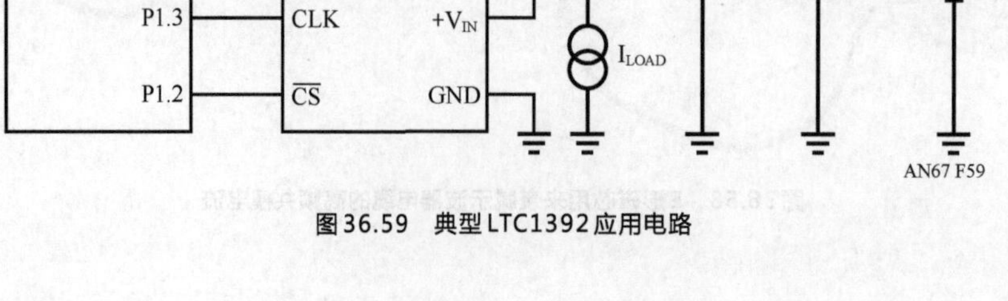

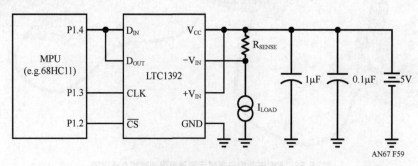

图36.59 典型LTC1392应用电路

U2、U3和U4供电。U2A(LTC1043的一部分)开关电容模块为传感器提供激励，在5V和-5V之间以2.2kHz左右的速度进行转换。这一转换速率可以改变，但是建议将其保持在2.4kHz以下(是U3自动归零率的一半)。我们相信这结果与5kHz下Phys-Chem传感器响应曲线的差别并不大。

可调电阻R2设置输出的全幅值。由于在90%湿度时传感器阻值为700Ω，将R2设置在700Ω将会构成2：1的电压分压器，与U4的增益(x2)结合可使总增益为1。电路中必须包括U3才能正常工作；否则C4和C7构成一个分压器会随着相对湿度传感器阻抗的变化而变化。U3是一个精确自动归零运算放大器，其自动归零频率约为4.75kHz。U2B(电路下方的“开关”)采样U3的输出信号并将采样结果提供到U4的输入端。U4通过设置以提供值为2的增益。

将U4的输出数字化是较容易的。图36.61所示的12位转换器电路可以用于这一用途。可以感测的湿度范围取决于转换器的分辨率。全幅输出(等效于90%左右的湿度)基本与A/D转换器的位数无关，但是干燥端(低相对湿度)的幅值取决于A/D转换的分辨率。例如，上述参考的12位转换器

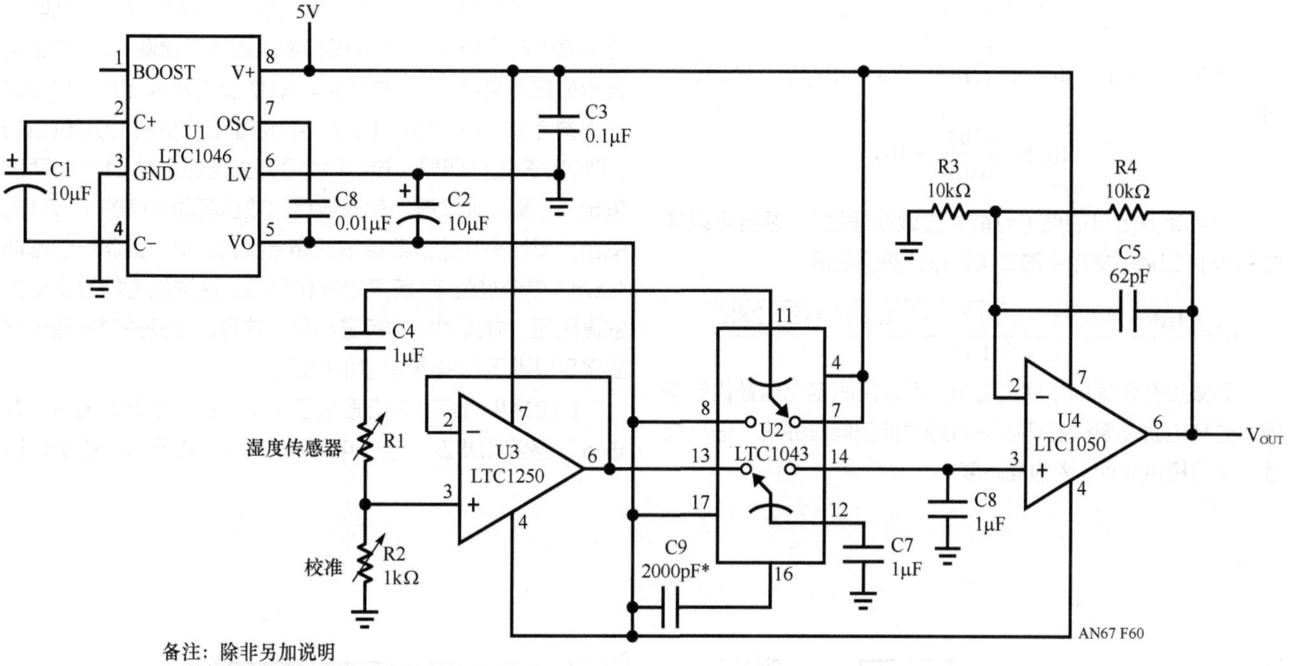

备注：除非另加说明
1. 所有电阻单位为欧姆，1/4 W 5%
*C9 微调振荡器频率 2000pF 产生频率约为 2.2kHz

图36.60 温度传感器的电路图

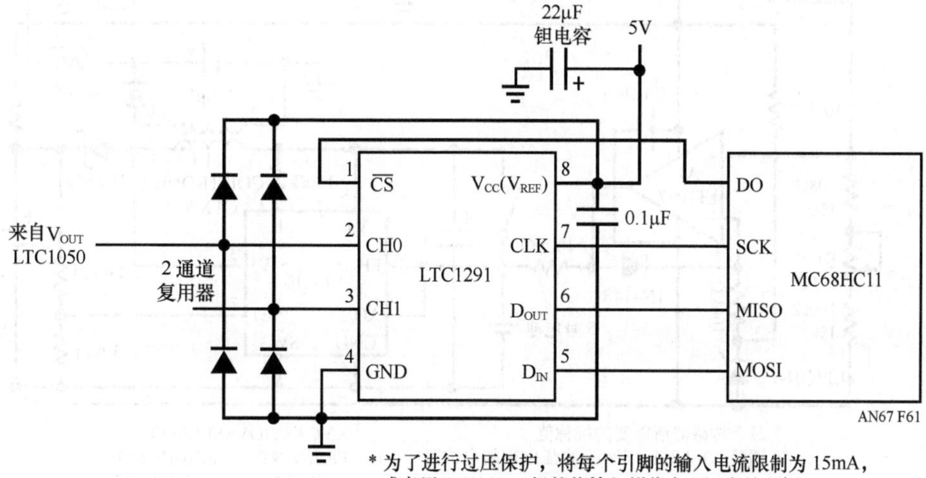

* 为了进行过压保护，将每个引脚的输入电流限制为 15mA，
或者用 1N4148 二极管将输入钳位在 V_{CC} 和地之间。

图36.61 12位A/D转换器LTC1291与MC68HC11的接口

将处理湿度信号，将其转换为20%左右的相对湿度，这是由于在该湿度下传感器的输出电压大约为2.3mV而0.5个最低有效位（LSB）的电压为1.2mV；低至10%相对湿度的数字化需要对350μV的信号进行转换，即需要16位的转换器。从成本的角度考量，这一做法有点笨。更为经济的设计是采用双通道的12位转换器，当湿度范围变化时采样范围也进行相应的变化。

上述的解决方案都是通过测量由相对湿度传感器和固定“校正”电阻构成的分压器的输出电压来实现的。传感器在固定输出电压时的阻值可以通过以下的公式计算

$$R(\Omega)=\frac{R2V_{FULLSCALE}}{V_{OUT}/2}-R2$$

在这一情况下，如果R2设置为700Ω,$V_{FULLSCALE}$=5.00V，则

$$R(\Omega)=\frac{3500}{V_{OUT}/2}-700$$

一旦计算出R的值（可能通过微处理器），湿度可以通过Phys-Chem文档中的二次近似计算式获得

$$RH=\frac{\ln R-13.95-\sqrt{(13.95-\ln R)^2+24.288}}{-0.184}$$

如果没有合适的湿度试验箱，可以用固定电阻替代传感器。这样电路需要根据EMD-2000“典型响应曲线”进行校准。这将提供大约2%的准确度。

单节电池供电的气压计

由Jim Williams和Steve Pietkeiwicz设计

图36.62所示的是一个由单节1.5V电池供电运行的完整气压信号调理器。直到最近，采用昂贵的应变器以及容性传感器的结合，才使系统具有高精度和稳定性。本设计采用最新的半导体传感器，能使时间和温度上的不确定性达到0.01''Hg（英寸汞柱）。而1.5V供电的特性使它能广泛适用于便携式应用之中。

6kΩ传感器（T1）需要精确的1.5mA激励，因此需要比较高的电压驱动。A1的同相输入端通过检测T1回路上电阻串的压降来感测T1的电流。A1的反相输入端用LT1004作为参考源，被固定在1.2V。A1的输出偏置由1.5V供电的LT1110开关稳压器。该LT1110开关电源通过L1产生两路输出。引脚4经过整流和滤波后的输出驱动A1和T1。A1的输出，反过来在稳压器端形成闭合回路。这一回路产生驱动1.5mA电流通过T1所需的升压电压。这种结构能提供所需的高电压，并同时将功耗最小化。这是由于开关稳压器仅产生了足以满足T1电流需求的电压。

L1的引脚1和引脚2形成了一个升压、全浮地电压，并进行了整流和滤波。这一电压驱动A2。由于A2相对于T1

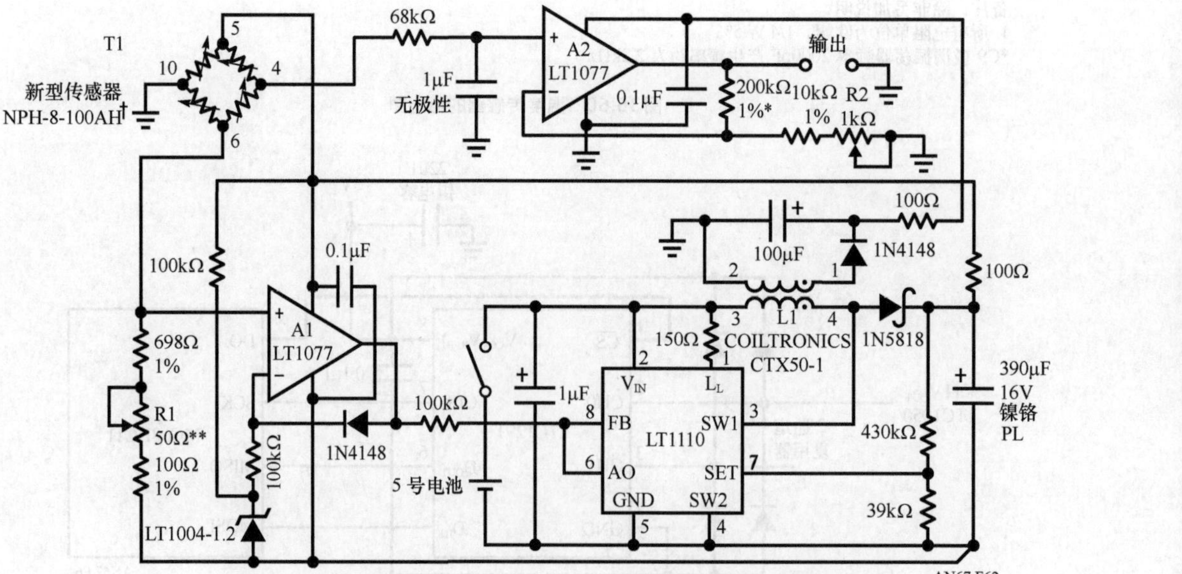

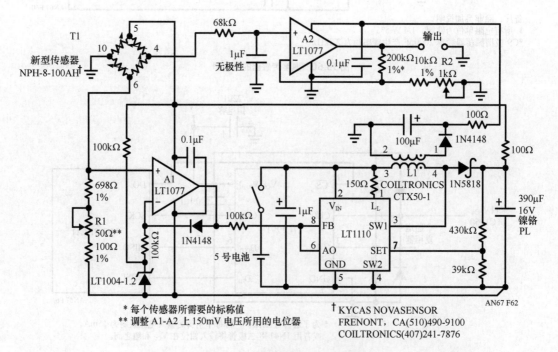

* 每个传感器所需要的标称值
** 调整 A1-A2 上 150mV 电压所用的电位器
† KYCAS NOVASENSOR
FRENONT，CA(510)490-9100
COILTRONICS(407)241-7876

图36.62 单电池供电气压计电路图

浮地，它可以差分地输入T1输出端引脚10和引脚4的信号。实际上，引脚10为“地”，而A2以它为参考点测量引脚4的输出。经过A2增益放大的输出为电路的输出信号，方便地将比例设置为3.000V=30.00"Hg。

为了校准电路，调节R1以使得T1返回路径上100Ω电阻的电压为150mV。这样就可以将T1的电流设置为生产厂家指定的校准点。接下来，调节R2以使得比例因子为3.000V=30.00"Hg。如果调节R2不能得到校准值，重新选择与其串联的200kΩ电阻。如果没有标准气压，可以给传感器提供个别的校正数据以完成电路校准。

该电路与高阶气压标准相比，能够在数个月内、环境气压大范围变化时保持0.01"Hg的精度。气压的改变，特别是快速地气压改变，与天气状况的变化相关性较好。此外，由于0.01"Hg对应于大约海拔高度10英尺的变化，驾车通过高山和高速公路将变得很有趣。该电路从电池中消耗14mA的电流，这样一个D型号（1号）的电池可以支持250h的运行时间。

多用途噪声发生器

宽带随机噪声发生器

由Jim Williams设计

滤波器、音频和射频通信测试通常需要随机噪声源。图36.63所示的电路提供了具有可选择带宽的均方值幅度限制噪声源。在1kHz～5MHz带宽范围内（可选10倍频率），均方值输出是300mV。

噪声源VD1经过交流耦合到A2，A2提供值为100的宽带增益。A2的输出经过简单、可选择的低通滤波器

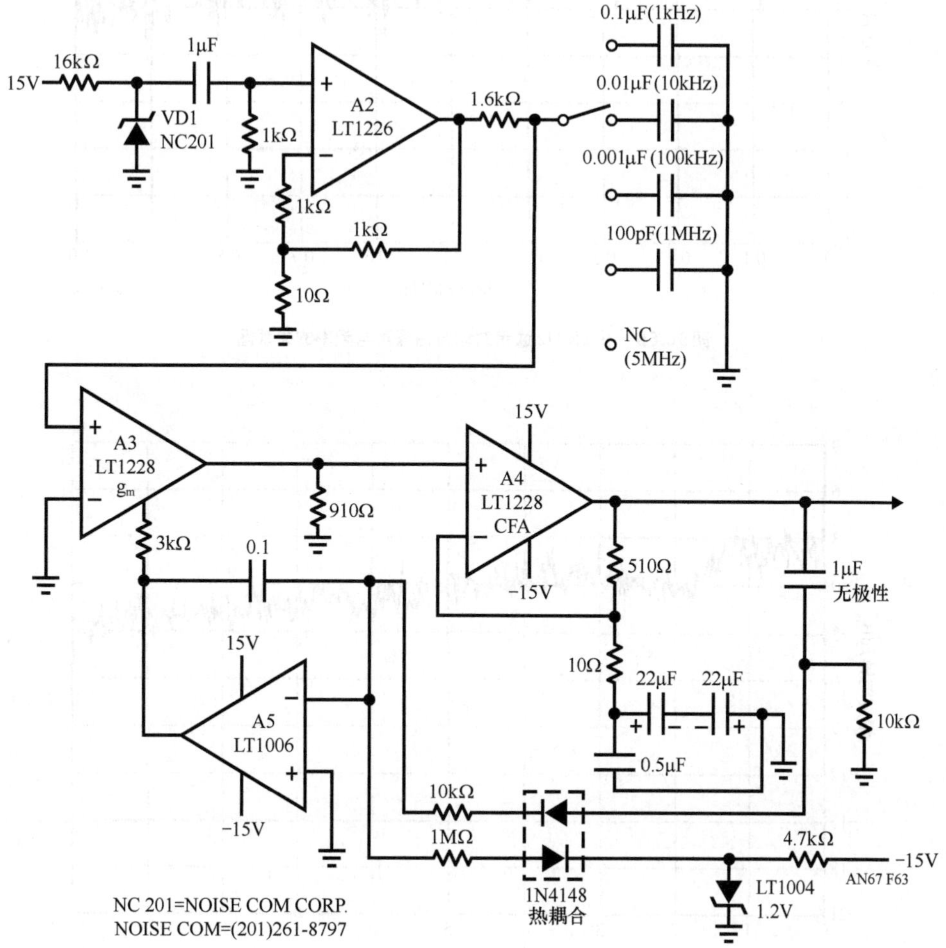

图36.63 宽带随机噪声发生器电路图

灌输到增益控制级。滤波器的输出加载到A3（LT1228跨导运算放大器）。A1的输出馈送到电流反馈放大器A4（LT1228）。A4的输出（同时也是电路的输出）由基于A5的增益控制结构采样。这样就在A3形成了一个闭合增益控制环路。A3的I_{SET}电流控制增益，允许对整体输出电平进行控制。

图36.64画出了1MHz通带时的噪声波形，而图36.65给出了同样通带内均方值噪声与频率的关系。图36.66绘制了在全带宽（5MHz）下的类似信息。均方值输出直到1.5MHz基本上是平坦的，到5MHz时仍控制在±2dB之内，随后将严重下降。

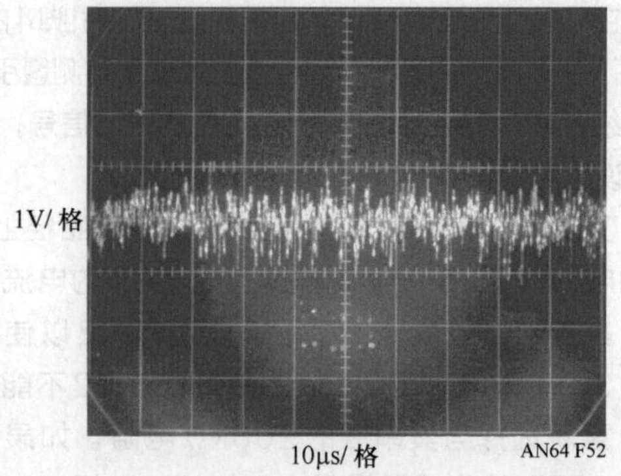

图36.64 滤波器在1MHz通带时图36.63所示电路的输出

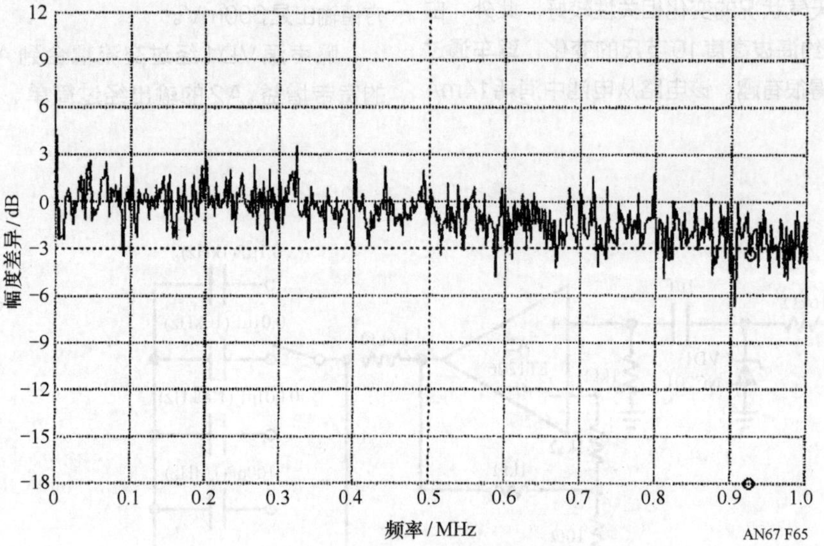

图36.65 在1MHz通带时均方值噪声与频率的关系图

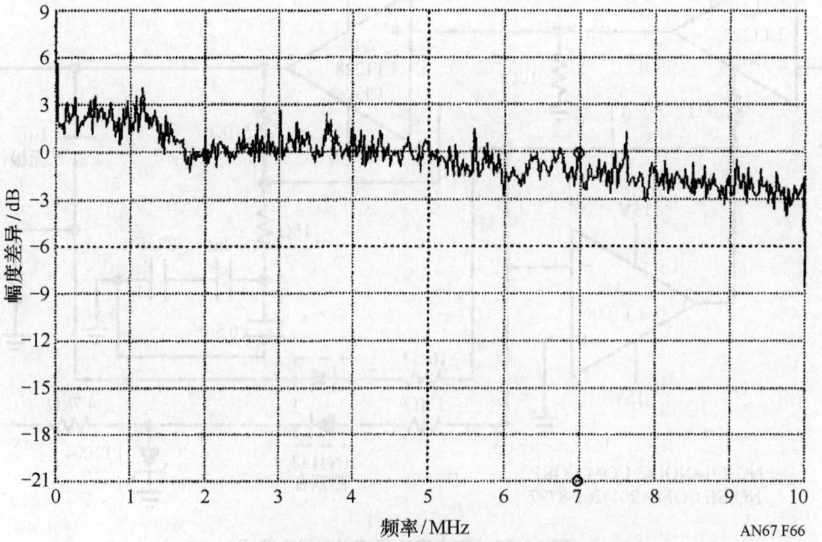

图36.66 在5MHz通带时均方值噪声与频率的关系图

对称高斯白噪声

由NOISE COM公司的Bent Hessen-Schmidt撰写

白噪声在感兴趣频段内提供实时、全频率覆盖，并且具有一个非常平坦的输出频谱。这使得它在宽带激励和作为功率电平参考是很有用。

对称高斯白噪声自然地产生于电阻。电阻内的噪声是由于传输电子的空穴的变化而产生的，正如Johnson和Nyquist的描述[6][7]。噪声电压的分布是对称高斯分布，并且平均电压为

$$\overline{V}_n = 2\sqrt{kTfR(f)p(f)df} \tag{1}$$

其中K=1.38E-23 J/K(波尔兹曼常数)；

T=电阻的温度，单位为开尔文；

f=频率，单位为Hz；

h=6.62E-34 Js(Planck常数)；

R(f)=电阻值，单位为欧姆，是频率的函数。

$$P(f) = \frac{hf}{kT[\exp(hf/kT)-1]} \tag{2}$$

在T=290°K，而频率低于40GHz时，p(f)接近于1。通常假定电阻与频率无关，而fdf等于噪声带宽（B）。当负载与电阻共轭匹配时，噪声功耗可达

$$N = \frac{\overline{V}_n^{\,2}}{4R} = kTB \tag{3}$$

其中，“4”是因为只有一半的噪声电压，所以只有1/4的噪声功率传导到了匹配的负载。

公式（3）表明，有效噪声功率与电阻的温度成比例；所以常称之为热噪声功率。公式（3）也表明，白噪声也与带宽成比例。对称高斯白噪声的一个重要源是噪声二极管。一个良好的噪声二极管能产生高级对称高斯白噪声。噪声级别通常用超噪比（Excess Noise Ratio,ENR）来表示。

$$\text{ENR(单位为dB)}=10\log\frac{(Te-290)}{290} \tag{4}$$

Te为负载（与噪声二极管的阻抗相等）能产生等量噪声必须所处的实际温度。

ENR表明传输到无发射、无反射负载的有效噪声功率超过了290°K（16.8°C或62.3°F）的参考温度下负载所产生的噪声功率的倍数。

当噪声被放大时，较高ENR的重要性将非常明显，因为当ENR比放大器的噪声值大17dB时，放大器的噪声贡献可以忽略不计（忽略时，总噪声功率之差小于0.1dB）。使用表36.5所示的白噪声转换公式，很容易将ENR转换为以dBm/Hz或$\mu V\sqrt{Hz}$为单位的噪声谱密度。

表36.5 有用的白噪声转换

dBm=dBm/Hz+10log(BW)
dBm=20log($\overline{V}_n$)-10log(R)+30dB
R=50Ω时,dBm=20log($\overline{V}_n$)+13dB
dBm/Hz=20log($\mu Vn\sqrt{Hz}$)-10log(R)-90dB
当ENR>17dB时,dBm/Hz=-174dBm/Hz+ENR

在放大噪声时，请牢记噪声电压有着高斯分布。因此，峰值噪声电压远大于RMS电压。峰值电压与RMS电压的比值称为波峰因子，一个较好的高斯噪声波峰因子一般介于5：1到10：1之间（14~20dB）。所以，放大器的1dB增益压缩点一般会比噪声输出功率均值大20dB，以避免钳位噪声。

有关噪声二极管的更多详情，请联系NOISE COM公司，其电话为（201)261-8797。

⑥ Johnson, J.B. "Thermal Agitation of Electricity in Conductors," Physical Review, July 1928, pp. 97-109.

⑦ Nyquist, H. "Thermal Agitation of Electric Charge in Conductors," Physical Review, July 1928, pp. 110-113.

多用途噪声发生器

用于“眼图”测试的二极管噪声发生器

由Richard Markell设计

Jim Williams介绍的电路是从构建一个用“眼图”法来测试通信信道的电路（我的愿望）中演化出来的（参见凌力尔特技术，卷1，第2篇指南以获得眼图的简短说明）。我想要用一个更加“模拟”的设计来替代我所用的PROM伪随机编码电路，使更多人员可以不用采用专用器件来构建该“模拟”设计。改进的方案是一个由非常高速的比较器（参见图36.67）进行采样的噪声源。比较器输出一个随机的1和0的组合。

噪声二极管（一个NC201）经过LT1190高速运算放大器（U1）滤波并且放大。输出馈送至LT1116(U2),LT1116是12ns、单电源供电、地电平感测的比较器。LT1116反相输入端的2kΩ可变电阻设置比较器的阈值，所以输出1和0的数目是准相等的。U3锁存U2的输出，所以比较器的输出在一个时钟周期内都是保持锁存状态的。从U3的Q0处可以得到两个电平的输出。

电路框图中所示的额外电路允许电路输出四电平数据以用于脉冲幅度调制测试（Pulse Amplitude Modulation，PAM）。由两电平输出的随机数据作为一个移位寄存器的输入，在每四个时钟脉冲处进行复位。从移位寄存器得到的输出由3个5kΩ电阻进行加权求和后输入LT1220运放，输出从LT1220获取。在74HC74输出端和74HC4094选通输入之间的滤波器网络是必须的，用以确保输出数据的正确性。

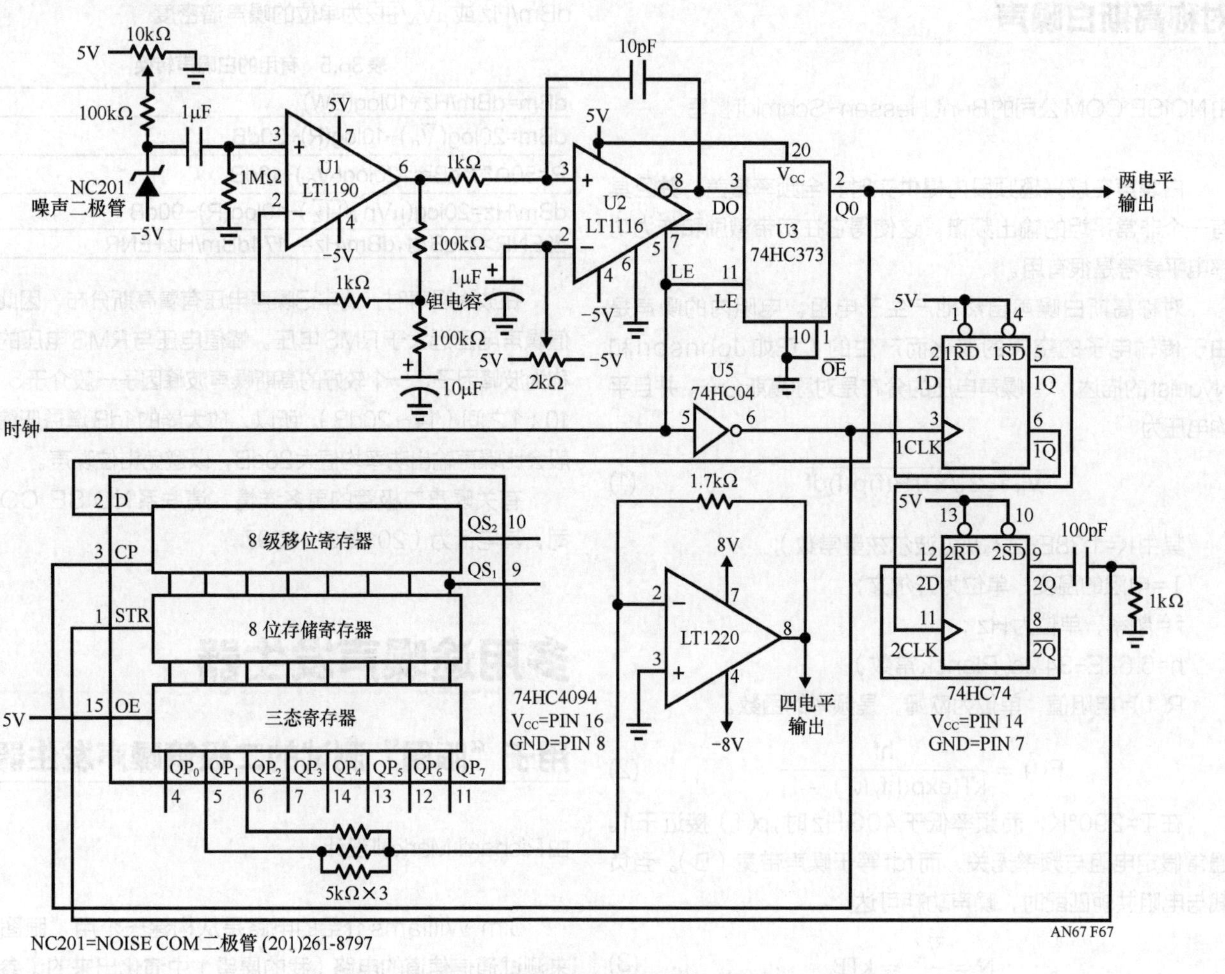

图 36.67　伪随机编码发生器电路框图

视频/运算放大器

LT1251电路平滑地将视频变淡至黑色

由Frank Cox设计

当一个视频信号衰减时，有个点的同步幅度太小，显示器无法正确处理。图像不能平滑过渡到黑色，而是卷曲和撕毁。这个问题的一个解决方案是给显示器提供一个独立的同步信号。对于一个主要考虑成本和复杂度的系统，该方案可能不太适合。应该采用一个简单的视频“音量控制”。

图36.68所示的电路可以进行平滑的淡化（至褐色），同时能够保证良好的视频保真度。U1（LT1360运放）及其相关的元件构成一个基本的同步分离器。C1、R1和VD1对合成视频进行钳位。VD2偏置U1的输入端以补偿通过VD1的压降。当VD1导通时，波形负值最大的部分包含了同步信息并且经过U1放大。在反馈网络U1（VD4到VD8）中的钳位电路防止放大器饱和。VD3和CMOS反相器U4完成了同步波形的成形。同步分离器可以处理大部分视频信号，但是由于它简单，它将不能处理噪声较大或者失真了的视频。剩下的电路是一个LT1251视频衰减器，它被配置以衰减原始视频和抽取同步信号后的视频。这样，视频就可以衰减至黑色。

衰减器的控制电压是由电压基准和10kW可变电阻设定的。如果这个控制电位器被安装在离电路有明显距离的地方或者在调整时控制电压产生任何噪声，这个节点就需要被旁路。

图36.69所示的是一个多次曝光的波形照片，说明了电路运行的情况。两个线性斜坡视频测试信号出现在这个照片中。视屏从全幅度经过6个步进衰减到0。同步波形（中下方）保持不变。在图36.70中，一个由彩色副载波调制的单视频线从视频满幅度衰减至零视频幅度。显示器最终将失去颜色锁定，并且在颜色幅度的副载波减小后将颜色关断。在这个应用中这不是问题，因为显示器色彩解码电路的设计是着眼于处理从录像带或者广播中获取的各种各样的视频信号，所以有很大的动态范围。在亮度部分完全变黑之后，图像的色彩部分将仍然保持。

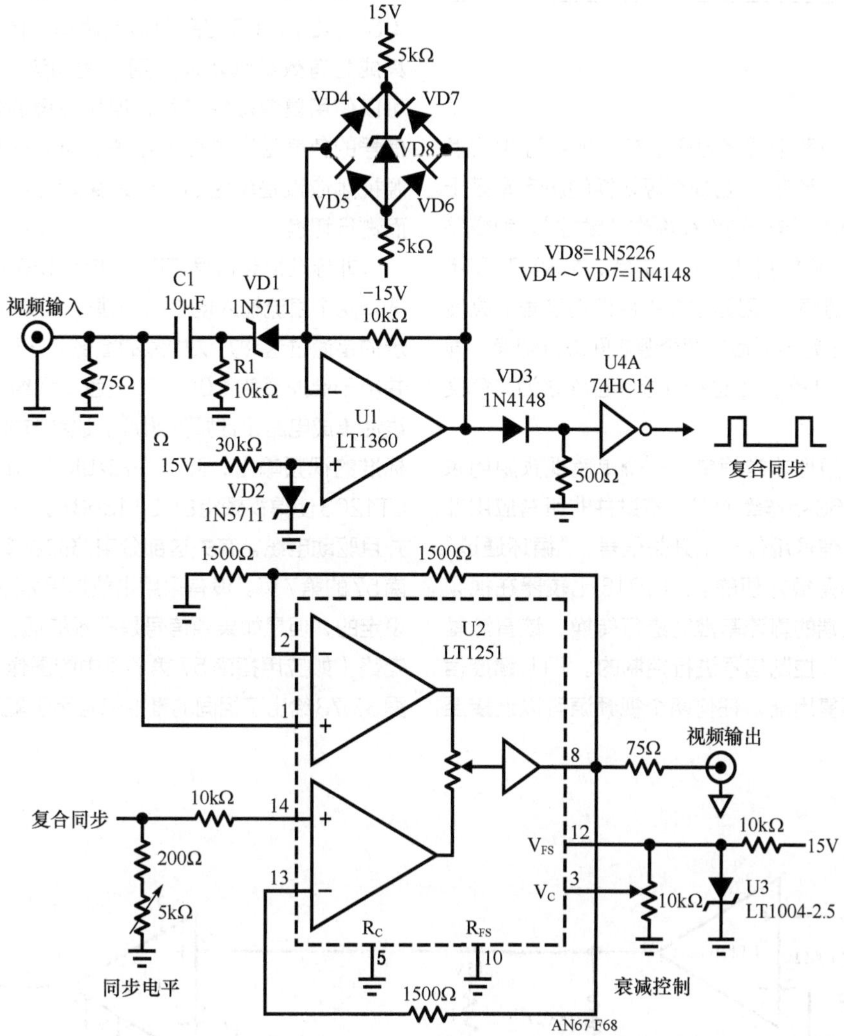

图36.68　LT1251视频衰减器电路框图

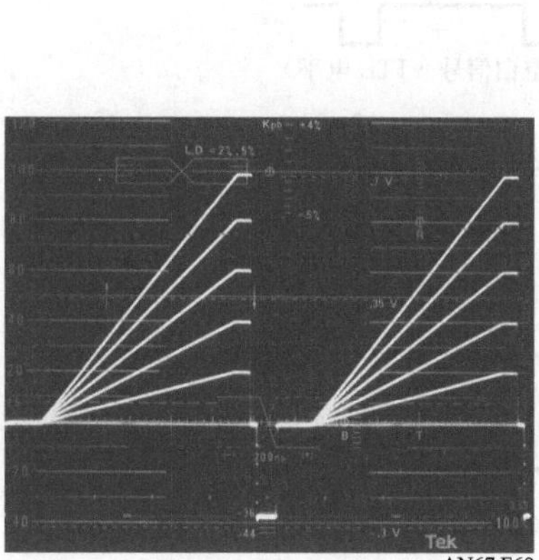

图36.69　多次曝光照片说明电路运行情况

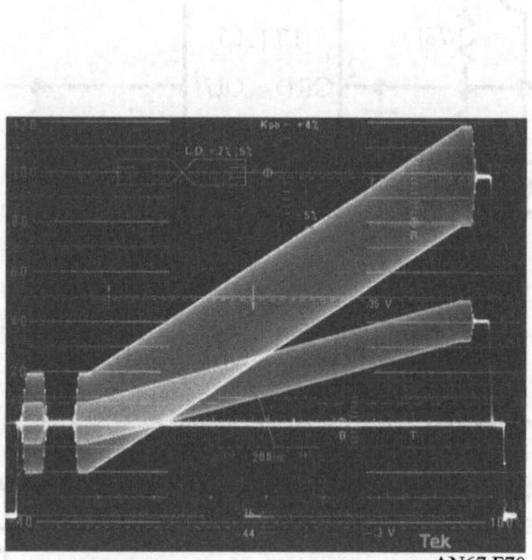

图36.70　照片说明了一个具有彩色副载波的单视频线被衰减至零的详情

采用LT1203视频复用器进行亮度键控

由Frank Cox设计

在视频系统中，在两个或者更多的有效视频源中切换被称作“划变”或者“键控”。当视频源切换的决定是基于有效视频本身的属性时，这个动作被称作“键控”。划变是通过一个非视频信号（例如斜坡）进行切换。图36.71展示的电路被称为“亮度监测”，因为它在单色键控信号的亮度（“Luma”）达到一个设定电平后在两个源之间进行切换。同样也可以通过在视频源的色度上进行键控，也称之为“色度键控”。

图36.71的工作原理非常简单。一个单色视频源用来产生键控信号。LT1363用作缓冲器，不过并非所有应用都是必须的。如果键控信号用作一个开关信号，“循环通过”这个缓冲器的输入端是很方便的。LT1016比较器在视频电平超过其反相输入端的直流基准时进行转换，该直流基准是由“键控灵敏度”控制信号进行控制的。TTL键控信号控制LT1203视频复用器。任何两个视频源可以连接至LT1203的输入端，只要它们是同步锁定并且在复用器的共模范围内（在±5V供电时，在0～70℃内共模范围为±3V）。LT1203的高速转换速率、低偏移和干净的转换使其成为有效视频转换应用（例如这个应用）的自然选择。可以使用复合彩色信号，但是在键控信号的水平同步与源信号的色度基准是相位相关时可以获得最好的结果。键控源视频应该是单色的，以避免键控比较器因为色度副载波而进行切换。

非标准视频信号可以用作LT1203的输入。例如，可以选择两个直流输入电平以构建一个双电平图像。图36.72所示的是通过这种方法构建的图像。一个单色视频信号被切割并用于键控黑色（0V）和灰色（大约0.5V）以产生著名的线性集成电路设计师的照片。这种方式构成的图像不是一个标准的视频输出，除非空白和同步间隔经过重构。第二个LT1203使得视频空白，LT1363电路将复合同步加入视频中并且驱动电缆。有关这部分电路的更多详情，请参阅应用指南57的第7页。没有采用钳位是因为直流电平是由输入随机设定的，但是如果源信号是视频的话，则可以采用一个钳位电路（如应用指南57第7页中的图像）。作为另一个选择，图37.73给出了相同的键控信号用于复用器的输入。

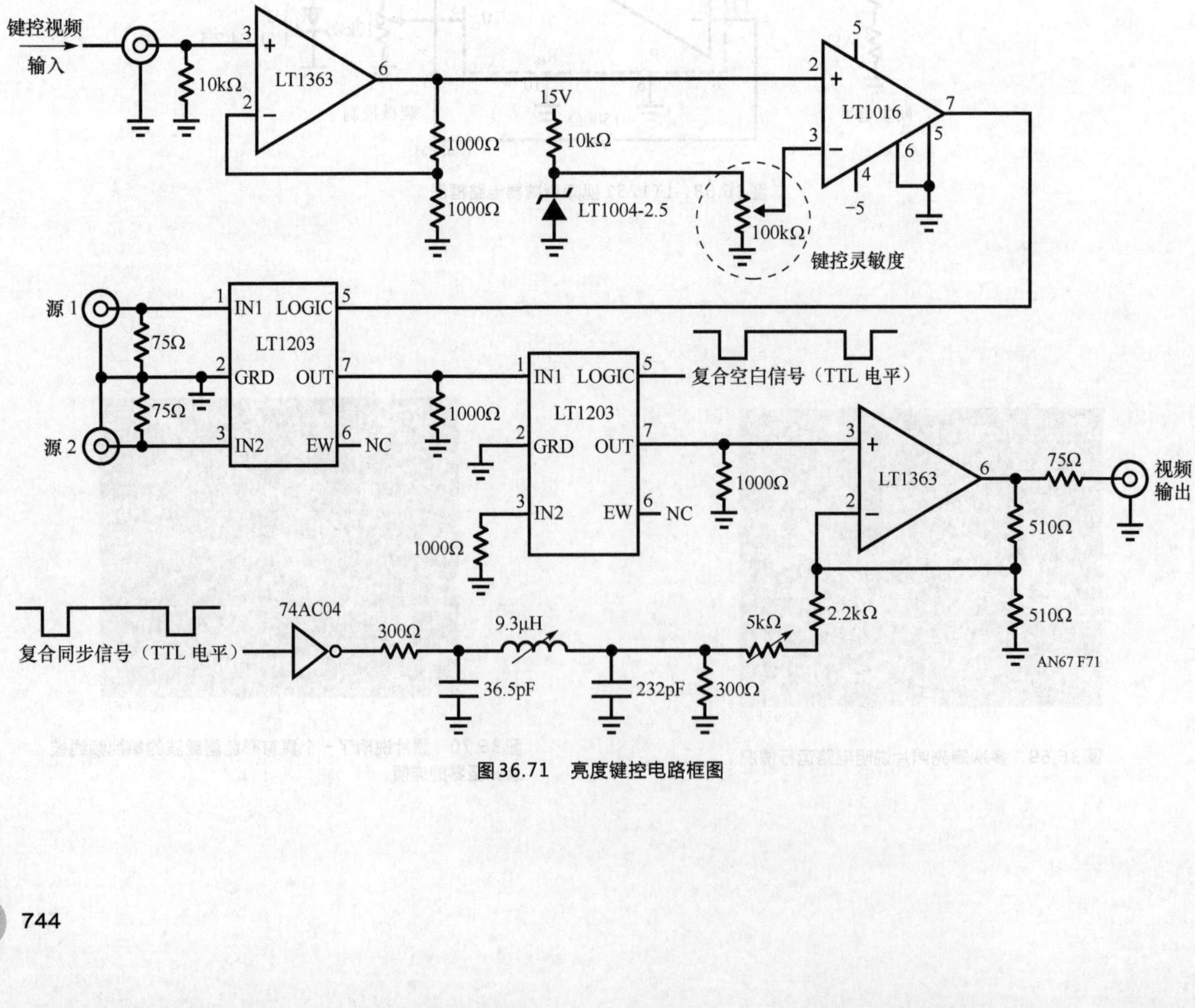

图36.71 亮度键控电路框图

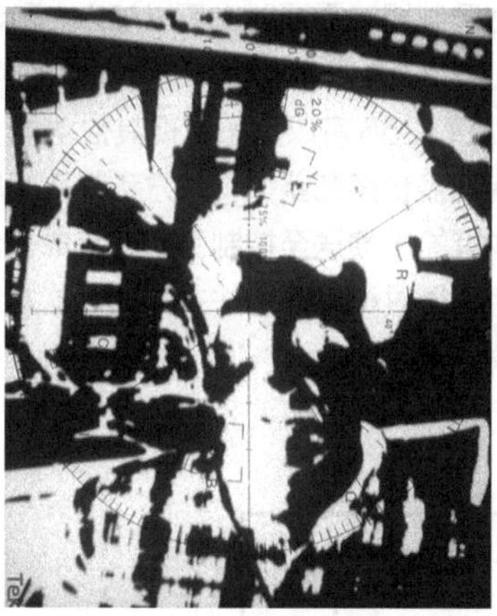

图36.72　集成电路设计师的双电平图像

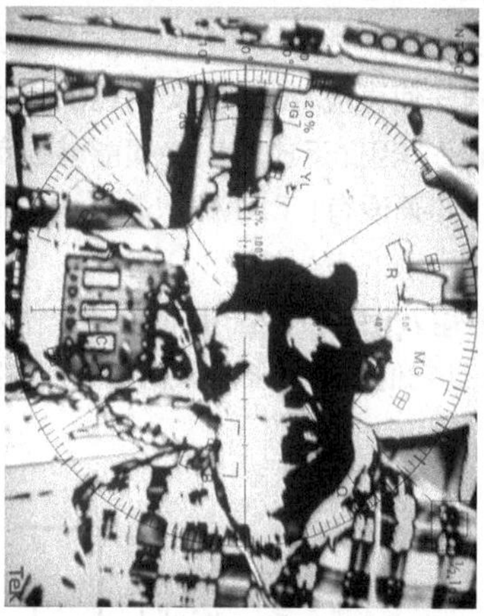

图36.73　键控信号作为复用器的输入

LT1251/LT1256视频衰减器和直流增益控制放大器

由William H. Gross设计

视频衰减器

图36.74给出了基于LT1251/LT1256配置成的具有单位增益的视频衰减器。2.5V的全幅电压被加载至引脚12，并且控制输入驱动引脚3。

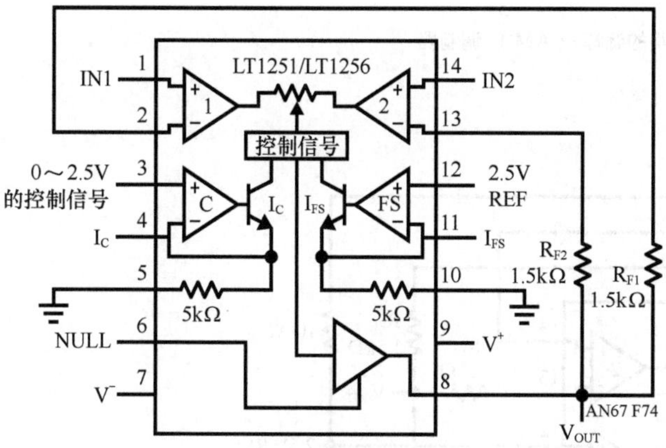

图36.74　双输入视频衰减器

图36.75给出了控制路径的真实响应。控制路径速度很快，适用于信号之间的快速切换，与进行一个颜色或者亮度水平键控时相同。控制路径在快速切换时，只引入一个小（50mV）且短（50ns）的毛刺。

在±5V供电情况下，图36.74所示的配置运行时，LT1251/LT1256的性能总结在表36.6之中。

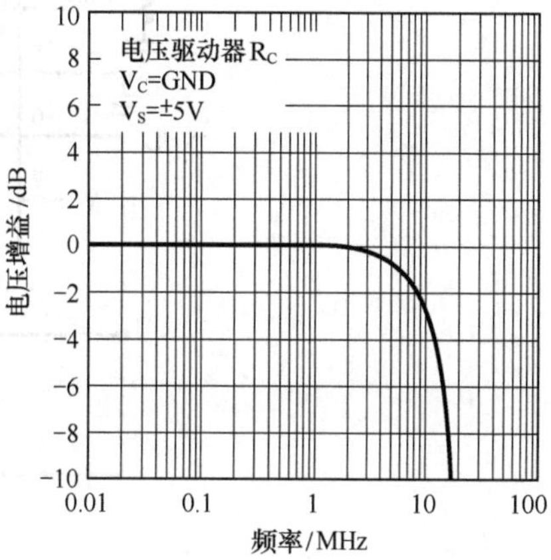

图36.75　LT1251/56控制路径带宽

表36.6　LT1251/LT1256的性能总结

压摆率（±2V,R_L=150Ω）	300V/μs
满功率带宽（1V,RMS）	30MHz
小信号带宽	30MHz
差分增益（NTSC,R_L=150Ω）	0.1%
差分相位（NTSC,R_L=150Ω）	0.1°
总谐波失真（1kHz,K=1）	0.001%
（1kHz,K=0.5）	0.01%
（1kHz,K=0.1）	0.4%
上升时间，下降时间	11ns
过冲	3%
传输延迟	10ns
稳定时间	65ns
静态供电电流	13.5mA

应用

图36.74中LT1256的IN2接地以构成一个二象限乘法器。图36.76所示的电路将二象限乘法器用作调幅

（AM）调制器。输出将给50Ω负载提供10dBm的功率。LT1077运放感测LT1256输出直流并且驱动Null引脚，消除输出端的任何直流。Null引脚电压的标称值比负电源电压高100mV，因此运放输出必须能够在负电源的几毫伏以内摆动。如果没有LT1077，最差情况下的直流输出电压为50mV。

若在一个输入使用反相配置而另一个输入使用同相配置，并同时驱动它们，LT1256将成为一个四象限乘法器。图36.77给出了一个四象限乘法器，该乘法器被用作一个双边带、载波抑制调制器。需要时，可以加入LT1077直流输出归零电路。

LT1251/LT1256可以用于实现其他功能，包括电压控制滤波器、移相器和振荡器等。均方和限幅电路的设计可以通过将输出或者输出馈送至控制引脚来完成。伽马校正和其他压缩电路可以通过类似的方法来构建。这些应用仅受限于设计者的想象力。

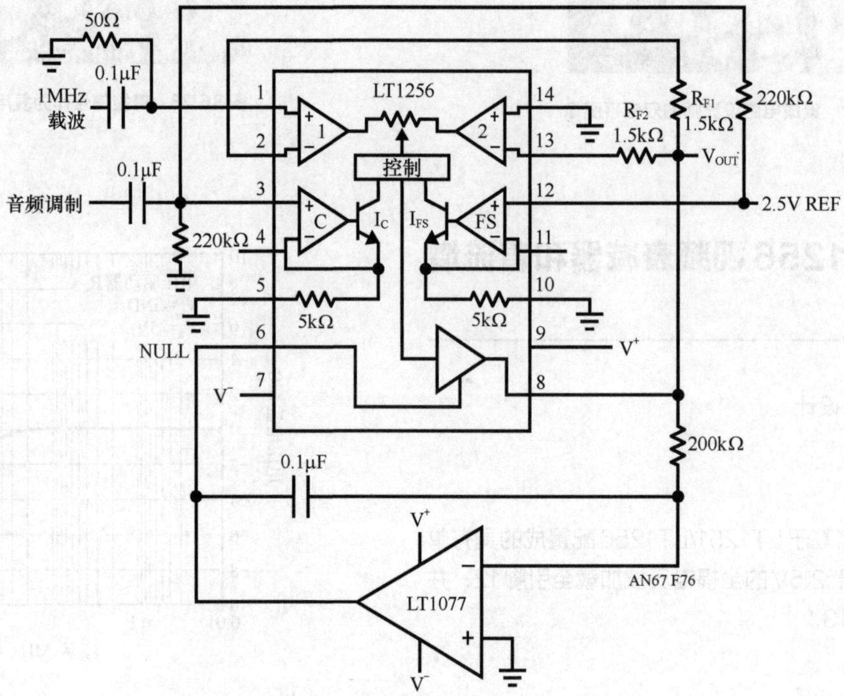

图36.76 带有直流输出归零电路的调幅（AM）调制器

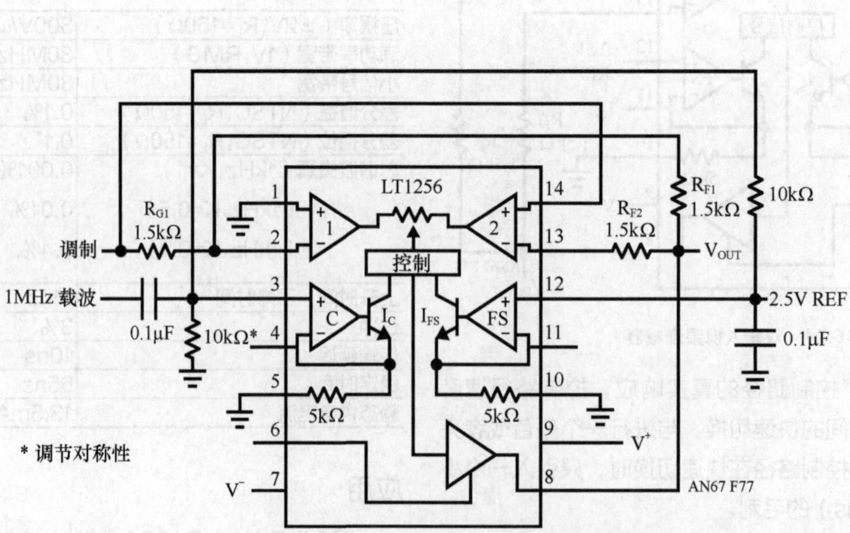

图36.77 用作双边带、载波抑制调制器的四象限乘法器

扩展运放电源电压以获得更多的输出电压

由Dale Eagar设计

我们常常能够听到一些应用需要高输出电压、低输出阻抗的放大器。在此我们给出了一个能够扩展运放输出电压摆幅并且保持电路特性的拓扑结构。其中的技巧是中止两个MOSFET源极跟随器之间的运放，以使供电电压跟踪运放的输出电压（见图36.78）。电路图36.78所示电路使用任何普通理想运放都运行良好。问题是理想运放的交货日期——它们一直被推迟。

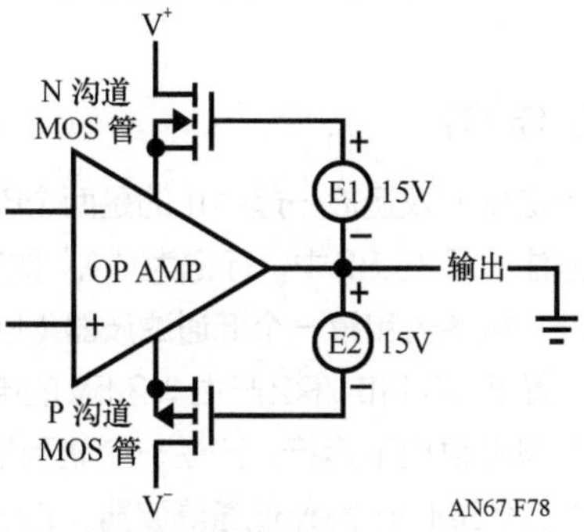

图36.78　中止运放供电的框图

非理想运放可以及时交货，并且可以工作在扩展电源模式。它们在共模抑制比和电源抑制比上有带宽限制。图36.79所示的电路实现了与图36.78所示电路相同的扩展电源，只是增加了一些额外的元件：加入C1以对电源进行去耦，提高高频的电源抑制比；R3和R5将VT1和VT2的栅极对交流地进行去耦，防止VT1和VT2同时放空而重定向本地信号流向。R1、R2和C4构成了一个缓冲器，以对由VT1和VT2的米勒电容构成的二极点网络进行去Q并且缓冲IC1的高频共模抑制比；此外，R4、R6、C2、C3、Z1和Z2构成了两个15V电压源（见图36.78中的E1和E2）；CR1和CR2是保护二极管，允许在输出为任一输出电压时，将输出瞬时短接到地。

R1、R2和C4的值随着MOS管的米勒电容值以及所用运放的高频共模抑制比的变化而变化。其值的选择应能最小化运放阶跃响应中的过冲。

高电压、高频率放大器

若将LT1227电流反馈放大器（Current Feedback Amplifier，CFA）用于图36.79所示的扩展电源模式，那么在100V(峰峰值)处获得1MHz功率带宽将极其简单（元件参数如图36.80所示）。电路具有短路保护，在所有容性负载条件下都是稳定的。

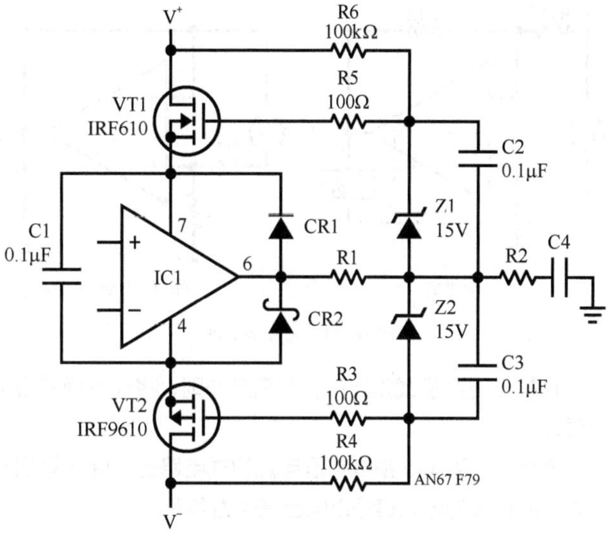

图36.79　高压运放电路详情

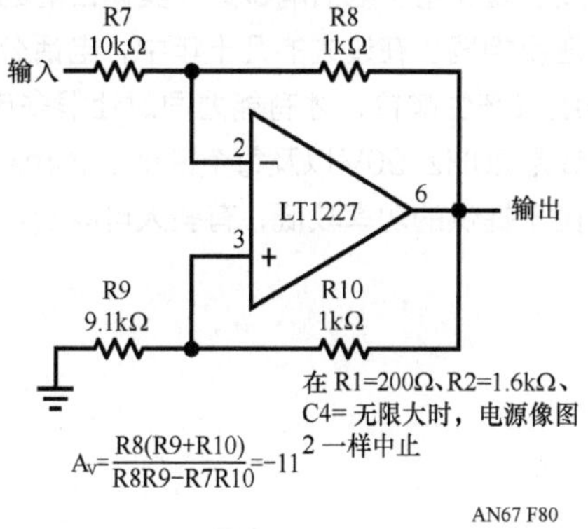

图36.80　高速中止运放

如果一个是好的，那么两个会更好么？

双运放和四运放也可以配置在扩展电源模式，但是电路设计需要一些技巧。在扩展多级电源以及/或者完整的电路时，一些设计规则需要改动。运放电路通常需要一个地电平以作为所有信号的参考点。在采用扩展电源模式时，遇到的问题便是“地”摆动经过以及超过运放的共模范围。这将带来以下问题：如果信号不能以地为参考点，那么我可以拿什么来作为它们的参考点？答案是采用输出作为信号的参考点。这对于除了最后一级电路外的所有级是成立的，在最后一级采用输出作为参考点便会直接忽略该信号。在最后一级，地是有效的输出并且反馈电阻是R12。如图36.81(a)和图36.81(b)所示。图36.81(a)给出了一个常规的反相放大器，输入和输出信号都是以地为参考的。图36.81(b)则给出了用扩展电源模式实现的等效电路。

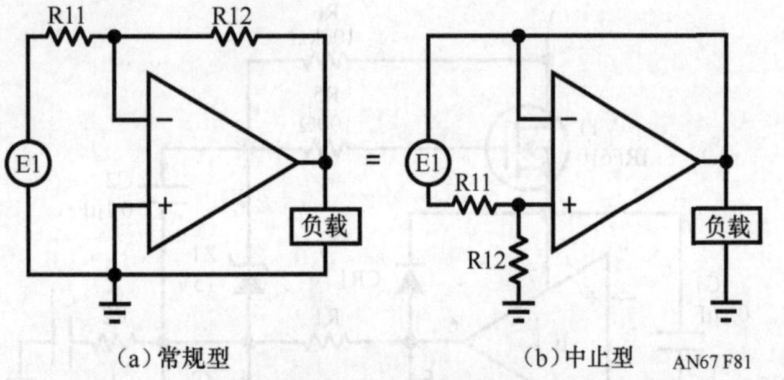

图 36.81 反相放大器

在扩展电源模式设计中，有两条准则，将在下面的应用中展现。

准则1：当设计多级扩展电源模式电路时，除了最后一级外的所有级的输入信号以输出端作为参考。

准则2：在最后一级中采用图36.81(b)中的电路对信号进行反相。

响铃发生器

响铃发生器是用于电话响铃这一具体目的的正弦波输出、高电压反相器。在过去的几十年中，电话公司通过电机驱动器组来产生响铃，才有能力同时让很多电话响铃。通常，响铃是20Hz、90V以及每个铃小于10mA的电流输出能力。由于提供的功率较低，有些人可能会认为这个任务很简单。但是并不通常是这样。常常能听到关于响铃发生器咨询的答案："这个简单，没有问题"。"就只要把一对逻辑电平的场效应管连到微处理器的两个空置输出位，并且将它们的漏极连接到变压器的初级，将中心抽头连接到5V或者12V等。"在这一点上，每个人都很开心，直到变压器的到来。在经过一系列电话确认了变压器制造商寄出的是正确产品后，工程师（脸上涂满了鸡蛋）询问是不是有人需要一个相当大的镇纸，之后他（仍旧在擦除他脸上的鸡蛋）只有决定采用开关电源技术来解决这个"简单的"问题。

此处给出了一个简单的响铃发生器，可以通过一个逻辑信号进行开启或者关闭。它具有全隔离的输出，具有短路保护并且可以由3~24V之间的任何输入电压进行供电。

它是怎么工作的?

与图36.82中的双运放一起中止的是两个电压基准和一个振荡器。记住，图36.82中，标记为"A"的节点是输出；这是电压基准、振荡器和第一个低通滤波器（U1A）的共同参考点。两个基准VR1和VR2产生±2.5V的电压。振荡器U2在±2.5V基准供电下运行，产生一个轨到轨的20Hz方波。U1A是第二阶Sallen Key低通滤波器，它滤除尖峰陡峭的边沿，在"B"点呈现出有点平滑的信号。

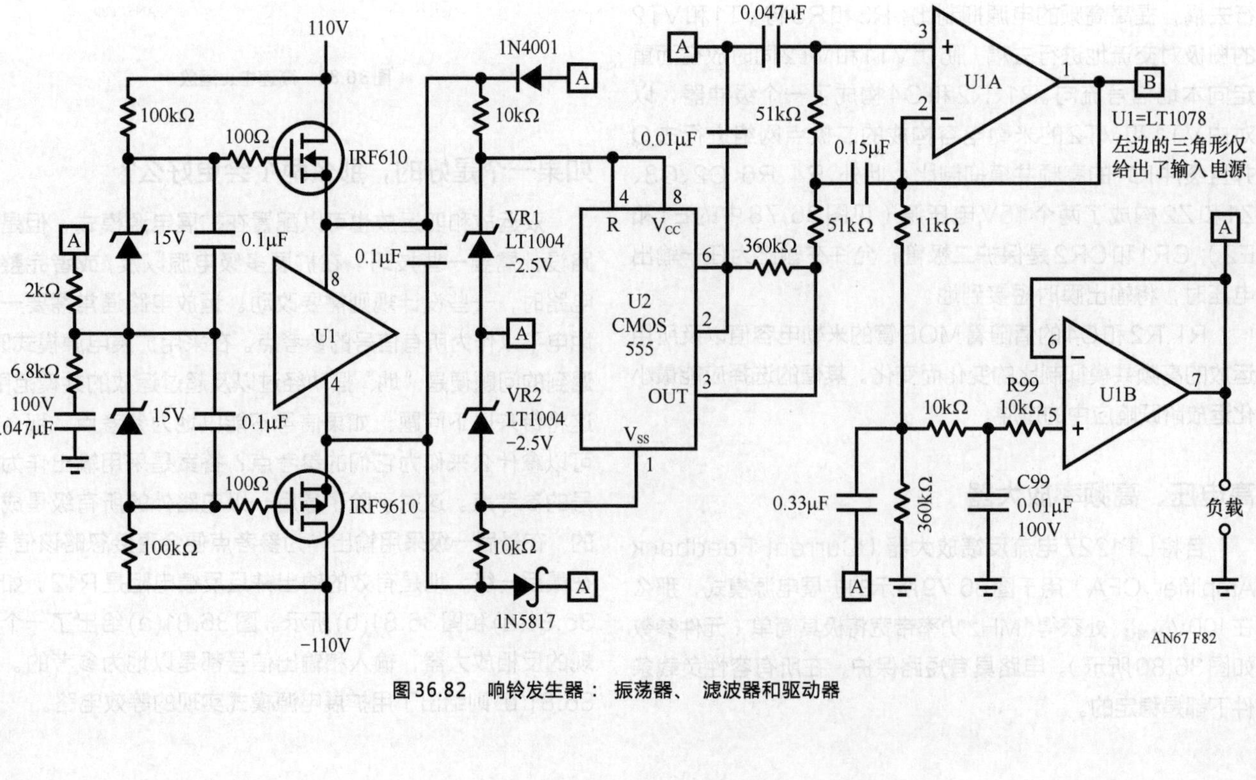

图 36.82 响铃发生器：振荡器、滤波器和驱动器

接下来是棘手的东西。U1B是一个二阶、多反馈（Multiple-Feedback，MFB）低通滤波器/放大器，它有四个功能：第一，它从“B”点的电压（输入电压）中减去“A”点的电压（它自己的输出电压），构成的差值就是该信号；第二，它将差分信号用一个2极点低通滤波器进行滤波，平滑信号中最后的褶皱；第三，它放大经过滤波器后的差分信号，增益为34；第四，它将经过放大后的信号以地为参考点，构成输出信号。

注意到图36.82中的R99的作用是在输出电压非常高时，当输出被短路时保护U1B的输入。这个措施是必须的，因为C99的底端是连接到地的，C99两端可能会有高达100V的电压。当输出端通过一个高电压短接到地时，R99将进入U1B输入端的电流限制在一个可以接受的水平。

该电路与图36.83所示的开关电源相结合，可以构成了一个全隔离的正弦波响铃发生器。

响铃发生器组合（见图36.82和图36.83）的输入电流和功率与输入电压的关系如图36.84所示。输出波形（带有一个铃的负载）如图36.85所示，谐波失真如图36.86所示。

可能刚开始有点棘手，不过扩展电源模式在诸多空间受限的电路中用途很大。而且对于你们这些喜欢技术挑战的人来说，在让电路运行起来的整个过程中，能得到很大的满足感。

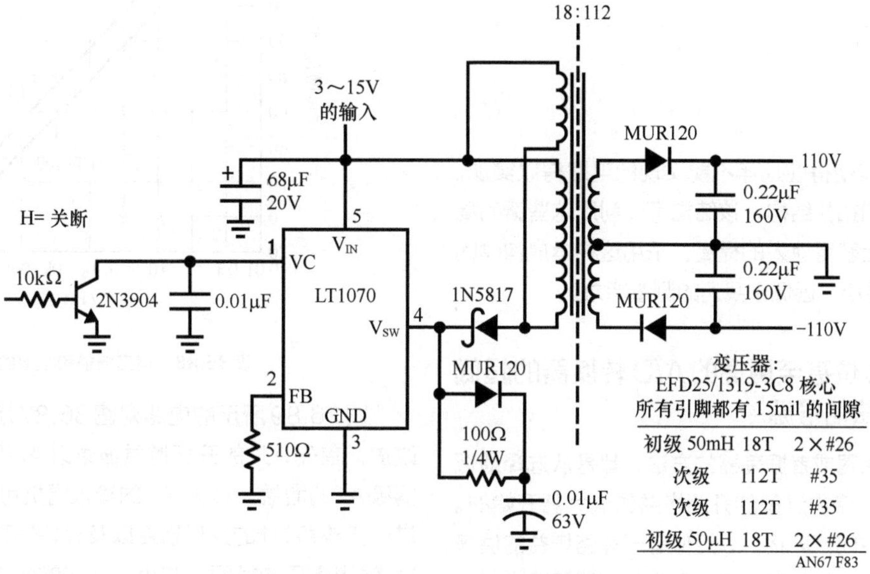

图36.83　用于响铃发生器的高压电源

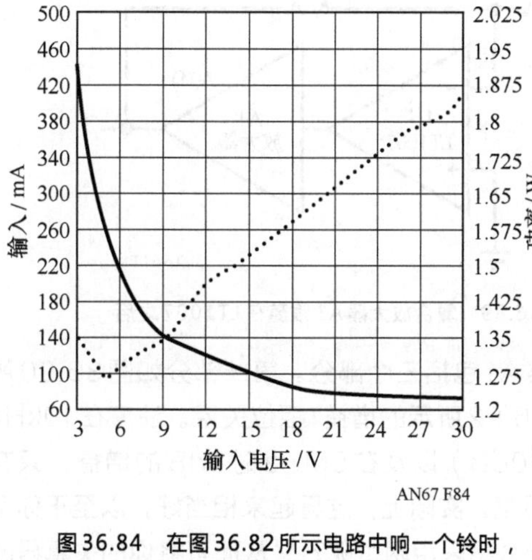

图36.84　在图36.82所示电路中响一个铃时，输入电流和输入功率与输入电压的关系

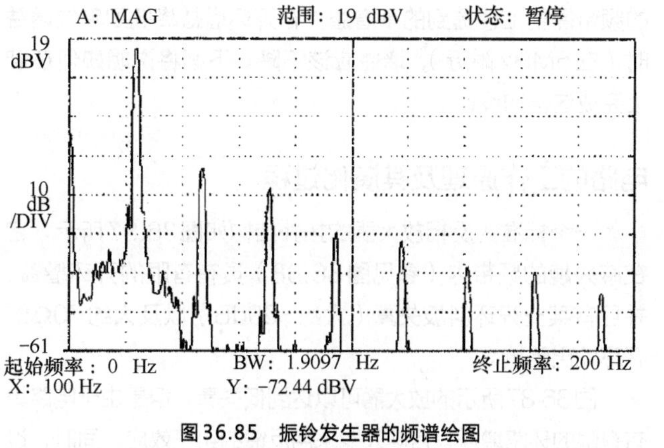

图36.85　振铃发生器的频谱绘图

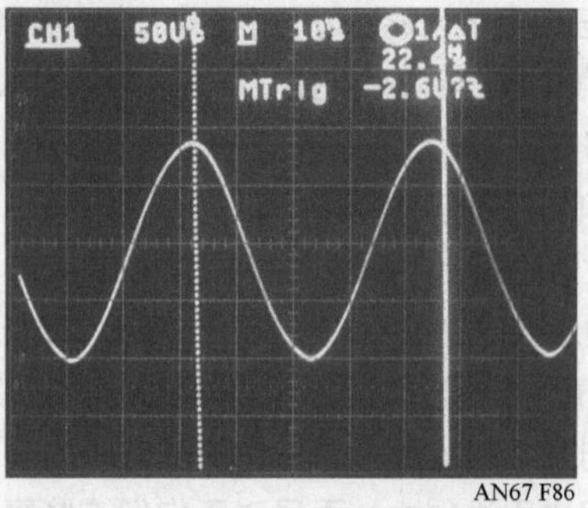

图36.86 由响铃发生器产生的正弦波输出

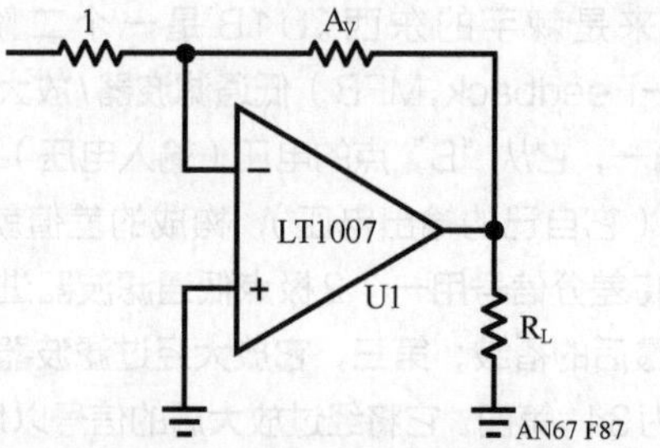

图36.87 常规反相运放拓扑结构

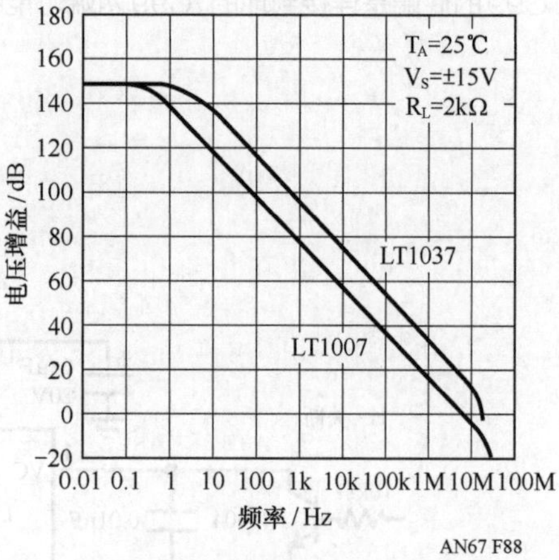

图36.88 电压增益和频率的绘图

采用超级运放来推动技术前沿：一个超纯的振荡器

由Dale Eagar设计

高速运放的进步使得前几年不能实现的电路得以实现。本文描述了一个新的拓扑结构，该结构可以利用这些新的高速电路并在其性能上获得惊人的提高。采用这种运放构建的振荡器的失真极限极小，远低于我们的测量能力。

一个用于校准16位甚至更高的A/D转换器的超低失真、10kHz正弦信号源

实现低失真放大器或者振荡器的方法，都是从选择最低的开路失真和工作频带内过量的开路增益的放大器开始的。接下来的步骤是构成闭合环路，以近似等于环路增益的值来减小开环失真。这一工作并不容易，因为放大器需要满足一定的稳定条件，以使放大器不会成为振荡器。如果是振荡器，也需满足一定条件，使其振荡在一个确定的频率上。

该电路中采用的技巧是构建一个放大器，在需要过量增益的时候具有过量增益，而在不需要过量增益或者相移时就没有过量增益或者相移。在很多应用中，从直流到100kHz的频带需要上述提到的高增益；在开环增益降低到单位增益时（在5MHz附近），增益应该下降。下面将说明如何在硅上完成这样的设计。

电路的工作原理及其演化过程

一个标准的反相放大器的拓扑结构如图36.87所示，它在感兴趣的频带内（参见图36.88）具有有限的开环增益，并且有某一开环斜坡失真（大约-60dB）以及大约70Ω的开环输出阻抗。

图36.87所示的放大器可以达到低失真，但是由于电路具有有限的环路增益，目前只能采用反馈的纠正效应。同时，设计人员必须小心地确保R_L比U1的开环输出阻抗高出很多倍。

图36.89所示的电路对图36.87所示的电路做了一些改进。首先，U1的开环增益被乘以$A_V(f)$，$A_V(f)$是复合放大器级A1的增益。其次，A1的输入阻抗可以被设置得相当高，进一步改善U1的开环增益以及U1的开环谐波失真。最后，U1输出电压的摆幅被减小，让它的输出电路保持在较低失真的范围内。

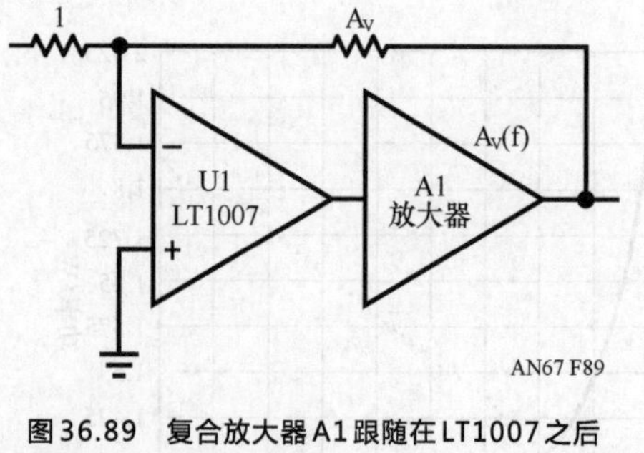

图36.89 复合放大器A1跟随在LT1007之后

复合电路A1包括三个部分。第一部分如图36.90所示，具有图36.92所示的增益/相位关系。注意在10kHz的高增益（60dB）以及在5MHz时6dB的增益，只有17°的相位贡献。实际上，这看起来相当好，以至于你可能会问“为什么不采用两个呢？”从而可将你的失真再降低60dB？

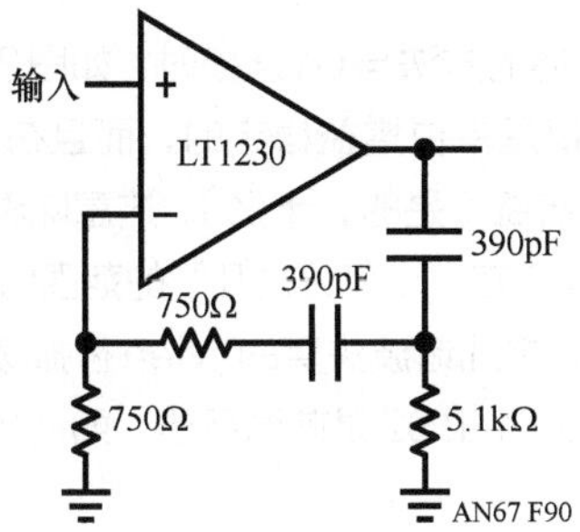

图36.90 复合放大器A1的第一部分

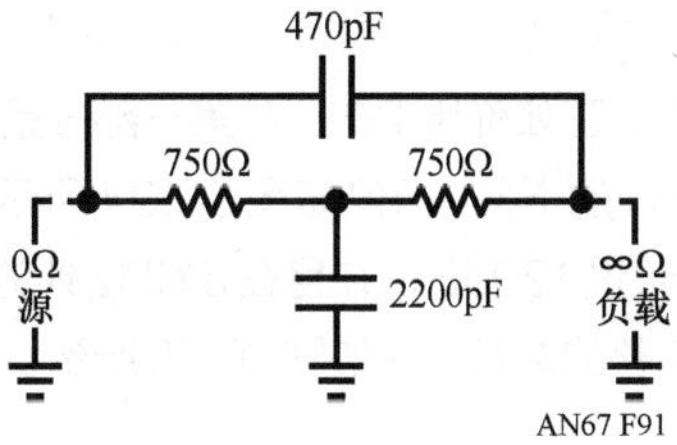

图36.91 复合放大器A1的第二部分

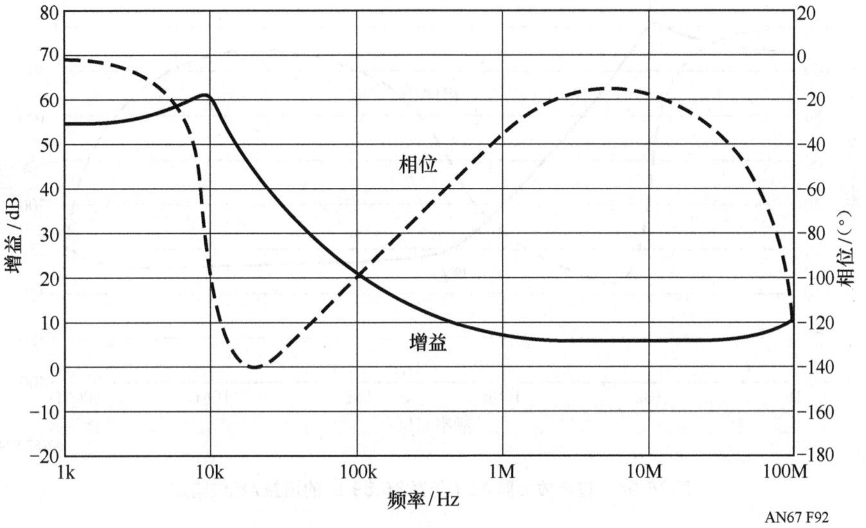

图36.92 图36.90所示电路的增益/相位响应

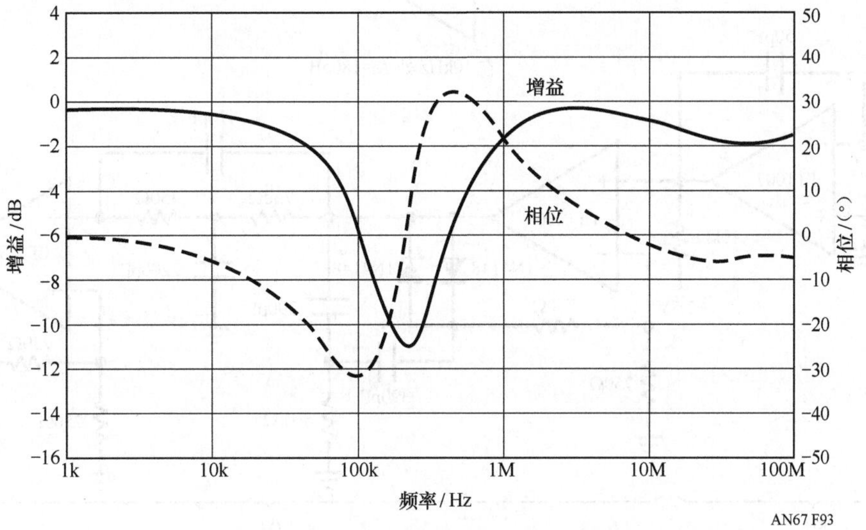

图36.93 图36.91所示电路的增益/相位响应

第二部分如图36.91所示，其增益/相位关系曲线如图36.93所示。注意到，这里增益并没有显著的改变，但是相位是正的，刚好是我们想要的、允许构建一个非常稳定系统的相位。

第三部分，正如你所猜的，与第一部分是相同的。总之，复合放大器A1的增益/相位如图36.94所示。注意到增益在10kHz处超过120dB，并且在5MHz处的相位贡献大概在-20°。完整的增益模块如图36.95所示。

超级增益模块振荡器电路

当A1以上述的方法与U1连接时，如图36.89所示，所得到的电路不仅是单位增益稳定的，而且在10kHz处具有180dB的开环增益（是的，十亿）。这意味着闭环谐波失真可以很容易地保持在“十亿分之几”的范围内。

具有十亿分之几谐波失真的Wien桥振荡器如图36.96所示。超级运放S1和S2是前面所述、如图36.95所示的复

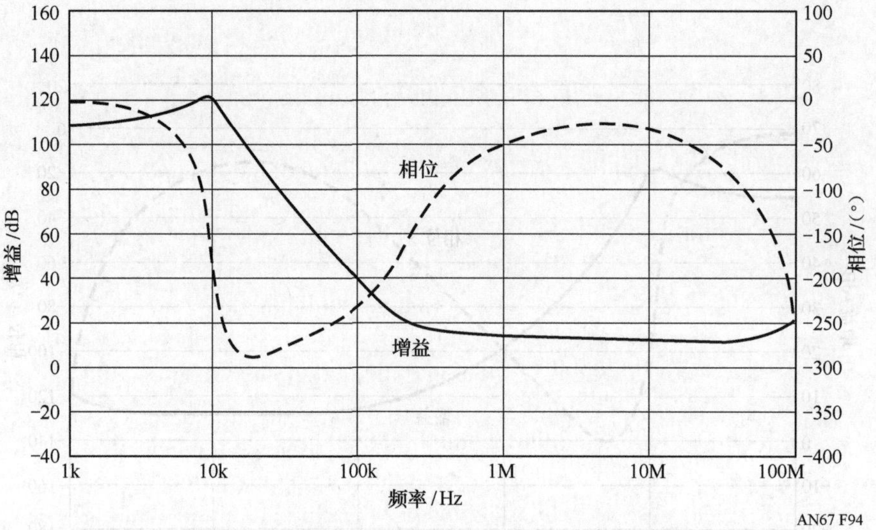

图36.94 复合放大器A1（见图36.89）的增益/相位响应

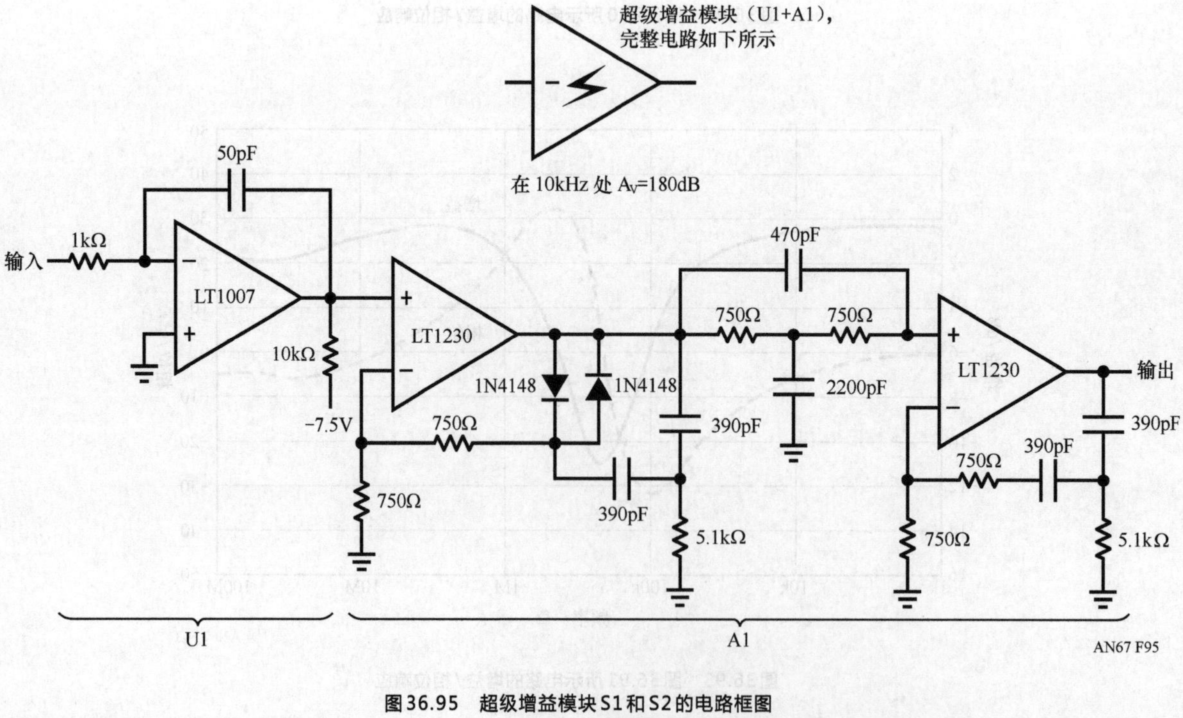

图36.95 超级增益模块S1和S2的电路框图

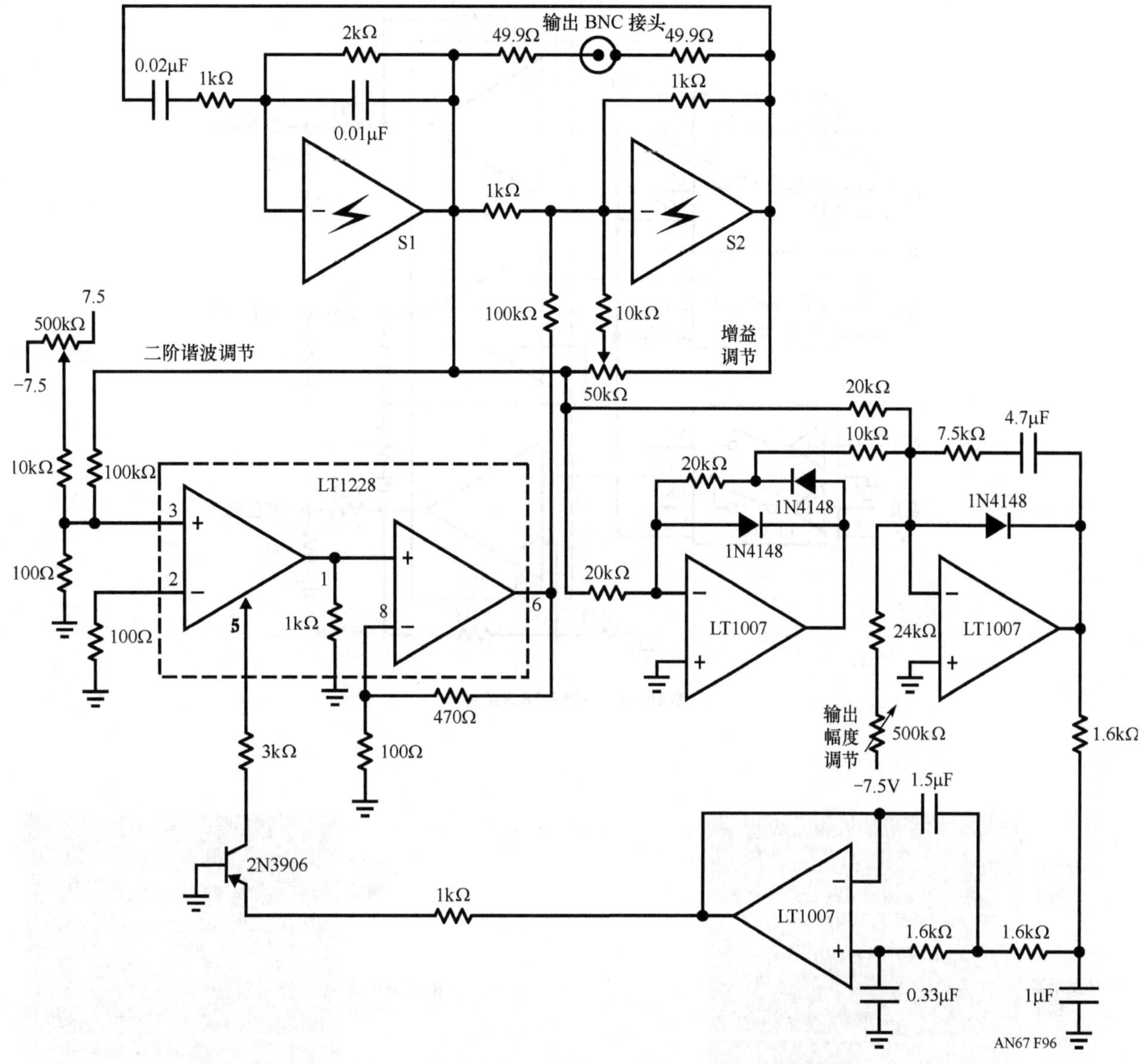

图36.96 电路框图： 具有十亿分之几范围内失真的Wien桥振荡器

合放大器。注意到，输出是从S1和S2的两个输出之间获取的。这个拓扑结构提供了最好的信噪比，此外还平衡了电源电流和它们的谐波。从一个运放的输出端到地来获取输出也是可行的。

为了调整电路，首先要将输出幅度调整电位器置于中点。接下来，调整振荡器的增益调节，同时将输出幅度调整至5V$_{(峰峰值)}$的输出（单端）。接下来，调整增益调节以使得LT1228输出端为1V$_{(峰峰值)}$最后，将一个频谱分析仪连接到LT1228的输出，并且调整第二个谐波调整电位器以使得振荡器频率的二阶谐波为零。这个振荡器的谐波失真测量无视我们所有的资源，但是却出现在十亿分之几的范围内。

采用LT1203/LT1205高速视频复用器

由Frank Cox设计

为了展示LT1203/LT1205的开关速率，图36.97所示的RGB复用器被用于转换一个具有22ns像素宽度的RGB工作站的输入信号。图36.98(a)所示的是一个展示工作站输出和RGB复用器输出的照片。在RGB复用输出端的轻微上升时间恶化是由于LT1260的带宽造成的，LT1260电流反馈放大器被用于驱动75Ω线缆。在图36.98(b)中，LT1203在第一个像素的尾端转换至一个零输入，并且消除接下来的像素。

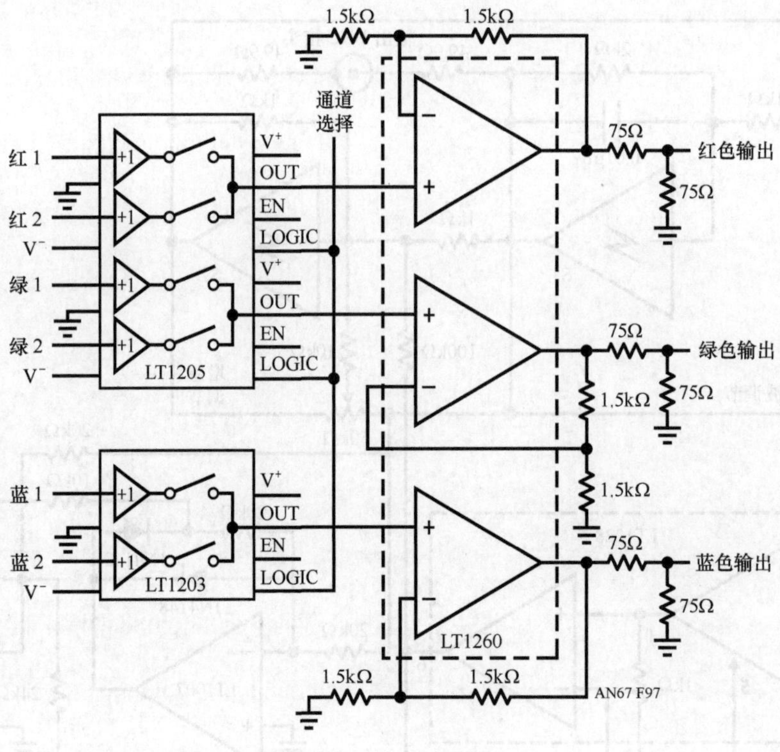

图 36.97 快速 RGB 复用器

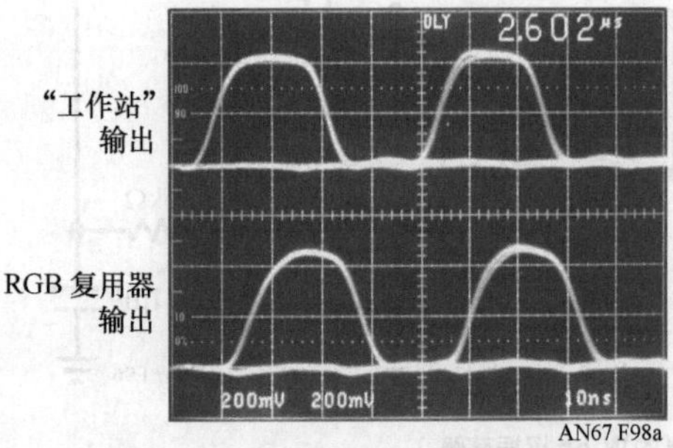

图 36.98(a) 工作站和 RGB 复用器输出

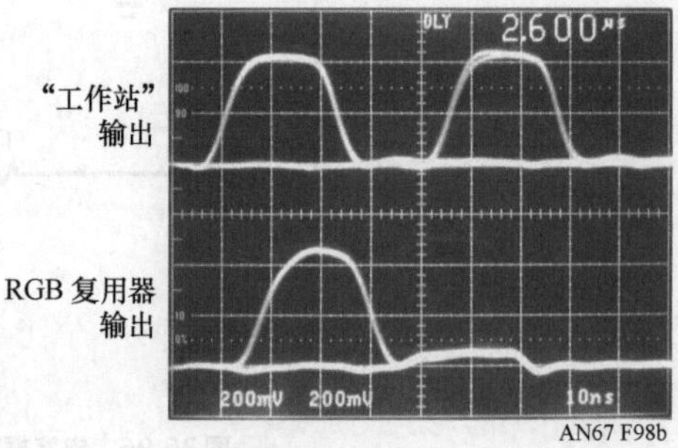

图 36.98(b) RGB 复用器输出在一个像素后转换至地

采用一个高速模拟复用器进行 NTSC"画中画"显示器的视频信号切换

由 Frank Cox 设计

引言

大部分的视频制作[⑧]转换包括从很多视频源中选取一个用于信号路由或者场景编辑的工作。出于这些目的，视频信号在垂直间隙中切换以减小可视的转换瞬态。在这个时间内画面被转为空白，所以如果水平和垂直同步以及副载波被保持的话，将不会出现可见的残留。尽管垂直转换间隔对于大部分路由功能来说是足够的，但是有的时候需要在行有效的时候进行两个同步视频信号的切换，以实现画中画、键控或者重叠效应。画中画或者有效视频切换需要信号 – 信号转换是干净而且快速的。一个干净的转换需要有最小的前冲、过冲、振荡以及其他通常被集中称为"毛刺"的异变。

⑧ 视频制作，在最一般的意义上，是指任何有目的的视频信号操纵，无论是在电视工作室或者在台式计算机上。

采用LT1204

一个质量很好的高速复用器放大器可以用于有效视频切换，并且具有良好的结果。这个应用重要的性能是小的、受控的转换毛刺，良好的转换速度，低失真，良好的动态范围，宽带，低路径损耗，通道-通道间的低串扰以及良好的通道-通道间偏移匹配。LT1204的指标能够很好地满足这些要求，特别是在带宽、失真以及通道-通道间串扰（在10MHz处，具有很出色的90dB）方面。LT1204在图36.99所示的测试装置中，对其在有效视频切换中的性能进行评估。图36.100给出了在50%白电平和0%白电平之间切换的视频波形，大约有30%进入了有效间隔中，并且在有效间隔内恢复至60%左右。开关的残留很短，而且是良好受控的。图36.101所示的是相同波形经过放大后的版本。在显示器上观看时，开关残留的能见度与一根非常细的线相同。下方的线迹是两个黑电平（0V）视频信号之间的转换，给出了一个非常低的通道-通道间偏移，在显示器上是看不出来的。在两个直流电平之间切换是最差情况测试，因为几乎任何有效视频都会有足够的变化来遮蔽这个小的开关残留。

视频切换注意事项

在视频处理系统中，其带宽比视频信号带宽更宽时，从一个视频电平到另一个电平（具有较低幅度的毛刺）的快速转换将会有很小的可见干扰。这种情况类似于模拟示波器的正确使用。为了精确地测量脉冲波形，仪器必须有比待测信号大很多的带宽（通常是待测信号最高频率的5倍）。不仅毛刺要变得很小，而且毛刺要得到很好的控制。具有长稳定时间“拖尾”的转换毛刺比幅度较大但是快速衰减的要更加麻烦。LT1204的转换毛刺不仅幅度低，而且得到良好的控制并且具有很快的阻尼。参考图36.102，它给出了具有长、缓慢拖尾的视频复用器。这样的失真在视频显示器中是很有可能看到的。

复合视频系统，例如NTSC，是固有带限的，所以它的边沿速率也是有限的。在带限要求严格的系统中，如果引入的信号在滤波器截止频率之上更高频处有着显著的能量，将引起瞬态波形失真（参见图36.103）。用于控制这些视频系统带宽的滤波器需要群延迟均等以最小化脉冲失真。此外，带限系统中，转换毛刺边沿速率或者电平-电平转换需要良好控制，以防止振荡和其他可见的脉冲异变。实际上，这通常由脉冲成形网络完成（贝塞尔滤波器是一个例子）。脉冲成形网络以及延迟均滤波器增加了视频系统的成本和复杂度，通常只有在昂贵的设备中才能看到。在成本是决定因素的系统设计中，LT1204转换残留的超低幅度和较短持续时间使它成为有效视频转换的优异选择。

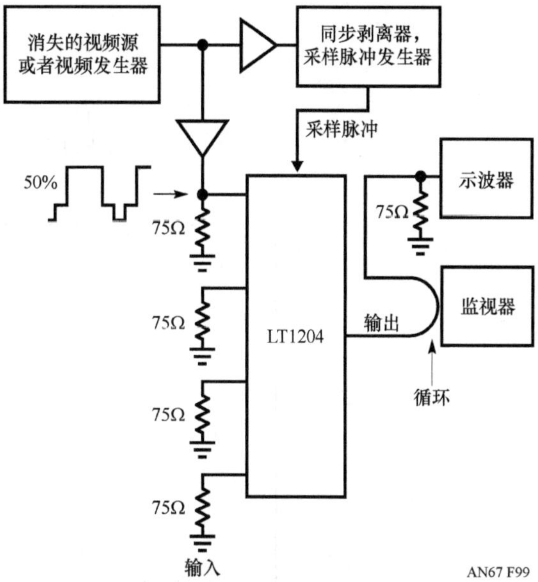

图36.99　"画中画"的测试设置

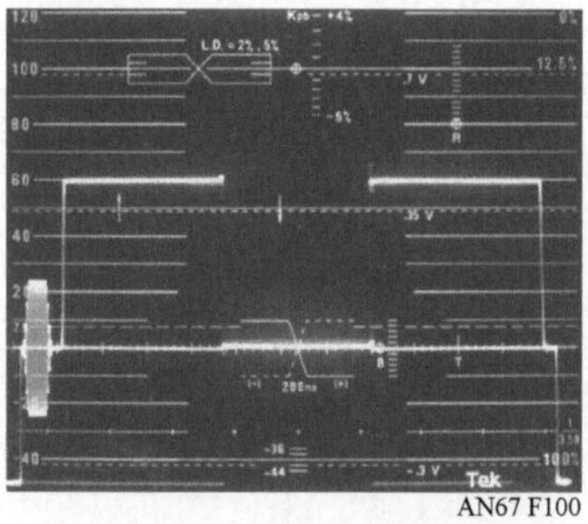

图36.100　从50%白电平至0%白电平然后切换回来的视频波形

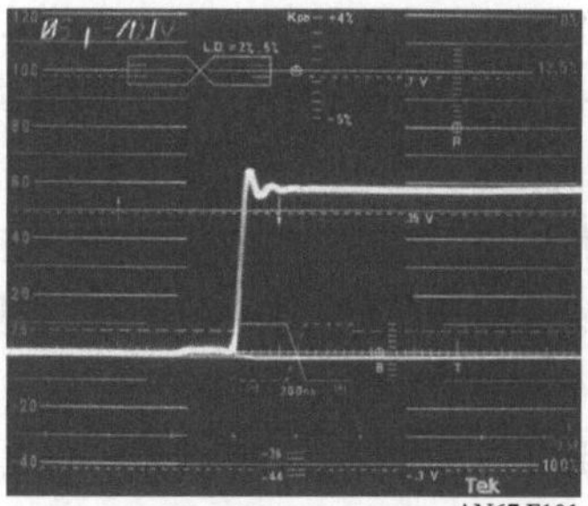

图36.101　LT1024从0%切换至50%（50ns水平间隔）时上升沿的放大图

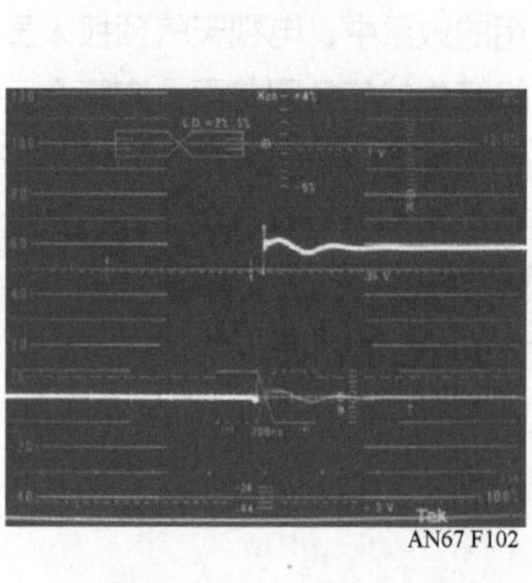

图36.102　“X牌”　开关从0%至50%转换的放大视图

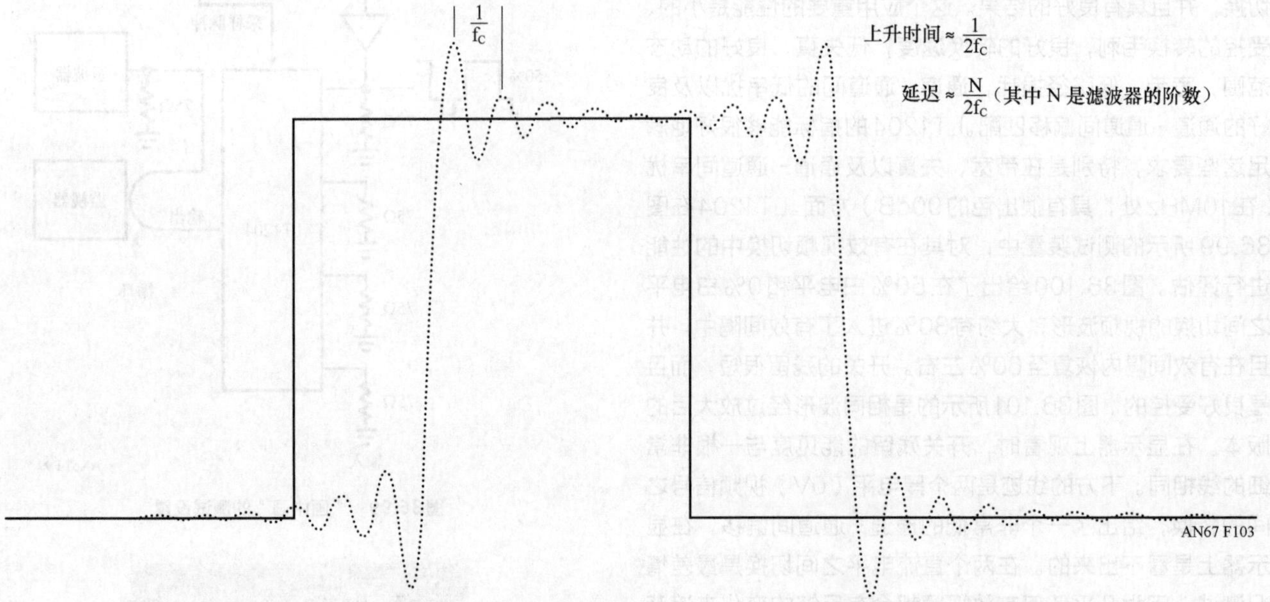

图36.103 在频率 f_c 处理想陡峭截止滤波器的脉冲响应

一些定义

“画中画”是指一种制作效果，该效果是将一个视频图像插入另一个视频图像的边界内。这个过程可能非常简单，例如将画从中间处分开；也可能包括在复杂几何边界上对两个图像进行切换。为了使复合视频稳定并有较好的可视度，两个视频信号必须垂直同步和水平同步。对于复合彩色信号，该信号必须是副载波锁定的。

“键控”是指在两个或者更多视频信号之间切换，触发其中一个信号的某一个特性。例如，色彩键控将开启一个特殊色彩的存在。色彩键控用于将场景的一部分插入另一个场景。在经常使用的效果中，电视天气预报人员（“天才”）站在一个由计算机产生的气象图前面。实际上，该天才站在一个特殊颜色的背景前面；气象图是一个经过仔细准备的独立视频信号，没有包含哪些特殊颜色。当彩色键控器感测到键控颜色时，它将其转换为气象图背景。没有键控颜色的地方，键控器将转换为该天才的画面。

LT1113双JFET运放的应用

由Alexander Strong设计

图36.104给出了一个具有直流伺服的低噪声水听器。在该电路中，LT1113的一半被配置成同相模式以放大水听器的电压信号；LT1113的另一半消除由放大器A的电压和电流偏差而引起的误差，同时消除水听器的直流误差。C1的值取决于水听器的电容，可以在200~8000pF之间变化。伺服的时间常数需要比水听器电容和100MΩ源电阻的时间常数更大。这将避免伺服消除水听器的低频信号。

另外一个常见的电荷输出传感器是加速度传感器。由于精确的加速度传感器是电荷输出器件，所以采用反相模式将传感器的电荷转换为一个输出电压。图36.105所示的是一个具有直流伺服的加速度传感器示例。从传感器输出的电荷通过C1转换为一个电压。C1应该等于传感器电容和运放输入电容之和。噪声增益将为 $1+C1/C_T$。放大器的低频带宽将依赖于R1•C1的值（对于一个梯形网络为R1（1+R2/R3））。与水听器的例子相同，伺服的时间常数（1/R5C5）应该大于放大器的时间常数（1/R1C1）。

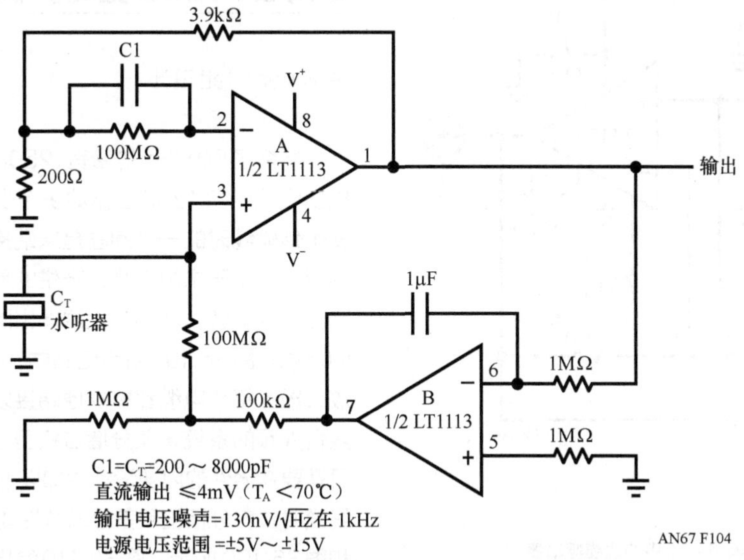

图36.104　带有直流伺服的低噪声水听器放大器

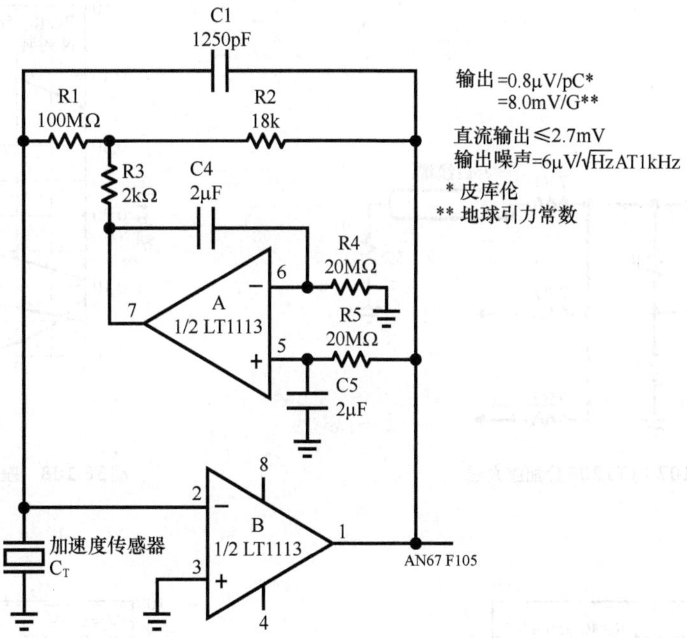

图36.105　带有直流伺服的加速度传感器放大器

LT1206和LT1115构成低噪声音频线驱动器

由William Jett设计

尽管LT1206的宽带宽和高输出驱动能力使其成为视频电路的天然选择，但是这些特性同样在音频电路上很有用。图36.106所示电路将LT1206和LT1115低噪声放大器结合，构成了一个非常低噪、低失真的音频缓冲器，其增益为10。在32Ω负载和5V(RMS)输出电平(780mW)的情况下，电路的总谐波失真+噪声在1kHz处为0.0009%，在20kHz处上升至0.004%。从直流到600kHz范围内频率响应的平坦度为0.1dB，-3dB带宽为4MHz。电路在容性负载为250pF或者以下时是稳定的。

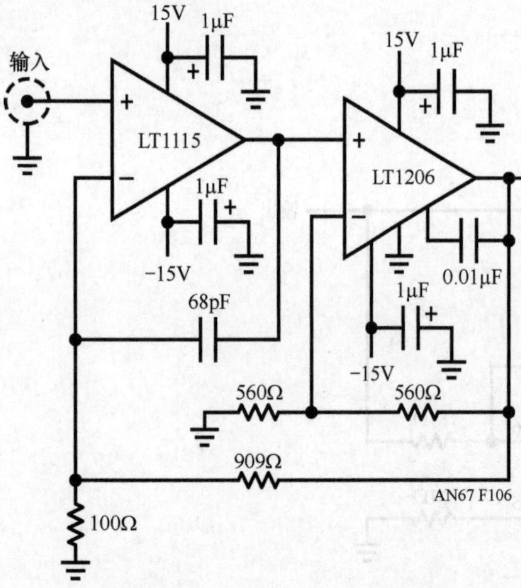

图36.106 低噪声×10缓冲线缆驱动器

采用LT1206驱动多视频线

由William Jett设计

结合了60MHz的带宽、250mA的电流输出能力以及低输出阻抗，LT1206是驱动多个视频电缆的理想选择。驱动多个传输线时的一个问题是未端接（开路）线缆对其他输出的影响。由于未端接线缆产生的反射波对于驱动器的输出端而言是入射波，非零放大器输出阻抗将导致其他连接线之间的串扰。图36.107所示电路中，LT1206连接作为一个分配放大器。每个电缆都独立地端接以减小反射效应。对于采用复合视频的系统，差分增益和差分相位性能也是重要的，并且需要在器件的内部设计中加以考虑。在驱动1、3、5和10根线缆时，差分相位和差分增益性能与电源的关系如图36.108和图36.109所示。图36.110给出了输出阻抗和频率之间的关系。注意：在5MHz处，输出阻抗只有0.6Ω。

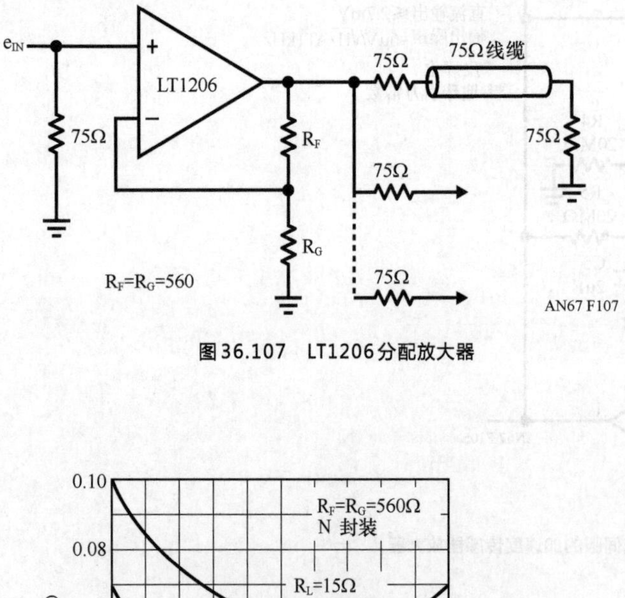

图36.107 LT1206分配放大器

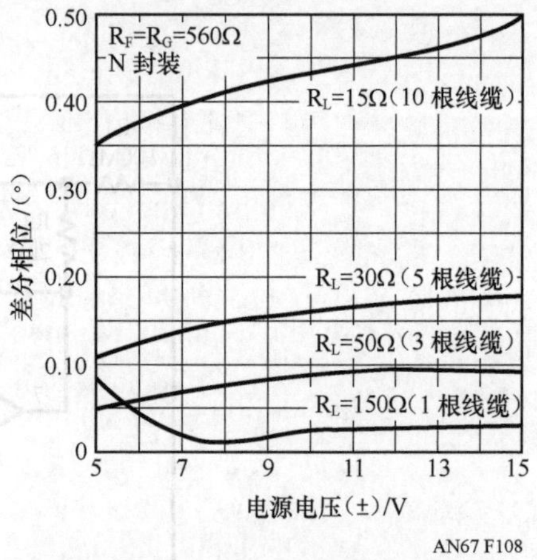

图36.108 差分相位与电源电压的关系图

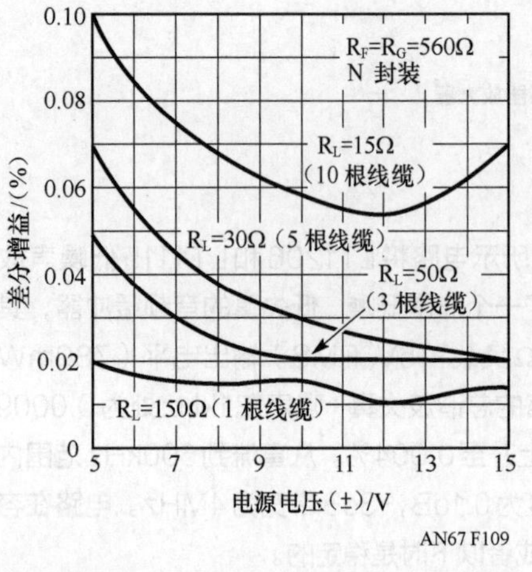

图36.109 差分增益与电源电压的关系图

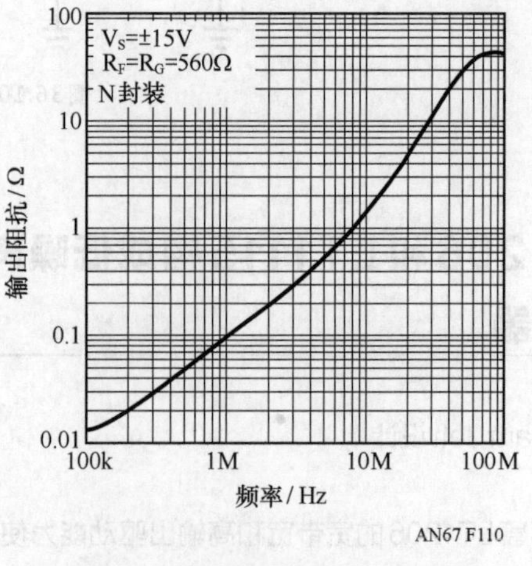

图36.110 输出阻抗与频率的关系图

采用LT1228来优化视频增益控制级

由Frank Cox设计

视频自动增益控制系统需要一个电压/电流控制增益元件。这个增益元件的性能常常是自动增益控制环路整体性能的一个限制因素。这个增益元件受到一些限制（常常有冲突）。特别是在自动增益控制用于复合彩色视频系统（例如NTSC）时，因为这些应用有具体的相位和增益失真要求。为了保持最佳的可能性噪比（S/N）[⑨]，常常需要输入信号的电平尽可能大。显然，输入信号越大，由增益控制级的噪声贡献造成的信噪比恶化将更小。从另一个方面来说，增益控制元件受限于动态范围约束，超过这些限值将增大失真程度。

凌力尔特公司制造了一个高速跨导（g_m）放大器——LT1228，它可以在彩色视频和一些低频射频应用中，用作高质量、廉价的增益控制元件。从视频自动增益控制系统中获得最优的性能需要对电路的细节特别注意。

作为这类优化的示例，考虑一个如图36.111所示的电路，其中采用了LT1228的典型增益控制电路。输入为NTSC复合视频，可以涵盖10dB范围，从0.56～1.8V。进入75Ω的输出将是1V的峰峰值。幅度通过标准NTSC调制斜坡测试信号（参见差分增益和相位一节），从负颜色峰值到正颜色峰值进行测量。

注意到信号由LT1228输入端的75Ω衰减器衰减为20∶1，所以输入端（引脚3）的电压范围为0.028～0.090V。这样做是为了限制跨导级的失真。这个电路的增益是通过流入I_{SET}端（集成电路的引脚5）的电流进行控制的。在闭环自动增益控制系统中，环路控制电路产生这一电流，该电流的产生过程是：比较探测器的输出[⑩]和基准电压，对差异量进行积分并且转换成一个合适的电流。这个电路测得的性能如表36.7所示。

⑨ 信噪比，S/N=20log(信号均方根值/噪声的均方根值)。

表36.7　测得的性能数据（未经校正）

输入/V	I_{SET}/mA	差分增益/(%)	差分相位/(°)	S/N/dB
0.03	1.93	0.5	2.7	55
0.06	0.90	1.2	1.2	56
0.09	0.584	10.8	3.0	57

所有视频测量都是通过泰克的1780R视频测量仪器完成的，所用的测试信号来自于泰克TSG 120。表征NTSC视频色彩失真的标准准则是差分增益和差分相位。对于这些测试的一个简单解释，参见“差分增益和相位”一节。在该测试中，失真限值被武断地设置成3%差分增益以及3°差分相位。按照这些条件，视频显示器上应该看不到这些失真。

图36.112和图36.113分别绘制了测量所得差分增益和差分相位(标注“A”的曲线给出了表36.7中未校正的数据)。这些曲线表明，输入信号电平增大至0.06V以上时，会导致增益失真的快速增加，但是相位失真的变化则相对较小。进一步衰减输入信号（并且因此增大了设置电流I_{SET}）将提高差分增益性能但是会恶化信噪比。这个电路需要的是一个良好的调整。

⑩ 实现这一点可以采用采样/保持和峰值探测器来采样彩色脉冲幅度(标称的NTSC彩色脉冲峰峰值幅度为亮度峰值的40%)。

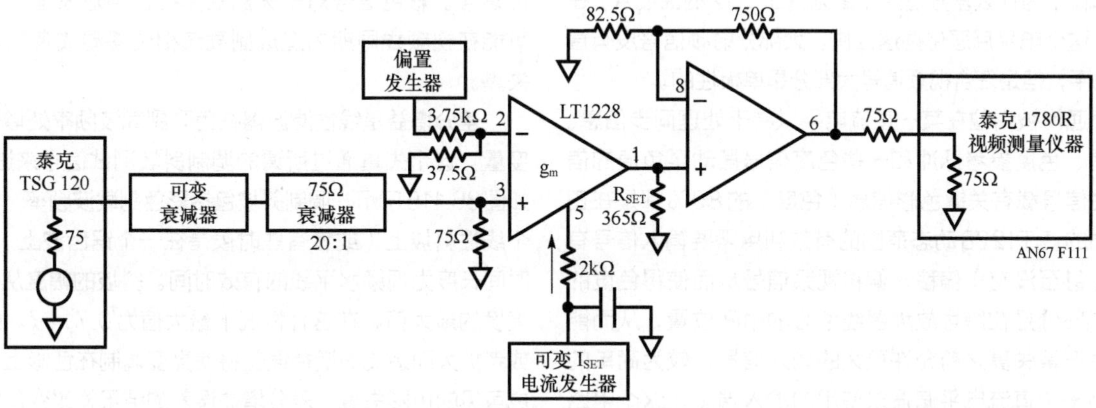

图36.111　电路框图

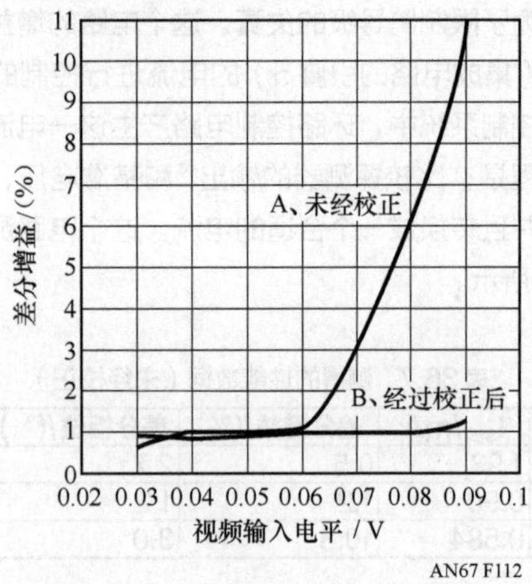

图36.112 差分增益与输入电平的关系

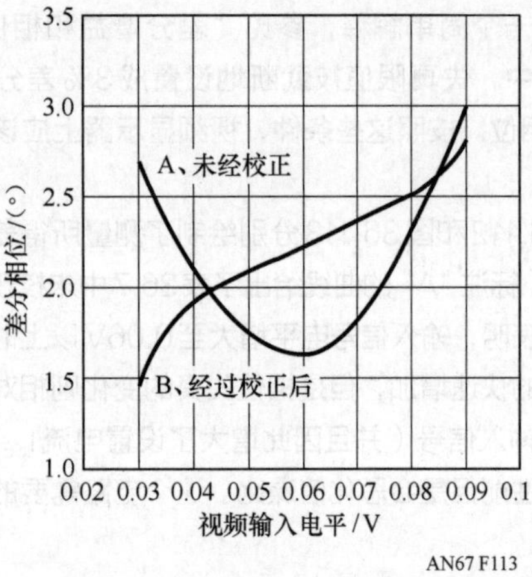

图36.113 差分相位与输入电平的关系

针对差分增益进行优化

参考小信号跨导与直流输入电压的绘图（见图36.114），观测到在以0V为中心的附近区域内，放大器的跨导是线性的[11]。25℃的g_m曲线在超过0.050V以后开始变得相当非线性。这解释了为什么差分增益（参见图36.112的曲线A）在信号高于这个电平后恶化得这么快。大部分射频信号没有直流偏置电平，但是复合视频信号大部分是单极性的。

视频通常被钳位在某一直流电平以易于处理同步信息。同步末梢、色度参考脉冲和一些色度信号摆动至负值的信息，这些信号载有关键色彩信息（色度）的80%都是在正值内摆动的。LT1228动态范围的有效利用需要输入信号有很小的（甚至没有）偏移。偏移视频信号从而使得色度的关键波形部分是在跨导放大器线性区的中间位置，从而能够在发生严重失真之前允许更大的输入信号。较为简单的方法是用一个直流电平偏置未使用的输入端（在这个电路中为反相输入端，引脚2）。

⑪ 注意，线性区域也会随温度的升高而扩大。所以建议对芯片进行加热。

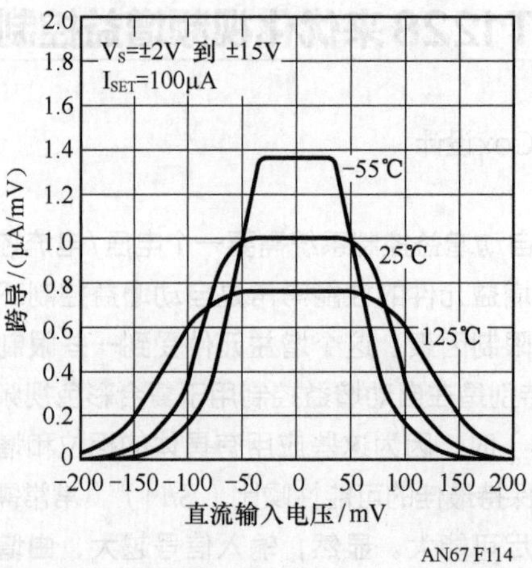

图36.114 小信号跨导与DC输入电压的关系曲线

在视频系统中，将同步末梢钳位在一个比平时更低的电压上可能会方便一些。在进入增益控制级之前进行信号的钳位是较为实用的做法，因为需要保持一个稳定的直流参考电平。

这次验证中，引脚2上的最优偏置电平值经过试验，确定在大约0.03V。在加入这个偏置电压后重复失真试验。结果显示在表36.8、图36.112和图36.113（曲线B）中。差分相位的改善是不确定的，但是差分增益的改善是相当大的。

表36.8 测得的性能数据（经过校正）

输入/V	偏置电压/V	I_{SET}/mA	差分增益/(%)	差分相位/(°)	S/N/dB
0.03	0.03	1.935	0.9	1.45	55
0.06	0.03	0.889	1.0	2.25	56
0.09	0.03	0.584	1.4	2.85	57

差分增益和相位

差分增益和相位是色彩信号失真的敏感性指标。NTSC系统将色彩信息编码在一个3.579545MHz的副载波上。可以将色彩副载波直接加到黑白信号中（黑和白信息是一个与图像强度成正比的电压信号，被称为亮度或者luma）。视频的每一条线都有9~11个突发周期的副载波（这样的时间长度将使它们不可见），它们被作为线色彩信息解调的相位参考。彩色信号对于失真的免疫性相对较强，除了那些可能在视频线周期内造成副载波相位移动或者幅度错误的失真。

差分增益是线性滤波器在色彩副载波频率处增益误差的度量。这个失真通过所谓的调制斜坡测试信号来进行测量，如图36.115所示。调制斜坡包括彩色副载波频率，重叠在一个线性斜坡上（或者有些时候是在一个锯齿波上）。斜坡的时间长度为视频水平线的有效时间。斜坡的幅度从0变化至亮度的最大值，在这种情况下最大值为0.714V。由于压缩或者扩大而造成的增益误差将使亮度调制在色彩上，从而造成可见的色彩失真。差分增益误差的结果将改变色彩显示的饱和度。饱和度是纯颜色和白色的相对稀释程度。100%饱和的颜色具有0%的白信号，75%饱和的颜色具有25%的白信号，等等。纯红色是100%饱和的，而粉色是红色以及一定百分比的白色，所以是少于100%饱和的。

差分相位是线性放大器中，当调制斜坡信号作为输入时，色彩副载波相位偏移的一个度量。

相位偏移是相对于测试波形的色同步而测得的，并且以° 为单位。该失真的视觉效果是色调上的变化。色调是感知质量，可以区分色彩的频率，例如区分红色和绿色、黄绿色和黄色等。

3° 的差分相位差不多是观测者探测不到模糊的最低限度。不过这样的差分相位水平在视频显示器表现为色调的偏移，大部分时候是在黄绿色区域。饱和误差在这种失真水平上比较难被看到，3%的差分误差在显示器上很难探测。测试通过在参考信号、电影和电视工程师协会（Society of Motion Picture and Television Engineers，SMPTE）的75%彩条以及一个相同信号、具有匹配信号电平的失真版本中切换。然后要求一个观测者注意是否有区别。

在专业视频系统中（例如工作室），级联的处理、增益模块可能达到上百个。为了保证视频信号的良好质量，每个处理模块的失真贡献必须是总允许失真预算[12]的一小部分（误差是累计的）。由于这个原因，高质量视频放大器将具有的失真指标为：低至千分之几度的差分相位以及千分之几的差分增益。

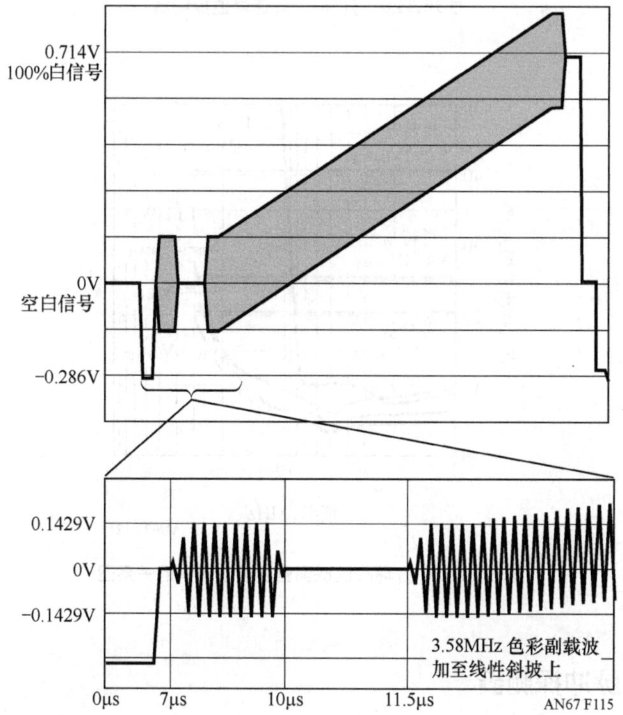

图36.115 NTSC测试信号

⑫ 从前面的讨论可知，可见性的极限大约为 3° 的差分相位以及 3% 的差分增益。请注意，这些并非硬限制，也不是速度限制。感知测试具有很强的主观性。

LT1190家族的超高速运放电路

由John Wright和Mitchell Lee设计

引言

LT1190系列运放结合了带宽、压摆率和输出驱动能力来满足很多高速应用的需求。该芯片家族提供高达350MHz的增益带宽积，能驱动150Ω（75Ω，双端接）负载。在50Ω系统中，LT1190芯片家族可以给双端接负载提供13.5dBm的功率。这些器件是基于常见、易用的电压模式反馈拓扑结构的。

小信号性能

图36.116和图36.117给出了LT1190和LT1191配置成增益为+1和−1时的小信号性能。从同相波形可以看出峰值在130MHz，这是测试夹具和电源旁路元件的特性。一个紧凑的计算机主板布局会将LT1190的尖峰降低至2dB。也列出了LM118的小信号性能以进行比较。

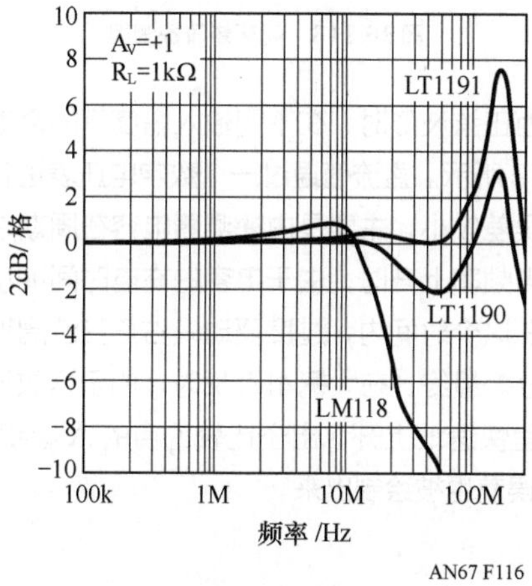

图36.116 A_V=+1时的小信号响应。130MHz的峰值是由连接器和旁路元件造成的

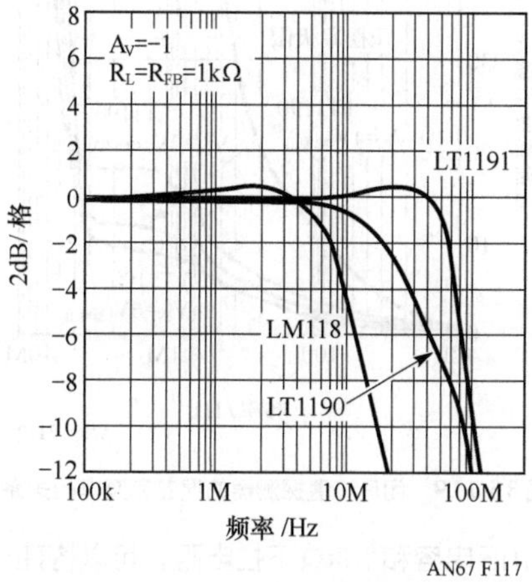

图36.117 A_V=−1时的小信号响应

快速峰值探测器

快速峰值监测器给放大器提出了不寻常的需求。输出级必须要有较高的压摆率以跟随放大器的中间级。这些条件将引起较长的过载或者直流精确度的误差。为了在输出端保持较高的压摆率，放大器必须要给探测器的容性负载传输较大的电流。其他问题包括在大容性负载下放大器的不稳定性，以及保持输出电压的准确性。

LT1190是这个应用的理想选择，它具有450V/μs的压摆率、50mA的输出电流和70°相位裕量。图36.118所示的闭环峰值探测器电路在反馈环路中采用了一个肖特基二极管以获得良好的精确度。一个20Ω的电阻（R_O）隔离了10nF的负载并且防止电路振荡。

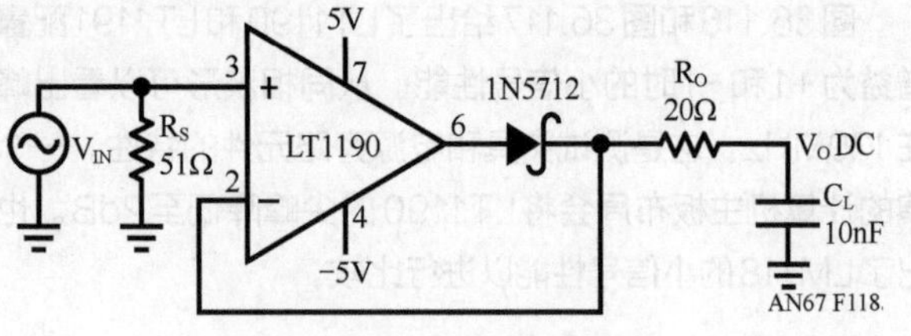

图36.118　闭环峰值探测器

输入为正弦波形时，在不同输入幅度下的直流误差曲线如图36.119所示。直流值通过一个数字电压表进行读取。在低频率处误差较小，主要是由探测器电容在周期之间的残留造成的。当频率上升时，由于电容的充电时间减小，所以误差增大。在这个时间内，过度驱动只占正弦波周期的一个非常小的部分。最终，在大概4MHz时，由于运放压摆率的局限性，误差快速地上升。出于比较的目的，V_{IN}=2V(峰峰值)时LM118的误差也被绘制出来。

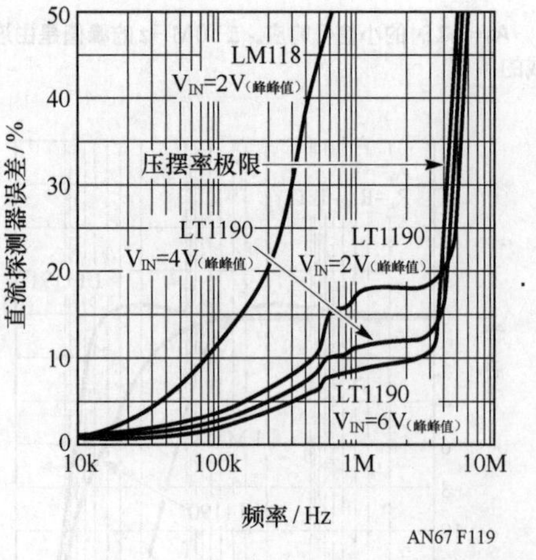

图36.119　闭环峰值探测器的误差和频率的关系图

加入1nF电容和10kΩ下拉电阻，可以构建一个肖特基二极管峰值探测器。尽管这个简单的电路速度很快，但是由于二极管阈值的误差和它的低输入阻抗，这个电路的用途有限。这个简单探测器的精度可以通过LT1190电路进行改进，如图36.120所示。

在这个开环设计中，VD1是探测器二极管，而VD2是电平偏移或者补偿二极管。负载电阻R_L连接至−5V，相同的偏置电阻R_B被用于偏置补偿二极管。等值电阻确保二极管的压降相等。较低取值的R_L和R_B（1～10kΩ）提供高速响应，但是代价是低频精度差。较高取值的R_L和R_B提供良好的低频精确度，但是将造成放大器到达其压摆率极限，使高频精度变差。两者的折中是加入一个反馈电容C_{FB}，它将加强（−）输入上的负压摆率。

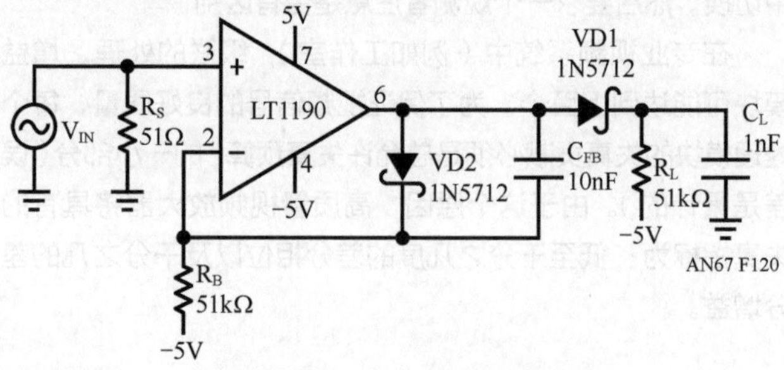

图36.120　开环、高速峰值探测器

输入为正弦波时的直流误差，可以从数字电压表中读取，其曲线如图36.121所示。出于比较的目的，LM118的误差与简单肖特基探测器的误差也被绘制在其中。

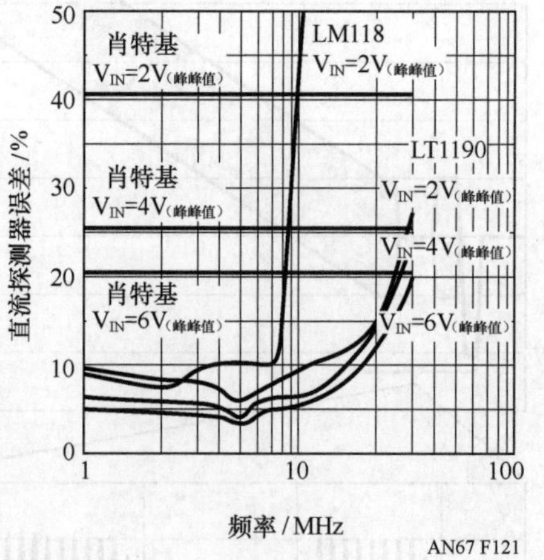

图36.121　开环峰值探测器误差与频率的关系图

脉冲探测器

可以采用图36.122所示的电路构成一个快速脉冲探测器。一个非常高速的输入脉冲将会超过放大器的压摆率，并且造成较长的过载恢复时间。对输入的某一量值dV/dt限定将有助于改善这一过载条件；然而，它将会延迟响应。

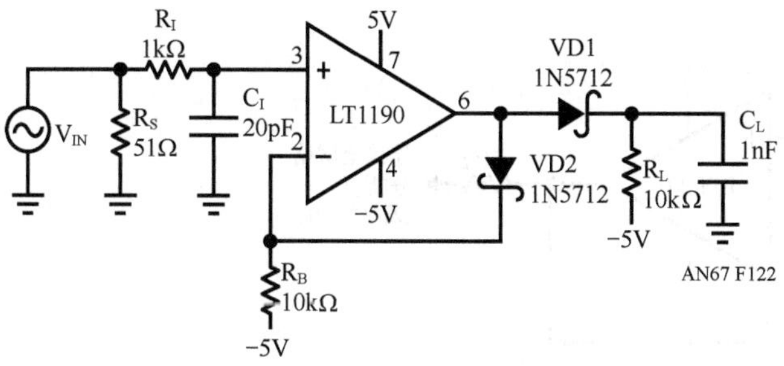

图 36.122　快速脉冲探测器

图36.123给出了探测器误差与脉冲宽度的关系曲线。图36.124所示的是4V(峰峰值)输入脉冲的响应，为80ns宽。照片中的最大输出压摆率为70V/μs。这个压摆率是由驱动1nF电容的70mA电流设定的。作为一个性能标尺，在给定的相同输入幅度下，LM118需要1.2μs进行峰值探测和建立。这个更慢的响应部分是由于LM118相对慢很多的压摆率以及较低的相位裕量。

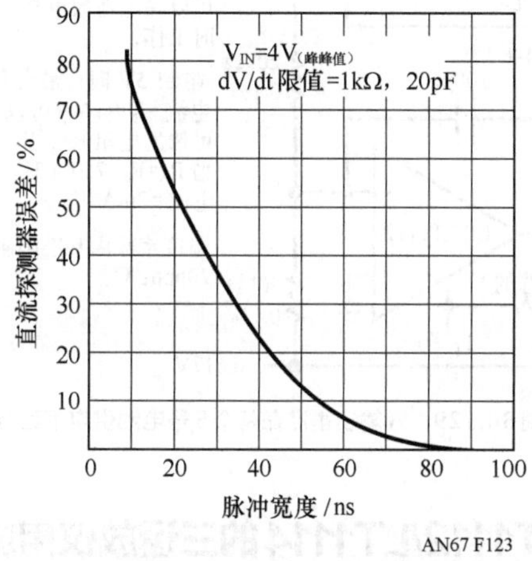

图 36.123　探测器误差与脉冲宽度的关系图

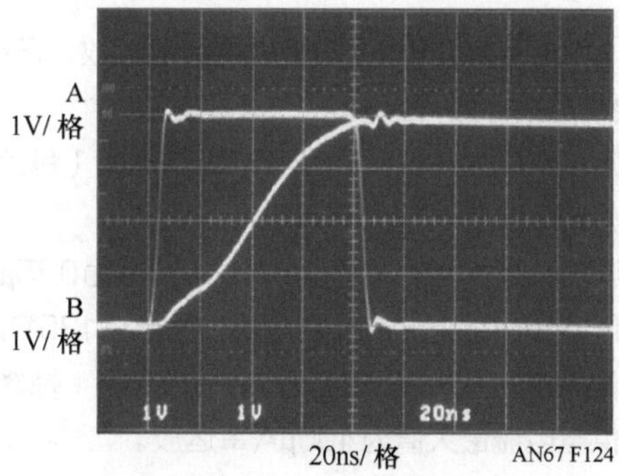

图 36.124　开环峰值探测器的响应

抑制高电压的仪用放大器

仪用放大器通常用于处理来自传感器的缓慢变化的输出信号，而不是高速信号。不过也可以使仪用放大器的响应非常快、并且具有良好的共模抑制比。对于图36.125所示的电路，LT1192用于在120V(峰峰值)信号上获取50dB的共模抑制比。在该应用中，共模抑制比由匹配电阻进行限制，电阻的匹配应该优于0.01%。

LT1192用于该应用的原因，是因为该电路对噪声有100的增益，并且LT1192更高的增益带宽允许电路有3.5MHz的-3dB信号带宽。注意到100：1的共模信号衰减给放大器产生的共模电压仅有1.2V(峰峰值)。图36.126给出了1MHz方波信号在一个120V(峰峰值)、60Hz信号上时的放大器输出。这个电路对于共模信号具有50dB的抑制。

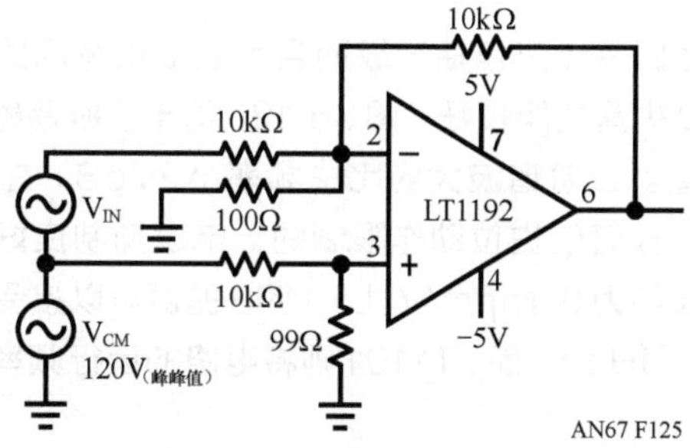

图 36.125　3.5MHz 仪用放大器抑制 120V(峰峰值) 信号

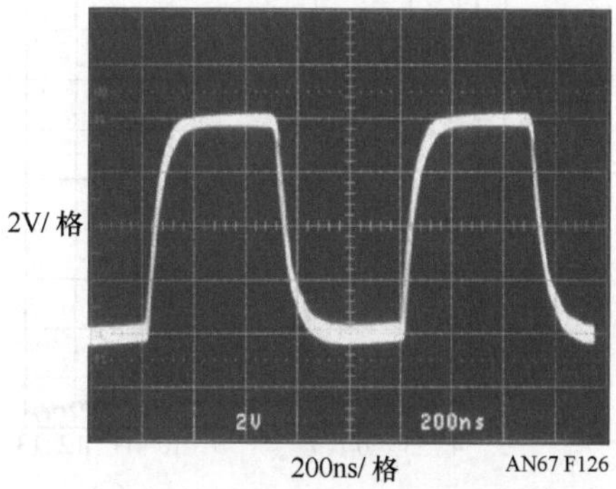

图 36.126　开环峰值探测器的响应

晶体振荡器

运放在低频晶体振荡电路中有着广泛的应用（≤100kHz），但是没有足够的带宽来成功运行更高的频率。LT1190和LT1191为高频Colpitts振荡器提供了优秀的增益级。实际电路的实现如图36.127所示。

两个肖特基二极管提供了增益限制，这将输出保持在大约+11dBm——足够直接驱动+7(或者+10)dBm的二极管环形混频器。作为增益限制方式，我们并不推荐输出级钳位，因为这样会增加失真并且允许内部节点被过度驱动。恢复时间将给振荡器环路增加过量的相位移动，使得频率稳定性恶化。

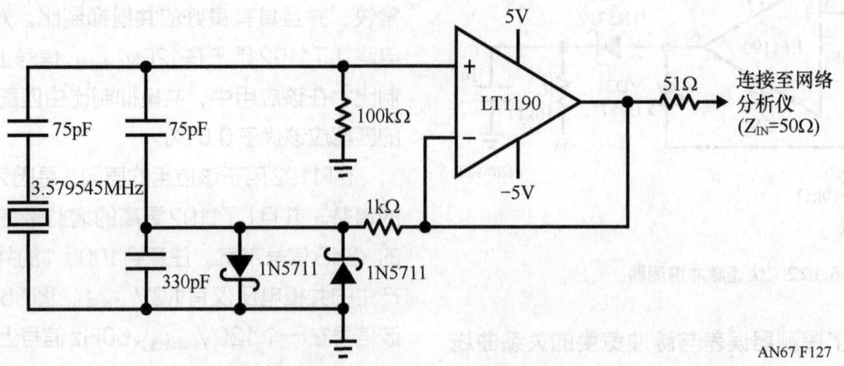

图36.127 高频Colpitts振荡器

因为振荡器只包括一级而且可以提供有用的输出功率，所以失真性能较好。图36.128给出了振荡器输出的频谱绘图。二阶谐波大约比主频率小37dB，主要是由肖特基二极管的钳位动作限制的。电源抑制良好，频率敏感度大约为0.1ppm/V。LT1190提供可以接受的性能（直到10MHz），而LT1191则将电路的运行频率扩展到20MHz。

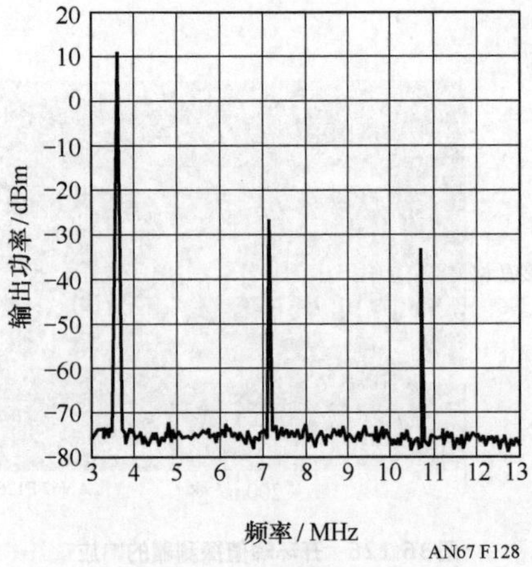

图36.128 振荡器的输出频谱

LT1112双输出缓冲基准

由George Erdi设计

一个双输出缓冲基准应用电路如图36.129所示。

图36.129所示电路可以在5号电池供电时工作，电池可以被放电至±1.3V。采用两个相等的20kΩ电阻，可以得到两个相等但是符号相反的基准电压。改变两个0.1%电阻将允许其他的取值：一个正值和一个负值。

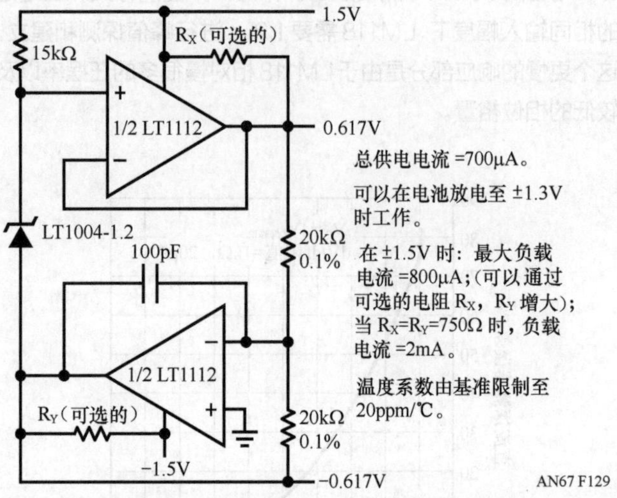

图36.129 双输出基准在两个5号电池供电下运行

采用LT1112/LT1114的三运放仪用放大器

由George Erdi设计

LT1112/LT1114是双/四路通用精确运放。已经达到的所有重要精确指标如下。

1. 偏移电压为微伏级；低成本级别产品（包括小封装，8引脚贴片封装）保证值为75μV。
2. 漂移确保为0.5μV/℃（低成本级别产品为0.75μV/℃）。
3. 偏置和偏移电流在皮安范围，甚至在125℃时。
4. 低噪声：0.1~10Hz范围内为0.32μV（峰峰值）。
5. 供电电流最大值为400μA每运放。
6. 电压增益超过1百万。

LT1112/LT1114同样提供一套匹配的指标，以协助它们在需要匹配的应用中使用，例如图36.130所示的三运放仪用放大器。该仪用放大器的性能只依赖于参数的匹配，而不是单个放大器的指标。

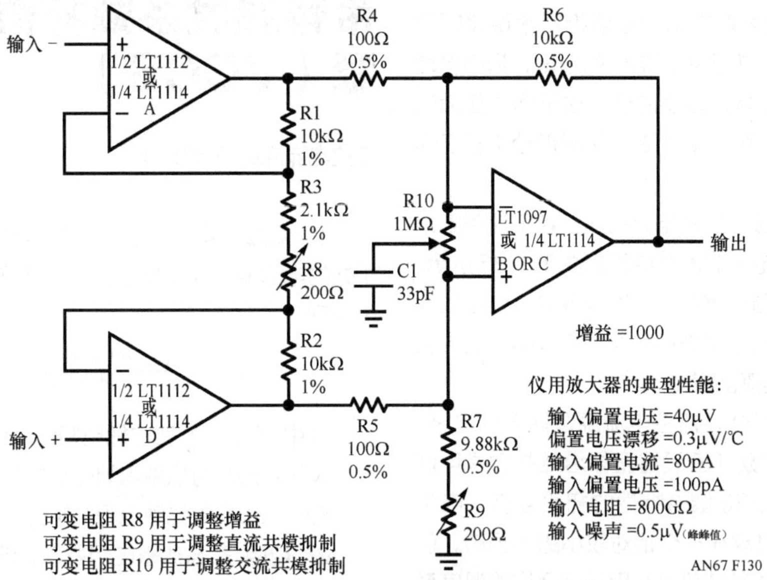

图 36.130 三运放仪用放大器。 增益 = 100

超低噪声的三运放仪用放大器

由George Erd:和Alexander Strong设计

运放仪用放大器通常在输入级具有固定增益大于1的运放。在低频率处，欠补偿的运放工作得很好，但是在高频处、一个输入端接地时，虚地开始失去其完整性。当输入信号的频率上升时，在虚地处的幅度开始上升，使得虚地呈现出感性，最后需要一个单位增益稳定放大器。在这些条件下，LT1028可以通过旁路电容和一些试验来进行稳定，但是LT1128是无条件稳定的，如图36.131所示。

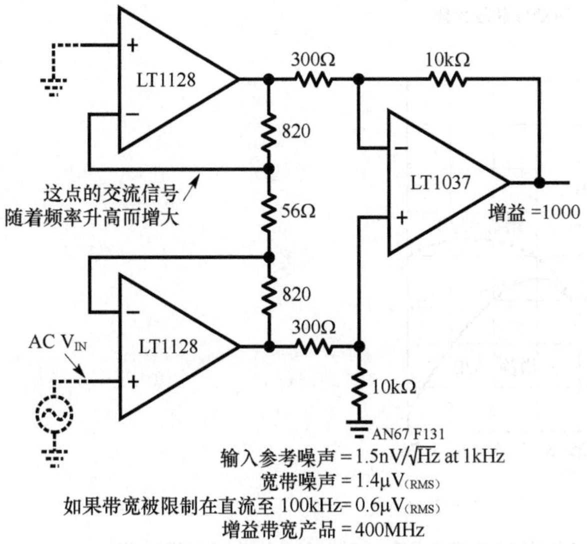

图 36.131 三运放、超低噪声仪用放大器

采用LT1228的温度补偿、压控增益放大器

由Frank Cox设计

通过电压来控制视频或者中频的增益常常很方便。LT1228与适当的电压-电流转换器电路一起，构成了一个理想的多功能增益模块，能用于这些应用之中。除了在视频带宽范围内进行增益控制，这个电路可以加入一个差分输入并且可以有足够的输出以驱动50Ω系统。

LT1228的跨导与绝对温度成反比，系数为-0.33%/℃。对于采用闭环控制的电路（例如中频或者视频自动增益控制），这个温度系数不会造成问题。然而，需要精确增益的开环增益控制电路可能需要一些补偿。这里描述的电路在电压-电流转换器中采用一个简单的热敏电阻网络以获取这样的补偿。表36.9总结了这个电路的性能。

表36.9 性能示例

输入信号范围	0.5~3.0V峰峰值
所需的输出电压	1.0V峰峰值
频率范围	0~5MHz
工作温度范围	0~50℃
电源电压	±15V
输出负载	150Ω（75Ω+75Ω）
控制电压与增益的关系	0V到5V对应于最小和最大增益
增益随电压的变化	在25℃时增益的±3%

图36.132给出了增益控制放大器的完整电路图。请注意这些元件的选值并不唯一，也不是最佳的选值。这个电路只是用于展示这种多功能器件的其中一种用法，在实际设计中，设计人员必须进行充分的工程判断。输入衰减器、增益

设置电阻以及电流反馈放大器电阻的选值相对来说比较简单，不过也需要一些迭代。为了得到最好的带宽，记得将增益设置电阻R1尽可能地保持在较小的值（由于增益压缩的相关考量）。电压控制电流源（I_{SET}）在带边框部分进行了详细的讨论。

使用各种增益选项、各种热敏电阻构建了若干这类电路并进行了测试。其中一个电路的测试结果如图36.133所示。这个电路随温度变化的增益误差在3%的极限内。也可以对更宽温度范围或者更严格的容差进行补偿，不过需要更加复杂的方法，例如多个热敏电阻网络。

除了电流设置电阻R5外，压控电流源是标准的电路，具有-0.33%/℃的温度系数。R6设置整体增益并且是可调的，可以调节以排除LT1228增益特性的初始容差。电阻（R_P）与热敏电阻并联，将能在一个相对较小的范围内，使组合电阻对于温度的变化更加线性。R_S用于将网络的温度系数调节为所需的值。

带有温度系数补偿的压控电流源（VCCS）

压控电流源的设计步骤

1．测量或者从数据手册获取热敏电阻在三个等温度间距处的电阻值（在本例中为0℃、25℃和50℃）。从以下公式中得到

$$R_P = \frac{(R0 \cdot R25 + R25 \cdot R50 - 2 \cdot R0 \cdot R50)}{R0 + R50 - 2 \cdot R25}$$

其中，R0=0℃时热敏电阻的阻抗；

R25=25℃时热敏电阻的阻抗；

R50=50℃时热敏电阻的阻抗。

2．电阻R_P与热敏电阻并联。该网络的温度依赖性在给定的范围内（0~50℃）是近似线性的。

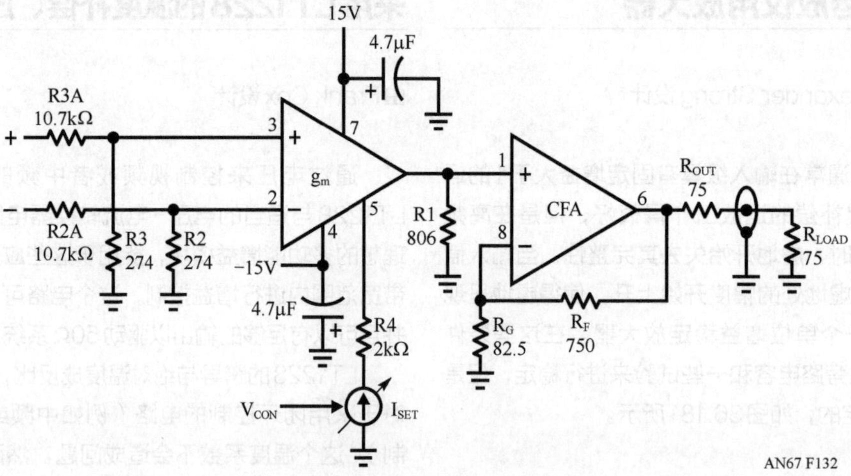

图36.132　差分输入、可变增益放大器

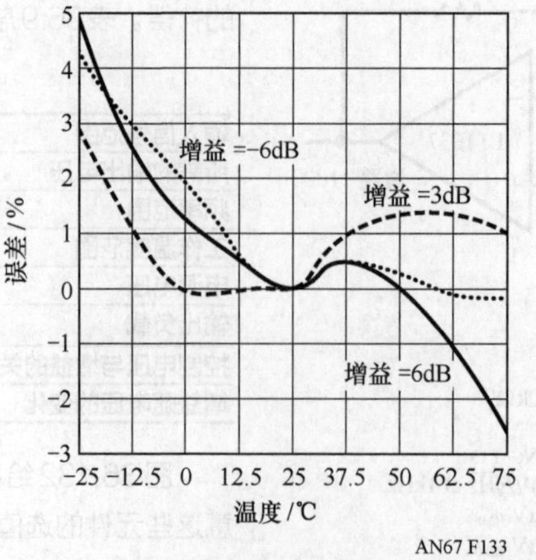

图36.133　图36.132所示电路加上图36.134所示温度补偿电路后的温度增益误差（对25℃处的增益进行归一化）

3．热敏电阻和R_P的并联阻值（$R_P||R_T$）的温度系数为

$$R_P||R_T\text{的温度系数} = \left(\frac{R0 \,||\, R_P - R50 \,||\, R_P}{R25 \,||\, R_P}\right)\left(\frac{100}{T_{HIGH} - T_{LOW}}\right)$$

4．补偿LT1228增益对温度的依赖性的所需的温度系数为-0.33%/℃。在并联网络中加入一个串联电阻R_S来将温度系数调整至一个合适的值。R_S的值由下式给出

$$\frac{R_P||R_T\text{的温度系数}}{-0.33} \times (R_P||R25)-(R_P||R_T)$$

5. R6直接影响了最终温度系数，所以相比较R5它的值更大一些。

6．其他电阻通过计算以提供所需范围的I_{SET}。

上述计算过程使用了各种热敏电阻。图36.135展示了典型的结果，其误差相对于-0.33%/℃温度系数的电阻进行归一化。考虑到实际情况，热敏电阻只需要有大约10%的容差便可以得到这样的增益精度。增益精度对于热敏电阻容差的敏感度可以通过线性化网络降低，与温度系数具有相同的比例；室温下的增益可以通过R6来调节。当然，特殊应用需要对老化稳定性、互换性、封装风格、成本以及电路各组件的容差等进行分析。

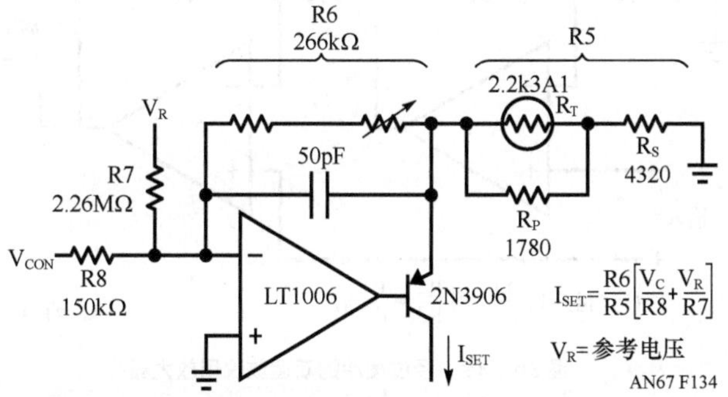

图36.134 具有补偿温度系数的电压控制电流源（Voltage Controlled Current Source, VCCS）

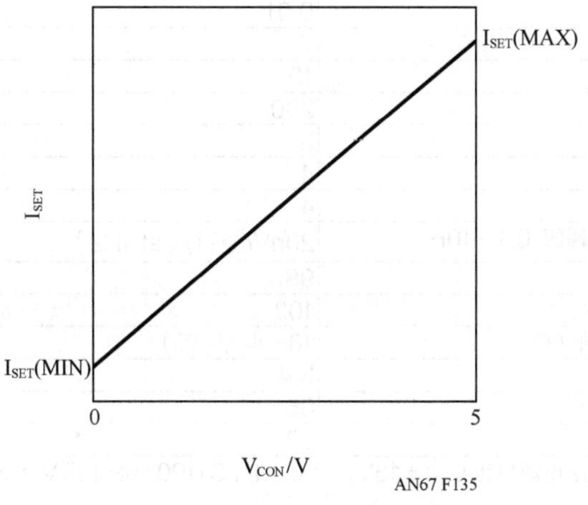

图36.135 带有补偿、由电压控制的I_{SET}

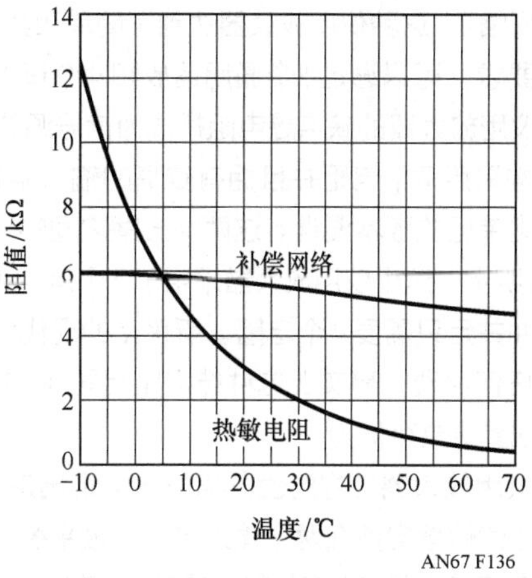

图36.136 热敏电阻和热敏电阻网络阻值与温度的关系图

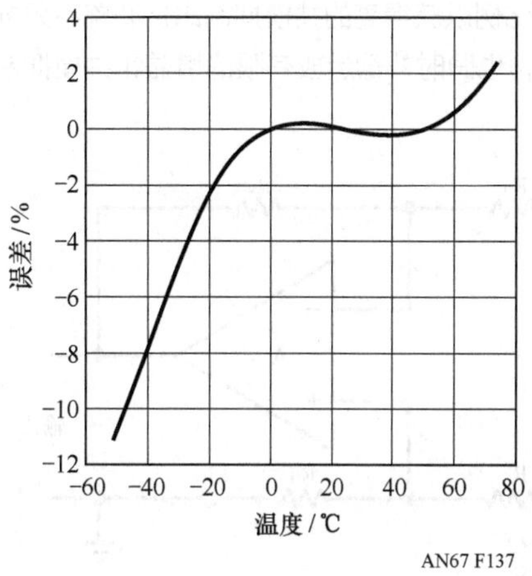

图36.137 热敏网络阻值对具有精确-0.33%/℃温度系数的电阻进行归一化

LTC1100、LT1101和LT1102：三种有效的仪用放大器

仅次于通用运放的最有用的线性集成电路组件大概是仪用放大器，或者称为“IA”。有效地应用仪用放大器在某些方面可能比运放更有挑战性，这是因为仪用放大器具有不同的指标并且可以采用不同的拓扑结构。然而，仪用放大器的定义是具有固定增益、差分输入以及单端输出功能的放大器。由于差分信号通常在共模信号上，所以差分信号将被放大而共模电压将被仪用放大器抑制。

仪用放大器可以采用专门仪用放大器来实现，或者采用1~3个运放来实现增益功能，以及最少4个比例匹配的精确电阻来配置成两个有类似比例的电阻对。

最常见的仪用放大器类型是单运放型，通常被称为差分放大器，如图36.138所示。只采用两组元件（一个运放和

一个电阻网络），这种仪用放大器达到了简单和实用的高度。对于一般要求，可以通过1个通用运放和4个精确电阻来构建。这种仪用放大器的缺点是电阻桥成为信号源的负载。3个运放的结构采用7个电阻并且拥有较高的输入阻抗。显然，它的实现比单运放版本要难。这两种方案之间的较好折中如图36.139所示。这个仪用放大器采用了2个运放来对输入信号进行缓冲并且只需要4个电阻。所采用的现代双运放器件不会造成任何浪费，事实上这种结构比起图36.138所示的最基本的配置更具有优势。

这个仪用放大器结构对差分信号源呈现出最小的负载，即所用运放的偏置电流在两个输入端之间被平衡。电阻网络需要非常高精度的调整以获得较高的共模抑制比（Common Mode Rejection，CMRR）和增益精确性。调整不需要进行迭代；首先调整R4/R3的比值以获得增益准确性，其次调整R1/R2的比例以获得高的共模抑制比。调整不只补偿电阻的不精确性，也同时补偿运放有限的增益和共模抑制比。经过放大的差分信号出现在输出端子和加载至REF端子的电压信号上（通常是接地的）。

作为一个基本的构造组件，这种仪用放大器性能优化之后可用于各种应用（通过选择一种运放）。凌力尔特选择了LTC1100、LT1101和LT1102的仪用放大器系列，它们为8引脚封装，具体连接方式如图36.140所示。如前面所述，对于预先调节、精确增益为10或者100的LT1101和LT1102，这些仪用放大器的增益可以由用户在电阻网络上抽头进行设置。8引脚的LTC1100具有一个固定的增益（值为100），但是求和点可以由用户进行连接。这些器件的主要指标在表36.10中进行了总结。

显然，从表36.10可以看出，对于这三种运放，没有输出引起的输入误差。采用专门仪用放大器或者采用三运放结构时，会有输入和输出偏置电压、输入和输出漂移及噪声还有输入和输出电源抑制比等单独的指标。为了计算系统的误差，这些输入和输出项需要进行合并。采用LTC1100/01/02时，这些误差的计算将变得很简单。

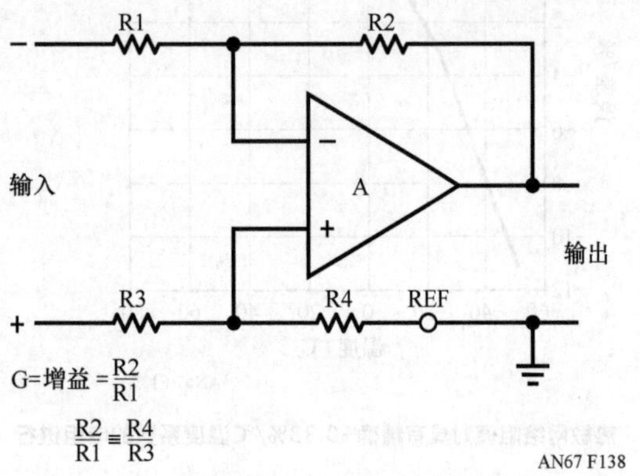

图36.138 基本单运放仪用放大器

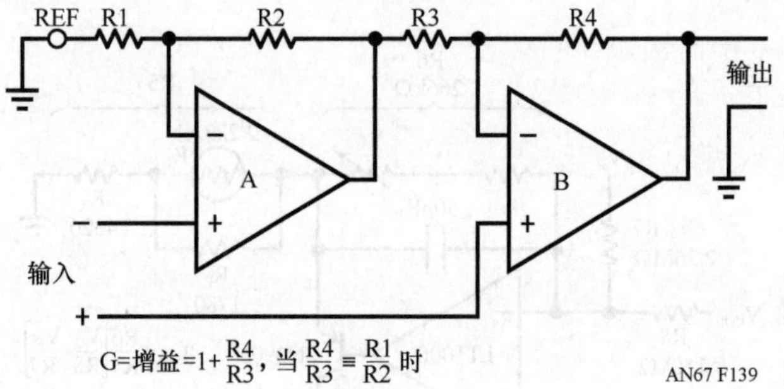

图36.139 经过缓冲的双运放仪用放大器

表36.10 LTC仪用运放的指标

	LTC1100C	LT1101C/I/M	LT1102C/I/M
可得增益	100[2]	10/100	10/100
增益误差/（%）	0.01	0.01	0.01
增益非线性（ppm）	3	3	7
增益漂移/（ppm/℃）	2	2	10
V_{os}/（μV）	1	60	200
V_{os}漂移/（μV/℃）	0.005	0.5	3
I_B/pA	2.5	6000	4
I_{OS}/pA	10	150	4
e_n	1.9μV（峰峰值，直流到10Hz）	0.9mV（峰峰值，0.1~10Hz）	20nV/$\sqrt{Hz}$（at 1Hz）
共模增益比/dB	110	112	98
电源抑制比/dB	130	114	102
V_S（总，模式）	4~8V（单/双）	1.8~44V（单/双）	10~44V（双）
I_S/mA	2.4	0.09	3.4
增益带宽/MHz	2	0.37	35
SR/（V/μs）	4	0.1	30

除非单独说明，否则所有指标都是T_A=25℃时的典型值。对于LT1101/LT1102电源电压V_S=±15V，而对于LTC1100电源电压V_S=±5V。
它们也有10/100的增益选项。

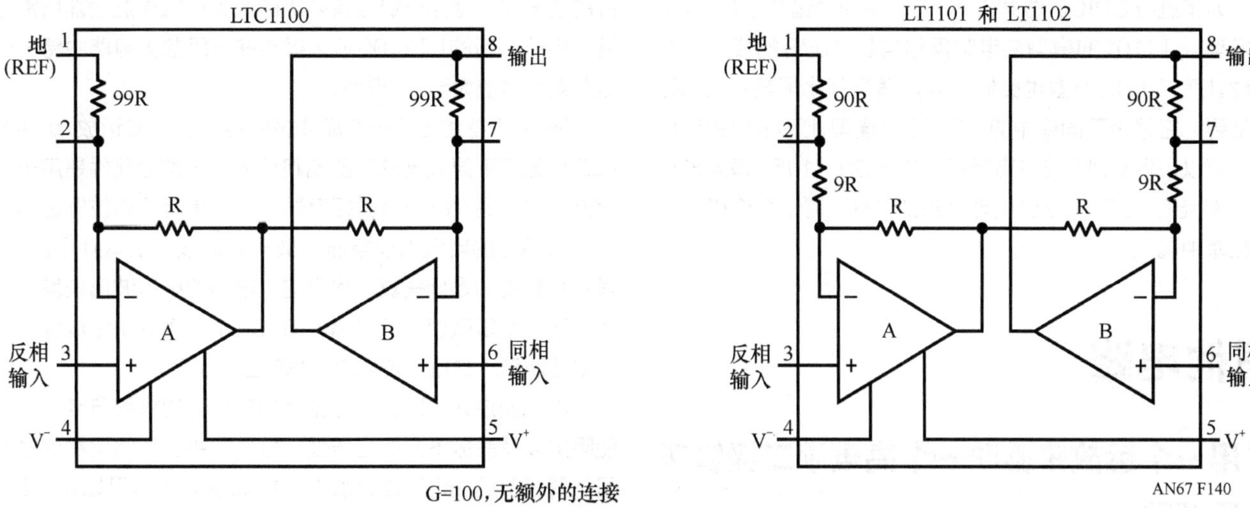

G=100，无额外的连接
G=10，将引脚2短接至引脚1
　　　将引脚7短接至引脚8　仅适用于 LT1101 和 LT1102
R≈1.8kΩ 适用于 LTC1100 和 LT1102
R≈9.2kΩ 适用于 LT1101

图36.140　8引脚封装的仪用放大器

采用这三种仪用放大器，用户可以通过各种方法来优化系统性能。LTC1100可以在双电源或者单电源（4～18V），而LTC1101接受单电源供电（1.8～40V）。此外，LT1101仅消耗100μA的静态电流。对于偏置电压和漂移要求很低的应用，LTC1100具有最优的1μV偏置和5nV/℃的漂移。在高速和低偏置都很重要的时候，LT1102是最优的仪用放大器选择，不过需要以稍微高点的功耗和双电源供电为代价。由表可见，所有这些器件在增益准确性、线性度和稳定性上面表现都很杰出。LTC1100基于一个双斩波放大器原型（LTC1051），所以在偏移和漂移上都非常杰出。LTC1100或者LT1102可以是低偏置电流方面的选择，而LT1102则在更高温度时有优势。

应用注意事项

这类仪用放大器通常在性能和简洁性方面很出色，并且与所用的放大器类型无关，另外还可以采用一些技巧提高它们的有效性。一个需要注意的是其交流共模抑制比。从图36.140中的标注可知，第一个运放（A）被配置成单位增益，第二个运放（B）提供所有的电压增益。这可能会使它们各自的共模抑制比的频率失配，这是因为具有更高增益的共模抑制比的“B”侧处在一个较低的频率隅角。相比交流平衡良好的电路，该电路的差分共模抑制比随着频率恶化更快。对于LT1102，将放大器B的稳定性设置到增益为10进行去补偿可以解决这个问题。这将增大压摆率和带宽，而且在G=10时共模抑制比的滚降与两个运放的频率相匹配。在增益为100时，滚降匹配将不再保持。不过，在引脚1和引脚2之间连接一个18pF的电容，可以匹配两边的共模抑制比，并且在300Hz～30kHz范围（见图36.141）可以将共模增益比的幅度提高一阶。LTC1100和LTC1101的数据手册也说明了，通过连接外部电容可以进行类似的改善。

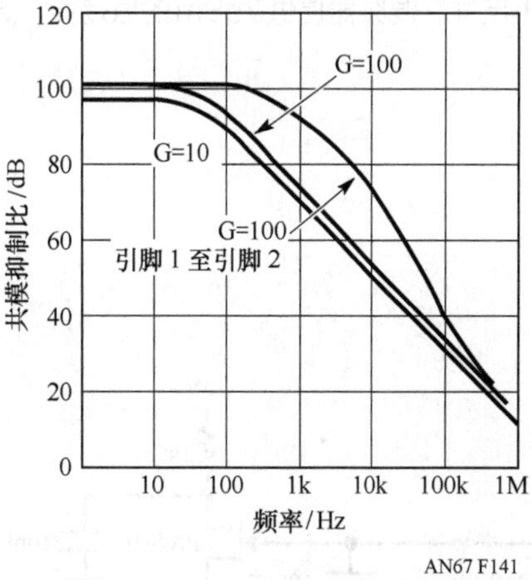

图36.141　LT1102共模抑制比与频率的关系

由于LTC1100和LT1101可以使用单电源供电，所以使用它们时也有一些特别的注意事项，例如，将V^-端子连接到地等。在这种配置中，这些器件的共模信号接近地电平，电压摆动至地，它们的参考端子也可以接地。这两种仪用放大器一个最常见应用是作为电桥放大器，与单电源供电的直流应变计一起使用。因此，这些仪用放大器具有独特的能力，能够提供精确高增益，并且在1/2电源电压共模输入时工作。乍一看，双供电电源的仪用放大器可以运行，例如，在9V电池供电、4.5V共模输入时似乎如此，但是它的输出并不能摆动至地，而且它的参考端子也不能连接到地。

为了进行SPICE仿真，LTC宏模块库中包含了LT1101的模型。LT1101的模型由电阻网络与LT1078的模型组合而成。LT1100的模型也类似，通过适当等比配置4个电阻而得到，它采用了同库中的LTC1051模型。LT1102的近似模型可以采用LT1102的电阻值，并结合LT1057模型形成“A”侧电路，LT1022的模型则形成“B”侧（两个模型同样在库中）。

其他电路

采用一个运放来驱动一个高电平二极管环形混频器

由Mitchell Lee设计

最流行的射频部件之一是二极管环形混频器。这个简单的器件由1个二极管环和2个耦合变压器构成，它是射频设计人员在需要一个快速乘法时最喜欢使用的一个器件，比如在频率转换、频率合成或者相位探测中。在很多应用中，这些混频器是由振荡器驱动的。很少有人尝试制作一个可以给一个“最小尺寸”混频器提供7dBm的振荡器，更不用说更高的功率了。使用一级或者多级的放大以取得混频器所需的驱动电平。新的LT1206放大器能在一级放大电路中将一个振荡器信号放大至27dBm。

图36.142给出了一个晶体振荡器、LT1206运放/缓冲器和二极管环形混频器的完整电路框图。大部分元件是用于振荡器自身，是Colpitts类振荡器。借鉴惠普的单位振荡器技术，振荡器的电流而非电压将被放大。该方法有几个优点，其中最重要的是低失真。尽管这个电路的电压波形较差，并且对于负载很敏感，不过晶振电流基本上表征了经过滤波后的电压波形，并且有较高的负载效应容忍度。

将电流注入LT1206电流反馈放大器的求和节点，可以使阻抗以及晶振下方的电压处于较低水平。环路增益使输入阻抗降低到远低于1Ω的水平。振荡器偏置是可以调节的，允许对混频器驱动进行控制。这也同时提供一个便于形成输出功率伺服网络环路的方法。

在±15V电源供电运行时，LT1206可以给50Ω负载传递32dBm的功率，如果给予一点余量（绝对最大电源电压为±18V），它可以给50Ω负载提供2W的输出功率。峰值确保了250mA的输出电流。

图36.143至图36.147所示的是在各种单端接和双端接信号组合（功率电平从+17dBm至+27dBm）的频谱图。双端接可使混频器的源阻抗为50Ω，或者用于隔离一个LT1206放大器同时驱动的两个或者更多的混频器。

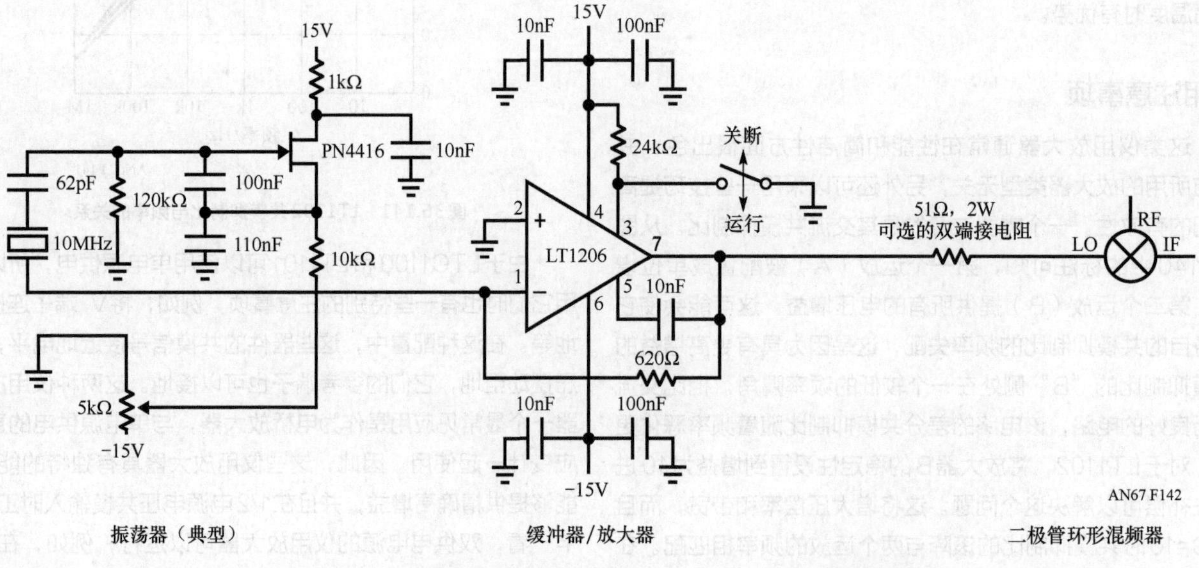

图36.142 振荡器的缓冲器驱动+17dBm至+27dBm的双平衡混频器

本文给出的只是10MHz的示例，不过LT1206的65MHz带宽使其广泛适用于高达30MHz的电路。除此以外，关断功能可用于中断对混频器的驱动。当LT1206关断时，由于晶振呈现一个620Ω的串联阻抗以及混频器自身阻抗，所以振荡器很可能停振。一旦重新使能LT1206，在振荡器恢复至全功率运行前会有一些延迟。该电路也同样适用于LC版本的振荡器。

注意对求和节点寄生电容效应的容忍度是电流反馈拓扑结构的固有特性，使其成为该应用的理想选择。LT1206的另一个优良特性是其驱动大容性负载的能力，并且能同时使电路保持稳定，没有杂散振荡。

对于低于+17dBm的混频器，LT1227是低成本的备选方案，其主要特性是140MHz的带宽，并且结合了LT1206的关断特性。

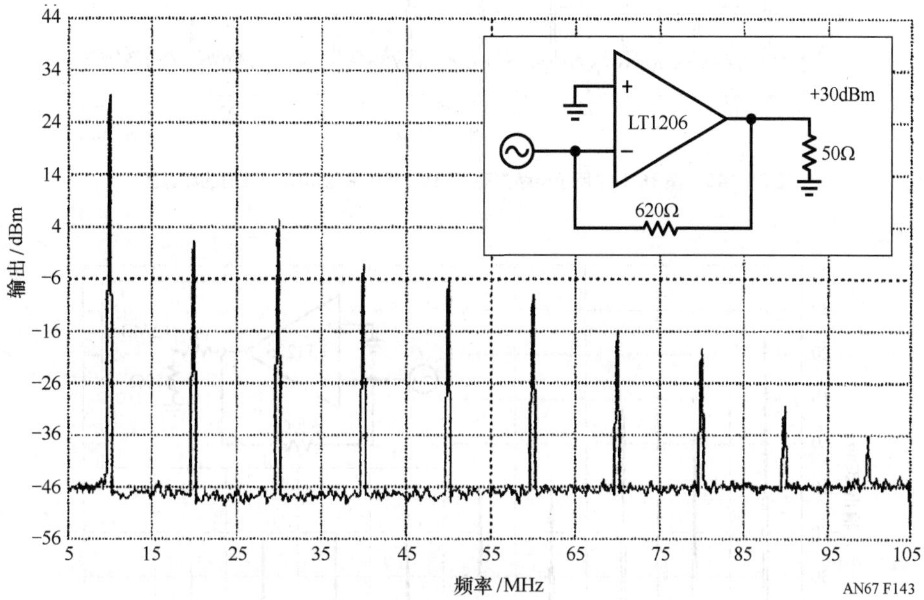

图36.143 图36.142所示电路驱动+30dBm功率至50Ω负载（单端接）时的频谱图

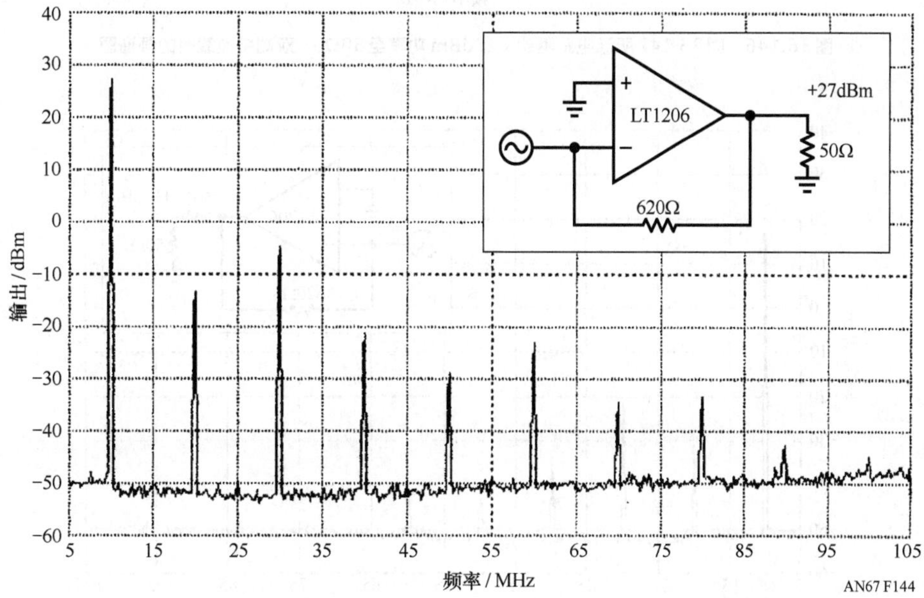

图36.144 图36.142所示电路驱动+27dBm功率至50Ω负载时的频谱图

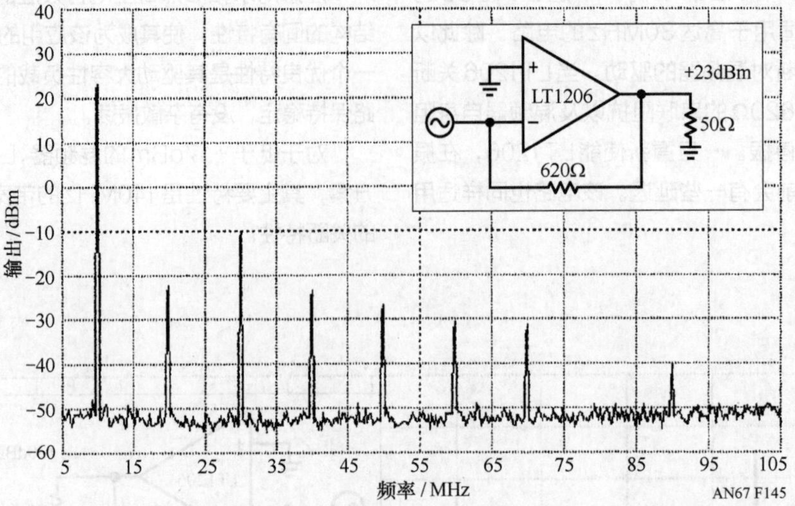

图36.145 图36.142所示电路驱动+23dBm功率至50Ω负载时的频谱图

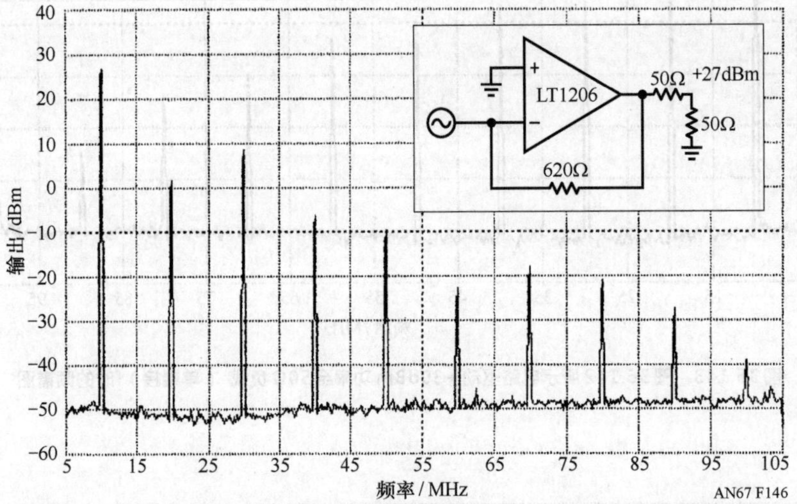

图36.146 图36.142所示电路驱动+27dBm功率至50Ω、双端接负载时的频谱图

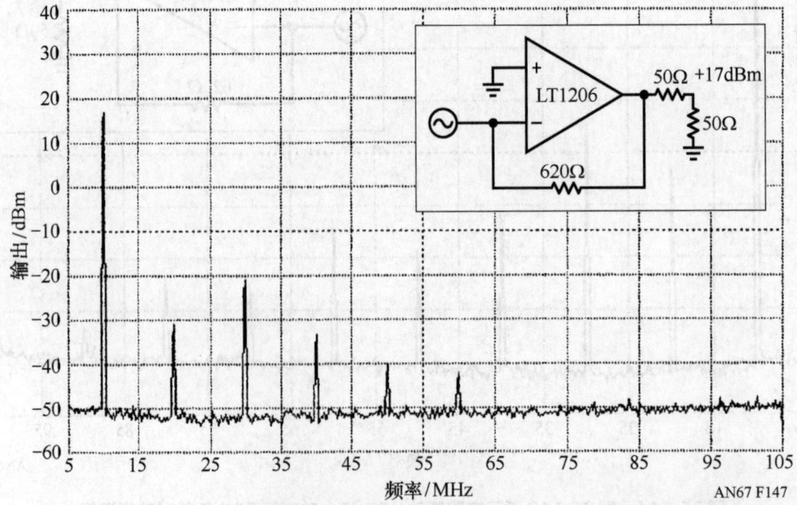

图36.147 图36.142所示电路驱动+17dBm功率至50Ω、双端接负载时的频谱图

用于信号调理和功率转换的电路

37

Jim Williams

引言

凌力尔特公司（Linear Technology）有一项休假制度。每5年员工可以申请一次休假，最长为6周。员工可以在每5周年后的18个月内享受这一休假。休假将得到全薪并且没有任何限制。时间是属于员工的，可以做他喜欢的事情。

人们行使休假的一切自由度。他们去航海、去南海岛屿、去没人听说过的高山滑雪、去尼泊尔游历。修理房屋、修复汽车并且与子女玩耍。

对于我的第三个休假，我决心绝对不做任何事情。并且我知道，这是我生命中的第一次退休。6周的休息听起来很不错。我可以去遛狗，与我的老婆、孩子一起共度时光。就是这样。没有晶体管、没有电阻、没有运放，除此之外，也不需要写作。写太多之后，想到提笔就立马头痛了。

第一周我真的除了睡觉、遛狗、读书和跟妻儿一起，其他什么都没做。之后的周末，我在乡下进行了一次长时间、寒冷的（由上至下）骑行，在经过一些回旋的道路之后，到达一个电子垃圾商店。在那里我发现了一个奇妙质朴（尽管不可以正常工作）的惠普215A脉冲发生器。这个仪器采用了一个奇异的、基于阶跃恢复二极管的输出级，该仪器的输出干净而且有着亚纳秒的转换时间。经过在柜台前的讨价还价之后，我用25美金将它买了下来。

我把它带回家，修复了它并用它来代替我之前放弃的高速重合探测器（图14.18及其相关文本）。这次活动成为了致命的催化剂。事情开始朝一个可预见的方向发展。结果是我以前宁静的休假中间出现了三周的狂欢。很多这里介绍的电路是以前心血的一个细化或者改编（尽管有些电路是新的）。还包括了一些其他作者的相关作品（已经做了相应的注释）。

本刊物的标题是其内容的粗略描述。更深入的研究包括以下类别：数据转换器、信号调理器、传感器电路、振荡器和电源转换器。下文将详加讨论。

微功率电压频率转换器

图37.1所示的是电压频率转换器。0～5V的输入信号将产生0Hz～10kHz的输出信号，并且线性度在0.02%。增益漂移为60ppm/℃。最大消耗电流只有21μA，比现有的单片集成电路低了100倍。

为了理解电路原理，假定C1的反相输入端略微低于其同相输入端（C2的输出为低电平）。输入电压引起C1输入端信号成为上升斜波（见图37.2中的波形A）。C1的输出为高电平，允许电流从VT1的发射极流经C1的输出级到达100pF的电容；2.2μF的电容提供高频旁路，保持VT1发射机的低阻抗。100pF单元的充电电压为VT1发射机电压和VT6压降的函数。C1的CMOS输出端是纯阻性的，不会造成电压误差。当C1反相输入端信号上升到足够高时，C1的输出（波形B）变为低电平并且反相器转换为高电平（波形C）。这一动作将通过VT5的路径（波形D）从C1的反相输入电容灌入电流。这一电流搬迁将C1的反相输入斜波复位到稍微低于地电平。50pF电容形成交流反馈（C1的同相输入信号为波形E）以保证C1的输出保持足够长时间的负值，从而使得100pF的电容完全放电。肖特基二极管阻止C1的输出端被驱动到它的负共模电压范围外。当50pF单元的反馈衰减时，C1重新转换为高电平并且整个周期过程重复。振荡频率直接依赖于输入电压衍生出的电流。

VT1的发射极电压需要严格控制以达到低的漂移。VT3和VT4温度补偿VT5和VT6，而VT2补偿VT1的V_{BE}。两个LT1389为实际的电压基准并且LM334电流源提供5μA的偏置。电流驱动器提供优异的电源免疫性（优于40ppm/V）并且有助于优化电路的温度系数。它通过采用LM334的0.3%/℃温度系数稍微地调节VT2～VT4这3个三极管的压降。这一校正值的符号跟幅度都直接与100pF。

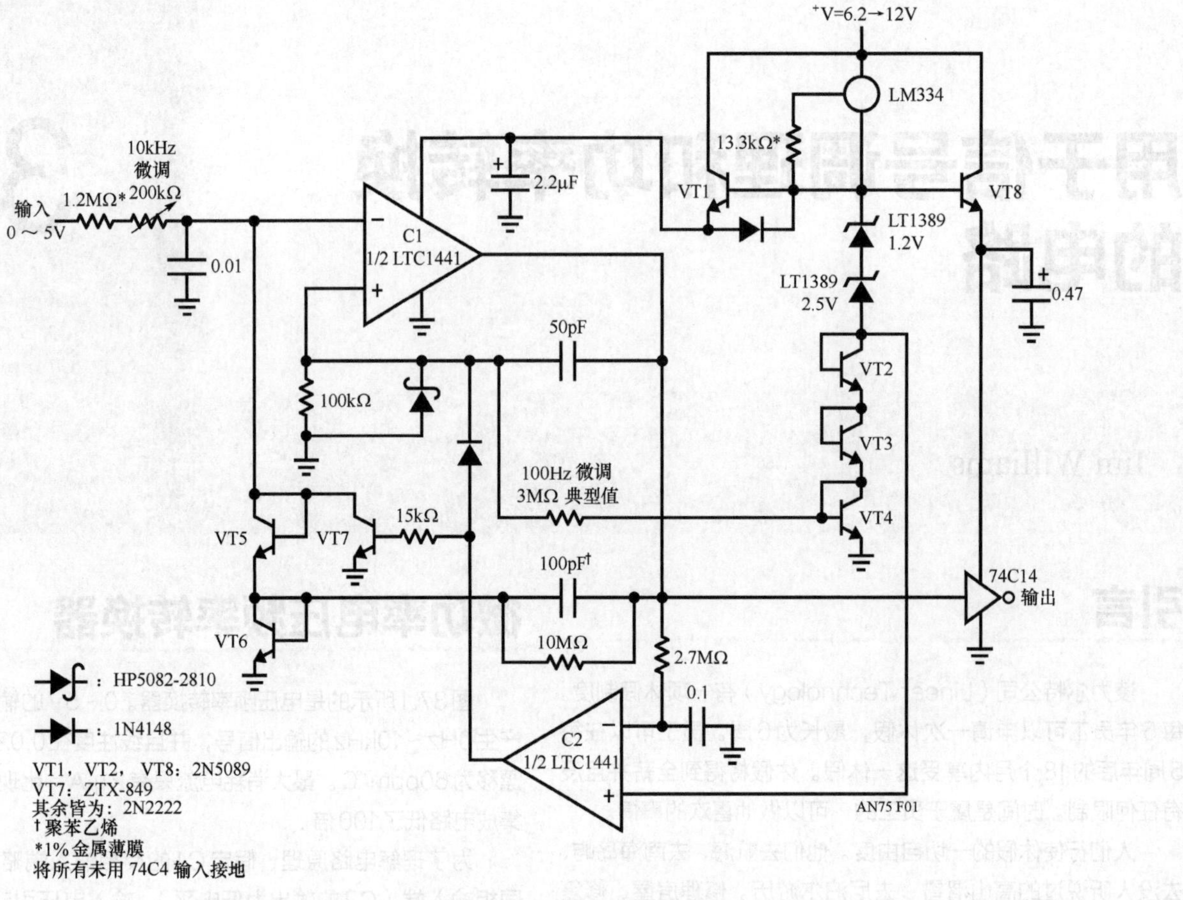

图37.1 0.02%、0Hz到10kHz电压到频率转换器仅需21μA的供电电流

这一校正值的符号跟幅度都与100pF聚苯乙烯电容的-120ppm/℃温飘相反，有助于提高电路的整体稳定性。VT8对CMOS反相器的隔离驱动，可以防止输出加载影响到VT1的工作点。这样可使电路的精确度与负载无关。

VT1发射极跟随器有效地向100pF电容进行充电。基极跟集电极电流都进入了电容。100pF电容是性能允许情况下的最小取值，只消耗在它的充放电周期内的小瞬态电流。50pF电容和100kΩ电阻构成的正反馈组合消耗微不足道的开关电流。图37.3所示的是供电电流和工作频率的曲线图，它反映了电路的低功耗设计。在零频率时，比较器的静态电流和5μA的参考栈偏置构成了总消耗电流。除此以外没有其他的损耗路径。当频率升高时，100pF电容的充放电周期引入图中所示的1.1μA/kHz的功耗增量。一个较小的电容值将降低功耗，但是相应的杂散电容和电荷不均衡将引入线性误差和漂移误差。同样地，较小的参考栈驱动将降低功耗，但是会牺牲电路的漂移性能。

电路启动或者过度驱动可能会引起电路交流耦合反馈，从而造成闩锁。如果这一情况发生，C1的输出将变为低电平；C2通过2.7MΩ-0.1μF的延迟探测到这一情况，并变为高电平。这抬高了C1的正相输入并通过VT7将反相输入端拉至地电平，从而初始化电路的正常运作。

为了校准这一点路，加载50mV电压并选择C1反相输入端标注的电阻，使得输出为100Hz。通过加载5V电压，调整输入电位器从而使得输出为10kHz以完成整个校准过程。

图37.4所示的电路尽管通过重新设计的参考源而将功耗降低到8.8μA，并且可以在5V供电下运行（V_{IN}从3.4V到36V），但是整体电路与图37.1非常相似。电路的代价是恶化了线性度和漂移的性能。0～2.5V的输入信号将产生0Hz～10kHz的输出信号，线性度为0.03%、漂移为250ppm/℃并且电源抑制比10ppm/V。最大消耗电流只有8.8μA，比现有的集成电路低300倍。电路的交流行为与图37.1的电路相同，但是简要的说明如下。

比较器C1切换包含VD1、VD2和33pF电容的电荷泵，并保持它的反相输入端为0V。A1及其相关元件构成温度补偿参考，补偿基于C1的电荷泵。[1]

偏置A1的1.2V参考源包含在C1的封装里。因此，需要自举启动。20M的电阻提供了这一功能，并且浪费了少于100nA的电流。

33pF电容充电至一个固定电压，因此，开关的重复率是保持反馈的唯一自由度。比较器C1以一定的重复速率将

① OK，所有的 SPICE 类型都在那里，开启你的电脑并对电荷泵漂移和参考补偿机制进行建模。

相同的电荷包泵至其反相输入端，该重复速率精确地与输入电压导出的电流成比例。这个行为确保电路的输出频率是严格的并且仅由输入电压确定的。

电路消耗的电流非常低。图37.4表明静态电流只有5.4μA，在10kHz时上升到8.8μA。340nA/kHz的斜率直接与电荷调配损失相关。

启动或者输入过度驱动可能会引起电路的交流耦合反馈从而造成闩锁。如果这一情况发生，C1的输出变为低电平；A2通过10MΩ/0.05μF延迟探测到这一事件，并变为高电平。这将抬高C1的同相输入端并通过VT1将其反相输入端接地，开始正常的电路运行。

值得注意的是，这些电压/频率转换器电路是在漫长时间内大量关注的受益者。这些设计的演化在附录A“微功率设计的一些准则和一个实例”中有详细的介绍，如图37.5所示。

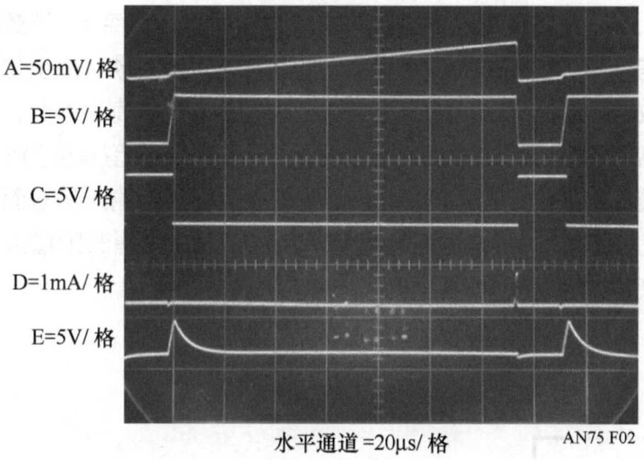

图37.2　微功率电压/频率转换器的波形。　基于电荷的反馈提供了精确的操作与极低的功耗

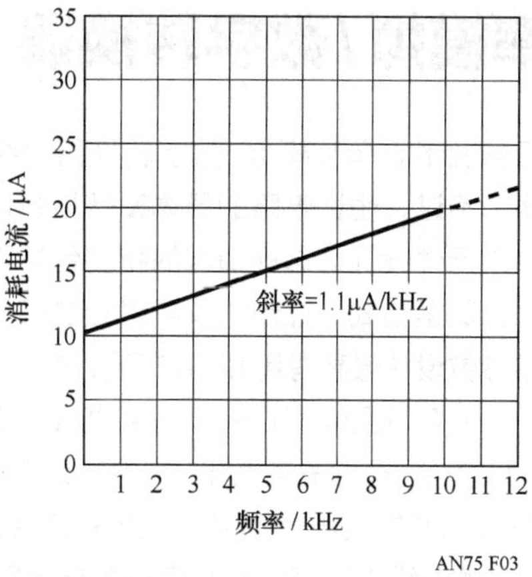

图37.3　电压/频率转换器的消耗电流与频率的关系图。　电荷释放周期占据了1.1μA/kHz消耗电流增量的大部分

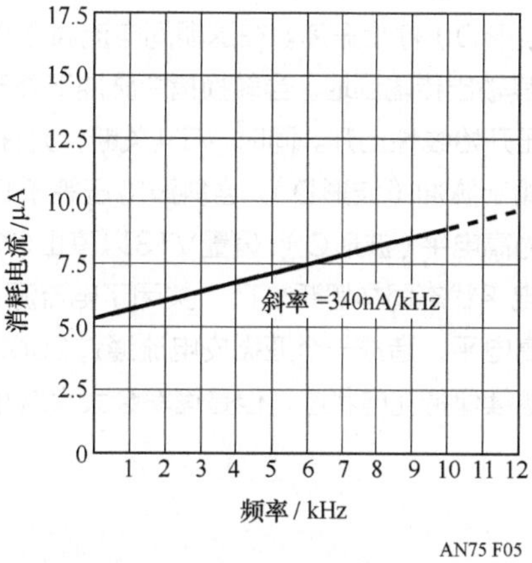

图37.5　图37.4所示电路所消耗电流与频率的关系图。　电荷调配周期决定了340nA/kHz的电流消耗增量

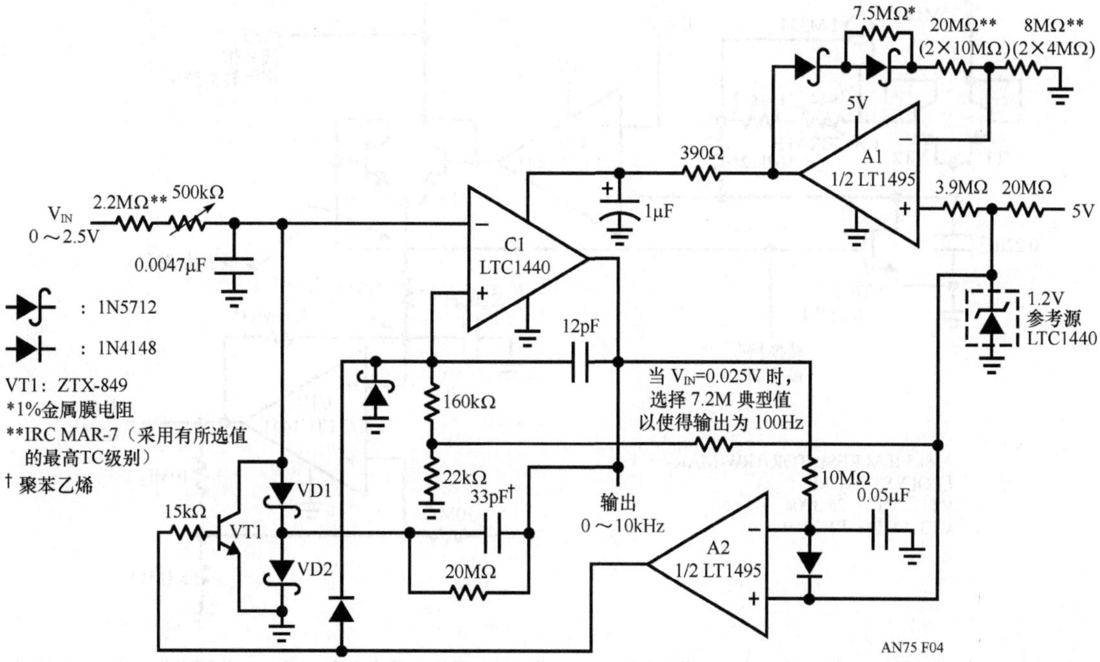

图37.4　仅消耗8.8μA的0Hz到10kHz电压/频率转换器。　电路与图37.1所示的电路相似。　重新设计参考源以降低功耗，　但是线性度和漂移恶化了

微功率模拟/数字转换器

在一般情况下，单片模拟/数字转换器已经替代了分立式转换器。不过，也许电路的具体设计指标可能决定了需要采用分立元件设计。这种情况的特例包括需要无源模拟输入、输出数据格式、控制协议或者经济条件限制。图37.6所示的8位设计最高消耗12μA电流，有70ppm/℃的漂移（从0~70℃范围内<1LSB）并且能够在90ms内完成转换。电路包括一个开关电流源、一个积分电容、一个比较器和一个同步时钟。当一个脉冲输入到转换器的指令输入端（见图37.7的曲线A），VT6将0.22μF的电容复位到0（曲线B）。同时，C1A变为高电平并且VT5导通，偏置并开启基于LM334的电流源。此外，VT4导通，从而引起基于C1B的时钟（波形D）停止振荡。在这期间电流源逐步稳定，通过VT6将其输出传输到地。当转换指令脉冲下降时，0.22μF电容的电压开始线性上升。同时，VT4关断，允许C1B时钟产生数据输出脉冲（波形D）。当斜波电压等于E_X输入时，C1A切换为高电平（波形C），偏置VT3以停止C1A的时钟。C1A的高电平状态同样切断VT5，关闭了电流源。VT5的门电路变为高电平，造成一个亚微安电流通过20MΩ-VT1路径。斜波继续保持充电状态，但是速率会大大减小（这一作用不易于在图37.7中辨识，其细节将在下文详细讨论）。这确保了C1A的过度驱动，并且最小化电流源的导通时间以节省功耗。C1A的输出脉冲宽度（同样在波形C中）随着E_X的值线性变换。VT3-VT4门控C1B，防止时钟脉冲通过由转换指令控制的C1A输出。因此，出现在数据输出端的时钟串直接并且完全和E_X成正比。对于所示的配置，2.5V全幅输入将会产生256个脉冲。

电路采用了一些细微的方法以达到所述的性能。VT2及其相关的偏置值与LM334固有的3300ppm/℃的温度系数一起，将电流源的漂移控制在60ppm/℃内。VT2没有金掺杂，能比小信号二极管更好地跟踪LM334的温度系数。0.22μF积分电容和220pF时钟电容都是聚苯乙烯电容，按比例消除他们的温度系数，使得最终温度系数在5ppm/℃以内。电流源和时钟指定的电阻有非常低的漂移。C1B反相输入端的偏置使得时钟振荡与转换过程同步，消除±1计数误差来源。它同时加强了可预测的最佳振荡器启动，最小化了数据抖动。VT3和VT4提供比二极管低的交流寄生参数，提高振荡器门控的净度。转换器从0~70℃的典型精度为1个最低有效位（LSB）。可获得的转换时间随着输入信号而变化。在1/10刻度时可以达到16ms，而在全幅时则增大到90ms。

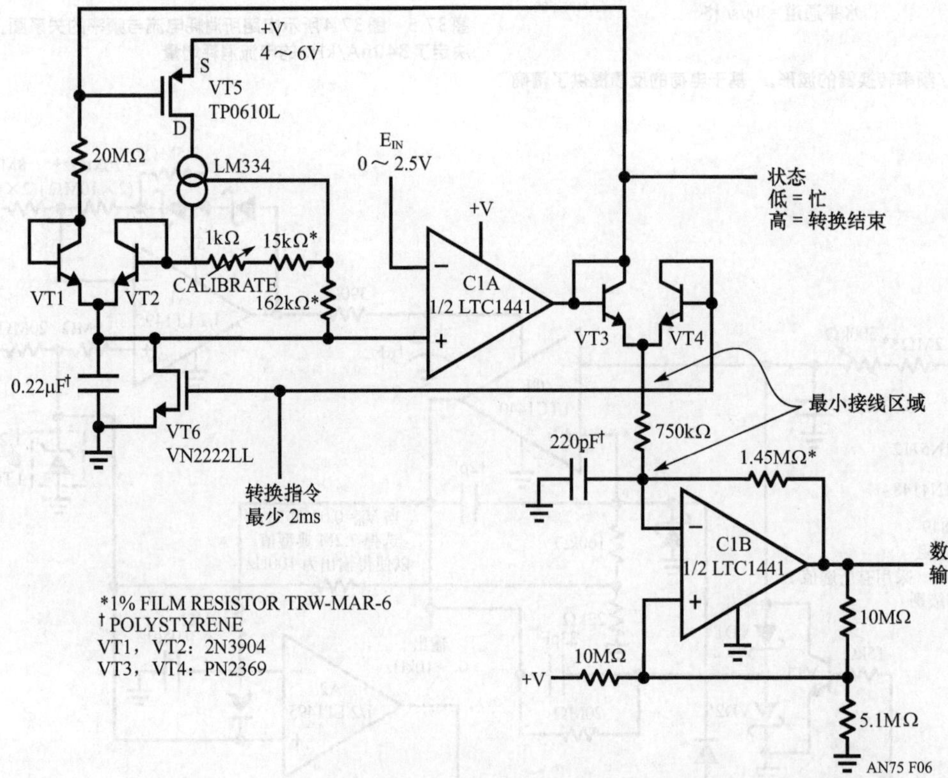

图37.6 8位模拟/数字转换器消耗12μA电流并且有正输入。 其他特性包括7μA静态电流、70ppm/℃漂移以及90ms转换时间

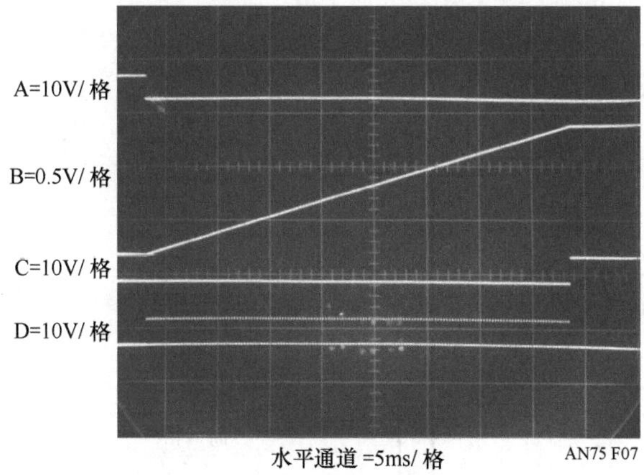

图37.7　12μA模拟/数字转换器波形（E_{IN}=1.25V），包括转换指令（A）、参考斜波（B）、状态输出（C）和数据输出（D）。波形B中分段斜波斜率特性并不可辨

图37.8展示了在E_X=80mV时，电路工作的细节。波形的分段斜率是由在这些条件下容易出现的电荷泵转换而引起的。迹线A为转换指令；迹线B为VT5的漏极；迹线C为斜波；迹线D为C1A的输出（"状态"线）；迹线E为C1B的反相输入②而迹线F为输出的数据。迹线E展示了在C1B反相输入端处采用前面提到的优化偏置而获得的优势。时钟振荡立即启动，且没有任何不良的变动。

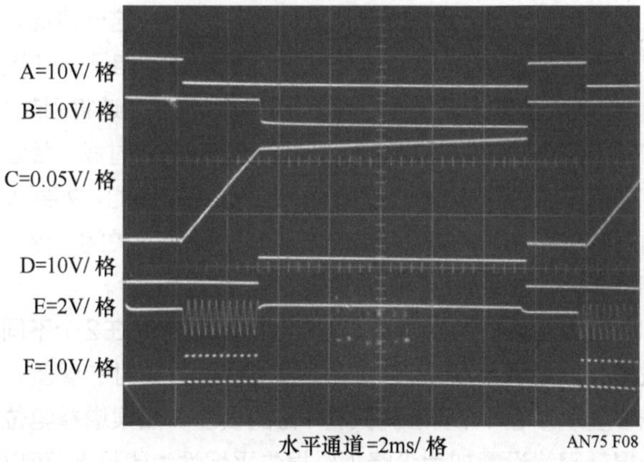

图37.8　在E_{IN}=80mV时的详细工作波形。迹线A为转换指令；迹线B为VT5的漏极信号；迹线C为斜波信号；迹线D为状态信号；迹线E为时钟电容信号；迹线F为数据输出。经过优化的电容偏置确保电路有快速的、可预测的时钟启动。分段的斜波斜率可以在迹线C中看到

图37.8针对分段斜率运行进行了研究。该图是在180mV输入时获取的，展示了斜波零复位以及干净的开关转换。当VT5导通时，它的漏极（见图37.9，迹线A）为高电平从而开启电流源。电流源线性地在0.22μF的电容上增大直至C1A关闭VT5。接下来电流源关断，只剩下20MΩ-VT1路径以亚微安的速率继续充电。这个持续的充电确保C1A被过度驱动，从而防止杂散输出。

② OK，所有的SPICE类型都在那里，开启你的电脑并对电荷泵漂移和参考补偿机制进行建模。

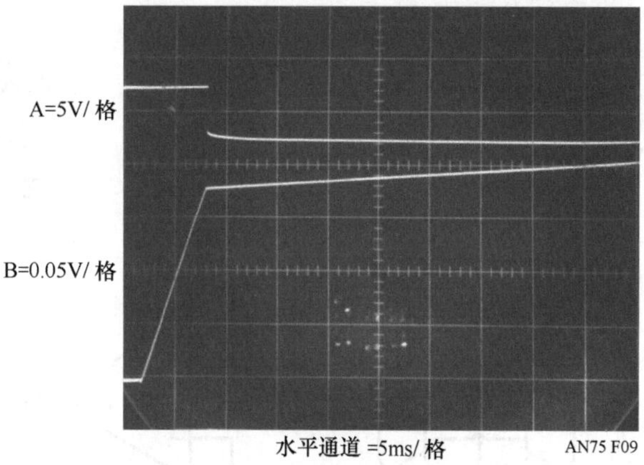

图37.9　在E_{IN}=180mV时，经过放大后的分段斜率斜波（B）以及VT5漏极波形的细节图。当VT5关断后，斜波电流源停止以节省功耗。斜波电容通过20MΩ电阻，以一个显著减小了的速率继续进行充电，从而保证比较器能够过度驱动

电流源工作在大约5μA。在C1A转换后关断它将有助于节约较为显著的能量，特别是在适度E_X值和高转换率的情况下。当VT5关闭电流源时，电路继续通过20MΩ-VT1路径进行充电，但是消耗远小于1μA的电流。

由于采用了低功耗的器件以及电流的结构，模拟/数字转换的功耗相当低。在E_X=2.5V、10Hz的转换速率下，所消耗的电流为12μA。中等数值的E_X以及转换速率将会有着更低的消耗电路，直至最小为7μA的静态电流。理论上可以通过采用一个更低的电流源取值来节约额外的功耗，但是动态以及温度系数会恶化。可以通过在电容复位时关闭电流源以获取更为经济的功耗，但是由于电流源的建立时间指标，转换的精度将会恶化。

10位微功率模拟/数字转换器

图37.10将精度扩展到10位并且将转化速率提高到35ms。其代价是功耗将增加到29μA。尽管为了更高的精度而重新设计了电流源和时钟，但是电路的运行与8位的版本基本相同。LT1389-2N3809组合为电流源，与指定的301kΩ电阻抵消积分电容-120ppm/℃的温度系数。时钟为了稳定引入一个32.768kHz的"手表"晶体③。石英晶体的高Q值谐振特性排除了直接振荡器门控（之前电路所采用）。取而代之，时钟通过触发器与转换过程进行同步，反过来将转换指令传输给转换器。

稳定性的提高允许10位分辨率，从0~70℃有1个最低有效位（LSB）的漂移。在10Hz转换速率下，E_{IN}=3V时消耗电流为29μA，静态时电流降低至21μA。与前面的电路相同，不同值的E_{IN}和转换速率产生的电流消耗为平均水平。

③ 该时钟电路的详细说明请参见图37.27的相关正文描述。

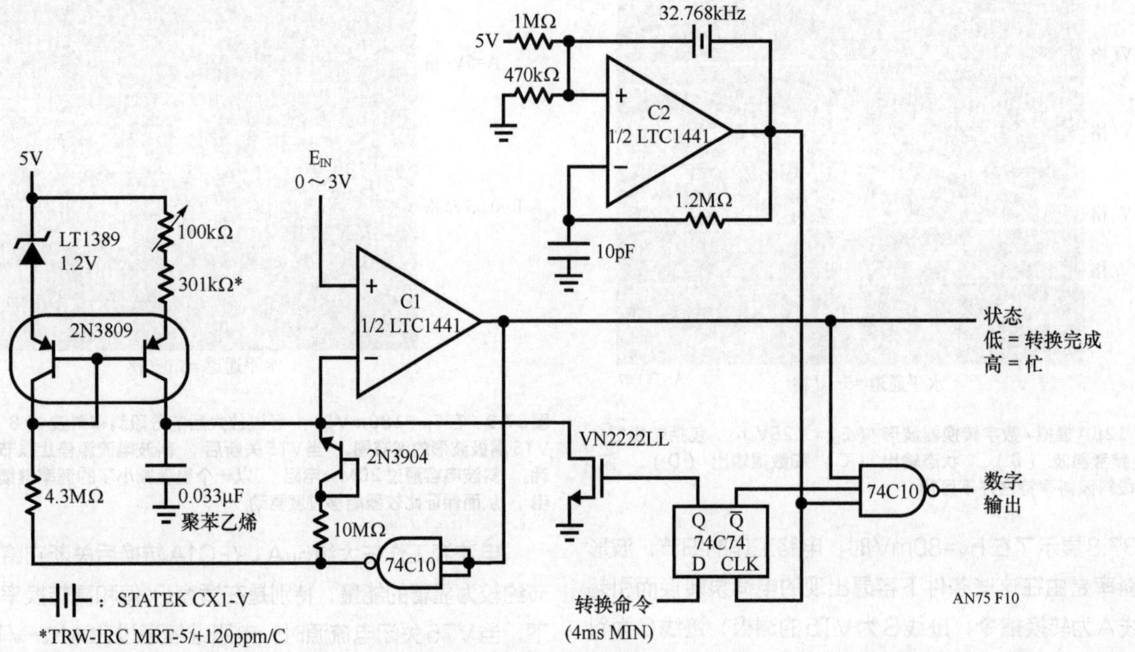

图37.10 图37.6所示电路的10位版本。改进包括更稳定的时钟和电流源。改动允许1个最低位（LSB）漂移（0～70℃）和35ms转换速度，但是电流消耗提高至29μA

差分输入、10MHz均方根值/直流转换器

宽带、基于发热的均方根值/直流转换在前面已经描述过了，其中采用了单端输入④。图37.11所示的10MHz均方根值/直流转换器具有差分输入，并且能够在超过10MHz时保持1%的精确度。1V$_{(RMS)}$的差分输入将在输出端产生10V直流。

宽带LT1027双功率运放接收差分输入信号。放大器连接以使得差分增益为10，馈送到LT1088均方根值/直流转换器。24pF电容和5kΩ电位器提供高频率增益提升，使得电路在最高频率时保持准确度。

基于LT1088的均方根值/直流转换器有匹配的加热器对、二极管和控制放大器组成。A1-A2放大器驱动R1，产生热量以降低VD1的电压。差分连接的A3通过VT3驱动R2，从而加热VD2，在放大器处构成闭合环路。由于二极管和加热器电阻是匹配的，A3的直流输出与输入的均方根值相关，而与输入的频率或者波形无关。实际应用中，剩余LT1088的失配需要由A4实现的增益调节器。

A4的输出端为整体电路的输出。LT1004和相关的器件给环路提供频率补偿，并且在宽的运行条件范围内给电路提供较好的建立时间。

启动或者输入过度驱动可能会引起A2向LT1088提供过量的电流，从而造成损坏。C1和C2将阻止这一情况。过度驱动将迫使VD1的电压到达一个异常低的电平。在这一情况下C1触发为低电平，将C2的输入拉低。这将引起C2的输出变高，使A1和A2进入关断模式并终结过载。经过由C2端RC确定的时间长度后，A1和A2将被使能。如果过载情况依然存在，环路几乎立即将A1和A2再次关闭。这一振荡将持续，以保护LT1088直至过载情况被消除。

电路的性能是优异的。图37.12绘制出了在2个不同增益提升网络调节情况下，一个输入信号驱动时的误差。曲线B显示了在11MHz内只有1%的误差。如果增益电位器和提升网络设置加大尖峰（以损失平坦性为代价），可以在14MHz内达到1%的精度。

图37.13展示了共模信号对精度的影响。这一数据通过一个良好屏蔽、仔细布线的面包板测得的。在频率增大时，共模增益比保持较高的值，提供可以忽略不计的误差（直至10.2MHz）。标注的5V$_{(RMS)}$共模驱动是一个较为严峻的考验，采用较小的值将会有更好的性能。

为了调节这一电路，将5kΩ电位器调整到它的最大阻值位置处并加载100mV、5MHz信号。调节500Ω的电位器以使得输出精确地为1V。接下来，加载5MHz、1V输入信号并调整10kΩ电位器以使得输出为10.00V。重复这一过程直至电路输出对于直流到10MHz输入信号的误差在1%精度内。两个测试通过就应该足够了。过载电位器设置在比电路全幅运行时VD1电压低10%。

④ 示例参见参考文献10～13。

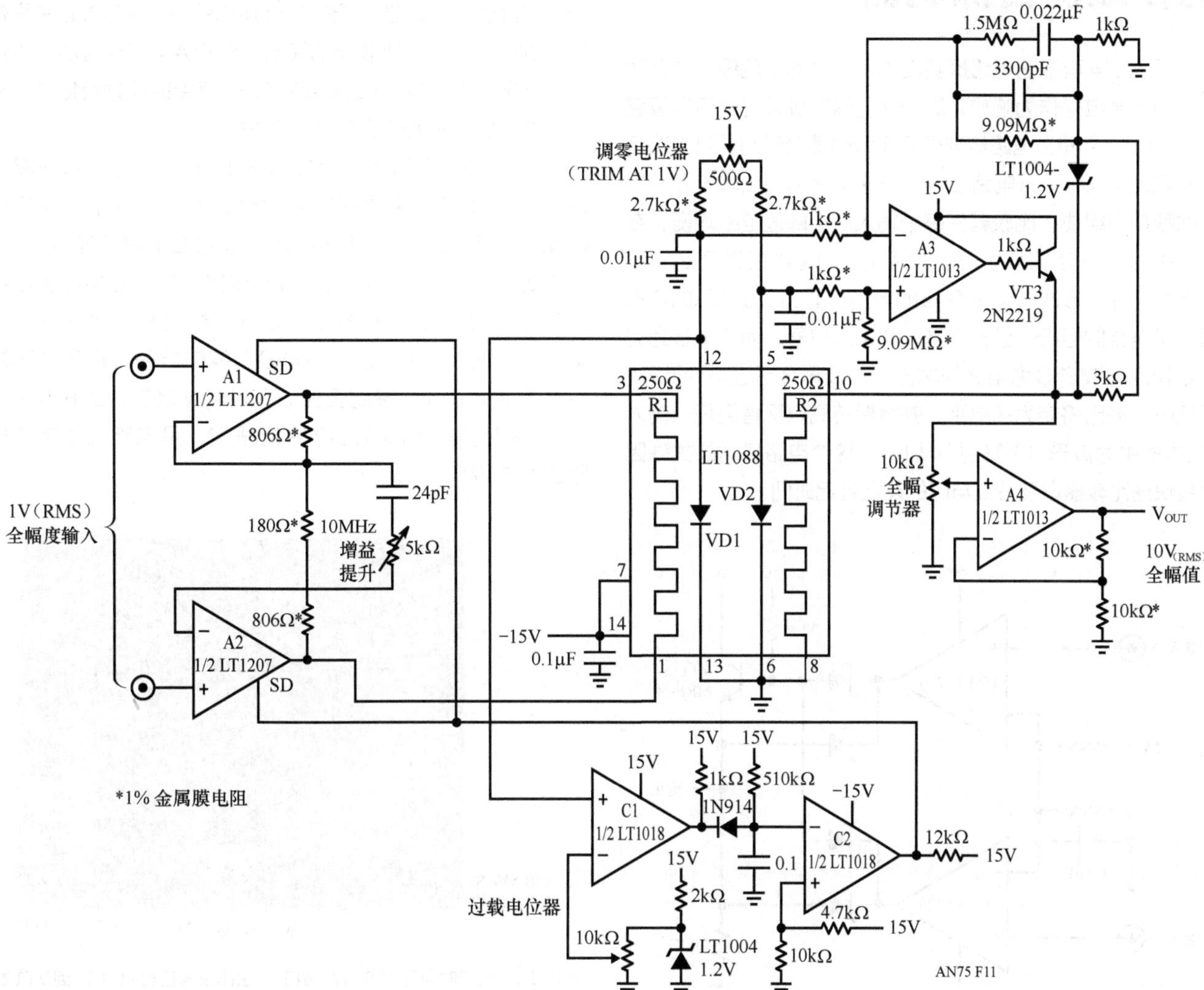

图37.11　差分输入的10MHz均方根值/直流转换器具有1%的精度、高输入阻抗以及过载保护。单端运行将1%误差带宽扩大到14MHz

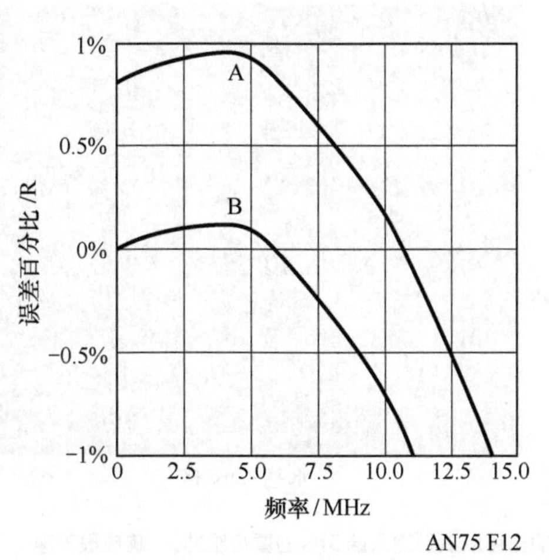

图37.12　差分输入均方根/直流转换器与单端输入转换器的误差曲线。频率相关的增益提升保持在1%的准确度，但是会在滚降前有较小的峰值。增益提升可以选择为：最大带宽（A）或者最小误差（B）

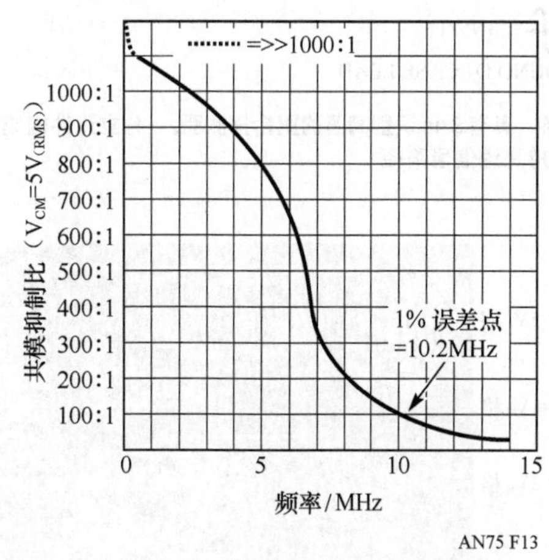

图37.13　差分输入均方根值/直流转换器的共模抑制比与频率的关系图。布局、放大器带宽和交流匹配特性将决定该曲线

纳秒级重合探测器

图37.14所示的电路探测其输入重合的电压值，并在输出端输出高电平作为响应。这一探测器的触发电平可以设置在0~4.0V之间。电路检测短至3ns的重合时间并且判决延迟时间为4.5ns。该电路由一对快速电平判别比较器和一个亚纳秒与门组成。比较器将每个输入一个阈值电平均衡，在本例中的阈值电平约为1V。然后比较的输出馈送至VT1及其相关元件，形成一个300ps的与门。图37.15所示的波形展示了电路的运行。波形A是一路输入信号，而波形B为另一路输入。波形C为电路的输出。当波形B超过1V的识别阈值时，输出将变为高电平，并将保持高电平直至任一输入（在本例中为波形B）降到1V以下。这个电路高速的关键因素是快速比较器以及分立与门的超低延迟时间。

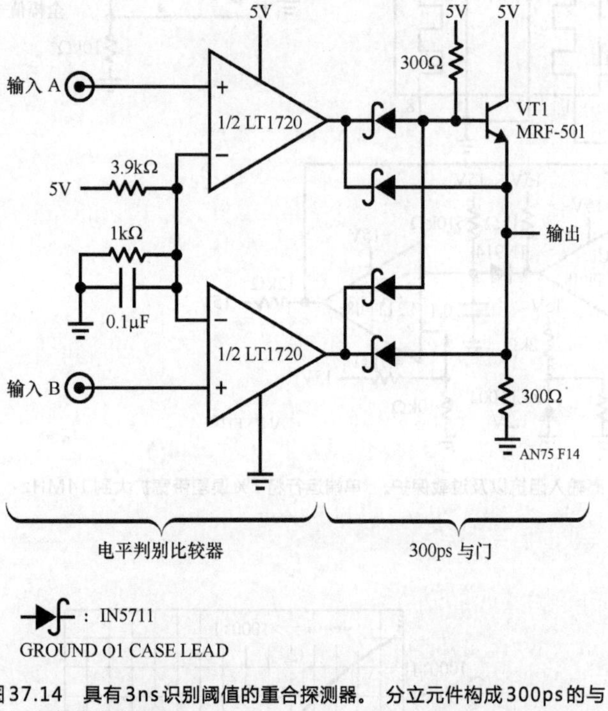

图37.14 具有3ns识别阈值的重合探测器。分立元件构成300ps的与门，保持高速信号路径

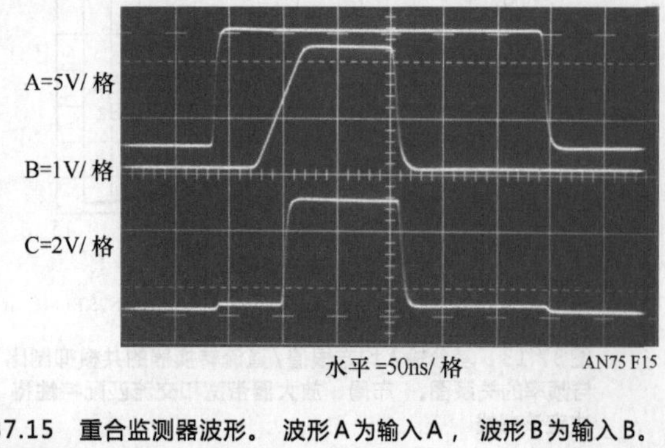

图37.15 重合监测器波形。波形A为输入A，波形B为输入B。波形C为重合（当A和B都大于1V）

评估电路的性能需要亚纳秒上升时间的脉冲发生器和一个非常高速的示波器[⑤]。图37.16所示的是在3.9GHz采样带宽得到的，展示了比较器的输出（波形A）和对应的电路输出（波形B）。肖特基二极管和GHz范围的晶体管提供非常高速的响应，并且延迟在300ps内。

图37.17展示了两个输入同时被3ns、2V脉冲驱动时，在3.9GHz采样带宽内的电路响应。这个脉冲宽度刚刚在识别极限内，输出响应（波形B）很干净。4.5ns判决延迟特性也相当明显。进一步减小输入脉冲的宽度将有戏剧性的结果[⑥]。在图37.18中，输入宽度（波形A）被减小了600ps。T输出（波形B）能够被采集但是并不是完全响应。它在滚降到受控的有噪衰减之前，上升至大约2V。上升斜率比图37.17有所恶化，是电路增益带宽极限的补充说明。

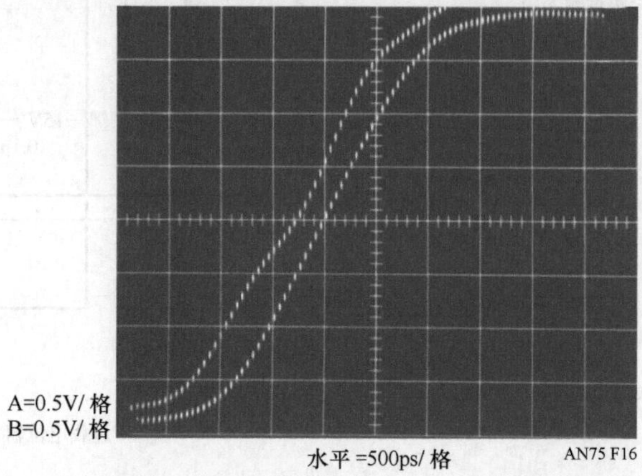

图37.16 延迟时间为300ps的与门。由比较器输出（A）到VT1发射极（B）测得。下降时的延迟是相似的。采样示波器显示为一系列的点

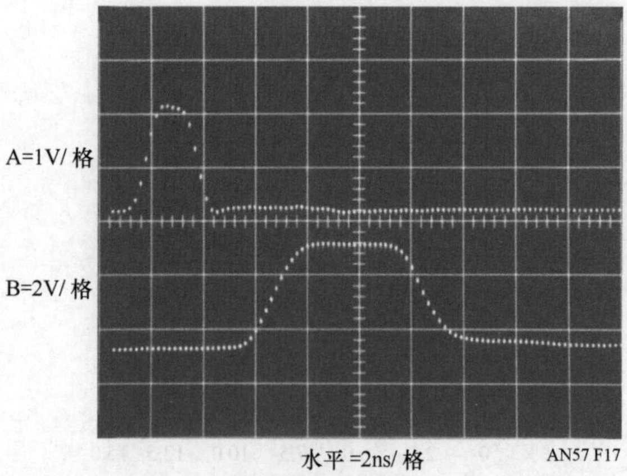

图37.17 输出可以识别输入端3ns的重合脉冲。响应很干净，带有4.5ns的判决延迟时间。分段显示是采样示波器运行的特性

---

⑤ 请参阅出版引言。

⑥ 我找不到合适的词汇以表达我的歉意。象我这样的书呆子能在这些事情中找到乐趣。

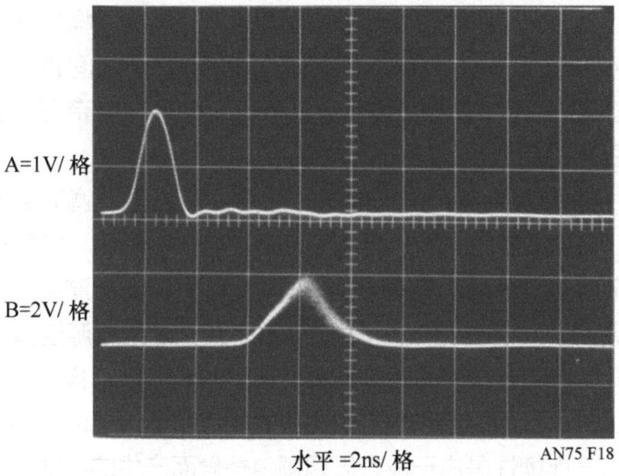

图37.18　一个不可识别的重叠事件。 对于2.5ns重叠脉冲 （A）， 输出 （B） 不能完全响应。 额外的500ps重叠将允许有效的识别 （参见图37.17）

15ns波形采样器

图37.19所示的是另一个高速电路。这个波形采样器有着15ns的响应和值为10的增益。电路由一个高速、低寄生参数的开关及其驱动元件以及一个输出放大器组成。开关由二极管桥构成。它借鉴了经典采样示波器的设计思路，是实现电路性能的关键⑦。二极管桥的固有平衡消除了输出的电荷注入误差。在这一特性上它远远优于其他电子开关。任何其他高速开关技术会由于电荷馈通而造成过多的输出尖峰。FET开关由于其门的沟道电容允许这样的馈通，所以不适用。这个电容允许门驱动伪波形破坏开关的输出。二

⑦ 关于桥式二极管开关的详细设计请参阅参考文献 14 和 15。

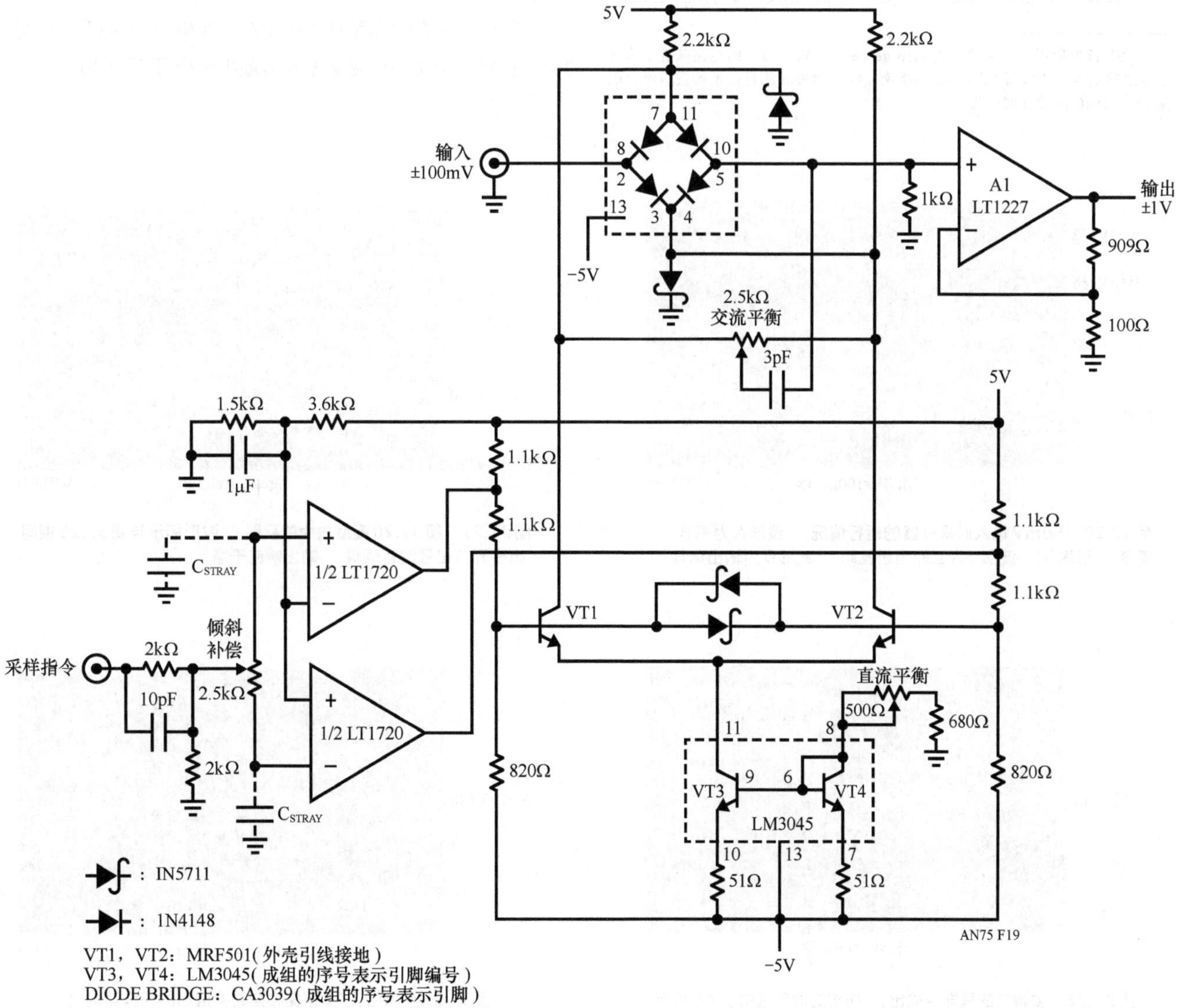

图37.19　采用二极管桥和宽带x10放大器的15ns波形采样器。 比较器及其相关元件提供优化的二极管桥开关

极管桥的平衡，与匹配、低电容单片二极管和互补高速开关结合，产生了干净的开关输出。电位器可以优化开关性能。通过调节电桥零输入－输出偏置电压的导通电流可以得到直流平衡。电路中需要两个交流电位器。"交流平衡"校正二极管和版图的容性失衡，同时"倾斜补偿"校正互补电桥驱动时的时序不对称。这些交流电位器补偿较小的动态失衡（这些动态失衡可能造成寄生的开关输出）。

采样指令偏置LT1720比较器，将给VT1-VT2开关驱动器产生互补电平。"倾斜补偿"能差分消除杂散和器件电容，能使比较器响应产生较小的时间倾斜。比较器的输出偏置电流汇负载VT1-VT2[8]。这些器件给电桥提供电平转换驱动。电桥的输出馈送至宽带放大器A1；A1的增益为10，图37.20给出了波形。波形A是采样指令，波形B和C是在VT1-VT2集电极的互补电桥驱动，而波形D为输出。

图37.21所示为幅度和时间放大了的视图，展示了更多的细节。尽管比例因子改变了，但是波形的标示是相同的。尽管没有明显的驱动时间倾斜，但是在采样指令（波形A）和互补电桥驱动（波形B和波形C）之间有小的延迟。波形D为输出信号，响应干净，在下降前带有一些开关引起的前过冲。

需要微调来优化采样器的性能。首先需要调节直流平衡。将输入接地并将采样指令端口接至5V电源。观察输出，调节"直流平衡"电位器以使得输出为0V。交流微调要动态调整。将输入与一个良好旁路的50mV直流源连接，用1MHz方波驱动采样指令端口。典型的调节前采样器输出如图37.22所示。前过冲是由不良的交流平衡造成的。转换中间的不连续性是由于没有微调倾斜补偿而产生的特性。通常来说，不良的交流平衡表现为明显的转换前或者转换后事件，而没有调整的倾斜补偿则是在转换中间造成失真。在经过正确调整后，电路输出将不会出现这些行为。图37.23展示了这样的情况：只能看到一些轻微的干扰（可能由于剩余的交流失衡）。

相关的性能指标包括100μV/℃漂移、15ns延迟时间、10MHz全功率带块和全功率响应最小采样窗口为30ns。

⑧ 该处所用电桥驱动是在 George Feliz (LTC) 设计的电路基础上进行了修改的版本。请参阅 LTC 的应用指南 74，"器件和测量技术的进步可以确保16位DAC的建立时间"。

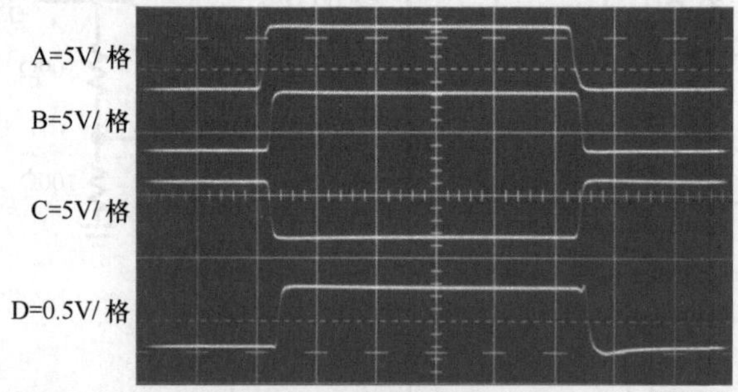

图37.20 50mV输入时采样器的运行情况。波形A为采样指令。波形B、波形C为互补电桥驱动。波形D为输出信号

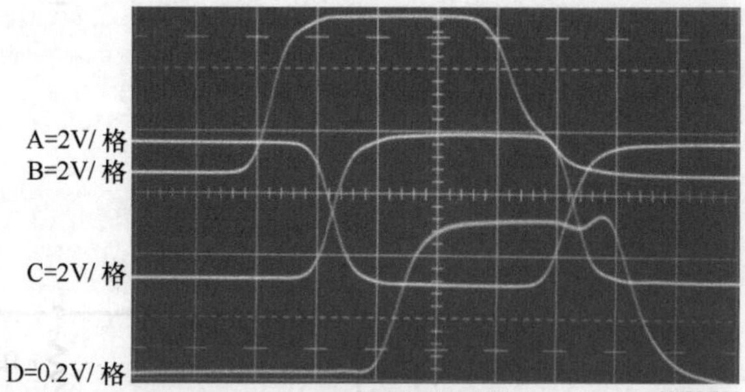

图37.21 图37.20高度放大的视图。波形标示与图37.20相同。电桥开关信号没有倾斜，输出响应干净

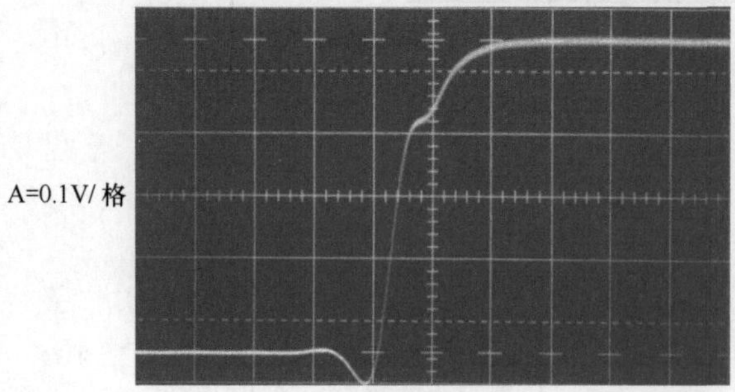

图37.22 微调前的采样器输出。底部的异常是由于AC平衡

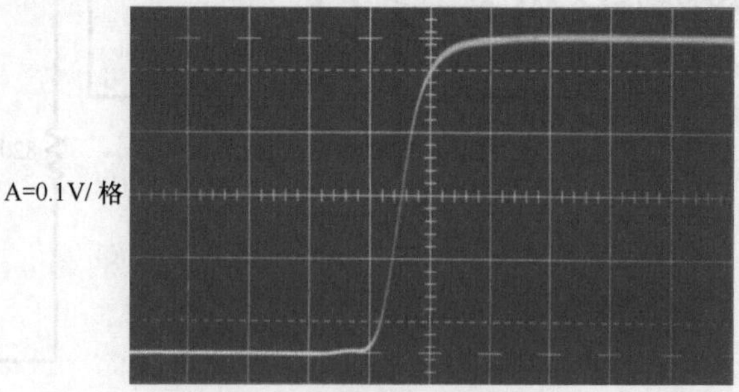

图37.23 优化了AC平衡和摆动补偿后的采样器输出

5.5μA供电、0.05μV/℃的斩波放大器

图37.24展示了仅需要5.5μA供电电流的斩波放大器。偏移电压为5μV并且有0.05μV/℃的漂移。10^8的增益能够提供高的准确度，甚至在大的闭环增益的情况下仍能提供高准确度。

微功率比较器构成了一个双相5Hz时钟。该时钟驱动输入相关的开关，引起A1A的输入端出现直流输入信号经过幅度调制后的信号。交流耦合的A1A的增益为1000，将其输出输送到与前面提到的调制器类似的开关解调器。

解调器的输出是电路输入信号经过重构、直流放大后的结果，被输送到直流增益级A1B。A1B的输出通过增益设置电阻反馈到它的输入调制器，整个放大器构成闭合反馈环路。该配置的直流增益由反馈电阻比确定，在本例中值为1000。

电路的内部交流耦合将防止A1的直流特性被整体交流性能影响，因此有着极低的偏置不确定性。高的开环增益允许在闭环增益为1000时有着10ppm的增益准确性。

所需的微功率运行和A1的带宽决定了采用5Hz的时钟频率。因此，所得总带宽较低。全功率带宽为0.05Hz并且压摆率为1V/s。时钟相关的噪声大约为5μV，可以通过增大C_{COMP}来得到较小噪声，但是相应的带宽也会较小。

带有低电量锁定的指示灯火焰探测器

图37.25展示了一个具有低电量锁定的指示灯火焰探测器。放大器（“A”）运行在开环模式，将基准电压的一部分与热耦产生的电压进行比较。当热耦较热时，放大器输出转换至高电平，偏置并导通VT1。由10M电阻提供的迟滞保证电路的干净转换，而二极管钳位静电产生的电压至电源轨。100kΩ−2.2μF的阻容滤波器对信号进行滤波后输送至放大器。

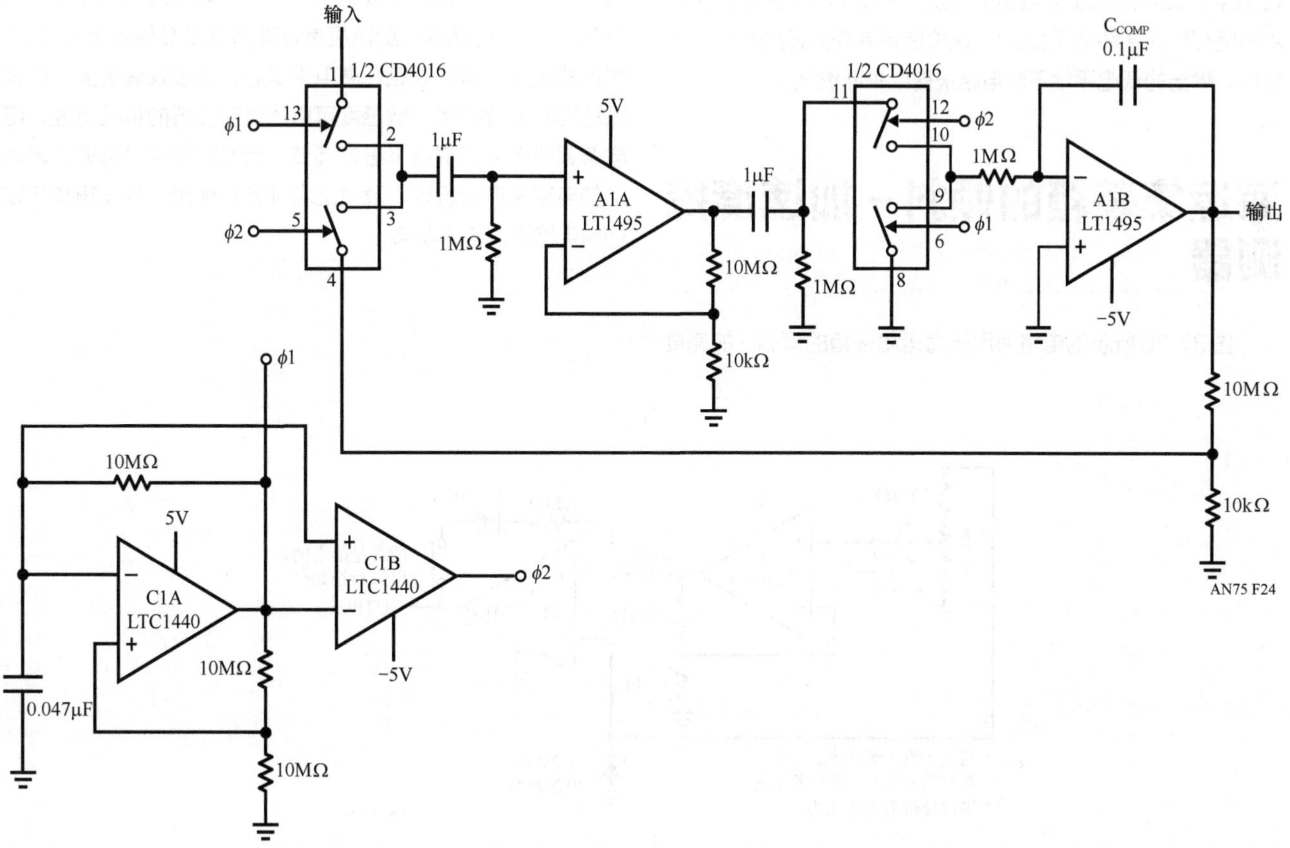

图37.24　0.05μV/℃（漂移）斩波放大器仅消耗5.5μA电流

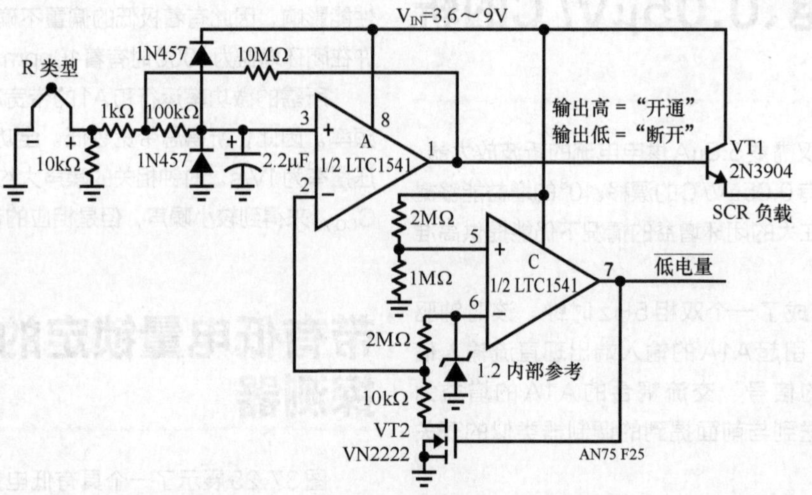

图 37.25　带有低电量锁定的指示灯火焰探测器

比较器（“C”）通过2MΩ-1MΩ分压器监测电池电压并将其与1.2V的基准极性比较。电池电压高于3.6V时将使得C的输出保持为高电平，偏置VT2使其导通并且在A的反相输入端保持一个小电位。当电池的电压太低时，C变为低电平，表示出现了低电量的情况。同时，VT2关断并引起A的反相输入端移动至1.2V。这将使得A变为低电平并关断VT1。输出的低电平给下游电路报警以关断燃气。

海运集装箱的倾斜 - 加速度探测器

图37.26所示的电路为用于海运集装箱的倾斜 - 加速度探测器。它探测海运集装箱是否受到过度的倾斜或者加速度，并保持探测到的输出信号。电路的敏感度和频率响应是可以调节的。带有小型下垂物体的电位器偏置放大器（“A”），工作在增益为12的条件下。正常情况下，A的输出在C的触发点以下，电路的输出为低电平。任何可以引起A的输出摆动至超过1.2V的倾斜 - 加速度事件都将触发C输出高电平。C附近的正反馈将C锁定在高电平状态，给接收端警报：所运输的物品处理不当。敏感度可以通过电位器的机械特性、电学偏置或者A的增益来进行调节。带宽可以通过选取A输入端的电容来进行设定。通过上电并将C输出端的按钮按下以使得电路进入工作状态。

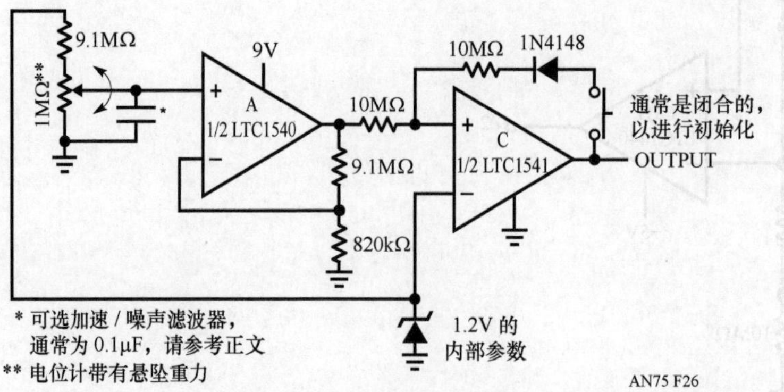

图 37.26　用于海运集装箱的倾斜 - 加速度探测器。它可以再触发后保持输出状态。可以通过调节放大器的反馈值来设定敏感度。电容器设定加速度的响应带宽

32.768kHz“时钟晶体”振荡器

图32.27所示为石英晶体振荡器，采用标准的32.768kHz“时钟晶体”，在所有情况下都能起振，并且没有杂散模式。在2V供电下消耗的电流只有9μA。

在开始时，忽略晶体能够最好地理解这一电路。同相输入端的电阻建立一个直流偏置点。1.2MΩ-10pF通路建立相移负反馈，并且电路在直流上看起来像临界稳定单位增益跟随器。当晶体实现后，出现正反馈并且在晶体的谐振频率上开始振荡。

该电路的功耗低。LTC1441的输出级设计消除了“图腾”电路，即使在电压升高时也保持了低的漏电流。图37.28表明在2V供电时消耗的电流为9μA，在5V供电时电流线性地增加到18μA。可以通过替换元件参数来减小消耗的电流，但是可能会导致不稳定的晶体启动或寄生模式。这在采用各种不同品牌晶振时更容易出现。电路中给出的值是最小化电流消耗和稳定工作之间的一个折中。

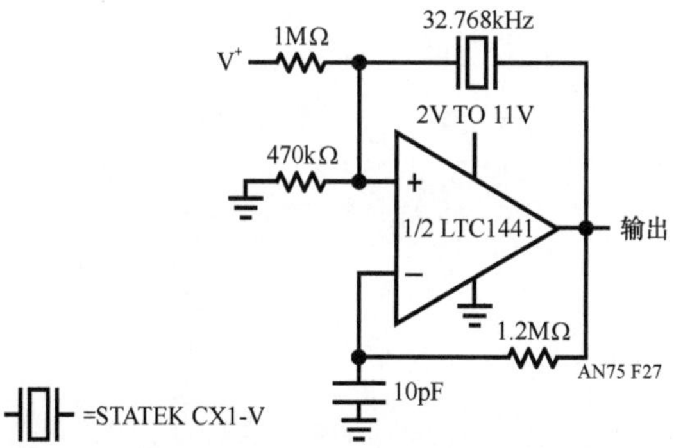

图37.27　32.768kHz“时钟晶体”振荡器（没有杂散模式）。在V_S=2V时电流消耗为9μA

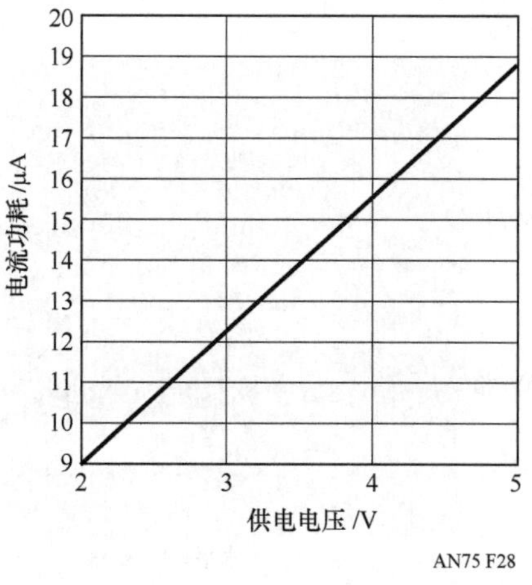

图37.28　32.768kHz晶体振荡器的电流消耗与供电电压关系图（基本是线性的）

互补输出的、50%占空比的晶体振荡器

图37.29所示的电路由Joe Petrofsky（LTC）和本书作者联合开发的，是采用LT1720双比较器、50%占空比的晶体振荡器。可以实现输出频率10MHz。

C1同相输入端的电阻设置了直流偏置点。2kΩ-0.068μF通路构成了相移反馈并且C1在直流上表现成一个宽带、单位增益电压跟随器。晶体的路径提供谐振正反馈并且将产生稳定的振荡。C2感测C1的输入端，提供延迟匹配、低压摆的互补输出。A1比较输出的带限信号并偏置C1的反相输入端。

由于频率是固定的，C1的唯一的响应自由度是脉冲宽度的变化；因此，输出被固定在50%的占空比。

电路可以在2.7～6V供电范围内，运行在频率为1～10MHz的AT-切割基波晶体。所有的偏置是从供电电源中派生出来的，因此是成比例的。这样，在所有供电电压下都保持50%的占空比，输出斜波在800ps以下。图37.20绘制了斜波，可以看到在2.7～6V供电范围内输出斜率的变化大概为800ps。

值得注意的是，可以通过将电流累加入任一的A1输入端以获得任何所需的占空比。如果这样做，电流应该直接由电源产生，否则电源抑制比将会恶化。

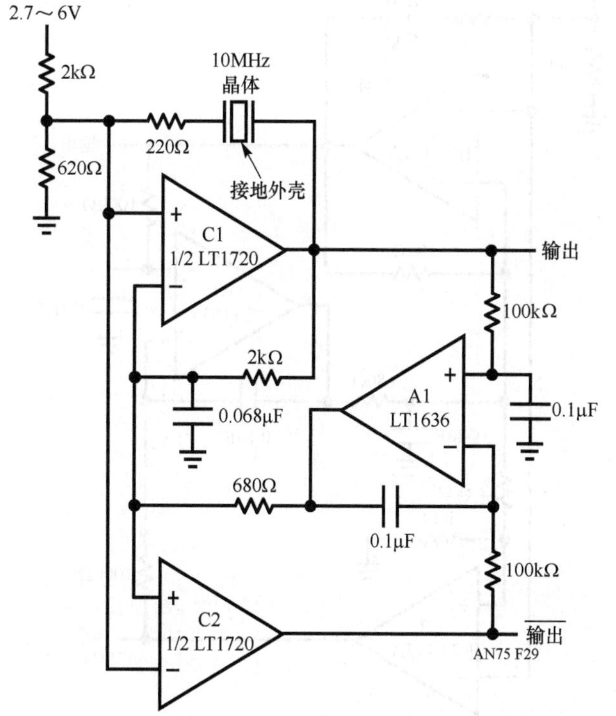

图37.29　带有互补输出端和50%占空比的晶体振荡器。尽快供电电压变化，但是A1的反馈保持输出的占空比

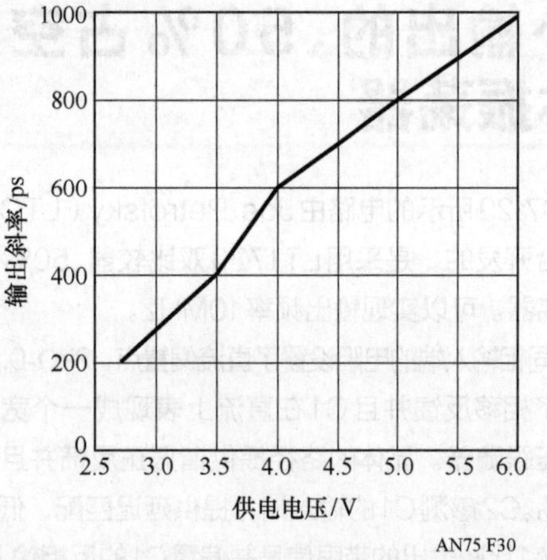

图37.30 在10MHz时钟时，输出斜率与供电电压的关系图。在2.7～6V的供电范围内斜率变换只有800ps

无重叠、互补输出晶体振荡器

图37.31所示的是前面设计的电路的扩展版本，可以产生无重叠、互补的输出晶振时钟。这一电路基本与图37.29所示的电路相同，不同之处在于C2接收衰减的偏置。这将使得输出有非重叠的特性。在这些条件下，A1平衡其输出的仅有的方式是电路的输出拥有相同的占空比。非重叠运行在图37.32进行验证，该图展示了电路的输出。输出的转换很清晰，没有可探测的重叠。该电路由于比例偏置，具有和前一版本相同的电源免疫性。如果A1网络被删除，输出占空比将会不均衡，但是非重叠特性将会保留。

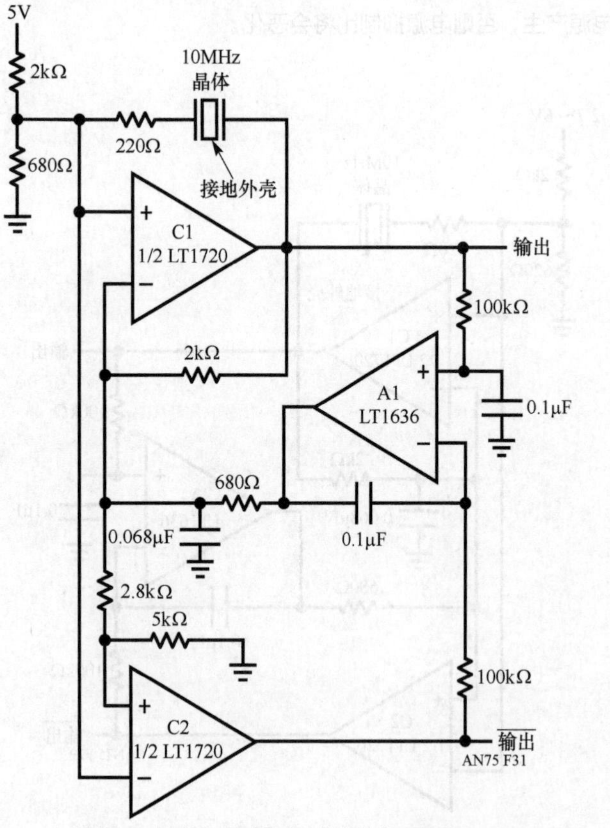

图37.31 重新设置图37.29所示比较器的偏置，提供非重叠互补输出

用于台式计算机显示的高功率冷阴极荧光灯背光逆变器

在台式计算机应用中，设计大型LCD显示器以替代CRT(冷阴极管)显示器。LCD缩小了的尺寸和功耗需求将使得产品有着更小的尺寸和更好的特性。

替代CRT需要一个10～20W的逆变器来驱动冷阴极荧光灯(Cold Cathode Fluorescent Lamp,CCFL)，从而给LCD提供背光。此外，逆变器需要提供较宽的、与CRT相似的亮度范围，并且它必须要有安全特性以避免灾难性故障的发生。

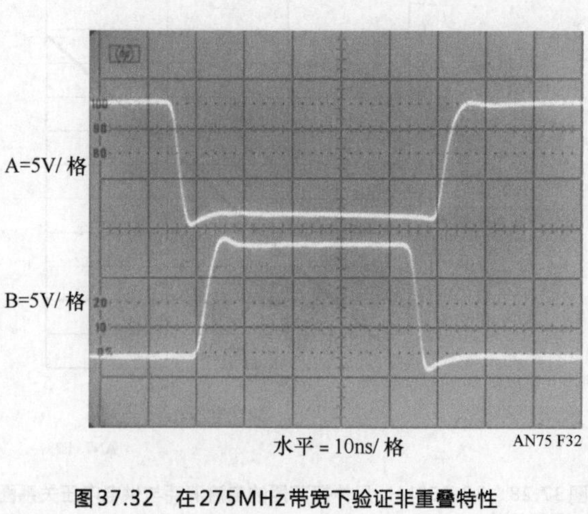

图37.32 在275MHz带宽下验证非重叠特性

图37.33所示的电路满足了这些要求。它是笔记本计算机显示器电路的一个改进、高功率版本[9]。T1、VT1、VT2及其的相关元件构成了一个电流反馈、谐振Royer转换器，在T1的次级提供高电压。电流通过冷阴极荧光灯管并经过求和、整流、以及滤波，给LT1371开关稳压电源提供反馈信号。LT1371给L1-VD1节点提供开关模式电源，并在Roger转换器处形成控制环路。182Ω提供电流到电压转化，设置了灯管的电流工作点。环路将使得电路的电流在时间、电源、温度和灯管特性变化时保持稳定。LT1371的频率补偿由C1和C2设定。补偿响应足够快以允许200Hz的PWM输入来控制30：1范围内的亮度变化，并且不会使得环路控制恶化。可以使用的波形如图37.34所示。

如果灯管电流停止（灯管或者引脚开路或者短路，T1故障或者其他类似故障），VT3和VT4将关闭电路。正常情况下，VT4的集电极电压增大，过度驱动反馈节点并将电路关闭。VT3防止在通过驱动VT4的基极以开启电源直至电源电压超过7V之间电路不必要的关断。

图37.35展示了由灯管反馈损耗造成关断的电路。当灯管反馈停止时，182Ω电流感测电阻上的电压将降至0（在图37.35中的第三条和第四条可见垂直刻度线，参见曲线A）。LT1371对于这一开环条件的响应是驱动Royer转换器到全功率（曲线B为VT1集电极）。同时，VT4的集电极（曲线C）升高，在大约50ms内过度驱动LT1371的反馈节点。LT1371停止开关，关闭Royer转换器的驱动。电路保持在这个状态直至这一故障被排除。

这个电路功能的组合提供了一个安全、简单并且可靠的高功率冷阴极荧光灯驱动。效率在85%～90%。闭环运行以确保最大灯管寿命，同时允许更宽的亮度调节范围。安全特性避免了在故障时过度发热。采用了现成的元件以使得电路易于实现。

⑨ 请参阅参考文献21。

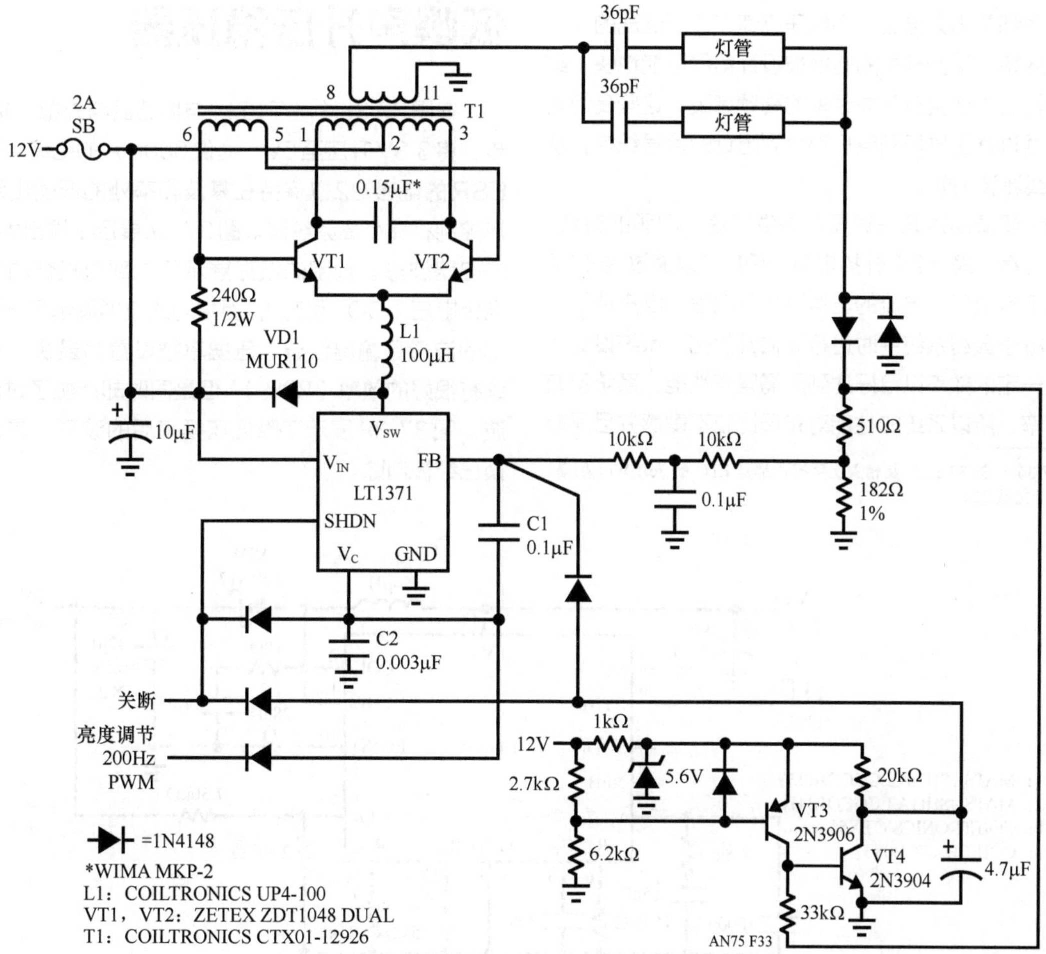

图37.33 用于桌面显示的12W冷阴极荧光灯背光逆变器提供宽范围亮度调节以及安全特性

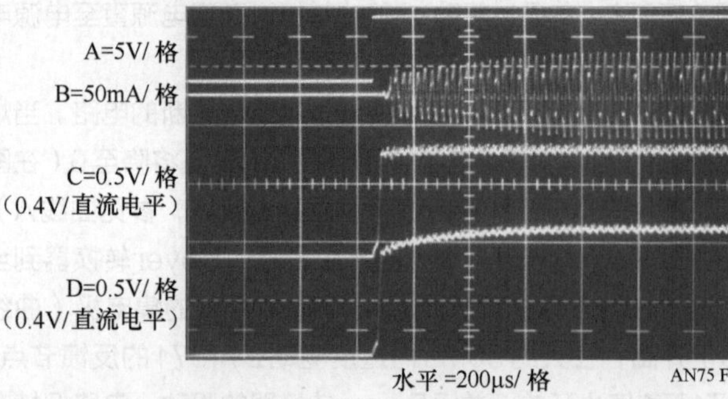

图37.34　快速环路响应在200Hz的PWM输入时保持调控。波形包括PWM指令（A），灯管电流（B），LT1371反馈信号（C）和误差放大器信号V_C。环路建立在500μs内

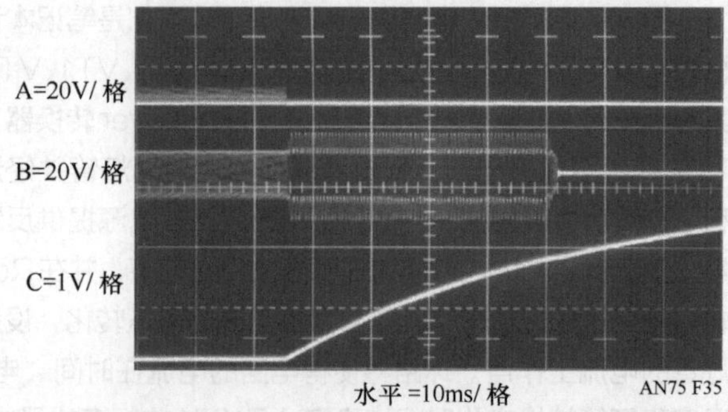

图37.35　当灯管反馈消失时，安全特性将关断电源。灯管电流下降（A）使得监测电路上升（C），关断驱动器（B）

超低噪声功率转换器[⑩]

当今的电路设计人员经常遇到一个挑战：结合敏感模拟电子电路和有噪功率转换器以构成高性能系统。小型化、高效率和经济的解决方案经常与可接受的噪声性能构成矛盾。有噪的开关稳压器需要滤波、屏蔽以及版图修改，这些都增加了系统的体积和价格。大部分与直流/直流转换器相关的电磁干扰问题都是由大电流、高电压高速开关而造成的。为了保持高的效率，这些开关的转换被设计得尽可能地快。结果是输入和输出纹波含有开关频率的高频谐波。这些高速转换的边沿也通过寄生磁场和电厂耦合到附近的信号线内，从而使得电源线滤波失效。

LT1534超低噪声开关稳压器提供了这个问题的有效、灵活的解决方案。采用2个外接电阻，用户可以通过内部2A的功率开关及其电压对电流的压摆率进行编程。噪声性能可以在电路运行于最终系统中时进行评估并优化。系统设计人员需要牺牲一定的效率以恰好达到所需噪声性能。系统具有受控的压摆率，所以系统的性能对布局比较不敏感并且屏蔽需求会极大地减小；可以避免昂贵的布局和机械调整。

⑩ 图37.36与图37.39以及相关文字描述都是LTC的Jeff Witt所著，最初发布于参考文献22。

LT1534的内部振荡器能在很宽的频率范围内（20kHz~250kHz）进行编程控制，并且初始精度较好。它也可以与外部信号同步，使其开关频率及其谐波远离敏感的系统频率。

低噪声升压稳压器

在图37.36中，LT1534与振荡器与外部50kHz时钟同步，将3.3V升压至5V、提供650mA的电流。电路依赖低ESR的电容C2以保持在基波频率处的低输出纹波；压摆率控制将减小高频纹波。图37.37展示了输出为500mA时的电路波形。顶部的波形展示了内部双极性功率开关的集电极电压（COL引脚），而中间的波形展示了开关电流。底部的波形是输出纹波。压摆率被设置为最快，从而使得系统有很好的效率（83%），但是同时却产生了过量的高频纹波。图37.38展示了降低压摆率后的波形。较大的高频转换已经被消除。

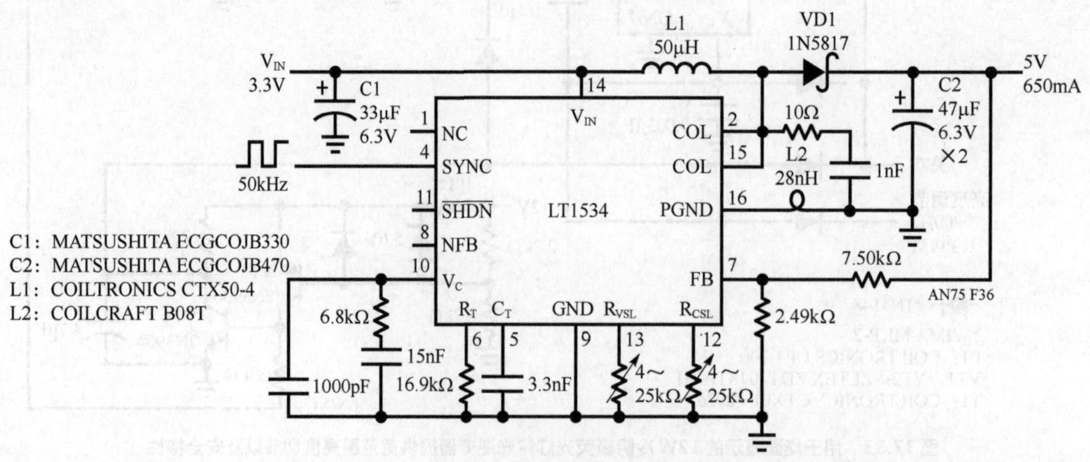

图37.36　LT1534将3.3V升压至5V。在R_{VSL}和R_{CSL}引脚的电路设置电源开关（COL引脚）的电压压摆率以及通过的电流

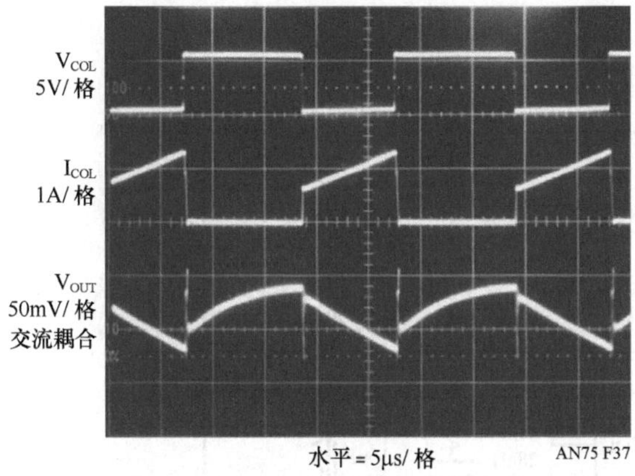

图37.37　高压摆率（$R_{CSL}=R_{VSL}=4k\Omega$）带来好的效率，但是有过量的高频纹波

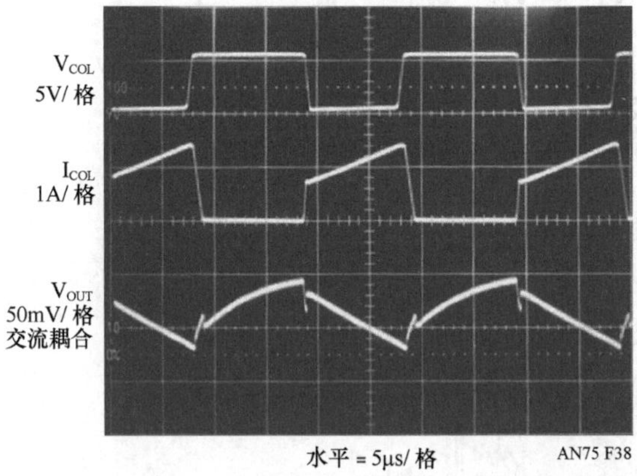

图37.38　低压摆率（$R_{CSL}=R_{VSL}=24k\Omega$）的输出没有高频转换分量

低噪声双极性电源

很多高性能模拟系统需要平静的双极性电源。这个电路（见图37.39）将从3～12V的宽范围输入电压产生±5V、总功率为1.5W的电源输出。通过采用1：1：1的变压器，初级绕组和次级绕组可以通过电容C2和C3进行耦合，从而允许LT1534在输出整流和开关集电极处控制开关转换。电路并不需要次级阻尼网络。

超低噪声的离线式电源

离线式电源（译者注：即由交流市电供电）需要输入滤波器元件以满足FCC的辐射要求。除此以外，电路板的布局通常也很关键，甚至经验丰富的离线式电源设计者都需要进行大量的试验。这些考虑是由于传统离线式电源高速开关所产生的宽带噪声。一种新器件——LT1533低噪声开关稳压器，通过对电压和电流的开关次数进行连续、闭环的控制以消除这些问题⑪。此外，器件的推挽输出驱动消除传统方式的反激间隔。这将进一步减小谐波并平滑输入漏电流特性。尽管LT1533主要用于直流/直流转换，但是它也能够很好地适用于离线式应用，能够消除辐射、滤波、布局以及噪声方面的顾虑。

图37.40展示了该电源。VT5和VT6通过一个整流滤波器驱动T1，LT1431和光耦形成一个闭合的隔离环路回到LT1533。LT1533以共源共栅方式驱动VT5和VT6以到达高电压开关能力。它同时连续控制电流和电压开关时间，采用I_{SLEW}和V_{SLEW}引脚的电阻来设置转换速度。场效应管的电流信息可以直接获取，但是场效应管的电压状态通过360kΩ-10kΩ分样器获得并通过NPN-PNP跟随器输送到门电路。源极信号波形以及在LT1533集电极端口的电压压摆信息都与漏极波形几乎相同。

VT1、VT2及其相关元件提供一个自举偏置电源。一旦T1开始给VT2提供电源，启动晶体管VT1将关闭。VT2发射极的电阻串提供各种“内务”偏置电压。LT1533内部1A的电流限制对于有效的过流保护来说太高了。取而代之，电流通过位于LT1533发射极引脚（E）的0.8Ω分流电阻进行感测。C1检测这一点的状态，当电流超过限定值后将变为低电平。这便将V_C引脚拉低并且同时加速电压的压摆率，从而实现快速的限流并最小化场效应管的实时压力。延长的短路条件将导致C2变为低电平，使得电路进入关断。一旦这个情况发生，C1-C2环路将以受控的方式振荡，每秒钟将采样该电流大约1ms。这个动作构成功率限制，防止场效应管过热并消除所需的散热器。

图37.41给出了电源的波形。迹线A是一个场效应管的源极；迹线B和C分别是它的栅极和漏极波形。场效应管的电流为迹线D。即使在LT1533严格调节电压和电流转换速率的情况下，该级联驱动保持波形的保真度。离线式电源的典型宽带斜波完全消失了。传输给T1（屏幕中央，迹线C）的电源是值得特别注意的。波形平滑而且受控，并且没有可观测到的高频分量。图37.42将扫描速度增加5倍，但是高频分量始终探测不到。图37.43展示了用宽带电流探头在“HV”节点检测的电源输入。电流消耗曲线较为平滑，并且完全没有高频成分。

图37.44所示的是一个30MHz宽带频谱绘图，展示了电流的辐射远低于FCC的要求。该数据是在没有输入滤波LC元件和一个普通、未经优化的布局情况下测得的。

输出噪声包括基本纹波残留，实质上并没有宽带成分。典型情况下，低频纹波是在50mV以下。如果需要额外的纹波衰减，100μH-100μF电感电容组合使得输出噪声<100μV。图37.45展示了100MHz通带内的噪声情况。纹波和噪声都很低，所以示波器需要一个40dB低噪声预放大器才能够显示出来（参见脚注11）。

⑪ 有关该器件更详细的说明，有关其用法以及性能验证等请参阅参考文献23。

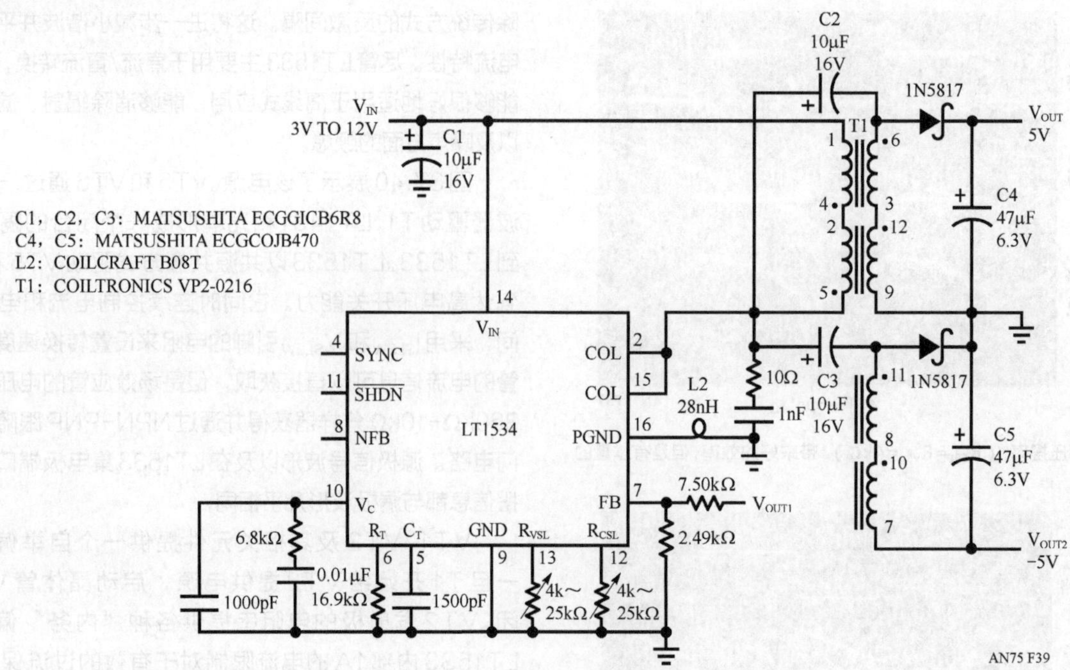

图37.39 低噪声、宽输入范围的±5V电源

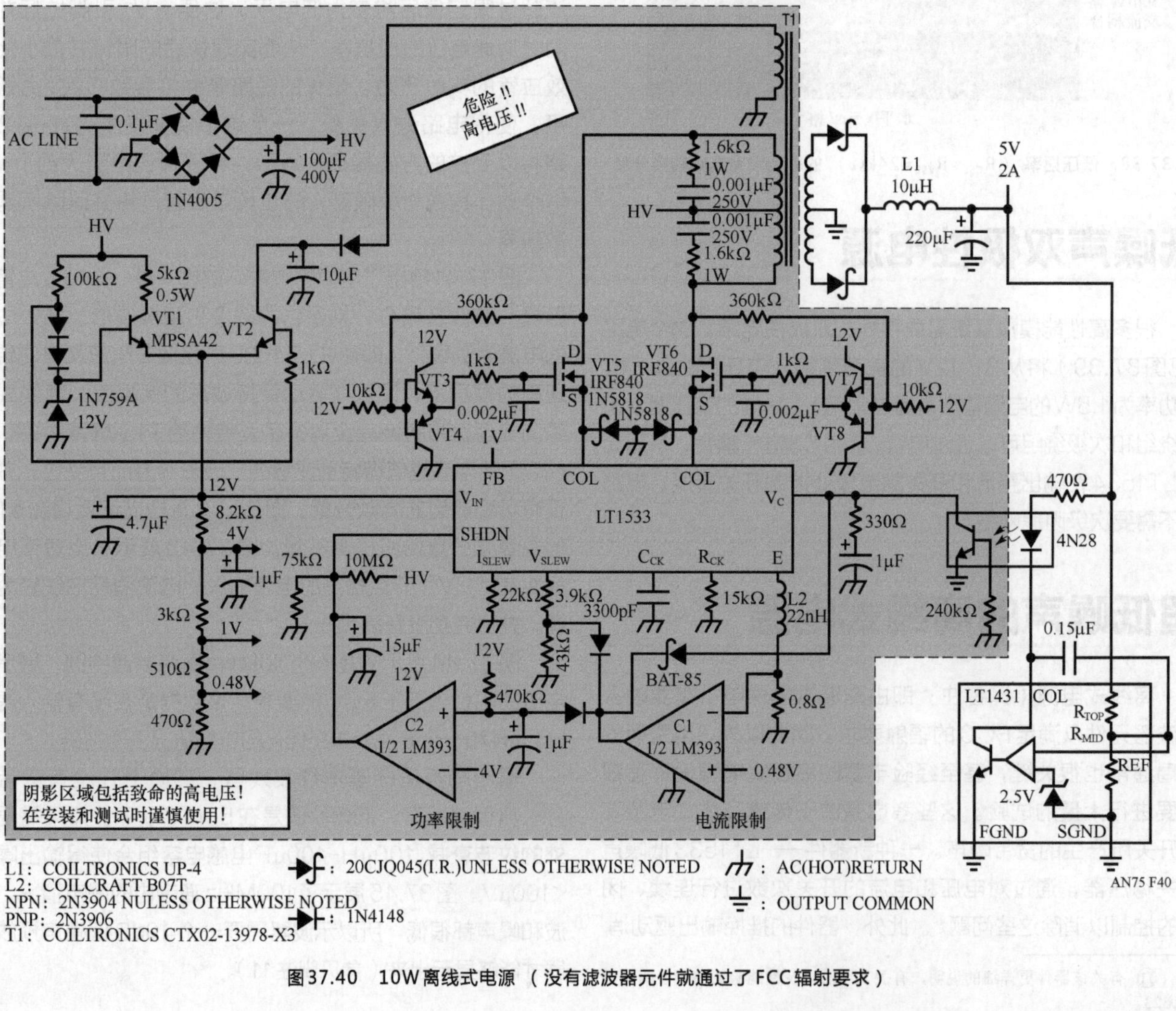

图37.40 10W离线式电源（没有滤波器元件就通过了FCC辐射要求）

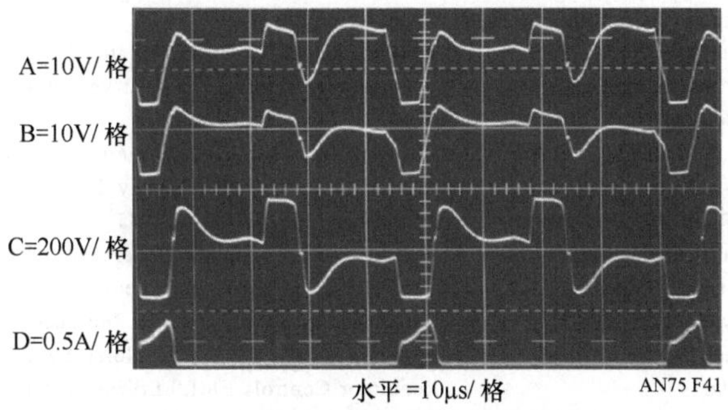

图37.41 电源的其中一个场效应管的波形显示没有宽带谐波。LT1533提供电压和电流压摆的连续控制。 结果是场效应管的平滑受控波形： 源极（A）， 栅极 （B） 以及源极 （C）。 场效应管的电流为迹线D

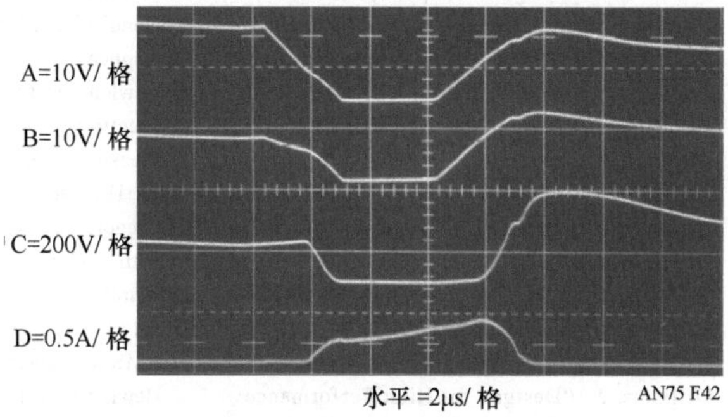

图37.42 图37.41的时间放大版本， 有着同样的迹线标号。 没有可探测的宽带成分

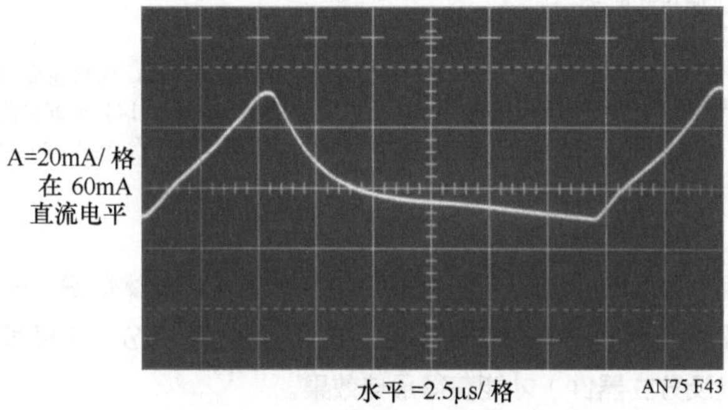

图37.43 电路消耗输入电流的曲线很平滑， 没有高频成分

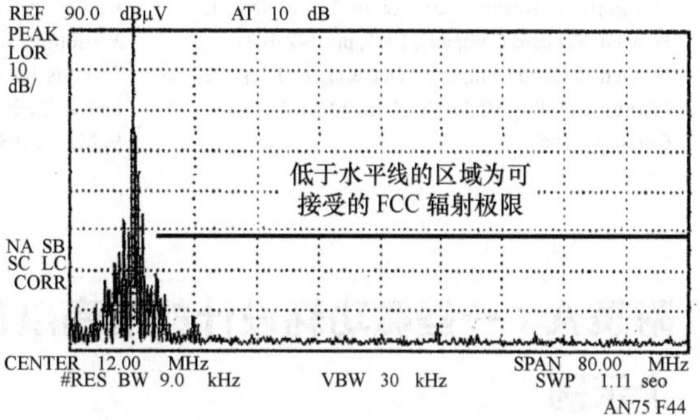

图37.44 30MHz宽带频谱绘图。 尽管没有传统滤波器元件， 电路辐射仍远低于FCC的要求

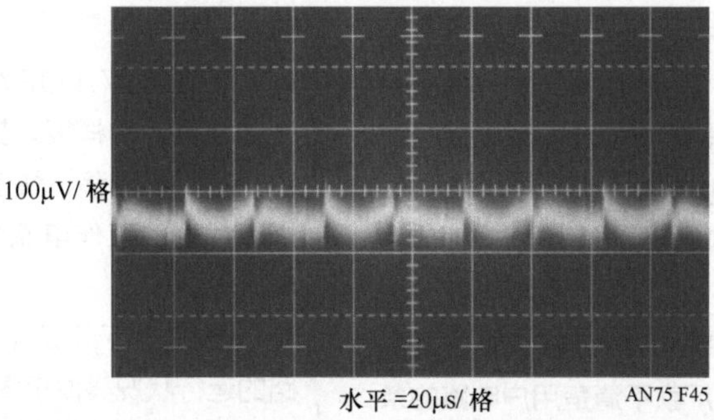

图37.45 电源输出噪声低于100μV（100MHz测量带宽） 是可以达到的 （采用额外的输出电感-电容组合）。 没有电感-电容时依旧没有宽带谐波， 但是基本纹波为50mV

参考资料

1. Sylvan, T.P, "Voltage-to-Frequency Converter," Transistor Manual, General Electric Co., 1964, Figure 13.63, p. 346
2. Pease, R.A., "A new Ultralinear Voltageto-Frequency Converter," 1973 NEREM Record, Vol.1, p. 167
3. Pease, R.A., assignee to Teledyne, "Amplitude to Frequency Converter," U.S. patent 3, 746, 968, filed September 1972
4. Williams, J., "Low Cost A/D Conversion Uses Single- Slope Techniques," EDN, August 5, 1978, pp. 101-104
5. Williams, J., "Designs for High Performance Voltage- to-Frequency Converters," Linear Technology Corporation, Application Note 14, March 1986
6. Wilkinson, D.H., "A Stable Ninety-Nine Channel Pulse Amplitude Analyzer for Slow Counting," Proceedings of the Cambridge Philosophical Society, Cambridge, England 46, 508. (1950)
7. Hewlett-Packard Company, "Electronic Test Instruments," Catalog No.25, Digital, Differential Voltmeters, Ramp (Voltage-to-Time) DVM, Hewlett- Packard Company, 1965, pp. 142-143
8. Hewlett-Packard Company, "Operating and Service Manual—HP3440 DVM," Hewlett-Packard Company, 1961
9. Williams, J., "Micropower Circuits for Signal Conditioning," Linear Technology Corporation, Application Note 23, April 1987
10. Hewlett-Packard Company, "1968 Instrumentation. Electronic—Analytical—Medical," AC Voltage Measurement, Hewlett-Packard Company, 1968, pp. 197-198
11. Gregory Justice, "An RMS-Responding Voltmeter with High Crest Factor Rating," Hewlett-Packard Journal, Hewlett-Packard Company, January, 1964
12. Hewlett-Packard Company, "Model HP3400A RMS Voltmeter Operating and Service Manual," Hewlett-Packard Company, 1965
13. Williams, J., "A Monolithic IC for 100MHz RMS/DC Conversion," Linear Technology Corporation, Application Note 22, September 1987
14. Hewlett-Packard Company, "Schottky Diodes for High Volume, Low Cost Applications," Application Note 942, Hewlett-Packard Company, 1973
15. Tektronix, Inc., "Sampling Notes," Tektronix, Inc., 1964
16. Goldberg, E. A., "Stabilization of Wideband Amplifiers for Zero and Gain," RCA, Review, June 1950, p. 298
17. Williams, J., "Applications Considerations and Circuits for a New Chopper-Stabilized Op Amp," Linear Technology Corporation, Application Note 9, March 1985
18. Mattheys, R.L., "Crystal Oscillator Circuits," Wiley, New York, 1983
19. Frerking, M.E., "Crystal Oscillator Design and Temperature Compensation," Van Nostrand Reinhold, New York, 1978
20. Williams, J., "Circuit Techniques for Clock Sources," Linear Technology Corporation, Application Note 12, October 1985
21. Williams, J., "A Fourth Generation of LCD Backlight Technology," Linear Technology Corporation, Application Note 65, November 1995
22. Witt, J., "LT1534 Ultralow Noise Switching Regulator Controls EMI," Linear Technology Corporation, Design Note 178, April 1998
23. Williams, J., "A Monolithic Switching Regulator with 100pV Output Noise," Linear Technology Corporation, Application Note 70, October 1997
24. Hunt, F V, and Hickman, R.W., "On Electronic Voltage Stabilizers," "Cascode," Review of Scientific Instruments, January 1939, pp. 6-21, p.16.[12]
25. J.Williams, "High Speed Amplifier Techniques," Linear Technology Corporation, Application Note 47 (1991) 96-97

⑫ 熟知 LTC 应用指南的人，应该能看出该参考文献正是应用指南 70（脚注 14）香槟奖设置的目标。解决该问题可以获得（Veuve Clicquot Ponsardin）的奖励。

附录A 一些微功耗设计的指南以及一个示例

与所有的工程一样，微功耗电路需要注意细节、懂得取舍并且能够运用各种技巧以达到设计目标。

显然，降低功耗最直接的方式是选择能耗较少的元件。在此基础上，如果希望进一步降低功耗，则需要一些设计技巧。

首先，电路应通过电流进行检查。考虑所有直流和交流通路中的电流流动。例如，基极直流电流是否流到真正起作用的地方，还是直接浪费了？尝试将交流信号摆幅降低，特别是当电容（寄生或者所需的）必须持续充电或者放电时更需如此。检测电路，查看是否有地方存在功率闪频。

其次，需要考虑元件静态功率与动态功率需求之间的关系，以免发生意外。由于生产厂家不清楚用户电路的条件，所以其数据手册通常只能确定静态功耗。例如，大家都知道"MOS器件不消耗电流"。然而，大自然决定了当频率和信号摆幅上升时，与MOS器件相关的电容将需要更多的功率。所以，直接将低功率与工艺相关联通常是错误的。对于某一特定功能，CMOS的功耗也许比12AX7低，但是采用三极管来实现功耗将更低。所以，在决定采用何种工艺之前，应根据各项指标考虑各种具体情况。一般来说，电路同时需要多种工艺（例如CMOS、三极管以及分立器件）才能获得最佳效果。

另外，实现低功耗运行在性能上需要进行折中考虑。最小化信号摆幅和电流可以降低功率，但是这样会使电路工作在更靠近基底噪声的地方。在限制信号幅度以节省功耗时，偏移、漂移、偏置电流和噪声将增大成为显著的误差因子。这是必须要仔细考虑的最基本的折中。至于电路所引入功率闪频，有时可以通过低占空周期来解决。

正文图37.1和37.4的电压频率转换器，构造了一个低功耗设计的样板。其设计目标包括一个10kHz最大输出功率、低漂移、快速阶跃响应、线性度在0.05%以内以及最低的工作电流等。其他的指标在相关的文档中有所阐述。

图A1展示了这个电路较早的一个版本（1986）。电路的运行状况类似于图37.1对应的文本描述，下面简单说明一下。当输入电路在C1反相输入端越过零点时，C1的输出降低，推动电荷通过C1。这迫使反相输入端降到负值。C2提供正反馈，使得C1能够完全放电。当C2衰减时，C1A的输出升高，钳位在由D1、D2和VREF设定的电平上。C1接受电荷，在C1A的反相输入端到达0时，将重复以上操作。重复频率与输入电压相关。二极管D3和D4

提供操控，由D1、D2进行温度补偿。C1A的饱和电压是未经补偿的，但是很小。C1B是一个启动环路。

尽管LT1017和LT1034具有较低的工作电流，该电路消耗大约400μA。交流电流路径包括C1的充电－放电循环，以及C2的分支。而通过D2和V_{REF}的直流路径代价很高。在10kHz运行时，C1的充电必须足够快，这就意味着在C1A输出端的钳位必须在这一频点处有较低的阻抗。C1A的限流输出在没有辅助的情况下达不到这个要求，所以需要有电源电阻。尽管C1A可以提供必须的电流，的建立时间可能成为一个问题。减小C1的值可能会成比例地降低阻抗需求，看上去似乎能够解决这一问题。但不幸的是，降低C1的值将放大D3-D4节点间的寄生电容。该方法同时也要求R_{IN}的值相应地增大以保持比例系数恒定。这将使得C1A反相输入端的工作电流减小，从而使偏置电流和偏移成为主要误差来源。

图A2所示电路是尝试解决这一问题的初始解决方案。这一方案除了Q1和Q2以外，其他与图A1类似。V_{REF}通过Q1接受开关转换的偏置，而不是一直导通的偏置。Q2提供C1的放电路径。这些晶体管使C1A的输出反相，所以输入引脚进行了交换。R1通过电源提供一个较小的电流，改善了参考建立时间。这种电路结构能使工作电流降低到约300μA，有了较为显著的改善。然而电路还是有一些问题。Q1的开关转换运行只有在较高频率时才是有效的。在较低频率时，C1A的输出在大部分时间内是低电平的，偏置Q1使其导通，比较耗费功率。此外，当C1A的输出转换时，Q1和Q2在转换过程中同时导通，有效地将R2从电源处旁路。最终，两个晶体管的基极电流流入地，白白浪费掉了。除了Q2的饱和分量取代了比较器饱和分量外，其他的基本电压补偿与前面的电路相同。

图A3中的电路优于图A2。Q1消失了，Q2保留但是增加了Q3、Q4和Q5。及其相应的二极管通过R1进行偏置。Q3是一个射极跟随器，它向C1提供电流。Q4温度补偿Q3的VBE，Q5对Q3进行开关转换。

这种方法有一些独特的优点。由于Q3的电流增益，极大地减小了的工作电流。同时，因为Q5、Q2在相同的阈值电压处进行切换（在C1A外部），图A2的同步导通问题也大幅度地减轻了。Q3的基极和发射极电流被传输到C1。Q5的电流被浪费了，但是它远小于Q3的电流。Q2较小的基极电流也被消耗了。C2和R3的取值有所更改。时间常数是一样的，但是由于R3的增大，电流减小了一些。

如果C1不可以减小，那么它的交流电流将不可避免。这将使得前面提到的Q5和Q2的电流与R3较小的损耗一起成为显著的损耗项。这个电路的最大消耗电流大约为200μA。

图A4（1987）是一个相似的电路，不过去掉了Q5和Q2的损耗项，使得电流的最大工作电流在150μA以下而静态电流在80μA以下。基本的改进是使用CMOS反相器作为开关参考源，反相器的电源引脚有参考源缓冲器NPN驱动，它们的输出端在 和地之间转换。其他的改进包括提供了更好的温度补偿以及改进的电源抑制。经过改进的由LM334驱动的参考源栈与37.1中的配置很相似。这个电路提供了优异的精度：0.02%的线性度、40ppm/℃以及40ppm/V的电源抑制比。

该电路的改进版（1991）如图A5所示，它将供电电流降到最大只有90μA。这是通过减小CMOS反相器的数目、消除交流输入电流等方法。电荷释放电容也降至100pF，因此需要一个较大的输入阻抗值。节约电流的代价是漂移（增加至2倍）和线性度（增加至3倍）的恶化。

图37.1和37.4（分别为1997和1999）是最后两种电路的直接扩展。它们显著地降低了工作电流。这是通过使用现代元器件进行了最小性能折中而实现的。LTC1440/LTC1441比较器以及LT1389参考源是功臣。在这两个电路中，也包含其他一些较小的改进，不过文中所述电压－频率转换器是上述五个版本电路的最终（到目前为止）演化。

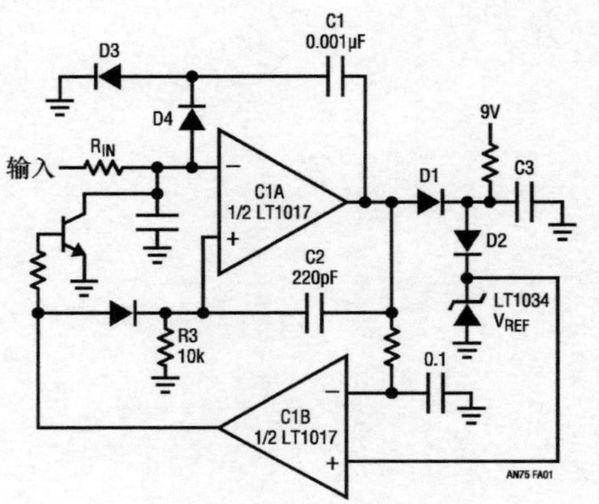

图A1

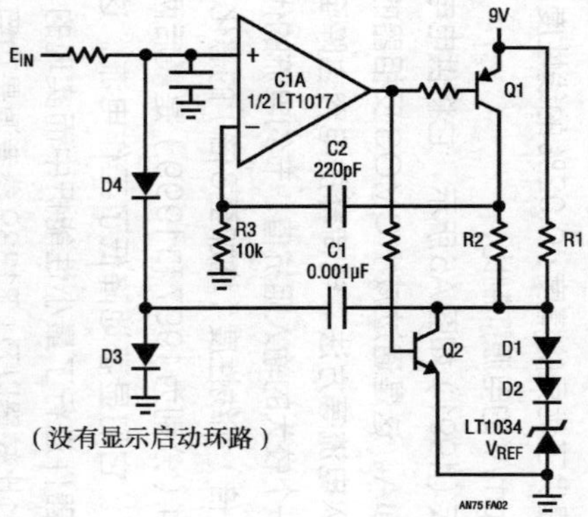

图A2

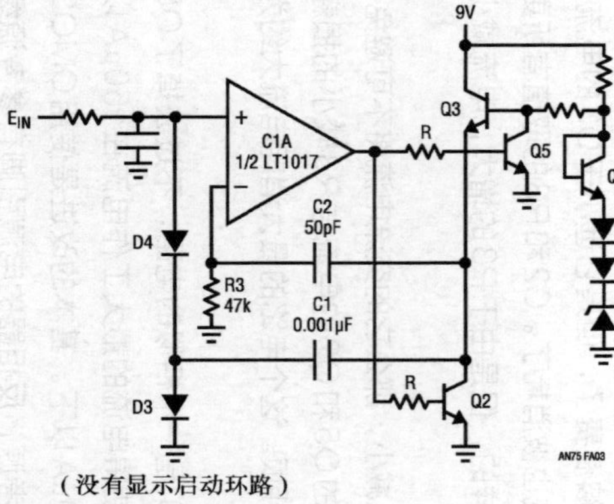

图A3

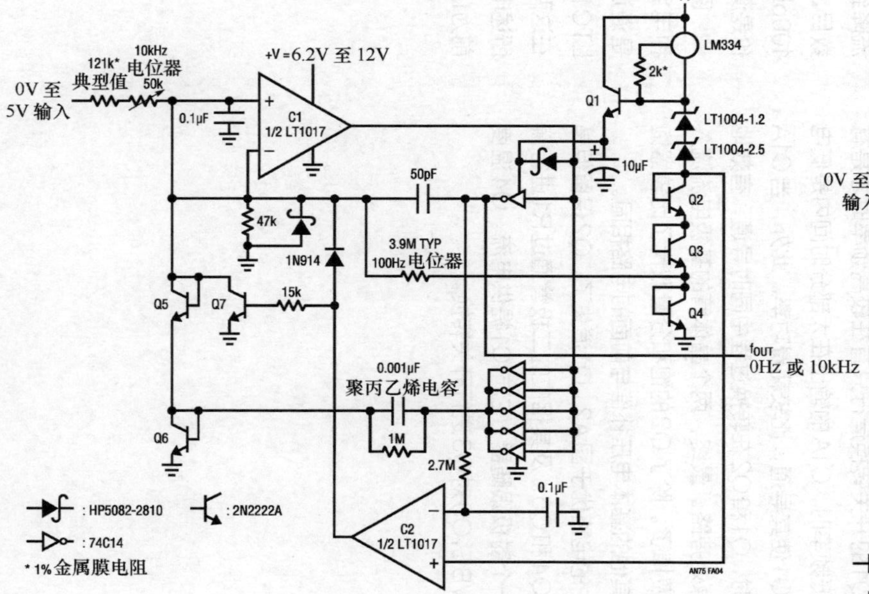

an75f

图A4

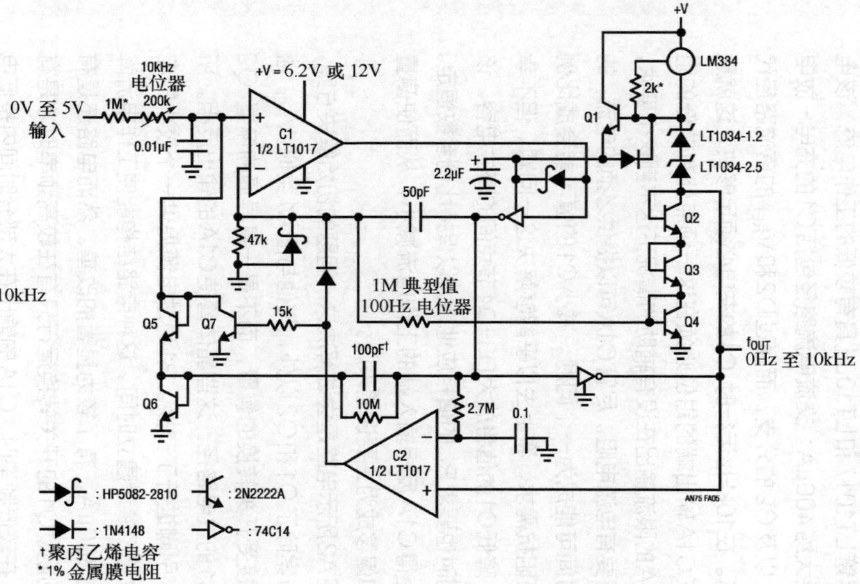

图A5

附录B 微功率电路测试仪器的寄生效应

与微功率电路相连的测试仪器的功耗可能较大。在正常情况下，测试仪器和探头消耗的功率可以忽略不计，但是微安量级的工作电路的测量则需要特别小心。测试仪器需要被当作电路不可分割的一部分。必须谨记直流、交流负载效应以及寄生参数对电路的影响，以免产生意外。仪器连接误差可能使待测电路显得更差或者更好。

示波器探头的直流阻抗从几百欧（1X探头）到10MΩ（10X探头），也有些10X探头的阻抗低至1MΩ。与我们想象不同，FET探头并没有较高的输入阻抗，某些探头的阻抗低至100kΩ，尽管大部分的探头在10MΩ左右。10X 1M探头的直流负载可能引入高达5μA的损耗，大约是图37.4电路总电流的60%！在测试图37.27中30kHz时钟时，10pF探头的交流负载可能明显地引起电路1μA的功耗，在低功耗电路中同样是一个显著的功耗。1X类型的探头在连接到示波器后，大约会呈现出50pF、1MΩ直流电阻的负载效应。在微功率电路测量中，该类型的探头负载将造成巨大的误差，可能造成一些电路失效。这样的一个探头，接入到图37.6电路中的C1B反相输入端，将引起电路振荡器停止振荡。如果放置在图37.6电路电源的两端，将消耗与电路差不多一样的功耗。

探头的交流和直流负载并不是唯一的效应。一些数字电压表会在其输入端造成“电荷分离”效应。这些寄生电荷，在引入高阻抗节点中之后，将会造成重大的误差。同样需要记住数字电压表的直流负载可能会随着量程的变化而变化。较低的量程可能有着较高的输入阻抗，不过较高量程输入阻抗的典型值为10MΩ。用一个10MΩ数字电压表测量图37.6电源将引入大约10%的工作电流误差。

图B1展示一种测试仪器能够使得电路性能显得更好（而不是更差）的情况。如果脉冲发生器的电平调节在比稳压器输出电平高至少一个二极管压降的时候，旁路电容将峰值监测通过IC内部二极管输送的电荷。这样的话，稳压器将不会消耗电流，并且它的输出端将会呈现高电平并且不会消耗任何电流。在这种情况下，这个电路将在电流表读数为零的情况下工作。但是该电路实际上是一个非常低功耗的电路（而不是零功耗）⑫！

图B2展示了一个非常简单，但是很有效的电路，它将显著地改善微功率电路中探头负载效应问题。LT1022高速FET运放驱动一个LT1010缓冲器。LT1010的输出允许数字电压表的导线以及探头驱动同时偏置电路的输入屏蔽。这一自举输入电容将降低负载效应。这个电路的直流和交流误差对于大部分电路来说都足够低，并且对于任何低功耗电路来说带宽都足够了。将这个电路放入一个外壳中并且给它提供电源，便可用在示波器或者数字电压表上以取得良好的测试结果。相关的参数已在图中列出。

图B3是一个非常高速的高阻抗探头，在某些场合使用。A1是一种混合的FET缓冲器，构成了探头的电路核心。这个器件是一个由低输入电容、宽带FET源极跟随器驱动的高速双极性输出级。当探头检测到较低的交流阻抗时，探头的输入电阻通过51Ω电阻输入到这个器件里，降低了跟随器输入级发生振荡的可能性。A1的输出驱动探头输入线周围的保护罩，有效地将输入电容降低至4pF。一个连接至地电平的屏蔽层环绕了保护罩，使其噪声降低，从而很容易实现待测电路到地的高质量连接。后端接的A1驱动输出BNC线缆，馈入信号至示波器的50Ω端接。图中已标注了电路的指标。注意，后端接使电路衰减为2，而缓冲器的开环结构引入了一个较小的增益误差。探头的物理结构对于获得上述性能来说至关重要。参见参考资料25以获得更详细的信息。

⑫ 客观上说，大部分稳压器的电源可以消耗少量的电流，因此电流计可能会读到负值。

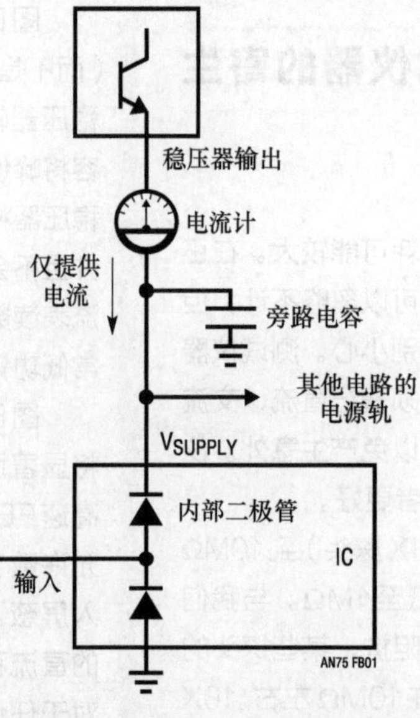

图 B1 寄生电流从脉冲发生器流入电路引发错误的电流计读数

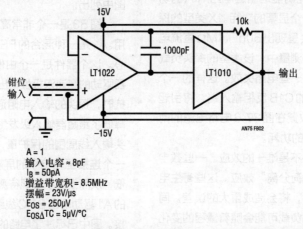

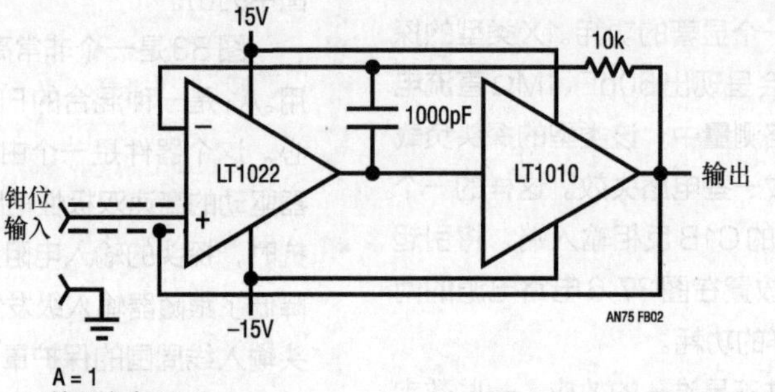

A = 1
输入电容 ≈ 8pF
I_B = 50pA
增益带宽积 = 8.5MHz
摆幅 = 23V/μs
E_{OS} = 250μV
$E_{OS}\Delta TC$ = 5μV/°C

图 B2 高阻抗探头引入最小的负载。其速度对于大部分微功率电路而言是足够的

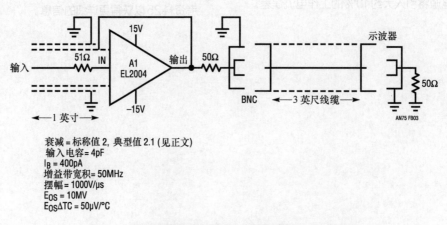

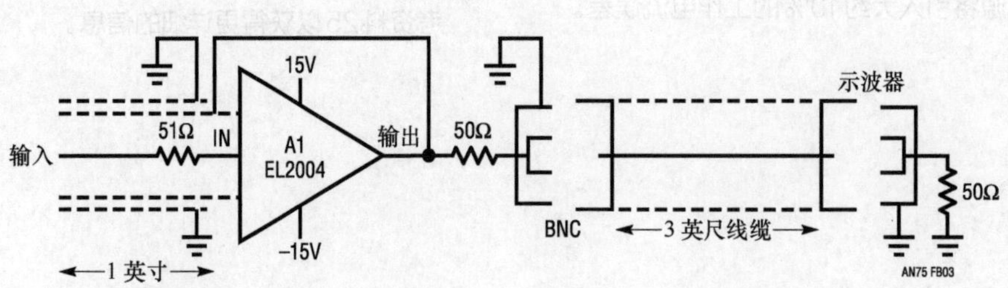

衰减 = 标称值 2，典型值 2.1（见正文）
输入电容 = 4pF
I_B = 400pA
增益带宽积 = 50MHz
摆幅 = 1000V/μs
E_{OS} = 10MV
$E_{OS}\Delta TC$ = 50μV/°C

图 B3 超高速缓冲器探头保持最小的负载并具有 50MHz 带宽

电路集锦，卷V

38

数据转换、接口和信号调理产品

Richard Markell

引言

这是从《凌力尔特技术（Linear Technology）》杂志中摘录的有用电路系列资料的第五辑，我们将这些资料保留给后人。这篇应用指南重点介绍了数据转换器、接口和信号调理电路，这些电路来自第VI（1）期至第VIII（4）期。与其上期的应用指南67类似，这个应用指南包括用于高速视频的电路、接口及热转换电路、有源阻容和开关电容滤波器、一系列数据转换器和仪用电路等。还有一些电路不能准确地分类。所以，不需要费力，我让这些电路的作者自己来描述他们的电路。①

数据转换器

LTC1446和LTC1446L：世界上第一款SO-8封装的双12位数模转换器（DAC）

由Hassan Malik和Jim Brubake设计

在SO-8微小封装中的双12位轨到轨性能

LTC1446和LTC1446L是双12位、单电源供电、轨到轨的电压输出型数模转换器。这两个元件都有内部参考源及两个具有轨到轨输出缓冲放大器的模数转换器，它们被封装在小的、节约空间的8脚SO或者PDIP封装内。在上电时，上电复位会将输出设置在0刻度处。

LTC1446的输出摆幅为0～4.095V，所以每个LSB等于1mV。它可由单电源（4.5～5.5V）供电，功耗为3.5mW（I_{CC}典型值=700μA）。LTC1446L输出摆幅为0～2.5V。它可由宽范围单电源（2.7～4.5V）供电，在3V供电时功耗为1.35mW（I_{CC}典型值=450μA）。

带关闭功能的8通道、自动量程切换的模数转换器

图38.1展示了如何用LTC1446构造一个自动量程切换的模数转换器。单片机将相应的数字码写入LTC1446以设置参考范围和模拟输入的公共端。V_{OUTA}控制LTC1296模拟输入的COM引脚，而V_{OUTB}通过设定LTC1296的REF^+引脚以控制参考电压的范围。LTC1296有一个关断引脚，当该引脚电平变低时将进入关断模式，这将关断给LTC1446提供能量的PNP晶体管。LTC1446输出端的电阻和电容将作为滤除噪声的低通滤波器。

带数控失调的宽摆幅、双极性输出数模转换器（DAC）

图38.2展示了用一个LTC1446和一个LT1077构成一个宽双极性输出摆幅的12位数模转换器的具体方法，该转换器的失调可以进行数字化编程。将适当的数字码写入数模转换器A可实现V_{OUTA}的设置，之后用V_{OUTA}设置失调。当V_{OUTA}改变时，输出转移曲线如图所示，将进行上下的移动。

① 应用指南内的文章标题与它们原先发表在 Linear Technology 杂志上的是相同的。所以，可能存在术语的不一致性。

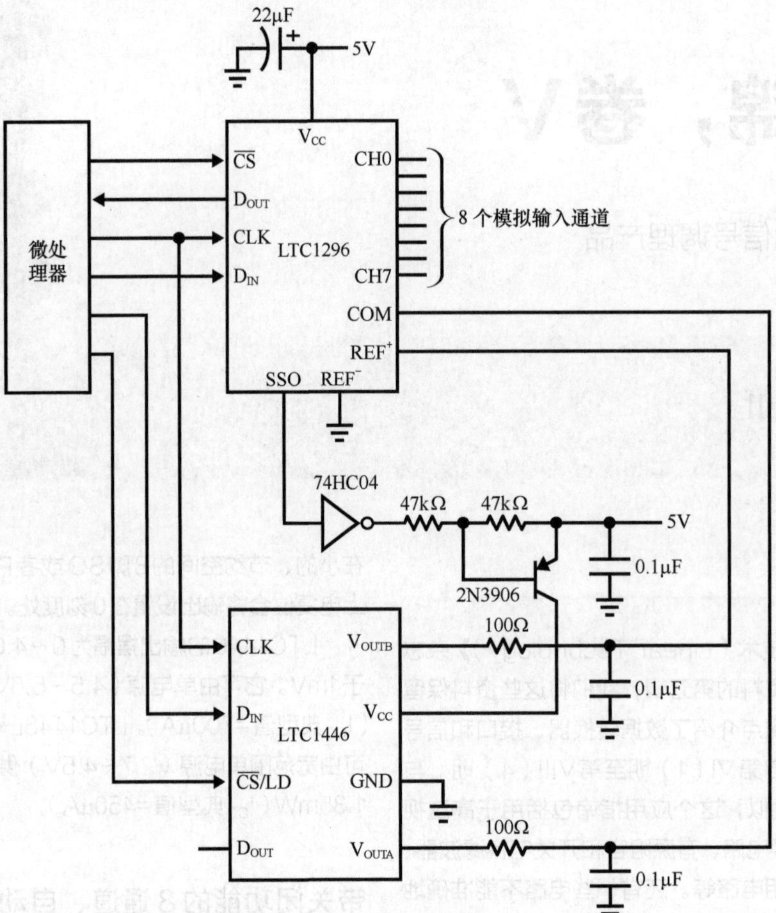

图38.1 自动量程切换的8通道模数转换器，该转换器具有关断功能

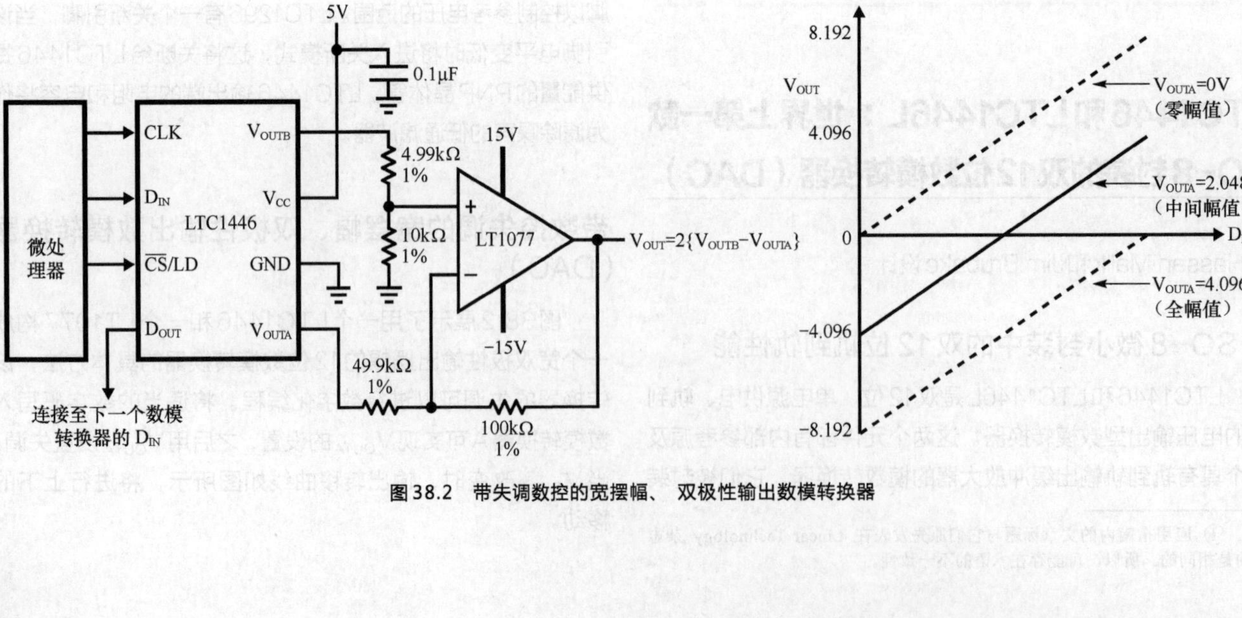

图38.2 带失调数控的宽摆幅、双极性输出数模转换器

采用单抗混叠滤波器的多通道A/D转换器

由LTC公司应用管理人员设计

图38.3所示的电路展示了利用LTC1594独立模拟复用器简化12位数据采集系统的设计。所有4个通道被复用进入单个1kHz、4阶Sallen-Key抗混叠滤波器，该滤波器为单电源供电。由于LTC1594数据转换器接受从地电平到正电源范围内的输入信号，所以滤波器选用了轨到轨的运放以最大化动态范围。LT1368为轨到轨双运放，由0.1μF负载电容（C1和C2）进行补偿，以减小放大器的输出阻抗以及改进高频处的电源抑制。失调和偏置电流造成的滤波误差小于1LSB。在2V(峰峰值）正弦输入失调时，滤波器的噪声和失真在100Hz处少于-72dB。

MUX和模数转换误差一起造成的积分非线性误差为±3LSB(最大)，差分非线性误差±0.75LSB(最大)。典型的信噪比和失真比之和为68dB，同时总谐波失真大概为-78dB。LTC1594通过4线串口进行编程，使得它可以和各种各样的微处理器和单片机进行高效的数据传输。最大串行时钟速率为200kHz，对应于10.5kHz的采样率。

完整的电路在5V供电时，功耗大概为800μA。对于比例测量，模数转换的基准电压可以取自5V电源。其他情况下，需要采用外部的基准。

LTC1454/54L和LTC1458/58L：两组/四组12位、轨到轨微功率数模转换器

由Hassan Malik和Jim Brubaker设计

两组和四组轨到轨数模转换器提供灵活性和高性能

LTC1454和LTC1454L是双12位、单电源供电、轨到轨电压输出的数模转换器。LT1458和LTC1458L是该系列中具有四组转换器的版本。这些数模转换器配备了易用性很强的SPI兼容接口。$\overline{CLR}$引脚和上电复位都会将数模转换器的输出复位至0幅值。差分非线性保证在0.5LSB以内。每个数模转换器都有自己的轨到轨电压输出缓冲放大器。片上的基准被连接到一个独立的引脚，并且可以连接到数模转换器的REF_{HI}引脚。器件同时有一个REF_{LO}引脚用于偏置数模转换器的范围。为了获得更高的灵活性，每个数模转换器的×1/×2引脚用于允许永续选择增益为1或者2。LTC1454/54L有16脚PDIP以及SO的封装，而LTC1458/58L则有28脚的SO或者SSOP封装。

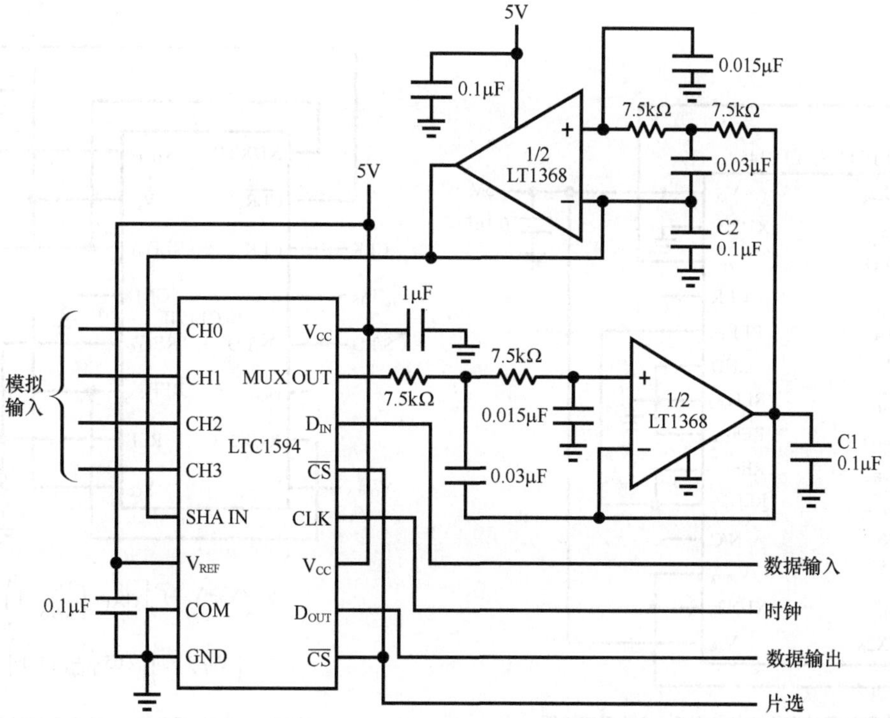

图38.3　利用LTC1594的MUX OUT和SHA IN环路对模数转换前的模拟信号进行滤波的简单数据采集系统

5V和3V单电源供电以及微功率

LTC1454和LTC1458可以在单电源（4.5~5.5V）供电下运行。LTC1454功耗为3.5mW（I_{CC}典型值为700μA），而LTC1458功耗为6.5mW（I_{CC}典型值为1.3mA）。片上有一个2.048V的基准。在采用片上基准和增益为2的配置时，标称的全幅值为4.095V。

LTC1454L和LTC1458L能够在宽范围供电电压（2.7~5.5V）下运行。在3V供电时，LTC1454L功耗为1.35mW（I_{CC}典型值为450μA）；而LTC1458功耗为2.4mW（I_{CC}典型值为800μA）。片上有一个1.22V的基准。在采用片上基准和增益为2的配置时，全幅值可以方便地设置为2.5V。

灵活性允许电路有许多应用

这些产品具有广泛的应用，包括数字校准、工业过程控制、自动测试设备、蜂窝电话以及其他便携式、电池供电的应用。

具有数字可编程全幅值和偏移的12位数模转换器

图38.4展示了使用一个LTC1458构建一个具有数字可编程全幅值和失调的12位数模转换器的具体方法。数模转换器A和数模转换器B用于控制数字转换器C的失调和全幅值。数模转换器A连接成×1的工作模式，通过将REF_{LOC}移至高于地电平来控制数模转换器C的失调。能够编程设置的最小失调为10mV。数模转换器B连接成×2的模式，通过驱动REF_{HIC}来控制数模转换器C的全幅值。注意，由于数模转换器C的全轨到轨输出摆幅工作在×2的模式，在REF_{HIC}的电压必须小于或者等于$V_{CC}/2$，对应于在V_{CC}=5V时数模转换器B的码<2500。

转移特性为：

$V_{OUTC}=2\times[D_C\times(2\times D_B-D_A)+D_A]\times REFOUT$

其中，REFOUT=基准电压的输出；

D_A=（数模转换器A的数字码）/4096，这将设置偏置；

D_B=（数模转换器B的数字码）/4096，这将设置全幅值；

D_C=（数模转换器C的数字码）/4096。

单电源供电、四象限乘法数模转换器

LTC1454L也可以用于四象限乘法，此时，失调信号地为1.22V。这个应用如图38.5所示。输入连接到REF_{HIB}或者REF_{HIA}，并且在信号1.22V参考地附近有幅度1.22V的信号。输出将在0~2.44V之间摆动，如图中的公式所示。

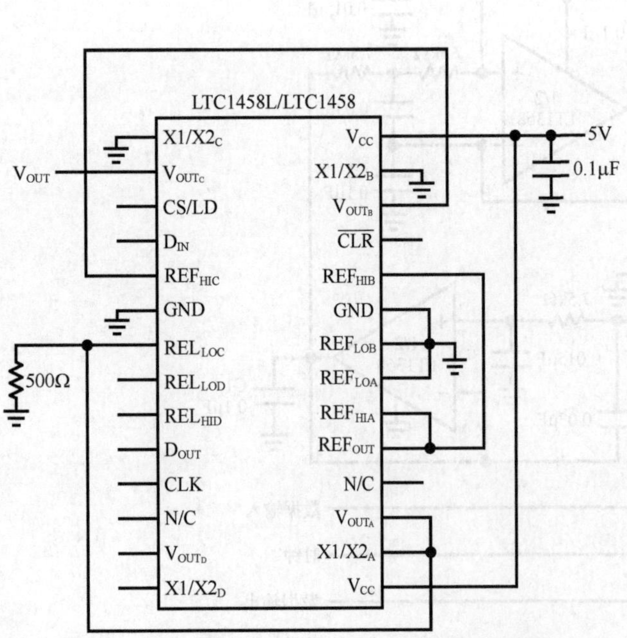

图38.4 具有数控零值和全幅输出的12位数模转换器

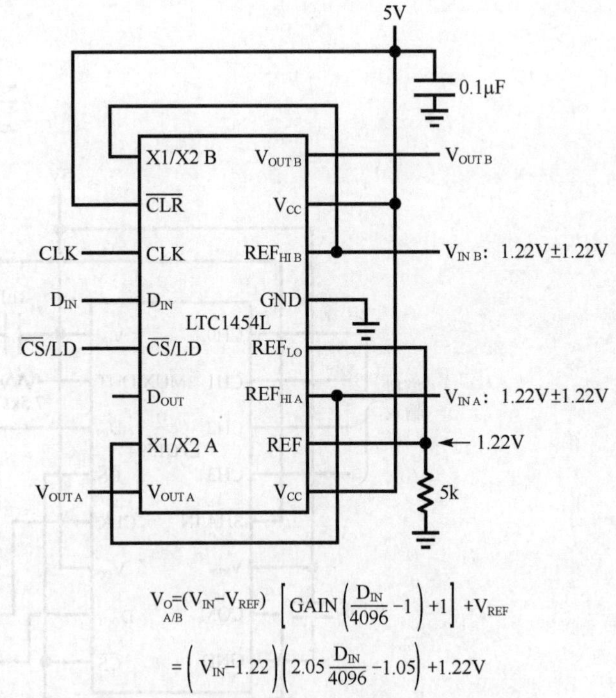

$$V_{O_{A/B}}=(V_{IN}-V_{REF})\left[GAIN\left(\frac{D_{IN}}{4096}-1\right)+1\right]+V_{REF}$$
$$=\left(V_{IN}-1.22\right)\left(2.05\frac{D_{IN}}{4096}-1.05\right)+1.22V$$

图38.5 单电源供电、四象限乘法数模转换器

SO-8封装的微功率模数转换器和数模转换器，可为计算机提供12位模拟接口

在需要给个人计算机增加简单、便宜、低功率、紧凑的两个通道模拟输入/输出接口时，可以选择LTC1298模数转换器和LTC1446数模转换器。LTC1298和LTC1446是这类双通道器件中第一个采用SO-8封装的器件。LTC1298只消耗340μA。它的内置自动关闭功能在采样率降低时进一步减小功耗（在1ksps降低至30μA）。工作在5V供电时，LTC1446只消耗1mA(典型值)。尽管所示的应用是用于个人计算机数据采集系统的，但是这两个转换器也可以给很多其他模拟输入/输出应用提供最小的、最低功耗的解决方案。

电路如图38.6所示，采用4条接口线连接至个人计算机的串口：DTR、RTS、CTS和TX。DTR用于发送串行时钟信号，RTS用于将输出传输至数模转换器和模数转换器，CTS用于接收来自LTC1298的转换结果，TX选择LTC1446或者LTC1298来接收输入数据。LTC1298和LTC1446的低功耗使得它们可以由串口供电。TX和RTS线通过二极管VD3和VD4对电容进行充电。LT1021-5将电压稳压至5V。在完成给数模转换器发送数据后，或者完成模数转换后，TX和RTS将恢复至逻辑高电平，这将给LT1024-5提供持续的电源。

使用486-33个人计算机时，LTC1298的吞吐量为3.3ksps，而LTC1446的吞吐量为2.2ksps。吞吐量因各人的具体情况不同而不同。

清单1是一段C代码，它将提示用户从模数转换器的CH0中读取转换结果或者将一个数据字写入两个数模转换器通道。

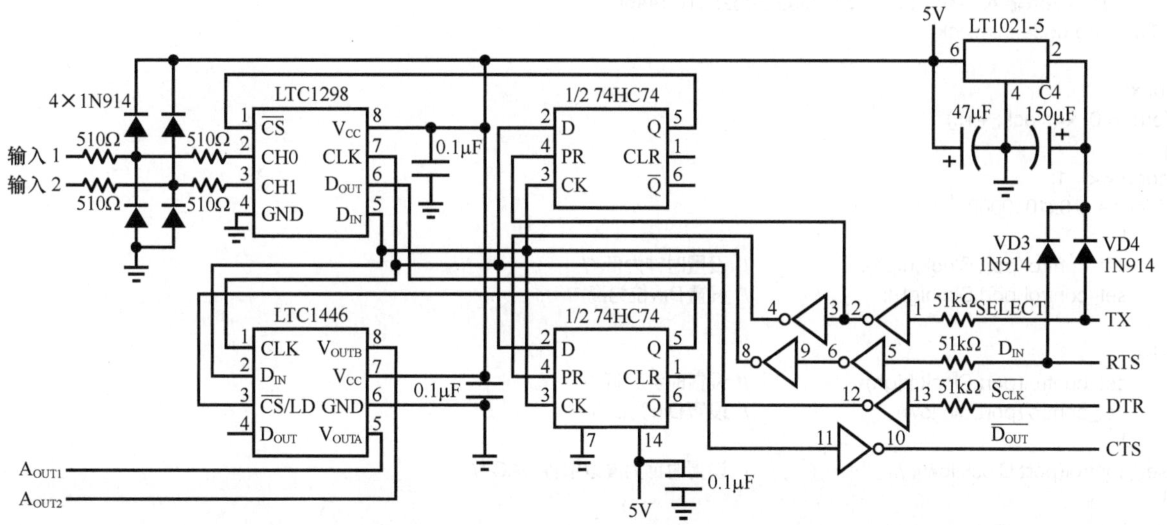

图38.6 通过串口通信，SO-8封装的LTC1298和LTC1446为个人计算机创建了一个简单、低功率的2通道模拟接口

清单1 配置模拟接口的C代码

```
#define port 0x3FC                    /* 控制寄存器，RS232 */
#define inprt 0x3FE                   /* 状态寄存器，RS232 */
#define LCR 0x3FB             /* 线路控制寄存器 */
#define high 1
#define low 0
#define Clock 0x01            /* 引脚4, DTR */
#define Din 0x02              /* 引脚7, RTS */
#define Dout 0x10             /* 引脚8, CTS输入 */
#include<stdio.h>
#include<dos.h>
#include<conio.h>

/* 设置位为高或低的函数 */
void set_control(int Port,char bitnum,int flag)
{
    char temp;
    temp = inportb(Port);
    if (flag==high)
```

```
        temp |= bitnum;         /* 设置输出位为高 */
        else
        temp &= _bitnum;        /* 设置输出位为低 */
    outportb(Port,temp);
}
                /* 设置CS为高或低的函数(参照原理图)*/
void CS_Control(direction)
{
if (direction)
        {
        set_control(port,Clock,low);            /* 设置时钟为高， 以读取Din */
        set_control(port,Din,low);              /* 设置Din为低 */
set_control(port,Din,low);                      /* 设置Din为高， 以使CS为高 */
        }
        else {
            outportb(port, 0x01);               /* 设置Din & Clock为低 */
            Delay(10);
            outportb(port, 0x03);               /* Din变高以使CS变低*/
            }
}

            /* 该函数输入24位 （2×12） 的数字码到LTC1446L */
void Din_(long code,int clock)
{
    int x;
    for(x = 0; x<clock; ++x)
    {
    code <<= 1;
    if (code & 0x1000000)
        {
        set_control(port,Clock,high);           /* 设置时钟为低 */
        set_control(port,Din,high);             /* 设置Din位为高 */
        }
    else {
        set_control(port,Clock,high);           /* 设置时钟为低 */
        set_control(port,Din,low);              /* 设置Din为低*/
        }
    set_control(port,Clock,low); /              /* 设置时钟为高以锁存DAC */
    }
}
                                                /* 从ADC读取位数据到PC */
Dout_()
{
int temp, x, volt =0;
for(x = 0; x<13; ++x)
{
    set_control(port,Clock,high);
    set_control(port,Clock,low);
    temp = inportb(inprt);                      /* 读取状态寄存器 */
    volt <<= 1;                                 /* 左移一位以进行串行通信 */
    if(temp & Dout)
    volt += 1;                                  /* 输入位为高时加1 */
    }
return(volt & 0xfff);
}
/* 模式选择菜单 */
char menu()
{
printf( "Please select one of the following:\na: ADC\nd: DAC\nq: quit\n\n" );
return (getchar());
}
void main()
```

```
{
long code;
char mode_select;
int temp,volt=0;
/* DAC和ADC的片选是由RS232的引脚3的TX线路控制的， 当线路控制寄存器 （LCR） 的第6位置位时，
        选择DAC， 否则选择ADC */
outportb(LCR,0x0);                          /* 初始化DAC */
outportb(LCR,0x64);                         /* 初始化ADC */
while((mode_select = menu()) != ‘q’)
        {
        switch(mode_select)
          {
         case ‘a’：
               {
               outportb(LCR,0x0);           /* 选择ADC */
               CS_Control(low);             /* 使能ADC的片选*/
               Din_(0x680000, 0x5);         /* 通道选择 */
               volt = Dout_();
               outportb(LCR,0x64);          /* 使CS变高*/
               set_control(port,Din,high);  /* 使Din信号变高 */
               printf(“\ncode: %d\n”,volt);
               }
               break;
               case ‘d’：
                 {
                 printf(“Enter DAC input code (0-4095):\n”);
                 scanf(“%d”, &temp);
                 code = temp;
                 code += (long)temp << 12;  /* 将12位字转换为24位字 */
                 outportb(LCR,0x64)         /* 选择DAC */
                 CS_Control(low);           /* CS使能 */
                 Din_(code,24);             /* 读入数字数据到DAC */
                 outportb(LCR,0x0);         /* 使CS变高 */
                 outportb(LCR,0x64);        /* 使ADC失效 */
                 set_control(port,Din,high);/* 使Din信号变高 */
        }
      break;
        }
    }
}
```

LTC1594和LTC1598：微功率4通道和8通道12位模数转换器

由Macro Pan设计

小封装内的微功率数模转换器

LTC1594和LTC1598是微功率、12位模数转换器，分别具有4通道和8通道复用器。LTC1594有16个引脚的SO封装而LTC1598有24个引脚的SSOP封装。每个模数转换器包括一个简单、高效的串行接口，能够减少互连线从而减小了有害的数字噪声源。互连线的减少也能减小电路板的面积，也可以采用更少输入/输出引脚的处理器，这些都有助于降低系统的成本。

LTC1594和LTC1598具备自动关闭功能，这个功能将降低转换器待机时（当CS信号为逻辑高电平时）的功耗。

MAXOUT/ADCIN环路使得信号调理更加经济

MUXOUT和ADCIN引脚构成一个非常灵活的外部环路，可以在模拟输入信号转换之前使用PGA和/或信号处理。这个环路也是进行信号调理的经济实惠的实现方法，因为这样只需要一个电路而不是每个通道都设置一个电路。图38.7所示的是环路被用作抗混叠滤波器对模拟信号进行滤波。选中的MUX通道的输出信号，出现在MUXOUT引脚上，加载至Sallen-Key滤波器的R1上。滤波器对模拟信号进行带宽限制，并将其输出加载至ADCIN。该滤波器中使用的LT1368轨到轨运放，在诸如本应用一样的轻量负载时，摆动至正电源电压的8mV以内。由于所有通道只用这一个电路，所以每个通道具有相同的滤波器特性。

采用MAXOUT/ADCIN作为可编程增益放大器

与LTC1391结合（见图38.8），LTC1598的MUXOUT/ADCIN环路和一个LT1368可以用于构成一个每个通道都具有8个同相增益的8通道可编程增益放大器。LT1368的输出驱动ADCIN和梯形电阻。所选MUX通道的电阻构成了LT1368的反馈。这个放大器的环路增益为 $(R_{S1}/R_{S2})+1$。R_{S1} 是MUX通道上方的电阻总和，R_{S2} 是所选MUX通道下方的电阻总和。如果CH0被选中，由于 $R_{S1}=0$，所以环路增益是1。表38.1给出了每个MUX通道的增益。LT1368轨到轨双运放通过设计以可以在0.1μF负载下运行。

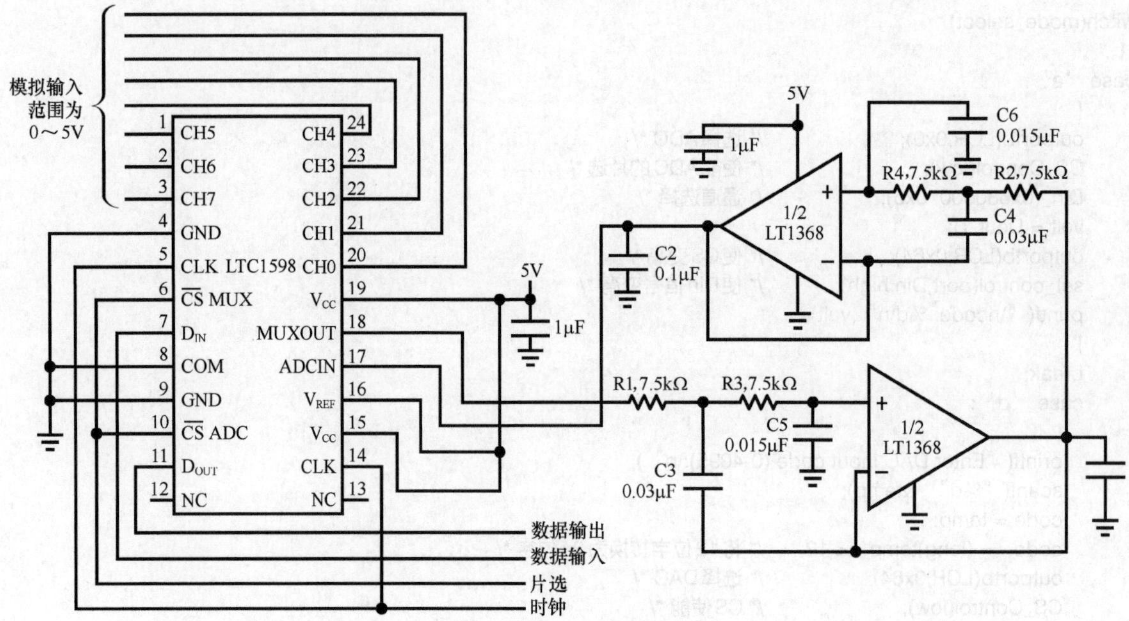

图38.7 利用LTC1598的MAXOUT/ADCIN引脚来滤除模拟/数字转换前噪声的简易数据采集系统

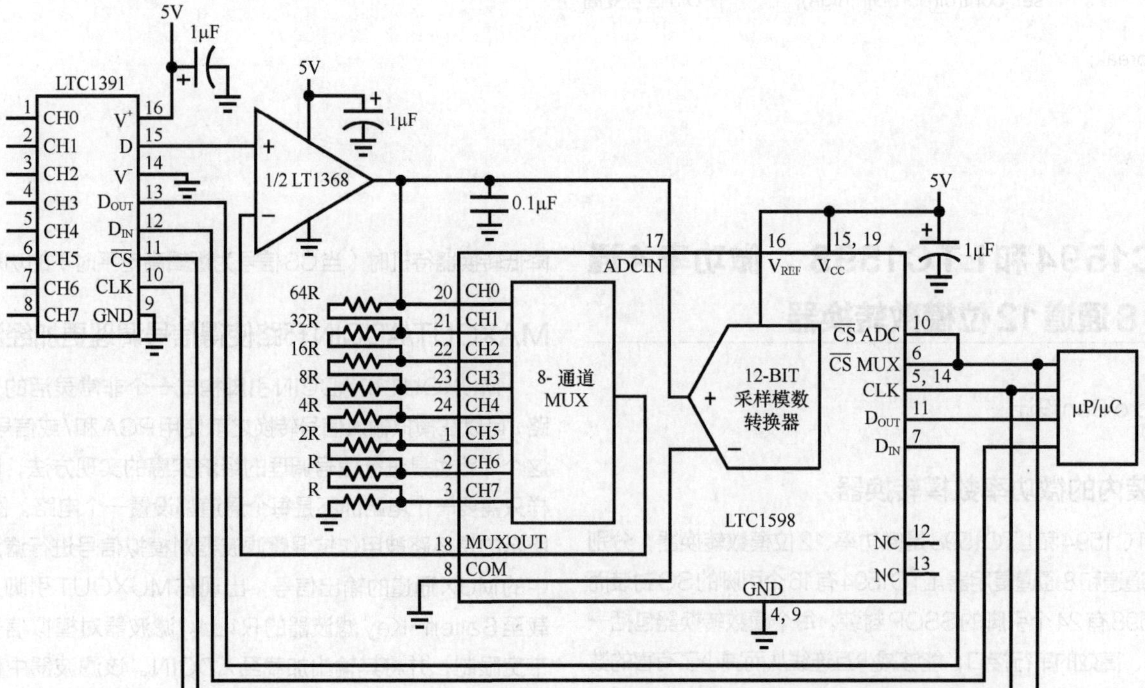

图38.8 采用LTC1598的MUXOUT/ADCIN环路构成一个可编程增益放大器，在同相配置中有8个增益

这些电阻给放大器提供频率补偿，帮助减小放大器的输出阻抗并且提高高频处的电源抑制。由于LT1368的I_B为低，所选中通道的R_{ON}将不会影响由上面公式所给出的环路增益。在图38.9所示的反相放大器配置情况下，所选中通道的R_{ON}将被加入至设置环路增益的电阻中。

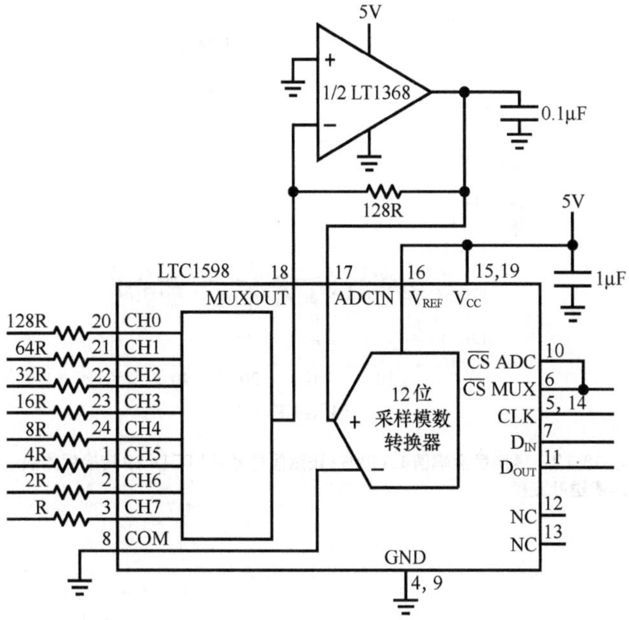

图38.9 采用LTC1598的MUXOUT/ADCIN环路构成具有8个反相增益的可编程增益放大器

表38.1 图38.8和图38.9每个MUX通道的可编程增益放大器的增益值

MUX通道	同相增益	反相增益
0	1	−1
1	2	−2
2	4	−4
3	8	−8
4	16	−16
5	32	−32
6	64	−64
7	128	−128

采用LTC1391和LTC1598的8通道、差分、12位模数系统

LTC1598可以与8通道、串行接口的模拟复用器LTC1391结合，构成一个差分数字模数系统。图38.10展示了一个最完整的8通道、差分模数电路。该系统采用LTC1598的MUX作为同相输入复用器，而LTC1391作为反相输入复用器。LTC1598的MUXOUT直接驱动ADCIN。反相复用器的输出被加载到LTC1598的COM输入端。LTC1598和LTC1391公用CS、D_{IN}和CLK控制信号。这样的配置同时选择每个复用器的同一个通道，并使得系统的吞吐量最大。虚线的部分将LTC1391和LTC1598的MUX通过菊链的方式连接在一起。相对于反相输入MUX的各个通道，该电路可以灵活选用任一同相输入MUX通道与之相对应。这样，任何加载在同相和反相MUX输入的信号组合都会传输至模数转换器进行转换。

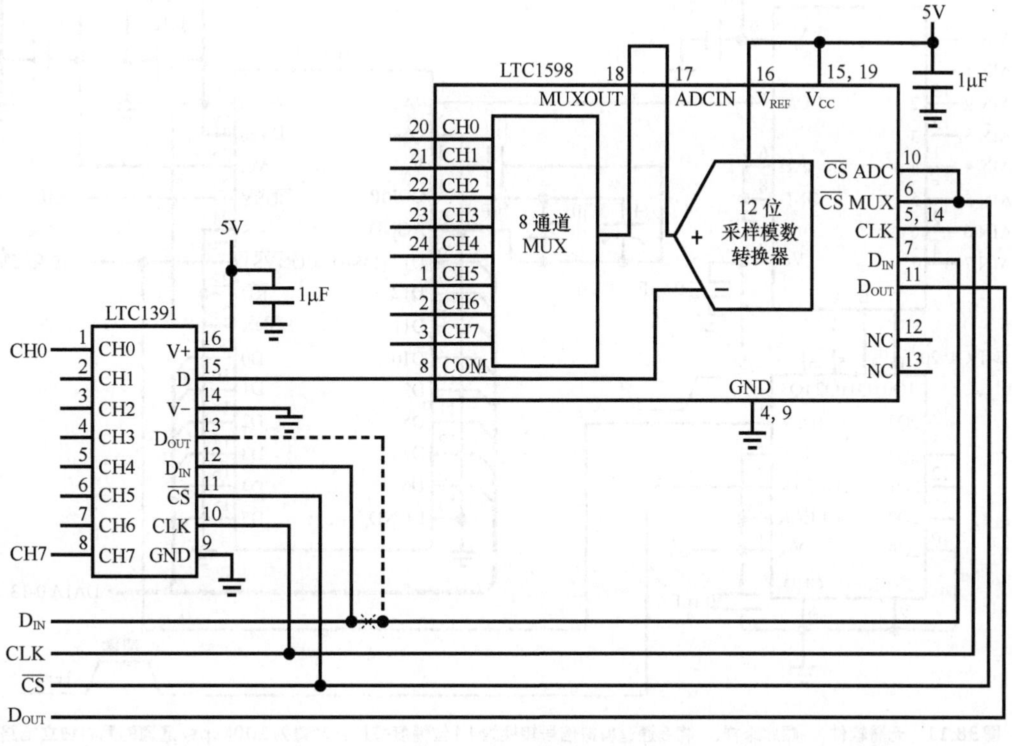

图38.10 采用LTC1598和LTC1391作为8通道、差分12位模数转换系统：将所示点处的连接断开，并将虚线连接短路，可以将外部和内部MUX进行菊链连接以增加通道选择的灵活性

LTC1419的非编程复用

由LTC公司的应用管理人员设计

图38.11所示的电路采用硬件而不是软件的方法来选择数据采集系统中的通道。该电路采用了800ksps、14位数模转换器LTC1419。它接收并转换来自8通道复用器74HC4051的信号。4个输出位中的3个是来自一个附加电路——一个74HC4520双四位计数器，这三位被用于选择复用器的通道。上电时候的高电平或者处理器产生的复位信号可以加载到计数器的引脚7。

当计数器被清零后，复用器的通道选择输入为000，从通道0的输入被加载到LTC1419的采样/保持输入端。通道选择计数器由转换开始信号（CONVST信号，用于开始转换过程）的上升沿进行钟控。每个CONVST脉冲使得计数器从000一直增加到111，所以每个复用器的通道被单独地选中并且将它的输入信号加载到LT1419。在8个通道都被选中之后，计数器转回至零，整个过程重复。在任何时候，都可以通过在计数器的引脚7加载逻辑高脉冲将输入复用器的通道复位至零。

这个数据采集电路的吞吐量为800ksps或者说是100ksps/通道。如图38.12所示，对于一个全幅值为±2.5V的1.19kHz正弦输入信号，信号与噪声和失真比为76.6dB。

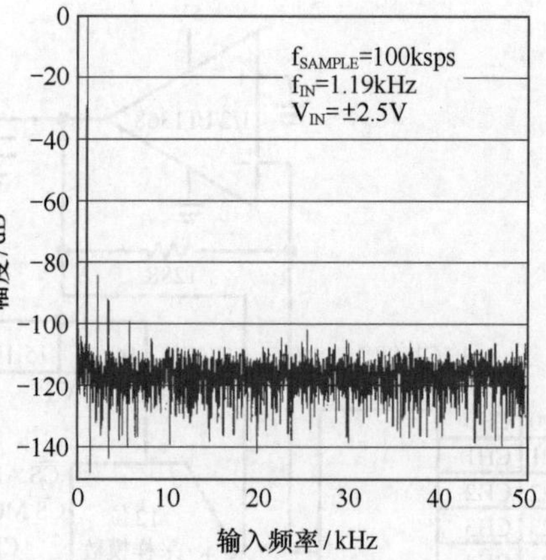

图38.12 复用后全幅值1.19kHz正弦信号经过LTC1419转换后的快速傅里叶变换

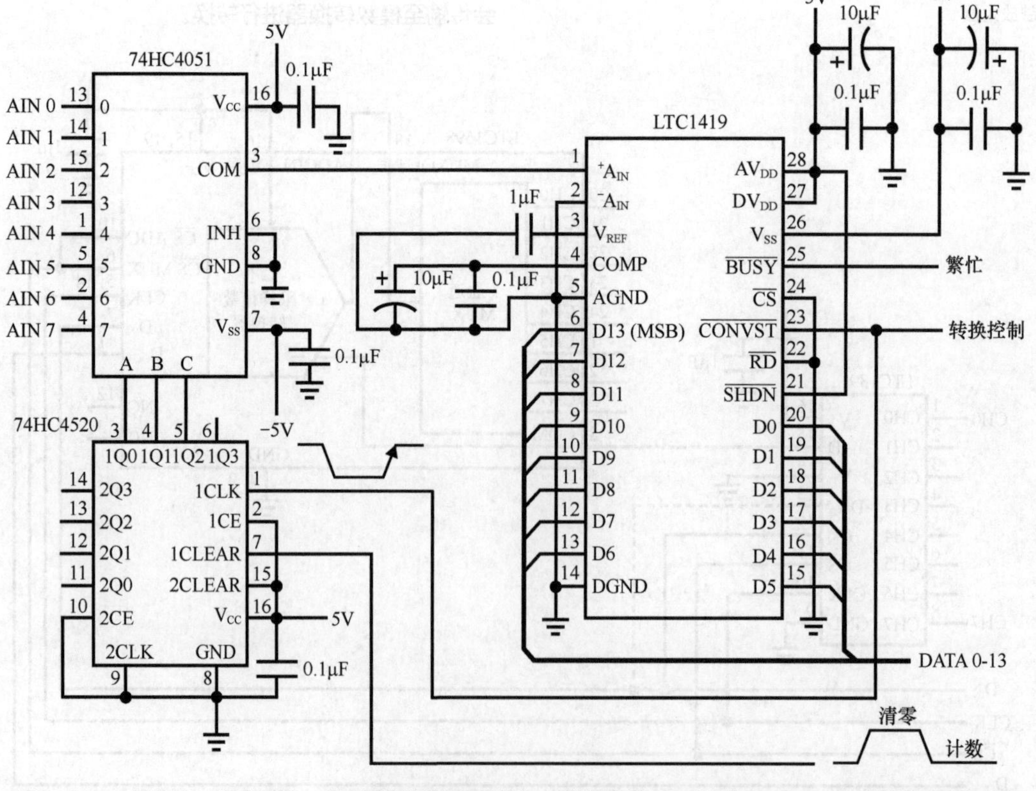

图38.11 无需软件、顺序采样、将8通道模拟信号转换为14位精度并且吞吐量为100ksps/通道的简易独立电路

多用途的LTC1590双12位数模转换器

由LTC公司的应用管理人员设计

CMOS乘法数模转换器是多用途的电路构件，它超越了数模信号转换的基本功能。本文详细地介绍了在采用串行接口12位数模转换器LTC1590时，可能构建的其他电路。

图38.13所示的电路采用LTC1590的数模转换器A构造了一个数字控制的衰减器，并且采用数模转换器B构成了一个可编程增益放大器。衰减器的增益通过下面的公式进行设定

$$V_{OUT} = -V_{IN}\frac{D}{2^n}$$

其中，V_{OUT}=输出电压；

V_{IN}=输入电压；

n=数模转换器的分辨率（以位为单位）；

D=加载至数模转换器的码值（最小码=000H）。

衰减器的增益可以从4095/4096变化到1/4096。编码0可用于完全衰减输入信号。

可编程增益放大器的增益可以通过以下公式设定

$$V_{OUT} = -V_{IN}\frac{2^n}{D}$$

其中，V_{OUT}=输出电压；

V_{IN}=输入电压；

n=数模转换器的分辨率（以位为单位）；

D=加载至数模转换器的码值（最小码=000H）。

增益可以在4096/4095到4096/1之间变化。编码0是无效的，因为对应的为无限增益，而放大器工作在开环模式。任何一种配置中，衰减器和可编程增益放大器的增益都能够以12位的精度进行设定。

可以对衰减器和可编程增益放大器进行进一步的改动，如图38.14所示。在该电路中，数模转换器A的衰减器电路经过改动，给输出放大器提供一个由电阻R3和R4设定的增益。带有输出增益的衰减器公式为

$$V_{OUT} = -V_{IN}\frac{16D}{2^n}$$

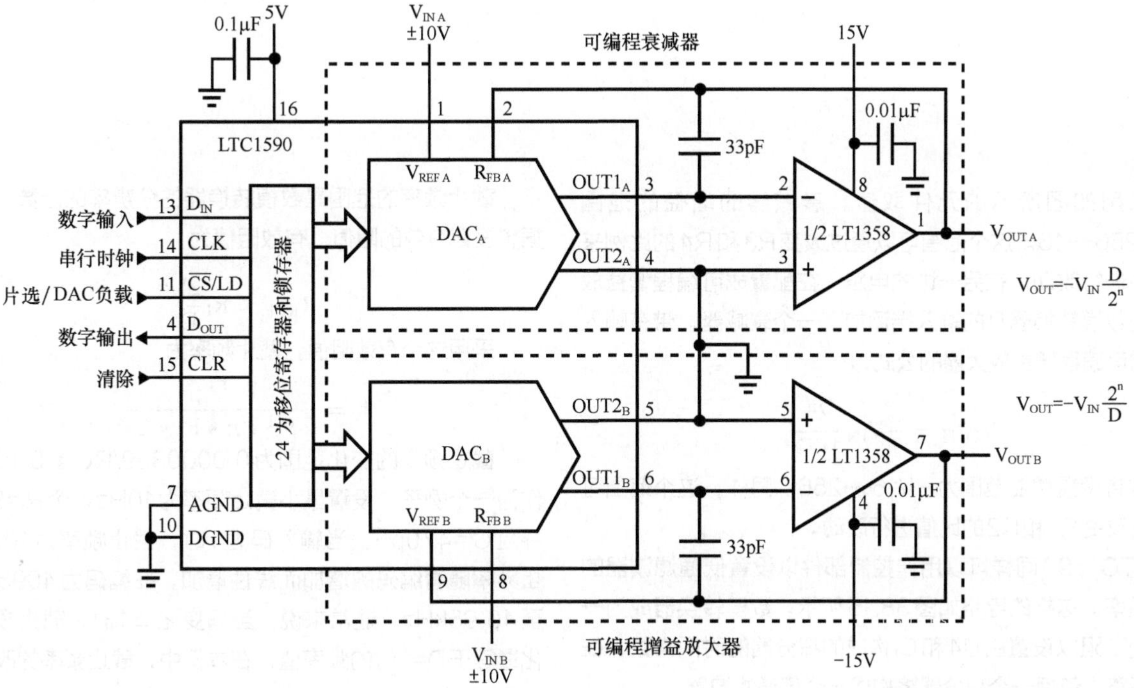

图38.13　驱动数模转换器A的参考输入V_{REF}并且将反馈电阻R_{FB}连接至运放输出端以构成一个12位精确衰减器。交换V_{REF}和R_{FB}的连接可以将数模转换器B配置为可编程增益放大器

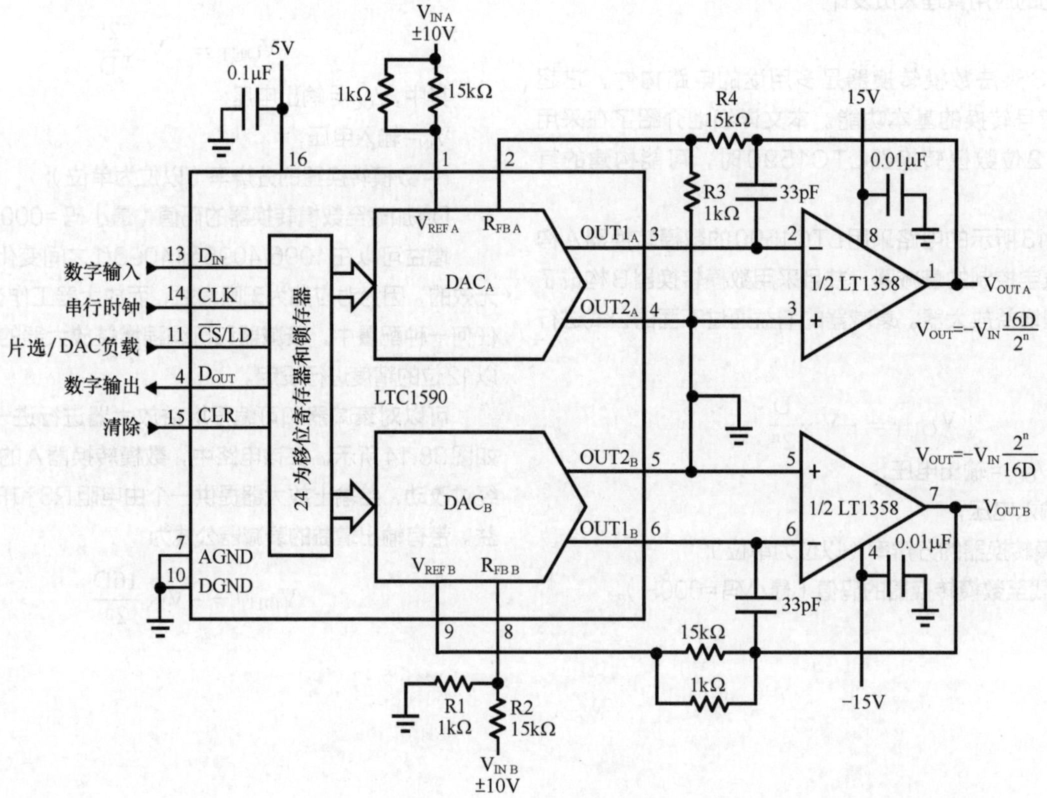

图38.14 改动基本的衰减器和可编程增益放大器。给衰减器（R3和R4）提供可编程增益放大器的增益并且在可编程增益放大器（R1和R2）的输入端提供衰减

采用如图所示的元件取值，衰减器的增益的范围为−1/256~−16。这个范围可以通过改变R3和R4的比例来简单地进行改动。在另一边的电路，在配置成可编程增益放大器的数模转换器B的输入端添加了一个衰减器。带有输入衰减的可编程增益放大器的公式为

$$V_{OUT} = -V_{IN}\frac{2^n}{16D}$$

这将设置增益范围为−1/16~−256。同样，这个范围可以通过改变R1和R2的比值进行改动。

LTC1590同样可以用作控制部件以设置低通滤波器的截止频率。这样的电路如图38.15所示。数模转换器成为一个可变电阻以设置由U4和C_I构成的积分器的时间常数。在反馈环路中包括一个积分器将构成一个低通滤波器。

截止频率的范围是数模转换器的分辨率的函数，数字数据将设置有效的阻值。有效阻值为

$$R_{REF} = R_I\frac{2^n}{D}$$

采用这个有效阻值，截止频率为

$$f_C = \frac{D}{2^{n+1} \bullet \pi \bullet R_I \bullet C_I}$$

截止频率的变化范围为0.0000389/RC至0.159/RC。作为一个例子，设置最小截止频率为10Hz，令R_I=8.25kΩ并且C_I=470pF。当输入码为1时，截止频率为10Hz。截止频率随着编码的增加而线性增加，在编码为4095时增加至40.95kHz。通常来说，当码变化±1时，截止频率的变化量等于D=1时的频率值。在本例中，截止频率的改变量为10Hz的步进值。

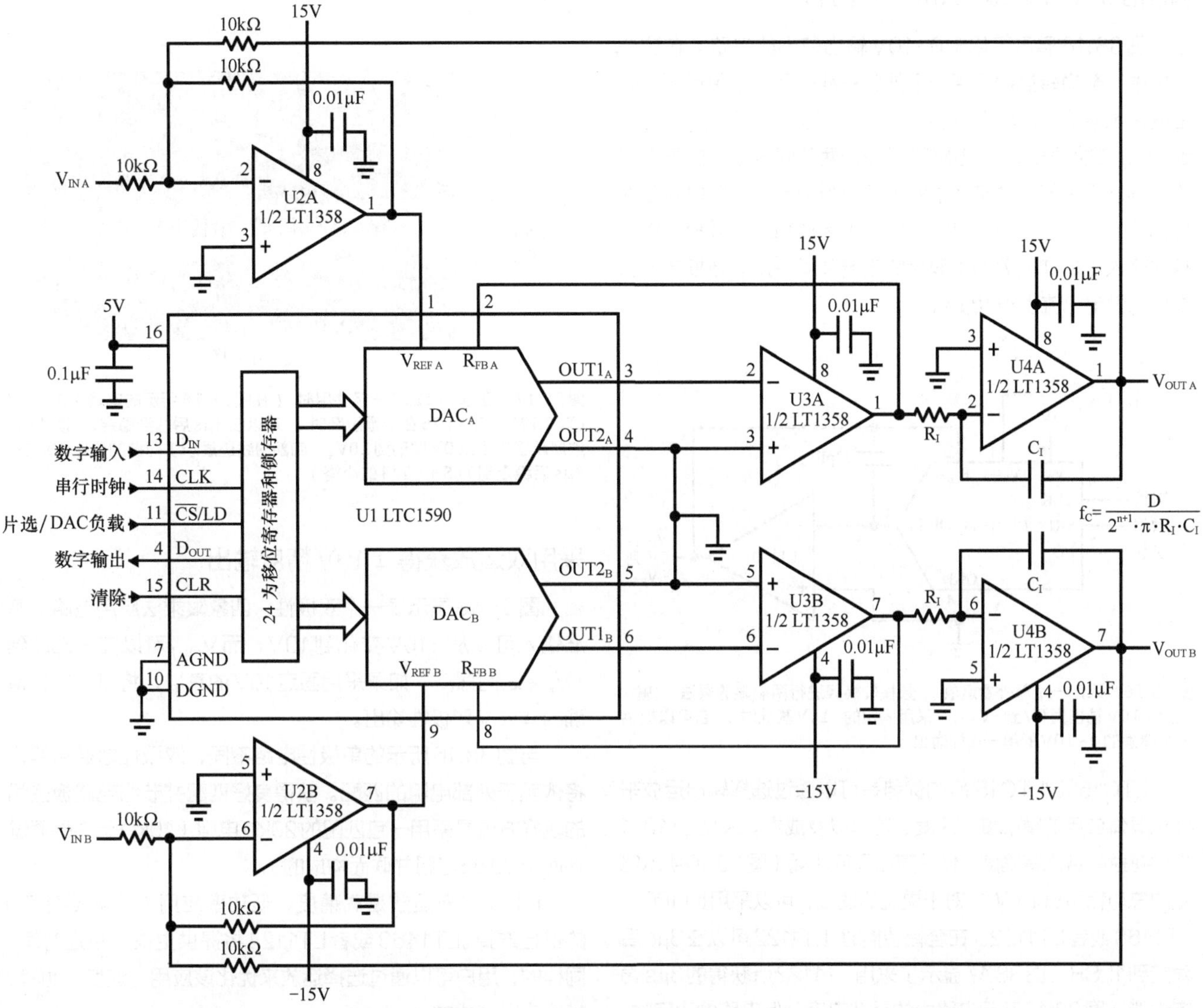

图38.15 LTC1590控制的双单极点低通滤波器。R_I和数模转换的输入码产生一个有效电阻值，该电阻值将设定积分器的时间常数，从而设定电路的截止频率

新型16位SO-8封装数模转换器（在工业温度范围内有着最大为1LSB的积分非线性和差分非线性）

新一代的工业系统正在进入16位，因此需要高性能的16位转换器。新的LTC1595/LTC1596是16位的数模转换器，可以为工业和仪器应用提供最好的易用性、最高的性价比以及最高性能的解决方案。LTC1595/LTC1596是串行输入、16位、乘法电流输出的数模转换器。这个新型数模转换器的特点包括以下几点。

- 在工业温度范围内，±1LSB的最大积分非线性和微分非线性。
- 超低功耗，1nV-s干扰噪声。
- ±10V的输出能力。
- 小型SO-8封装（LTC1595）。
- 工业标准12位数模转换器（DAC8043/8143以及AD7543）引脚兼容的升级选择。

0~10V以及 ±10V的输出能力

精确的 0~10V 输出（只用一个运放）

图38.16展示了用于0~10V输出范围的电路。在这个结构中，数模转换器采用一个外部基准以及一个单运放。电路的基准输入由 ±10V输入信号进行驱动并且 V_{OUT} 在0V到 $-V_{REF}$ 之间摆动，该电路可以进行两象限乘法。由于电路的精确度是由经过精确调整的内部电阻决定的，所以电路的全幅值准确度非常高。电路的功耗由运放功耗和数模转换器基准输入（标称值7kΩ）消耗的电流共同决定。数模转换器本身的供电电流小于10μA。

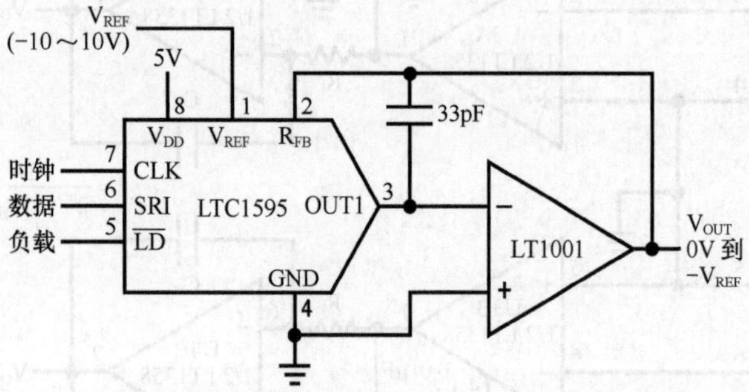

图38.16 采用一个单外置运放，数模转换器进行两象限的乘法，输入为 ±10V输出为0V到 $-V_{REF}$。采用固定的-10V基准时，它可以提供一个精确的0~10V的单一极性输出

LTC1595/LTC1596的优势是可以通过选择输出运放来优化具体应用的精确度、速度、功率以及成本。采用LT1001提供有益的直流精确度、低噪声以及低功耗（图38.16所示电路的总功耗为90mW）。对于更高的速度，可以采用LT1007、LT1468或者LT1122。在全幅转换时，LT1122可以在3μs后稳定到1LSB。图38.17显示了采用LT1122所获得的3μs稳定性能。图38.16所示电路中的反馈电容确保电路的稳定性。在更高速度的应用中，它可以用于优化瞬态响应。在较低速度的应用中，电容可以增大以减小毛刺能量并提供滤波。

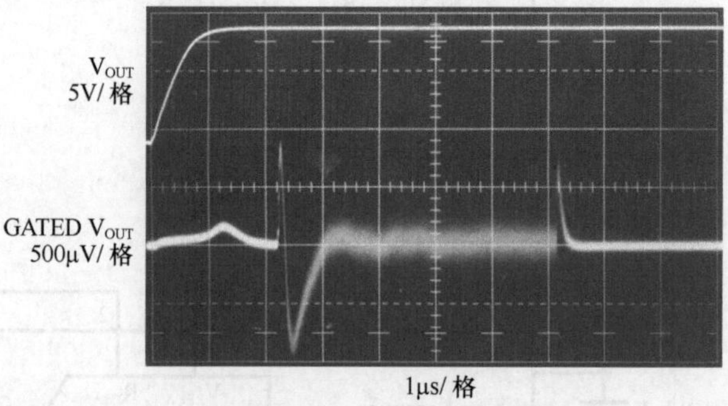

图38.17 在与LT1122一起使用时（在图38.16所示的电路中），LTC1595/LTC1596在全幅阶跃时，可以在3μs后达到稳定。顶部线迹展示了输出从0V摆动到10V。底部的线迹展示了门控的稳定波形在3μs后稳定到1LSB（1/3的小格）

采用双运放获得 ±10V精度输出

图38.18展示了一个双极性、四象限乘法应用电路。基准输入可以从-10V变化到10V，而 V_{OUT} 可以在 $-V_{REF}$ 到 $+V_{REF}$ 之间摆动。如果采用固定10V的基准，将可以得到精确的 ±10V双极性输出。

与图38.16所示的单极性电路不同，双极性增益和偏置将依赖于外部电阻的匹配。获得良好匹配并节约电路板空间的较好方法是采用一包匹配的20kΩ电阻（10kΩ元件是通过将两个20kΩ电阻并联而构成的）。

LT1112双运放是高精度、低功率应用（不需要高速）的最佳选择。LT1469或者LT1124将提供更快的稳定时间。同样的，用户可以通过选择运放来优化该应用的速度、功率、精确度以及成本。

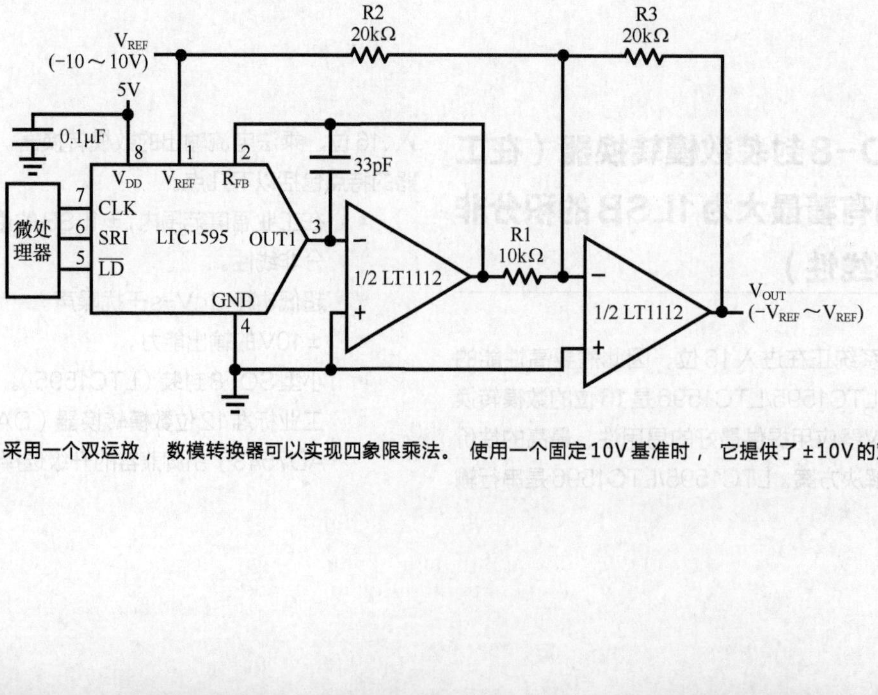

图38.18 采用一个双运放，数模转换器可以实现四象限乘法。使用一个固定10V基准时，它提供了 ±10V的双极性输出

LTC1659，LTC1448：最小的轨到轨12位数模转换器并且有着最低的功耗

由Hassan Malik设计

在这个便携式电子的时代，功率和体积是大部分设计人员的主要考虑。LTC1659以及LTC1448都是轨到轨、12位、电压输出型的数模转换器，它们都解决了前述的那两个问题。LTC1659是MSOP-8封装的单个数模转换器，在3~5V电源时只消耗250μA；而LTC1448是SO-8封装的双数模转换器，在3~5V电源时消耗450μA的电流。

图38.19所示的是在需要12位分辨率的数字控制环路中采用LTC1659的一个简便方法。由于在全幅时，从REF引脚到V_{OUT}之间的增益为1，所以LTC1659的输出在0V到V_{REF}之间摆动。因为输出最高只能摆动至V_{CC}，所以V_{REF}应该少于或者等于V_{CC}，从而避免由于编码遗失而造成的全幅值附近电源抑制比的恶化。

为了获取完整的动态范围，REF引脚可以连接到电源引脚，这样可以由基准进行驱动以保证绝对精确度（参见图38.20）。LT1236为精确的5V基准，其输入电压范围为7.2~40V。在这种结构下，LTC1659有一个宽的输出范围，在0~5V之间摆动。在需要两个数模转换器时，LTC1448可以用于相同的电路结构中。

通过SMBus控制的10位、电流输出型、全幅50μA的数模转换器

由Ricky Chow设计

LTC1427-50为具有SMBus接口的10位、电流输出型数模转换器。这个器件在室温下（随温度的变化量为±2.5%）提供精确的、全幅值为50μA±1.5%的电流，并

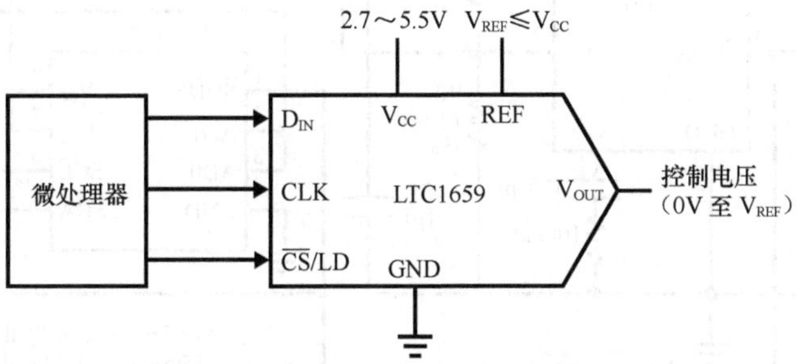

图38.19 用于数字控制环路的12位数模转换器

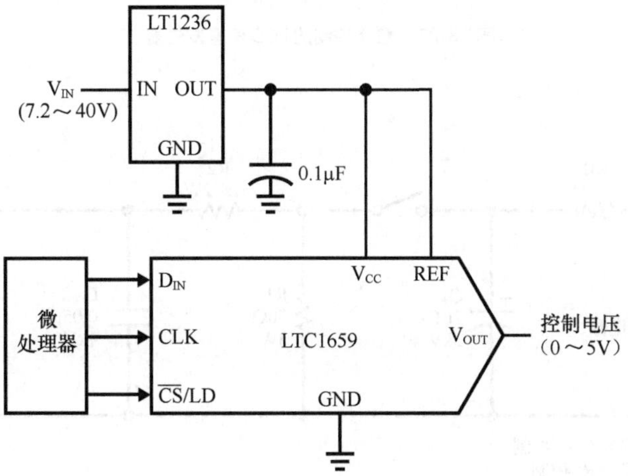

图38.20 带有宽输出摆幅的12位数模转换器

且具有宽输出电压规范（从−15V到V_{CC}−1.3V），而且在宽供电电压范围内能够确保单调性。它是对比度/亮度控制或者反馈环路中电压调节等应用的理想部件。

数控LCD偏置发生器

图38.21所示的是一个采用标准SMBus接口的数字控制LCD偏置发生器。LT1317配置成一个升压型转换器，输出电压V_{OUT}由反馈电阻R1和R2的值确定。LT1427-50的数模转换电流输出连接到LT1317的反馈节点。LT1427-50数模转换器的输出电流会随着通过SMBus传送的数据而相应地增加或者减小。当数模转换器输出电流从0μA变化到50μA时，输出电压受控地在12.7~24V之间变化。数模转换器1 LSB输出电流的变换对应于输出电压上11mV的改变量。

接口电路

接口电路的简单阻性浪涌保护

浪涌和电路

很多接口电路必须要承受浪涌电压，例如闪电带来的浪涌。这些高压能够引起集成电路内部的器件损坏并传导大电流，从而对集成电路造成不可恢复的损坏。工程师们必须设计电路以使其能够承受在预期工作环境中的浪涌。他们能够通过浪涌标准来量化电路的浪涌承受能力。浪涌标准主要在电平和波形上有所不同。在凌力尔特公司，我们采用图38.22所示的电路来测试浪涌电阻。我们通过波形的峰

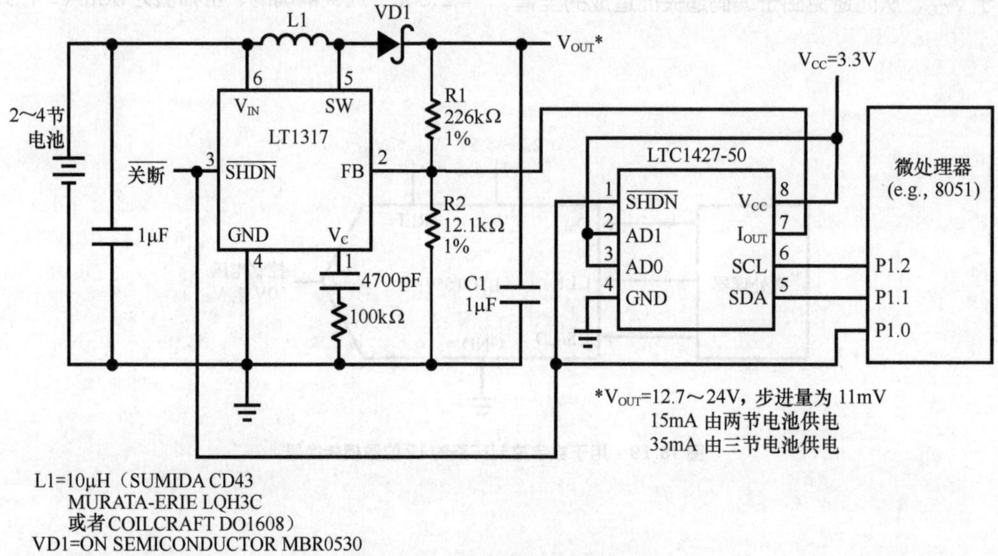

图38.21　数字控制的LCD偏置发生器

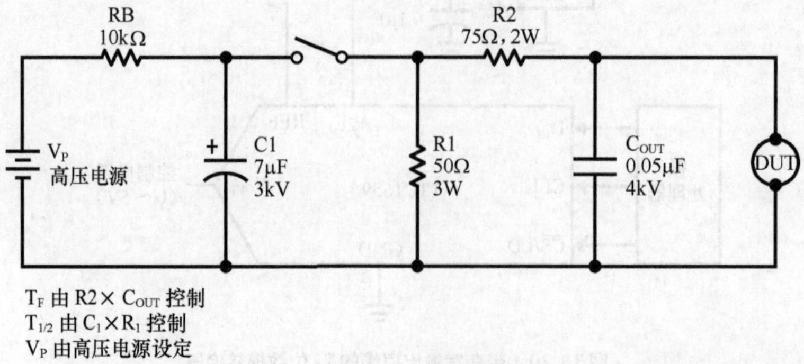

图38.22　凌力尔特公司的浪涌测试电路：T_F由R2•C_{OUT}控制；$T_{1/2}$则由C1•R1控制；V_P由高压电源控制

值V_P、“前沿时间”T_F（上升时间的粗略值）和“达到半值的时间”$T_{1/2}$（粗略值，是从脉冲开始直至脉冲下降至峰值一半的时间）来描述电压波形（见图38.23）。浪涌与静电放电类似，但是对电路有着不同的挑战。浪涌可能在10ms内上升至1kV，而静电放电则可能在几纳秒内上升至15kV。然而，浪涌可能持续时间长于100ms，而静电放电在大约50ns内就会消失。因此，浪涌挑战保护电路的功率消耗能力，而静电放电则挑战导通时间以及峰值电流处理。凌力尔特公司的LT1137A的片上电路可以承受高达15kV的静电放电脉冲（IEC 801-2）。这个电路同样可以将LT1137A的浪涌容差提高至相当于1488/1489的标准。

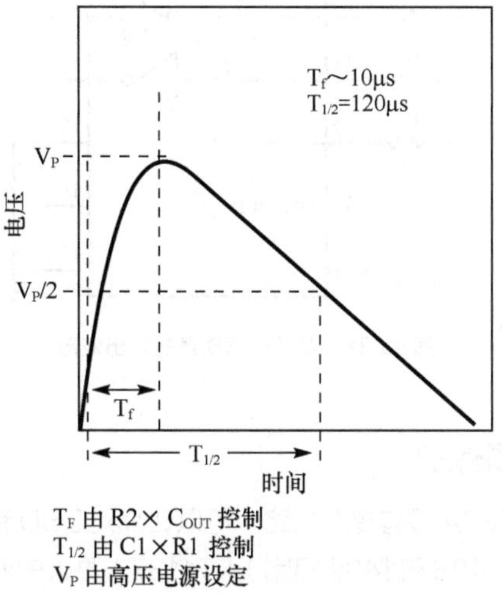

图38.23　凌力尔特公司的浪涌测试波形

设计浪涌容限

很多设计人员通过将瞬态电压抑制器（TVS）与容易受损的集成电路引脚并联，如图38.24所示。瞬态电压抑制器包括齐纳二极管，该二极管将在一定电压时击穿并将浪涌电流短路至地。然后，瞬态电压抑制器将电压钳位在一个对于集成电路来说是安全的电压上。瞬态电压抑制器与其他的保护电路相同，增加了制造成本以及电路的复杂程度。也可以采用另一个保护方案，电路设计人员可以采用串联的电阻来保护容易受损的引脚，如图38.25所示。电阻将流入集成电路的电流减小到一个安全范围。阻性保护简化了设计和器件清单，并且可能有更低的成本。所采用的电阻值必须足够大才能保护集成电路，但是又不能太大，否则会使得电路的频率性能恶化。更大的浪涌幅度需要电阻值进一步增大以保护集成电路。更加可靠的集成电路在一定浪涌幅度下保护器件时，需要更小的阻值。凌力尔特的LT1137A由一个比1488更小的电阻进行保护，如图38.26所示。这些曲线是久经考验的“经验法则”。具体的电路应当进行具体的测试。

串联电阻对于电路的频率性能有着负面的影响。在保护一个接收机时，电阻的影响很小。图38.27(a)和图37.27(b)展示了一个600Ω电阻对驱动器输出波形的影响。这些波形由图38.28所示的测试电路得到。600Ω电阻对1kV浪涌是足够的，但是甚至在一个最差情况负载（3kΩ||2.5nF）时，对高达130k波特率的驱动器波形的影响还是很小的。

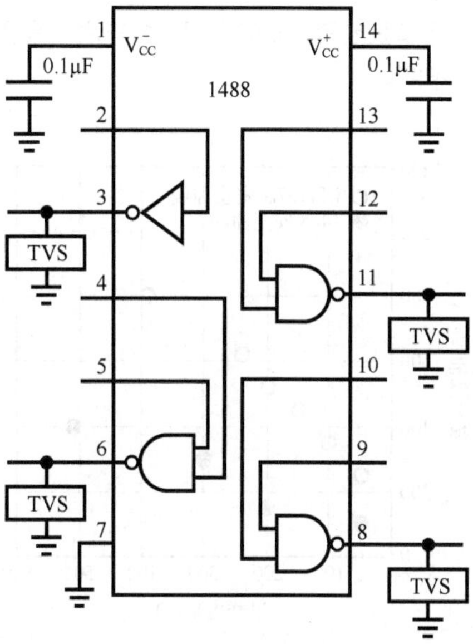

图38.24　带有TVS浪涌保护的1488线驱动器

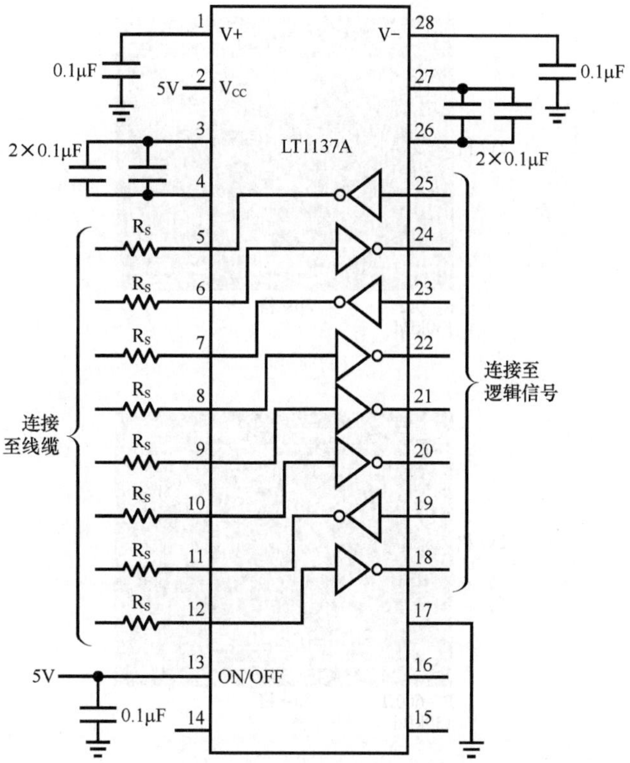

图38.25　带有阻性浪涌保护的LT1137A

你必须仔细地选取串联电阻值以承受浪涌。不幸的是，额定电压和额定功率都不足以提供足够的信息来选取承受浪涌的电阻值。通常情况下，同样阻值和功率的直插电阻可以承受比贴片电阻高得多的浪涌。典型的1/8W贴片电阻不适合用于保护LT1137A。如果采用贴片元件，你可能需要1W或者更高的功率值。对于LT1137A，你可以使用1/4W的直插碳膜电阻来提供900V浪涌的保护，也可以使用1/2W的直插碳膜电阻来提供高达1200V浪涌的保护。有些人或许会以为可以采用串联或者并联的电阻组合来增强浪涌保护，但是实际上并不能。

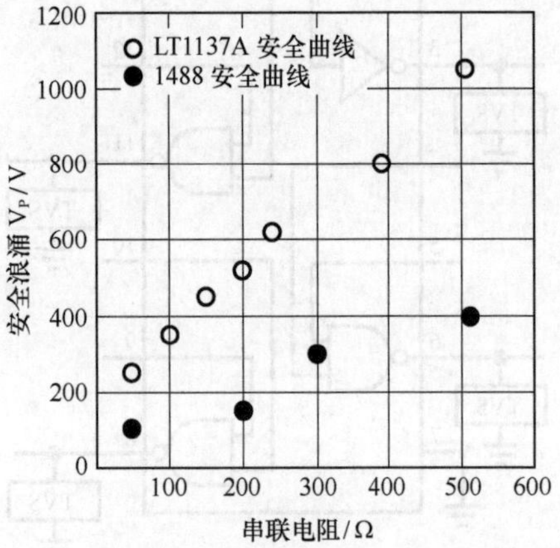

图38.26　1488（SN75188N）和LT1137A的安全曲线。安全曲线表示在10次浪涌后，IC没有损坏的最高V_P值

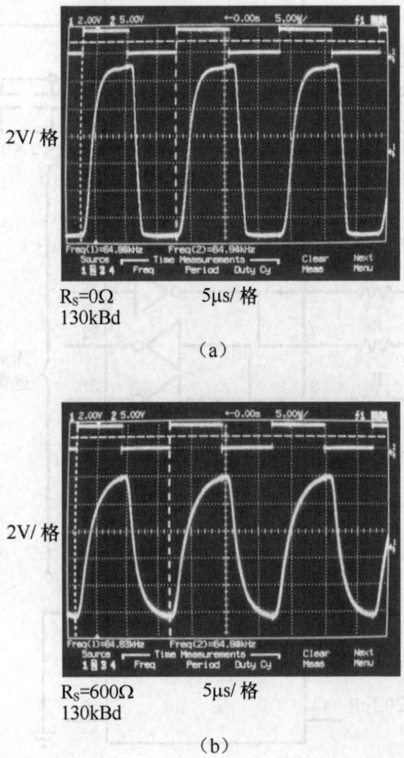

图38.27　串联电阻的输出波形

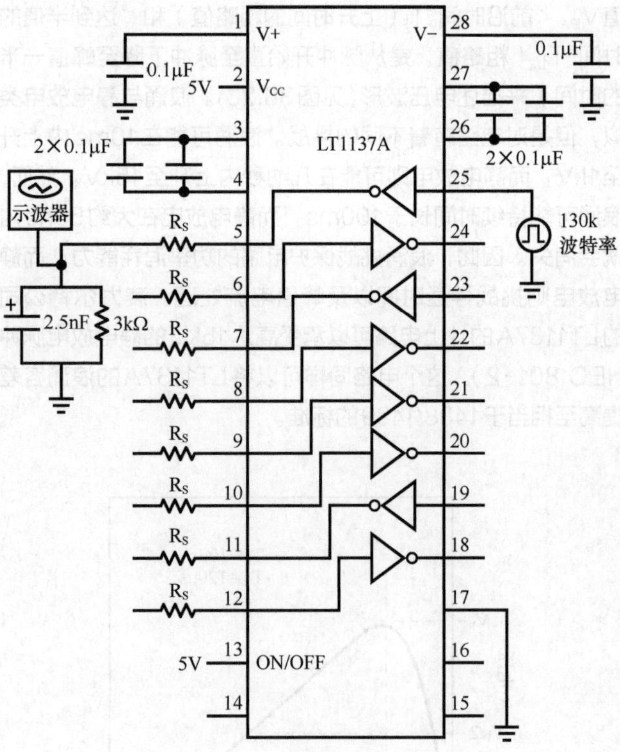

图38.28　测试线驱动器的输出波形

阻性浪涌保护

LT1137A具有专有电路，可以让其对ESD和浪涌更加健壮（与1488和1489相比）。LT1137A更大的浪涌容限使其采用阻性浪涌保护变得更加实用，相比TVS来说，减小了元件清单及成本。需要考虑的最主要的因素是所需的浪涌容限，这将决定所需的电阻值、电阻健壮性以及频率性能。

LTC1343和LTC1344构成的软件可选的多协议接口（采用DB-25连接器）

由Robert Reay设计

引言

随着数据网络设备的爆炸性增长，需要只用一种连接器来支持多种不同的串行协议。接口设计师面临的问题是：如何设计电路使得每个串行接口共享同样的接头却不会造成冲突。结论却是令人沮丧的，其原因主要是每种串行协议需要不用的端接，这些端接的切换不容易而且并不便宜。

随着LTC1343和LTC1344的出现，全软件可选的串行接口可以采用并不昂贵的DB-25连接器来实现了。该芯片构成的串行接口支持V.28（RS232）、V.35、V.36、RS449、EIA-530A或者X.21协议，可以工作在DTE或者DCE模式并且兼容NET1和NET2。该接口由一个单电源5V供电，支持回响时钟和回环配置以辅助减小串行控制器和线收发器之间的胶连逻辑。

一个典型的应用如图38.29所示。2个LTC1343和1个LTC1344构成了一个采用DB-25连接器的接口，图中所示电路工作在DTE模式。

每个LT1343包括4个驱动器和4个接收器，LTC1344包括6个可转换的阻性端接器。第一个LTC1343连接到时钟线和信号线，还有诊断本地回环（Local Loopback，LL）和测试模式（Test Mode，TM）信号。第二个LTC1343与诊断远端回环（Remote Loopback，RL）信号一起连接至控制信号线。单端驱动器和接收器可以分离以支持响铃指示（Ring Indicate）信号。LTC1344可以转换的线端接器只连接至高速时钟和数据信号。当接口协议通过数字模式选择引脚（未显示）进行改变时，驱动器和接收器被自动重新配置并且连接到正确的线端接器。

接口标准的回顾

RS232、EIA-530、EIA-530A、RS449、V.35、V.36和X.21等串行接口标准指定了每个信号线的功能、每个信号线的电学特性、连接器类型、传输线速率以及协议的数据交换。RS422（V.11）和RS423（V.10）标准仅仅定义了电学特性。RS232（V.28）和V.35标准同样指定了它们的电学特性。通常来说，美国标准以RS或者EIA开头，等价的欧洲标准以V或者X开头。每个接口的特性总结在表格38.2中。

表38.2仅仅展示了那些最常用的信号线。注意到每个信号线需要遵循以下四种电学标准中的一个：V.10、V.11、V.28或者V.35。

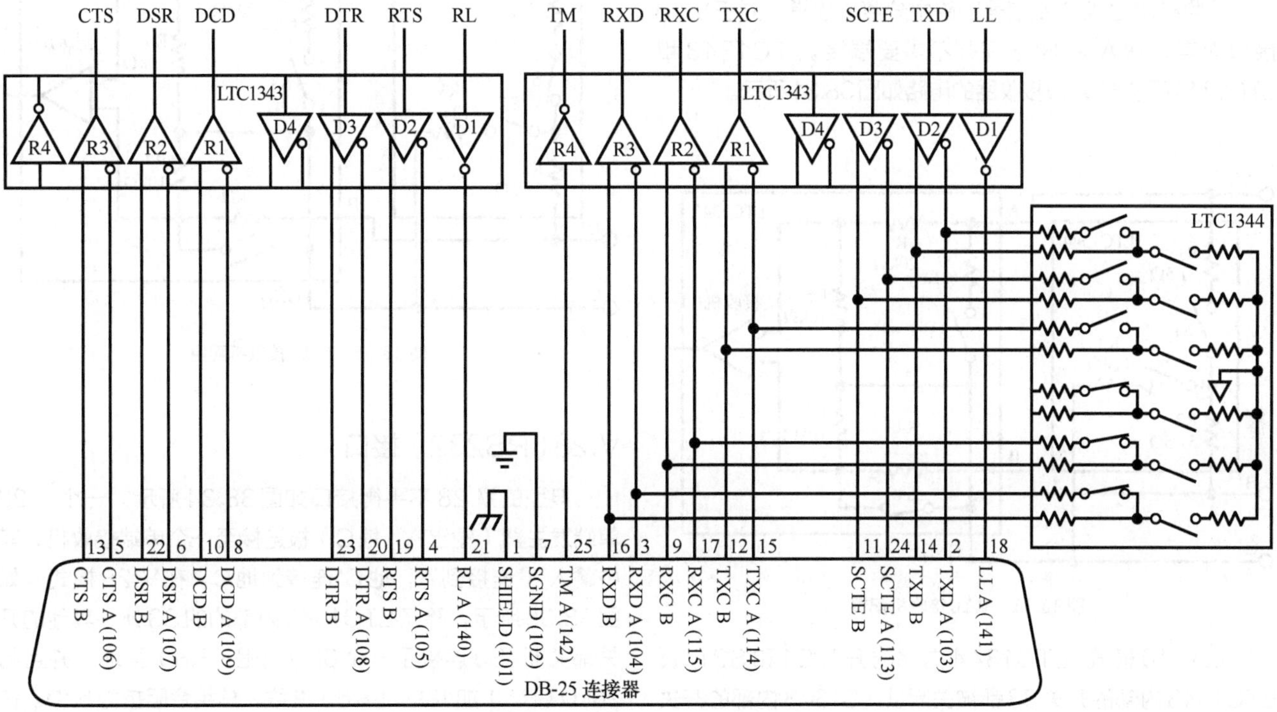

图38.29 LTC1343/LTC1344的典型应用

表38.2 接口的总结表

	时钟和数据信号					控制信号					测试信号			
	TXD	SCTE	TXC	RXC	RXD	RTS	DTR	DSR	DCD	CTS	RL	LL	RL	TM
CCITT-	(103)	(113)	(114)	(115)	(104)	(105)	(108)	(107)	(109)	(106)	(125)	(141)	(140)	(142)
RS232	V.28	V.28	V.28	V.28	V.28	V.28	V.28	V.28	V.28	V.28	V.28	V.28	V.28	V.28
EIA-530	V.11	V.11	V.11	V.11	V.11	V.11	V.11	V.11	V.11	V.11	—	V.10	V.10	V.10
EIA-530A	V.11	V.11	V.11	V.11	V.11	V.11	V.10	V.10	V.11	V.11	V.10	V.10	V.10	V.10
RS449	V.11	V.11	V.11	V.11	V.11	V.11	V.11	V.11	V.11	V.11	V.10	V.10	V.10	V.10
V.35	V.35	V.35	V.35	V.35	V.35	V.28	—	V.28	V.28	V.28	—	—	—	—
V.36	V.11	V.11	V.11	V.11	V.11	V.11	—	V.11	V.11	V.11	—	V.10	V.10	V.10
X21	V.11	V.11	V.11	V.11	V.11	V.11	—	—	V.11	—	—	—	—	—

V.10（RS423）接口

典型的V.10不平衡接口如图38.30所示。一个V.10单端发生器（输出为A、地为C）连接至一个差分接收器，输入A'连接至A，输入B'连接到信号的地线C。

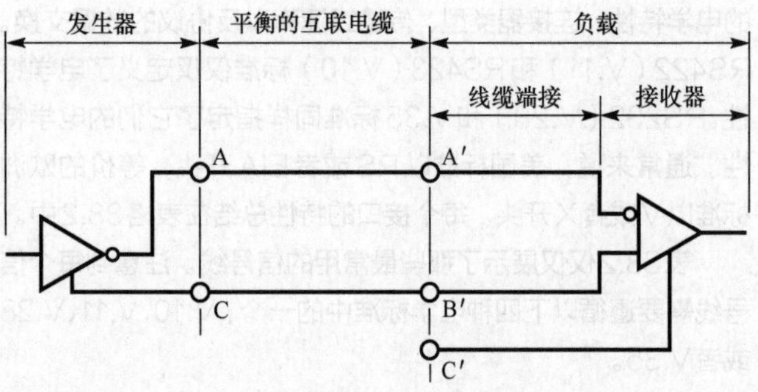

图38.30 典型V.10接口

接收机的地线C'从信号回路中分离。通常，对于V.10接口而言，在A'和B'之间并不需要端接。LTC1343和LTC1344配置成V.10接收器的电路如图38.31所示。

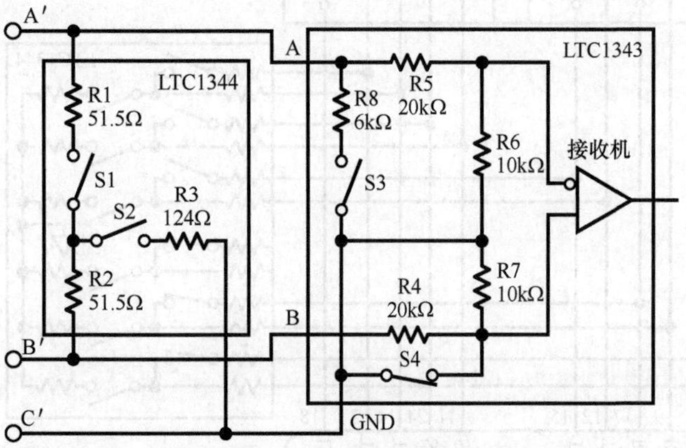

图38.31 V.10接收机配置

在V.10模式，LTC1344内部的开关S1和S2以及LTC1343内部的开关S3都被关断。LTC1343内部的开关S4将同相接收器的输入端接至地，所以连接器的输入B保持浮地。这样，线缆的端接成为连接至LTC1343-V.10接收器地电平的30kΩ输入阻抗。

V.11（RS422）接口

典型的V.11平衡接口如图38.32所示。一个V.11差分发生器带有输出A和B，地C，它们被连接到一个差分接收器，其中地C连接至地C'，输入A'连接到A，输入B'连接到B。V.11接口在接收机端有最小值为100Ω的差分端接。在V.11标准中端接电阻是可选的，但是对于高速时钟和数据线，需要端接以避免反射信号损坏数据。在V.11模式，如图38.33所示，除了LTC1344内部的S1外，所有的开关都关断。S1连接了一个103Ω的差分端接电阻至线缆。

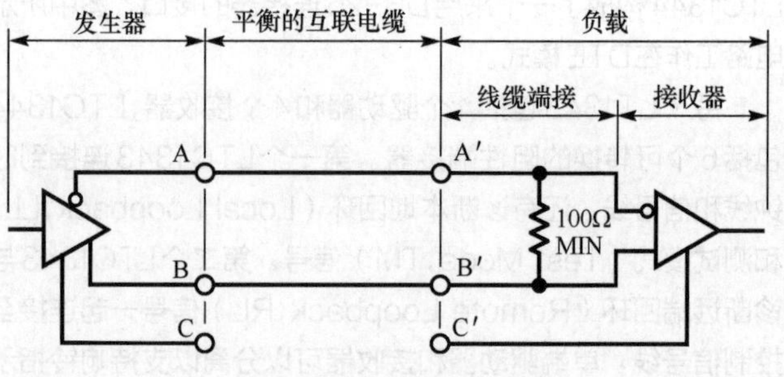

图38.32 典型的V.11接口

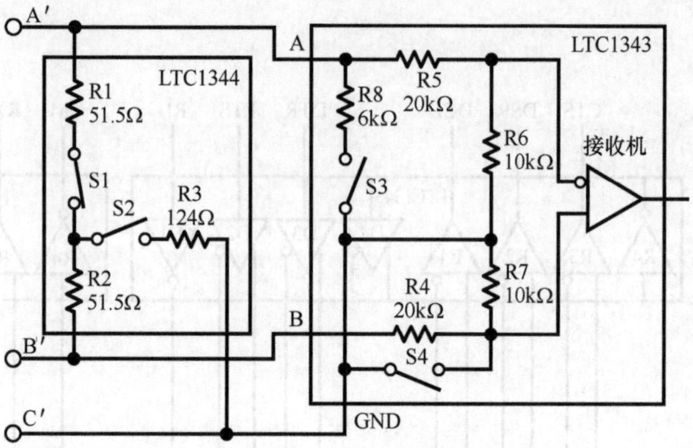

图38.33 V.11接收机配置

V.28（RS232）接口

典型的V.28不平衡接口如图38.34所示。一个V.28单端发生器（输出A，地C）被连接至一个单端接收机，其中输入A'连接到A，地C'连接到地C。在V.28模式，如图38.35所示，除了LTC1343内部的的S3外，其他的开关都关断。S3连接了一个6kΩ电阻（R8）至地，并且与20kΩ（R5）加10kΩ（R6）并联，总组合阻抗为5kΩ。在LTC1343内部的同相输入端被断开，并且连接到一个TTL电平的基准电压，以使得接收机的触发点为1.4V。

V.35接口

典型的V.35平衡接口如图38.36所示。具有输出A和B以及地C的V.35差分发生器连接至一个差分接收机，其中地C连接至地C'，输入A'连接到A，输入B'连接到B。V.35接口需要在接收机端和发生器端进行T型或者Delta型的网络端接。在连接器处测得的接收机差分阻抗必须为（100±10）Ω，在短接终端（A'和B'）和地（C'）之间的阻抗为（150±15）Ω。

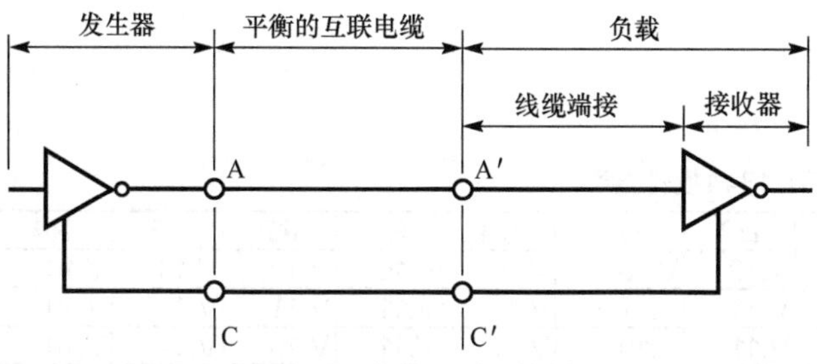

图 38.34　典型 V.28 接口

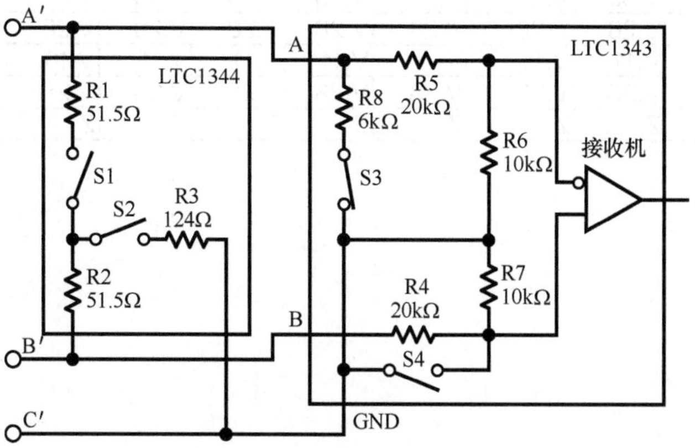

图 38.35　V.28 接收机配置

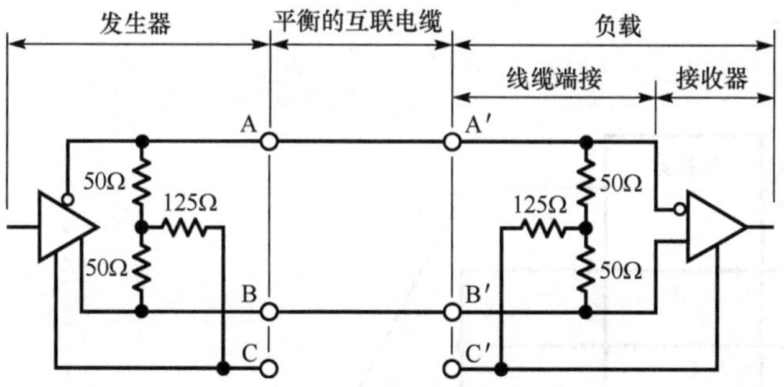

图 38.36　典型 V.35 接口

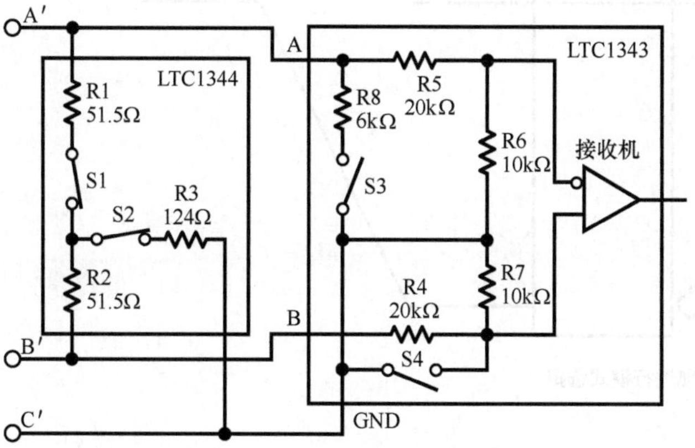

图 38.37　V.35 接收机配置

在V.35模式，如图38.37所示，两个在LTC1344内部的开关S1和S2都是导通的，连接到T型网络阻抗。两个LTC1343内部的两个开关都是关断的。接收机的30kΩ输入阻抗与T网络端接是并联连接的，但是并没有显著地影响整体的输入阻抗。

发生器的差分阻抗必须为50~150Ω，而短接终端（A和B）和地（C）之间的阻抗为（150±15）Ω。对于发生器的端接，开关S1和S2都是导通的，中心电阻的上部被引出至一个引脚，所以它可以通过一个外部电容以减小共模噪声，如图38.38所示。

任何驱动器的失配，上升和下降时间或者驱动器传输延迟将迫使电流通过中心端接电阻流至地，在A和B端口引起高频共模尖峰。这些尖峰可能引起电磁干扰问题，但是可以通过电容C1减小，它将大部分的共模能量分流至地而不是流入线缆。

LTC1343/LTC1344模式选择

采用模式选择引脚M0、M1、M2和CTRL/$\overline{\text{CLK}}$引脚进行接口协议选择，如表38.3所总结。如果LTC1343用于产生控制信号，则CTRL/$\overline{\text{CLK}}$引脚必须被拉高；如果LTC1343用于产生时钟和数据信号，则CTRL/$\overline{\text{CLK}}$引脚需要被拉低。

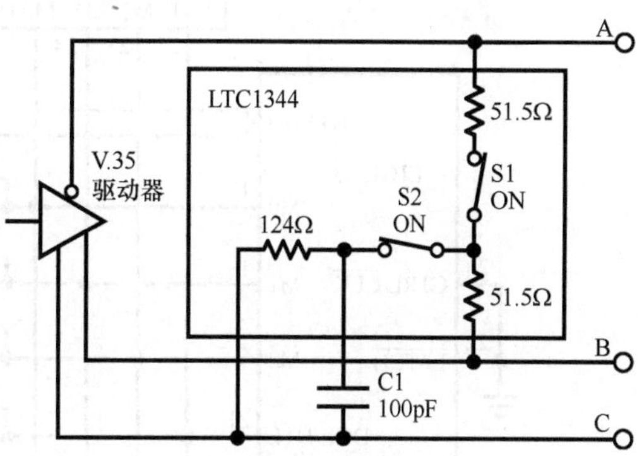

图 38.38　采用 LTC1344 的 V.35 驱动器

例如，如果端口被配置成V35接口，模式选择引脚M2=1、M1=0、M0=0。对于控制信号，CTRL/$\overline{\text{CLK}}$=1，驱动器和接收机将工作在RS232(V.28)电学模式。对于时钟和数据信号，CTRL/$\overline{\text{CLK}}$=0，驱动器和接收机将工作在V.35电学模式；除了单端驱动器和接收机，它们将工作在RS232(V.28)电学模式。DCE/$\overline{\text{DTE}}$引脚等于高时，端口配置为DCE模式，当它为低时端口配置为DTE模式。

接口协议可以通过简单地将正确的接口电缆插入连接器来进行选择。模式引脚引至连接器并且在电缆上是没有连接（1）或者连接至地（0），如图38.39所示。

表38.3 LTC1343 / LTC1344模式选择

LTC1343模式名称	M2	M1	M0	$\overline{CLK}$	D1	D2	D3	D4	R1	R2	R3	R4
V.10RS423	0	0	0	X	V.10	V.10	V.10	V.10	V.10	V.10	V.10	V.10
RS530A clock&data	0	0	1	0	V.10	V.11	V.11	V.11	V.11	V.11	V.11	V.10
RS530A control	0	0	1	1	V.10	V.11	V.10	V.11	V.11	V.10	V.11	V.10
Reserved	0	1	0	X	V.10	V.11	V.11	V.11	V.11	V.11	V.11	V.10
X.21	0	1	1	X	V.10	V.11	V.11	V.11	V.11	V.11	V.11	V.10
V.35 clock & data	1	0	0	0	V.28	V.35	V.35	V.35	V.35	V.35	V.35	V.28
V.35 control	1	0	0	1	V.28	V.28	V.28	V.28	V.28	V.28	V.28	V.28
RS530/RS449/V.36	1	0	1	X	V.10	V.11	V.11	V.11	V.11	V.11	V.11	V.10
V.28/RS232	1	1	0	X	V.28	V.28	V.28	V.28	V.28	V.28	V.28	V.28
No Cable	1	1	1	X	Z	Z	Z	Z	Z	Z	Z	Z

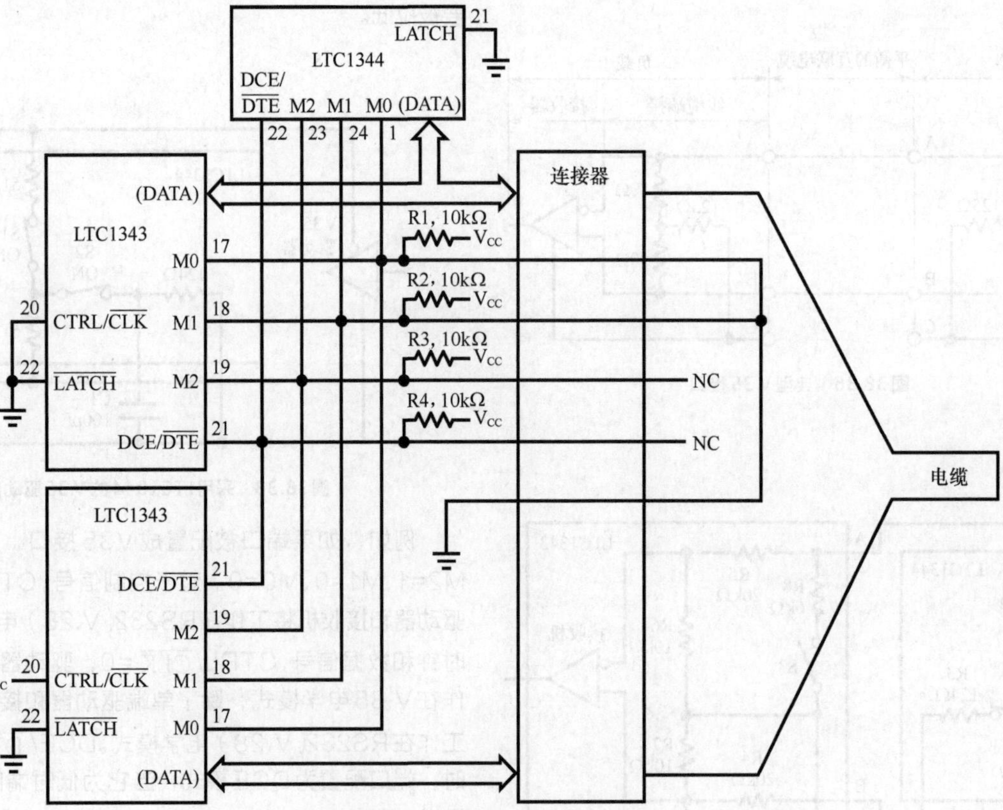

图38.39 通过线缆进行模式选择

上拉电阻R1-R4确保在引脚没有连接时保持二进制的1，并且同时确保在电缆移除时，两个LTC1343和LT1344进入无电缆模式。在无电缆模式LT1343的供电电流下降到少于200μA，而且所有LTC1343驱动器输出和LTC1344阻性端接器被迫进入高阻态。注意所有芯片的数据锁存引脚$\overline{\text{LATCH}}$都被短接至地。

接口协议也可以通过串行控制器或者微处理器主机进行选择，如图38.40所示。

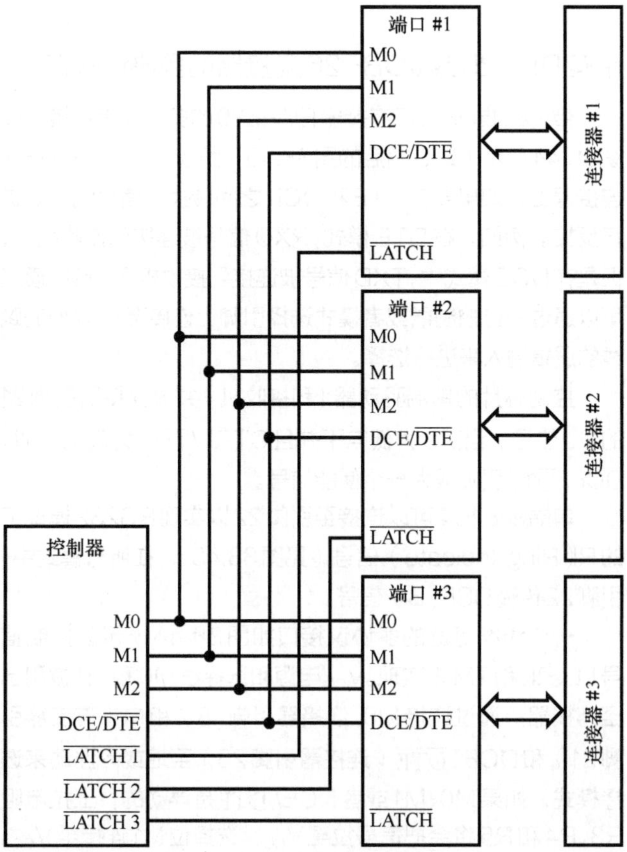

图38.40　通过控制器进行模式选择

模式选择引脚M0、M1、M2和DCE/$\overline{\text{DTE}}$可以在不同接口中共用，每个接口有一个独一无二的信号作为写使能。当$\overline{\text{LATCH}}$引脚为低电平时，M0、M1、M2、CTRL/$\overline{\text{CLK}}$、DCE/$\overline{\text{DTE}}$、LB以及$\overline{\text{EC}}$引脚是透明的。当$\overline{\text{LATCH}}$引脚被拉高时，缓冲器将锁存数据，输入引脚的改变将不会影响芯片。

模式选择也可以将跳线连接到地或者V_{CC}来实现。

回环

LTC1343包括一种逻辑，可以使接口进入回环模式用于测试。该模式支持DTE和DCE回环配置。图38.41展示了一个在回环配置下完整的DTE接口；而图38.42则是DCE的回环设置。可以通过将LB引脚拉低来选择回环配置。

使能单端驱动器和接收器

当LTC1343被用于产生控制信号（CTRL/$\overline{\text{DTE}}$=高）并且$\overline{\text{EC}}$引脚被拉低时，DCE/$\overline{\text{DTE}}$引脚变为一个驱动器1和接收器4的使能信号，所以可以将它们的输入和输出连接在一起，如图38.43所示。

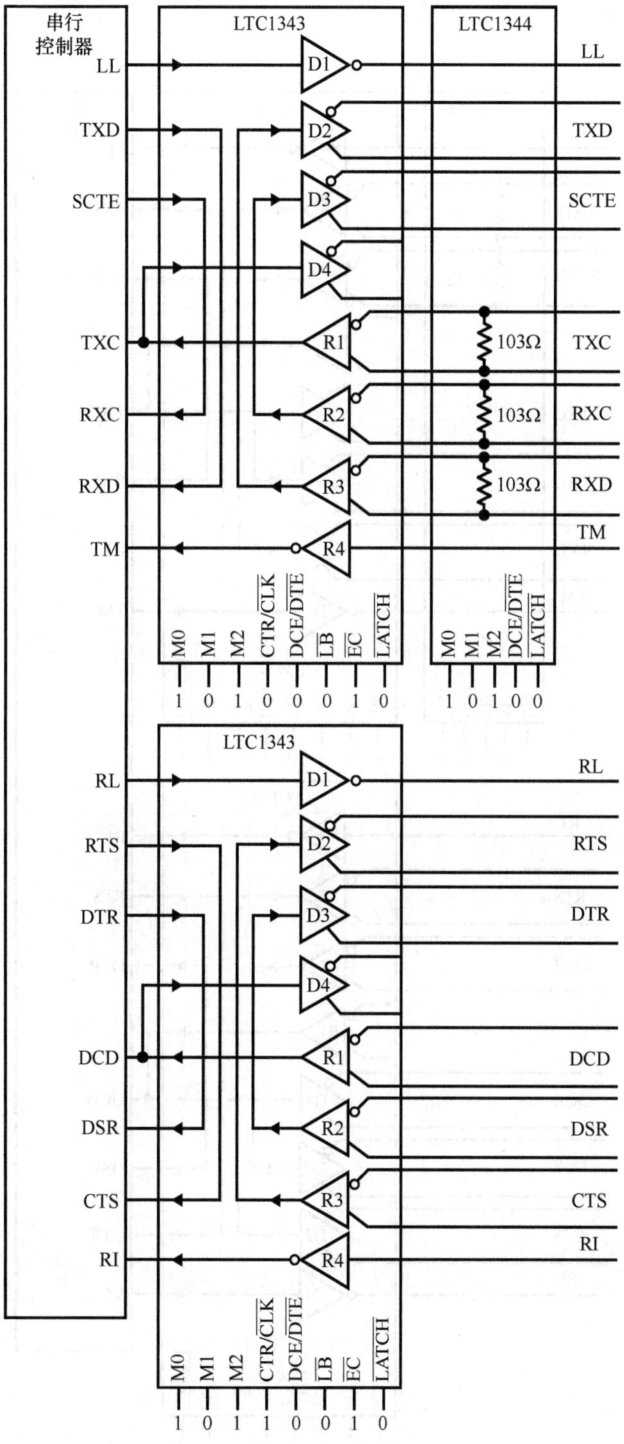

图38.41　正常DTE回环

当CTRL/$\overline{\text{CLK}}$为高时，EC引脚除了使能DCE/$\overline{\text{DTE}}$引脚外，对于电路结构没有其他影响。当DCE/$\overline{\text{DTE}}$为低电平时，驱动器1的输出被使能。接收机4的输出进入三态，并且输入呈现出30kΩ的对地负载。

当DCE/$\overline{\text{DTE}}$为高电平时，驱动器1输出进入三态，接收机4的输出被使能。在除了RS232模式外，接收机4的输入呈现一个30kΩ的对地负载；当配置用于RS232运行时，输入对地阻抗为5kΩ。

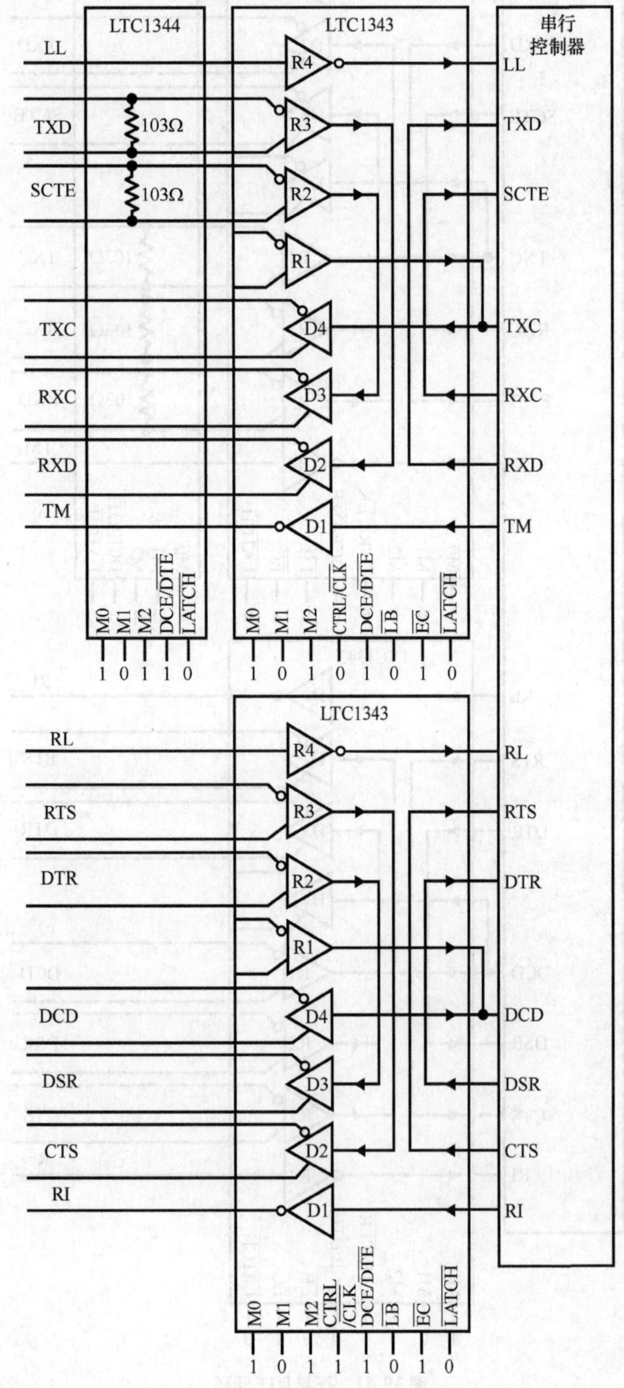

图38.42 正常DCE回环

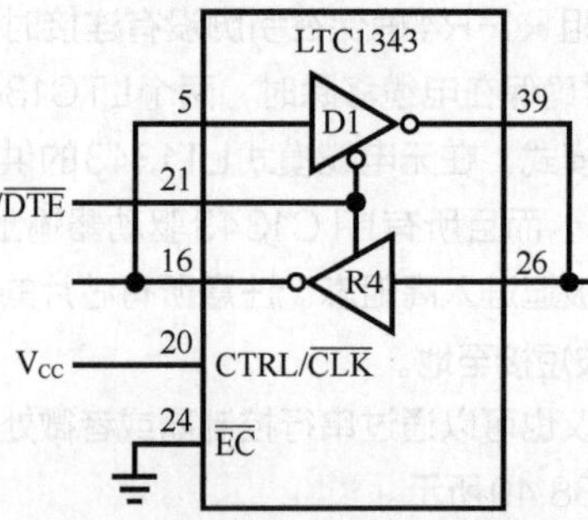

图38.43 单端驱动器和接收器的使能

带有DB-25或μDB-26连接器的多协议接口

带有标准DB-25连接器EIA-530的多协议串行接口如图38.44所示（以及随后的图38.45～图38.47）。在同样的连接器上，如果要在DTE和DCE之间转换，信号线需要进行反接。例如，在DTE模式，RXD信号被连接到接收机3；但是在DCE模式中，TXD信号被连接到接收机3。接口模式可以通过来自控制器或者模式选择引脚上连接至V_{CC}/地的跳线的逻辑输入来进行选择。

控制芯片的单端驱动器1和接收机4共享连接器引脚21的RL信号。当EC为低电平并且CTRL/$\overline{\text{DTE}}$为高电平时，DCE/$\overline{\text{DTE}}$引脚成为一个使能信号。

单端接收机4可以连接至引脚22以实现RS232模式下的RI（Ring Indicate）信号（见图38.45）。在所有模式中，引脚22传输DSR（B）信号。

一个线缆可选的多协议接口如图38.46所示。控制信号LL、RL和TM未实现。V_{CC}电源和选择线M0和M1被引出至连接器。通过连接M0（连接器引脚18）和M1（连接器引脚21）和DCE/$\overline{\text{DTE}}$（连接器引脚25）至地或者浮动来选择模式。如果M0、M1或者DCE/$\overline{\text{DTE}}$是浮动的，上拉电阻R3、R4和R5将会把信号拉至V_{CC}。选择位M1连接至V_{CC}。当线缆被拉出时，接口将进入无线缆模式。

线缆可选择的多协议接口可用在图38.47所示的常见数据路由器中。完整的接口，包括LL信号，可以采用小的μDB-26连接器进行实现。

结论

LT1343和LT1344允许设计者在设计多协议串行接口时，把他的大部分时间花在软件上而不是硬件上。简单地把芯片放到电路板上、连接到连接器和一个串行控制器，然后加载5V的供电电压，你便可以开始使用了。此外，芯片组的较小的尺寸和独特的端接拓扑结构使得很多接口可以放置在一块电路板上，并且可以使用并不昂贵的连接器和线缆。

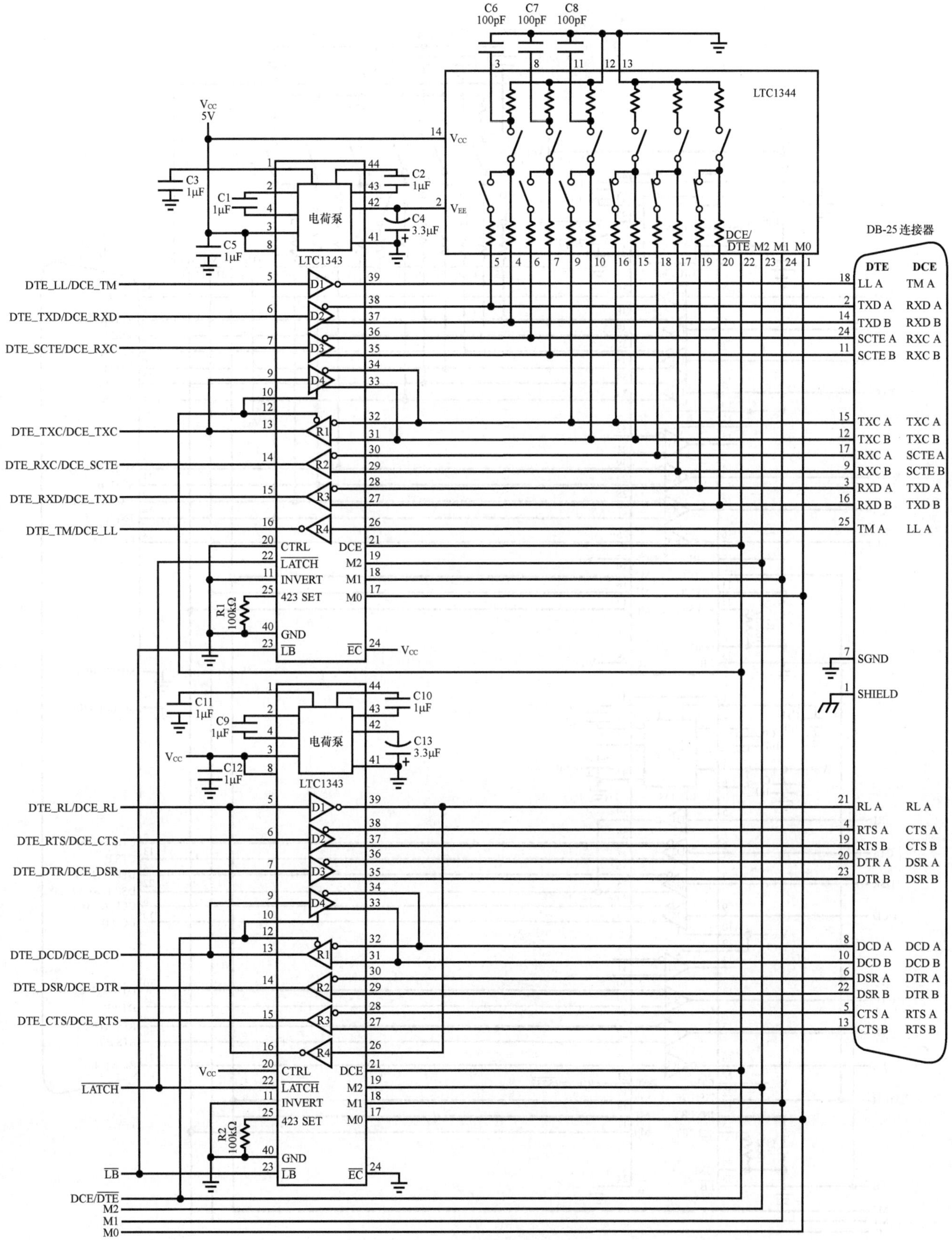

图38.44　带有DB-25连接器的控制器可选择的多协议DTE/DCE端口

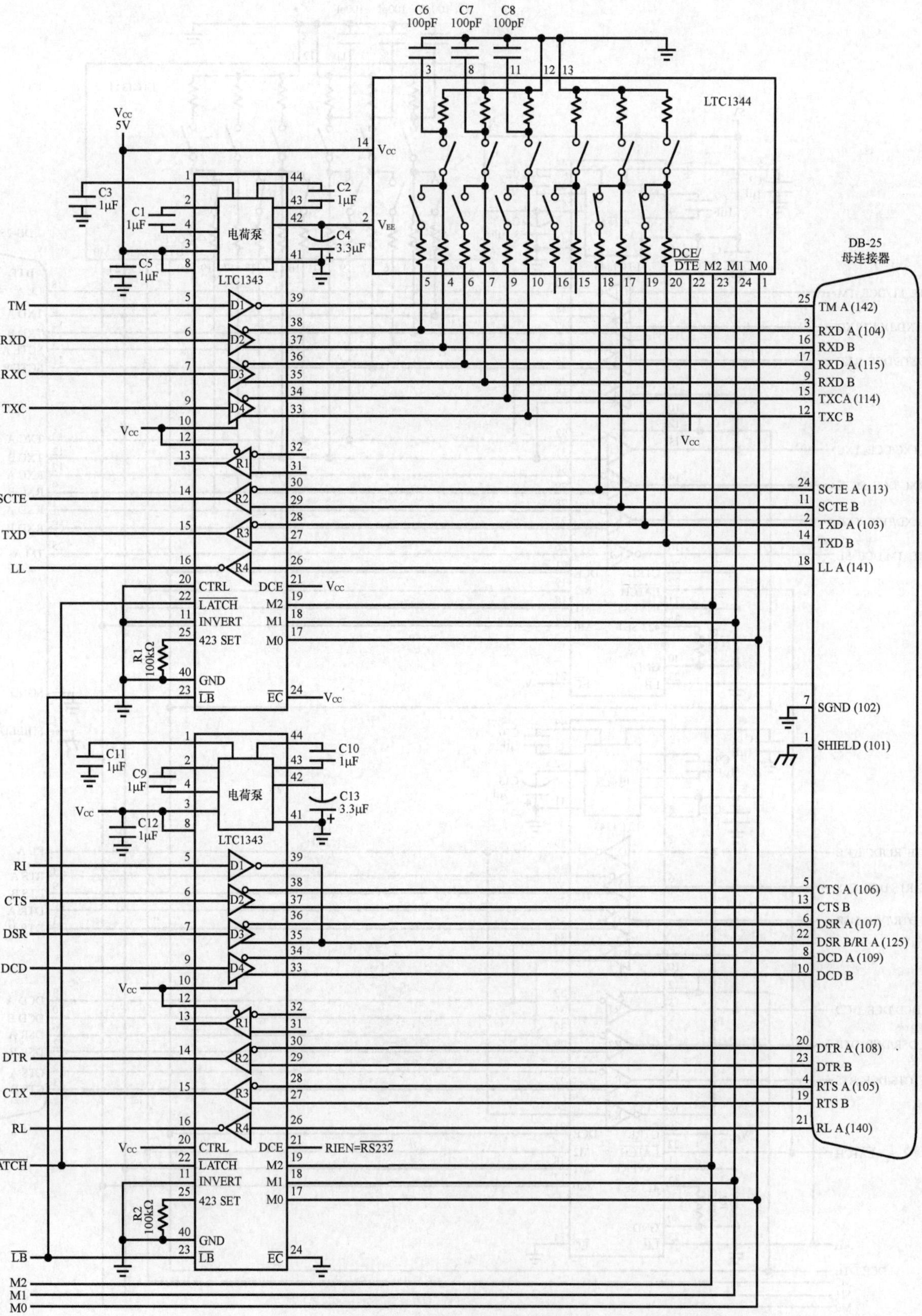

图38.45 带有RI信号和DB-25连接器的控制器可选择的多协议DCE端口

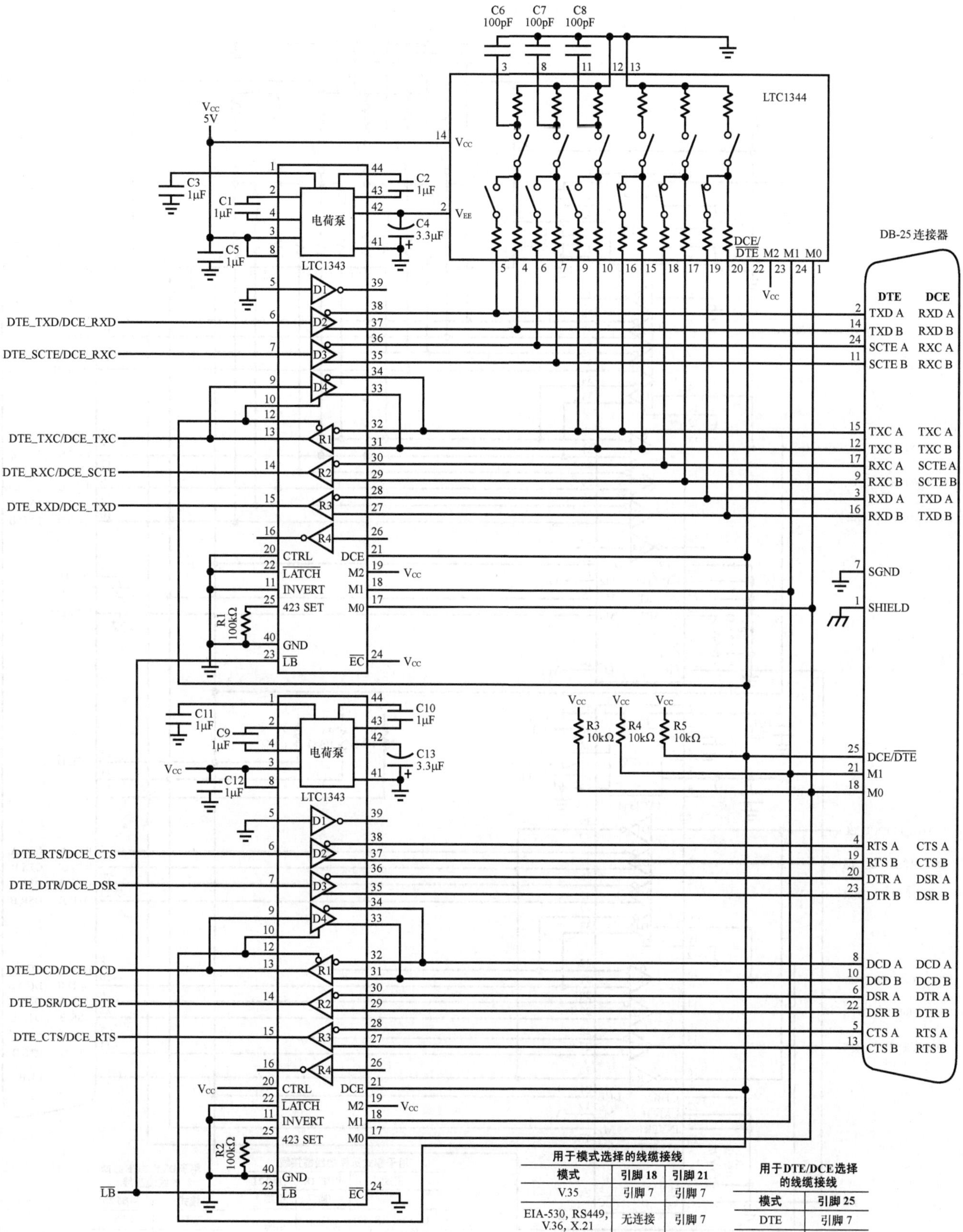

用于模式选择的线缆接线

模式	引脚 18	引脚 21
V.35	引脚 7	引脚 7
EIA-530, RS449, V.36, X.21	无连接	引脚 7
RS232	引脚 7	无连接

用于DTE/DCE选择的线缆接线

模式	引脚 25
DTE	引脚 7
DCE	无连接

图38.46　带有DB-25连接器的线缆可选择多协议DTE/DCE端口

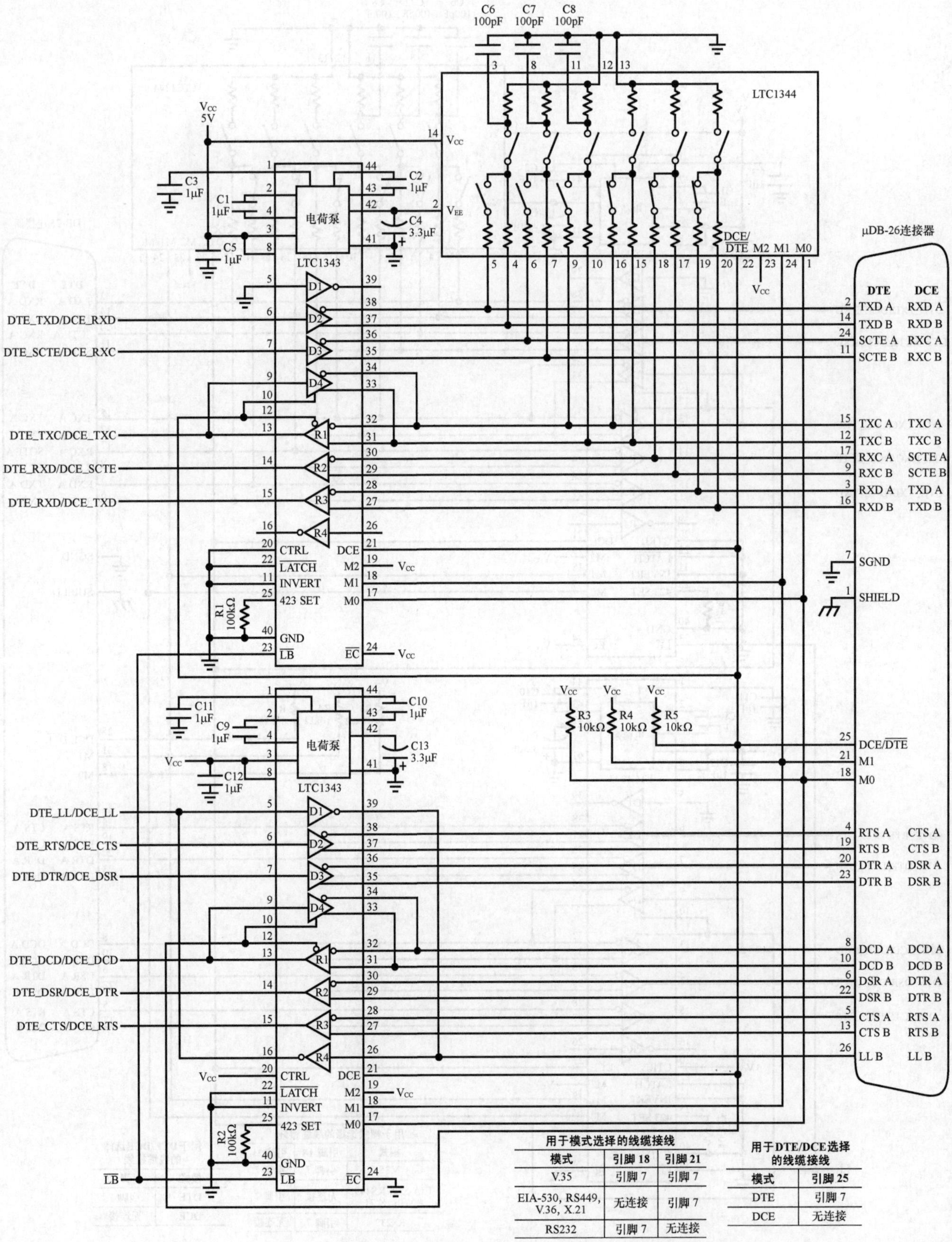

用于模式选择的线缆接线

模式	引脚 18	引脚 21
V.35	引脚 7	引脚 7
EIA-530, RS449, V.36, X.21	无连接	引脚 7
RS232	引脚 7	无连接

用于DTE/DCE选择的线缆接线

模式	引脚 25
DTE	引脚 7
DCE	无连接

图38.47 带有μDB-26连接器的线缆可选择的多协议DTE/DCE端口

LT1328：低成本IrDA接收机解决方案（数据率高达4Mbit/s）

由Alexander Strong设计

IrDA SIR

图38.48所示的LT1328电路，在IrDA标准规定的光强下该电路可以在1cm~1m的距离下运行。对于IrDA数据率为115kbit/s或者更低的情况下，1.6μs脉冲宽度必须用于一个0而对于1则没有脉冲。光强为40mW/sr（毫瓦每球面度）。图38.49展示了发射机输入（顶部线迹）和LT1328输出（底部线迹）的示波器照片。注意放大器的输入是被反相的；即发生的光在输入端产生一个高电平，将造成发射机输出一个零。对于这些数据率，模式引脚（引脚7）应该为高电平。

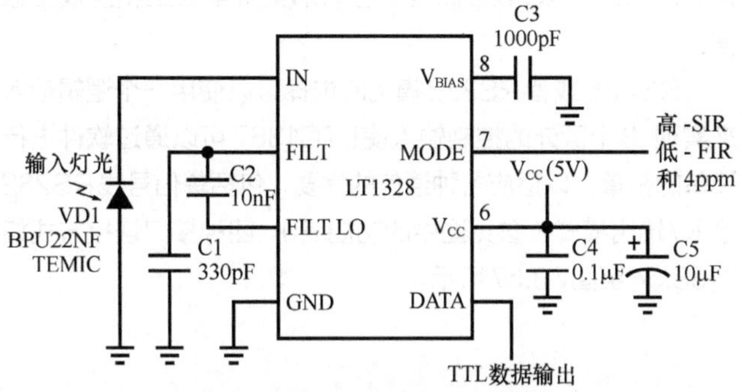

图38.48 IrDA 接收机LT1328的典型应用

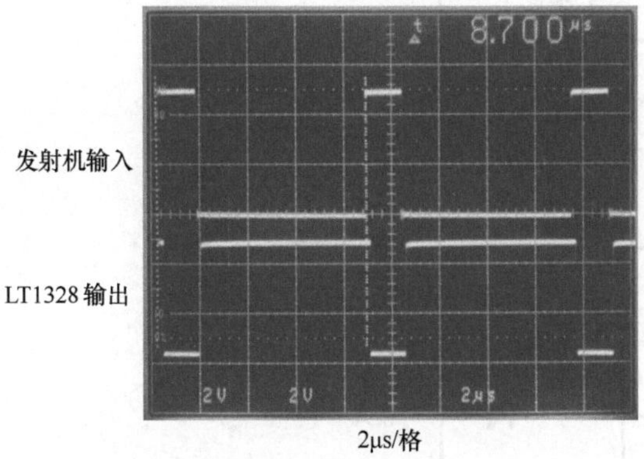

图38.49 IrDA的115kbit/s调制

一个IrDA兼容的发射同样也可以仅用6个元件实现，如图38.50所示。LT1328所需的功率是最小的：单电源5V供电和2mA的静态电流。

IrDA FIR

第二快的IrDA标准具有576kbit/s和1.152Mbit/s的数据率，对于0在比特间距中有1/4的脉冲宽度，而对于1则没有脉冲。例如，1.152Mbit/s数据率采用脉冲宽度为217ns；总比特时间为870ns。在1cm~1m距离内光强为100~500mW/sr。发射输入和LT1328输出的照片如图38.51所示。1.152Mbit/s时，在上述所有条件下，LT1328的输出脉冲宽度将小于800ns。对于这些数据率或以上，引脚7需要保持低电平。

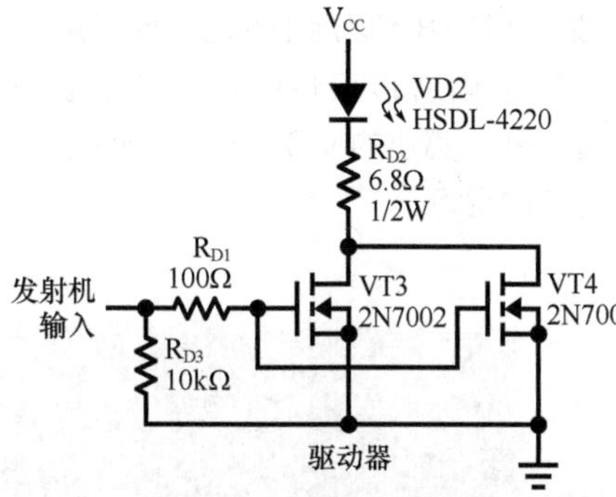

图38.50 IrDA发射机

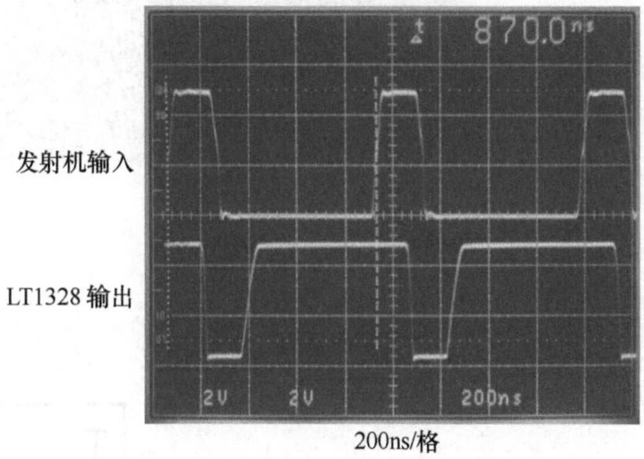

图38.51 IrDA的1.152Mbit/s调制

4PPM

最后介绍的IrDA编码方式是4Mbit/s数据率并且采用脉冲位置调制（Pulse Position Modulation，PPM），因此它的名字为4PPM。两位被编码在500ns间隔中一个125ns宽的脉冲的位置上（2bits · 1/500ns=4Mbit/s）。距离和输入电平与前面1.152Mbit/s的情况相同。图38.52展示了LT1328产生的这种调制。

图38.53所示的是LT1328的框图。来自VD1的光电二极管电流通过反馈电阻R_{FB}转换为一个电压。预放大器的直流电平由放大器跨导g_m的伺服动作保持在V_{BIAS}。伺服动作仅抑制频率在R_{gm}/C_{FILT}极点以下。这一高通滤波衰减了干扰信号，例如阳光、白炽灯光或者荧光灯光，并且可以通过引脚7选择低数据率或者高数据率。对于高数据率，引脚7应该保持低电平。高通滤波器的转折点是由电容C1设置的，$f=25/(2\pi \cdot R_{gm} \cdot C)$，其中$R_{gm}$=60kΩ。330pF电容（C1）设置转折频率为200kHz，并且用于115kbit/s以上的数据率，

引脚7拉至TTL高电平会增大引脚2的电容。这将开关使得C2与C1并联，降低高通滤波器的转折点。10nF电容（C2）产生一个6.6kHz的转折频率。由预放大器/g_m放大器组处理的信号引起比较器的输出摆动至低电平。

结论

总的来说，LT1328可以用于构建符合IrDA标准的低成本接收机。它的易用性和灵活性也可以使其大量应用于其他光电二极管接收机。微小的MSOP封装节约了它在个人计算机主板上占用的空间。

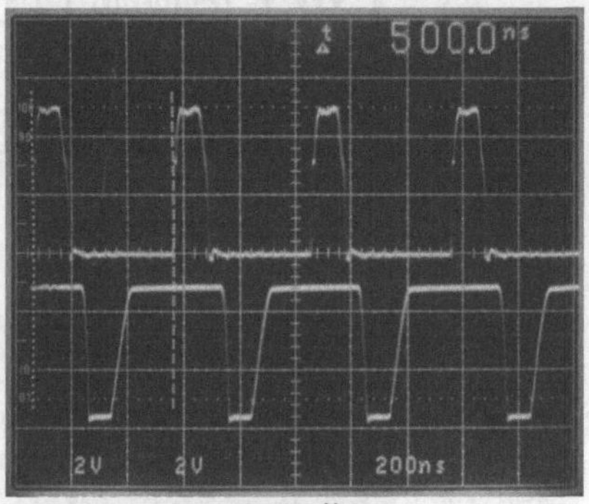

图38.52 IrDA的4PPM调制

LTC1387单5V供电RS232/RS485多协议收发器

由Y.K. Sim设计

引言

LTC1387为单电源5V供电、逻辑配置、单端口的RS232或者RS485收发器。LTC1387提供一个灵活的组合，包括2个RS232驱动器、2个RS232接收器、1个RS485驱动器、1个RS485接收器以及1个用于由5V单电源产生升压电压（符合RS232电平）的电荷泵。RS232收发器和RS485收发器经过设计，在单端和差分信号通信模式下，都共享相同的端口输入/输出引脚。RS232收发器支持RS232和EIA562标准，而RS485收发器支持RS485和RS422标准。它们都支持半双工和全双工通信。

RS485或者RS232模式的选择可以使用一个逻辑输入来实现。3个额外的控制输入使LTC1387可以通过软件进行简单的配置，以适应各种通信的需要，包括单信号线RS232输入/输出模式（参见图中的功能表）。四种接口连接方式如图38.54至图38.57所示。

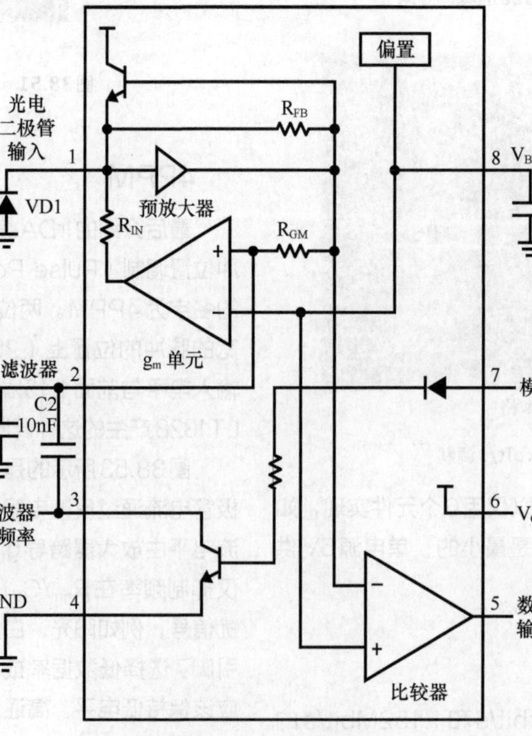

图38.53 LT1328的框图

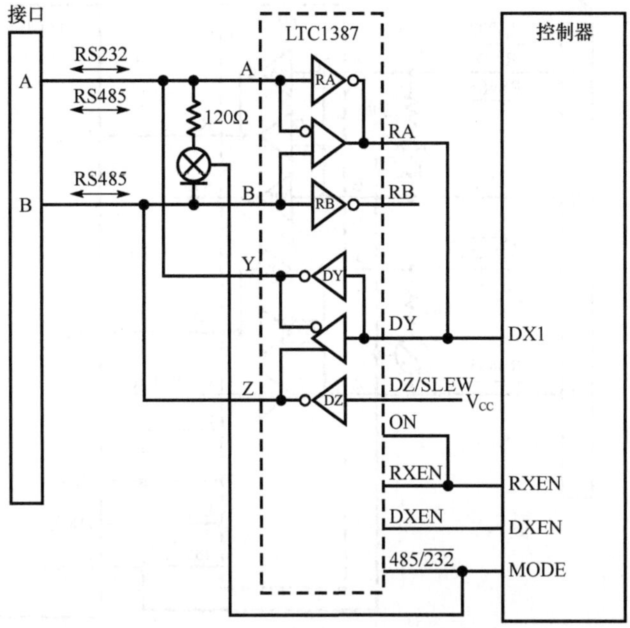

RS232 发送模式	RS232 接收模式	RS485 发送模式	RS485 接收模式	关断模式
RXEN=0 DXEN=1 MODE=0	RXEN=1 DXEN=0 MODE=0	RXEN=0 DXEN=1 MODE=1	RXEN=1 DXEN=0 MODE=1	RXEN=0 DXEN=0 MODE=X

图38.54　半双工RS232、半双工RS485

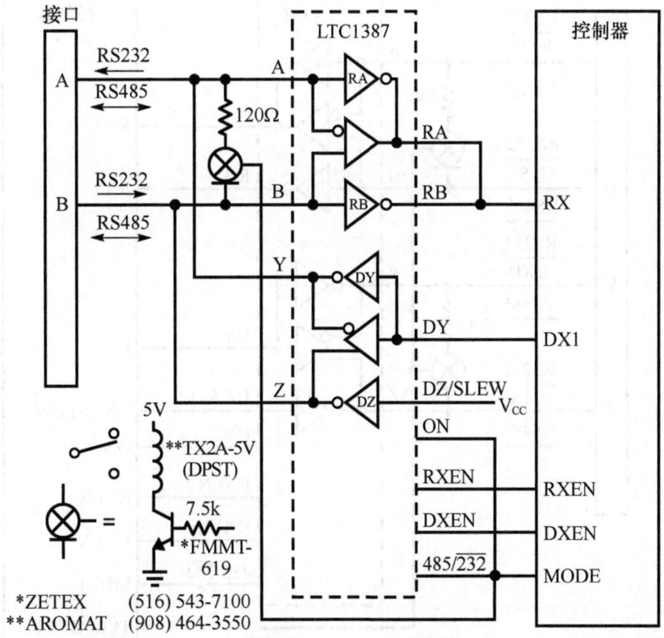

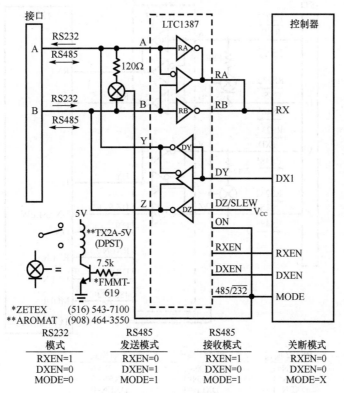

RS232 模式	RS485 发送模式	RS485 接收模式	关断模式
RXEN=1 DXEN=0 MODE=0	RXEN=0 DXEN=1 MODE=1	RXEN=1 DXEN=0 MODE=1	RXEN=0 DXEN=0 MODE=X

图38.55　全双工RS232、半双工RS485

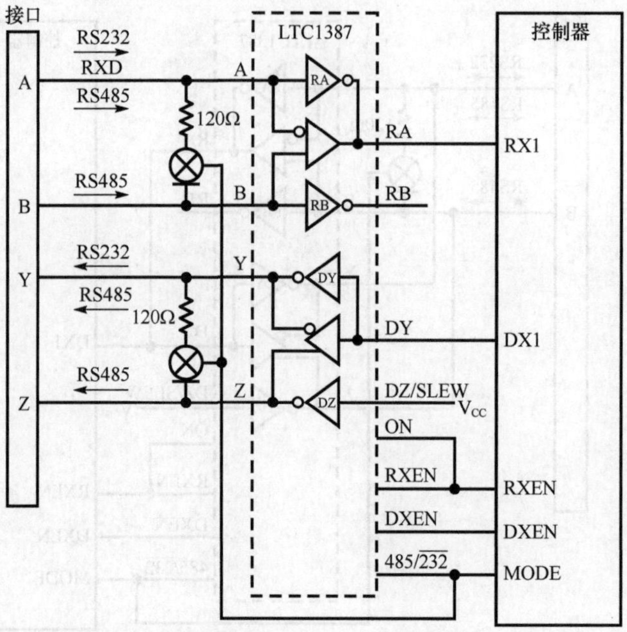

RS232 模式	RS485 模式	关断模式
RXEN=1	RXEN=1	RXEN=0
DXEN=1	DXEN=1	DXEN=0
MODE=0	MODE=1	MODE=X

图38.56 全双工RS232（1个通道）、全双工RS485

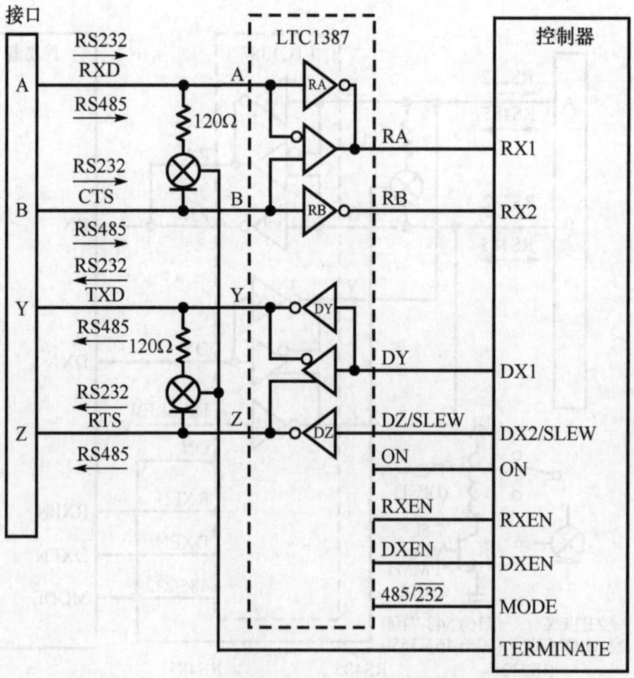

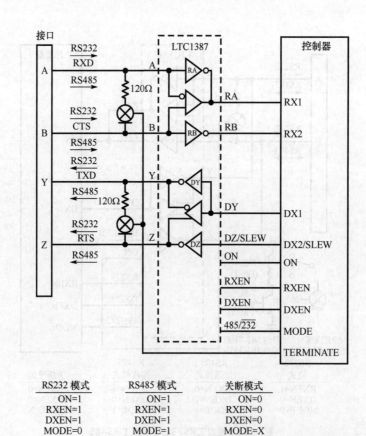

RS232 模式	RS485 模式	关断模式
ON=1	ON=1	ON=0
RXEN=1	RXEN=1	RXEN=0
DXEN=1	DXEN=1	DXEN=0
MODE=0	MODE=1	MODE=X

图38.57 全双工RS232（2个通道）、全双工RS485，具有压摆和端接控制

SLEW输入引脚在RS485模式是有效的，可以将驱动器的转换模式设定在普通模式或者慢压摆率模式。在正常的RS485压摆模式，双绞线必须在两端都进行端接以使信号反射最小。在慢压摆模式，最大信号带宽减小了，从而使电磁兼容和信号反射问题得以最小化。慢压摆率系统常常可以使用不合适端接甚至未端接的线缆，结果是可以接受的。如果需要线缆端接，可以通过开关或者继电器连接到外部的端接电阻。

LTC1387提供微功率关断模式、用于自我测试的回环模式、高数据率（RS232模式为120k波特，RS485模式为5M波特）以及在驱动器输出端和接收器输入端的7kV静电放电保护。

一个10MB/s多协议芯片组支持Net1和Net2标准

由David Soo设计

引言

典型应用

与LTC1343软件可选择多协议收发器类似，1996年8月份的凌力尔特技术杂志介绍的LTC1543/LTC1544/LTC1344A芯片组构造了一个采用廉价DB-25连接器的完整软件可选择串行接口。这些元件之间的主要区别是功能的分配：LTC1343可以配置成数据/时钟芯片或者作为一个控制信号芯片（采用CTRL/$\overline{\text{CLK}}$引脚），而LTC1543是一个专门的数据/时钟芯片，LTC1544则是一个控制信号芯片。该芯片组支持V.28（RS232）、V.35、V.36、RS449、EIA-530、EIA-530A以及X.21协议，同时支持DTE或者DCE模式。

图38.58展示了一个采用LTC1543、LTC1544以及LTC1344A的典型应用。仅仅通过将芯片的引脚映射到连接器，接口电路的设计就完成了。该图展示了一个连接至DB-25连接器的DCE模式电路。

LTC1543包含了3个驱动器和3个接收器，而LTC1544包含了4个驱动器和4个接收器。LTC1344A包好了6个可转换的阻性端接器，这些端接器仅连接至高速时钟和数据信号。当接口协议通过模式选择引脚M2、M1和M0改变时，驱动器、接收器和线端接器各自应用在适当的配置中。表38.4总结了模式引脚的功能。在模式选择引脚、DCE/$\overline{\text{DTE}}$和INVERT引脚上有50μA的内部上拉电流源。

表38.4　模式引脚的功能

LTC1543/LTC1544模式名称	M2	M1	M0
未使用	0	0	0
EIA-530A	0	0	1
EIA-530	0	1	0
X.21	0	1	1
V.35	1	0	0
RS449/V.36	1	0	1
RS232/V.28	1	1	0
无线缆	1	1	1

DTE与DCE操作对比

LTC1543/LTC1544/LTC1344A芯片组可以通过一种或者两种方式配置成DTE或者DCE操作。第一种方式下，芯片组是一个具有正确连接器属性的专门DTE或者DCE端口。第二种方式下，端口有一个连接器，可以通过重新路由信号至采用专门DTE或者DCE线缆的芯片组，从而将连接器配置成DTE/DCE操作。

图35.58所示的是采用DB-25母口连接器的专用DCE端口示例。与这个端口互补的是采用一个DB-25公口连接器的DTE端口，如图38.59所示。

如果端口必须同时支持DTE和DCE模式，驱动器和接收器至连接器的引脚映射必须要做相应的改变。例如在图35.58中，LTC1543的驱动器1连接至DB-25连接器的引脚3和引脚16。在DTE模式时，驱动器1被映射至DB-25连接器的引脚2和引脚14。可以配置成DTE或者DCE操作的端口如图38.60所示。这个配置需要单独的电缆以获得正确的信号路径。

线缆可选择的多协议接口

直接将某个接口电缆连接至连接器可以实现接口协议的选择。一个线缆可选择的多协议DTE/DCE接口如图38.61所示。模式引脚连接到连接器上，并保持开路（1）或者连接到地（0）。内部的上拉电流源确保在一个引脚开路时保持为二进制的1，而且也确保LTC1543/LTC1544/LTC1344A在线缆移除时进入无线缆模式。在无线缆模式时，LTC1543/LTC1544电源电流降到少于200μA，迫使所有LTC1543/LTC1544驱动器输出进入高阻态。

加入额外的测试信号

在一些情况下，需要可选的测试信号：本地回环、远端回环和测试模式，但是在LTC1543/LTC1544中没有足够的驱动器和接收器来处理这些额外的信号。解决方法是结合LTC1544和LTC1343。通过使用LTC1343来处理时钟和数据信号，芯片组获得一个额外的单端驱动器/接收器对。配置如图38.62所示。

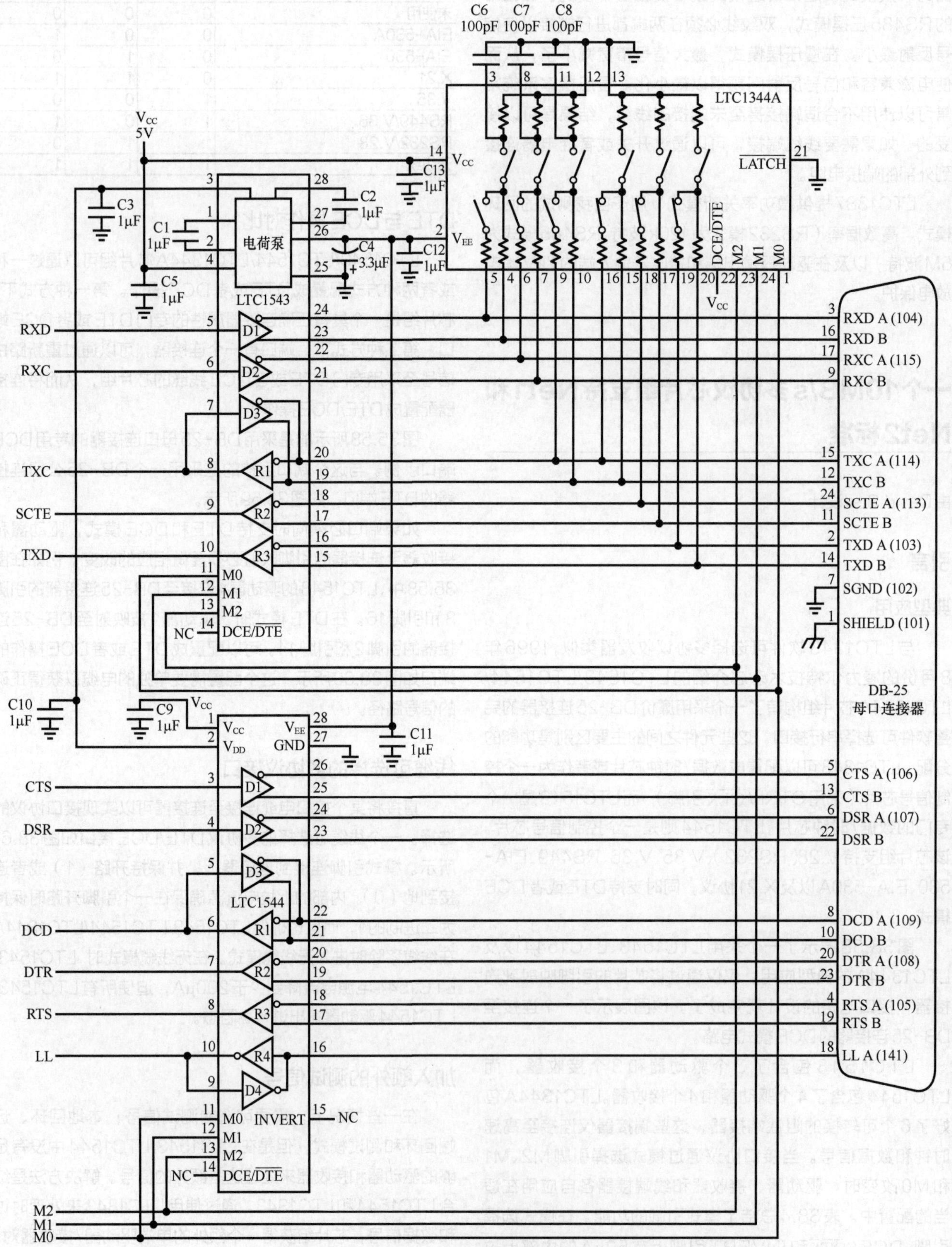

图38.58 具有DB-25连接器、控制器可选择的DCE端口

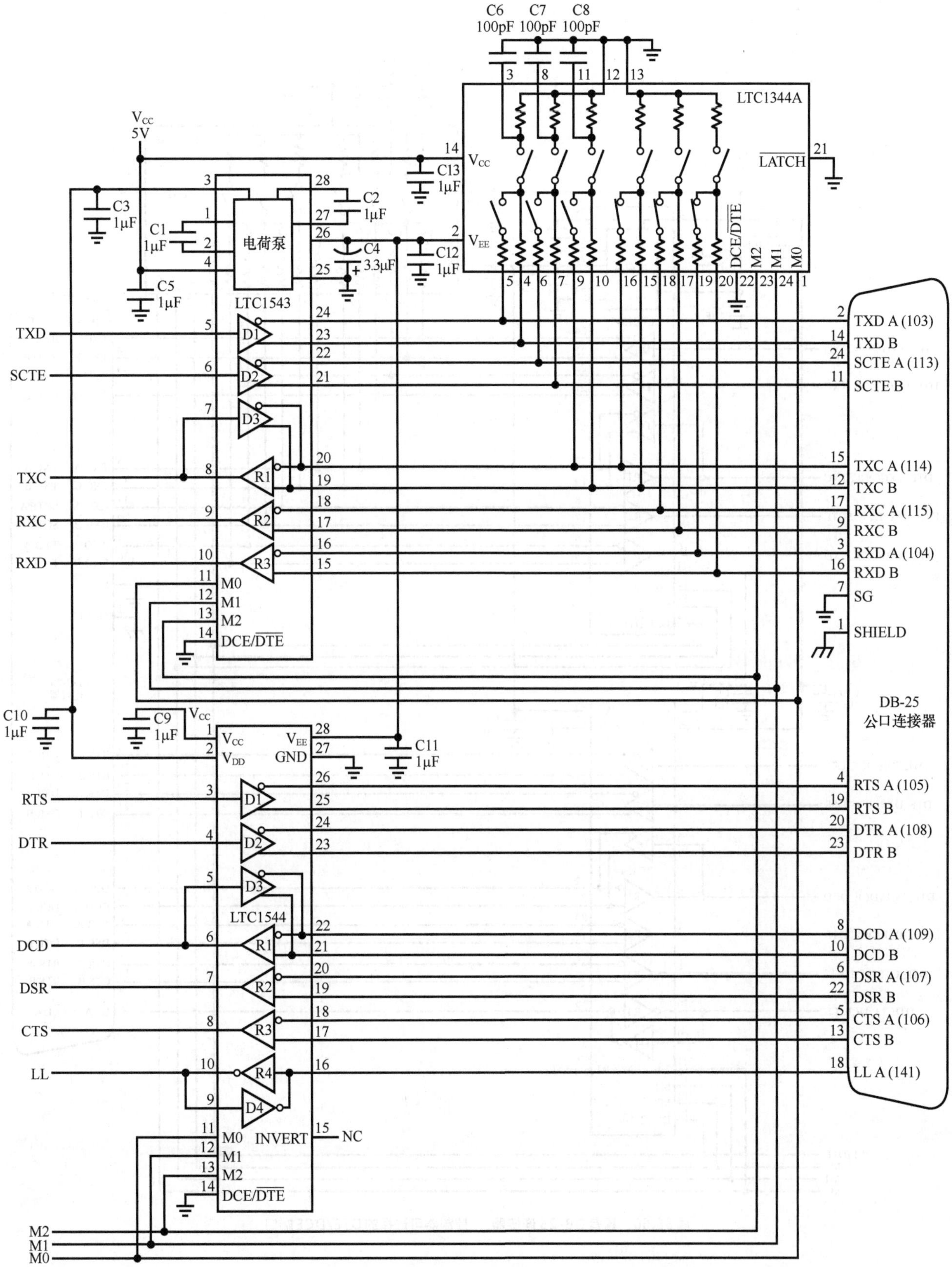

图38.59 具有DB-25连接器、 控制器可选择的多协议DTE端口

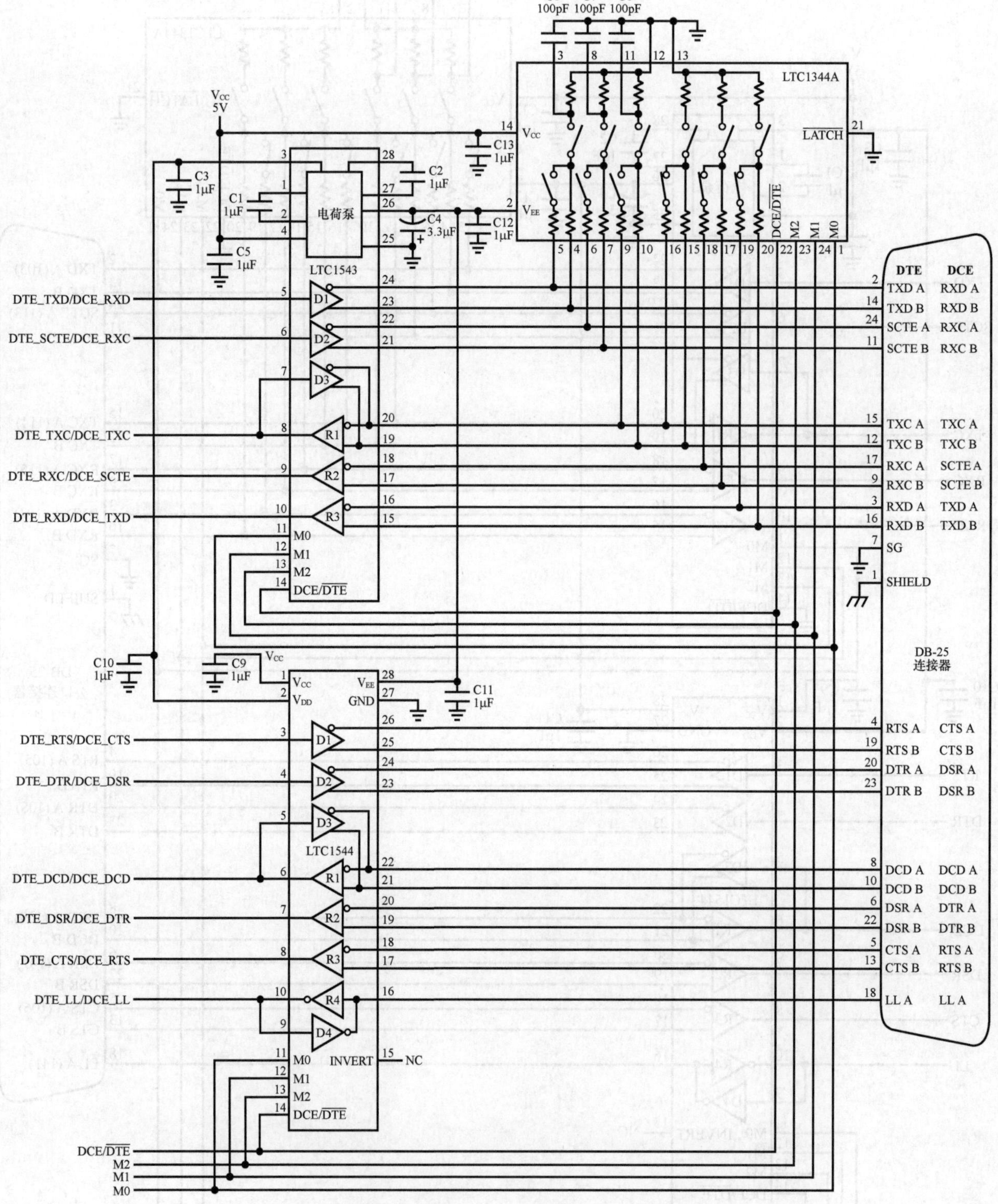

图38.60 具有DB-25连接器、控制器可选择的DTE/DCE端口

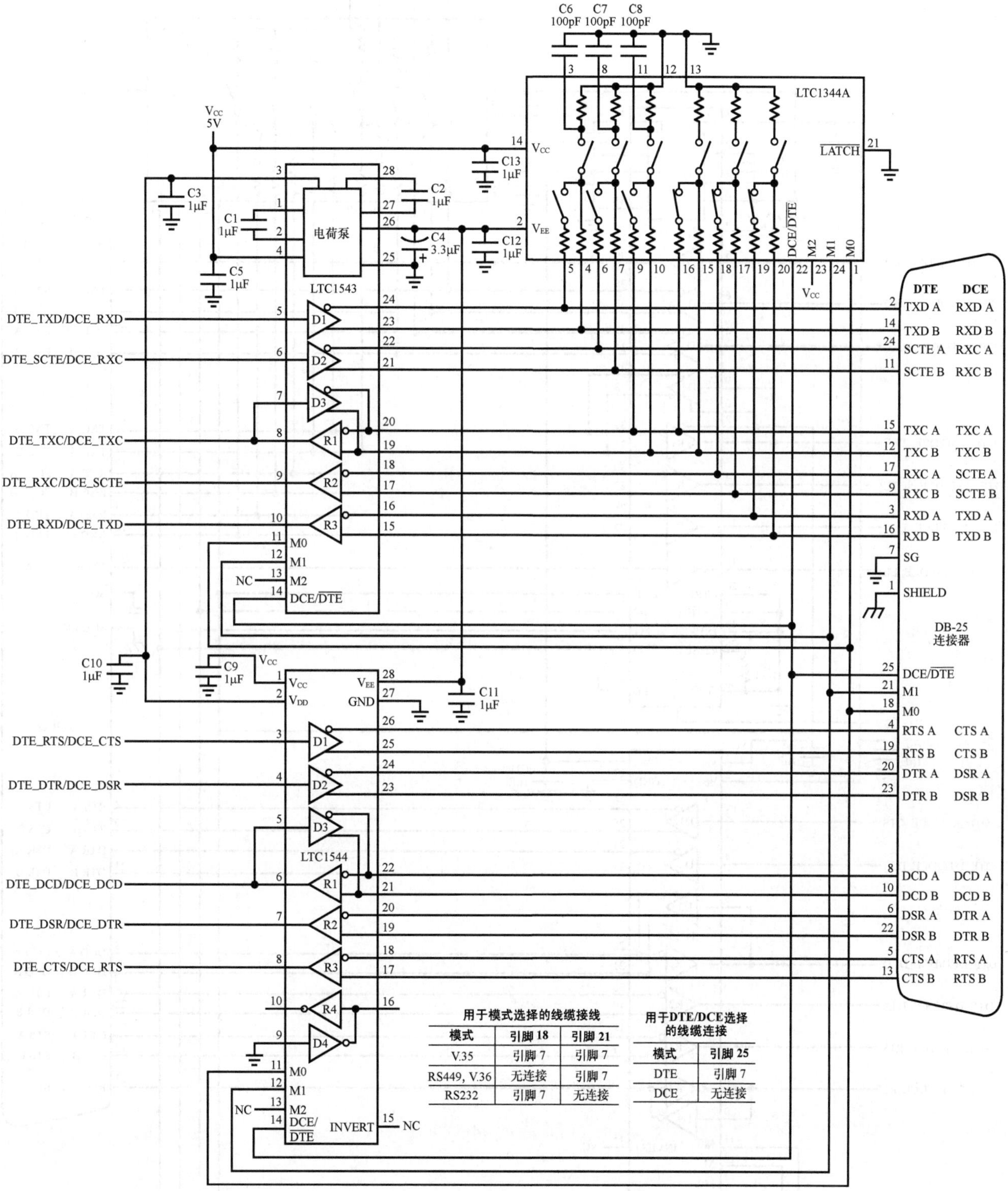

用于模式选择的线缆接线

模式	引脚 18	引脚 21
V.35	引脚 7	引脚 7
RS449, V.36	无连接	引脚 7
RS232	引脚 7	无连接

用于DTE/DCE选择的线缆连接

模式	引脚 25
DTE	引脚 7
DCE	无连接

图 38.61　线缆可选择的多协议 DTE/DCE 端口

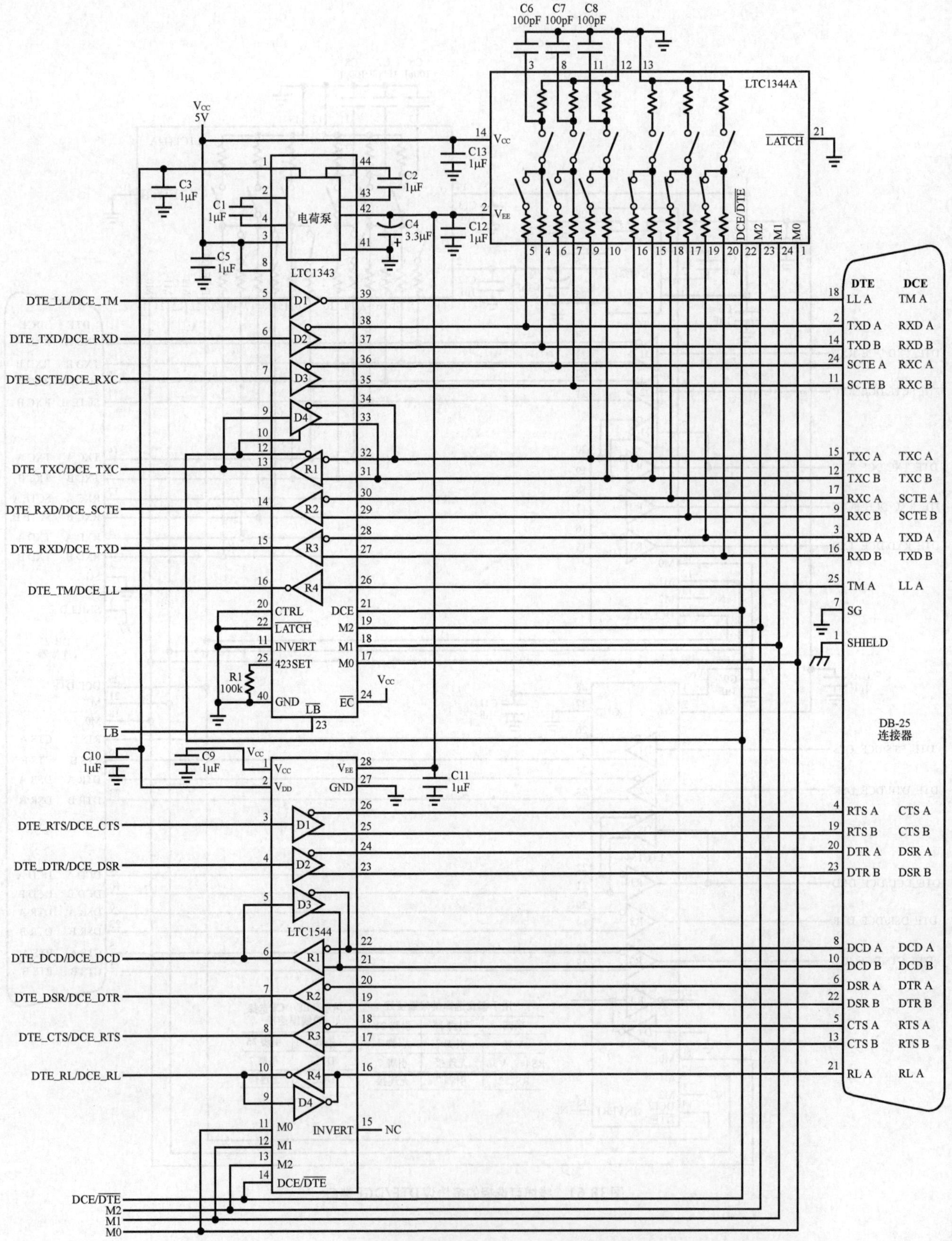

图38.62 具有RLL、LL、TM和DB-25连接器、控制器可选择的多协议DTE/DCE端口

符合性测试

LTC1543/LTC1544/LTC1344A具有一个欧洲标准EN45001的测试报告。该报告提供了芯片组对于NET1和NET2标准中Layer1的符合性文档。测试报告可以从凌力尔特公司或者从Detecon公司（地址：1175 Old Highway 8, St. Paul, MN 55112）获取。

结论

在网络设备领域，产品的差异性主要体现在软件而不是串行接口。LTC1543、LTC1544和LTC1344A提供了一个简单却全面的解决方案，符合多协议串行接口标准。

Net1和Net2串行接口芯片组支持测试模式

由David Soo设计

一些串行网络采用测试模式来检验接口中的所有电路。网络被分成本地和远端数据终端设备（Data Terminal Equipment,DTE）、本地和远端数据电路终端设备（Data Circuit Terminating Equipment,DCE），如图38.63所示。一旦网络进入测试模式，本地DTE将信号发送至驱动电路，并期望从本地或者远端DCE接收到相同的信号。这些测试被称为本地或者远端回环。

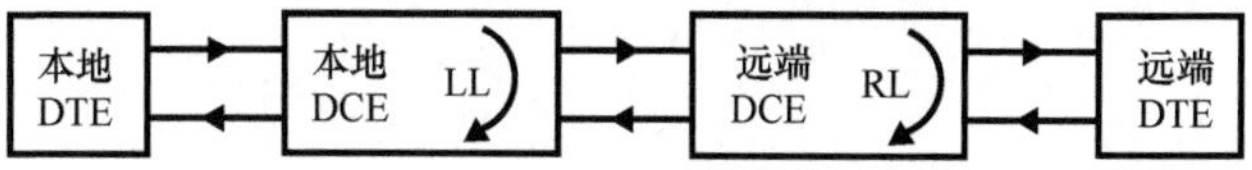

图38.63 串行网络

LTC1543/LTC1544/LTC1344A芯片组已经集成了多种协议。使用这一芯片组，Net1和Net2的设计工作就能立即完成。LTC1545则进行了扩展，提供了测试模式。用9个电路的LTC1545替换6个电路的LTC1544，可以实现电路的测试模式（Test Mode,TM）、远端回环（Remote Loopback,RL）和本地回环（Local Loopback,LL）等可选功能。

图38.64展示了一个采用LTC1543、LTC1545和LTC1344A的一个典型应用。只要将芯片的引脚对应连接到连接器上，接口电路的设计就完成了。该芯片组支持V.28、V.35、V.36、RS449、EIA-530、EIA-530A或者X.21协议的DTE或者DCE模式。这里所展示的是DB-25连接器的DCE模式连接。模式选择引脚M0、M1、M2用于选择接口协议，如表38.5所示。

表38.5 模式引脚功能表

LTC1543/LTC1544模式名称	M2	M1	M0
未使用	0	0	0
EIA-530A	0	0	1
EIA-530	0	1	0
X.21	0	1	1
V.35	1	0	0
RS449/V.36	1	0	1
RS232/V.28	1	1	0
无线缆	1	1	1

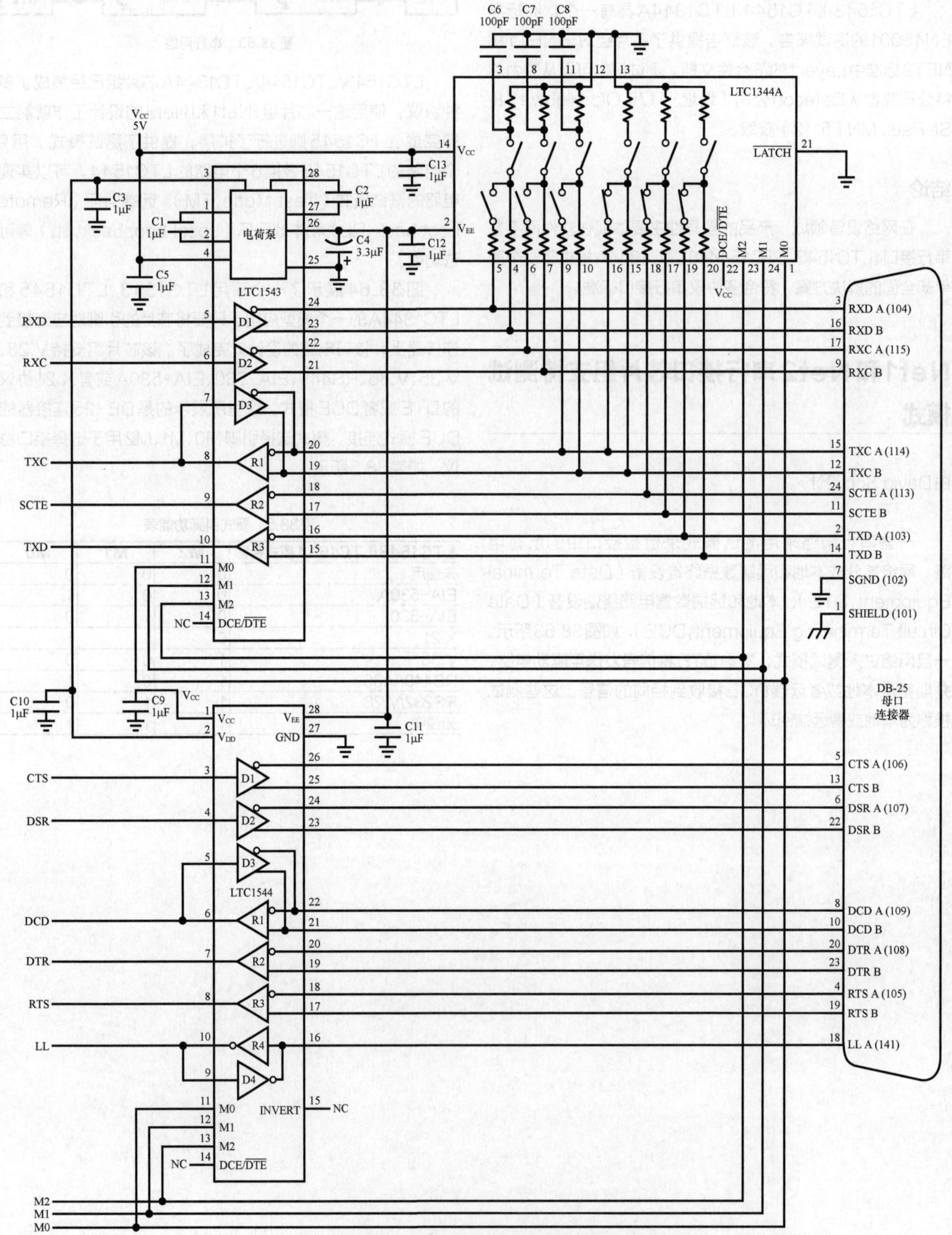

图38.64 典型应用： 具有DB-25连接器的控制器可选的DCE端口

运算放大器/视频放大器

LT1490/LT1491 过顶（OTT：Over-The-Top）的微功率、轨到轨双运放和四运放

由Jim Coelho-Sousae设计

引言

LT1490是凌力尔特电子产品中功耗最低、成本最低、体积最小的轨到轨输入/输出运算放大器，能够工作在输入比V_{CC}高的情况下，它的高性价比以及MSOP的封装，使其有别于其他的放大器。

过顶®应用

电池电流监测器如图38.65所示，它展示了LT1491可以在正供电轨以上运行的能力。在该应用中，一个传统的放大器可能会限制电池电压在5V和地之间，但是LT1491可以处理高达44V的电池电压。LT1491可以通过移除V_{CC}进行关断。当移除V_{CC}时，输入泄漏小于0.1nA。之后插入12V电池不会对LT1491造成损坏。

当电池在充电时，运放B感测R_S上的压降。运放B的输出引起VTB外流足够的电流通过R_B，以平衡运放B的输入。类似地，在电池放电时，运放A和VTA构成了一个闭合环路。通过VTA或者VTB的电流与R_S中的电流是成比例的；这个电流流入R_G，R_G将其转换回电压。放大器D缓冲和放大R_G上的电压。放大器C比较放大器A和放大器B的输出，从而来确定通过R_S的电流极性。在S1开路时，V_{OUT}的比例因子为1V/100mA，可以测量低至5mA的电流。

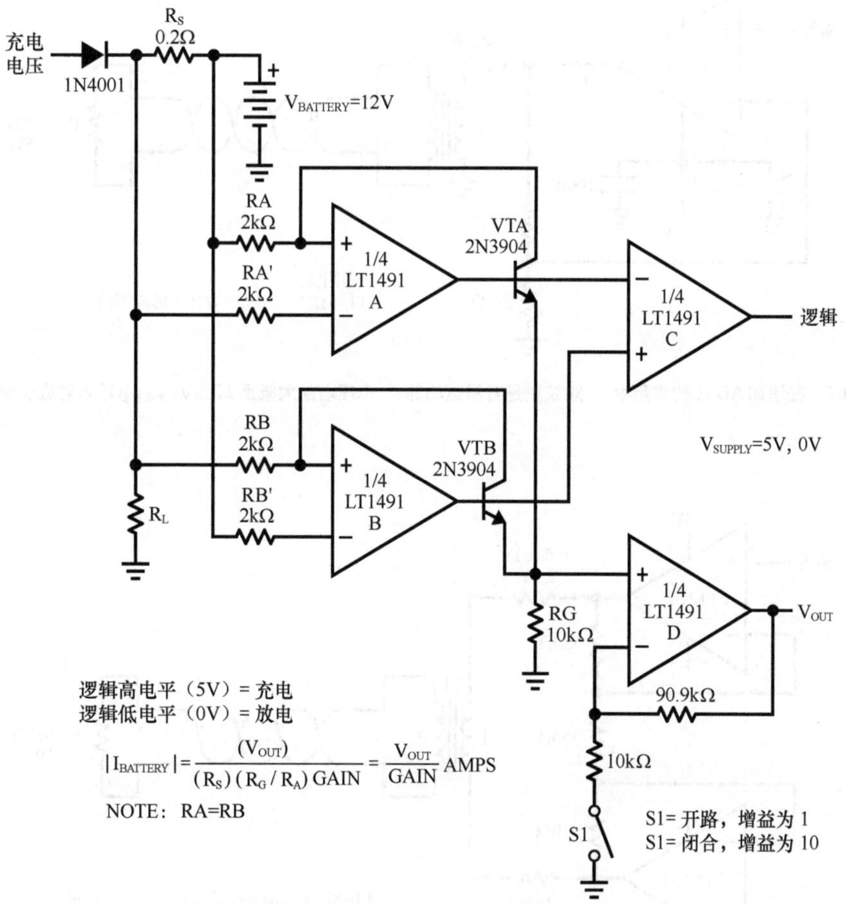

$$|I_{BATTERY}| = \frac{(V_{OUT})}{(R_S)(R_G/R_A)\,GAIN} = \frac{V_{OUT}}{GAIN}\ AMPS$$

NOTE: RA=RB

图38.65 LT1491电池电流监测器的一个过顶应用

LT1210：1A、35MHz电流反馈放大器

由William Jett和Mitchell Lee设计

引言

LT1210电流反馈放大器将凌力尔特的高速驱动器解决方法扩展到了1A的水平。该器件将35MHz带宽与有保证的1A电流输出、±5V至±15V供电条件下的运行能力以及对容性负载可选的补偿等相结合，使得它很适用于驱动低阻抗负载。短路保护以及热关断保证了电路的坚固耐用。关断特性使得该器件在闲置时，转换到一个高阻抗、低电流模式以减小功耗。LT1210采用具有7个引脚的TO-220封装、7个引脚的DD贴片封装以及16个引脚的SO-16贴片封装。

双绞线驱动器

图38.66展示了LT1210驱动一个100Ω双绞线、采用变压器耦合的应用。这个波阻抗是典型的PVC耦合、24型、电话等级双绞线的阻抗。1：3的变压器变比使得在全幅输出时，只有超过1W的能量到达双绞线。电阻R_T为初级的背面端接。总的频率响应是平坦的，在500Hz～2MHz之间纹波小于1dB。在总输出功率为560mW（负载加上端接）时，1MHz处的失真产物低于-70dBc，在输出为2.25W时上升至-56dBc。

由±15V供电时，当LT1210的负载为10Ω的时候可以获得的最大输出功率为5W。采用图38.66所示的变压器，总负载阻抗接近22Ω，将输出限制至2.25W。桥接方式能使几近最大输出功率传输至标准的1：3数据通信变压器。图38.67所示为两个LT1210的桥接应用，传输接近9W的最大功率至负载和端接。

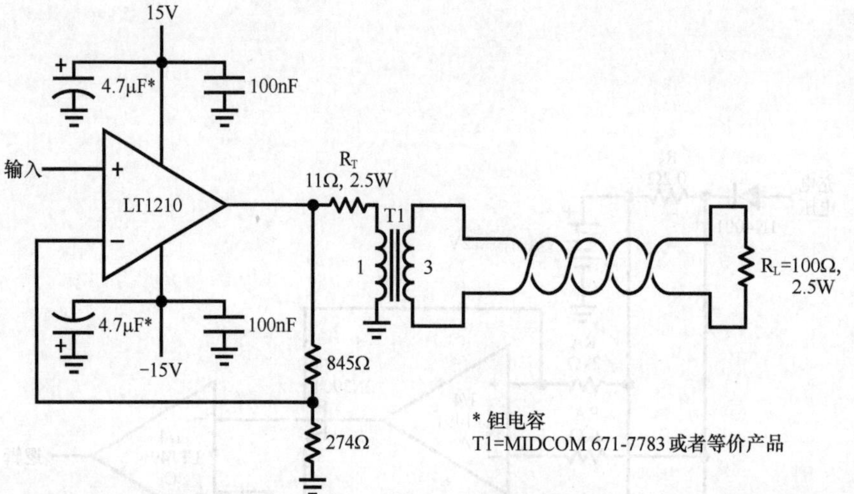

图38.66 在诸如ADSL的应用中，双绞线是容易驱动的。电压增益大概是12.5V（峰峰值）输入对应于全幅输出

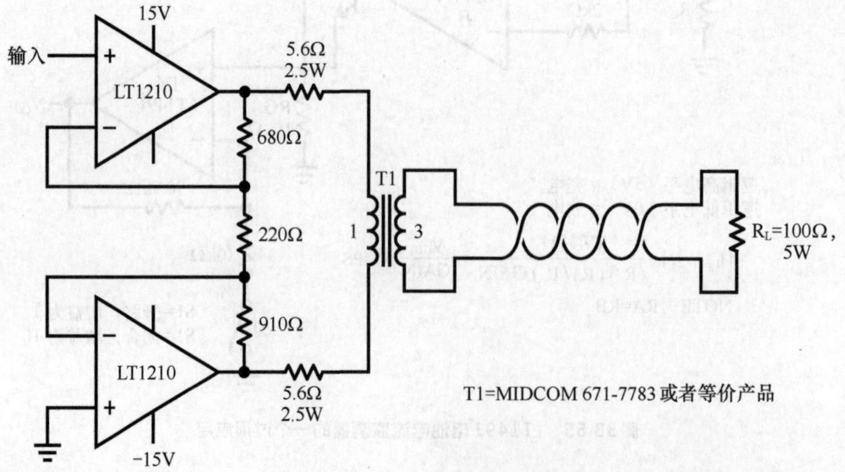

图38.67 在一个电桥构造中，LT1210可以给一个双绞线提供大约5W的功率（另外还有5W提供给返回端接）

该电路初看上去，电阻值可能导致电桥的反相和同相端之间的增益不平衡。仔细研究之后，电路很显然是工作在闭环模式，相对于输入信号的闭环增益为4。这确保了对称的摆动以及最大无失真输出。

匹配50Ω系统

具有10Ω的阻抗的实际系统很少，所以在驱动其他负载（例如50Ω）的应用中，匹配变压器是必须的。多股绕制技术展示了最好的高频特性。市场上也有合用的现成组件，例如Coiltronics的Versa-Pac系列。这些都是六角支柱绕线的，提供了超过10MHz的功率带宽。它的一个缺点是采用有限数目的1：1绕组，无法精确地把50Ω转换成最优的10Ω负载。不过，也可以采用其他连接方式。

在图38.68中，绕组被配置成2：4的升压型，在LT1210端的阻抗为12.5Ω。电路展示了18dB的增益并且驱动50Ω至接近+36dBm。大信号、低频率响应由磁化电感限制至大约15kHz。高频响应由4个次级绕组限制至10MHz。

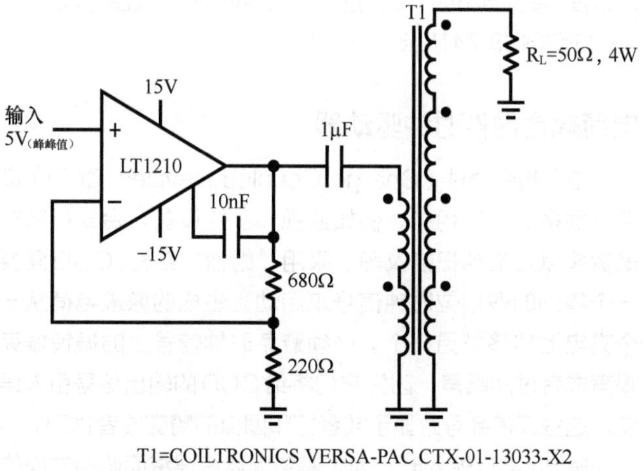

图38.68　巴伦模式变压器匹配至50Ω负载，这个电路提供一个测量值为35.6dBm（大概4W）的功率。全功率频带限制是15kHz至稍微高于10MHz

重新配置变压器绕组，允许在满功率时进行双端接（见图38.69）。这里的变压器反映出的阻抗为11.1Ω，并且放大器给负载提供超过+33dBm的功率。并联输入绕组将低频响应限制至80kHz，但是更少的次级绕组将高频转折频率扩展至18MHz。

这些例子中加入的耦合电容，主要用以阻断由放大器失调引起的电流通过变压器初级。电容值的设定主要是将X_C设置为等于某一频率处的反射负载阻抗，该频率处的初级线圈的X_L也等于反射负载阻抗。这样，在低于变压器截止频率时，可以将变压器与低阻抗短路相隔离。在那些将端接电阻放置在LT1210放大器和变压器之间的应用中，不需要耦合电容。注意，一个远低于变压器截止频率的低频信号，可能会在端接电阻上产生较大的功耗。

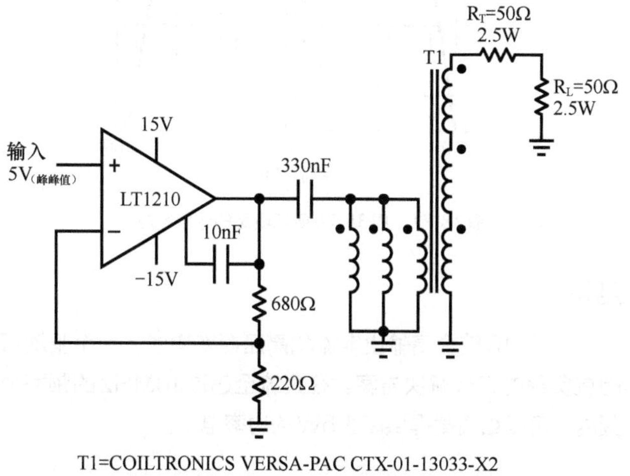

图38.69　在更高的阻抗变化时，仍能够获得宽带宽。这里，1:3的升压匹配至100Ω并且传输大概4.5W。到达50Ω负载处的功率测得为+33dBm。全功率频带限制是80kHz～18MHz

另外一个Versa-Pac变压器的有用连接方式如图38.70所示。2：3的变压器为桥式结构中的每个LT1210提供了11.1Ω的负载阻抗。在该电路中，通过耦合电容的选取可以将较低的截止频率限制在大约40kHz（变压器能够达到15kHz）。频率响应如图38.71所示。

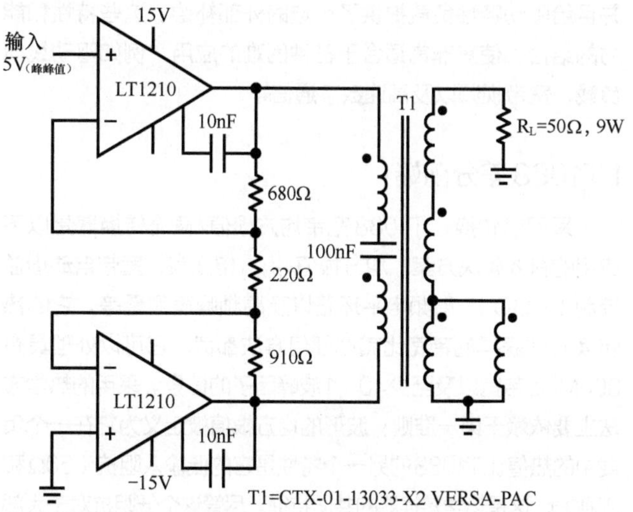

图38.70　在这个桥式放大器中，LT1210传输了+39.5dBm（9W）的功率至50Ω负载。功率带宽限制范围为40kHz～14.5MHz。第六个绕组与一个次级线圈并联连接以避免由浮动绕组引起的寄生效应，该绕组在其余情况下不使用

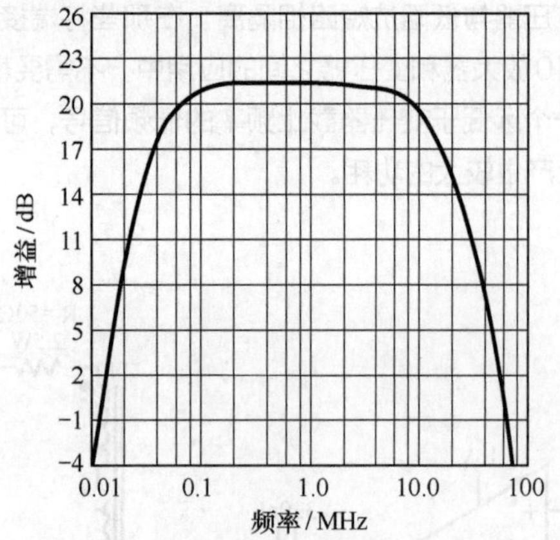

图 38.71 图 38.70 所示电路的频率响应

结论

LT1210结合高输出电流和高压摆率构成了一个驱动低阻抗负载的有效解决方案。在直流至超过10MHz的频率范围内，可以给负载提供高达5W的功率电平。

LT1207：一个精美的双60MHz、250mA的电流反馈放大器

由LTC公司的应用管理人员设计

引言

LTC1207是凌力尔特的LT1206电流反馈放大器的双放大器版本。每个放大器具有60MHz的带宽、确定性的250mA输出电流、工作在±5V至±15V供电电压范围内，并且给驱动容性负载提供了可选的外部补偿。这些特性和能力的结合，使其非常适合于各种困难的应用，例如驱动线缆负载、宽带视频以及高速数字通信等。

LT1088差分前端

采用热转换，LT1088宽带均方根值/直流转换器是以下应用的有效解决方案：均方根值$_{(RMS)}$电压表、宽带自动增益控制（AGC）、射频电平环路以及高频噪声测量等。它的热转换方法获得的带宽比其他任何方法都宽。它可以处理具有300MHz带宽以及至少40：1波峰因子的信号。采用的热学方法主要依赖于第一准则：波形的均方根值被定义为它在一个负载中的热值。LT1088的另一个特性是它的低输入阻抗（50Ω和250Ω），这是热学转换器的共同特征。尽管这个低阻抗对于大部分驱动电路来说都较难处理，但是LT1027可以容易地处理它。

图38.72所示电路为差分输入、宽带热均方根/直流转换器，它的主要特征是具有高输入阻抗和过载保护，它在0Hz~10MHz带宽内进行真均方根/直流转换，具有少于1%的误差，并且与输入信号的波形无关。电路包括一个宽带输入放大器、均方根/直流转换器以及过载保护[②]。LT1207提供高输入阻抗、增益以及足够驱动LT1088输入加热器的输出电流能力。跨接LT1207的180Ω增益设置电阻的5kΩ-24pF网络用于调整高频处的小尖峰特性，以确保在10MHz处有1%的平坦度。转换器采用匹配的加热器对、二极管和一个控制放大器。R1在LT1207差分驱动下产生热量。这个热量降低了VD1的电压。差分连接的A3通过驱动R2加热VD2来进行响应，并且构成一个闭合环路。A3的直流输出直接与输入信号的均方根值相关，而与输入频率或者波形无关。A4的增益调节补偿剩余的LT1088失配。在A3附近的阻容网络频率补偿该环路，以确保其具有良好的稳定时间。

如果250Ω输入在100%占空比情况下被驱动超过9V$_{(RMS)}$时，LT1088可能会受损。这个情形可以通过减小驱动器电源电压进行简单补救，不过将牺牲波峰因子。取而代之，该电路中采用了过载保护的方法。LT1018监测VD1的阳极电压。一旦这个电压变得异常低，A5的输出将变为低电平并且将A6的输入拉低。这将引起A6的输出变为高电平，关断LT1207以消除过载条件。A6输入端的阻容网络延迟LT1027的重新使能。如果过载条件继续维持的话，将重新关断。这个振荡动作会继续，保护LT1088直至过载被纠正。均方根/直流电路的1%误差带宽和共模抑制比性能分别如图38.73和图38.74所示。

电荷耦合器件时钟驱动器

电荷耦合器件（Charge Coupled Devices，CCD）应用于很多成像应用中，例如监视、手持设备、台式计算机摄像头以及文档扫描仪等。采用“组桶”结构，CCD需要一个精确的多相位时钟信号来启动光生成的像素电荷从一个充电池转移到另一个。必须避免时钟信号上的振铃振荡噪声或者过冲噪声，因为它们将给CCD的输出信号引入误差。这些误差会导致显示或者打印图像的畸变或者扰动。

驱动CCD输入时，为了避免上述错误将面临两方面的挑战。第一，CCD具有一个在100~2000pF范围内变化的输入电容，它直接随着感测元件的数目（像素）而变化。这将给时钟驱动电路呈现出一个较高的容性负载。第二，CCD所用时钟信号的幅度远大于5V接口和控制电路的输出能力。基于LT1207的放大滤波器可以满足这两个挑战。

控制时钟信号的上升和下降时间是一个避免振铃振荡噪声或者过冲的方法。用一个无振铃振荡的高斯滤波器对时钟信号进行调理可以实现这一点。图38.75所示的电路采用LT1207来滤除和放大控制电路的时钟输出信号。为了减少振铃振荡和过冲，每个放大器被配置成一个具有1.6MHz截止频率的三阶低通高斯滤波器。

② 感谢 Jim Williams 对这个电路的贡献。

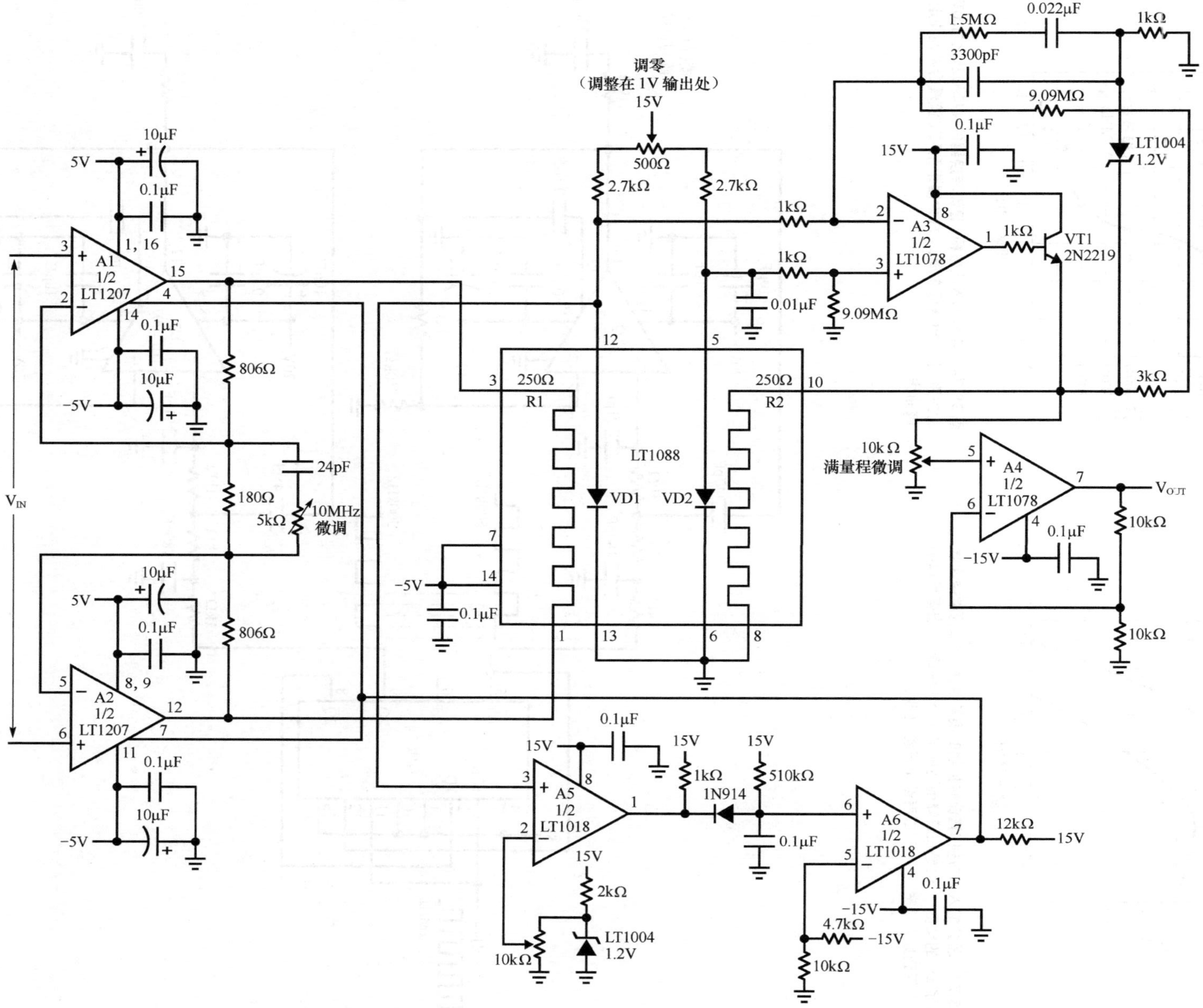

图38.72 差分输入的10MHz均方根/直流转换器，具有1%的精确度、高输入阻抗和过载保护

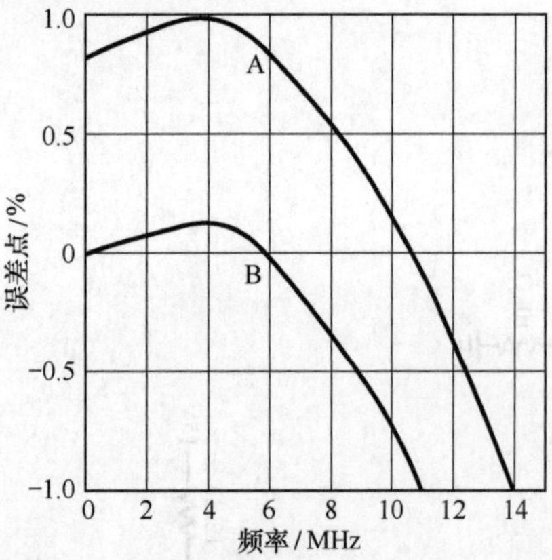

图38.73 差分输入均方根/直流转换器的误差绘图。A2的增益增强保持了1%的精度，但是在滚降前造成了一个小尖峰。增强可以被设置以得到最大带宽（A）或者最小误差（B）

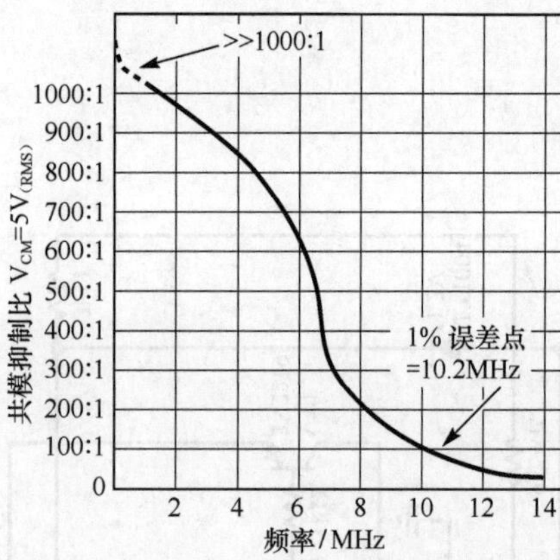

图38.74 差分输入均方根/直流转换器的共模抑制比与频率的关系图。电路板布局、放大器带宽和交流耦合特性决定了该曲线

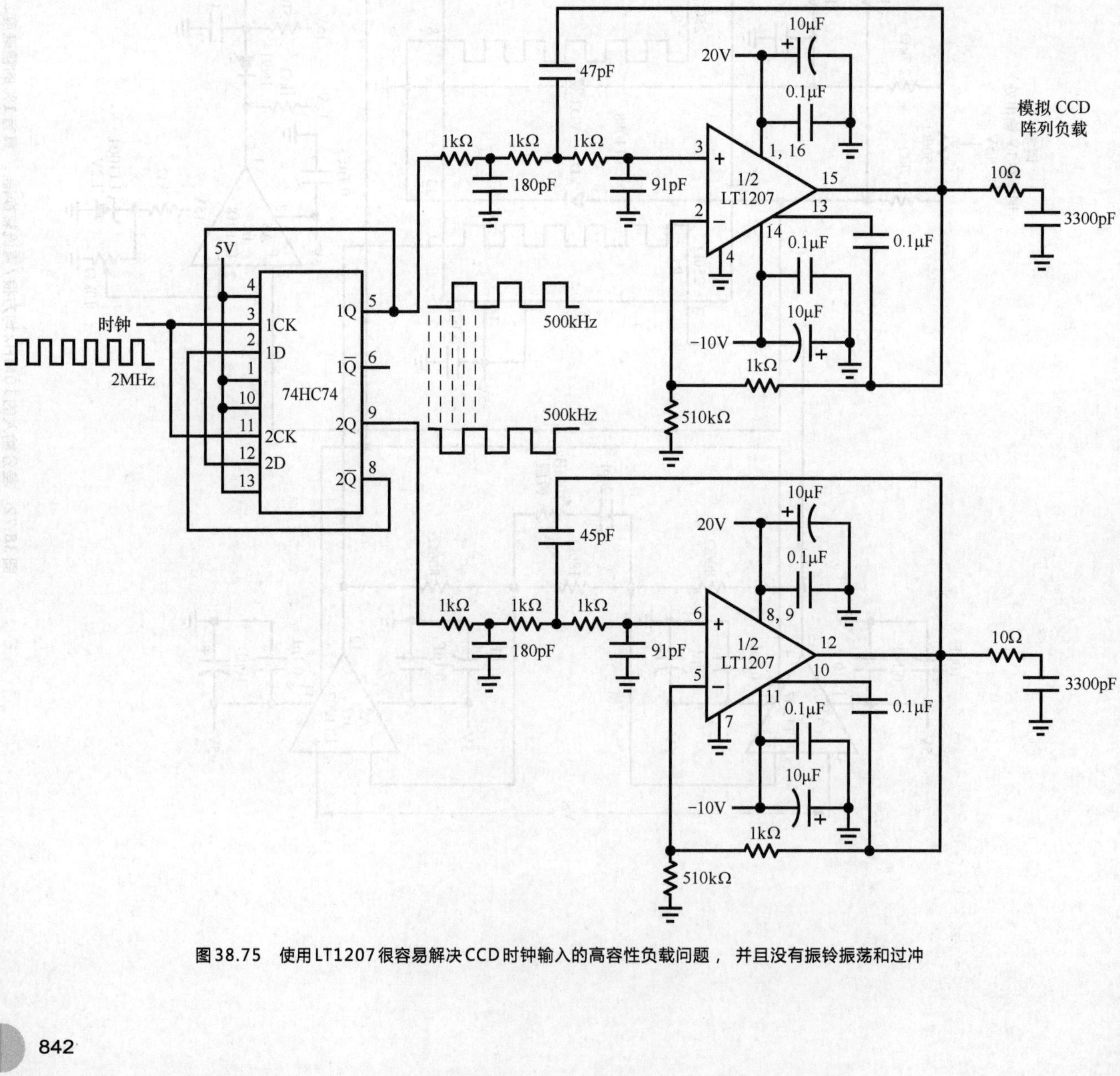

图38.75 使用LT1207很容易解决CCD时钟输入的高容性负载问题，并且没有振铃振荡和过冲

图38.76(a)和图38.76(b)比较了5V数字时钟驱动信号的响应信号和LT1207的输出信号，每个信号都驱动了一个3300pF的负载。数字时钟电路有两个主要的缺点：造成抖动和图像失真。

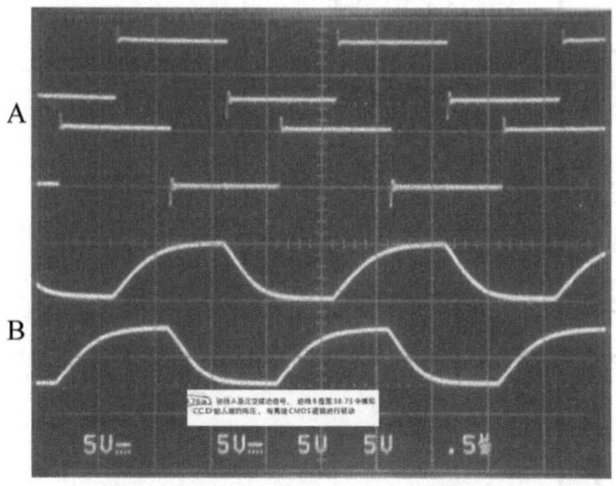

（a） 线迹A是正交驱动信号。 线迹B是图38.75中模拟CCD输入端的电压， 有高速CMOS逻辑进行驱动

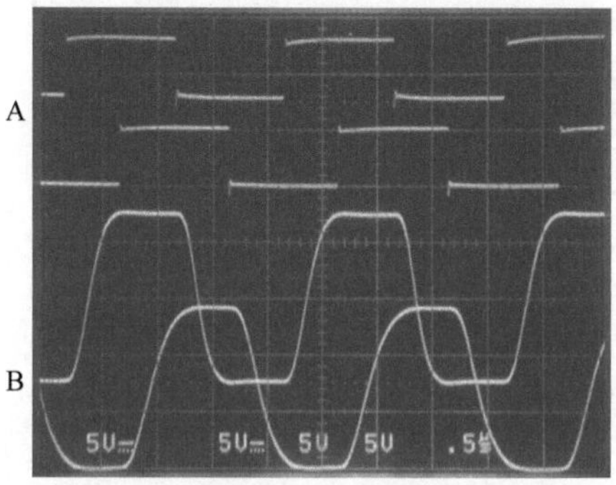

（b） 线迹A是正交驱动信号。 线迹B展示了图38.75中模拟CCD输入端的电压， 由LT1207驱动

图38.76 5V数字时钟驱动信号的响应信号和LT1207的输出信号的比较

CCD的输出在电荷转移过程中是变动的，产生指数衰减的毛刺。相反，LT1207的电路输出具有一个平坦的顶部以及受控的上升和下降。如果采用模数转换器对CCD输出进行采样，当LT1207电路被用于钟控像素改变时，转换将变得更加精确。采用LT1207的滤波器配置，数据具有一个大约300ns的受控上升和下降时间。宽带、高输出电流能力以及外部补偿允许LT1207能够简单地驱动CCD时钟输入这样有难度的负载。

两组和四组微小功率JFET运放，具有C-load™能力和pA量级输入偏置电流

由Alexander Strong设计

引言

LT1462/LT1464双运放和LT1463/LT1465四运放是第一种提供皮安级输入偏置电流（典型值500fA）以及对于高达10nF容性负载的单位增益稳定性的微功率运放（对于LT1462，每个运放典型值30μA，最大值40μA；对于LT1464，每个运放典型值140μA，最大值200μA）。其输出可以将一个10kΩ负载摆动在两个电源的1.5V以内。与需要高一阶供电电流幅度的运放类似，LT1462/LT1463以及LT1464/LT1465分别具有600000和1000000的开环增益。这些独特的性能以及0.8mV的失调，在以前还未曾整合到一个单片放大器之中。

应用

图38.77所示的是采用一个低成本光耦作为开关的跟踪和保持电路。在输出端为1～5V时，这些器件的泄漏电流通常是在纳安范围内。由于节点上的电压少于2mV，所以两个光耦可以得到小于0.5pA的泄漏电流。输入信号通过一个运放进行缓冲，另一个运放则用于存储电压；这将导致10nF电容的电压下降为50μF/s。

图38.78所示的是采用两个LT1462双运放或者一个LT1463四运放的光电二极管记录传感器。LT1462/LT1463的低输入偏置电流使其天然适合放大从高阻抗传感器而来的小信号。500fA的输入偏置电流仅产生0.4fA/$\sqrt{\text{Hz}}$的电流噪声。例如，一个1MΩ的输入阻抗将噪声电流转换成噪声电压，该电压仅有0.4nV/$\sqrt{\text{Hz}}$。这里，一个光电二极管将光转换成一个电流，该电流由第一个运放转换成电压。第一个、第二个和第三个增益级是进行对数压缩的对数放大器。包括R8、R9、C5和VT1的直流反馈路径只有在没有光的条件是有效的，由于输入具有皮安量级的灵敏度，所以这种情况很少出现。当出现光时，VT1被关断以隔离光电二极管的C5。在需要反馈路径时，一个较小的、经过滤波的电流通过R8，以保持第三个运放的输出在可接受的范围内。第三个运放的输出电压，与光电二极管电流是成正比的，可以作为对数直流测光表。图38.79展示了直流输出电压和光电二极管电流之间的关系。第三个运放输出的交流分量被对数压缩，并且通过电容C3和电位器R10进行幅度控制。第四个运放将R13上的交流信号放大。交流光电二极管电流的对数压缩允许用户对交流信号进行检查以获得一个宽的输入电流范围。

结论

LT1462/LT1464双运放和LT1463/LT1465四运放结合了很多不同放大器的很多优点，诸如低功率（LT1464/LT1465典型值是每个运放140μA，LT1462/LT1463典型值是每个运放30μA）、宽的输入共模范围（包括正电压轨）以及皮安量级的输入偏置电流。不仅输出摆幅设计用于2kΩ和10kΩ负载，而且增益也是相同的负载情况，对于微功率运放来说是前所未闻的。1MHZ（LT1464/LT1465）或者250kHz

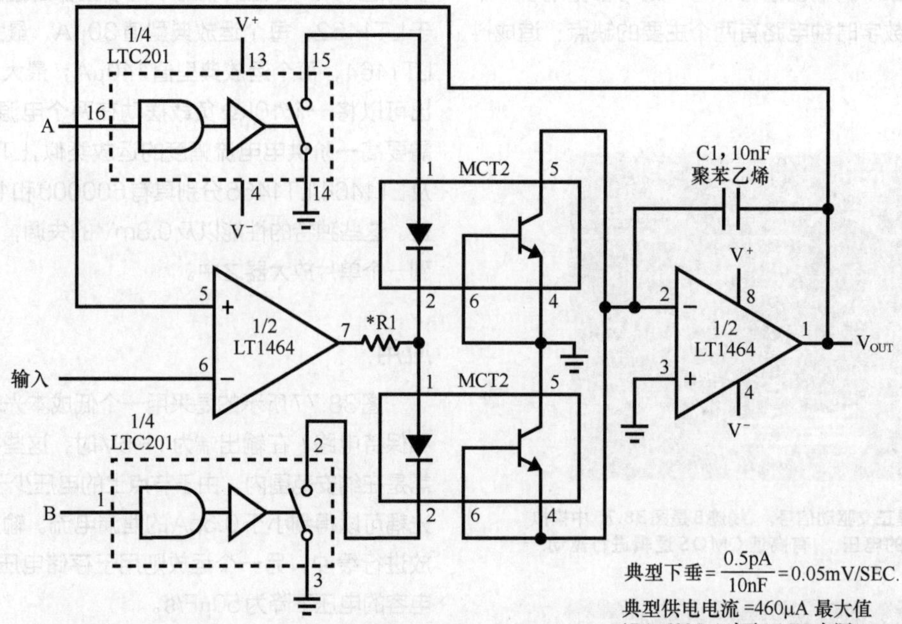

典型下垂 $= \frac{0.5pA}{10nF} = 0.05mV/SEC.$

典型供电电流 =460μA 最大值

*R1=600Ω（对于 ±15V 电源）

R1=0Ω（对于 ±5V 电源）

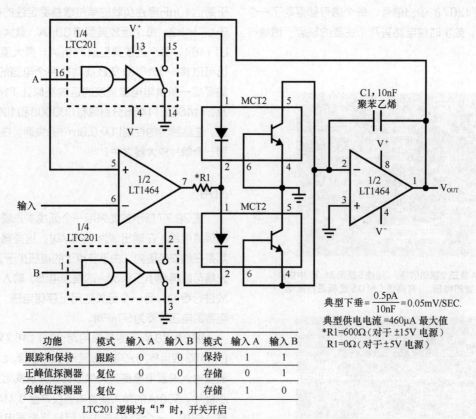

功能	模式	输入 A	输入 B	模式	输入 A	输入 B
跟踪和保持	跟踪	0	0	保持	1	1
正峰值探测器	复位	0	0	存储	0	1
负峰值探测器	复位	0	0	存储	1	0

LTC201 逻辑为“1”时，开关开启

图 38.77　低下垂的跟踪和保持电路 / 峰值探测器

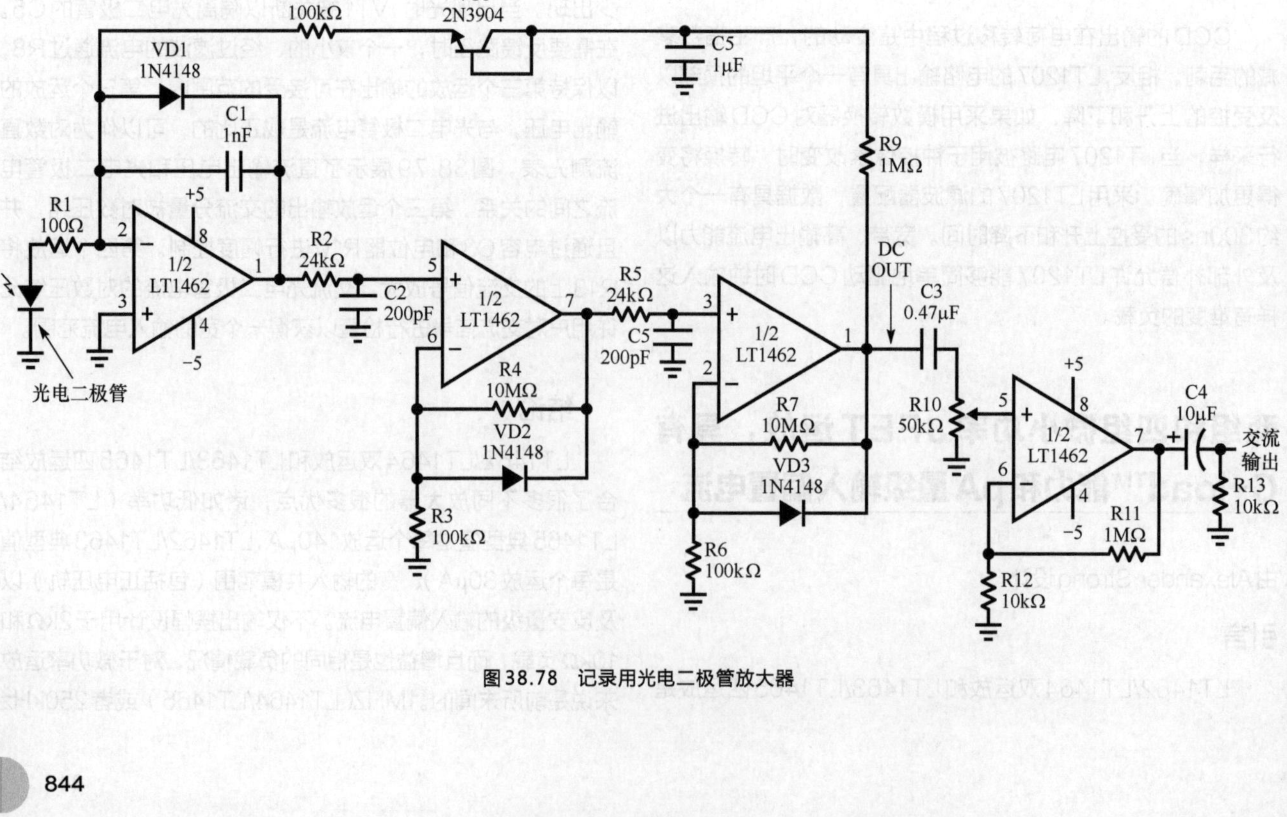

图 38.78　记录用光电二极管放大器

（LT1462/LT1463）的宽带宽会进行自我调整，以保证在高达10nF的容性负载时保持稳定。另外，请不要忘记较低的0.8mV失调电压，以及1000000（LT1464/LT1465）或者600000（LT1462/LT1463）的直流增益（甚至在10kΩ负载情况下）。

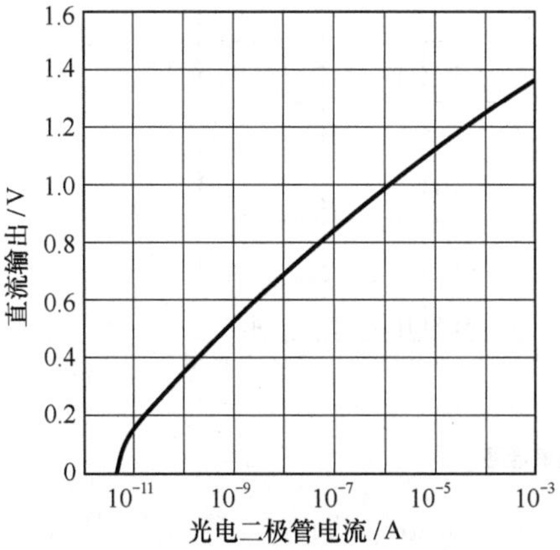

图38.79 记录用光电二极管放大器的直流输入

LT1210：高功率运放产生更高的电压和电流

由Dale Eagar设计

引言

LT1210是1A电流反馈运放，它的出现开辟出了一片新的天地。这个放大器具有30MHz的带宽，工作在±15V供电，热关断以及1A的输出电流，很容易处理很多棘手的应用。但是它可以处理高于±15V的输出电压或者大于1A的输出电流吗？该设计理念包括了一系列电路，为LT1210的高电压、高电流应用打开了大门。

高速且先进的伸缩放大器

需要±30V？级联LT1210将会达到你的要求。这个电路（见图38.80）在±1A时将提供±30V，并且具有13MHz的全功率带宽（见图38.81）。它是怎么工作的呢？第一个LT1210驱动第二个LT1210子电路的“地”，使之有效地升高或降低，而第二个LT1210则进一步放大输入信号。这个伸缩配置可以与额外的一级电路级联，以获得超过±30V输出。这个放大器在容性负载时是稳定的，具有短路保护，并且在过热时会进行热关断。

扩展电源电压

另外一个从放大器中获取高电压的方法是扩展电源模式（参见“扩展运放的电源以获得更高的电压”；Linear Technology，第四卷第2期（1994年六月），第20~22页）。这涉及用运放的电源引脚来驾驭两个外部驱动器以获得高电压放大器。

图38.82所示电路将LT1210连接在扩展电源模式之中。将一个运放设置在扩展电源模式需要将补偿节点从电源引脚返回改为系统地返回。R9和C5经过选择以获得干净的阶跃响应。补偿节点返回的改变将放大器的速度降低到1MHz左右（见图38.83）。

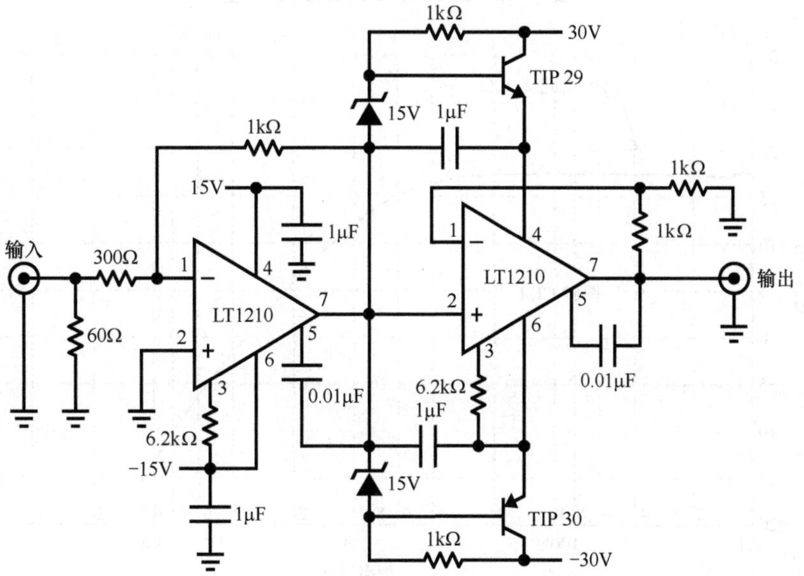

图38.80 伸缩放大器

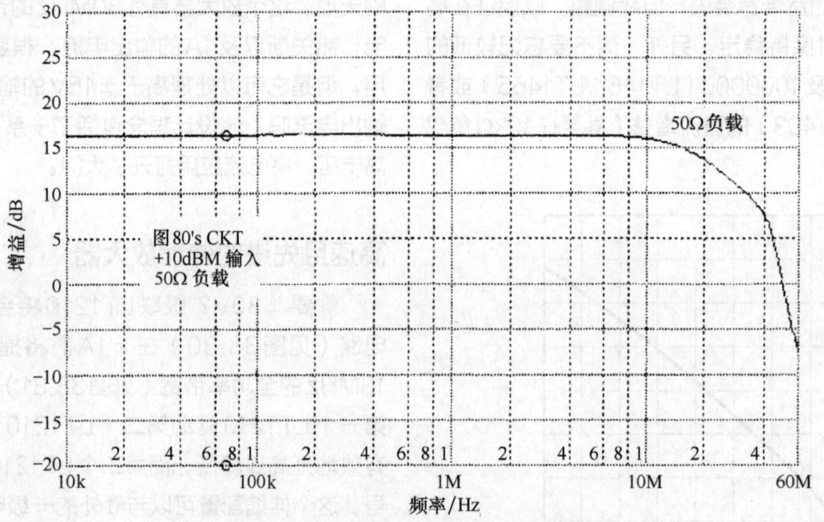

图 38.81 伸缩放大器的增益与频率绘图

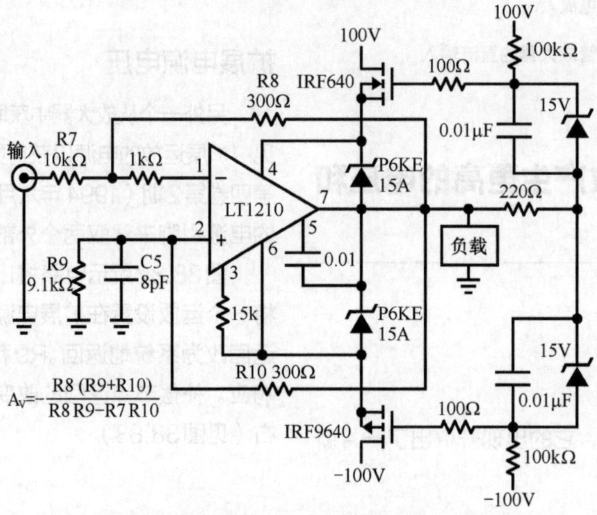

图 38.82 ±100V、±1A 的功率驱动器

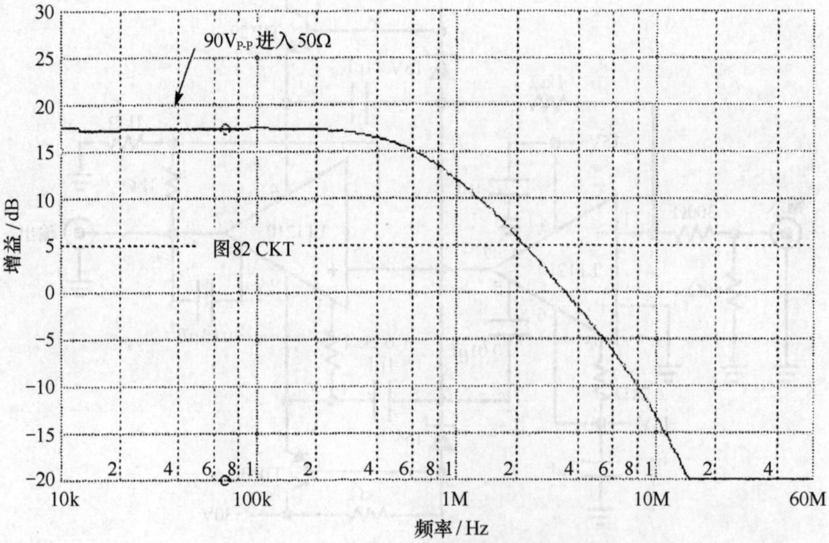

图 38.83 扩展电压放大器的增益与频率绘图

通往巨星之门

图38.82所示的电路可以扩展以产生更高的电压。第一个也是最明显的方式就是采用更高电压的MOS管。这将引起两个问题：第一，很难找到高压PMOS；第二个，也是更重要的一个，在±1A时MOS管的功耗对于一个单独封装来说太高了。解决方案是构建图38.84所示的伸缩稳压器。这个电路可以在±200V时提供±1A的电流，并且具有4个MOS管的额外功率耗散能力。

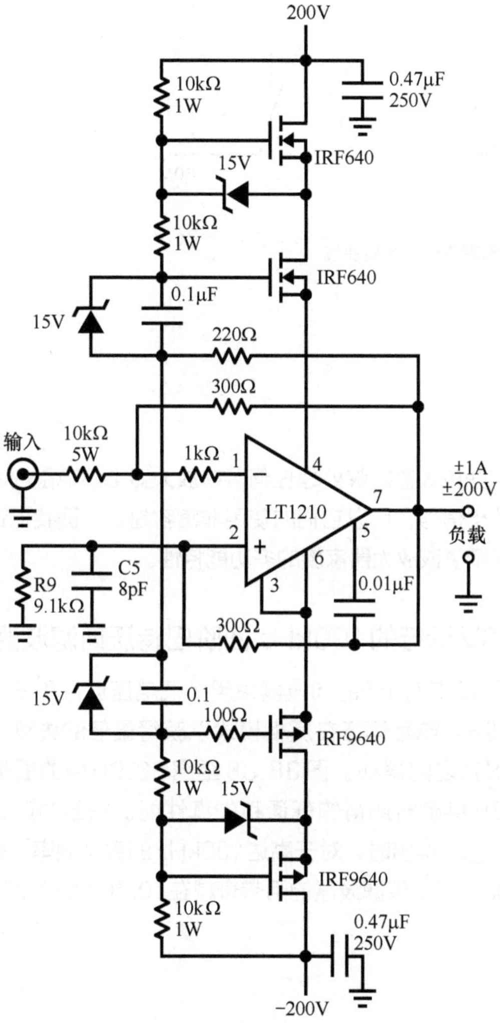

图38.84　共源共栅功率放大器

升高输出电流

图38.85给出了具体的增流器电路，它展示了一种放大运放输出电流能力、同时保持速度的技术。该拓扑结构包含了许多技巧，其中最主要的是VT1和VT2通常都是关断的，因此没有消耗静态电流。一旦负载电流达到大约100mA，VT1或者VT2会导通，给输出提供额外的驱动。这种转换对于外界是无缝的，并且利用了VT1和VT2的全速。电路的小信号带宽以及全功率带宽如图38.86所示。

升高电流和电压

图38.85所示的电流增强型运放可以用于替代图38.80中的运放，在±30V时提供±10A的电流。将增强型放大器放置在图38.82或者图38.84所示的电路中，将会产生千瓦量级的峰值功率。

热管理

当LT1210与外部晶体管一起使用以增加它的输出和/或者电流范围时，还可以获得一个额外的优点：系统的热关断。系统热设计的详细分析可以协调LT1210的过热关断功能和外部晶体管的结点温度。这实质上是扩展LT1210的热关断保护伞，将其扩展至外部晶体管。当结点温度到达150℃时，LT1210的热关断功能将被启动，并且具有10℃的迟滞。TO-220封装（LT1210CY）的热电阻$R_{\theta JC}$为5℃/W。

总结

LT1210是一个强大的器件。它在速度、输出电流和输出电压上的性能是无以伦比的。它的电容负载（C-Load™）输出驱动以及热关断功能使得它可以在现实中占有一席之地——不需要太过小心谨慎。如果LT1210优厚的输出指标对你的需求来说不够大，只需要增加一对晶体管来消耗额外的功率，便能达到你的目的。只有全世界的晶体管供应量极限会限制这个器件所能获得的能率。

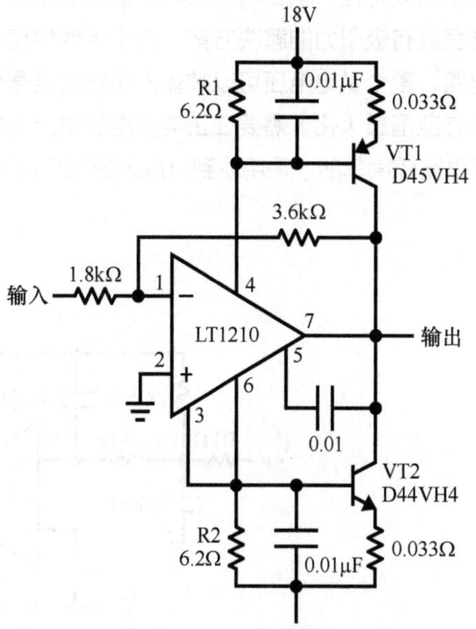

图38.85　±10A/1MHz电流增强型功率放大器

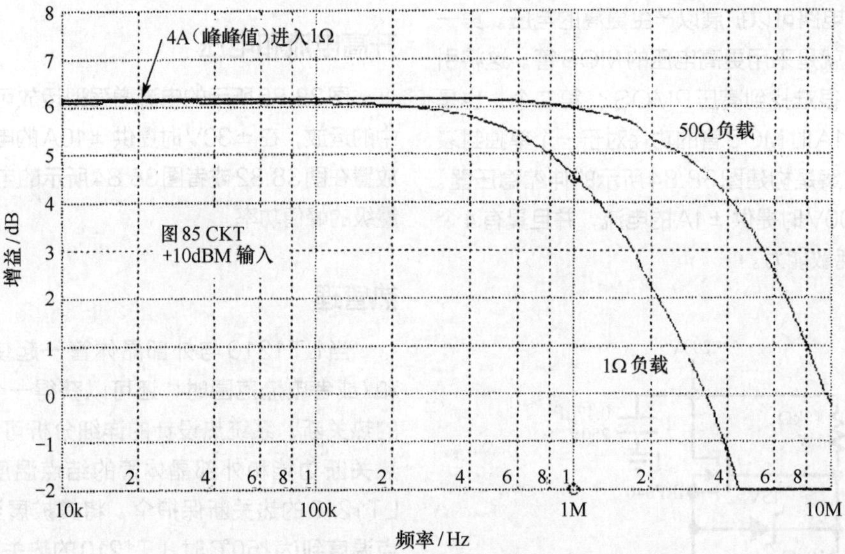

图38.86 电流增强型放大器的增益与频率响应的关系曲线

新的轨到轨放大器：从微功率到高速的精确性能

由William Jett和Dahn Tran设计

引言

凌力尔特的最新产品对轨到轨放大器的范围进行了扩展，增加了精度特性。轨到轨放大器在很多应用中，都是信号调理方面具有吸引力的解决方案。对于电池供电或者其他低电压电路，整个供电电压可以被输入和输出信号使用，使系统的动态范围最大化。需要在正电源电压附近进行信号感测的电路是比较简单的，采用轨到轨放大器就可以了。

应用

这些放大器能够处理任何落在放大器电源范围内的输入或者输出信号，所以它们的使用非常容易。下面我们通过应用来展示了该放大器家族的多功能特性。

用于3V运行的100kHz四阶巴特沃斯滤波器

图38.87所示的滤波器采用了低电压运行和宽带宽的LT1498。电路运行在反相模式以获得最低的失真，输出在轨到轨之间摆动。图38.88至图38.90中的图形展示了在3V供电时测得的低通和失真性能。由图中可见，在2.7V(峰峰值)输出时，对于高达100kHz的截止频率，失真在0.03%以下。该滤波器的阻带衰减在10MHz处为90dB。

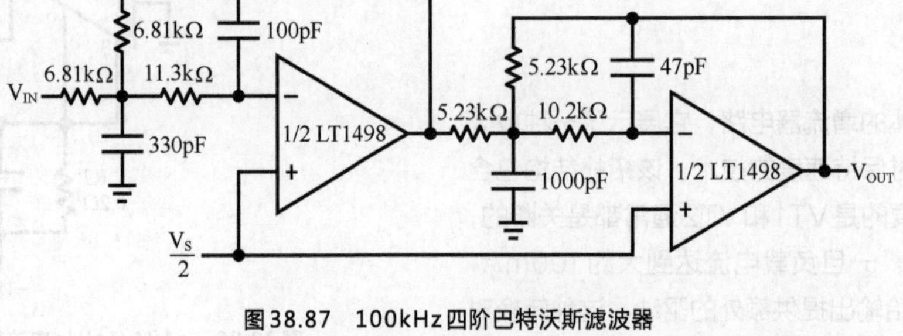

图38.87 100kHz四阶巴特沃斯滤波器

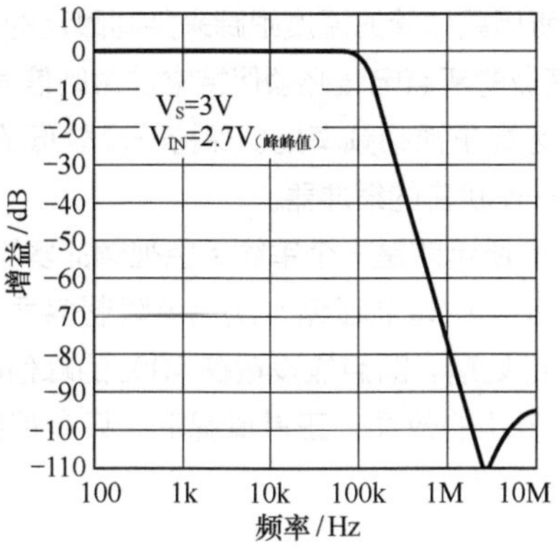

图38.88 滤波器的频率响应

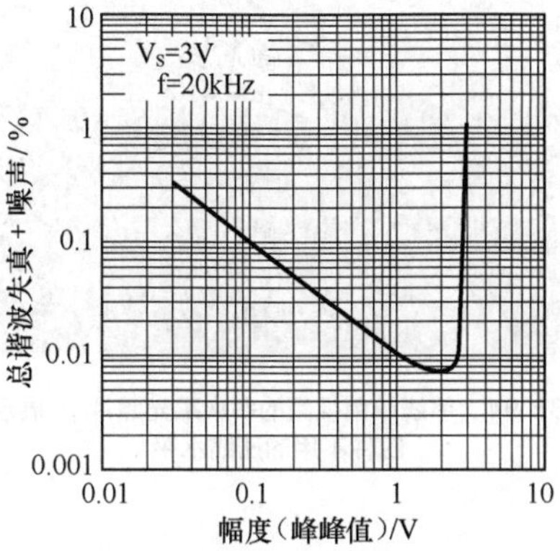

图38.89 滤波器的失真和幅度关系图

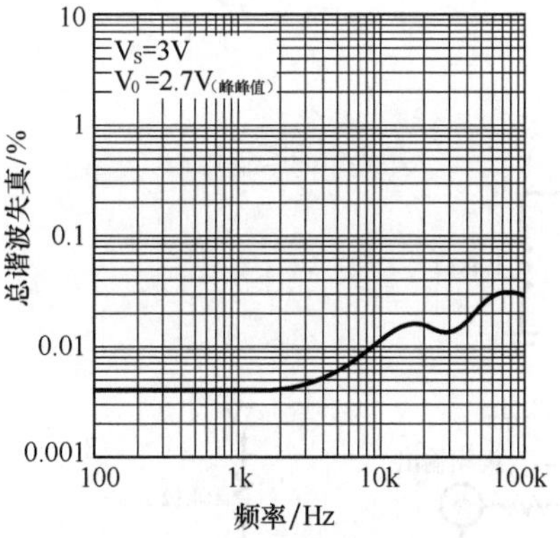

图38.90 滤波器的失真和频率关系图

复用器

具有良好偏移特性、经过缓冲的复用器可以使用具有关断功能的LT1218进行构建。在关断状态下，LT1218的输出呈现出一个高阻抗，所以两个器件的输出可以连接在一起（数字电路中的说法为线或）。如图38.91所示，每个LT1218的关断引脚都由一个74HC04缓冲器进行驱动：LT1218在关断引脚为高电平时是有效的。图38.92所示的图片说明了在1kHz正弦波加载到一个输入端而另一个输入端接地时，电路的开关特性。如图所示，每个放大器通过连接以获得单位增益，但是任何一个放大器或者两个放大器都可以配置成具有增益的模式。

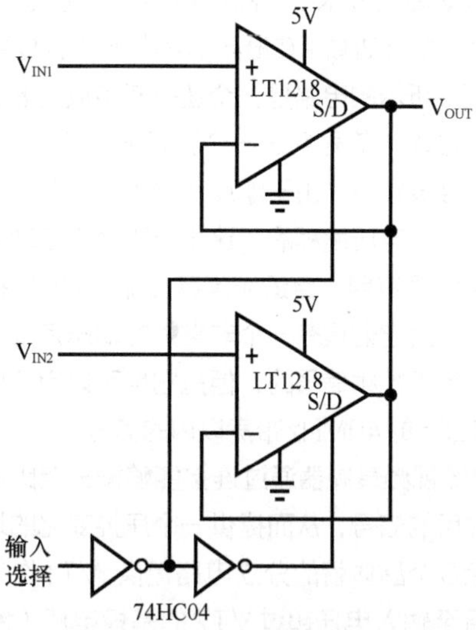

图38.91 复用器放大器

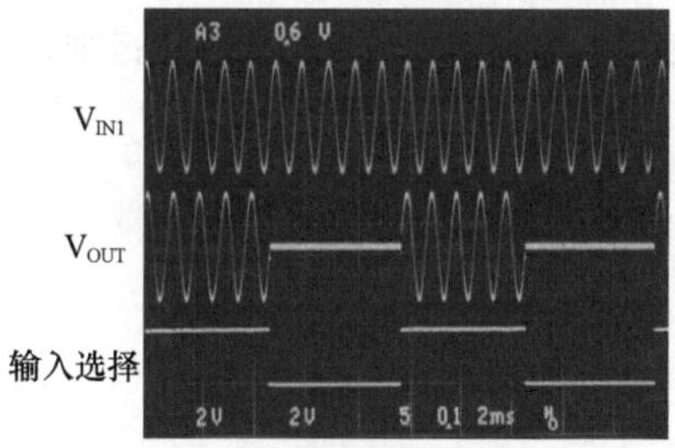

图38.92 复用器放大器波形

结论

LTC轨到轨放大器家族的最新成员扩展了轨到轨运行的多功能性至微功率和高速应用。该器件可以在整个轨到轨范围内保持精确的Vos指标，并且具有1000000或者更高的开环增益。这些特性与低电压运行结合，构成了真正多功能的放大器。

LT1256电压控制幅度限制器

由Frank Cox设计

幅度限制电路在信号不可以超越预先设定的最大幅度时很有用，诸如馈送信号至A/D转换器或者调制器。钳位器能够移除所有超过一定电平的信号，它在很多应用中是很有用的，但是有些时候不想失去信息。例如，当视频信号的幅度峰值超过下一级处理电路的动态范围时，简单地把信号峰值钳位在最大电平处，将会造成钳位发生处失去了该区域的所有细节。照明良好的区域通常是场景的主题。因为这些峰值通常对应着最高亮度水平，即所谓的“高亮”。保持高亮细节的方法之一是自动减小在最高信号电平处的增益（压缩）。

图38.93所示的电路是一个压控断点放大器，可以用于高亮压缩。当输入信号到达一个预设的电平时（断点），放大器的增益会被减小。由于断点和输入大于断点时的信号增益都是可以进行电压编程的，这个电路对于自动适应信号电平变化的系统很有用。自适应高亮压缩在CCD视频摄像机中很有用，因为它们具有一个非常大的动态范围。尽管这个电路是开发用于视频信号的，但是它也可以用于自适应压缩任何在LT1256的40MHz带宽以内的信号。

LT1256视频衰减器通过连接能够按一定比例混合输出信号和钳位后的信号，从而提供一个压控变化的增益。钳位信号由包括3个晶体管的分立电路提供。VT1作为一个射极跟随器，直至输入电压超过VT2的基极电压（断点电压或者V_{BP}）。当输入电压大于V_{BP}时，VT1关断并且VT2将两个晶体管的发射极钳位在$V_{BP}+V_{BE}$上。VT3是一个NPN射极跟随器，它对输入信号进行缓冲并且使得电压下降了V_{BE}，然后输入信号的直流电平被保持在一个范围，该范围是由V_{BE}匹配和所用晶体管的温度跟踪来共同限定的。当这个晶体管VT2基极的断点电压必须保持常数否则信号将会失真。LT1363在远高于视频频率处仍保持一个较低的输入阻抗，使得它成为一个优良的缓冲器。

图38.94所示的是一个单线单色视频的多次曝光照片，展示了四种不同的增益压缩，从完全限制信号至完全未对输出信号进行处理。断点被设置在40%的峰值幅度处，以清晰地展示电路的效果；正常情况下，只有视频信号的最大10%会被压缩。

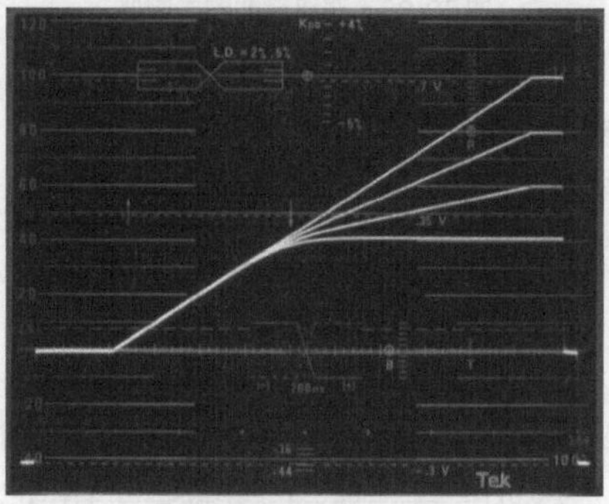

图38.94 单线单色视频的多次曝光照片，展示了四种不用的压缩水平

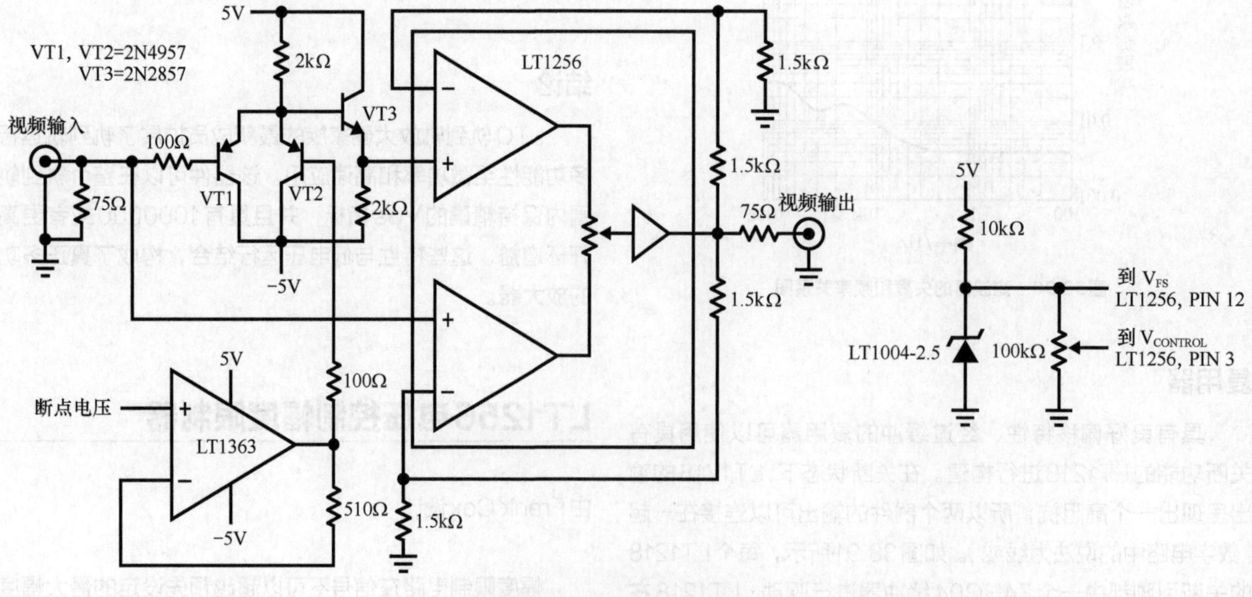

图38.93 电压控制幅度限制器

LT1495/LT1496:1.5μA轨到轨运放

由William Jett设计

引言

微功率轨到轨放大器给电池供电电路以及其他低功耗电路提供了一个具有吸引力的解决方案。在电池供电的应用中，通常希望低电流运行；而轨到轨放大器则允许输入和输出使用整个供电范围，从而实现系统动态范围的最大化。使用轨到轨放大器，需要在供电轨附近进行信号感测的电路很容易实现。然而，直到现在，没有放大器能同时提供精确偏移和漂移特性，而同时使最大静态电流为1.5μA。

每个运放的工作电流都是微不足道的1.5μA，所以LT1495双运放和LT1496四运放轨到轨放大器在传输精确性能（其他应用中需要使用电流很大的放大器来实现同等精度）时，基本上不消耗功率。

LT1495、LT1496具有“过顶”的运行特性：能够在输入超过正电源时运行。这个器件同时还有电池反接保护功能。

应用

LT1495/LT1496能够处理任何落在放大器供电范围内的输入或者输出信号，所以它们极易使用。下列应用将显示其在低电流时处理信号的亮点。

纳安表

一个简单的0～200nA的电流表可以在两节手电筒电池或者一节锂电池供电下运行，如图39.95所示。读数从0～200μA、500Ω的模拟电流表中读取；LT1495在这个应用中提供值为1000的电流增益。运放被配置成浮地的电流－电流转换器：它在未使用时只消耗3μA，所以不需要开关。电阻R1、R2和R3设置电流增益。R3给电流表的移动提供±10%的满量程调整。采用3V供电时，电流表的最大电流由R2+R3限制在少于300μA的水平，以保护移动过程。二极管VD1和VD2以及电阻R4保护输入不被高达200V的电压损坏。由于二极管两端最高的电压是375μV（LT1495的V_{OS}），二极管的电流在正常运行时在1nA以下。C1用于稳定放大器，补偿在反相输入端至地之间的电容。未被使用的放大器要按图示的方式连接，以使得供电电流最小。放大器误差项之和（基极电流、失调电压）在供电范围内时小于0.5%，所以精度受到模拟电流表移动的限制。

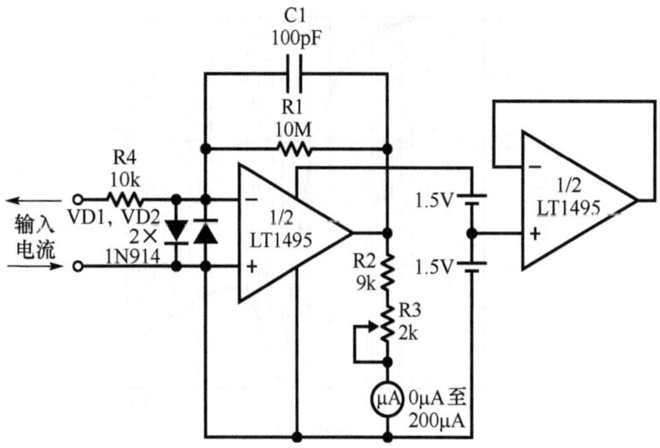

图38.95 0～200nA的电流表

六阶、10Hz椭圆低通滤波器

图38.96展示了一个六阶、10Hz椭圆低通滤波器，零点在50Hz和60Hz。供电电流主要由放大器的直流负载决定，大约为2μA+V_O/150kΩ（V_O=1V时为9μA）。总的频率响应如图38.97所示。在零点（50Hz和60Hz）处的陷波深度接近60dB，并且在直到1kHz处的阻带衰减是大于40dB的。与所有RC滤波器一样，滤波器的特性是由电阻和电容的绝对值决定的，所以电阻需要具有1%甚至更好的容差，而电容需要有5%甚至更好的容差。

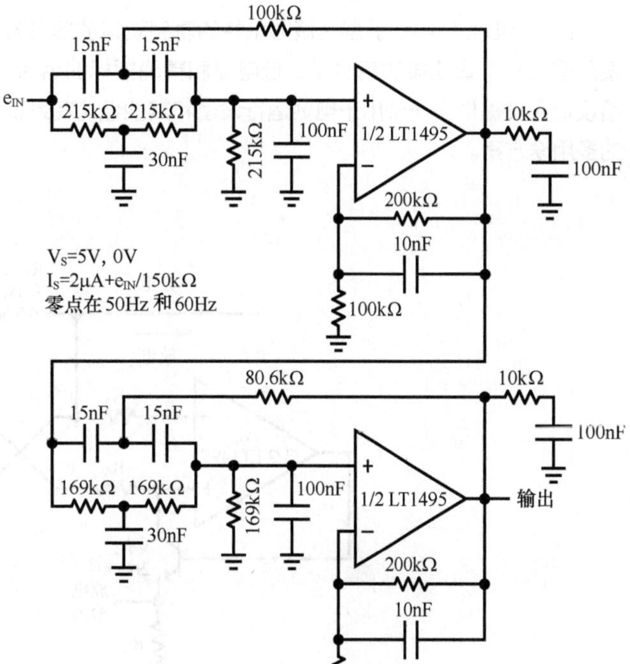

图38.96 六阶、10Hz椭圆滤波器

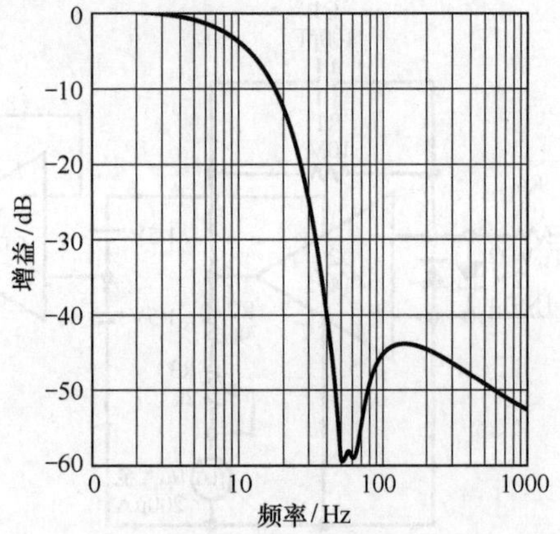

图38.97 图38.96所示的六阶椭圆低通滤波器的频率响应

具有过顶运行的电池电流监测器

图38.98所示的双向电流传感器利用了LT1495扩展共模范围的优势，在5V供电下感测进入和流出12V电池的电流。在充电周期，运放A1控制VT1中的电流，所以R_A上的压降等于$I_L \cdot I_{SENSE}$。这个电压接下来在充电输出处被放大，放大器系数为R_A至R_b。在这个周期中，放大器A2出现一个负偏移，将保持VT2关断并且将输出放电至低电平。在放电周期，A2和VT2都是有效的，运行过程与充电周期是相似的。

结论

LT1495/LT1496扩展了凌力尔特的轨到轨运放解决方案范围至一个真正微功耗水平。低电流和精确指标的组合，给设计人员提供了一个用于电池运行设备和其他低功耗系统的多用途方案。

通过同一个同轴电缆传输摄像机的电源和视频

由Frank Cox设计

由于远程放置的视频摄像头通常没有现成可用的电源，通过单根同轴电缆来同时传输电源和视频信号将会很方便。实现方法之一是采用一个电感以对视频呈现一个高阻抗并且对直流呈现一个低阻抗。该方法的难点在于单色视频信号的最低频率至少会达到30Hz。复合彩色视频的频率可能更低，可能具有15Hz的频率。这就意味着需要采用一个特别大的电感。例如，一个0.4H的电感在30Hz处只有75Ω的阻抗，是所需的最小阻抗了。大的电感会有较大的串联电阻，该电阻会浪费功率。更加重要的是，大的电感会有更显著的寄生电容，并且在4MHz视频带宽以下更有机会发生自谐振从而破坏信号。图38.99所示的电路采用了一种不同的办法来解决这个问题，它主要采用了有源元件。

同轴电缆显示器端的电路给系统提供所有的电源。U1是LT1206反馈电阻放大器，构成了一个回转或者合成电感。该回转在视频带宽内保持一个较高的阻抗，可以将电源的低阻抗与电缆隔离，同时只贡献了0.1Ω的串联电阻。该运放需要为视频提供足够带宽，也需要有足够的输出驱动给摄像头提供120mA的电流。所选部件需确保能够输出250mA电流，并具有60MHz的3dB带宽，才能用于该应用。由于视频需要进行容性耦合，所以不需要分离电源；因此采用一个24V的单电源。24V的电源同时给长导线传输提供了足够的压降空间。

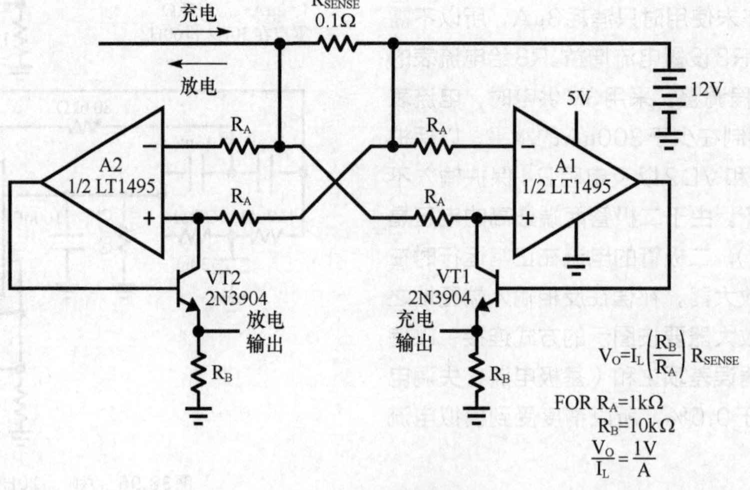

图38.98 电池电流监测器

摄像头端有固定12V稳压器LT1086(U3)，给黑白CCD视频摄像头提供12V电源。U4是LT1363运放，给高速、高电流晶体管VT1提供驱动。VT1反过来将视频信号调制在20V直流上。VT1的集电极是12V稳压器的输入。出于U3的需求，该点旁路良好，所以可将该点作为交流地。U1的配置是为了给线缆提供20V电压。由于摄像头端的12V稳压器需要1.5V的压降，在线缆的串联电阻上可以允许有6.5V的压降。LT1206的输出被设置在20V，能为电源电压和视频系统电压留一些压降空间。

U2是另一个LT1363视频放大器，它从线缆处接收信号，提供一些频率均衡并且驱动连接至显示器的线缆。均衡是为了补偿摄像头线缆的高频滚降。所示的元件（R16和C11）通过100ftRG58/U线缆为单色视频提供可接受的补偿。

200μA、1.2MHz轨到轨运放具有过顶输出

由Raj Ramchandani设计

引言

LT1638是Linear Technology最新的通用、低功率、轨到轨双运放；LT1639是四运放的版本。LT1638电路的拓扑结构是基于凌力尔特广受欢迎的LT1490/LT1491运放，并且在速度上有了显著的提高。LT1638比LT1490快了5倍。

电池电流监测器

电池电流监测器如图38.100所示，它展示了LT1639输入运行在其正电压轨以上的能力。在这个应用中，传统的放大器会将电池电压限制在5V至地之间，但是LT1639可以

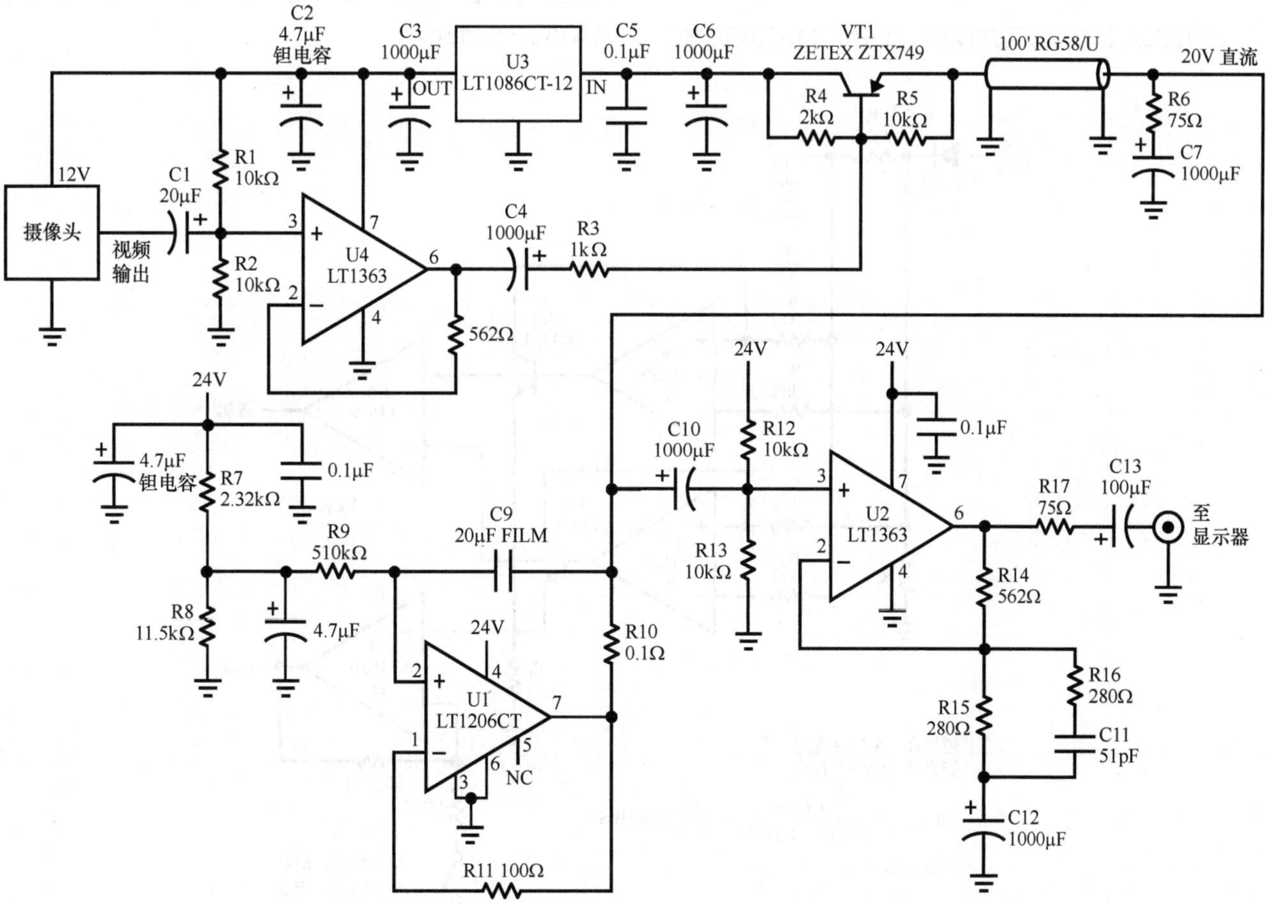

图38.99 在同一根同轴电缆上传输视频和12V电源的电路

处理高达44V的电池电压。LT1639可以通过移除V_{CC}进行关断。当V_{CC}移除后，输入的泄露将会少于1nA。将一个12V的电池反接不会造成LT1639的损坏。

当电池在充电时，放大器B感测R_S上的压降。放大器B的输出引起VT_B通过R_B释放足够的电流，以平衡放大器B的输入端。相似的，在电池放电时，放大器A和VT_A构成一个闭合环路。通过VT_A或者VT_B的电流与R_S的电流是成正比的。这个电流流入R_G并且被转换为电压。放大器D缓冲并且放大R_G上的电压。放大器C比较放大器A和放大器B的输出来决定通过R_S的电流极性。在S1开路时，V_{OUT}的比例因子是1V/A。在S1闭合时，比例因子为1V/100mA，并且可以测量低至5mA的电流。

低失真运放在100kHz信号输入时，具有0.003%的总谐波失真

由Danh Tran设计

引言

LT1630/LT1632双运放以及LT1631/LT1633四运放是凌力尔特轨到轨运放家族的最新成员，它们在最宽供电电源范围内，提供了交流性能和直流精确性的最佳组合。LT1630和LT1631提供30MHz的增益带宽积、10V/μs的压摆率以及6nV/$\sqrt{Hz}$的输入电压噪声。LT1632/LT1633针对高速应用进行优化，具有45MHz的增益带宽积、45V/μs的压摆率以及12nV/$\sqrt{Hz}$的输入电压噪声。

应用

这些放大器能够在器件的供电电源范围内处理任何输入和输出信号，该能力使它们极易使用。它们展示了一个非常好的瞬态响应并且能够驱动低阻抗的负载，使得它们适用于高性能的应用。下列应用将展示这些放大器的多用途特性。

3V供电运行、400kHz、四阶巴特沃斯滤波器

图38.101所示的电路利用LT1630的低电压运行和宽带特性，构建了一个3V电源供电、400kHz的四阶低通滤波器。这个放大器被配置在反相模式以获得最低的失真，并且输出可以在轨到轨范围内摆动以获得最大的动态范围。图38.102展示了滤波器的频率响应。阻带衰减在10MHz处时大于85dB。在2.25V(峰峰值)、100kHz输入信号时，滤波器的谐波失真小于-87dBc。

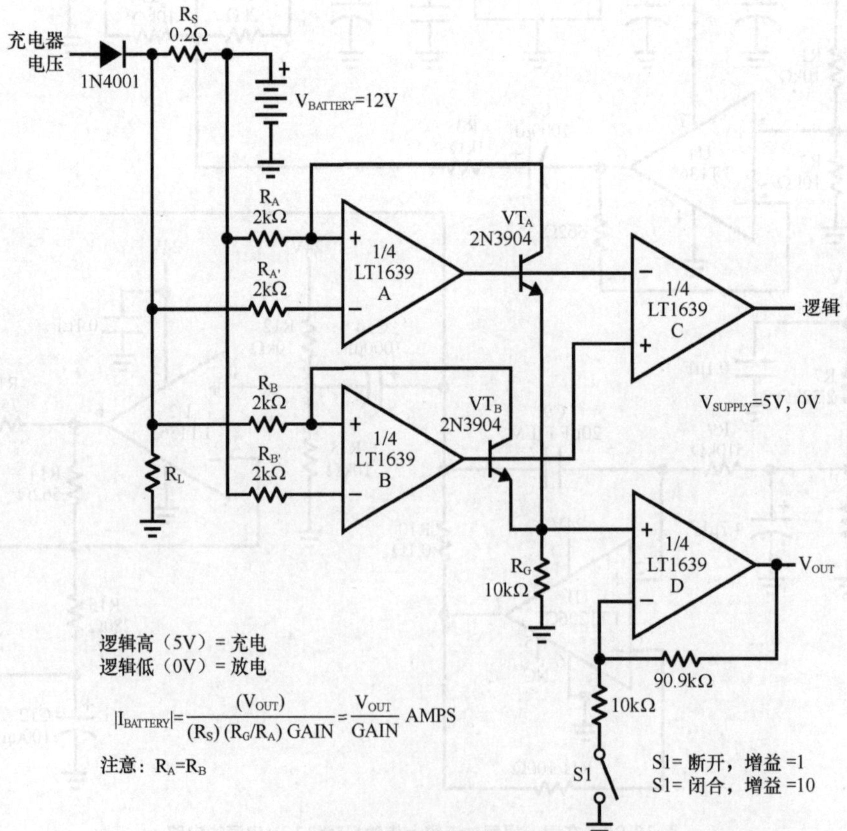

图38.100 LT1639电池电流监测器的一个过顶应用

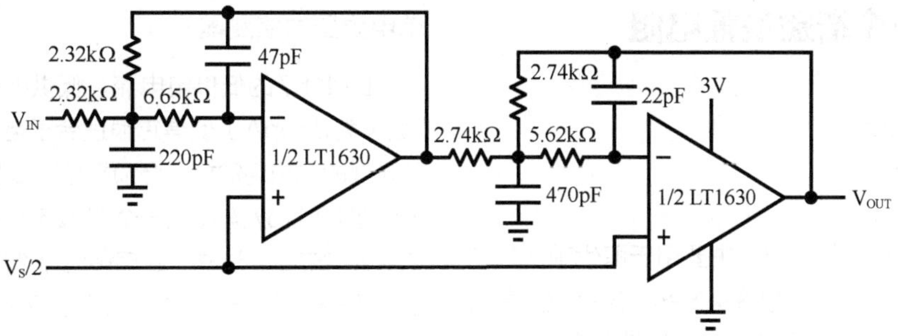

图38.101 单电源、400kHz、 四阶巴特沃斯滤波器

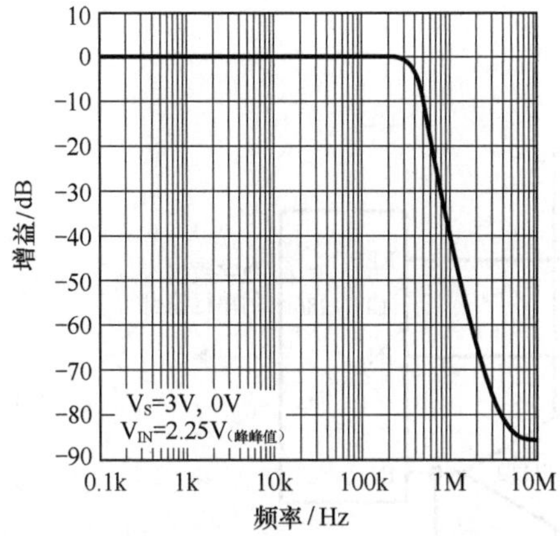

图38.102 图38.101所示电路中滤波器的频率响应

40dB、550kHz仪用放大器

具有轨到轨输出摆幅、工作在3V单电源供电下的仪用放大器可以用LT1632来构建，如图38.103所示。放大器具有标称值为100的增益，可以通过R5进行调节。直流输出电平等于两个输入端之间的输入电压（V_{IN}）乘以100的增益。共模范围可以通过图38.103中的公式进行计算。例如，当输出电压是3V电源的一半时，共模范围是0.15～2.65V。当通过电阻R1调节时，共模抑制比在100Hz处大于110dB。图38.104展示了放大器的截止频率为550kHz。

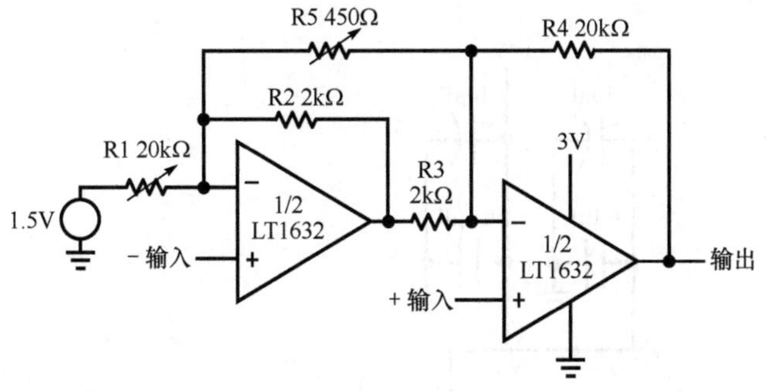

共模输入电压的下限

$$V_{CM_L}=\left[\left(\frac{V_{OUT(DC)}}{A_V}\right)\frac{R2}{R5}+0.1V\right]\frac{1.0}{1.1}$$

共模输入电压的上限

$$V_{CM_H}=\left[\left(\frac{V_{OUT(DC)}}{A_V}\right)\frac{R2}{R5}+2.85V\right]\frac{1.0}{1.1}$$

$$A_V=\frac{R4}{R3}\left(1+\frac{R2}{R1}+\frac{R3+R2}{R5}\right)=100$$

BW=550kHz

$$V_{OUT(DC)}=(+IN-(-IN))_{DC}\times GAIN$$

图38.103 单电源供电的仪用放大器

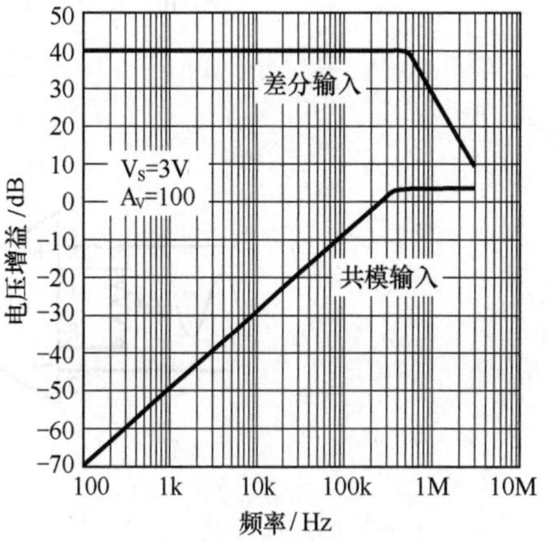

图38.104 图38.103所示的仪用放大器的频率响应

LT1167：精确、低成本、低功率仪用放大器，只需要一个增益设置电阻

由Alexander Strong设计

引言

LT1167是下一代仪用放大器，主要用于取代前一代的单片仪用放大器以及分立、多运放解决方案。仪用放大器与运算放大器的区别是，它们可以放大不是对地参考的信号。仪用放大器的输出的参考点是一个与输入无关的外部电压。相反的，运放的输出电压由于它的反馈特性，是以差分和共模输入电压为参考的。

应用

单电源压力监测器

LT1167的低供电电流、低供电电压和低输入偏置电流（最大为350pA）使得它很适合于电池供电的应用。为了满足较低的总功耗需求，必须采用更高阻抗的电桥。图38.105展示了LT1167连接至一个3kΩ电桥的差分输出。输入偏置电流为皮安级，这样，由偏移电流造成的误差可以忽略不计。LT1112将LT1167的参考引脚以及模数转换器的模拟地引脚偏移到地电平之上。这在单电源供电应用中是必须的，因为输出不能摆动至地。LT1167和LT1112加起来的功耗仍然小于电桥的功耗。电路的总供电电流只有3mA。

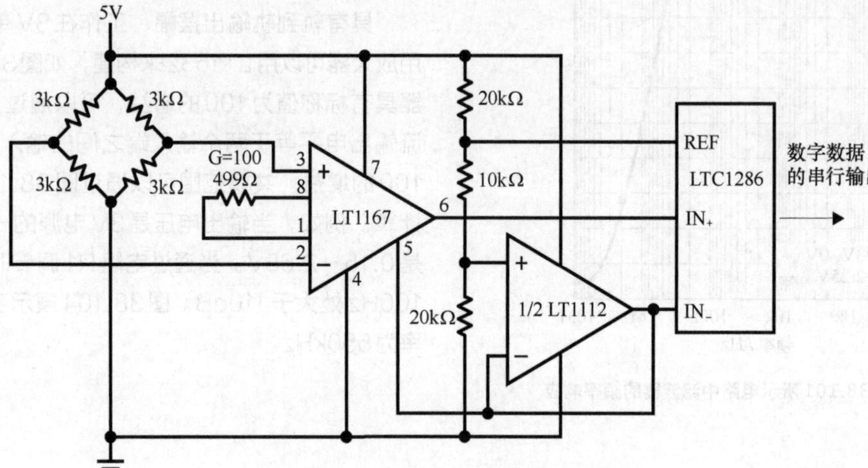

图38.105　单电源供电的压力监测器

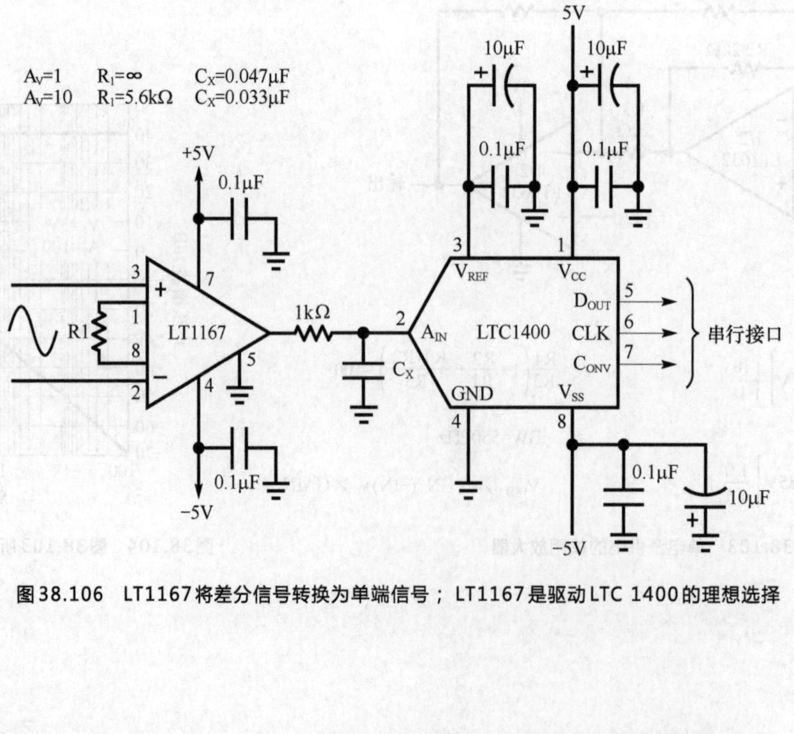

图38.106　LT1167将差分信号转换为单端信号；LT1167是驱动LTC 1400的理想选择

模数转换器的信号调理

图38.106所示的电路中，LT1167将一个差分信号转换为了一个单端信号。接下来，单端信号被无源一阶RC低通滤波器进行滤波，并且加载至12位模数转换器LTC1400上。LT1167的输出级可以轻松地驱动模数转换器较小的标称输入电容，以保持信号的完整性。图36.107展示了放大器/模数转换器输出端的两个快速傅里叶变换。图38.107（a）和图38.107(b）分别展示了在单位增益和增益为10处运行LT1167的结果。最终得到了一个70.6dB的典型信号与噪声和失真比（Signal-to-noise and distortion ratio，SINAD）。

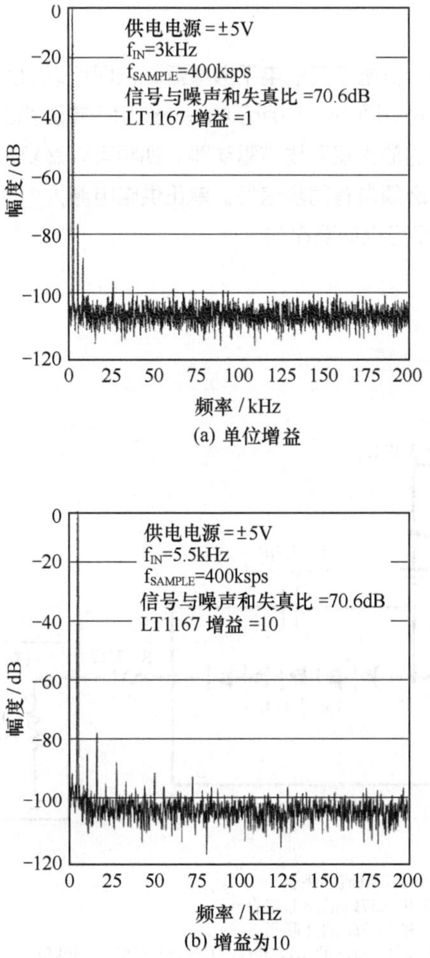

图38.107 运行在增益为1和增益为10时，图38.105电路在12位运行中达到70.6dB的信号与噪声和失真比

电流源

图38.108展示了一个简单、精确、低功率、可编程的电流源。引脚2和引脚3上的差分电压被镜像至R_G两端。跨接R_G的电压被放大并且加载至R1两端，构成了输出电流。从引脚5流出的50μA偏置电流由JFET运放LT1464进行缓冲，将电流源的分辨率提高至3pA。

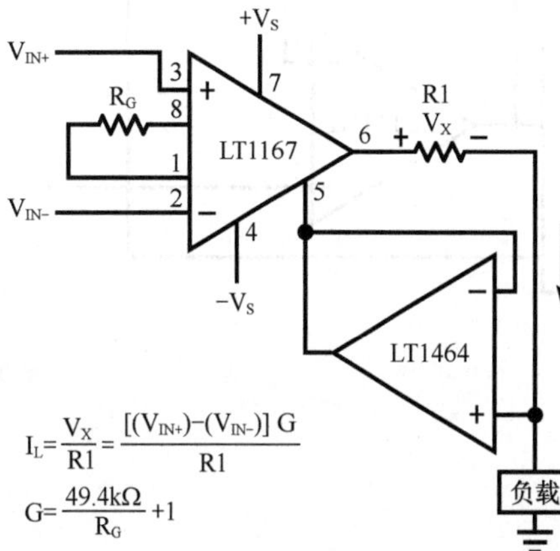

图38.108 精确电流源

神经脉冲放大器

LT1167的低电流噪声使得它是具有MΩ源阻抗的心电图监测器的理想选择。为了展示LT1167放大低电平信号的能力，图38.109所示的电路利用了放大器的高增益和低噪声。这个电路放大从LT1167引脚2和引脚3输入的病人低电平神经脉冲信号。R_G以及并联的R3、R4组合将增益设置为10。LT1112引脚1的电压给共模信号提供了地电平。LT1167高达110dB的共模抑制比确保所需的差分信号被放大，而不想得到的共模信号被衰减。由于信号的直流部分并不重要，所以R6和C2构成0.3Hz的高通滤波器。LT1112引脚5上的交流信号被由R7/R8+1设置的101增益所放大。C3和R7的并联组合构成了一个低通滤波器，该滤波器将使得高于1kHz处的增益减小。

能够运行在±3V、0.9mA供电电流下的能力使得LT1167成为电池供电应用的理想选择。这个应用的总供电电流为1.7mA。适当的保护，诸如隔离，必须被加入这个电路中以保护病人免受伤害。

结论

LT1167仪用放大器提供了最佳的精确度、最低的噪声、最高的容错能力以及单电阻增益设置带来的易用性。LT1167具有8引脚的PDIP和SO封装。相比分立设计，SO封装显著节省了空间。

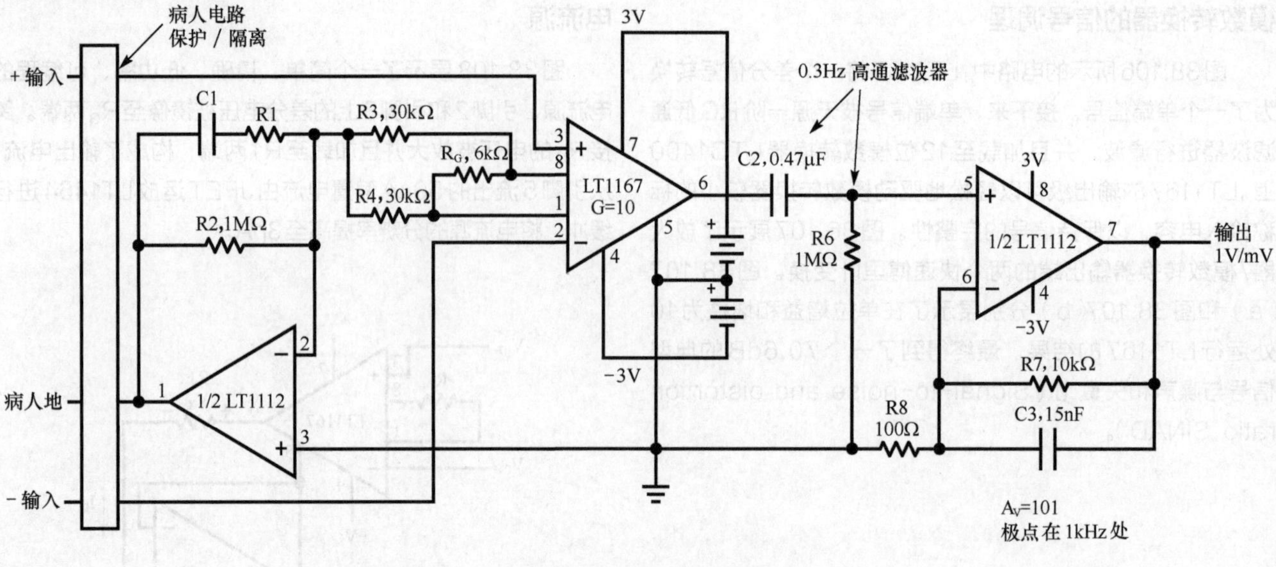

图 38.109 医用心电图监测器

采用电平搬移可使电流反馈视频放大器在单电源供电时摆动至地电平

由Frank Cox设计

电流反馈视频放大器可以单电源供电下运行，如果增加一个简易、价格不高的电平搬移器，依旧可以放大对地参考的视频信号。图38.110所示的是一个用于电流输出型视频数模转换器的放大器和线缆驱动器。视频可以是复合或者组件的，但是必须具有同步信号。单正供电电源为12V，但是对于LT1227可以低至6V。

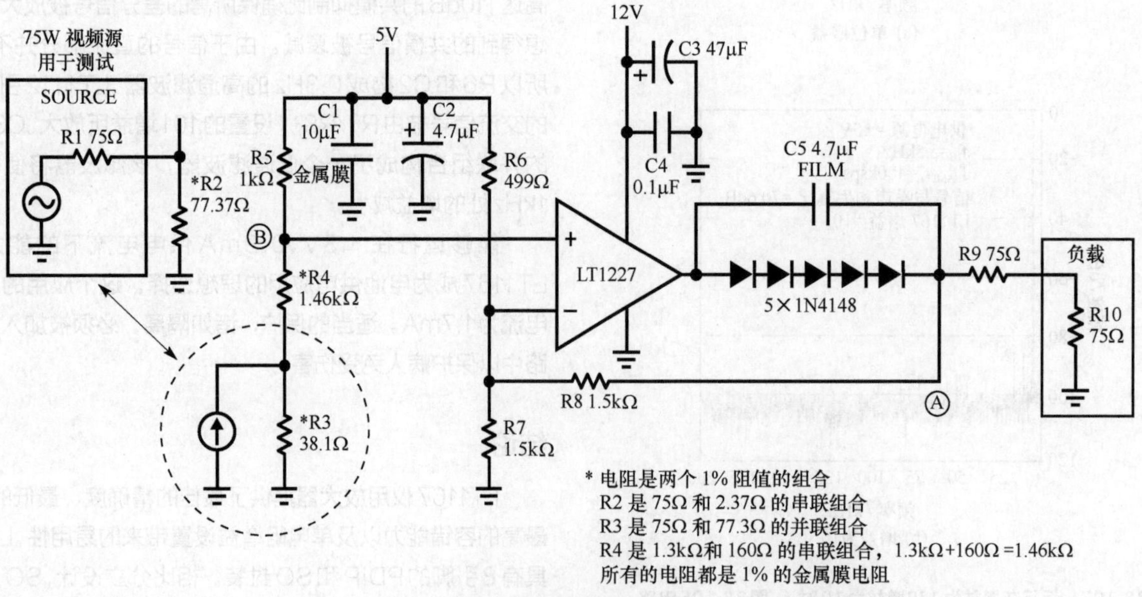

* 电阻是两个 1% 阻值的组合
R2 是 75Ω 和 2.37Ω 的串联组合
R3 是 75Ω 和 77.3Ω 的并联组合
R4 是 1.3kΩ和 160Ω 的串联组合，1.3kΩ+160Ω =1.46kΩ
所有的电阻都是 1% 的金属膜电阻

图 38.110 用于电流输出型视频数模转换器的放大器和线缆驱动器

这里采用LT1227电流反馈放大器，在150Ω负载、0~70℃商用温度范围内，它的输出可以摆动至负电源的2.5V范围内。在反馈环路中采用了5个二极管，与C5一起将输出电平搬移至地。由LT1227输出的视频信号对C5充电，并且其上的电压允许输出摆动至地甚至较小的负值。然而，这个负值摆动的电平依赖于视频信号，所以是不可以预估的。当场景为黑色时，视频中必须有同步信号以使C5保持充电状态。没有同步信号的零电平视频信号分量将不可以与该电路一起工作。电流反馈放大器的输出将尝试归零，或者达到它所能达到的最低电平，二极管将会关断。负载将与电流反馈放大器断开并且通过反馈电阻连接至R6和R7网络。这将造成大约150mV直流出现在输出端，而不是应该出现的0V。

在输入端的对地参考视频信号需要进行电平搬移，以进入LT1227(大约比负电源高3V)的输入共模范围。R4和R5将输入信号搬移到3V。在这个过程中，输入信号被衰减，衰减因子为2.5。为了得到正确的增益、没有失调以及获得零源阻抗，R4应该是1.5kΩ。为了补偿R3的出现，R4设置为1.5kΩ减去R3，即1.46kΩ。这样的代价是大约1.5%的增益误差。如果R4仍然保持1.5kΩ，增益是正确的，但是会有75mV的失调误差。R6、R7和R8设置增益和放大器的输出偏移。采用了值为5的同相增益以补偿输入电平搬移器和线缆端接的衰减。

该电路输出端的电压失调是对输入电阻相对敏感的函数。例如，R6取值的1%误差将造成输出端30mV的失调（3V的1%）。这是运放引入的失调误差上的一个额外增量。可以选取精确电阻网络（BI Technologies，714-447-2345），它们的匹配指标可以为0.1%或者更优。这些电阻可以被用作电平搬移电阻，不过这将增加诸如R4调整等的难度。

幸运的是，视频总是存在与之相关的同步信息。可以采用一个简单的电路来对电阻失配产生的偏移进行直流恢复。图38.111展示了进行这一处理所需的额外电路。LTC201A模拟开关和C1在视频空白期间存储失调误差。钳位脉冲应该为3μs甚至更宽，而且应该在视频空白时产生。它可以通过对同步脉冲进行延迟和单触发来直接生成。如果同步点被钳位，钳位脉冲必须在同步脉冲之后开始，而且必须在同步脉冲结束之前结束，否则将会产生失调误差。可以采用LT1632构建的积分器调节B点（见图38.110）的电压以校正该失调。

LT1468：用于高速16位系统的运算放大器

由George Feliz设计

引言

LT1468是一个单运放，它针对16位系统的精确度和

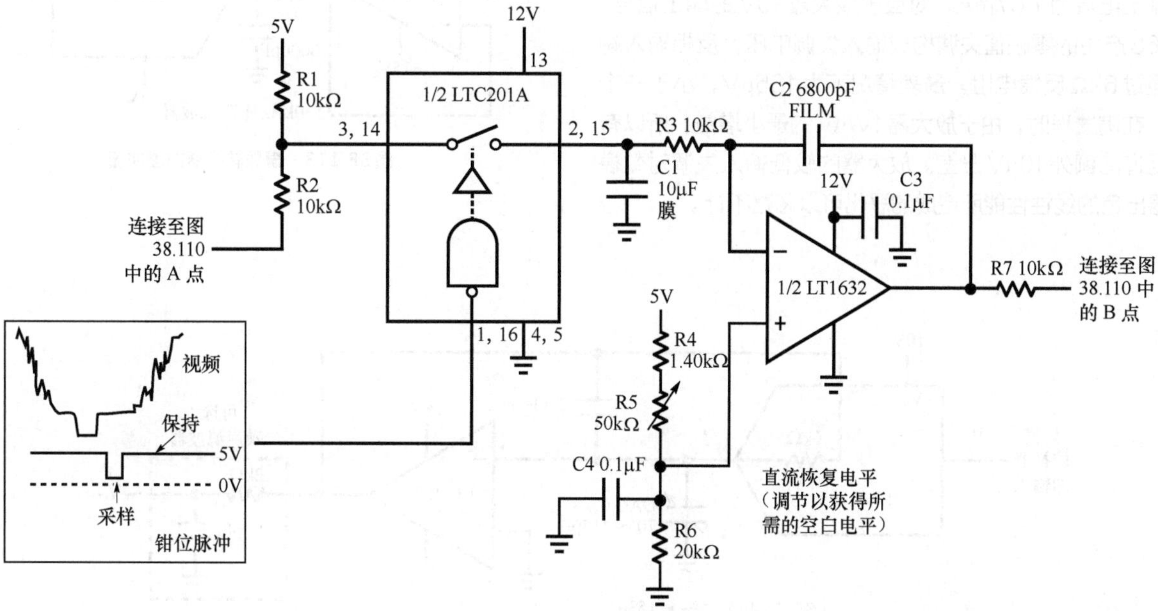

图38.111 直流恢复子电路

速度进行过优化。LT1468工作在±15V供电下，在−1倍增益配置下，一个10V的阶跃输入将在900ns稳定到150μV。LT1468同时还具有16位系统所需的优异直流特性。输入偏置电压最大值为75μV，反相输入端的最大偏置电流为10nA，而同相输入端的最大偏置电流为40nA，直流增益最小值为1V/μV。

16位数模转换器构成具有1.7μs稳定时间的电流至电压转换器

图38.112所示电路的关键交流参数是稳定时间，因为它限制了数模转换器的更新速率。稳定时间的测量是一个相当困难的问题，Jim Williams在Linear Technology Application Note 47中已经有了巧妙的阐述。最小化稳定时间将受到数模转换器输出电容归零的限制，输入电容依赖于数字编码，在70~115pF之间变化。这个在放大器输入端的电容与反馈电阻结合，在200~400kHz附近构成了一个闭环频率响应的零点。如果没有反馈电容，电路将会振荡。选择20pF的电容将会通过在1.3MHz处增加一个极点以限制频率尖峰，从而稳定整个电路，并且该电容的选择也是为了优化稳定时间。16位精度的稳定时间在理论上受到11.1倍6kΩ电阻和20pF电容所构成时间常数的限制。图38.112所示电路在10V阶跃输入情况下，可以在1.7μs内稳定至150μV。这个值可以与1.33μs的理论极限值相媲美，是众多LTC器件以及同类放大器中可以获得的最佳结果。这个优异的稳定时间需要放大器在稳定过程中没有热拖尾。

LTC1597电流输出数模转换器具有10V参考输入的指标。LSB为25.4nA，经过LT1468转换后变成153μV，满量程输出电流为1.67mA，对应于放大器10V的输出信号。LT1468产生的零幅值失调构成输入失调电压，反相输入端电流通过6kΩ反馈电阻。最差情况下为135μV，小于一个LSB。在满量程时，由于放大器1V/μV的最小增益，所以有微不足道的额外10μV误差。放大器的较低输入失调对数模转换器出色的线性性能所造成的恶化可以忽略不计。

LT1468具有较低的5nV/$\sqrt{Hz}$的输入电压噪声和0.6pA/$\sqrt{Hz}$的输入电流噪声，它只产生额外23%的数模转换器输出噪声电压。在任何精确应用中，特别是宽带放大器中，噪声带宽应该通过外部滤波器限制至最小以使得分辨率最高。

模数转换器的缓冲器

对于模数转换器缓冲器应用（见图38.113）来说，放大器的重要指标是低噪声和低失真。16位模数转换器LTC1604的信噪比为90dB，意味着输入端的噪声为56μV（RMS）。放大器、100Ω/3000pF滤波器和10kΩ源电阻的噪声为15μV（RMS），将使信噪比仅仅恶化0.3dB。LTC1604的总谐波失真在100kHz时为−94dB，处于较低水平。缓冲器/滤波器组合在5V(峰峰值)、100kHz输入时，自身的二阶、三节谐波失真优于−100dB，所以它不会恶化模数转换器的交流性能。

缓冲器也是从一个低源阻抗来驱动模数转换器。没有缓冲器时，LTC1604的获取时间或随着源阻抗的上升（高于1kΩ而加长，所以最高采样频率会被降低。采用低噪声、低失真的LT1468缓冲器，模数转换器可以由更高的源阻抗驱动在最高速度，并且不会牺牲任何交流性能。

模数转换器缓冲器的直流需求是相对比较温和的。输入偏置电压、共模抑制比（最小值为96dB）以及通过源电阻R_S的同相输入偏置电流会影响直流精确度，但是这些误差对于模数转换器的失调和满量程误差来讲很不显眼。

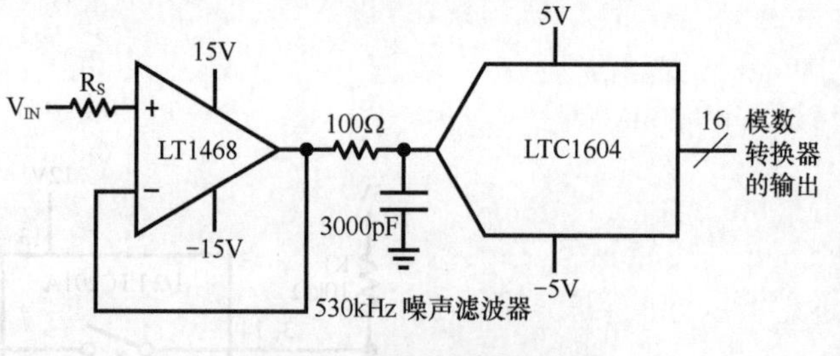

图38.113 模数转换器的缓冲器

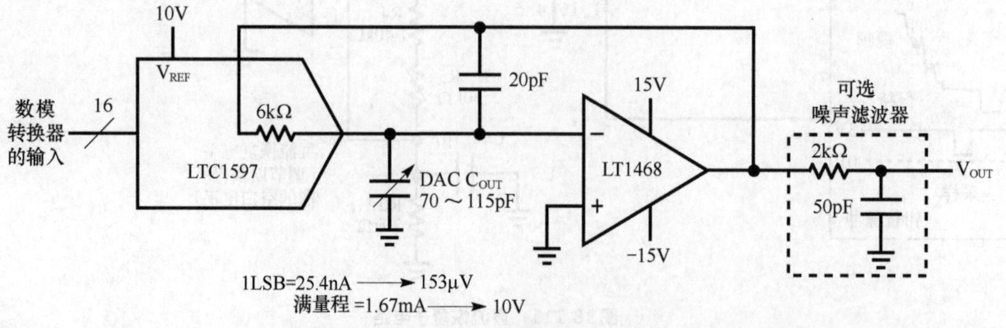

图38.112 16位DAC I/V转换器具备1.7μs稳定时间

通信电路

如何用一个四运放实现电话振铃

由Dale Eagar设计

需求

当你的电话响起时，电话公司是怎么做到的呢？这个问题经常出现，仿佛每个人都变成了电信公司。放松管制打开了很多新的机遇，但是要成立电话公司，你必须实现电话振铃。使电话振铃的电压要求是一个叠加在-48V直流上的87V(RMS)、20Hz的正弦波。

一个开放架构的铃声发生器

模块设计者需要针对上述问题找到解决方案，不过该问题本身需要一些不寻常的设计技巧。而我们这里则提供了一个可以让你自己拥有的设计，根据具体需求稍加改动，画好你自己的电路板并且准备你自己的物料清单。最终，你将能控制你自己的响铃发生的暗黑魔术（以及高电压）。

不是标准的台式电源

铃声的产生需要两个高电压：60V直流和-180V直流。图38.114所示的具体开关电源，可以为铃声电路的运行提供所需电压。该转换器可以由任何5~30V之间的电源供电运行，可以在不使用时关断以节省能量。变压器和光耦产生一个全浮地的输出。变压器的法拉屏蔽消除大部分的开关噪声，以避免后续神秘的系统噪声问题。表38.6所示的是开关电源中所用变压器的制造图。

四运放电话响铃

当电话响铃时，它将有节奏、有序列地响、停。标准的节奏是响铃1s，接着会安静2s。我们使用LT1491的第一个1/4作为节奏振荡器（如图38.115和图38.116所示的电路），该振荡器输出会保持在V_{CC}1s，然后保持在V_{EE}2s(参见图38.120)。

这个过程每三秒重复一次，其节奏我们大家都非常熟悉。

实际振铃是由87$V_{(RMS)}$的20Hz交流正弦波信号叠加在-48V直流上而产生的。20Hz信号由LT1491(见图38.117)的第二个放大器产生，该放大器是一个门控20Hz振荡器。将图38.116所示的电路与图38.117所示的电路连接在一起，并且加入3个电阻产生图38.118所示的序列器。波形（标记为“方波输出”）是图38.120中的第四条线迹。该波形是图38.121所示电路的输出。

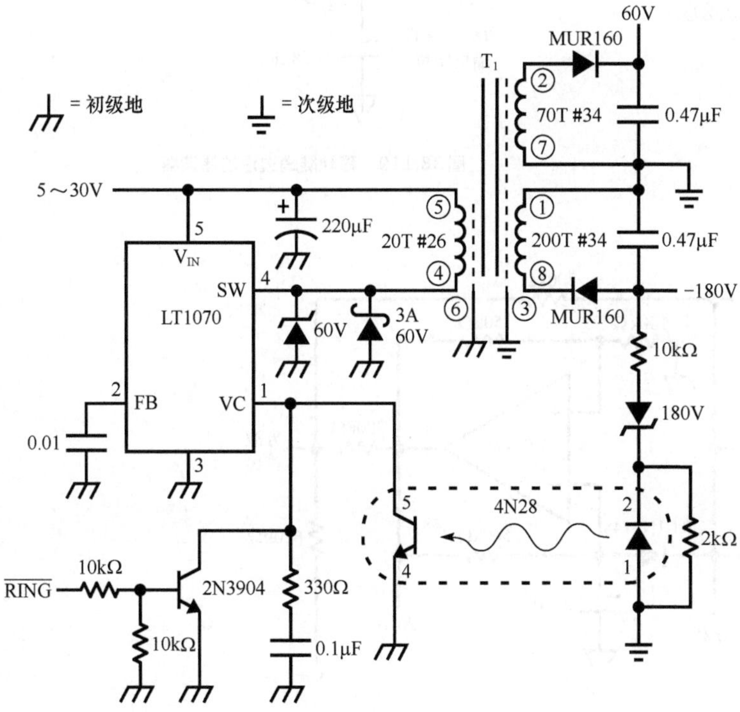

图38.114 开关电源

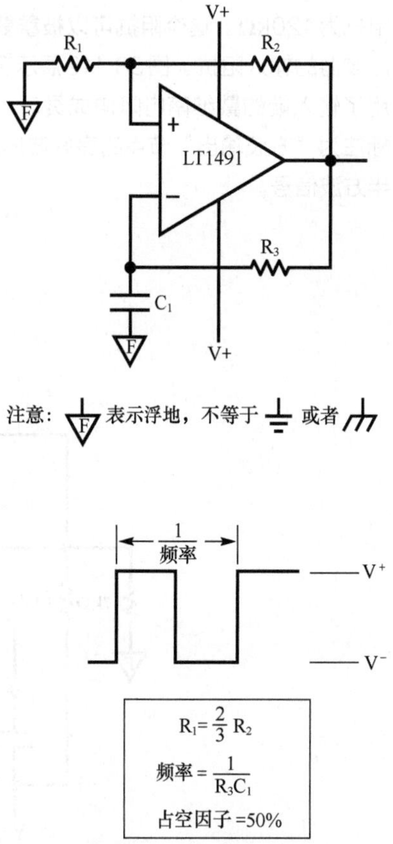

图38.115 特意振荡的运放

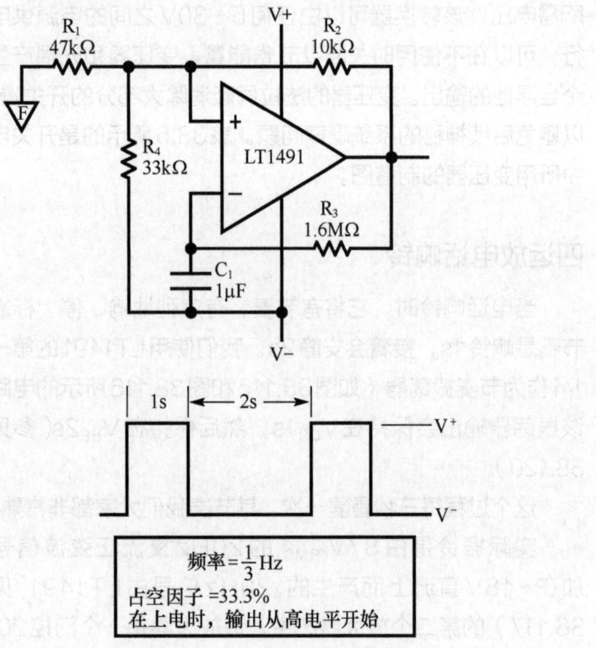

图38.116 占空因子是不对称的

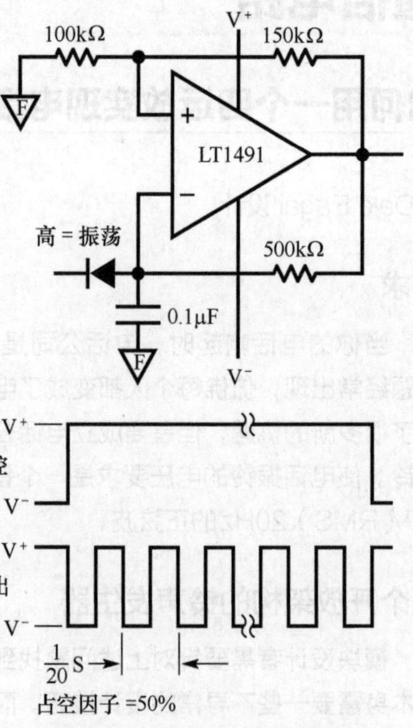

图38.117 门控的20Hz振荡器

方波加上滤波器等于正弦波

根据戴维南定理，可知图38.118所示的序列器的输出阻抗为120kΩ。这个阻抗可以被重复使用，并且作为后面滤波器的输入阻抗。图38.119展示了详细的滤波器，它采用了输入端的戴维南电阻构成灵巧、紧凑的设计，并且将标注为“方波输出”节点的良好波形失真成一个半正弦波、半方波信号。

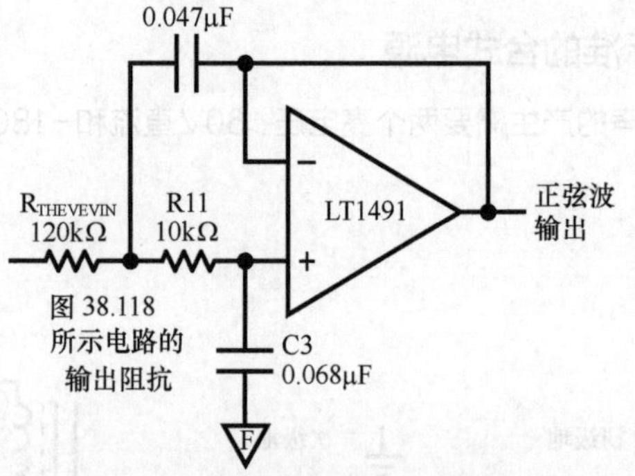

图38.119 移除陡峭边沿的滤波器

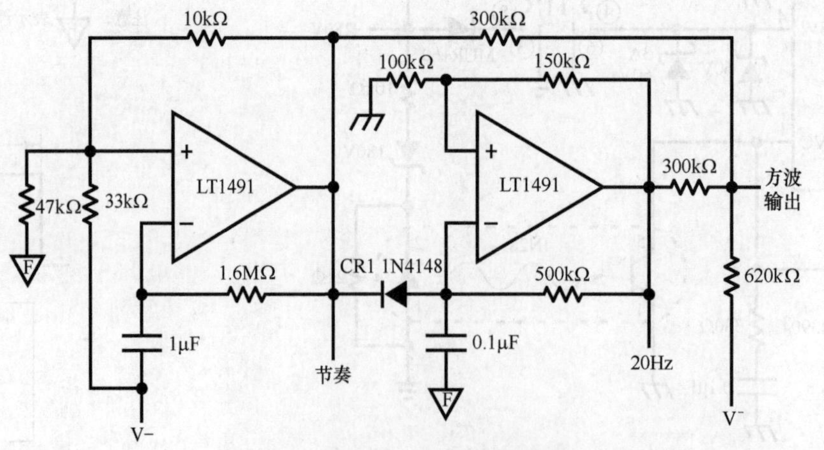

图38.118 序列器： 20Hz节奏振荡器

将滤波器附加在波形序列器后以构成图38.119所示的波形引擎。这个波形引擎的输出如图38.120的底部线迹所示。这个波形引擎如图38.122中的框图所示。

表38.6　响铃音调高压变压器构建图

材料	
2	EFD 20-15-3F8磁芯
1	EFD 20-15-8P线轴
2	EFD 20-夹钳
2	缝隙用0.007'' 高熔点聚酰胺胶带
绕组1	引脚1开始200T #34
	引脚8结束
	一圈0.002'' 聚脂磁带
绕组2	引脚2开始 70T #34
	引脚7结束
	一圈0.002'' 聚脂磁带
屏蔽	引脚3连接到1T法拉第屏蔽箔带
	一圈0.002'' 聚脂磁带
	引脚6连接到1T法拉第屏蔽箔带
	一圈0.002'' 聚脂磁带
绕组3	引脚4开始20T #26
	引脚5结束
	用聚脂磁带缠好

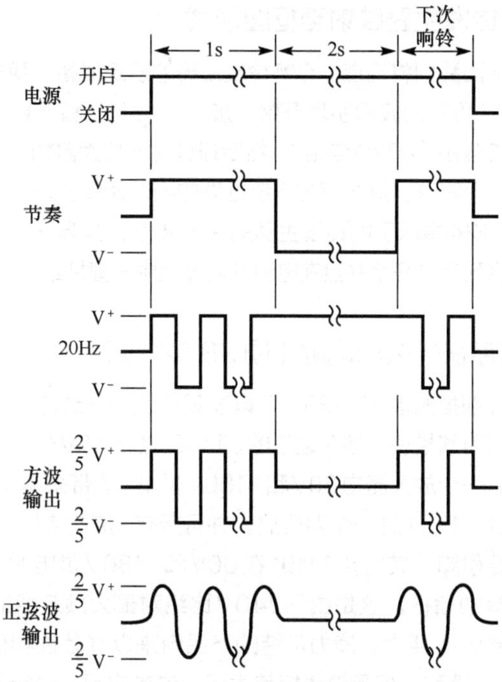

图38.120　波形引擎的时序

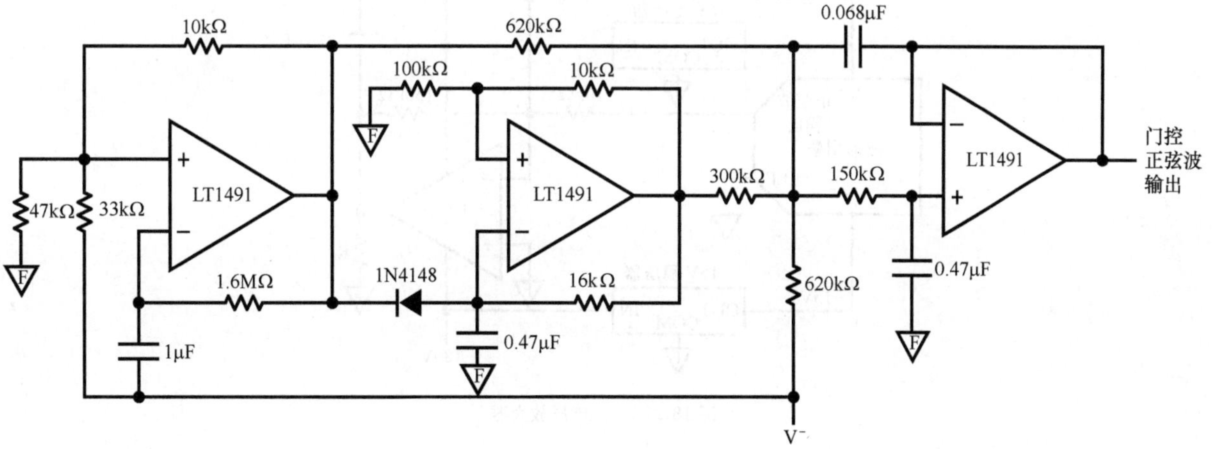

图38.121　波形合成器

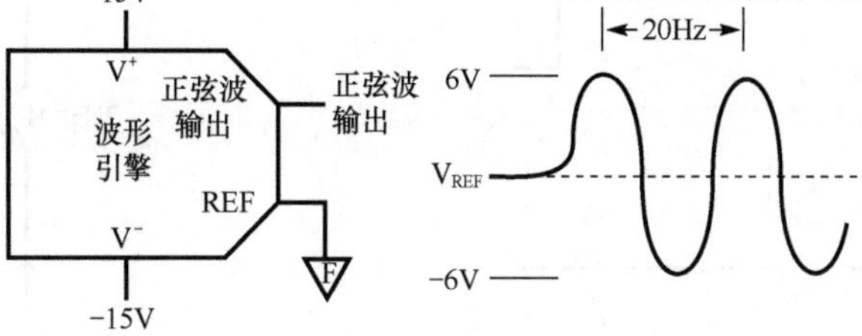

图38.122　波形引擎

将响铃发生器映射至框图形式

下面我们将构造一个响铃发生器的系统框图。我们从图38.112所示的波形引擎开始，加入一对15V稳压器以及一个直流偏移（47kΩ电阻），然后通过高压放大器加入一些电压增益以响铃。这个假想系统框图的细节如图38.123所示。图38.124展示了响铃发生器的输出波形；当高压电源开启时，序列响铃开始并且在电源开启过程中一直持续。

该图存在什么问题呢（图38.123）？

仔细推敲图38.123，可以发现一些不一致的情况：尽管波形引擎模块中四分之三的LT1491由±15V供电，所示的最后一个放大器由60V和−180V供电。这带来两个问题：首先，LT1491是一个四运放，并且所有的部分都共享同一个电源引脚；其次，LT1191在60V和−180V供电时不能满足所有的指标。这是由于240V比绝对最大额定值的44V（V^+至V^-）要大。凌力尔特的产品向来以健壮性和保守的"性能"著称，但是这也相差太远。这是应用一些行业技巧的时候了。

构建高电压放大器

先撇开波形引擎，我们先开发一个高压放大器。我们从图38.123中的±15V稳压器开始；这些不是普通的稳压器，它们是高压差分放大器，其结构如图38.125所示。采用这些稳压器和LT1491四运放的最后一部分，我们可以构建一个高电压放大器。我们将使用±15V稳压器作为我们放大器的"输出晶体管"，因为它们可以承受电压并且消耗所需的功率，以提供响铃电压和电流。通过连接运放和稳压器，便得到一个免费的共源共栅高电压放大器。这是由于运放的电源电流同时也是稳压器的电流。可能碰到的问题是，运放的输入共模范围不够宽，不足以满足复合放大器的全输出电压范围。如果放大器只是用作单位增益同相放大器则不存在问题，但是该系统中我们需要增益以获得12V（峰峰值）至87V（RMS）。

将放大器输出晶体管功能模块从运放中移出，并放入±15V的稳压器中，这将把有效的放大器输出从运放输出端移动至由±15V稳压器的供电电源的中心点。这是将放大器从低压运放至高压运放演化过程中变革性的一步，实现了放大器供电电源的扩展。

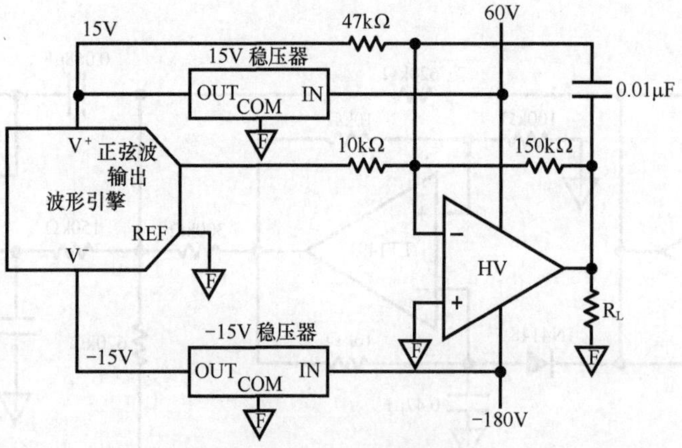

图38.123 高电压放大器

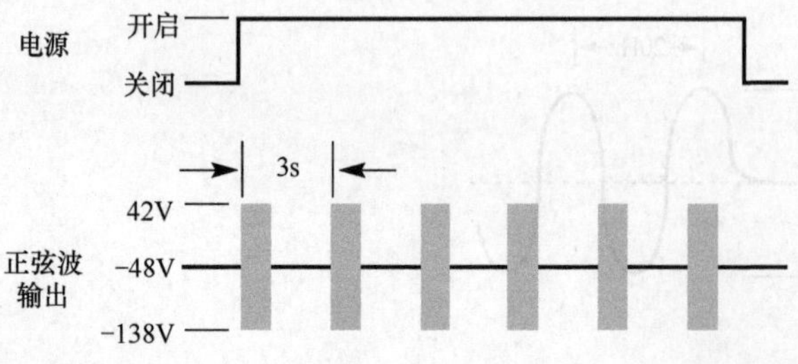

图38.124 系统输出

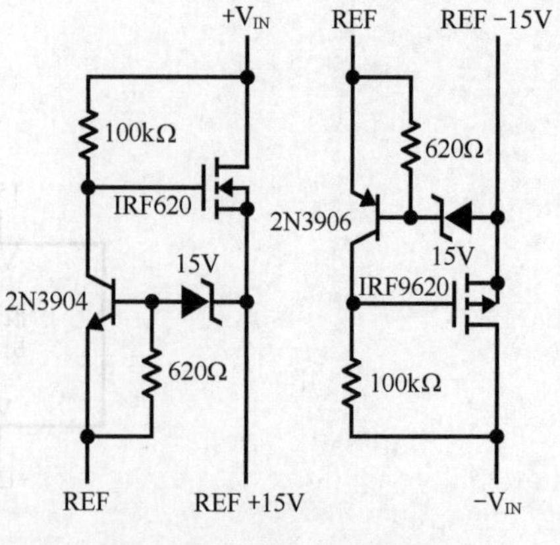

图38.125 高差分电压稳压器

反相运算放大器电路的演变

让我们关注这个变革的一步，它与图38.126所示的简易反相放大器相关*。当我们带着奇怪的达尔文情绪来看图38.126中的放大器时，我们可能看到电源（电池）实际上是我们放大器的一个组成部分。根据这个观察结果，我们可以仿照图38.127所示电路重绘本例中的电路，它的两个电池的中心被引出，作为输出信号的负端子。

一旦这样做，便可以自由地改变输入和输出的极性，产生图38.128所示的电路。最终将两个电池从放大器中拉出，便得到改进了的反相放大器（见图38.129）。电路演变是不是很有趣？†

将刚才描述的演变过程应用于图38.123所示的框图，我们得到图38.130所示的框图。实际上图38.130包括3个陌生器件，R18、R21以及C6，是我们演变途中未能预见的器件（除非R18=0Ω并且R21为开路）。这些器件是必需的，因为在图38.127至图38.128的质变中，放大器的内部补偿节点从地移至放大器的输出端。这些器件可以校正新结构的补偿。

响铃过程感测

现在我们可以对电话进行响铃了，当电话被接通时，我们必须能够感测到。这是在响铃时，通过图38.131（完整的铃声发生器）所示的由R23～R26、C7、VT5和光耦组成的响铃过程感测电路来感测流入电话的直流电流。这个电路可使10台以上的电话同时响铃，并且在它的输出具有短路至地、+60V电源或者−180V电源的保护。

结论

这是一个你可以拥有的铃声发生器，一个在任何负载情况下都是可靠的电路。如果你的系统设计需要不同指标的电路，你可以轻松地将这个电路进行改动以满足你的需求。如果需要我们的帮助，不要犹豫，请给我们致电！

编者按：* 地X和Y如图38.126到图38.129所示，用于阐述“演变”的效应。地X被认为是“任意典型地”，地Y被认为“演变后的典型地”。地X和地Y是不一样的。

† 进化理论包括单纯、随机机会。这里你所需要做的是有目的的思考和设计。

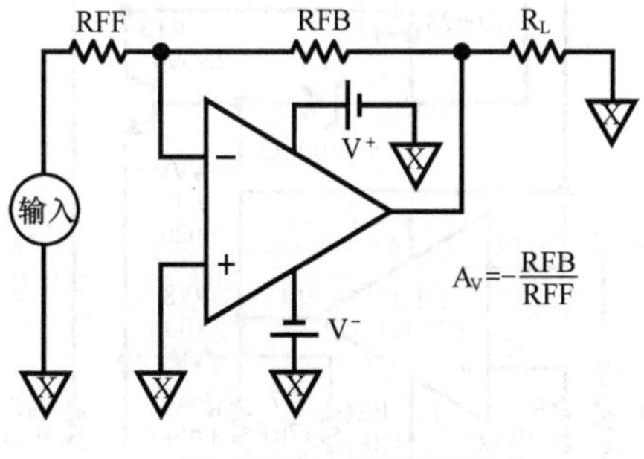

图38.126 标准运放形式

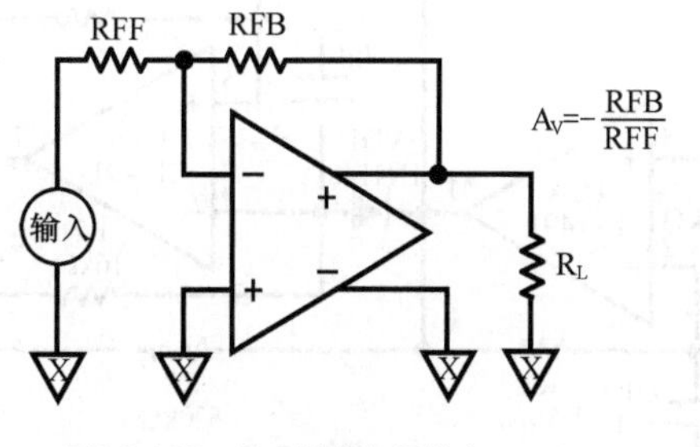

图38.127 将电池藏在运放内

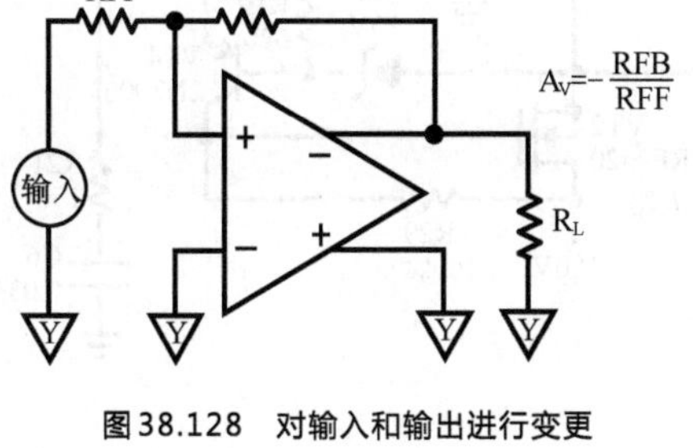

图38.128 对输入和输出进行变更

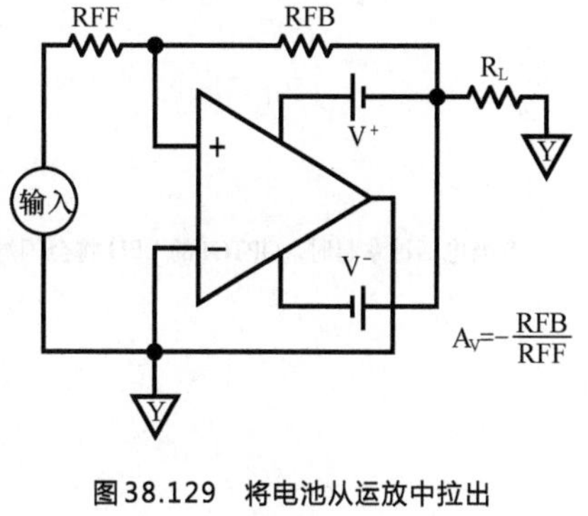

图38.129 将电池从运放中拉出

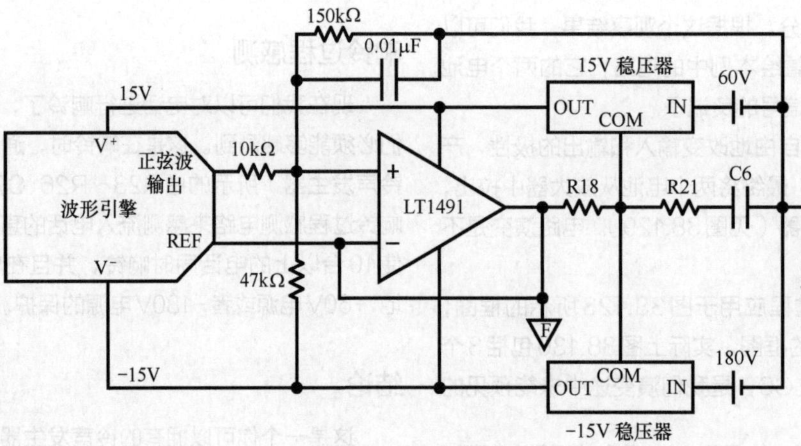

图 38.130 演变后的框图

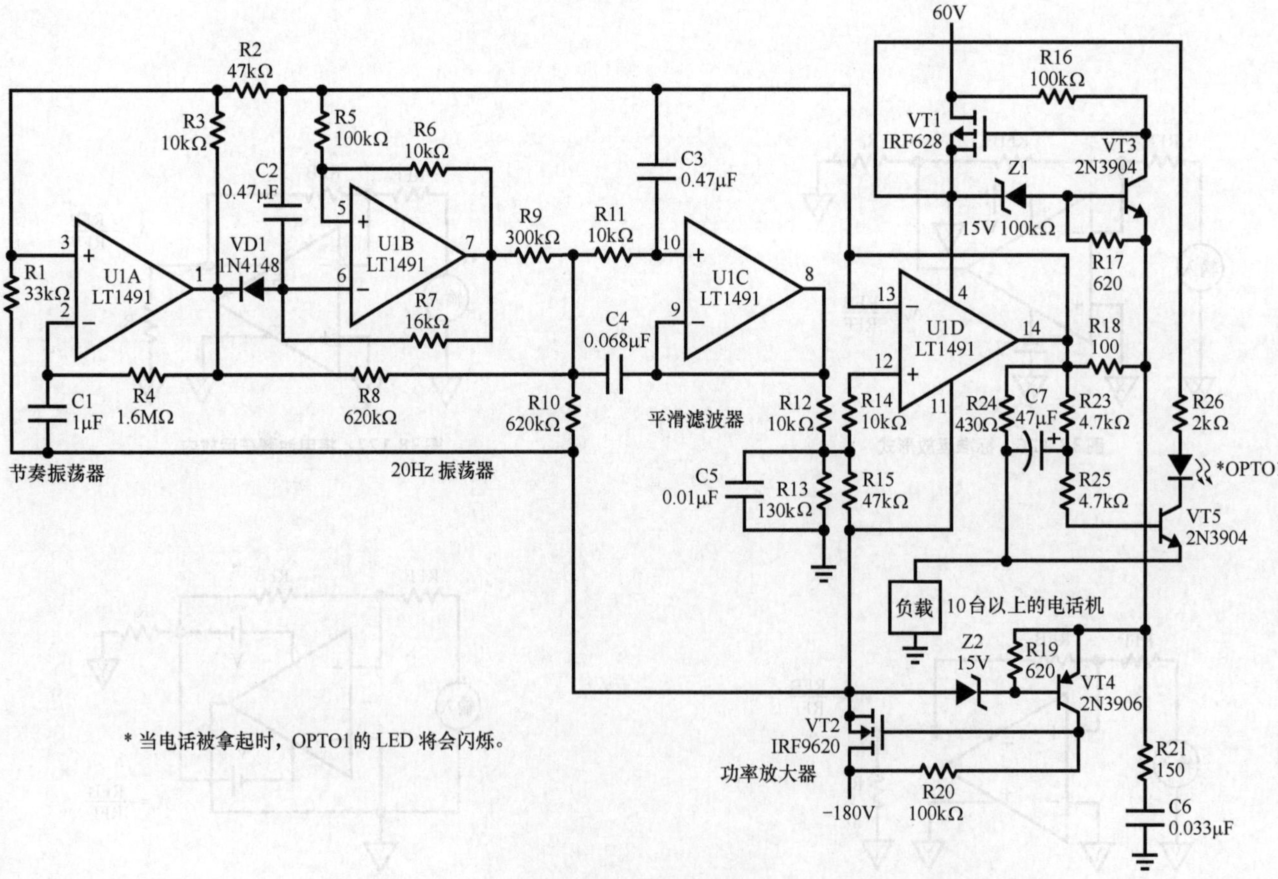

图 38.131 响铃发生器

采用LT1497实现低失真、低功率、单对HDSL驱动器

由George Feliz和Adolfo Garcia设计

引言

高速数字用户线路（High speed digital subscriber line，HDSL）接口采用了两条标准135Ω双绞电话线，传输跨度超过12000ft，传输速度为高达1.544Mbit/s的全双工数据率。这个高数据率是通过编码每个符号两位（通过采用两个二进制、一个四元，即2B1Q调制）以及复杂的数字信号处理来提取所接收的信号。这一性能只有在采用低失真线驱动器和接收器时才能获得。此外，收发器电路的功耗很关键，因为它可能采用双绞线从中心办公室的环路供电。而且功耗低时，可以多使用一些收发器，将它们放置在非强制通风的外壳里。使用单一双绞线的单对HDSL需要具有与两对HDSL相同的性能，并且运行在两倍2B1Q符号速率的基频上。在采用2B1Q线编码的HDSL系统中，传输1.544Mbit/s数据率所需的信号通带带宽为392kHz。本文使用该信号速率以定量描述LT1497的性能。

低失真线缆驱动器

图38.132所示的电路通过1：1变压器在135Ω双绞线上传输信号。电路中使用了LT1497，它是125mA、50MHz双电流反馈放大器，能够干净地驱动较大的负载，每个运放只消耗7mA供电电流，它的封装为热加强SO-8。驱动器的放大器被配置在增益为2（A1）以及-1（A2）以补偿线缆后端接的固有衰减，并且给变压器提供差分驱动。HDSL的传输功率需求为13.5dBm（22.4mW，135Ω负载时），对应于1.74$V_{(RMS)}$的信号。由于2B1Q调制是四电平幅度调制信号，其波峰因子（峰值与均方根值之比）为1.61。因此，13.5dBm、2B1Q调制信号在135Ω负载上产生5.6$V_{(峰峰值)}$。对应的输出信号电流为±20.7mA峰值。线路情况发生变化时，也可以增加这个中等的驱动电平。通过测试环路标准化集进行测试，可知这些环路的线阻抗低至25Ω。对于失真电平要求为-72dBc的135Ω线缆，LT1497的高输出电流和电压摆幅完全可以驱动。对于1.544Mbit/s数据率以及2位每字符的编码，运行的基波频率为392kHz。

因为仅使用了部分LT1497的电流输出能力，而且摆幅也完全落在其电压摆幅限值之内，所以它能够提供低失真。其他LTC放大器也可以达到这个指标，但是需要以更高的功率以及更大的体积作为代价。

性能

图38.132所示电路通过400kHz正弦信号以及输出5.6$V_{(峰峰值)}$电平进入135Ω负载来验证其谐波失真性能。图38.133展示了对于135Ω负载，二阶谐波相对于基波为-72.3dB。三阶谐波失真并不关键，因为接收的信号会在经过模数转换器数字化前被严重地滤波。在50Ω负载（为了模拟更有挑战的测试环路）时的性能稍微好一些，为-75dB。输出信号进行了衰减以获得测量所用HP4195A网络分析仪的最高灵敏度。

多载波应用，例如离散多音调制（Discrete Multitoned Modulation，DMT），比单载波应用更加流行，所以另一个重要的放大器动态范围的衡量指标是双音交调。这个衡量标准的评估有助于深入理解放大器同时处理两个音调的线性度。

为了这个测试，采用了300kHz和400kHz两个正弦信号，其电平设置为能使135Ω负载上具有5.6$V_{(峰峰值)}$电压。图38.134所示的波形表明三阶交调产物远低于-72dB。在50Ω负载时，性能在135Ω情况的1~2dB之内。

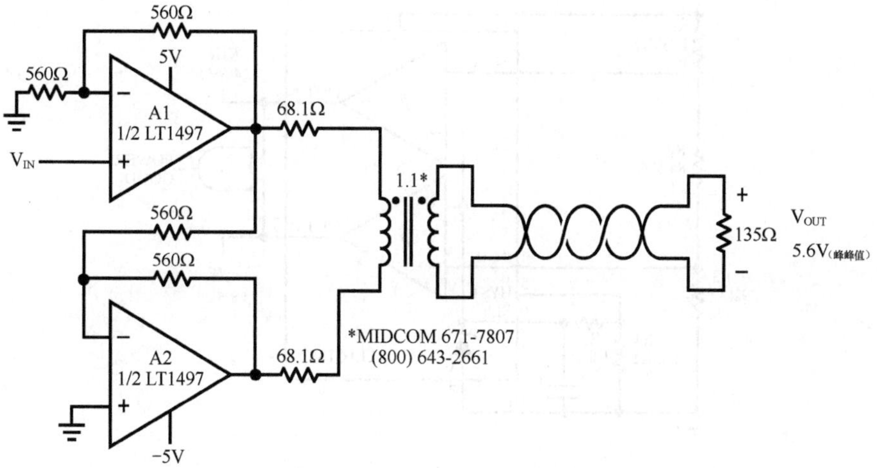

图38.132　LT1491构成的HDSL驱动器

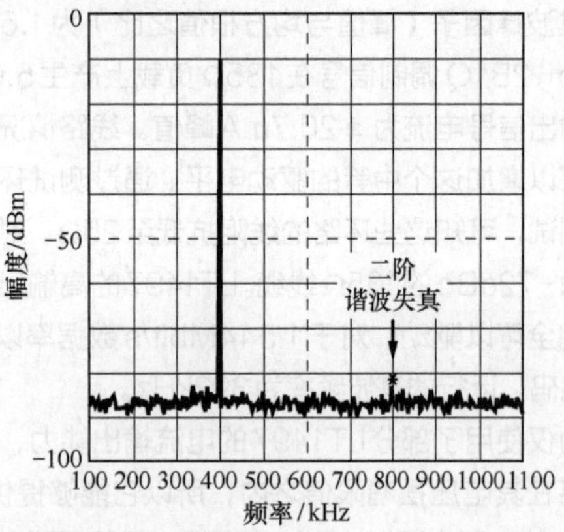

图38.133 图38.132所示电路在400kHz正弦以及5.6V（峰峰值）输出电平进入135Ω负载时的谐波失真

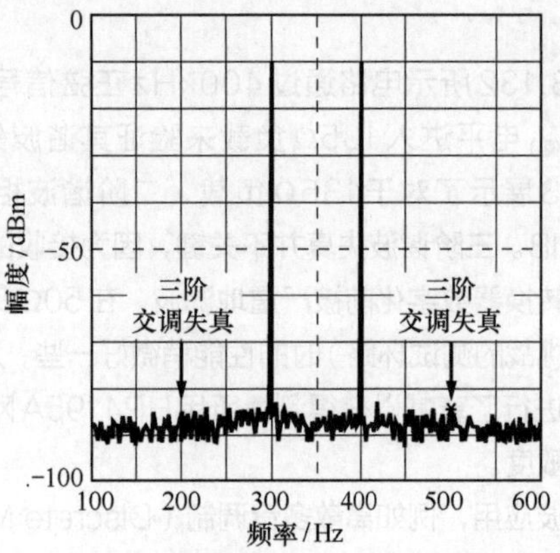

图38.134 图38.132所示电路的双音交调

结论

本文所讨论的电路在SO-8封装中提供了优异的失真性能，并且具有非常低的功耗。它是单对数字用户线路应用，尤其是远距离终端的理想选择。

比较器

包含参考基准的超低功耗比较器

由James Herr设计

LTC1440-LTC1445家族的特点是具有可调迟滞的1μA比较器，其TTL/CMOS输出能够拉灌电流，其1μA基准源能驱动高达0.01μF旁路电容而不会引起振荡。该器件能够在2~11V单电源供电下运行，或者在±1V至±5V双电源供电下运行。

欠压/过压探测器

LTC1442可以简单地配置成窗口探测器，如图38.135所示。R1、R2和R3构成一个V_{CC}阻性分压器，所以当V_{CC}低于4.5V时比较器A变为低，而当V_{CC}高于5.5V时比较器B变为低电平。通过R4和R5设置一个10mV的迟滞带以防止在临界点附近发生振荡。

单节锂离子电池供电

图38.136展示了将单节锂离子电池转换为5V电源的电路。其中，采用的LTC1444提供了低电池报警、低电池关断以及复位等功能。LT1300微功率升压DC/DC转换器采用L1和VD1将电池电压升高。电容C2和C3提供输入和输出滤波。

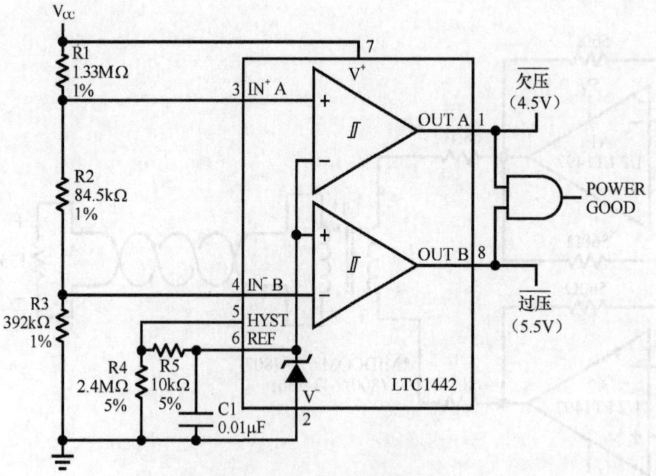

图35.135 窗口探测器

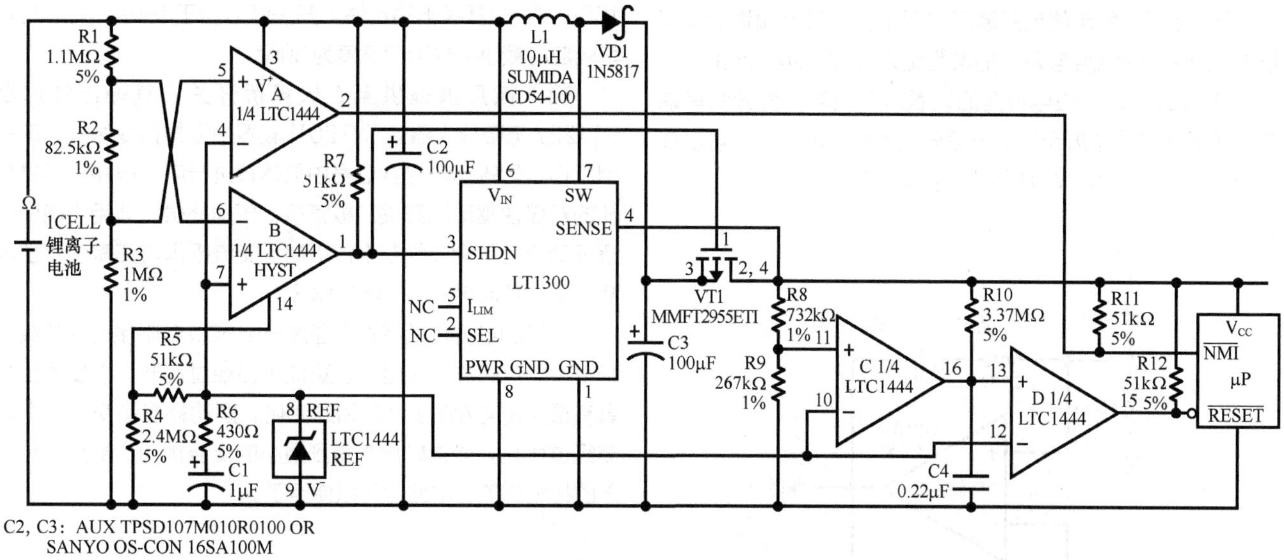

图38.136 单节电池转5V的电源

电池监测电路利用了LTC1444的开漏输出和低供电电压运行的优点。比较器A和B，与R1、R2和R3一起监测电池电压。当电池的电压低于2.65V时，比较器A的输出拉低，给微处理器产生一个不可屏蔽的中断，进行低电池告警。为了保护电池不要过度放电，在电池电压低于2.45V时，比较器B的输出通过R7拉高P沟道的MOS管VT1，然后LT1300被关断，降低至20μA的静态电流。需要VT1来防止负载电路通过L1和VD1对电池过度放电。

比较器C和D给微处理器提供复位输入。一旦升压转换器的输出高于由R8、R9设置的4.65V阈值，比较器C关断，从而R10开始对C4充电。在300ms后，比较器D关断而复位引脚通过R12拉高。

结论

凌力尔特的LTC1440-45微功率比较器家族具有内置基准源、低供电电流以及多种配置等特性，是电池供电设备（例如个人数字助理、笔记本计算机、掌上计算机以及手持设备等）进行系统监测的理想选择。

针对3V/5V运行进行优化的、4.5ns、4mA、单电源供电的双比较器

由Joseph G. Petrofsky设计

引言

LT1720是一个超高速（4.5ns）、低功耗（4mA/比较器）、单电源供电的双比较器，它主要工作在单电源3V/5V供电条件下。这个比较器具有内部迟滞，所以易于使用，甚至在缓慢移动的输入信号情况下。LT1720采用凌力尔特电子的6GHz互补双极性工艺制作而成，使其在它的低功耗情况下能够具有前所未有的速度。

应用

晶体振荡器

图38.137展示了采用半个LT1720的简单晶体振荡器。在比较器同相输入端的2kΩ-620Ω电阻对设置了比较器的偏置点。晶体的路径提供谐振正反馈从而产生稳定的振荡。尽管LT1720在一个输入端处于共模范围外时仍能够提供正确的逻辑输出，但是在这个情况下会产生额外的延迟，从而可能会产生杂散工作模式。因此，输入端的直流偏置电压设置在LT1720共模范围中心的附近，并且220Ω电阻衰减了同相输入端的反馈信号。电流可以在2.7~6V供电范围内，与任何1~10MHz的AT切割晶体一起运行。

图38.137所示电路的输出占空比大约在50%，但是它受到电阻容差的影响，受放大器偏置和时序的影响则较小。

时序偏移

由于一系列的原因，LT1720是需要差分时序偏移应用的优良选择。单个封装内的两个比较器是自身比配的，典型的Δt_{PD}只有300ps。单片结构的保持延迟时间能够在不同电源电压/温度条件下保持良好的匹配。不同比较器之间的串扰通常是单片双比较器的一个缺点，但是由于内部迟滞，对

于LT1720时序的影响很小。

图38.138所示的电路展示了用于差分时序偏移的基本模块。2.5kΩ的电阻与2pF的典型输入电容一起，产生了大约±4ns的延迟，由电位器的设置进行控制。差分和单端版本也同样在图中展示了。在差分配置中，输出边沿可以在Δt=0时平滑滚动，并且相互作用可以忽略不计。

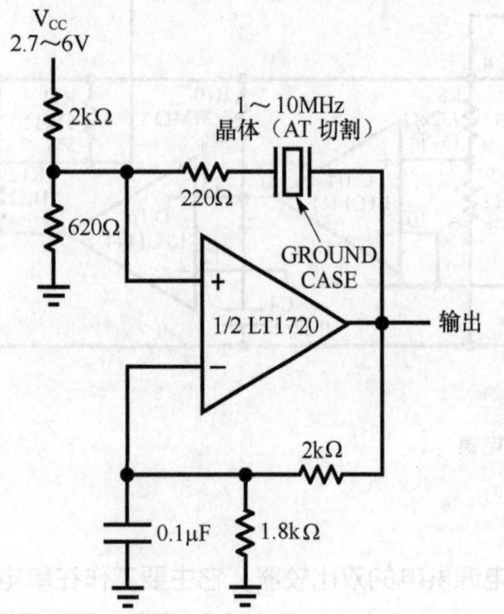

图38.137 简单的1～10MHz晶体振荡器

快速波形采样器

图38.139所示电路采用了一个二极管桥类型的开关以获得干净、高速的波形采样。二极管桥由于其固有的对称性，与其他基于半导体的开关技术相比，能提供更低的交流误差。这个电路具有20dB的增益、10MHz全功率带宽以及100μV/℃的基线不确定性。开关延迟少于15ns，并且全功率响应的最小采样窗口宽度为30ns。

输入波形被提供至二极管桥开关，其输出馈送至LT1227宽带放大器。LT1720比较器由采样指令触发，产生相反相位的输出。这些信号由晶体管进行电平搬移，提供互补的双极性驱动以开关二极管桥。压摆补偿调节用于确保电桥驱动信号的同步性在1ns以内。交流平衡校正寄生容性电桥失衡。直流平衡调节电桥偏移。

调节的过程包括将输入通过一个50Ω电阻接地并加载一个100kHz采样指令信号。直流平衡经过调节，以使输出端具有最小的电桥开启/关闭的变化。摆动补偿和交流平衡调节经过优化，使得输出端得到最小的交流扰动。最后，将输入的接地移除，电路就可以使用了。

重合探测器

高速比较器特别适合用于与脉冲输出传感器进行接口，例如分子探测器连接至逻辑电路。单片双比较器的匹配延迟使得它特别适合于需要探测两个脉冲重合的情况。图38.140所示的电路是一个采用LT1720、分立元件（作为高速与门）的重合探测器。

参考电平设置为1V，这是任取的阈值。只有当两个输入信号超过这个值时，才会探测到一个重合事件。由比较器输出至MRF-501基极的肖特基二极管构成与门，而其他两个肖特基管提供高速关断。逻辑与门可以用于替代，但是会由这个分立级加入显著的、超过300ps的延迟。

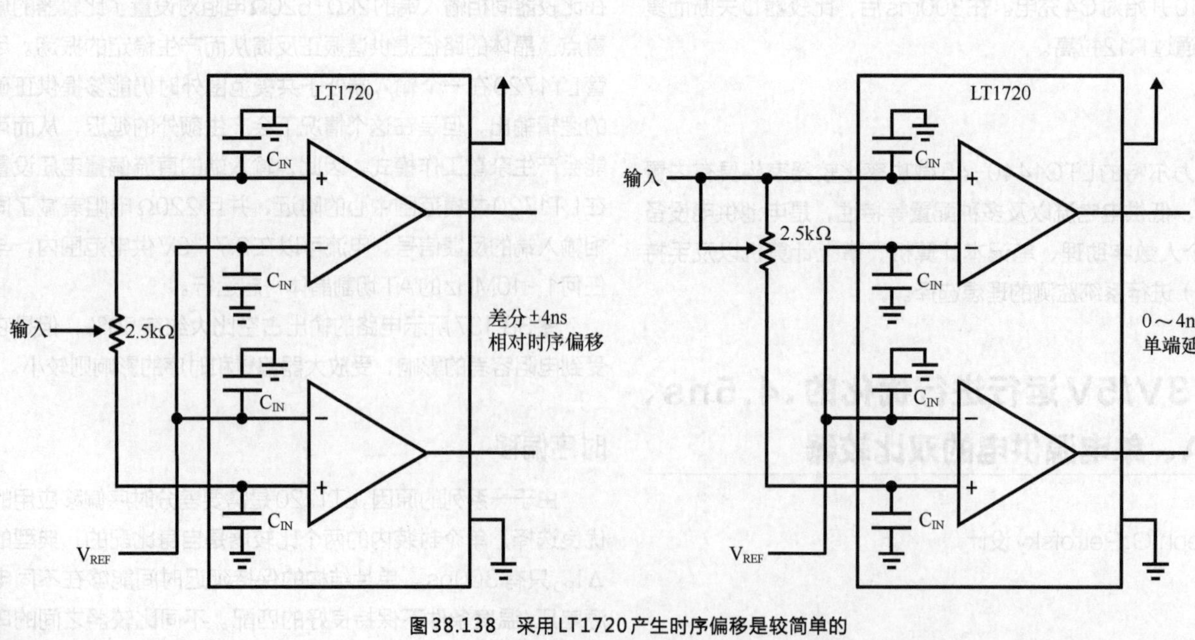

图38.138 采用LT1720产生时序偏移是较简单的

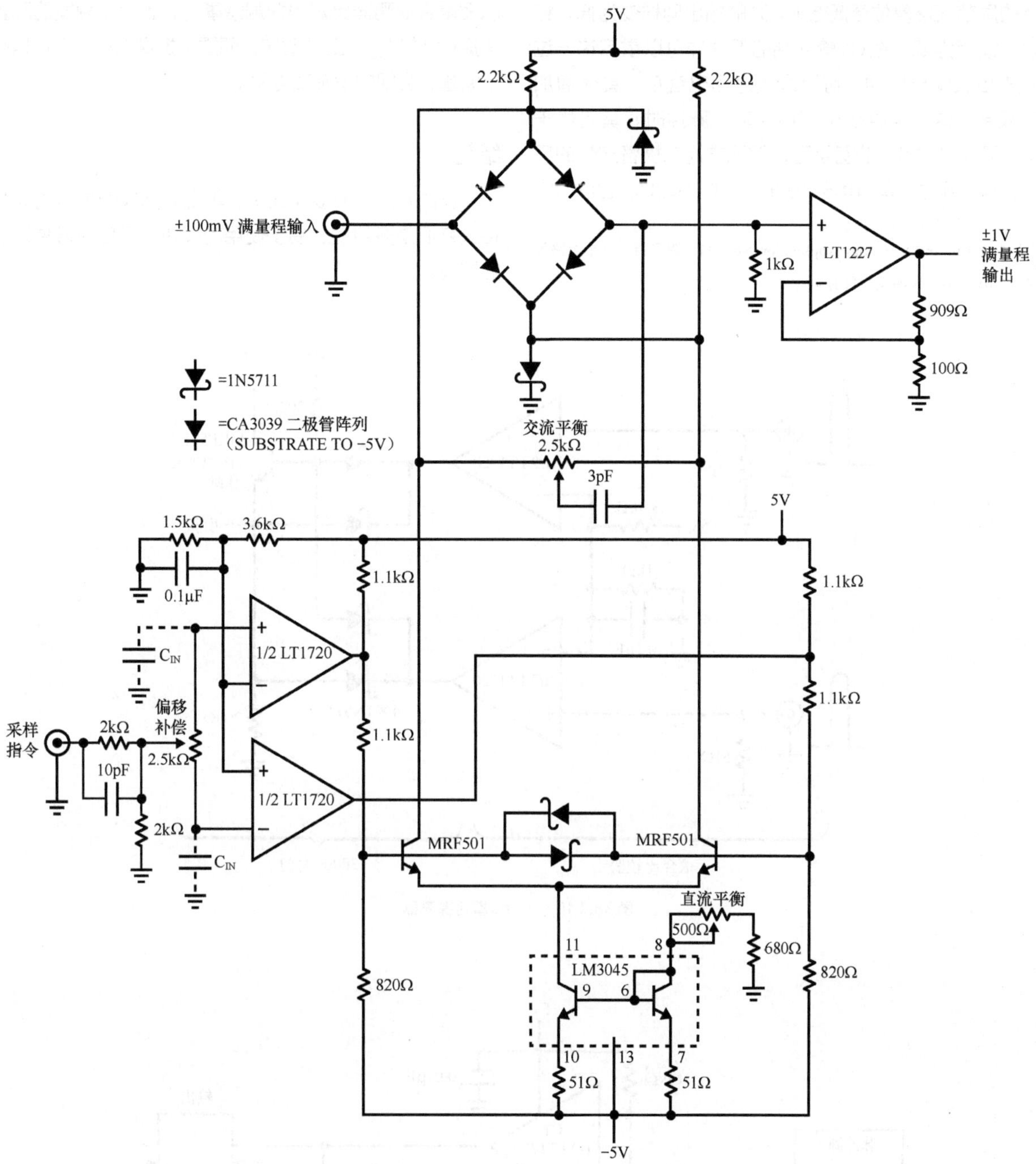

图38.139　采用LT1720作为时序偏移补偿的快速波形采样器

这个电路可以探测窄到2.5ns的同步脉冲。对于更窄的脉冲，输出响应将会正常地降低，但是更窄的脉冲不会在开始下降前一直上升到高电平。在输入信号比参考电平高50mV甚至更高时，判决延迟为4.5ns。这个电路产生一个TTL兼容的输出，不过它也可以驱动典型的CMOS电路。

脉冲展宽器

对于探测单一传感器的短脉冲，通常需要一个脉冲展宽器。图38.141所示的电路作为一个单触发，将输入脉冲的宽度展宽至恒定的100ns。与逻辑单触发不同，基于LT1720的电路只需要100pV-s的激励来进行触发。

电路工作原理如下：比较器C1作为一个阈值探测器，而比较器C2被配置为单触发。第一个比较器被8mV的阈值进行预偏置，以克服比较器和系统的偏移，它在没有输入信号时保持一个低输出。输入脉冲将C1的输出设为高电平，输出反过来将C2的输出锁存为高电平。C2的输出被反馈至第一个比较器的输入端，引起波形重新产生并且将两个输出锁存为高电平。随后，时序电容C开始通过R进行充电，在

100ns的尾部，C2复位至低电平。C1的输出同样变为低，将两个输出锁存为低。在C1输入端的新脉冲可以重启这一过程。对于更长输出脉冲，可以增大时序电容C，具体增加量没有限制。这个电路在5~10ns输入脉冲时，具有优于14mV的最高灵敏度。它甚至可以探测雪崩二极管产生的只有1ns的测试脉冲，具有优于100mV[③]的灵敏度。它可以比前面重合探测器更好地探测短事件，因为单触发的配置可以捕捉C1的V_{OL}的上升动作，而重合探测器的2.5ns指标是基于完整、合规的逻辑高电平。

③ 参见 Linear Technology Application Note 47，附录B。这个电路可以探测在40dB衰减后脉冲发生器的输出。

结论

新的LT1720双4.5ns、单电源比较器具有高速和低功耗。它们是多用途、易于使用的模块，可应对各种系统设计的挑战。

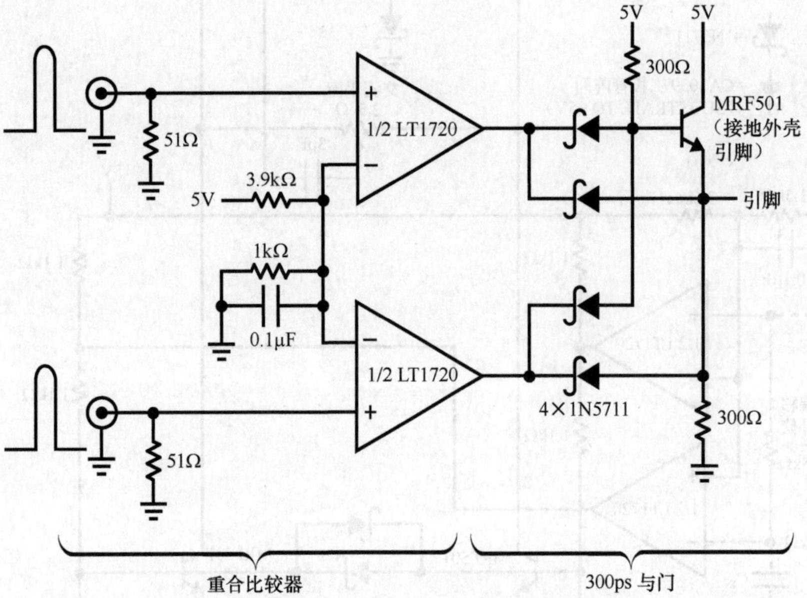

图38.140　2.5ns重合探测器

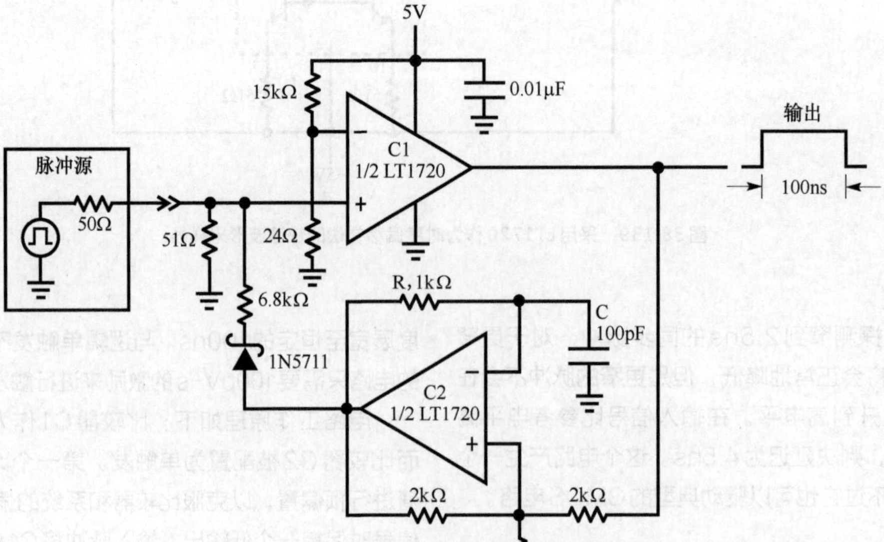

图38.141　1ns脉冲展宽器

仪用电路

基于LTC1441的微功率V/F转换器

由Jim Williams设计

图38.142所示的是一个V/F转换器：一个0～5V的输入信号产生一个0～10kHz的输出，线性度为0.02%。增益漂移为60ppm/℃。最大消耗电流为26μA，比现有的器件低100倍。

为了理解该电路的工作原理，假定C1的反相输入端电压稍微低于其同相端（C2的输出为低电平）。输入电压在C1的输入端引起一个上升的斜坡（见图38.143中线迹A）。C1的输出为高电平，允许电流从VT1的发射极开始，流经C1的输出级到达100pF的电容。2.2μF电容提供高频旁路，在VT1的发射极处保持低阻抗。二极管连接的VT6提供一个连至地的通路。100pF电容充电电压是VT1发射极和VT6压降的函数。C1的CMOS输出是纯阻性的，不会造成电压误差。当C1反相输入端的斜坡上升到足够高时，C1的输出变为低电平（线迹B），反相器转换为高电平（线迹C）。这一动作将通过VT5路径（线迹D）从C1的反相输入端的电容输入电流。这个电流将使C1的负输入斜坡复位至一个稍微低于地的电位。50pF电容构成交流正反馈（C1的同相输入端为线迹E），确保C1的输出负值保持足够长的时间以使100pF的电容充分放电。肖特基二极管防止C1的输入被过度驱动到它的负共模极限外。当50pF元件的反馈消失后，C1重新转换为高电平并且重复整个周期。振荡频率直接依赖于输入电压所产生的电流。

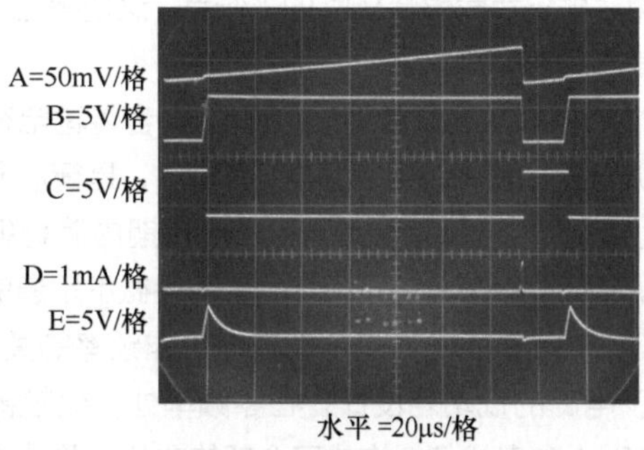

图38.143　微功率V/F转换器的波形：基于电荷的反馈提供精确的性能以及极低的功耗

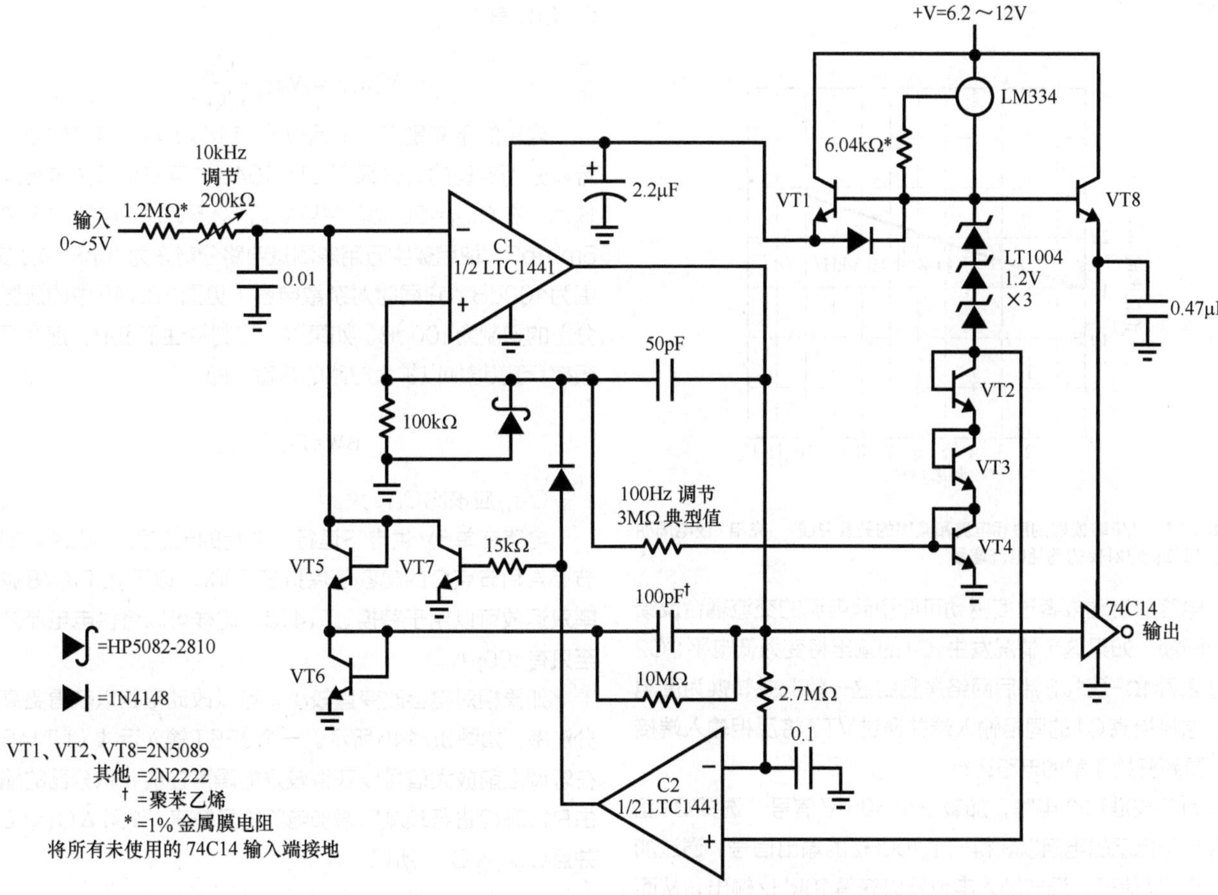

图38.142　0.02% V/F转换器只需要26μA的供电电流

VT1的发射极电压必须要仔细控制，以获得低漂移。VT3和VT4温度补偿VT5和VT6，而VT2补偿VT1的V_{BE}。3个LT1004是实际的电压基准，LM334电流源则给电路提供12μA偏置。电流驱动提供良好的电源抑制特性（优于40ppm/V），并且有助于优化电路的温度系数。这主要是利用LM334的0.3%/℃的温度系数，对VT2～VT4三个元件的压降进行轻微的温度调制而实现的。这一纠正量的符号和幅度直接与100pF聚苯乙烯电容的-120ppm/℃的漂移相反，有助于电路的整体稳定性。VT8对CMOS反相器的隔离驱动避免了输出负载影响VT1的工作点。这使得电路的精确度与负载无关。

VT1射极跟随器高效地向100pF电容传输电荷。基极和集电极电流都流入了电容。100pF电容，是精度允许情况下的最小取值；它只有在充电和放电周期内消耗很小的瞬态电流。50pF-100kΩ的正反馈组合消耗微不足道的开关电流。图38.144所示的是供电电流与工作频率的关系曲线，它反映了电路的低功耗设计。在零频率处，比较器的静态电流和12μA参考栈偏置构成了全部的功耗，除此之外没有其他的损耗路径。当频率升高时，100pF电容的充电-放电周期引入1.1μA/kHz的额外功耗，如图所示。一个更小的电容值可以减小功率，但是杂散电容和充电失衡效应会引入误差。

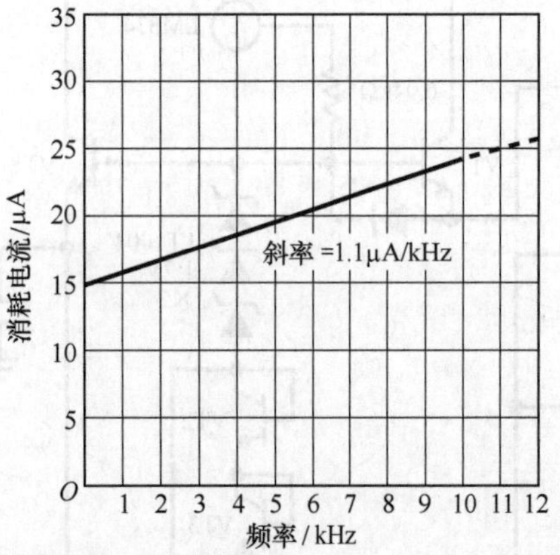

图38.144 V/F转换器的消耗电流和频率的关系曲线：充电/放电周期造成了1.1μA/kHz的消耗电流增量

电路的启动或者过度驱动可能引起电流的交流耦合反馈进入闩锁。如果这个情况发生，C1的输出将变为低电平；C2通过2.7MΩ-0.1μF滞后网络探测到这一状况并转换为高电平。这将抬高C1的同相输入端并通过VT7将反相输入端接地，重新开始正常的电路运行。

为了校准这个电路，加载一个50mV信号，选择C1正输入端所标示的电阻以获得一个100Hz的输出信号。通过加载一个5V信号，调节输入电位器以获得10kHz输出，从而完成电路的校准。

在有较大杂散时用于测量小电容的电桥

由Jeff Witt设计

电容传感器可以测量一系列的物理量，例如位置、加速度、压力以及液位。这些情况的电容变化往往比杂散电容小，特别是在传感器是远端放置的情况下。我需要测量一个50pF的低温液位探测器，但是它的满幅值变化量只有2pF，却与几百pF变化的电缆电容连接在一起。这就要求电路具有较高的稳定、灵敏度和噪声抑制特性，但是必须对由电缆或者屏蔽造成的杂散电容不敏感。同时我也希望电路是电池供电运行的，并且配有模拟输出以便与其他仪器接口相连。两种传统的电路类型具有如下的缺点：积分器对比较器处的噪声很敏感，而V/F转换器常常将杂散电容与传感器电容一起测量。这里介绍的电容桥适于测量较小的传感器电容改变，并且能够抑制噪声和电缆电容。

这个电桥如图38.145所示，采用LT1043开关电容模块进行设计。电路比较一个未知电容C_X和一个参考电容C_{REF}。LTC1043由C1进行编程，开关频率为500Hz。加载一个幅度为V_{REF}的方波到节点A，同时加载一个幅度为V_{OUT}、相位相反的方波至节点B。当电桥平衡时，节点C的交流电压为0，所以有

$$V_{OUT}=V_{REF}\frac{C_X}{C_{REF}}$$

电桥的平衡是用一个运放（LT141）对节点C的电流进行积分而实现的，并采用LTC1043的第三个开关进行同步探测。在C_{REF}=500pF并且V_{REF}=2.5V时，电路的增益为5mV/pF，使用数字万用表测量电路分辨率为10pF、动态范围为100dB。它同时对杂散电容（见图38.145中的浅影部分）的抑制为100dB。如果这一抑制特性不重要，那么开关频率f可以增加以扩大电路的带宽，即

$$BW=f\frac{C_{REF}}{C_{OUT}}$$

C_{OUT}应该比C_{REF}大。

电路在单5V供电下运行，消耗的电流为800μA。如果节点A和节点C的电容值保持在500pF以下，LT1078微功率双运放可以用于替换LT1413，这样可以将供电电流减小至只有160μA。

如果相对电容改变量较小，可以改动电路以获得更高的分辨率，如图38.146所示。一个JFET输入运放（LT1462）在解调之前放大信号以获得较好的噪声性能，积分器的输出由R1和R2进行衰减以增加电路的灵敏度。如果$\Delta C_X \ll C_X$，并且$C_{REF}\approx C_X$，所以

$$V_{OUT}-V_{REF}\approx V_{REF}\frac{\Delta C_X(R1+R2)}{C_{REF}R2}$$

当C_{REF}=50pF，电路的增益为5V/pF并且分辨率可以达到2fF，供电电流为1mA。同步探测使得电路对外部噪声源不敏感，所以这种情况下屏蔽不是特别重要。然而，为了获得高的分辨率和稳定性，需要注意屏蔽待测的电容。我将这个电路用于前面提到的液位探测器，用一个小的可调电容与C_{REF}并联以调整偏差，并且调节电阻R2以获得适当的增益。

电桥电路特别适合用于差分测量。如果将C_X和C_{REF}用两个感测电容替换，这些电路能测量差分电容的变化，但是会抑制共模改变量。图38.146所示电路的共模抑制比超过70dB。不过在这个情况下，电容相对改变量很小时，输出为线性。

水箱压力探测——一种流体解决方案

由Richard Markell设计

引言

液体传感器需要一个媒介兼容、固态压力传感器。传感器压力范围依赖于需要探测的柱体或者流体罐的高度。本文描述了EG&GIC的90型不锈钢膜片传感器，0～15表压传感器用来探测箱体或者柱体的水位高度。

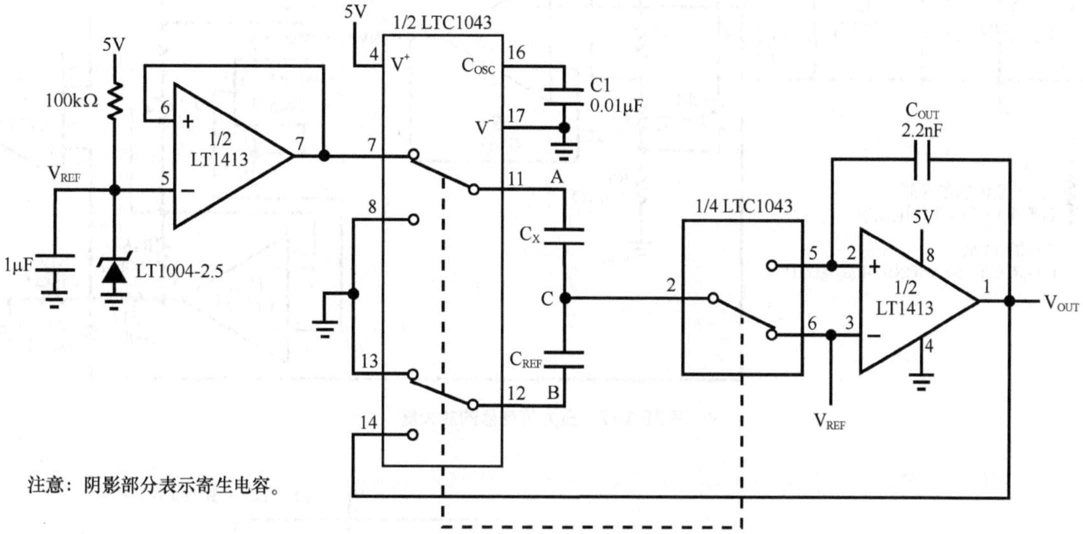

图38.145　简单的高性能电容电桥

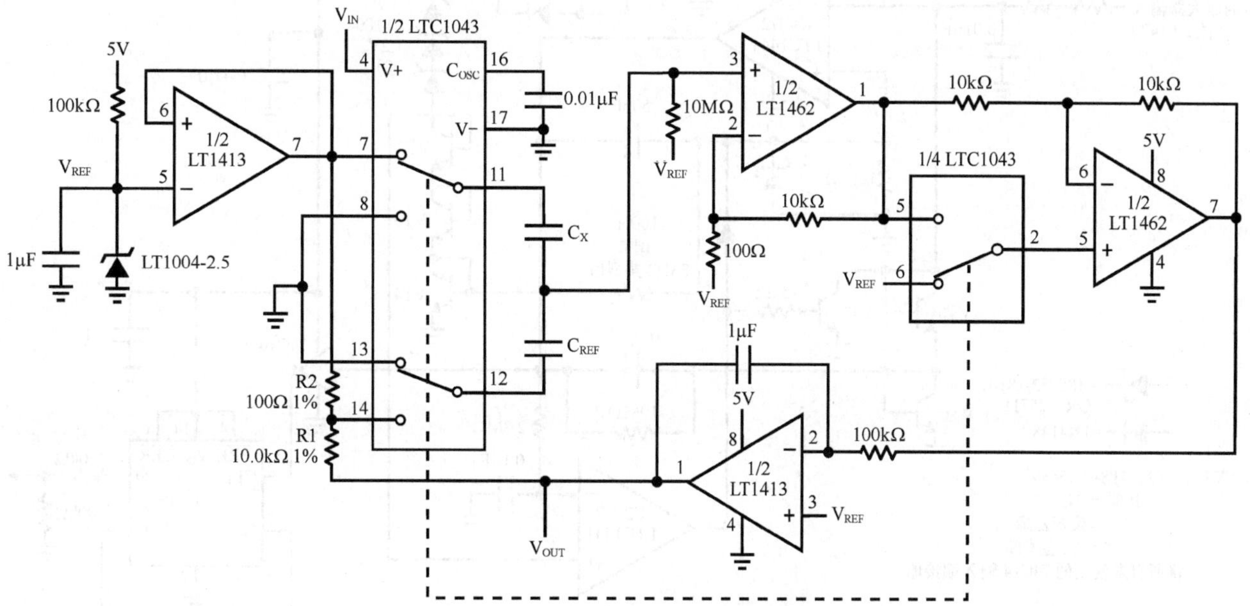

图38.146　增加灵敏度和噪声性能的电桥

由于大型的化学液体或者水箱体通常都位于"储油站"之外，只给数字系统提供模拟接口以进行电平感测不够充分。这是因为系统互连所需的超长导线将引起IR压降、噪声以及其他的模拟信号损毁。该问题的解决方案是在传感器上实现模拟至数字信号转换的系统：在本应用中，我们实现一个"液体高度至频率的转换器"。

电路的描述

图38.147展示了系统的模拟前端，它包括给系统供电的LT1121线性稳压器。LT1121是一个具有关断功能的微功

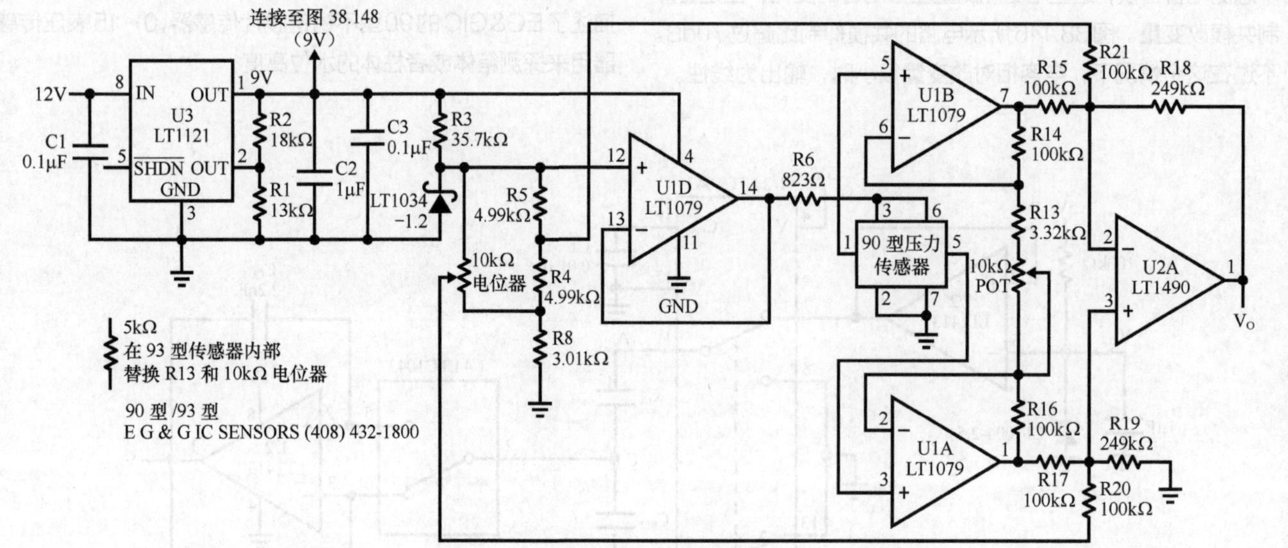

图38.147 压力传感器的放大器

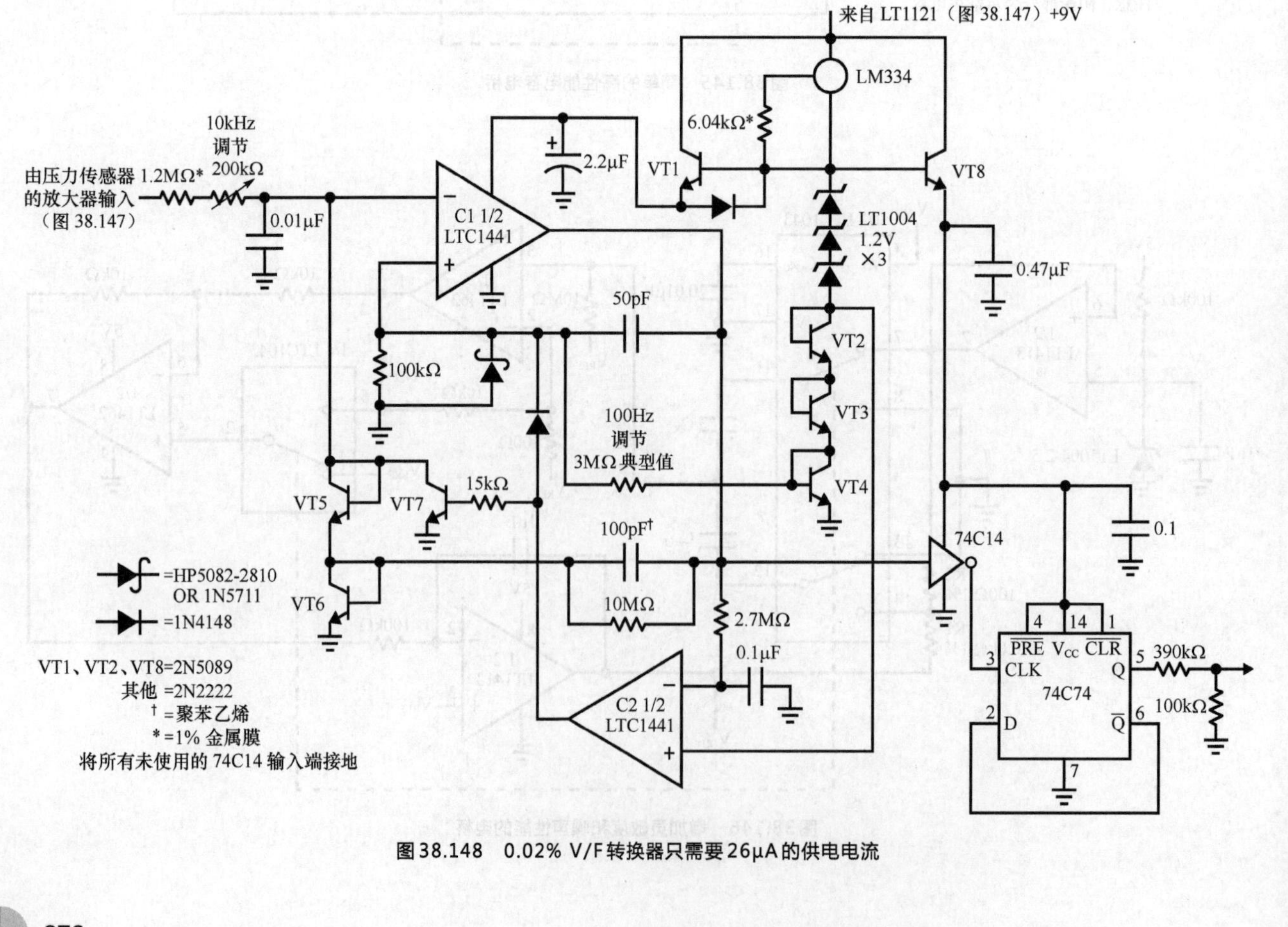

图38.148 0.02% V/F转换器只需要26μA的供电电流

率、低压差线性稳压器。对于这个电路或者其他电路的微功率应用，能够通过单一电源引脚关断整个系统的能力使得系统只有在数据采集时（可能一小时一次）运行，以节约能量、延长电池寿命。

在图38.147中，U3为LT1121，将12V转换至9V以给系统供电。12V可以从一个墙上适配器或者电池获取。

LT1034是一个1.2V基准，与U1D（低功率LT107 9四运放的1/4）一起使用，可以给压力传感器提供1.5mA的电流。参考电压也是由R5、R8、R4以及10电位器分压，并且被用于偏移输出放大器U2A，所以信号不会太靠近电源轨。

运放U1A和U1B（LT1079的每1/4）放大电桥压力传感器的输出，并且给U2A（LT1490）提供一个差分信号。注意U2A必须是轨到轨运放。系统的模拟输出从U2A的输出获取。

图38.149绘制了用于传感器系统模拟前端输出电压与施加在压力传感器上水柱高度的关系图。注意，压力的改变与水箱的直径无关，所以液体罐会产生相同的输出电压。图38.150所示的是我们测试设置的照片。

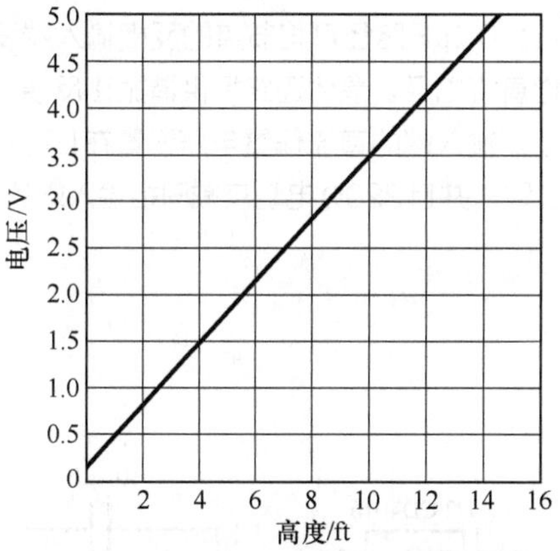

图38.149 输出电压与柱体高度的关系

电路的剩余部分如图38.148所示，它们能使模拟数据传输较长的距离。电路由Jim Williams设计。电路获取0～5V的直流输入，将其转换成一个频率。对于图38.147所示的压力电路，这将转换成0～5kHz。

图38.148所示的V/F转换器具有非常低的功耗（26μA）、0.02%线性度、60ppm/℃漂移以及40ppm/V的电源抑制。

运行时，C1开关切换由VT5、VT6和100pF电容构成的电荷泵，以保持其负输入为0V。LT1004及其相关的器件构成一个用于电荷泵的温度补偿基准。

100pF电容充电至一个固定电压；因此，重复速率是保持电路反馈的唯一因素。比较器C1将固定量的电荷泵入其负输入端，重复速率与输入电压产生的电流成精确比例。这个动作确保电路的输出频率严格、唯一地由输入电压决定。

图38.151展示了两个不同的90型传感器输出频率与柱体高度的关系。注意，它们是直线，这表现了传感器优异的线性度。

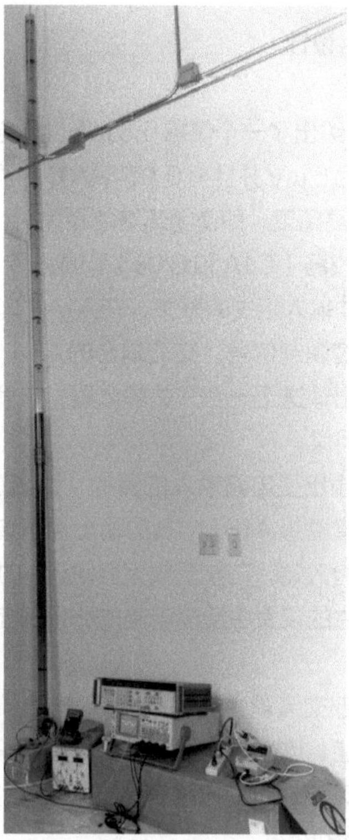

图38.150 用于水柱传感器的测试设置

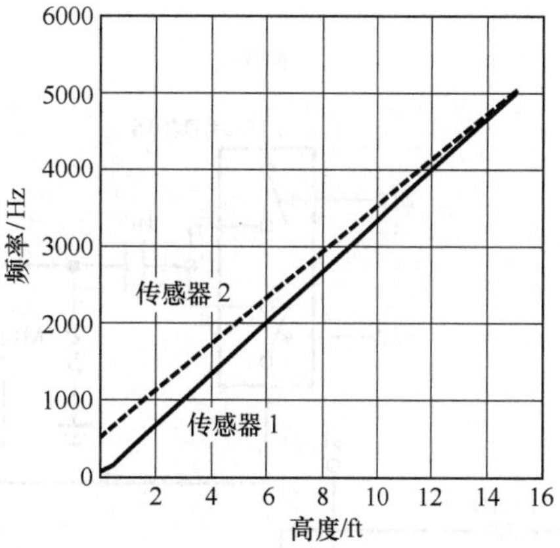

图38.151 两个90型传感器输出频率与柱体高度的关系

结论

这里展示了一个经济实惠的系统，它包括了流体压力传感器：90型集成电路传感器。这个传感器的输出馈送至信号处理电子系统，该系统将压力传感器电桥的低电平直流输出转换成一个音频范围内的频率，该频率依赖于施加在压力传感器上的液体柱高度。

0.05μV/℃斩波放大器只需要5μA供电电流

由Jim Williams设计

图38.152给出了一个仅需5.5μA供电电流的斩波放大器。失调电压为5μV并且有0.05μV/℃的漂移。增益超过10^8，能够提供高精度，即使闭环增益较大时也是如此。

微功率比较器（C1A和C1B）构成一个双相位5Hz时钟。该时钟驱动输入相关的开关，在A1A的输入端产生一个直流输入的幅度调制信号。交流耦合的A1A具有1000的增益，将它的输出输送至一个开关解调器，该解调器与前面提到的调制器很相似。

解调器的输出是电路输入的重构、直流放大后的版本，被馈送至直流增益级A1B。A1B的输出通过增益设置电阻反馈至调制器的输入端，在整个放大器附近构成一个闭合反馈环路。直流增益的设置由反馈电阻的比例决定，在这个情况下为1000。

电路的内部交流耦合能够防止A1的直流特性影响电路的整体直流性能，这也是前面提到的失调不确定性极低的原因。较高的开环增益可使电路在闭环增益为1000时，达到10ppm的增益精度。

所需的微功率运行以及A1的带宽决定了5Hz的时钟频率。因此，最终得到的总带宽是较低的。全功率带宽为0.05Hz，并且具有1V/s的压摆率。增大C_{COMP}可以减小时钟相关的噪声约5μV，不过这也将相应减小带宽。

基于双比较器的4.5ns晶体振荡器，具有50%的占空比以及互补输出

由Joseph Petrofsky和Jim Williams设计

图38.153所示的电路在50%占空比的晶体振荡器中采用了LT1720双比较器。实际的输出频率可以高达10MHz。

图38.153所示的电路构成了一对互补输出，具有50%的占空比。晶体是窄带元件，所以反馈至同相输入端的是方波输出信号经过滤波后的模拟信号版本。改变同相参考电平可以改变占空比。C1与前面的例子中的作用相同，2kΩ-600Ω电阻对设置比较器同相输入端的偏置点。根据输出，2kΩ-1.8kΩ-0.1μF路径可将节点的反相输入端设置在一个适当的平均直流电平。晶体通路提供谐振正反馈，所以开始稳定的振荡。输入端的直流偏置电压设置在LT1720共模范围的中心位置，并且220Ω电阻衰减同相输入端的反馈信号。

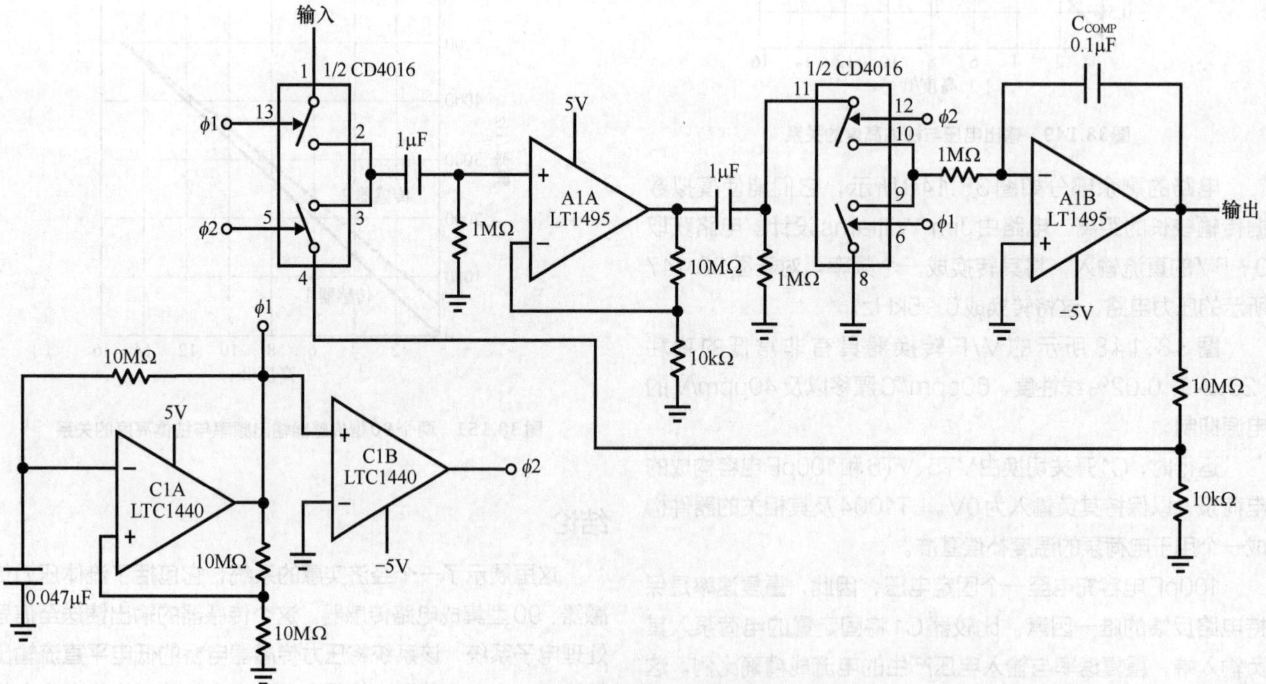

图38.152 0.05μV/℃斩波放大器仅需5μA的电源电流

C2通过用相反的输入极性来比较相同的两个节点，构成一个互补输出。A1比较带限版本的输出信号，并且偏置C1的负输入端。C1对响应的影响主要是改变脉冲宽度；因此，输出被固定在50%的占空比。电路在2.7~6V供电下运行，两个输出之间的边沿偏移如图35.154所示。占空比对于比较器的负载有一定的依赖性，所以在关键应用中需要采用相等的容性和阻性负载。由于两个匹配延迟以及LT1720的轨到轨式输出，这个电路能够很好地工作。

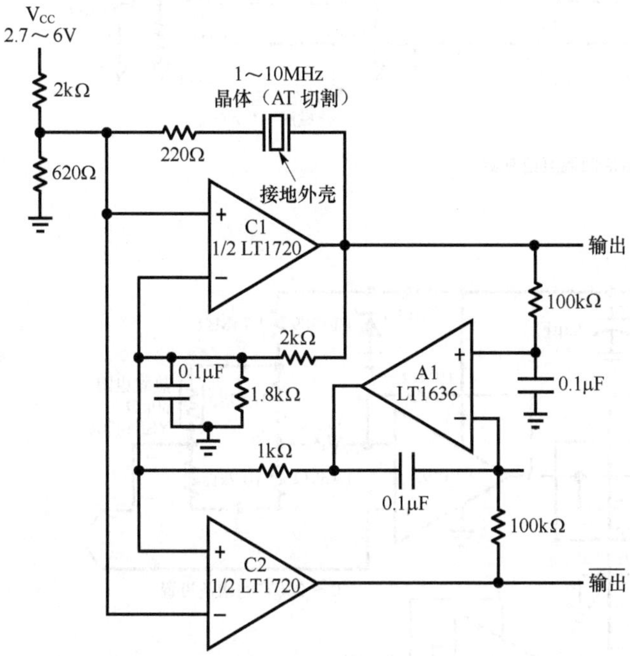

图38.153 晶体振荡器具有互补的输出以及50%的占空比。A1的反馈能够在电源变化时保持输出的占空比

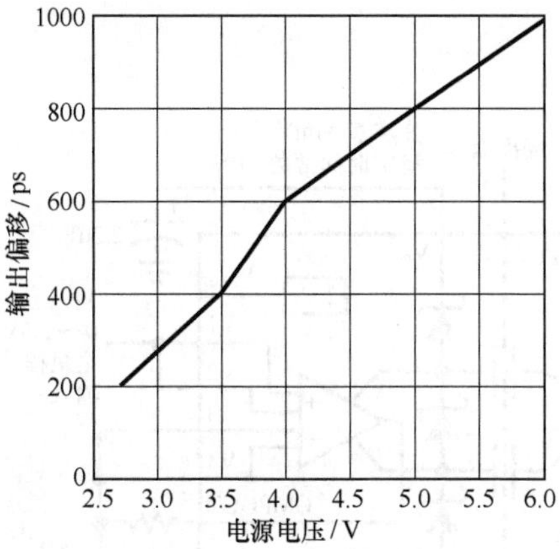

图38.154 在2.7~6V的电源变化过程中，输出偏移的变化只有800ps

LTC1531隔离比较器

由Wayne Shumaker设计

引言

LTC1531是一个隔离的、自我供电的比较器，它接受能量并通过内部隔离电容进行通信。内部隔离电容在比较器和它的输出端之间提供3000V($_{RMS}$)的隔离。这使得该器件可以用于需要高隔离电压的感测应用中，并且不需要提供隔离电源。被隔离端提供2.5V的脉冲基准输出，可以使用被隔离的外部电容中的能量来提供100μs、5mA的电流。四输入、双差分比较器在基准脉冲结束的尾部进行采样，并且将结果传输回未隔离的那一端。供电端未隔离的锁存比较器的结果，产生过零比较器输出以触发双向晶闸管。

应用

LT1531可以用于隔离传感器，例如图38.155中的隔离热敏电阻温度控制器。该电路将热敏电阻上的电压与2.5V的V_{REG}输出驱动着的电阻上的电压进行比较。当热敏电阻的阻抗随着温度而上升时，热敏电阻上的电压会升高。当它超过R4上面的电压时，比较器的输出变为0，晶体管对加热器的控制被关断。使用CMPOUT和R5可在温度控制中加入迟滞。交流线信号上10° 的相位偏移通过R1、R2和C1提供至过零比较器以启动晶闸管。

在图38.156所示的过温探测应用中，隔离热耦用微功率LT1389基准和Yellows Springs热敏电阻进行冷结点补偿。LT1495微功率运放提供增益以产生0~200℃的全温度范围，该范围可通过调节10MΩ反馈电阻进行调节。隔离比较器的配置可对1.25V或者温度范围的中心点进行比较。在本例中，当温度超过100℃时，V_{TRIP}变为高电平。

LTC1531可以使用CMPOUT输出的高阻抗特性作为一个占空比调制器，与图38.157所示的隔离电压感测应用相同。比较器的占空比输出通过LT1490轨到轨运放平滑，在V_{IN}处重新产生该电压。输出时间常数R2•C2应该近似等于输入时间常数35•R1•C1。因子35是由于CMPOUT只以300Hz的频率采样速率开启100μs。

结论

LTC1531是一种多功能器件，适用于需要大隔离电压的信号感测应用。LTC1531通过隔离墙提供电源简化了应用；它可以与其他微功率电路结合，用于各种隔离信号调理和感测的应用。

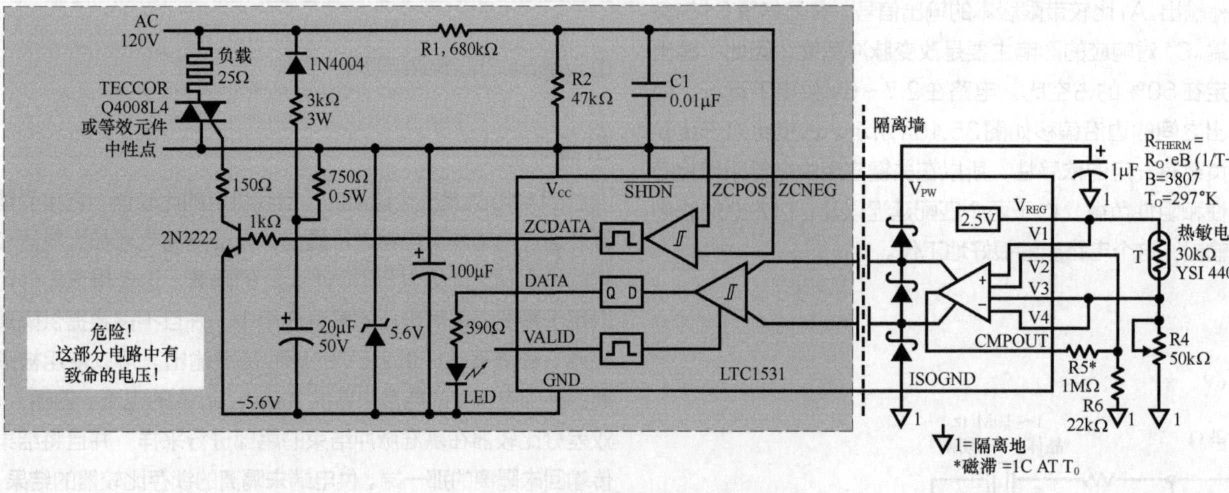

图38.155 隔离热敏电阻温度控制器

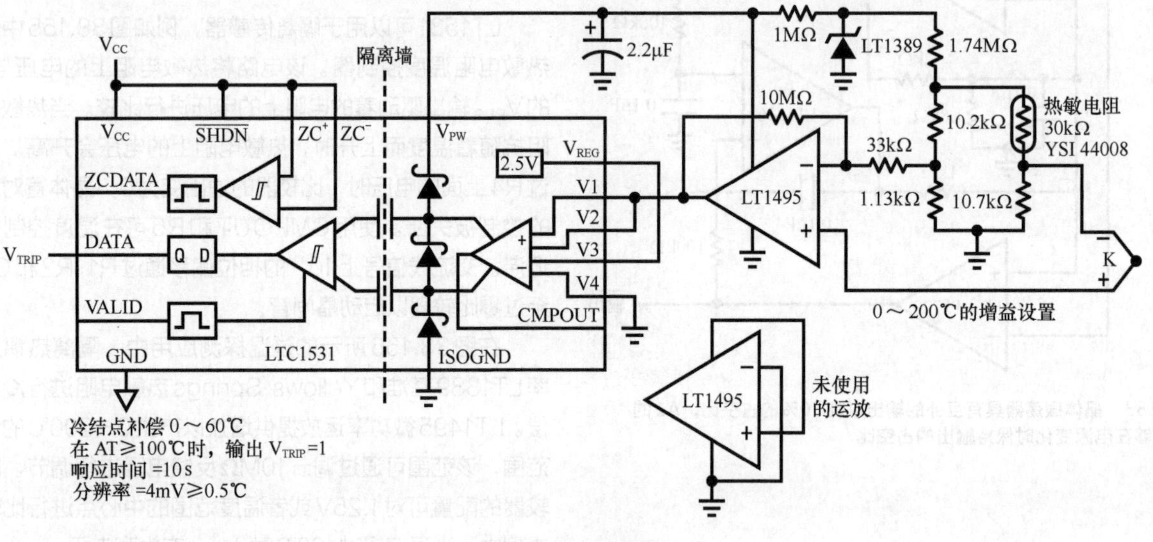

图38.156 过温探测

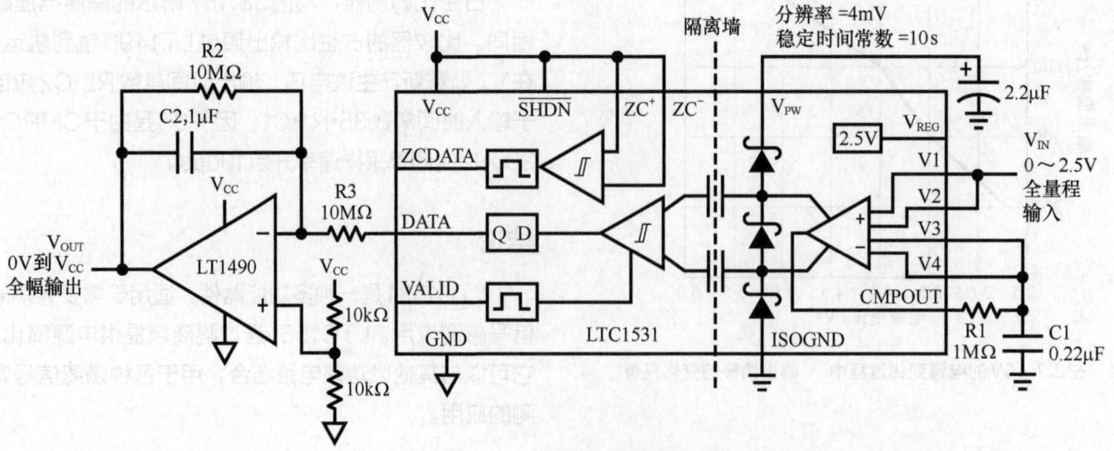

图38.157 隔离电压探测

滤波器

LTC1560-1：1MHz/500kHz连续时间、低噪声、椭圆低通滤波器

由Nello Sevastopoulos设计

引言

LTC1560-1是一个采用SO-8封装的高频、连续时间、低噪声滤波器。它也是一个单端输入、单端输出、可以通过引脚选择截止频率为1MHz或者500kHz的5阶椭圆滤波器。

LTC1560-1提供500kHz和1MHz的精确固定截止频率，不需要内部或者外部时钟。

应用及实验结果

LTC1560-1可以作为一个更加复杂的频率成型系统的一部分。以下是两个典型实例。

高通滤波器

在一个通信系统中，一个典型的应用是抑制直流和一些低频率信号，可以将一个二阶阻容高通网络放置在LTC1560-1之前以获取高通-低通响应。图38.158和图38.159分别描绘了电路网络及其测得的频率响应。注意到高通滤波器的第二个电阻是LTC1560-1的输入阻抗，为8.1kΩ。

等延迟的椭圆滤波器

尽管椭圆滤波器提供高的Q值以及尖锐的过渡频带，但是它们在通带内缺少恒定的群延时，这就意味着在时域的阶跃响应中会出现更多的纹波。为了最小化LTC1560-1通带内的延迟纹波，一个全通滤波器（延迟均衡器）级联在了LTC1560-1上，如图38.160所示。图38.161和图38.162分别展示了均衡之前和均衡之后的眼图。

眼图是数字通信系统时域响应的量化表征。它表示了系统易受到码间干扰（Intersymbol Interference,ISI）的程度。码间干扰是由于脉冲重叠或者前脉冲衰减振荡引起的，会造成接收器的错误判决。将伪随机二电平序列作为LTC1560-1的输入可以产生眼图。图38.162中张得越开的眼图就意味着均衡越好，越能减小码间的干扰。注意，在图38.160中，均衡器部分具有增益为2以驱动后端接的50Ω线缆以及负载。对于一个简单未端接、增益为1的均衡器，40.2kΩ电阻可以改为20kΩ并且将49.9Ω的电阻从电路中移除。22pF电容是1%或2%的银浸渍云母电容或者COG陶瓷电容。

结论

LTC1560-1是五阶椭圆低通滤波器，对高达1MHz的信号具有10位增益线性度。由于体积小且容易使用，LTC1560-1适合于任何紧凑的设计。它可以替代更大、更贵以及更不精确的电路，可以用于通信、数据采集、医疗仪器以及其他应用。

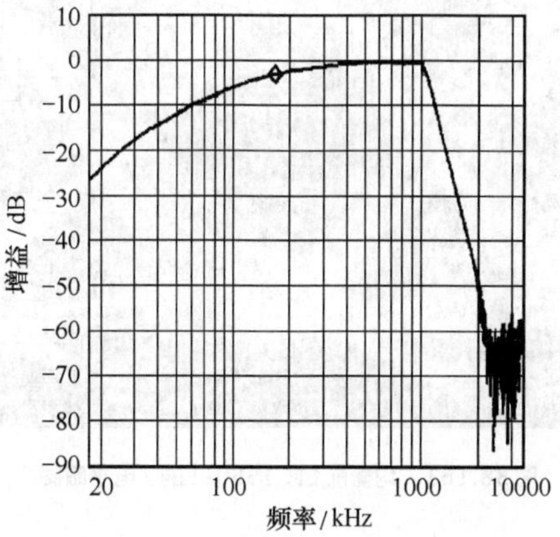

图38.159 图38.158所示电路测得的频率响应

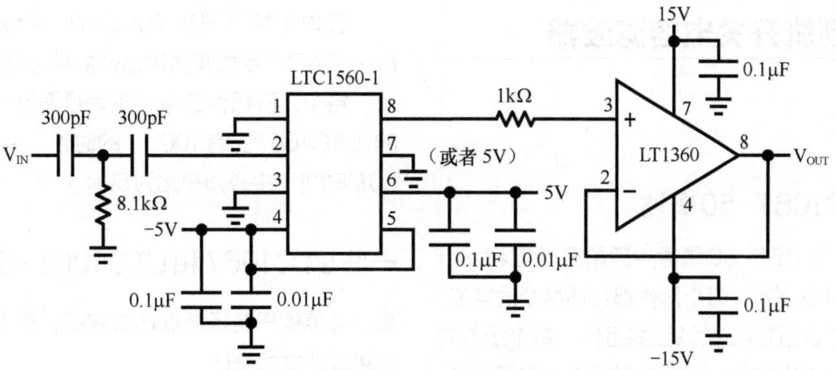

图38.158 高通-低通滤波器

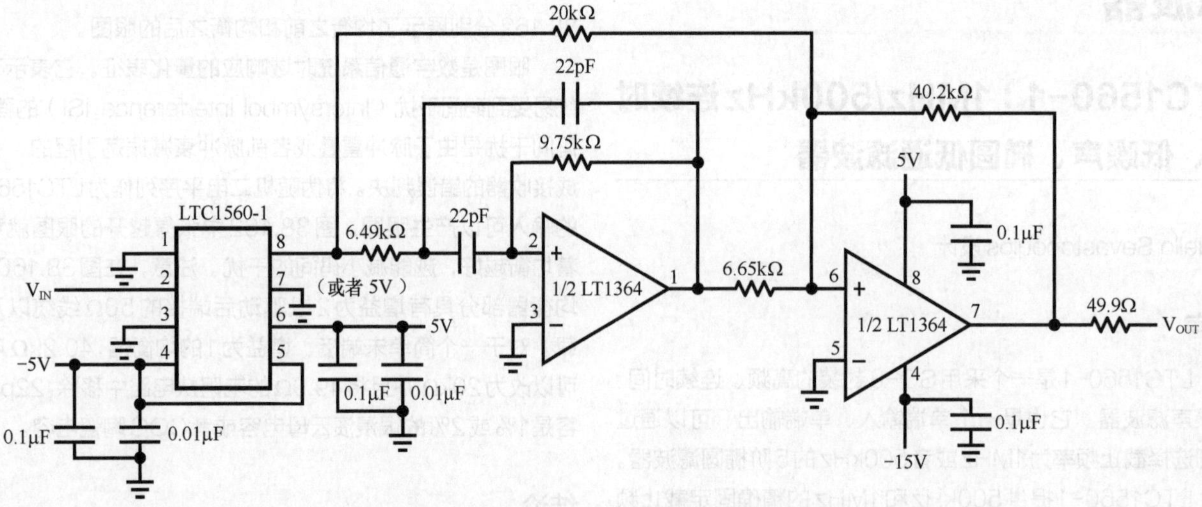

图38.160　增强LTC1560-1以获得改进的延迟平坦度

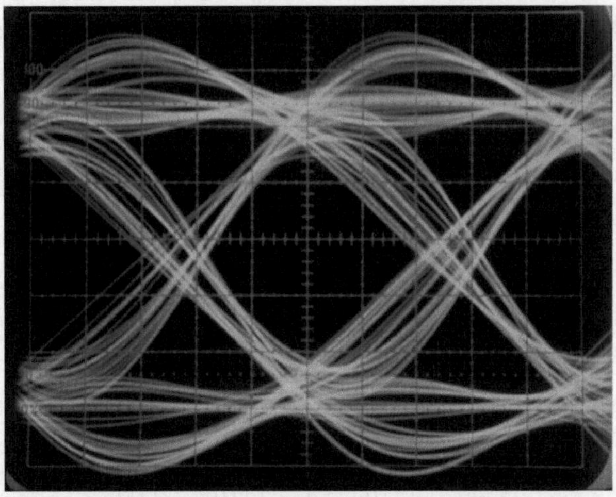

图38.161　均衡前LTC1560-1的2电平眼图

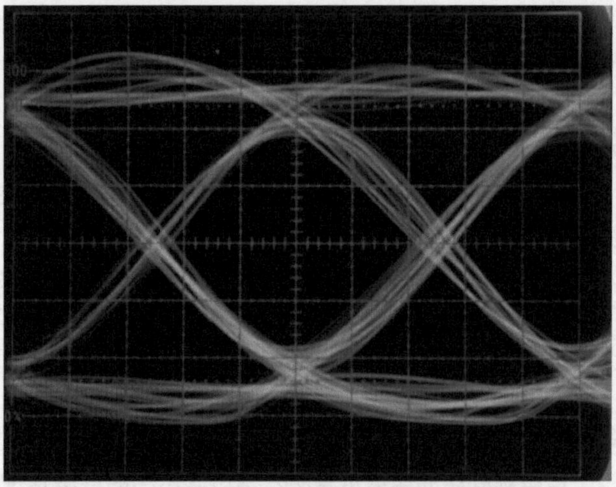

图38.162　均衡后滤波器的2电平眼图

LTC1067和LTC1067-50：通用四阶低噪声、轨到轨开关电容滤波器

由Doug La Porte设计

LTC1067和LTC1067-50概述

LTC1067和LTC1067-50是通用四阶开关电容滤波器，能够在轨到轨条件下运行。每个器件都包括两个同样的、高精度的、非常宽动态范围的二阶滤波器组件。每个组件与3~5个电阻一起，便能提供二阶滤波器转移函数，包括低通、带通、高通、陷波以及全通等。使用这些器件很容易进行四阶或者双二阶滤波器的设计。

凌力尔特公司在Windows平台上的滤波器设计软件FilterCAD™全面支持用这些器件进行设计。

各个二阶组件的中心频率是通过一个外部时钟进行调谐的。LTC1067具有100：1的时钟－中心频率比。LTC1067-50的时钟－中心频率比为50：1。

一些LTC1067和LTC1067-50的应用

高动态范围巴特沃斯低通滤波器，具有内建的跟踪保持电路以挑战分立式设计

图38.163展示了如何将LT1067配置成5kHz巴特沃

斯低通滤波器。电路在3.3V电源供电下运行，采用外部逻辑门来关断用于跟踪保持的时钟。这个电路的转移函数如图38.164所示，是经典的巴特沃斯响应。这个电路可以用LTC1067或者LTC1067-50来实现。LT1067电路的宽带噪声为45μV(RMS)，而直流偏移的典型值为少于10mV。对于LTC1067-50，宽带噪声为55μV(RMS)，而直流偏移的典型值为少于15mV。

这个电路具有巨大的动态范围，甚至在低电源电压的情况下也是如此。图38.165展示了LT1067在1kHz输入时，三种不同电源电压情况下，信号与噪声加谐波失真比与输入信号电平的关系图。信号与噪声加失真比对小信号的限制由LTC1067的本底噪声决定，对中等信号的限制则由器件的线性度决定，对大信号的限制则由输出信号摆幅决定。器件的低噪声输入级和良好的线性度，使得小至700mV(峰峰值)输入信号的信号与噪声加失真比超过80dB，而轨到轨输出级在输入信号接近电源轨时保持了这一水平。以前的器件由于更高的输入噪声电平、较差的线性度以及输出级信号摆幅的限制，所以不能达到这样的动态水平。低噪声和轨到轨输出摆幅在较低的3.3V供电时特别关键，这时每一位可探测信号范围都是很宝贵的。图38.166展示了对于LTC1067-50电路的相同绘图。虽然它的动态范围不等于LTC1067，但是仍然很好。回顾一下，对于相同的时钟频率，基于LTC1067-50的滤波器具有LTC1067的两倍带宽以及一半供电电流。

LTC1067和LTC1067-50同样具有跟踪和保持功能。停止时钟会保持滤波器最后输出值为其输出。LTC1067是这个领域性能最好的器件。LTC1067的保持步进值少于-100μV，而在整个温度范围内，下垂率少于-50μV/ms。这些数值可以媲美专用的跟踪保持放大器。当时钟重启时，滤波器在10个时钟周期内恢复正常运行，输出随后将在滤波器数学响应允许下正确地反射输入信号。

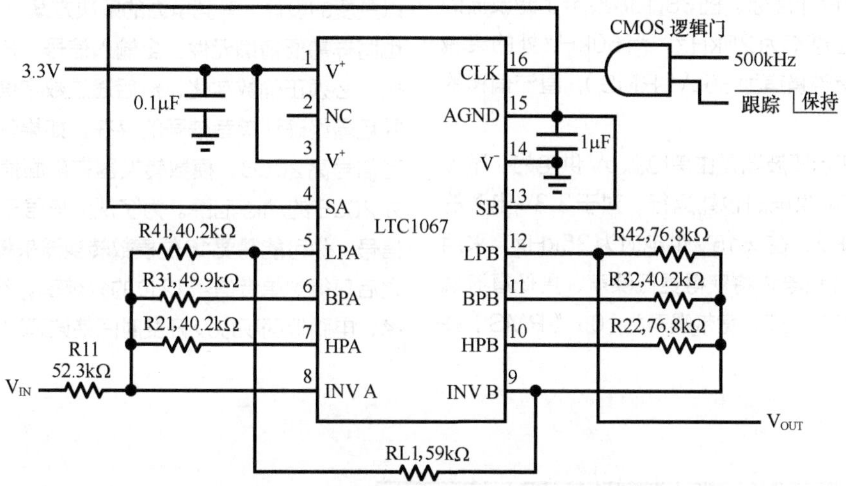

图38.163　具有跟踪保持控制功能的高动态范围巴特沃斯低通滤波器

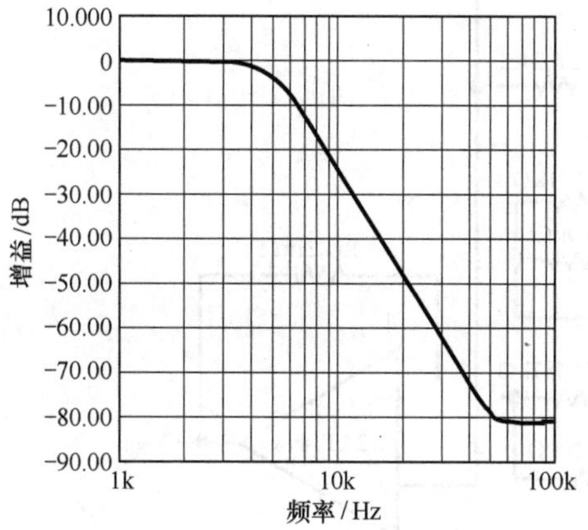

图38.164　采用LTC1067的5kHz巴特沃斯低通滤波器的转移函数

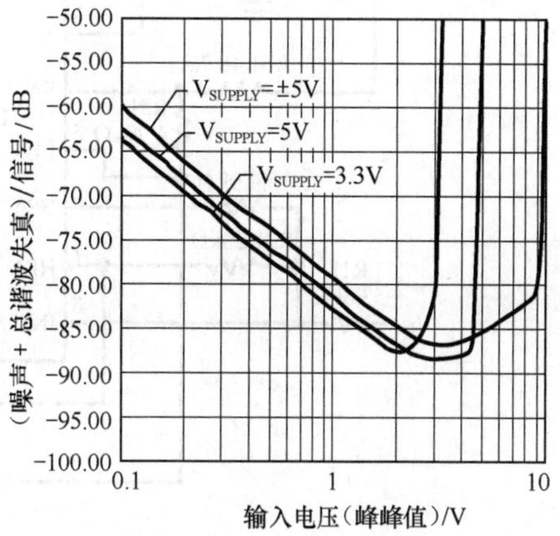

图38.165　LTC1067巴特沃斯低通滤波器的动态范围

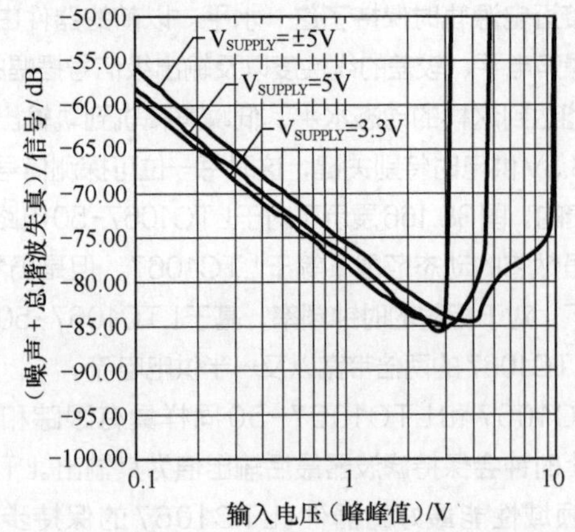

图38.166 LTC1067-50巴特沃斯低通滤波器的动态范围

椭圆低通滤波器

LTC1067家族能够实现更有挑战性的滤波器。图38.167展示了采用LTC1067-50、在5V电源供电下运行的25kHz椭圆低通滤波器的电路图。-3dB转折点倍频处的最大衰减是滤波器的设计目标。图38.168展示了滤波器的频率响应，-3dB截止频率为25kHz，而50kHz处的衰减为-48dB。滤波器宽带噪声为85μV(RMS)，直流偏移的典型值少于15mV。

虽然图38.167所示滤波器是由单电源5V供电的，不过单电源3.3V或者±5V供电时也能运行。对于3.3V电源的最大截止频率为15kHz，在±15V供电时为35kHz。采用LTC1067的相同设计和电路将获得更低噪声、更低直流偏移的滤波器。采用LTC1067，宽带噪声为70μV(RMS)并且直流偏移的典型值少于10mV。LTC1067的最大工作频率是LT1067-50的一半。

窄带带通滤波器设计，可以提取湮没在噪声中的小信号

窄带带通滤波器非常难设计，但是采用这些器件可以容易地获得。这些滤波器的大部分应用是从一个嘈杂环境中抽取低电平信号。噪声可能是标准的宽带、高斯噪声，或者是含有一些干扰信号。例如，信号可以是音频系统中的低电平单音信号，或者是窄带调制信号。在存在较大声音信号时，单音信号的存在必须要被探测。窄带带通滤波器将允许单音信号被分离并且探测，甚至在这样恶劣的环境中。很多系统也需要一个窄带带通滤波器来对频段进行扫描以寻找单音信号。开关电容滤波器允许滤波器通过改变时钟频率来进行扫频。

为了在设计窄带带通滤波器上取得成功，你必须从精确元件开始。在LC或者RC设计中，你可以开始使用0.1%电阻、1%电感以及1%电容，以期望在量产上获得成功的、可以重复的设计。有竞争力的解决方案——数字滤波器的实现，也同样需要精确元件。全输入信号（信号、噪声以及带外干扰）必须正确数字化，然后通过数字信号处理器件进行处理并且最终确认单音信号的存在。如果带外干扰信号比所需单音信号高20dB，模数转换器在前面信号需求上必须拥有额外20dB的动态范围。为了从大信号干扰中抽取小信号单音信号，你可能需要16位模数转换器来将信号数字化，在处理之后只得到单音信号12位的分辨率。不过，增加的成本、功率、电路板面积以及开发时间使该解决方案不具吸引力。

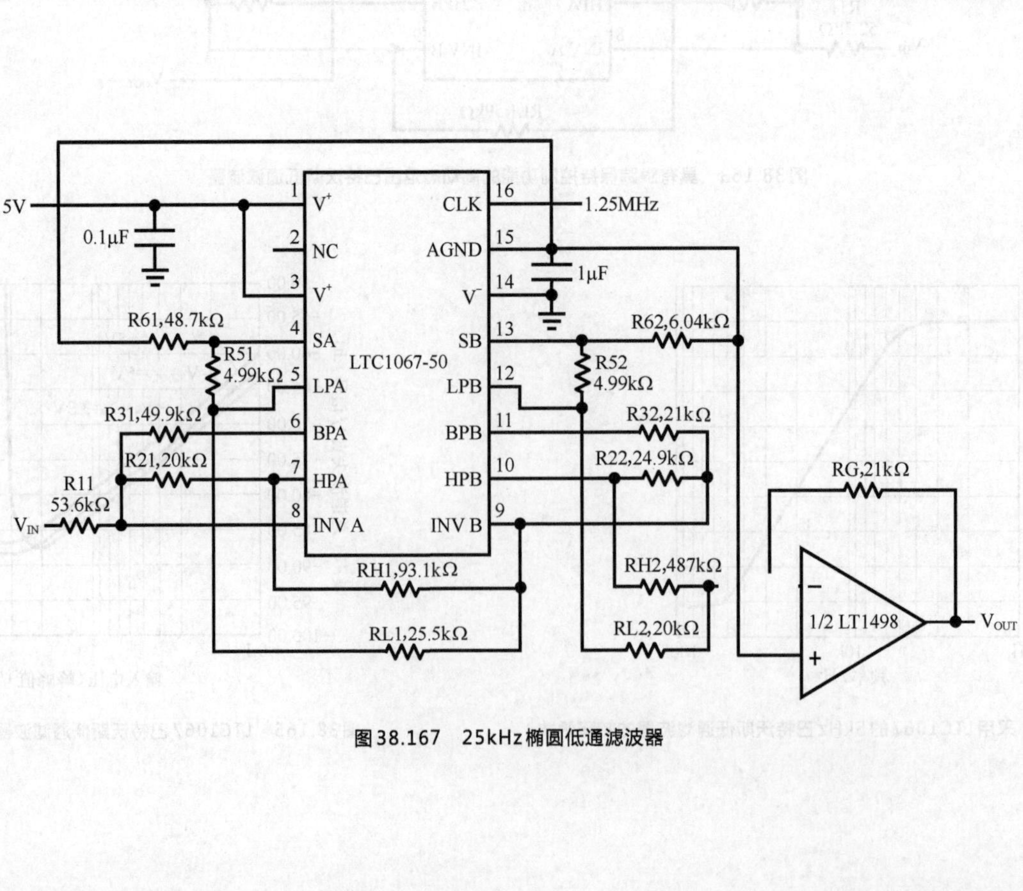

图38.167 25kHz椭圆低通滤波器

精确开关电容滤波器提供简单的，体积小、功率低、可重复的和便宜的解决方案。更老的MF-10型器件没有所需的f_O精确度来获得一个可靠、可重复的设计。图38.169展示了中心频率为5kHz的窄带带通滤波器的电路图。该设计采用两个相同的级联部分，每个都有值为20的Q值。每个部分的单独Q值乘以1.554来计算两个具有相同f_O、Q值部分的滤波器总Q值。滤波器具有的总Q值为31。对于调谐滤波器应用，简单地降低时钟频率将降低滤波器的中心频率。图38.170给出了该滤波器的频率响应。该滤波器的宽带噪声只有90μV(RMS)。由于LT1067出色的f_O准确性，高选择性带通滤波器的实现是可能的。

更高的Q值、更窄带宽的滤波器可以通过0.1%电阻或者匹配电阻网络来实现。LT1067掩膜编程部件是超窄带滤波器的理想选择。良好匹配的片上电阻，再加上规范的测试环境，能够设计出一个全功能滤波器模块，在一个SO-8封装中，没有麻烦或者任何采用精确电阻或者电阻网络的成本问题。

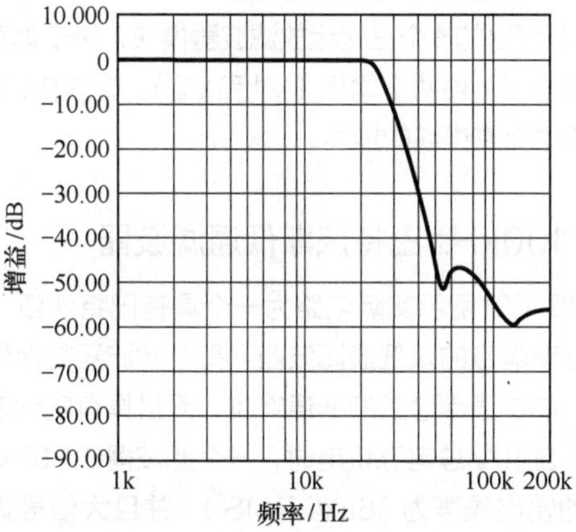

图38.168　基于LTC1067-50的25kHz低通滤波器的转移函数

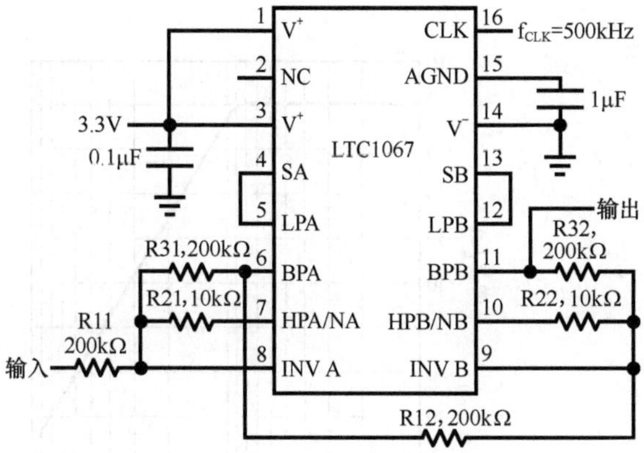

图38.169　低噪声、低电压的窄带带通滤波器

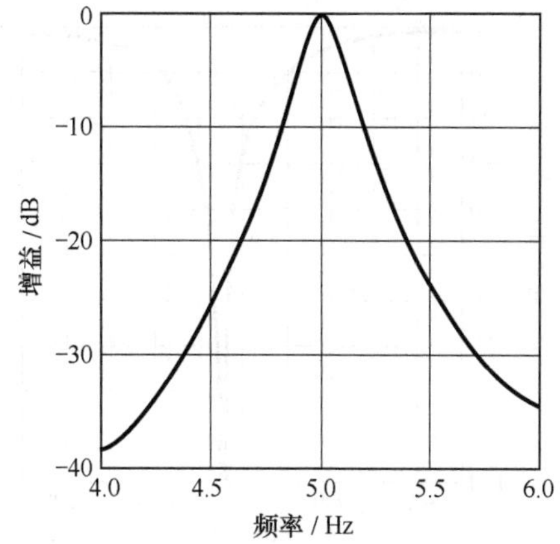

图38.170　窄带带通滤波器的频率响应

窄带陷波滤波器的设计，可以达到80dB的陷波深度

窄带陷波滤波器是特别有挑战性的设计。大部分陷波滤波器的需求是移除特定单音信号，并且不能影响任何剩下信号的带宽。这要求一个无限狭窄的滤波器，该滤波器只能近似地有合理窄的带宽。这些类型的滤波器，与上面讨论的窄带带通相同，需要精确的f_O。图38.171展示了这种类型滤波器的电路图。该滤波器是1.02kHz陷波滤波器，通常用于通信测试系统中。

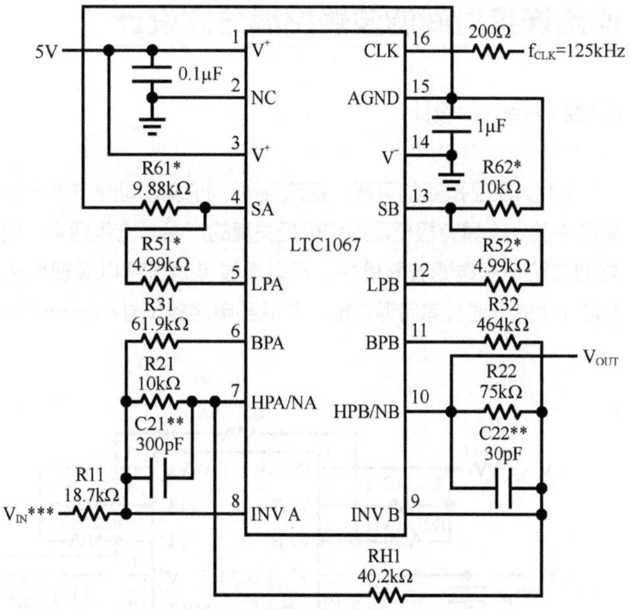

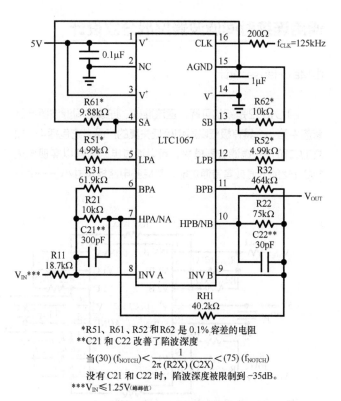

*R51、R61、R52和R62是0.1%容差的电阻

**C21和C22改善了陷波深度

当$(30)(f_{NOTCH}) < \frac{1}{2\pi(R2X)(C2X)} < (75)(f_{NOTCH})$

没有C21和C22时，陷波深度被限制到−35dB。

***$V_{IN} \leq 1.25V$(峰峰值)

图38.171　窄带陷波滤波器

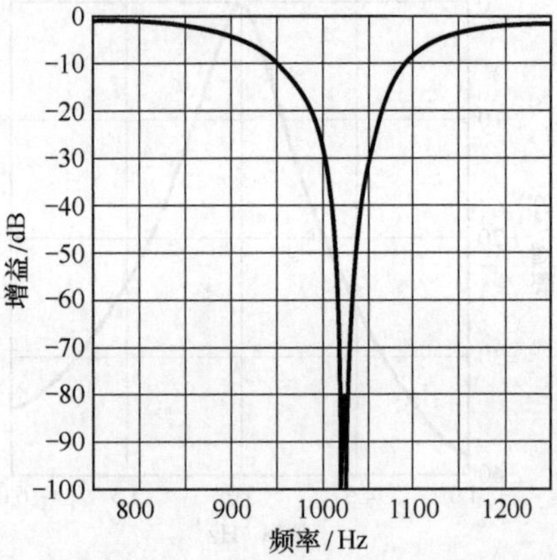

图38.172 图38.171所示窄带陷波滤波器测得的频率响应

设计开关电容陷波滤波器的一个挑战是陷波滤波器的宽带特性。宽带噪声可能混叠至感兴趣的频带。最佳高性能陷波滤波器需要进行某些形式的噪声带宽限制。为了完成噪声频带限制，图38.171中的设计将电容与每个二阶部分的R2并联。这构成了一个极点$f_P=1/(2\cdot\pi\cdot R2\cdot C2)$，它将限制带宽。这个极点频率必须足够低以具有带限效果，但是也不能太低，否则会影响陷波滤波器的响应。极点需要比30倍陷波频率高而且比75倍陷波频率低，这样才能获得最佳的效果。图38.172展示了滤波器的频率响应。注意到陷波深度是大于-80dB的。没有使用C21和C22时，陷波深度只有-35dB。

通用连续时间滤波器挑战分立设计

由Max Hauser设计

LTC1562是新的可调、直流准确、连续时间滤波器产品家族中第一个具有极低噪声和极低失真的产品。它包括4个独立的二阶、三端滤波器模块，可以通过电阻编程以实现高达150kHz的低通或者带通功能，其完整电路板尺寸小于一个一角硬币。此外，这个部件可以提供任一连续时间的极点-零点响应，包括高通、陷波和椭圆响应函数（如果一个或者多个编程电阻由电容进行替换）。LTC1562的中心频率是经过内部微调的，绝对精度为0.5%，并且可以由外部电阻独立地对每个二阶组件进行调节（10~150kHz）。其他特性包括：

- 轨到轨的输入和输出。
- 103dB的宽带性噪比。
- 总谐波失真在20kHz处为-96dB，100kHz处为-80dB。
- 内置多输入求和以及增益功能；可以达到118dB的动态范围。
- 单电源或者双电源运行，总电压范围为4.75~10.5V。
- 由逻辑信号控制的“零功耗”关断模式。
- 无需时钟、锁相环、数字信号处理器以及调谐周期。

LTC1562提供8个极点的可编程连续时间滤波器，总贴片电路板面积（包括编程电阻）为0.24in²（155mm²）——比美国10美分硬币还小。该滤波器也可以在需要紧凑性、灵活性、高动态范围以及更少精确元件的应用中，用于替代运放-RC有源滤波器以及LC滤波器。

LTC1562的4个三端运放滤波器模块，每个都有一个虚地输入（INV）和两个输出（V1和V2）。这些在LTC1562数据手册中有着详细的描述。

双四阶100kHz巴特沃斯低通滤波器

图38.173所示实际电路为一个具有巴特沃斯（最平滑通带）频率响应的双低通滤波器。每个滤波器将提供一个直流准确、单位通带增益的低通响应，而且具有轨到轨的输入和输出。在10V总电源供电时，一个滤波器在200kHz带宽内测得的输出噪声为36μV（RMS），并且大信号输出信噪比为100dB。在1V（RMS）输入时，测得的总谐波失真在50kHz处为-83.5dB而在100kHz处为-80dB。图38.174给出了单个滤波器的频率响应。

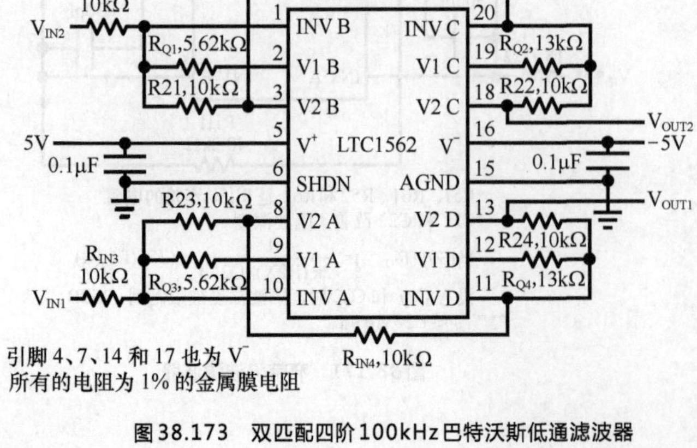

图38.173 双匹配四阶100kHz巴特沃斯低通滤波器

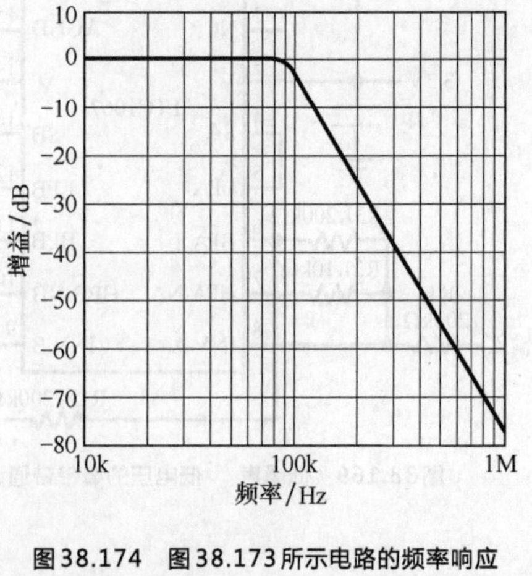

图38.174 图38.173所示电路的频率响应

八阶30kHz切比雪夫高通滤波器

图38.175展示了一个直接使用高通滤波器结构的应用。4个级联的二阶滤波器构件，每个都在输入通路上有1个外部电容。图38.175中的电阻设置4个构件的f_0和Q值，实现了0.05dB纹波和30kHz的高通转换频率。图38.176展示了该电路的频率响应。这个电路的总输出噪声为40μV（RMS）。

50kHz、100dB椭圆低通滤波器

图38.177所示电路说明了运用LTC1562运放的滤波器能力来实现陡峭截止频率滤波的具体方法。该设计中加入了外部电容，并且LTC1562的虚地输入端对平行路径进行了求和，以在低通滤波器的阻带内获得3个陷波，如图38.178所示。该响应在稍微大于10倍频程距离上降低了100dB；在轨到轨输出、±5V供电时，总输出噪声为60μV（RMS），并且峰值信噪比为95dB。

四个三阶100kHz巴特沃斯低通滤波器

另外一个说明虚地输入灵活性的例子是通过R-C-R的T型网络增加一个额外、独立真极点的能力。在图38.179中，10kΩ输入电阻被分离成两部分，两个电阻的并联组合与600pF外部电容一起构成了100kHz的真极点。4个这样的三阶巴特沃斯低通滤波器可以由一个LTC1562构成。对另外一个滤波器也可以运用同样的技术添加一个额外的真极点，例如扩大图38.173的电路，可由单个LTC1562构成一个双五阶滤波器。

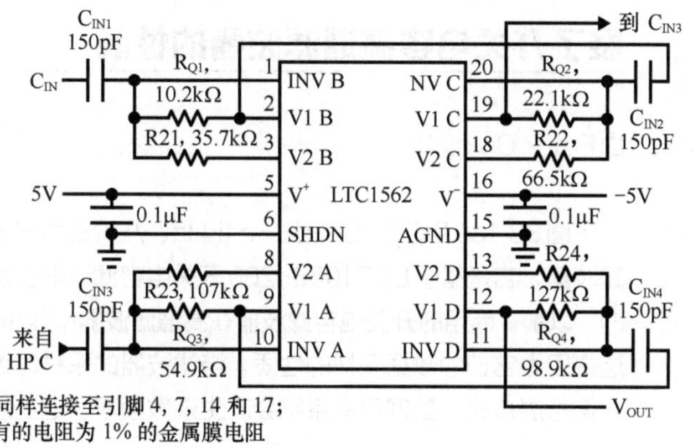

图38.175　八阶切比雪夫高通滤波器，纹波为0.05dB（f_{CUTOFF}=30kHz）

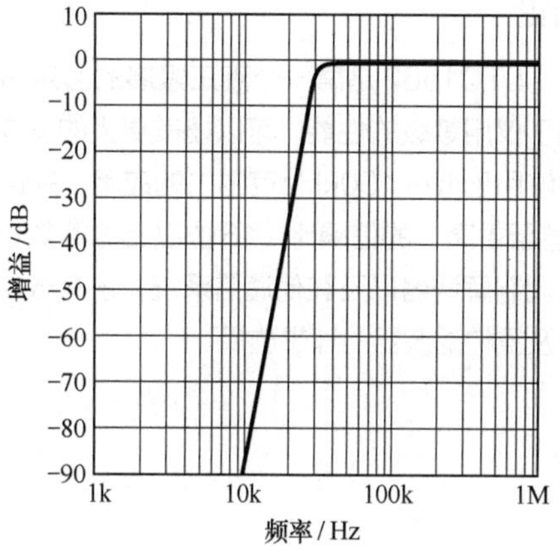

图38.176　图38.175所示电路的频率响应

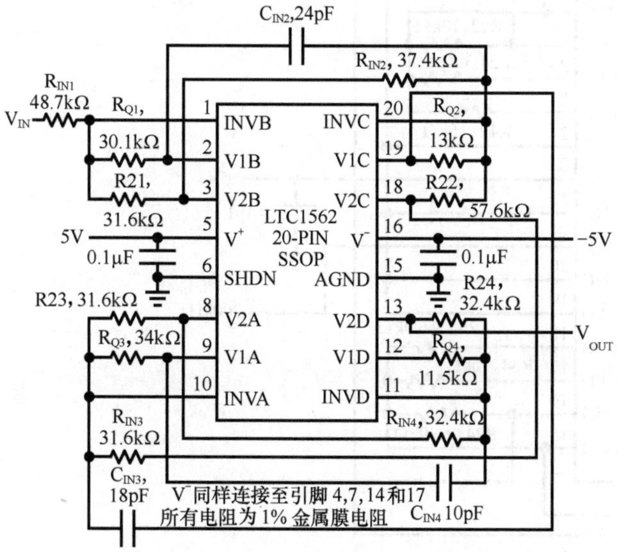

图38.177　50Hz具有100dB阻带抑制的椭圆低通滤波器

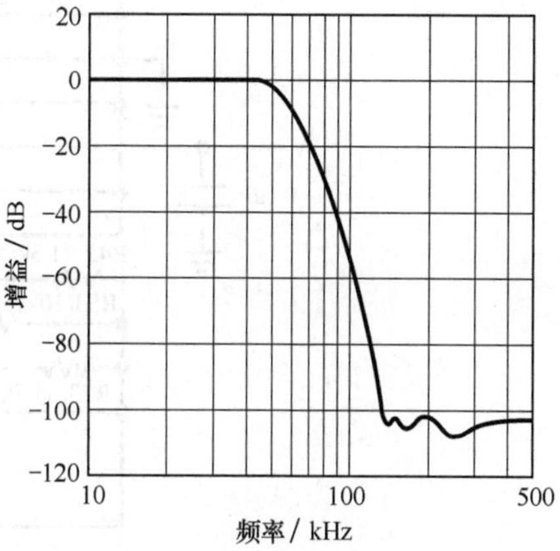

图38.178　图38.177所示电路的频率响应

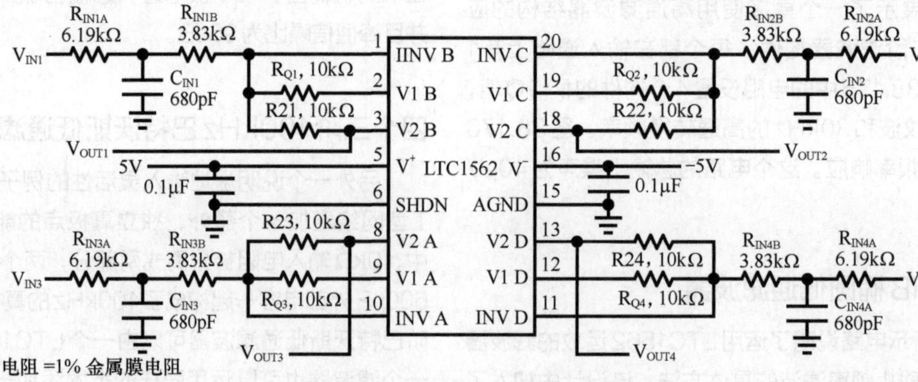

图38.179 四个三极点100kHz巴特沃斯低通滤波器

结论

LTC1562是第一个真正紧凑的通用有源滤波器，它提供了仪用等级的性能，可以媲美更大的分立元件的设计。它能够用于10~150kHz范围内的应用，并且有着高达100dB（甚至更高）的信噪比（16位以上的等效位数）。LTC1562是调制解调器以及其他通信系统，还有数字信号处理抗混叠以及重构滤波器的理想选择。

高时钟－中心频率比的LT1068-200扩展了开关电容高通滤波器的性能

由Frank Cox设计

图38.180所示的电路是一个1kHz、八阶巴特沃斯高通滤波器，它是基于LTC1068-200开关电容滤波器模块构建的。以前，商用的开关电容滤波器在高通滤波器中作用有限，这是因为它们的数据采样的性质。当滤波器的采样时钟和输入信号混合时，数据采样系统会产生杂散频率。这些杂散频

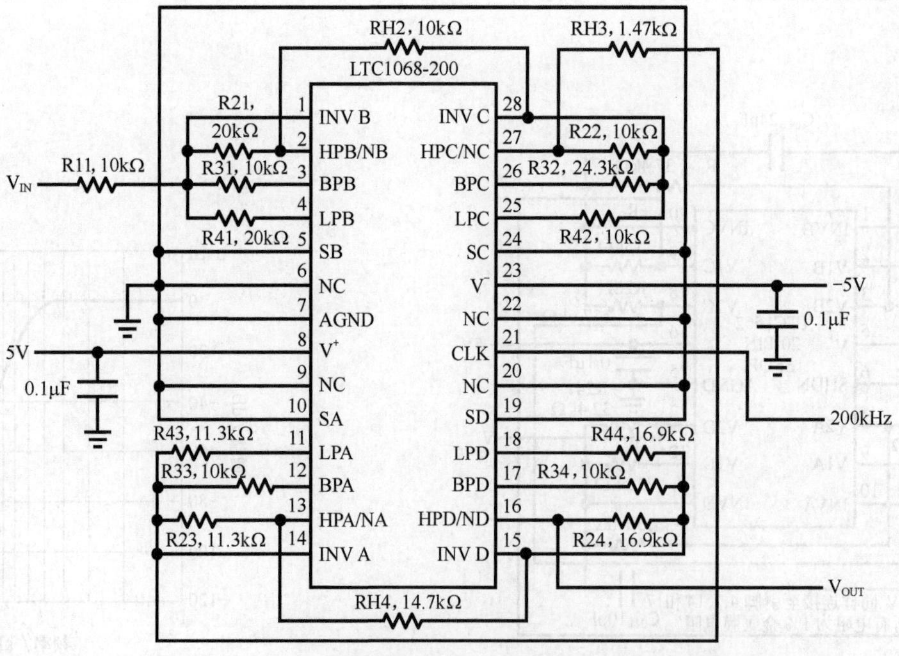

图38.180 LTC1068-200 1kHz八阶巴特沃斯高通滤波器

率可能包括时钟和输入信号的和频和差频，以及它们谐波的和频和差频。滤波器的输入必须是带限的，以移除可能会与时钟混合的、并且出现在带通滤波器通带内的频率分量。不幸的是，高通滤波器的通带由于其本质，所以都是向上延伸的。如果对输入信号带限得太多，同时也将限制滤波器的通带，从而就限制了其可用性。

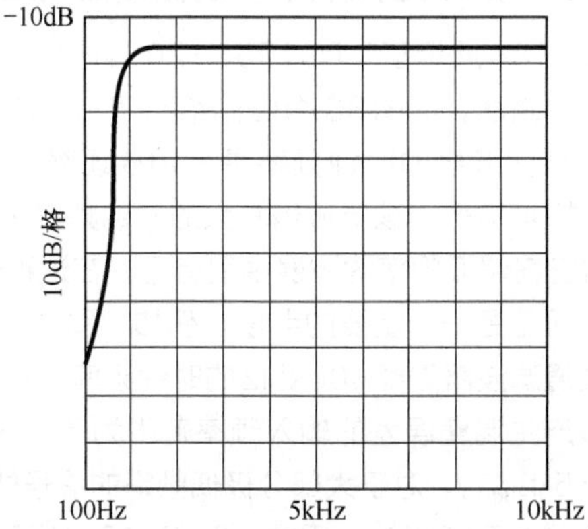

（a） 图38.180所示电路的幅度和频率响应

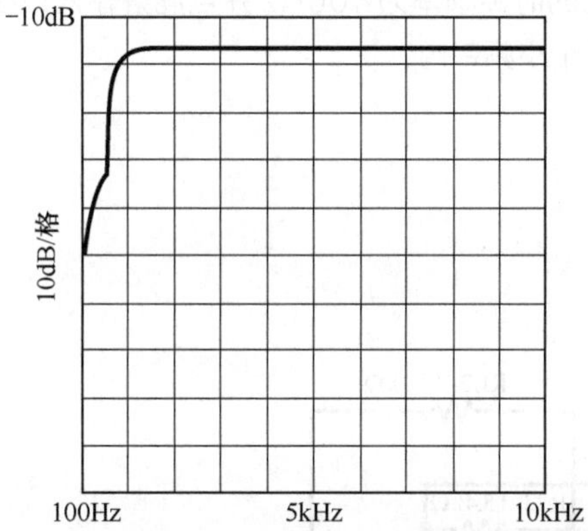

（b） 采用LTC1068-25类似滤波器的幅度和频率响应

图38.181 采用不同元件 （LTC1068-200和LTC1068-25） 滤波器的幅度和频率响应的对比

该滤波器的与众不同之处是200：1的时钟-中心频率比（Clock to Centre Frequency Ration,CCFR）以及LTC1068-200的内部采样方案。图38.181（a）展示了滤波器幅度响应与频率（100Hz~10kHz）的关系曲线。作为对比，图38.181（b）展示了一个用LTC1068-25构建的相同滤波器。200：1时钟-中心频率比的滤波器在阻带内提供接近30dB的最终衰减。高通滤波器标准幅度和频率的关系曲线可能会产生误导，因为它掩盖了一些前面提到的、进入通带的杂散信号。图38.182（a）所示的是200：1滤波器在10kHz单音信号输入时的频谱绘图。这个绘图展示了LTC1068高通滤波器的无杂散动态范围（Spurious Free Dynamic Range,SFDR）超过70dB。实际上，该滤波器对于所有高达100kHz的输入信号具有70dB的无杂散动态范围。在200kHz数据采样系统中，通常会需要将输入频带限制在100kHz（Nyquist频率）以下。由于LTC1068采用双采样技术，它的有效输入频率范围扩展至Nyquist频率及以上，仍然需要多点小心。图38.182（b）展示了LT1068-200的高通滤波器在输入信号为150kHz时的情况。在50kHz处有一个杂散信号，但是，即使没有输入滤波，无杂散动态范围也至少有60dB。对于从100~150kHz的输入信号，用LTC1068-25构建的相同滤波器的无杂散动态范围如图38.183所示。注意，较低的时钟-中心频率比（25：1）的器件任然可以在10kHz输入时，保持一个可观的55dB无杂散动态范围。LTC1068-25主要被用于带限应用，例如低通和带通滤波器。

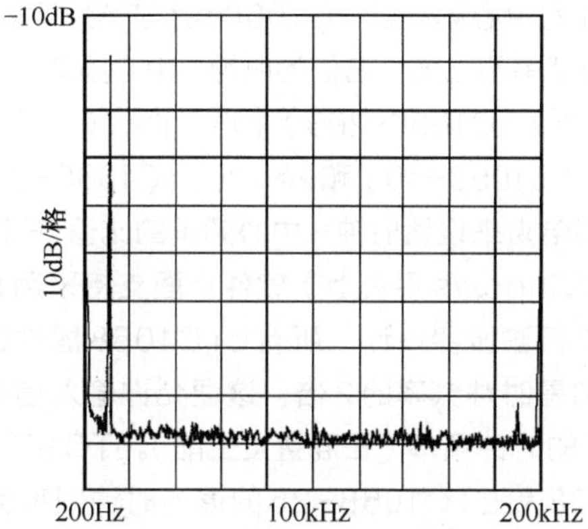

（a） 图38.180所示电路在10kHz单音输入时的频谱绘图

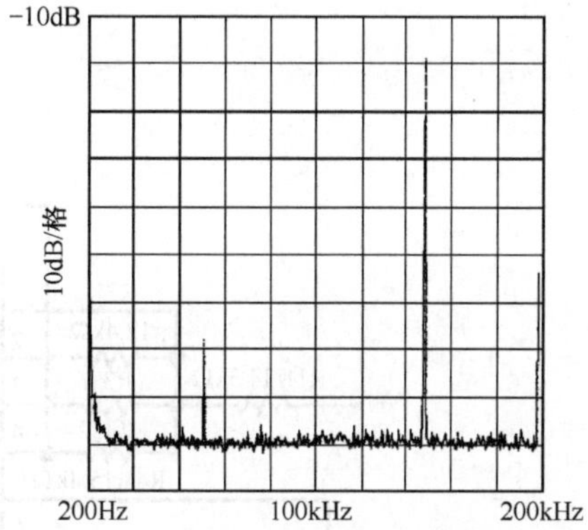

（b） 图38.180所示的电路在150kHz单音输入时的频谱绘图

图38.182 单音信号输入时的频谱绘图

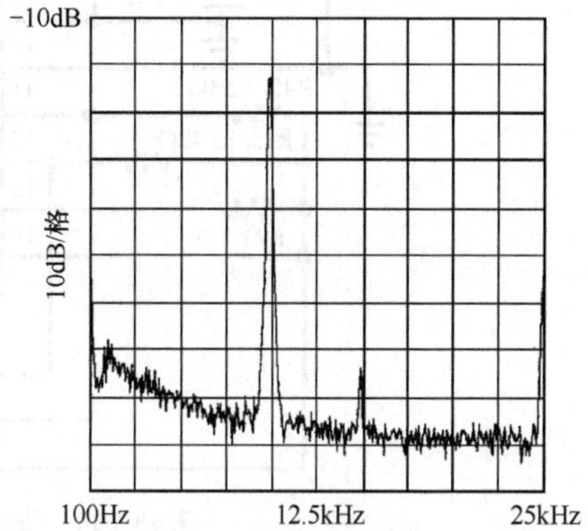

图38.183 采用LTC1068-25类似滤波器在10kHz单音输入时的频谱绘图，展示了一个像样的55dB无杂散动态范围

时钟可调、高精度的四组二阶模拟滤波器模块

由Philips Karantzalis设计

引言

LTC1068产品家族包括4种单片、时钟可调的滤波器模块。每个产品包括4个匹配的，低噪声、高精度的二阶开关电容滤波器组件。一个外部时钟调谐每个二阶滤波器组件的中心频率。LTC1068系列产品不同的只有时钟－中心频率的比值。它们的时钟－中心频率比分别设定为200：1（LTC1068-200）、100：1（LTC1068-100）、50：1（LTC1068-50）和25：1（LTC1068-25）。可以通过外部电阻来设置时钟－中心频率的比值。FilterCAD 2.0（在Windows平台上）软件全面支持采用LT1068的产品进行滤波器设计。所有LTC1068器件的内部采样频率都是时钟频率的2倍。这便允许输入信号的频率接近2倍的时钟频率（在混叠发生前）。LTC1068-200、LTC1068和LTC1068-25的最高时钟频率为6MHz（±5V供电时）；而LTC1068-50在单5V供电时最高时钟频率为2MHz。对于低功耗滤波器应用，LTC1068-50供电电流在单5V供电时为4.5mA，而在3V供电时为2.5mA。LTC1068的产品均采用一个28个引脚的SSOP贴片封装。LTC1068（100：1的部件）同样有24个引脚的双列直插（DIP）封装。

LTC1068-200超低频率、线性相位低通滤波器

图38.184展示了LTC1068-200线性相位1Hz低通滤波器电路图，而图38.185则给出了它的增益和群延迟响应。该滤波器的时钟频率是－3dB频率（f_{-3dB}或者f_{CUTOFF}）的400倍。该滤波器较大的时钟频率－截止频率比值使得它在超低频率滤波器中很有用，在这种情况下最小化混叠误差是一个重要的考量。例如，图38.184所示的1Hz低通滤波器需要400kHz的时钟频率。对于该滤波器，能够产生混叠误差的输入频率范围为795～805Hz（$2 \cdot f_{CLK} \pm 5 \cdot f_{-3dB}$）。对于大部分极低频率的信号处理应用，信号的频谱小于100Hz。因此，图38.184所示的滤波器可以处理极低频率的信号，不会带来显著的混叠失真，这是由于它的时钟频率为400Hz并且混叠输入只在800Hz附近的一个小频带内。

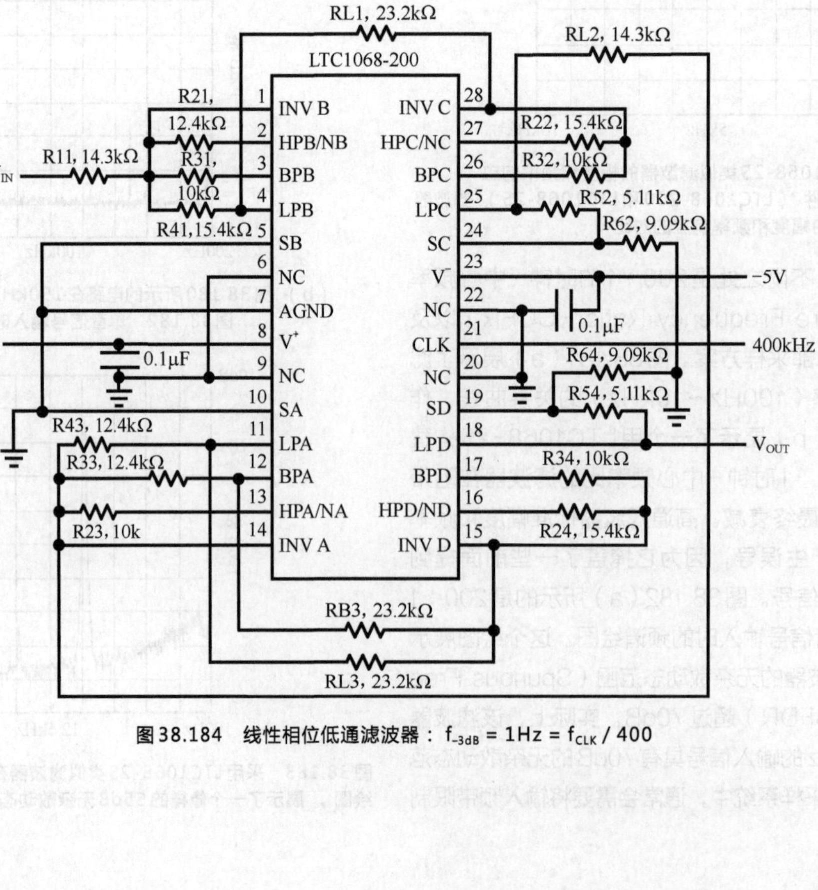

图38.184 线性相位低通滤波器：$f_{-3dB} = 1Hz = f_{CLK} / 400$

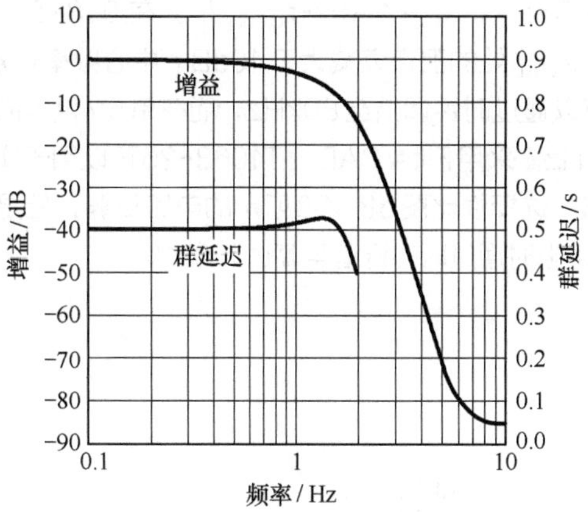

图 38.185　图 38.184 所示电路的增益和群延迟响应

LTC1068-50单3.3V低功率线性相位低通滤波器

图38.186所示电路图是一个基于LT1068-50、单3.3V低功率、具有线性相位的低通滤波器。时钟－截止频率的比值为50：1（截止频率为-3dB频率）。图38.187所示为该电路的增益和群延迟响应。滤波器通带内平坦的群延迟意味着它具有线性相位。线性相位滤波器的瞬态响应具有非常小的过冲，然后很快达到稳定。线性相位低通滤波器在处理通信信号时很有用，因为它对于数字通信收发器或者接收机有着最小的码间干扰。该滤波器的最高时钟频率在单3.3V供电时为1MHz，而在单5V供电时为2MHz。典型的供电电流在单3.3V供电时为3mA，而在单5V供电时为4.5mA。

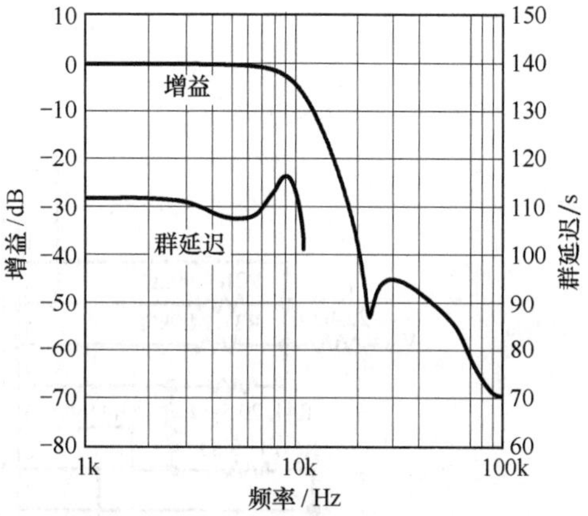

图 38.187　图 38.186 所示滤波器的增益和群延迟

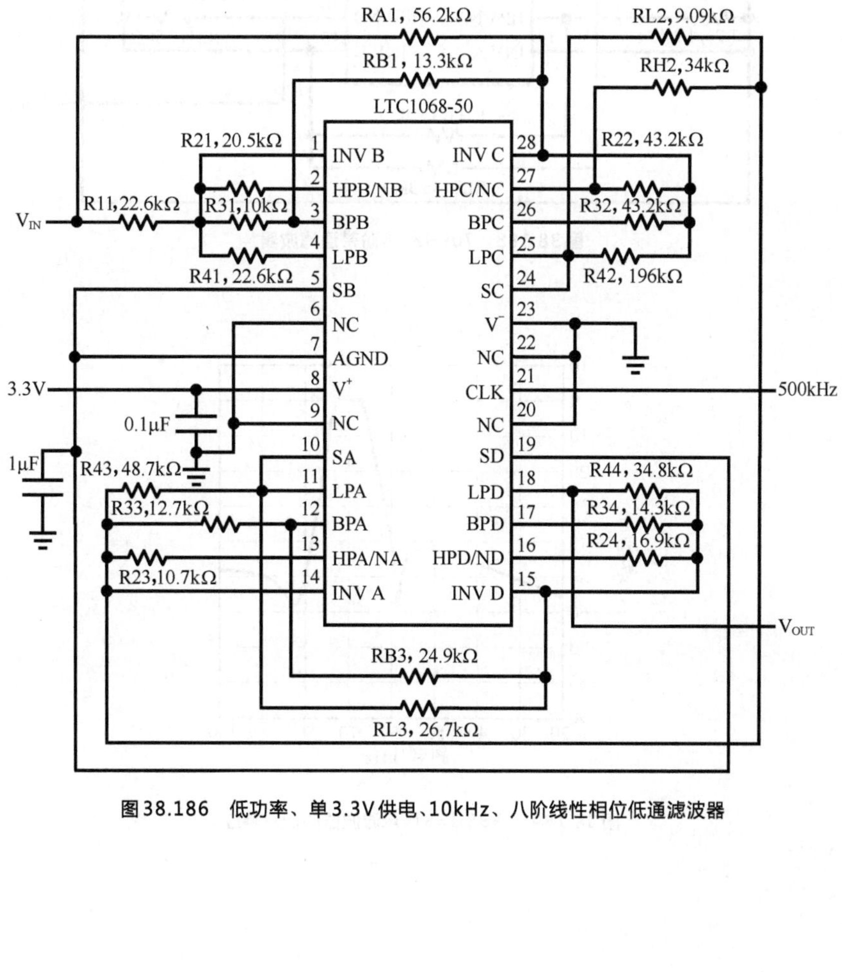

图 38.186　低功率、单 3.3V 供电、10kHz、八阶线性相位低通滤波器

LTC1068-25带通可选的滤波器，可由时钟调谐至80kHz

图38.188展示了一个基于LTC1068-25的70kHz带通滤波器，它是在双5V电源供电下运行的。时钟与中心频率的比值为25：1。图38.189展示了图38.188所示带通滤波器的增益响应。该滤波器的通带从0.95•f_{CENTRE}~1.05•f_{CENTRE}。在0.8•f_{CENTRE}和1.15•f_{CENTRE}处的阻带衰减大于40dB。中心频率在双5V供电时可以通过时钟调谐至80kHz，而在单5V供电时可以达到40kHz。采用FilterCAD，LT1068-25可以用于实现带通滤波器，选择性比图38.188所示的电路要弱，但是可以在双5V供电时通过时钟调谐至高达160kHz。

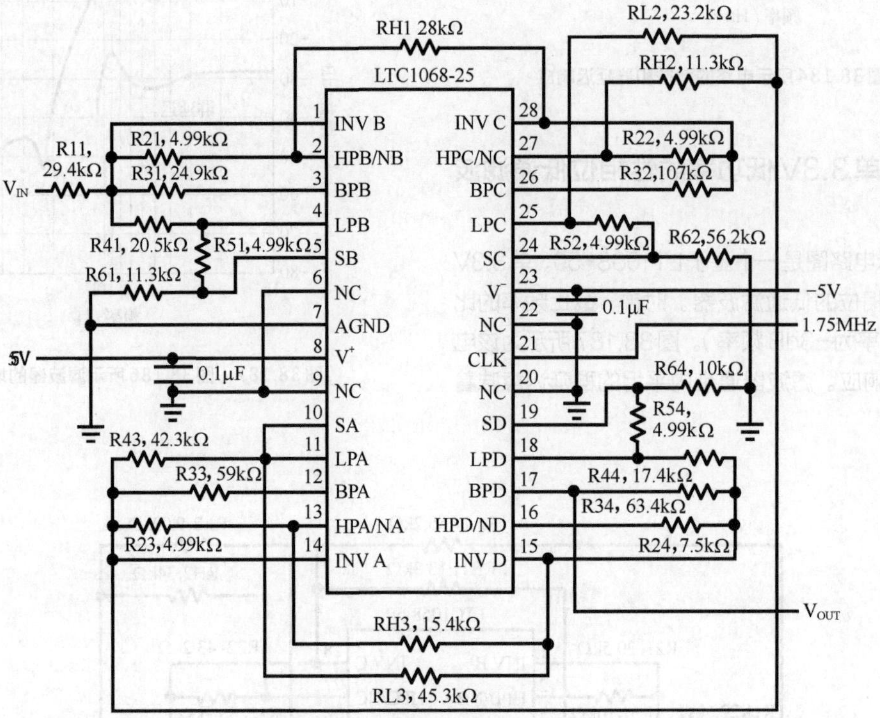

图38.188　70kHz、8阶带通滤波器

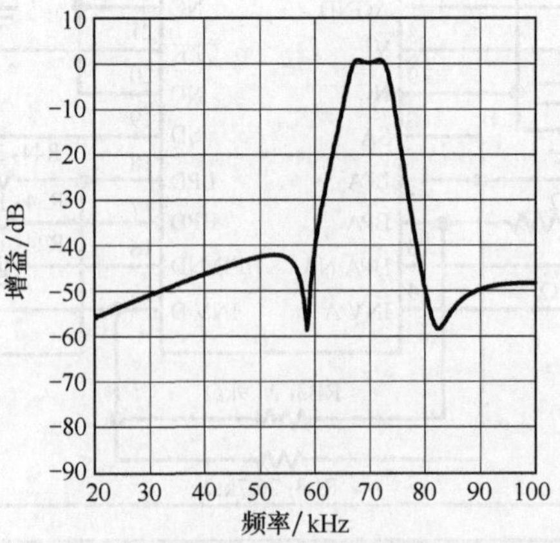

图38.189　图38.188所示滤波器的增益响应

LTC1068方波至正交振荡器的滤波器

图38.190展示了基于LTC1068的滤波器电路图，它经过专门设计可使用CMOS级电平的方波输入信号产生一个低谐波失真的正弦和余弦振荡。图38.190所示电路的参考正弦波输出在引脚15上（LTC1068的24引脚封装上的BPD），余弦输出在引脚16上（LTC1068的24引脚封装的LPD）。这个正交振荡器的输出频率是滤波器的时钟频率除以128。CMOS CD4520的输出128分频计数器通过0.47μF电容耦合至LTC1068滤波器（工作在双5V供电情况下）的输入。滤波器的时钟频率是CD4520计数器的输入信号。LTC1068滤波器的设计主要用以通过方波的基波频率分量，并且衰减任何比基波高的谐波分量。理想方波（50%占空比）将会只有奇数谐波（第3、第5、第7等），一个典型的实际方波信号占空比低于或者高于50%时将会有偶数谐波（第2、第4、第6等）。当输入信号频率等于滤波器的时钟频率除以128时，图38.190所示的滤波器在第2、第3次谐波上具有阻带陷波。在±2.5V方波输入时，滤波器的正弦波输出（引脚15）为1V(RMS)，并且对于高达16kHz的信号具有小于0.025%的总谐波失真（Total Harmonic Distortion，THD），对于高达20kHz的信号则具有小于0.1%的THD。在±2.5V方波输入时，余弦输出（在引脚16，相对于引脚15的正弦输出）为1.25V(RMS)，并且对于高达20kHz的信号具有小于0.07%的总谐波失真。

20kHz的频率限制是因为CD4520；使用74HC型128分频计数器，高达40kHz的正弦和余弦波可由图38.190所示的基于LTC1068的滤波器生成。

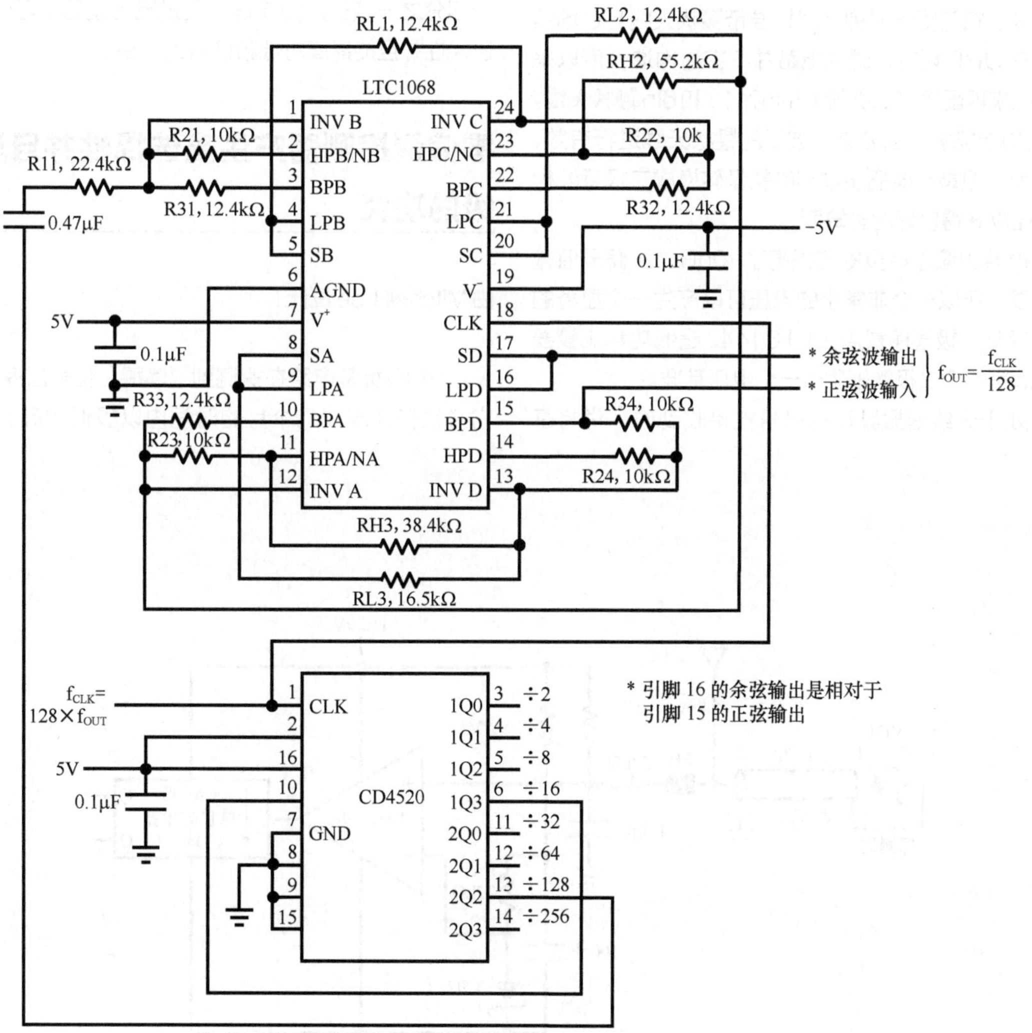

图38.190　方波至正交振荡的转换器

其他电路

偏置探测器在超低功耗时提供高灵敏度

由Mitchell Lee设计

RFID标签电路在探测到"唤醒"信号后返回一串数据，它必须在几周或几个月的时间内以极低的静态电流方式运行，以保证留有足够的电量应答来电。对于尺寸极小的标签，大多数运行在超高频率范围内，所以微功耗接收机电路的设计便成了一个问题。我们熟悉的各类技术，例如直接转换、超再生或者超外差，对于长电池寿命而言，所消耗的供电电流太大。较好的方法是借鉴场强仪的思路：一个调谐电路和一个二极管探测器。

图38.191给出了完整的电路，该电路在470MHz条件下进行了测试。它包括一系列针对标准带鞭状天线L/C场强仪的改进：在UHF频段，调谐电路并不容易构造，所以采用一条传输线来匹配探测二极管（1N5711）和6in鞭状天线。0.22波长的构造能够与四分之一波长的鞭状天线进行有效、低阻抗的匹配，但是也能把接收到的能量转换成二极管处相对较高的电压以获得较好的灵敏度。

探测二极管的偏置将灵敏度提高了10dB。正偏阈值减小至几乎为零，所以一个非常小的电压可以产生一个显著的输出改变。探测二极管偏置点由LTC1440超低功耗比较器进行监测，而第二个二极管则用作一个电压基准。

当一个处于天线谐振频率的信号被接收到时，肖特基二极管VD1将收到的载波进行整流，在比较器的同相输入端产生一个负向直流偏置位移。注意，偏置位移在天线的底部（该处的阻抗较低）被感测，而非肖特基管处（该处阻抗较高）进行感测。这样给调谐天线和传输线系统带来的扰动较小。比较器的下降沿触发一个单稳态，从而将暂时使能应答和其他脉冲功能。

总的电流损耗大约为5μA。单次单稳态将消耗显著的负载电流，在这方面过时的4047也许是最好的。替代方案是采用4个与非门构造的分立单稳态电路，其功率消耗几可忽略。

该电路的灵敏度很好。完整的电路可以探测100ft远处参考偶极子天线发射的200mW信号。当然，探测距离依赖于工作频率、天线的方向性以及周围的障碍物；在一个开阔、距离更加合适之处，例如10ft，可以探测470MHz处几个mW的信号。

所有的选择性是由天线自身提供的。在天线底部增加一个四分之一波长的短支线（通过电容短路）可以获得更好的选择性并且能提高对低频信号的抑制。

零偏置探测器产生高选择性并且具有纳瓦级的功耗

由Mitchell Lee设计

RFID标签电路在探测到"唤醒"信号后返回一串数据，它必须在几周或几个月的时间内以极低的静态电流方式运

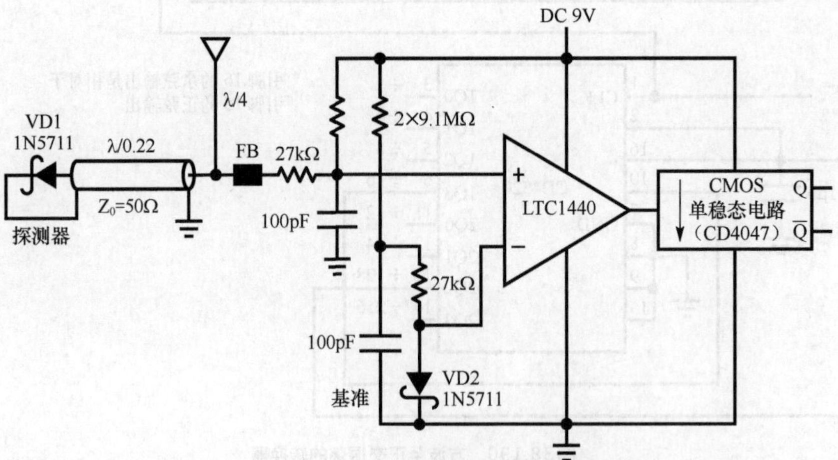

图38.191 用于470MHz的微功率场强探测器

行，以保证留有足够的电量应答来电。对于尺寸极小的标签，大多数运行在超高频率范围内，所以微功耗接收机电路的设计便成了一个问题。我们熟悉的各类技术，例如直接转换、超再生或者超外差，对于长电池寿命而言，所消耗的供电电流太大。较好的方法是借鉴场强仪的思路：一个调谐电路和一个二极管探测器。

图38.192展示了一个完整的电路，电路在445MHz处进行了概念验证性的测试。这个电路包括了一系列针对标准带鞭状天线L/C场强仪的改进。在UHF频段，调谐电路并不容易构造，所以采用一条传输线来匹配探测二极管（1N5711）和6in鞭状天线。0.23波长的传输线能够将1pF（350Ω）二极管节点电容转换成天线底部的虚短路。同时，它将接收的天线电流转换成二极管处的电压环路，提供了极佳的灵敏度。

偏置探测器二极管能够提高敏感度[④]，但是只有在二极管的负载为一个外接的直流电阻时才有效。仔细观察1N5712原点处的曲线，可以发现它遵循了理想二极管公式，它工作在毫伏和纳安级。为了在原点处使用一个零偏置二极管，外部比较器电路必须没有加载整流输出。

LTC1540纳功耗比较器和基准是这一应用的理想选择，因为它不仅不会给二极管带来负载，而且只消耗300nA的电池电流。这意味着比偏置探测器方案的电池寿命提高了10倍[⑤]。输入为CMOS，并且输入偏置电流包括连接在输入和地之间的较小ESD保护单元的泄露电流。测得的输入泄露在皮安范围，而1N5712的泄露电流则在几百皮安。二极管的任何输出被载入到二极管本身，而不是LTC1540。电路的灵敏度可以与有负载、偏置的放大器相匹敌。

经过整流的输出由LTC1540比较器进行监测。LTC1540的内部基准被用于在反相输入端设置一个大约为18mV的阈值。比较器的上升沿输出将触发一个单稳态，该单稳态将暂时使能应答以及其他脉冲功能。

供电总电流为400nA，在5年时间内消耗的电池能量只有7mA•H。单片单稳态电路消耗显著的负载电流，这方面4047可能是最好的。由分立与非门构建的单稳态电路消耗的电流几可忽略。

电路的灵敏度相当优异，电路可以探测大约100ft远处参考偶极子发射的200mW能量。当然，探测距离与工作频率、天线的方向性以及周围的障碍物有关。灵敏度与电源电压无关；接收机在9V电池供电时的性能与单个锂电池供电时的性能相同。

传输线的长度并不与频率成比例。由于二极管电抗的下降，当频率升高时，电长度将缩短。调整传输线长度以使得工作频率点有最小的馈送点阻抗。如果采用阻抗分析仪来测量传输线，需要用1pF电容代替二极管，以避免二极管本身的大信号效应。关于信号频率处二极管阻抗的准确值，可以参考生产厂家的数据手册。

④ Eccles, W.H. Wireless Telegraphy and Telephony, 第二版。

⑤ Lee, Mitchell. "Biased Detector Yields High Sensitivity WithUltralow Power Consumption." 这个应用指南的第110页。

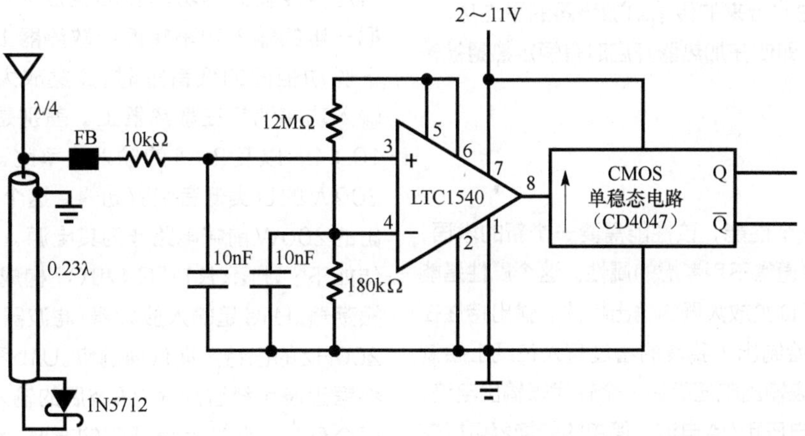

图38.192 纳瓦电场探测器

LT1336的特性：透明D类运放

由Dale Eagar设计

引言

在功率转换领域，效率就相当于光传输领域的透明度。毫无疑问，D类放大器经常被称为透明放大器，因为它们没有明显的功率损耗。与D类放大器近乎无损的转换相比，A类到C类放大器则是浪费显著能量的节流装置。“低级别”（A到C）的放大器被建模成可变电阻器（可调电阻），而D类放大器被建模为自耦变压器（可变变压器）。理想的电阻消耗功率；但是理想的变压器并不消耗功率。和变压器（自耦变压器）类似，很多D类放大器可以将能量在两个方向上进行转换——从输入到输出或者从输出到输入。

D类放大器也具有无视诡异的电抗负载的能力。在具有交流输出的D类放大器输出有容性或者感性负载时，其消耗很少的额外输出功率。这是由于电抗负载上具有交流的电压并且有交流的电流通过它，但是电压和电流的相位关系却使得它们没有消耗真正的功率。D类放大器最终将能量在输入和输出之间进行移动，这两种移动都具有最小的损耗。一个理想的D类放大器可以认为是没有地方可以消耗功率，因为它的所有元件都是无损的；即，它不含电阻。

电加热器——一个简单的D类放大器

D类放大器可以简单或者复杂，依赖于具体应用的需求。一个简单的D类放大器是电加热器中的温控开关。恒温器通过开启或者关断加热器来对其进行控制。该开关的本质是无损的，实质上没有消耗功率。这个D类放大器是非常有效的，因为即使开关消耗能量，电源线和房屋走线也能得到期望的结果。占空因子以及由此带来的传输给加热器的平均功率，可以是一个无限数值。即使在加热器开启时有恒定热量被输出的情况下如是如此。

能量转移的象限

D类放大器具有一个性能，该性能需要一个新的术语，一种在较低级放大器中通常不用考虑的属性。这个属性是能量转移的象限，描述了D类放大器的输出特性。输出特性在虚拟的X-Y坐标图上绘制出（我真的看过有人在纸上绘制这个图像），一个轴代表输出电压而另一个轴代表输出电流，两个轴的交点表示0V电压和0A电流。简单的转换器可以在正输出电压时只提供一个正输出电流，这种转换器可以被描述为1象限器件。1象限器件可以是计算机的电源、电池充电器或者是任何可以提供正电压至一个只能消耗功率的器件上的电源。

2象限转换器可以是两种不同的情况：①正输出电压，可以提供源电流和灌电流；②正电流，可以满足正输出电压和负输出电压。最后，4象限转换器可以提供源电流或者灌电流进入正输出电压或者负输出电压。

1象限D类转换器

为了陈述1象限D类放大器，我们将集中在图38.193所详细描述的升压转换器上。这个电路从源（12V汽车电池）上移除功率并传输至负载（一些至今未知的55V器件）。这个电路被归类为“1象限”，因为它可以只将输出电压稳压至一个极性（正）并且它可以只输出一个极性（正）的电流。

LT1336半桥驱动器的概述

从我们主要的讨论中侧一下步，先介绍一个元件——半桥功率放大器。图38.194给出了LT1336驱动功率MOS管的详情，并且给出了这个子电路在接下来图中的表示符号。表38.7展示了这个半桥功率驱动器的逻辑状态。

表38.7 半桥功率驱动器真值表

顶部	底部	输出
L	L	浮地
L	H	接地
H	L	55V
H	H	浮地

4象限D类放大器

D类放大器通常用在低音炮驱动器中。这是由于低音炮需要较大的功率。AB类放大器驱动低音炮时，将会把一半的输入功率转换到散热器上。在相同音乐跟音量下驱动相同的低音炮时，D类放大器将会把大约5%的输入功率消耗在散热器上。差别是散热器体积的大小为10：1，以及2：1的输入功率比。图38.195所示的是200W的D类低音炮驱动器。这个电路采用图38.193给出的200W前端电路作为其电源。图38.195中的电路工作如下：U1a、R1～R4和C7构成一个75kHz伪锯齿波振荡器。U1d是输入放大器/滤波器，增益为6.1并且具有200Hz的巴特沃斯低通响应。U1b和U1c是比较器，它们将锯齿波和经过放大/滤波后的输入信号进行比较以构成两个互补、脉冲宽度调制的方波。X1和X2是两个半桥功率驱动器而M1是低音炮驱动器。

D类4象限放大器的一个特性是具有将能量转移至负载或者从负载转移出来的能力。在我们的低音炮驱动器中，当驱动器达到给定波形的末端时，这个情况将会发生：驱动器“弹簧”和声学“弹簧”的组合驱动能量在中心附近往返。此时，能量从驱动器转移回到D类放大器级的输入端。在图38.195所示的情况下，能量最终到达55V总线上，总线电压在“负能量被传输至负载”的周期内会升高。幸运的是，图38.193中的C14～C19可以存储这个能量；否则55V总线可能会保持过高的电压直至它被耗散。

用于电动机驱动的D类放大器

在图38.195中，用一个电动机和一个电感来替代低音炮并且简化了控制，可以得到图38.196所示的电路。连接这个电路至图38.193所示的前端电路，这样电动机到达一定速度将没有问题，但是当需要使电动机减速而将电位器1向中心位置调整时，将发生灾难。存储在电动机惯性中的转动能量经过电动机转换回电能，并且出现在D类放大器的输出端。L1、X1和X2通过将能量转换进入55V总线以完成它们的任务。进入图38.193中C14～C19电容中的能量将它们充电至远高于55V的电压，从而会有一些事情发生。这里的问题是，图38.193所示的电路只是一个1象限D类放大器。

管理负能量的流向

是否听起来有点像管理课程？通过D类放大器转移的负能量需要一个归宿。一个简单的归宿就是跨接55V总线的62V功率齐纳管，该齐纳管通过螺丝连接至一个散热器。可以将散热器简单想象成电动汽车盘旋下山路时候的刹车片。另外一个释放能量的地方就是将其送回12V的电池。这将需要把12V到55V的前端电源转换器从1象限升级至2象限。

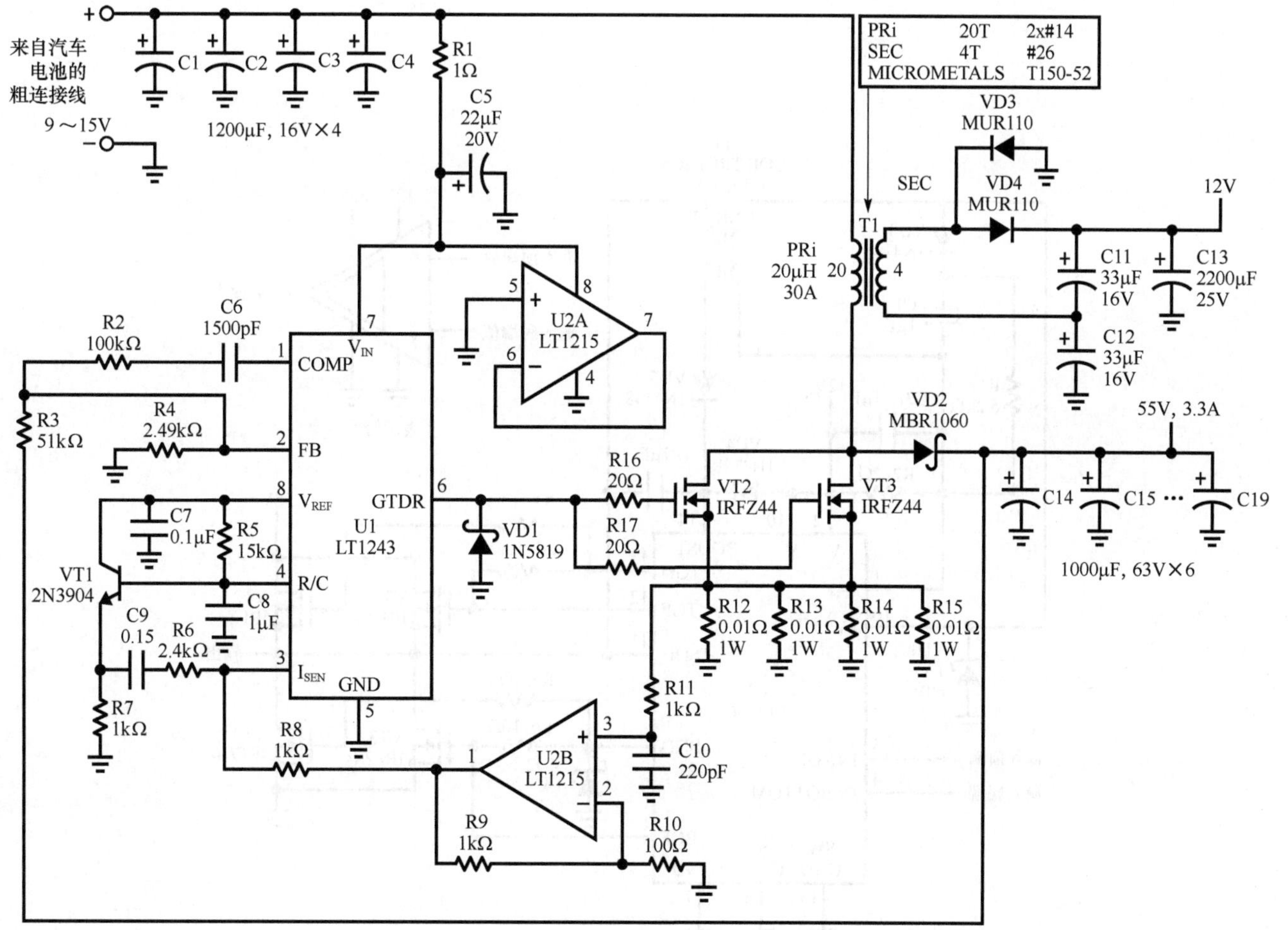

图38.193　用于汽车应用的200W、12V至55V前端电路

2象限D类转换器

将图38.193所示的电路转换成2象限的话，需要将VD2替换为一个开关，并且由VT2和VT3构成的开关进行不同相的使能。图38.195所示的半桥功率驱动器就是这样的开关。参考图38.197。I_{SENSE}信号（U1引脚3）需要被偏移以满足负电流（在图38.197中增加R16）。I_{SENSE}信号需要进行幅度调整以获得两倍的范围（-30～30A，而不是0～30A）；通过改变R10来实现。

现在我们可以高兴地驾车盘山而下，领略展现在我们眼前的美景了。我们很高兴，因为我们知道下山产生的能量通过对电池充电进行了回收，而山地车手只有将它们下山的能量燃烧在刹车线上。技术又一次胜过了汗水和体力。

大峡谷之旅

电动车攀登大峡谷需要制定规划。停止充电是必须的。一旦到达山顶，整个方法可能会发生改变：从山顶开始下坡，对电池进行充电，直至电池被充满；然后我们需要停止。继续下山将会对电池过充，使得电解质沸腾溢出。这样不仅会损坏电池，最终也会使得电路没有其他的地方放置能量，而D类放大器会有一些失效的方式。我们需要停止并且消耗一些电荷，将电池换成其他人在另一边攀爬或者在电池上放置一个功率齐纳管。图38.198详细地介绍了有源齐纳电路。采用图38.197中U1的基准，没有使用的另一半U2可以用作一个迟滞钳位，并且将所有的热量放置到R5。这个电路将保护电池不被损坏，并且使得山地车手回到那种沾沾自喜的水平。

结论

D类放大器已经存在了很长的时间：久负盛名的电加热器，它的Bang-Bang控制器是一个显著高效并且可靠的D类放大器。D类驱动器在高尔夫球车、叉车、吊车以及工业上有着几十年的应用。半桥驱动器的出现极大地简化了D类放大器。凌力尔特技术公司具有一个系列的全桥/半桥MOS管驱动器。如想了解更多详情，请联系工厂或者参考LT1158、LT1160、LT1162或者LT1336的数据手册。

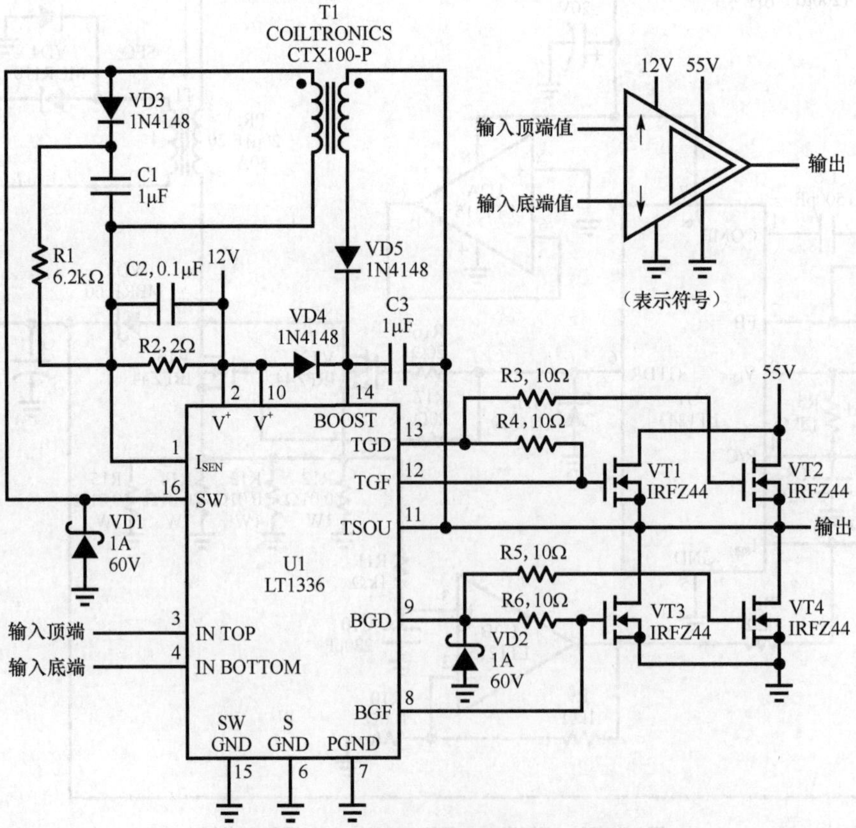

图39.194 半桥驱动器子电路及其表示符号

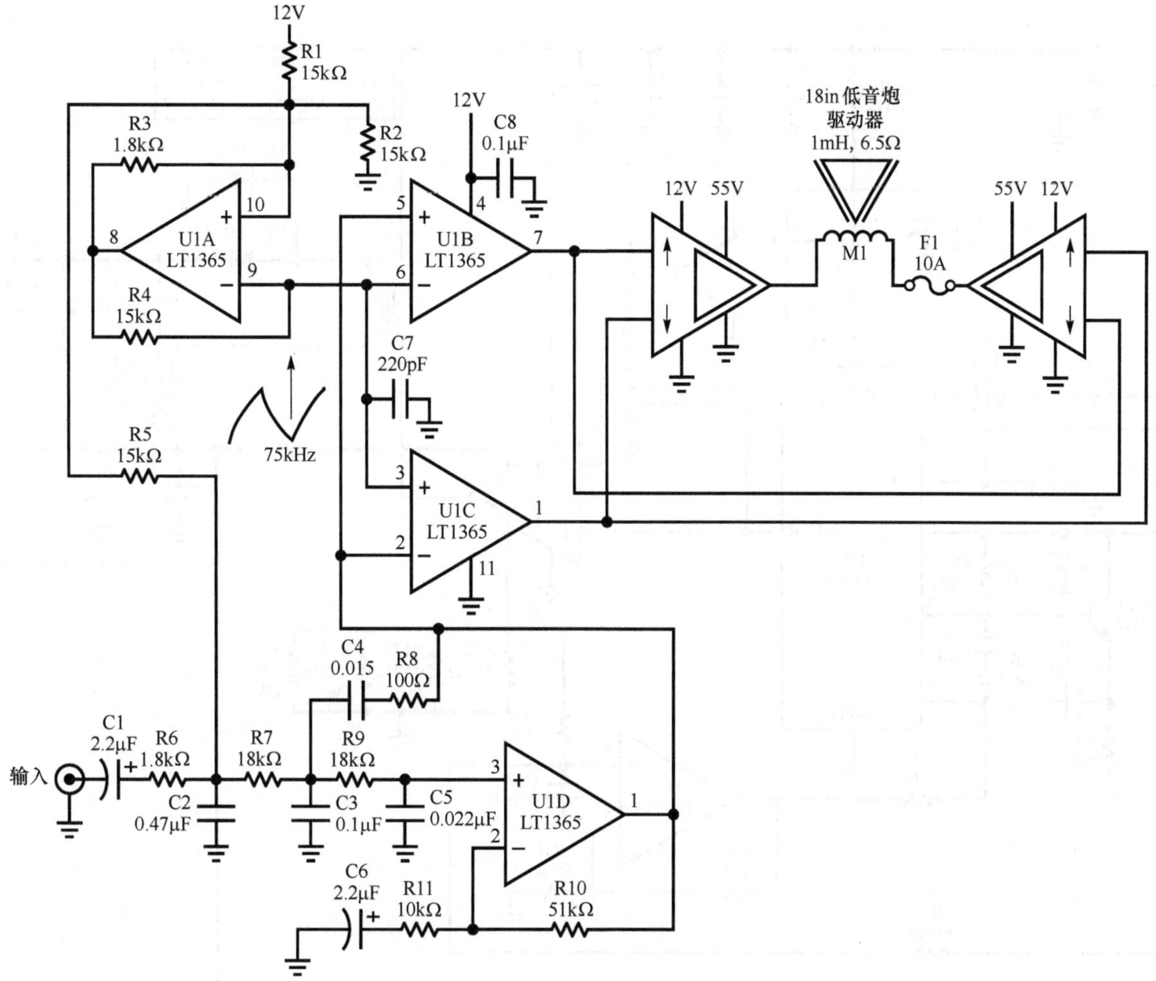

图38.195　200W电源供电的低音炮

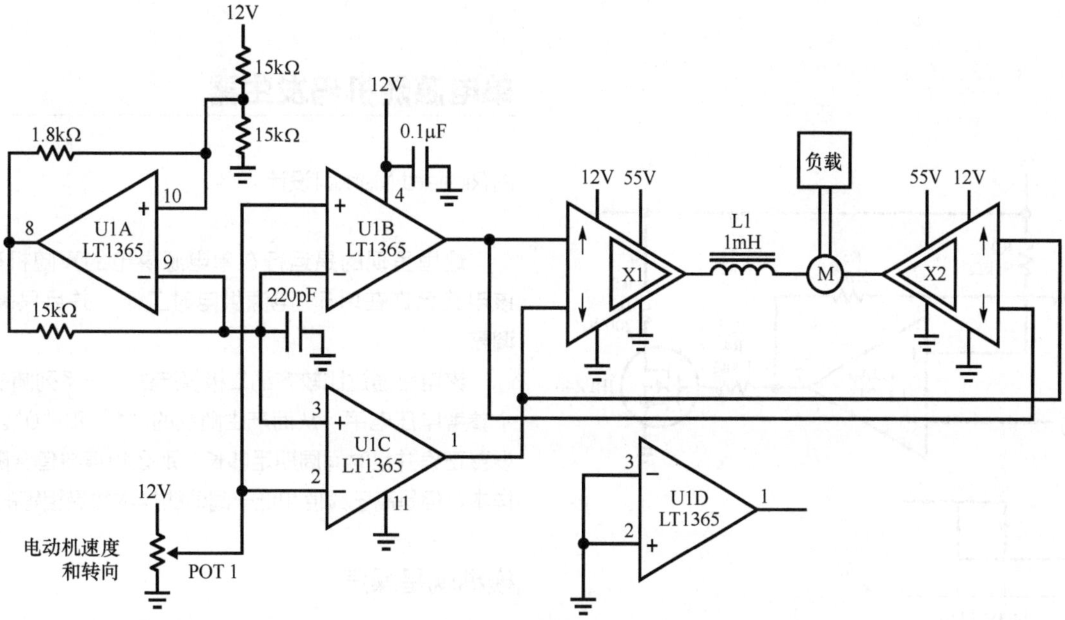

图38.196　D类电动机驱动器

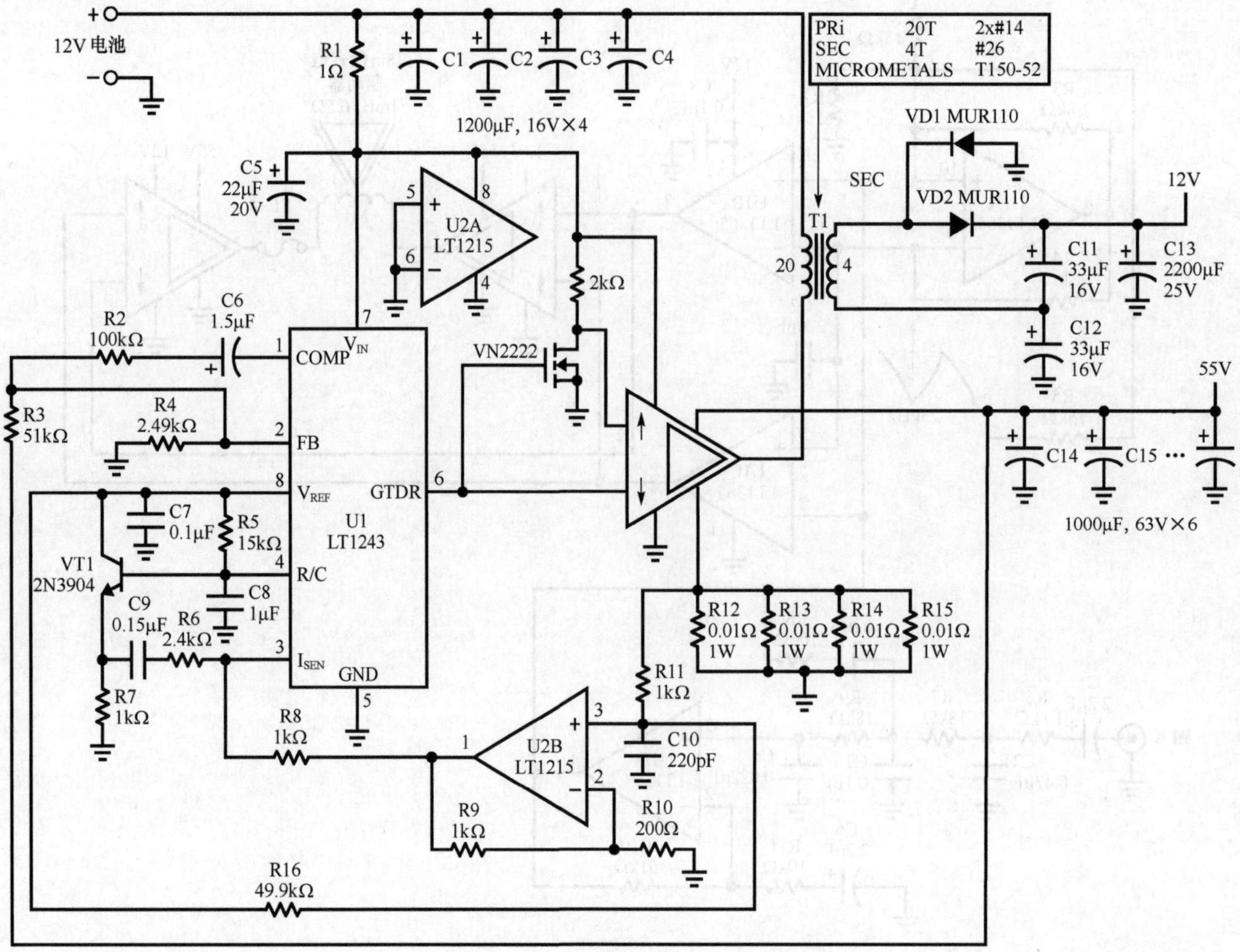

图38.197 用于汽车的200W、2象限前端

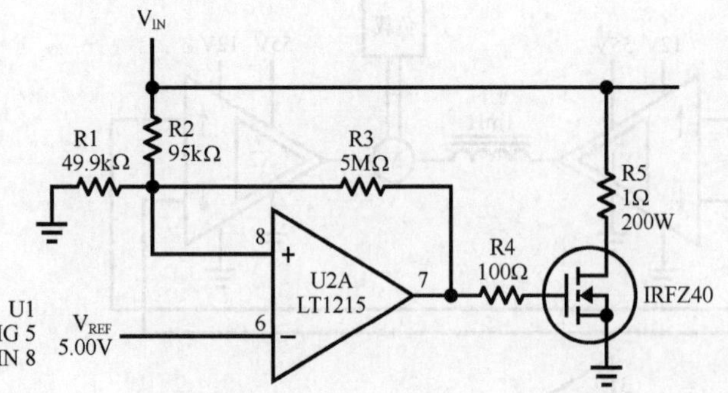

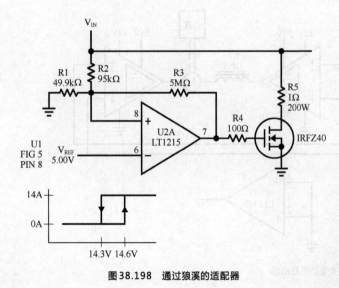

图38.198 通过狼溪的适配器

单电源随机码发生器

由Richard Markell设计

这里呈现的是运行在单电源供电的真随机码发生器。该电路允许在单5V电源供电时工作，并且只需要最小的调整。

该电路通过比较齐纳二极管产生的一系列随机噪声和一个参考电压电平，从而产生随机的“1”和“0”。如果阈值设置正确并且时间周期足够长，那么噪声将包含随机数目的样本，但是高于阈值和低于阈值的样本数是相等的。

模糊就是噪声

图38.199所示的电路为随机噪声发生器。从1N753A齐纳二极管中获得最佳的噪声性能，它具有一个6.2V的齐

纳“拐点”。二极管用于产生随机噪声。我们发现二极管的最佳噪声输出发生在I-V曲线的“拐点”，此处齐纳管刚开始将电压限制在6.2V。

让工作在6.2V的齐纳管由5V供电需要有一些手段。显然，需要进行升压给二极管提供8V或者更高的电压。U1是LTC1340，它是低噪声、升压型变容二极管驱动器，在输入为5V时提供9.2V电压（电流为20μA）。这个齐纳管电流是用于从二极管产生噪声输出的最优电流（在20μA时，输出为20m V$_{(峰峰值)}$）。

1MΩ和249kΩ电阻偏置运放U2的输入端至1.25V，以匹配比较器U3的输入共模范围。1μF电容给噪声提供一个交流路径。注意：小心这部分电路中放置额外电容的地方，否则噪声可能会被意外地滚降。这是一个需要噪声的电路。

U2为LT1215，是23MHz、50V/μs的双运放，可以在单电源供电下运行。它用作一个增益为11的宽带放大器，对齐纳二极管的噪声进行放大；U2的第二个运放未被使用。U3为LT1116，是高速、对地感测的比较器，在其正输入端接收噪声信号。在负比较器输入端设置阈值，并通过2kΩ电位器调节输出为均等数目的“1”和“0”。5kΩ电阻和10μF电容提供有线的迟滞，所以电位器的调节并不是如此关键。锁存器U4为74HC373，确保输出在整一个时钟周期内保持锁存状态。电路的输出从U4的Q0输出端获取。

自动阈值调整的几点思考

有些电路设计人员询问有关不需要人工旋钮或者电位器的阈值调整方式。一种实现的方式可能是用微处理器计算一定时间周期内“1”和“0”的数目，并调节阈值（可能通过数字电位器）来产生所需“1”的密度。

一种调节阈值的更加“模拟”的方法是采用带有复位的积分器。这个电路将“1”和“0”的数目随时间进行积分，从而调整使得积分结果为零以产生相同数目的“1”和“0”。同样，可以采用一个数字电位器来调节阈值，阈值在“1”不足时减小而在“1”太多时增大。

在与“网络先驱”进行了多次深入交流之后，研制出了图38.200所示的电路。这个电路可以替代图38.199虚线框中所示的可调电阻。电路运行时，LT1004-2.5被用作一个精确电压分压串前端的基准。在分压串上产生了一系列的电压，一个跳线用于将这个电压连接至缓冲器，从而传输至LT1116比较器的负输入端。与2kΩ可调电阻的例子相似，引脚2的电压（比较器的负输入端）设置比较器的阈值。电阻串上的电压抽头是任意的；其选取应能得到较好的调节范围（定义为允许通过跳线来获得50%的“1”和50%的“0”），它们都经过选择以允许从10个用于产生噪声的1N733A齐纳二极管选择一个样品。在中等数量或者大批量的应用中，跳线可能（或许是应该）由微处理器控制的模拟开关进行替换。

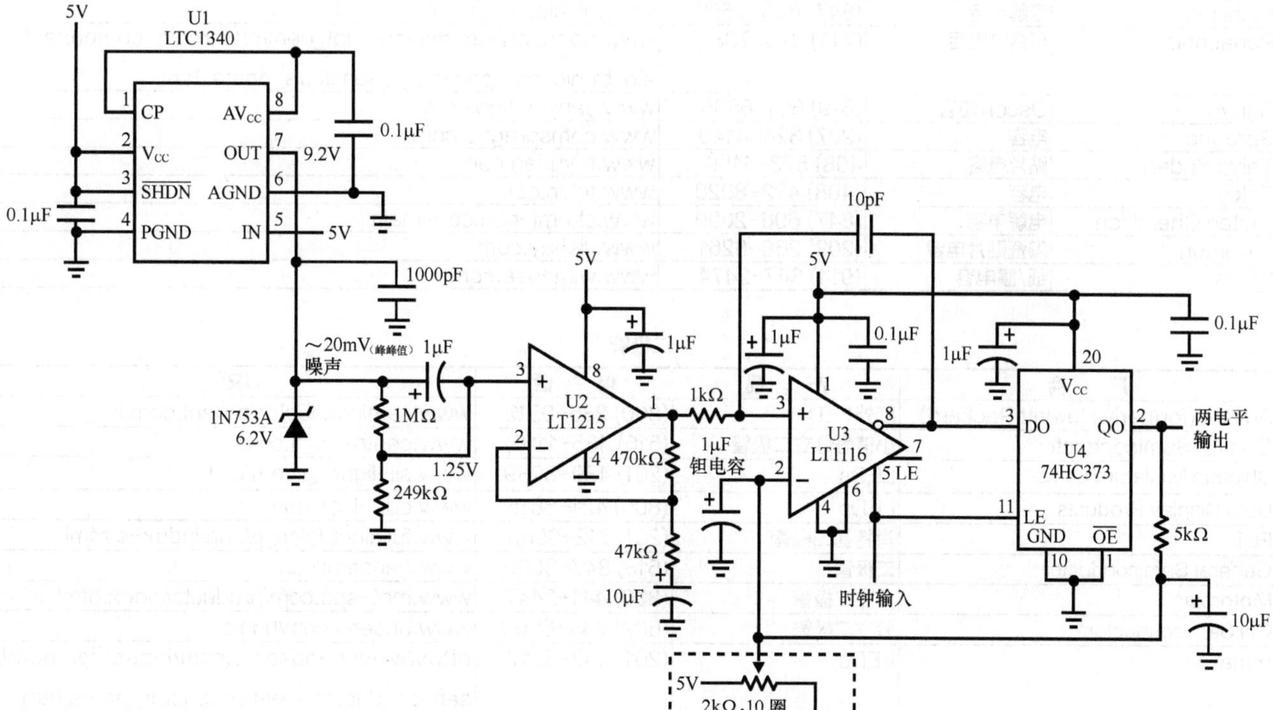

图38.199 单电源随机码发生器

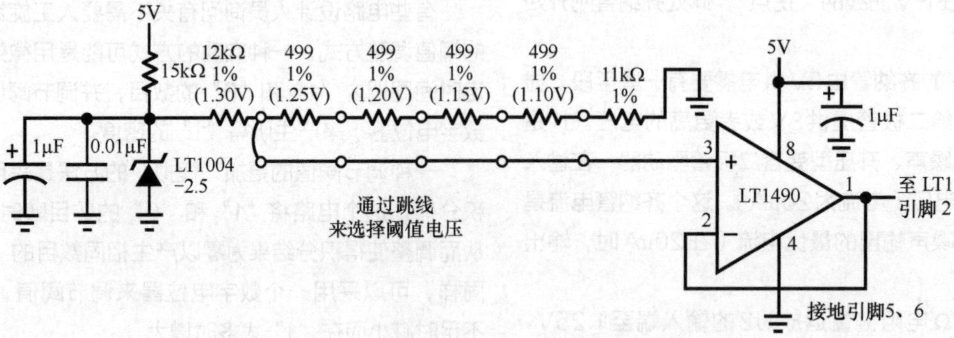

图 38.200 用于图 38.199 所示电路的阈值跳线选择电路

附录A 元件供应商联系方式

这一页以及接下来的页面将列出这些出版物中应用电路使用的非凌力尔特器件厂商的联系方式。在一些情况下，来自其他厂商的器件也可能会适合。关于器件选取的更多信息，请参考相应文章的内容以及正确的凌力尔特数据手册。

电容

厂　商	产　品	电　话	URL
AVX	贴片电容	(843) 946-0362	www.avxcorp.com/products/capacitors
AVX	钽电容	(207) 282-5111	
Electronic Concepts	400V钽电容	(908) 542-7880	www.eci-capacitors.com
Kemet	钽电容	(408) 986-0424	www.kemet.com
Marcon	高电流/电压电容	(847) 696-2000	www.chemi-con.com/main/company/marcon.html
Murata Electronics	电容	(770) 436-1300	www.iijnet.or.jp/murata/products/english
Nichicon	电解电容	(847) 843-7500	www.nichicon-us.com
Panasonic	聚合物电容	(714) 373-7334	www.panasonic.com/industrial_oem/electronic_components/electronic_components_capacitors_home. htm
Sanyo	Oscon电容	(619) 661-6835	www.sanyovideo.com
Sprague	电容	(207) 324-4140	www.comsprague.com
Taiyo Yuden	贴片电容	408) 573-4150	www.t-yuden.com
Tokin	电容	(408) 432-8020	www.tokin.com
United Chemicon	电解电容	(847) 696-2000	www.chemi-con.com/main
Vitramon	陶瓷贴片电容	(203) 268-6261	www.vishay.com
Wima	纸/膜电容	(914) 347-2474	www.wimausa.com

二极管

厂　商	产　品	电　话	URL
Agilent (formerly Hewlett Packard)	红外LED	(800) 235-0312	www.semiconductor.agilent.com/ir
Central Semiconductor	小信号分立二极管	(516) 435-1110	www.centralsemi.com
Chicago Miniature Lamp	LEDs	(201) 489-8989	www.sli-lighting.com/cml
Data Display Products	LEDs	(800) 421-6815	www.ddp-leds.com
Fuji	肖特基二极管	(201) 712-0555	www.fujielectric/co/jp/eng/index-e.html
General Semiconductor	二极管	(516) 847-3000	www.gensemi.com
Motorola*	分立二极管	(800) 441-2447	www.mot-sps.com/products/index.html
ON Semiconductor*	分立二极管	(602) 244-6600	www.onsemi.com/home
Panasonic	LEDs	(201) 348-5217	http://www.panasonic.com/industrial_oem/semiconductors/semiconductor_home.htm
Temic	红外光二极管	(408) 970-5700	www.temic.com
Vishay	齐纳管/小信号二极管	(408) 241-4588	www.vishay.com
Zetex	小信号分立二极管	(516) 543-7100	www.zetex.com

电感和变压器

厂　商	产　品	电　话	URL
API Delevan	电感	(716) 652-3600	www.delevan.com
BH Electronics	电感	(612) 894-9590	www.bhelectronics.com
BI Technologies	变压器	(714) 447-2656	www.bitechnologies.com
Coilcraft	电感	(847) 639-6400	www.coilcraft.com
Cooper	电感/变压器	(561) 752-5000	www.coiltronics.com
Dale	电感/变压器	(605) 665-1627	www.vishay.com/fp/fp.html#inductors
Gowanda	电感	(716) 532-2234	www.gowanda.com
Midcom	电感/变压器	(605) 886-4385/ (800) 643-2661	www.midcom-inc.com
Murata Electronics	电感	(814) 237-1431	www.murata.com
Panasonic	电感/变压器	(714) 373-7334	www.panasonic.com/industrial_oem/electronic_components/ electronic_components_inductors_coils_and_transformers.htm
Philips	电感	(914) 246-2811	www.acm.components.philips.com
Philips	平面电感	(914) 247-2036	www.acm.components.philips.com
Pulse	电感	(619) 674-8100	www.pulseeng.com
Sumida	电感	(847) 956-0667	www.japanlink.com/sumida
Tokin	电感	(408) 432-8020	www.tokin.com

Logic

厂　商	产　品	电　话	URL
Fairchild	Logic	(207) 775-4502	www.fairchildsemi.com
Intersil (formerly Harris)	Logic	800) 442-7747	www.intersil.com
*Motorola	Logic	(800) 441-2447	www.mot-sps.com/products/index.html
*ON Semiconductor	Logic	(602) 244-6600	www.onsemi.com/home
Toshiba	Logic Single Gate Logic	(949) 455-2000/ (714) 455-2000	www.toshiba.com/taec

Resistors

厂　商	产　品	电　话	URL
Allen Bradley	Carbon Resistors	(800) 592-4888	www.ab.com
AVX	Chip Resistors	(843) 946-0524	www.avxcorp.com/products/resistors/chiprstr.htm
BI Technologies	Resistors/Resistor Networks	(714) 447-2345	www.bitechnologies.com
Bourns	Potentiometers, SIPs	(801) 750-7253	www.bourns.com
Dale	Sense Resistors	(801) 750-7253	www.bourns.com
IRC	Sense Resistors	(361) 992-7900	www.irctt.com
RG Allen	Metal Oxide Resistors	(818) 765-8300	www.rgaco.com
TAD	Chip Resistors	(800) 508-1521	www.tadcom.com
Taiyo Yuden	Chip Resistors	(408) 573-4150	www.t-yuden.com
Thin Film Technology	Thin Film Chip Resistors	(507) 625-8445	www.thin-fi lm.com
Tocos	SMD Potentiometers	(847) 884-6664	www.tocos.com
Central Semiconductor	Small Signal Discretes	(516) 435-1110	www.centralsemi.com
Fairchild	MOSFETs	(408) 822-2126	www.fairchildsemi.com
IR	MOSFETs	(310) 322-3331	www.irf.com
Motorola*	Discretes	(800) 441-2447	www.mot-sps.com/products/index.htm
ON Semiconductor*	Discretes	(602) 244-6600	www.onsemi.com/home
Philips	Discretes	(401) 767-4427	www-us.semiconductors.philips.com
Siliconix	MOSFETs	(800) 554-5565	www.siliconix.com
Zetex	Small Signal Discretes	(631) 543-7100	www.zetex.com

其他元件

厂　　商	产　　品	电　　话	URL
Aavid	散热器	(714)556-2665	www.aavid.com
Epson	晶振	(310)787-6300	www.eea.epson.com
Infi neon(formerly Siemens Semiconductor)	光电子器件	(108)257-7910	www.infi neon.com /us/opto/content.htm
Magnetics, Inc.	环形磁芯等等	(800)245-3984	www.mag-inc.com
MF Electronics	晶体振荡器	(914)576-6570	www.mfelec.com
Murata Electronics	射频器件	(770)433-5789	www.murata.com
QT Optoelectronics	射频开关	(408)720-1440	www.qtopto.com
Raychem	保险丝	(800)227-4856	www.raychem.com
RF Micro Devices	射频半导体	(336)664-1233	www.rtie.rti-corp.com
RTI/Ketema	浪涌抑制器	(714)630-0081	www.rtie.rti-corp.com
Schurter	保险丝和底座	(707)778-6311	www.schurterinc.com
Thermalloy	散热器	(972)243-4321	www.thermalloy.com
Toko	射频产品	(847)699-3430	www.tokoam.com

凌力尔特公司

产　　品	电　　话	URL
高性能模拟电路	(408)432-1900	wwlinear. com

信号源、信号调理器和功率电路

39

Jim Williams

引言

我们有时也需要设计专用电路。具体需求可能源于客户，也可能源于内部需求。也有可能是因为某些电路的性能非常吸引人，无法让人忽略，从而被开发出来的[①]。随着时间的推移，这些电路积累并包含了各种广泛而且实用的功能。它们花费了工程师们巨大的心血。这些因素是我们将这些技术编辑成册并出版发行的根本缘由。所以，本章汇集了一组电路。这并不是我们第一次展示这些技术，而且根据读者令人鼓舞的反馈，它也不会是最后一次[②]。在最新的版本中包括了18个电路，这些电路大致按照刊物标题进行分类。它们将在随后的章节中一一呈现。

压控电流源：以地为参考的输入和输出

以地为参考的压控电流源很难实现。有一些相关的措施，但是经常非常烦琐，需要很多元件才能实现。使用一个具有差分、独立反馈输入端的差分放大器来完成的概念性设计，如图39.1所示。独立反馈输入端允许差分输入信号在共模允许范围内工作，不受反馈条件的影响。类似的，差分反馈端口也可以感测任何共模范围内的信号。在这两种情况下，共模范围扩展到V^-到正电源轨2V以内。输出摆幅扩展到两个电源轨。

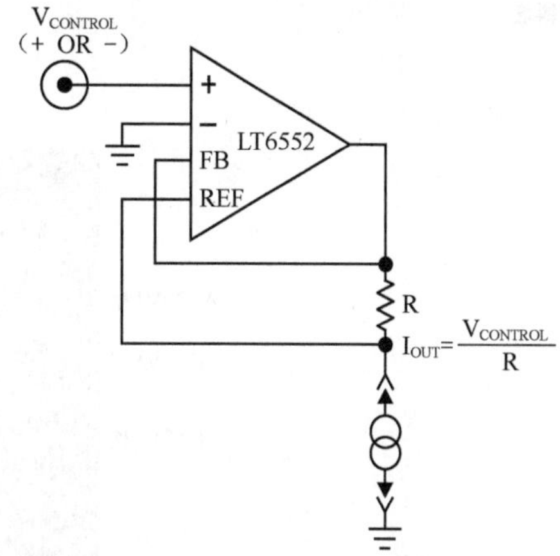

图39.1　对地参考的电压控制双极性电流源的概念图，它采用了差分放大器分立的反馈输入。合规性极限可以由电源电压、输出电流能力以及输入共模范围进行加强

根据前面所述的自由度，可以构建出图39.1所示的电路配置。放大器由输入的控制电压进行偏置，反馈通过电阻完成。尺度因子由公式确定，该公式可以看作是欧姆定理的变形。可以看到，该电路将根据输入控制信号产生任意极性的电流输出。合规极限由电源电压、输出电流能力和输入共模范围决定。

图39.2将图39.1中的原理付诸于实践。测试电路（图左）产生控制信号以激励电流源（图右），电流源将驱动容性负载。图39.3所示的波形描述了电路的行为。波形A为时钟，波形B为A1的控制输入信号，而波形C为电容电压。测试电路展示了在每个VT1所连接电容复位到零（参见波形C）以后，控制输入信号的极性将发生变化（参见波形B）。交流、等幅、相反极性的线性电容斜坡清楚地说明了电流源的能力。

---

① 当你发现某些技术很具吸引力时，勇敢尝试！(Robert J. Oppenheimer)。

② 本系列的早期成果包括AN45、AN52、AN61、AN66、AN67和AN75。参见参考文献14至19。

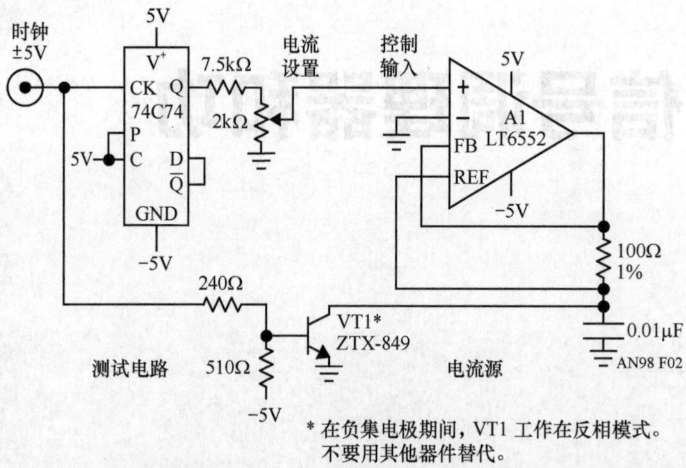

图39.2　图39.1所示电路的具体实现，为容性负载提供双极性电流。测试电路提供双极性控制电路输入以及复位电容。结果是电容上出现交流、极性相反的斜坡

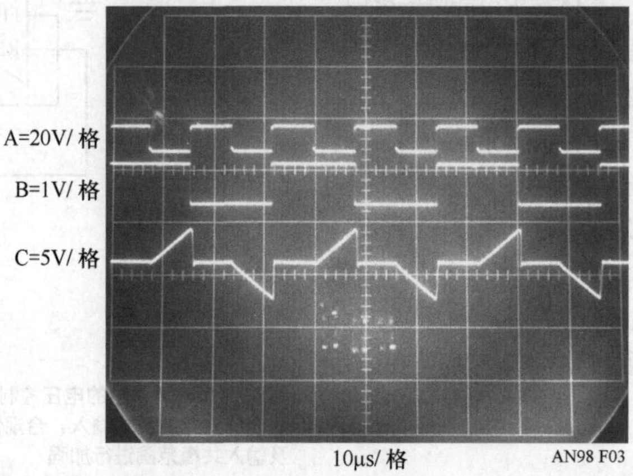

图39.3　电压控制电流源测试电路的波形包括时钟（线迹A），控制输入（线迹B）和电容电压（线迹C）。双极性输入控制电压导致互补的电容斜坡

用于网络电话识别的稳定振荡器

一些电话网络需要一个幅度、频率稳定的100Hz载波来指示网络内电话的状态。图39.4所示电路在单电源5V供电下运行，能够实现这一功能。该电路仅使用了两个双运放和与之配套的分立元件。A1为常规的多谐振荡器，运行在100Hz。其方波和三角波输出分别如图39.5中的波形A和波形B所示。100Hz三角波经过A2的16Hz阻容输入对的滤波，在A2的输出端成为一个经过放大的正弦波。A3的输入衰减在放大器的输入范围内（$V_{CM(LIMIT)}$=-0.3V）保持了正弦波的负包络。由单轨供电的A3，其输出无法跟踪正弦波的负值部分；它在离地电平几个毫伏的位置达到饱和，产生波形D所示的半波整流输出信号。这一输出表示A2的幅度，由带限的A4-VT1将其与直流参考电压进行比较。VT1的集电极偏置了A1的电源引脚，形成一个幅度稳定环路以稳定电路的正弦波输出信号。正弦波失真如波形E所示，尽管存在三角波失真，不过正弦波失真仍只有4%。其他指标包括：在电源从3.4V到36V变化时幅度有小于0.15%的变化，在同样的电源电压变化范围内频率稳定度在0.01%以内，以及初始频率精确度为6%。

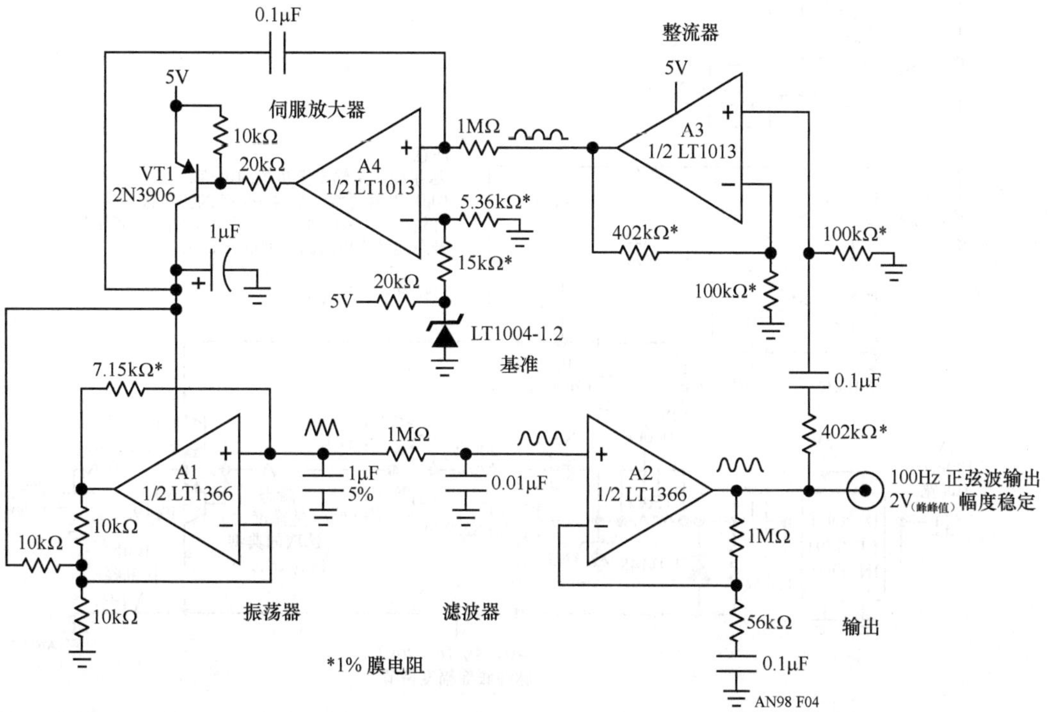

图39.4 幅度/频率稳定的正弦波振荡器，用于网络电话识别，而且适合通用用途。A1经过滤波的三角波输出在A2产生一个2V（峰峰值）正弦波。A3经过整流后的输出由A4的基准进行平衡。VT1通过调制A1的电源引脚以构成闭合的稳定环路

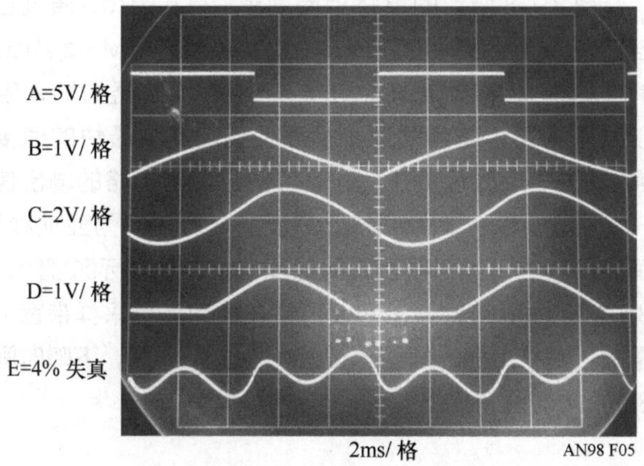

图39.5 图39.4所示电路的波形，包括A1的方波（线迹A）和三角波（线迹B）输出，A2的正弦波（线迹C），A3的整流输出（线迹D）和失真残留（线迹E）。尽管三角波不纯净，但是在A2的1MΩ-0.01μF滤波器仅有4%的失真

微反射镜显示脉冲发生器

一些“微反射镜”显示器需要高电压脉冲发射器用于偏置。脉冲幅度必须在0～50V之间可调，并且脉冲顶部和底部幅度可以独立设置。此外，上升和下降时间在1500pF微反射镜负载时，必须在150ns以内并且绝对不允许有过冲。输入脉冲为5V供电的正逻辑信号。这些要求表明，一个认真设计的电平转换器必不可少。

图39.6所示的电路满足了显示器的要求。输入脉冲加载到LTC1693同相驱动器的两段电路。LTC1693输出重新产生输入脉冲，但是有更低的源阻抗。LTC1693输出由阻容-二极管组合提供负电压轨参考，驱动电平转换器VT1。VT1采用贝克（Baker）钳位和基极加速电容，提供宽带电压增益，脉冲幅度由集电极和发射极电压设置。VT1的集电极电容由VT2-VT3进行隔离。这两个晶体管反过来通过一个电阻驱动输出级VT4-VT5。这一电阻与VT4-VT5的输入电容一起控制边缘次数和过冲。该电阻的典型值为200Ω，将随布局的改变而变化，需要选取合适的值以保持输出波形最纯净。VT4和VT5为高电流类型晶体管，它们将驱动容性负载。

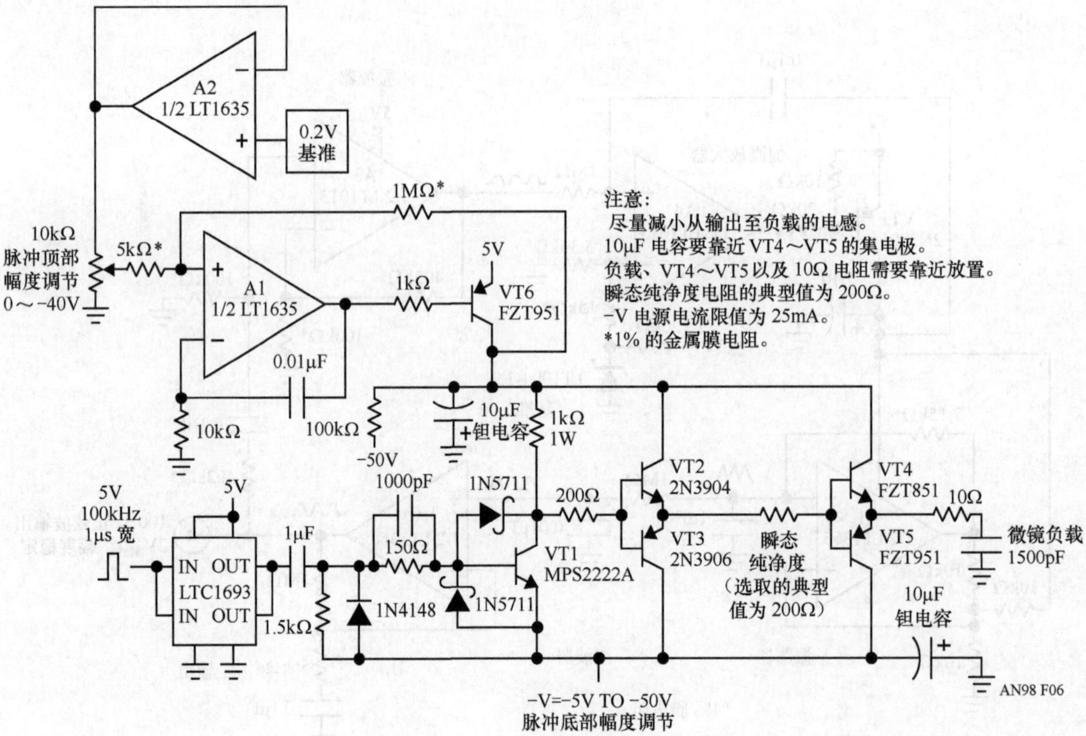

图 39.6 用于微反射镜无过冲偏置的高电压、宽带电平转换器。5V 输入脉冲通过 LTC1693 驱动器开关 VT1 电压增益级。VT2-VT3 隔离 VT1 的集电极并偏置 VT4-VT5 的输出。A1-VT6 调节脉冲顶部的幅度；-V 电压设置脉冲底部的电压。输出脉冲幅度可以设置在这两个限制值之间，而且没有过冲

5 个晶体管构成的电路在 VT1 的发射极和集电极设置的电压轨之间摆动[③]。发射极电压轨（即“脉冲底部”幅度）由其电源的直流电压设定，在-5～-50V 之间。集电极轨由 A1 控制，运行在 Wu 组态[④]。A1 包括一个放大器和一个 0.2V 参考电压，它驱动 VT6 以调节集电极的电压轨在 0～-40V 之间（与 10kΩ 电位器设置的值一致）。两个电源轨的可设置性与晶体管级的宽运行范围一起，允许电路在所需的范围内进行脉冲幅度控制。

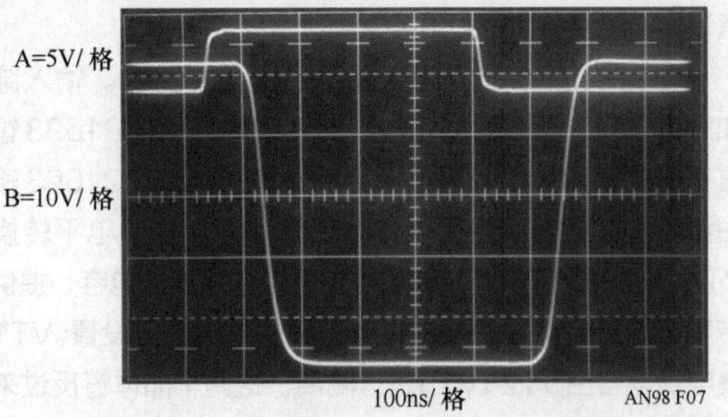

图 39.7 给出了在幅度限制设置为 0 和 -50V 时，输入脉冲（波形 A）经过电平转换后的输出信号（波形 B）。高电压输出转换可在 100ns 以内完成，相当干净

③ 晶体管数据手册爱好者可能会注意到，-50V 电压超过 VT1、VT2、VT3 的 U_{CEO} 指标。晶体管工作在 U_{CER} 条件下，击穿电压会高得多。

④ 集电极轨控制方法由凌力特公司的 Albert Wu 建议。

简单的上升时间和频率基准

在宽带电路中常见的一个需求是上升时间/频率基准。LTC6905 振荡器提供了实现这一基准的简单方法。这个器件可以通过引脚连接和一个电阻实现编程，输出信号可以在 17～170MHz 范围内连续可选而且精度在 1% 以内。此外，输出级转换时间典型值在 500ps 以内。

图 39.8 所示的电路相当简单。LTC6905 通过管脚连接和所示的电阻值设置输出信号为 100MHz。953Ω 的电阻将集成电路的输出端与 50Ω 示波器的输入阻抗以及任何寄生电容隔离，从而促使电路以最快的速度转换。图 39.9 显示了在 1GHz 实时带宽内电路的输出信号（t_{RISE}=350ps）。100MHz 方波的转换时间为亚纳秒级。确定转换的上升时间和下降时间需要更快的示波器[⑤]。图 39.10 和图 39.11 所示的波形是在 3.9GHz 采样带宽下测量的，测得上升时间为 400ps（见图 39.10），下降时间为 320ps（见图 39.11）。

⑤ 参见附录 A“多少带宽才是足够的”以及附录 B“连接器、线缆、适配器、衰减器、探头以及皮秒”。

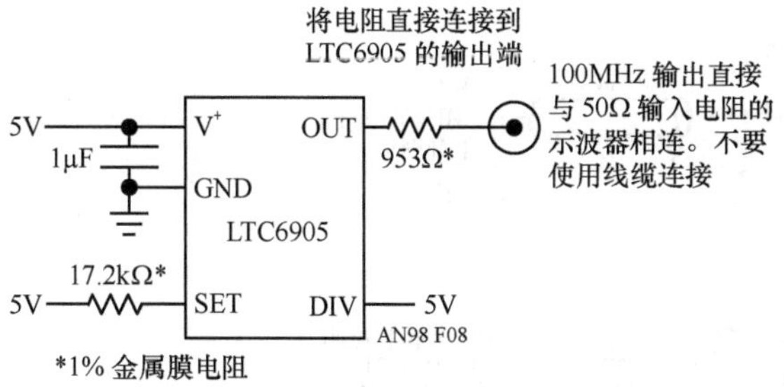

图 39.8　LTC6905振荡器设置为纳秒量级转换时间和100MHz输出信号的上升时间/频率基准

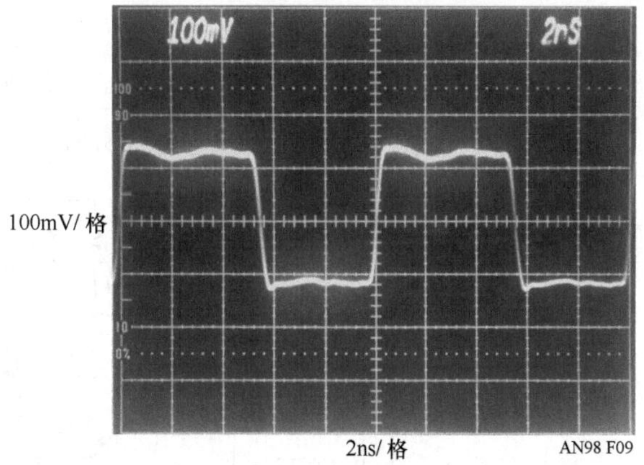

图 39.9　在1GHz实时带宽下显示100MHz输出信号亚纳秒的转换时间

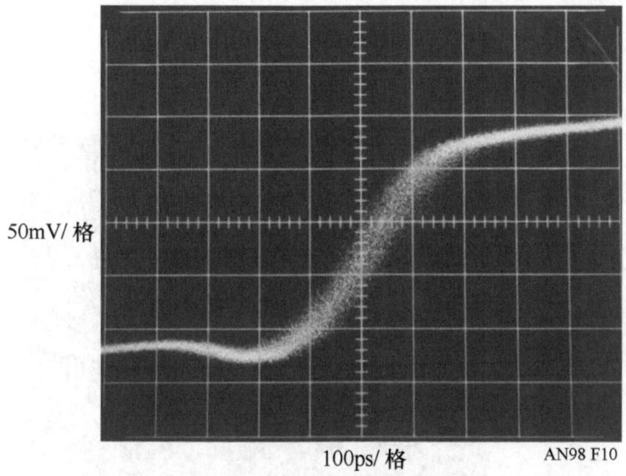

图 39.10　在3.9GHz采样带宽下测得转换上升时间为400ps（t_{RISE}=400ps）。波形的粒度取决于采样示波器的具体操作

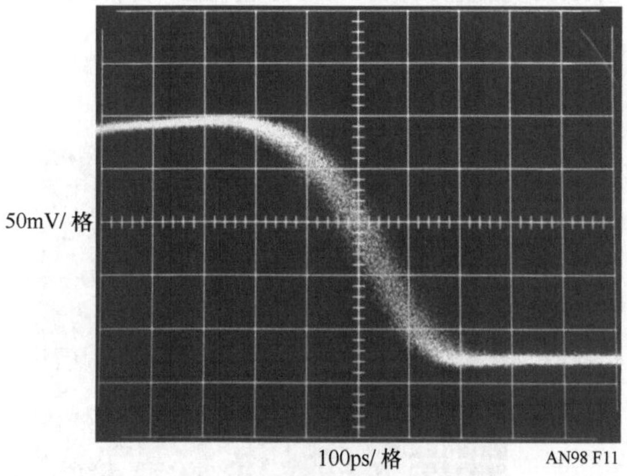

图 39.11　在3.9GHz采样带宽下测得转换下降时间为320ps（t_{RISE}=90ps）。波形的粒度取决于采样示波器的具体操作

850ps上升时间的脉冲发生器（脉冲顶部异变<1%）

脉冲响应和上升时间测试通常需要脉冲高度纯净、上升时间快速的信号源。这些参数很难同时满足，特别是在亚纳秒速度时。图39.12所示的电路，是从示波器校准器中派生出来的。该电路可以达到这些需求，能输出顶部异变小于1%的850ps输出信号。

振荡器01输出一个10MHz方波到电流模式的开关VT2-VT3。注意01由地和-5V供电以满足晶体管的偏置要求。VT1给VT2-VT3提供电流驱动。当01偏置VT2时，VT3关断。VT3的集电极快速升高到一个由VT1集电极电流、VD1、电路输出端电阻和50Ω端接所确定的电压。当01变低时，VT2关断，VT3导通并且输出稳定至零。VD2防止VT3饱和。

电路的正输出转换相当快并且出奇的干净。图39.13所示的是在1GHz实时带宽时观察得到的波形，该图显示上升时间为850ps，转换前和转换后的波形非常干净[⑥]。图39.14所示的是脉冲顶部稳定时间的详情。该照片显示了紧跟在500mV的上升转换之后的脉冲顶部区域。转换边沿完成后的400ps内信号达到稳定状态，所有不良波动都在±4mV以内。1mV、1GHz振荡可能是由于面包板结构的局限性造成的，可以通过带状布局技术消除。

⑥ 测得的850ps上升时间，受示波器350ps上升时间的影响，几乎可以肯定是悲观的。对测量结果进行平方和的平方根校正，显示上升时间为775ps。更详细的讨论请参见附录A。

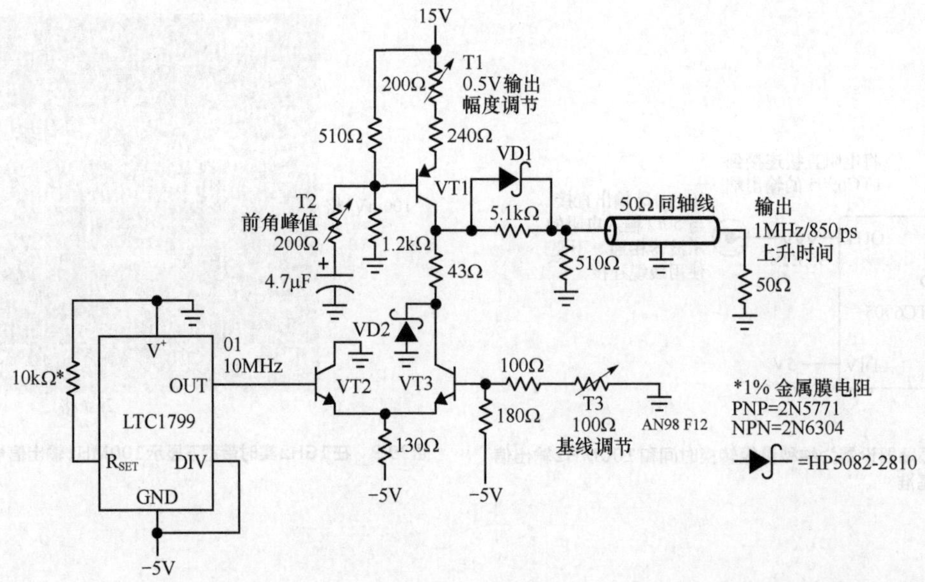

图39.12 振荡器01驱动VT2-VT3电流模式开关，产生850ps上升时间的输出。微调将有助于实现干净的转换，脉冲顶部失真将<1%

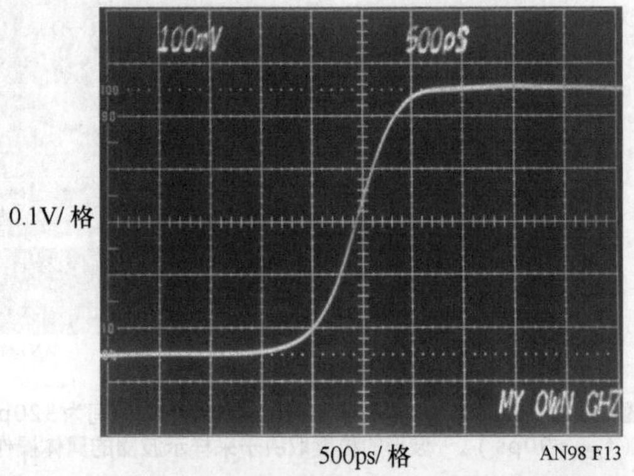

图39.13 图39.12所示电路转换时间为850ps，在实时1GHz（t_{RISE}=350ps）带宽下没有失真。对测量结果进行均方根校正后，上升时间为775ps

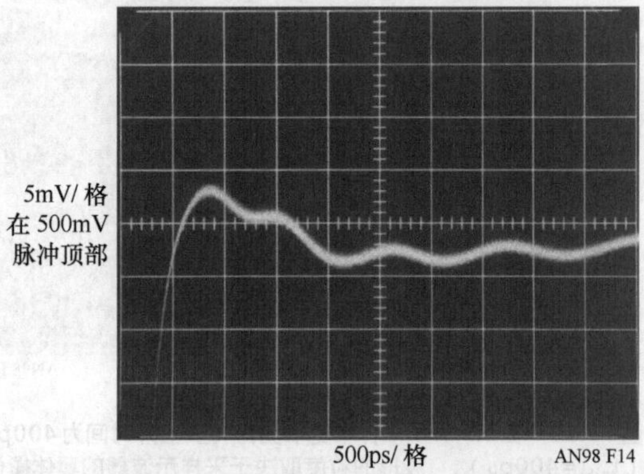

图39.14 在400ps的转换完成后，脉冲顶部的异变保持在4mV以内。1GHz的振荡可能由于面包板的局限性。线迹的粒度取决于采样示波器的具体操作

系统的性能需要进行微调。所用的示波器需要有至少1GHz的带宽。T2和T3需要微调以达到最佳的输出脉冲，而T1将50Ω端接电阻上的输出幅度设置为500mV。调整的过程需要一些反复，但是不会太多，一般都能很快收敛，得到所讨论的结果。

20ps上升时间的脉冲发生器

图39.15所示的是另一个高速上升时间脉冲发生器。它开关切换一个高级别、商用的隧道二极管以产生20ps上升时间的脉冲。01的时钟（见图39.16的波形A）引起VT1的集电极（波形B）切换带容性负载的VT2-VT3电流源。从而在VT3的集电极引起重复性的斜坡（波形C）。该斜坡经过VT4缓冲，通过输出电阻偏置所安装的隧道二极管。隧道二极管驱动输出（波形D）随着斜坡变化直至突然升高（波形D，在第四个竖线之前）。这一突然升高是由隧道二极管触发造成的。与这个触发相关的边沿是极其陡峭的，指定的上升时间为20ps并且稳定过程很干净。图39.17所示的是在3.9GHz（t_{RISE}=90ps）采样示波器的极限内检测这一边沿。线迹展示了隧道二极管的开关切换，它驱动示波器到达它的90ps上升时间极限[⑦]。将扫描速度降至100ps/格，从图39.18可以看出脉冲顶部（在3.9GHz带宽内）在100ps内稳定达到4%以内。[⑧]

⑦ 很遗憾，3.9GHz是我家里最快的示波器了。相关的评论，请参见附录A。

⑧ HP1106不再生产了，但是在二手市场上还是可以买到。TD1107现由有Picosecond Pulse Labs生产，是一个等价的仪器，不过我们还没有用过它。

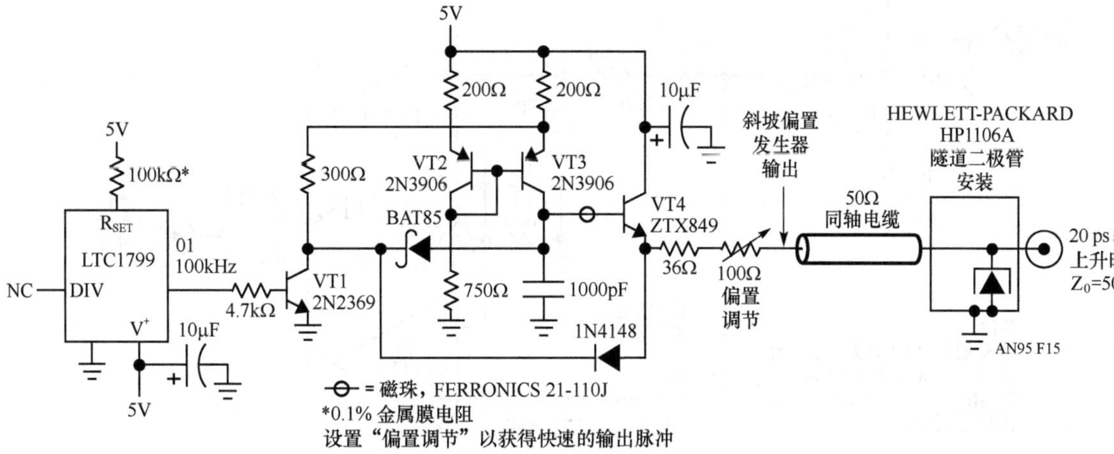

图39.15　电流上升并进入隧道二极管直至发生开关转换，产生一个20ps的边沿。VT1由来自01的方波钟控，开关VT2-VT3具有容性负载的电流源，在VT4产生重复的斜坡。增大的电流通过输出电阻后触发隧道二极管

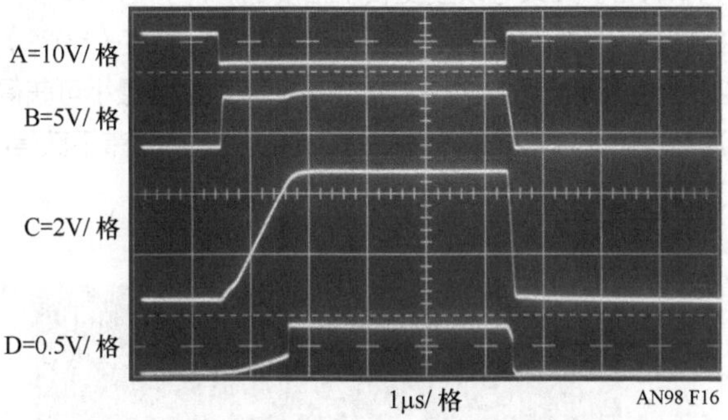

图39.16　01（线迹A）钟控VT1的集电极（线迹B），开关带有容性负载的VT2-VT3电流源。在VT3的集电极引起重复的斜坡（线迹C），由VT4缓冲后，通过输出电阻对隧道二极管进行偏置。隧道二极管的输出（线迹D）跟随斜坡直至发生突然的触发

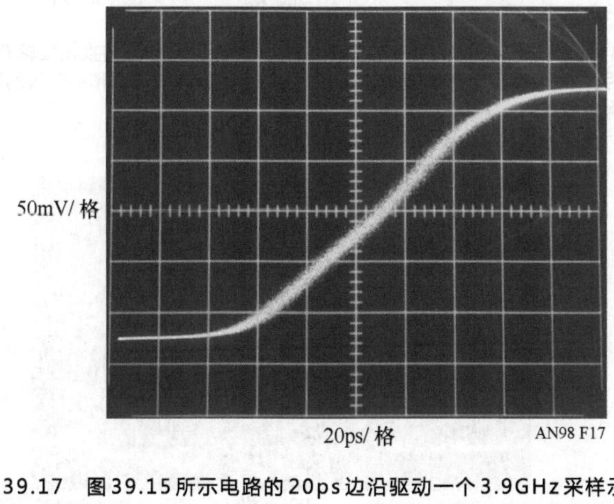

图39.17　图39.15所示电路的20ps边沿驱动一个3.9GHz采样示波器（到达其90ps上升时间极限）。线迹的粒度是采样滤波器的显示特性

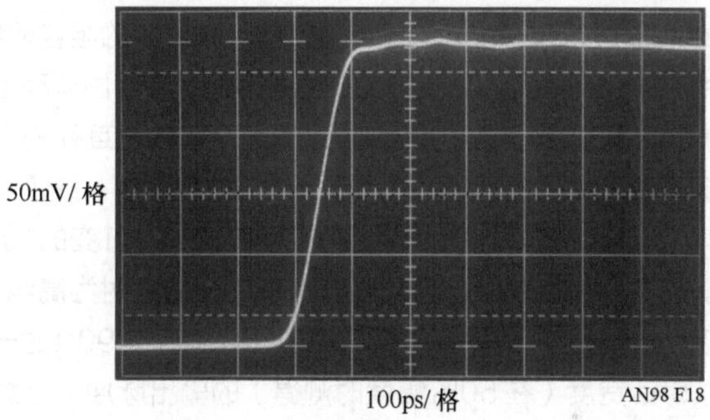

图39.18　降低扫描速度，可以得到示波器3.9GHz带宽（t_{RISE}=90ps）内的4%脉冲顶部平坦度

纳秒级脉冲宽度发生器

前面的3个电路都针对高速上升时间进行了优化。有些时候需要随输入触发信号产生宽度极其短的脉冲。这样一个可预见的、可编程的短时间间隔发生器在高速脉冲电路中（特别是采样应用中）有着广泛的应用[⑨]。图39.19所示电路围绕一个4倍高速比较器和一个高速门电路构成，具有可设置的0～10ns输出宽度并且有520ps、5V的转换。在5V供电（误差在±5%）时，脉冲宽度的变化少于100ps。最小输入触发脉冲宽度为30ns，输入－输出延迟为18ns[⑩]。

⑨ Pedestrain 实验室将间隔发生器称为“单触发”（One shot）。
⑩ 该电路对早期产品进行了极大的提升。参见参考文献4和5。

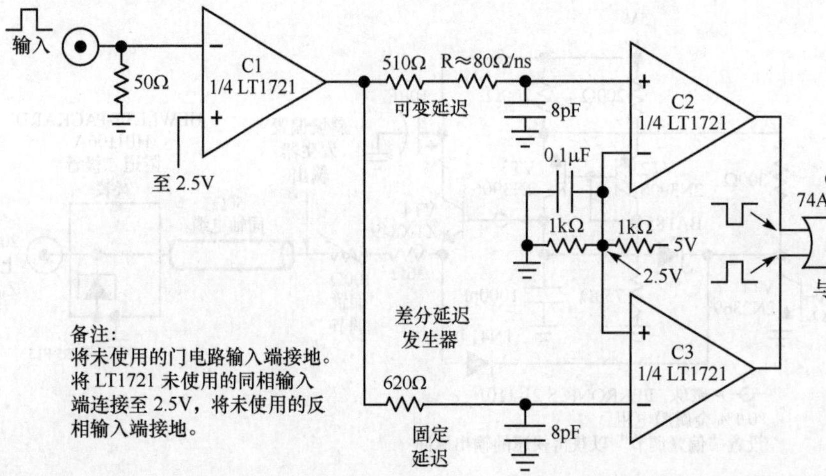

图39.19 脉冲发生器具有0~10ns的宽度，520ps的转换时间。C1为卸除端接，驱动差分延迟网络。C2-C3互补输出将延迟之差表示为边沿时序偏移。G1为电路的输出，在C2-C3正重叠时输出为高电平

输入脉冲（见图39.20，线迹A）被C1反相，C1也对50Ω端接进行隔离。C1的输出驱动固定和可变的阻容网络。网络充电时间不同，以及因此产生的延迟，主要由编程电阻R确定，比例因子≈80Ω/ns。C2和C3配置为互补输出电平探测器，将网络延迟之差表示为边沿时序偏移。线迹B为C3的（“固定的”）输出而线迹C为C2的（“可变的”）输出。门G1的输出（线迹D）在C2-C3正重叠时为高电平，呈现为电路的输出脉冲。图39.21展示了在R=390Ω时一个5V、5ns宽度（在50%幅度时测得）的输出脉冲。该脉冲干净而且具有轮廓分明的转换边沿。转换后的异变在8%以内，是由G1的焊接线电感和不完善的同轴探头路径造成的。图39.22展示了可获得的全幅度（5V）最短脉冲。脉冲宽度在50%幅度处测得为1ns，在3.9GHz带宽下测得底部宽度为1.7ns。如果可以接受较小幅度的脉冲，则可以获得更短的脉冲。图39.23显示的是3.3V、700ps宽度（50%）和1.25ns底部宽度的脉冲。G1的上升时间限制了最小可获得的脉冲宽度。图39.24所示的是在3.9GHz采样通带下获得的，所测得的上升时间为520ps。下降时间相同。

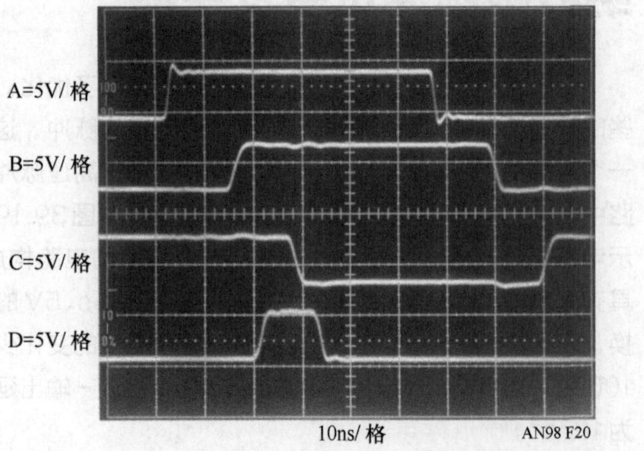

图39.20 脉冲发生器波形（在400MHz实时带宽下的视图）。包括输入（线迹A）、C3（线迹B）固定输出和C2（线迹C）可变输出。电路输出脉冲为线迹D。阻容网络的差分延迟造成了C2-C3的正重叠。G1抽取了这个间隔并呈现出输出信号

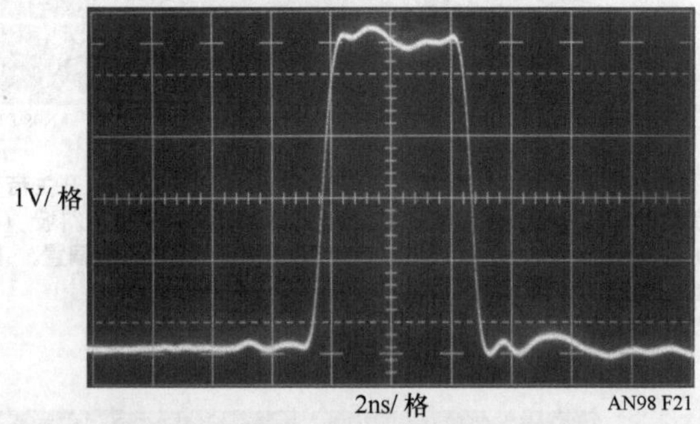

图39.21 在R=390Ω时5ns宽度的输出信号很干净，转换过程轮廓分明。转换后误差在8%以内，这是由G1的焊接线电感和不完善的同轴探头造成的

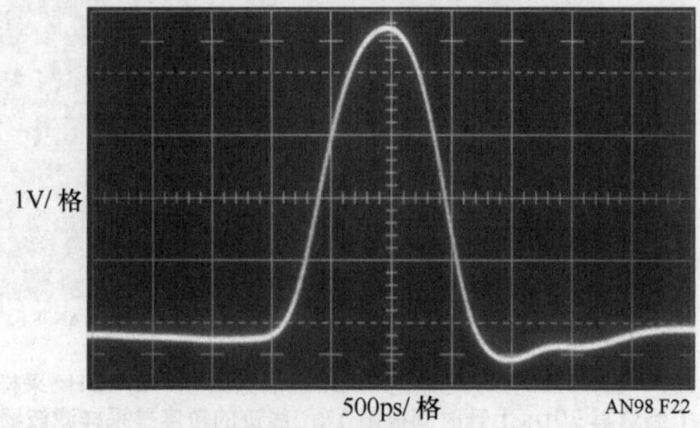

图39.22 最窄的全幅脉冲宽度为1ns；测得的底部宽度为1.7ns。测量带宽为3.9GHz

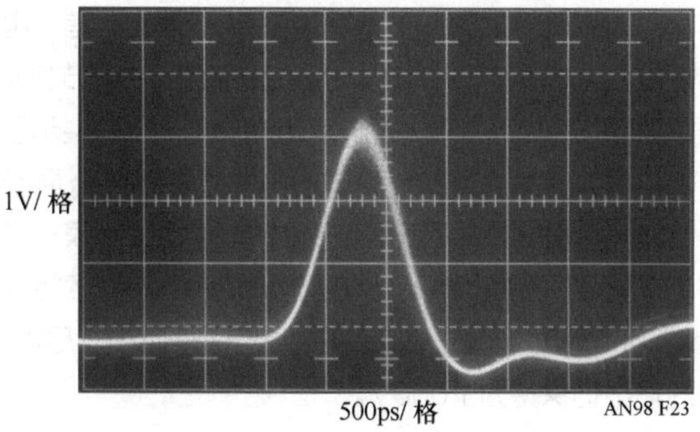

图39.23 部分幅度脉冲，3.3V高，测得宽度为700ps，底部为1.25ns。线迹的粒度取决于3.9GHz采样示波器的具体操作

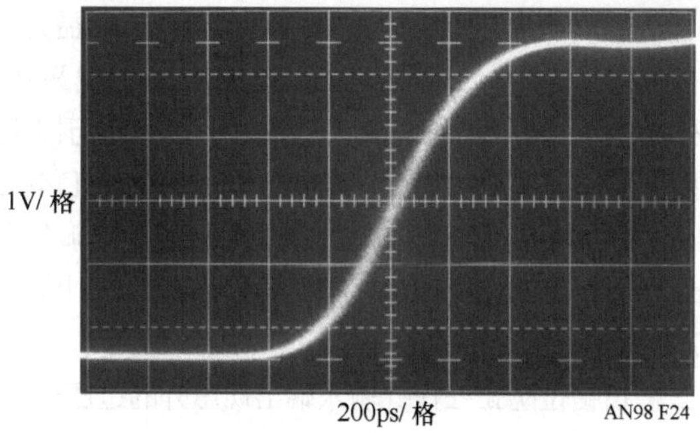

图39.24 在3.9GHz带宽（t_{RISE}=90ps）下转换的具体情况，其上升时间为520ps。下降时间类似。线迹的粒度取决于采样示波器的具体操作

带有真0V输出摆动的单轨供电放大器

很多单电源供电的应用需要放大器输出摆动在地电平的毫伏甚至亚毫伏量级以内。放大器的输出饱和极限通常不包括这些条件。图39.25所示的电源自举放大能够在增加最少元件的情况下达到所需的性能[11]。

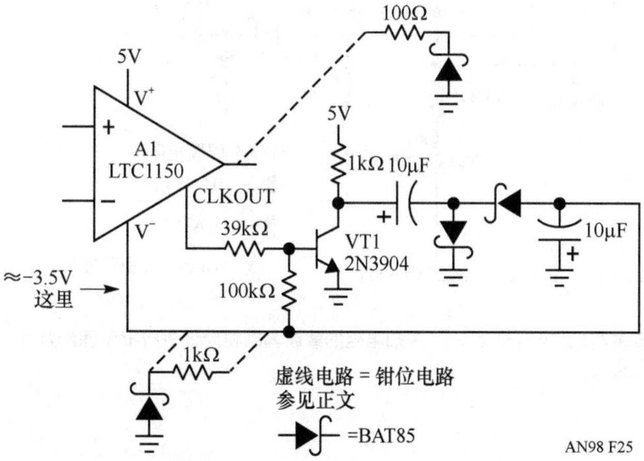

图39.25 单轨供电的放大器有真零值输出摆幅。A1的时钟输出开关VT1，驱动二极管-电容电荷泵。A1的V⁻引脚具有负电压，允许0V（和0V以下）的输出摆幅

A1是斩波稳定放大器，有一个时钟输出。这个输出开关VT1，给二极管-电容电荷泵提供驱动。电荷泵的输出馈送信号至A1的V⁻端口并将其拉至0V以下，允许输出摆动至（以及低于）地。如果需要，负输出周期可以通过所示的任一钳位选择进行限制。

这个自举电源方法的可靠启动是值得关注和研究的。在图39.26中，放大器V⁻引脚（线迹C）的电压在电源开启的初始时刻是上升的（线迹A），但是当放大器钟控开始时便开始下降（约在屏幕中部）。

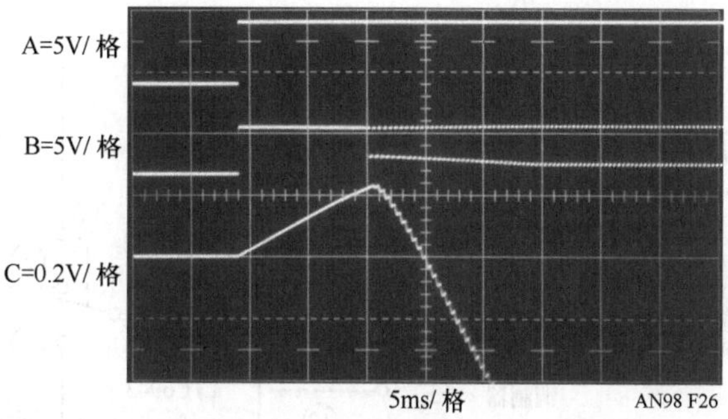

图39.26 放大器自举电源的启动。放大器V⁻引脚（线迹C）在5V电源（线迹A）开启后，初始时向正方向上升。当放大器的内部时钟启动后（线迹B，第5条垂直线处），电荷泵启动并将V⁻引脚拉低

电路提供了一个获得输出摆动至0V的简单方法，允许电路具有真正的“处于0值”的输出信号。

毫欧表

接触点、计算机走线和过孔的电阻值测量需要一个低阻值的欧姆表。图39.27所示的9V电池供电的设计有1Ω的全幅范围，分辨率低至1mΩ。当4端Kelvin感测输入电阻为0~1Ω时，它将产生0~1V的输出，在5.25~9.5V供电范围内精度为0.1%。采用了交流载波调制技术以抑制噪声和误差引发的直流偏移（由于寄生热耦，赛贝克效应）。[12]

A1及其相关元件构成了一个10mA电流源。通过LTC6943开关引脚10、11和12的切换，该电流源交替地由Rx、未知电阻和地驱动。LTC6943控制引脚（引脚14）被CD4024分频器的输出信号钟控在约45Hz。这一动作将引起一个载波调制的10mA电流通过Rx。Rx的值确定了其上最终的交流电压。交流信号被容性耦合到LTC6943开关引脚1、4和5，与电流源调制同步驱动。这些引脚的开关构成了一个同步的整流器，将AC信号解调还原成A2输出

⑪ 参见参考文献8，附录D。

⑫ 电路的操作是从惠普的HP-4328A中得到的。参见参考文献7。

电容器上的直流电压。A2放大这一直流电压，增益为1mV/mΩ，满幅值为1V。注意到由于单轨供电的A2采用了图39.25中所示的电源自举方案的修改版，其输出可以摆动至真“零”值。A2的时钟输出驱动VT2，VT2给CD4024分频器提供时钟。一路分频器输出转换LTC6943调制器/解调器，而另一路输出驱动自举电荷泵给A2的V^-引脚提供大约-7V的电压。

二极管钳位防止在探针输入端出现意外的过压现象，并且不会给10mV的最大Rx载波波形引入负载误差。电路校正通过在Rx处放置一个1Ω、0.1%的电阻，并调节200Ω电位器以获得1.000V(输出)。同步解调AC载波技术展示了“锁定”类测量固有的窄带噪声抑制特性。图39.28展示了当Rx=1Ω时，Rx上的一个正常波形。10mV的信号很干净并且电路的输出测得为1.000V。在图39.29中，特意将噪声加入Rx探针，将载波淹没在6：1的噪声信号比内。尽管如此，电路的输出仍保持为1.000V。

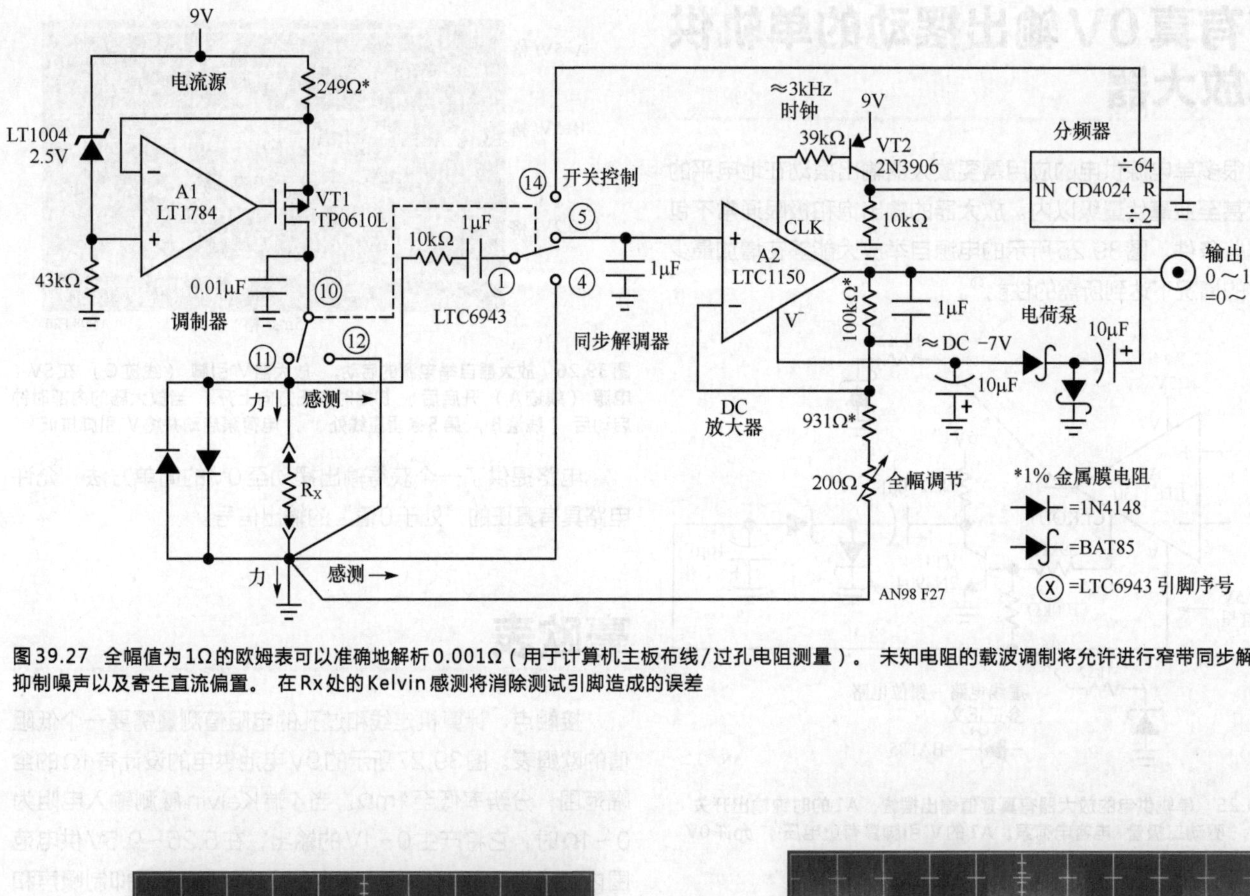

图39.27 全幅值为1Ω的欧姆表可以准确地解析0.001Ω（用于计算机主板布线/过孔电阻测量）。未知电阻的载波调制将允许进行窄带同步解调，抑制噪声以及寄生直流偏置。在Rx处的Kelvin感测将消除测试引脚造成的误差

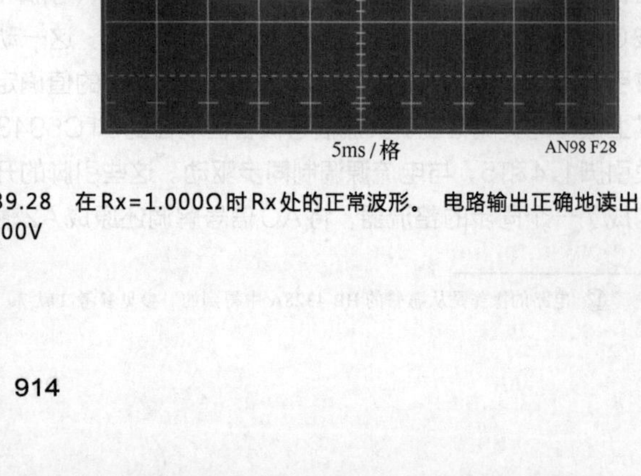

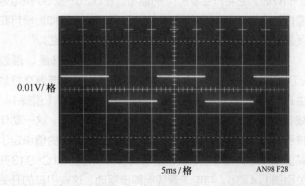

图39.28 在Rx=1.000Ω时Rx处的正常波形。电路输出正确地读出1.000V

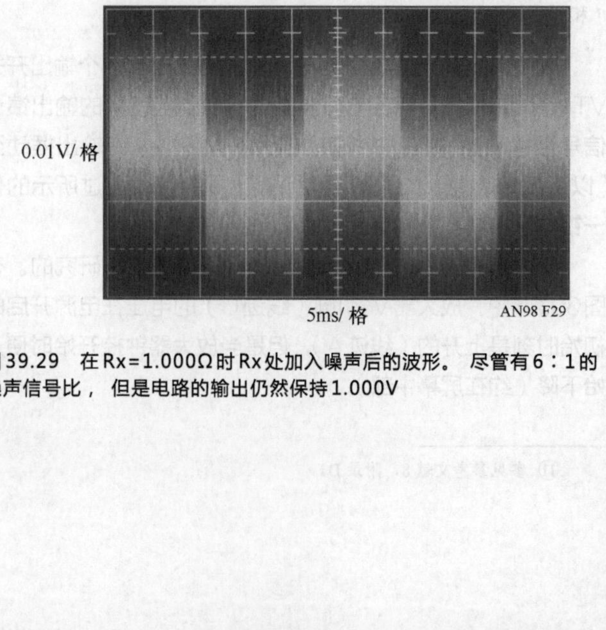

图39.29 在Rx=1.000Ω时Rx处加入噪声后的波形。尽管有6：1的噪声信号比，但是电路的输出仍然保持1.000V

0.02%精确度的仪用放大器（带有$125V_{共模电压}$和120dB共模抑制比）

当需要进行高精度差分输入测量时，可以采用图39.30所示的电路[13]。它特别适合于具有高共模电压的传感器信号调理。这个电路有低偏置、低漂移的斩波稳定放大器A1，但是同时还有一个新型光耦合的开关电容输入级以达到一般设计无法达成的指标。在±125V输入范围内直流共模抑制比超过120dB，增益精确度和稳定性由A1设置。所有的误差源造成的误差在0.02%以内。该设计的高共模电压能力使其具有可靠抽取小信号的能力，而且可以同时承受工业环境中常见的瞬态和故障条件。

这个方法通过切换（S1A，S1B）输入端的电容以测量输出电压的差异。经过一段时间后电容充电至输入端的电压。S1A和S1B断开同时S2B和S2A闭合（“读”）。这样，一个电容将端接至地，放电至S2B端接地的1μF单元。这个开关周期将持续重复，输入为差分时，A1的输入则为对地参考的同相输入。共模电压被未接地1μF电容的光开关抑制。电路中采用的LED驱动的MOSFET开关没有结点电位，光学驱动也不会产生电荷注入误差。非重叠时钟可以防止S1和S2同时导通，但是会产生电荷损耗，引起误差，甚至可能损坏电路。输入发生差分过压时，5.1V齐纳管可以防止开关电容失效。

A1是一个斩波稳定放大器，有一个时钟输出。这个时钟由VT3进行电平变换和缓冲，驱动一个逻辑分频器链。第一个触发器激活一个电荷泵，将A1的V^-引脚拉至负值，允许放大器摆动至（低于）零伏[14]。分频链端接至一个逻辑网络。该网络给0.02μF电容（见图39.31线迹A和B）提供反相充电。与这些电容相关的门电路通过配置以使逻辑信号为VT1和VT2提供非重叠、互补的偏置。这些晶体管为S1和S2提供非重叠驱动，并驱动LED（线迹C和D）。MOSFET开关驱动的LED所产生的极小寄生误差，几乎接近于电路的理论性能。然而，由S1A的高电压开关泵入S2B的3～4pF节点电容将引起残留误差（≈0.1%）。这将导致一小部分多余电荷转移到S2B的1μF电容。转移电荷的数量随着输入共模电压而变化，受S2B关断状态电容的类似于变容器响应的影响较小。这些因素一部分可以被A1反相输入端的直流馈通以及由VT1栅极至S2B的交流馈通抵消。校正能提供值为5的补偿，所以精度可达0.02%。

[13] LTC出版物的忠实读者可以看出该内容对参考文献8（第10-11页）和参考文献13进行了适当修改。

[14] 该电路构造与图39.25和图39.27所示电路有诸多相似之处。请参阅参考文献8的附录D。

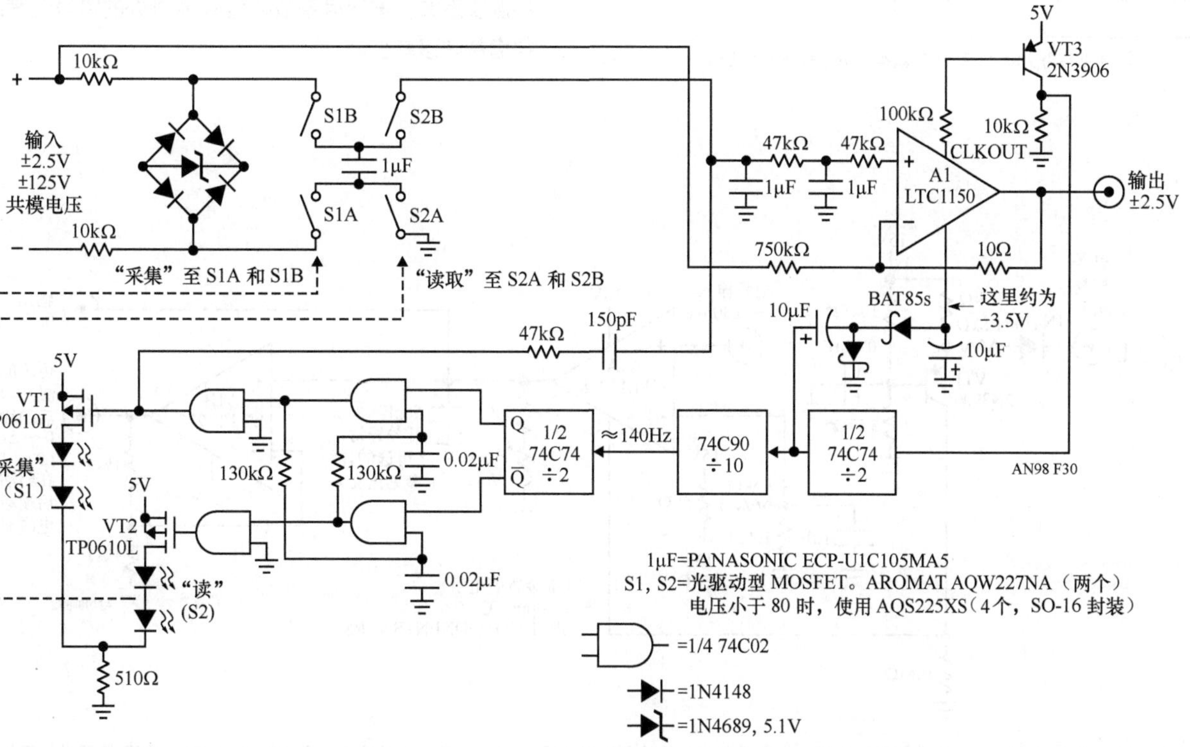

图39.30 精度为0.02%、共模范围为125V的仪用放大器采用光学驱动场效应管（FET）和浮动电容。逻辑驱动的VT1-VT2给S1-S2发光二极管提供不重叠的时钟。时钟从A1的内部振荡器中产生

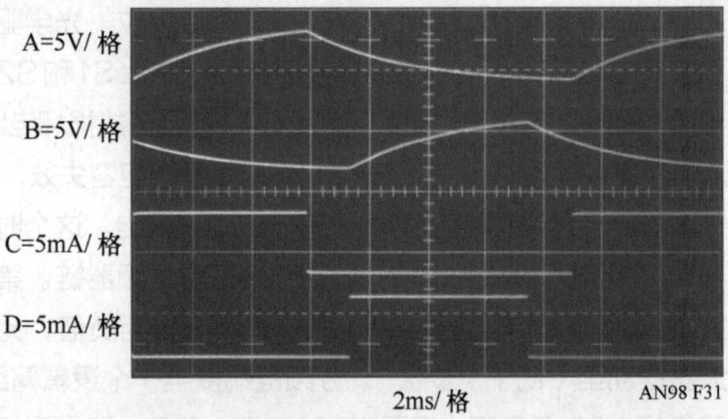

图39.31 基于74C02网络的钟控、交叉耦合电容（线迹A和线迹B）为S1-S2的发光二极管提供非重叠的驱动（线迹C和D）

光学开关的实现可能将A1暴露在高压下，从而损坏器件并且有可能将有害电压引入5V电源轨中。A1同相输入端的47kΩ电阻可以避免这种状态发生。

宽带、低馈通、低电平开关

开关控制所产生的噪声可能破坏信号通道，从而使宽带、低电平信号的高速切换变得非常复杂。基于场效应管的设计的主要问题是存在因大量电荷注入而造成的误差，误差通常比有用信号的幅度大一个数量。经典的二极管电桥开关有着更小的误差，但是需要大量的支撑电路和精心微调[15]。图39.32所示的电路采用一个差分方法来合成一个具有最小控制通道馈通的开关。该设计可在±30mV范围内进行信号切换，并且具有毫伏量级的峰值控制信道馈通量，其稳定时间在40ns之内。该特性主要用于放大器和数据转换器稳定时间的测量，在仪用电路和采样电路上也有着广泛的应用。

该电路通过改变放大器的跨导可使其性能接近开关，最大的增益为单位增益（1）。在低跨导时，放大器的增益接近于零并且几乎没有信号通过。在放大器处于最大跨导时，信号以单位增益通过。放大器及其跨导控制通道带宽都很宽，能够在跨导设定时真实地追踪快速的信号变化。这个特性意味着放大器不会失去控制，对“开关”输入的信号值具有干净的响应以及快速的建立时间。

A1A为LT®1228的一部分，是一个宽带跨导放大器。它的电压增益由输出电阻负载和流入“I_{SET}”端点的电流决定。A1B为LT1229的第二部分，它消除A1A输出的负载。如图所示，它提供了值为2的增益；但是当它驱动后端端接的50Ω电缆时，在电缆接收端的有效增益为单位增益。电流源VT1由“开关控制输入”进行控制，它设定S1A的跨导从而确定增益。当VT1被门控关断（控制输入为0)，10MΩ电阻给A1A的I_{SET}引脚提供大约1.5μA的电流，从而导致电压增益接近于0以阻挡输入信号。当开关控制输入变高时，VT1开启，给I_{SET}引脚提供约为1.5mA的电流。这个1000：1的设置电流变化迫使跨导为最大值，使放大器达到单位增益，使输入信号通过。零值和增益的微调保证在输出端能够准确地复制输入信号。可选的50pF可变电容能够给残留的稳定瞬态响应提供阻尼。VT1处指定的10kΩ电阻具有3300ppm/℃的温度系数，该温度系数补偿A1A额外的跨导温度系数以使得增益漂移最小。

⑮ 参见参考文献20和21以获得二极管桥开关的实例。

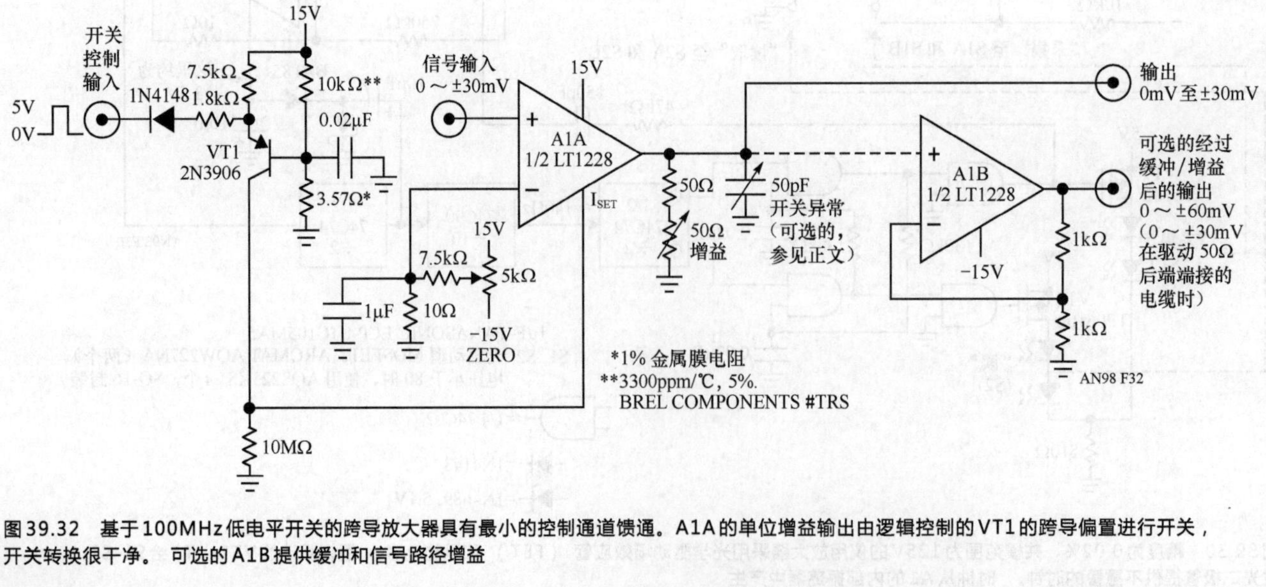

图39.32 基于100MHz低电平开关的跨导放大器具有最小的控制通道馈通。A1A的单位增益输出由逻辑控制的VT1的跨导偏置进行开关，开关转换很干净。可选的A1B提供缓冲和信号路径增益

图39.33显示了在输入开关控制的10mV直流信号以及$C_{ABERRATION}$=35pF时的电路响应。当控制输入信号（线迹A）为低时，没有出现输出（线迹B）。当控制输入变为高电平时，输出将再现具有"开关"馈通的输入信号，稳定时间大约在20ns。需要注意，由于跨导减小了1000倍并且带宽随之减小了25倍，所以关断的馈通是无法测量的。图39.34将扫描时间加快到10ns/格以检测信号稳定的细节。在开关控制（线迹A）变高后的40ns，输出（线迹B）在1mV以内达到稳定。峰值馈通曲线，由$C_{ABERRATION}$提供阻尼，只有5mV。图39.35所示波形是在同样的条件下获得的，主要区别是$C_{ABERRATION}$=0pF。馈通增加至约为20mV，不过稳定到1mV的时间仍然为40ns。图39.36采用双曝光技术，比较了控制线接至高电平时，$C_{ABERRATION}$=0pF（最左边的线迹）和≈35pF（最右边的线迹）两种情况下信号通道的上升时间。由此可见，$C_{ABERRATION}$值较大时，在最小化馈通幅度（参见图39.34）的同时，也会将上升时间增大为$C_{ABERRATION}$=0pF时候的7倍。

为了校正这个电路，将信号输入端接地并且将控制输入连接到5V。设置"零"电位器使得输出在0V的500μV内。接下来，输入30mV的信号，调节增益电位器以在T1B未端接的输出端获得准确的60mV信号。最后，如果采用$C_{ABERRATION}$，在信号输入接地以及控制输入加载了1MHz方波的情况下，调节该电容值以获得最小的馈通幅度。

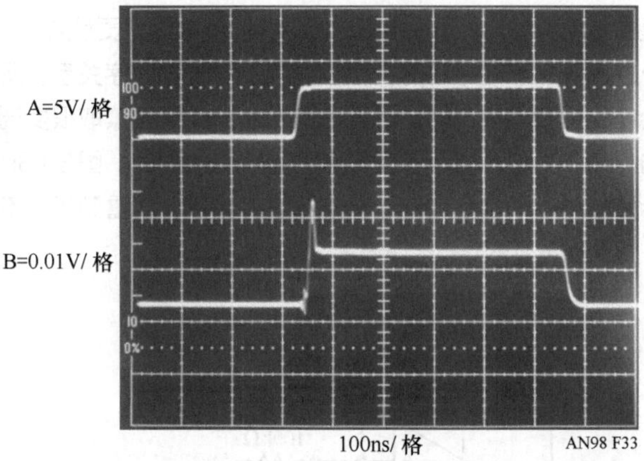

图39.33 控制输入（线迹A）时，0.01V直流输入对应的开关输出（线迹B）。控制通道馈通在开关开启时很明显，在20ns后达到稳定。由于减小了信号通道跨导和带宽，关断馈通无法测量。该测试的$C_{ABERRATION}$≈35pF

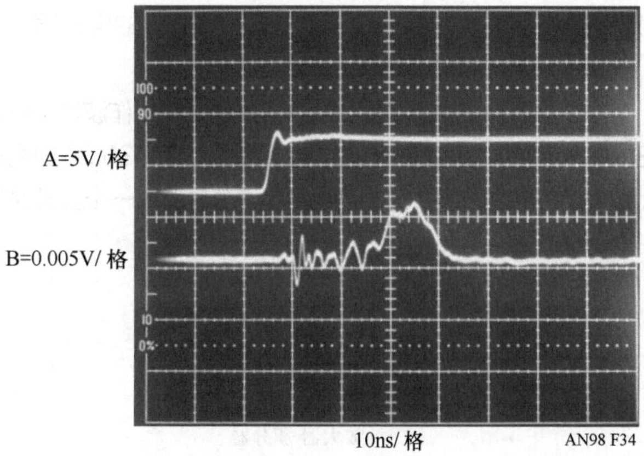

图39.34 输入信号为0V时的高速延迟和馈通。在开关控制指令后的40ns稳定到0.001V，这之前的输出（线迹B）峰值只有0.005V。该测试中的$C_{ABERRATION}$≈35pF

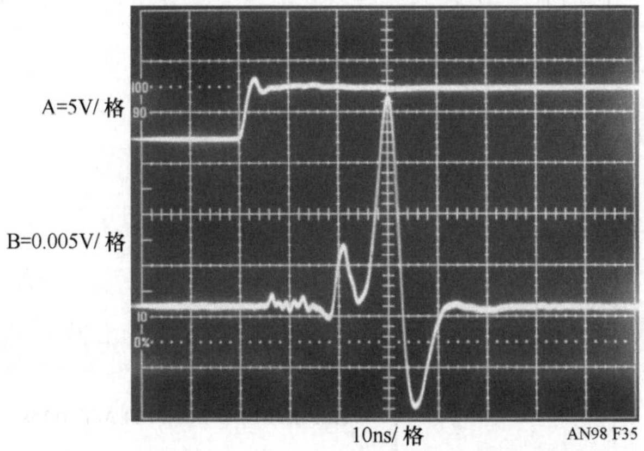

图39.35 除了$C_{ABERRATION}$=0pF外，其他条件与图39.34相同。馈通相关的峰值增加至约0.02V；稳定到0.001V的时间仍为40ns

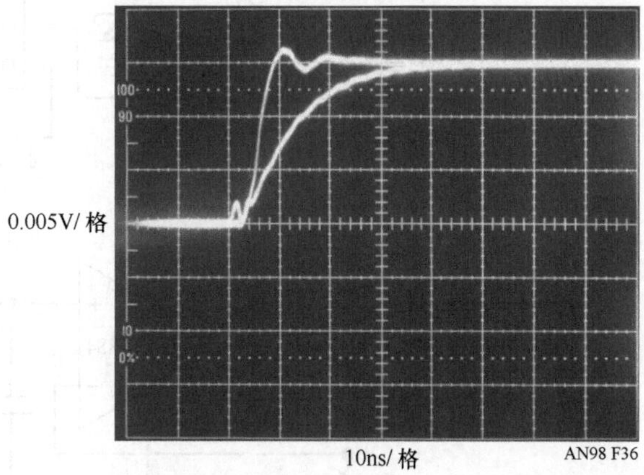

图39.36 $C_{ABERRATION}$=0pF（最左边的线迹）和≈35pF（最右边的线迹）时，信号通道的上升时间分别为3.5ns和25ns。在测量时开关控制为高电平。图片采用了双曝光技术

5V供电、0.0015%线性度、晶体稳定的V/F转换器

几乎所有的精确电压到频率（V/F）转换器都采用了基于电荷泵的反馈以获得稳定性。这些方法的稳定性依赖于电容。人们投入大量的精力改进该方法，得到了高性能的V/F转换器（参见参考文献31）。如果要使所得的温度系数在100ppm/℃以下，需要仔细地补偿电容的温度漂移。尽管可以这样做，但是将使得设计更复杂。同样地，电容的电解质吸收也会引起误差，制约线性度的典型值为0.01%。

图39.37所示的是由5V供电的设计，由参考文献31的±15V供电电路修改而来，该电路将增益的温度系数降低到8ppm/℃，通过用晶体稳定时钟替代电容，可以达到15ppm的线性度。

在基于电荷泵反馈的电路中，反馈基于Q=CV。在晶体稳定电路中，反馈是基于Q=IT，其中I为稳定的电流源，而T是由时钟得到的时间间隔。不需要采用电容。

图39.38详细显示了图39.37所示电路的工作波形。一个正的输入电压将使A1在负的方向上积分（见图39.38中线迹A）。当A1的输出越过D输入的转换阈值后的第一个上升时钟沿（线迹C）处，触发器的Q1输出（线迹B）改变状态。C1提供晶体稳定的时钟。由A2、LT1461电压基准、FET和LTC1043构成了一个精确电流吸收器，触发器Q1的输出门控该电流吸收器。由触发器Q2驱动电荷泵而产生的一个负偏置电源，完成了对电流的吸收。当A1是进行负积分时，Q1的输出为高电平并且LTC1043将电流吸收器的输入通过引脚11和引脚7连接至地。当A1的输出越过D的输入转换阈值时，Q1在第一个时钟上升沿变为低电平。LTC1043的引脚11和引脚8构成闭环，一个精确、快速上升的电流将通过A1的求和点（线迹D）流出。

这个电流比例变换到大于最大信号所产生的输入电流时，将使A1的输出反转。在A1输出越过D输入的触发点后的第一个正时钟脉冲时，开关切换再次发生，并重复整个过程。重复频率取决于输入所产生的电流，所以振荡的频率直接与输入电压相关。电路从触发器$\overline{Q1}$的输出端输出。由于这个电路用晶体稳定时钟代替了电容，所以温度偏移很低，典型值在8ppm/℃以内。晶振贡献了大约0.5ppm/℃，大部分的漂移是由电流源器件、输入电阻以及转换时间变量等贡献的。

由于环路频率和时钟相位之间的不确定时序关系，所以会产生短暂频率抖动。因为电路的输出常常是读取很多周期的（如0.1～1s），所以正常来讲是没有问题的。图39.39展示了时序不确定性效应。将扫频速度降低可以看到相位不确

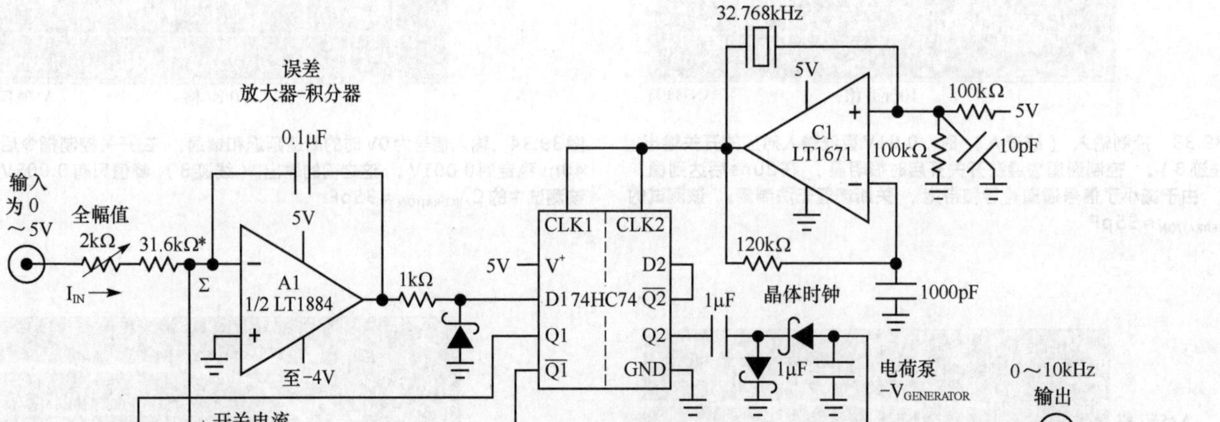

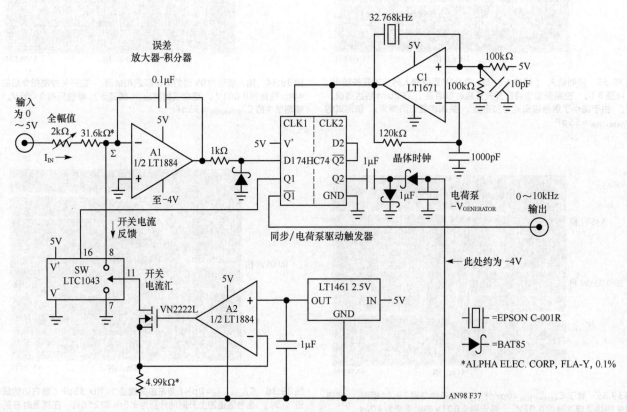

图39.37　5V供电、晶体稳定的10kHzV/F转换器具有0.0015%的线性度和8ppm/℃的温度系数。A1通过时钟同步触发器伺服控制A2场效应管的开关电流汇，在求和节点（Σ）保持零电压。环路重复的频率取决于输入电压

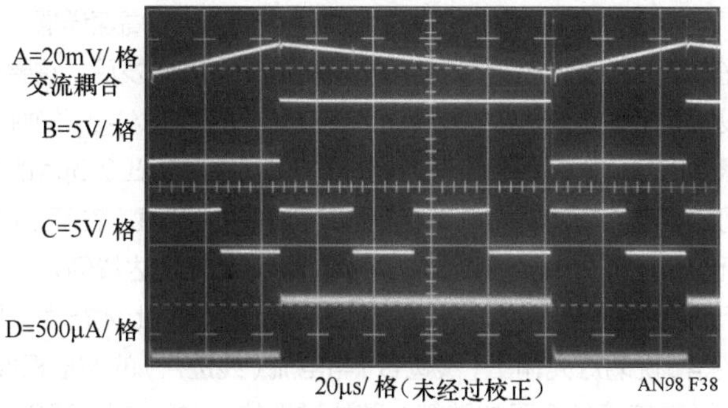

图39.38 晶体稳定的V/F转换器的波形。包括A1的输出（线迹A）、触发器VT1的输出（线迹B）、时钟（线迹C）以及开关电流反馈（线迹D）。在时钟变为高电平、VT1为低电平时，求和结点的电流开始移除（线迹D）

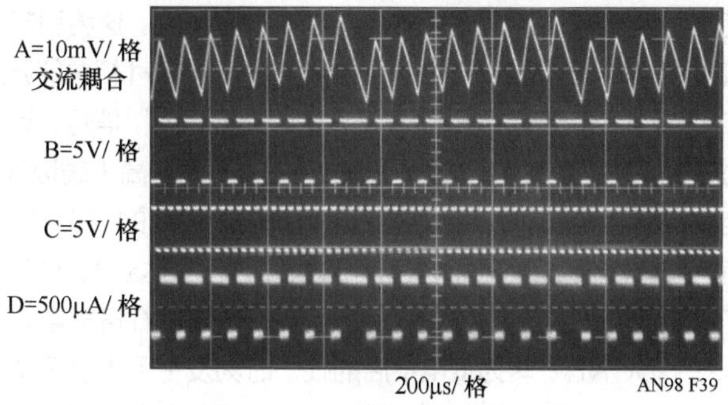

图39.39 线迹顺序与图39.38相同。降低示波器的扫描速度以显示环路和时钟的定时不确定性的影响。环路脉冲的位置有些时候是不正常的，但是频率在实际的测量间隔中是保持为一个常数

定性引起的A1输出斜坡调制（线迹A）。在A1的主要偏移过程中，可以看到脉冲位置的异常。这个行为将引起短暂脉冲移位，但是输出频率在实际测量间隔内为常数。

电路的线性度在0.0015%（0.15Hz）以内，增益温度系数为8ppm/℃(0.08Hz/℃)，而且在4～6V的范围内电源抑制比优于100ppm（1Hz）。LT1884低输入偏置和漂移将零点造成的误差减小至微不足道的水平。为了调节这个电路，加载一个5.0000V的输入并调节2kΩ电位器以使输出为10.000kHz。

用于蜂窝电话/照相机的基本闪关灯照明电路

在更进一步讨论之前，读者需要注意一下的警告：在构建、测试以及使用这个电路时必须谨慎。在这个电路中有高电压以及致命的电位。在处理以及连接至这个电路时必须特别谨慎。重复一下：这个电路具有危险的高电压。谨慎使用。

下一代蜂窝电话将包括高质量摄影功能。闪光灯照明是取得高质量摄影的关键。先前已有凌力尔特的文章全篇详细讨论了闪光灯照明问题，也介绍了一些能解决“红眼”问题的闪光灯电路[⑯,⑰]。某些应用可能不需要这样的特性；除去该功能后电路将相当简单紧凑。

图39.40所示的电路包括电源转换器、闪光灯、存储电容和一个基于晶闸管（Silicon Controlled Rectifier,SCR）的触发器。运行时，LT3468-1将C1充电至稳定的300V，效率大概为80%。一个“触发”输入将开启晶闸管，将C2的电

⑯ 参见参考文献9和10。

⑰ 照片中的“红眼”是由人眼视网膜反射闪光灯光，呈现出鲜明的红色。消除红眼的方法是先让虹膜在低亮度闪光时收缩，随后立即转入主闪光。

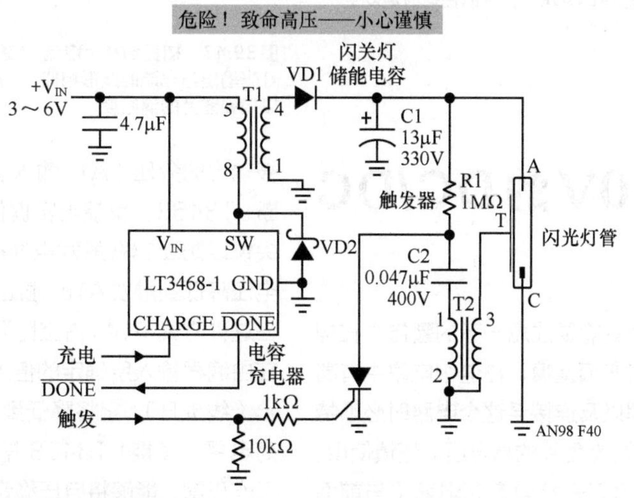

C1：RUBYCON 330FW13AK6325
VD1：TOSHIBA 双二极管 1SS306，
将二极管串联 IN SERIES
VD2：PANASONIC MA2Z720
SCR：TOSHIBA S6A37
T1：TDK LDT565630T-002
T2：TOKYO COIL-BO-02
FLASHLAMP：PERKIN ELMER BGDC0007PKI5700

图39.40 完整的闪光灯电路，包括电容充电元件、闪光灯电容C1、触发器（R1、C2、T2和晶闸管）以及闪光灯管。触发指令偏置晶闸管，通过T2来电离灯管。结果是C1通过灯管放电产生灯光

荷传输至T2，在闪光灯上产生一个高电压触发。这将引起灯管从C1导入高电流，产生强烈的闪光。LT3468-1相关的波形如图39.41所示，其中包括线迹A的“充电输入”信号，运行时变为高电平。这将开启T1开关，使C1开始升高（线迹B）。当C1达到稳压点时，开关关闭并且由电阻拉高的“DONE”信号线转换低电平（线迹C），标志着C1已经达到充满状态。“TRIGGER”指令（线迹D）将造成C1通过灯管放电，可能在“DONE”转为低电平后的任一时刻发生（本例子中约为600ms）。通常情况下，可以对输出电压进行分压以提供稳压反馈。不过本例中不能采用这种方法，因为该方法需要额外的开关周期以补偿反馈电阻的恒定功耗。补偿时仍需保持稳压，从而也将额外消耗主电源—多数情况下为电池的能量。稳压可以通过检测T1的反激脉冲特性来实现，该特性反应了T1的次级电压幅度。输出电压由T1的匝数比确定。这个特性可使电路进行严格的电压稳压，以保证闪光灯亮度的一致性，并且不会超过灯管的功率或者电容的指标。同样，闪光灯能耗可以用电容值轻松求取，与其他的电路参数无关。

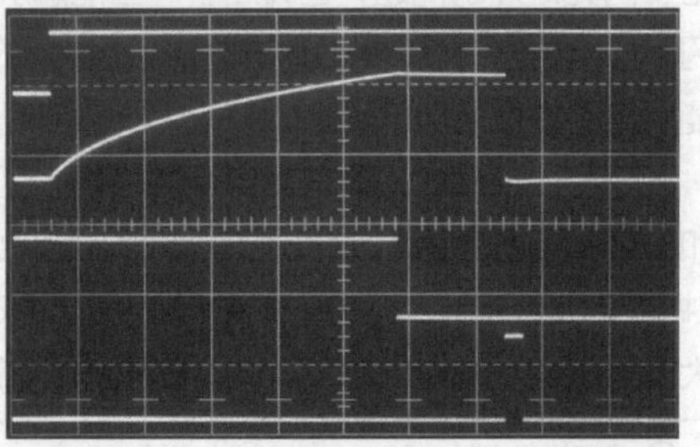

图39.41 电容器充电波形。包括充电输入（线迹A）、C1（线迹B），DONE输出（线迹C）以及触发器输入（线迹D）。C1的充电时间取决于它的取值以及充电电路的输出阻抗。触发器输入波形进行了宽度放大以增强图像清晰度，它可能在DONE变高后的任何时刻发生

图39.42展示了高压触发脉冲（线迹A）的高速详情，闪光灯电流（线迹B）和灯管输出（线迹C）。在触发后，需要一段时间让灯管电离后才能导通。在本例中，在4kV$_{(峰峰值)}$的触发脉冲后3μs，灯管电流开始上升到超过100A。在3.5μs的时间内，电流平滑地上升，在下降之前能到达峰值，轮廓分明。所产生的光上升更加慢，在下降前的7μs处到达峰值。减小示波器的扫频将可以捕捉到整个电流和灯管的上述行为。图39.43说明灯光输出（线迹B）与电流（线迹A）的波形相似，不过电流峰值会更加陡峭。整体过程的总时间约为200μs，大部分的能量集中在前100μs。

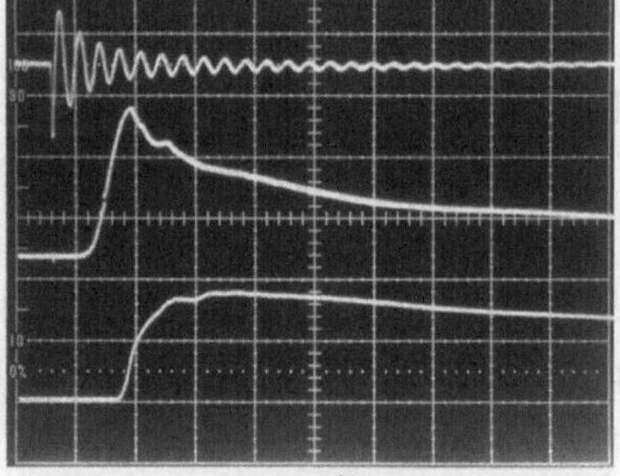

图39.42 触发脉冲（线迹A）的高速详情，所得到的闪光灯电流（线迹B）和相对亮度输出（线迹C）。电流在触发脉冲电离灯管后超过100A

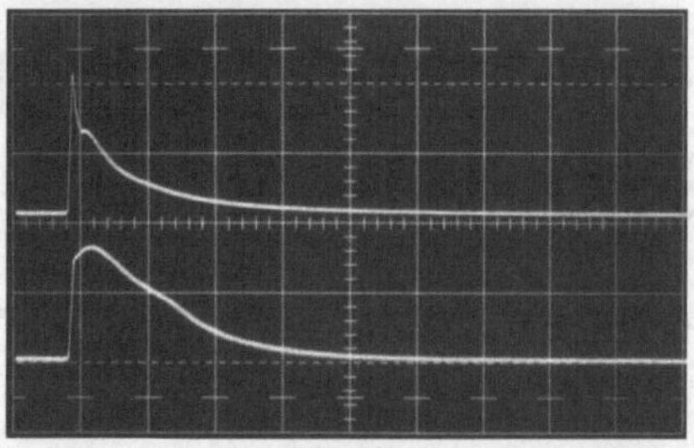

图39.43 捕捉到整个电流（线迹A）和灯光（线迹B）的照片。灯光输出与电流的波形相似，不过峰值不太分明。波形的前沿被加强以增强图片的清晰度

输出为0～300V的DC/DC转换器

在更进一步讨论之前，读者需要注意一下的警告：在构建、测试以及使用这个电路时必须谨慎。在这个电路中有高电压以及致命的电位。在处理以及连接至这个电路时必须特别谨慎。重复一下：这个电路具有危险的高电压。谨慎使用。

图39.44展示了LT3468闪光灯电容充电器（与前面应用中所描述的相同）应用于通用、高压DC/DC转换器的一个设计。正常情况下，LT3468通过感测T1的反激脉冲特性来将其输出稳压在300V。A1比较输出信号经过阻性分压后的电压和编程输入电压。当编程输入电压（A1+输入）被输出的分压（A1-输入）超过时，A1的输出会变为低，关断LT3468。反馈电容提供交流迟滞，使得A1的输出更加尖锐以防止它在触发点处徘徊。LT3468保持关断直至输出电压降低到触发A1的输出为高电平，将LT3468重新开启。在这种方式下，A1占空比调制LT3468，使得输出电压稳定在由编程输入所确定的值上。图39.45显示了250V直流输出（线迹B），它将降低到2V左右，直至A1(线迹A）变为高电平，使能LT3468并重新恢复环路。这个简单的电路工作正常，能够将电压稳定在可编程设置的0～300V之间，不过它的固有迟滞操作使输出存在2V纹波。环路重复率随着输入电压、输出设置点以及负载的变化而变化，但是纹波总是存在的。接下来的电路将以增加复杂度为代价，将纹波基本消除。

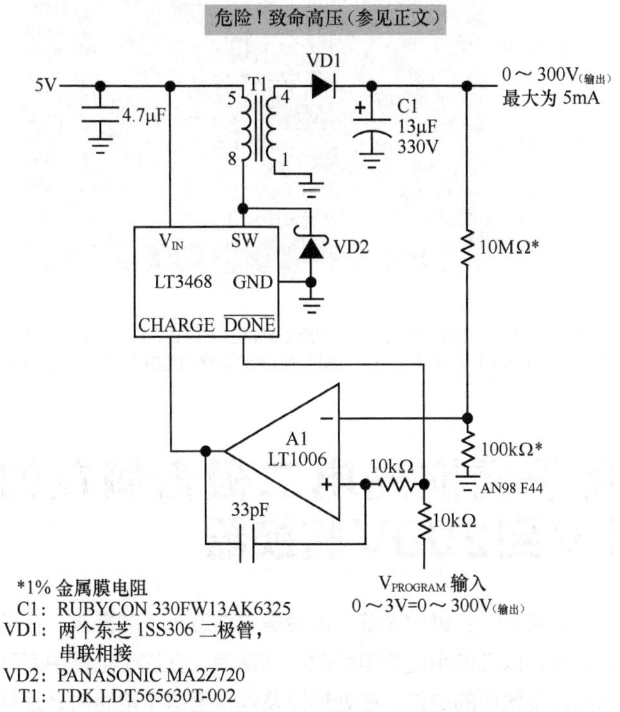

图 39.44 输出电压可在 0～300V 之间编程设置的稳压器。A1 通过占空比调制 LT3468/T1 直流/直流转换器的输出功率来控制稳压器的输出

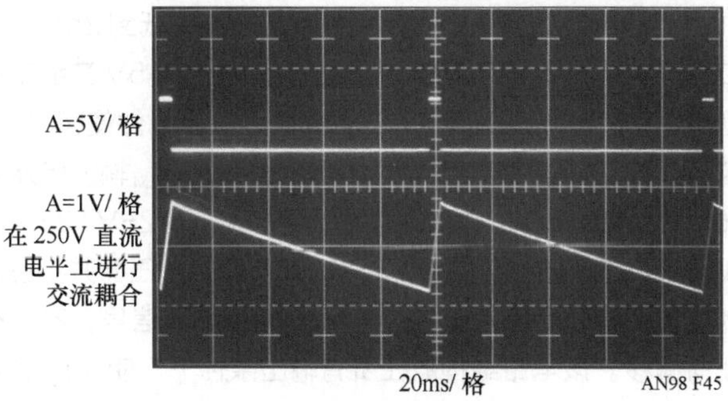

图 39.45 图 39.44 所示的占空比调制运行的具体情况。高电压输出（线迹 B）斜坡下降直至 A1（线迹 A）变为高电平，使能 LT3468/T1 恢复输出。环路重复速率随着输入电压、输出设置点以及负载而变化

低纹波、低噪声、输出为 0～300V 的 DC/DC 转换器

在更进一步讨论之前，读者需要注意一下的警告：在构建、测试以及使用这个电路时必须谨慎。在这个电路中有高电压以及致命的电位。在处理以及连接至这个电路时必须特别谨慎。重复一下：这个电路具有危险的高电压。谨慎使用。

图 39.46 所示电路采用一个后级稳压器以减小图

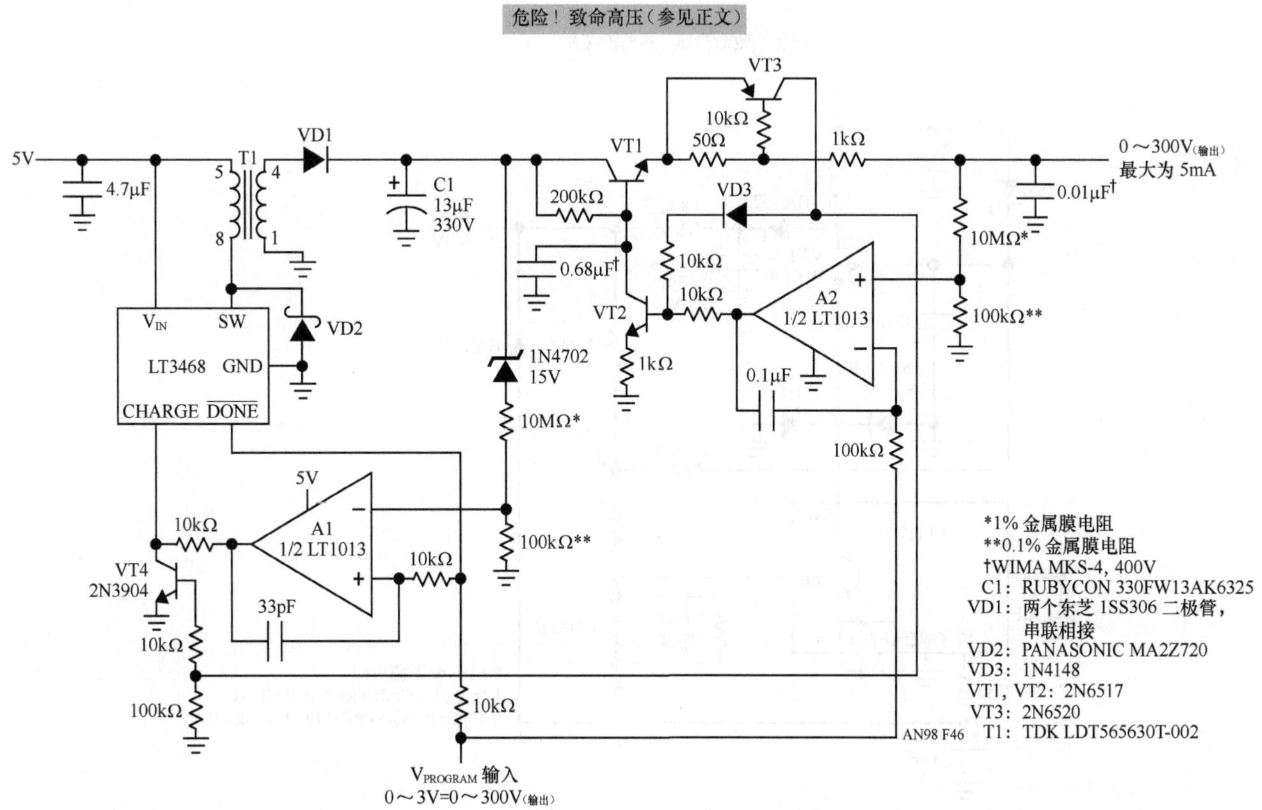

图 39.46 后级稳压器将图 39.44 所示电路中的 2V 纹波减小至 2mV。基于 LT3468 的 DC/DC 转换器，与图 39.44 相似，将高电压输送至 VT1 的集电极。A2、VT1、VT2 构成跟踪型、高电压线性稳压器。齐纳管设置 VT1 的 V_{CE}=15V，确保以最小的功耗进行跟踪。VT3-VT4 限制电路短路输出电流

39.44所示电路的输出纹波，并且使噪声降低到2mV。A1和LT3468与前述电路相同，唯一不同的是15V齐纳二极管与10MΩ-100kΩ反馈分压器串联。这个元件使得C1的电压，即VT1的集电极电压稳压在比$V_{PROGRAM}$输入电压高15V的位置。$V_{PROGRAM}$输入信号同样被导入A2-VT2-VT1线性后级稳压器。A2的10MΩ-100kΩ反馈分压器并不包括齐纳管，所以后级稳压器跟随$V_{PROGRAM}$输入信号，不存在任何偏移。该电路结构能在所有输出条件下，使VT1的电压保持在15V。这个电压值足够高，可以消除输出的不良纹波和噪声，同时还保持了VT1的低功耗。

VT3和VT4构成限流以保护VT1出现过载情况。过量的电流通过50Ω旁路电阻将使VT3导通。VT3驱动VT4以关闭LT3468。同时，部分VT3的集电极电流将VT2完全打开，关断VT1。这个环路主导着正常的稳压反馈，保护电路直至过载被消除。图39.47展示了后级稳压器的高效性。当A1（线迹A）变为高电平时，VT1的响应是集电极电压（线迹B）上升（注意在斜坡上升沿处存在LT3468开关噪声）。当A1-LT3468环路条件满足时，A1变为低电平，VT1的集电极电压将斜坡下降。不过，电路的输出后级稳压器（线迹C）抑制了纹波，使噪声仅为2mV。线迹轻度模糊是由A1-LT3468的环路抖动造成的。

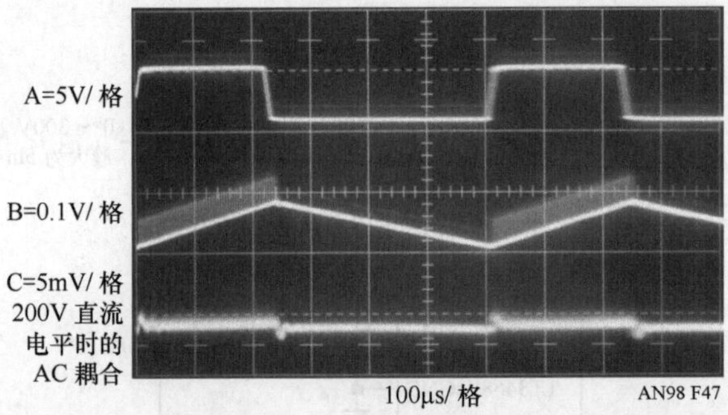

图39.47 在后驱动器运行时，具有低纹波输出（线迹C）。线迹A和B分别是A1的输出和VT1的集电极。照片中心的线迹模糊是由于环路抖动造成的

用于雪崩光电二极管偏置的5V到200V转换器

在更进一步讨论之前，读者需要注意一下的警告：在构建、测试以及使用这个电路时必须谨慎。在这个电路中有高电压以及致命的电位。在处理以及连接至这个电路时必须特别谨慎。重复一下：这个电路具有危险的高电压。谨慎使用。

雪崩光电二极管（Avalanche photodiode，ADP）需要高电压偏置。图39.48所示的设计是由5V输入提供200V

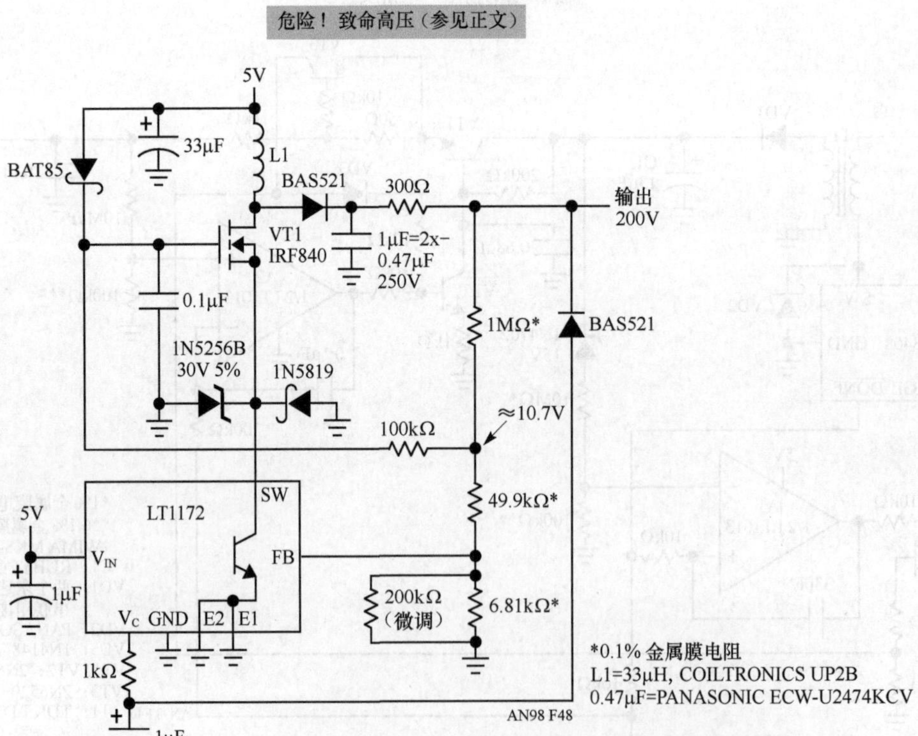

图39.48 用于雪崩光电二极管偏置的5V到200V输出转换器。共源共栅的VT1切换到高电压，可采用低压稳压器来控制输出。二极管钳位保护稳压器不受瞬态事件的影响；100kΩ路径由输出自举VT1的门驱动。输出连接的300Ω-二极管组合提供了短路保护

的输出电压。该电路是对基本电感反激升压稳压器进行了重大修改而得到的。VT1为高压器件，插入在LT1172开关稳压器和电感之间。这样可以实现稳压器对VT1的高电压开关进行控制，而不用承受VT1的高电压。VT1与LT1172的内部开关一起以“共栅共源”模式运行，承受L1的高压反激结果[18]。与VT1源极相连的二极管钳位经VT1结电容而来的L1尖峰信号。这个高电压经过整流和滤波，构成了电路的输出信号。稳压器的反馈信号稳定了环路，而V_C引脚的阻容网络提供了频率补偿。100kΩ的路径从输出分频器将VT1的栅极驱动自举至大约10V，确保进入饱和状态。连接在输出端的300Ω-二极管组合给电路提供短路保护，当输出意外接地时关断LT1172。在反馈分频器采用标准值时，200kΩ可调电阻设定200V输出在±2%以内。

图39.49显示了工作波形。线迹A和C分别是LT1172的开关电流和电压。VT1的漏极为线迹C。斜坡电流上升到顶端时，VT1漏极发生高压反激事件。一个安全的、经过衰减的反激信号出现在LT1172的开关上。图中的正弦波形是由电感导通周期间的滚降而造成的，是无害的。

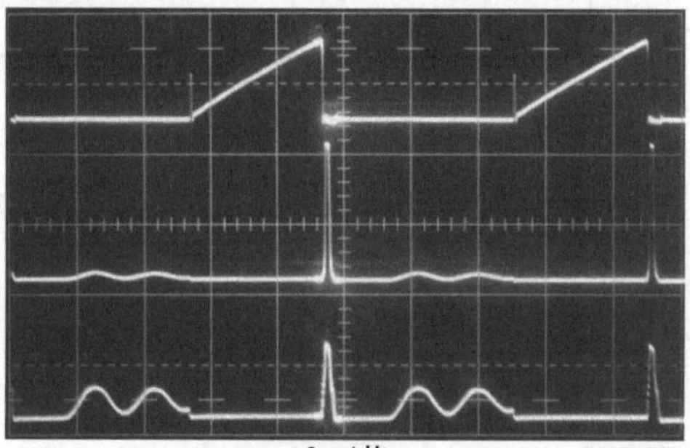

图39.49 5V至200V转换器的波形。包括LT1172开关电流和电压（分别是线迹A和线迹C）以及VT1的漏极电压（线迹B）。斜坡电流上升到顶端时，VT1的漏极产生高压反激事件。经过安全衰减后的信号出现在LT1172的开关上。正弦波形是由在电流导通周期之间电感的滚降而造成的，是无害的。所有的线迹在屏幕中心附近进行增强以获得更好的照片清晰度

宽范围、高功率、高电压稳压器

在更进一步讨论之前，读者需要注意一下的警告：在构建、测试以及使用这个电路时必须谨慎。在这个电路中有高电压以及致命的电位。在处理以及连接至这个电路时必须特别谨慎。重复一下：这个电路具有危险的高电压。谨慎使用。

图39.50所示的是单片开关稳压器的实例，它使得复杂功能变得实用。这个稳压器提供的输出从毫伏到500V，功率100W时效率为80%[19]。A1将可变的基准电压与经过电阻分压后的电路输出进行比较，并偏置LT1074开关稳压器结构。该开关的直流输出驱动含有L1、VT1和VT2的a/a转换器。VT1和VT2接受来自74C74的四分频触发器级和LTC1693场效应管驱动器的不同相方波驱动。触发器由LT1074的V_{SW}输出通过VT3电平转换器后的信号钟控。LT3010给A1、74C74以及LTC1693提供12V电源。A1偏置LT1074稳压器，在DC/DC转换器产生用以平衡环路的直流输入信号。转换器有大约20的电压增益，从而可获得较高的输出电压。这个输出经过电阻分压降压后，在A1的反相输入端构成一个闭合环路。这个环路补偿必须能够适应由LT1074结构、DC/DC转换器以及输出感容滤波器所产生的显著相位误差。A1的0.47μF滚降项以及100Ω-0.15μF阻容网络提供这样的补偿，对于所有负载都是稳定的。

图39.51所示的是给100W的负载提供500V的电路输出波形。线迹A为LT1074的V_{SW}脚波形，而线迹B为其电流。线迹C和D分别是VT1和VT2的漏极波形。在上升沿的干扰是由于交叉电流导通引起的，持续了大约300ns——只占了整个周期的一小部分。在这期间晶体管的电流维持在较为合理范围内，并没有过载或者功耗问题出现。尽管不会出现可靠性或者显著的效率增益，但是这个情况可以通过对VT1和VT2进行非重叠驱动来消除[20]。

由于触发器的驱动级由来自LT1074的V_{SW}输出进行钟控，所以所有的波形都是同步的。LT1074的最大95%占空比意味着VT1-VT2开关不会出现有害的直流驱动。只有在LT1074处于零占空比周期时，才会出现直流驱动情况。由于L1没有获取任何能量，所以这个情况明显不会造成损害。

图39.52展示了与图39.51相同电路点的波形，但是输出仅有5mV。在这个情况下，环路将DC/DC转化器的驱动限制在较小的水平。VT1和VT2的斩波仅让60mV的电压进入L1。在这个水平下，L1的输出二极管压降看起来很大，但是环路动作迫使输出达到所需的0.005V。

尽管电路的输出范围很宽，但是LT1074对L1的开关模式驱动在高功率时仍然保持高效率[21]。

图39.53展示了输出为500V时，进入100W负载的输出噪声。VT1-VT2的斩波噪声清晰可见，虽然它们被限制在50mV。相关噪声特性可以追溯到由LT1074进行同步钟控的VT1和VT2。

进入100W负载的50V到500V的阶跃指令如图39.54所示。环路响应在两个边沿都很干净，下降沿有着轻微的欠阻尼。压摆的不对称性是开关构造的典型情况，因为负载和输出电容决定了负压摆率。实现宽范围的负载需要在设定频率补偿时进行折中。下降沿可以设定为临界阻尼甚至欠阻尼，不过其他条件的响应时间会增加。电路中采用的补偿是一个较为合理的折中。

---

⑱ 请参阅参考文献8（第8页），11（附录D）和22。

⑲ 该电路在参考文献12的电路之上进行了修改。

⑳ 该技术的实例请参阅参考文献24。

㉑ 参考文献13中的电路与本文所示电路相关。它对升压DC/DC转换器的线性驱动能够限制功耗，将输出功率限制在10W左右。

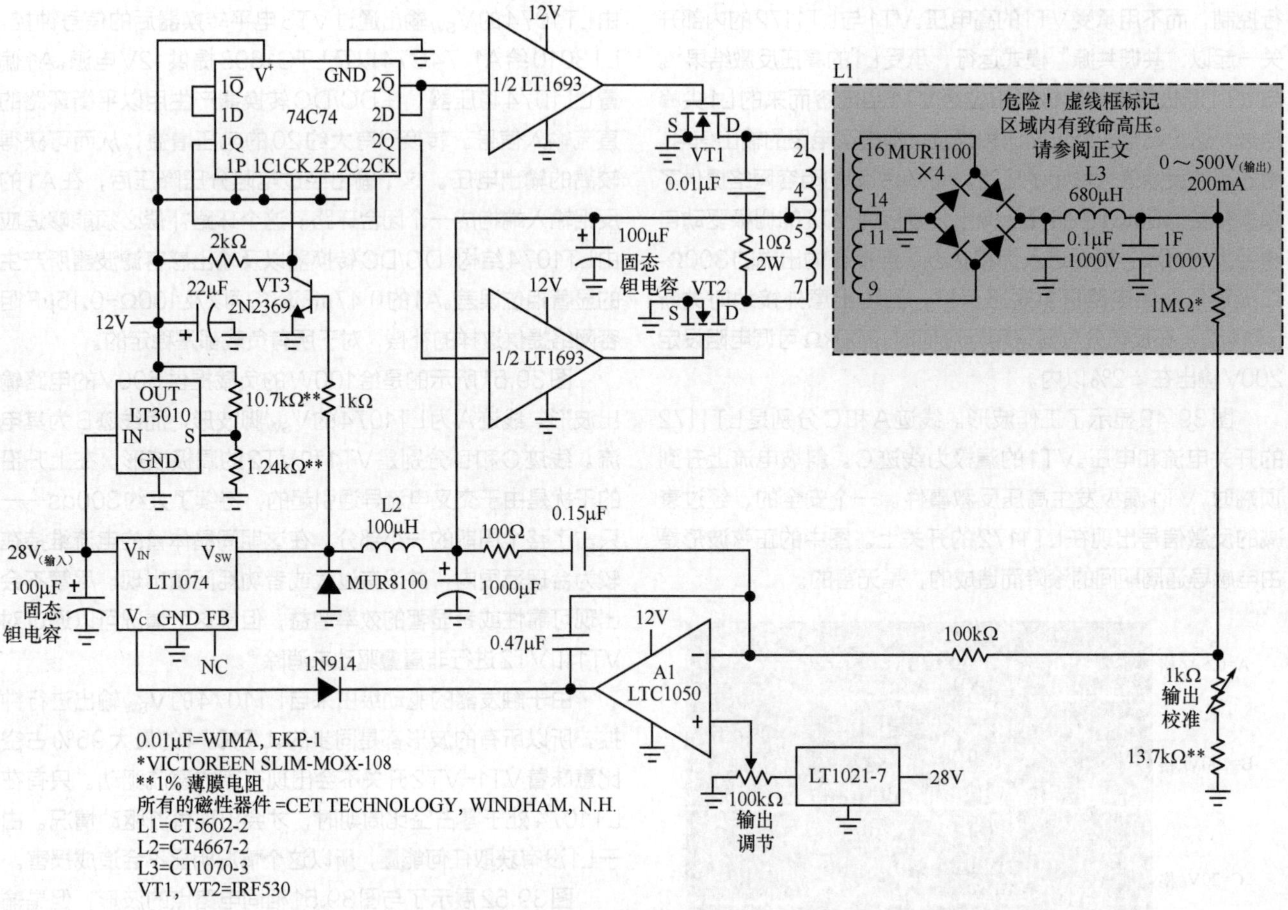

图39.50 LT1074容许电路在100dB范围内的高电压输出（危险！存在致命高压——详见正文）

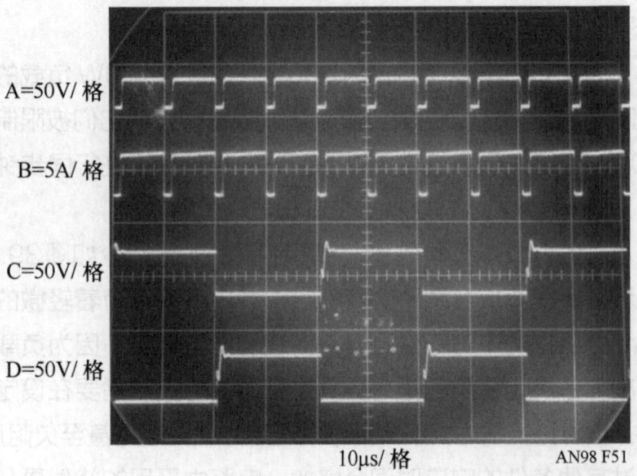

图39.51 在500V输出进入100W负载时，图39.50所示电路的运行波形

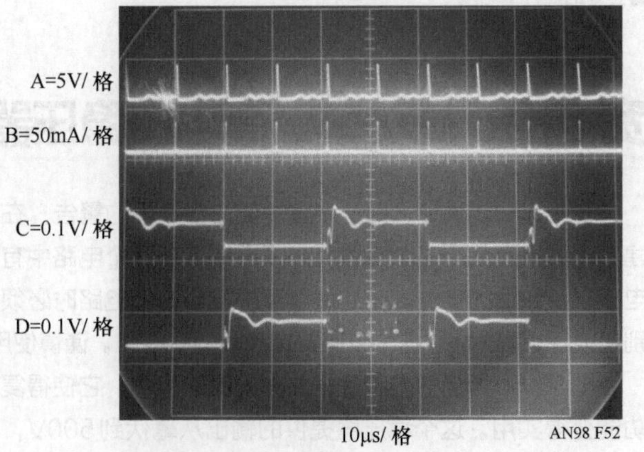

图39.52 在0.005V输出时，电路的运行波形

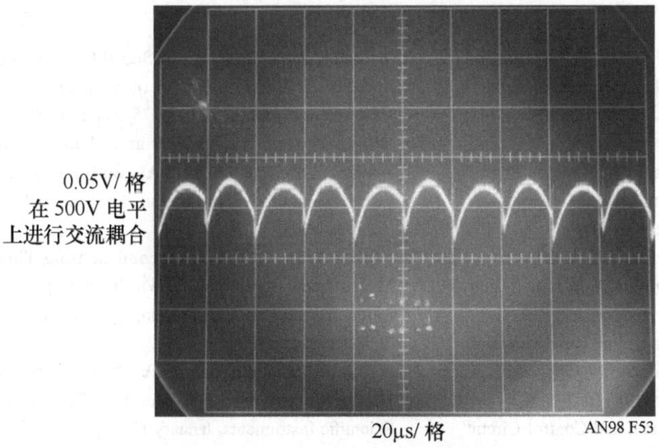

图39.53 在500V输出进入100W负载时，电路的输出噪声。残差由VT1-VT2的斩波噪声组成（危险！存在致命高压——请参阅正文）

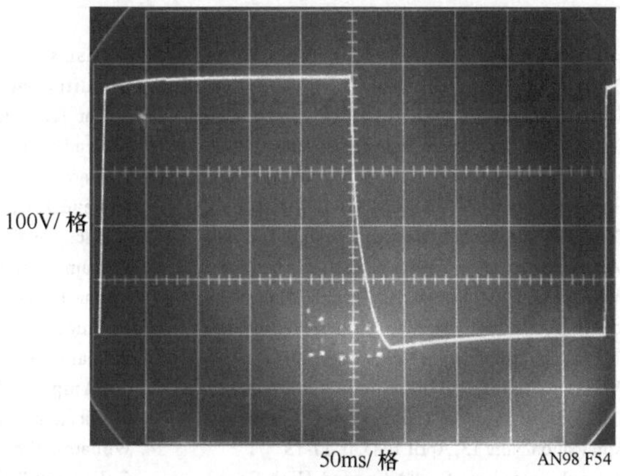

图39.54 100W负载时，500V电压的阶跃响应。为了清晰度，照片经过处理（危险！存在致命高压——请参阅正文）

5V转3.3V、15A并联线性稳压器

图39.55所示的是另一个高功率电源；与前面的例子不同，这是一个线性稳压器。两个7.5A稳压器以“主-从”结构并联。“主-从”稳压器连接在一起，以传统方式提供3.3V的输出。124Ω反馈电阻感测位于电路输出之前的0.001Ω分流电阻。“从”稳压器同样通过连接以相同的方式产生3.3V输出。A1感测稳压器的电压差值，调整“从”稳压器的电压与“主”稳压器的输出电压相等。这样主从稳压器可以均等地分担负载电流。0.001Ω分流电阻造成微不足道的稳压损耗，但是却给A1提供了足够的信息。

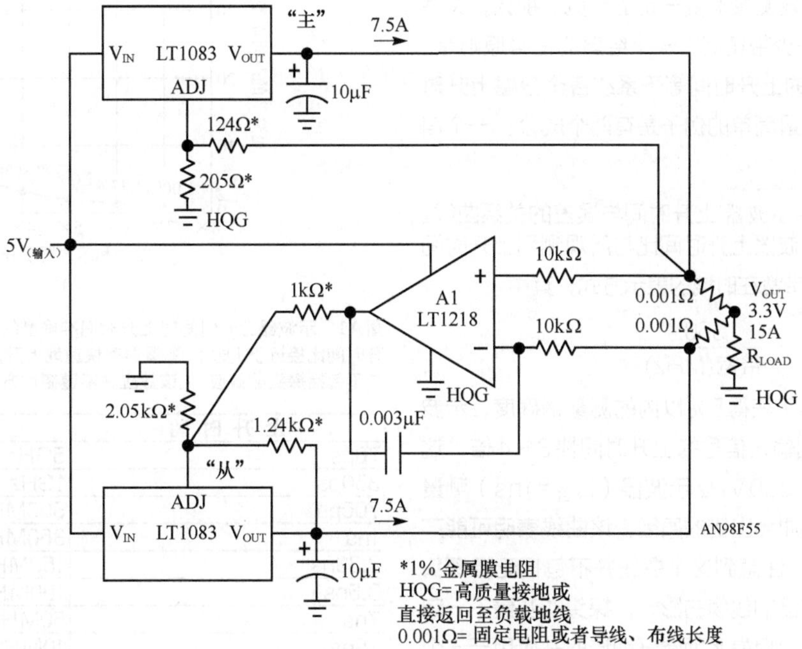

图39.55 并联稳压器以分担负载电流。放大器感测差分稳压器电压；偏置“从”稳压器以均衡输出电流。远端感测消除导线压降

参考资料

1. LTC6905 Data Sheet, Linear Technology Corporation
2. Tektronix, Inc., "Calibrator," Type 485 Oscilloscope Service and Instruction Manual, 1973, p. 3-15
3. Hewlett-Packard Company, HP1106A/1108A Tunnel Diode Mount, Hewlett-Packard Test and Measurement Catalog, 1970, p. 513
4. Williams, Jim, "A Seven-Nanosecond Comparator for Single Supply Operation," Linear Technology Corporation, Application Note 72, May 1998, p. 32
5. Williams, Jim, "High Speed Comparator Techniques," Linear Technology Corporation, Application Note 13, April 1985, p. 17-18
6. Balasubramaniam, S., "Advanced High Speed CMOS (AHC) Logic Family, ""Ground Bounce Measurement," Texas Instruments, Inc., Publication SCAA034A, 1997
7. Hewlett-Packard Company, HP4328A Milliohmmeter Operating and Service Manual, 1967
8. Williams, Jim, "Bias Voltage and Current Sense Circuits for Avalanche Photodiodes," Linear Technology Corporation, Application Note 92, November 2002, p 8, 11, 30
9. Williams, Jim and Wu, Albert, "Simple Circuitry for Cellular Telephone/Camera Flash Illumination," Linear Technology Corporation, Application Note 95, March 2004
10. Williams, Jim, "Basic Flashlamp Illumination Circuitry for Cellular Telephones/Cameras," Linear Technology Corporation, Design Note 345, September 2004
11. Williams, Jim, "Switching Regulators for Poets," Appendix D, Linear Technology Corporation, Application Note 25, September 1987
12. Williams, Jim, "Step Down Switching Regulators," Linear Technology Corporation, Application Note 35, August 1989, p. 11-13
13. Williams, Jim, "Applications of New Precision Op Amps," Linear Technology Corporation, Application Note 6, January 1985, p. 1–2, 6-7
14. Williams, Jim, "Measurement and Control Circuit Collection," Linear Technology Corporation, Application Note 45, June 1991
15. Markell, R.Editor, "Linear Technology Magazine Circuit Collection, Volume 1," Linear Technology Corporation, Application Note 52, January 1993
16. Williams, Jim, "Practical Circuitry for Measurement and Control Problems," Linear Technology Corporation, Application Note 61, August 1994
17. Markell, R.Editor, " Linear Technology Magazine Circuit Collection, Volume II," Linear Technology Corporation, Application Note 66, August 1996
18. Markell, R.Editor, " Linear Technology Magazine Circuit Collection, Volume III," Linear Technology Corporation, Application Note 67, September 1996
19. Williams, Jim, "Circuitry for Signal Conditioning and Power Conversion," Linear Technology Corporation, Application Note 75, March 1999
20. Williams, Jim, "Component and Measurement Advances Ensure 16-Bit DAC Settling Time," Linear Technology Corporation, Application Note 74, July 1998
21. Williams, Jim, "30 Nanosecond Settling Time Measurement for a Precision Wideband Amplifier," Linear Technology Corporation, Application Note 79, September 1999
22. Hickman, R.W.and Hunt, F.V., "On Electronic Voltage Stabilizers,""Cascode," Review of Scientific Instruments, January 1939, p.6-21, 16
23. Seebeck, Thomas Dr., "Magnetische Polarisation der Metalle und Erze durch Temperatur-Differenz," Abhaandlungen der Preussischen Akademic der Wissenschaften, 1822-1823, p. 265-373
24. Williams, J. and Huffman, B., "Some Thoughts on DC-DC Converters," Linear Technology Corporation, Application Note 29, October 1988
25. Meade, M. L., "Lock-In Amplifiers and Applications, " London, P. Peregrinus, Ltd
26. Williams, J., "Designs for High Performance Voltage-to-Frequency Converters," Linear Technology Corporation, Application Note 14, March 1986

附录A 多少带宽足够呢?

精确的宽带示波器测量需要一定的带宽。那么，关键问题是：究竟需要多少带宽呢？一个经典的指导原则是："端到端"测量系统的上升时间等于系统各个分量上升时间平方和的平方根。最简单的例子是有两个成分：一个信号源和一个示波器。

图A1是$\sqrt{信号^2+示波器^2}$上升时间与误差的关系曲线。该图绘制了信号与示波器上升时间比与所观测到上升时间的关系。上升时间是带宽在时域的表示方式，其中

$$上升时间(ns)=\frac{350}{带宽(MHz)}$$

该曲线说明，为了获得5%以内的测量精确度，示波器的上升时间必须比输入信号的上升时间快3～4倍。这就是为什么使用一个350MHz示波器（t_{RISE}=1ns）测量一个1ns上升时间脉冲会出错的原因。该曲线表明可能产生极大的41%误差。注意到这个曲线并不包括无源探头或者连接信号到示波器的线缆的影响。探头的测量不一定需要遵循平方根定律，但是必须要仔细选取并应用于一个给定的测量中。更多的细节参见附录B。图A2用于参考，给出了在1MHz～5GHz之间的10个基点处上升时间/带宽的等效。

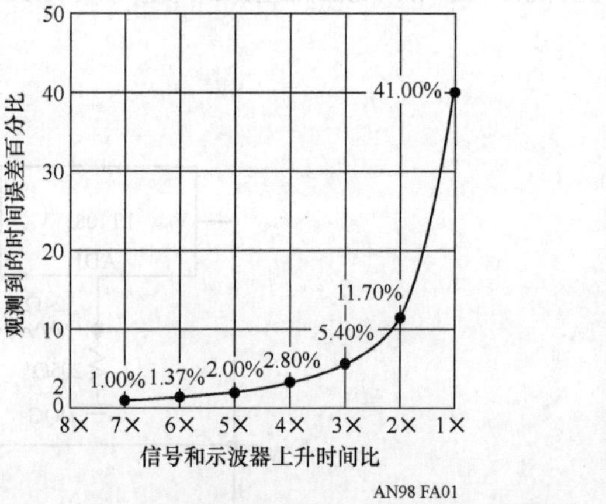

图A1 示波器上升时间对上升时间准确度的影响。当信号与示波器上升时间比接近于1时，测量误差快速地上升。数据是基于均方根关系，并不包括探头的效应（该效应并不遵循均方根定律）

上升时间	带宽
70ps	5GHz
350ps	1GHz
700ps	500MHz
1ns	350MHz
2.33ns	150MHz
3.5ns	100MHz
7ns	50MHz
35ns	10MHz
70ns	5MHz
350ns	1MHz

图A2 一些基点处的上升时间/带宽等效。数据是基于文本中的上升时间/带宽公式

附录B　连接、电缆、适配器、衰减器、探头以及皮秒

亚纳秒上升时间的信号路径必须视为传输线。连接、电缆、适配器、衰减器以及探头代表了传输线的不连续点，对其中所传输的信号产生了有害的影响。给定器件对信号产生的影响程度，将随着其阻抗与传输线标称阻抗的差异而变化。这样引起失真的实际结果是脉冲上升时间的恶化、保真度的恶化或者两者皆有。因此，在信号路径上引入的元件和连接需要最少，而必须使用的器件和连接必须是高阶的。任何形式的连接器、电缆、衰减器或者探头必须是专门用于高频测量的。我们熟悉的BNC硬件在高于350ps的高速上升沿将成为有损器件。所以，针对文中的上升时间应该使用SMA器件。另外，电缆必须是50Ω的“硬线”，或者至少是高频操作专用的基于聚四氟乙烯的同轴电缆。实际最佳连接是不用电缆而直接将信号输出耦合到测量仪器输入端。

应当尽量避免用适配器连接混合信号硬件（例如BNC或者SMA）。适配器将引入较大的寄生参数，导致反射、上升时间恶化、谐振以及其他恶化的状况。同样的，示波器的连接器需要直接与仪器的50Ω输入相连接，避免使用探头。如果一定要使用探头，将探头引入信号路径时必须要注意它们的连接机制和高频补偿。500Ω（10x）和5kΩ（100x）阻抗的商用无源“Z_0”类型，具有低于1pF的输入电容。任何这种探头必须在使用之前进行仔细的频率补偿，否则将会造成误测量。在信号路径插入探头必须要采用某种信号感测器，通常不会影响信号传输。实际上，必须忍受一定量的干扰以及它对测量结果的影响。高品质的信号感测器通常会指定插入损耗、损毁因子以及探头输出的比例因子。

前面强调在设计和保持一个信号路径时需要保持警惕。保持怀疑态度，不断进行尝试，是构造信号路径的有效方法；当然，最有效的方法还是充足的准备工作以及有计划有目的的试验。

电流检测电路集锦（宝典） 40

理解电流

Tim Regan Jon Munson Greg Zimmer MichaelStokowski

引言

检测和控制电流是许多电子系统的基本需求。实际电路多种多样，而检测和控制的技术也同样如此。本应用指南将电路检测问题的解决方案汇集在一起，并根据应用的基本类型进行分类说明。这些电路都是从各个凌力尔特的文档中精选出来的。

按基本应用类型分类的电路

本指南将同类问题的解决方案整合形成各个章（节），比如高端电流检测、负极接地电流检测。各个章（节）的命名也是如此。这样，读者可以在某个章（节）找到解决指定问题的多种可能性方案。

当然，任何电路实例都不可能完全满足某一特定设计要求，但是其中所用电路技术和器件很有用处的。某些应用广泛的电路，可能多次出现在本指南的各章（节）中。

电路检测基础

本章将介绍电流检测的基本技术。其内容也可作为电流检测常用术语的基本定义。每种技术都有其优点和不足，这将在文中进行讨论。本章也讨论了电路所需的各种放大器。

低边电流检测（见图40.1）

检测的目标是监测负载的电源连接中到地返回路径中的电流。电流通常只朝一个方向（单向）流动。如需切换电流方向，则需在低边监测器靠近负载一侧上进行。

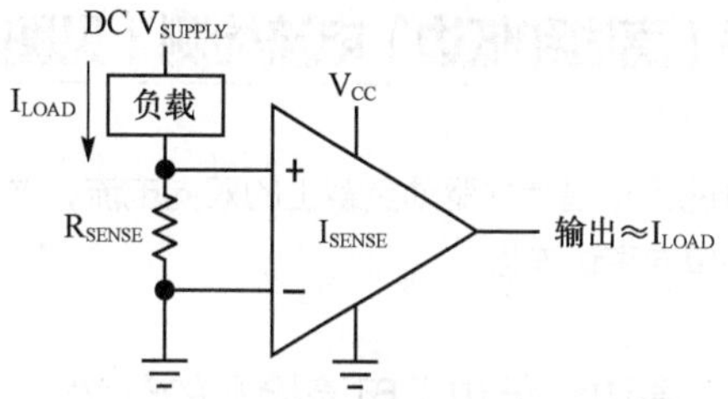

图40.1　低边电流检测

低边检测的优势

- 低输入共模电压。
- 接地参考输出电压。
- 单输入设计简单灵活。

低边检测的不足

- 负载未能直接接地。
- 接地端负载开关因意外短路时将启动负载。
- 由于短路引起的高负载电流无法被检测到。

高边电流检测（见图40.2）

检测的目标是监测负载的电源连接中供电路径中的电流。电流通常只朝一个方向（单向）流动。如需切换电流方向，则需在监测器靠近负载一侧上进行。

高边检测的优势

- 负载接地。
- 电源连线的偶尔短路不会引起负载启动。
- 由于短路引起的高负载电流可以被检测到。

高边检测的不足

- 高输入共模电压（一般非常高）。
- 输出必须是水平下移到系统的工作电平。

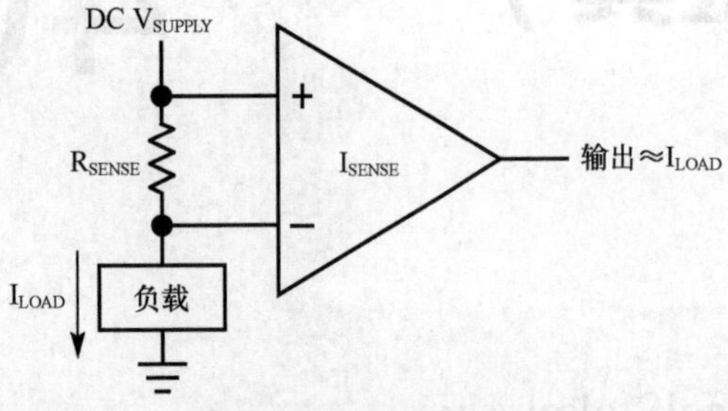

图40.2 高边电流检测

满量程（高边和低边）电流检测（见图40.3）

检测的目标是桥式驱动负载上的双向电流，或者与电源端开关的单向高边连接。

满量程（高边和低边）电流检测的优势

- 桥式检测只需要一个电流检测电阻工作。
- 易于检测有感负载电流的打开与关闭。

满量程（高边和低边）电流检测的不足

- 输入共模电压幅度较大。
- 共模抑制可能会限制高频在脉宽调制中的应用。

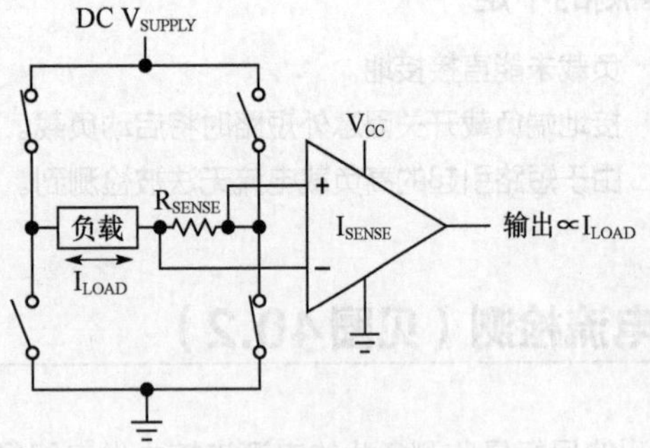

图40.3 满量程电流检测

高边

本节将讨论高边电流检测的解决方案。在这些电路中，流经负载的总电流主要通过供电电源正端进行监测。

LT6100负载电流监测（见图40.4）

图40.4中所示电路为基本的LT6100电路设计。在电路内部，包括一个输出缓存区，通常使用低电压供电，比如3V。被监测的电源可以从V_{CC}+1.4V浮动到48V。A2和A4引脚可以通过各种方式连接，以提供一个宽范围的内部固定增益。比如，当V_{CC}断电后，输入阻抗将变得极高，避免电池消耗。连接到内部信号节点（引脚3）时，可以选择使用一个滤波功能，只需多加一个电容。小信号范围在单电源供电中受限于V_{OL}。

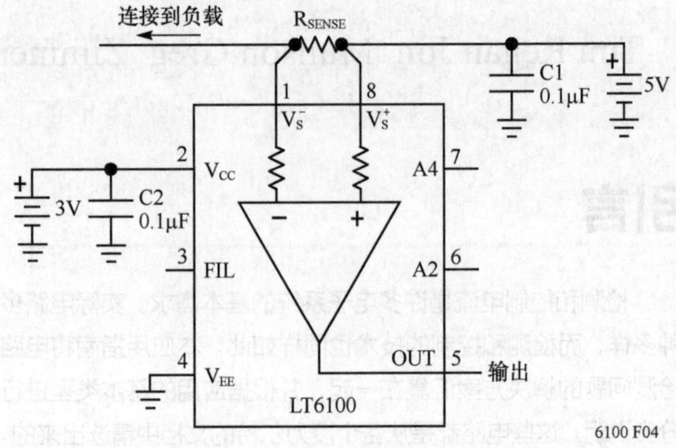

图40.4 LT6100负载电流监测

“经典”正电源轨电流检测（见图40.5）

这个电路使用通用器件进行组装，其功能类似于LTC6101芯片。其中需要用到轨到轨输入型运算放大器，因为输入电压恰处于上轨。这里给出的电路实例可以监测高达44V的应用。不过，额外使用的器件使电路变得复杂，另外，运算放大器电源的V_{OS}通常未经出厂校准，所以，相比其他解决方案准确度较差。电路中双极型晶体管的有限电流增益是造成系统增益误差的一小部分来源。

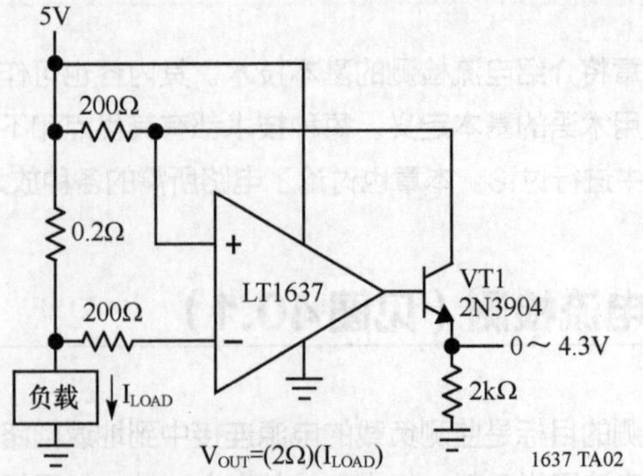

图40.5 “经典”正电源轨电流检测

“过顶”电流检测（见图40.6）

该电路是“经典”高边电路的一个变形，它可以利用Over-the-Top(即电源轨之外的输入)输入能力，单独为IC提供低电压轨。这样，借助于由低压电源产生的有限输出摆幅，可以对下游电路的故障保护进行测量。其缺点是Over-the-Top模式的V_{OS}劣于其他模式，准确度略差。该双极型晶体管的有限电流增益是增益误差较小的原因。

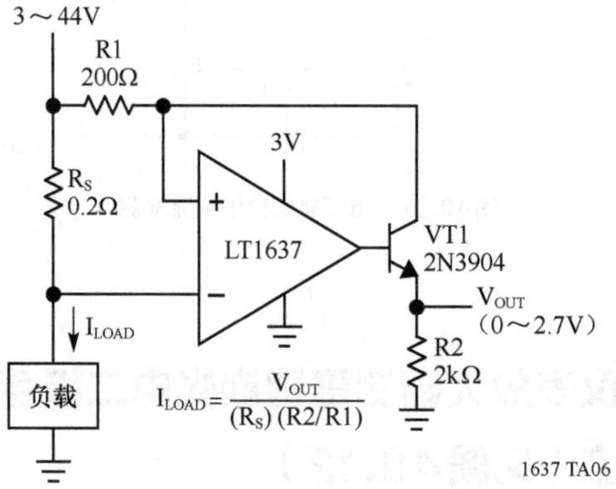

图40.6 “过顶”电流检测

高边电流检测和熔断监视器（见图40.8）

LT6100可以用作组合电流检测和熔断监视。该部分包括片上输出缓存，它被设计为可以运行在低供电电压（≥2.7V），比如典型的车载数据采集系统；而检测输入监视信号处在电池汇流条高电势点。LT6100能承受较大的输入差分，所以，在保险丝熔断条件下仍可进行检测（通过满刻度输出指示来检测）。该LT6100还可以在断电时保持高阻抗检测输入，在电池汇流条上产生的电流小于1μA。

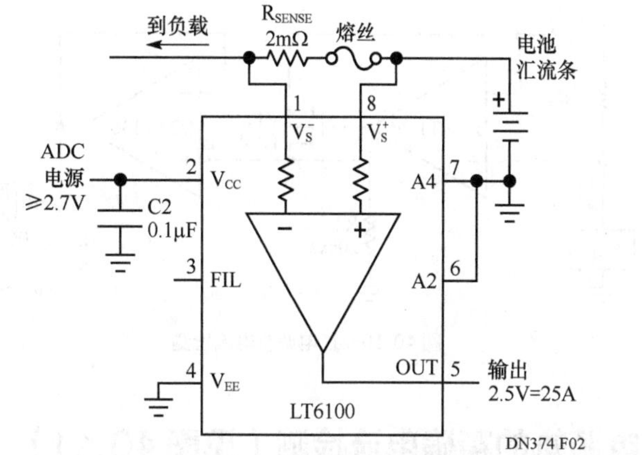

图40.8 高边电流检测和熔断监视器

自供电的高边电流检测（见图40.7）

该电路利用了LT1494微安供电电流和轨到轨输入的优势。该电路很简洁，因为电源的输入电流本质上等同于流过R_A上的电流。电流流过R_B从而产生输出电压，之后根据需要进行适当放大。

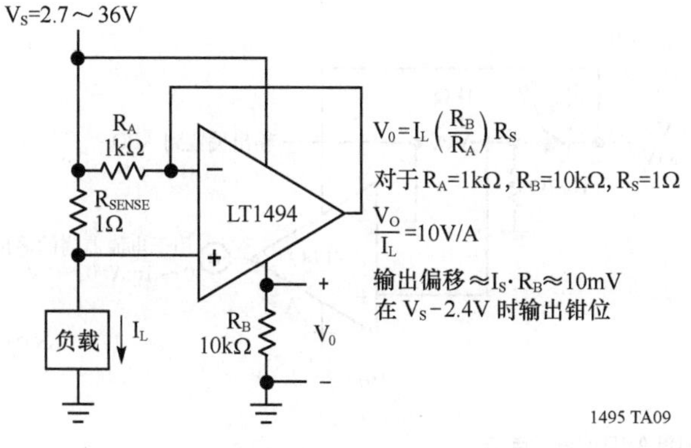

图40.7 自供电的高边电流检测

精确高边电源电流检测（见图40.9）

这是一个低电压、超高精度监视器，它配备了零漂移仪表放大器（IA），能提供轨到轨输入和输出。电压增益可通过反馈电阻设置。该电路的精度取决于用户选择电阻的质量，小信号范围受限于单电源供电的的V_{OL}。这部分的额定电压限制了其应用仅可用于<5.5V的电路。该IA将被采样，在输入变化时，输出是不连续的，因此仅适合于非常低频率的测量。

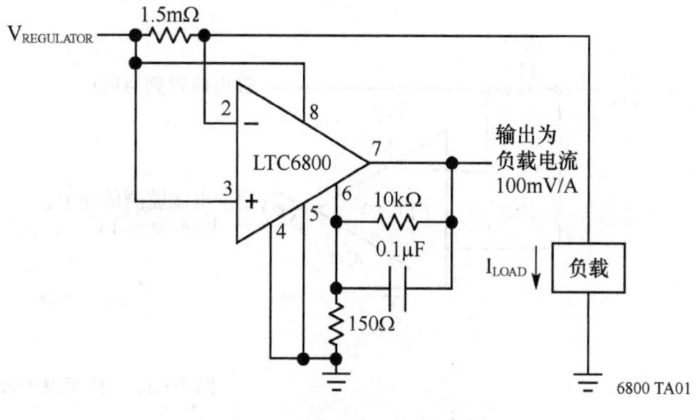

图40.9 精确高边电源电流检测

正电源轨电流检测（见图40.10）

该电路类似于LT6100的通用设计。轨到轨或Over-the-Top类型的输入运算放大器是必需的（第一个部分）。第一部分是经典高边检测电路的变形，其中P-MOSFET提供精确的输出电流到R2（相比于双极结型晶体管）。第二部分是缓冲区，以驱动ADC端口等，必要时可将之设计为具有一定的增益。如图所示，该电路可在高达36V时运行。在单电源供电时，小信号范围受限于V_{OL}。

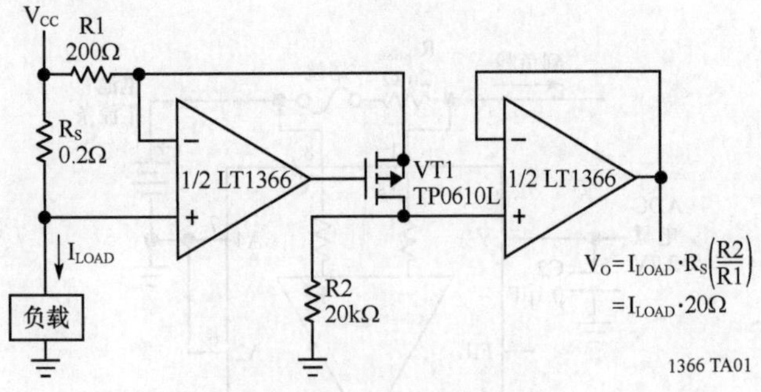

图40.10 正电源轨电流检测

电源轨的精确电流检测（见图40.11）

该电路的抽样部分与LTC2053和LTC6800前端电路相同，不过没有运放增益级。这种特殊的开关支持高达18V的电压，因此相比之前讨论的全集成IC，在更高电压时也可进行精确测量。该电路交替给飞跨检测电容和地参考输出电容充电，可以使DC输入条件下单端输出电压与检测电阻上的差分电压完全相同。该电路之后一般会连接一个高精度缓冲放大器（比如LTC2054）。两电容充电交替的速率可以通过引脚14由用户设定。负的供电电源监测时，引脚15必须连接到负电源轨而非接地。

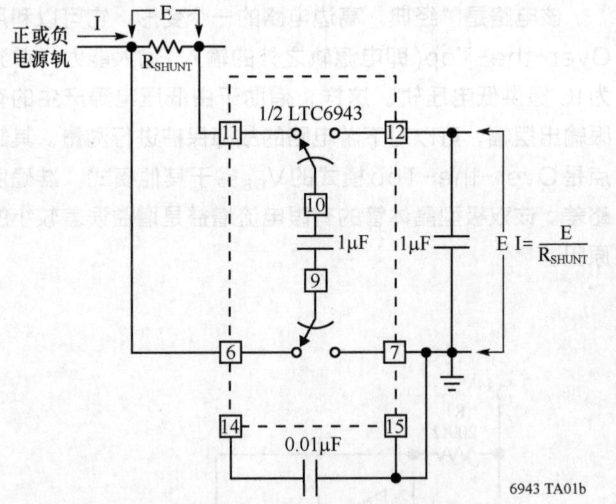

图40.11 电源轨的精确电流检测

使用仪表放大器测量雪崩光电二极管的偏置电流（见图40.12）

上部电路使用了独立电源轨（比V_{IN}大1V）供电的仪表放大器来测量流经1kΩ并联电阻的电流。下部电路基本相同，区别在于使用了雪崩光电二极管的偏置线路供电。这个电路能够承受的最大电压是雪崩光电二极管的35V最大电压，而雪崩光电二极管则需要90V或者更高。在所示单电源电路中，V_{OL}将产生动态范围限制，这一点也需要注意。该方法的优势在于仪表放大器的高精度。

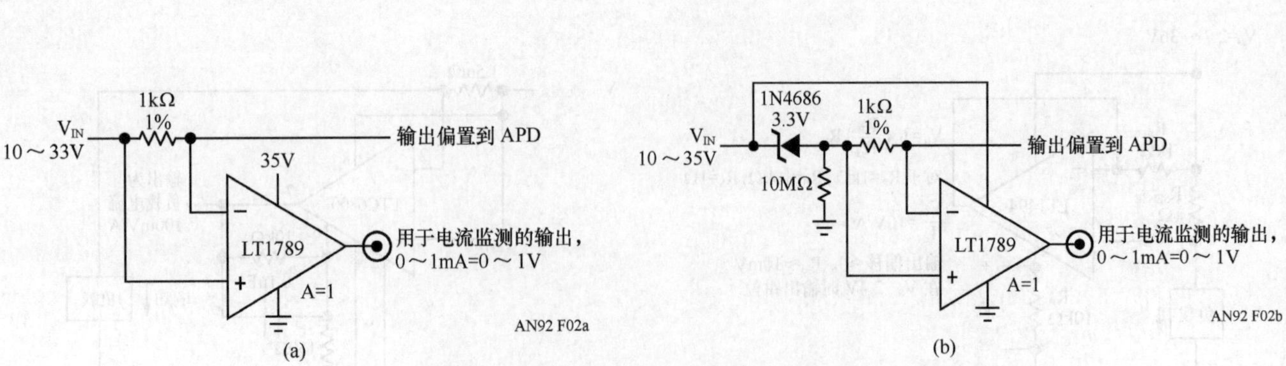

图40.12 使用仪表放大器测量APD的偏置电流

简易500V电流监测（见图40.13）

给LTC6101添加两个外部MOSFET管，可将它用于极高电压以监测电流。LTC6101的输出电流正比于所监测的电压，电流流过M1产生以地为参考的输出电压。

双向电池电流监视（见图40.14）

该电路可以监视流过检测电阻的任一方向的电流。为了让负输出来表示充电电流，V_{EE}需连接到一个较小负电源上。单电源供电时（V_{EE}接地），在V_{BIAS}（1.25V为例）上施加正参考电平可将输出范围向上偏移。C3可与该部分的输出阻抗（R_{OUT}）一起形成滤波器。该电路精度极高（极低V_{OS}），标称增益固定为8。

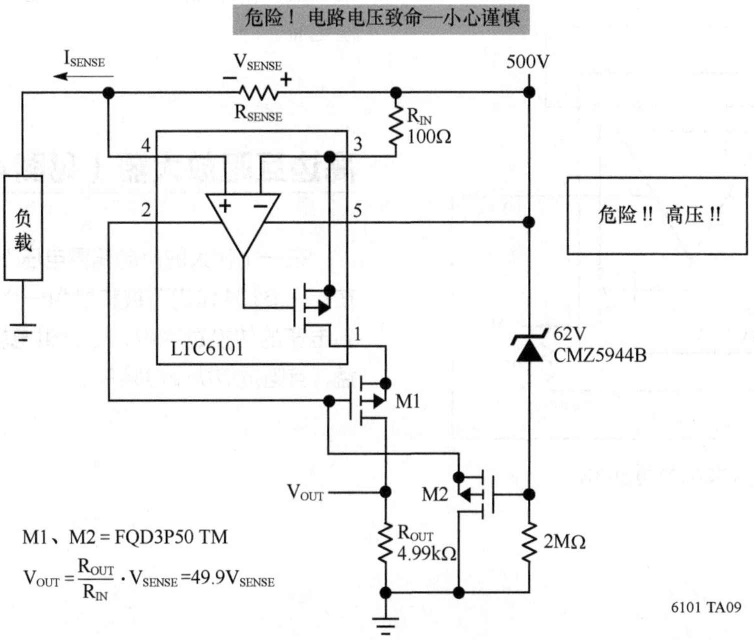

图40.13 简易500V电流监测

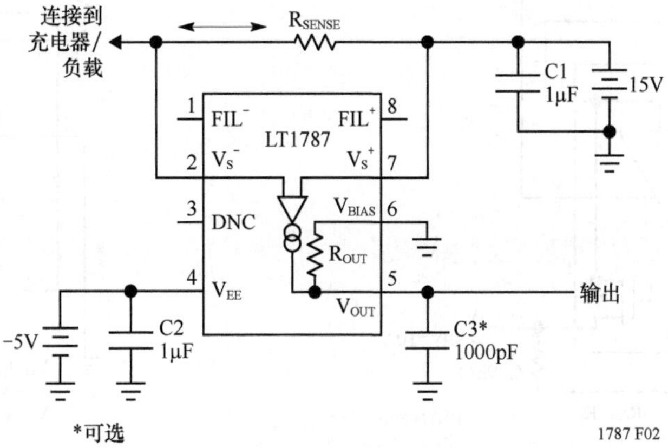

图40.14 双向电池电流监视

LTC6101电源电流（包括负载测量）（见图40.15）

这是基本的LTC6101高边感测电源监视器设计，其中，IC产生的电流包含在读出信号中。该电路主要用于IC电流相比于总电流消耗不可再忽略时的情形，比如低功率电池供电系统。电阻R_{SENSE}的值应该可以将电压限制在小于500mV以下，以保证最佳线性。如果不要求读出信号中包含的IC电流，比如负荷监视，引脚5可以直接连接到V^+而非负载。此电路的增益精度仅受限于用户选择电阻的精度。

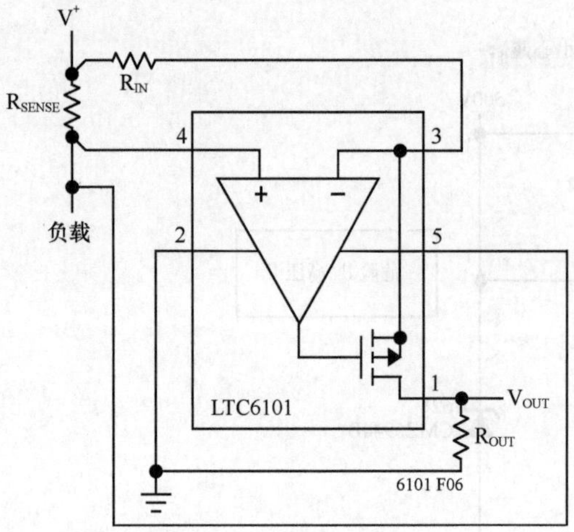

图40.15 LTC6101电源电流

使用LTC6101的简单高边电流检测（见图40.16）

图中所示的是使用LTC6101的基本高边电流监视电路。电路增益可以通过R_{IN}和R_{OUT}值的选择来确定，而供电则直接源于电池汇流条。LTC6101的电流输出可以通过R_{OUT}远程检测。因此，放大器可以直接并联，同时R_{OUT}靠近检测电路，不会出现接地错误。该电路具有1μs的快速响应时间，非常适合进行MOSFET的负载开关保护。开关元件可以是连接感测电阻器和负载的高边类型，也可以是连接负载到地或H桥的低边类型。该电路是可编程的，可在R_{OUT}上产生1mA的满量程输出电流，但当负载处于关闭状态时仅有250μA电源电流。

高边互阻放大器（见图40.17）

在一个很大的反向偏置电压下，流过光电二极管的电流在LTC6101作用下被转换为一个对地的输出电压。在电流到电压的转换过冲中，电源供电轨可以获得高达70V的增益，互阻抗取决于电阻R_L。

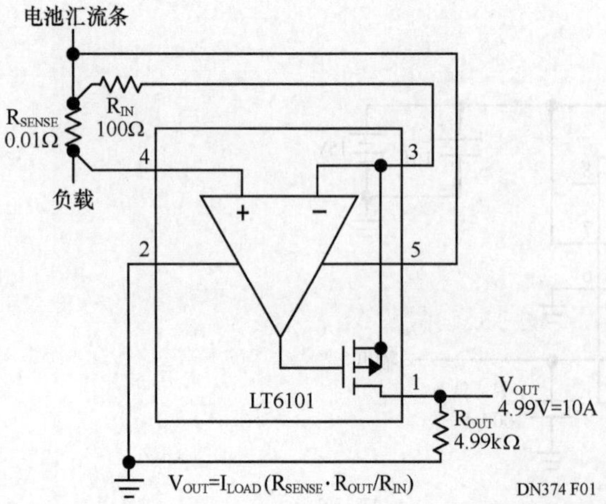

图40.16 使用LTC6101的简单高边电流检测

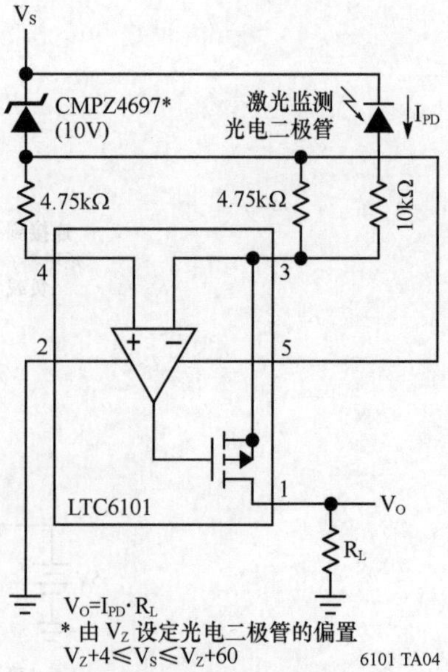

图40.17 高边互阻放大器

智能高边开关（见图40.18）

LT1910是一个专用的高边MOSFET驱动器，具有内部保护功能。它根据标准逻辑电压为电源开关提供栅极驱动，通过监测开关电流提供负载短路保护。如果在电路中增加一个LTC6101，并使用同一个电流检测电阻，则可以提供一种正比于负载电流的线性电压信号，以获得更多的智能控制。

输出隔离且耐压105V的48V电源电流监视器（见图40.19）

LTC6101的升级版可以使用105V的供电电压。如下图所示电路，在高电源电压轨的电流可直接或以孤立的方式进行监测。该电路从LTC6101获得的增益和输出电流程度取决于所使用的特定光隔离器。

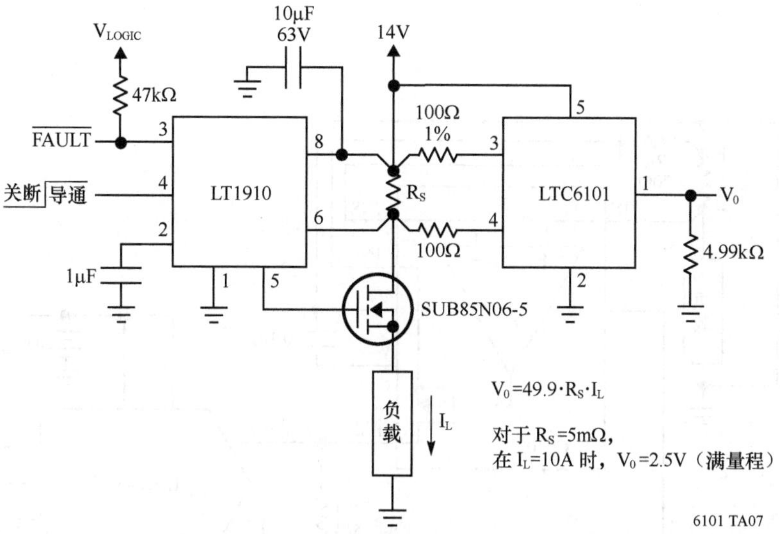

图40.18　智能高边开关

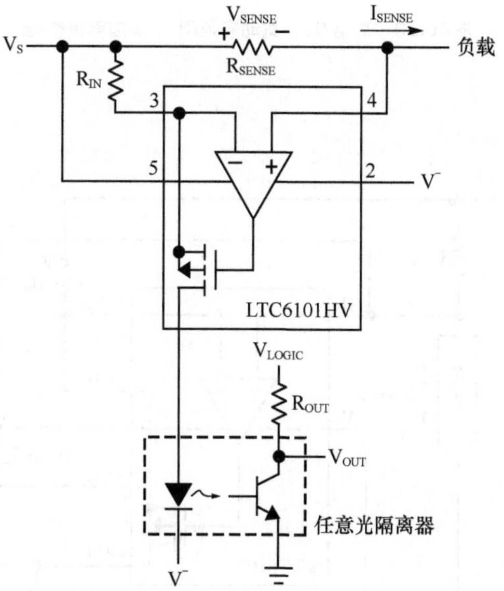

图40.19　输出隔离且耐压105V的48V电源电流监视器

高精度、宽动态范围、高边电流检测（见图40.20）

LTC6102提供了超乎想象的精度（V_{os}<10μV），以至于可以使用阻值很小的检测电阻。这样可以降低电路损耗，而且扰动范围较大时也可以进行精确测量。该电路中的元件都按比例进行了调整，可在10A范围内进行测量，对应偏置误差仅为10mA。损耗在100mW以下时，该电路比10位的动态范围更加有效。

包含检测电路供电电流时的检测电流（见图40.21）

检测电池产生的总电流时，需要正确使用供电引脚。要注意电池同时也在为检测电路供电。电源引脚连接到检测电阻的负载侧时，将产生一部分供电电流到负载电流之中。当输入为设备的V^+供电电压时，检测放大器也能正常运行。

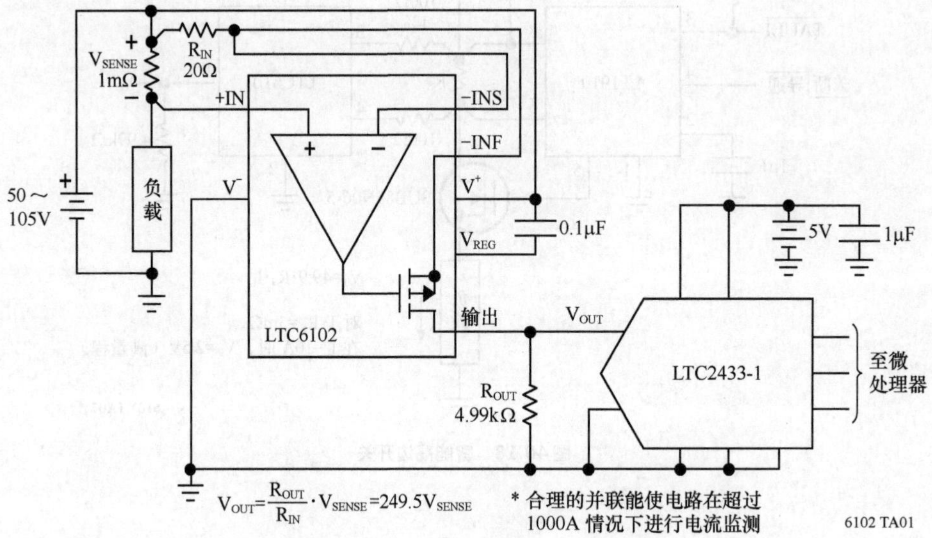

图40.20 高精度、宽动态范围、高边电流检测

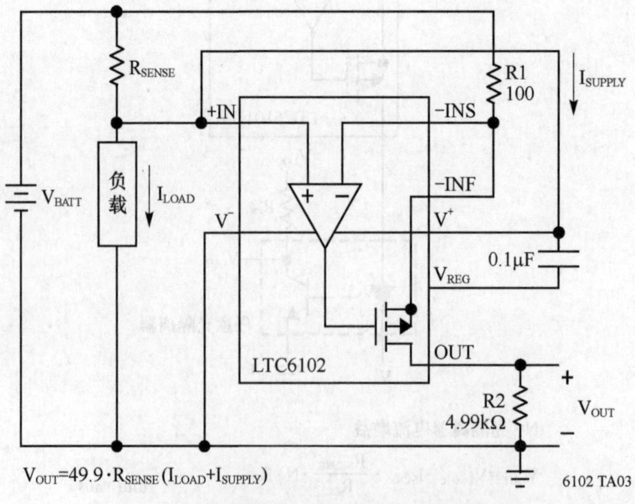

图40.21 包含检测电路供电电流时的检测电流

宽电压范围的电流检测（见图40.22）

LT6105的供电电压与电流检测输入的电压无关。输入电压可以延伸为负值或者超过传感放大器的供电电压，而传感电流只能在一个特定的方向流动，可以检测高于负载、高边或者低于负载、低边的电流。增益通过调整电阻阻值编程控制，在图中其值设置为50。

使用简约滤波来平滑电流监视输出信号（见图40.23）

LT6105运放的输出阻抗取决于增益设定输出电阻。为该电阻增加一个旁路电容能进行一阶滤波，从而实现噪声电流信号和尖峰的平滑化。

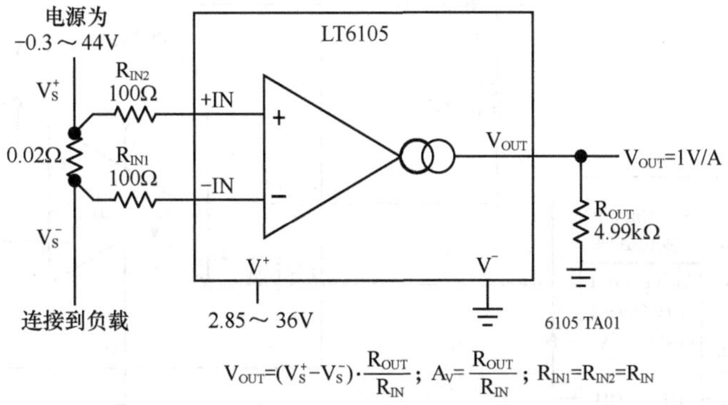

图40.22　宽电压范围的电流检测

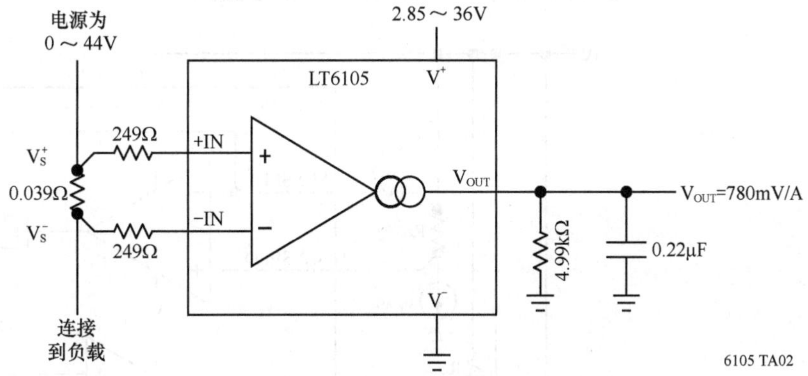

图40.23　使用简约滤波来平滑电流监视输出信号

使用TimerBlox器件产生上电复位脉冲（见图40.24）

首次加电后，系统的负载电流需要一段时间上升到正常工作的水平。这个可以触发并锁定LT6109比较器暗流检测条件。在一个已知的启动延时间隔后，R7和C1产生一个下降沿触发LTC6993-3的单键触发，其编程设置为10μs。此脉冲可以解锁比较器。断电后，R8和VT2将使C1放电，以确保电源恢复之前有足够的延迟间隔。

使用TimerBlox器件的上电复位脉冲精确延时电源（见图40.25）

首次加电后，系统的负载电流需要一段时间上升到正常工作的水平。这个可以触发并锁定LT6109比较器暗流检测条件。该电路使用了LTC6994-1延时计时器来设置时间间隔，该时间间隔大于已知的负载电流稳定时间（例子中为1s），然后触发LTC6993-3的单键触发，其编程设置为10μs。上电延迟的范围可以很宽，主要通过可编程电阻来设置。

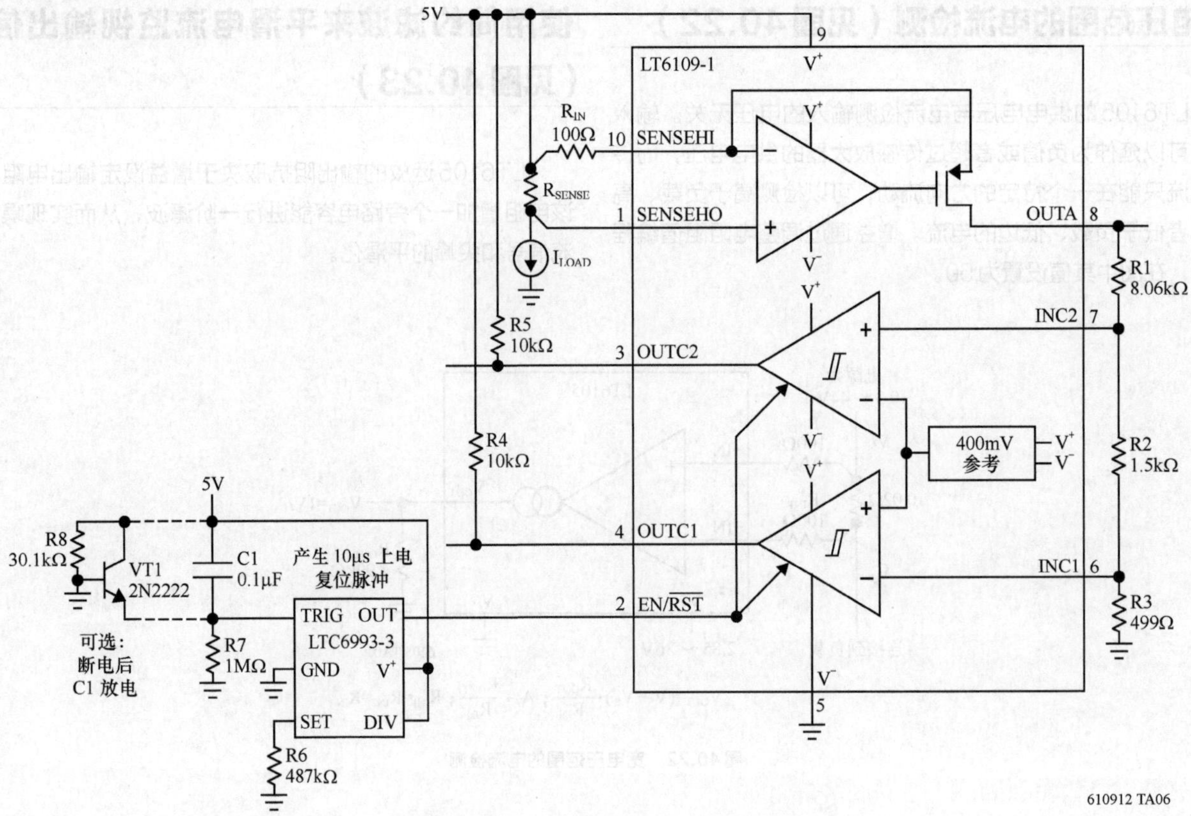

图40.24 使用TimerBlox器件产生上电复位脉冲

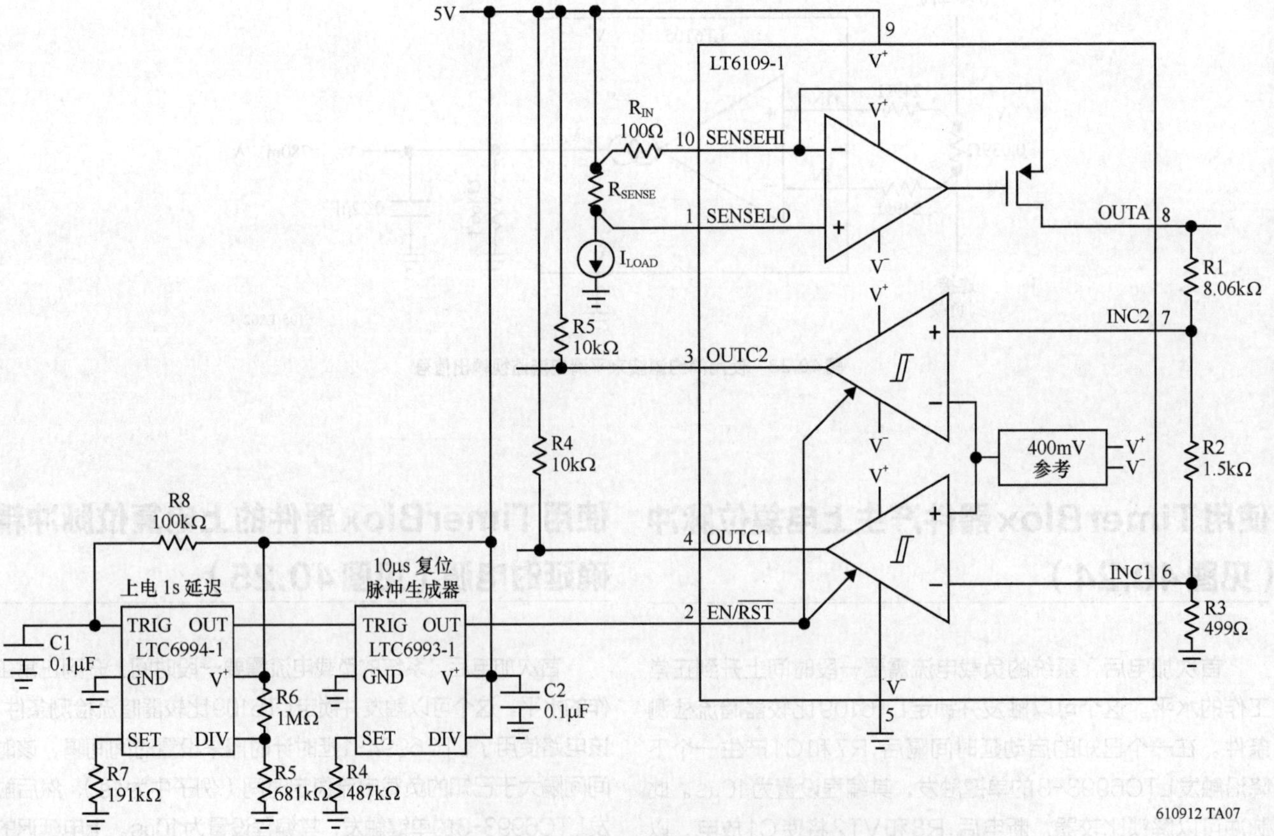

图40.25 使用TimerBlox器件的上电复位脉冲精确延时电源

低边

本章讨论低边电流检测解决方案。在这些电路中，将监测流过接地回路或负电源线的电流。

“经典”高精度低边电流检测（见图40.26）

该电路基本上由标准同相放大器构成。所用运算放大器必须支持低轨共模模式，而零点漂移类型的使用（如图所示）能提供高精度。该电路的输出参考于低端Kelvin触点，单电源电路中可能对应的是地电平。单电源供电时，小信号范围受限于V_{OL}。定标精度取决于用户选定的电阻。

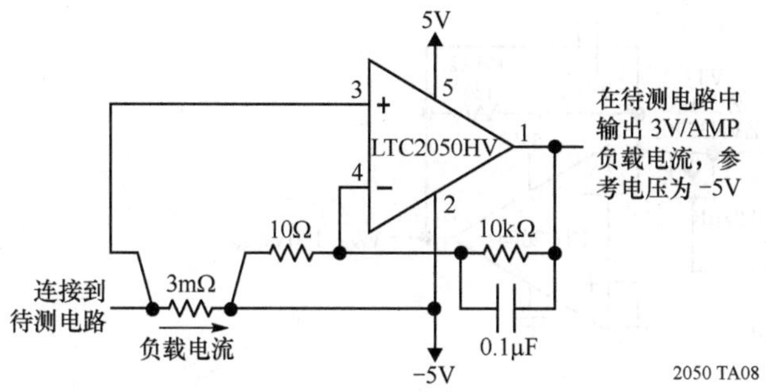

图40.26 “经典”高精度低边电流检测

电源轨的电流精密检测（见图40.27）

该电路的抽样部分与LTC2053和LTC6800前端电路相同，不过没有运放增益级。这种特殊的开关支持高达18V的电压，因此相比之前讨论的全集成IC，在更高电压时也可进行精确测量。该电路交替给飞跨检测电容和地参考输出电容充电，可以使DC输入条件下单端输出电压与检测电阻上的差分电压完全相同。该电路之后一般会连接一个高精度缓冲放大器（如LTC2054）。两电容充电交替的速率可以通过引脚14由用户设定。负的供电电源监测时，引脚15必须连接到负电源轨而非接地。

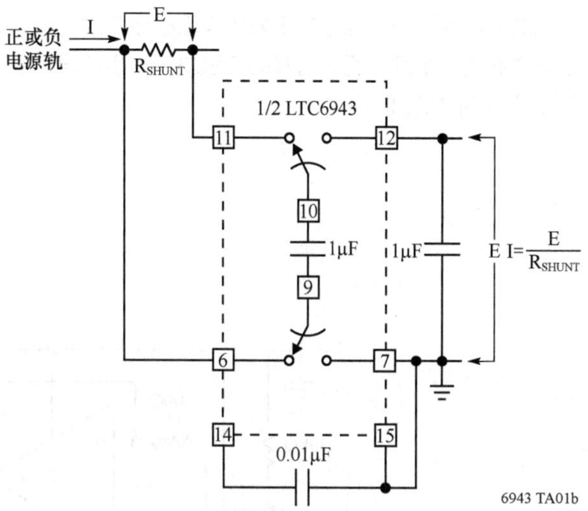

图40.27 电源轨的电流精密检测

-48V热插拔控制器（见图40.28）

该负载保护电路采用低边电流检测。通过控制N-MOSFET实现负载的软启动（电流斜坡上升），或者在供电失效或负载失效时断开负载。内部并联的稳压器为系统提供本地工作电压。

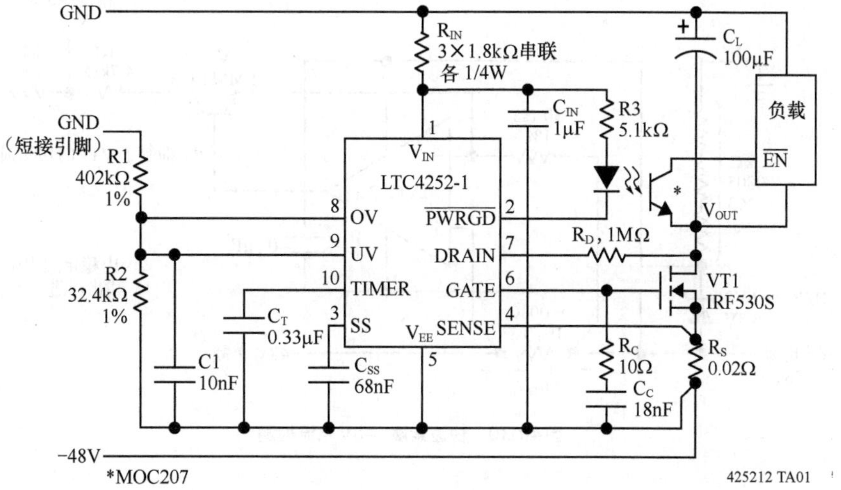

图40.28 -48V热插拔控制器

−48V低边电流精密检测（见图40.29）

该电路的第一级放大器是“经典”高边电流检测电路的补足形式，使其能工作于电信的负供电电压。齐纳二极管为第一级运放提供了廉价的“悬浮”并联稳压电源。N-MOSFET的漏极产生计量电流注入到第二级的虚拟地，形成一个跨阻放大器。第二个运放是由正电源供电，其输出为正电压以提升负载电流。由于两级供电电压不同，该电路中无法采用双运放结构。由于采用零漂移运算放大器，该电路非常准确。精度由用户选择的电阻决定，小信号范围受第二级单电源的V_{OL}制约。

快速紧凑−48V电流检测（见图40.30）

这种放大器是经典高边检测电路的补足形式。所用运放必须支持低轨共模模式。齐纳二极管提供了“悬浮”并联稳压电源，而晶体管则提供了计量电流到输出负载电阻（该电路中为1kΩ）。该电路的输出电压的参考为正电势，当负载为−48V时它将向下偏移。定标精度取决于所用电阻以及NPN晶体管的性能。

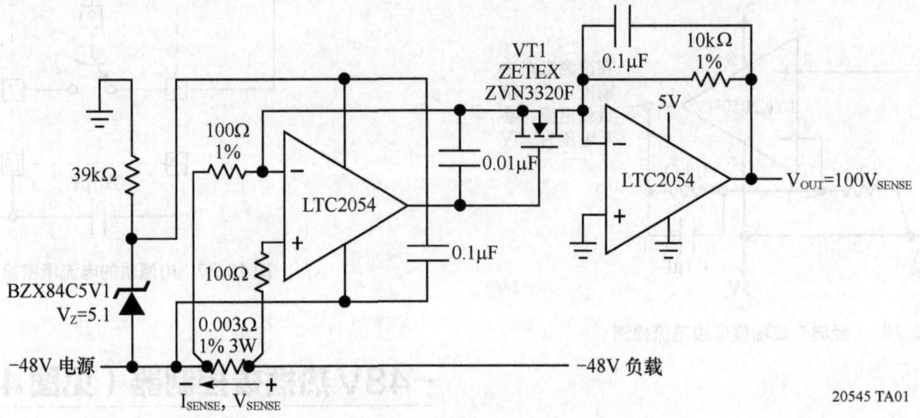

图40.29 −48V低边电流精密检测

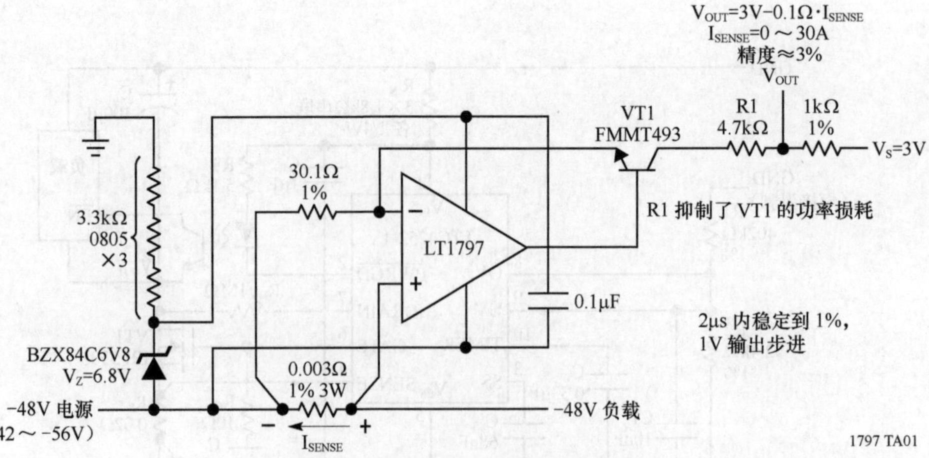

图40.30 快速紧凑−48V电流检测

-48V电流检测（见图40.31）

该电路使用了经济型ADC为检测电阻提供电压。ADC由“悬浮”高精度并联稳压电源供电，且可以进行连续转换。ADC数字输出驱动一个光隔离器，将串行数据流相对地进行电平偏移。对于供电电压范围较宽的应用，可以将13kΩ偏置电阻替换为一个有源4mA电流源，如图40.31(b)所示。如要要进行完全介电隔离或者更高效的操作，可以用一个小型变压器电路为ADC供电。

-48V热插拔控制器（见图40.32）

该负载保护电路采用低边电流检测。通过控制N-MOSFET实现负载的软启动（电流斜坡上升），或者在供电失效或负载失效时断开负载。内部并联的稳压器为系统提供本地工作电压。

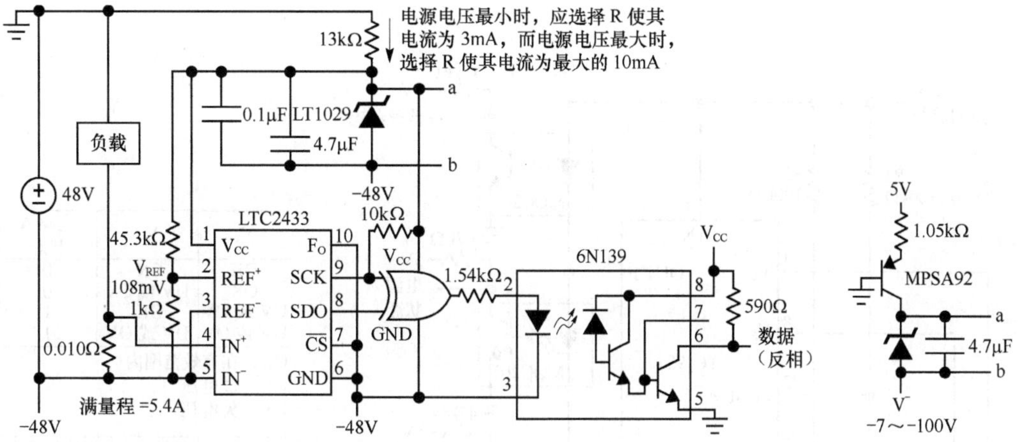

(a)

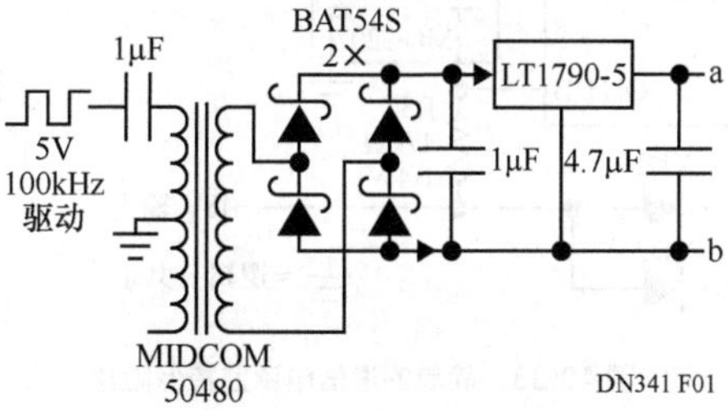

(b)

图40.31 -48V电流检测

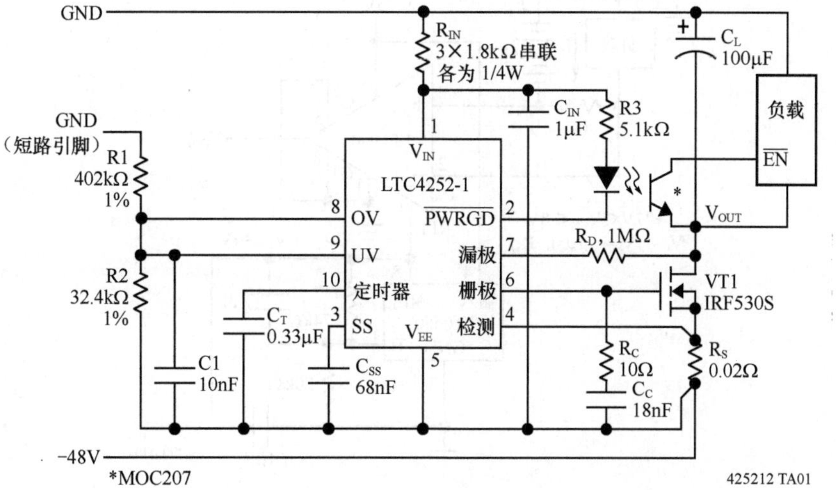

图40.32 -48V热插拔控制器

简单的通信电源监测保险丝（见图40.33）

LTC1921提供了一个集全功能于一身的电信保险丝和电源电压监测功能，提供三个光隔离的状态标志，指示电源和熔断器的状态。

电信电源电流监测器（见图40.34）

LT1990是一款范围较宽的共模输入误差放大器，在该电路中将检测电阻上的电压放大10倍。当使用单端5V电压供电时，为提供期望的输入范围，可使用LT6650将参考电平设置为约4 V。这样，受参考电平影响，输出电压将下移，从而实现较大的输出摆幅。

负电压

本节讨论了负电压电流检测解决方案。

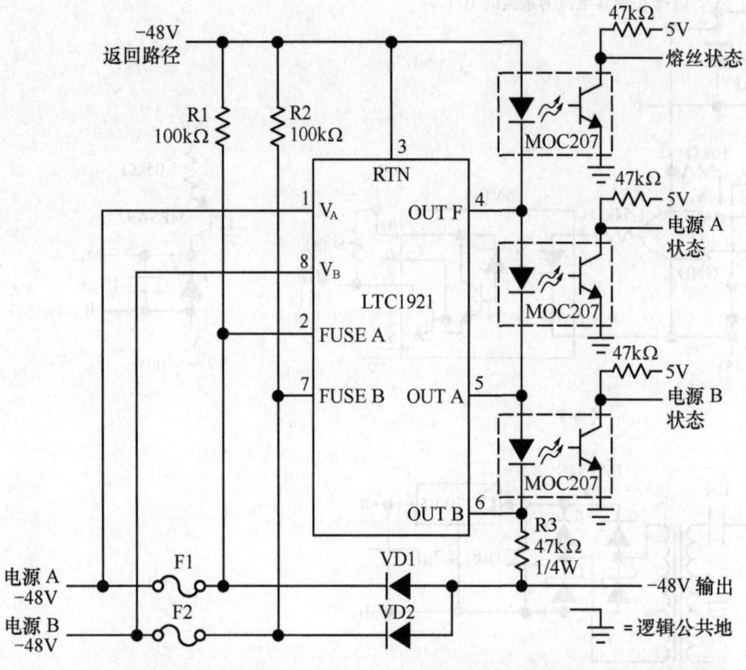

V_A	V_B	电源 A 状态	电源 B 状态
OK	OK	0	0
OK	UV 或 OV	0	1
UV 或 OV	OK	1	0
UV 或 OV	UV 或 OV	1	1

OK：在有效范围内
OV：过电压
UV：欠电压

$V_{FUSE\,A}$	$V_{FUSE\,B}$	熔丝状态
$=V_A$	$=V_B$	0
$=V_A$	$\neq V_B$	1
$\neq V_A$	$=V_B$	1
$\neq V_A$	$\neq V_B$	1*

0：LED/ 光电二极管开启
1：LED/ 光电二极管关闭
* 如果两个熔丝（F1 和 F2）都打开，所有状态输出都为高，因为 R3 没有电源供电。

图40.33 简单的通信电源监控保险丝

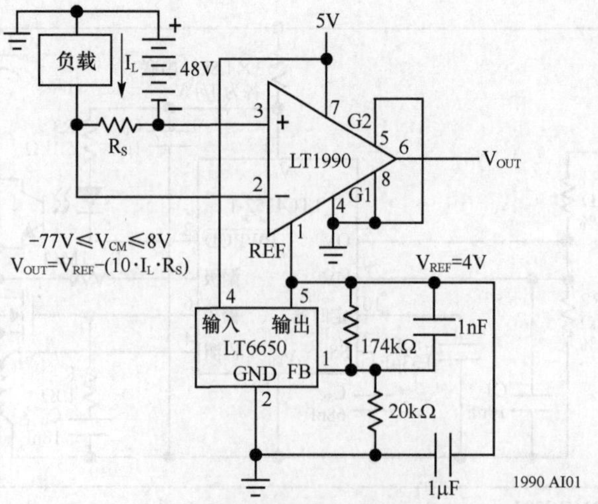

图40.34 电信电源电流监控器

-48V热插拔控制器（见图40.35）

该负载保护电路采用低边电流检测。通过控制N-MOSFET实现负载的软启动（电流斜坡上升），或者在供电失效或负载失效时断开负载。内部并联的稳压器为系统提供本地工作电压。

-48V低边电流精密检测（见图40.36）

该电路的第一级放大器是“经典”高边电流检测电路的补足形式，使其能工作于电信的负供电电压。齐纳二极管为第一级运放提供了廉价的“悬浮”并联稳压电源。N-MOSFET的漏极产生计量电流注入到第二级的虚拟地，形成一个跨阻放大器（71A）。第二个运放是由正电源供电，其输出为正电压以提升负载电流。由于两级供电电压不同，该电路中无法采用双运放结构。由于采用零漂移运算放大器，该电路非常准确。精度由用户选择的电阻决定，小信号范围受第二级单电源的V_{OL}制约。

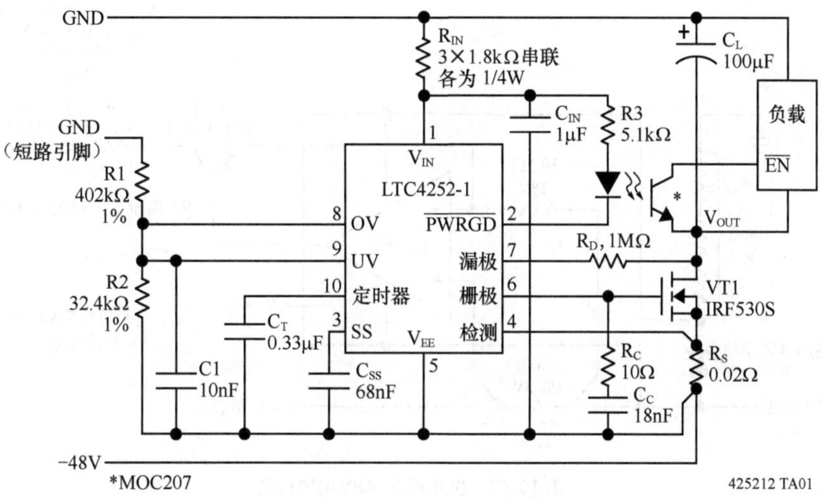

图40.35 -48V热插拔控制器

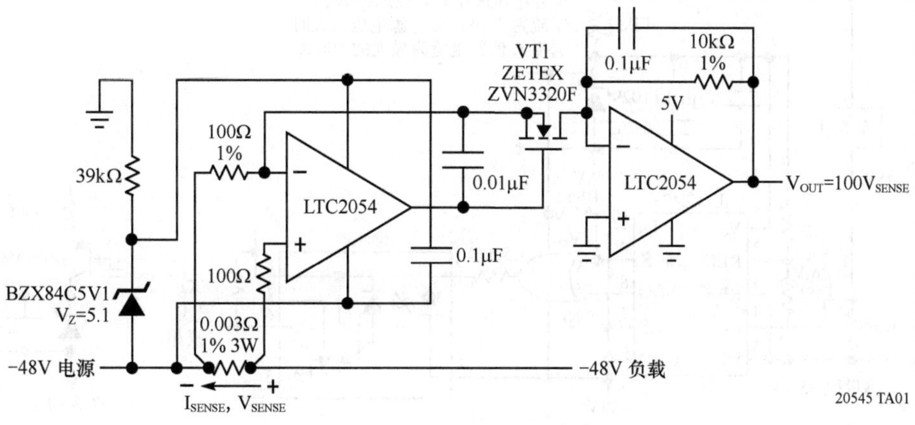

图40.36 -48V低边电流精密检测

快速紧凑-48V电流检测（见图40.37）

这种放大器是经典高边检测电路的补足形式。所用运放必须支持低轨共模模式。齐纳二极管提供了“悬浮”并联稳压电源，而晶体管则提供了计量电流到输出负载电阻（该电路中为1kΩ）。该电路的输出电压的参考为正电势，当负载为-48V时它将向下偏移。定标精度取决于所用电阻以及NPN晶体管的性能。

-48V电流检测（见图40.38）

该电路使用了经济型ADC为检测电阻提供电压。ADC由“悬浮”高精度并联稳压电源供电，且可以进行连续转换。ADC数字输出驱动一个光隔离器，将串行数据流相对地进行电平偏移。对于供电电压范围较宽的应用，可以将13kΩ偏置电阻替换为一个有源4mA电流源，如图所示。如要进行完全介电隔离或者更高效的操作，可以用一个小型变压器电路为ADC供电，如图40.38(b)所示。

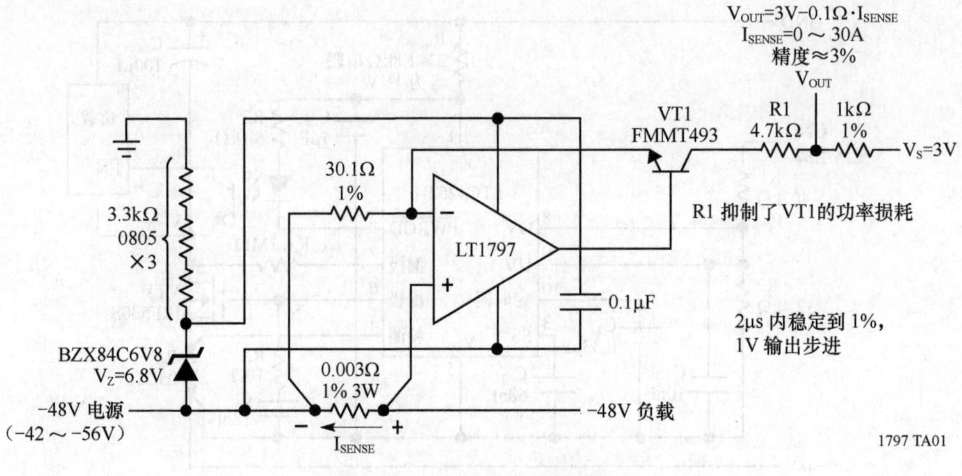

图40.37 快速紧凑-48V电流检测

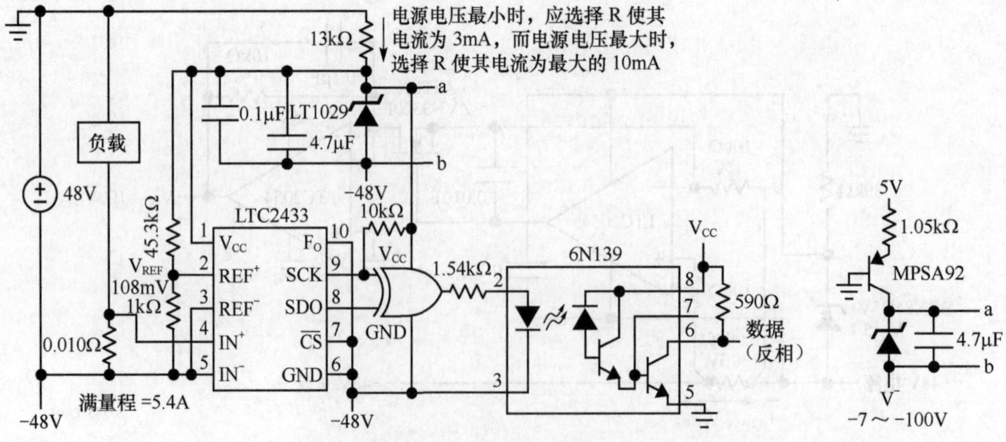

（a）

图40.38 -48V电流检测

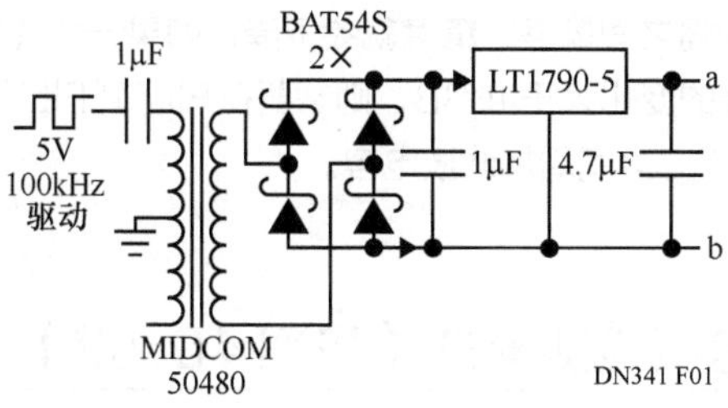

（b）

图40.38 -48V电流检测 （续）

简单的通信电源监测保险丝（见图40.39）

LTC1921提供了一个集全功能于一身的电信保险丝和电源电压监测功能，提供三个光隔离的状态标志，指示电源和熔断器的状态。

检测正或负电源线中的电流（见图40.40）

使用负电源电压驱动的LT6105，仅需改变输入连接，就可以实现正或负电源线中电流的检测。在这两种设计中，输出电压是以地电平为参考电压的正电压。驱动LT6105的负电源至少必须是所监测的电源电压的负值。

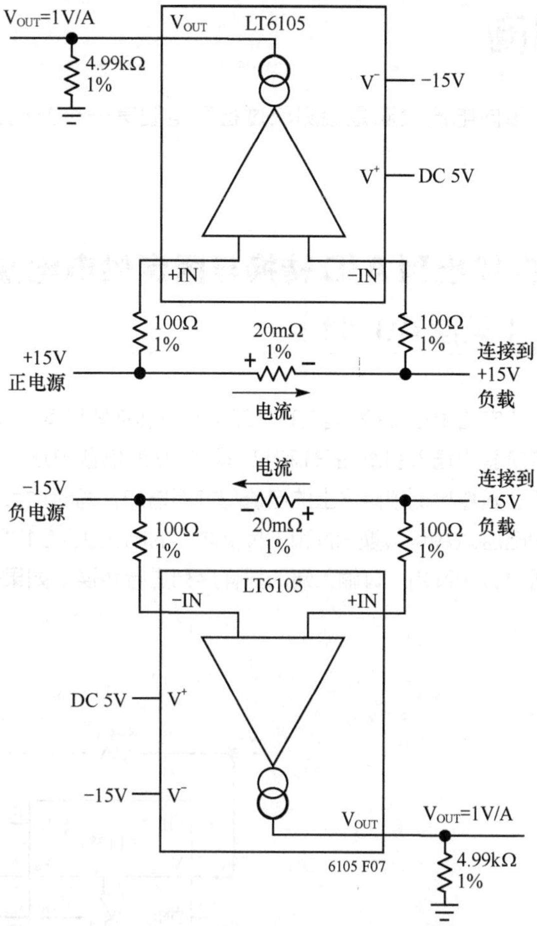

图40.40 检测正或负电源线中的电流

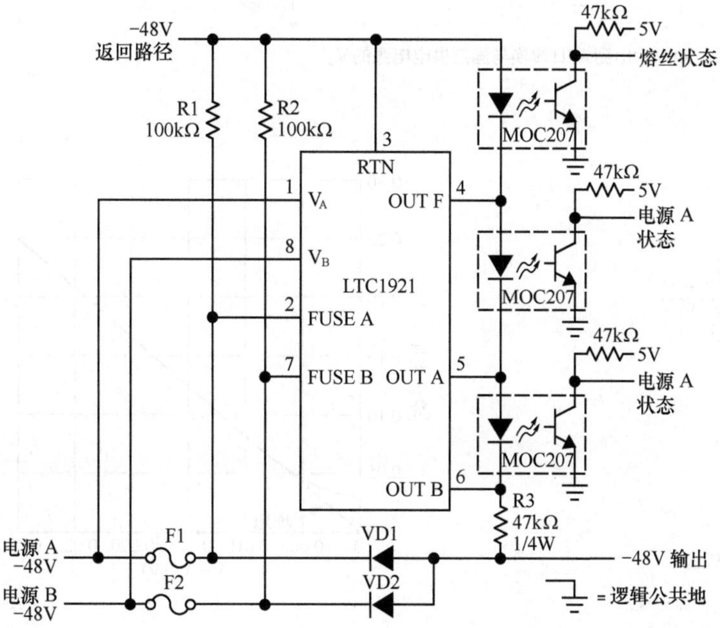

V_A	V_B	电源 A 状态	电源 B 状态
OK	OK	0	0
OK	UV 或 OV	0	1
UV 或 OV	OK	1	0
UV 或 OV	UV 或 OV	1	1

OK：在有效范围内
0V：过电压
UV：欠电压

$V_{FUSE A}$	$V_{FUSE B}$	熔丝状态
$=V_A$	$=V_B$	0
$=V_A$	$\neq V_B$	1
$\neq V_A$	$=V_B$	1
$\neq V_A$	$\neq V_B$	1*

0：LED/ 光电二极管开启
1：LED/ 光电二极管关闭
* 如果两个熔丝（F1 和 F2）都打开，所有状态输出都为高，因为 R3 没有电源供电。

图40.39 简单的通信电源监控保险丝

单向

单向电流检测是检测流过检测电阻某一个方向上的电流。

单向输出到A/D转换与固定供电电源的V_S^+（见图40.41）

该电路中LT1787与LTC1286 A/D转换器协同工作。A/D转换器的输入引脚由R1和R2提供1V的偏置电压，这个电压会随着检测电阻之上的电流增加而增加，同时放大器的检测电压为A/D转换-IN和+IN端之间的电压。LTC1286转换器对其-IN和+IN输入端的抽样序列进行转换。如果输入在采样间隔之间偏移，精度就会下降。如果一个转换周期内检测电流的变化大于1LSB，则需要在FIL^+到FIL^-之间以及V_{BIAS}到V_{OUT}之间增加滤波电容。

单向电流检测模式（见图40.42）

该电路是LT1787最简单的连接。V_{BIAS}引脚接地，V_{OUT}在检测电流增加的情况下为正，输出的摆幅可低至30mV。在低电平输出时，精度有所影响，不过对于保护电路的应用或者检测电流变化不大的情况来说影响不大。将V_{BIAS}电平偏移到地电平之上，可以提高低电平转换精度。电平偏移可使用电阻分压器、参考电压或者直接使用二极管来实现。如果能够差分检测V_{BIAS}与V_{OUT}的输出信号，则能保证精度。

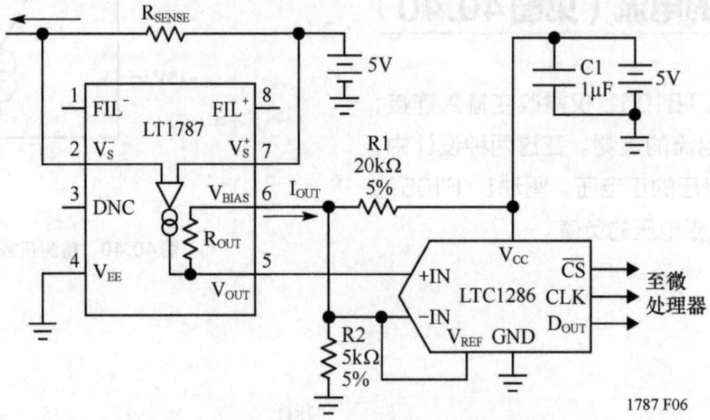

图40.41 单向输出到A/D转换与固定供电电源的V_S^+

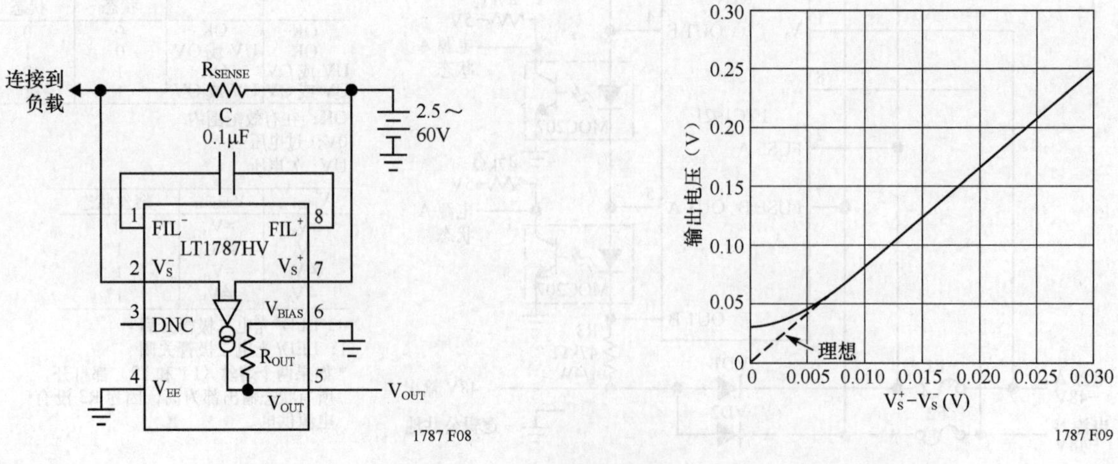

（a） （b）

图40.42 单向电流检测模式

16位精度的单向输出到LTC2433 A/D转换器（见图40.43）

在电源阻抗低于5kΩ时，LTC2433-1能实现准确的数字化。基于LTC6101的检测电路中使用4.99kΩ的输出阻抗，可以很好地满足这个需求，而不需要增加缓冲。

智能高边开关（见图40.44）

LT1910是一款内置有保护功能的专用高边MOSFET驱动器，提供对来自标准逻辑电平的电源开关的门驱动。它通过检测开关电流提供负载短路保护。在电路中结合使用LTC6101，共用相同的电流检测电阻，可以产生正比于负载电流的线性电压信号，能实现更多的智能控制。

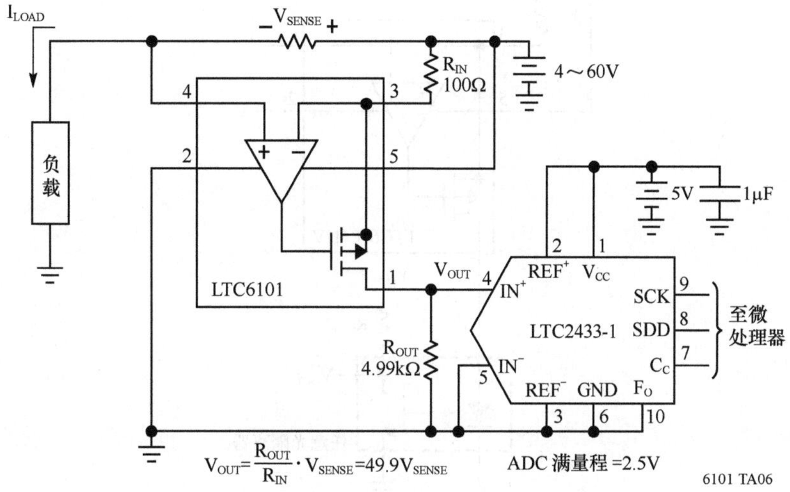

图40.43　16位精度的单向输出到LTC2433 A/D转换器

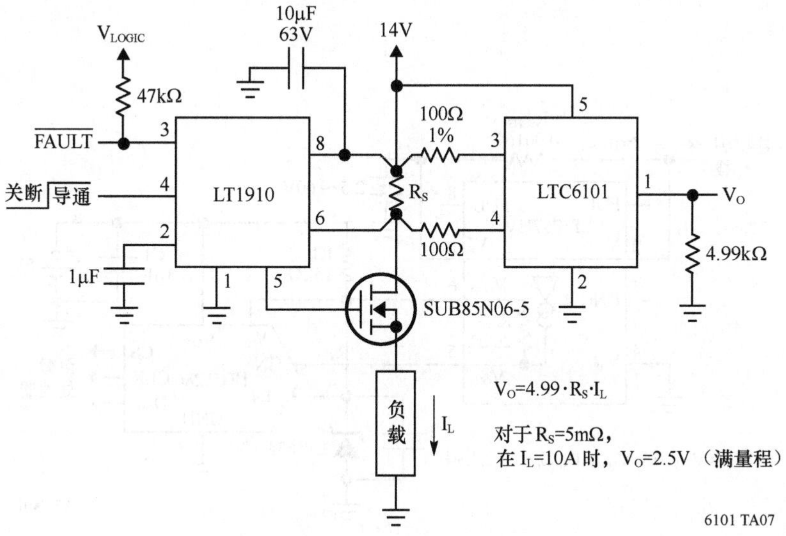

图40.44　智能高边开关

具有隔离输出和105V耐压性的48V电源电流检测（见图40.45）

LTC6101的升级版可以使用105V的供电电压。如图40.45所示，电路在高电源电压轨的电流可直接或以隔离方式进行监测。该电路从LTC6101获得的增益和输出电流取决于所使用的特定光隔离器。

12位精度的单向输出到LTC1286 A/D转换器（见图40.46）

虽然LT1787可以提供双向输出，不过本应用将采用经济型的LTC1286进行单向数字化测量。LT1787标称增益为8，提供1.25V负载电流、约为100A的满量程输出。

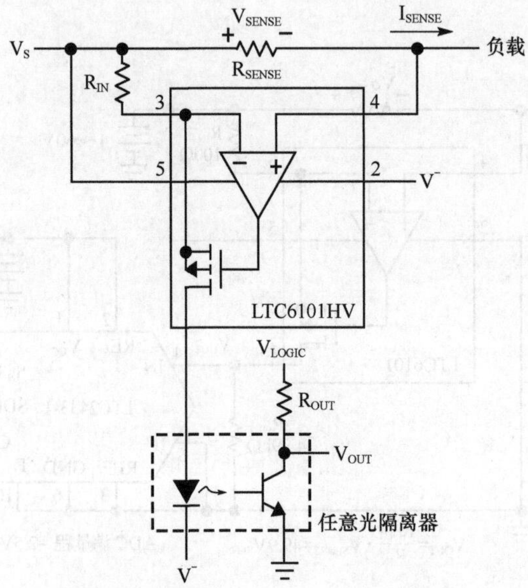

图40.45　具有隔离输出和105V耐压性的48V电源电流检测

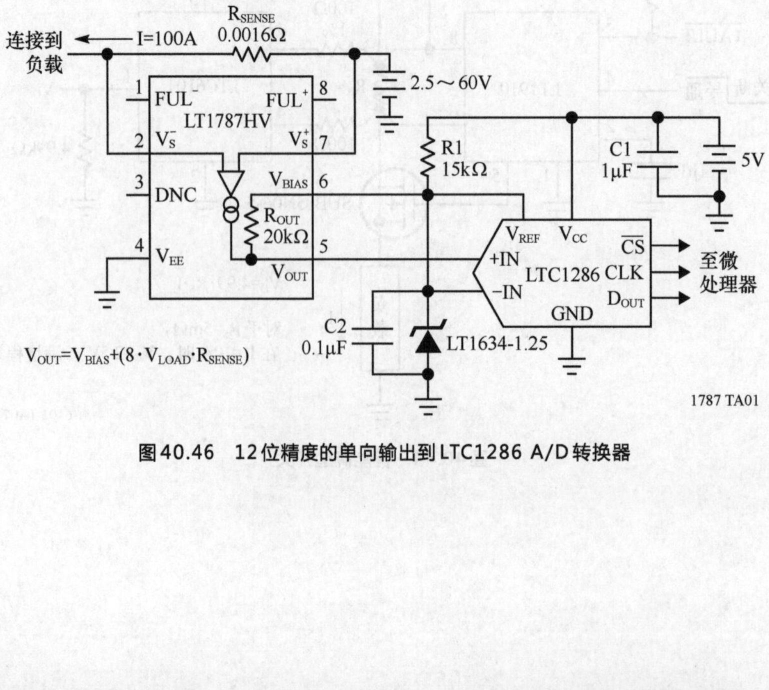

图40.46　12位精度的单向输出到LTC1286 A/D转换器

双向

双向电流检测是检测流过检测电阻的双向电流。

双向电流检测与单端输出（见图40.47）

电路中使用了两个LTC6101来检测两个方向的负载电流。使用独立的轨到轨运算放大器将两个输出合并后产生单端输出。零电流时输出为基准电压，最大输出摆幅为电源电压的1/2，即2.5V，如图40.47所示。接通节点A给负载供电时，输出将为正，且处于2.5V到V_{CC}之间。接通节点B时，输出下降到0～2.5V之间。

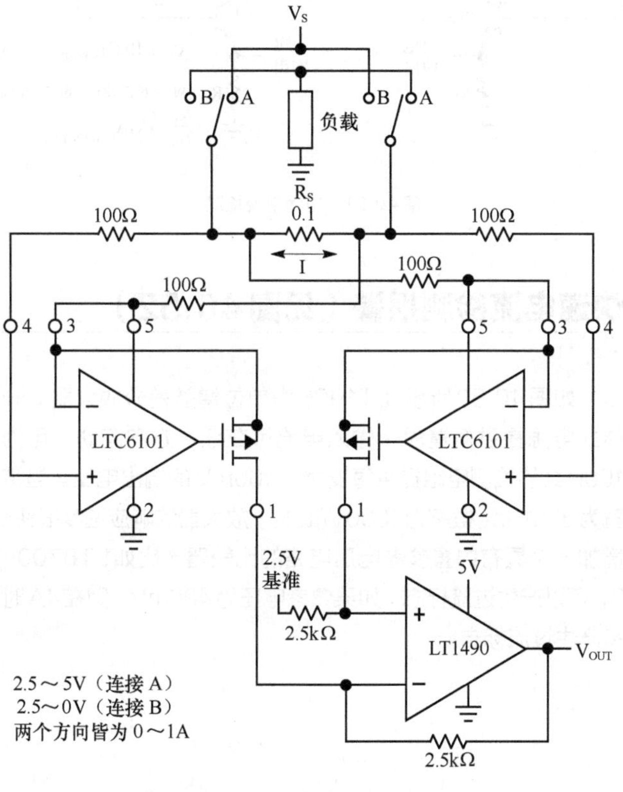

图40.47 双向电流检测与单端输出

常规H桥电流检测（见图40.49）

许多新的电子驾驶功能本来是双向的，如转向辅助。这些功能一般是通过H桥MOSFET阵列，使用脉冲宽度调制（PWM）技术改变指令转矩来实现的。在这些系统中进行电流检测有两个主要目的：一个是监测电流的负载，跟踪监测其性能是否与所给指令相符（即，闭环伺服原则）；另一个是用于故障检测和保护功能。

实用H桥电流检测提供的故障检测和双向负载信息（见图40.48）

该电路利用两个单向检测电路实现了ADC的差分负载测量。每个LTC6101都是高边检测，能对故障做出快速响应，包括负载短路和MOSFET失效。开关模块的本地硬件（图中未标出）可以提供保护逻辑和提供一个状态来控制系统。两个LTC6101的输出差异产生一个伺服控制的双向负载测量。接地信号与Δ6ADC是兼容的。该Δ6ADC电路还附带提供了集成功能，可以消除测量结果中的PWM成本。该电路中的模数转换速率还未达到需要进行开关保护的地步，所以降低了成本和复杂性。

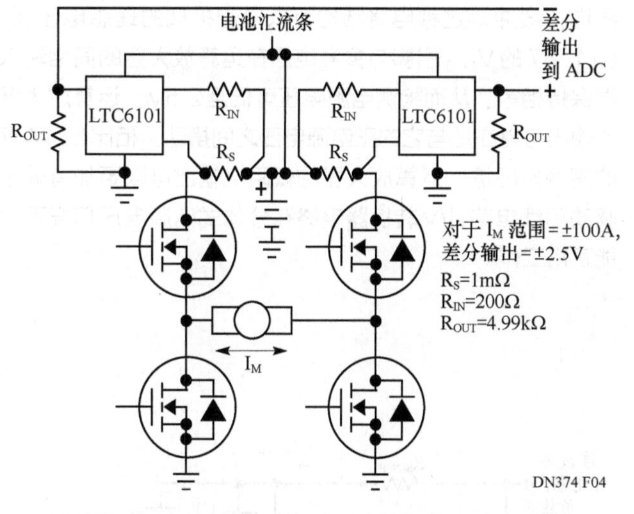

图40.48 实用H桥电流检测提供的故障检测和双向负载信息

在这些系统中，一种常见的检测方法是放大“飞跨”检测电阻上的电压，如图40.49所示。然而，有些危险故障是无法检测出来的，比如电动机端子到地短路。另一个问题是由于PWM引入的噪声。当PWM的噪声由于伺服原则的目的而被滤波时，有用的保护信息就变得模糊。最好的解决办法是直接提供两个电路，各自保护一个半桥，并检测双向负载电流。有时，智能型MOSFET桥驱动可能已经包含了检测电阻，并提供了必要的保护功能。此时，最好的方法是使用最少的电路就能得到所需负载信息。

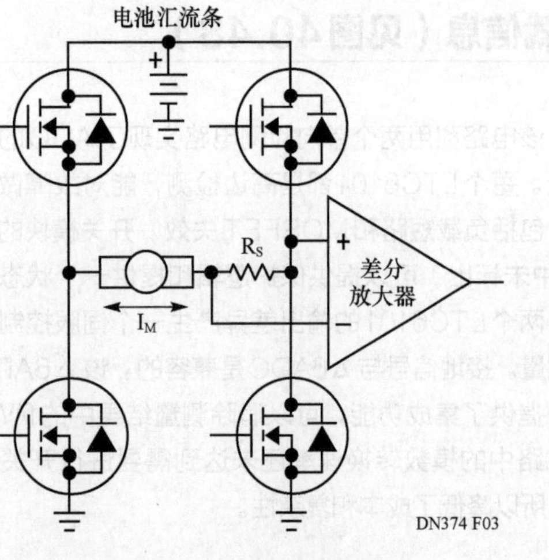

图40.49 常规H桥电流检测

使用外部参考电压和I/V转换器的单电源2.5V双向操作（见图40.50）

LT1787的输出由LT1495轨到轨运放组成的I/V转换器进行缓冲。这种电路结构可以检测极低的理想电压源。LT1787的V_{OUT}引脚与参考电压在运算放大器的同相输入端保持相等。从而检测电源电压可低至2.5V。运算放大器的输出可以在地与它的正电源电压之间摆动。相比LT1787的高输出阻抗，运算放大器的低阻抗输出可以更加有效地驱动后续电路。I/V转换器电路在分体式电源电压情况下也能正常工作。

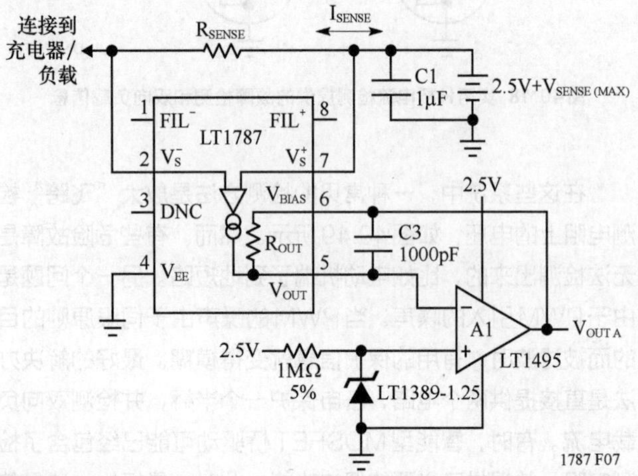

图40.50 使用外部参考电压和I/V转换器的单电源2.5V双向操作

电池电流检测（见图40.51）

LT1495的双运算放大器封装可用于建立单独的充电和放电的电流输出检测。该LT1495具有Over-the-Top运行能力，支持最高电池电压高达36V，且只有一个5V放大器的电源电压。

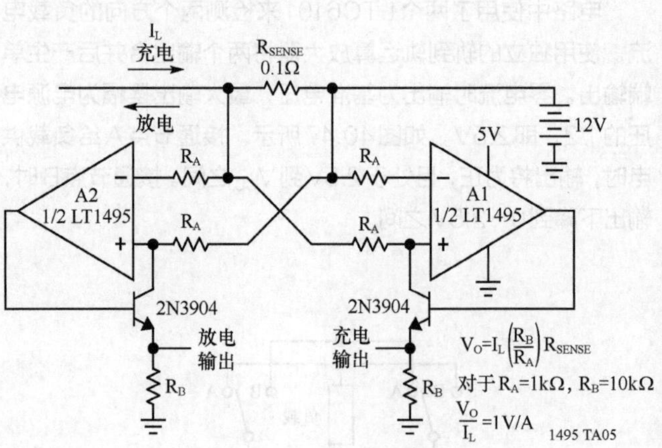

图40.51 电池电流检测

快速电流检测报警（见图40.52）

如图40.52所示，LT1995为单位增益差分放大器。分体式电源提供偏置时，输入电流可在任一方向流动，可为100mΩ的检测电阻提供每安培为100mV的输出电压。当带宽为32MHz、摆率为1000V/μs时，放大器的响应速度很快。增加一个具有内置参考电压电路的比较器，比如LT6700-3，可以产生过流标志。如果参考电压为400mV，则在4A时将产生过流标志。

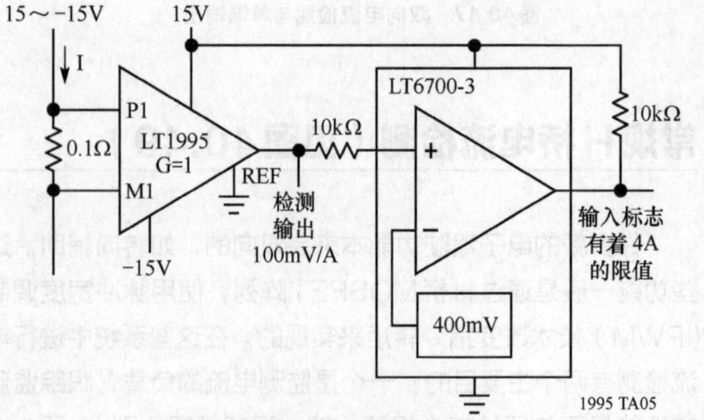

图40.52 快速电流检测报警

充放电独立输出时的双向电流检测（见图40.53）

在该电路中，输出由电流方向使能。不论充电还是放电，电池只能提供一个方向的电流。例如，充电时，在$V_{OUT\ D}$信号变低，因为LTC6101的输出MOSFET完全关闭，而另一LT6101的$V_{OUT\ C}$，由低到高斜坡上升，正比于充电电流。充电器断开时，有源输出反转，电池向负载放电。

双向绝对值电流检测（见图40.54）

两个LTC6101的高阻抗电流源的输出可直接连接在一起。在该电路中，V_{OUT}的电压值连续表示了流入或流出电池的绝对电流幅值。电流流动的方向或极性不做区分。

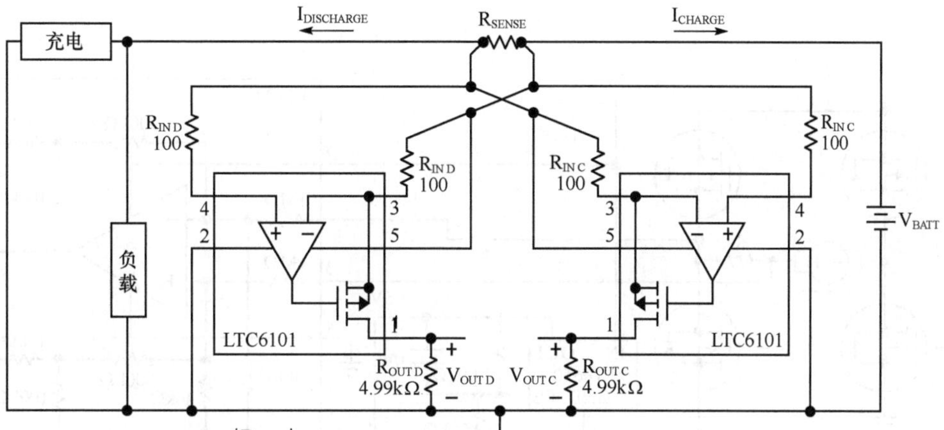

放电：$V_{OUT\ D}=I_{DISCHARGE}\cdot R_{SENSE}\left(\frac{R_{OUT\ D}}{R_{IN\ D}}\right)$，$I_{DISCHARGE}\geqslant 0$

充电：$V_{OUT\ C}=I_{CHARGE}\cdot R_{SENSE}\left(\frac{R_{OUT\ C}}{R_{IN\ C}}\right)$，$I_{CHARGE}\geqslant 0$

6101 TA02

图40.53　充放电独立输出时的双向电流检测

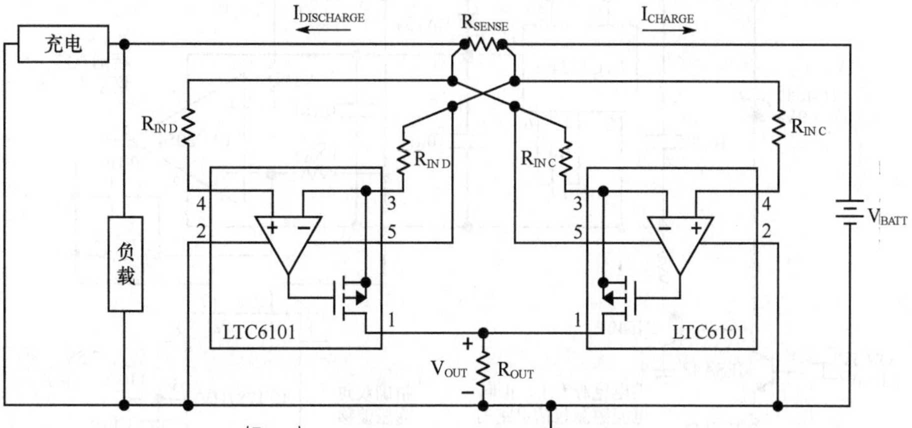

放电：$V_{OUT}=I_{DISCHARGE}\cdot R_{SENSE}\left(\frac{R_{OUT}}{R_{IN\ D}}\right)$，$I_{DISCHARGE}\geqslant 0$

充电：$V_{OUT}=I_{CHARGE}\cdot R_{SENSE}\left(\frac{R_{OUT}}{R_{IN\ C}}\right)$，$I_{CHARGE}\geqslant 0$

6101 TA05

图40.54　双向绝对值电流检测

全桥负载电流检测（见图40.55）

LT1990是一个差分放大器，其特点是具有很宽的共模输入电压范围，其输入电压可以远远超过电源电压。监测全桥驱动感性负载电流时，比如监测电动机时，该特点可以抑制瞬态电压。LT6650提供1.5V的参考电压来提升输出的对地电压。输出电压会根据负载中电流的方向高于或低于1.5V变化。如图40.55所示，放大器对电阻R_S产生的电压提供了10的 增益。

低功率、双向60V高边精密电流检测（见图40.56）

该电路使用了一个非常精确的零漂移放大器作为前置放大器，可以在高压电源线使用极小的检测电阻。浮动电源稳压器可以将前置放大器上的电压调整到任意60V电压轨，即LT1787HV电路的电压限值。该电路的总增益为1000。10mΩ检测电阻上任一方向1mA的电流变化会产生一个10mV输出电压变化。

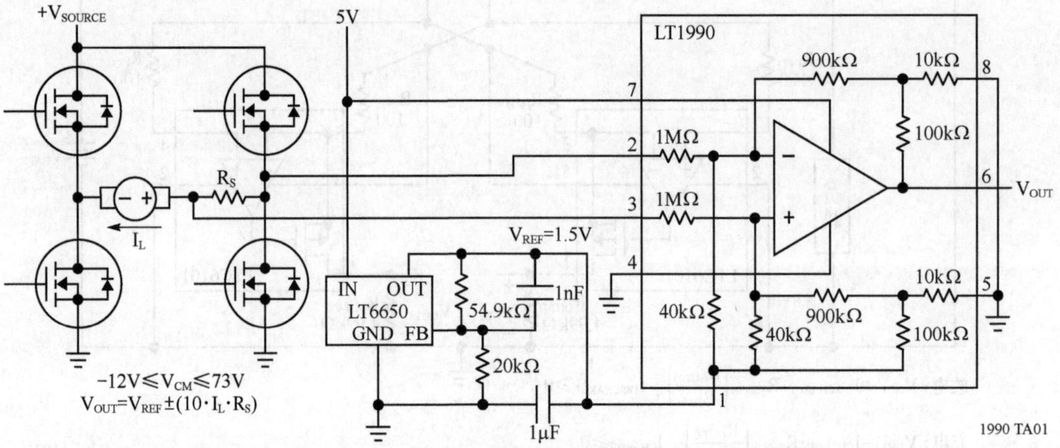

图40.55　全桥负载电流检测

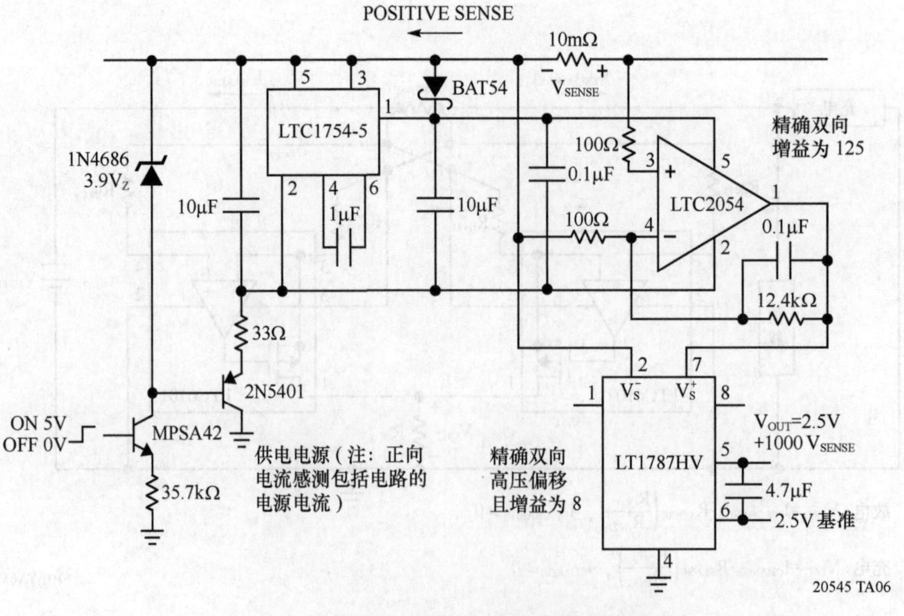

图40.56　低功率、双向60V高边精密电流检测

分体式或单电源供电、双向输出到A/D（见图40.57）

在该电路中，LT1787和LT1404都使用分体式电源，以实现对称双向测量。单电源供电时，LT1787的6脚由V_{REF}驱动，由于V_{REF}略大于ADC输入范围的中点，双向测量范围有着轻微的不对称。

双向电流精密检测（见图40.58）

这个电路使用两片LTC6102，分别用于检测流过检测电阻两个方向的电流大小。它们各自输出某一方向的电流值，它们的差分值能为其他电路提供双极性信号，比如ADC。由于每个电路都有自己的增益调节电阻，电路可以进行双线性缩放（不同的比例取决于方向）。

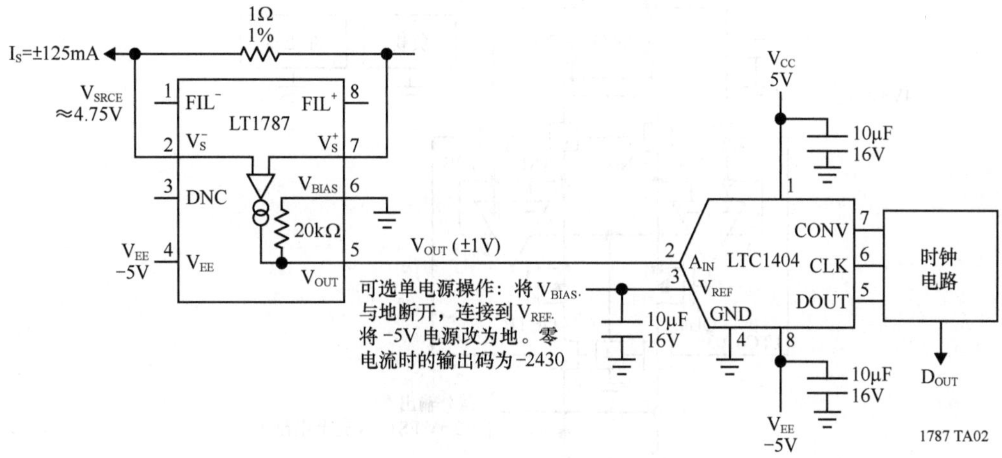

图40.57　分体式或单电源供电、双向输出到A/D

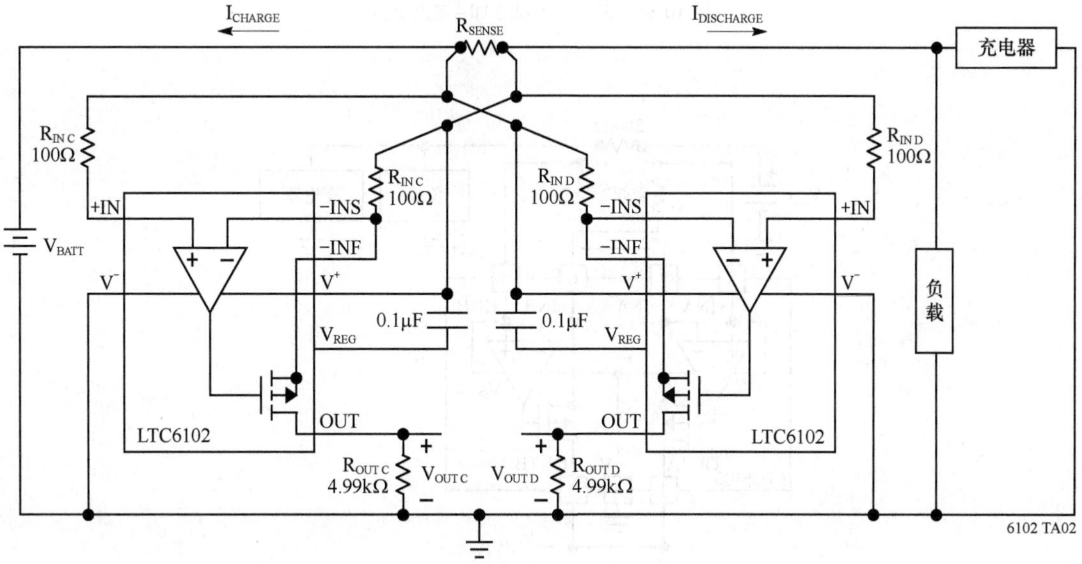

放电时：$V_{OUT\,D}=I_{DISCHARGE}\cdot R_{SENSE}\left(\frac{R_{OUT\,D}}{R_{IN\,D}}\right)$，$I_{DISCHARGE}\geqslant 0$

充电时：$V_{OUT\,C}=I_{CHARGE}\cdot R_{SENSE}\left(\frac{R_{OUT\,C}}{R_{IN\,C}}\right)$，$I_{CHARGE}\geqslant 0$

图40.58　双向电流精密检测

差分输出双向10A电流检测（见图40.59）

LTC6103具有双检测放大器，分别检测流过检测电阻的某一方向上的电流。而两路输出信号的差分值能为其他电路提供双极性的信号，如ADC。数据显示可实现最大10A的测量。

绝对值输出的双向电流检测（见图40.60）

连接一个LTC6103，使两个输出各自表示流过共享检测电阻的两个方向的电流。不过当输出驱动共模负载时，双向检测时结果仅输出正向电压。

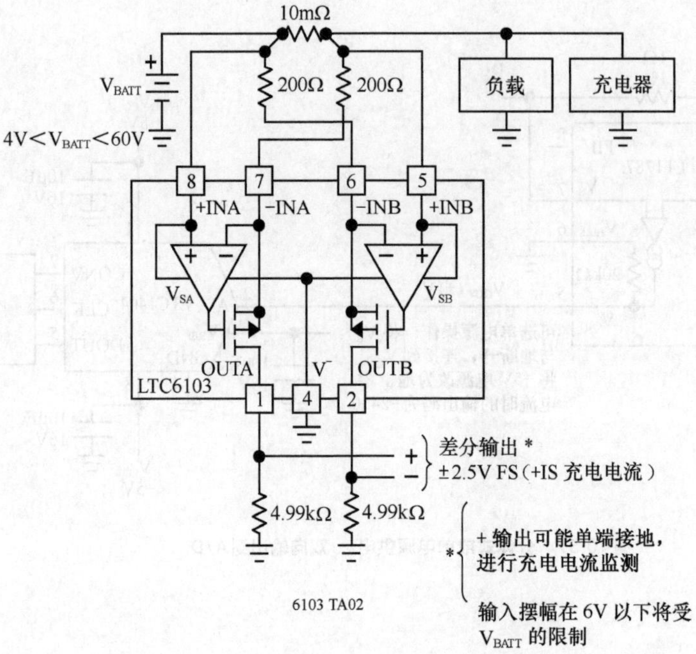

图40.59 差分输出双向10A电流检测

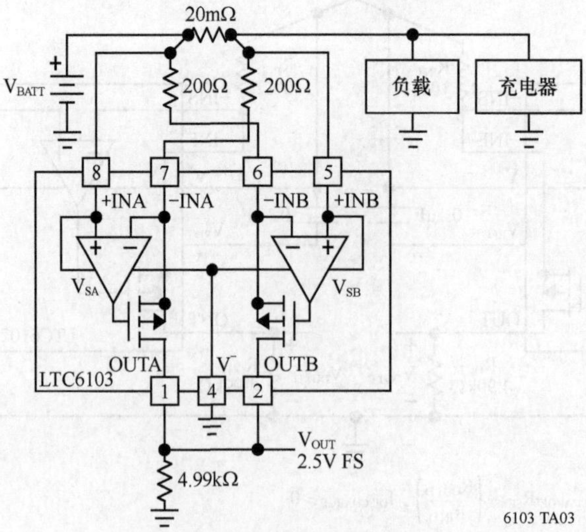

图40.60 绝对值输出的双向电流检测

交流

检测交流电源线中的电流是一件分外棘手的事，因为电流和电压的极性在不断变化。较好的方法是采用变压器耦合信号驱动以地为参考的电路。

单电源RMS电流测量（见图40.61）

LTC1966可实现真正的RMS至DC转换，可接受单端或差分输入信号，共模输入范围为轨到轨。PCB板上的电流检测变压器的输出可以直接连接到转换器。在不断开电源到负载连接的情况下，可以测量75A的交流电流。该电路的精度范围取决于变压器匹配电阻的选择。LTC1966内建了所有的数学计算，从而可以产生直流输出电压，正比于电流的RMS值。该方法非常适合于计算交流供电系统中电力/能量的损耗。

直流

直流电流检测主要用于测量变化非常缓慢的电流。

微热板的电压和电流检测（见图40.62）

材料科学主要考察不同温度下材料的性质及其相互作用。可以利用某些特别的性质，采用纳米技术局部加热器，并使用交互式薄膜进行检测。

精密检测复杂性很高而且都属于专有技术，不过局部加热技术则和灯泡一样悠久。图40.62中给出了Boston Microsystems微热板加热元件的原理图。元件的物理尺寸是几十微米，采用SiC的微机械加工，可以直接使用直流电源进行局部加热，能加热到1000℃而不会损坏。

元器件消耗的功率以及由此引起的温度变化，实际上是电压与电流的乘积，可用LT6100测量电流，而LT1991可用于测量电压。LT6100通过测量10Ω电阻上的电压来检测电流，增益设为50，输出以地为参考。因此，I对V的增益为500mV/mA，这样可以提供10mA的满量程加热电流以及LT6100的5V输出摆幅。LT1991的作用正好相反，它运用精确的衰减替代了增益。加热器的满刻度电压总是40V（±20），超过这个范围，在某些环境中加热器的寿命可能会减少。LT1991的衰减因子被设置10，以使40V满量程差分驱动在LT1991的输出端变成4V的对地输出。在以上两种情况下，该电压都可采用0～5V的PCI/O卡读出，这些很容易用软件实现。

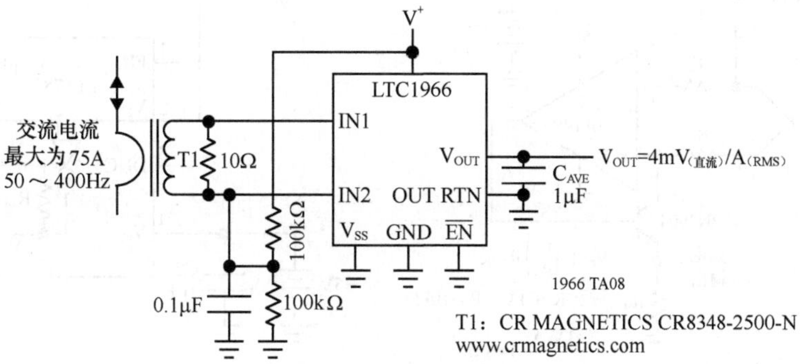

图40.61　单电源RMS电流测量

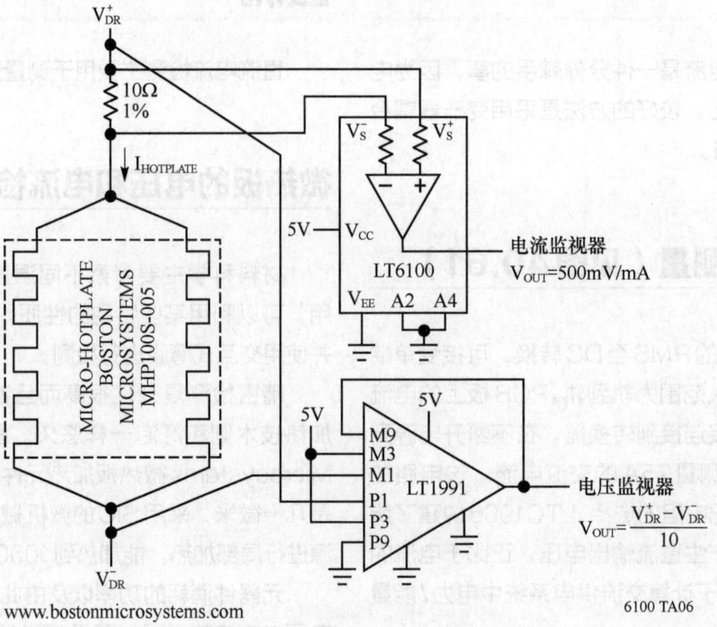

图40.62 微热板的电压和电流检测

电池电流检测（见图40.63）

LT1495的双运算放大器封装可用于建立单独的充电和放电的电流输出检测。该LT1495具有Over-the-Top运行能力，支持电池电压高达36V，且只有一个5V放大器的电源电压。

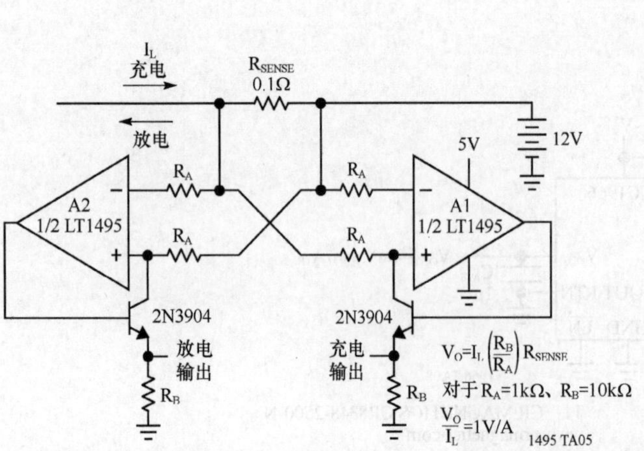

图40.63 电池电流检测

双向电池电流监视（见图40.64）

该电路可以监视流过检测电阻的任一方向的电流。为了让负输出来表示充电电流，V_{EE}需连接到一个较小负电源上。单电源供电时（V_{EE}接地），在V_{BIAS}（1.25V为例）上施加正参考电平可将输出范围向上偏移。C3可与该部分的输出阻抗（R_{OUT}）一起形成滤波器。该电路精度极高（极低V_{OS}），标称增益固定为8。

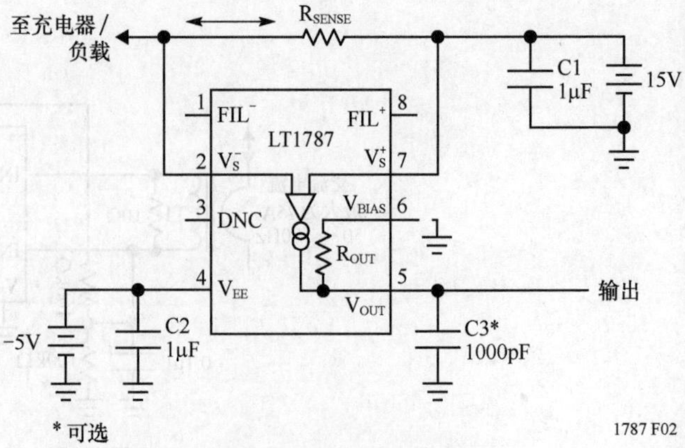

图40.64 双向电池电流监视

“经典”正电源轨电流检测（见图40.65）

这个电路使用通用器件进行组装，其功能类似于LTC6101芯片。其中需要用到轨到轨输入型运算放大器，因为输入电压恰好处于上轨。这里给出的电路实例可以监测高达44V的应用。不过，额外使用的器件使电路变得复杂，另外，运算放大器电源的V_{OS}通常未经出厂校准，所以相比其他解决方案准确度较差。电路中双极型晶体管的有限电流增益是造成系统增益误差的一小部分来源。

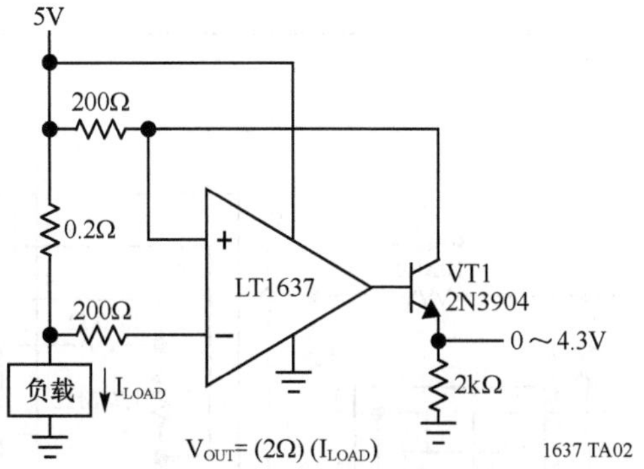

图40.65 “经典” 正电源轨电流检测

高压侧电流检测和熔丝监测（见图40.66）

LT6100 可以用作组合电流检测和熔断监视。该部分包括片上输出缓存，它被设计为可以运行在低供电电压（≥2.7V），比如典型的车载数据采集系统；而检测输入监视信号处在电池汇流条高电势点。LT6100能承受较大的输入差分，所以，在保险丝熔断条件下仍可进行检测（通过满刻度输出指示来检测）。该LT6100还可以在断电时保持高阻抗检测输入，在电池汇流条上产生的电流小于1μA。

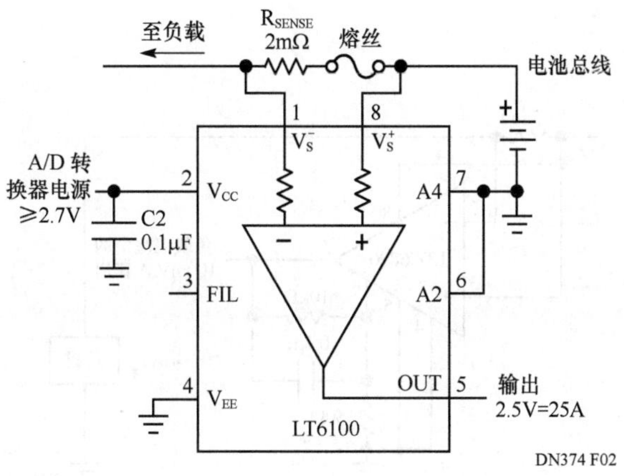

图40.66 高压侧电流检测和熔丝监测

增益为50的电流检测（见图40.67）

A2、A4接地可以将LT6100的增益设置为50。这是最简单的电流检测放大电路，其中只需要一个检测电阻。

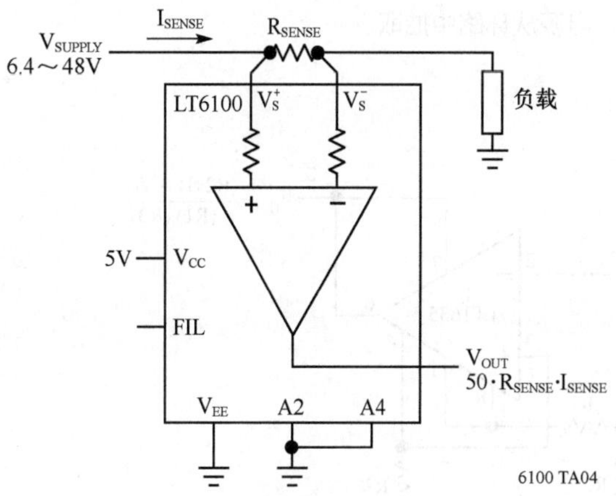

图40.67 增益为50的电流检测

允许高－低电流范围的双LTC6101(见图40.68)

利用两个电流检测放大器检测两个检测电阻是检测宽范围电流的最容易实现的方法。该电路的灵敏度和分辨率是低边检测电路的10，比高边检测电路低1.2A。比较器能检测更高的电流，最高可达10A，可以切换检测到大电流电路。

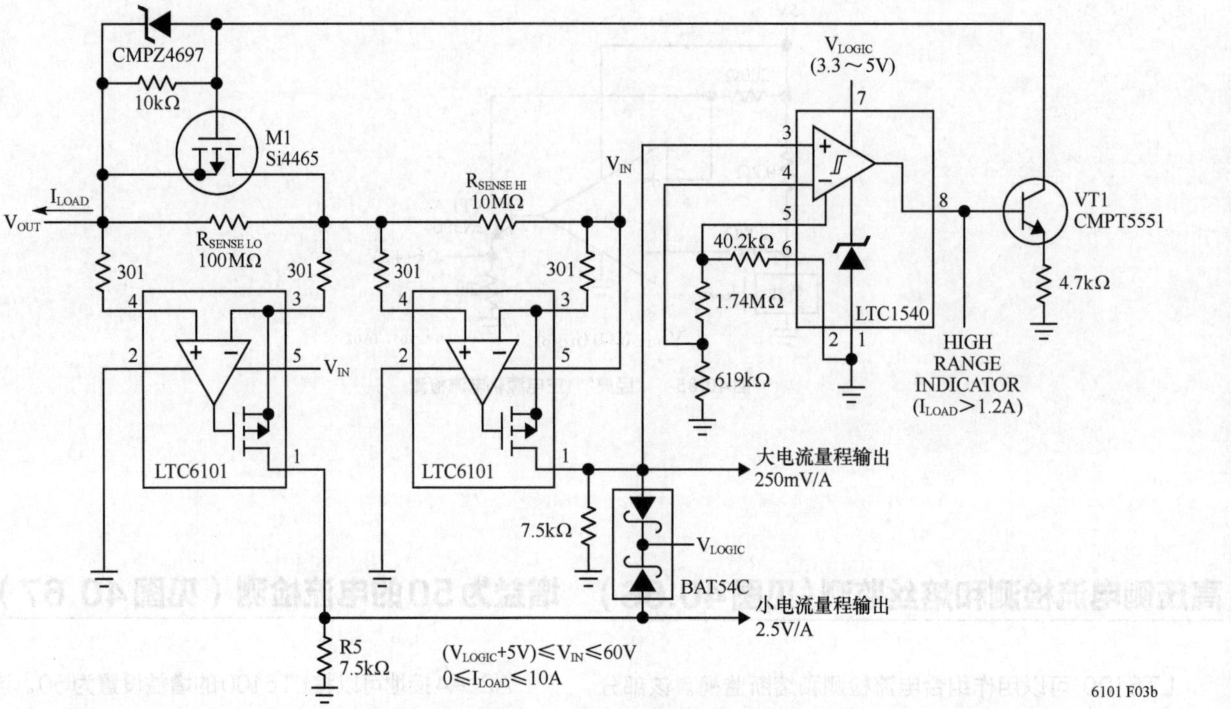

图40.68 允许高-低电流范围的双LTC6101

双端电流调节器(见图40.69)

LT1635包含了一个运放，其参考电压为200mV。该参考电压分压到电阻R3，将产生大小可控的电流从+端流向-端。电源从环路中抽取。

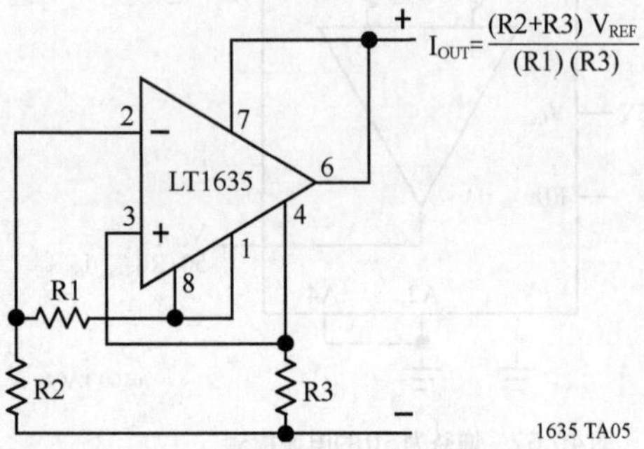

图40.69 双端电流调节器

高边电源电流检测(见图40.70)

LTC6800的低偏移误差允许使用极低的检测电阻，同时能保证精度不受影响。

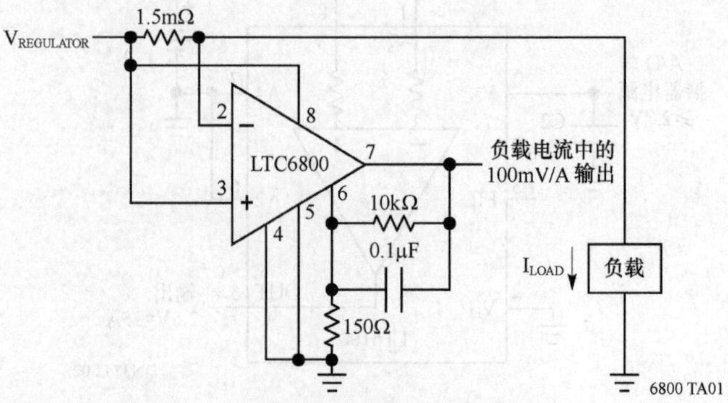

图40.70 高边电源电流检测

0～200nA的电流计（见图40.71）

该电路中的悬浮放大器电路将200nA的满量程电流转化为LT1495的2V输出，电流的方向在输入端给出指示。这一电压将转化为电流以驱动200μA的表头。通过电池将电路的电源悬浮，可以处理所有输入电压。LT1495是微电源运放，所以电池的静态漏电流很低，也无需通断的开关。

Over-the-Top电流检测（见图40.72）

该电路是“经典”高边电路的一个变形，它可以利用Over-the-Top（即电源轨之外的输入）输入能力，单独为IC提供低电压轨。这样，借助于由低压电源产生的有限输出摆幅，可以对下游电路的故障保护进行测量。其缺点是Over-the-Top模式的V_{OS}劣于其他模式，准确度略差。该双极型晶体管的有限电流增益是增益误差较小的原因。

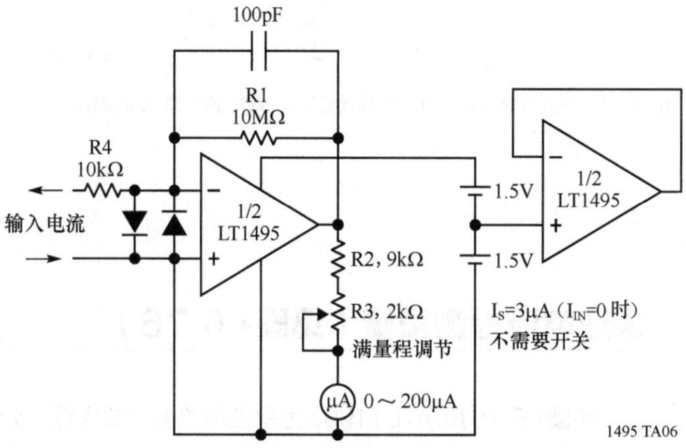

图40.71 0～200nA的电流计

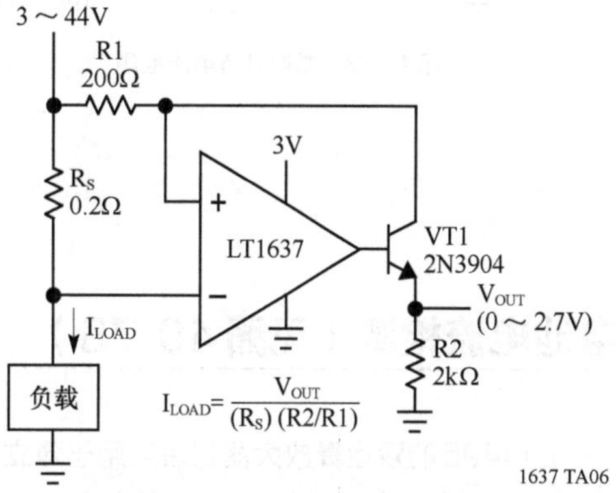

图40.72 Over-the-Top电流检测

常规H桥电流检测（见图40.73）

许多新的电子驱动功能本来是双向的，如转向辅助。这些功能一般是通过H桥MOSFET阵列，使用脉冲宽度调制（PWM）技术改变指令转矩来实现的。在这些系统中进行电流检测有两个主要目的：一个是监测电流的负载，跟踪监测其性能是否与所给指令相符（即，闭环伺服原则）；另一个是用于故障检测和保护功能。

在这些系统中，一种常见的检测方法是放大“飞跨”检测电阻上的电压，如图40.73所示。然而，有些危险故障是无法检测出来的，比如电动机端子到地短路。另一个问题是由于PWM引入的噪声。当PWM的噪声由于伺服原则的目的而被滤波时，有用的保护信息就变得模糊。最好的解决办法是直接提供两个电路，各自保护一个半桥，并检测双向负载电流。有时，智能型MOSFET桥驱动可能已经包含了检测电阻，并提供了必要的保护功能。此时，最好的方法是使用最少的电路就能得到所需负载信息。

在外部参考电压和I/V转换器下，单电源2.5V双向操作（见图40.74）

LT1787的输出由LT1495轨到轨运放组成的I/V转换器进行缓冲。这种电路结构可以检测极低的理想电压源。LT1787的V_{OUT}引脚与参考电压在运算放大器的同相输入端保持相等。从而检测电源电压可低至2.5V。运算放大器的输出可以在地与它的正电源电压之间摆动。相比LT1787的高输出阻抗，运算放大器的低阻抗输出可以更加有效地驱动后续电路。I/V转换器电路在分体式电源电压情况下也能正常工作。

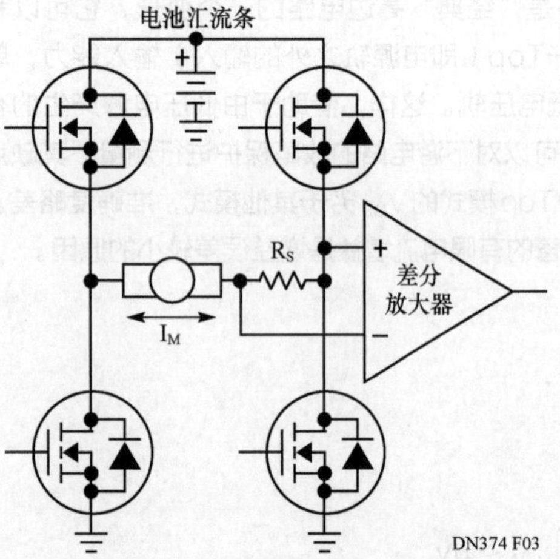

图40.73 常规H桥电流检测

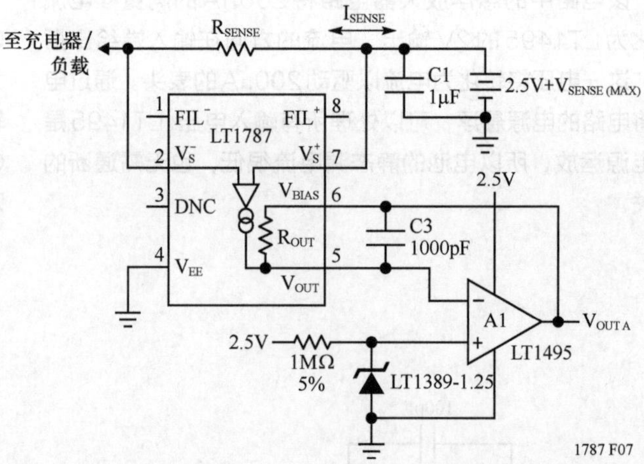

图40.74 在外部参考电压和I/V转换器下，单电源2.5V双向操作

电池电流检测（见图40.75）

LT1495的双运算放大器封装可用于建立单独的充电和放电的电流输出检测。该LT1495具有Over-the-Top运行能力，支持电池电压高达36V，且只有一个5V放大器的电源电压。

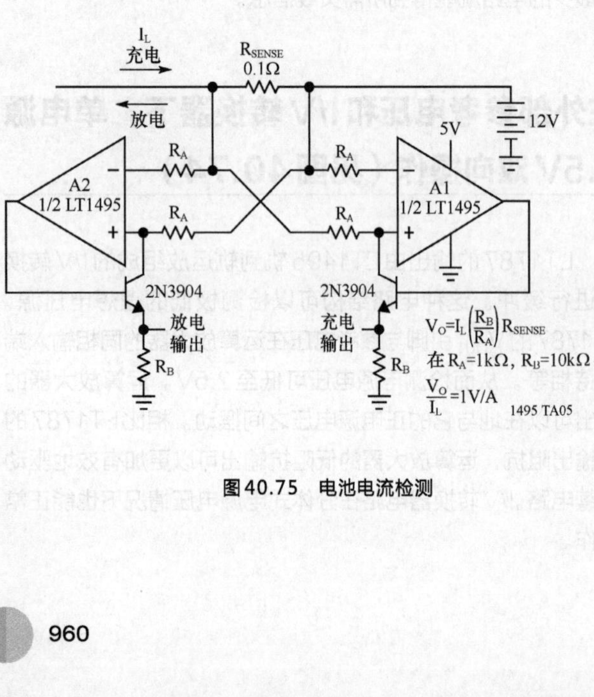

图40.75 电池电流检测

快速电流检测报警（见图40.76）

如图40.76所示，LT1995为单位增益差分放大器。分体式电源提供偏置时，输入电流可在任一方向流动，可为100mΩ的检测电阻提供每安培为100mV的输出电压。带宽为32MHz、摆率为1000V/μs时，放大器的响应速度很快。增加一个具有内置参考电压电路的比较器，比如LT6700-3，可以产生过流标志。如果参考电压为400mV，则在4A时将产生过流标志。

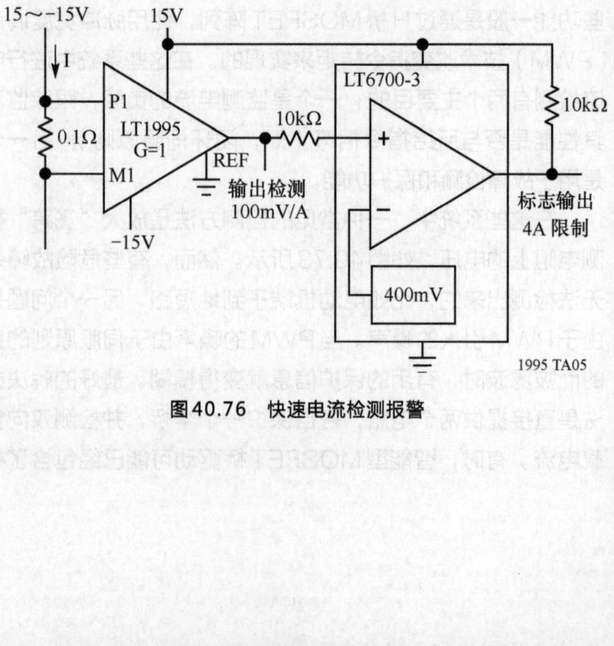

图40.76 快速电流检测报警

正电源轨电流检测（见图40.77）

该电路类似于LT6100的通用设计。轨到轨或Over-the-Top类型的输入运算放大器是必需的（第一个部分）。第一部分是经典高边检测电路的变形，其中P-MOSFET提供精确的输出电流到R2(相比于双极结型晶体管)。第二部分是缓冲区，以驱动ADC端口等，必要时可将之设计为具有一定的增益。如图40.77所示，该电路可在高达36V时运行。在单电源供电时，小信号范围受限于V_{OL}。

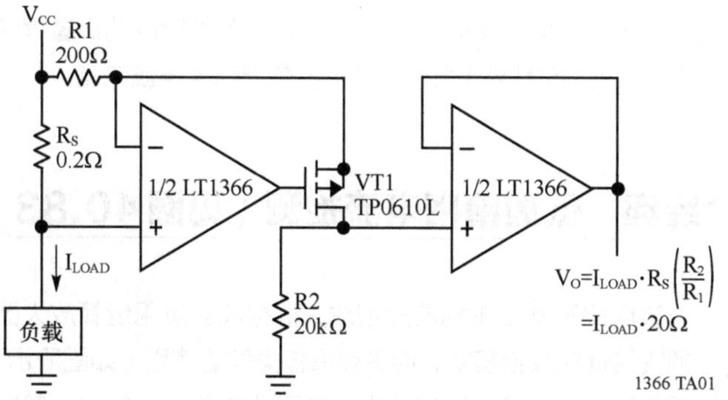

图40.77　正电源轨电流检测

LT6100负载电流监测（见图40.78）

图40.78所示电路为基本的LT6100电路设计。在电路内部，包括一个输出缓存区，通常使用低电压供电，比如3V。被监测的电源可以从V_{CC}+1.4V浮动到48V。A2和A4引脚可以通过各种方式连接，以提供一个的内部宽范围固定增益。比如，当V_{CC}断电后，输入阻抗将变得极高，避免电池消耗。连接到内部信号节点（引脚3）时，可以选择使用一个滤波功能，只需多加一个电容。小信号范围在单电源供电中受限于V_{OL}。

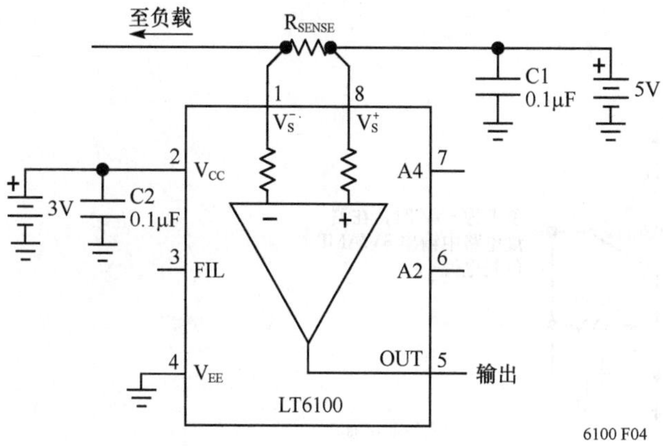

图40.78　LT6100负载电流监测

1A电压控制电流吸收器（见图40.79）

这是一个简易受控电流吸收器，其中的运算放大器驱动N-MOSFET栅极，以使1Ω检测电阻上的电压降和V_{IN}电流指令之间相匹配。因为运算放大器中的共模电压在零电位附近，所以在本应用需要一个“单电源”或轨对轨类型的放大器。

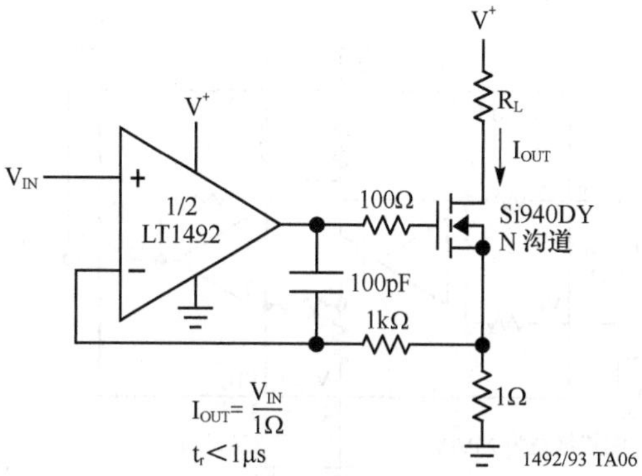

图40.79　1A电压控制电流吸收器

负载包括LTC6101电源电流时的测量（见图40.80）

这是基本的LTC6101高边感测电源监视器设计，其中，IC产生的电流包含在读出信号中。该电路主要用于IC电流相比于总电流消耗不可再忽略时的情形，比如低功率电池供电系统。电阻R_{SENSE}的值应该可以将电压限制在小于500mV以下，以保证最佳线性。如果不要求读出信号中包含的IC电流，比如负荷监视，引脚5可以直接连接到V^+而非负载。此电路的增益精度仅受限于用户选择电阻的精度。

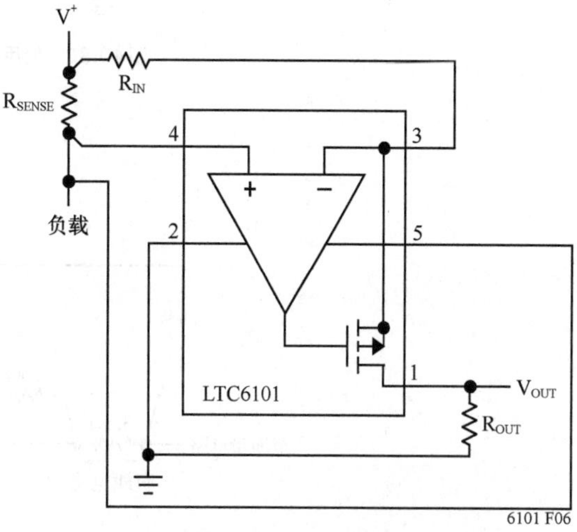

图40.80　负载包括LTC6101电源电流时的测量

V^+供电与负载电源独立（见图40.81）

LTC6101的输入可以在高于器件正电源1.4～48V直流电压情况下运行。在该电路中，高压轨中的电流将直接转换为0～3V范围内的某个电压。

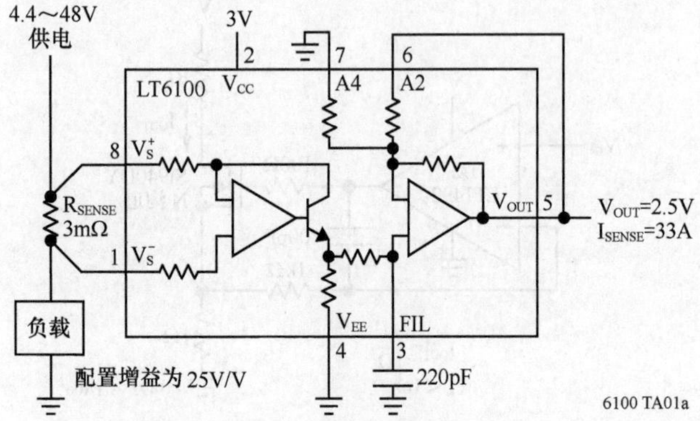

图40.81 V^+供电与负载电源独立

使用LTC6101的简易高边电流检测（见图40.82）

该电路是一个使用LTC6101的基本高边电流监视电路。电路增益可以通过R_{IN}和R_{OUT}值的选择来确定，而供电则直接源于电池汇流条。LTC6101的电流输出可以通过R_{OUT}远程检测。因此，放大器可以直接并联，同时R_{OUT}靠近检测电路，不会出现接地错误。该电路具有1μs的快速响应时间，非常适合进行MOSFET的负载开关保护。开关元件可以是连接感测电阻器和负载的高边类型，也可以是连接负载到地或H桥的低边类型。该电路是可编程的，可在R_{OUT}上产生1mA的满量程输出电流，但当负载处于关闭状态时仅有250μA电源电流。

“经典”低边精密电流检测（见图40.83）

该电路基本上由标准同相放大器构成。所用运算放大器必须支持低轨共模模式，而零点漂移类型的使用（如图所示）能提供高精度。该电路的输出参考于低端Kelvin触点，单电

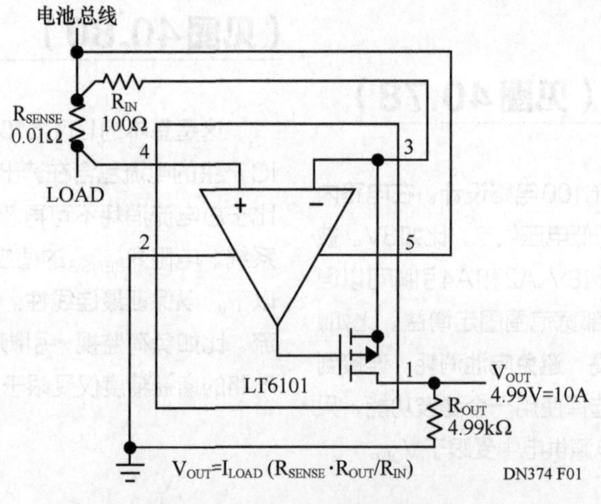

图40.82 使用LTC6101的简易高边电流检测

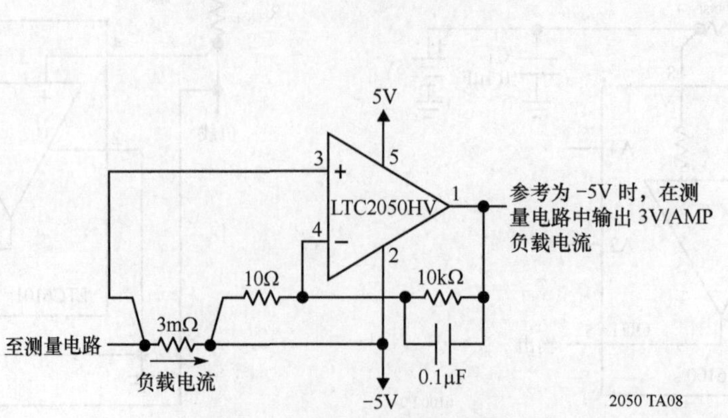

图40.83 “经典”低边精密电流检测

源电路中可能对应的是地电平。单电源供电时，小信号范围受限于V_{OL}。定标精度取决于用户选定的电阻。

电平偏移

通常需要检测供电轨的电流，它是比系统电路的电源电压高得多的电位。需要将信息转换成低压信号进行处理时，高电压电流检测的电路将很有用途。

Over-the-Top电流检测（见图40.84）

该电路是“经典”高边电路的一个变形，它可以利用Over-the-Top(即电源轨之外的输入)输入能力，单独为IC提供低电压轨。这样，借助于由低压电源产生的有限输出摆幅，可以对下游电路的故障保护进行测量。其缺点是Over-the-Top模式的V_{OS}劣于其他模式，准确度略差。该双极型晶体管的有限电流增益是增益误差较小的原因。

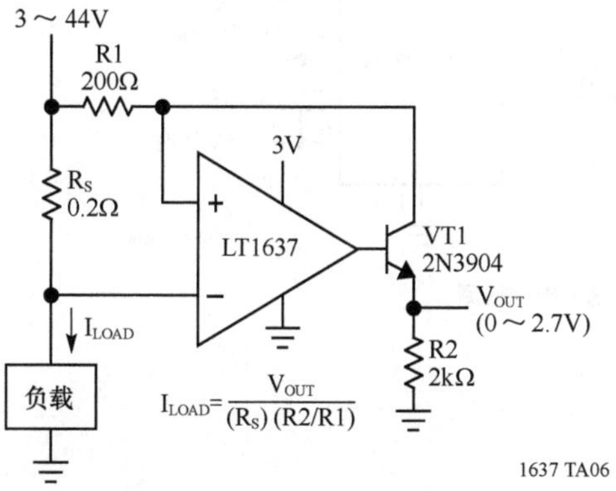

图40.84　Over-the-Top电流检测

V⁺的供电与负载电源独立（见图40.85）

LTC6101的输入可以在高于器件正电源1.4～48V直流电压情况下运行。在该电路中，高压轨中的电流将直接转换为0～3V范围内的某个电压。

电压转换器（见图40.86）

可以很方便地将LTC6101电流检测放大器用作高压电平转换器。差分电压信号叠加在高共模电压之上（LTC6101HV最高可达105V），通过R_{IN}转换为电流，然后参考地电势通过R_{OUT}分压输出。

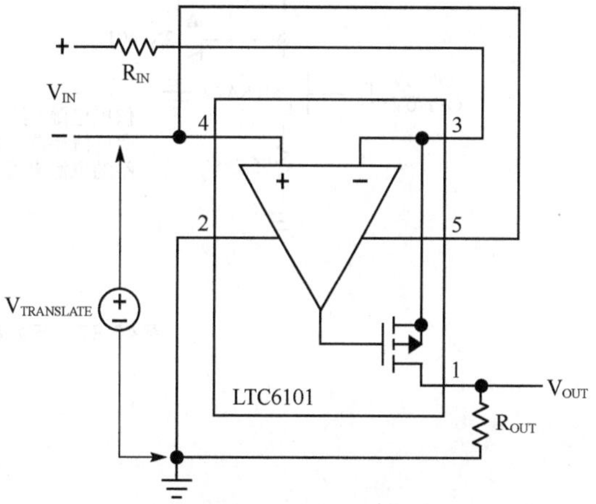

图40.86　电压转换器

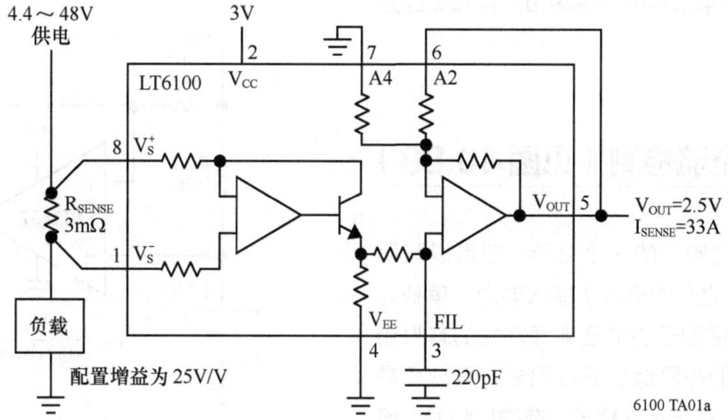

图40.85　V⁺的供电与负载电源独立

低功率、双向60V高边精密电流检测（见图40.87）

该电路使用了一个非常精确的零漂移放大器作为前置放大器，可以在高压电源线使用极小的检测电阻。浮动电源稳压器可以将前置放大器上的电压调整到任意60V电压轨，即LT1787HV电路的电压限值。该电路的总增益为1000。10mΩ检测电阻上任一方向1mA的电流变化会产生一个10mV输出电压变化。

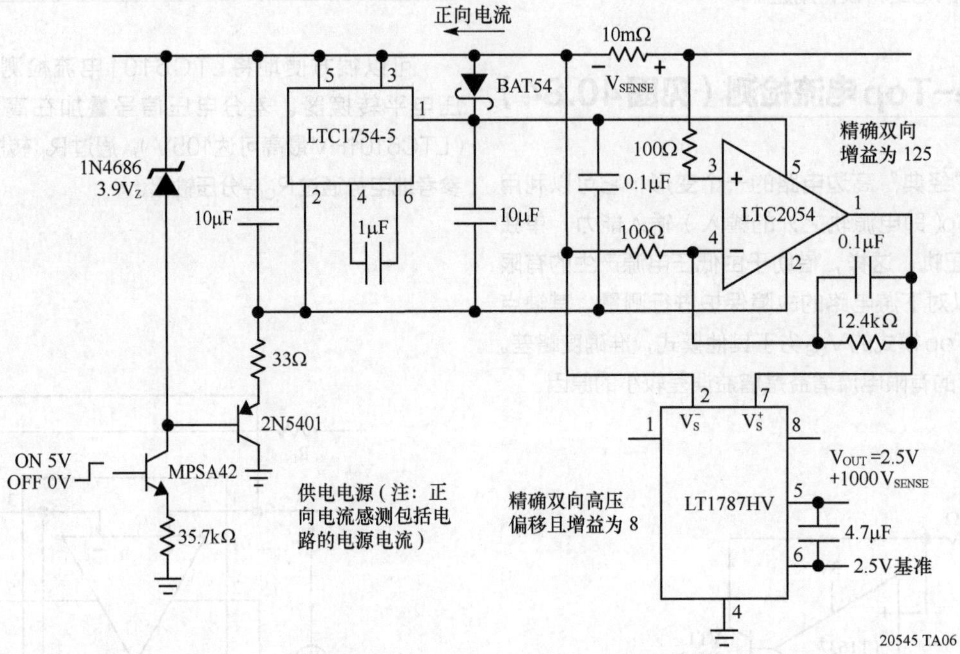

图40.87 低功率、双向60V高边精密电流检测

高压

检测高压线路中的电流通常需要悬浮测量电路的电源到接近高压的水平。因此，通常采用电平偏移和器件隔离的方法来产生低输出电压。

Over-the-Top电流检测（见图40.88）

该电路是“经典”高边电路的一个变形，它可以利用Over-the-Top（即电源轨之外的输入）输入能力，单独为IC提供低电压轨。这样，借助于由低压电源产生的有限输出摆幅，可以对下游电路的故障保护进行测量。其缺点是Over-the-Top模式的V_{OS}劣于其他模式，准确度略差。该双极型晶体管的有限电流增益是增益误差较小的原因。

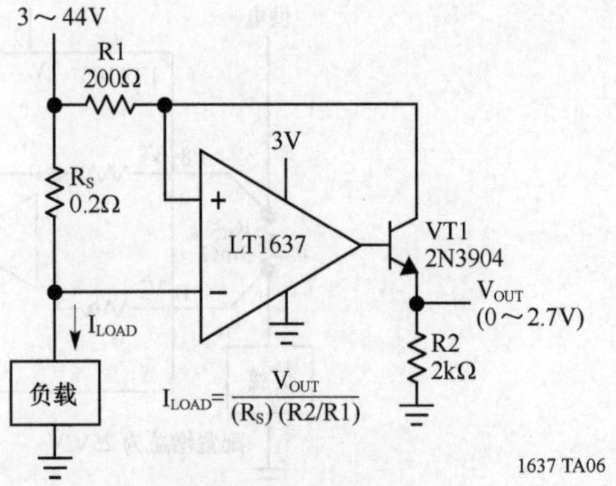

图40.88 Over-the-Top电流检测

使用仪表放大器测量雪崩光电二极管（APD）的偏置电流（见图40.89）

图40.89(a)所示电路使用了独立电源轨（比V_{IN}大1V）供电的仪表放大器来测量流经1kΩ并联电阻的电流。图40.89(b)所示电路基本相同，区别在于使用了雪崩光电二极管的偏置线路供电。这个电路能够承受的最大电压是雪崩光电二极管的35V最大电压，而雪崩光电二极管则需要90V或者更高。在所示单电源电路中，V_{oL}将产生动态范围限制，这一点也需要注意。该方法的优势在于仪表放大器的高精度。

简易500V电流监测器（见图40.90）

给LTC6101添加两个外部MOSFET管，可将它用于极高电压以监测电流。LTC6101的输出电流正比于所监测的电压，电流流过M1产生以地为参考的输出电压。

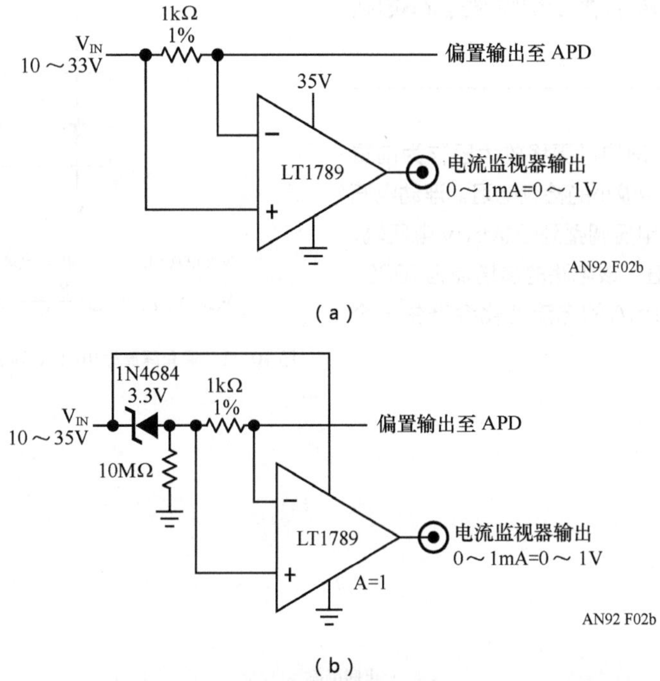

图40.89　使用仪表放大器测量雪崩光电二极管（APD）的偏置电流

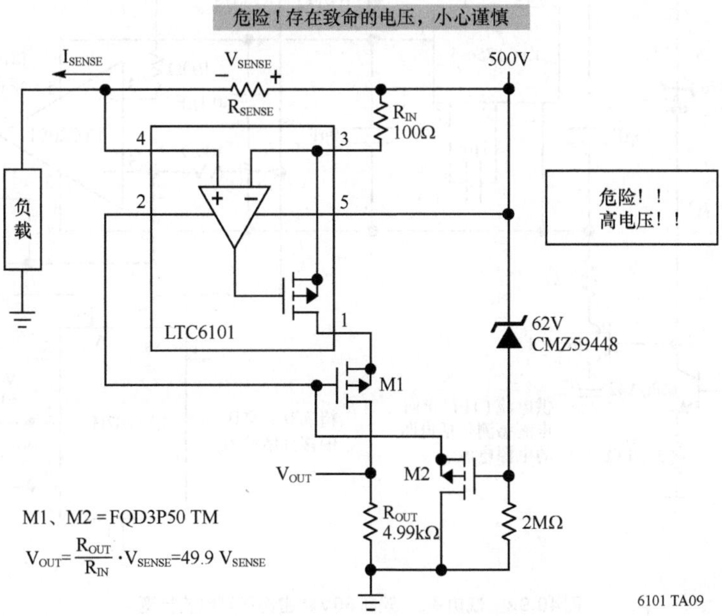

图40.90　简易500V电流监测器

具有隔离输出和105V的耐压能力的48V电源电流监测器（见图40.91）

LTC6101的升级版可以使用105V的供电电压。如图40.91所示电路，在高电源电压轨的电流可直接或以孤立的方式进行监测。该电路从LTC6101获得的增益和输出电流程度取决于所使用的特定光隔离器。

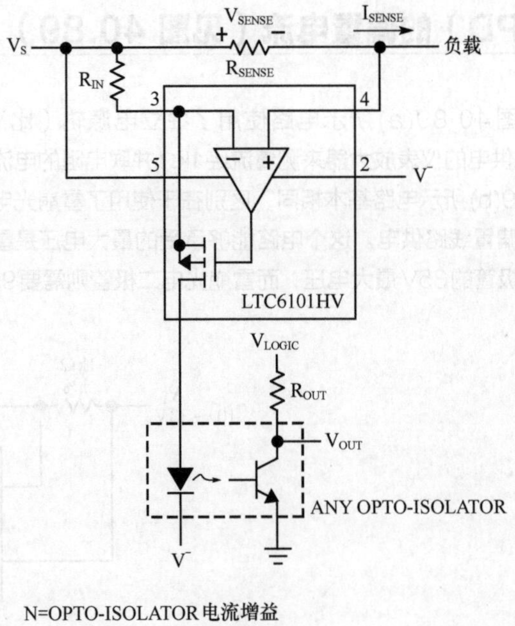

$$V_{OUT}=V_{LOGIC}-I_{SENSE}\cdot\frac{R_{SENSE}}{R_{IN}}\cdot N\cdot R_{OUT}$$

图40.91 具有隔离输出和105V的耐压能力的48V电源电流监测器

低功率、双向60V精密高压侧电流检测（见图40.92）

该电路使用了一个非常精确的零漂移放大器作为前置放大器，可以在高压电源线使用极小的检测电阻。浮动电源稳压器可以将前置放大器上的电压调整到任意60V电压轨，即LT1787HV电路的电压限值。该电路的总增益为1000。10mΩ检测电阻上任一方向1mA的电流变化会产生一个10mV输出电压变化。

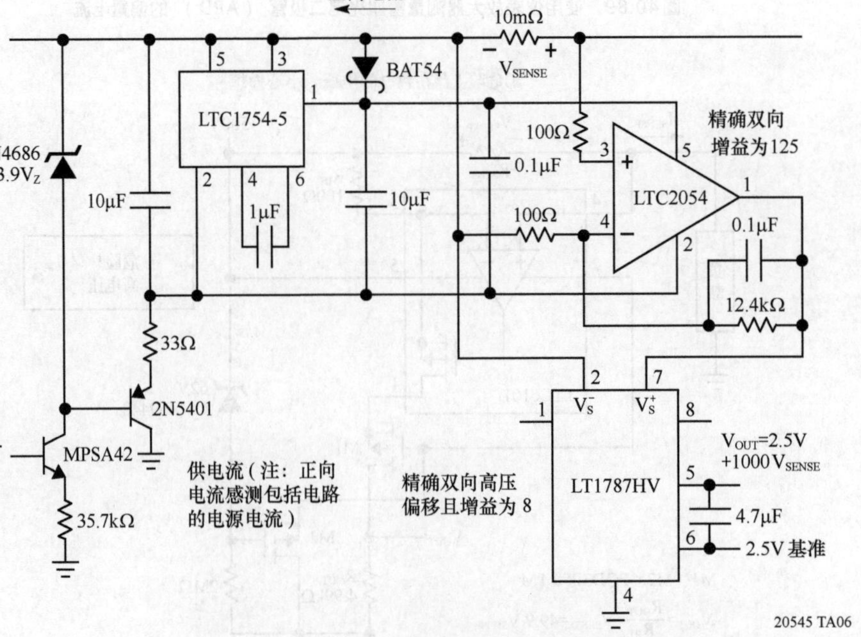

图40.92 低功率、双向60V精密高压侧电流检测

高压电流和温度检测（见图40.93）

LTC2990 ADC与LTC6102HV电流检测放大器相结合，可以测量高达104V的极高电压轨以及极大电流负载。电流检测放大器输出以地为参考，正比于负载电流，之后作为ADC的单端输入进行测量。供电电压进行分压之后作为第二输入。外部NPN晶体用作远程温度传感器。

低电压

具有外部参考电压和I/V转换器的单电源2.5V双向工作（见图40.94）

LT1787的输出由LT1495轨到轨运放组成的I/V转换器进行缓冲。这种电路结构可以检测极低的理想电压源。LT1787的V_{OUT}引脚与参考电压在运算放大器的同相输入端保持相等。从而检测电源电压可低至2.5V。运算放大器的输出可以在地与它的正电源电压之间摆动。相比LT1787的高输出阻抗，运算放大器的低阻抗输出可以更加有效地驱动后续电路。I/V转换器电路在分体式电源电压情况下也能正常工作。

1.25V电子断路器（见图40.95）

LTC4213通过检测N-MOSFET漏极-源极电压降，可提供保护和自动断路功能。检测输入具有轨到轨共模范围，所以总线电压在0～6V时，断路器可以对其进行保护。逻辑信号标示跳闸条件（含READY输出信号），并重新初始化断路器（使用ON输入）。ON输入也可以用作“智能开关”应用中的命令。

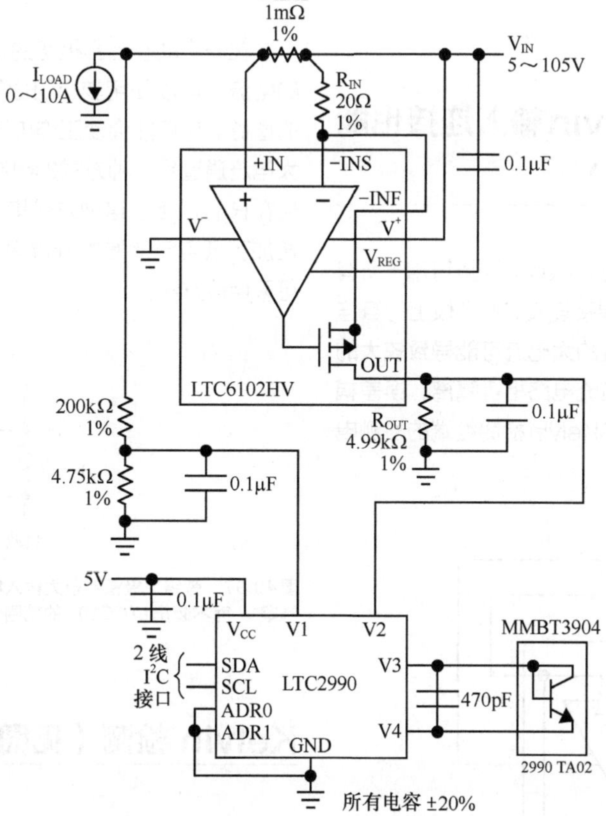

电压、电流和温度设置：

控制寄存器：0x58

T_{AMB}	REG 4, 5	0.0625℃/LSB
V_{LOAD}	REG 6, 7	13.2mVLSB
V2 (I_{LOAD})	REG 8, 9	1.223mA/LSB
T_{REMOTE}	REG A, B	0.0625℃/LSB
V_{CC}	REG E, F	2.5V+305.18μV/LSB

图40.93　高压电流和温度检测

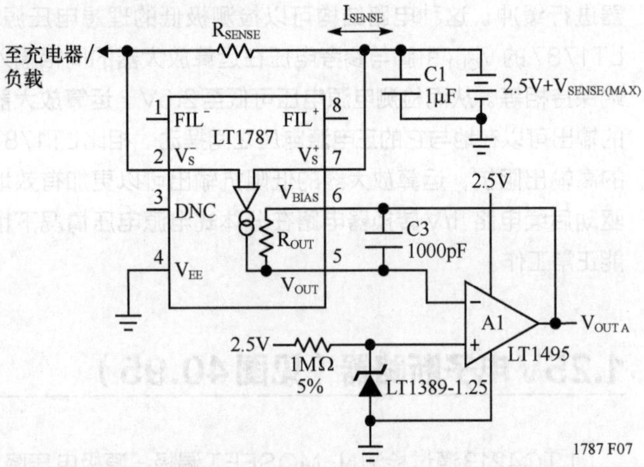

图40.94 具有外部参考电压和I/V转换器的单电源2.5V双向工作

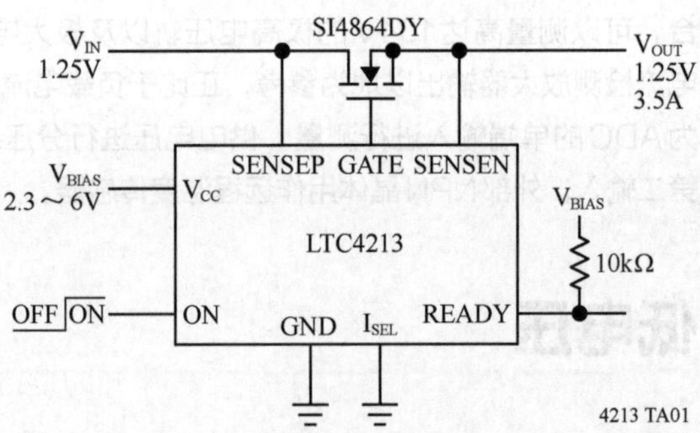

图40.95 1.25V电子断路器

大电流（100mA至若干安）

大电流的精密检测需要对检测电阻和测量电路的动态范围进行良好控制，检测电阻通常是一个很小的值，以尽量减少损失。

尽管负载电流较大，Kelvin输入连接也能保证精度（见图40.96）

将−IN和＋IN连接到检测电阻的Kelvin连接可用于所有应用，除了最低功耗电路。由于焊接连接和PC板上的互连线的电阻相对较大，它们之中流过的大电流可能导致较大的测量错误。将检测印制线路与大电流电路相互隔离，误差幅度将减小几个数量级。使用集成了Kelvin检测终端的检测电阻可以得到最好的结果。

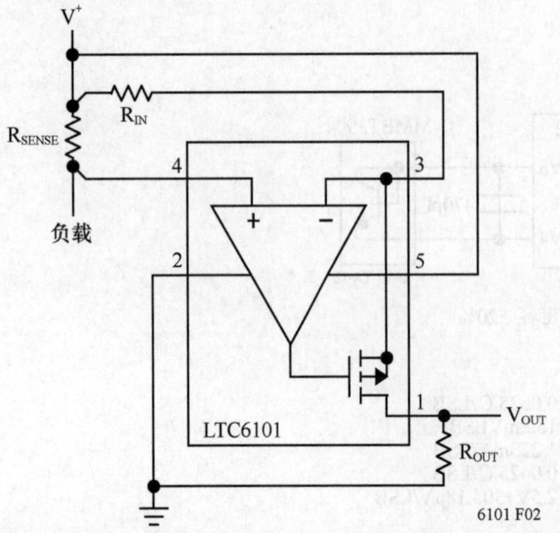

图40.96 尽管负载电流较大，Kelvin输入连接也能保证精度

旁路二极管对最大输入电压进行限制以获得较好的低输入分辨率，而不超出LTC6101的范围（见图40.97）

在一个动态范围极宽的系统中，如果必须精密检测较小的电流，可以使用较小阻值的R_{IN}以使检测放大器具有较大的增益。这可能会使工作电流大于允许的最大电流，除非最大电流通过另一种方式的限制，比如将一个肖特基二极管跨接在R_{SENSE}上。这种方式将降低高边电流检测的精度，不过增加了低电流测量的分辨率。偶发的大电流脉冲可忽略时，可采用该方法。

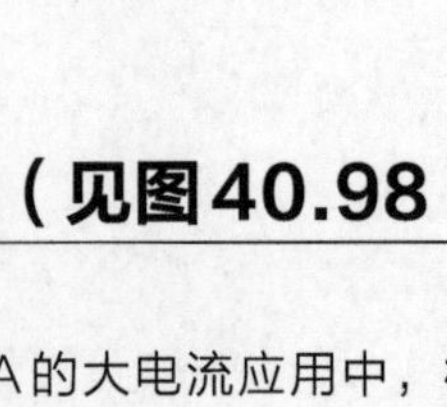

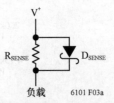

图40.97 旁路二极管对最大输入电压进行限制以获得较好的低输入分辨率，而不超出LTC6101的范围

Kelvin 检测（见图40.98）

在任何大于1A的大电流应用中，检测电阻必须采用Kelvin连接才能保持精度。此处以电池充电器为例来简要说明Kelvin连接，图40.98中显示了两个电压检测印制线路与电流检测电阻的焊点相连。如果检测电压时输入来自高阻抗放大器，则无I_XR压降误差产生。

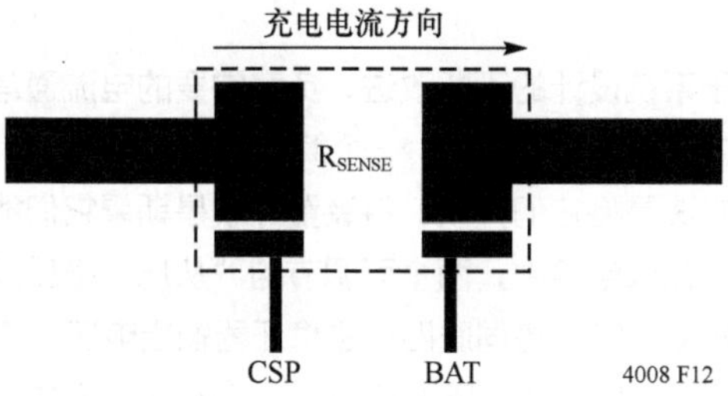

图40.98　Kelvin 检测

带滤波的0～33A高边电流检测（见图40.99）

使用LT6100很容易实现高电压电源轨的大电流检测。检测放大器由3V低压电源提供偏置，引脚设置使增益为25V/V，从而输出2.5V满量程的电流读数。FIL引脚到地之间的电容可以滤除系统噪声（220pF产生12kHz的低通转角频率）。

单电压交流电流测量（见图40.100）

LTC1966可实现真正的 RMS 至 DC 转换，可接受单端或差分输入信号，共模输入范围为轨到轨。PCB板上的电流检测变压器的输出可以直接连接到转换器。在不断开电源到负载连接的情况下，可以测量75A的交流电流。该电路的精度范围取决于变压器匹配电阻的选择。LTC1966内建了所有的数学计算，从而可以产生直流输出电压，正比于电流的RMS值。该方法非常适合于计算交流供电系统中电力/能量的损耗。

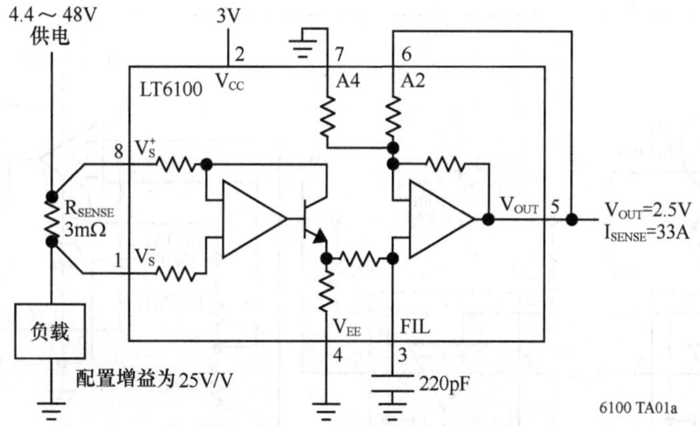

图40.99　带滤波的0～33A高边电流检测

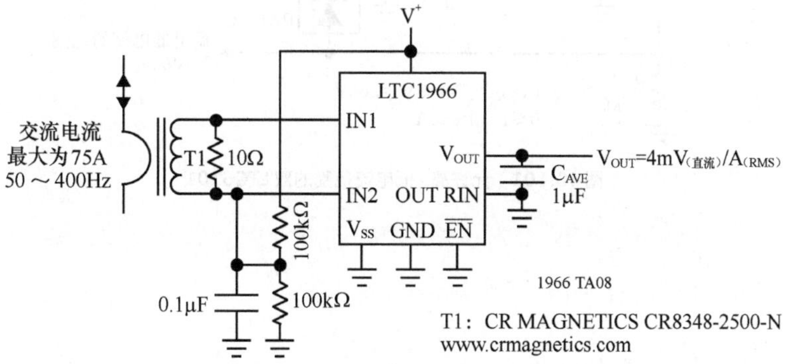

图40.100　单电压交流电流测量

允许高-低电流范围的双LTC6101(见图40.101)

利用两个电流检测放大器检测两个检测电阻是检测宽范围电流的最容易实现的方法。该电路的灵敏度和分辨率是低边检测电路的10倍，比高边检测电路低1.2A。比较器能检测更高的电流，最高可达10A，可以切换检测到大电流电路。

LDO的负载均衡（见图40.102）

由于系统设计的不断改进，负载需要的电流通常高于预期值。如图40.102所示，一个简单的修改功率放大器和稳压器的方法是将它们并联。将装置并联是期望它们能均分负载电流。在该电路中，两个可调节的“从属”稳压器输出电压将被检测，它们将伺服匹配主稳压器输出电压。LTC6078双运放的精密低失调电压（10μV）对各个稳压器提供的负载电流进行均衡，使其值小于1mA。具体实现方法是把一个非常小的10mΩ电流检测电阻串联到各输出端。该检测电阻可用PCB铜走线或薄规格电线来实现。

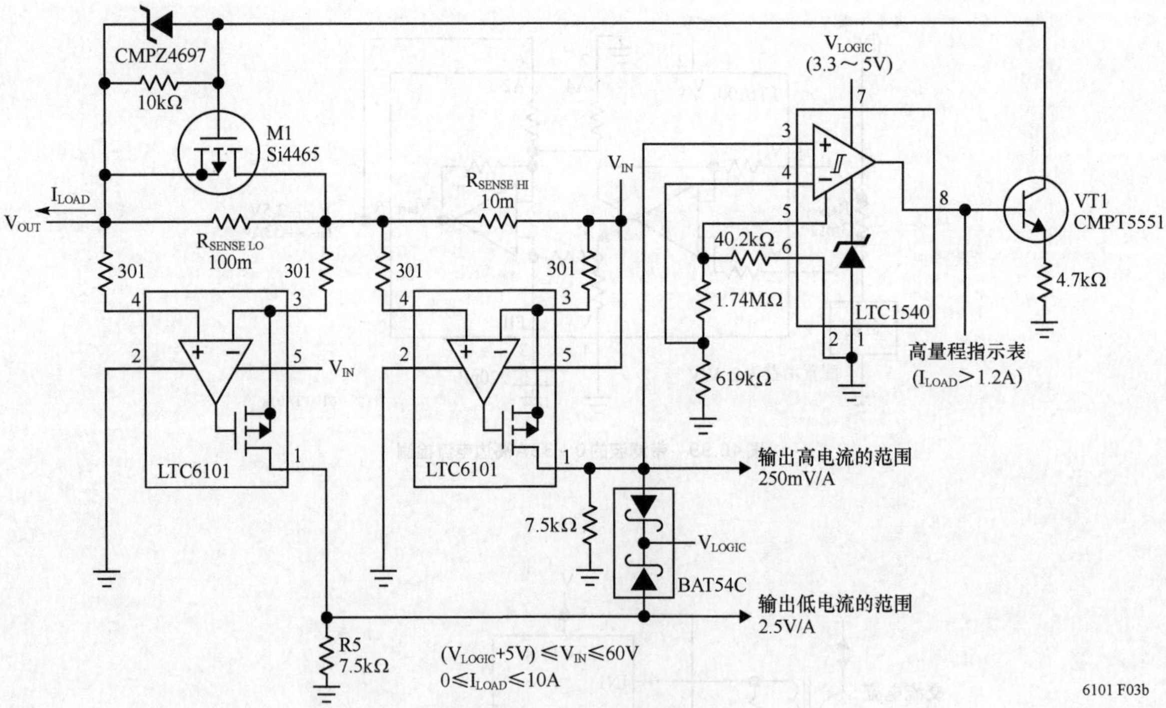

图40.101 允许高-低电流范围的双LTC6101

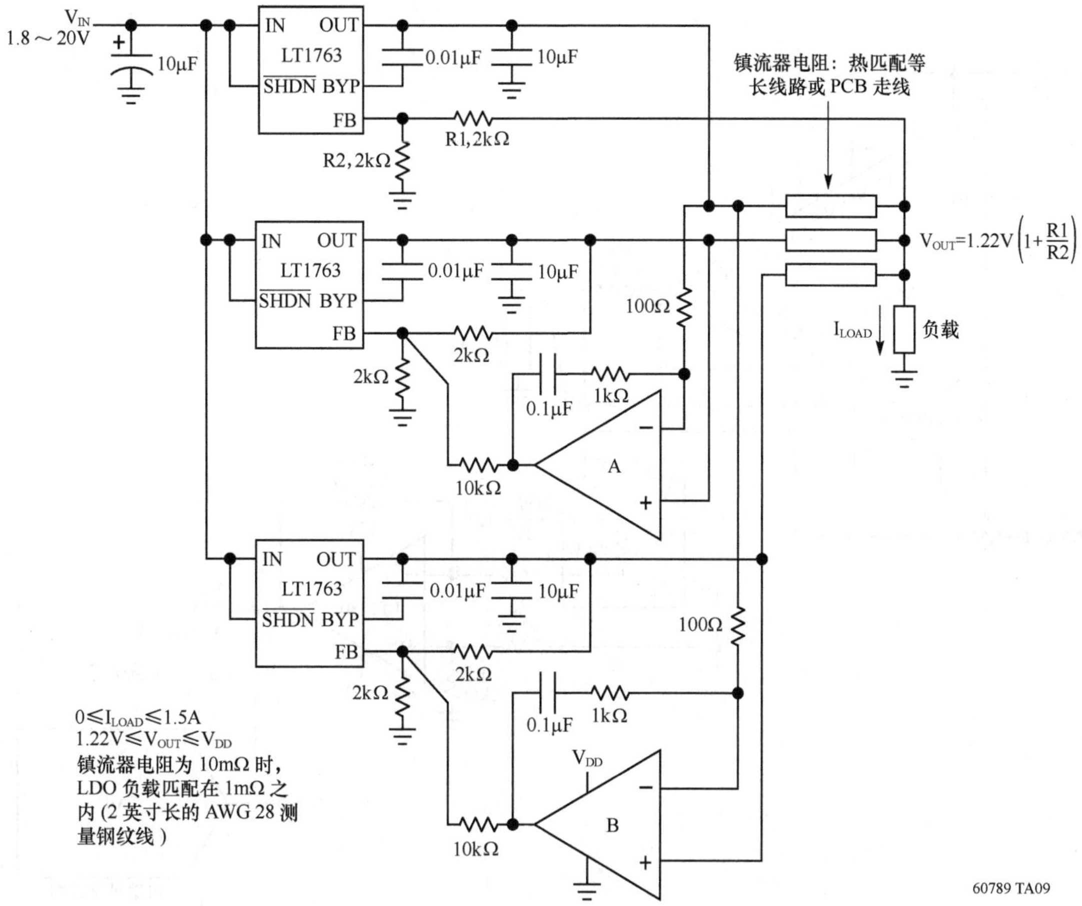

图40.102 LDO的负载均衡

检测输出电流（见图40.103）

LT1970 是一个电压可编程而输出电流受限的500mA功率放大器。独立的直流电压输入以及一个输出电流检测电阻控制了最大的拉电流和灌电流。这些控制电压可由微处理器控制系统中的数模转换器提供。对于负载电流的闭环控制，LT1787可以监测输出电流。为了实现5mV/mA的反馈信号,LT1880运算放大器可以对模数转换器上的电压进行放缩和电平偏移。

使用印制电路检测电阻（见图40.104）

LTC6102的卓越精度可以使用由传统印制电路技术生成的电阻进行检测。对于“一盎司”铜箔，走线电阻大约为（L / W）0.0005，每毫米宽度走线可承载电流约为4A。图中所示实例为实际5A检测方法，其中L和W均为2.5mm。电阻受限于约+0.4%/℃的温度变化以及生产工艺的几何偏差，所以该方法通常不适用于高精度检测，它仅适用于各种低成本的保护电路以及状态监视。

小型封装的高压5A高边电流检测（见图40.105）

LT6106虽然采用一个小的SOT-23封装，但是仍然可以工作在3～44V的宽电压范围内。仅需两个电阻进行增益设置（所示电路中增益为10），输出电压为对地电压。

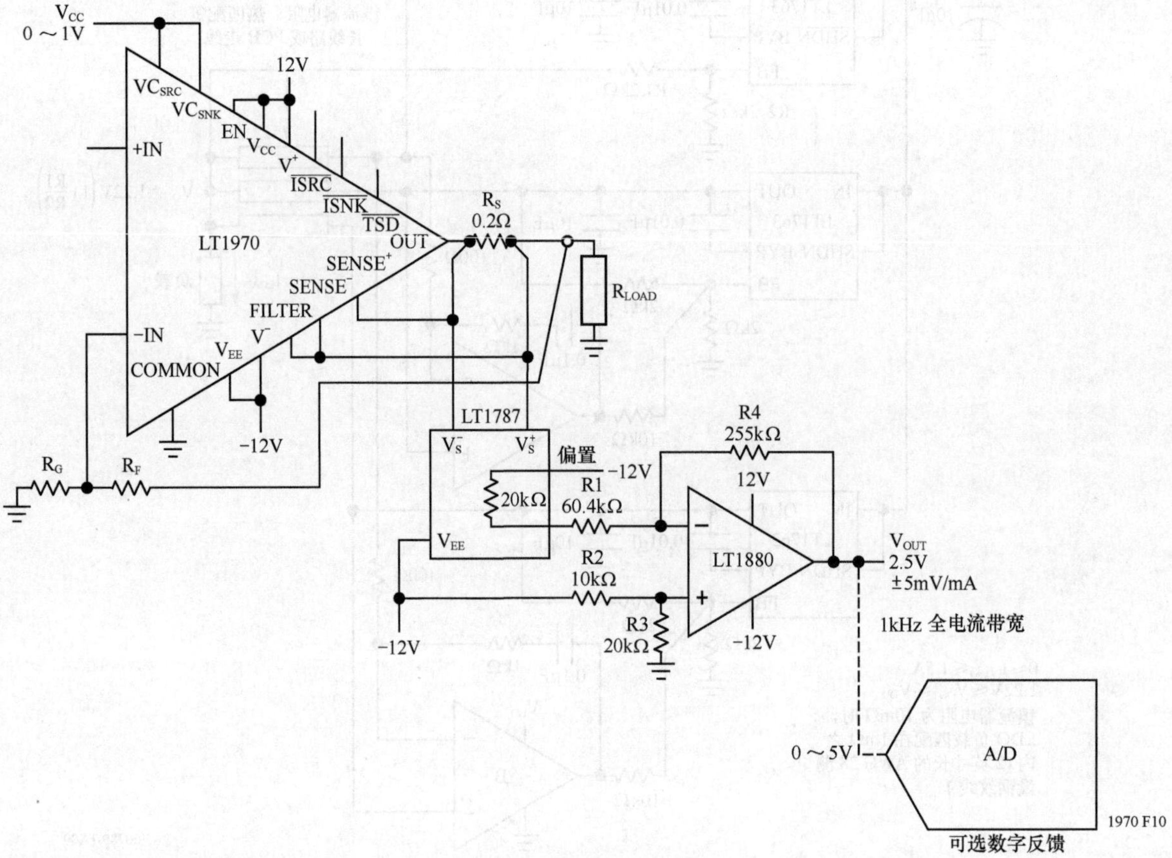

图40.103 检测输出电流

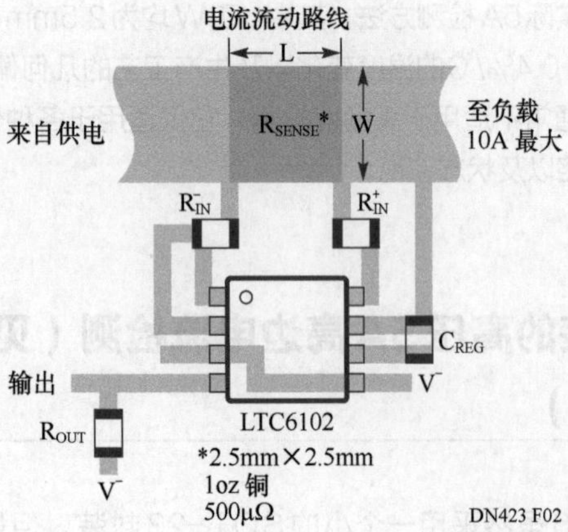

图40.104 使用印制电路检测电阻

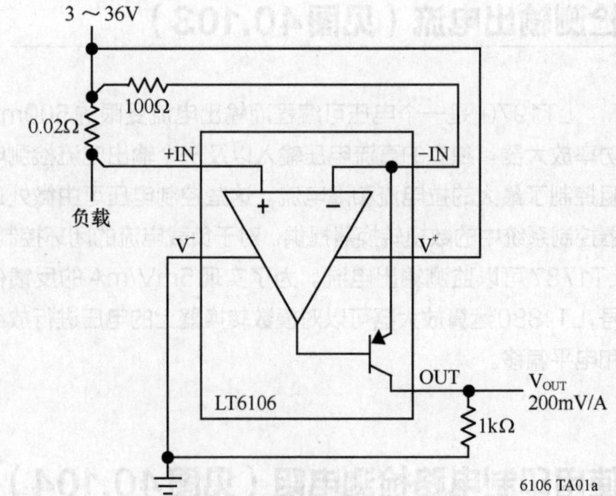

图40.105 小型封装的高压5A高边电流检测

低电流（皮安至微安）

对于低电流应用场合，使用阻值较大的检测电阻是检测电流最简单的方法。但这会在被测支路上产生较大压降，这种情况可能难以接受。使用较小的检测电阻，并通过放大器获得较大的增益是一个更好的办法。低电流意味着需要进行高电源阻抗测量，此时容易受噪声拾取的影响，通常需要采用某种滤波。

滤波增益为20的电流测量（见图40.106）

无需外部元件，LT6100通过引脚连接限制就可以进行不同精度的增益设置。本电路将A2接地、A4悬空设置增益为20。在FIL引脚加入1000pF电容将在信号通路中构成一个低通滤波器。如图40.106所示，1000pF的电容对应的滤波器的转角频率为2.6kHz。

增益为50的电流检测（见图40.107）

A2、A4接地可以将LT6100的增益设置为50。这是最简单的电流检测放大电路，其中只需要一个检测电阻。

0~200nA的电流表（见图40.108）

该电路中的悬浮放大器电路将200nA的满量程电流转化为LT1495的2V输出，电流的方向在输入端给出指示。这一电压将转化为电流以驱动200μA的表头。通过电池将电路的电源悬浮，可以处理所有输入电压。LT1495是微电源运放，所以电池的静态漏电流很低，也无需通断的开关。

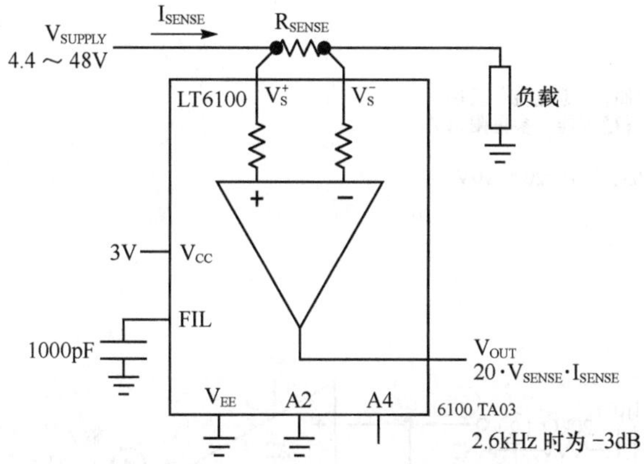

图40.106 滤波增益为20的电流测量

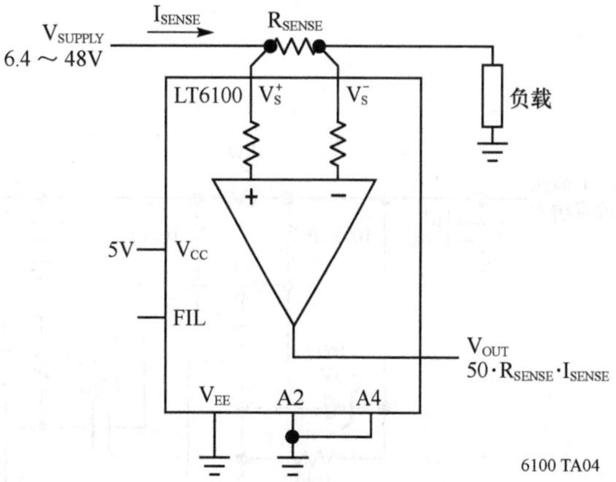

图40.107 增益为50的电流检测

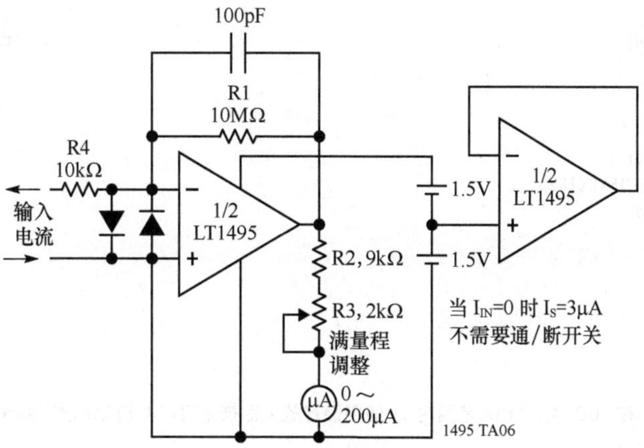

图40.108 0~200nA的电流表

在100nA～1mA范围内，使用锁定放大器技术可以实现1%精度的APD电流测量（见图40.109）

雪崩光电二极管（APDs）需要由高电压提供少量的电流。进入二极管的电流表示了光信号的强度，需要精密监测。电路中的所有元件最好都由一个5V电源供电。

为实现APD电流监测的需求，本电路运用了交流载波调制技术。在电流检测范围内，其精度为0.4%，由5V电源供电，基于载波的锁定测量具有极高的噪声抑制特性。

LTC1043开关阵列由内部振荡器提供时钟。通过16引脚外接的电容，振荡器的频率设定为约150Hz。通过电平位移器VT2，S1周期性地为VT1提供偏置。VT1截取1kΩ分流器上的直流电压，将其调制到一个差分方波信号上，这一信号通过0.2μF的交流耦合电容反馈到A1。A1的单端输出为解调器S2提供偏置，表现为输入到缓冲放大器A2的直流成分。A2的输出为电路的输出。

开关S3为负电压输出电荷泵提供时钟，而电荷泵为V^-引脚提供电源，允许输出摆动到（或低于）0V。VT1上的100kΩ电阻将导通电阻的误差贡献降到最低，当任何一个0.2μF电容失效时，可以防止毁灭性的电势到达A1。A2的增益为1.1，可对A1输入电阻引入的轻微衰减进行校正。实际上，最好从标示点处获得APD集团电压稳压器反馈信号，以消除1kΩ并联电阻上的电压降。精度验证可以在APD线路上加载100nA～1mA的偏置电流，并检验是不是输出相一致。

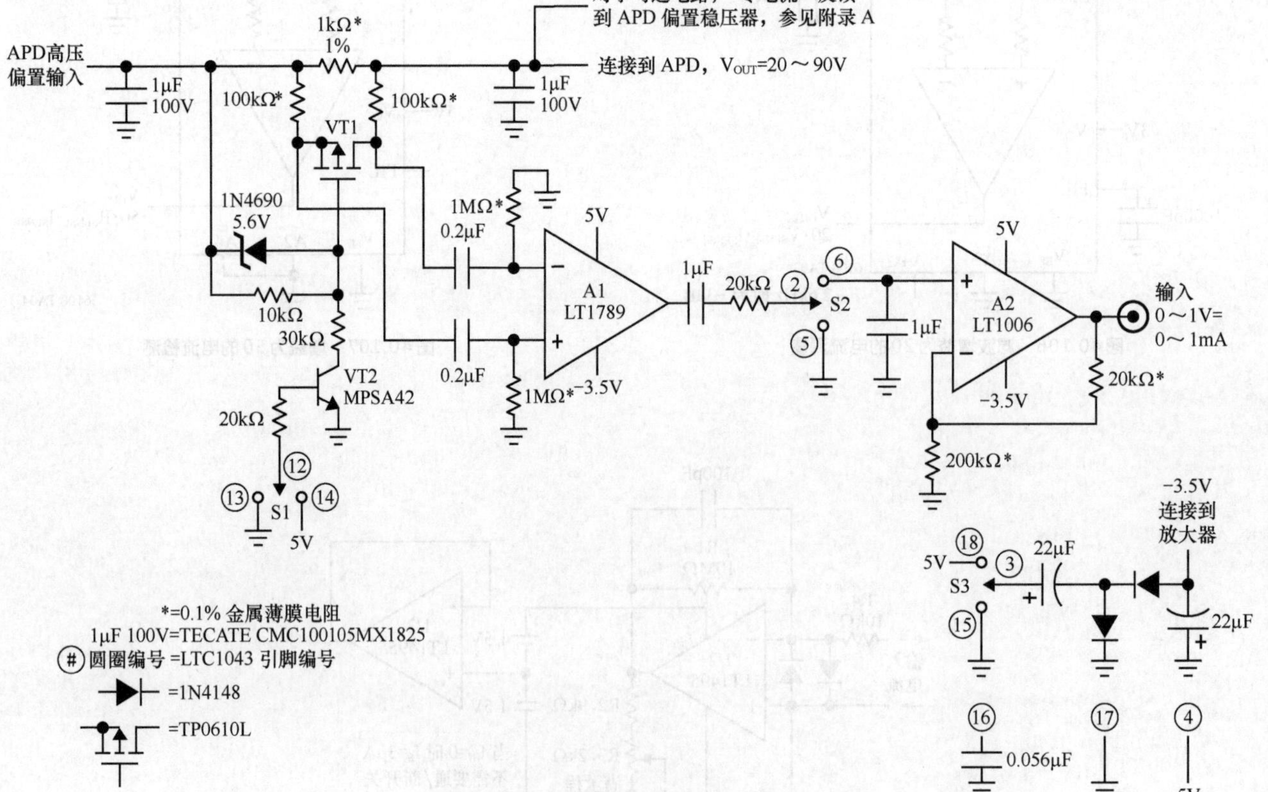

图40.109 在100nA～1mA范围内，使用锁定放大器技术可以实现1%精度的APD电流测量

直流耦合APD电流监测（见图40.110）

雪崩光电二极管（APDs）需要由高电压提供少量的电流。进入二极管的电流表示了光信号的强度，需要精密监测。电路中的所有元件最好都由一个5V电源供电。

该电路的直流耦合电流监测不再需要先前电路中那种校正，但是需从APD偏置电源拉取更多电流。A1悬浮，由APD偏置轨供电。15V的齐纳二极管和电流源VT2保证A1不会置身于破坏性电压之下。1kΩ分流器的压降设定了A1的正输入端电位。通过VT1的反馈控制负端输入，A1可以实现输入均衡。这样，VT1的源极电压等于A1的正输入端电压，其漏极电流决定了其源极电阻上的压降。VT1的漏极电流在1kΩ对地参考电阻上产生与1kΩ分流器同样的压降，流过这两个电阻的电流也就是APD电流。APD偏置电压在20～90V之间时，可以始终保持这种关系。5.6V齐纳二极管保证A1的输入始终在其共模工作范围内，而且当APD电流非常低时，10MΩ电阻维持充足的齐纳电流。

图中给出了两种输出选择。斩波稳定放大器A2提供模拟输出。其输出可以摆动到（或低于）零，因为其V^-连接到负电压。这一电位是由A2的内部时钟激励电荷泵产生的，并为A2的V^-引脚3提供偏置。另外一个输出选择改用A/D转换器，提供串行数字形式的输出。此时，不再需要V^-供电，能像LTC2400 A/D一样将输入转换到（略低于）零伏。

六倍程（10nA~10mA）的电流对数放大器（见图40.111）

使用精密四通道放大器，比如LTC6079（10μV失调以及<1pA偏置电流）允许宽范围电流检测。此电路中六倍程的电流从电路的输入端进入，电流或电压变化一个数量级，输出电压以对数方式上升150mV。

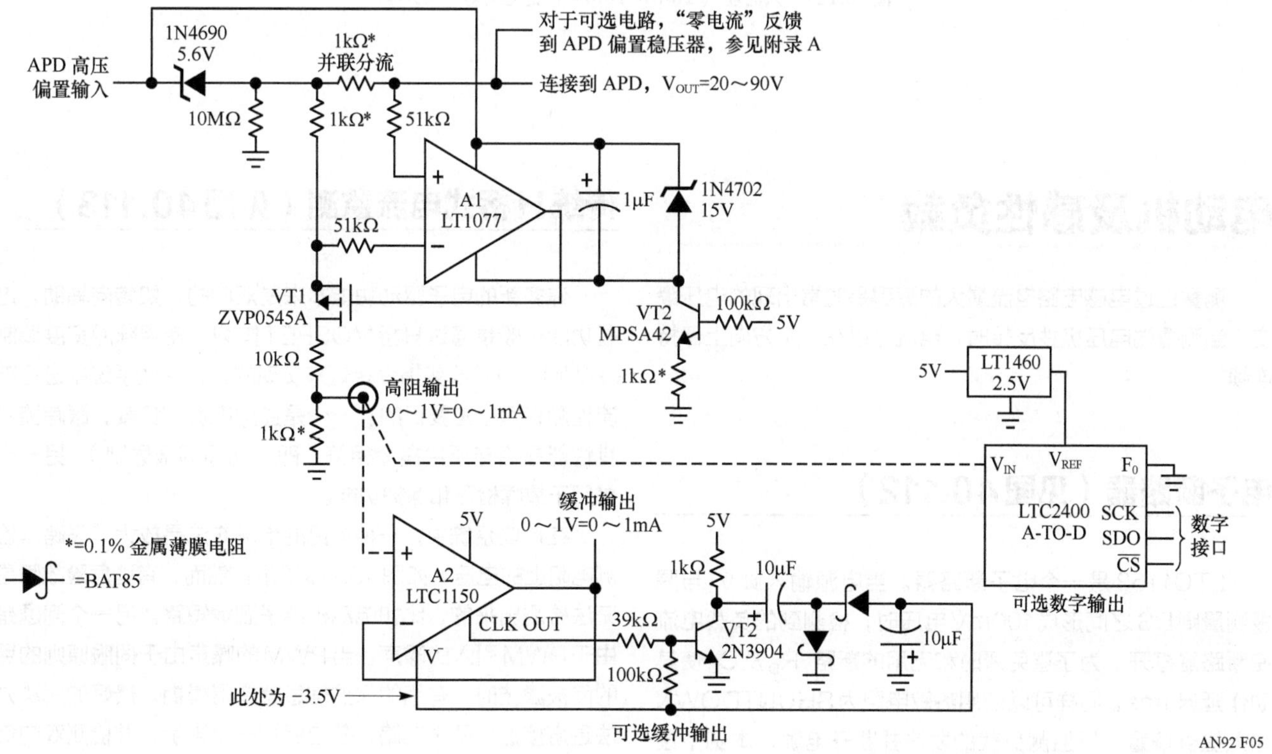

图40.110 直流耦合APD电流监测

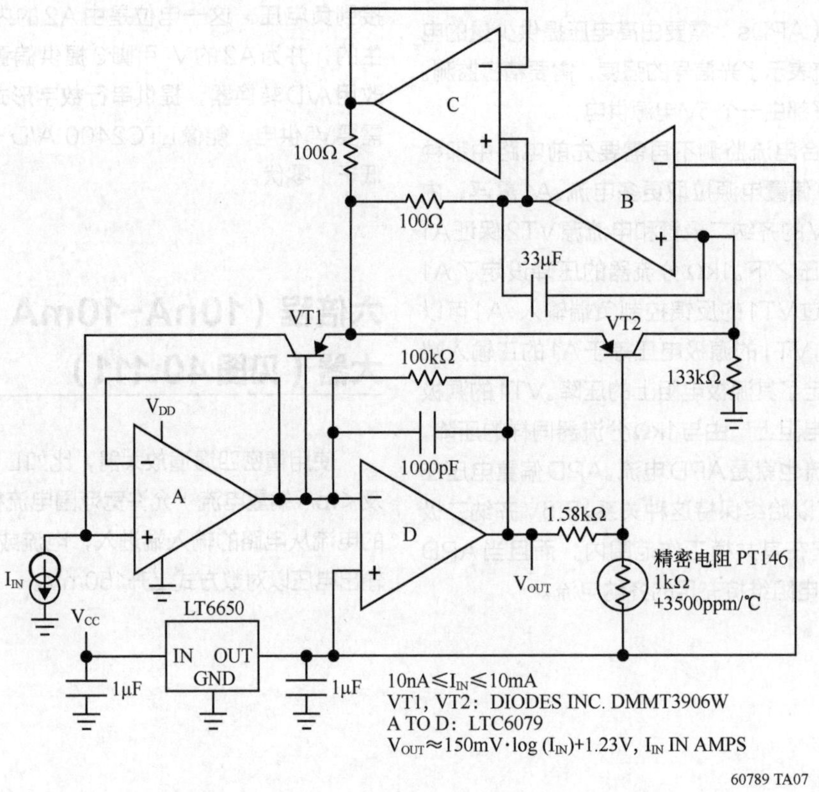

图40.111 六倍程 （10nA~10mA） 的电流对数放大器

电动机及感性负载

测量通过电感电路电流最大的障碍是时常出现的电压瞬变。当测量端电压极性反转时，电流可以在一个方向上保持连续。

电子断路器（见图40.112）

LTC1153是一个电子断路器。当电源输入脚V_s与漏极测量脚DS之间形成100mV电压时，检测到的负载电流使断路器打开。为了避免瞬时和无用的断路，R_D及C_D使其动作延迟1ms。同样可以使用热敏电阻为SHUNTDOWN输入提供偏置，以监测负载的发热并断开电源。本例中温度需超过70℃。LTC1153的一个特点是定时自动复位，它使用如图所示的0.22μF定时电容，200ms后重新连接负载。

传统H桥式电流监测（见图40.113）

许多新的电子驱动功能本来是双向的，如转向辅助。这些功能一般是通过H桥MOSFET阵列，使用脉冲宽度调制（PWM）技术改变指令转矩来实现的。在这些系统中进行电流检测有两个主要目的：一个是监测电流的负载，跟踪监测其性能是否与所给指令相符（即，闭环伺服原则）；另一个是用于故障检测和保护功能。

在这些系统中，一种常见的检测方法是放大“飞跨”检测电阻上的电压，如图40.113所示。然而，有些危险故障是无法检测出来的，比如电动机端子到地短路。另一个问题是由于PWM引入的噪声。当PWM的噪声由于伺服原则的目的而被滤波时，有用的保护信息就变得模糊。最好的解决办法是直接提供两个电路，各自保护一个半桥，并检测双向负载电流。有时，智能型MOSFET桥驱动可能已经包含了检测电阻，并提供了必要的保护功能。此时，最好的方法是使用最少的电路就能得到所需负载信息。

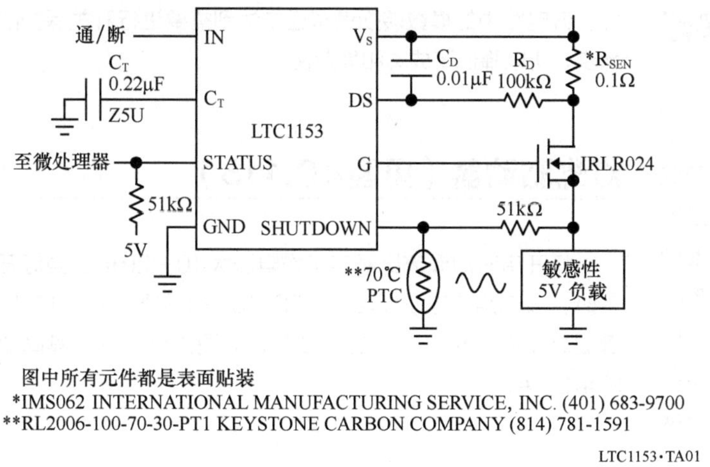

图40.112　电子断路器

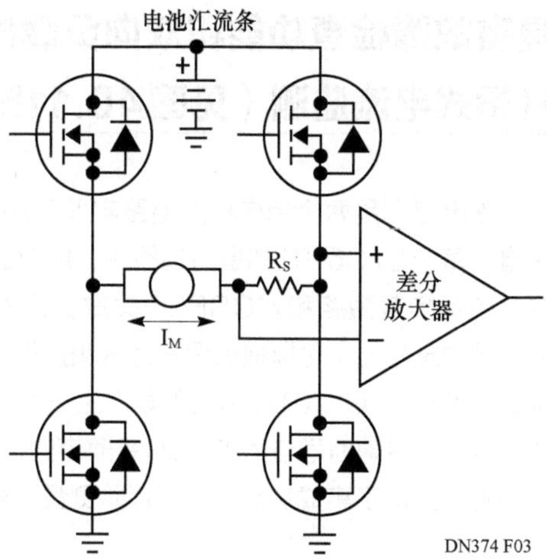

图40.113　传统H桥式电流监测

电动机速度控制（见图40.114）

该电路中使用了LT1970功放，用作直流电动机的线性驱动，并具有速度控制功能。它使灌电流和拉电流大小相等，能为电动机提供双向旋转电流：通过检测电动机转速表输出来进行速度控制。3V/1000rpm的典型反馈信号将与所需的速度设置输入电压比较。因为LT1970是单位增益稳定的，可以配置成积分器，在电动机上施加必要的电压，对速度反馈信号和速度预设输入信号进行匹配。此外，放大器的电流限制可以调节来控制电动机的转矩和失速电流。

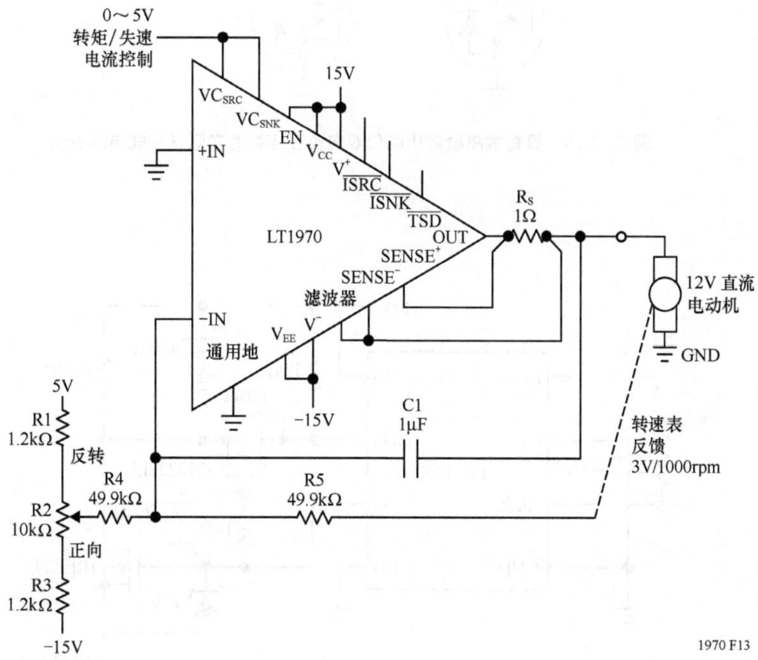

图40.114　电动机速度控制

具有故障检查功能和双向负载信息的实际H桥式电流监测（见图40.115）

该电路利用两个单向检测电路实现了ADC的差分负载测量。每个LTC6101都是高边检测，能对故障做出快速响应，包括负载短路和MOSFET失效。开关模块的本地硬件（图中未标出）可以提供保护逻辑和提供一个状态来控制系统。两个LTC6101的输出差异产生一个伺服控制的双向负载测量。接地信号与ΔΣADC是兼容的。该ΔΣADC电路还附带提供了集成功能，可以消除测量结果中的PWM成分。该电路中的模数转换速率还未达到需要进行开关保护的地步，所以降低了成本和复杂性。

灯光驱动器（见图40.116）

灯开启时的涌流比额定工作电流大10～20倍。当灯开启时，该电路将电子断路器LTC1153的阈值以11：1的比例提高（至30A），并维持100ms。涌流消退后，其阈值降至2.7A。

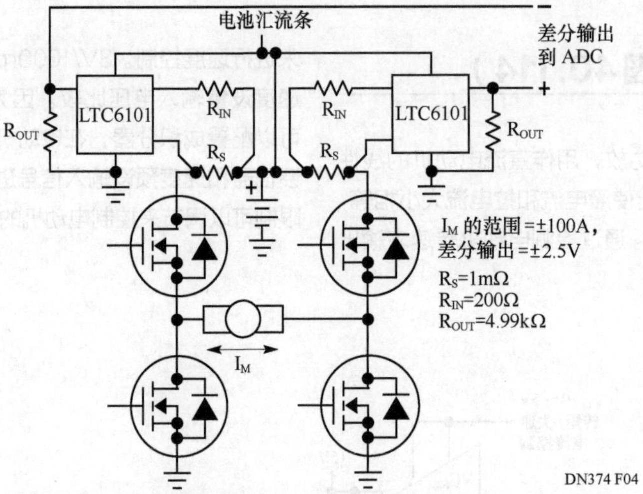

图40.115 具有故障检查功能和双向负载信息的实际H桥式电流监测

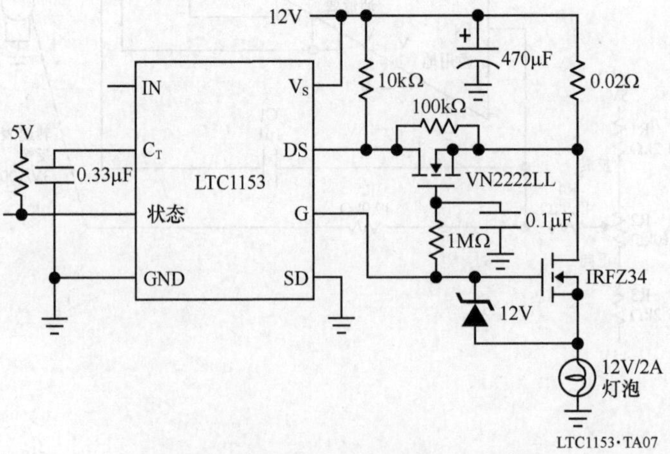

图40.116 灯光驱动器

智能高压侧开关（见图40.117）

LT1910是一个专用的高边MOSFET驱动器，具有内部保护功能。它根据标准逻辑电压为电源开关提供栅极驱动，通过监测开关电流提供负载短路保护。如果在电路中增加一个LTC6101，并使用同一个电流检测电阻，则可以提供一种正比于负载电流的线性电压信号，以获得更多的智能控制。

继电器驱动器（见图40.118）

该电路使用具有两级过流保护的电子断路器，提供了可靠的继电器控制。电流由两个独立的电阻检测，一个是经过继电器线圈的电流，另一个是经过继电器触点的电流。当供电脚V_s与漏极检测脚DS之间产生100mV电压时，N沟道MOSFET截止断开触点。如图40.118所示，继电器线圈电流限制在350mV，触点电流限制在5A。

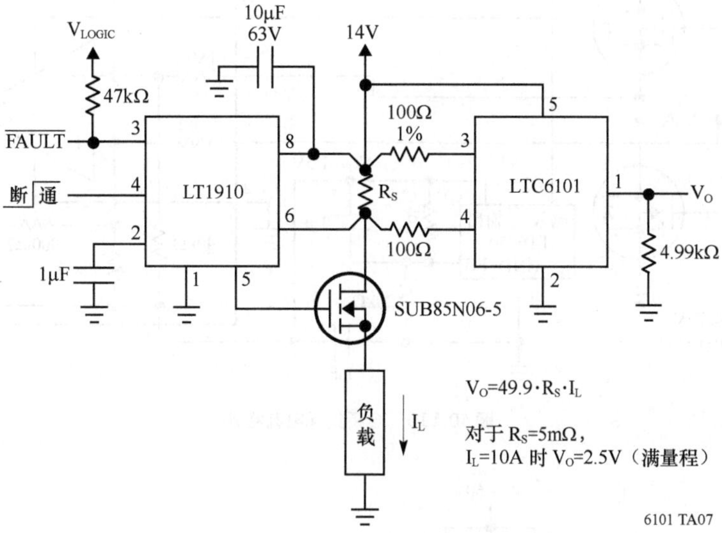

图40.117 智能高压侧开关

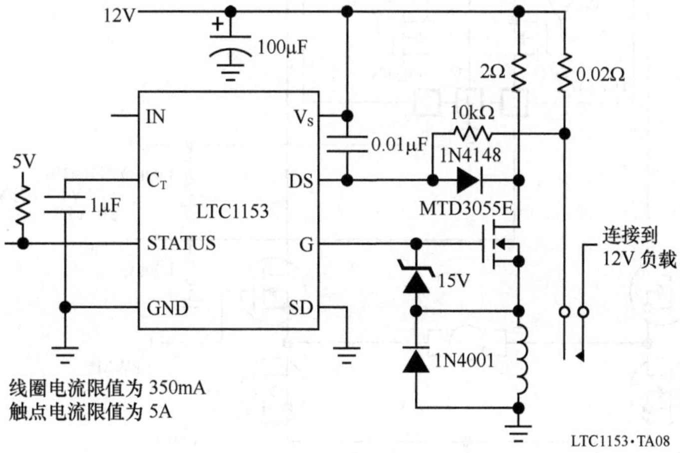

图40.118 继电器驱动器

全桥负载电流监测（见图40.119）

LT1990是一个差分放大器，其特点是具有很宽的共模输入电压范围，其输入电压可以远远超过电源电压。监测全桥驱动感性负载电流时，比如监测电动机时，该特点可以抑制瞬态电压。LT6650提供1.5V的参考电压来提升输出的对地电压。输出电压会根据负载中电流的方向高于或低于1.5V变化。如图40.119所示，放大器对电阻R_S产生的电压提供了10的增益。

H桥式驱动器的双向电流检测（见图40.120）

LTC6103的每个通道都能检测流入一个半桥驱动器部分的供电电流。由于在任意给定的时间内，在可测量的方向上只有一个半桥部分会有电流通过，所以只有一个输出信号。差分采集后，双向测量的两个输出送到后续电路中，如ADC。在该电路中，也可以检测出所有到地的负载故障，从而实现桥式电路的保护。这个电路结构可以避免“飞跨”检测电阻电路可能产生的高频共模抑制问题。

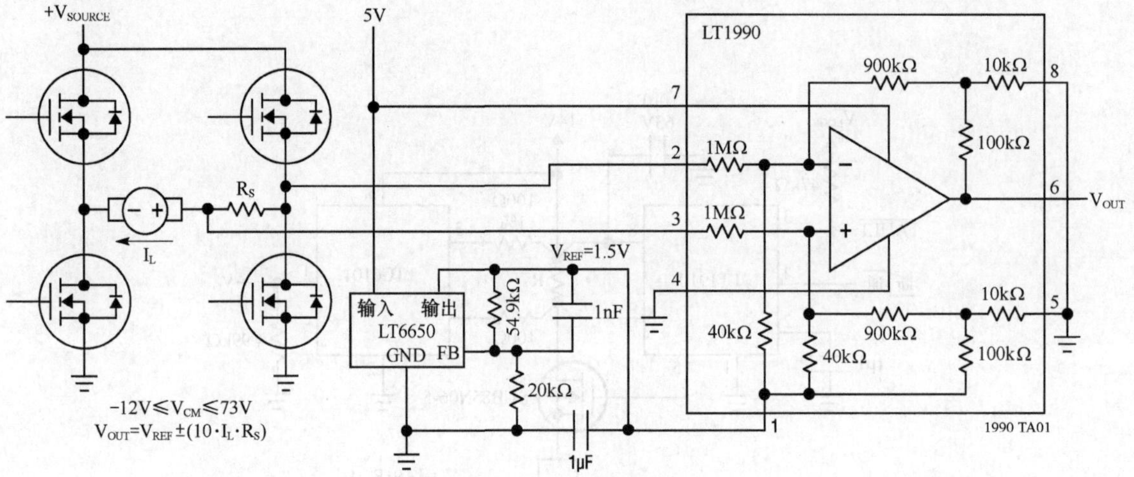

图40.119　全桥负载电流监测

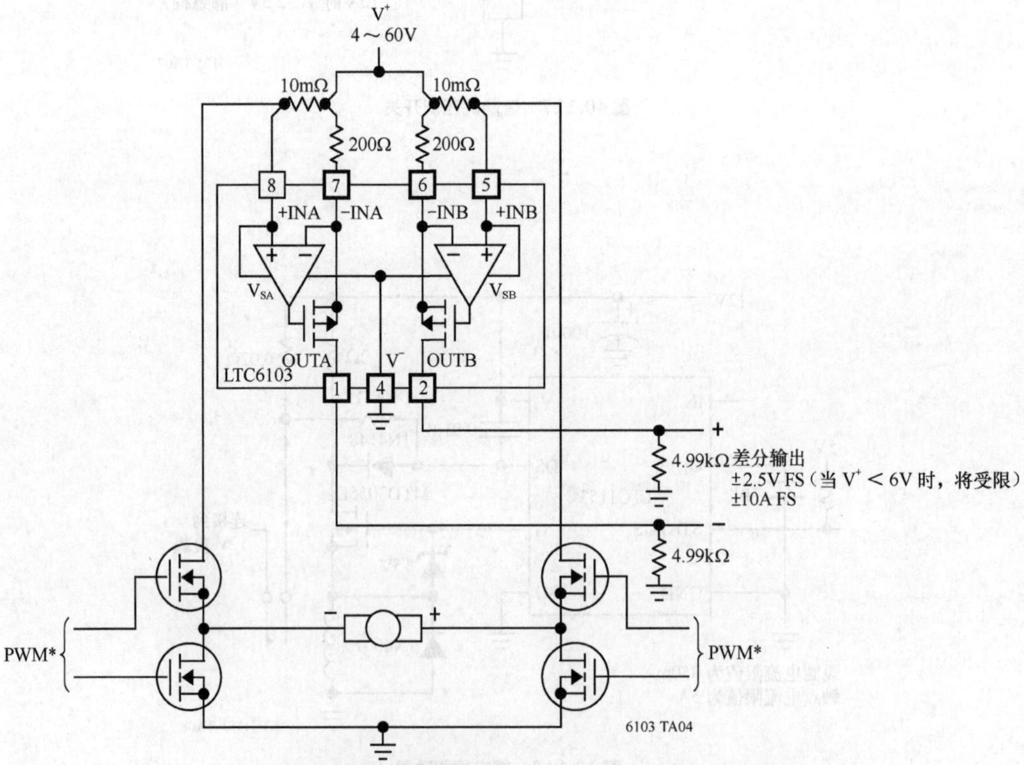

* 为了实现精确负载电流控制以及测量，使用了“符号数字”脉宽调制

图40.120　H桥式驱动器的双向电流检测

单一输出提供10A H桥的电流及方向（见图40.121）

根据H电桥传导电流的侧边，LTC6104的输出电压会高于或低于外部的2.5V参考电位。监测电桥电源线上的电流可以避免检测放大器输入端的快速电压变化。

监测螺线管低边电流（见图40.122）

驱动诸如螺线管的感性负载会在电流检测放大器的输入端产生大的瞬时共模电压。断电时，螺线管上的电压极性反转（亦称续流状态）并超过电源电压，但会被续流二极管钳位。输入电压在0V到一个二极管电压降（高于24V的供电电压）范围时，LT6105可以连续检测螺线管的电流。

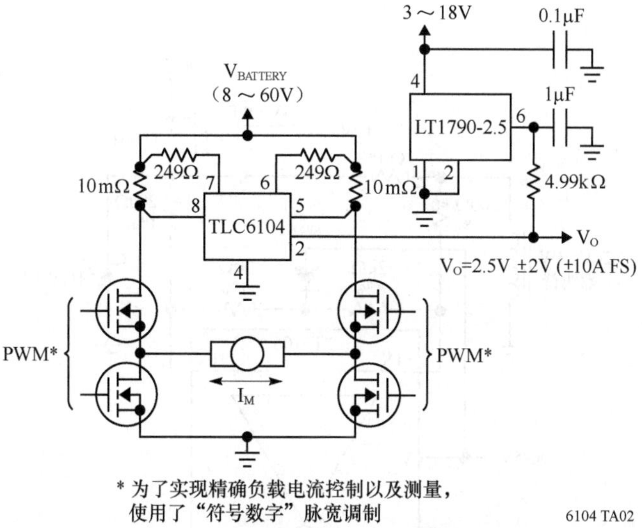

图40.121 单一输出提供10A H桥的电流及方向

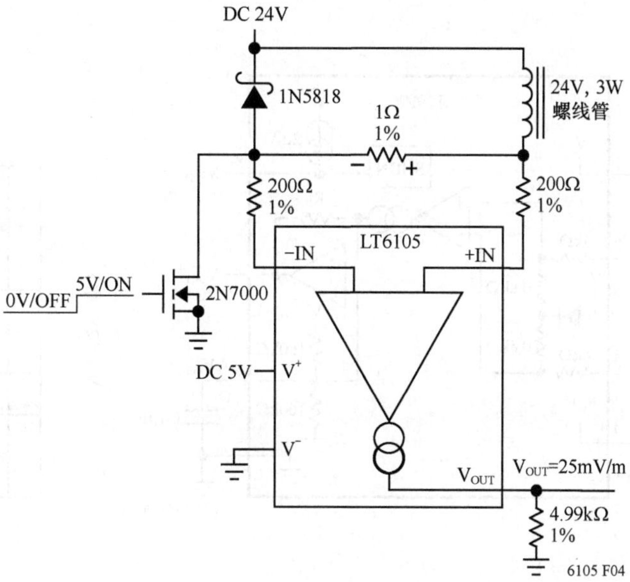

图40.122 监测螺线管低边电流

监测螺线管高边电流（见图40.123）

驱动诸如螺线管的感性负载会在电流检测放大器的输入端产生大的瞬时共模电压。断电时，螺线管上的电压极性反转（亦称续流状态）并超过电源电压，但会被续流二极管钳位。通过上拉电阻将输入精确保持在输入电压范围内时，LT6105可以连续检测螺线管电流。

直接监测H桥电动机电流（见图40.124）

LT1999是一个具有很宽共模输入电压范围（-5~80V）的差分输入放大器。在100kHz的情况下交流共模抑制比大于80dB，允许对H桥驱动的负载进行直接的双向电流测量。输出端抑制了大幅度和快速的共模输入电压摆幅。只需在放大器外部加入电流检测电阻和电源旁路电容，其增益可固定在10、20或50。

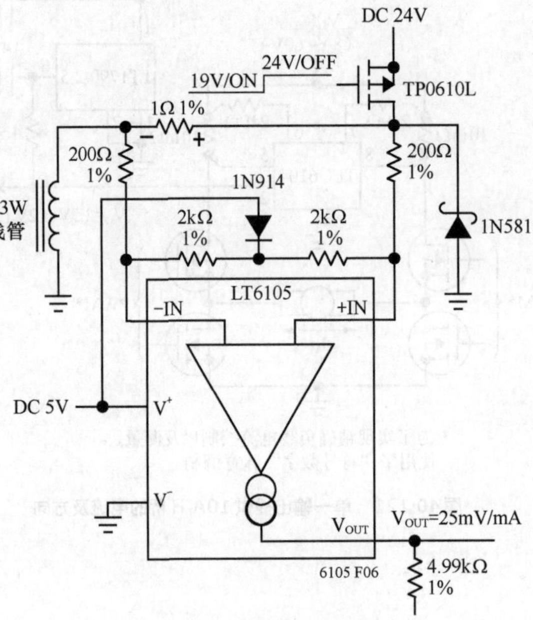

图40.123　监测螺线管高边电流

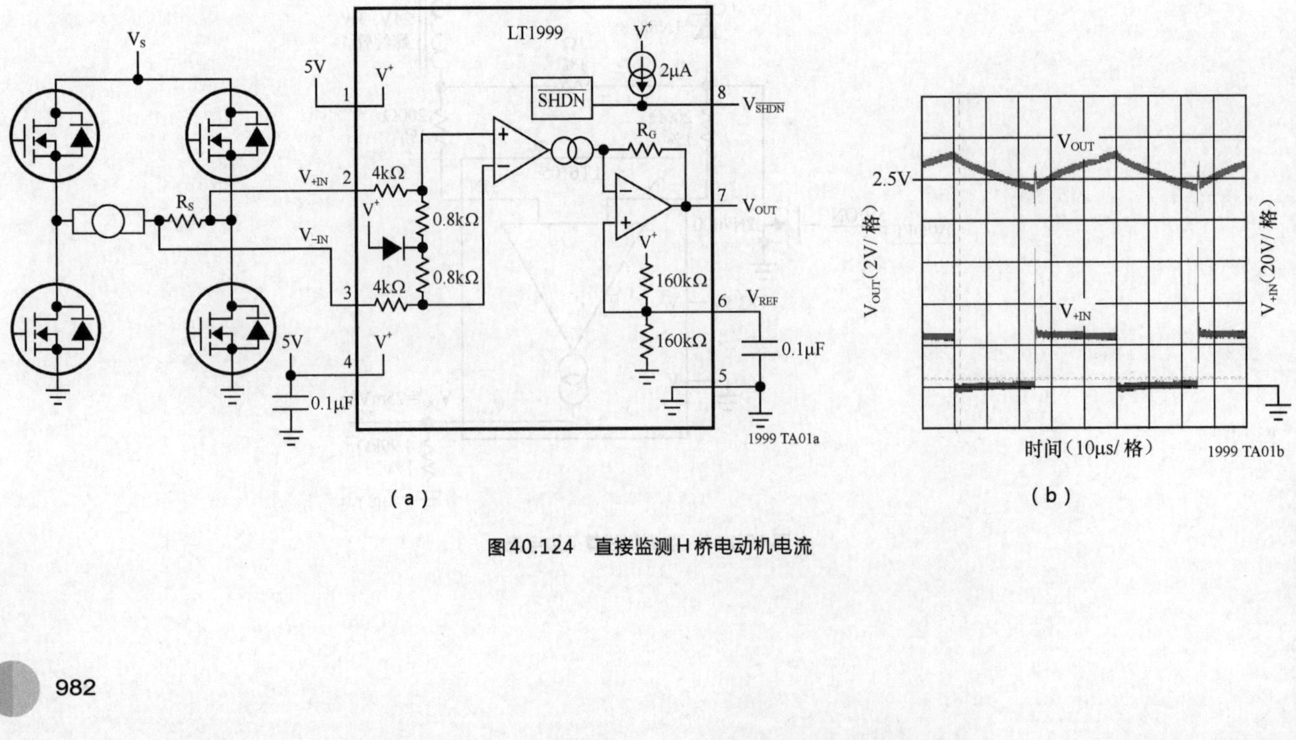

（a）　（b）

图40.124　直接监测H桥电动机电流

输入电压范围较宽时带熔丝的螺线管电流监测（见图40.125）

LT1999在每个输入端都有一个串联电阻。这使得输入电压过大时不至于损坏放大器。放大器将监测螺线管驱动器电压正负摆幅之间的电流变化。有熔丝保护的情况下，较大的差分输入会将输出拉高，从而不会损坏LT1999。

监测高边驱动的螺线管导通和续流电流（见图40.126）

在一段接地的螺线管和续流钳位二极管构成的环中加入电流检测电阻，进行通电或断开操作时，对螺线管电流进行连续监测。LT1999工作精度高，共模输入电压可以低至零电位以下的-5V。

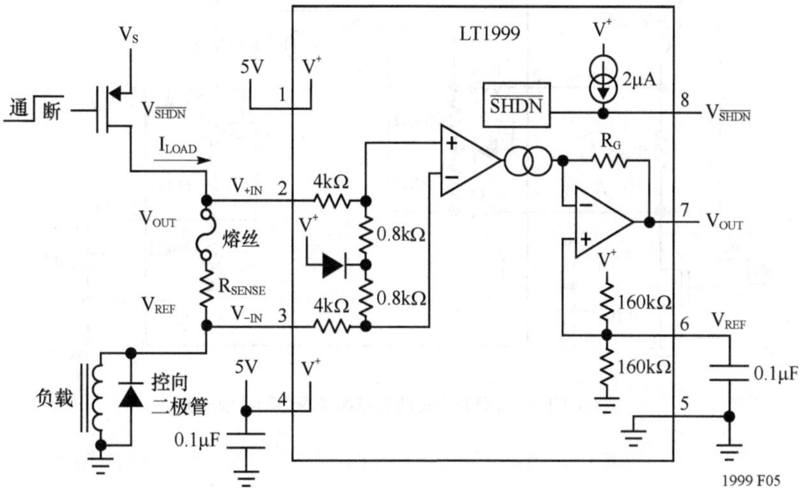

图40.125 输入电压范围较宽时带熔丝的螺线管电流监测

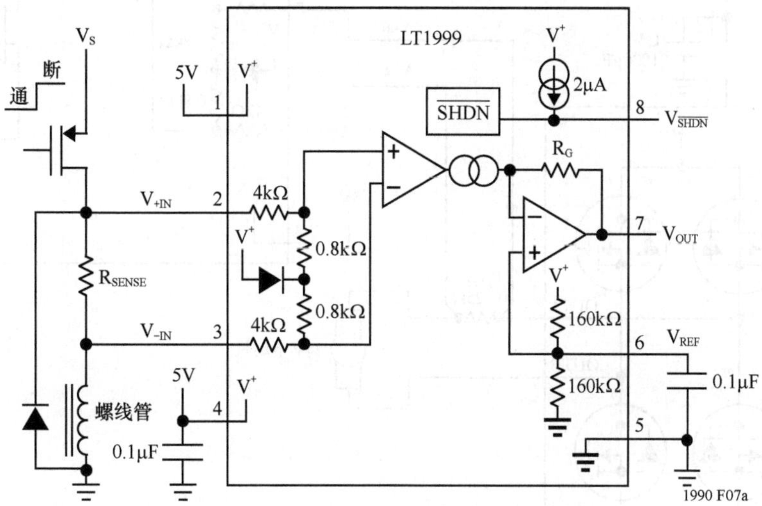

图40.126 监测高边驱动的螺线管导通和续流电流

监测低边驱动的螺线管导通和持续电流（见图40.127）

在一段接地的螺线管和续流钳位二极管构成的环中加入电流检测电阻，进行通电或断开操作时，对螺线管电流进行连续监测。LT1999工作精度高，共模输入电压可以高至80V。在本电路中，输入由二极管钳位，电压高于螺线管的电源电压。

固定增益直流电动机电流监测（见图40.128）

无需关键的外部元件，LT1999可以直跨接在与H桥驱动的电动机串联的电流检测电阻上。放大器的输出以电源电压的1/2作为参考，因此输出电压高于或低于停转时的直流输出电压标志着电动机转动的方向。

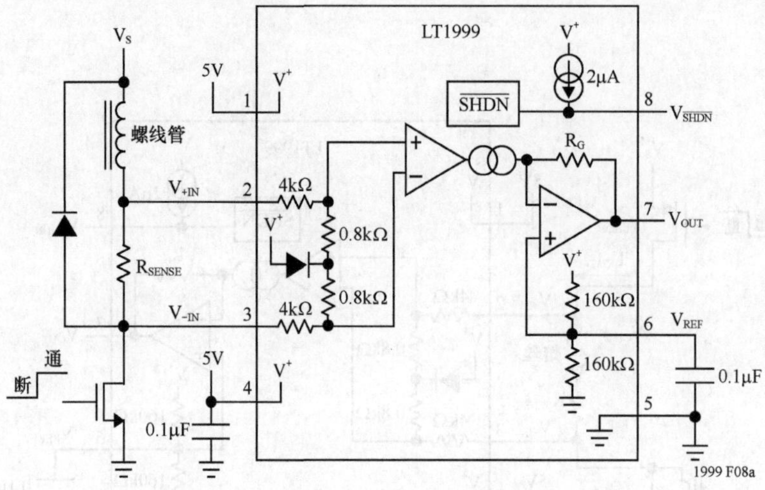

图40.127 监测低边驱动的螺线管导通和持续电流

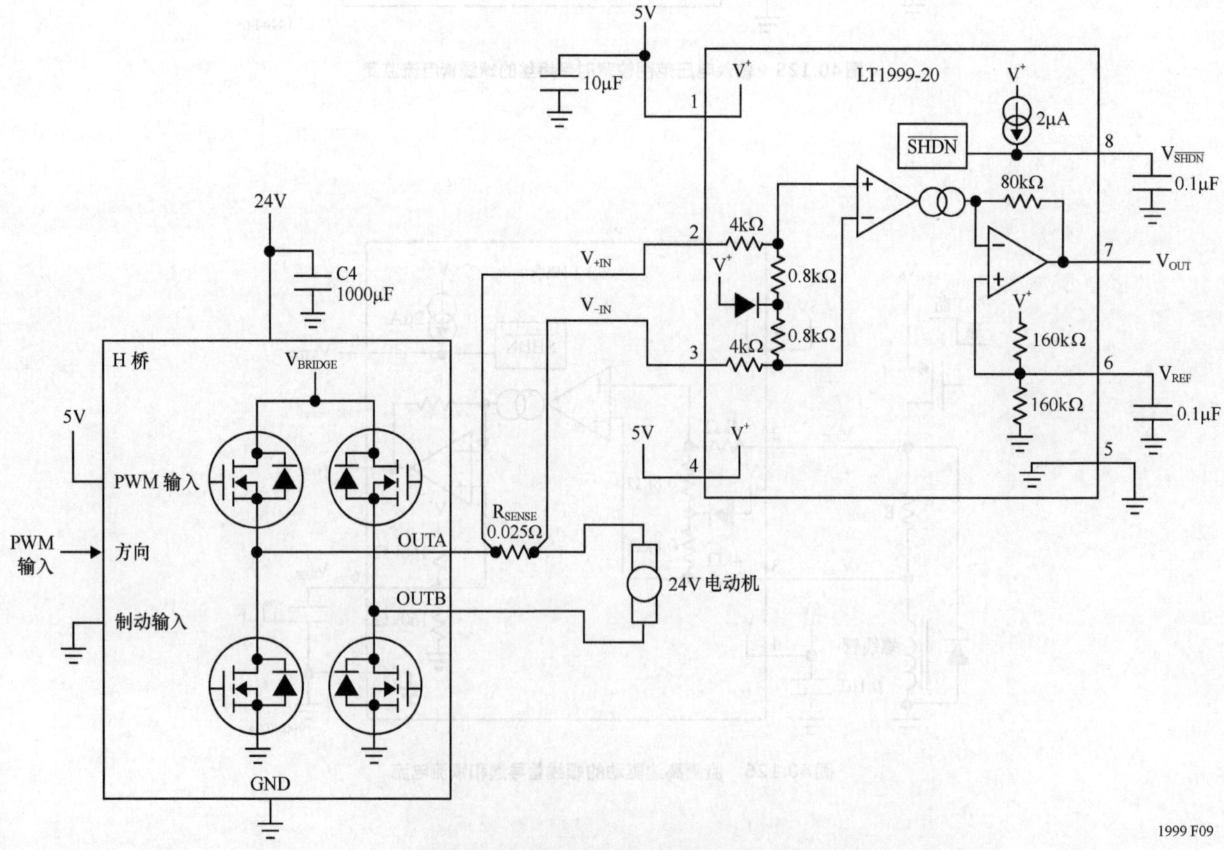

图40.128 固定增益直流电动机电流监测

简易直流电动机转矩控制（见图40.129）

旋转中电动机的转矩与流过它的电流成正比。该电路对电动机的电流进行检测，并与一个设定的直流电压比较。电动机电流由一片LT6108-1检测，并通过一个放大器和PWM电动机驱动电路使其与设定的电流进行匹配。MOD输入引脚的电压从0～1V变化时，LTC6992-1产生占空比为0%～100%的PWM信号。

小型电动机保护及控制（见图40.130）

直流电动机的工作电流和温度可以数字化，并送到控制器以调节施加的控制电压。可以检测转子停止或过载。

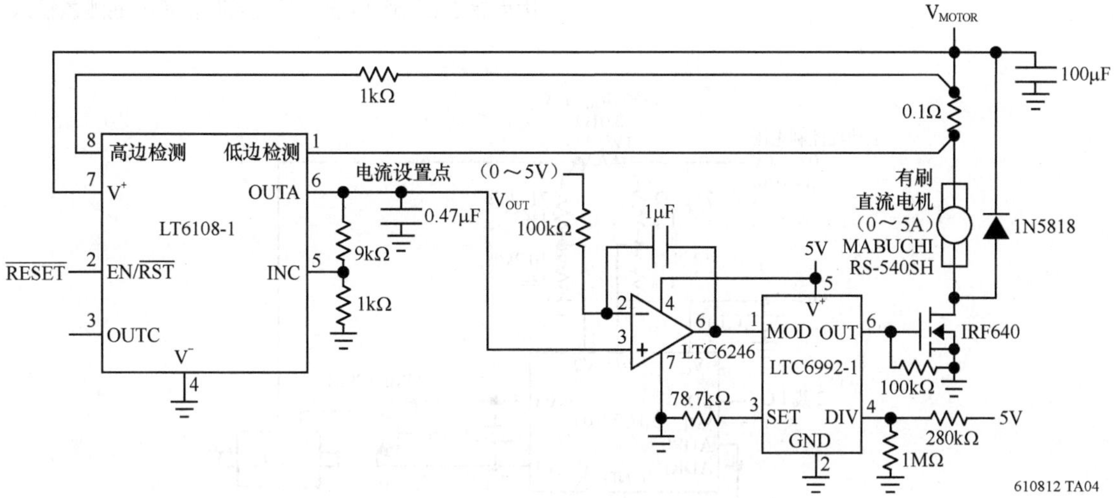

图40.129 简易直流电动机转矩控制

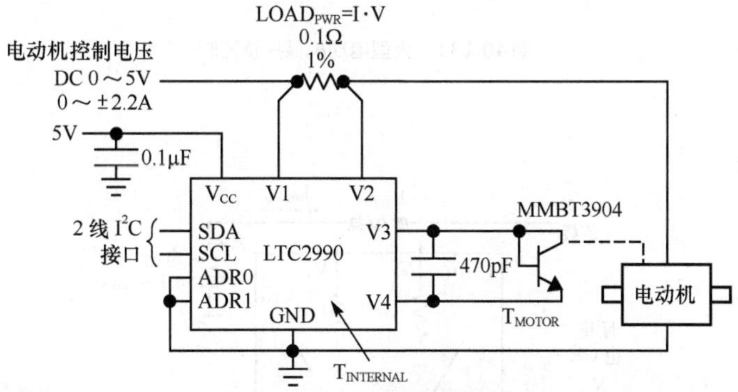

电流和温度配置
控制寄存器 0x59

T_{AMB}	REG 4, 5	0.0625℃/LSB
I_{MOTOR}	REG 6, 7	194μA/LSB
T_{MOTOR}	REG A, B	0.0625℃/LSB
V_{CC}	REG E, F	2.5V+305.18μV/LSB

电压和温度配置
控制寄存器 0x58

T_{AMB}	REG 4, 5	0.0625℃/LSB
I_{MOTOR}	REG 8, 9	305.18μV/LSB
T_{MOTOR}	REG A, B	0.0625℃/LSB
V_{CC}	REG E, F	2.5V+305.18μV/LSB

2990 TA04

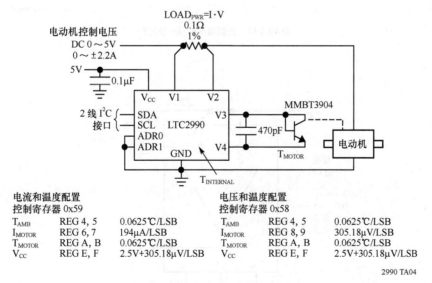

图40.130 小型电动机保护及控制

大型电动机保护及控制（见图40.131）

对于高电压或大电流电动机，电阻分压器将分压施加到14位转换器LTC2990上的信号。成比例的直流电动机工作电流和温度可以数字化，并送到控制器以调节施加的控制电压。可以检测电动机转子停止及负载过重。

电池

电池的化学原理及其充放电特性本身即可成书讨论。本节尝试给出一些监测各种化学电池流入及流出电流的例子。

当LT6100的电源关闭时输入保持高阻（见图40.132）

这是LT6100监测电池负载电流的典型电路结构。电路由一个低压供电轨供电，而不是被测电池。该结构的独特优点是当LT6100的电源关闭时，其电池测量输入保持高阻

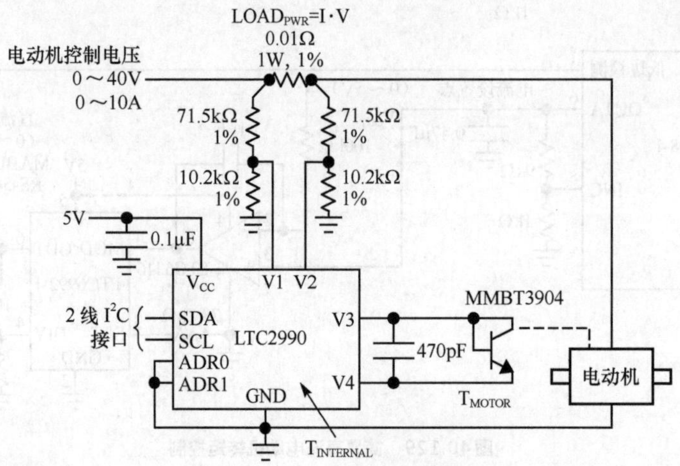

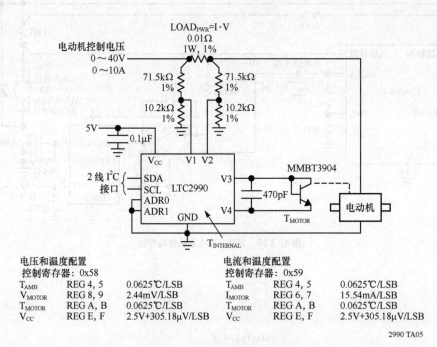

电压和温度配置		
控制寄存器：0x58		
T_{AMB}	REG 4, 5	0.0625℃/LSB
V_{MOTOR}	REG 8, 9	2.44mV/LSB
T_{MOTOR}	REG A, B	0.0625℃/LSB
V_{CC}	REG E, F	2.5V+305.18μV/LSB

电流和温度配置		
控制寄存器：0x59		
T_{AMB}	REG 4, 5	0.0625℃/LSB
I_{MOTOR}	REG 6, 7	15.54mA/LSB
T_{MOTOR}	REG A, B	0.0625℃/LSB
V_{CC}	REG E, F	2.5V+305.18μV/LSB

2990 TA05

图40.131 大型电动机保护及控制

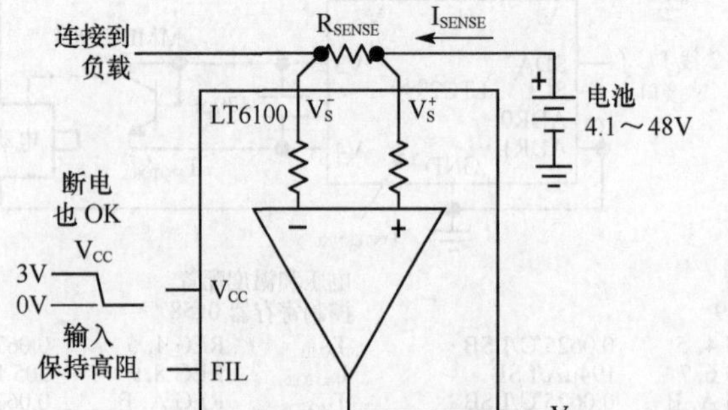

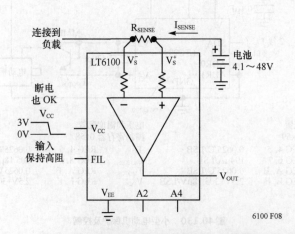

图40.132 当LT6100的电源关闭时输入保持高阻

抗，产生的电流小于1μA。这得益于前端所采用的Linear Technology的Over-The-Top输入技术。

基于单电源的偏移V_{BIAS}充放电电流测量（见图40.133）

该电路中的LT1787使用单电源模式，使用外部的LT1634提供一个参考电压使V_{BIAS}向正极偏移。V_{OUT}输出信号可以在低于和高于V_{BIAS}之间变化，以监测检测电阻上的电流为正或负。参考电压的选择并不是很关键，除非V_{OUT}需要足够的变化区间，以使内部电路不进入饱和而需要采取预防措施。图中给出的元件值在供电电压低至3.1V时仍能运行。

电池电流监测（见图40.134）

LT1495的双运算放大器封装可用于建立单独的充电和放电的电流输出检测。该LT1495具有Over-the-Top运行能力，支持最高电池电压高达36V，且只有一个5V放大器的电源电压。

输入电流检测的应用（见图40.135）

LT1620配上一片LT1513 SEPIC电池充电器IC来建立一个输出过流保护充电电路。编程电压（V_{CC}-V_{PROG}）由5V输入电源与地之间的电阻分压器（R_{P1}和R_{P2}）设置在1.0V。

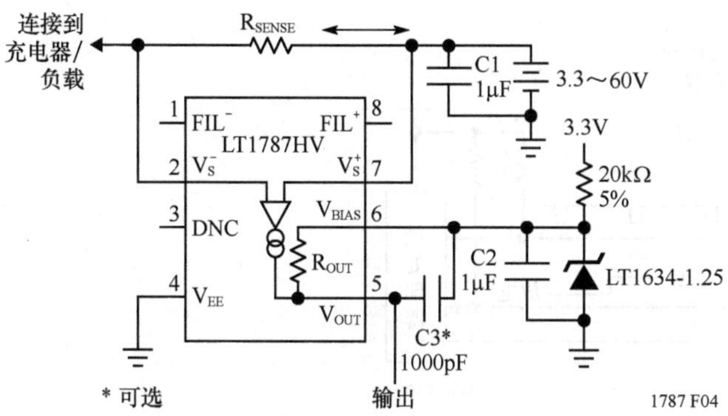

图40.133 基于单电源的偏移V_{BIAS}充放电电流测量

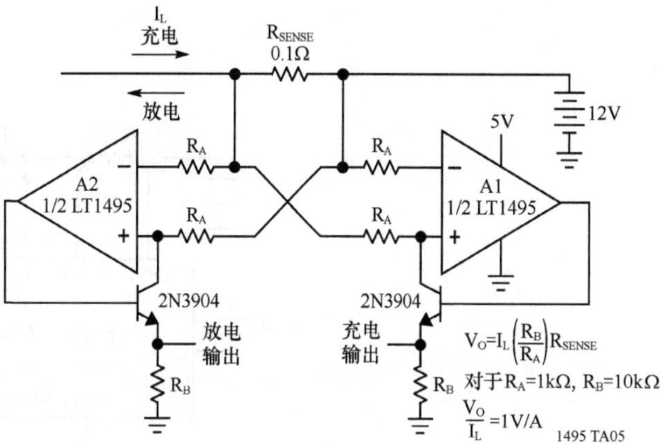

图40.134 电池电流监测

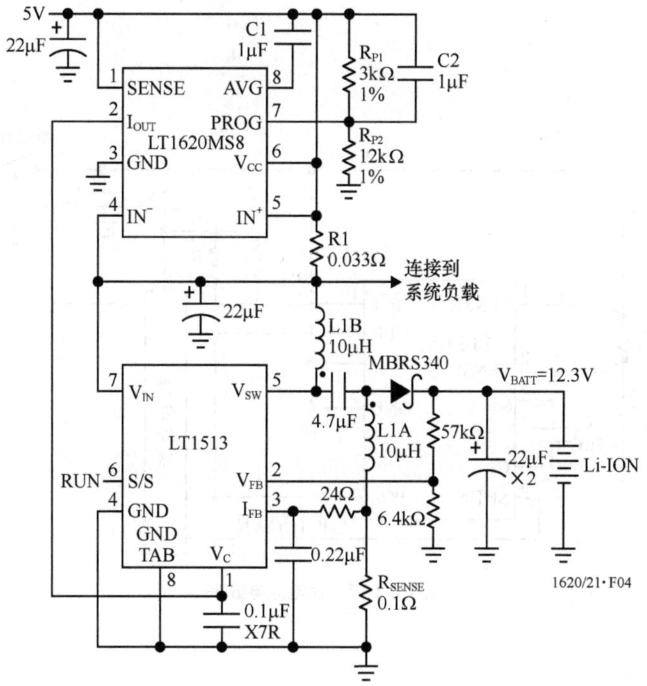

图40.135 输入电流检测的应用

在该电路结构中，如果电池充电器拉取的输入电流以及系统的负载需求超过3A的阈值限值，LT1620将抑制电池充电器的电流，使总的电源输入电流限制在3A以内。

库仑计量器（见图40.136）

LTC4150是一个有V/F功能的微小功率高边检测电路。检测电阻上的电压被周期性地积分和重置，对应表示了充电电流流出和流入的数字状态。极性位表示电流的方向。LTC4150的供电电压为2.7～8.5V。在自由运行模式中（如图，CLR和INT连接在一起），脉冲的宽度约为1ps，频率约为1Hz满量程。

锂电池电量表（见图40.137）

该电路与库仑计数器基本相同，区别在于该电路使用微处理器通过软件清除积分周期完成状态。所以，该电路可以使用相对慢速的查询程序。

NiMH电池充电器（见图40.138）

LTC4008是一个完整的NiMH电池组控制器。当外部直流电源断开后，将自动切换到电池电源。当外部电源接通时，电池组总是保持已充电和待命状态。

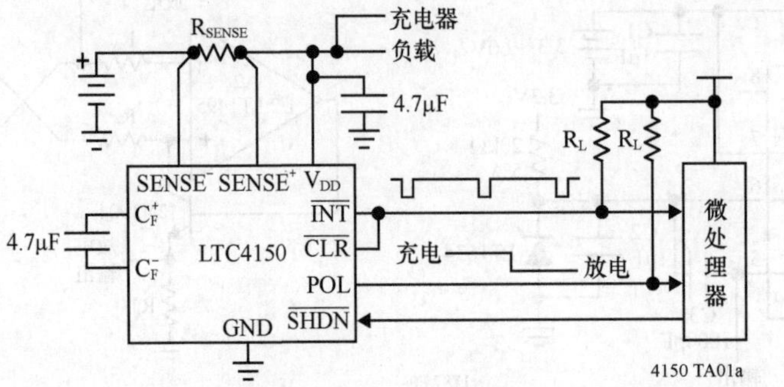

图40.136 库仑计量器

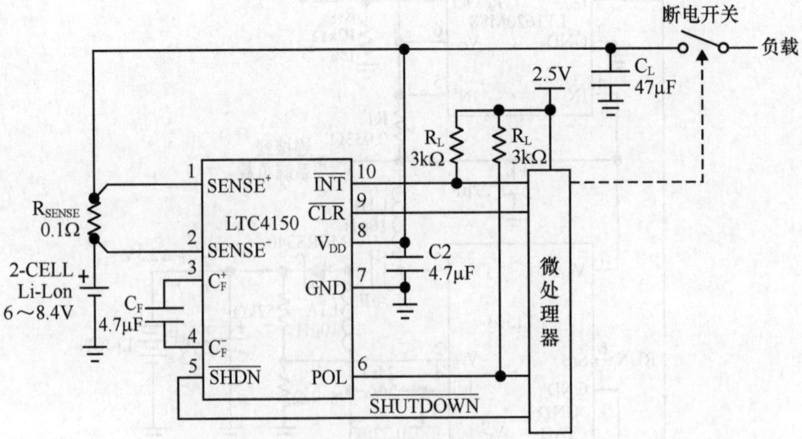

图40.137 锂电池电量表

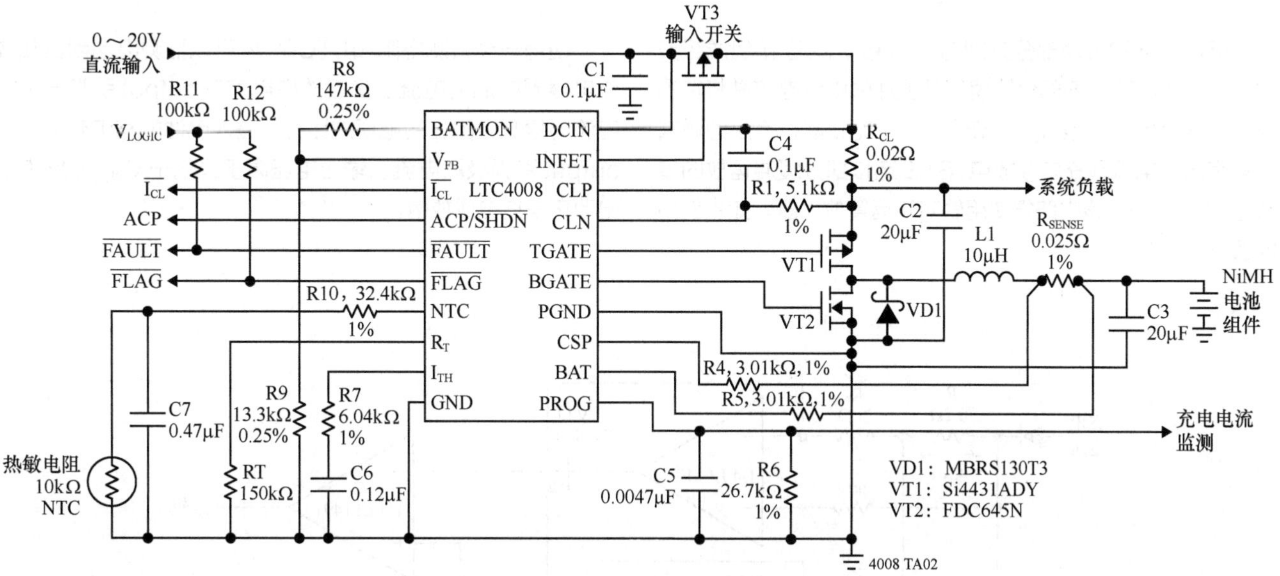

图40.138　NiMH电池充电器

单芯锂离子电池充电池（见图40.139）

控制流入锂离子电池充电器的电流对安全性和延长电池的寿命是很重要的。使用智能充电IC，很容易构建电路来监测和控制快速安全充电的电流、电压，甚至电池组温度。

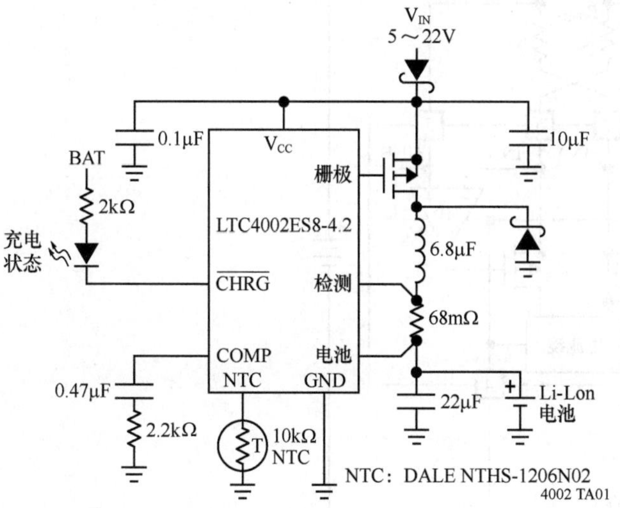

图40.139　单芯锂离子电池充电池

锂离子电池充电器（见图40.140）

单芯锂离子充电器仅需要很少的外部元件。充电器的电源可以来自交流适配器或计算机的USB接口。

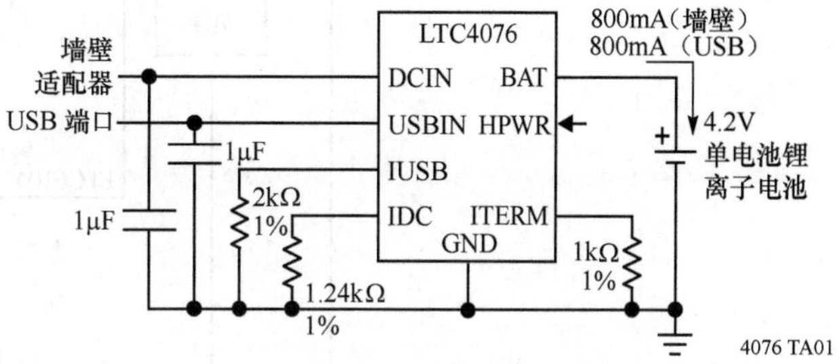

图40.140　锂离子电池充电器

电池监测（见图40.141）

运放的A和B两部分分别与VT1和VT2连接组成经典的高边检测电路。各部分处理不同极性的电池电流并将待测电流传送至负载电阻R_G。C部分是一个比较器，产生的逻辑信号表示了电流是充电或放电。S1设定D部分缓冲运放的增益为+1或+10。该电路需使用轨对轨运算放大器，如本例中四通道LT1491。

通过一个输出监测充放电电流（见图40.142）

使用一个检测电阻和LTC6104可以监测电池到负载或充电器到电池的电流。负载放电电流在output引脚产生的电流与检测电阻上的电压成比例。进入电池的充电电流会使output引脚吸取电流。输出电压高于或低于V_{REF}分别表示电池正在充电或放电。

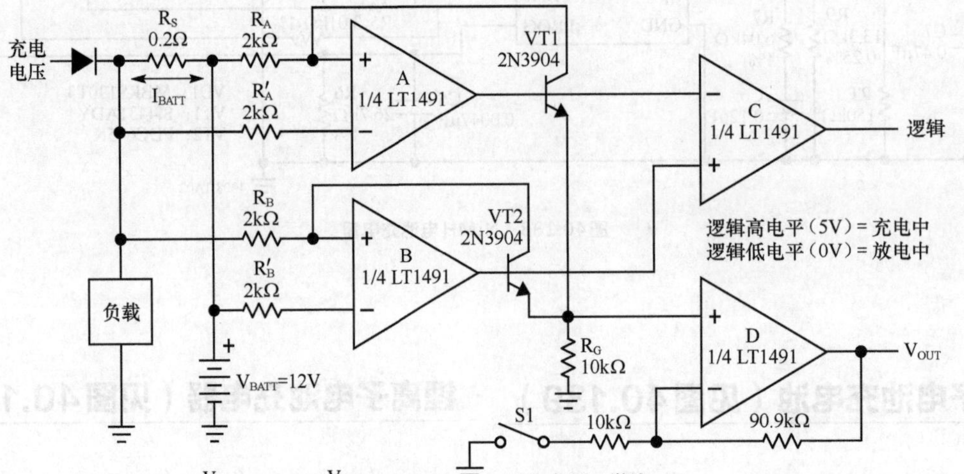

$$|I_{BATT}| = \frac{V_{OUT}}{(R_S)(R_G/R_A)(GAIN)} = \frac{V_{OUT}}{GAIN}\text{AMPS}$$

S1= 打开，增益 =1
S1= 合并，增益 =10

$R_A=R_B$
V_S=5V, 0V 1490/91 TA01

图40.141 电池监测

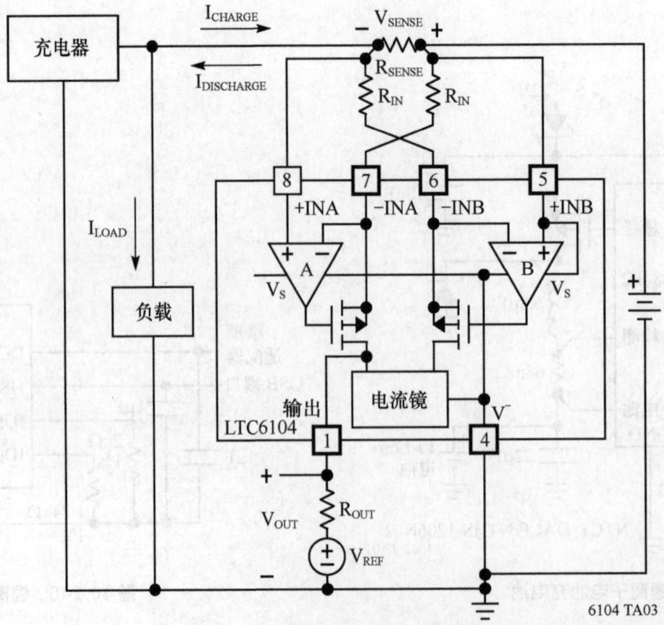

图40.142 通过一个输出监测充放电电流

电池组监测（见图40.143）

LT6109中的比较器可以单独使用。在这个电池组监测电路中，任意比较器输出引脚为低电平时，负载和电池的连接都将断开。一个比较器可以用来监测过流（800mA），另一个则可用来监测低压情况（30V）。这些阈值可以通过电阻分压器网络完全编程。

库仑计量型电池电量表（见图40.144）

LTC4150将检测电阻上的电压转换成微处理器中断脉冲序列。中断脉冲之间的时间间隔与流经检测电阻的电流成正比，亦即与流入或流出电池电源的电荷量成正比。极性输出指示着电流的方向。通过中断脉冲计数，并根据脉冲极性在总计数中增加或从总计数中减去，可以计算出电池充电总变化量。这就是电池电量表的工作原理，它表示了电池充电电量在空与满之间的变化。

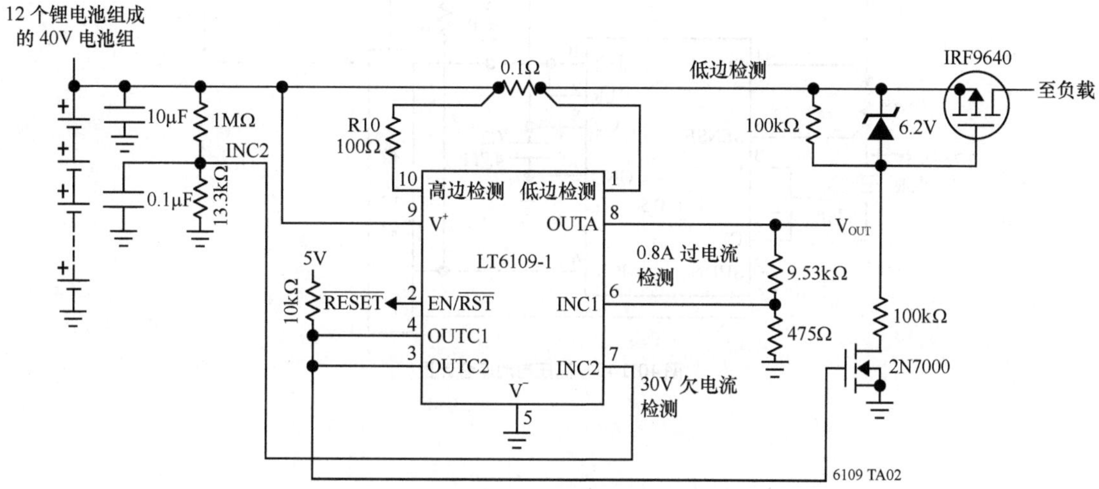

图40.143　电池组监测

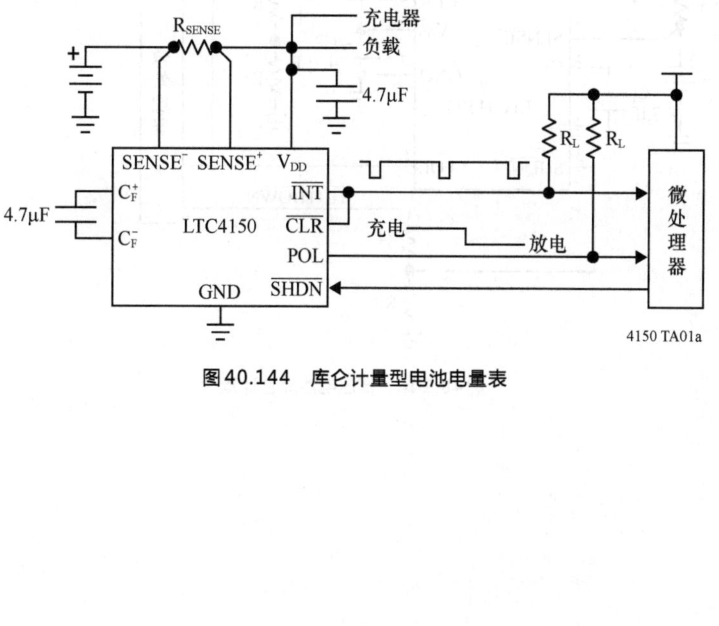

图40.144　库仑计量型电池电量表

高压电池库仑计量（见图40.145）

库仑计量时，在每个中断间隔之后，内部计数器需要清零以为下一个时间间隔做准备。这个工作可以使用微处理器（μP）来实现，或者使用LTC4150自带的清零功能。本电路中的IC是由电池供电的，其电压比中断计量微处理器（μP）的电源电压要高。

低压电池库仑计量（见图40.146）

库仑计量时，在每个中断间隔之后，内部计数器需要清零以为下一个时间间隔做准备。这个工作可以使用微处理器（μP）来实现，或者使用LTC4150自带的清零功能。本电路中的IC是由电池供电的，其电压比中断计量微处理器（μP）的电源电压要低。因为INT脚被拉高，CLR信号必须为低。

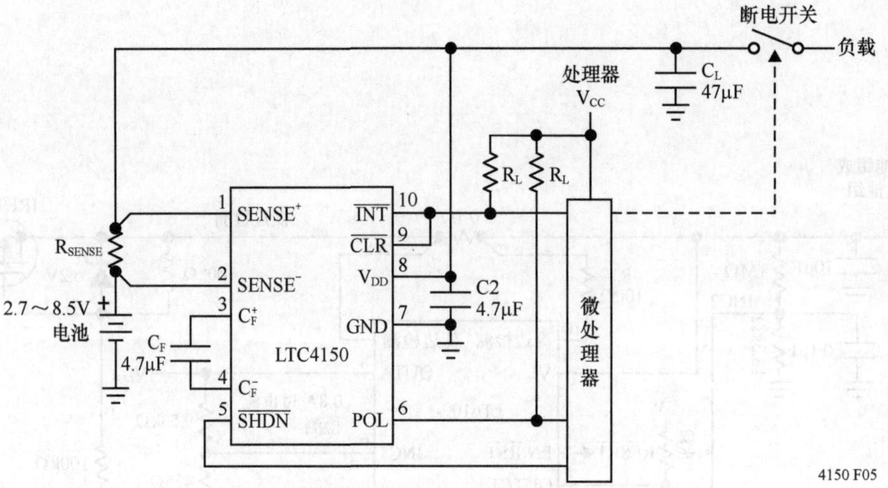

图40.145 高压电池库仑计量

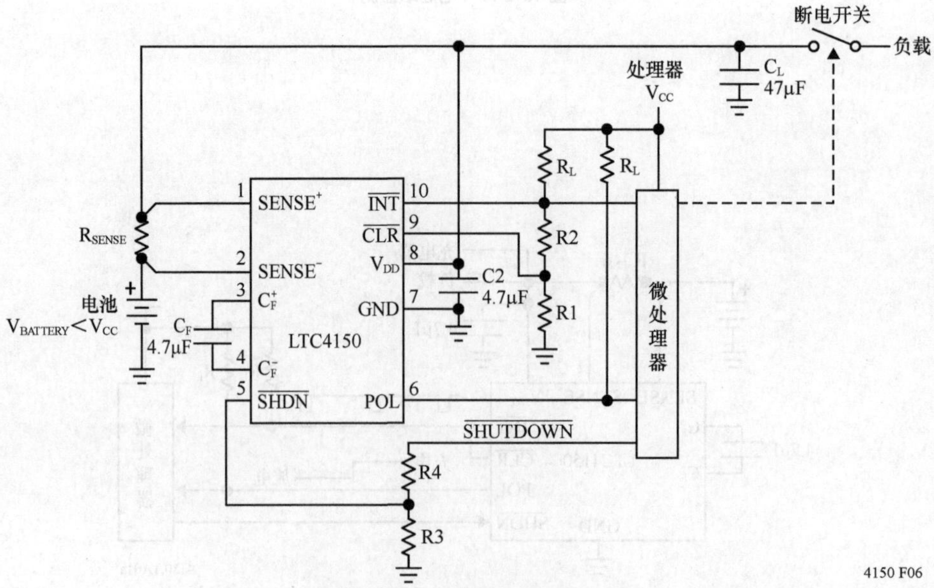

图40.146 低压电池库仑计量

单芯锂离子电池库仑计量（见图40.147）

该电路会记录单芯锂离子电池电源充电的总变化过程。由于LTC4150的满量程检测电压需求为50mV，可以假设最大的电池电流是500mA。微处理器（μP）的电源电压高于电池电压。

完整的单芯电池保护（见图40.148）

电压、电流以及电池温度都可通过一片14位分辨率的LTC2990 ADC监测。每个参数都可检查出过载并通知终端或是开始充电。ADC可以反复重构，为单端或差分测量提供必要的信息。

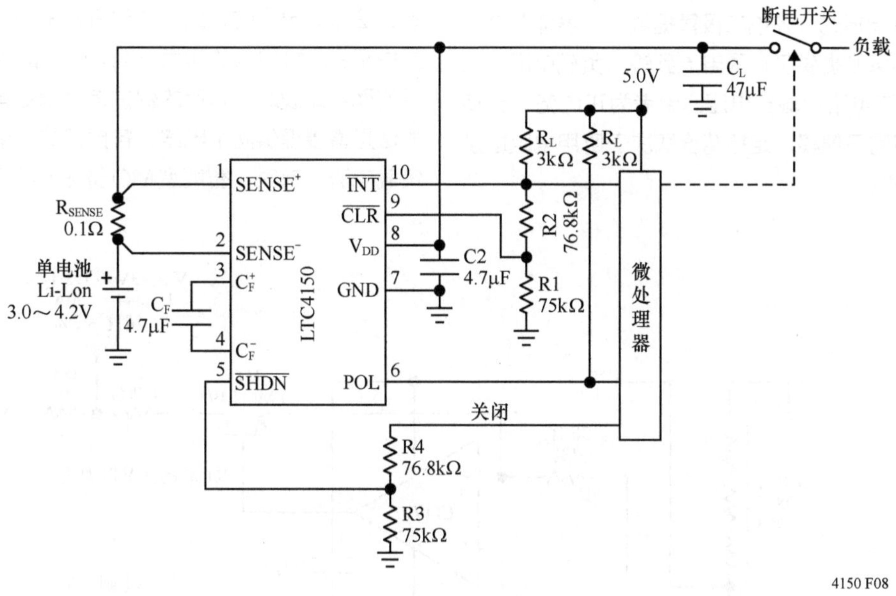

图40.147 单芯锂离子电池库仑计量

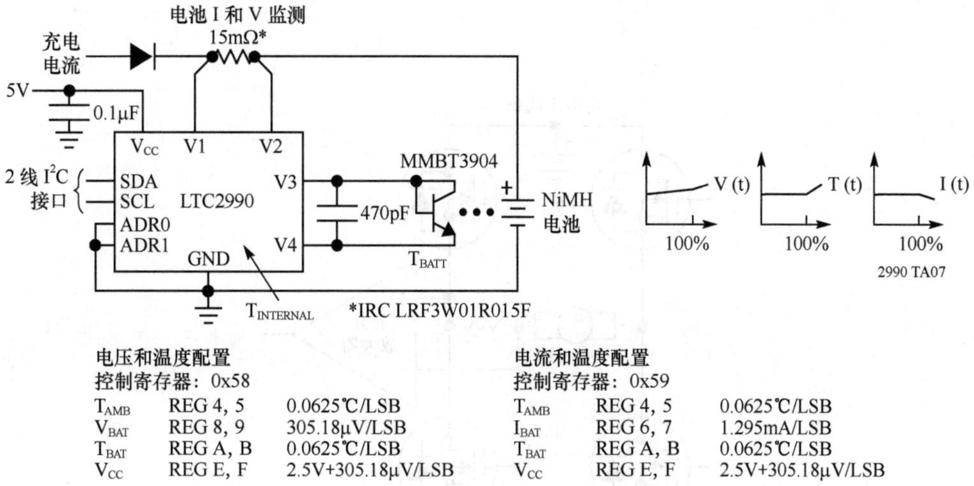

图40.148 完整的单芯电池保护

高速

电流检测通常不需要非常高的速度，除非由于某种错误导致过流。传统电流检测电路中使用的快速放大器通常足够获得期望的响应时间。

快速、紧凑的−48V电流检测（见图40.149）

这种放大器是经典高边检测电路的补足形式。所用运放必须支持低轨共模模式。齐纳二极管提供了“悬浮”并联稳压电源，而晶体管则提供了计量电流到输出负载电阻（该电路中为1kΩ）。该电路的输出电压的参考为正电势，当负载为−48V时它将向下偏移。定标精度取决于所用电阻以及NPN晶体管的性能。

传统H电桥电流监测（见图40.150）

许多新的电子驱动功能本来是双向的，如转向辅助。这些功能一般是通过H桥MOSFET阵列，使用脉冲宽度调制（PWM）技术改变指令转矩来实现的。在这些系统中进行电流检测有两个主要目的：一个是监测电流的负载，跟踪监测其性能是否与所给指令相符（即，闭环伺服原则）；另一个是用于故障检测和保护功能。

在这些系统中，一种常见的检测方法是放大“飞跨”检测电阻上的电压，如图40.150所示。然而，有些危险故障是无法检测出来的，比如电动机端子到地短路。另一个问题是由于PWM引入的噪声。当PWM的噪声由于伺服原则的目的而被滤波时，有用的保护信息就变得模糊。最好的解决办法是直接提供两个电路，各自保护一个半桥，并检测双向负载电流。有时，智能型MOSFET桥驱动可能已经包含了

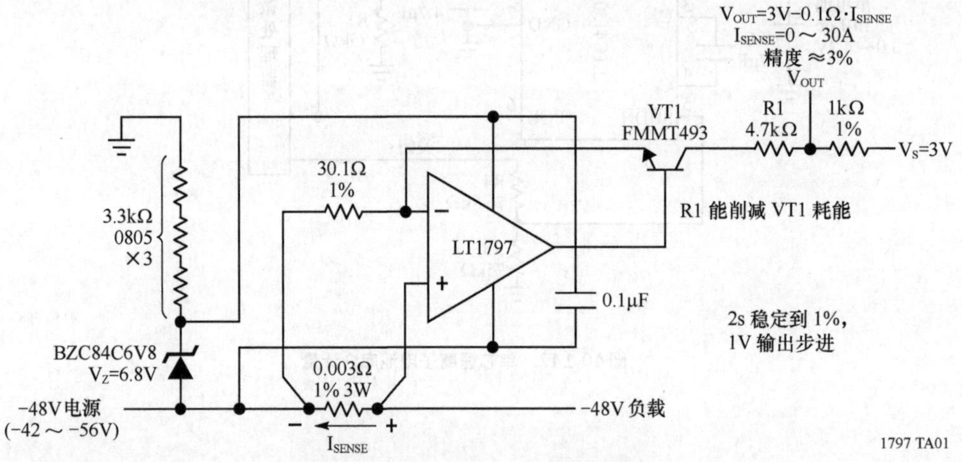

图40.149 快速、紧凑的−48V电流检测

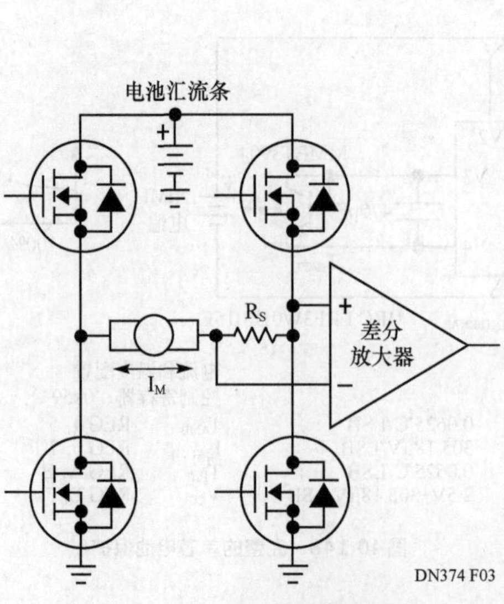

图40.150 传统H电桥电流监测

检测电阻，并提供了必要的保护功能。此时，最好的方法是使用最少的电路就能得到所需负载信息。

带有外部参考电压和I/V转换器的2.5V单电源双向运行（见图40.151）

LT1787的输出由LT1495轨到轨运放组成的I/V转换器进行缓冲。这种电路结构可以检测极低的理想电压源。LT1787的V_{OUT}引脚与参考电压在运算放大器的同相输入端保持相等。从而检测电源电压可低至2.5V。运算放大器的输出可以在地与它的正电源电压之间摆动。相比LT1787的高输出阻抗，运算放大器的低阻抗输出可以更加有效地驱动后续电路。I/V转换器电路在分体式电源电压情况下也能正常工作。

电池电压监测（见图40.152）

LT1495的双运算放大器封装可用于建立单独的充电和放电的电流输出检测。该LT1495具有Over-the-Top运行能力，支持最高电池电压高达36V，且只有一个5V放大器的电源电压。

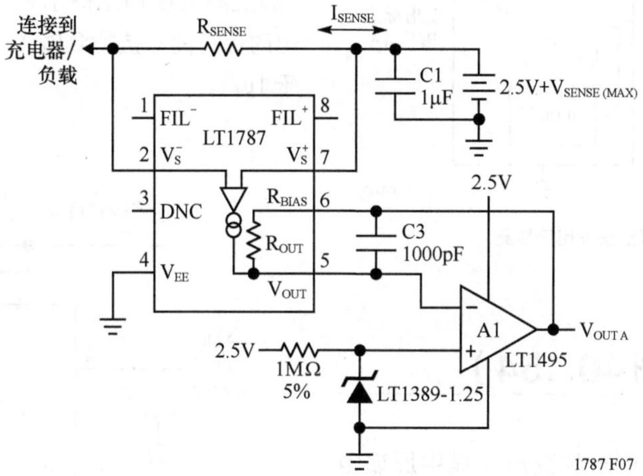

图40.151 带有外部参考电压和I/V转换器的2.5V单电源双向运行

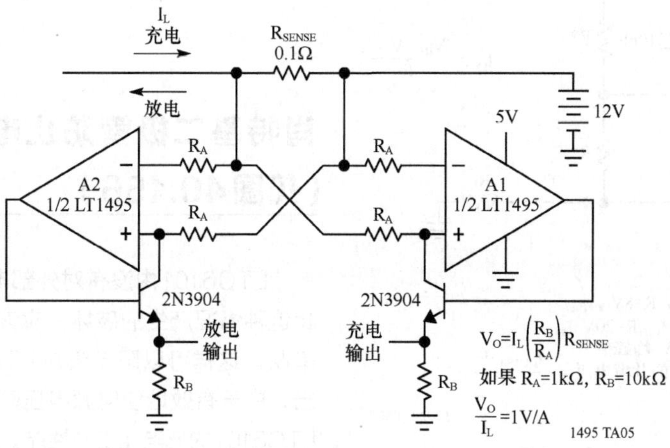

图40.152 电池电压监测

带有报警的快速电流检测（见图40.153）

如图40.153所示，LT1995为单位增益差分放大器。分体式电源提供偏置时，输入电流可在任一方向流动，可为100mΩ的检测电阻提供每安培为100mV的输出电压。带宽为32MHz，摆率为1000V/μs时，放大器的响应速度很快。增加一个具有内置参考电压电路的比较器，比如LT6700-3，可以产生过流标志。如果参考电压为400mV，则在4A时将产生过流标志。

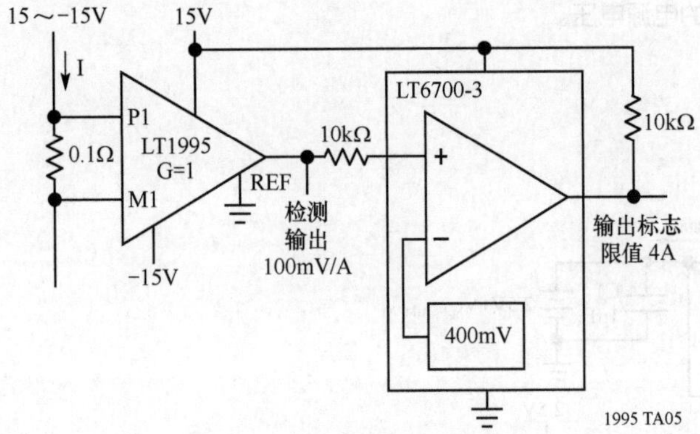

图40.153 带有报警的快速电流检测

快速差分电流源（见图40.154）

该电路是Howland结构的一种变形，其中反馈电阻上通过负载电流而成为隐藏的检测电阻。由于有效检测电阻相对较大，这种拓扑结构适用于产生较小的控制电流。

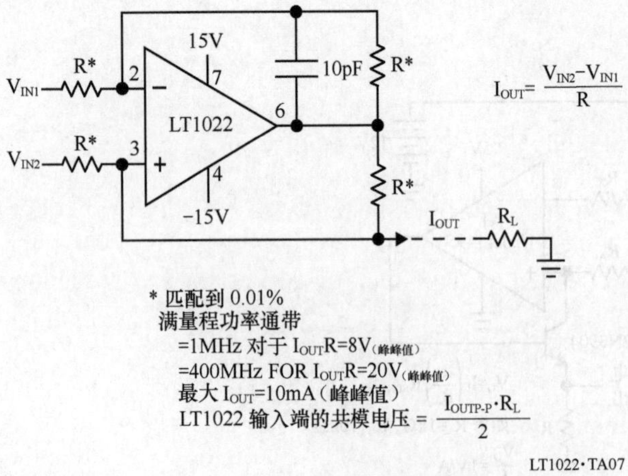

图40.154 快速差分电流源

故障检测

欠流或较大的电流增幅通常标志着系统故障。本电路中，状态的检测和保证检测电路的安全运行都很重要。系统故障会带来诸多不可预知的破坏性。

高边电流检测和熔丝监测（见图40.155）

LT6100可以用作组合电流检测和熔断监视。该部分包括片上输出缓存，它被设计为可以运行在低供电电压（≥2.7V），比如典型的车载数据采集系统；而检测输入监视信号处在电池汇流条高电势点。LT6100能承受较大的输入分差，所以，在保险丝熔断条件下仍可进行检测（通过满刻度输出指示来检测）。该LT6100还可以在断电时保持高阻抗检测输入，在电池汇流条上产生的电流小于1μA。

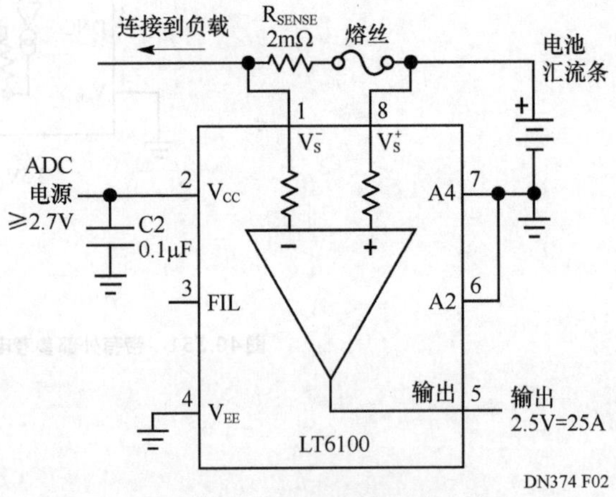

图40.155 高边电流检测和熔丝监测

肖特基二极管防止电源反转时产生破坏（见图40.156）

LTC6101内没有对外部电源极性反转的保护。为了防止这种情况产生的破坏，应该加入一个肖特基二极管与V^-串联。这样可以限制通过LTC6101的反转电流。可以看出，由于有效地使电源电压降低了V_D，这个二极管会限制LTC6101的低电压工作性能。

电源反转时附加电阻R3保护输出（见图40.157）

在电源反转情况下，如果LTC6101的输出连接到一个独立供电的器件上，实际上是将输出短接到其他轨或地（比如通过ESD保护钳位）。LTC6101的输出应该连接一个电阻或者肖特基二极管，以防止过流故障。

电子断路器（见图40.158）

LT16201电流检测放大器用于探测过流情况，并关断P-MOSFET负载开关。过流时将产生一个故障信号，并启动自动复位时序。

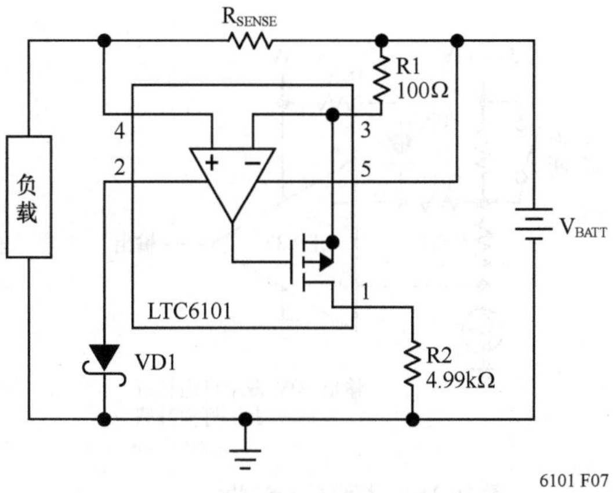

图40.156　肖特基二极管防止电源反转时产生破坏

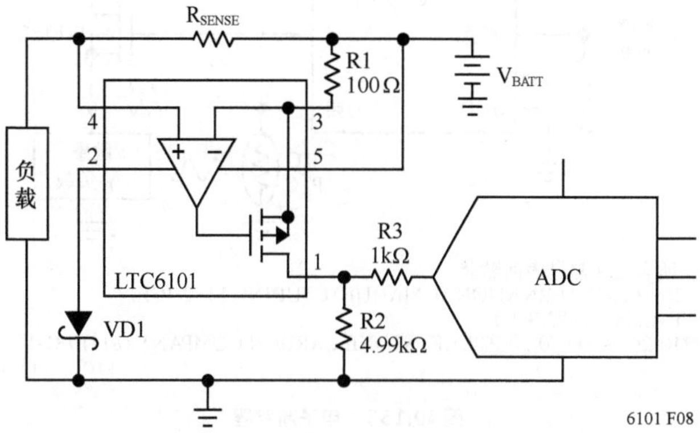

图40.157　电源反转时附加电阻R3保护输出

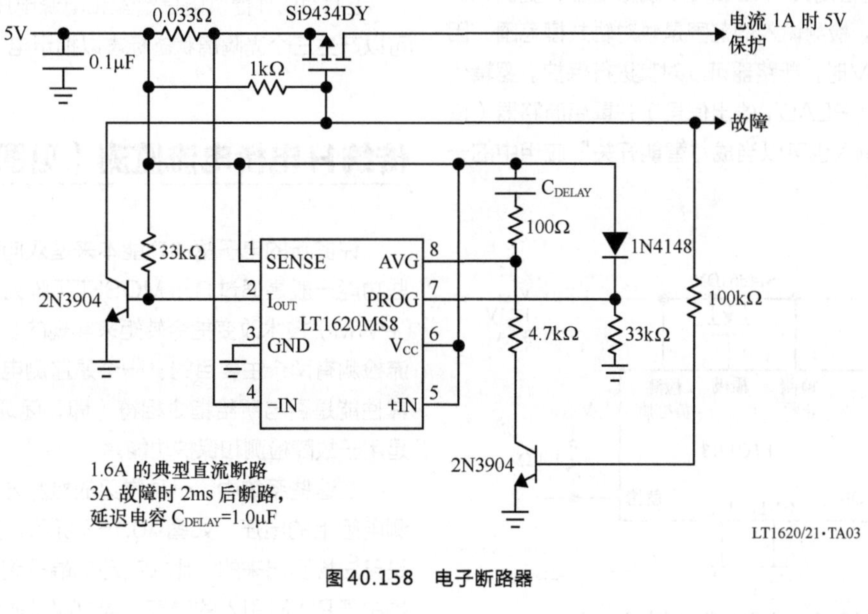

图40.158　电子断路器

电子断路器（见图40.159）

LTC1153是一个电子断路器。当电源输入引脚VS与漏极测量脚DS之间形成100mV电压时，所检测的负载电流将开通断路器。为了避免瞬时和无用的断路，R_D及C_D可以使该行为延迟1ms。同样可以使用热敏电阻为SHUNTDOWN输入提供偏置，以监测负载的发热并断开电源。本例中温度需超过70℃。LTC1153的特点是定时自动复位，它使用如图所示的0.22μF定时电容，200ms后重新连接负载。

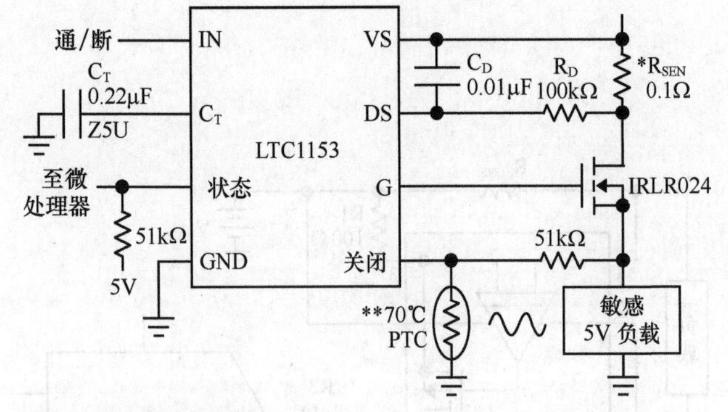

图40.159　电子断路器

1.25V电子断路器（见图40.160）

LTC4213通过检测N-MOSFET漏源电压，提供保护和自动断路器动作。检测输入的范围是轨对轨共模范围，因此总线电压在0~6V时，断路器可以对其进行保护。逻辑信号标志着跳闸状态（READY输出信号）并重启断路器（使用ON输入）。ON输入也可以当成“智能开关”应用中的一个指令。

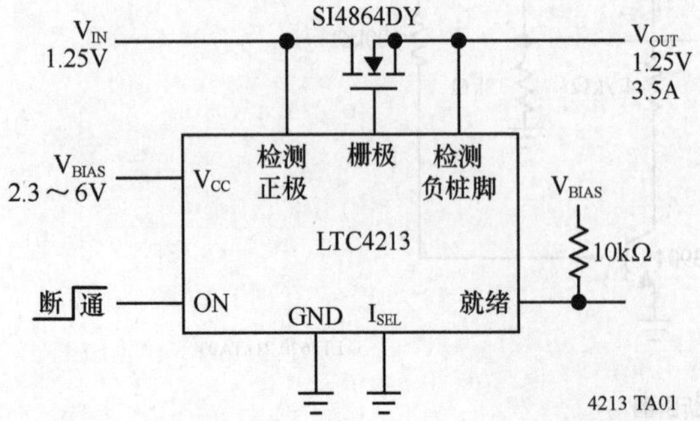

图40.160　1.25V电子断路器

灯泡断电检测器（见图40.161）

该电路将连续监测灯泡在打开和关断状态的运行情况。在关断状态下，灯丝下拉，在5kΩ电阻上产生一个较小的测试电流，这表示检查的是一个良好的灯泡。如果灯泡通电时，100kΩ电阻上拉，或者继电器触点通过5kΩ电阻为运算放大器提供极性相反的偏置电流。当电灯通电并且灯丝有电流通过时，0.05Ω检测电阻上的压降会超过5kΩ电阻，仍能检测一个良好灯泡。该电路的运算放大器特别需要Over-The-Top输入特性，所以不能替换其中的元件（不过，该电路使用LT1716比较器时，也可以正常工作，它也是Over-The-Top元件）。

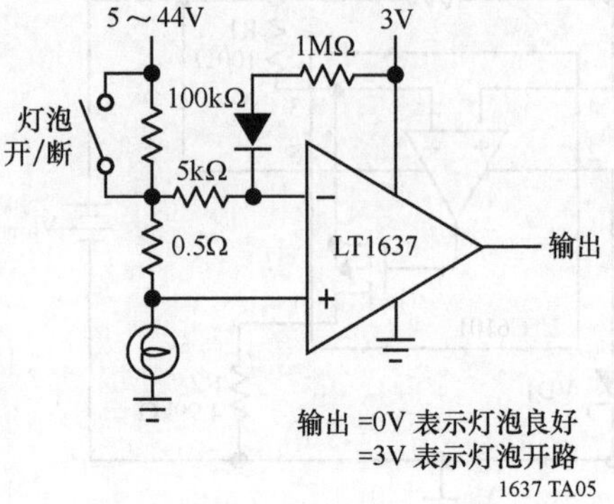

图40.161　灯泡断电检测器

简易电信电源熔丝监测（见图40.162）

LTC1921提供电信熔丝和电源电压的一体化监测功能。可以产生三个光隔离状态标志以指示电源和保险丝的情况。

传统H电桥电流监测（见图40.163）

许多新的电子驱动功能本来是双向的，如转向辅助。这些功能一般是通过H桥MOSFET阵列，使用脉冲宽度调制（PWM）技术改变指令转矩来实现的。在这些系统中进行电流检测有两个主要目的：一个是监测电流的负载，跟踪监测其性能是否与所给指令相符（即，闭环伺服原则）；另一个是用于故障检测和保护功能。

在这些系统中，一种常见的检测方法是放大“飞跨”检测电阻上的电压，如图40.163所示。然而，有些危险故障是无法检测出来的，比如电动机端子到地短路。另一个问题是由于PWM引入的噪声。当PWM的噪声由于伺服原则的目的而被滤波时，有用的保护信息就变得模糊。最好的解决办法是直接提供两个电路，各自保护一个半桥，并检测双向负载电流。有时，智能型MOSFET桥驱动可能已经包含了检测电阻，并提供了必要的保护功能。此时，最好的方法是使用最少的电路就能得到所需负载信息。

带有外部参考电压和I/V转换器的2.5V单电源双向运行（见图40.164）

LT1787的输出由LT1495轨到轨运放组成的I/V转换器进行缓冲。这种电路结构可以检测极低的理想电压源。LT1787的V_{OUT}引脚与参考电压在运算放大器的同相输入端保持相等。从而检测电源电压可低至2.5V。运算放大器的输出可以在地与它的正电源电压之间摆动。相比LT1787的高输出阻抗，运算放大器的低阻抗输出可以更加有效地驱动后续电路。I/V转换器电路在分体式电源电压情况下也能正常工作。

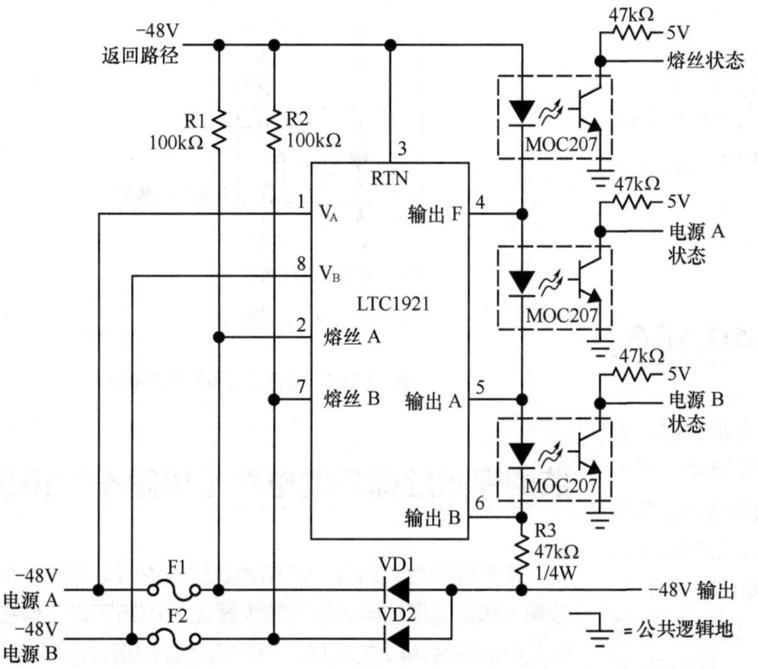

V_A	V_B	电源 A 状态	电源 B 状态
OK	OK	0	0
OK	UV 或 OV	0	1
UV 或 OV	OK	1	0
UV 或 OV	UV 或 OV	1	1

OK：在有效范围内
0V：过电压
UV：欠电压

$V_{FUSE\,A}$	$V_{FUSE\,B}$	熔丝状态
$=V_A$	$=V_B$	0
$=V_A$	$\neq V_B$	1
$\neq V_A$	$=V_B$	1
$\neq V_A$	$\neq V_B$	1*

0：LED/ 光电二极管开启
1：LED/ 光电二极管关闭
* 如果两个熔丝（F1 和 F2）都打开，所有状态输出都为高，因为 R3 没有电源供电

图40.162　简易电信电源熔丝监测

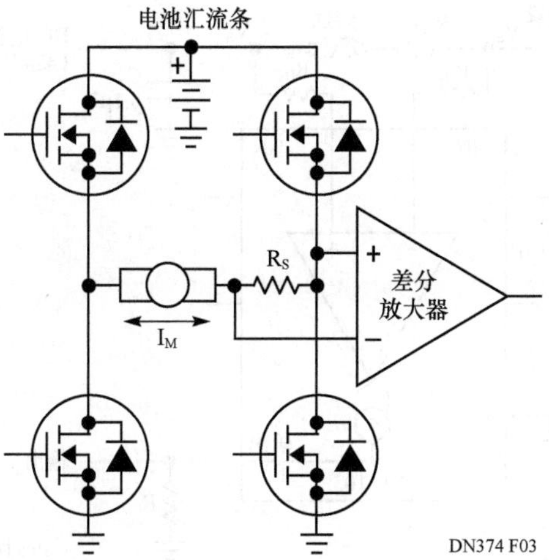

图40.163　传统H电桥电流监测

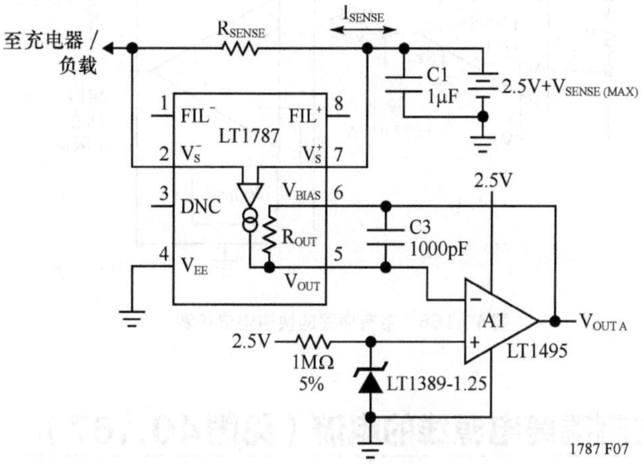

图40.164　带有外部参考电压和I/V转换器的2.5V单电源双向运行

电池电流监测（见图40.165）

LT1495的双运算放大器封装可用于建立单独的充电和放电的电流输出检测。该LT1495具有Over-the-Top运行能力，支持最高电池电压高达36V，且只有一个5V放大器的电源电压。

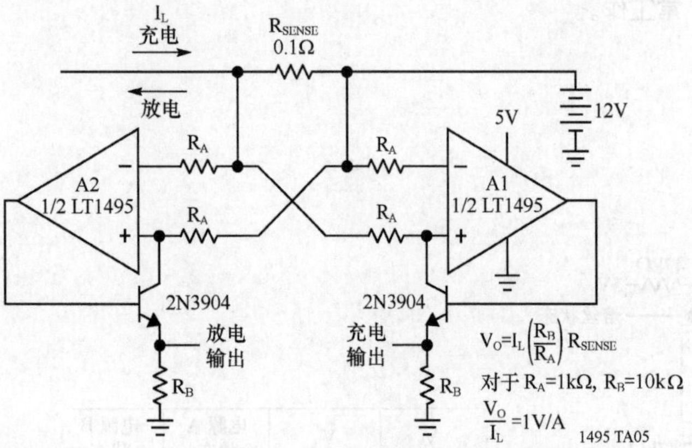

图40.165 电池电流监测

带有报警的快速电流检测（见图40.166）

如图40.166所示，LT1995为单位增益差分放大器。分体式电源提供偏置时，输入电流可在任一方向流动，可为100mΩ的检测电阻提供每安培为100mV的输出电压。带宽为32MHz，摆率为1000V/μs时，放大器的响应速度很快。增加一个具有内置参考电压电路的比较器，比如LT6700-3，可以产生过流标志。如果参考电压为400mV，则在4A时将产生过流标志。

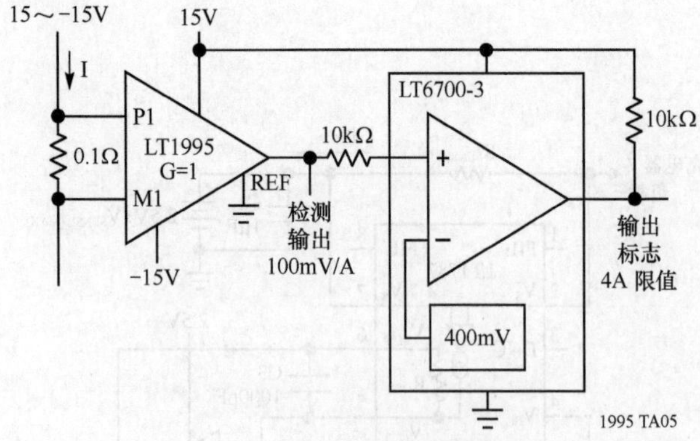

图40.166 带有报警的快速电流检测

监测隔离电源线的电流（见图40.167）

一个简单的监测48V工业/电信隔离电源的方法是利用电流检测放大器输出电流直接调节光电二极管中的电流。电流发生故障时能产生信号并传送到非隔离的监测电路。

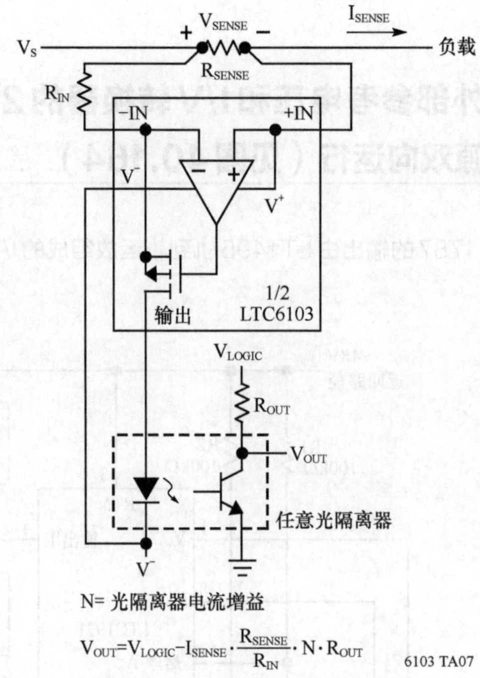

图40.167 监测隔离电源线的电流

监测保险丝保护的电路（见图40.168）

带有保险丝过流保护的电源线路电流检测需要一个宽差分输入额定电压的电流检测放大器。LT6105可以工作在差分输入电压高达44V的情形。LT6105的输出摆率为2V/μs，因此可以及时响应电流的快速变化。当保险丝断开，LT6105的输出变高并保持。

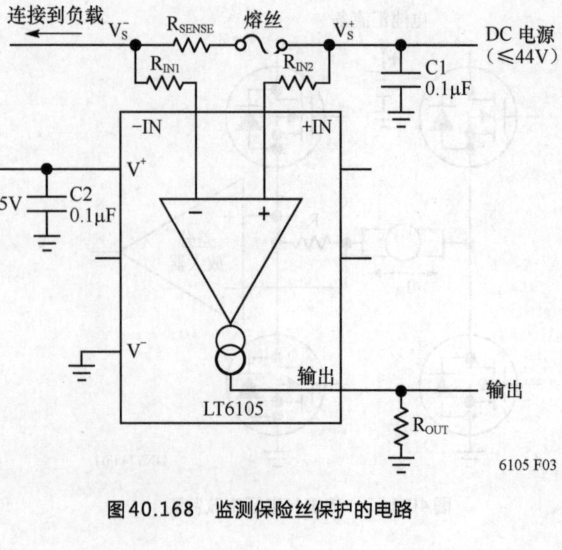

图40.168 监测保险丝保护的电路

带有预警和负载锁存断开的电路故障保护（见图40.169）

用一个精密电流检测放大器驱动两个内置比较器，LT6109-2可以给负载电路提供电流过载保护。内部比较器有一个固定的400mV参考电压。电流检测的输出通过电阻分压降低，因此一个比较器在预警电平下切断，第二个在负载电流的危险电平下（本例中为100mA和250mA）切断。切断后比较器的输出锁存，所以它们可以用作断路器来切断和保护负载直至施加一个复位脉冲。

使用比较器输出初始化中断程序（见图40.170）

比较器的输出可以直接连接到所有微控制器的I/O和中断输入。OUTC2上的低电平可以表示欠流情况，而OUTC1上的低电平表示过流情况。这些中断强制执行微控制器的服务程序。

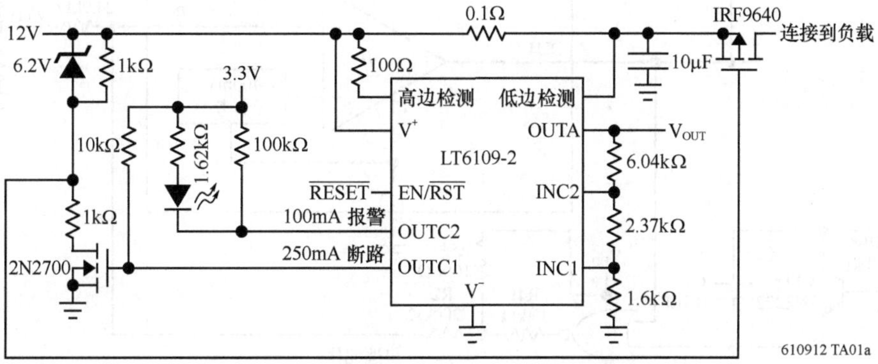

图40.169　带有预警和负载锁存断开的电路故障保护

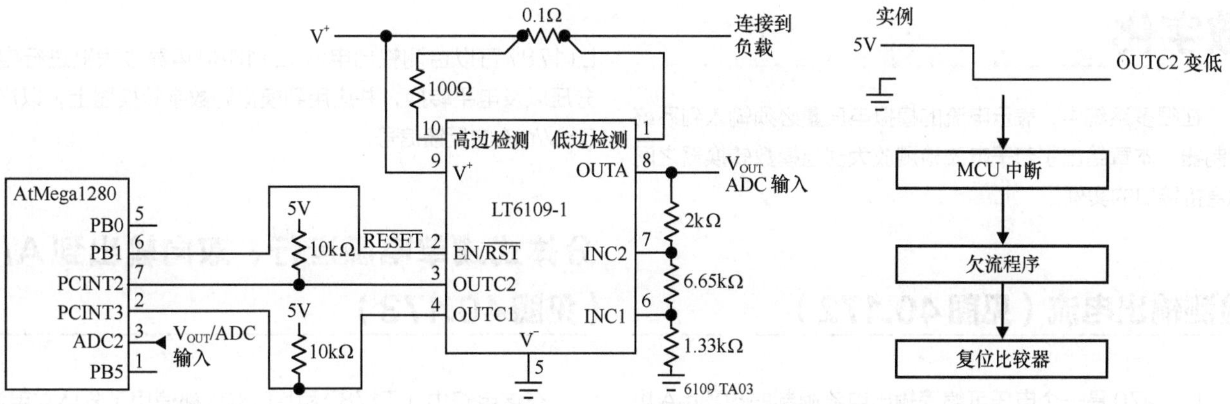

图40.170　使用比较器输出初始化中断程序

带有过流锁存的电流检测和掉电后的上电复位（见图40.171）

LT6801-2内置了一个常规的非锁存比较器。检测到过流情况时，一个外部逻辑门构成正反馈，将产生一个锁存输出。同样的逻辑门也可产生低电平有效的上电复位信号。

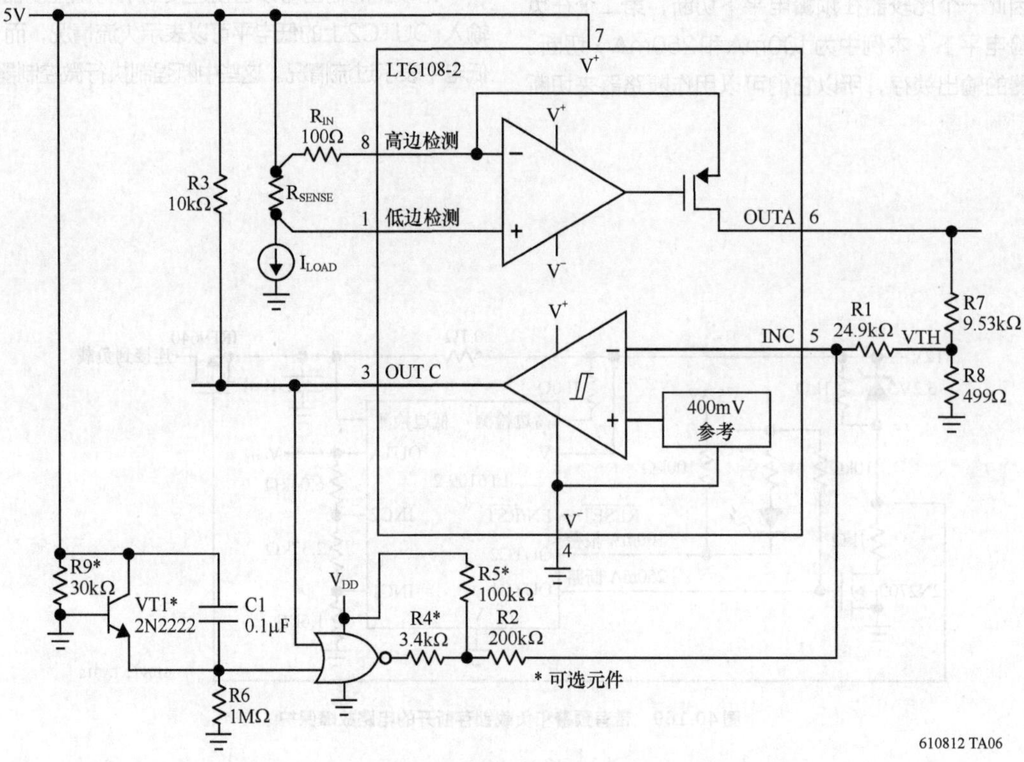

图40.171 带有过流锁存的电流检测和掉电后的上电复位

数字化

在很多系统中，表示电流的模拟电压量必须输入到系统控制器。本章给出了若干电流检测放大器与模数转换器之间的直接接口的实例。

检测输出电流（见图40.172）

LT1970是一个电压可编程输出电流限制的500mA功率放大器。独立的直流电压输入以及一个输出电流检测电阻控制最大的拉电流和灌电流。这些控制电压可由微处理器控制系统中的数模转换器提供。对于负载电流的闭环控制，LT1787可以监测输出电流。LT1880运算放大器进行电压分压以及电平转换，并应用到模拟到数字转换器上，以产生5mV/mA的反馈信号。

分体式或单电源运行、双向输出到A/D（见图40.173）

在该电路中，LT1787和LT1404都使用了分体式电源，这样产生了对称的双向测量。单电源供电时，LT1787的6脚由V_{REF}驱动，因为V_{REF}由于某些原因大于ADC输入范围的中点，双向测量范围有轻微的不对称。

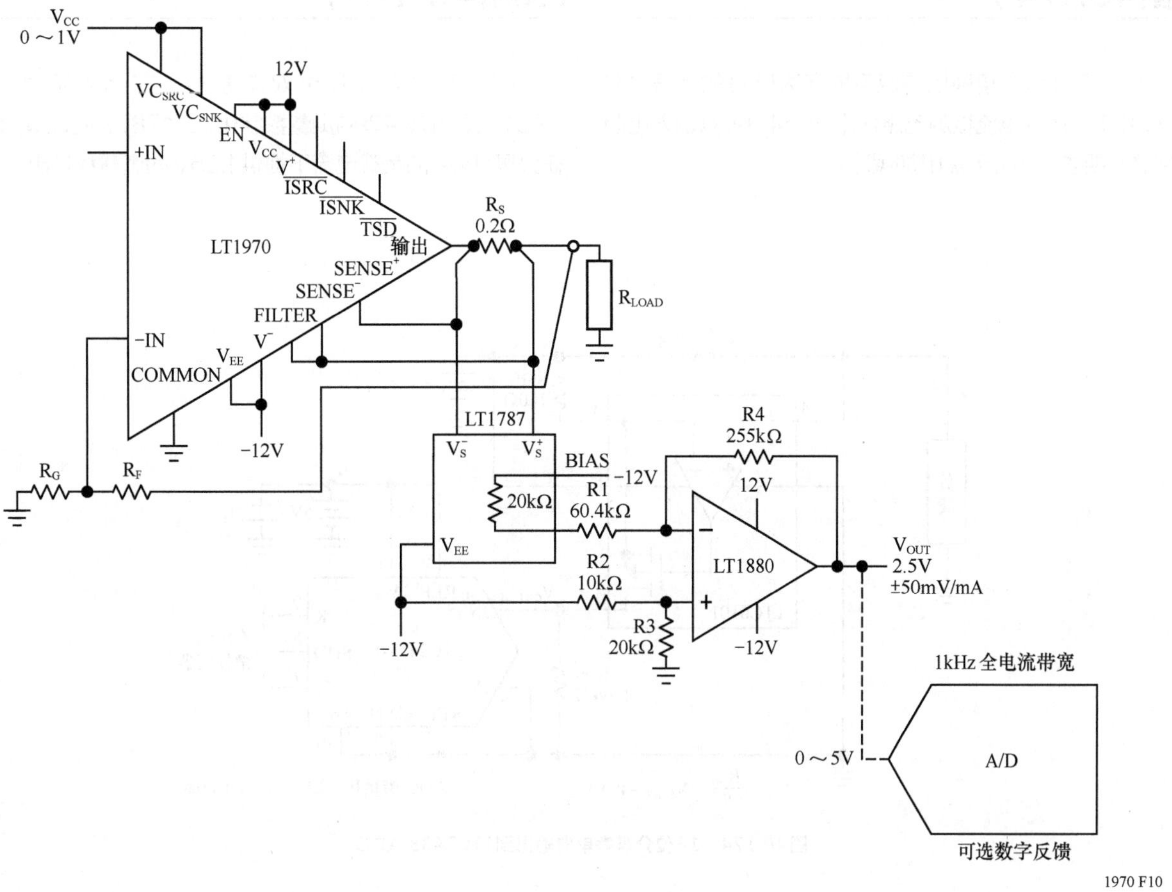

图40.172　检测输出电流

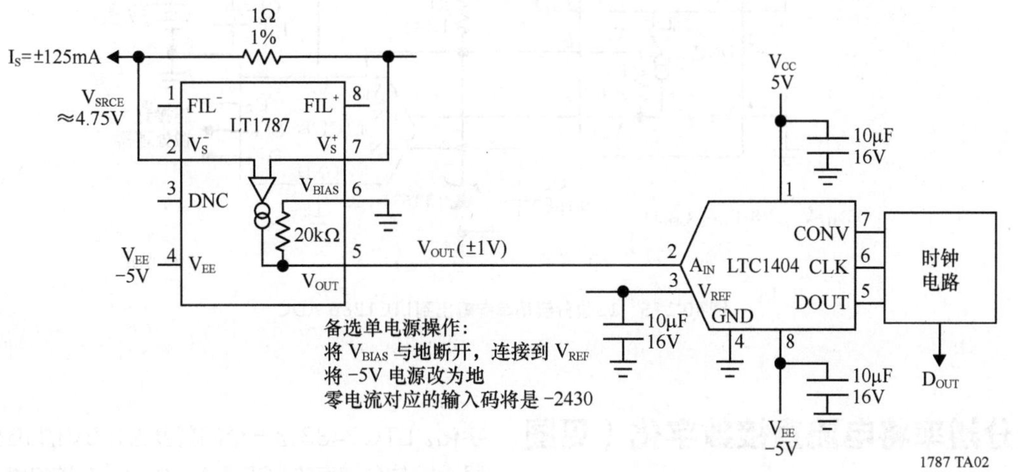

图40.173　分体式或单电源运行、双向输出到A/D

16位分辨率单向输出到LTC2433 ADC（见图40.174）

LTC433-1可以精确地将源阻抗高达5kΩ的信号数字化。这种LTC6101电流检测电路使用一个4.99kΩ输入电阻来达到这一要求，因此无需附加缓冲。

12位分辨率单向输出到LTC1286 ADC（见图40.175）

LT1787可以提供双向输出，在此应用中商用的LTC1286用来将单向测量数字化。LT1787的标称增益为8，在大概100A的负载电流下提供1.25V的满量程输出。

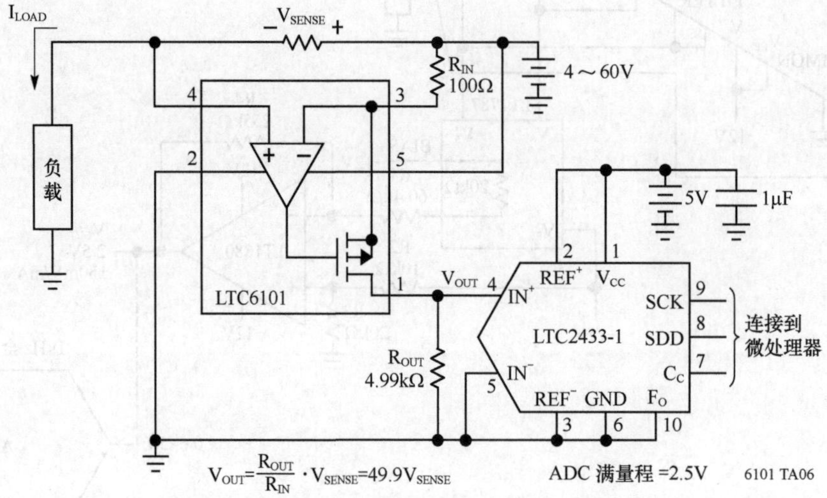

图40.174　16位分辨率单向输出到LTC2433 ADC

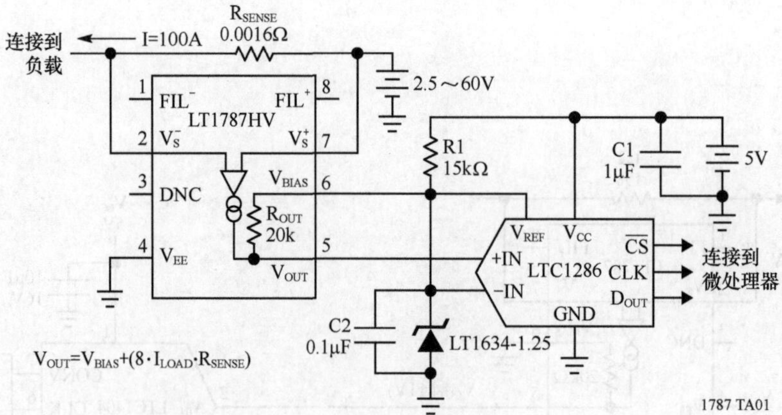

图40.175　12位分辨率单向输出到LTC1286 ADC

按16位分辨率将电流直接数字化（见图40.176）

LTC6102的低失调高精度允许将高边检测电流直接数字化。LTC2433是一个满刻度为2.5V的16位Δ-Σ转换器。16位分辨率的LSB仅为40μV。在该电路中，检测电压被放大了50倍。电压放大之后，测量电压分辨率的LSB仅为0.8μV。典型情况下，LTC6102的直流失调仅影响4位LSB，使其具有不确定性。

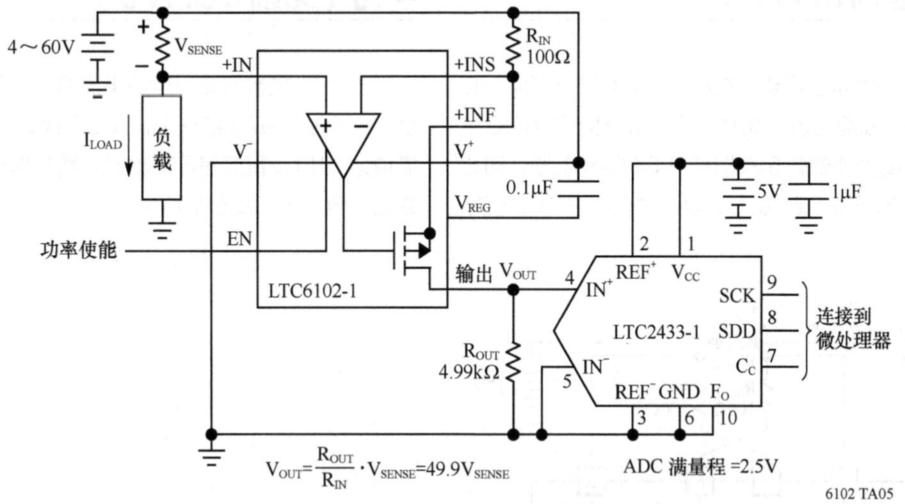

图40.176　按16位分辨率将电流直接数字化

直接将两个独立的电流数字化（见图40.177）

LTC6103中有两个独立的电流检测放大器，来自不同源的两个电流可以同时被双通道的16位ADC数字化，如LTC2436-1。图中所示每个通道有相同的增益，但增益其实不必相同。来自两个通道的两个不同的电流范围可以通过增益按比例缩放，以匹配到同一个满量程范围。

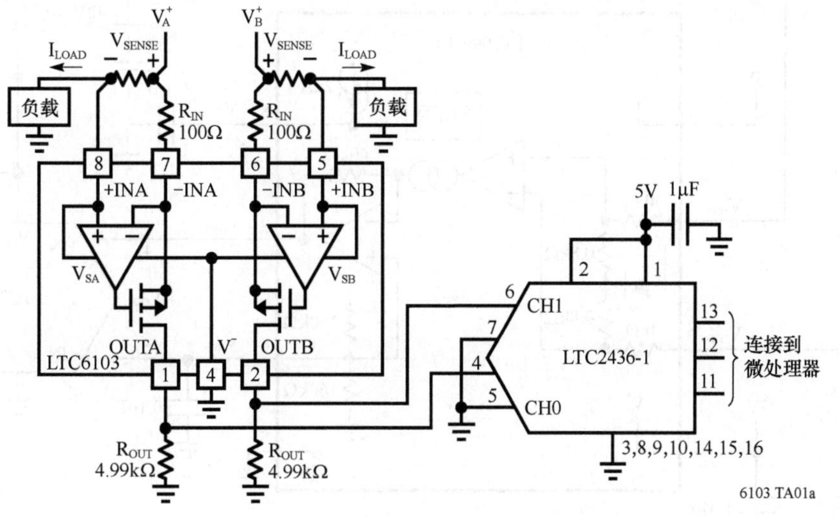

图40.177　直接将两个独立的电流数字化

使用一个检测放大器和ADC将双向电流数字化（见图40.178）

依据流过电路检测电阻电流的方向，双LTC6104可以连接到其输出的拉或灌电流。将放大器输出电阻和ADC的V_{REF}输入的偏压设为外部2.5V的LT1004参考电压，可以将2.5V的满量程电压输入到ADC，以产生任一方向的电流。

将电池监测器中的充电电流和负载电流数字化（见图40.179）

一个16位数字输出电池电流监测器可以仅由一个检测电阻、一个LT1999和一个LTC2344 Δ-Σ ADC实现。固定增益为10以及直流偏压输出时，数字编码表明电池的瞬时负载或充电电流（高至10A）。

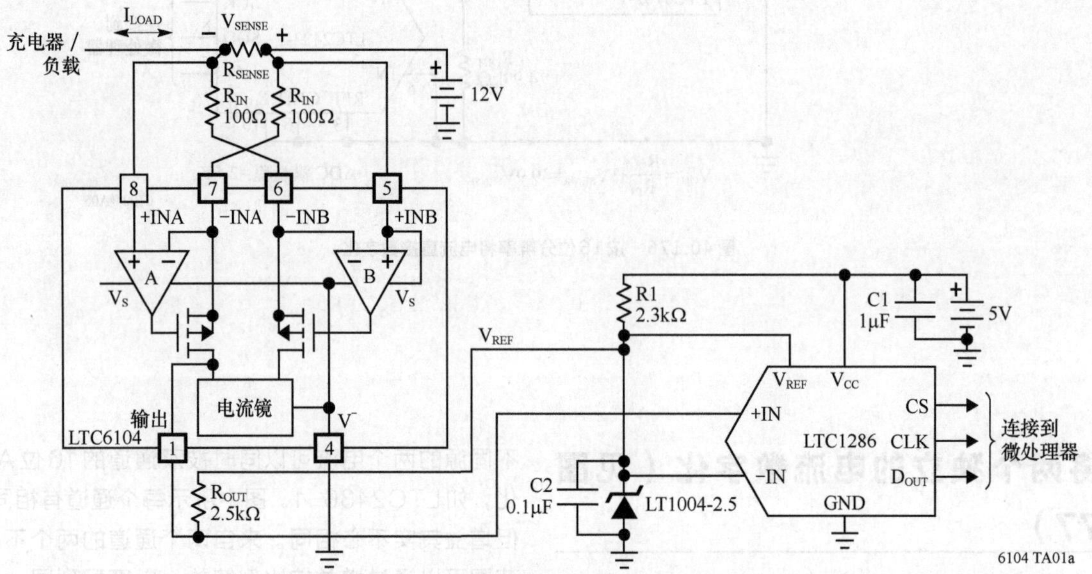

图40.178　使用一个检测放大器和ADC将双向电流数字化

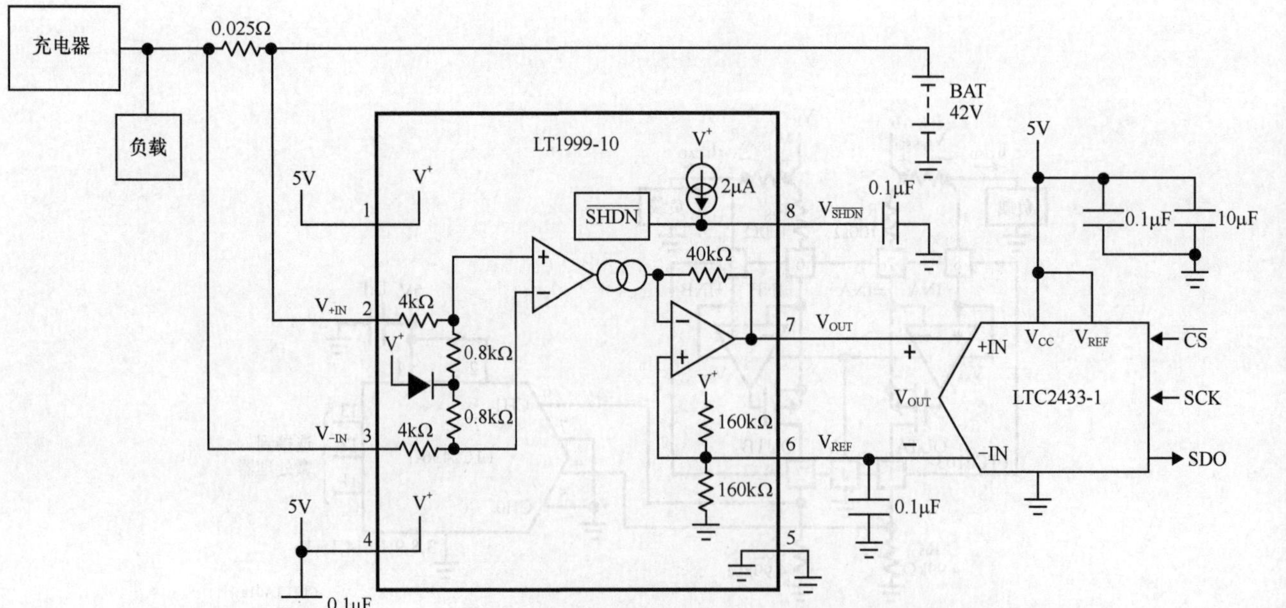

图40.179　将电池监测器中的充电电流和负载电流数字化

全数字电流监测（见图40.180）

LTC2470 16位Δ-Σ模数转换器可以直接将LT6109输出的电路负载电流数字化。同时，比较器的输出连接至MCU的中断输入，以及时传送可编程的过电流和欠电流状态阈值。

安时计（见图40.181）

适当调整电流检测电阻，可以将LTC4150设置成电池电源被吸取1A·h的电荷时，恰好输出10000个中断脉冲。像这样以10为底数的整数脉冲，一连串级联的计数器可以用来产生5位数据显示。这个原理图仅描述了电路的基本概念。极性输出可以用来将中断脉冲指向加计数或减计数时钟输入以显示总的净电荷。

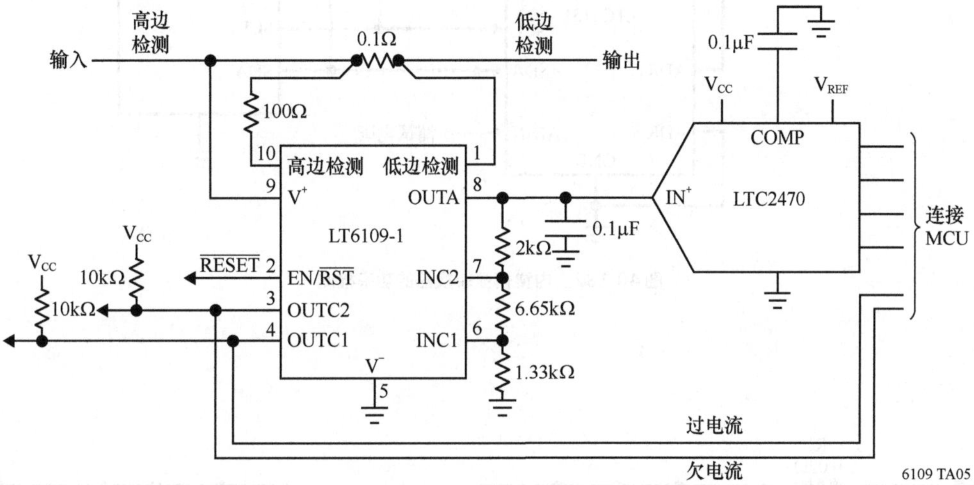

图40.180 全数字电流监测

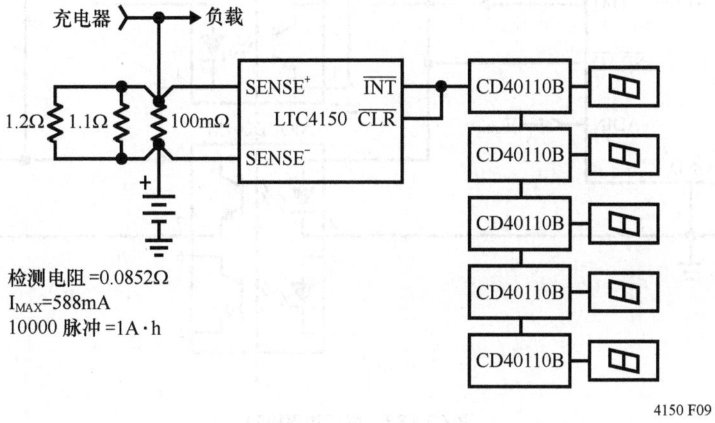

图40.181 安时计

内置模数转换器的功率检测（见图40.182）

LTC4151包含一个到3通道12位Δ-Σ模数转换器的专属电流检测输入通道。ADC直接、依次测量供电电压（满量程102V）、供电电流（满量程82mA）和独立的模拟输入通道（满量程2V）。测量所得的每组12位数据，由I^2C总线输出。

隔离功率检测（见图40.183）

LTC4151-1/LTC4151-2具有独立的数据输入和输出引脚，所以将它们与控制系统完全隔离是很简单的事。隔离系统的供电电压和工作电流通过三个光隔离器实现数字化和传输。

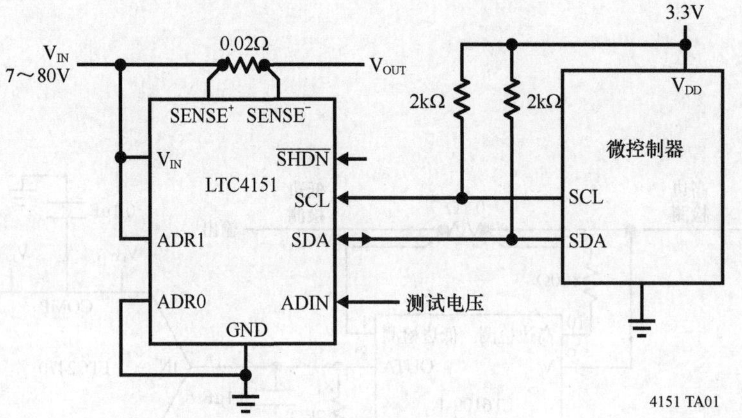

图40.182 内置模数转换器的功率检测

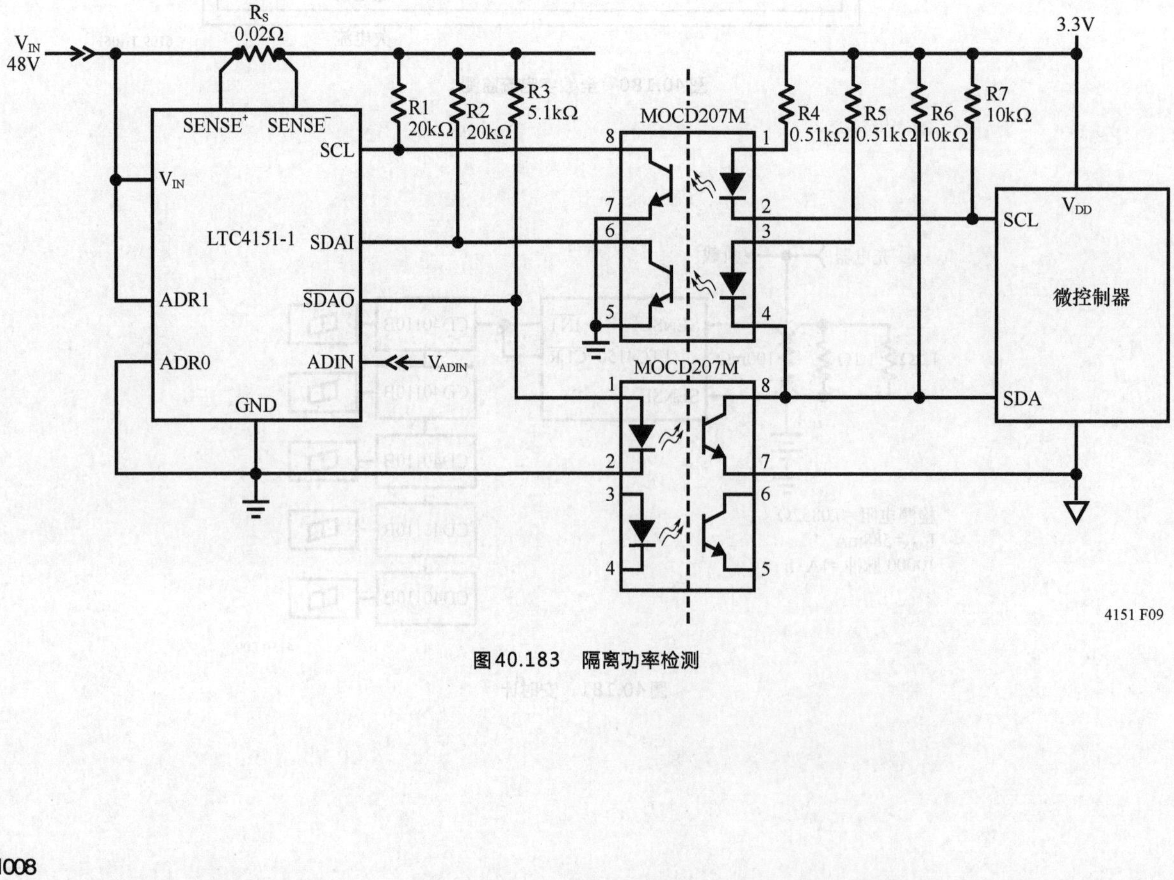

图40.183 隔离功率检测

快速数据传输率的隔离功率测量（见图40.184）

LTC4151-1/LTC4151-2具有独立的数据输入和输出引脚，所以将它们与控制系统完全隔离是很简单的事。隔离系统的供电电压和工作电流通过三个高速光隔离器实现数字化和传输。

电源功率测量时也测量温度（见图40.185）

LTC4151空闲的模拟输入可用来测量温度。这可通过使用热敏电阻来产生和温度成比例的直流电压以完成。温度测量网络的直流偏置是所测量的系统电源电压，温度源于这两种测量。另外，也测量了系统负载电流。

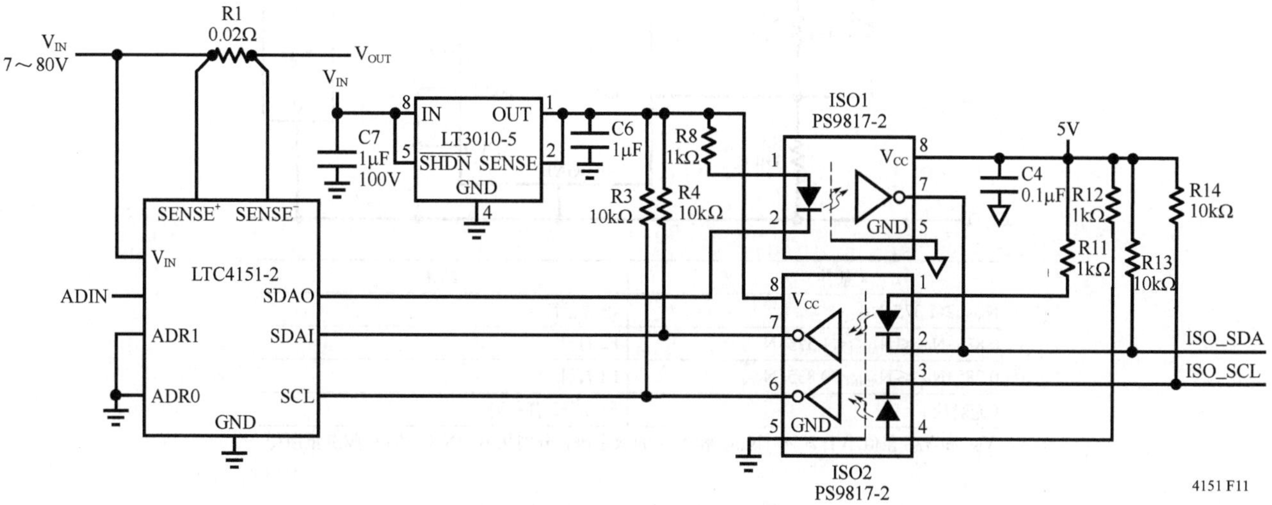

图40.184　快速数据传输率的隔离功率测量

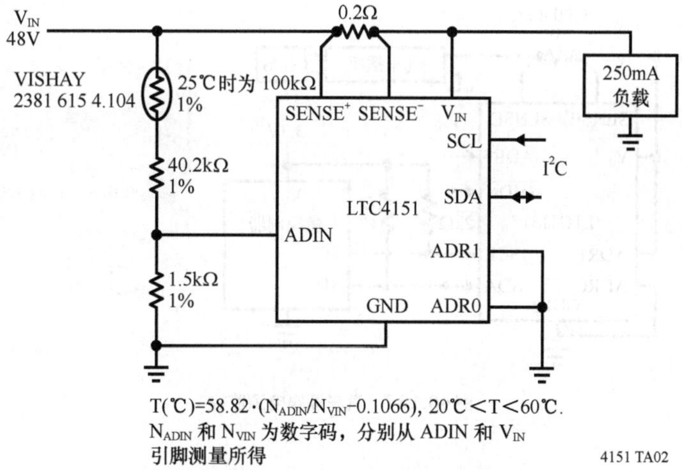

图40.185　电源功率测量时也测量温度

电流、电压和熔丝监测（见图40.186）

带有冗余备用电源的系统通常在电源输出处有熔丝保护。带有一些二极管和电阻的LTC4151能测量总的负载电流、电源电压并检查电源熔丝的完整性。空闲的模拟输入通道的电压用来确定熔丝的状态。

汽车插座电源监控（见图40.187）

汽车电子的电压范围很宽，容易产生电压瞬变。插入到汽车电源插座的所有电器所消耗的功率可以直接数字化。

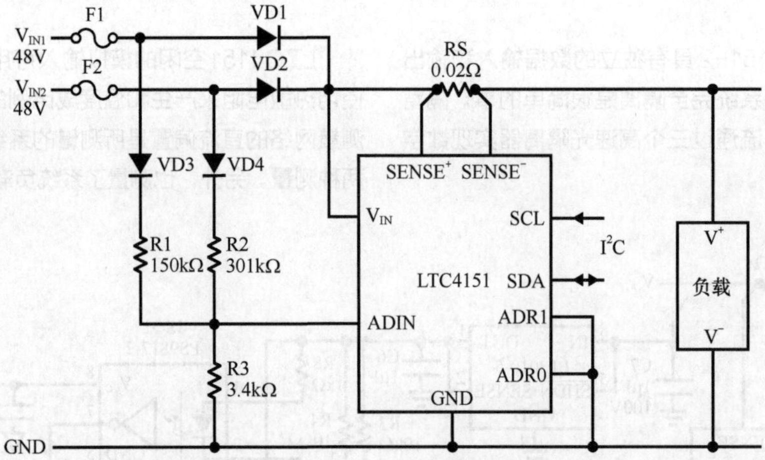

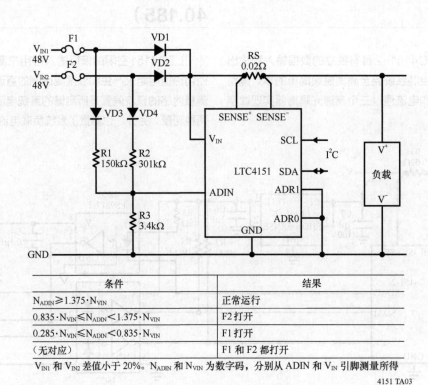

条件	结果
$N_{ADIN}\geqslant 1.375\cdot N_{VIN}$	正常运行
$0.835\cdot N_{VIN}\leqslant N_{ADIN}<1.375\cdot N_{VIN}$	F2 打开
$0.285\cdot N_{VIN}\leqslant N_{ADIN}<0.835\cdot N_{VIN}$	F1 打开
（无对应）	F1 和 F2 都打开

V_{IN1} 和 V_{IN2} 差值小于 20%。N_{ADIN} 和 N_{VIN} 为数字码，分别从 ADIN 和 V_{IN} 引脚测量所得

4151 TA03

图40.186　电流、电压和熔丝监测

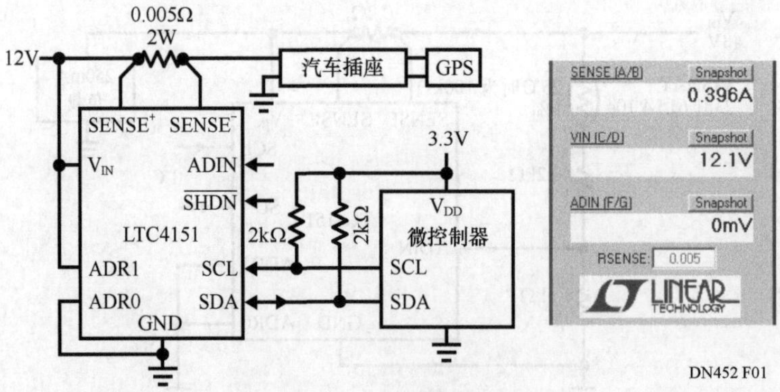

DN452 F01

图40.187　汽车插座电源监控

Ethernet、PoE的功率测量（见图40.188）

可以连续监测连接到隔离通信电源的器件所吸收的功率，以保证与其额定功率相符。LTC4151-1空闲的模拟输入用于将与器件功率等级成比例的电压数字化。

监测电流、电压和温度（见图40.189）

LTC2990是一个4通道14位ADC，通过I^2C接口可完全配置，以测量单端、差分电压并确定外部或内部的二极管探测器的温度。对于高边电流测量，两个输入配置成差分输入以测量检测电阻上的电压。最大的差分输入电压限制在±300mA。其他通道能给系统电源完全监测提供电压和温度测量。

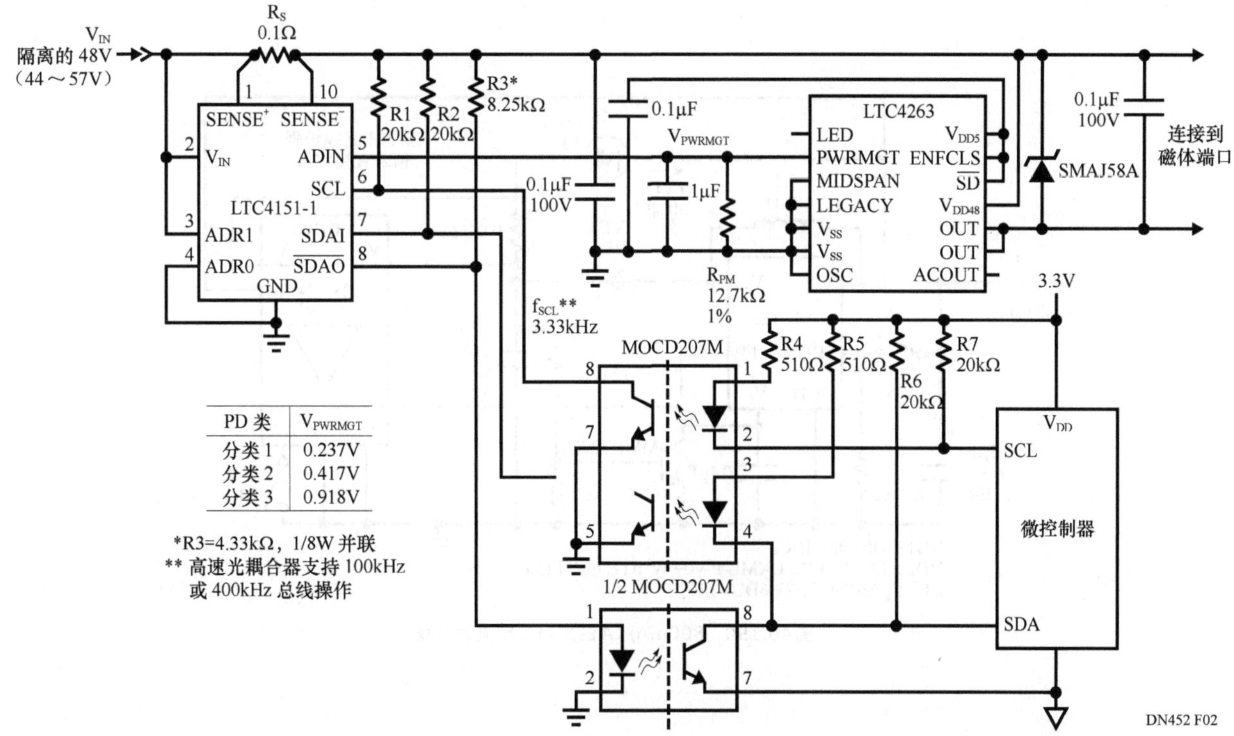

图40.188 Ethernet、PoE的功率测量

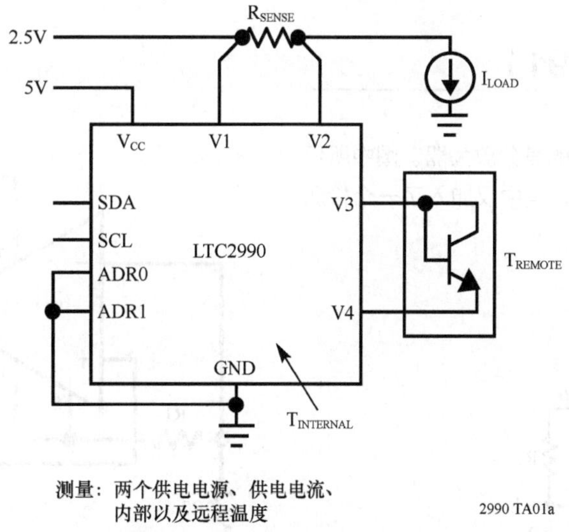

图40.189 监测电流、电压和温度

电流控制

本章收集了各种实用技巧，以在电路中产生各级电流控制。

800mA/1A白光LED电流调节器（见图40.190）

依据A2和V_{EE}之间开关的闭合与否，LT6100可配置成40V/V或者50V/V增益。当开关断开时（LT6100增益为40V/V），1A的电流送至LED。当开关闭合时（LT6100增益为50V/V），送入800mA电流。LT3436是一个升压开关稳压器，主导着LED的供电电压/电流。开关“LED ON”连接到SHDN引脚时，允许外部对LED开关状态进行控制。

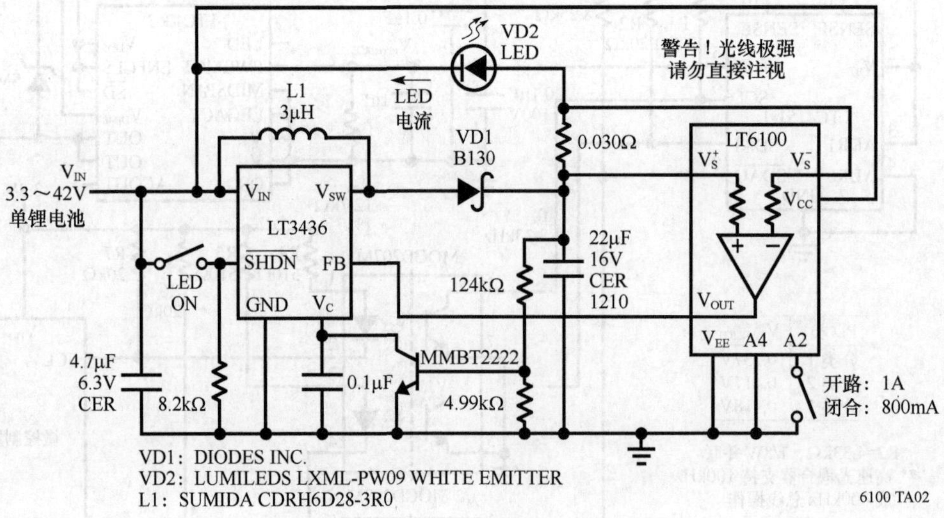

图40.190 800mA/1A白光LED电流调节器

双向电流源（见图40.191）

LT1990是集成了高精度电阻的差分放大器。图中所示的电路是经典的Howland电流源，其中仅加入了一个检测电阻。

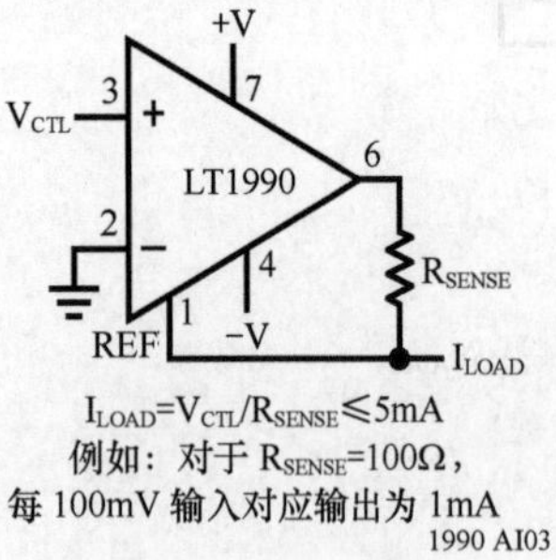

图40.191 双向电流源

2端口电流调节器（见图40.192）

LT1635包含一个有200mV参考电压的运算放大器。该参考电压在R3电阻上分压将产生可控电流，从LT1635的+流向-端。功率从环路中获得。

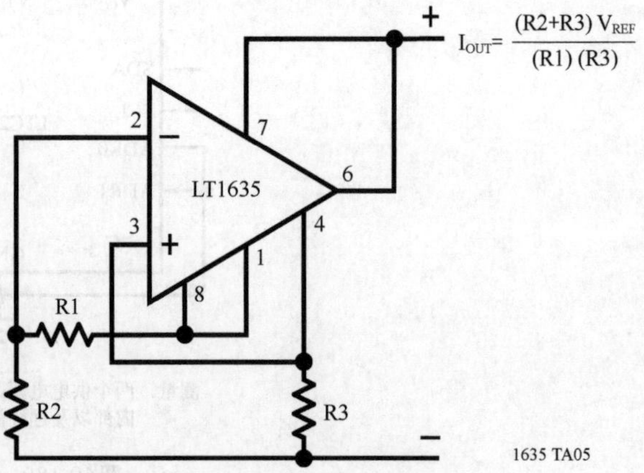

图40.192 2端口电流调节器

可变电流源（见图40.193）

在该电路中，输出端是一个基本的高边电流源，而输入转换放大器则提供灵活的输入定标。由于输入级的共模电压在靠近地而第二部分工作在V_{CC}附近，所以需要轨到轨输入以使两个放大器能封装在一起。

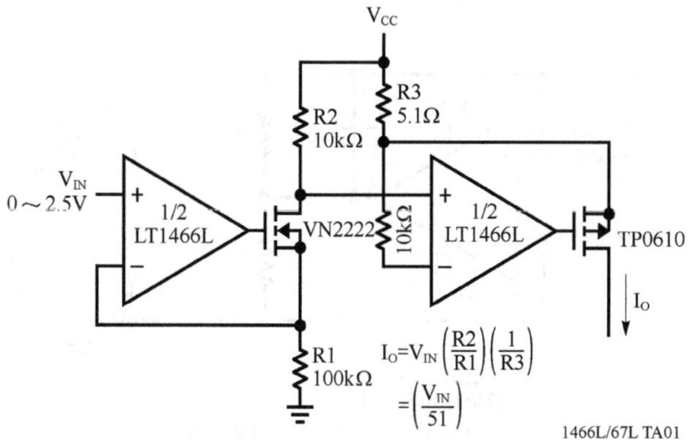

图40.193 可变电流源

具有对地输入和输出的精密电压控制电流源（见图40.194）

LTC6943用来对1kΩ检测电阻上的电压进行精确采样，并通过两个1μF电容之间的电荷平衡转换成以地为参考的电压。LTC2050综合了检测电压和输入指令电压之间的差异，为负载提供适当的驱动电流。

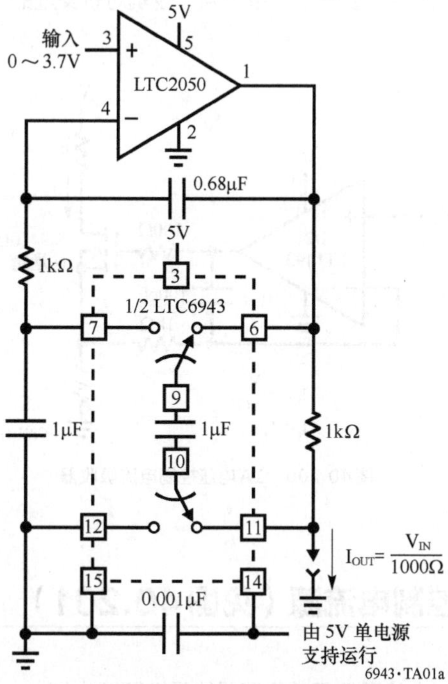

图40.194 具有对地输入和输出的精密电压控制电流源

精密电压控制电流源（见图40.195）

在该电路中，超精密LTC2053仪表放大器用于伺服控制检测电阻R上的压降，使之与指令电压V_C相匹配。LTC2053输出能力使得该方法只能局限在低电流应用中。

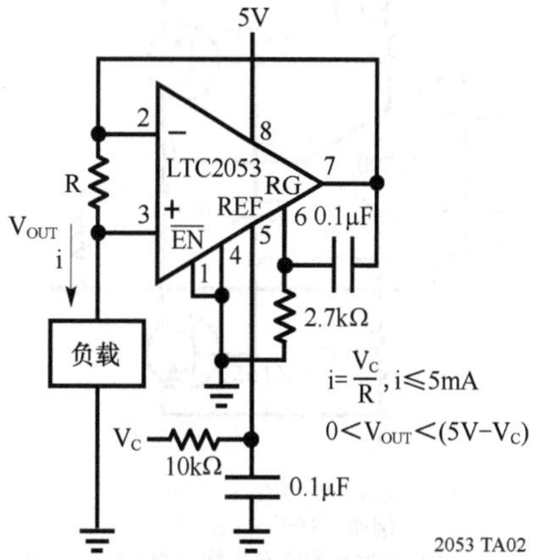

图40.195 精密电压控制电流源

可切换精密电流源（见图40.196）

这是一个简单的电流源配置，其中的运算放大器伺服匹配检测电阻上的压降和1.2V的参考电压。这种特殊的运算放大器包含关闭功能，因此，电流源功能可以在逻辑指令下关闭。当运算放大器处于关闭模式时，2kΩ拉高电阻保证MOSFET的输出关闭。

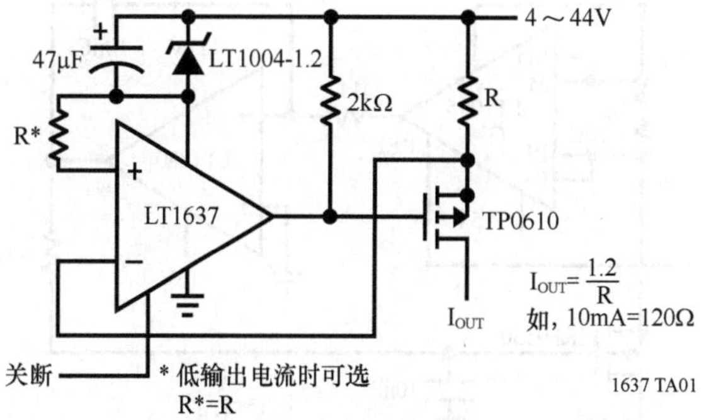

图40.196 可切换精密电流源

双向提升控制电流源（见图40.197）

这是用LT1990集成差分放大器实现的经典Howland双向电流源。运算放大器电路伺服匹配R_{SENSE}电阻上的压降和输入指令电压V_{CTL}。当负载电流在任意方向上超过约0.7mA时，其中一个提升晶体管会开始导通，提供附加的指令电流。

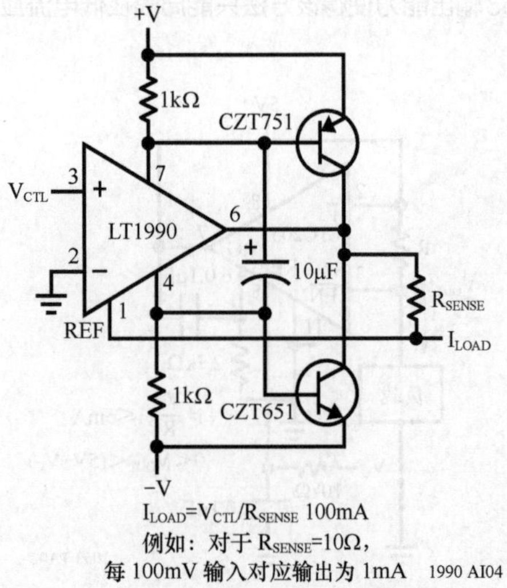

图40.197　双向提升控制电流源

0～2A电流源（见图40.198）

LT1995以5V/V放大检测电阻的压降并从V_{IN}中减去，提供一个误差信号给LT1880积分器。综合误差驱动P-MOSFET使其按要求传输指令电流。

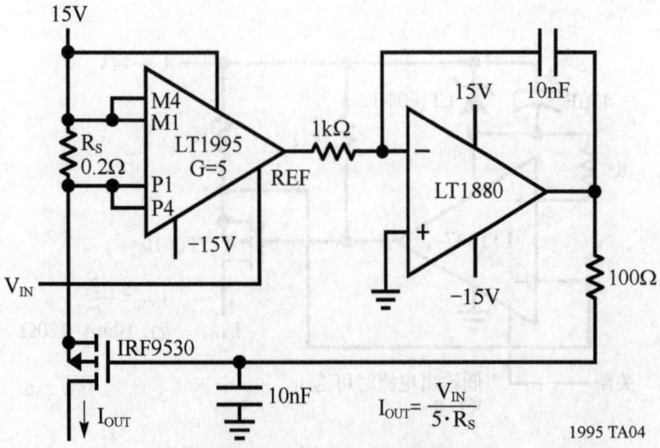

图40.198　0～2A电流源

快速差分电流源（见图40.199）

这是基于Howland配置的一种变形，其中负载电流实际上通过一个作为隐藏的测量电阻的反馈电阻。因为有效的测量电阻是相对较大的，这个拓扑使用于产生小的控制电流。

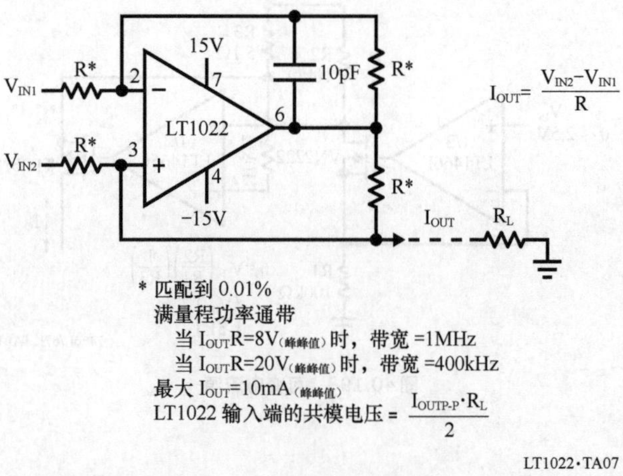

图40.199　快速差分电流源

1A电压控制电流吸收器（见图40.200）

这是一个简单地电流吸收器，其中的运算放大器驱动N-MOSFET门，以产生1Ω检测电阻压降和V_{IN}电流指令之间的匹配。因为运算放大器中的共模电压在零电位附近，因此在本应用中需要一个“单电源”或轨对轨类型的放大器。

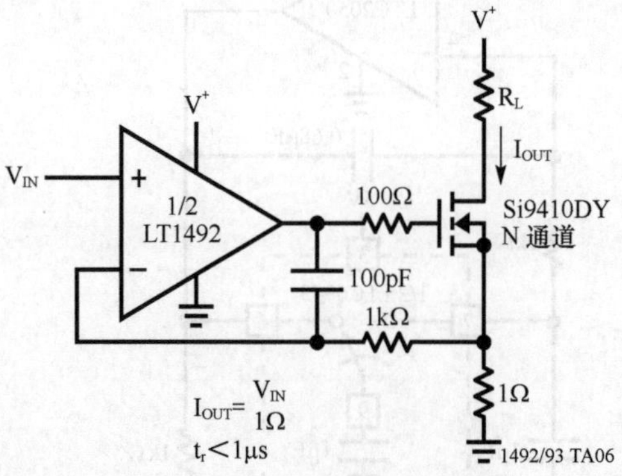

图40.200　1A电压控制电流吸收器

电压控制电流源（见图40.201）

在一个可调低压差稳压器的反馈回路中加入一个电流检测放大器，可以构建一个简单的电压控制电流源。电路拉取电流的输出范围仅由稳压器的电流能力确定。电流检测放大器检测输出电流并将一个电流反馈到稳压器的误差放大器的求和节点。在求和节点，稳压器将提供所需任意大小的电流，以维持其内部参考电平。对于图中所示电路，0～5V的控制输入产生500～0mA的输出电流。

可调高边电流源（见图40.202）

图中所示适用广泛的电流源利用了LT1366可以测量正电源轨附近小信号的能力。LT1366调节VT1的电压使检测电阻上的电压（R_{SENSE}）与V_{DC}和电位器的抽头之间的电压相等。需要一个轨对轨运算放大器，因为检测电阻上的电压几乎与V_{DC}一样。当电源电压变动时，VT2作为一个恒定电流吸收器来减少参考电压的误差。在低输入电压时，电路受限于VT1的驱动需求。在高输入电压时，电路受限于LT1366的绝对最大额定值。

可编程恒流源（见图40.203）

输出电流可由一个连接在LT1620的PROG引脚和地之间的可变电阻（R_{PROG}）控制。LT1121是一个低压差稳压器，为LT1620提供恒定的电压。给LT1121施加关断指令会关闭LT1620的电源，并停止电流调节旁路晶体管的基极驱动，从而关闭I_{OUT}。

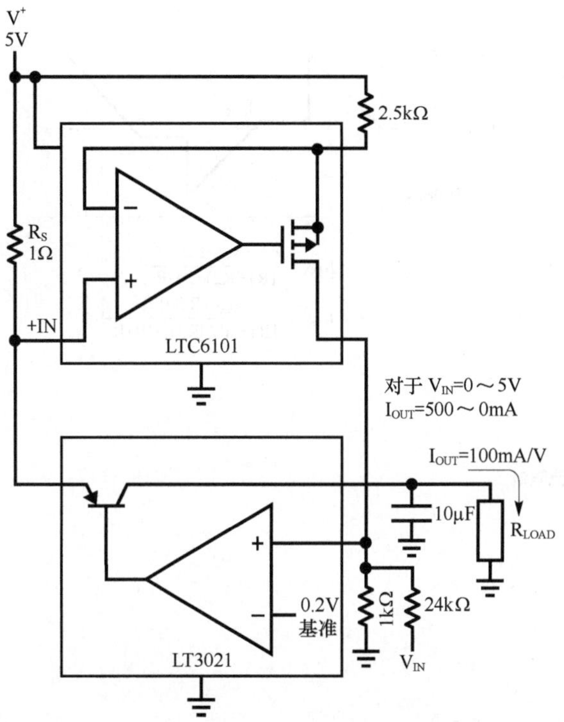

图40.201 电压控制电流源

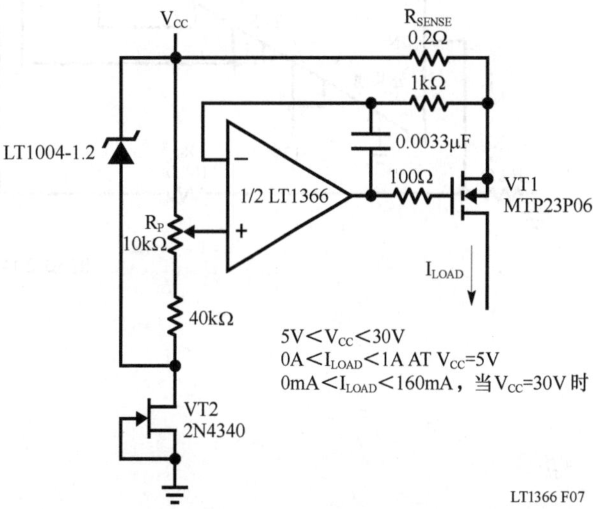

图40.202 可调高边电流源

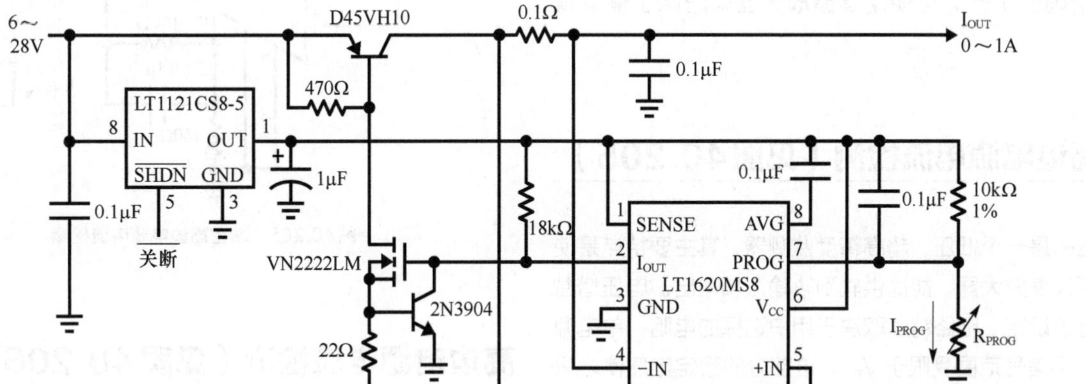

图40.203 可编程恒流源

返回电流限制（见图40.204）

LT1970提供内置电流检测和限流功能。在该电路中，限流时所产生的逻辑信号连接到反馈电路，进一步将限流指令降低到更低的水平。当负载条件允许电流下降到低于限流值时，将清除限流信号并自动恢复满额电流驱动能力。

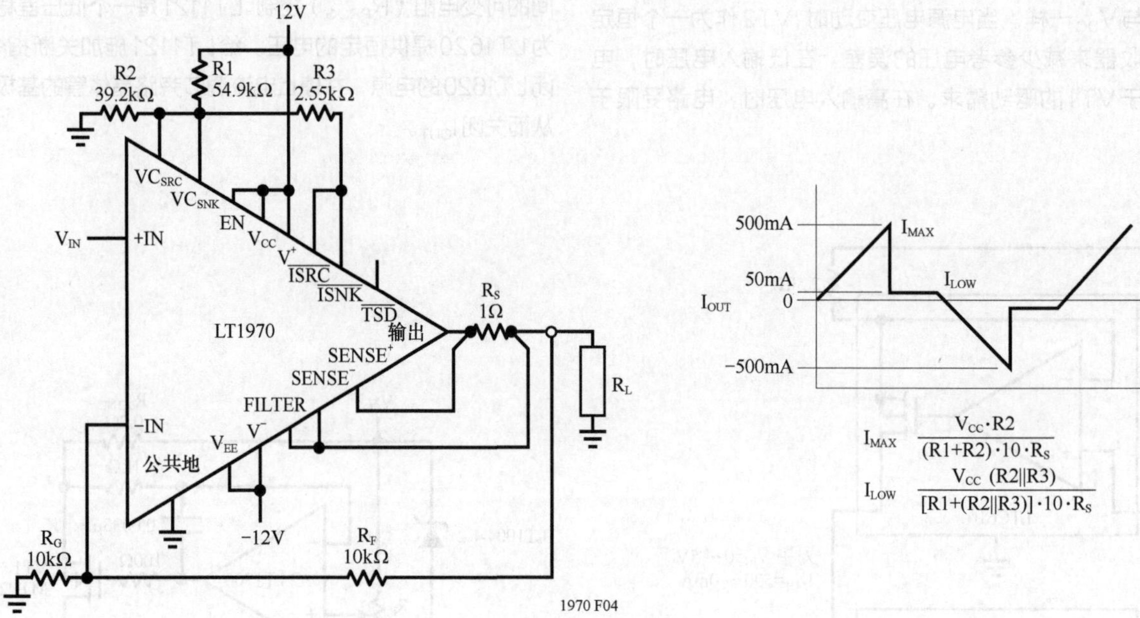

图40.204 返回电流限制

精度

电压偏移和偏置是电流检测应用中主要的误差源。为维持精确的工作，可使用零漂放大器来消除了偏移误差项。

精密高边电源电流检测（见图40.205）

该电路是一个低压、超高精度监测器，其主要特点是使用了零漂仪表放大器，能提供轨到轨输入和输出。电压增益由反馈电阻设定。电路精度取决于用户选择的电阻，单电源工作时，小信号范围受限于V_{OL}。这部分的额定电压使之只能用于小于5.5V的应用。电路将对IA采样，所以输入变化时输出不连续，只适用于超低频测量。

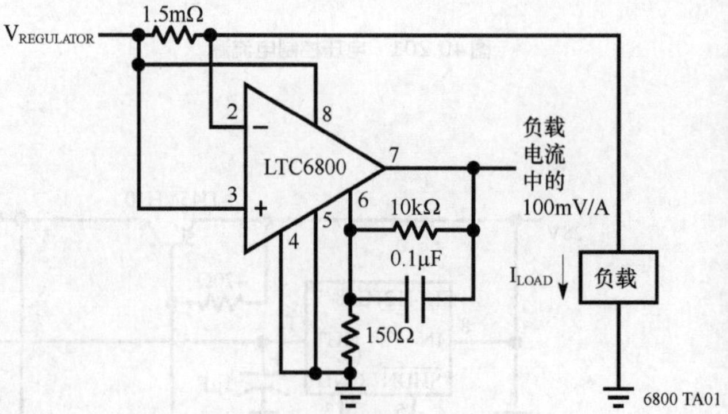

图40.205 精密高边电源电流检测

高边电源电流检测（见图40.206）

LTC6800具有低偏移误差的特性，能够在保证精度的同时使用非常低的检测电阻。

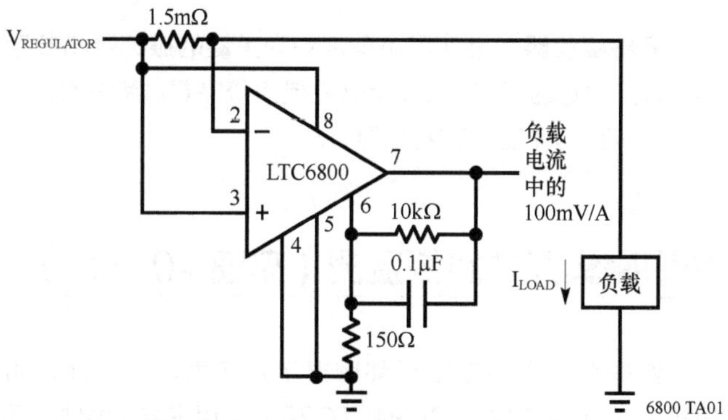

图40.206　高边电源电流检测

译注：与上图重复，原书即在此，有待商榷

第二个输入电阻最小化输入偏置电流产生的误差（见图40.207）

第二个输入电阻减少了由于输入偏置电流所导致的输入误差。不过对于较小的R_{IN}，可以不用考虑这点。

远程检测最小走线电流（见图40.208）

因为LTC6102（以及其他）的输出电流通常都通过局部负载电阻转回电压，所以导线电阻和对地漂移不会直接影响局部性能。因此，如果负载电阻放置在导线的远端，目标端电压将会根据目标端地电势进行校正。

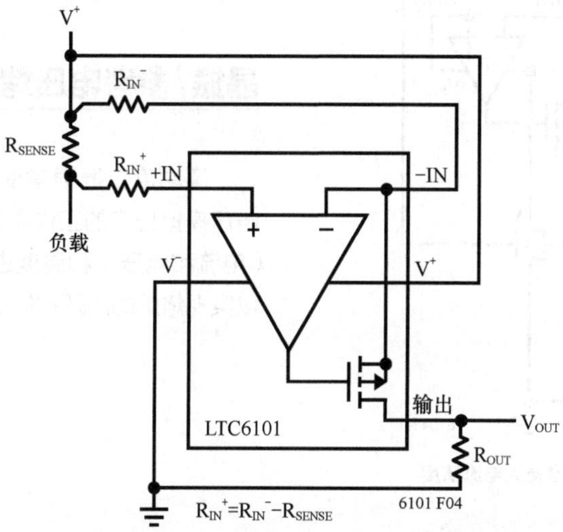

图40.207　第二个输入电阻最小化输入偏置电流产生的误差

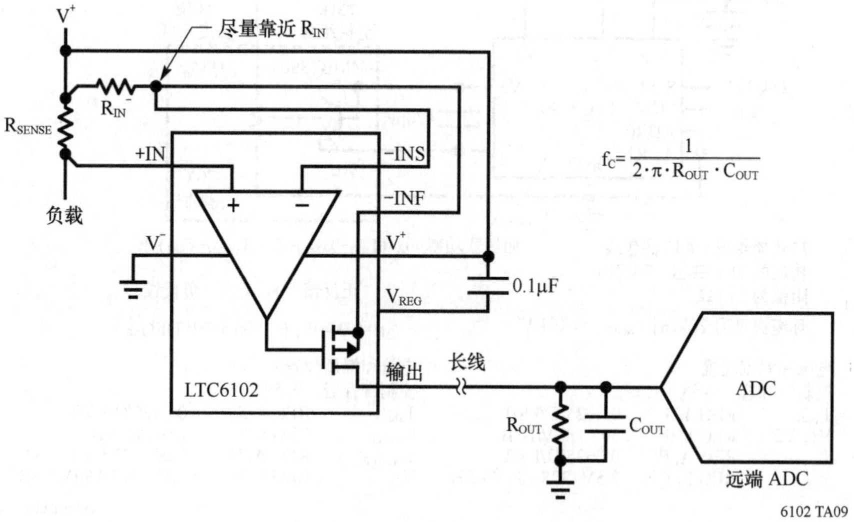

$$f_C = \frac{1}{2 \cdot \pi \cdot R_{OUT} \cdot C_{OUT}}$$

图40.208　远程检测最小走线电流

使用Kelvin连接维持大电流精度（见图40.209）

当大电流流过与检测放大器连接线相串联的PCB走线时，将产生显著误差。在集成V_{IN}检测端使用一个检测电阻，给检测放大器提供的电压仅为检测电阻两端的电压。LTC6104可以保证双向电流精度，非常适合于电池充电应用。

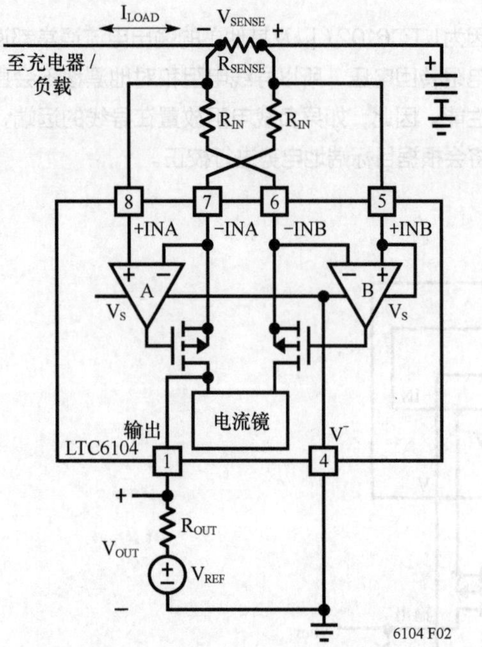

图40.209 使用Kelvin连接维持大电流精度

晶振/参考电压烤炉控制器（见图40.210）

高精度仪器通常使用小型烤炉为关键的振荡器和参考电压模拟稳定的工作温度。闭环控制系统需要对烤炉的功率（电流和电压）和温度进行监测。

功率密集型电路板监测（见图40.211）

许多系统中的电路板都密集了众多大功耗器件，如FPGA。8通道、14位ADC的LTC2991可用来监测器件的耗散功率、进行电压电流测量，同时监测板上一些点的温度，也可以对配有芯片温度监测的器件内部进行监测。LTC2991也内置了PWM电路，可以对PCB工作温度进行闭环控制。

晶振/参考电压烤炉控制器（见图40.212）

高精度仪器通常使用小型烤炉为关键的振荡器和参考电压模拟稳定的工作温度。闭环控制系统需要对烤炉的功率（电流和电压）和温度进行监测。LTC2991的PWM输出可以实现烤炉的闭环控制。

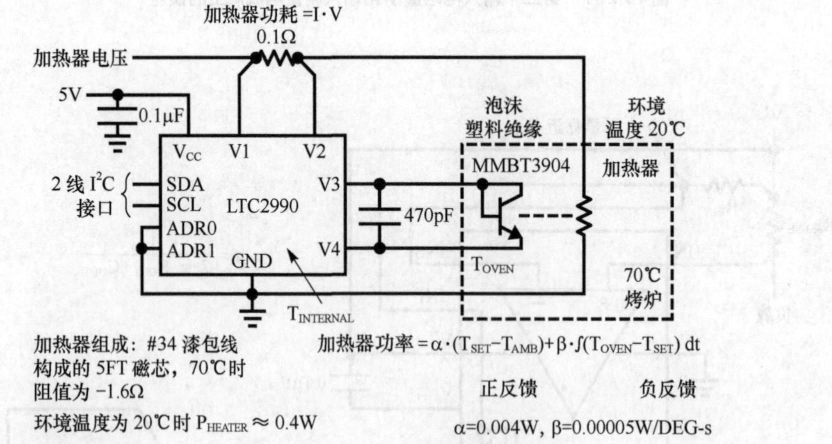

电压和温度配置
控制寄存器：0x58

T_{AMB}	REG 4, 5	0.0625℃/LSB
V1, V2	REG 8, 9	305.18μV/LSB
T_{OVEN}	REG A, B	0.0625℃/LSB
V_{CC}	REG E, F	2.5V+305.18μV/LSB

电流和温度配置
控制寄存器：0x59

T_{AMB}	REG 4, 5	0.0625℃/LSB
I_{HEATER}	REG 6, 7	269μV/LSB
T_{HEATER}	REG A, B	0.0625℃/LSB
V_{CC}	REG E, F	2.5V+305.18μV/LSB

2990 TA10

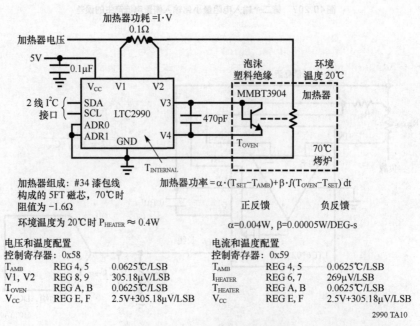

图40.210 晶振/参考电压烤炉控制器

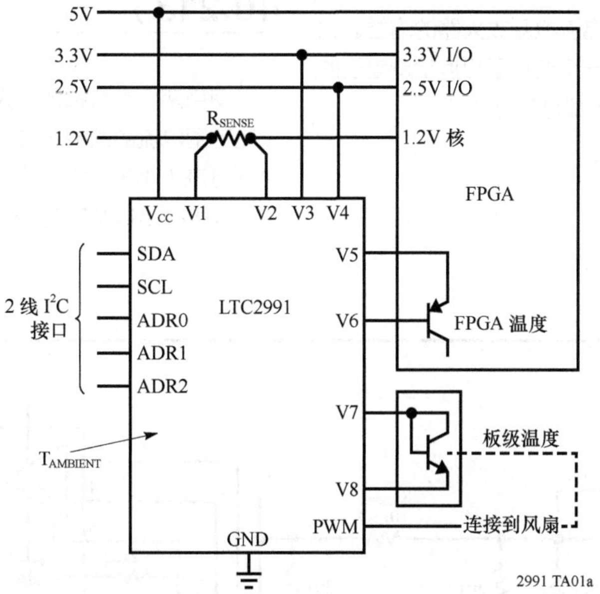

图 40.211 功率密集型电路板监测

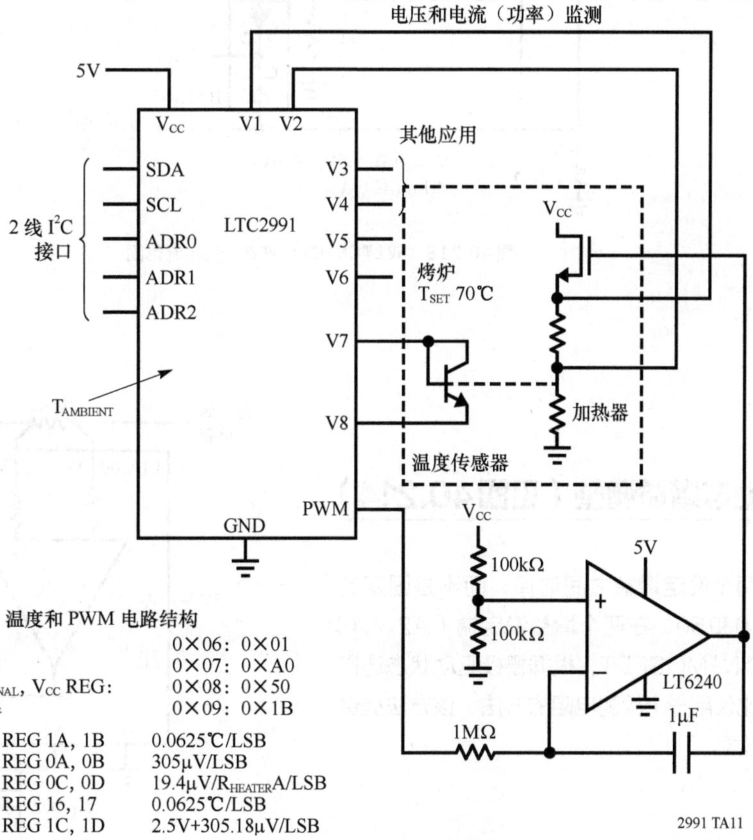

电压、电流、温度和 PWM 电路结构

控制寄存器		0×06：0×01
		0×07：0×A0
PWM, $T_{INTERNAL}$, V_{CC} REG:		0×08：0×50
PWM 寄存器		0×09：0×1B
$T_{AMBIENT}$	REG 1A, 1B	0.0625℃/LSB
V_{HEATER}	REG 0A, 0B	305μV/LSB
I_{HEATER}	REG 0C, 0D	19.4μV/R_{HEATER}A/LSB
T_{OVEN}	REG 16, 17	0.0625℃/LSB
V_{CC}	REG 1C, 1D	2.5V+305.18μV/LSB

图 40.212 晶振/参考电压烤炉控制器

宽范围

测量宽范围的电流需要切换电流检测放大器的增益。此时，可使用单值的检测电阻；另一个选择是切换检测电阻的值。两种方法对于宽范围电流检测都是可行的。

双LTC6101允许高－低电流范围（见图40.213）

使用两个电流检测放大器和两个不同值的检测电阻是检测宽范围电流的简易方法。本电路中测量的灵敏度和分辨率是低电流（小于1.2A）的10倍。比较器检查高达10A的电流，并将检测转换到高电流电路。

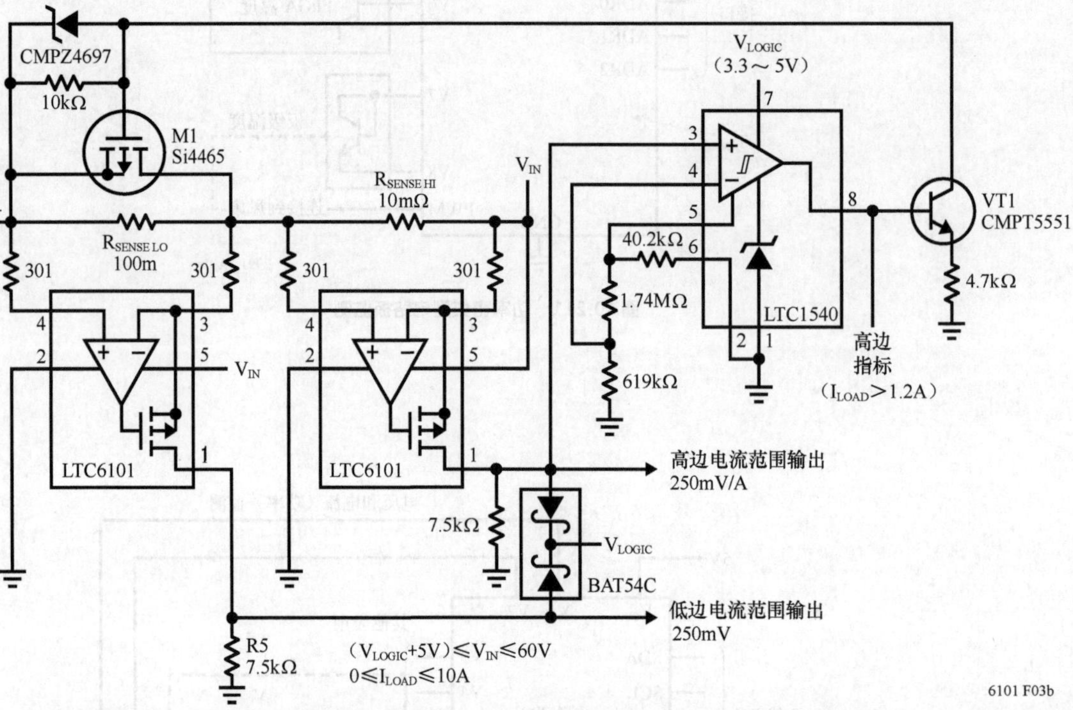

图40.213　双LTC6101允许高-低电流范围

扩展了范围的动态增益调整（见图40.214）

本电路允许在两个设定增益之间选择，而不是固定的10、12.5、20、25、40和50。在两个增益设定端（A2、A4）与地之间放置了一个N-MOSFET，根据栅极驱动状态选择增益=10或50。相比仅用一个检测电阻的方法，该方法提供了更宽的电流测量范围。

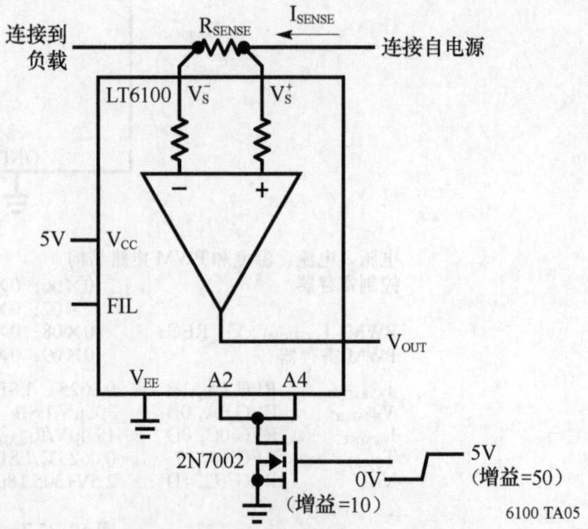

图40.214　扩展了范围的动态增益调整

在两个范围上检测0～10A电流（见图40.215）

使用两个检测放大器，较宽的电流范围可分解成一个高边和一个低边电流范围，从而能在低电流时获得更好的精度。两个不同值的检测电阻可以串联使用，一般都出现在LTC6103的同侧。在低电流范围（本例为小于1.2A），使用较大的检测电阻值来产生较大的检测电压。超出这个范围的检测电流形成大的检测电压，可能超过单个检测放大器的输入差分额定电压。比较器检测高边电流并将较大的检测电阻短路，只剩高边检测放大器的输出电压。

双检测放大器具有不同的检测电阻和增益（见图40.216）

LTC6104仅有一个输出，能从两个独立的检测放大器拉和灌电流。不同的并联检测电阻能监测不同的电流范围，只是通过增益进行定标设定，使得各个方向上输出电流都能落在同一范围内。该方法非常适合于电池充电的应用，其中充电电流远比电池的负载电流小。

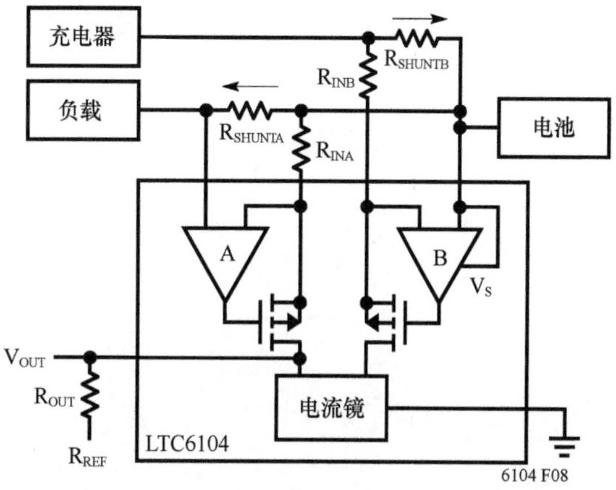

图40.216　双检测放大器具有不同的检测电阻和增益

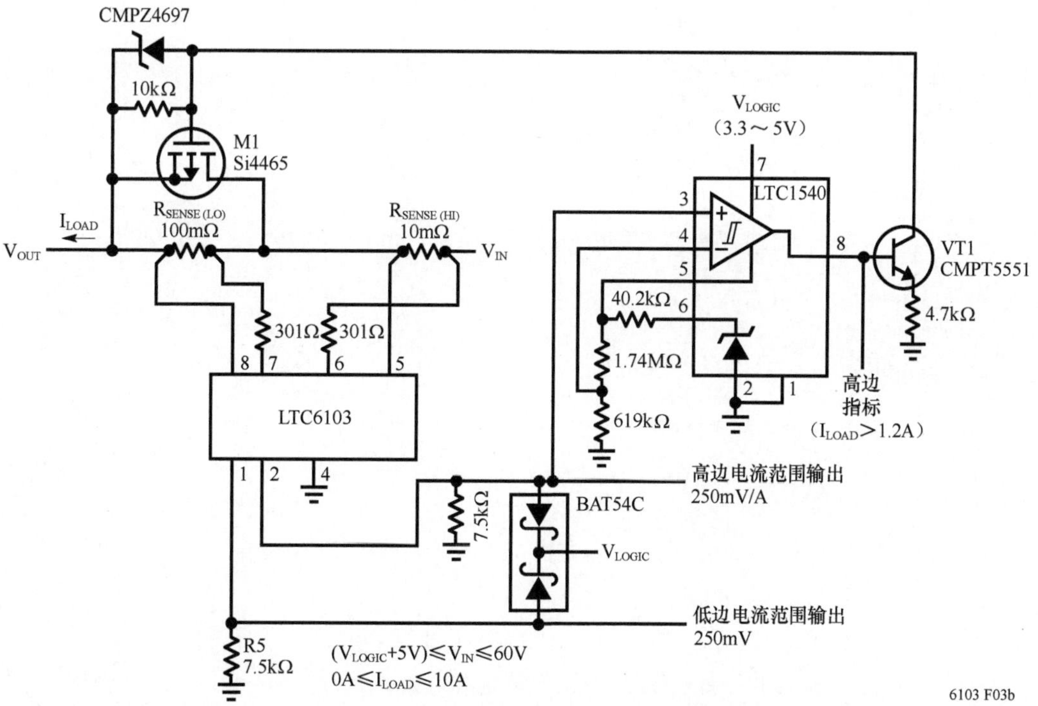

图40.215　在两个范围上检测0～10A电流

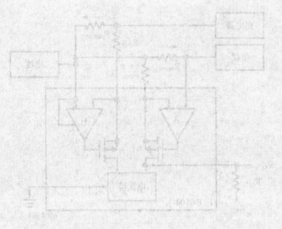

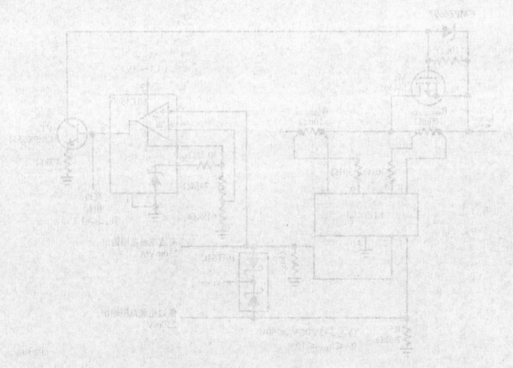

功率转换、测量和脉冲电路

41

源于实验指南

Jim Williams

引言

此书的出版标志着第八代电路宝典问世[①]。电路的吸引力的确令人吃惊，甚至让我们觉得不可思议。自此书第一版推出之后，这些年来读者的需求量一路攀升，甚至持续几十年居高不下。所有版本的LTC电路宝典，尽管内容不尽相同，不知为何都深受读者追捧。究其原因，大概是此书结构紧凑、内容完整、行文简洁且有针对性。也许是浏览此书，让读者感觉如同逛街一般，自由随意。也可能此书成了电路发烧友为追求智力享受而添加的新收藏。电力社会学家们提出了许多精心构建的理论，试图对这一现象做出解释，然而无一能令人信服。唯一能肯定的是，读者深爱此书，而这点引起了我们的注意。是故，本着服务读者的宗旨，我们推出了最新集锦。敬请指正。

① 先前多年努力的成果可参阅参考文献 4、6、7 和 23～26。

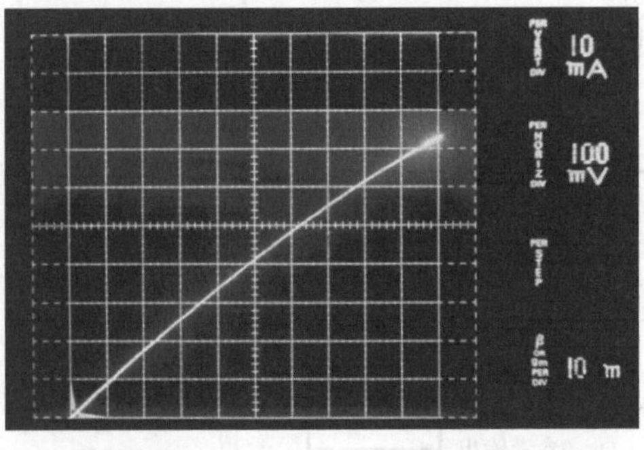

图41.1　JFET零偏置时的I-V曲线。在100mV时，电流为10mA，500mV时，电流上升到40mA以上。该特性使DC/DC转换器可使用300mV的供应电压

基于JFET的300mV供电的DC/DC转换器

JFET自偏特性可用于构造DC/DC转换器，此转换器的供应电压可以低至300mV。诸如太阳能电池、温差电池和单级燃料电池等输出低于600mV的电池都可以作为这种转换器的电源。

图41.1所示的是N通道JFET的I-V曲线，显示了在零偏条件下的漏源传导情况（栅极和源极连在一起）。可以利用该性能来构建自启动的DC/DC转换器，其输入电压为0.3～1.6V。

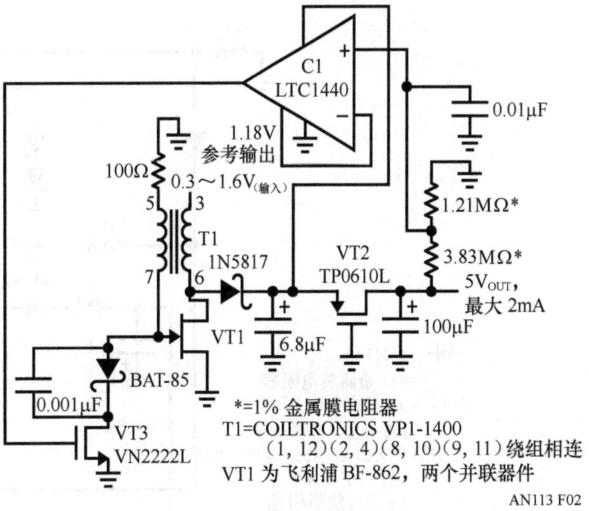

图41.2　基于JFET的DC/DC转换器，输入电压为300mV。VT1-T1振荡器的输出已经过整流和滤波。负载处于隔离状态，直到VT2源极电压接近2V左右，协助启动。比较器和VT3闭合了振荡器附近的环路，控制VT1的导通时间以稳定5V输出

图41.2所示为对应的电路图。VT1和T1组成振荡器，T1次级为VT1栅极提供再生反馈。接通电源后，VT1的栅极电压为0，其漏极通过T1的原级传导电流。T1反相次级产生响应，使VT1栅极变负，从而将之关闭。T1的原级电流停止，其次级电流衰减，振荡发生。T1的原级操作会使VT1栅极发生正向“反激”事件，进行整流和滤波。VT2约为2V的导通电压隔离负载，协助启动。当VT2导通后，电路的输出趋向5V。C1由VT2的源极供电，它将部分输出与内部参考电压进行比较，来调节输出。C1开关输出通过VT3控制VT1导通时间，形成控制回路。

该电路的波形包括AC耦合输出（见图41.3，线迹A），C1输出（线迹B）和VT1漏极反激事件（线迹C）。当输出下降到低于5V时，C1降低，VT1导通。VT1的反激事件将继续，直到恢复5V时输出。重复这种模式，保持输出。

5V输出可提供高达2mA电流，足以为电路供电，或在需要更大电流时，偏置更高的功率开关稳压器。在300mV输入时，该电路能为负载提供300μA电流；2mA负载需要475mV的供应电压。图41.4中的曲线显示了在负载范围内的最小输入电压和输出电流。

VT3分流控制VT1简单有效，但会消耗25mA静态电流。图41.5所示的电路进行了改进，通过串联切换T1的次级，将静态电流消耗降低到1mA。在该电路中，VT3开关与VT4串联，更为有效地控制了VT1的栅极驱动。负电压将关闭VT4的偏置，而VT1则从T1的次级自举；在初始供电期间，6.8V齐纳二极管保持不给负载提供偏置的状态，以协助启动功能。图41.6所示的最小输入电压与输出电流的关系曲线说明了由静态电流控制电路的添加而引起的最小损失（与图41.4所示的数据相比）。

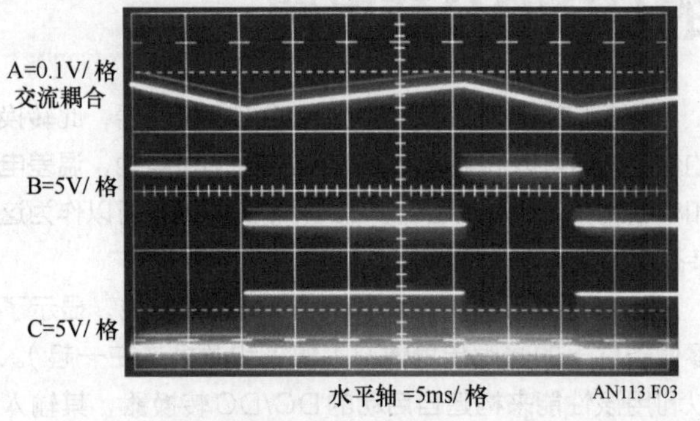

图41.3　基于JFET的转换器的波形。当电源输出（线迹A）衰减时，C1（线迹B）开关切换，使VT1发生振荡。从而在VT1漏极（线迹C）产生反激事件，来恢复功率输出

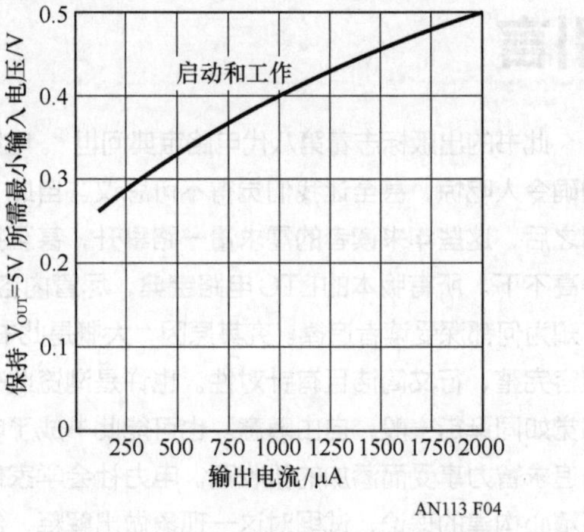

图41.4　在V_{IN}=275mV时，基于JFET的DC/DC转换器开始工作，为负载提供100μA电流。也可以稳压到2mA，不过需要将V_{IN}升高到500mV

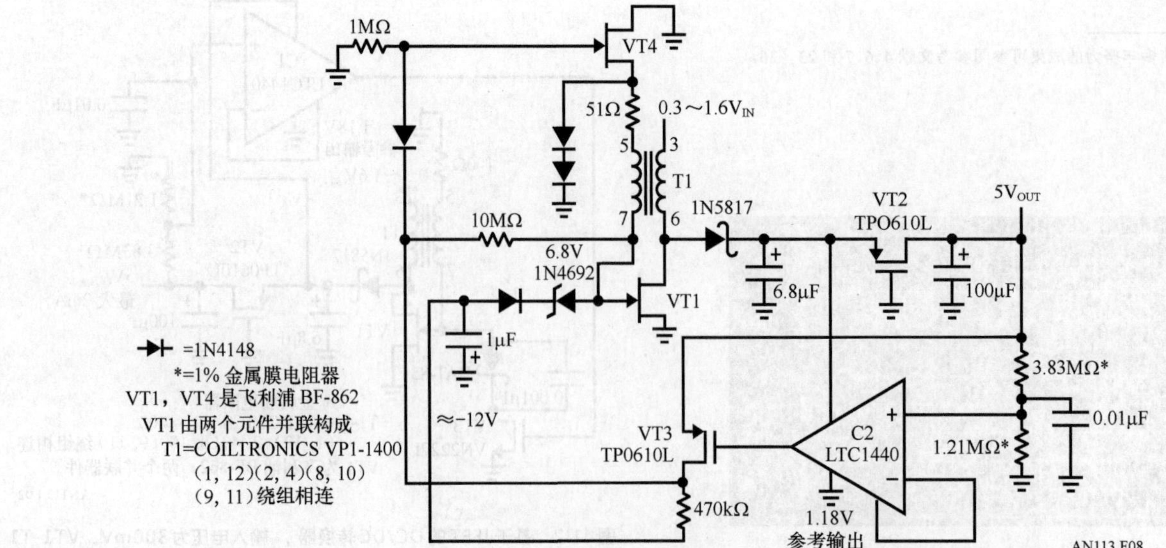

图41.5　增加VT3、VT4和自举负偏置发生器来降低静态电流。比较器使VT3开关控制VT4，可以更有效地控制VT1栅极驱动。在VT1启动期间，VT2和齐纳二极管隔离所有负载

基于双极型晶体管的550mV输入DC/DC转换器

也可使用双极型晶体管来获得大电流输出，不过其V_{BE}的压降将输入电压的要求提升至550mV。图41.7的曲线轨迹图显示，在450mV(25℃)时，基射-发射极开始导通，当电压超过500mV时，将产生大电流。图41.8所示电路的工作原理与图41.2所示基于FET的电路相似，不过双极型晶体管通常状态下的关闭特性使电路效率更高。图41.9所示的工作波形与图41.3相似，区别在于比较器输出状态是相反的，这主要是为了适应双极型晶体管。图41.10中的启动及工作曲线显示，在输入电压为550mV时，输出电流为6mA，是FET电路性能的3倍。"工作"曲线表明，一旦启动，该电路工作电压低至300mV，具体情况取决于负载。

在考虑这些电路极低的输入电压和输出功率的限制时，值得一提的是，所用变压器是一个标准的产品。专门为这些应用而进行优化的变压器或许能提高性能。

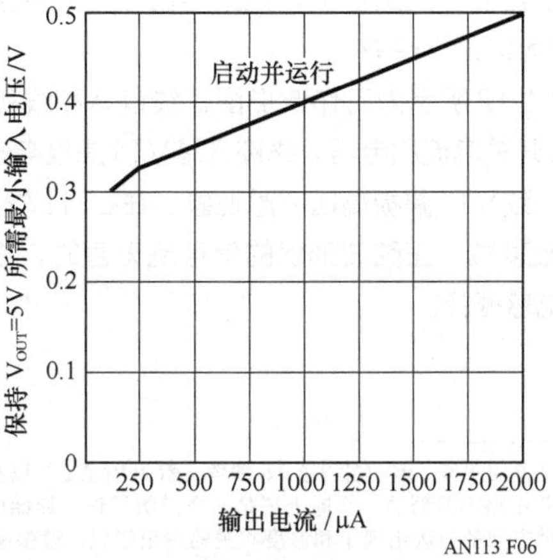

图41.6 基于JFET的DC/DC转换器的低静态电流的启动/工作电压。静态电流控制电路对输入电压的要求略有提升以支持负载

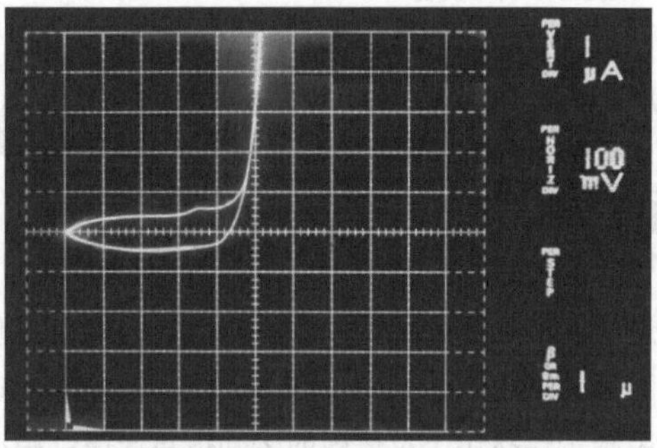

图41.7 双极型晶体管的基极-发射极结点的IV曲线，说明它在450mV(25°C)时开始导通。其特性是构建550mV供电DC/DC转换器的基础

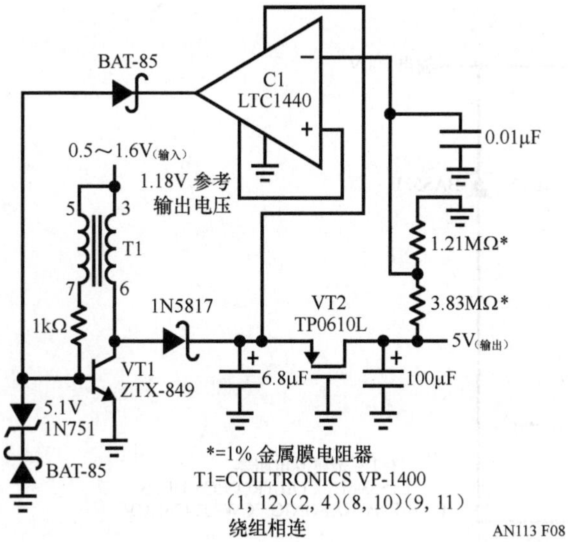

图41.8 基于双极型晶体管的DC/DC转换器，工作输入电压为500mV(25°C)。VT1-T1振荡器的输出经过了整流和滤波。直至VT2电压达到2V左右为止，负载一直被隔离，协助启动。比较器关闭振荡器周围的环路，控制VT1导通时间，以稳定5V输出

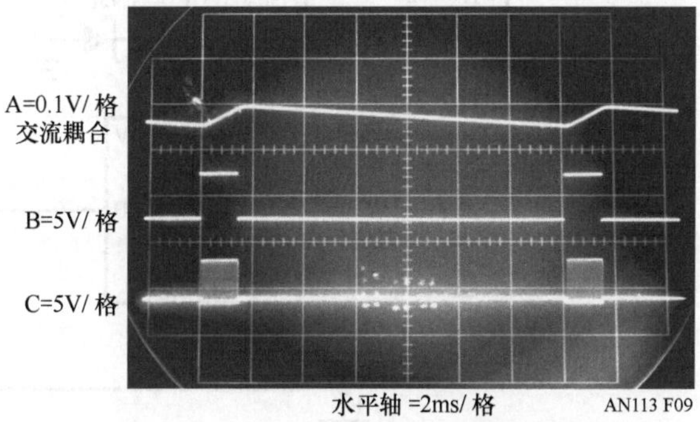

图41.9 转换器波形。当输出(线迹A)衰减，C1(线迹B)切换，使VT1发生震荡。在VT1集电极产生的反激事件(线迹C)以恢复输出

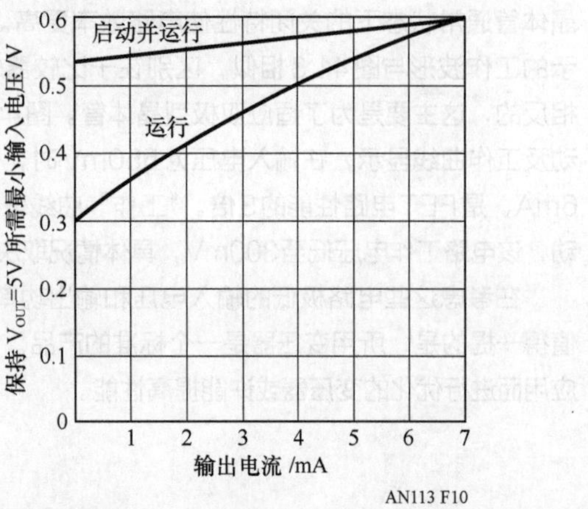

图41.10 基于双极型晶体管的DC/DC转换器，要求约550mV（25°C）输入电压驱动负载0～6mA。一旦运行，转换器保持的稳定输入电压降至300mV来驱动100μA负载

用于APD偏置的5V至200V转换器

在进一步深入探讨之前必须警告读者，搭建、测试和操作电路时都必须小心：电路存在高压和其他致命元素存在，所以在电路工作状态下及接线时必须极其谨慎。再次重申，电路有高压危险，请谨慎使用。

雪崩光电二极管（APD）需要高压偏置。图41.11所示电路可以从5V生成200V的电压。该电路是一个基本的反激式电感升压稳压器，具有较大的误差。VT1是一种高压设备，位于LT1172开关稳压器和电感器之间。这样，调节器能够在不承受高压的情况下控制VT1的高压开关。而VT1则相当于LT1172“级联”内部开关，承受L1的高压反激[②]。与VT1源极相关联的二极管对通过VT1结电容的来自L1的尖峰电压进行钳位。高电压经过整流和滤波后，形成电路输出。稳压器的反馈能实现环路稳定，在V_C引脚处的RC提供了频率补偿。连接到L1的100kΩ路径自举VT1栅极驱动至10V左右，以确保饱和[③]。连接到输出的300Ω和二极管的组合提供了短路保护，如果输出被无意中接地，关闭LT1172可以进行保护。

图41.12所示为工作波形图。线迹A和线迹C分别为LT1172开关电流和电压。线迹B是VT1漏极电压。电流斜坡最终导致VT1漏极高压反激现象。在LT1172的开关处，出现反激衰减。正弦波形状的信号是无害的，它源于导通周期的电感振铃。

② 请参阅参考文献1（第8页）、参考文献2（附录D）以及参考文献3。

③ 此电路不是新的，实际上还是一个旧版错误。原始版本由于其栅极偏压自举方案的原因出现了和温度相关的输出错误。请参阅参考文献4。

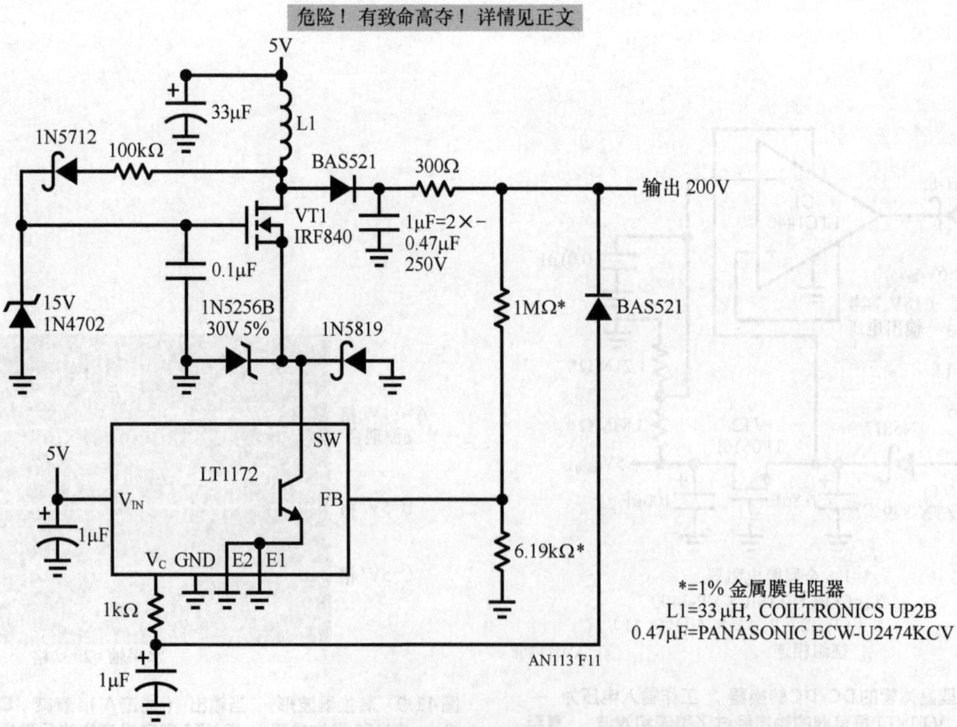

图41.11 5V到200V的输出转换电路，为APD提供偏置。级联VT1切换到高压，可实现低压稳压器输出的控制。二极管钳位保护稳压器以免受瞬态事件影响；L1发生发激事件时，100kΩ路径自举VT1栅极驱动。连接到输出的300Ω和二极管组合提供了短路保护

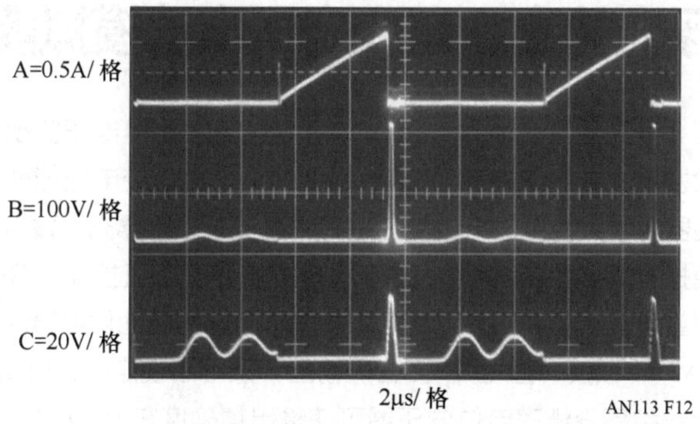

图41.12 5V至200V转换器的波形包括LT1172开关电流和电压（分别为线迹A和C）和VT1漏极电压（轨迹B）。电流斜坡最终导致VT1漏极高压反激。在LT1172的开关处，出现反激衰减。正弦波形状的信号是无害的，它源于导通周期的电感振铃。在屏幕中心的所有线迹的亮度都进行了增强，以保证图片的清晰度

电池内阻仪

我们常通过测量电池的内部电阻来评估电池的状况和一个设备的使用寿命。然而，精确地测出内电阻是比较困难的，因为在kHz范围内，采取基于交流的毫欧计测到的结果会受到固有电容的破坏。图41.13所示的是一个简化的电池模型，显示了带有局部并联电容的一个电阻分压器。容性因素会使基于AC的测量结果出现错误。此外，电池的空载内阻可能明显不同于负载值。因此，内阻的实际测量必须在直流或接近直流的负载条件下进行。

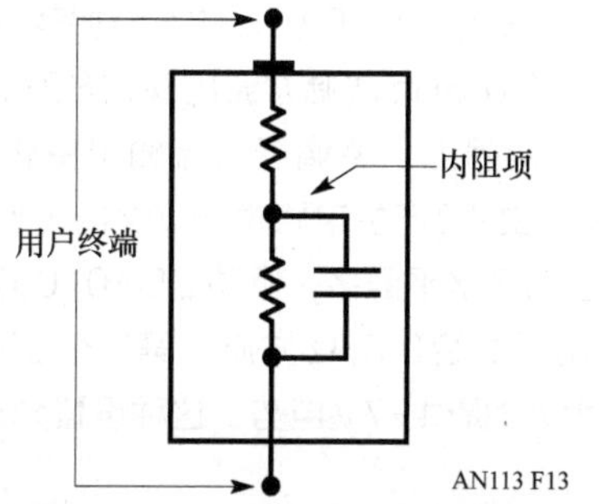

图41.13 显示了电池阻抗，包括阻性和容性元件的简化模型。在测量直流内部电阻值的时候，容性元件会破坏基于交流的测量结果。如果在已知负载的情况下，测量电池的压降，结果会实际一些

图41.14所示的电路满足了这些要求，可以精确测

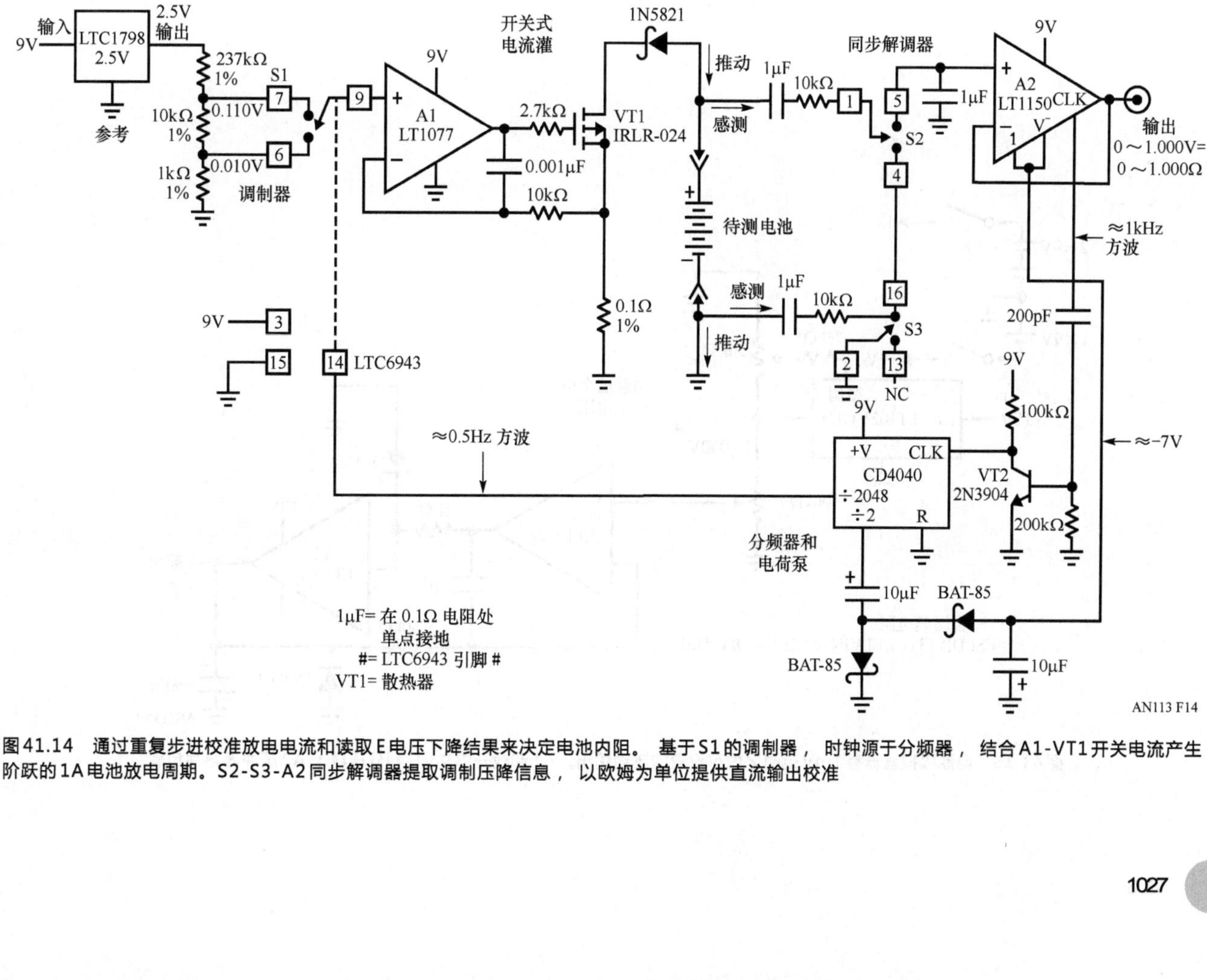

图41.14 通过重复步进校准放电电流和读取E电压下降结果来决定电池内阻。基于S1的调制器，时钟源于分频器，结合A1-VT1开关电流产生阶跃的1A电池放电周期。S2-S3-A2同步解调器提取调制压降信息，以欧姆为单位提供直流输出校准

定电压高达13V的电池的内阻，范围在0.001~1.000Ω之间。A1、VT1以及相关元件形成闭环灌电流，通过VT1的漏极加载电池。电路中的1N5821提供反向电池保护。0.1Ω电阻两端电压取决于A1"+"极输入电压，电池负载亦是如此。该电压源于2.5V基准驱动电阻串，其值处于0.110V和0.010V范围之内，通过S1交替切换。S1的0.5Hz方波开关驱动来源于CD4040分频器。此操作的结果是100mA偏置的1A 0.5Hz的方波加载到电池上。电池内阻引起一个0.5Hz调幅方波出现在S2-S3-A2开尔文感测同步解调器上。解调器直流输出由斩波器稳定的A2进行缓冲，由A2产生电路输出。A2的内部时钟频率为1kHz，通过VT2水平偏移，驱动CD4040分频器。分频器的一个输出提供给0.5Hz方波；第二个500Hz输出激活电荷泵，为A2提供-7V电势。这种设置允许A2输出摆动至零伏。

该电路从9V电池电力供应中获得230μA电流，有约3000h的电池寿命。其他规格包括：电源电压降至4V时，输出变化小于1mV（0.001Ω）；精确度3%；电池的测试范围为0.9~13V。最后，要注意的是电池的放电电流和重复率很容易随给定值的变化而变化，这样可以在各种条件下观察电池电阻。

浮充输出、可变电压电池模拟器

浮充式可变电池电压模拟器促进了电池组电压监视器的发展（参考文献5）。该模拟器的浮充式可变电压能使监视器对较大范围的电池电压进行精度验证。用浮充式蓄电池模拟器将电池组中的一节电池替换掉，可以直接输出任意期望电压。图41.15所示电路是一个简单的电池供电随动器（A1），以及升压电流（A2）输出。该电路设定的LT1021参考和高分辨率电位分压器可使输出精确度在1mV内。复合放大器卸载分频器，驱动一个680μF电容以近似一个电池。在供电期间，二极管防止反向偏置输出电容，1μF-150kΩ组合提供稳定的环路补偿。图41.16给出了对于输入阶跃的环路响应；尽管A2容性负载很大，也无过冲或不良动态发生。电池监测器通过向电池注入电流并测量最终钳位电压来计算电池电压（再次参见参考文献5）。图41.17显示了电池模拟器对线迹A流入到输出的监测电流的响应（线迹B）。闭环控制以及680μF电容限制模拟输出摆幅不超过30μV。这个偏差非常小，所以需要平均噪声技术和高增益示波器前置放大器才能观察到它[④]。

④ 在人烟稀少的地方，这可能会成为一个历史性事件。图 41.17 标志着笔者第一次真正使用数字示波器（泰克 7603/7D20），是 20 世纪 80 年代以来的首次。

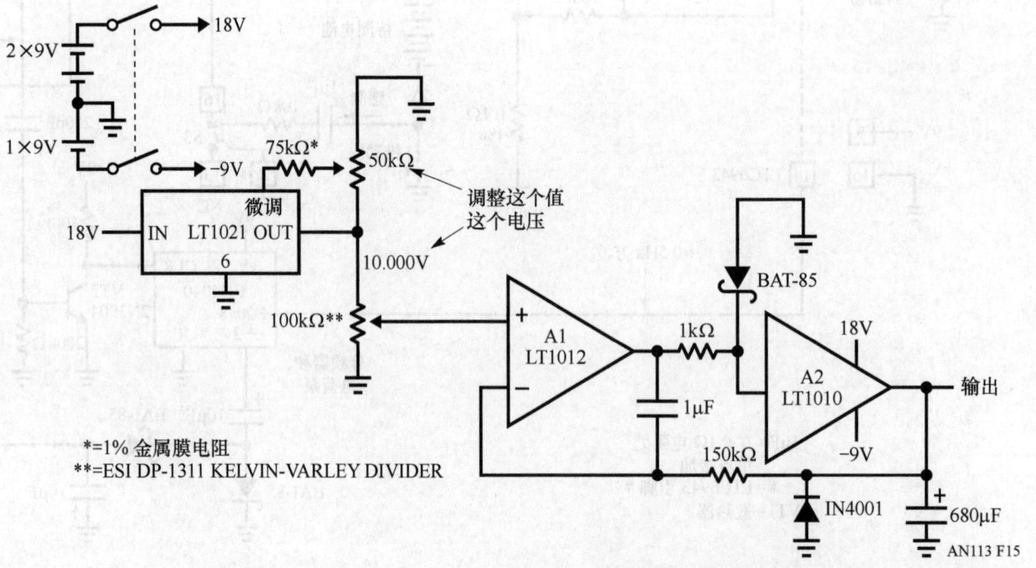

图41.15 电池模拟器具有1mV范围之内可设置的浮动输出。A1卸载开尔文-瓦利分压器；A2缓冲器容性负载

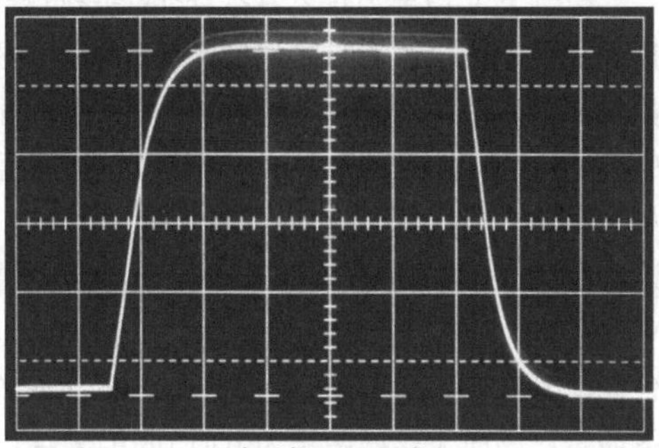

图41.16 尽管有680μF输出电容，150kΩ-1μF补偿网络仍能提供纯净响应

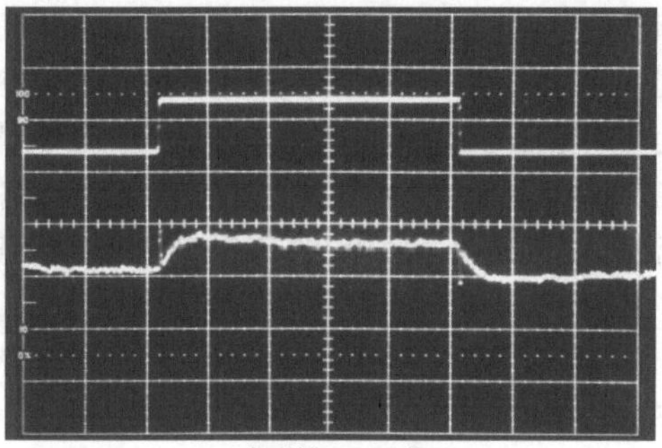

图41.17 电池模拟器输出（线迹B）对线迹A监视器电路脉冲的响应。闭环控制以及680μF电容保持模拟输出电压在30μV之内。50μV/格的噪声平均值灵敏度用来观察响应值

40nV(峰峰值)噪声、0.05μV/℃漂移的斩波场效应管

图41.18所示电路结合LTC6241轨到轨特性与配置为基于斩波载波调制结构的一对极低噪JFET，实现了超低噪声、超小DC漂移。该电路特性适合于对传感器信号调节要求较高的情形，如高分辨率尺度以及磁场探测线圈。

该LTC1799的输出被分频，形成2相位925 Hz的方波时钟。该频率与60Hz频率谐波无关，对那些能造成不稳定的谐波跳动或混合效果等因素有着优异的免疫力。S1和S2接受互补驱动，使得基于FET-A1的电路级出现了输入电压斩波。S3和S4同步解调A1方波输出。由于这些开关和输入斩波一起同步驱动，所以能将幅度和极性信息正确地传送到

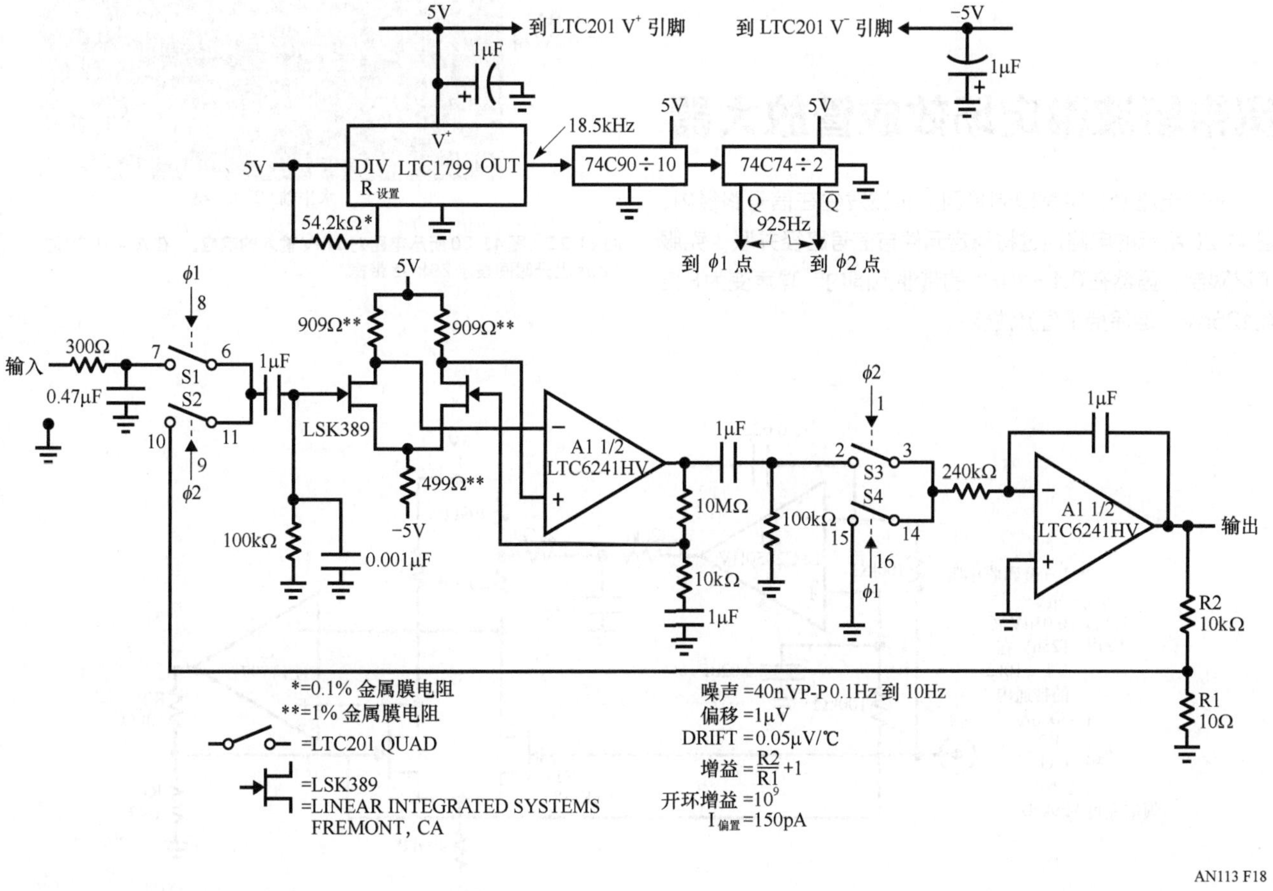

图41.18 斩波场效应晶体管放大器有40V(峰峰值)噪声，0.05μV/°C漂移。直流输入被载波调制，通过A1进行放大，解调为直流，从A2那里得到反馈。925Hz载波时钟避免与60Hz电源线路产生交互作用

直流输出放大器A2。该级电路将方波整合到直流电压之中，提供了输出。输出被分频（R2和R1），反馈到输入斩波，作为一个零信号参考。增益取决于R1与R2的比值，此时为1000。AC耦合输入级的直流误差并不影响电路的整体特性，因此，如前所述，此电路的偏移和漂移值是极低的。

图41.19显示了在50s的时间间隔内，放大器在0.1~10Hz带通范围内的噪声为40nV(峰峰值)。对于基于JFET的设计而言，这么低的噪声是很少见的，这与输入对的面积以及电流密度有着直接的关系。

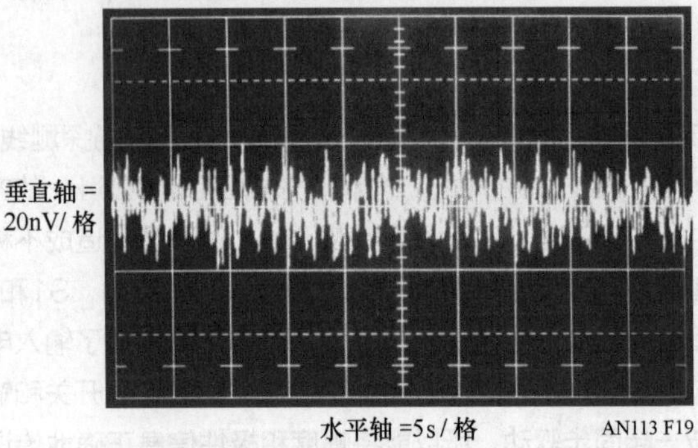

图41.19 在50s采样周期内，放大器在0.1~10Hz带通范围内的噪声测量为40nV（峰峰值）

宽带斩波稳定场效应管放大器

先前电路受到带宽限制是因为斩波发生在信号路径内。图41.20所示的电路通过将稳定元件与信号路径并联，克服了该限制。虽然在0.1~10Hz的带通范围内，噪声变为3倍至125nV，但保持了直流性能。

FET对VT1差分馈入A2，形成简单低噪运放。R1和R2提供了反馈，以通常方式设置闭环增益（此例中为1000）。虽然VT1具有非常低的噪声特性，但它的偏移和漂移相对较高。A1为斩波稳定放大器，纠正了这些不足。它通过测量放大器输入端之间的差值，并调整VT1A沟道电流最小化这种差异。VT1漏极值确保A1能够捕捉到这种偏移量。A1为VT1A提供所需的电流，以使偏移不超过5μV。另外，A1的低偏置电流不会显著增加整个500pA放大器的偏置电流。如图所示，该放大器被设定为1000同相增益，当然也可以设置为其他增益值或进行反向操作。

将偏差校正电路与信号路径并联，能够实现宽带。图41.21显示出了1mV输入时的响应情况。在A=1000时，12μs上升时间表示29kHz带宽。

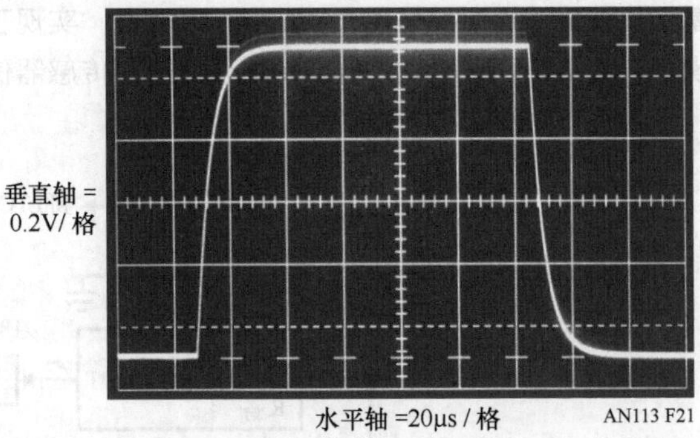

图41.21 图41.20所示电路对1mV输入的响应。在A =1000时，12μs上升时间表示29kHz带宽

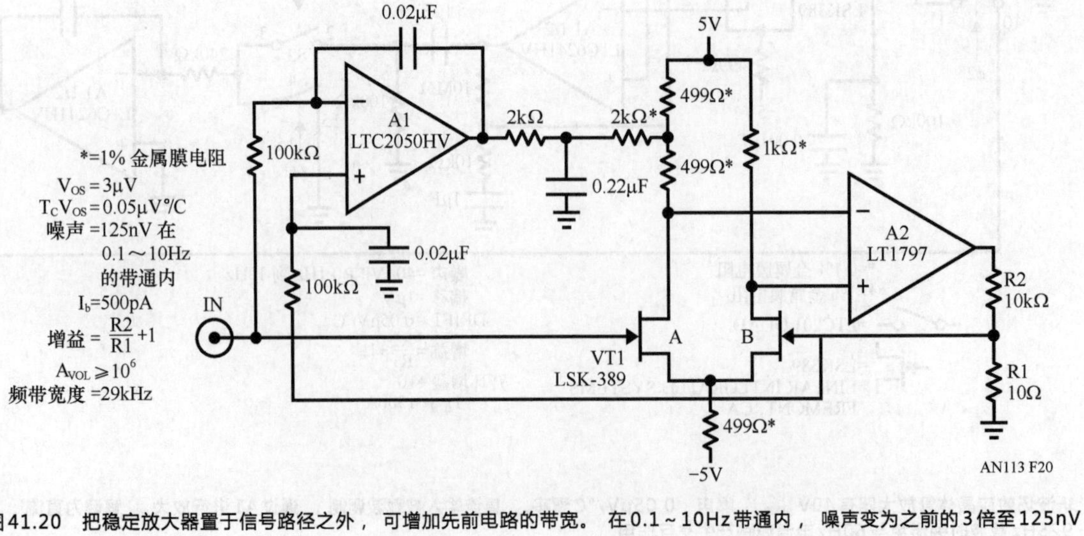

图41.20 把稳定放大器置于信号路径之外，可增加先前电路的带宽。在0.1~10Hz带通内，噪声变为之前的3倍至125nV

图41.22的照片显示了在0.1～10Hz的带通内测量所得的噪声。所得性能6倍优于任何单片斩波稳定放大器，同时还保持了低偏移和漂移。

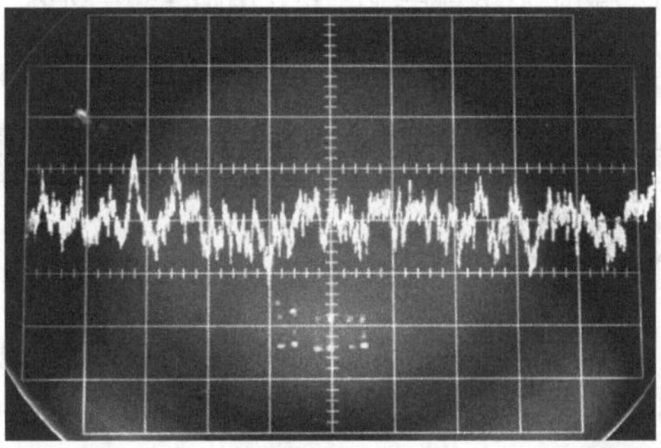

图41.22　斩波稳定场效应管对，在0.1～10Hz的带通内，噪声测量结果为125nV

石英晶体的亚微安电流有效值测量

石英晶体均方根工作电流是保持长期的稳定性、电阻的温度系数和可靠性的关键因素。然而，准确地测定晶体均方根电流，特别是微小功率类型的晶体均方根电流是比较困难的，因为必须最小化寄生现象，尤其是电容，它们会影响晶体的运行。图41.23所示的是高增益、低噪声放大器结合市售的封闭核心电流探头，可以进行测量。均方根到直流转换器显示均方根值。虚框中的石英晶体测试电路展现了一个典型的测量情况。泰克公司的CT-1电流探头监测晶体电流，它所引入的寄生负载最小。探头的50Ω终端电阻输出反馈到A1。A1和A2的闭环增益设置为1120；标称增益1000以上的过量增益，主要用以校正频率为32.768kHz时CT-1

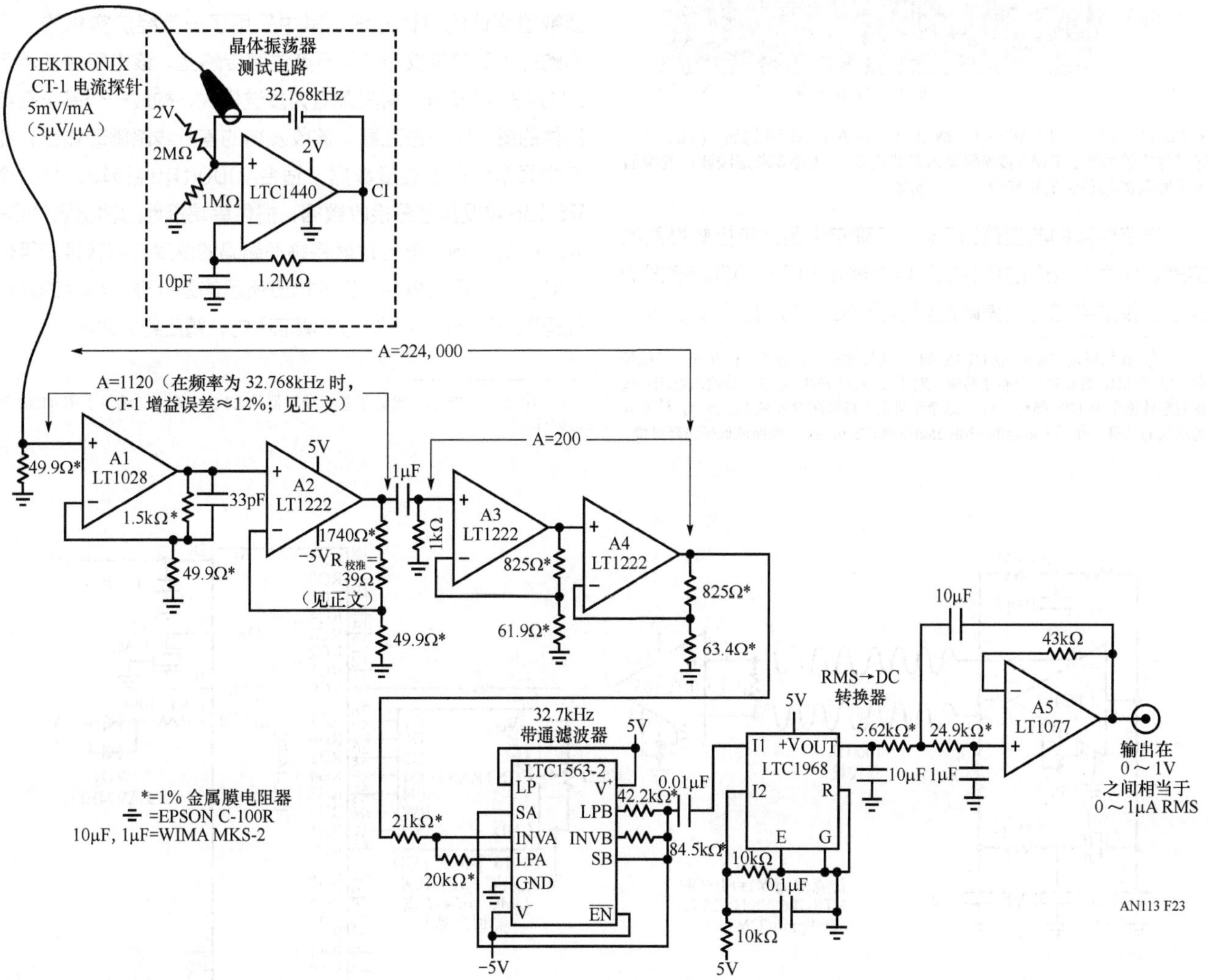

图41.23　A1至A4向电流探头提供的增益大于200000，能支持亚微安晶体电流的测量。LTC1563-2带通滤波器对残差噪声进行平滑，并提供了32.768kHz频率的单位增益。LTC1968提供RMS输出校准

的12% 低频增益误差[⑤]。A3和A4贡献的增益为200，这使得放大器的总增益为224000。这样的增益值使A4相对于增益校准的CT-1的输出来说，有着1V/μA的比例因子。A4的LTC1563-2带通滤波输出供给基于LTC1968-A5的均方值-直流转换器，以产生电路输出。该信号处理路径构成一个极窄频带放大器，频率调谐到与晶体的频率一致。图41.24显示了典型的电路波形。晶体驱动始于C1的输出（线迹A），产生530nA均方根电流，出现在A4的晶体输出（线迹B）和RMS→DC转换器输入（线迹C）。线迹B的可见未滤波峰值，源于寄生路径分流晶体。

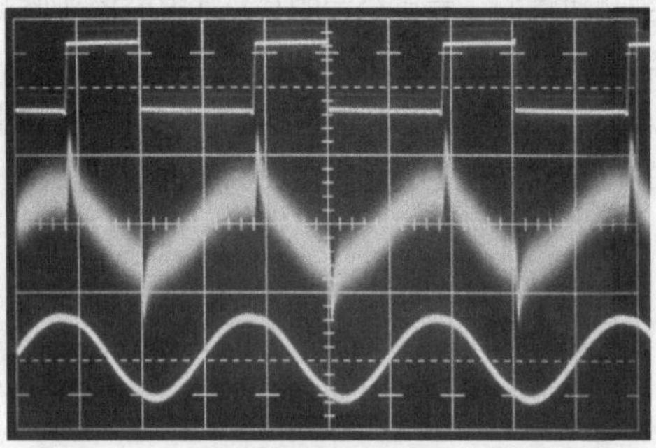

图41.24 C1的32.768kHz的输出 （线迹A） 和A4输出 （线迹B） 的晶体电流监测。RMS转换器输入是线迹C。 线迹B未滤波波形的峰值源于固有的和寄生的路径分 流晶体

电路精度的典型值为5%。不确定性条件包括转换器的容差、约为1.5pF的负载以及电阻器/RMS→DC转换器的误差。校准电路将误差降低到小于1%。校准包括32.7kHz时对变压器的1μA驱动。这是通过振荡器设定0.100V输出偏置100kΩ匹配精度为0.1%的电阻器来实现的。输出电压必须通过具有适当精度的RMS电压表的验证（请参阅参考文献8的附录B）。图41.23所示电路的校准是采用较小阻性校正来增加A2的增益的，校正电阻通常为39Ω。

⑤ 我们通过 Tektronix CT-1S 的 7 组样本对这种增益误差在同一正弦频率 -32.768kHz 的有效性进行了检验。对于 1μA 32.768kHz 的正弦输入电流，设备的整体输出由 12% 降至 0.5%。这个结果是支持该测量方案的，但是，这些只是测量的结果。在低于规定的 -3dB 25kHz 时，Tektronix 不能保证低频滚降性能。

基于石英晶体的远程温度计直接读数

虽然已经可将石英晶体用作温度传感器（见参考文献7和10），但目前该技术的具体应用几乎为零。其中的主要问题是一直缺乏标准的石英晶体温度传感器产品。石英温度传感器的优点包括：近纯数字信号调节、良好的稳定性以及能直接读取的抗噪数字输出，这些特点使得石英晶体非常适合遥感。

图41.25所示电路是一款适合于远程数据采集的直接读数温度计的设计方案，其中采用了一款经济实惠的、可商购的（见参考文献9）石英温度传感器。该电路中使用了LTC485收发器，将其配置为发送模式，构成一个基于石英晶体的皮尔斯类振荡器。该收发器的差分线路驱动输出，能产生频率编码的温度数据，适合1000ft电缆传输。第二个RS485收发器差分接收数据，提供单端接地的输出到PIC-16F73处理器。该处理器将频率编码的温度数据转换成等价的℃，并显示在屏幕。图41.26所示的是处理器程序的详细代码[⑥]。在-40～85℃的感测范围内，精度约为2%。

⑥ Mark Thoren 设计了基于处理器的 LTC 电路，并编写了图 41.26 所示软件。

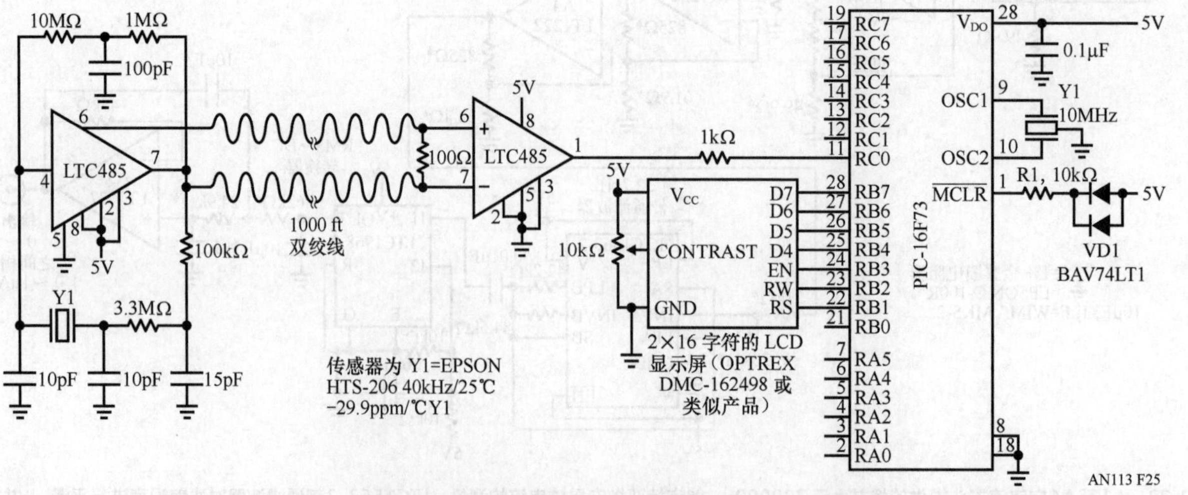

图41.25 在-40～85℃感测范围内， 基于石英晶体的远程温度计精度为2%， 能驱动1000ft长的电缆。RS-485收发器发生振荡并驱动电缆，振荡频率取决于Y1石英晶体。 第二个收发器接收数据， 并送入处理器。 显示屏读数直接是℃

```
/*基于Epson HT206温度感测晶体的温度计。输出是
基于Epson HD447980标准字母的数字液晶显示屏。LCD
驱动功能是编译器库的一部分，CSS编译器版本3.182


*/
#include <16F73.h>
#device adc=8
#fuses NOWDT, HS, PUT, NOPROTECT, NOBROWNOUT
#use delay (clock=10000000)                    // 告之编译器时钟频率
#use rs232(baud=9600, parity=N, xmit=PIN_C6, rcv=PIN_C7, bits=8)
#include "lcd.c"  // LCD驱动函数
void main( )
{
        int16 temp;
        unsigned int16 f;
        setup_adc_ports(NO_ANALOGS);
        setup_adc(ADC_OFF);
        setup_spi (FALSE);
        setup_counters (RTCC_INTERNAL, RTCC_DIV_1);
        setup_timer_1 (T1_EXTERNAL | T1_DIV_BY_1);
        setup_timer_2 (T2_DISABLED, 0, 1);
        lcd_init( ); // 初始化LCD
while(1)
        {
        set_timer1(0);                                  // 计数器复位
        setup_timer_1(T1_EXTERNAL | T1_DIV_BY_1);       // 打开计数器
        delay_ms(845);                                  // 0.845412 是一个神奇的延迟时间
        delay_us(412);                                  // 每摄氏度增加量小于1
        setup_timer_1(T1_DISABLED);                     // 关闭计数器
        f = get_timer1();                               // 读取结果
        temp = 33770 - f + 25;                          // 转换成温度
        //** 此时，'f' 为摄氏温度                                          **//
        //** 对于该实验， 转换为标准HD44780类型液晶显示楞可显示的数据          **//
        lcd_putc('\f');                                 // 清屏
        lcd_gotoxy(1, 1);                               // 回到屏幕起点
        printf(lcd_putc, "%ld", temp);                  // 显示结果
        }
    }
```

图41.26　PIC处理器程序代码清单。 该代码将频率等效为℃， 并显示出来

1Hz~100MHzV/F转换器

图41.27所示的电路实现了比任何市售的电压到频率（V/F）转换器更宽的动态范围和更高的输出频率。100MHz的满量程输出（支持超出范围10%达到110MHz）比目前市售产品至少快10倍。该电路的160dB动态范围（8个十倍频程）允许连续操作低至1Hz。其他规格包括V_{SUPPLY}为5V±10%以及输入范围为0~5V时的0.1%的线性度、250ppm/℃的温度增益系数、1Hz/℃的零点漂移以及0.1%的频偏。单5V电源为电路供电[⑦]。

⑦ 参考文献12(1986)中有一个性能指标相似的电路，不过复杂度远超文中电路。高速CMOS逻辑的出现可以替换早期的ECL元件，能显著降低复杂性。通过对比这两种设计，有助于理解技术更替对电路功能的影响。在本例中，技术更替的影响无处不在，几乎直接影响了电路运行的各方面。而电路架构是一致的，这种转变是本质的、有利的变化。

图41.27中的A1为斩波稳定放大器，伺服偏置原始但动态范围很宽的核心振荡器。核心振荡器通过数字分频器驱动电荷泵。电荷泵输出和电路输入之差的平均值将出现在求和节点处（Σ），偏置A1，并闭合围绕着宽范围核心振荡器的控制回路。该电路独特的动态范围，源于核心振荡器的高速特性、分频器/基于电荷泵的反馈以及A1的低直流输入误差。A1和基于LTC6943的电荷泵稳定电路工作点，实现了高线性度和低漂移。A1的低偏置漂移允许电路50nV/Hz的增益斜坡，使电路在25℃、工作频率下降到1Hz时仍能运行。

正输入电压引起A1摆动到负极，偏置VT1。VT1集电极将产生斜坡向上的电流（线迹A，见图41.28），为C1充电，直到施密特触发逆变器I1的输出（线迹B）降低，使C1通过VT2放电。C1放电复位I1输出到高电平，VT2关闭。斜坡和

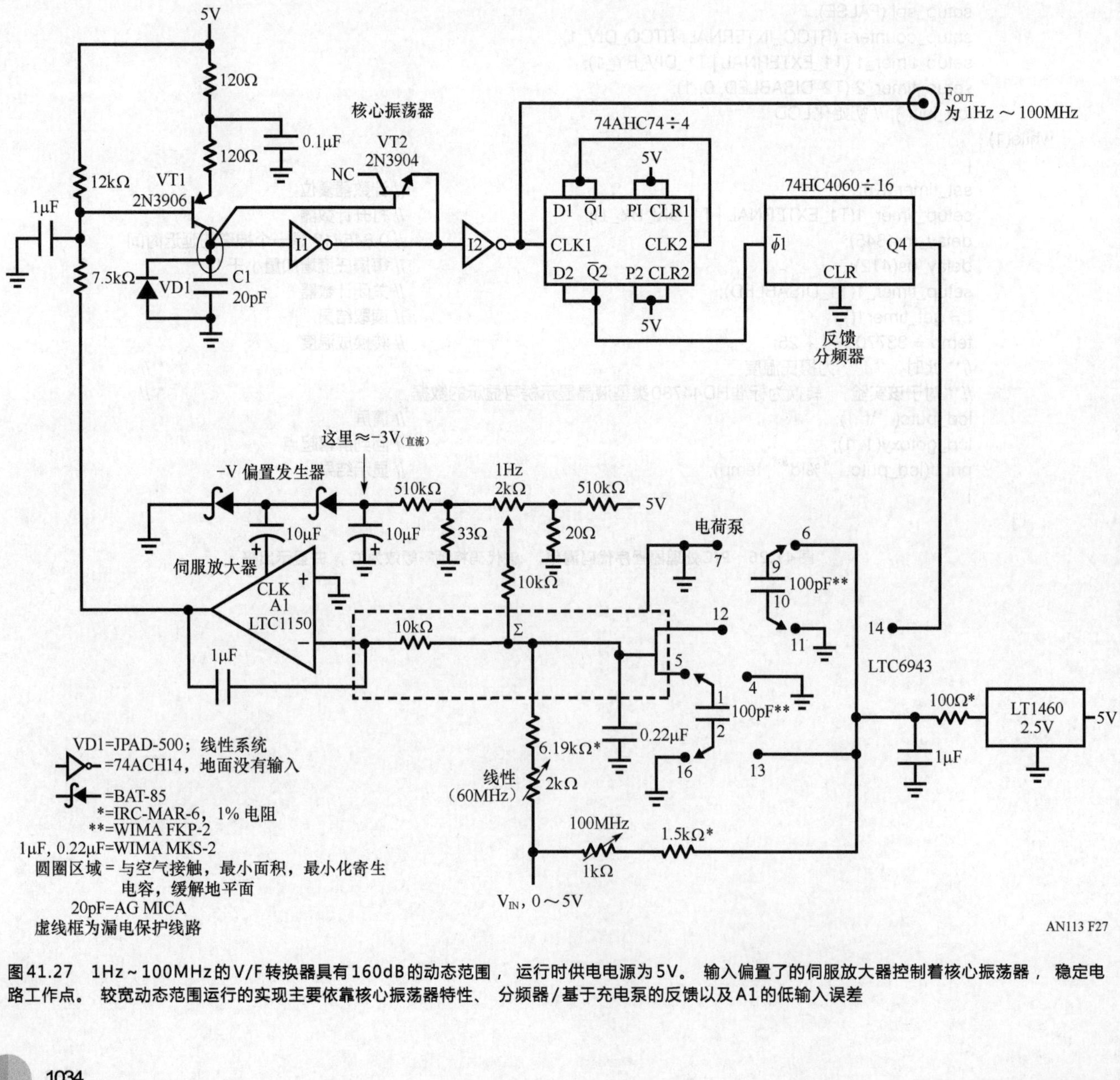

图41.27　1Hz~100MHz的V/F转换器具有160dB的动态范围，运行时供电电源为5V。输入偏置了的伺服放大器控制着核心振荡器，稳定电路工作点。较宽动态范围运行的实现主要依靠核心振荡器特性、分频器/基于充电泵的反馈以及A1的低输入误差

1V/格
交流耦合

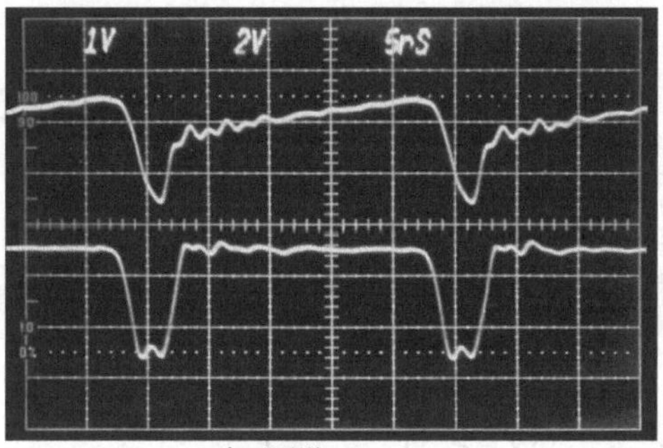

2V/格

水平通道=5ns/格 AN113 F28

图41.28 频率为40MHz时V/F的运行情况。670MHz实时带宽的核心振荡器波形包括VT1集电极（线迹A）和VT2发射极（线迹B）。斜坡和复位工作特性很明显；6ns的复位时间允许100MHz的重复率

2V/格
（0.05V直流
电打开）

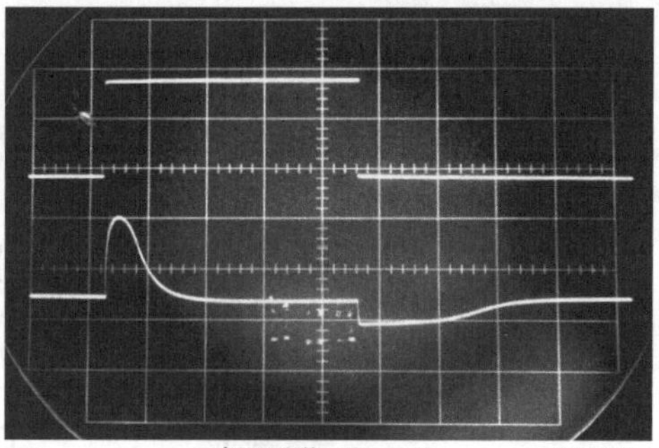

1V/格

水平通道=10ms/格 AN113 F29

图41.29 输入阶跃（线迹A）的响应（线迹B），在求和节点（Σ）的稳定时间为30ms。A1的1μF电容形成响应，稳定反馈回路。负向输入阶跃的钳位响应缘于求和节点限制

复位这样的动作将不断重复。VD1的漏电流在所有核心振荡器的寄生电流中占主导地位，保证工作频率下降到1Hz。而÷64分频器链的输出为LTC6943型电荷泵提供时钟。电荷泵有两部分异相运行，导致在每个时钟转变时发生电荷转移。电荷泵稳定性主要由LT1460 2.5V参考电压、开关低电荷注入以及100pF的电容来决定。0.22μF电容将充放电平均成直流。输入所产生的电流与电荷泵反馈信号之间的平均差值被A1放大，偏置VT1，控制电路工作点。A1伺服动作补偿核心振荡器的非线性和漂移，从而引起之前提到的高线性度和低漂移。A1的1μF电容提供稳定的环路补偿。由图41.29可知，输入阶跃（线迹A）的回路响应（线迹B）控制良好。

采用一些特殊的技术能使该电路达到要求。VD1的漏电流在I1输入端所有寄生电流中占主导；因此VT1必须始终提供电流来维持振荡，保证工作频率下降至1Hz。100MHz满量程频率的设定对核心振荡周期来说是较为严格的限制。一个完整的斜坡和复位序列，必须在10ns的时间之内完成。最终的速度限制是复位间隔。图41.28中的线迹B，显示间隔时间为6ns，完全在10ns的限值之内。

从输入到电荷泵的一条扩展电阻路径修正了由于残余电荷注入引起的轻微非线性。该输入产生的校正是有效的，因为电荷注入效应直接随输入频率的变化而改变。

构建电路原型或者进行小批量生产时，可以直接采用文中所讨论的电路原理图以及相关说明，但量产时必须仔细选择器件。图41.30列出了可用组件及其选择标准。

校准该电路时，施加5.000V电源，微调100MHz调整旋钮以得到100.0MHz的输出频率。随后，输入端接地，微调1Hz调整旋钮以得到1Hz的输出。必须考虑到稳定时间较长的情形，因为该频率下电荷泵更新速率是每32s一次。注意，该微调能支持源于A1时钟的−V偏置的任意偏移极性。最后，输入电压为3.000V时，设置60MHz调整旋钮以得到60.0MHz。重复上述调整，直到以上三个点的值都固定。

具有时变相位、低抖动触发输出的延时脉冲发生器

快速电路通常需要一个脉冲发生器，而该脉冲发生器同时还需要提供时变相位触发输出。最好是主输出脉冲在触发输出出现的前后都能以较短的时间抖动进行连续设置。图41.31所示的电路可产生360ps的上升时间的输出脉冲，触发输出的时变相位在−30~100ns之间变化。抖动为40ps。

VT1和VT2构成电流源，给1000pF的电容器充电。当LTC1799时钟为高电平时（线迹A，见图41.32），VT3和VT4都是导通的。电流源处于关闭状态，A2的输出（线迹B）接近于0。C1闩锁输入防止响应，输出保持为高电平。当时钟变为低电平时，C1输入闩锁失效，其输出变为低电平。VT3

组　件	选择参数（25℃）	典型产量/（%）
VT1	3V时I_{CER}<20pA	90
VT2	3V时I_{EBO}<20pA	90
VD1	3V时75pA<I_{REV}500pA	80
I1	I_{IN}<25pA	80
A1	V_{SUPPLY}=5V时I_B<5pA	90
74ACH74	运行时，输入为3.6ns宽（50%点）的脉冲	80

图41.30 元器的选择标准，以确保V/F的性能。前五项增强了低于100Hz的操作。最后一项保证可靠的分频器反馈操作

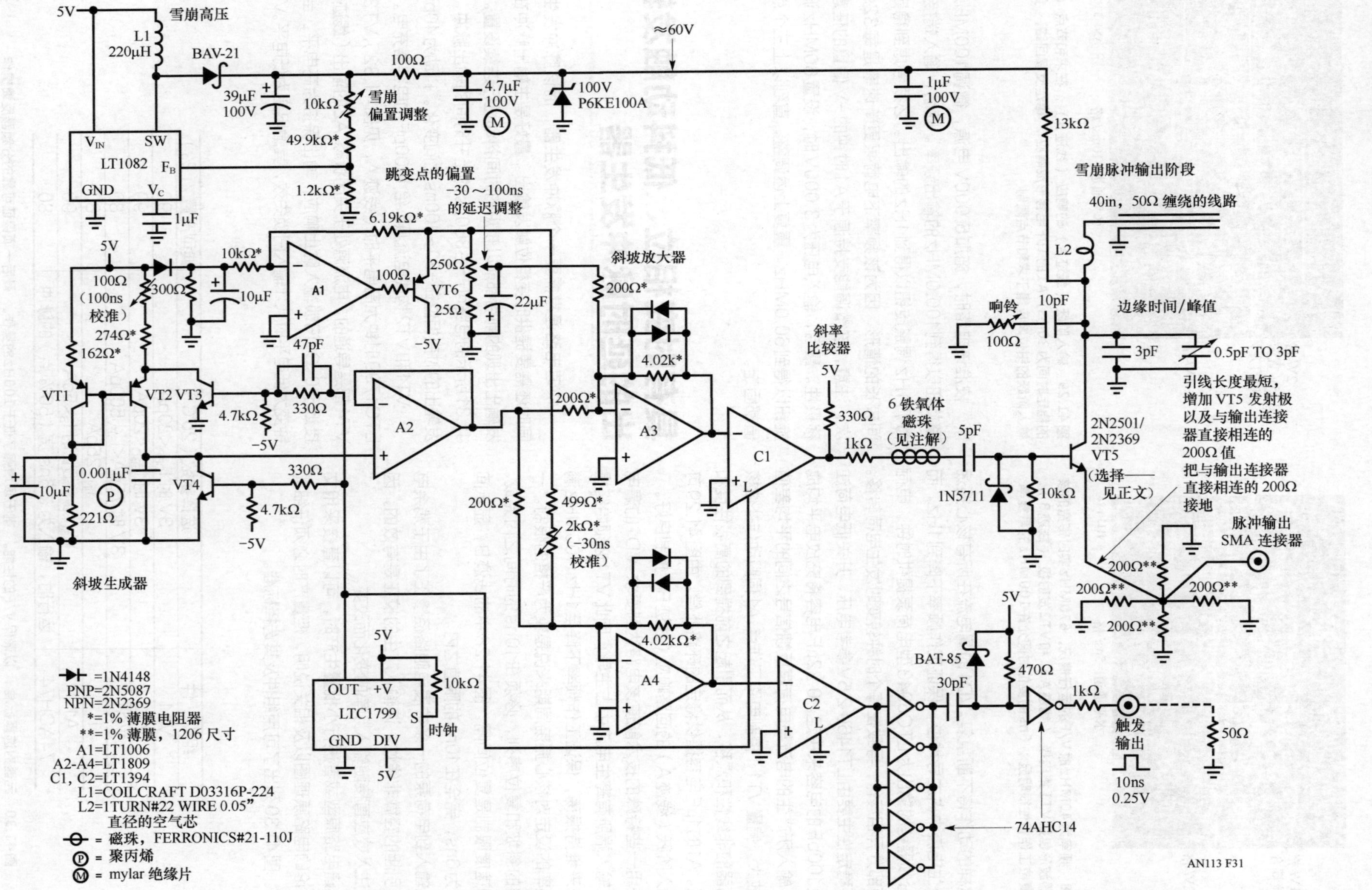

图41.31 脉冲发生器输出时间相位相对于触发输出在-30～100ns之间变化；抖动为40ps。A2的钟控斜坡分别生成可变延迟（A3-C1）和固定延迟（A4-C2）的驱动脉冲和触发输出。在跳闸点，A3-A4提供增益给比较器，最小化输出之间的时间抖动

和VT4集电极电平上升，VT2导通，给1000pF的电容提供恒定电流。结果在A2（线迹B）处形成线性斜坡电压，被施加到有界电流求和放大器A3和A4。这两款放大器都对斜坡产生的电流与源于A1-VT6的固定极性相反的电流进行比较。而A1-VT6又是以+5V供电轨作为参考的，它同时也设置VT1-VT2电流，因此出现斜坡斜率。这种比例关系促进了电源抑制。当A4和A3（分别为线迹C和F）超出二极管限制而跨零时，比较器C2和C1(分别为线迹D和G）都严重过载，开关迅速。C2的输出路径包括形成线迹E触发器输出脉冲的组成部分。C1触发输出脉冲发生器VT5，并工作在雪崩模式（线迹H）[8]。

“延迟调整”控制能对斜坡的幅值进行设置，亦即A3-C1能切换主输出能达到的值，提供所需要的相对于A4-C2控制的触发输出的时变相位。C1和C2输出之间的时间抖动已达最小化，因为随着输出进入活动区域，A3和A4有效倍增了斜坡变化率，提供了增益和跨零。

⑧ 雪崩模式脉冲的产生是一种精细的、深奥的技术，需要深入讨论。本章对此仅做了简要论述，因为本章着重讲解此电路的低时序抖动特性。详情请见参考文献13-22。

A3-A4放大器增益是C1和C2开关时间低抖动的关键。放大器增加了比较器相对较低的增益，并协助状态切换，尽管有斜坡输入存在。如图41.33所示，A4（线迹A）-C2（线迹B）响应斜坡跨越了跳闸点。在斜坡靠近跳闸点时，A4超出范围，为C2提供了斜坡转换速率的放大版本。C2做出响应，在屏幕中心，在A4跨0V 6ns后，直接转换。A3-C1的波形是相同的。图41.34显示了VT5的脉冲输出，此时示波器与触发器输出同步，在3.9GHz带通取样中，抖动为40ps。

电路校准时首先需要调节“-30ns标准”，这样主脉冲输出30ns后，“延迟调节”设置为最小，触发器开始输出。接下来，随着“延迟调节”设置为最高，微调“100ns 标准”，这样主脉冲输出发生在触发器输出之后的100ns。在30ns到100ns两次微调之间存在轻度相互作用，可能需要重复校准，直到两个点都校准好。如前所述，本章仅对雪崩输出级做了说明性的介绍，并未详述。其优化校准请参阅参考文献13。

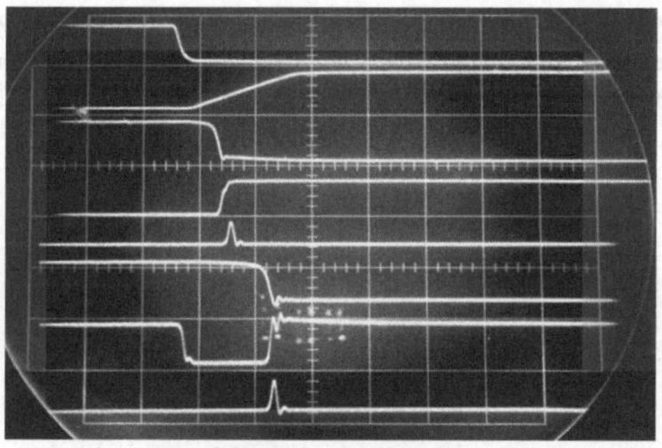

图41.32　低抖动延迟脉冲发生器的波形包括时钟（线迹A）、A2斜坡（B）、A4（C）、C2（D）、触发输出（E）、A3（F）、C1（G）以及延迟输出脉冲（H）。触发到输出脉冲的延迟从-30ns到100ns连续可变

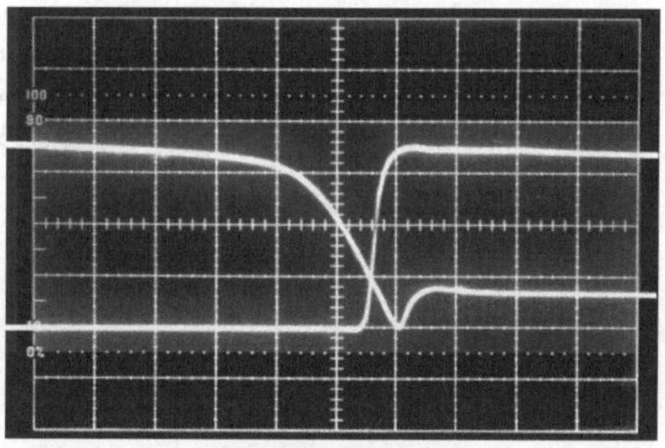

图41.33　A4（线迹A）-C2（线迹B）在A2的斜坡跨越跳闸点时的响应。在A4过零（中心屏幕）6ns后，C2变高。A3-C1波形是相同的

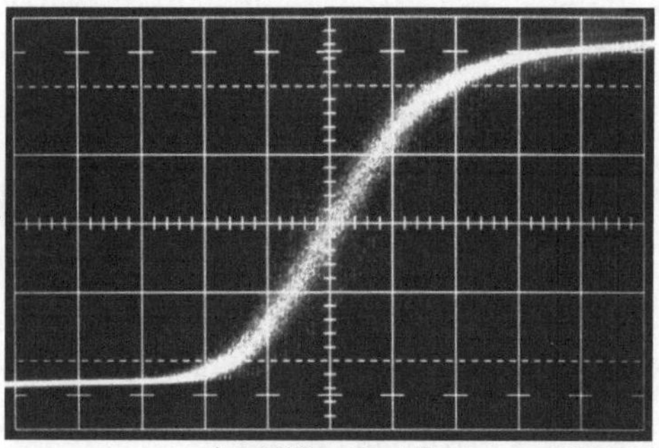

图41.34　与触发输出同步的主脉冲输出，在3.9GHz时的抖动为40ps。带通采样

参考资料

1. Williams, Jim, "Bias Voltage and Current Sense Circuits for Avalanche Photodiodes," Linear Technology Corporation, Application Note 92, November 2002, p. 8
2. Williams, Jim, "Switching Regulators for Poets," Appendix D, Linear Technology Corporation, Application Note 25, September 1987
3. Hickman, R. W. and Hunt, F V, "On Electronic Voltage Stabilizers," "Cascode," Review of Scientific Instruments, January 1939, p. 6-21, 16
4. Williams, Jim, "Signal Sources, Conditioners and Power Circuitry," Linear Technology Corporation, Application Note 98, November 2004, p. 20-21
5. Williams, Jim, and Thoren, Mark, "Developments in Battery Stack Voltage Measurement," Application Note 112, Linear Technology Corporation, March 2007
6. Williams, Jim, "Measurement and Control Circuit Collection," Linear Technology Corporation, Application Note 45, June 1991. p. 1-3
7. Williams, Jim, "Practical Circuitry for Measurement and Control Problems," Linear Technology Corporation, Application Note 61, August 1994. p. 13-15
8. Williams, Jim, "Instrumentation Circuitry Using RMS- to-DC Converters," Linear Technology Corporation, Application Note 106, February 2007. p. 8-9
9. Seiko Epson Corp. Crystal Catalog. Models HTS-206 and C-100R See also, p. 10-11, "Drive Level."
10. Benjaminson, Albert, "The Linear Quartz Thermometer—A New Tool for Measuring Absolute and Difference Temperatures," Hewlett-Packard Journal, March 1965
11. Williams, Jim, "Applications Considerations and Circuits for a New Chopper Stabilized Op Amp," 1Hz-30MHz V_F Linear Technology Corporation, Application Note 9, p. 14-15
12. Williams, Jim, "Designs for High Performance Voltage-to-Frequency Converters," "1Hz-100MHz V_F Converter," p. 1-3, Linear Technology Corporation, Application Note 14, March 1986
13. Williams, Jim, "Slew Rate Verification for Wideband Amplifiers," Linear Technology Corporation, Application Note 94, May 2003
14. Braatz, Dennis, "Avalanche Pulse Generators," Private Communication, Tektronix, Inc. 2003
15. Tektronix, Inc., Type 111 Pretrigger Pulse Generator Operating and Service Manual, Tektronix, Inc. 1960
16. Hass, Isy, "Millimicrosecond Avalanche Switching Circuit Utilizing Double-Diffused Silicon Transistors," Fairchild Semiconductor, Application Note 8/2, December 1961
17. Beeson, R. H., Haas, I., Grinich, V H., "Thermal Response of Transistors in Avalanche Mode," Fairchild Semiconductor, Technical Paper 6, October 1959
18. G.B.B. Chaplin, "A Method of Designing Transistor Avalanche Circuits with Applications to a Sensitive Transistor Oscilloscope," paper presented at the 1958 IRE-AIEE Solid State Circuits Conference, Philadelphia, PA., February 1958
19. Motorola, Inc., "Avalanche Mode Switching," Chapter 9, p. 285-304. Motorola Transistor Handbook, 1963
20. Williams, Jim, "A Seven-Nanosecond Comparator for Single Supply Operation," "Programmable Subnanosecond Delayed Pulse Generator," p. 32-34, Linear Technology Corporation, Application Note 72, May 1998
21. D. J. Hamilton, F H. Shaver, P G.Griffith, "Avalanche Transistor Circuits for Generating Rectangular Pulses," Electronic Engineering, December 1962
22. R. B. Seeds, "Triggering of Avalanche Transistor Pulse Circuits," Technical Report No. 1653-1, August 5, 1960, Solid-State Electronics Laboratory, Stanford Electronics Laboratories, Stanford University, Stanford, California
23. Markell, R. Editor, "Linear Technology Magazine Circuit Collection, Volume I," Linear Technology Corporation, Application Note 52, January 1993
24. Markell, R. Editor, "Linear Technology Magazine Circuit Collection, Volume II," Linear Technology Corporation, Application Note 66, August 1996
25. Markell, R. Editor, "Linear Technology Magazine Circuit Collection, Volume III," Linear Technology Corporation, Application Note 67, September 1996
26. Williams, Jim, "Circuitry for Signal Conditioning and Power Conversion," Linear Technology Corporation, Application Note 75, March 1999
27. Williams, Jim, "Instrumentation Applications for a Monolithic Oscillator," Linear Technology Corporation, Application Note 93, February 2003. "Chopped Amplifiers," p. 9-10